世界常用农药质谱/核磁谱图集

Mass Spectrometry/ Nuclear Magnetic Resonance Spectra Collection of World Commonly Used Pesticides

世界常用农药色谱-质谱图集

液相色谱-四极杆-静电场轨道阱质谱图集

Chromatography-Mass Spectrometry Collection of World Commonly Used Pesticides:

Collection of Liquid Chromatography Coupled with Quadrupole Orbitrap Mass Spectrometry

LC-Q-Orbitrap/MS

庞国芳　等著

Editor -in-chief　Guo- fang Pang

·北 京·

《世界常用农药质谱 / 核磁谱图集》由 4 卷构成，书中所有技术内容均为作者及其研究团队原创性研究成果，技术参数和图谱参数均与国际接轨，代表国际水平。图集涉及农药种类多，且为世界常用，参考价值高。

本图集为《世界常用农药质谱 / 核磁谱图集》其中一卷，具体包括 576 种农药及化学污染物的中英文名称、CAS 登录号、理化参数（分子式、分子量、结构式）、色谱质谱参数（保留时间、母离子、子离子、离子源和极性）、提取离子流色谱图、不同加和离子一级质谱图、归一化法能量下的典型二级质谱图和阶梯归一化法能量下的典型二级质谱图。

本书可供科研单位、质检机构、高等院校等各类从事农药化学污染物质谱分析技术研究与应用的专业技术人员参考使用。

图书在版编目（CIP）数据

世界常用农药色谱 - 质谱图集 . 液相色谱 - 四极杆 - 静电场轨道阱质谱图集 / 庞国芳等著 .—北京：化学工业出版社，2018.4

（世界常用农药质谱 / 核磁谱图集）

ISBN 978-7-122-31468-0

Ⅰ. ①世… Ⅱ. ①庞… Ⅲ. ①农药 - 色谱 - 质谱 - 图集 Ⅳ. ① TQ450.1-64

中国版本图书馆 CIP 数据核字（2018）第 015446 号

责任编辑：成荣霞　　文字编辑：李　玥

责任校对：王　静　　装帧设计：王晓宇

出版发行：化学工业出版社（北京市东城区青年湖南街 13 号　邮政编码 100011）

印　　刷：大厂聚鑫印刷有限责任公司

装　　订：三河市胜利装订厂

880mm×1230mm　1/16　印张 80¼　字数 2527 千字　2018 年 8 月北京第 1 版第 1 次印刷

购书咨询：010-64518888（传真：010-64519686）　售后服务：010-64518899

网　　址：http://www.cip.com.cn

凡购买本书，如有缺损质量问题，本社销售中心负责调换。

定　　价：338.00 元

《世界常用农药质谱/核磁谱图集》
编写人员（研究者）名单

世界常用农药色谱－质谱图集：液相色谱－四极杆－静电场轨道阱质谱图集

庞国芳　范春林　陈辉　金铃和　常巧英

世界常用农药色谱－质谱图集：气相色谱－四极杆－静电场轨道阱质谱图集

庞国芳　范春林　吴兴强　常巧英

世界常用农药色谱－质谱图集：气相色谱－四极杆－飞行时间二级质谱图集

庞国芳　范春林　李建勋　李晓颖　常巧英　胡雪艳　李岩

世界常用农药核磁谱图集

庞国芳　张磊　张紫娟　聂娟伟　金冬　方冰　李建勋　范春林

Contributors/Researchers for *Mass Spectrometry/ Nuclear Magnetic Resonance Spectra Collection of World Commonly Used Pesticides*

Chromatography-Mass Spectrometry Collection of World Commonly Used Pesticides: Collection of Liquid Chromatography Coupled with Quadrupole Orbitrap Mass Spectrometry

Guo-fang Pang, Chun-lin Fan, Hui Chen, Ling-he Jin, Qiao-ying Chang

Chromatography-Mass Spectrometry Collection of World Commonly Used Pesticides: Collection of Gas Chromatography Coupled with Quadrupole Orbitrap Mass Spectrometry

Guo-fang Pang, Chun-lin Fan, Xing-qiang Wu, Qiao-ying Chang

Chromatography-Mass Spectrometry Collection of World Commonly Used Pesticides: Collection of Tandem Mass Spectra for Gas Chromatography Coupled with Quadrupole Time-of-flight Mass Spectrometry

Guo-fang Pang, Chun-lin Fan, Jian-xun Li, Xiao-ying Li, Qiao-ying Chang, Xue-yan Hu, Yan Li

Nuclear Magnetic Resonance Spectra Collection of World Commonly Used Pesticides

Guo-fang Pang, Lei Zhang, Zi-juan Zhang, Juan-wei Nie, Dong Jin, Bing Fang, Jian-xun Li, Chun-lin Fan

序 | PREFACE

农药化学污染物残留问题已成为国际共同关注的食品安全重大问题之一。世界各国已实施从农田到餐桌的农药等化学污染物的监测监控调查，其中欧盟、美国和日本均建立了较完善的法律法规和监管体系，制定了农产品中农药最大残留限量（MRLs），在严格控制农药使用的同时，不断加强和重视食品中有害残留物质的监控和检测技术的研发，并形成了非常完善的监控调查体系。相比之下，尽管我国有关部门都有不同的残留监控计划，但还没有形成一套严格的法律法规和全国“一盘棋”的监控体系，各部门仅有的残留数据资源在食品安全监管中发挥的作用也十分有限。同时，我国于 2017 年 6 月实施的国家标准《食品安全国家标准——食品中农药最大残留限量》（GB 2763—2016），仅规定了食品中 433 种农药的 4140 项最大残留限量，与欧盟、日本等国家和地区间的限量标准要求存在很大的差距，这对我国农药残留分析技术的研发与农药残留限量标准的制定均提出了挑战。

解决上述问题，最大关键点在于研发高通量农药多残留侦测技术。庞国芳院士团队经过 10 年的深入研究，在建立 GC-Q-TOF/MS 485 种和 LC-Q-TOF/MS 525 种农药精确质谱库的基础上，研究开发了非靶向、高通量 GC-Q-TOF/MS 和 LC-Q-TOF/MS 联用农药残留检测技术，可适用于 1200 种农药残留检测。目前，该团队依托“食品中农药化学污染物高通量侦测技术研究与示范（2012BAD29B01）”和“水果和蔬菜中农药化学污染物残留水平调查及数据库建设（2015FY111200）”等项目，于 2012—2015 年在全国 31 个省（自治区、直辖市）的 284 个县区 638 个采样点，采集了 22278 多批水果和蔬菜样品，采用这些技术对其中的农药及化学污染物进行了侦测。基于海量农药残留侦测结果，庞国芳院士团队创新性地将高分辨质谱与互联网和地理信息系统有机融合在一起，亮点如下：①研发高分辨质谱 + 互联网 + 数据科学三元融合技术，实现了农药残留检测报告生成自动化，一本图文并茂的农药残留侦测报告可在 30 分钟内自动生成，大大提高了侦测报告的精准度，其制作效率是传统分析方法无可比拟的，这为农药残留数据分析提供了有效工具；②研发高分辨质谱

+ 互联网 + 地理信息系统（GIS）三元融合技术，实现了农药残留风险溯源视频化，构建了面向“全国 - 省 - 市（区）”多尺度的开放式专题地图表达框架，既便于现有数据的汇聚，也实现了未来数据的动态添加和实时更新。

这些创新成果的取得与庞国芳院士团队在前期采用 6 类色谱 - 质谱技术评价了世界常用 1200 多种农药化学污染物在不同条件下的质谱特征，采集数万幅质谱图著写的《世界常用农药色谱 - 质谱图集》（五卷）是密不可分的。这五卷图谱的出版填补了国内相关研究的空白，在国内外相关领域引起了强烈反响。近两年，庞国芳科研团队又重点评价了农药化学污染物气相色谱 - 四极杆 - 飞行时间二级质谱特征和液相 / 气相色谱 - 四极杆 - 静电场轨道阱质谱特征，采集三种仪器的高分辨质谱图，形成了《世界常用农药色谱 - 质谱图集》新三卷。这同样是一项色谱 - 质谱分析理论基础研究，是庞国芳科研团队新的原创性研究成果。他们站在了国际农药残留分析的前沿，满足了国家的需要，奠定了农药残留高通量检测的理论基础，在学术上具有创新性，在实践中具有很高的应用价值。

随着这三卷图集的出版，庞国芳院士团队的农药残留高通量侦测技术也日臻成熟，这必将有力地促进我国农药残留监控体系的构建和完善。同时也为落实《中华人民共和国国民经济和社会发展第十三个五年规划纲要》中提出的“强化农药和兽药残留超标治理（第十八章第四节）”“实施化肥农药使用量零增长行动（第十八章第五节）”和“提高监督检查频次和抽检监测覆盖面，实行全产业链可追溯管理（第六十章第八节）”提供重要技术支撑。

魏复盛

（中国工程院院士）

2017 年 11 月 11 日

前言 | FOREWORD

食品中农药及化学污染物残留问题是引发食品安全事件的重要因素，是世界各国及国际组织共同关注的食品安全重大问题之一。目前，世界上常用的农药种类超过1000种，而且不断地有新的农药被研发和应用，农药残留在对人类身体健康和生存环境造成潜在危害的同时，也给农药残留检测技术提出了越来越高的要求和新的挑战。

农药残留检测技术是保障食品安全方面至关重要的研究内容。近几十年来，世界各国科学家致力于食品中农药残留检测技术研究。应用相对较广的是气相色谱 - 质谱和液相色谱 - 质谱，测定的农药范围在几十种到上百种。一直以来，这两种技术在对目标农药及化学污染物准确定性和定量测定方面发挥着非常重要的作用。然而，不得不承认的是这些技术也具有一定的局限性：①在检测之前，需要对每个待测化合物的采集参数进行优化；②由于扫描速度和驻留时间等仪器参数的原因，限制了这些技术一次测定的农药种类，通常不超过200种；③只能目标性地检测方法列表中的化合物，而无法检测目标外的化合物；④对于单次运行检测的多种农药残留结果而言，数据处理过程相对较为复杂、耗时。目前，世界各国对食品农产品中农药等农用化学品残留限量方面提出了越来越严格的要求，涵盖的农药化学品种类越来越多，最大允许残留量越来越低。例如，欧盟、日本和美国分别制定了169068项（481种农药）、44340项（765种农药）、13055项（395种农药）农药残留限量标准。面对如此种类繁多、性质各异的农药，以及各种复杂的样品基质，应用低分辨质谱开展目标化合物的常规检测已经不能满足实际需求。

笔者团队经过10年的深入研究，在建立GC-Q-TOF/MS 485种和LC-Q-TOF/MS 525种农药精确质谱库的基础上，研究开发了非靶向、高通量GC-Q-TOF/MS和LC-Q-TOF/MS联用农药残留检测技术，可适用于1200种残留农药检测。这使得农药残留检测效率得到了飞跃性的提高，为获得准确可靠的海量农药残留检测结果奠定了基础。在这项研究的前期，采用6类色谱 - 质谱技术评价了世界常用1200多种农药化学污染物在不同条件下的质谱特征，采集数万幅质谱图著写了《世界常用农药色谱 - 质谱图集》（五卷）。在此基础上，近两年笔者团队又重点评价了农药化学污染物的气相色谱 - 四极杆 - 飞行时间二级质谱特征和液相 / 气相色谱 - 四极杆 - 静电场轨道阱质谱特征，采集三种仪器的高分辨质谱图，形成了《世界常用农药色谱 - 质谱图集》新三卷。这是笔者科研团队近十几年来开展农药残留色谱 - 质谱联用技术方法学研究的又一重要成果。目前，应用上述三种技术评价了 1200 多种农药化学污染物各自的质谱特征，采集了相应的质谱图，并建立了相应的数据库，从而研究开发了 640 多种目标农药化学污染物（其中包括 209 种 PCBs）GC-Q-TOF/MS 高通量侦测方法和 570 多种农药化学污染物 LC/GC-Q-Orbitrap/MS 高通量侦测方法，一次统一制备样品，三种方法合计可以同时侦测水果、蔬菜中 1200 多种农药化学污染物，达到了目前国际同类研究的领先水平。

笔者科研团队认为，这种建立在色谱 - 质谱高分辨精确质量数据库基础上的 1200 多种农药高通量筛查侦测方法是一项有重大创新的技术，也是一项可广泛应用于农药残留普查、监控、侦测的技术，它将大大提升农药残留监控能力和食品安全监管水平。这项技术的研究成功，《世界常用农药色谱 - 质谱图集》功不可没。因此，借《世界常用农药色谱 - 质谱图集》新三卷出版之际，对参与本书编写的团队其他研究人员，表示衷心感谢！

2017 年 10 月 10 日

色谱－质谱条件 Chromatography-Mass Spectrometry Conditions

一、色谱条件

① 色谱柱：Accucore aQ，150mm×2.1mm，2.6μm。

② 流动相：A 相为 0.1% 甲酸溶液，含 0.38g/L 乙酸铵；B 相为甲醇。

③ 梯度洗脱程序：前运行 5min；0min，0B；4min，20%B；5.5min，40%B；10.5min，100%B；12.9min，100%B；15min，0B。

④ 流速：0.4mL/min。

⑤ 柱温：25℃。

⑥ 进样量：5μL。

二、质谱条件

① 电喷雾离子源：正模式。

② 喷雾电压：3.5kV。

③ 毛细管温度：320℃。

④ 鞘气流量：40arb[1]。

⑤ 辅助气流量：10arb。

⑥ 扫描模式：Full MS-ddMS^2。

⑦ 采集范围 *m/z*：70～1050。

⑧ 分辨率：70000，Full MS；17500，MS/MS。

⑨ 归一化碰撞能：40(50%)。

⑩ C-trap 最大容量：Full MS，10^6；MS/MS，10^5。

⑪ C-trap 最大注入时间：Full MS，200ms；MS/MS，60ms。

---

❶ 1arb ≈ 0.3L/min。

目录 CONTENTS

A page-1

B page-81

E page-379

F page-420

H

I

K page-668

L page-677

M page-682

Q page-1011

R page-1028

S page-1039

T page-1088

U page-1227

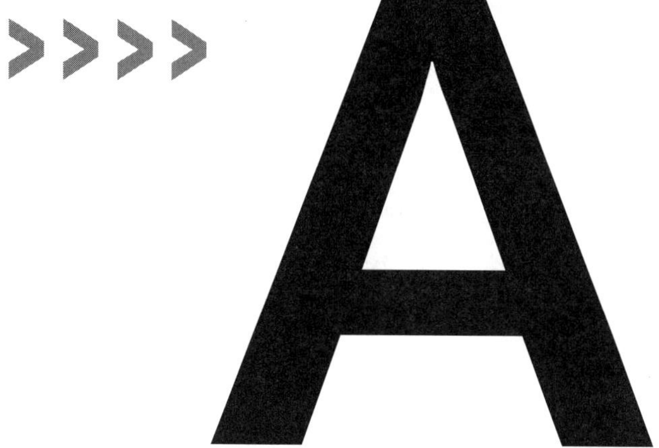

abamectin（阿维菌素）

基本信息

CAS 登录号	71751-41-2	分子量	872.49221	离子源和极性	电喷雾离子源（ESI）
分子式	$C_{48}H_{72}O_{14}$	保留时间	16.39min	极性	正模式

$[M+NH_4]^+$ 提取离子流色谱图

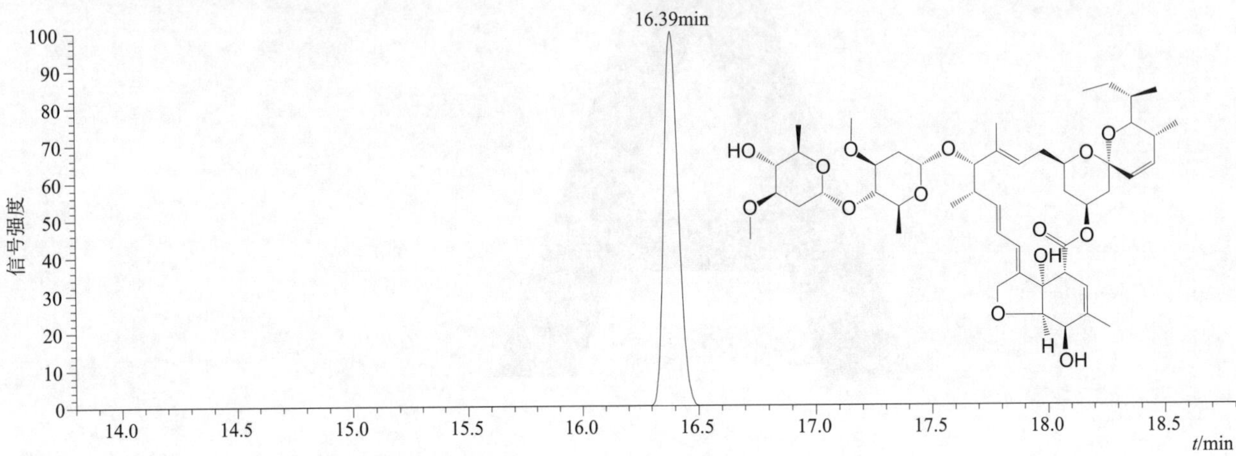

$[M+NH_4]^+$ 和 $[M+Na]^+$ 典型的一级质谱图

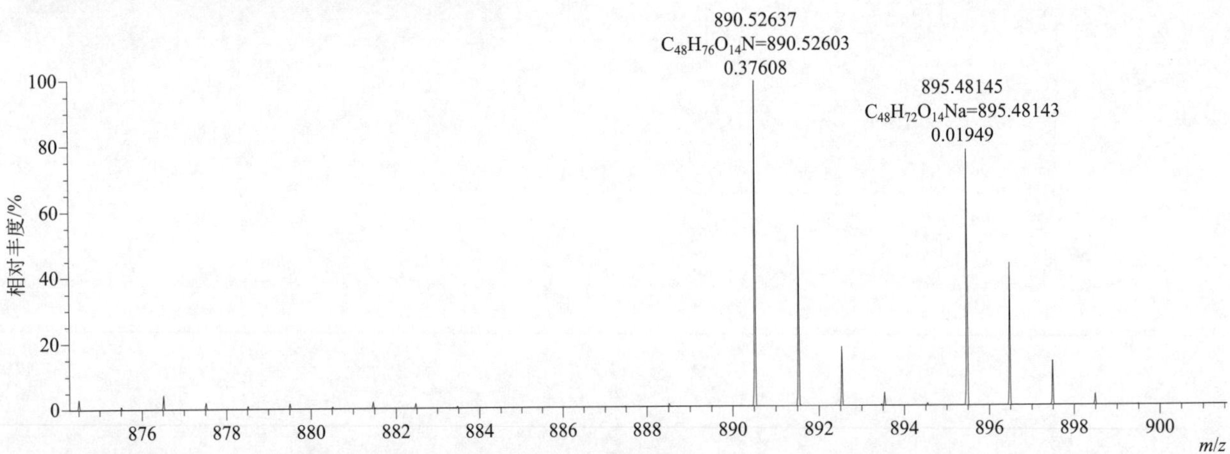

$[M+NH_4]^+$ 归一化法能量 NCE 为 10 时典型的二级质谱图

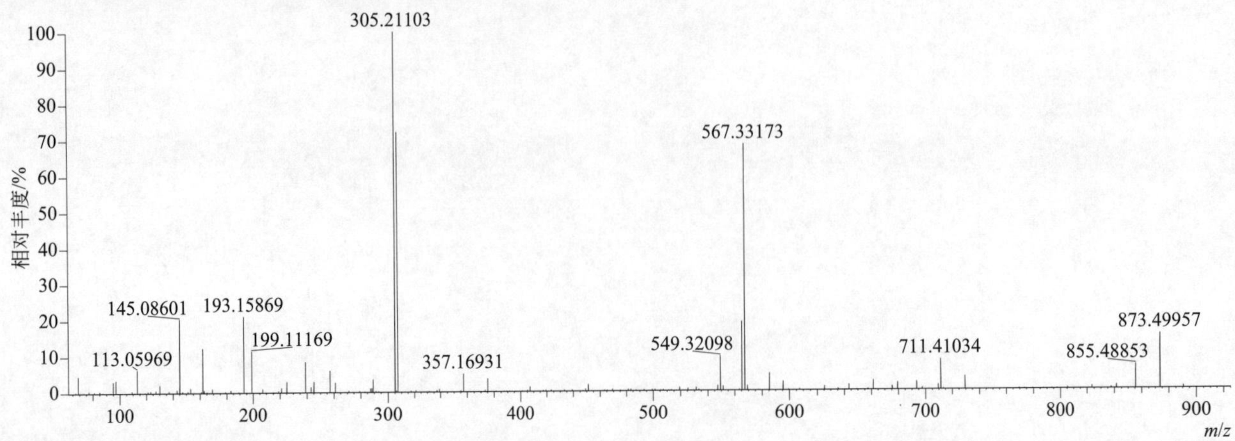

$[M+NH_4]^+$ 归一化法能量 NCE 为 20 时典型的二级质谱图

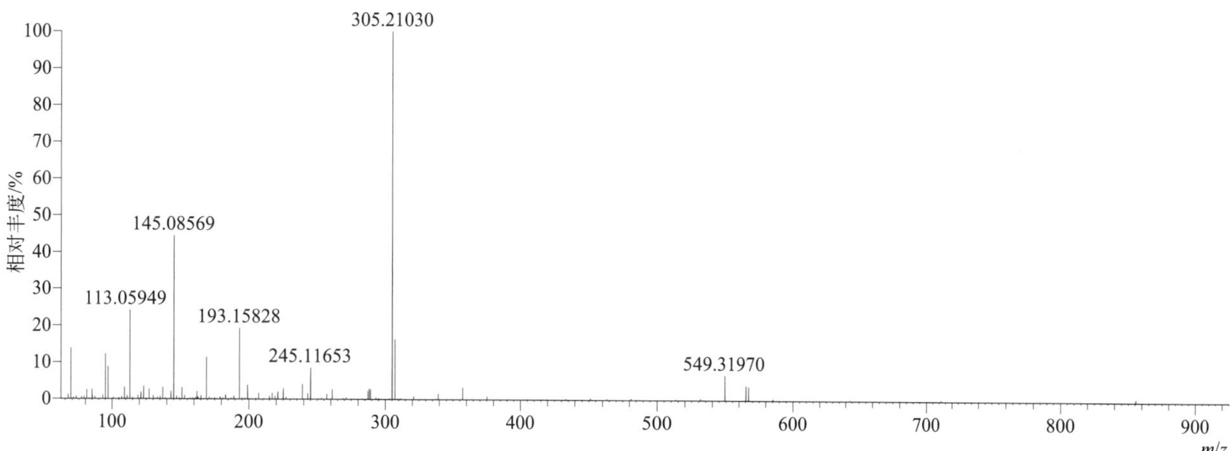

$[M+NH_4]^+$ 归一化法能量 NCE 为 30 时典型的二级质谱图

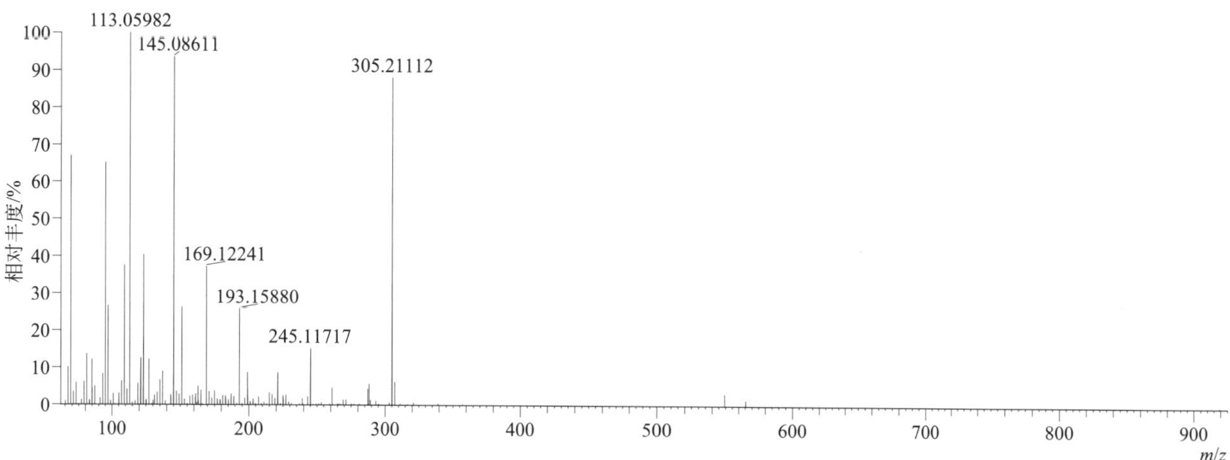

$[M+NH_4]^+$ 阶梯归一化法能量 Step NCE 为 10、20、30 时典型的二级质谱图

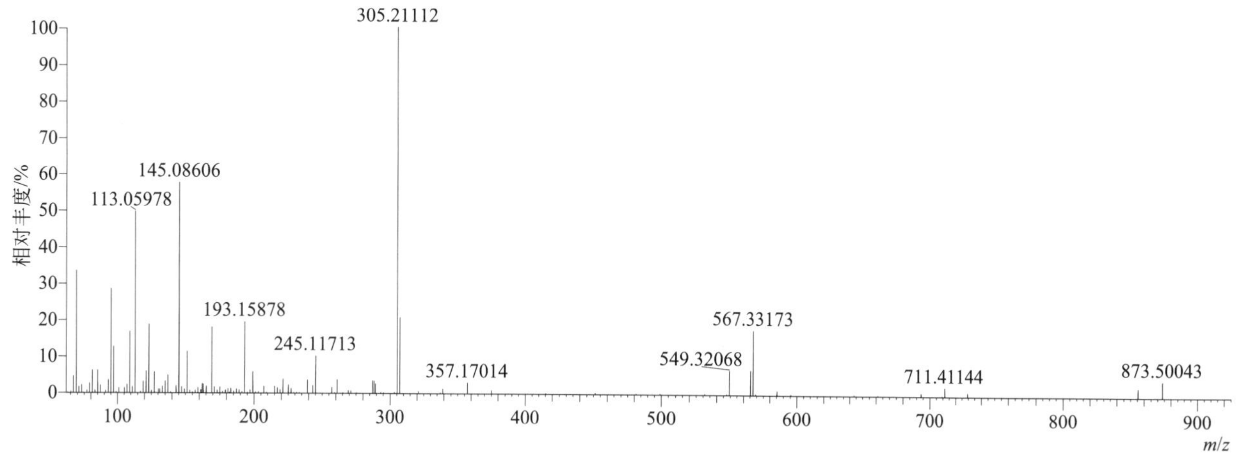

acephate（乙酰甲胺磷）

基本信息

CAS 登录号	30560-19-1	分子量	183.01190	离子源和极性	电喷雾离子源（ESI）
分子式	$C_4H_{10}NO_3PS$	保留时间	4.04min	极性	正模式

$[M+H]^+$ 提取离子流色谱图

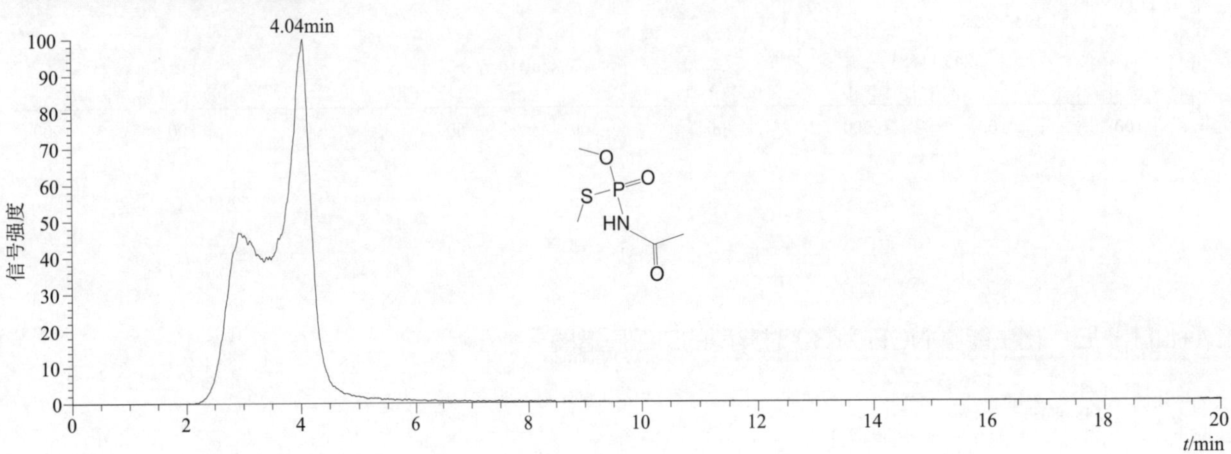

$[M+H]^+$、$[M+NH_4]^+$ 和 $[M+Na]^+$ 典型的一级质谱图

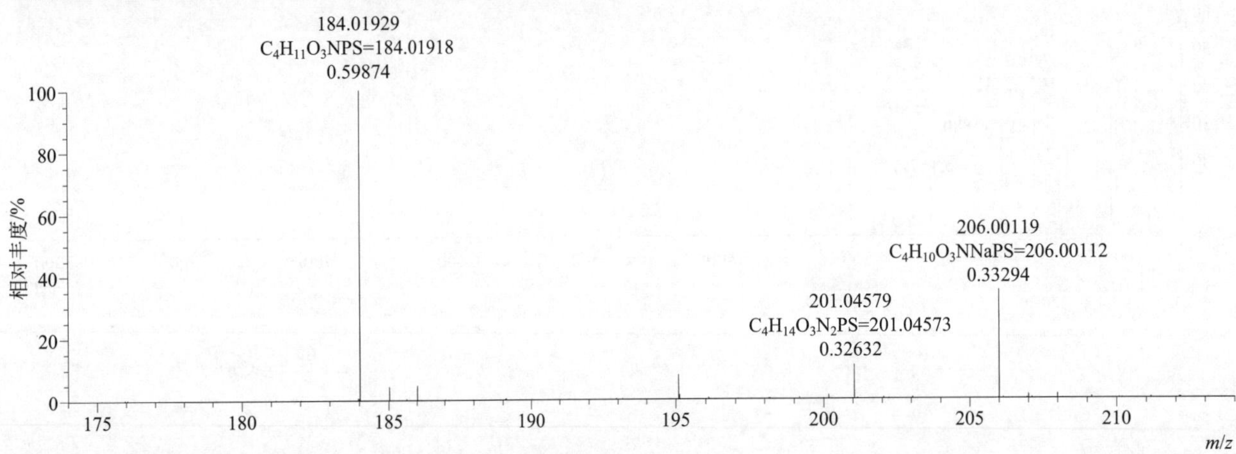

$[M+H]^+$ 归一化法能量 NCE 为 20 时典型的二级质谱图

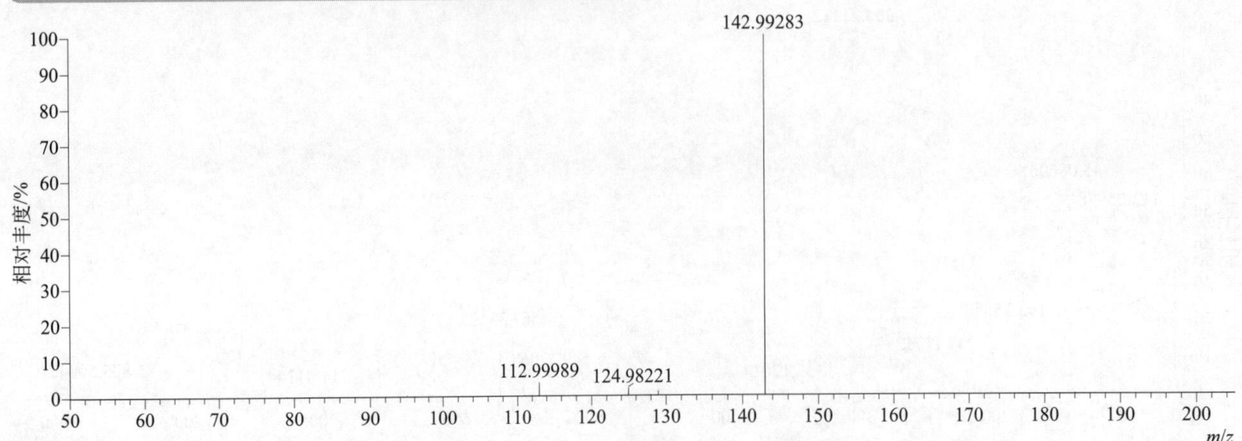

$[M+H]^+$ 归一化法能量 NCE 为 40 时典型的二级质谱图

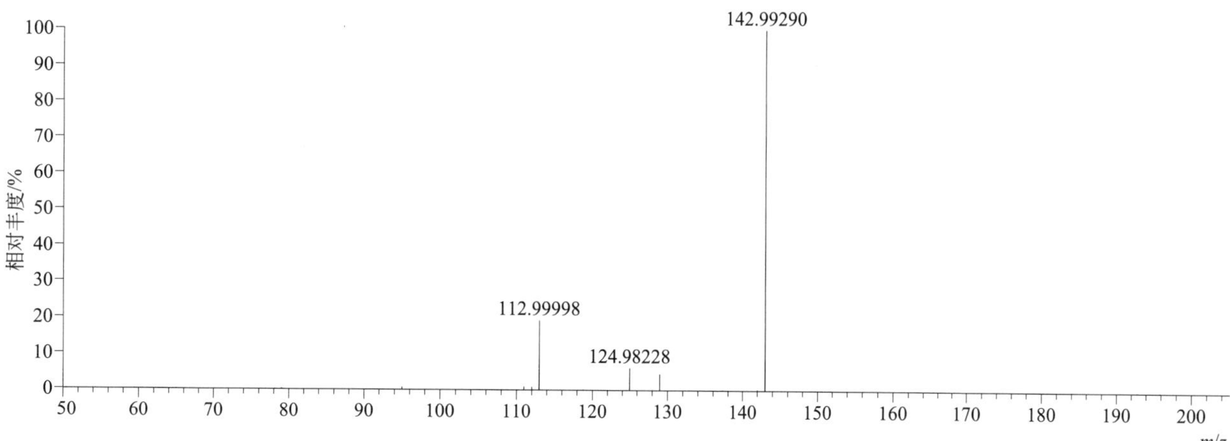

$[M+H]^+$ 归一化法能量 NCE 为 60 时典型的二级质谱图

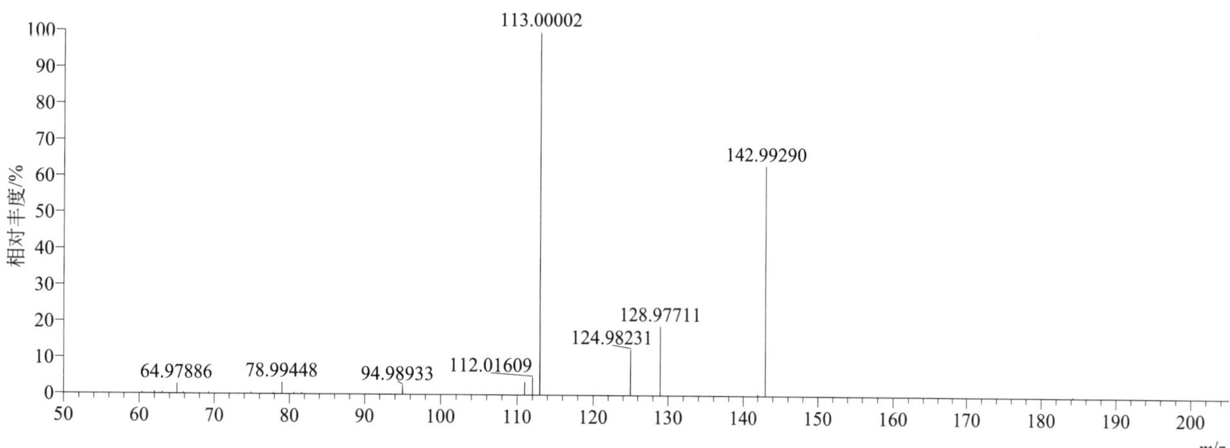

$[M+H]^+$ 阶梯归一化法能量 Step NCE 为 20、40、60 时典型的二级质谱图

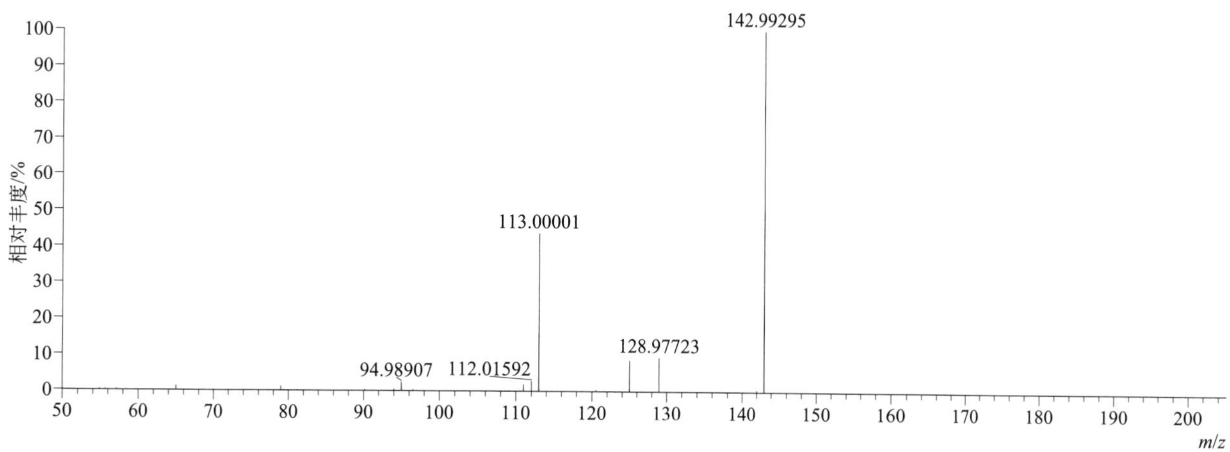

[M+NH$_4$]$^+$ 归一化法能量 NCE 为 20 时典型的二级质谱图

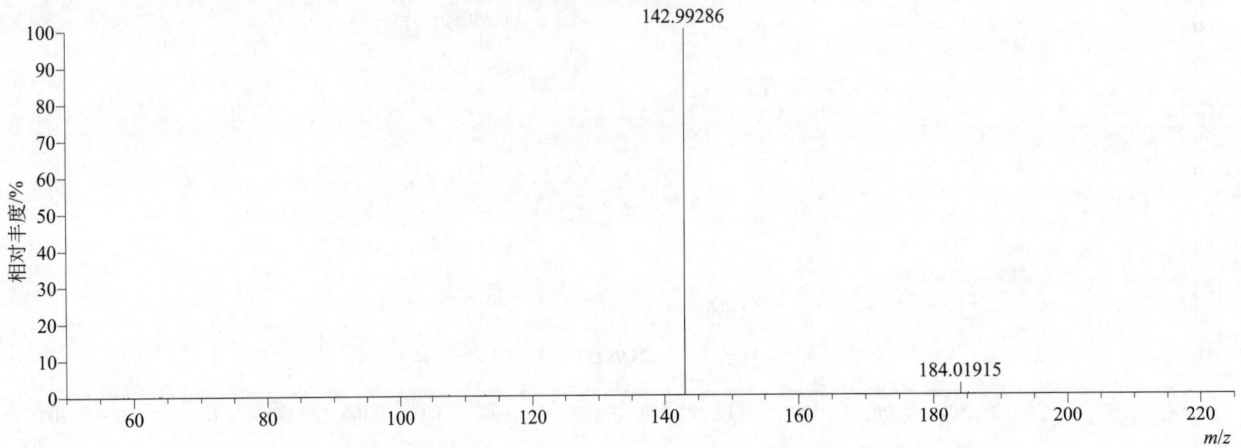

[M+NH$_4$]$^+$ 归一化法能量 NCE 为 40 时典型的二级质谱图

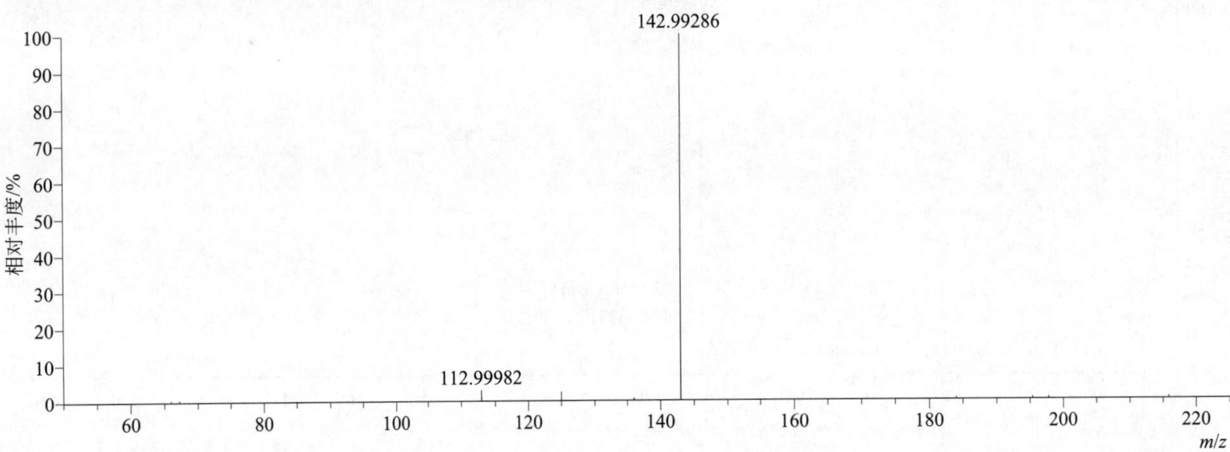

[M+NH$_4$]$^+$ 归一化法能量 NCE 为 60 时典型的二级质谱图

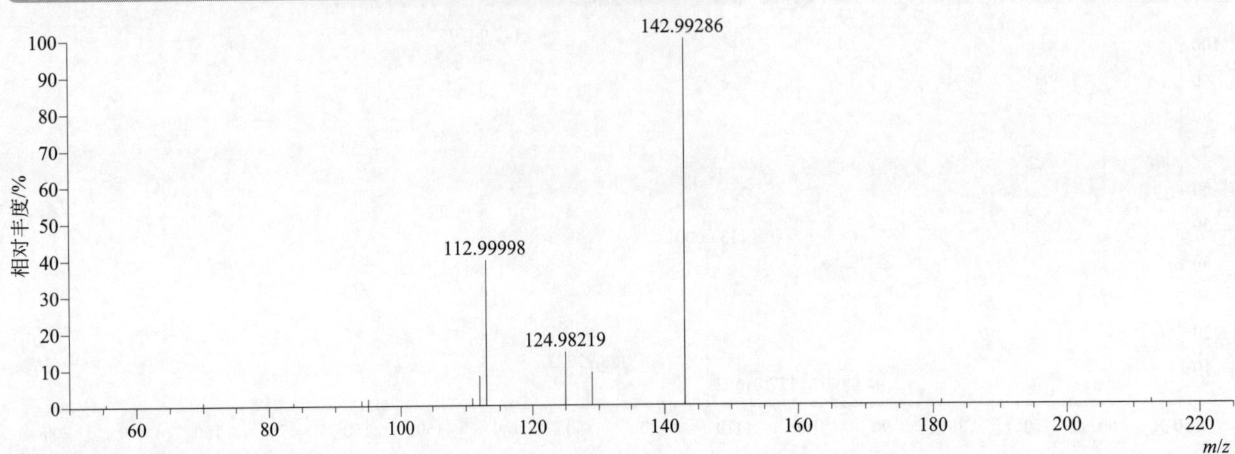

[M+NH$_4$]$^+$ 阶梯归一化法能量 Step NCE 为 20、40、60 时典型的二级质谱图

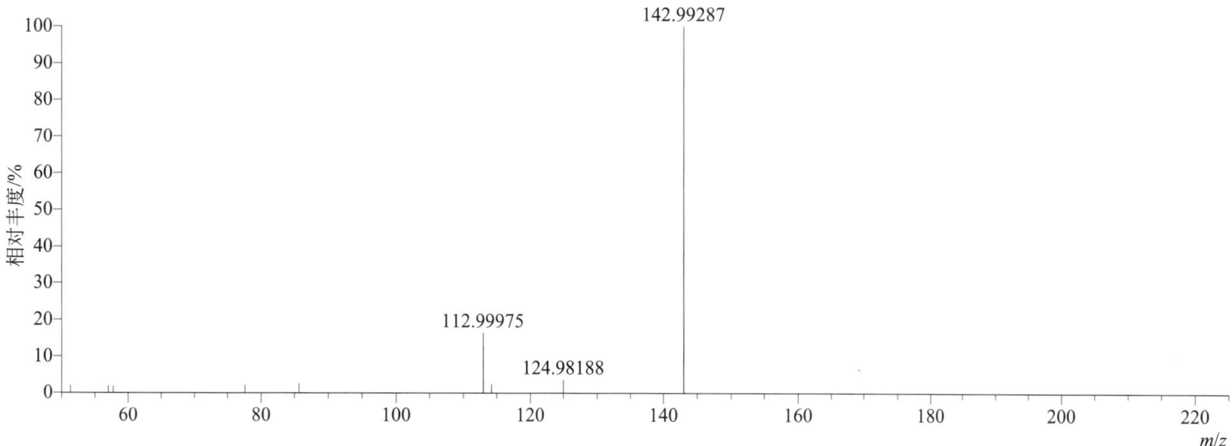

acetamiprid（啶虫脒）

基本信息

CAS 登录号	135410-20-7	分子量	222.06722	离子源和极性	电喷雾离子源（ESI）
分子式	$C_{10}H_{11}ClN_4$	保留时间	12.01min	极性	正模式

[M+H]$^+$ 提取离子流色谱图

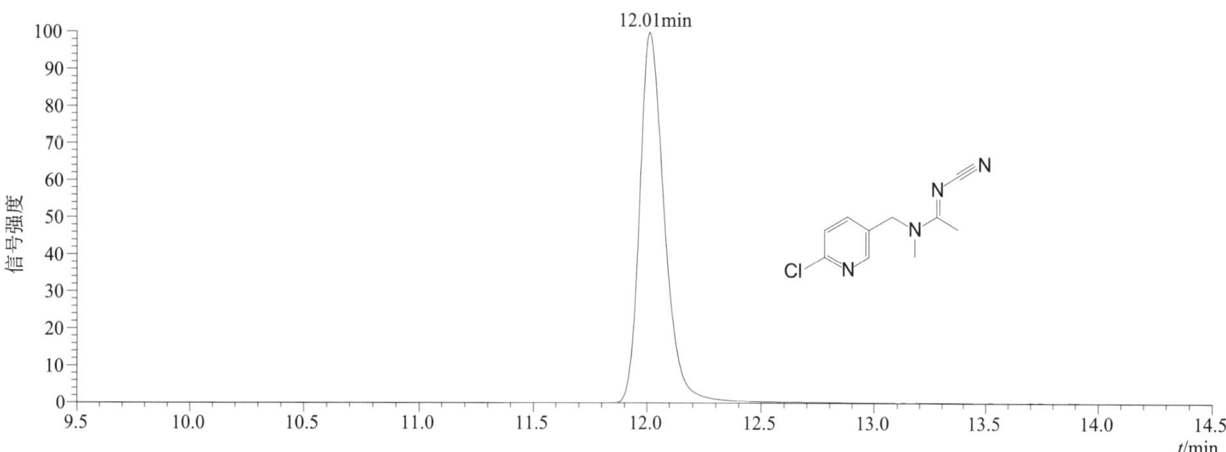

[M+H]$^+$ 典型的一级质谱图

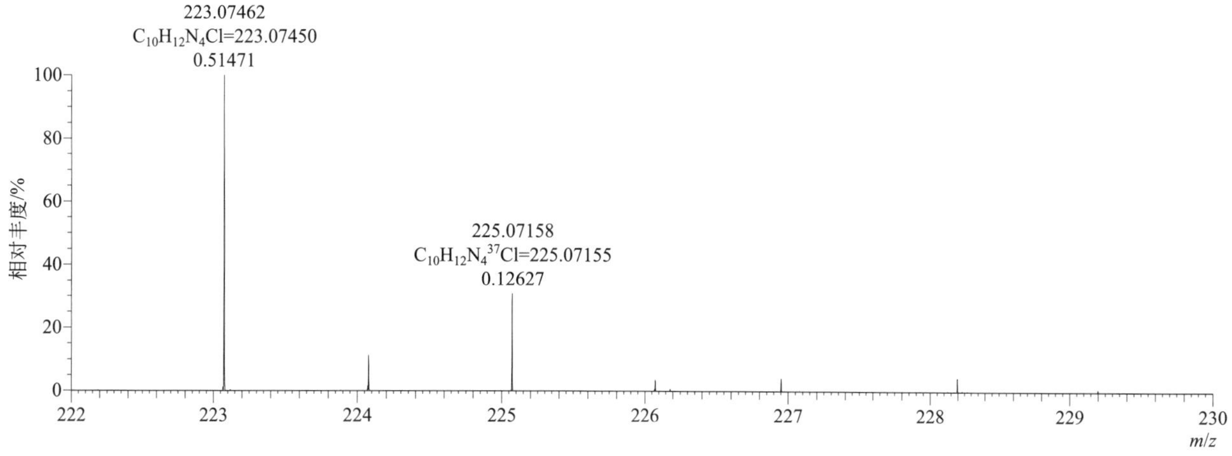

[M+H]$^+$ 归一化法能量 NCE 为 20 时典型的二级质谱图

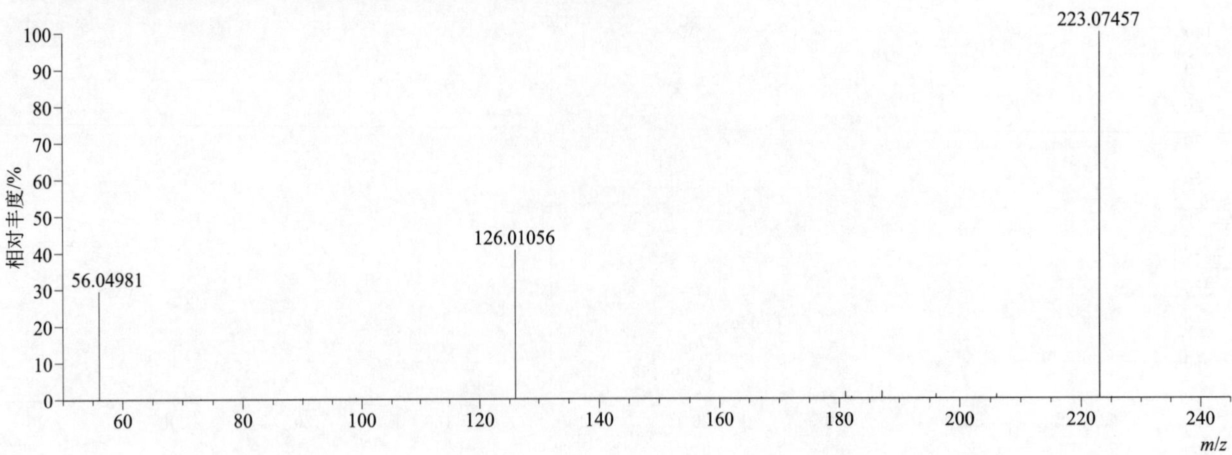

[M+H]$^+$ 归一化法能量 NCE 为 40 时典型的二级质谱图

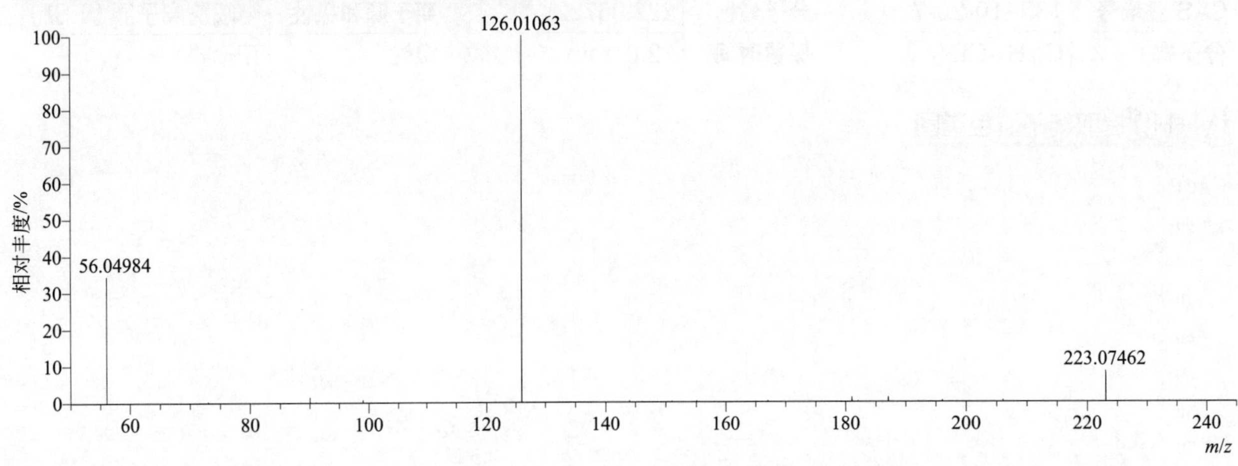

[M+H]$^+$ 归一化法能量 NCE 为 60 时典型的二级质谱图

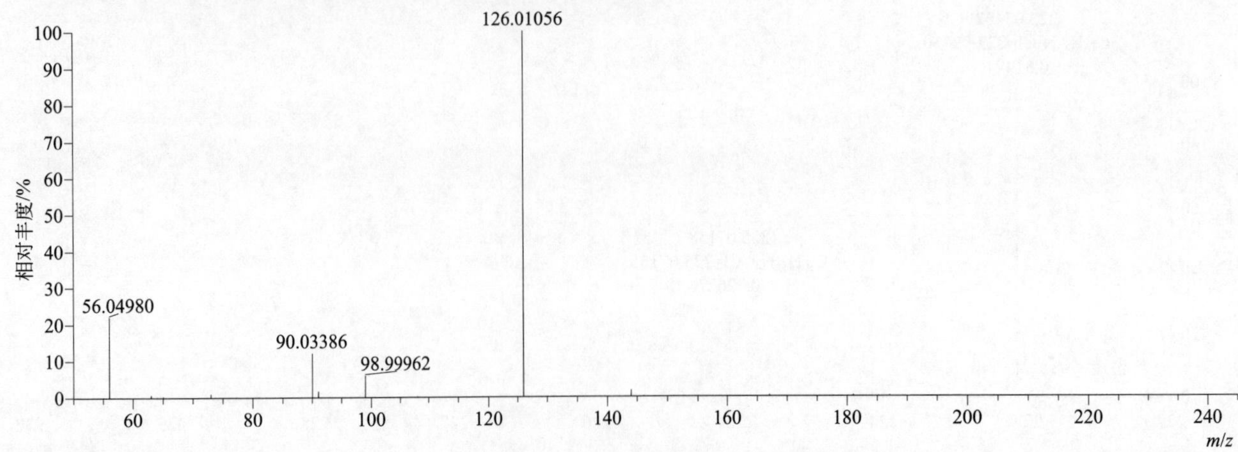

[M+H]+ 阶梯归一化法能量 Step NCE 为 20、40、60 时典型的二级质谱图

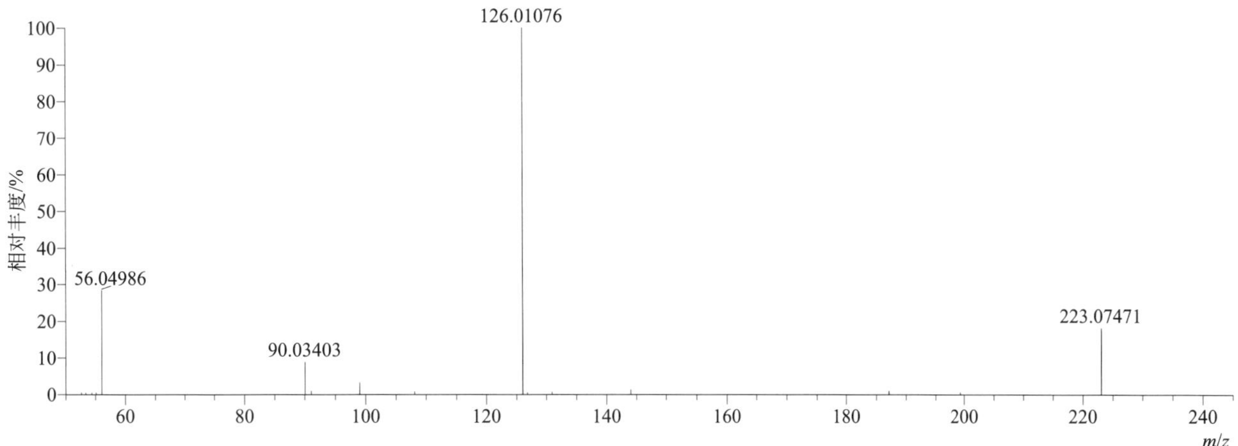

acetamiprid-*N*-desmethyl（*N*- 脱甲基啶虫脒）

基本信息

CAS 登录号	190604-92-3	分子量	208.05157	离子源和极性	电喷雾离子源（ESI）
分子式	$C_9H_9ClN_4$	保留时间	11.91min	极性	正模式

[M+H]+ 提取离子流色谱图

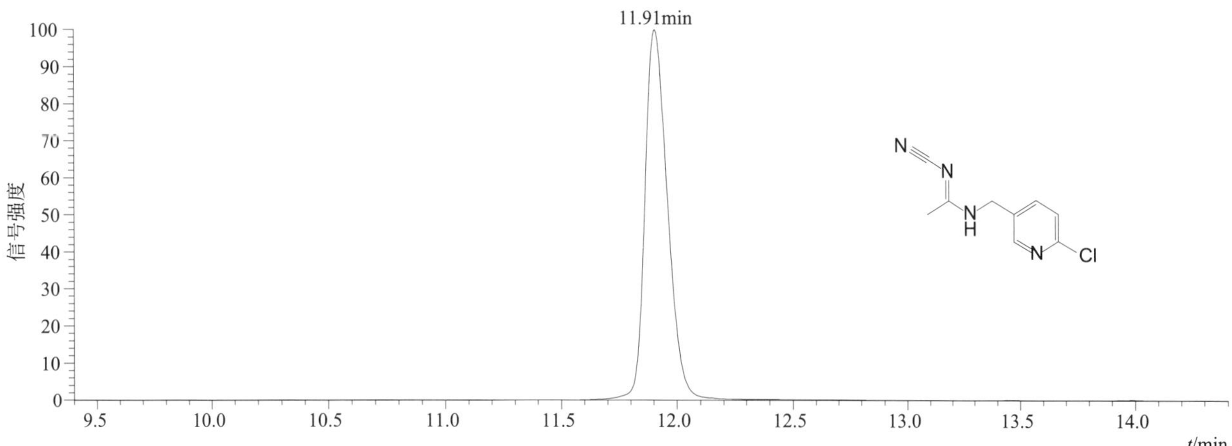

[M+H]+ 典型的一级质谱图

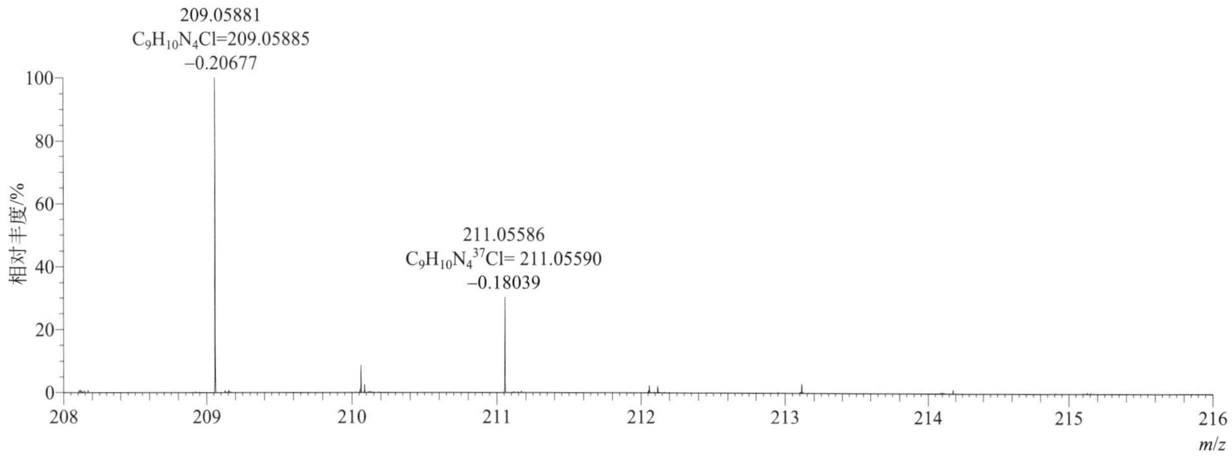

[M+H]⁺ 归一化法能量 NCE 为 20 时典型的二级质谱图

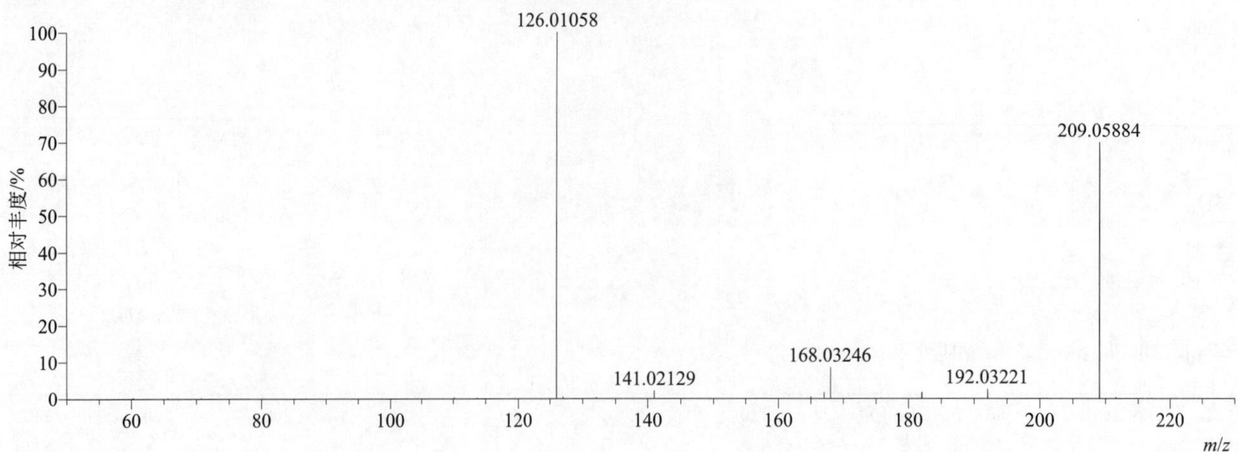

[M+H]⁺ 归一化法能量 NCE 为 40 时典型的二级质谱图

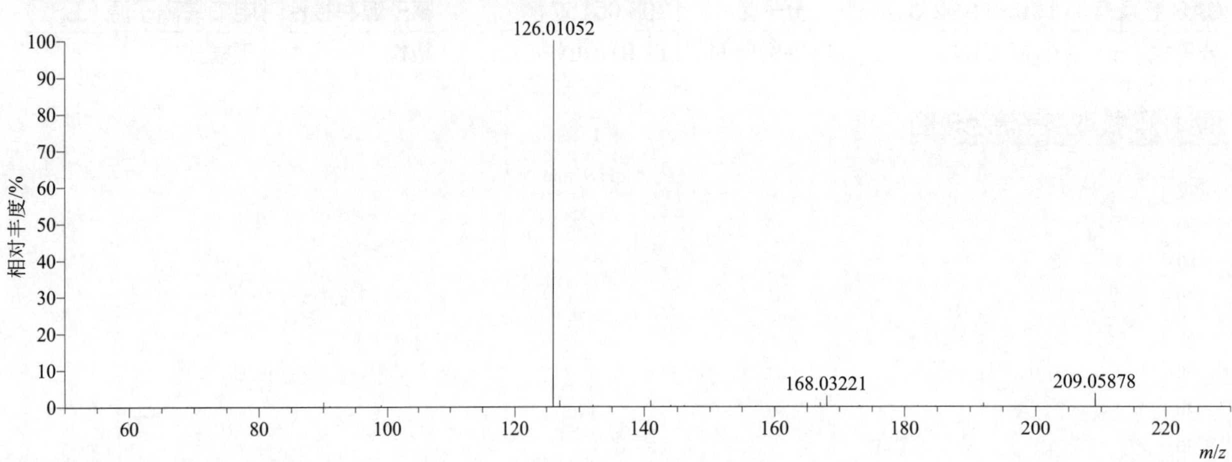

[M+H]⁺ 归一化法能量 NCE 为 60 时典型的二级质谱图

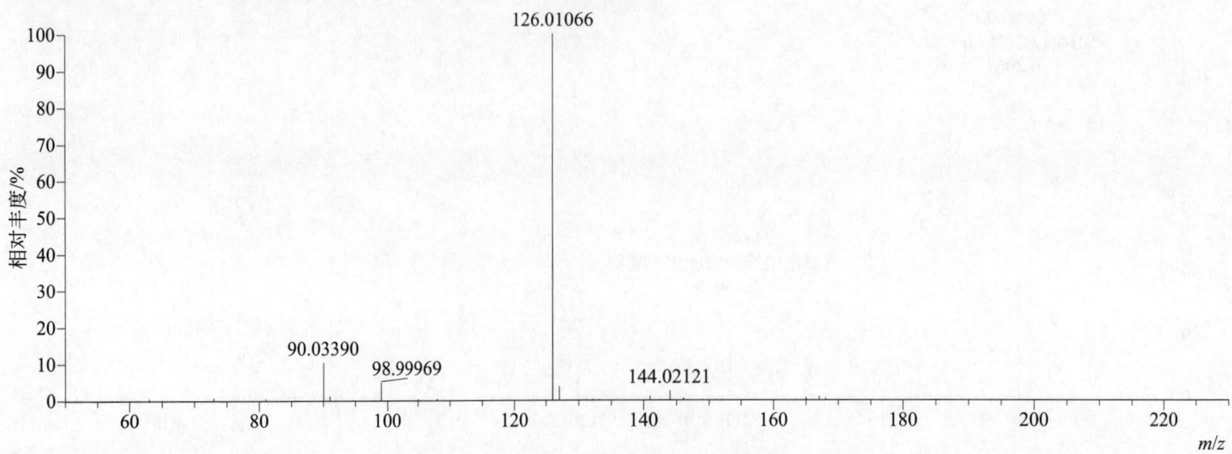

[M+H]⁺ 阶梯归一化法能量 Step NCE 为 20、40、60 时典型的二级质谱图

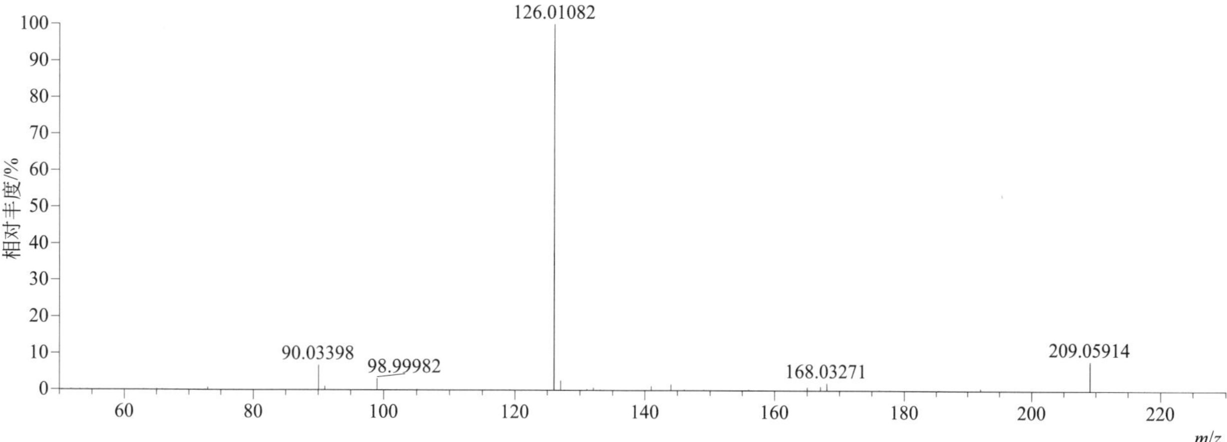

acetochlor（乙草胺）

基本信息

CAS 登录号	34256-82-1	分子量	269.11826	离子源和极性	电喷雾离子源（ESI）
分子式	$C_{14}H_{20}ClNO_2$	保留时间	14.77min	极性	正模式

[M+H]⁺ 提取离子流色谱图

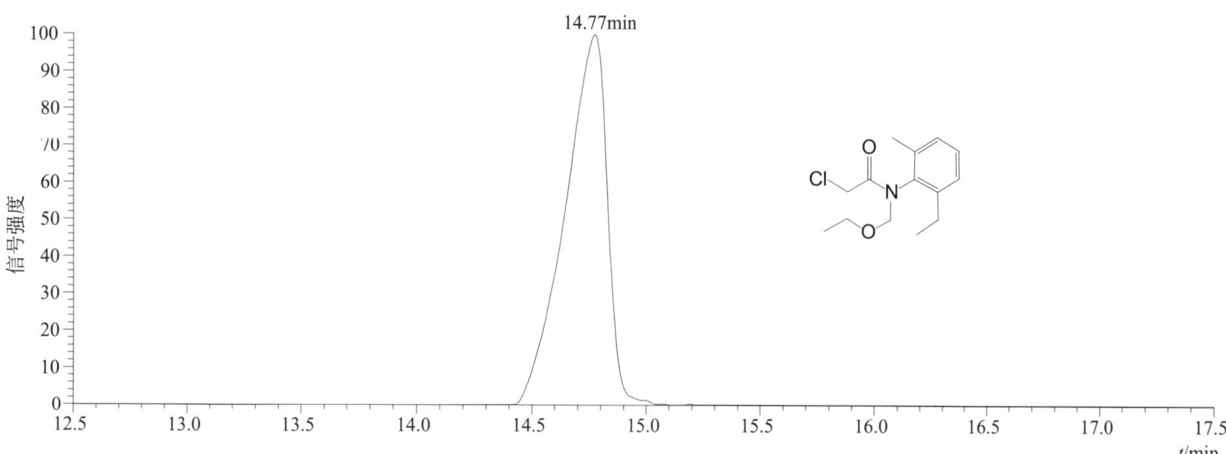

[M+H]⁺ 典型的一级质谱图

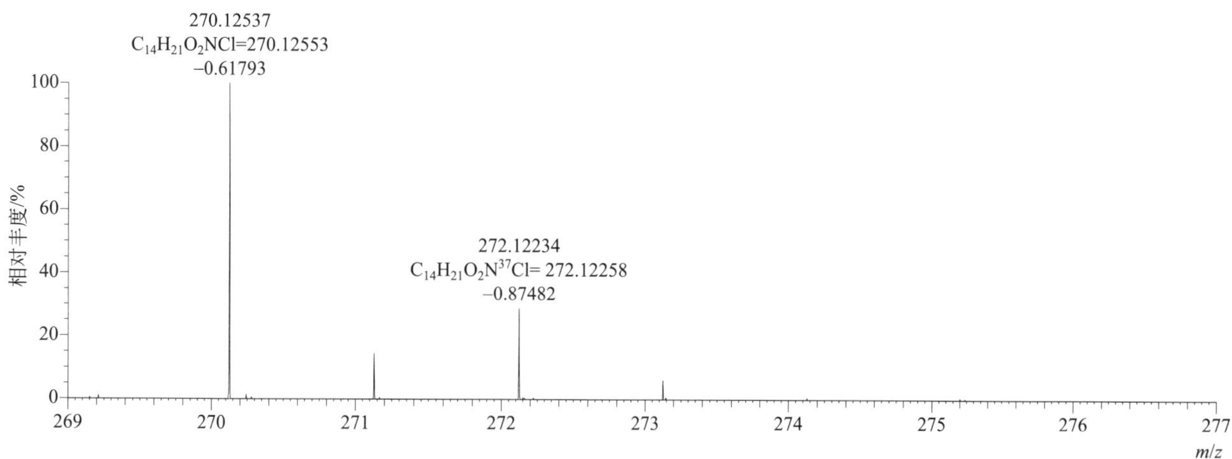

[M+H]$^+$ 归一化法能量 NCE 为 20 时典型的二级质谱图

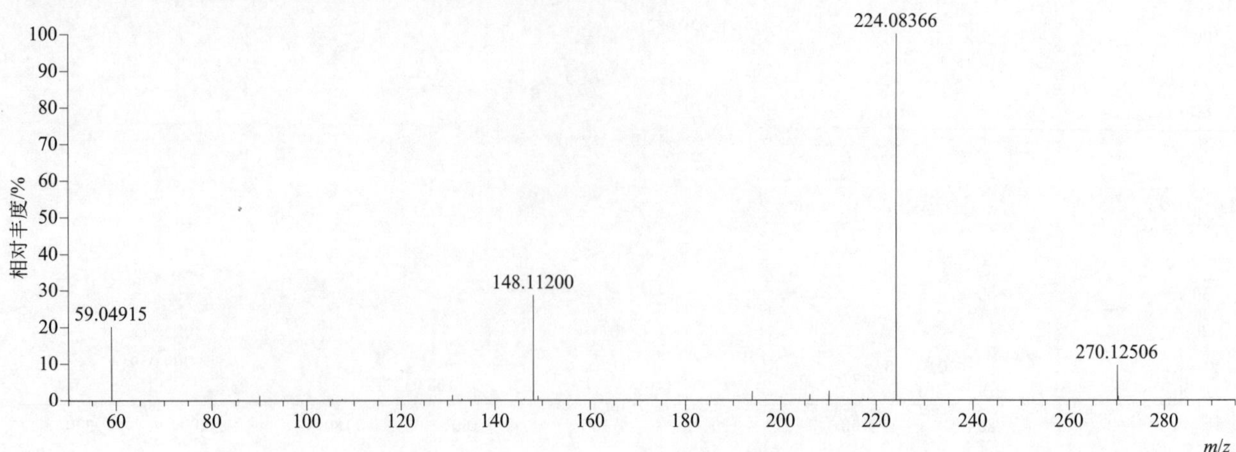

[M+H]$^+$ 归一化法能量 NCE 为 40 时典型的二级质谱图

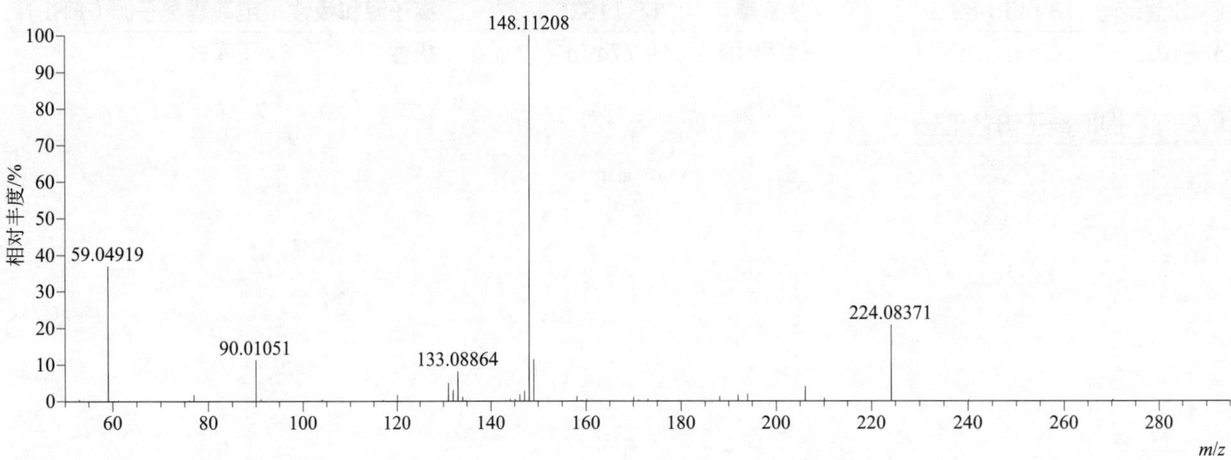

[M+H]$^+$ 归一化法能量 NCE 为 60 时典型的二级质谱图

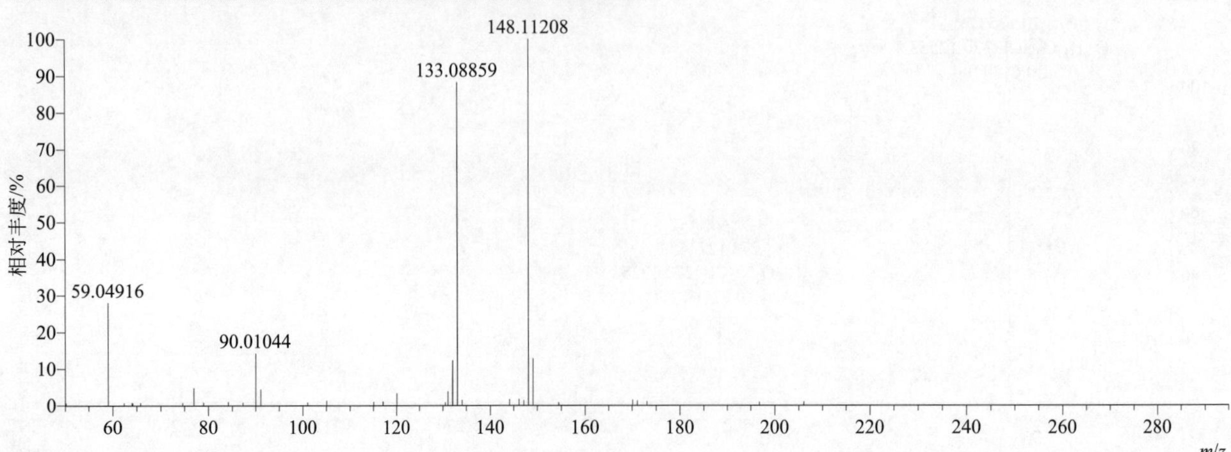

[M+H]⁺ 阶梯归一化法能量 Step NCE 为 20、40、60 时典型的二级质谱图

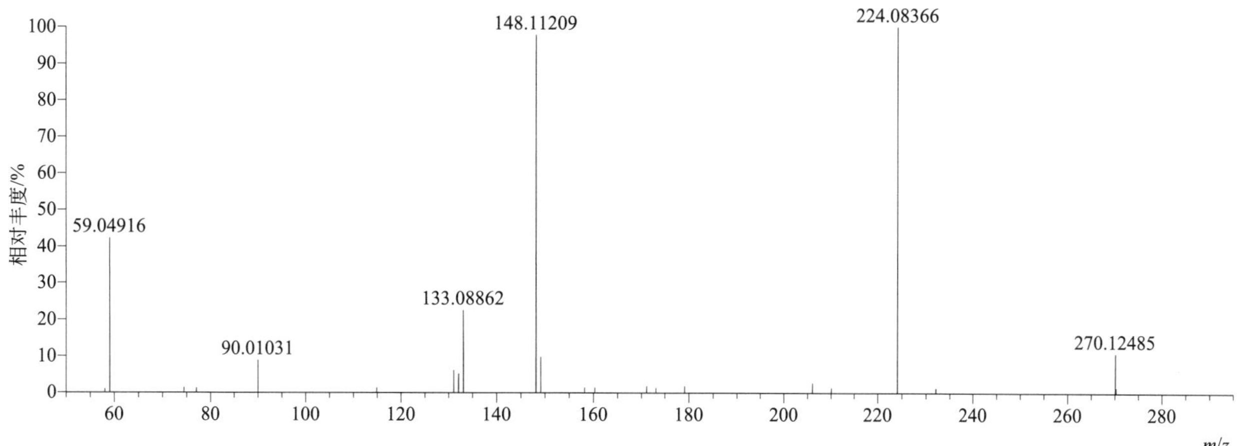

aclonifen（苯草醚）

基本信息

CAS 登录号	74070-46-5	分子量	264.03017	离子源和极性	电喷雾离子源（ESI）
分子式	$C_{12}H_9ClN_2O_3$	保留时间	15.24min	极性	正模式

[M+H]⁺ 提取离子流色谱图

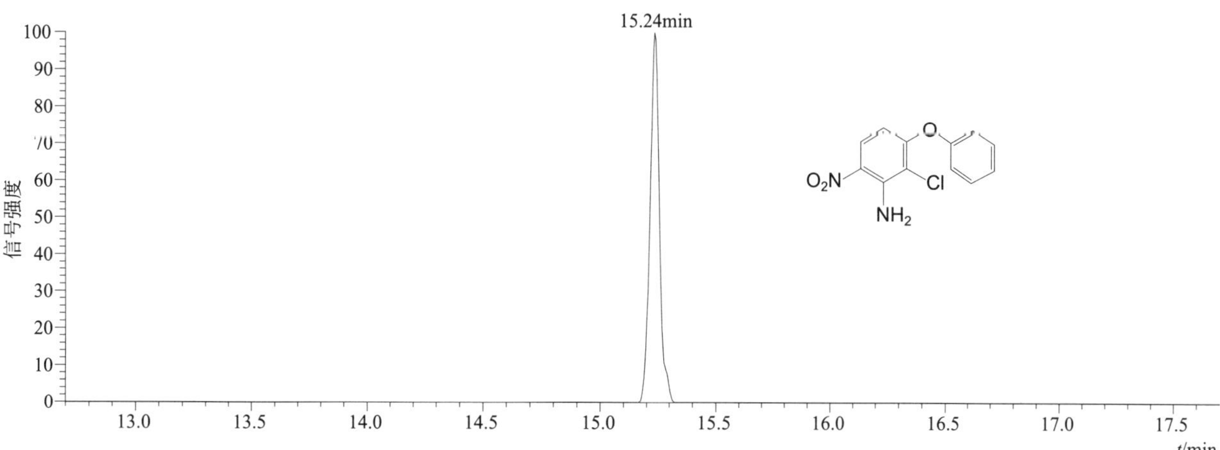

[M+H]⁺ 典型的一级质谱图

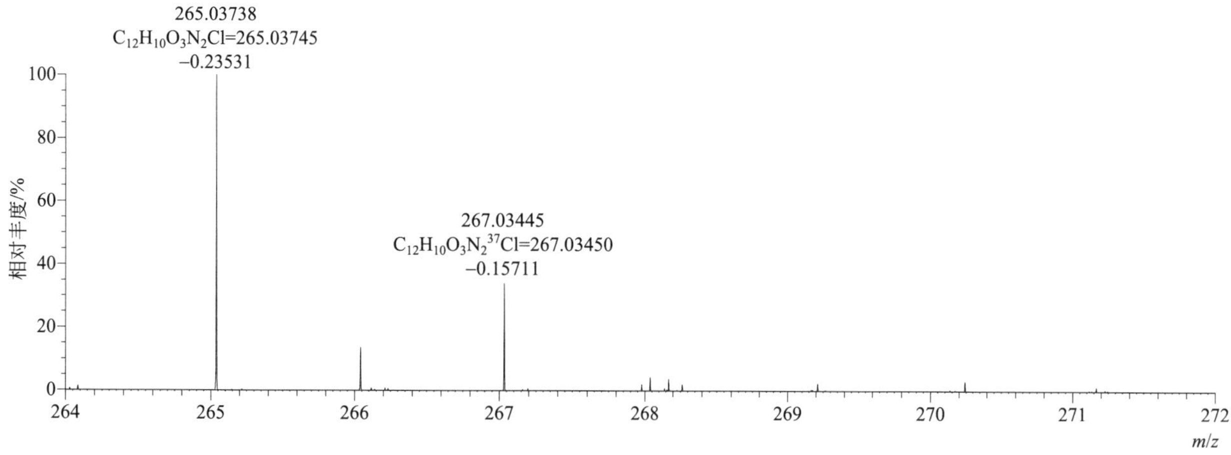

[M+H]+ 归一化法能量 NCE 为 20 时典型的二级质谱图

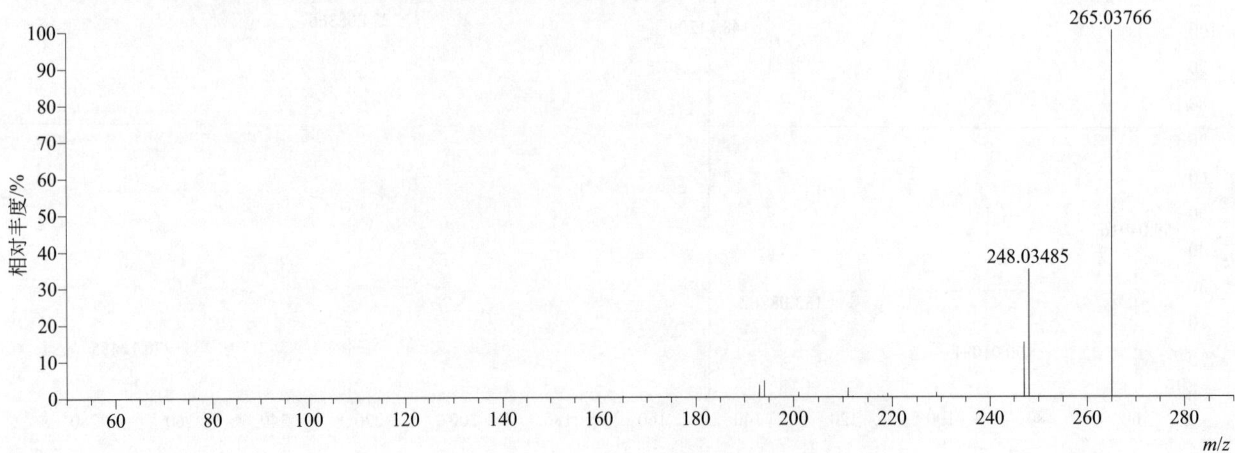

[M+H]+ 归一化法能量 NCE 为 40 时典型的二级质谱图

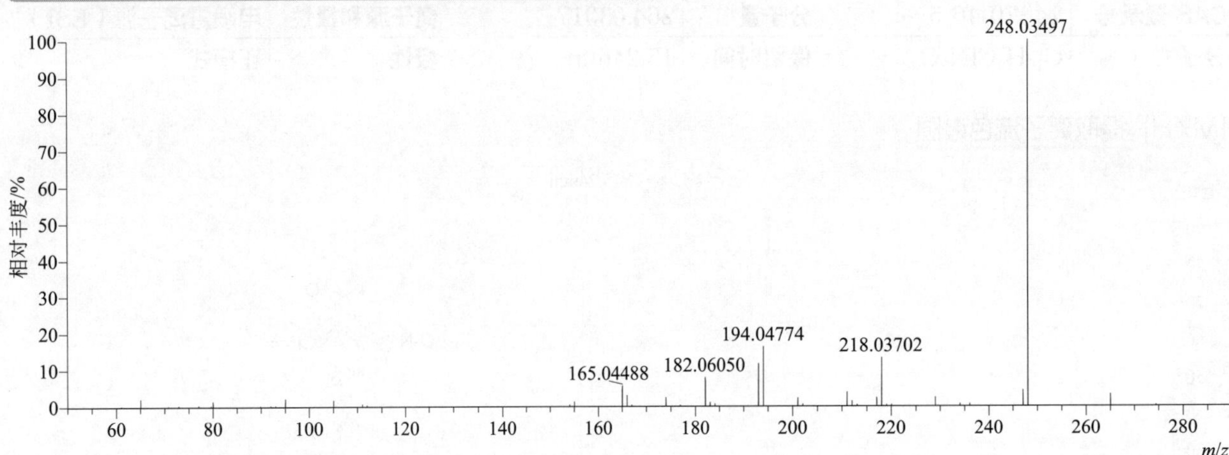

[M+H]+ 归一化法能量 NCE 为 60 时典型的二级质谱图

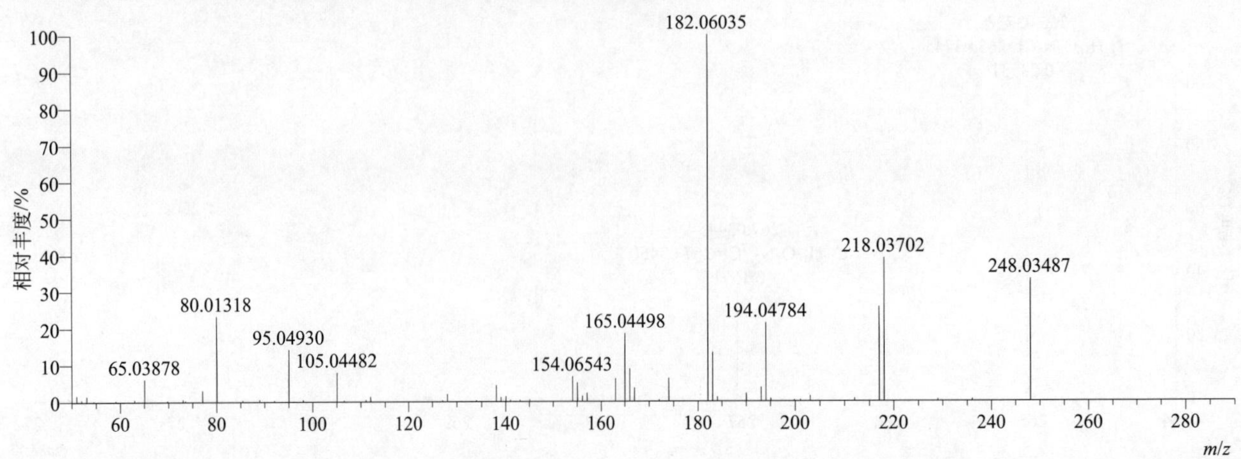

[M+H]+ 阶梯归一化法能量 Step NCE 为 20、40、60 时典型的二级质谱图

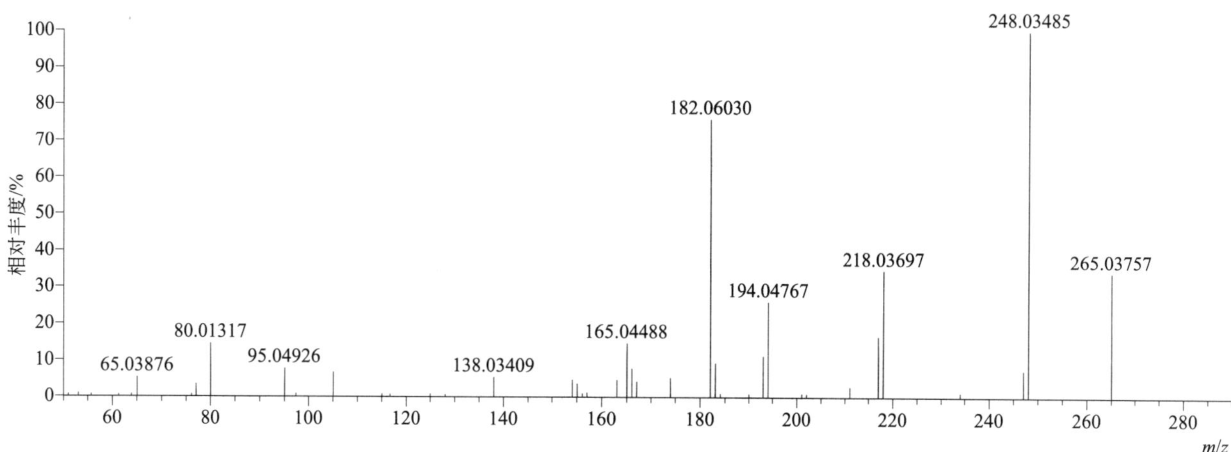

albendazole（丙硫多菌灵）

基本信息

CAS 登录号	54965-21-8	分子量	265.08850	离子源和极性	电喷雾离子源（ESI）
分子式	$C_{12}H_{15}N_3O_2S$	保留时间	14.20min	极性	正模式

[M+H]+ 提取离子流色谱图

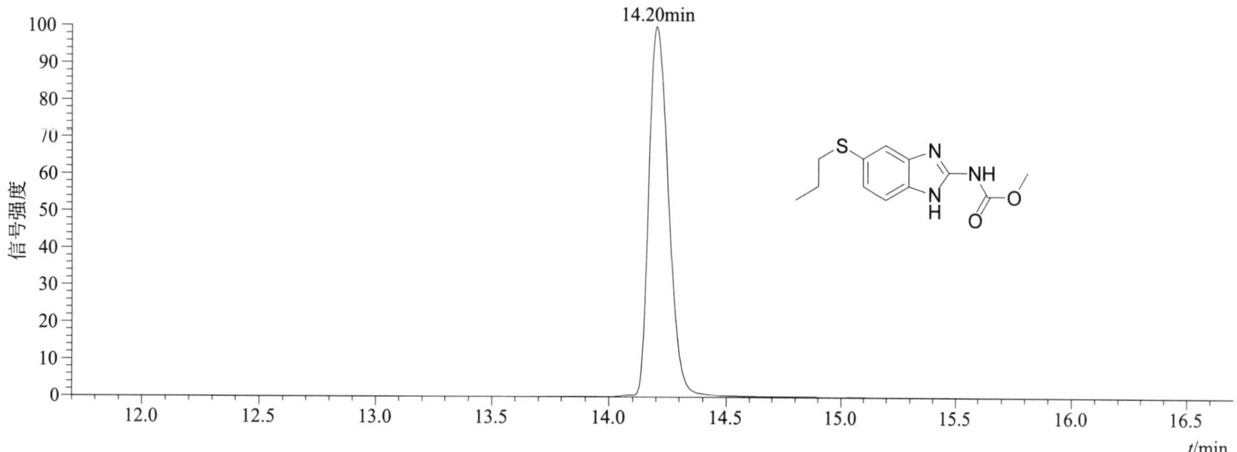

[M+H]+ 典型的一级质谱图

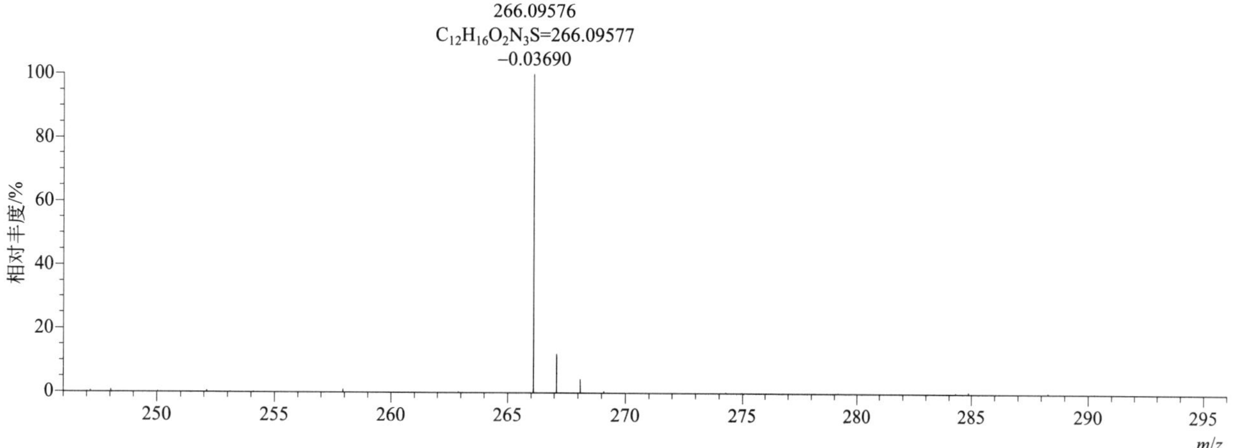

[M+H]⁺ 归一化法能量 NCE 为 20 时典型的二级质谱图

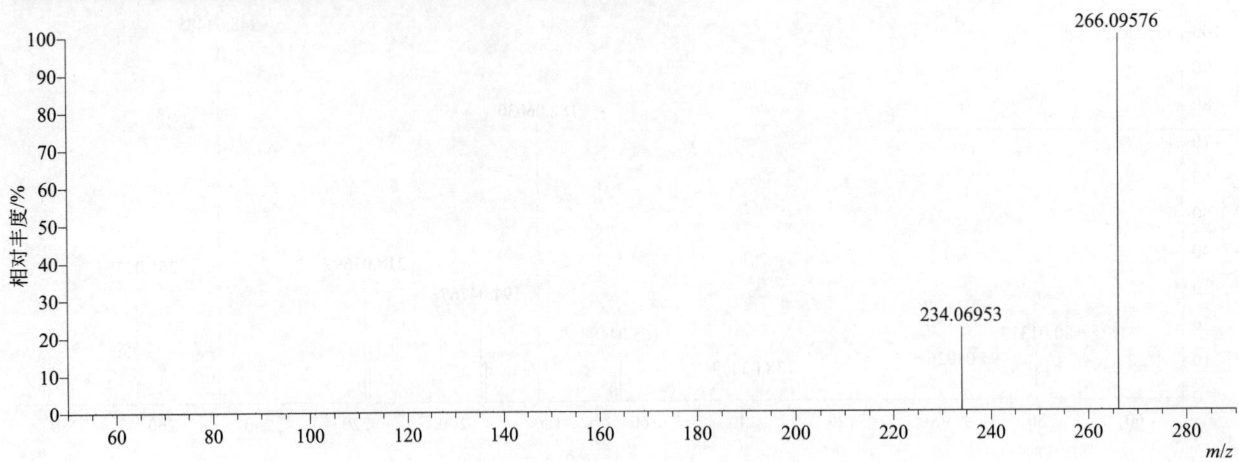

[M+H]⁺ 归一化法能量 NCE 为 40 时典型的二级质谱图

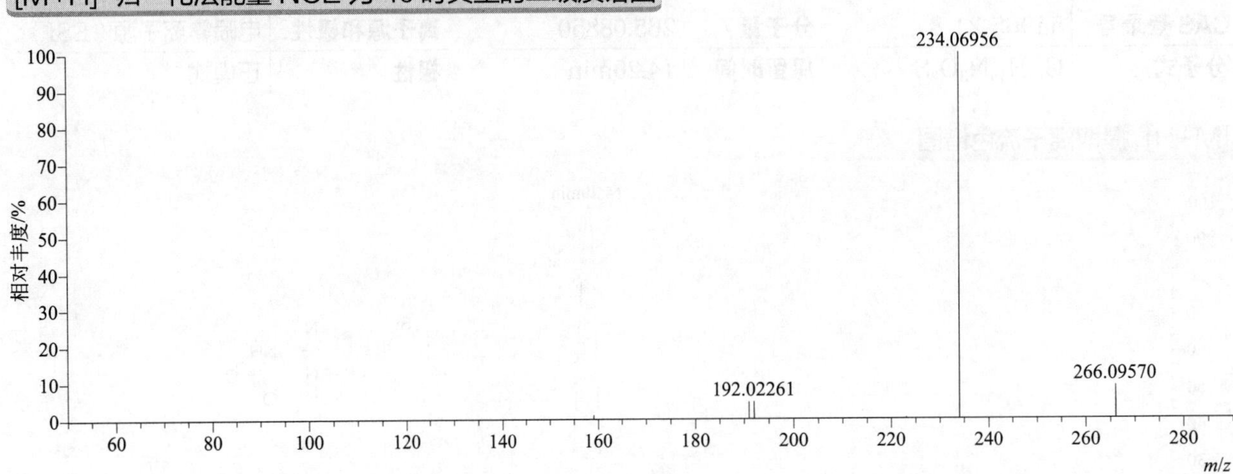

[M+H]⁺ 归一化法能量 NCE 为 60 时典型的二级质谱图

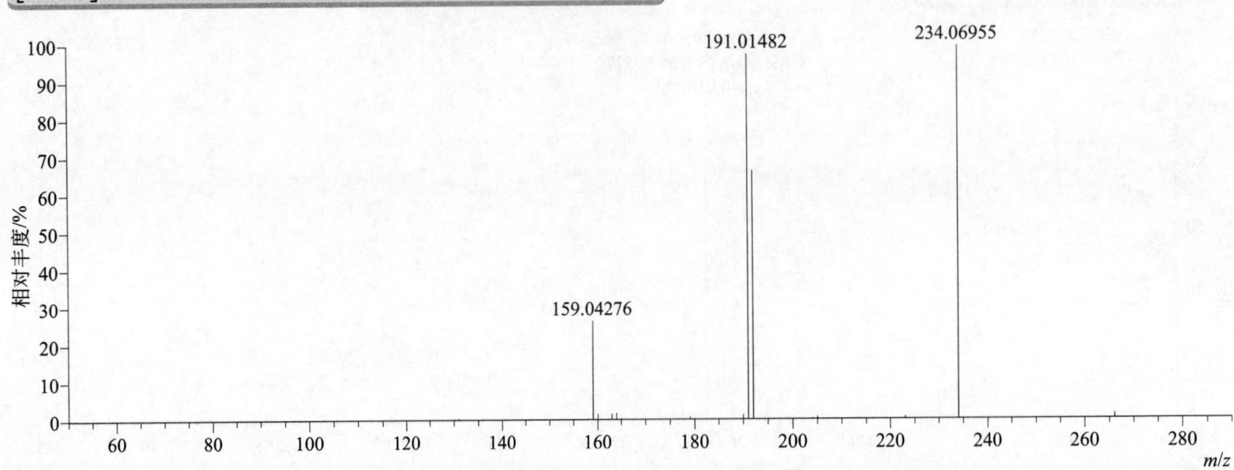

[M+H]+ 阶梯归一化法能量 Step NCE 为 20、40、60 时典型的二级质谱图

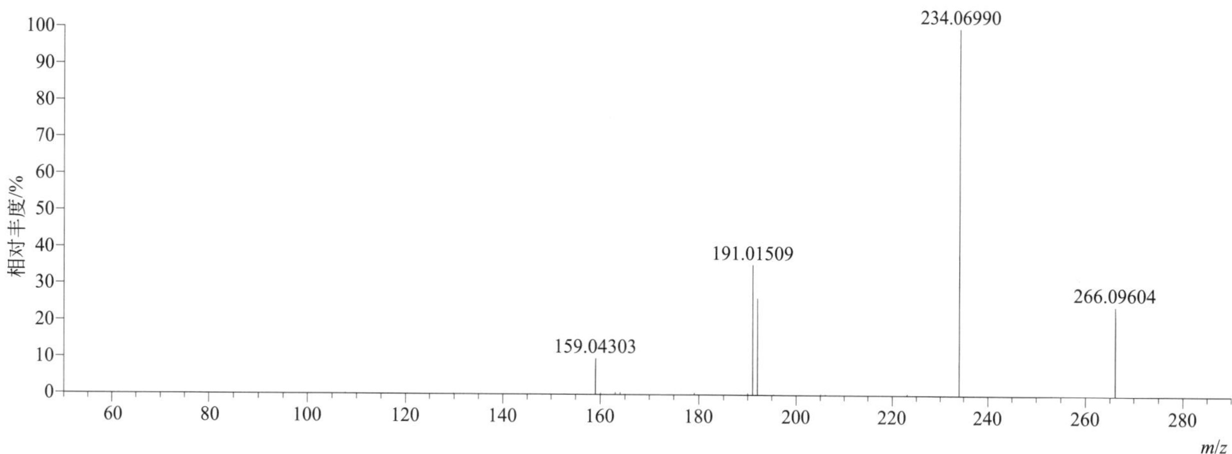

aldicarb（涕灭威）

基本信息

CAS 登录号	116-06-3	分子量	190.07760	离子源和极性	电喷雾离子源（ESI）
分子式	$C_7H_{14}N_2O_2S$	保留时间	12.55min	极性	正模式

[M+NH4]+ 提取离子流色谱图

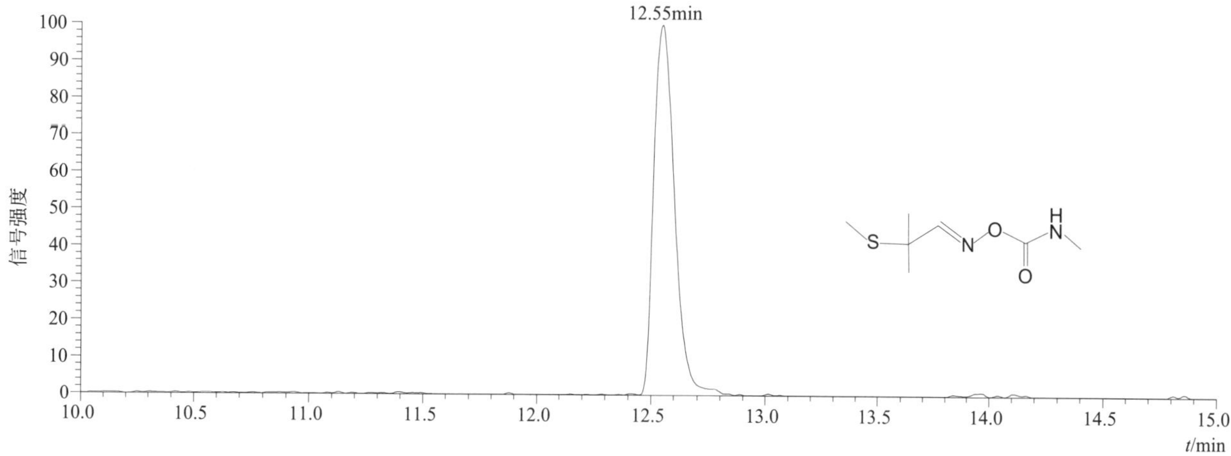

[M+NH4]+ 和 [M+Na]+ 典型的一级质谱图

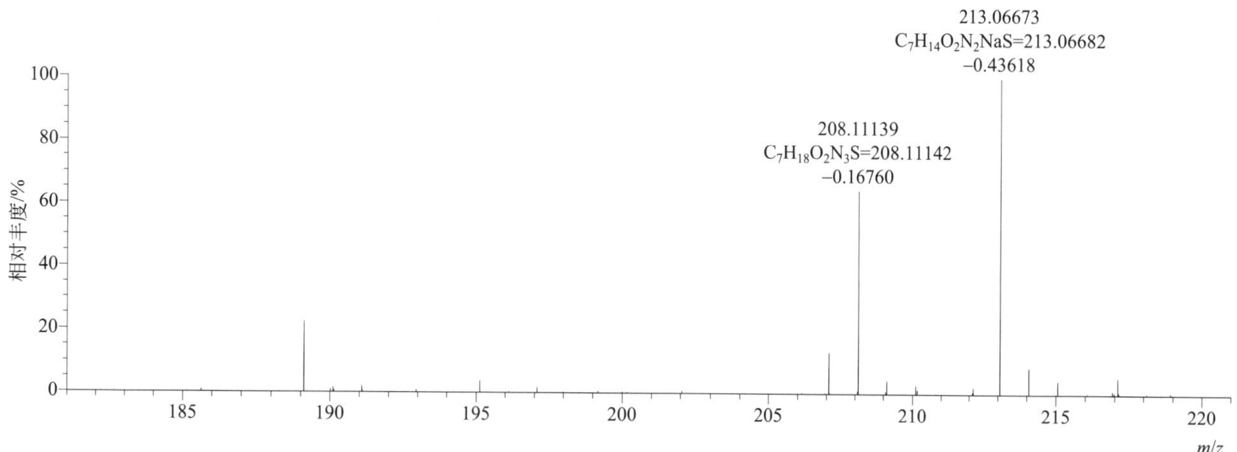

$[M+NH_4]^+$ 归一化法能量 NCE 为 20 时典型的二级质谱图

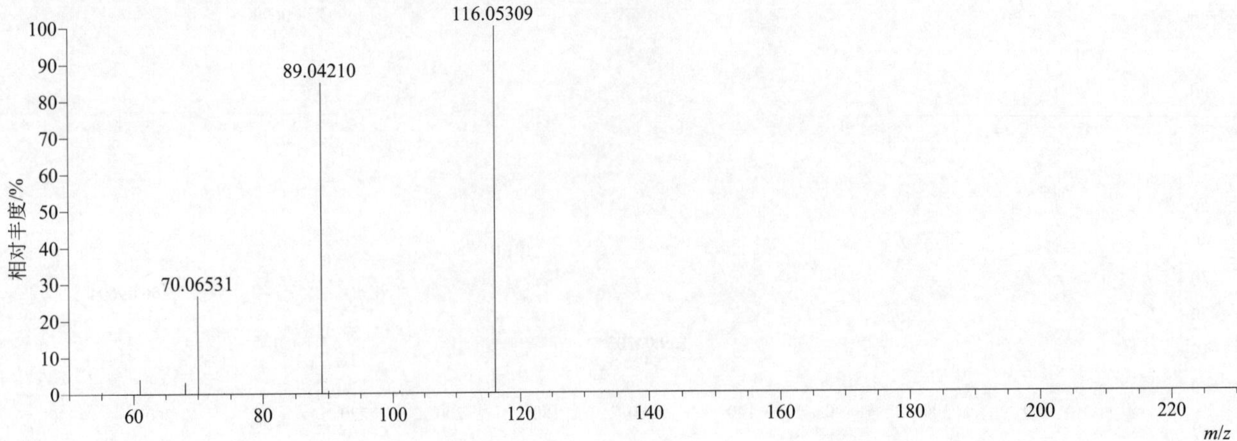

$[M+NH_4]^+$ 归一化法能量 NCE 为 40 时典型的二级质谱图

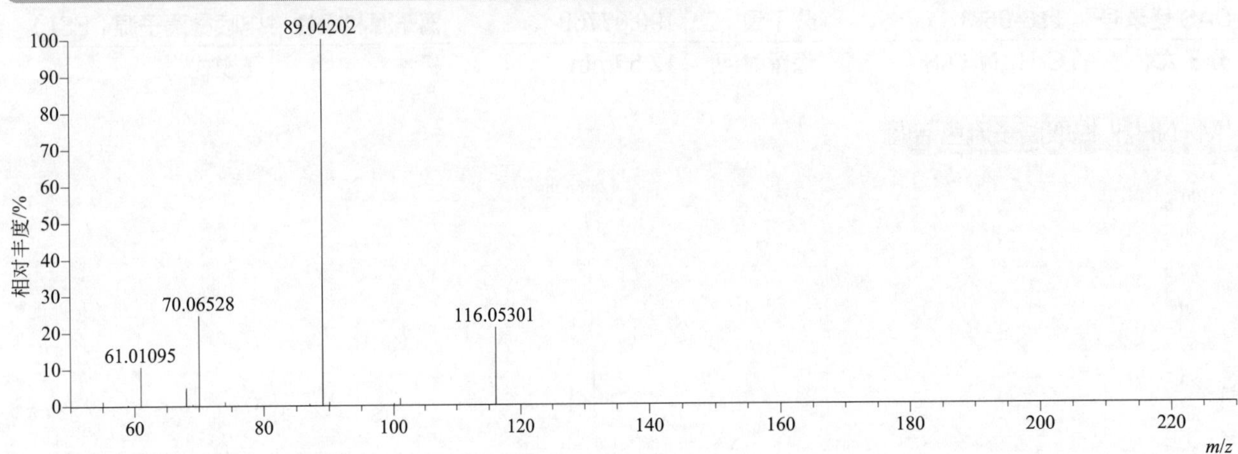

$[M+NH_4]^+$ 归一化法能量 NCE 为 60 时典型的二级质谱图

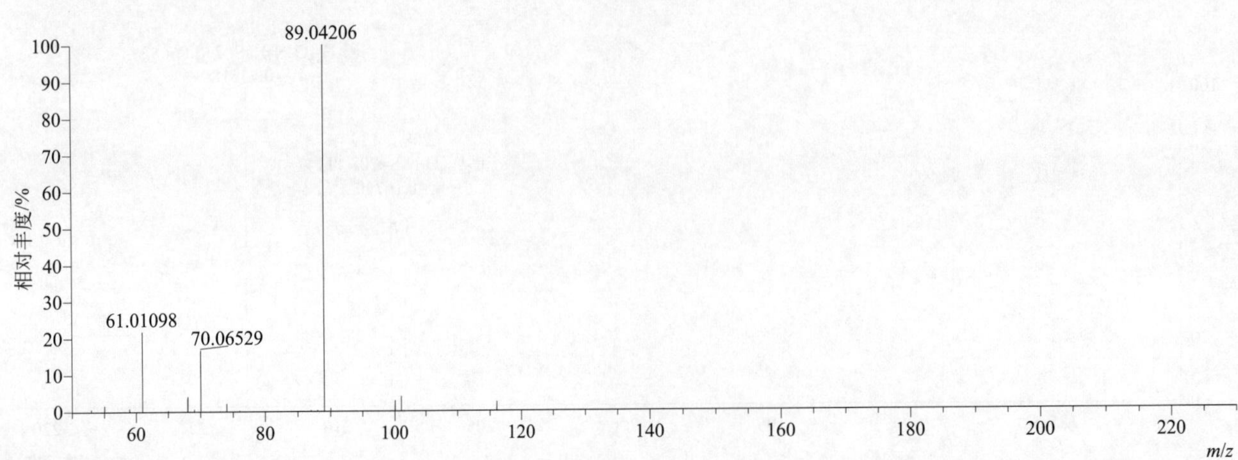

[M+NH4]+ 阶梯归一化法能量 Step NCE 为 20、40、60 时典型的二级质谱图

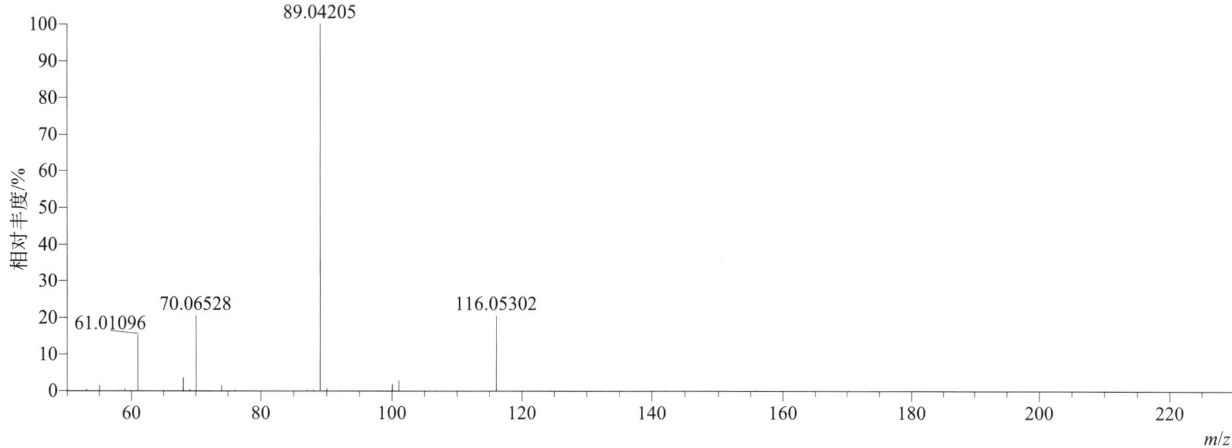

aldicarb-sulfone（涕灭砜威）

基本信息

CAS 登录号	1646-88-4	分子量	222.06743	离子源和极性	电喷雾离子源（ESI）
分子式	$C_7H_{14}N_2O_4S$	保留时间	9.21min	极性	正模式

$[M+NH_4]^+$ 提取离子流色谱图

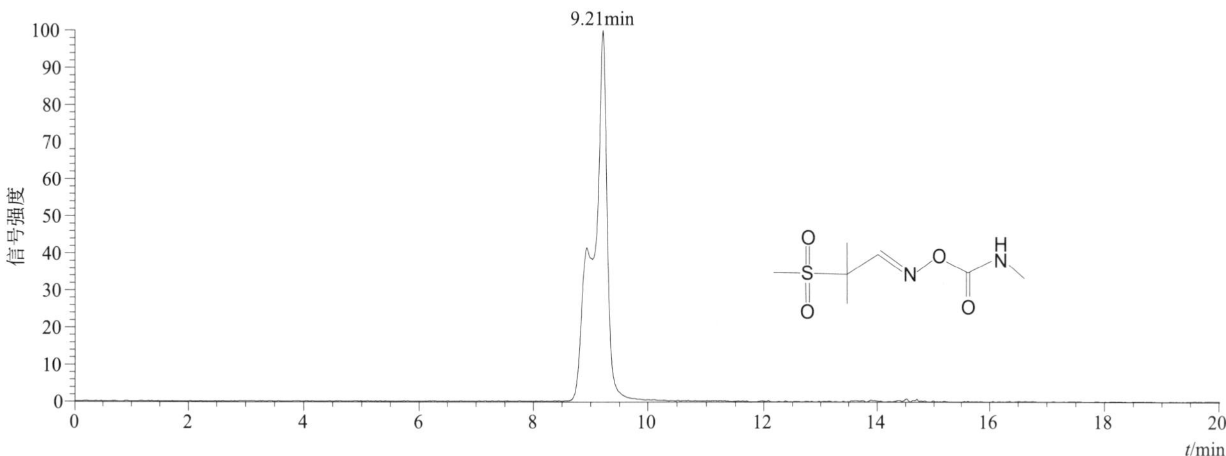

$[M+H]^+$、$[M+NH_4]^+$ 和 $[M+Na]^+$ 典型的一级质谱图（全图）

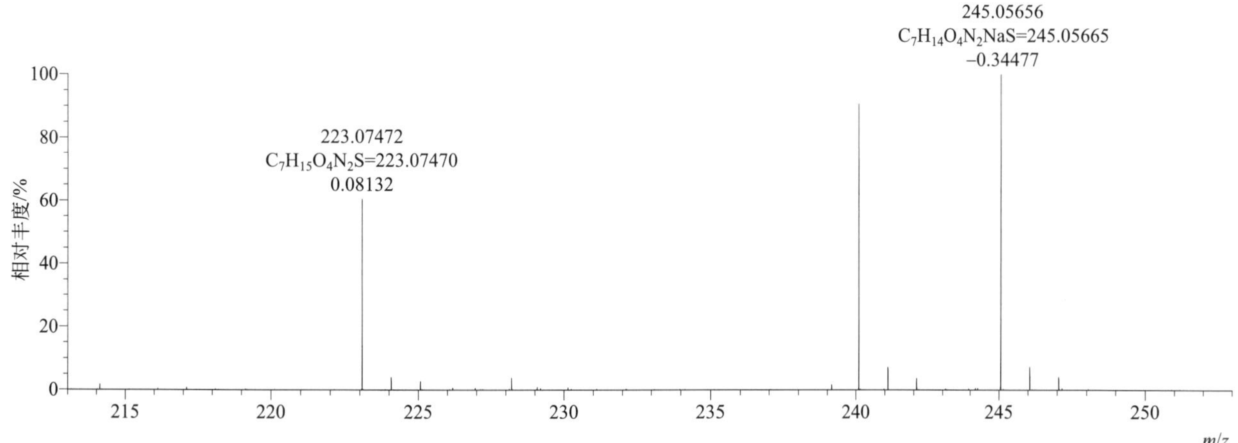

$[M+H]^+$、$[M+NH_4]^+$ 和 $[M+Na]^+$ 典型的一级质谱图（局部图）

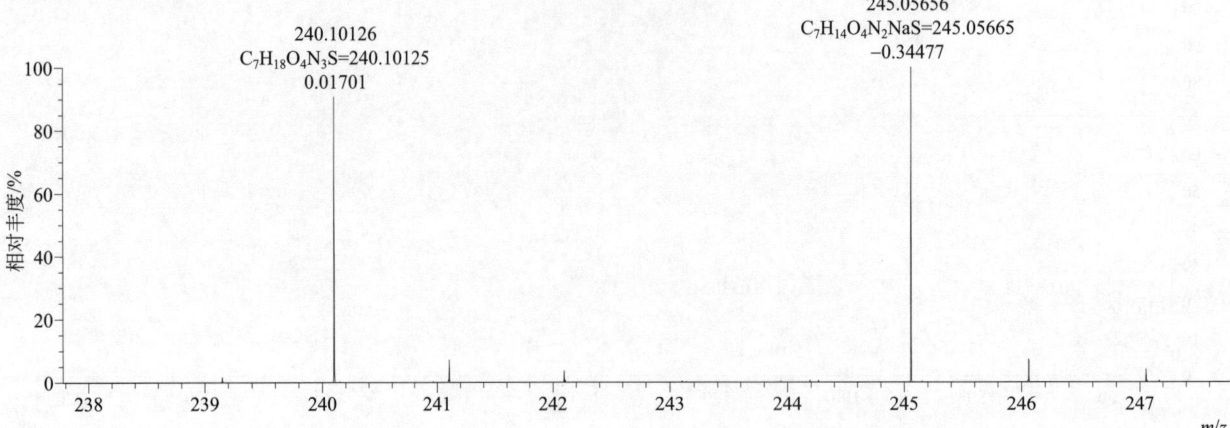

$[M+H]^+$ 归一化法能量 NCE 为 20 时典型的二级质谱图

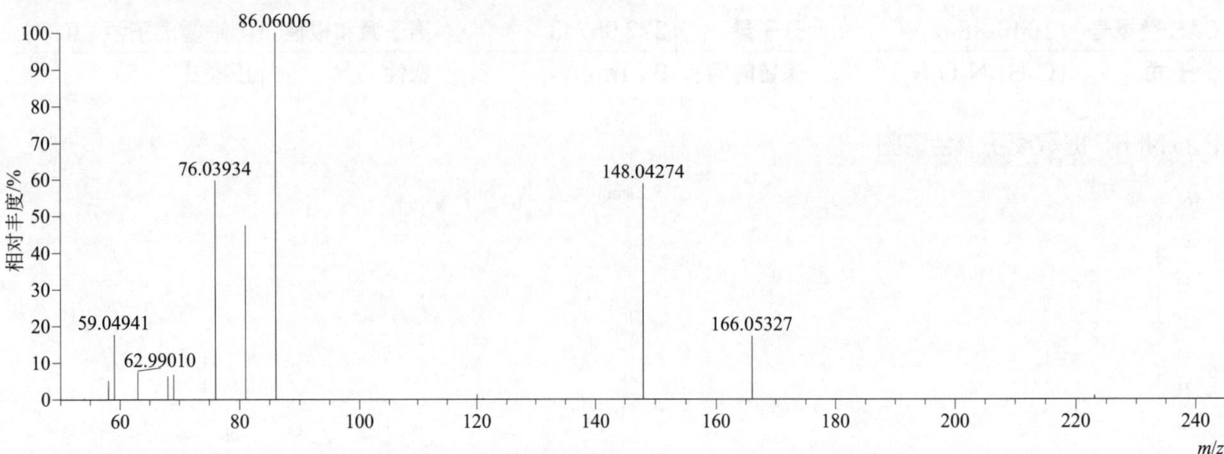

$[M+H]^+$ 归一化法能量 NCE 为 40 时典型的二级质谱图

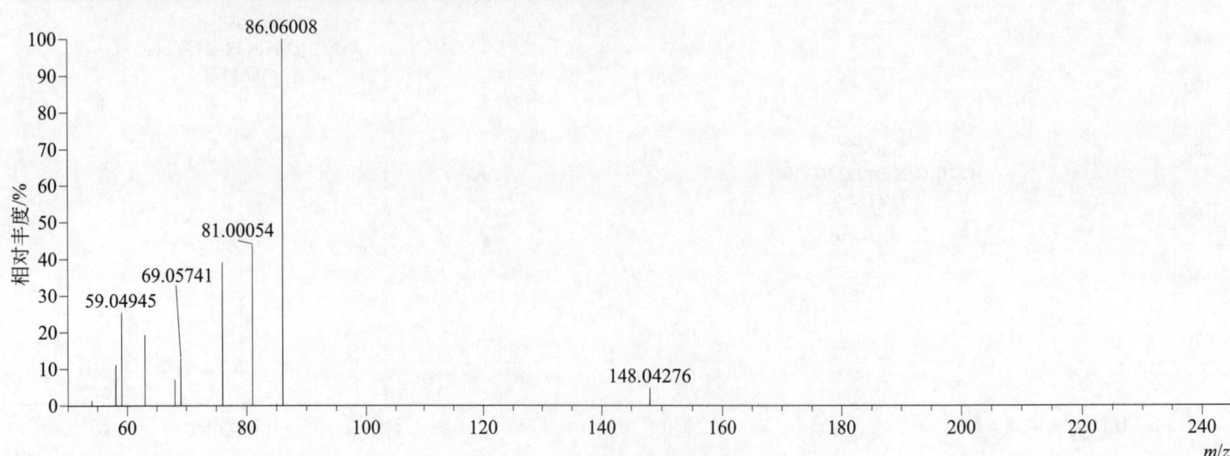

[M+H]⁺ 归一化法能量 NCE 为 60 时典型的二级质谱图

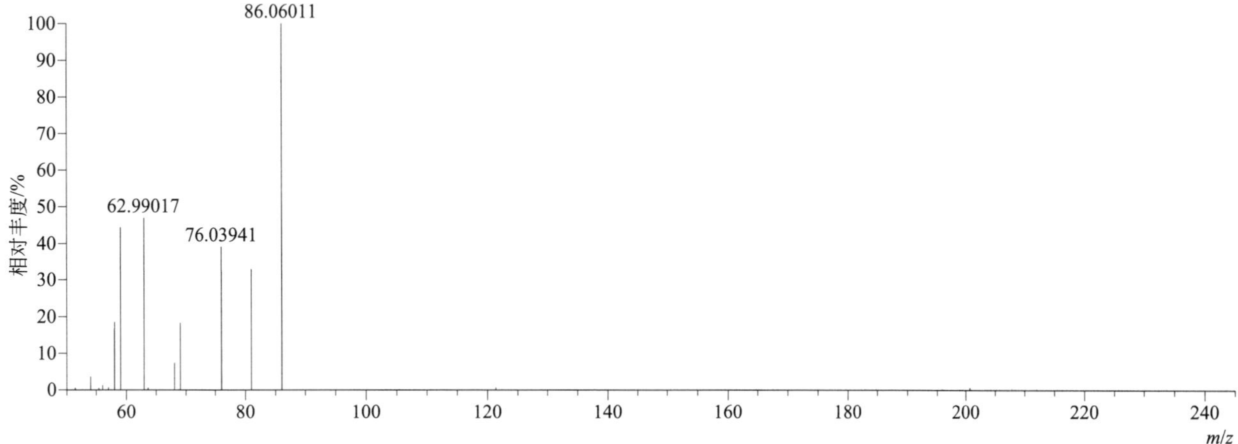

[M+H]⁺ 阶梯归一化法能量 Step NCE 为 20、40、60 时典型的二级质谱图

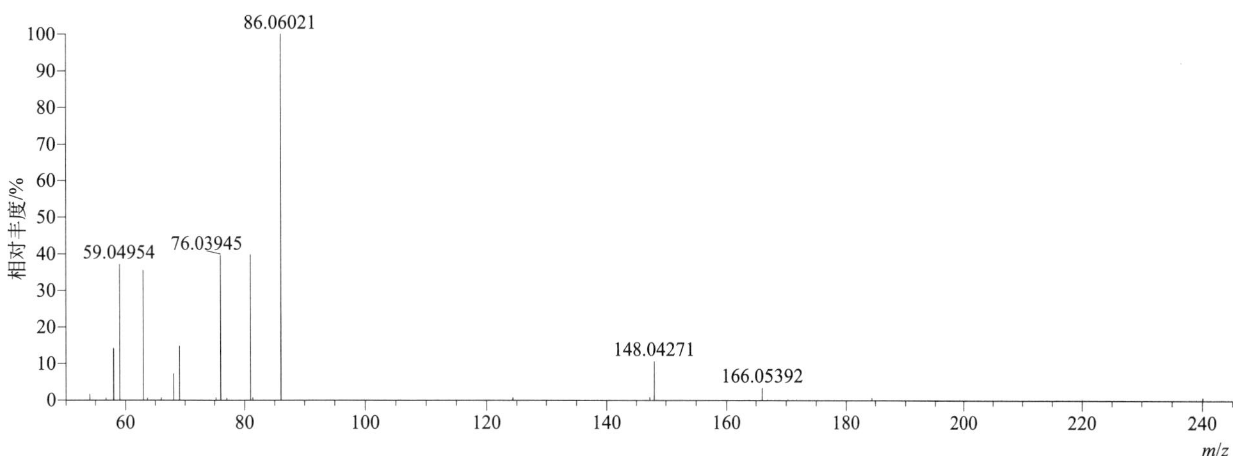

$[M+NH_4]^+$ 归一化法能量 NCE 为 20 时典型的二级质谱图

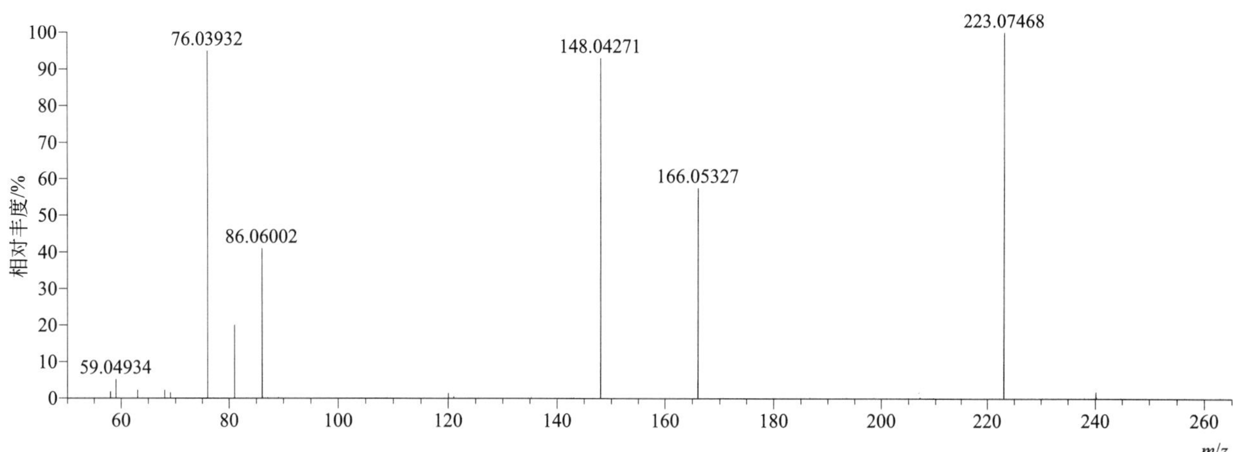

[M+NH$_4$]$^+$ 归一化法能量 NCE 为 40 时典型的二级质谱图

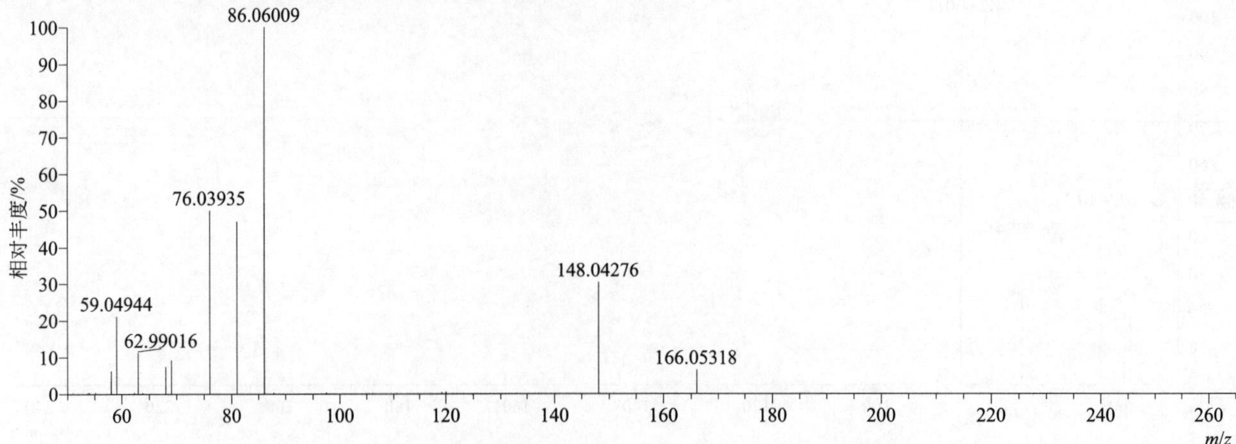

[M+NH$_4$]$^+$ 归一化法能量 NCE 为 60 时典型的二级质谱图

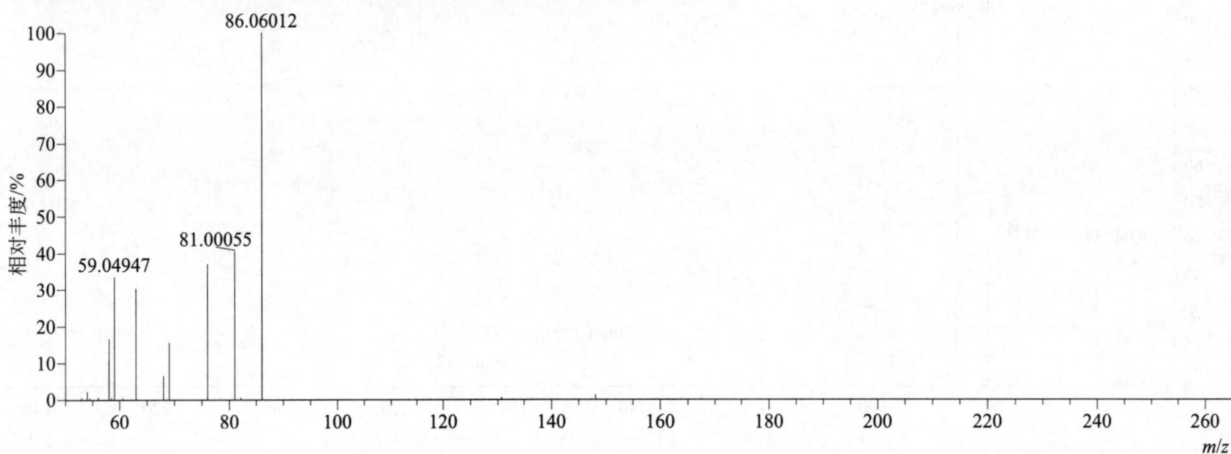

[M+NH$_4$]$^+$ 阶梯归一化法能量 Step NCE 为 20、40、60 时典型的二级质谱图

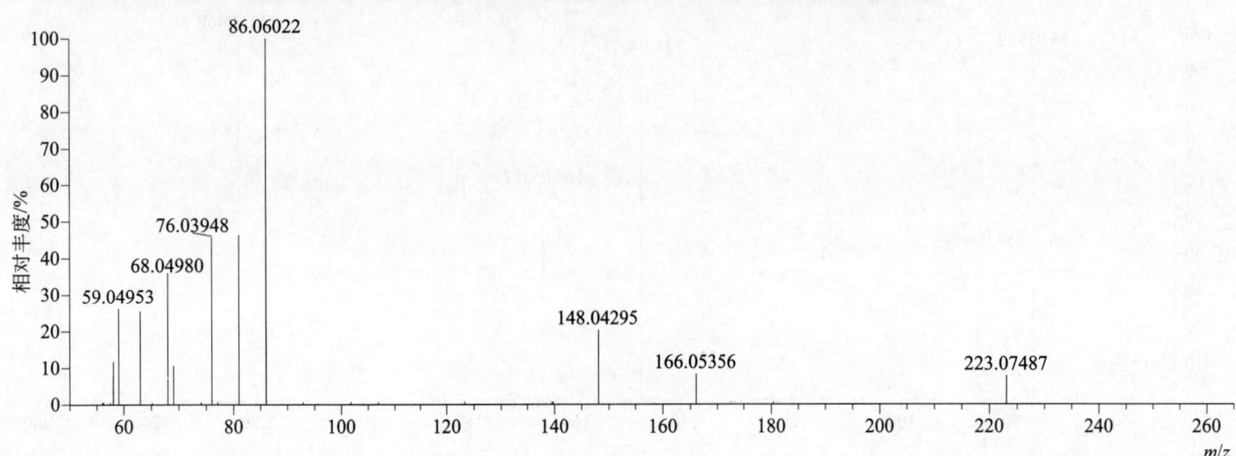

aldicarb-sulfoxide（涕灭威亚砜）

基本信息

CAS 登录号	1646-87-3	分子量	206.07251	离子源和极性	电喷雾离子源（ESI）
分子式	$C_7H_{14}N_2O_3S$	保留时间	8.65min	极性	正模式

[M+H]+ 提取离子流色谱图

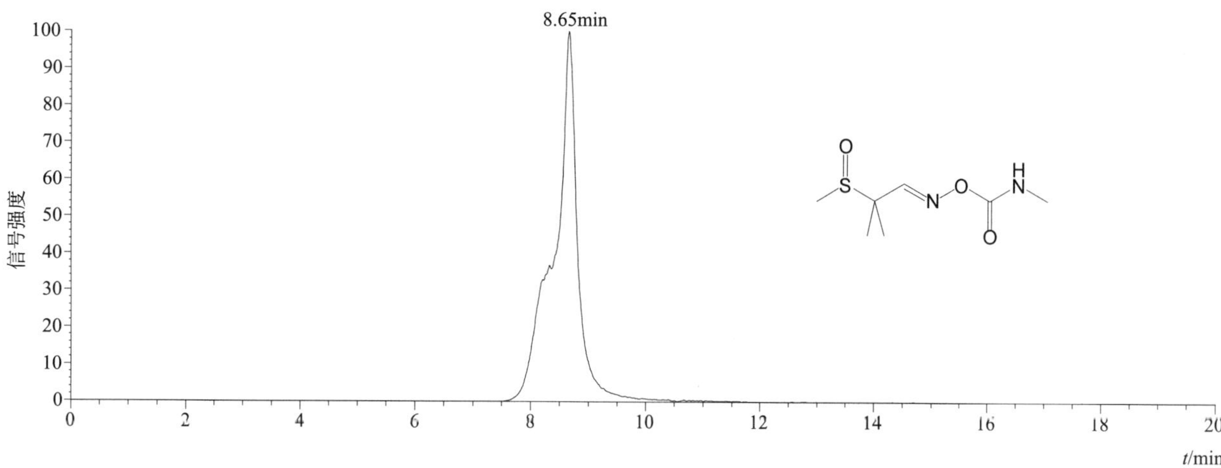

[M+H]+、[M+NH4]+ 和 [M+Na]+ 典型的一级质谱图

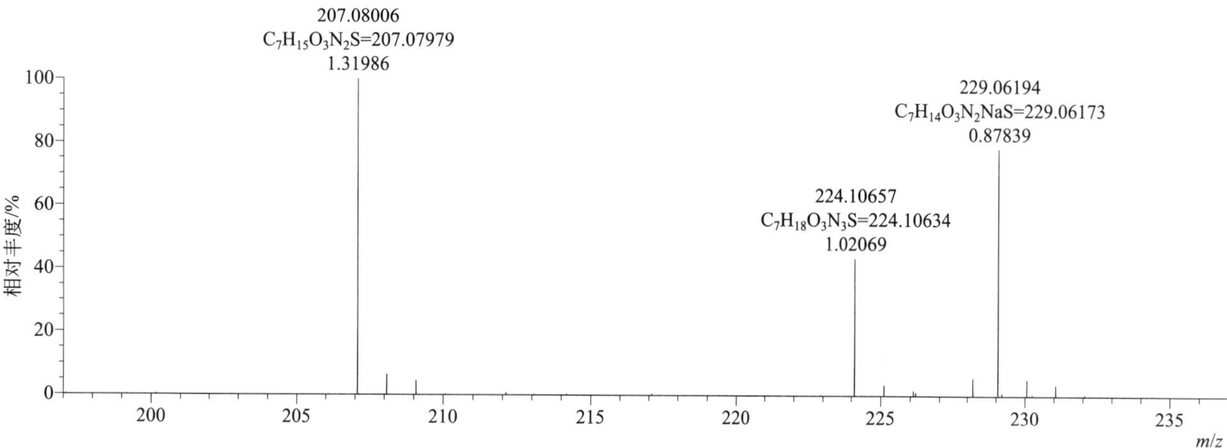

[M+H]+ 归一化法能量 NCE 为 20 时典型的二级质谱图

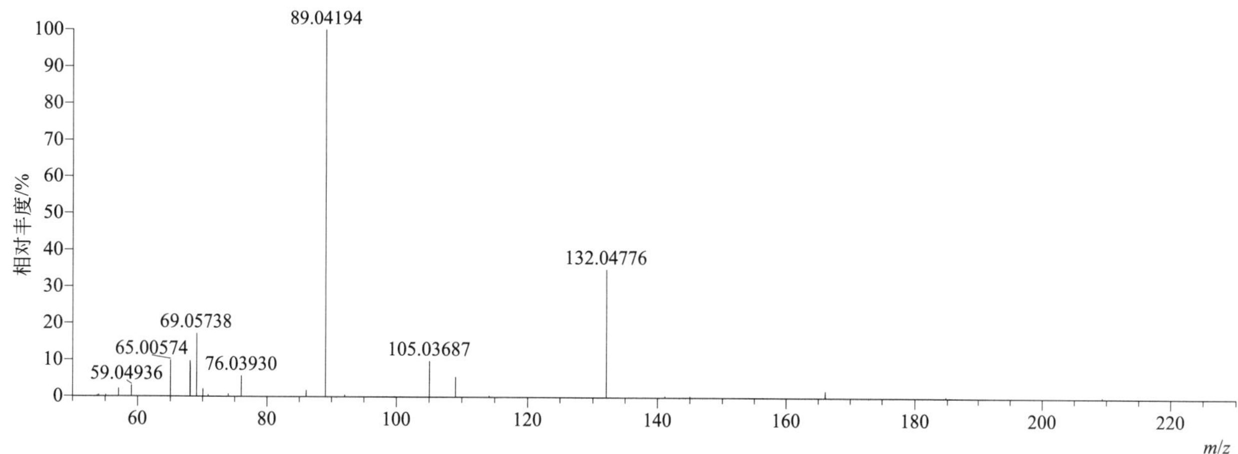

[M+H]$^+$ 归一化法能量 NCE 为 40 时典型的二级质谱图

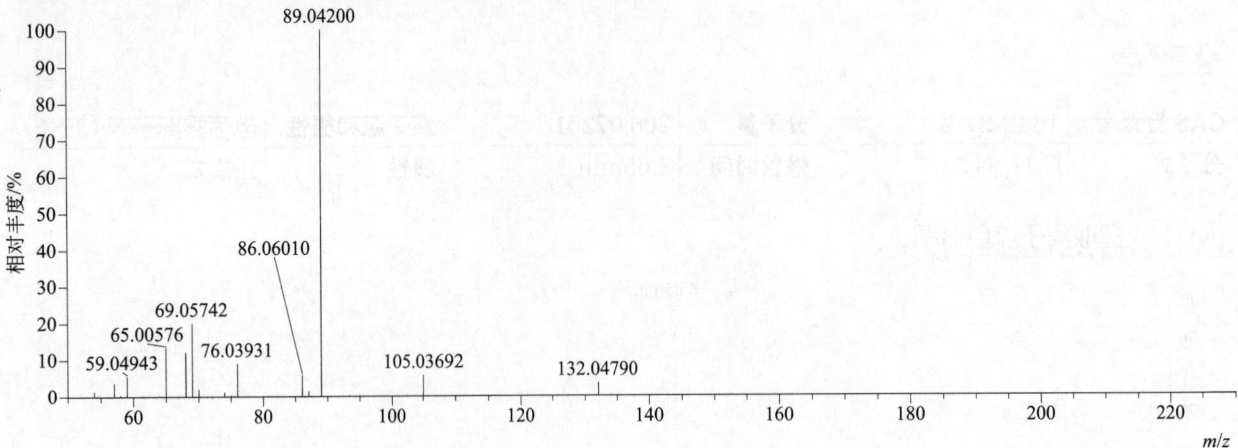

[M+H]$^+$ 归一化法能量 NCE 为 60 时典型的二级质谱图

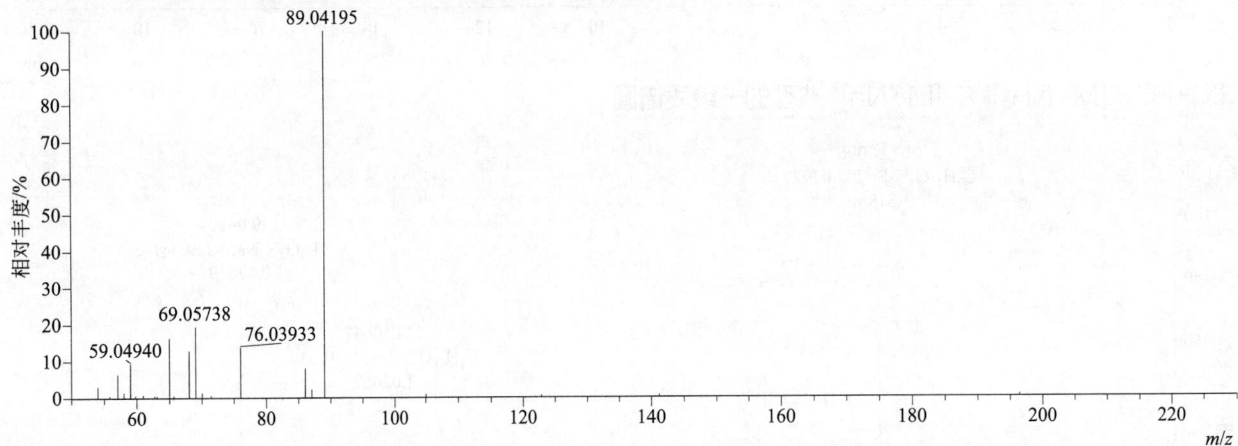

[M+H]$^+$ 阶梯归一化法能量 Step NCE 为 20、40、60 时典型的二级质谱图

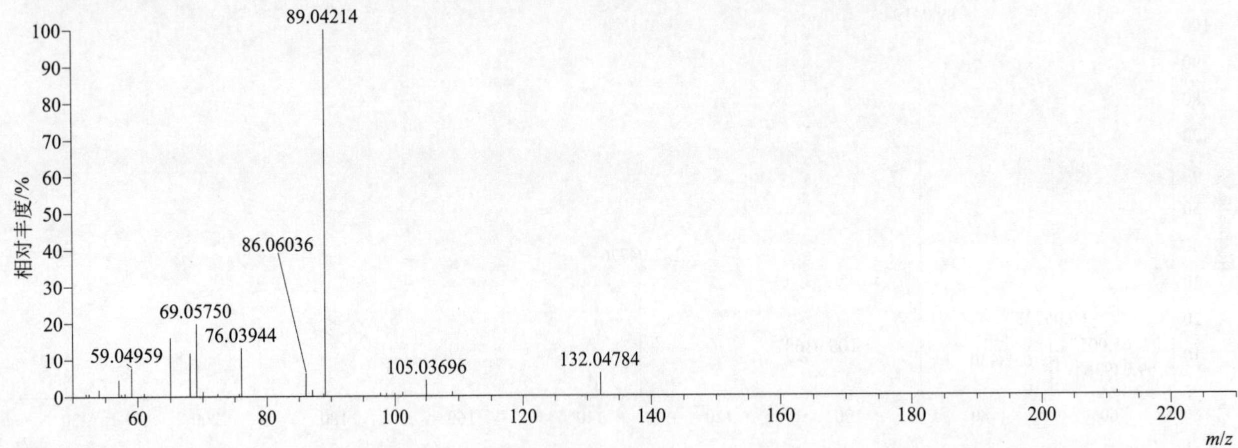

$[M+NH_4]^+$ 归一化法能量 NCE 为 20 时典型的二级质谱图

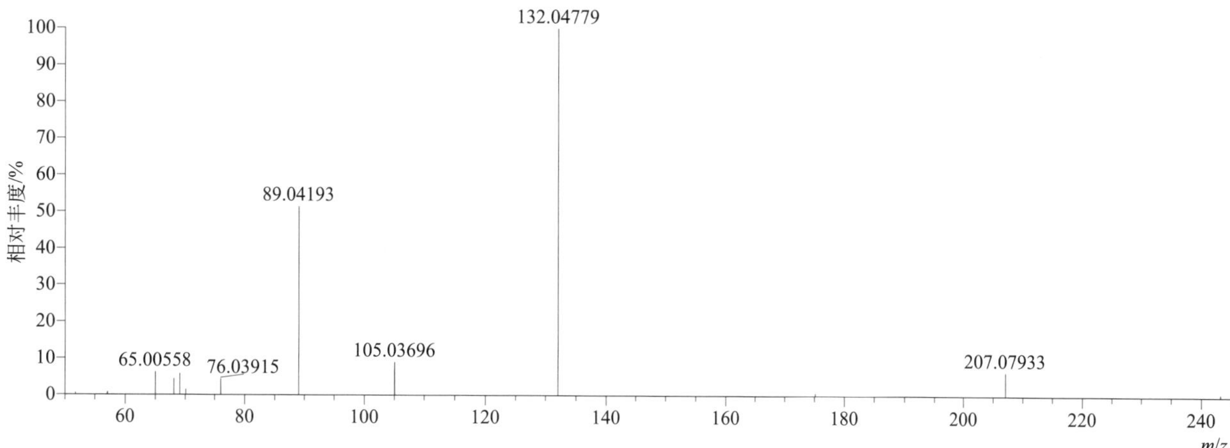

$[M+NH_4]^+$ 归一化法能量 NCE 为 40 时典型的二级质谱图

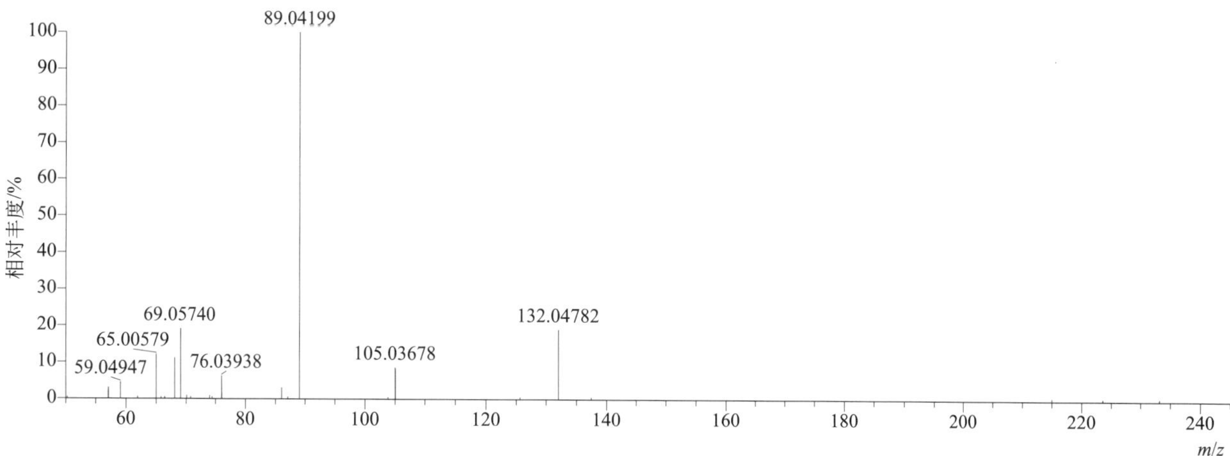

$[M+NH_4]^+$ 归一化法能量 NCE 为 60 时典型的二级质谱图

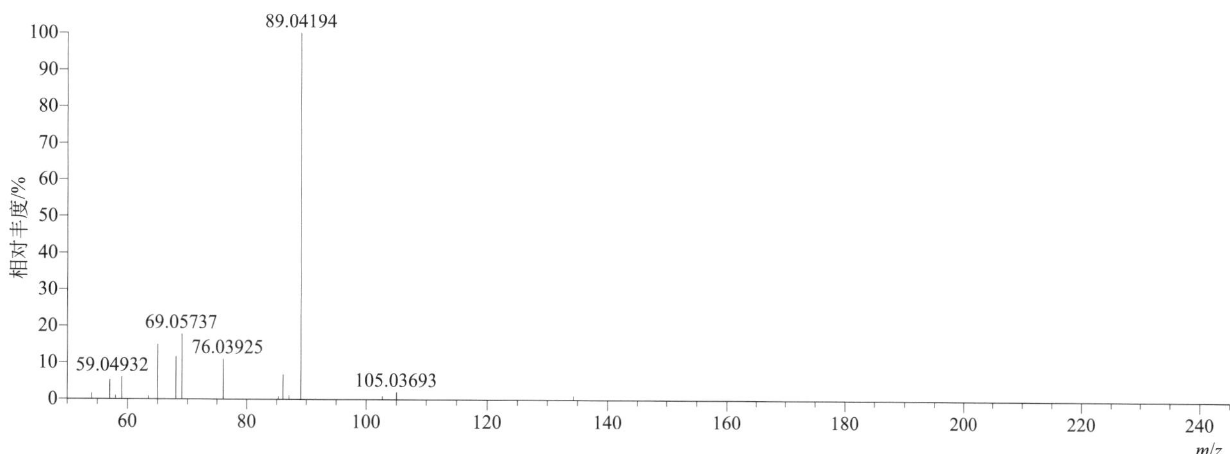

[M+NH$_4$]$^+$ 阶梯归一化法能量 Step NCE 为 20、40、60 时典型的二级质谱图

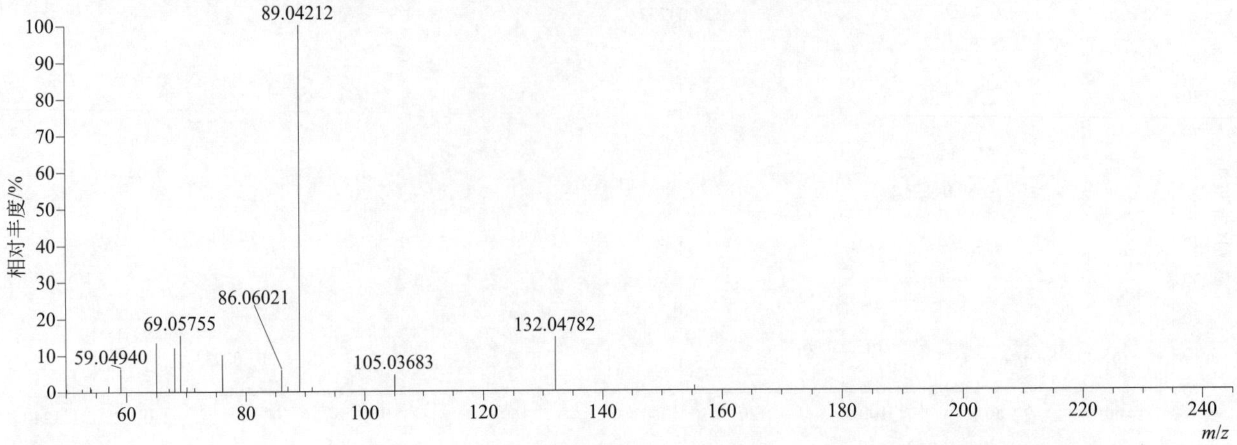

aldimorph（4- 十二烷基 -2,6- 二甲基吗啉）

基本信息

CAS 登录号	91315-15-0	**分子量**	283.28751	**离子源和极性**	电喷雾离子源（ESI）
分子式	$C_{18}H_{37}NO$	**保留时间**	15.30min	**极性**	正模式

[M+H]$^+$ 提取离子流色谱图

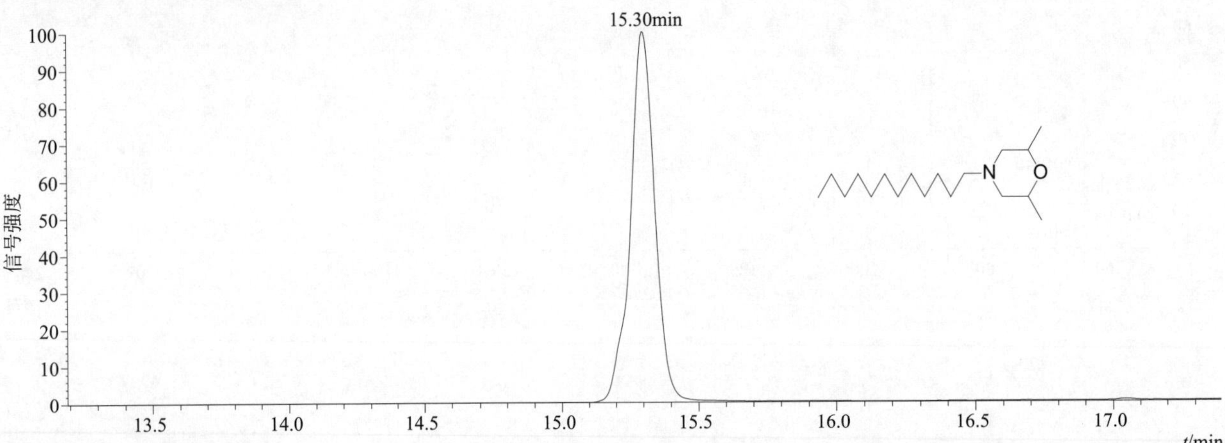

[M+H]$^+$ 典型的一级质谱图

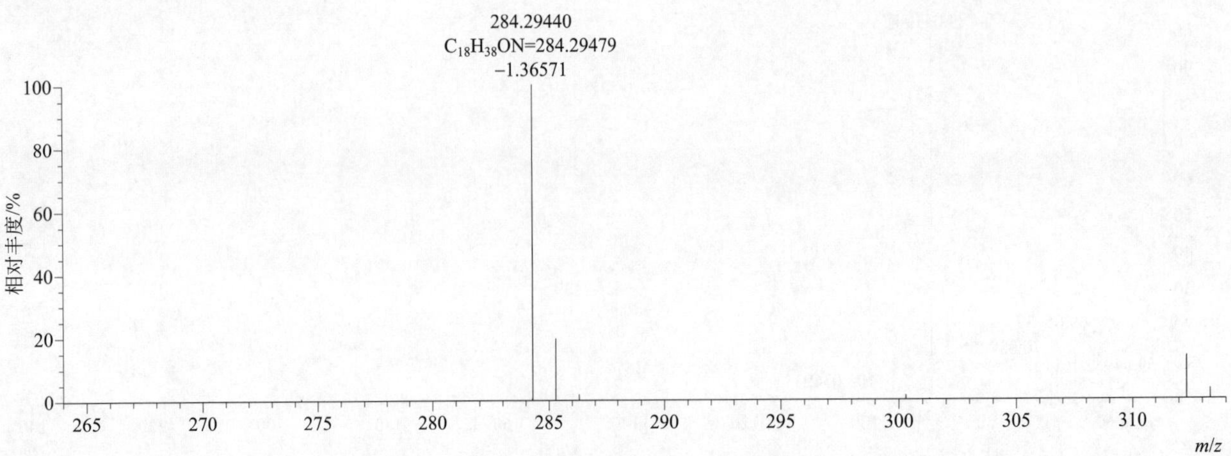

[M+H]+ 归一化法能量 NCE 为 20 时典型的二级质谱图

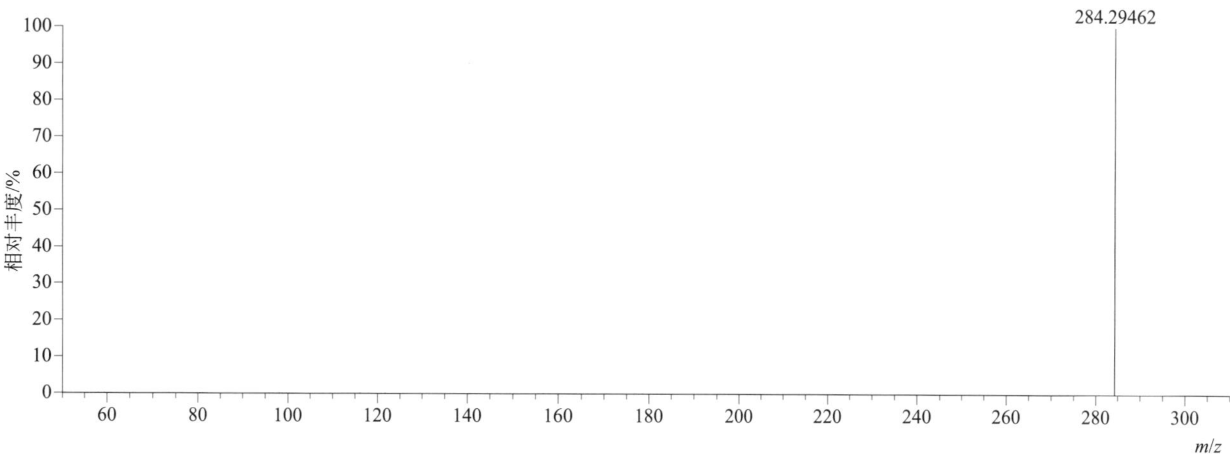

[M+H]+ 归一化法能量 NCE 为 40 时典型的二级质谱图

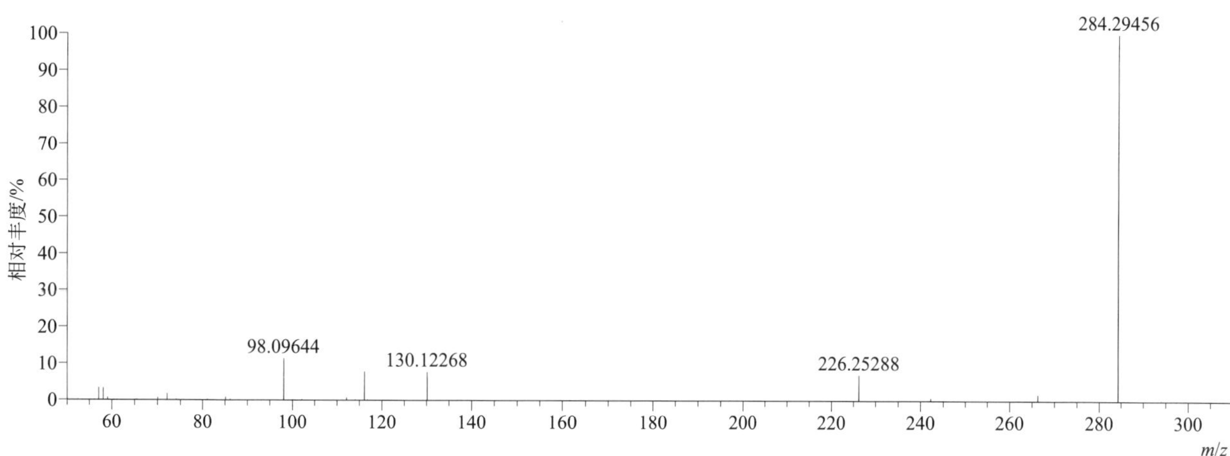

[M+H]+ 归一化法能量 NCE 为 60 时典型的二级质谱图

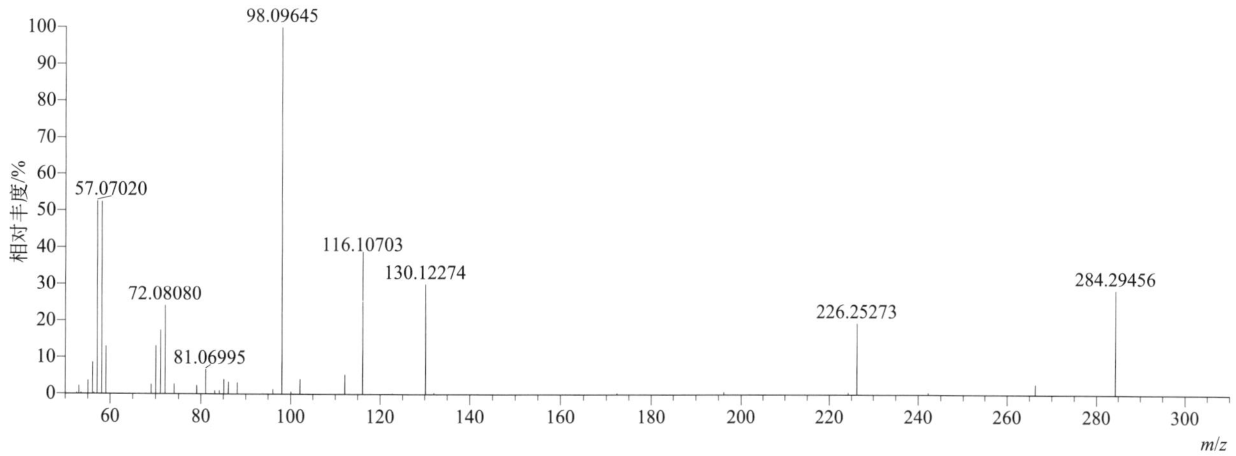

[M+H]⁺ 阶梯归一化法能量 Step NCE 为 20、40、60 时典型的二级质谱图

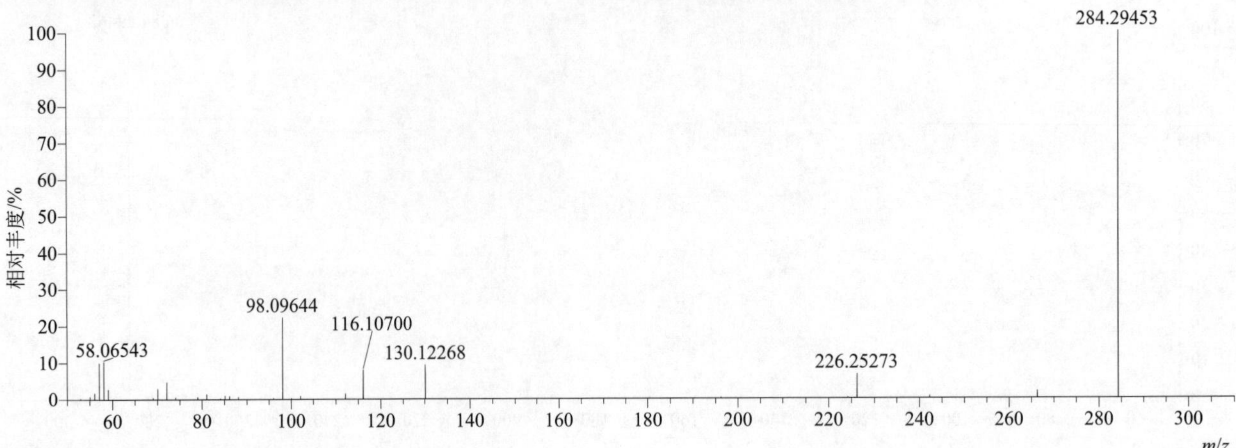

allethrin（丙烯菊酯）

基本信息

CAS 登录号	584-79-2	分子量	302.18819	离子源和极性	电喷雾离子源（ESI）
分子式	$C_{19}H_{26}O_3$	保留时间	15.81min	极性	正模式

[M+H]⁺ 提取离子流色谱图

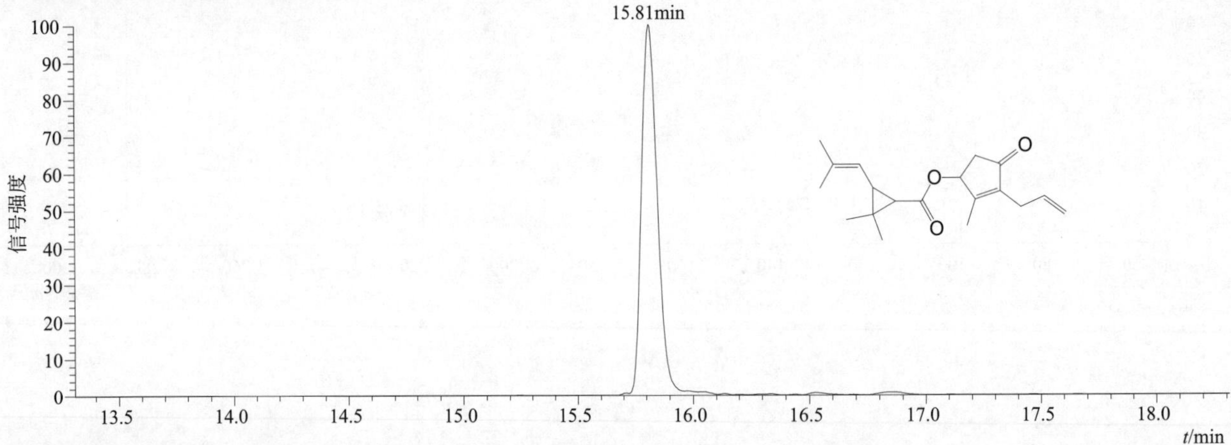

[M+H]⁺ 典型的一级质谱图

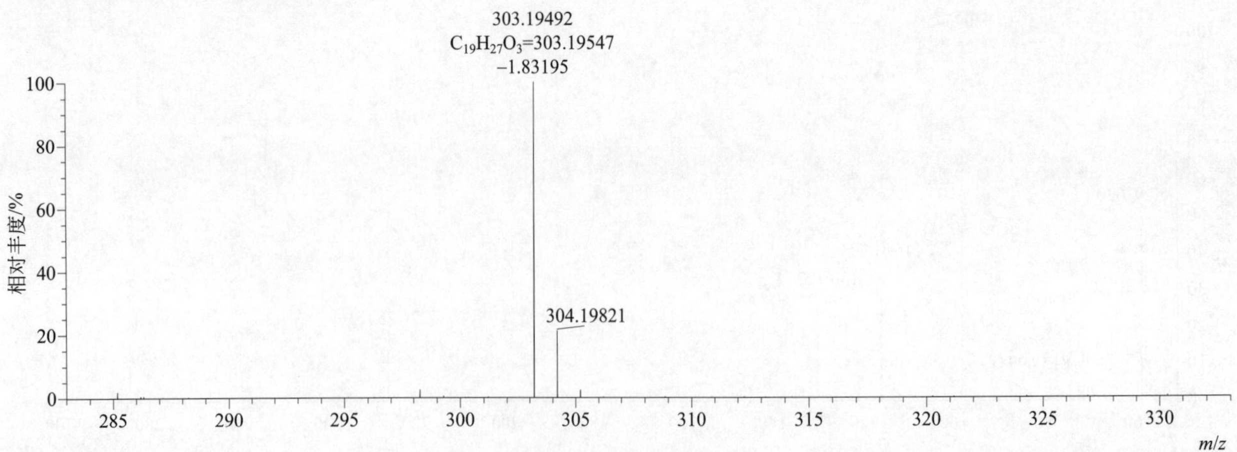

[M+H]+ 归一化法能量 NCE 为 20 时典型的二级质谱图

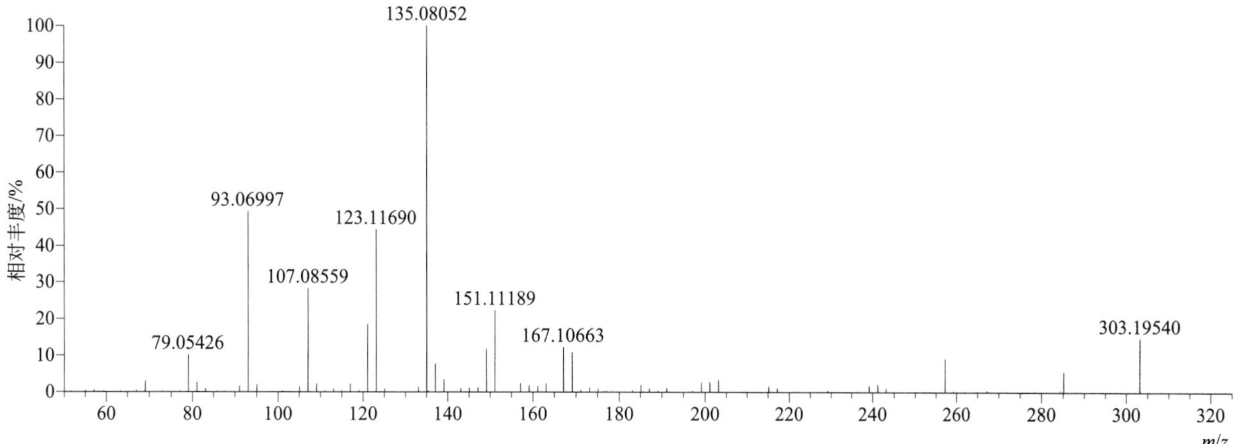

[M+H]+ 归一化法能量 NCE 为 40 时典型的二级质谱图

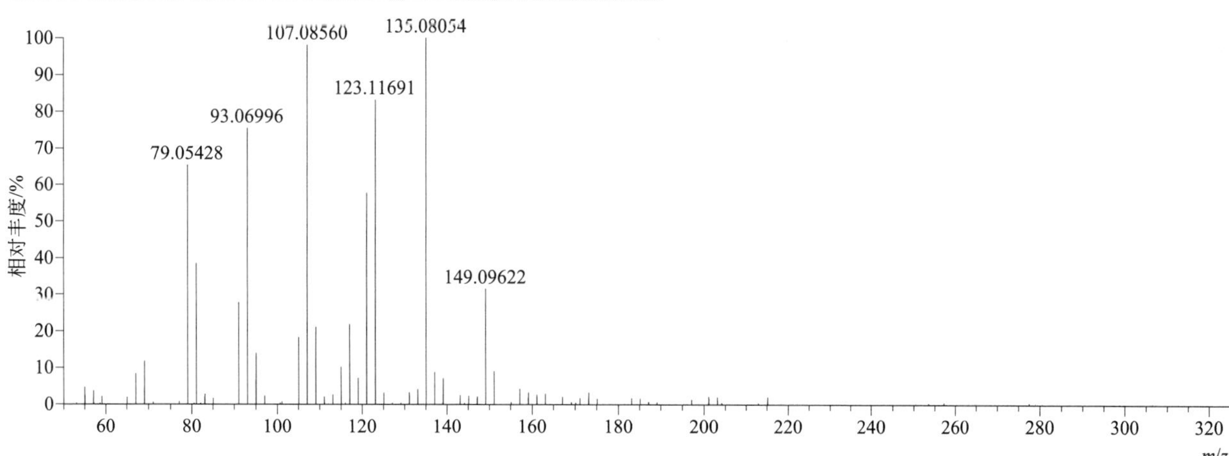

[M+H]+ 归一化法能量 NCE 为 60 时典型的二级质谱图

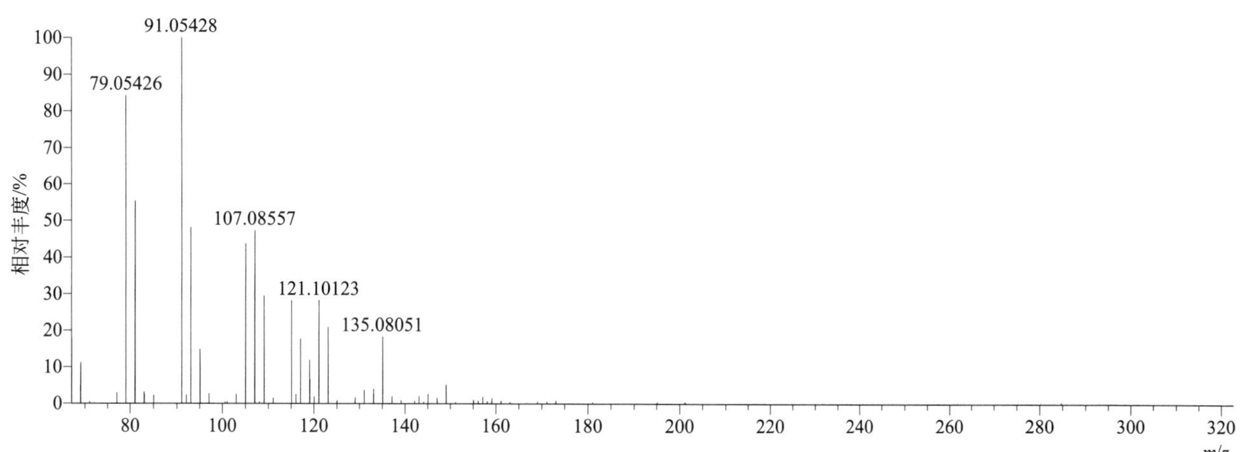

[M+H]$^+$ 阶梯归一化法能量 Step NCE 为 20、40、60 时典型的二级质谱图

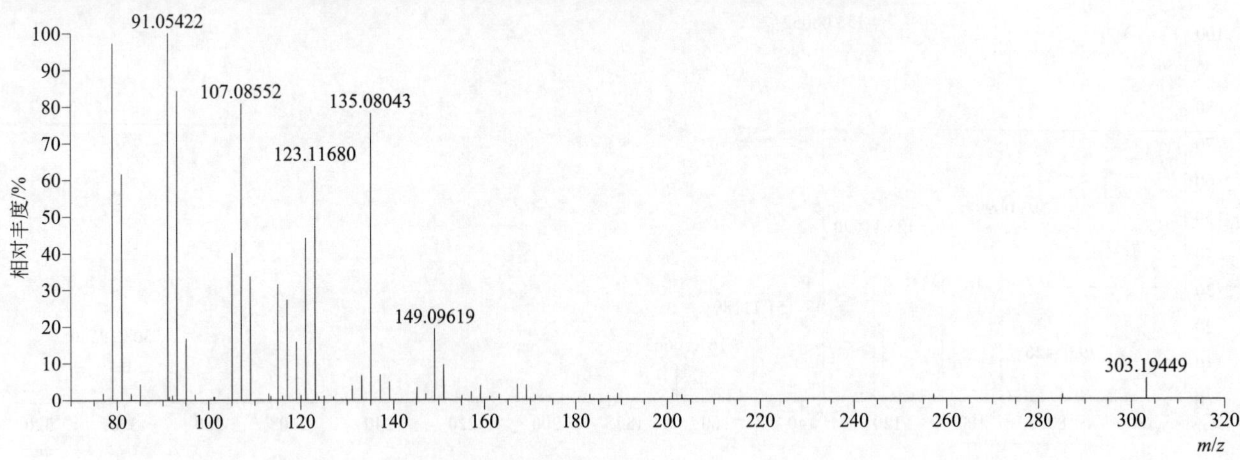

allidochlor（二丙烯草胺）

基本信息

CAS 登录号	93-71-0	分子量	173.06074	离子源和极性	电喷雾离子源（ESI）
分子式	$C_8H_{12}ClNO$	保留时间	12.66min	极性	正模式

[M+H]$^+$ 提取离子流色谱图

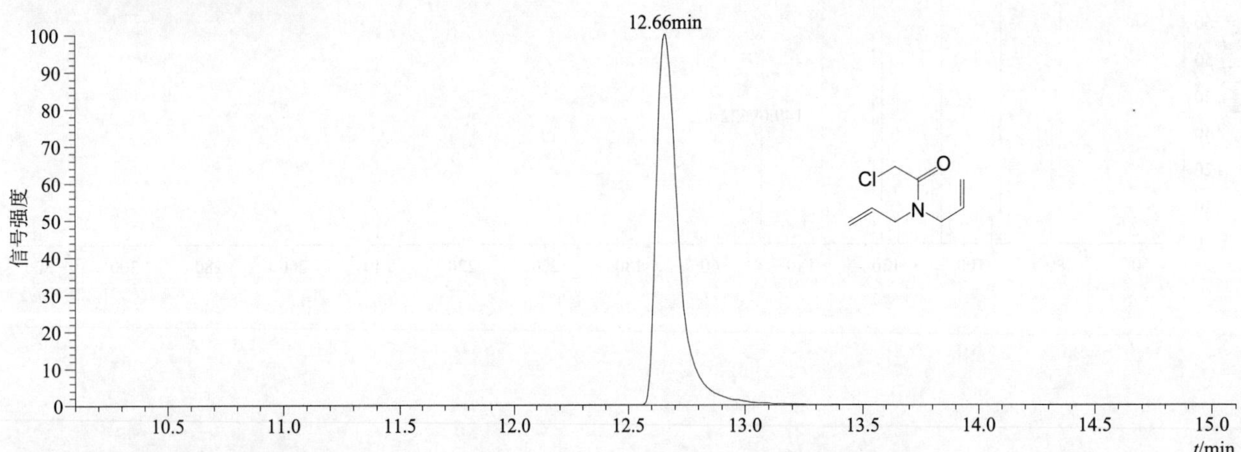

[M+H]$^+$ 典型的一级质谱图

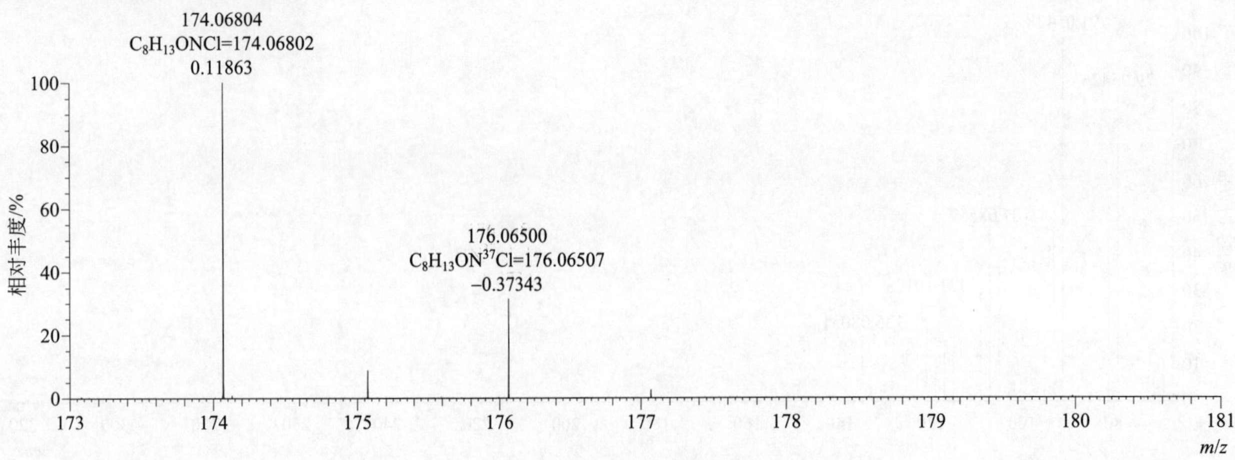

$[M+H]^+$ 归一化法能量 NCE 为 20 时典型的二级质谱图

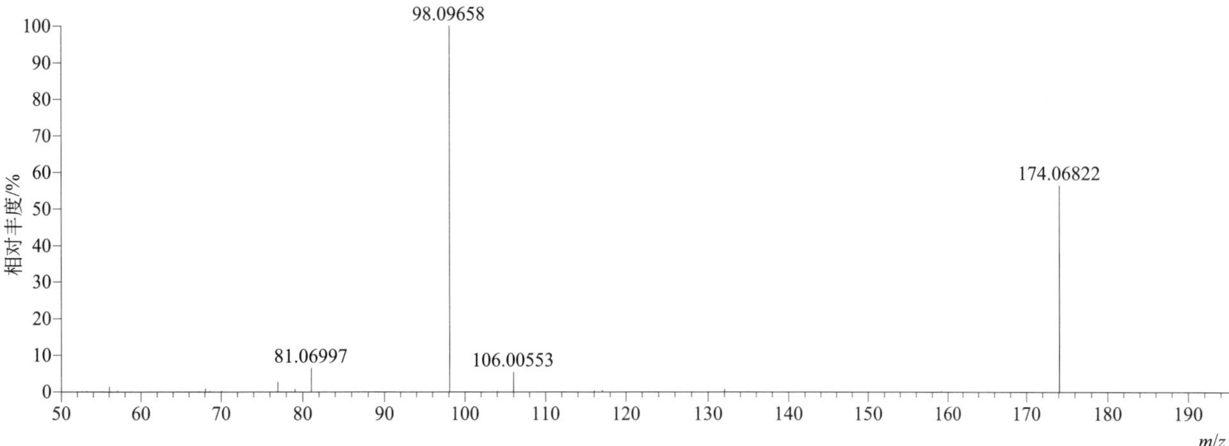

$[M+H]^+$ 归一化法能量 NCE 为 40 时典型的二级质谱图

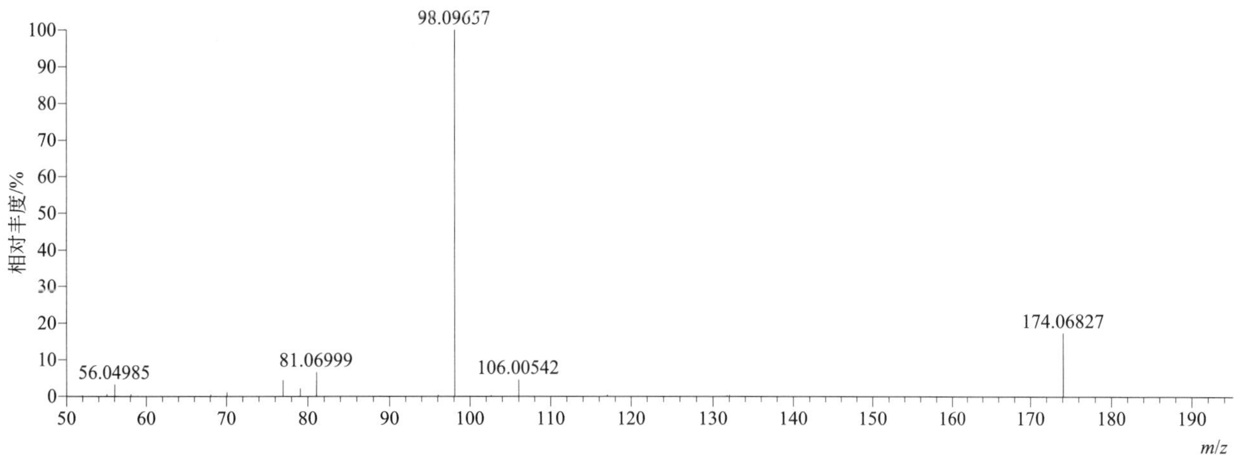

$[M+H]^+$ 归一化法能量 NCE 为 60 时典型的二级质谱图

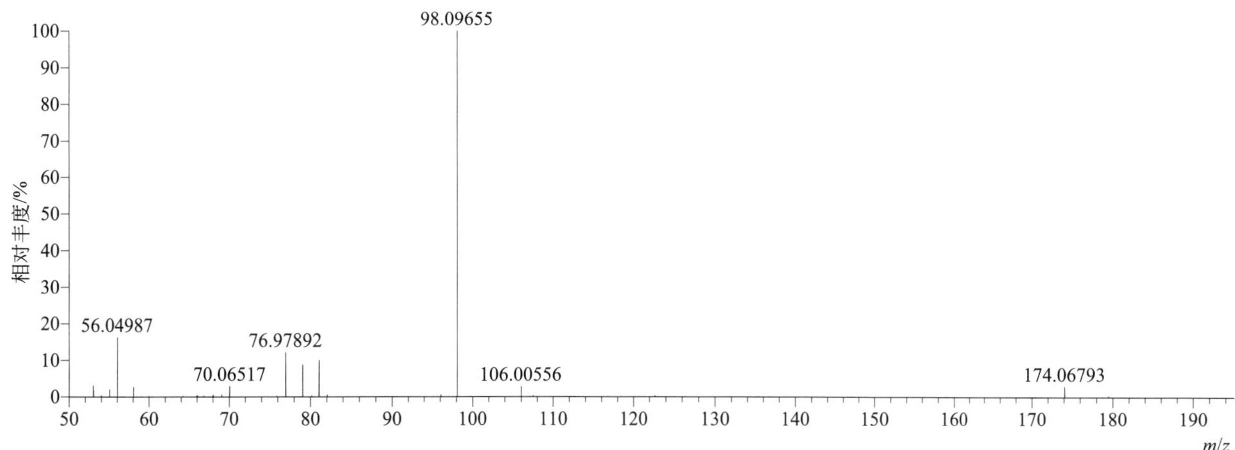

[M+H]+ 阶梯归一化法能量 Step NCE 为 20、40、60 时典型的二级质谱图

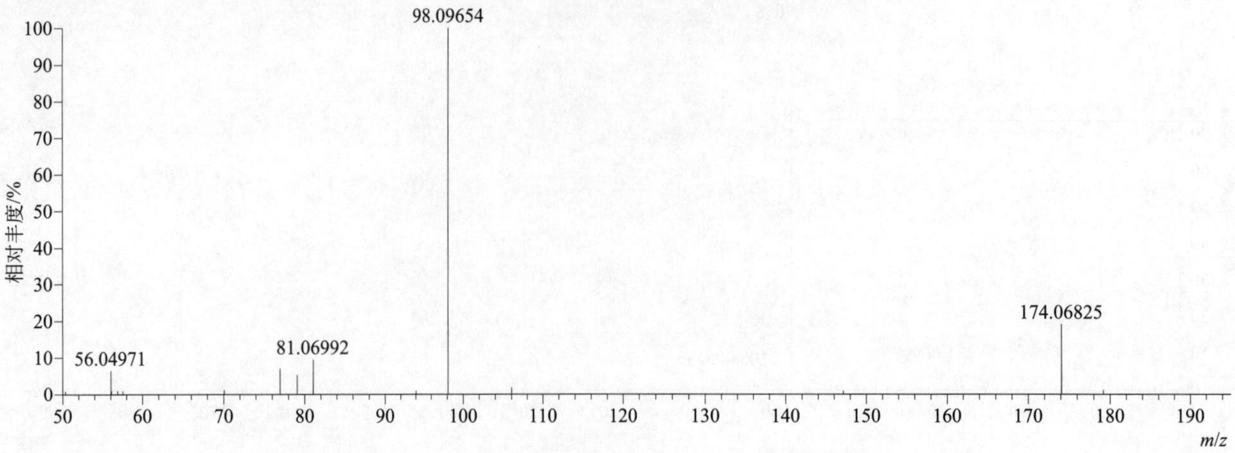

ametoctradin（唑嘧菌胺）

基本信息

CAS 登录号	865318-97-4	分子量	275.21100	离子源和极性	电喷雾离子源（ESI）
分子式	$C_{15}H_{25}N_5$	保留时间	15.50min	极性	正模式

[M+H]+ 提取离子流色谱图

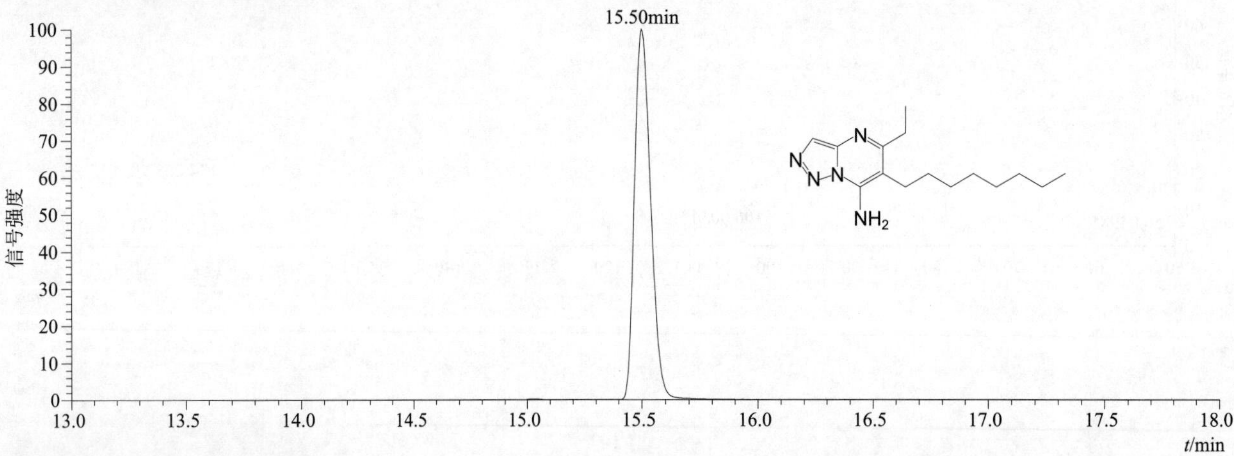

[M+H]+ 典型的一级质谱图

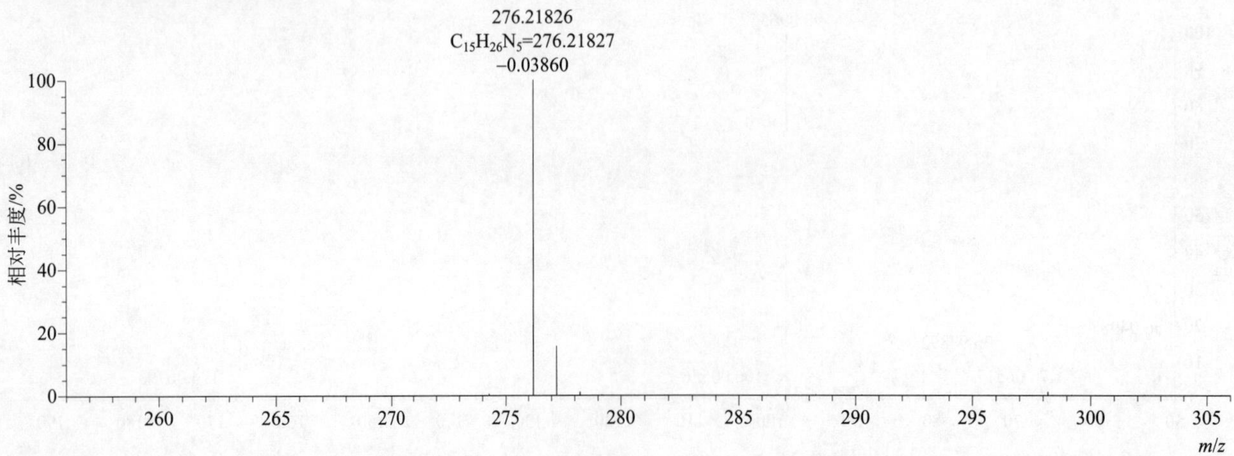

[M+H]⁺ 归一化法能量 NCE 为 60 时典型的二级质谱图

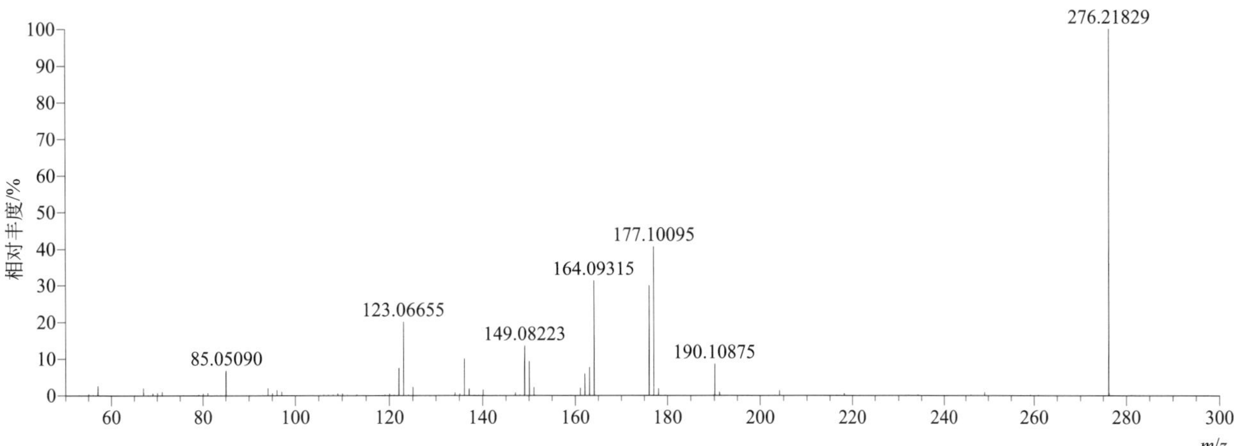

[M+H]⁺ 归一化法能量 NCE 为 80 时典型的二级质谱图

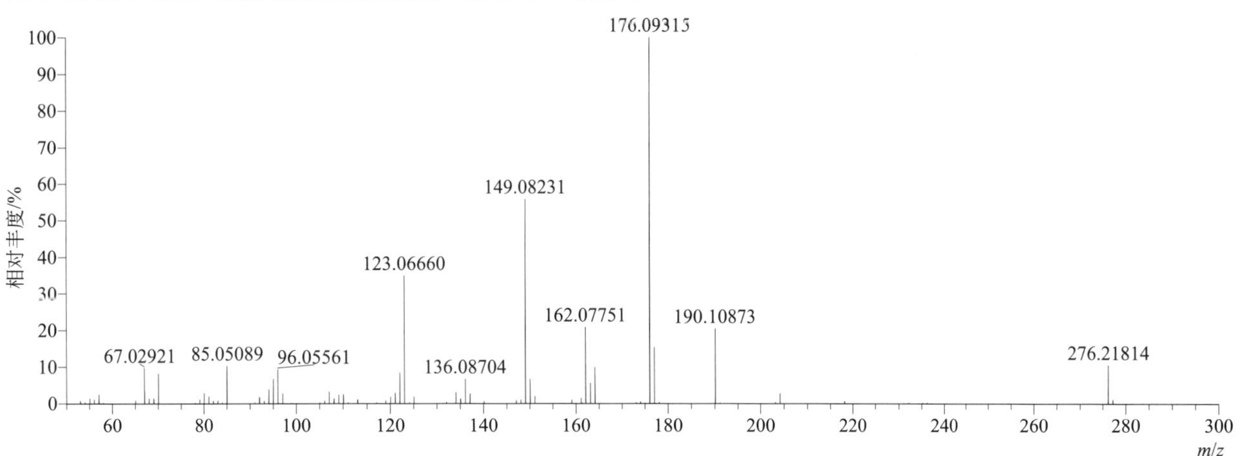

[M+H]⁺ 归一化法能量 NCE 为 100 时典型的二级质谱图

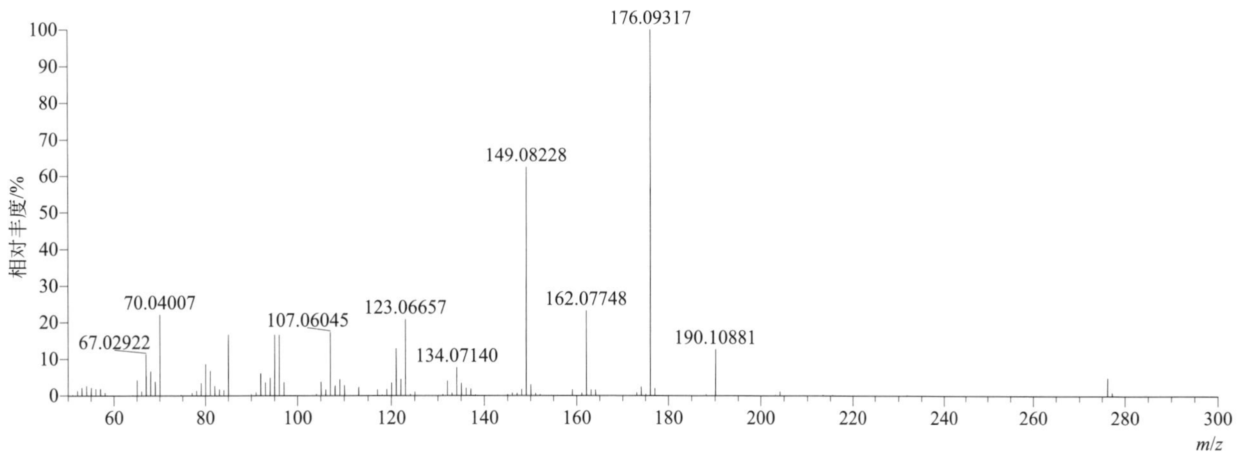

[M+H]+ 阶梯归一化法能量 Step NCE 为 60、80、100 时典型的二级质谱图

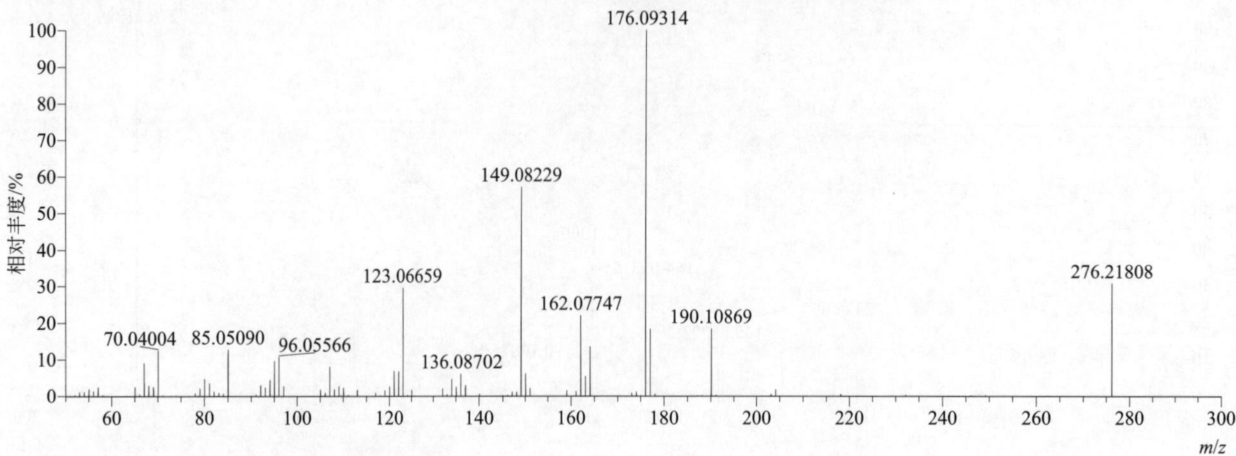

ametryn（莠灭净）

基本信息

CAS 登录号	834-12-8	分子量	227.12047	离子源和极性	电喷雾离子源（ESI）
分子式	$C_9H_{17}N_5S$	保留时间	13.93min	极性	正模式

[M+H]+ 提取离子流色谱图

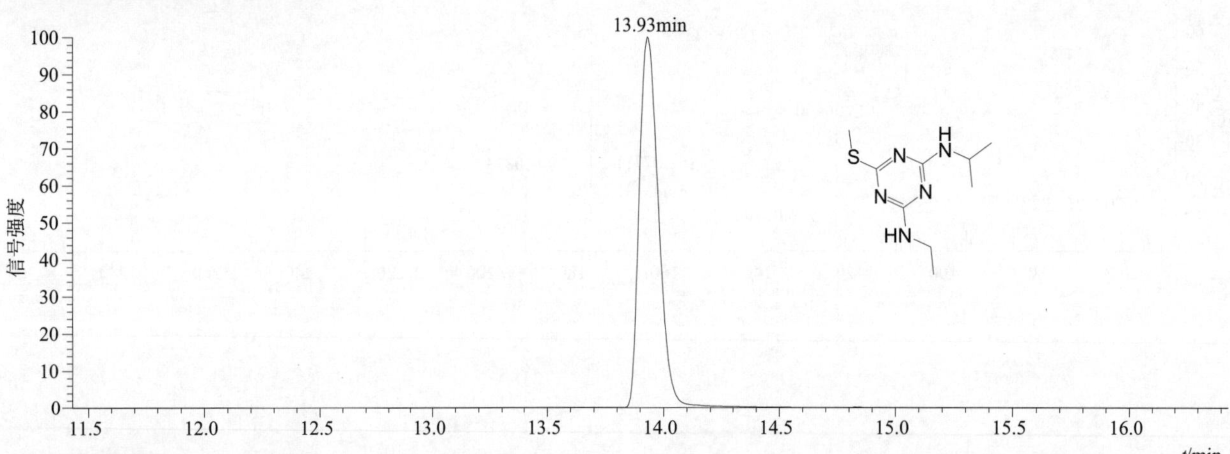

[M+H]+ 典型的一级质谱图

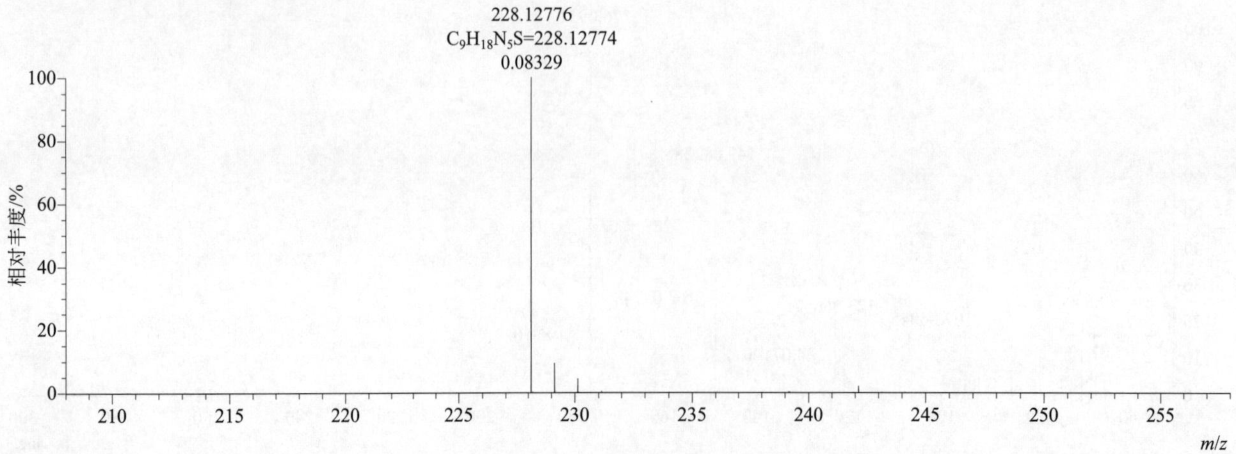

$[M+H]^+$ 归一化法能量 NCE 为 20 时典型的二级质谱图

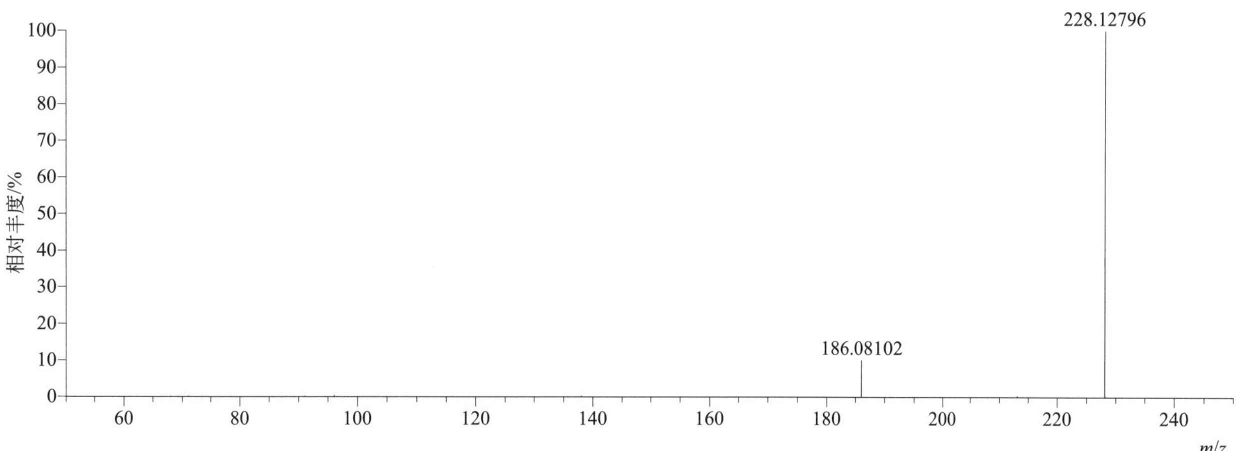

$[M+H]^+$ 归一化法能量 NCE 为 40 时典型的二级质谱图

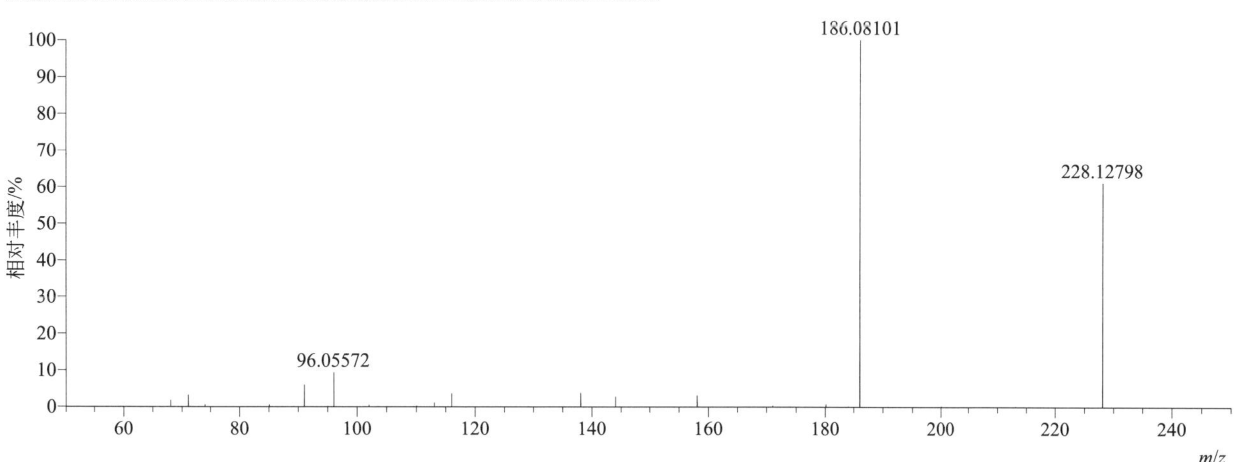

$[M+H]^+$ 归一化法能量 NCE 为 60 时典型的二级质谱图

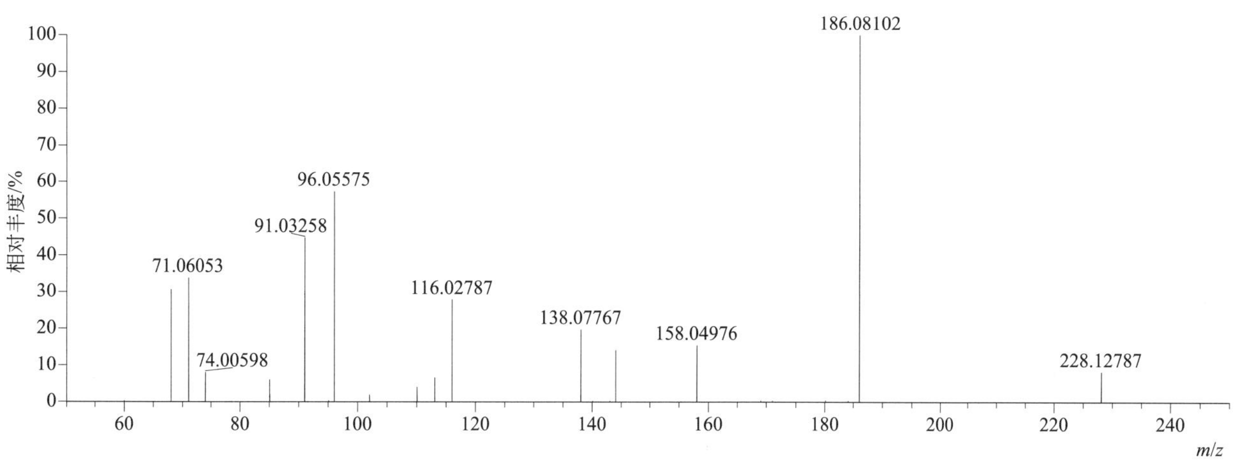

[M+H]+ 阶梯归一化法能量 Step NCE 为 20、40、60 时典型的二级质谱图

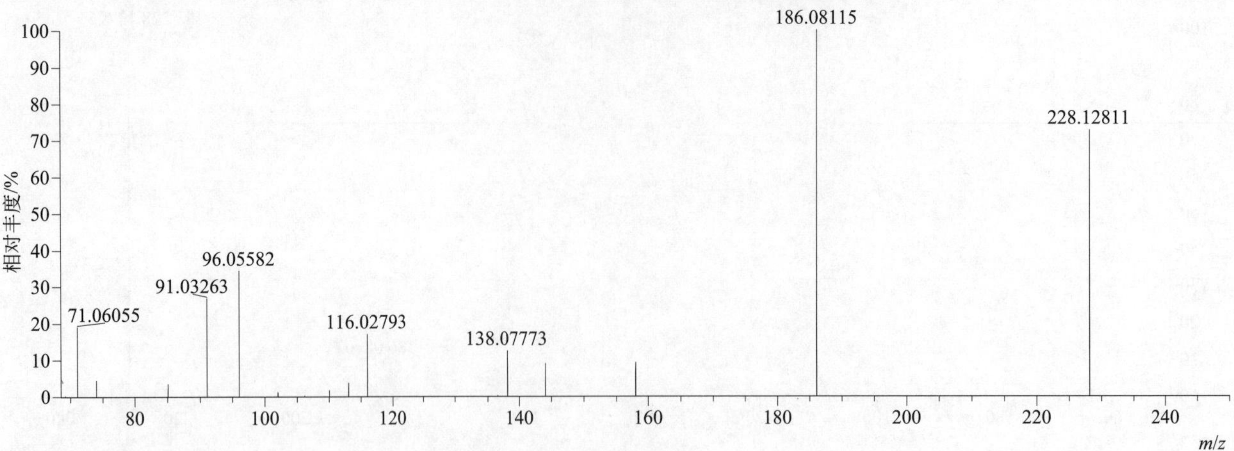

amicarbazone（胺唑草酮）

基本信息

CAS 登录号	129909-90-6	分子量	241.15387	离子源和极性	电喷雾离子源（ESI）
分子式	$C_{10}H_{19}N_5O_2$	保留时间	12.93min	极性	正模式

[M+H]+ 提取离子流色谱图

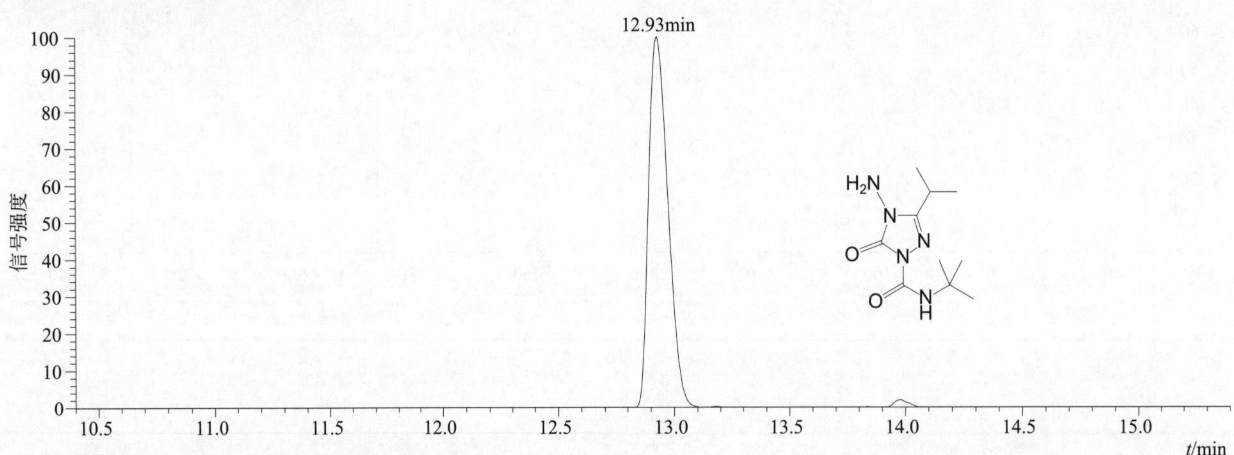

[M+H]+ 和 [M+Na]+ 典型的一级质谱图

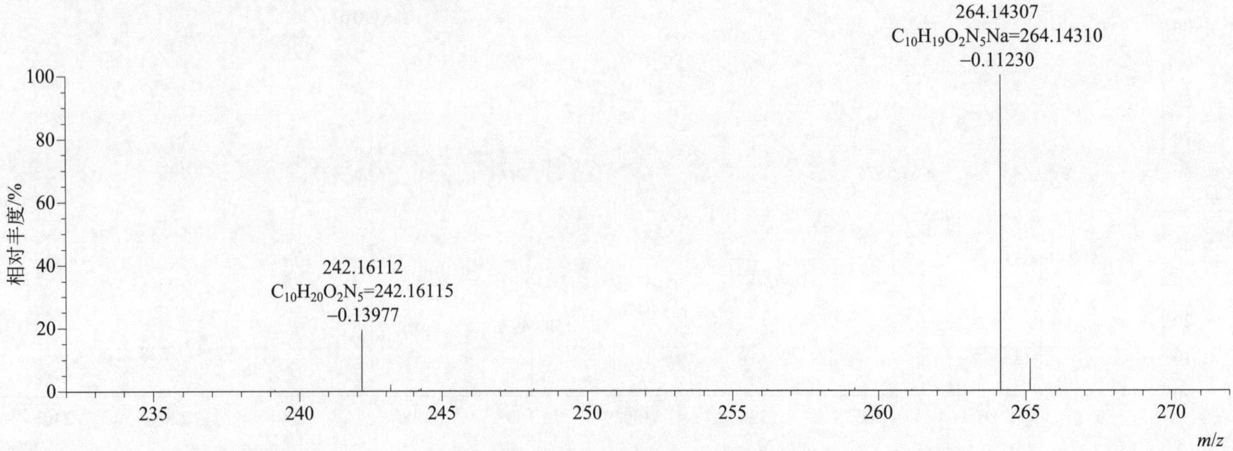

[M+H]$^+$ 归一化法能量 NCE 为 20 时典型的二级质谱图

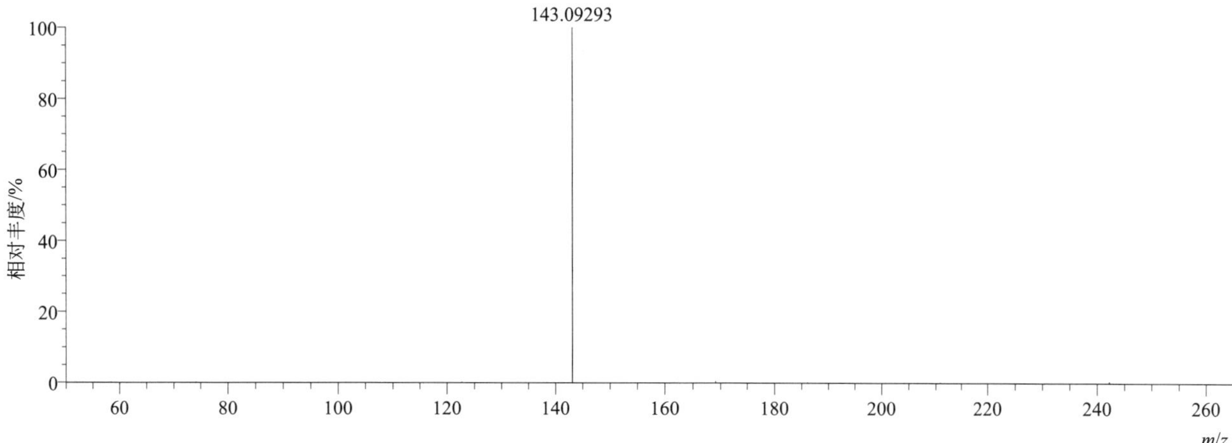

[M+H]$^+$ 归一化法能量 NCE 为 40 时典型的二级质谱图

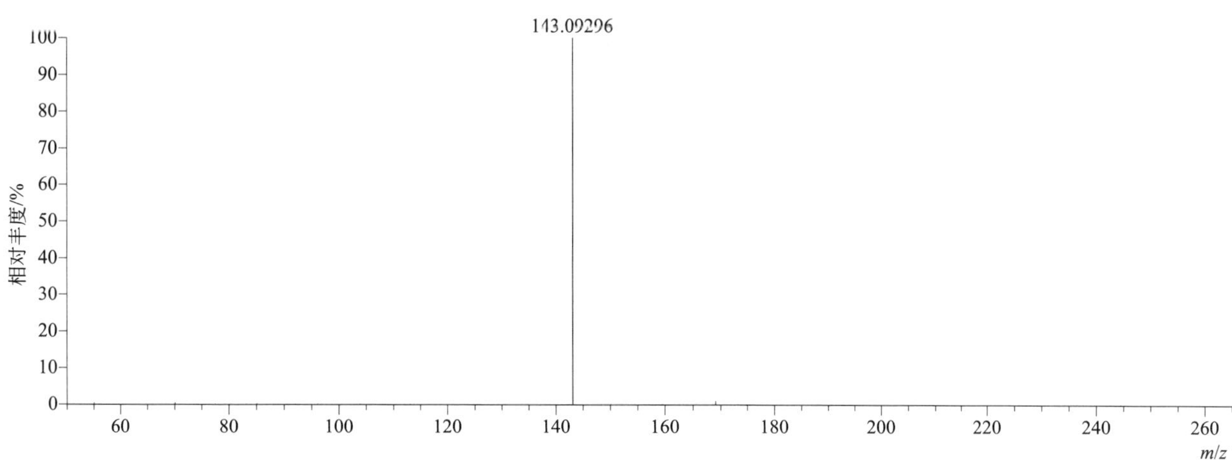

[M+H]$^+$ 归一化法能量 NCE 为 60 时典型的二级质谱图

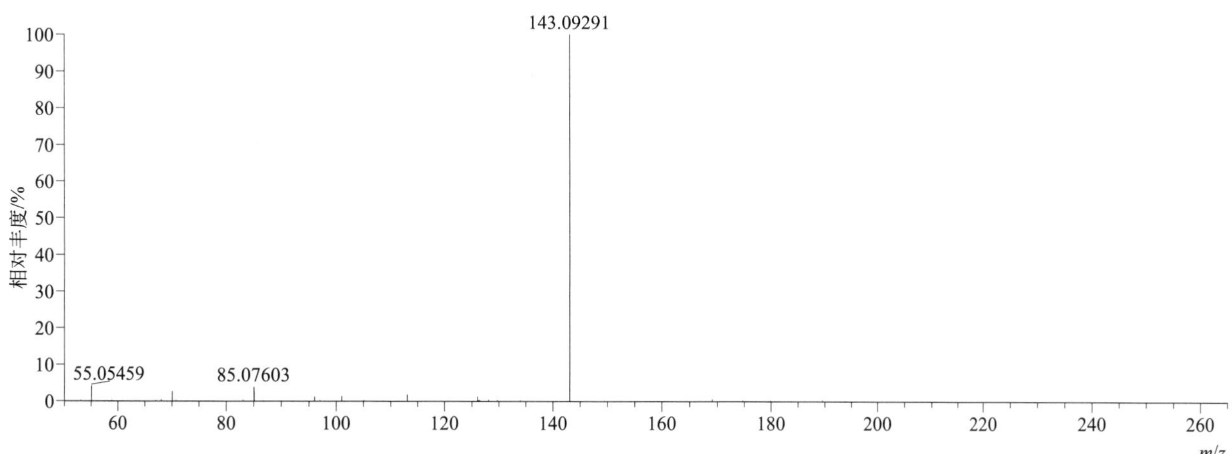

[M+H]+ 阶梯归一化法能量 Step NCE 为 20、40、60 时典型的二级质谱图

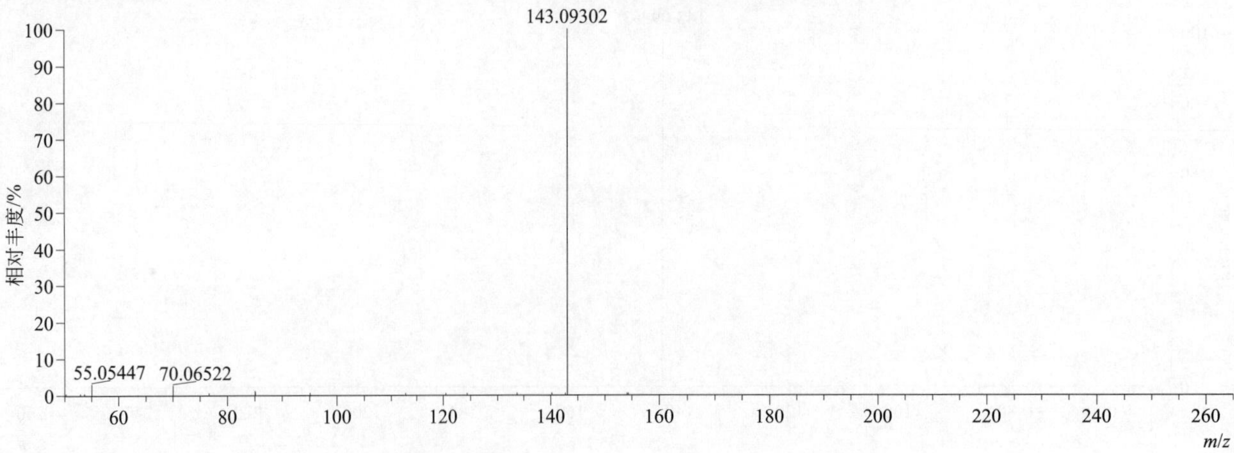

amidithion（赛硫磷）

基本信息

CAS 登录号	919-76-6	分子量	273.02584	离子源和极性	电喷雾离子源（ESI）
分子式	$C_7H_{16}NO_4PS_2$	保留时间	12.41min	极性	正模式

[M+H]+ 提取离子流色谱图

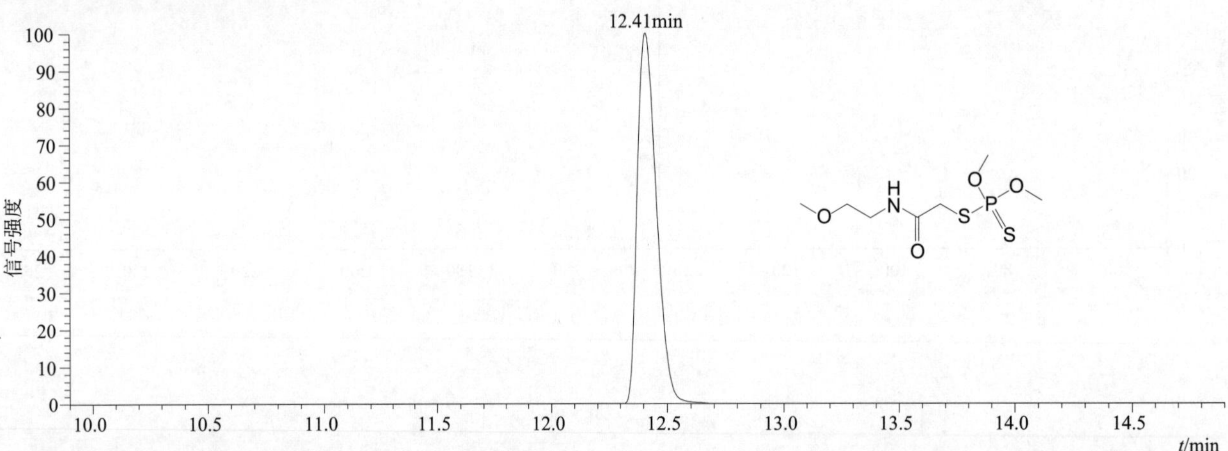

[M+H]+ 典型的一级质谱图

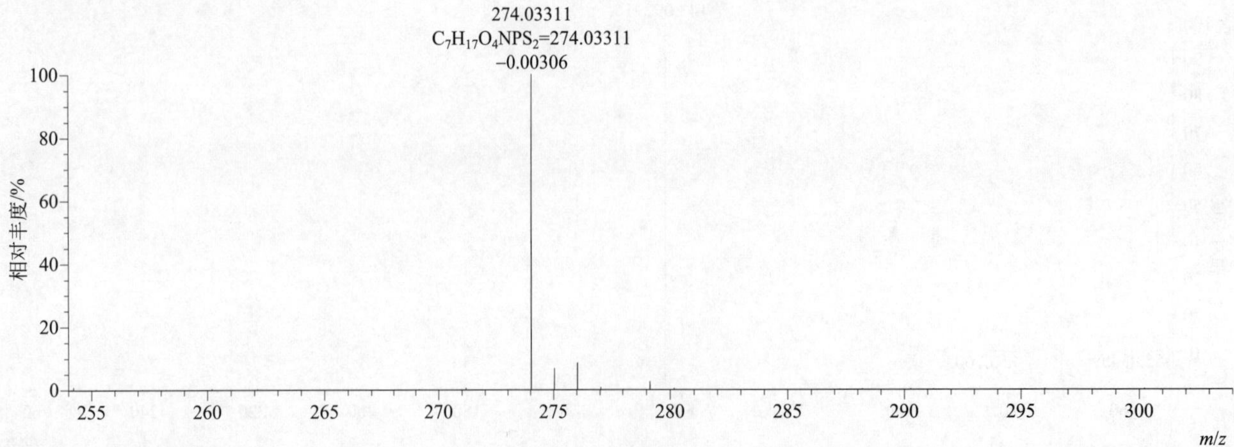

$[M+H]^+$ 归一化法能量 NCE 为 20 时典型的二级质谱图

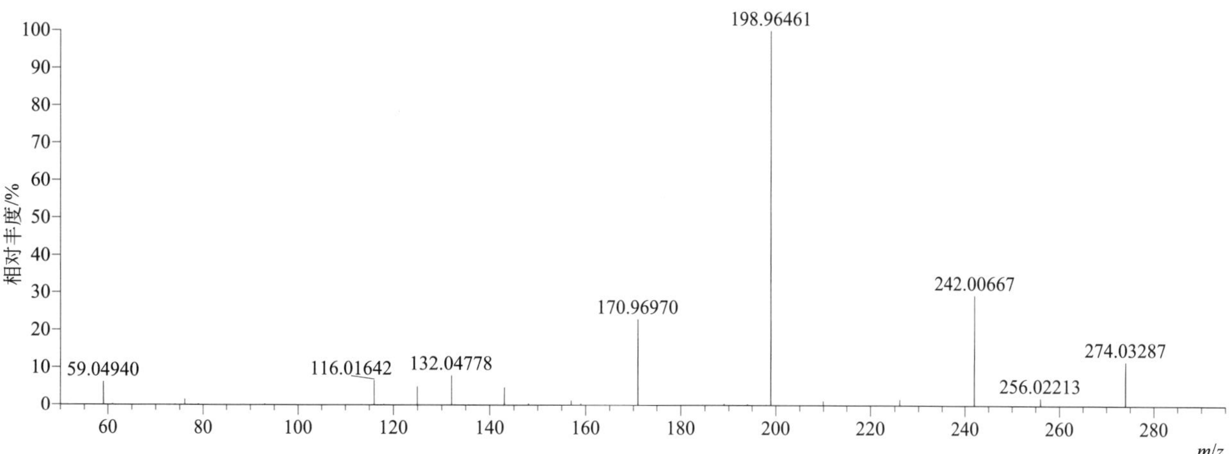

$[M+H]^+$ 归一化法能量 NCE 为 40 时典型的二级质谱图

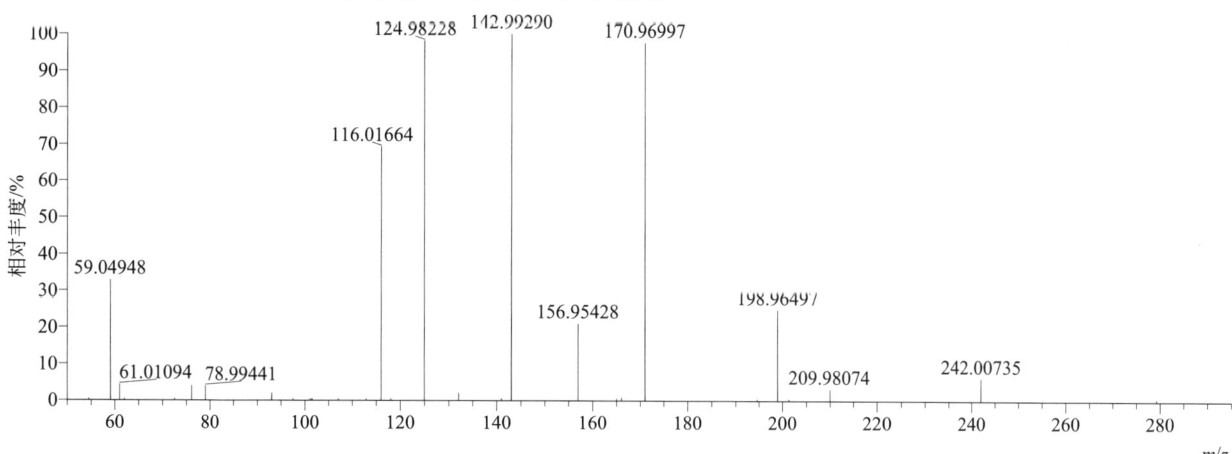

$[M+H]^+$ 归一化法能量 NCE 为 60 时典型的二级质谱图

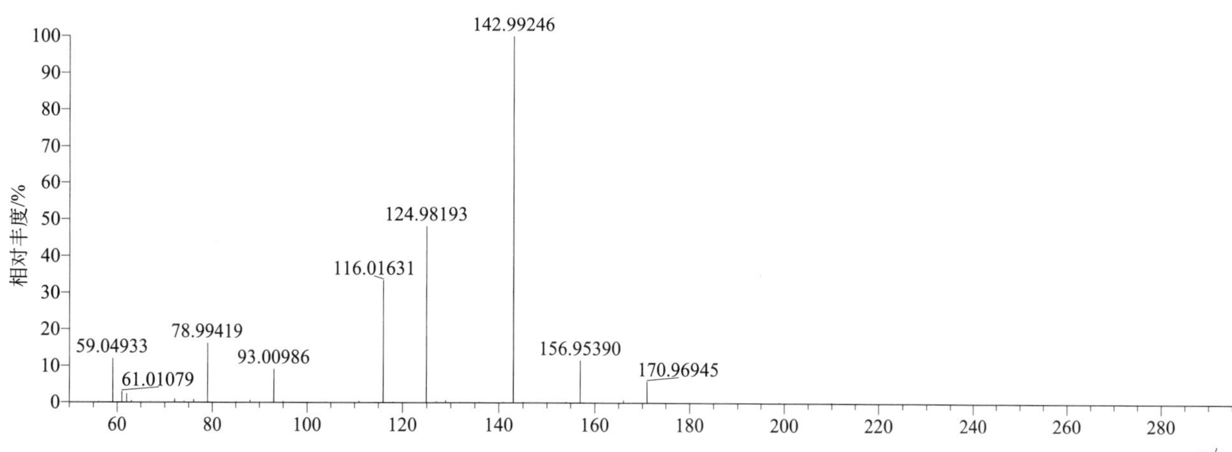

[M+H]+ 阶梯归一化法能量 Step NCE 为 20、40、60 时典型的二级质谱图

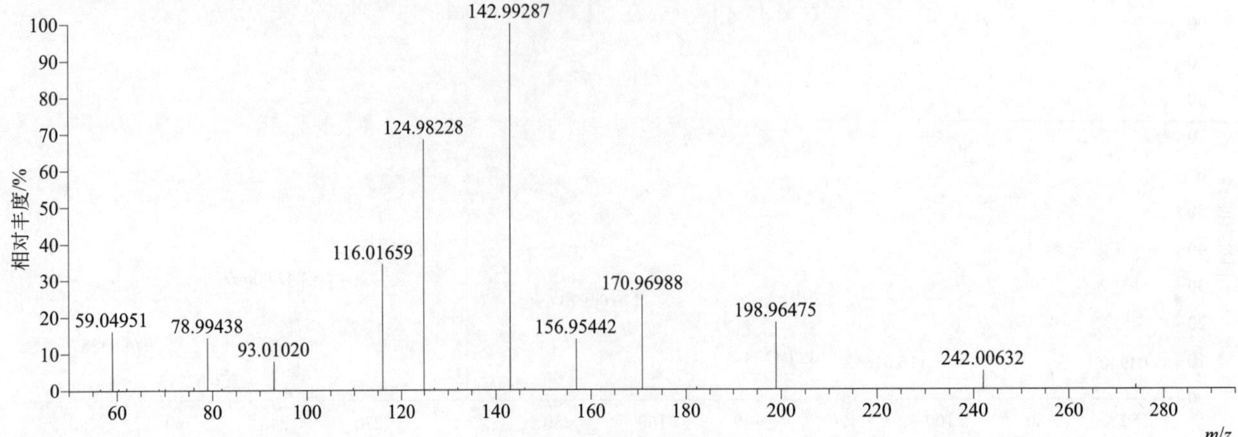

amidosulfuron（酰嘧磺隆）

基本信息

CAS 登录号	120923-37-7	分子量	369.04129	离子源和极性	电喷雾离子源（ESI）
分子式	$C_9H_{15}N_5O_7S_2$	保留时间	13.44min	极性	正模式

[M+H]+ 提取离子流色谱图

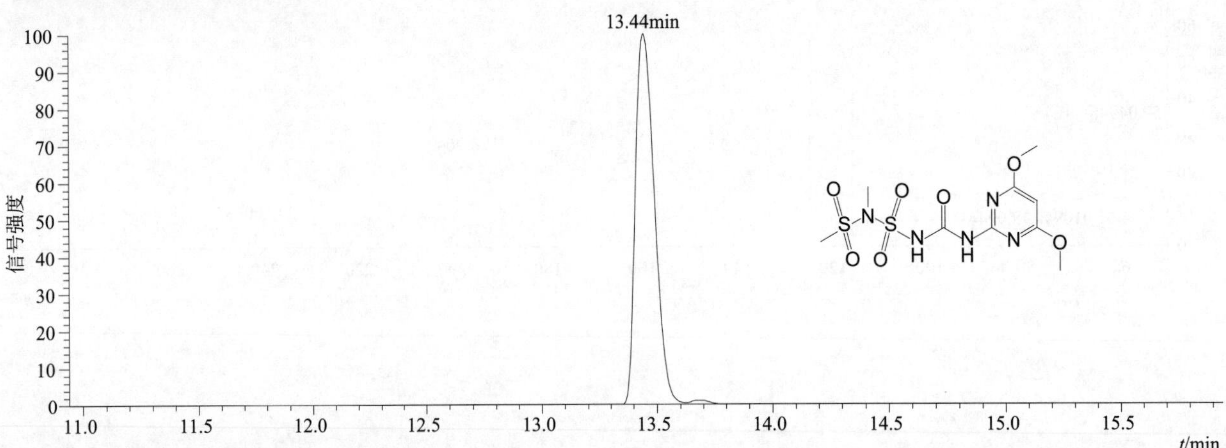

[M+H]+ 和 [M+Na]+ 典型的一级质谱图

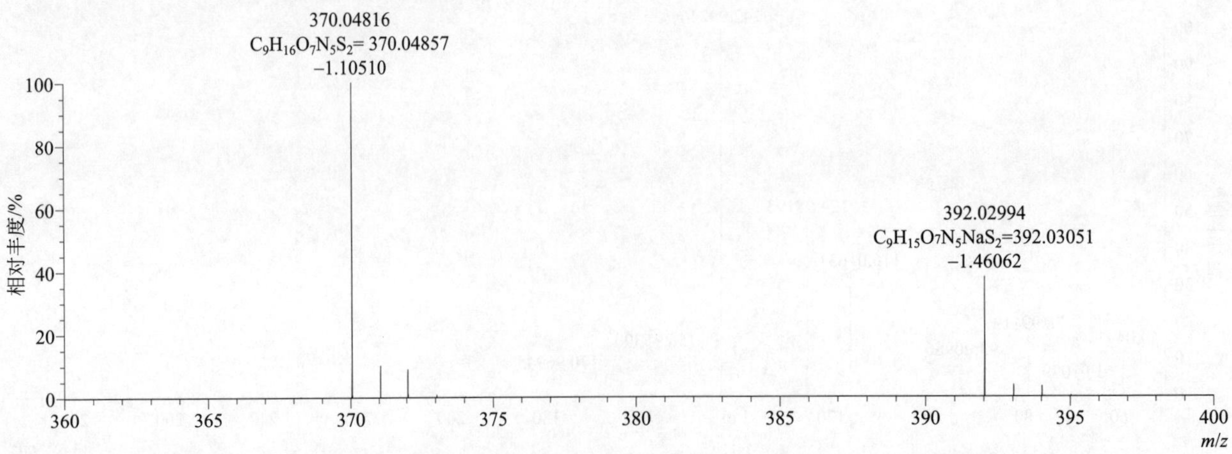

[M+H]+ 归一化法能量 NCE 为 20 时典型的二级质谱图

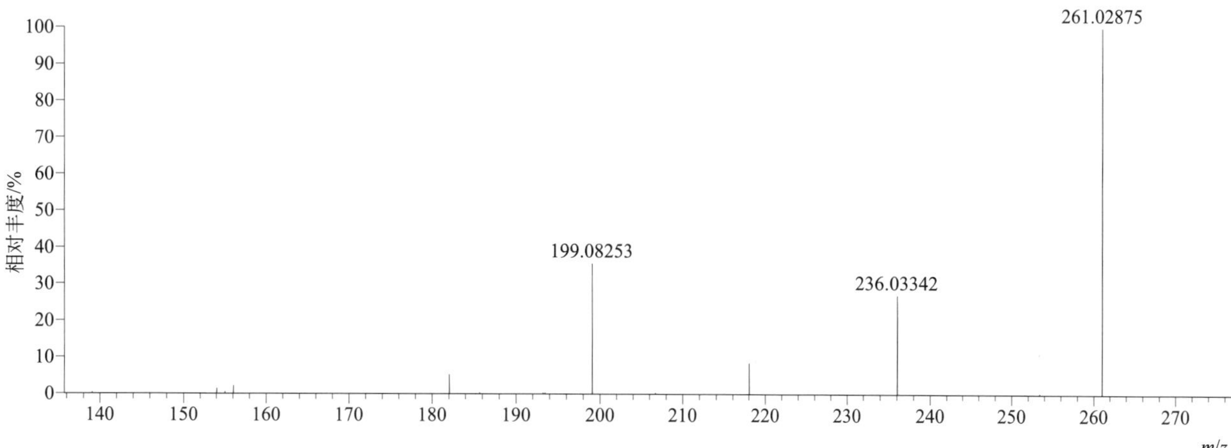

[M+H]+ 归一化法能量 NCE 为 40 时典型的二级质谱图

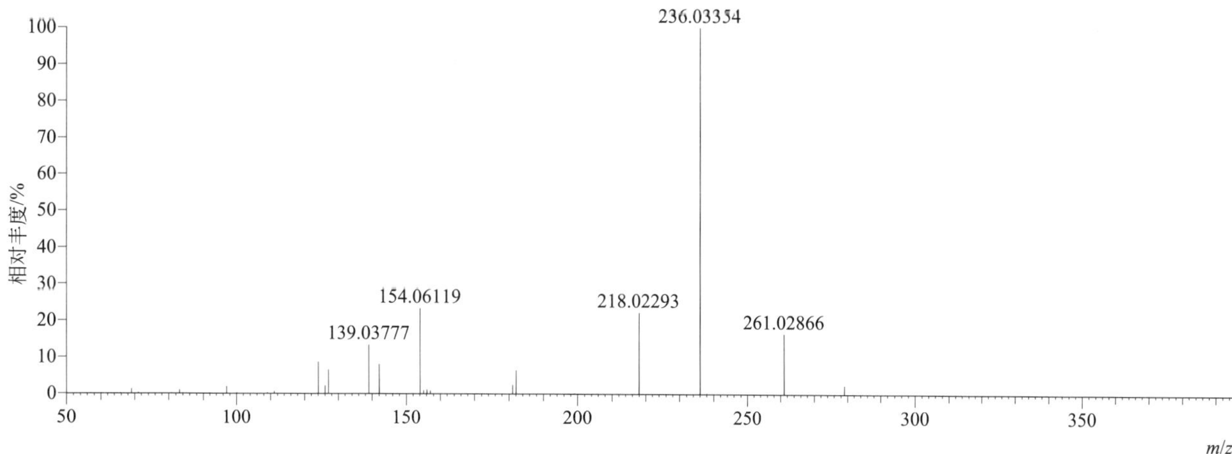

[M+H]+ 归一化法能量 NCE 为 60 时典型的二级质谱图

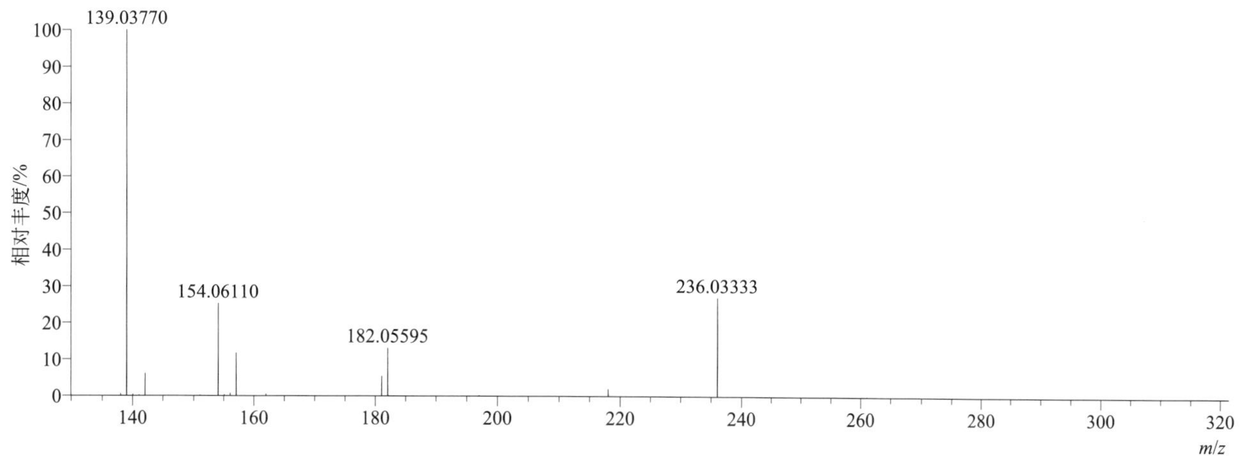

[M+H]+ 阶梯归一化法能量 Step NCE 为 20、40、60 时典型的二级质谱图

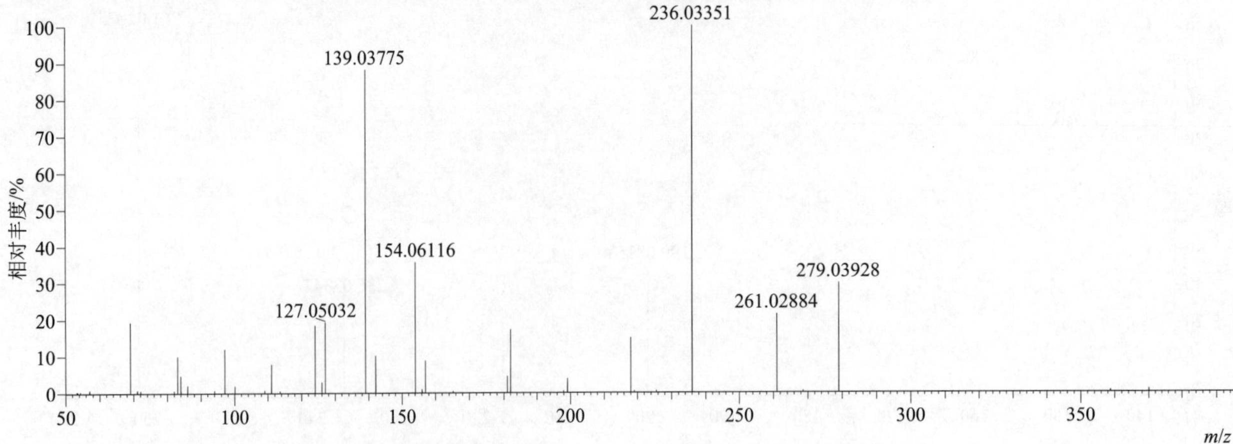

aminocarb（灭害威）

基本信息

CAS 登录号	2032-59-9	分子量	208.12118	离子源和极性	电喷雾离子源（ESI）
分子式	$C_{11}H_{16}N_2O_2$	保留时间	8.23min	极性	正模式

[M+H]+ 提取离子流色谱图

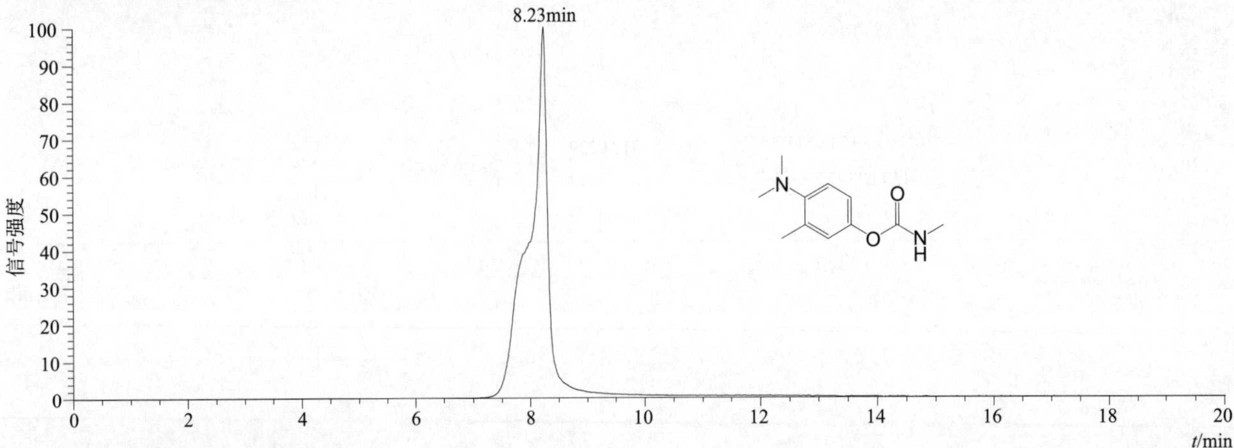

[M+H]+ 典型的一级质谱图

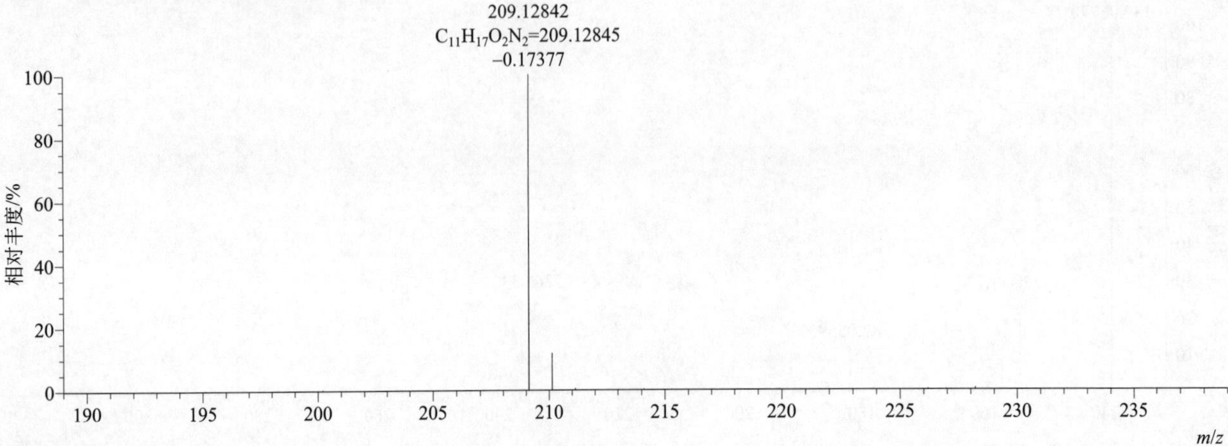

$[M+H]^+$ 归一化法能量 NCE 为 20 时典型的二级质谱图

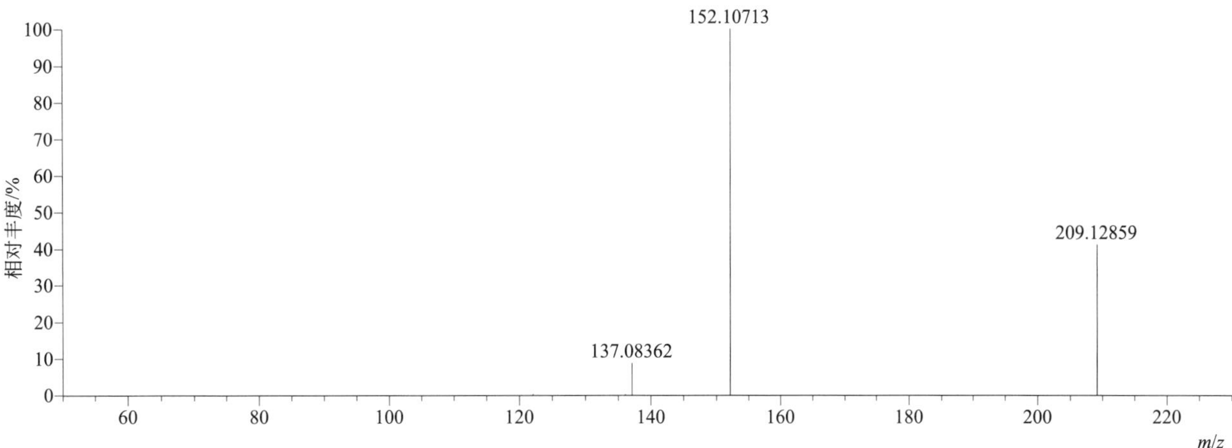

$[M+H]^+$ 归一化法能量 NCE 为 40 时典型的二级质谱图

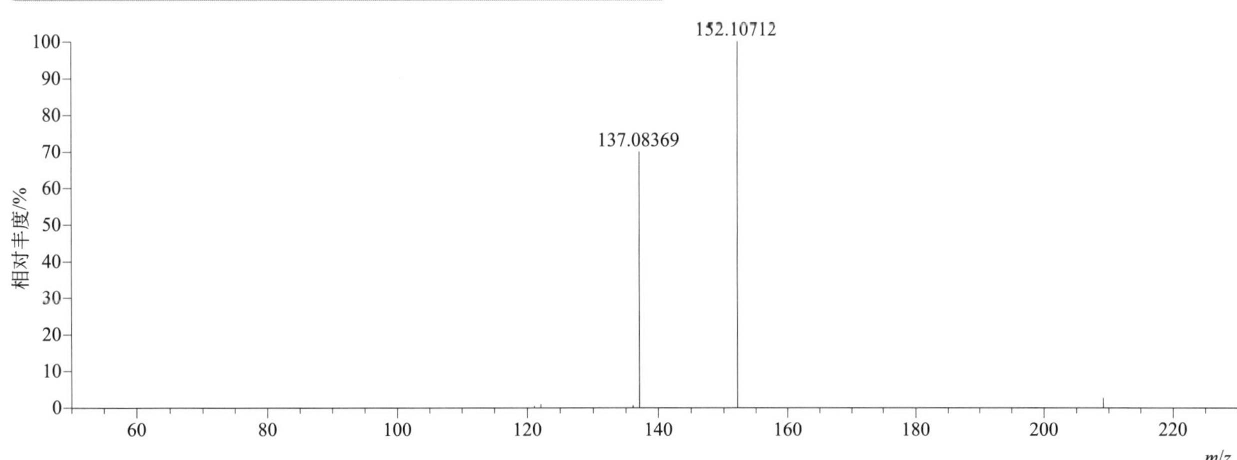

$[M+H]^+$ 归一化法能量 NCE 为 60 时典型的二级质谱图

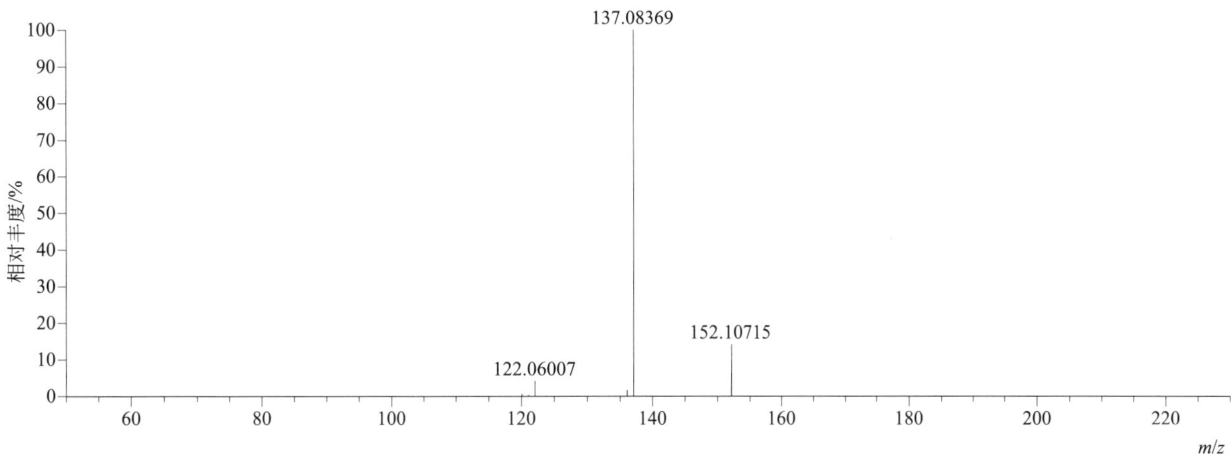

[M+H]$^+$ 阶梯归一化法能量 Step NCE 为 20、40、60 时典型的二级质谱图

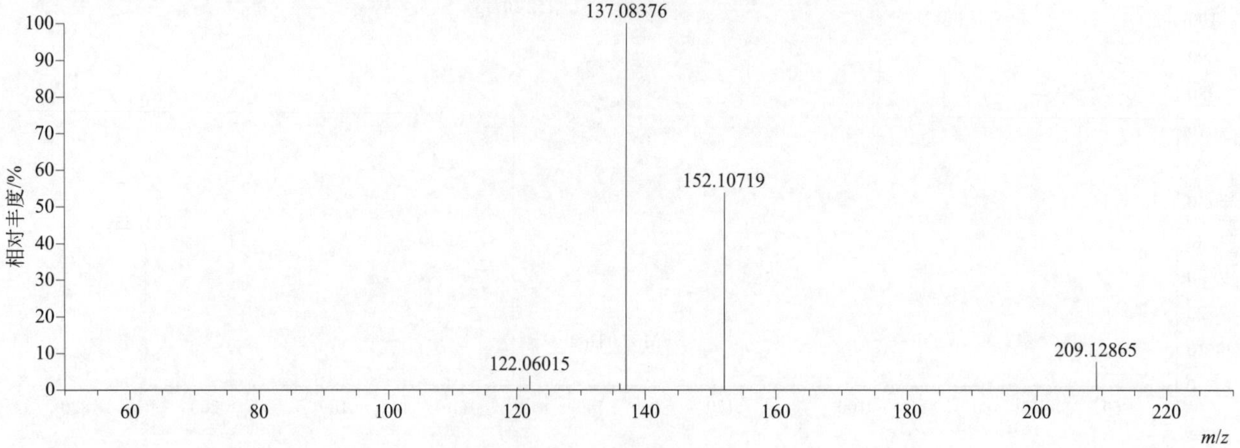

aminopyralid（氯氨吡啶酸）

基本信息

CAS 登录号	150114-71-9	分子量	205.96498	离子源和极性	电喷雾离子源（ESI）
分子式	$C_6H_4Cl_2N_2O_2$	保留时间	1.94min	极性	正模式

[M+H]$^+$ 提取离子流色谱图

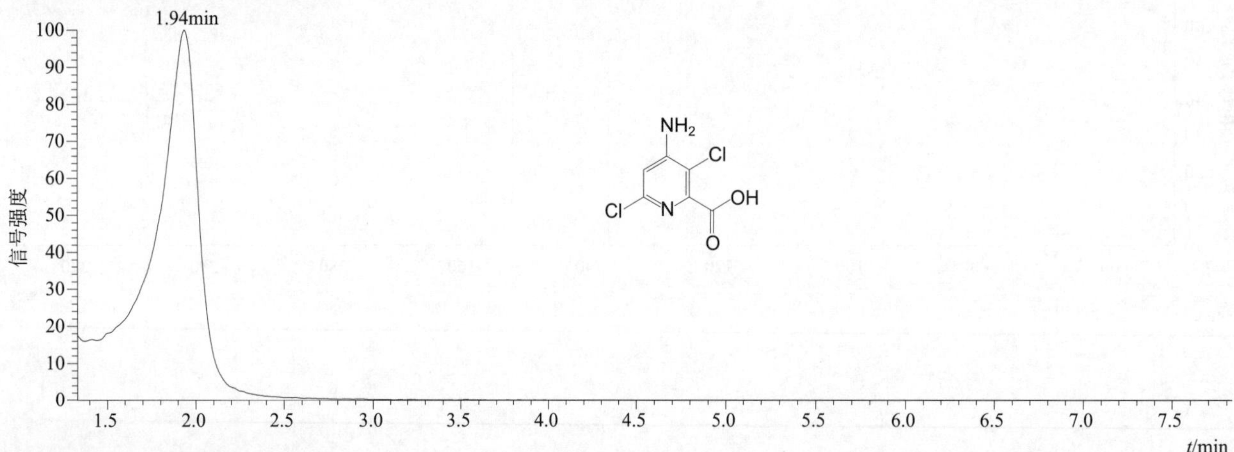

[M+H]$^+$ 典型的一级质谱图

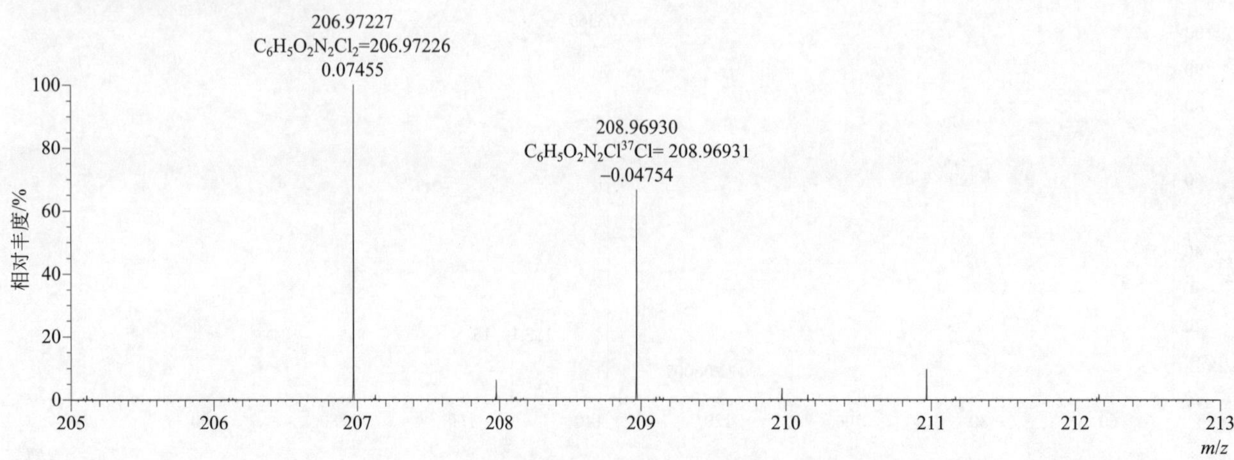

[M+H]⁺ 归一化法能量 NCE 为 20 时典型的二级质谱图

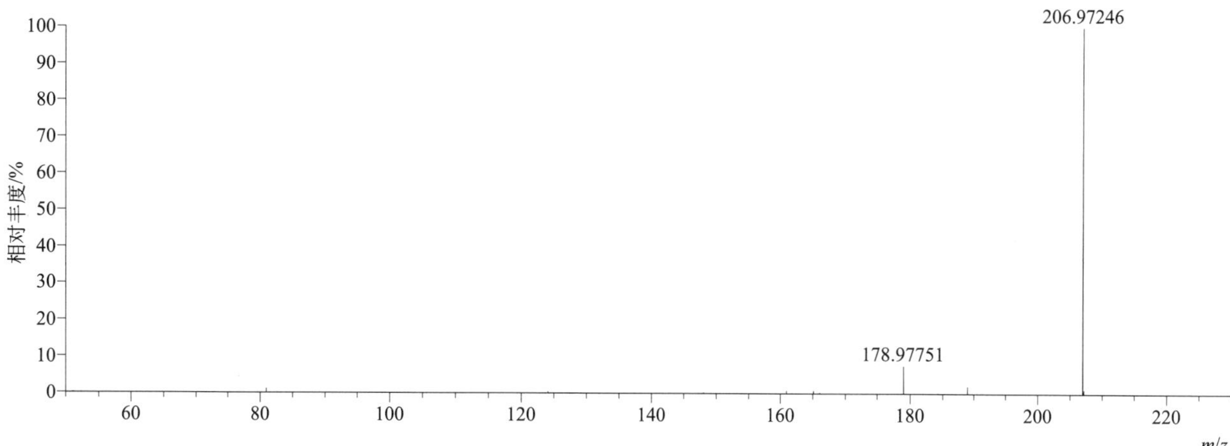

[M+H]⁺ 归一化法能量 NCE 为 40 时典型的二级质谱图

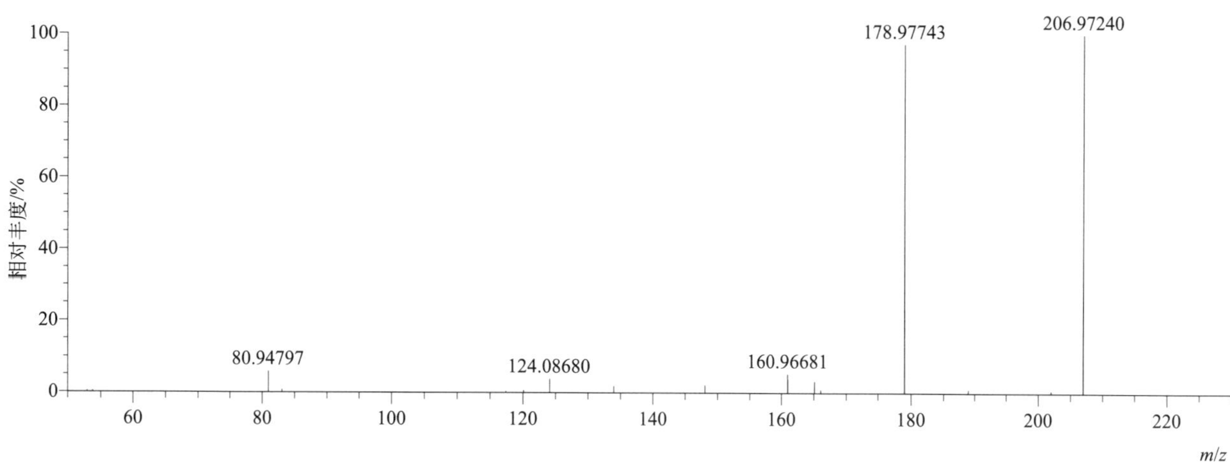

[M+H]⁺ 归一化法能量 NCE 为 60 时典型的二级质谱图

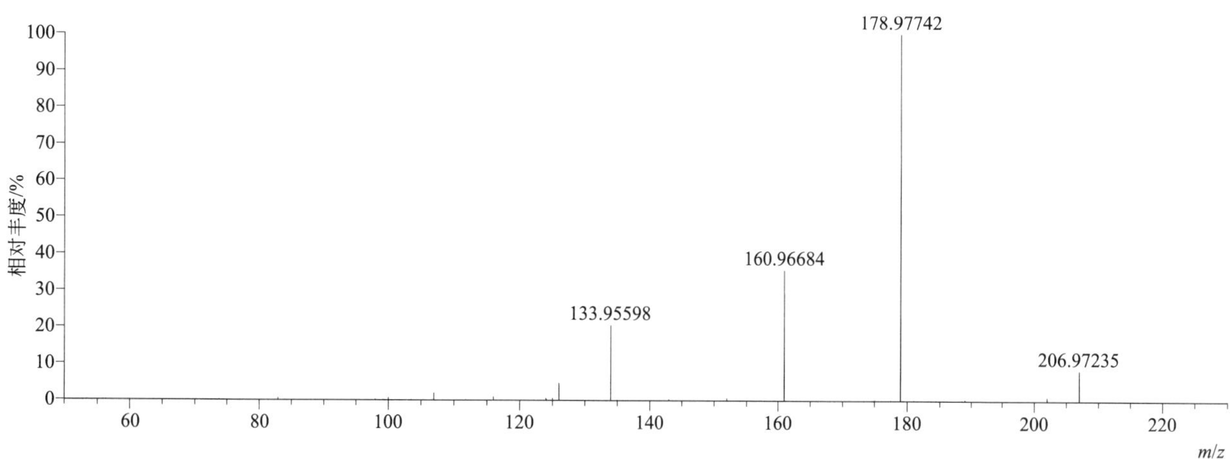

[M+H]⁺ 阶梯归一化法能量 Step NCE 为 20、40、60 时典型的二级质谱图

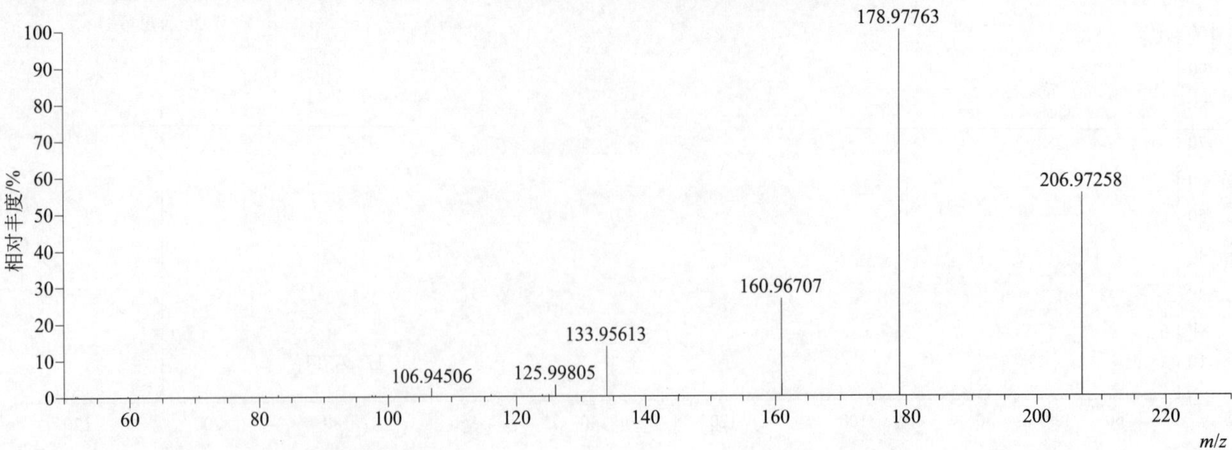

amitraz（双甲脒）

基本信息

CAS 登录号	33089-61-1	分子量	293.18920	离子源和极性	电喷雾离子源（ESI）
分子式	$C_{19}H_{23}N_3$	保留时间	16.34min	极性	正模式

[M+H]⁺ 提取离子流色谱图

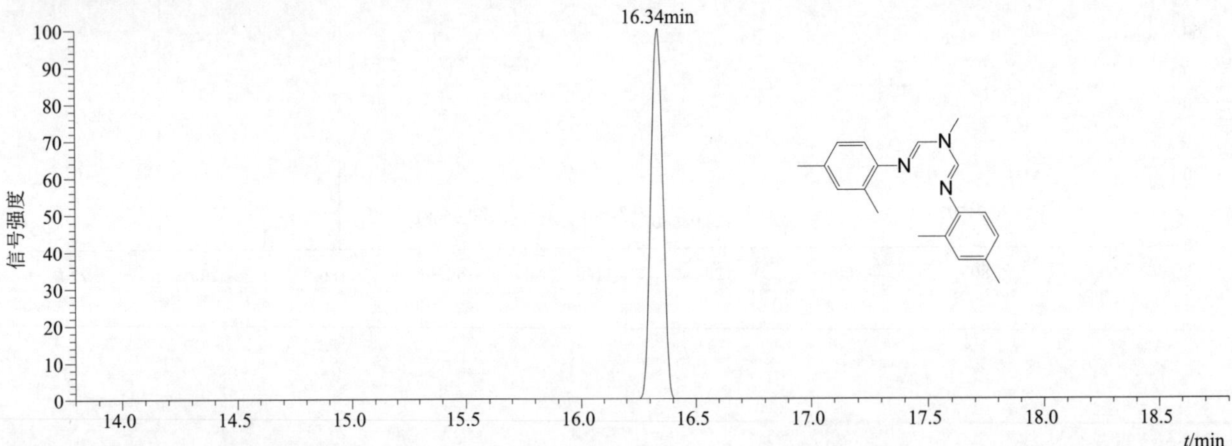

[M+H]⁺ 典型的一级质谱图

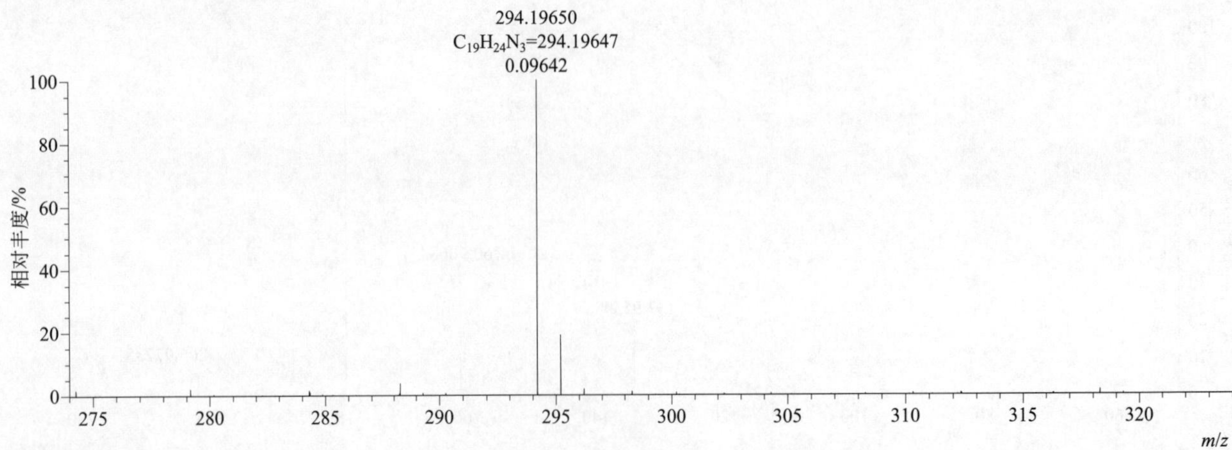

[M+H]+ 归一化法能量 NCE 为 20 时典型的二级质谱图

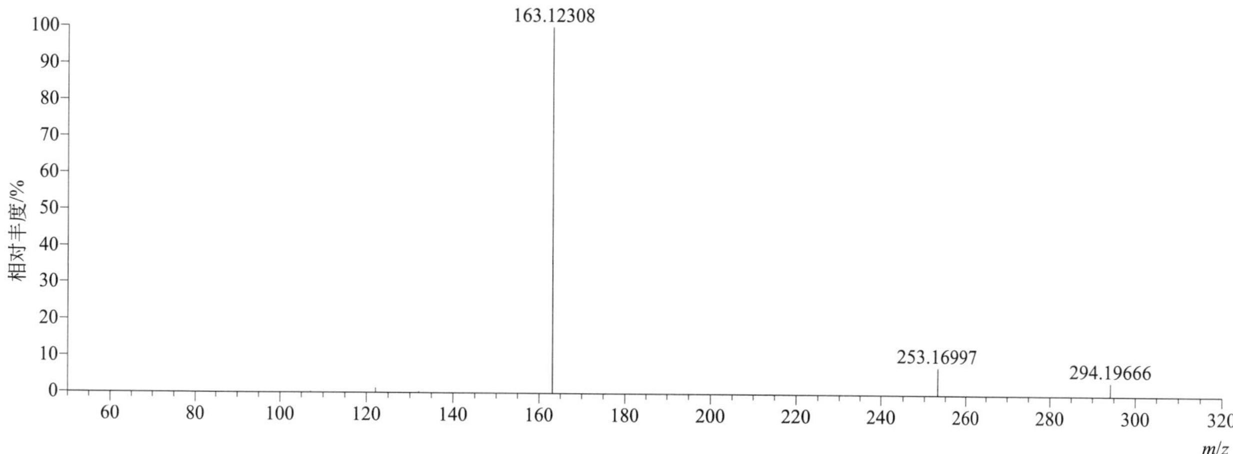

[M+H]+ 归一化法能量 NCE 为 40 时典型的二级质谱图

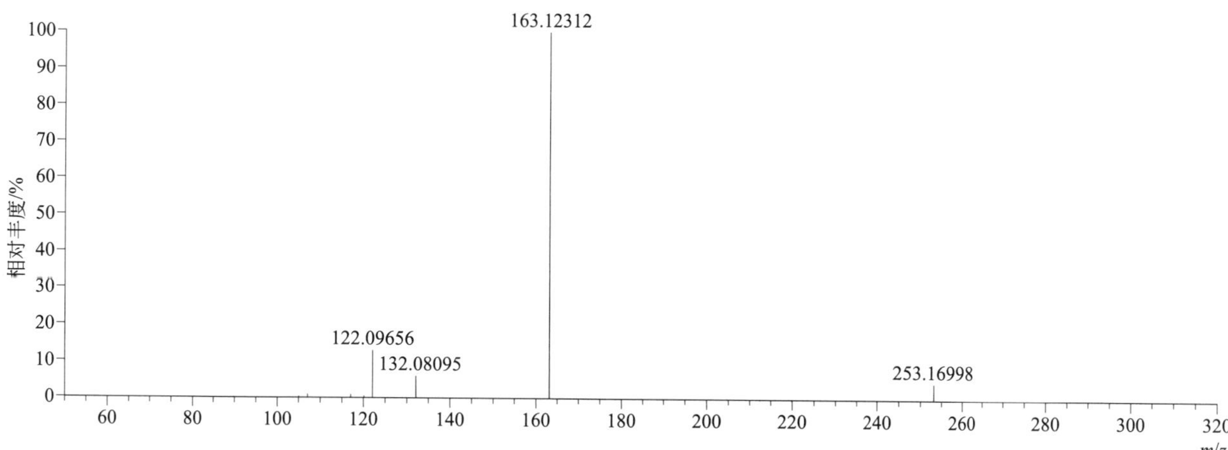

[M+H]+ 归一化法能量 NCE 为 60 时典型的二级质谱图

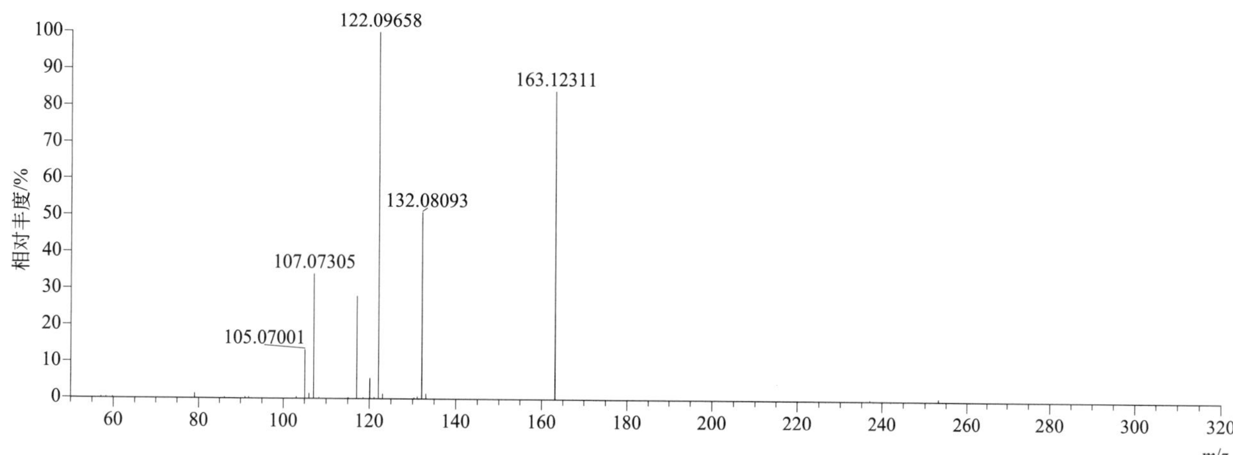

[M+H]+ 阶梯归一化法能量 Step NCE 为 20、40、60 时典型的二级质谱图

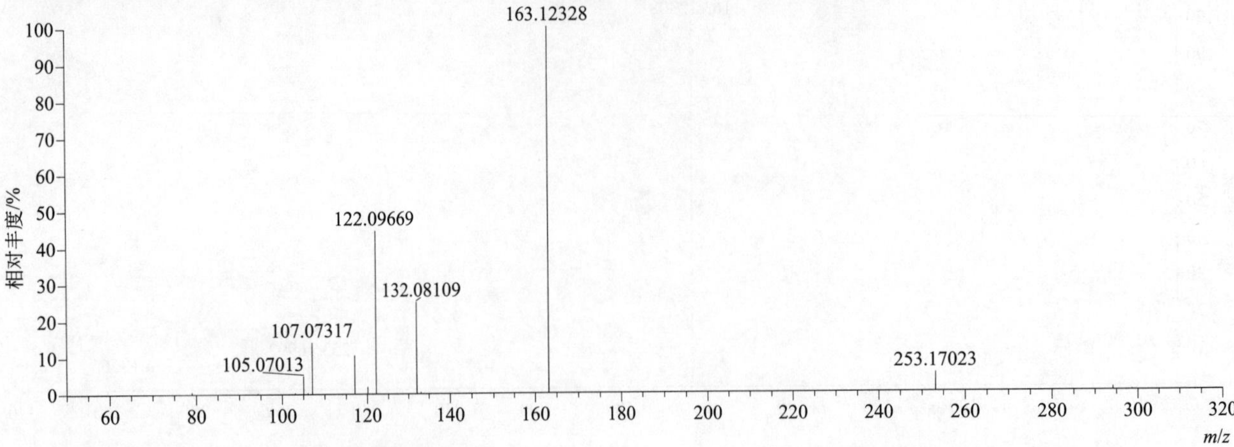

amitrole（杀草强）

基本信息

CAS 登录号	61-82-5	分子量	84.04360	离子源和极性	电喷雾离子源（ESI）
分子式	$C_2H_4N_4$	保留时间	15.54min	极性	正模式

[M+H]+ 提取离子流色谱图

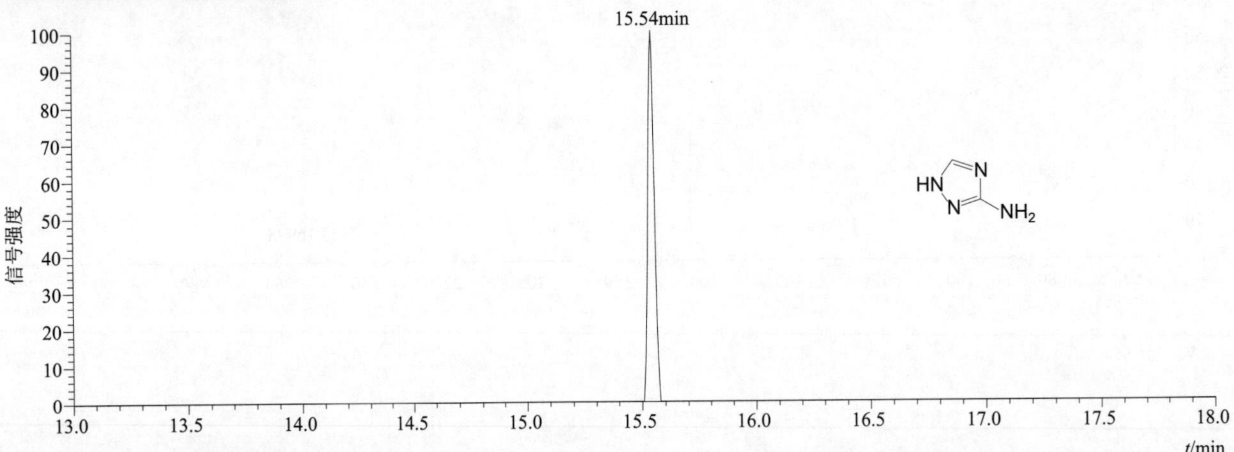

[M+H]+ 典型的一级质谱图

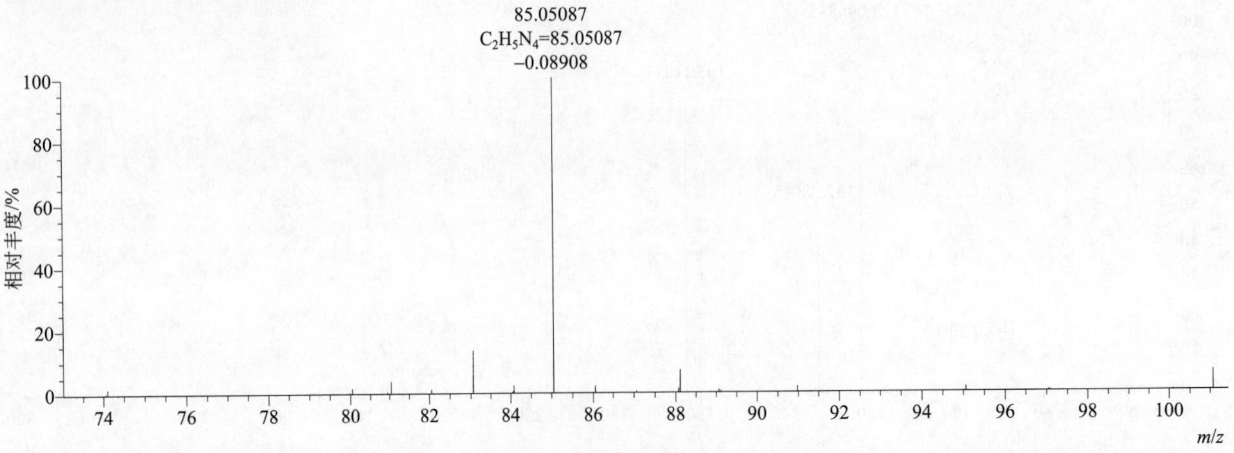

[M+H]⁺ 归一化法能量 NCE 为 20 时典型的二级质谱图

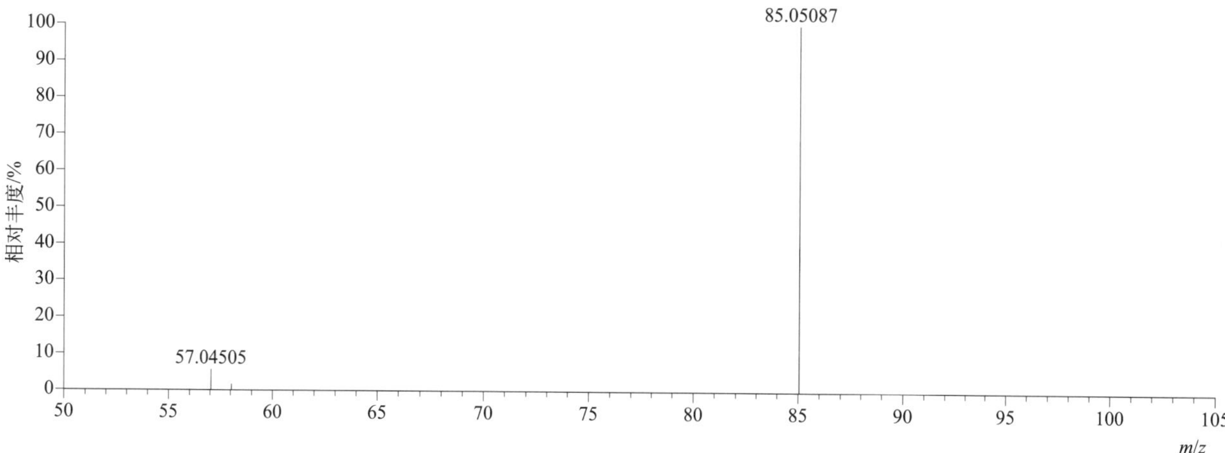

[M+H]⁺ 归一化法能量 NCE 为 40 时典型的二级质谱图

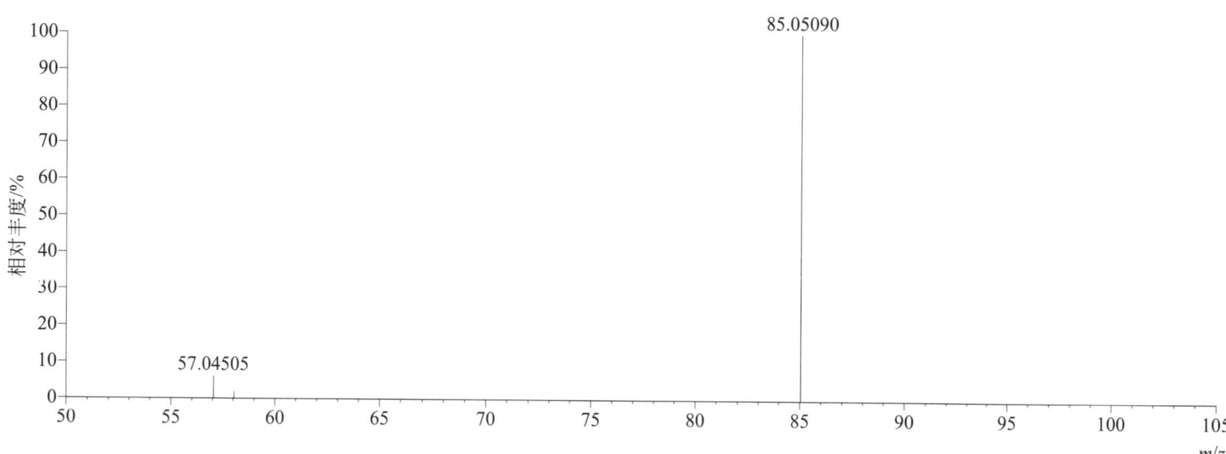

[M+H]⁺ 归一化法能量 NCE 为 60 时典型的二级质谱图

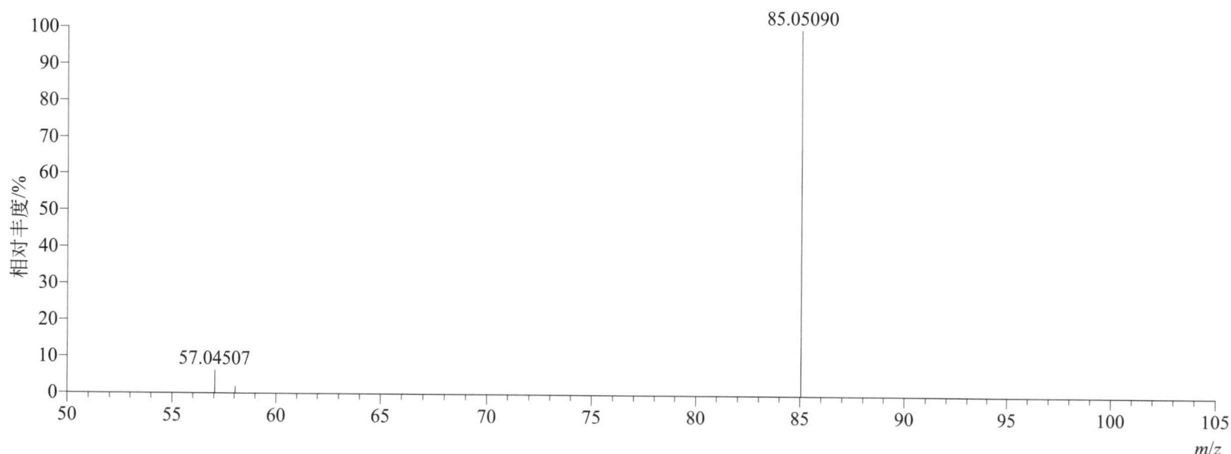

[M+H]+ 阶梯归一化法能量 Step NCE 为 20、40、60 时典型的二级质谱图

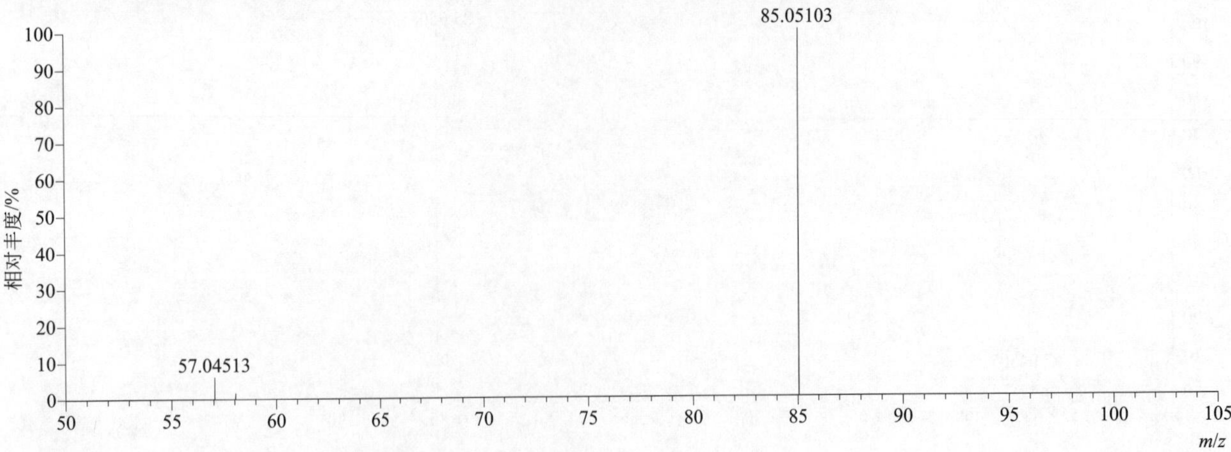

ancymidol（环丙嘧啶醇）

基本信息

CAS 登录号	12771-68-5	分子量	256.12118	离子源和极性	电喷雾离子源（ESI）
分子式	$C_{15}H_{16}N_2O_2$	保留时间	13.17min	极性	正模式

[M+H]+ 提取离子流色谱图

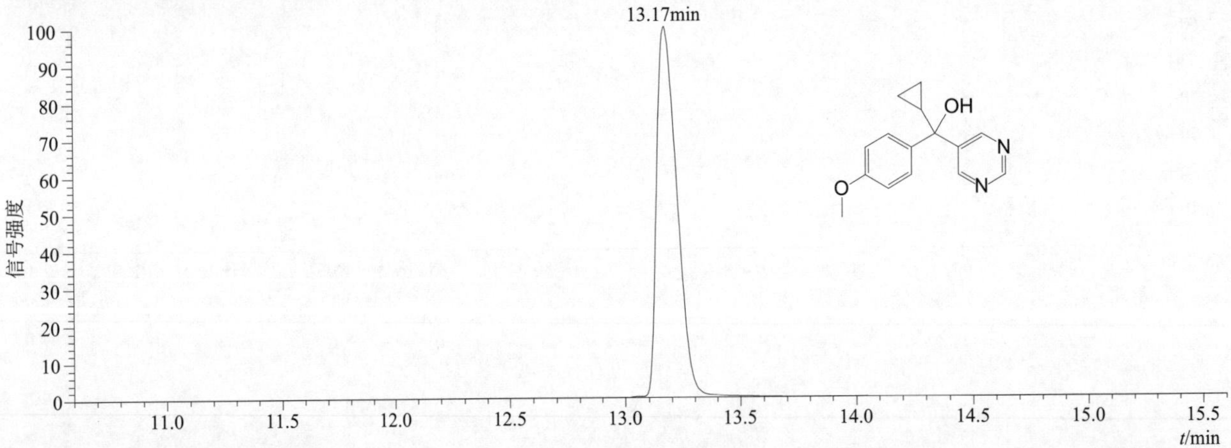

[M+H]+ 典型的一级质谱图

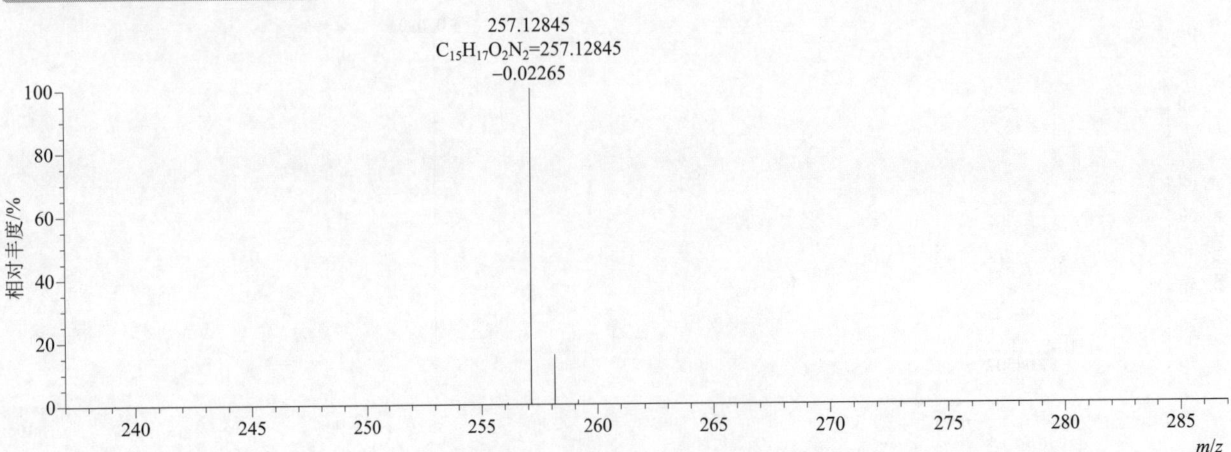

[M+H]+ 归一化法能量 NCE 为 20 时典型的二级质谱图

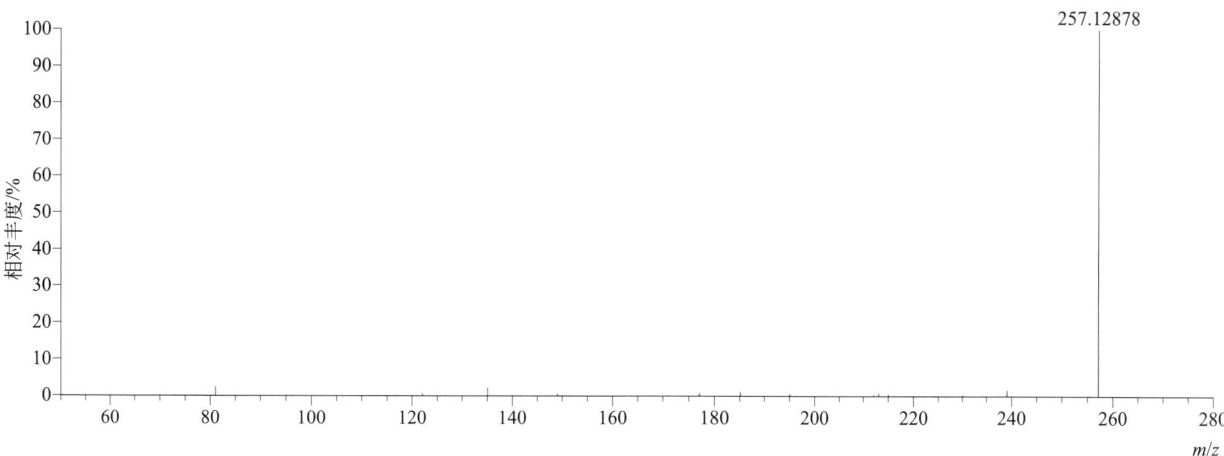

[M+H]+ 归一化法能量 NCE 为 40 时典型的二级质谱图

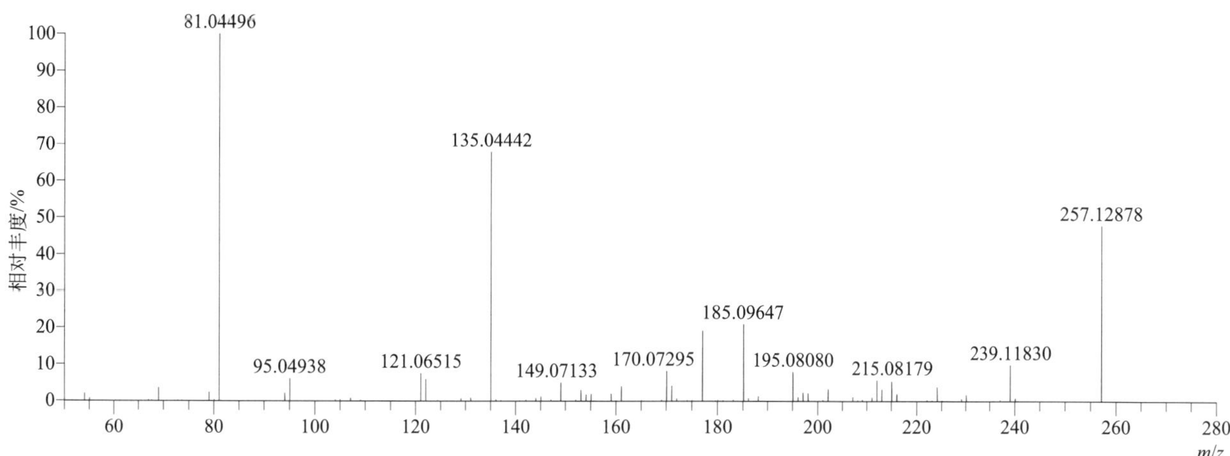

[M+H]+ 归一化法能量 NCE 为 60 时典型的二级质谱图

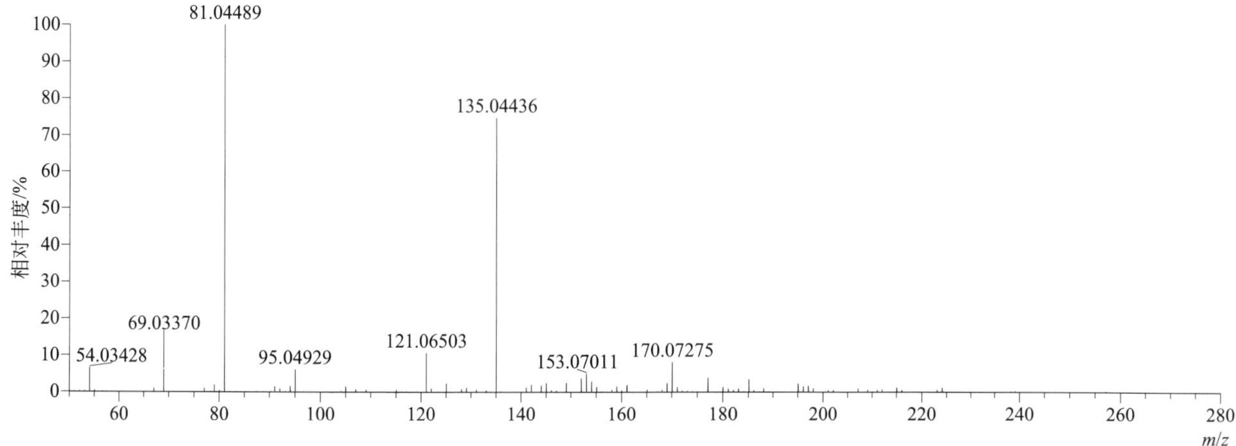

[M+H]+ 阶梯归一化法能量 Step NCE 为 20、40、60 时典型的二级质谱图

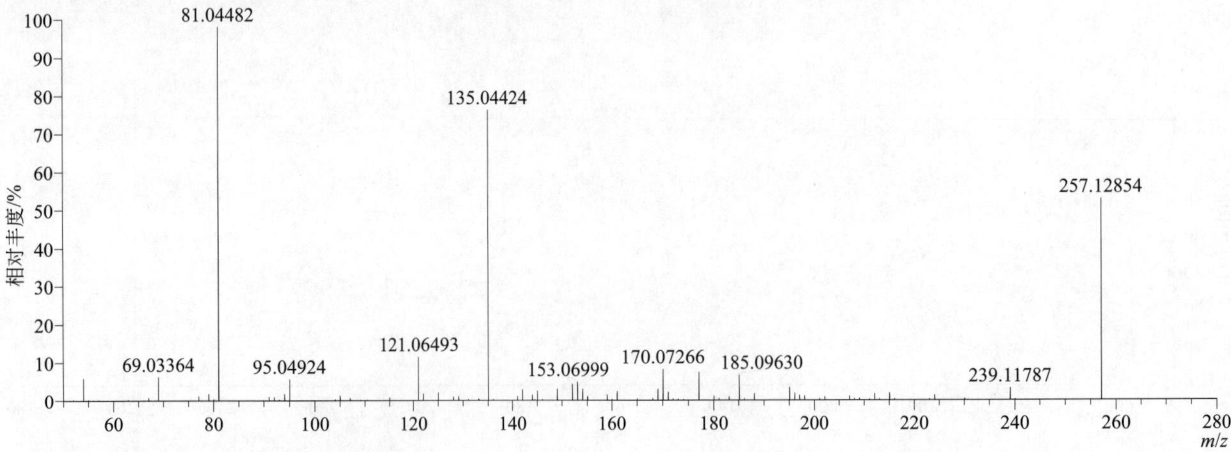

anilofos（莎稗磷）

基本信息

CAS 登录号	64249-01-0	分子量	367.02325	离子源和极性	电喷雾离子源（ESI）
分子式	$C_{13}H_{19}ClNO_3PS_2$	保留时间	15.07min	极性	正模式

[M+H]+ 提取离子流色谱图

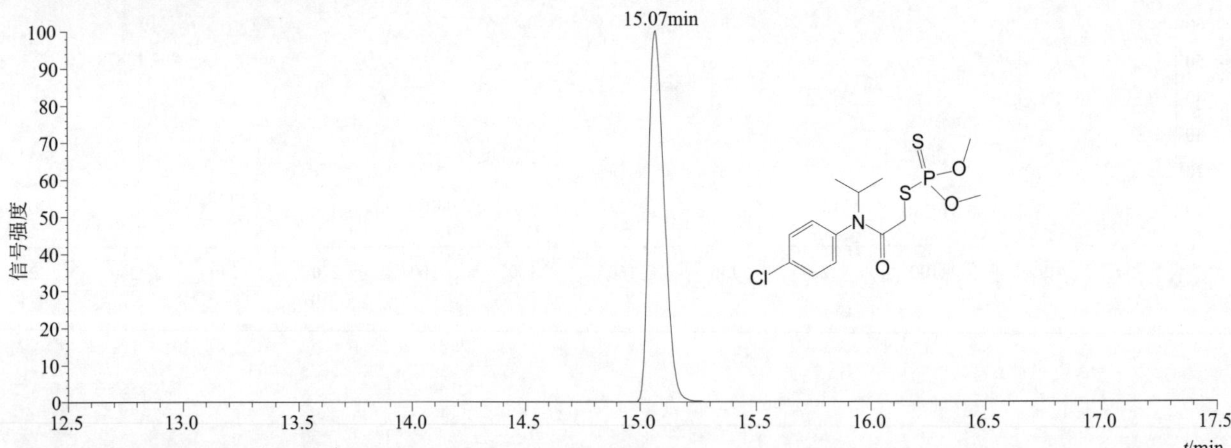

[M+H]+ 典型的一级质谱图

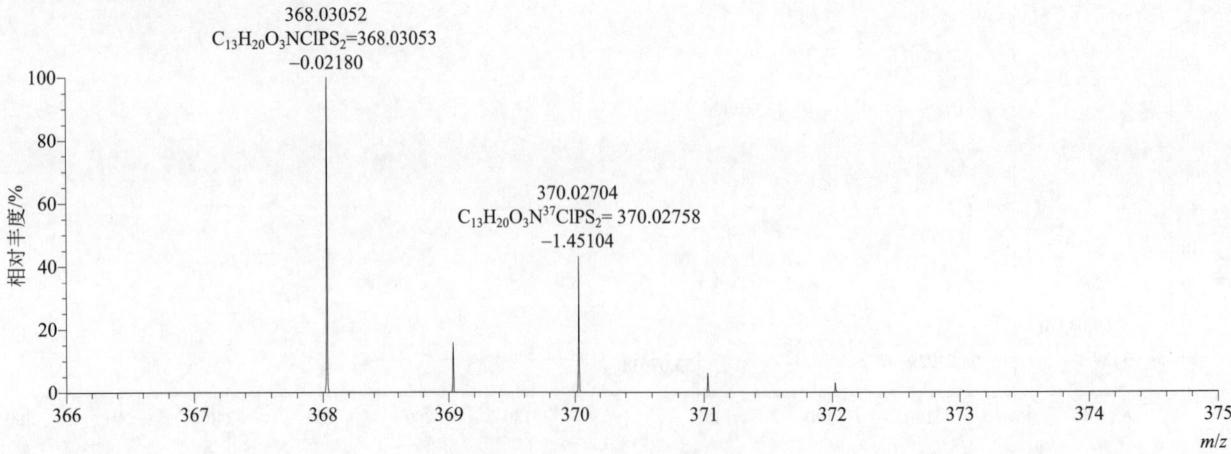

[M+H]+ 归一化法能量 NCE 为 20 时典型的二级质谱图

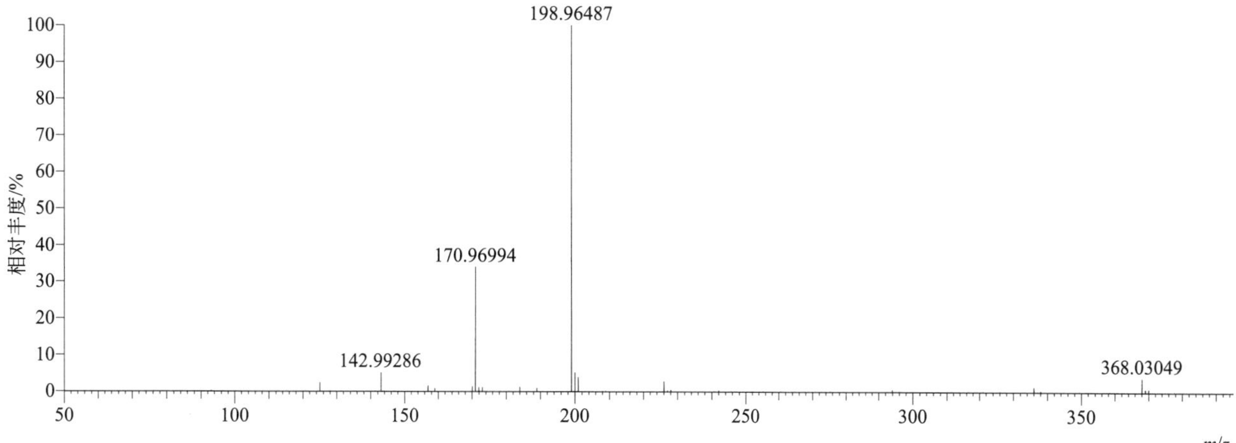

[M+H]+ 归一化法能量 NCE 为 40 时典型的二级质谱图

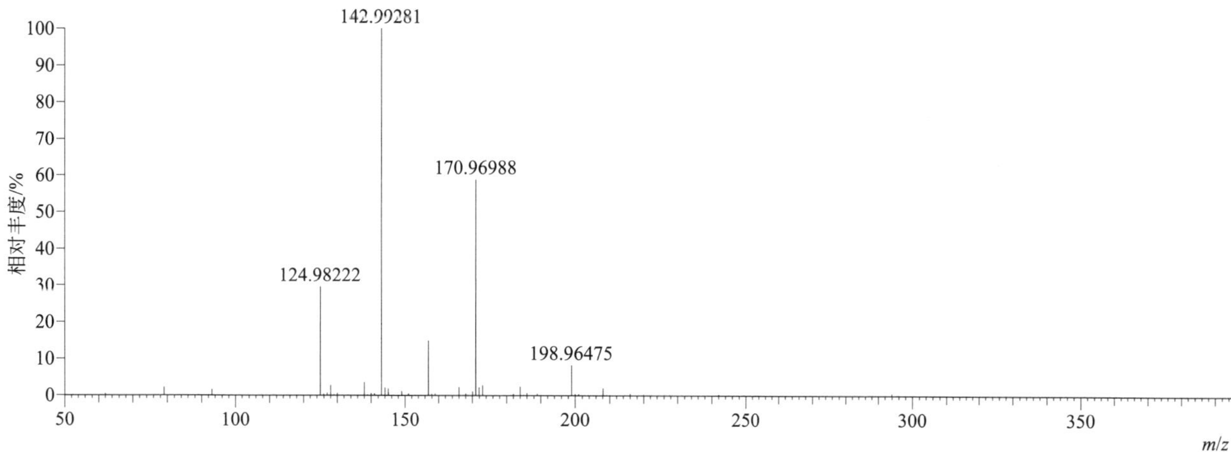

[M+H]+ 归一化法能量 NCE 为 60 时典型的二级质谱图

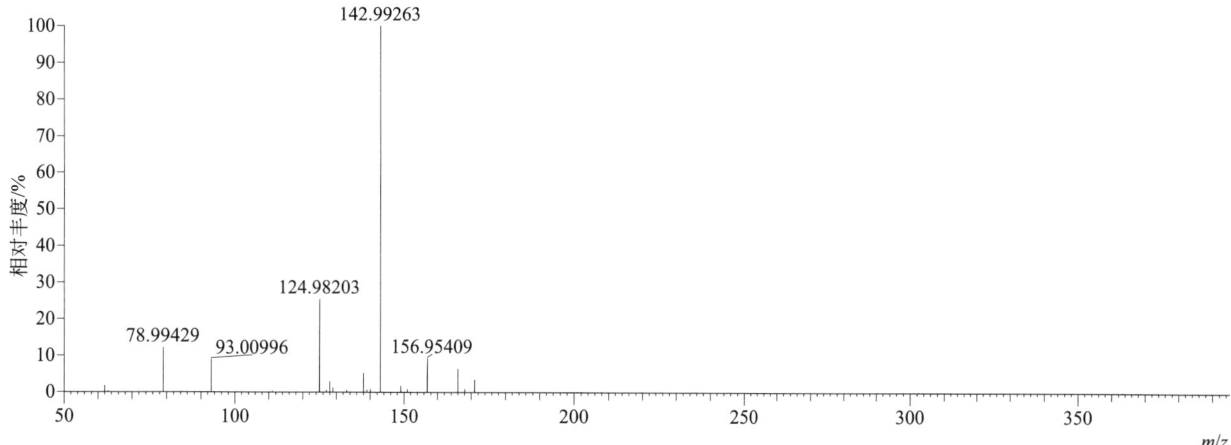

[M+H]⁺ 阶梯归一化法能量 Step NCE 为 20、40、60 时典型的二级质谱图

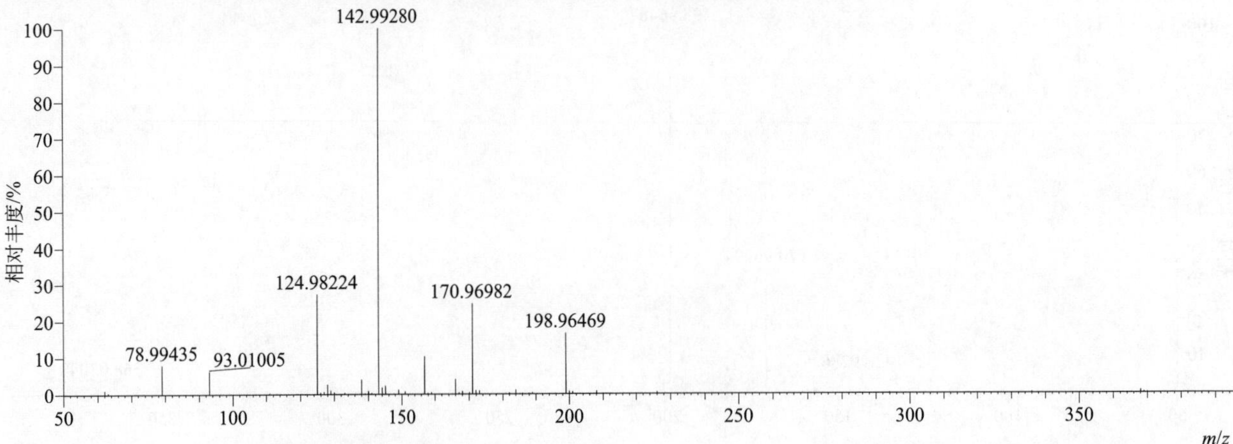

aspon（丙硫特普）

基本信息

CAS 登录号	3244-90-4	分子量	378.08534	离子源和极性	电喷雾离子源（ESI）
分子式	$C_{12}H_{28}O_5P_2S_2$	保留时间	16.16min	极性	正模式

[M+H]⁺ 提取离子流色谱图

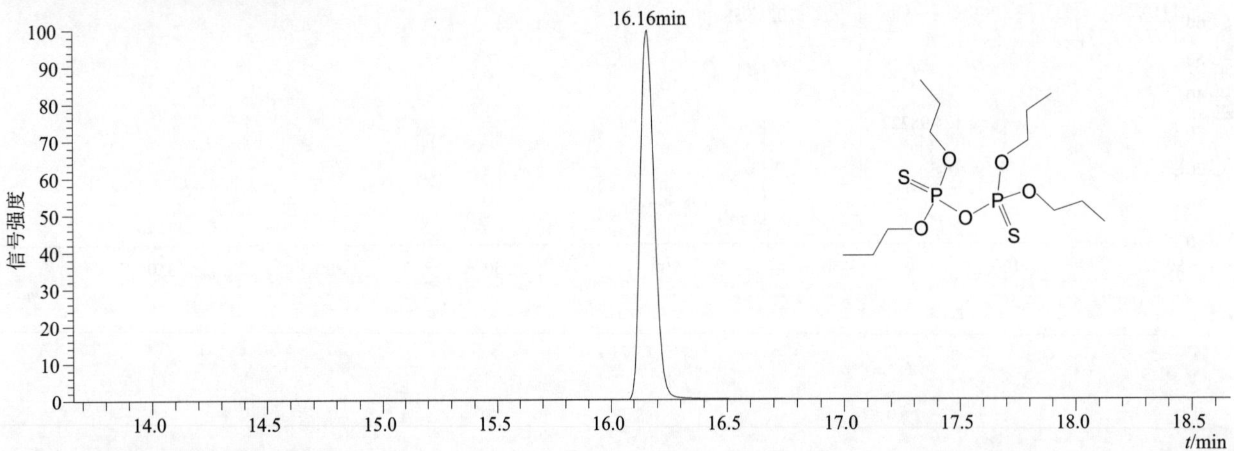

[M+H]⁺ 典型的一级质谱图

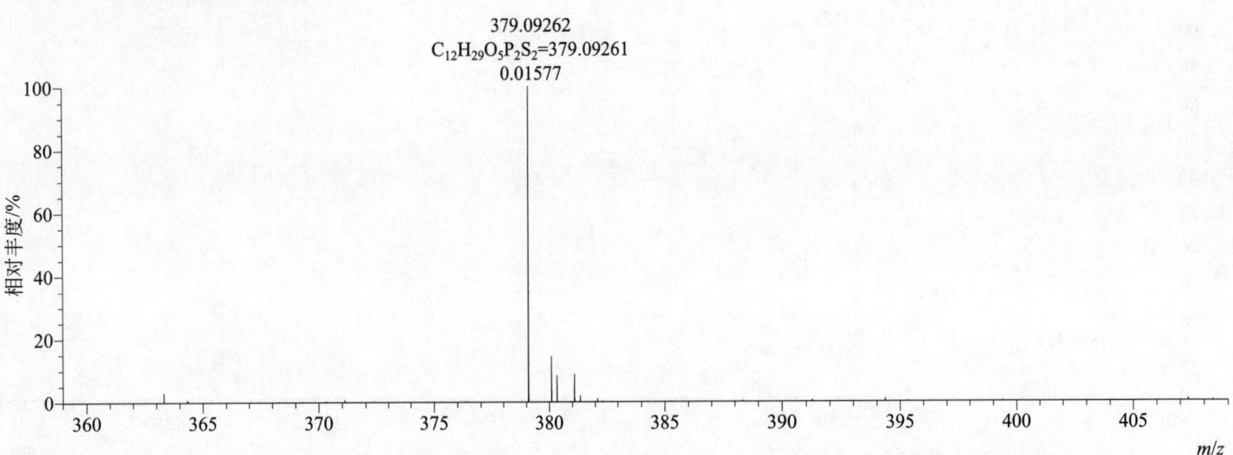

$[M+H]^+$ 归一化法能量 NCE 为 20 时典型的二级质谱图

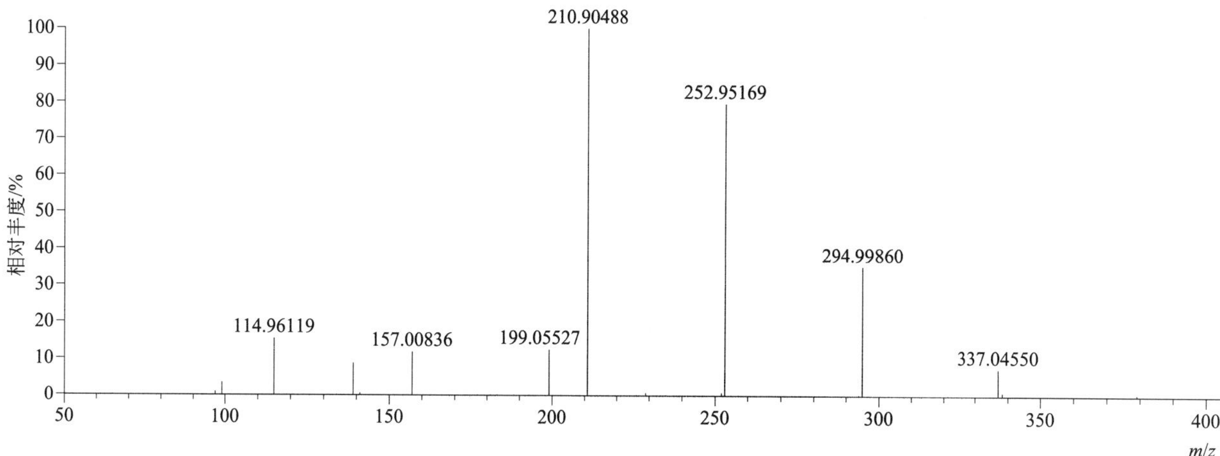

$[M+H]^+$ 归一化法能量 NCE 为 40 时典型的二级质谱图

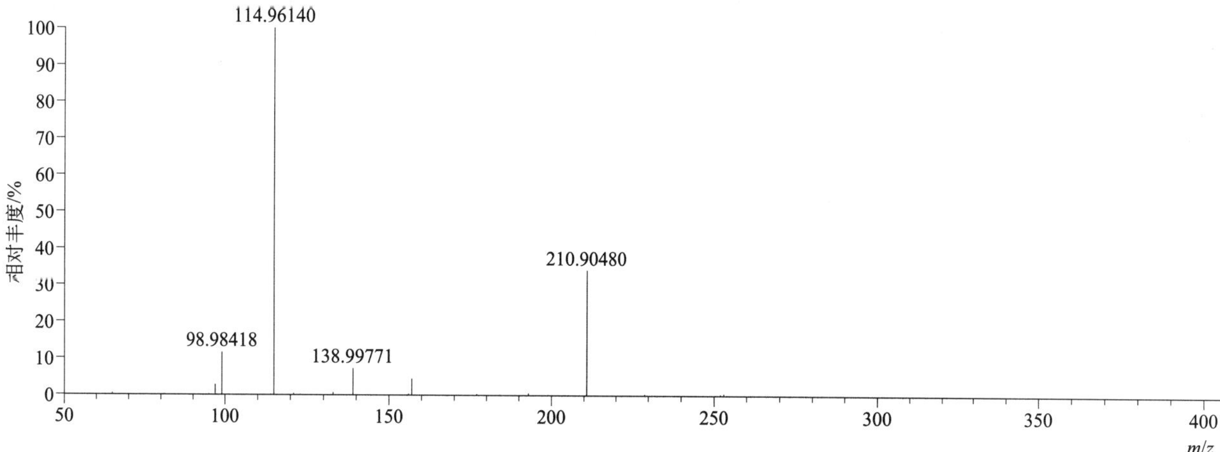

$[M+H]^+$ 归一化法能量 NCE 为 60 时典型的二级质谱图

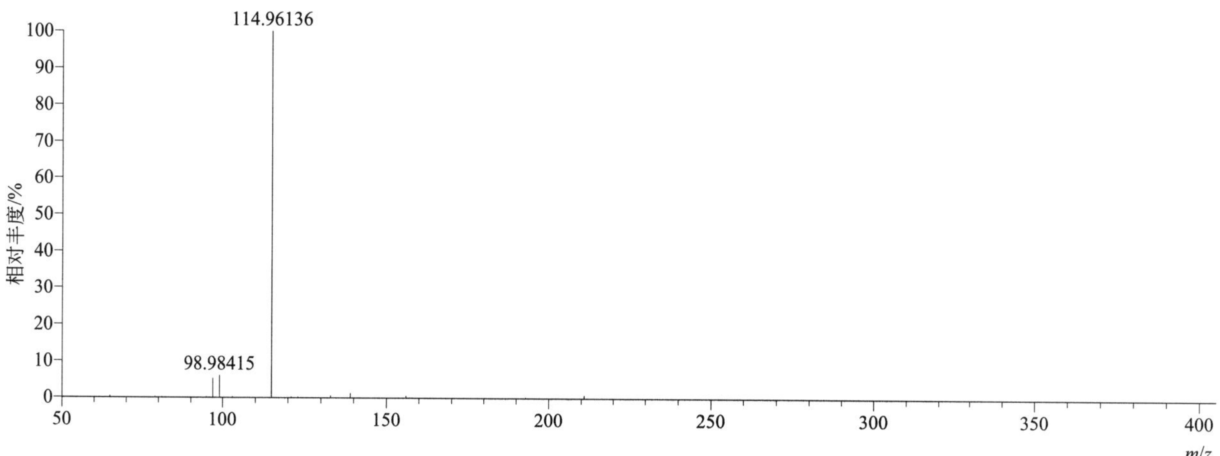

[M+H]+ 阶梯归一化法能量 Step NCE 为 20、40、60 时典型的二级质谱图

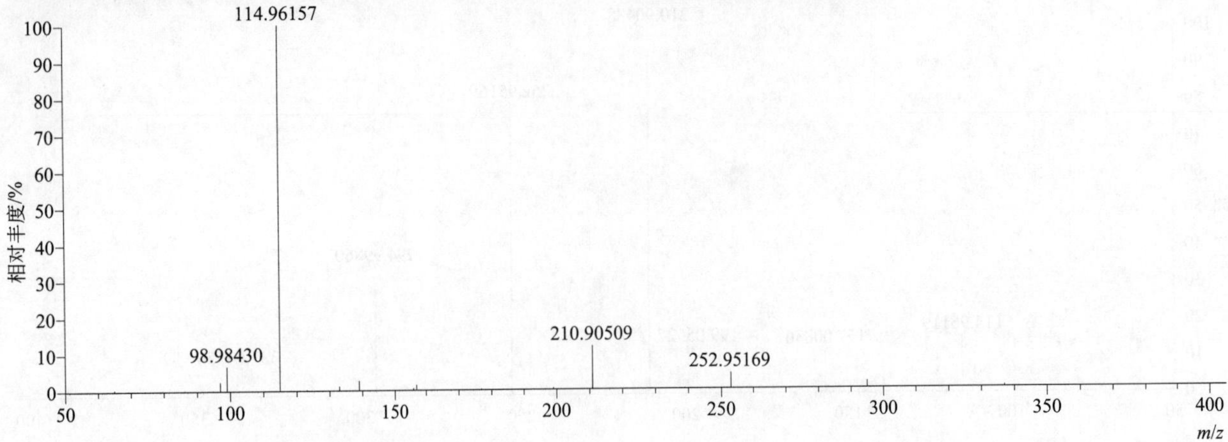

asulam（磺草灵）

基本信息

CAS 登录号	3337-71-1	分子量	230.03613	离子源和极性	电喷雾离子源（ESI）
分子式	$C_8H_{10}N_2O_4S$	保留时间	7.34min	极性	正模式

[M+H]+ 提取离子流色谱图

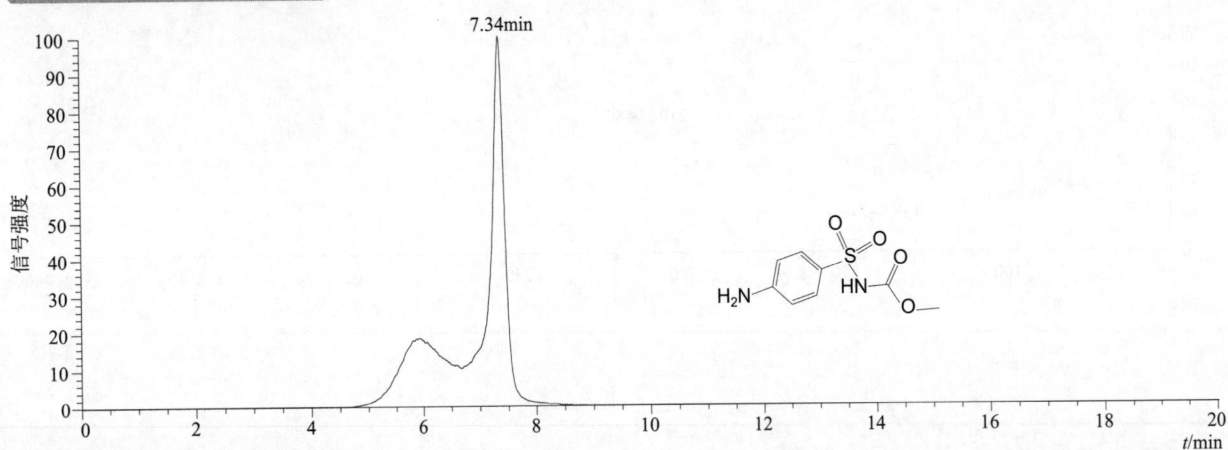

[M+H]+ 典型的一级质谱图

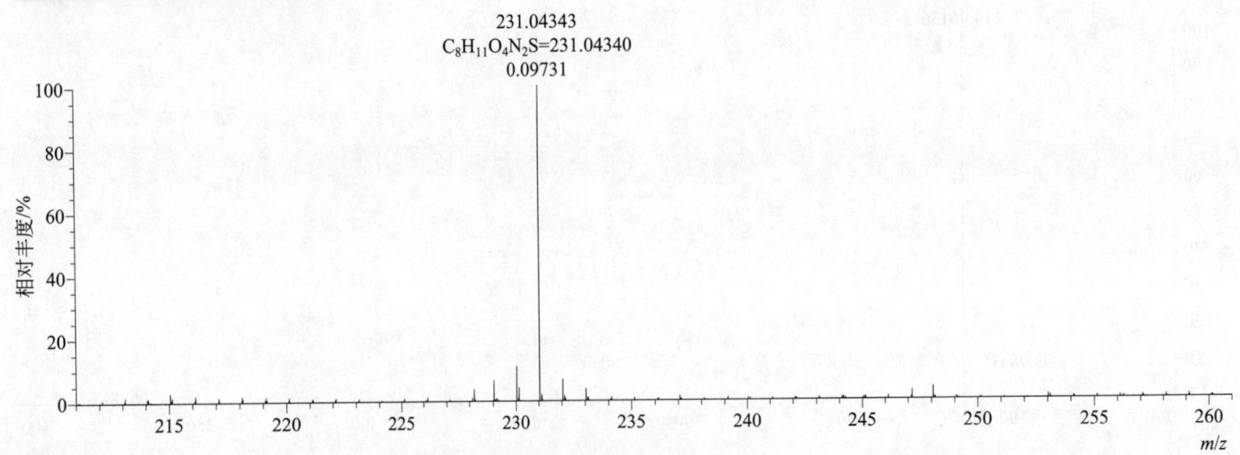

[M+H]$^+$ 归一化法能量 NCE 为 20 时典型的二级质谱图

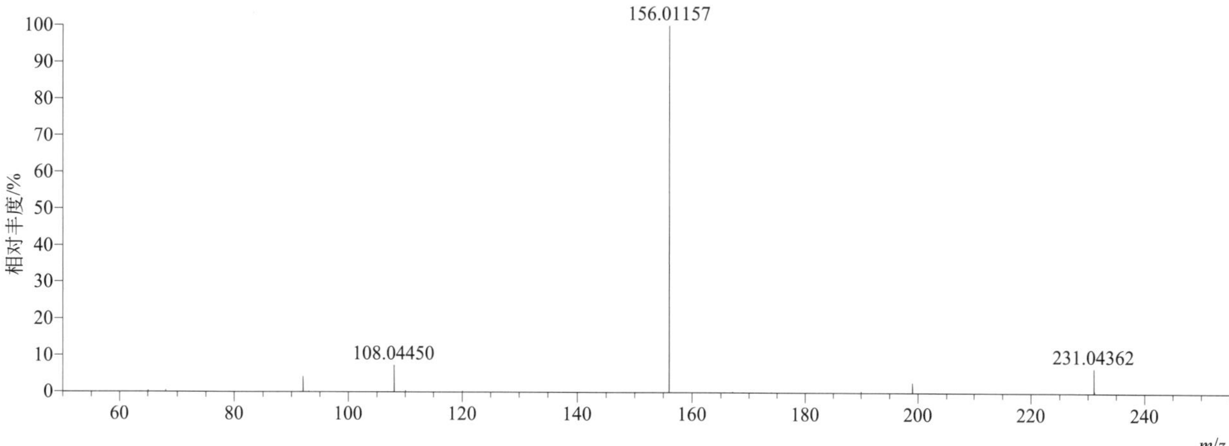

[M+H]$^+$ 归一化法能量 NCE 为 40 时典型的二级质谱图

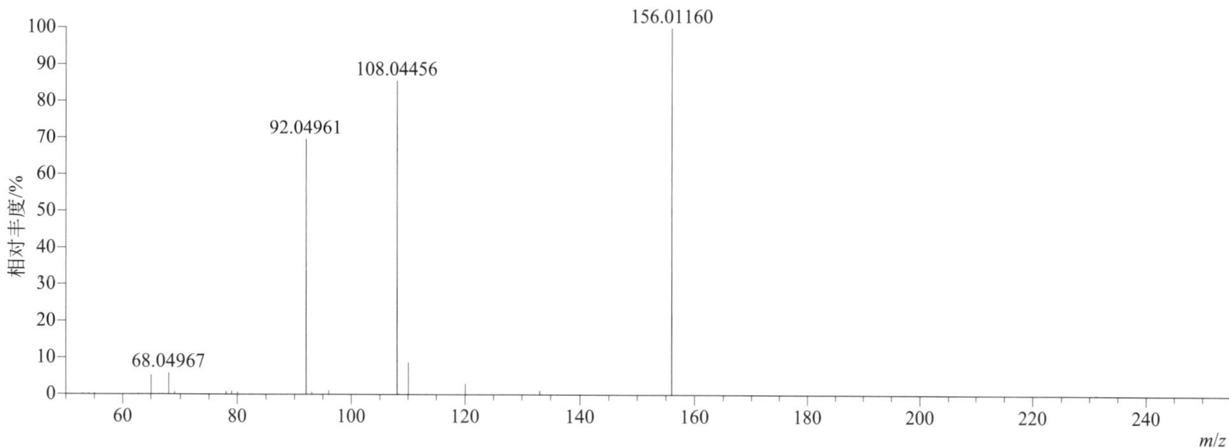

[M+H]$^+$ 归一化法能量 NCE 为 60 时典型的二级质谱图

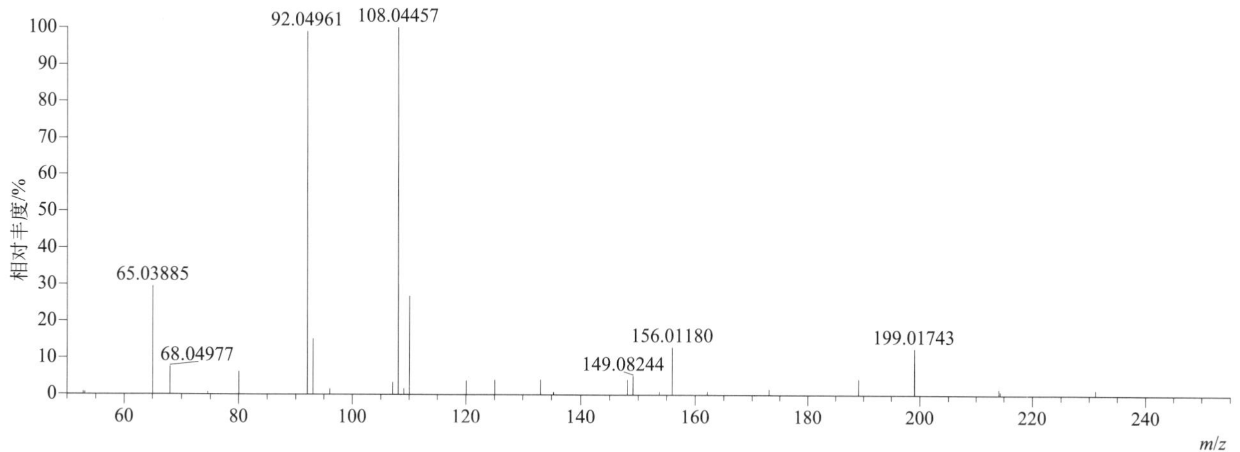

[M+H]+ 阶梯归一化法能量 Step NCE 为 20、40、60 时典型的二级质谱图

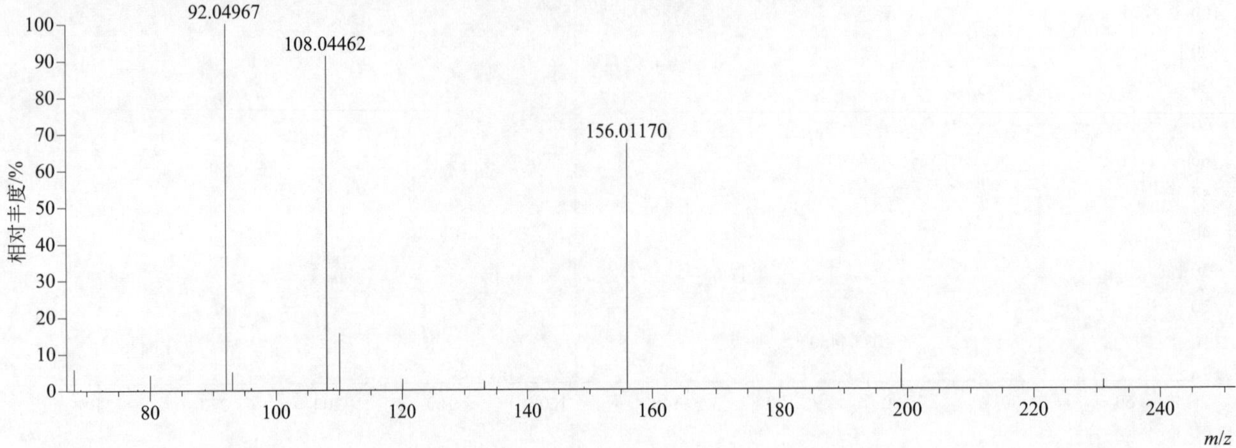

athidathion（乙基杀扑磷）

基本信息

CAS 登录号	19691-80-6	分子量	329.99316	离子源和极性	电喷雾离子源（ESI）
分子式	$C_8H_{15}N_2O_4PS_3$	保留时间	14.73min	极性	正模式

[M+H]+ 提取离子流色谱图

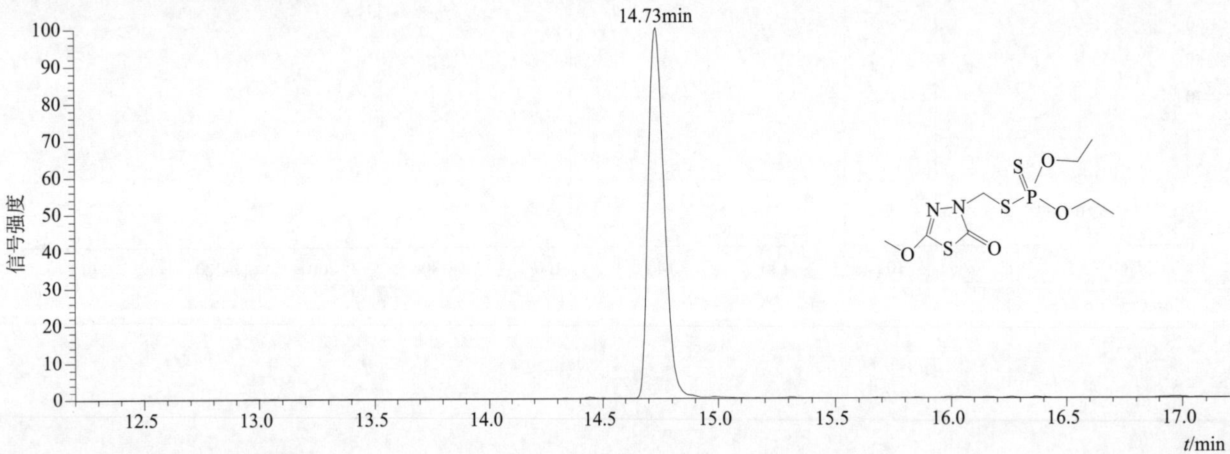

[M+H]+ 典型的一级质谱图

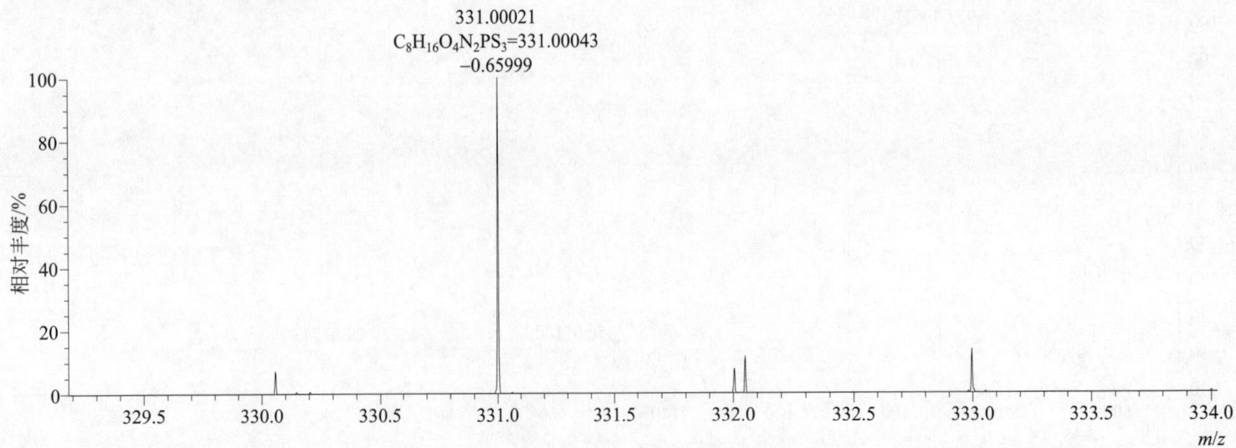

[M+H]+ 归一化法能量 NCE 为 20 时典型的二级质谱图

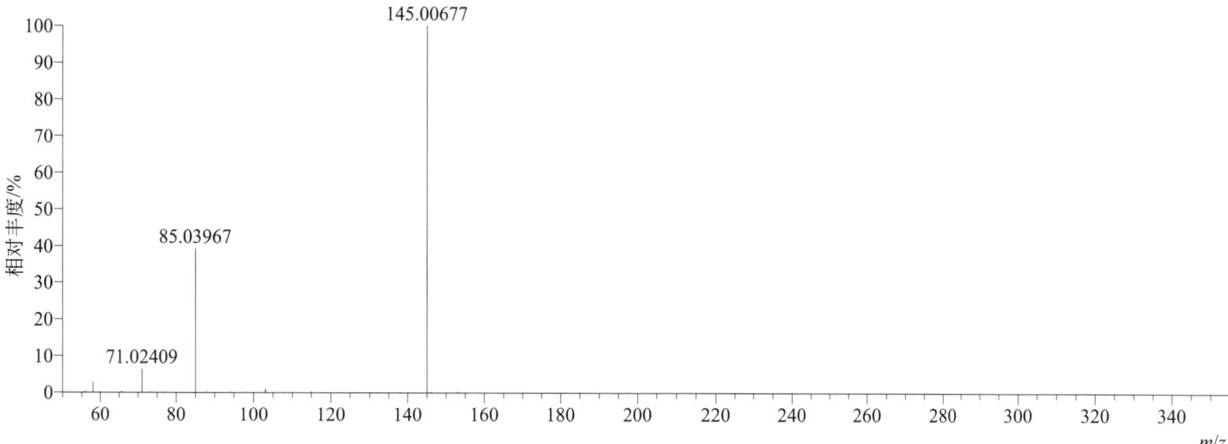

[M+H]+ 归一化法能量 NCE 为 40 时典型的二级质谱图

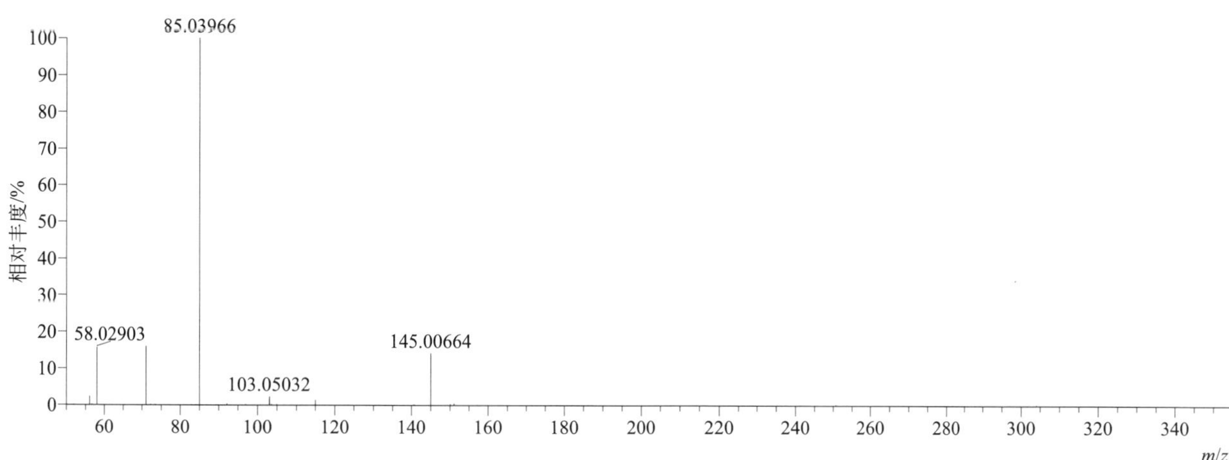

[M+H]+ 归一化法能量 NCE 为 60 时典型的二级质谱图

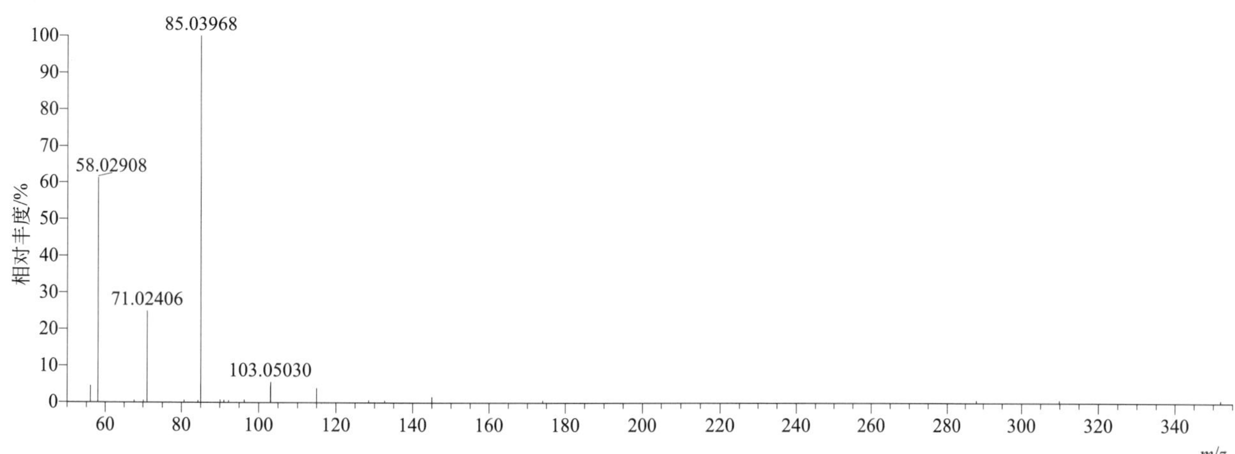

[M+H]$^+$ 阶梯归一化法能量 Step NCE 为 20、40、60 时典型的二级质谱图

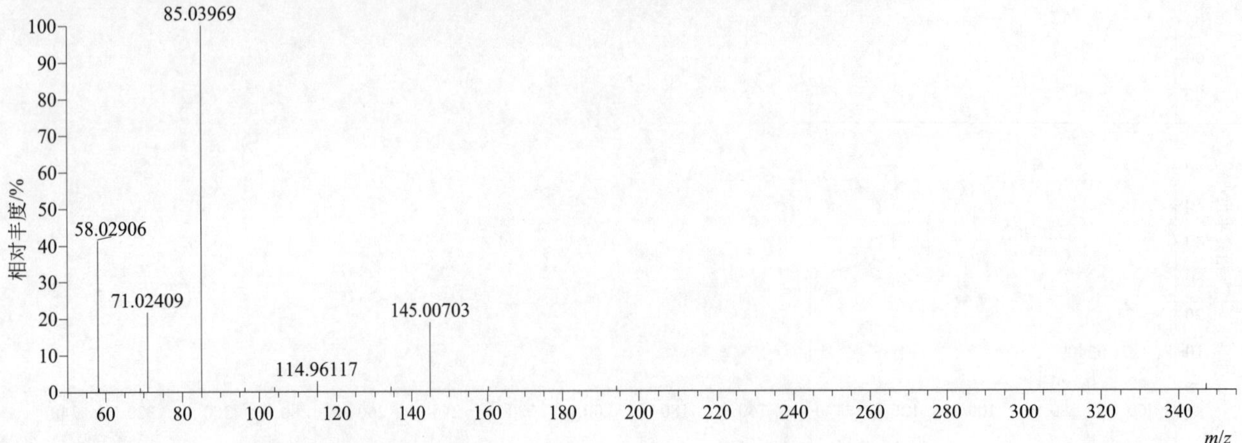

atraton（莠去通）

基本信息

CAS 登录号	1610-17-9	分子量	211.14331	离子源和极性	电喷雾离子源（ESI）
分子式	$C_9H_{17}N_5O$	保留时间	12.91min	极性	正模式

[M+H]$^+$ 提取离子流色谱图

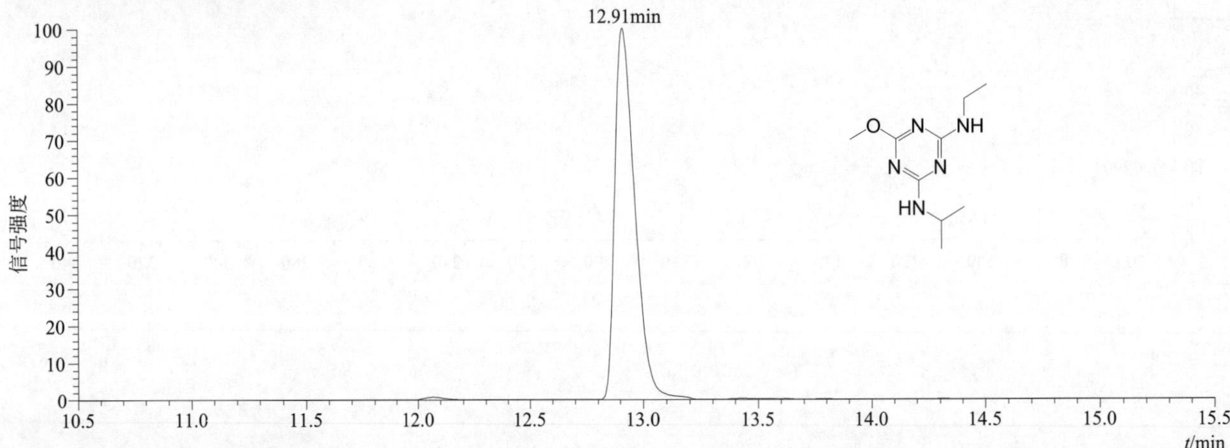

[M+H]$^+$ 典型的一级质谱图

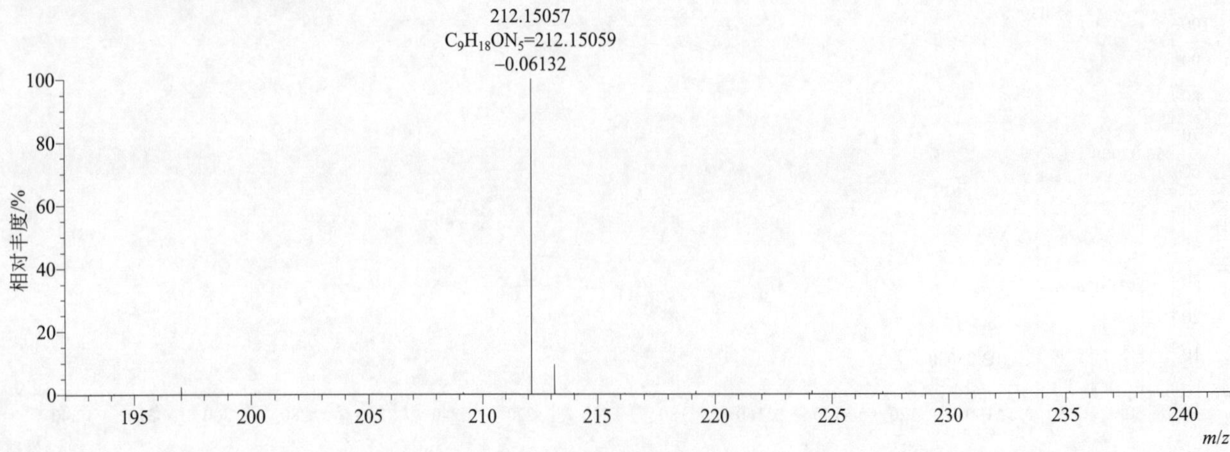

[M+H]$^+$ 归一化法能量 NCE 为 20 时典型的二级质谱图

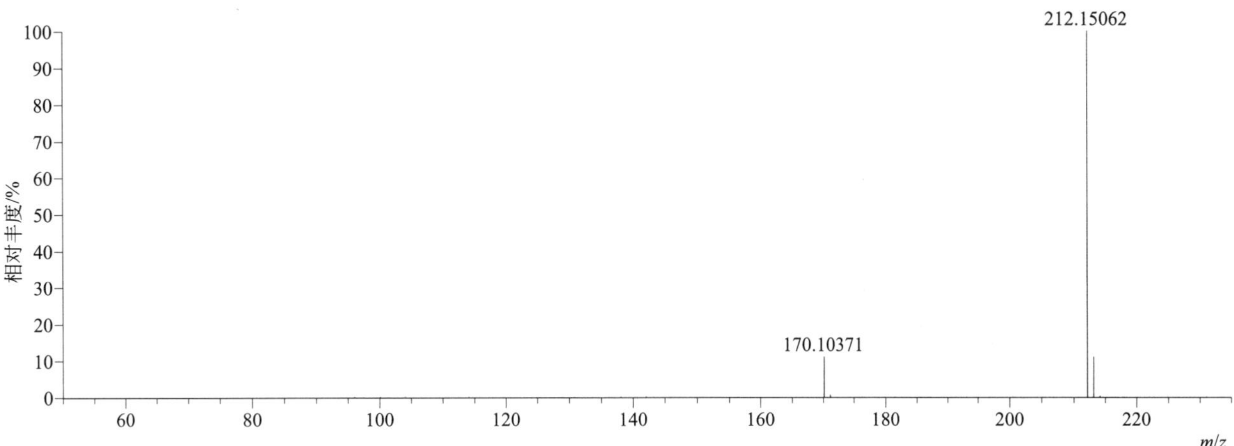

[M+H]$^+$ 归一化法能量 NCE 为 40 时典型的二级质谱图

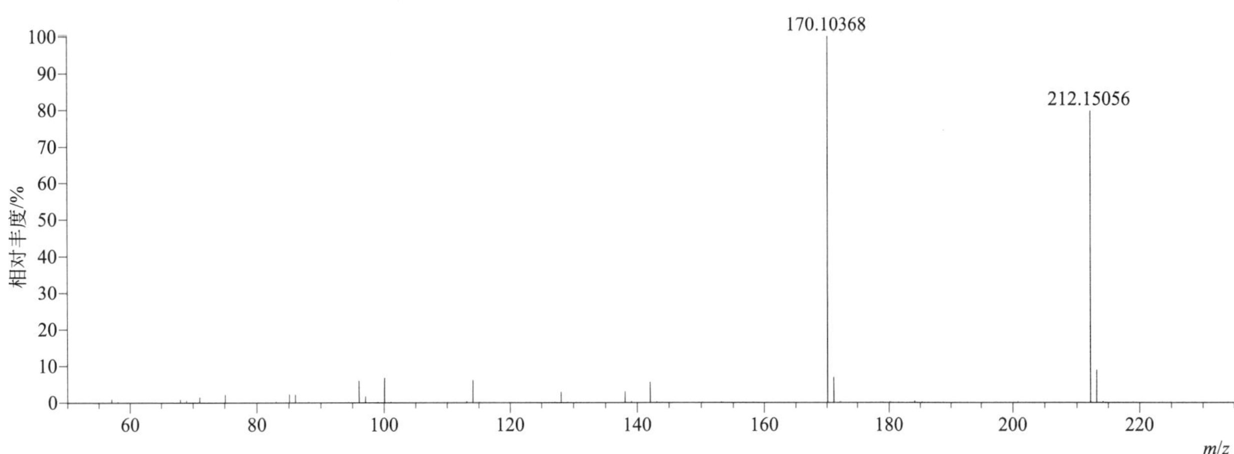

[M+H]$^+$ 归一化法能量 NCE 为 60 时典型的二级质谱图

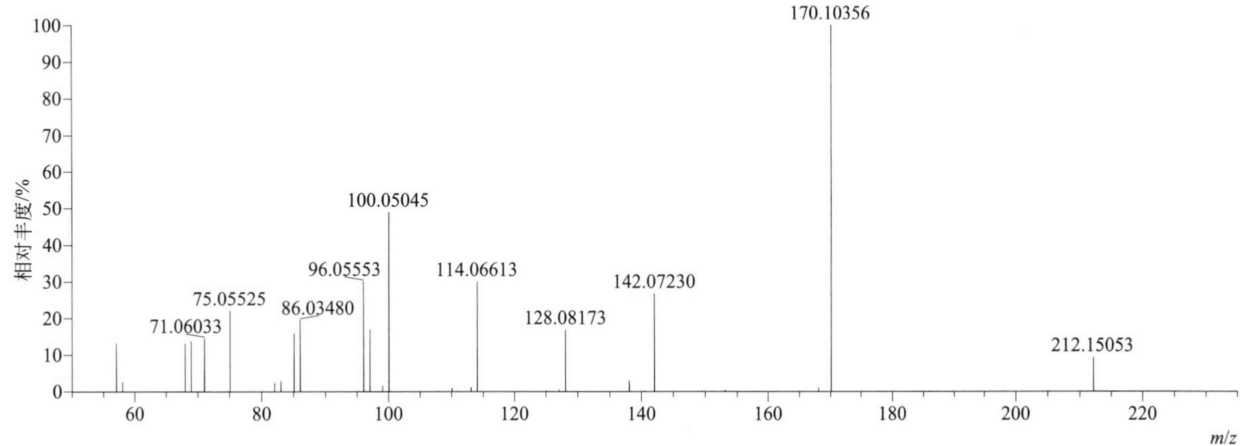

[M+H]+ 阶梯归一化法能量 Step NCE 为 20、40、60 时典型的二级质谱图

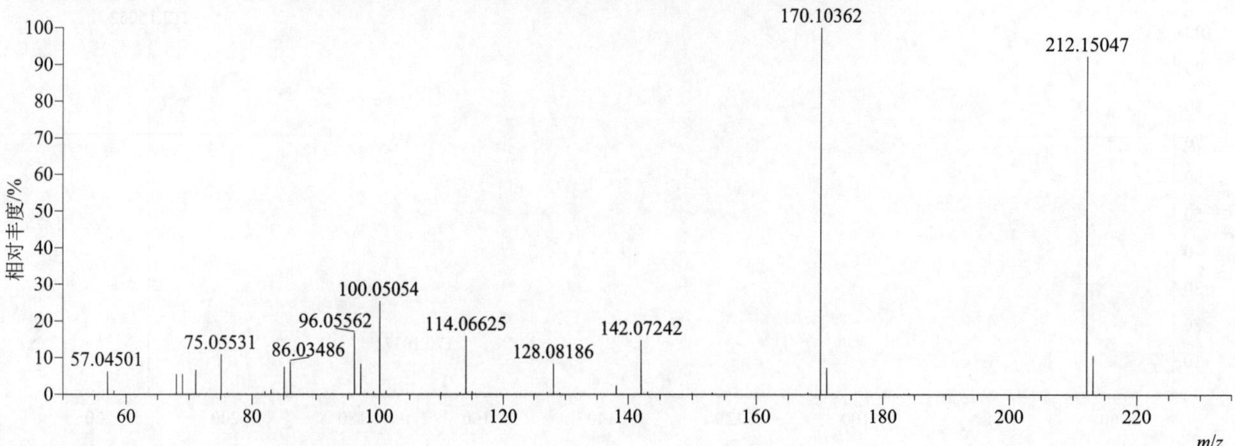

atrazine（莠去津）

基本信息

CAS 登录号	1912-24-9	分子量	215.09377	离子源和极性	电喷雾离子源（ESI）
分子式	$C_8H_{14}ClN_5$	保留时间	13.74min	极性	正模式

[M+H]+ 提取离子流色谱图

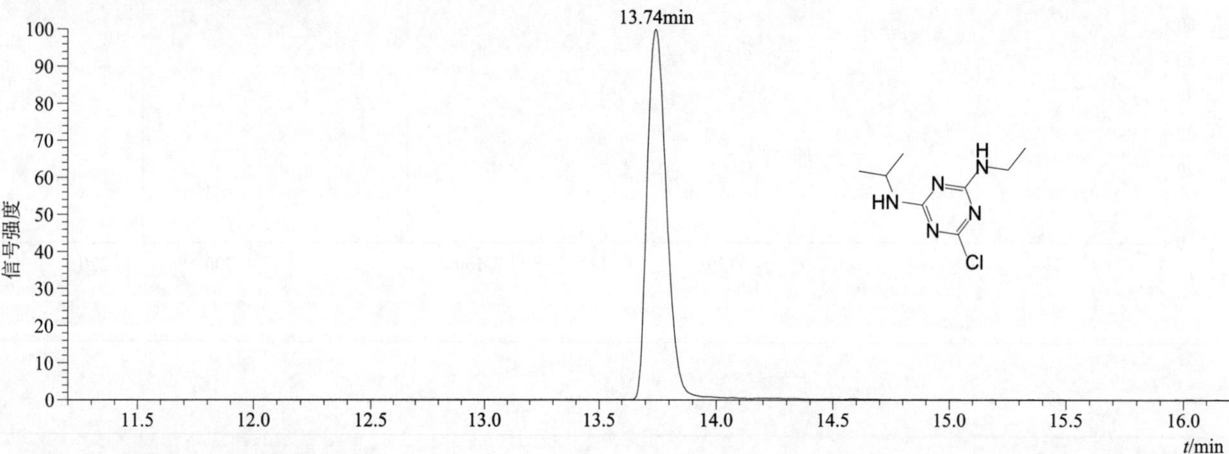

[M+H]+ 典型的一级质谱图

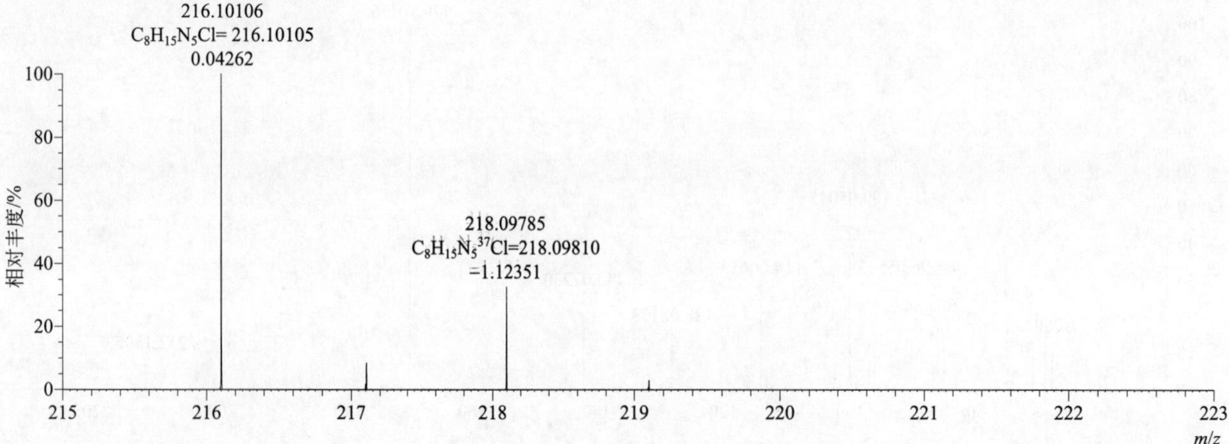

[M+H]+ 归一化法能量 NCE 为 20 时典型的二级质谱图

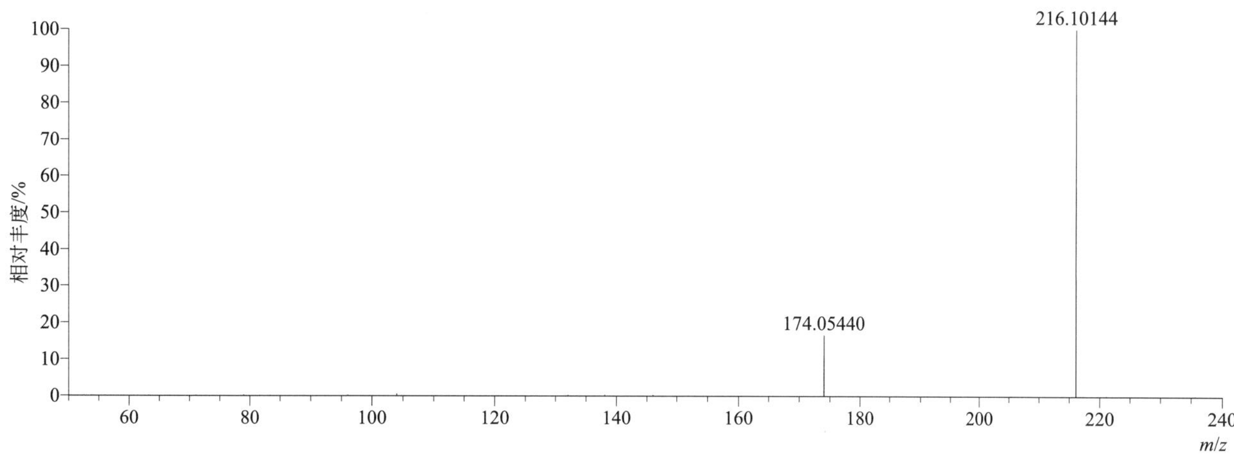

[M+H]+ 归一化法能量 NCE 为 40 时典型的二级质谱图

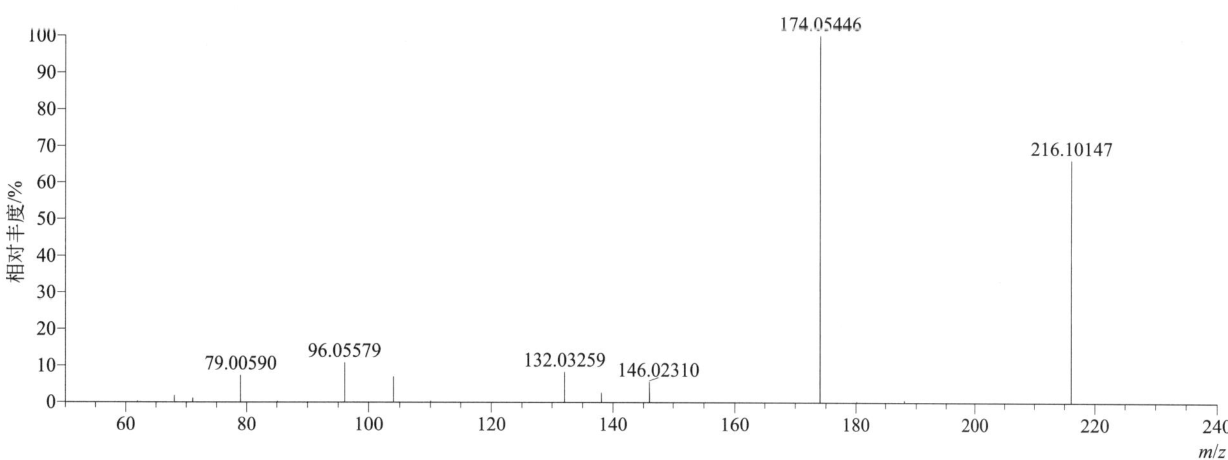

[M+H]+ 归一化法能量 NCE 为 60 时典型的二级质谱图

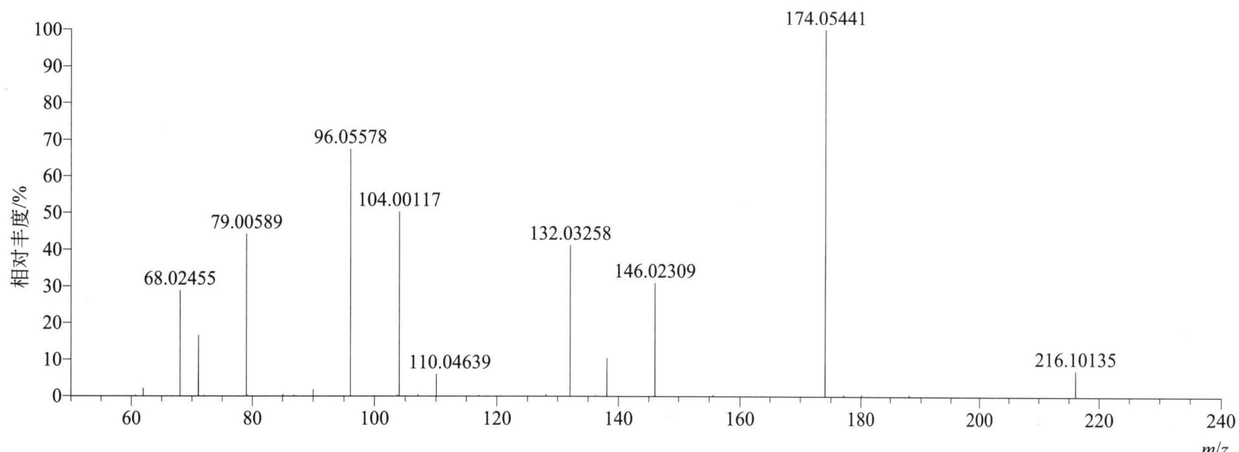

[M+H]+ 阶梯归一化法能量 Step NCE 为 20、40、60 时典型的二级质谱图

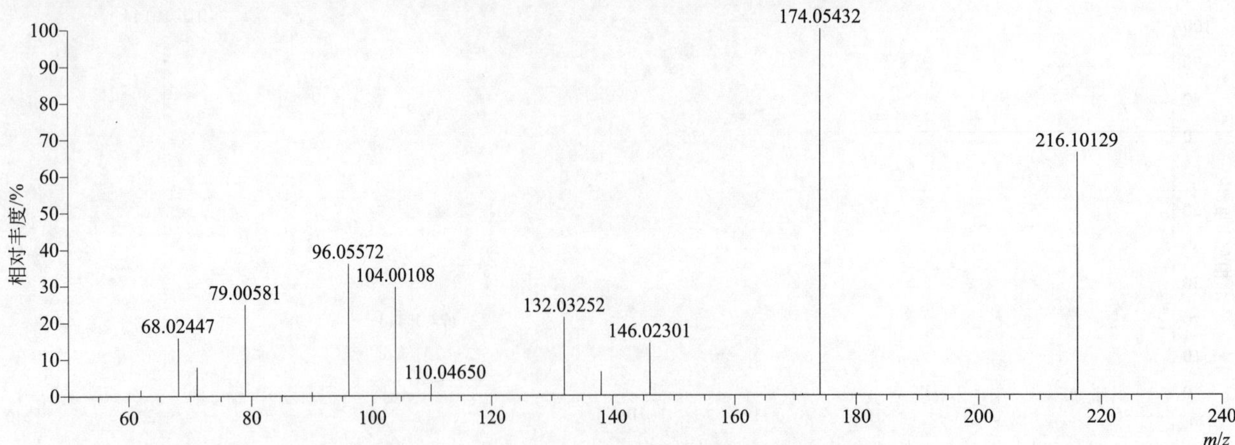

atrazine-desethyl（脱乙基莠去津）

基本信息

CAS 登录号	6190-65-4	分子量	187.06247	离子源和极性	电喷雾离子源（ESI）
分子式	$C_6H_{10}ClN_5$	保留时间	12.16min	极性	正模式

[M+H]+ 提取离子流色谱图

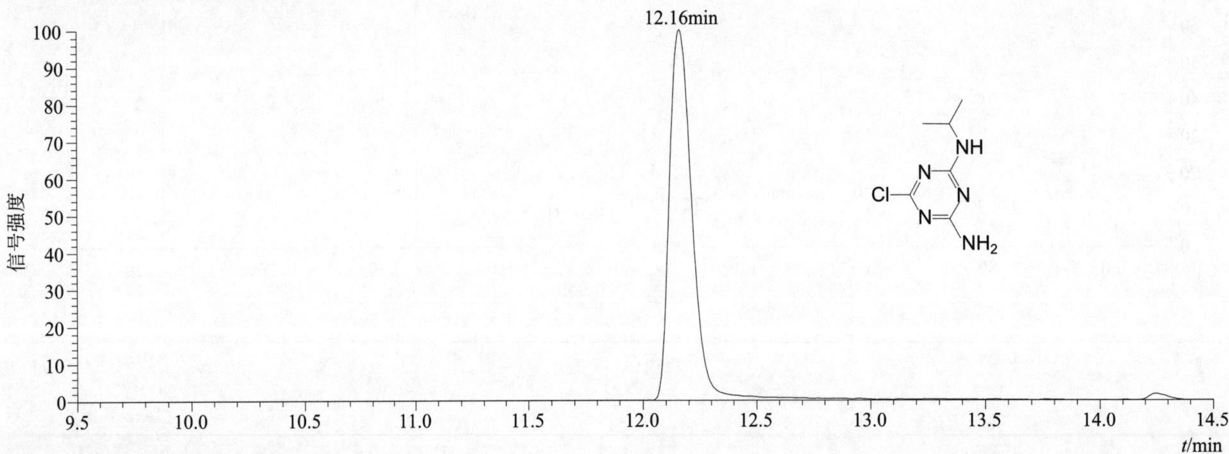

[M+H]+ 典型的一级质谱图

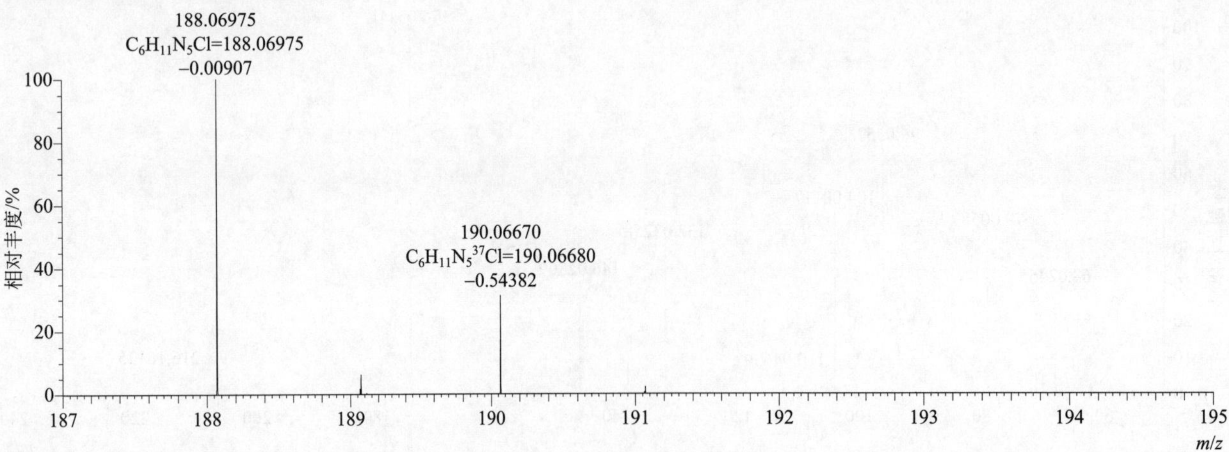

[M+H]⁺ 归一化法能量 NCE 为 20 时典型的二级质谱图

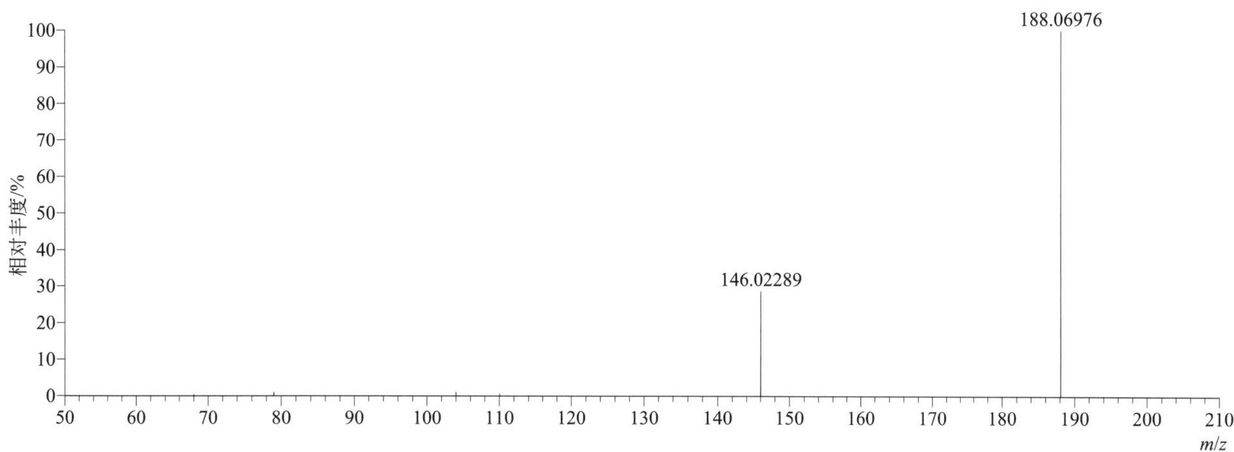

[M+H]⁺ 归一化法能量 NCE 为 40 时典型的二级质谱图

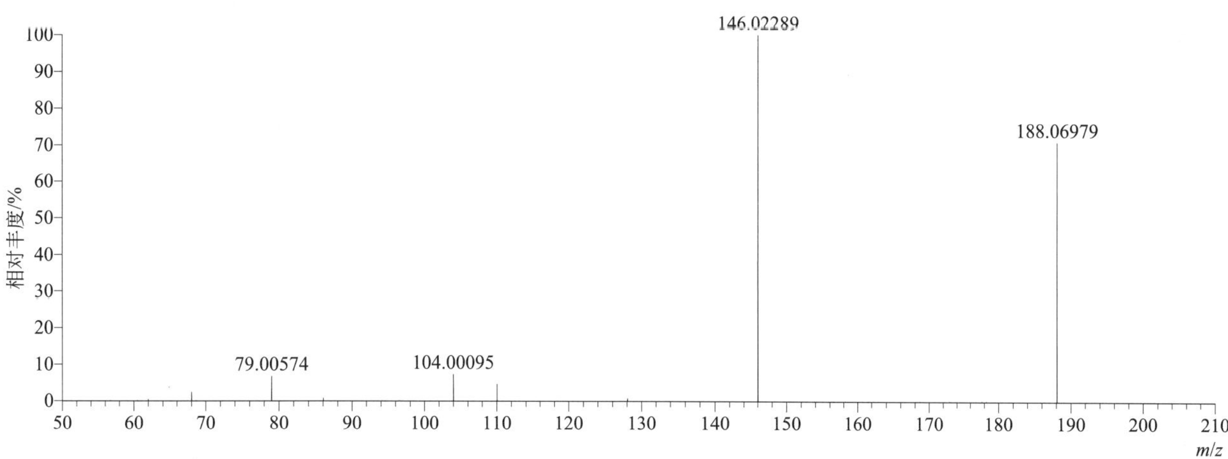

[M+H]⁺ 归一化法能量 NCE 为 60 时典型的二级质谱图

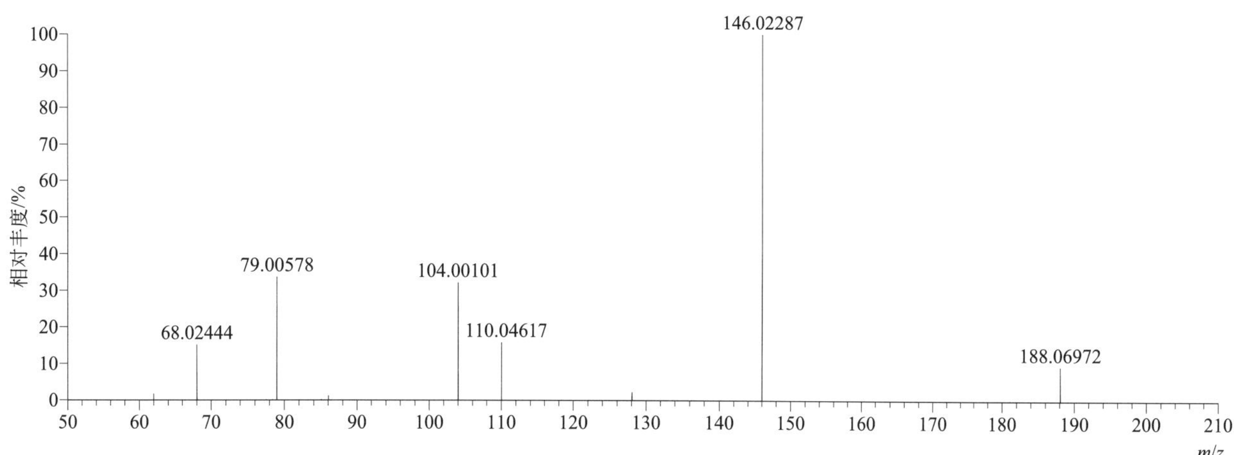

[M+H]+ 阶梯归一化法能量 Step NCE 为 20、40、60 时典型的二级质谱图

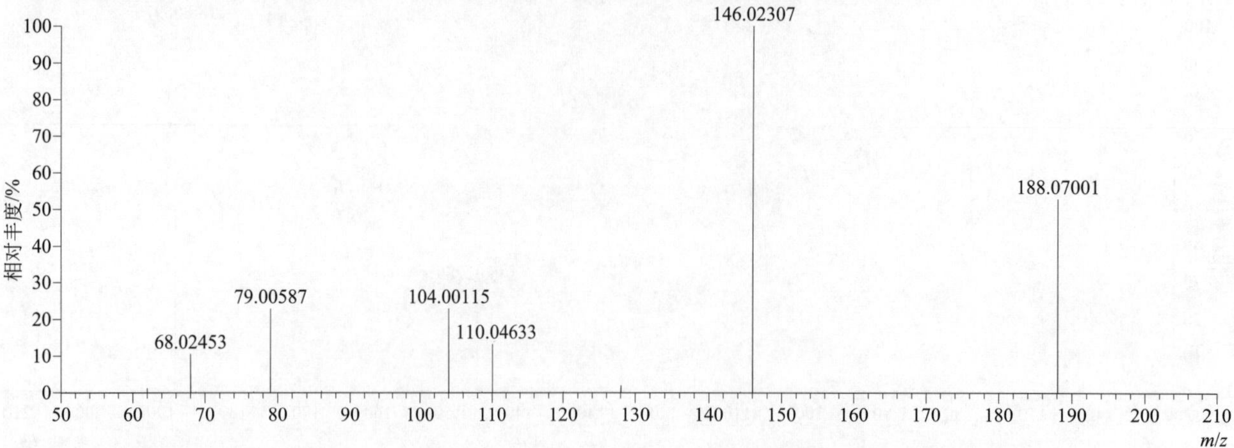

atrazine-desisopropyl（脱异丙基莠去津）

基本信息

CAS 登录号	1007-28-9	分子量	173.04682	离子源和极性	电喷雾离子源（ESI）
分子式	$C_5H_8ClN_5$	保留时间	10.87min	极性	正模式

[M+H]+ 提取离子流色谱图

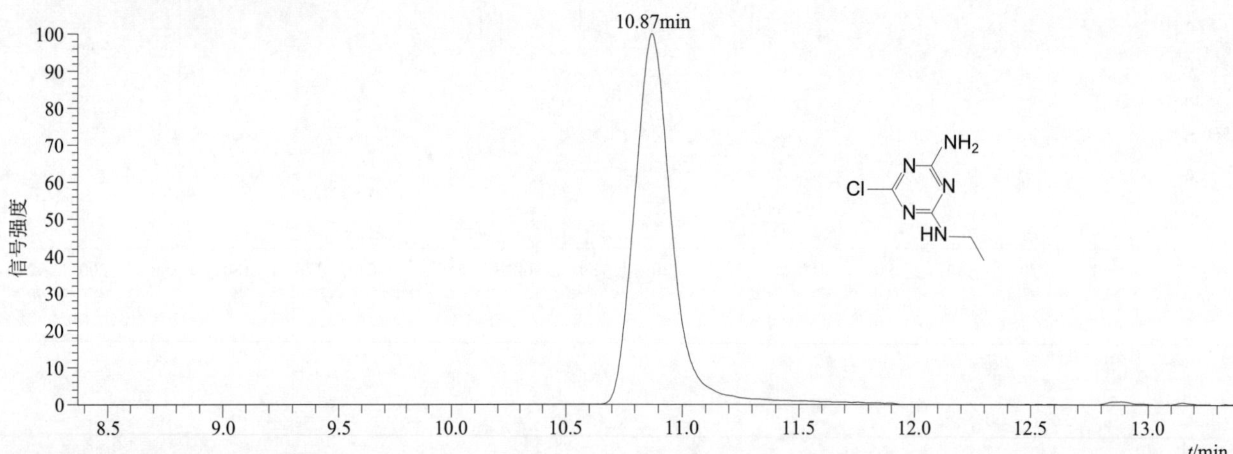

[M+H]+ 典型的一级质谱图

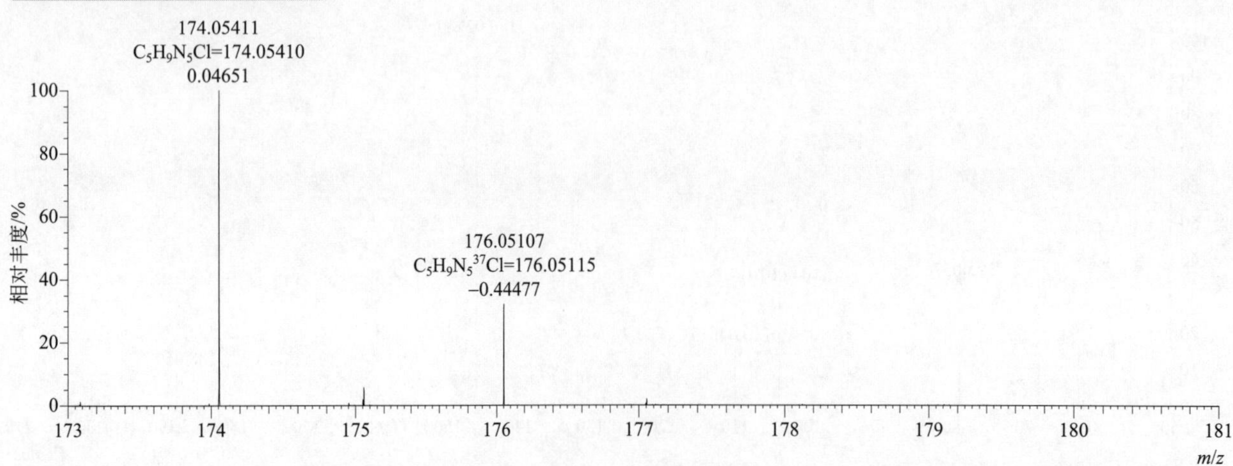

[M+H]⁺ 归一化法能量 NCE 为 20 时典型的二级质谱图

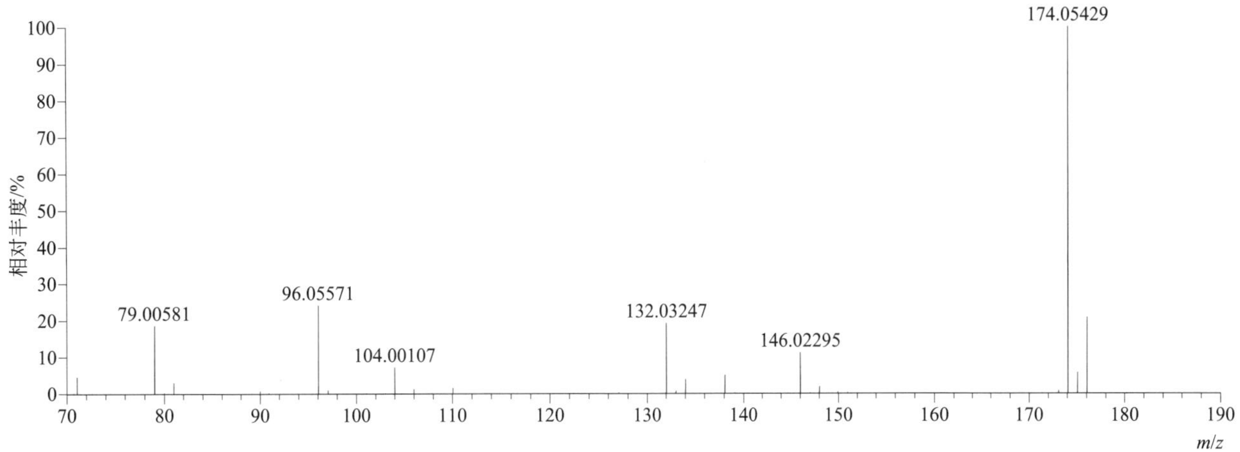

[M+H]⁺ 归一化法能量 NCE 为 40 时典型的二级质谱图

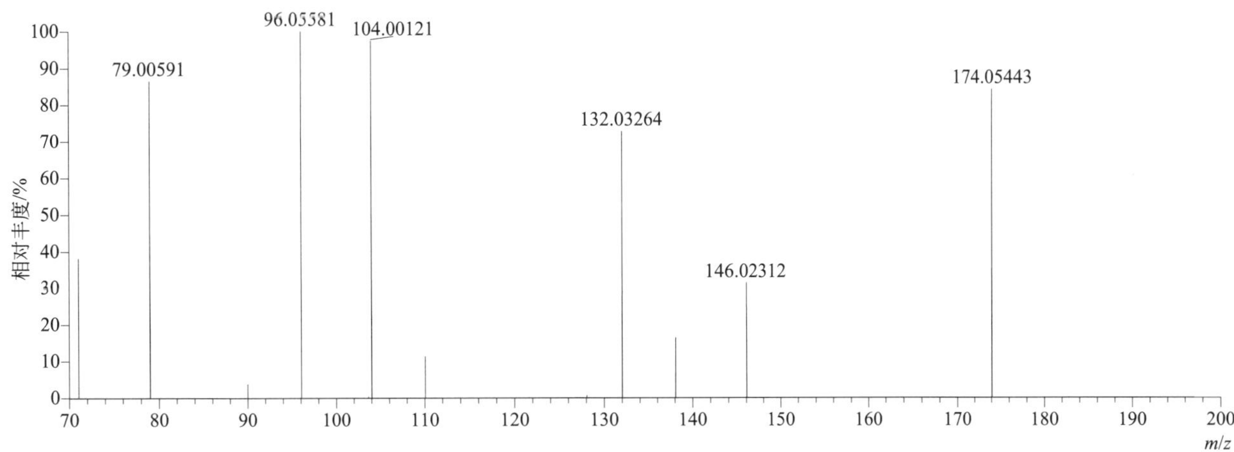

[M+H]⁺ 归一化法能量 NCE 为 60 时典型的二级质谱图

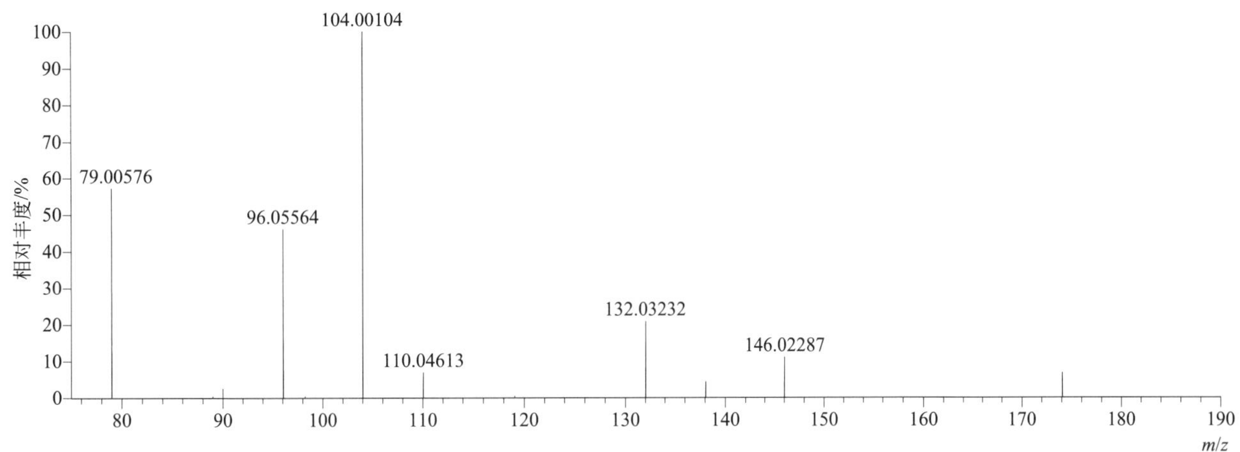

[M+H]+ 阶梯归一化法能量 Step NCE 为 20、40、60 时典型的二级质谱图

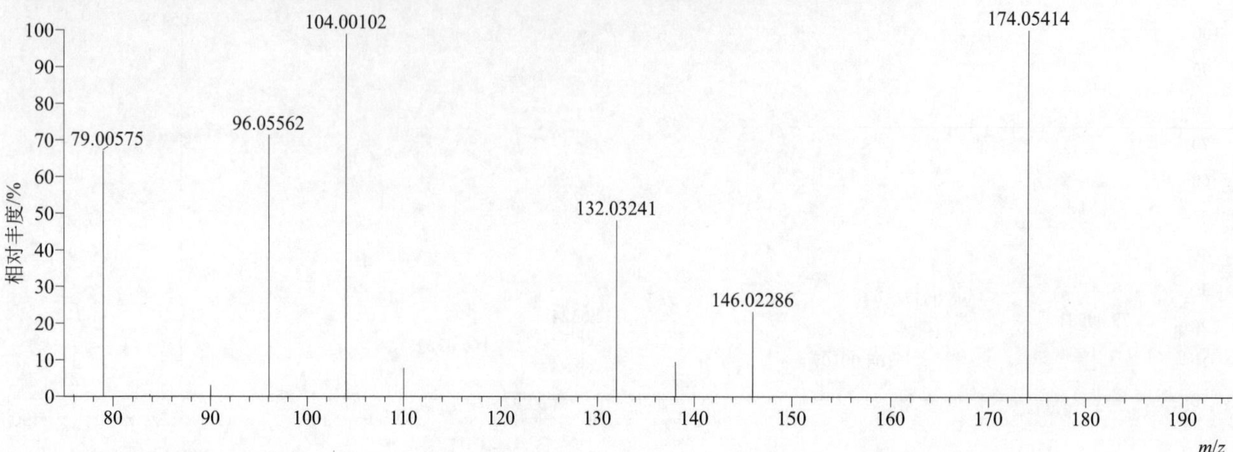

azaconazole（戊环唑）

基本信息

CAS 登录号	60207-31-0	分子量	299.02283	离子源和极性	电喷雾离子源（ESI）
分子式	$C_{12}H_{11}Cl_2N_3O_2$	保留时间	14.00min	极性	正模式

[M+H]+ 提取离子流色谱图

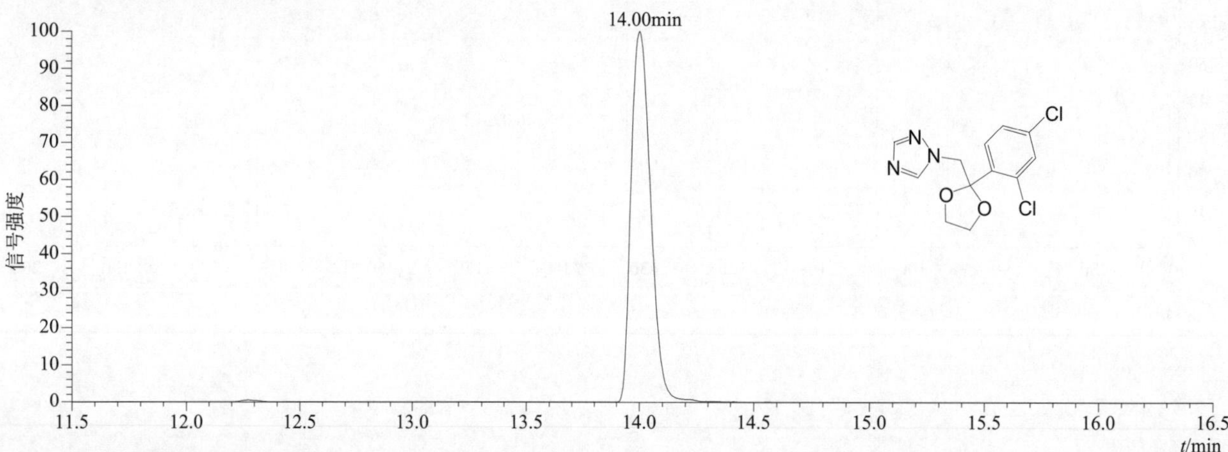

[M+H]+ 典型的一级质谱图

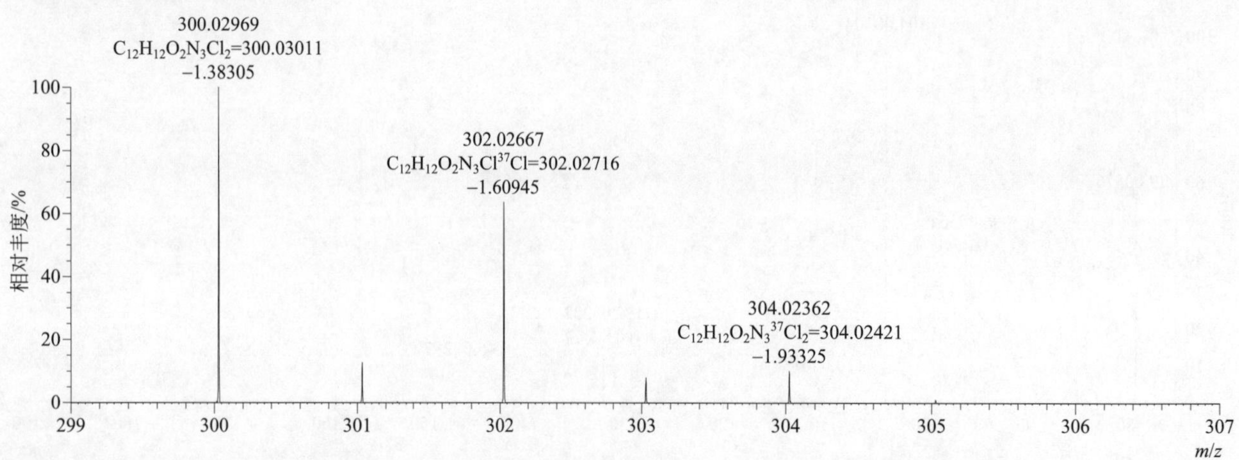

[M+H]$^+$ 归一化法能量 NCE 为 20 时典型的二级质谱图

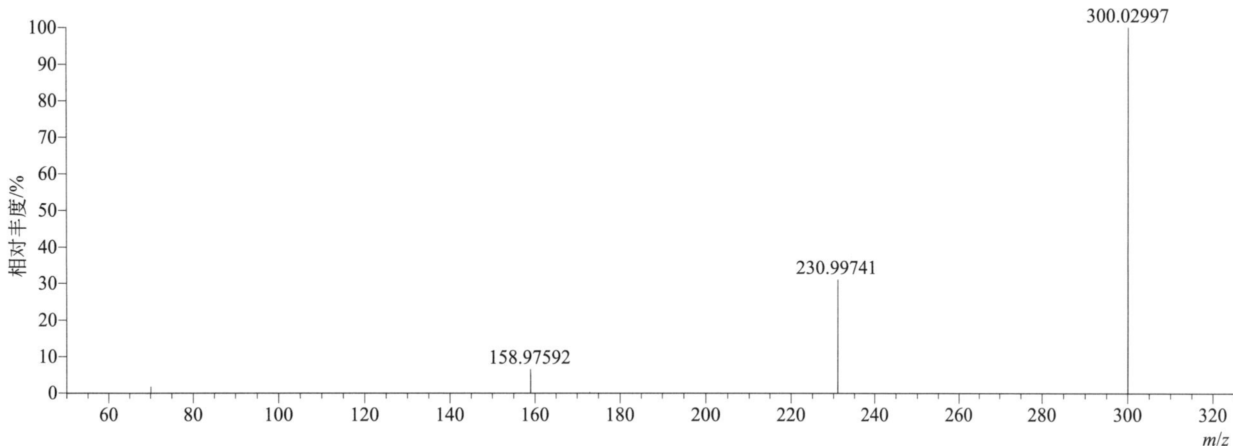

[M+H]$^+$ 归一化法能量 NCE 为 40 时典型的二级质谱图

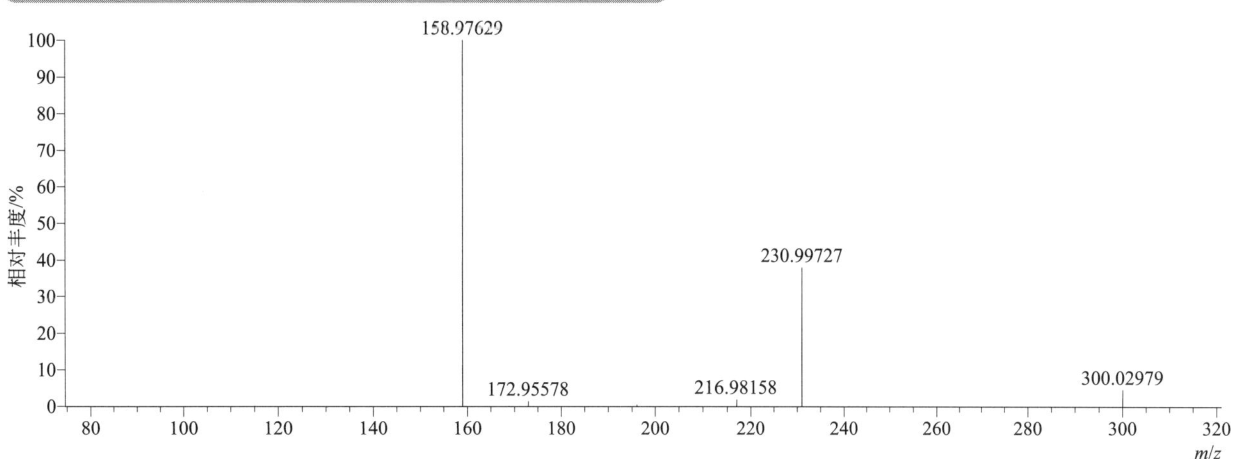

[M+H]$^+$ 归一化法能量 NCE 为 60 时典型的二级质谱图

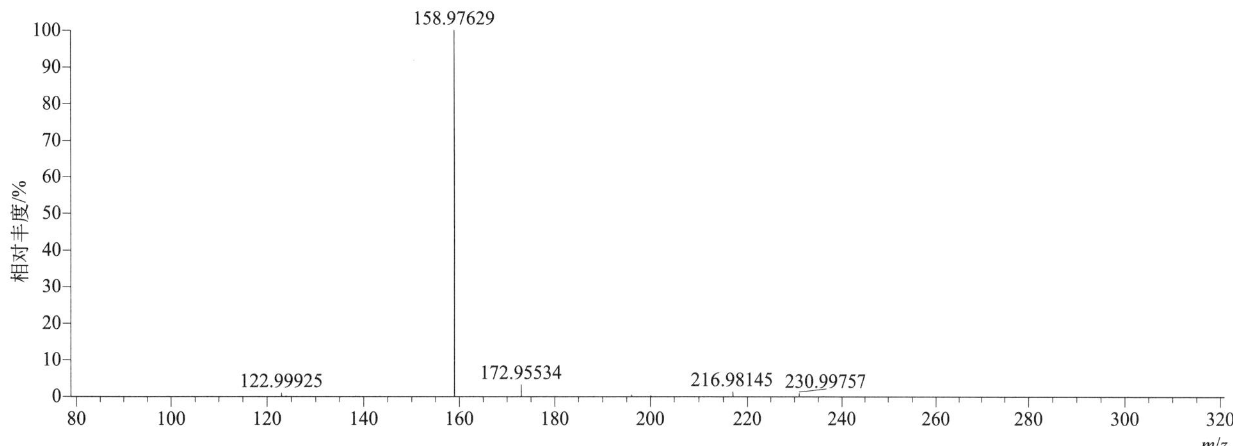

[M+H]+ 阶梯归一化法能量 Step NCE 为 20、40、60 时典型的二级质谱图

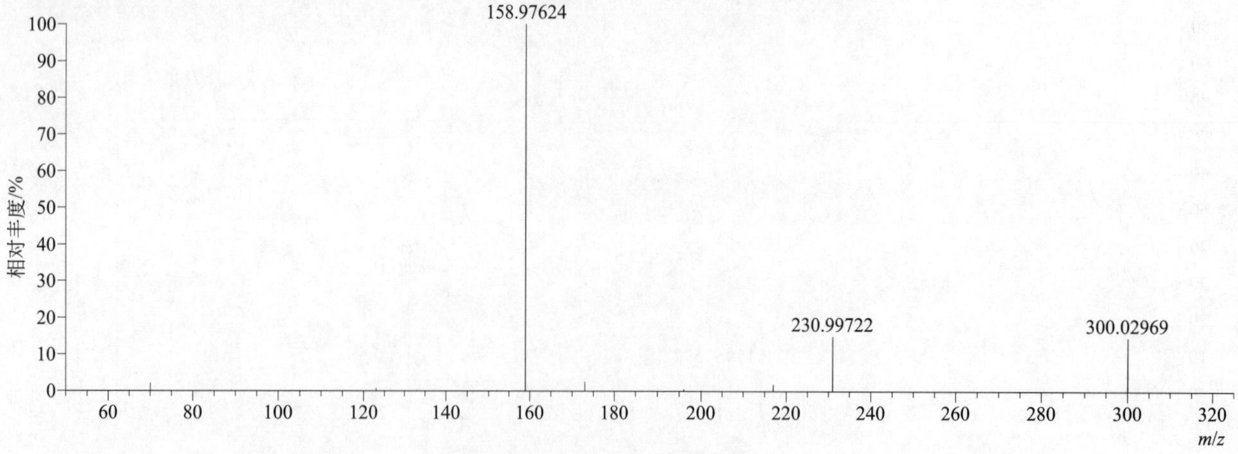

azamethiphos（甲基吡啶磷）

基本信息

CAS 登录号	35575-96-3	分子量	323.97366	离子源和极性	电喷雾离子源（ESI）
分子式	$C_9H_{10}ClN_2O_5PS$	保留时间	12.92min	极性	正模式

[M+H]+ 提取离子流色谱图

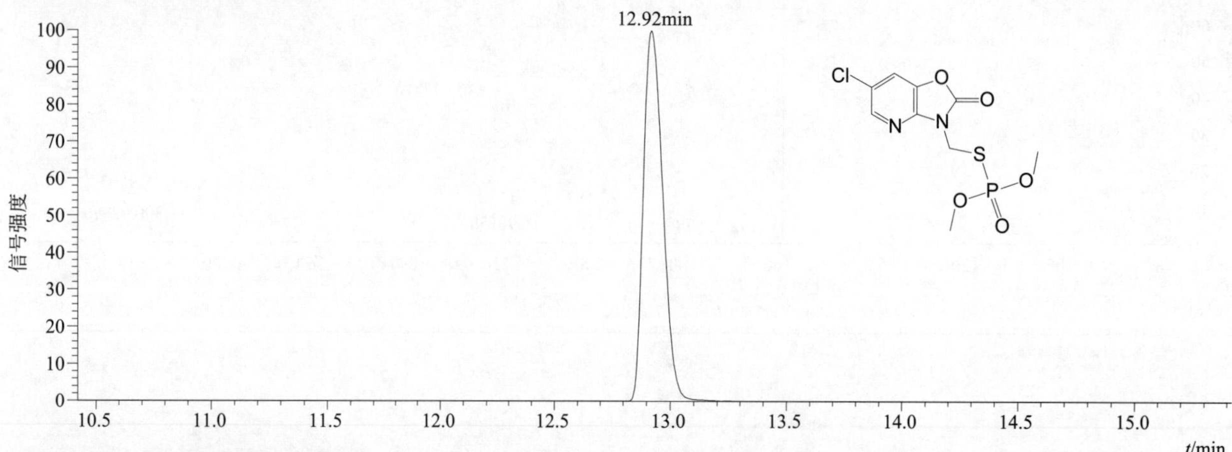

[M+H]+ 典型的一级质谱图

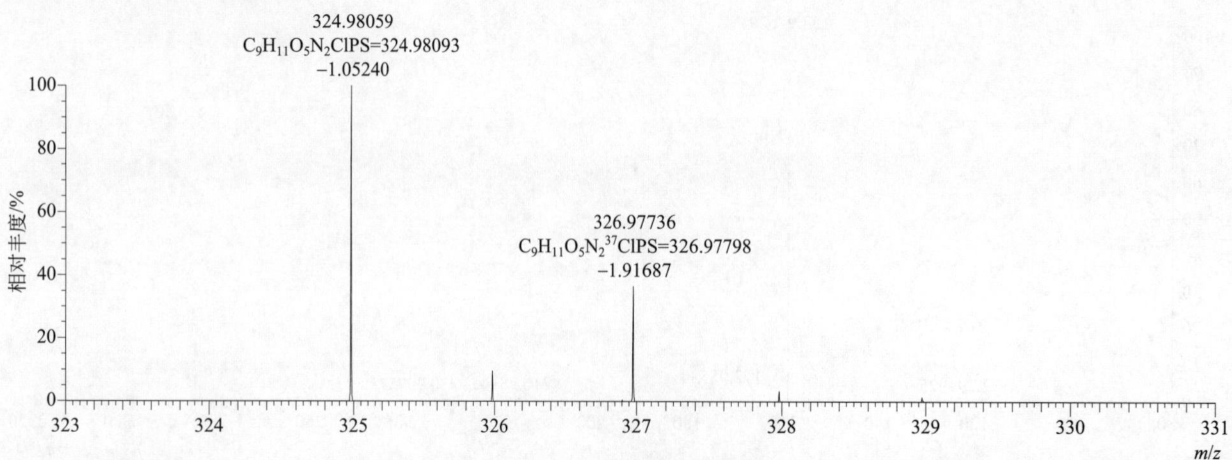

[M+H]+ 归一化法能量 NCE 为 20 时典型的二级质谱图

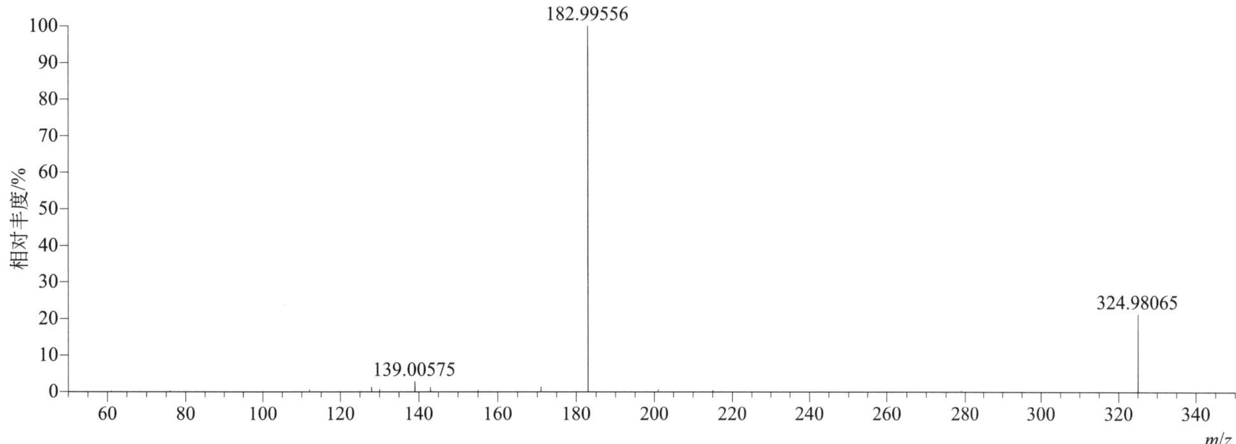

[M+H]+ 归一化法能量 NCE 为 40 时典型的二级质谱图

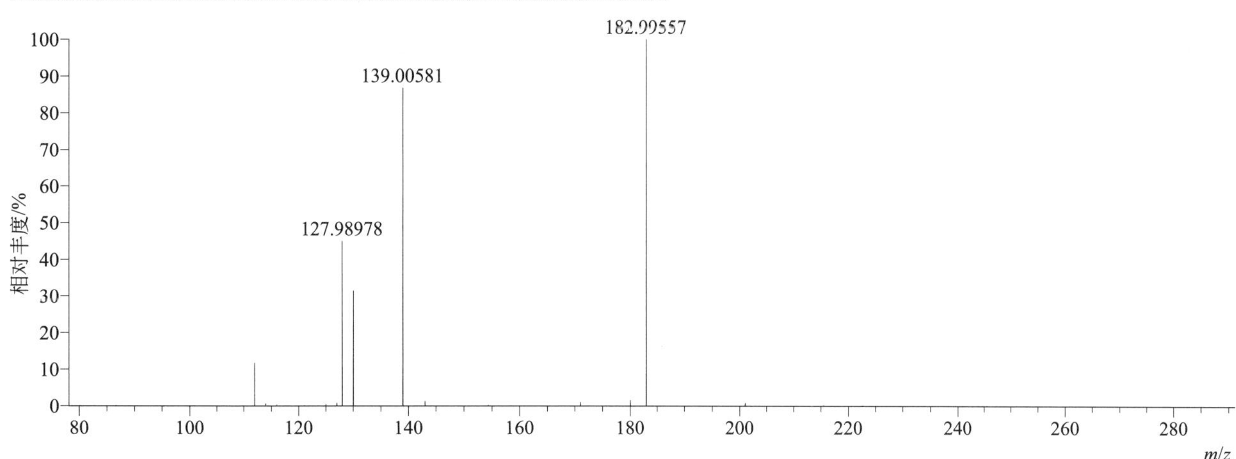

[M+H]+ 归一化法能量 NCE 为 60 时典型的二级质谱图

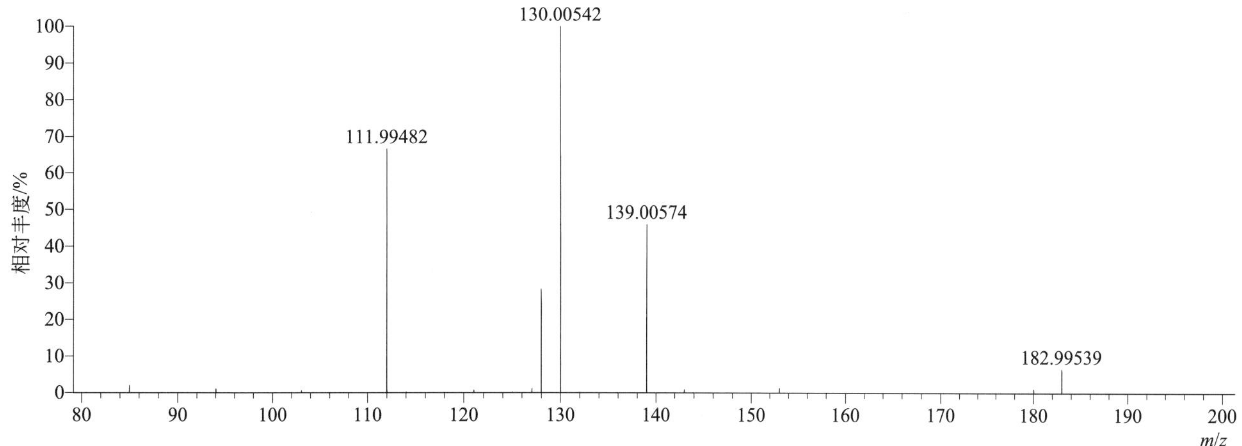

[M+H]+ 阶梯归一化法能量 Step NCE 为 20、40、60 时典型的二级质谱图

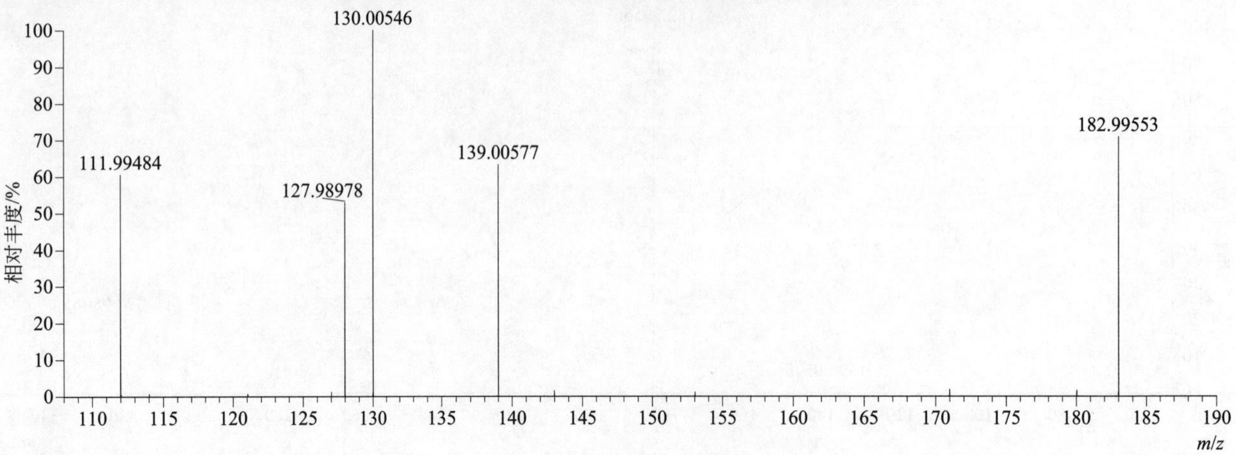

azinphos-ethyl（乙基谷硫磷）

基本信息

CAS 登录号	2642-71-9	分子量	345.03707	离子源和极性	电喷雾离子源（ESI）
分子式	$C_{12}H_{16}N_3O_3PS_2$	保留时间	14.75min	极性	正模式

[M+H]+ 提取离子流色谱图

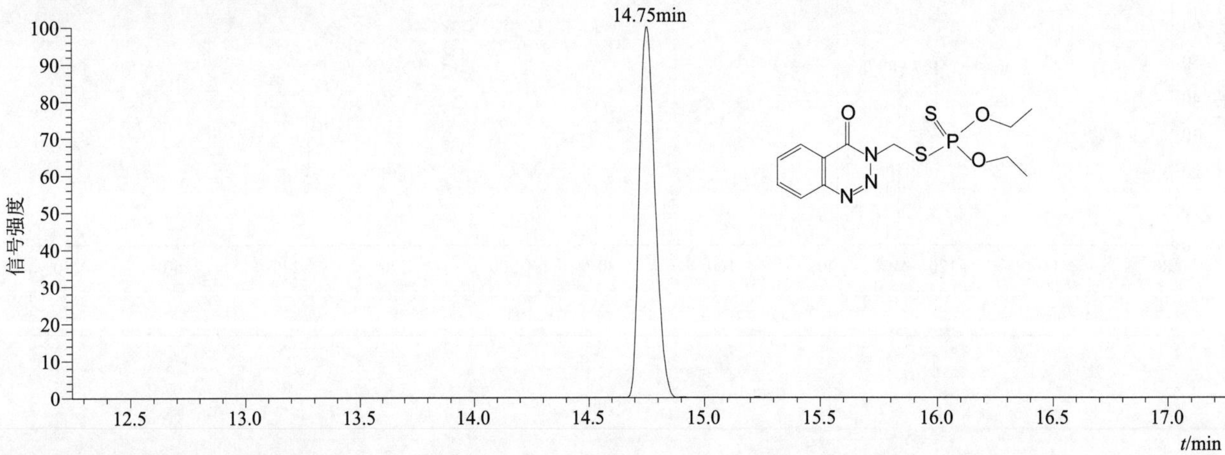

[M+H]+ 典型的一级质谱图

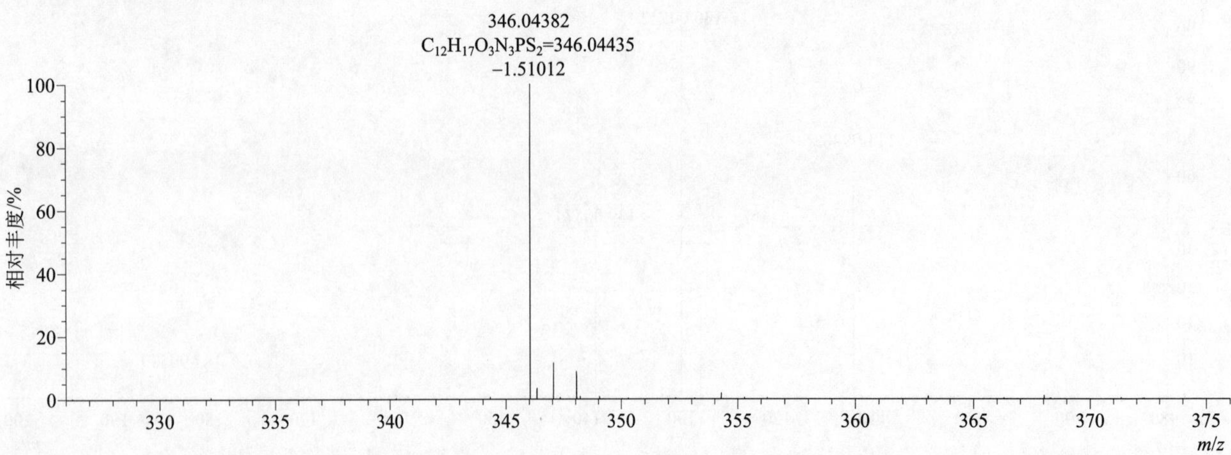

[M+H]+ 归一化法能量 NCE 为 10 时典型的二级质谱图

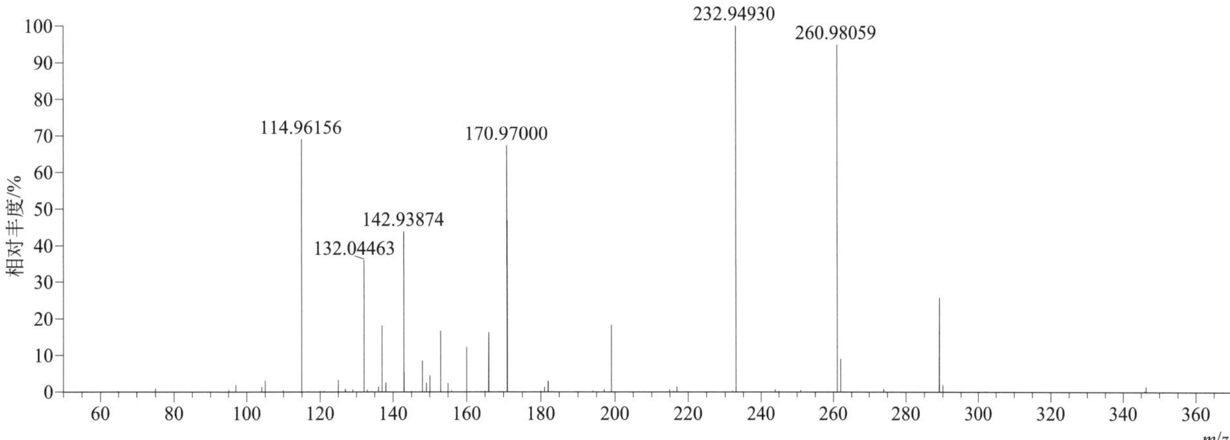

[M+H]+ 归一化法能量 NCE 为 20 时典型的二级质谱图

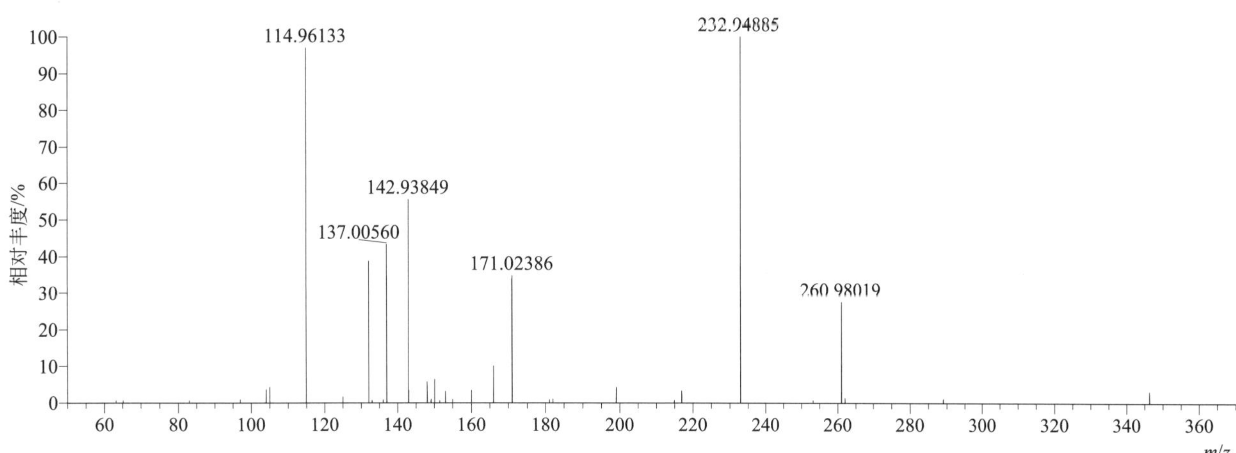

[M+H]+ 归一化法能量 NCE 为 30 时典型的二级质谱图

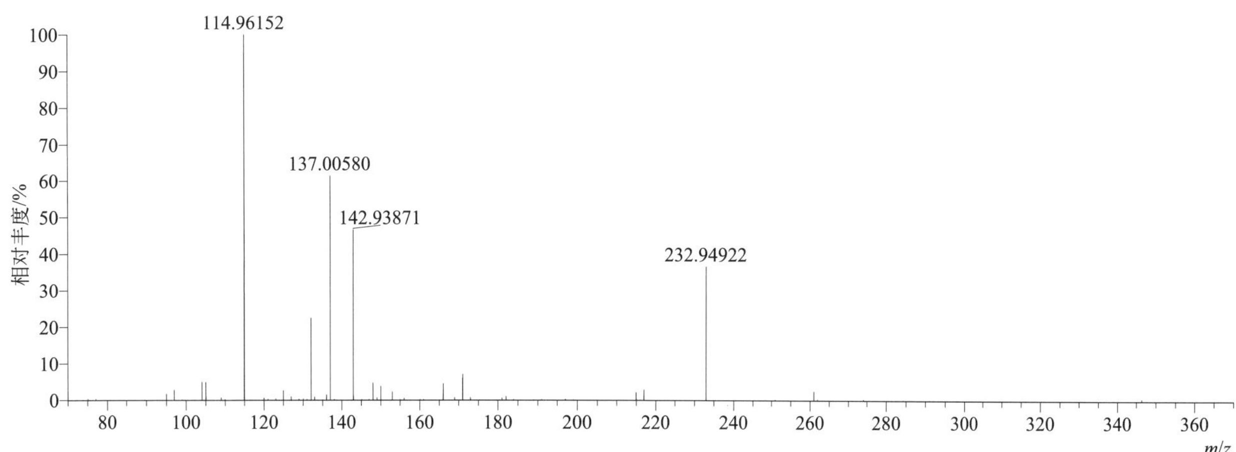

[M+H]$^+$ 阶梯归一化法能量 Step NCE 为 10、20、30 时典型的二级质谱图

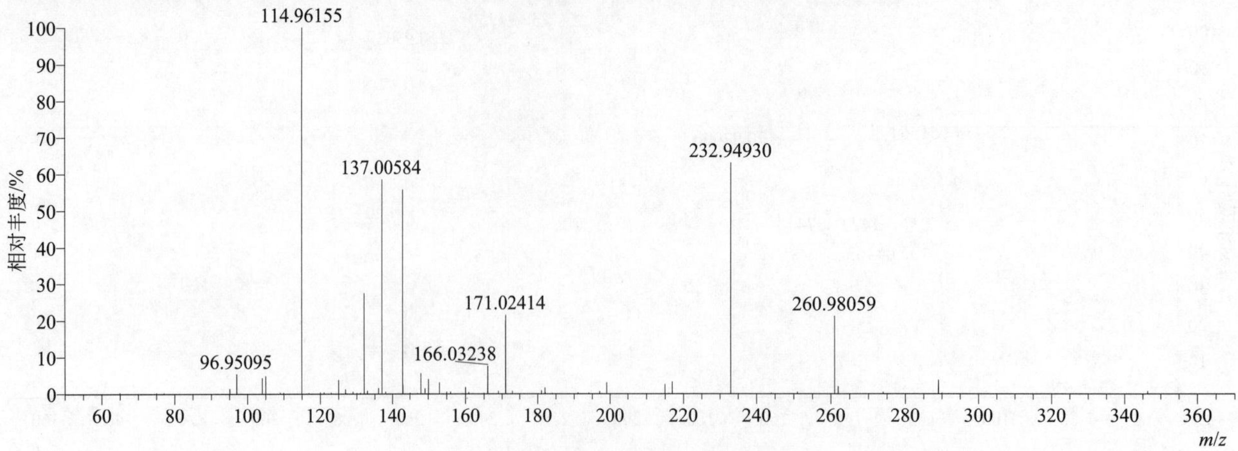

azinphos-methyl（甲基谷硫磷）

基本信息

CAS 登录号	86-50-0	分子量	317.00577	离子源和极性	电喷雾离子源（ESI）
分子式	$C_{10}H_{12}N_3O_3PS_2$	保留时间	14.13min	极性	正模式

[M+H]$^+$ 提取离子流色谱图

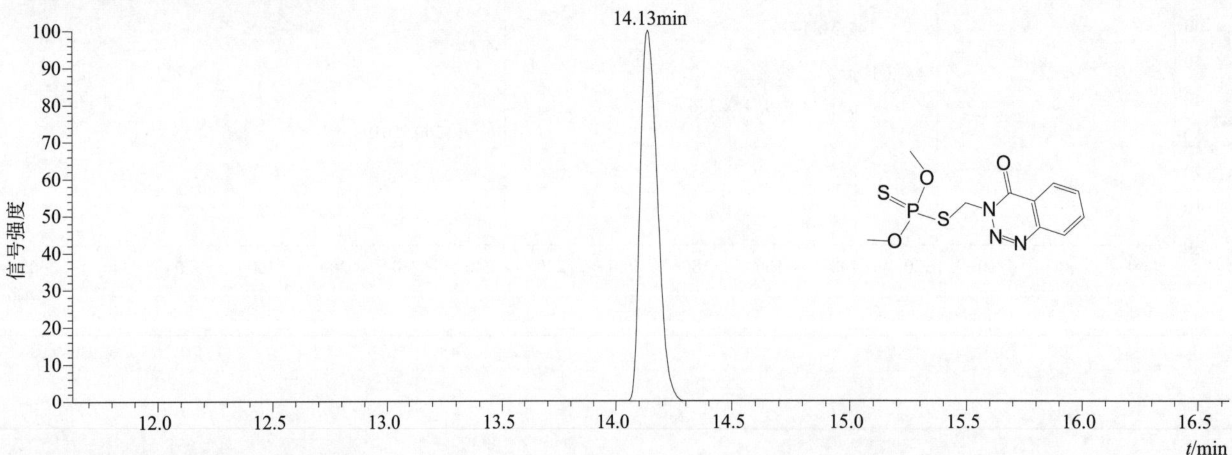

[M+H]$^+$ 典型的一级质谱图

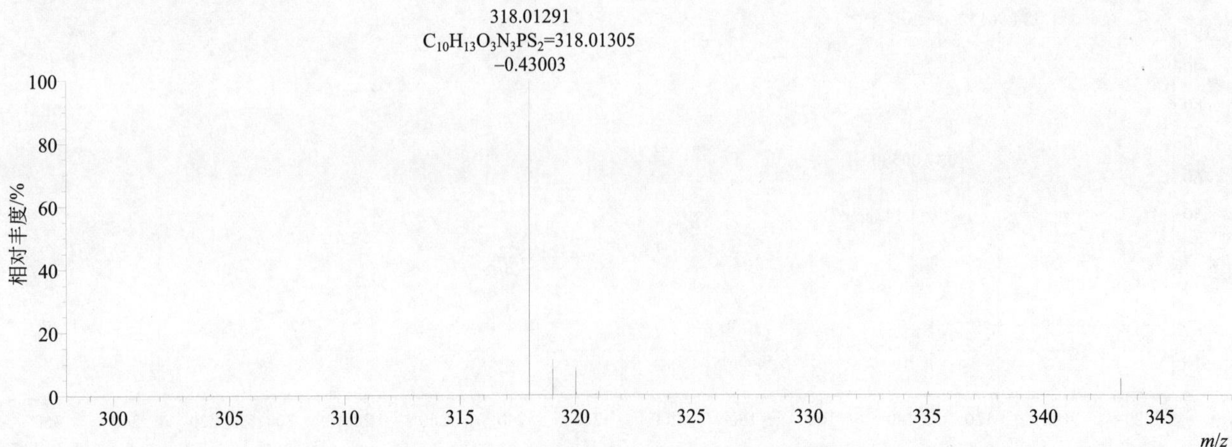

$[M+H]^+$ 归一化法能量 NCE 为 10 时典型的二级质谱图

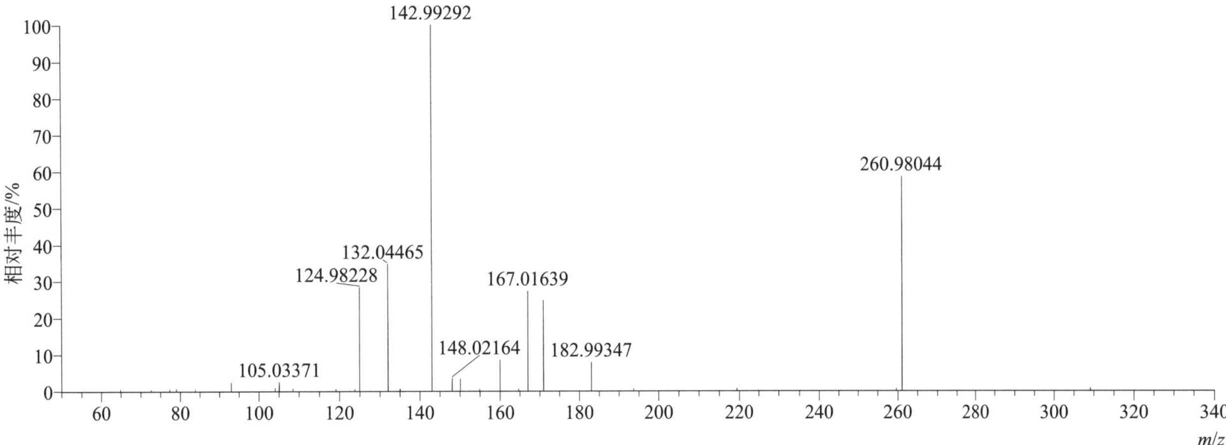

$[M+H]^+$ 归一化法能量 NCE 为 20 时典型的二级质谱图

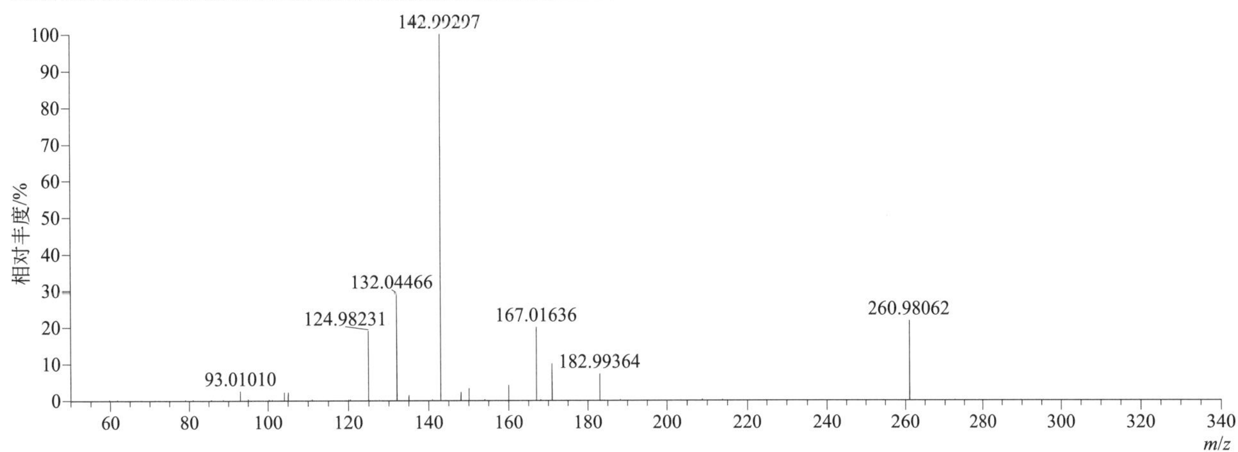

$[M+H]^+$ 归一化法能量 NCE 为 30 时典型的二级质谱图

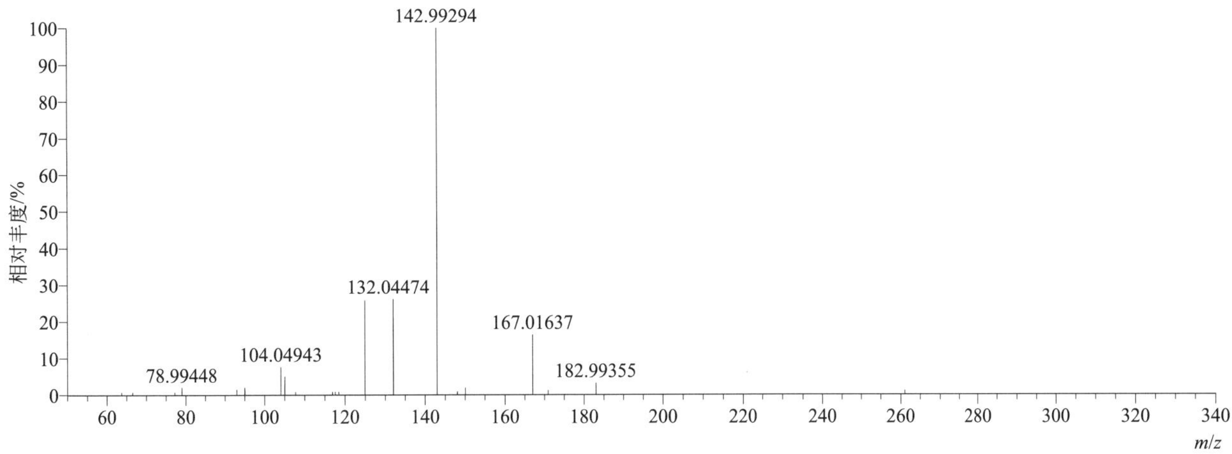

[M+H]+ 阶梯归一化法能量 Step NCE 为 10、20、30 时典型的二级质谱图

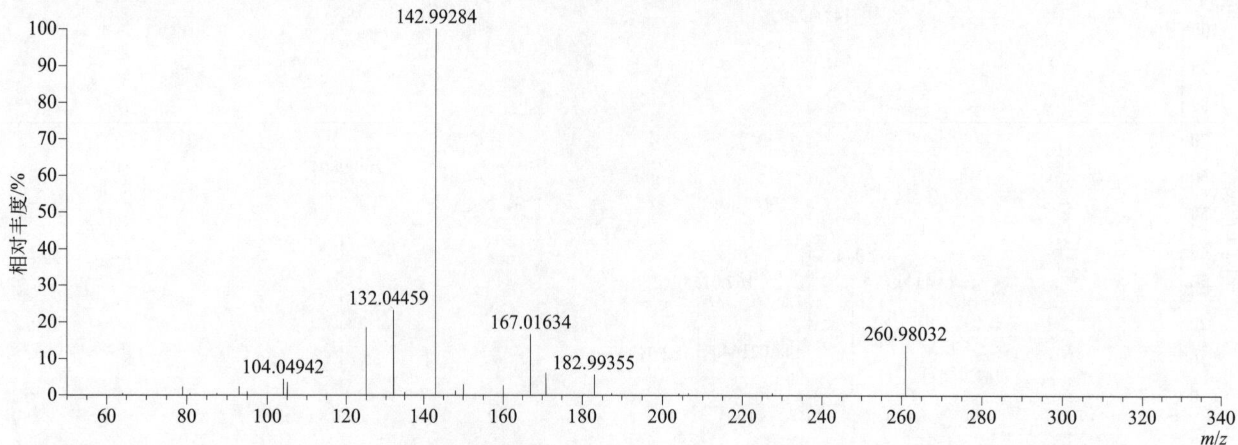

aziprotryne（叠氮津）

基本信息

CAS 登录号	4658-28-0	分子量	225.07966	离子源和极性	电喷雾离子源（ESI）
分子式	$C_7H_{11}N_7S$	保留时间	14.56min	极性	正模式

[M+H]+ 提取离子流色谱图

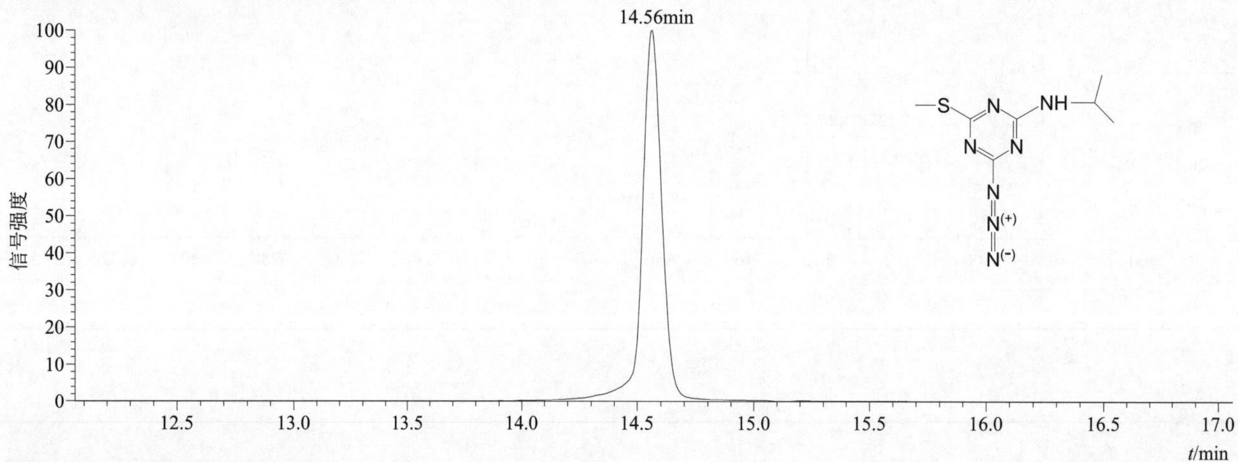

[M+H]+ 典型的一级质谱图

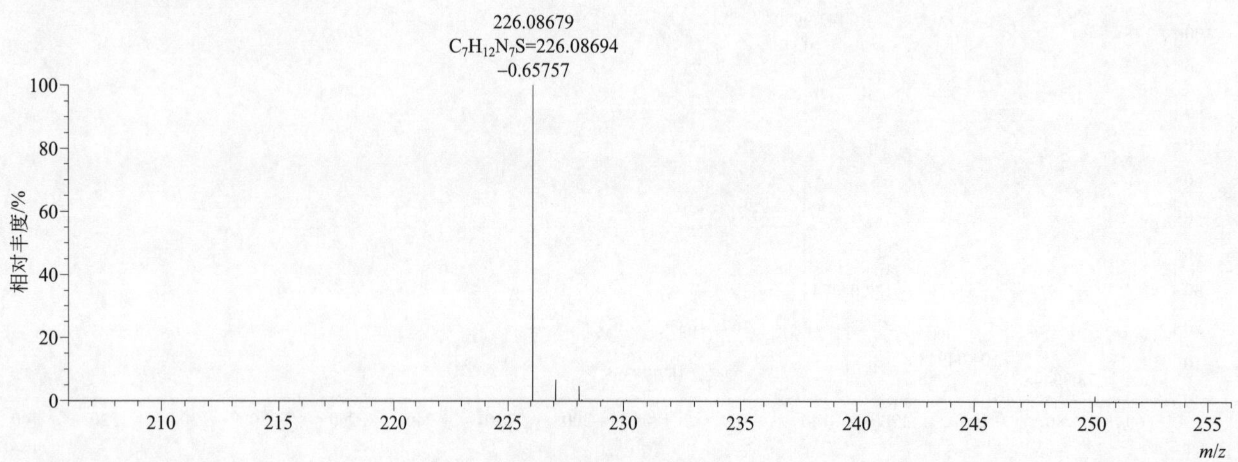

$[M+H]^+$ 归一化法能量 NCE 为 20 时典型的二级质谱图

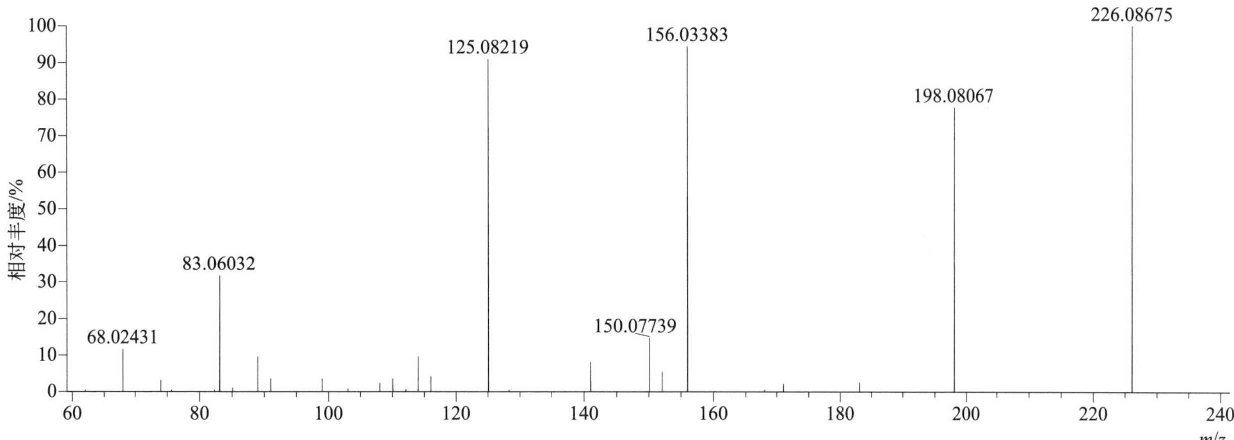

$[M+H]^+$ 归一化法能量 NCE 为 40 时典型的二级质谱图

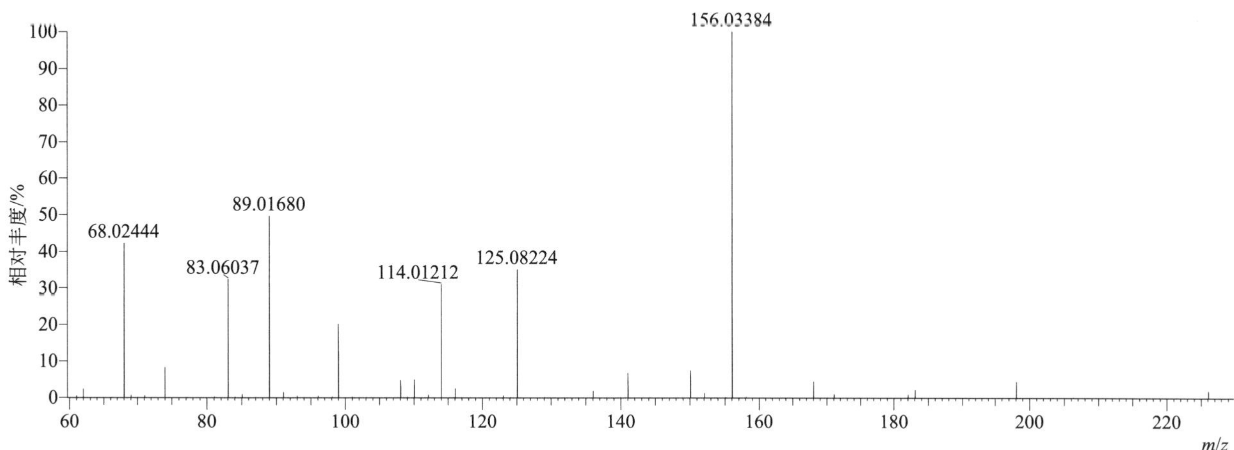

$[M+H]^+$ 归一化法能量 NCE 为 60 时典型的二级质谱图

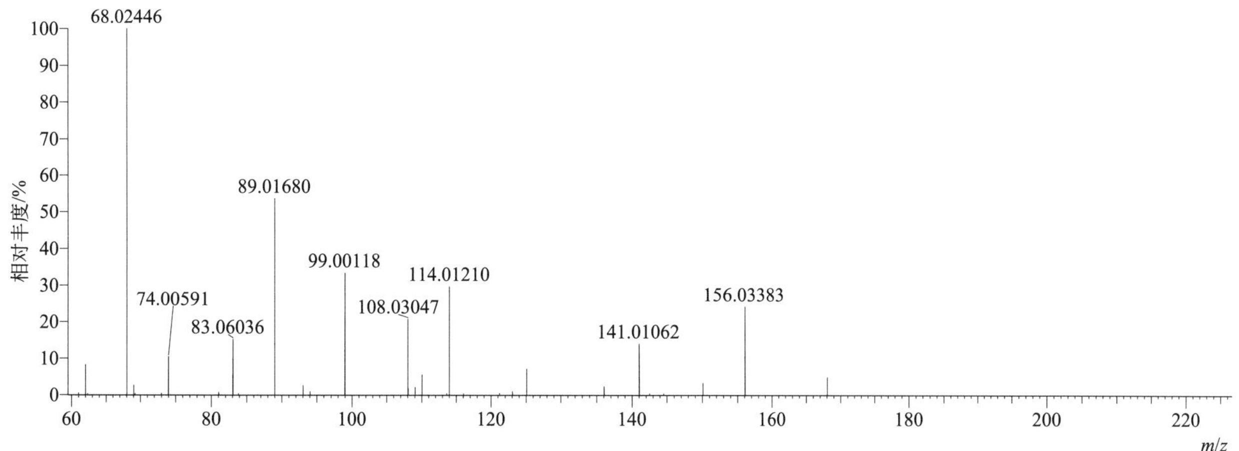

[M+H]+ 阶梯归一化法能量 Step NCE 为 20、40、60 时典型的二级质谱图

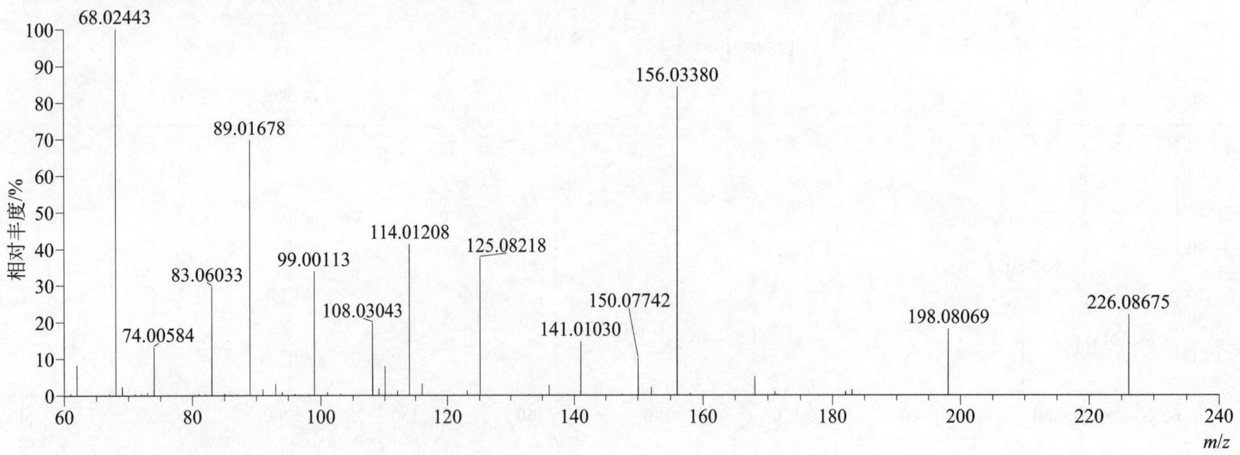

azoxystrobin（嘧菌酯）

基本信息

CAS 登录号	131860-33-8	分子量	403.11682	离子源和极性	电喷雾离子源（ESI）
分子式	$C_{22}H_{17}N_3O_5$	保留时间	14.09min	极性	正模式

[M+H]+ 提取离子流色谱图

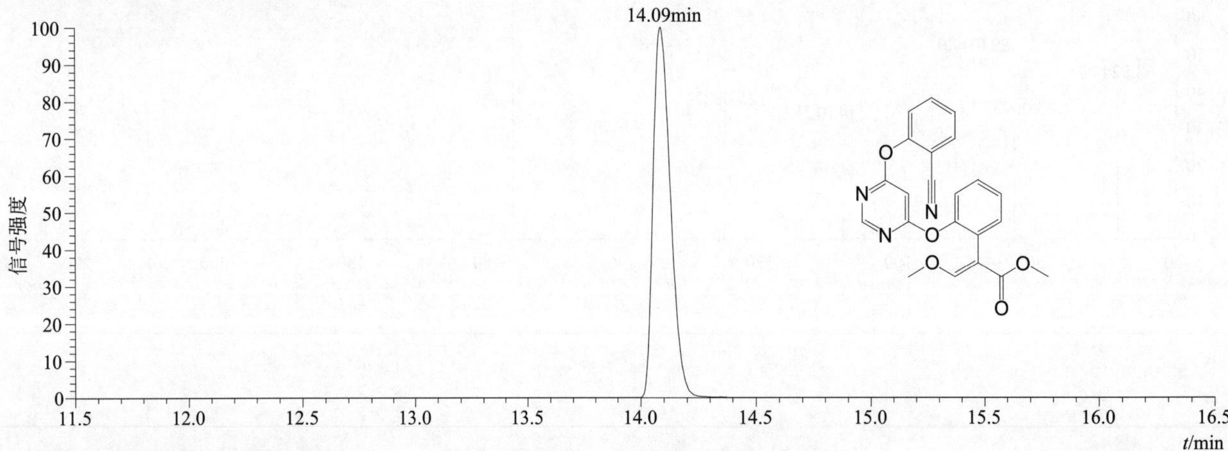

[M+H]+ 典型的一级质谱图

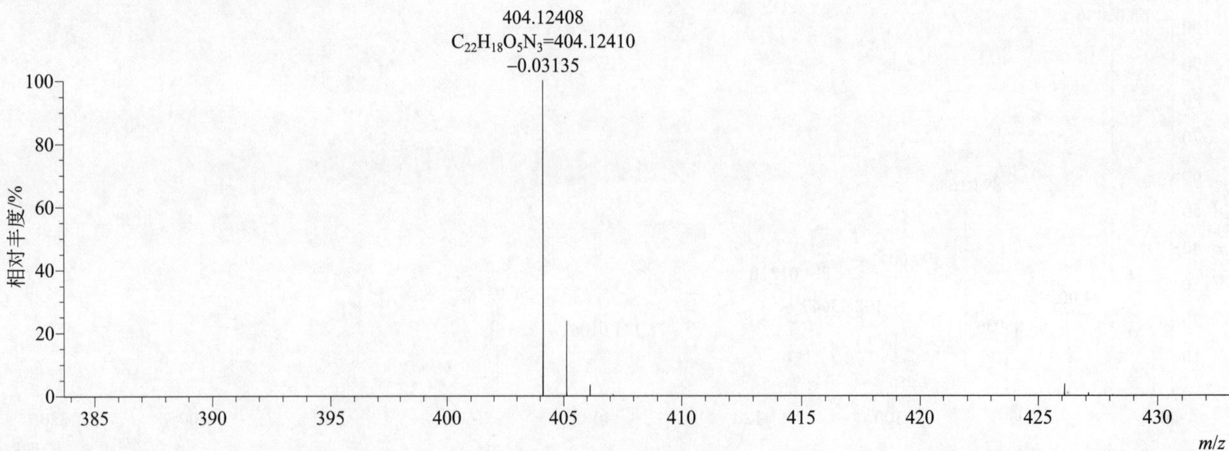

$[M+H]^+$ 归一化法能量 NCE 为 20 时典型的二级质谱图

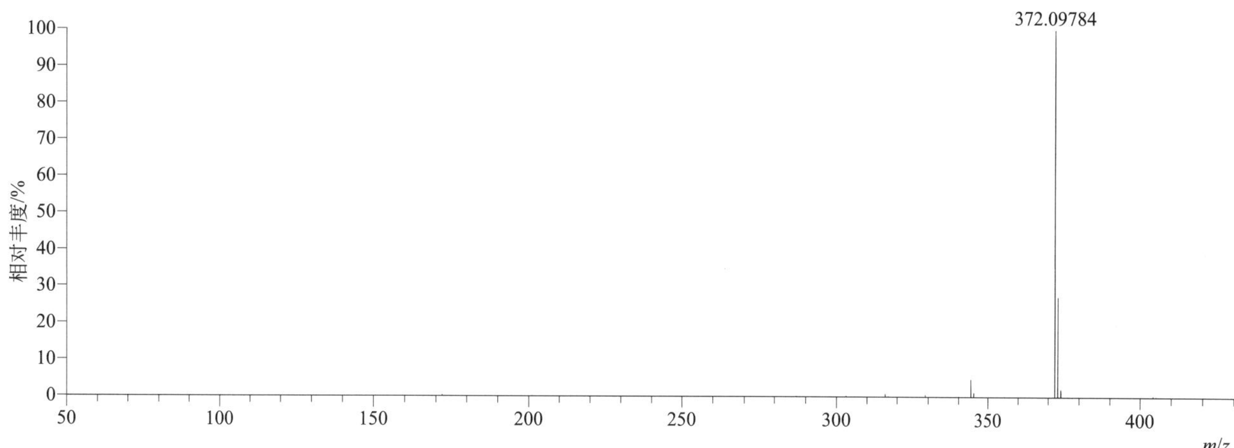

$[M+H]^+$ 归一化法能量 NCE 为 40 时典型的二级质谱图

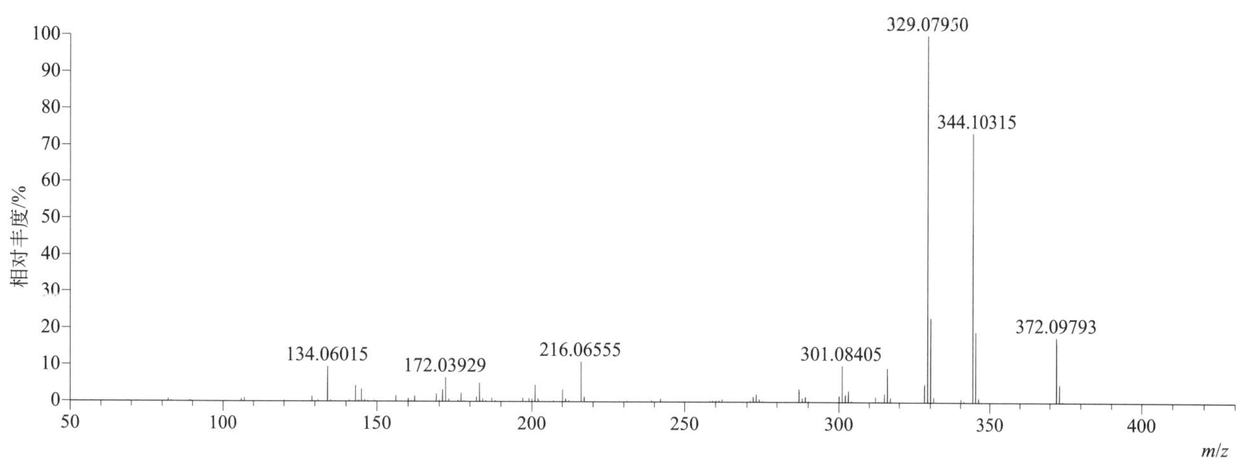

$[M+H]^+$ 归一化法能量 NCE 为 60 时典型的二级质谱图

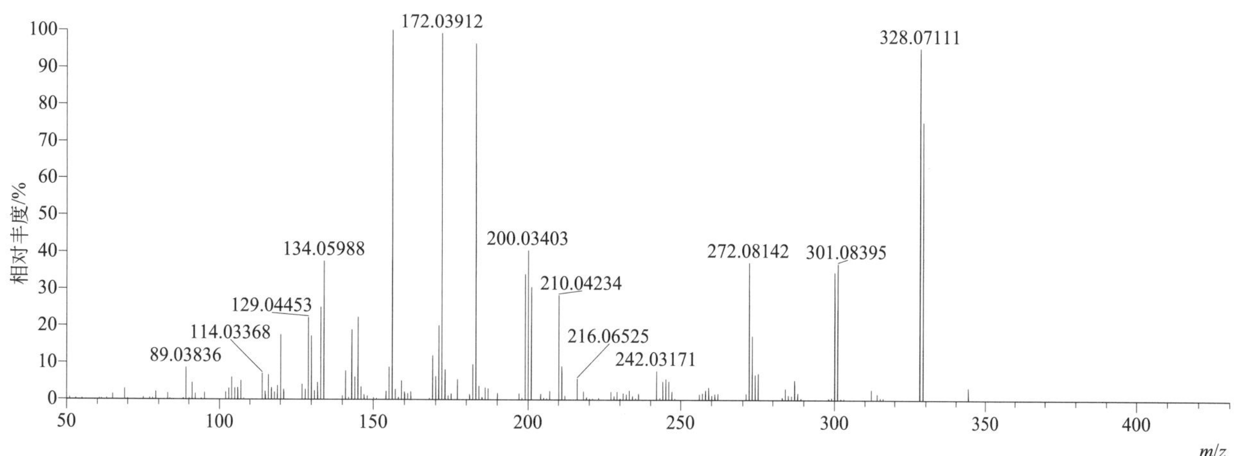

[M+H]⁺ 阶梯归一化法能量 Step NCE 为 20、40、60 时典型的二级质谱图

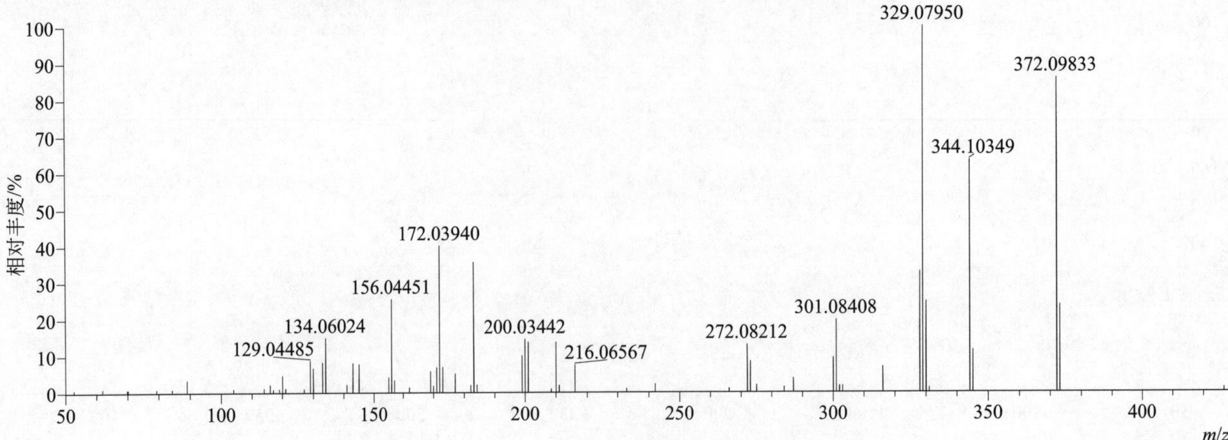

B

beflubutamid（氟丁酰草胺）

基本信息

CAS 登录号	113614-08-7	分子量	355.11954	离子源和极性	电喷雾离子源（ESI）
分子式	$C_{18}H_{17}F_4NO_2$	保留时间	15.04min	极性	正模式

$[M+H]^+$ 提取离子流色谱图

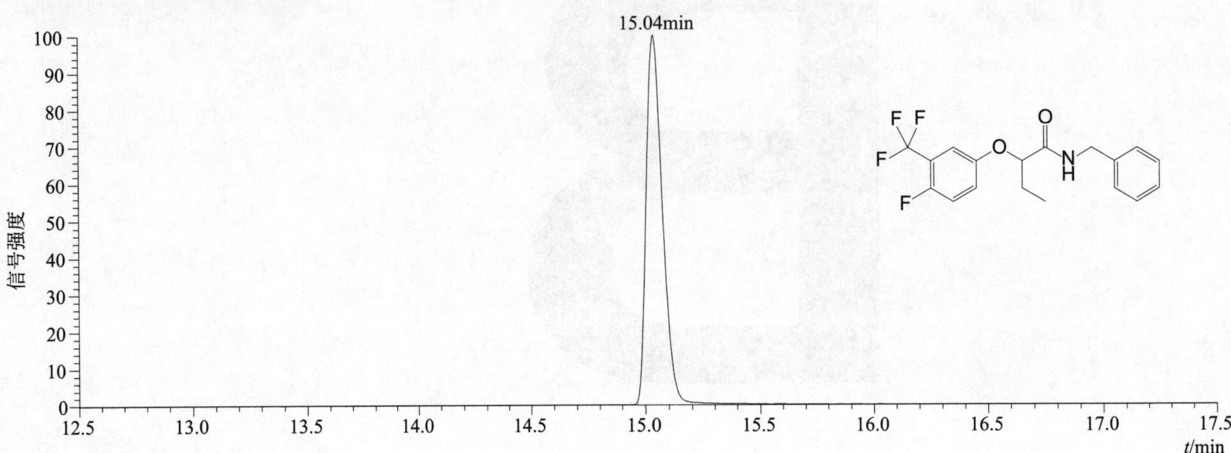

$[M+H]^+$ 典型的一级质谱图

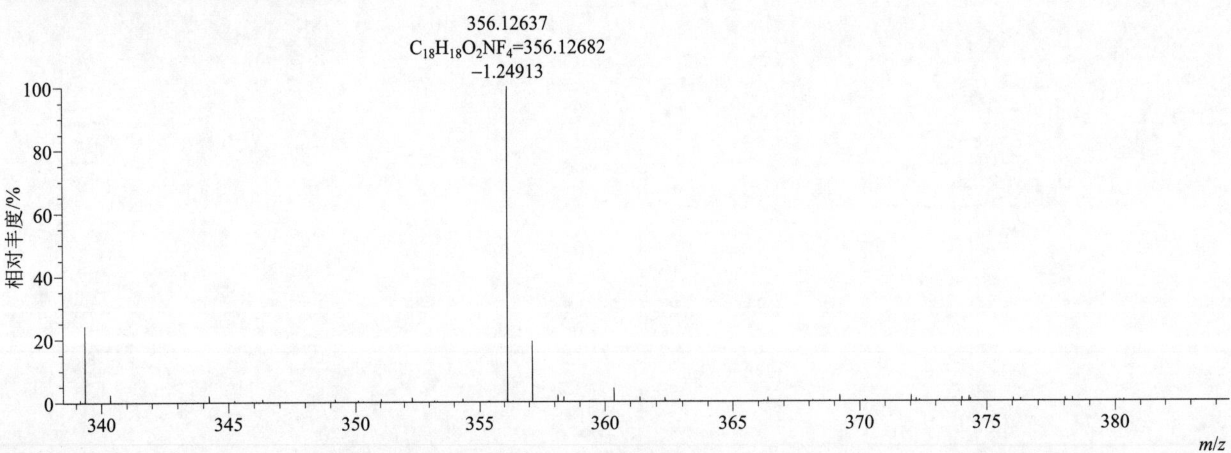

$[M+H]^+$ 归一化法能量 NCE 为 20 时典型的二级质谱图

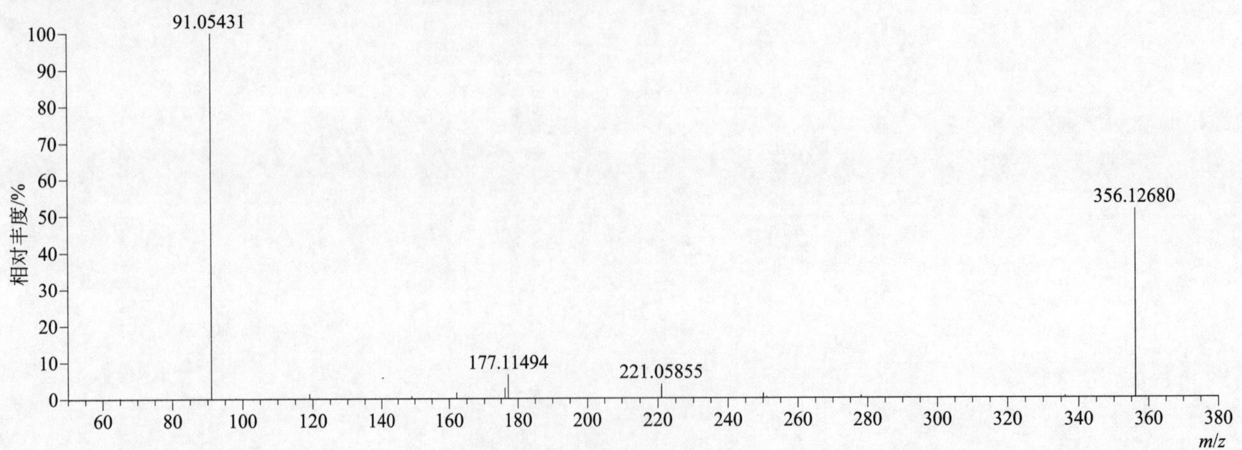

[M+H]+ 归一化法能量 NCE 为 40 时典型的二级质谱图

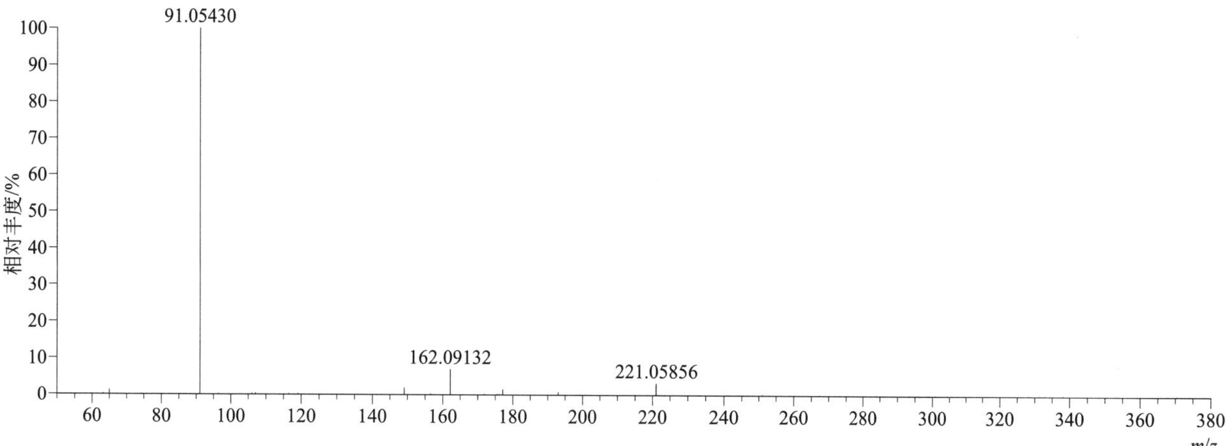

[M+H]+ 归一化法能量 NCE 为 60 时典型的二级质谱图

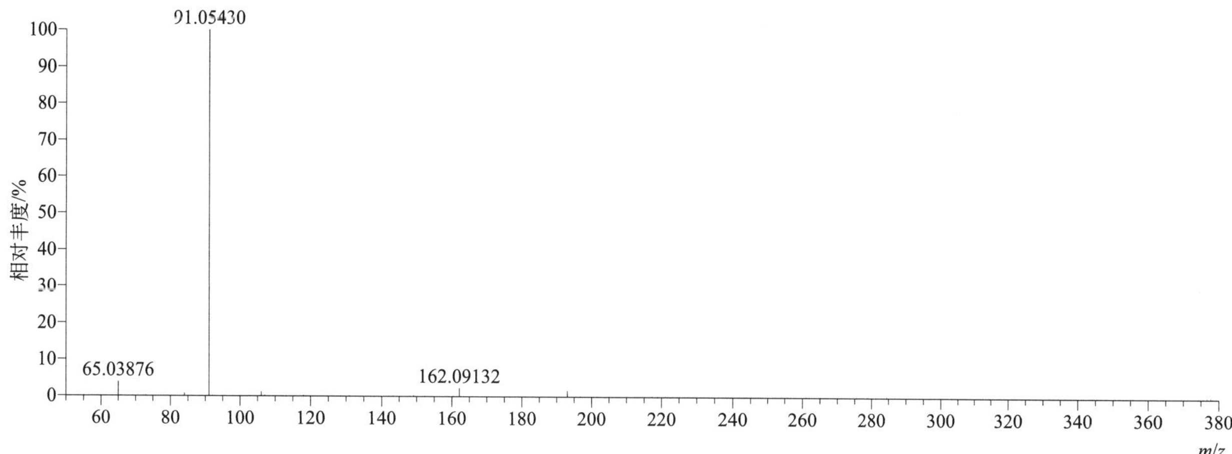

[M+H]+ 阶梯归一化法能量 Step NCE 为 20、40、60 时典型的二级质谱图

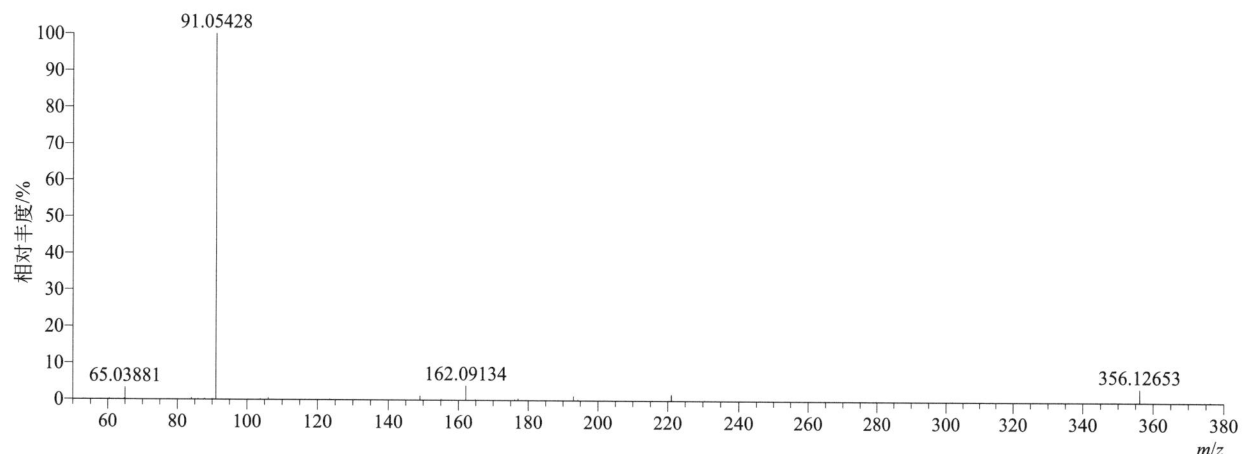

benalaxyl（苯霜灵）

基本信息

CAS 登录号	71626-11-4	分子量	325.16779	离子源和极性	电喷雾离子源（ESI）
分子式	$C_{20}H_{23}NO_3$	保留时间	15.10min	极性	正模式

[M+H]⁺ 提取离子流色谱图

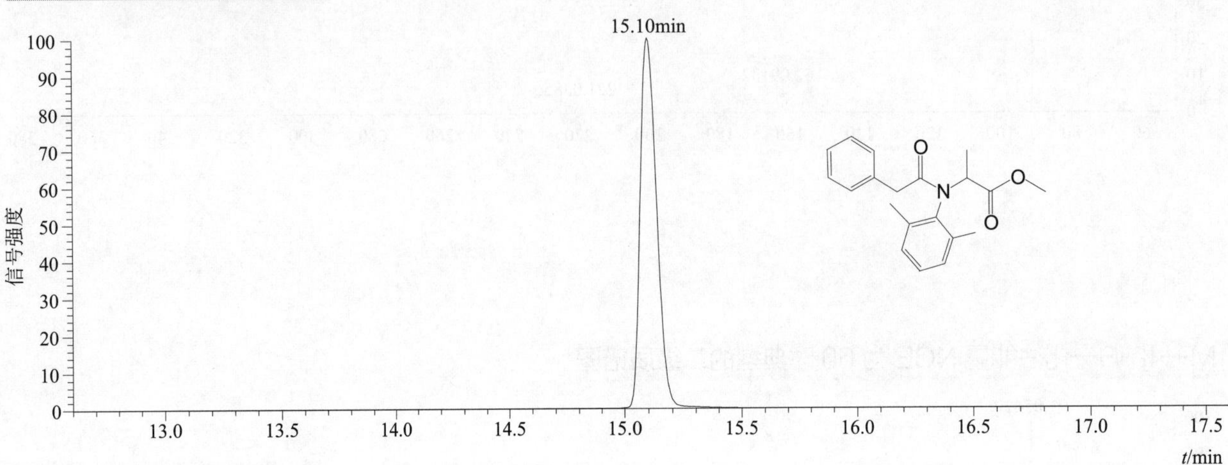

[M+H]⁺ 典型的一级质谱图

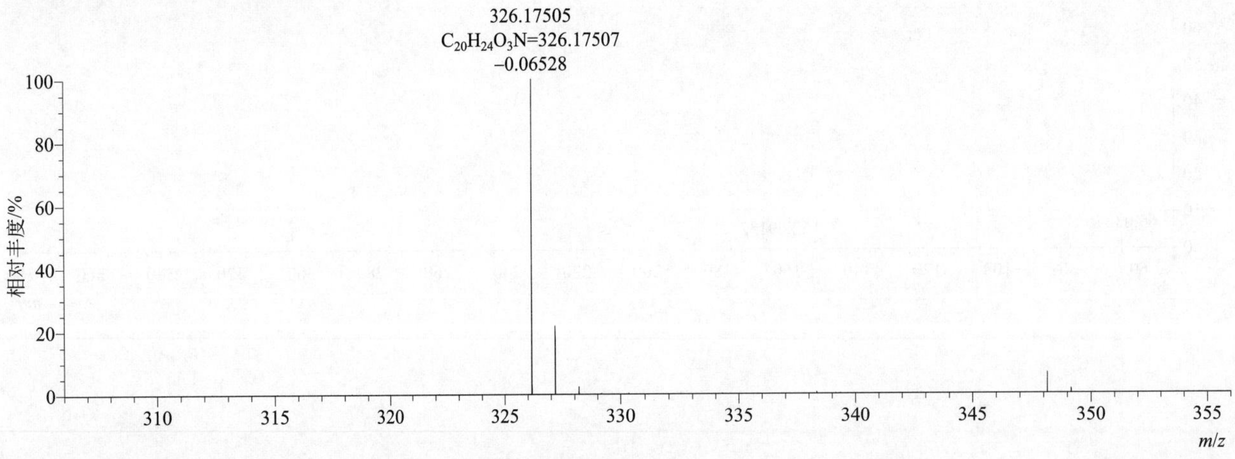

[M+H]⁺ 归一化法能量 NCE 为 20 时典型的二级质谱图

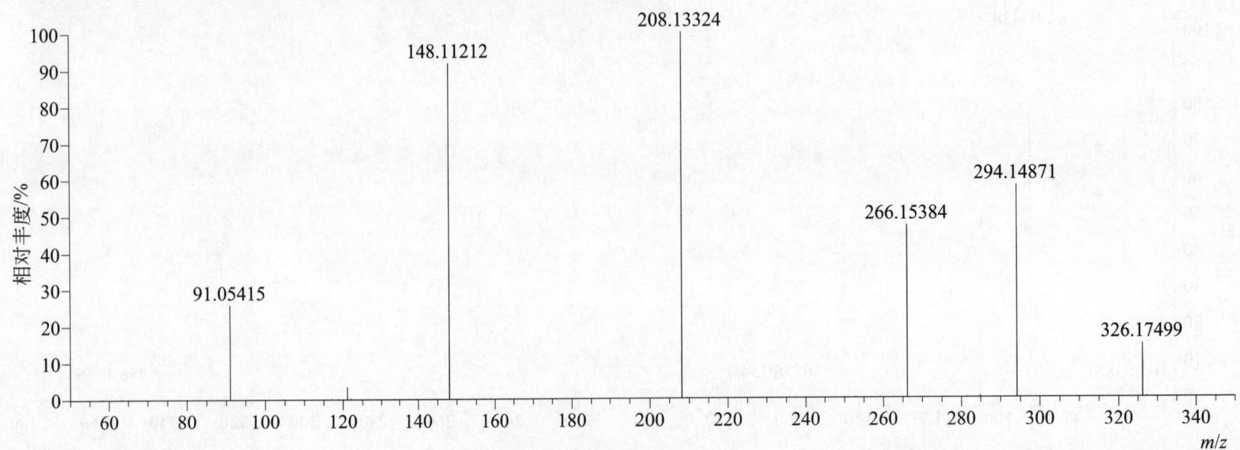

[M+H]$^+$ 归一化法能量 NCE 为 40 时典型的二级质谱图

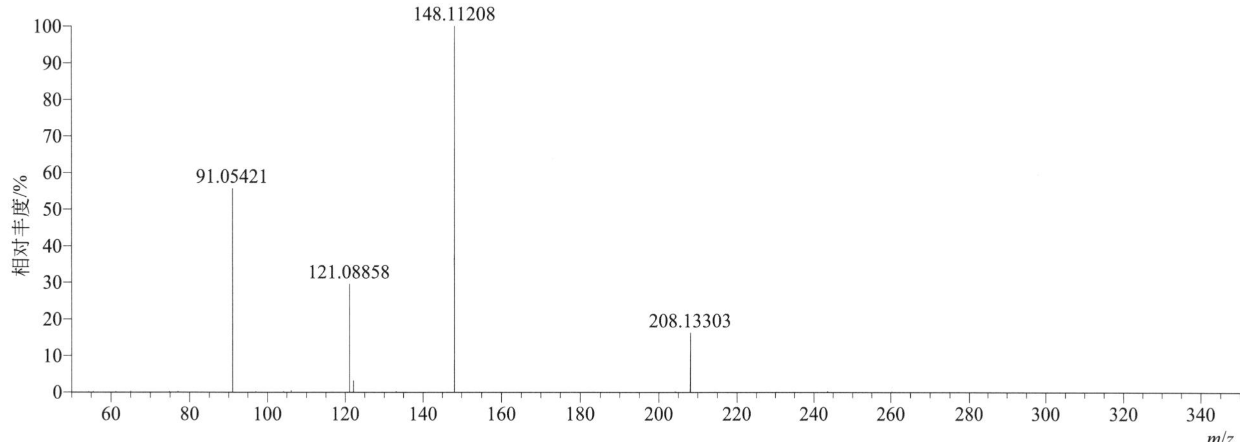

[M+H]$^+$ 归一化法能量 NCE 为 60 时典型的二级质谱图

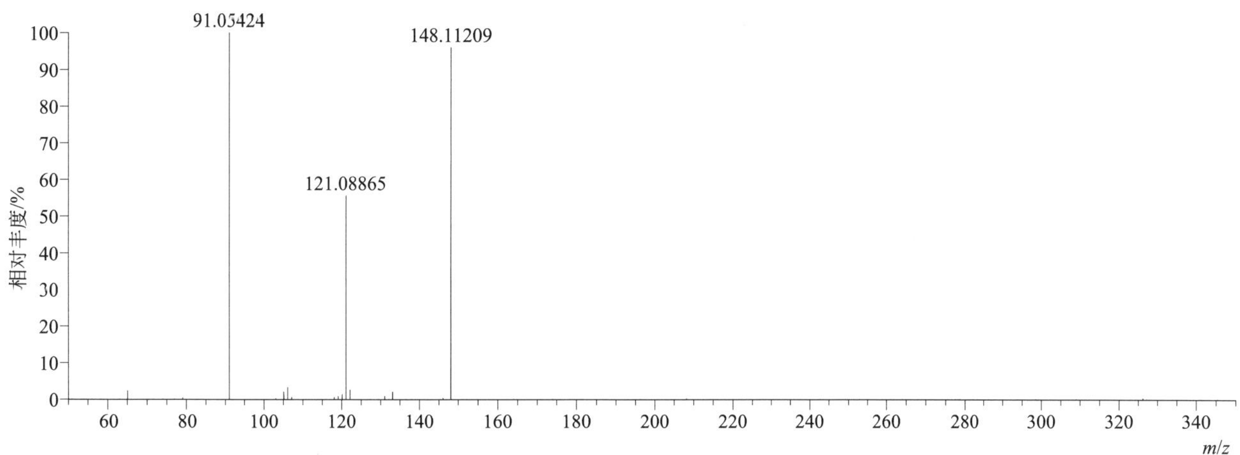

[M+H]$^+$ 阶梯归一化法能量 Step NCE 为 20、40、60 时典型的二级质谱图

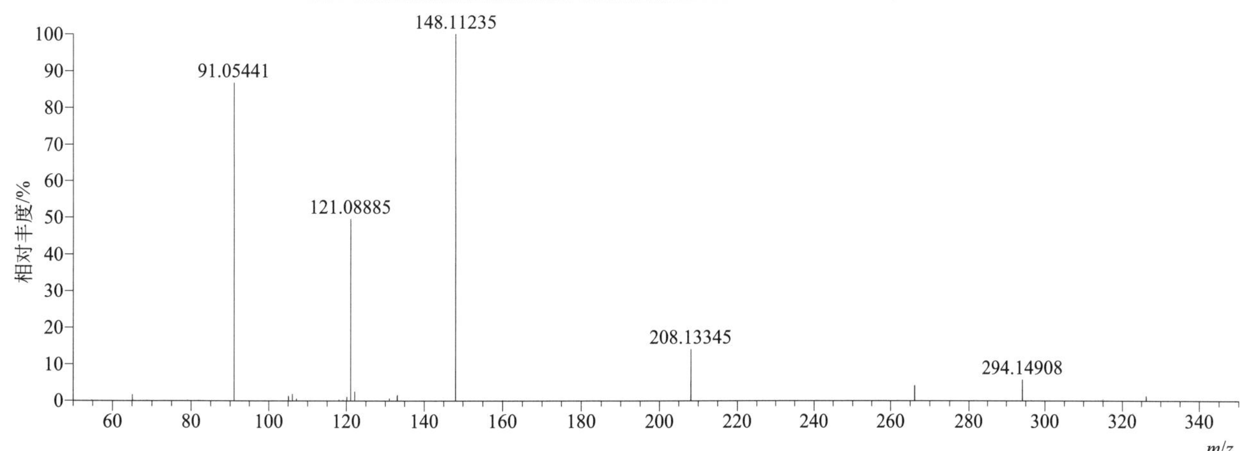

bendiocarb（噁虫威）

基本信息

CAS 登录号	22781-23-3	分子量	223.08446	离子源和极性	电喷雾离子源（ESI）
分子式	$C_{11}H_{13}NO_4$	保留时间	13.08min	极性	正模式

[M+H]+ 提取离子流色谱图

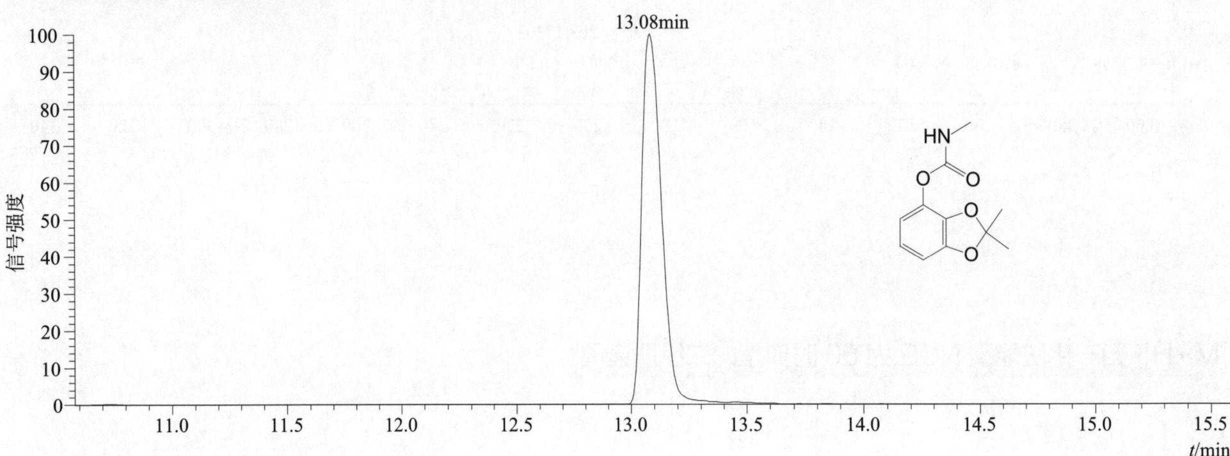

[M+H]+ 典型的一级质谱图

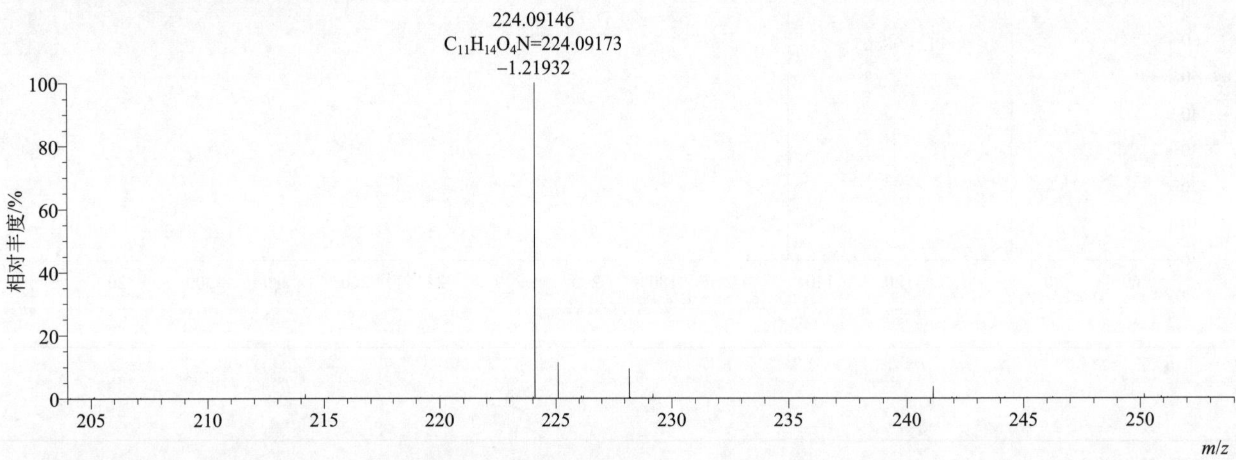

[M+H]+ 归一化法能量 NCE 为 20 时典型的二级质谱图

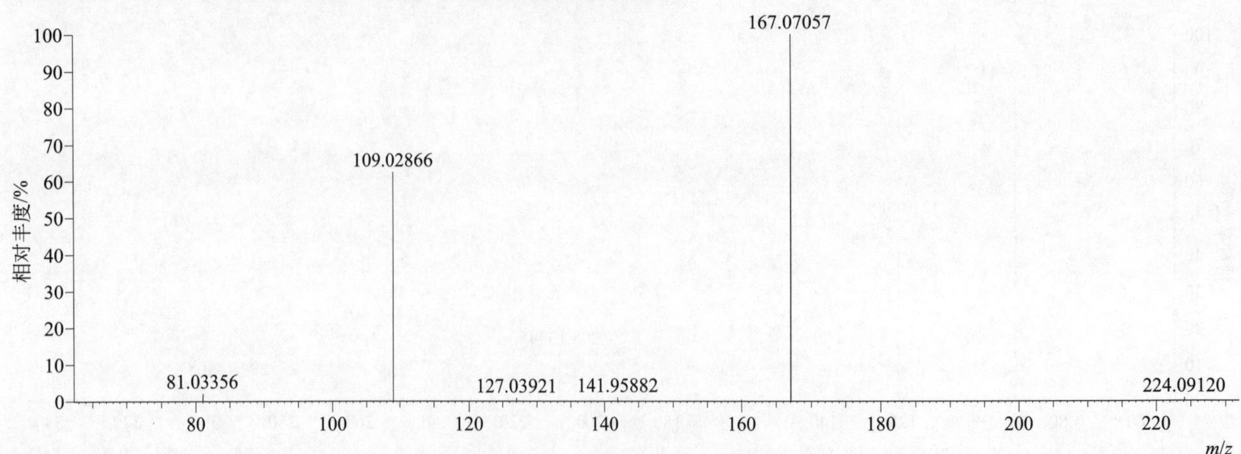

[M+H]⁺ 归一化法能量 NCE 为 40 时典型的二级质谱图

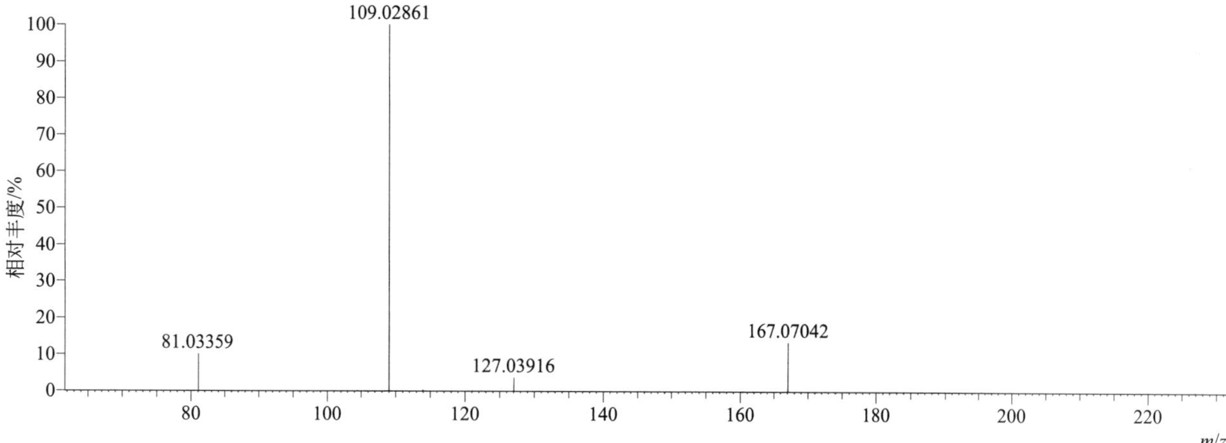

[M+H]⁺ 归一化法能量 NCE 为 60 时典型的二级质谱图

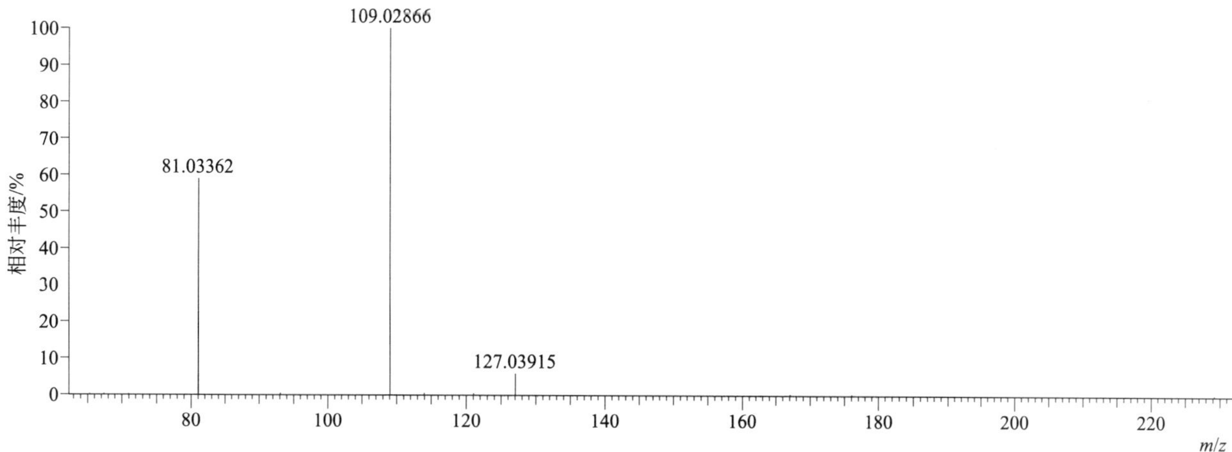

[M+H]⁺ 阶梯归一化法能量 Step NCE 为 20、40、60 时典型的二级质谱图

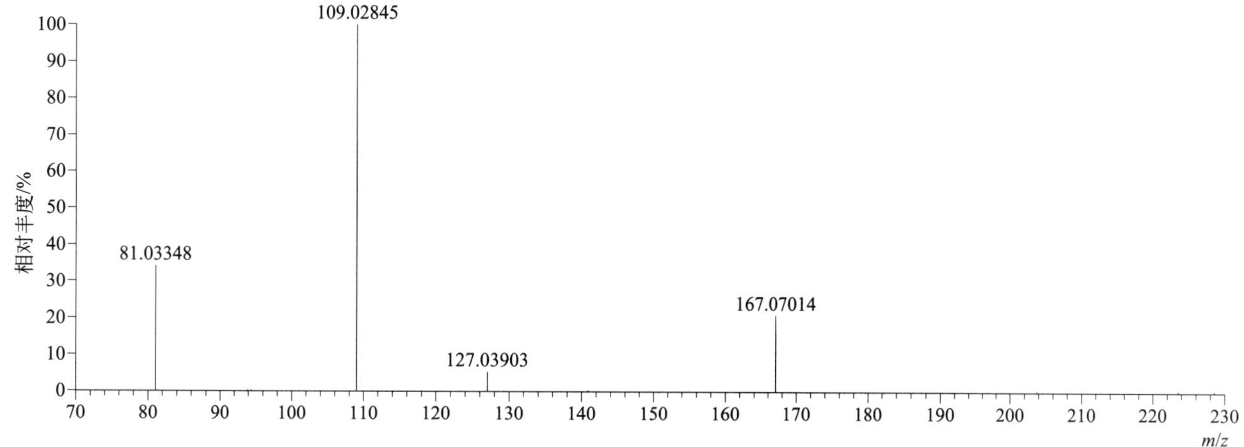

benfuracarb（丙硫克百威）

基本信息

CAS 登录号	82560-54-1	分子量	410.18754	离子源和极性	电喷雾离子源（ESI）
分子式	$C_{20}H_{30}N_2O_5S$	保留时间	15.57min	极性	正模式

$[M+H]^+$ 提取离子流色谱图

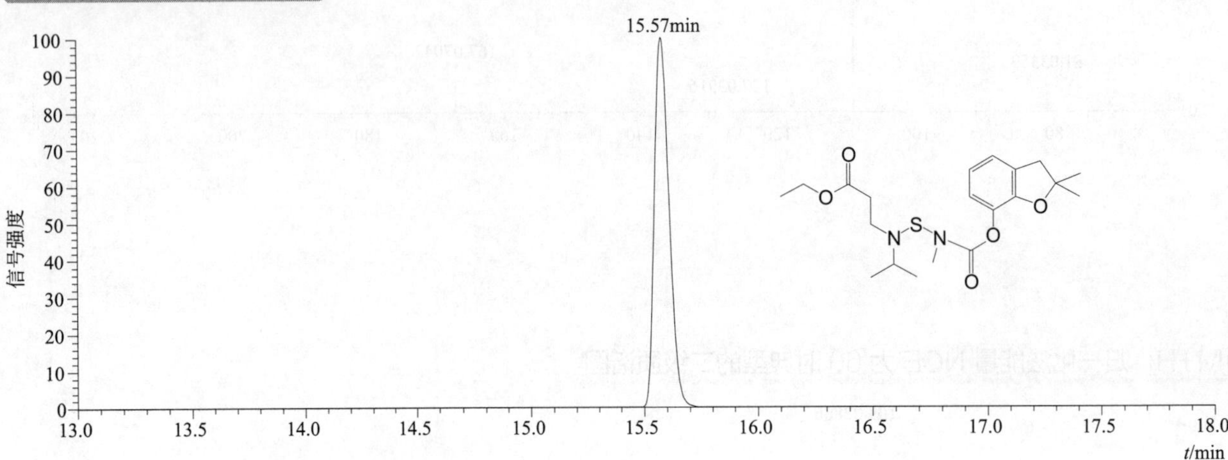

$[M+H]^+$ 和 $[M+Na]^+$ 典型的一级质谱图

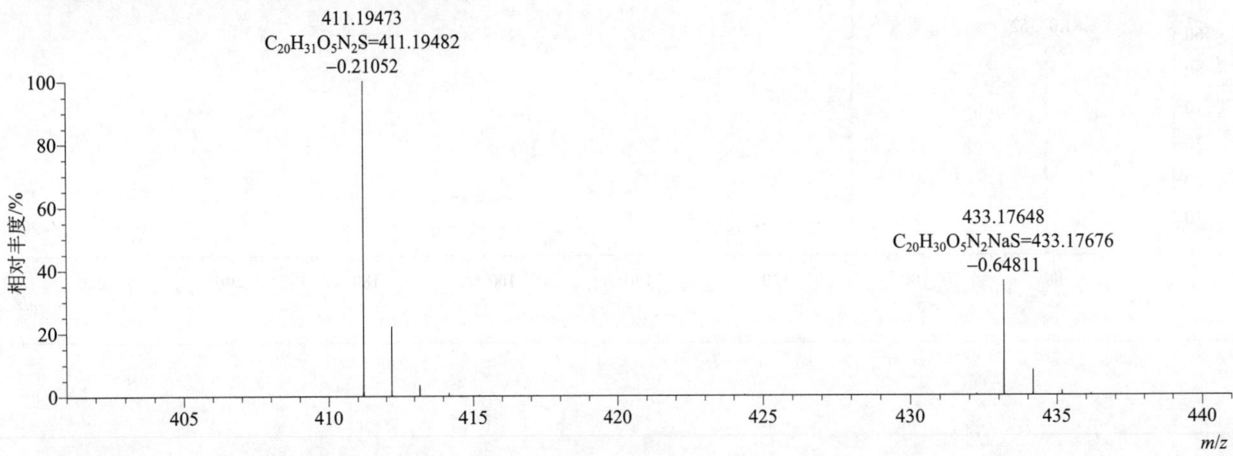

$[M+H]^+$ 归一化法能量 NCE 为 20 时典型的二级质谱图

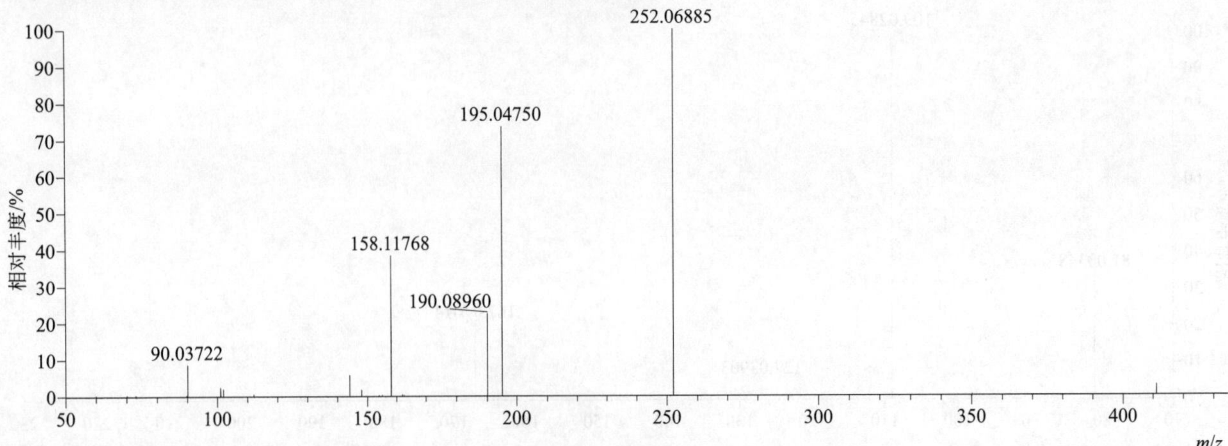

[M+H]+ 归一化法能量 NCE 为 40 时典型的二级质谱图

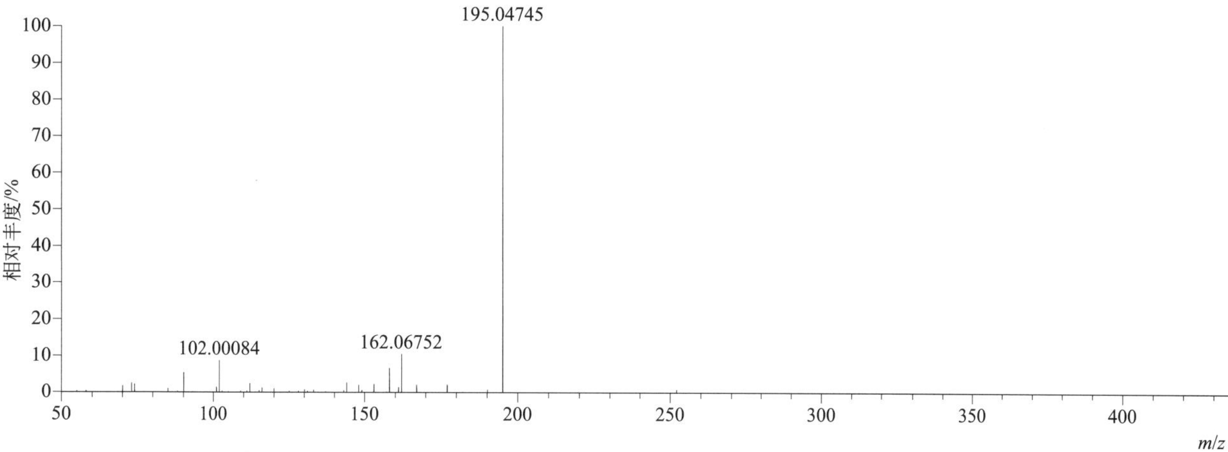

[M+H]+ 归一化法能量 NCE 为 60 时典型的二级质谱图

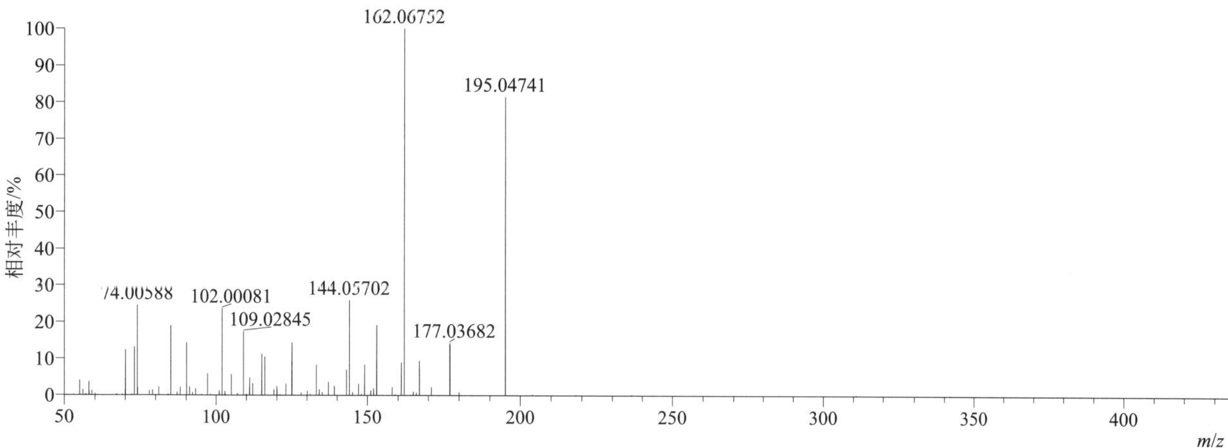

[M+H]+ 阶梯归一化法能量 Step NCE 为 20、40、60 时典型的二级质谱图

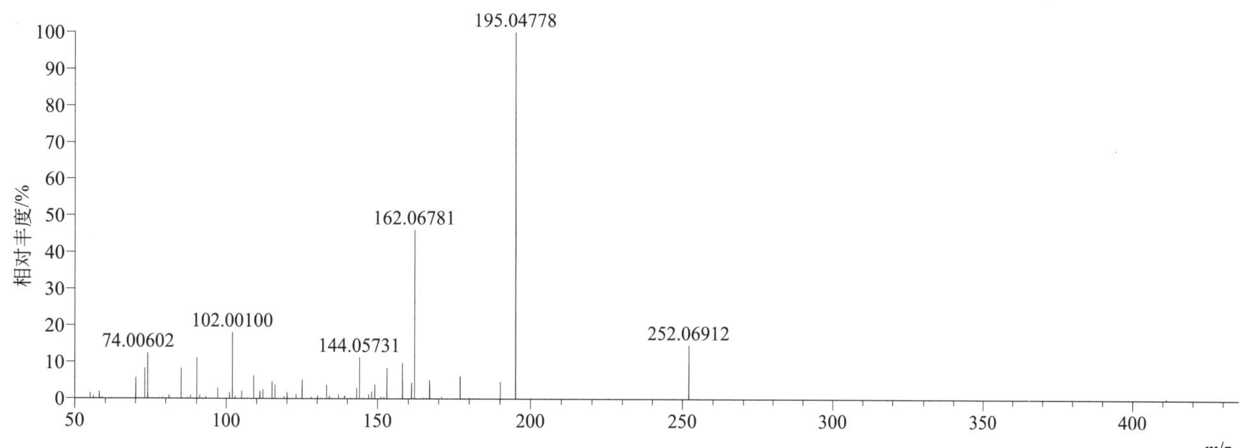

benodanil（麦锈灵）

基本信息

CAS 登录号	15310-01-7	分子量	322.98071	离子源和极性	电喷雾离子源（ESI）
分子式	$C_{13}H_{10}INO$	保留时间	13.68min	极性	正模式

[M+H]+ 提取离子流色谱图

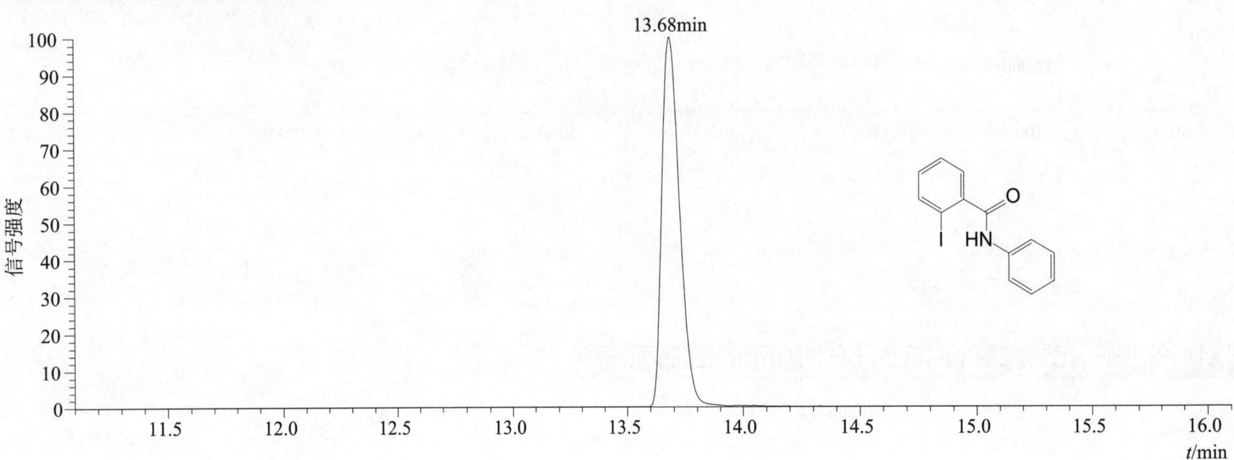

[M+H]+ 典型的一级质谱图

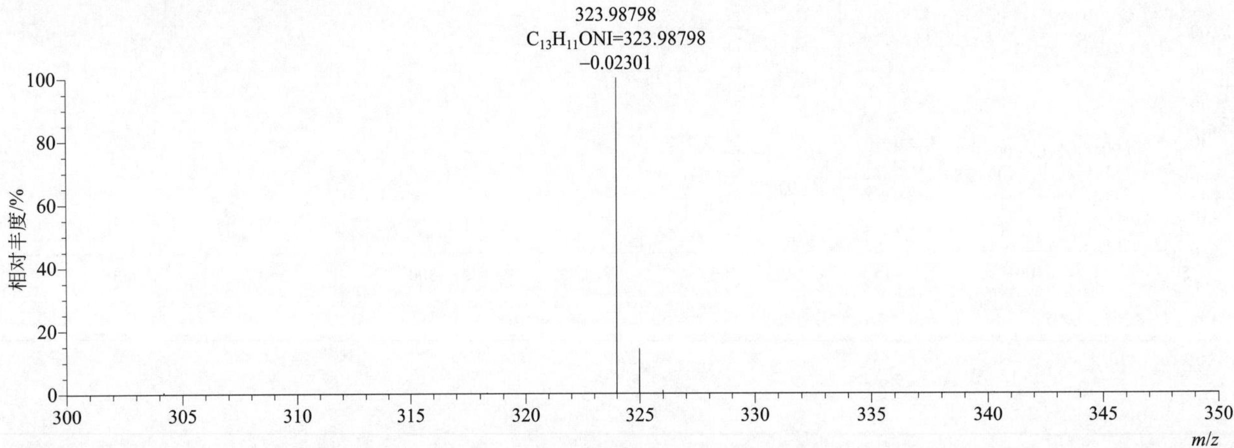

[M+H]+ 归一化法能量 NCE 为 20 时典型的二级质谱图

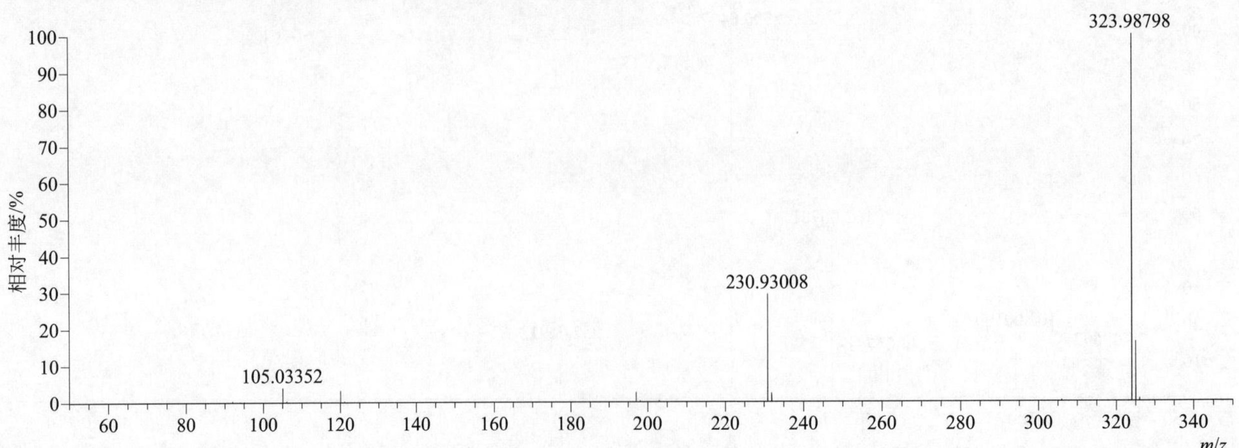

$[M+H]^+$ 归一化法能量 NCE 为 40 时典型的二级质谱图

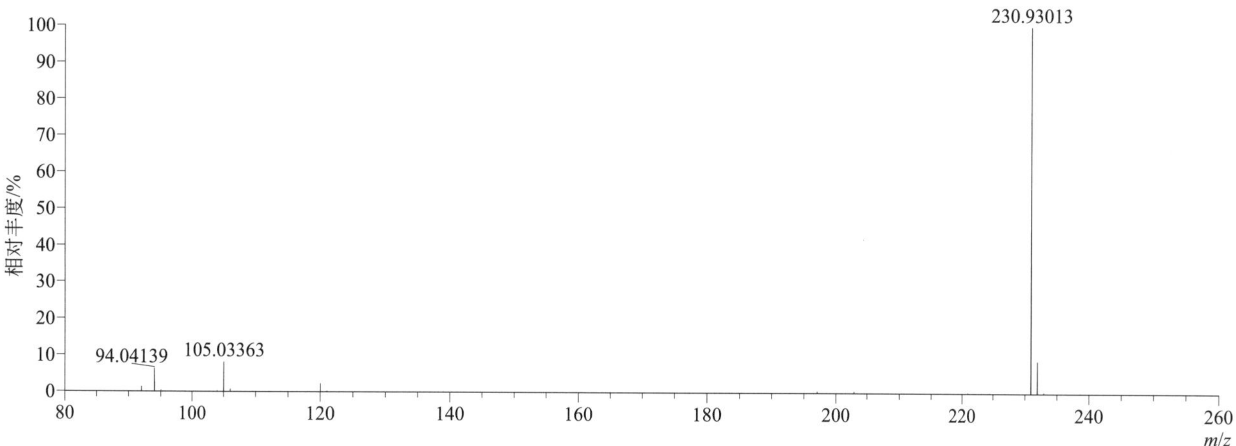

$[M+H]^+$ 归一化法能量 NCE 为 60 时典型的二级质谱图

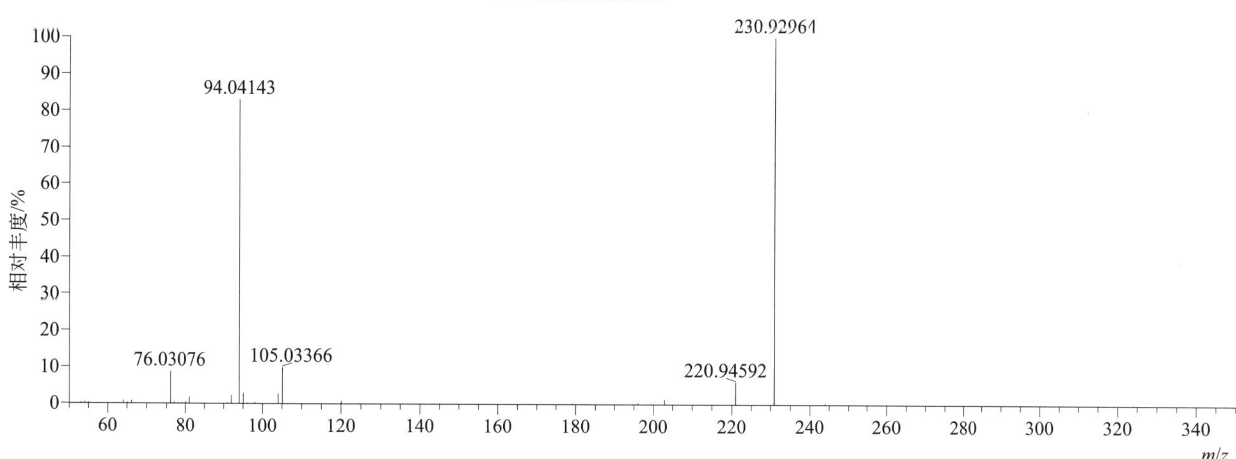

$[M+H]^+$ 阶梯归一化法能量 Step NCE 为 20、40、60 时典型的二级质谱图

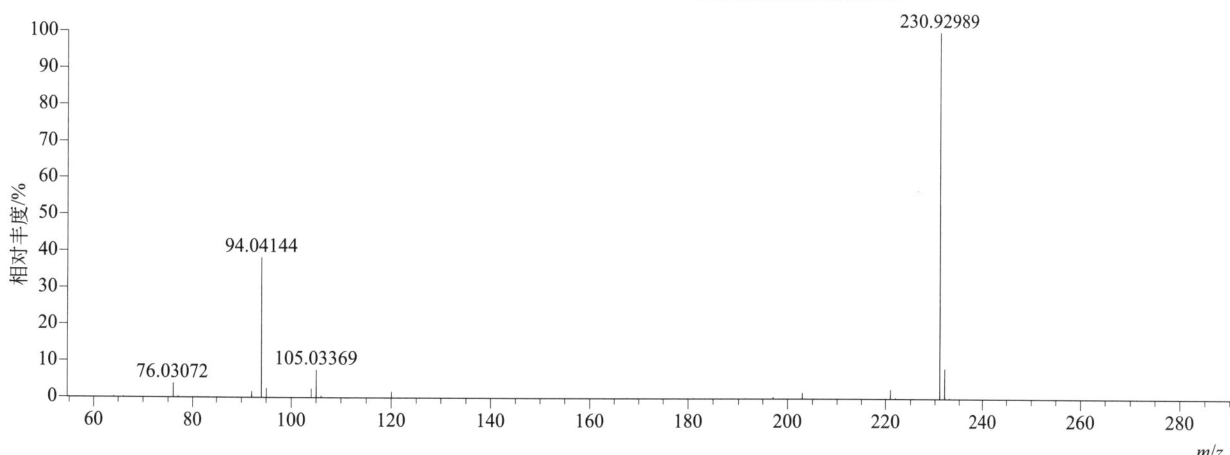

benomyl（苯菌灵）

基本信息

CAS 登录号	17804-35-2	分子量	290.13789	离子源和极性	电喷雾离子源（ESI）
分子式	$C_{14}H_{18}N_4O_3$	保留时间	12.84min	极性	正模式

[M+H]+ 提取离子流色谱图

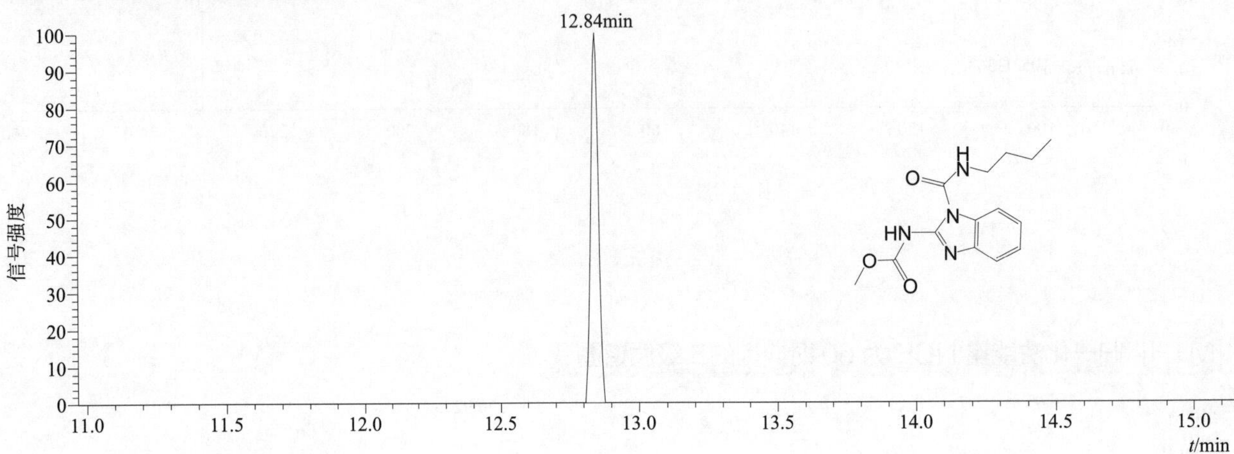

[M+H]+ 典型的一级质谱图

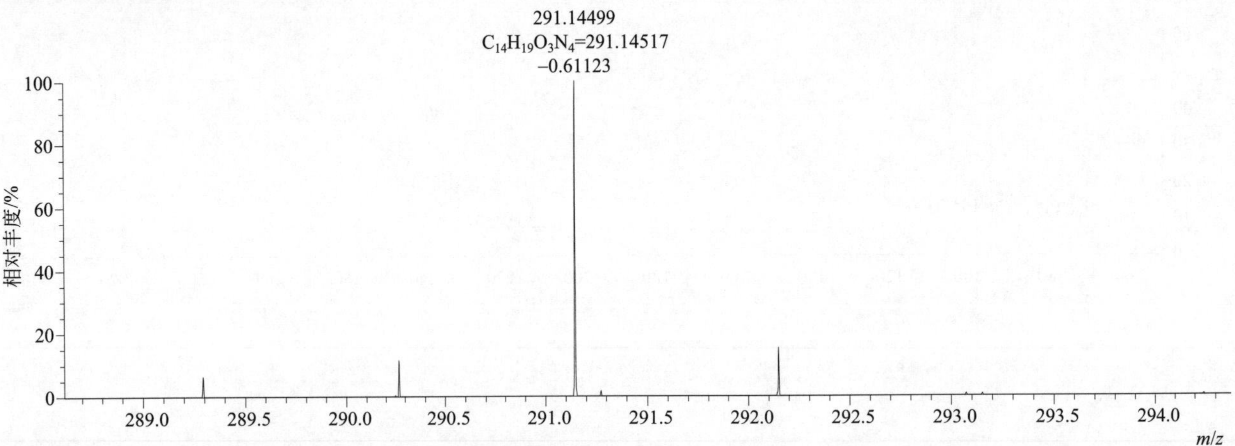

[M+H]+ 归一化法能量 NCE 为 20 时典型的二级质谱图

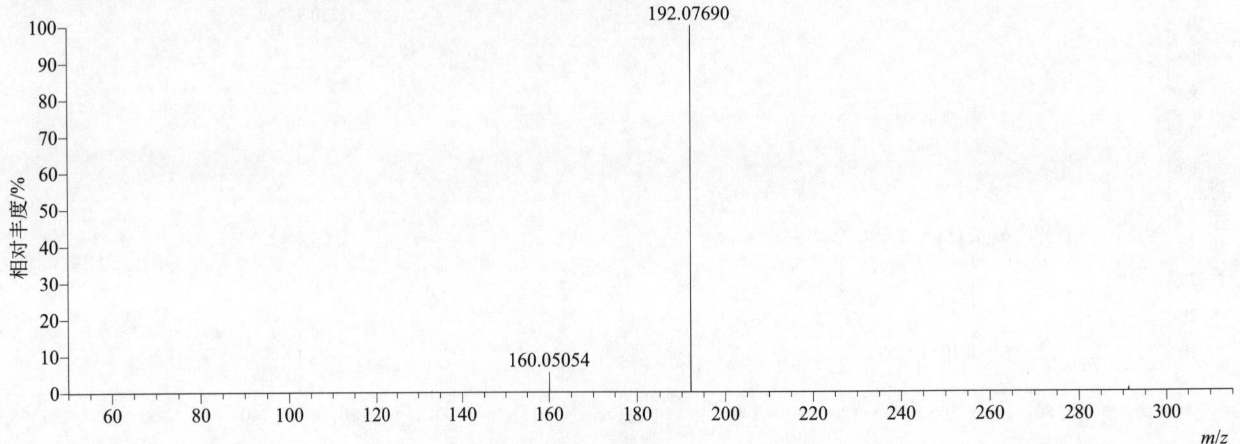

$[M+H]^+$ 归一化法能量 NCE 为 40 时典型的二级质谱图

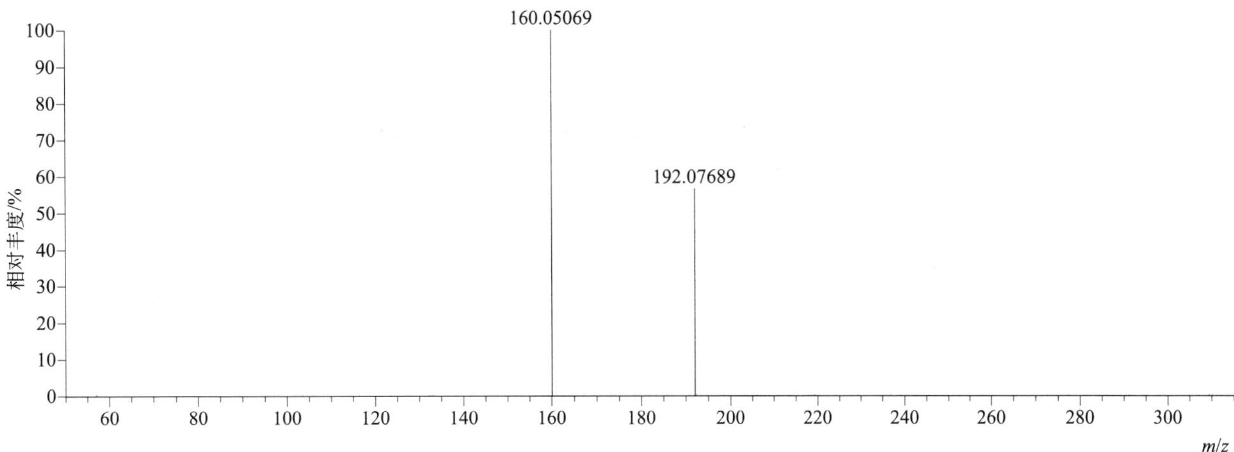

$[M+H]^+$ 归一化法能量 NCE 为 60 时典型的二级质谱图

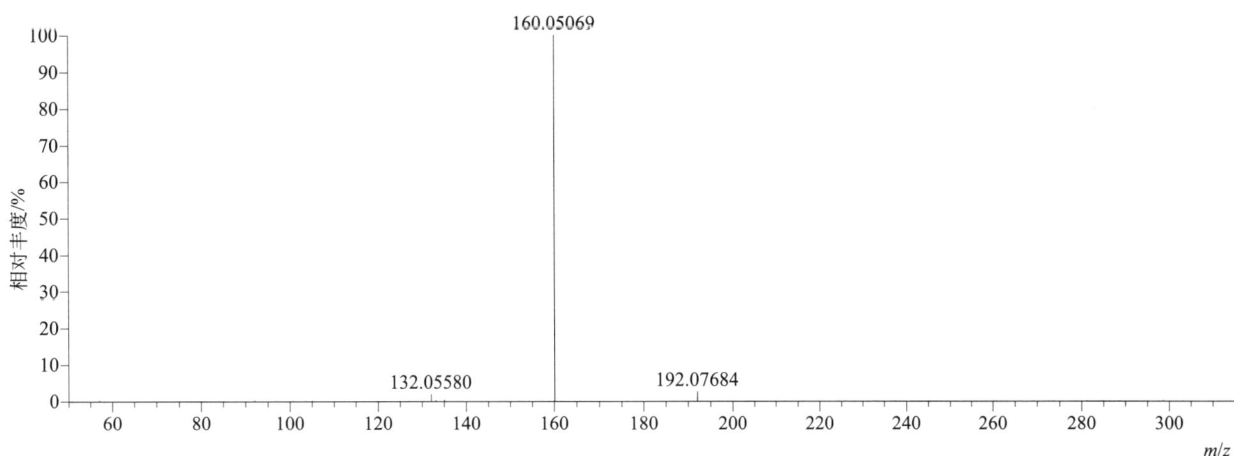

$[M+H]^+$ 阶梯归一化法能量 Step NCE 为 20、40、60 时典型的二级质谱图

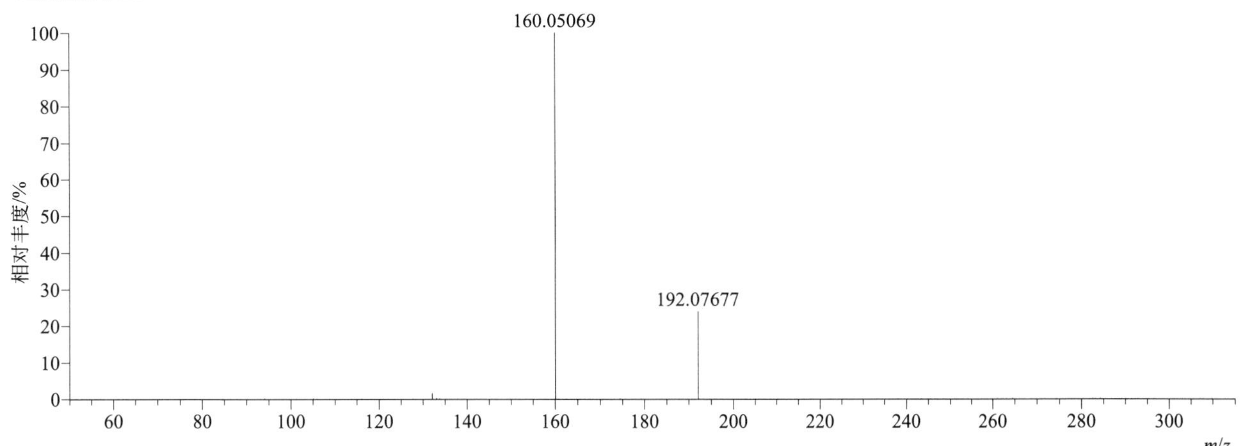

benoxacor（解草嗪）

基本信息

CAS 登录号	98730-04-2	分子量	259.01668	离子源和极性	电喷雾离子源（ESI）
分子式	$C_{11}H_{11}Cl_2NO_2$	保留时间	14.13min	极性	正模式

$[M+H]^+$ 提取离子流色谱图

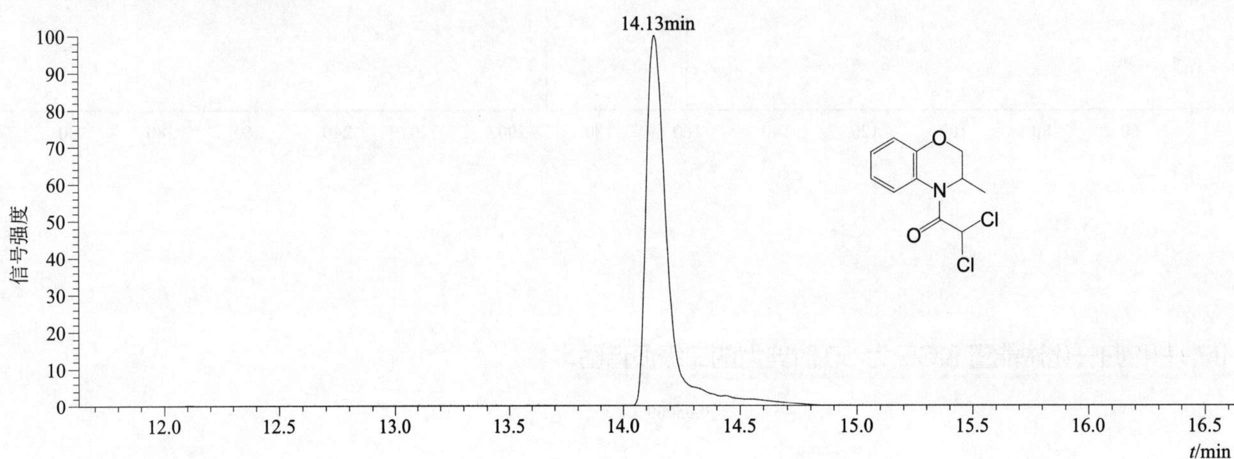

$[M+H]^+$ 典型的一级质谱图

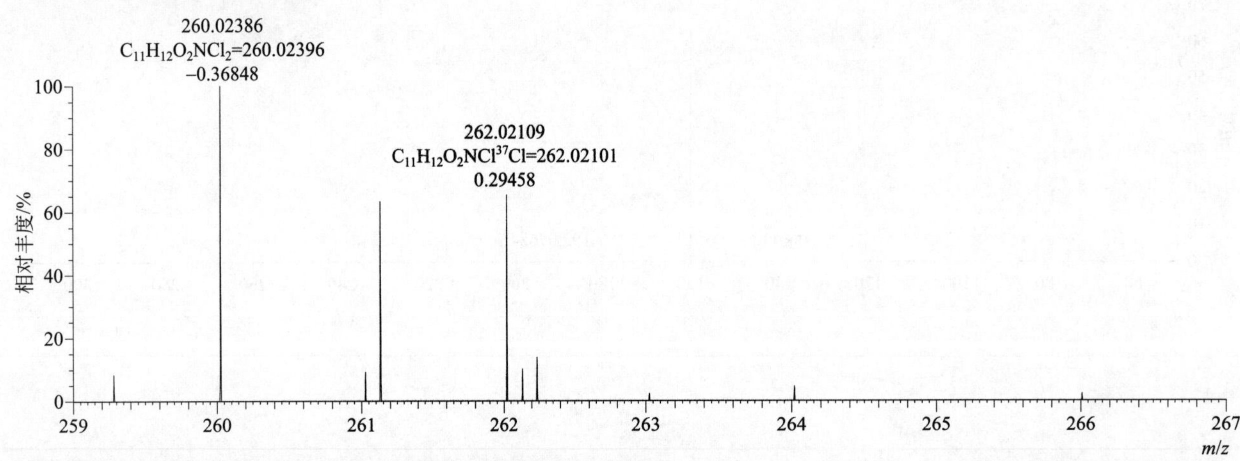

$[M+H]^+$ 归一化法能量 NCE 为 20 时典型的二级质谱图

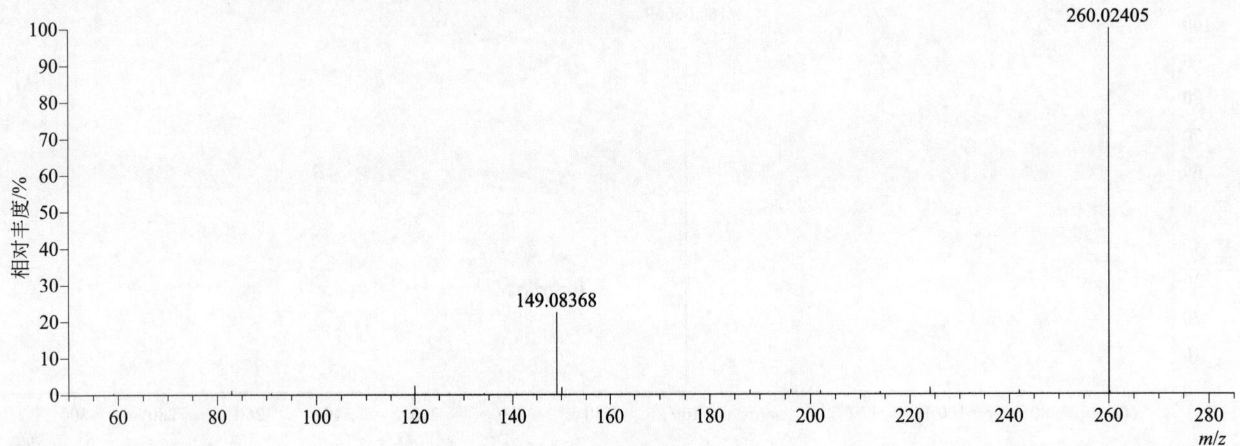

[M+H]$^+$ 归一化法能量 NCE 为 40 时典型的二级质谱图

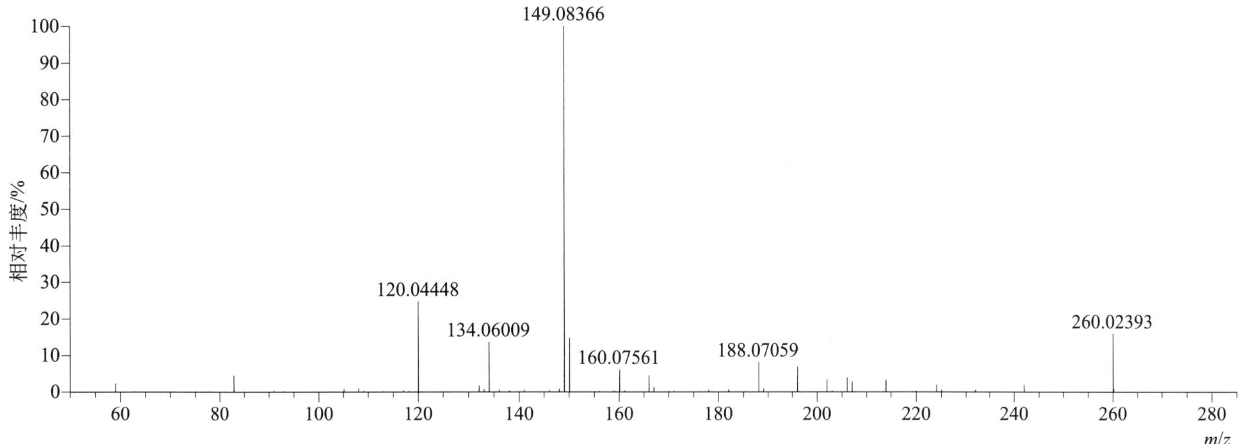

[M+H]$^+$ 归一化法能量 NCE 为 60 时典型的二级质谱图

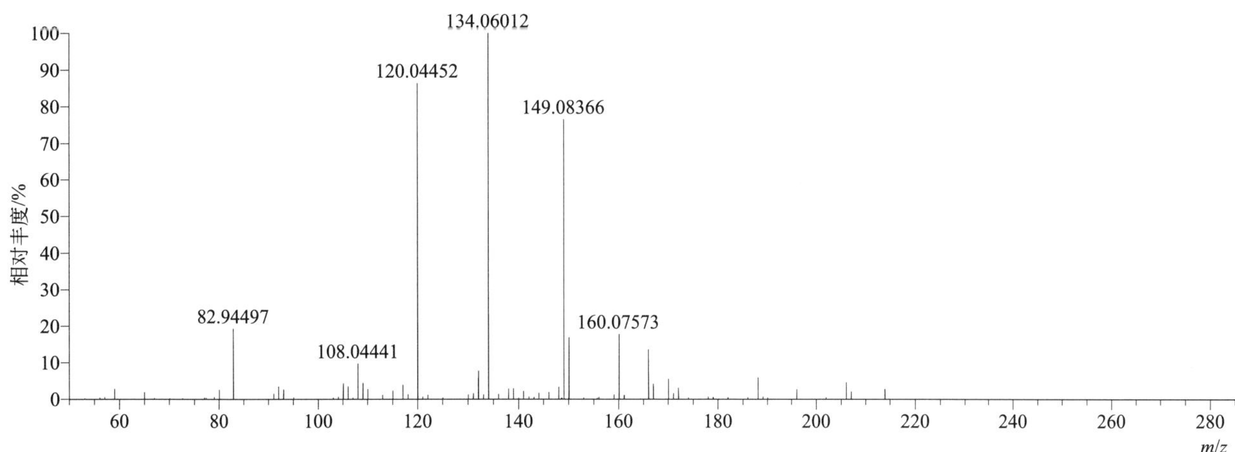

[M+H]$^+$ 阶梯归一化法能量 Step NCE 为 20、40、60 时典型的二级质谱图

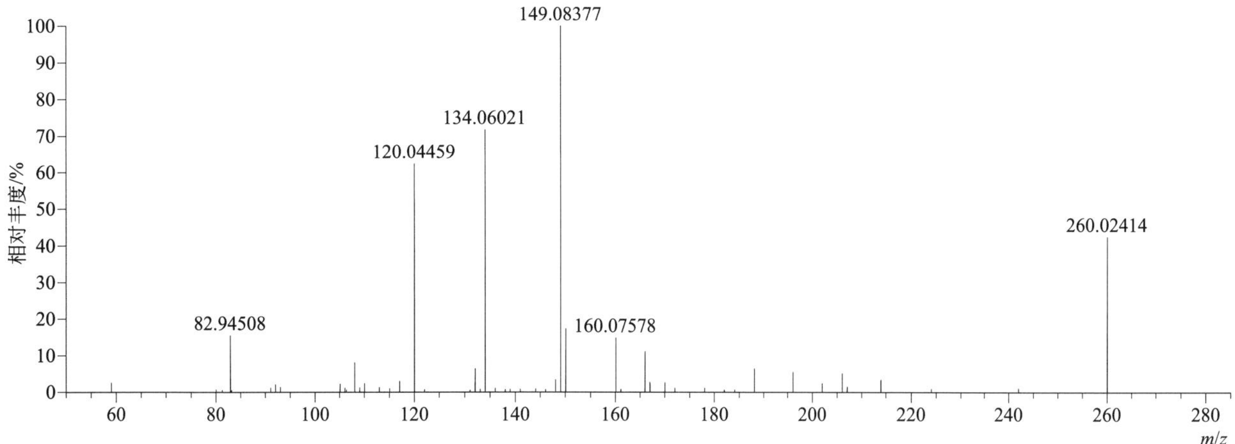

bensulfuron-methyl（苄嘧磺隆）

基本信息

CAS 登录号	83055-99-6	分子量	410.08962	离子源和极性	电喷雾离子源（ESI）
分子式	$C_{16}H_{18}N_4O_7S$	保留时间	14.05min	极性	正模式

[M+H]⁺ 提取离子流色谱图

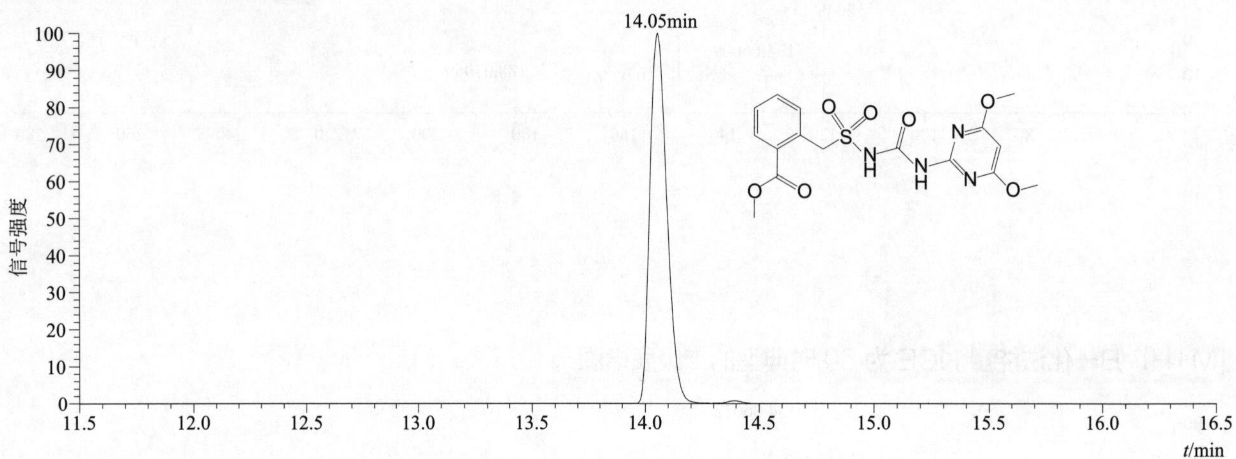

[M+H]⁺ 和 [M+Na]⁺ 典型的一级质谱图

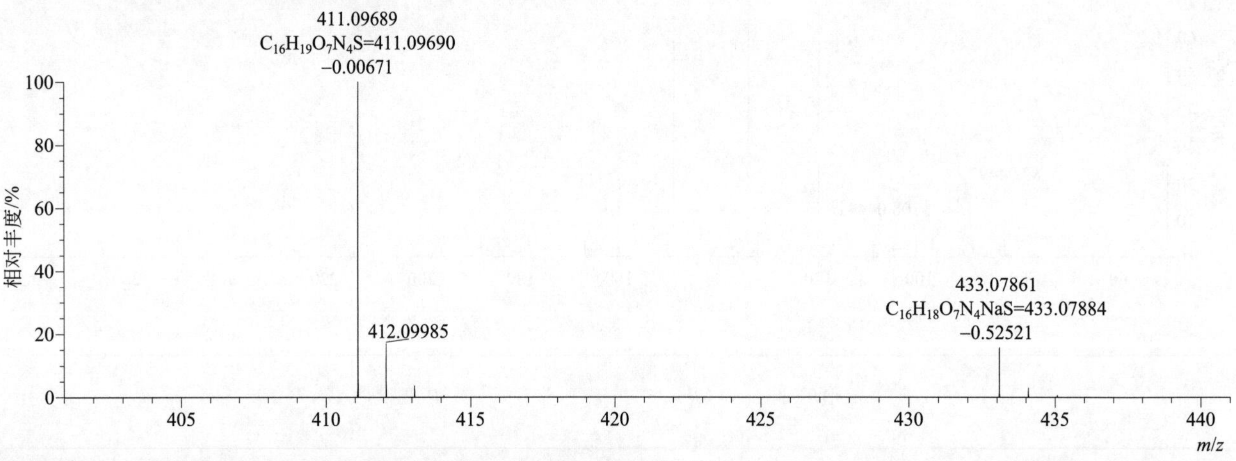

[M+H]⁺ 归一化法能量 NCE 为 20 时典型的二级质谱图

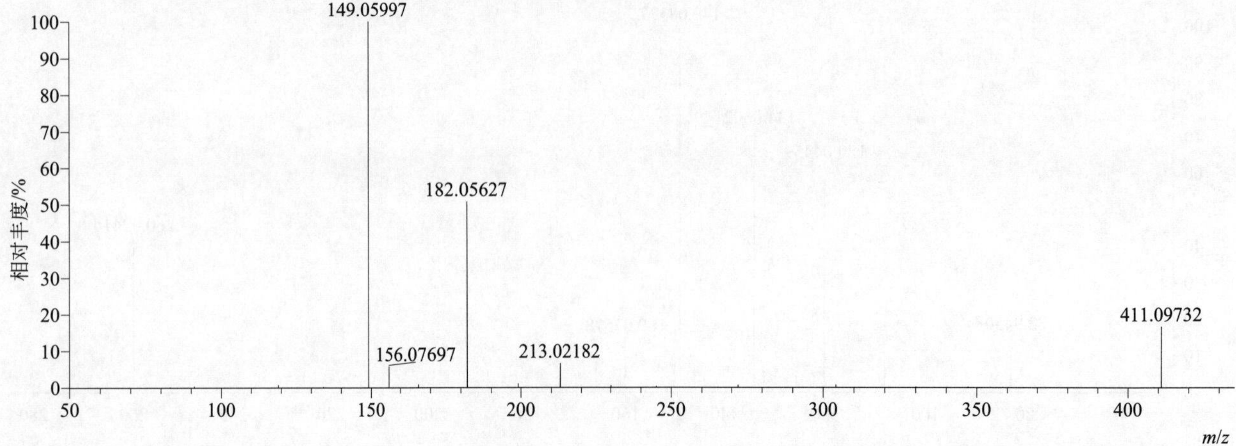

$[M+H]^+$ 归一化法能量 NCE 为 40 时典型的二级质谱图

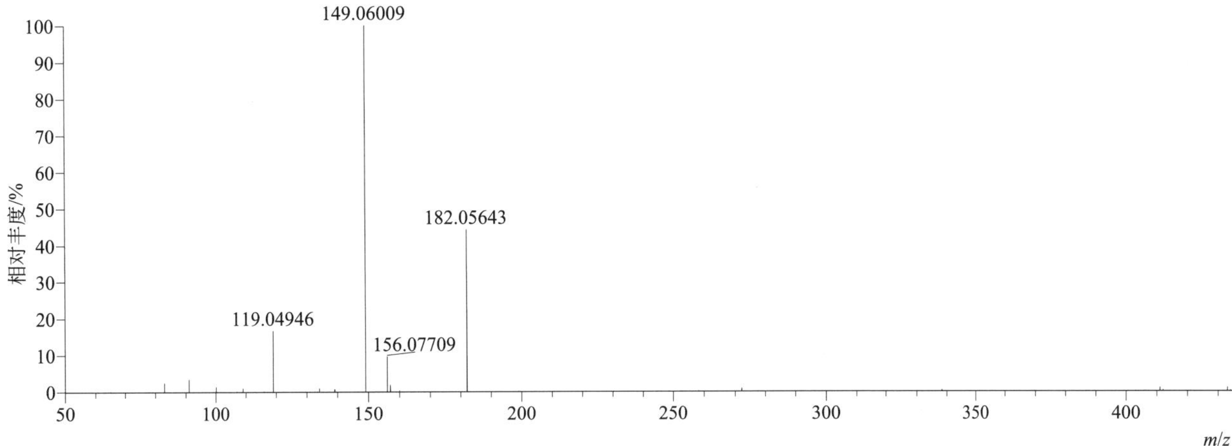

$[M+H]^+$ 归一化法能量 NCE 为 60 时典型的二级质谱图

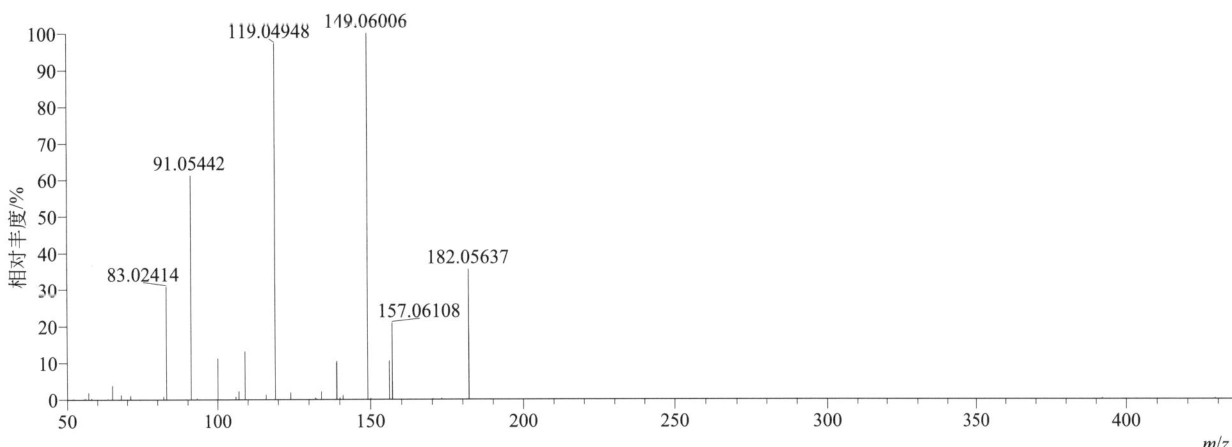

$[M+H]^+$ 阶梯归一化法能量 Step NCE 为 20、40、60 时典型的二级质谱图

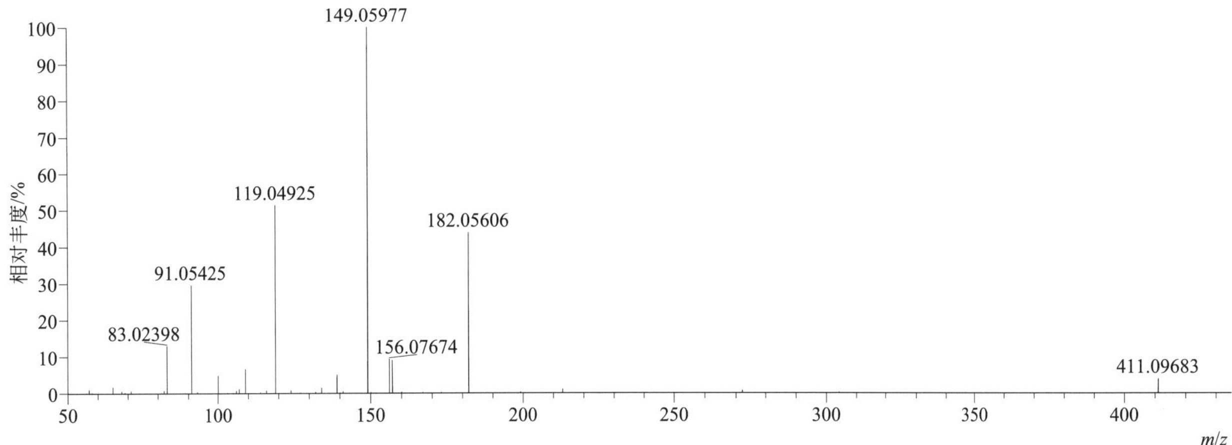

bensulide（地散磷）

基本信息

CAS 登录号	741-58-2	分子量	397.06051	离子源和极性	电喷雾离子源（ESI）
分子式	$C_{14}H_{24}NO_4PS_3$	保留时间	14.87min	极性	正模式

[M+H]+ 提取离子流色谱图

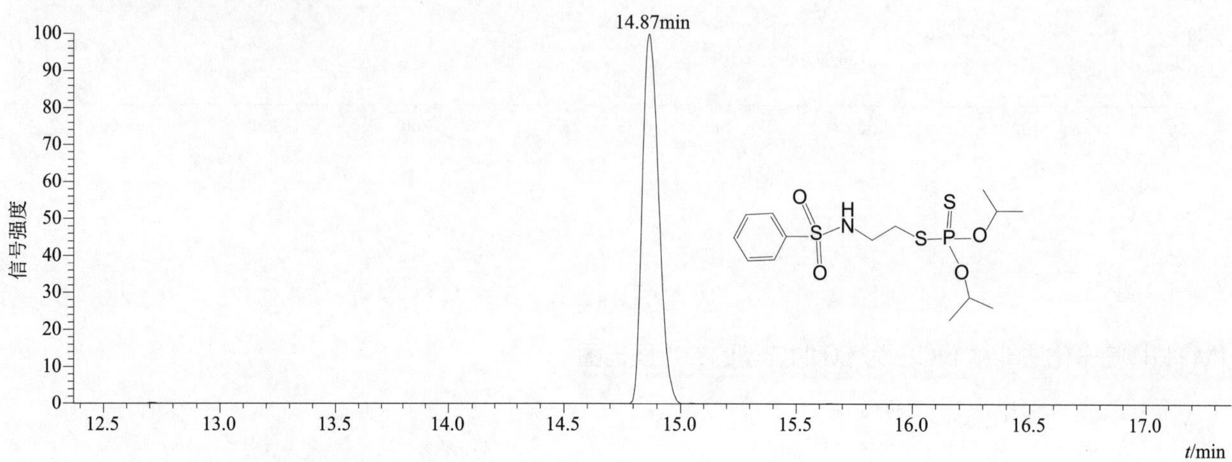

[M+H]+ 和 [M+NH4]+ 典型的一级质谱图

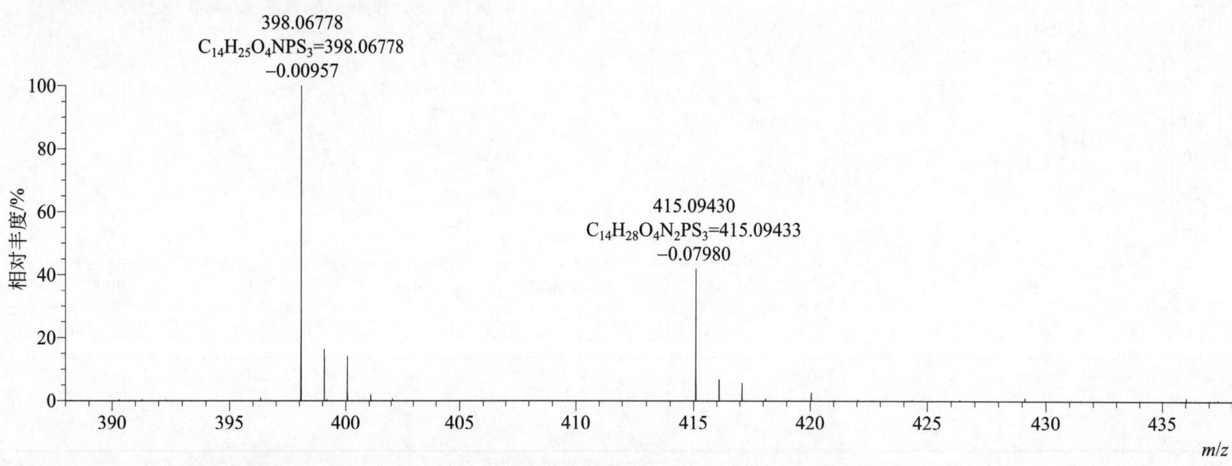

[M+H]+ 归一化法能量 NCE 为 20 时典型的二级质谱图

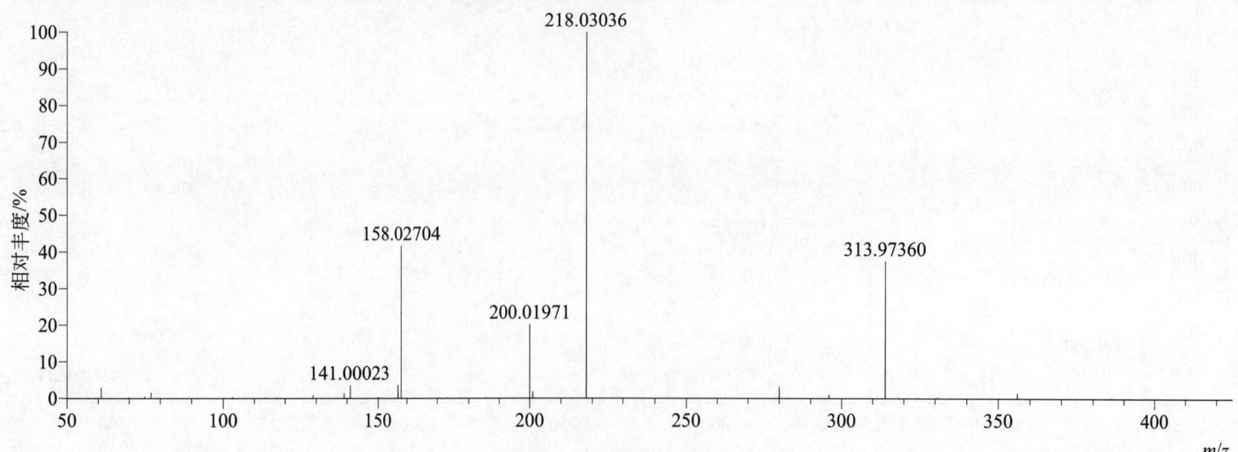

[M+H]$^+$ 归一化法能量 NCE 为 40 时典型的二级质谱图

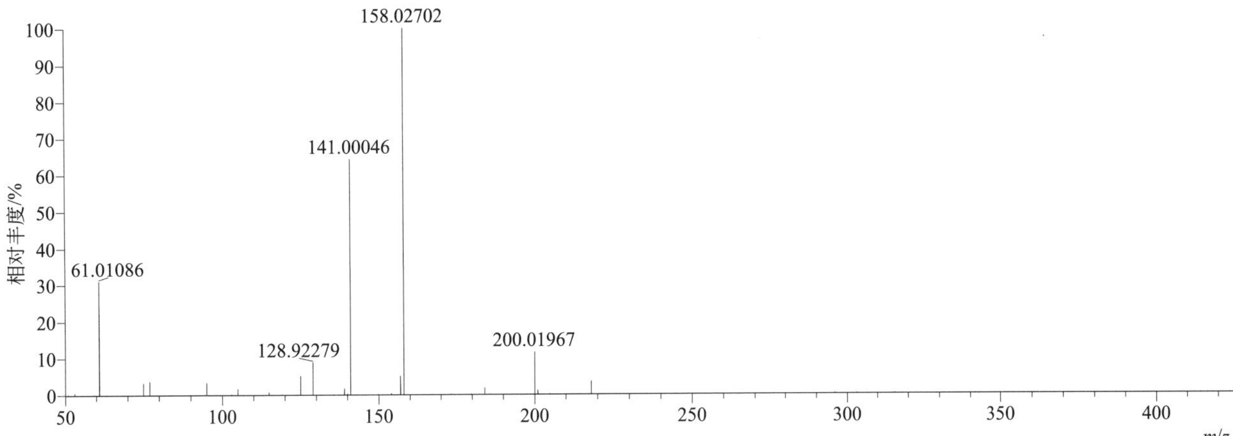

[M+H]$^+$ 归一化法能量 NCE 为 60 时典型的二级质谱图

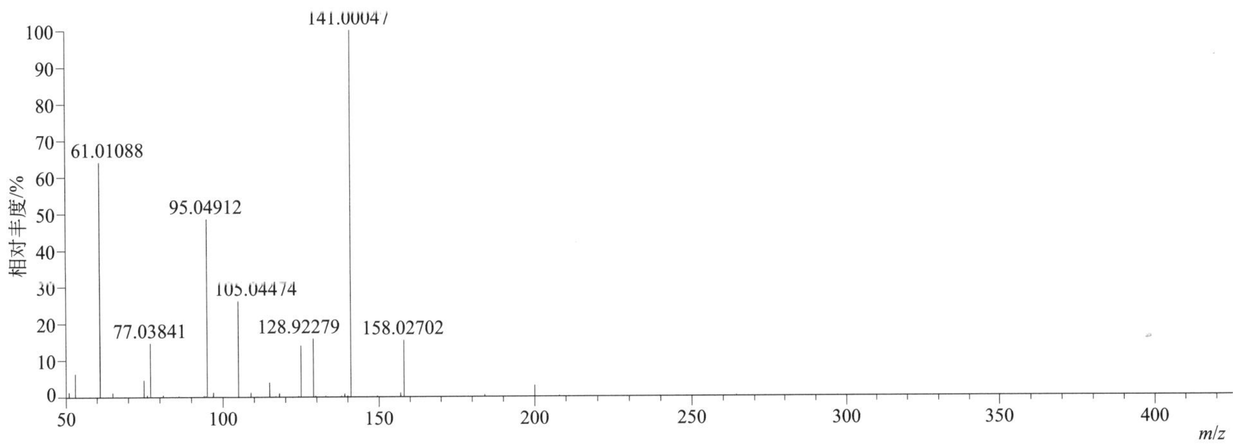

[M+H]$^+$ 阶梯归一化法能量 Step NCE 为 20、40、60 时典型的二级质谱图

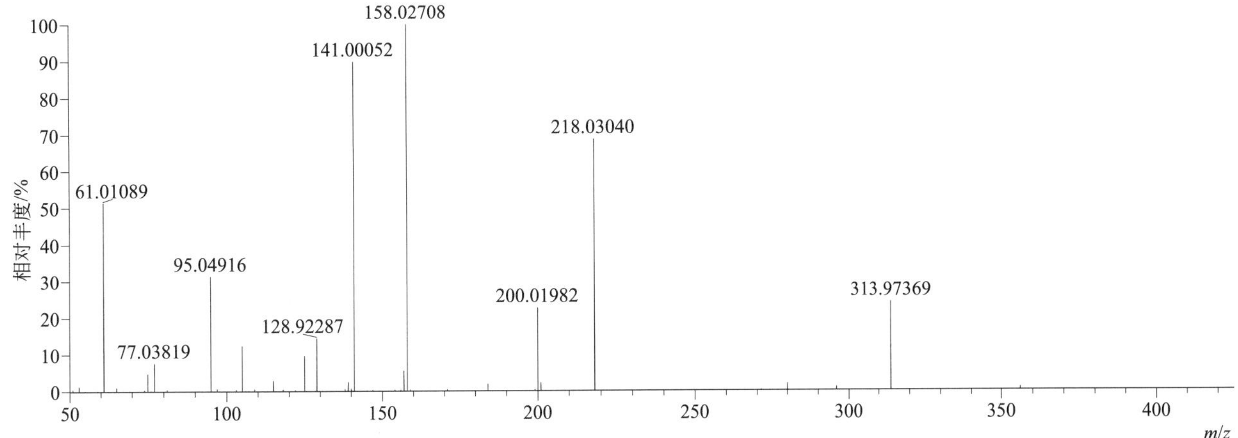

[M+NH4]+ 归一化法能量 NCE 为 20 时典型的二级质谱图

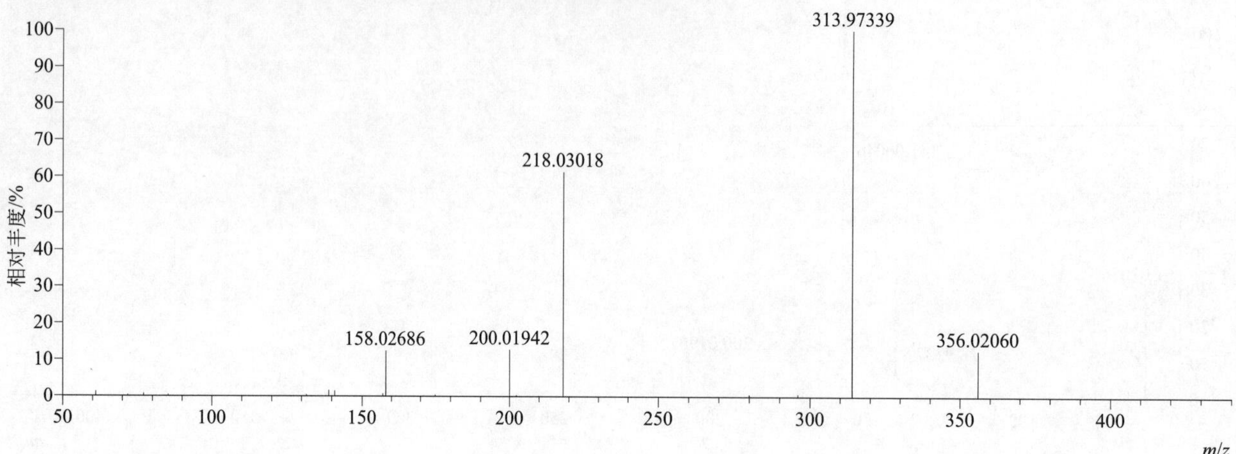

[M+NH4]+ 归一化法能量 NCE 为 40 时典型的二级质谱图

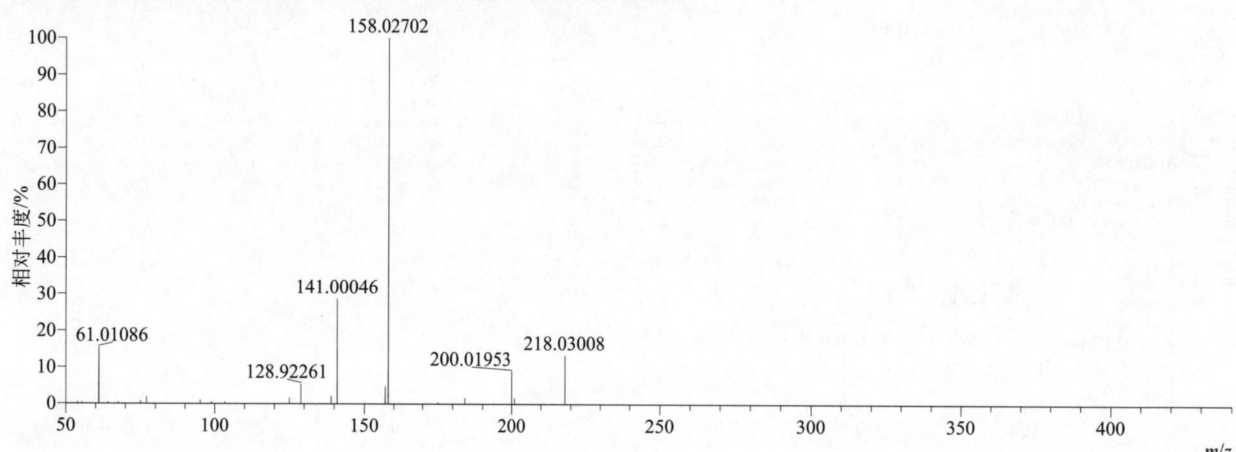

[M+NH4]+ 归一化法能量 NCE 为 60 时典型的二级质谱图

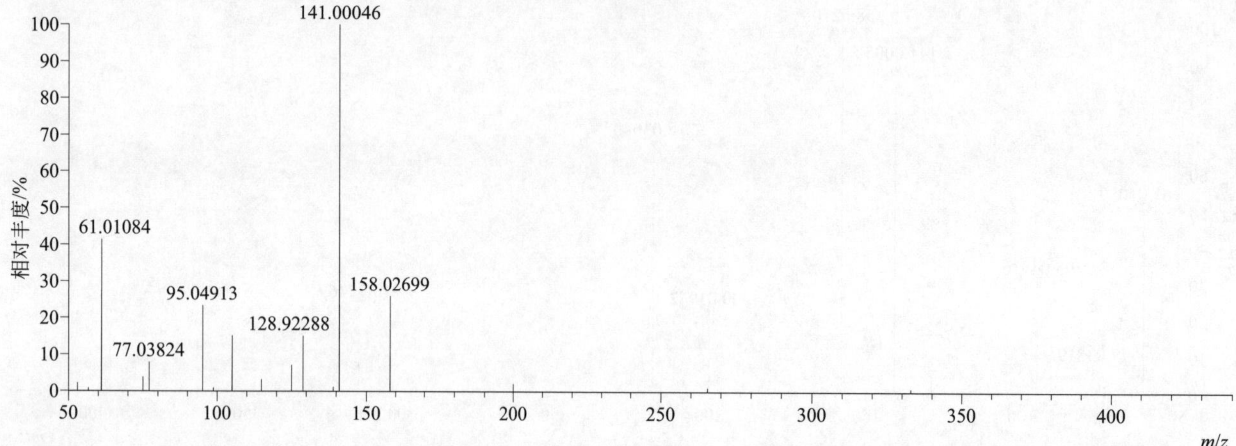

[M+NH$_4$]$^+$ 阶梯归一化法能量 Step NCE 为 20、40、60 时典型的二级质谱图

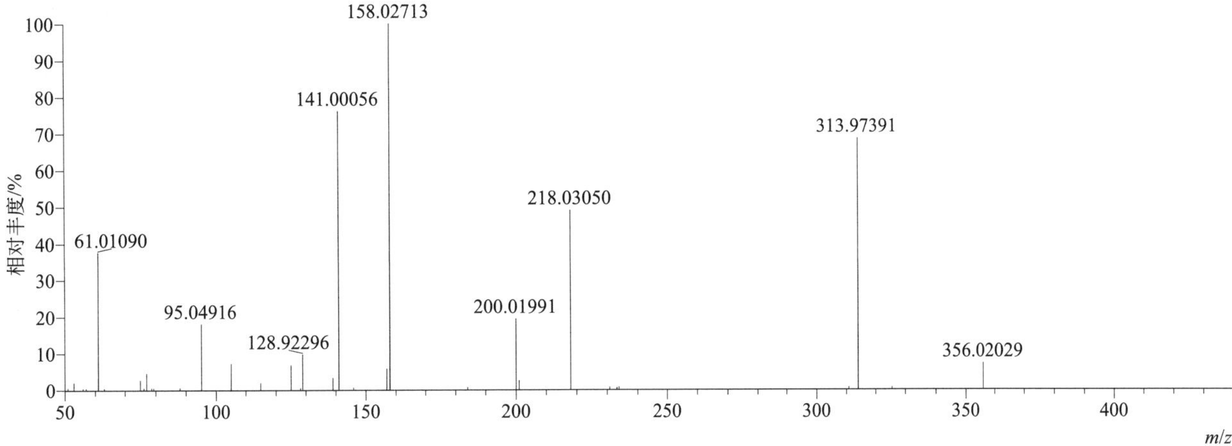

bensultap（杀虫磺）

基本信息

CAS 登录号	17606-31-4	分子量	431.03534	离子源和极性	电喷雾离子源（ESI）
分子式	$C_{17}H_{21}NO_4S_4$	保留时间	14.00min	极性	正模式

[M+H]$^+$ 提取离子流色谱图

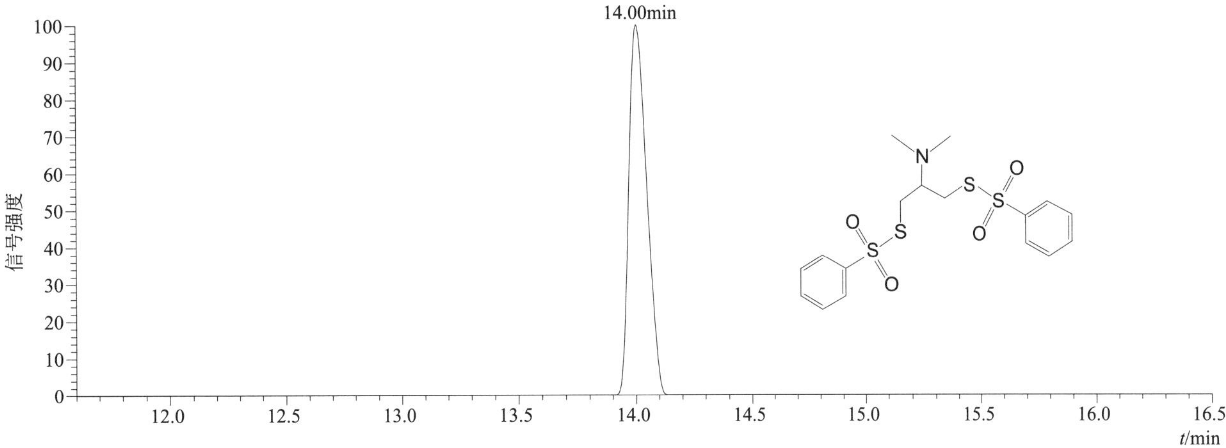

[M+H]$^+$ 典型的一级质谱图

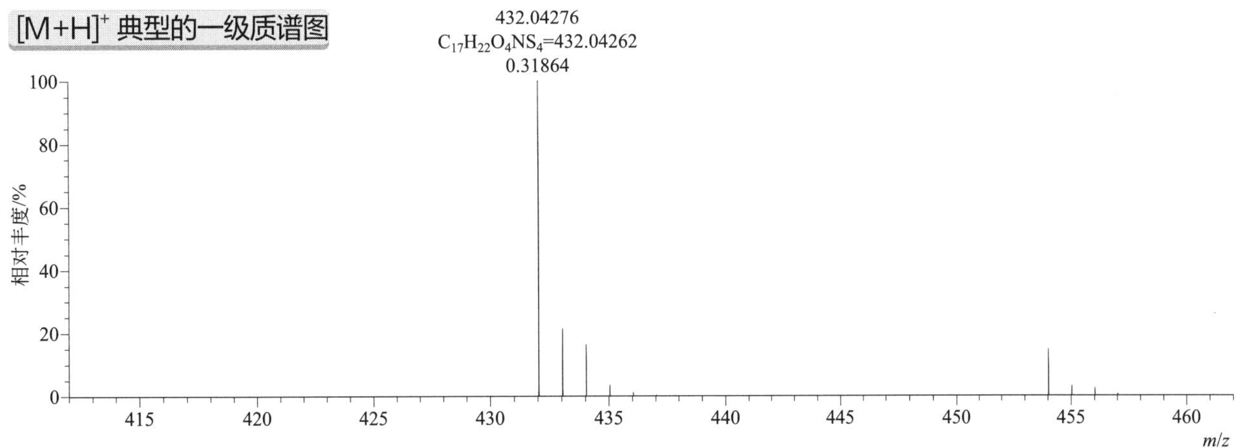

[M+H]+ 归一化法能量 NCE 为 20 时典型的二级质谱图

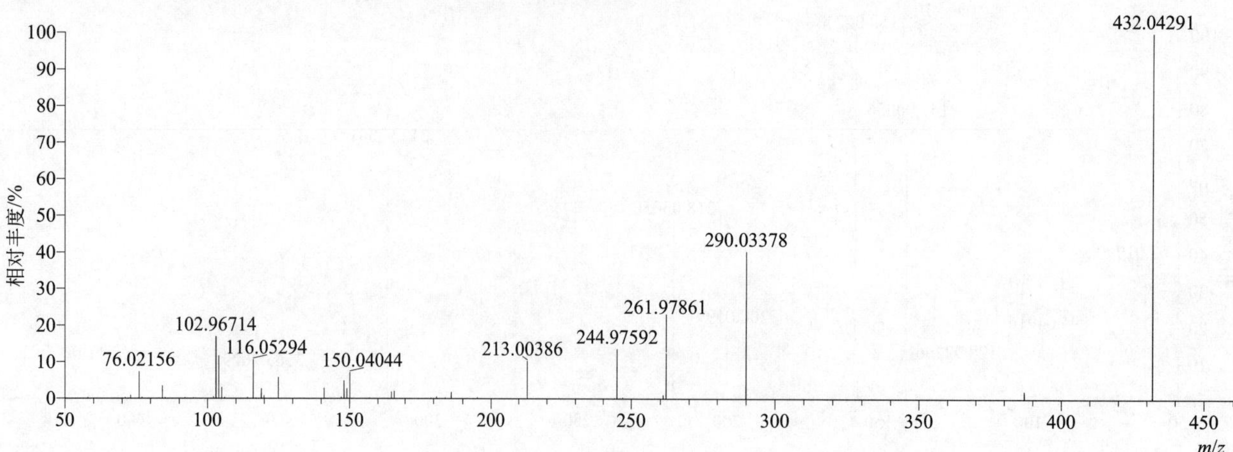

[M+H]+ 归一化法能量 NCE 为 40 时典型的二级质谱图

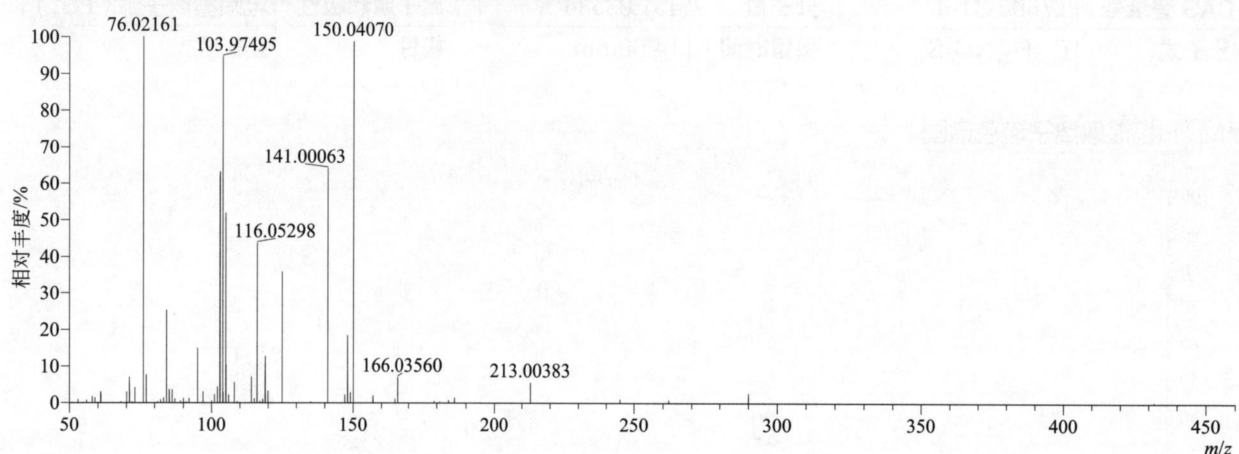

[M+H]+ 归一化法能量 NCE 为 60 时典型的二级质谱图

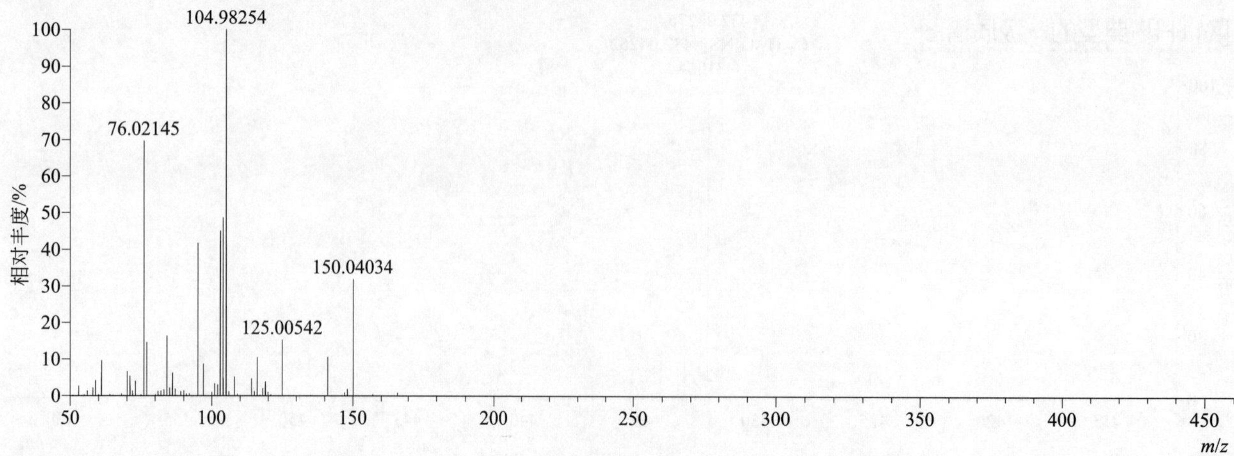

[M+H]+ 阶梯归一化法能量 Step NCE 为 20、40、60 时典型的二级质谱图

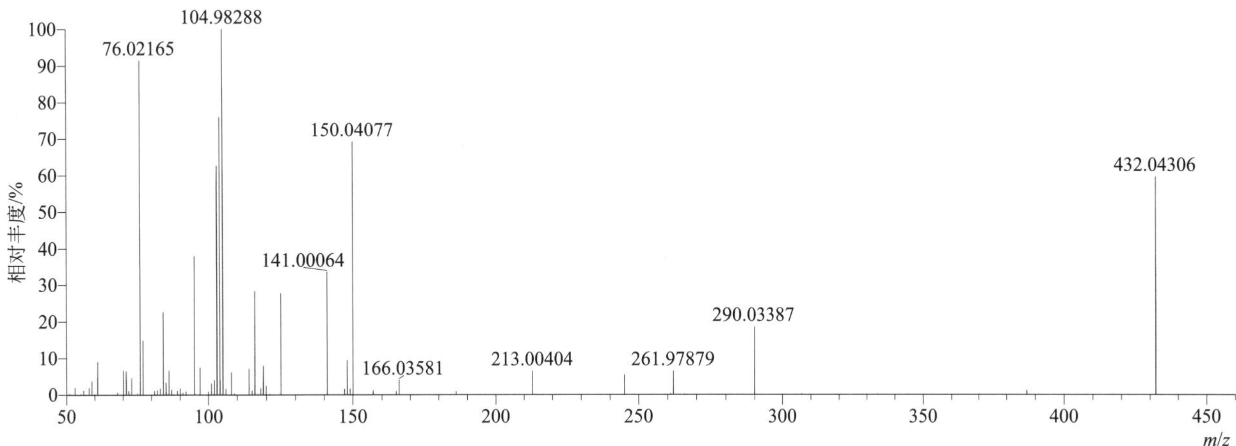

benthiavalicarb-isopropyl（苯噻菌胺）

基本信息

CAS 登录号	177406-68-7	分子量	381.15224	离子源和极性	电喷雾离子源（ESI）
分子式	$C_{18}H_{24}FN_3O_3S$	保留时间	14.42min	极性	正模式

[M+H]+ 提取离子流色谱图

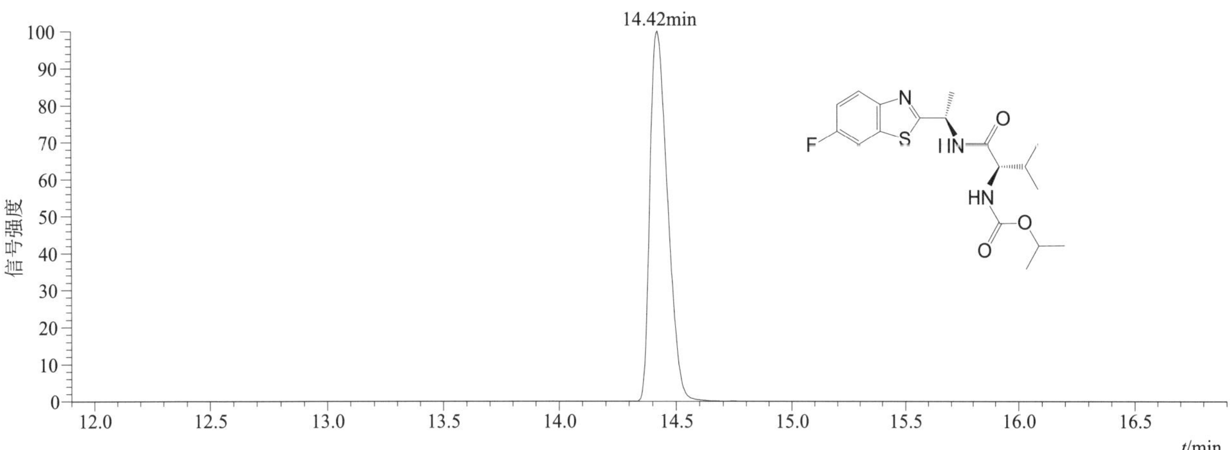

[M+H]+ 典型的一级质谱图

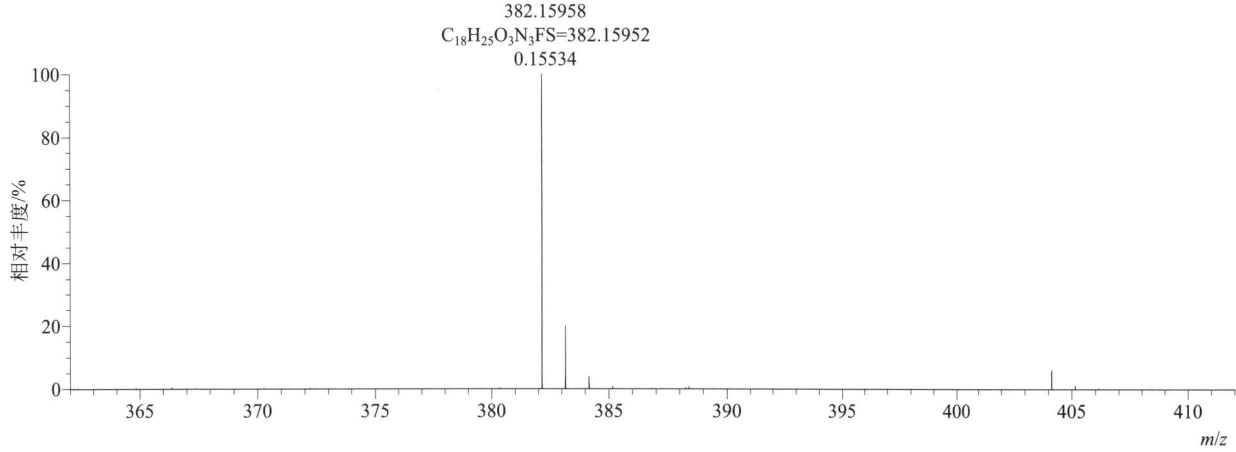

[M+H]+ 归一化法能量 NCE 为 20 时典型的二级质谱图

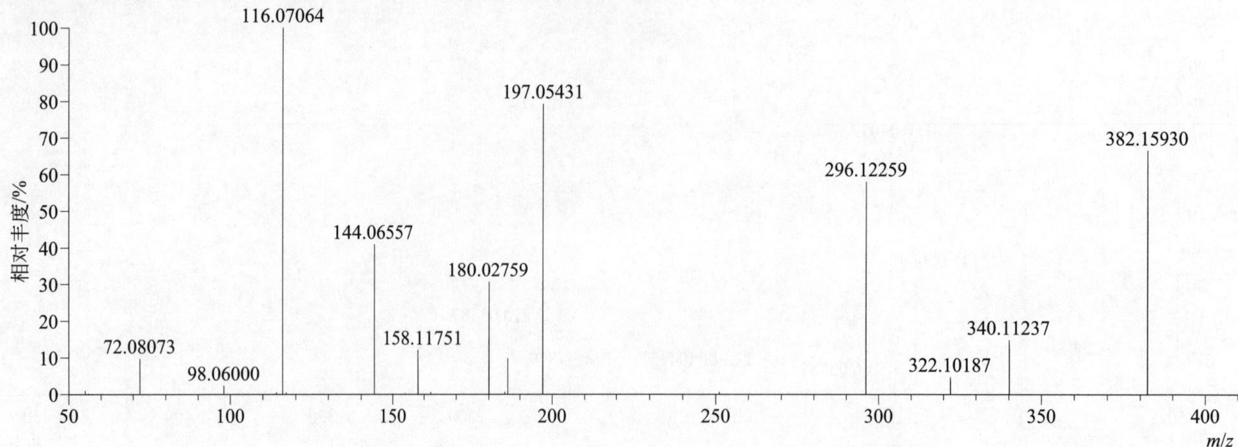

[M+H]+ 归一化法能量 NCE 为 40 时典型的二级质谱图

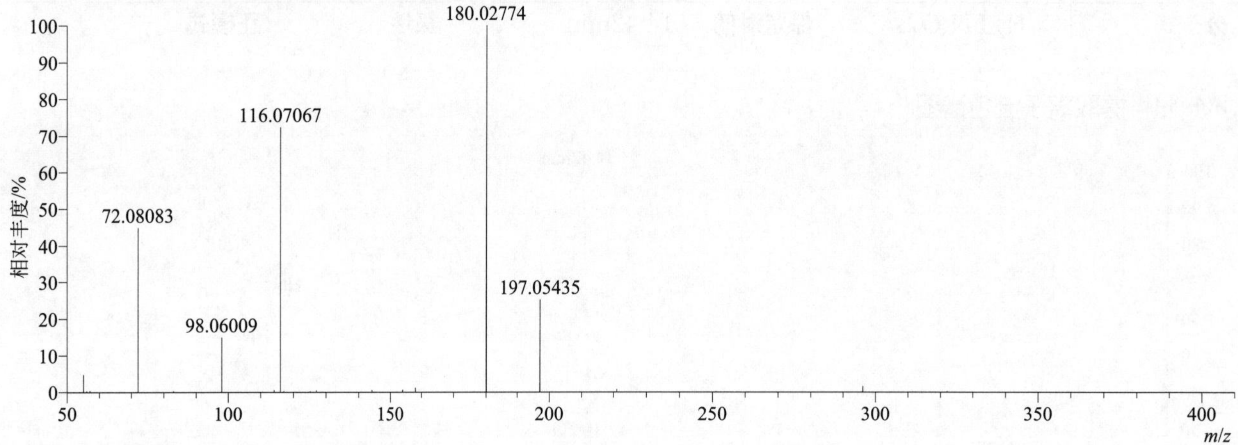

[M+H]+ 归一化法能量 NCE 为 60 时典型的二级质谱图

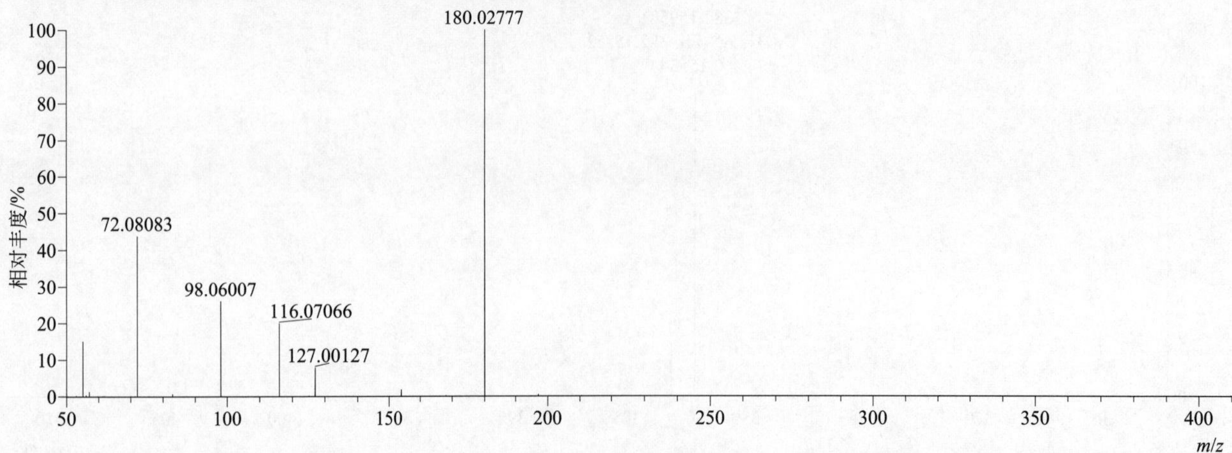

[M+H]+ 阶梯归一化法能量 Step NCE 为 20、40、60 时典型的二级质谱图

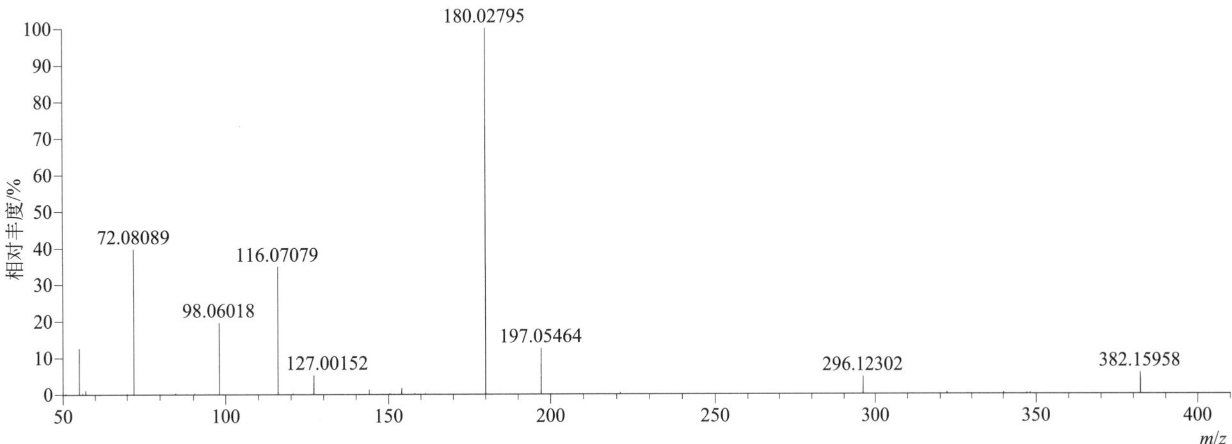

benzofenap（吡草酮）

基本信息

CAS 登录号	82692-44-2	分子量	430.08510	离子源和极性	电喷雾离子源（ESI）
分子式	$C_{22}H_{20}Cl_2N_2O_3$	保留时间	15.59min	极性	正模式

[M+H]+ 提取离子流色谱图

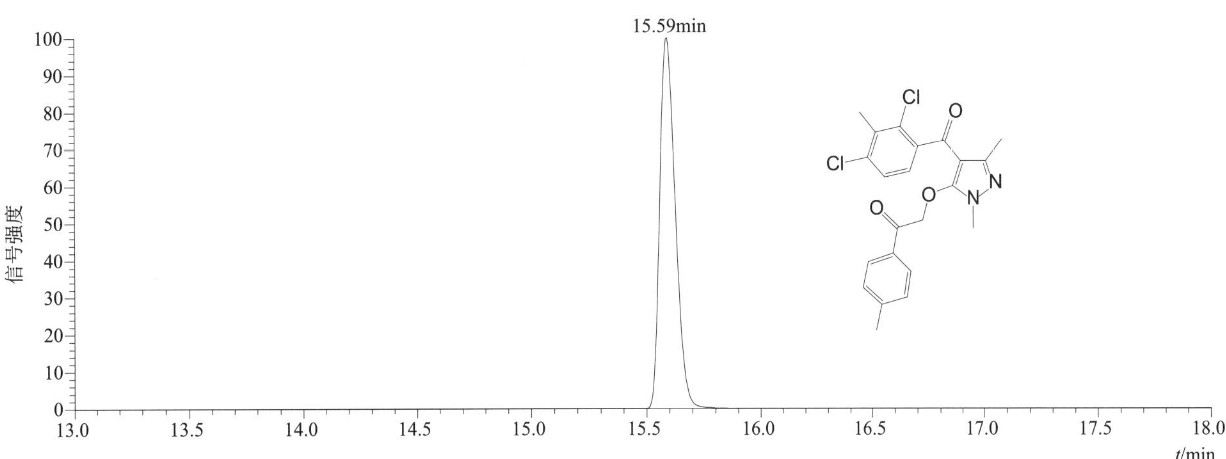

[M+H]+ 和 [M+Na]+ 典型的一级质谱图

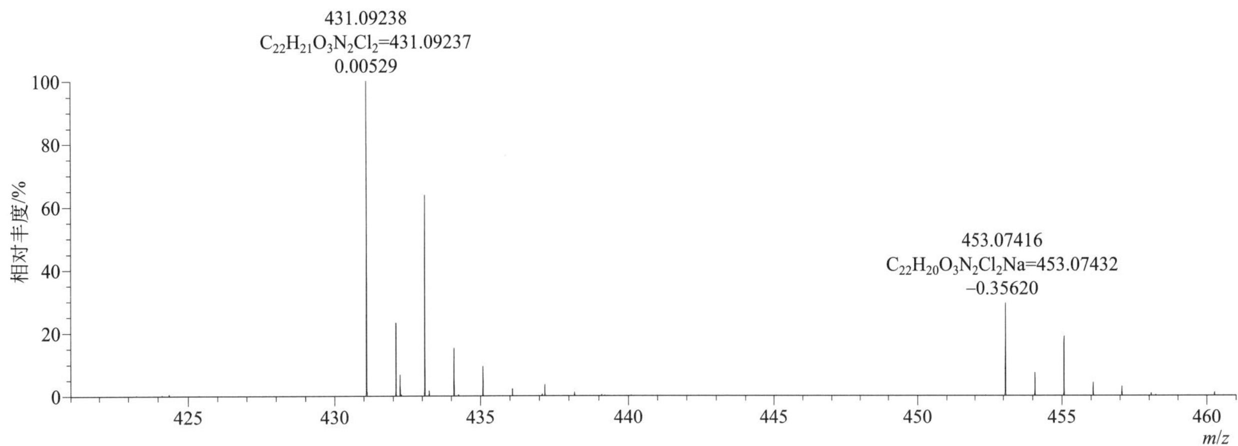

[M+H]+ 典型的一级质谱图

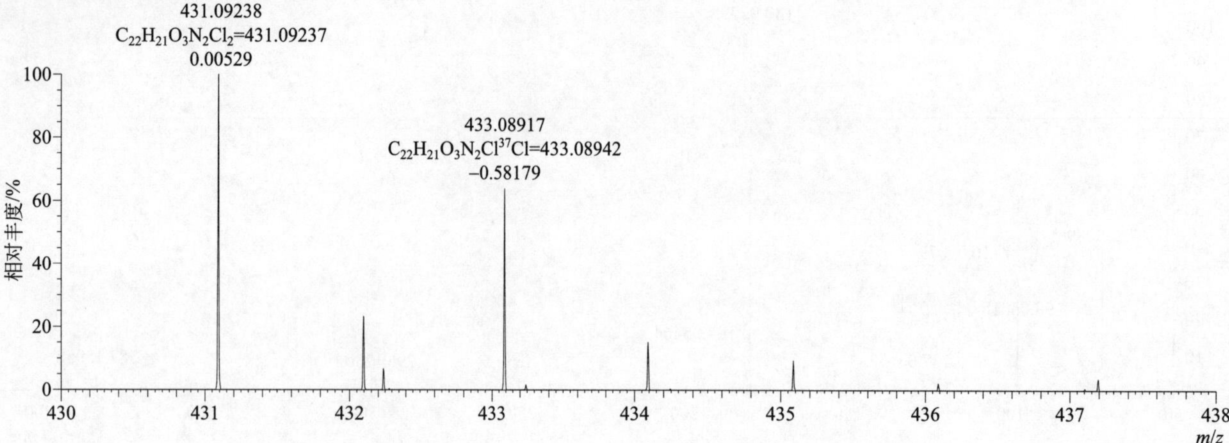

[M+Na]+ 典型的一级质谱图

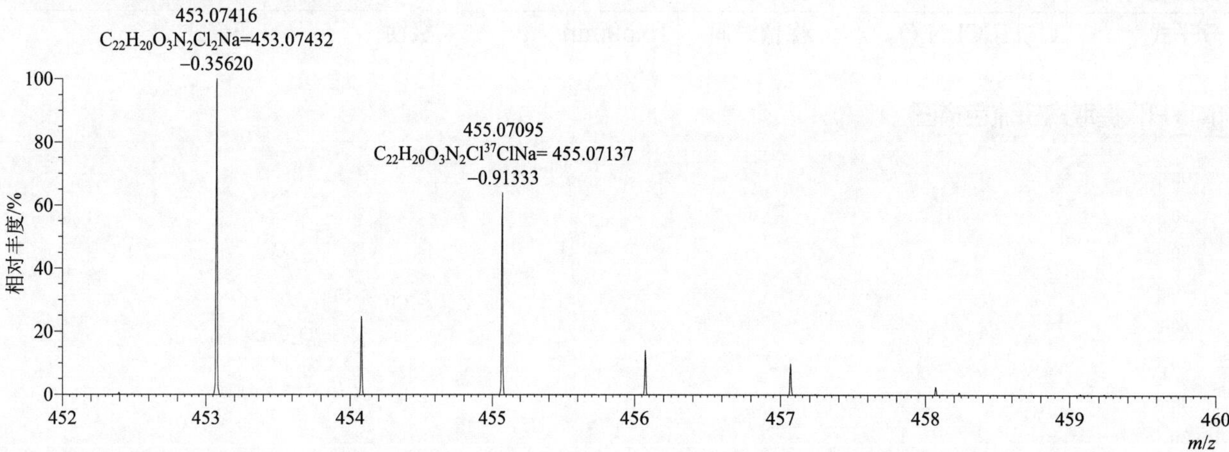

[M+H]+ 归一化法能量 NCE 为 20 时典型的二级质谱图

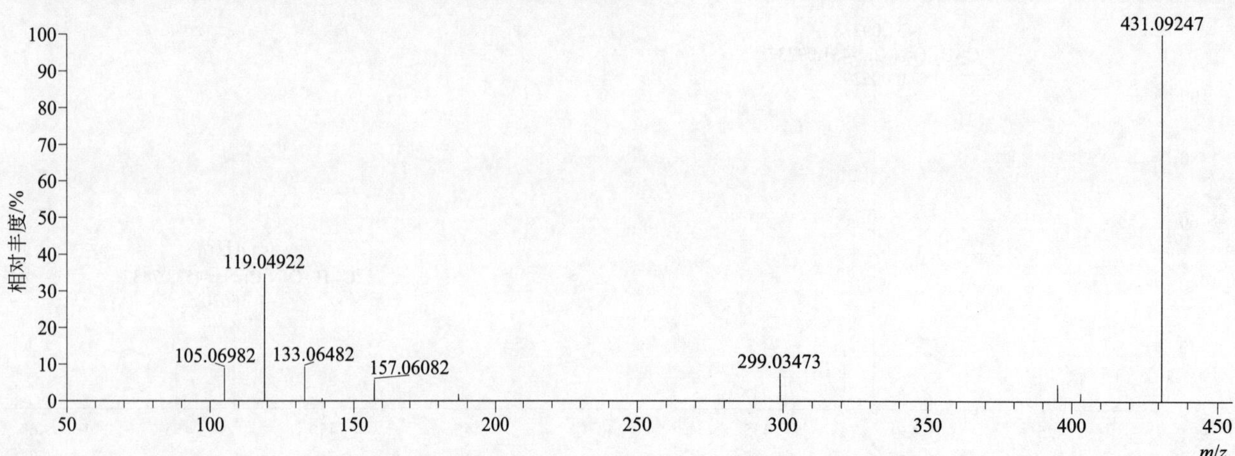

[M+H]⁺ 归一化法能量 NCE 为 40 时典型的二级质谱图

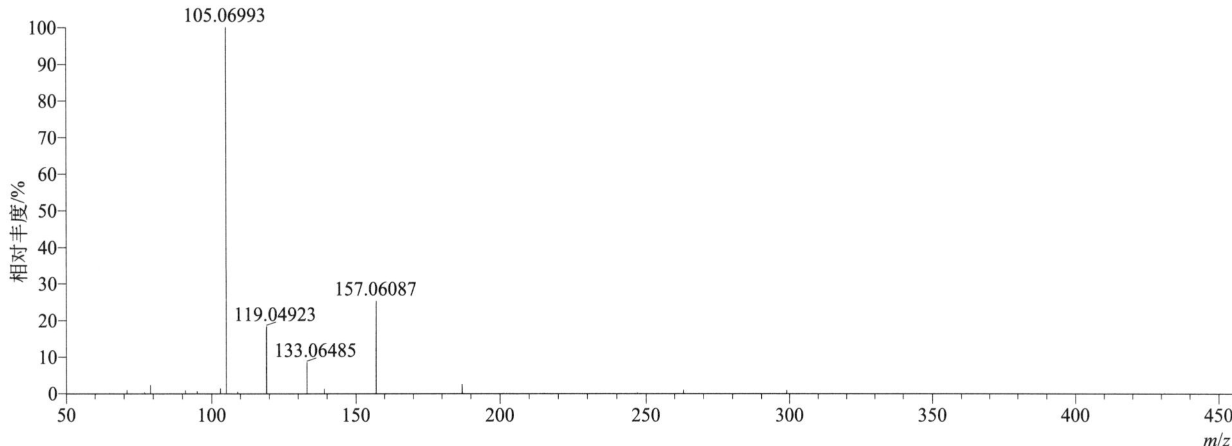

[M+H]⁺ 归一化法能量 NCE 为 60 时典型的二级质谱图

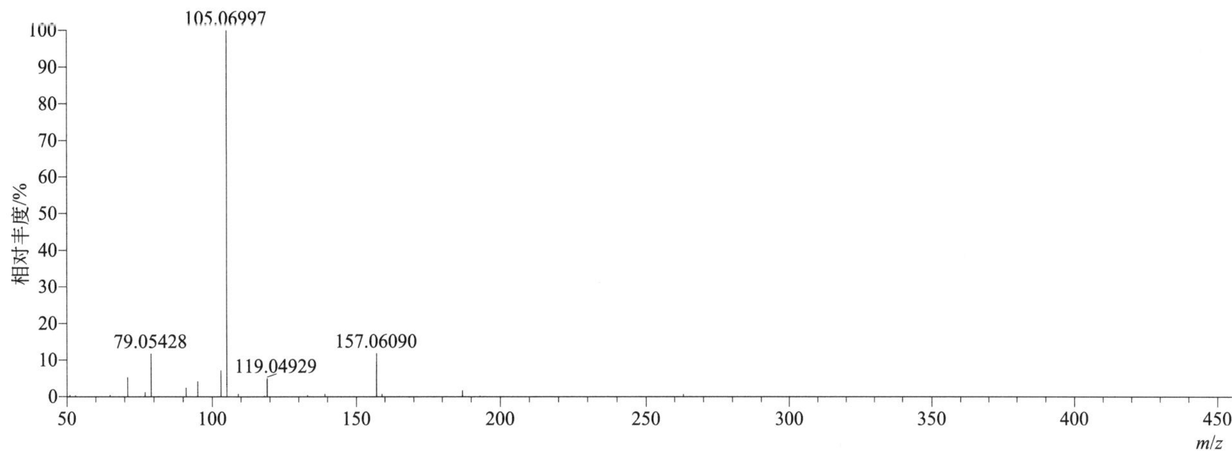

[M+H]⁺ 阶梯归一化法能量 Step NCE 为 20、40、60 时典型的二级质谱图

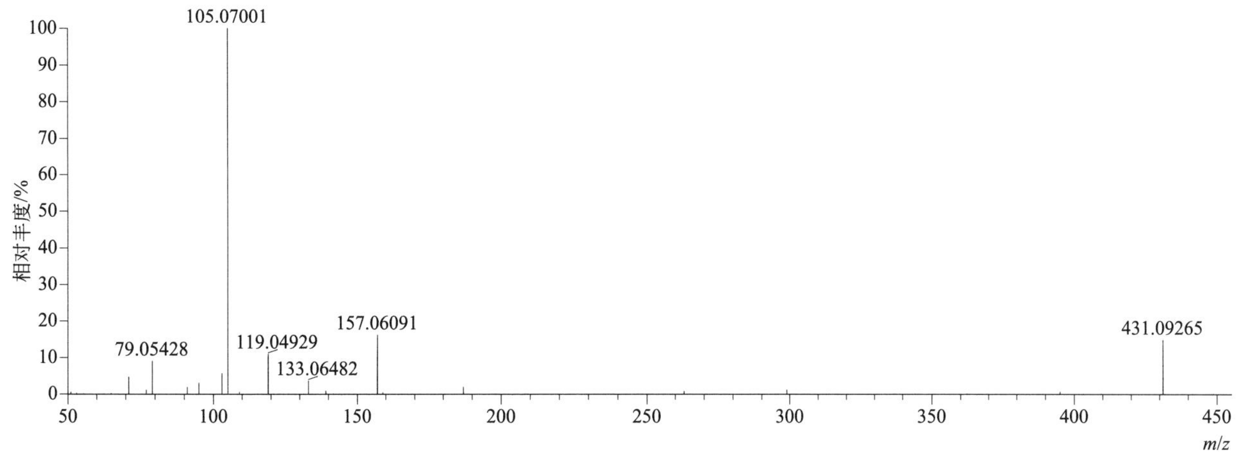

benzoximate（苯螨特）

基本信息

CAS 登录号	29104-30-1	分子量	363.08735	离子源和极性	电喷雾离子源（ESI）
分子式	$C_{18}H_{18}ClNO_5$	保留时间	15.27min	极性	正模式

[M+H]⁺ 提取离子流色谱图

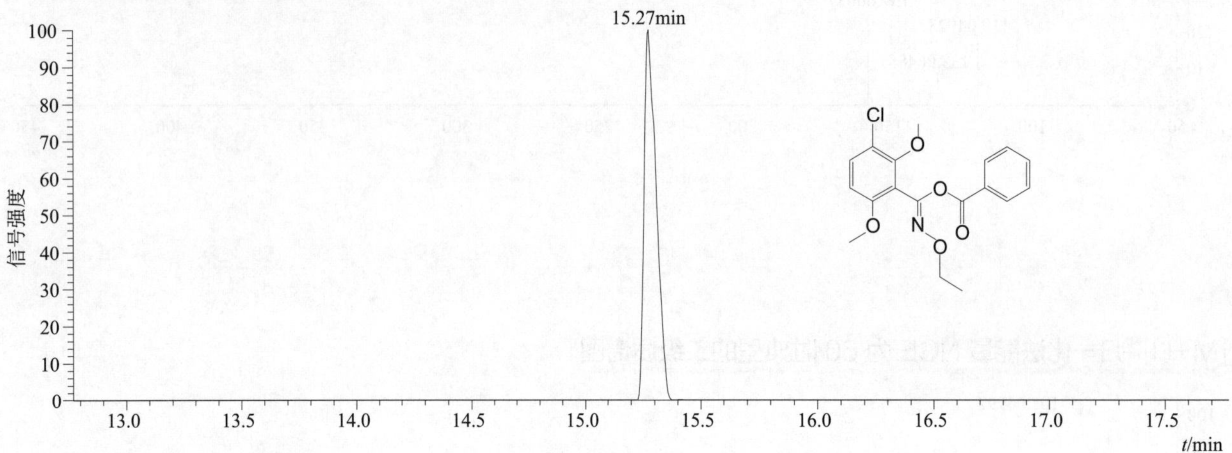

[M+H]⁺ 典型的一级质谱图

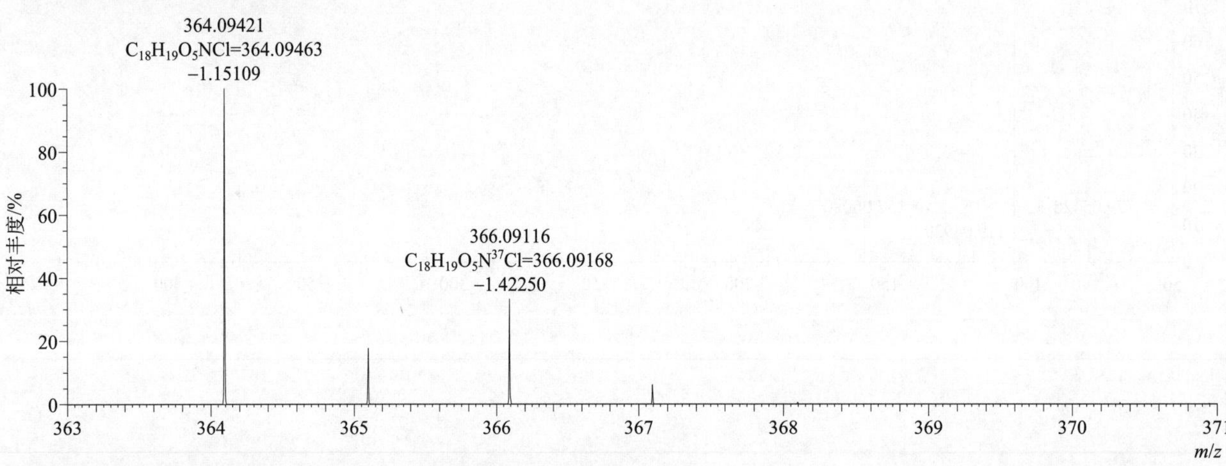

[M+H]⁺ 归一化法能量 NCE 为 20 时典型的二级质谱图

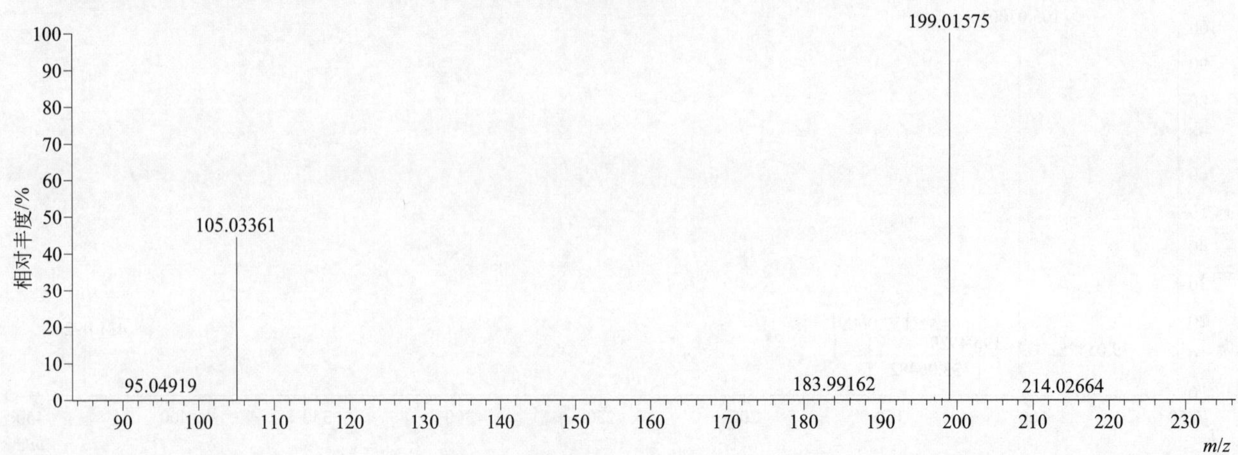

$[M+H]^+$ 归一化法能量 NCE 为 40 时典型的二级质谱图

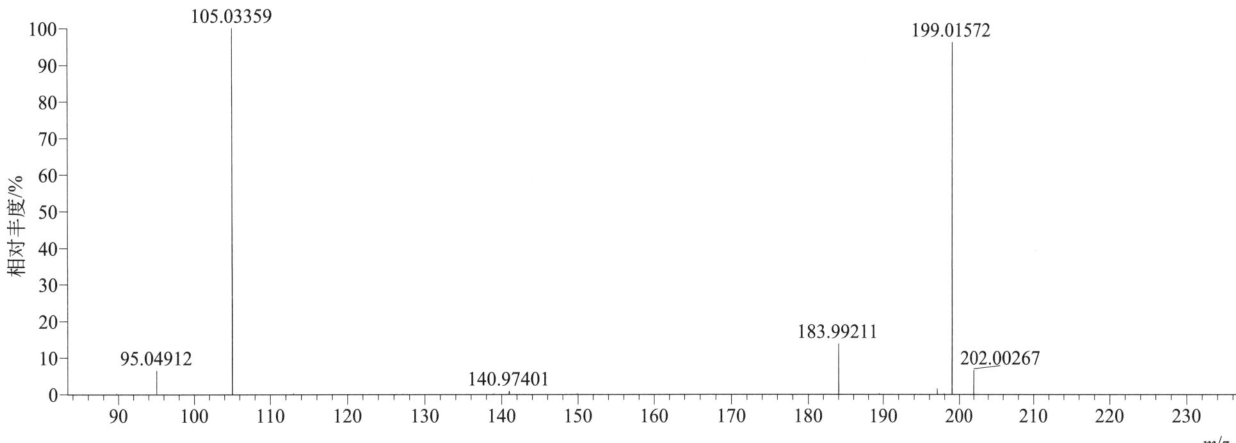

$[M+H]^+$ 归一化法能量 NCE 为 60 时典型的二级质谱图

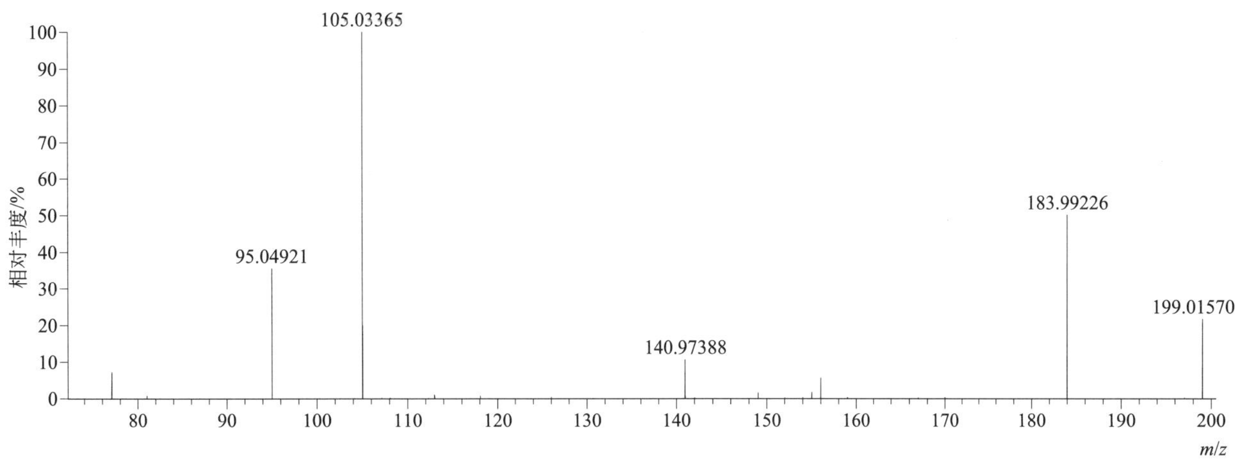

$[M+H]^+$ 阶梯归一化法能量 Step NCE 为 20、40、60 时典型的二级质谱图

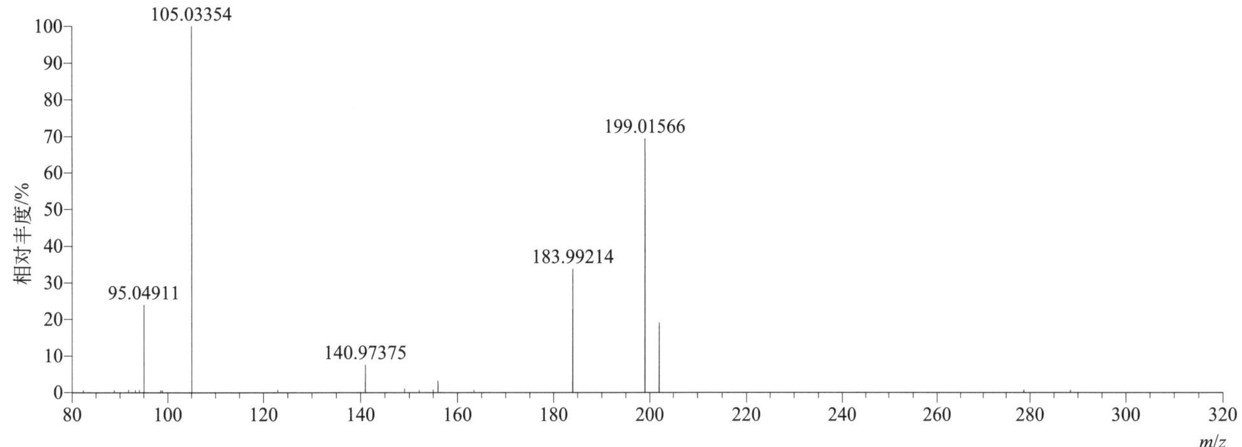

benzoylprop（新燕灵）

基本信息

CAS 登录号	22212-56-2	分子量	337.02725	离子源和极性	电喷雾离子源（ESI）
分子式	$C_{16}H_{13}Cl_2NO_3$	保留时间	14.48min	极性	正模式

$[M+H]^+$ 提取离子流色谱图

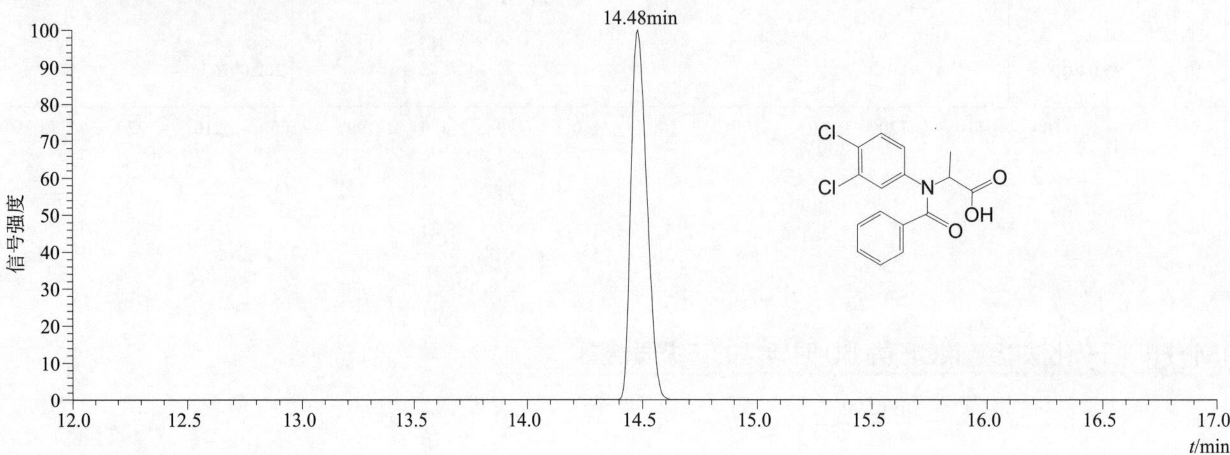

$[M+H]^+$ 典型的一级质谱图

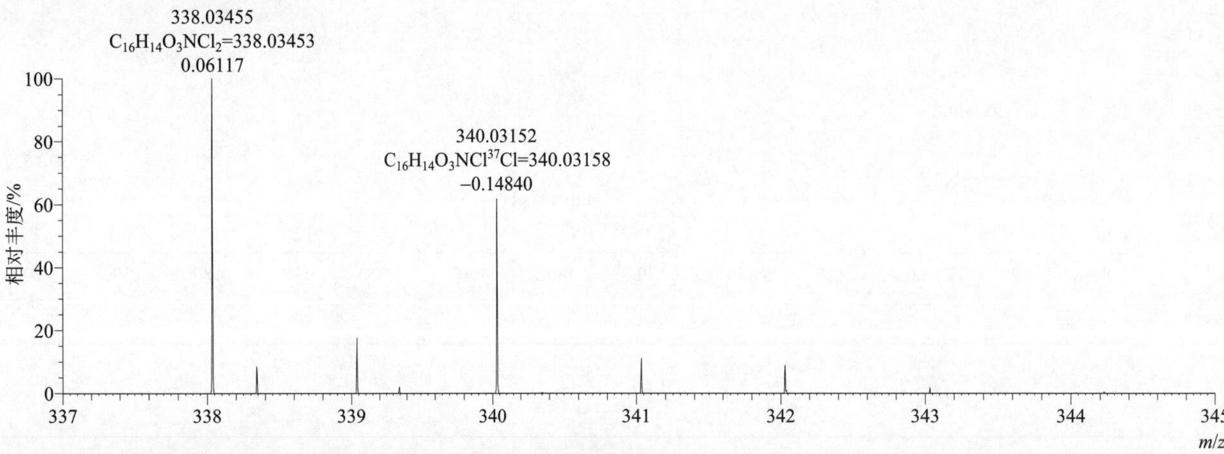

$[M+H]^+$ 归一化法能量 NCE 为 20 时典型的二级质谱图

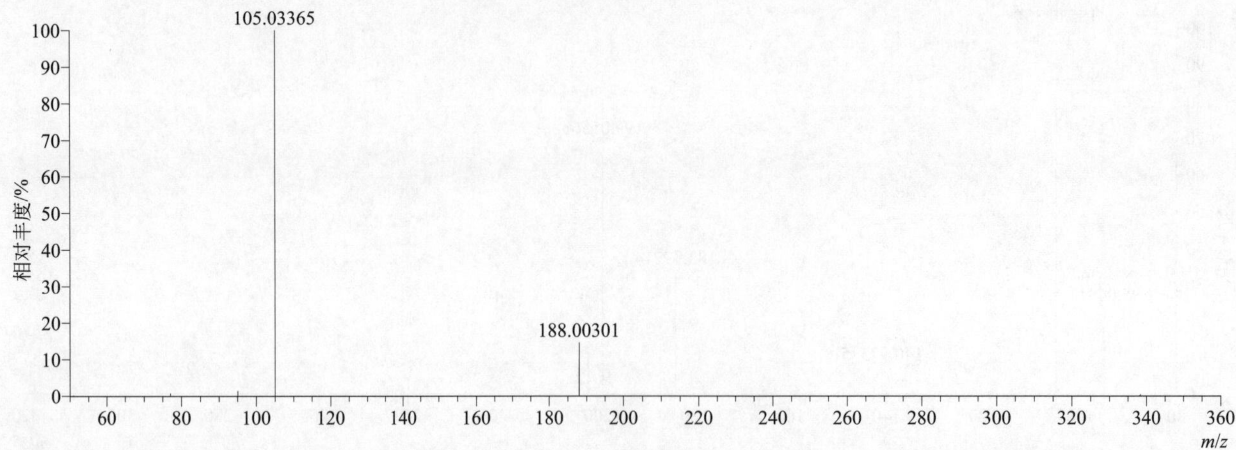

[M+H]+ 归一化法能量 NCE 为 40 时典型的二级质谱图

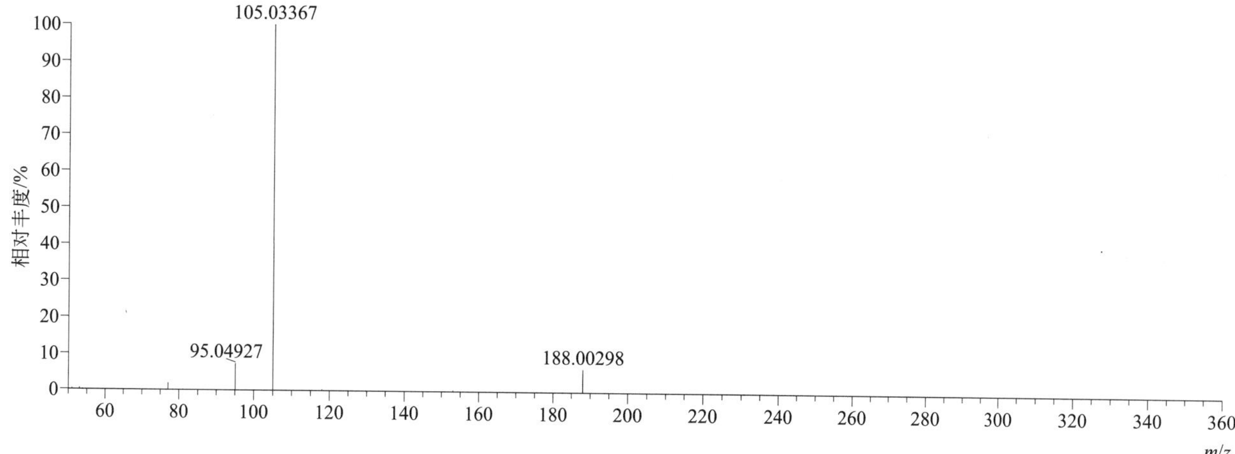

[M+H]+ 归一化法能量 NCE 为 60 时典型的二级质谱图

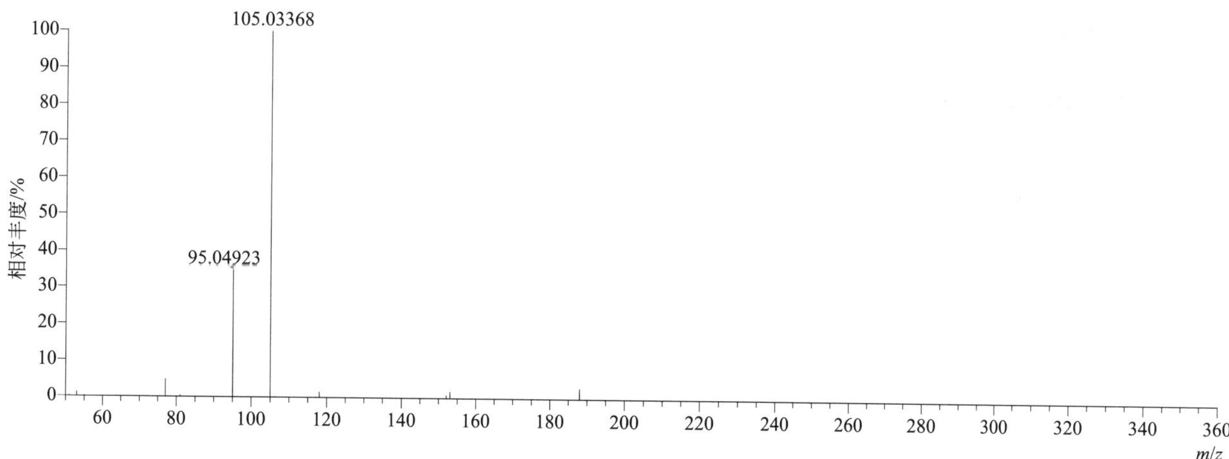

[M+H]+ 阶梯归一化法能量 Step NCE 为 20、40、60 时典型的二级质谱图

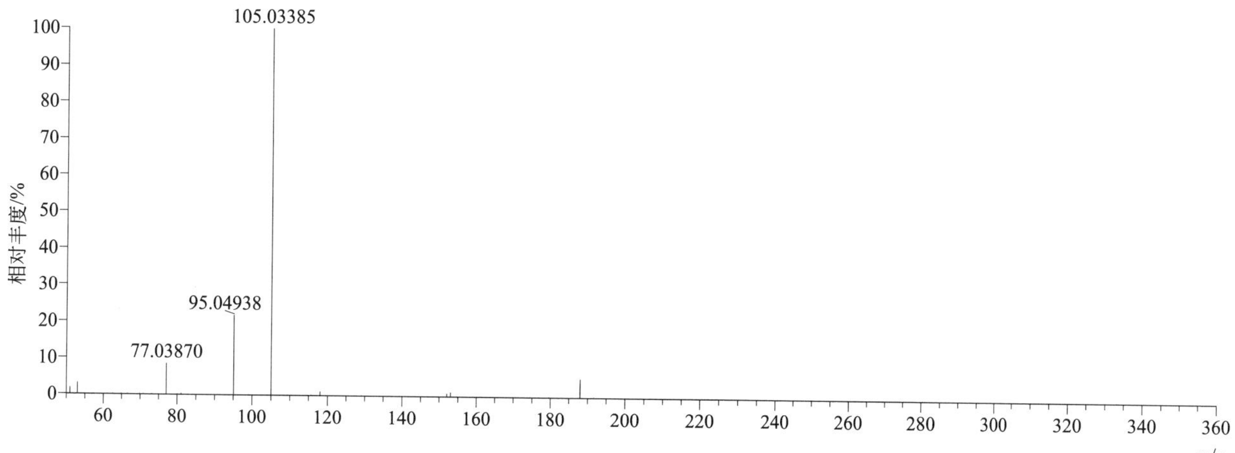

benzoylprop-ethyl（新燕灵乙酯）

基本信息

CAS 登录号	22212-55-1	分子量	365.05855	离子源和极性	电喷雾离子源（ESI）
分子式	$C_{18}H_{17}Cl_2NO_3$	保留时间	15.13min	极性	正模式

$[M+H]^+$ 提取离子流色谱图

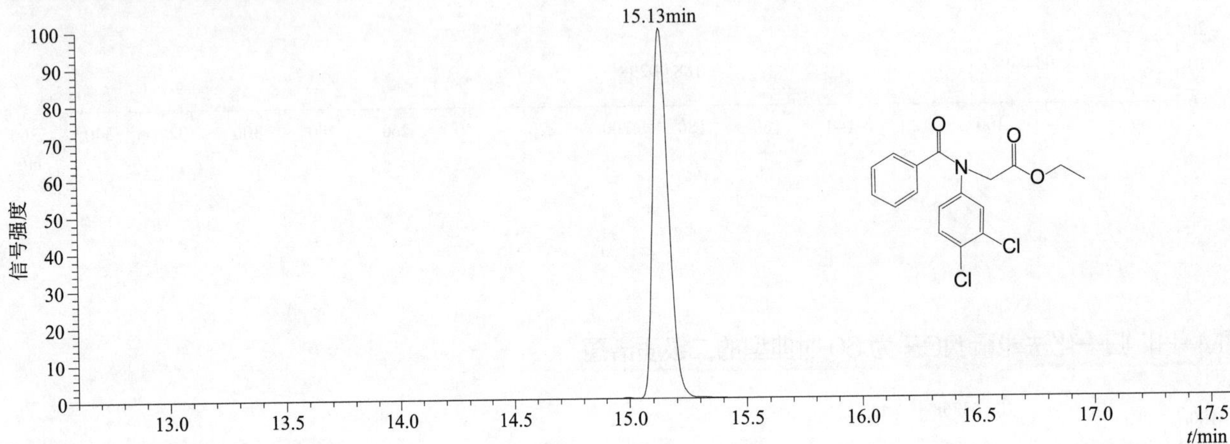

$[M+H]^+$ 典型的一级质谱图

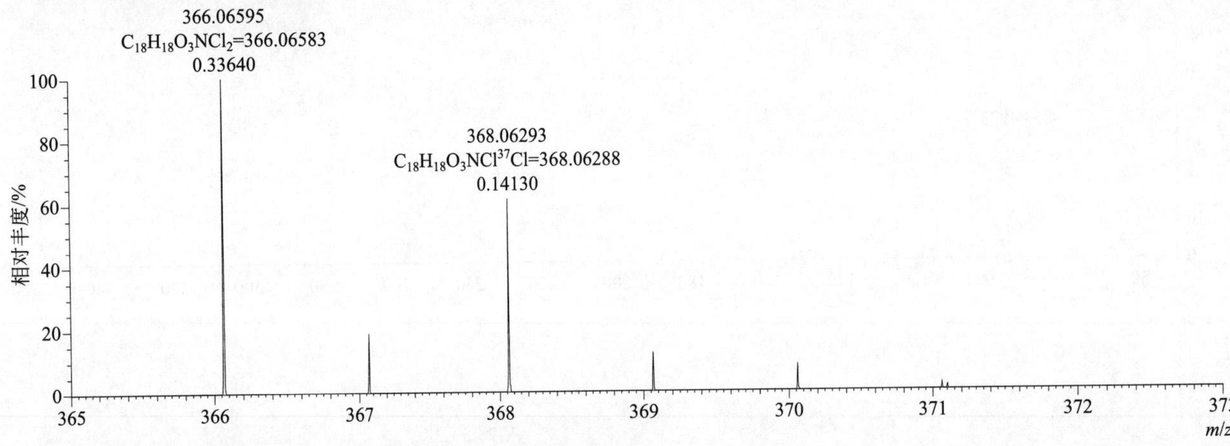

$[M+H]^+$ 归一化法能量 NCE 为 20 时典型的二级质谱图

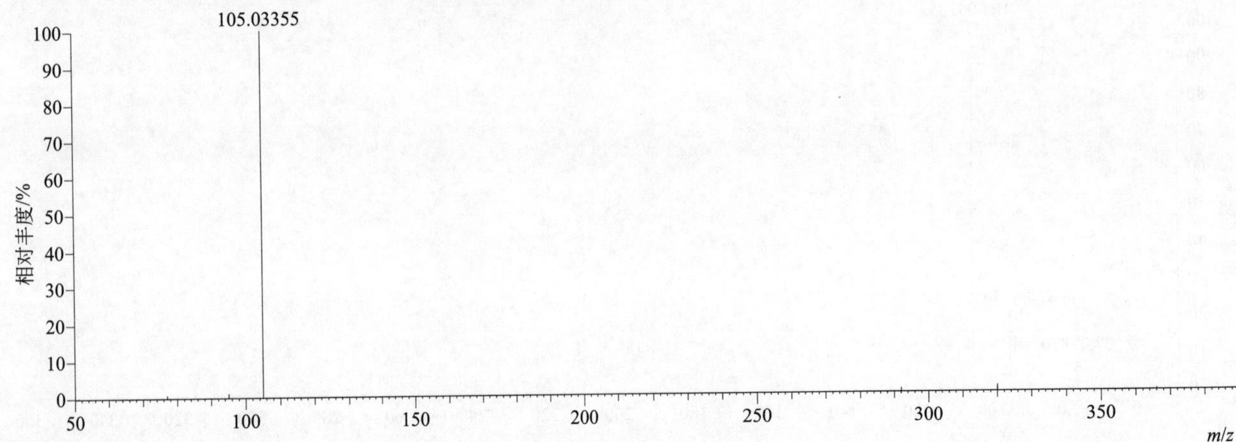

[M+H]+ 归一化法能量 NCE 为 40 时典型的二级质谱图

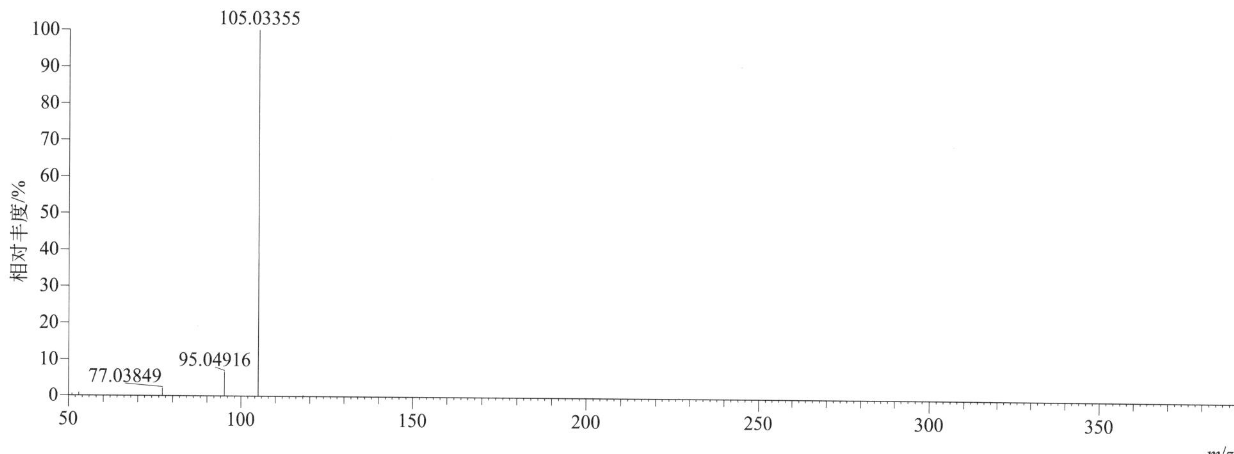

[M+H]+ 归一化法能量 NCE 为 60 时典型的二级质谱图

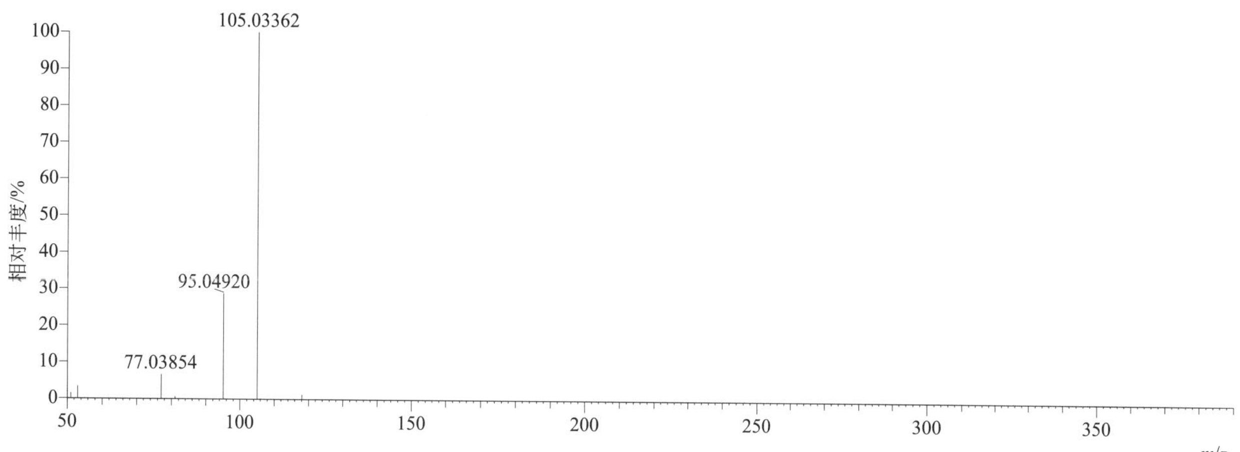

[M+H]+ 阶梯归一化法能量 Step NCE 为 20、40、60 时典型的二级质谱图

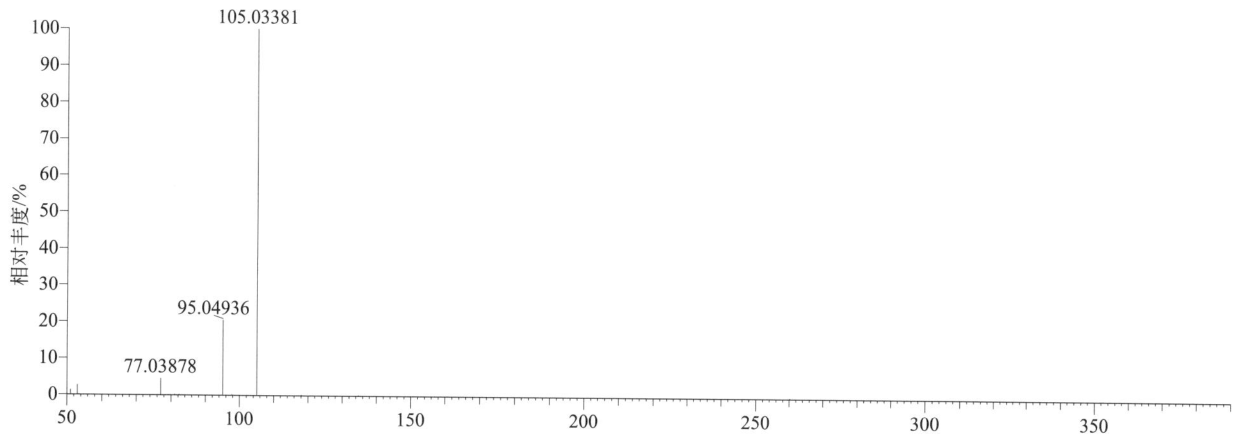

6-benzylaminopurine（6-苄氨基嘌呤）

基本信息

CAS 登录号	1214-39-7	分子量	225.10143	离子源和极性	电喷雾离子源（ESI）
分子式	$C_{12}H_{11}N_5$	保留时间	12.64min	极性	正模式

$[M+H]^+$ 提取离子流色谱图

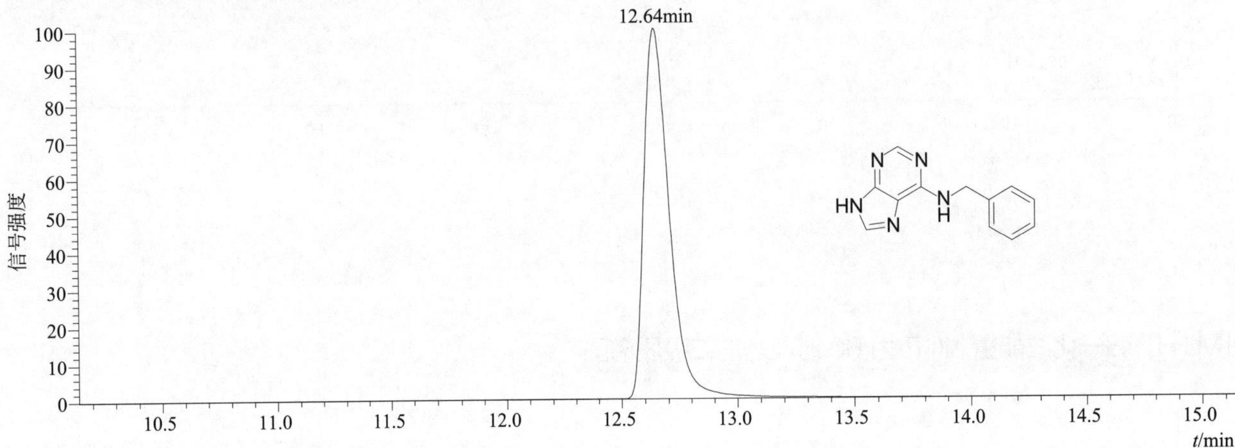

$[M+H]^+$ 典型的一级质谱图

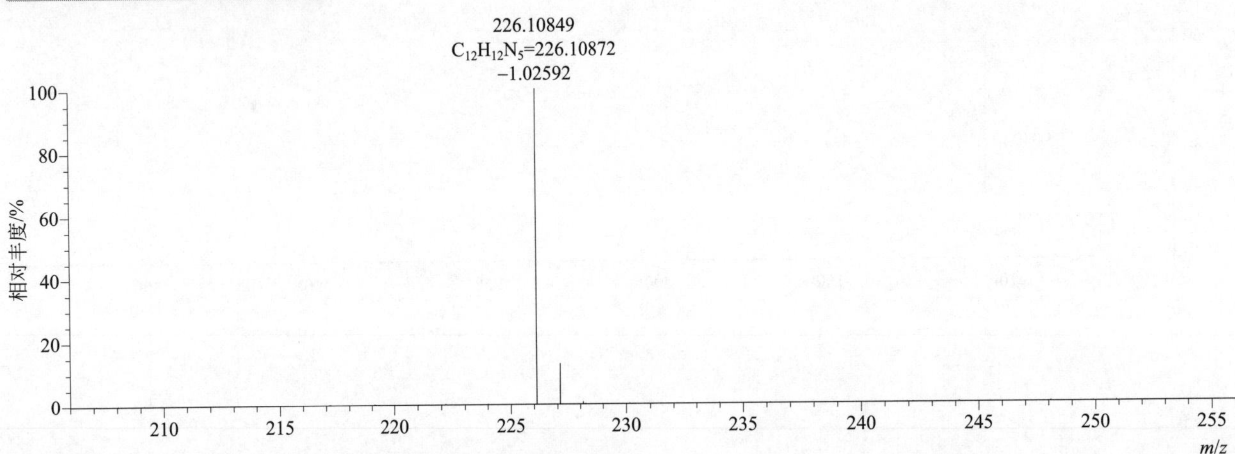

$[M+H]^+$ 归一化法能量 NCE 为 20 时典型的二级质谱图

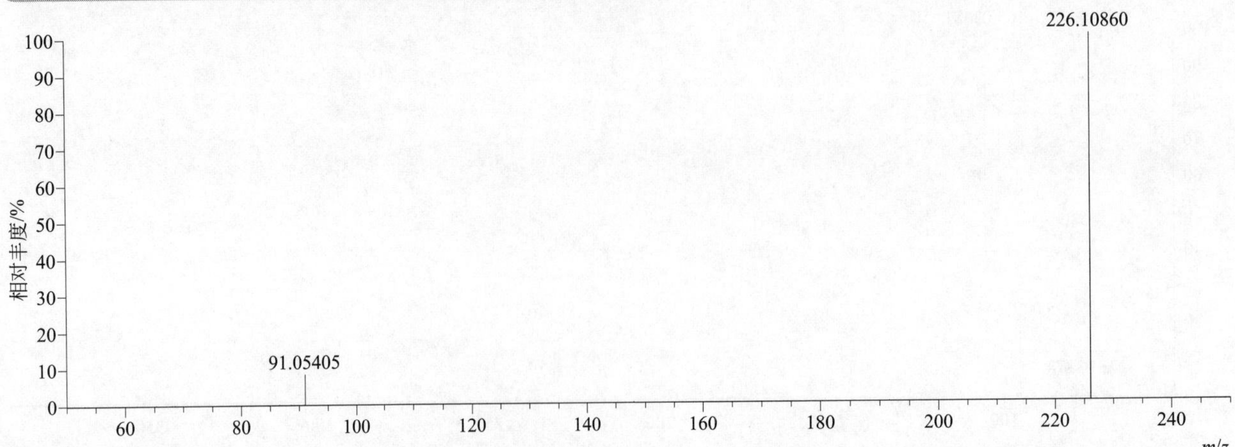

[M+H]+ 归一化法能量 NCE 为 40 时典型的二级质谱图

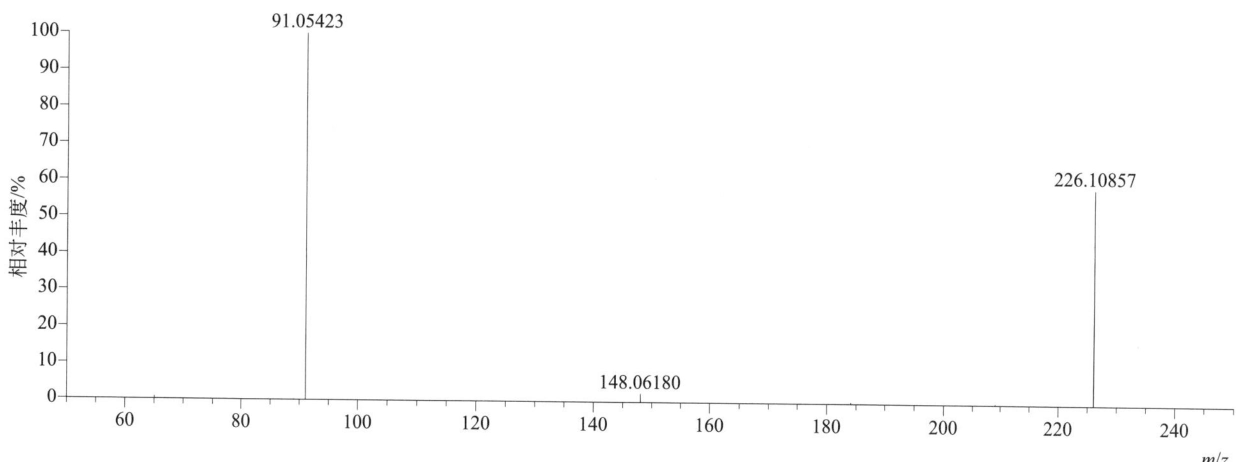

[M+H]+ 归一化法能量 NCE 为 60 时典型的二级质谱图

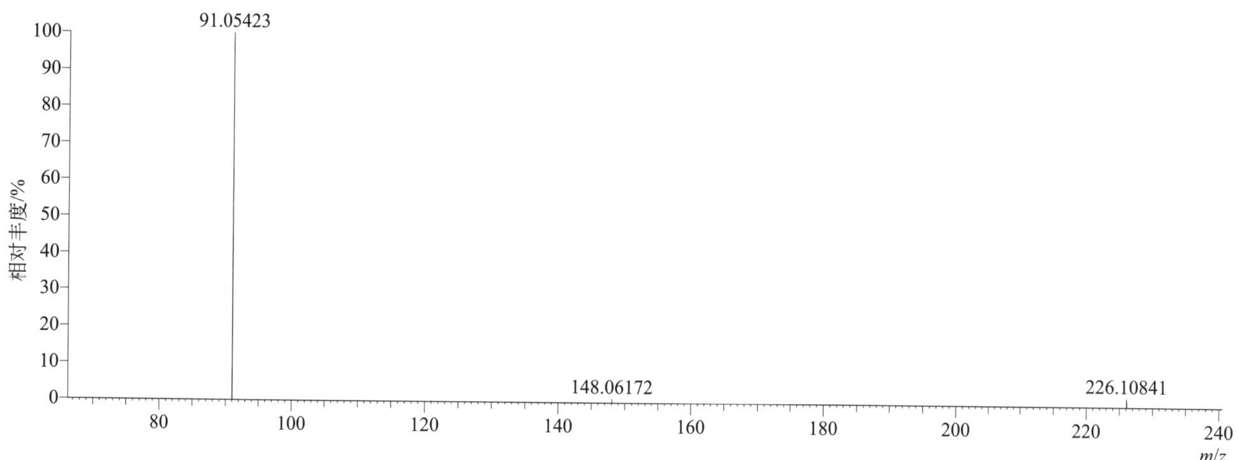

[M+H]+ 阶梯归一化法能量 Step NCE 为 20、40、60 时典型的二级质谱图

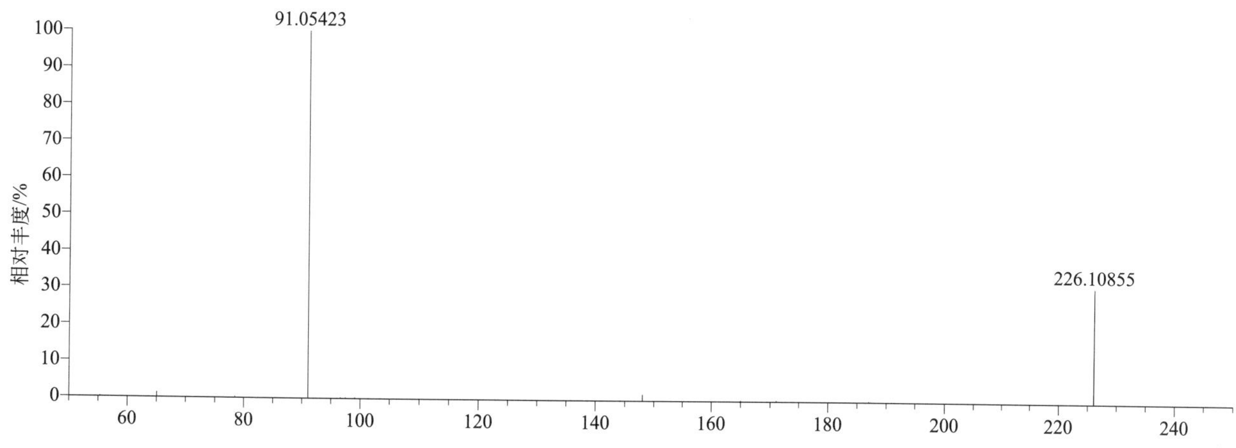

bifenazate（联苯肼酯）

基本信息

CAS 登录号	149877-41-8	分子量	300.14739	离子源和极性	电喷雾离子源（ESI）
分子式	$C_{17}H_{20}N_2O_3$	保留时间	14.58min	极性	正模式

$[M+H]^+$ 提取离子流色谱图

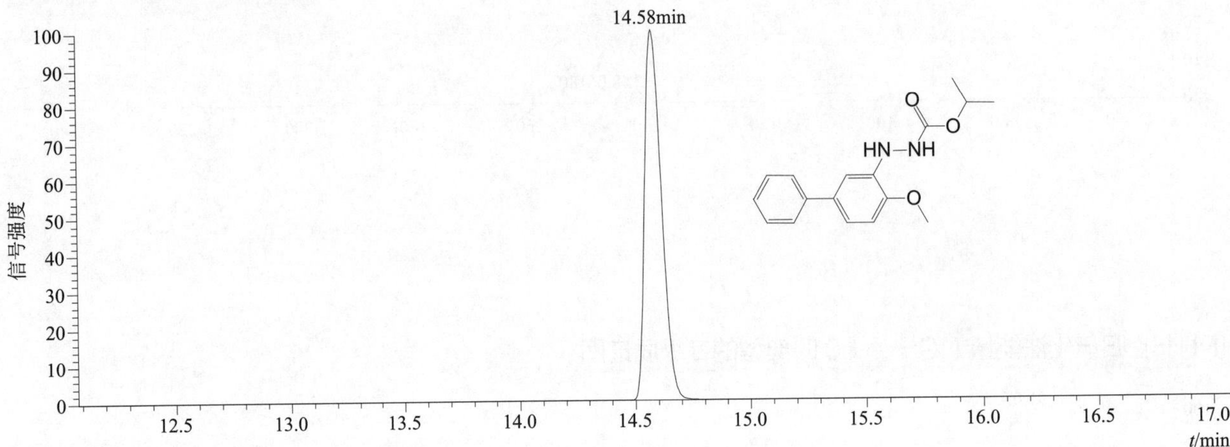

$[M+H]^+$ 典型的一级质谱图

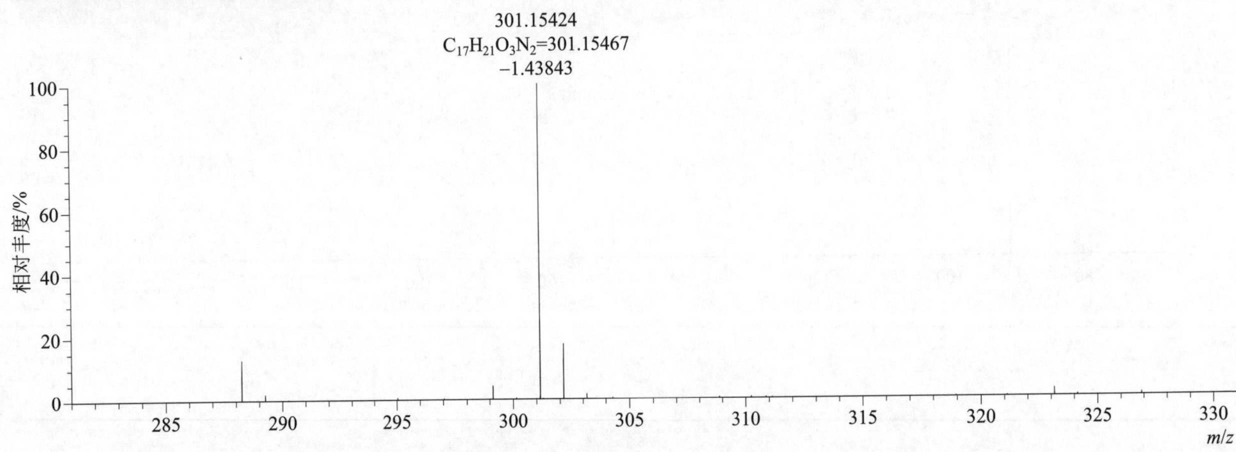

$[M+H]^+$ 归一化法能量 NCE 为 20 时典型的二级质谱图

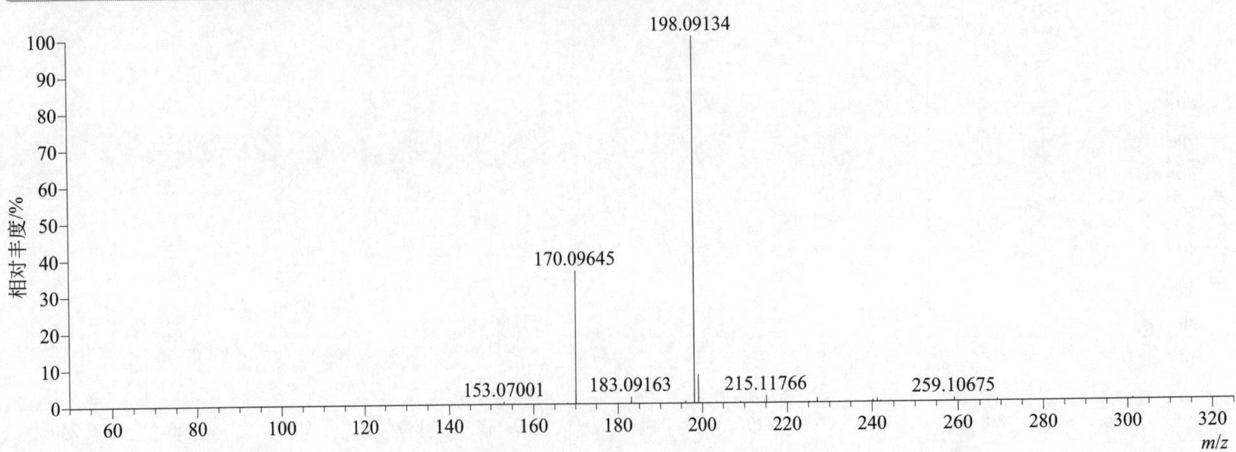

[M+H]$^+$ 归一化法能量 NCE 为 40 时典型的二级质谱图

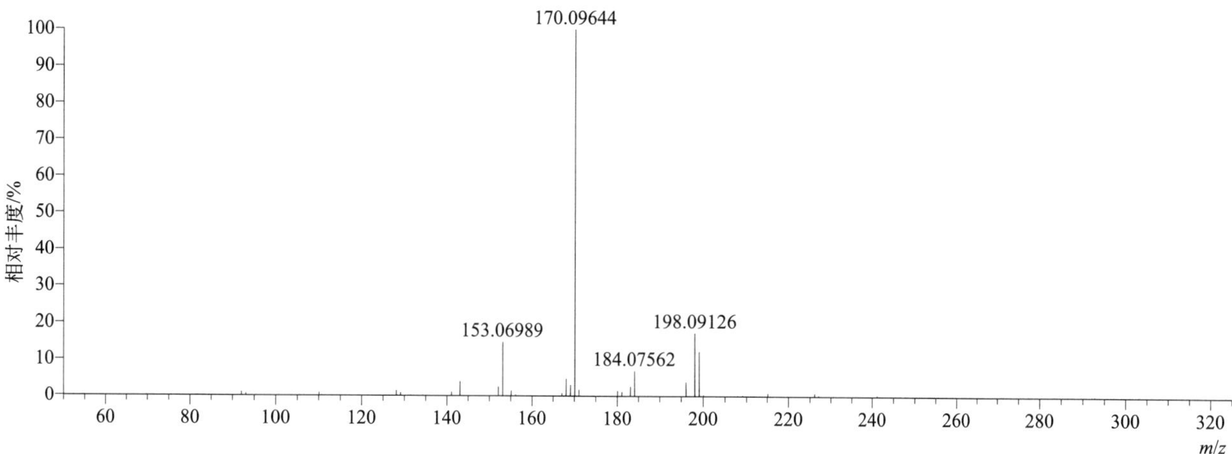

[M+H]$^+$ 归一化法能量 NCE 为 60 时典型的二级质谱图

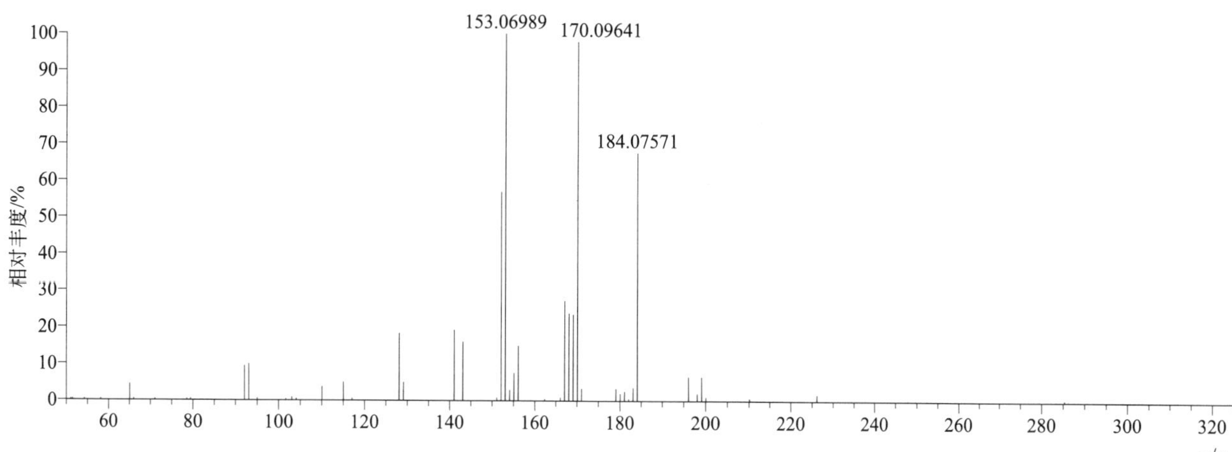

[M+H]$^+$ 阶梯归一化法能量 Step NCE 为 20、40、60 时典型的二级质谱图

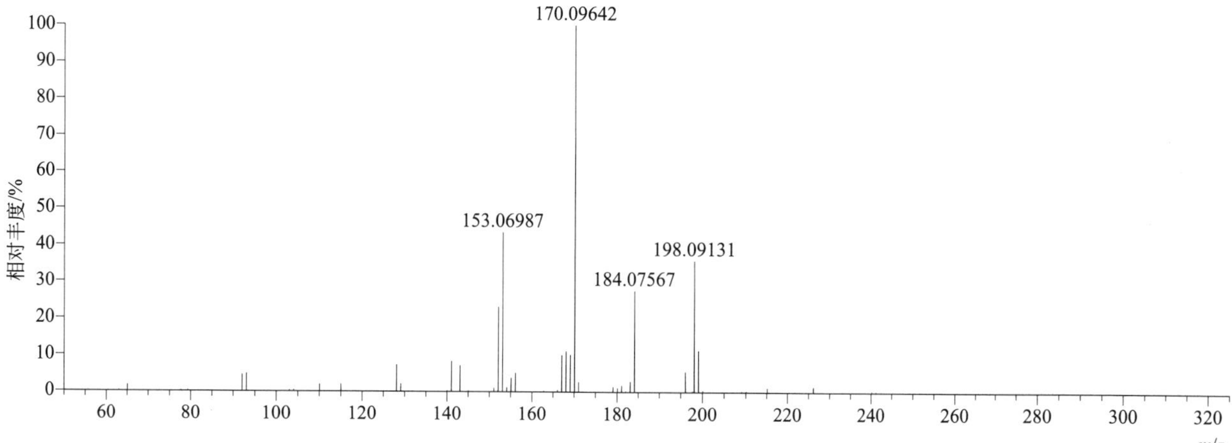

bioresmethrin（生物苄呋菊酯）

基本信息

CAS 登录号	28434-01-7	分子量	338.18819	离子源和极性	电喷雾离子源（ESI）
分子式	$C_{22}H_{26}O_3$	保留时间	16.47min	极性	正模式

[M+H]+ 提取离子流色谱图

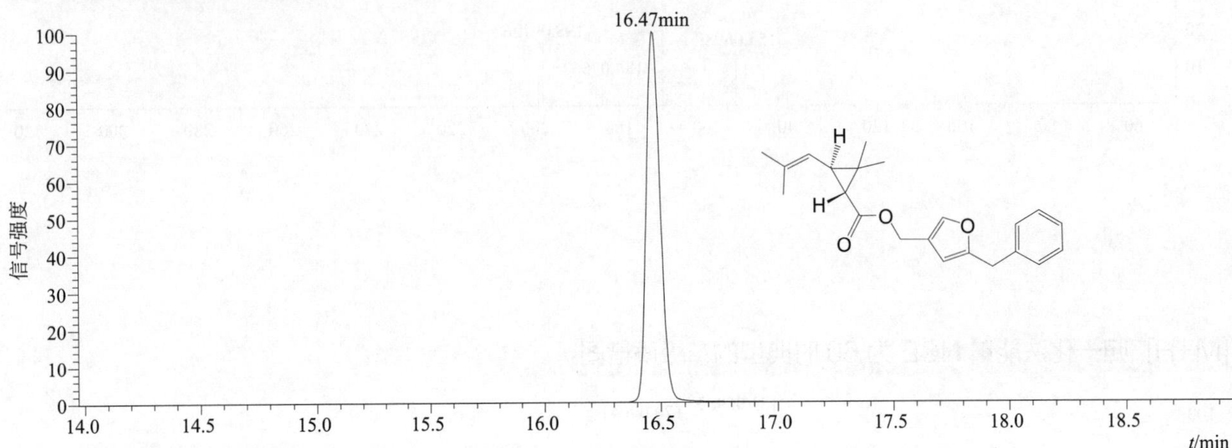

[M+H]+ 典型的一级质谱图

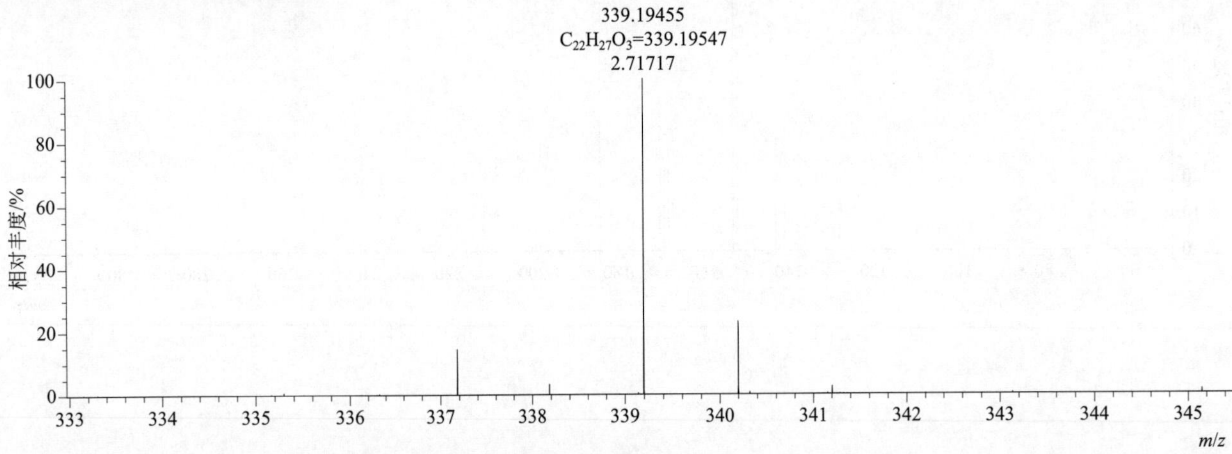

[M+H]+ 归一化法能量 NCE 为 20 时典型的二级质谱图

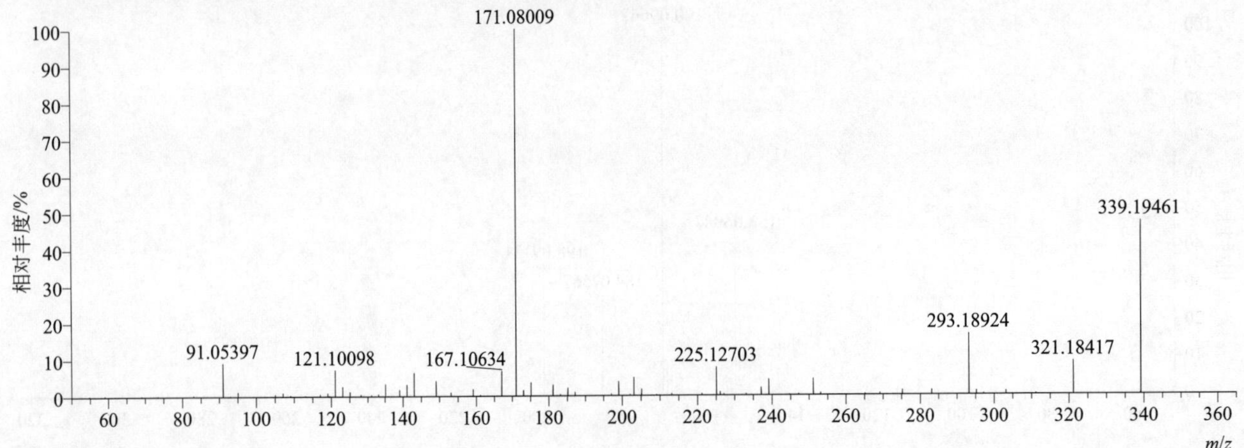

[M+H]$^+$ 归一化法能量 NCE 为 40 时典型的二级质谱图

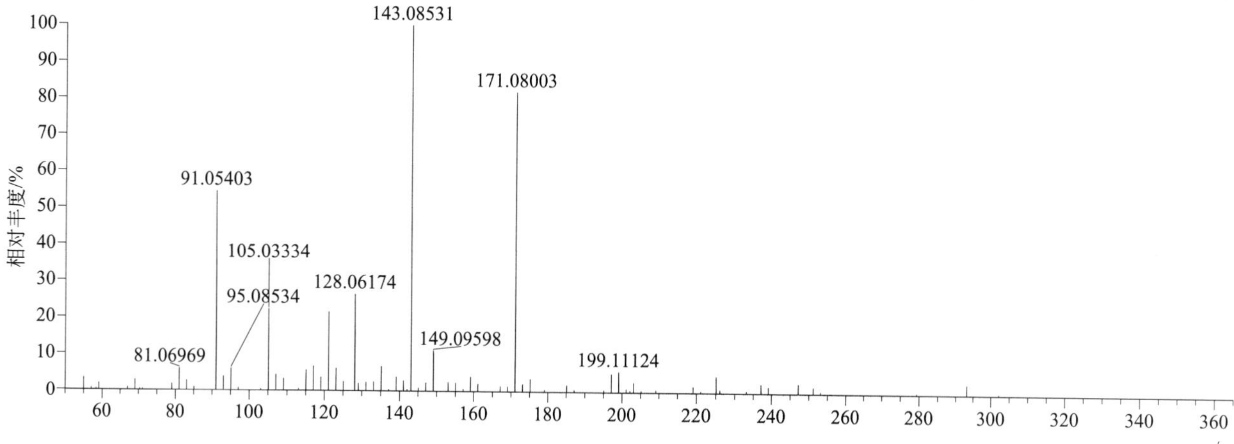

[M+H]$^+$ 归一化法能量 NCE 为 60 时典型的二级质谱图

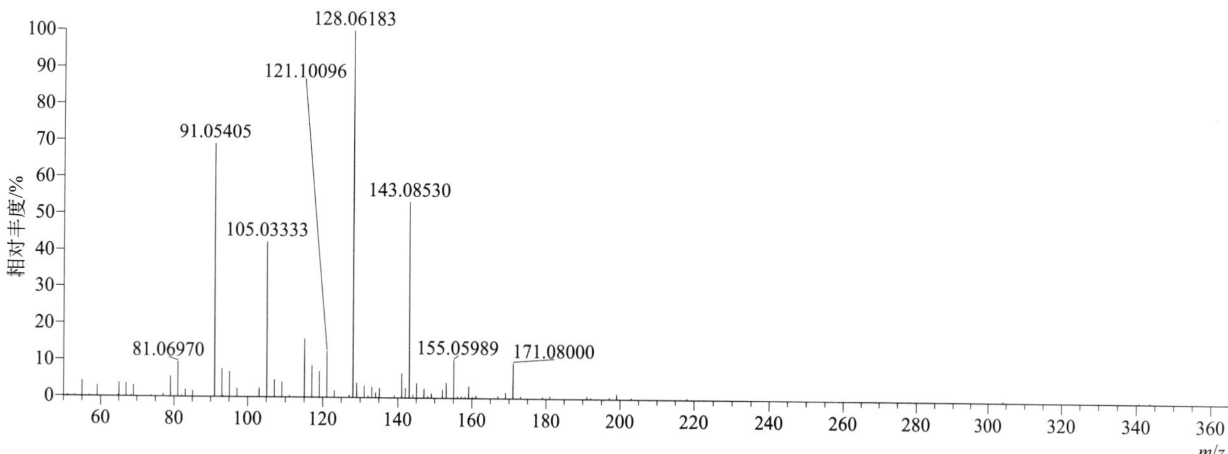

[M+H]$^+$ 阶梯归一化法能量 Step NCE 为 20、40、60 时典型的二级质谱图

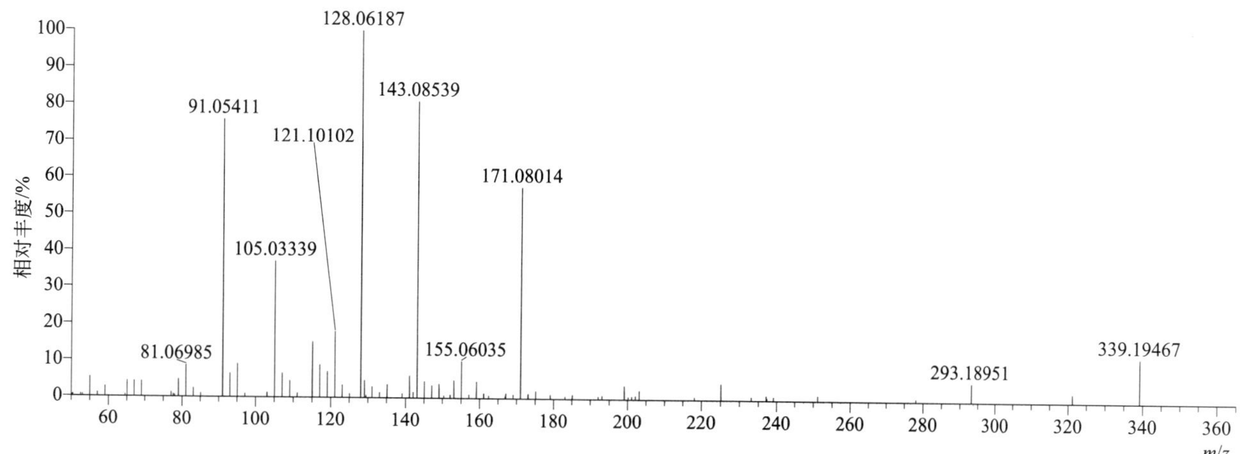

bitertanol（联苯三唑醇）

基本信息

CAS 登录号	55179-31-2	分子量	337.17903	离子源和极性	电喷雾离子源（ESI）
分子式	$C_{20}H_{23}N_3O_2$	保留时间	15.22min	极性	正模式

[M+H]$^+$ 提取离子流色谱图

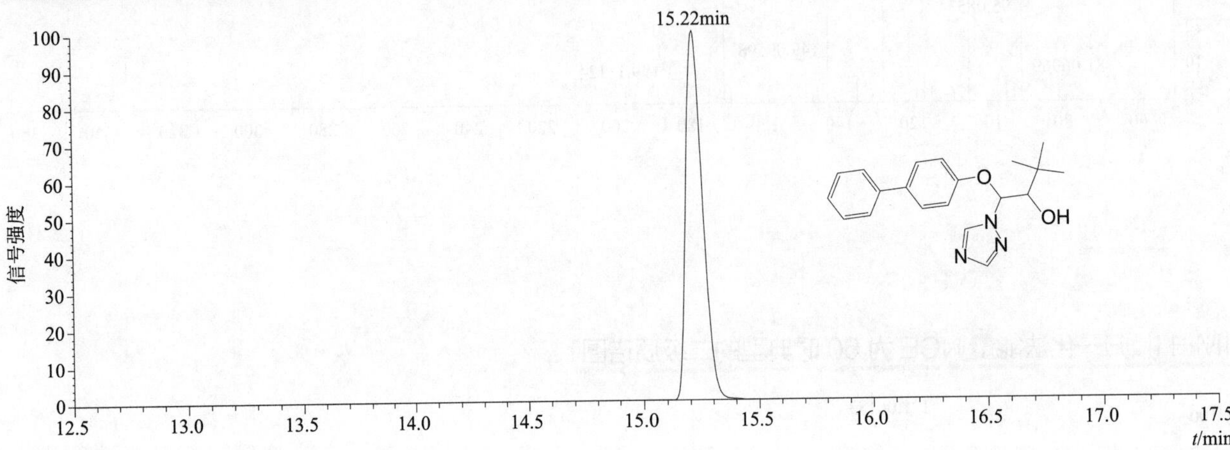

[M+H]$^+$ 典型的一级质谱图

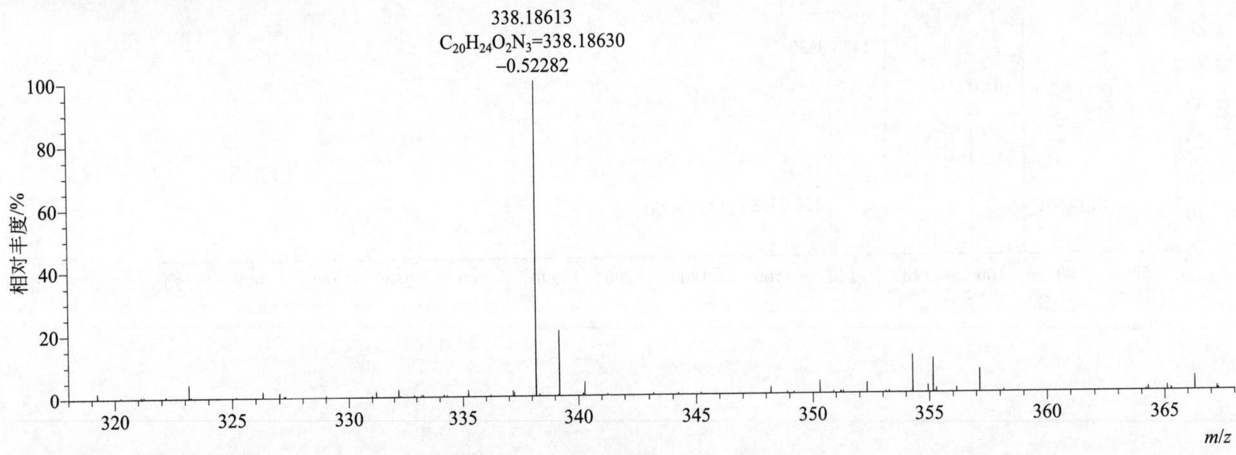

[M+H]$^+$ 归一化法能量 NCE 为 20 时典型的二级质谱图

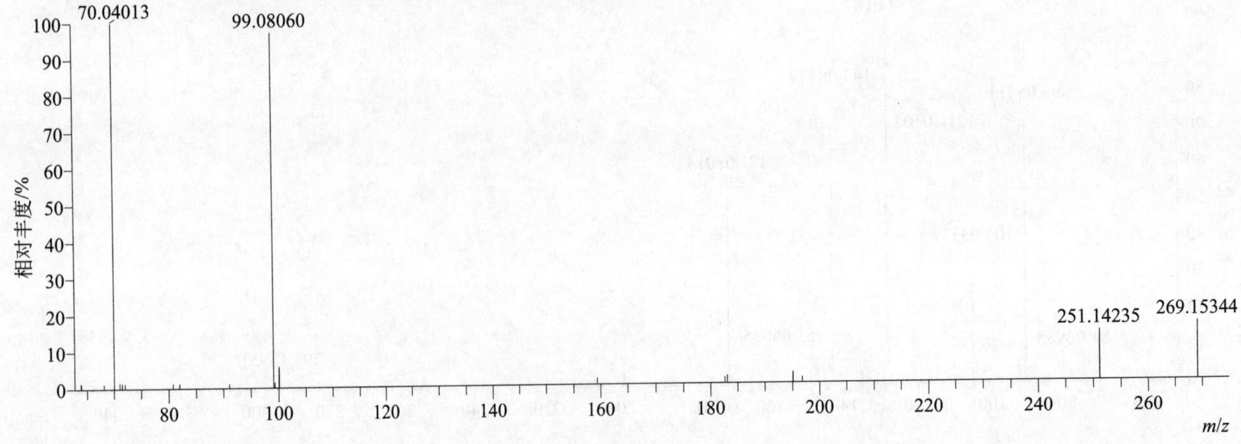

$[M+H]^+$ 归一化法能量 NCE 为 40 时典型的二级质谱图

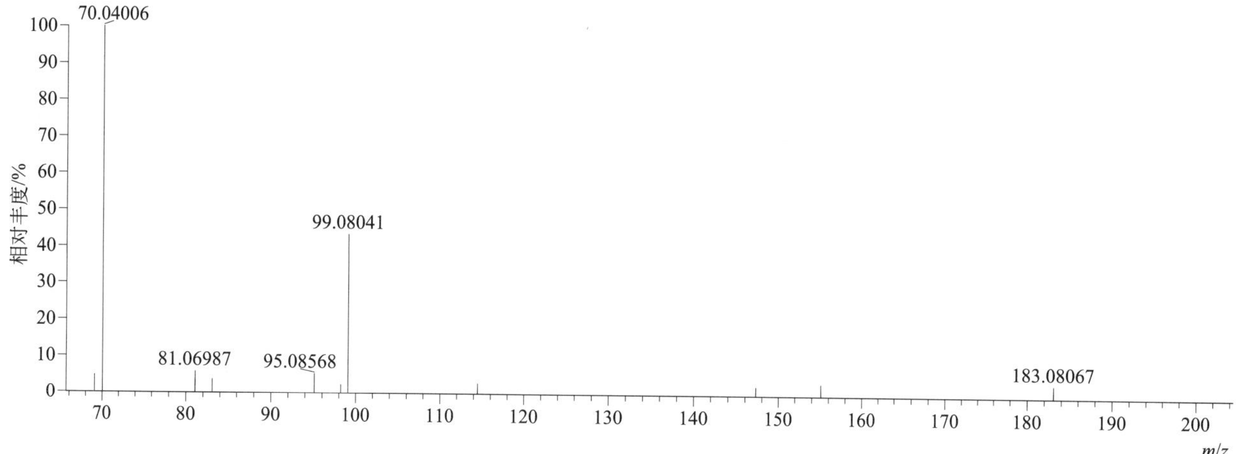

$[M+H]^+$ 归一化法能量 NCE 为 60 时典型的二级质谱图

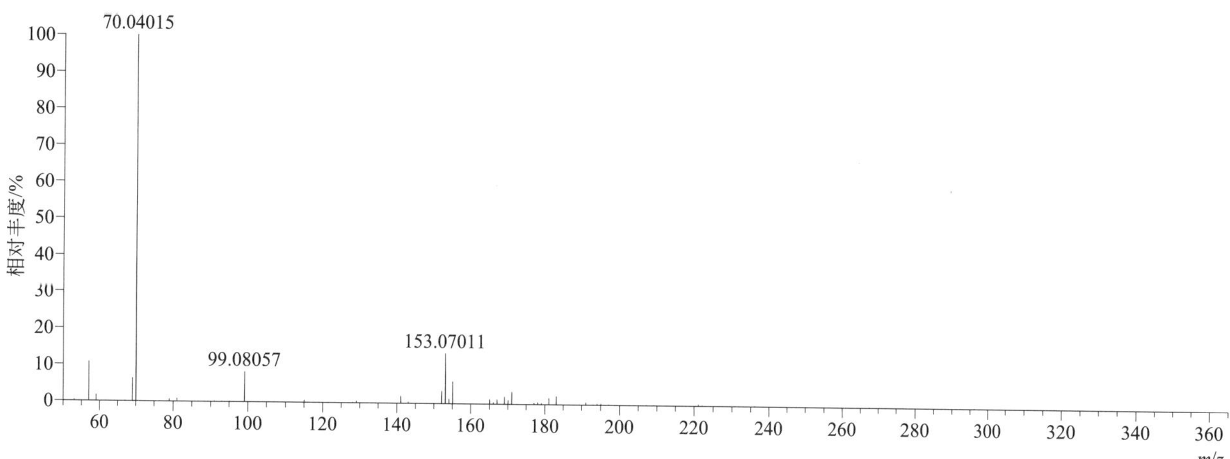

$[M+H]^+$ 阶梯归一化法能量 Step NCE 为 20、40、60 时典型的二级质谱图

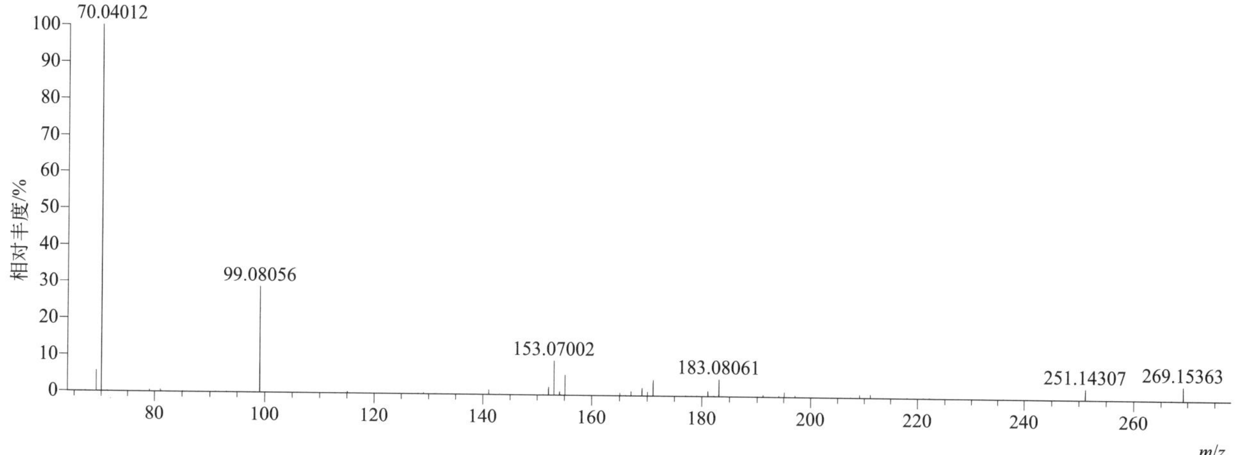

boscalid（啶酰菌胺）

基本信息

CAS 登录号	188425-85-6	分子量	342.03267	离子源和极性	电喷雾离子源（ESI）
分子式	$C_{18}H_{12}Cl_2N_2O$	保留时间	14.34min	极性	正模式

$[M+H]^+$ 提取离子流色谱图

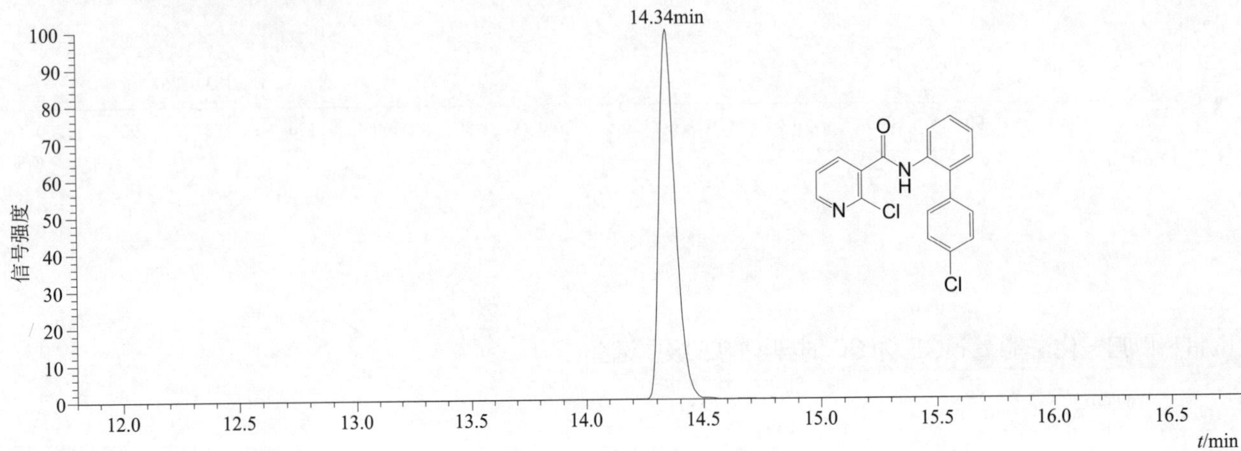

$[M+H]^+$ 典型的一级质谱图

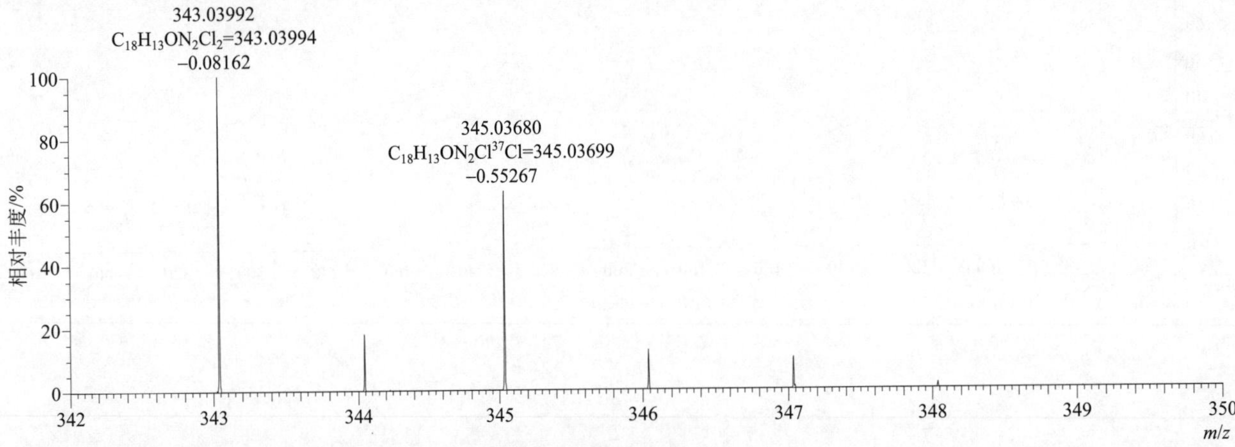

$[M+H]^+$ 归一化法能量 NCE 为 20 时典型的二级质谱图

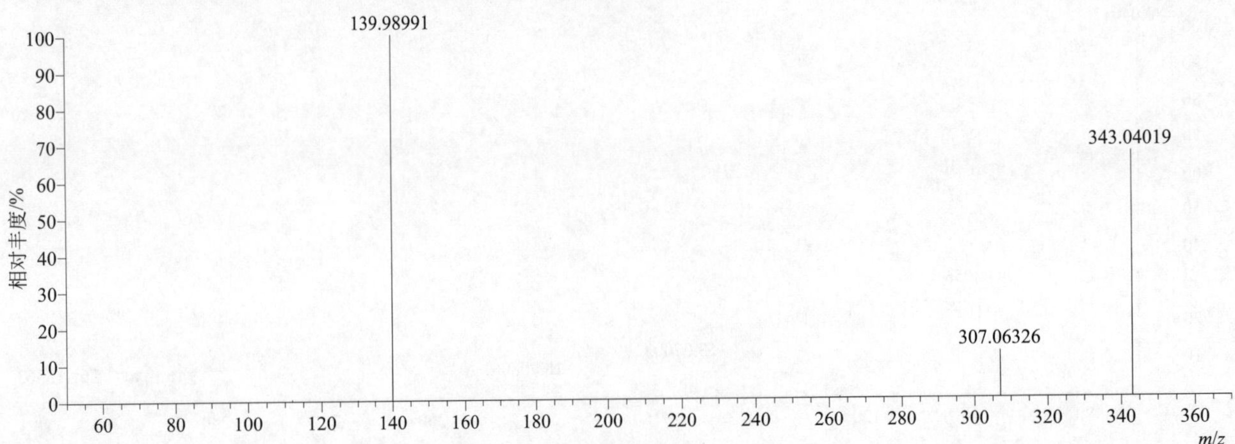

[M+H]⁺ 归一化法能量 NCE 为 40 时典型的二级质谱图

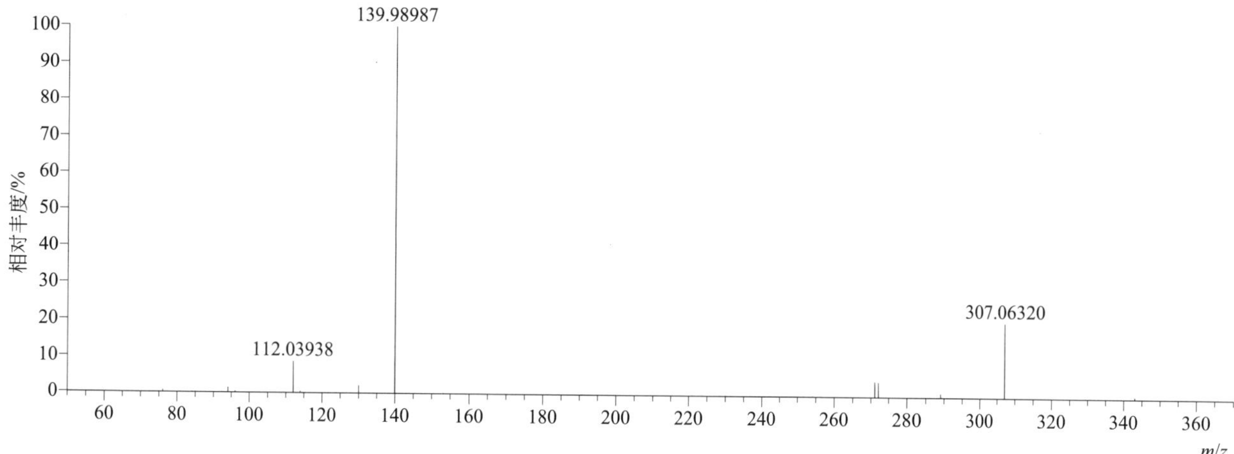

[M+H]⁺ 归一化法能量 NCE 为 60 时典型的二级质谱图

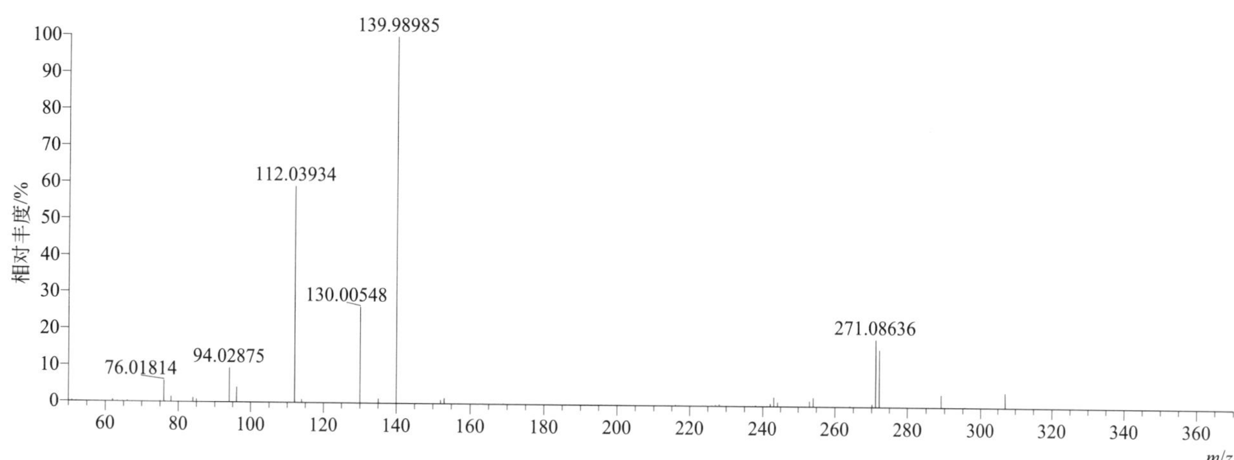

[M+H]⁺ 阶梯归一化法能量 Step NCE 为 20、40、60 时典型的二级质谱图

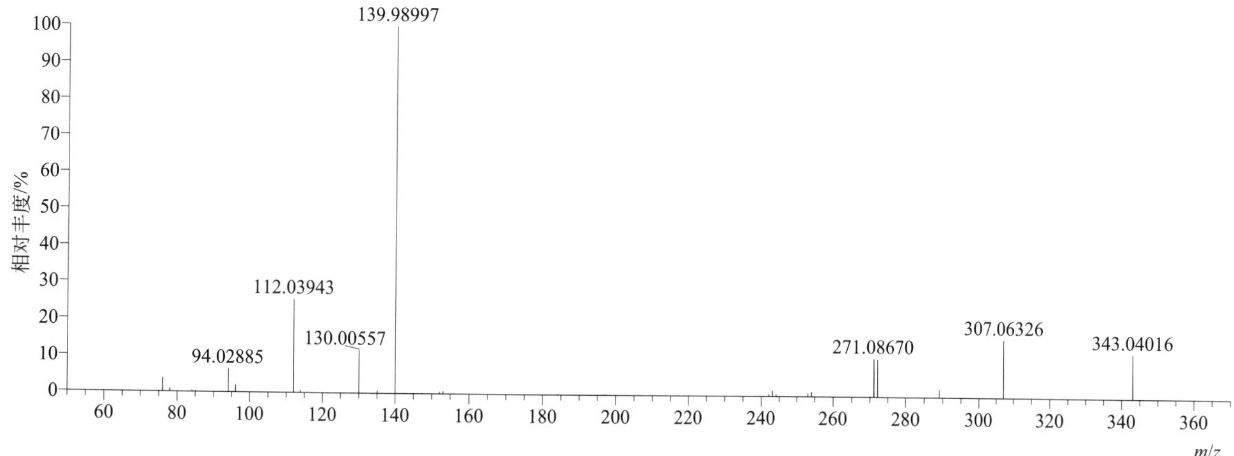

bromacil（除草定）

基本信息

CAS 登录号	314-40-9	分子量	260.01604	离子源和极性	电喷雾离子源（ESI）
分子式	$C_9H_{13}BrN_2O_2$	保留时间	13.09min	极性	正模式

[M+H]⁺ 提取离子流色谱图

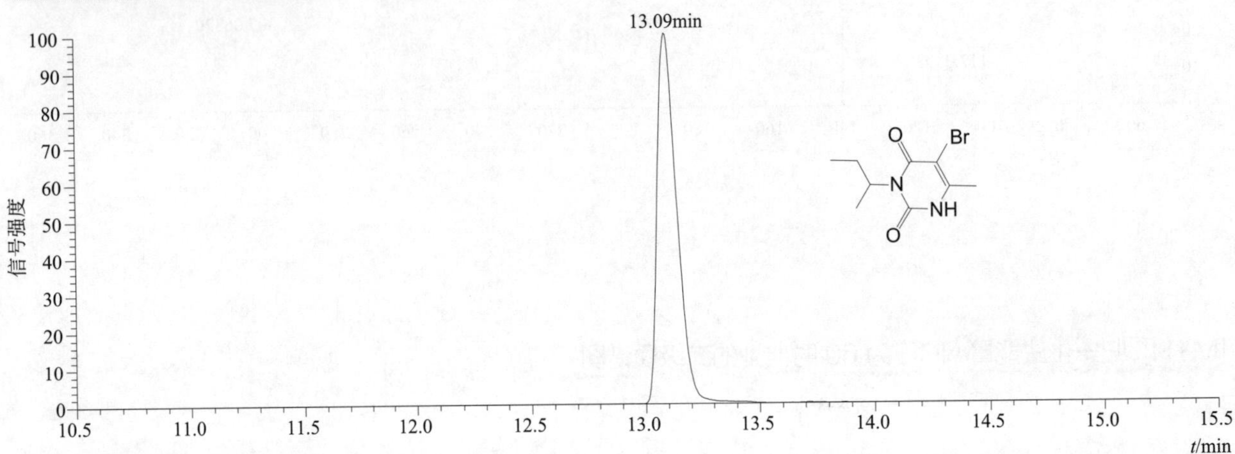

[M+H]⁺ 典型的一级质谱图

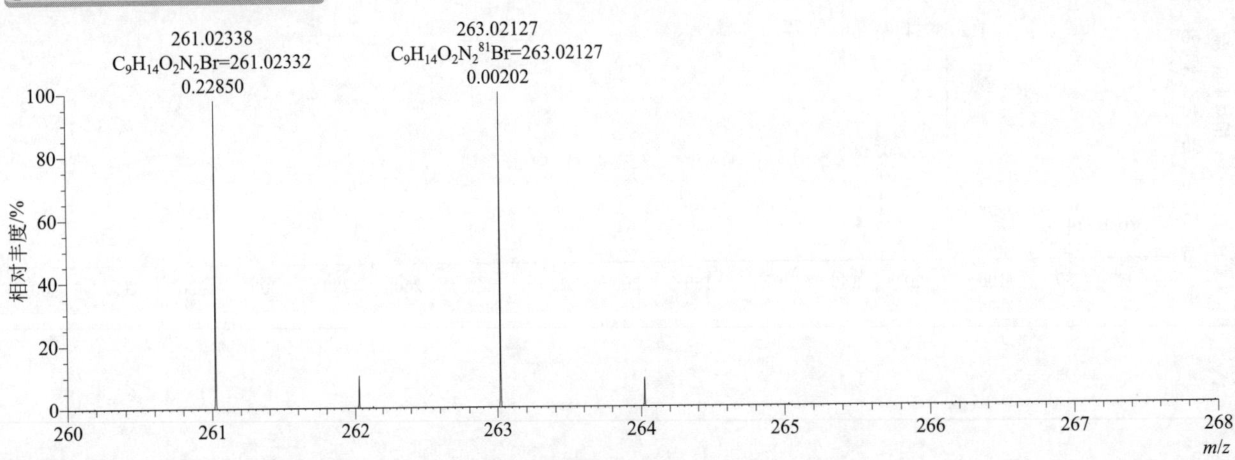

[M+H]⁺ 归一化法能量 NCE 为 20 时典型的二级质谱图

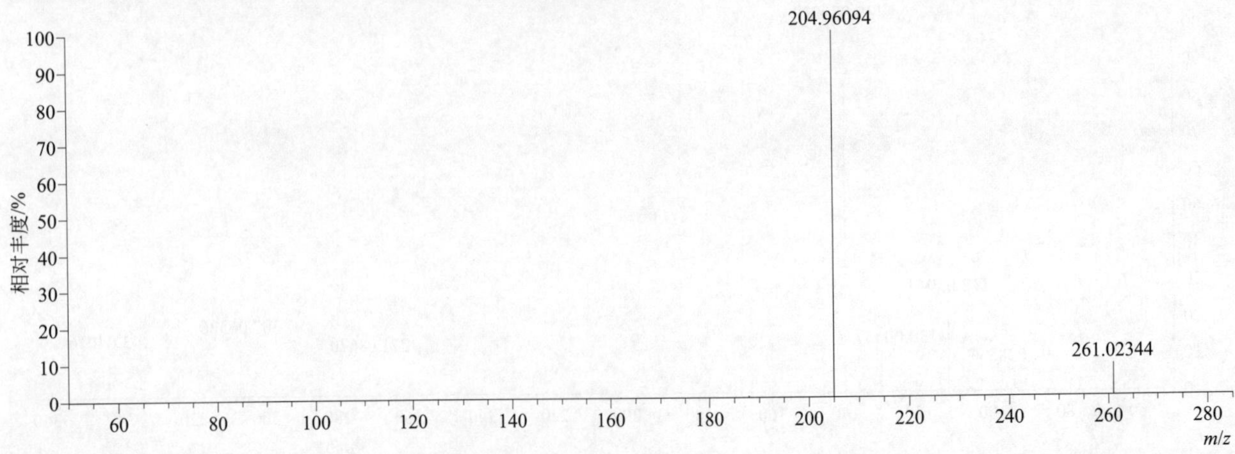

$[M+H]^+$ 归一化法能量 NCE 为 40 时典型的二级质谱图

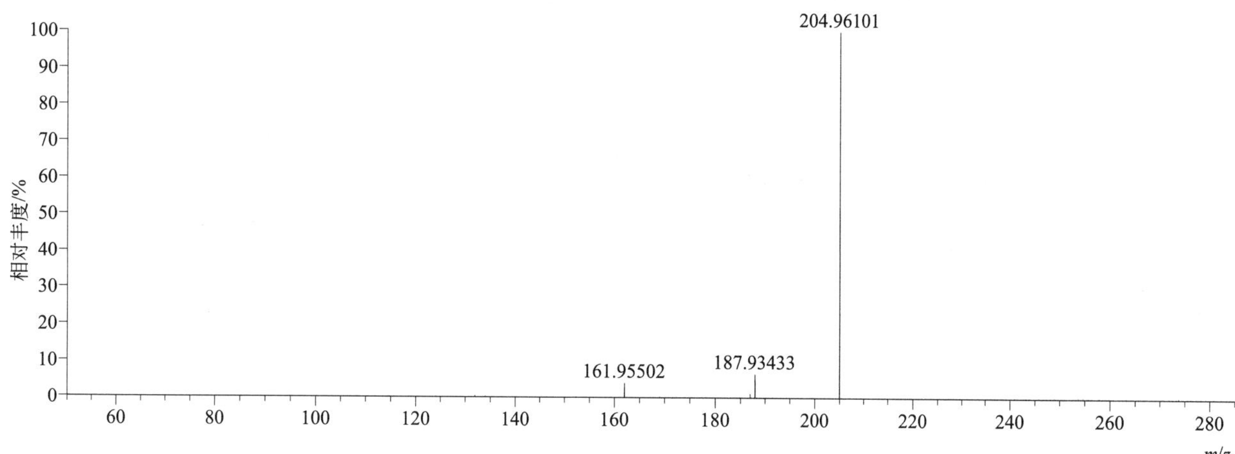

$[M+H]^+$ 归一化法能量 NCE 为 60 时典型的二级质谱图

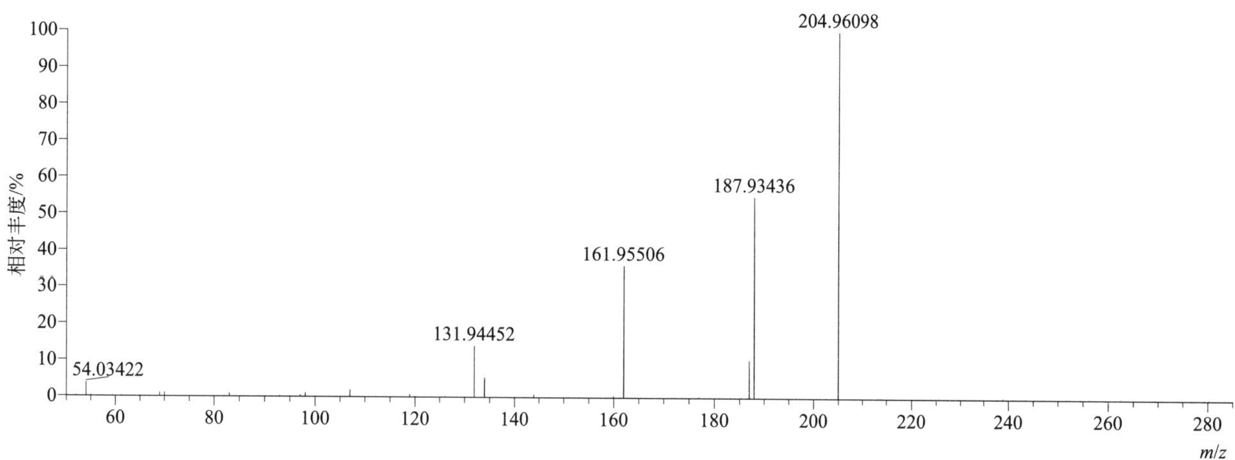

$[M+H]^+$ 阶梯归一化法能量 Step NCE 为 20、40、60 时典型的二级质谱图

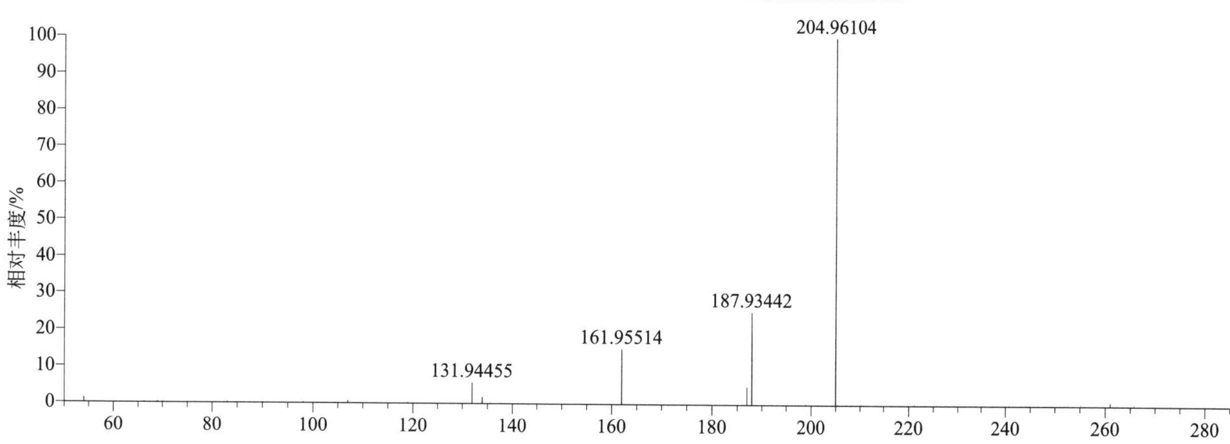

bromfenvinfos（溴苯烯磷）

基本信息

CAS 登录号	33399-00-7	分子量	401.91901	离子源和极性	电喷雾离子源（ESI）
分子式	$C_{12}H_{14}BrCl_2O_4P$	保留时间	15.18min	极性	正模式

[M+H]+ 提取离子流色谱图

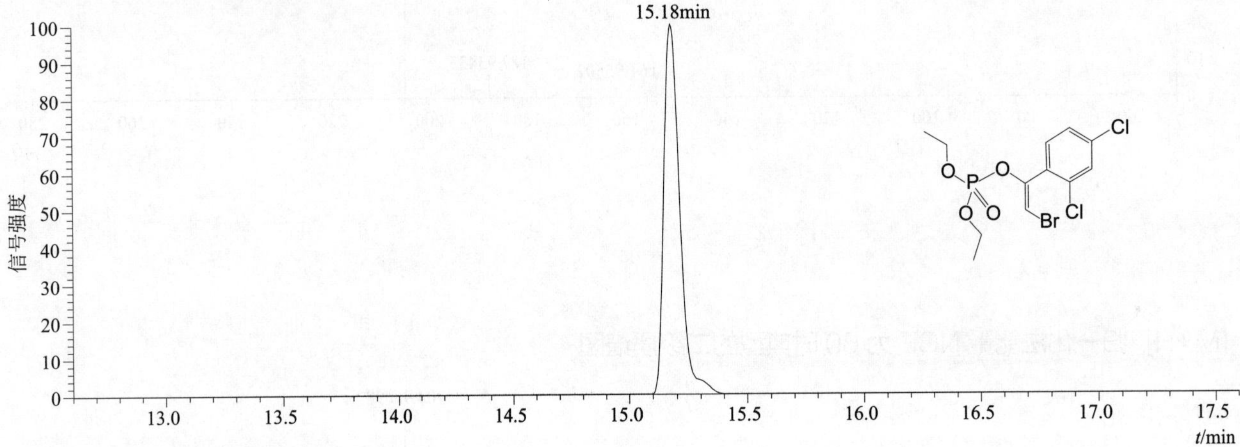

[M+H]+ 典型的一级质谱图

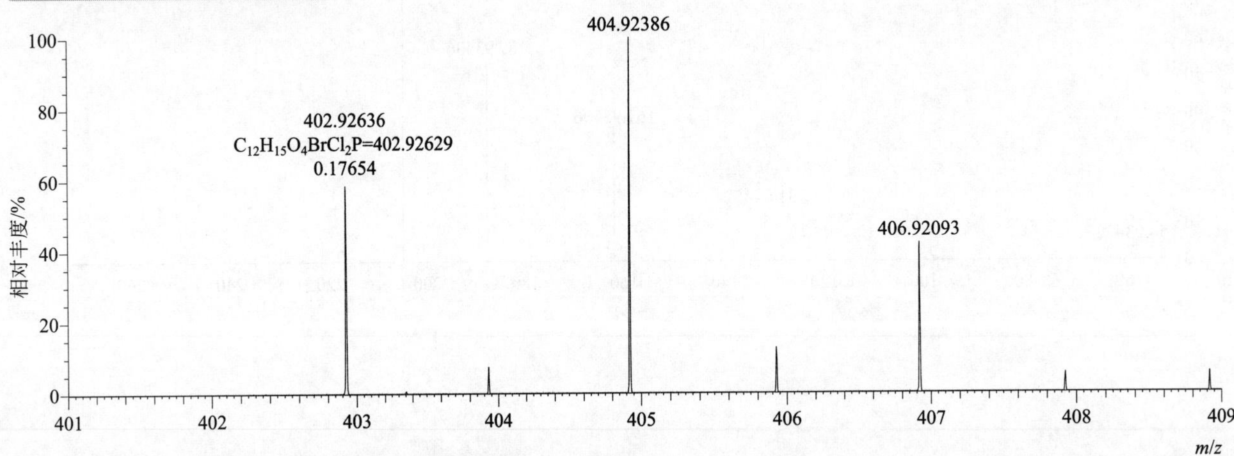

[M+H]+ 归一化法能量 NCE 为 20 时典型的二级质谱图

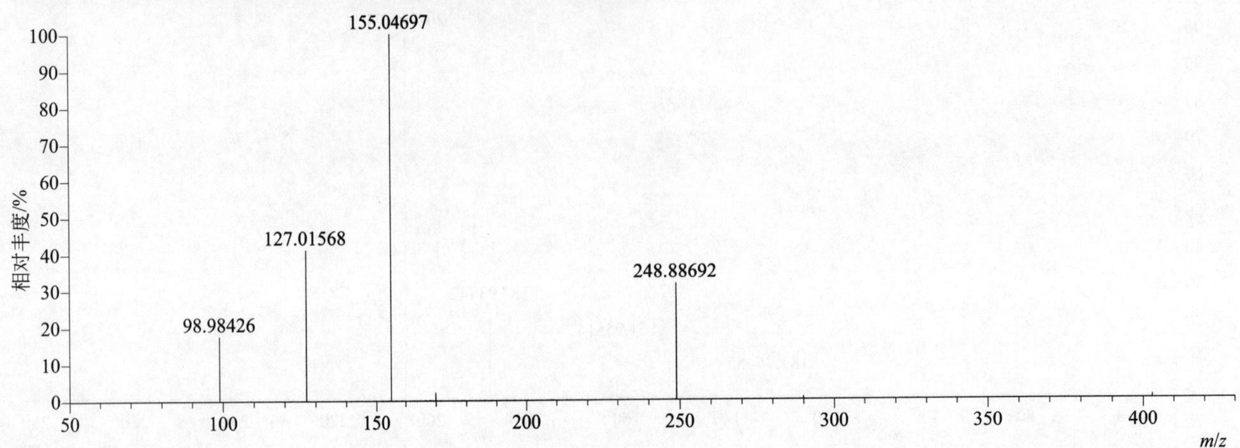

$[M+H]^+$ 归一化法能量 NCE 为 40 时典型的二级质谱图

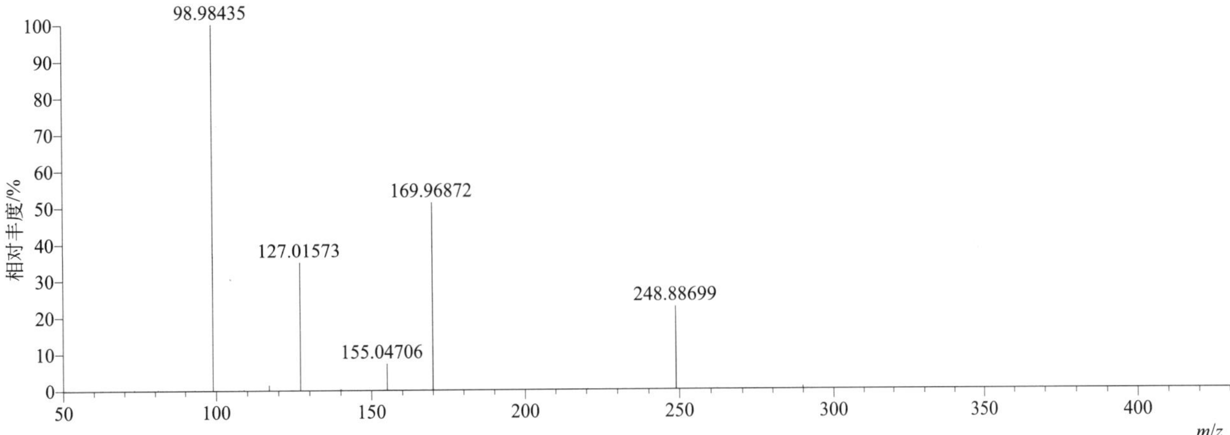

$[M+H]^+$ 归一化法能量 NCE 为 60 时典型的二级质谱图

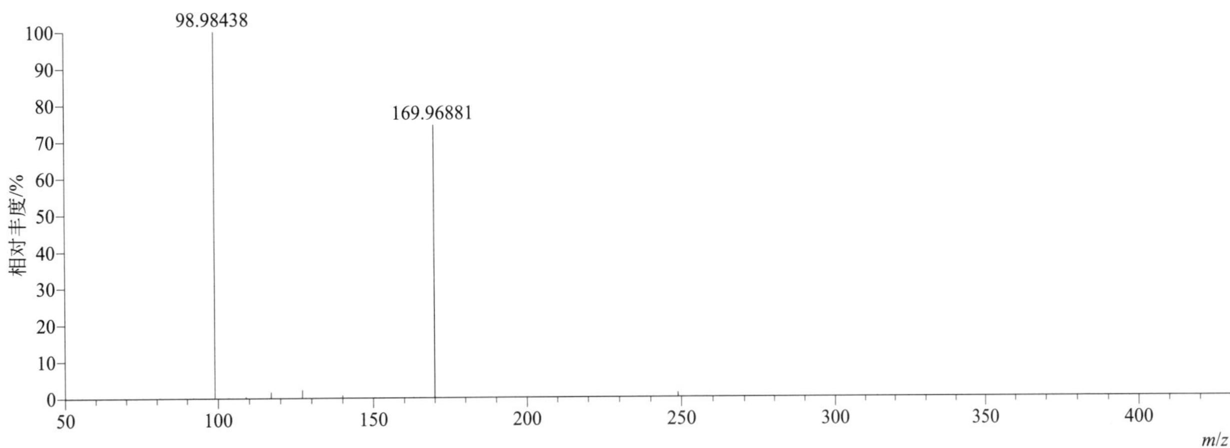

$[M+H]^+$ 阶梯归一化法能量 Step NCE 为 20、40、60 时典型的二级质谱图

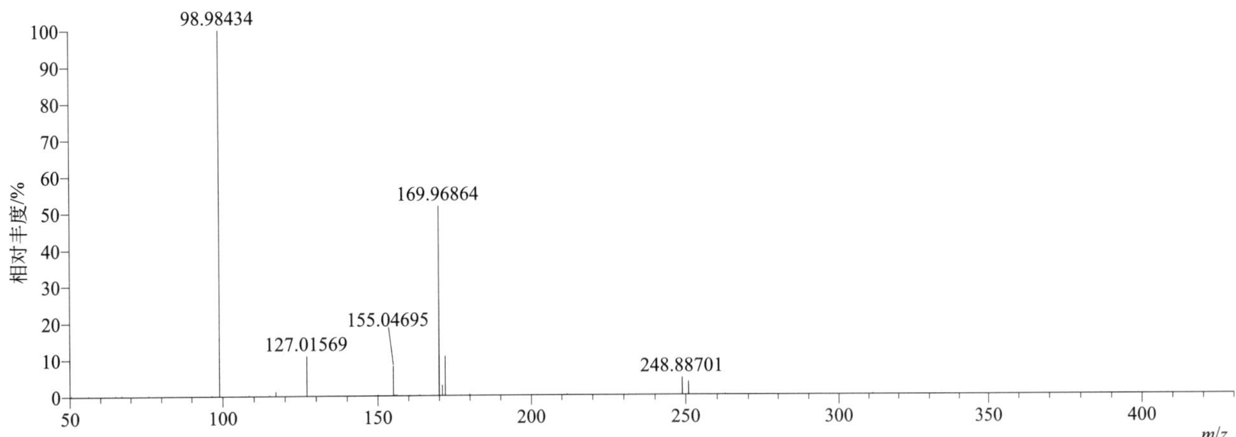

bromobutide（溴丁酰草胺）

基本信息

CAS 登录号	74712-19-9	分子量	311.08848	离子源和极性	电喷雾离子源（ESI）
分子式	$C_{15}H_{22}BrNO$	保留时间	14.77min	极性	正模式

[M+H]+ 提取离子流色谱图

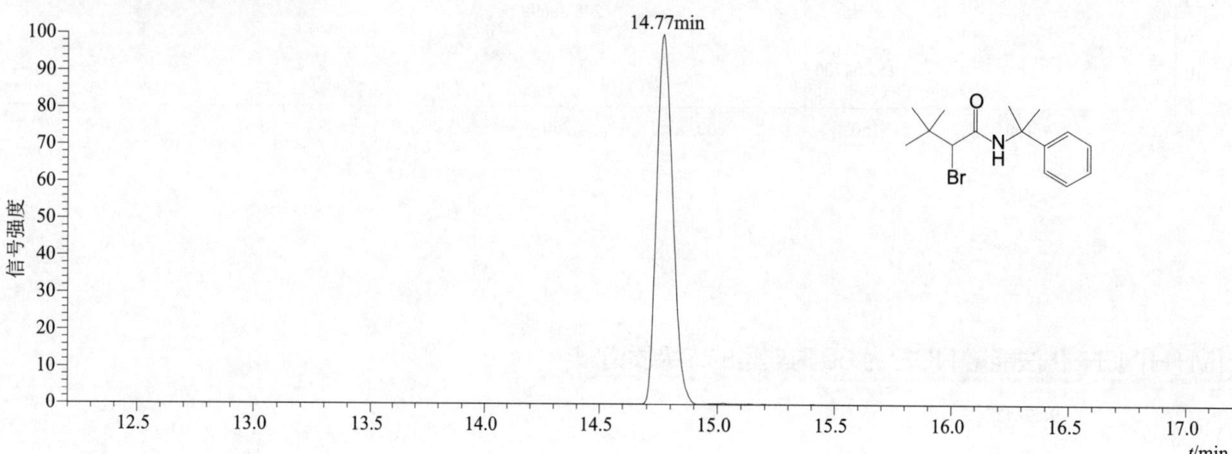

[M+H]+ 典型的一级质谱图

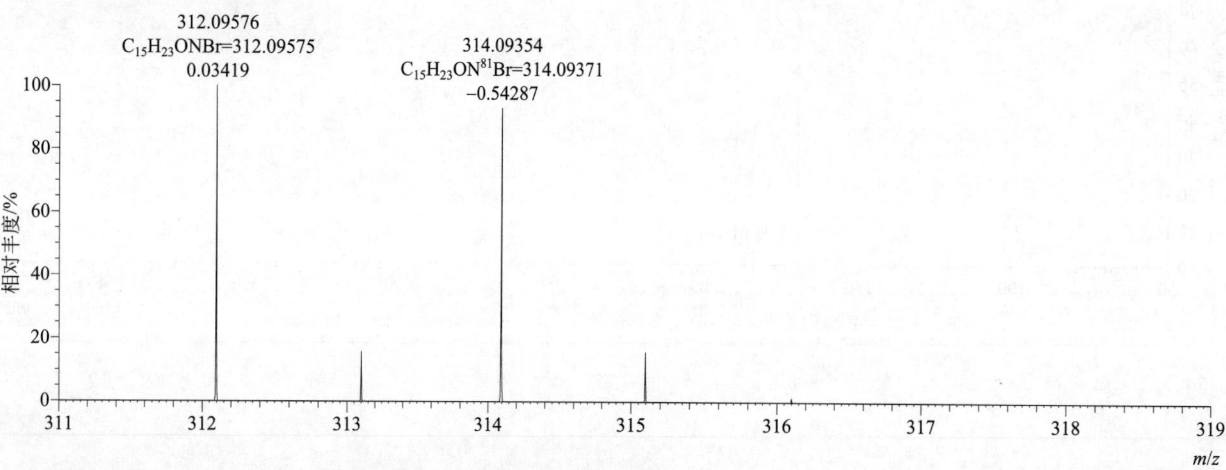

[M+H]+ 归一化法能量 NCE 为 20 时典型的二级质谱图

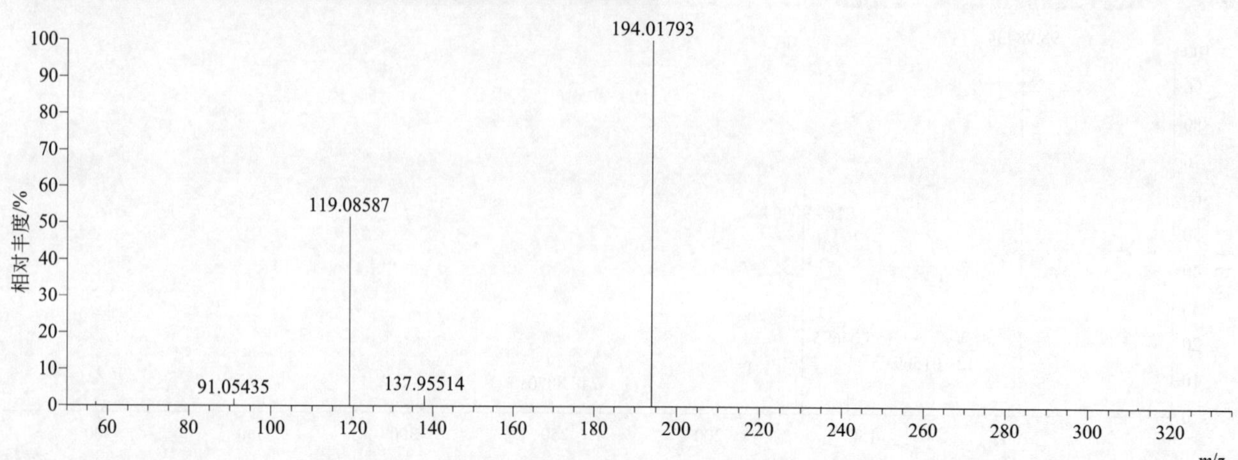

[M+H]$^+$ 归一化法能量 NCE 为 40 时典型的二级质谱图

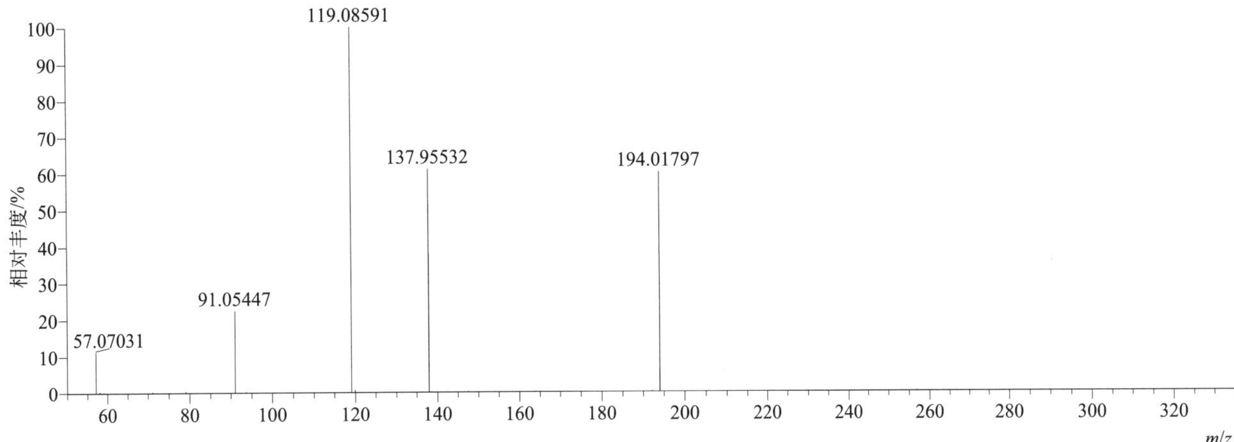

[M+H]$^+$ 归一化法能量 NCE 为 60 时典型的二级质谱图

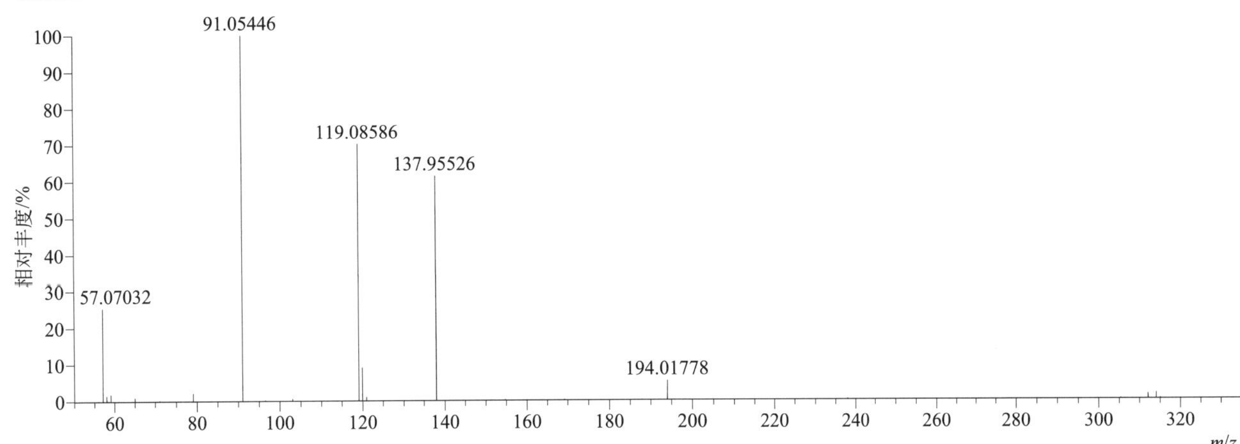

[M+H]$^+$ 阶梯归一化法能量 Step NCE 为 20、40、60 时典型的二级质谱图

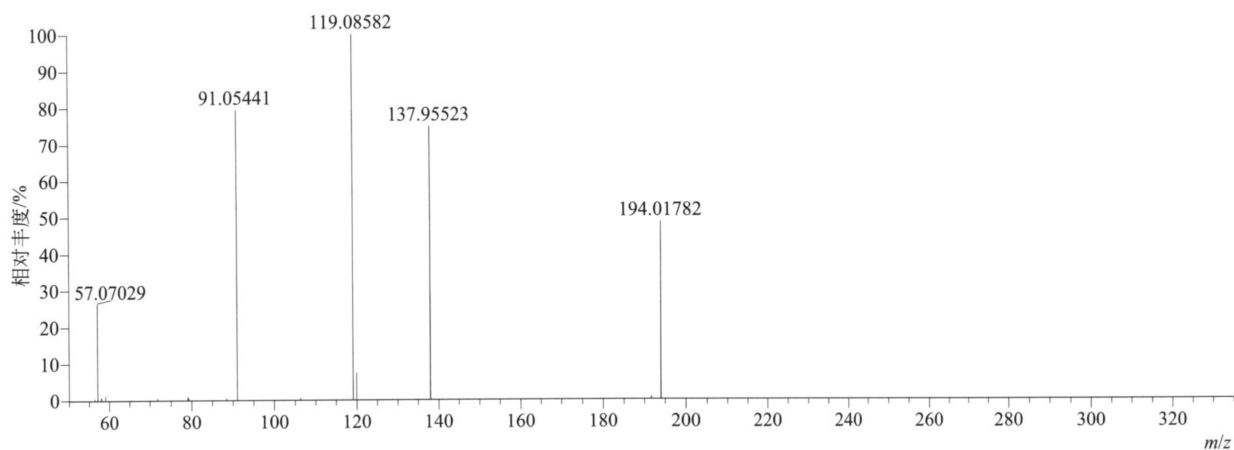

brompyrazon（杀莠敏）

基本信息

CAS 登录号	3042-84-0	分子量	264.98507	离子源和极性	电喷雾离子源（ESI）
分子式	$C_{10}H_8BrN_3O$	保留时间	12.07 min	极性	正模式

$[M+H]^+$ 提取离子流色谱图

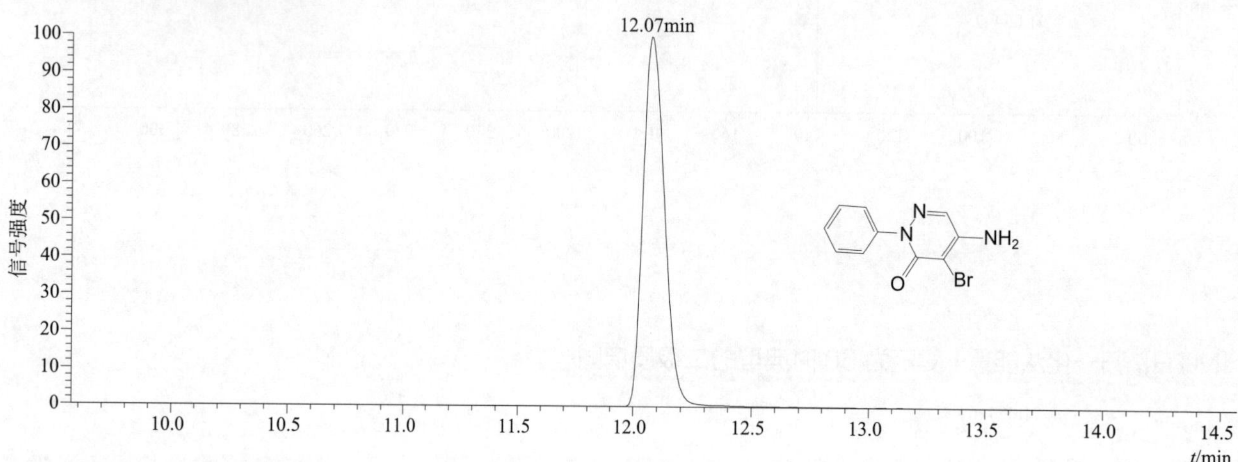

$[M+H]^+$ 典型的一级质谱图

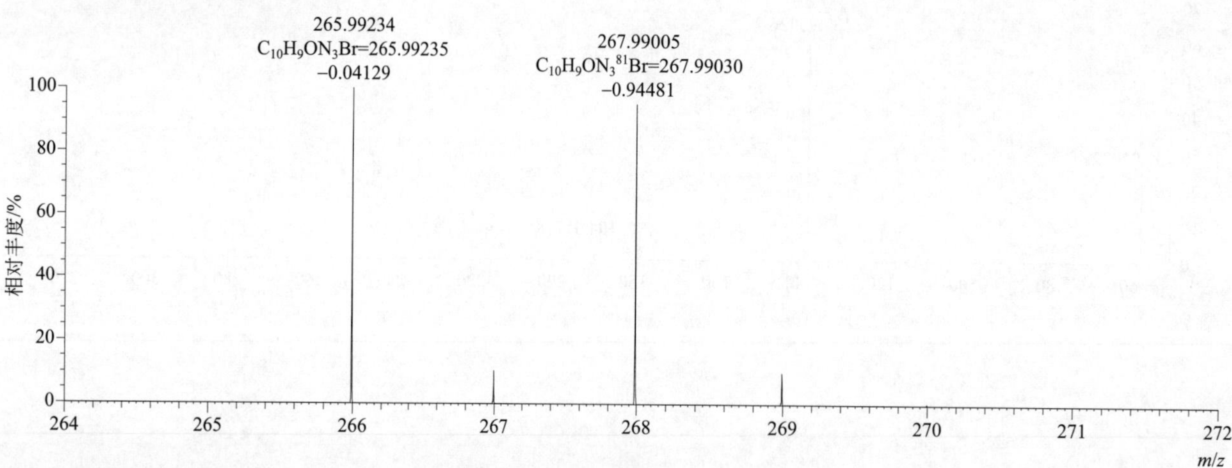

$[M+H]^+$ 归一化法能量 NCE 为 60 时典型的二级质谱图

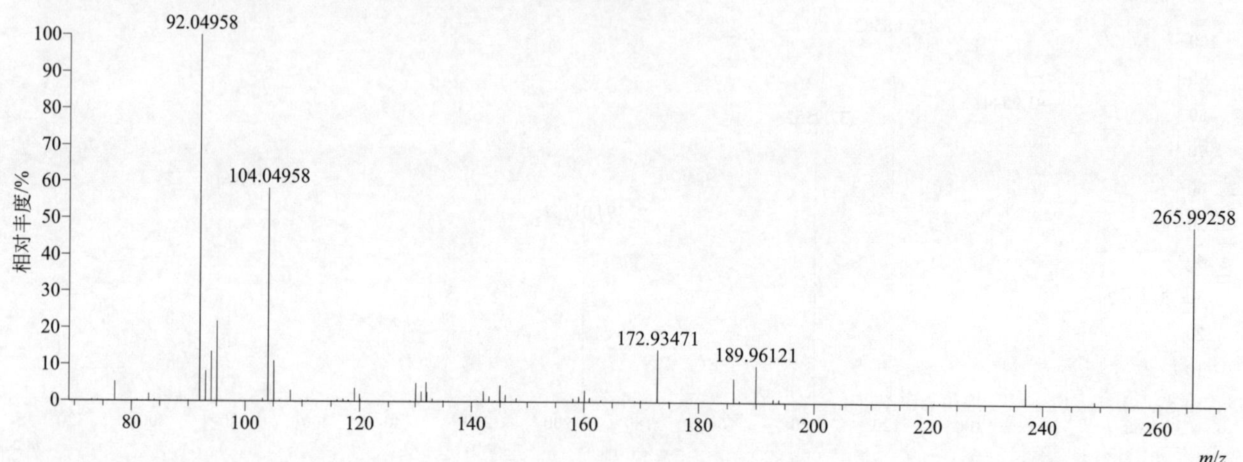

$[M+H]^+$ 归一化法能量 NCE 为 80 时典型的二级质谱图

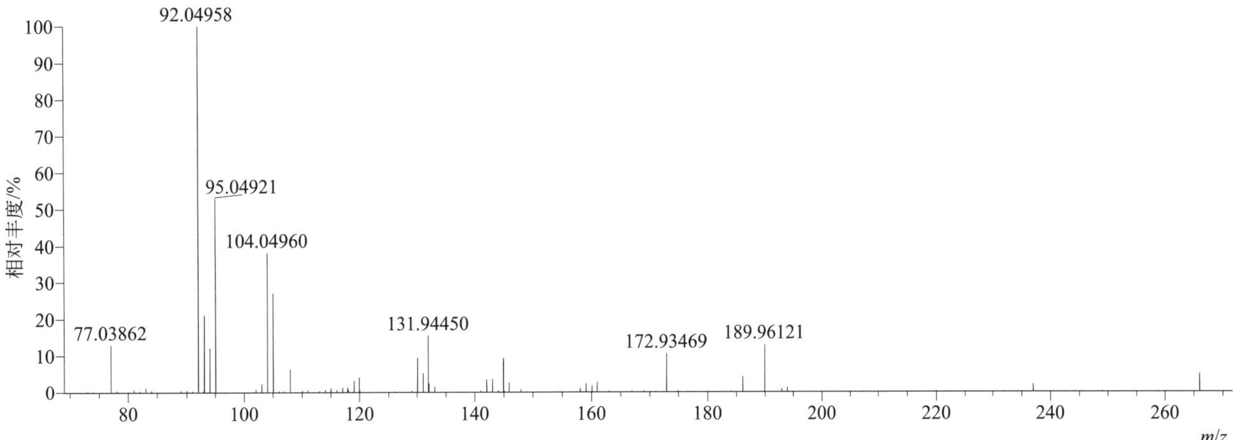

$[M+H]^+$ 归一化法能量 NCE 为 100 时典型的二级质谱图

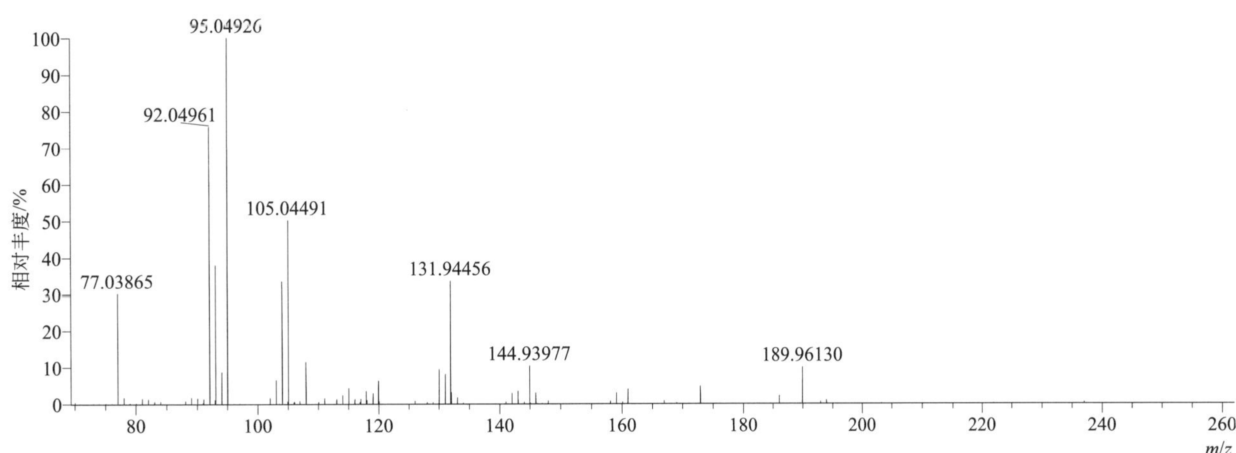

$[M+H]^+$ 阶梯归一化法能量 Step NCE 为 60、80、100 时典型的二级质谱图

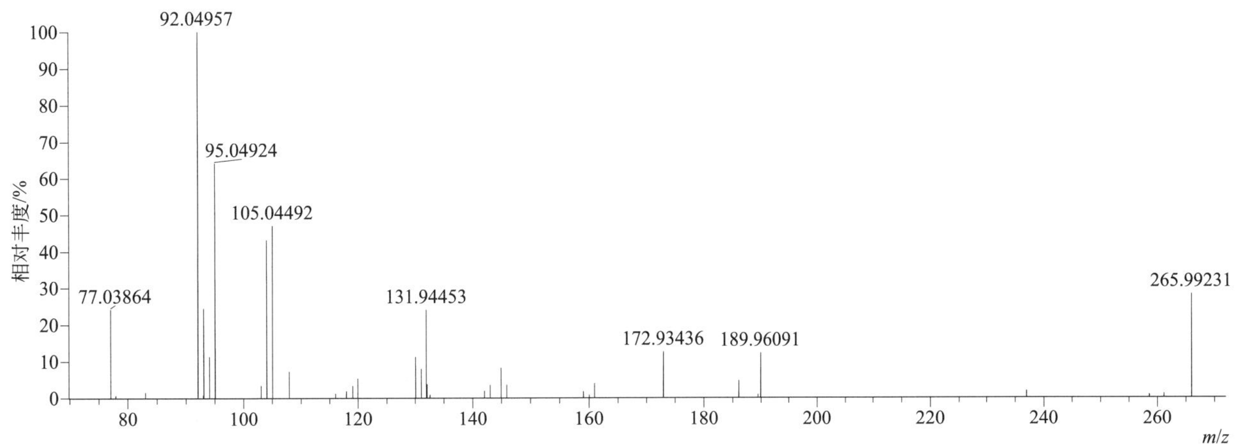

bromuconazole（糠菌唑）

基本信息

CAS 登录号	116255-48-2	分子量	374.95408	离子源和极性	电喷雾离子源（ESI）
分子式	$C_{13}H_{12}BrCl_2N_3O$	保留时间	14.62min;15.06min	极性	正模式

$[M+H]^+$ 提取离子流色谱图

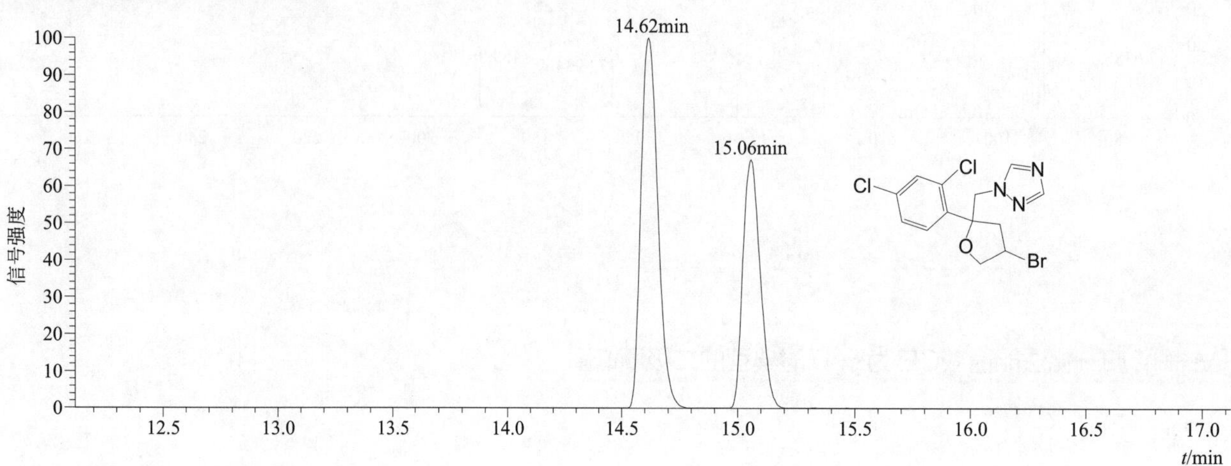

$[M+H]^+$ 典型的一级质谱图

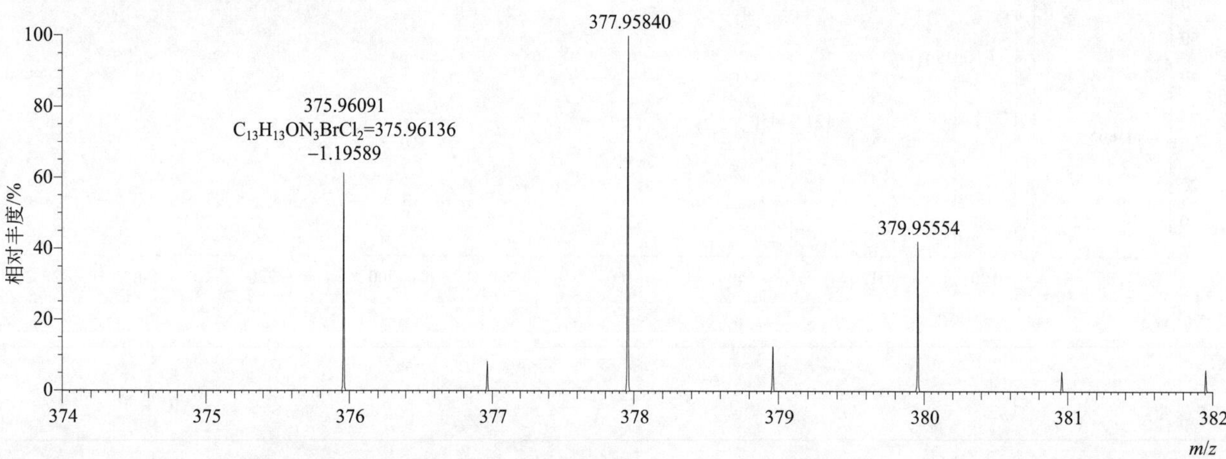

$[M+H]^+$ 归一化法能量 NCE 为 20 时典型的二级质谱图

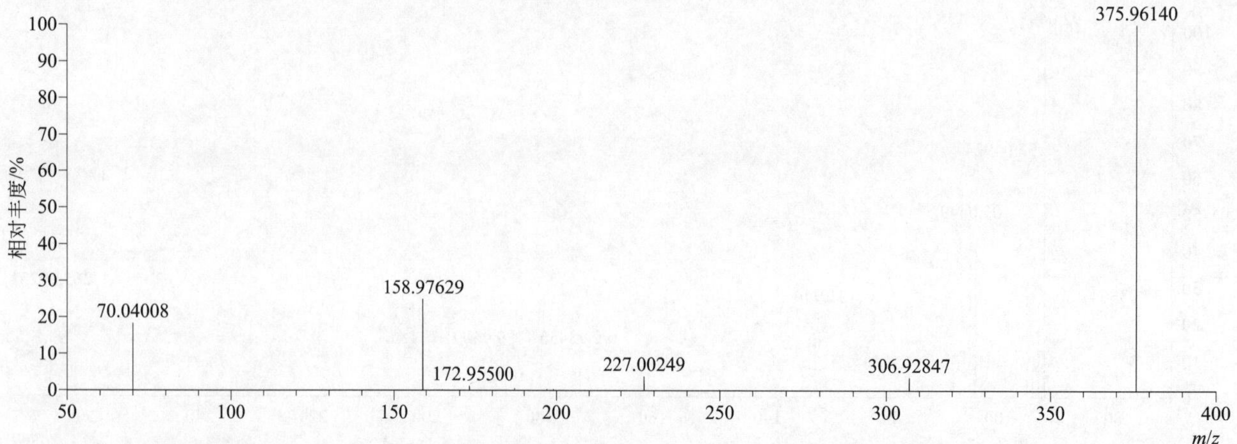

[M+H]+ 归一化法能量 NCE 为 40 时典型的二级质谱图

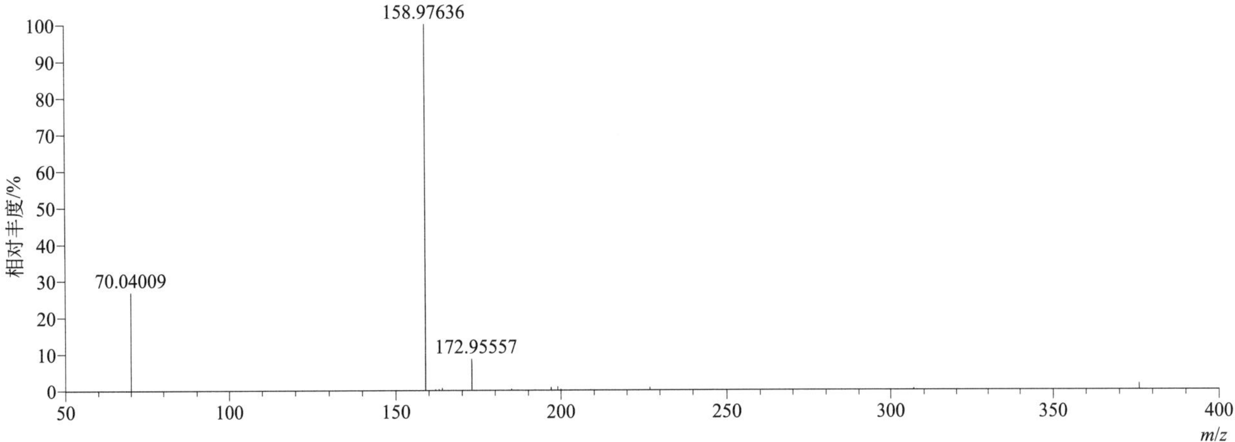

[M+H]+ 归一化法能量 NCE 为 60 时典型的二级质谱图

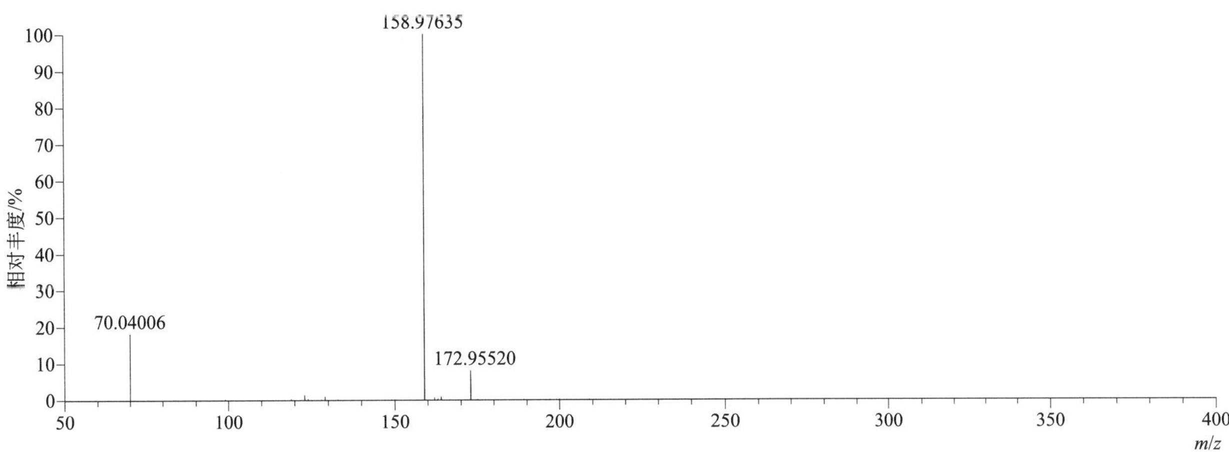

[M+H]+ 阶梯归一化法能量 Step NCE 为 20、40、60 时典型的二级质谱图

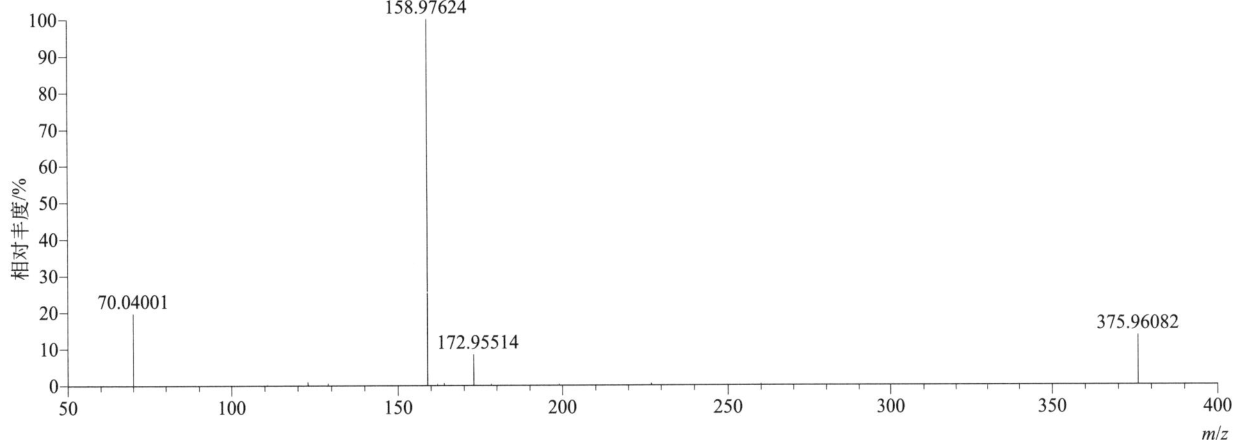

bupirimate（磺羧丁嘧啶）

基本信息

CAS 登录号	41483-43-6	分子量	316.15691	离子源和极性	电喷雾离子源（ESI）
分子式	$C_{13}H_{24}N_4O_3S$	保留时间	14.73min	极性	正模式

[M+H]+ 提取离子流色谱图

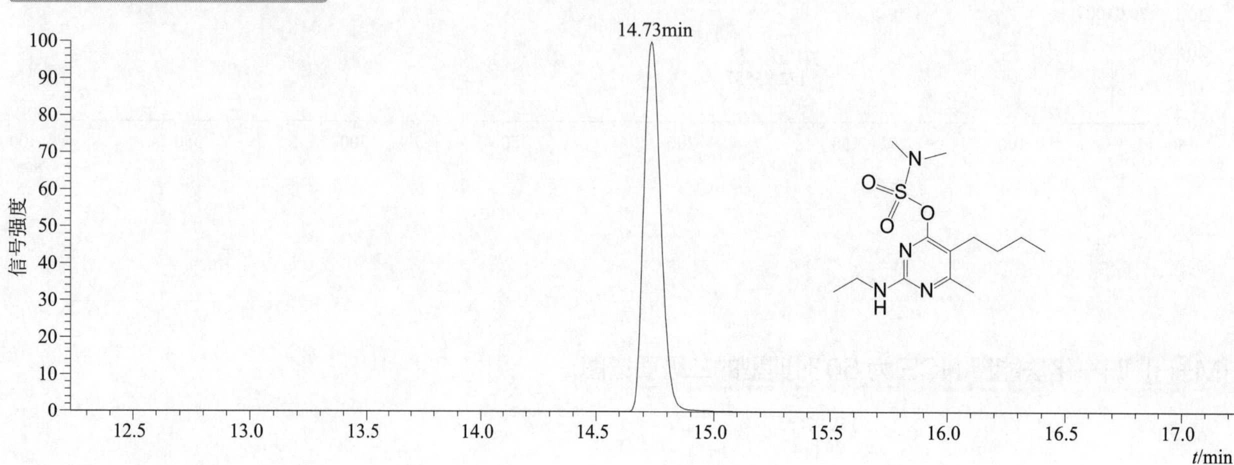

[M+H]+ 典型的一级质谱图

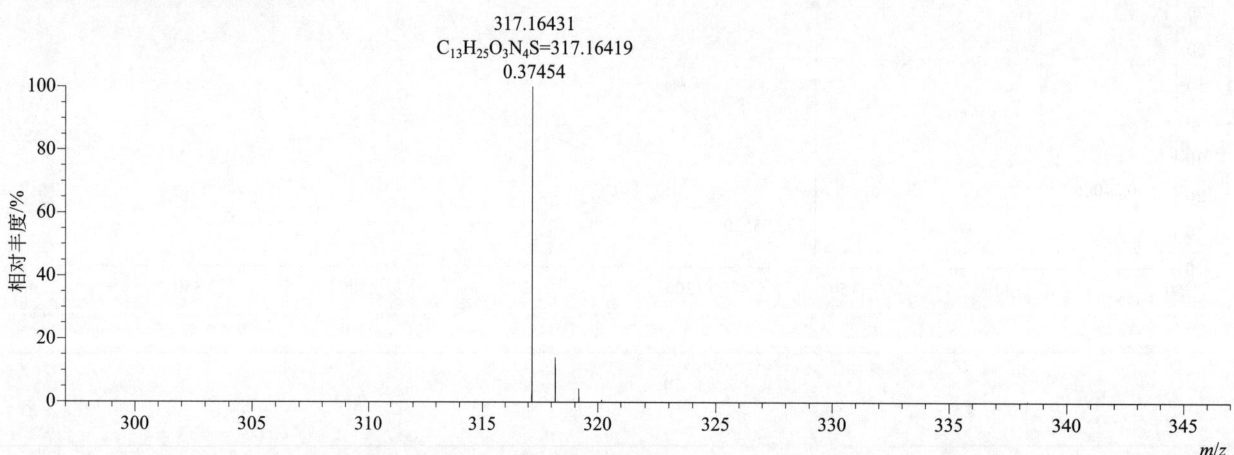

[M+H]+ 归一化法能量 NCE 为 20 时典型的二级质谱图

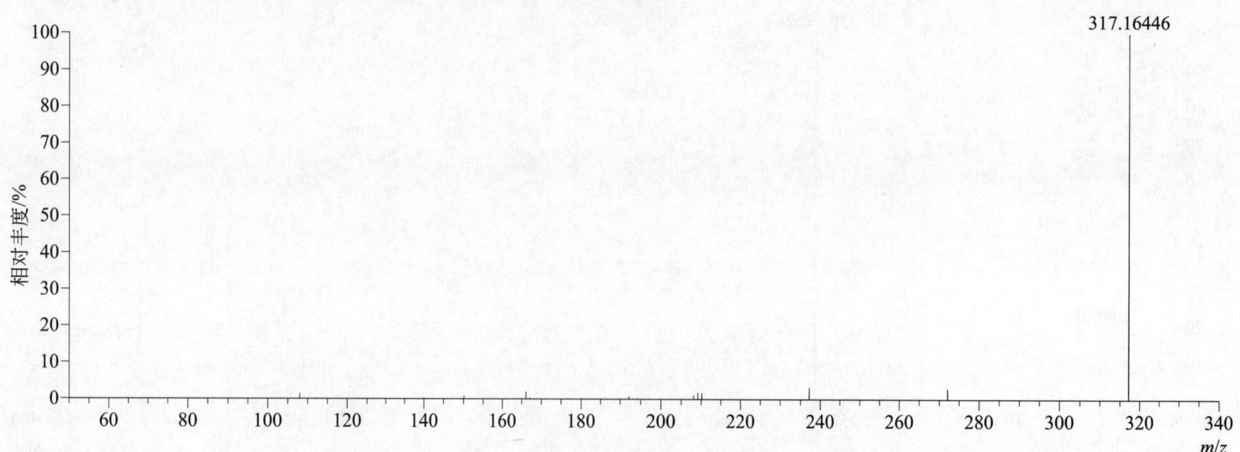

[M+H]⁺ 归一化法能量 NCE 为 40 时典型的二级质谱图

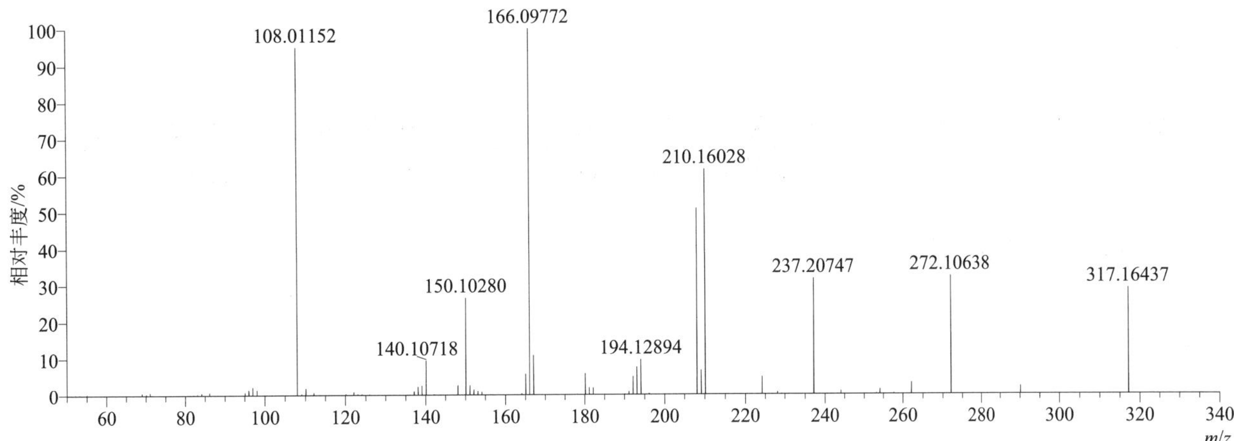

[M+H]⁺ 归一化法能量 NCE 为 60 时典型的二级质谱图

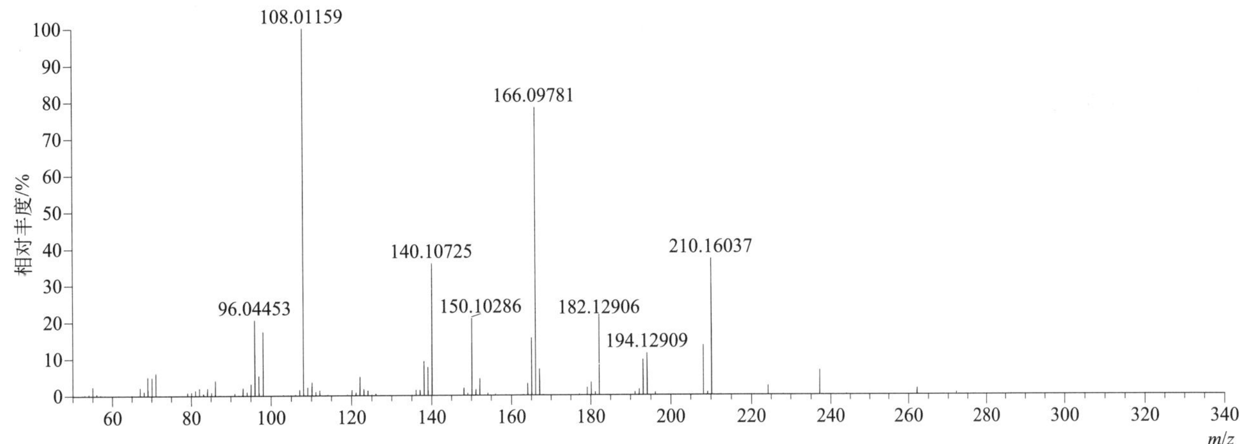

[M+H]⁺ 阶梯归一化法能量 Step NCE 为 20、40、60 时典型的二级质谱图

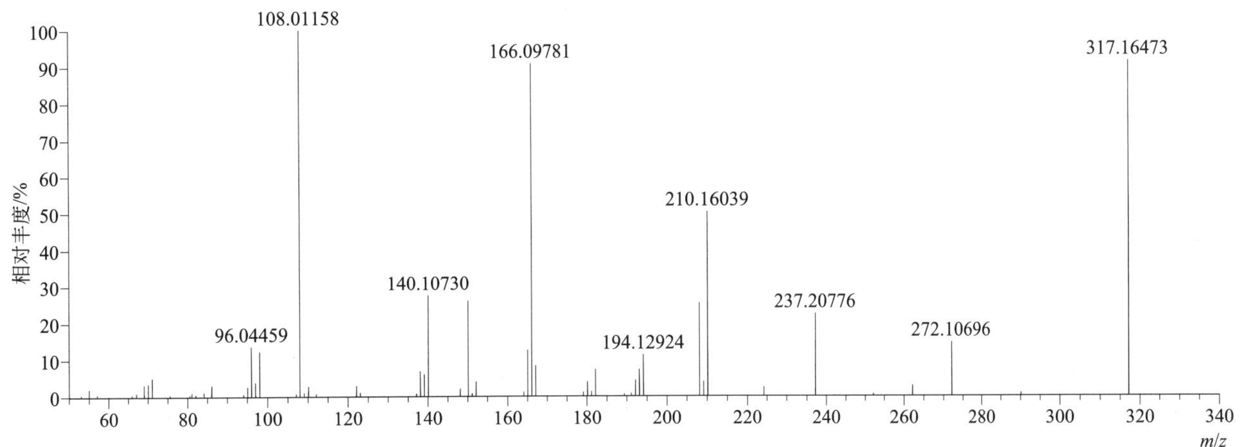

buprofezin（噻嗪酮）

基本信息

CAS 登录号	69327-76-0	分子量	305.15618	离子源和极性	电喷雾离子源（ESI）
分子式	$C_{16}H_{23}N_3OS$	保留时间	15.74min	极性	正模式

[M+H]+ 提取离子流色谱图

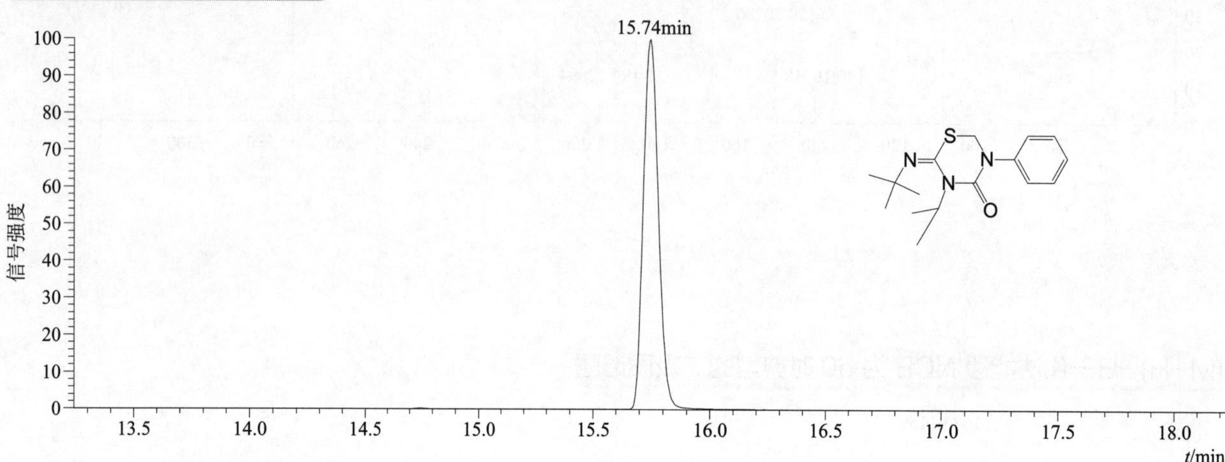

[M+H]+ 典型的一级质谱图

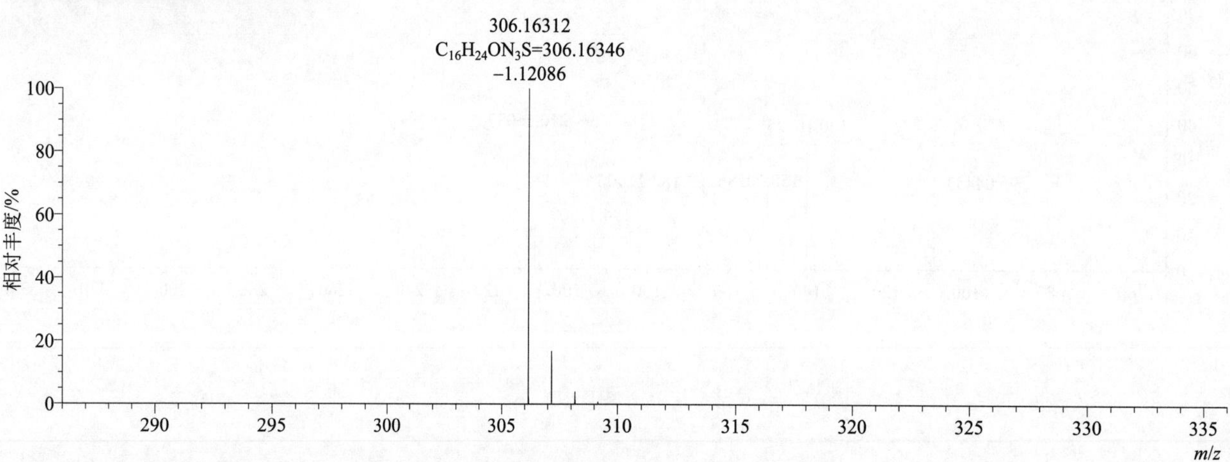

[M+H]+ 归一化法能量 NCE 为 20 时典型的二级质谱图

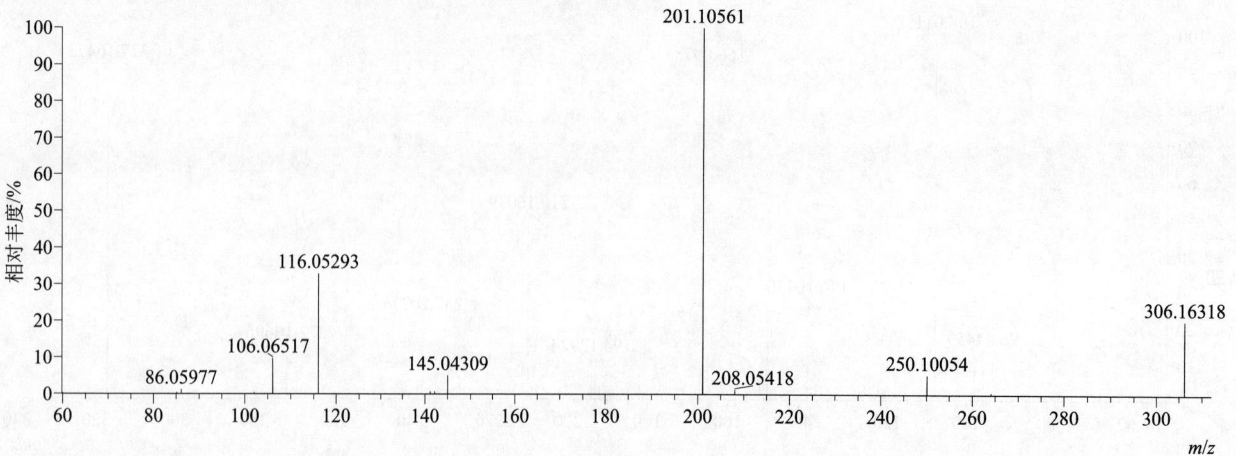

[M+H]+ 归一化法能量 NCE 为 40 时典型的二级质谱图

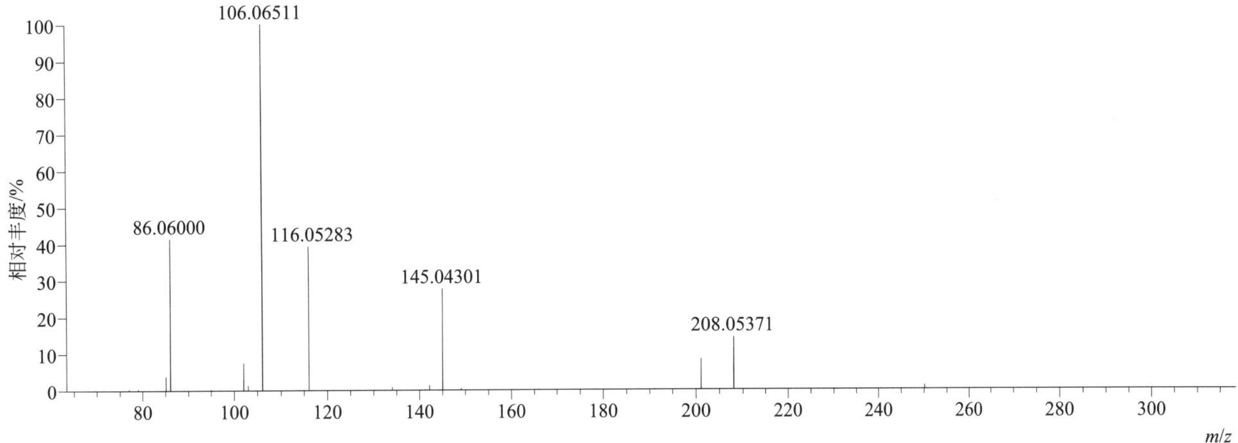

[M+H]+ 归一化法能量 NCE 为 60 时典型的二级质谱图

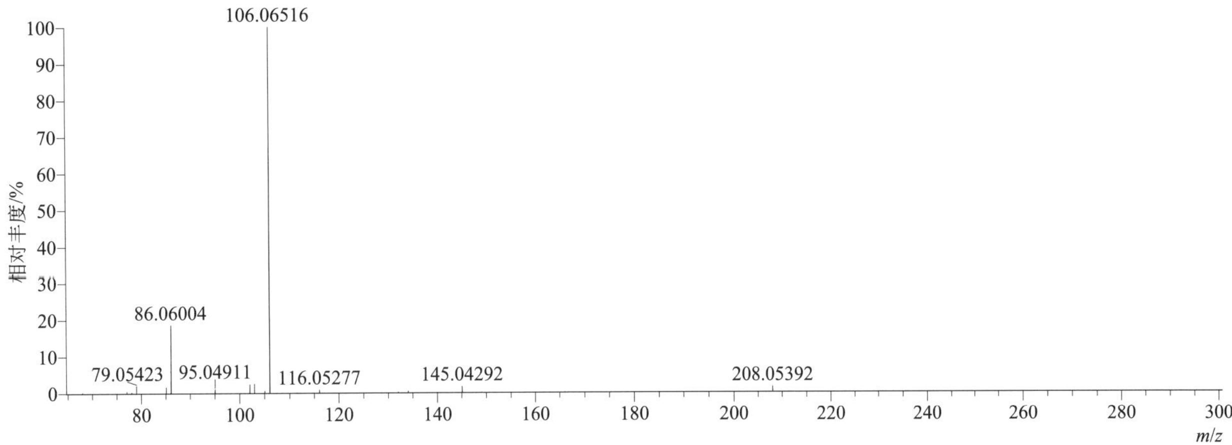

[M+H]+ 阶梯归一化法能量 Step NCE 为 20、40、60 时典型的二级质谱图

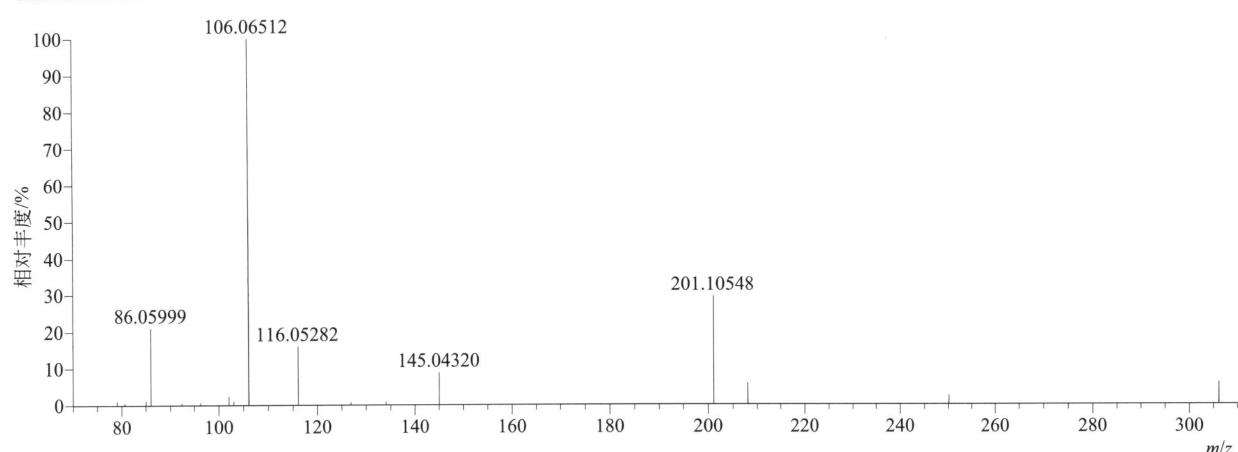

butachlor（丁草胺）

基本信息

CAS 登录号	23184-66-9	分子量	311.16521	离子源和极性	电喷雾离子源（ESI）
分子式	$C_{17}H_{26}ClNO_2$	保留时间	15.55min	极性	正模式

[M+H]+ 提取离子流色谱图

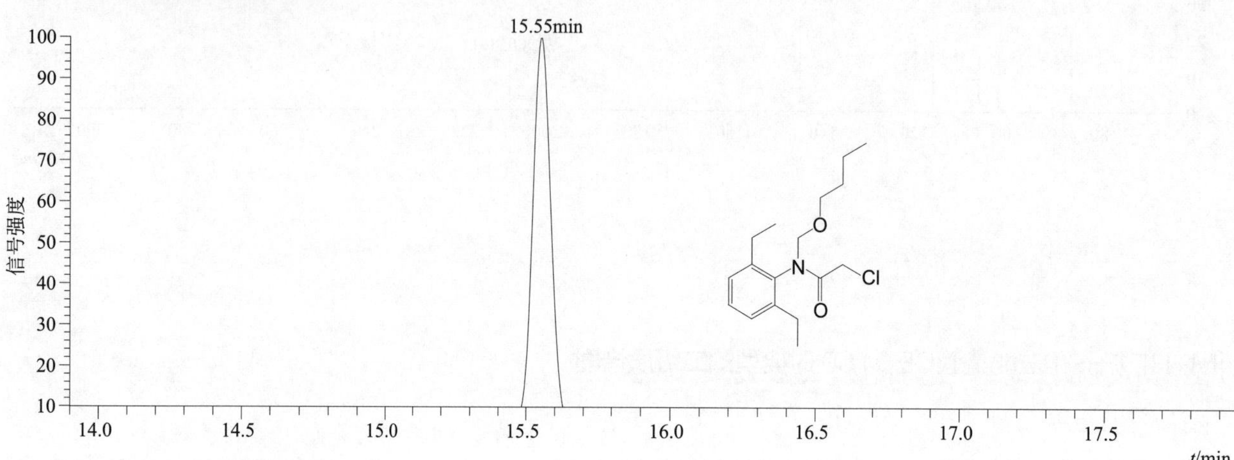

[M+H]+ 典型的一级质谱图

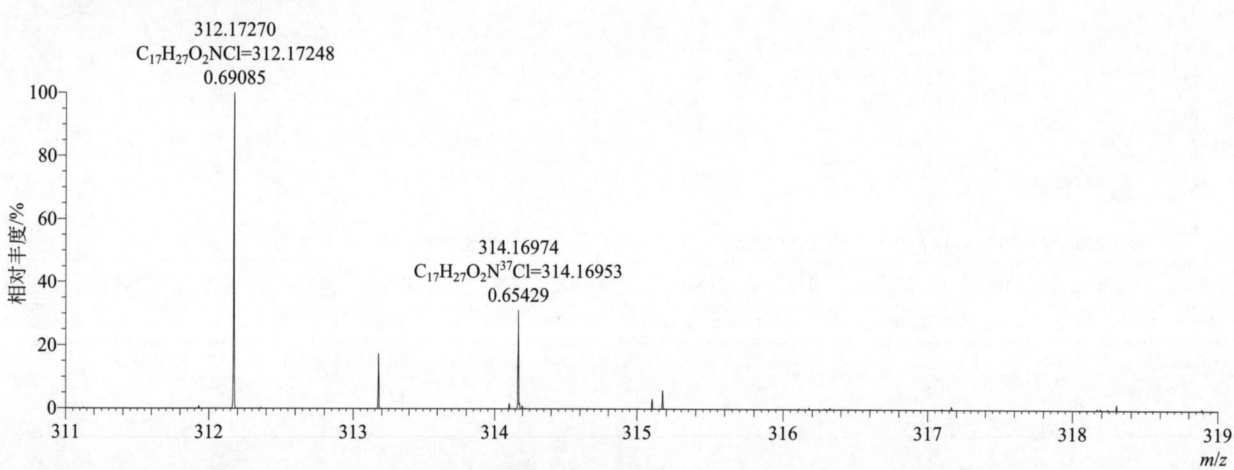

[M+H]+ 归一化法能量 NCE 为 20 时典型的二级质谱图

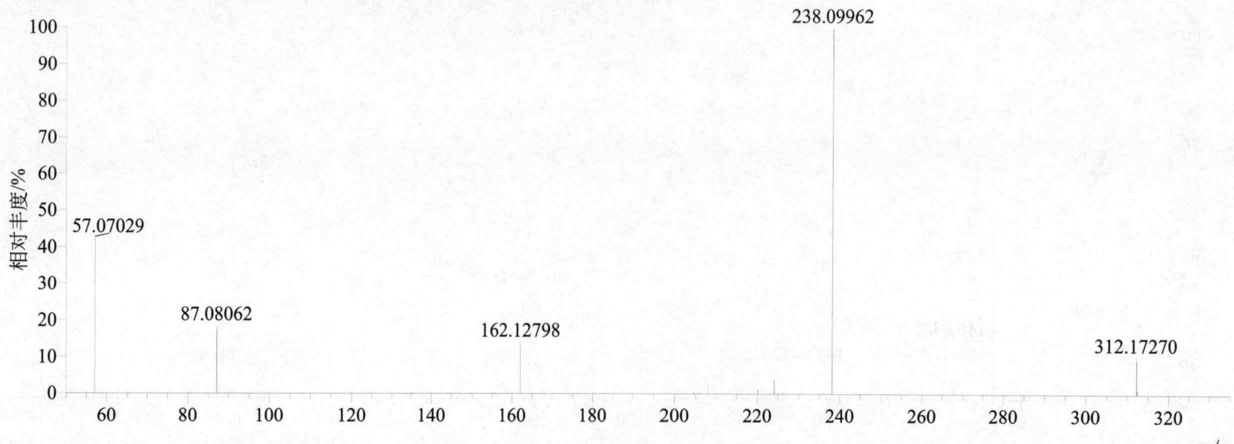

$[M+H]^+$ 归一化法能量 NCE 为 40 时典型的二级质谱图

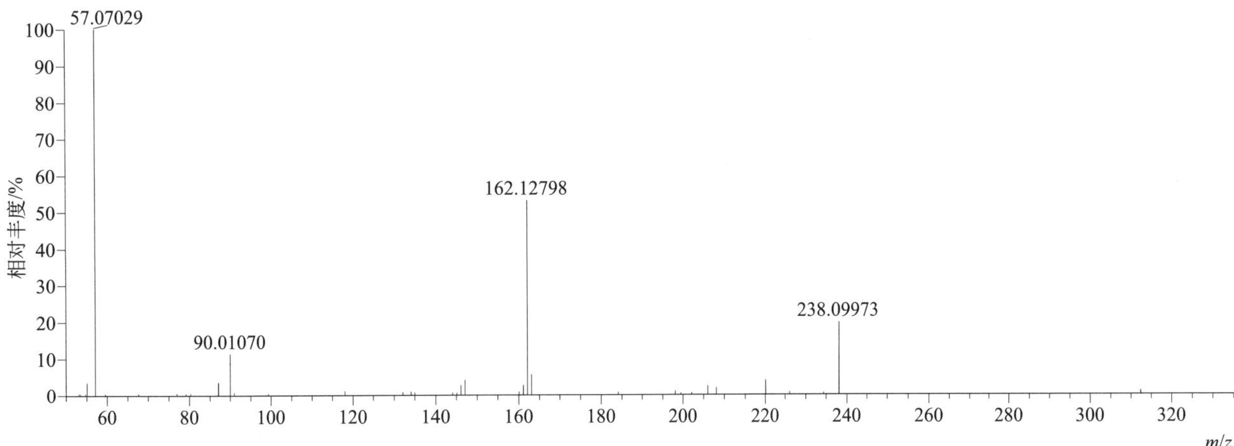

$[M+H]^+$ 归一化法能量 NCE 为 60 时典型的二级质谱图

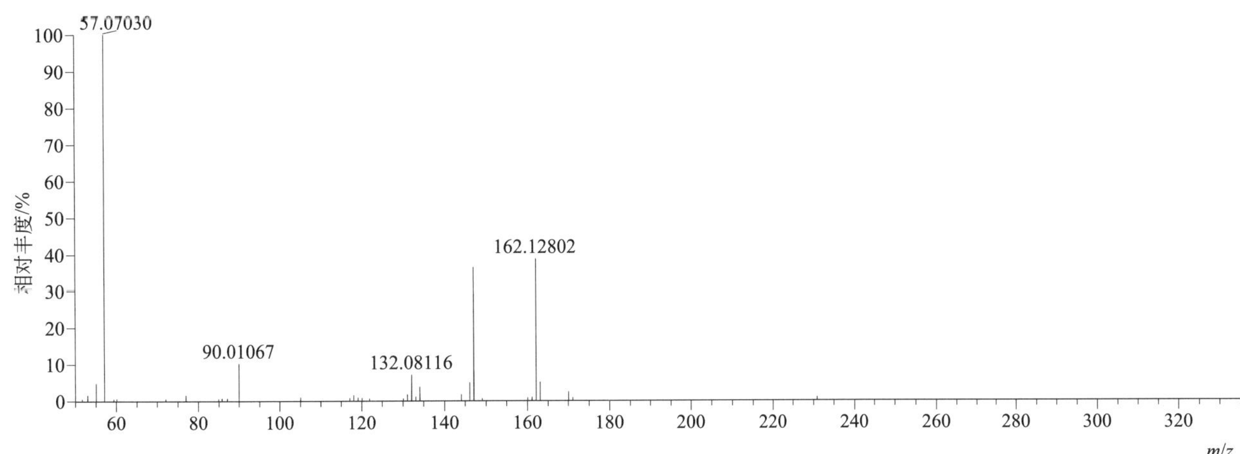

$[M+H]^+$ 阶梯归一化法能量 Step NCE 为 20、40、60 时典型的二级质谱图

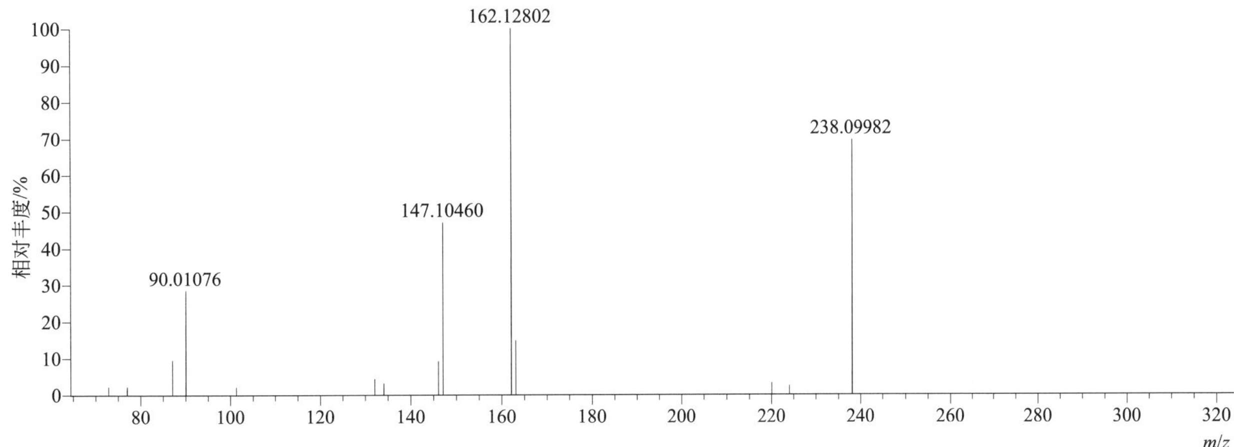

butafenacil（氟丙嘧草酯）

基本信息

CAS 登录号	134605-64-4	分子量	474.08055	离子源和极性	电喷雾离子源（ESI）
分子式	$C_{20}H_{18}ClF_3N_2O_6$	保留时间	14.56min	极性	正模式

$[M+NH_4]^+$ 提取离子流色谱图

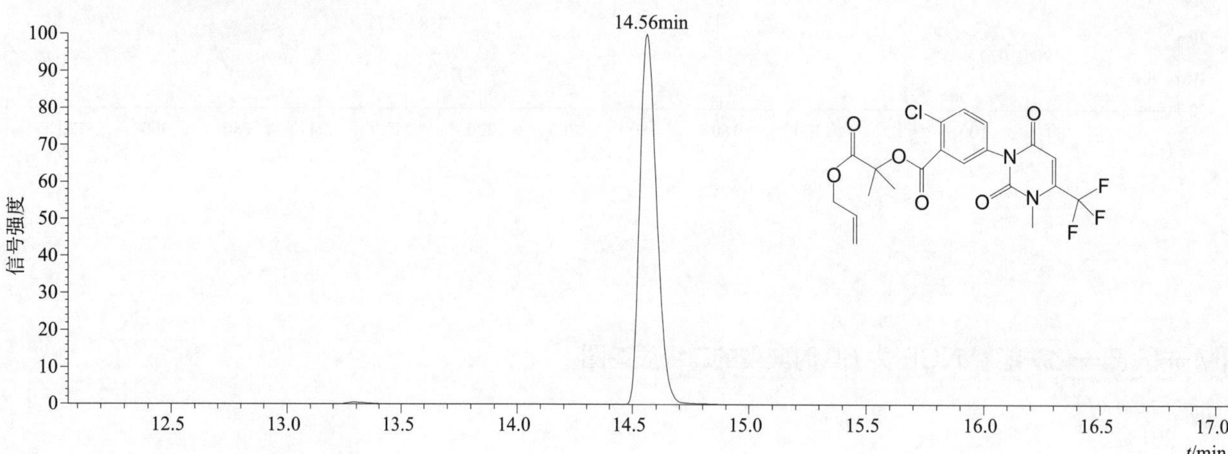

$[M+NH_4]^+$ 典型的一级质谱图

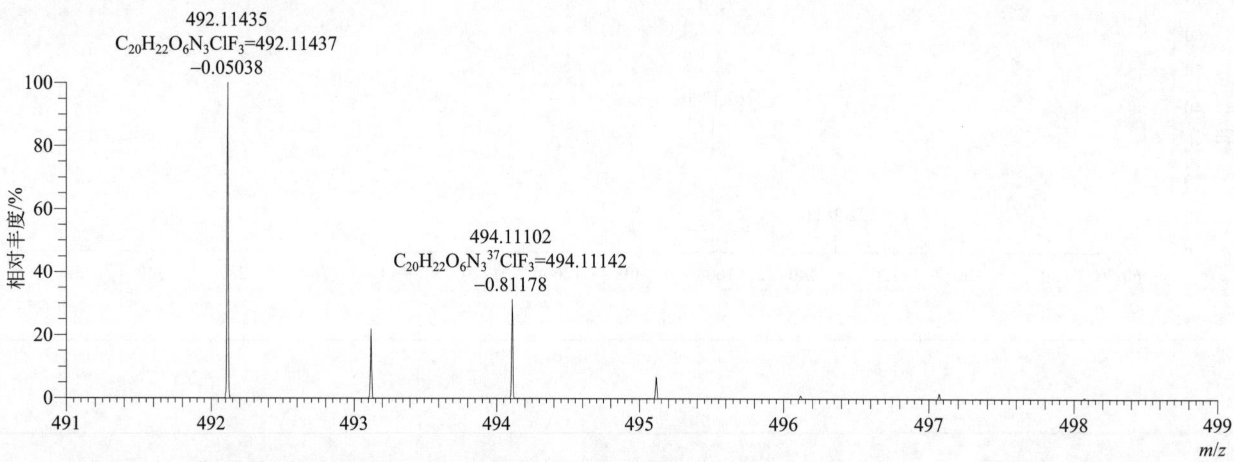

$[M+NH_4]^+$ 归一化法能量 NCE 为 20 时典型的二级质谱图

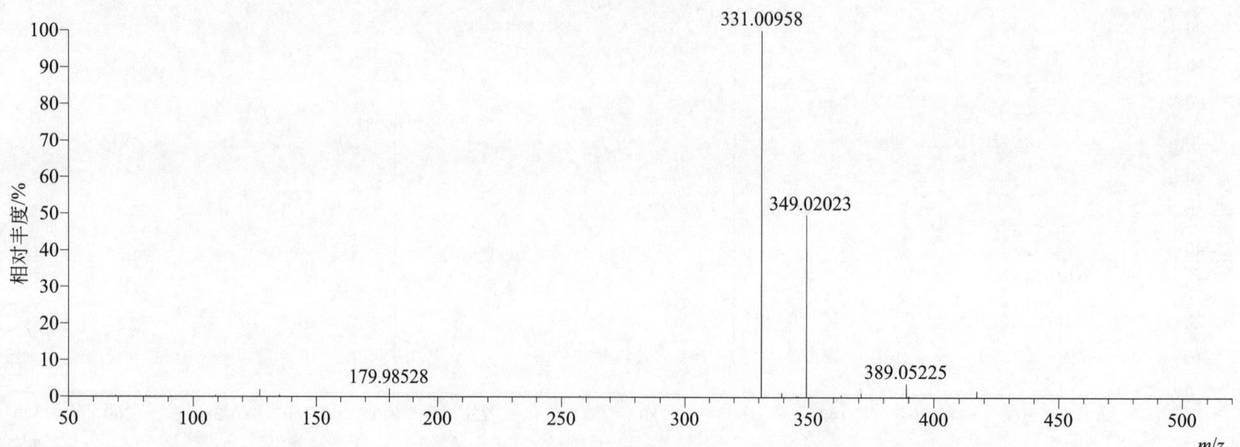

$[M+NH_4]^+$ 归一化法能量 NCE 为 40 时典型的二级质谱图

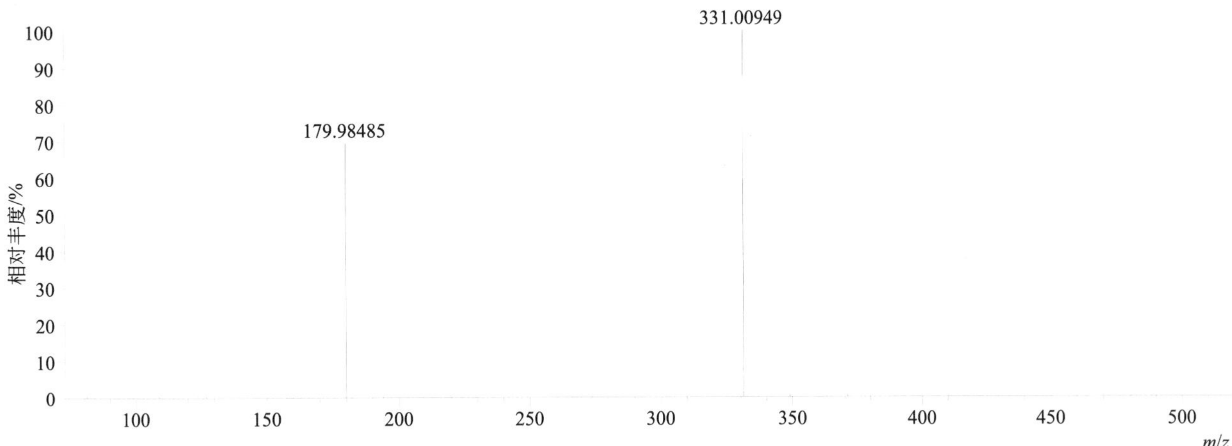

$[M+NH_4]^+$ 归一化法能量 NCE 为 60 时典型的二级质谱图

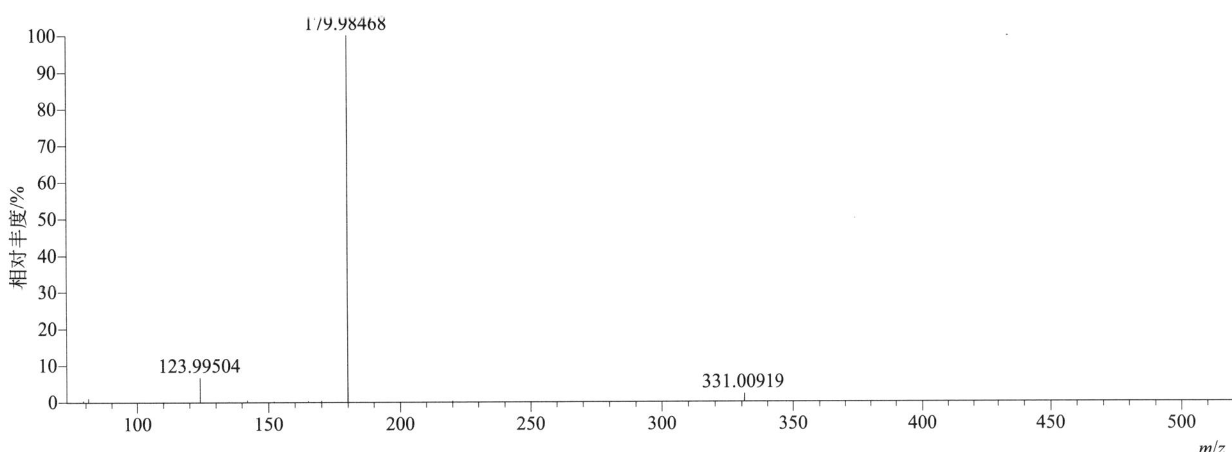

$[M+NH_4]^+$ 阶梯归一化法能量 Step NCE 为 20、40、60 时典型的二级质谱图

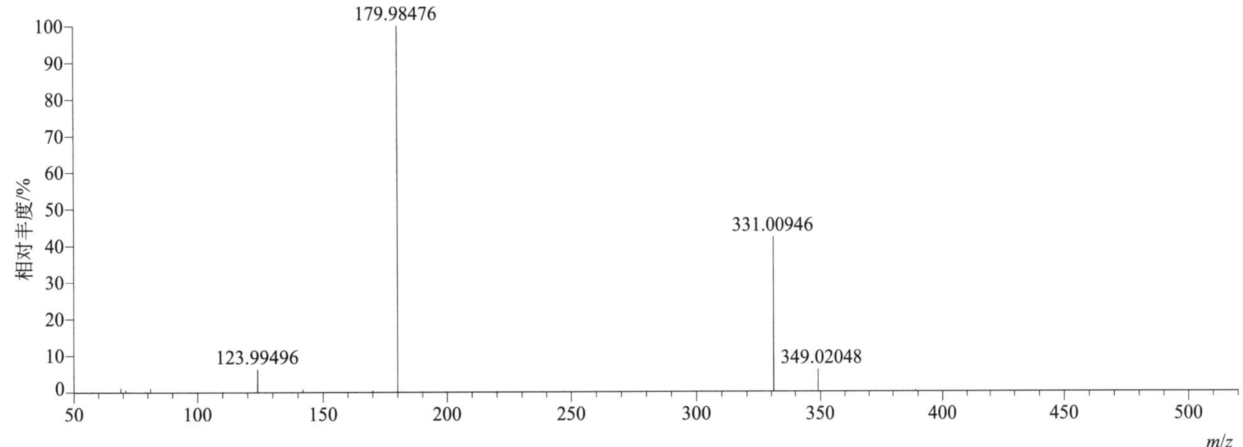

butamifos（抑草磷）

基本信息

CAS 登录号	36335-67-8	分子量	332.09596	离子源和极性	电喷雾离子源（ESI）
分子式	$C_{13}H_{21}N_2O_4PS$	保留时间	15.25min	极性	正模式

$[M+H]^+$ 提取离子流色谱图

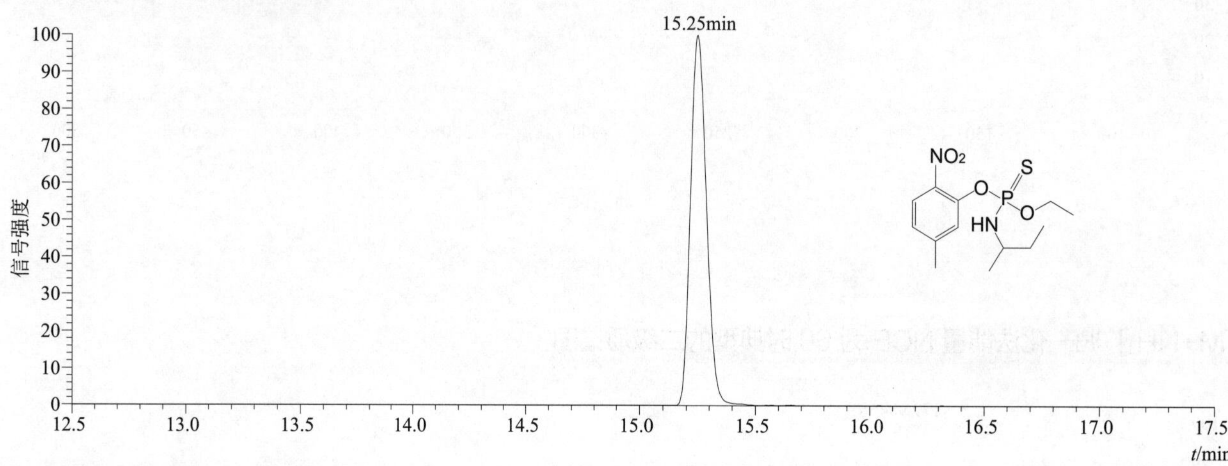

$[M+H]^+$ 典型的一级质谱图

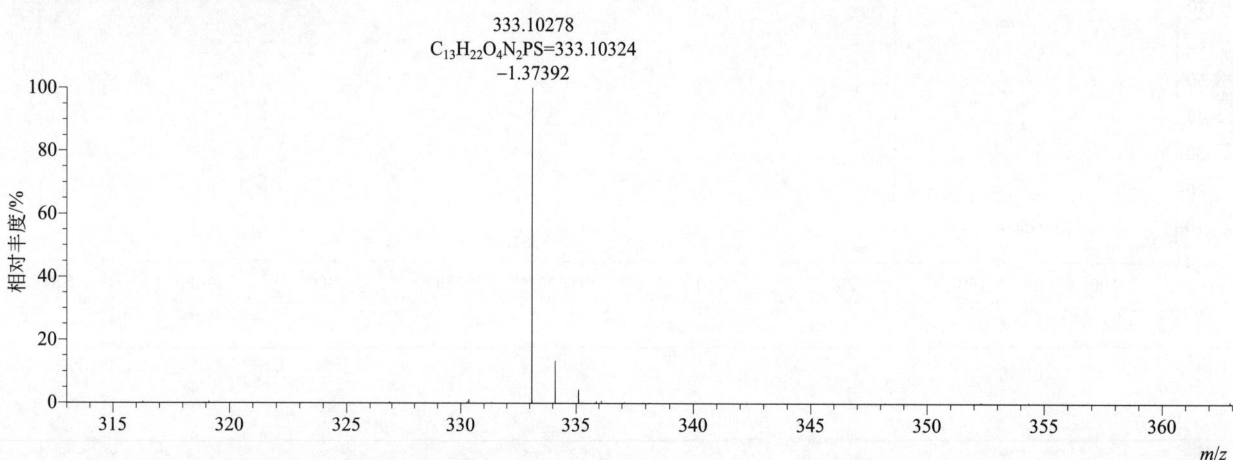

$[M+H]^+$ 归一化法能量 NCE 为 20 时典型的二级质谱图

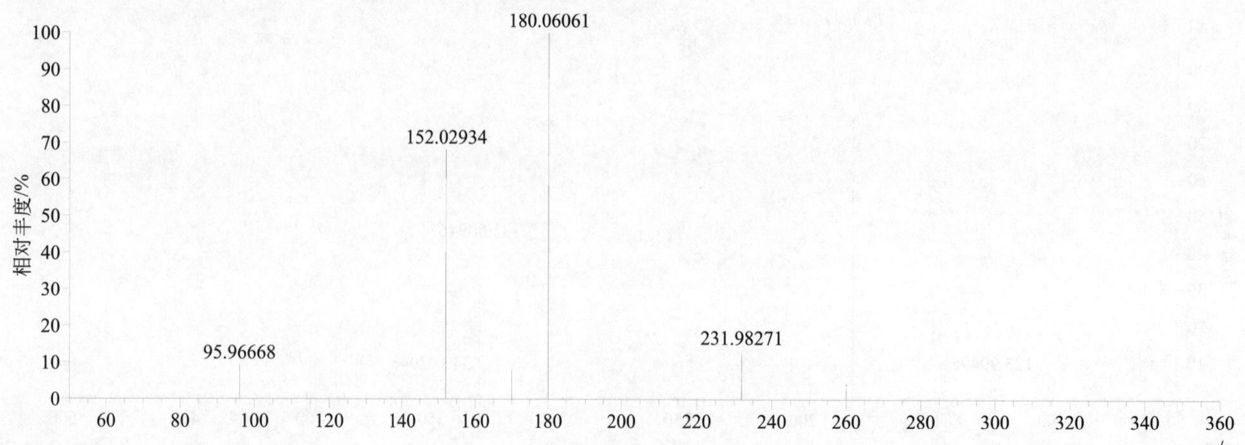

$[M+H]^+$ 归一化法能量 NCE 为 40 时典型的二级质谱图

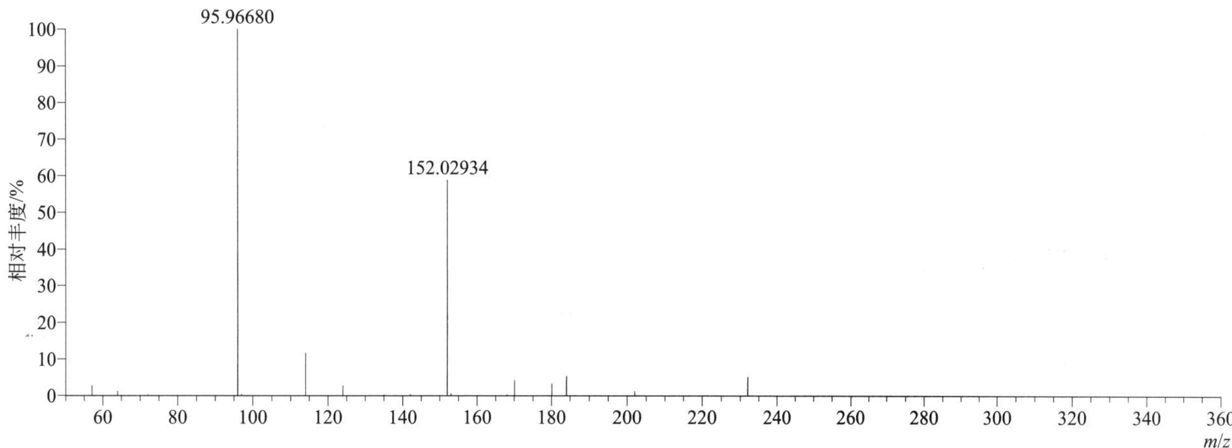

$[M+H]^+$ 归一化法能量 NCE 为 60 时典型的二级质谱图

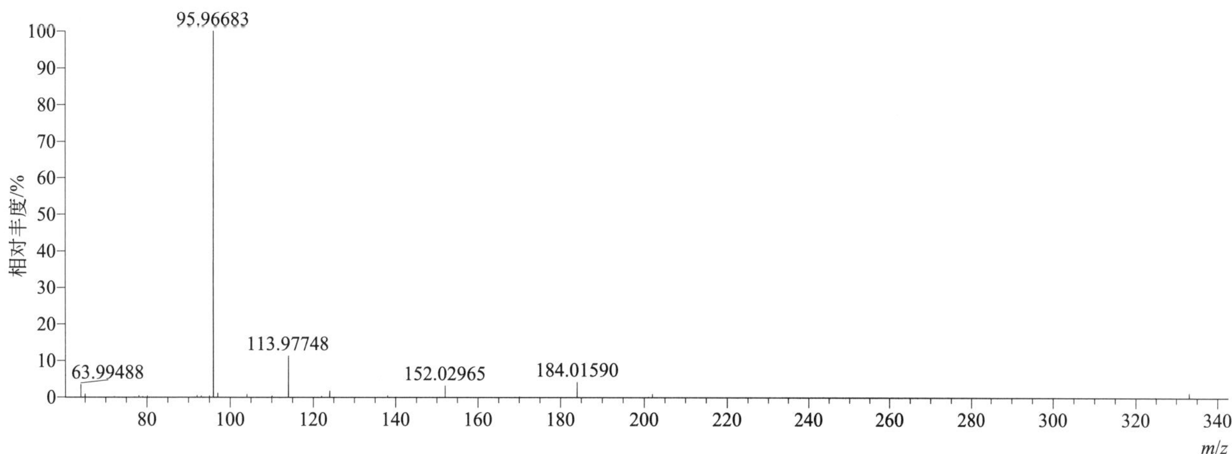

$[M+H]^+$ 阶梯归一化法能量 Step NCE 为 20、40、60 时典型的二级质谱图

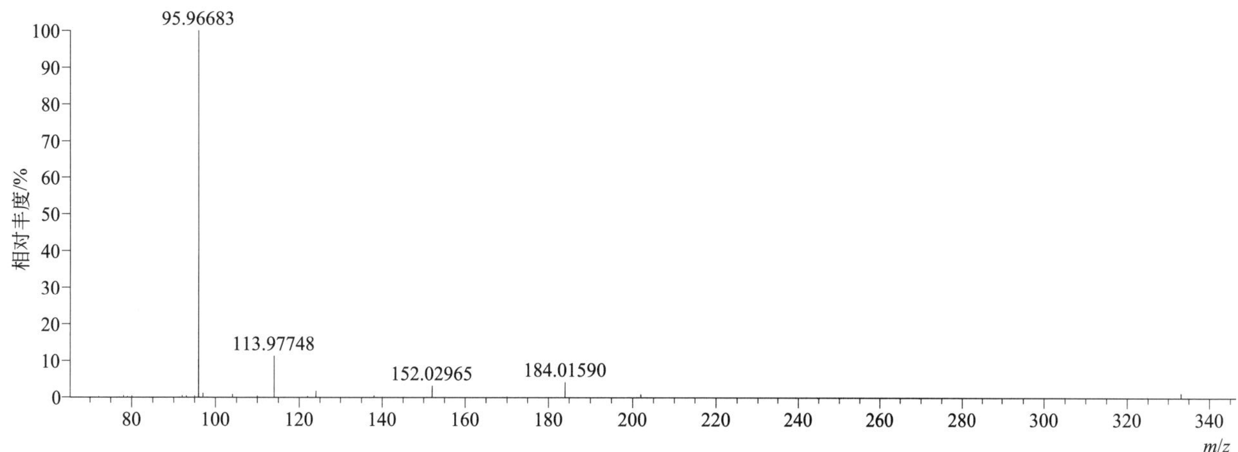

butocarboxim（丁酮威）

基本信息

CAS 登录号	34681-10-2	分子量	190.07760	离子源和极性	电喷雾离子源（ESI）
分子式	$C_7H_{14}N_2O_2S$	保留时间	12.51min	极性	正模式

$[M+Na]^+$ 提取离子流色谱图

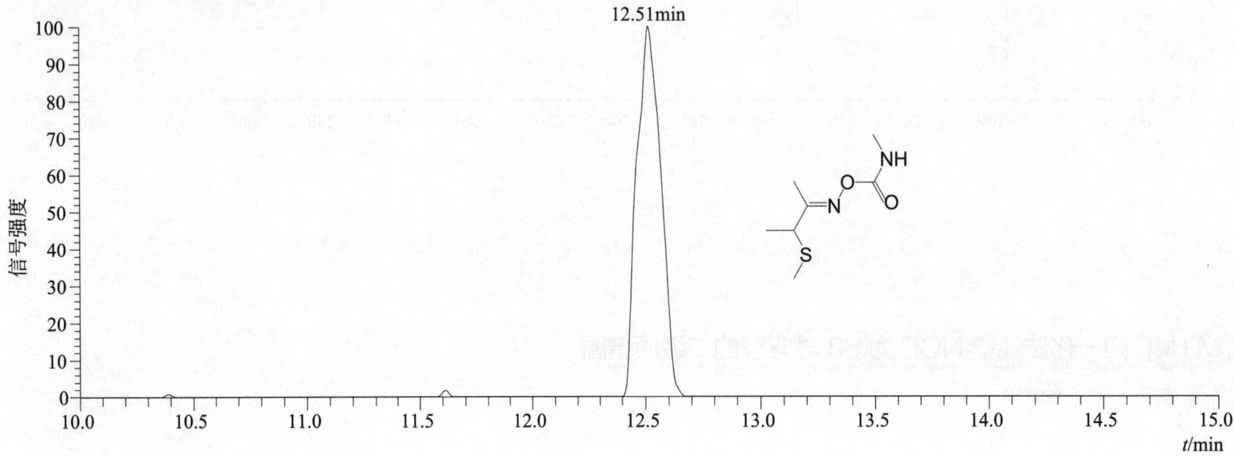

$[M+Na]^+$ 典型的一级质谱图

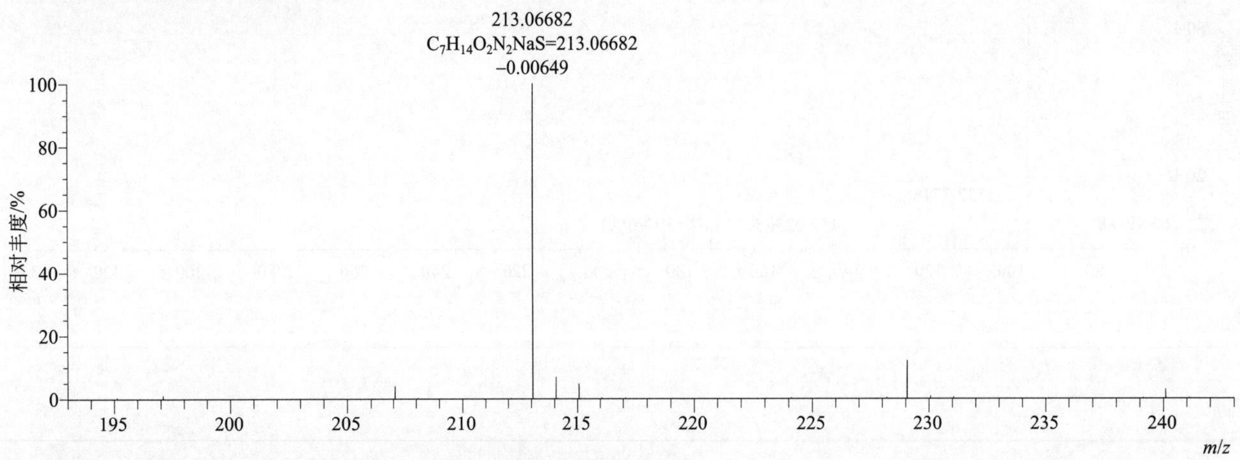

$[M+Na]^+$ 归一化法能量 NCE 为 20 时典型的二级质谱图

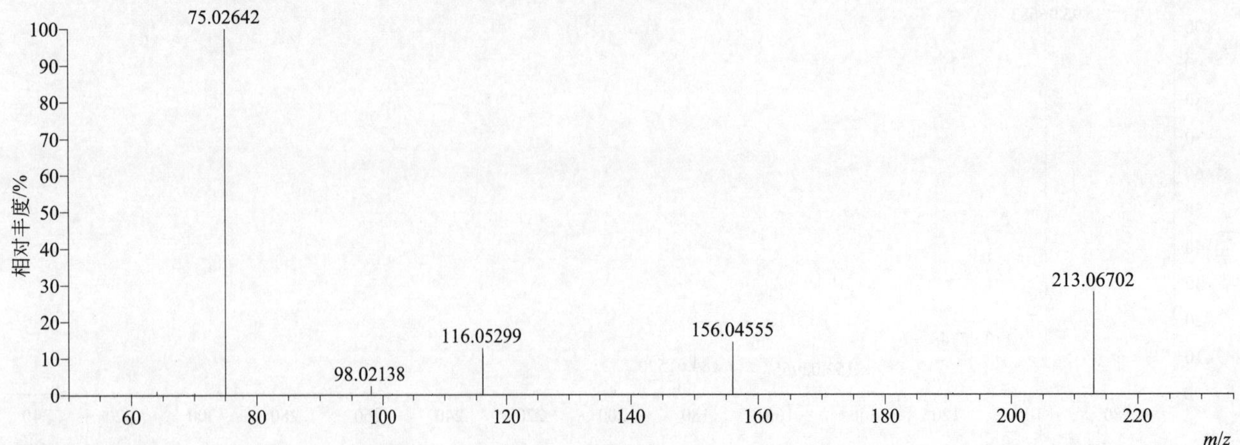

[M+Na]$^+$ 归一化法能量 NCE 为 40 时典型的二级质谱图

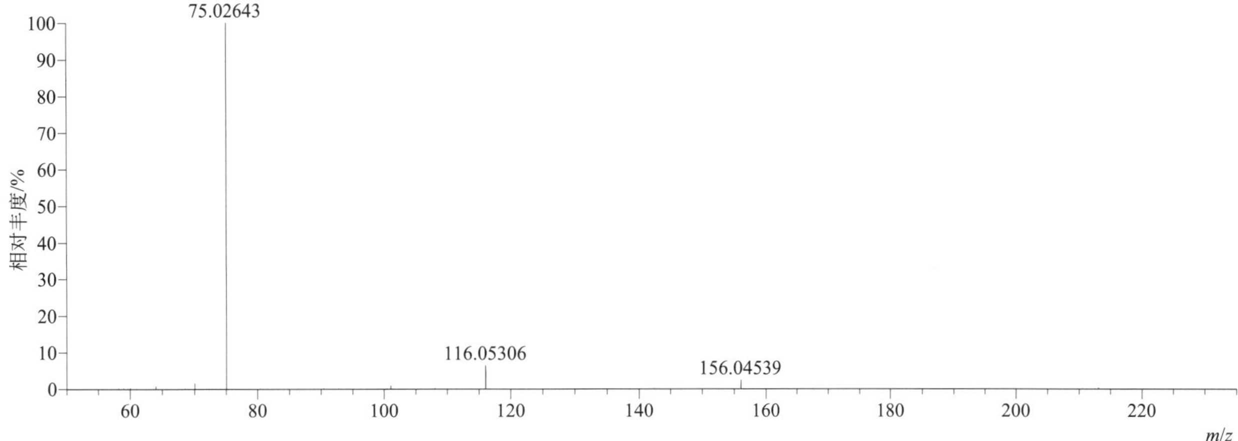

[M+Na]$^+$ 归一化法能量 NCE 为 60 时典型的二级质谱图

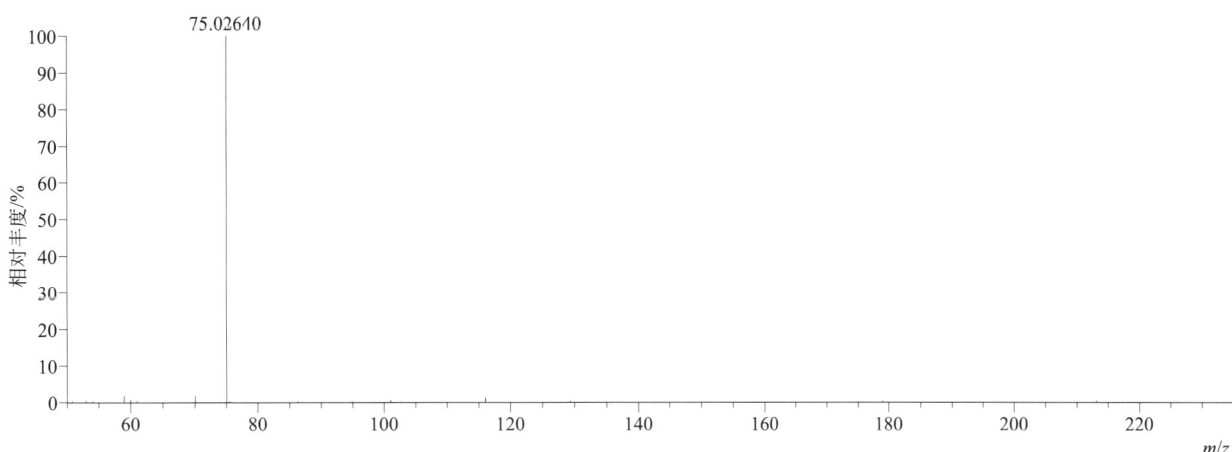

[M+Na]$^+$ 阶梯归一化法能量 Step NCE 为 20、40、60 时典型的二级质谱图

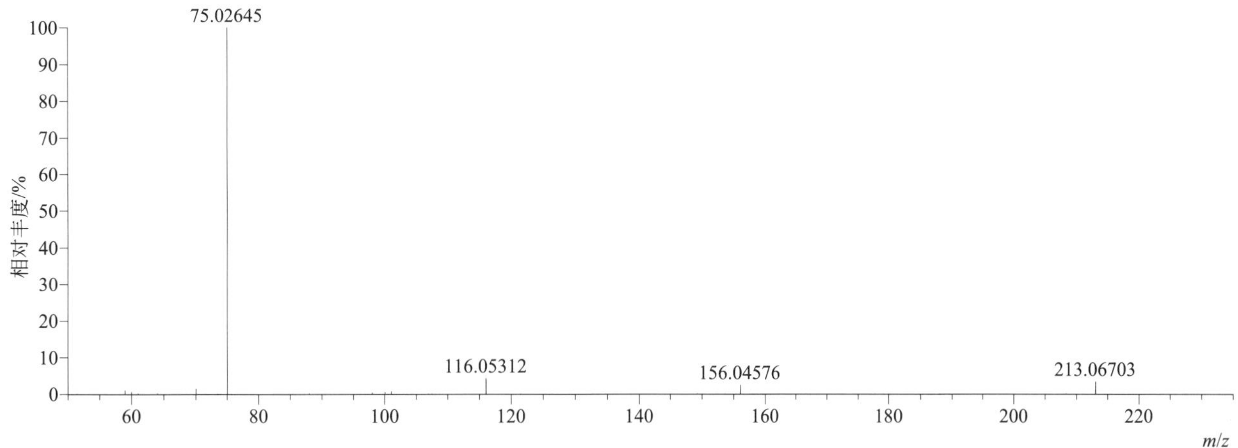

butocarboxim-sulfoxide（丁酮威亚砜）

基本信息

CAS 登录号	34681-24-8	分子量	206.07251	离子源和极性	电喷雾离子源（ESI）
分子式	$C_7H_{14}N_2O_3S$	保留时间	14.96min	极性	正模式

[M+H]+ 提取离子流色谱图

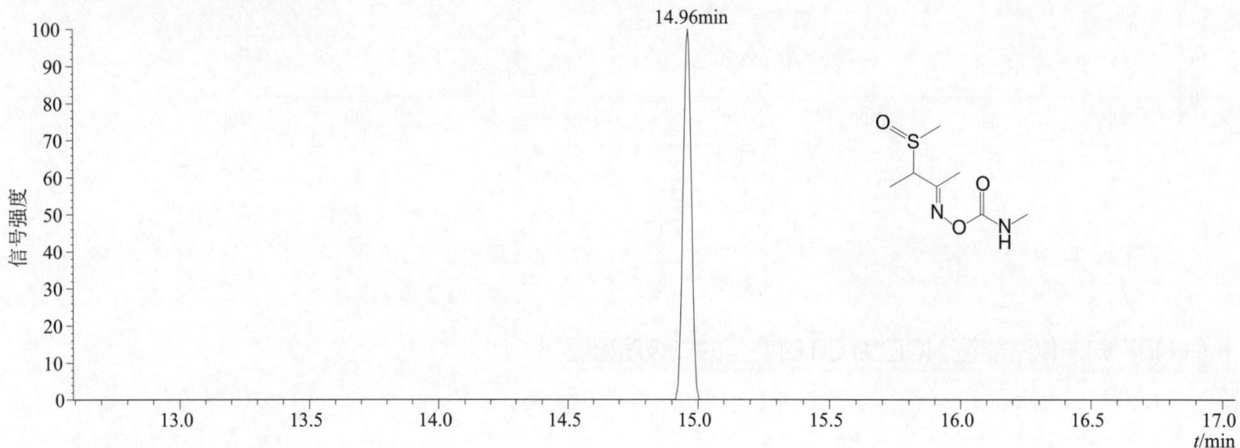

[M+H]+ 典型的一级质谱图

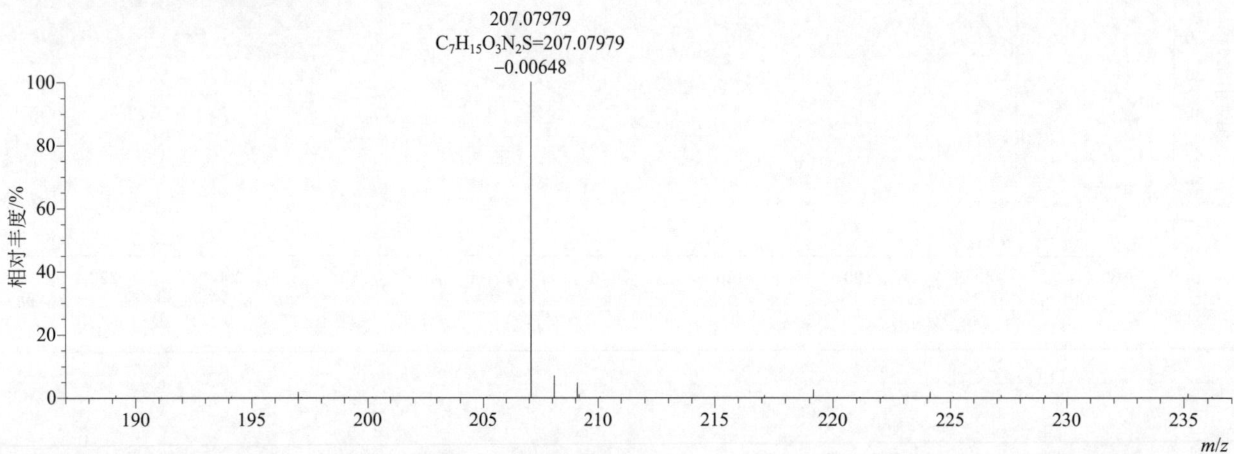

[M+H]+ 归一化法能量 NCE 为 20 时典型的二级质谱图

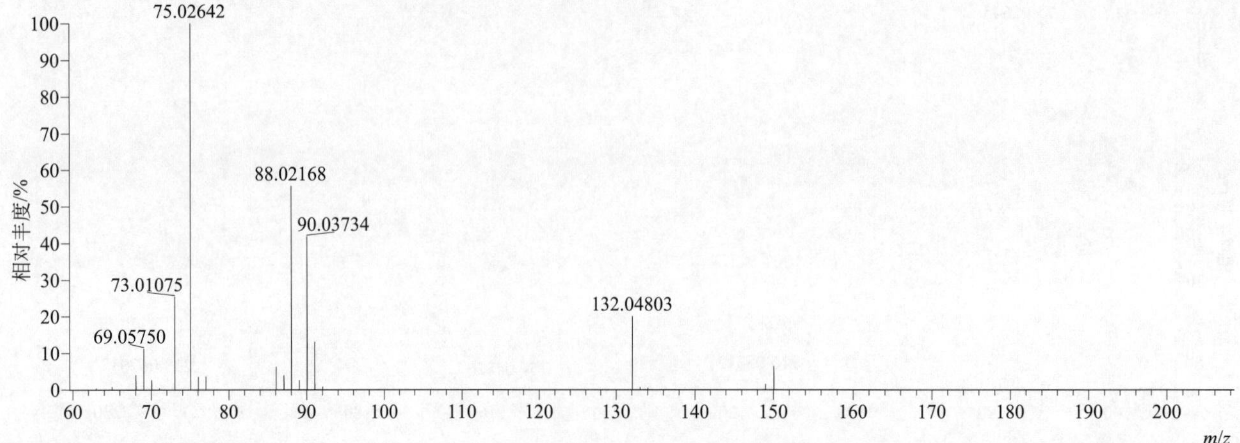

$[M+H]^+$ 归一化法能量 NCE 为 40 时典型的二级质谱图

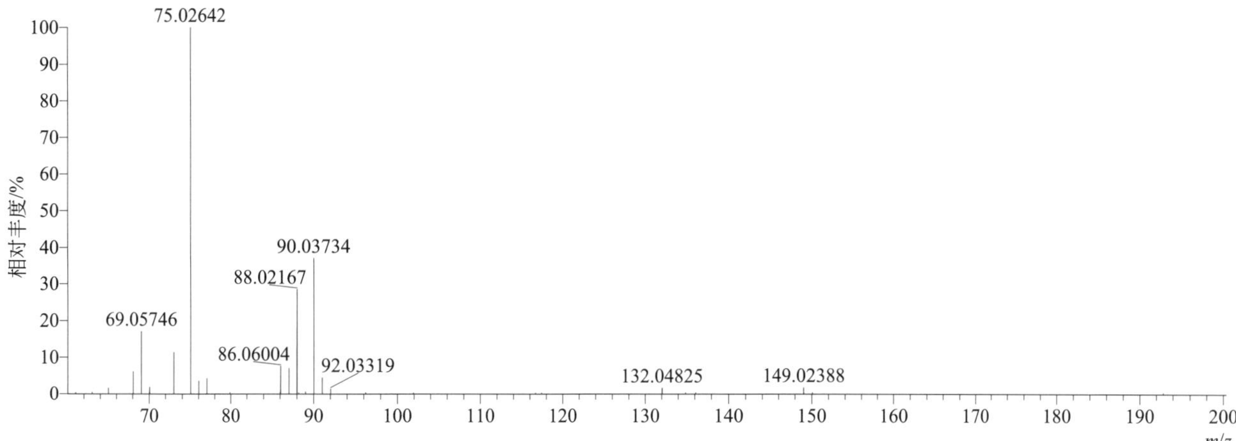

$[M+H]^+$ 归一化法能量 NCE 为 60 时典型的二级质谱图

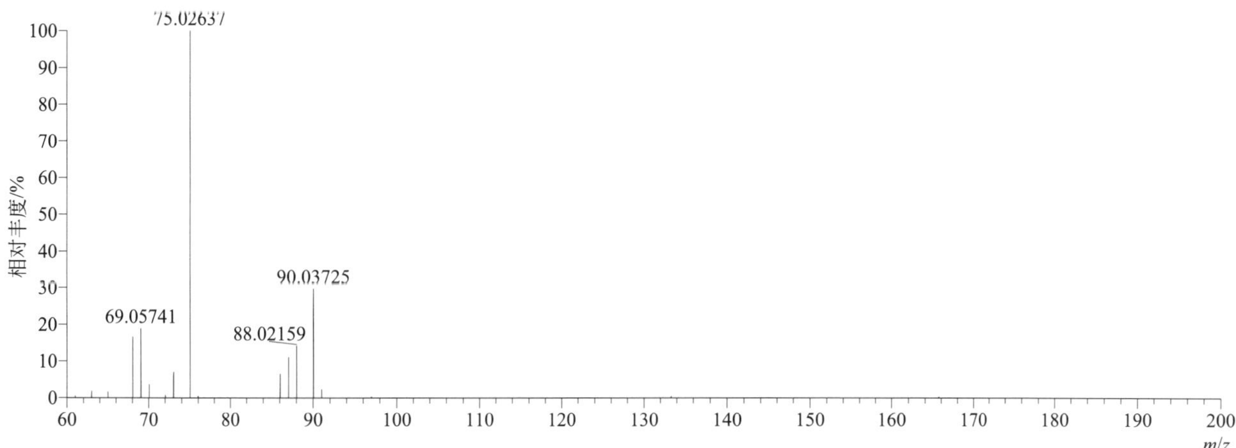

$[M+H]^+$ 阶梯归一化法能量 Step NCE 为 20、40、60 时典型的二级质谱图

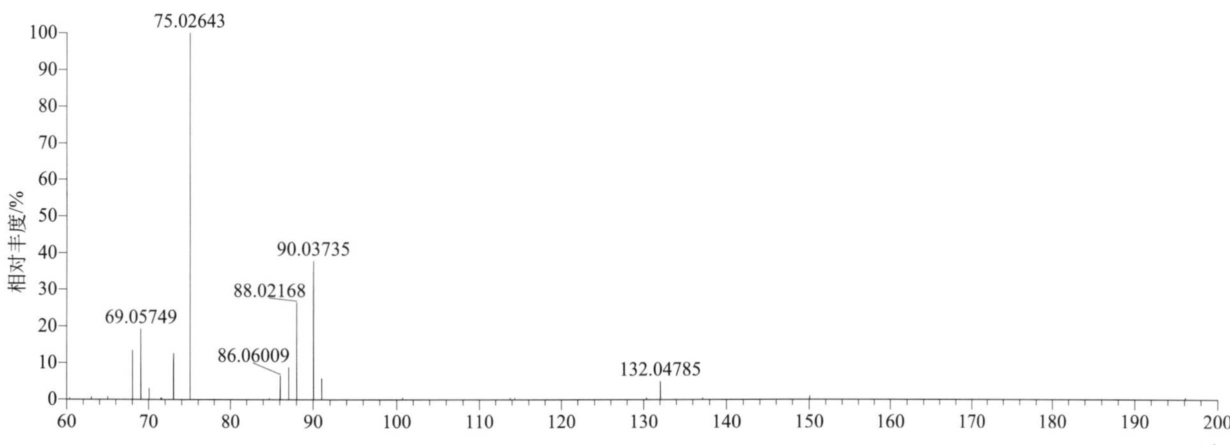

butoxycarboxim（丁酮砜威）

基本信息

CAS 登录号	34681-23-7	分子量	222.06743	离子源和极性	电喷雾离子源（ESI）
分子式	$C_7H_{14}N_2O_4S$	保留时间	9.00min	极性	正模式

$[M+H]^+$ 提取离子流色谱图

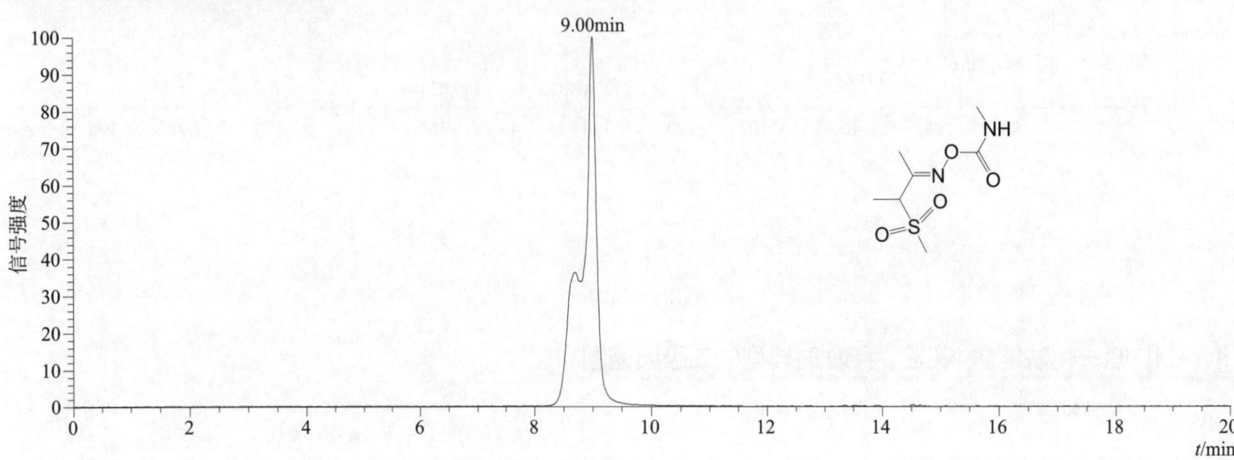

$[M+H]^+$、$[M+NH_4]^+$ 和 $[M+Na]^+$ 典型的一级质谱图

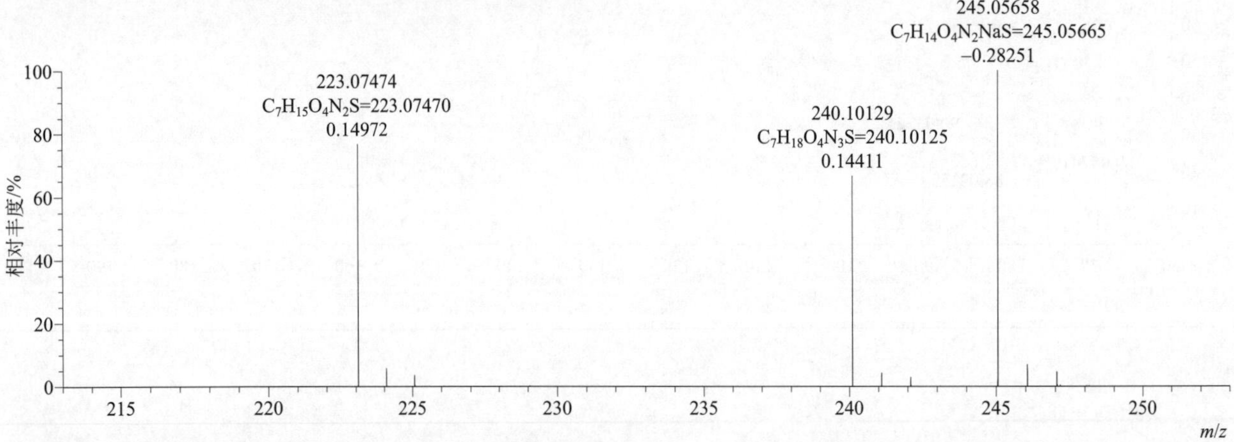

$[M+H]^+$ 归一化法能量 NCE 为 20 时典型的二级质谱图

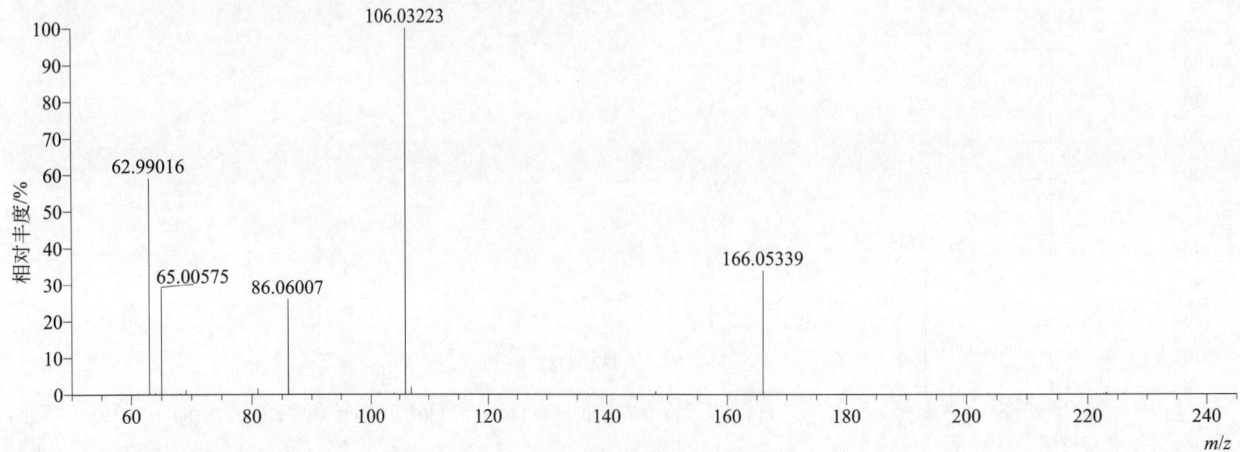

$[M+H]^+$ 归一化法能量 NCE 为 40 时典型的二级质谱图

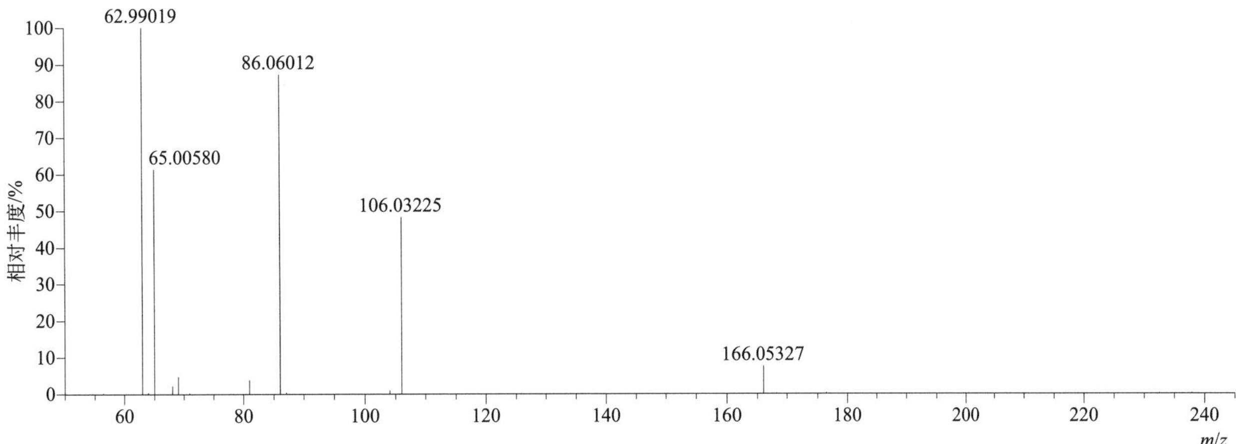

$[M+H]^+$ 归一化法能量 NCE 为 60 时典型的二级质谱图

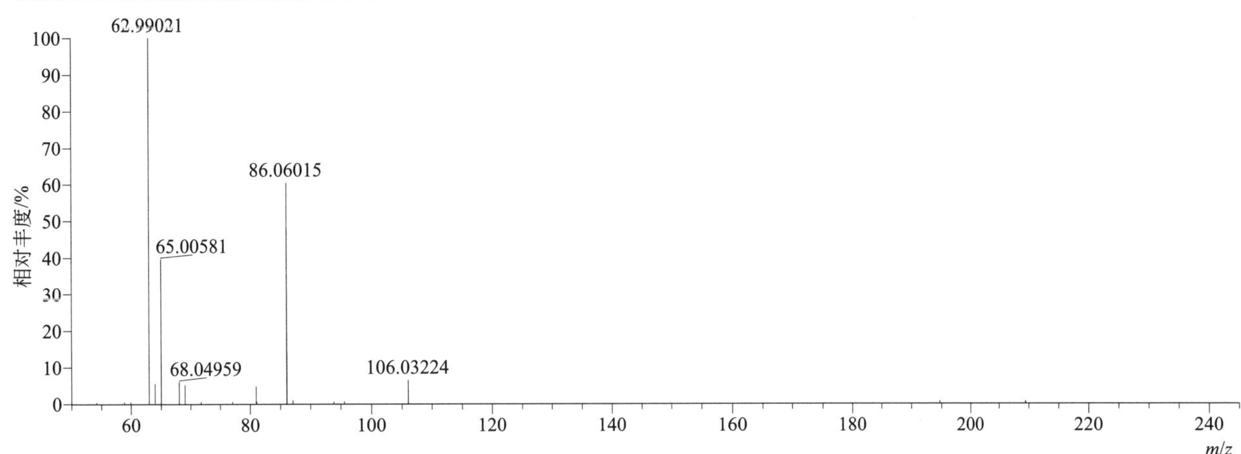

$[M+H]^+$ 阶梯归一化法能量 Step NCE 为 20、40、60 时典型的二级质谱图

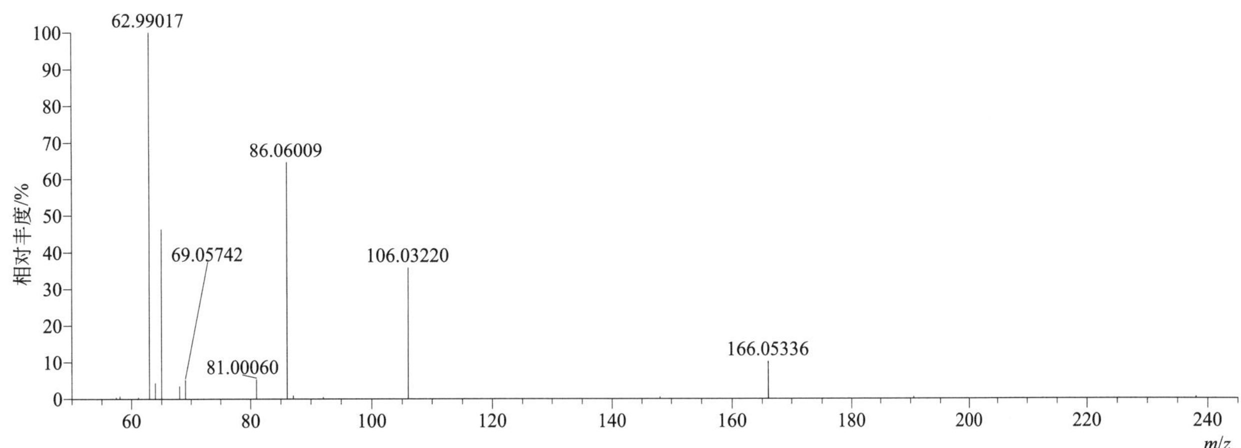

[M+NH$_4$]$^+$ 归一化法能量 NCE 为 20 时典型的二级质谱图

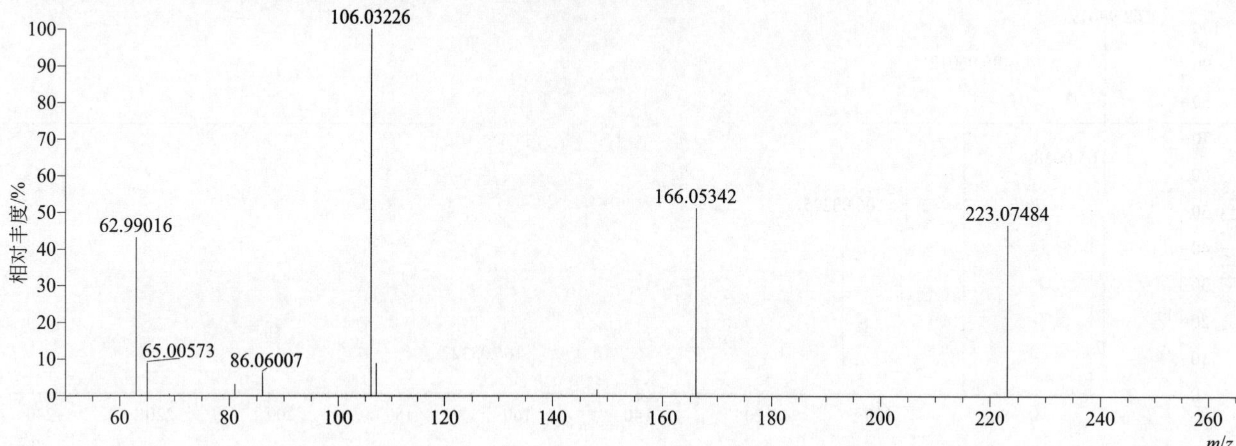

[M+NH$_4$]$^+$ 归一化法能量 NCE 为 40 时典型的二级质谱图

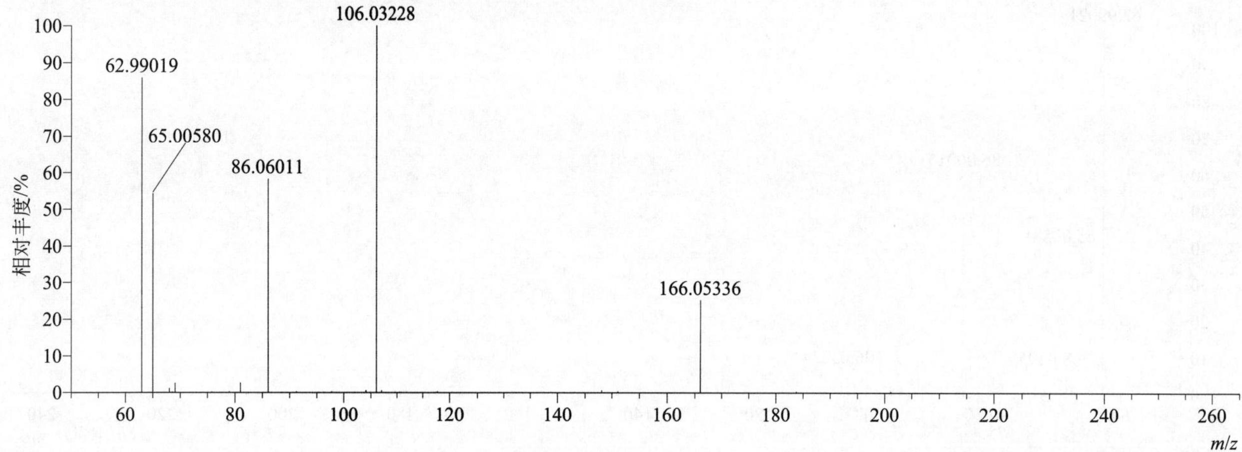

[M+NH$_4$]$^+$ 归一化法能量 NCE 为 60 时典型的二级质谱图

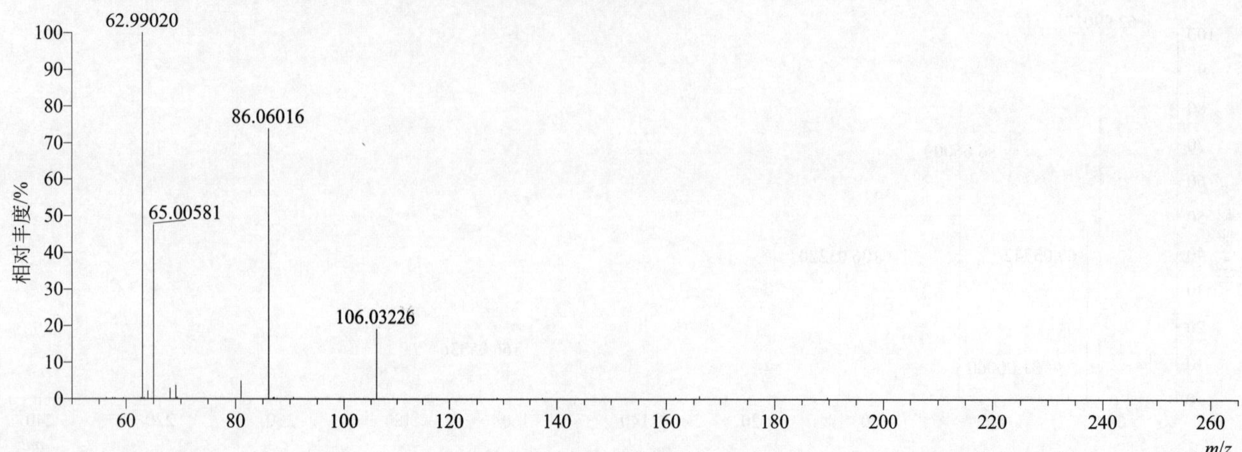

$[M+NH_4]^+$ 阶梯归一化法能量 Step NCE 为 20、40、60 时典型的二级质谱图

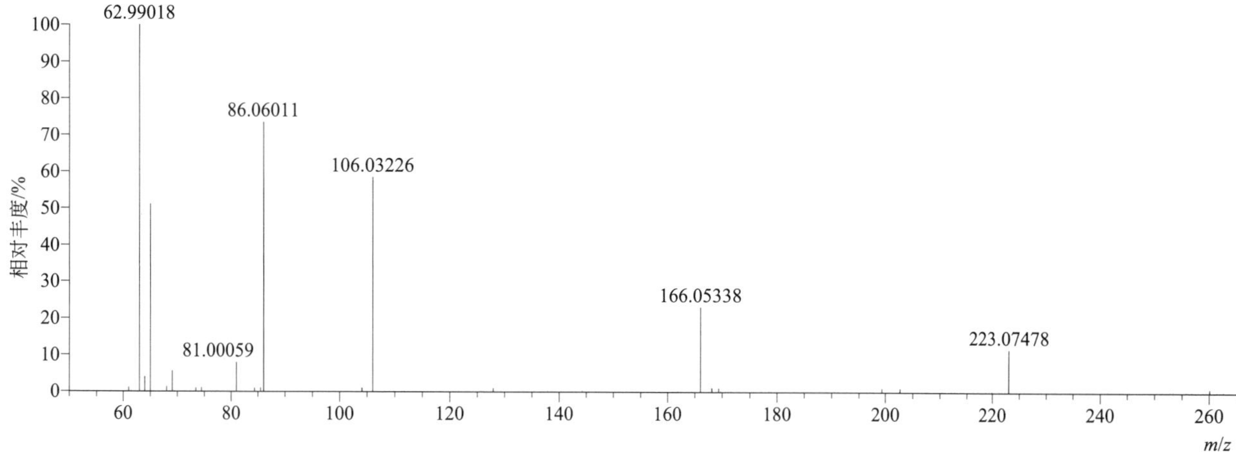

butralin（仲丁灵）

基本信息

CAS 登录号	33629-47-9	分子量	295.15321	离子源和极性	电喷雾离子源（ESI）
分子式	$C_{14}H_{21}N_3O_4$	保留时间	16.20min	极性	正模式

$[M+H]^+$ 提取离子流色谱图

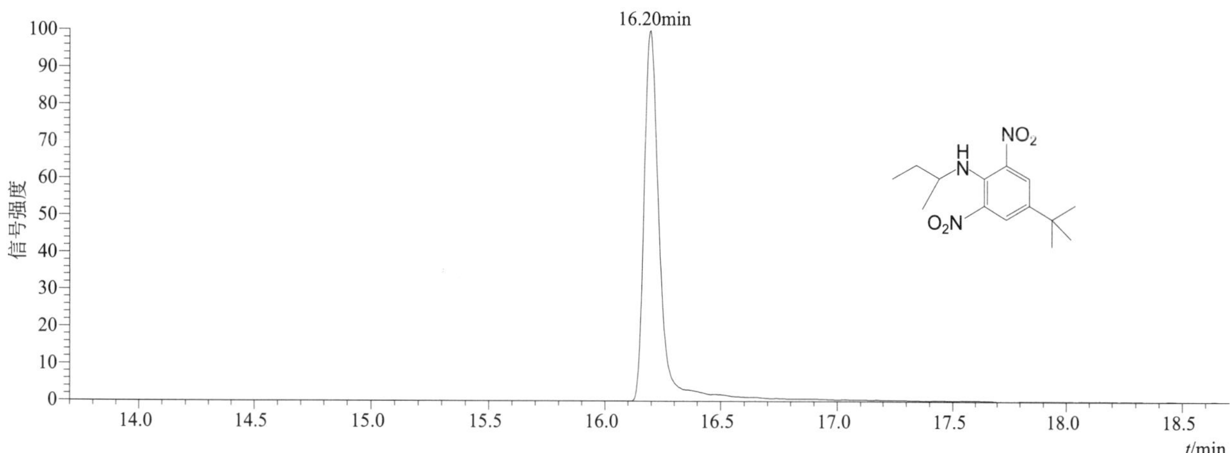

$[M+H]^+$ 典型的一级质谱图

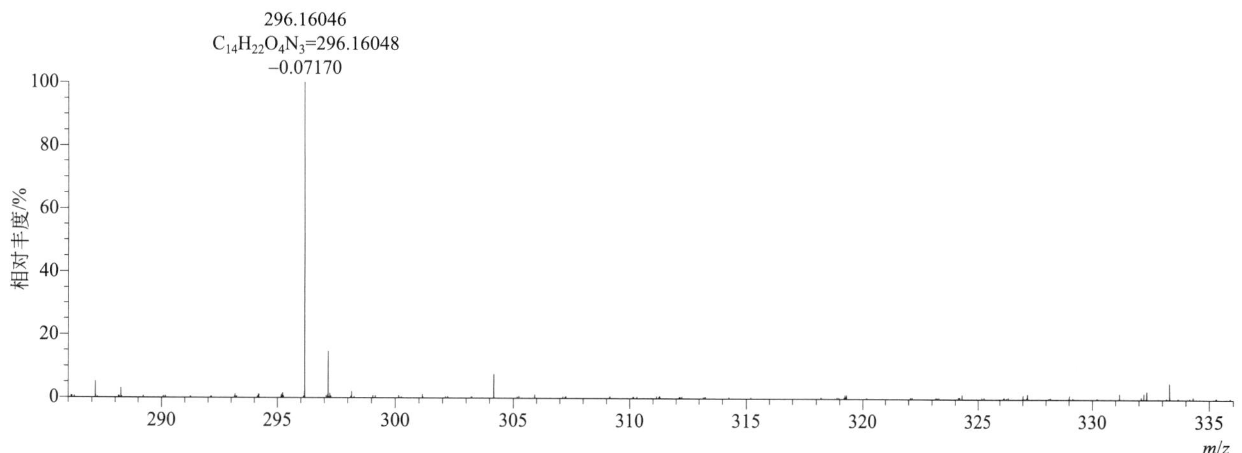

[M+H]+ 归一化法能量 NCE 为 20 时典型的二级质谱图

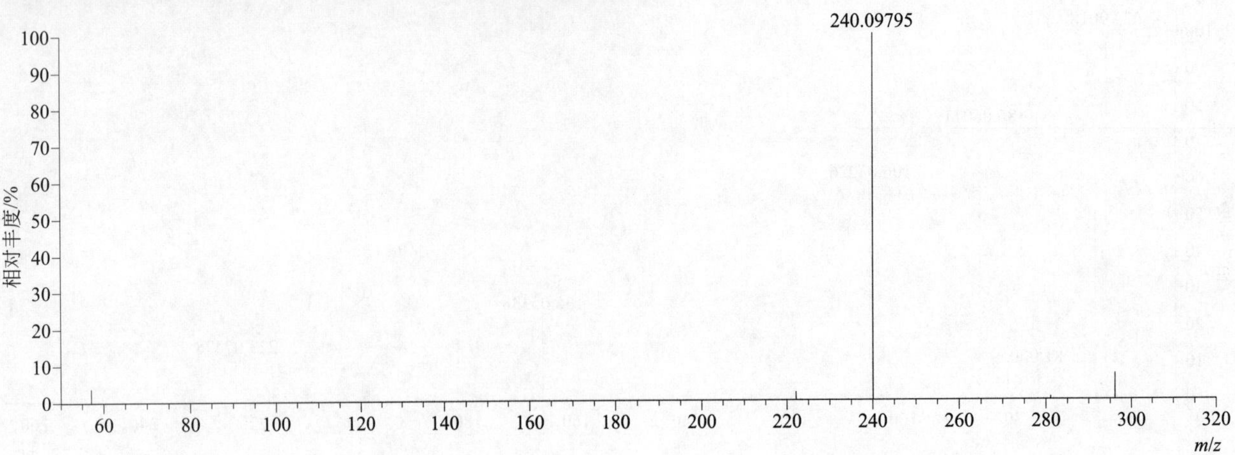

[M+H]+ 归一化法能量 NCE 为 40 时典型的二级质谱图

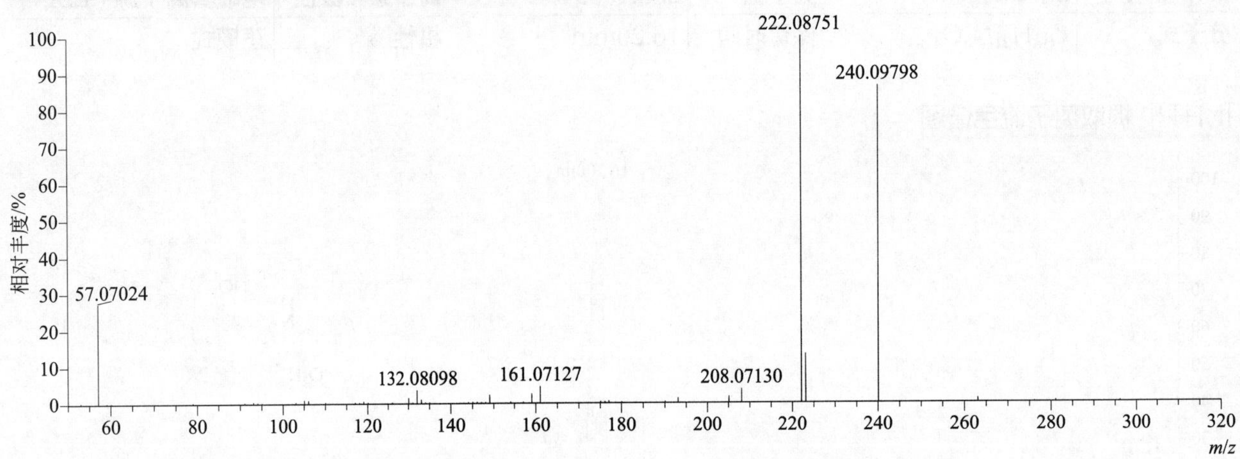

[M+H]+ 归一化法能量 NCE 为 60 时典型的二级质谱图

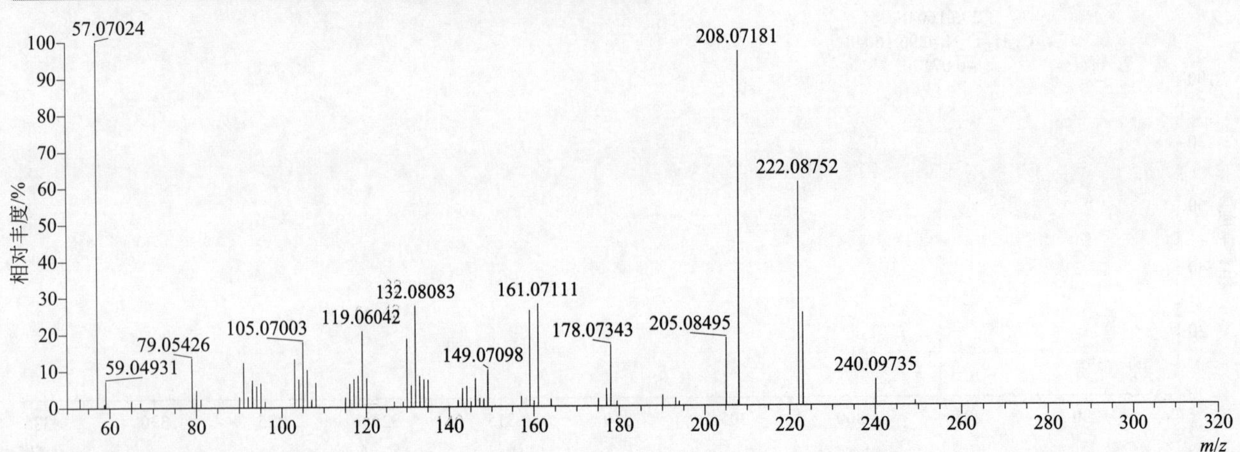

[M+H]+ 阶梯归一化法能量 Step NCE 为 20、40、60 时典型的二级质谱图

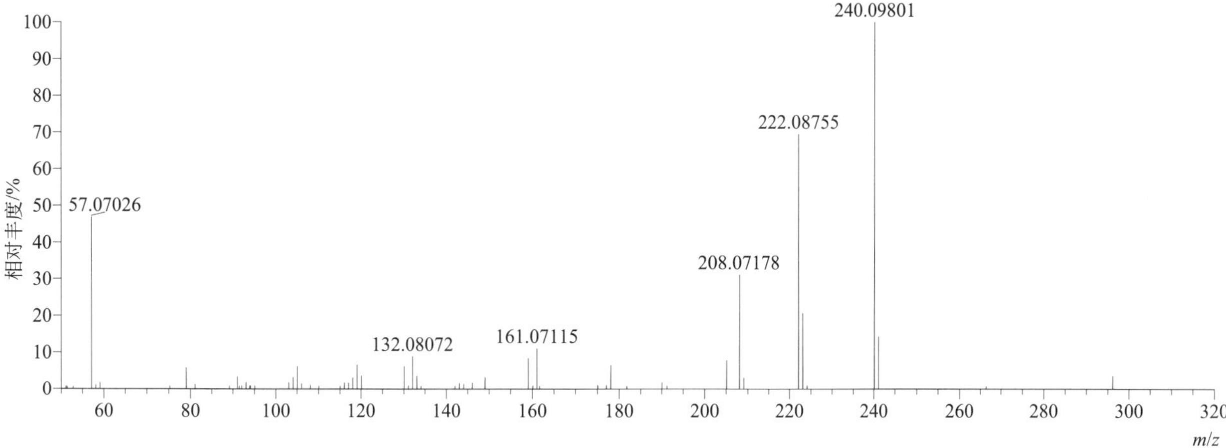

butylate（丁草特）

基本信息

CAS 登录号	2008-41-5	分子量	217.15003	离子源和极性	电喷雾离子源（ESI）
分子式	$C_{11}H_{23}NOS$	保留时间	15.67min	极性	正模式

[M+H]+ 提取离子流色谱图

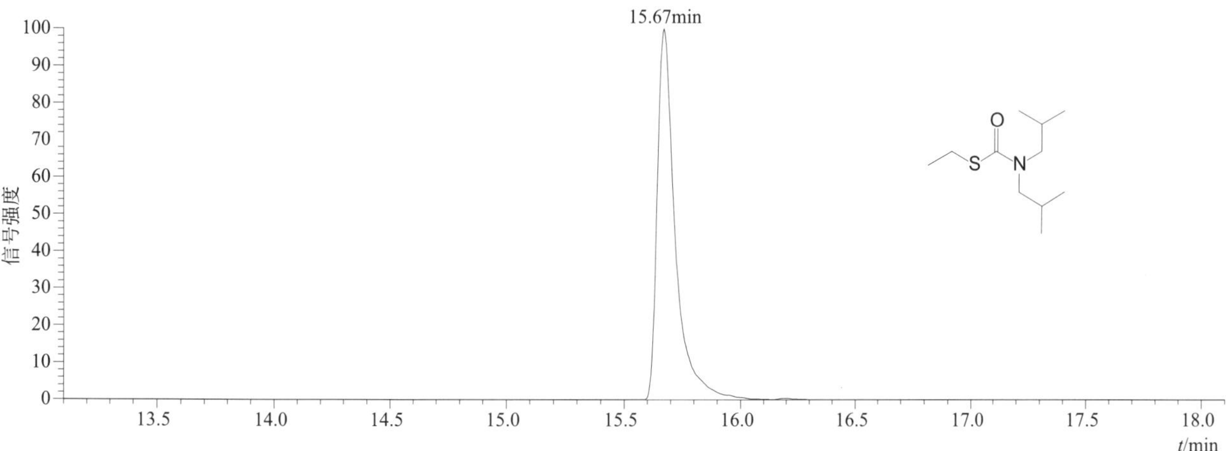

[M+H]+ 典型的一级质谱图

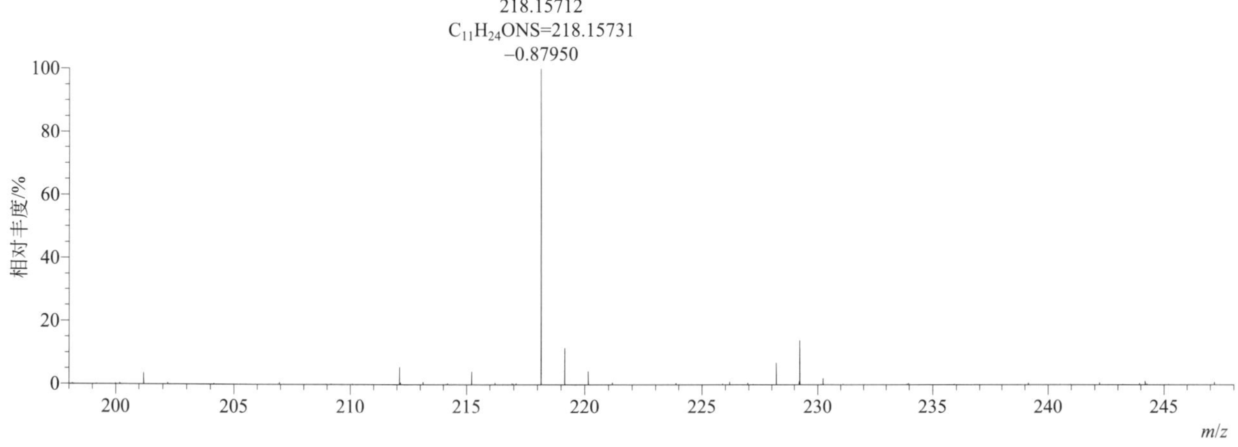

[M+H]+ 归一化法能量 NCE 为 20 时典型的二级质谱图

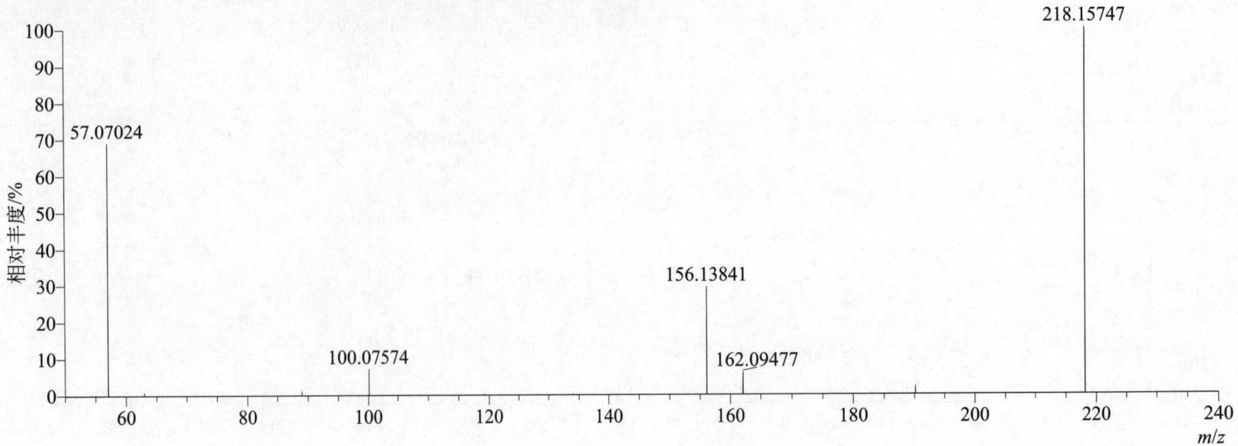

[M+H]+ 归一化法能量 NCE 为 40 时典型的二级质谱图

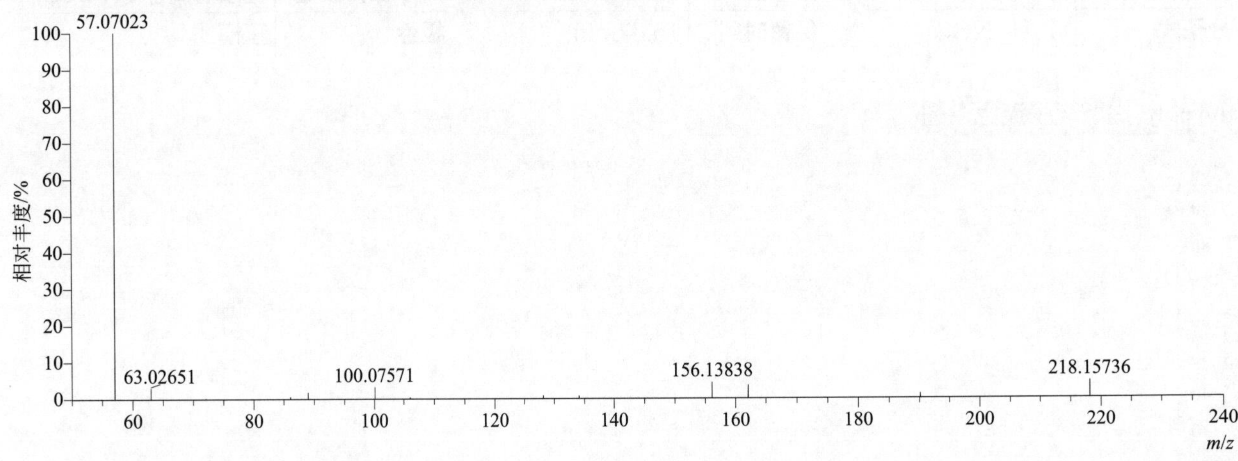

[M+H]+ 归一化法能量 NCE 为 60 时典型的二级质谱图

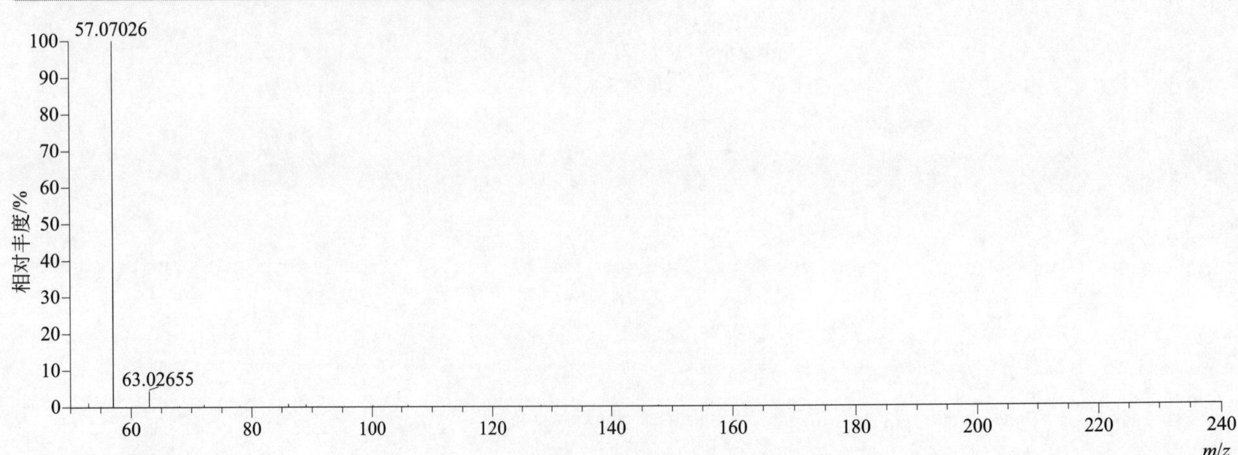

[M+H]$^+$ 阶梯归一化法能量 Step NCE 为 20、40、60 时典型的二级质谱图

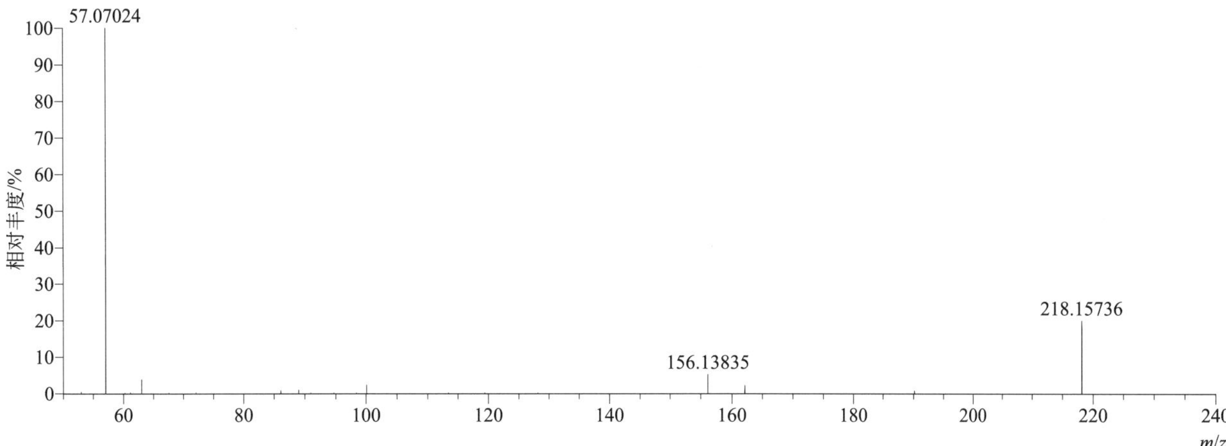

cadusafos（硫线磷）

基本信息

CAS 登录号	95465-99-9	分子量	270.08771	离子源和极性	电喷雾离子源（ESI）
分子式	$C_{10}H_{23}O_2PS_2$	保留时间	15.41min	极性	正模式

$[M+H]^+$ 提取离子流色谱图

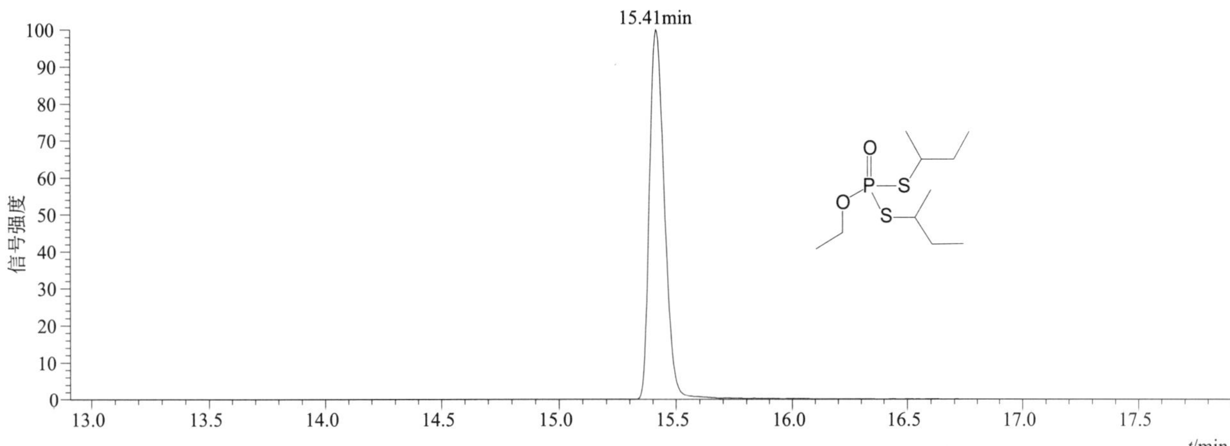

$[M+H]^+$ 典型的一级质谱图

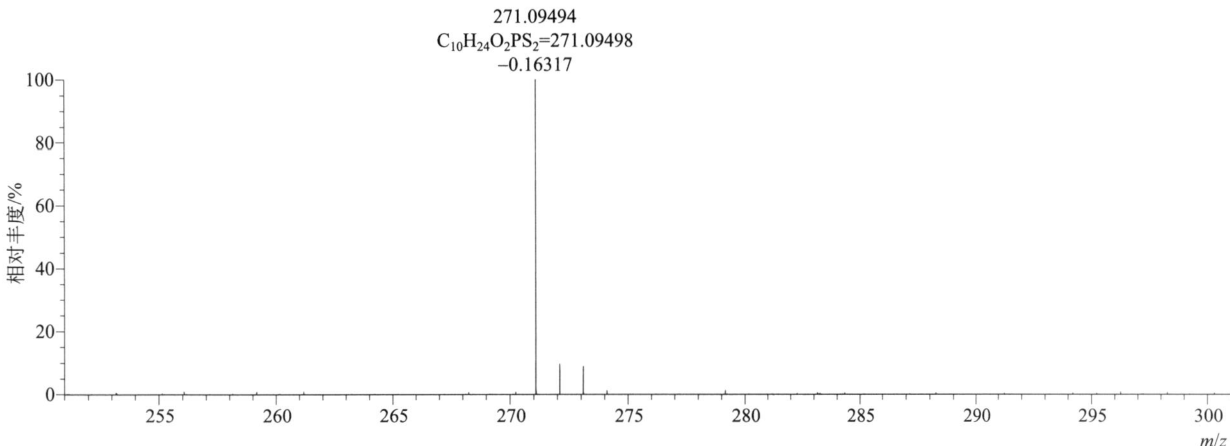

$[M+H]^+$ 归一化法能量 NCE 为 20 时典型的二级质谱图

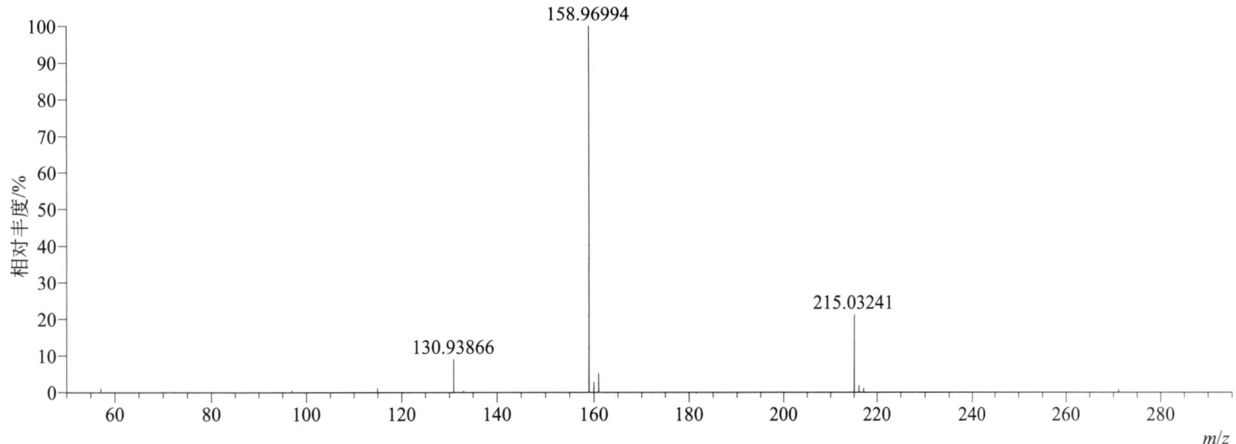

[M+H]+ 归一化法能量 NCE 为 40 时典型的二级质谱图

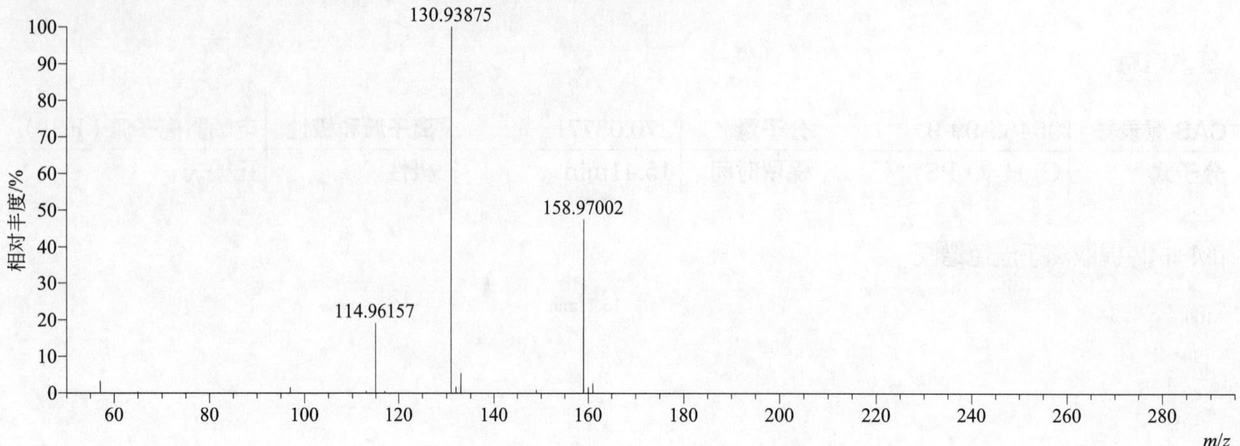

[M+H]+ 归一化法能量 NCE 为 60 时典型的二级质谱图

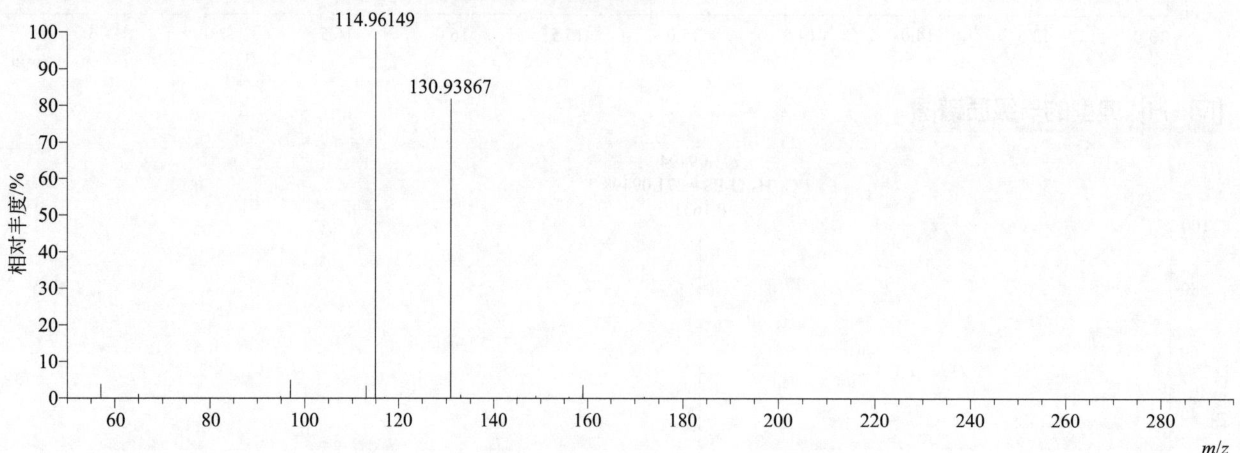

[M+H]+ 阶梯归一化法能量 Step NCE 为 20、40、60 时典型的二级质谱图

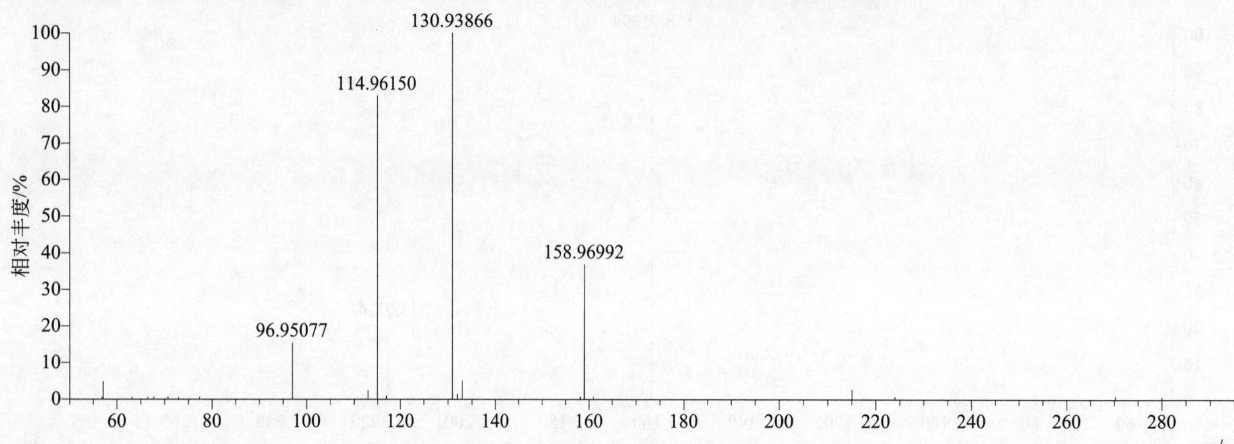

cafenstrole（苯酮唑）

基本信息

CAS 登录号	125306-83-4	分子量	350.14126	离子源和极性	电喷雾离子源（ESI）
分子式	$C_{16}H_{22}N_4O_3S$	保留时间	14.53min	极性	正模式

$[M+H]^+$ 提取离子流色谱图

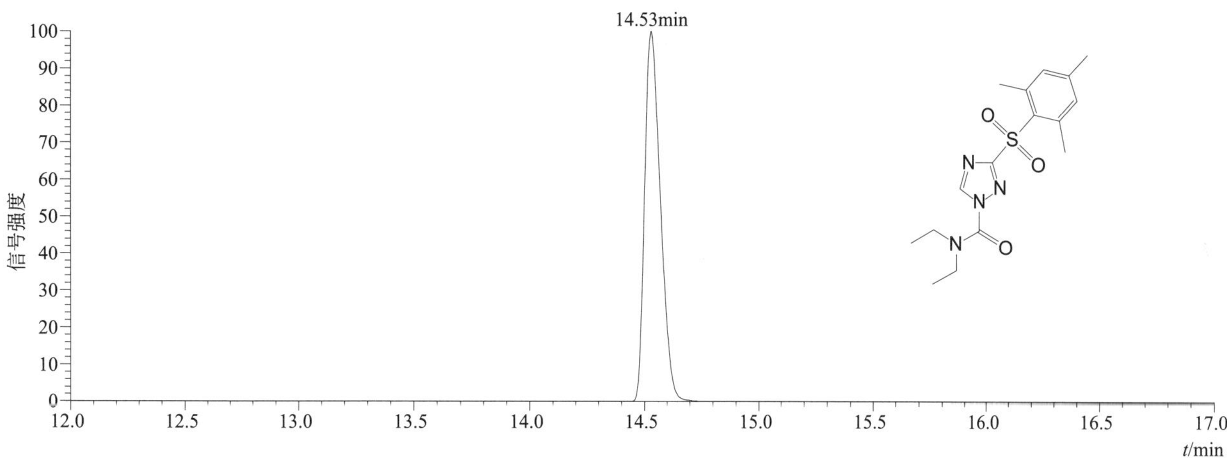

$[M+H]^+$ 和 $[M+Na]^+$ 典型的一级质谱图

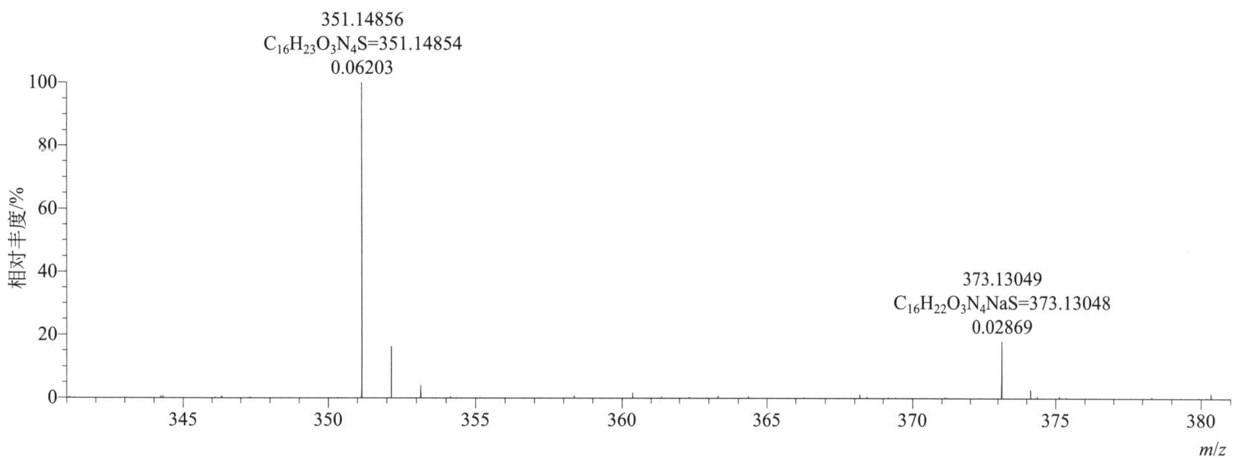

$[M+H]^+$ 归一化法能量 NCE 为 20 时典型的二级质谱图

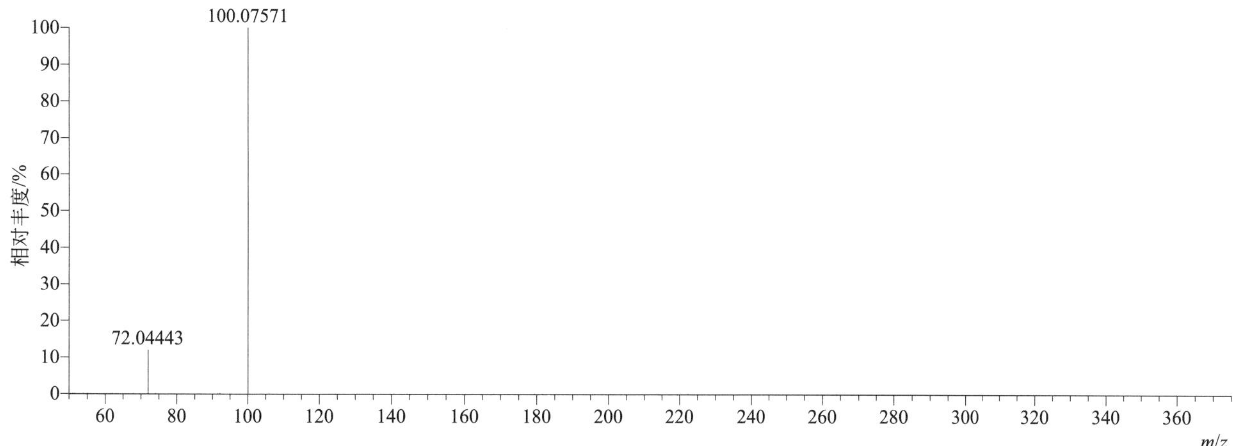

[M+H]$^+$ 归一化法能量 NCE 为 40 时典型的二级质谱图

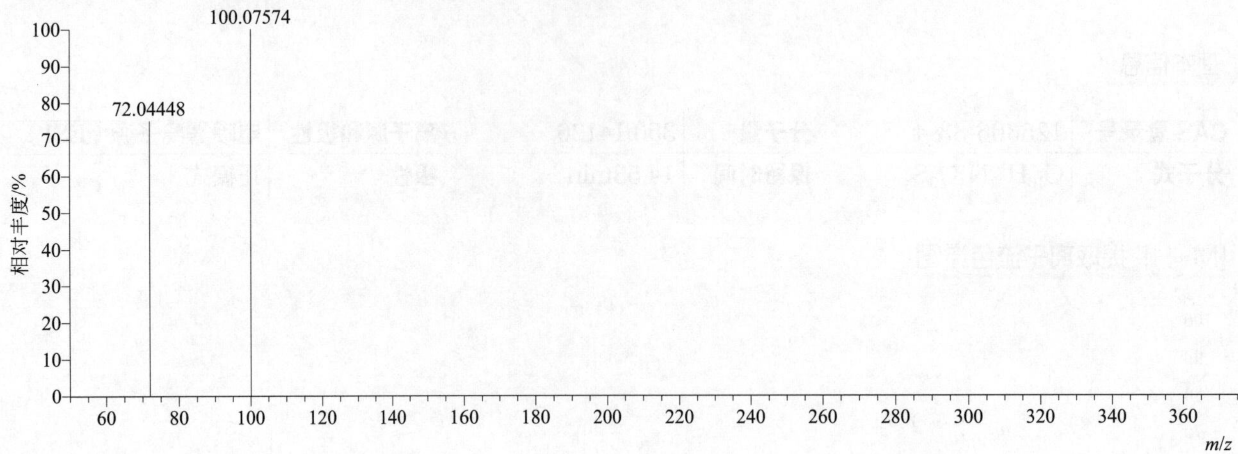

[M+H]$^+$ 归一化法能量 NCE 为 60 时典型的二级质谱图

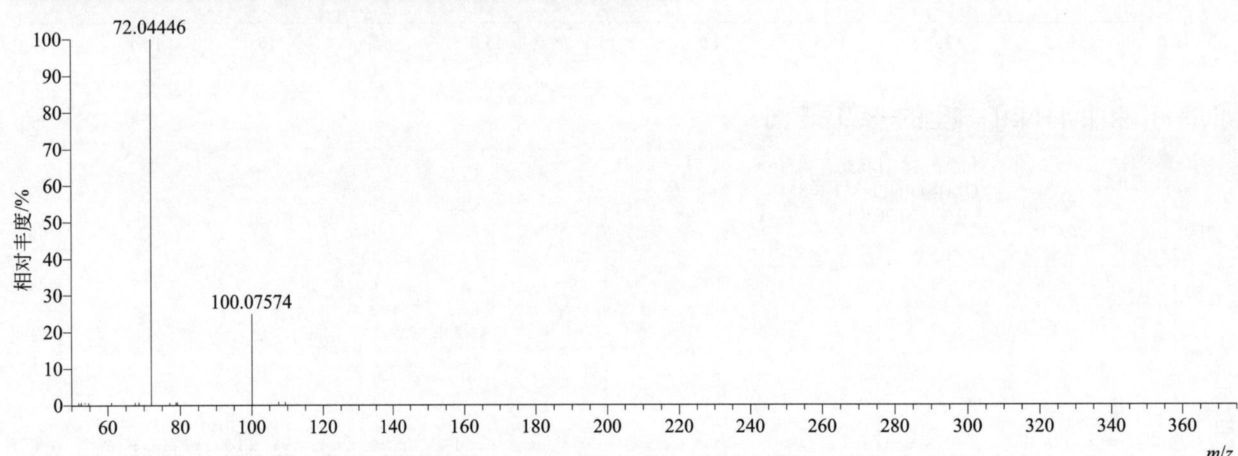

[M+H]$^+$ 阶梯归一化法能量 Step NCE 为 20、40、60 时典型的二级质谱图

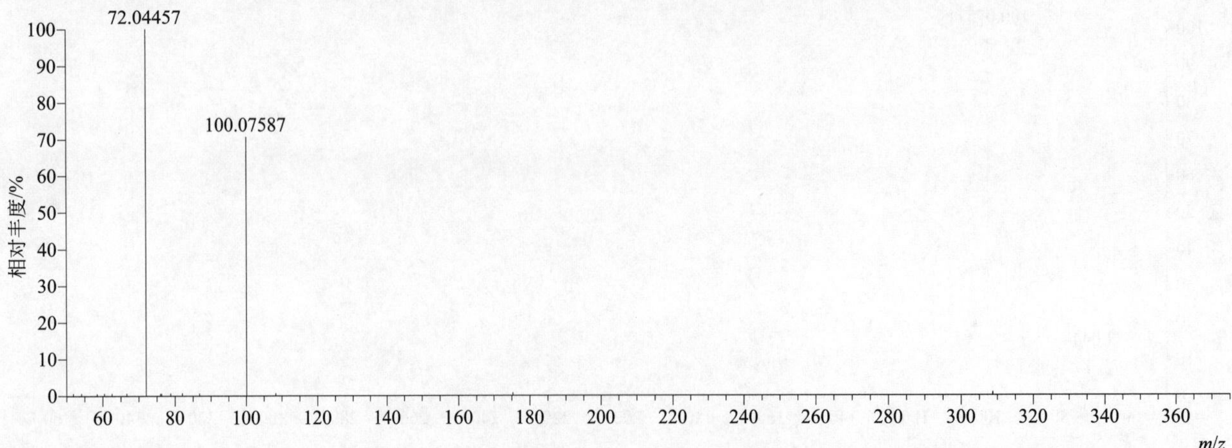

carbaryl（甲萘威）

基本信息

CAS 登录号	63-25-2	分子量	201.07898	离子源和极性	电喷雾离子源（ESI）
分子式	$C_{12}H_{11}NO_2$	保留时间	13.39min	极性	正模式

$[M+H]^+$ 提取离子流色谱图

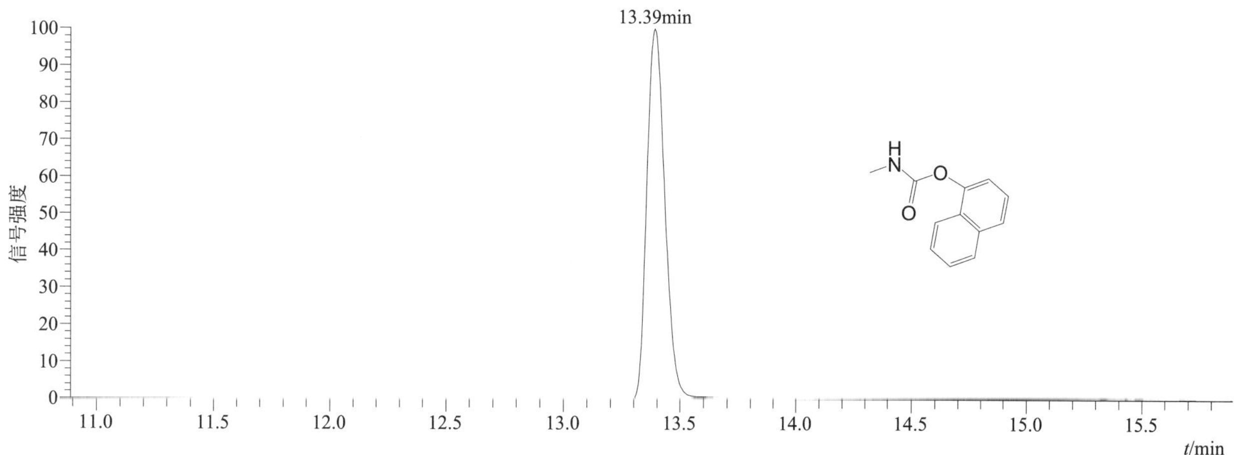

$[M+H]^+$ 和 $[M+NH_4]^+$ 典型的一级质谱图

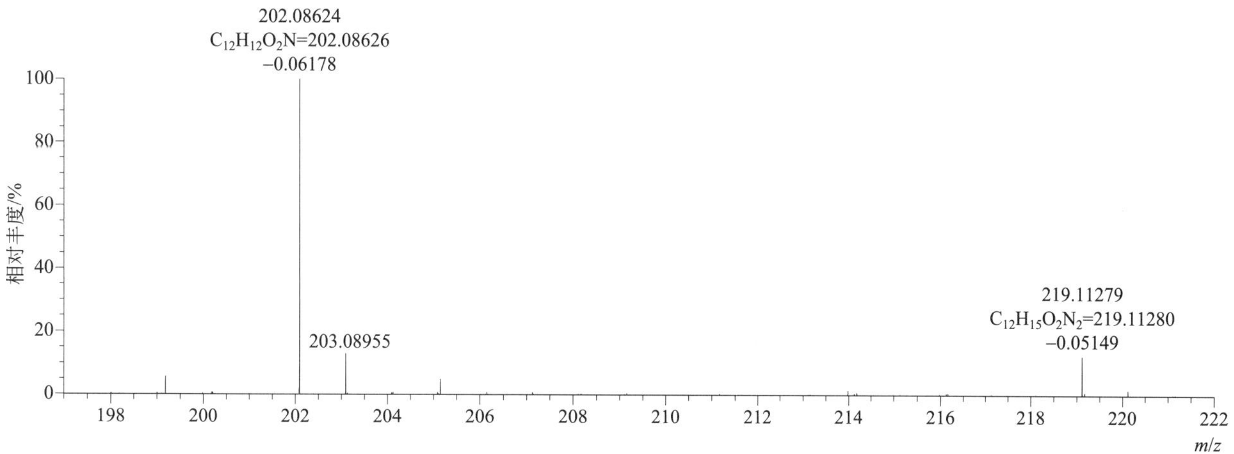

$[M+H]^+$ 归一化法能量 NCE 为 20 时典型的二级质谱图

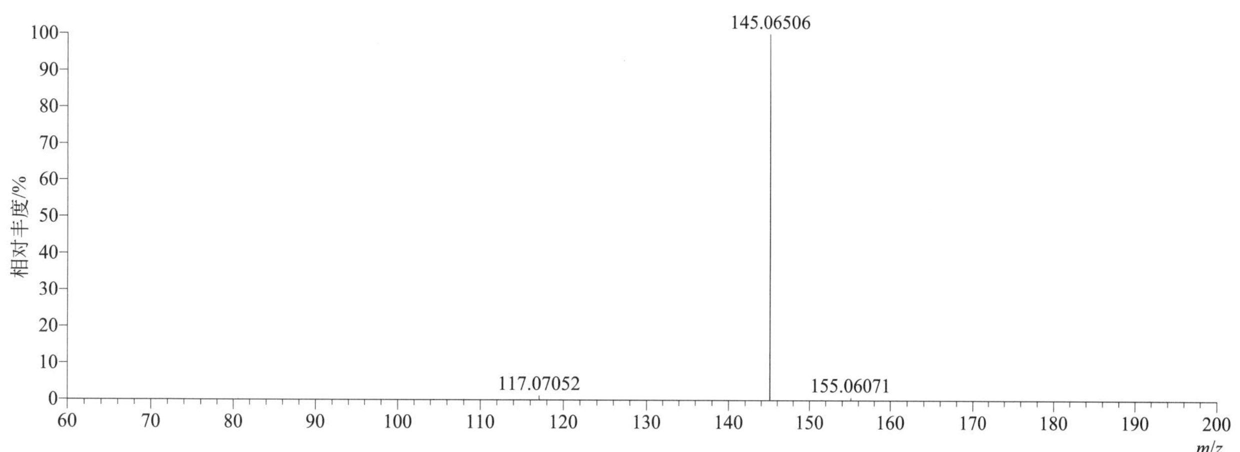

[M+H]+ 归一化法能量 NCE 为 40 时典型的二级质谱图

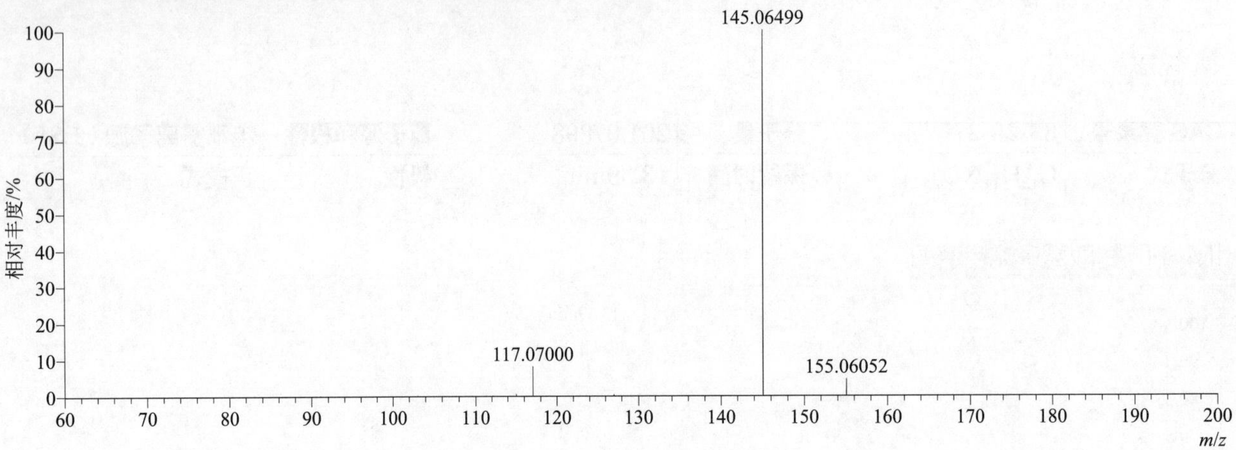

[M+H]+ 归一化法能量 NCE 为 60 时典型的二级质谱图

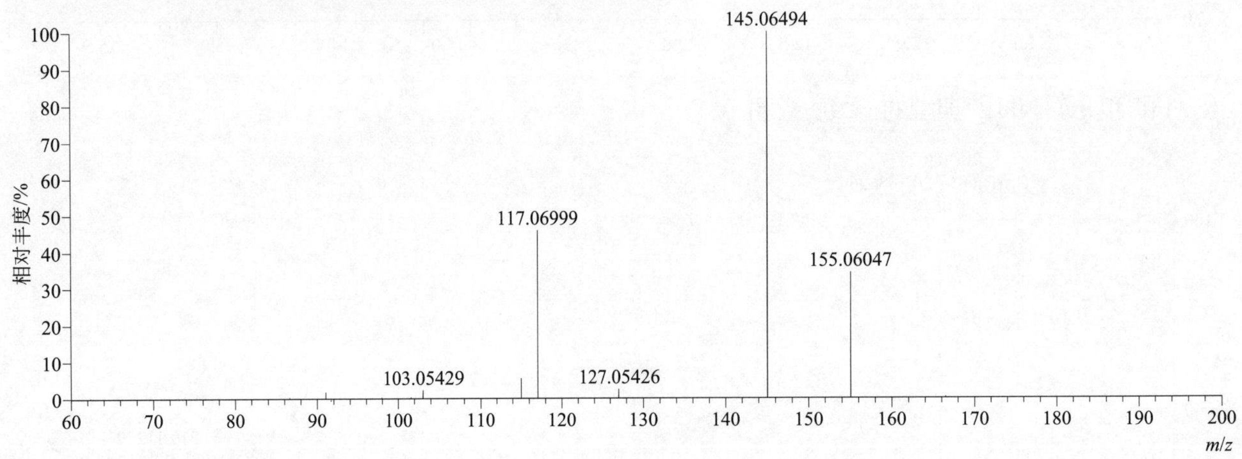

[M+H]+ 阶梯归一化法能量 Step NCE 为 20、40、60 时典型的二级质谱图

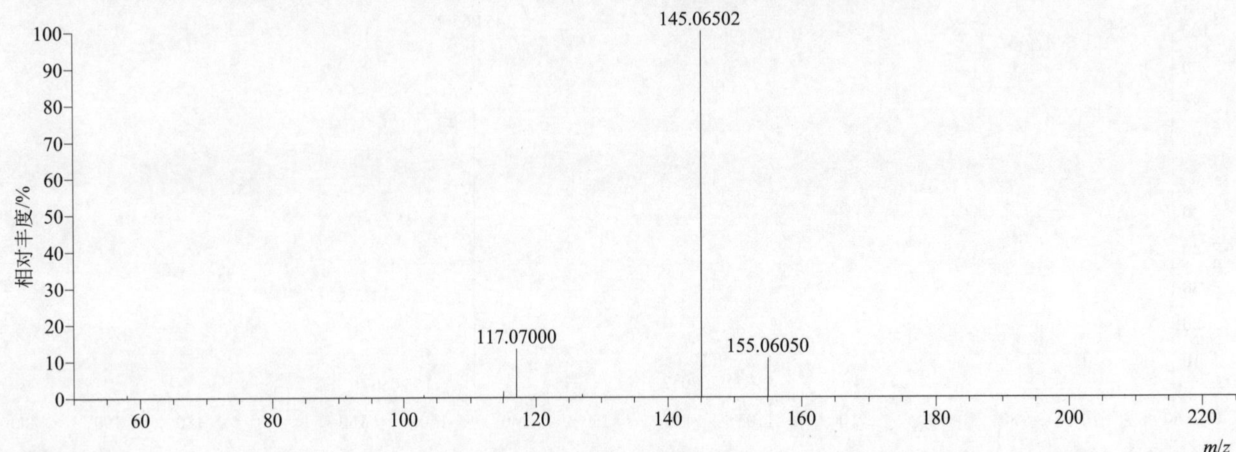

carbendazim（多菌灵）

基本信息

CAS 登录号	10605-21-7	分子量	191.06948	离子源和极性	电喷雾离子源（ESI）
分子式	$C_9H_9N_3O_2$	保留时间	10.54min	极性	正模式

[M+H]+ 提取离子流色谱图

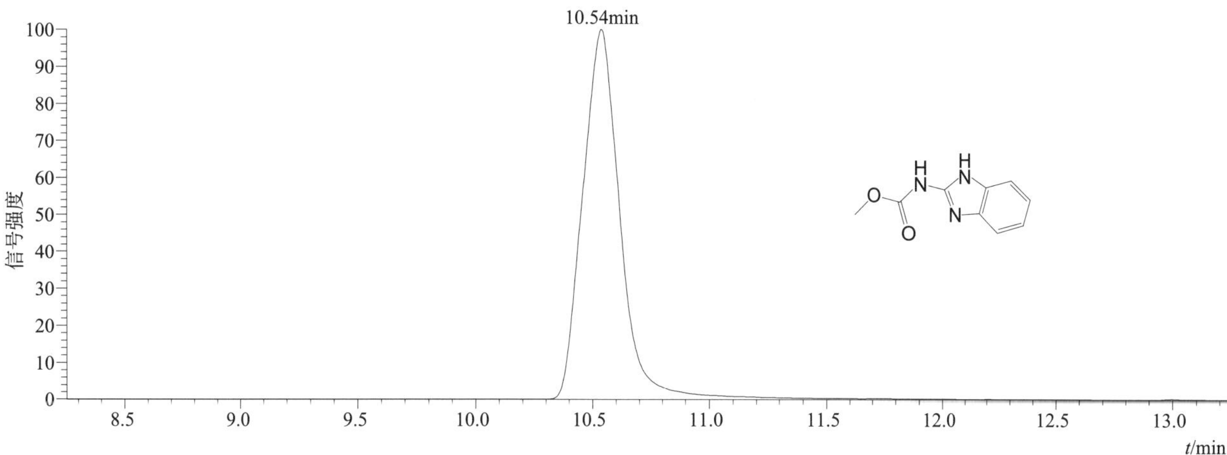

[M+H]+ 典型的一级质谱图

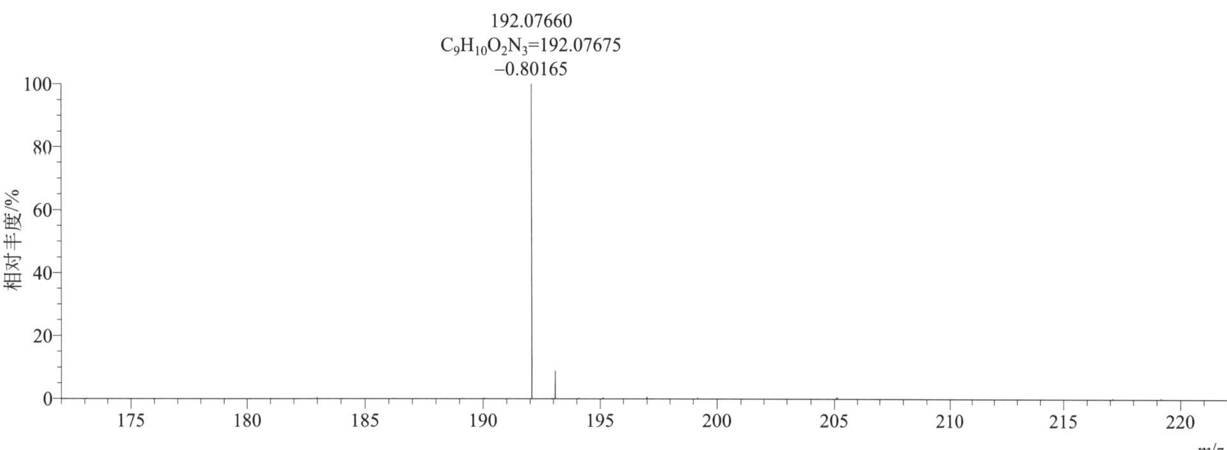

[M+H]+ 归一化法能量 NCE 为 20 时典型的二级质谱图

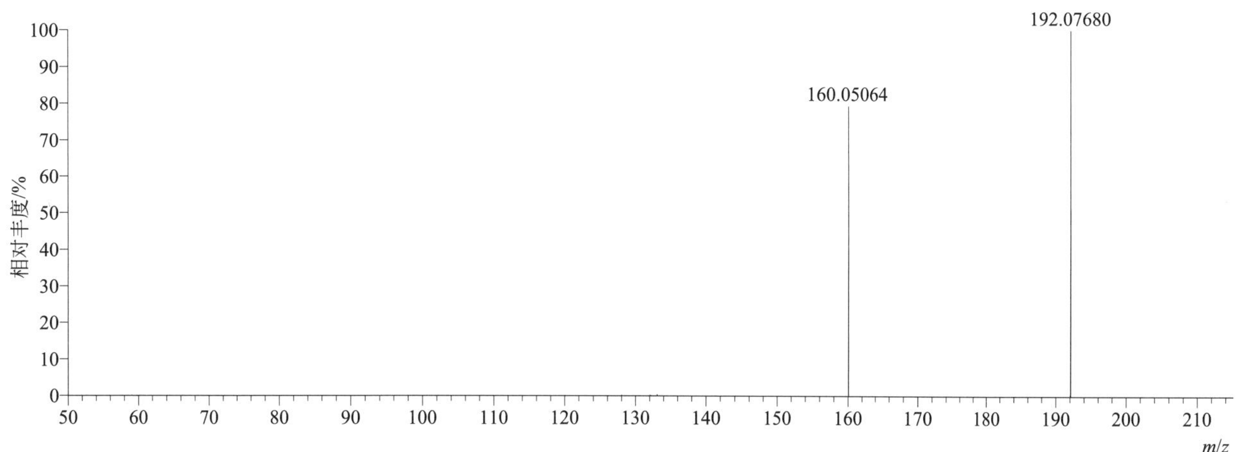

[M+H]$^+$ 归一化法能量 NCE 为 40 时典型的二级质谱图

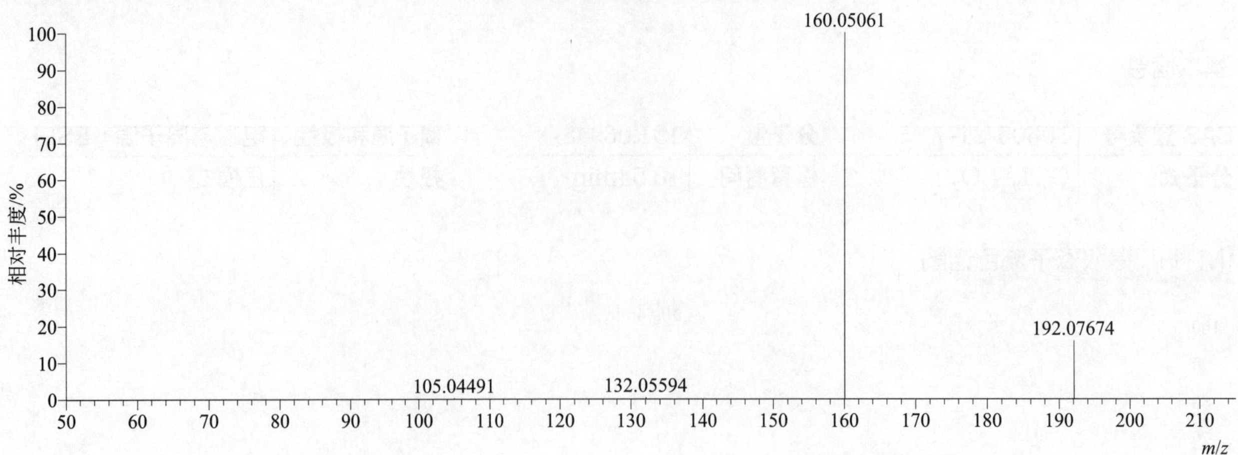

[M+H]$^+$ 归一化法能量 NCE 为 60 时典型的二级质谱图

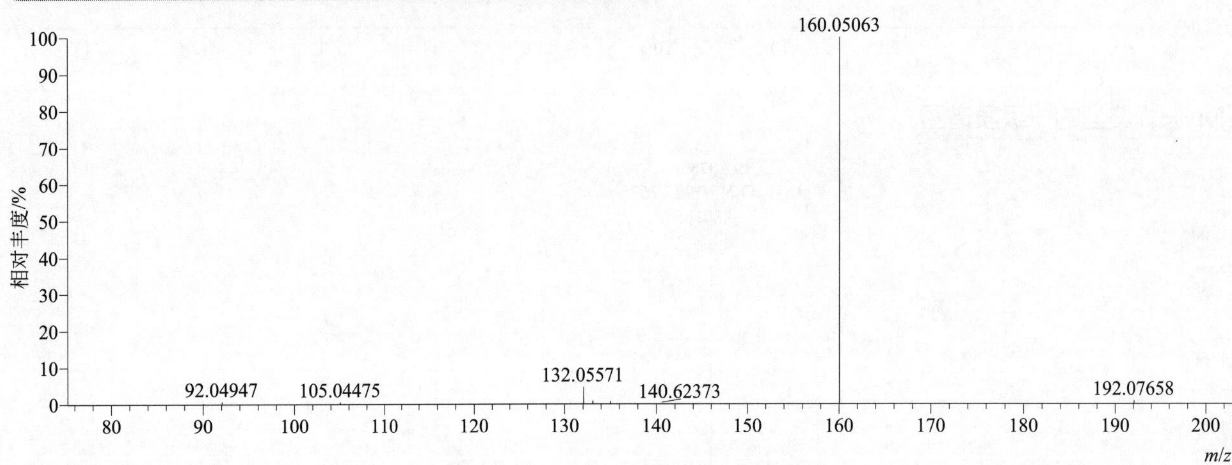

[M+H]$^+$ 阶梯归一化法能量 Step NCE 为 20、40、60 时典型的二级质谱图

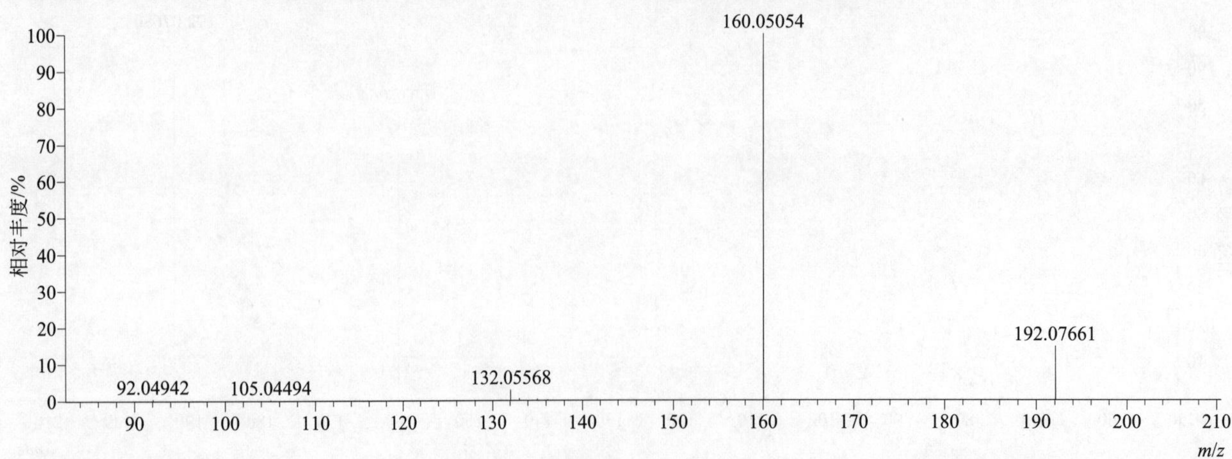

carbetamide（卡草胺）

基本信息

CAS 登录号	16118-49-3	分子量	236.11609	离子源和极性	电喷雾离子源（ESI）
分子式	$C_{12}H_{16}N_2O_3$	保留时间	12.82min	极性	正模式

[M+H]⁺ 提取离子流色谱图

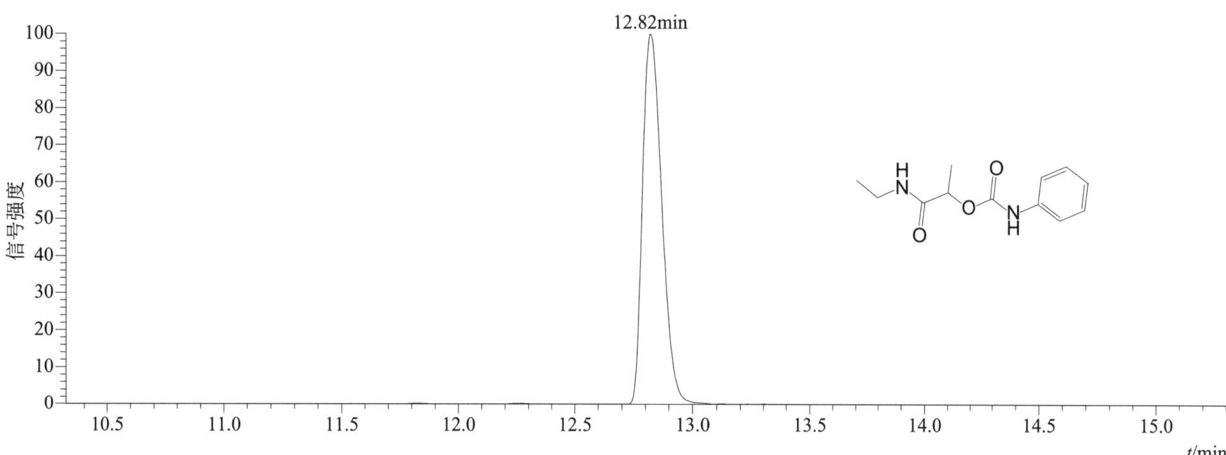

[M+H]⁺ 典型的一级质谱图

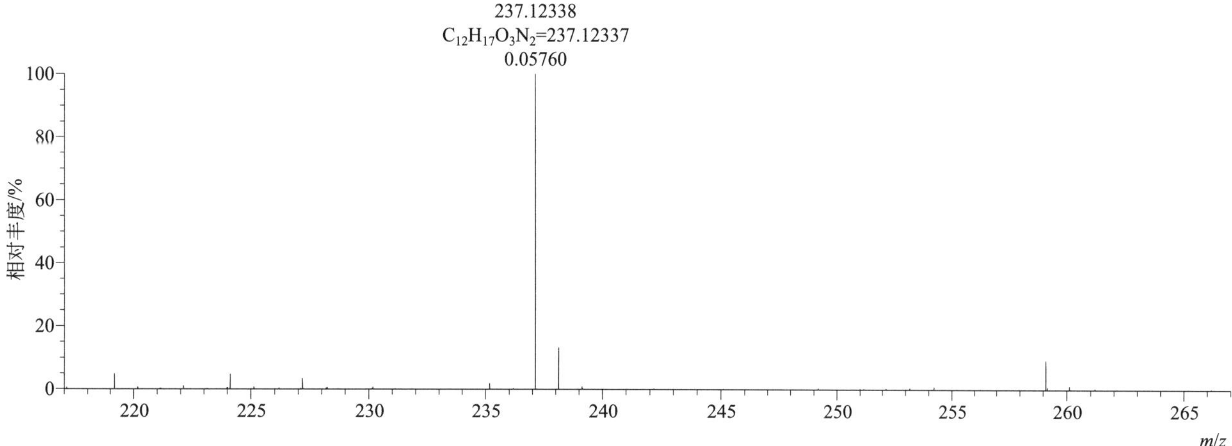

[M+H]⁺ 归一化法能量 NCE 为 20 时典型的二级质谱图

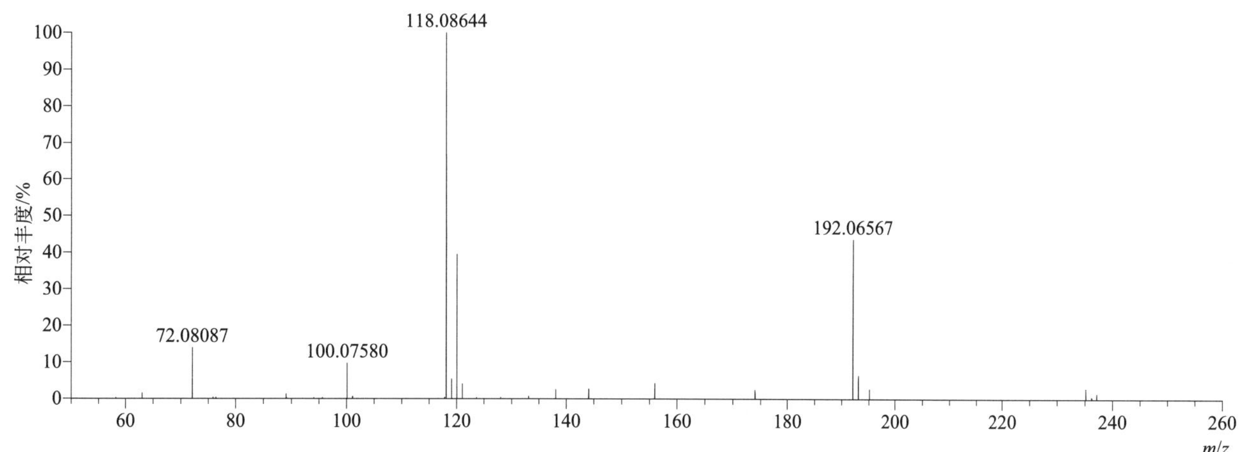

[M+H]+ 归一化法能量 NCE 为 40 时典型的二级质谱图

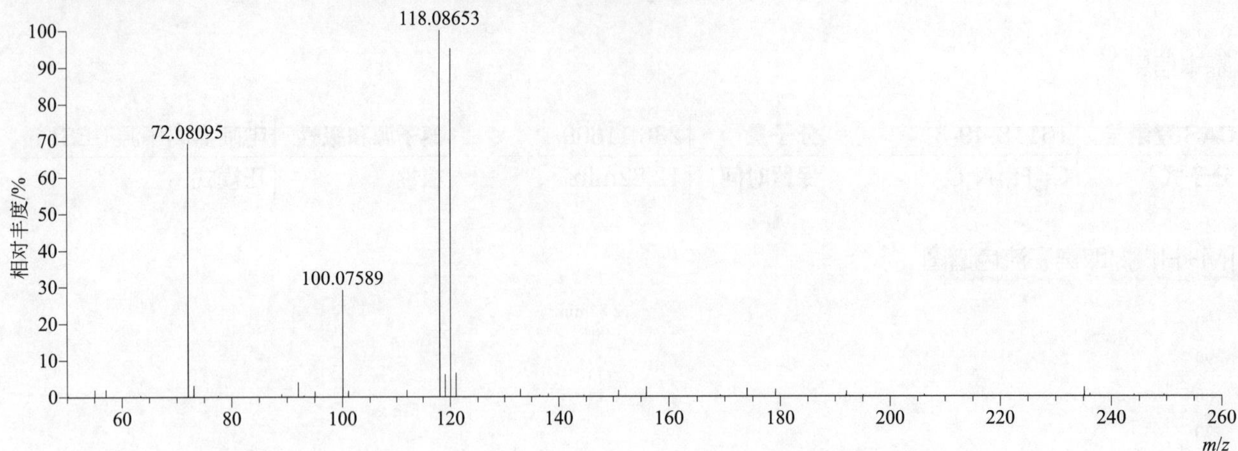

[M+H]+ 归一化法能量 NCE 为 60 时典型的二级质谱图

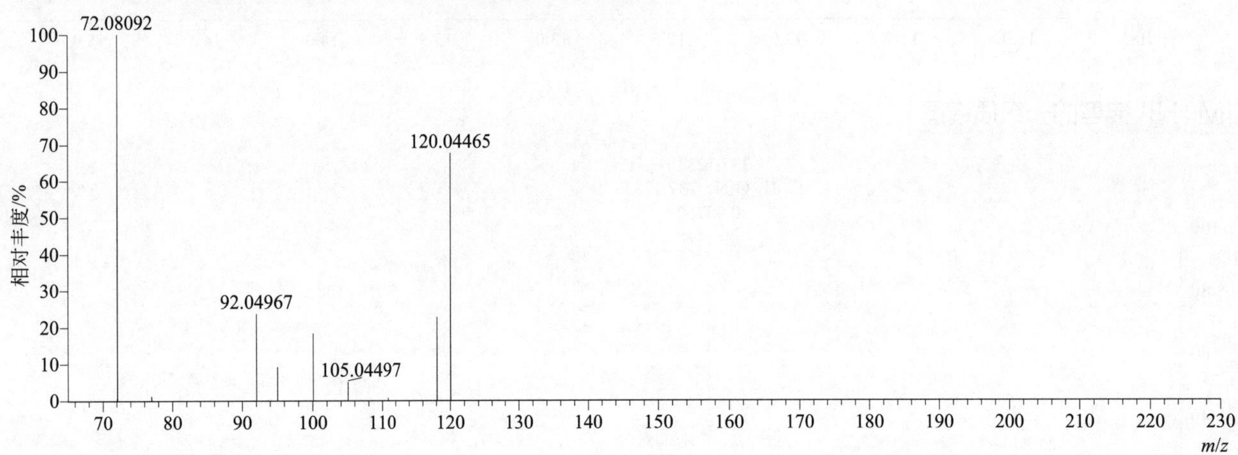

[M+H]+ 阶梯归一化法能量 Step NCE 为 20、40、60 时典型的二级质谱图

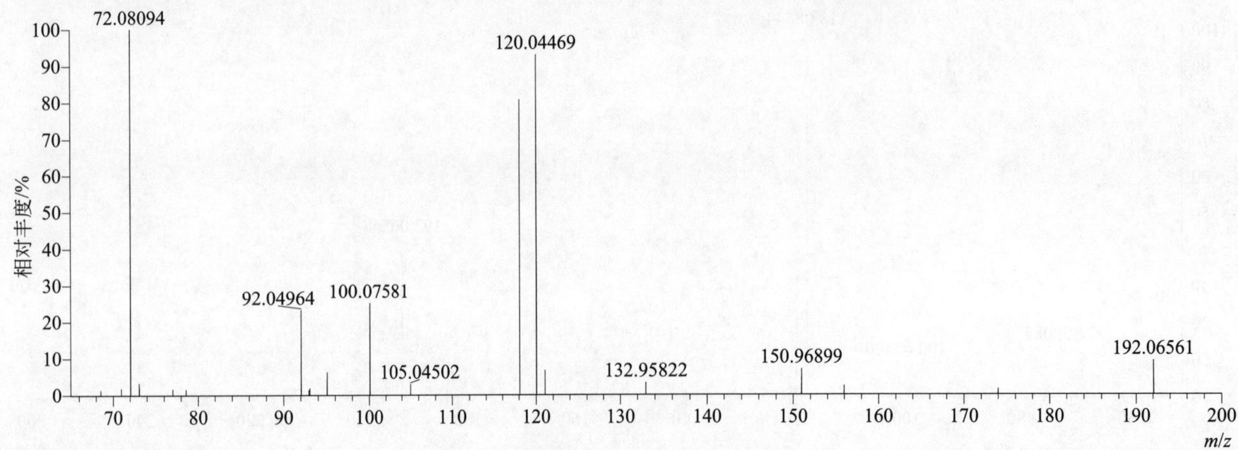

carbofuran（克百威）

基本信息

CAS 登录号	1563-66-2	分子量	221.10519	离子源和极性	电喷雾离子源（ESI）
分子式	$C_{12}H_{15}NO_3$	保留时间	13.08min	极性	正模式

[M+H]⁺ 提取离子流色谱图

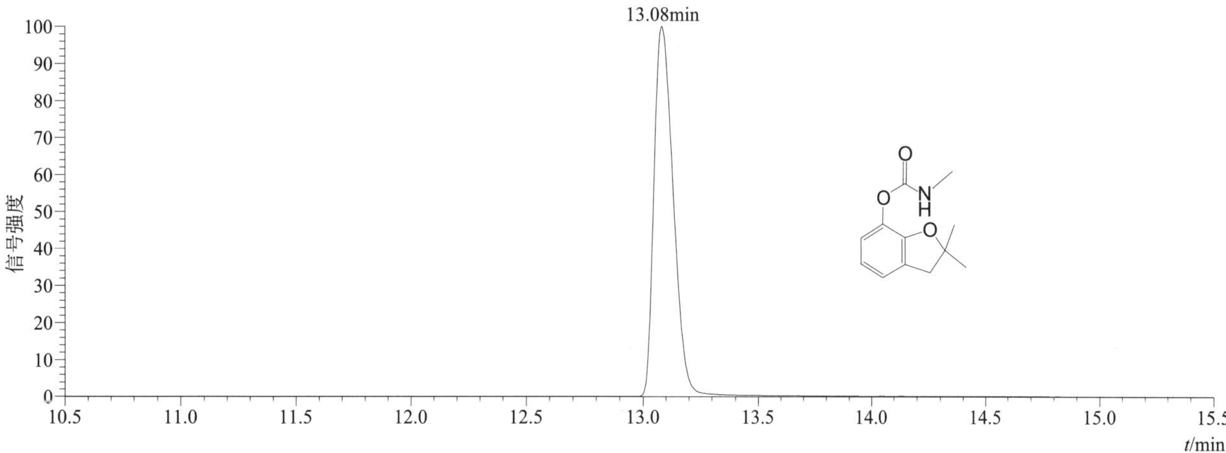

[M+H]⁺ 典型的一级质谱图

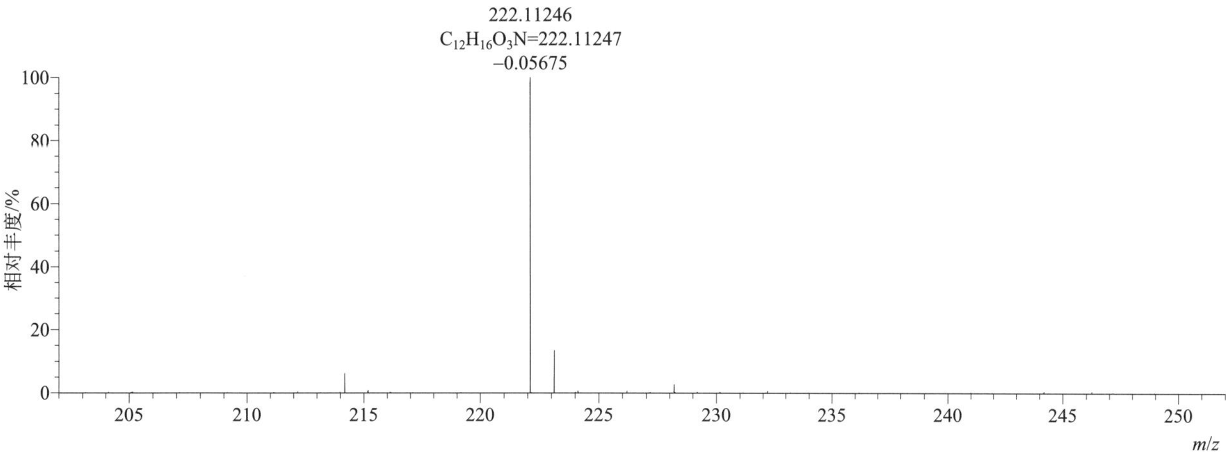

[M+H]⁺ 归一化法能量 NCE 为 20 时典型的二级质谱图

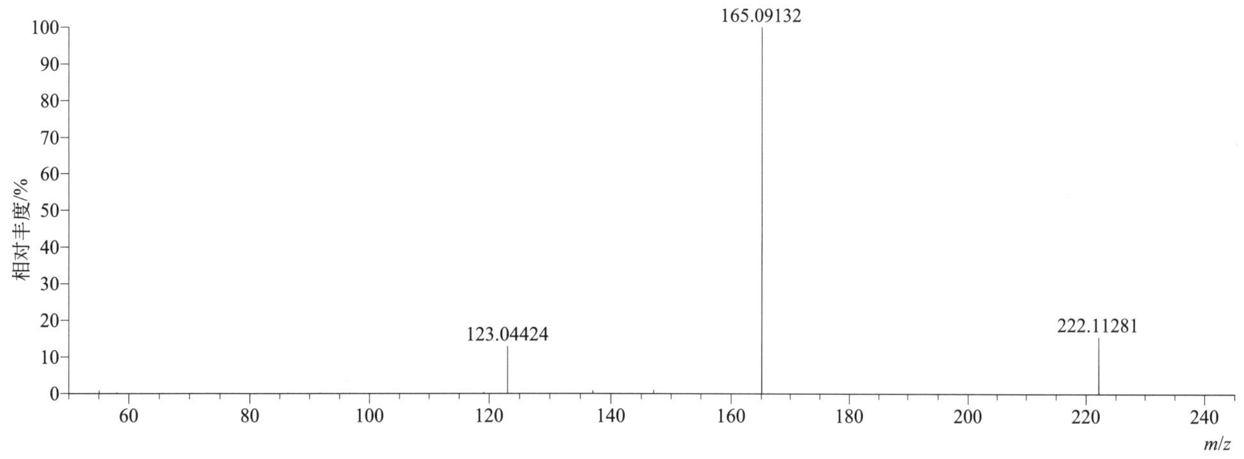

[M+H]⁺ 归一化法能量 NCE 为 40 时典型的二级质谱图

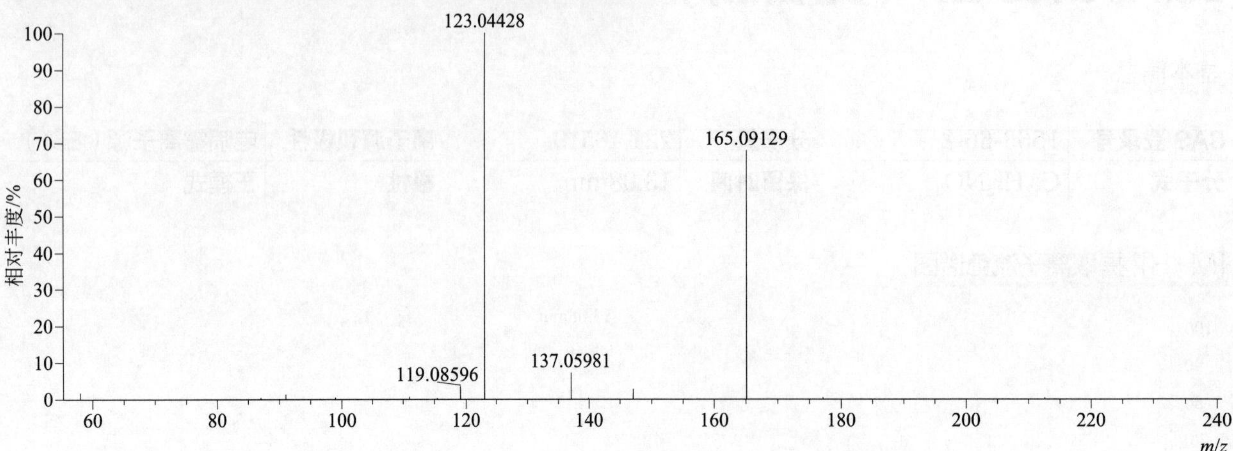

[M+H]⁺ 归一化法能量 NCE 为 60 时典型的二级质谱图

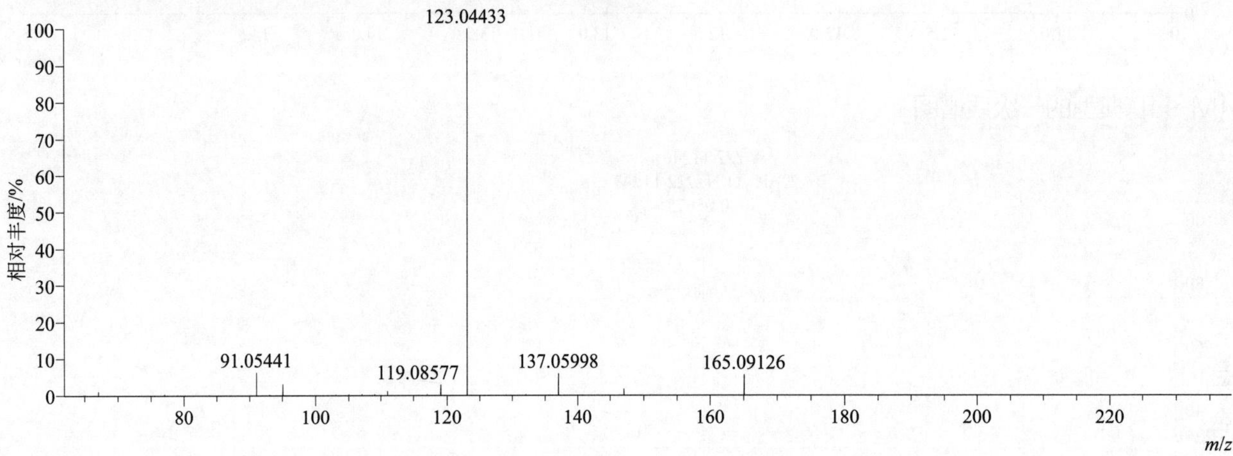

[M+H]⁺ 阶梯归一化法能量 Step NCE 为 20、40、60 时典型的二级质谱图

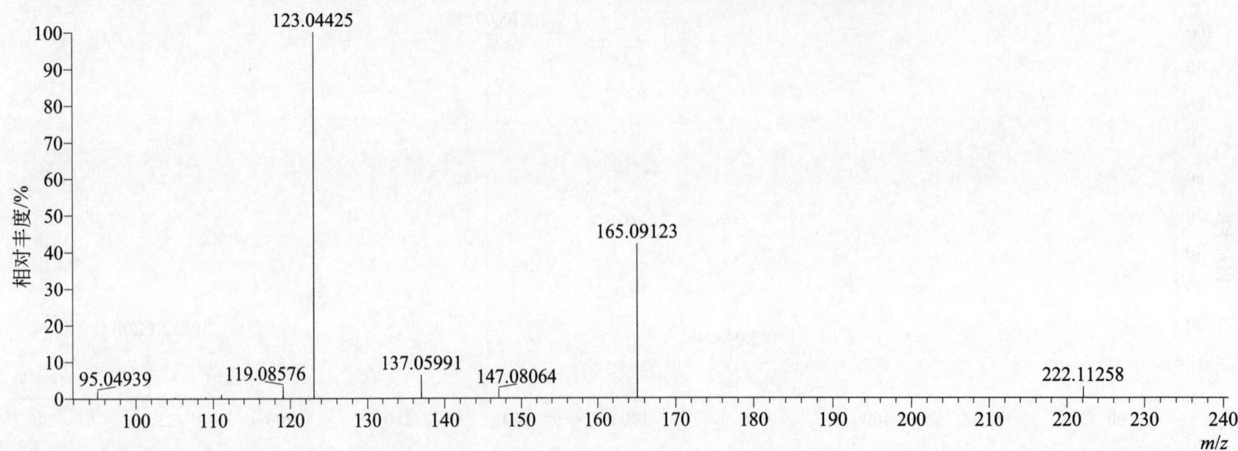

carbofuran-3-hydroxy（3- 羟基克百威）

基本信息

CAS 登录号	16655-82-6	分子量	237.10011	离子源和极性	电喷雾离子源（ESI）
分子式	$C_{12}H_{15}NO_4$	保留时间	11.83min	极性	正模式

$[M+H]^+$ 提取离子流色谱图

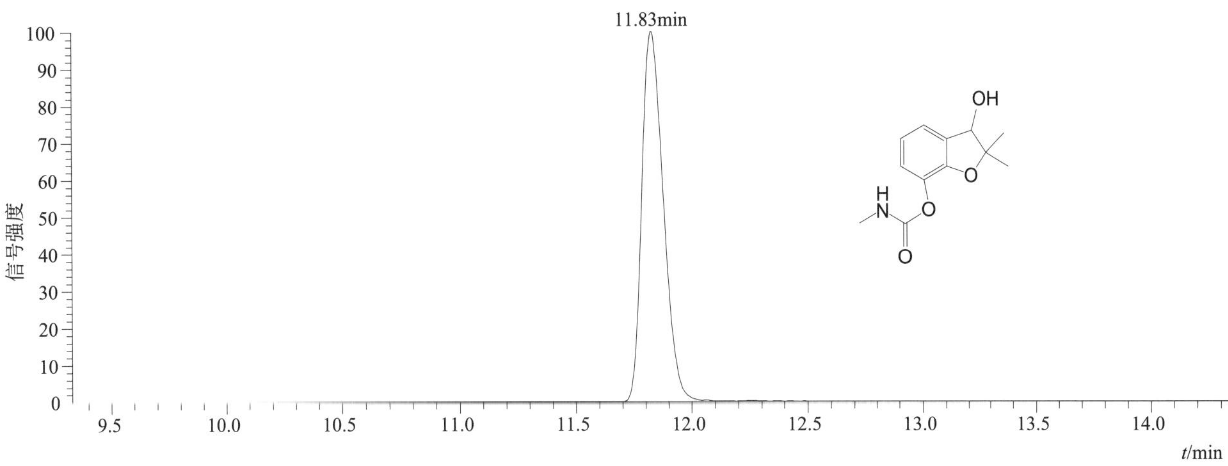

$[M+H]^+$ 和 $[M+NH_4]^+$ 典型的一级质谱图

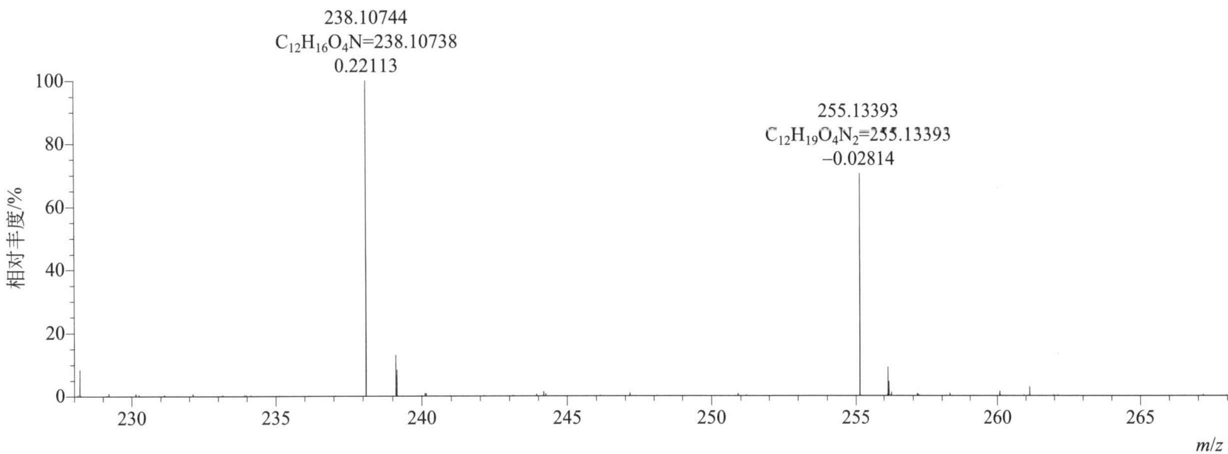

$[M+H]^+$ 归一化法能量 NCE 为 20 时典型的二级质谱图

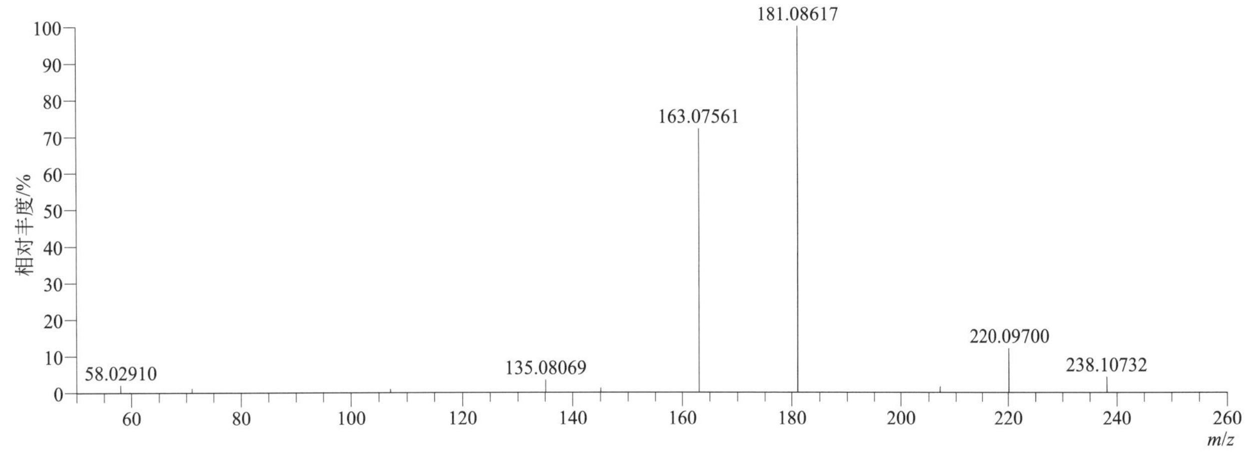

[M+H]⁺ 归一化法能量 NCE 为 40 时典型的二级质谱图

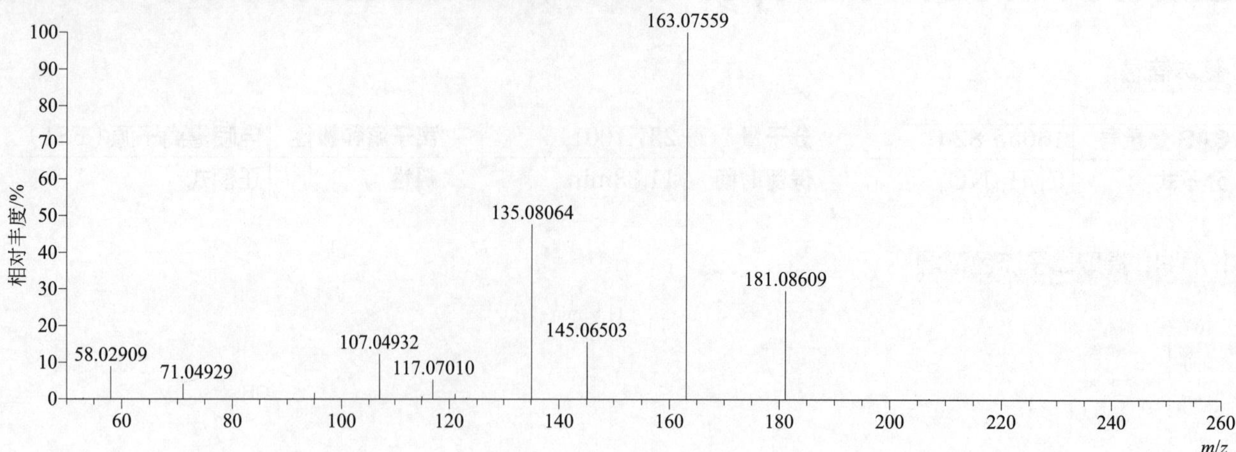

[M+H]⁺ 归一化法能量 NCE 为 60 时典型的二级质谱图

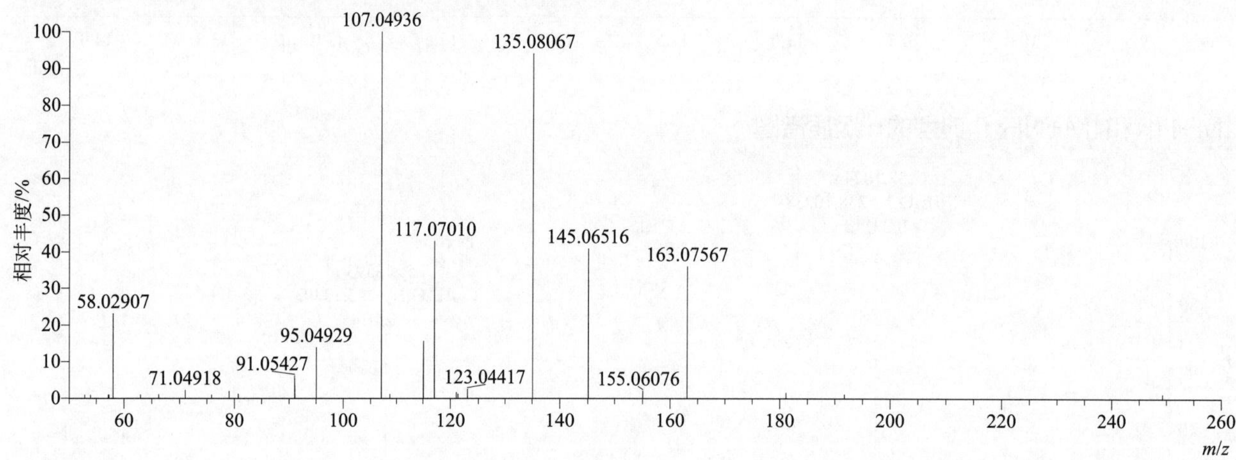

[M+H]⁺ 阶梯归一化法能量 Step NCE 为 20、40、60 时典型的二级质谱图

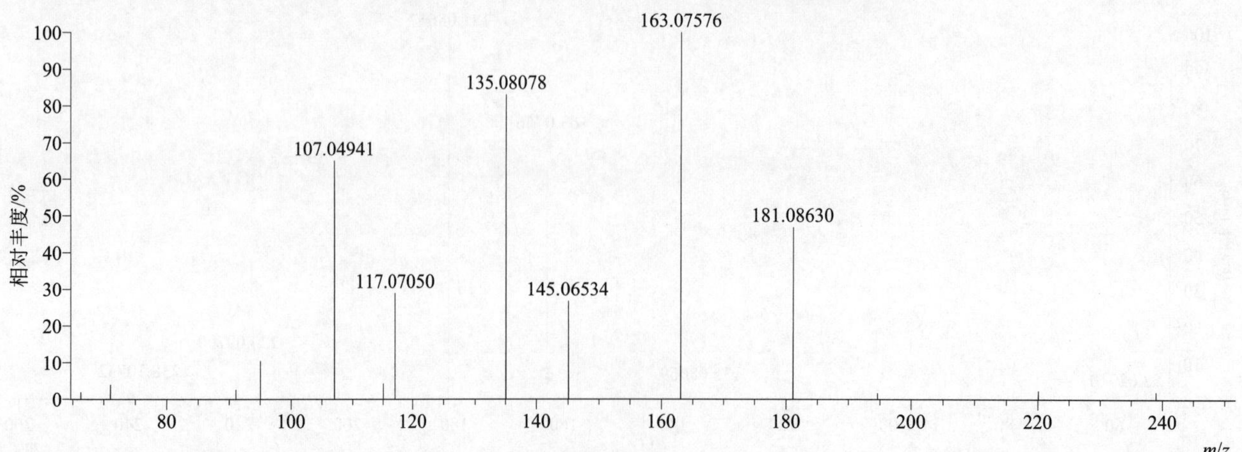

$[M+NH_4]^+$ 归一化法能量 NCE 为 20 时典型的二级质谱图

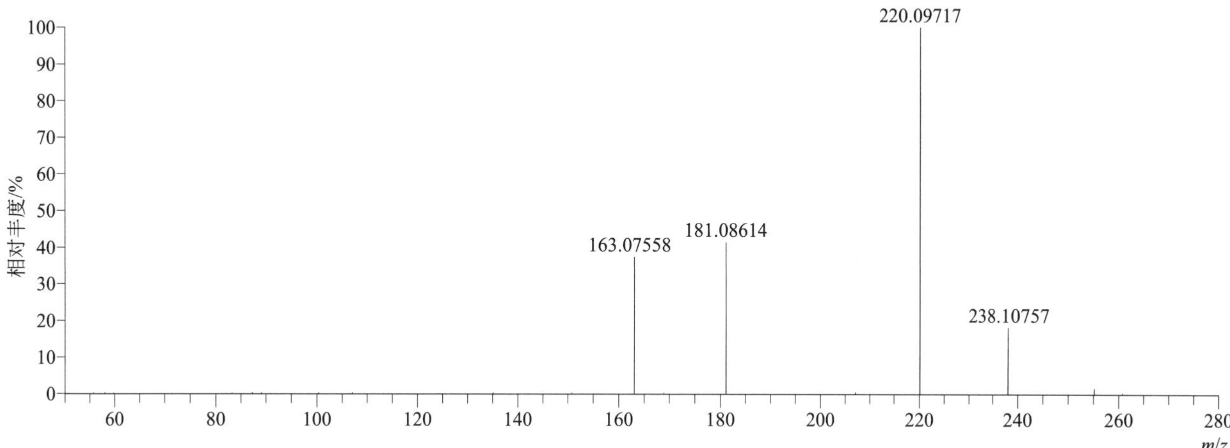

$[M+NH_4]^+$ 归一化法能量 NCE 为 40 时典型的二级质谱图

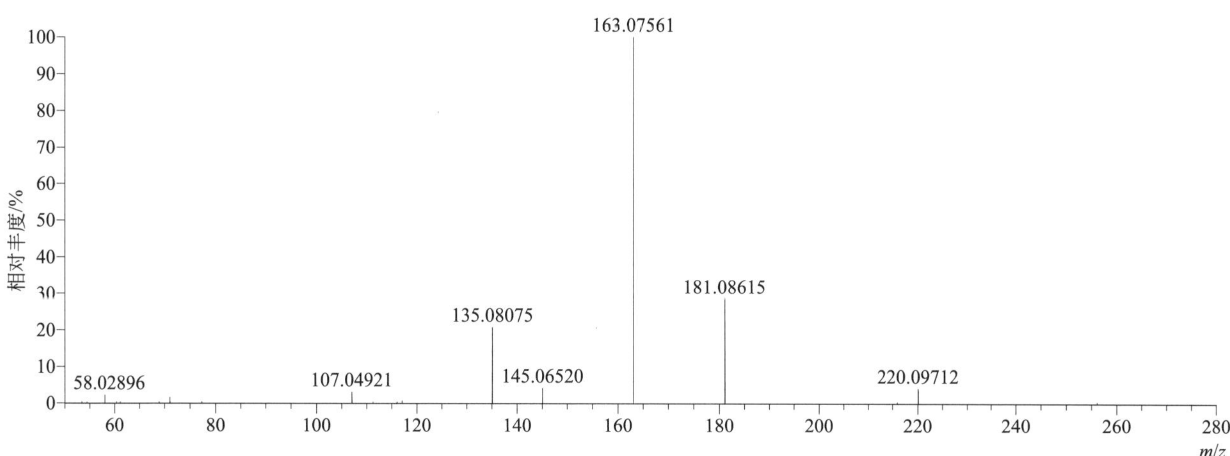

$[M+NH_4]^+$ 归一化法能量 NCE 为 60 时典型的二级质谱图

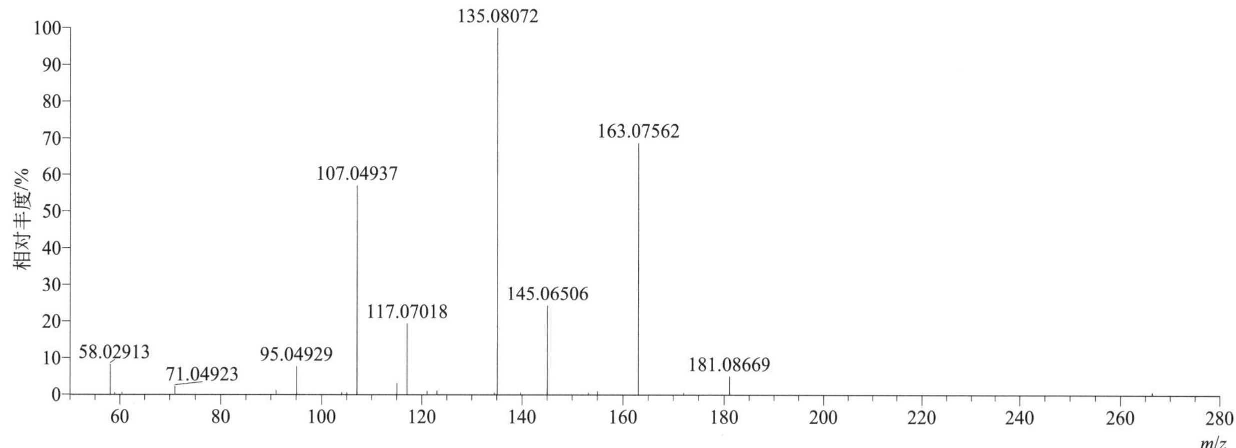

$[M+NH_4]^+$ 阶梯归一化法能量 Step NCE 为 20、40、60 时典型的二级质谱图

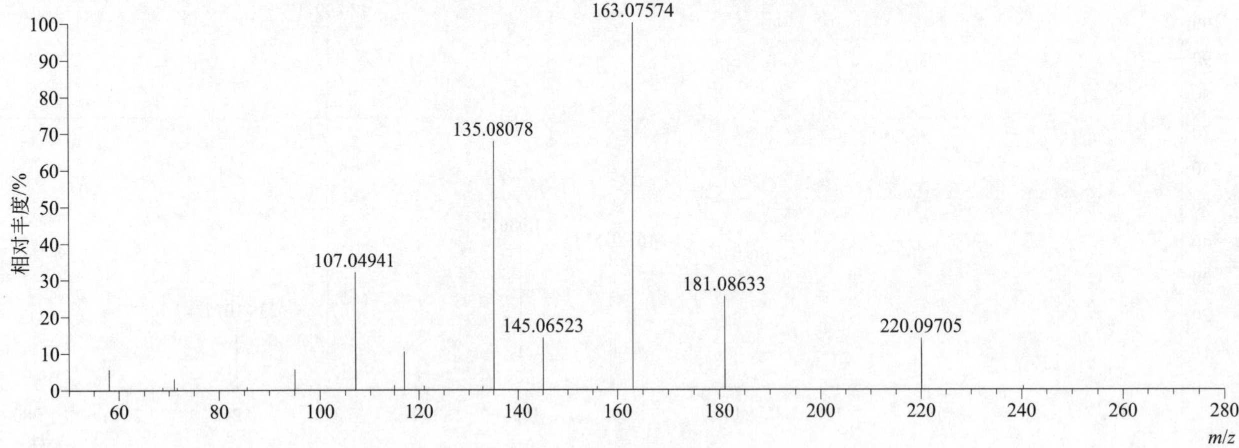

carbophenothion（三硫磷）

基本信息

CAS 登录号	786-19-6	分子量	341.97386	离子源和极性	电喷雾离子源（ESI）
分子式	$C_{11}H_{16}ClO_2PS_3$	保留时间	16.15min	极性	正模式

$[M+H]^+$ 提取离子流色谱图

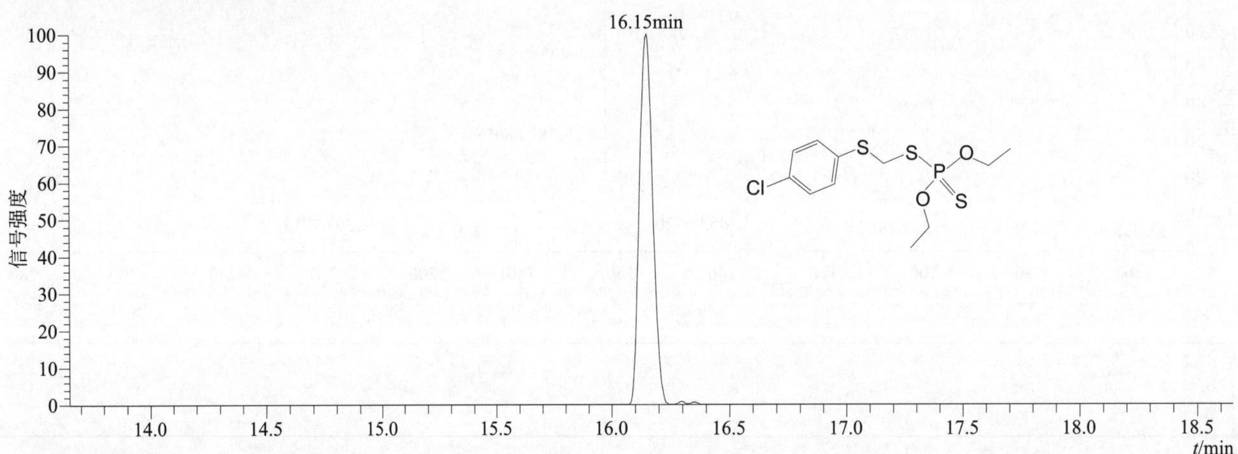

$[M+H]^+$ 典型的一级质谱图

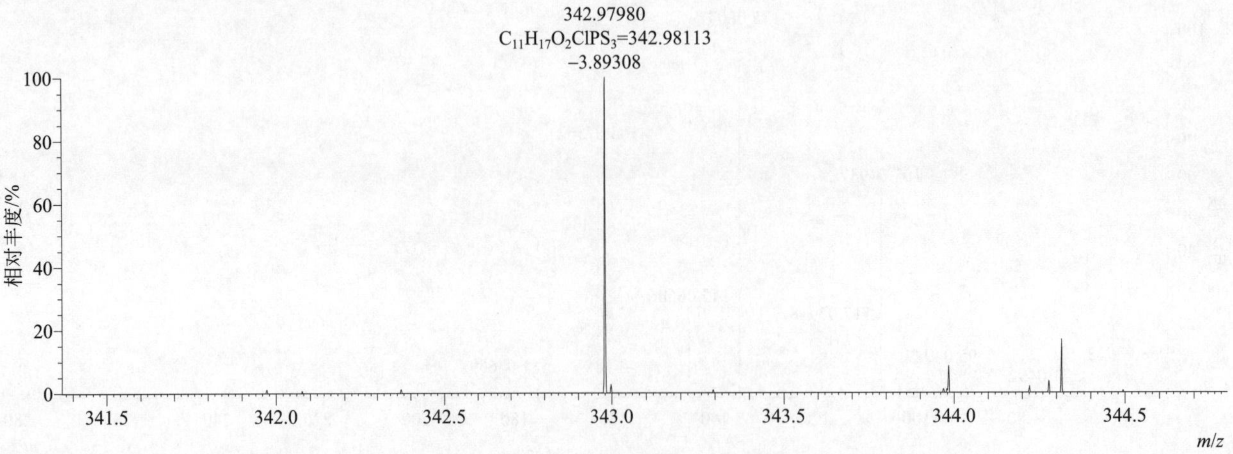

[M+H]+ 归一化法能量 NCE 为 20 时典型的二级质谱图

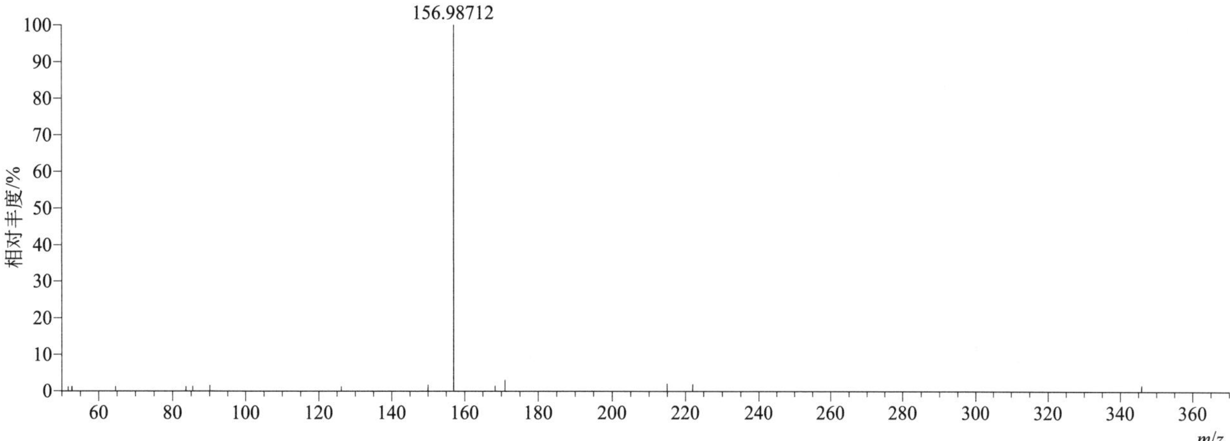

[M+H]+ 归一化法能量 NCE 为 40 时典型的二级质谱图

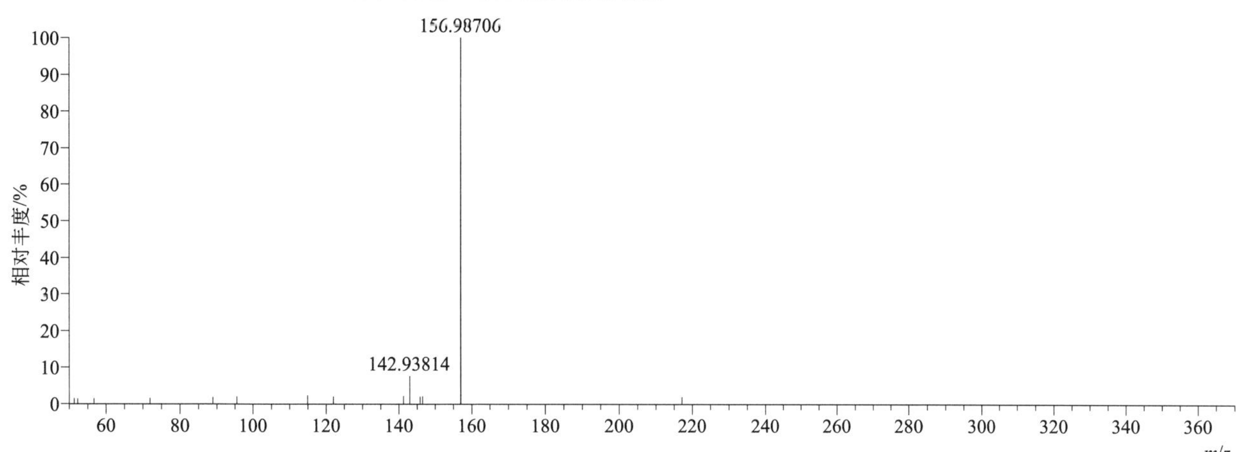

[M+H]+ 归一化法能量 NCE 为 60 时典型的二级质谱图

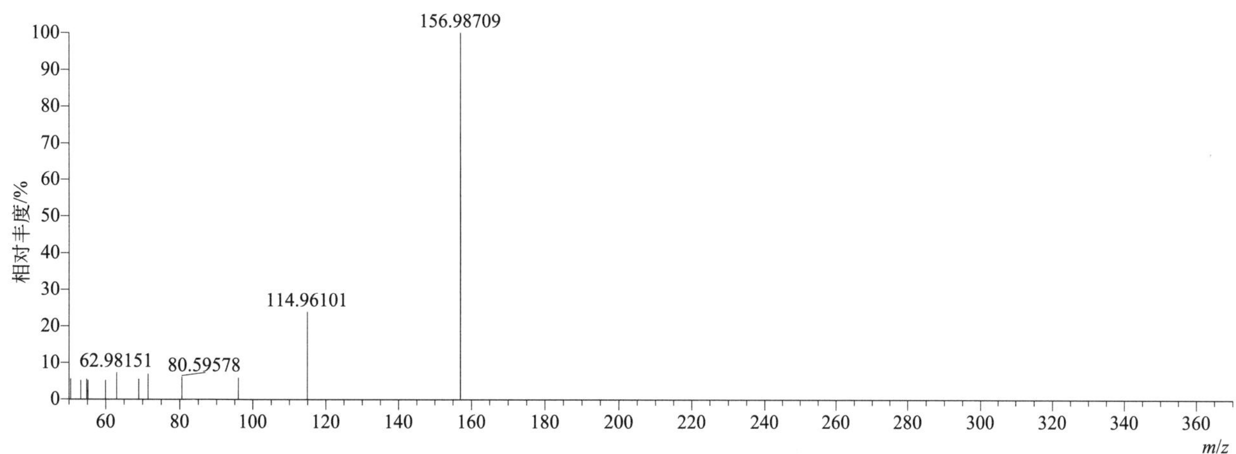

[M+H]⁺ 阶梯归一化法能量 Step NCE 为 20、40、60 时典型的二级质谱图

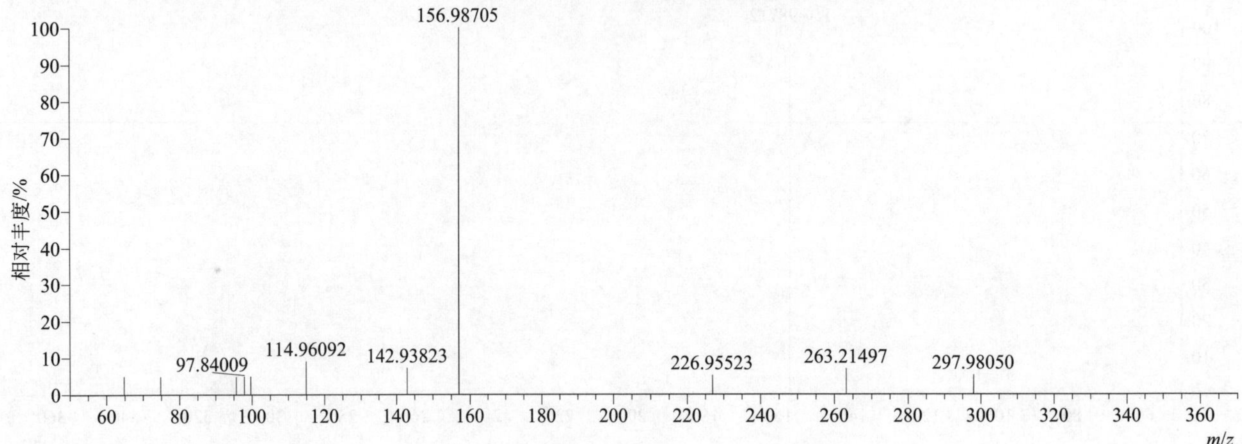

carbosulfan（丁硫克百威）

基本信息

CAS 登录号	55285-14-8	分子量	380.21336	离子源和极性	电喷雾离子源（ESI）
分子式	$C_{20}H_{32}N_2O_3S$	保留时间	16.59min	极性	正模式

[M+H]⁺ 提取离子流色谱图

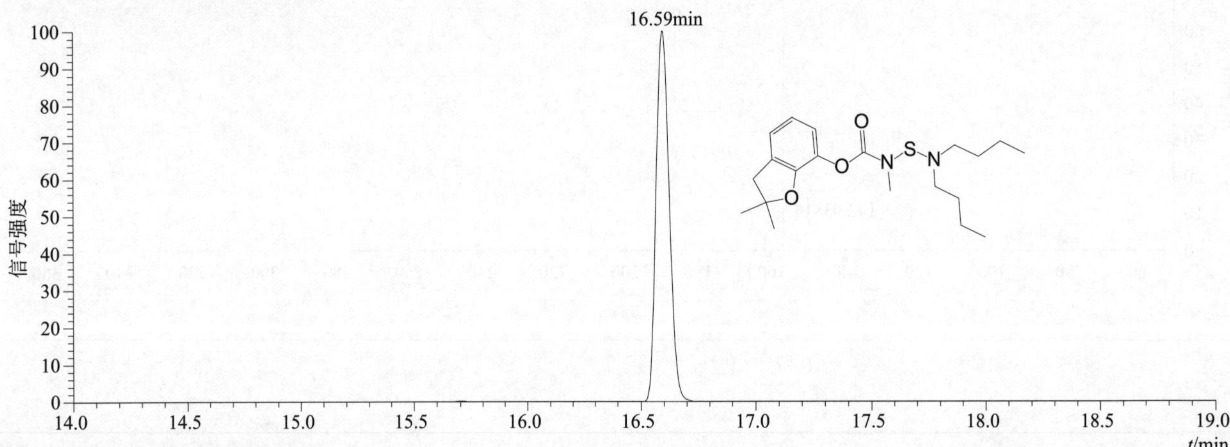

[M+H]⁺ 典型的一级质谱图

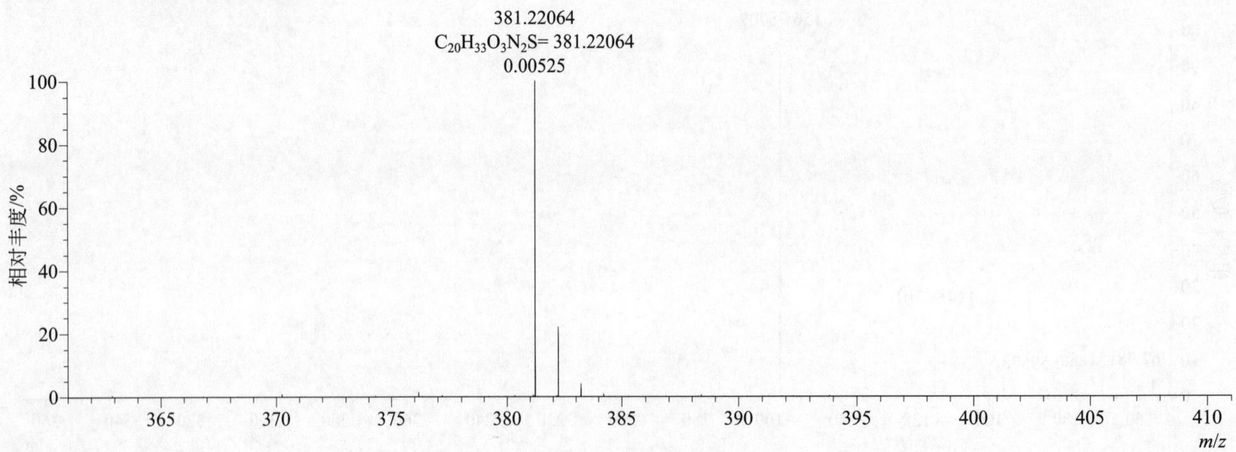

[M+H]+ 归一化法能量 NCE 为 20 时典型的二级质谱图

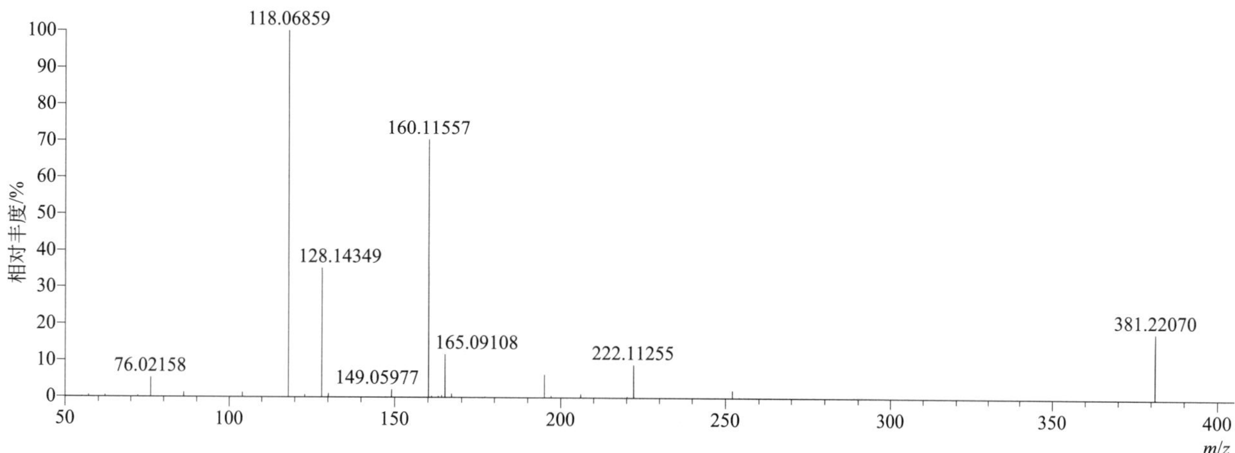

[M+H]+ 归一化法能量 NCE 为 40 时典型的二级质谱图

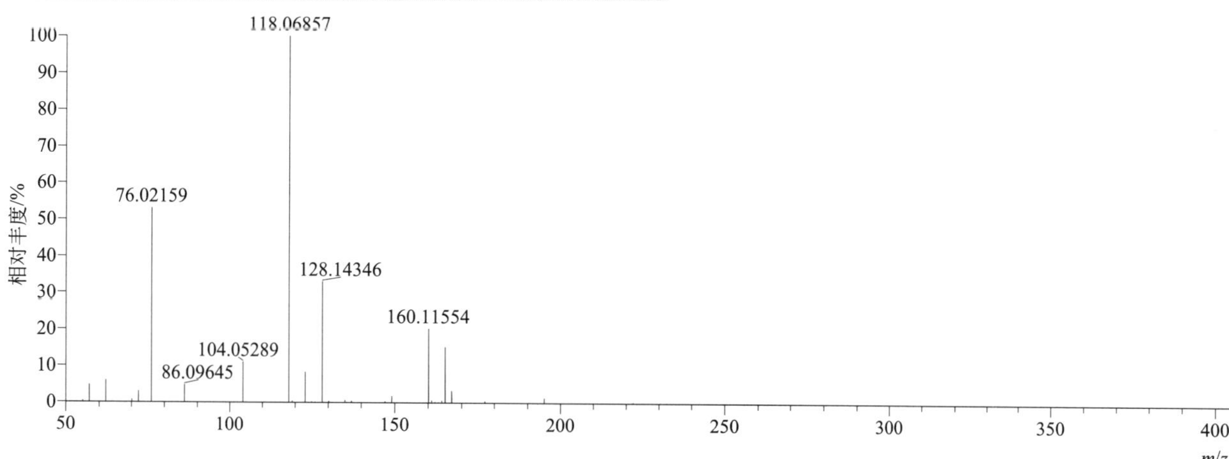

[M+H]+ 归一化法能量 NCE 为 60 时典型的二级质谱图

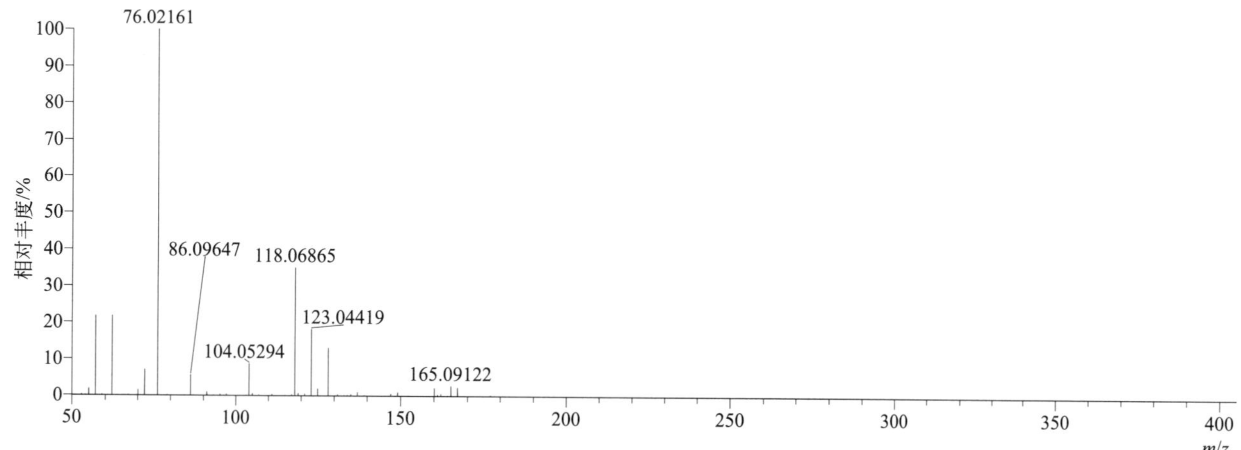

[M+H]+ 阶梯归一化法能量 Step NCE 为 20、40、60 时典型的二级质谱图

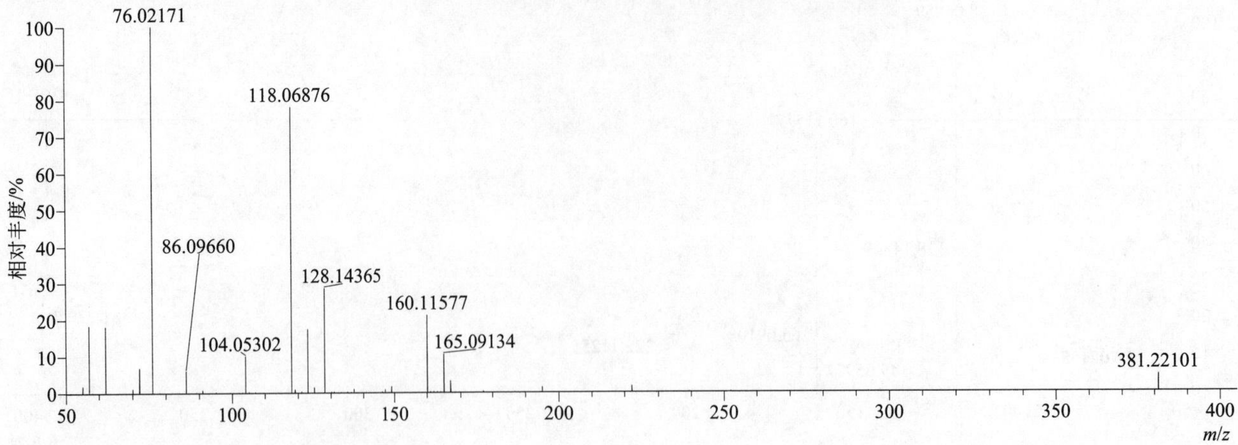

carboxin（萎锈灵）

基本信息

CAS 登录号	5234-68-4	分子量	235.06670	离子源和极性	电喷雾离子源（ESI）
分子式	$C_{12}H_{13}NO_2S$	保留时间	15.02min	极性	正模式

[M+H]+ 提取离子流色谱图

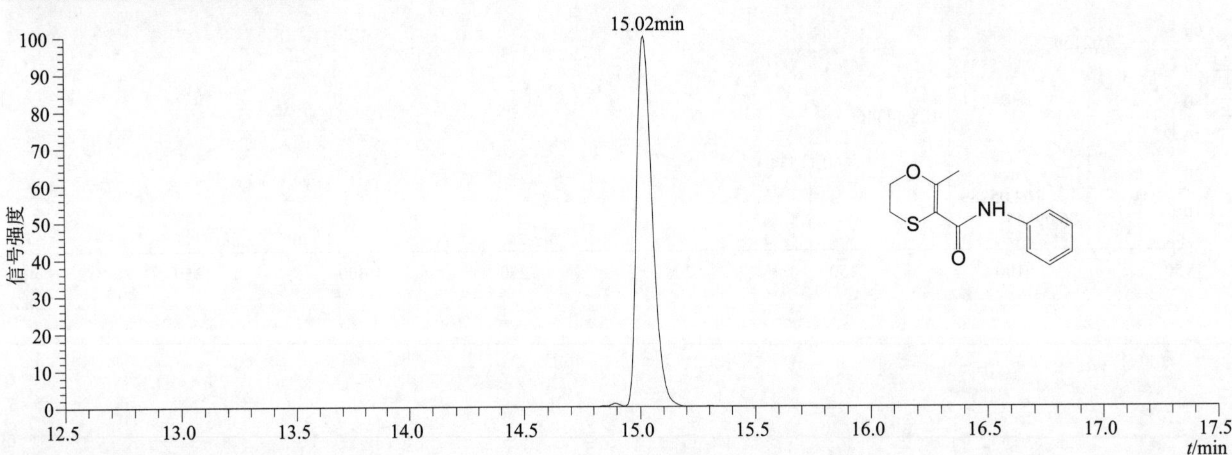

[M+H]+ 典型的一级质谱图

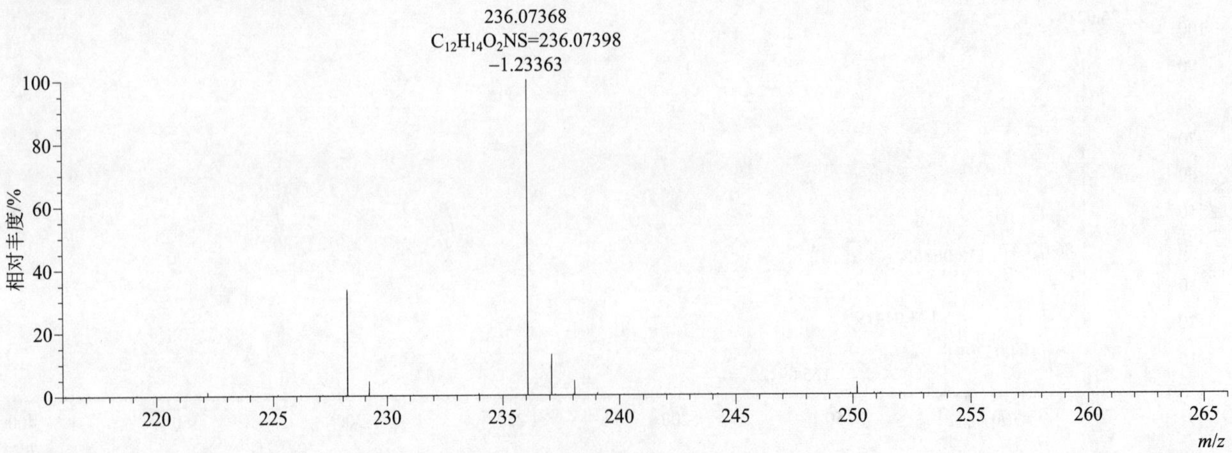

[M+H]+ 归一化法能量 NCE 为 20 时典型的二级质谱图

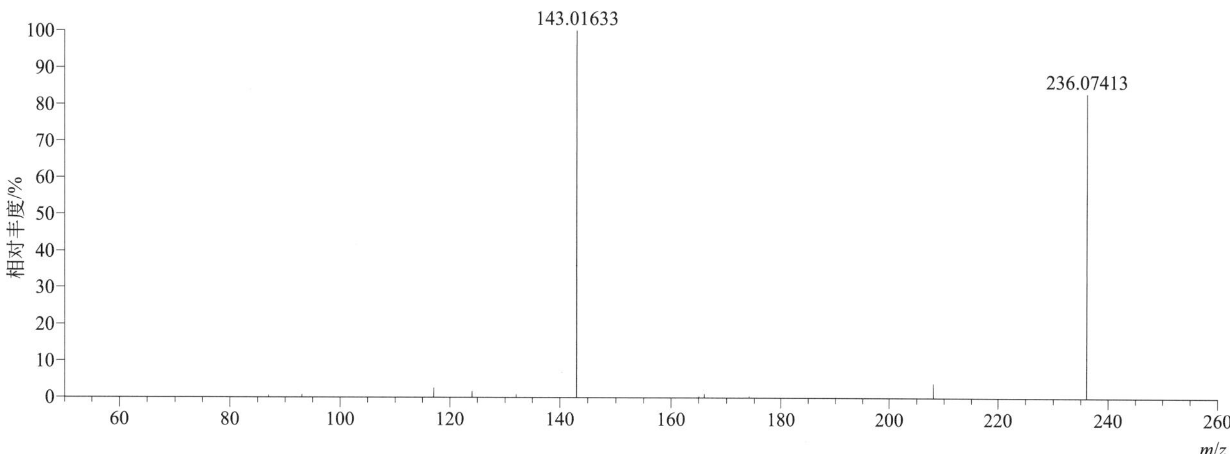

[M+H]+ 归一化法能量 NCE 为 40 时典型的二级质谱图

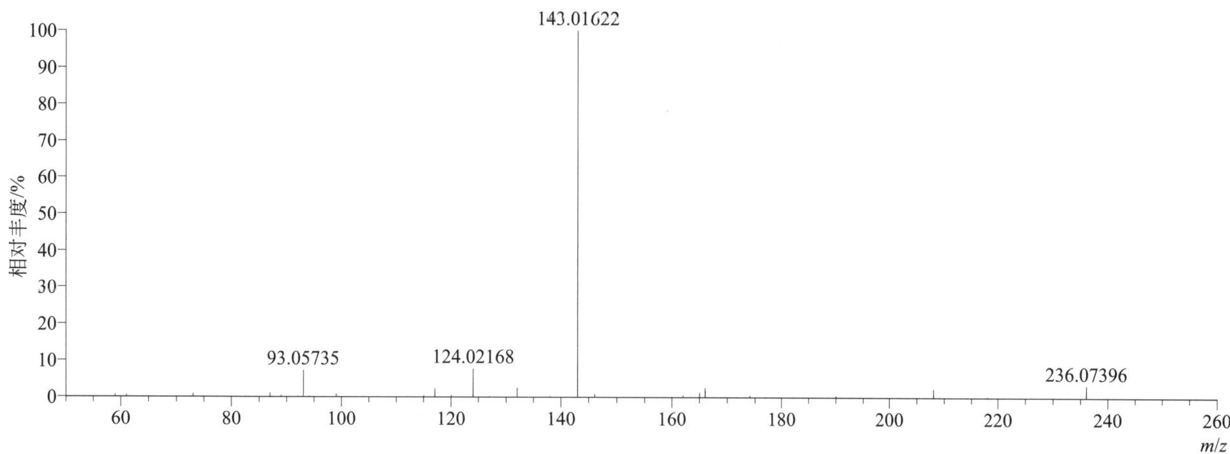

[M+H]+ 归一化法能量 NCE 为 60 时典型的二级质谱图

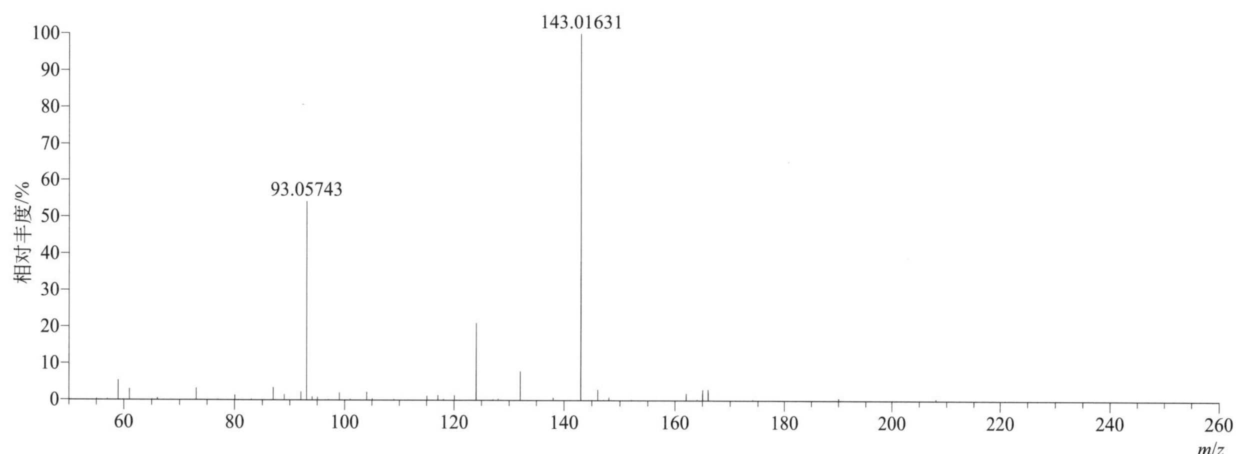

[M+H]+ 阶梯归一化法能量 Step NCE 为 20、40、60 时典型的二级质谱图

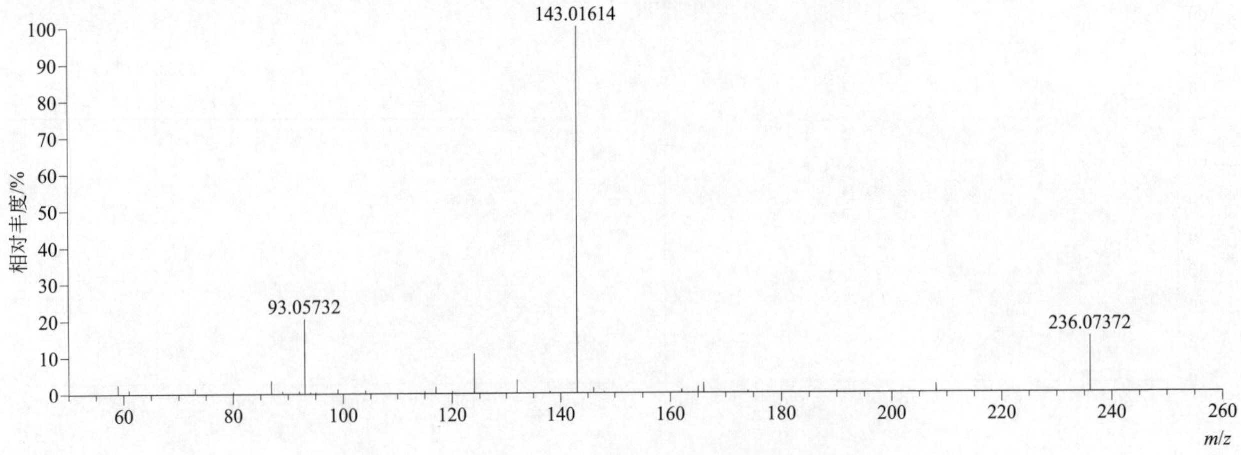

carfentrazone-ethyl（氟酮唑草）

基本信息

CAS 登录号	128639-02-1	分子量	411.03643	离子源和极性	电喷雾离子源（ESI）
分子式	$C_{15}H_{14}Cl_2F_3N_3O_3$	保留时间	14.94min	极性	正模式

$[M+NH_4]^+$ 提取离子流色谱图

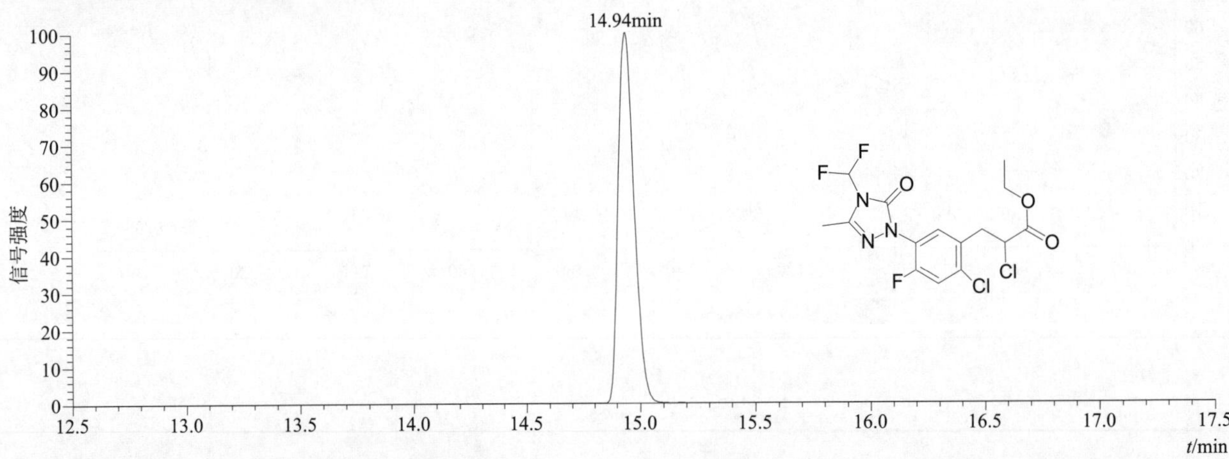

$[M+H]^+$ 和 $[M+NH_4]^+$ 典型的一级质谱图

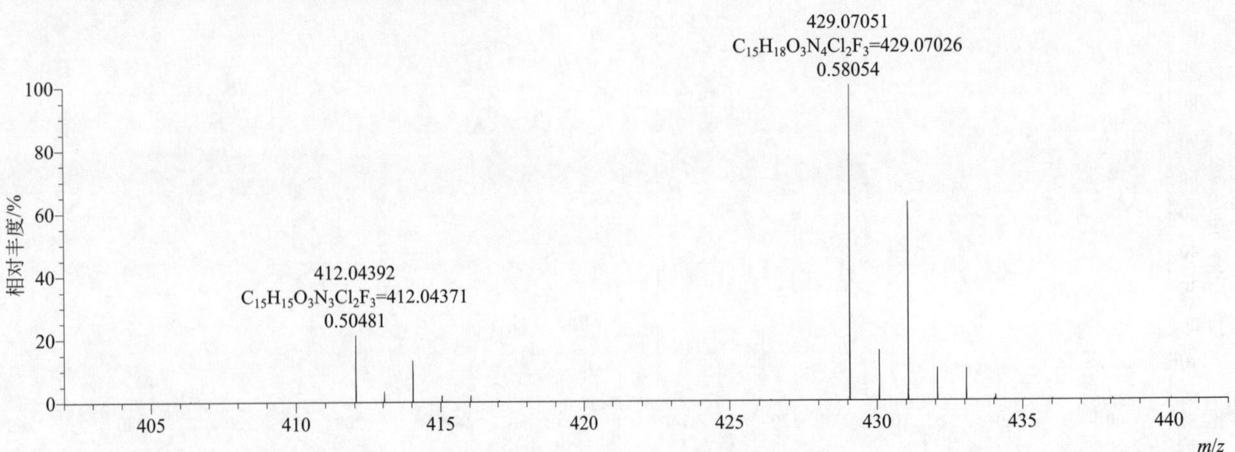

$[M+H]^+$ 典型的一级质谱图

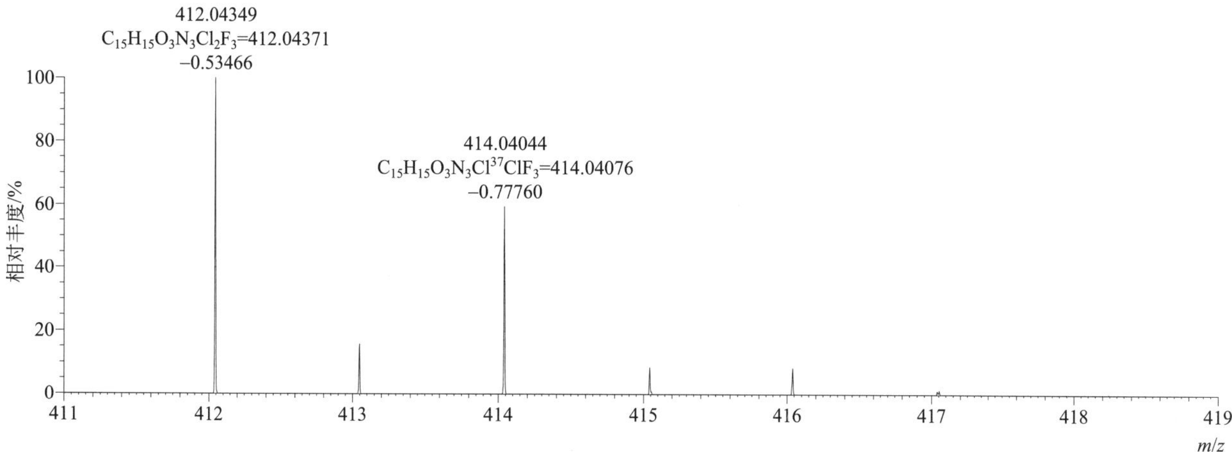

$[M+NH_4]^+$ 典型的一级质谱图

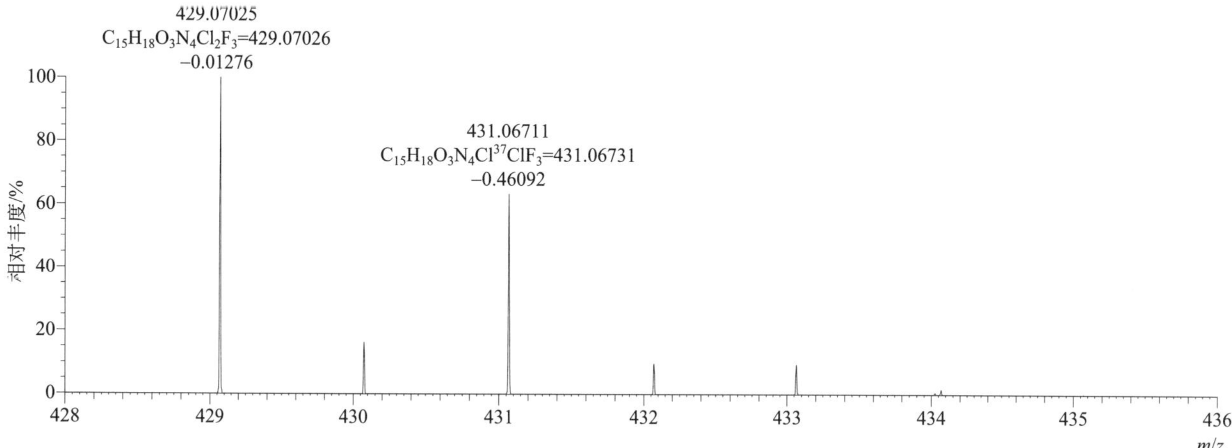

$[M+H]^+$ 归一化法能量 NCE 为 20 时典型的二级质谱图

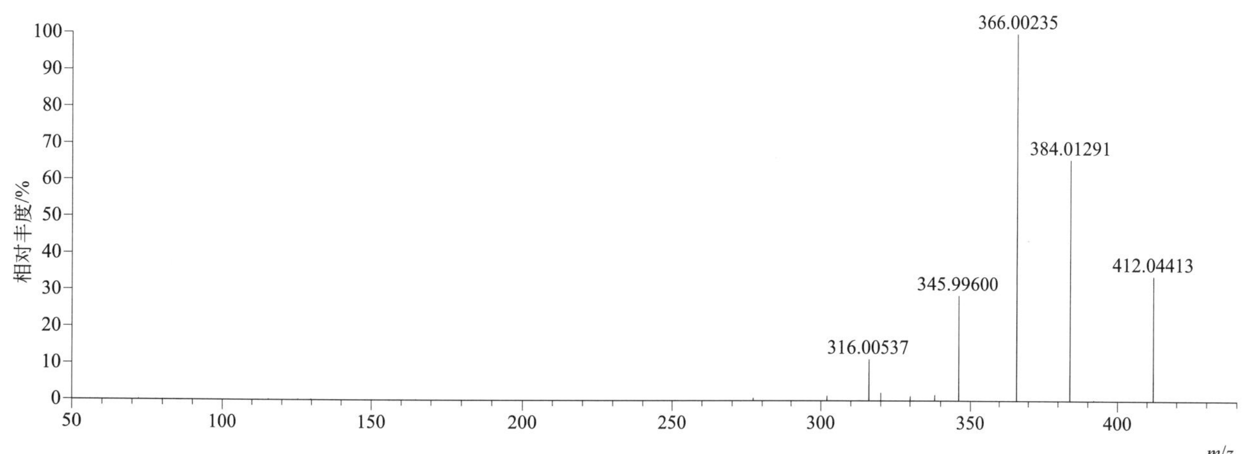

[M+H]$^+$ 归一化法能量 NCE 为 40 时典型的二级质谱图

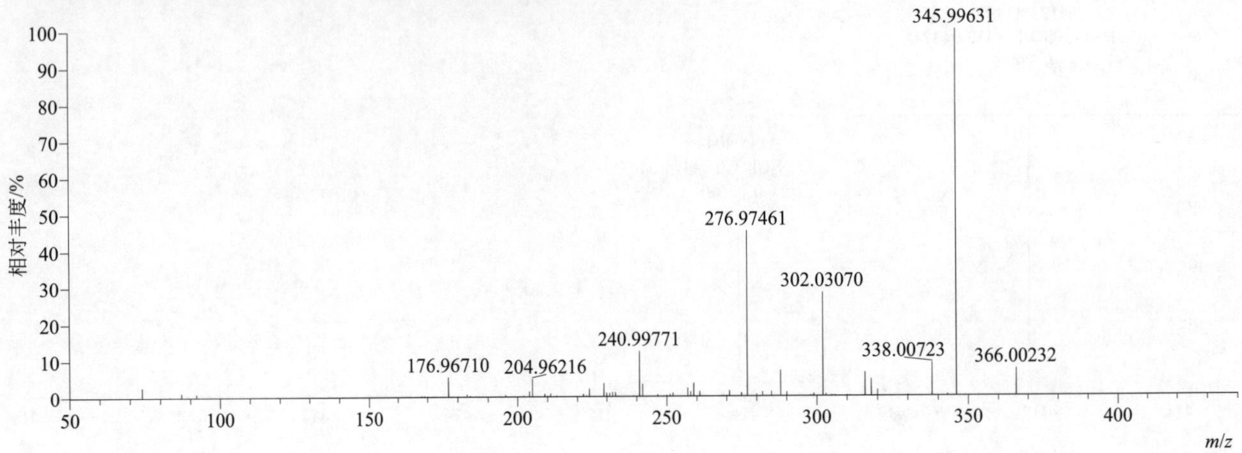

[M+H]$^+$ 归一化法能量 NCE 为 60 时典型的二级质谱图

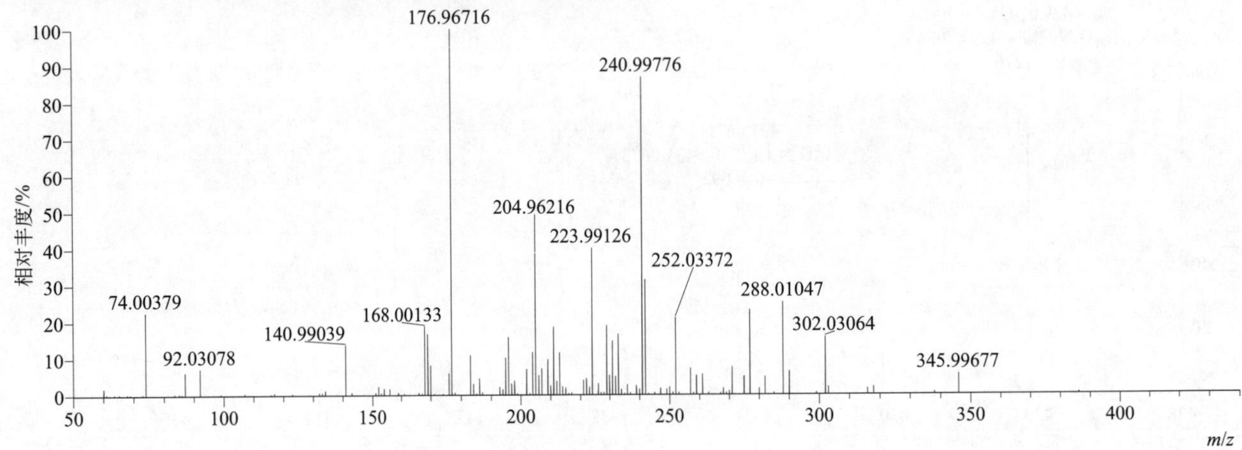

[M+H]$^+$ 阶梯归一化法能量 Step NCE 为 20、40、60 时典型的二级质谱图

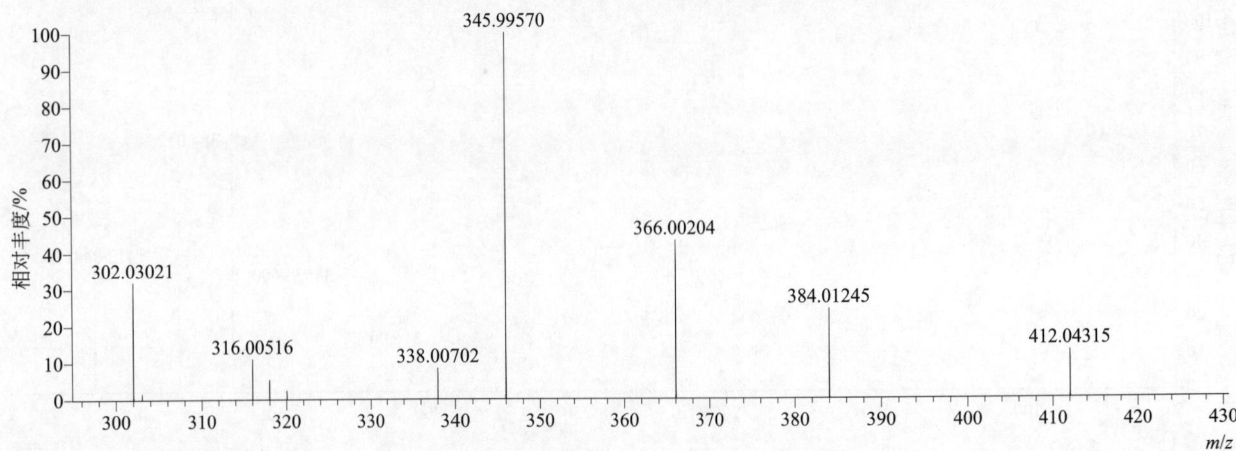

$[M+NH_4]^+$ 归一化法能量 NCE 为 20 时典型的二级质谱图

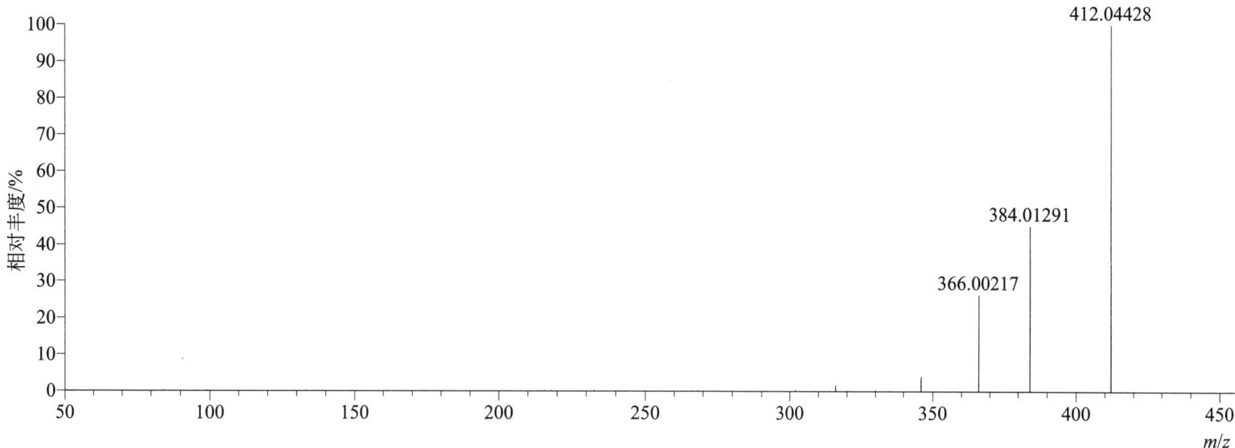

$[M+NH_4]^+$ 归一化法能量 NCE 为 40 时典型的二级质谱图

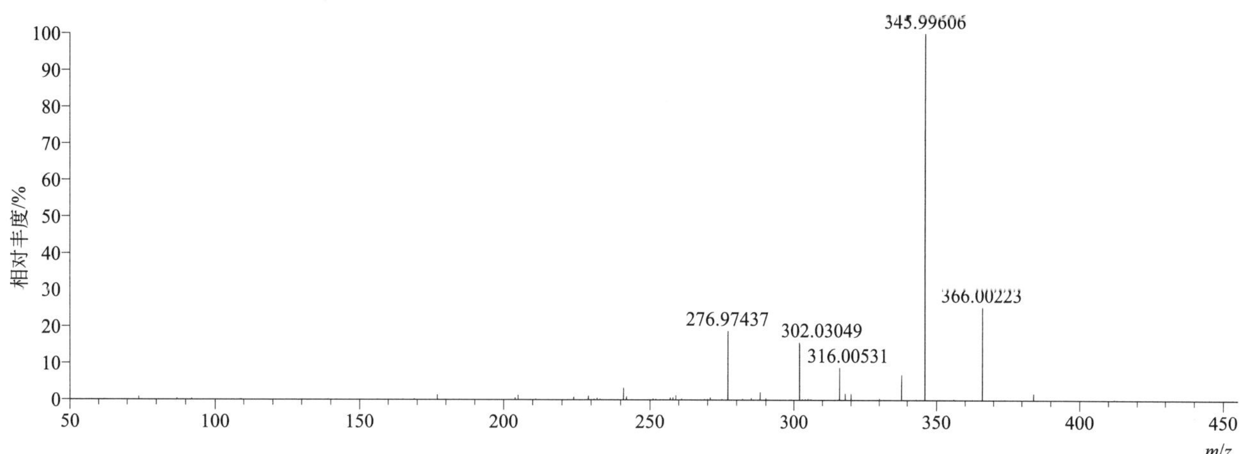

$[M+NH_4]^+$ 归一化法能量 NCE 为 60 时典型的二级质谱图

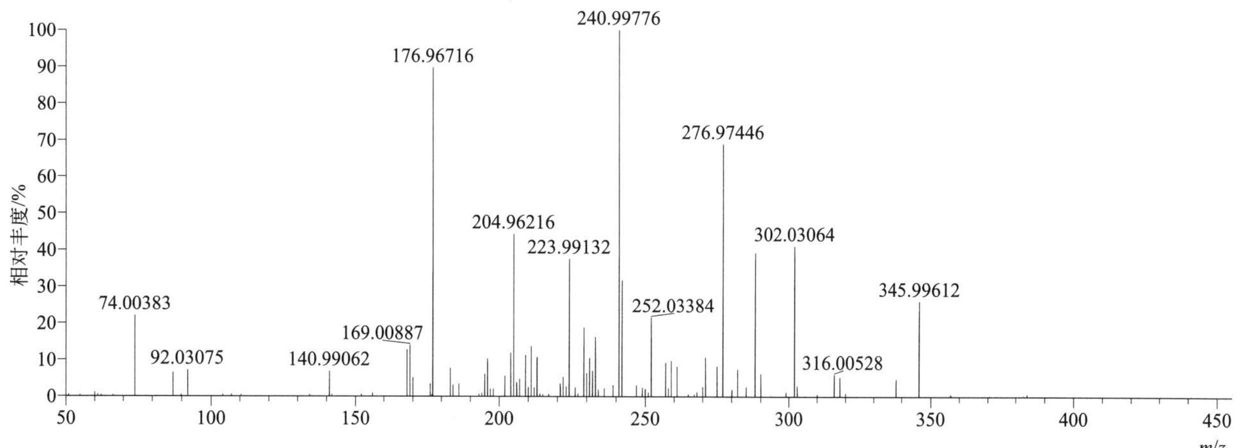

[M+NH$_4$]$^+$ 阶梯归一化法能量 Step NCE 为 20、40、60 时典型的二级质谱图

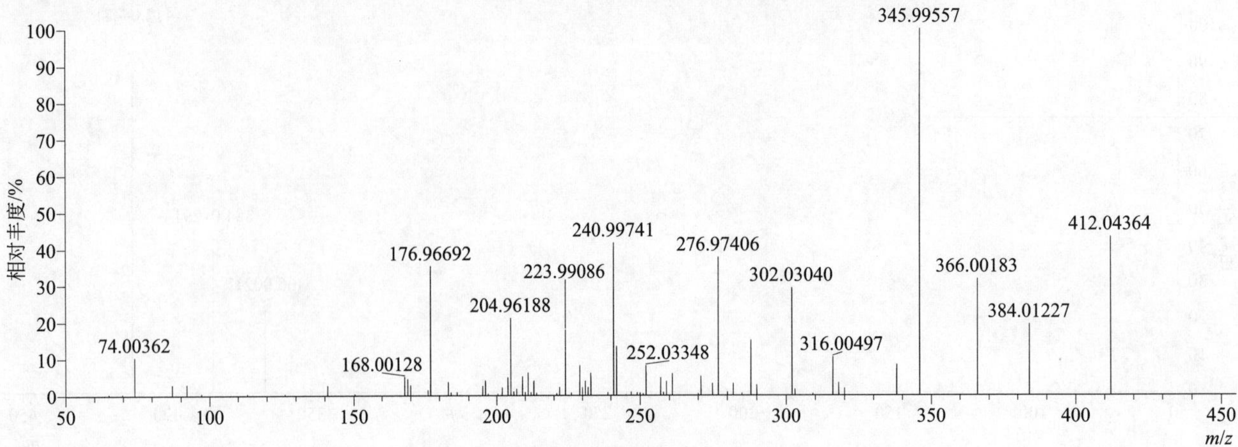

carpropamid（环丙酰菌胺）

基本信息

CAS 登录号	104030-54-8	分子量	333.04540	离子源和极性	电喷雾离子源（ESI）
分子式	$C_{15}H_{18}Cl_3NO$	保留时间	15.16min	极性	正模式

[M+H]$^+$ 提取离子流色谱图

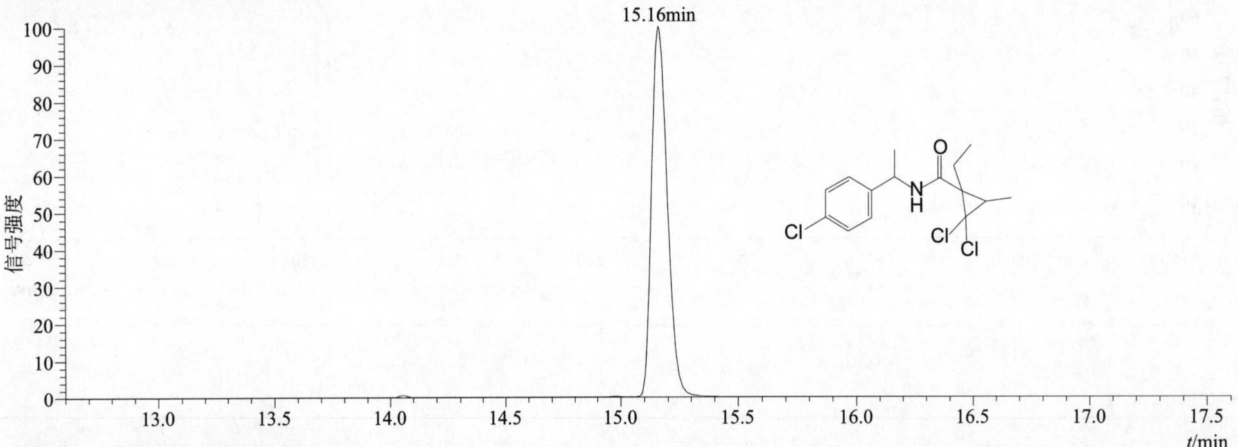

[M+H]$^+$ 典型的一级质谱图

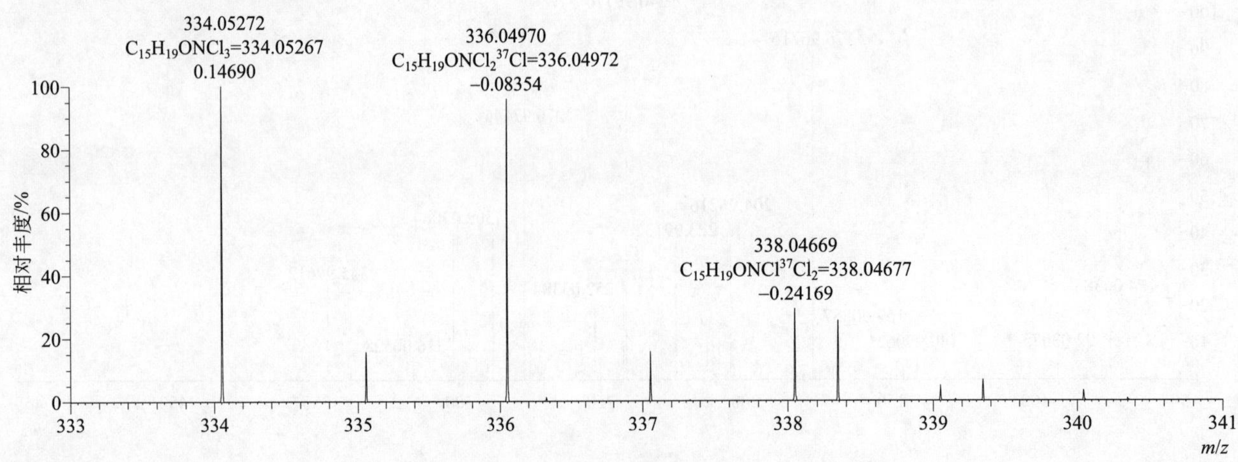

[M+H]+ 归一化法能量 NCE 为 20 时典型的二级质谱图

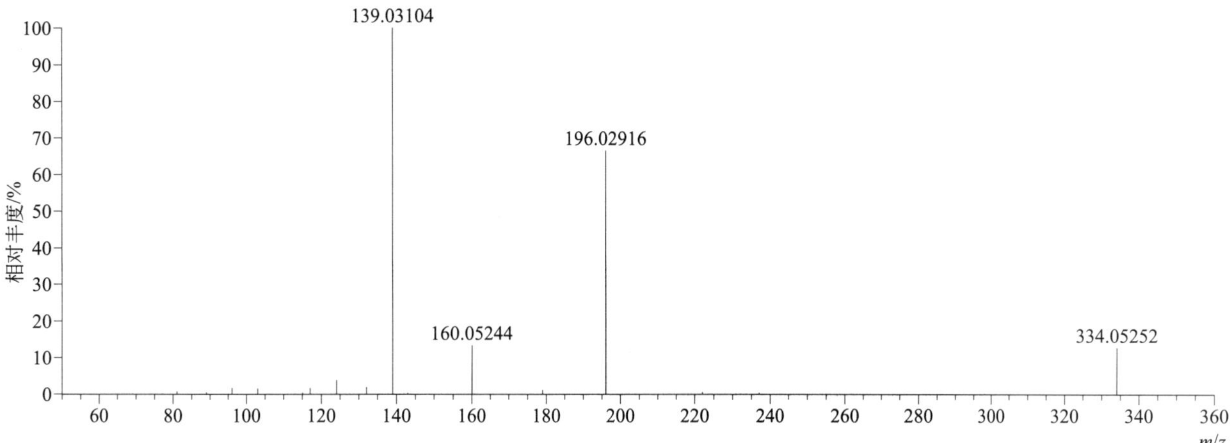

[M+H]+ 归一化法能量 NCE 为 40 时典型的二级质谱图

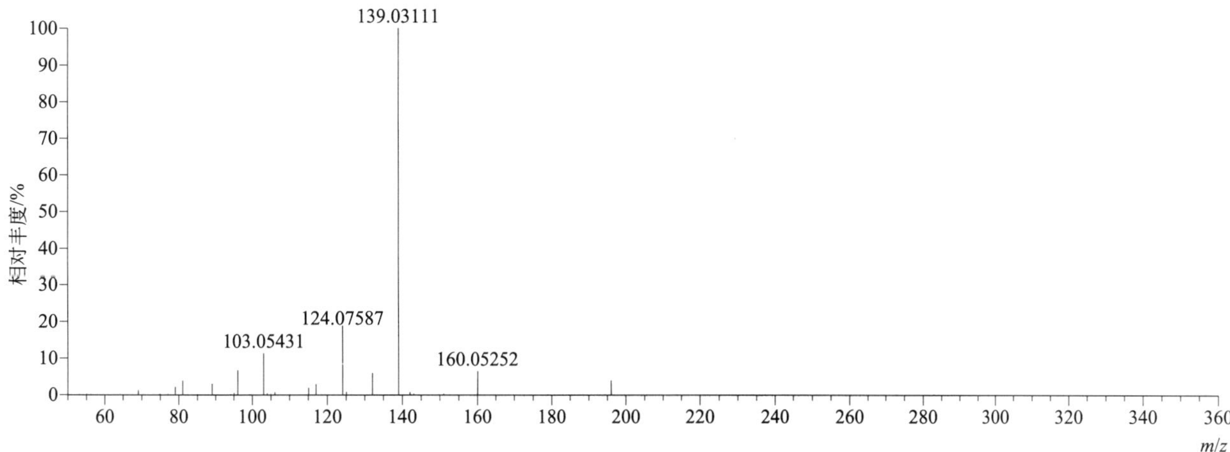

[M+H]+ 归一化法能量 NCE 为 60 时典型的二级质谱图

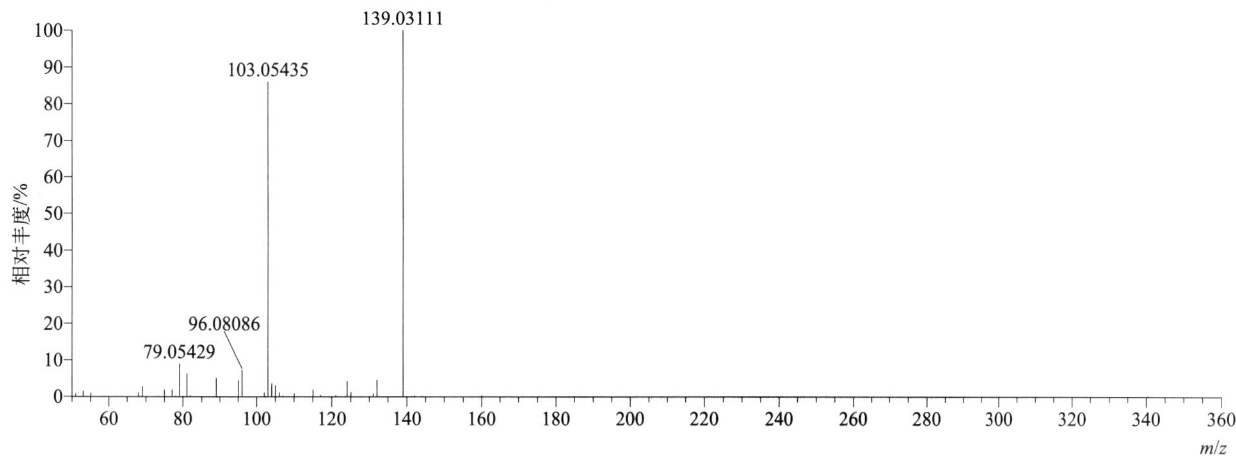

[M+H]+ 阶梯归一化法能量 Step NCE 为 20、40、60 时典型的二级质谱图

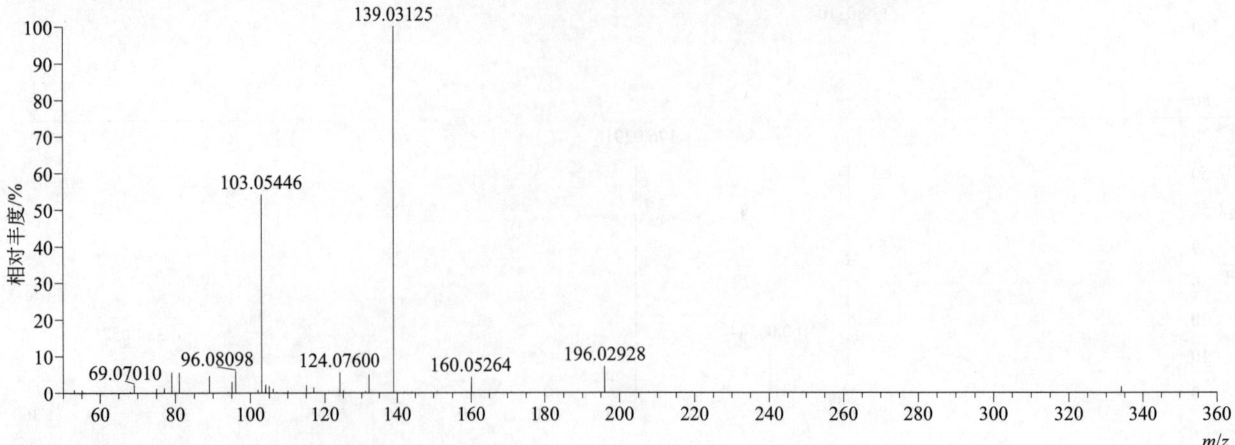

cartap（杀螟丹）

基本信息

CAS 登录号	15263-53-3	分子量	237.06057	离子源和极性	电喷雾离子源（ESI）
分子式	$C_7H_{15}N_3O_2S_2$	保留时间	0.81min	极性	正模式

[M+H]+ 提取离子流色谱图

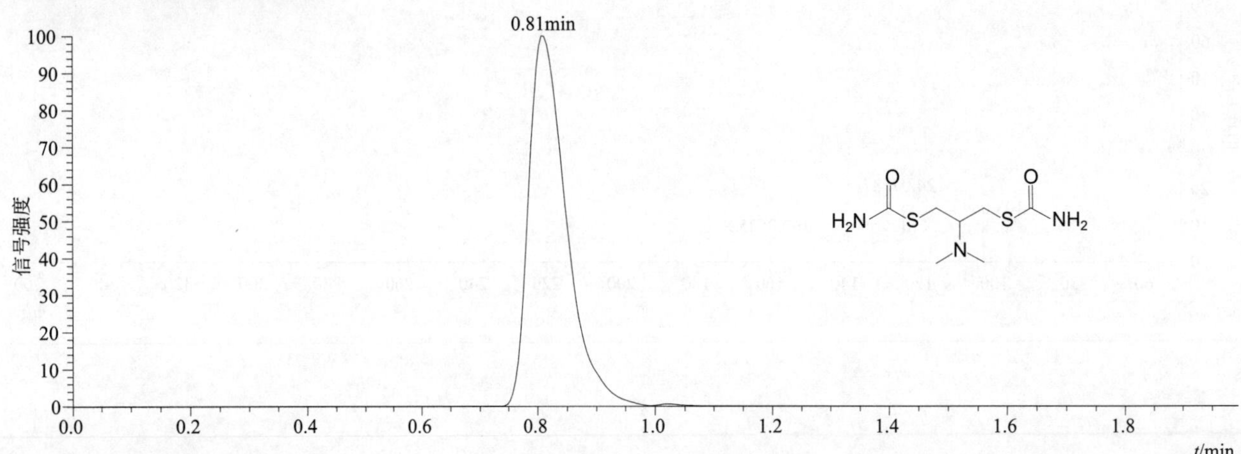

[M+H]+ 典型的一级质谱图

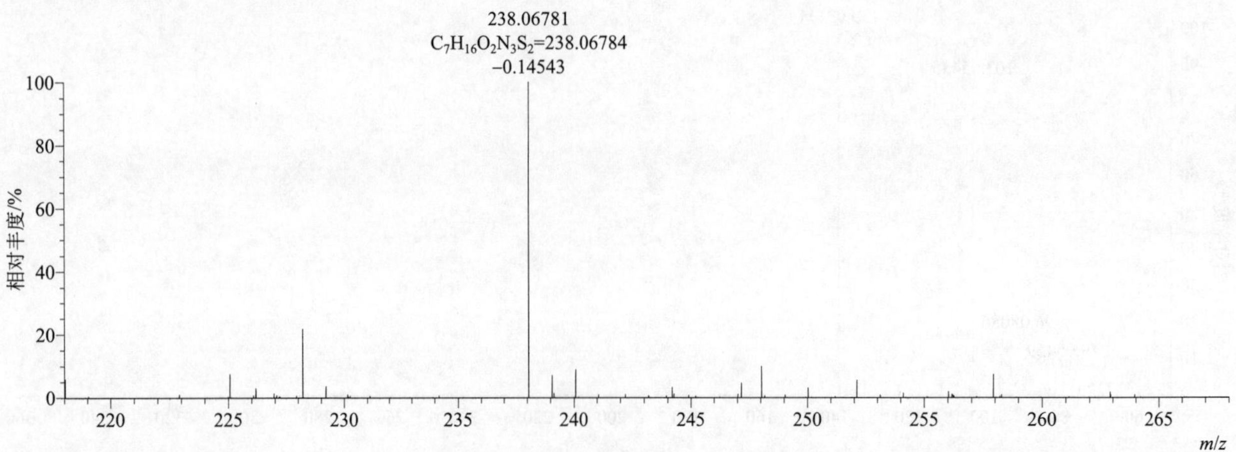

[M+H]+ 归一化法能量 NCE 为 20 时典型的二级质谱图

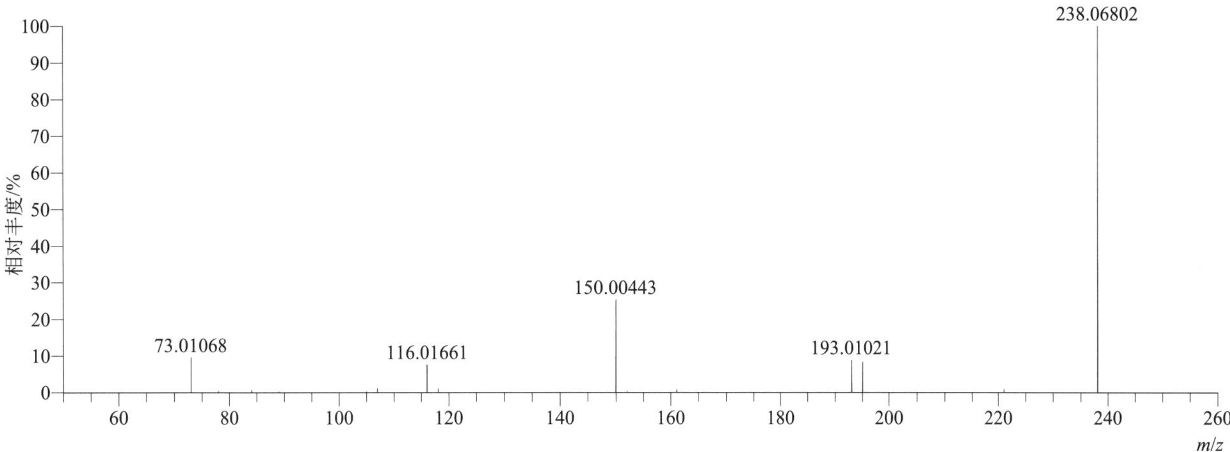

[M+H]+ 归一化法能量 NCE 为 40 时典型的二级质谱图

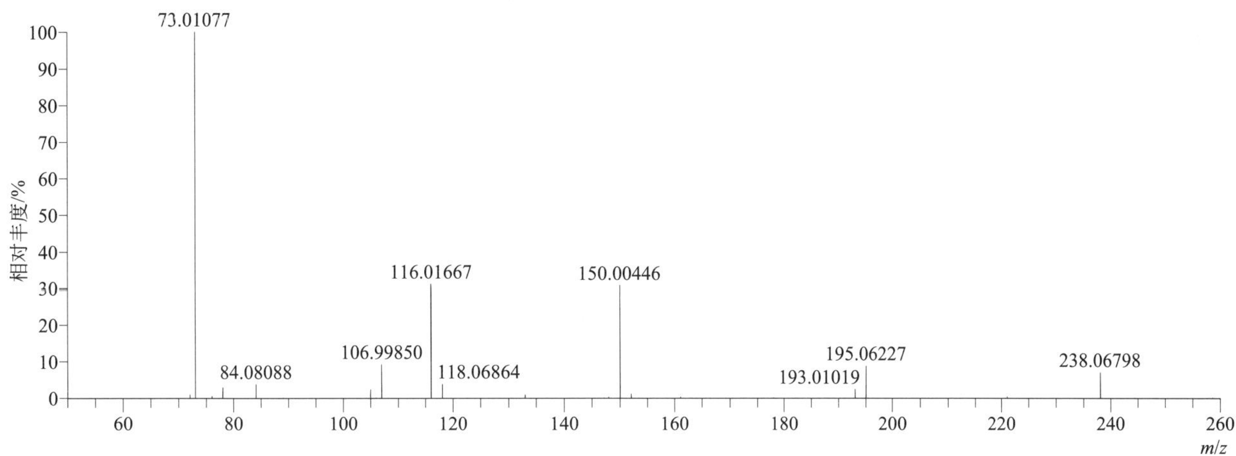

[M+H]+ 归一化法能量 NCE 为 60 时典型的二级质谱图

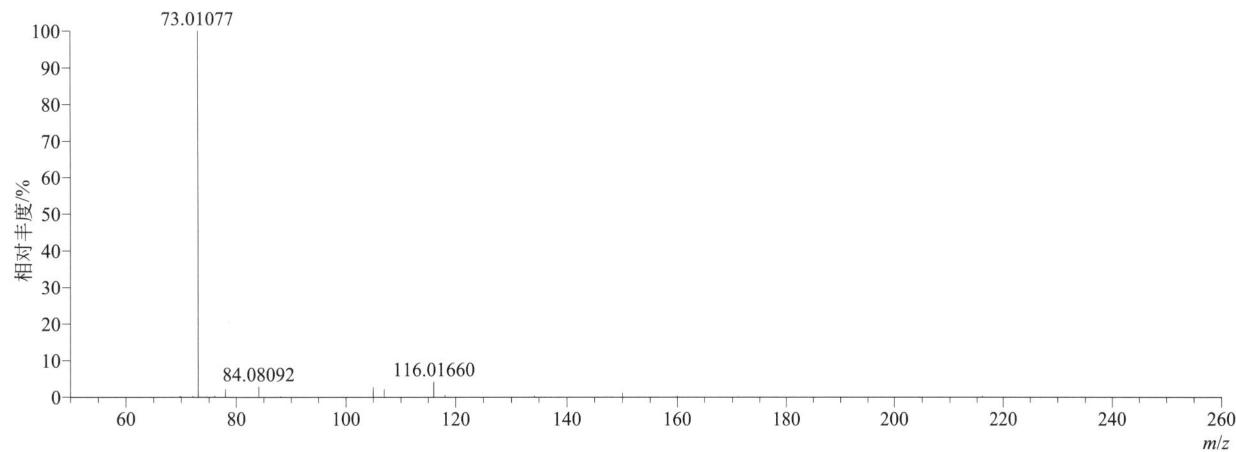

[M+H]+ 阶梯归一化法能量 Step NCE 为 20、40、60 时典型的二级质谱图

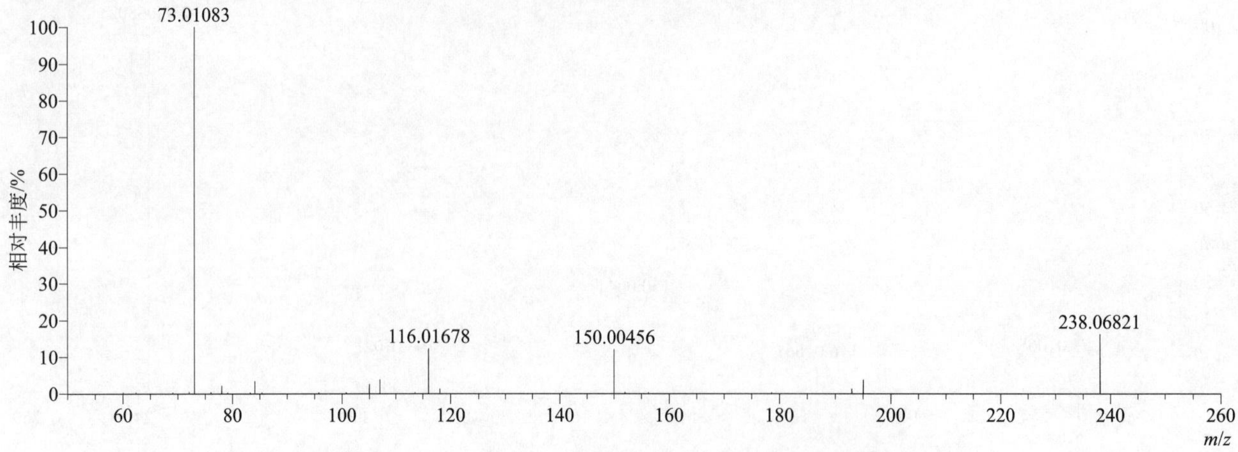

chlorantraniliprole（氯虫苯甲酰胺）

基本信息

CAS 登录号	500008-45-7	分子量	480.97079	离子源和极性	电喷雾离子源（ESI）
分子式	$C_{18}H_{14}BrCl_2N_5O_2$	保留时间	13.94min	极性	正模式

[M+H]+ 提取离子流色谱图

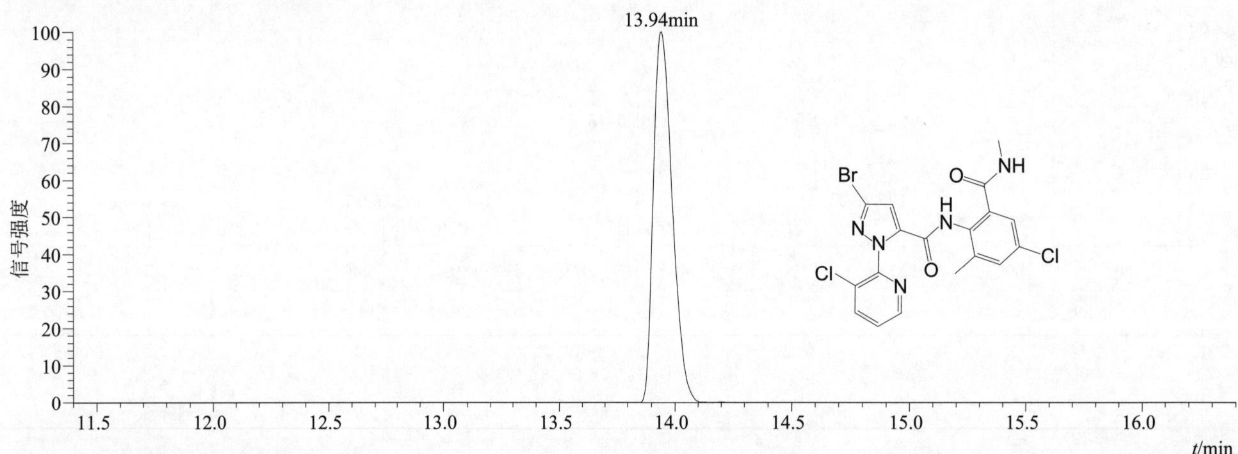

[M+H]+ 典型的一级质谱图

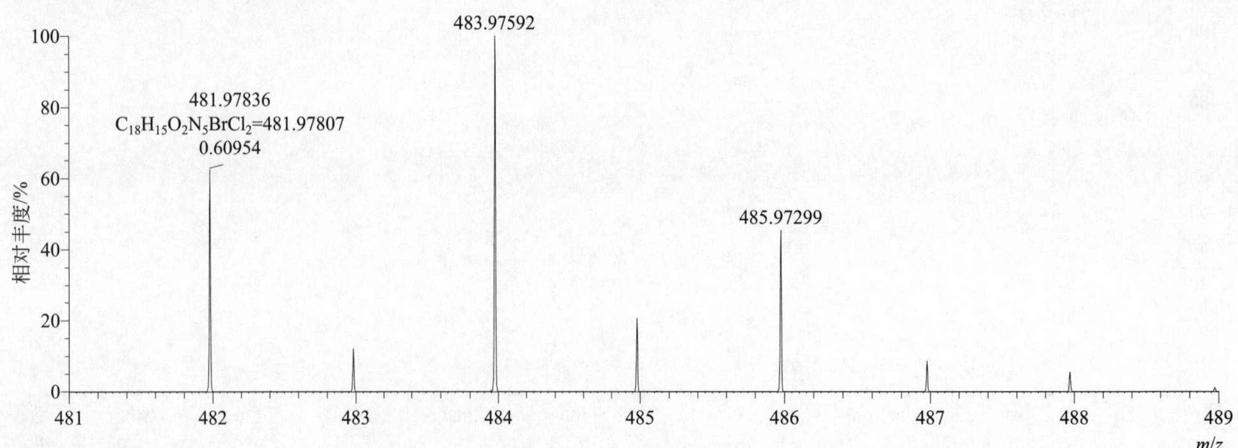

[M+H]+ 归一化法能量 NCE 为 20 时典型的二级质谱图

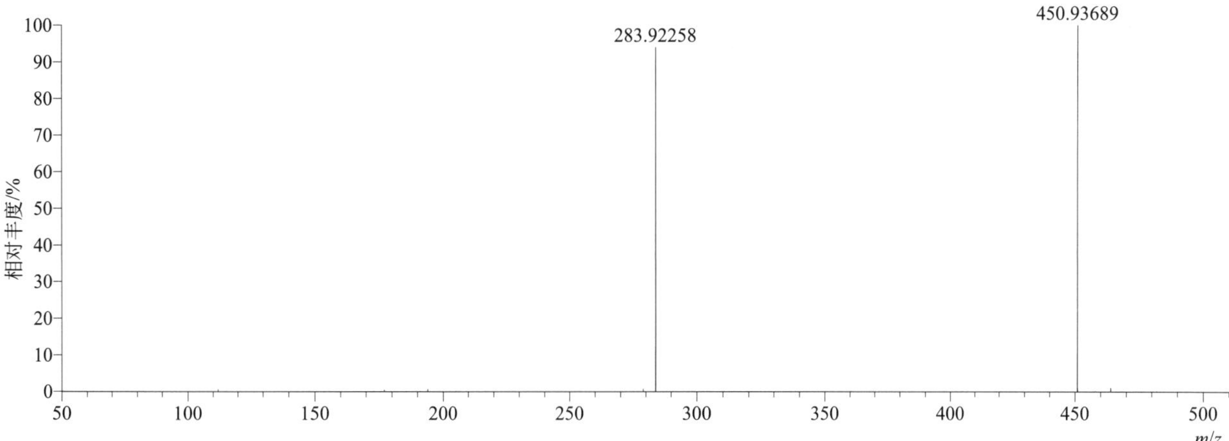

[M+H]+ 归一化法能量 NCE 为 40 时典型的二级质谱图

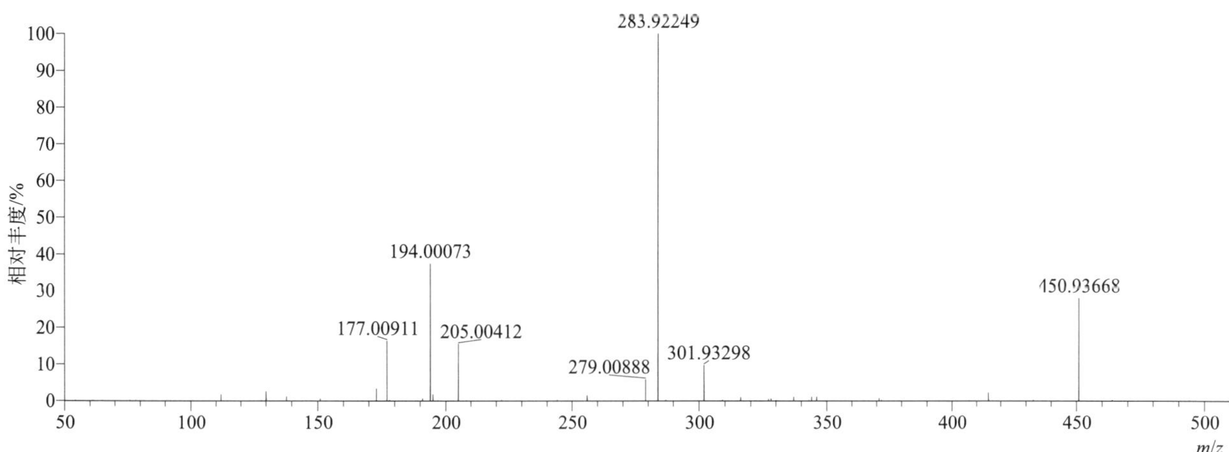

[M+H]+ 归一化法能量 NCE 为 60 时典型的二级质谱图

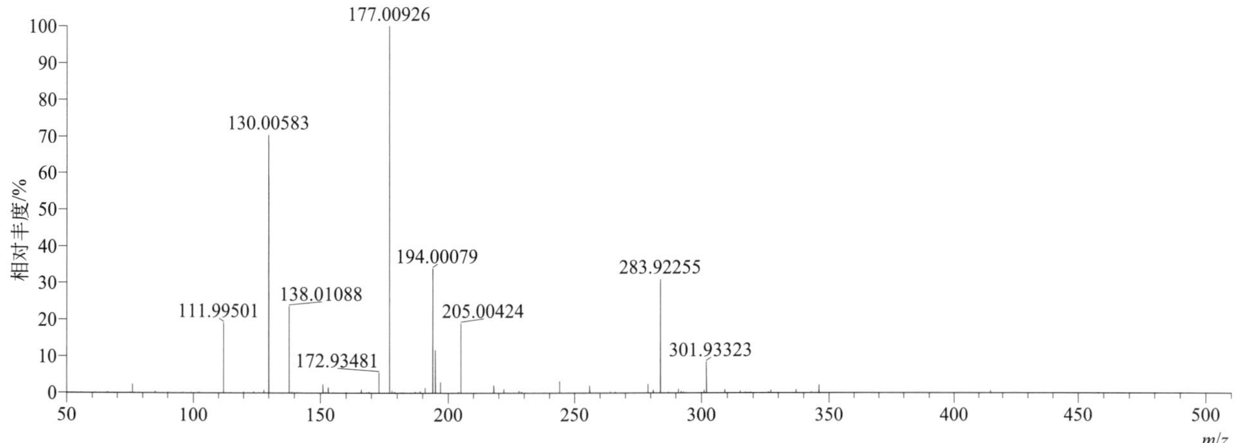

[M+H]+ 阶梯归一化法能量 Step NCE 为 20、40、60 时典型的二级质谱图

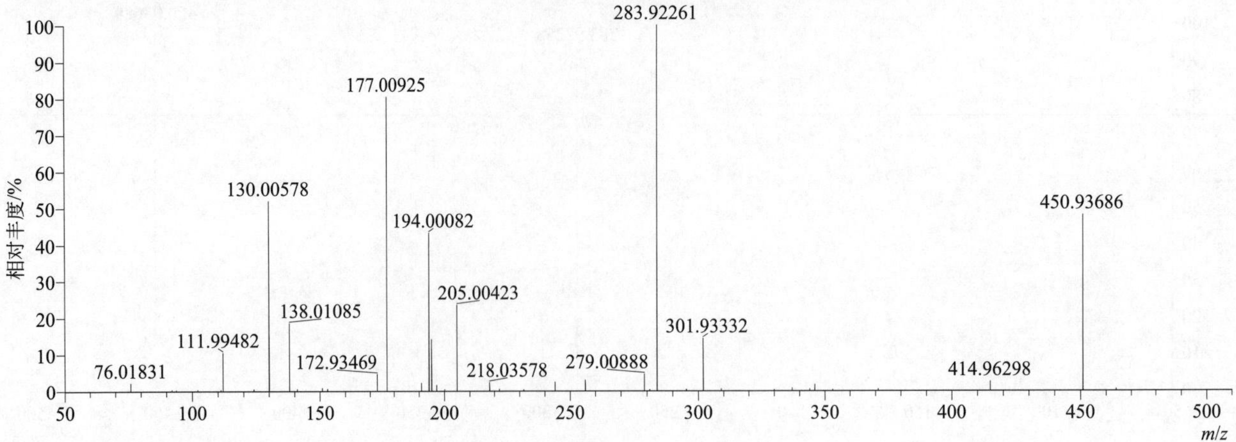

chlordimeform（杀虫脒）

基本信息

CAS 登录号	6164-98-3	分子量	196.07673	离子源和极性	电喷雾离子源（ESI）
分子式	$C_{10}H_{13}ClN_2$	保留时间	11.00min	极性	正模式

[M+H]+ 提取离子流色谱图

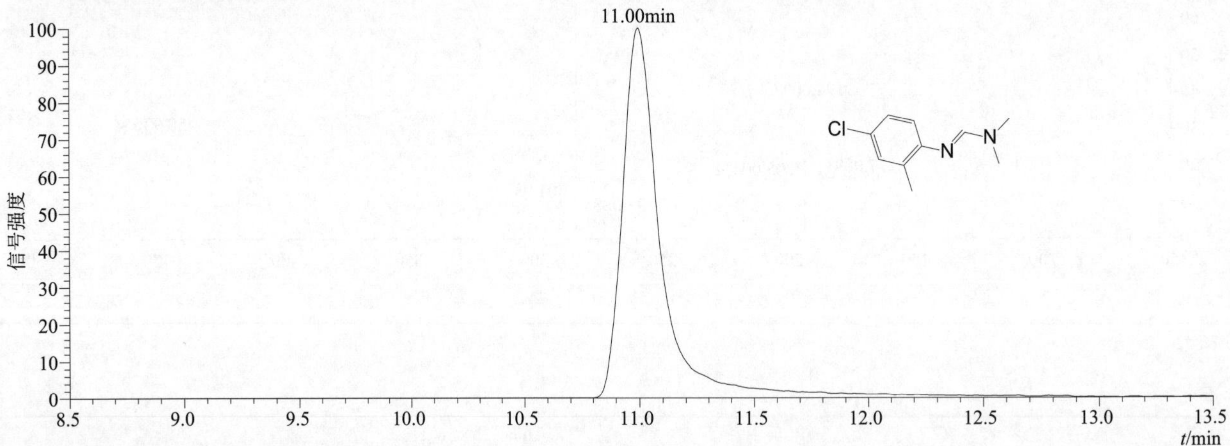

[M+H]+ 典型的一级质谱图

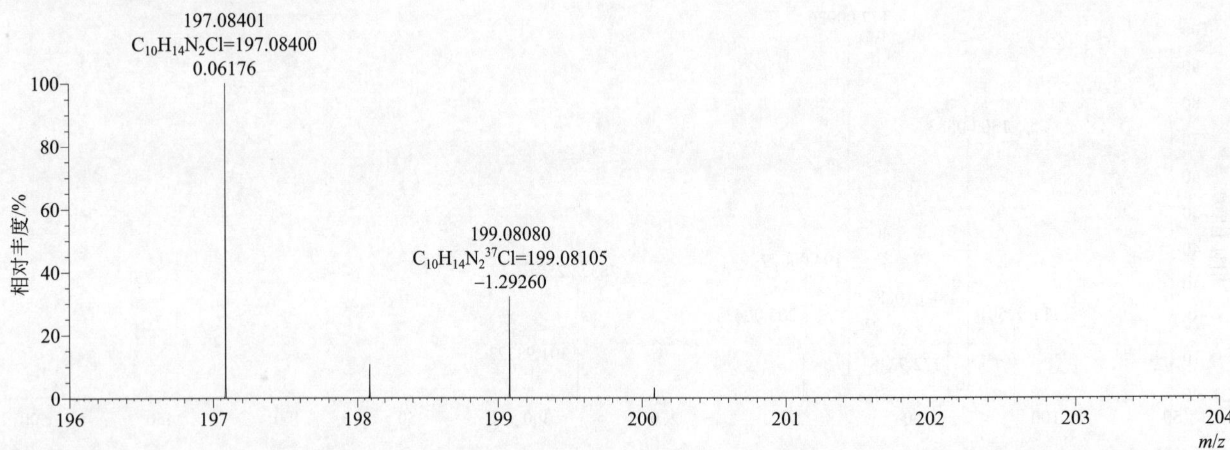

[M+H]$^+$ 归一化法能量 NCE 为 20 时典型的二级质谱图

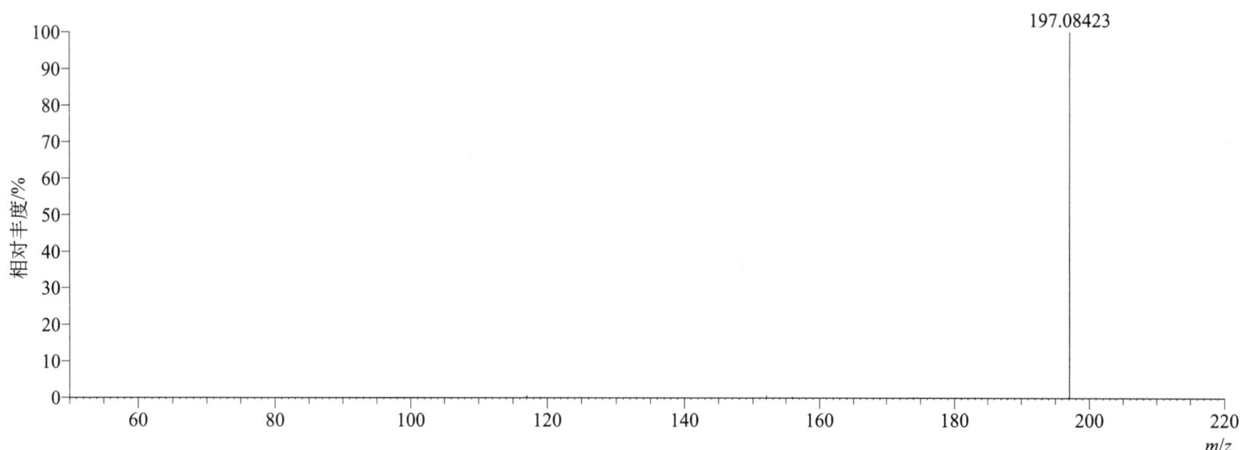

[M+H]$^+$ 归一化法能量 NCE 为 40 时典型的二级质谱图

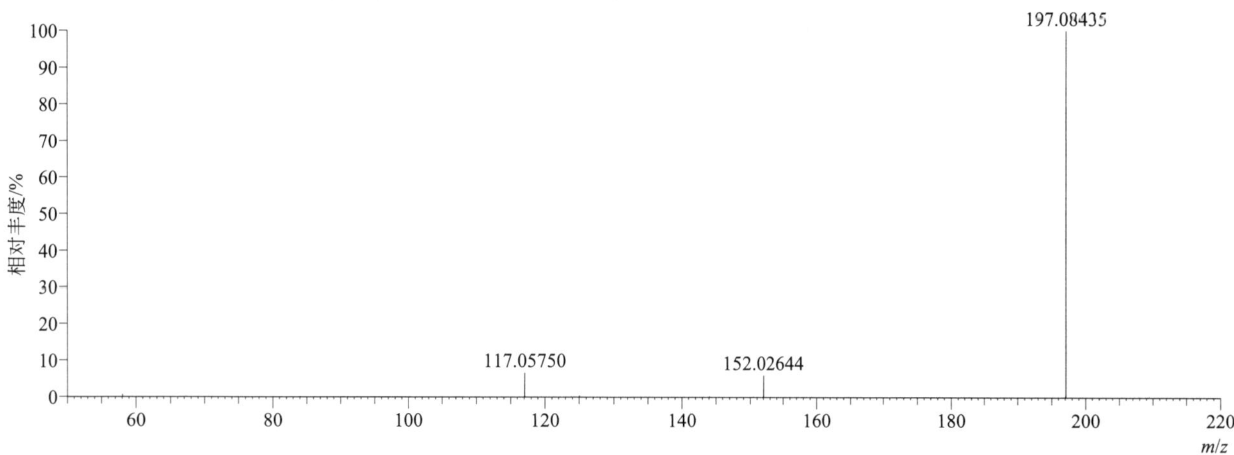

[M+H]$^+$ 归一化法能量 NCE 为 60 时典型的二级质谱图

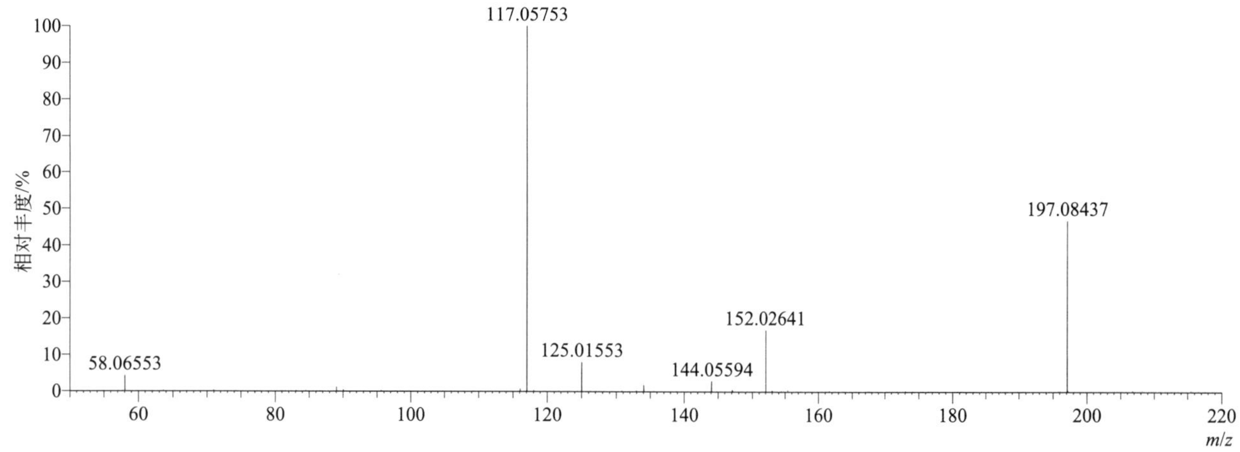

[M+H]+ 阶梯归一化法能量 Step NCE 为 20、40、60 时典型的二级质谱图

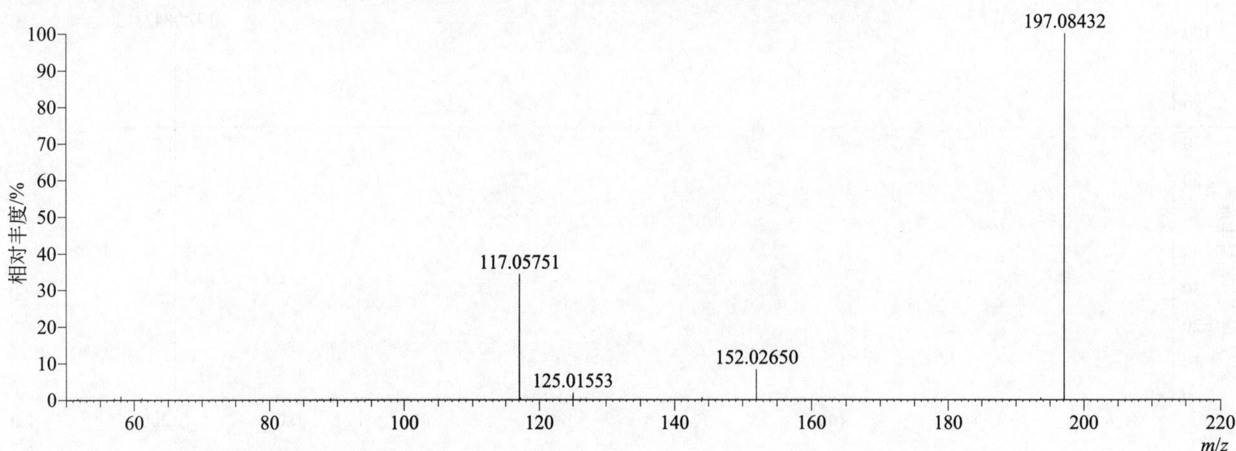

chlorfenvinphos（毒虫畏）

基本信息

CAS 登录号	470-90-6	分子量	357.96953	离子源和极性	电喷雾离子源（ESI）
分子式	$C_{12}H_{14}Cl_3O_4P$	保留时间	15.12min	极性	正模式

[M+H]+ 提取离子流色谱图

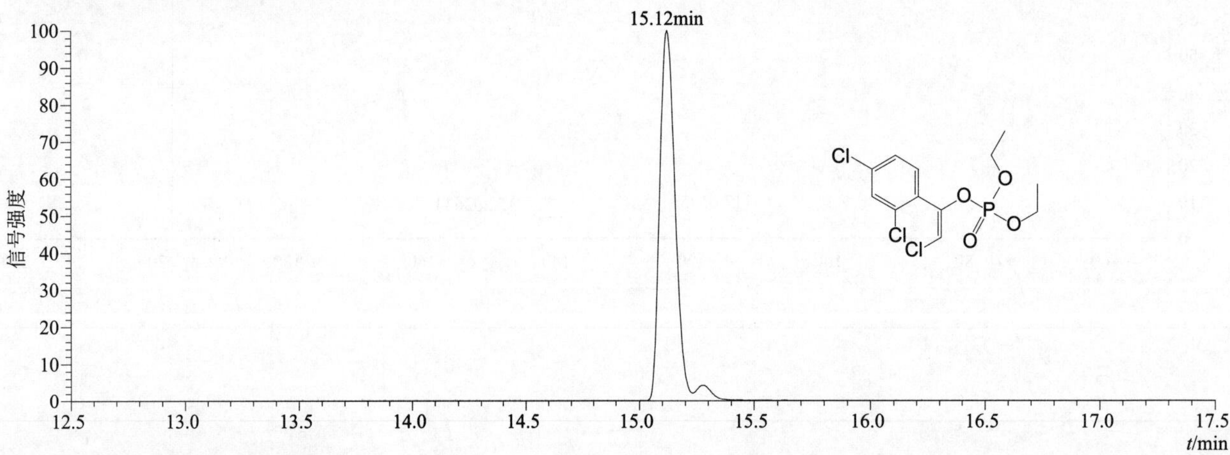

[M+H]+ 典型的一级质谱图

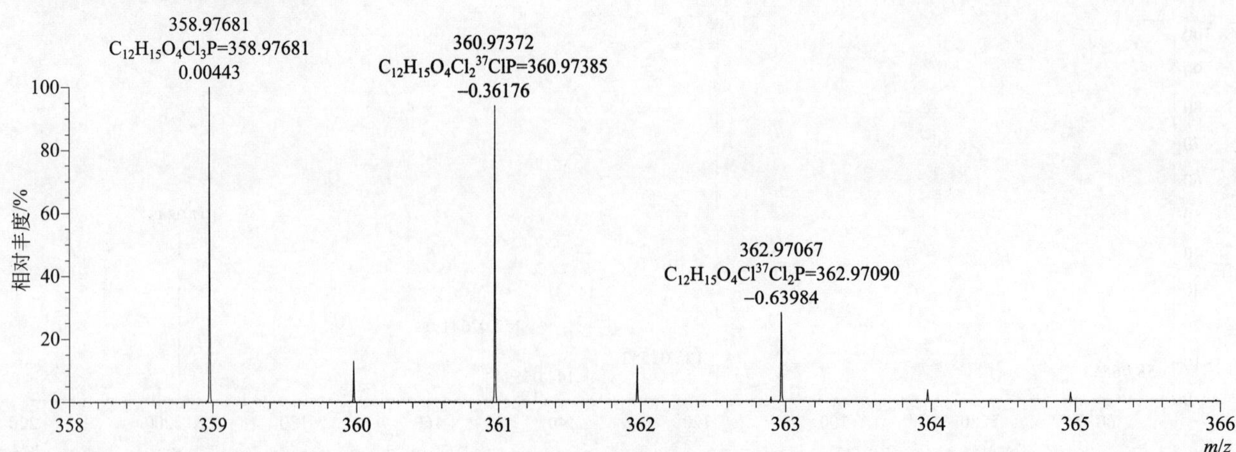

$[M+H]^+$ 归一化法能量 NCE 为 20 时典型的二级质谱图

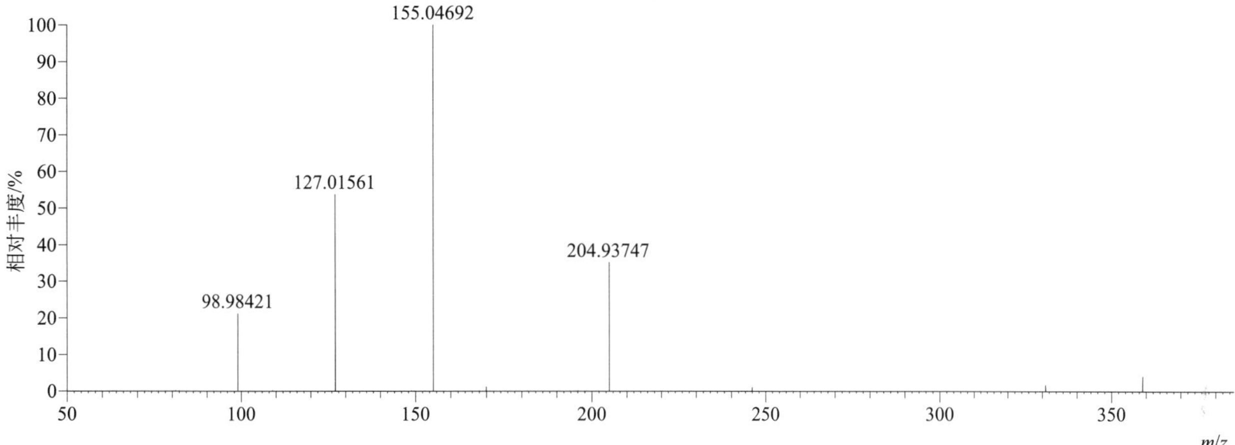

$[M+H]^+$ 归一化法能量 NCE 为 40 时典型的二级质谱图

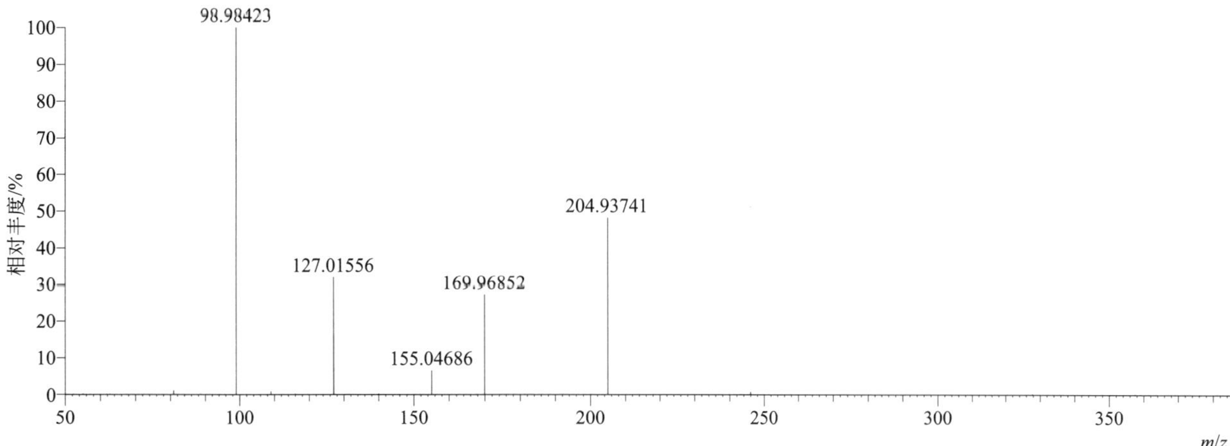

$[M+H]^+$ 归一化法能量 NCE 为 60 时典型的二级质谱图

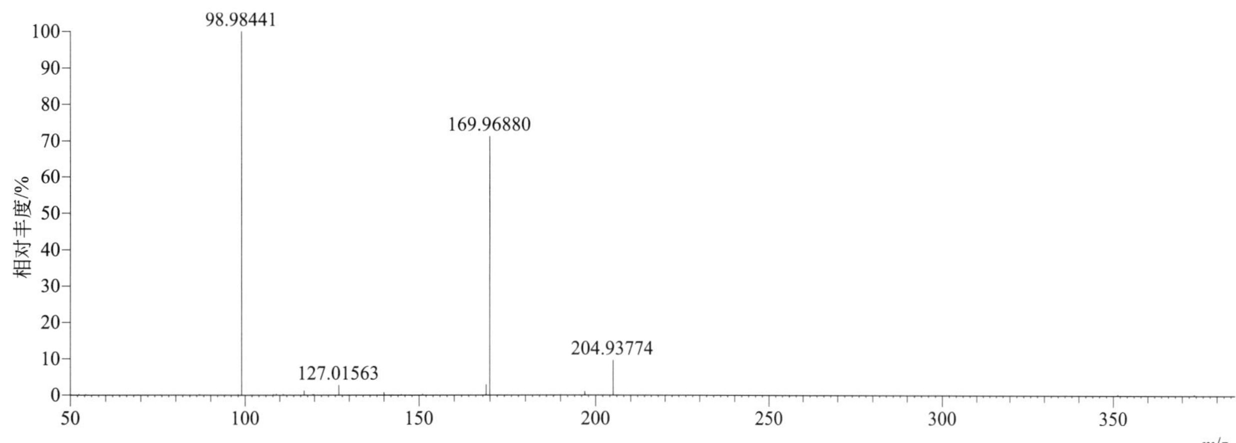

$[M+H]^+$ 阶梯归一化法能量 Step NCE 为 20、40、60 时典型的二级质谱图

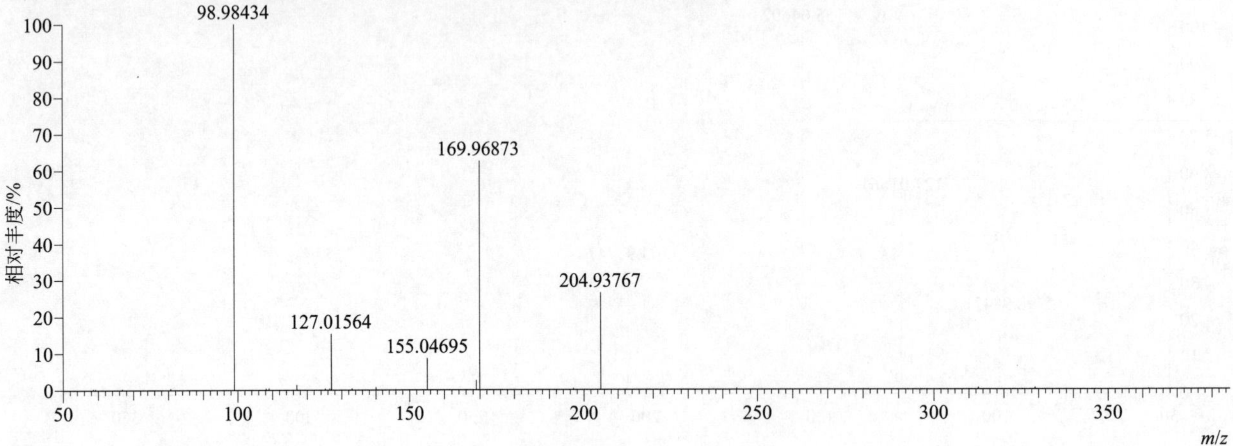

chlorfluazuron（氟啶脲）

基本信息

CAS 登录号	71422-67-8	分子量	538.96297	离子源和极性	电喷雾离子源（ESI）
分子式	$C_{20}H_9Cl_3F_5N_3O_3$	保留时间	16.22min	极性	正模式

$[M+H]^+$ 提取离子流色谱图

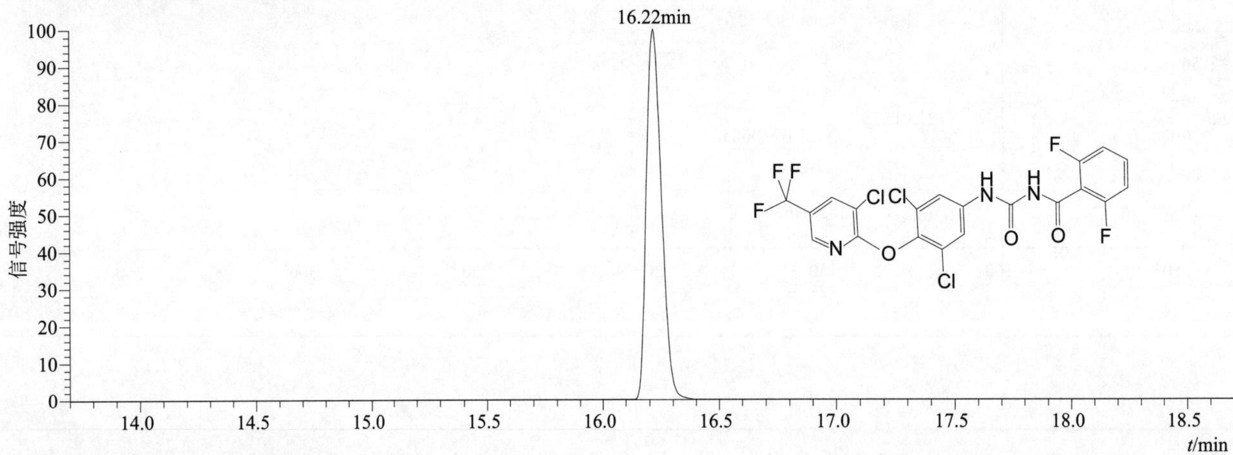

$[M+H]^+$ 典型的一级质谱图

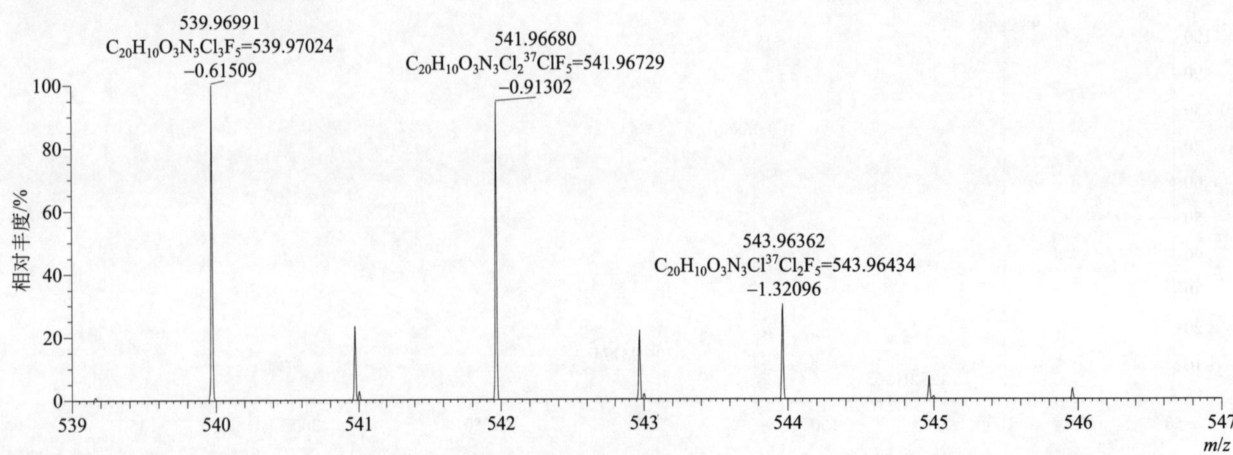

[M+H]+ 归一化法能量 NCE 为 20 时典型的二级质谱图

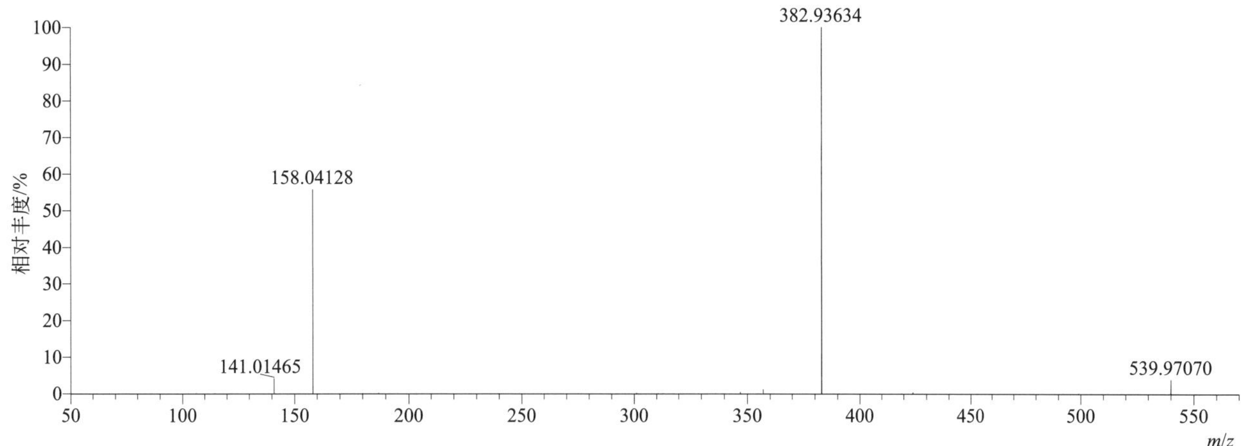

[M+H]+ 归一化法能量 NCE 为 40 时典型的二级质谱图

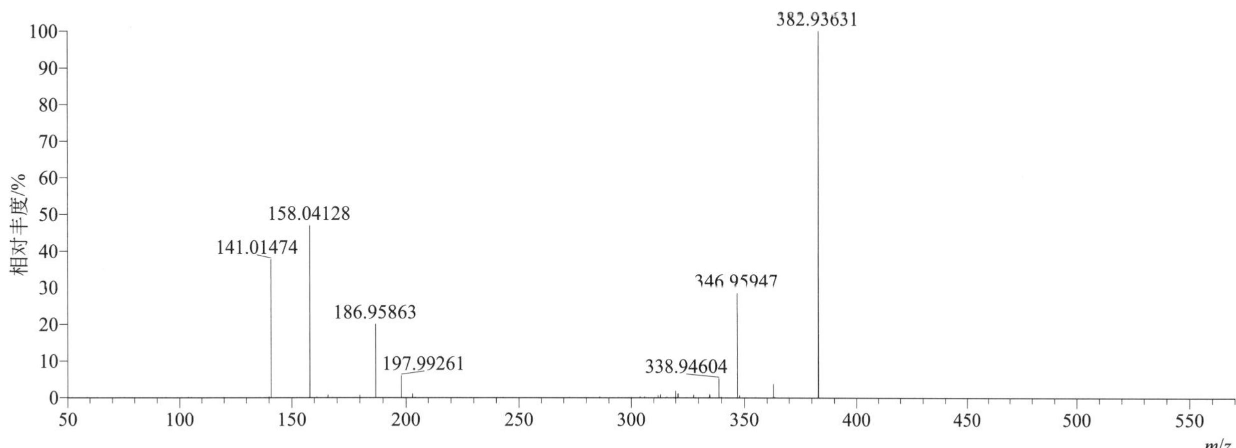

[M+H]+ 归一化法能量 NCE 为 60 时典型的二级质谱图

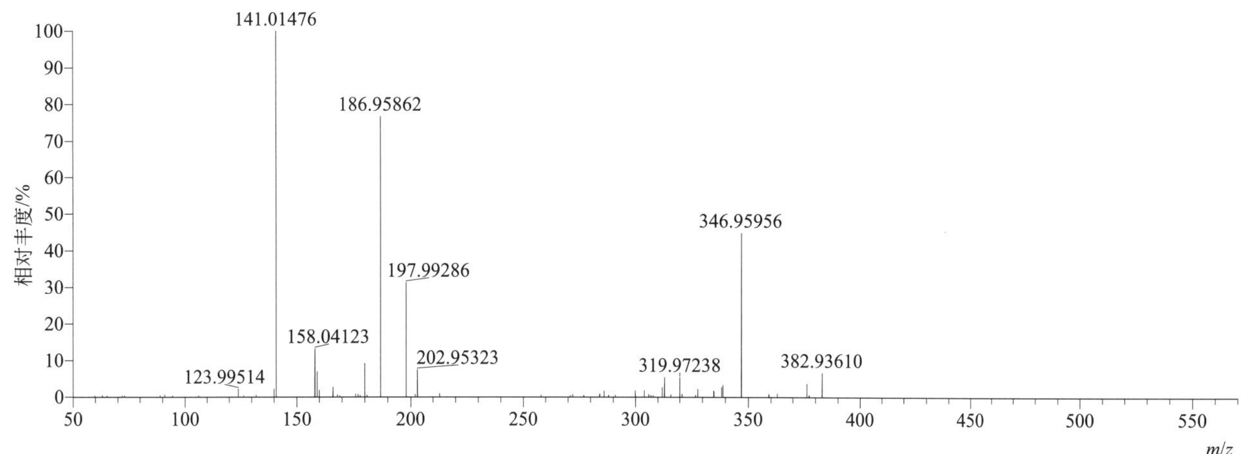

[M+H]+ 阶梯归一化法能量 Step NCE 为 20、40、60 时典型的二级质谱图

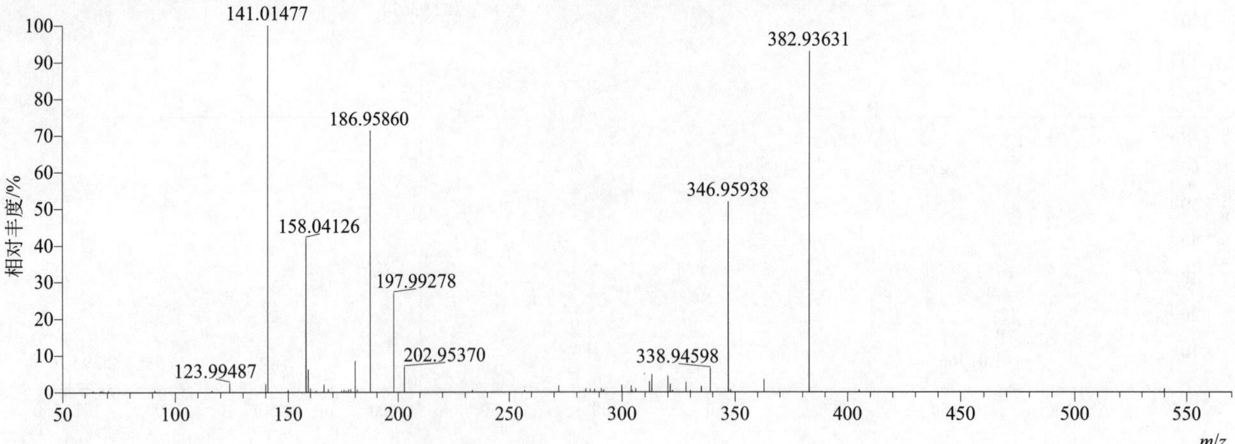

chloridazon（杀草敏）

基本信息

CAS 登录号	1698-60-8	分子量	221.03559	离子源和极性	电喷雾离子源（ESI）
分子式	$C_{10}H_8ClN_3O$	保留时间	11.91min	极性	正模式

[M+H]+ 提取离子流色谱图

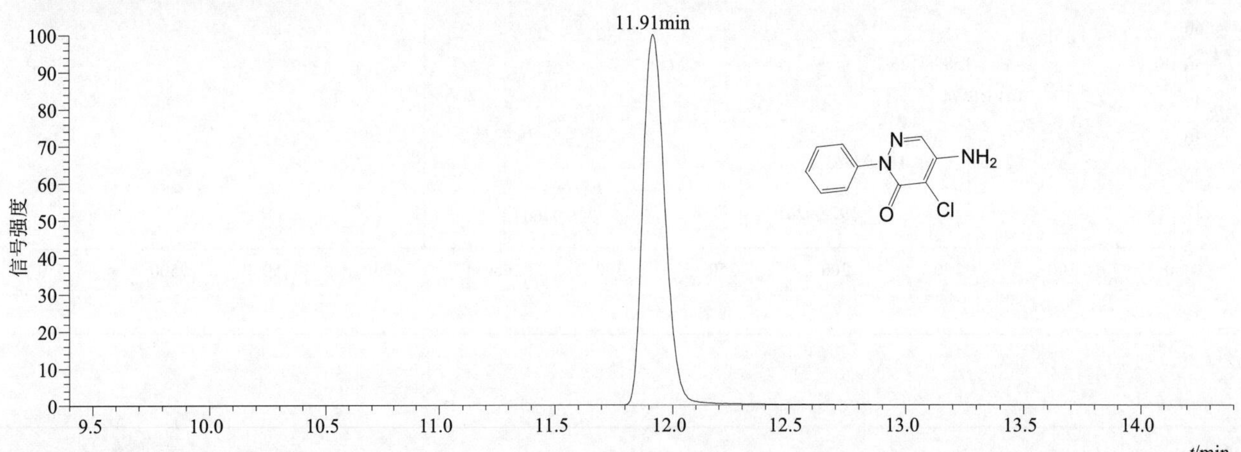

[M+H]+ 典型的一级质谱图

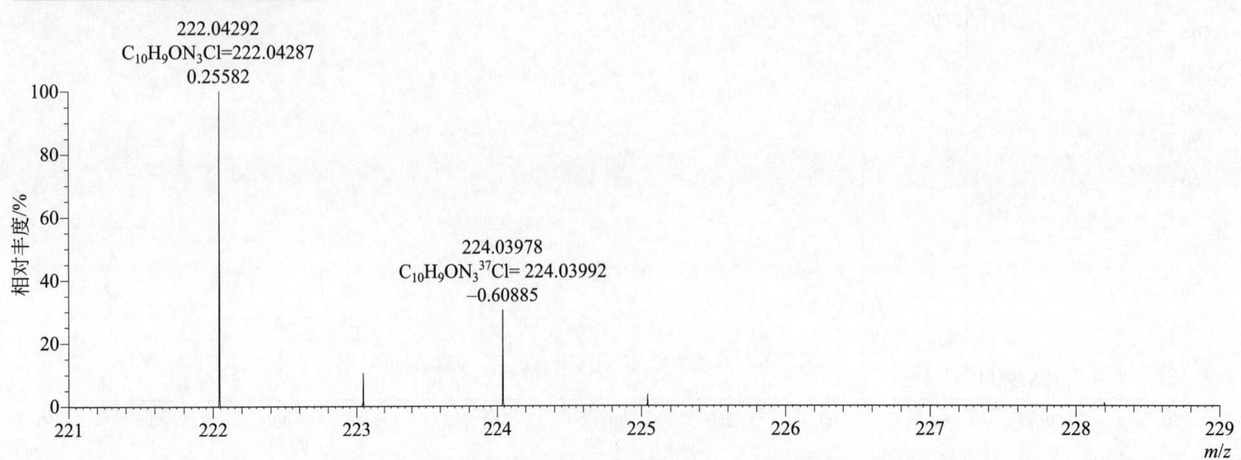

[M+H]+ 归一化法能量 NCE 为 20 时典型的二级质谱图

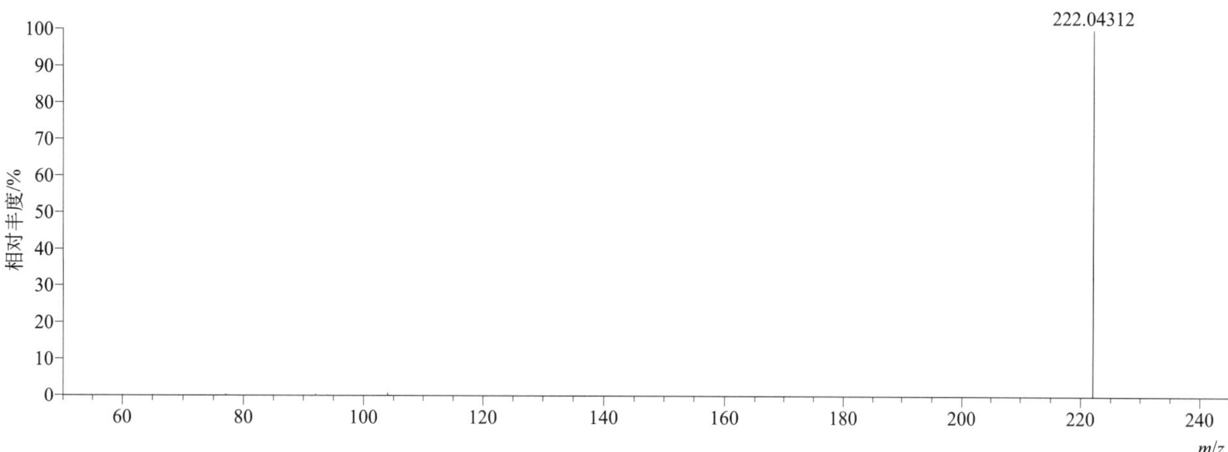

[M+H]+ 归一化法能量 NCE 为 40 时典型的二级质谱图

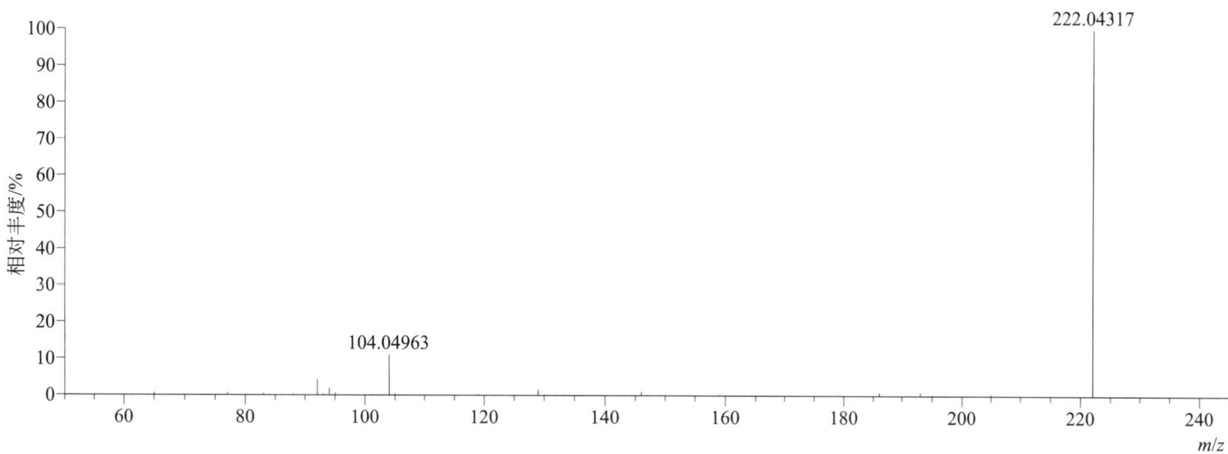

[M+H]+ 归一化法能量 NCE 为 60 时典型的二级质谱图

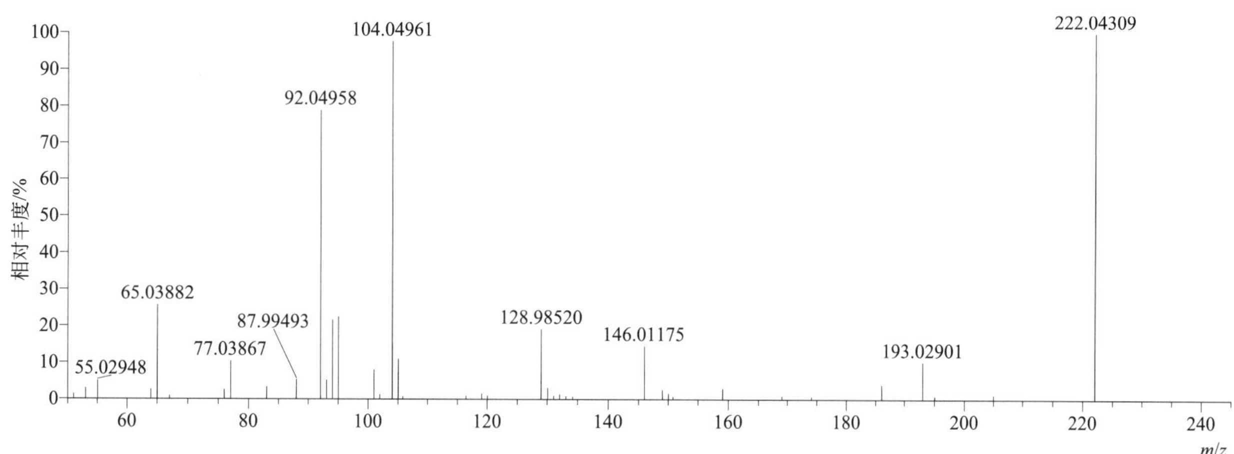

[M+H]+ 阶梯归一化法能量 Step NCE 为 20、40、60 时典型的二级质谱图

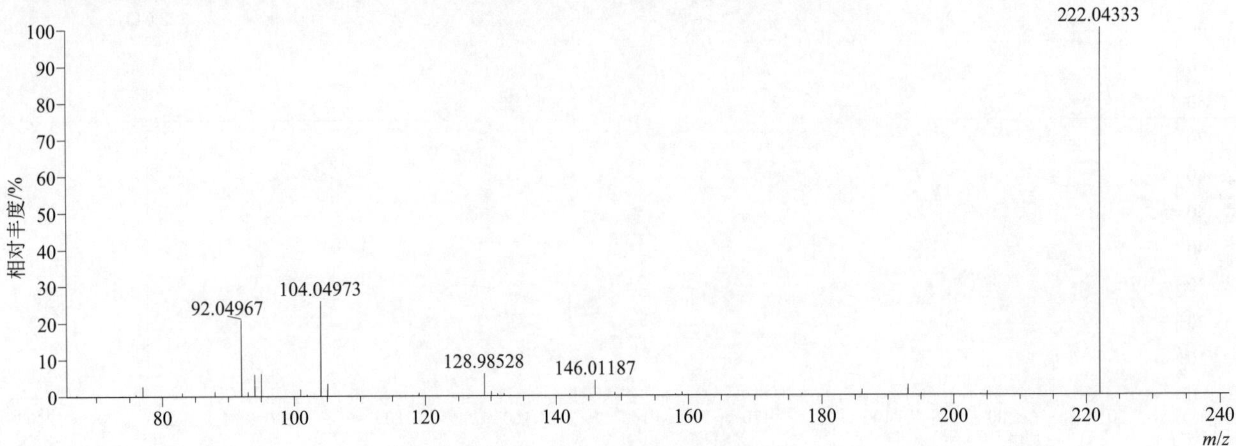

chlorimuron-ethyl（氯嘧磺隆）

基本信息

CAS 登录号	90982-32-4	分子量	414.04008	离子源和极性	电喷雾离子源（ESI）
分子式	$C_{15}H_{15}ClN_4O_6S$	保留时间	14.39min	极性	正模式

[M+H]+ 提取离子流色谱图

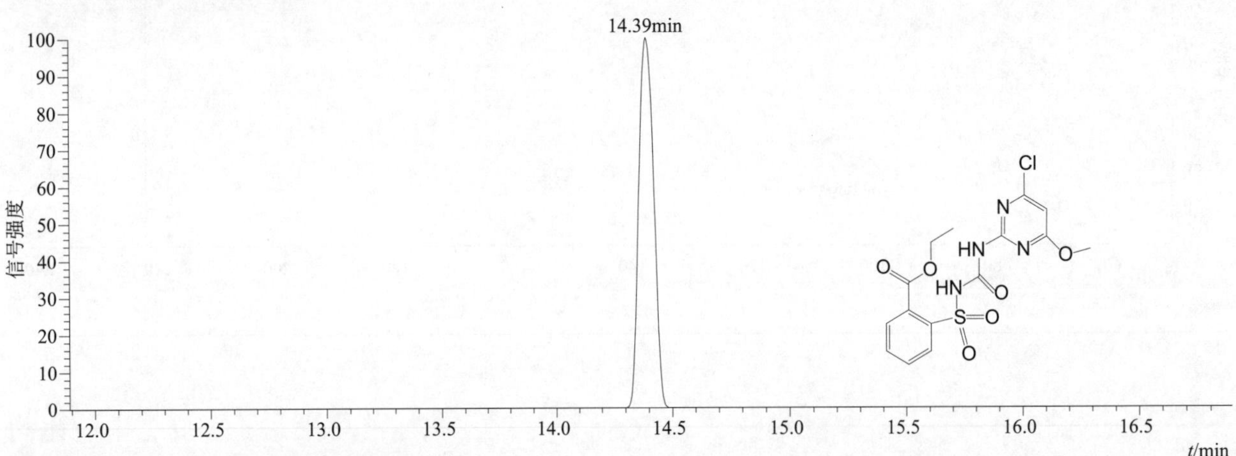

[M+H]+ 和 [M+Na]+ 典型的一级质谱图

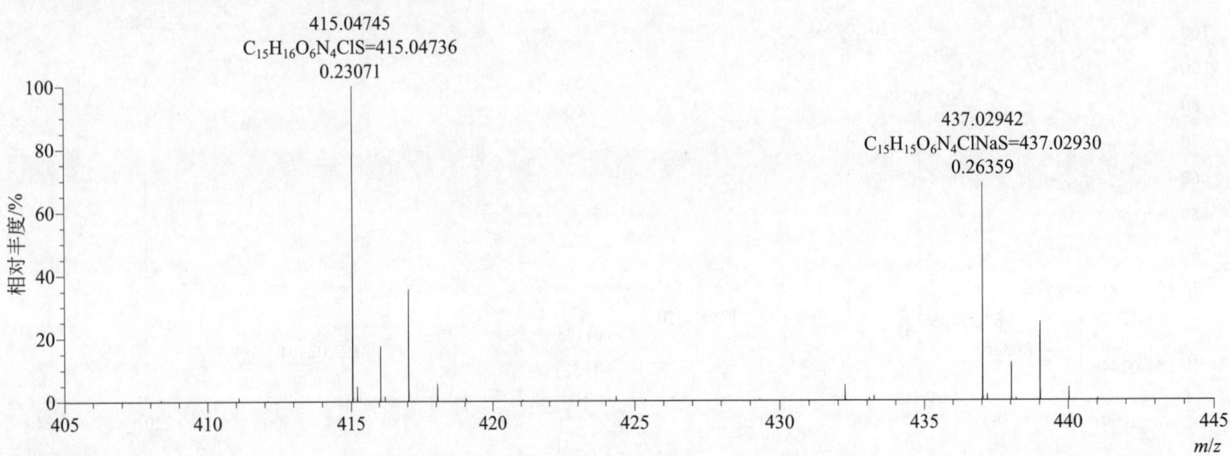

[M+H]+ 典型的一级质谱图

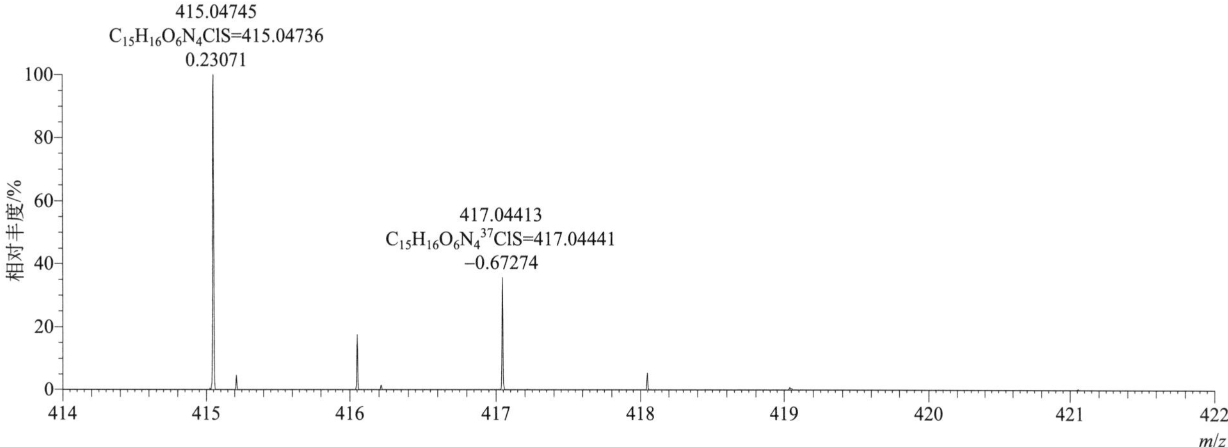

[M+H]+ 归一化法能量 NCE 为 20 时典型的二级质谱图

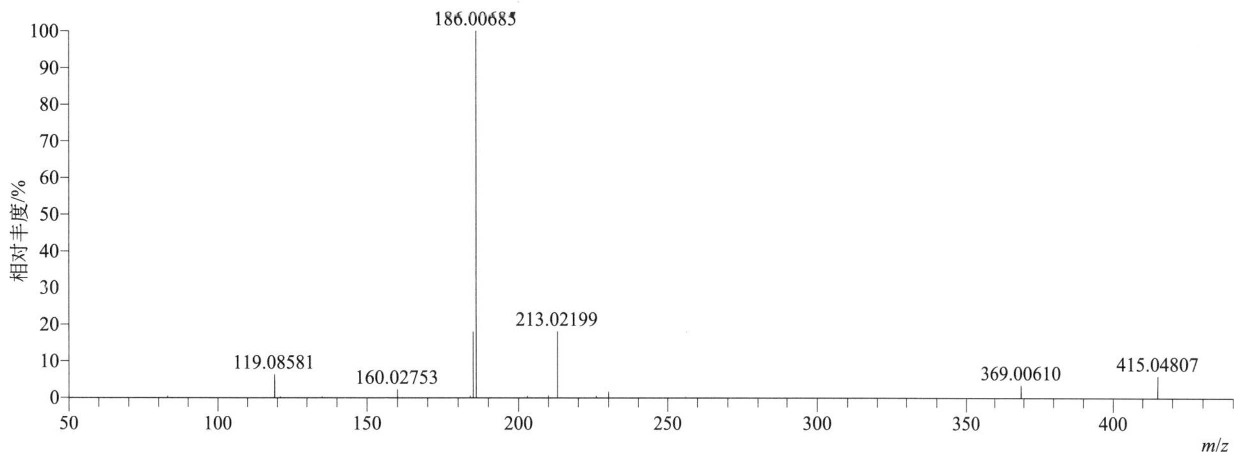

[M+H]+ 归一化法能量 NCE 为 40 时典型的二级质谱图

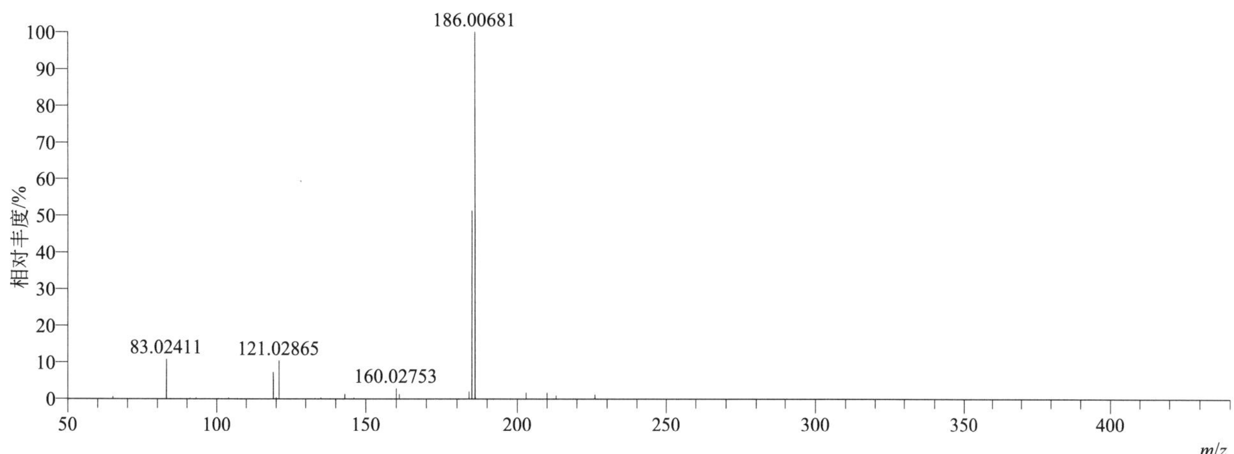

[M+H]+ 归一化法能量 NCE 为 60 时典型的二级质谱图

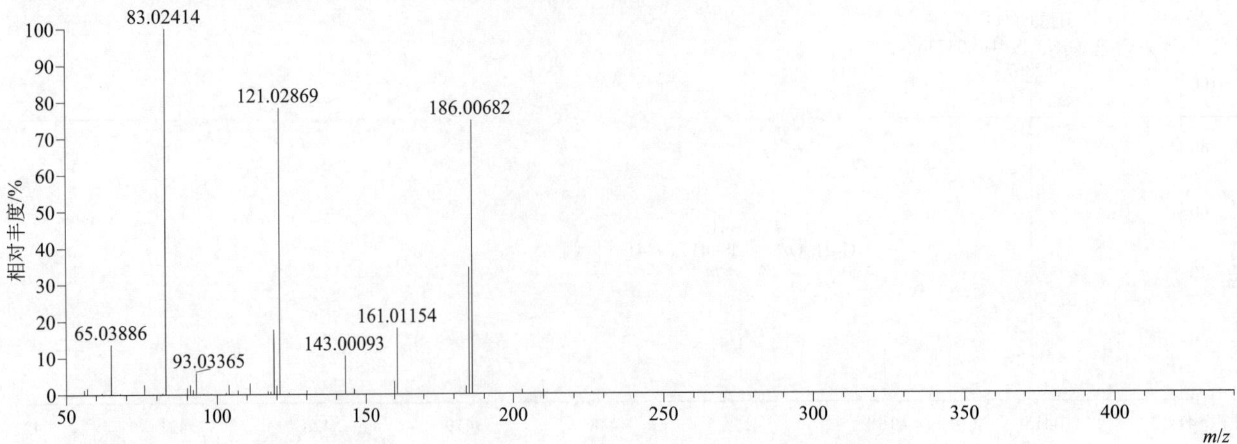

[M+H]+ 阶梯归一化法能量 Step NCE 为 20、40、60 时典型的二级质谱图

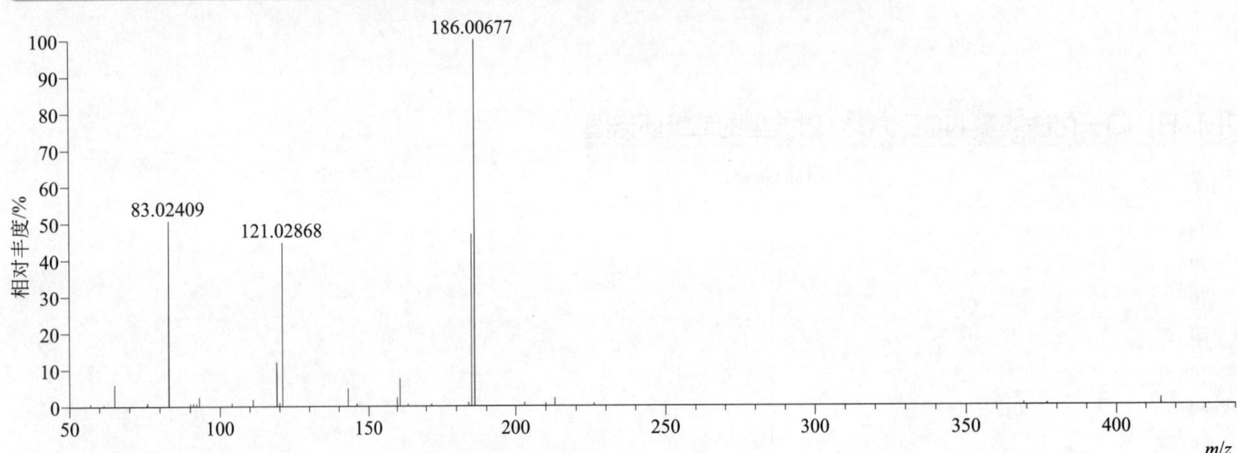

chlormequat（矮壮素）

基本信息

CAS 登录号	7003-89-6	分子量	122.07365	离子源和极性	电喷雾离子源（ESI）
分子式	$C_5H_{13}ClN$	保留时间	0.81min	极性	正模式

[M]+ 提取离子流色谱图

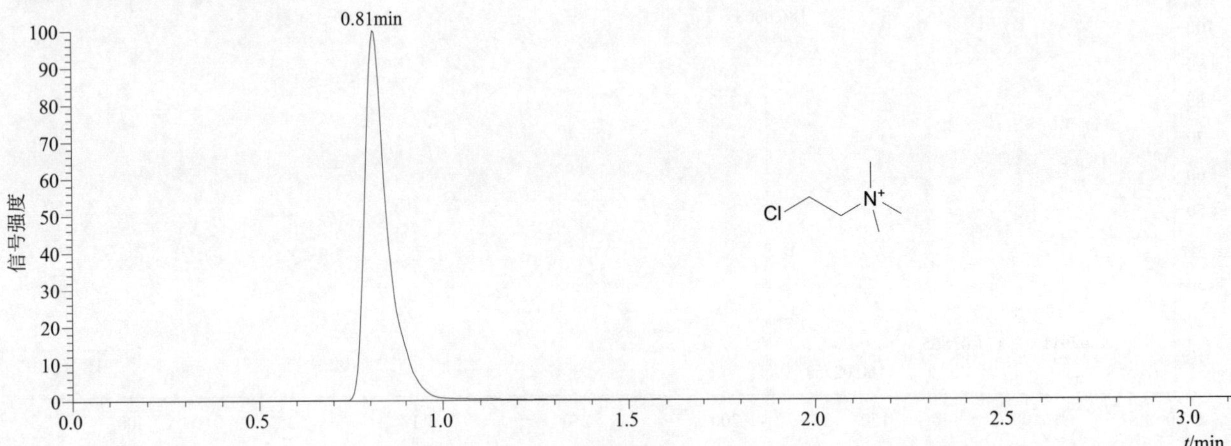

$[M]^+$ 典型的一级质谱图

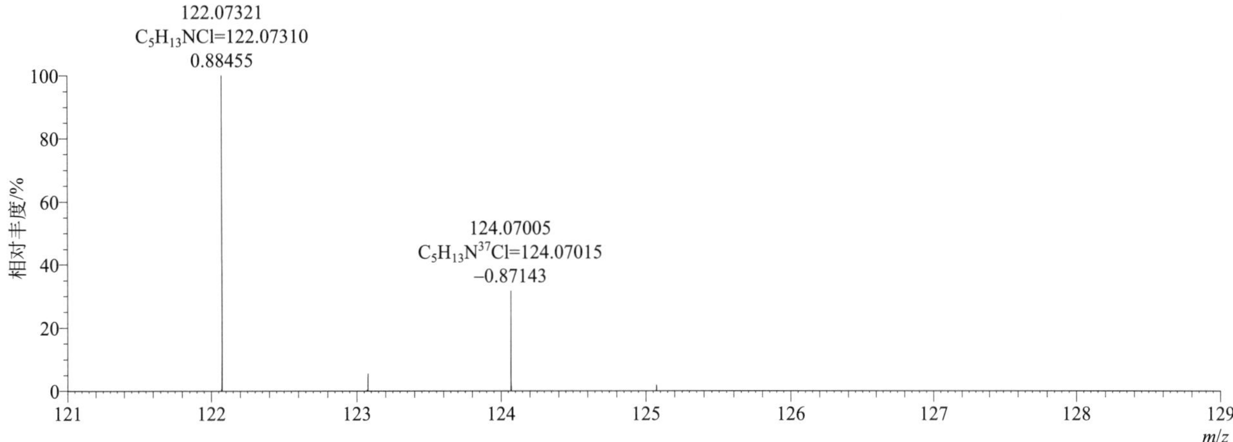

$[M]^+$ 归一化法能量 NCE 为 60 时典型的二级质谱图

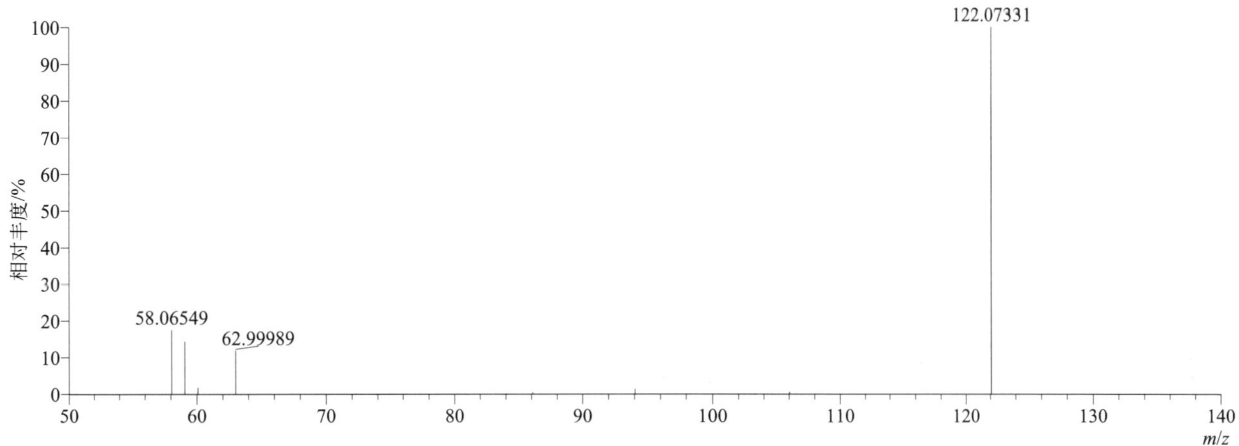

$[M]^+$ 归一化法能量 NCE 为 80 时典型的二级质谱图

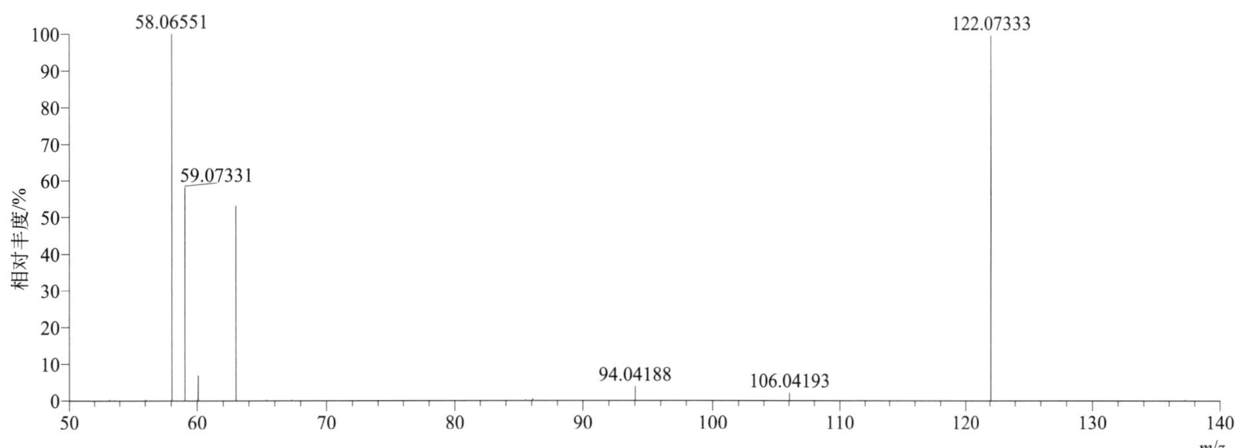

$[M]^+$ 归一化法能量 NCE 为 100 时典型的二级质谱图

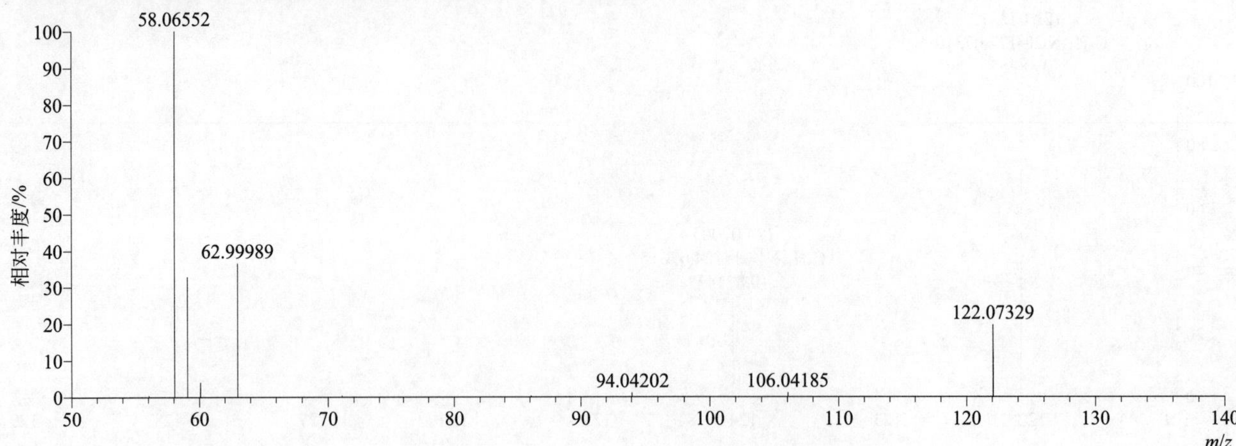

$[M]^+$ 阶梯归一化法能量 Step NCE 为 60、80、100 时典型的二级质谱图

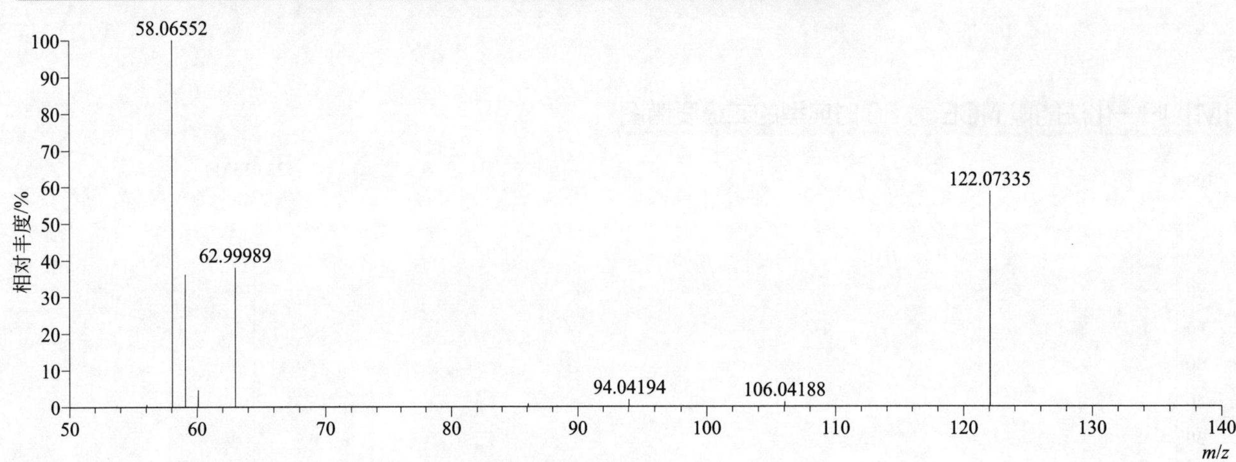

chlorotoluron（绿麦隆）

基本信息

CAS 登录号	15545-48-9	分子量	212.07164	离子源和极性	电喷雾离子源（ESI）
分子式	$C_{10}H_{13}ClN_2O$	保留时间	13.73min	极性	正模式

$[M+H]^+$ 提取离子流色谱图

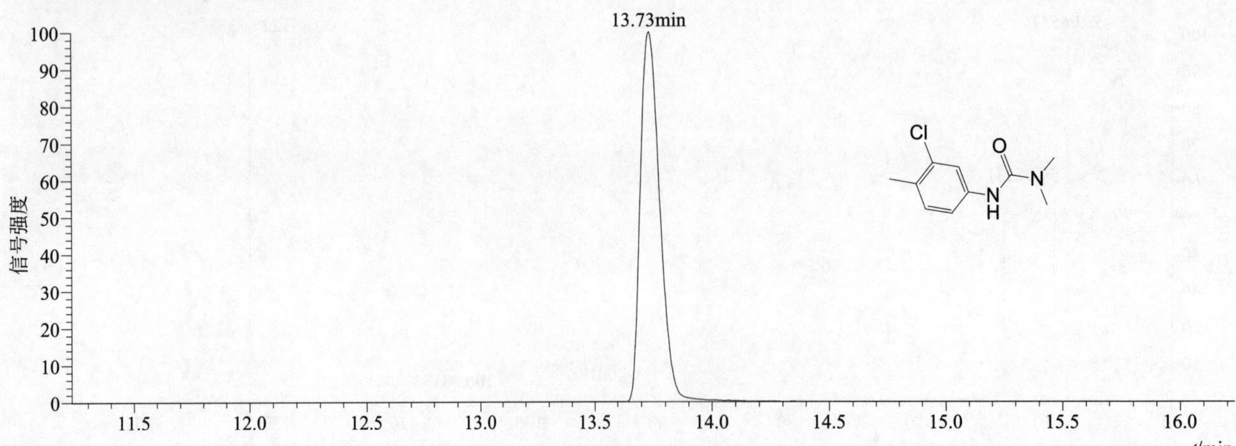

$[M+H]^+$ 典型的一级质谱图

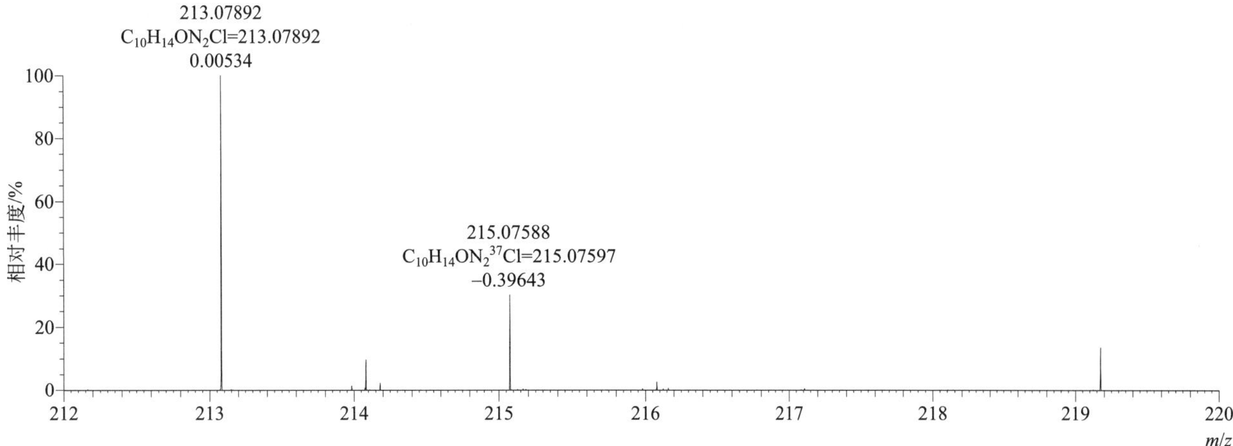

$[M+H]^+$ 归一化法能量 NCE 为 20 时典型的二级质谱图

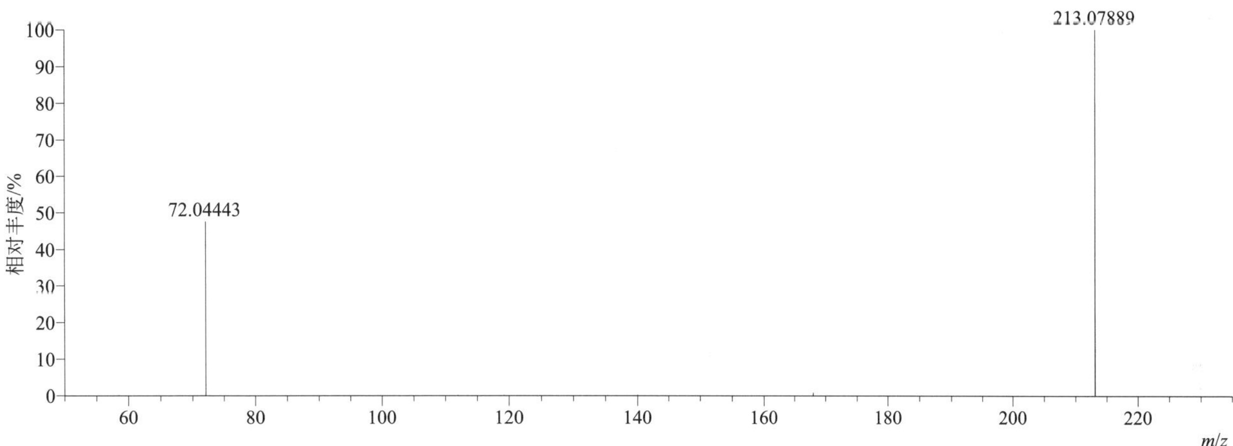

$[M+H]^+$ 归一化法能量 NCE 为 40 时典型的二级质谱图

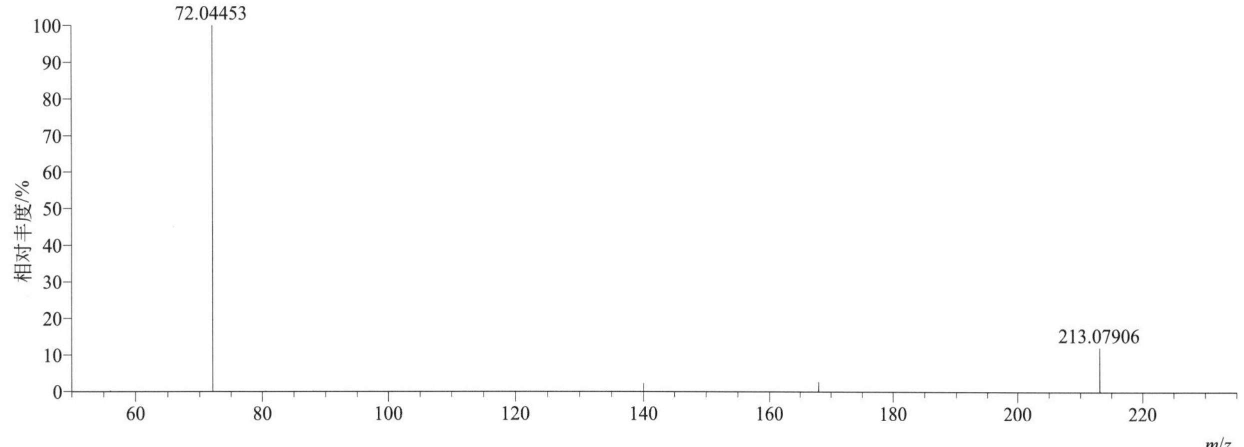

[M+H]+ 归一化法能量 NCE 为 60 时典型的二级质谱图

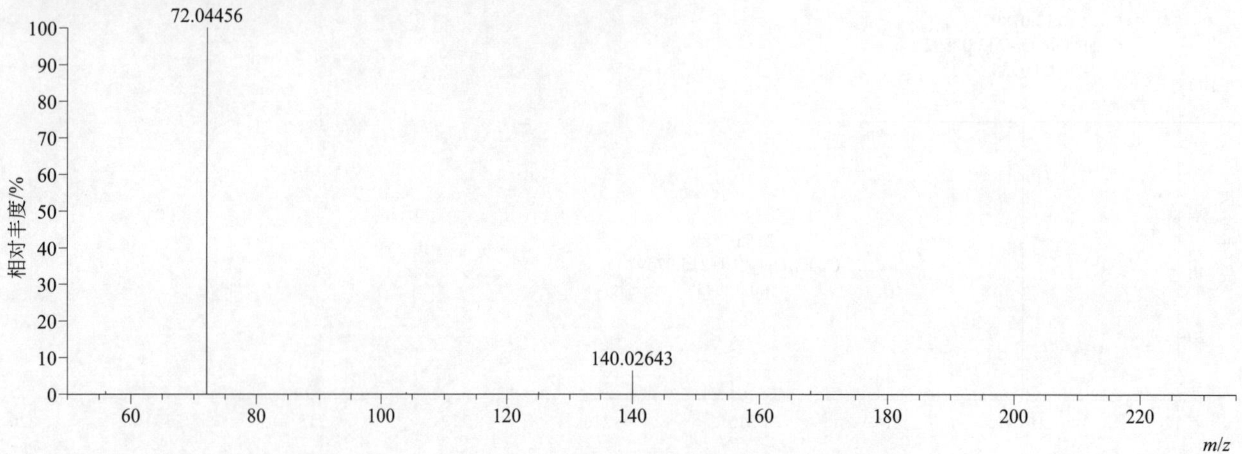

[M+H]+ 阶梯归一化法能量 Step NCE 为 20、40、60 时典型的二级质谱图

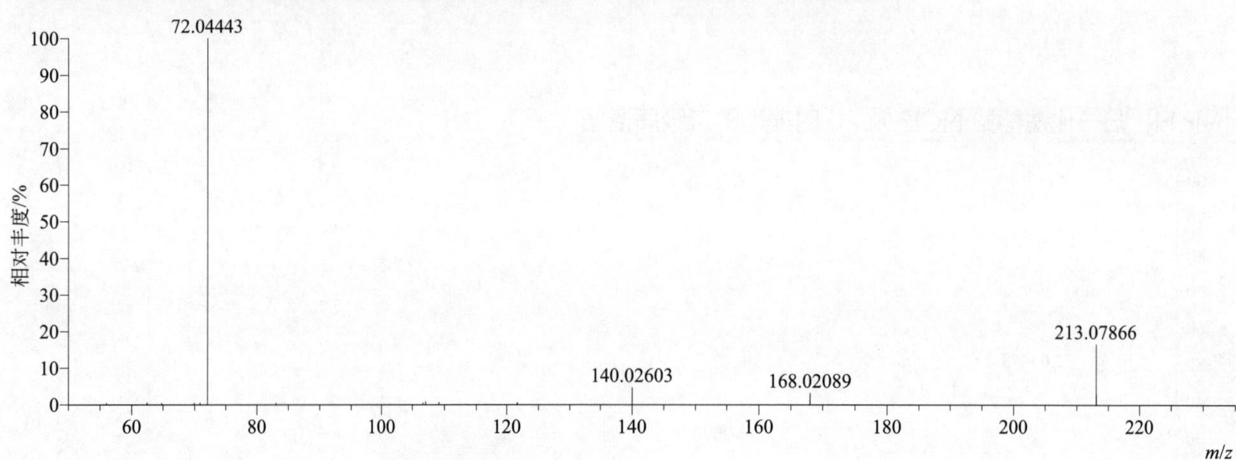

chloroxuron（枯草隆）

基本信息

CAS 登录号	1982-47-4	分子量	290.08221	离子源和极性	电喷雾离子源（ESI）
分子式	$C_{15}H_{15}ClN_2O_2$	保留时间	14.68min	极性	正模式

[M+H]+ 提取离子流色谱图

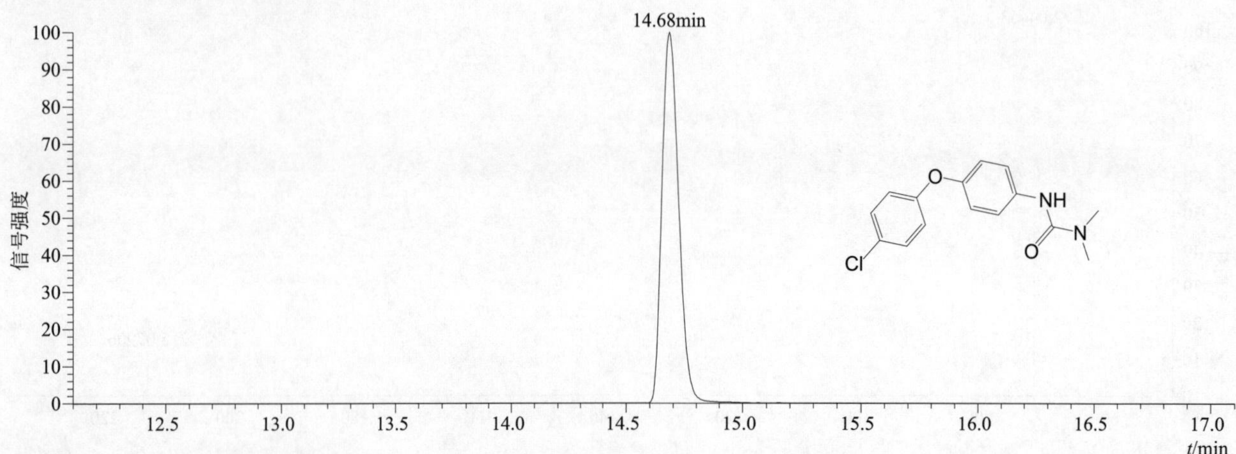

[M+H]$^+$ 典型的一级质谱图

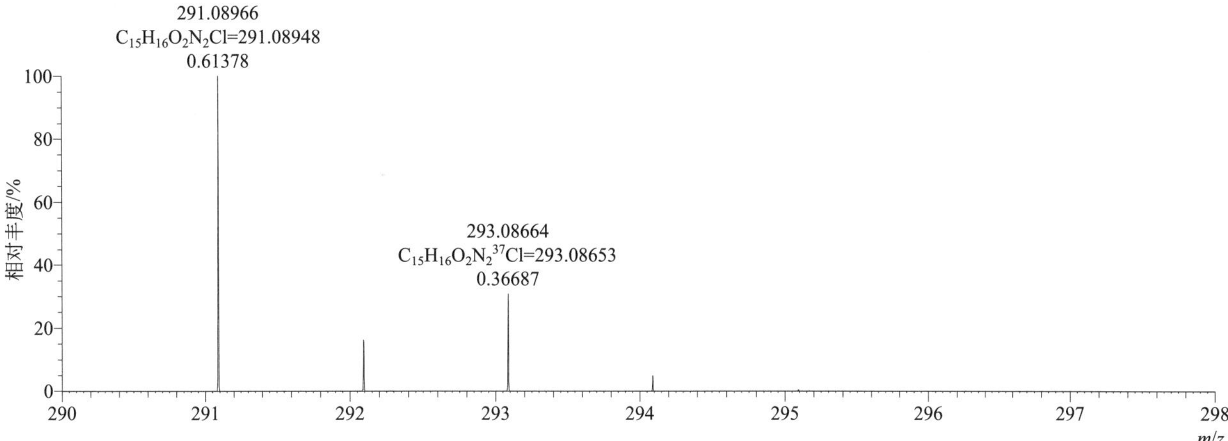

[M+H]$^+$ 归一化法能量 NCE 为 20 时典型的二级质谱图

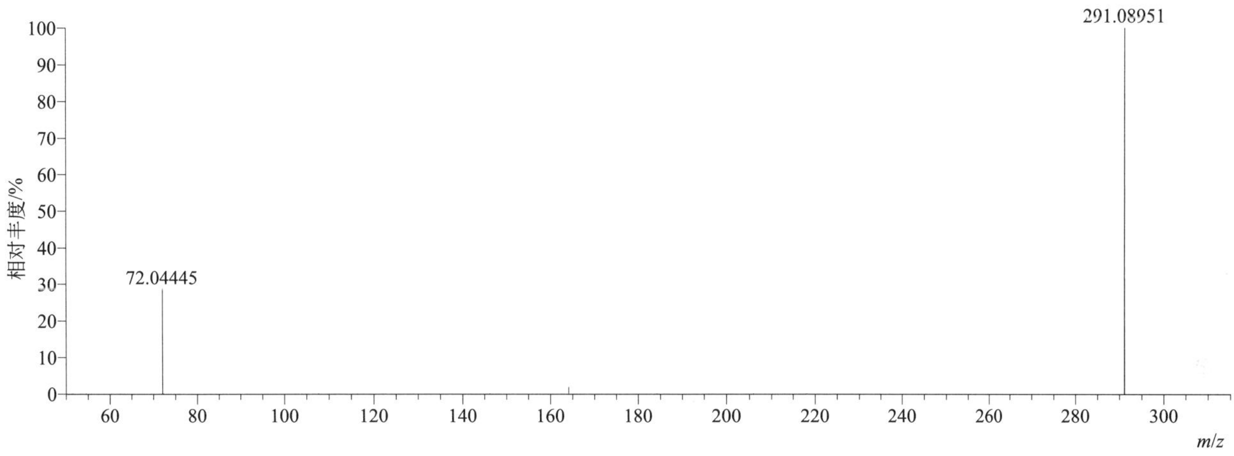

[M+H]$^+$ 归一化法能量 NCE 为 40 时典型的二级质谱图

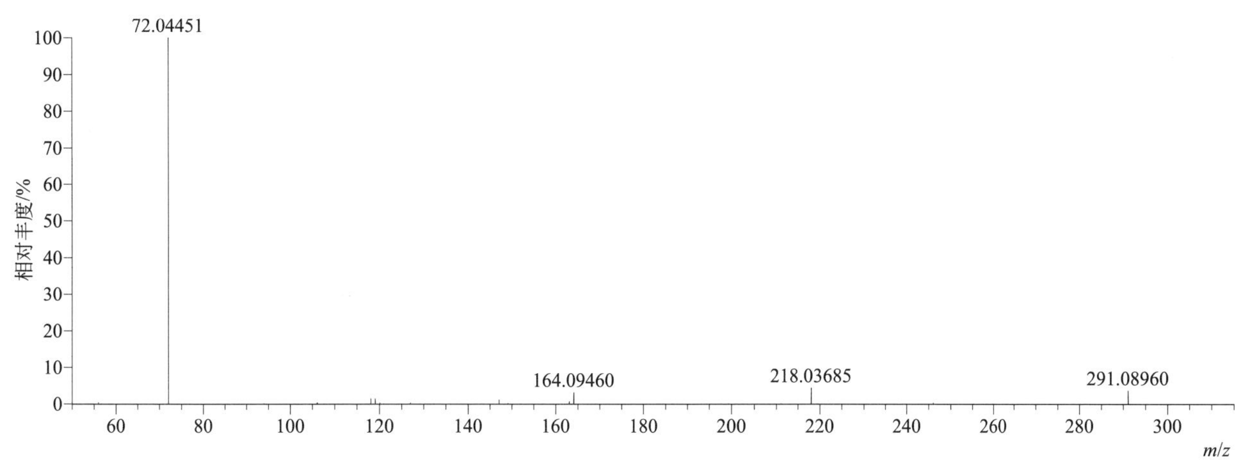

[M+H]+ 归一化法能量 NCE 为 60 时典型的二级质谱图

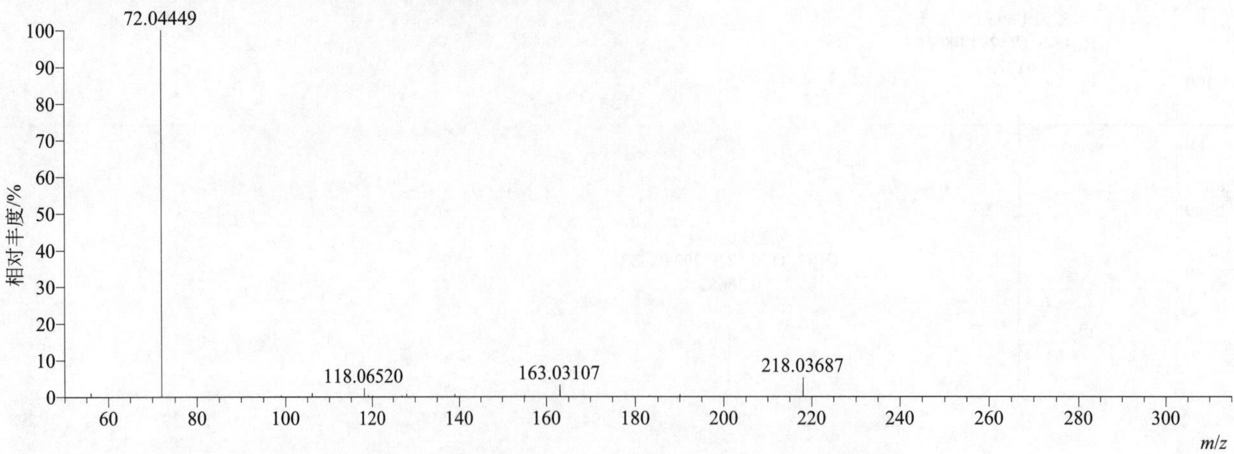

[M+H]+ 阶梯归一化法能量 Step NCE 为 20、40、60 时典型的二级质谱图

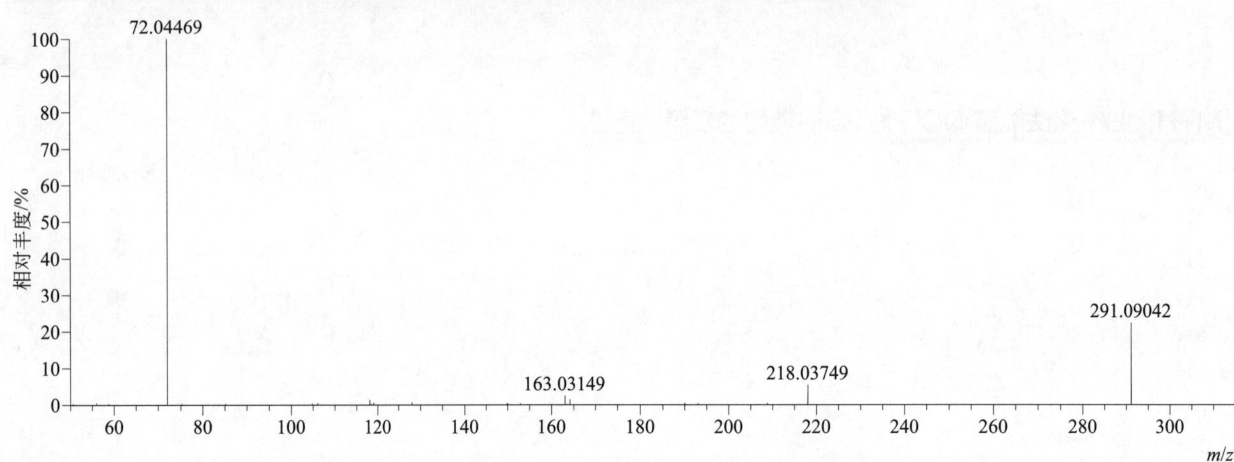

chlorphonium chloride（氯化鏻）

基本信息

CAS 登录号	115-78-6	分子量	396.13017	离子源和极性	电喷雾离子源（ESI）
分子式	$C_{19}H_{32}Cl_3P$	保留时间	14.42min	极性	正模式

[M]+ 提取离子流色谱图

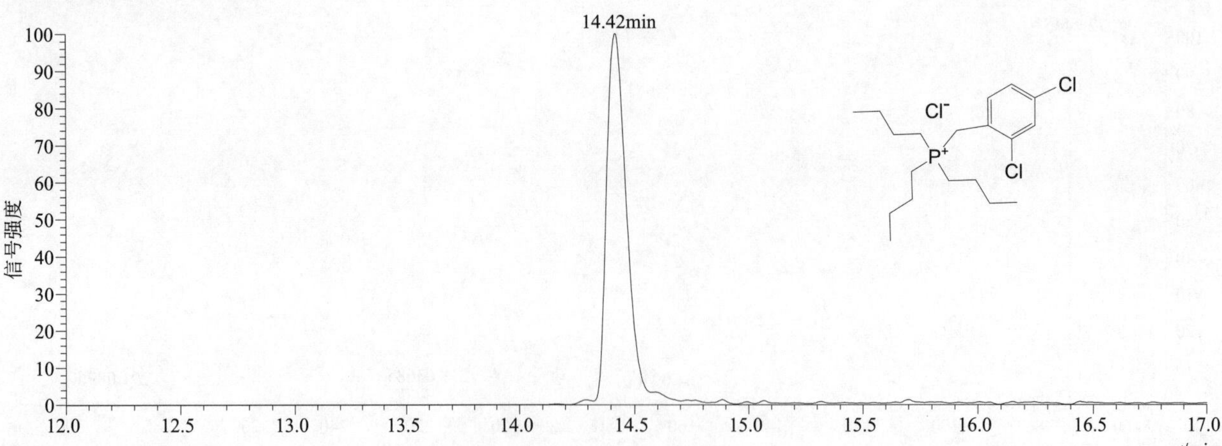

$[M]^+$ 典型的一级质谱图

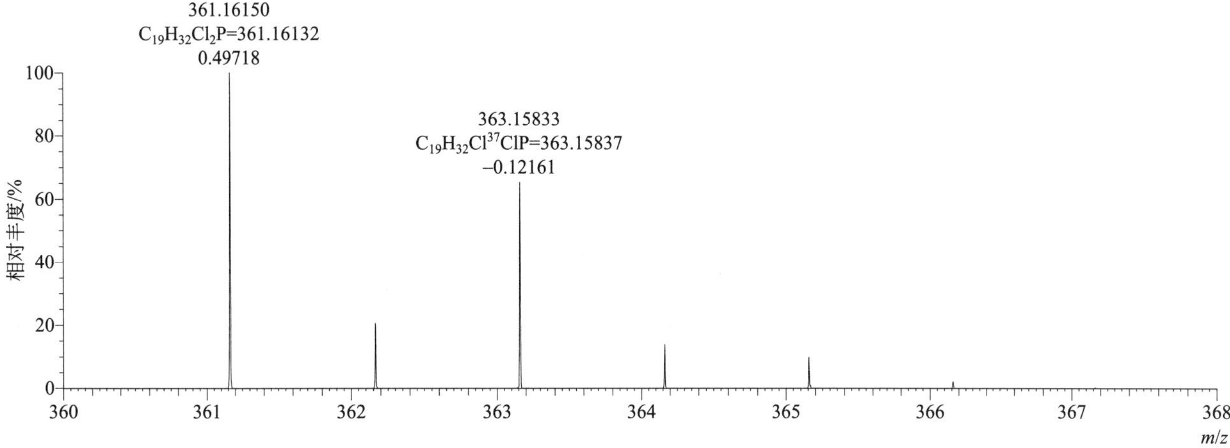

$[M]^+$ 归一化法能量 NCE 为 20 时典型的二级质谱图

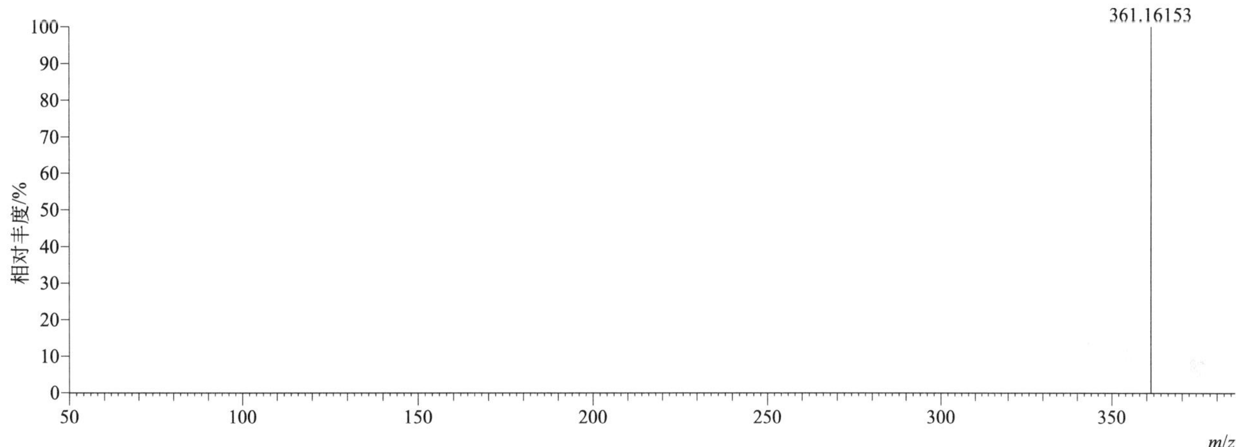

$[M]^+$ 归一化法能量 NCE 为 40 时典型的二级质谱图

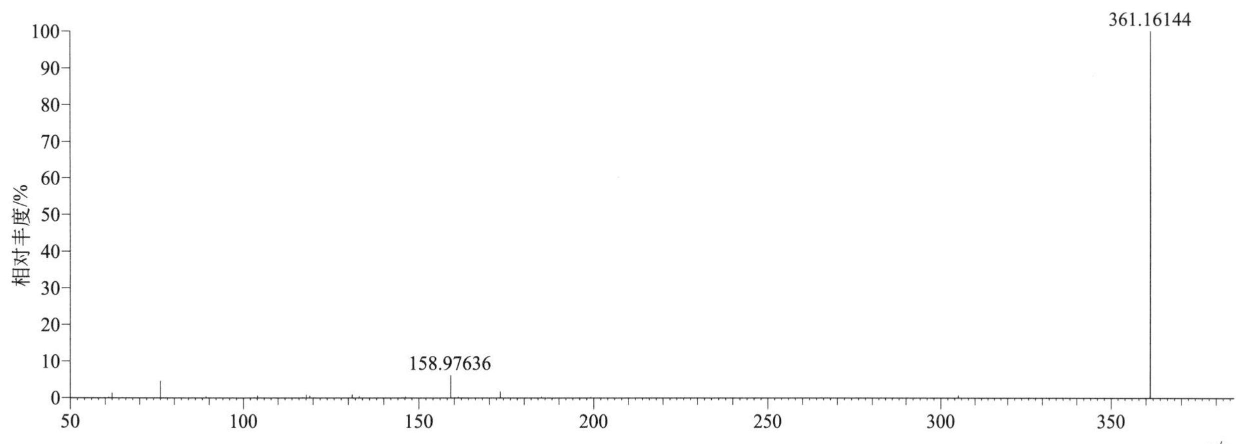

[M]+ 归一化法能量 NCE 为 60 时典型的二级质谱图

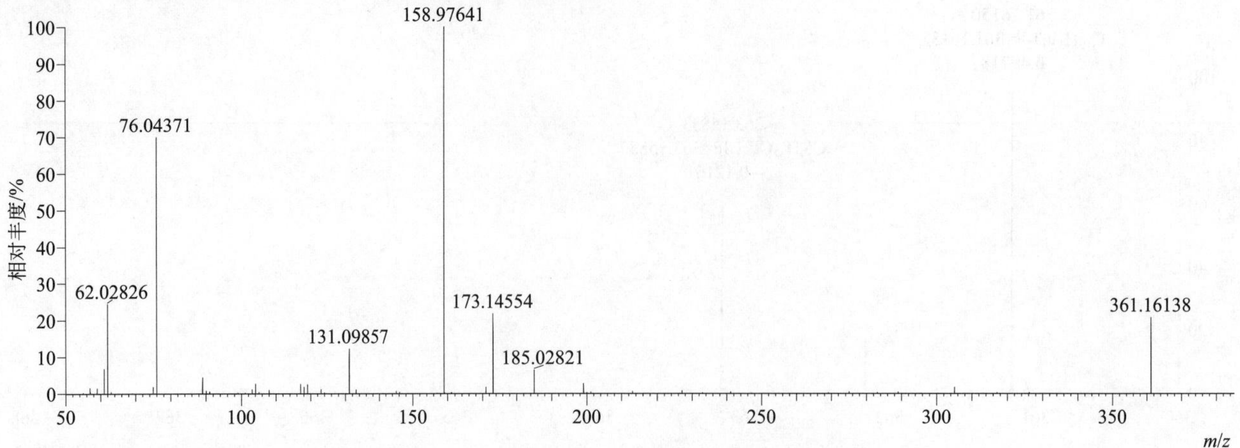

[M]+ 阶梯归一化法能量 Step NCE 为 20、40、60 时典型的二级质谱图

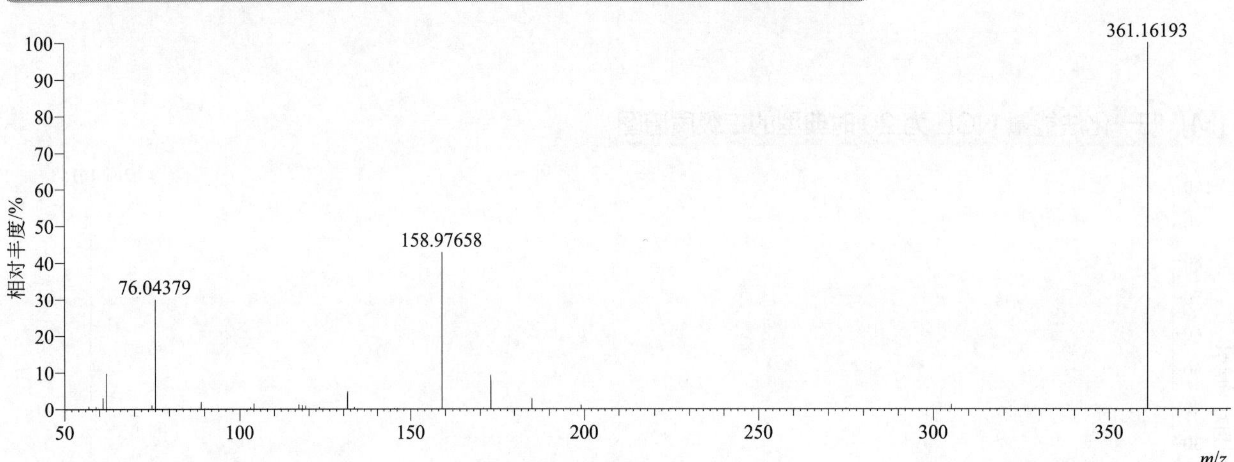

chlorphoxim（氯辛硫磷）

基本信息

CAS 登录号	14816-20-7	分子量	332.01513	离子源和极性	电喷雾离子源（ESI）
分子式	$C_{12}H_{14}ClN_2O_3PS$	保留时间	15.23min	极性	正模式

[M+H]+ 提取离子流色谱图

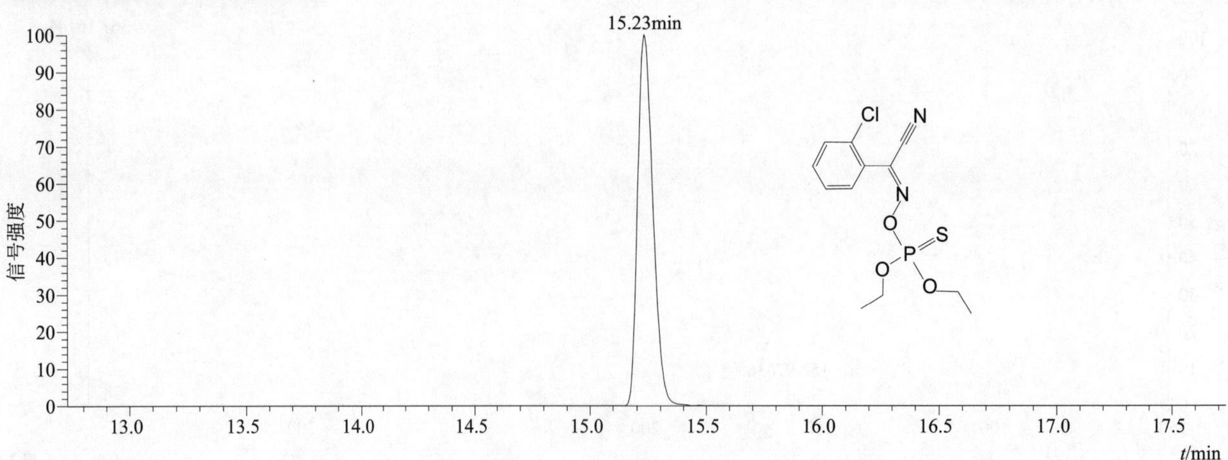

$[M+H]^+$ 典型的一级质谱图

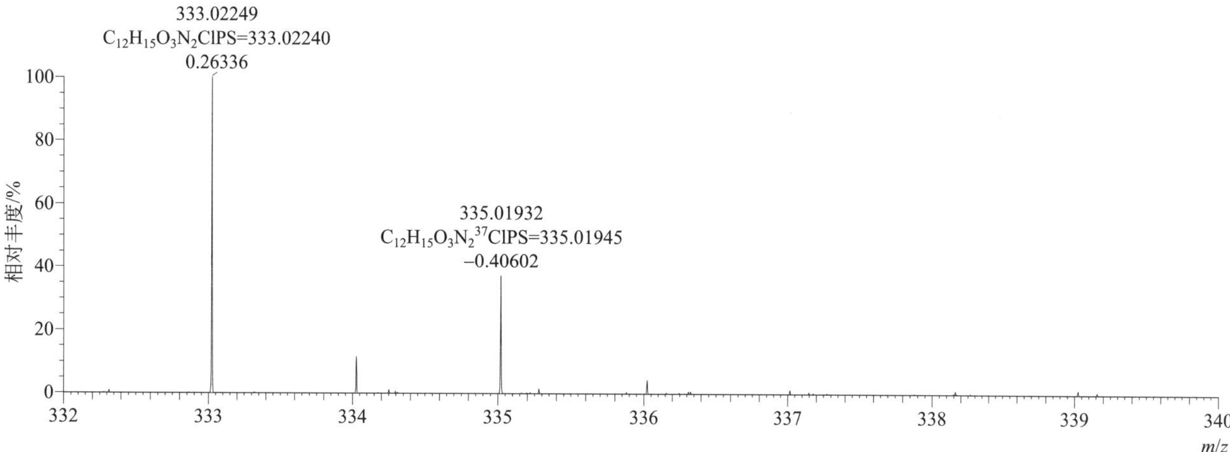

$[M+H]^+$ 归一化法能量 NCE 为 10 时典型的二级质谱图

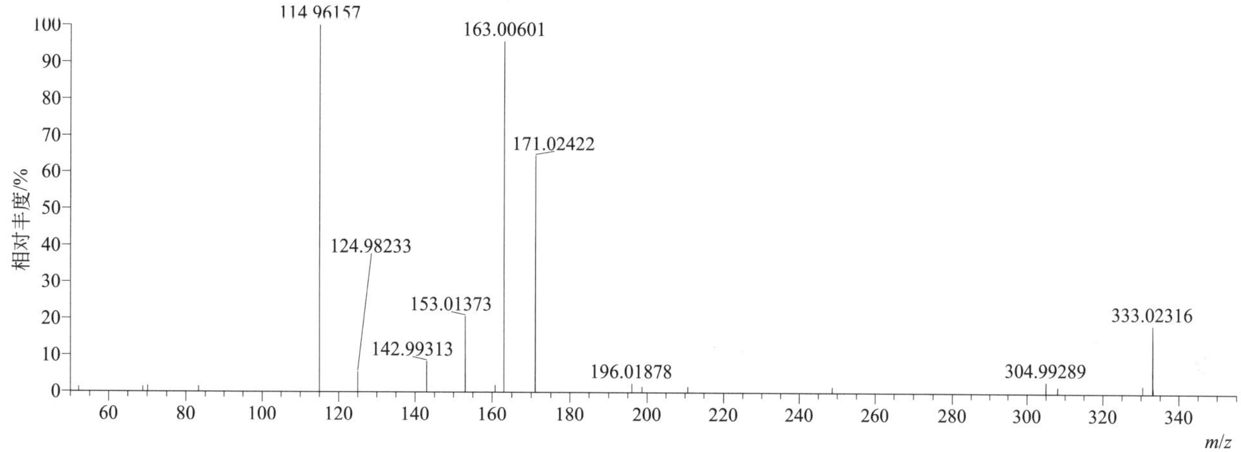

$[M+H]^+$ 归一化法能量 NCE 为 20 时典型的二级质谱图

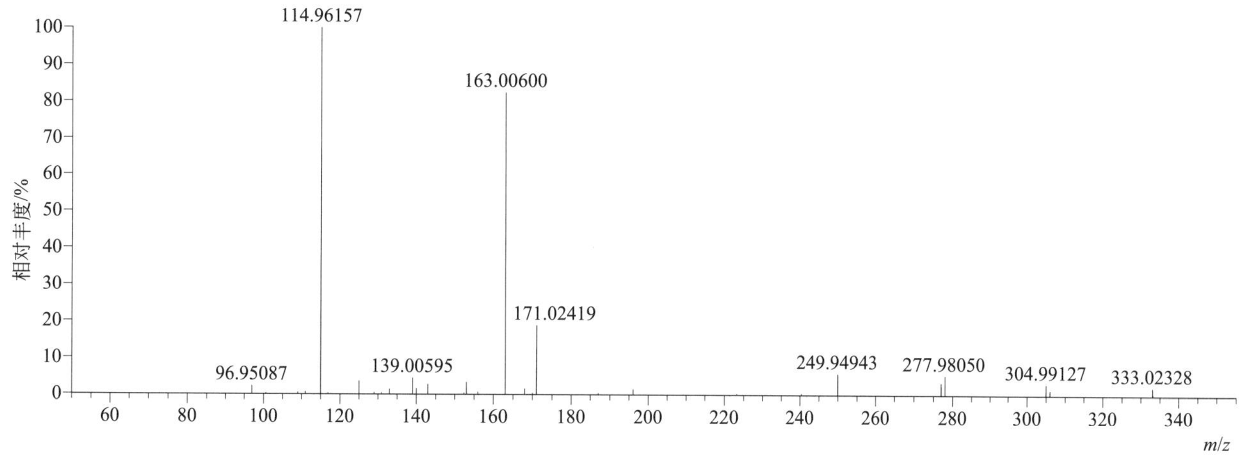

[M+H]+ 归一化法能量 NCE 为 30 时典型的二级质谱图

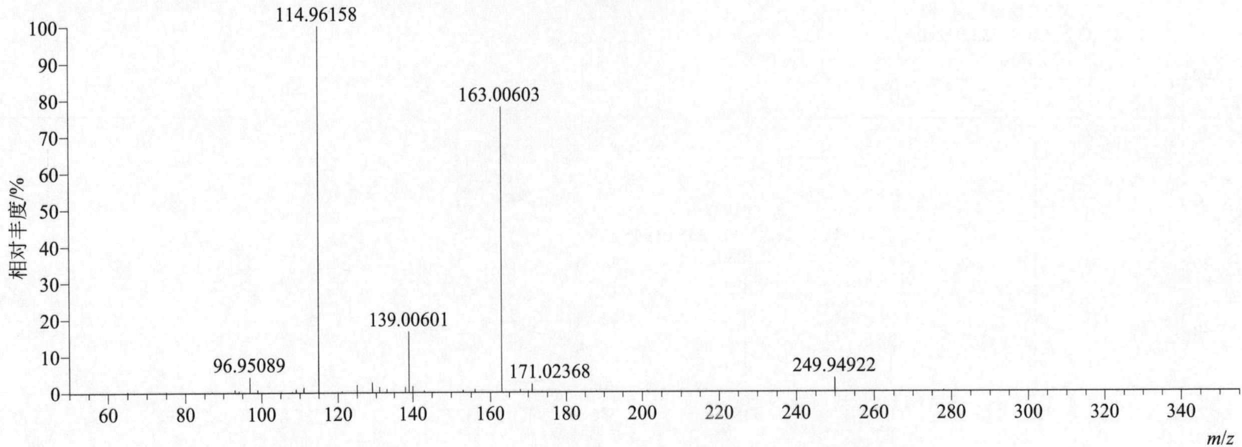

[M+H]+ 阶梯归一化法能量 Step NCE 为 10、20、30 时典型的二级质谱图

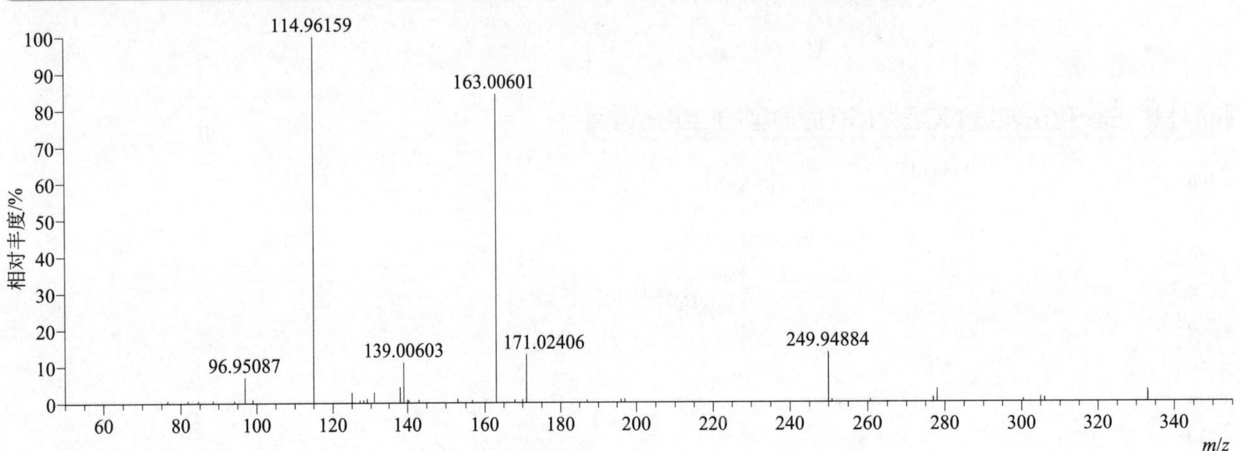

chlorpyrifos（毒死蜱）

基本信息

CAS 登录号	2921-88-2	**分子量**	348.92628	**离子源和极性**	电喷雾离子源（ESI）
分子式	$C_9H_{11}Cl_3NO_3PS$	**保留时间**	16.03min	**极性**	正模式

[M+H]+ 提取离子流色谱图

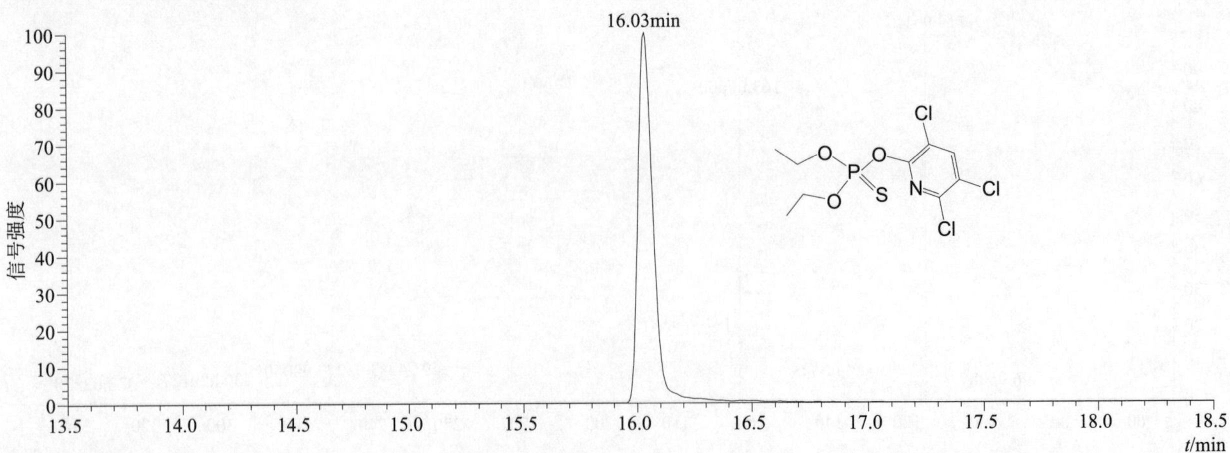

[M+H]+ 典型的一级质谱图

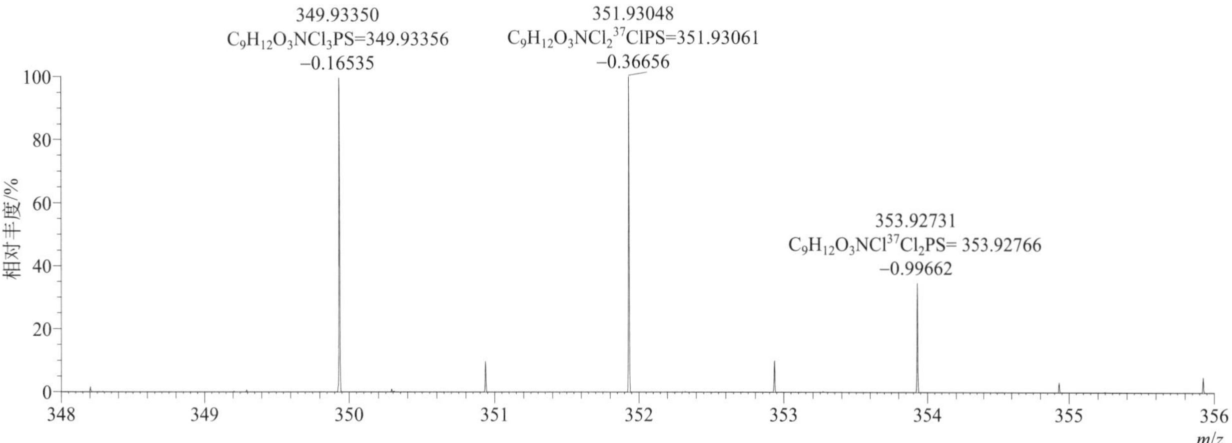

[M+H]+ 归一化法能量 NCE 为 20 时典型的二级质谱图

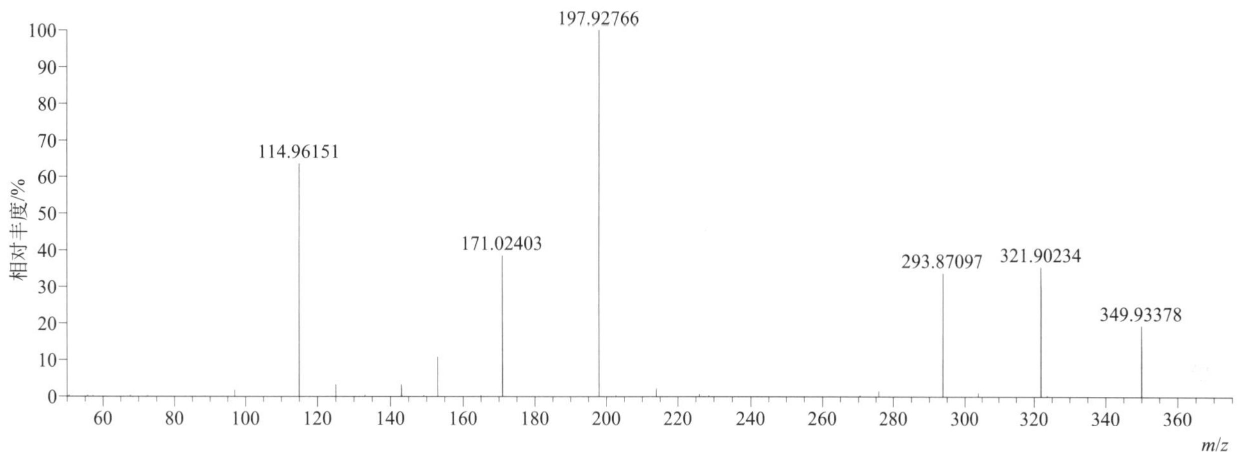

[M+H]+ 归一化法能量 NCE 为 40 时典型的二级质谱图

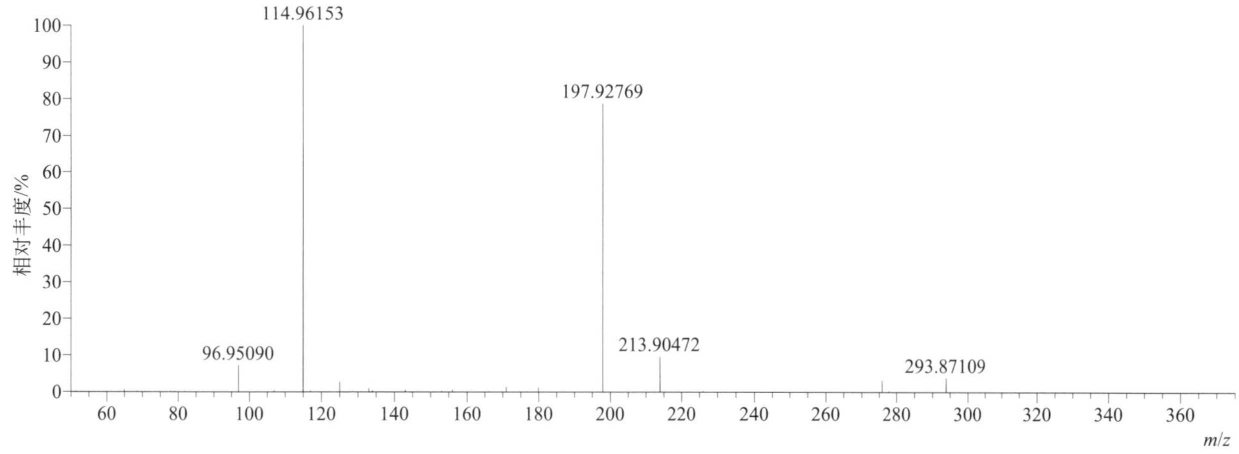

[M+H]+ 归一化法能量 NCE 为 60 时典型的二级质谱图

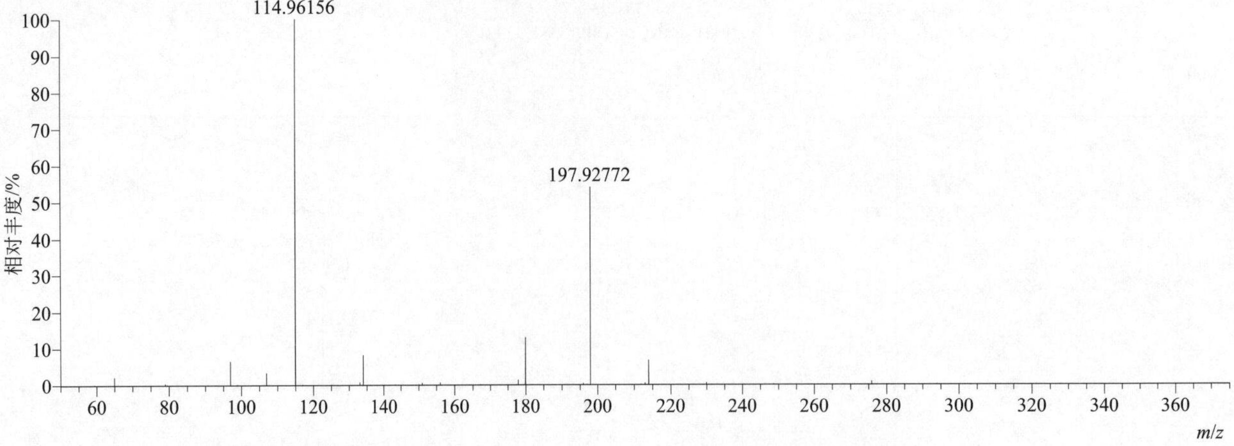

[M+H]+ 阶梯归一化法能量 Step NCE 为 20、40、60 时典型的二级质谱图

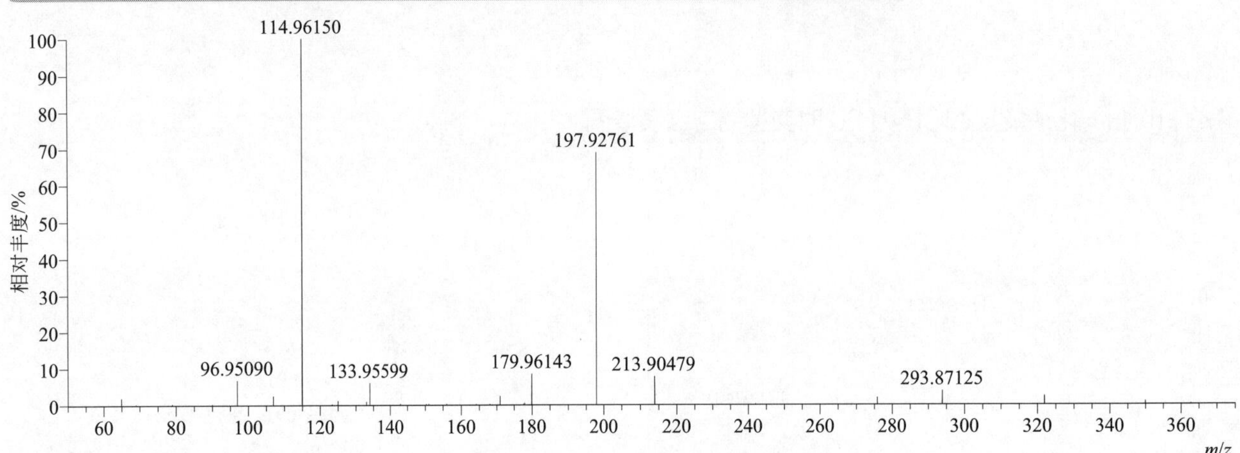

chlorpyrifos-methyl（甲基毒死蜱）

基本信息

CAS 登录号	5598-13-0	分子量	320.89498	离子源和极性	电喷雾离子源（ESI）
分子式	$C_7H_7Cl_3NO_3PS$	保留时间	15.58min	极性	正模式

[M+H]+ 提取离子流色谱图

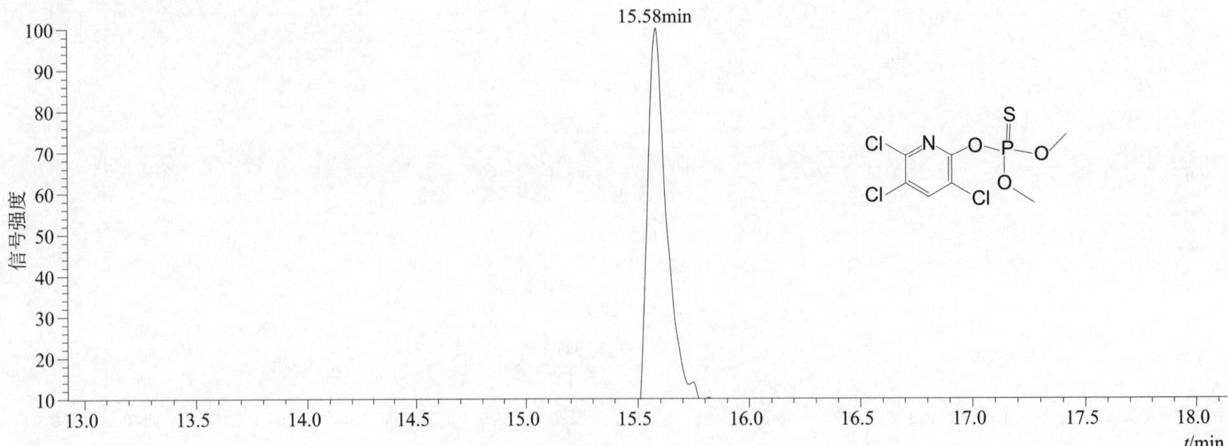

[M+H]+ 典型的一级质谱图

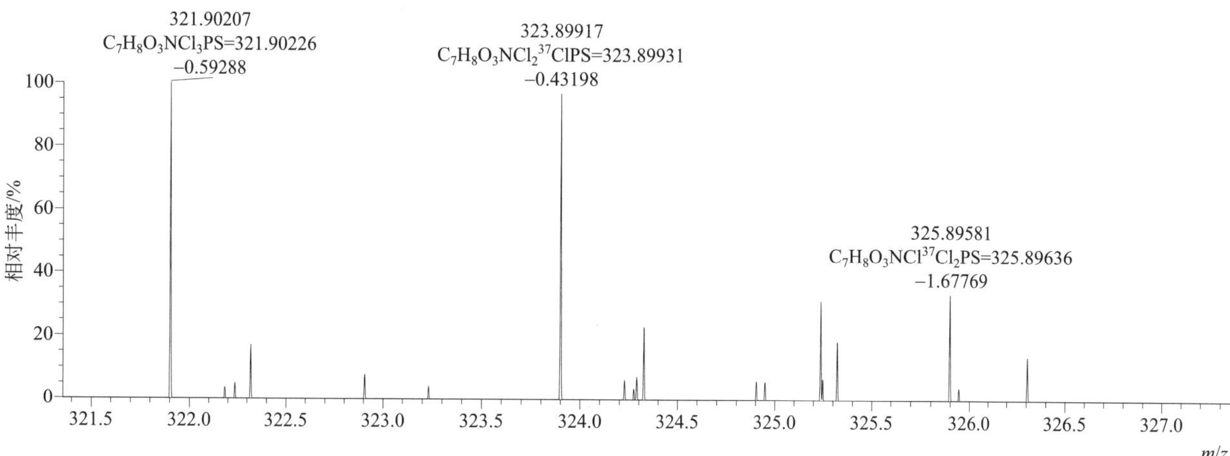

[M+H]+ 归一化法能量 NCE 为 20 时典型的二级质谱图

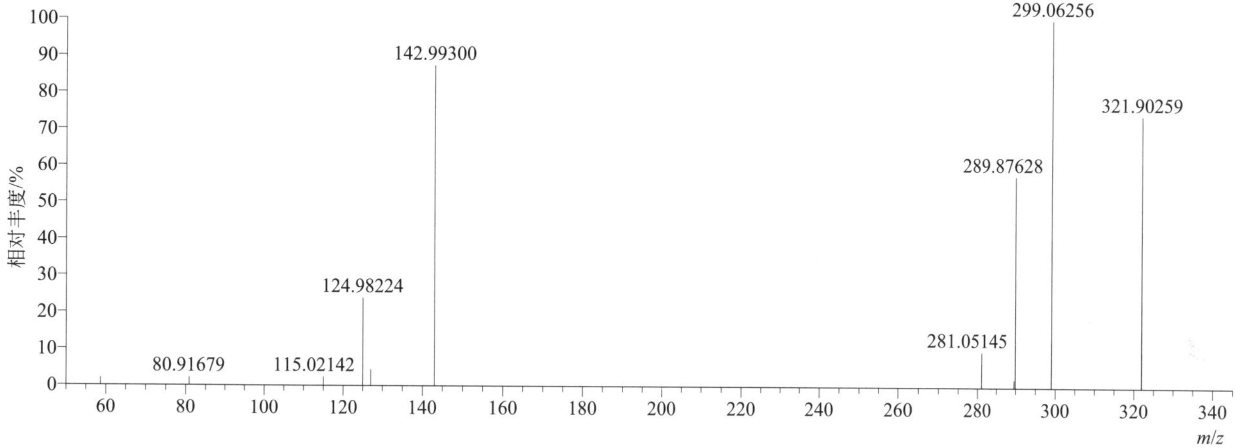

[M+H]+ 归一化法能量 NCE 为 40 时典型的二级质谱图

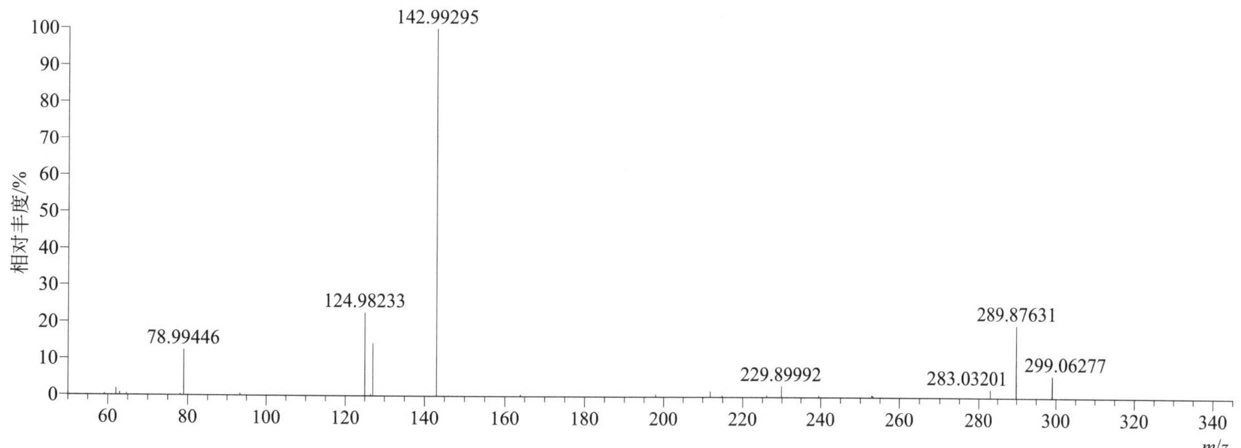

[M+H]$^+$ 归一化法能量 NCE 为 60 时典型的二级质谱图

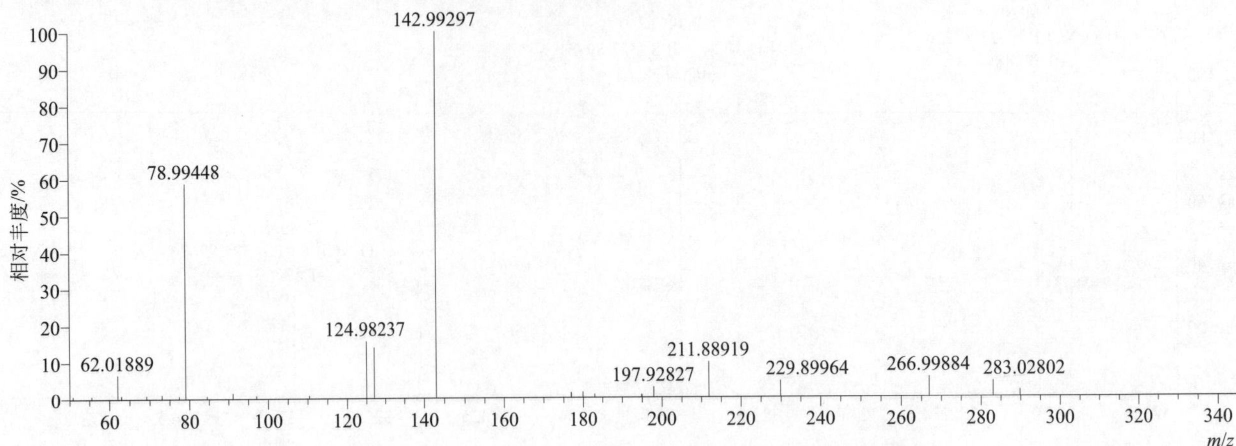

[M+H]$^+$ 阶梯归一化法能量 Step NCE 为 20、40、60 时典型的二级质谱图

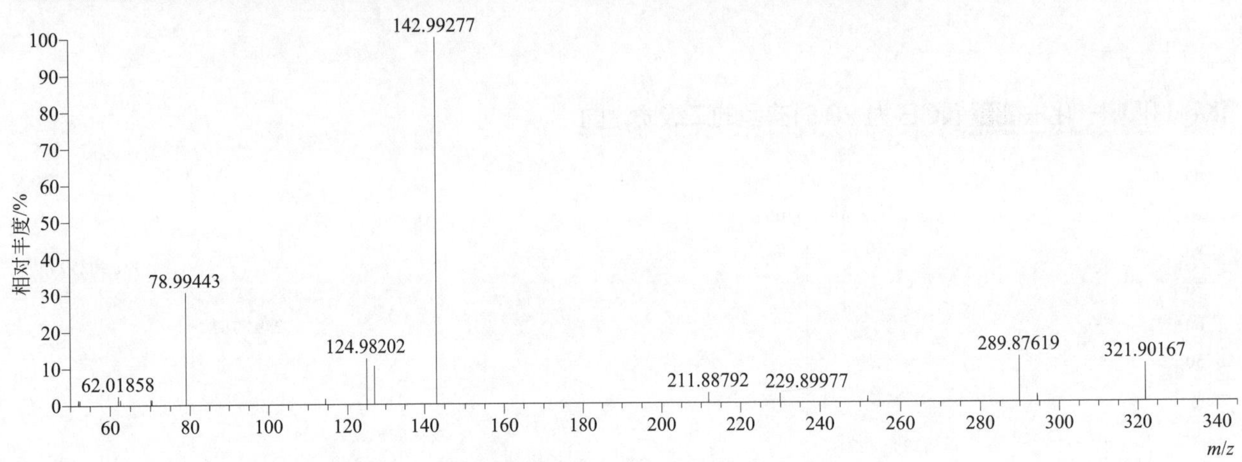

chlorsulfuron（氯磺隆）

基本信息

CAS 登录号	64902-72-3	分子量	357.02985	离子源和极性	电喷雾离子源（ESI）
分子式	$C_{12}H_{12}ClN_5O_4S$	保留时间	13.29min	极性	正模式

[M+H]$^+$ 提取离子流色谱图

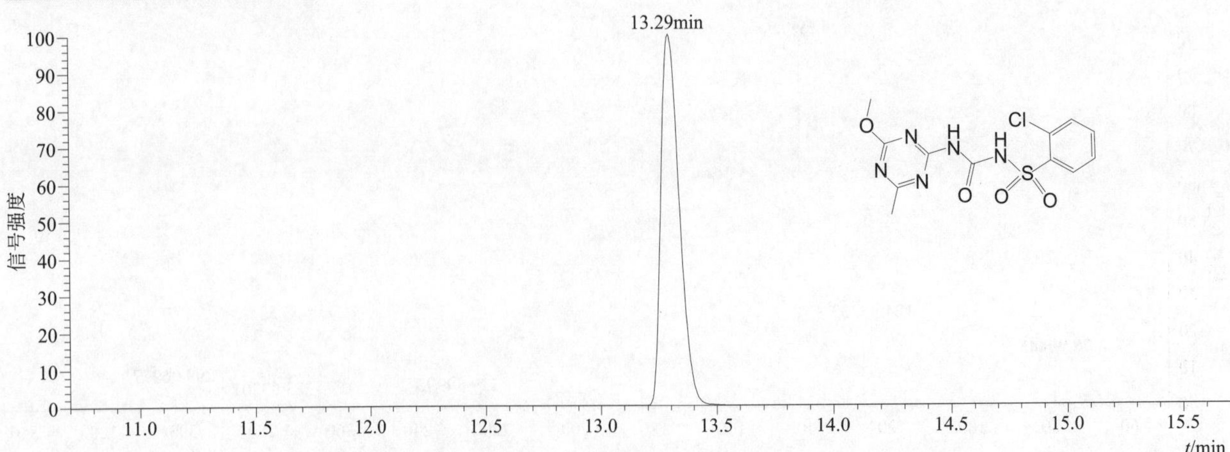

[M+H]⁺ 典型的一级质谱图

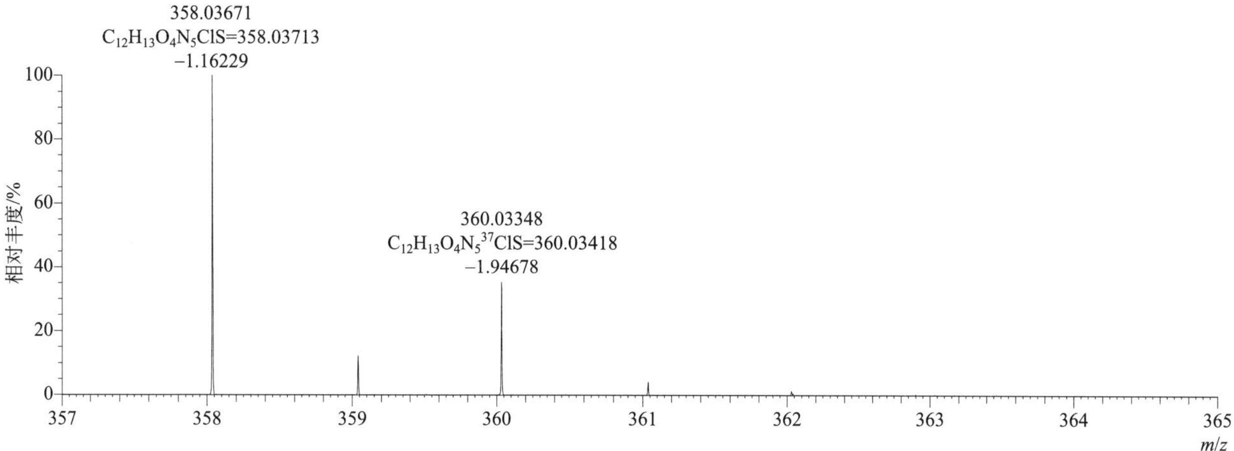

[M+H]⁺ 归一化法能量 NCE 为 20 时典型的二级质谱图

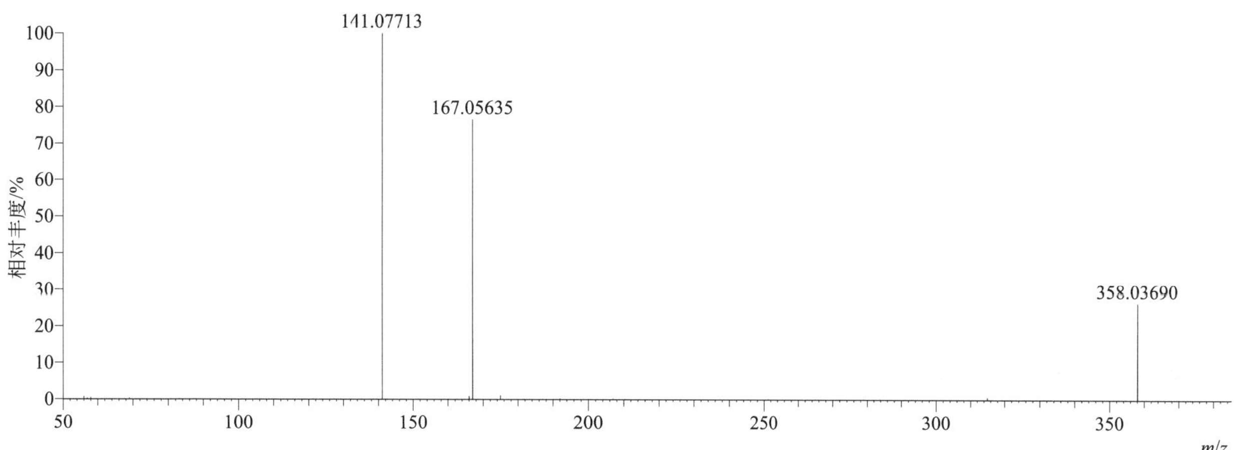

[M+H]⁺ 归一化法能量 NCE 为 40 时典型的二级质谱图

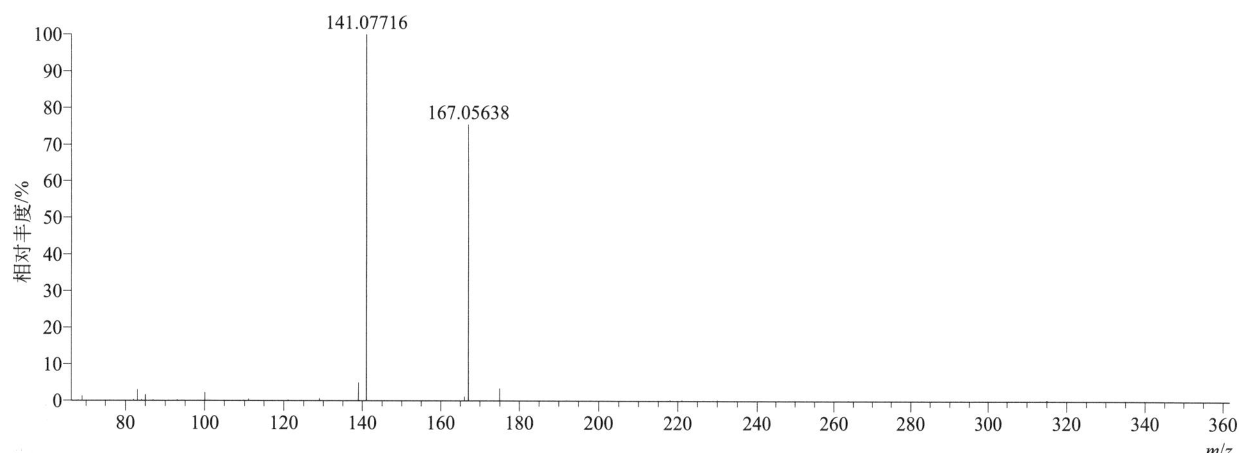

[M+H]⁺ 归一化法能量 NCE 为 60 时典型的二级质谱图

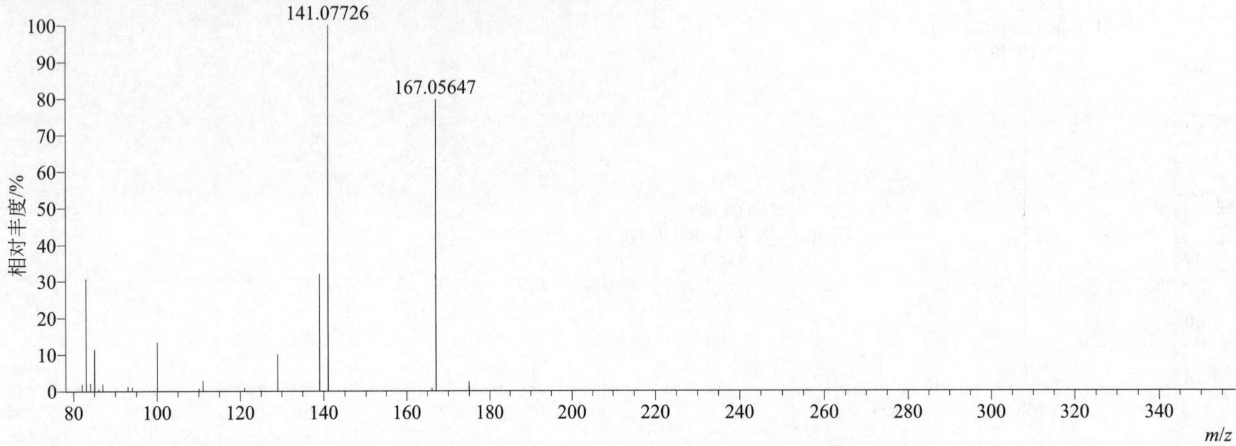

[M+H]⁺ 阶梯归一化法能量 Step NCE 为 20、40、60 时典型的二级质谱图

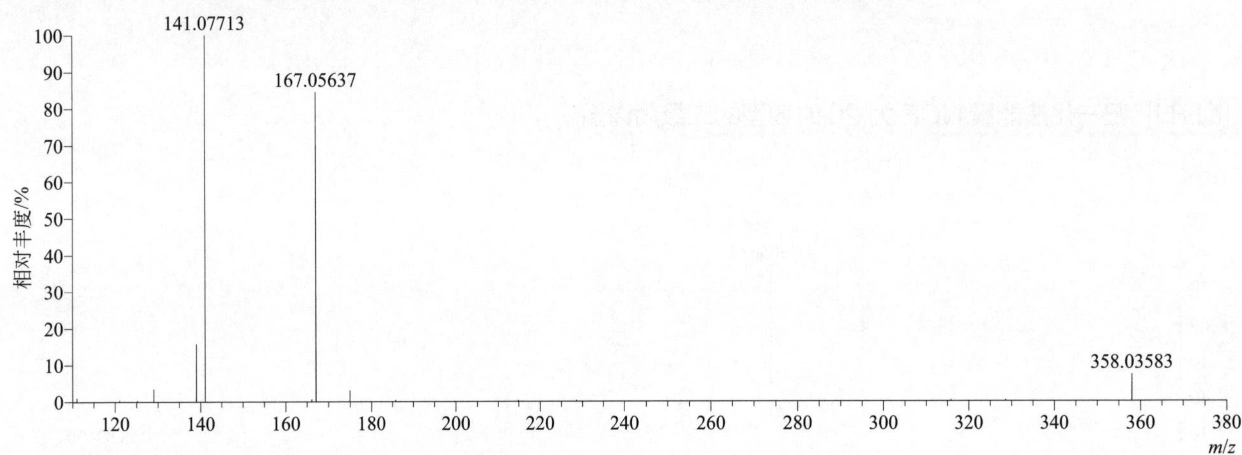

chlorthiophos（虫螨磷）

基本信息

CAS 登录号	60238-56-4	分子量	359.95773	离子源和极性	电喷雾离子源（ESI）
分子式	$C_{11}H_{15}Cl_2O_3PS_2$	保留时间	16.20min	极性	正模式

[M+H]⁺ 提取离子流色谱图

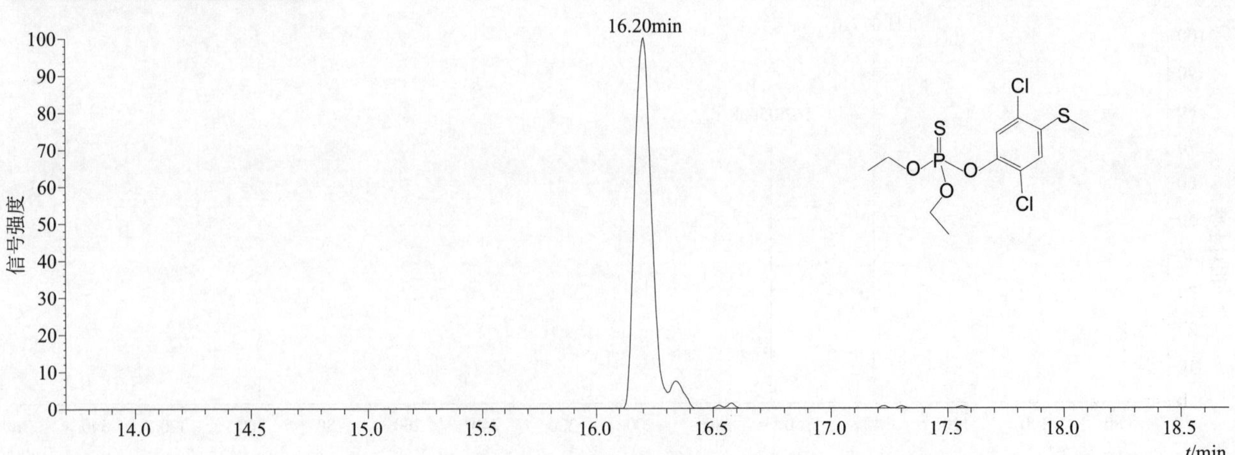

[M+H]$^+$ 典型的一级质谱图

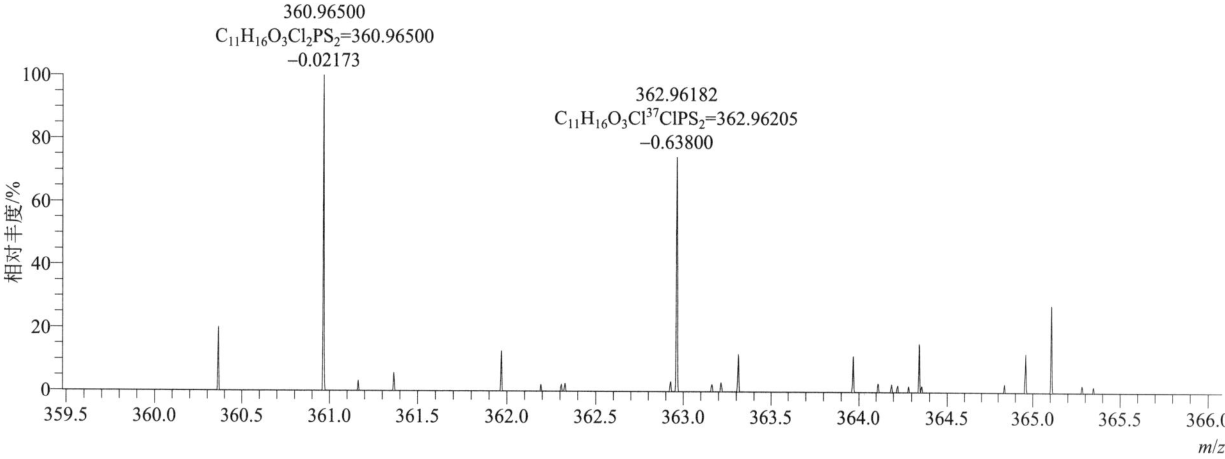

[M+H]$^+$ 归一化法能量 NCE 为 20 时典型的二级质谱图

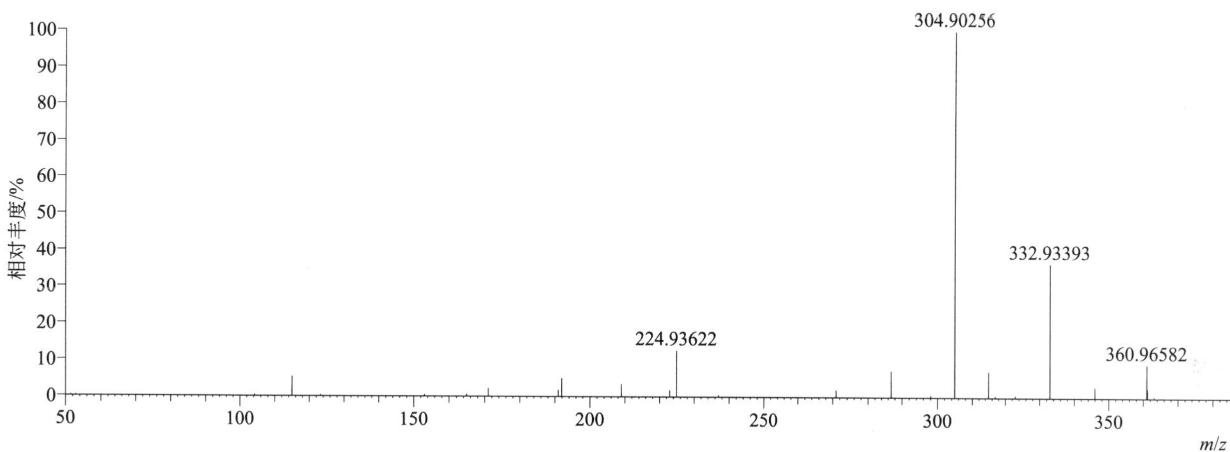

[M+H]$^+$ 归一化法能量 NCE 为 40 时典型的二级质谱图

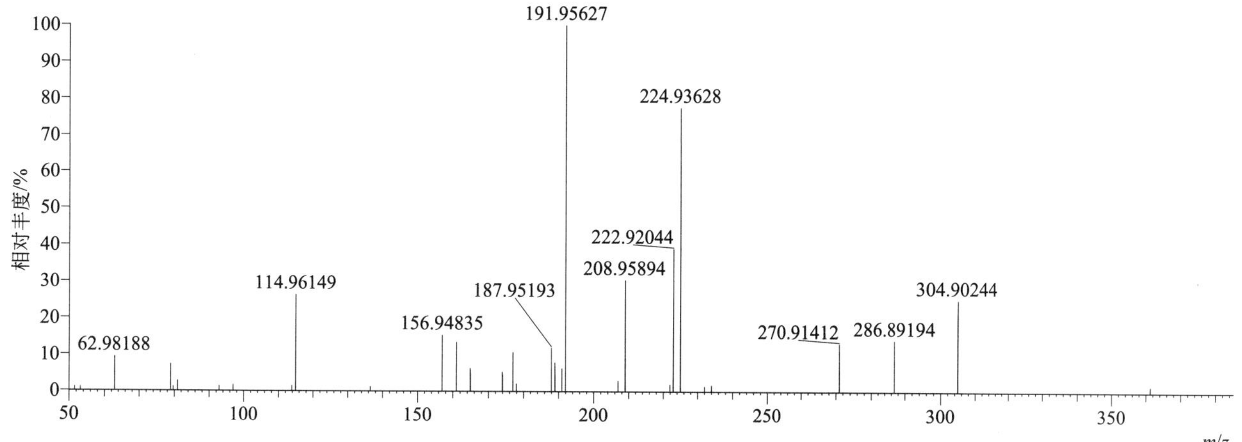

[M+H]+ 归一化法能量 NCE 为 60 时典型的二级质谱图

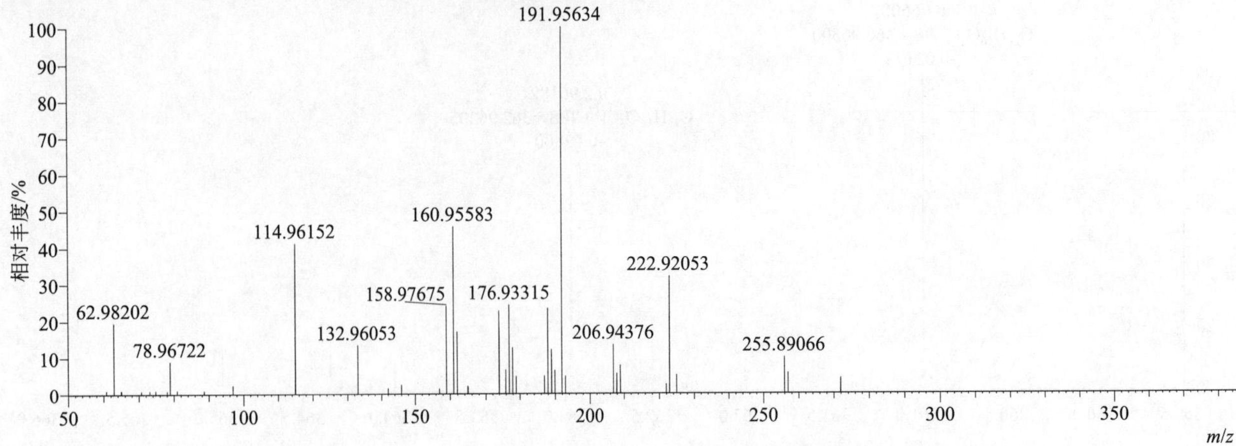

[M+H]+ 阶梯归一化法能量 Step NCE 为 20、40、60 时典型的二级质谱图

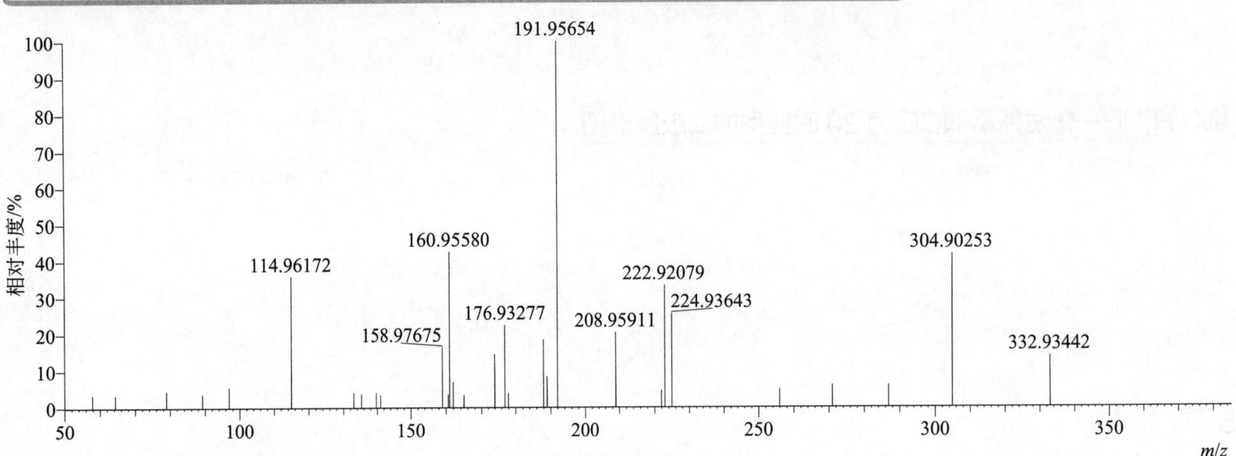

chromafenozide（环虫酰肼）

基本信息

CAS 登录号	143807-66-3	分子量	394.22564	离子源和极性	电喷雾离子源（ESI）
分子式	$C_{24}H_{30}N_2O_3$	保留时间	14.64min	极性	正模式

[M+H]+ 提取离子流色谱图

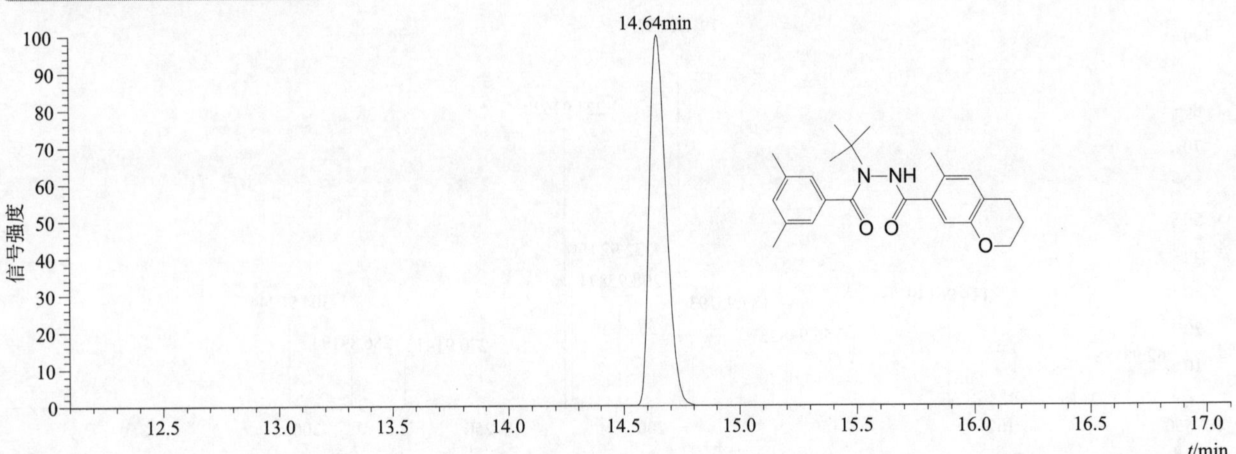

[M+H]+ 典型的一级质谱图

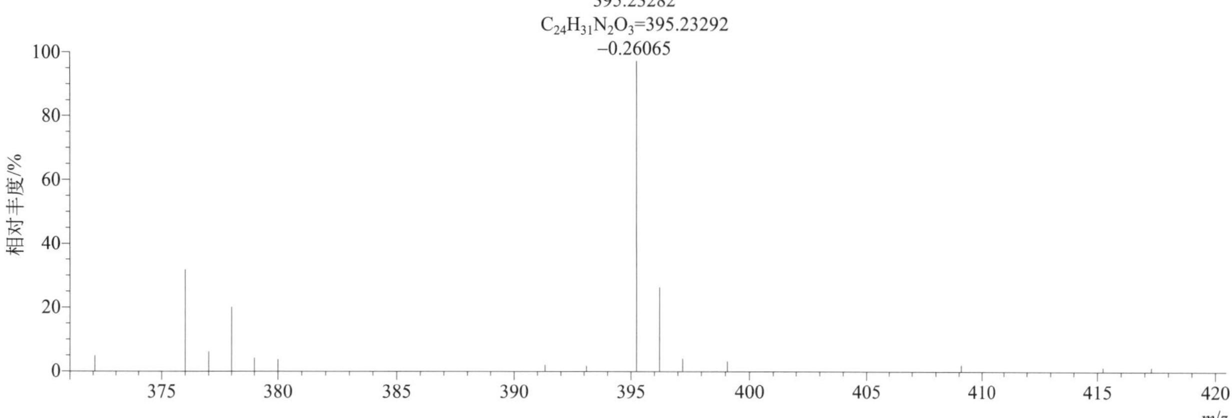

[M+H]+ 归一化法能量 NCE 为 20 时典型的二级质谱图

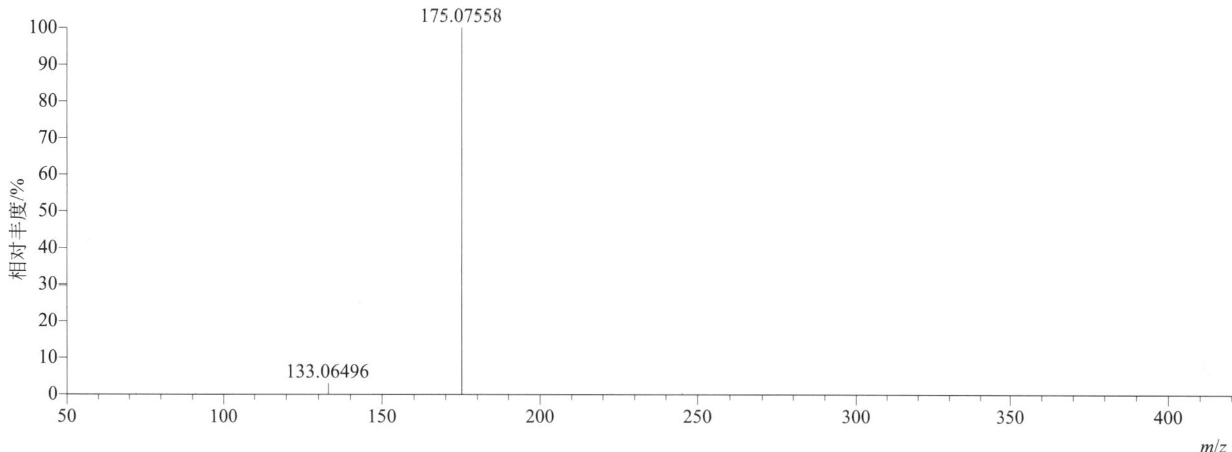

[M+H]+ 归一化法能量 NCE 为 40 时典型的二级质谱图

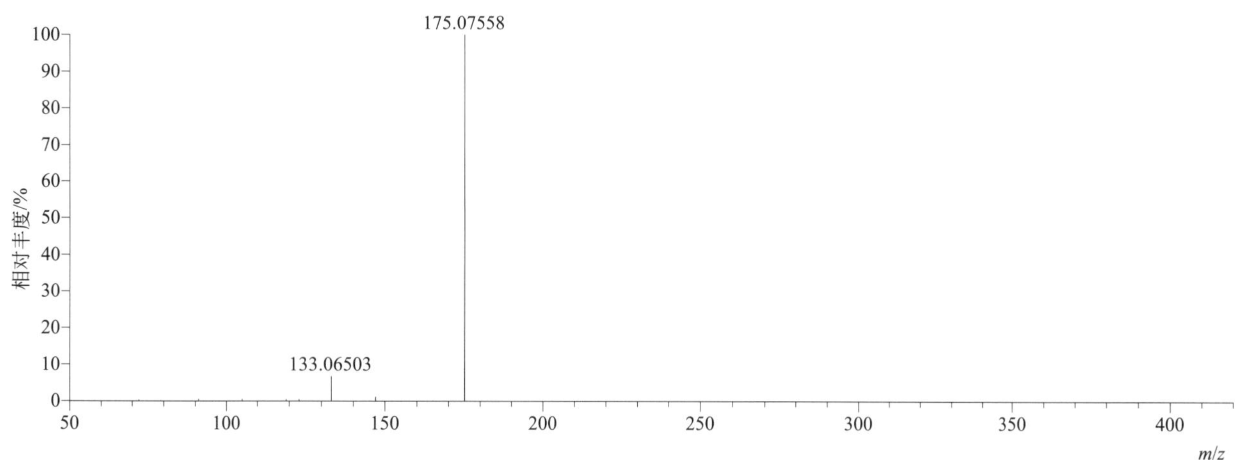

[M+H]+ 归一化法能量 NCE 为 60 时典型的二级质谱图

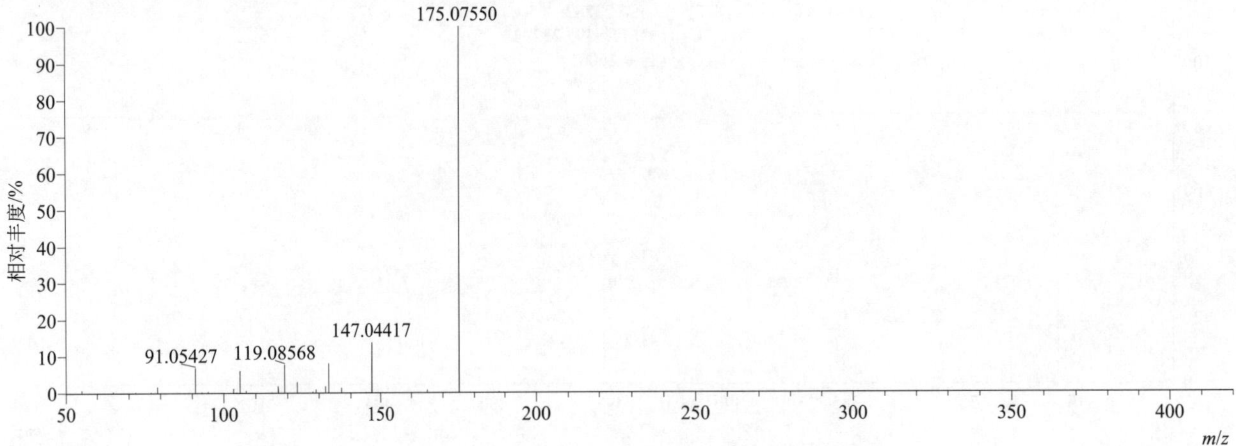

[M+H]+ 阶梯归一化法能量 Step NCE 为 20、40、60 时典型的二级质谱图

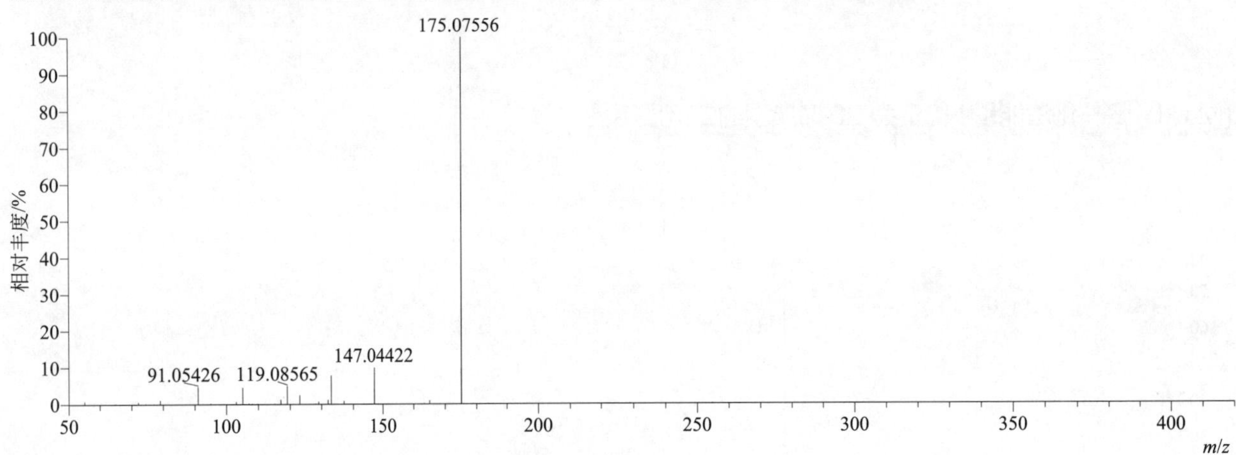

cinmethylin（环庚草醚）

基本信息

CAS 登录号	87818-31-3	分子量	274.19328	离子源和极性	电喷雾离子源（ESI）
分子式	$C_{18}H_{26}O_2$	保留时间	15.81min	极性	正模式

[M+H]+ 提取离子流色谱图

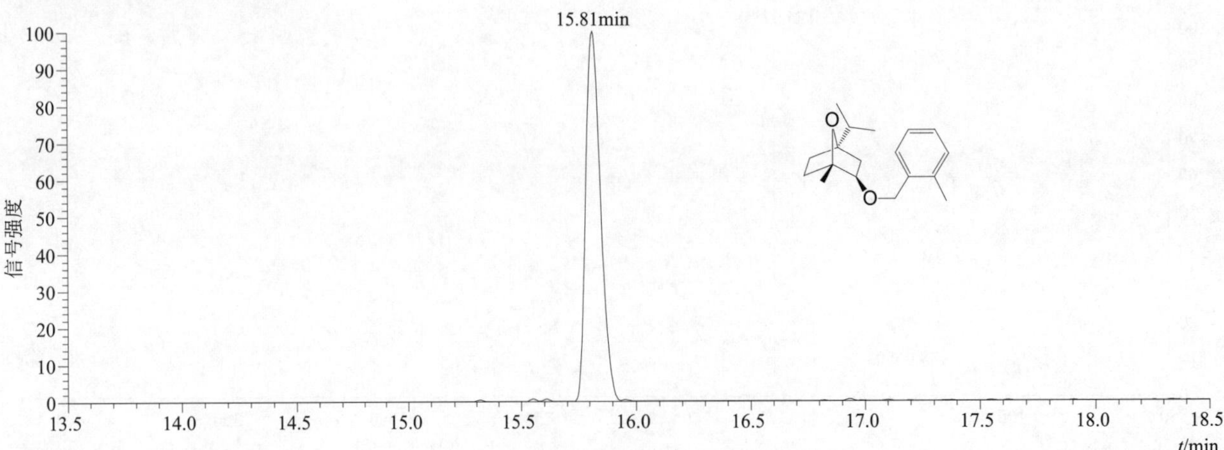

$[M+H]^+$ 典型的一级质谱图

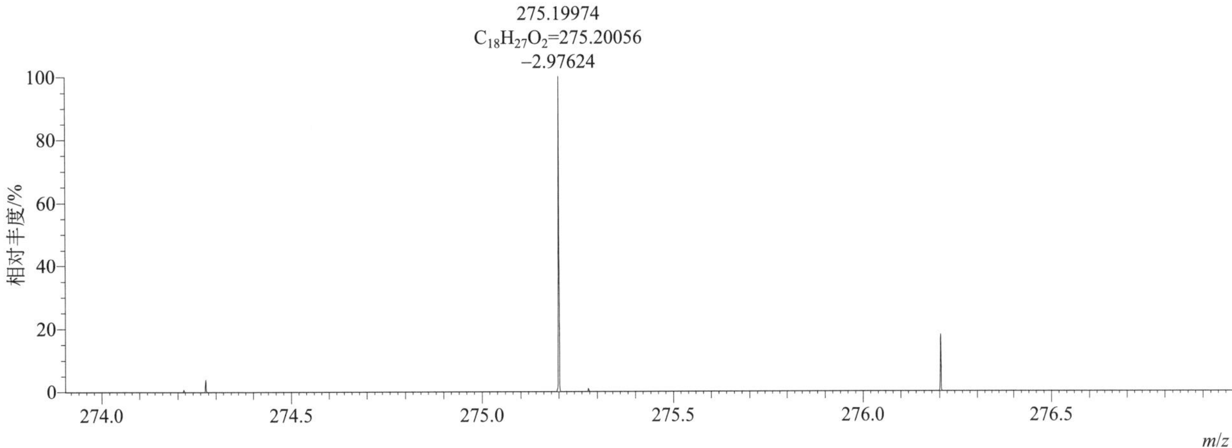

$[M+H]^+$ 归一化法能量 NCE 为 20 时典型的二级质谱图

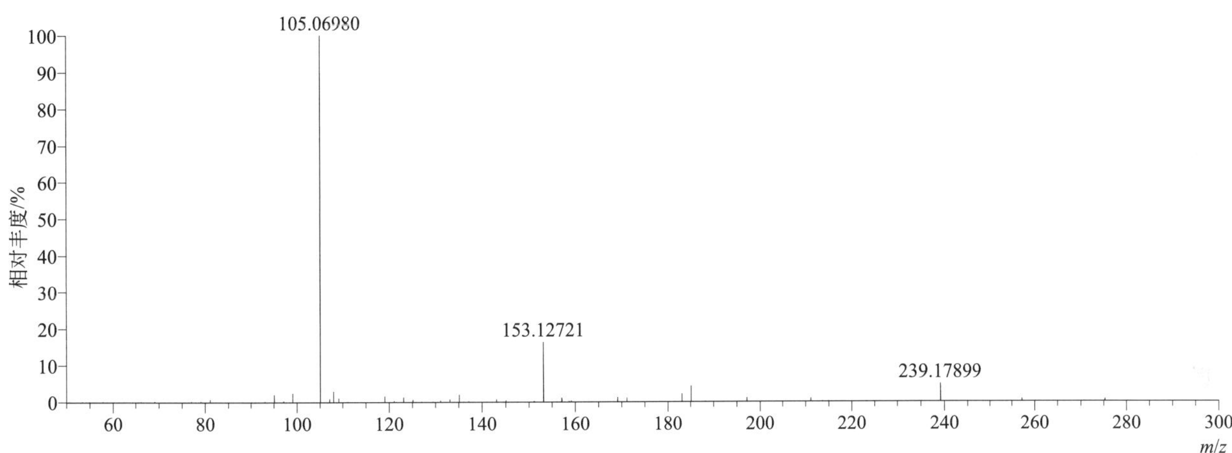

$[M+H]^+$ 归一化法能量 NCE 为 40 时典型的二级质谱图

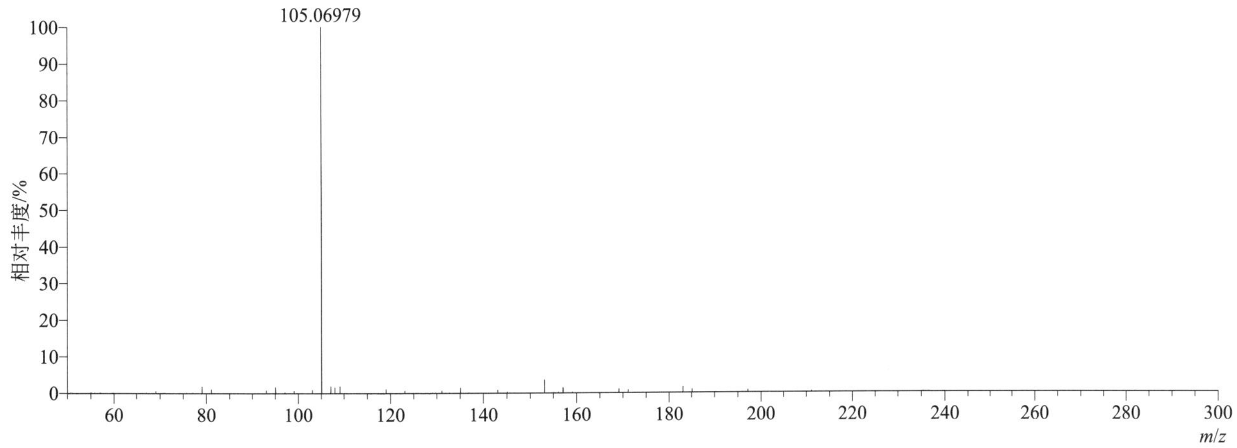

[M+H]+ 归一化法能量 NCE 为 60 时典型的二级质谱图

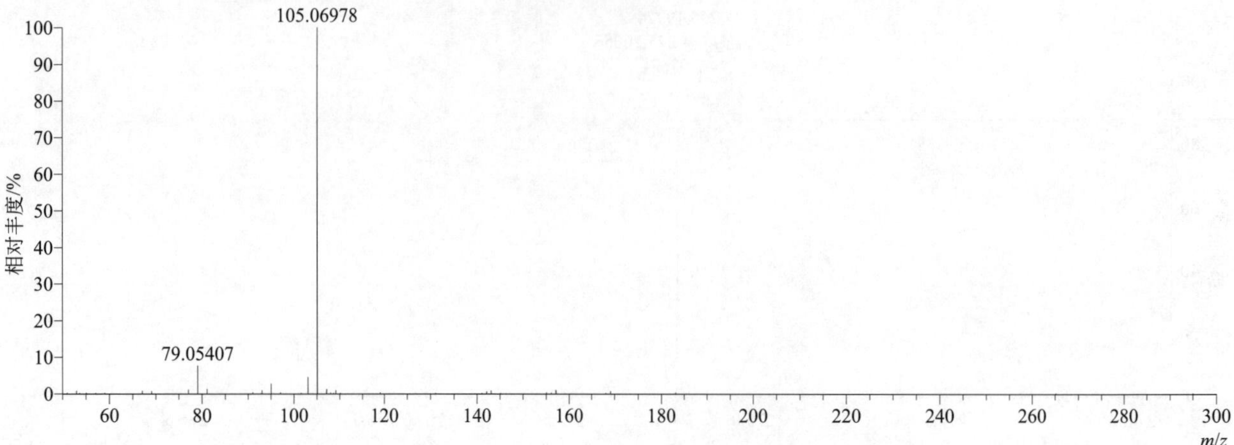

[M+H]+ 阶梯归一化法能量 Step NCE 为 20、40、60 时典型的二级质谱图

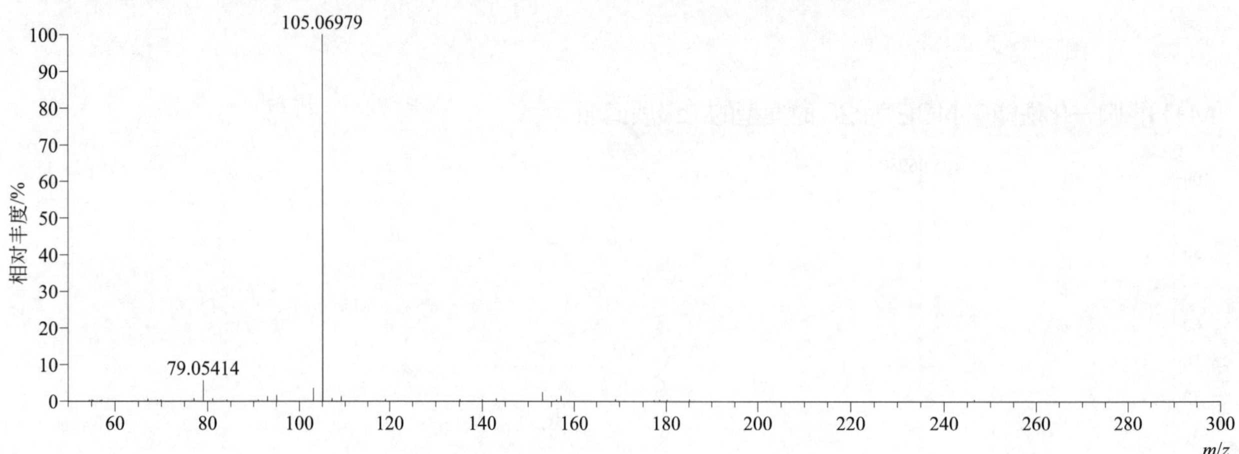

cinosulfuron（醚磺隆）

基本信息

CAS 登录号	94593-91-6	分子量	413.10052	离子源和极性	电喷雾离子源（ESI）
分子式	$C_{15}H_{19}N_5O_7S$	保留时间	12.82min	极性	正模式

[M+H]+ 提取离子流色谱图

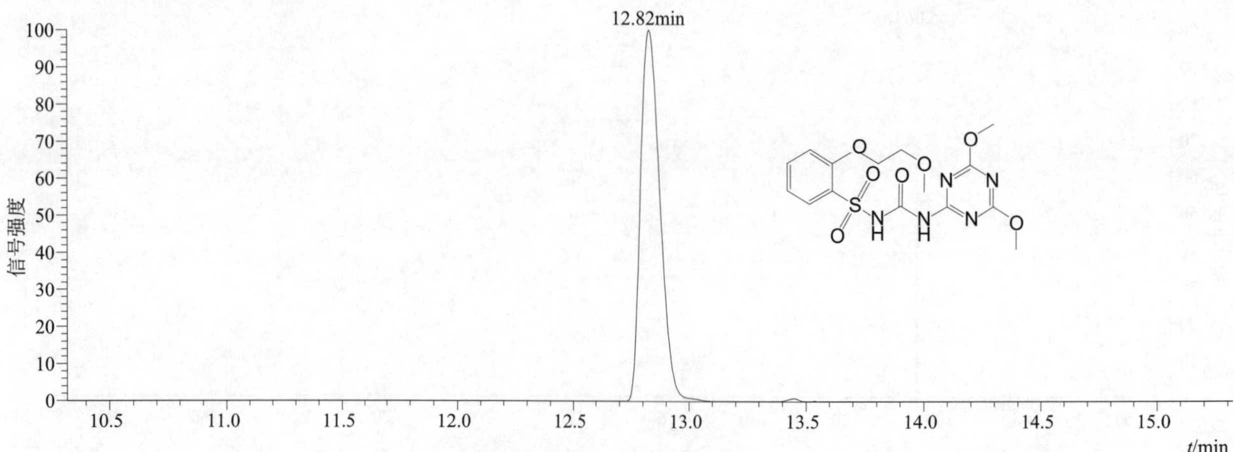

[M+H]⁺ 和 [M+Na]⁺ 典型的一级质谱图

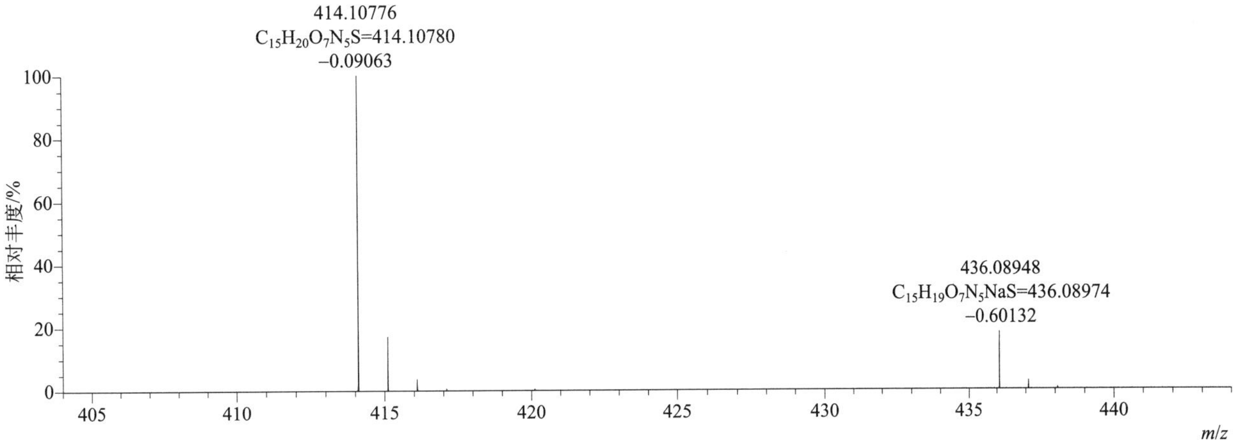

[M+H]⁺ 归一化法能量 NCE 为 20 时典型的二级质谱图

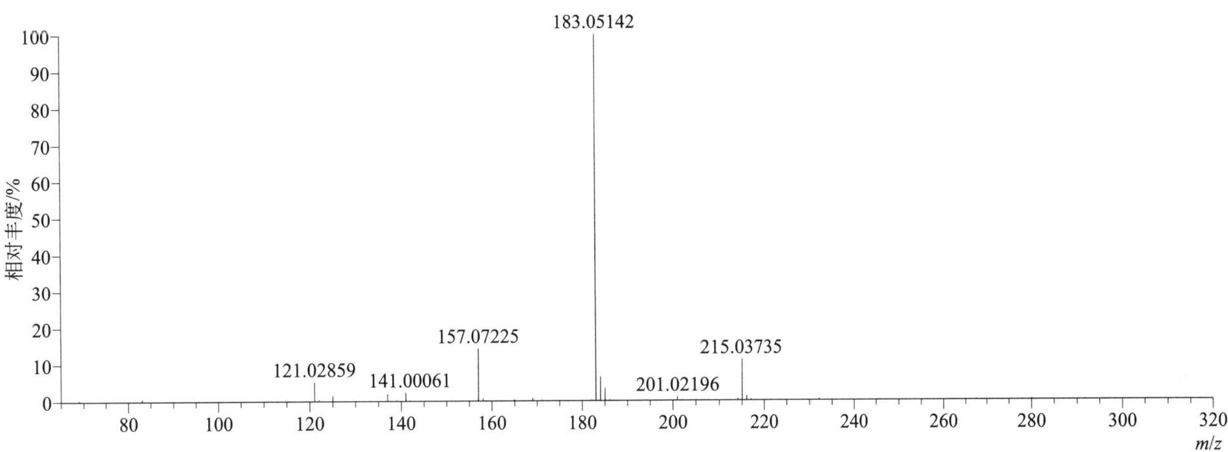

[M+H]⁺ 归一化法能量 NCE 为 40 时典型的二级质谱图

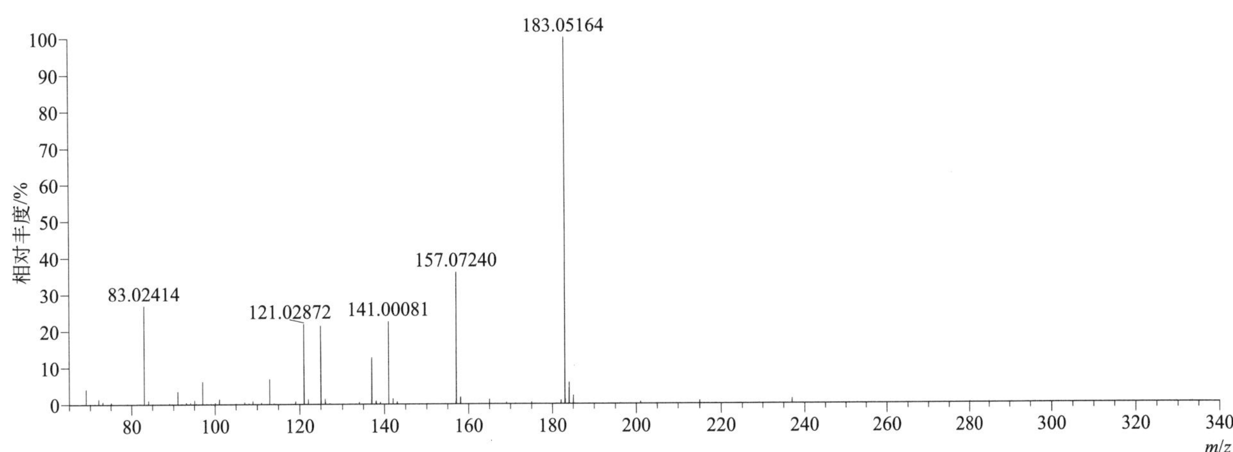

[M+H]+ 归一化法能量 NCE 为 60 时典型的二级质谱图

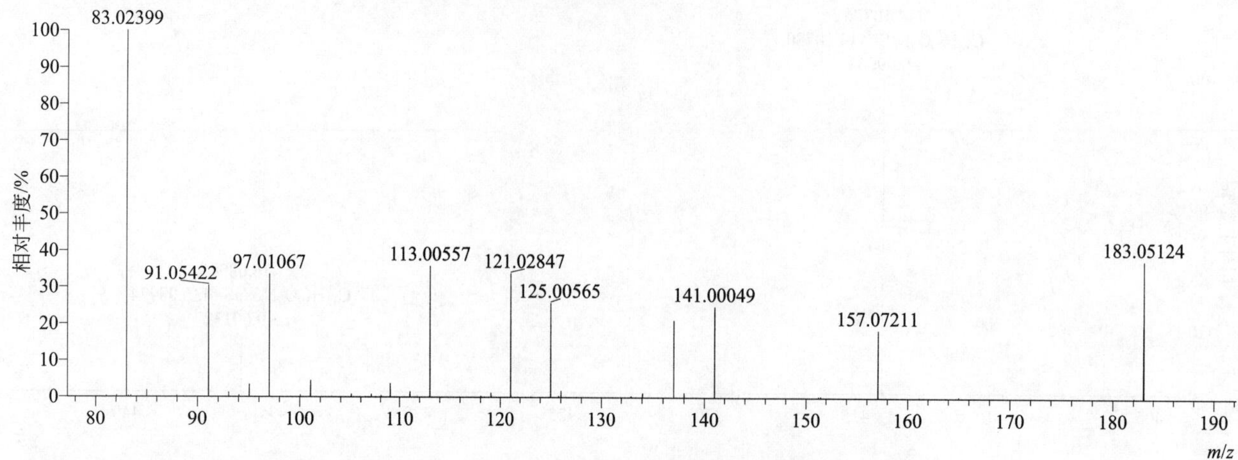

[M+H]+ 阶梯归一化法能量 Step NCE 为 20、40、60 时典型的二级质谱图

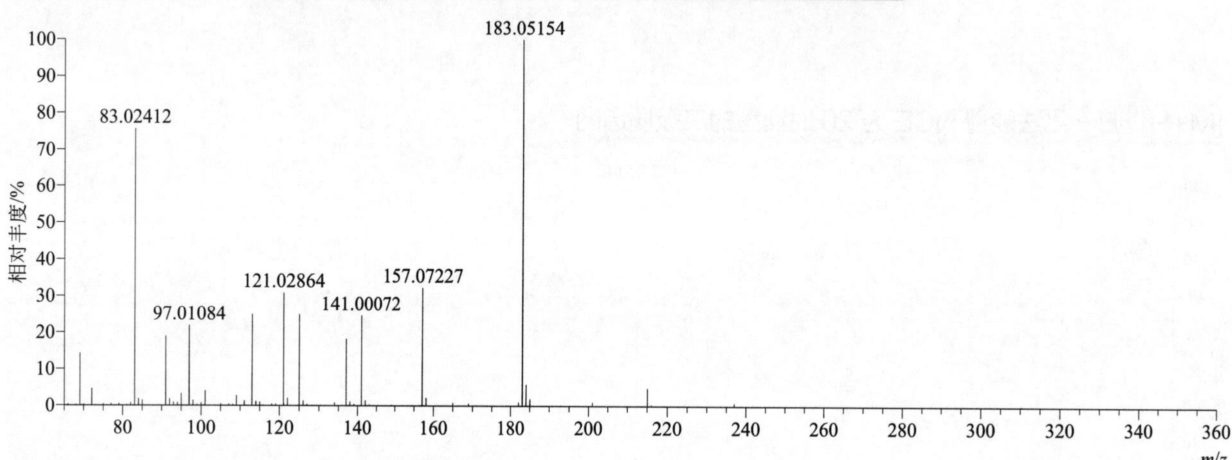

clethodim（烯草酮）

基本信息

CAS 登录号	99129-21-2	分子量	359.13219	离子源和极性	电喷雾离子源（ESI）
分子式	$C_{17}H_{26}ClNO_3S$	保留时间	15.53min	极性	正模式

[M+H]+ 提取离子流色谱图

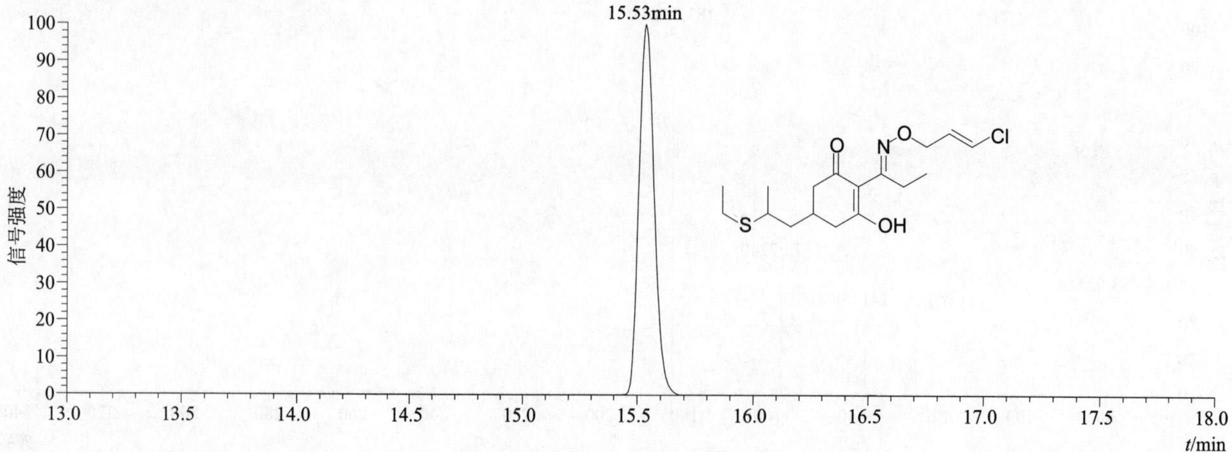

$[M+H]^+$ 典型的一级质谱图

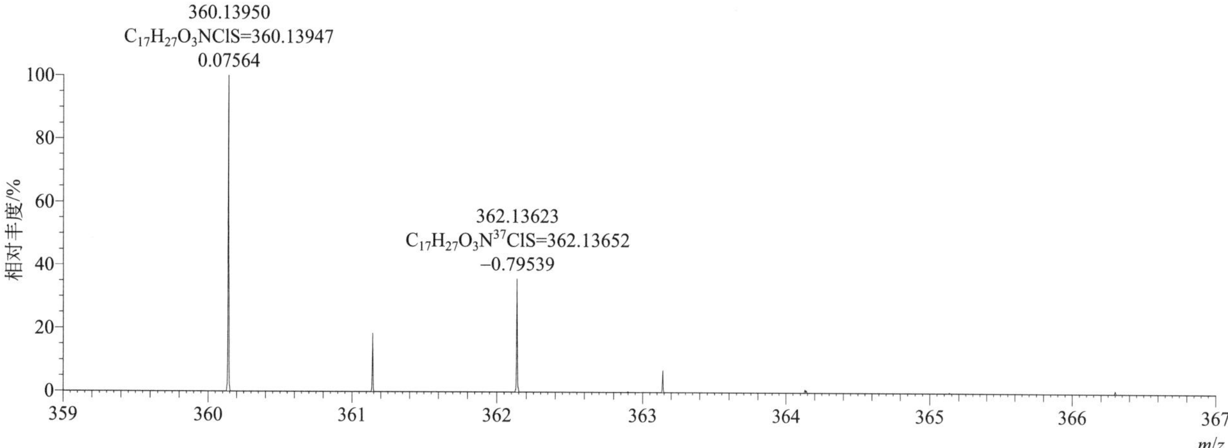

$[M+H]^+$ 归一化法能量 NCE 为 20 时典型的二级质谱图

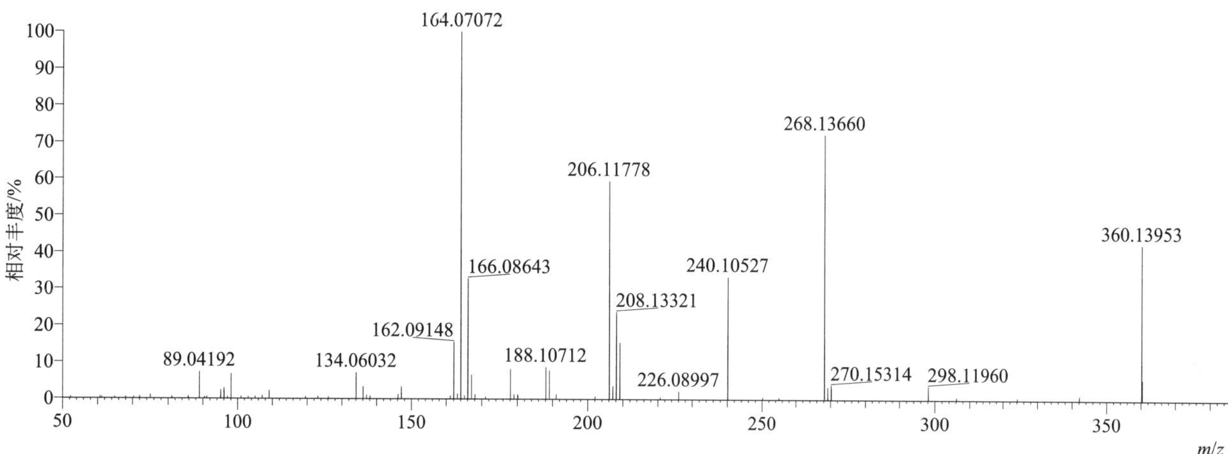

$[M+H]^+$ 归一化法能量 NCE 为 40 时典型的二级质谱图

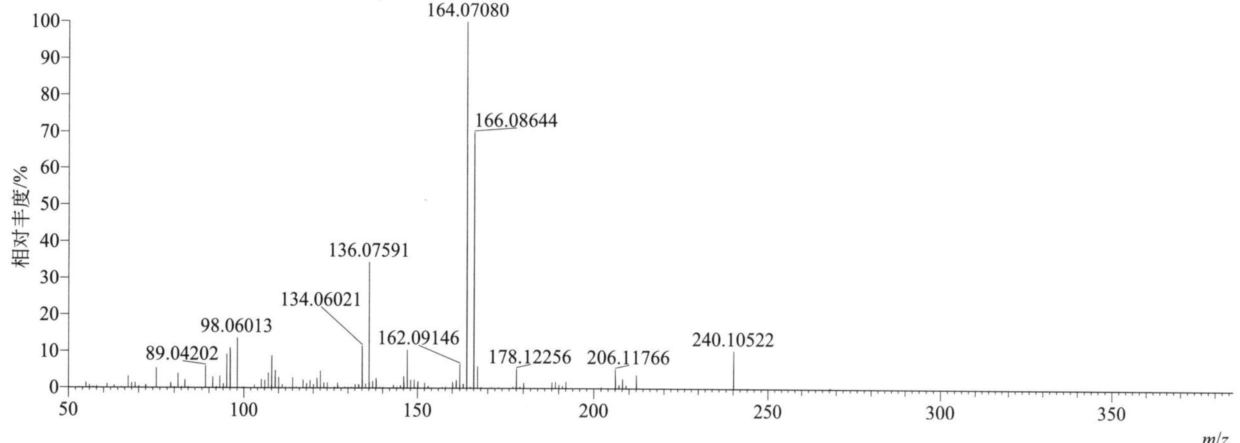

[M+H]+ 归一化法能量 NCE 为 60 时典型的二级质谱图

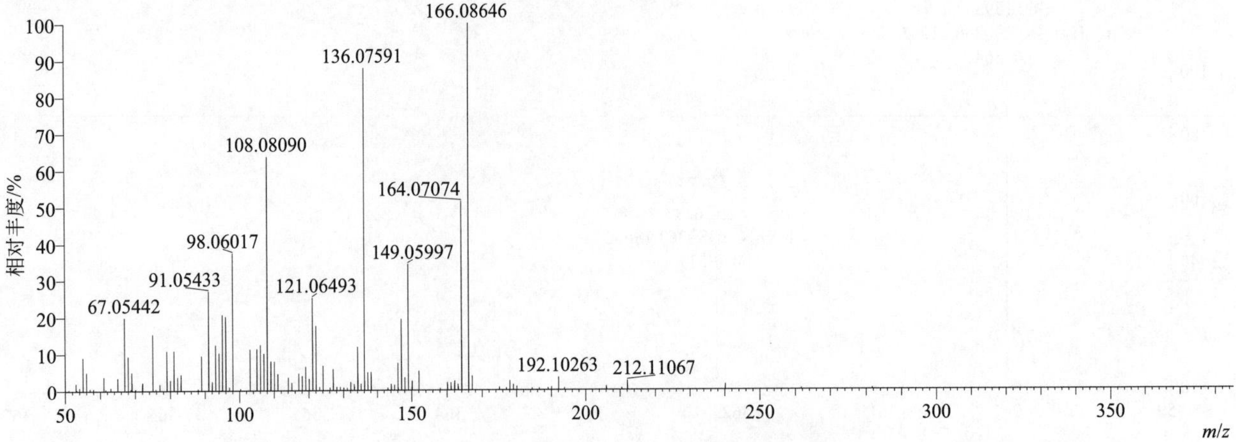

[M+H]+ 阶梯归一化法能量 Step NCE 为 20、40、60 时典型的二级质谱图

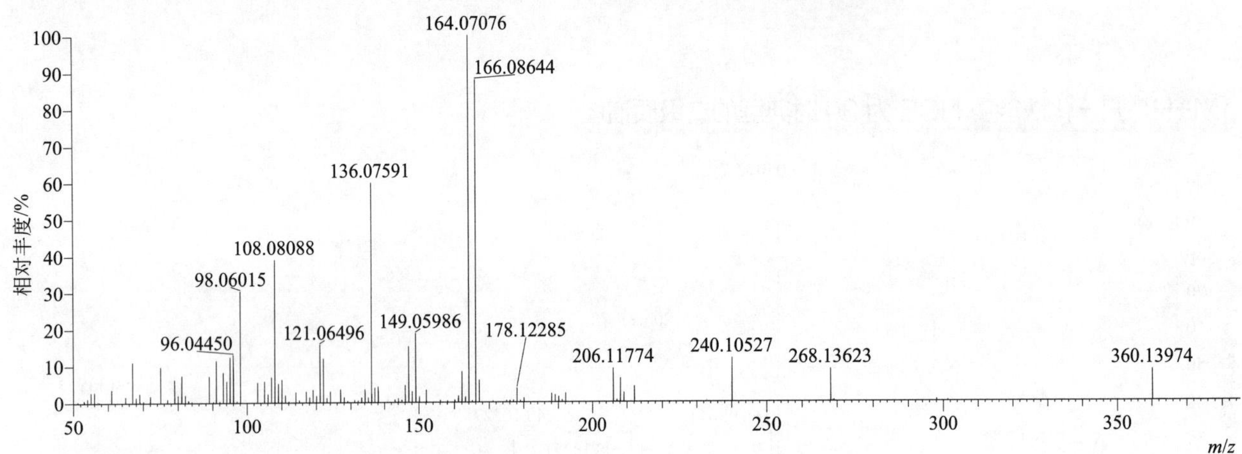

clodinafop（炔草酸）

基本信息

CAS 登录号	114420-56-3	分子量	311.03606	离子源和极性	电喷雾离子源（ESI）
分子式	$C_{14}H_{11}ClFNO_4$	保留时间	14.29min	极性	正模式

[M+H]+ 提取离子流色谱图

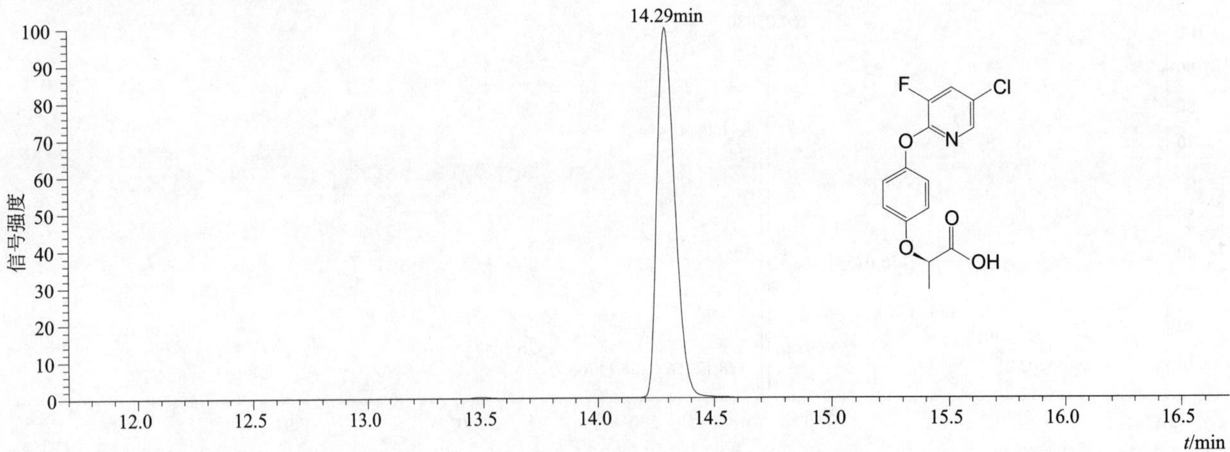

$[M+H]^+$ 典型的一级质谱图

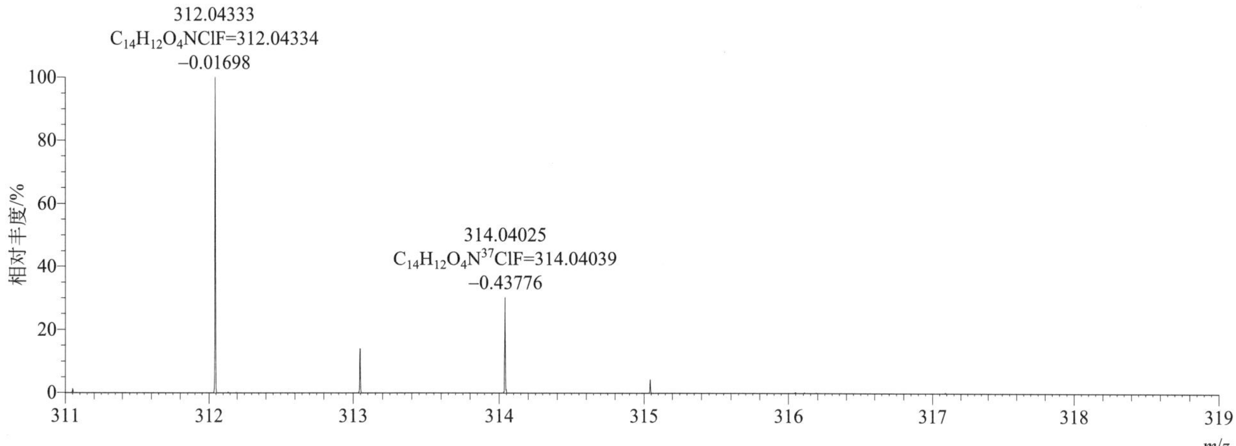

$[M+H]^+$ 归一化法能量 NCE 为 20 时典型的二级质谱图

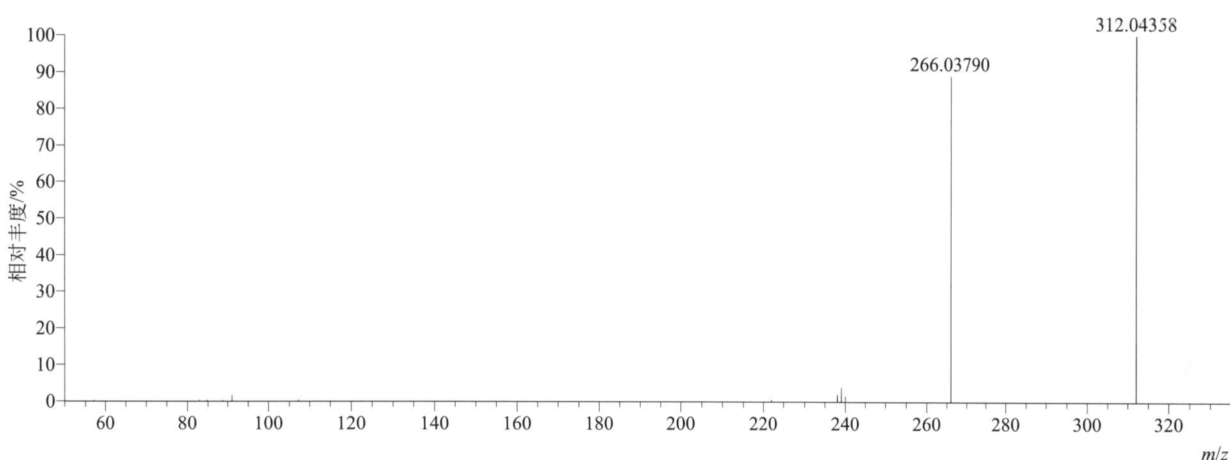

$[M+H]^+$ 归一化法能量 NCE 为 40 时典型的二级质谱图

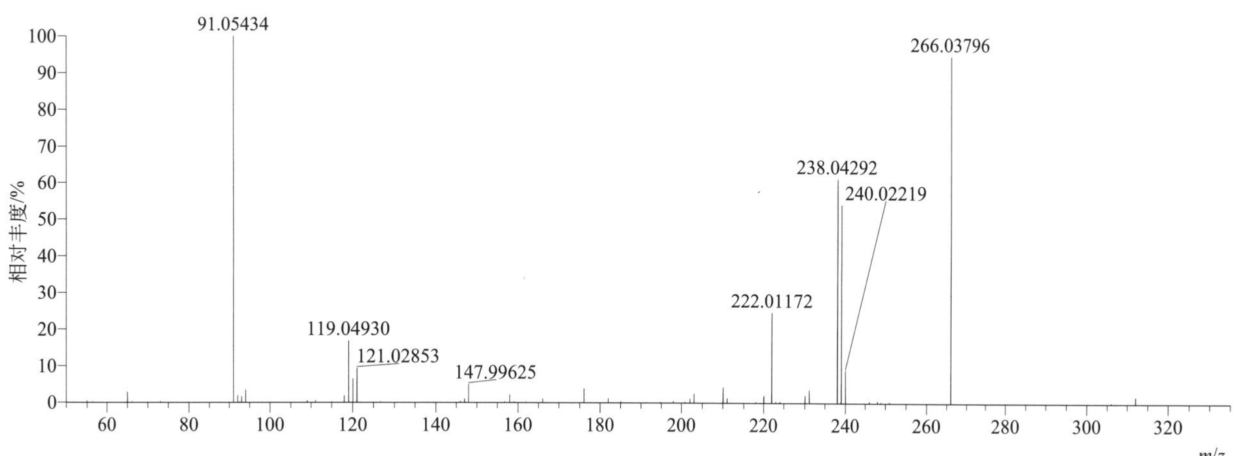

[M+H]$^+$ 归一化法能量 NCE 为 60 时典型的二级质谱图

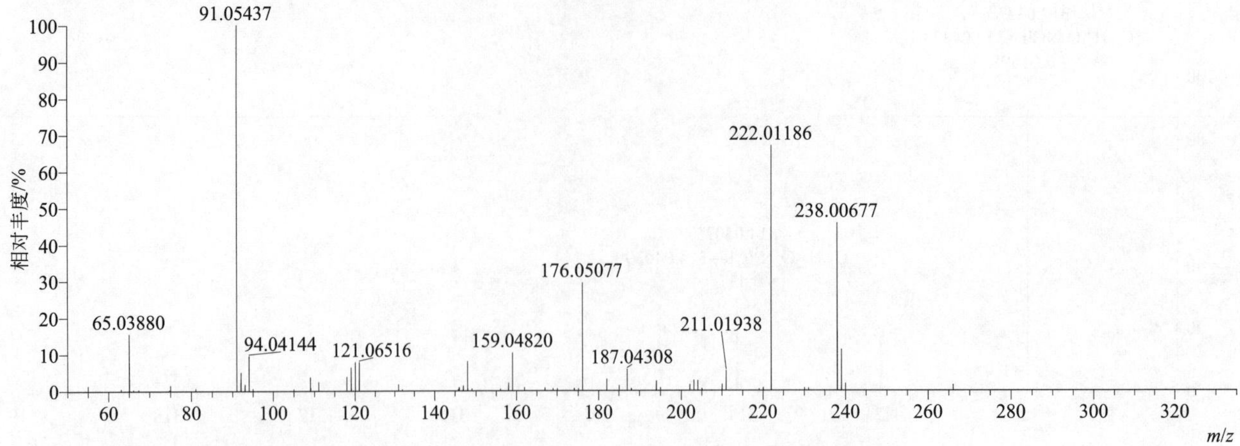

[M+H]$^+$ 阶梯归一化法能量 Step NCE 为 20、40、60 时典型的二级质谱图

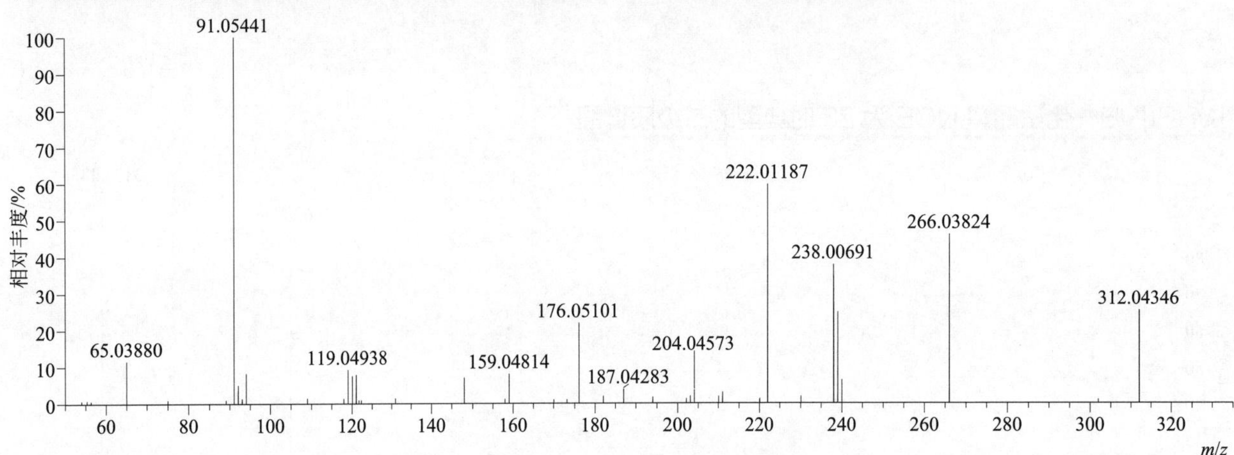

clodinafop-propargyl（炔草酯）

基本信息

CAS 登录号	105512-06-9	分子量	349.05171	离子源和极性	电喷雾离子源（ESI）
分子式	$C_{17}H_{13}ClFNO_4$	保留时间	14.92min	极性	正模式

[M+H]$^+$ 提取离子流色谱图

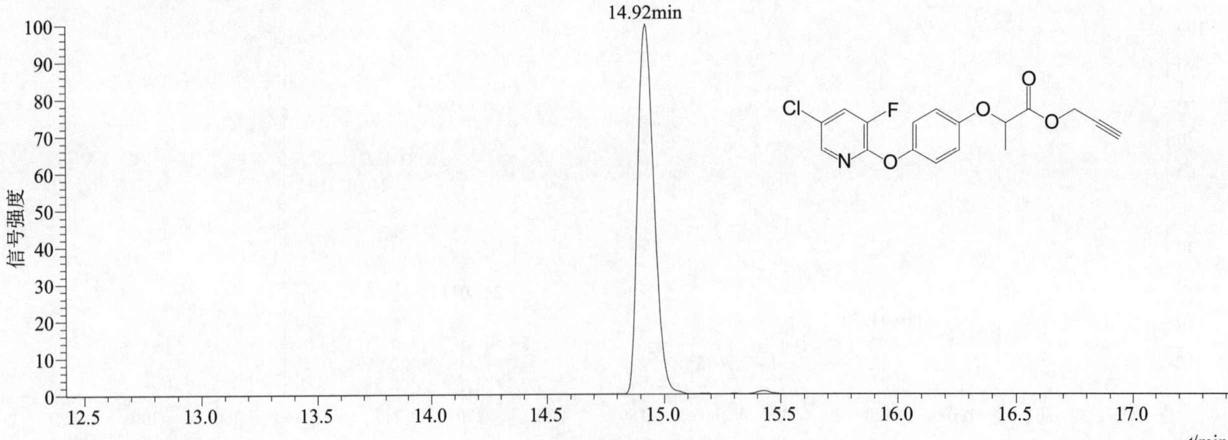

[M+H]+ 典型的一级质谱图

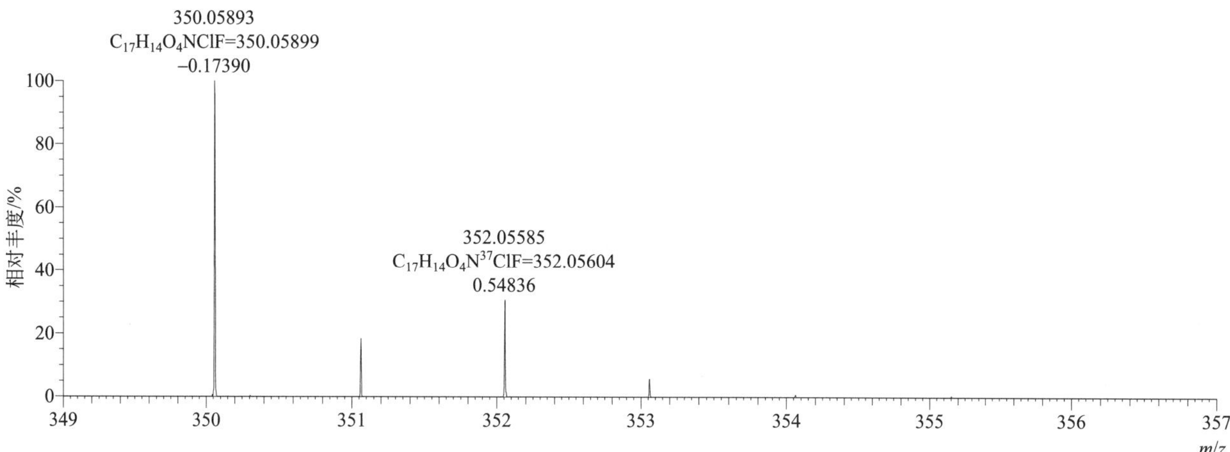

[M+H]+ 归一化法能量 NCE 为 20 时典型的二级质谱图

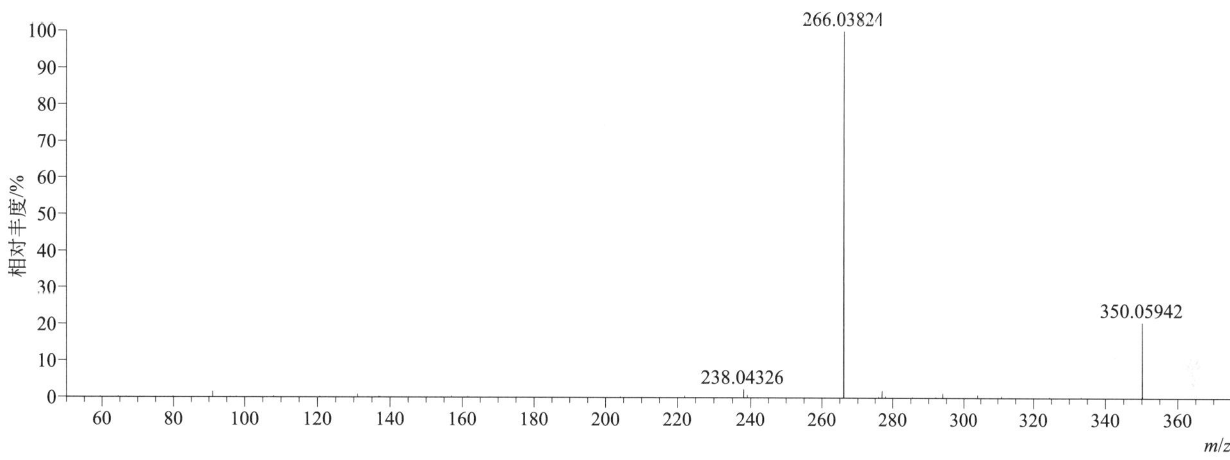

[M+H]+ 归一化法能量 NCE 为 40 时典型的二级质谱图

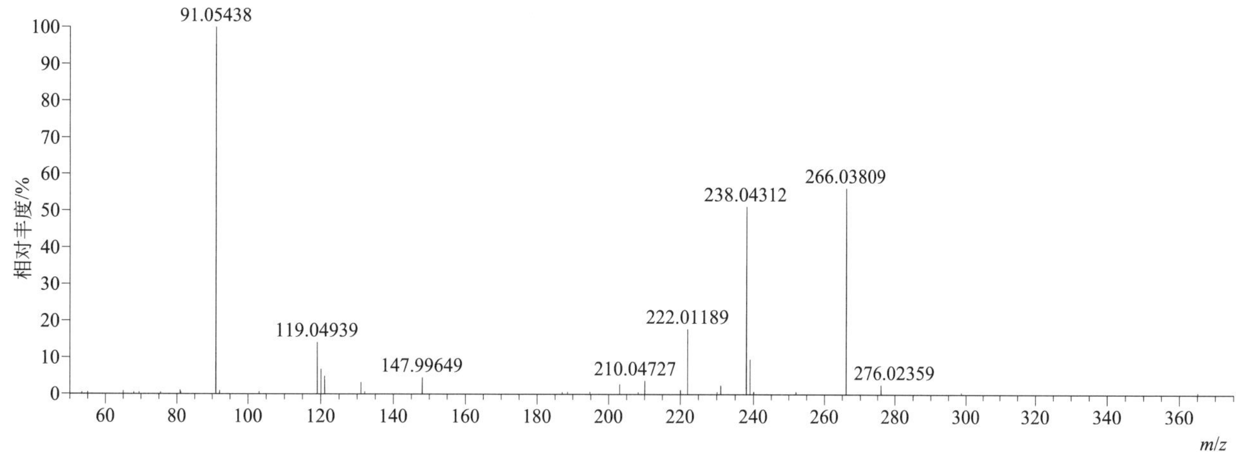

[M+H]$^+$ 归一化法能量 NCE 为 60 时典型的二级质谱图

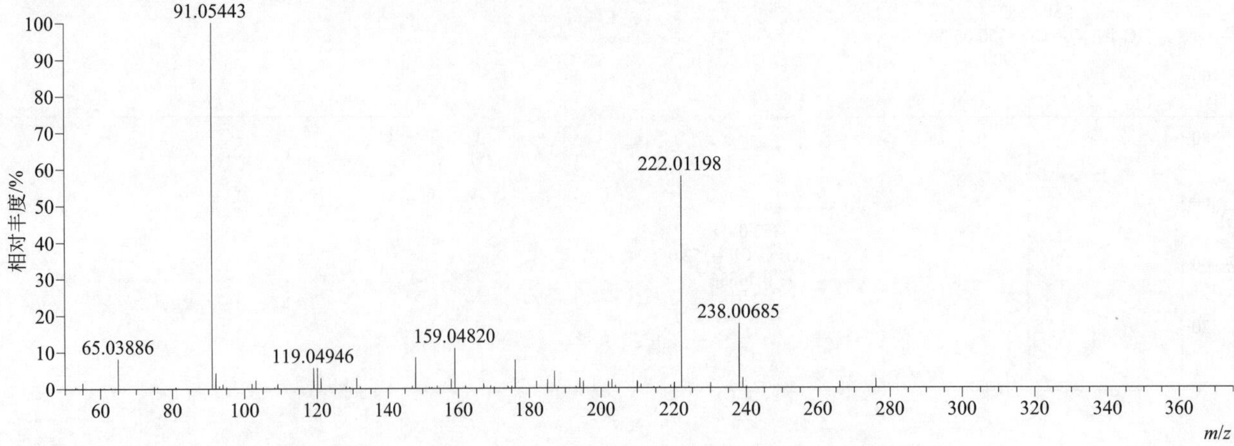

[M+H]$^+$ 阶梯归一化法能量 Step NCE 为 20、40、60 时典型的二级质谱图

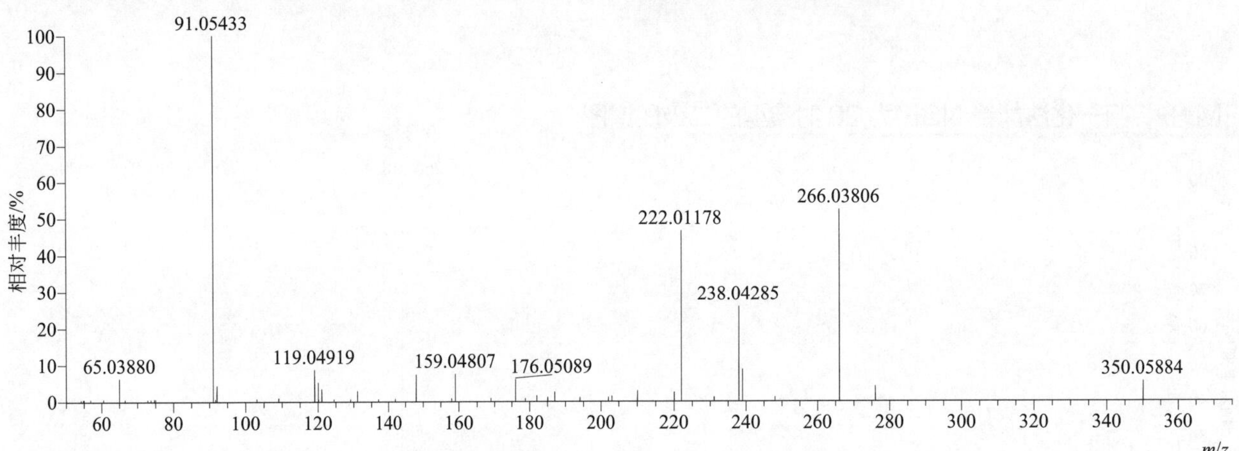

clofentezine（四螨嗪）

基本信息

CAS 登录号	74115-24-5	**分子量**	302.01202	**离子源和极性**	电喷雾离子源（ESI）
分子式	$C_{14}H_8Cl_2N_4$	**保留时间**	15.57min	**极性**	正模式

[M+H]$^+$ 提取离子流色谱图

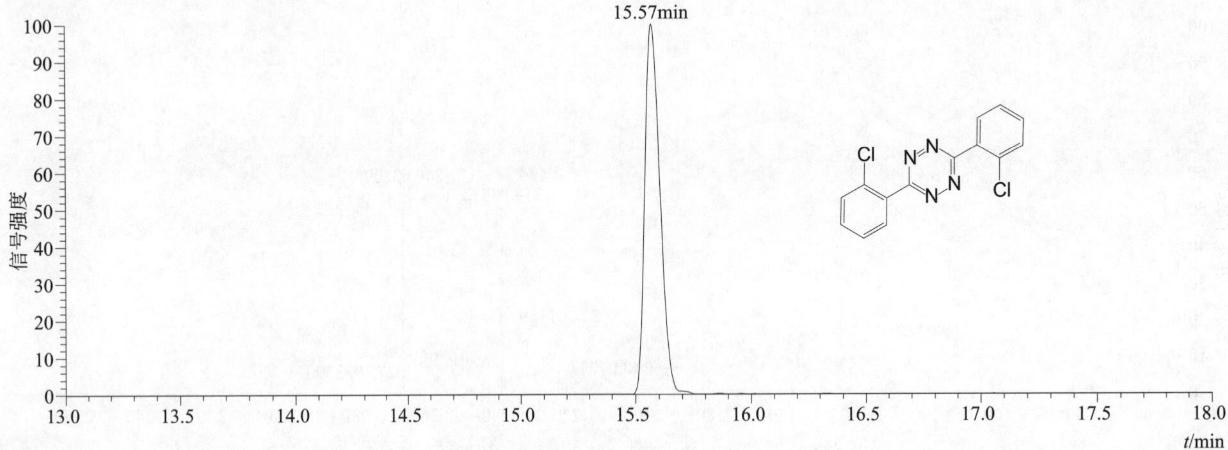

$[M+H]^+$ 典型的一级质谱图

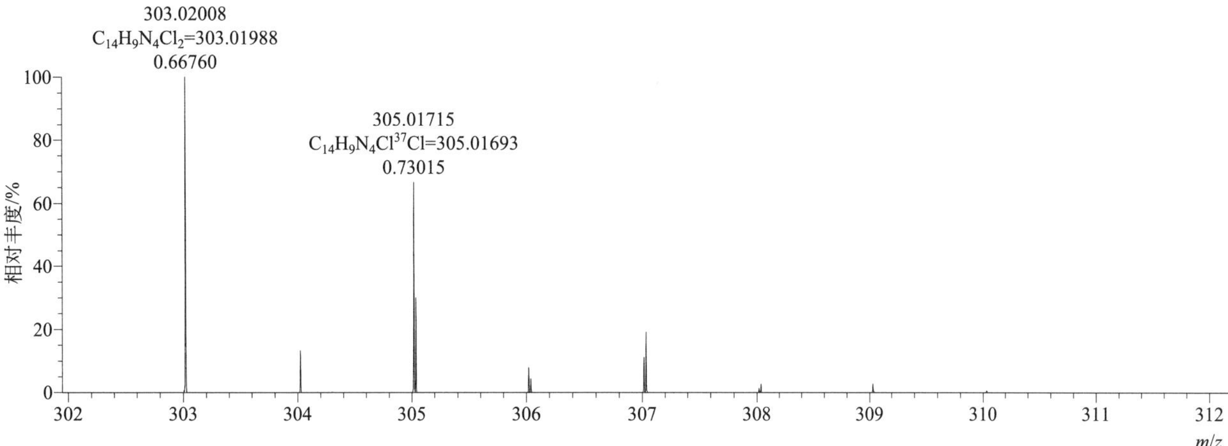

$[M+H]^+$ 归一化法能量 NCE 为 20 时典型的二级质谱图

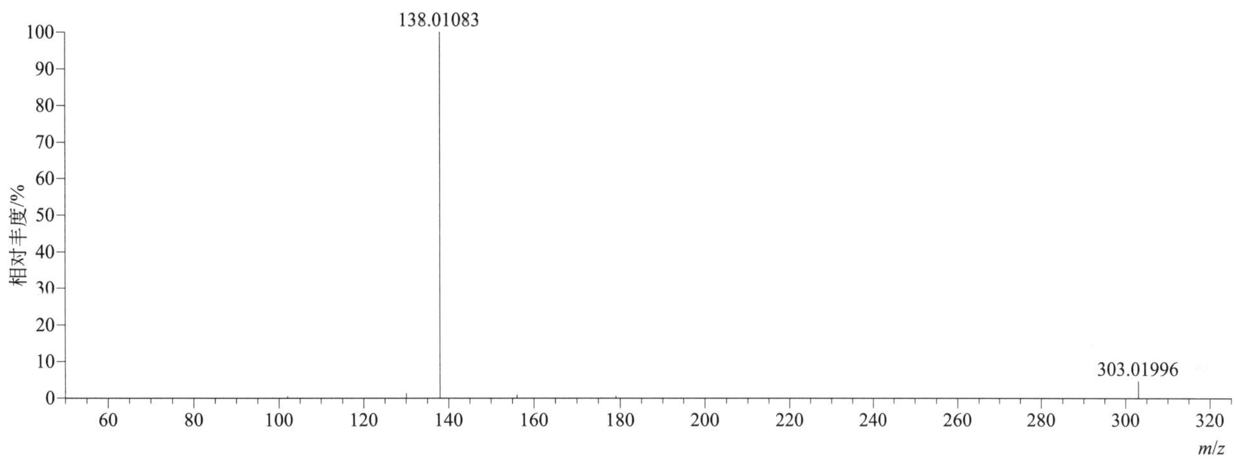

$[M+H]^+$ 归一化法能量 NCE 为 40 时典型的二级质谱图

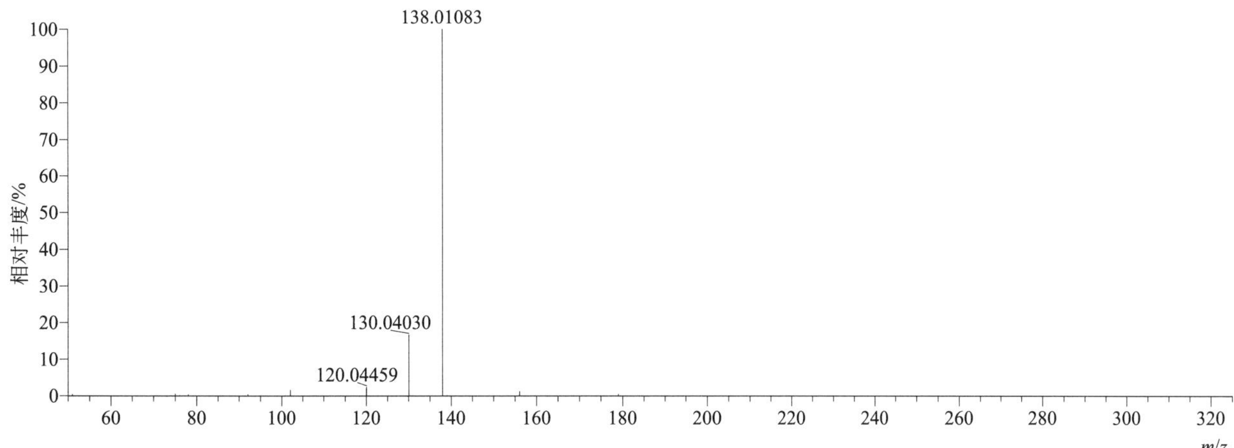

[M+H]+ 归一化法能量 NCE 为 60 时典型的二级质谱图

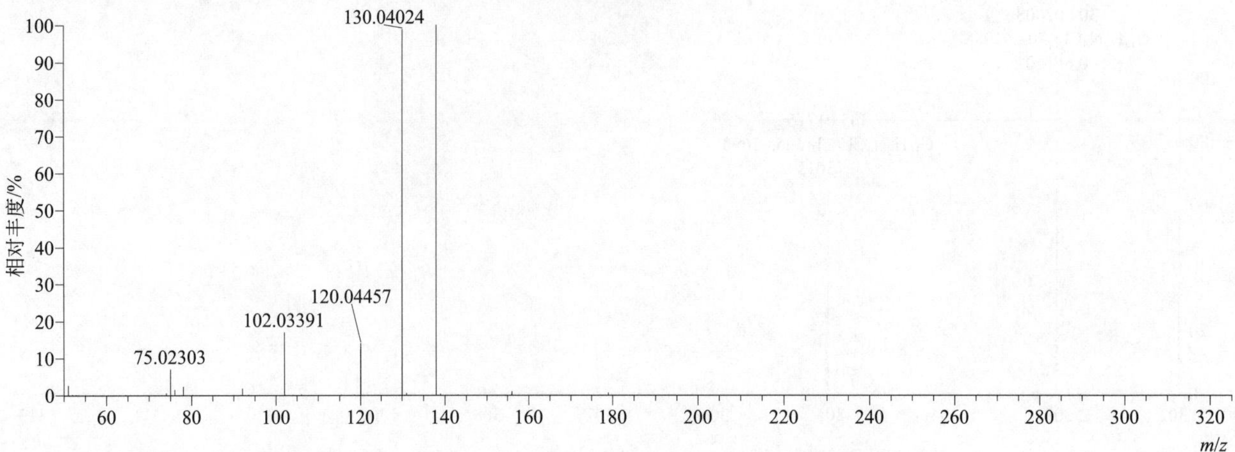

[M+H]+ 阶梯归一化法能量 Step NCE 为 20、40、60 时典型的二级质谱图

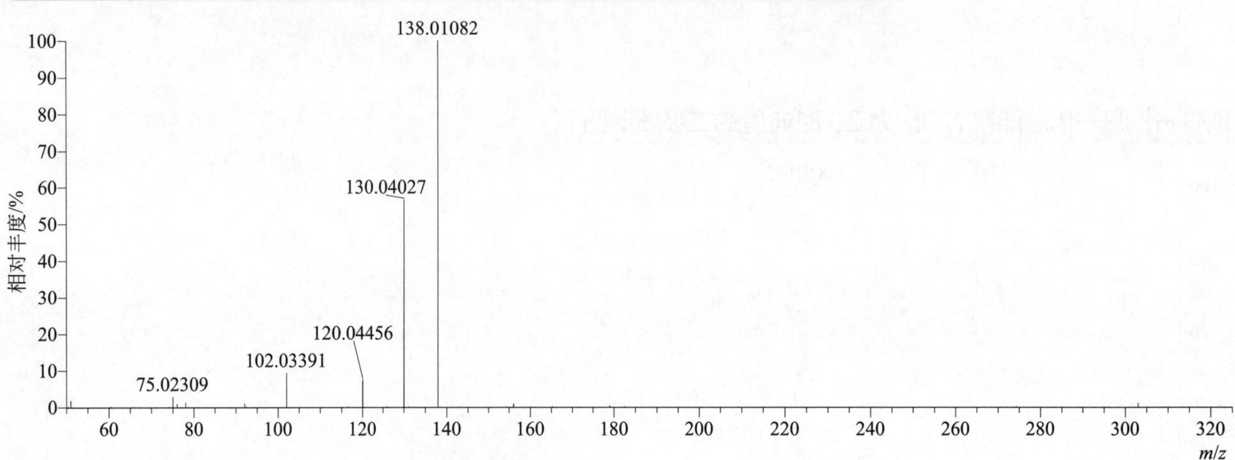

clomazone（异噁草松）

基本信息

CAS 登录号	81777-89-1	分子量	239.07131	离子源和极性	电喷雾离子源（ESI）
分子式	$C_{12}H_{14}ClNO_2$	保留时间	14.13min	极性	正模式

[M+H]+ 提取离子流色谱图

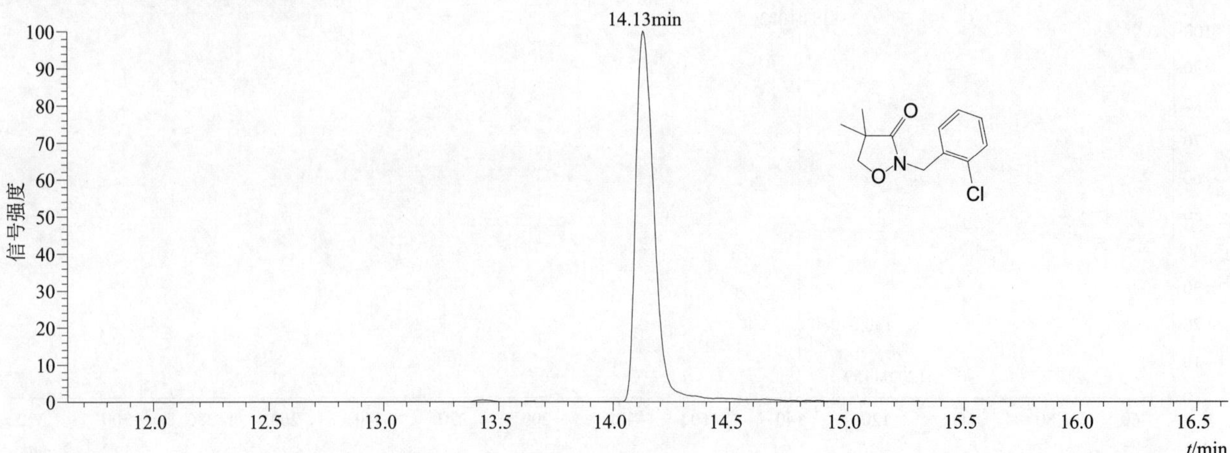

$[M+H]^+$ 典型的一级质谱图

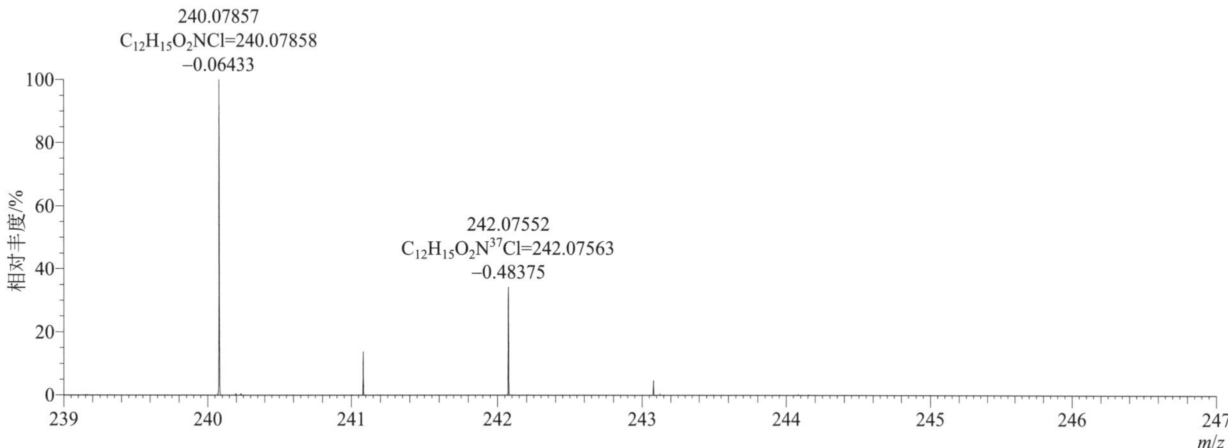

$[M+H]^+$ 归一化法能量 NCE 为 20 时典型的二级质谱图

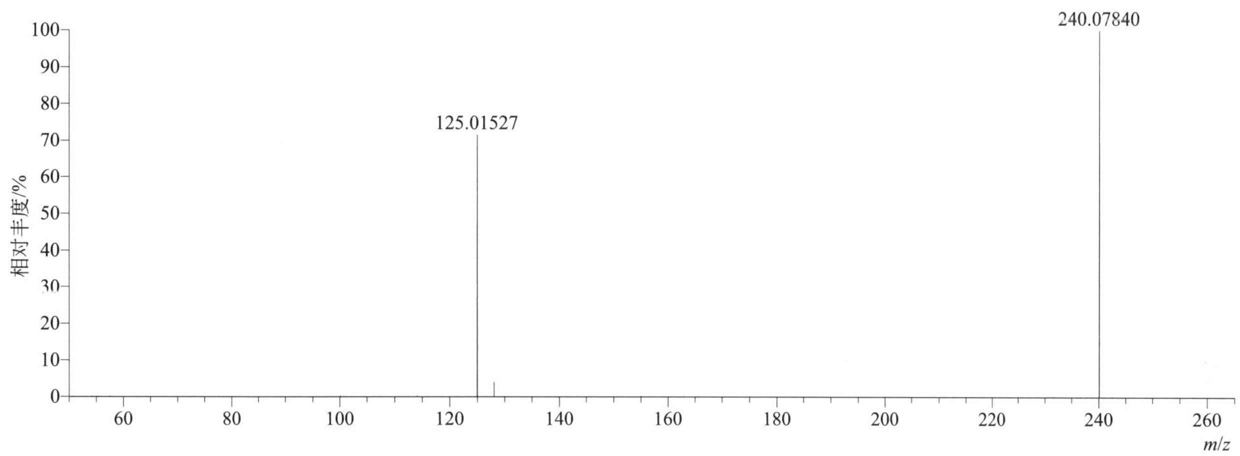

$[M+H]^+$ 归一化法能量 NCE 为 40 时典型的二级质谱图

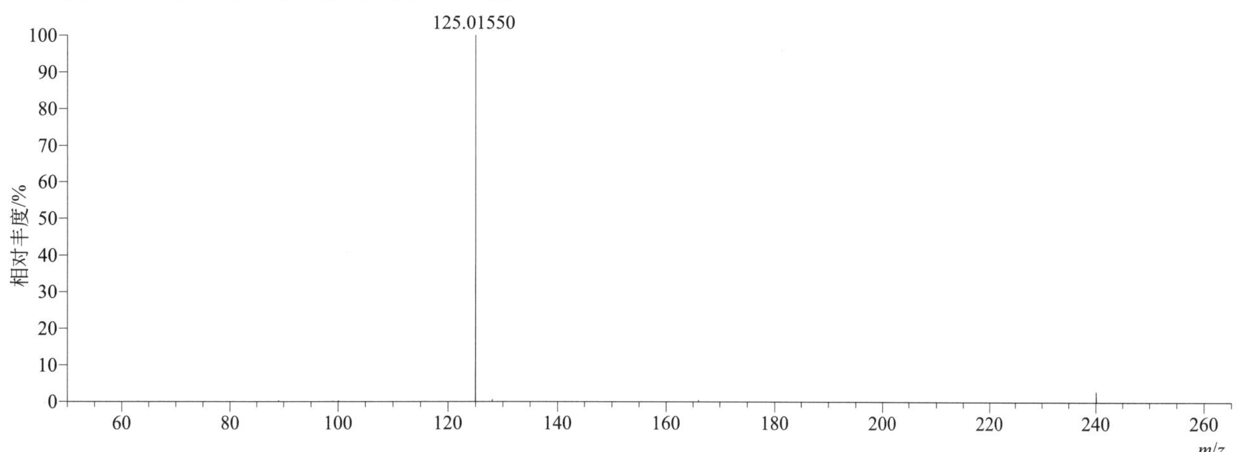

[M+H]+ 归一化法能量 NCE 为 60 时典型的二级质谱图

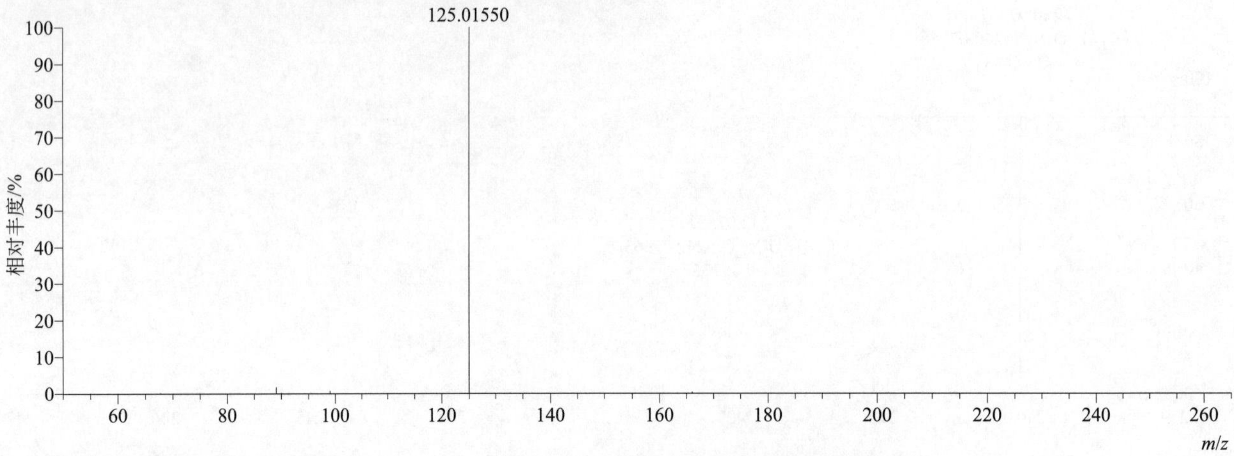

[M+H]+ 阶梯归一化法能量 Step NCE 为 20、40、60 时典型的二级质谱图

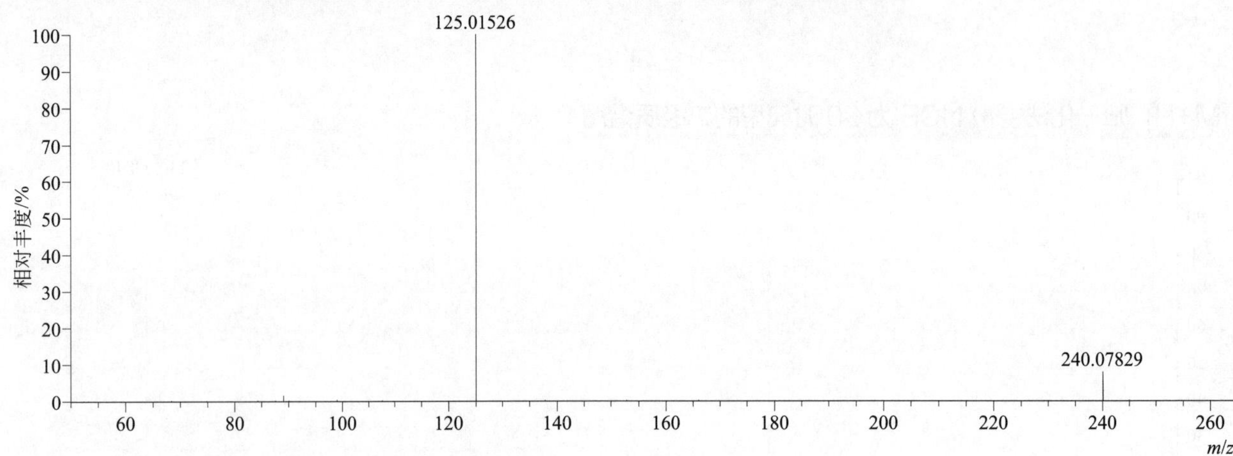

clomeprop（稗草胺）

基本信息

CAS 登录号	84496-56-0	分子量	323.04798	离子源和极性	电喷雾离子源（ESI）
分子式	$C_{16}H_{15}Cl_2NO_2$	保留时间	15.81min	极性	正模式

[M+H]+ 提取离子流色谱图

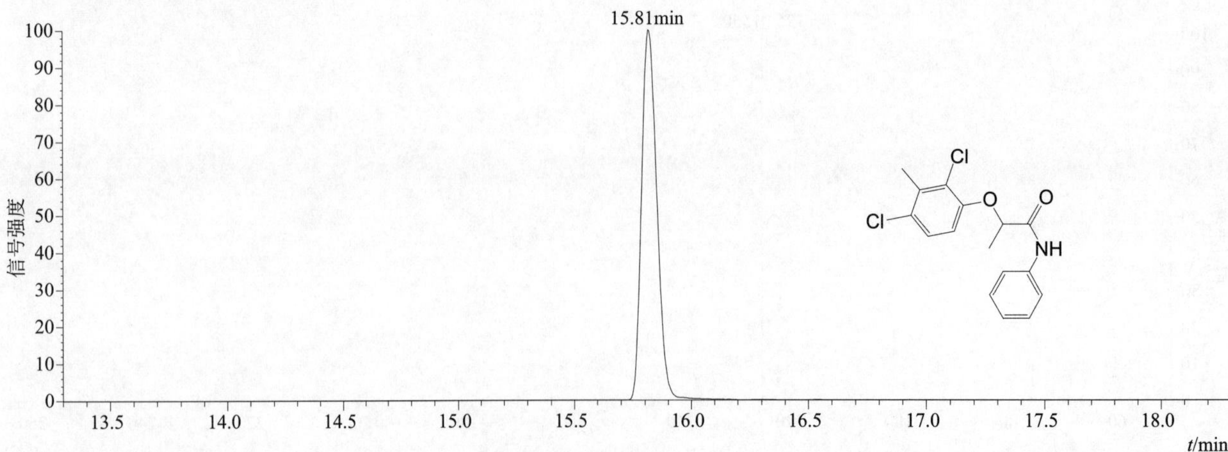

$[M+H]^+$ 典型的一级质谱图

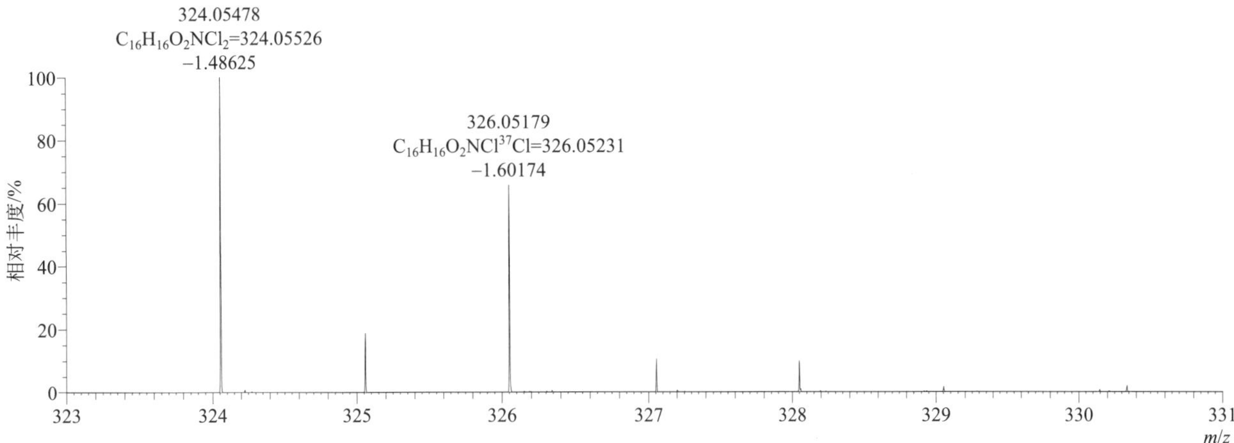

$[M+H]^+$ 归一化法能量 NCE 为 20 时典型的二级质谱图

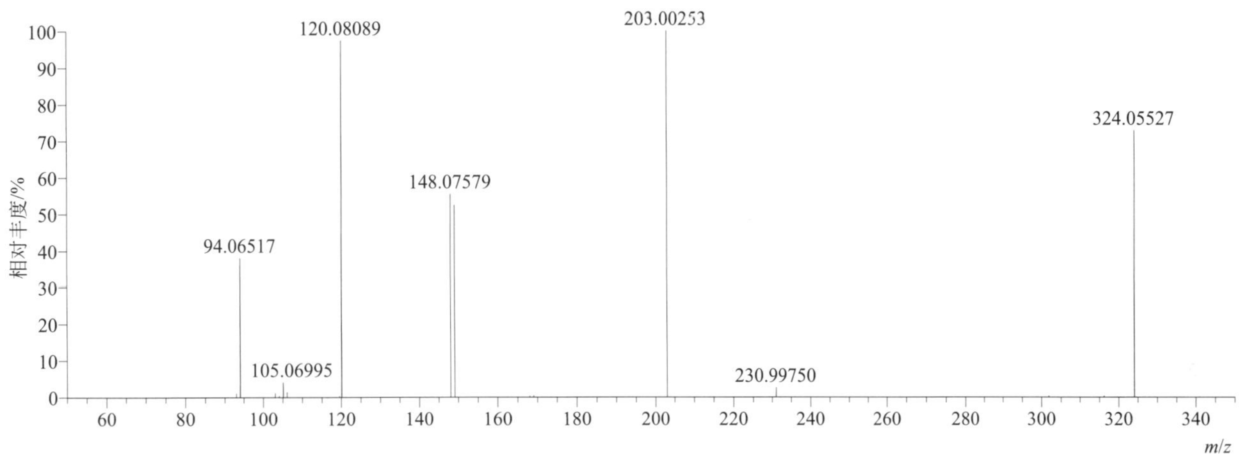

$[M+H]^+$ 归一化法能量 NCE 为 40 时典型的二级质谱图

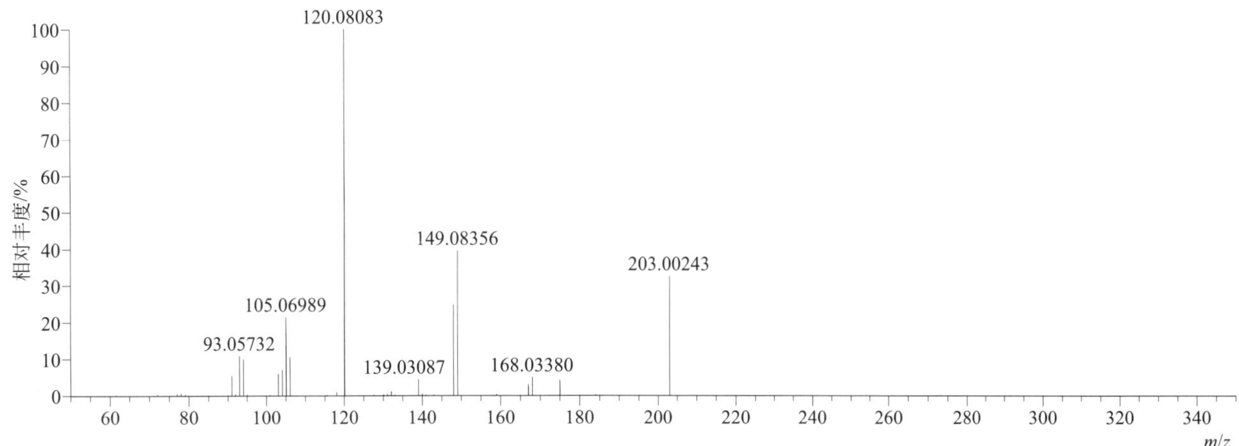

[M+H]+ 归一化法能量 NCE 为 60 时典型的二级质谱图

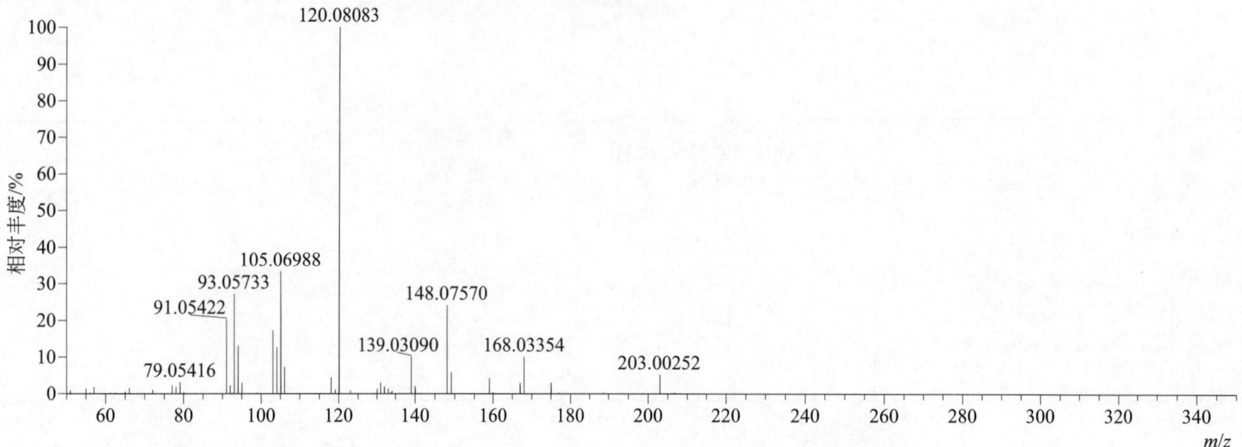

[M+H]+ 阶梯归一化法能量 Step NCE 为 20、40、60 时典型的二级质谱图

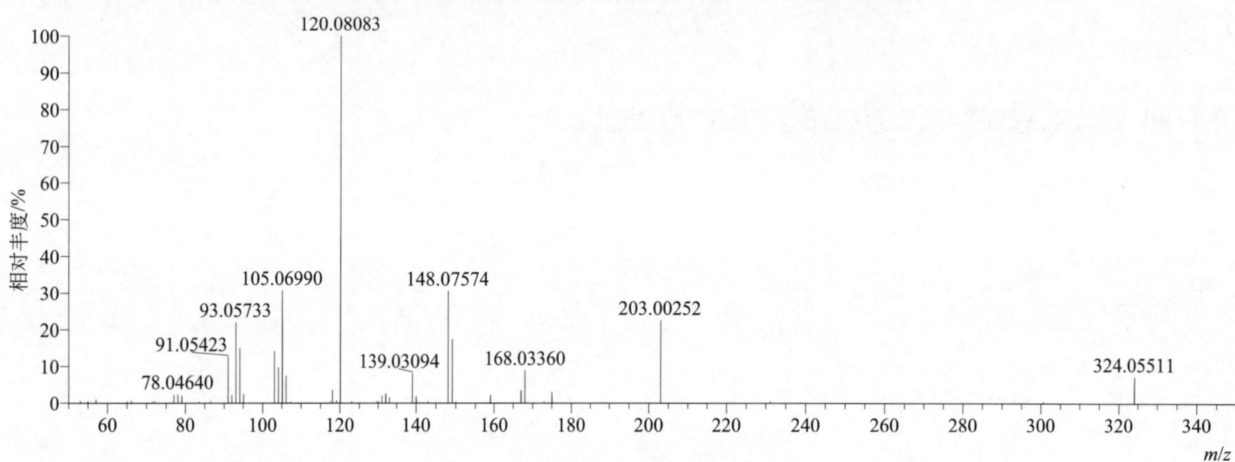

cloquintocet-mexyl（解草酯）

基本信息

CAS 登录号	99607-70-2	分子量	335.12882	离子源和极性	电喷雾离子源（ESI）
分子式	$C_{18}H_{22}ClNO_3$	保留时间	15.92min	极性	正模式

[M+H]+ 提取离子流色谱图

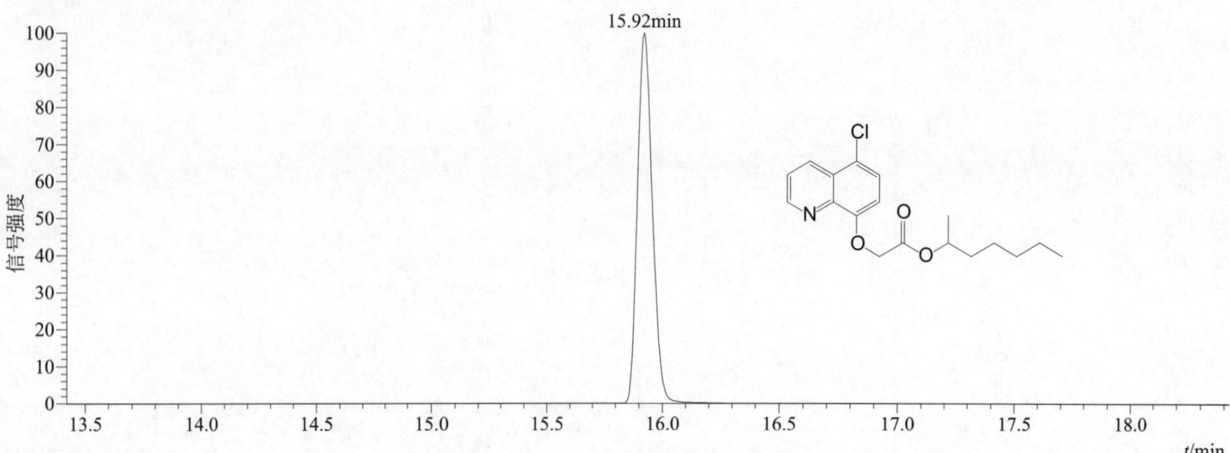

[M+H]⁺ 典型的一级质谱图

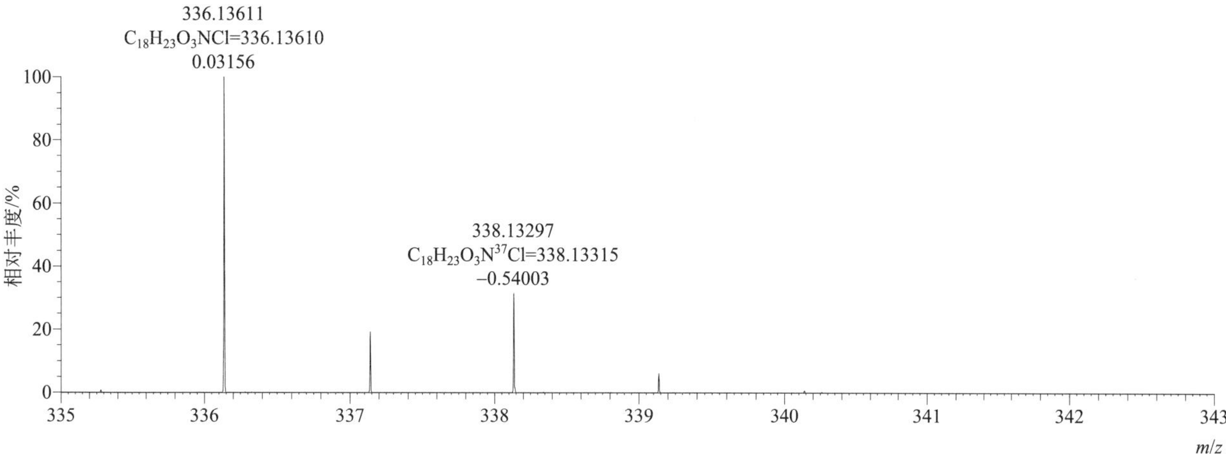

[M+H]⁺ 归一化法能量 NCE 为 20 时典型的二级质谱图

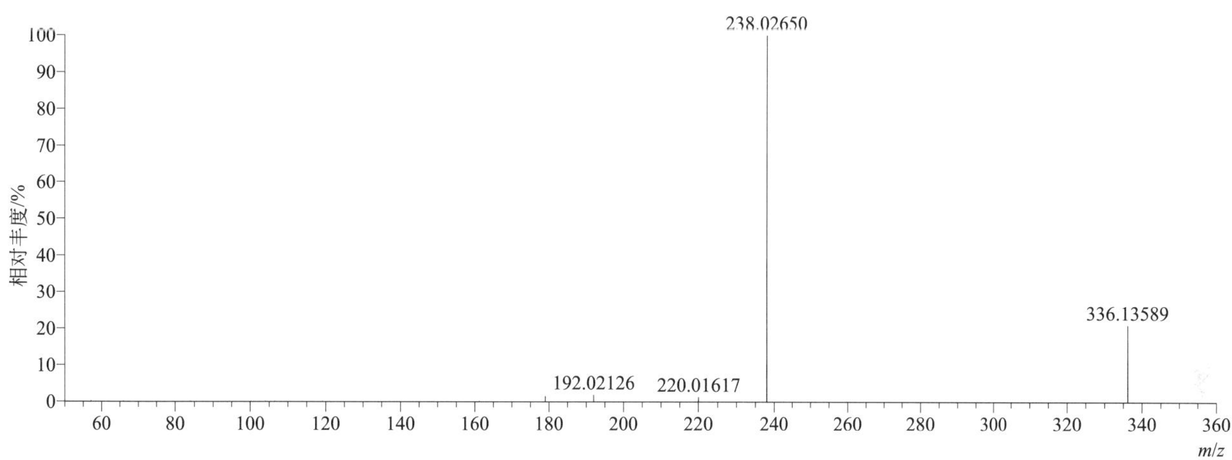

[M+H]⁺ 归一化法能量 NCE 为 40 时典型的二级质谱图

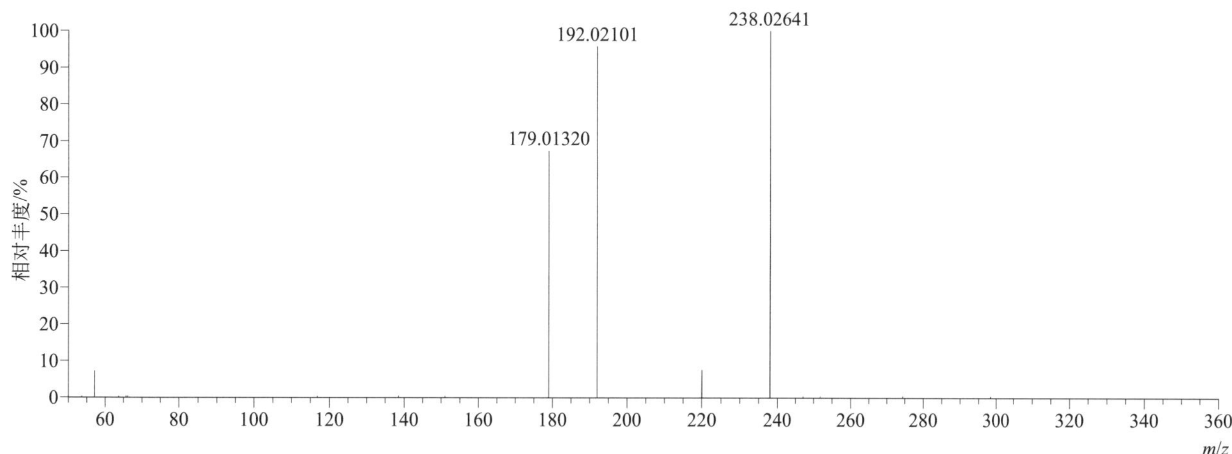

[M+H]+ 归一化法能量 NCE 为 60 时典型的二级质谱图

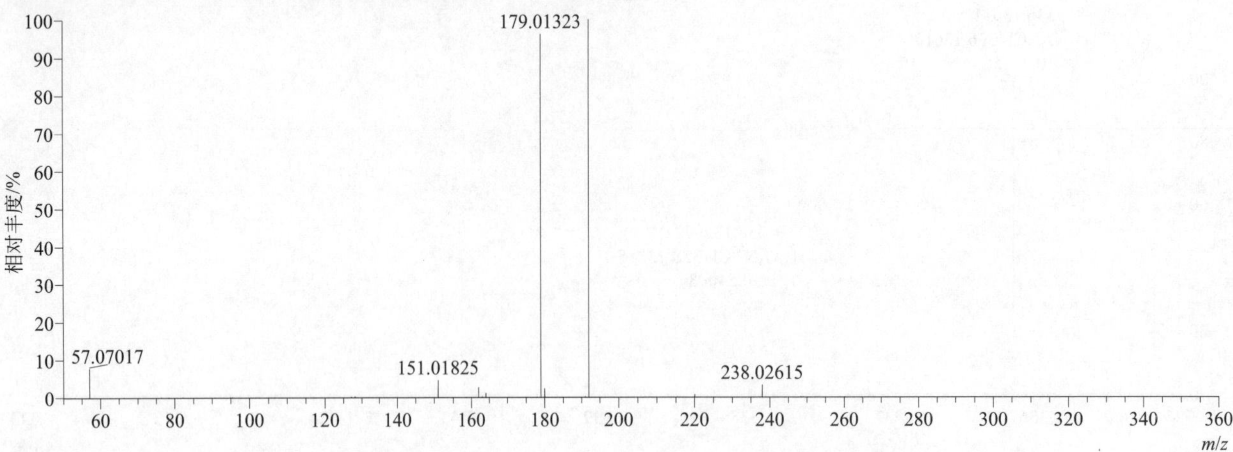

[M+H]+ 阶梯归一化法能量 Step NCE 为 20、40、60 时典型的二级质谱图

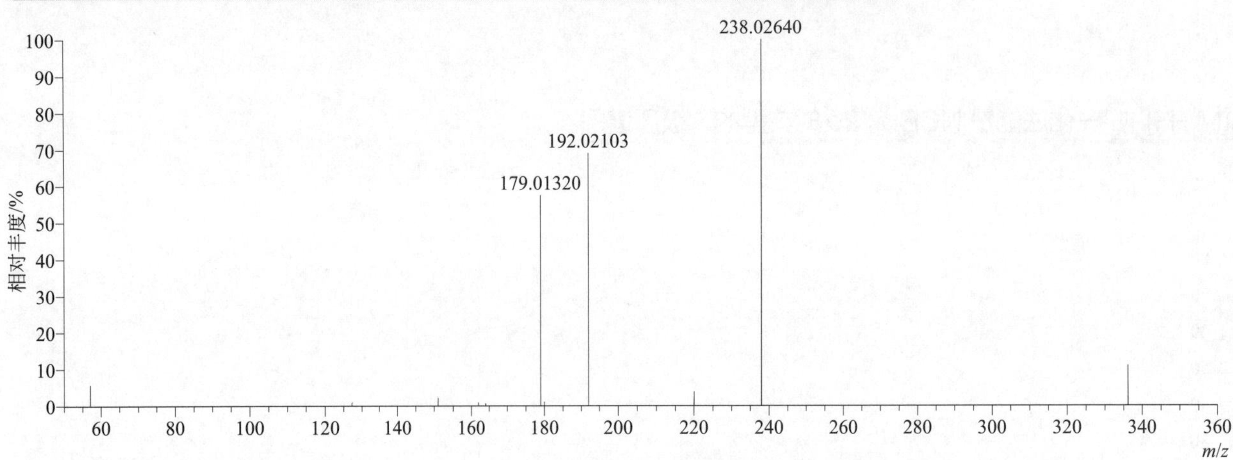

cloransulam-methyl（氯酯磺草胺）

基本信息

CAS 登录号	147150-35-4	**分子量**	429.03099	**离子源和极性**	电喷雾离子源（ESI）
分子式	$C_{15}H_{13}ClFN_5O_5S$	**保留时间**	13.25min	**极性**	正模式

[M+H]+ 提取离子流色谱图

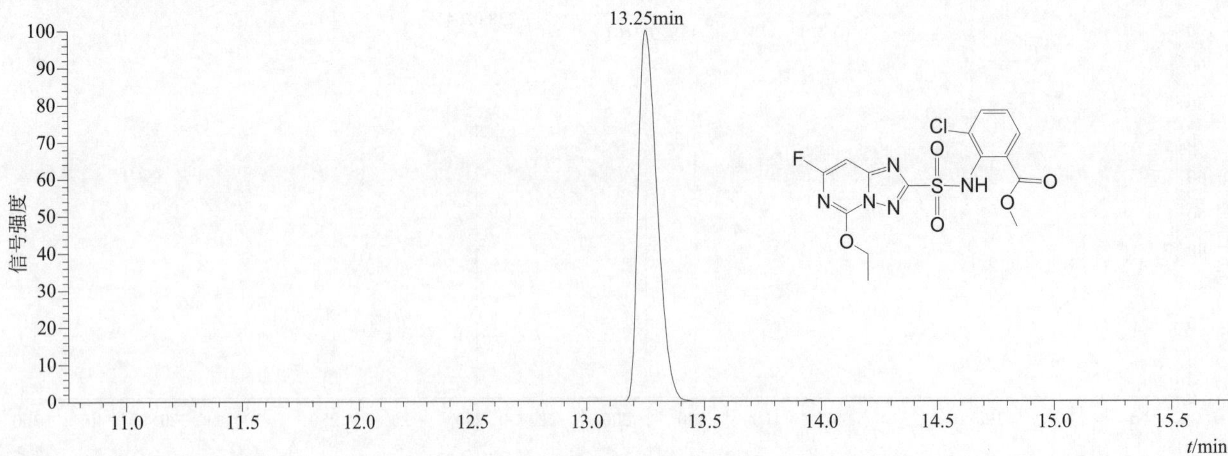

$[M+H]^+$ 和 $[M+Na]^+$ 典型的一级质谱图

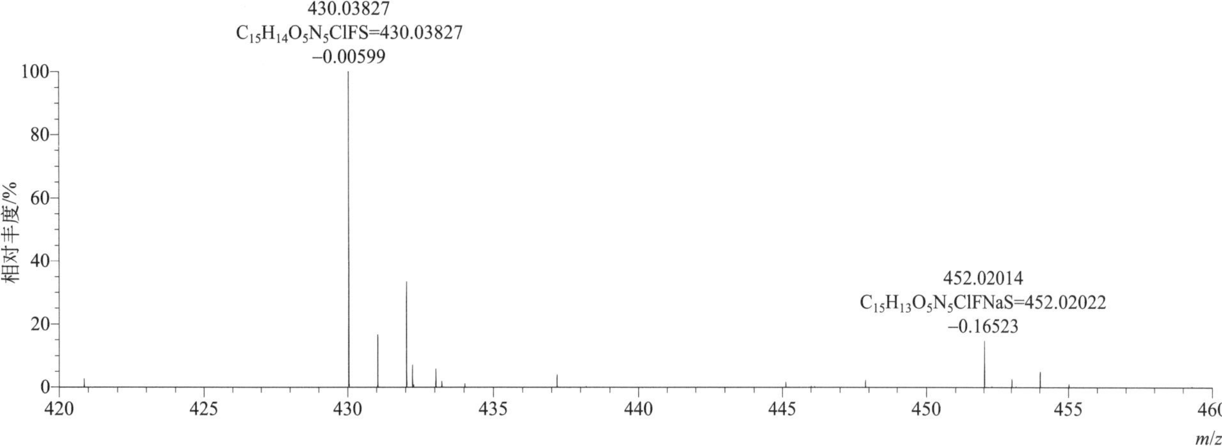

$[M+H]^+$ 典型的一级质谱图

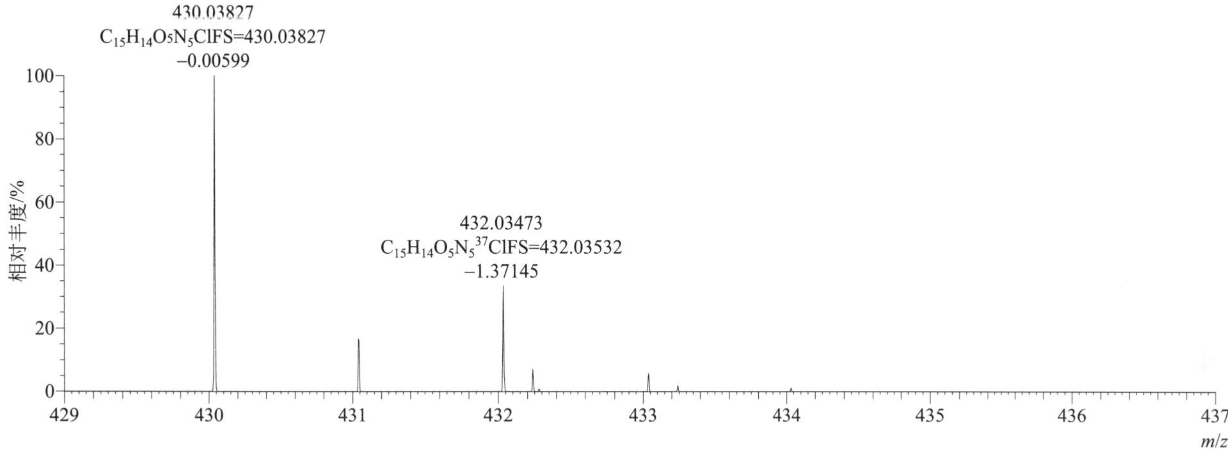

$[M+Na]^+$ 典型的一级质谱图

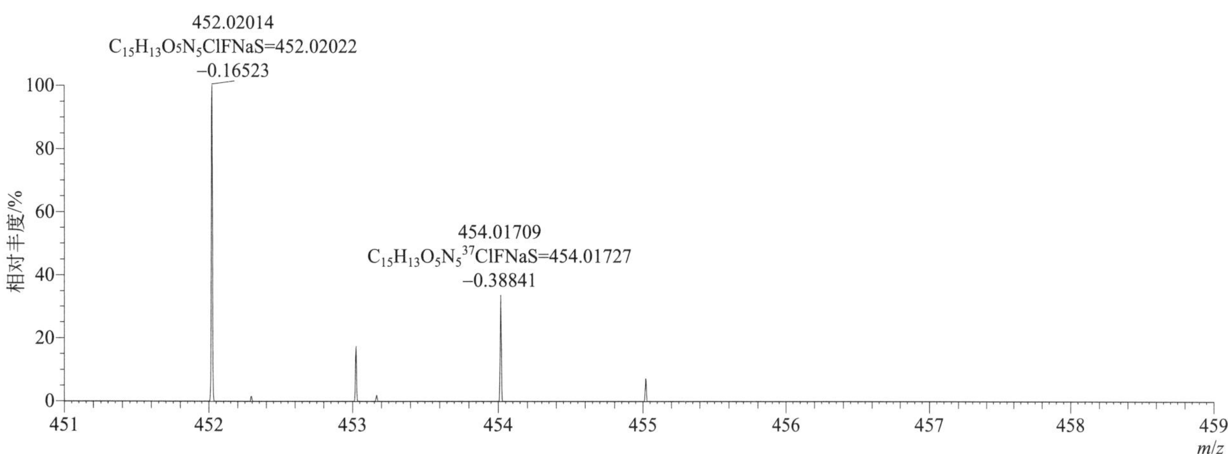

[M+H]+ 归一化法能量 NCE 为 20 时典型的二级质谱图

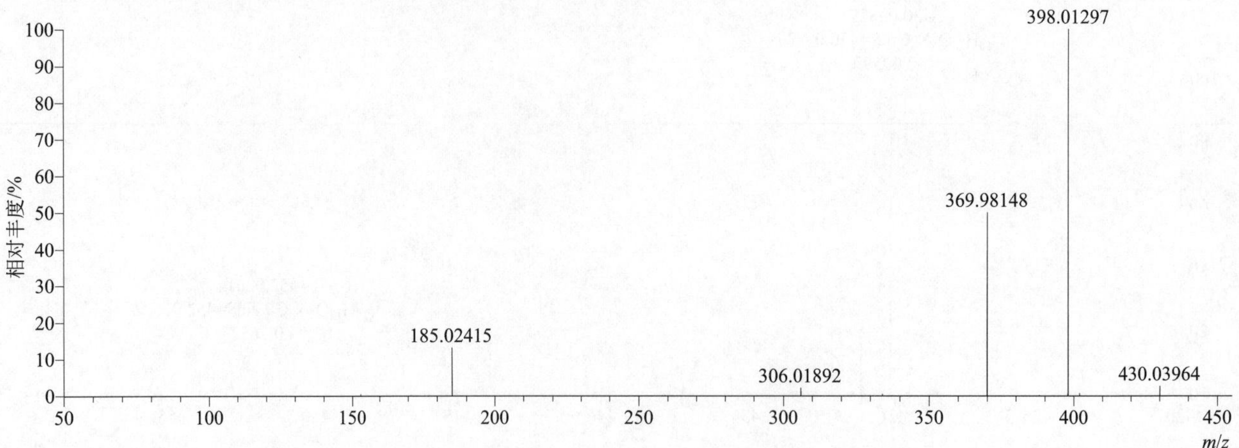

[M+H]+ 归一化法能量 NCE 为 40 时典型的二级质谱图

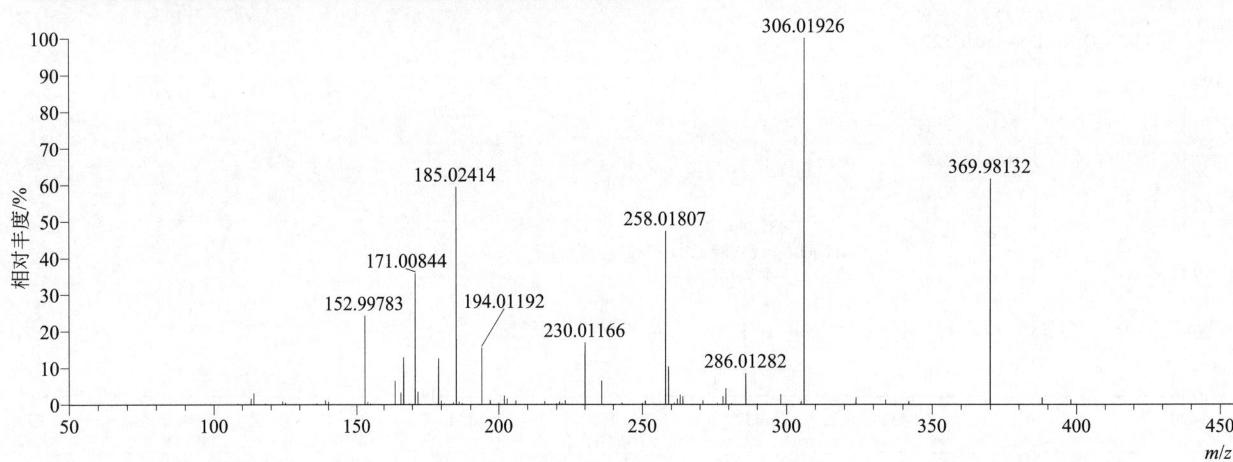

[M+H]+ 归一化法能量 NCE 为 60 时典型的二级质谱图

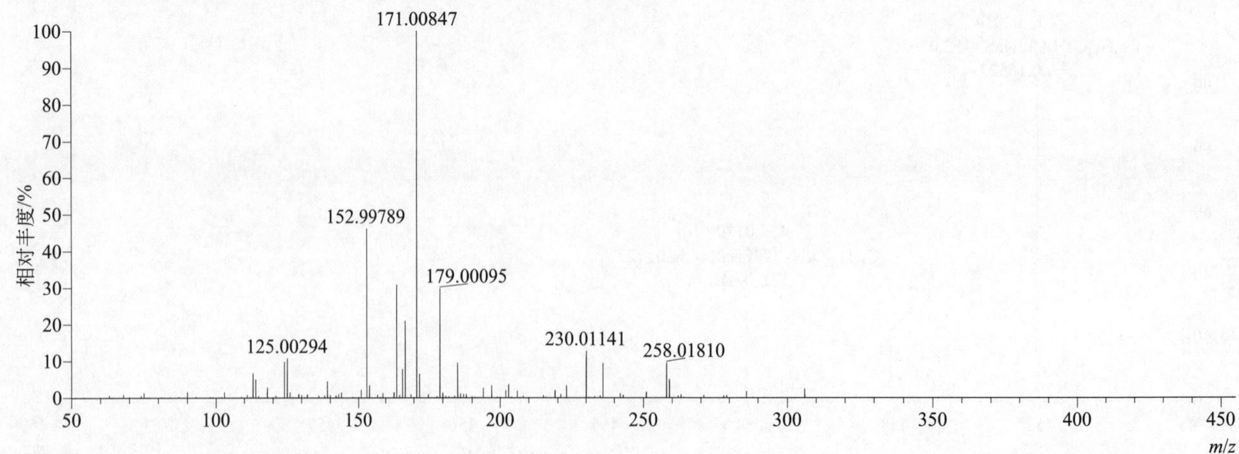

[M+H]+ 阶梯归一化法能量 Step NCE 为 20、40、60 时典型的二级质谱图

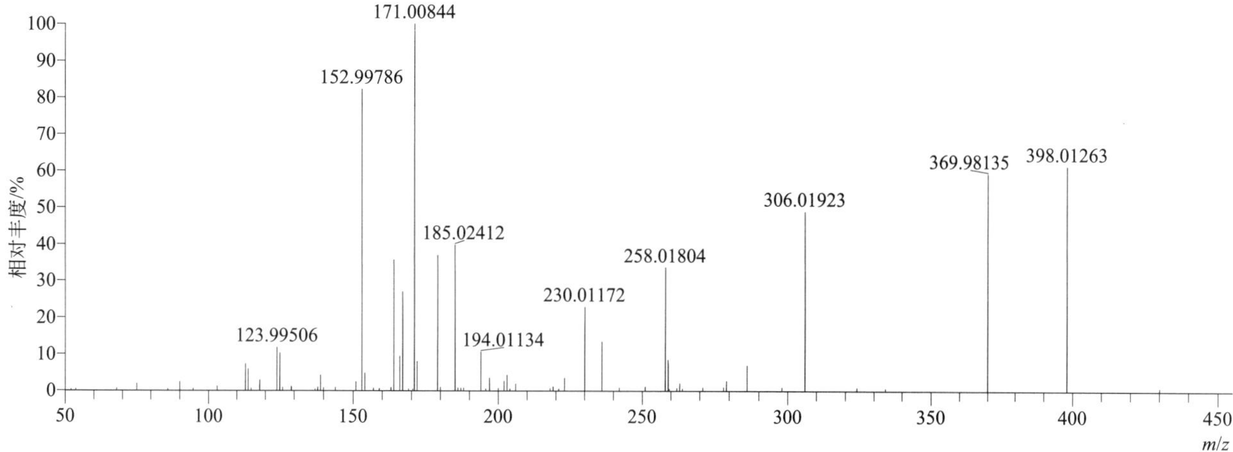

clothianidin（噻虫胺）

基本信息

CAS 登录号	210880-92-5	分子量	249.00872	离子源和极性	电喷雾离子源（ESI）
分子式	$C_6H_8ClN_5O_2S$	保留时间	11.51min	极性	正模式

[M+H]+ 提取离子流色谱图

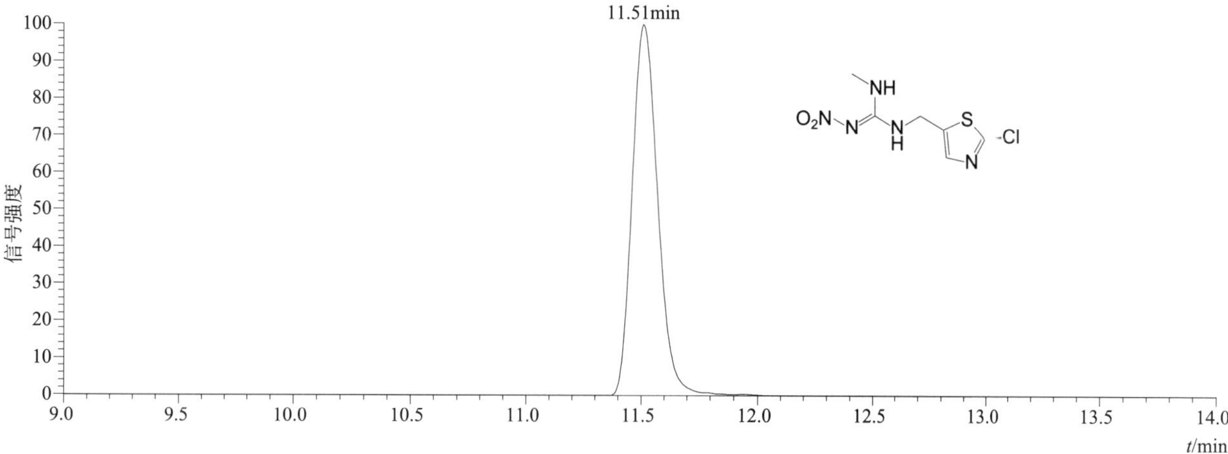

[M+H]+ 典型的一级质谱图

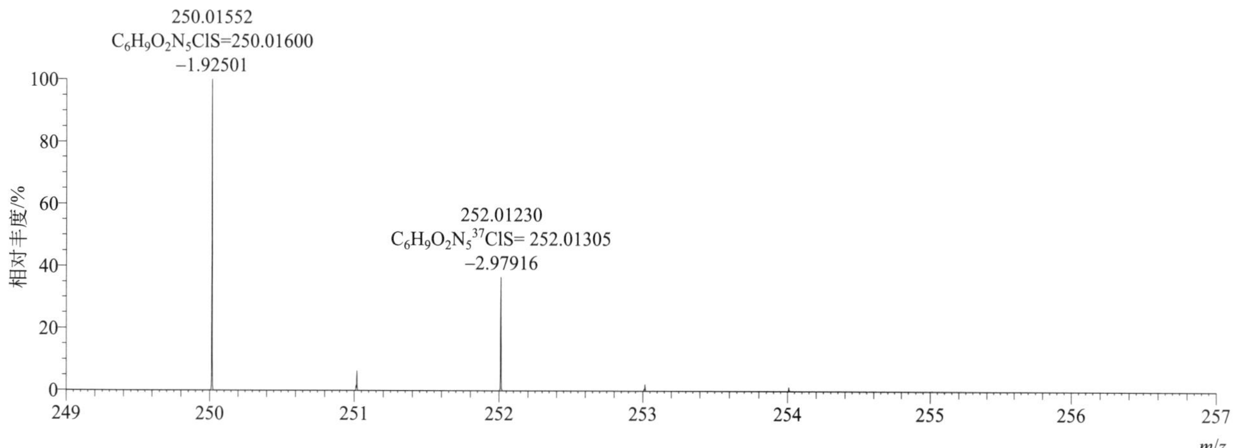

[M+H]+ 归一化法能量 NCE 为 20 时典型的二级质谱图

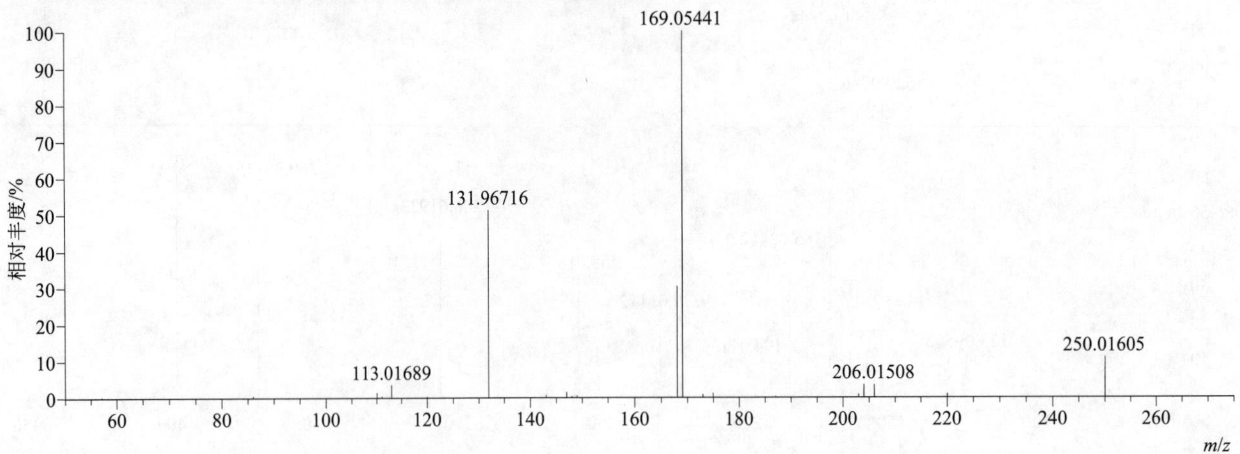

[M+H]+ 归一化法能量 NCE 为 40 时典型的二级质谱图

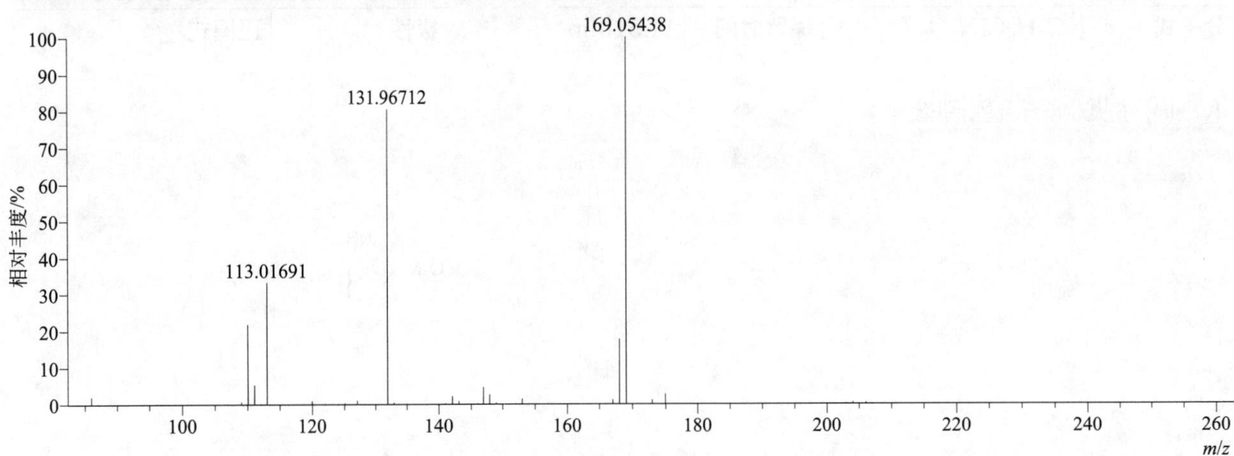

[M+H]+ 归一化法能量 NCE 为 60 时典型的二级质谱图

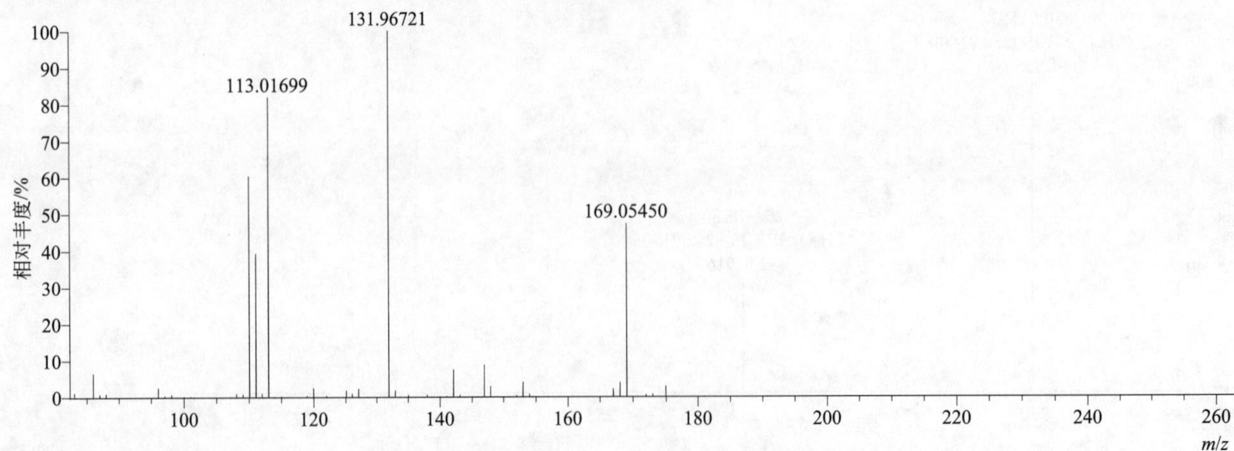

[M+H]+ 阶梯归一化法能量 Step NCE 为 20、40、60 时典型的二级质谱图

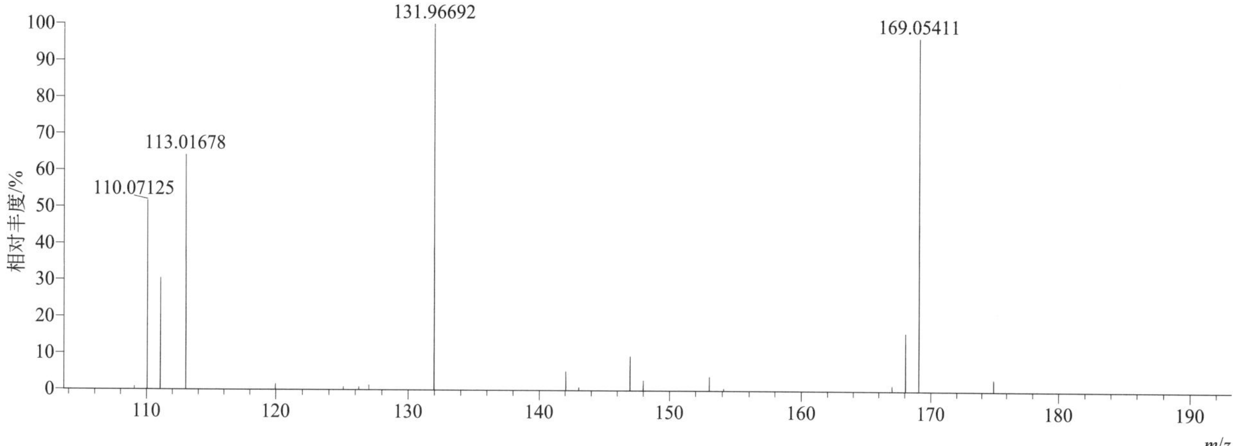

coumaphos（蝇毒磷）

基本信息

CAS 登录号	56-72-4	分子量	362.01446	离子源和极性	电喷雾离子源（ESI）
分子式	$C_{14}H_{16}ClO_5PS$	保留时间	15.20min	极性	正模式

[M+H]+ 提取离子流色谱图

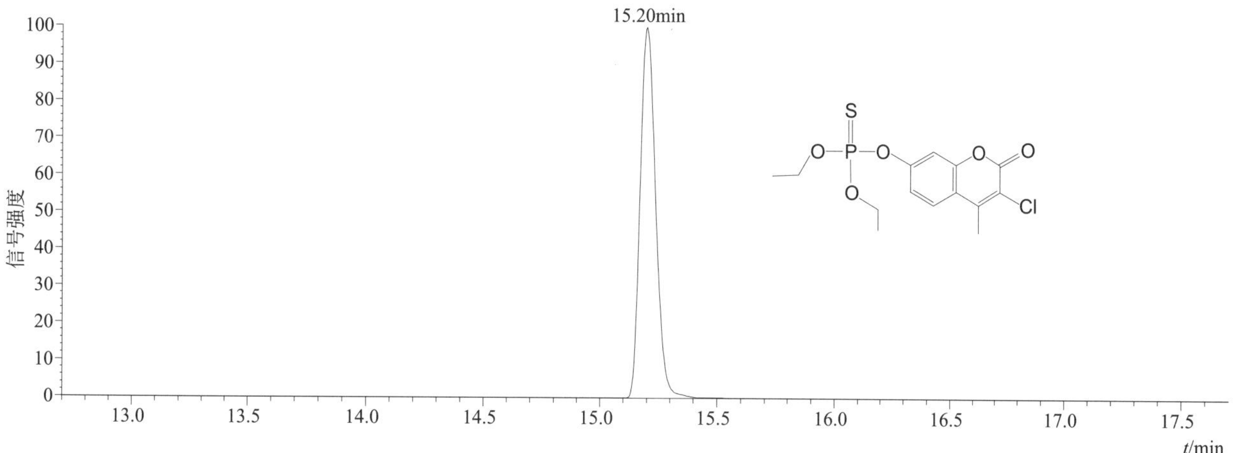

[M+H]+ 典型的一级质谱图

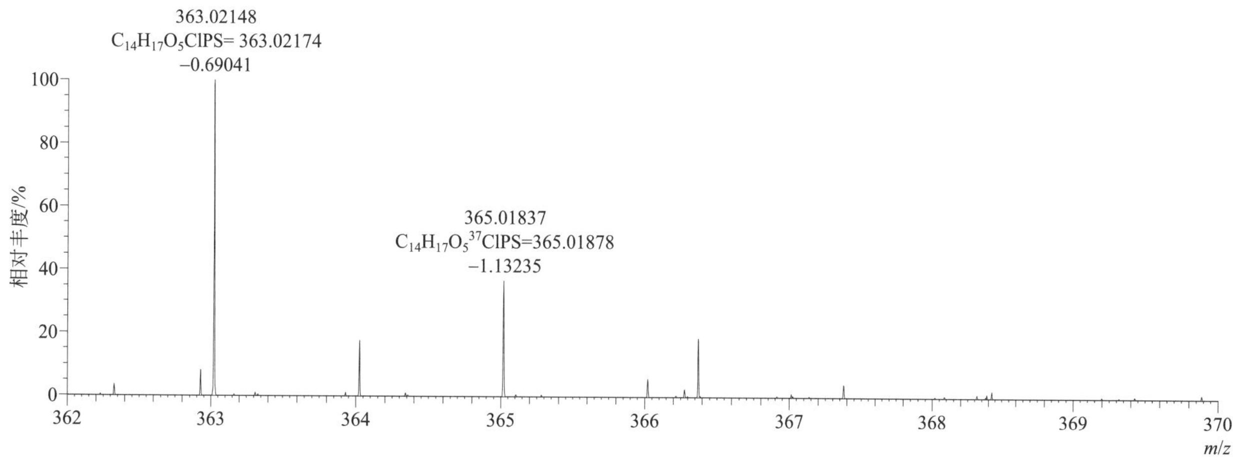

$[M+H]^+$ 归一化法能量 NCE 为 20 时典型的二级质谱图

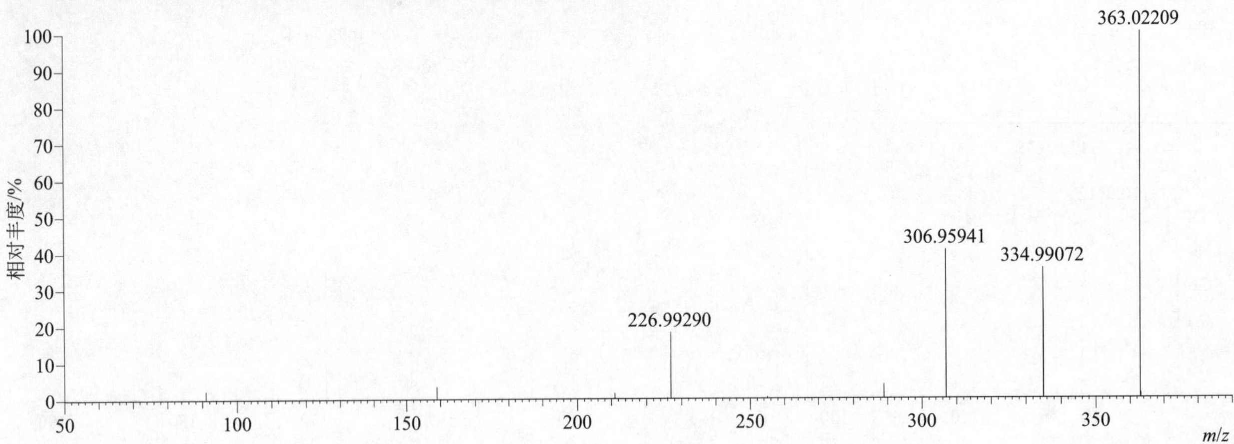

$[M+H]^+$ 归一化法能量 NCE 为 40 时典型的二级质谱图

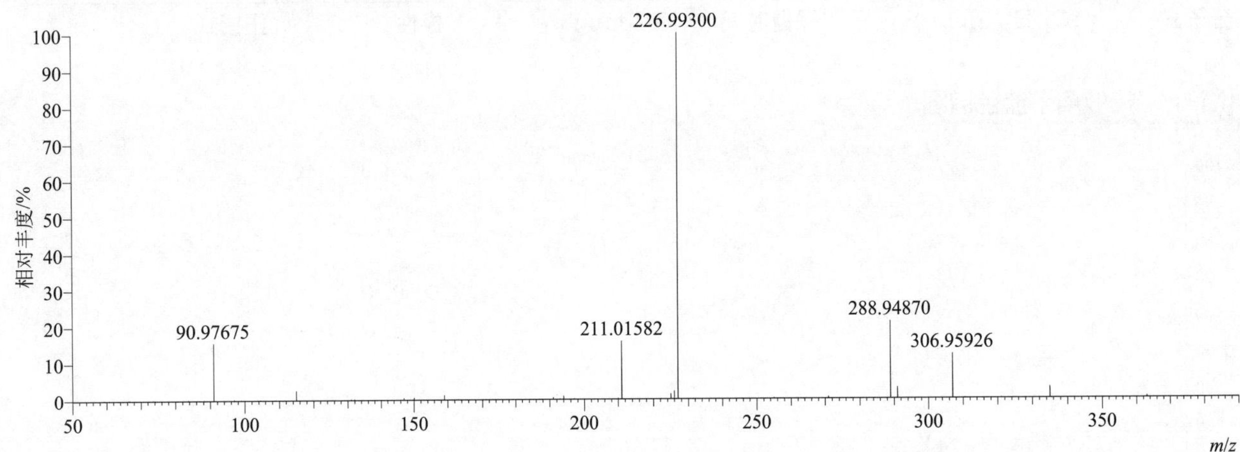

$[M+H]^+$ 归一化法能量 NCE 为 60 时典型的二级质谱图

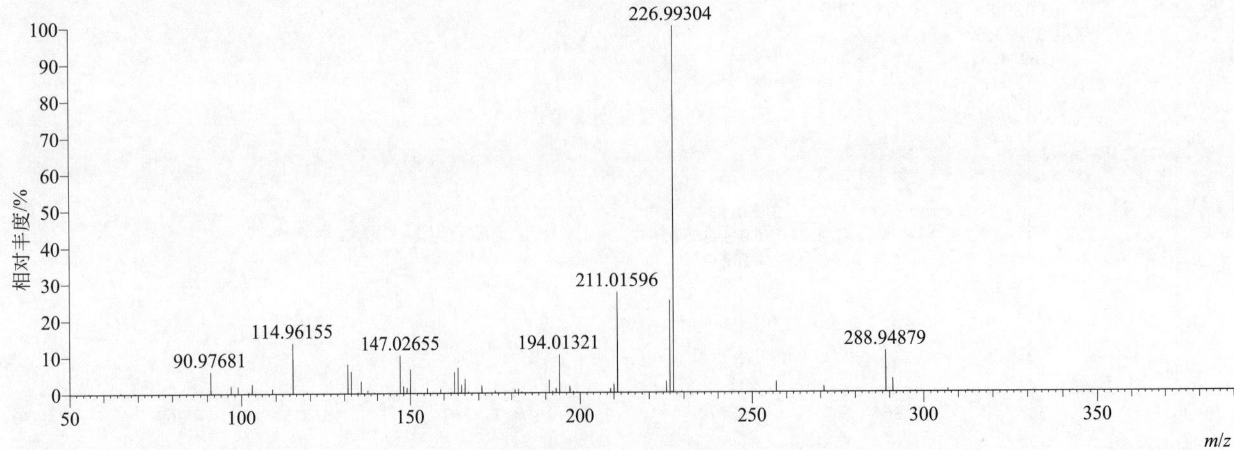

[M+H]+ 阶梯归一化法能量 Step NCE 为 20、40、60 时典型的二级质谱图

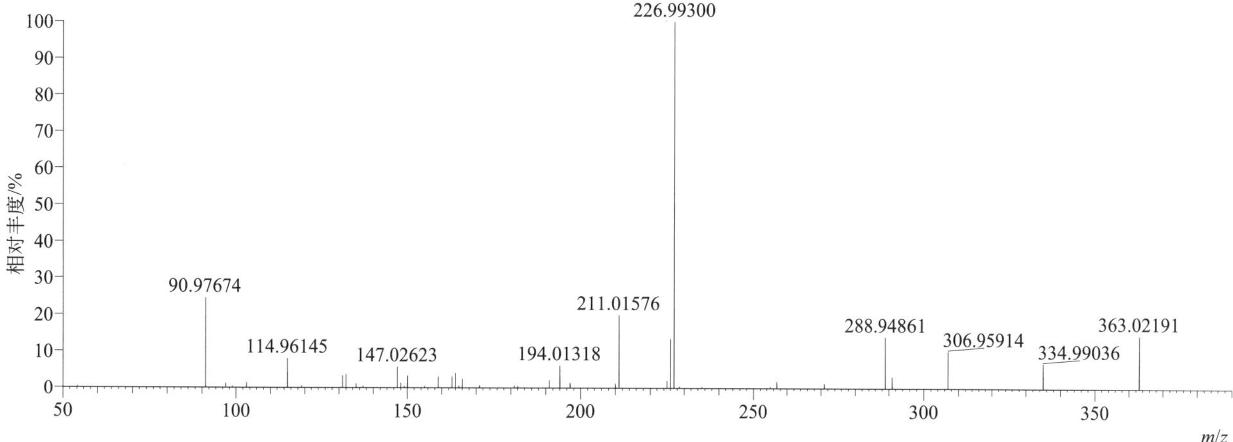

crotoxyphos（巴毒磷）

基本信息

CAS 登录号	7700-17-6	分子量	314.09192	离子源和极性	电喷雾离子源（ESI）
分子式	$C_{14}H_{19}O_6P$	保留时间	14.29min	极性	正模式

[M+NH4]+ 提取离子流色谱图

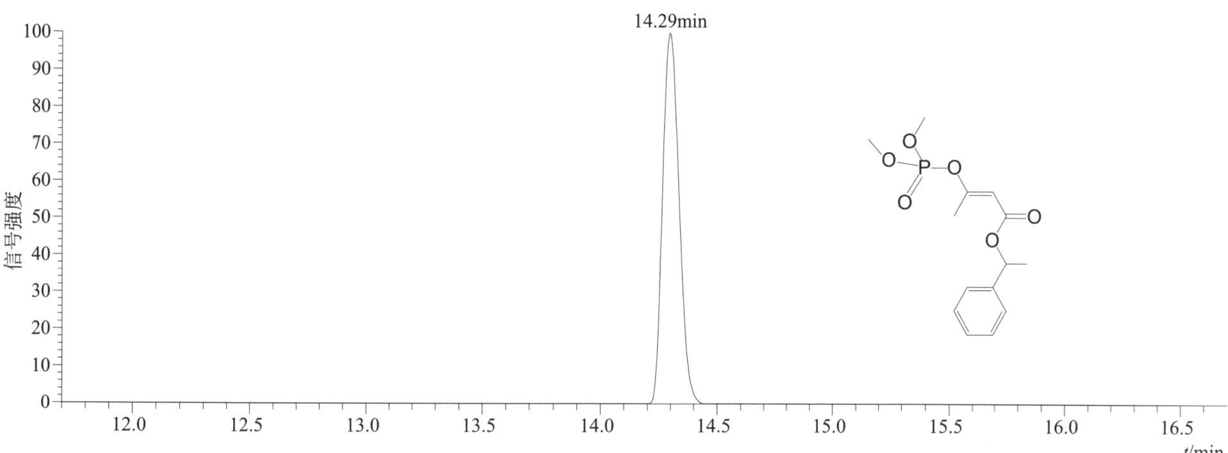

[M+NH4]+ 典型的一级质谱图

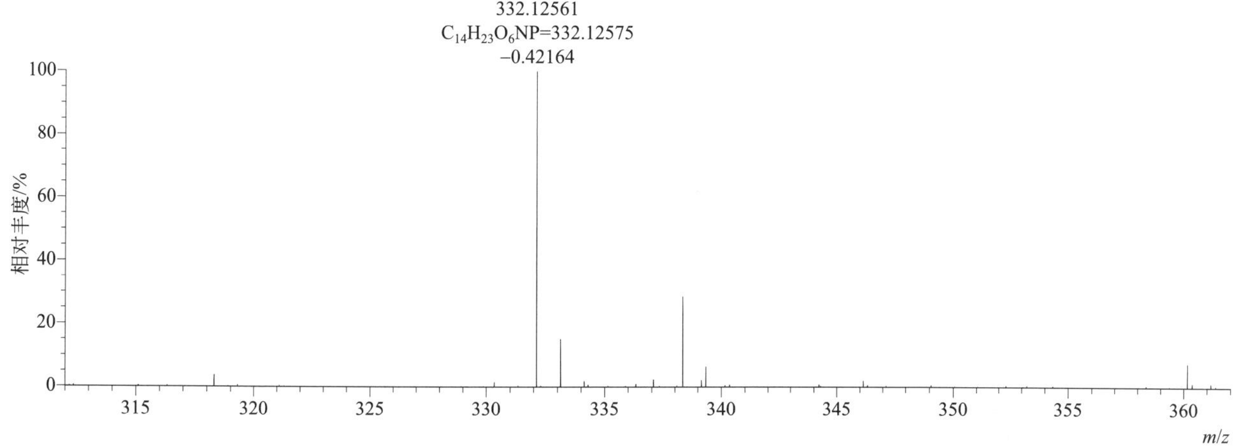

$[M+NH_4]^+$ 归一化法能量 NCE 为 20 时典型的二级质谱图

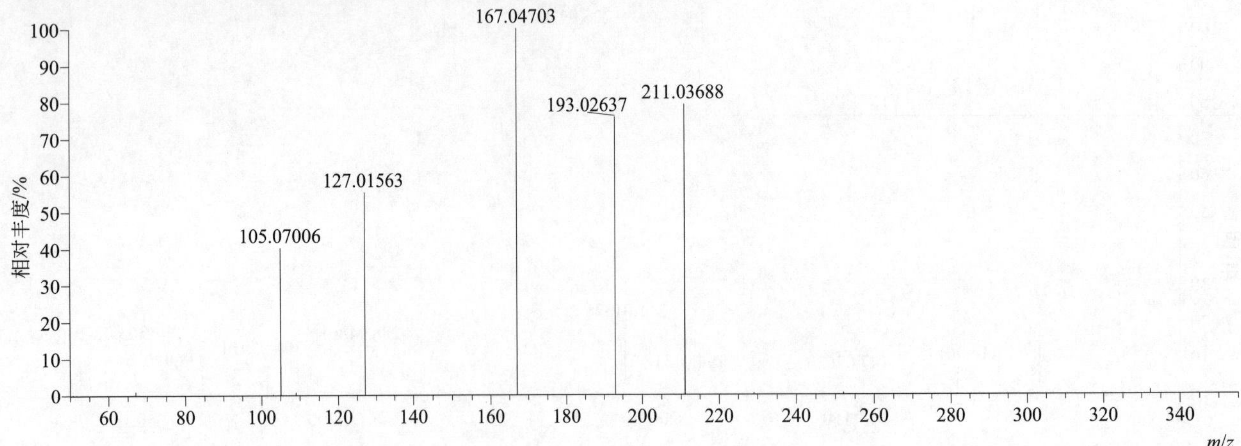

$[M+NH_4]^+$ 归一化法能量 NCE 为 40 时典型的二级质谱图

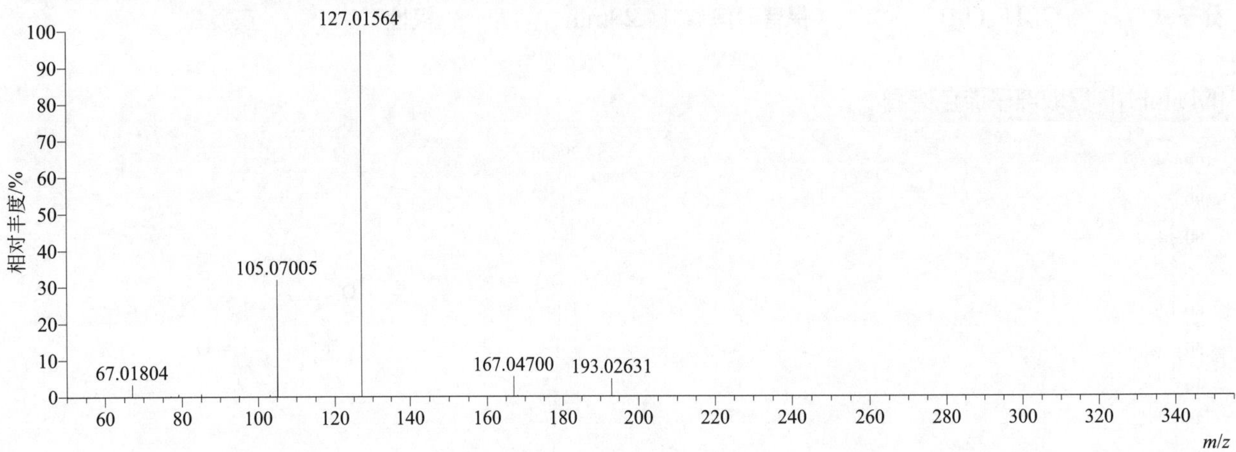

$[M+NH_4]^+$ 归一化法能量 NCE 为 60 时典型的二级质谱图

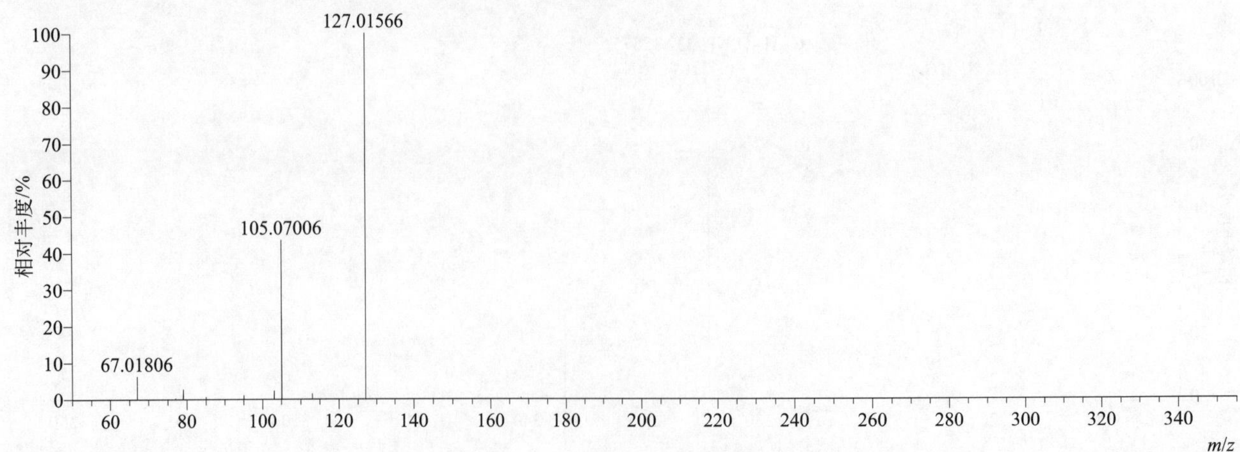

$[M+NH_4]^+$ 阶梯归一化法能量 Step NCE 为 20、40、60 时典型的二级质谱图

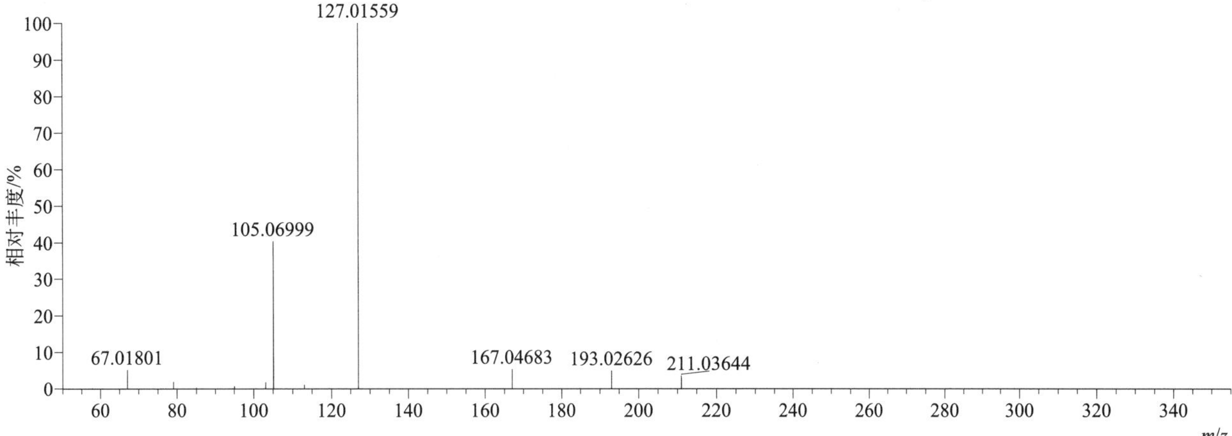

crufomate（育畜磷）

基本信息

CAS 登录号	299-86-5	分子量	291.07911	离子源和极性	电喷雾离子源（ESI）
分子式	$C_{12}H_{19}ClNO_3P$	保留时间	14.87min	极性	正模式

$[M+H]^+$ 提取离子流色谱图

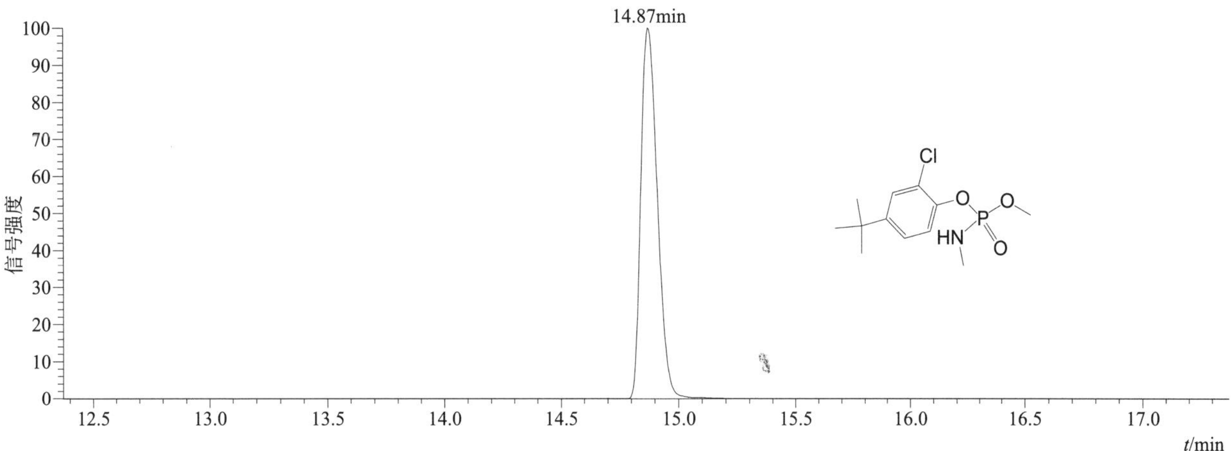

$[M+H]^+$ 典型的一级质谱图

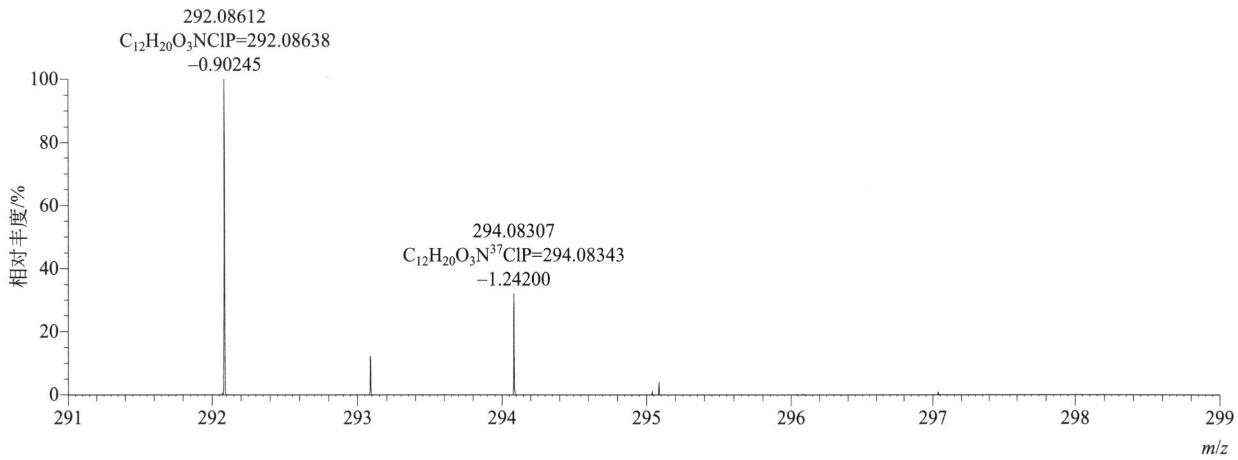

[M+H]+ 归一化法能量 NCE 为 20 时典型的二级质谱图

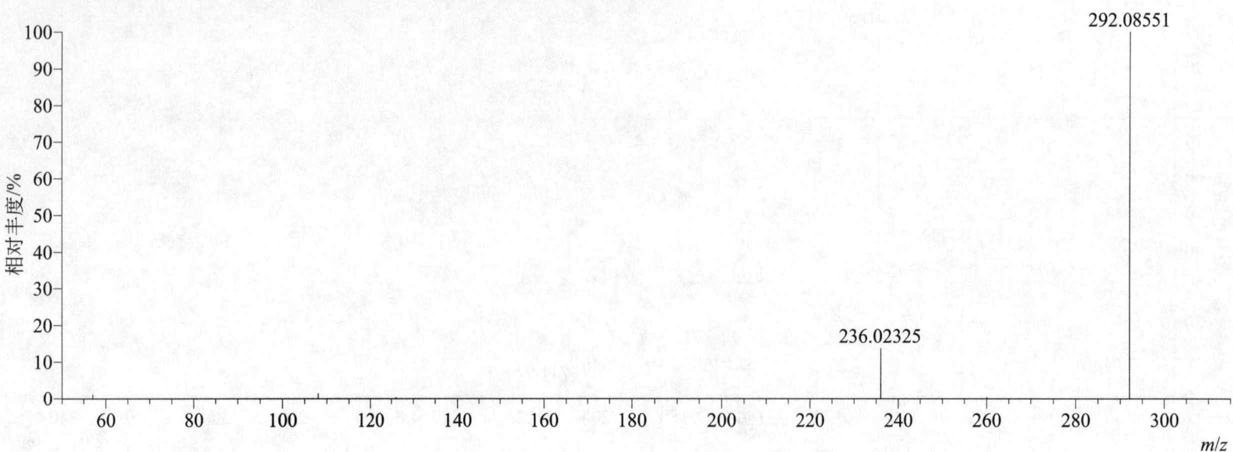

[M+H]+ 归一化法能量 NCE 为 40 时典型的二级质谱图

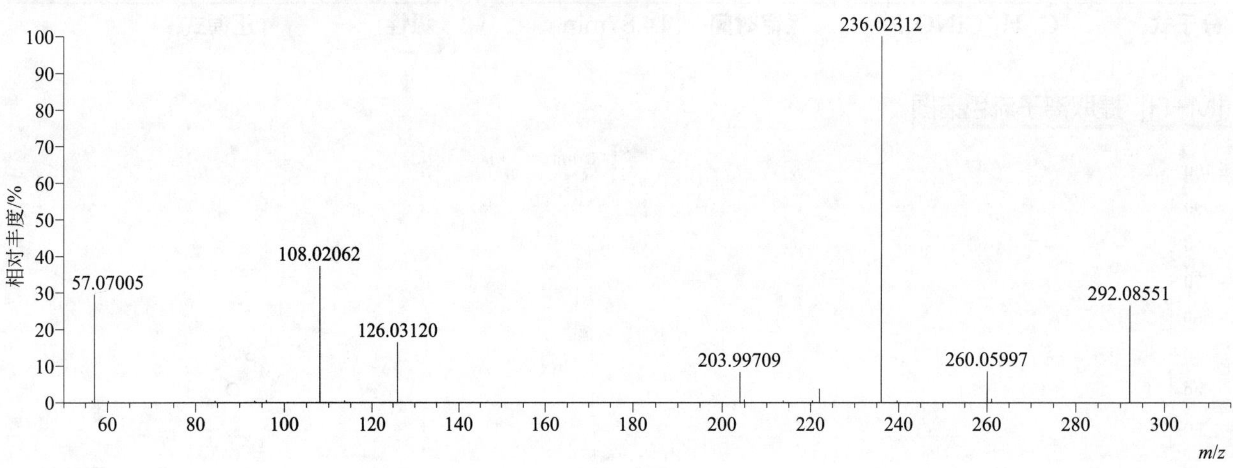

[M+H]+ 归一化法能量 NCE 为 60 时典型的二级质谱图

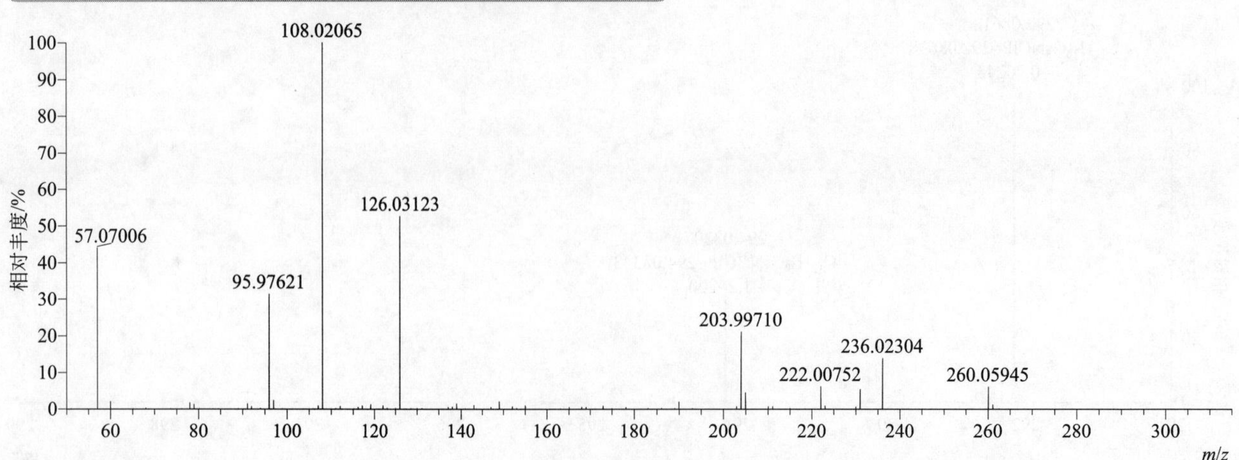

[M+H]+ 阶梯归一化法能量 Step NCE 为 20、40、60 时典型的二级质谱图

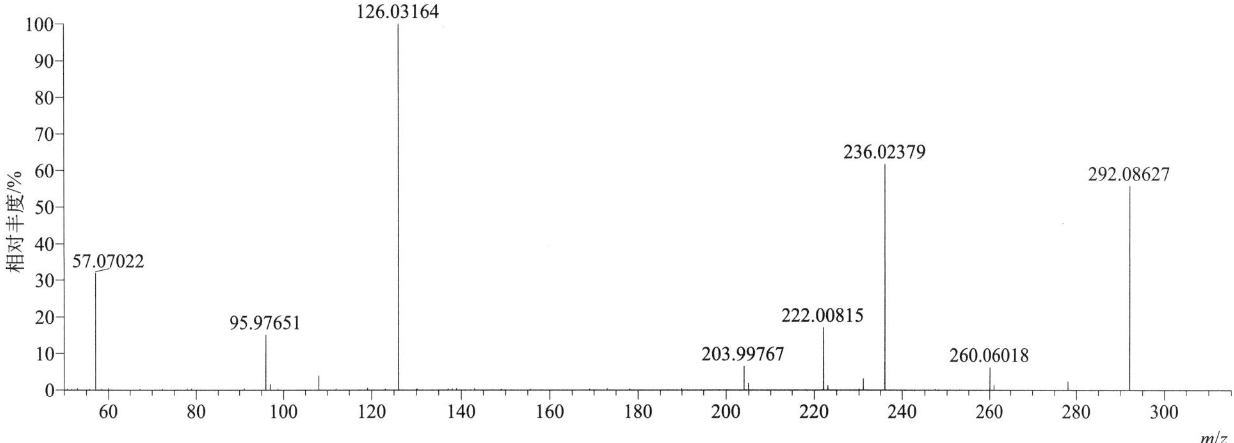

cumyluron（苄草隆）

基本信息

CAS 登录号	99485-76-4	分子量	302.11859	离子源和极性	电喷雾离子源（ESI）
分子式	$C_{17}H_{19}ClN_2O$	保留时间	14.59min	极性	正模式

[M+H]+ 提取离子流色谱图

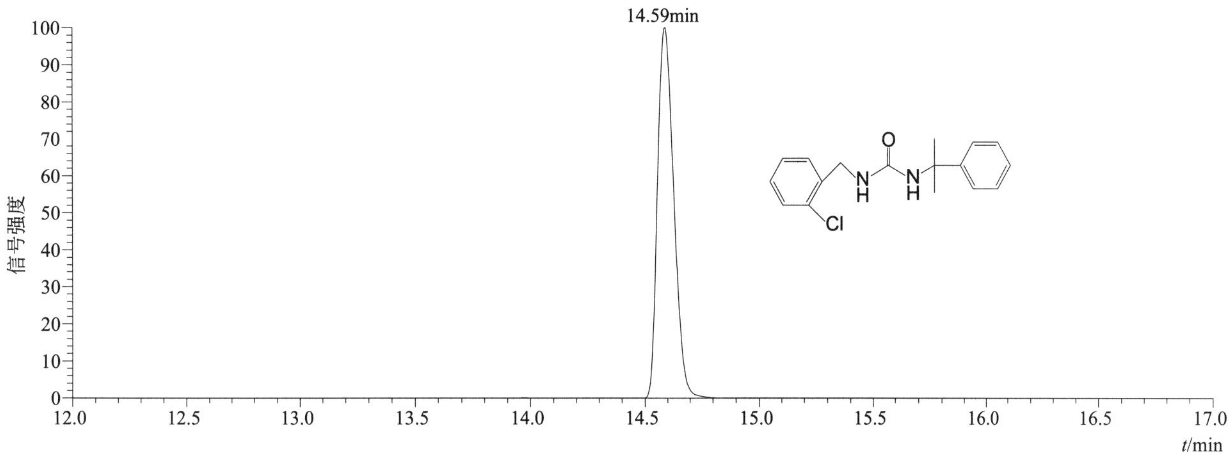

[M+H]+ 典型的一级质谱图

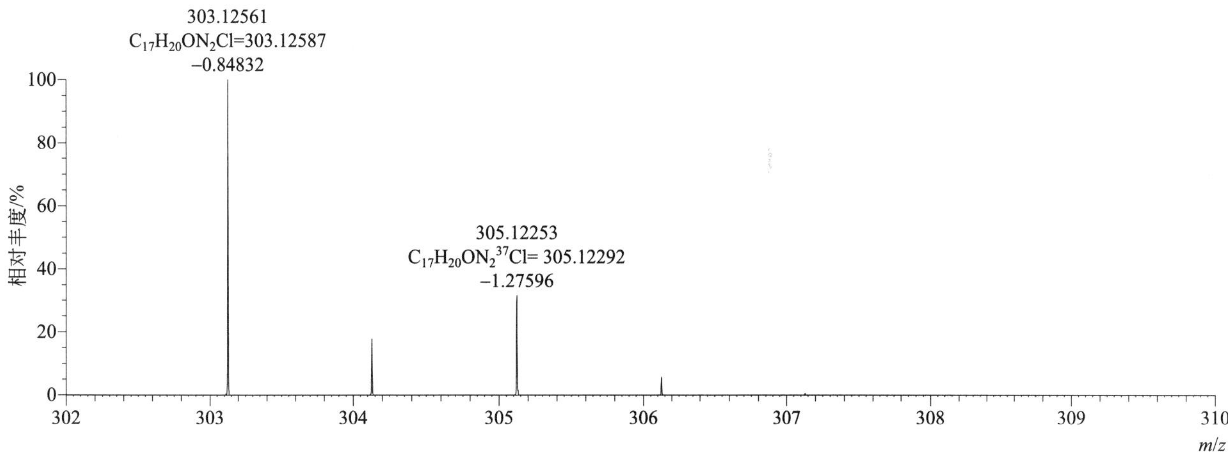

[M+H]+ 归一化法能量 NCE 为 20 时典型的二级质谱图

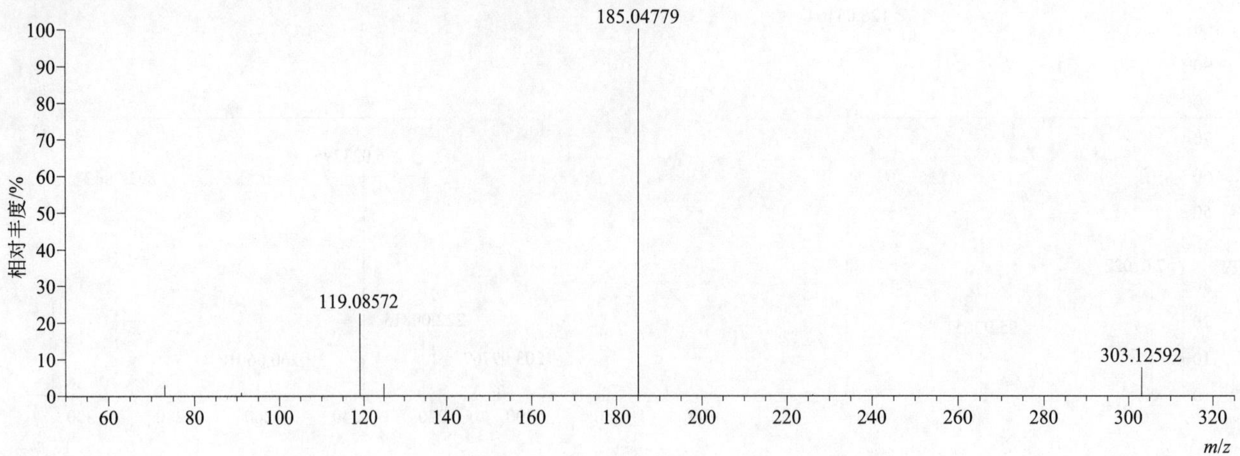

[M+H]+ 归一化法能量 NCE 为 40 时典型的二级质谱图

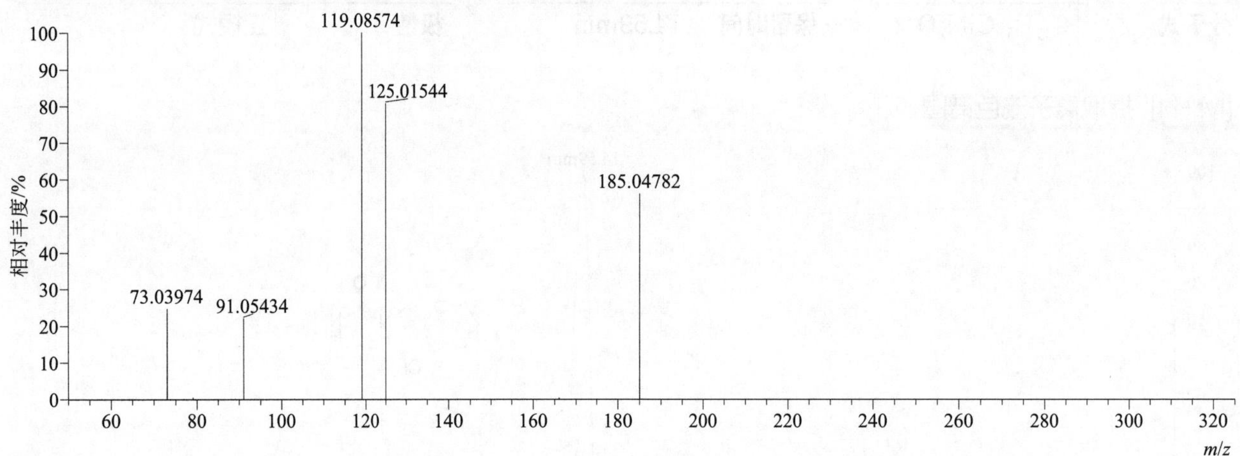

[M+H]+ 归一化法能量 NCE 为 60 时典型的二级质谱图

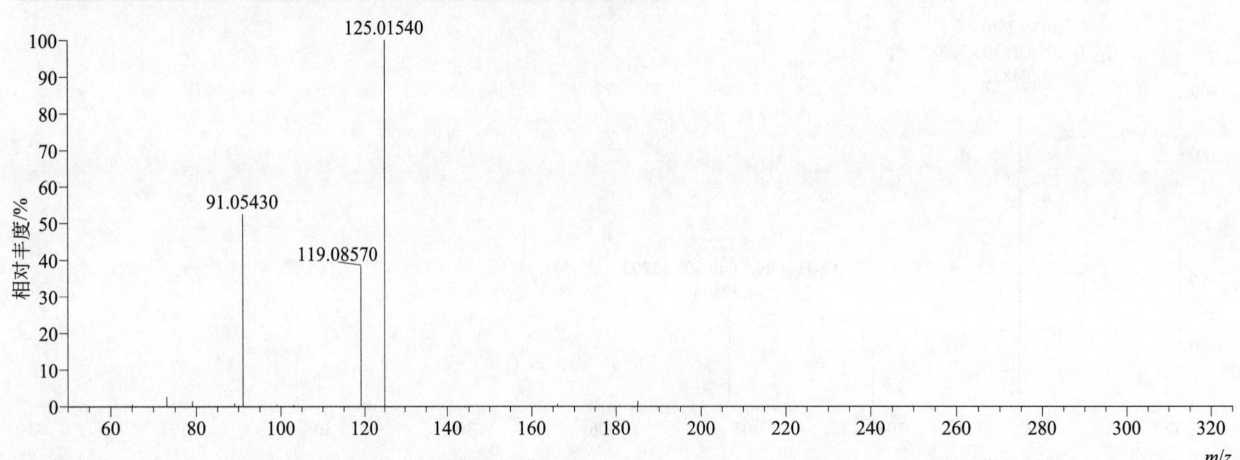

[M+H]+ 阶梯归一化法能量 Step NCE 为 20、40、60 时典型的二级质谱图

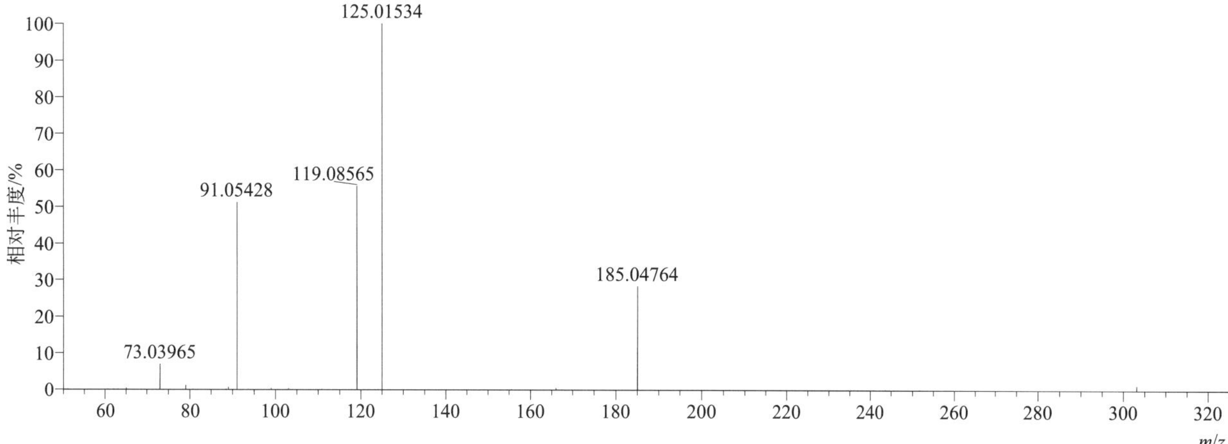

cyanazine（氰草津）

基本信息

CAS 登录号	21725-46-2	分子量	240.08902	离子源和极性	电喷雾离子源（ESI）
分子式	$C_9H_{13}ClN_6$	保留时间	12.85min	极性	正模式

[M+H]+ 提取离子流色谱图

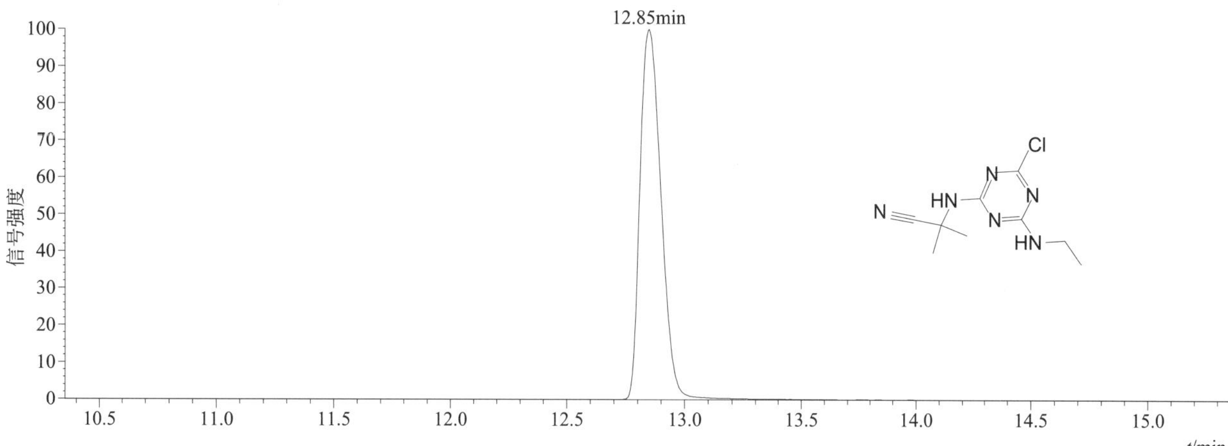

[M+H]+ 典型的一级质谱图

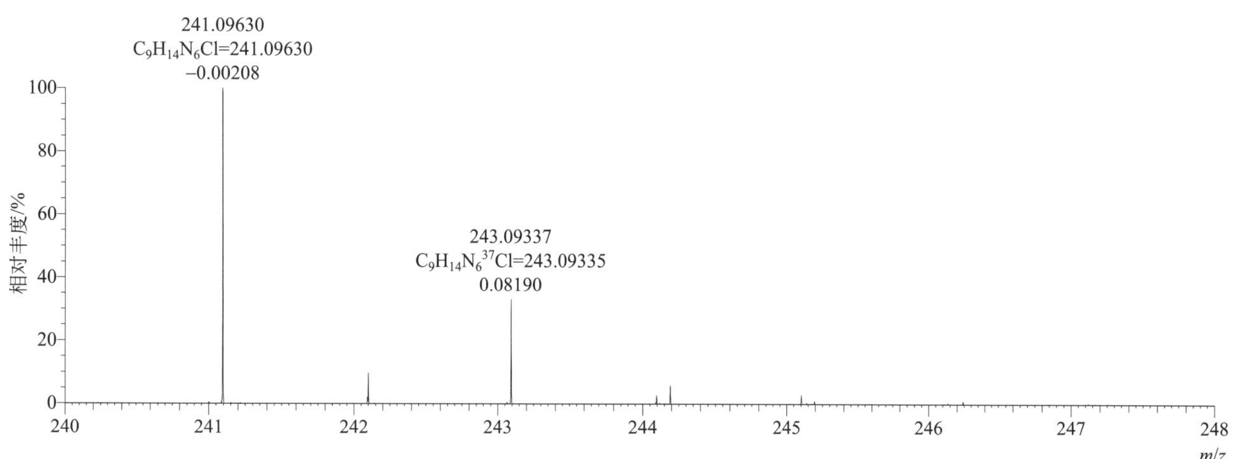

[M+H]+ 归一化法能量 NCE 为 20 时典型的二级质谱图

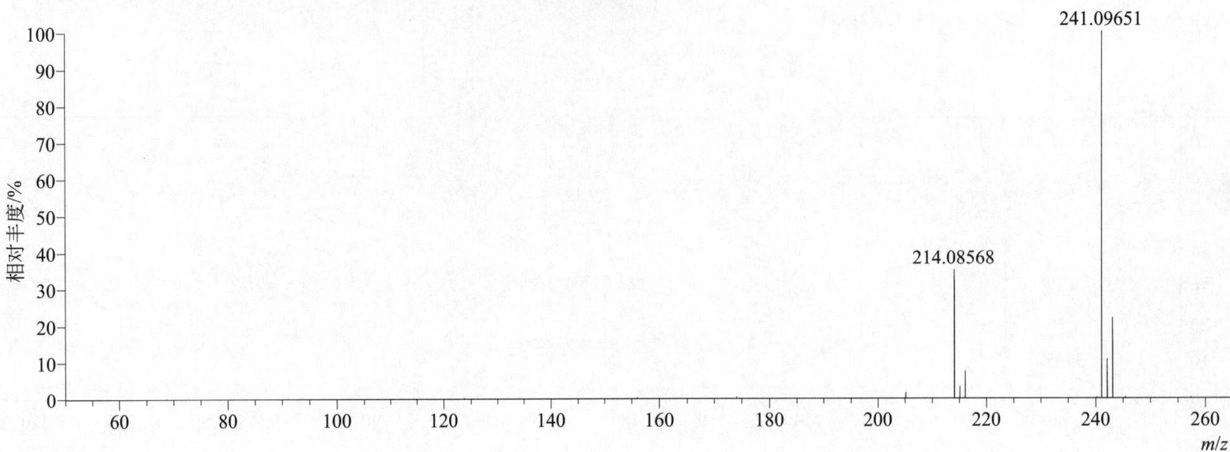

[M+H]+ 归一化法能量 NCE 为 40 时典型的二级质谱图

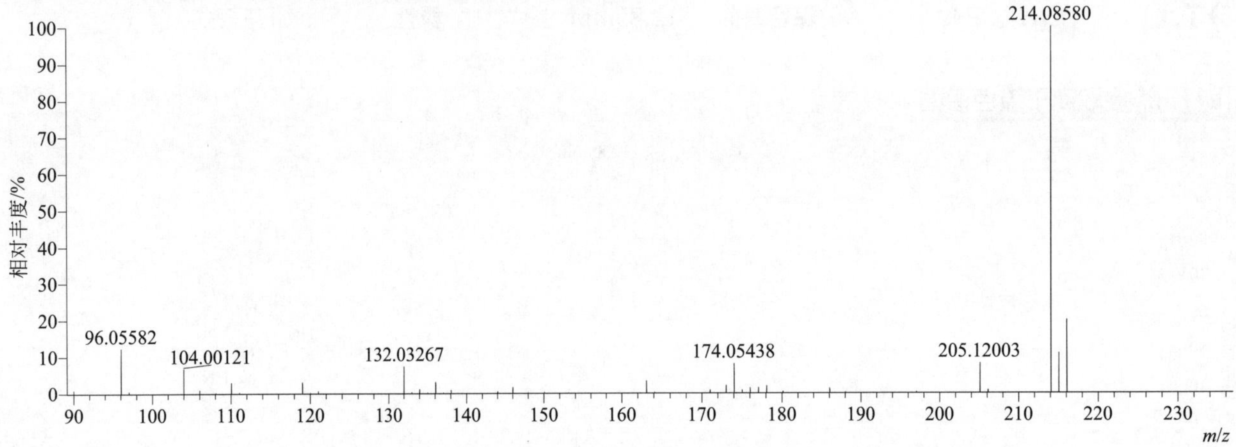

[M+H]+ 归一化法能量 NCE 为 60 时典型的二级质谱图

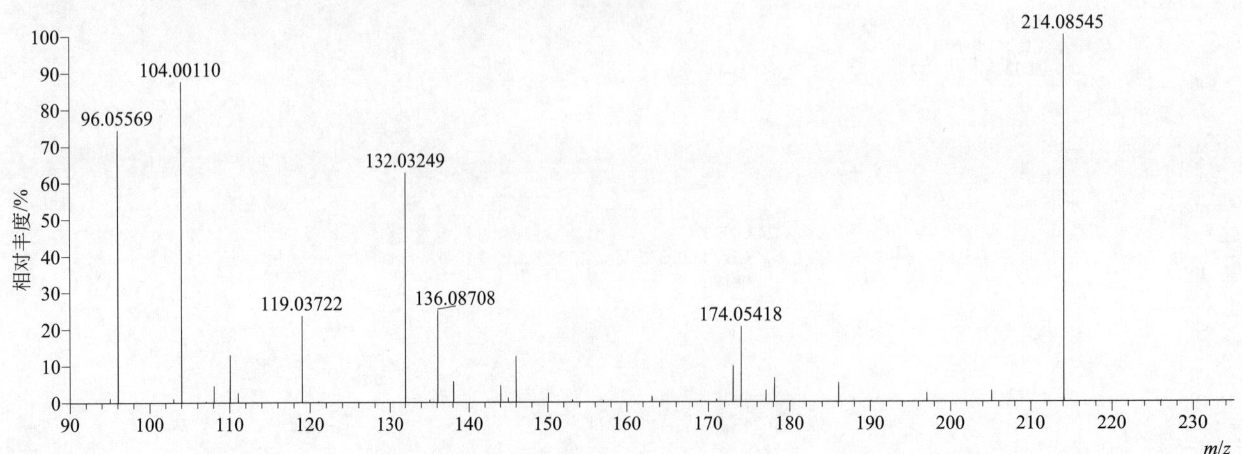

[M+H]+ 阶梯归一化法能量 Step NCE 为 20、40、60 时典型的二级质谱图

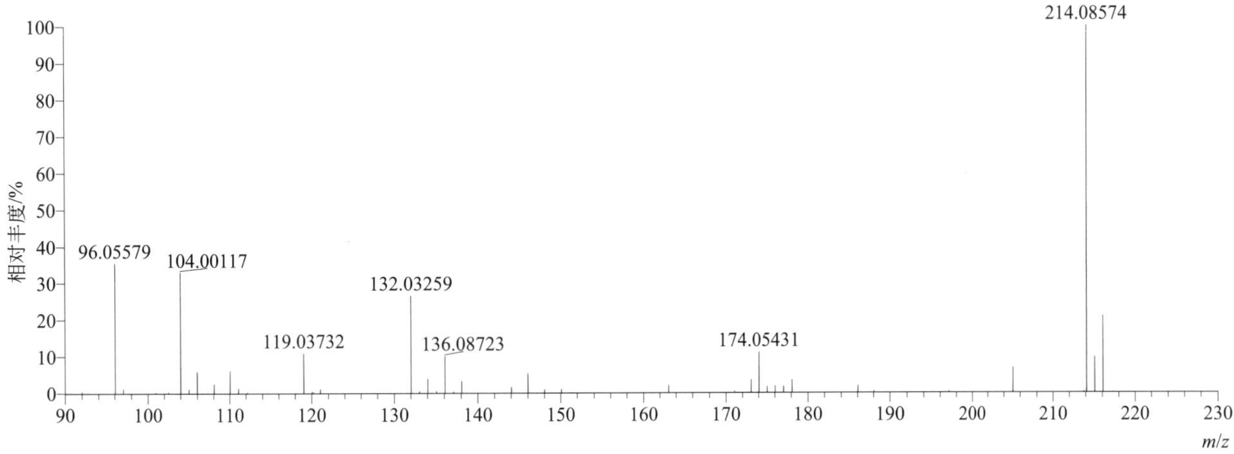

cyazofamid（氰霜唑）

基本信息

CAS 登录号	120116-88-3	分子量	324.04477	离子源和极性	电喷雾离子源（ESI）
分子式	$C_{13}H_{13}ClN_4O_2S$	保留时间	14.85min	极性	正模式

[M+H]+ 提取离子流色谱图

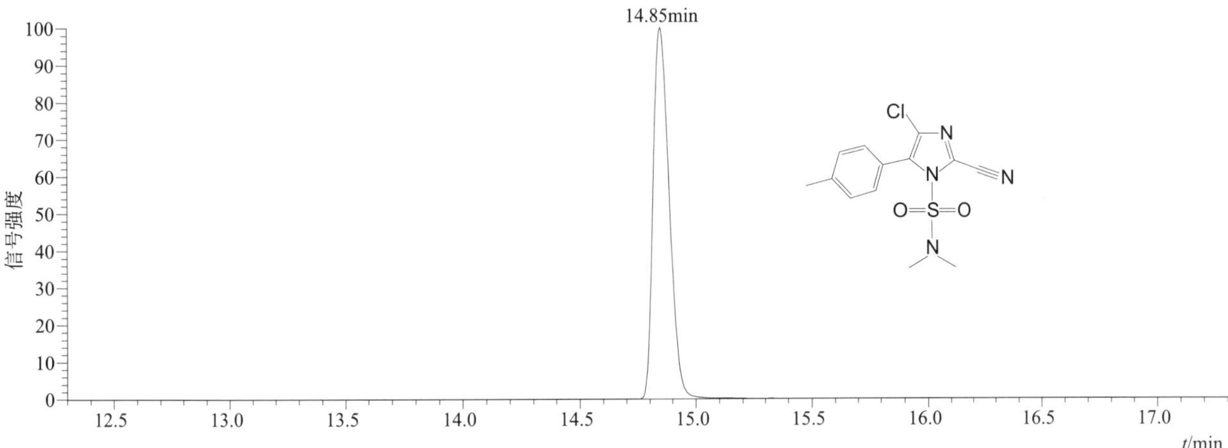

[M+H]+ 典型的一级质谱图

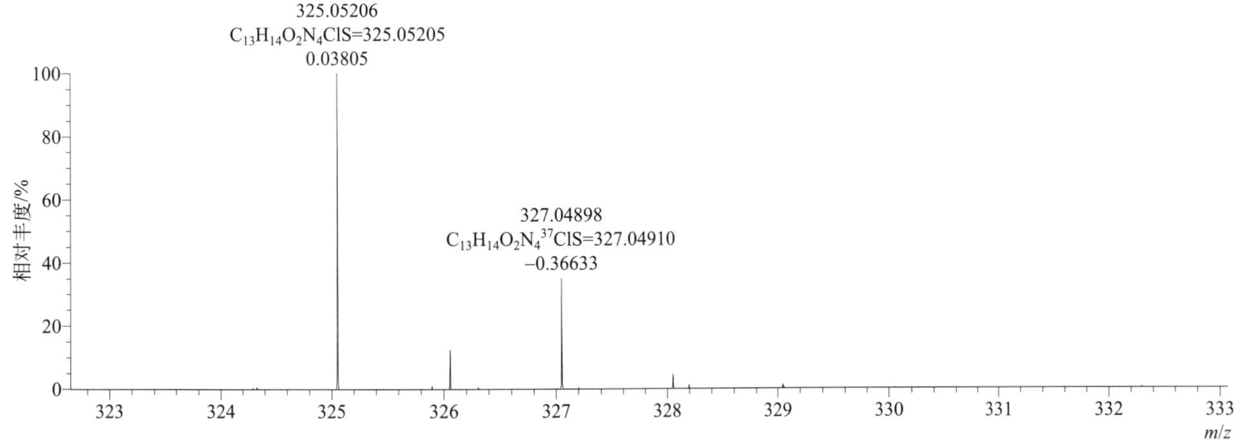

[M+H]+ 归一化法能量 NCE 为 20 时典型的二级质谱图

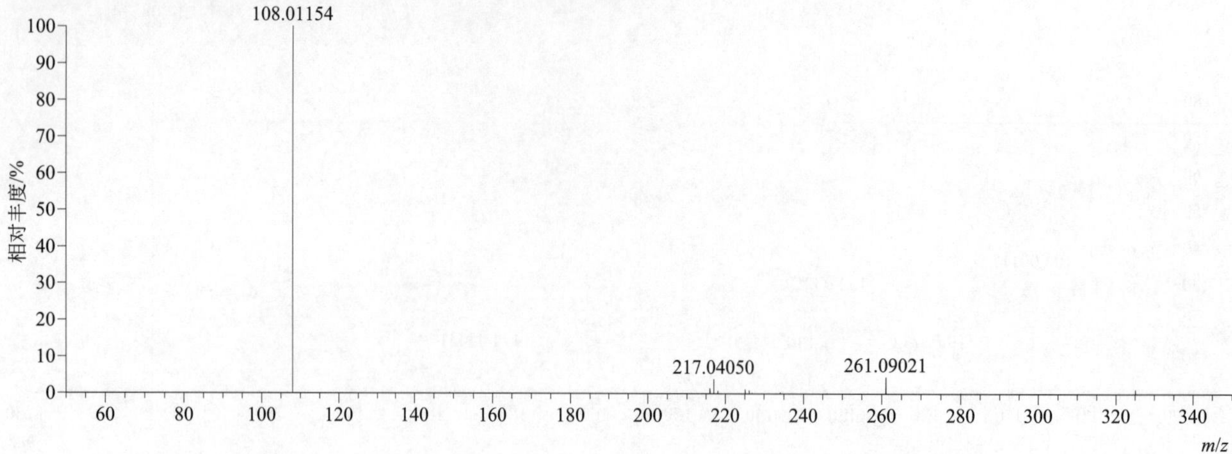

[M+H]+ 归一化法能量 NCE 为 40 时典型的二级质谱图

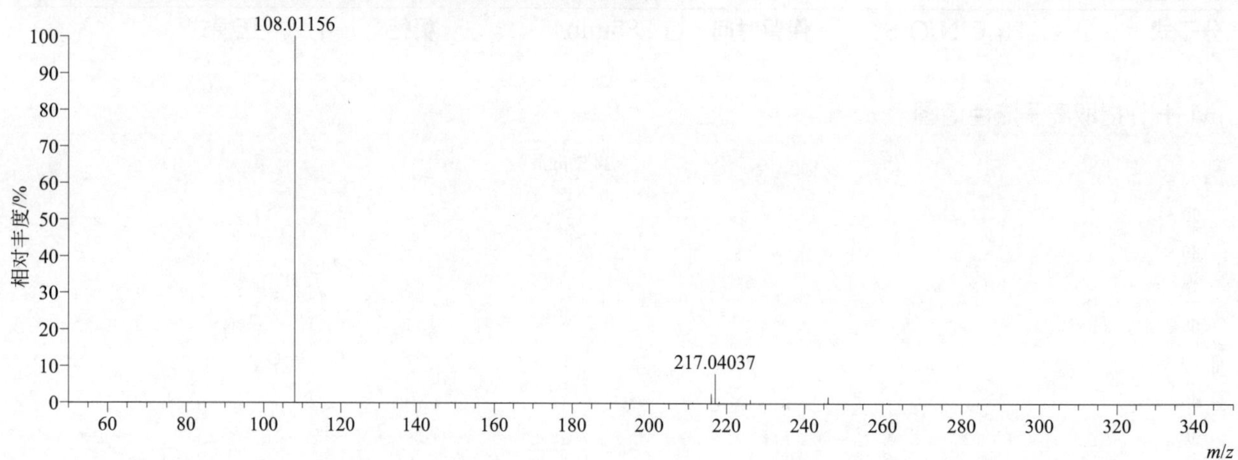

[M+H]+ 归一化法能量 NCE 为 60 时典型的二级质谱图

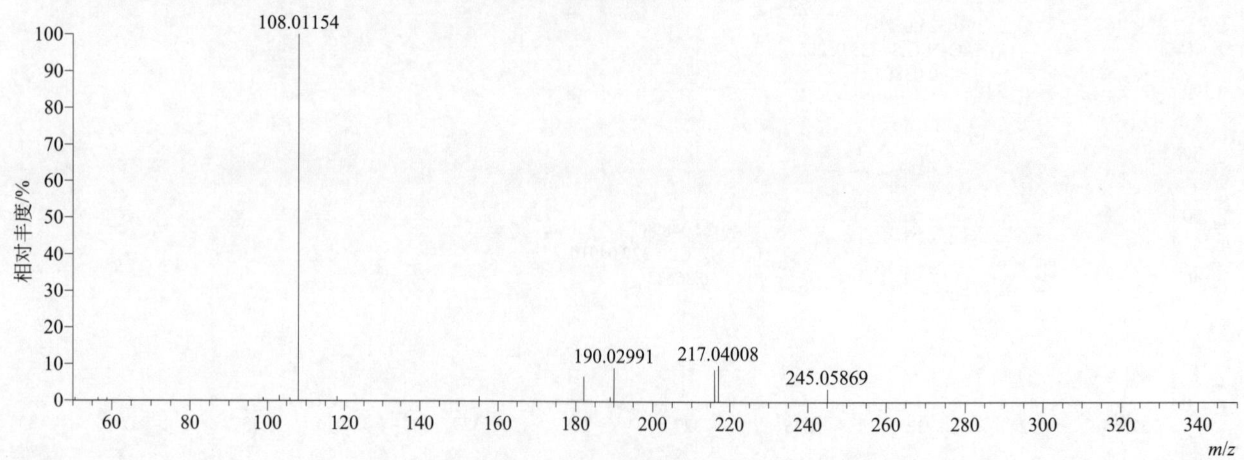

[M+H]+ 阶梯归一化法能量 Step NCE 为 20、40、60 时典型的二级质谱图

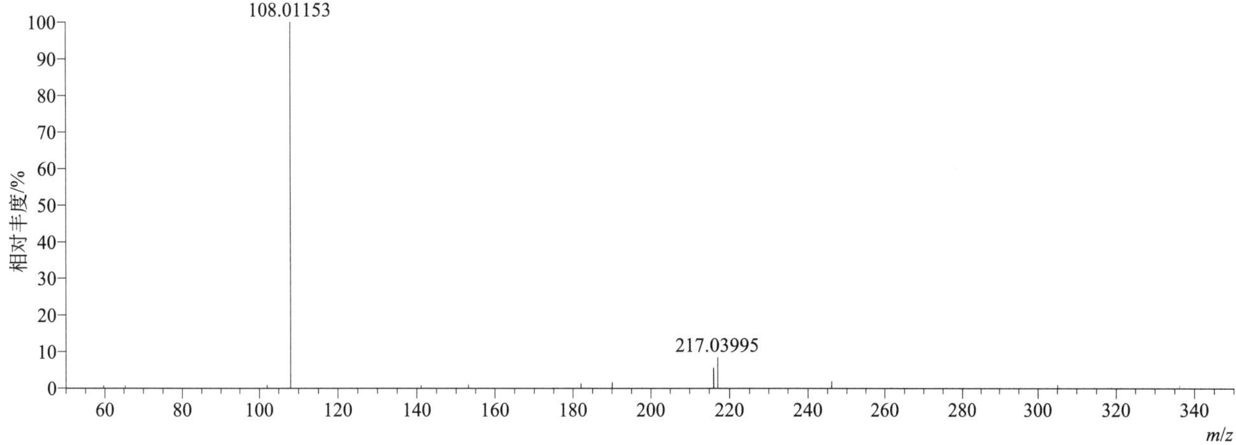

cycloate（环草敌）

基本信息

CAS 登录号	1134-23-2	分子量	215.13438	离子源和极性	电喷雾离子源（ESI）
分子式	$C_{11}H_{21}NOS$	保留时间	15.52min	极性	正模式

[M+H]+ 提取离子流色谱图

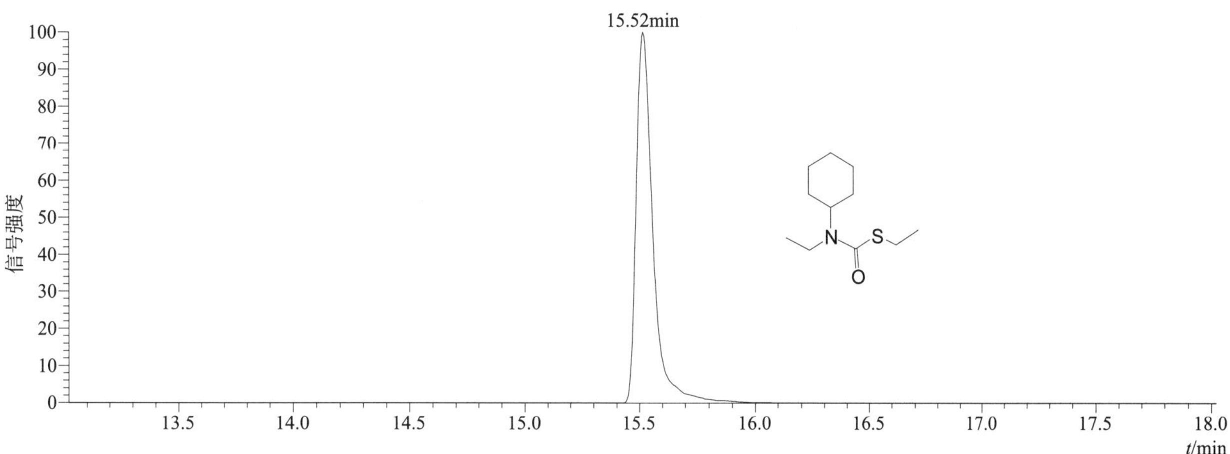

[M+H]+ 典型的一级质谱图

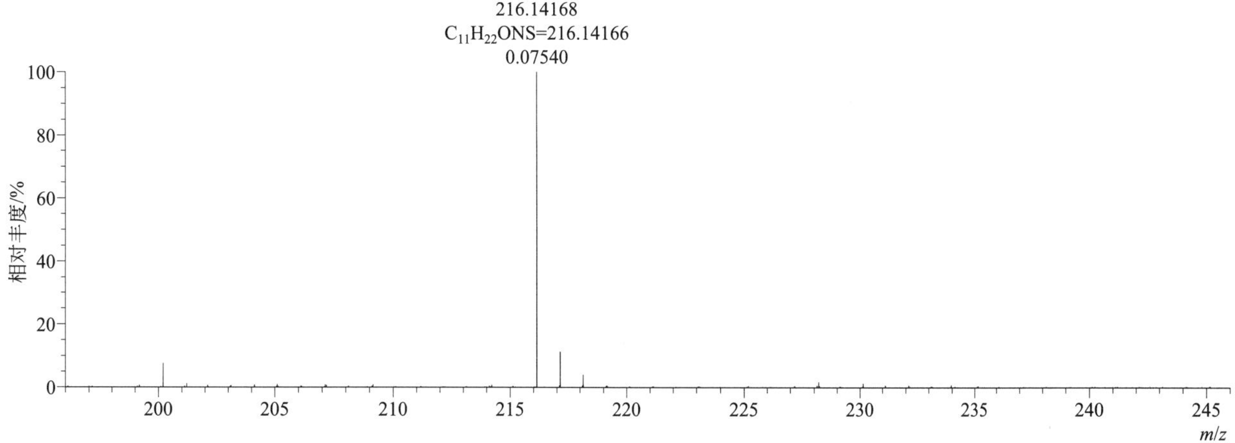

[M+H]$^+$ 归一化法能量 NCE 为 20 时典型的二级质谱图

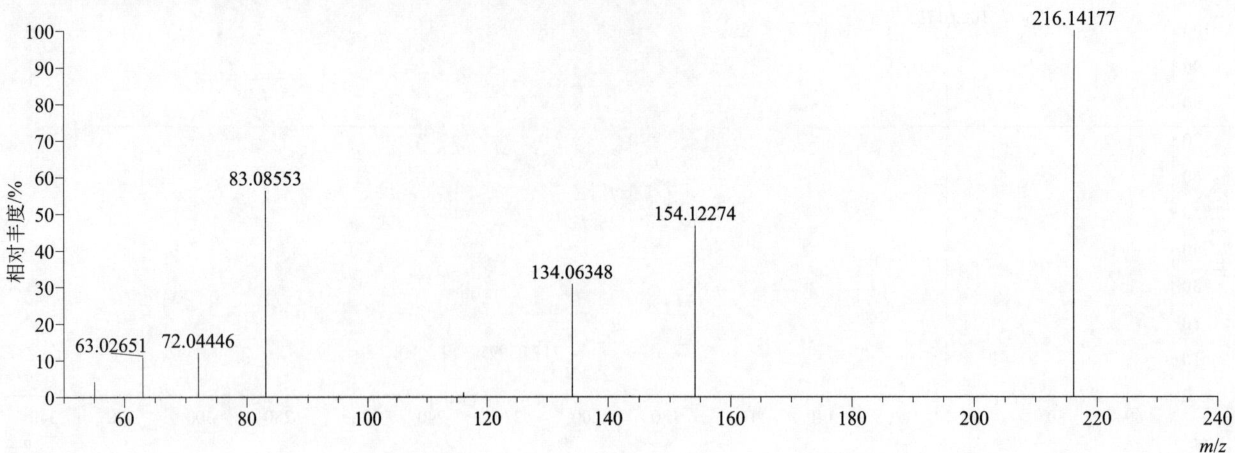

[M+H]$^+$ 归一化法能量 NCE 为 40 时典型的二级质谱图

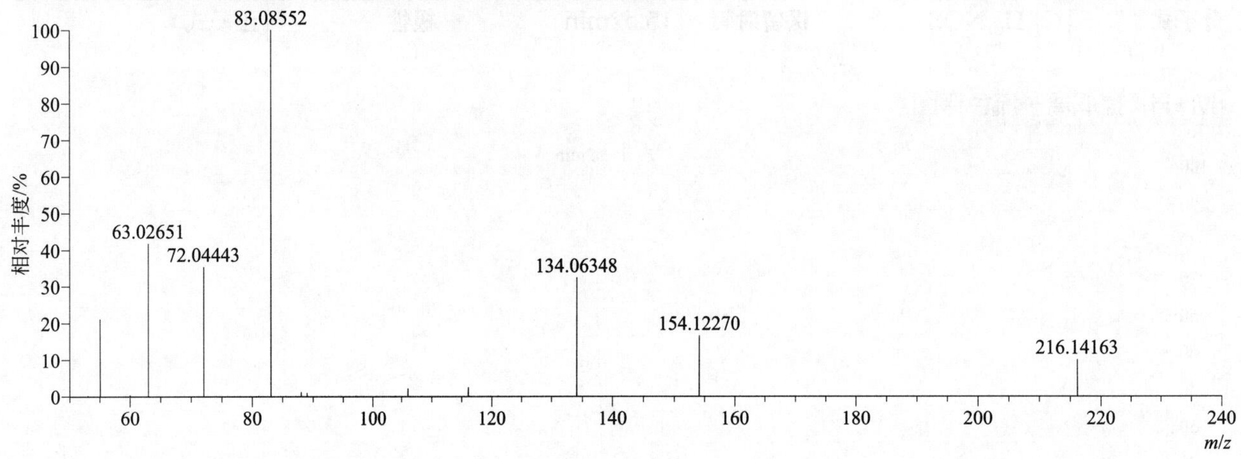

[M+H]$^+$ 归一化法能量 NCE 为 60 时典型的二级质谱图

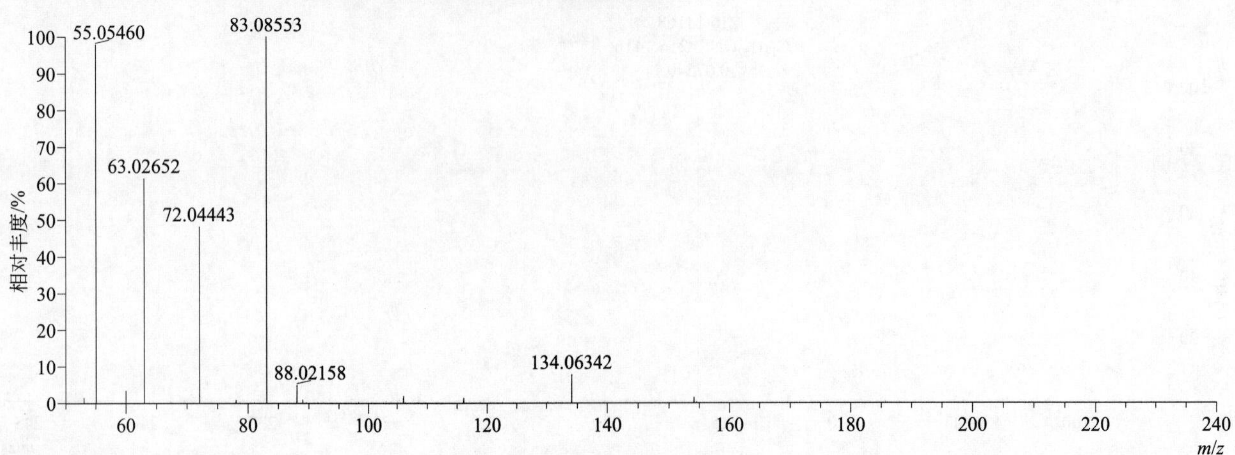

[M+H]$^+$ 阶梯归一化法能量 Step NCE 为 20、40、60 时典型的二级质谱图

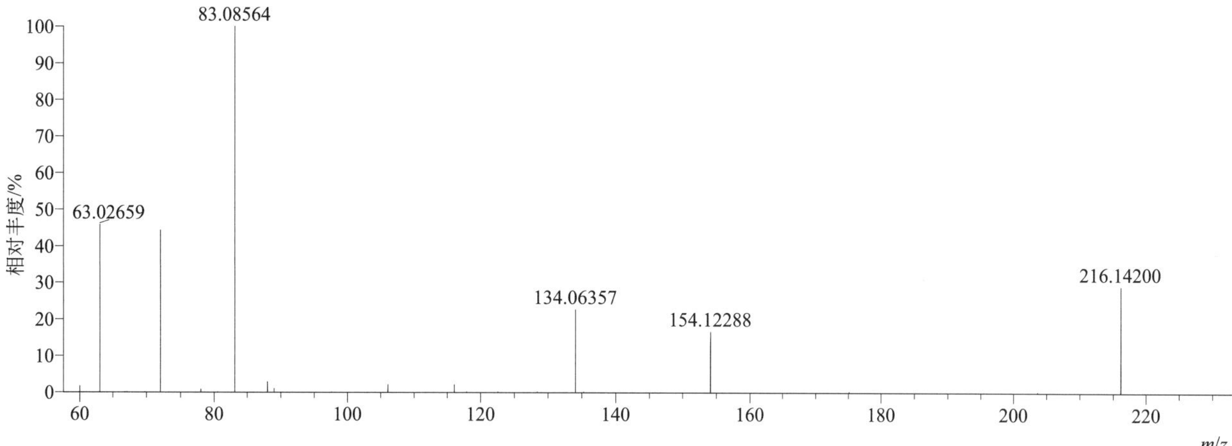

cyclosulfamuron（环丙嘧磺隆）

基本信息

CAS 登录号	136849-15-5	分子量	421.10560	离子源和极性	电喷雾离子源（ESI）
分子式	$C_{17}H_{19}N_5O_6S$	保留时间	14.66min	极性	正模式

[M+H]$^+$ 提取离子流色谱图

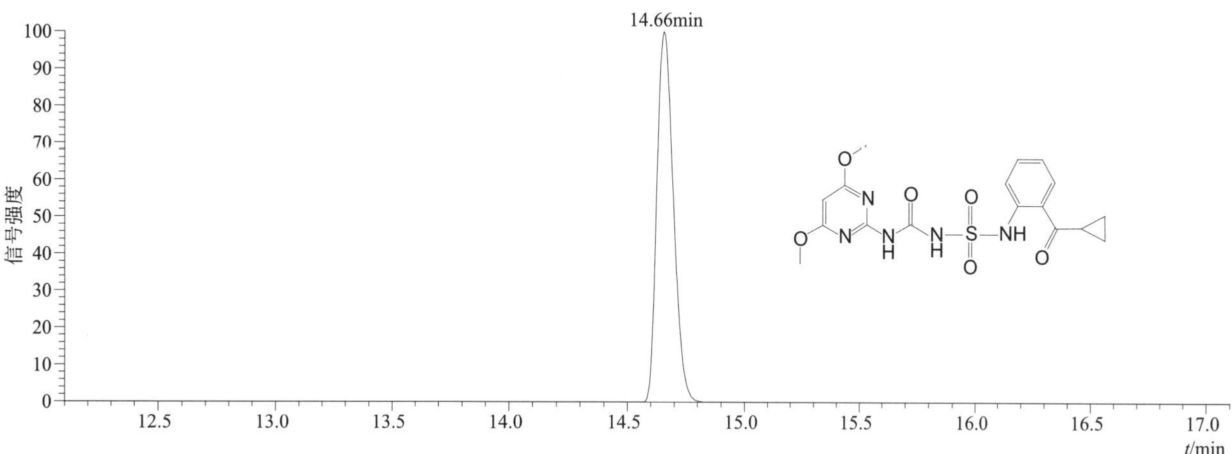

[M+H]$^+$ 和 [M+Na]$^+$ 典型的一级质谱图

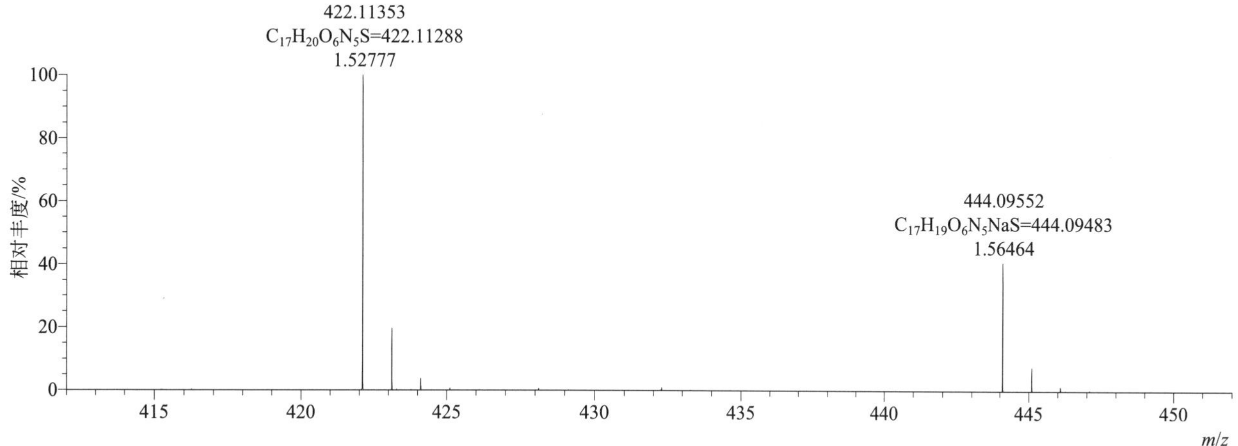

[M+H]+ 归一化法能量 NCE 为 20 时典型的二级质谱图

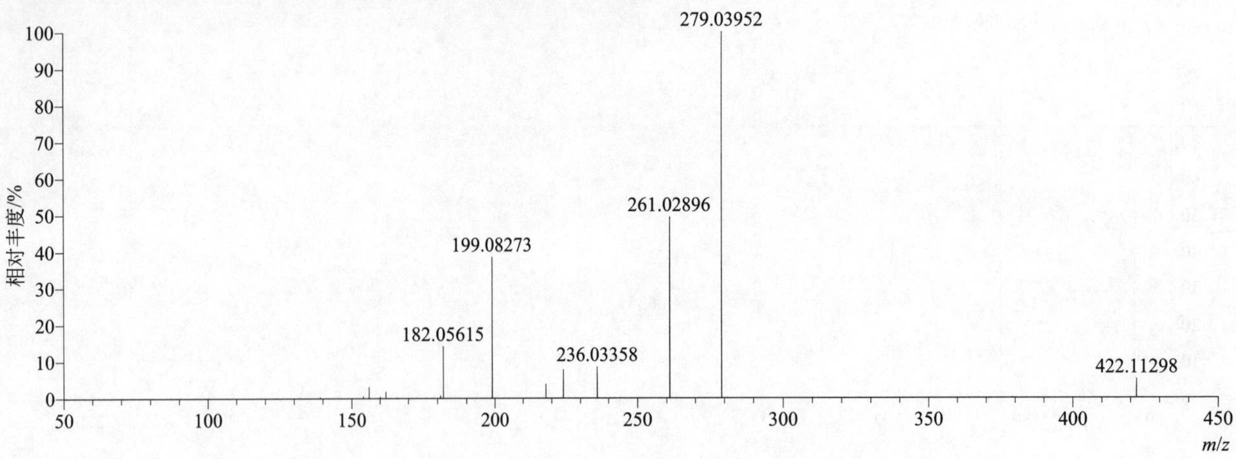

[M+H]+ 归一化法能量 NCE 为 40 时典型的二级质谱图

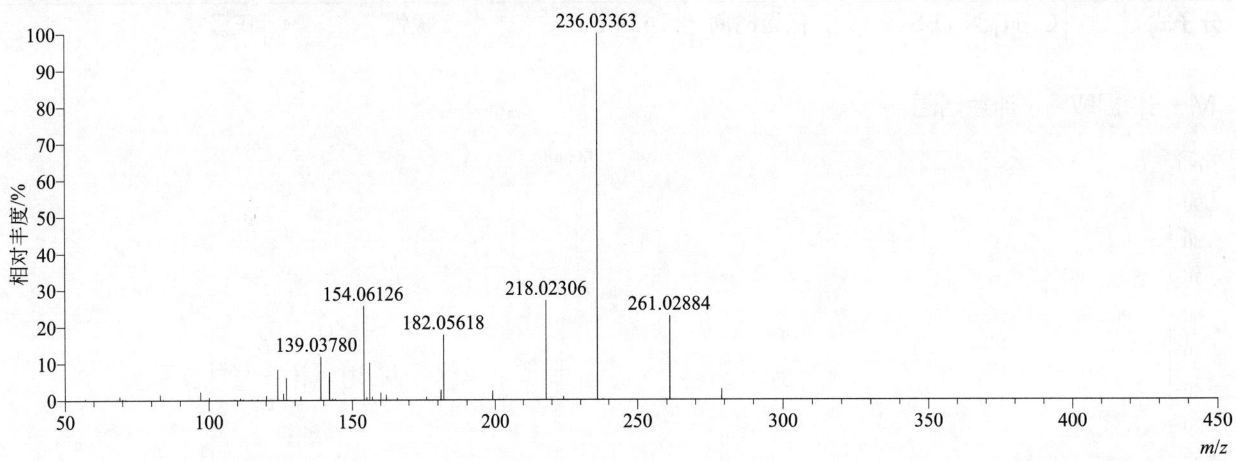

[M+H]+ 归一化法能量 NCE 为 60 时典型的二级质谱图

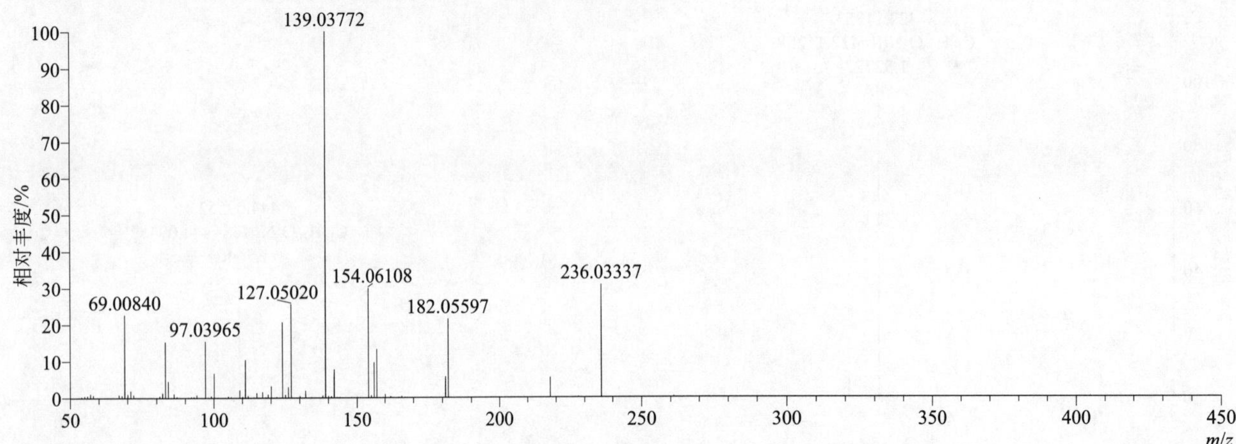

[M+H]+ 阶梯归一化法能量 Step NCE 为 20、40、60 时典型的二级质谱图

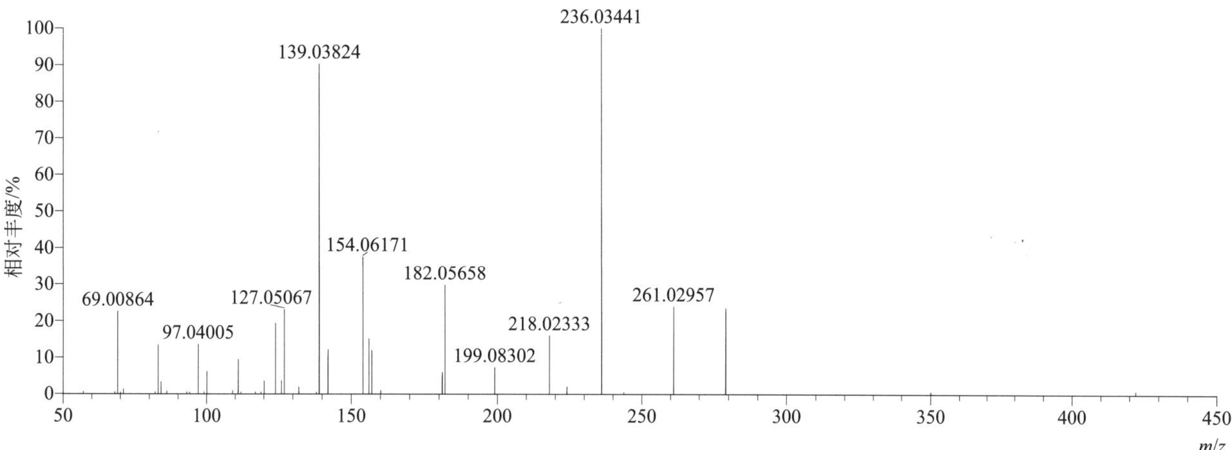

cycluron（环莠隆）

基本信息

CAS 登录号	2163-69-1	分子量	198.17321	离子源和极性	电喷雾离子源（ESI）
分子式	$C_{11}H_{22}N_2O$	保留时间	13.96min	极性	正模式

[M+H]+ 提取离子流色谱图

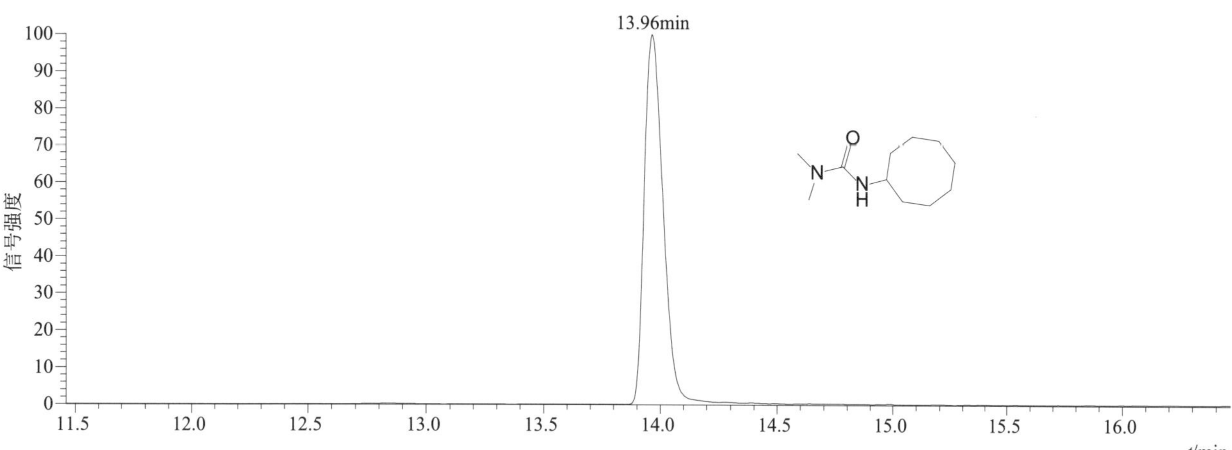

[M+H]+ 典型的一级质谱图

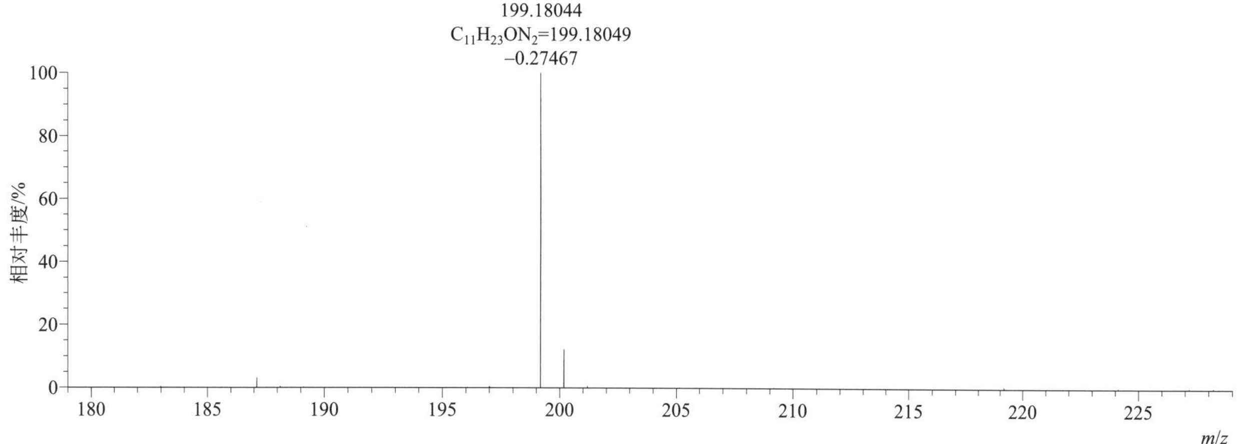

[M+H]+ 归一化法能量 NCE 为 20 时典型的二级质谱图

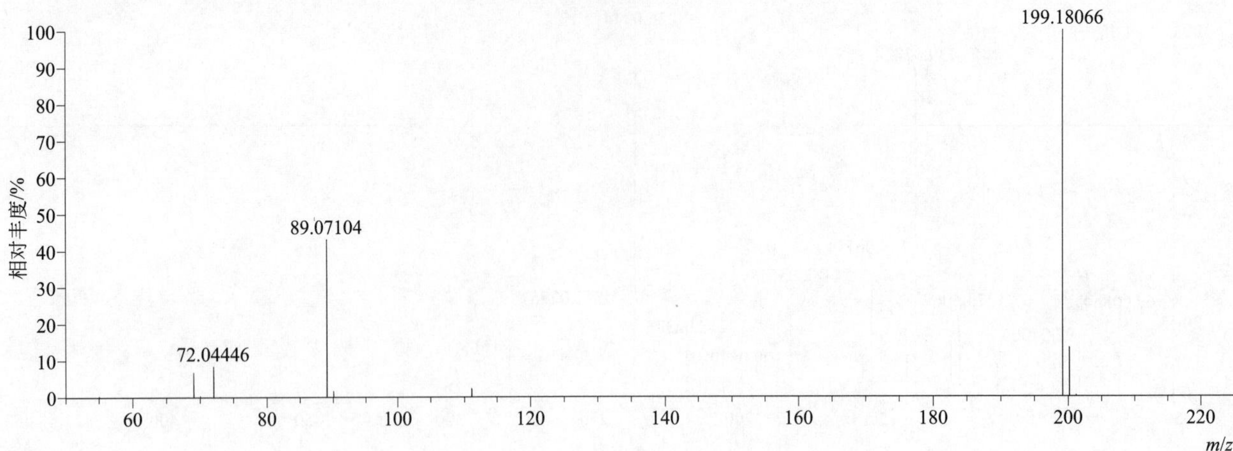

[M+H]+ 归一化法能量 NCE 为 40 时典型的二级质谱图

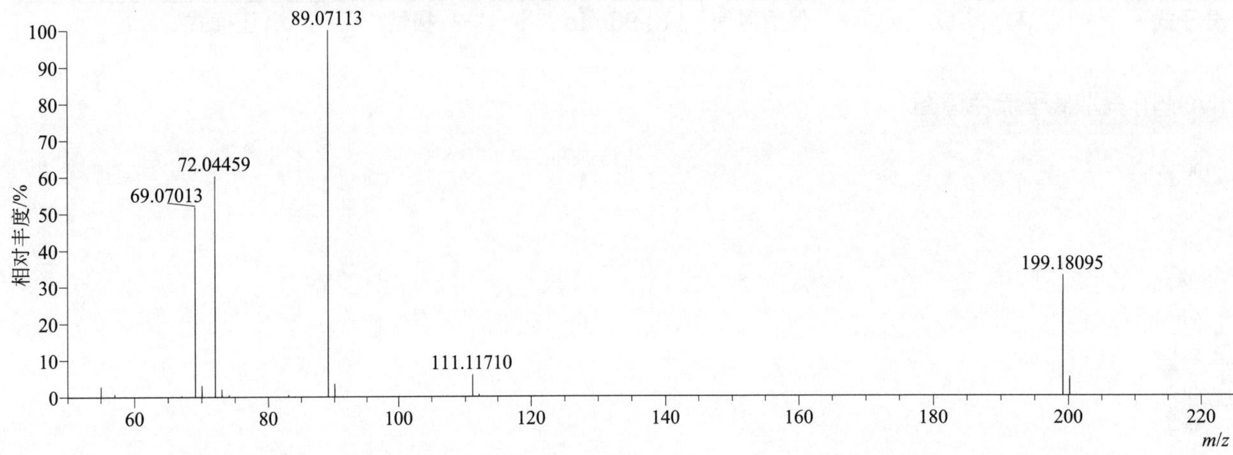

[M+H]+ 归一化法能量 NCE 为 60 时典型的二级质谱图

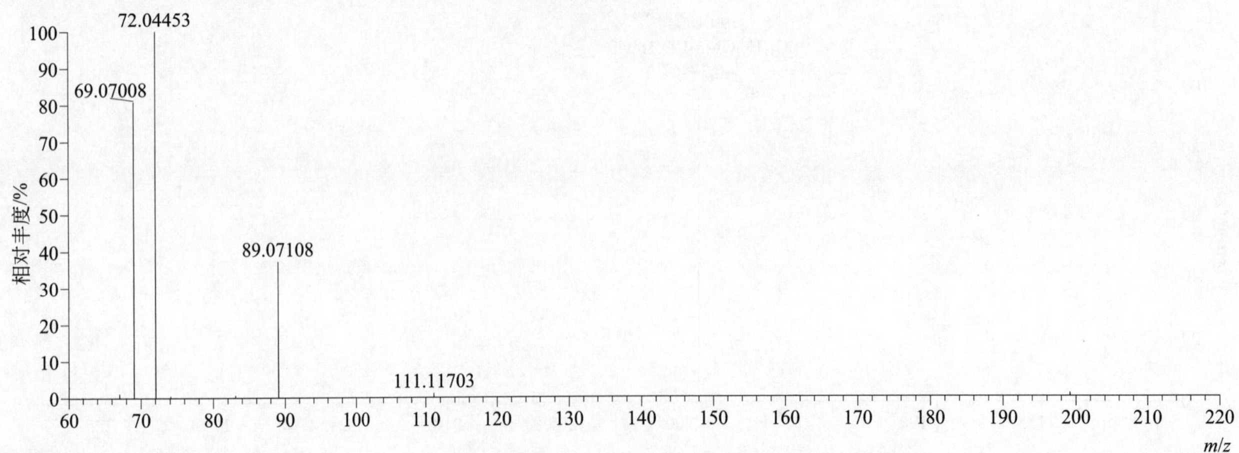

[M+H]+ 阶梯归一化法能量 Step NCE 为 20、40、60 时典型的二级质谱图

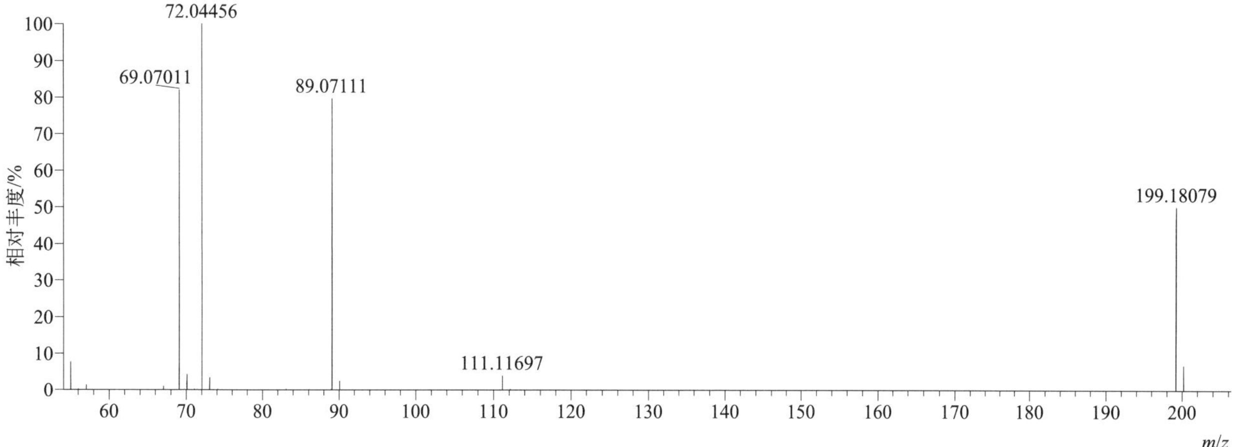

cyflufenamid（环氟菌胺）

基本信息

CAS 登录号	180409-60-3	分子量	412.1202	离子源和极性	电喷雾离子源（ESI）
分子式	$C_{20}H_{17}F_5N_2O_2$	保留时间	15.19min	极性	正模式

[M+H]+ 提取离子流色谱图

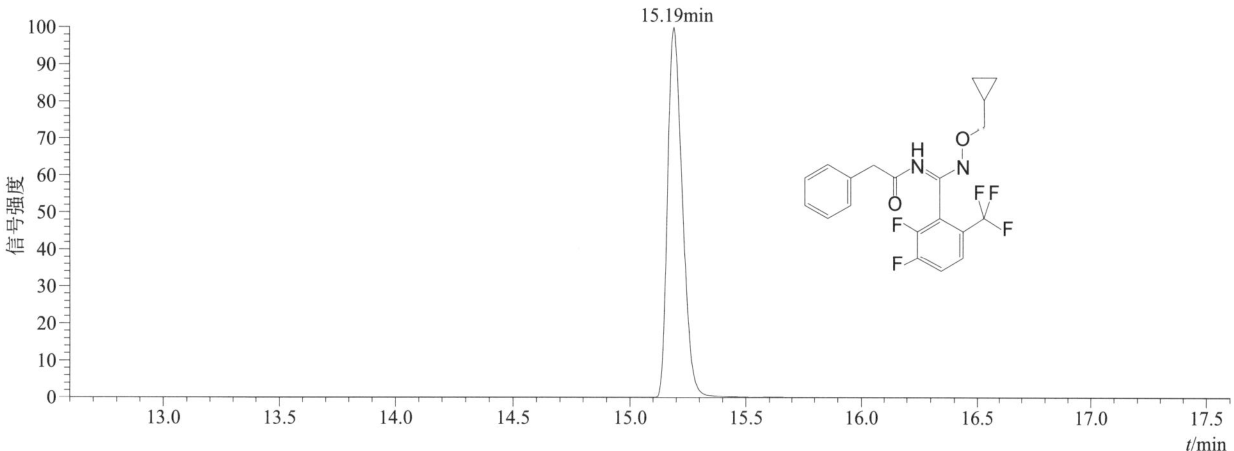

[M+H]+ 典型的一级质谱图

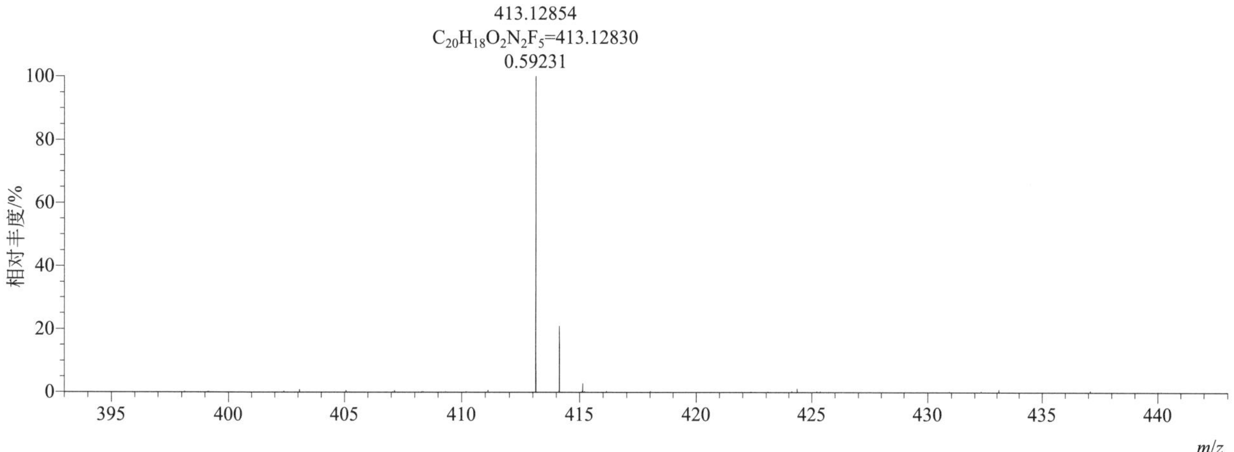

[M+H]$^+$ 归一化法能量 NCE 为 20 时典型的二级质谱图

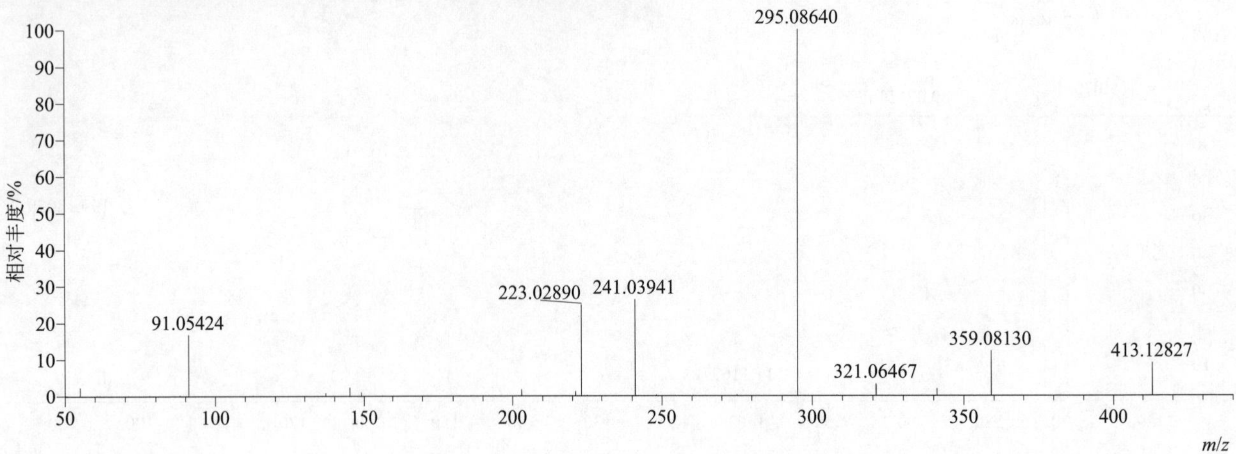

[M+H]$^+$ 归一化法能量 NCE 为 40 时典型的二级质谱图

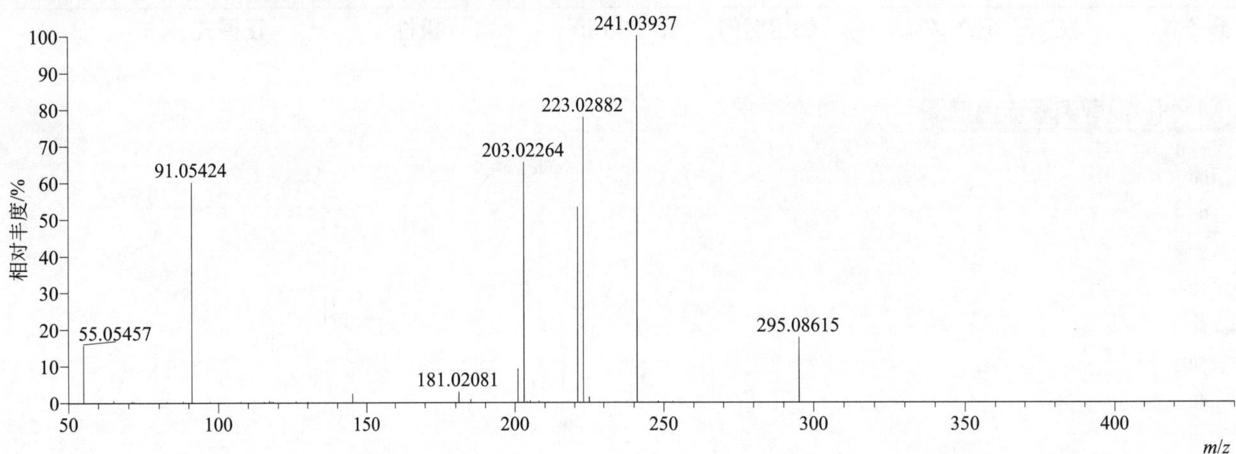

[M+H]$^+$ 归一化法能量 NCE 为 60 时典型的二级质谱图

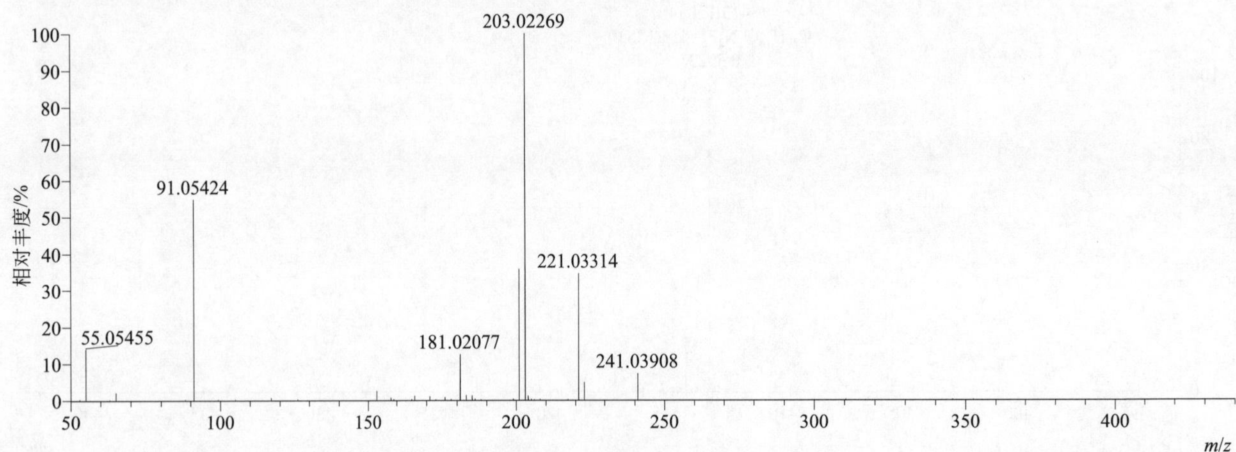

[M+H]+ 阶梯归一化法能量 Step NCE 为 20、40、60 时典型的二级质谱图

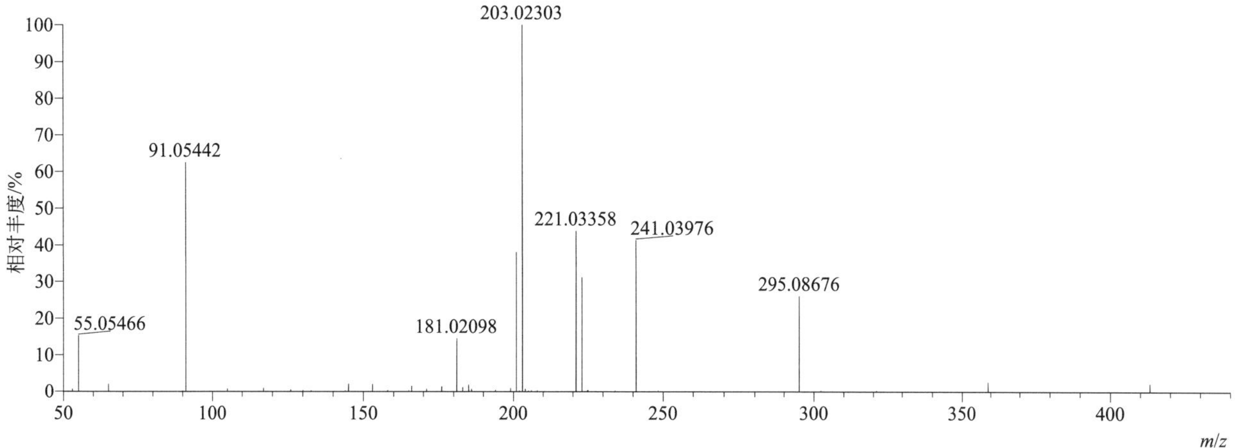

cymoxanil（霜脲氰）

基本信息

CAS 登录号	57966-95-7	分子量	198.07529	离子源和极性	电喷雾离子源（ESI）
分子式	$C_7H_{10}N_4O_3$	保留时间	12.37min	极性	正模式

[M+H]+ 提取离子流色谱图

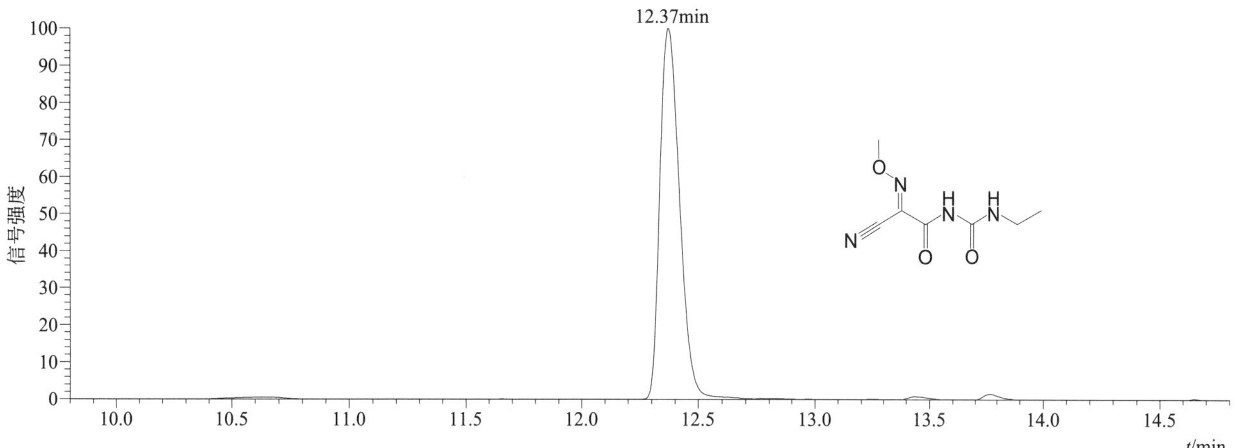

[M+H]+ 典型的一级质谱图

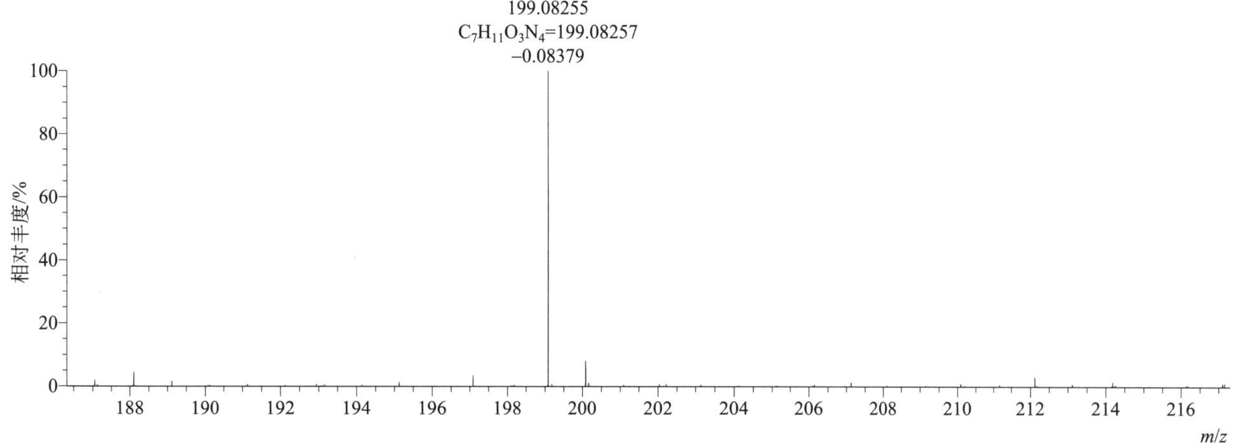

[M+H]+ 归一化法能量 NCE 为 20 时典型的二级质谱图

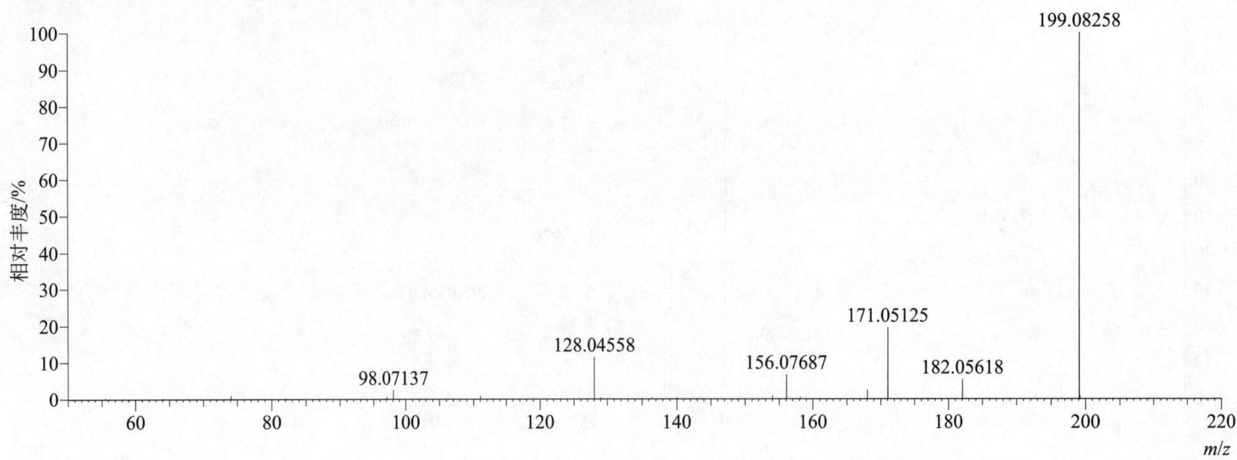

[M+H]+ 归一化法能量 NCE 为 40 时典型的二级质谱图

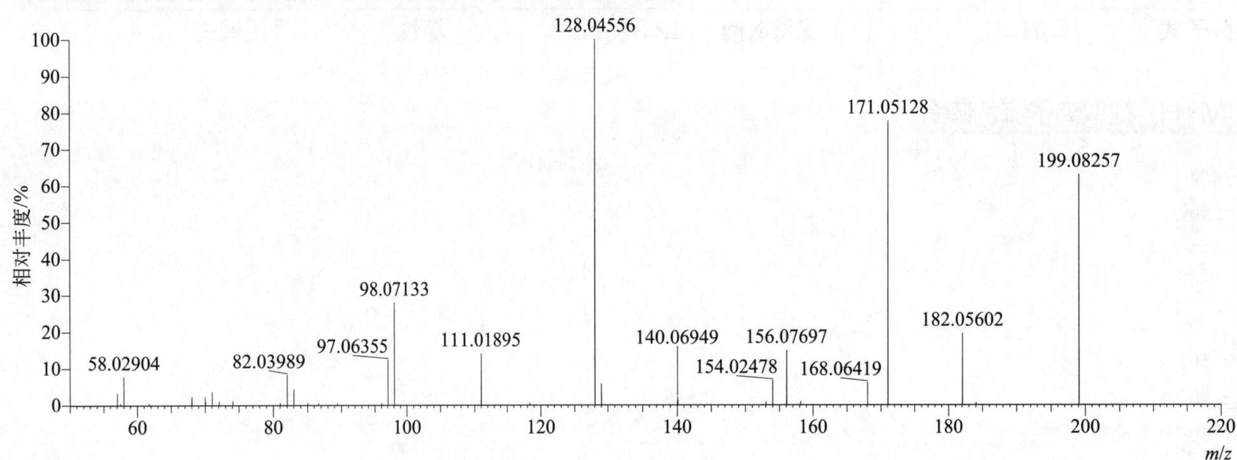

[M+H]+ 归一化法能量 NCE 为 60 时典型的二级质谱图

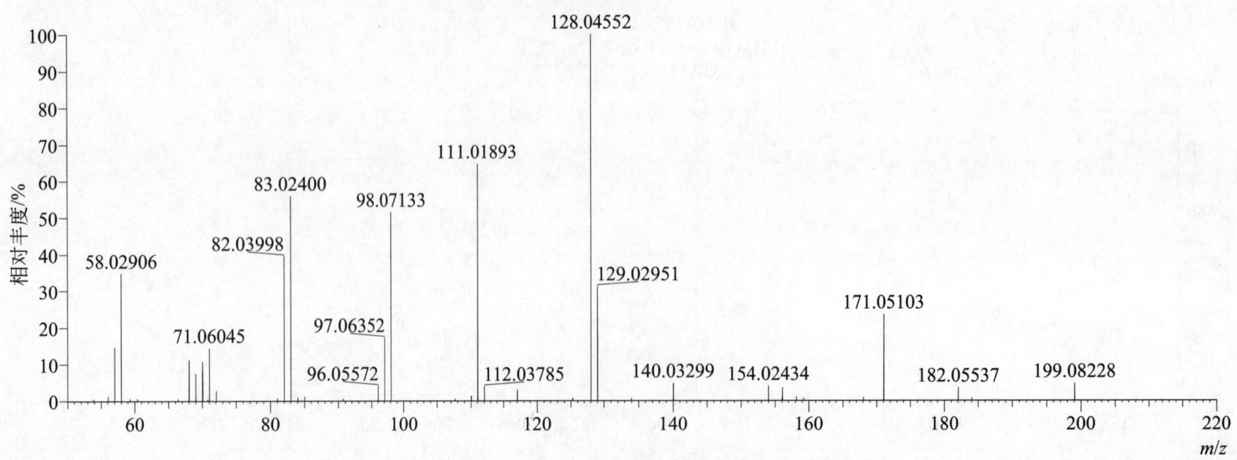

[M+H]+ 阶梯归一化法能量 Step NCE 为 20、40、60 时典型的二级质谱图

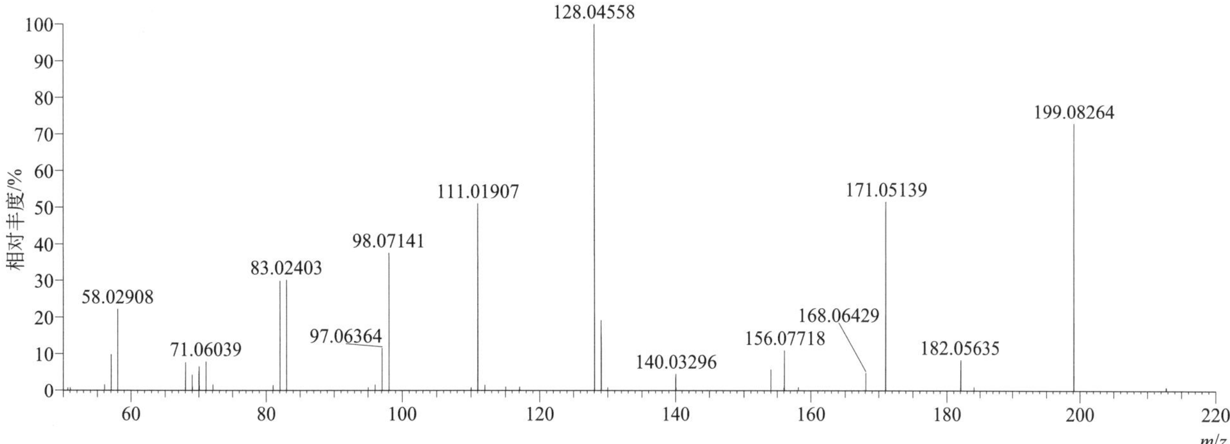

cyprazine（环草津）

基本信息

CAS 登录号	22936-86-3	分子量	227.09377	离子源和极性	电喷雾离子源（ESI）
分子式	$C_9H_{14}ClN_5$	保留时间	13.76min	极性	正模式

[M+H]+ 提取离子流色谱图

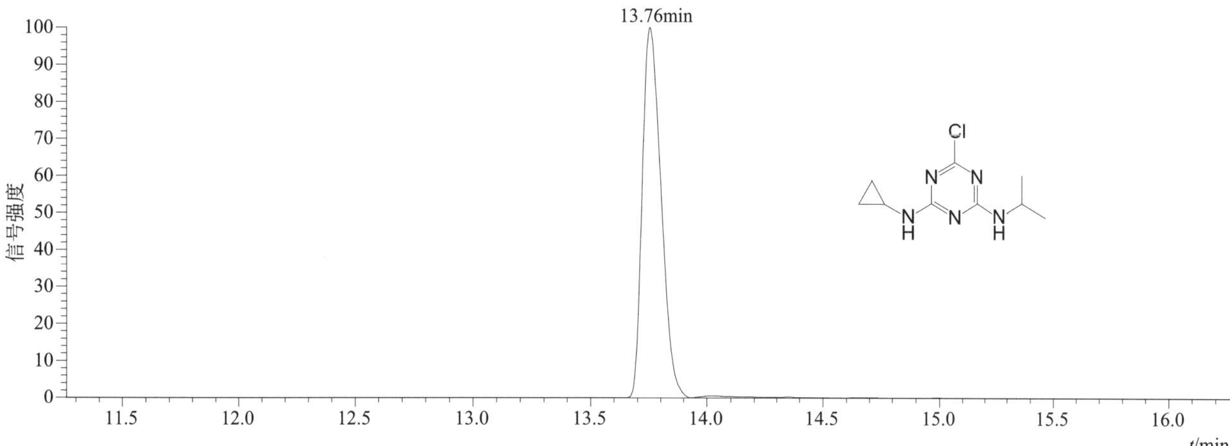

[M+H]+ 典型的一级质谱图

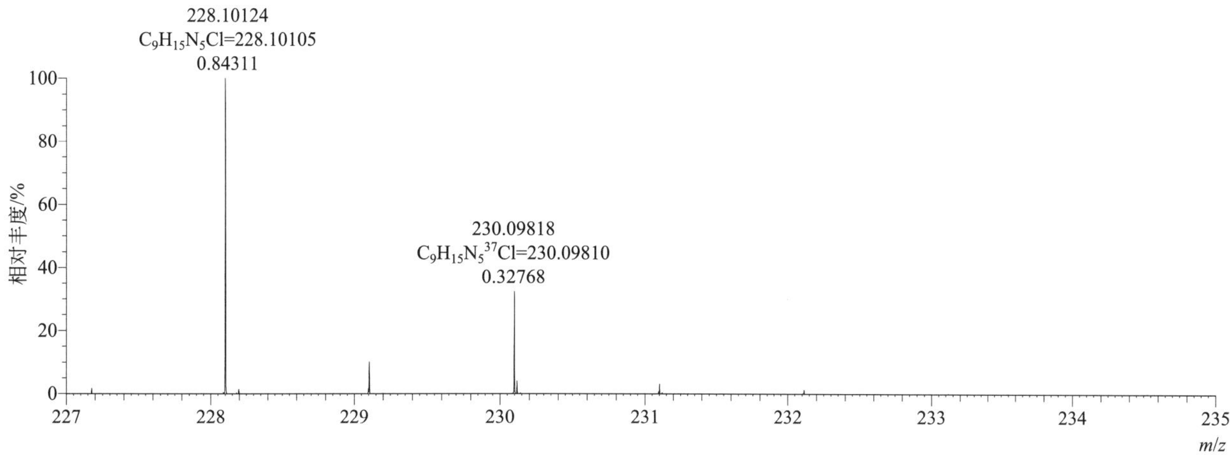

[M+H]$^+$ 归一化法能量 NCE 为 20 时典型的二级质谱图

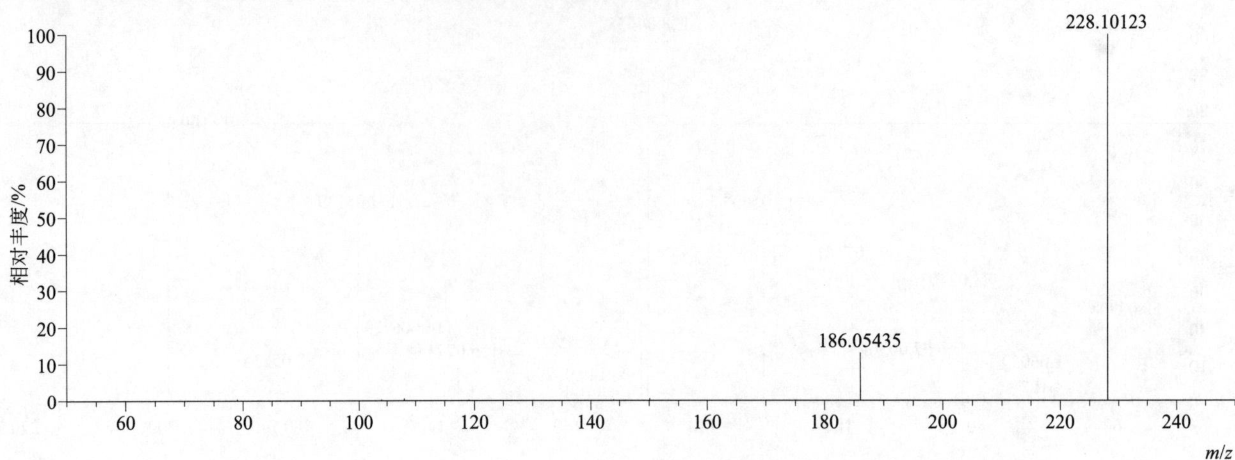

[M+H]$^+$ 归一化法能量 NCE 为 40 时典型的二级质谱图

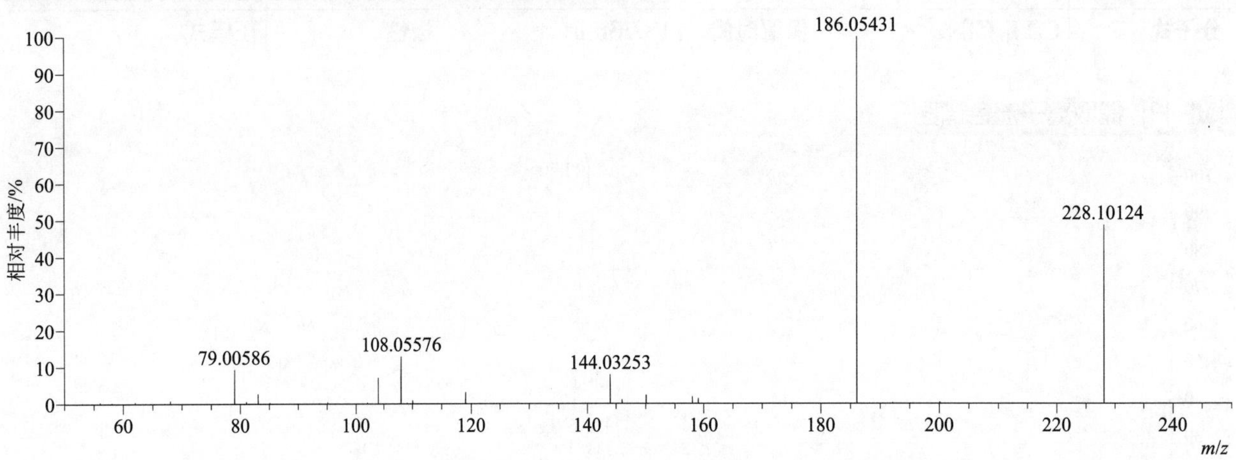

[M+H]$^+$ 归一化法能量 NCE 为 60 时典型的二级质谱图

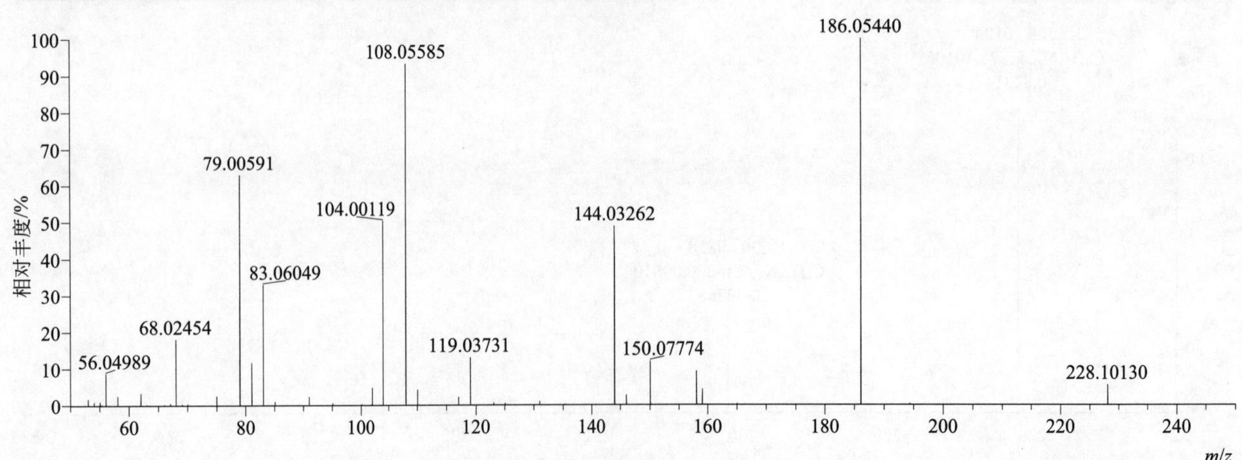

$[M+H]^+$ 阶梯归一化法能量 Step NCE 为 20、40、60 时典型的二级质谱图

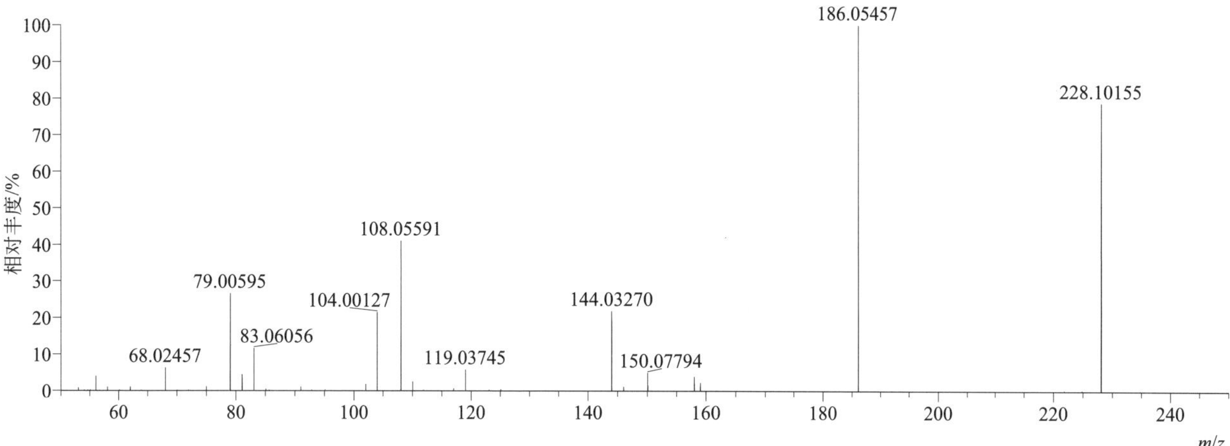

cyproconazole（环丙唑醇）

基本信息

CAS 登录号	94361-06-5	分子量	291.11384	离子源和极性	电喷雾离子源（ESI）
分子式	$C_{15}H_{18}ClN_3O$	保留时间	14.48min；14.64min	极性	正模式

$[M+H]^+$ 提取离子流色谱图

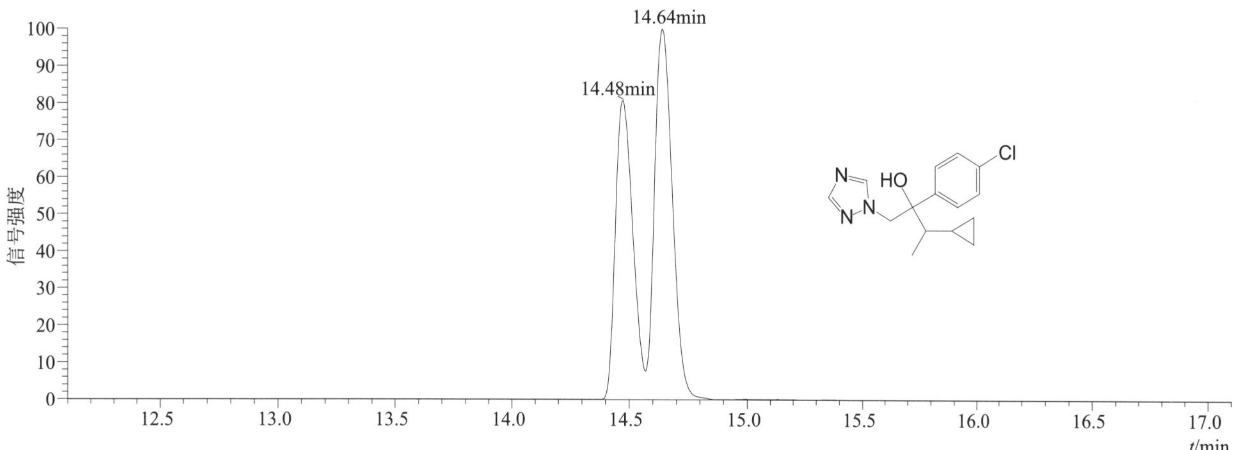

$[M+H]^+$ 典型的一级质谱图

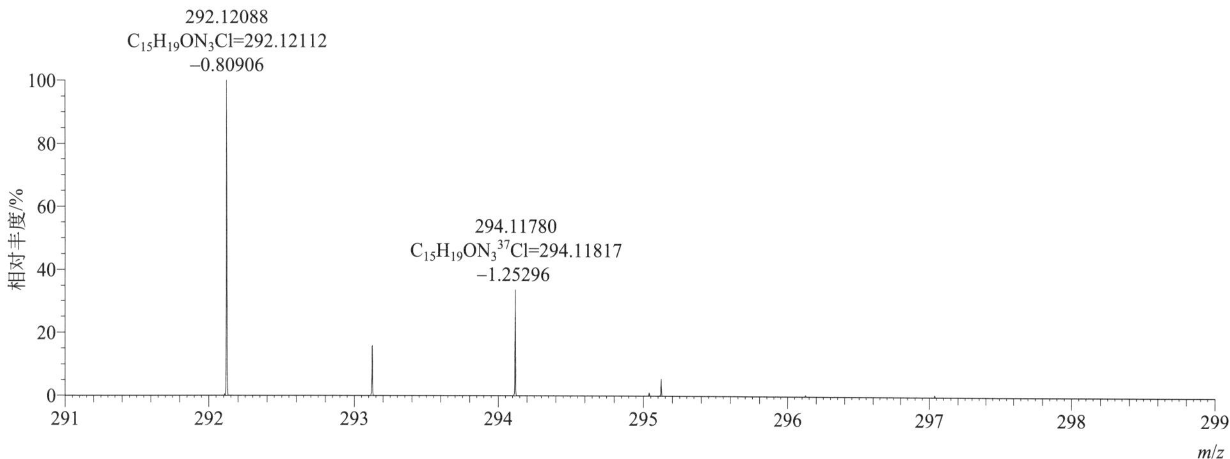

[M+H]⁺ 归一化法能量 NCE 为 20 时典型的二级质谱图

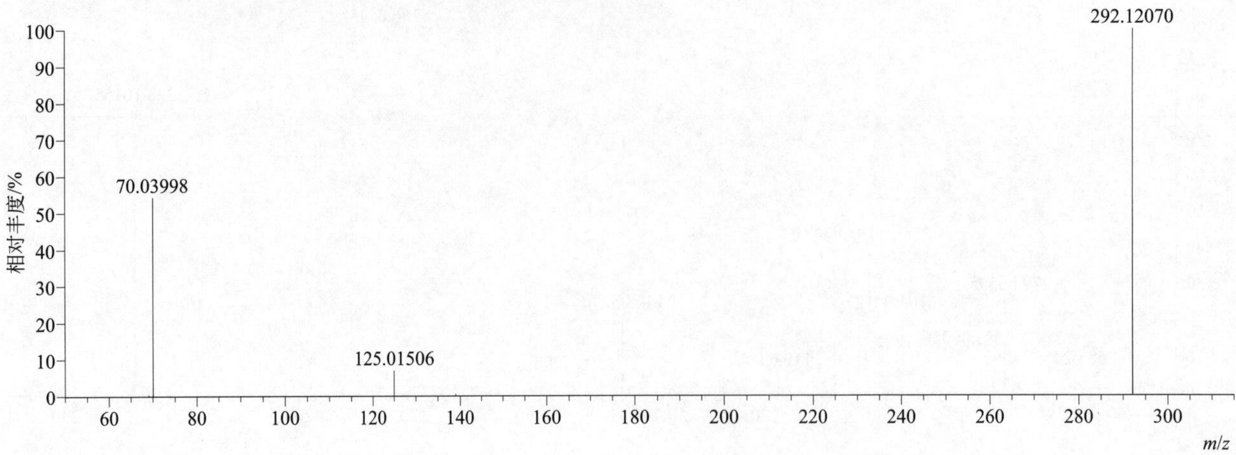

[M+H]⁺ 归一化法能量 NCE 为 40 时典型的二级质谱图

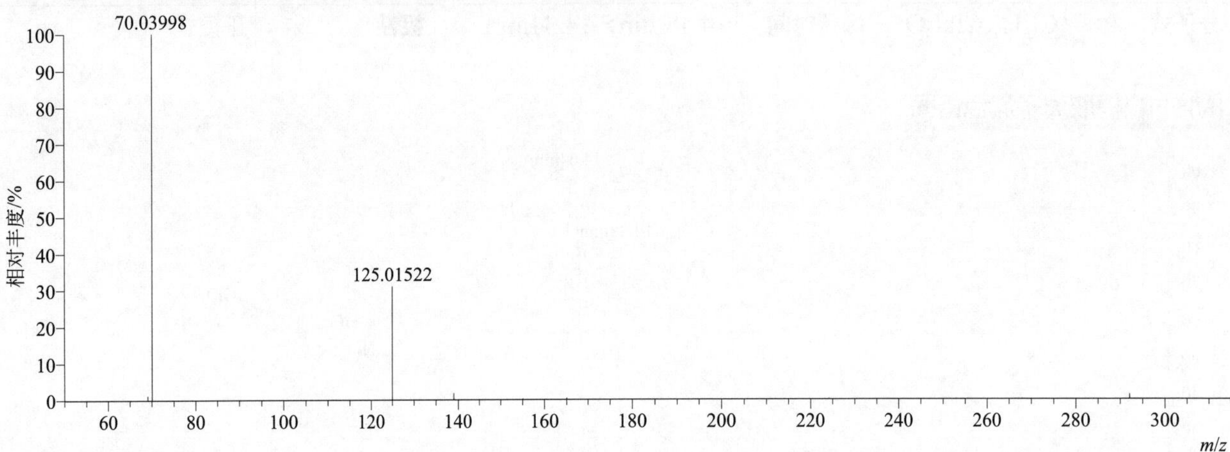

[M+H]⁺ 归一化法能量 NCE 为 60 时典型的二级质谱图

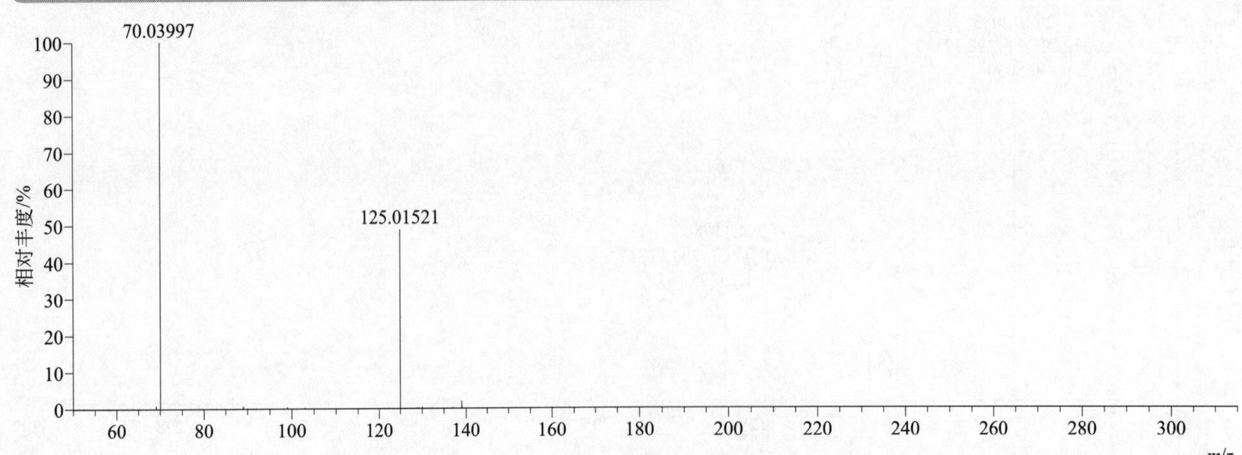

[M+H]+ 阶梯归一化法能量 Step NCE 为 20、40、60 时典型的二级质谱图

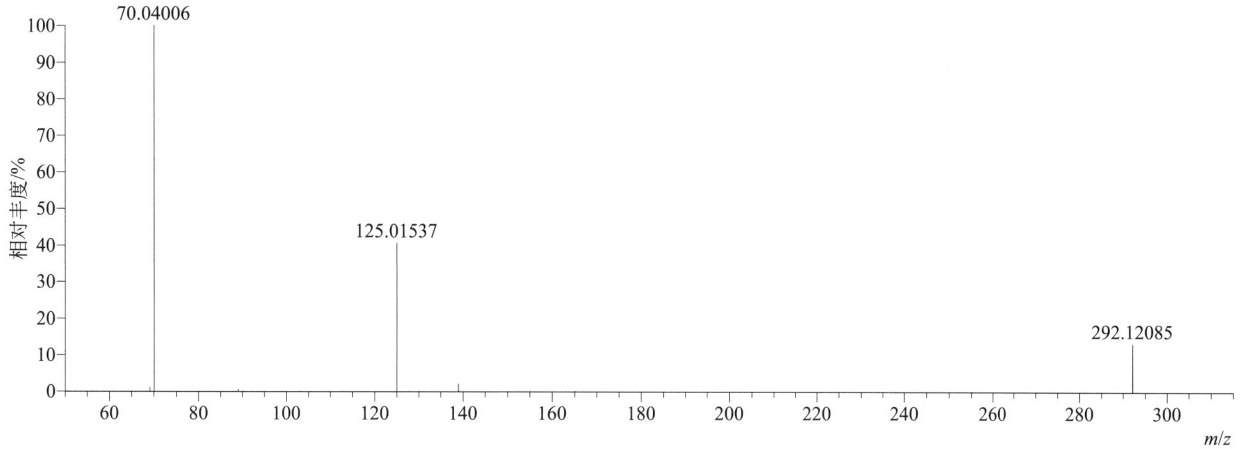

cyprodinil（嘧菌环胺）

基本信息

CAS 登录号	121552-61-2	分子量	225.12660	离子源和极性	电喷雾离子源（ESI）
分子式	$C_{14}H_{15}N_3$	保留时间	15.21min	极性	正模式

[M+H]+ 提取离子流色谱图

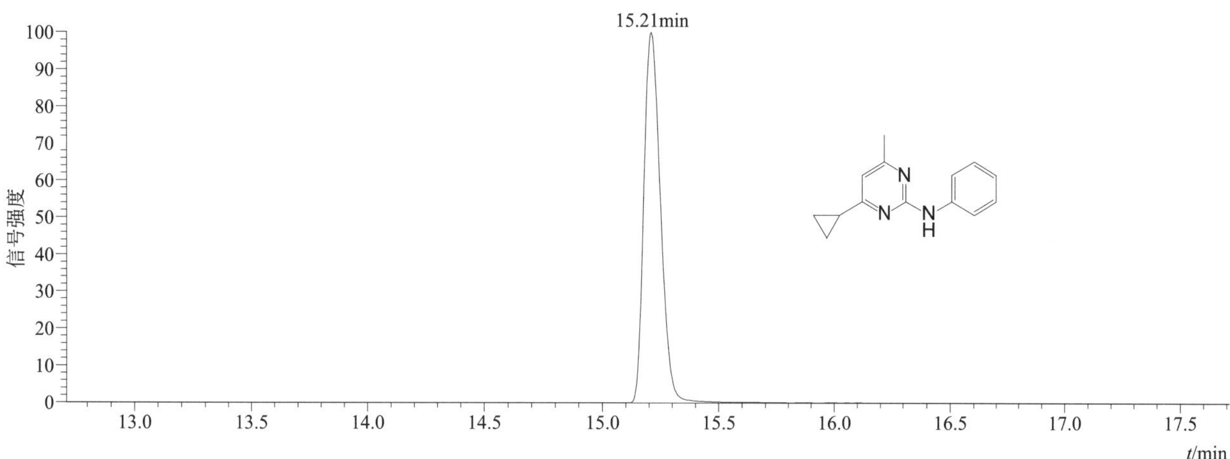

[M+H]+ 典型的一级质谱图

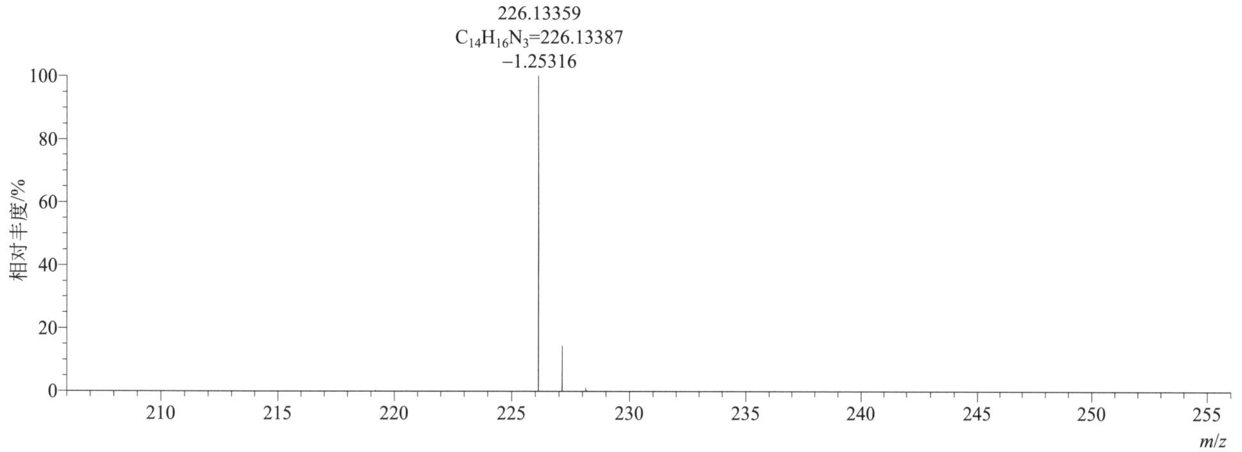

[M+H]⁺ 归一化法能量 NCE 为 60 时典型的二级质谱图

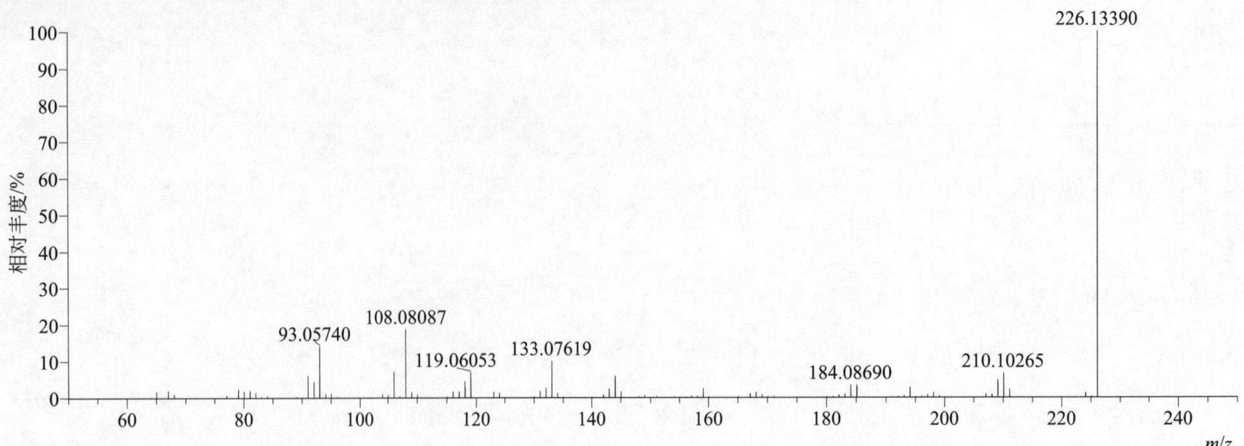

[M+H]⁺ 归一化法能量 NCE 为 80 时典型的二级质谱图

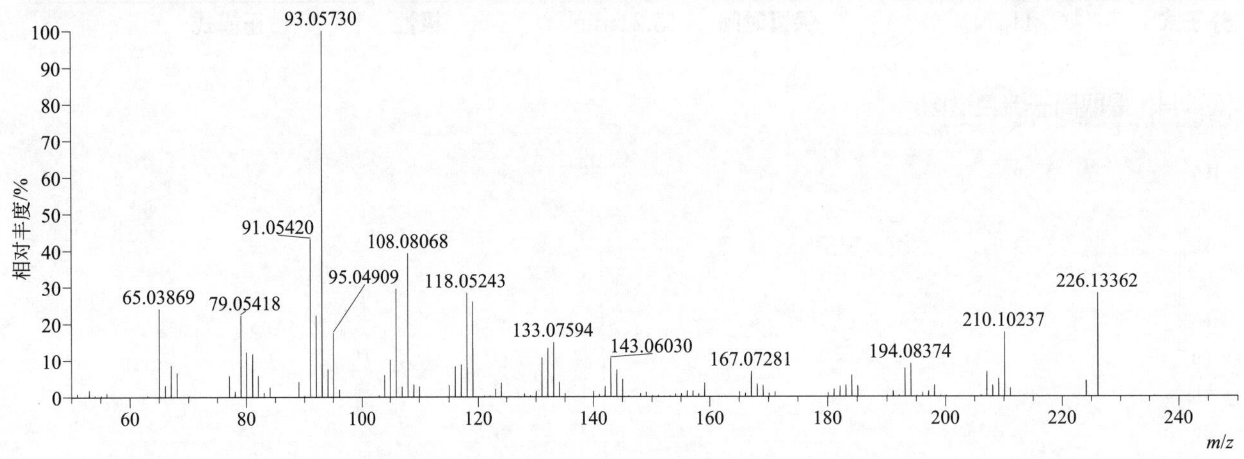

[M+H]⁺ 归一化法能量 NCE 为 100 时典型的二级质谱图

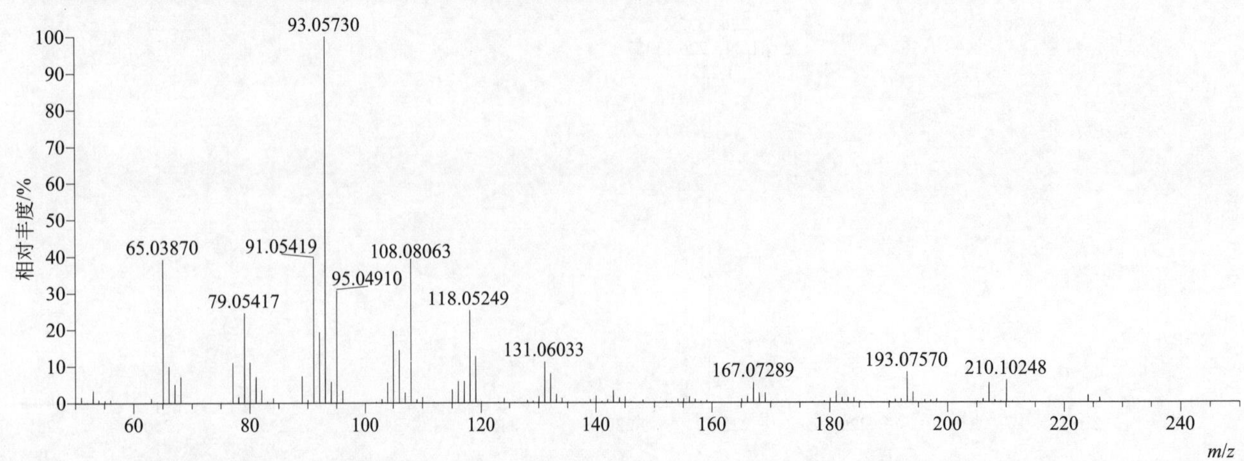

[M+H]+ 阶梯归一化法能量 Step NCE 为 60、80、100 时典型的二级质谱图

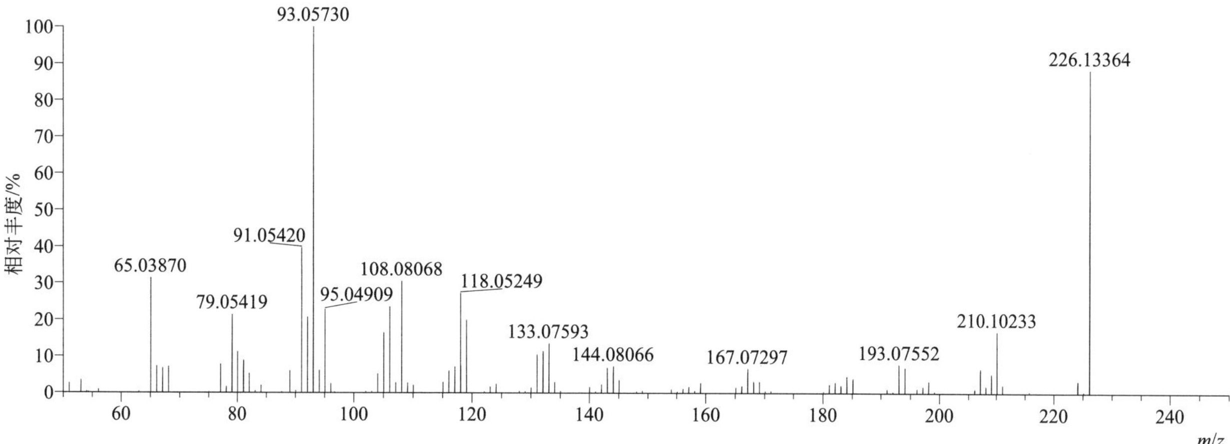

cyprofuram（酯菌胺）

基本信息

CAS 登录号	69581-33-5	分子量	279.06622	离子源和极性	电喷雾离子源（ESI）
分子式	$C_{14}H_{14}ClNO_3$	保留时间	13.39min	极性	正模式

[M+H]+ 提取离子流色谱图

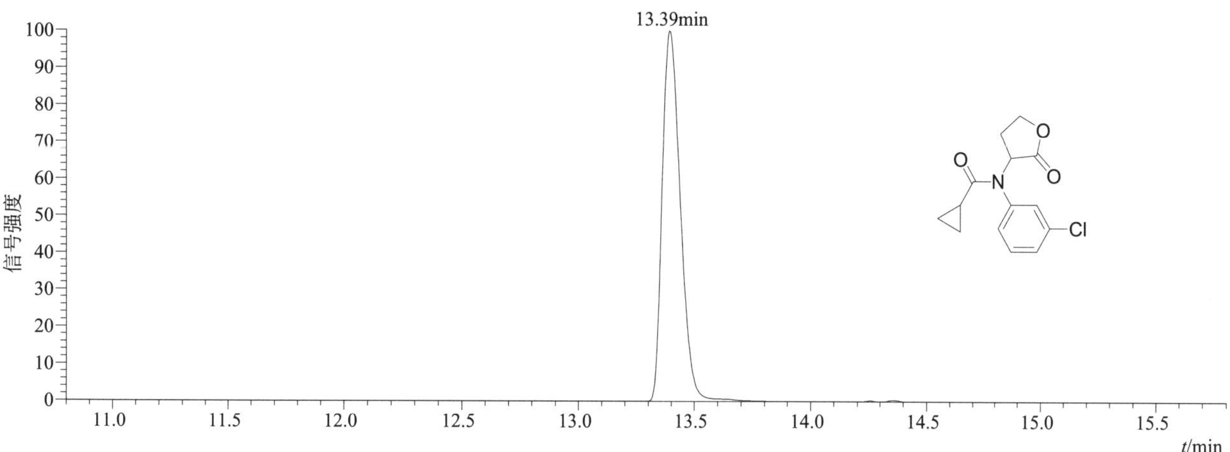

[M+H]+ 典型的一级质谱图

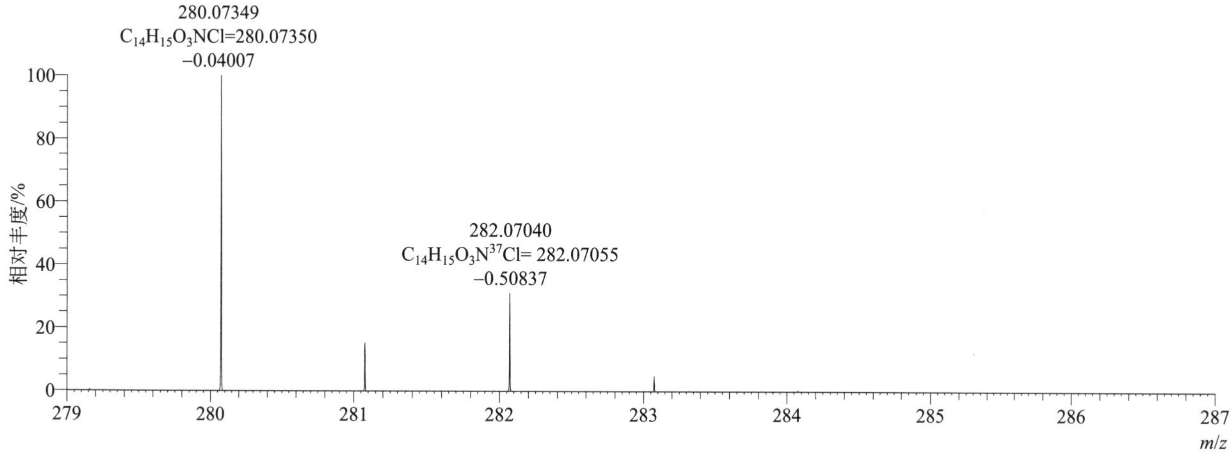

[M+H]+ 归一化法能量 NCE 为 20 时典型的二级质谱图

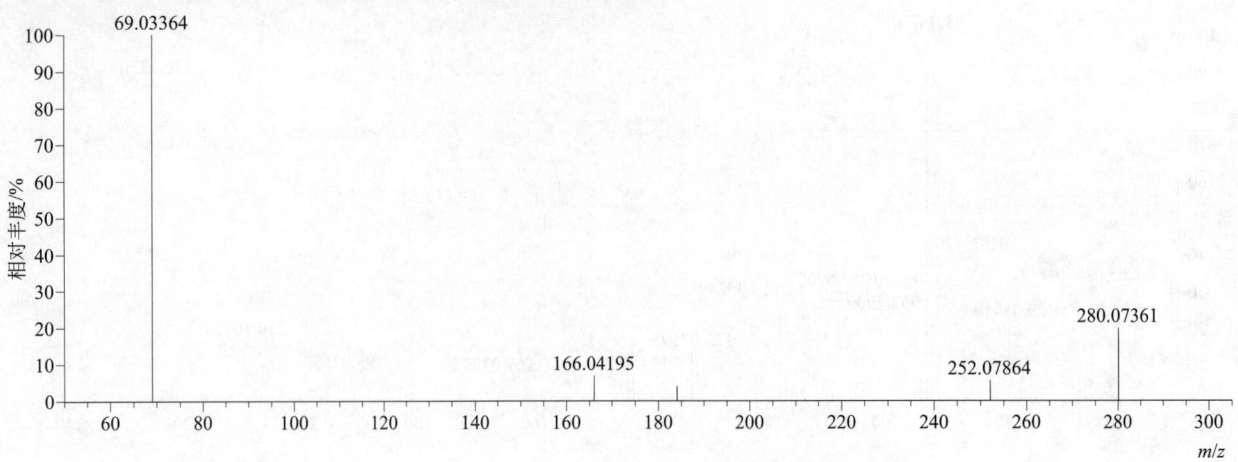

[M+H]+ 归一化法能量 NCE 为 40 时典型的二级质谱图

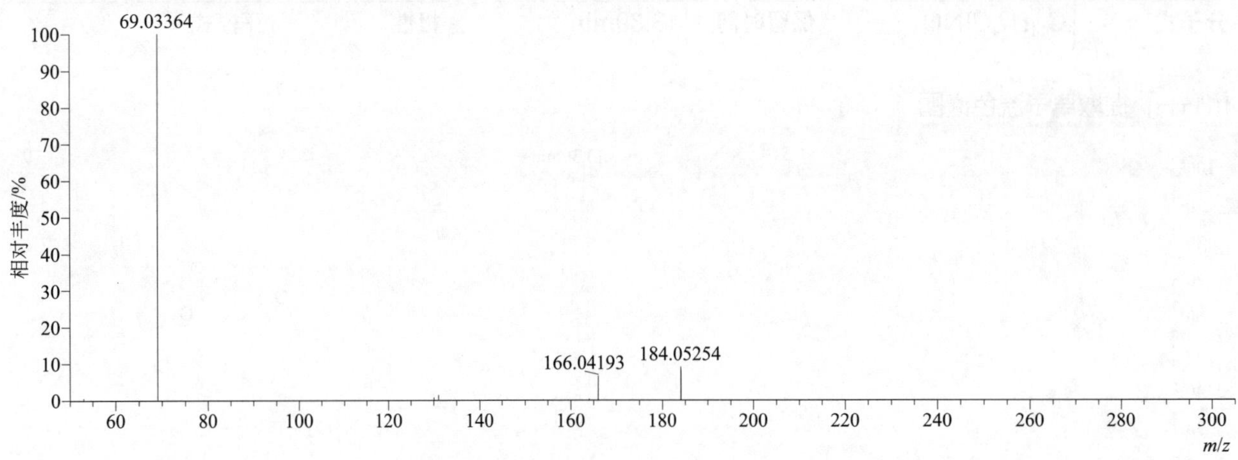

[M+H]+ 归一化法能量 NCE 为 60 时典型的二级质谱图

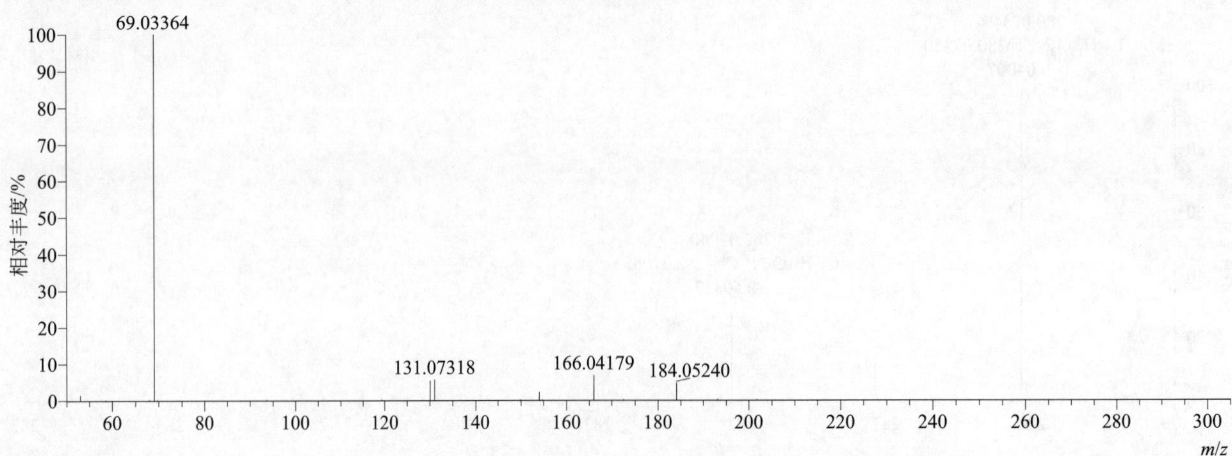

[M+H]+ 阶梯归一化法能量 Step NCE 为 20、40、60 时典型的二级质谱图

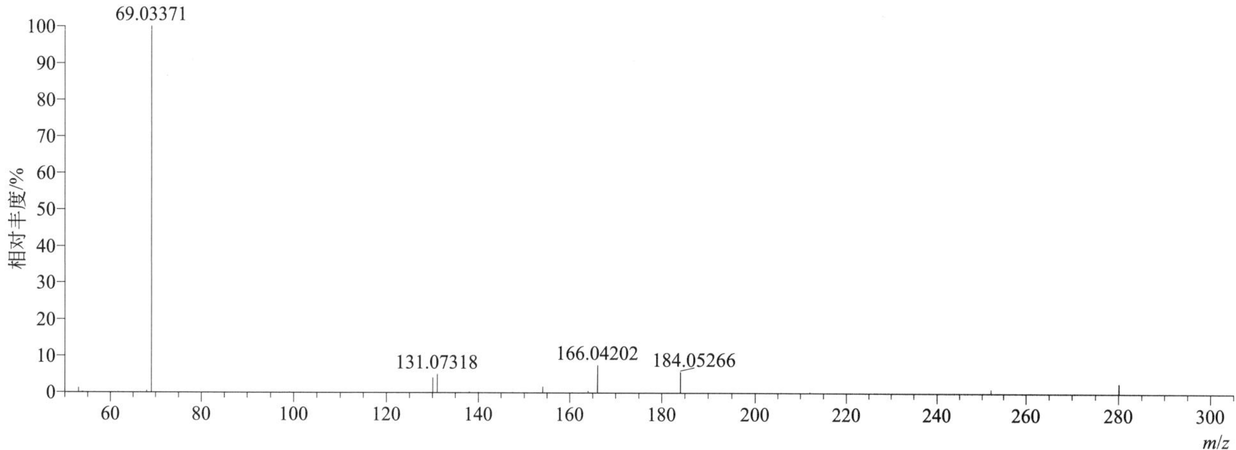

cyromazine（灭蝇胺）

基本信息

CAS 登录号	66215-27-8	分子量	166.09669	离子源和极性	电喷雾离子源（ESI）
分子式	$C_6H_{10}N_6$	保留时间	2.84min	极性	正模式

[M+H]+ 提取离子流色谱图

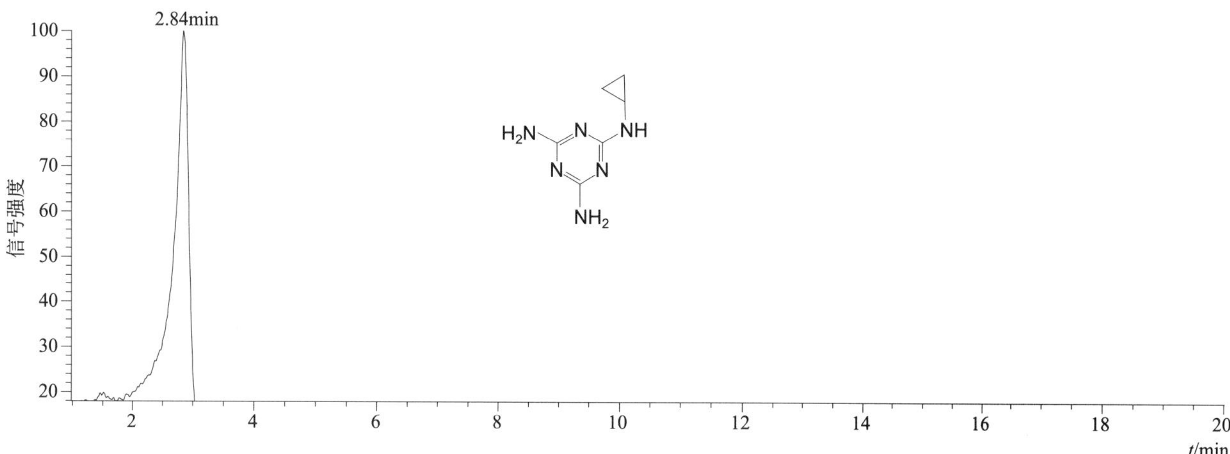

[M+H]+ 典型的一级质谱图

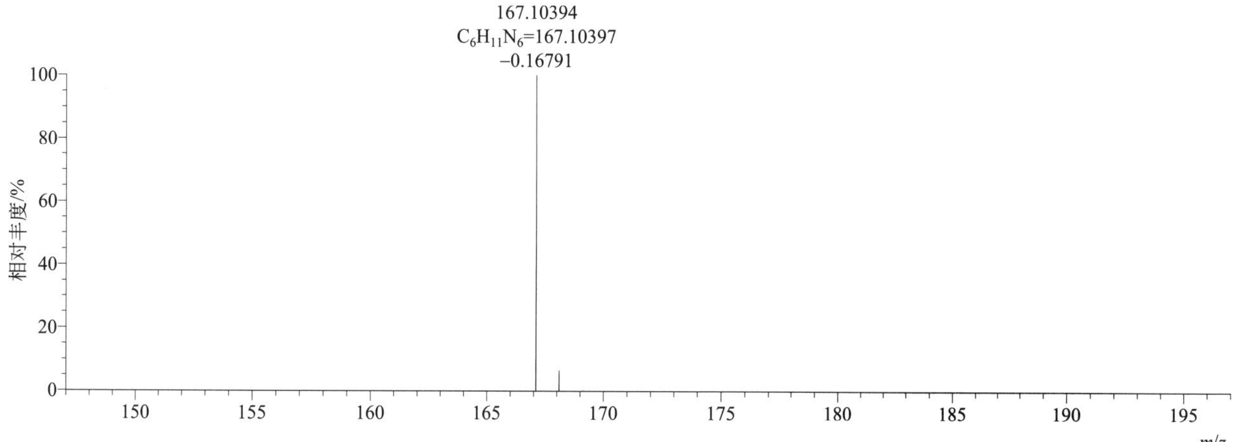

[M+H]+ 归一化法能量 NCE 为 20 时典型的二级质谱图

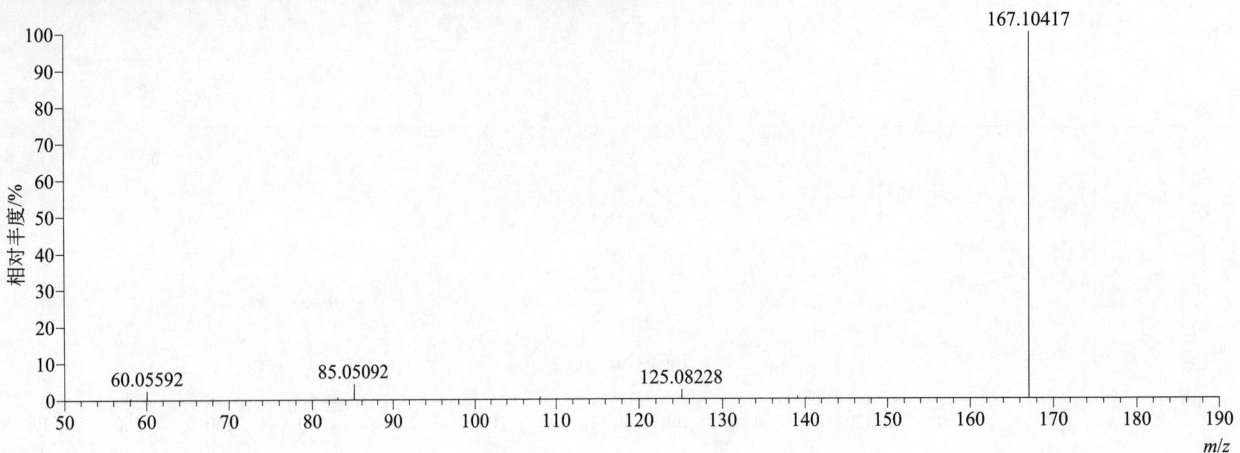

[M+H]+ 归一化法能量 NCE 为 40 时典型的二级质谱图

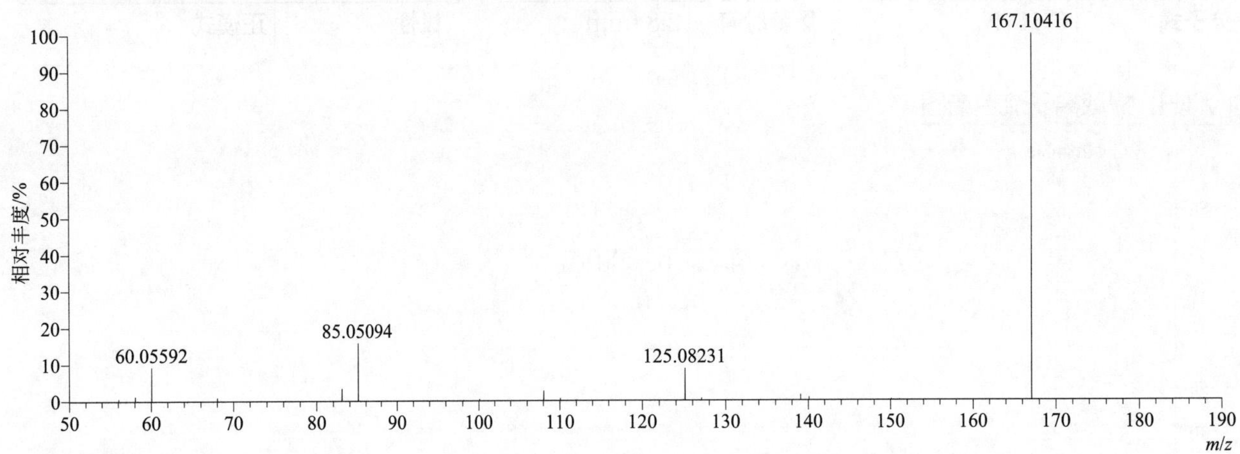

[M+H]+ 归一化法能量 NCE 为 60 时典型的二级质谱图

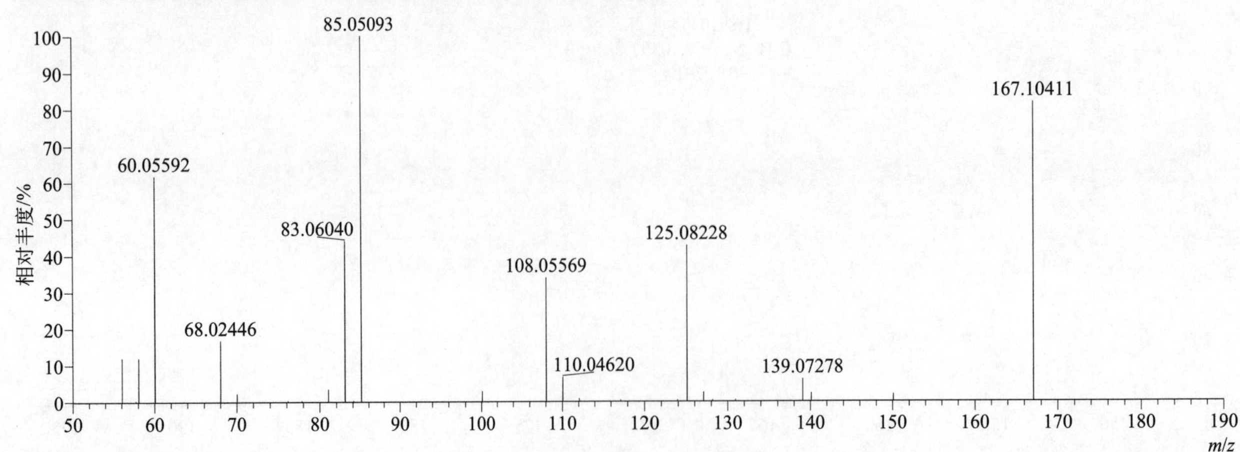

[M+H]⁺ 阶梯归一化法能量 Step NCE 为 20、40、60 时典型的二级质谱图

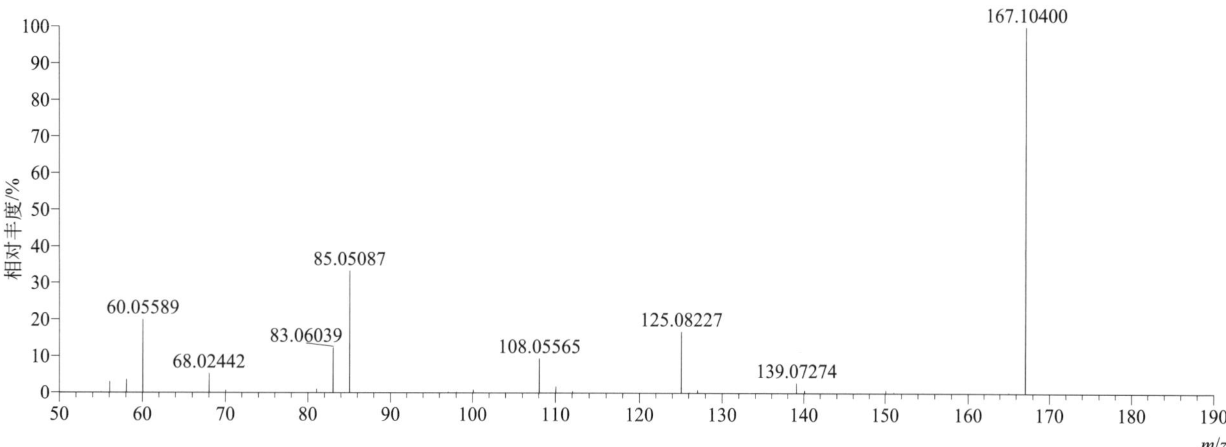

daminozide（丁酰肼）

基本信息

CAS 登录号	1596-84-5	分子量	160.08479	离子源和极性	电喷雾离子源（ESI）
分子式	$C_6H_{12}N_2O_3$	保留时间	0.83min	极性	正模式

[M+H]$^+$ 提取离子流色谱图

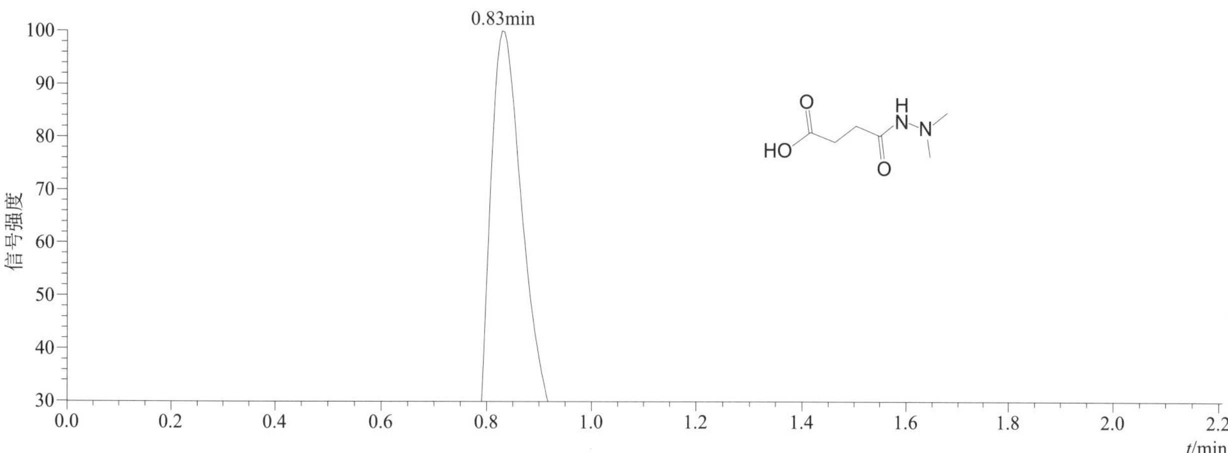

[M+H]$^+$ 典型的一级质谱图

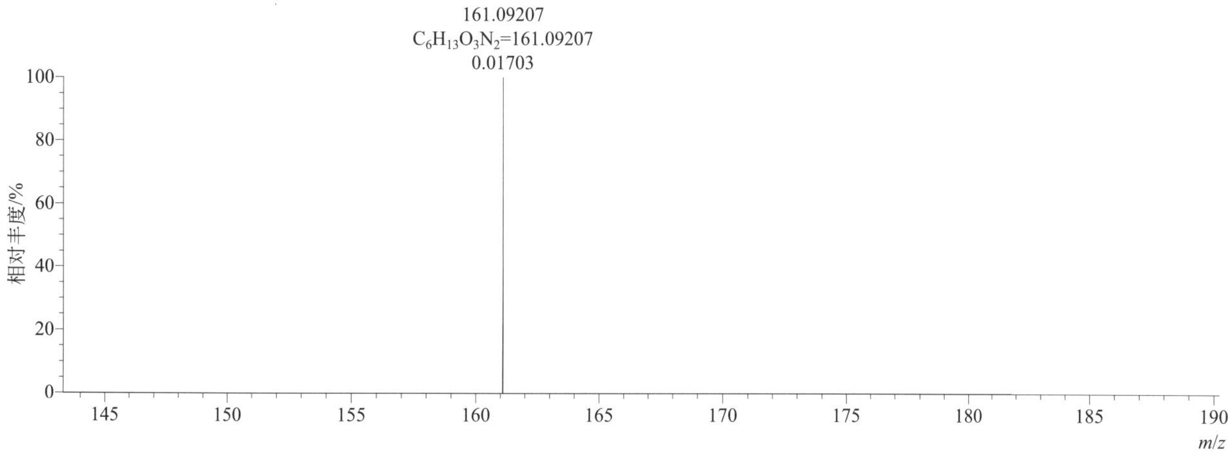

[M+H]$^+$ 归一化法能量 NCE 为 20 时典型的二级质谱图

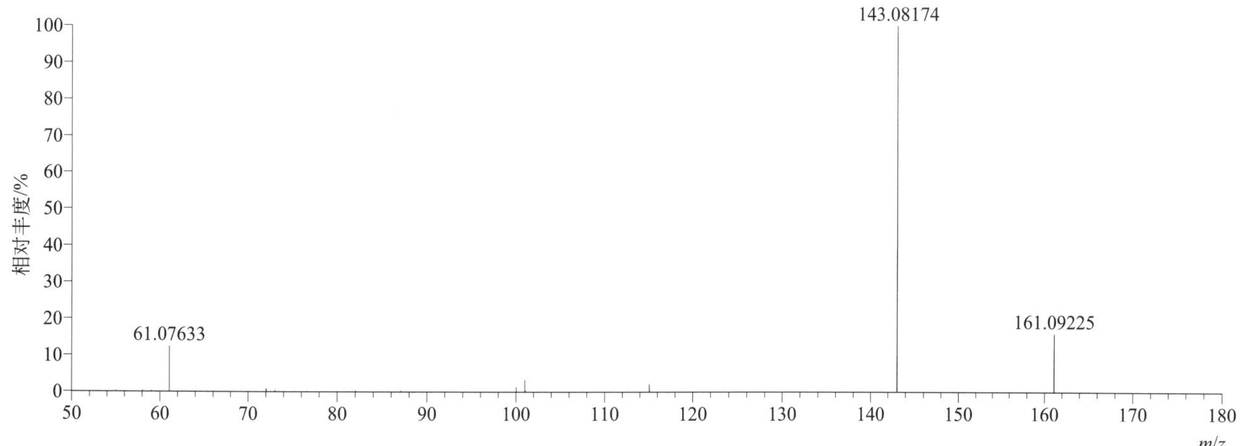

[M+H]+ 归一化法能量 NCE 为 40 时典型的二级质谱图

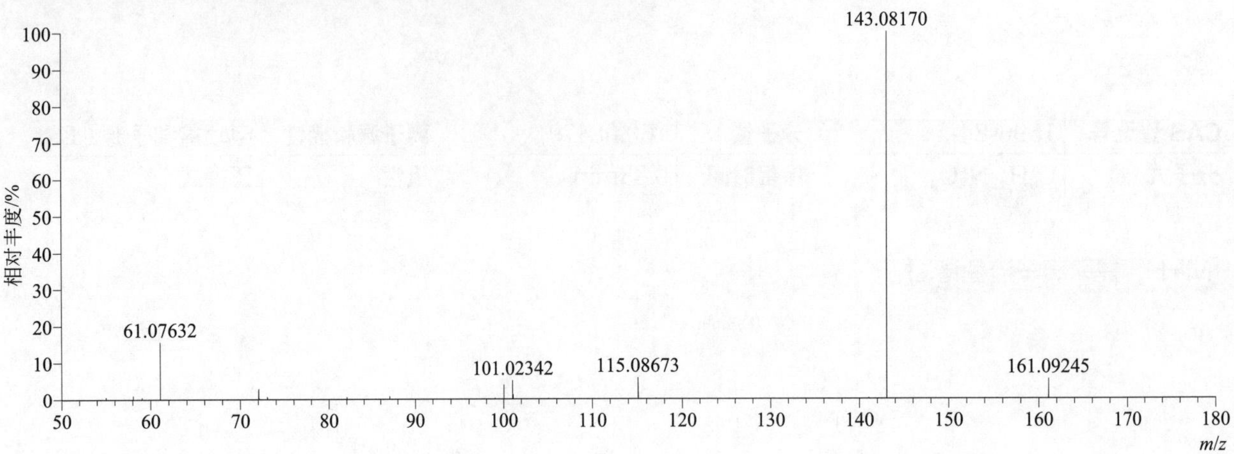

[M+H]+ 归一化法能量 NCE 为 60 时典型的二级质谱图

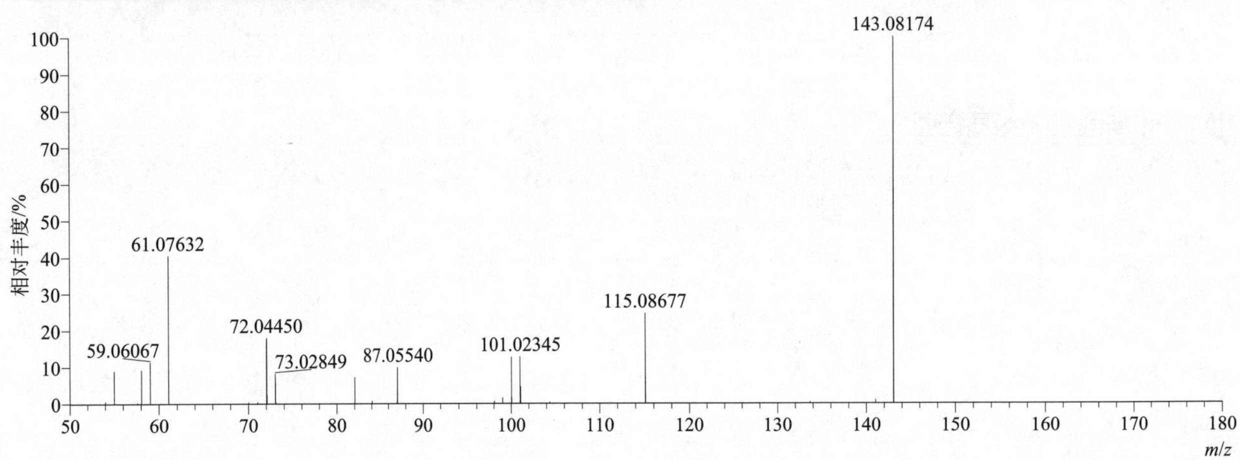

[M+H]+ 阶梯归一化法能量 Step NCE 为 20、40、60 时典型的二级质谱图

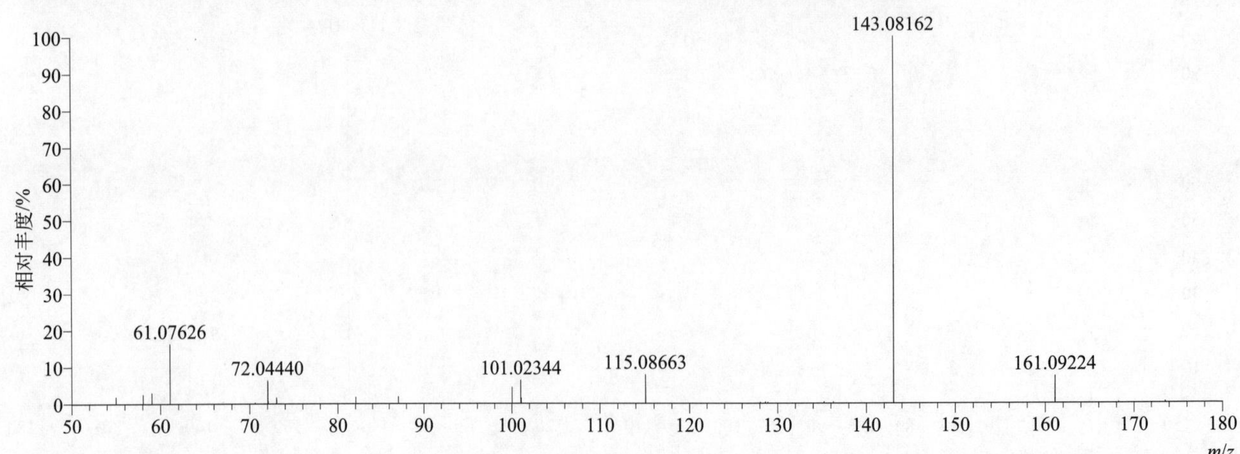

dazomet（棉隆）

基本信息

CAS 登录号	533-74-4	分子量	162.02854	离子源和极性	电喷雾离子源（ESI）
分子式	$C_5H_{10}N_2S_2$	保留时间	8.82min	极性	正模式

[M+H]+ 提取离子流色谱图

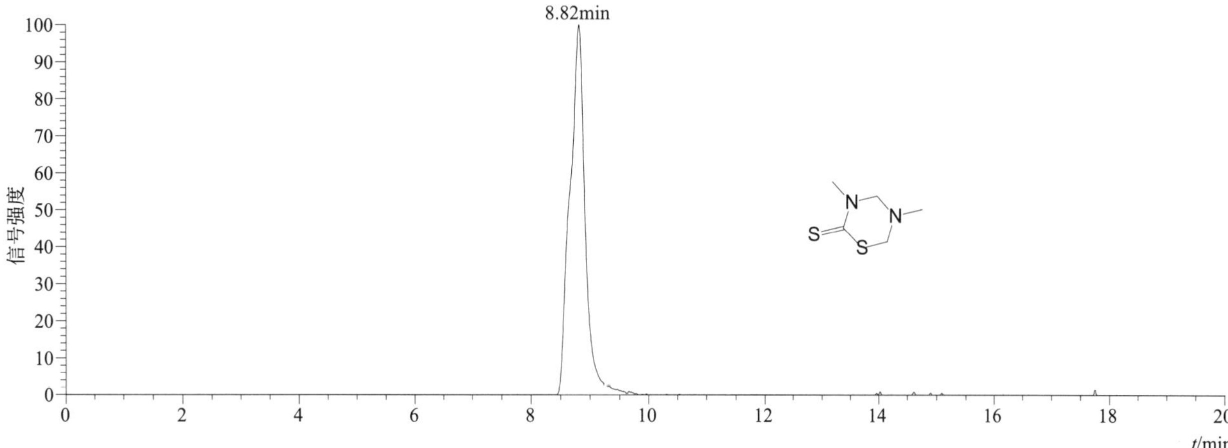

[M+H]+ 典型的一级质谱图

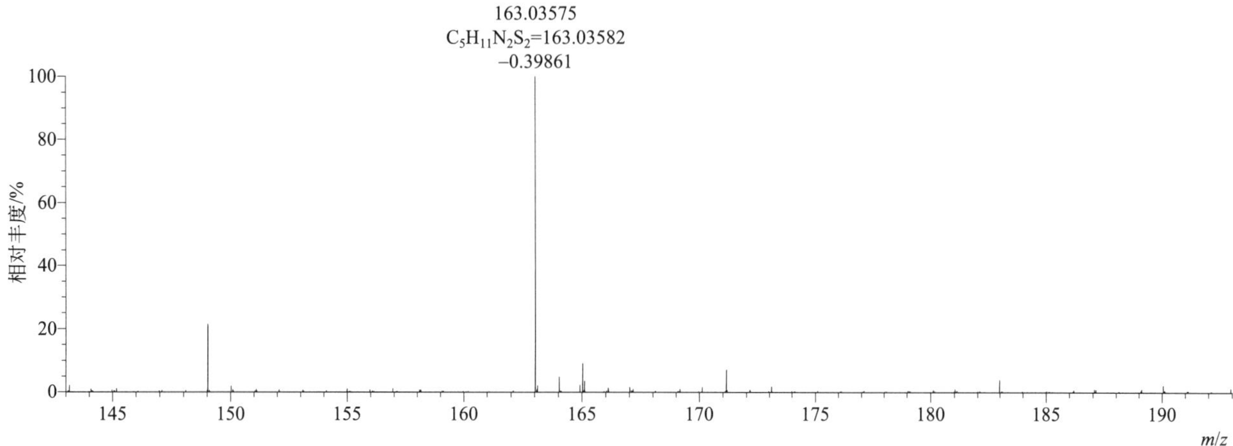

[M+H]+ 归一化法能量 NCE 为 20 时典型的二级质谱图

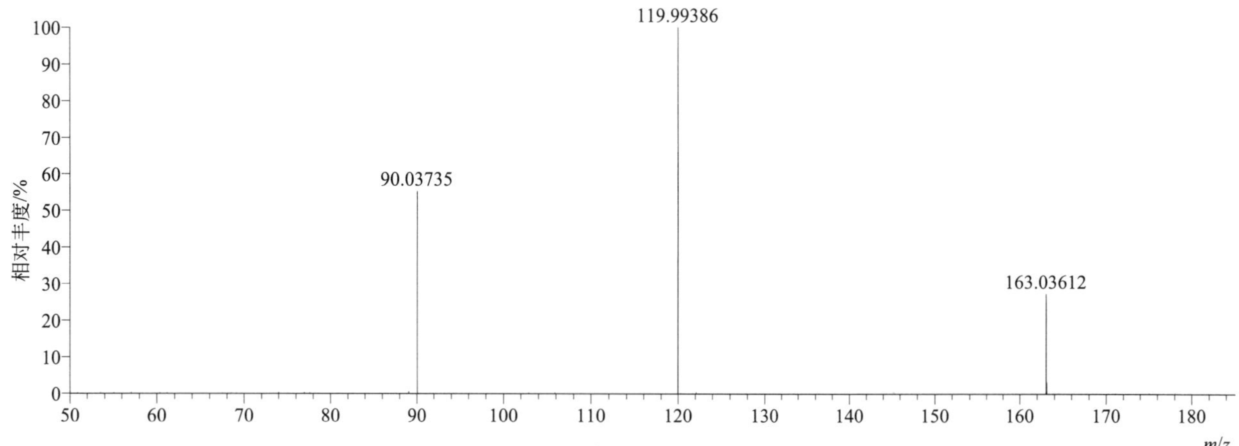

$[M+H]^+$ 归一化法能量 NCE 为 40 时典型的二级质谱图

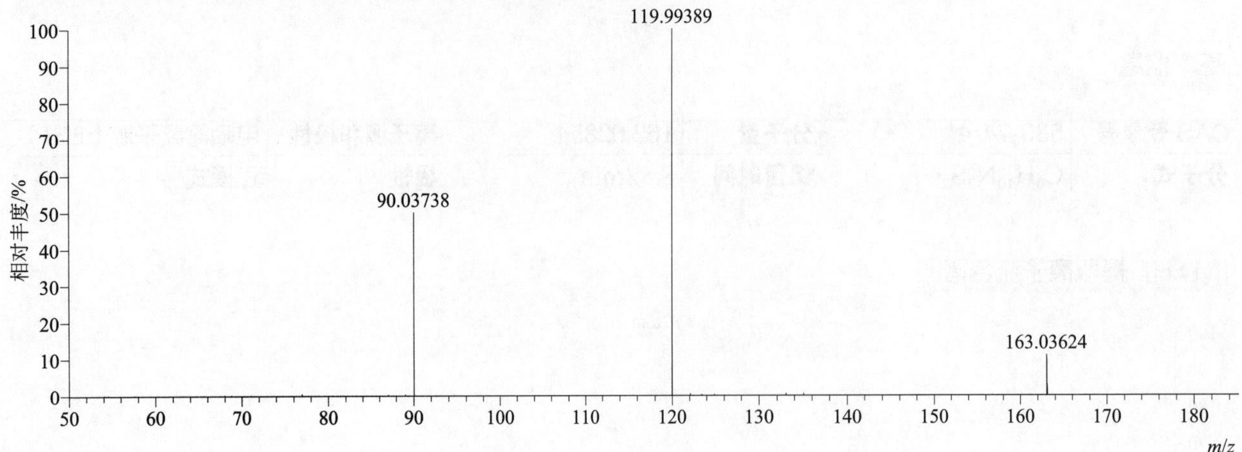

$[M+H]^+$ 归一化法能量 NCE 为 60 时典型的二级质谱图

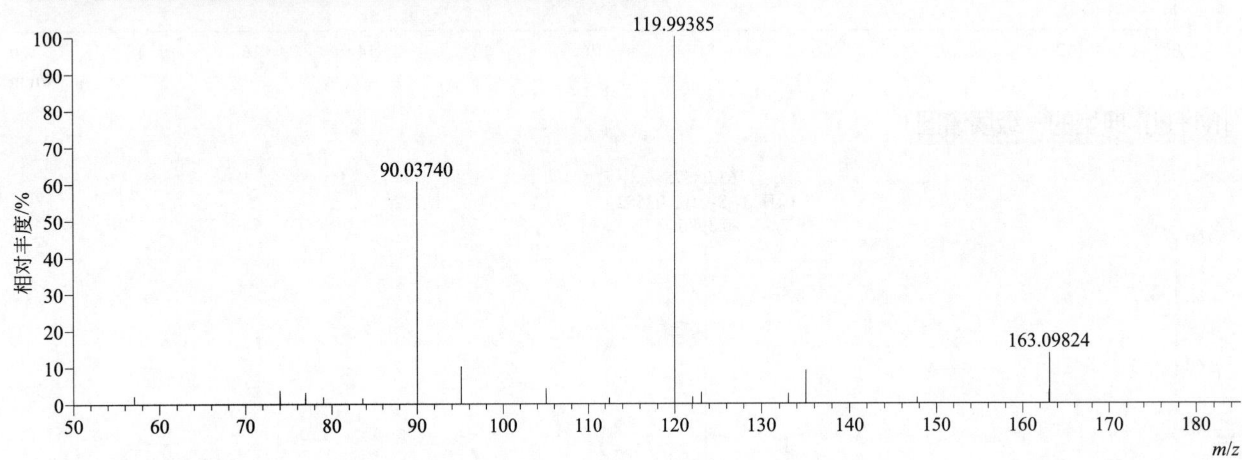

$[M+H]^+$ 阶梯归一化法能量 Step NCE 为 20、40、60 时典型的二级质谱图

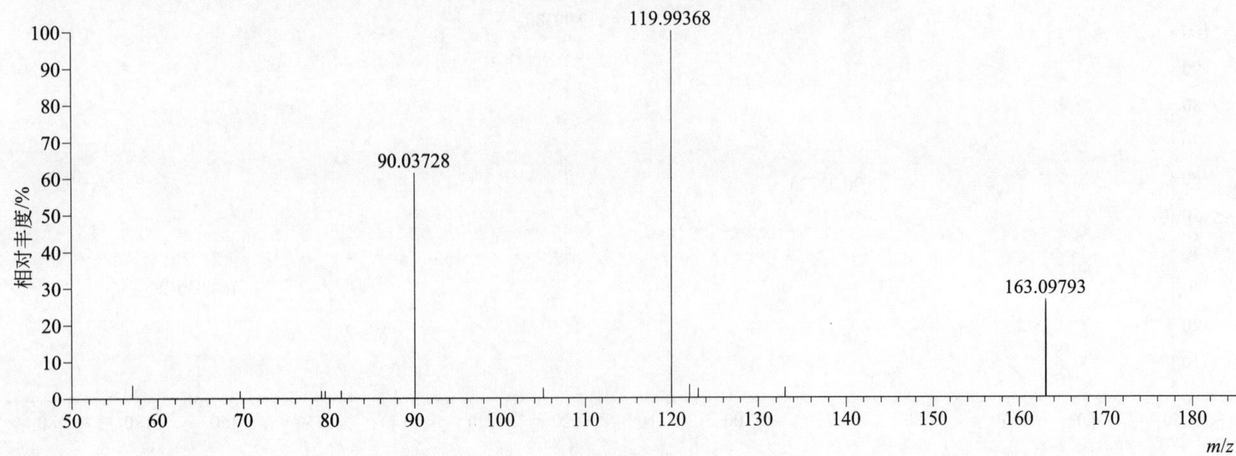

demeton-*S*（内吸磷 -*S*）

基本信息

CAS 登录号	126-75-0	分子量	258.05132	离子源和极性	电喷雾离子源（ESI）
分子式	$C_8H_{19}O_3PS_2$	保留时间	11.62min	极性	正模式

[M+H]⁺ 提取离子流色谱图

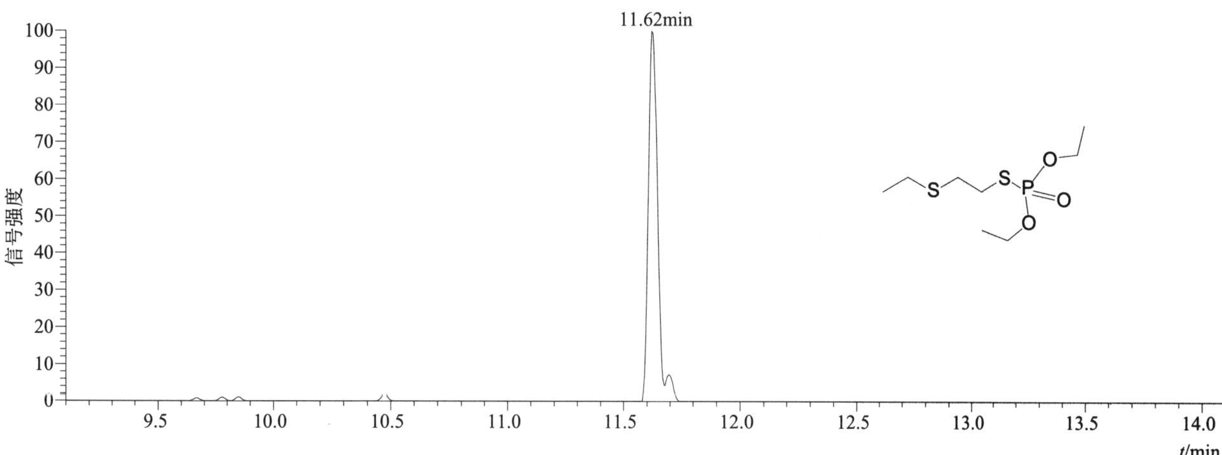

[M+H]⁺ 典型的一级质谱图

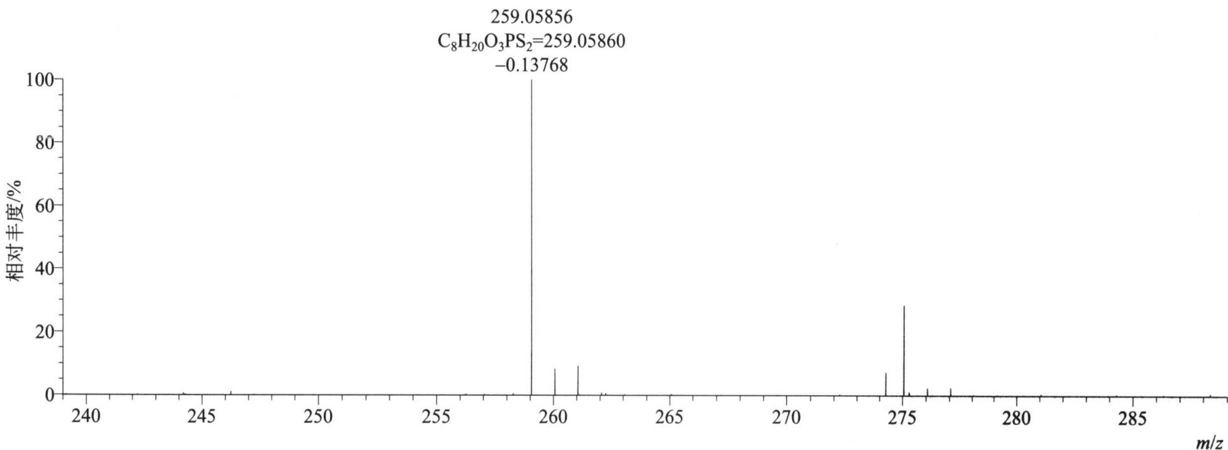

[M+H]⁺ 归一化法能量 NCE 为 20 时典型的二级质谱图

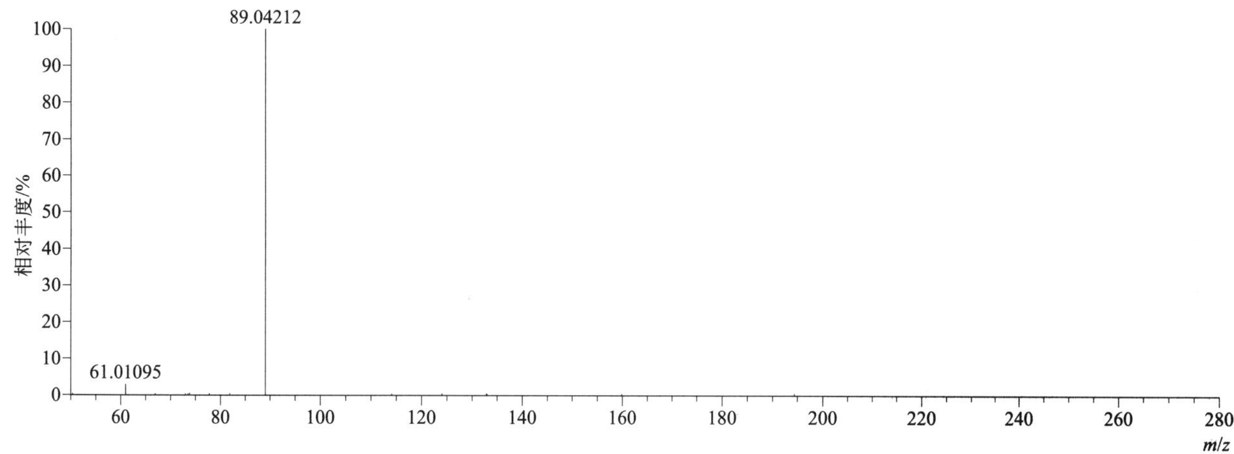

[M+H]+ 归一化法能量 NCE 为 40 时典型的二级质谱图

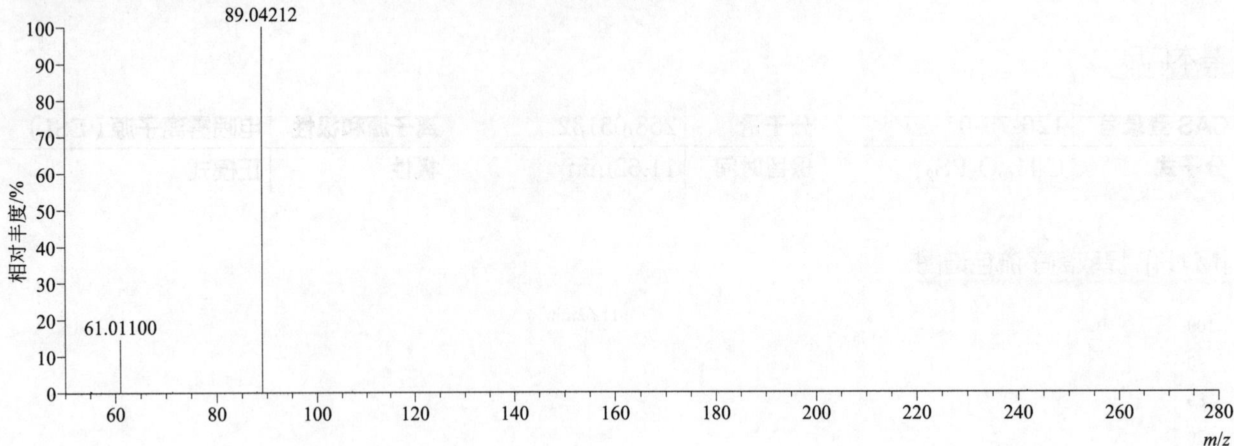

[M+H]+ 归一化法能量 NCE 为 60 时典型的二级质谱图

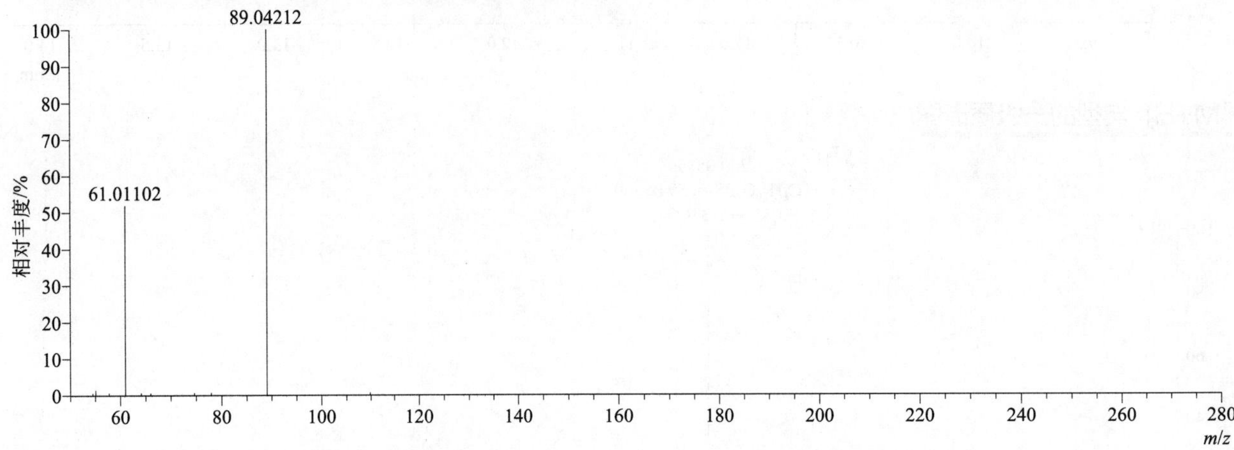

[M+H]+ 阶梯归一化法能量 Step NCE 为 20、40、60 时典型的二级质谱图

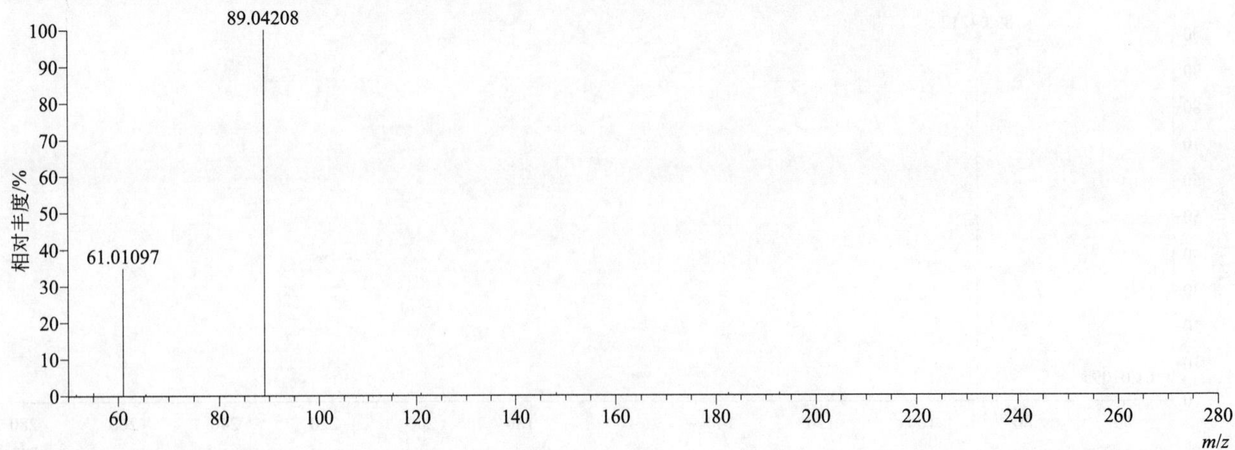

demeton-*S*-sulfoxide（内吸磷 -*S*- 亚砜）

基本信息

CAS 登录号	2496-92-6	分子量	274.04624	离子源和极性	电喷雾离子源（ESI）
分子式	$C_8H_{19}O_4PS_2$	保留时间	12.05min	极性	正模式

[M+H]+ 提取离子流色谱图

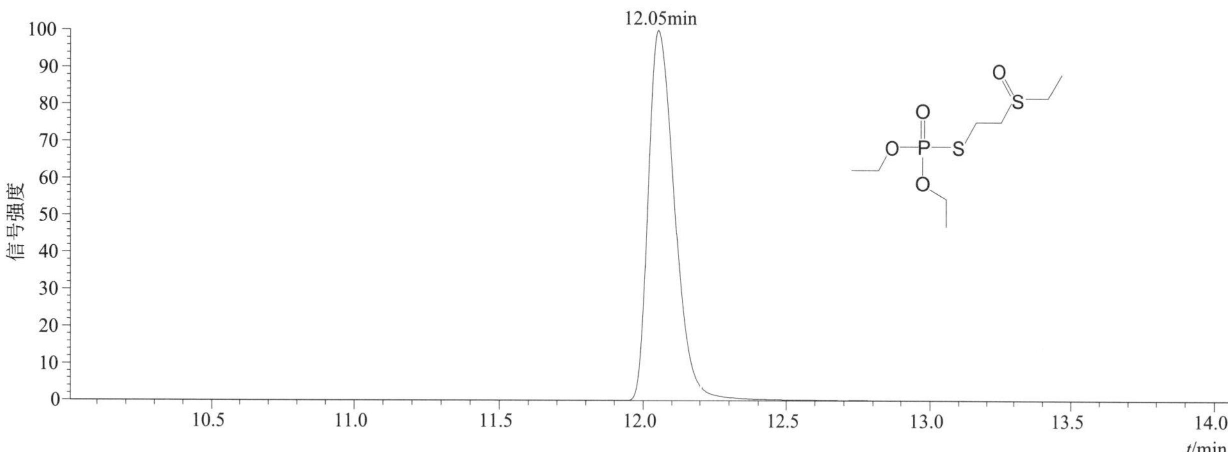

[M+H]+ 典型的一级质谱图

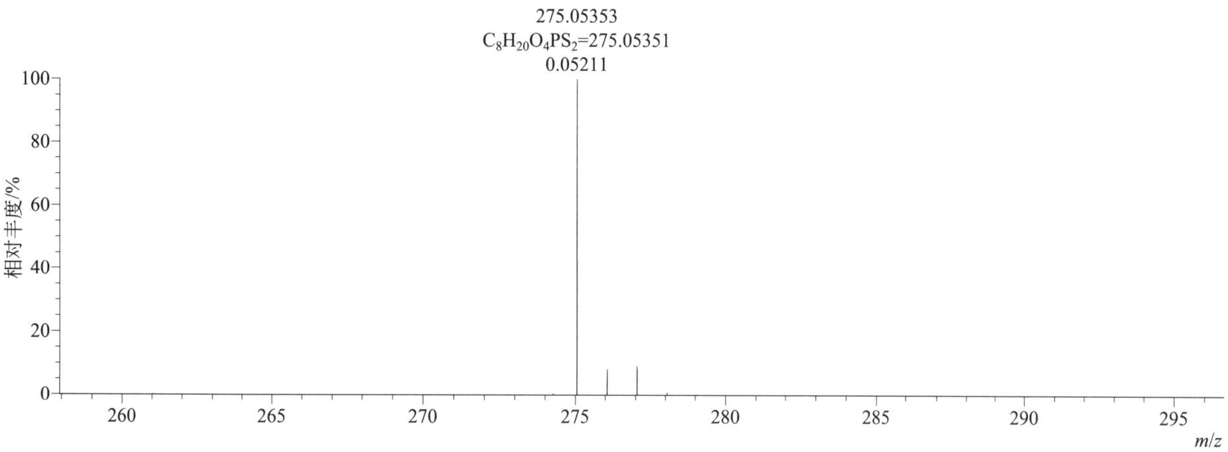

[M+H]+ 归一化法能量 NCE 为 20 时典型的二级质谱图

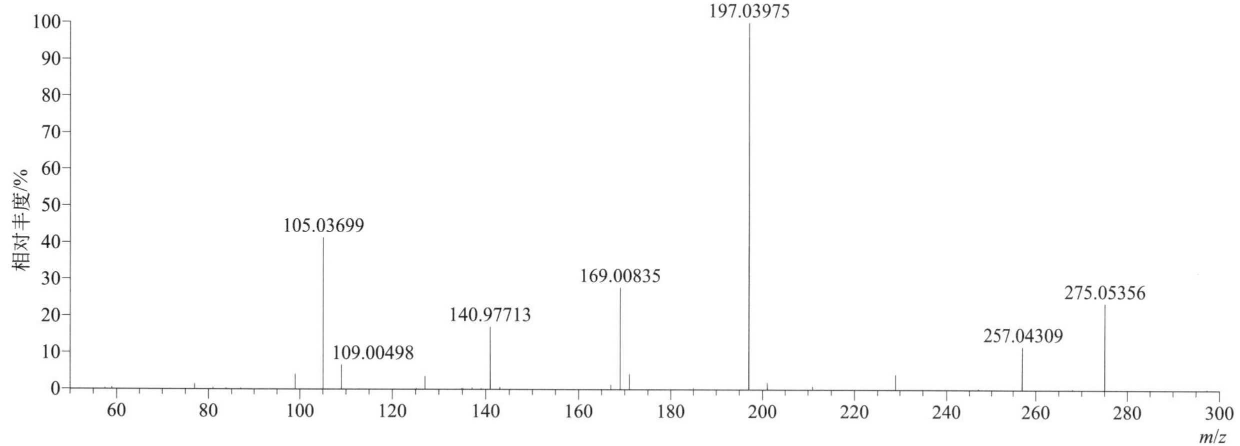

[M+H]+ 归一化法能量 NCE 为 40 时典型的二级质谱图

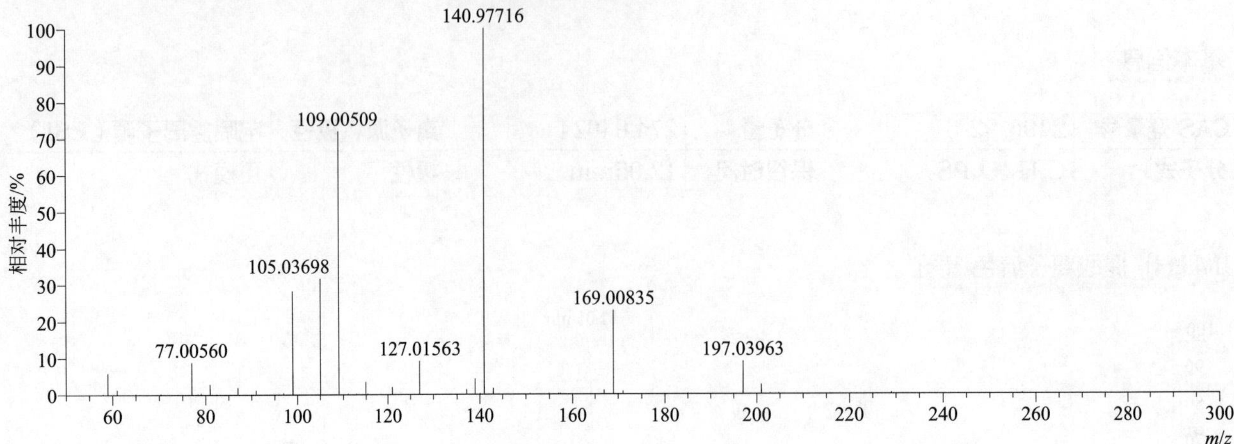

[M+H]+ 归一化法能量 NCE 为 60 时典型的二级质谱图

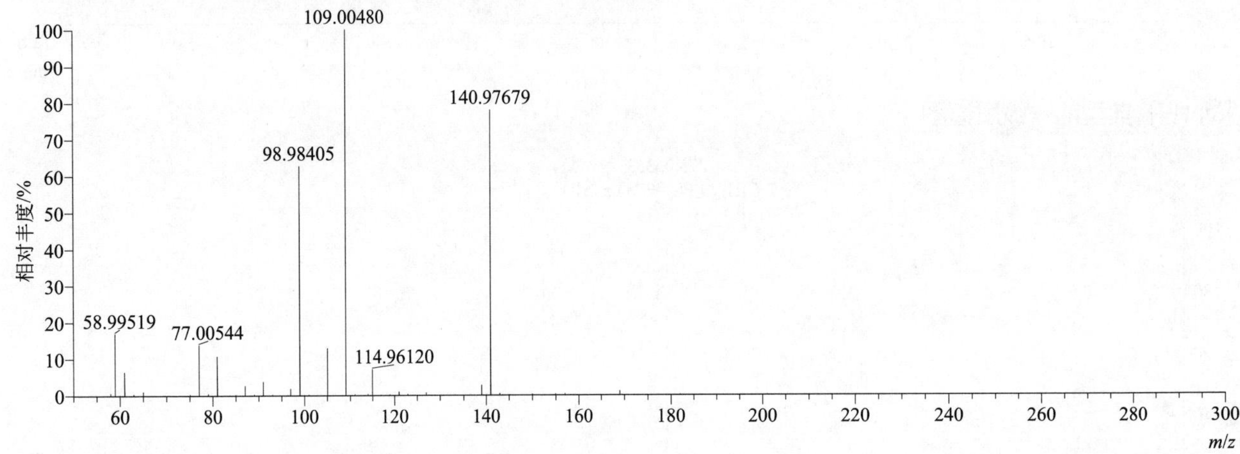

[M+H]+ 阶梯归一化法能量 Step NCE 为 20、40、60 时典型的二级质谱图

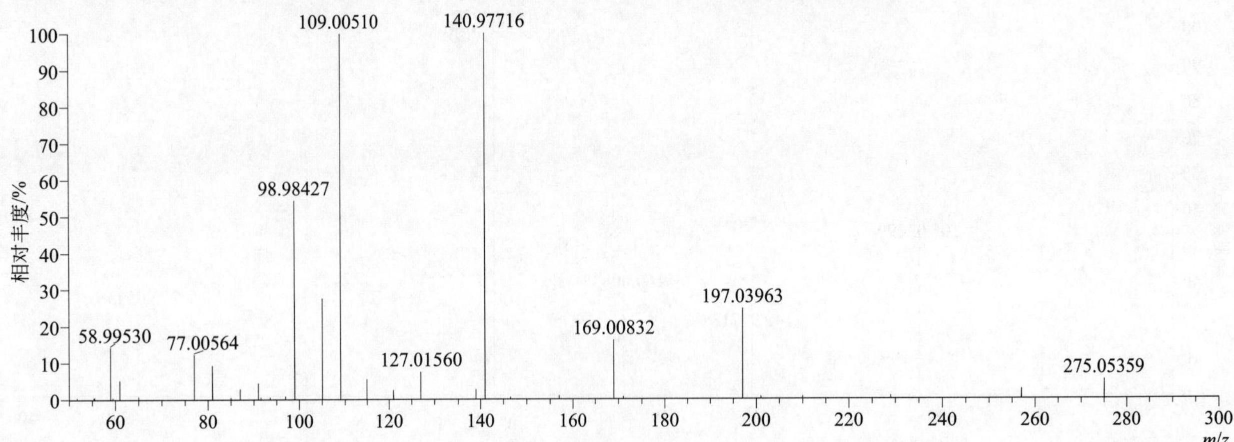

demeton-*S*-methyl（甲基内吸磷）

基本信息

CAS 登录号	919-86-8	分子量	230.02002	离子源和极性	电喷雾离子源（ESI）
分子式	$C_6H_{15}O_3PS_2$	保留时间	13.22min	极性	正模式

$[M+H]^+$ 提取离子流色谱图

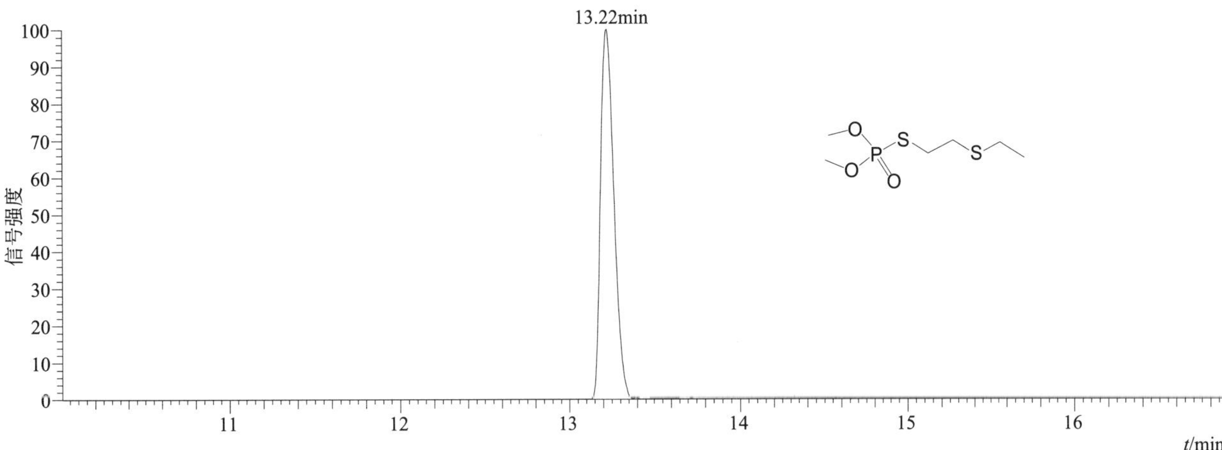

$[M+H]^+$ 典型的一级质谱图

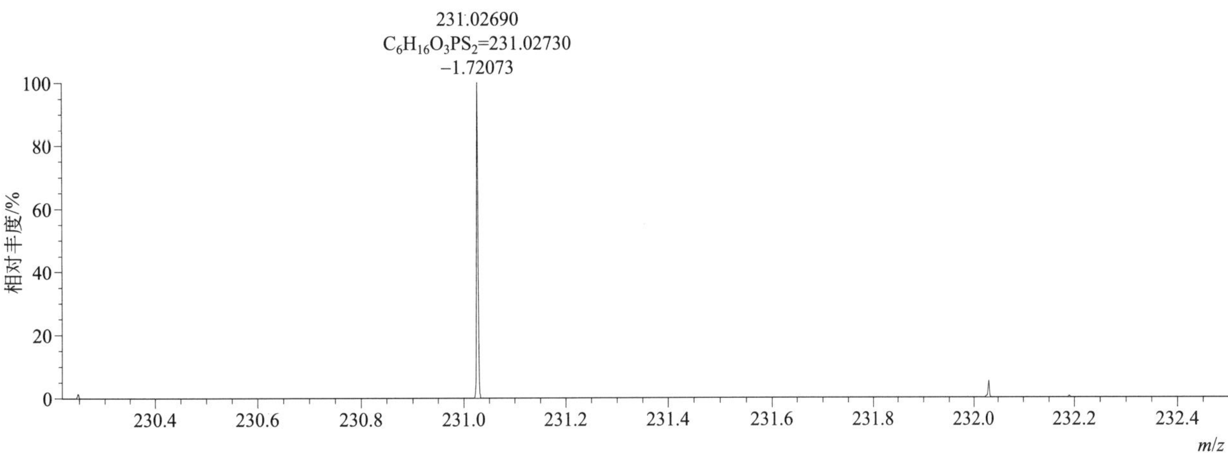

$[M+H]^+$ 归一化法能量 NCE 为 20 时典型的二级质谱图

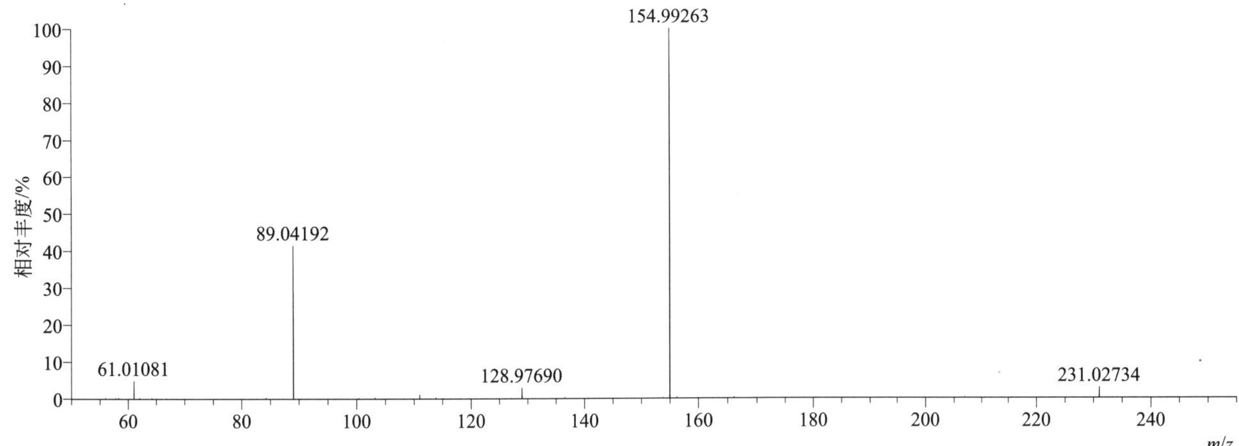

[M+H]$^+$ 归一化法能量 NCE 为 40 时典型的二级质谱图

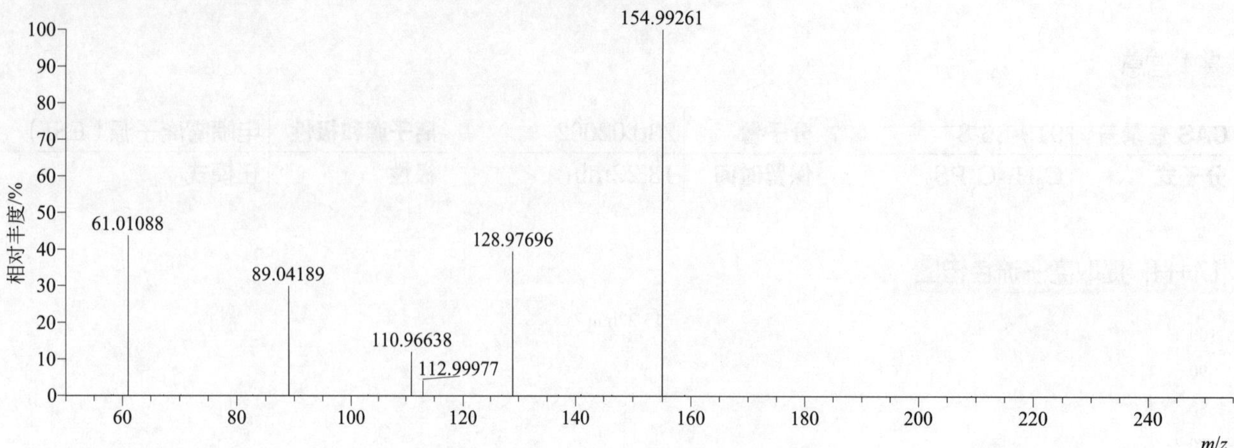

[M+H]$^+$ 归一化法能量 NCE 为 60 时典型的二级质谱图

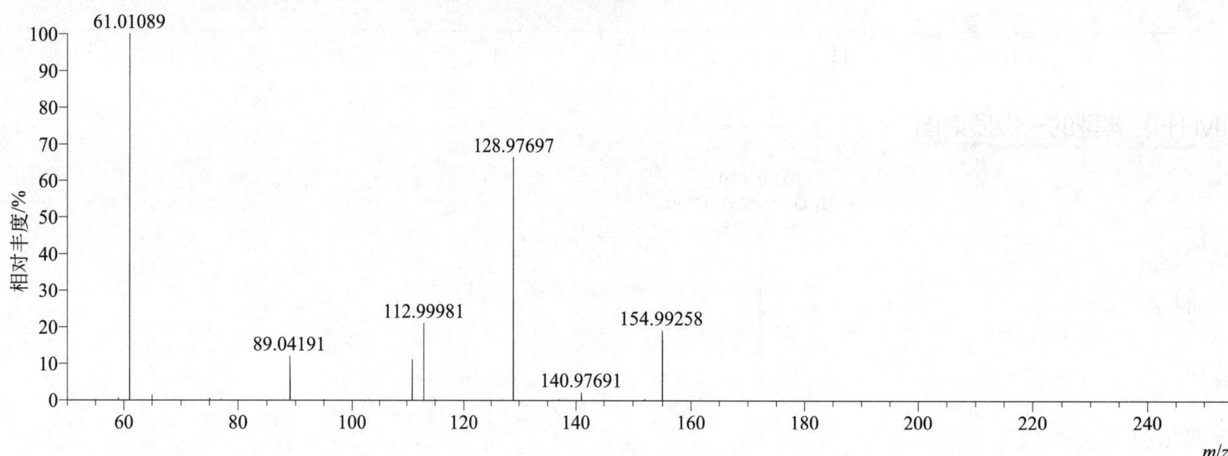

[M+H]$^+$ 阶梯归一化法能量 Step NCE 为 20、40、60 时典型的二级质谱图

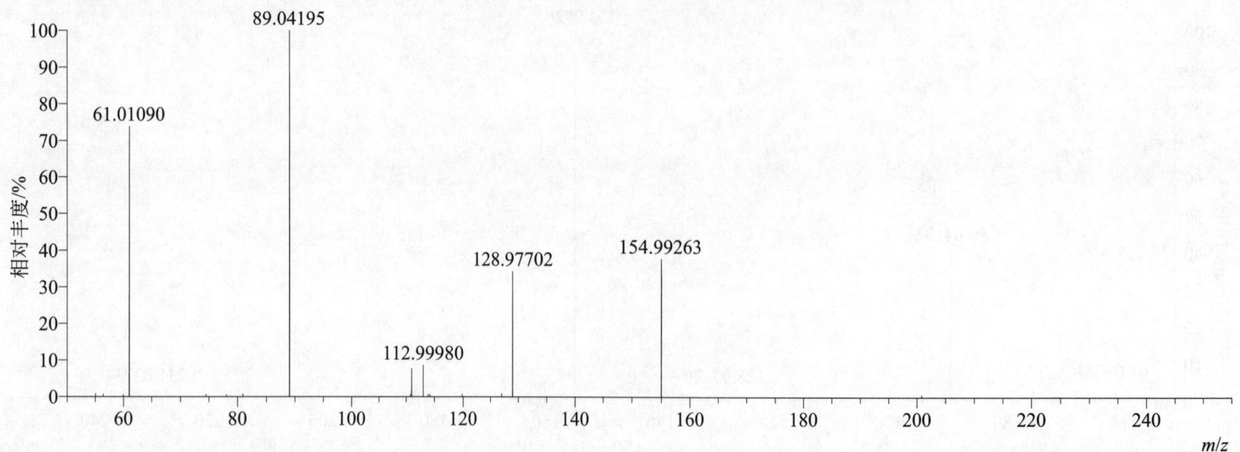

demeton-*S*-methyl sulfone（甲基内吸磷砜）

基本信息

CAS 登录号	17040-19-6	分子量	262.00985	离子源和极性	电喷雾离子源（ESI）
分子式	$C_6H_{15}O_5PS_2$	保留时间	13.22min	极性	正模式

$[M+H]^+$ 提取离子流色谱图

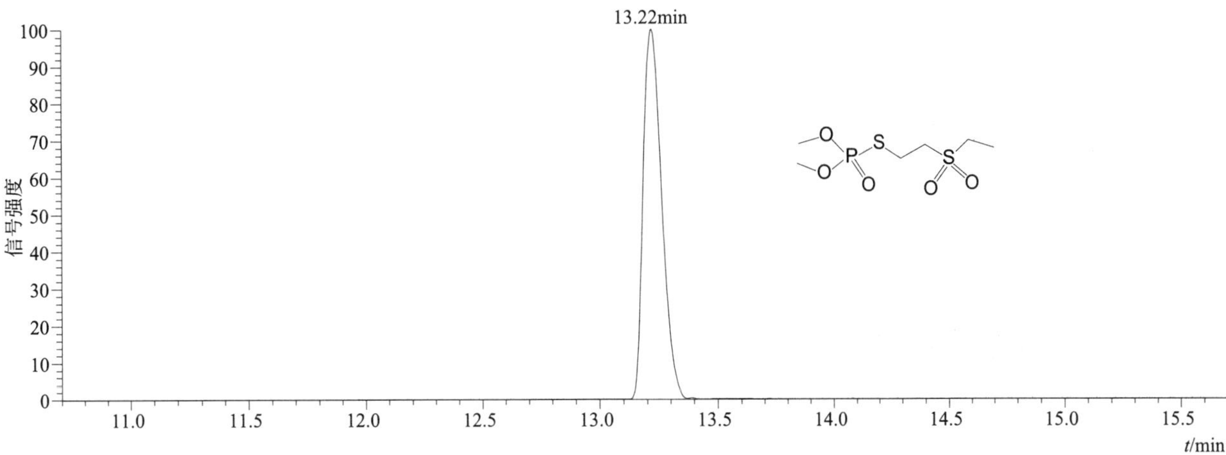

$[M+H]^+$ 和 $[M+Na]^+$ 典型的一级质谱图

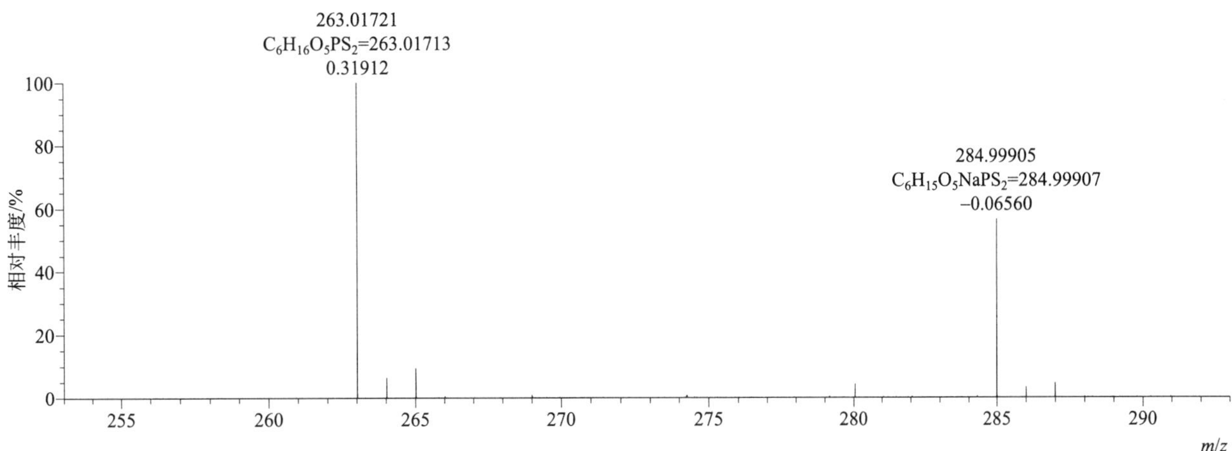

$[M+H]^+$ 归一化法能量 NCE 为 20 时典型的二级质谱图

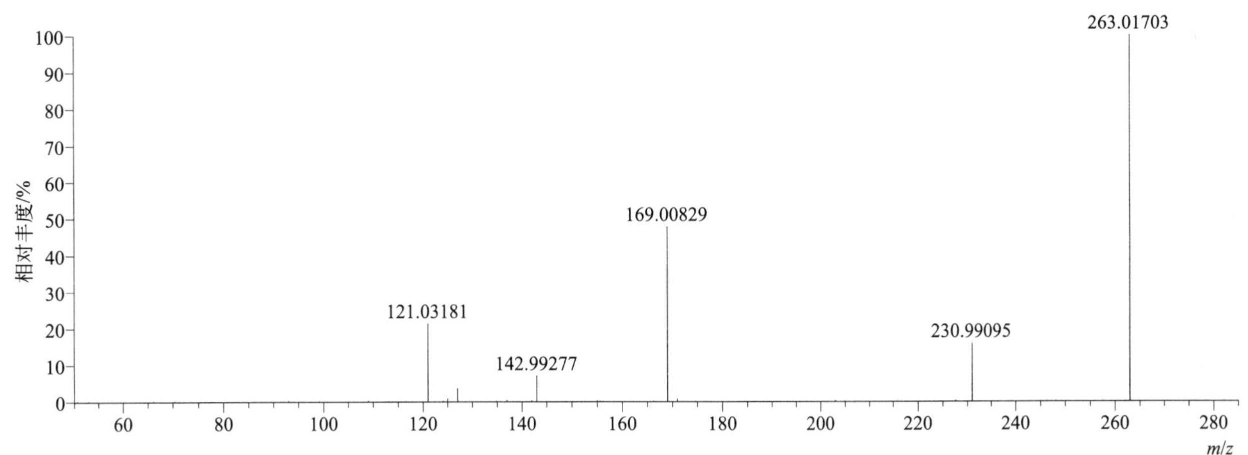

$[M+H]^+$ 归一化法能量 NCE 为 40 时典型的二级质谱图

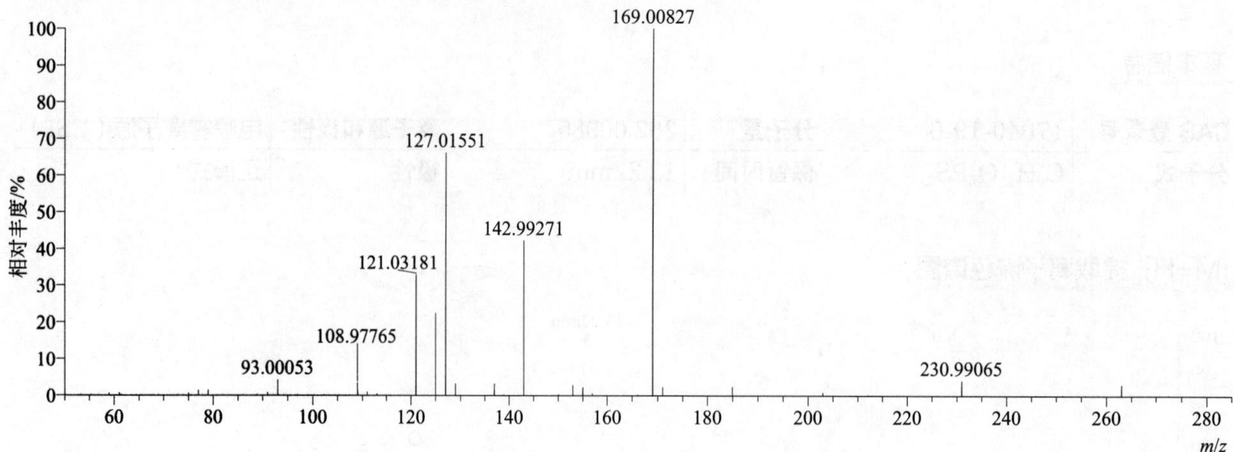

$[M+H]^+$ 归一化法能量 NCE 为 60 时典型的二级质谱图

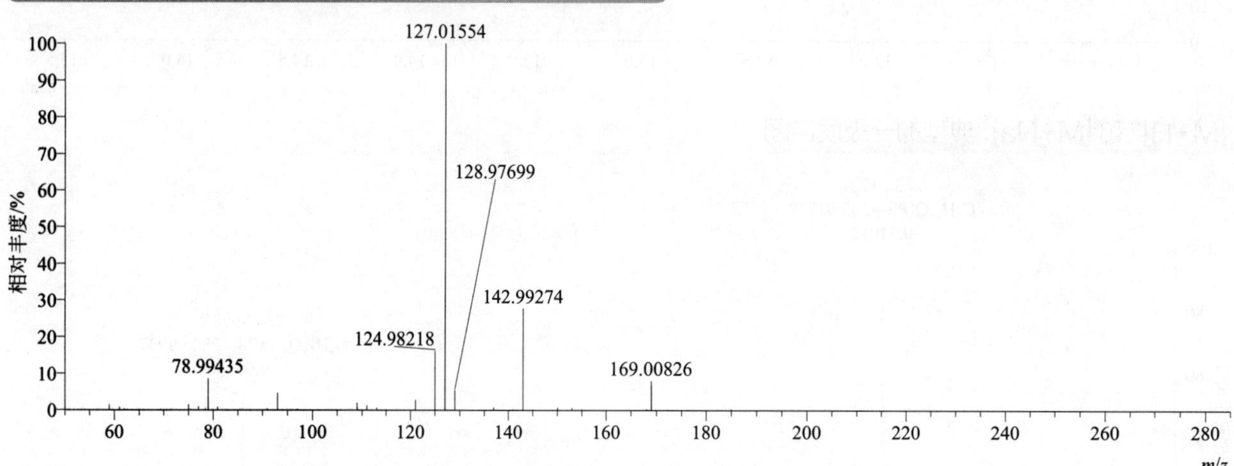

$[M+H]^+$ 阶梯归一化法能量 Step NCE 为 20、40、60 时典型的二级质谱图

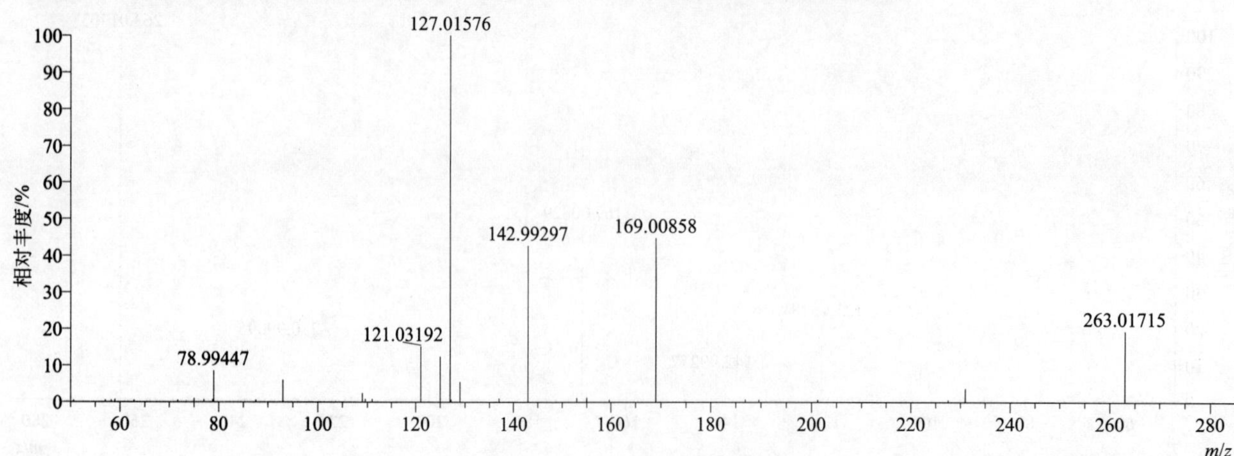

desmedipham（甜菜安）

基本信息

CAS 登录号	13684-56-5	分子量	300.11101	离子源和极性	电喷雾离子源（ESI）
分子式	$C_{16}H_{16}N_2O_4$	保留时间	13.94min	极性	正模式

[M+H]⁺ 提取离子流色谱图

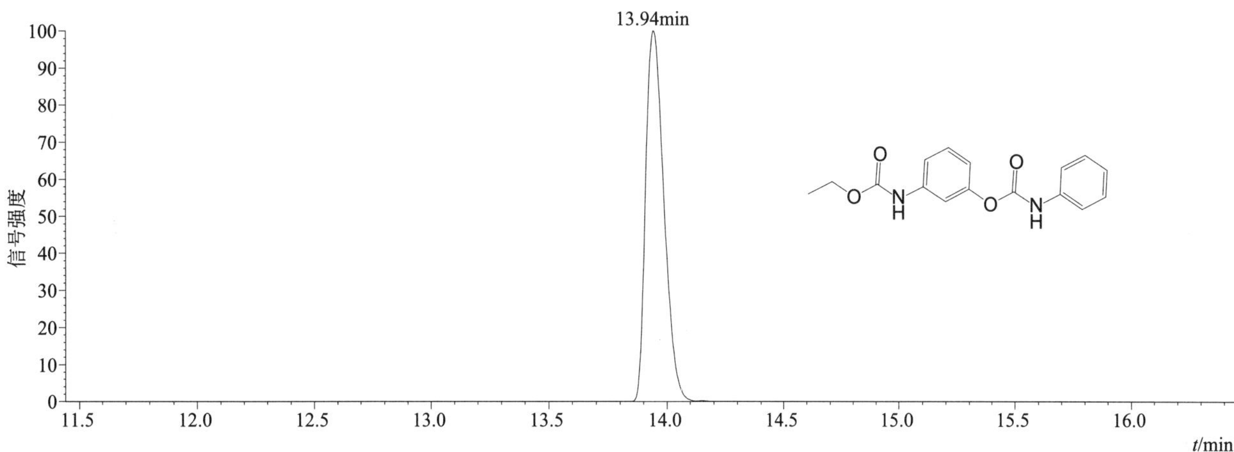

[M+H]⁺、[M+NH₄]⁺ 和 [M+Na]⁺ 典型的一级质谱图

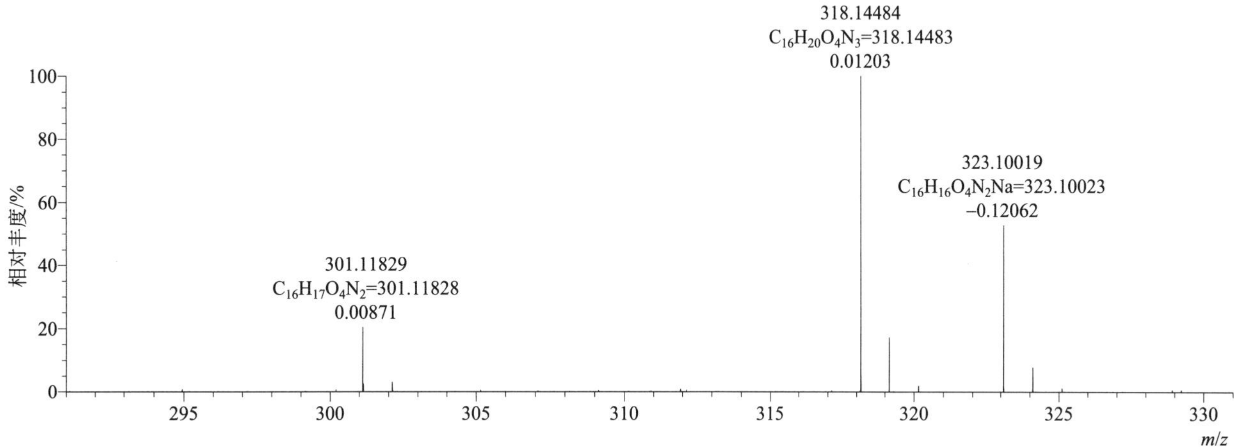

[M+H]⁺ 归一化法能量 NCE 为 20 时典型的二级质谱图

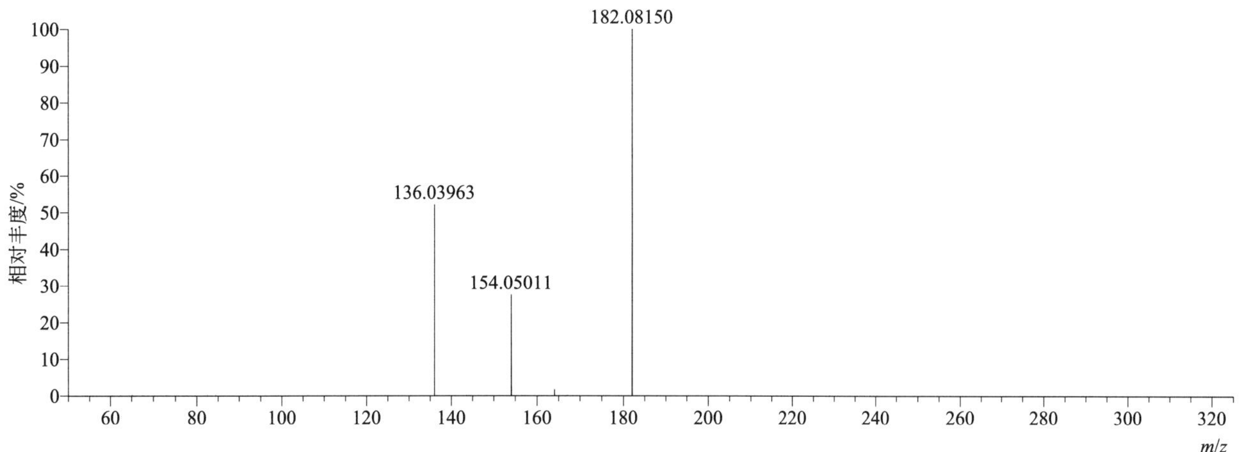

[M+H]+ 归一化法能量 NCE 为 40 时典型的二级质谱图

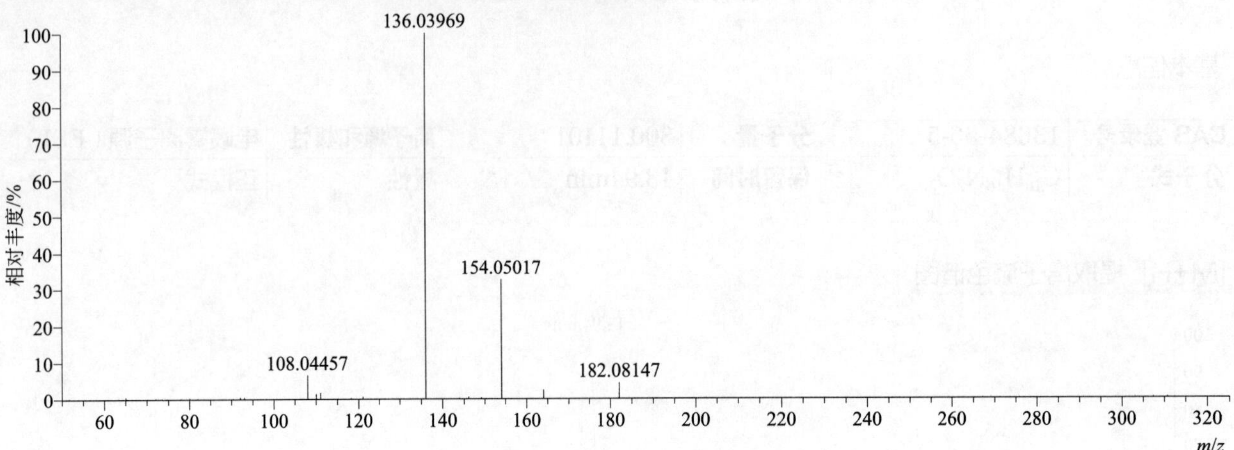

[M+H]+ 归一化法能量 NCE 为 60 时典型的二级质谱图

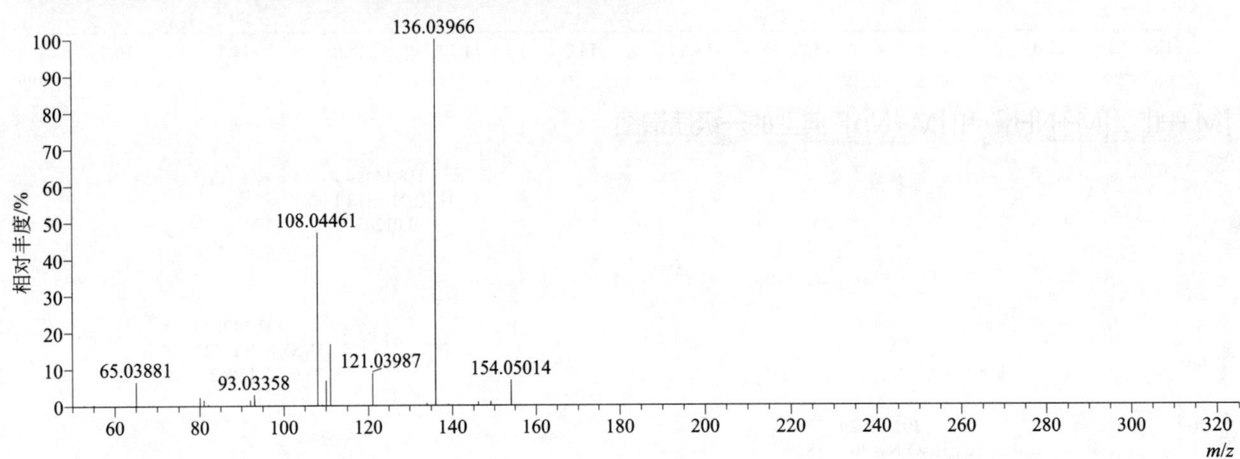

[M+H]+ 阶梯归一化法能量 Step NCE 为 20、40、60 时典型的二级质谱图

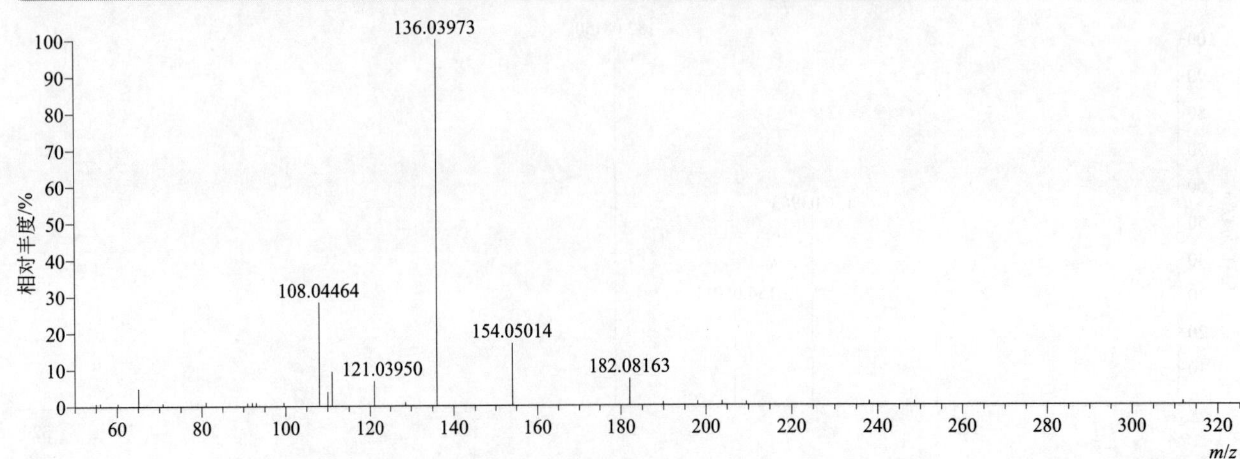

$[M+NH_4]^+$ 归一化法能量 NCE 为 20 时典型的二级质谱图

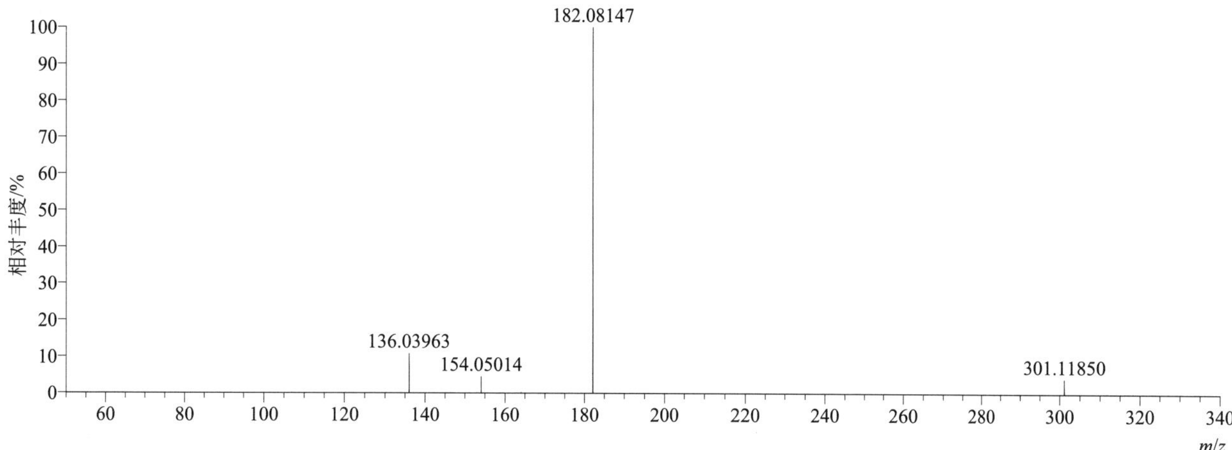

$[M+NH_4]^+$ 归一化法能量 NCE 为 40 时典型的二级质谱图

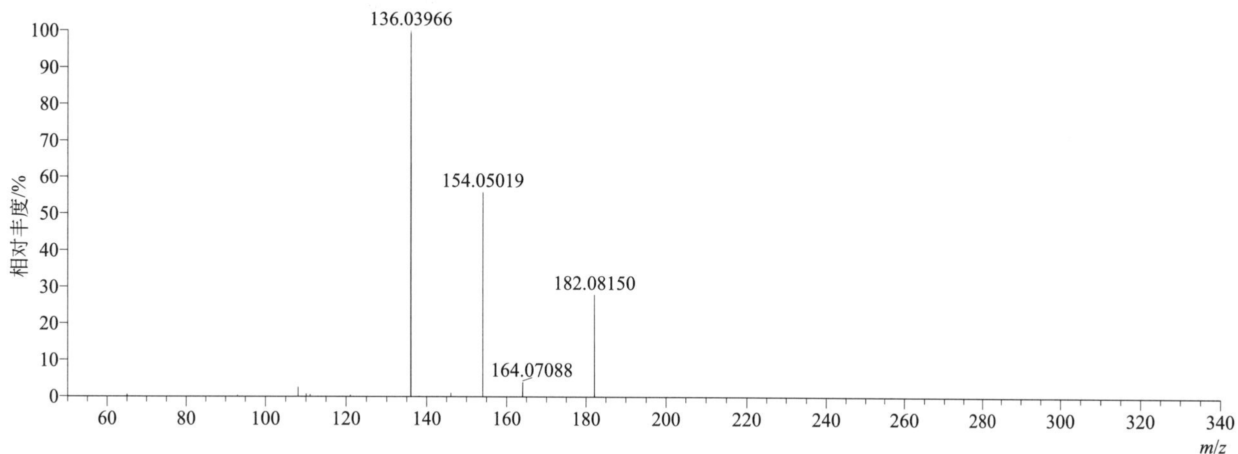

$[M+NH_4]^+$ 归一化法能量 NCE 为 60 时典型的二级质谱图

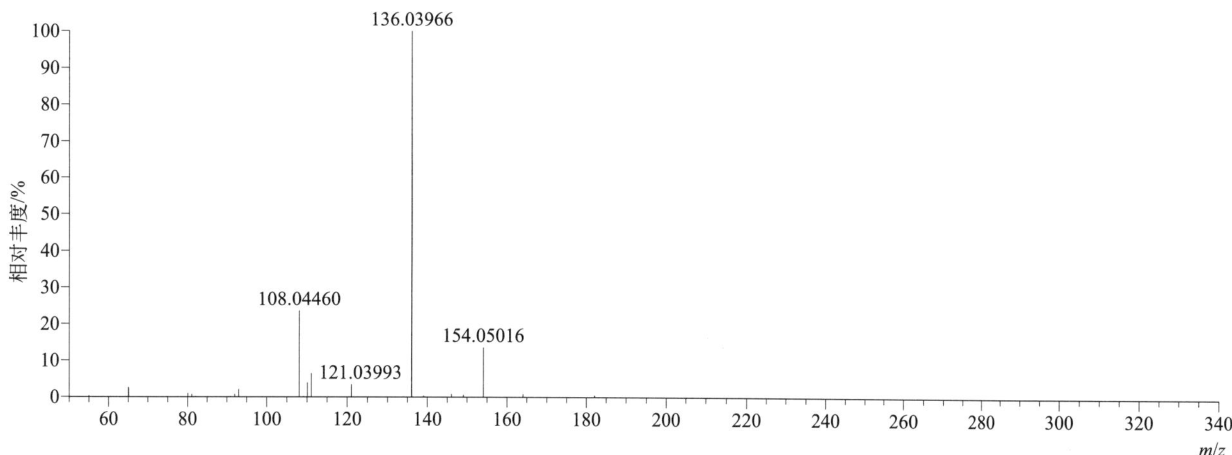

[M+NH$_4$]$^+$ 阶梯归一化法能量 Step NCE 为 20、40、60 时典型的二级质谱图

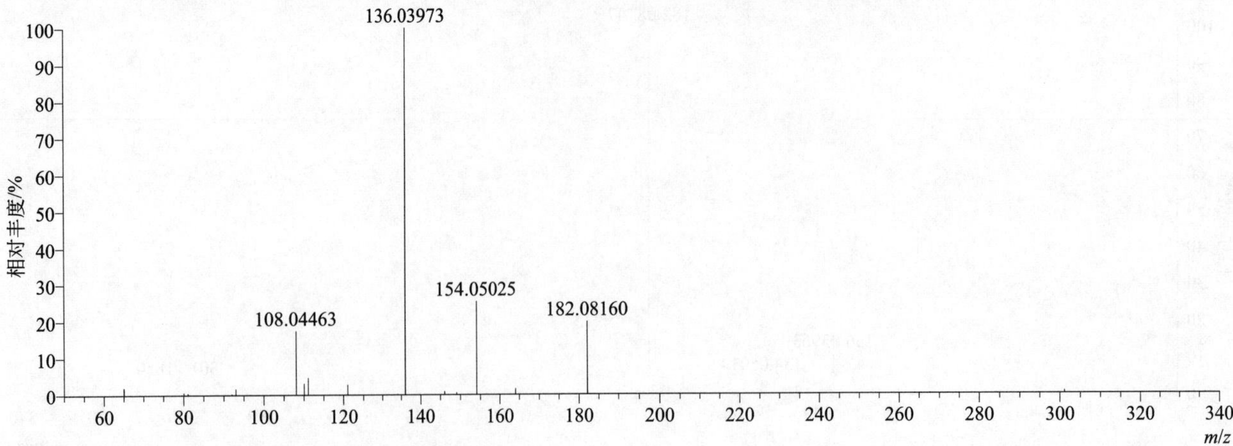

desmetryn（敌草净）

基本信息

CAS 登录号	1014-69-3	分子量	213.10482	离子源和极性	电喷雾离子源（ESI）
分子式	$C_8H_{15}N_5S$	保留时间	13.35min	极性	正模式

[M+H]$^+$ 提取离子流色谱图

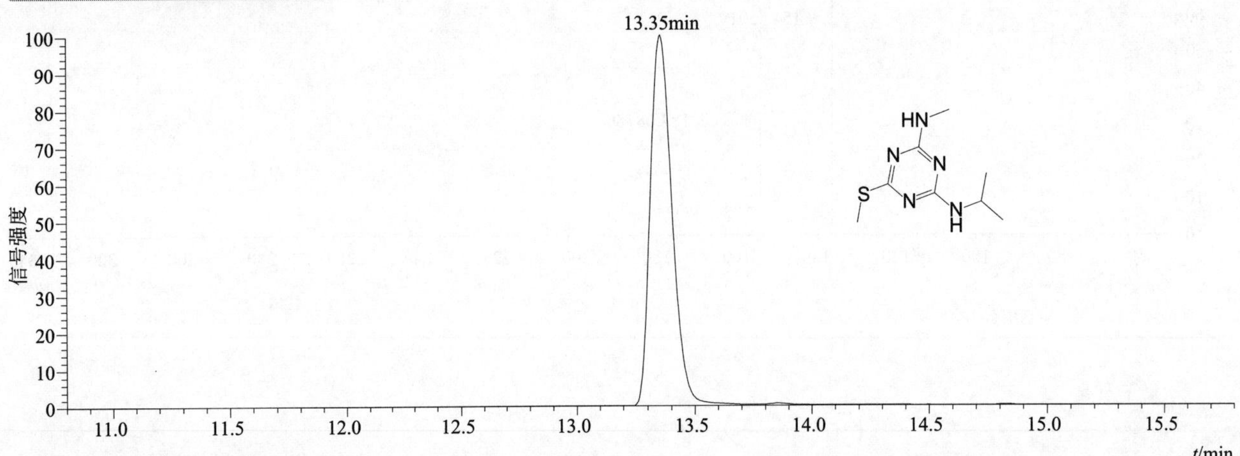

[M+H]$^+$ 典型的一级质谱图

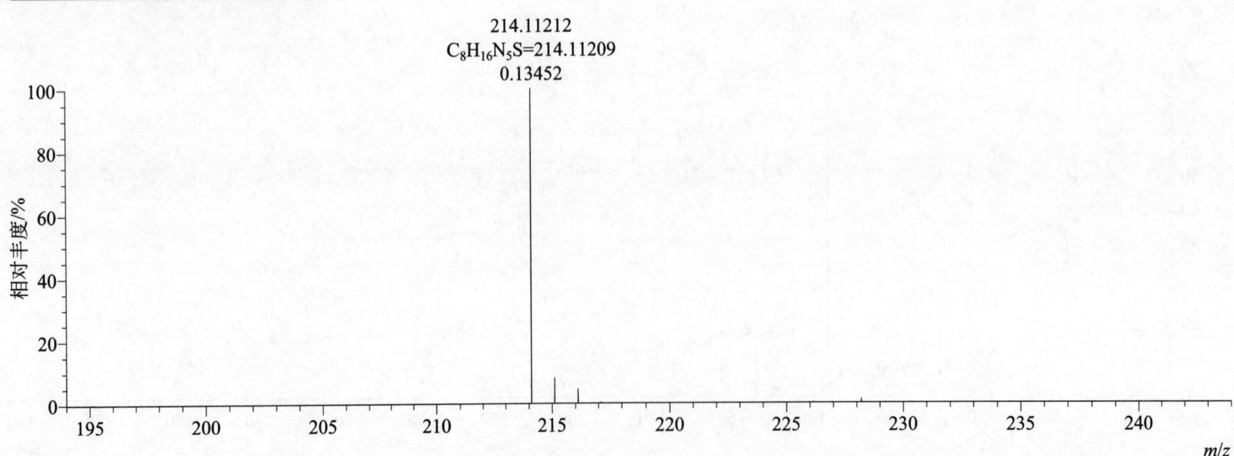

[M+H]+ 归一化法能量 NCE 为 20 时典型的二级质谱图

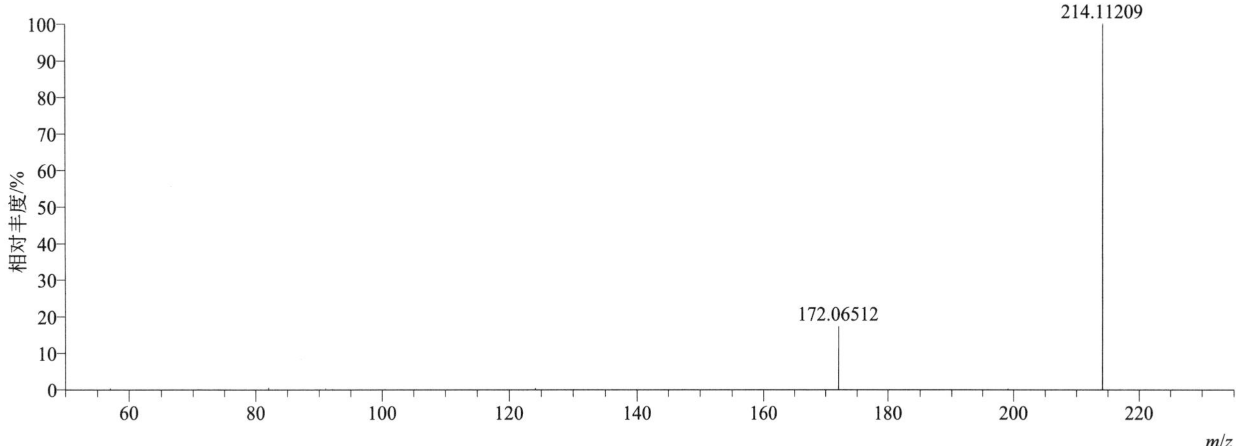

[M+H]+ 归一化法能量 NCE 为 40 时典型的二级质谱图

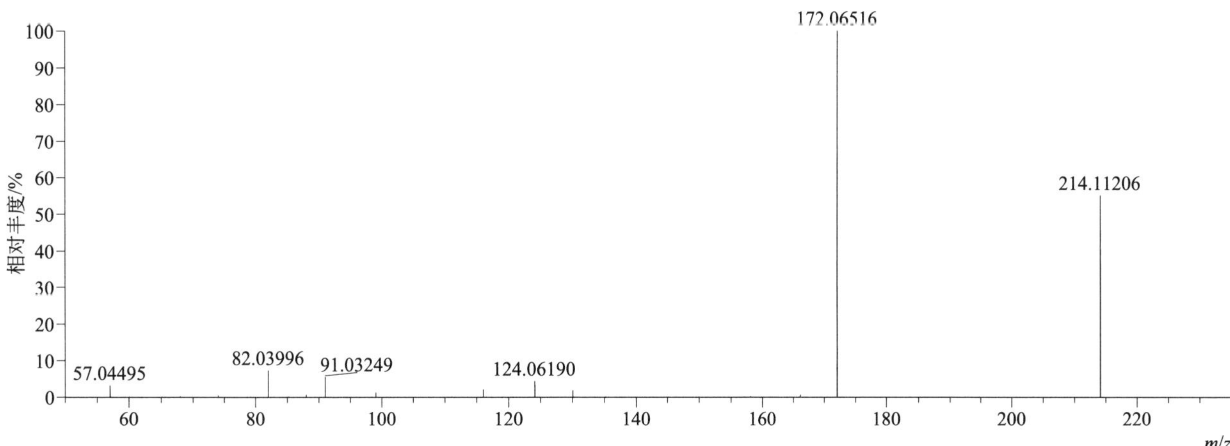

[M+H]+ 归一化法能量 NCE 为 60 时典型的二级质谱图

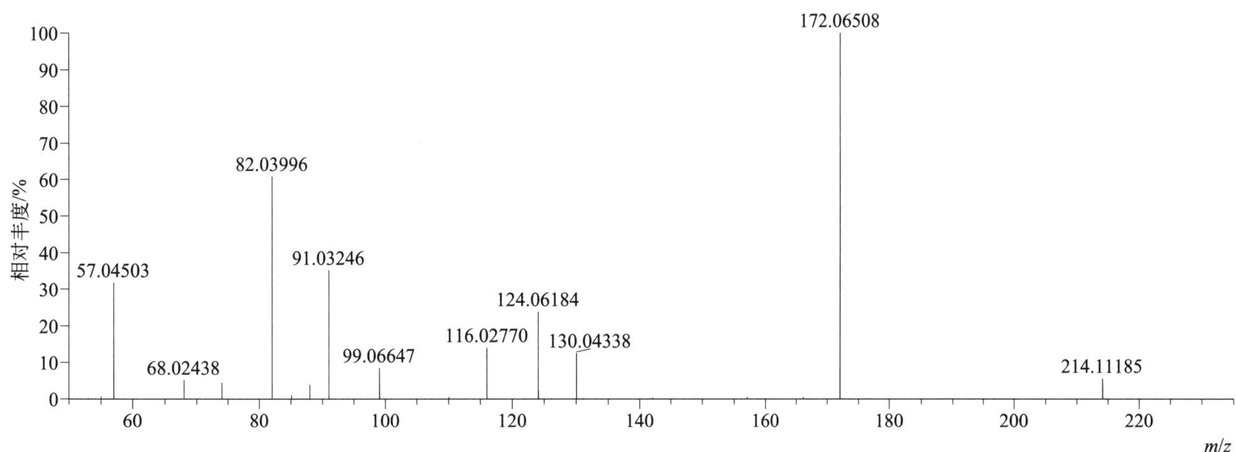

[M+H]+ 阶梯归一化法能量 Step NCE 为 20、40、60 时典型的二级质谱图

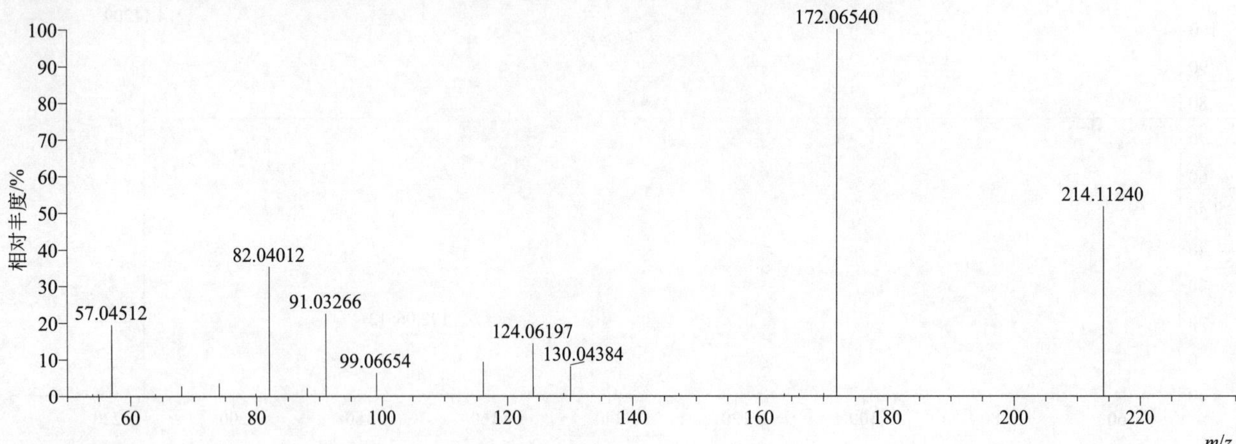

diafenthiuron（丁醚脲）

基本信息

CAS 登录号	80060-09-9	分子量	384.22353	离子源和极性	电喷雾离子源（ESI）
分子式	$C_{23}H_{32}N_2OS$	保留时间	16.16min	极性	正模式

[M+H]+ 提取离子流色谱图

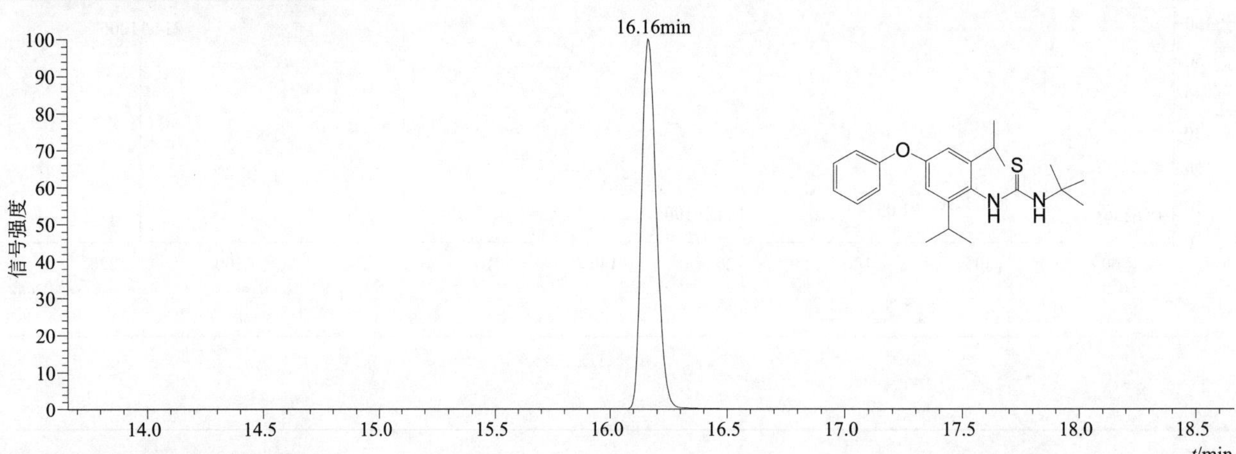

[M+H]+ 典型的一级质谱图

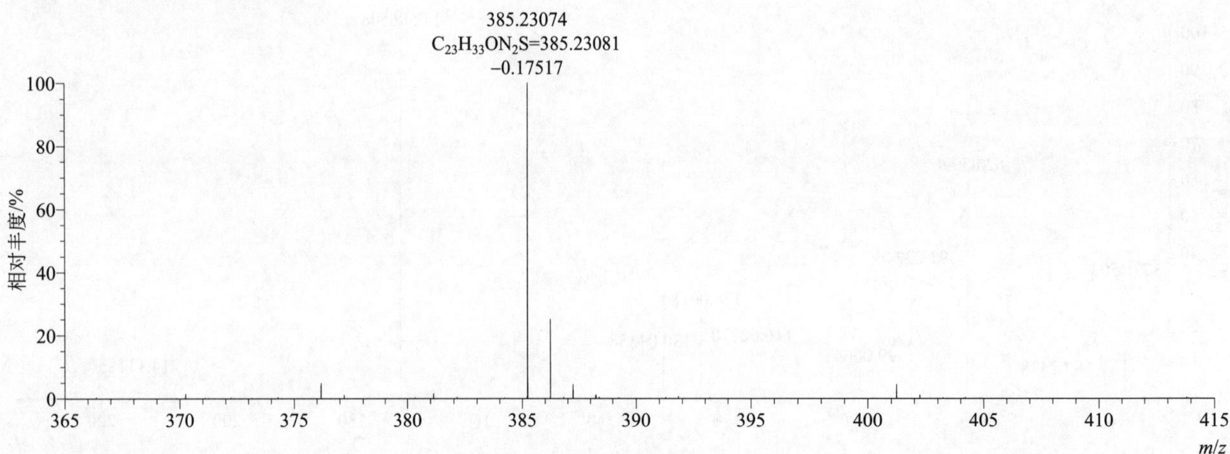

[M+H]+ 归一化法能量 NCE 为 20 时典型的二级质谱图

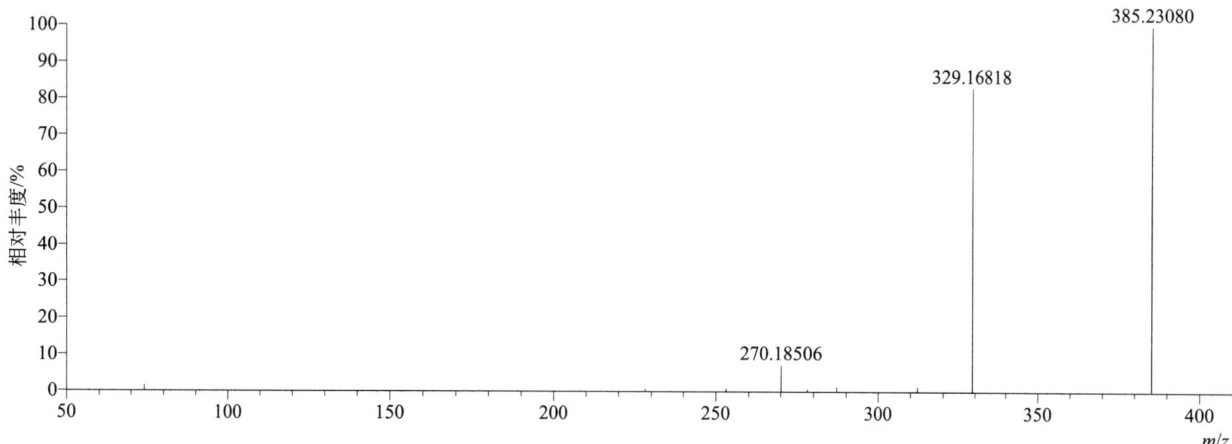

[M+H]+ 归一化法能量 NCE 为 40 时典型的二级质谱图

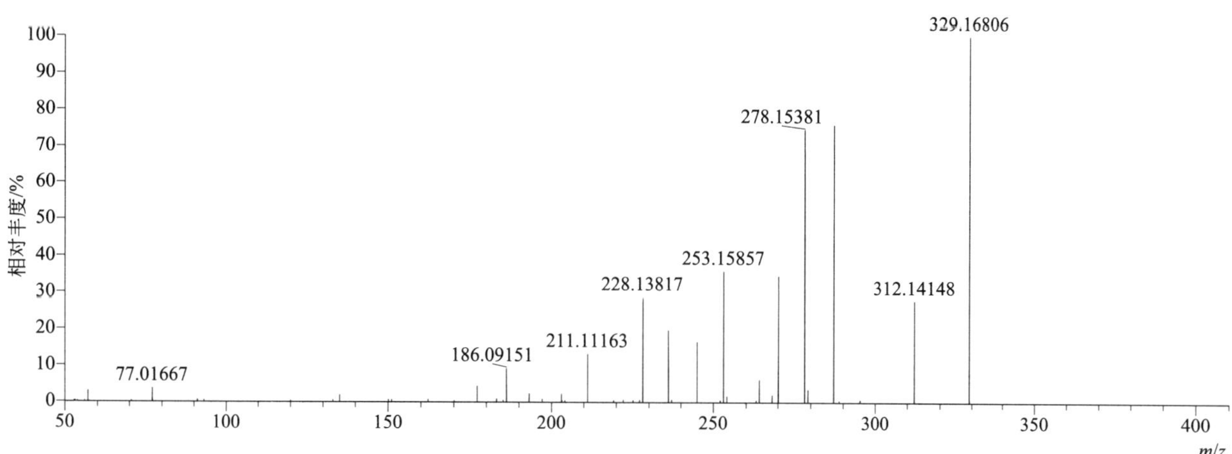

[M+H]+ 归一化法能量 NCE 为 60 时典型的二级质谱图

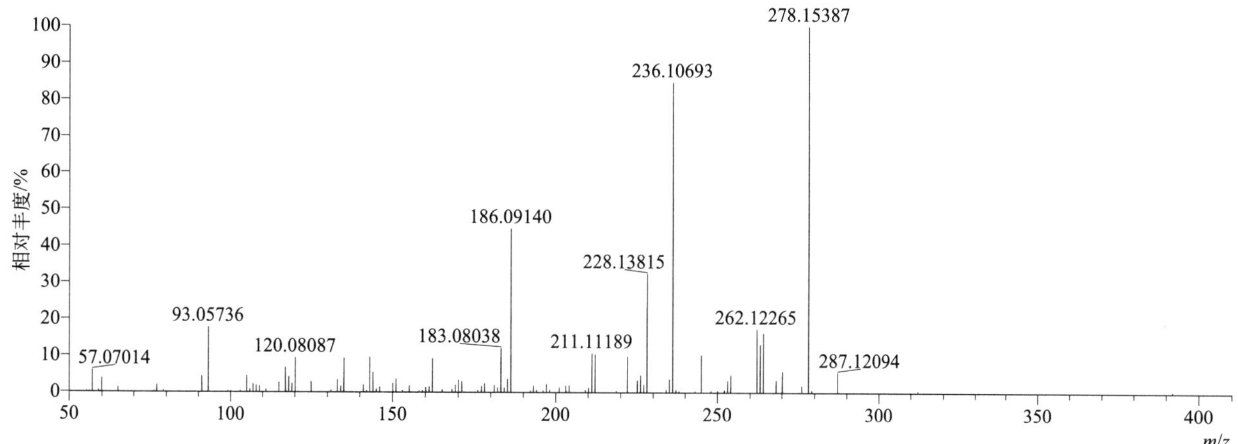

[M+H]+ 阶梯归一化法能量 Step NCE 为 20、40、60 时典型的二级质谱图

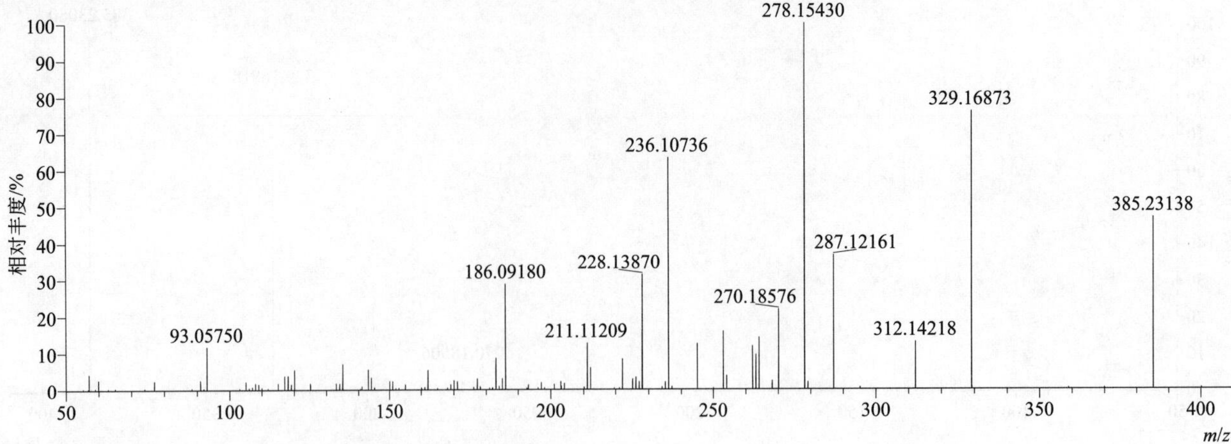

dialifos（氯亚胺硫磷）

基本信息

CAS 登录号	10311-84-9	分子量	393.00251	离子源和极性	电喷雾离子源（ESI）
分子式	$C_{14}H_{17}ClNO_4PS_2$	保留时间	15.38min	极性	正模式

[M+H]+ 提取离子流色谱图

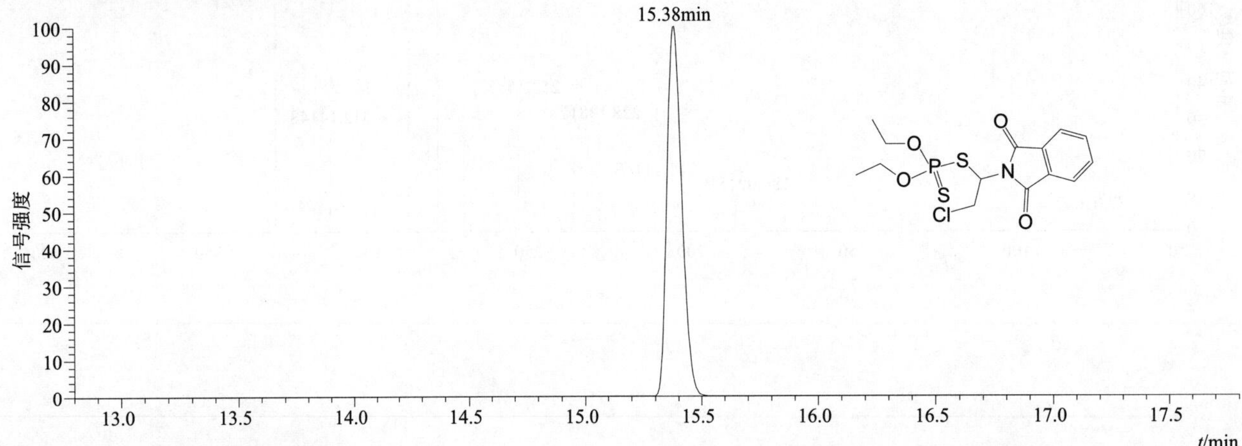

[M+H]+ 典型的一级质谱图

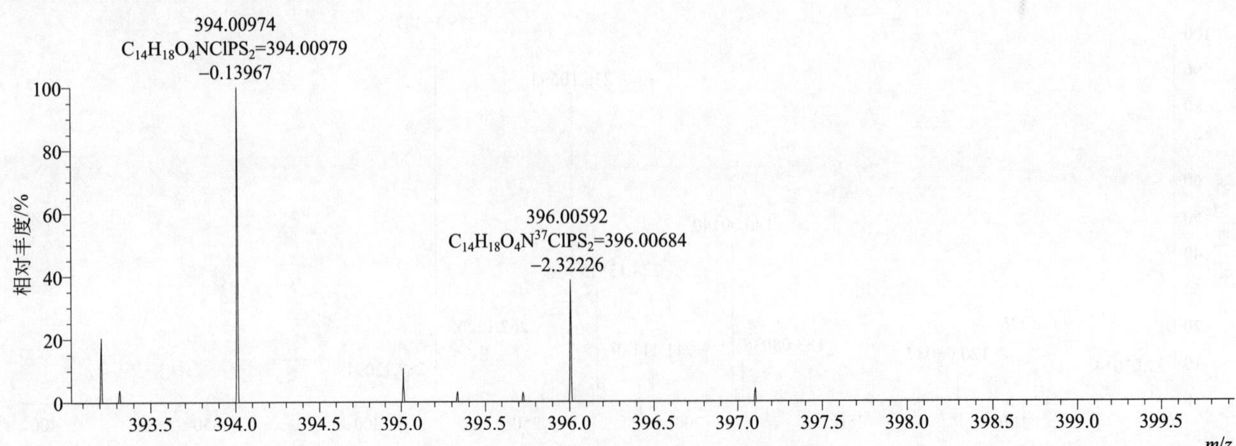

[M+H]⁺ 归一化法能量 NCE 为 20 时典型的二级质谱图

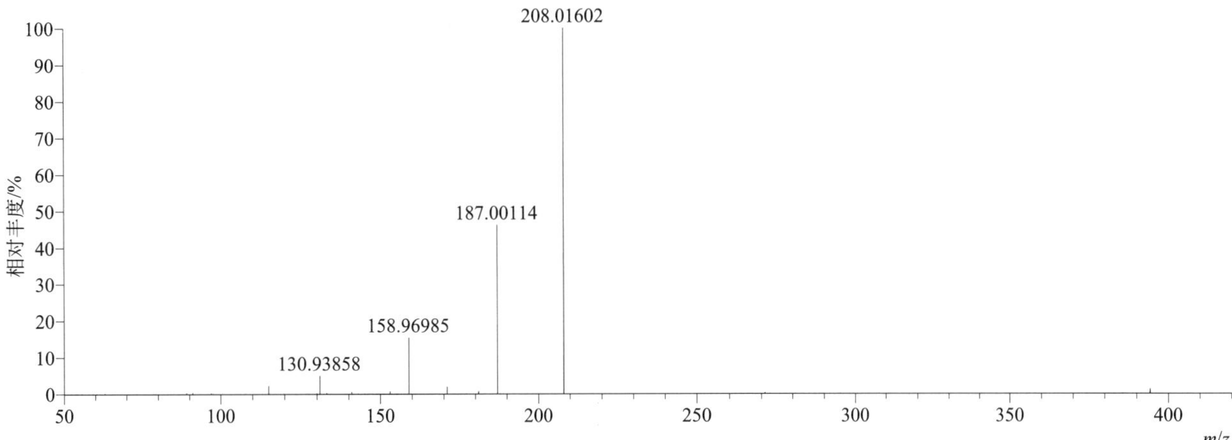

[M+H]⁺ 归一化法能量 NCE 为 40 时典型的二级质谱图

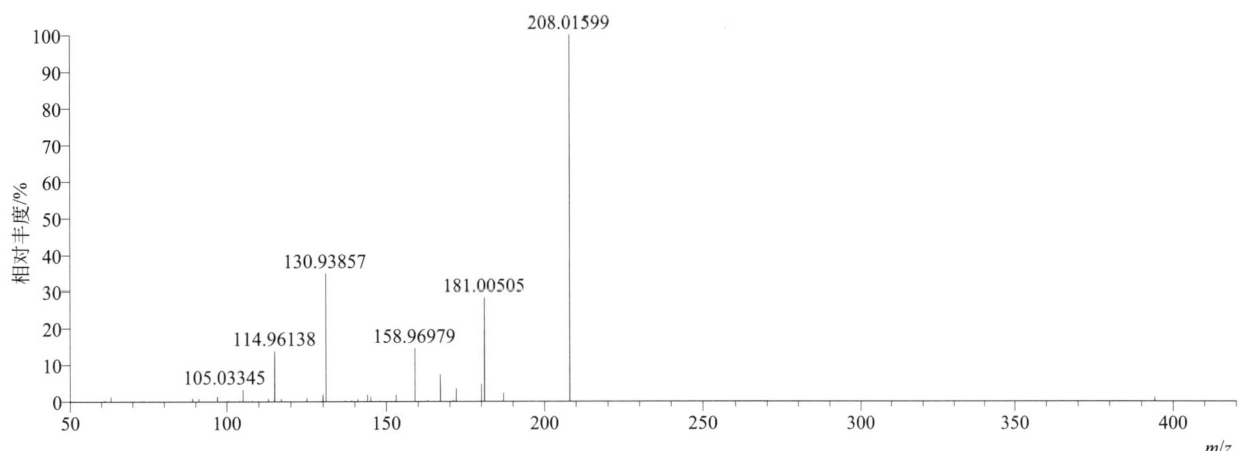

[M+H]⁺ 归一化法能量 NCE 为 60 时典型的二级质谱图

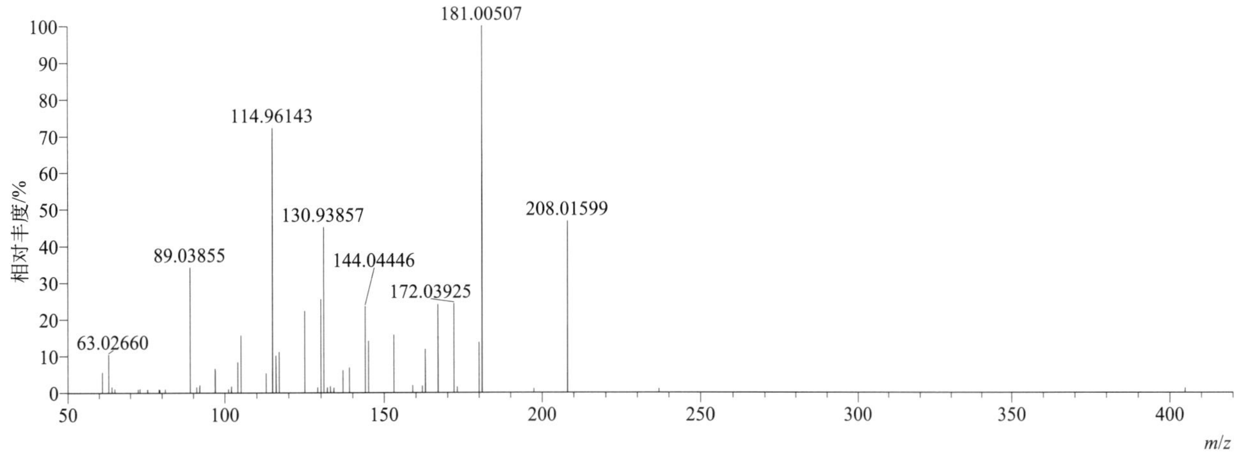

$[M+H]^+$ 阶梯归一化法能量 Step NCE 为 20、40、60 时典型的二级质谱图

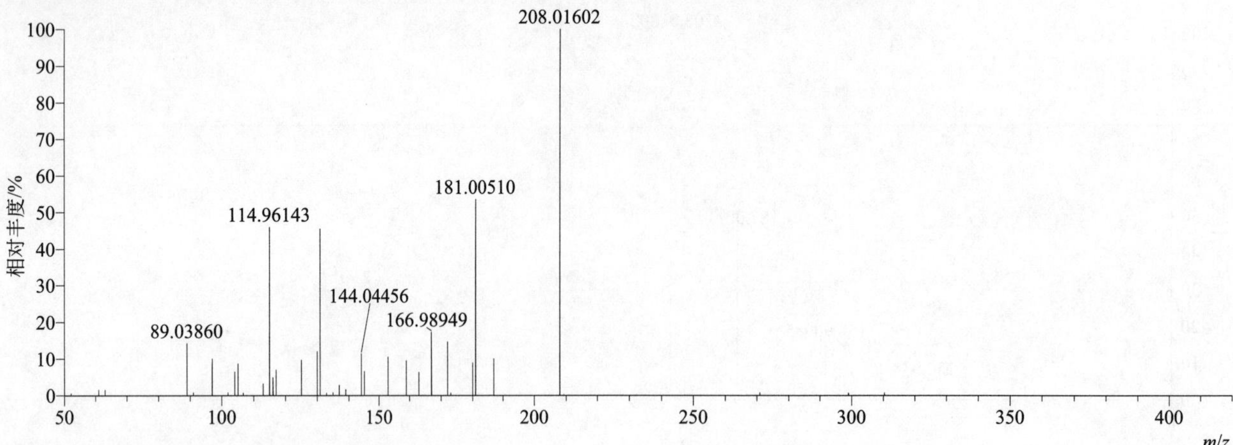

diallate（燕麦敌）

基本信息

CAS 登录号	2303-16-4	分子量	269.04079	离子源和极性	电喷雾离子源（ESI）
分子式	$C_{10}H_{17}Cl_2NOS$	保留时间	15.56 min	极性	正模式

$[M+H]^+$ 提取离子流色谱图

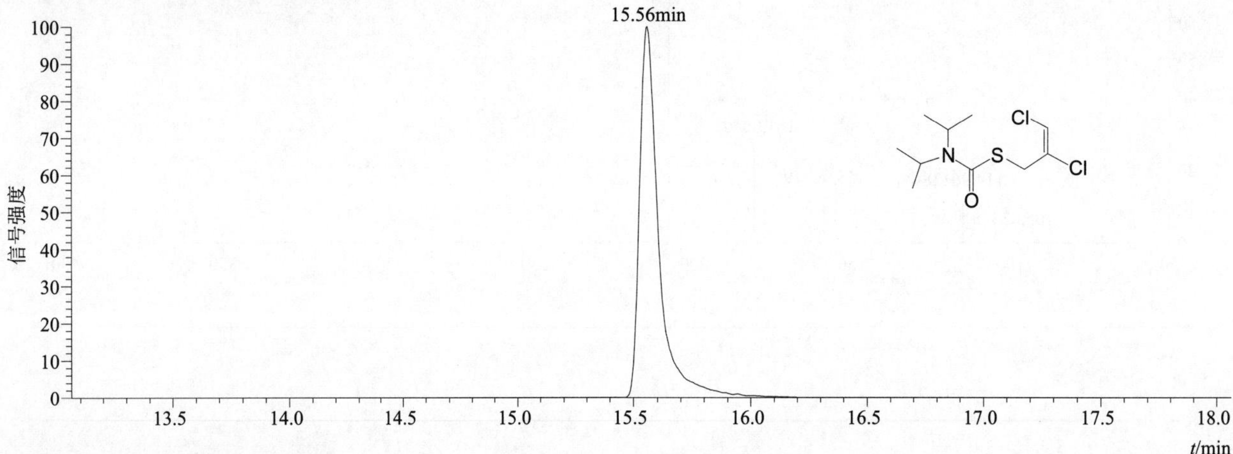

$[M+H]^+$ 典型的一级质谱图

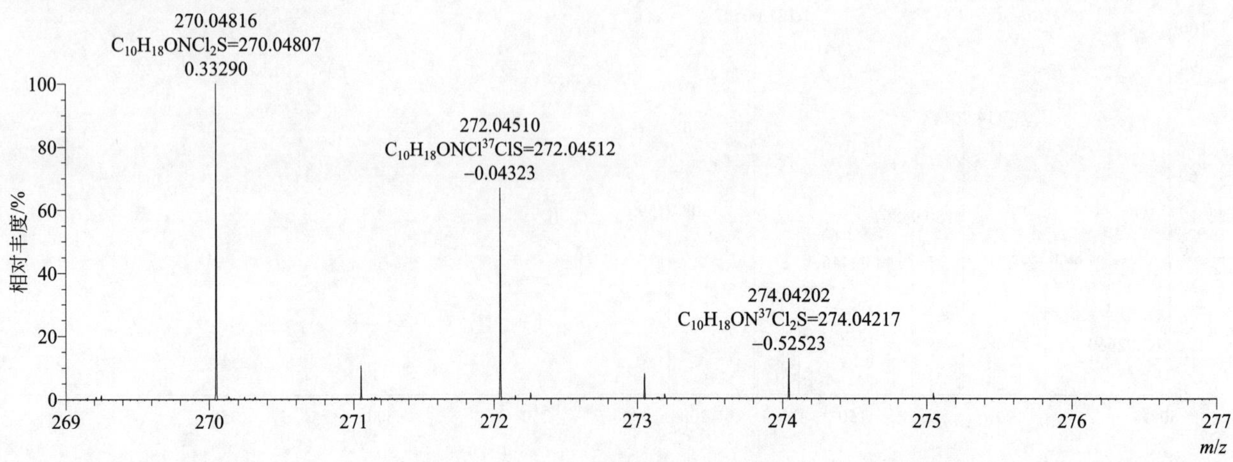

[M+H]+ 归一化法能量 NCE 为 20 时典型的二级质谱图

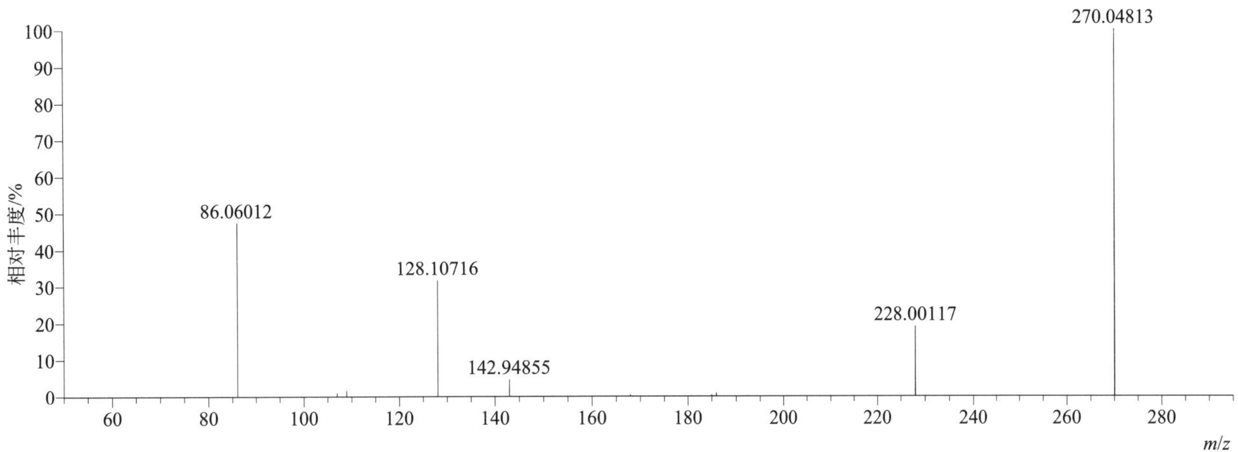

[M+H]+ 归一化法能量 NCE 为 40 时典型的二级质谱图

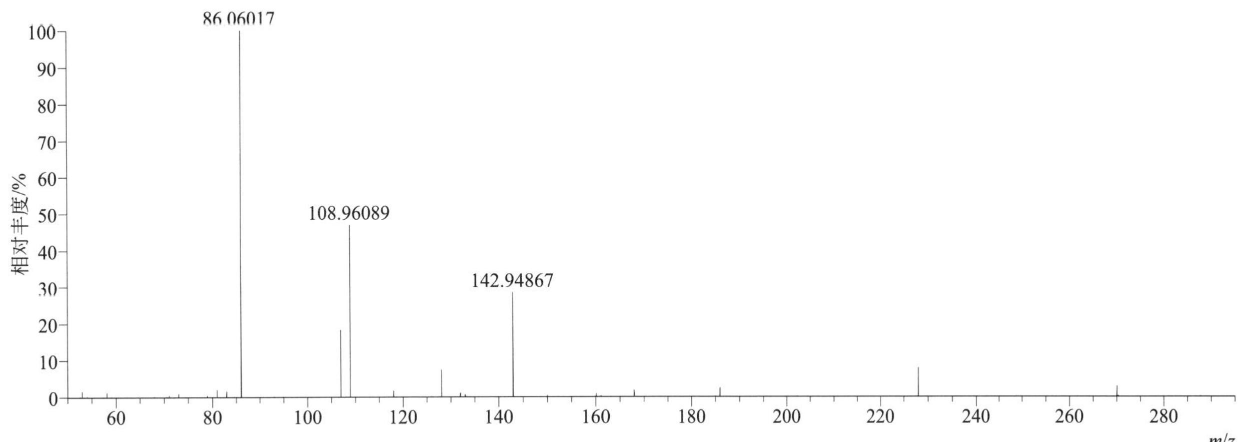

[M+H]+ 归一化法能量 NCE 为 60 时典型的二级质谱图

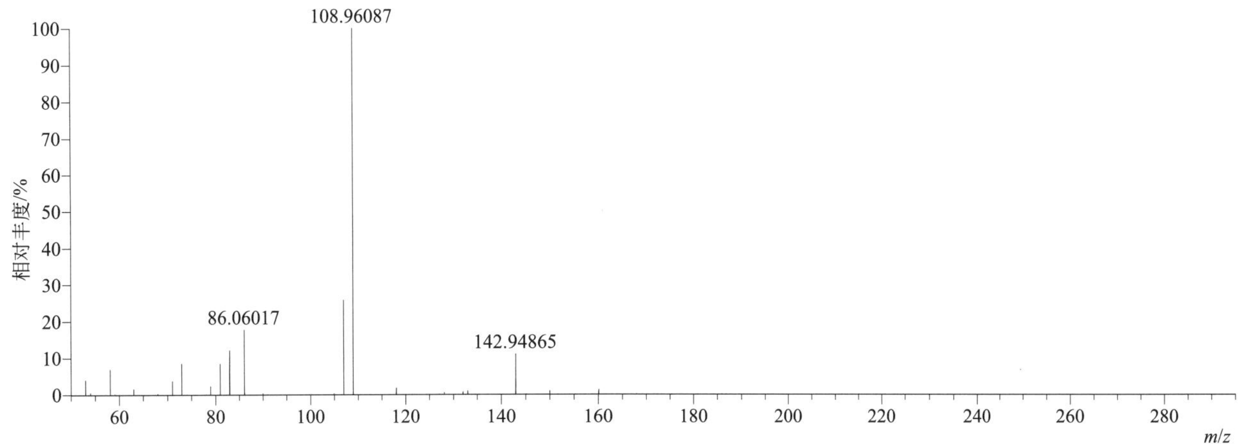

[M+H]+ 阶梯归一化法能量 Step NCE 为 20、40、60 时典型的二级质谱图

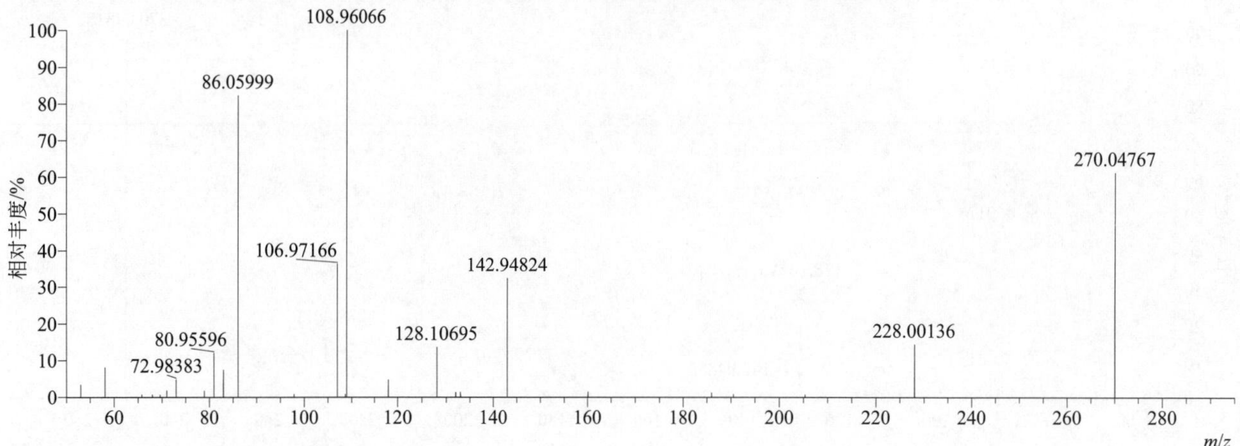

diazinon（二嗪磷）

基本信息

CAS 登录号	333-41-5	分子量	304.10105	离子源和极性	电喷雾离子源（ESI）
分子式	$C_{12}H_{21}N_2O_3PS$	保留时间	15.14min	极性	正模式

[M+H]+ 提取离子流色谱图

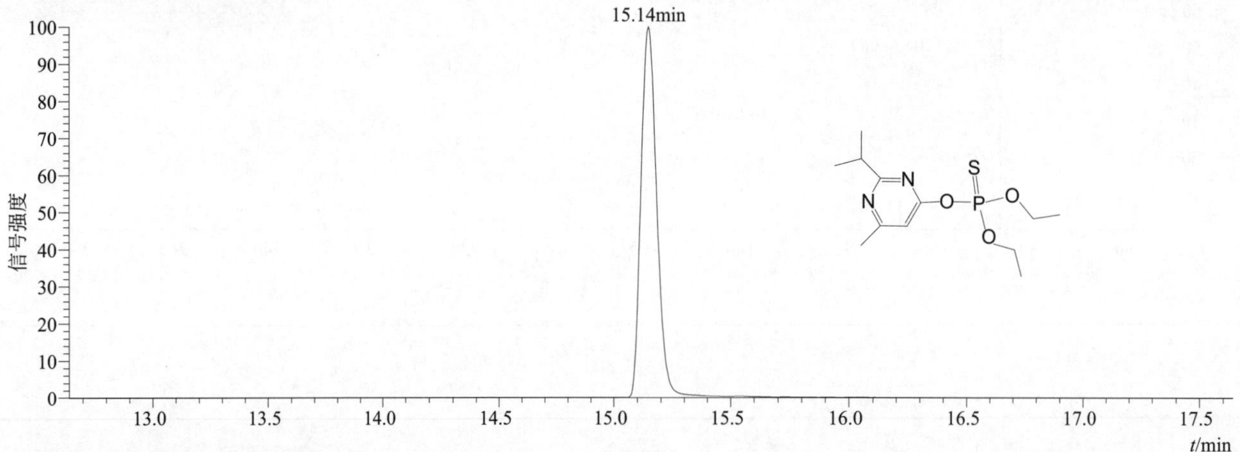

[M+H]+ 典型的一级质谱图

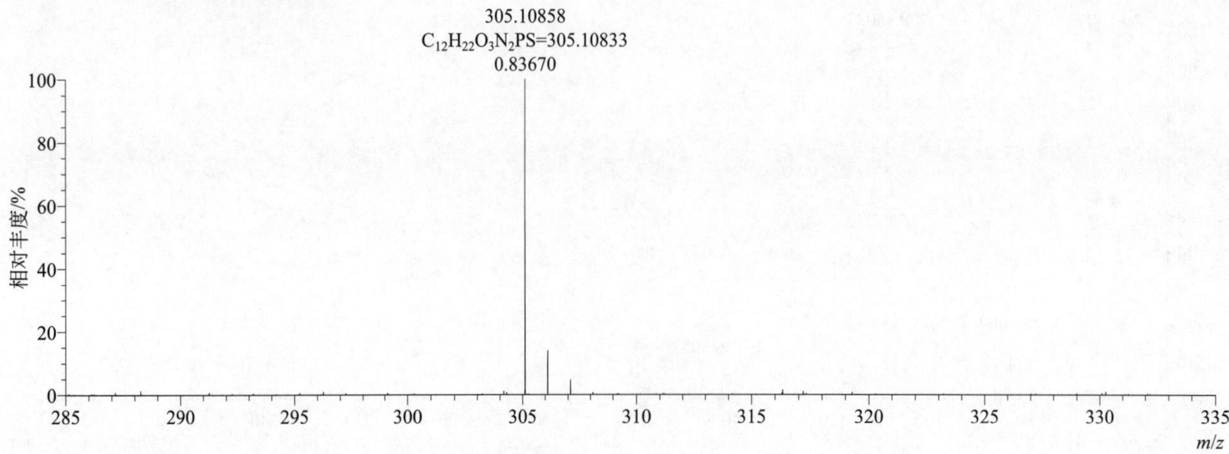

[M+H]+ 归一化法能量 NCE 为 20 时典型的二级质谱图

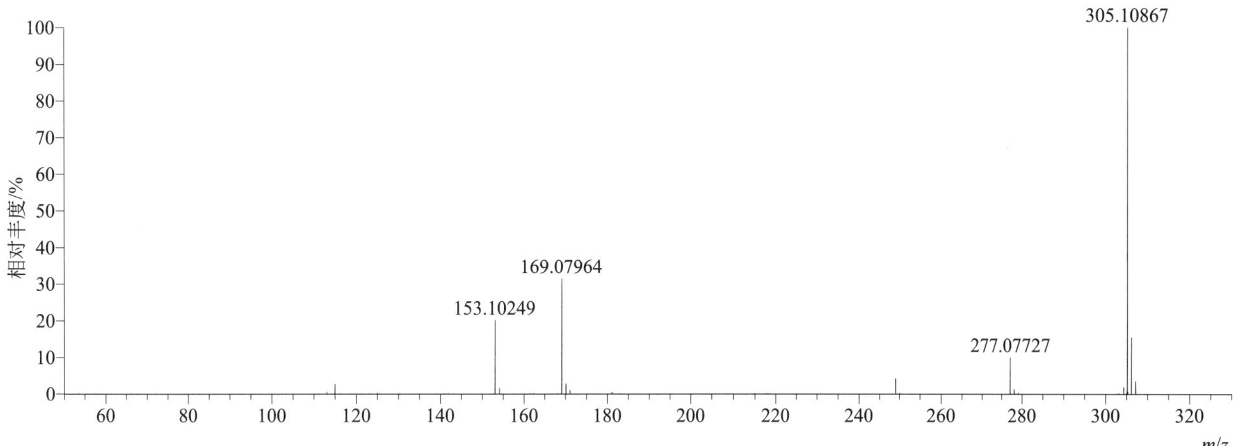

[M+H]+ 归一化法能量 NCE 为 40 时典型的二级质谱图

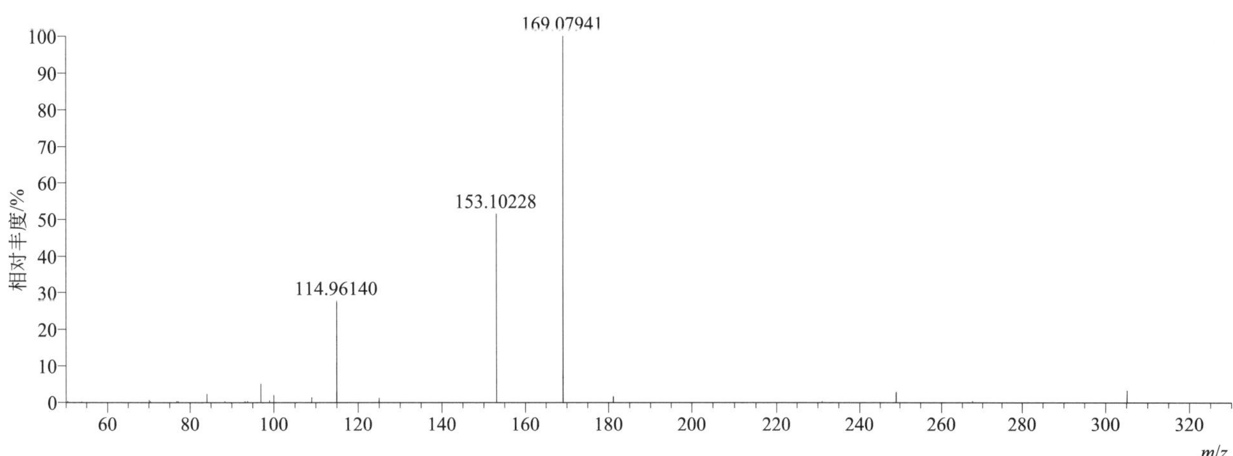

[M+H]+ 归一化法能量 NCE 为 60 时典型的二级质谱图

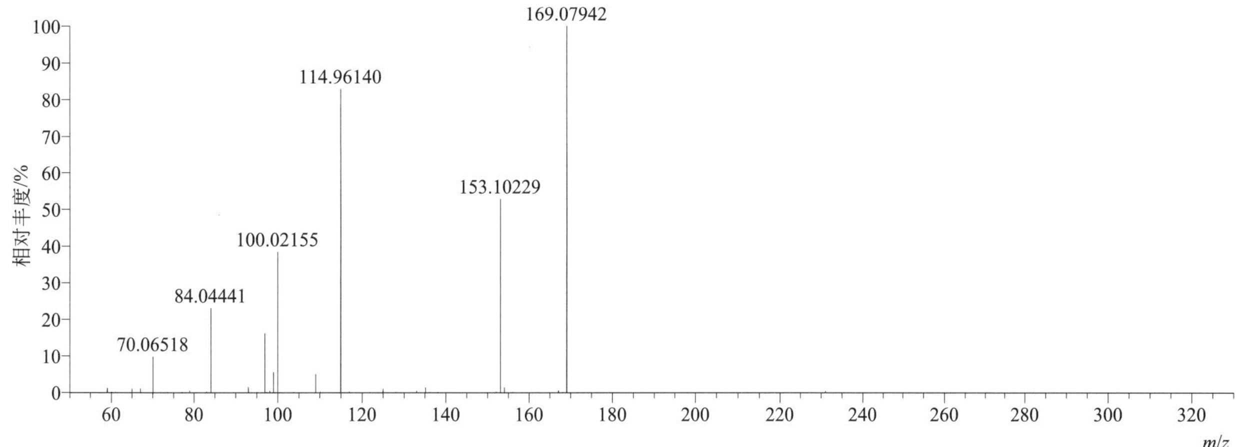

[M+H]⁺ 阶梯归一化法能量 Step NCE 为 20、40、60 时典型的二级质谱图

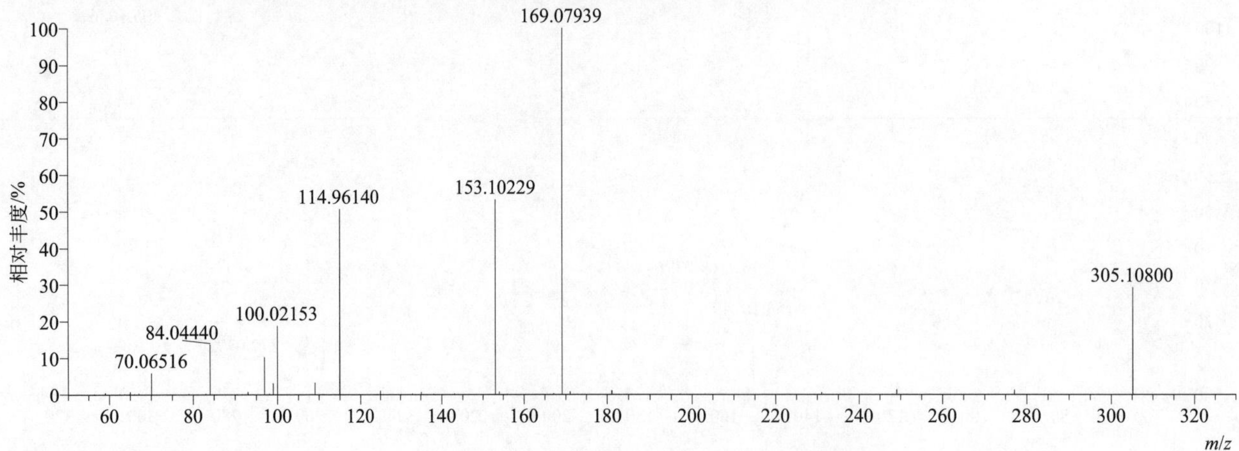

dibutyl succinate（琥珀酸二丁酯）

基本信息

CAS 登录号	141-03-7	分子量	230.15181	离子源和极性	电喷雾离子源（ESI）
分子式	$C_{12}H_{22}O_4$	保留时间	15.03min	极性	正模式

[M+H]⁺ 提取离子流色谱图

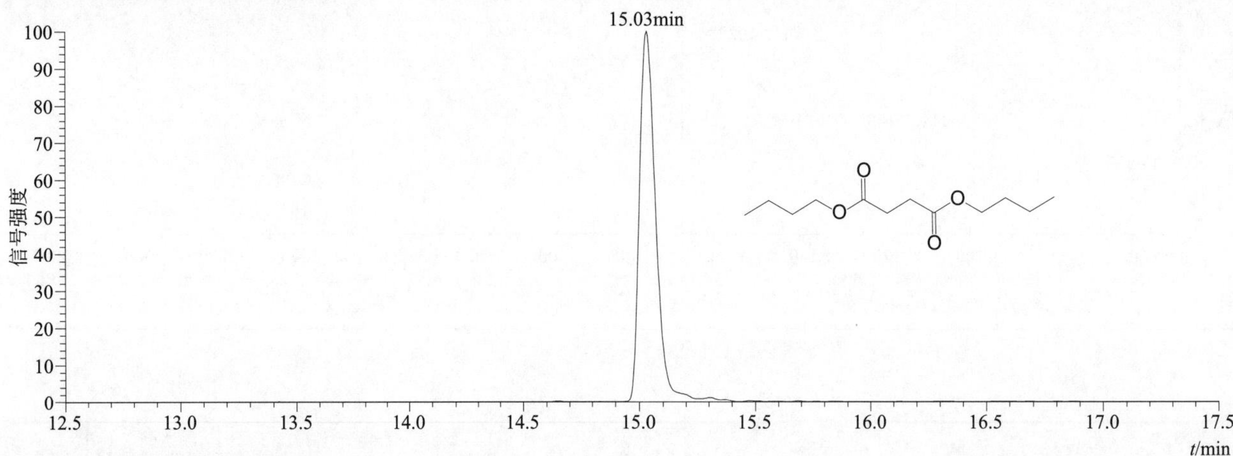

[M+H]⁺ 典型的一级质谱图

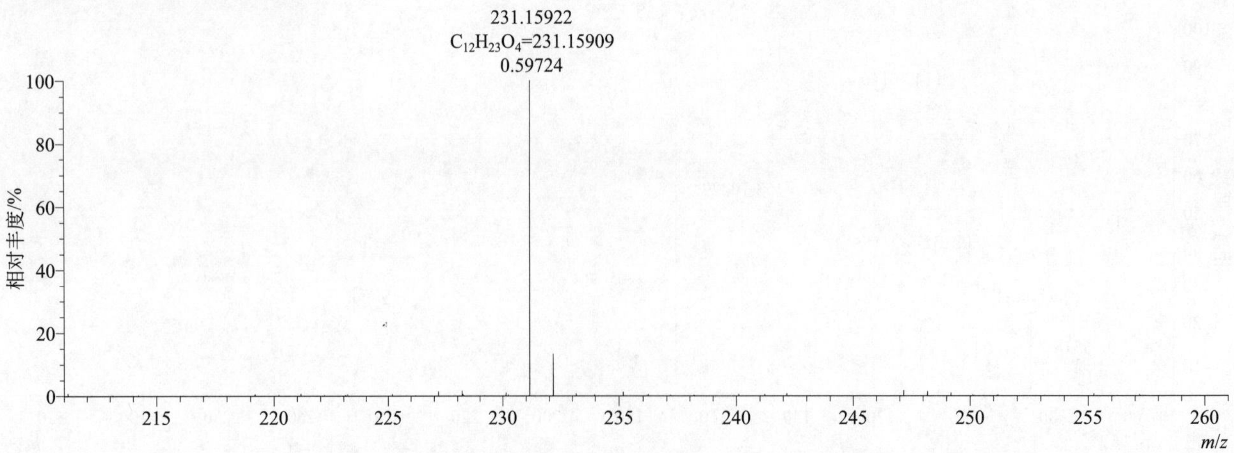

[M+H]+ 归一化法能量 NCE 为 20 时典型的二级质谱图

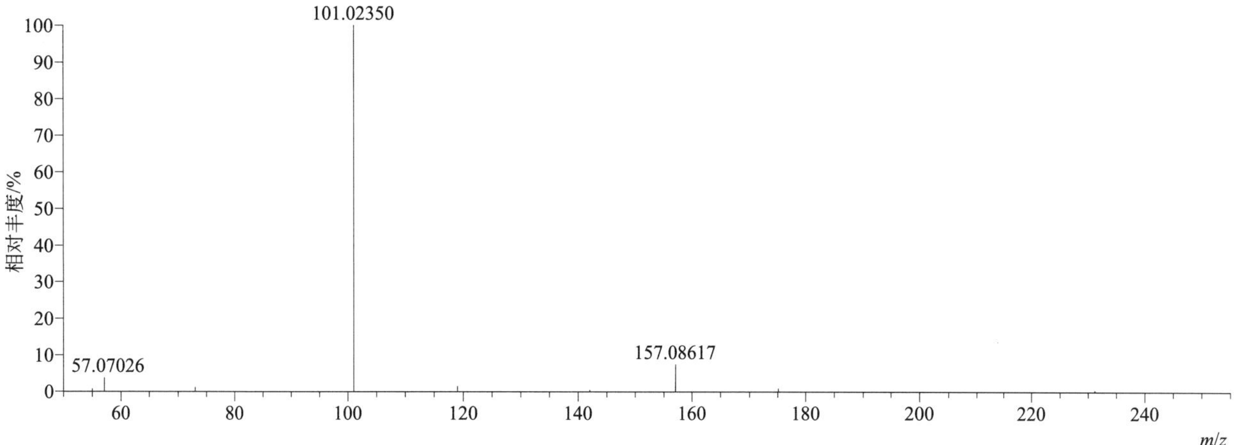

[M+H]+ 归一化法能量 NCE 为 40 时典型的二级质谱图

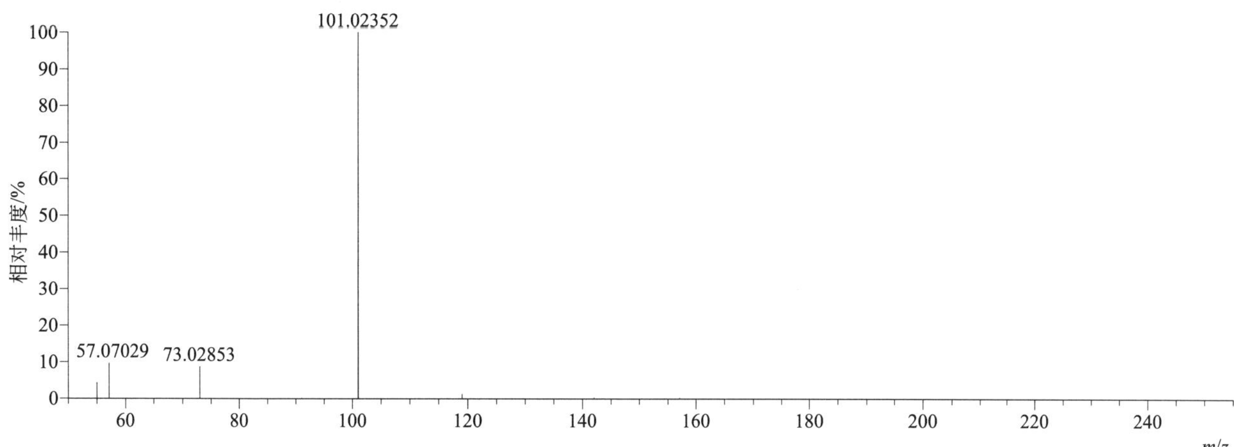

[M+H]+ 归一化法能量 NCE 为 60 时典型的二级质谱图

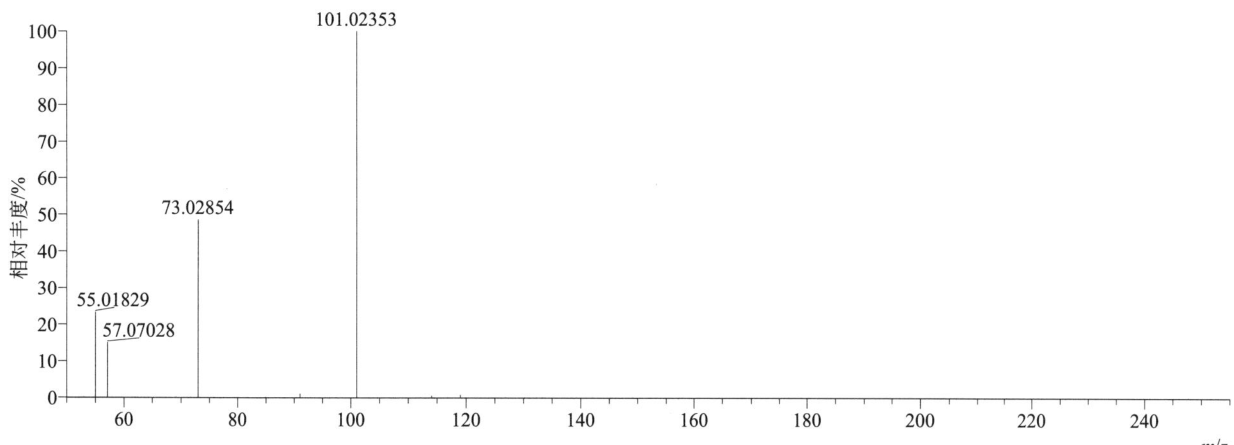

[M+H]+ 阶梯归一化法能量 Step NCE 为 20、40、60 时典型的二级质谱图

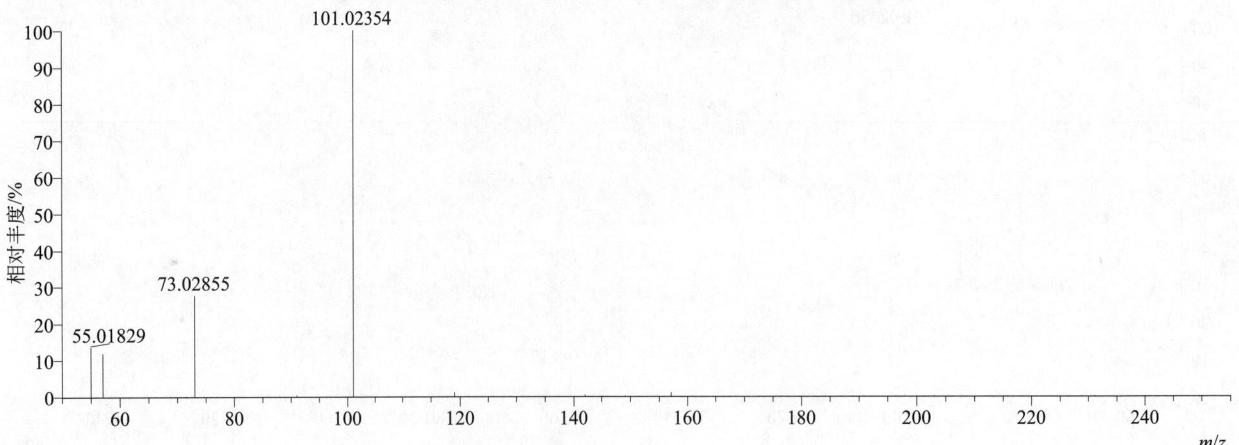

dichlofenthion（除线磷）

基本信息

CAS 登录号	97-17-6	分子量	313.97001	离子源和极性	电喷雾离子源（ESI）
分子式	$C_{10}H_{13}Cl_2O_3PS$	保留时间	14.86min	极性	正模式

[M+H]+ 提取离子流色谱图

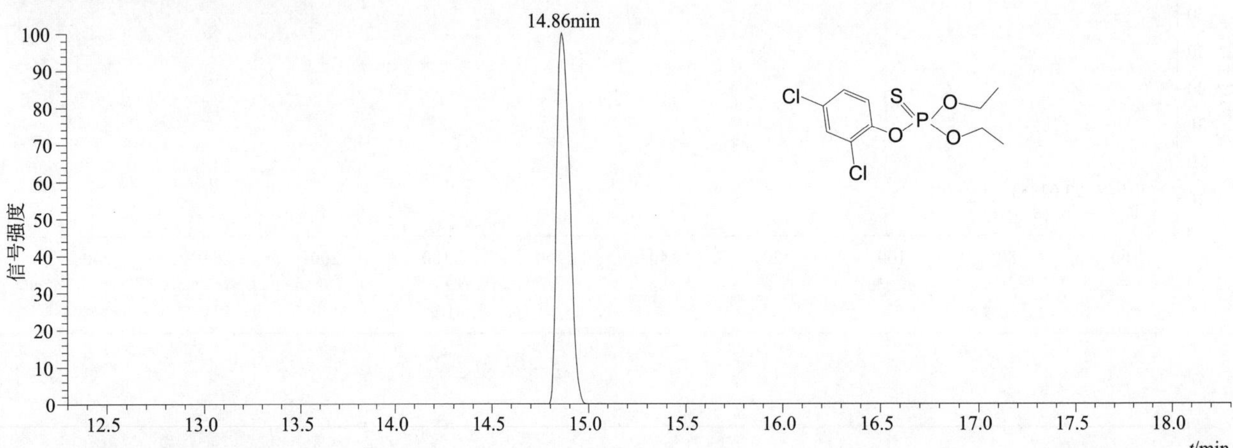

[M+H]+ 典型的一级质谱图

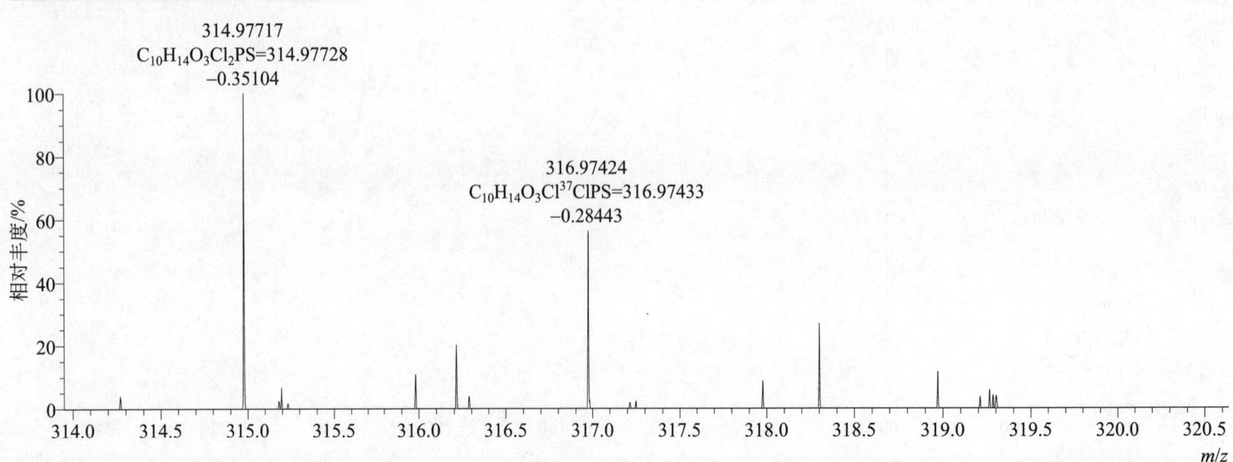

[M+H]+ 归一化法能量 NCE 为 20 时典型的二级质谱图

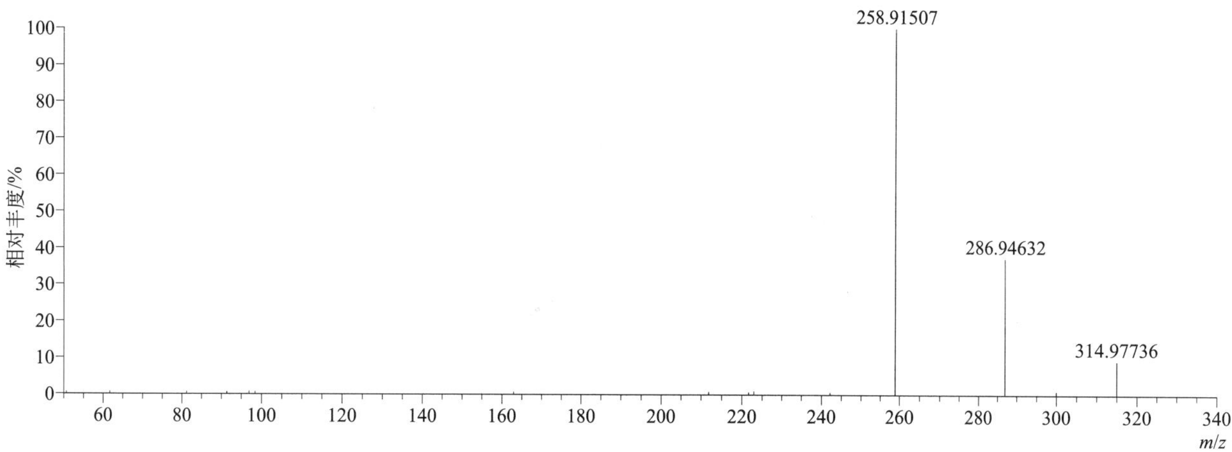

[M+H]+ 归一化法能量 NCE 为 40 时典型的二级质谱图

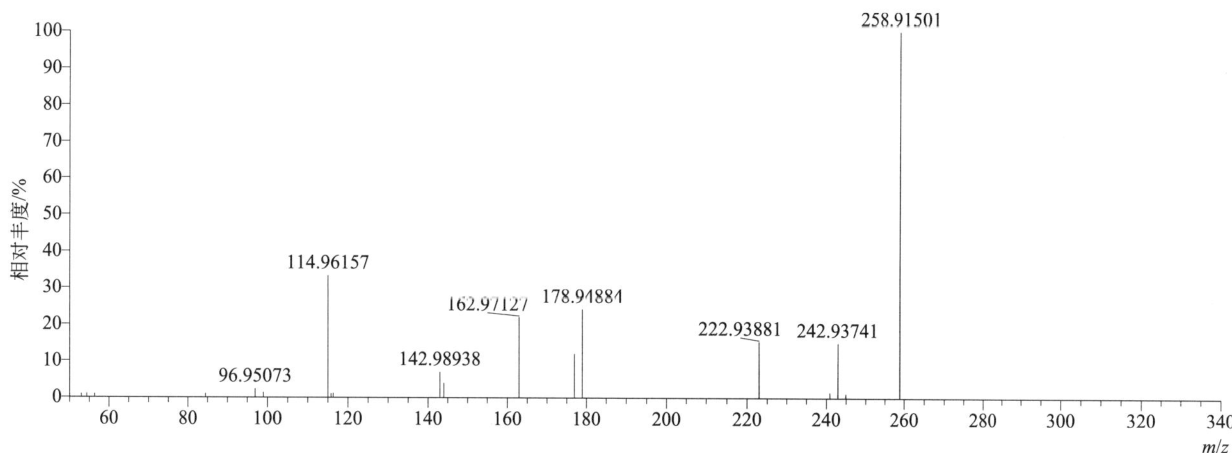

[M+H]+ 归一化法能量 NCE 为 60 时典型的二级质谱图

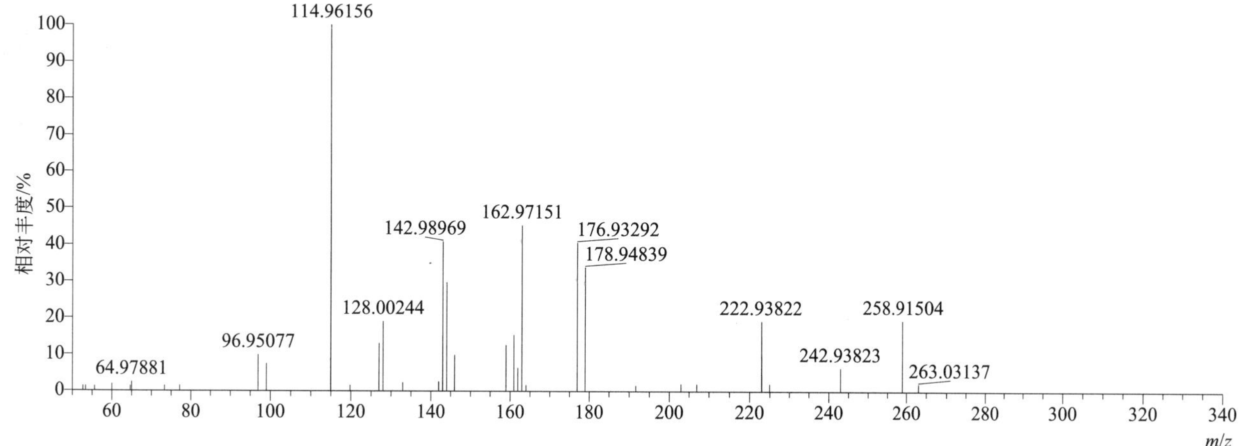

[M+H]+ 阶梯归一化法能量 Step NCE 为 20、40、60 时典型的二级质谱图

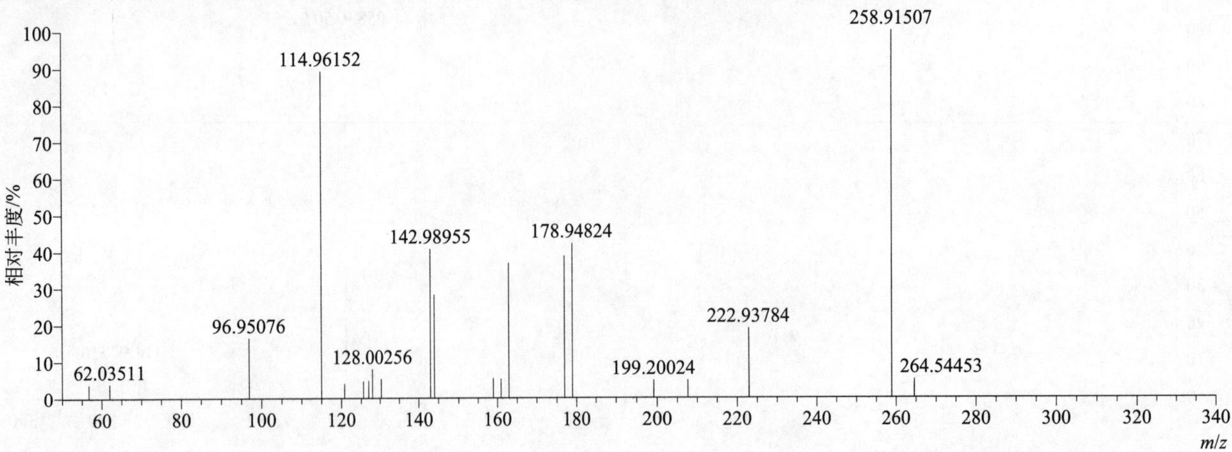

2,6-dichlorobenzamide（2,6-二氯苯甲酰胺）

基本信息

CAS 登录号	2008-58-4	分子量	188.97482	离子源和极性	电喷雾离子源（ESI）
分子式	$C_7H_5Cl_2NO$	保留时间	9.22min	极性	正模式

[M+H]+ 提取离子流色谱图

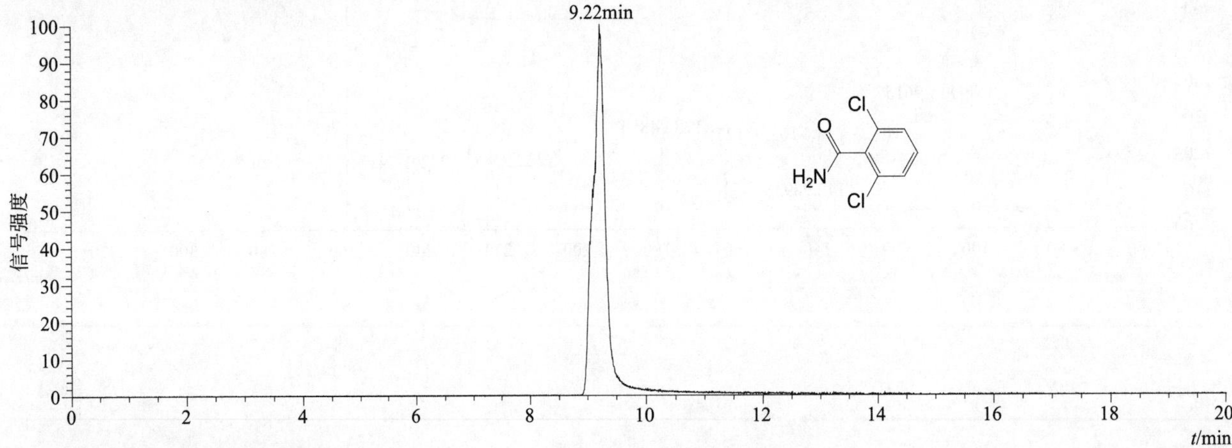

[M+H]+ 典型的一级质谱图

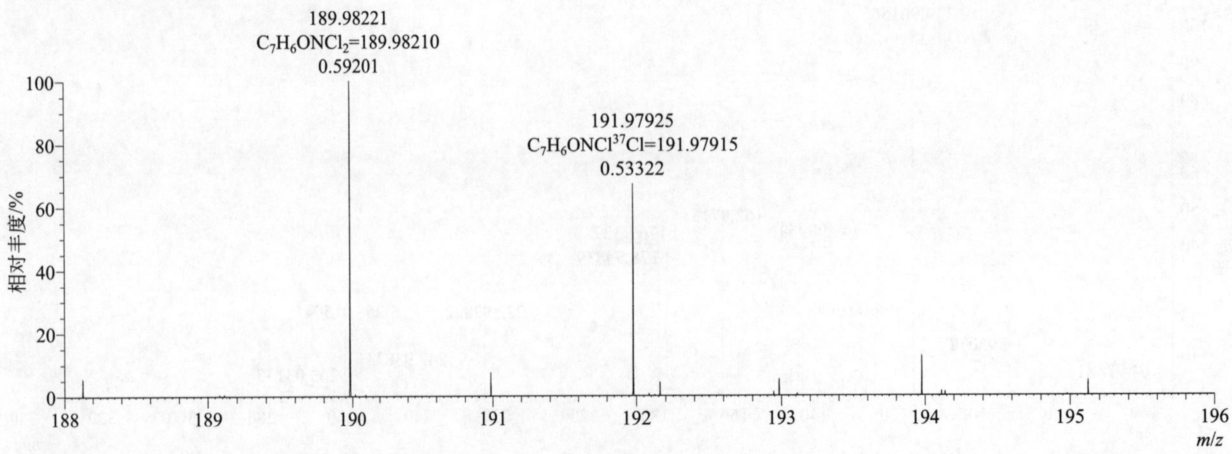

[M+H]+ 归一化法能量 NCE 为 40 时典型的二级质谱图

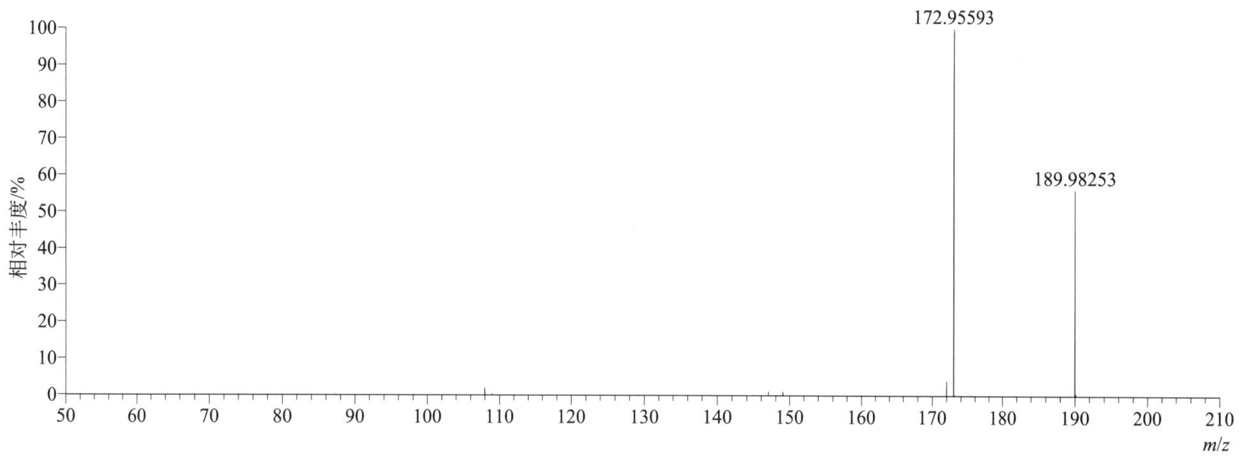

[M+H]+ 归一化法能量 NCE 为 60 时典型的二级质谱图

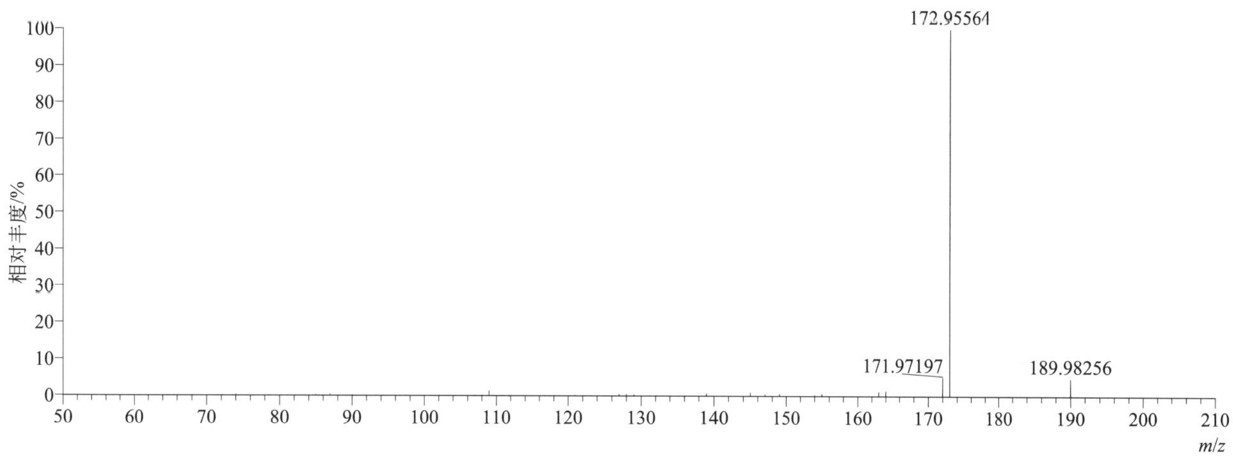

[M+H]+ 归一化法能量 NCE 为 80 时典型的二级质谱图

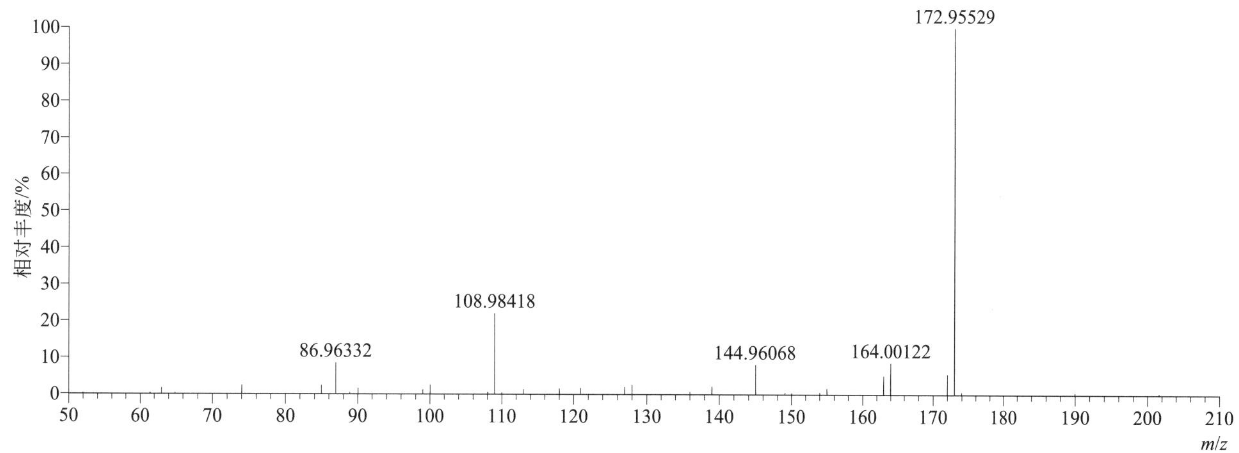

[M+H]+ 阶梯归一化法能量 Step NCE 为 40、60、80 时典型的二级质谱图

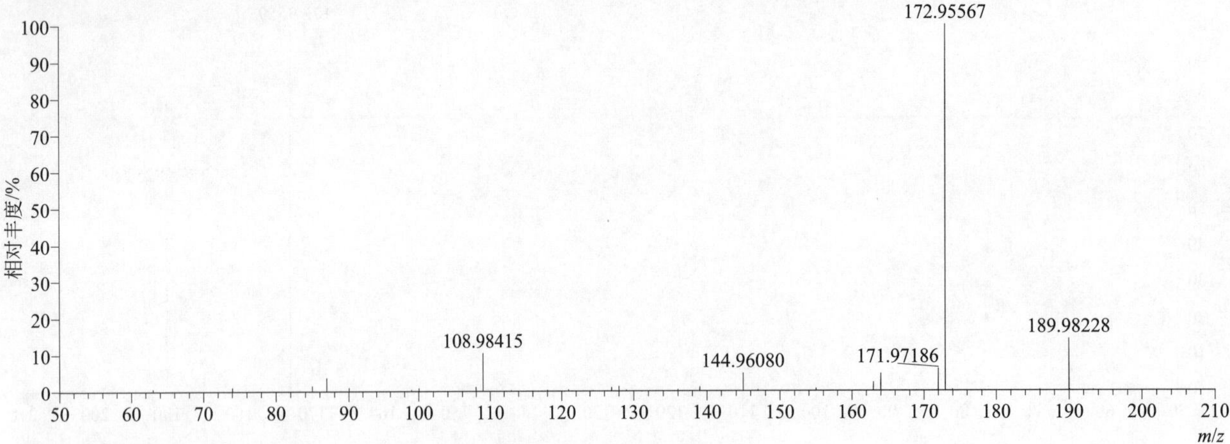

diclobutrazol（苄氯三唑醇）

基本信息

CAS 登录号	75736-33-3	分子量	327.09052	离子源和极性	电喷雾离子源（ESI）
分子式	$C_{15}H_{19}Cl_2N_3O$	保留时间	14.87min；14.99min	极性	正模式

[M+H]+ 提取离子流色谱图

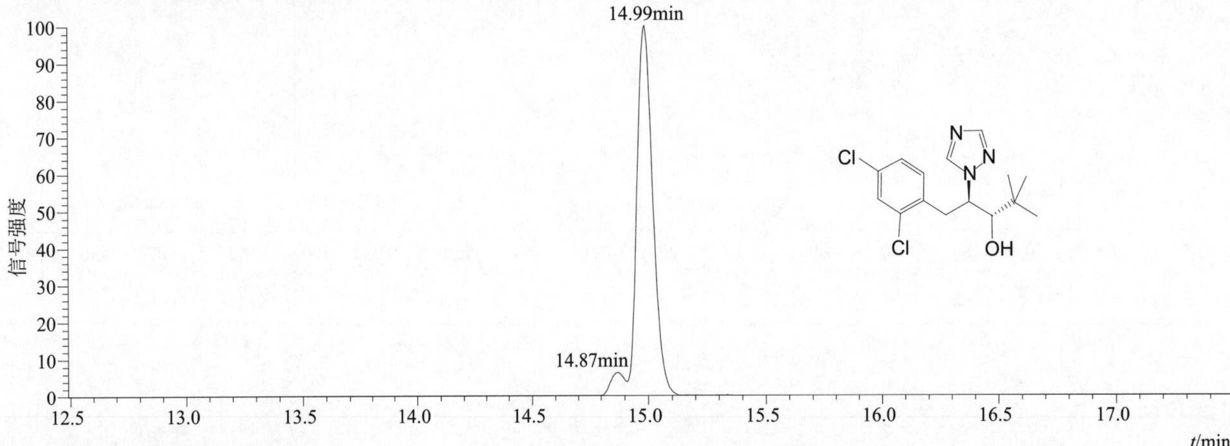

[M+H]+ 典型的一级质谱图

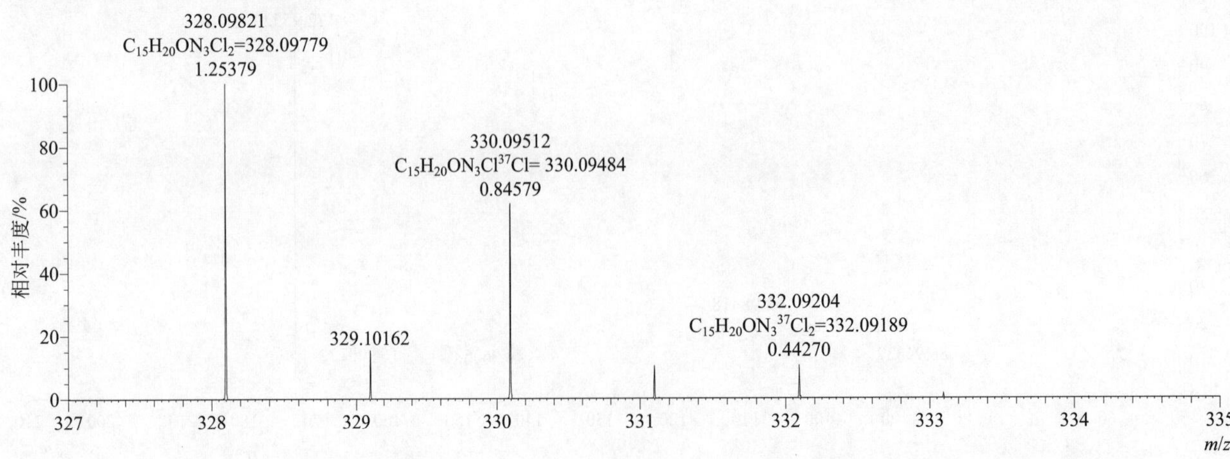

[M+H]$^+$ 归一化法能量 NCE 为 20 时典型的二级质谱图

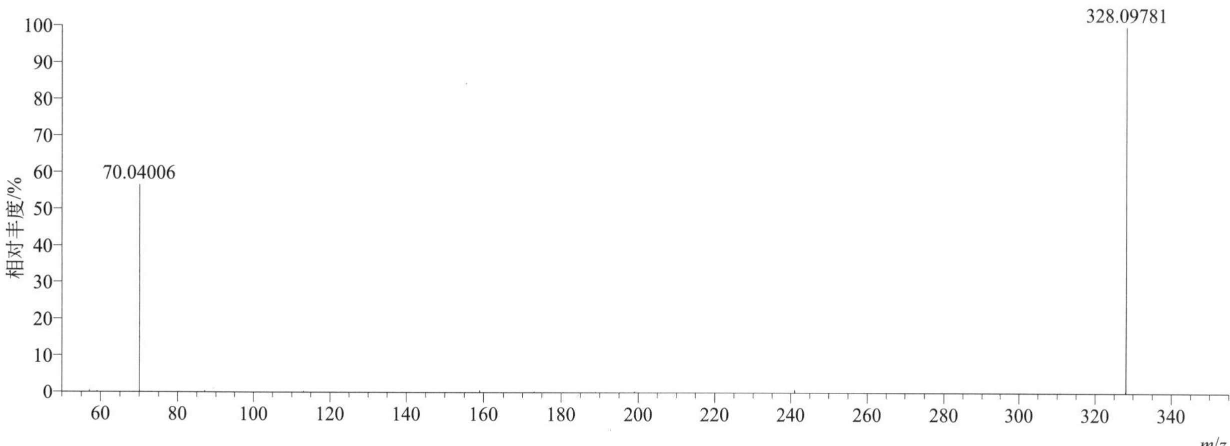

[M+H]$^+$ 归一化法能量 NCE 为 40 时典型的二级质谱图

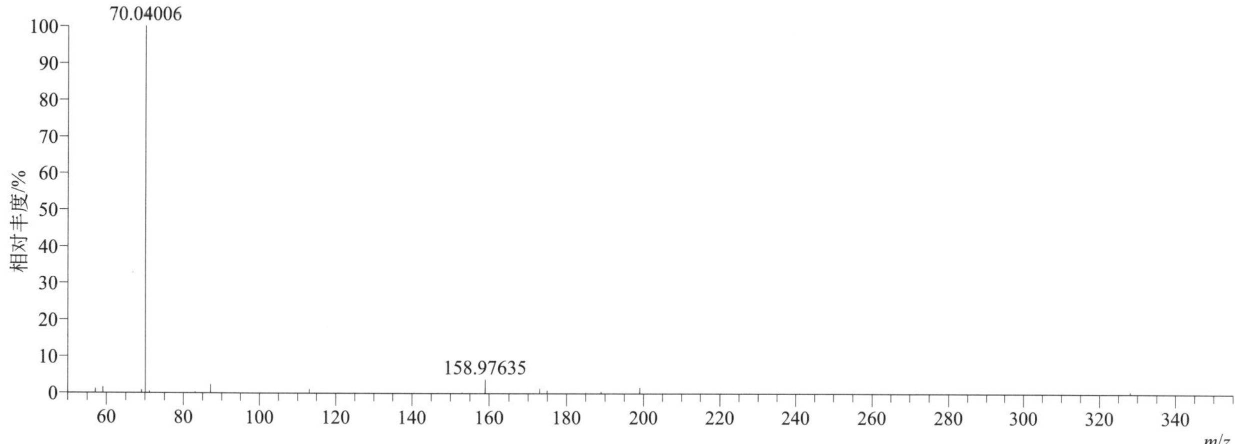

[M+H]$^+$ 归一化法能量 NCE 为 60 时典型的二级质谱图

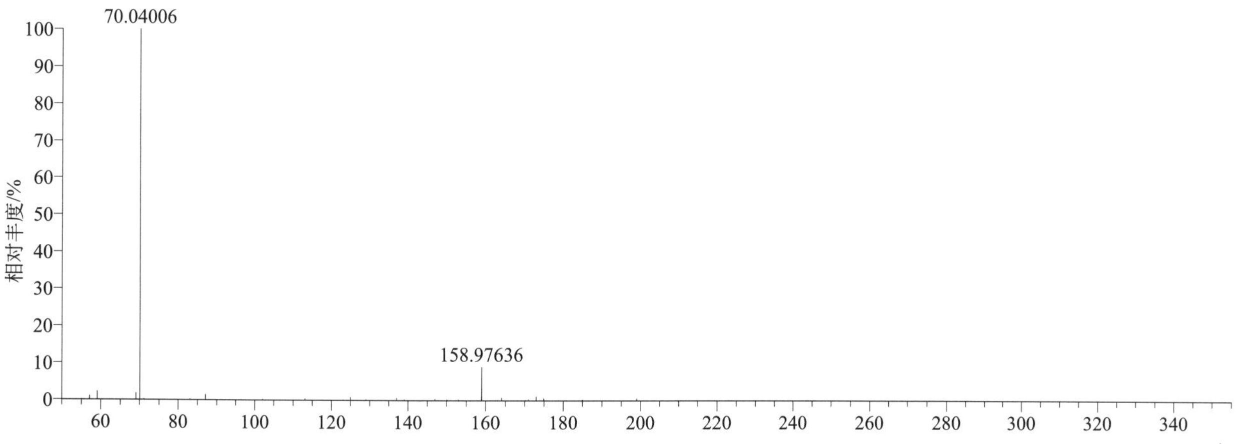

[M+H]+ 阶梯归一化法能量 Step NCE 为 20、40、60 时典型的二级质谱图

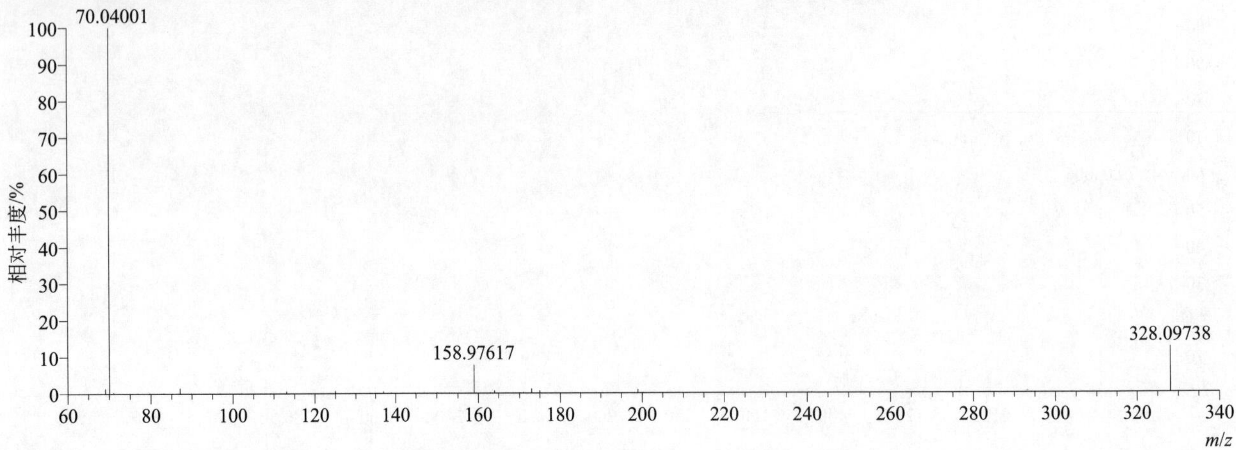

diclosulam（双氯磺草胺）

基本信息

CAS 登录号	145701-21-9	分子量	404.98654	离子源和极性	电喷雾离子源（ESI）
分子式	$C_{13}H_{10}Cl_2FN_5O_3S$	保留时间	13.42min	极性	正模式

[M+H]+ 提取离子流色谱图

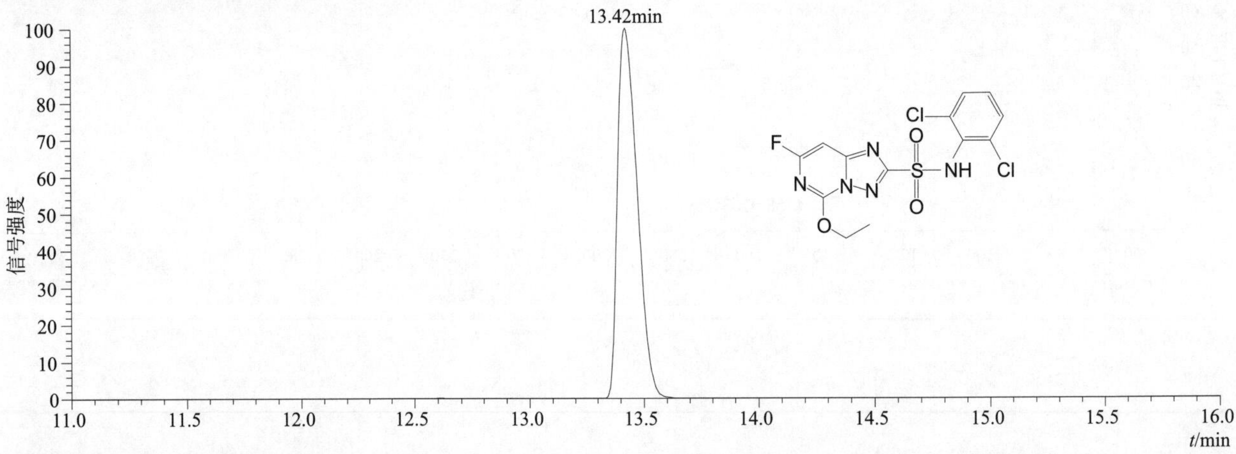

[M+H]+ 典型的一级质谱图

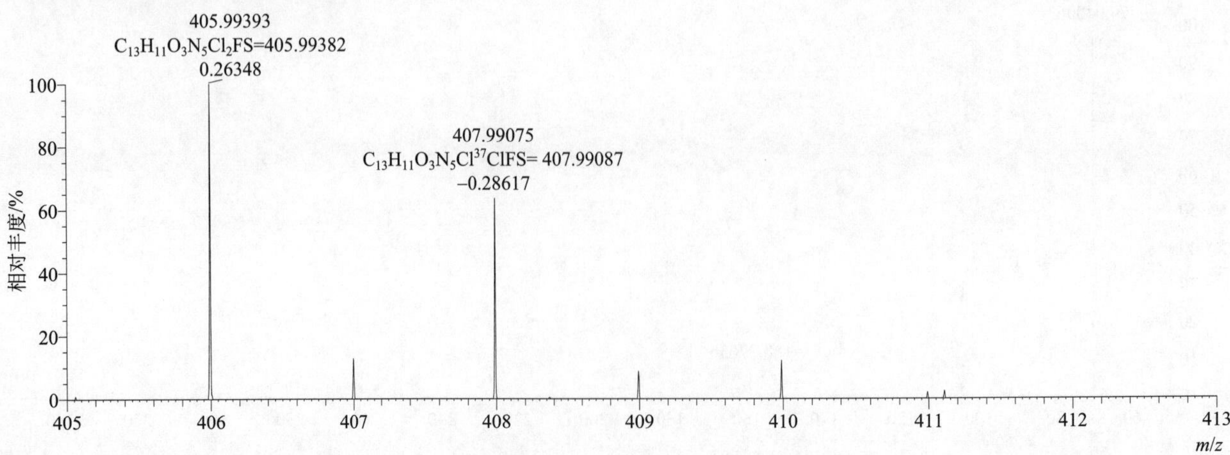

[M+H]$^+$ 归一化法能量 NCE 为 20 时典型的二级质谱图

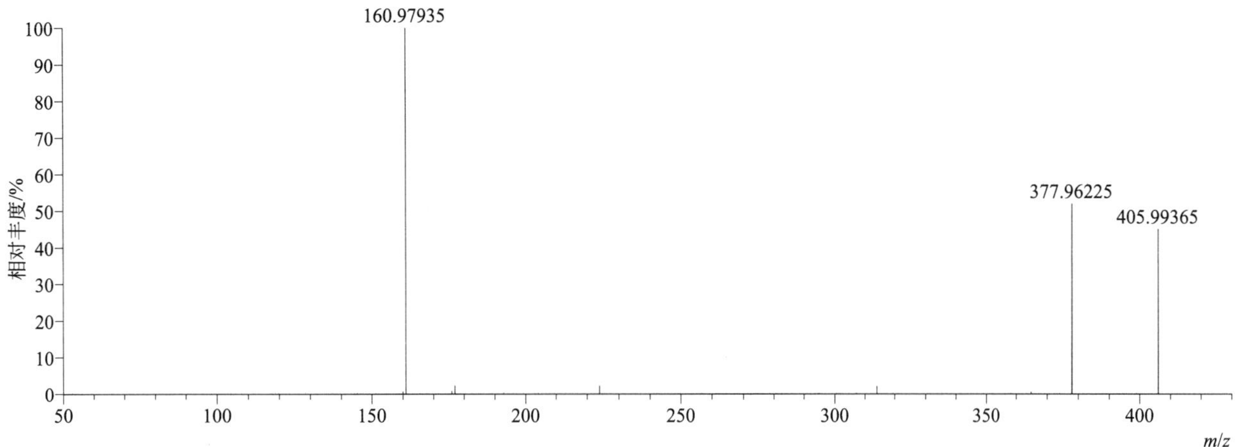

[M+H]$^+$ 归一化法能量 NCE 为 40 时典型的二级质谱图

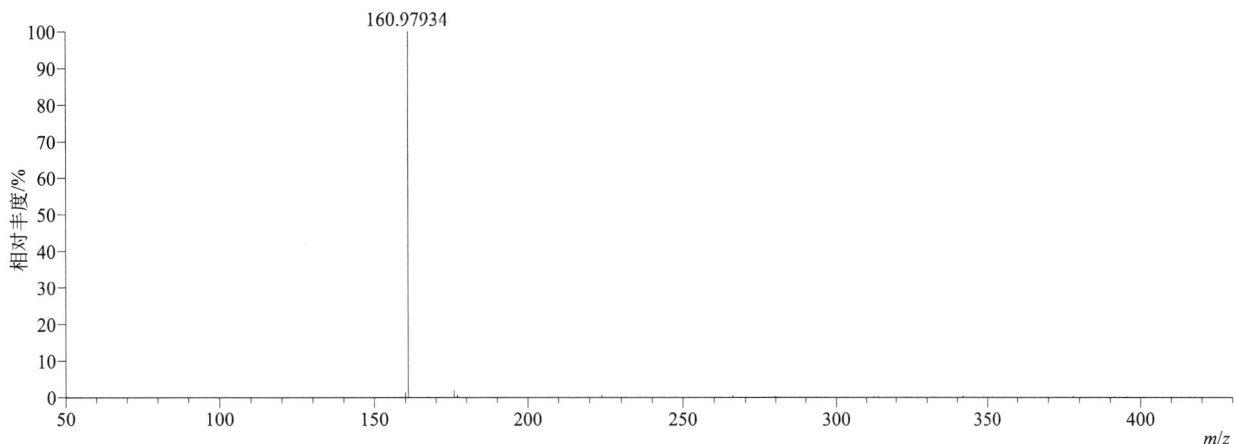

[M+H]$^+$ 归一化法能量 NCE 为 60 时典型的二级质谱图

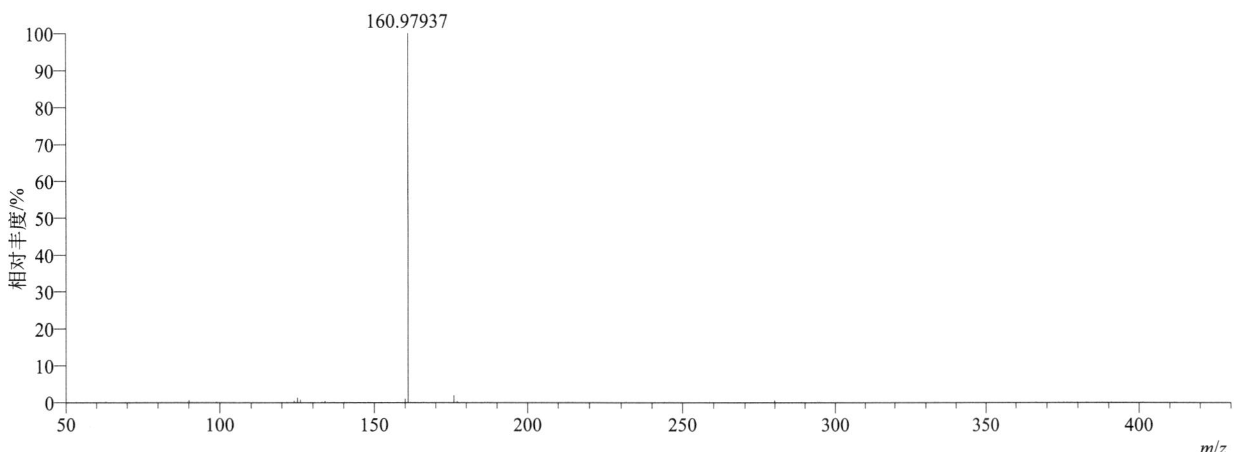

[M+H]+ 阶梯归一化法能量 Step NCE 为 20、40、60 时典型的二级质谱图

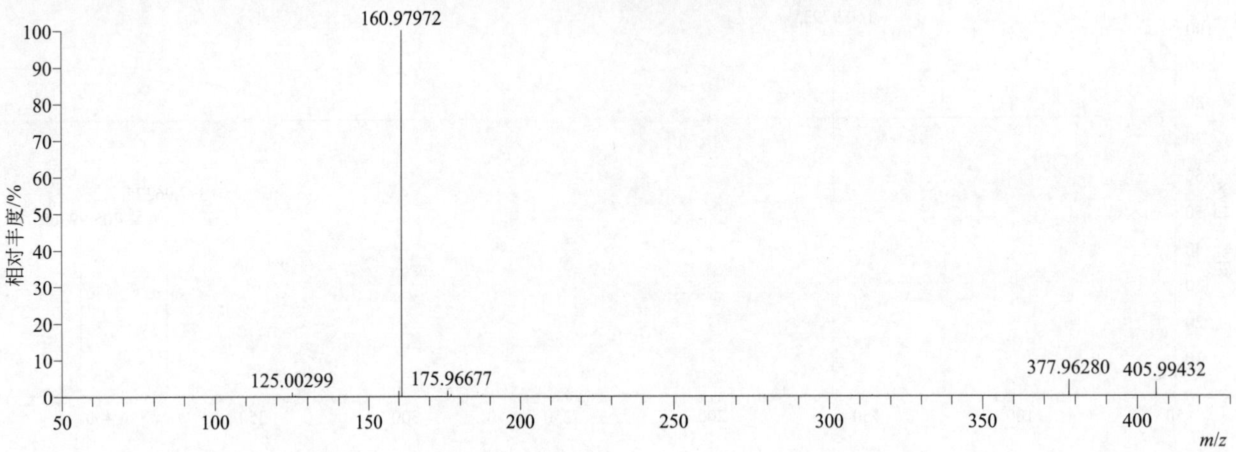

dicrotophos（百治磷）

基本信息

CAS 登录号	141-66-2	分子量	237.07661	离子源和极性	电喷雾离子源（ESI）
分子式	$C_8H_{16}NO_5P$	保留时间	11.32min	极性	正模式

[M+H]+ 提取离子流色谱图

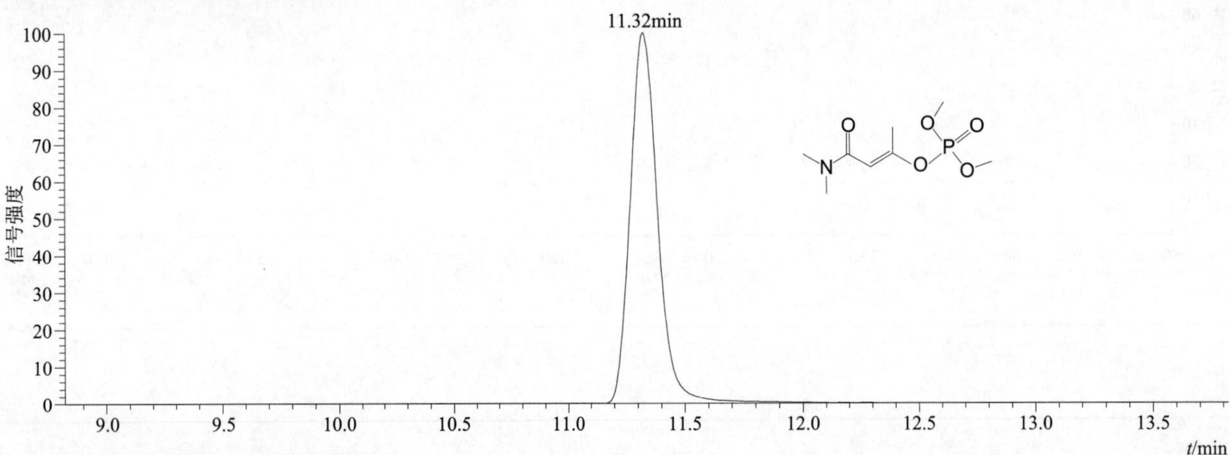

[M+H]+ 典型的一级质谱图

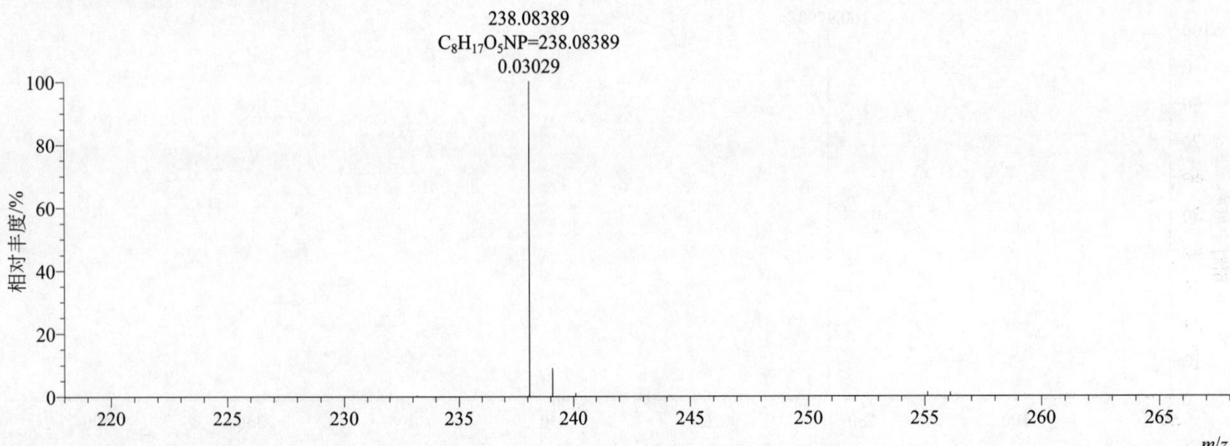

[M+H]+ 归一化法能量 NCE 为 20 时典型的二级质谱图

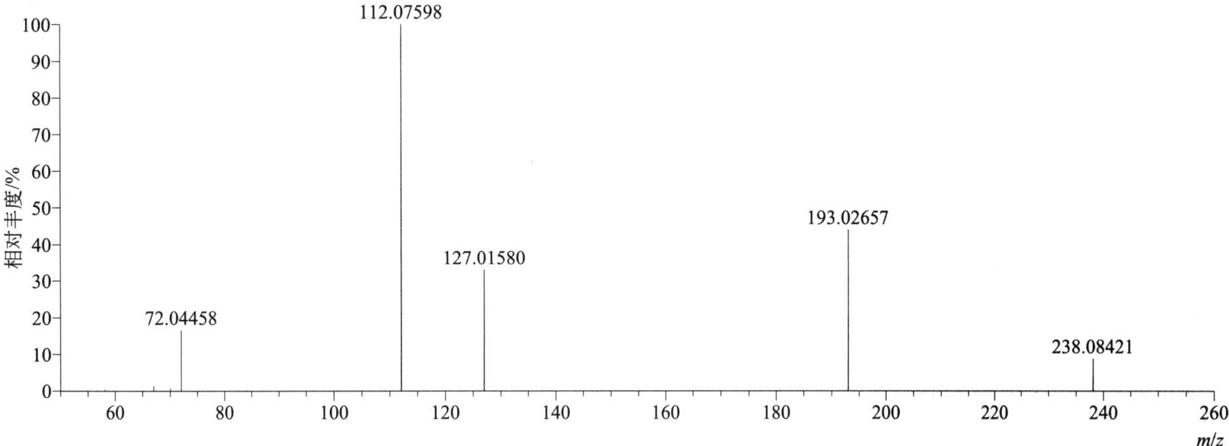

[M+H]+ 归一化法能量 NCE 为 40 时典型的二级质谱图

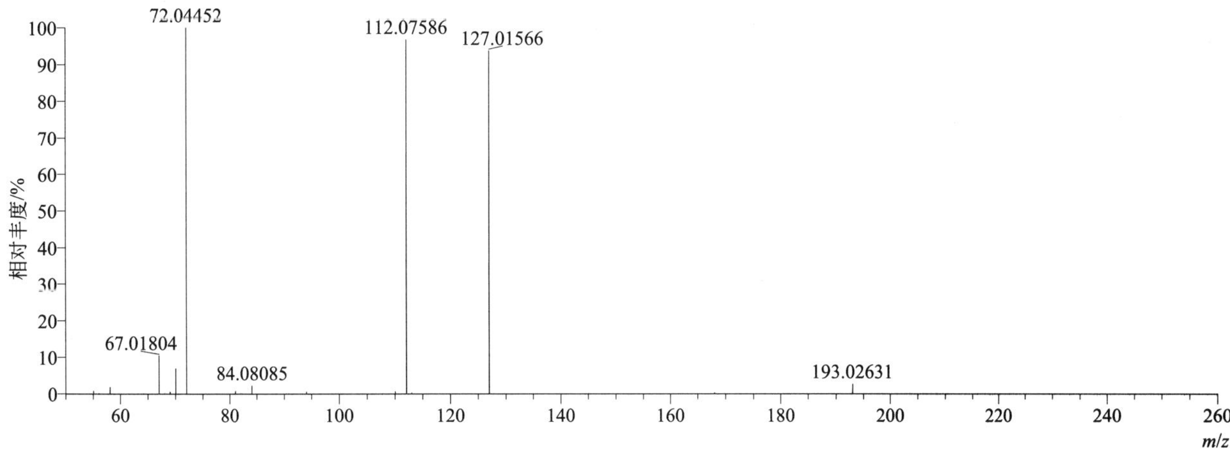

[M+H]+ 归一化法能量 NCE 为 60 时典型的二级质谱图

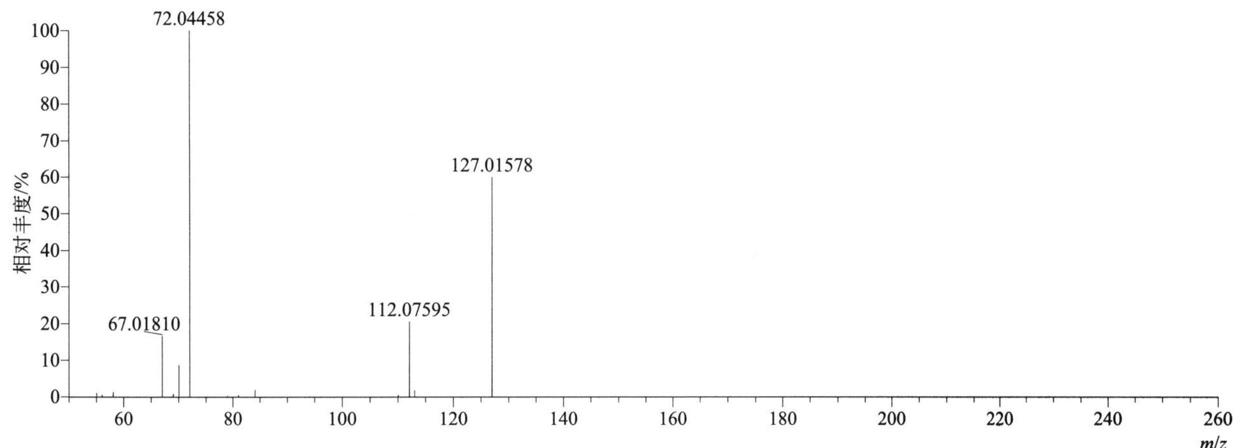

[M+H]⁺ 阶梯归一化法能量 Step NCE 为 20、40、60 时典型的二级质谱图

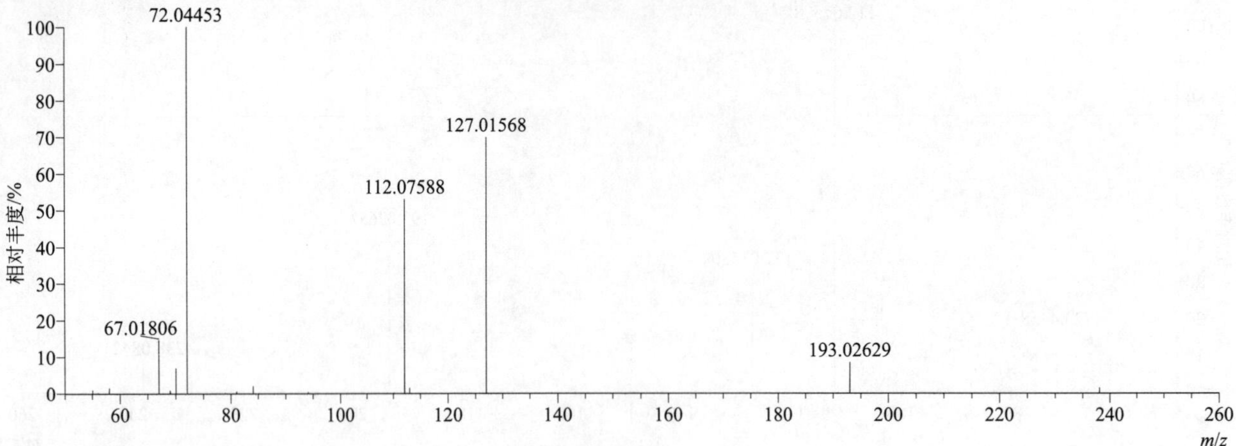

diethatyl-ethyl（灭草酯）

基本信息

CAS 登录号	38727-55-8	分子量	311.12882	离子源和极性	电喷雾离子源（ESI）
分子式	$C_{16}H_{22}ClNO_3$	保留时间	14.94min	极性	正模式

[M+H]⁺ 提取离子流色谱图

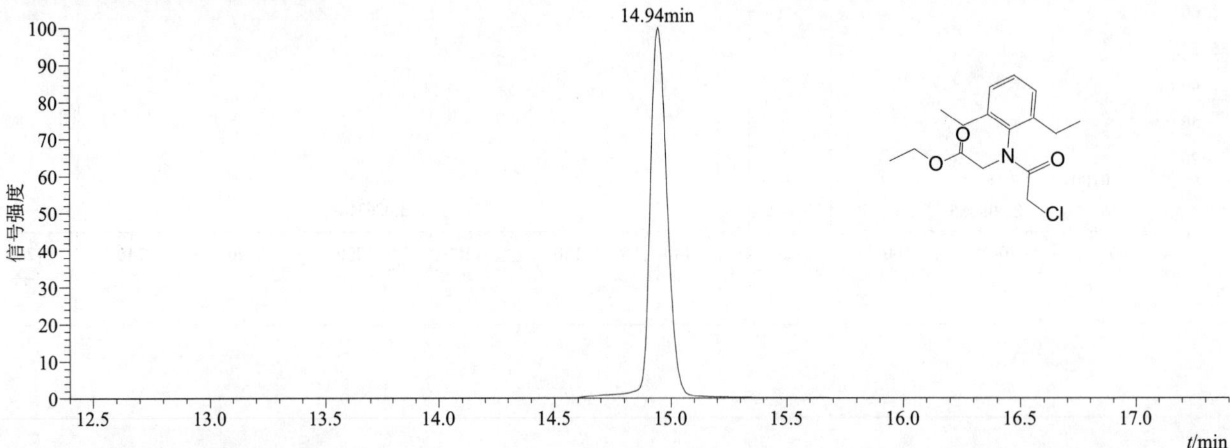

[M+H]⁺ 典型的一级质谱图

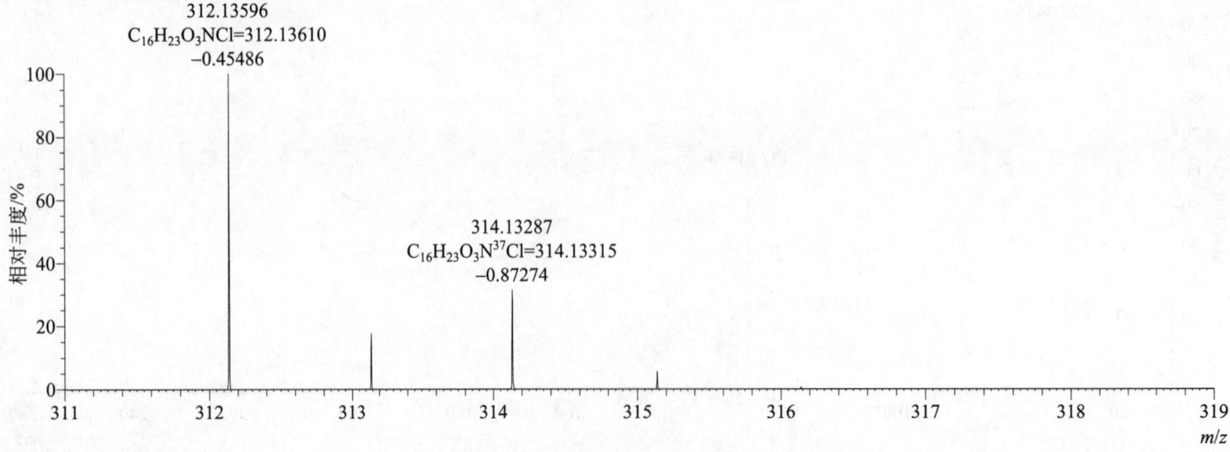

[M+H]+ 归一化法能量 NCE 为 20 时典型的二级质谱图

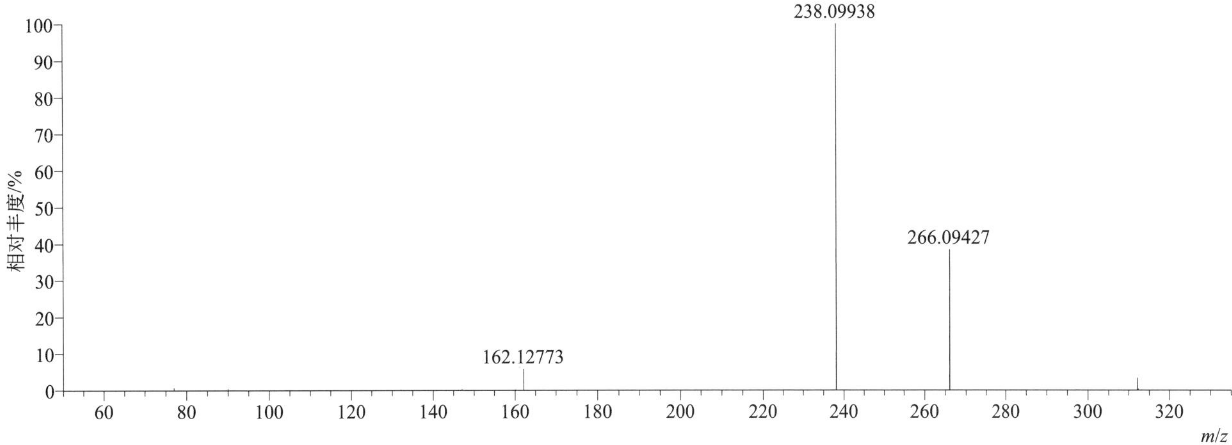

[M+H]+ 归一化法能量 NCE 为 40 时典型的二级质谱图

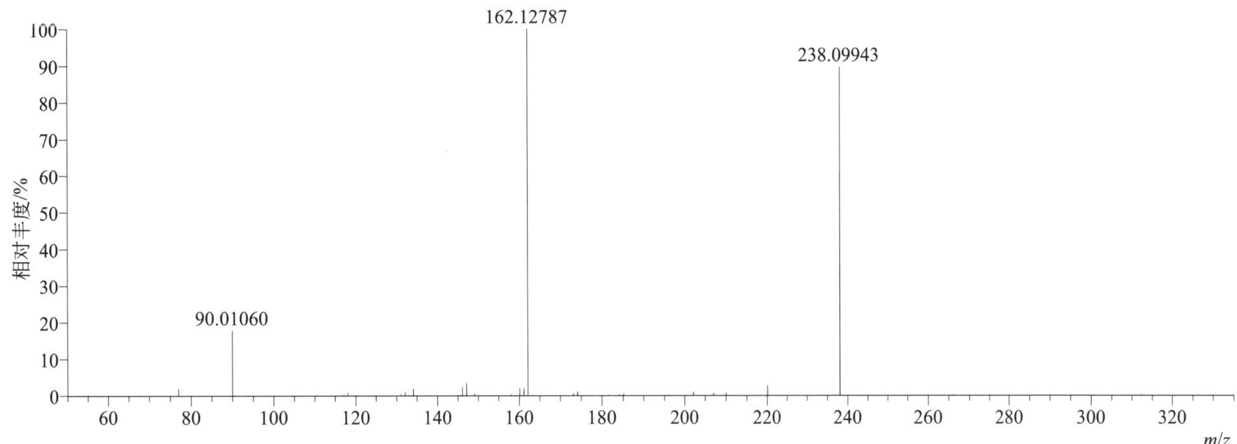

[M+H]+ 归一化法能量 NCE 为 60 时典型的二级质谱图

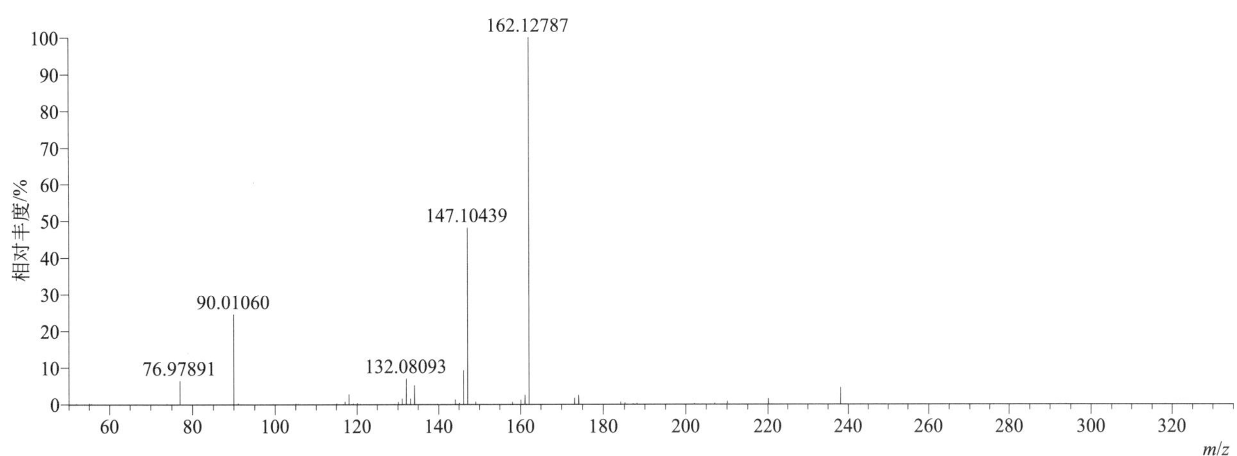

[M+H]+ 阶梯归一化法能量 Step NCE 为 20、40、60 时典型的二级质谱图

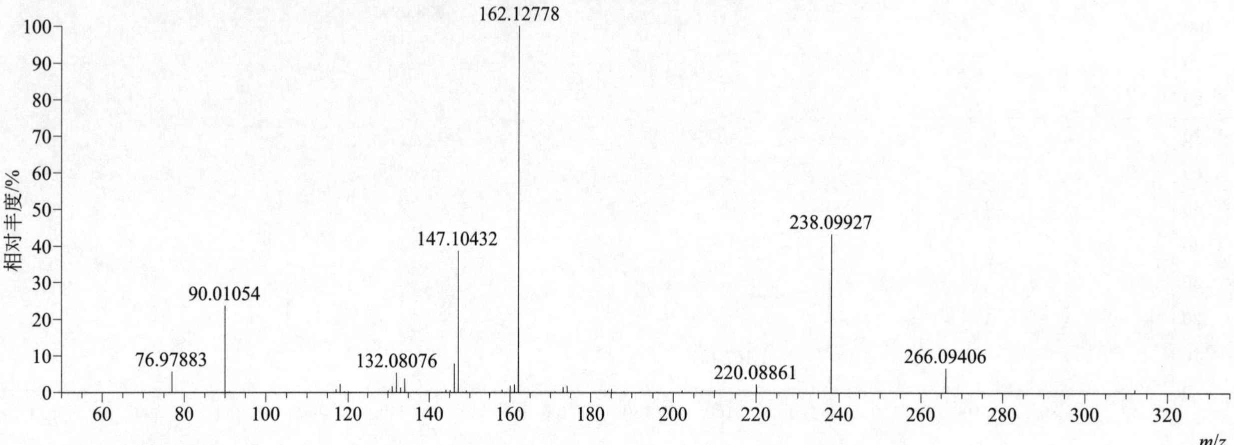

diethofencarb（乙霉威）

基本信息

CAS 登录号	87130-20-9	分子量	267.14706	离子源和极性	电喷雾离子源（ESI）
分子式	$C_{14}H_{21}NO_4$	保留时间	14.28min	极性	正模式

[M+H]+ 提取离子流色谱图

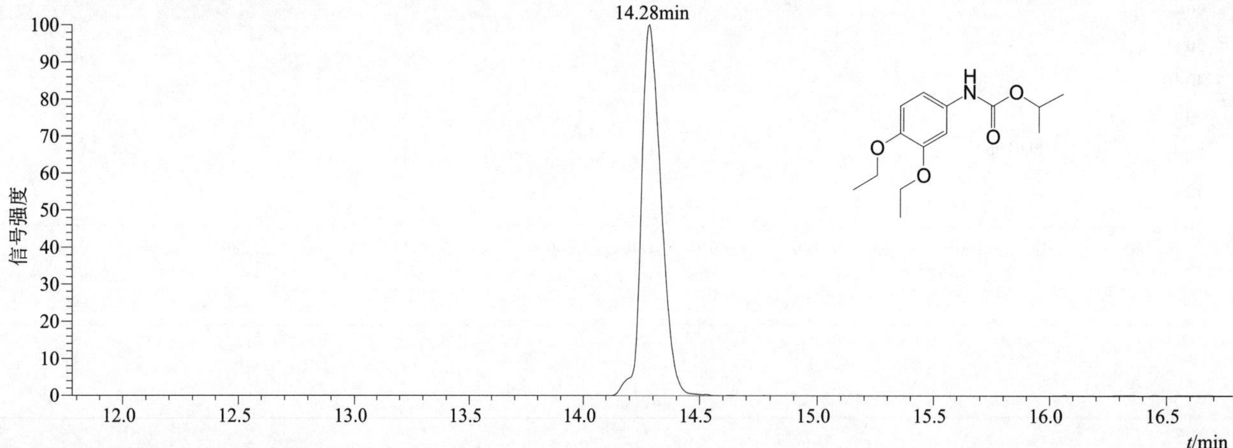

[M+H]+ 典型的一级质谱图

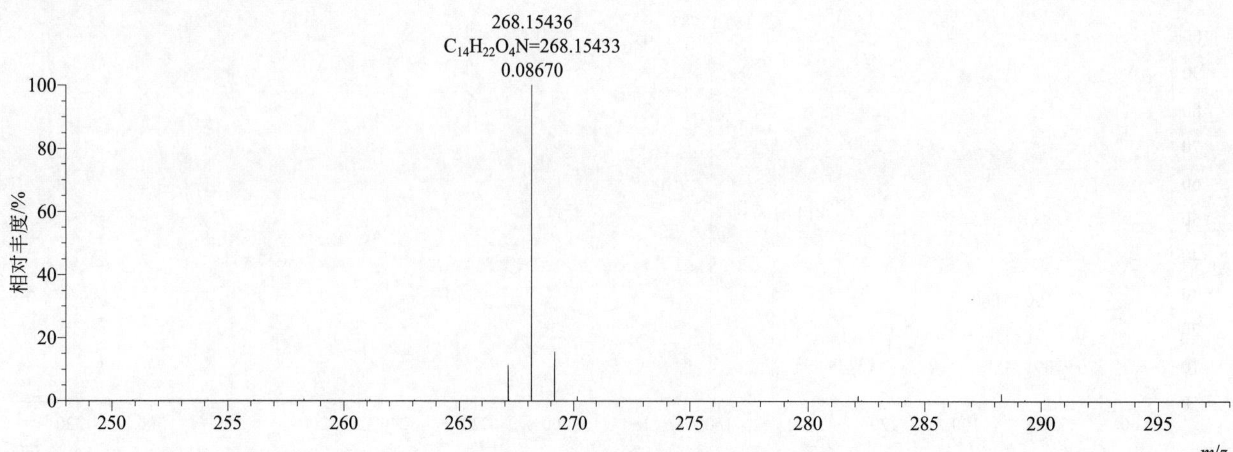

$[M+H]^+$ 归一化法能量 NCE 为 20 时典型的二级质谱图

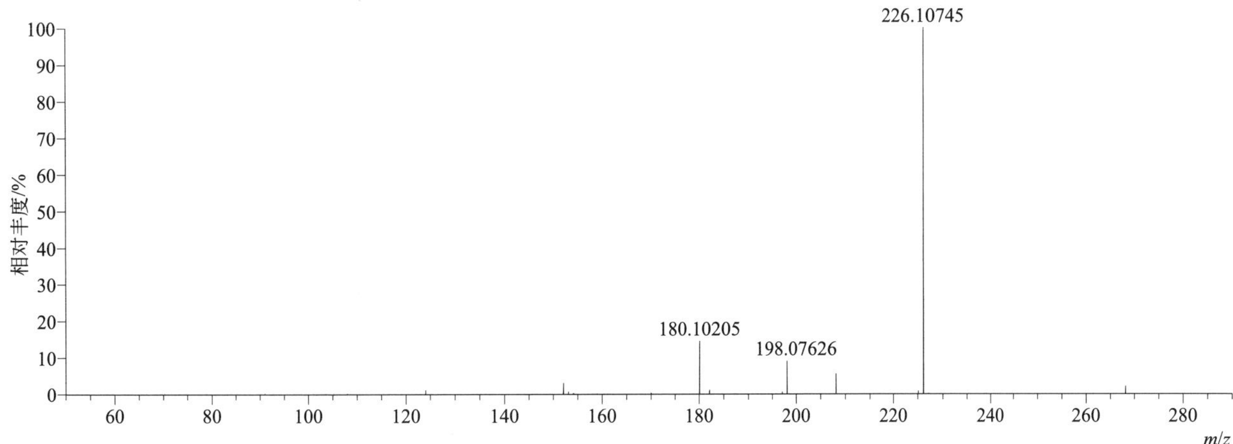

$[M+H]^+$ 归一化法能量 NCE 为 40 时典型的二级质谱图

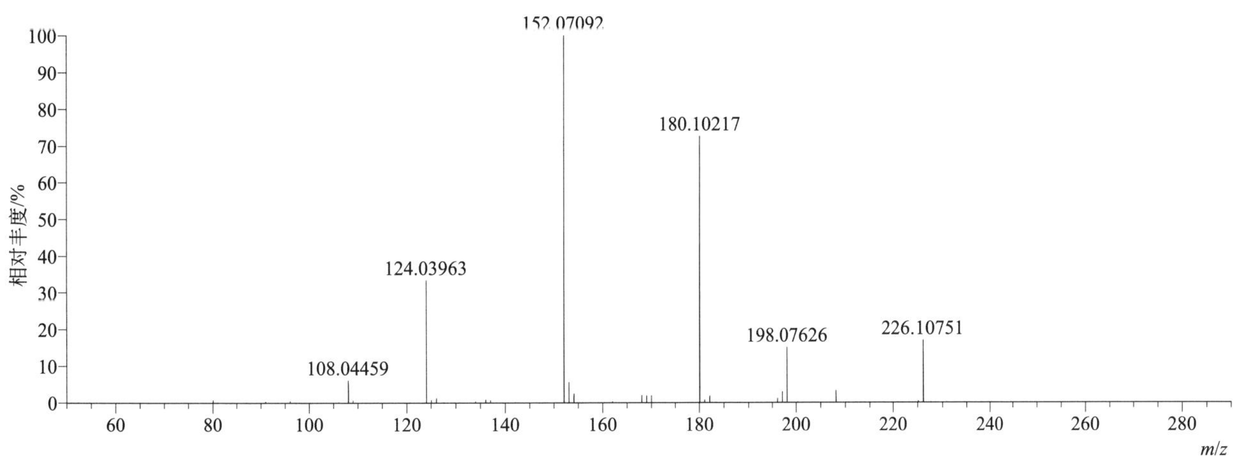

$[M+H]^+$ 归一化法能量 NCE 为 60 时典型的二级质谱图

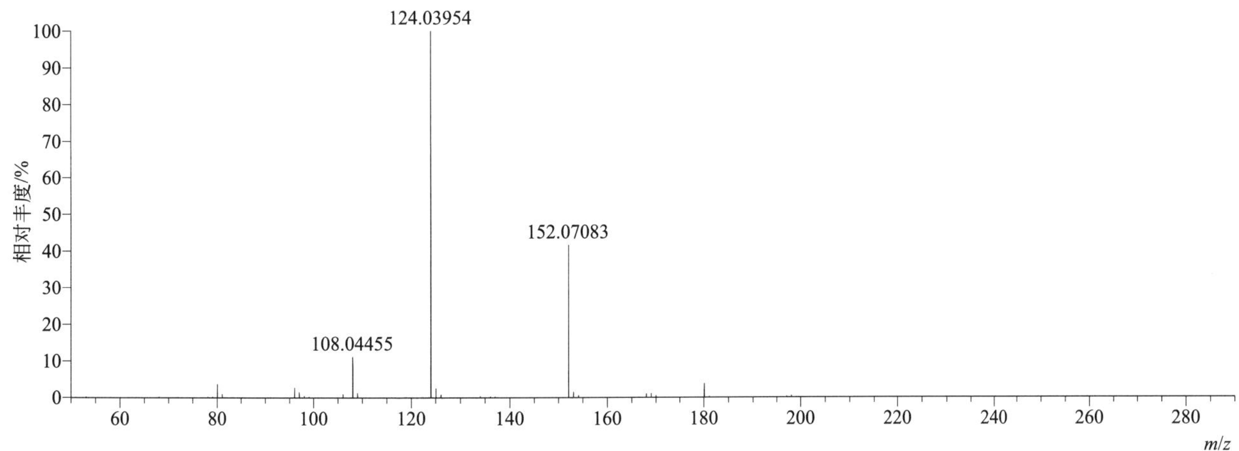

[M+H]+ 阶梯归一化法能量 Step NCE 为 20、40、60 时典型的二级质谱图

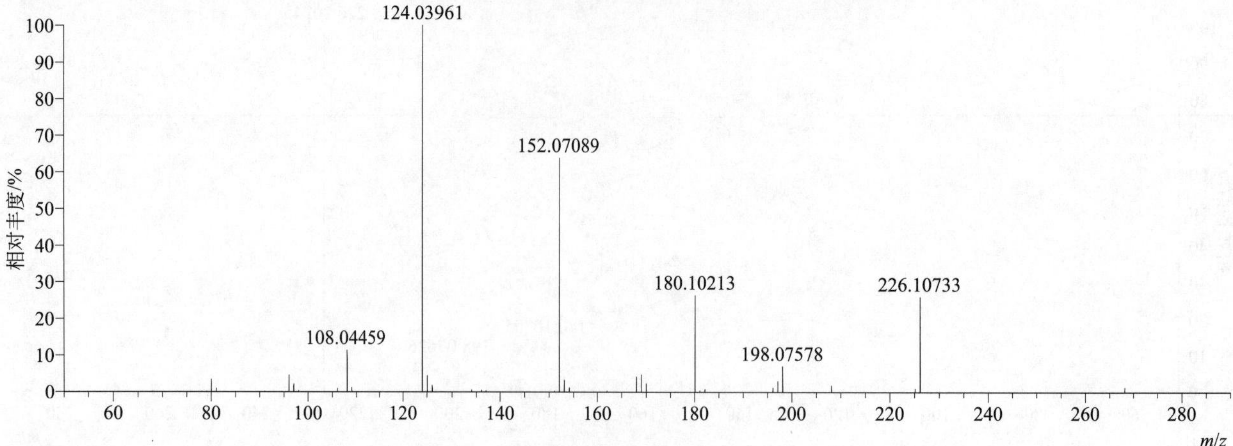

diethyltoluamide（避蚊胺）

基本信息

CAS 登录号	134-62-3	分子量	191.13101	离子源和极性	电喷雾离子源（ESI）
分子式	$C_{12}H_{17}NO$	保留时间	13.79min	极性	正模式

[M+H]+ 提取离子流色谱图

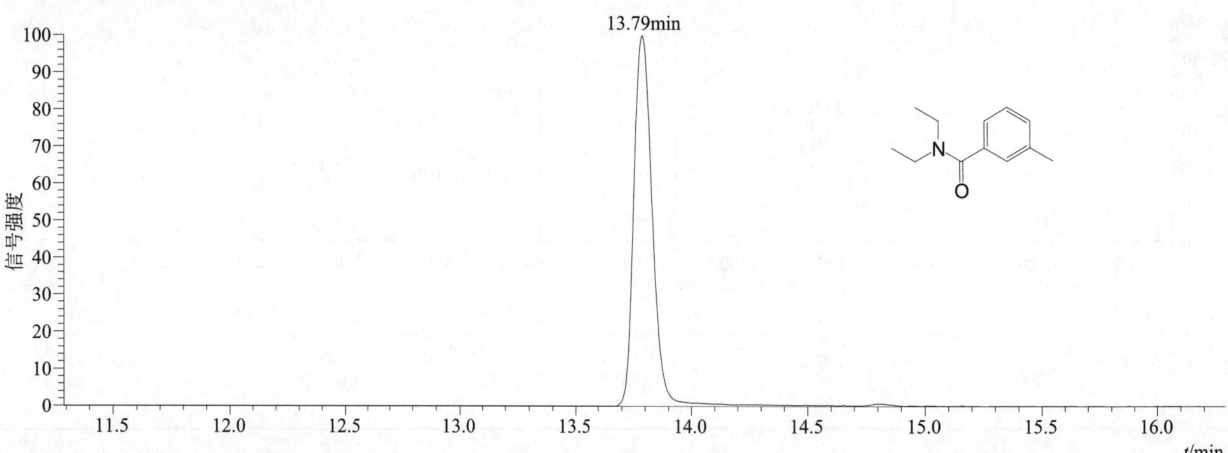

[M+H]+ 典型的一级质谱图

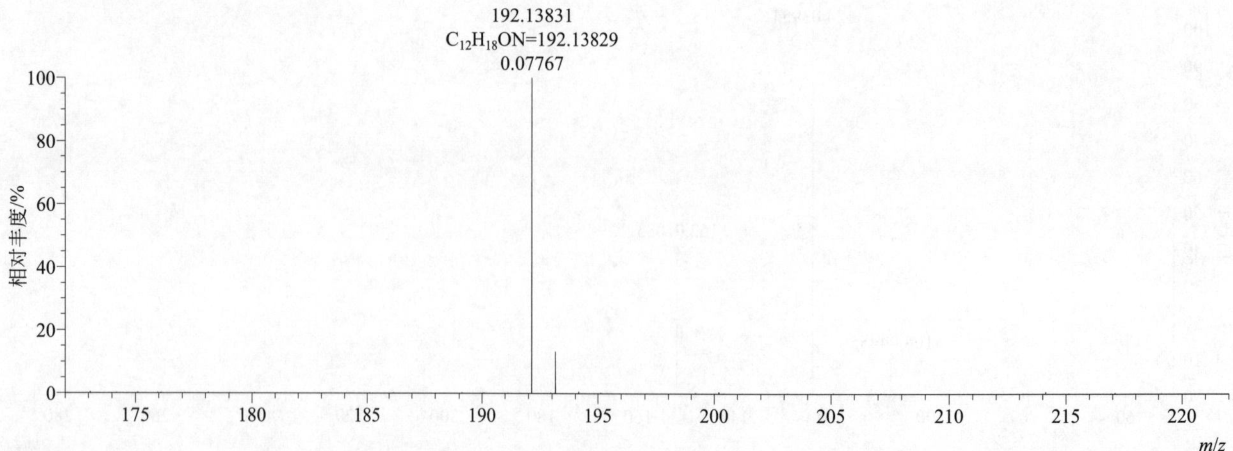

[M+H]$^+$ 归一化法能量 NCE 为 20 时典型的二级质谱图

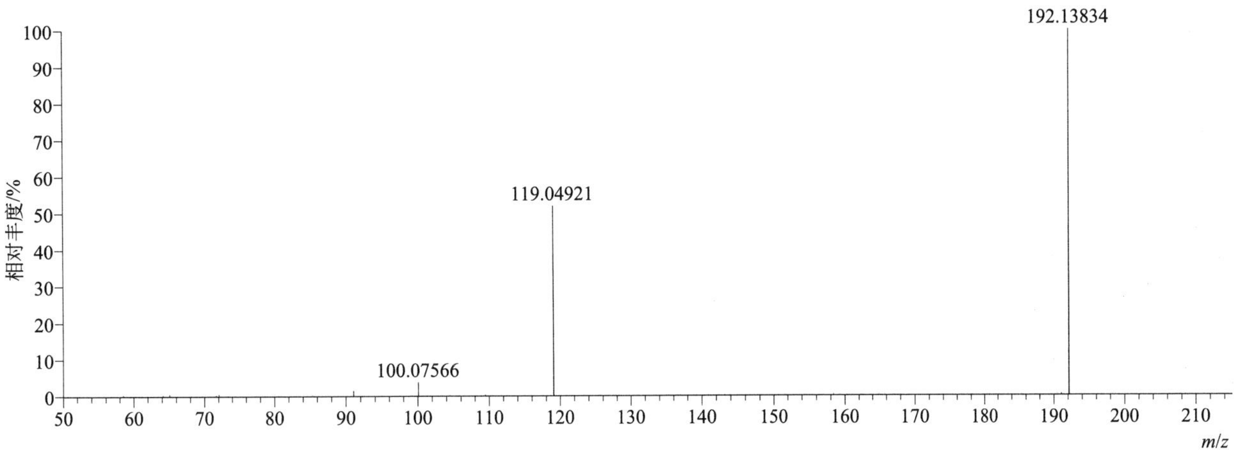

[M+H]$^+$ 归一化法能量 NCE 为 40 时典型的二级质谱图

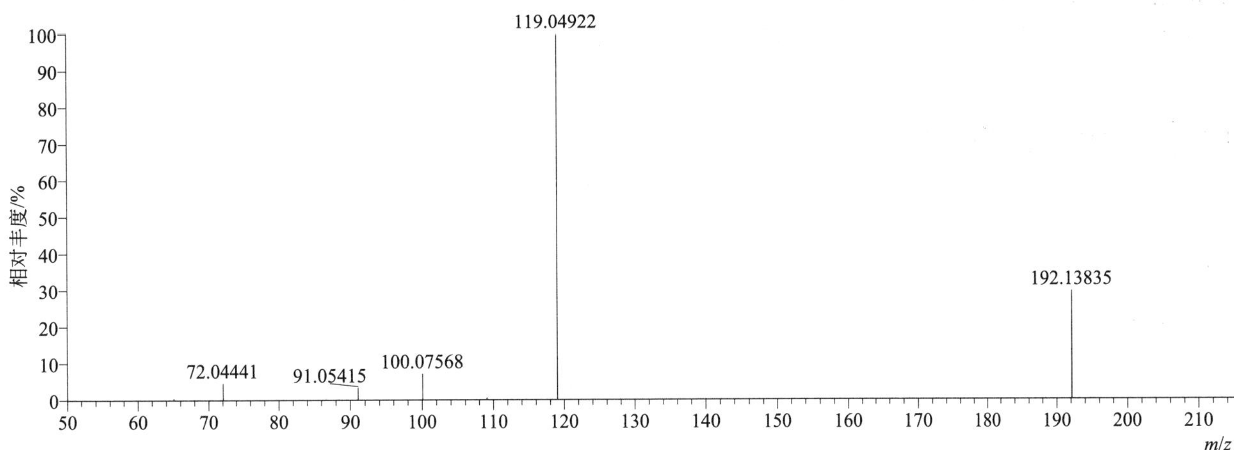

[M+H]$^+$ 归一化法能量 NCE 为 60 时典型的二级质谱图

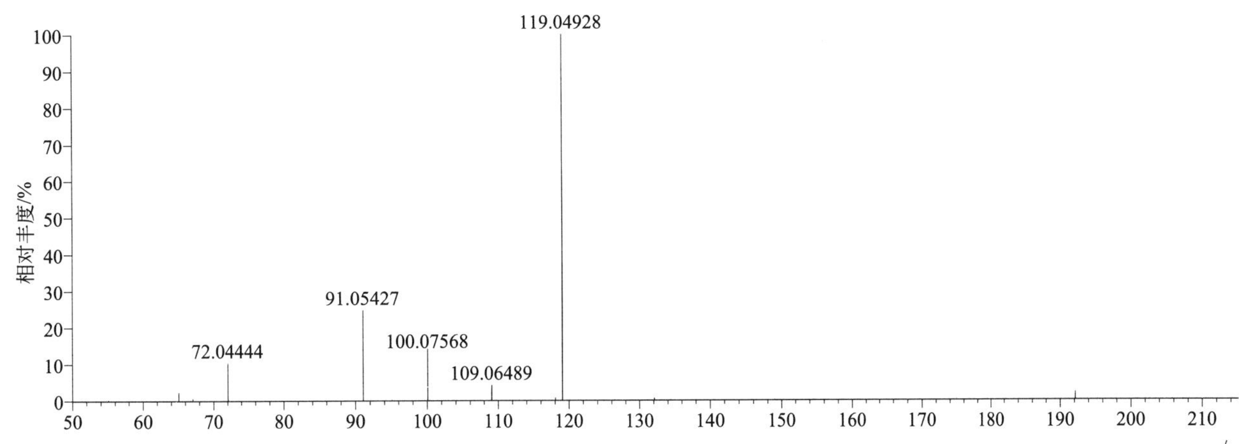

[M+H]+ 阶梯归一化法能量 Step NCE 为 20、40、60 时典型的二级质谱图

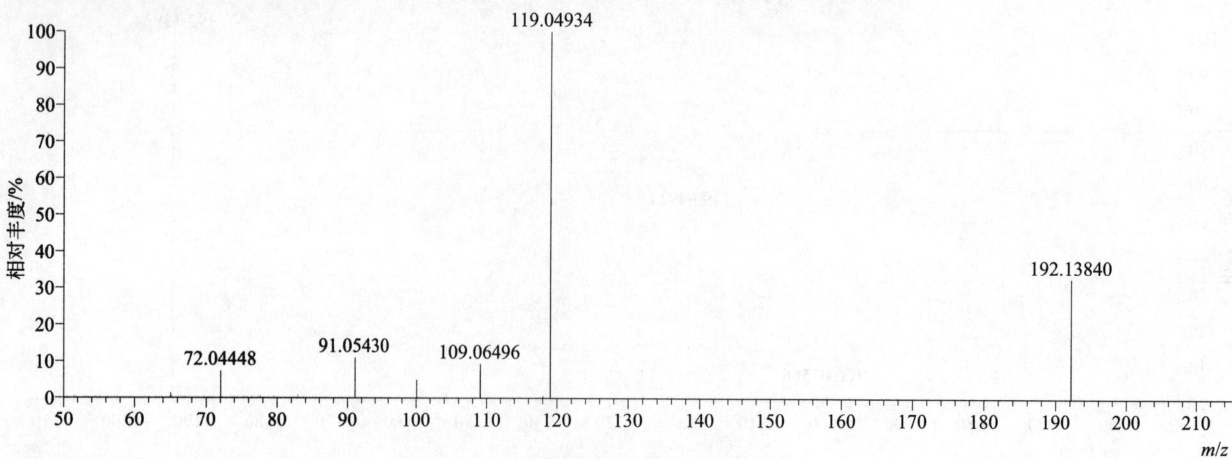

difenoconazole（苯醚甲环唑）

基本信息

CAS 登录号	119446-68-3	分子量	405.06470	离子源和极性	电喷雾离子源（ESI）
分子式	$C_{19}H_{17}Cl_2N_3O_3$	保留时间	15.41min	极性	正模式

[M+H]+ 提取离子流色谱图

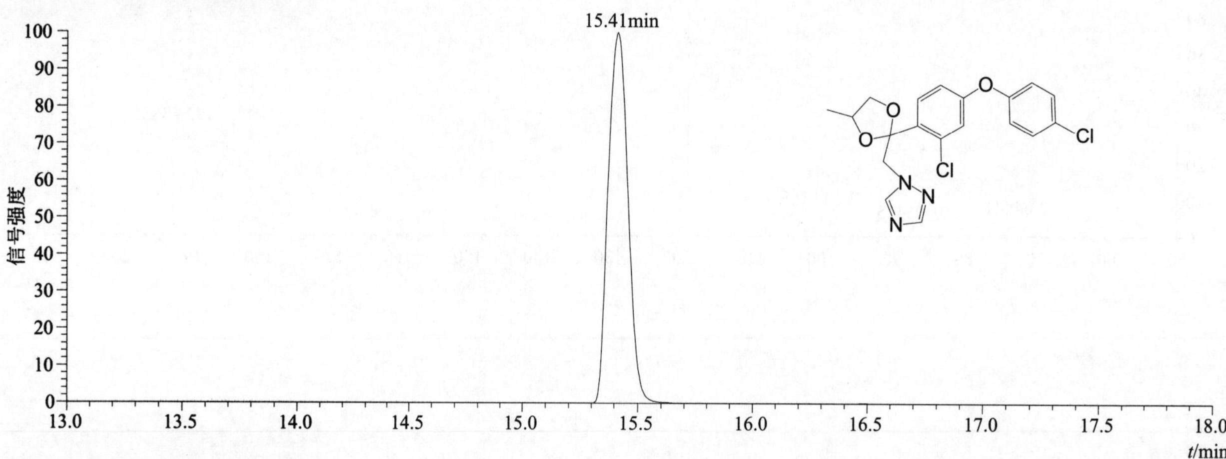

[M+H]+ 典型的一级质谱图

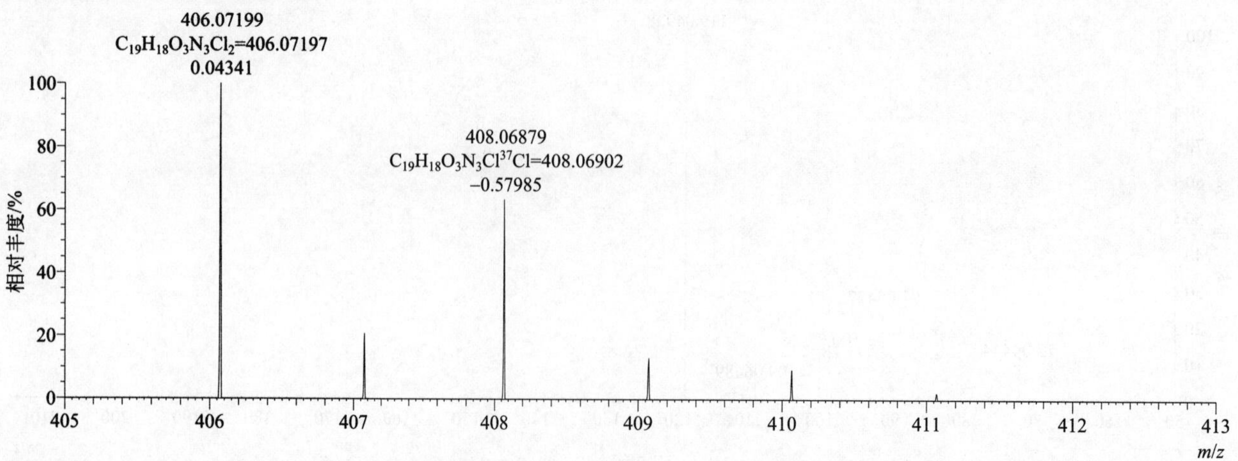

$[M+H]^+$ 归一化法能量 NCE 为 20 时典型的二级质谱图

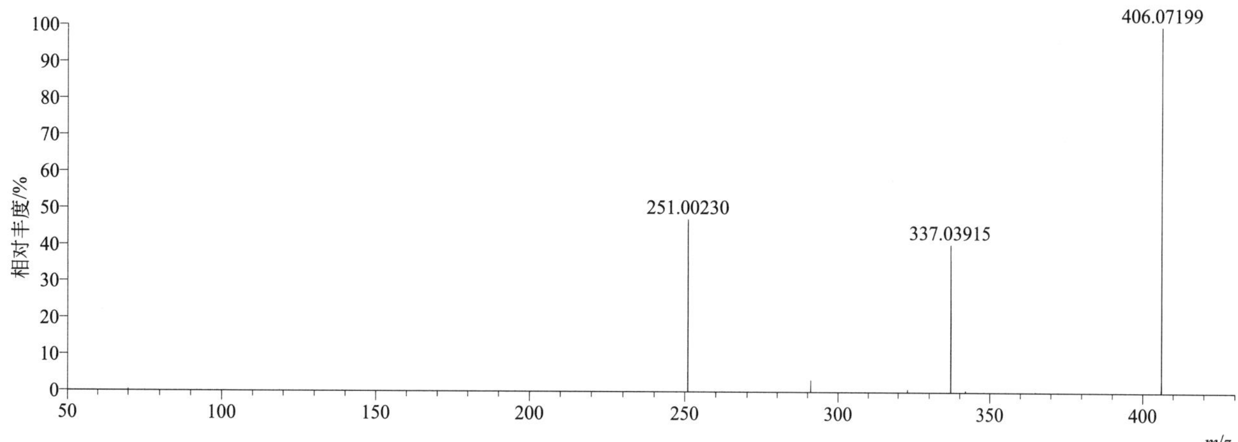

$[M+H]^+$ 归一化法能量 NCE 为 40 时典型的二级质谱图

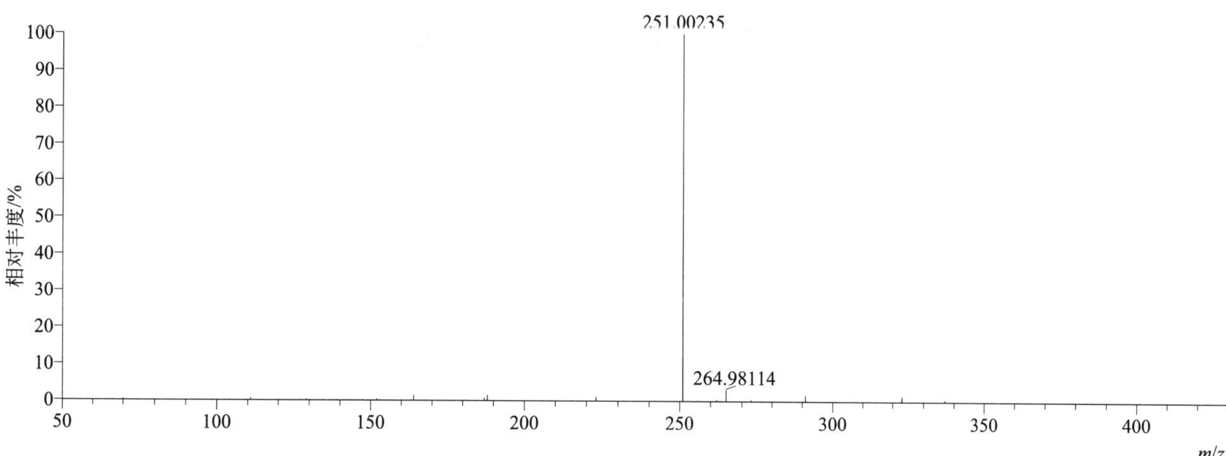

$[M+H]^+$ 归一化法能量 NCE 为 60 时典型的二级质谱图

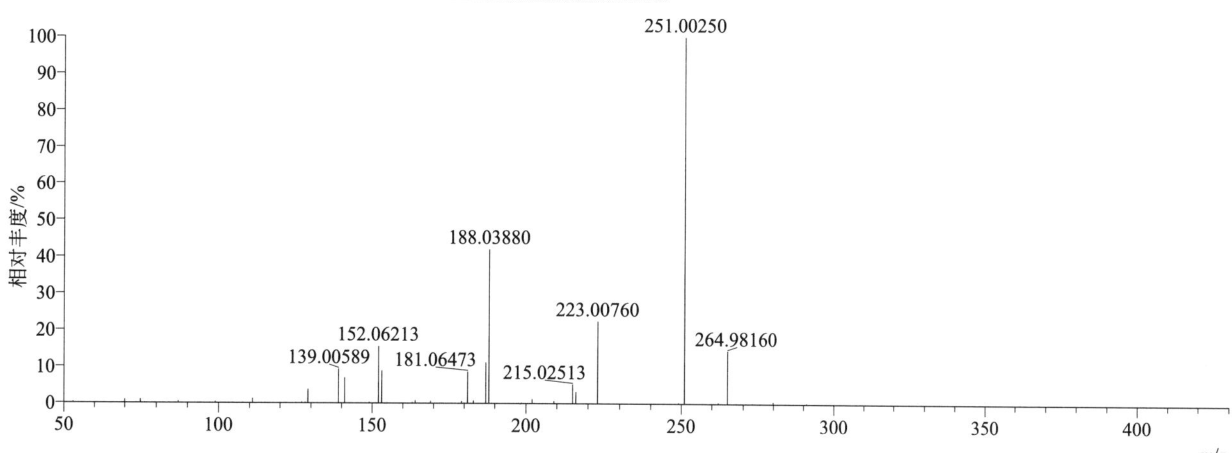

[M+H]+ 阶梯归一化法能量 Step NCE 为 20、40、60 时典型的二级质谱图

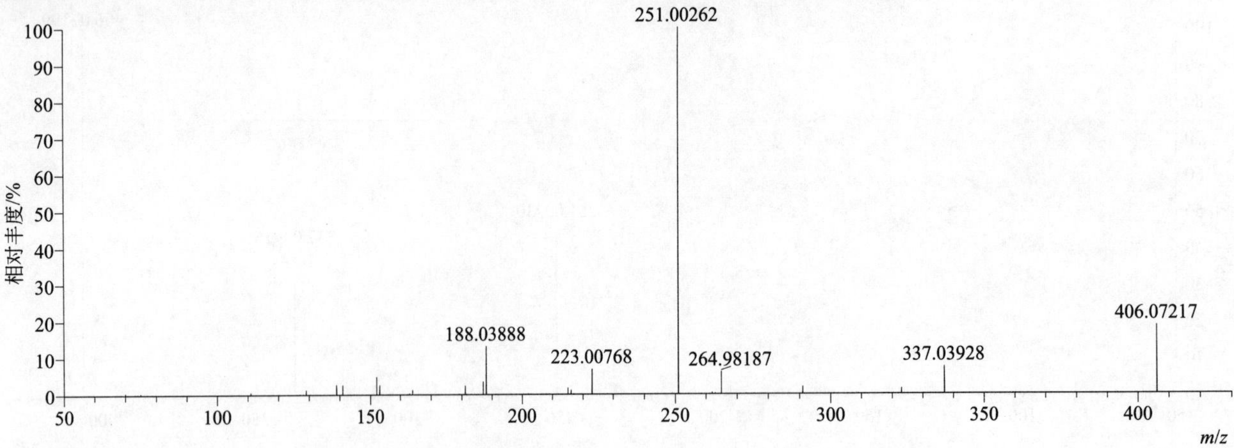

difenoxuron（枯莠隆）

基本信息

CAS 登录号	14214-32-5	分子量	286.13174	离子源和极性	电喷雾离子源（ESI）
分子式	$C_{16}H_{18}N_2O_3$	保留时间	13.90min	极性	正模式

[M+H]+ 提取离子流色谱图

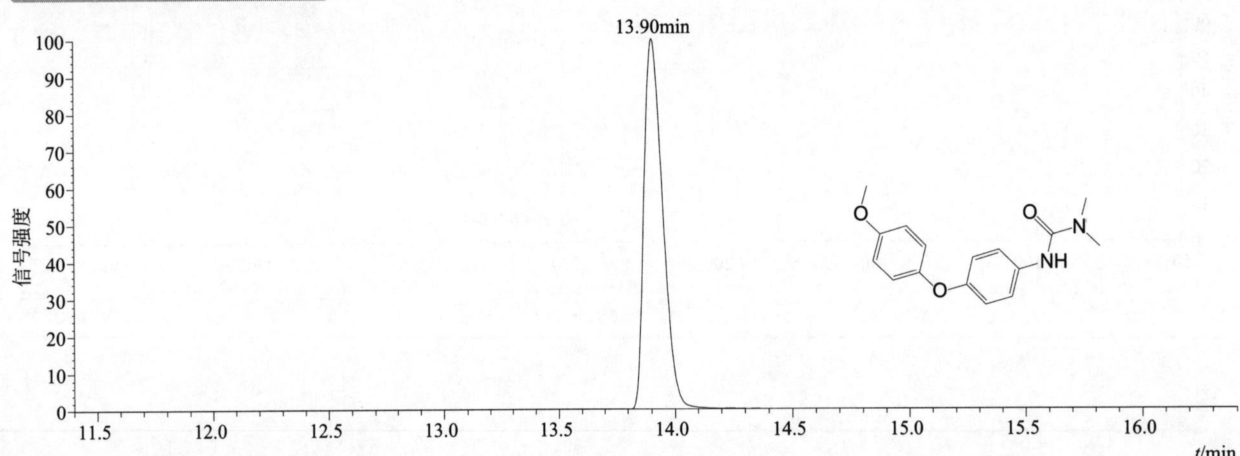

[M+H]+ 典型的一级质谱图

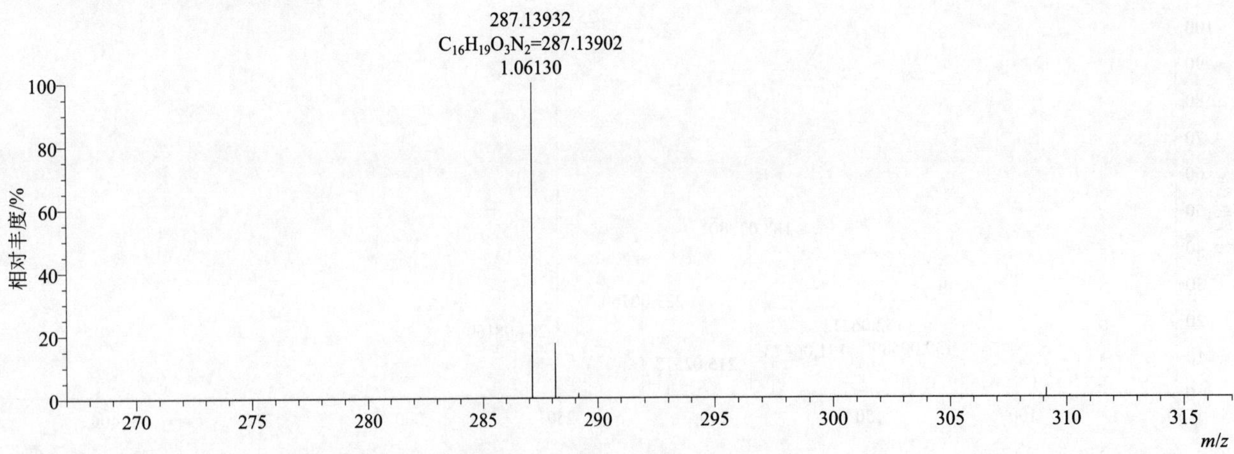

[M+H]⁺ 归一化法能量 NCE 为 20 时典型的二级质谱图

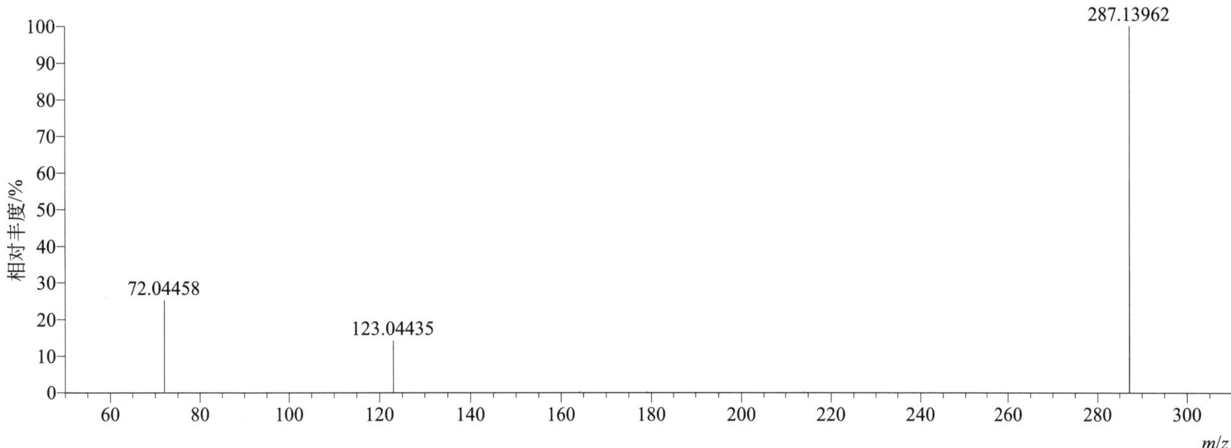

[M+H]⁺ 归一化法能量 NCE 为 40 时典型的二级质谱图

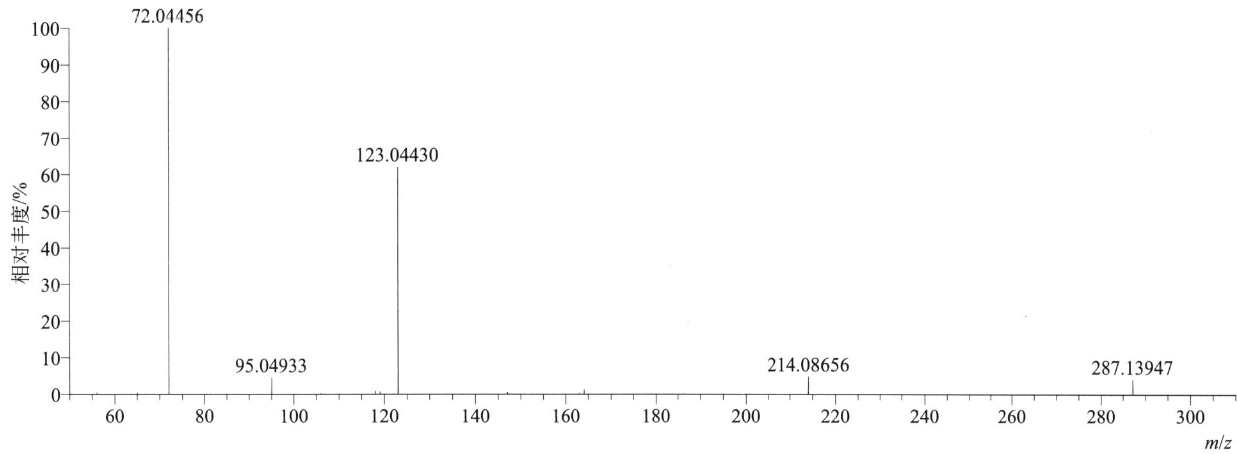

[M+H]⁺ 归一化法能量 NCE 为 60 时典型的二级质谱图

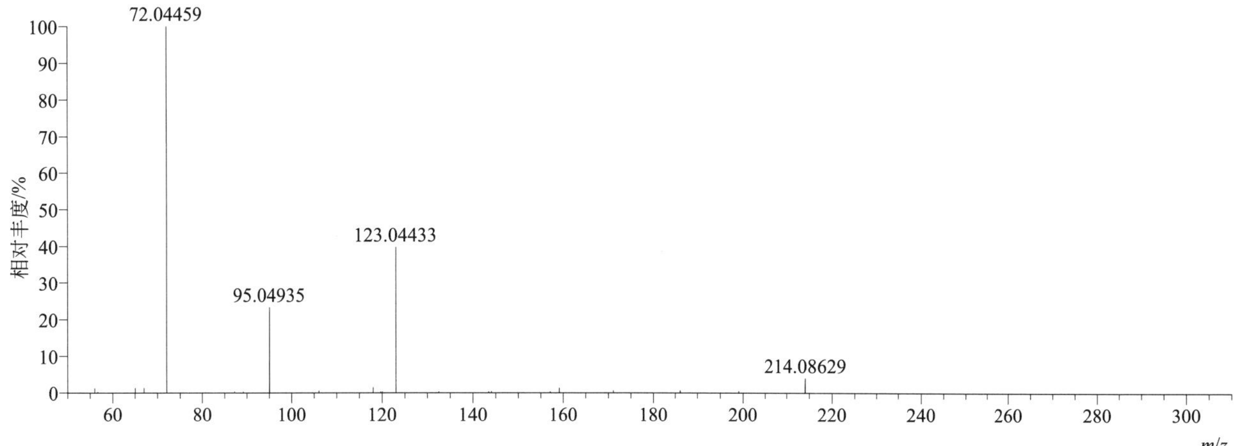

[M+H]+ 阶梯归一化法能量 Step NCE 为 20、40、60 时典型的二级质谱图

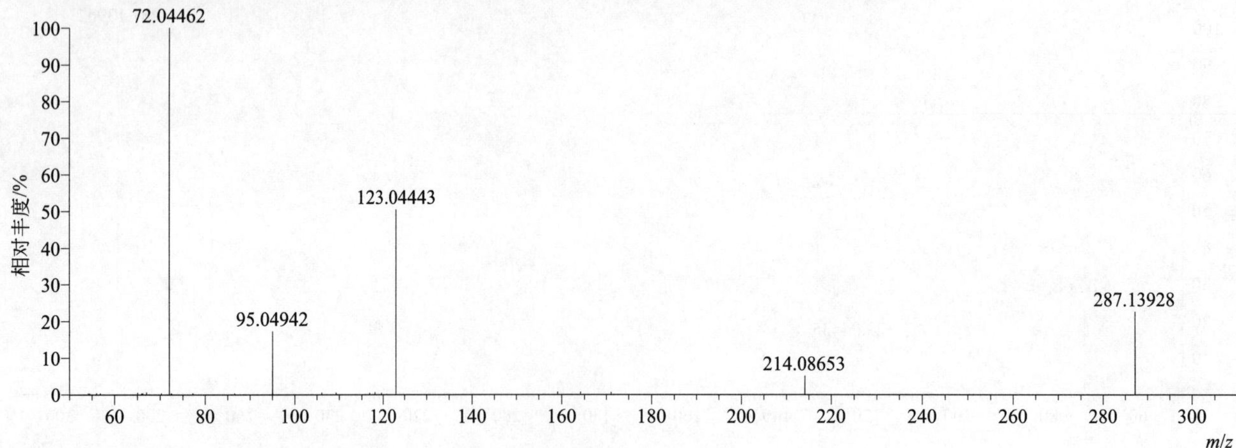

diflubenzuron（除虫脲）

基本信息

CAS 登录号	35367-38-5	分子量	310.03206	离子源和极性	电喷雾离子源（ESI）
分子式	$C_{14}H_9ClF_2N_2O_2$	保留时间	15.03min	极性	正模式

[M+H]+ 提取离子流色谱图

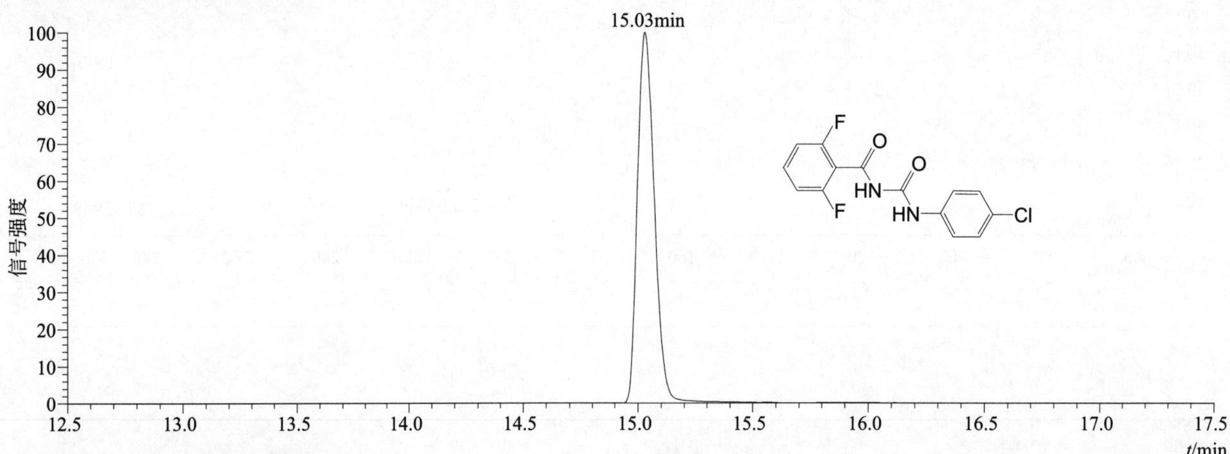

[M+H]+ 典型的一级质谱图

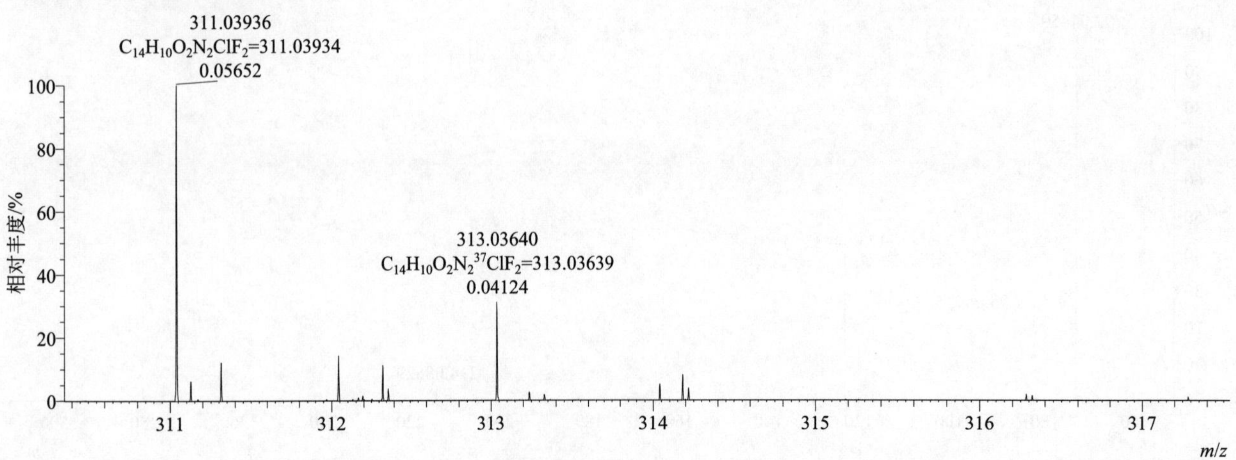

[M+H]+ 归一化法能量 NCE 为 20 时典型的二级质谱图

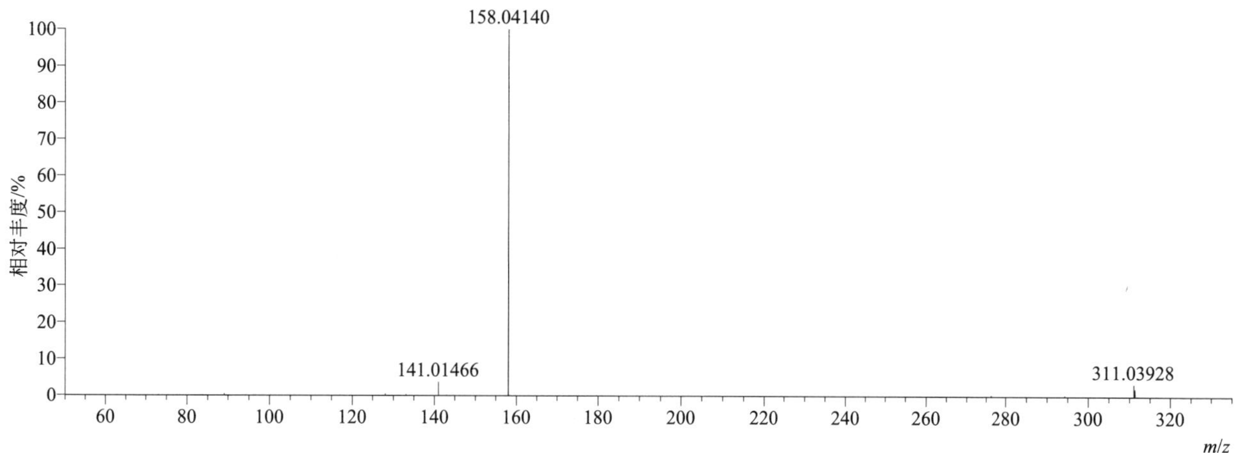

[M+H]+ 归一化法能量 NCE 为 40 时典型的二级质谱图

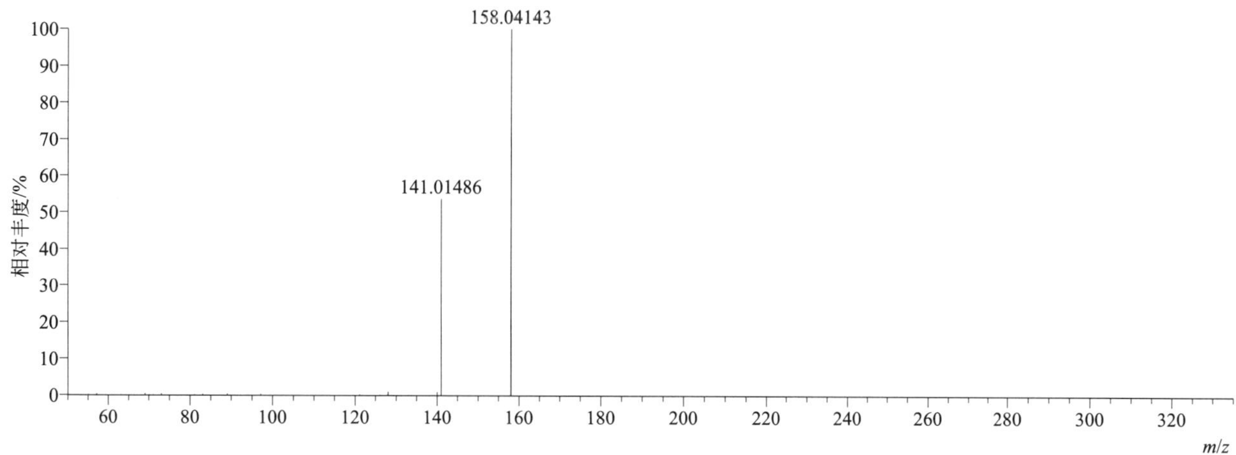

[M+H]+ 归一化法能量 NCE 为 60 时典型的二级质谱图

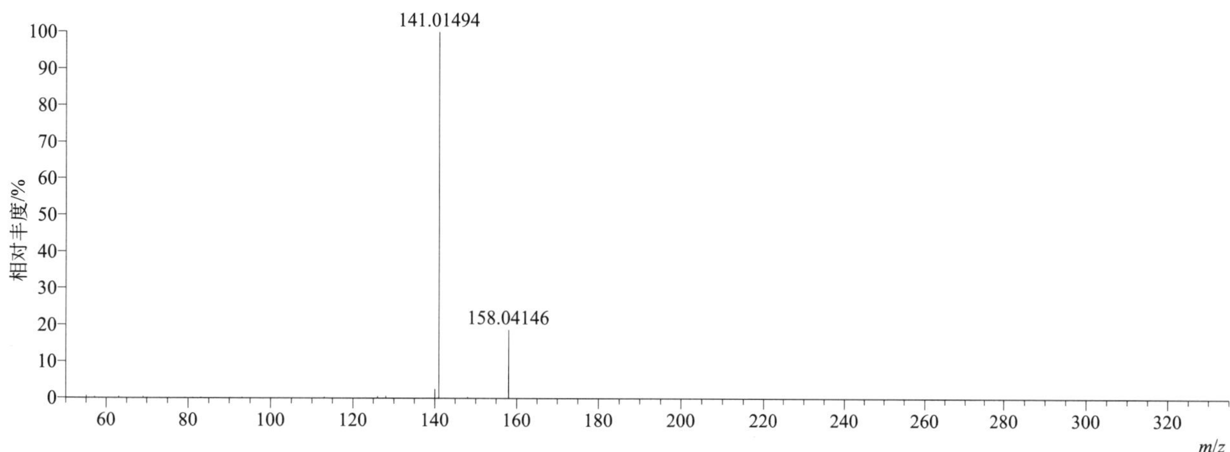

[M+H]+ 阶梯归一化法能量 Step NCE 为 20、40、60 时典型的二级质谱图

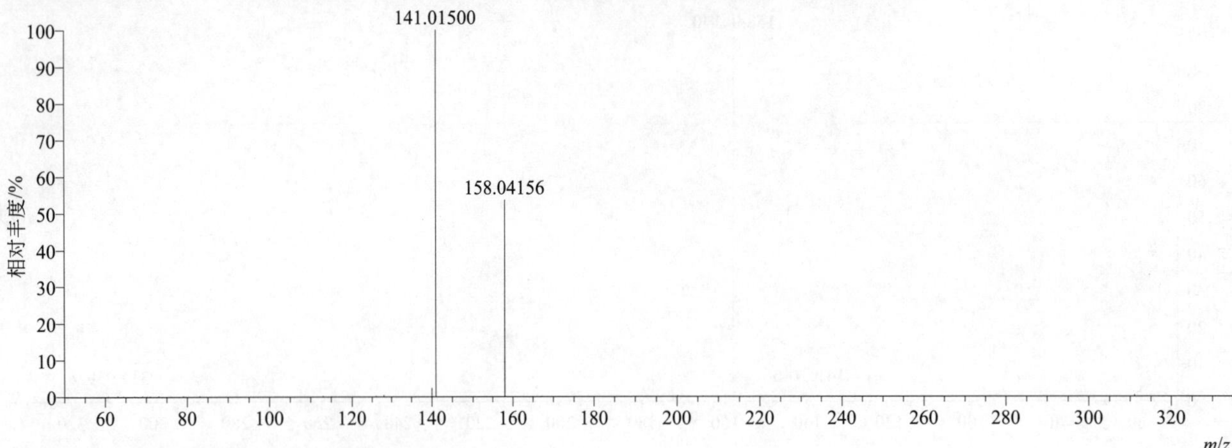

dimefox（甲氟磷）

基本信息

CAS 登录号	115-26-4	分子量	154.06713	离子源和极性	电喷雾离子源（ESI）
分子式	$C_4H_{12}FN_2OP$	保留时间	11.13min	极性	正模式

[M+H]+ 提取离子流色谱图

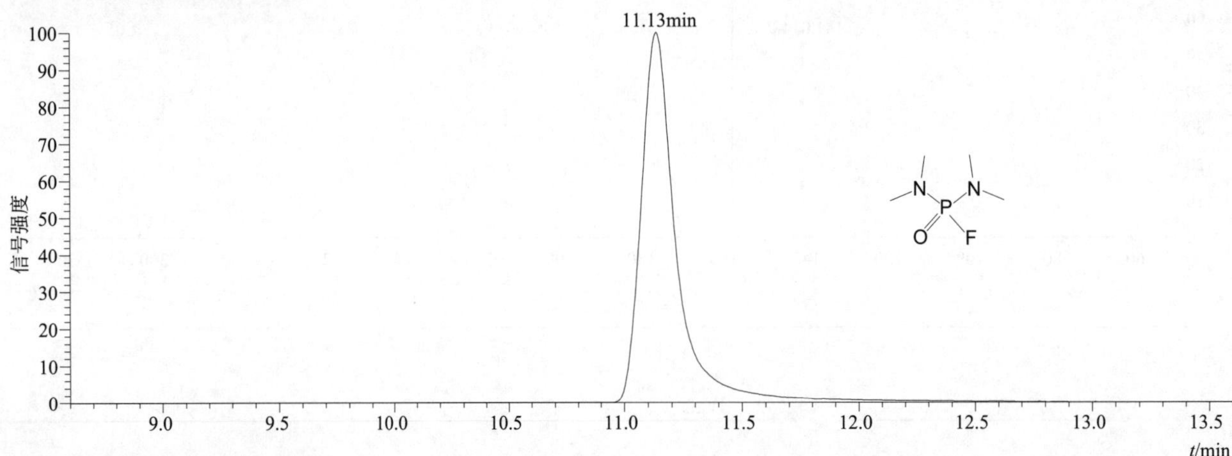

[M+H]+ 典型的一级质谱图

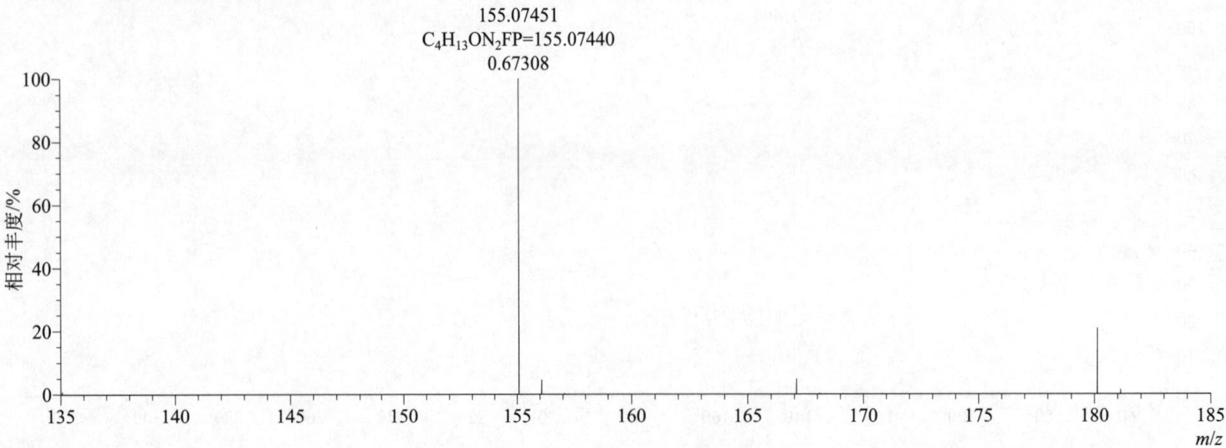

$[M+H]^+$ 归一化法能量 NCE 为 40 时典型的二级质谱图

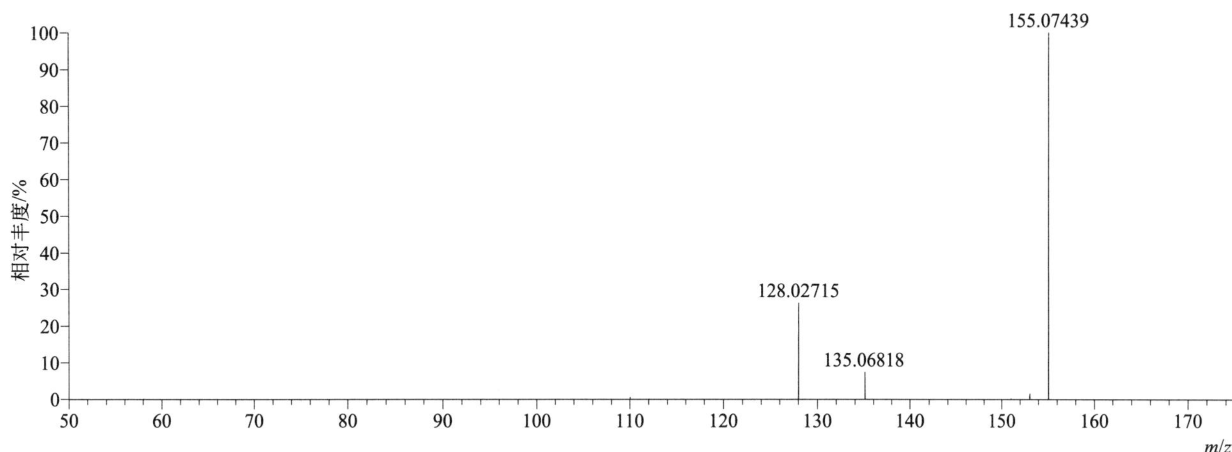

$[M+H]^+$ 归一化法能量 NCE 为 60 时典型的二级质谱图

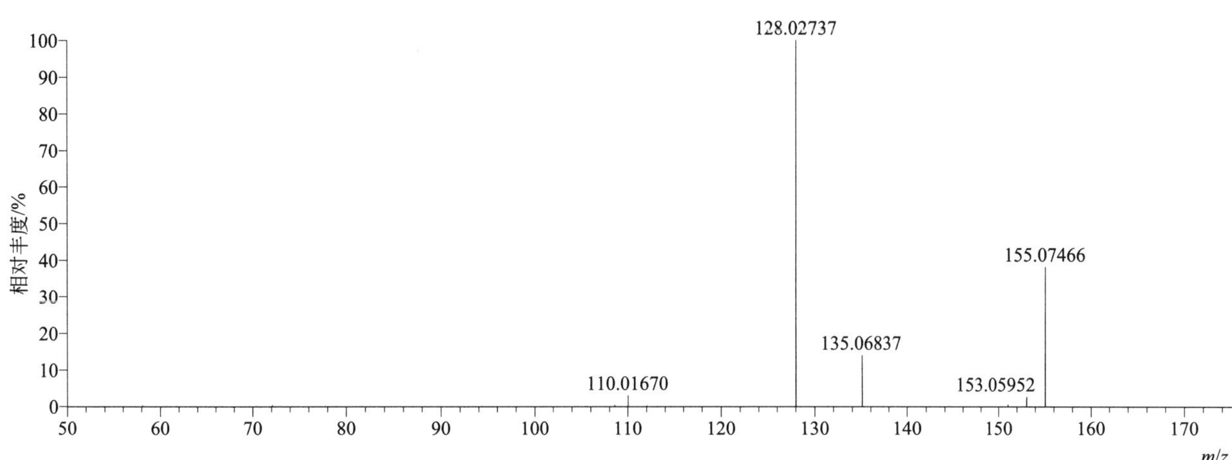

$[M+H]^+$ 归一化法能量 NCE 为 80 时典型的二级质谱图

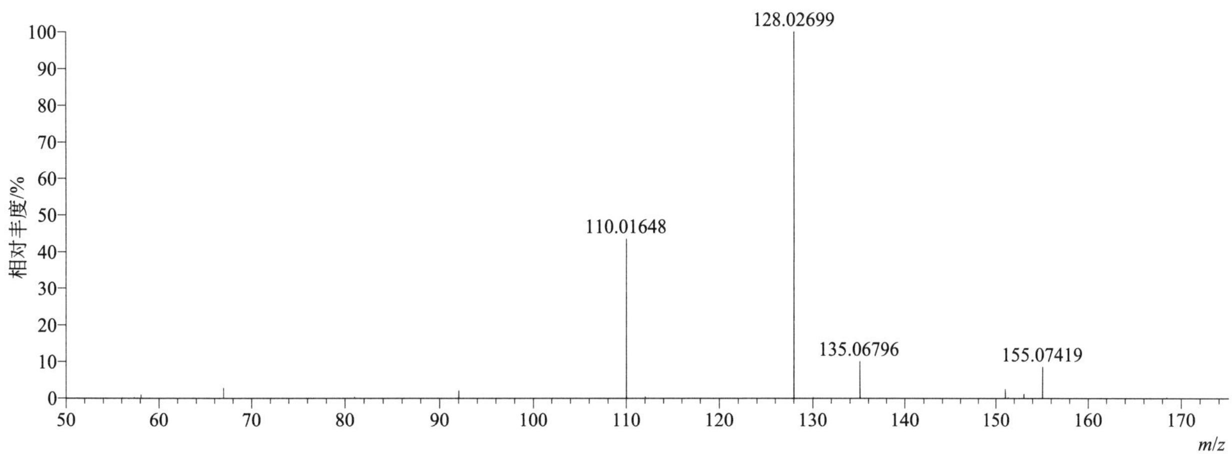

[M+H]+ 阶梯归一化法能量 Step NCE 为 40、60、80 时典型的二级质谱图

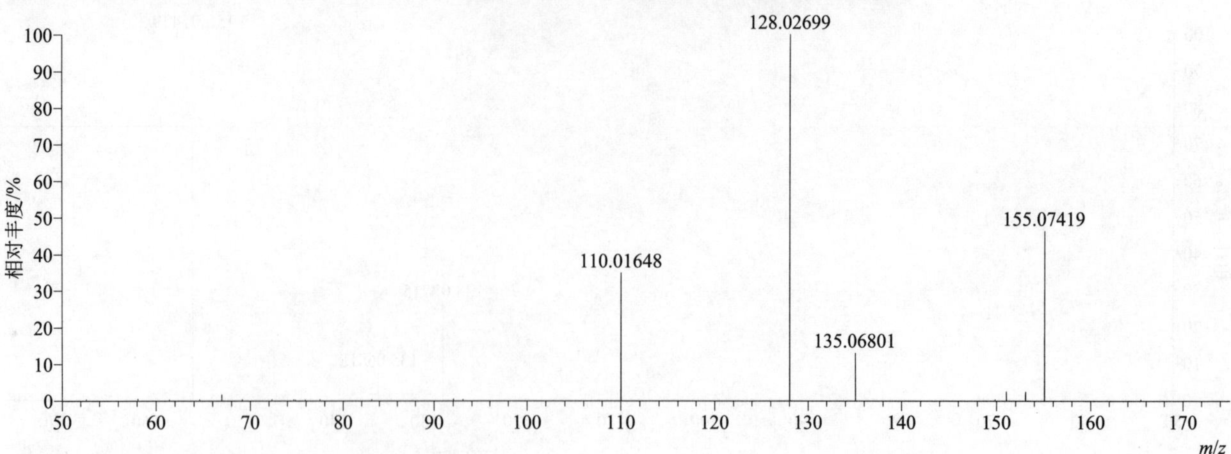

dimefuron（噁唑隆）

基本信息

CAS 登录号	34205-21-5	分子量	338.11457	离子源和极性	电喷雾离子源（ESI）
分子式	$C_{15}H_{19}ClN_4O_3$	保留时间	13.96min	极性	正模式

[M+H]+ 提取离子流色谱图

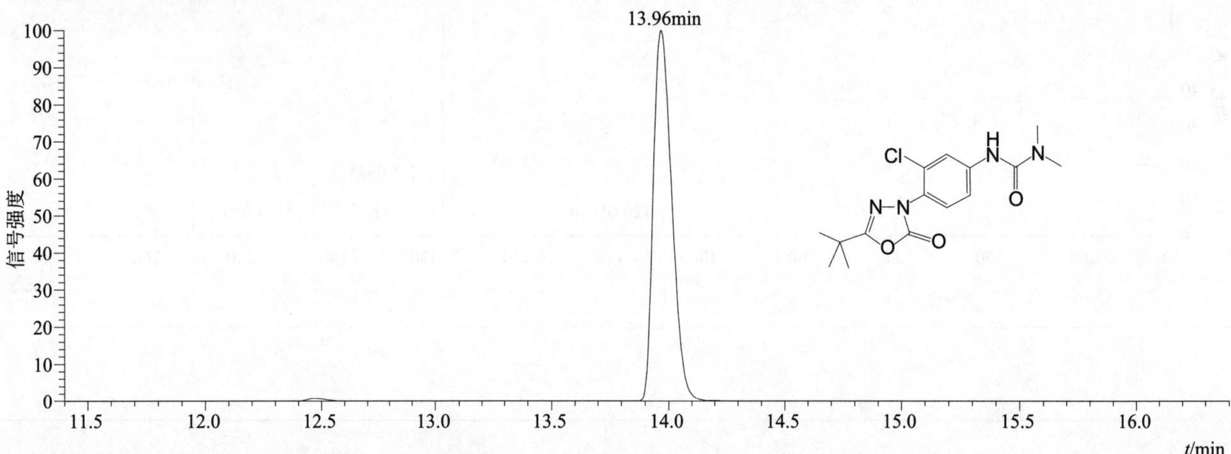

[M+H]+ 和 [M+NH4]+ 典型的一级质谱图

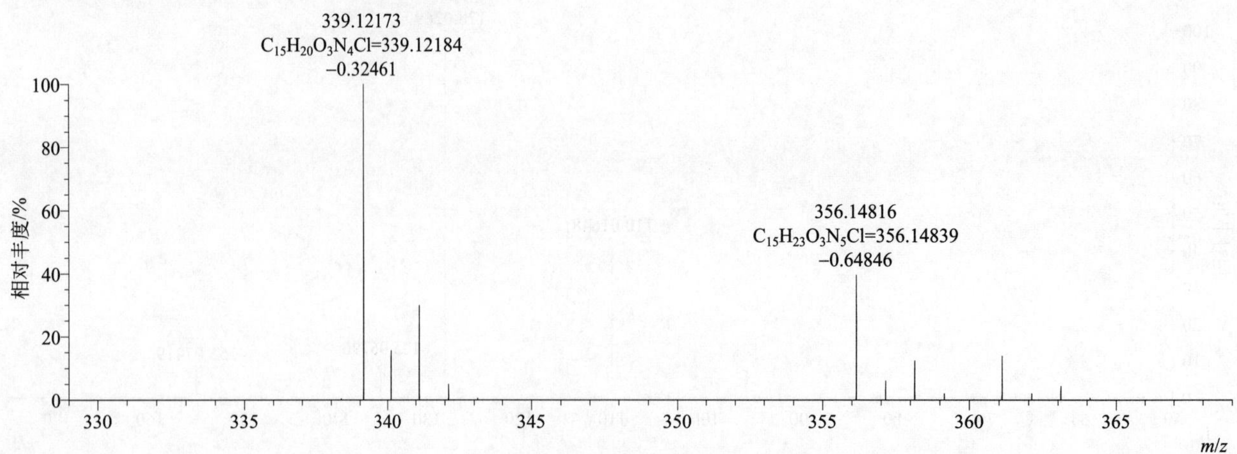

$[M+H]^+$ 典型的一级质谱图

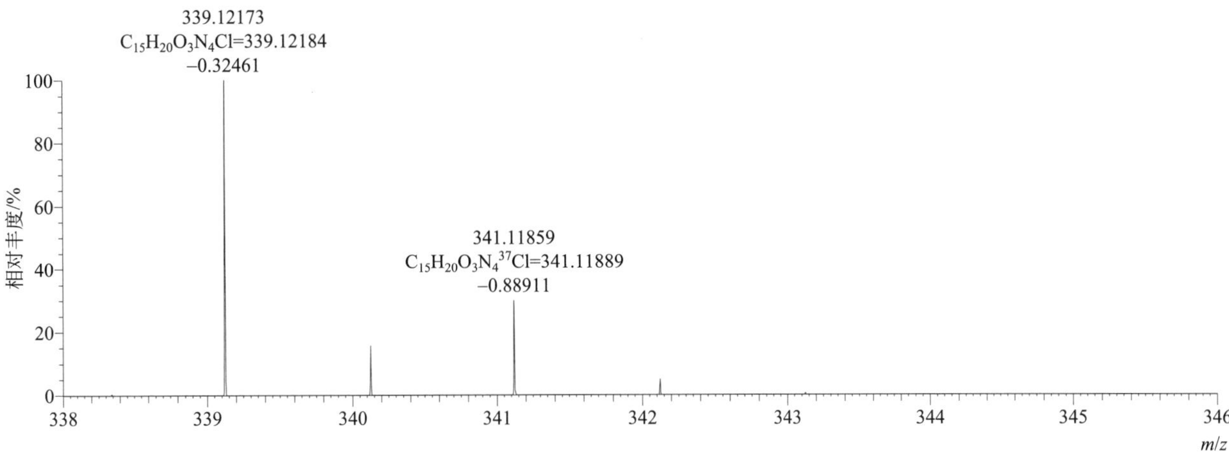

$[M+NH_4]^+$ 典型的一级质谱图

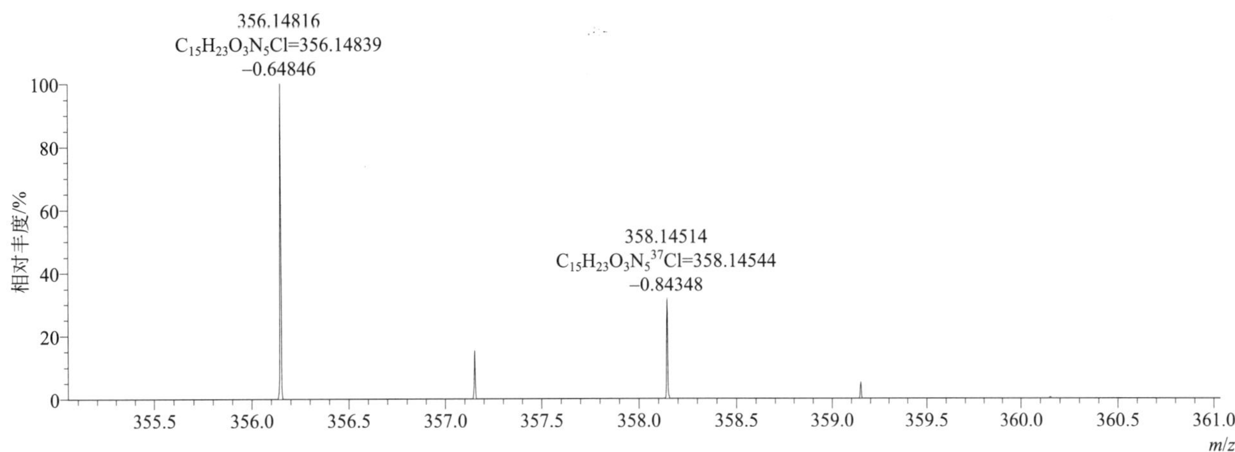

$[M+H]^+$ 归一化法能量 NCE 为 20 时典型的二级质谱图

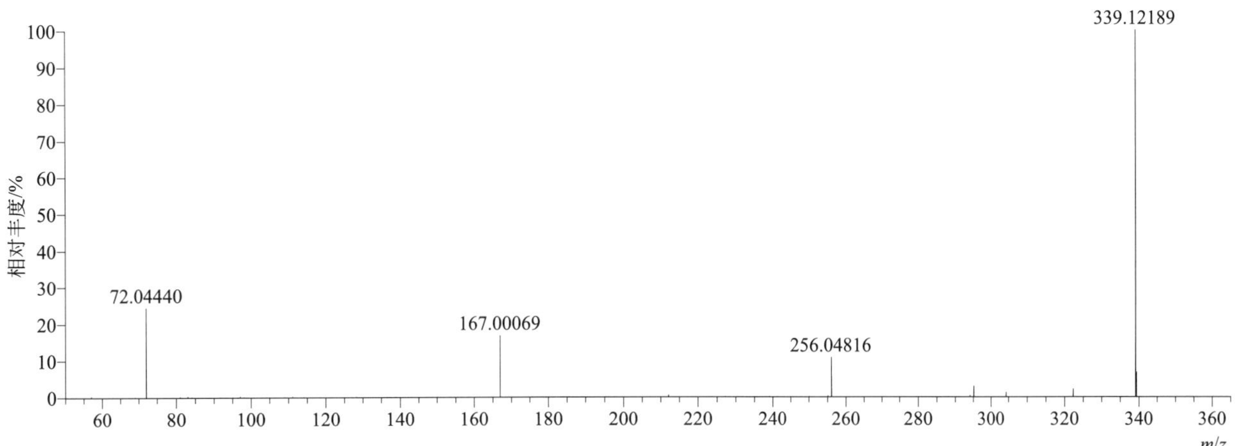

[M+H]⁺ 归一化法能量 NCE 为 40 时典型的二级质谱图

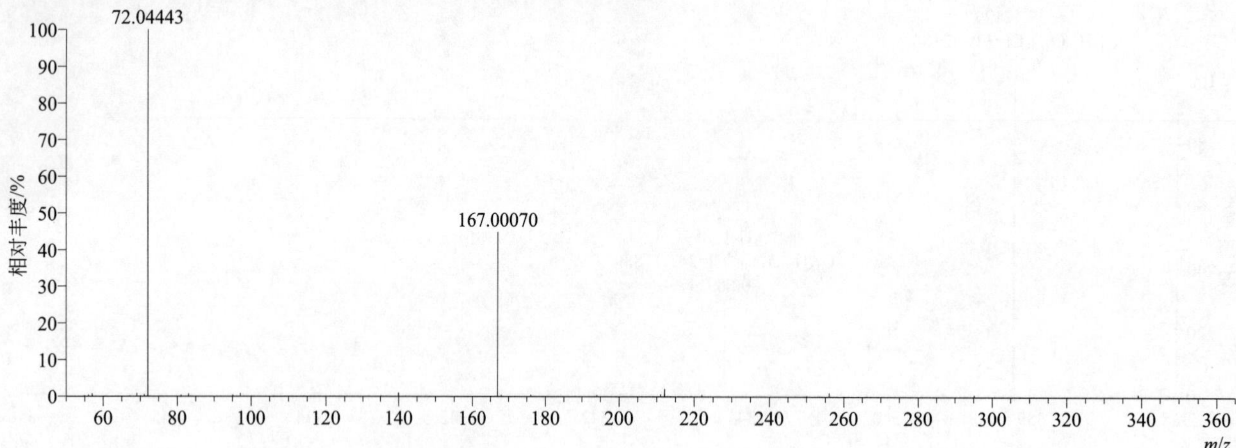

[M+H]⁺ 归一化法能量 NCE 为 60 时典型的二级质谱图

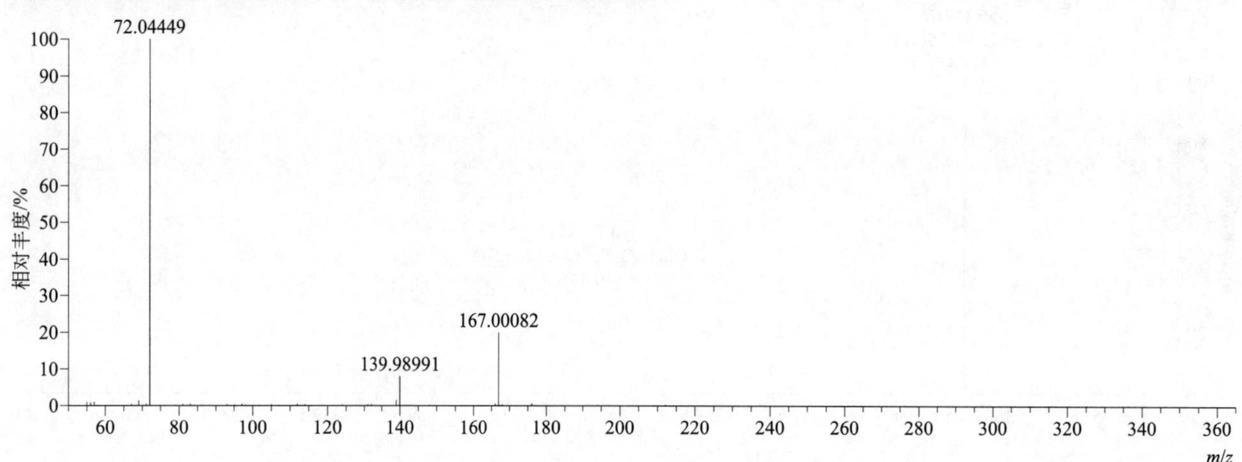

[M+H]⁺ 阶梯归一化法能量 Step NCE 为 20、40、60 时典型的二级质谱图

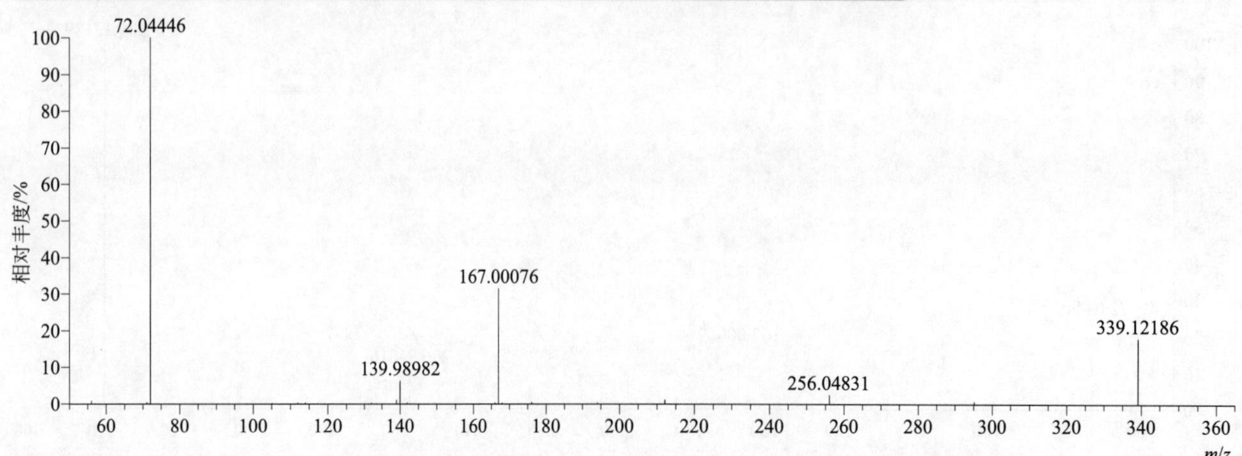

$[M+NH_4]^+$ 归一化法能量 NCE 为 20 时典型的二级质谱图

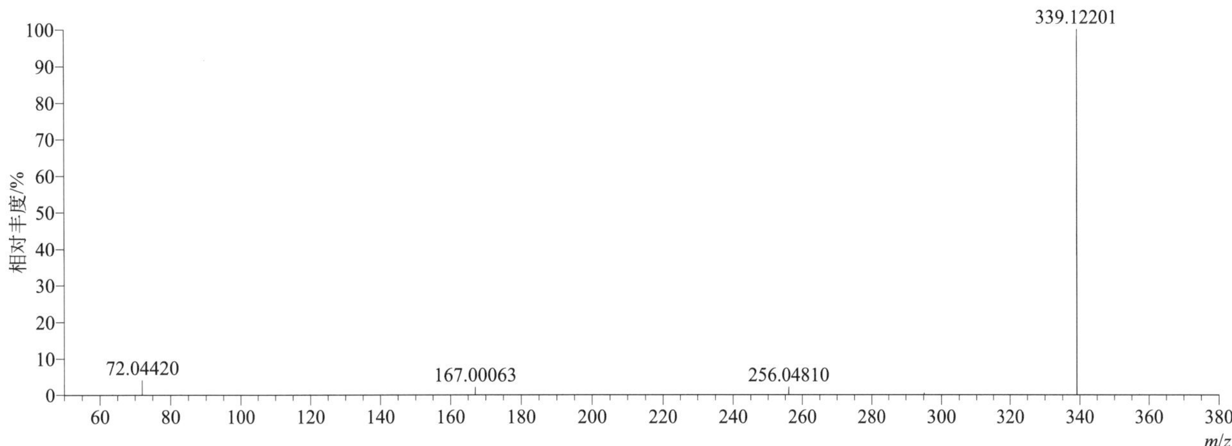

$[M+NH_4]^+$ 归一化法能量 NCE 为 40 时典型的二级质谱图

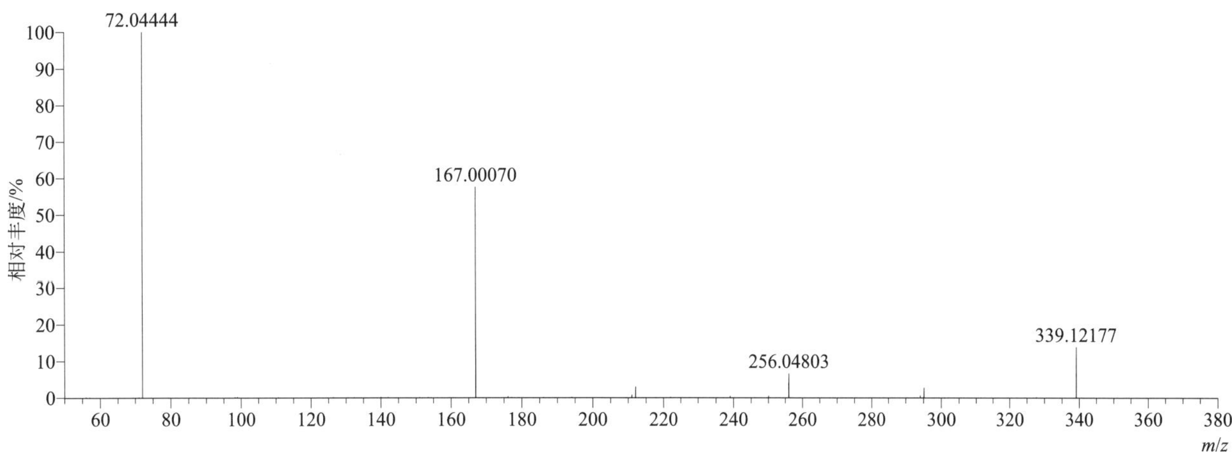

$[M+NH_4]^+$ 归一化法能量 NCE 为 60 时典型的二级质谱图

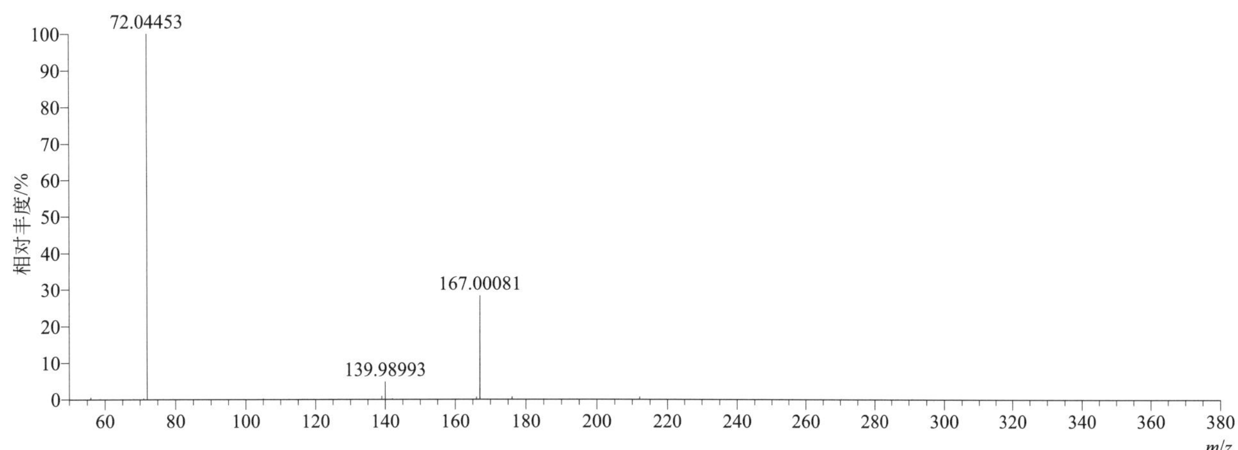

[M+NH$_4$]$^+$ 阶梯归一化法能量 Step NCE 为 20、40、60 时典型的二级质谱图

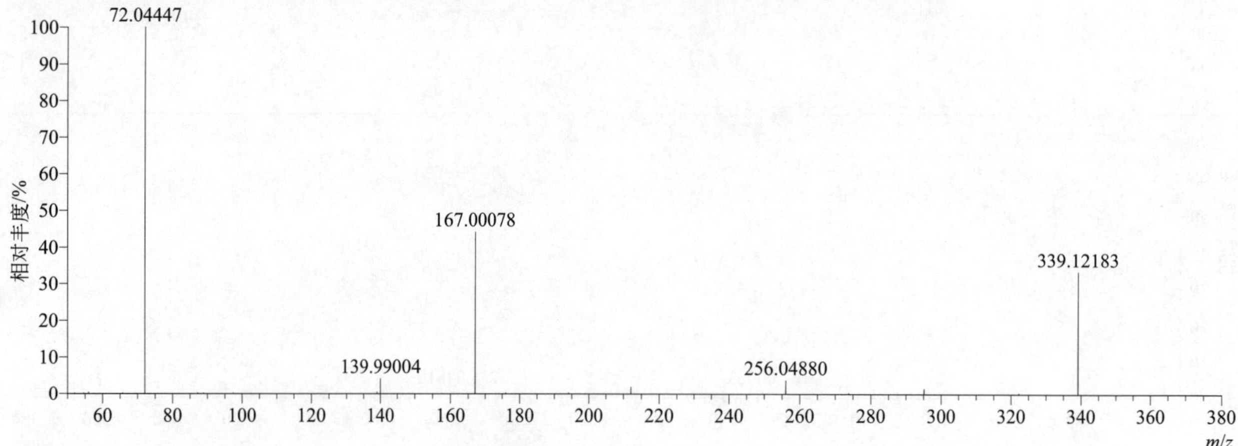

dimepiperate（哌草丹）

基本信息

CAS 登录号	61432-55-1	分子量	263.13438	离子源和极性	电喷雾离子源（ESI）
分子式	$C_{15}H_{21}NOS$	保留时间	15.52min	极性	正模式

[M+H]$^+$ 提取离子流色谱图

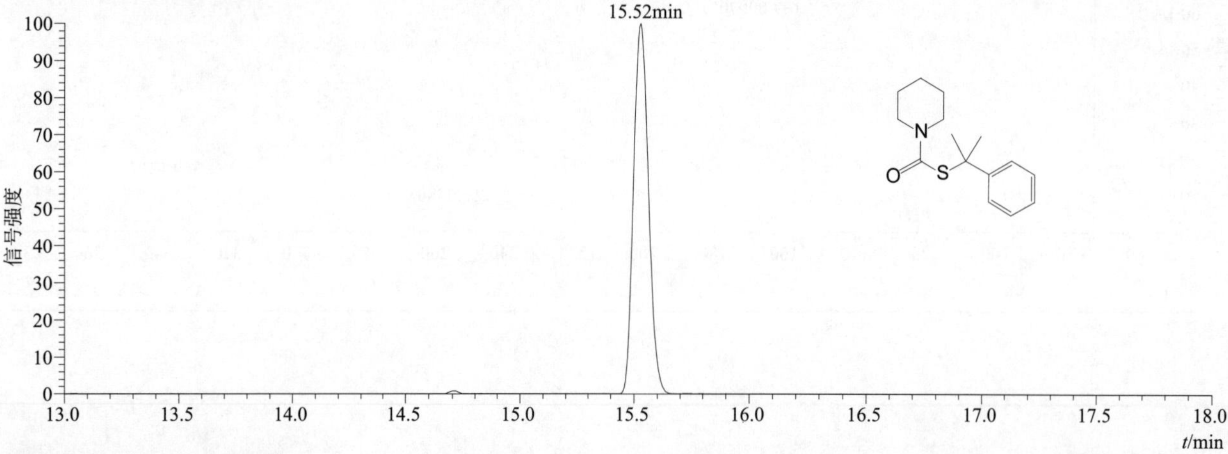

[M+H]$^+$ 典型的一级质谱图

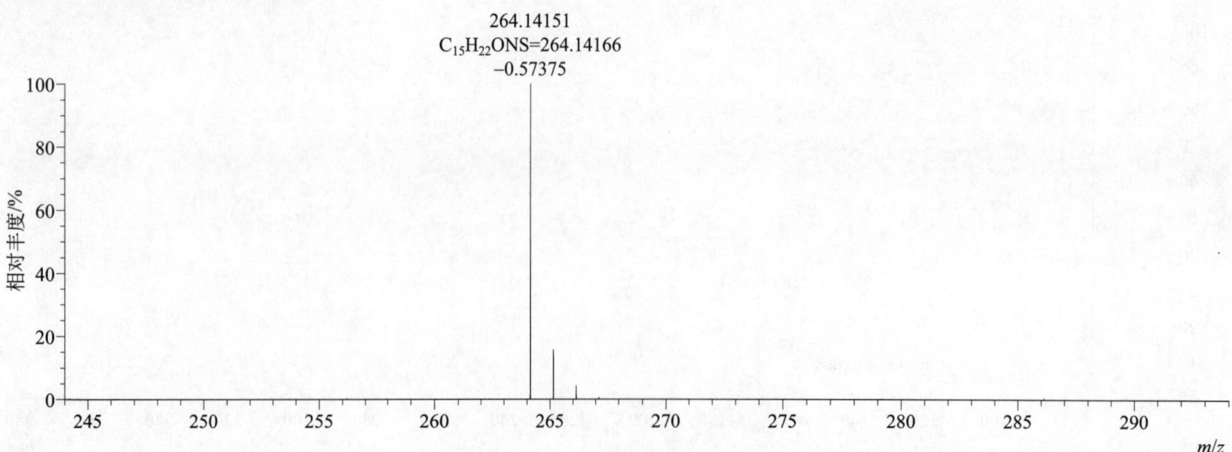

[M+H]+ 归一化法能量 NCE 为 20 时典型的二级质谱图

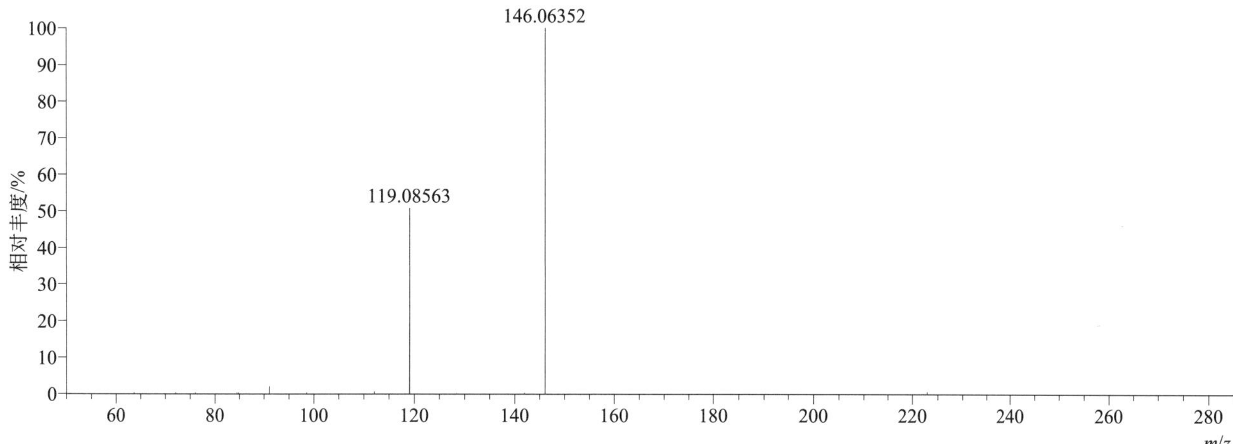

[M+H]+ 归一化法能量 NCE 为 40 时典型的二级质谱图

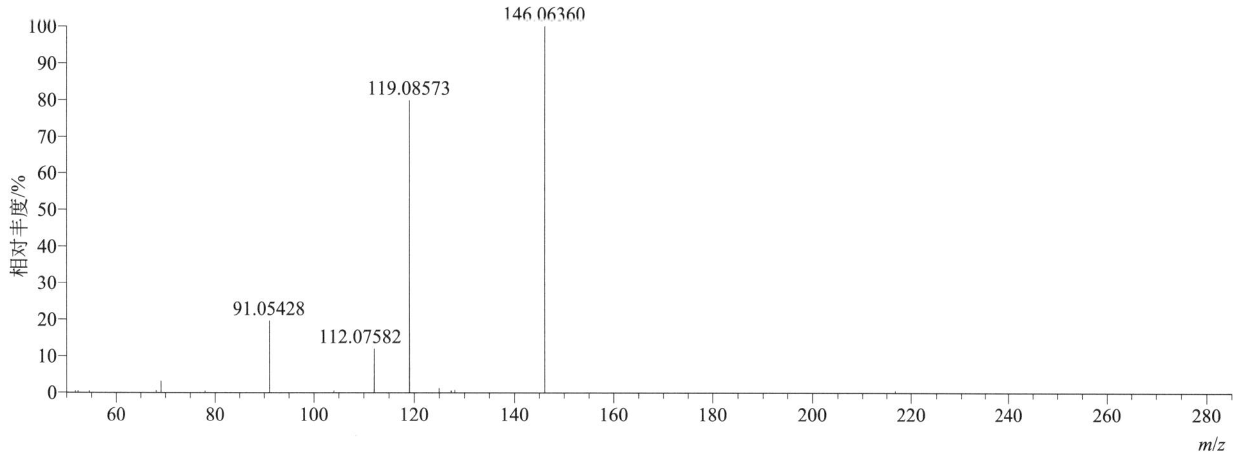

[M+H]+ 归一化法能量 NCE 为 60 时典型的二级质谱图

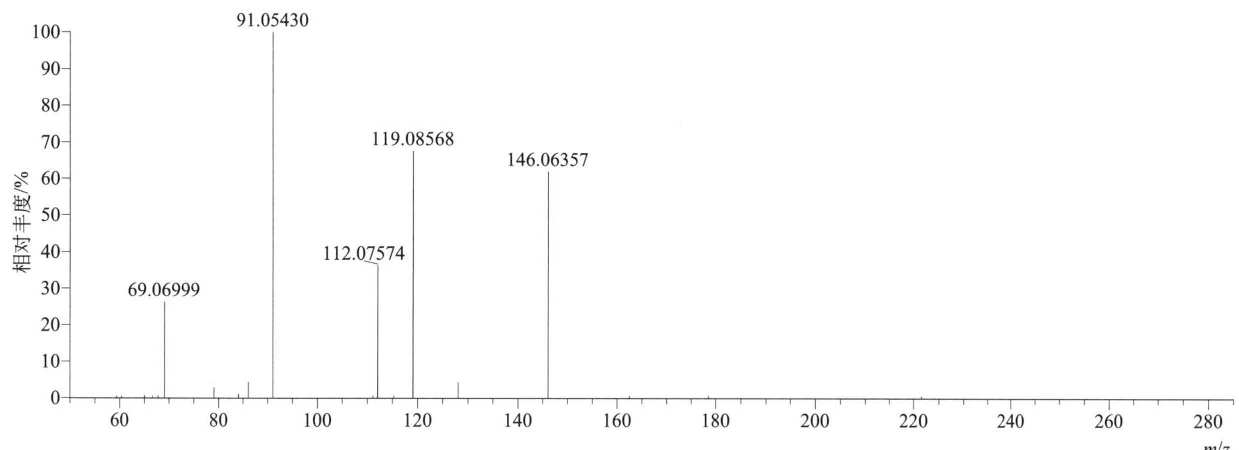

[M+H]+ 阶梯归一化法能量 Step NCE 为 20、40、60 时典型的二级质谱图

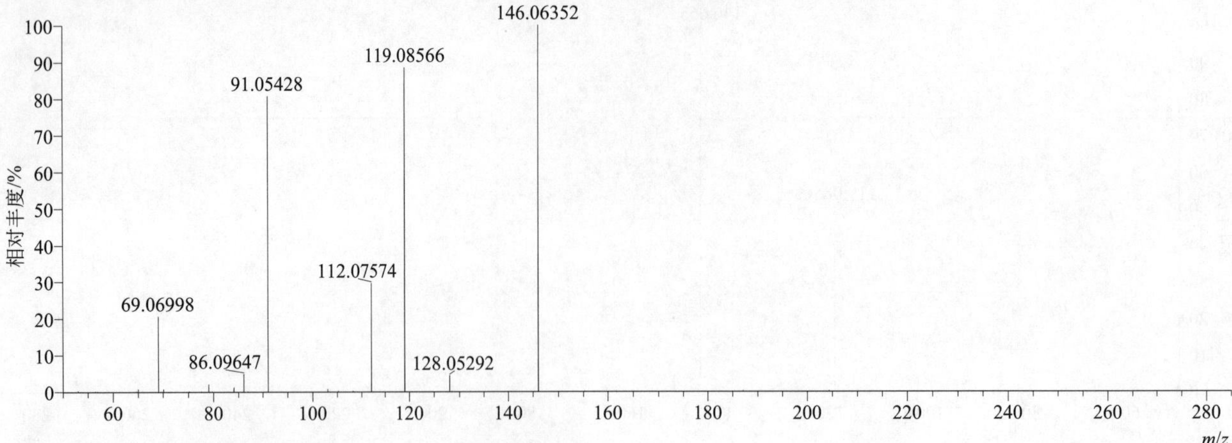

dimethachlor（克草胺）

基本信息

CAS 登录号	50563-36-5	分子量	255.10261	离子源和极性	电喷雾离子源（ESI）
分子式	$C_{13}H_{18}ClNO_2$	保留时间	13.95min	极性	正模式

[M+H]+ 提取离子流色谱图

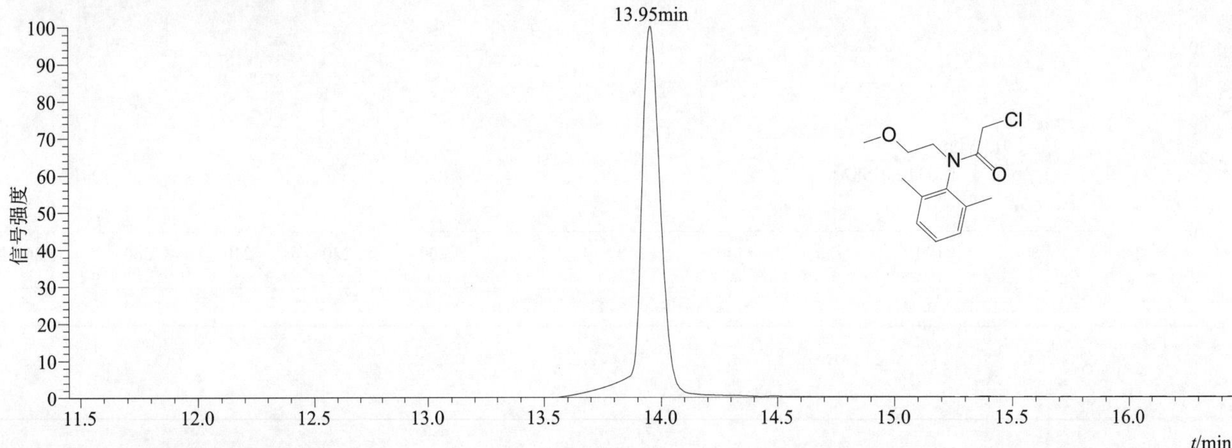

[M+H]+ 典型的一级质谱图

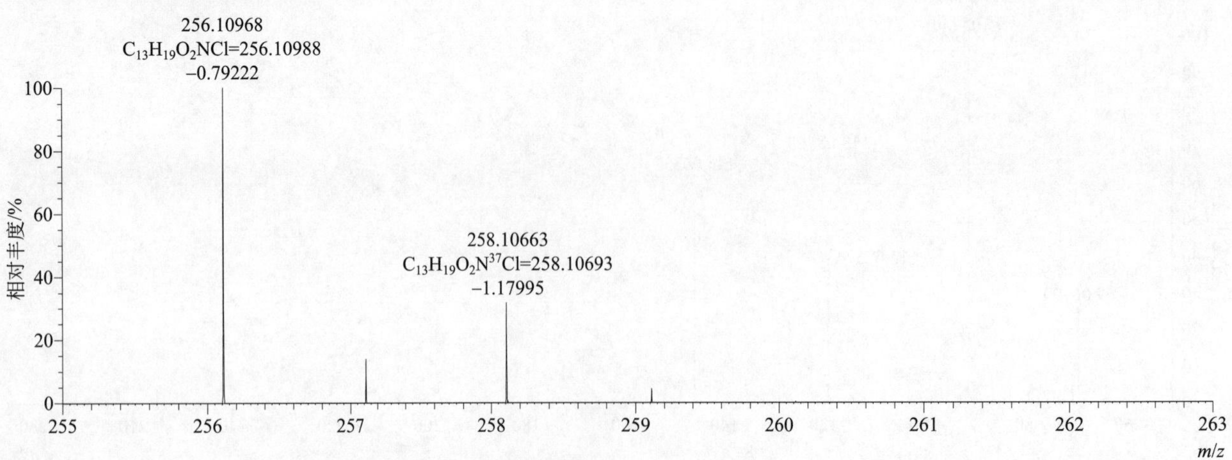

[M+H]$^+$ 归一化法能量 NCE 为 20 时典型的二级质谱图

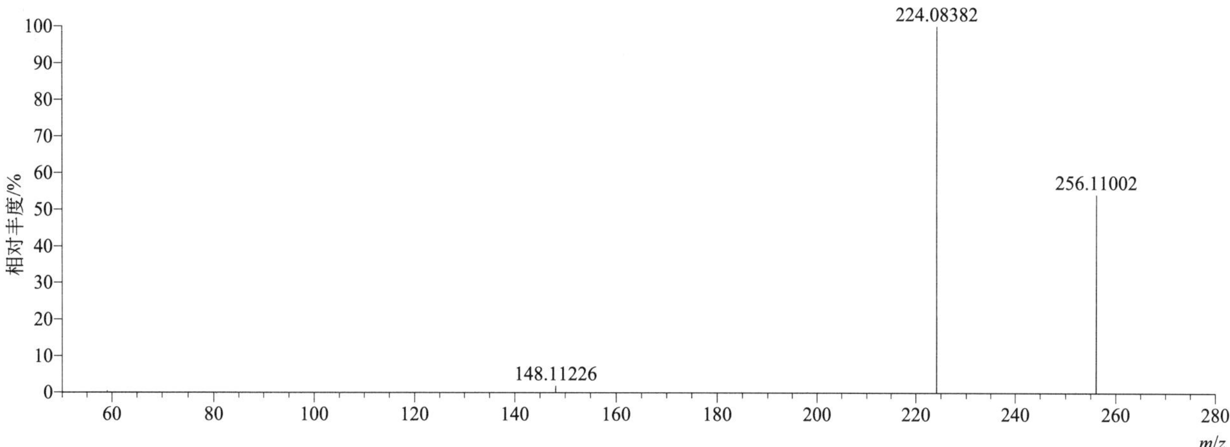

[M+H]$^+$ 归一化法能量 NCE 为 40 时典型的二级质谱图

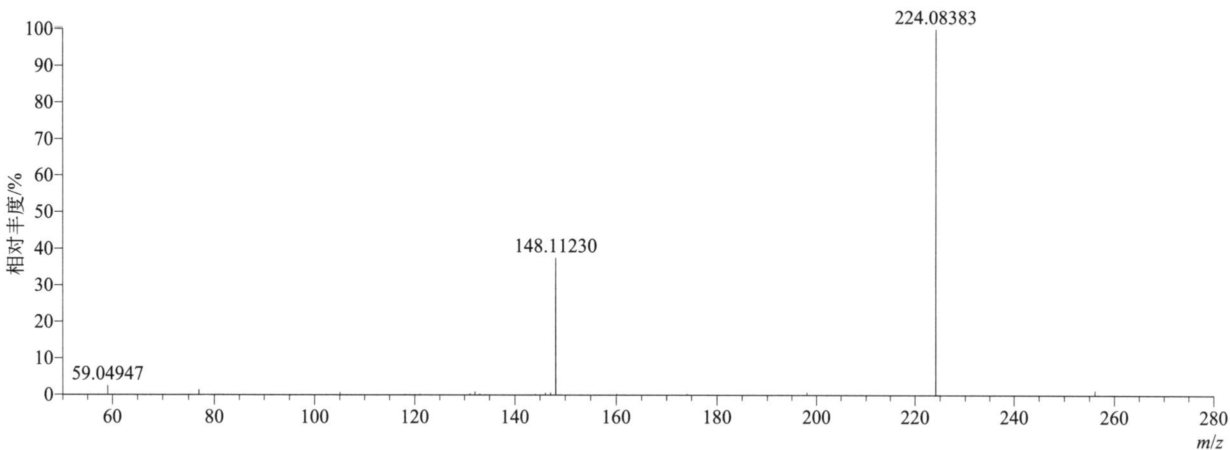

[M+H]$^+$ 归一化法能量 NCE 为 60 时典型的二级质谱图

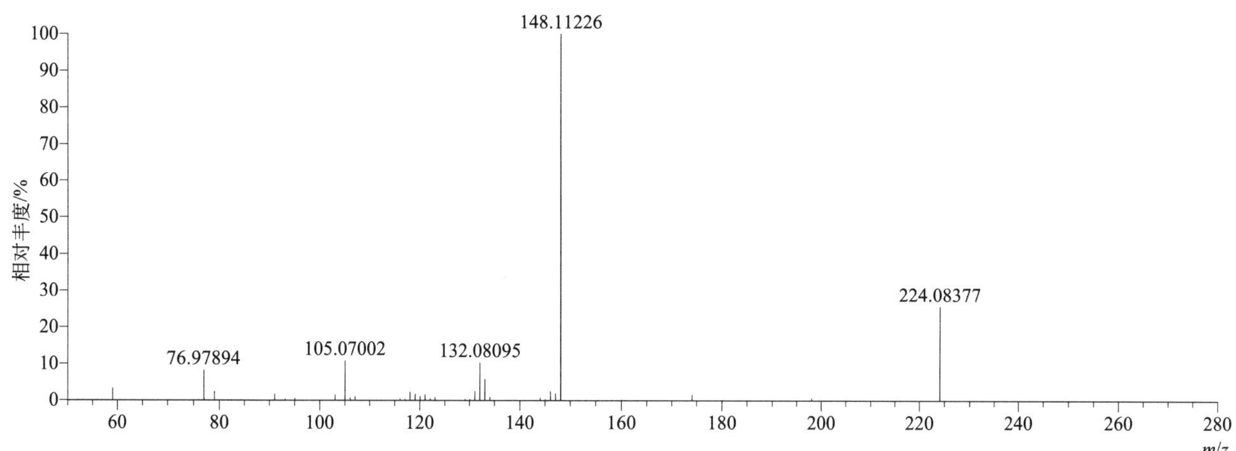

[M+H]+ 阶梯归一化法能量 Step NCE 为 20、40、60 时典型的二级质谱图

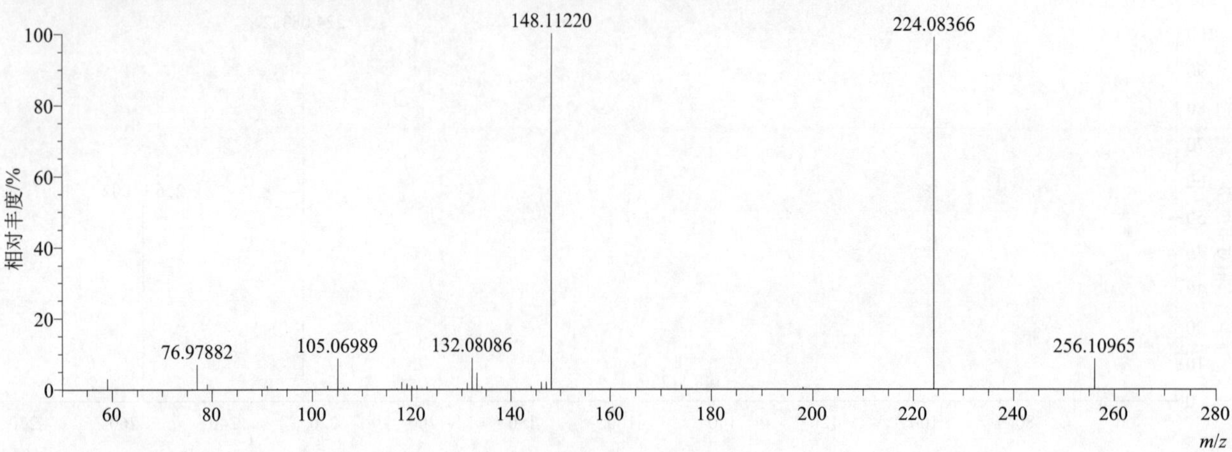

dimethametryn（异戊乙净）

基本信息

CAS 登录号	22936-75-0	分子量	255.15177	离子源和极性	电喷雾离子源（ESI）
分子式	$C_{11}H_{21}N_5S$	保留时间	14.83min	极性	正模式

[M+H]+ 提取离子流色谱图

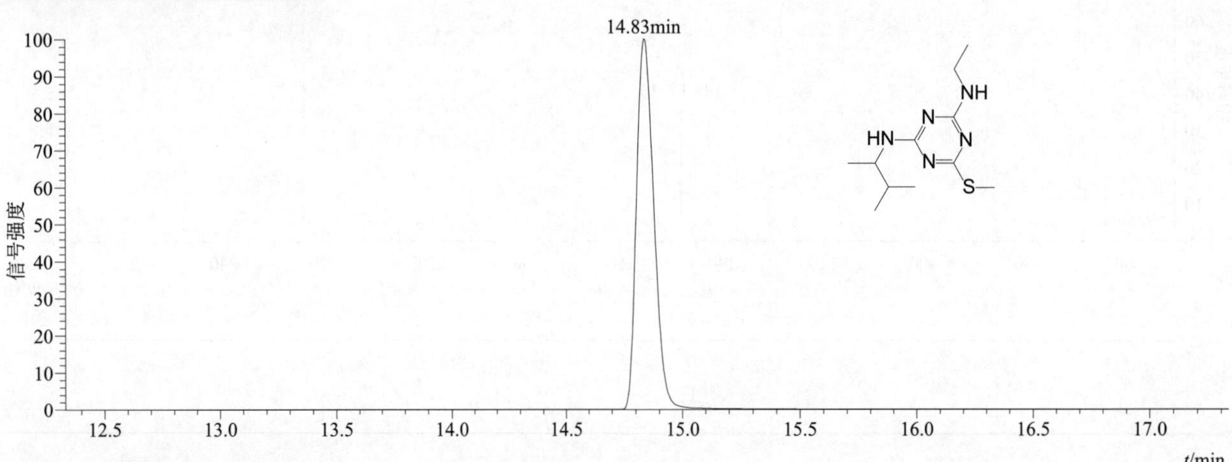

[M+H]+ 典型的一级质谱图

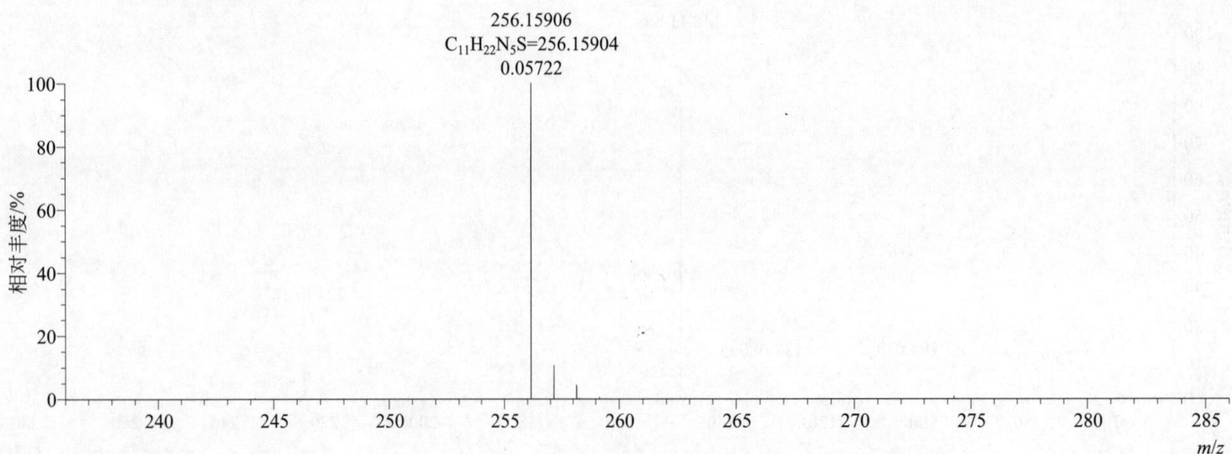

[M+H]+ 归一化法能量 NCE 为 20 时典型的二级质谱图

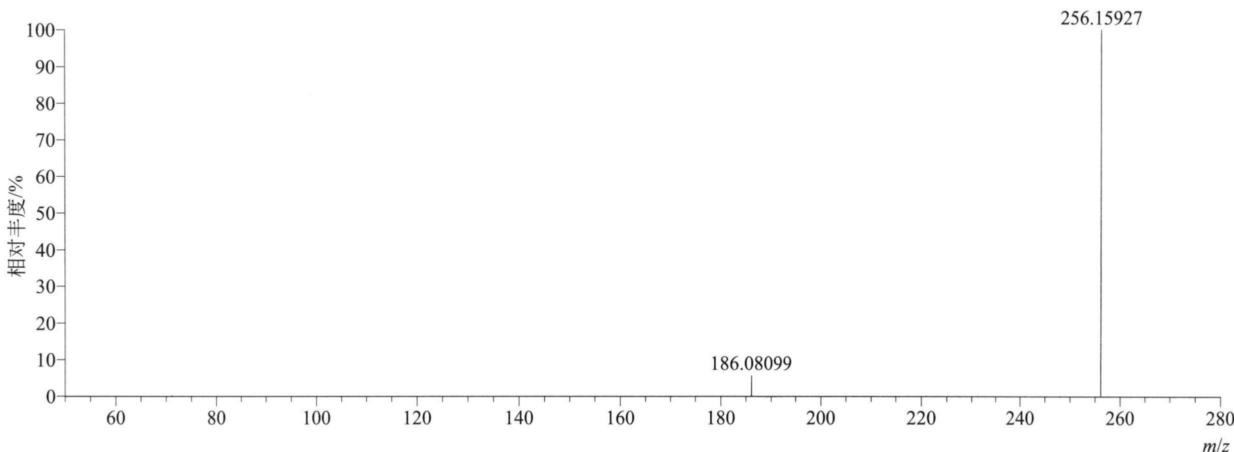

[M+H]+ 归一化法能量 NCE 为 40 时典型的二级质谱图

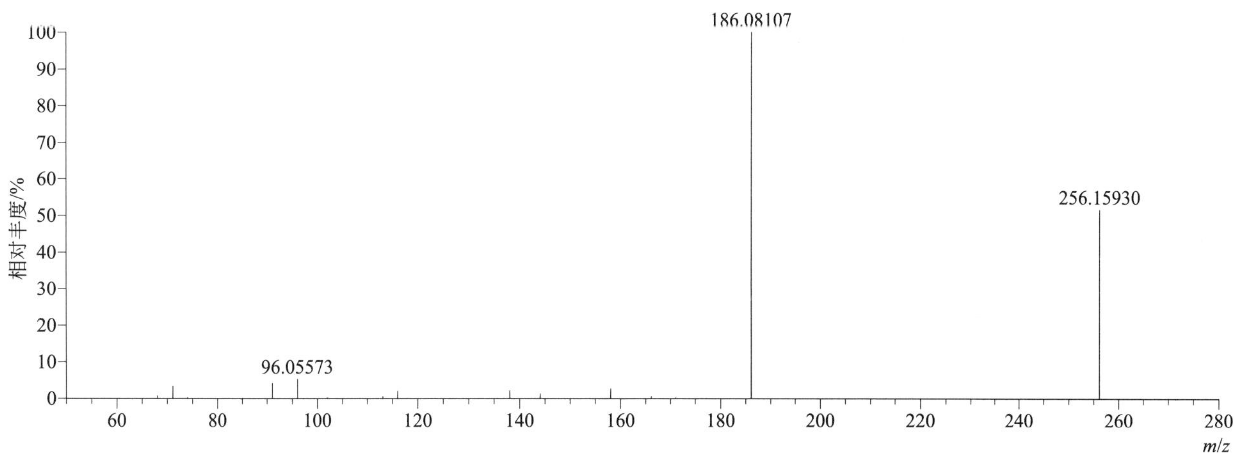

[M+H]+ 归一化法能量 NCE 为 60 时典型的二级质谱图

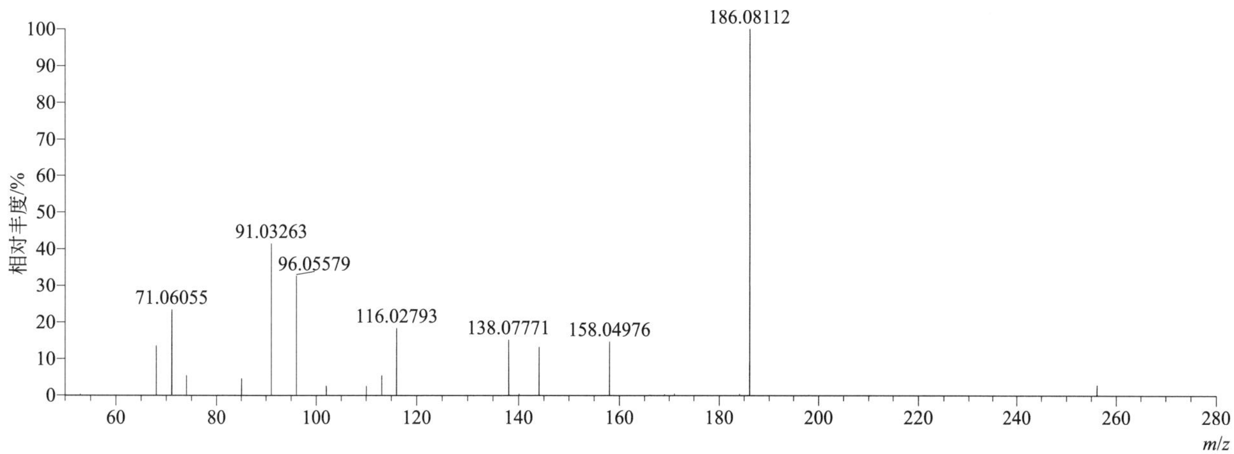

[M+H]$^+$ 阶梯归一化法能量 Step NCE 为 20、40、60 时典型的二级质谱图

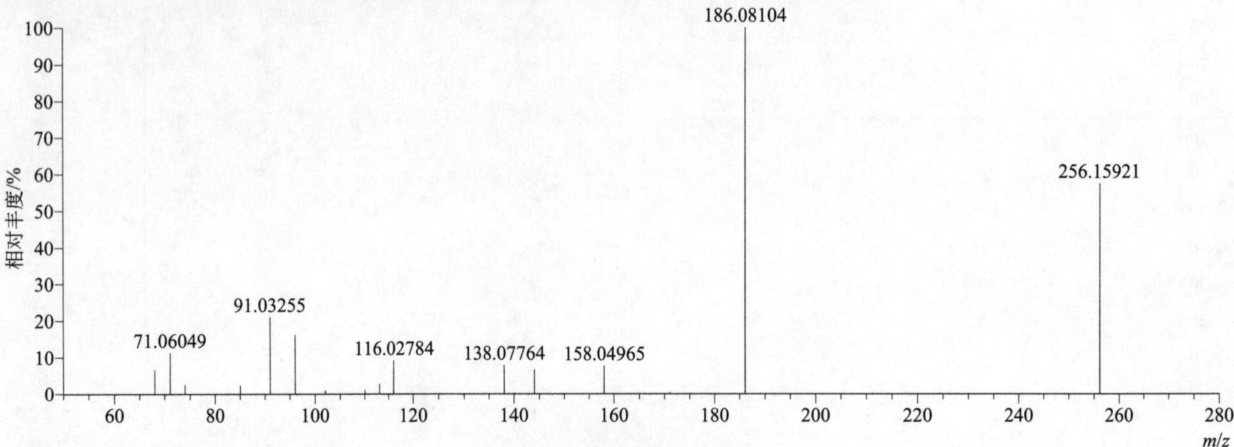

dimethenamid（二甲噻草胺）

基本信息

CAS 登录号	87674-68-8	分子量	275.07468	离子源和极性	电喷雾离子源（ESI）
分子式	$C_{12}H_{18}ClNO_2S$	保留时间	14.30min	极性	正模式

[M+H]$^+$ 提取离子流色谱图

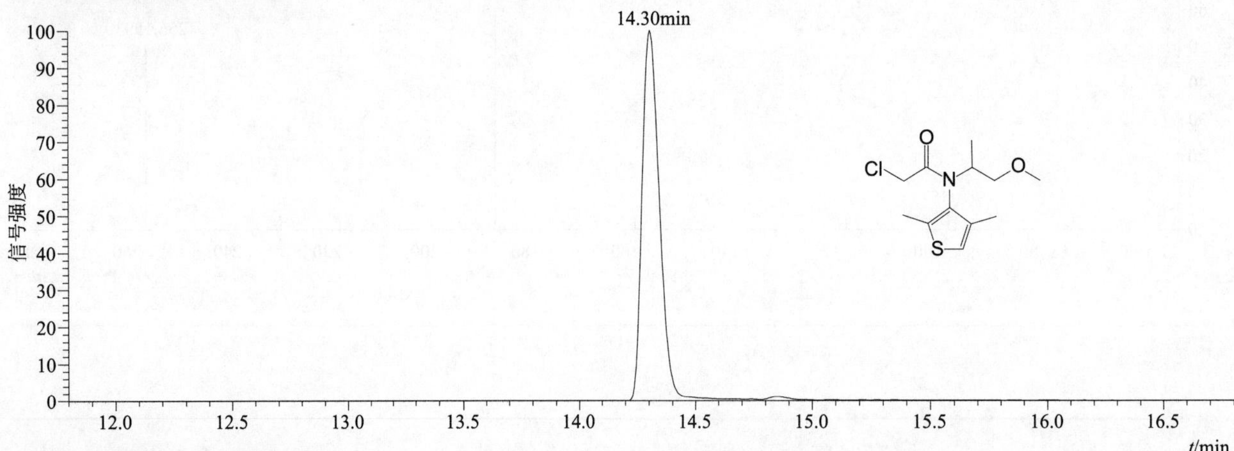

[M+H]$^+$ 典型的一级质谱图

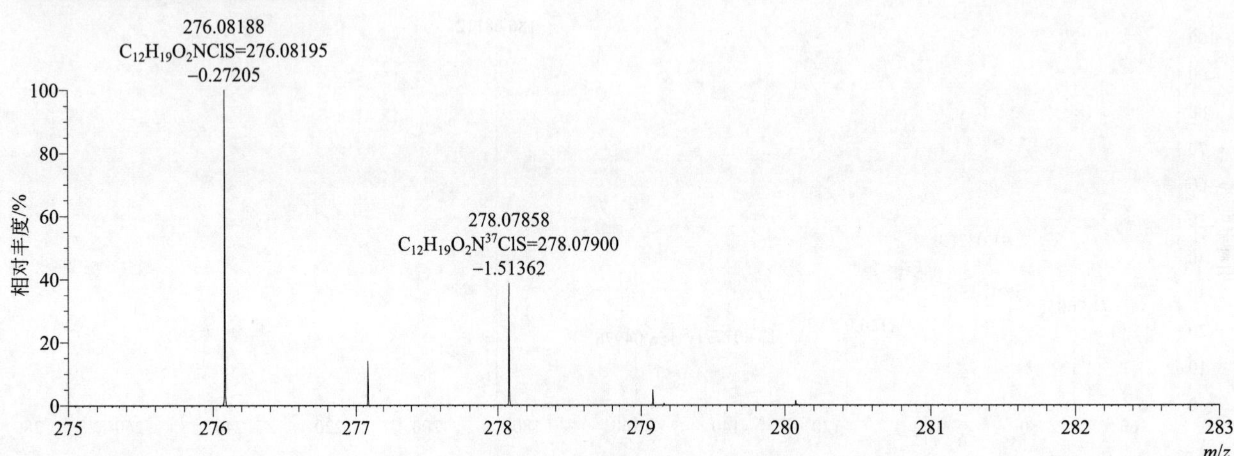

[M+H]⁺ 归一化法能量 NCE 为 20 时典型的二级质谱图

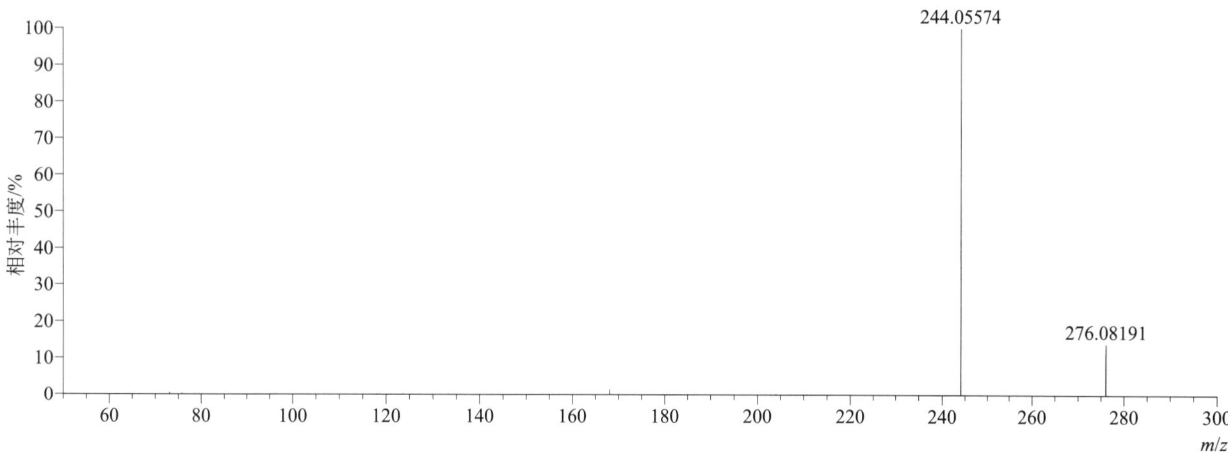

[M+H]⁺ 归一化法能量 NCE 为 40 时典型的二级质谱图

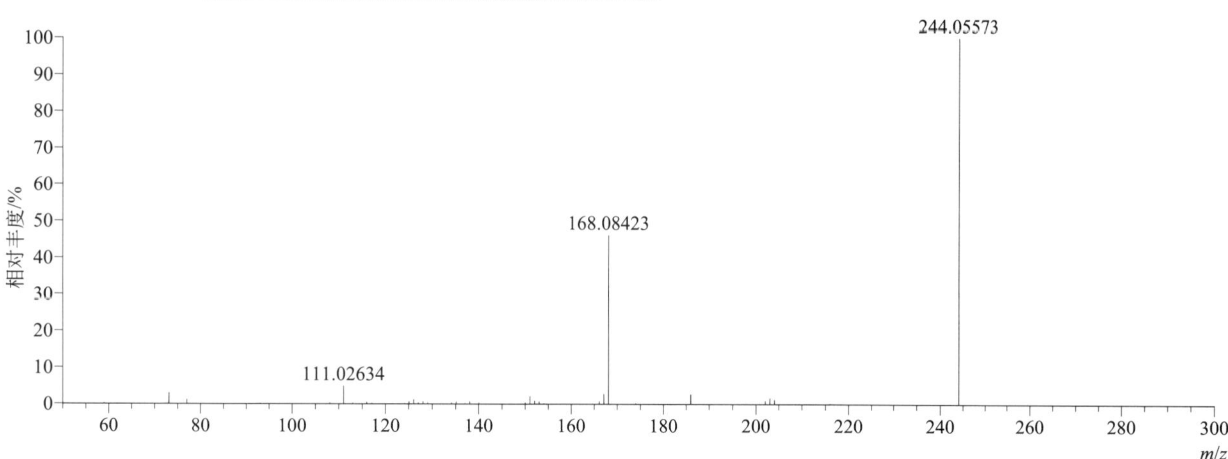

[M+H]⁺ 归一化法能量 NCE 为 60 时典型的二级质谱图

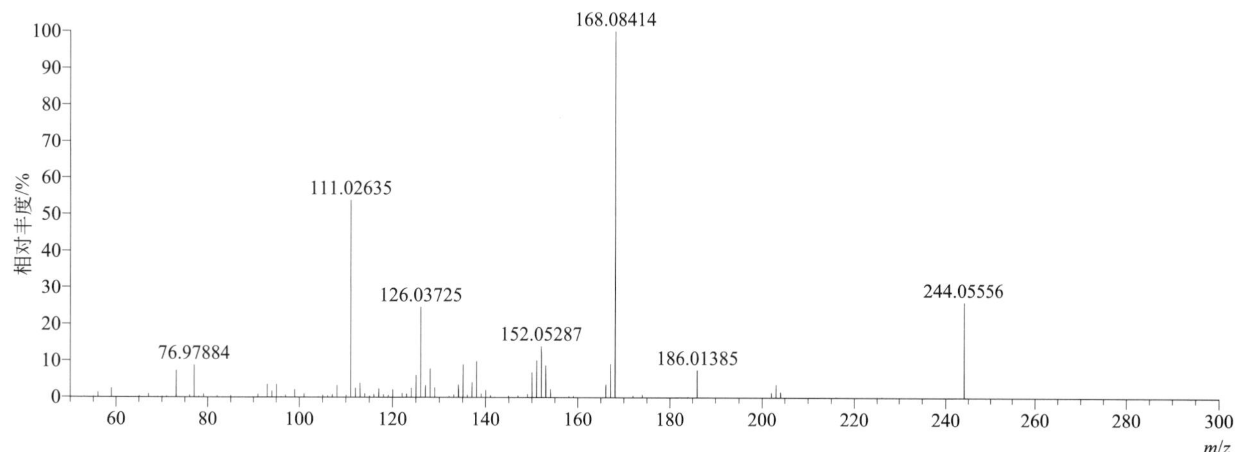

[M+H]+ 阶梯归一化法能量 Step NCE 为 20、40、60 时典型的二级质谱图

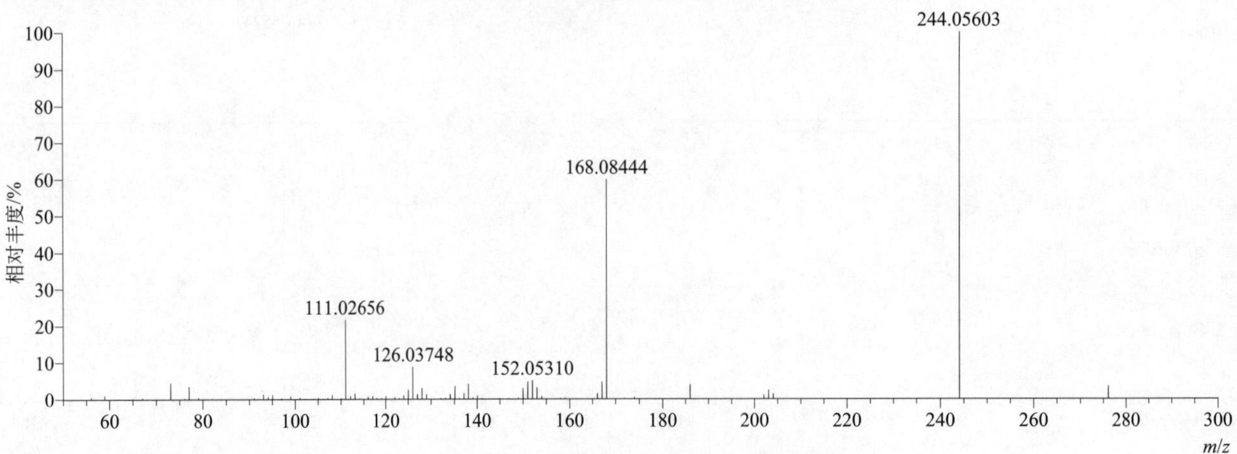

dimethenamid-P（精二甲吩草胺）

基本信息

CAS 登录号	163515-14-8	分子量	275.07468	离子源和极性	电喷雾离子源（ESI）
分子式	$C_{12}H_{18}ClNO_2S$	保留时间	14.35min	极性	正模式

[M+H]+ 提取离子流色谱图

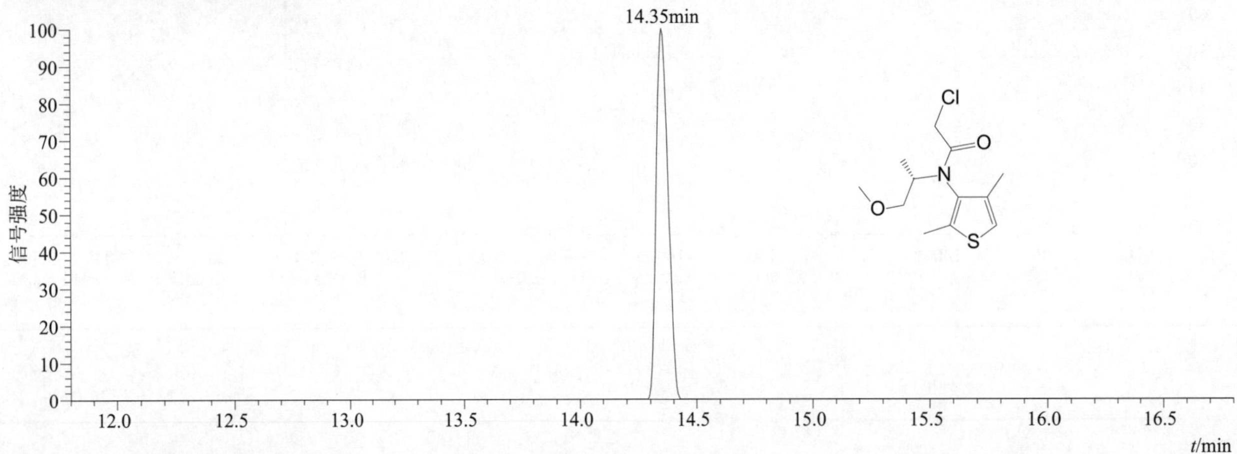

[M+H]+ 典型的一级质谱图

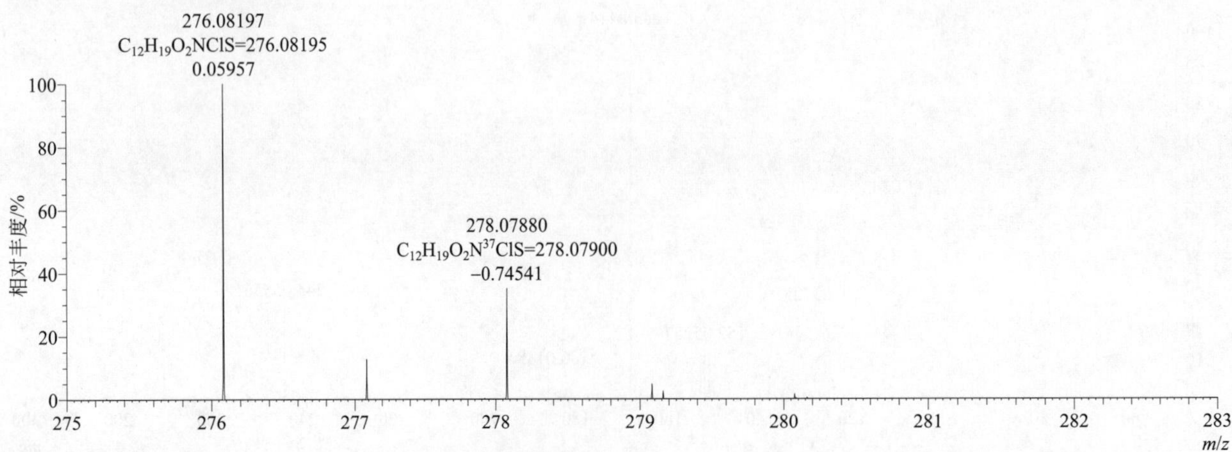

[M+H]+ 归一化法能量 NCE 为 20 时典型的二级质谱图

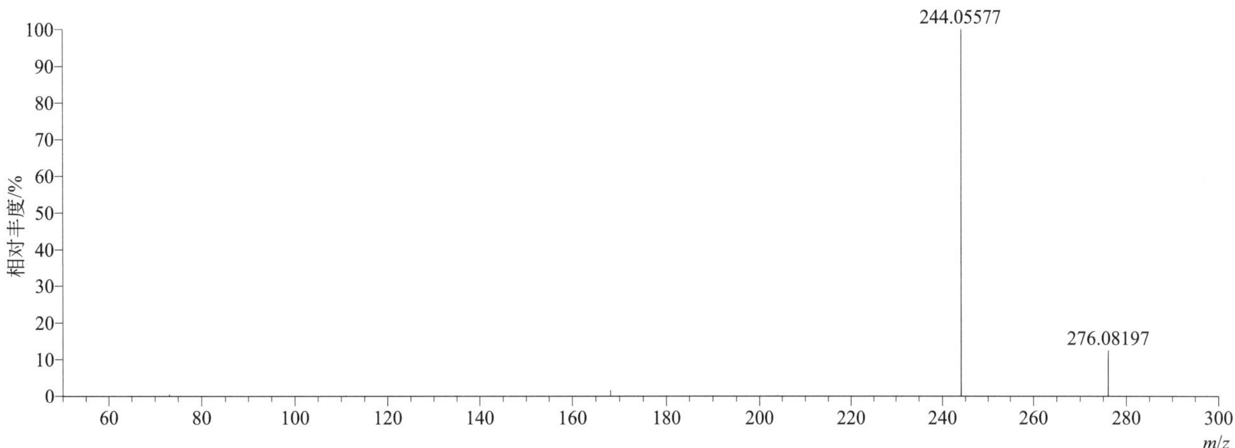

[M+H]+ 归一化法能量 NCE 为 40 时典型的二级质谱图

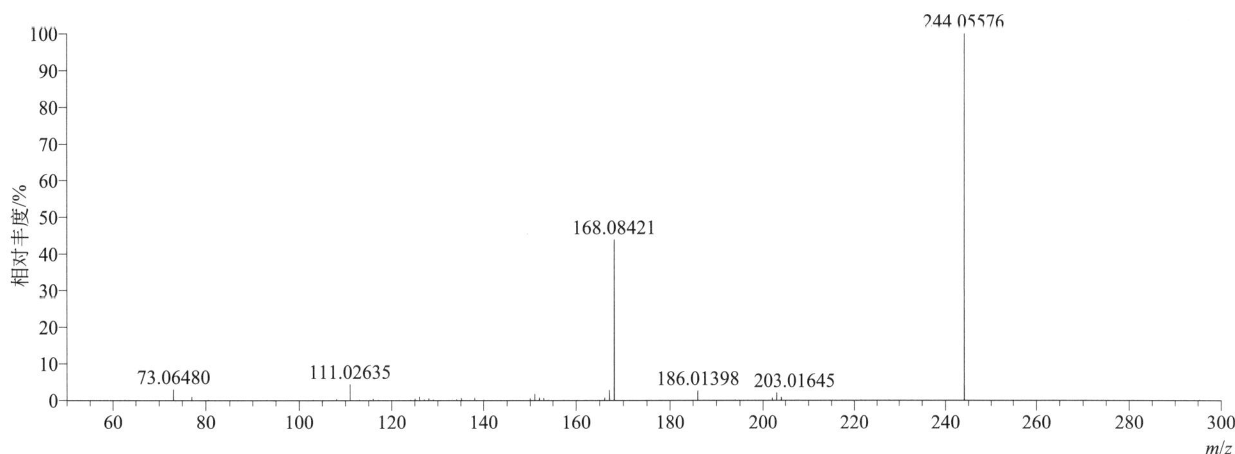

[M+H]+ 归一化法能量 NCE 为 60 时典型的二级质谱图

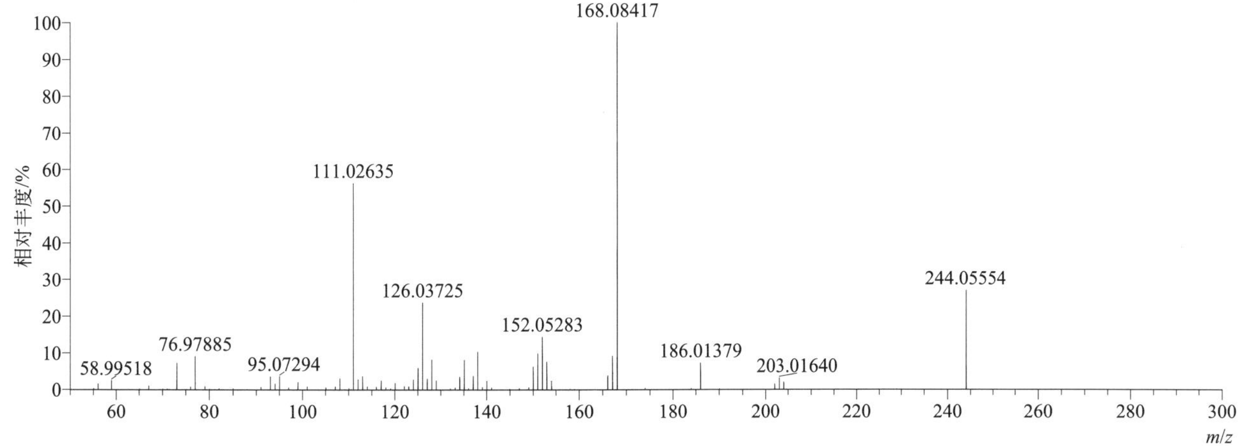

[M+H]+ 阶梯归一化法能量 Step NCE 为 20、40、60 时典型的二级质谱图

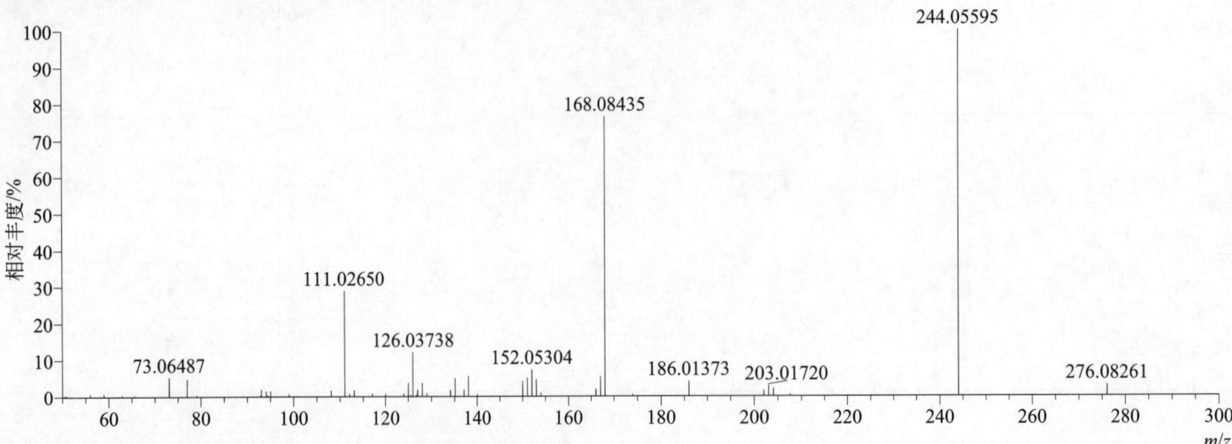

dimethirimol（甲菌定）

基本信息

CAS 登录号	5221-53-4	分子量	209.15281	离子源和极性	电喷雾离子源（ESI）
分子式	$C_{11}H_{19}N_3O$	保留时间	12.46min	极性	正模式

[M+H]+ 提取离子流色谱图

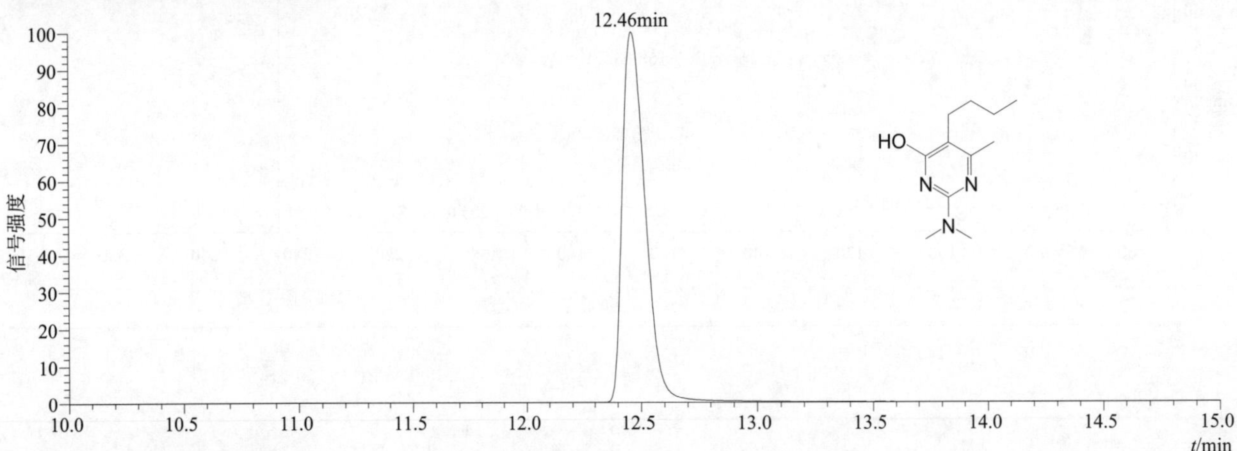

[M+H]+ 典型的一级质谱图

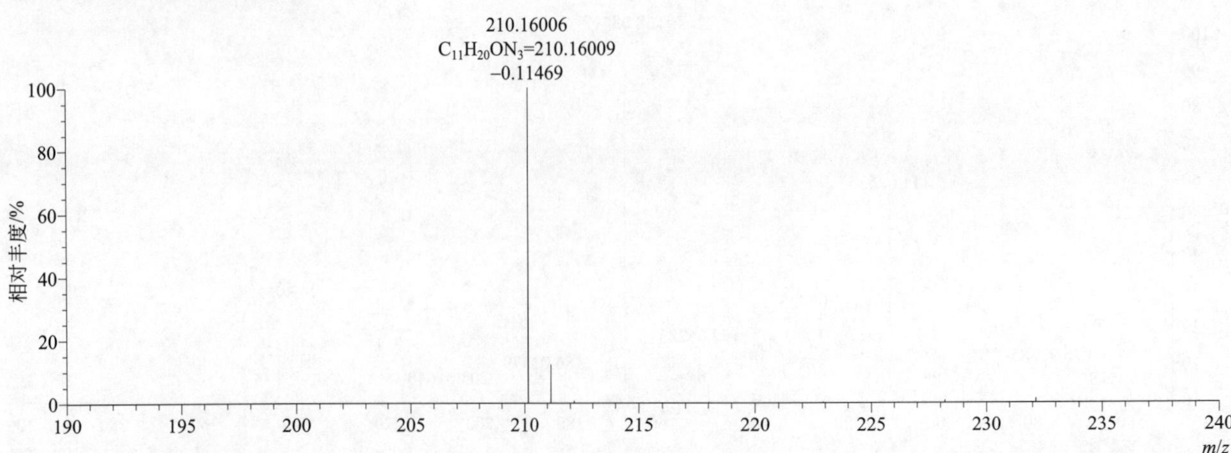

[M+H]+ 归一化法能量 NCE 为 60 时典型的二级质谱图

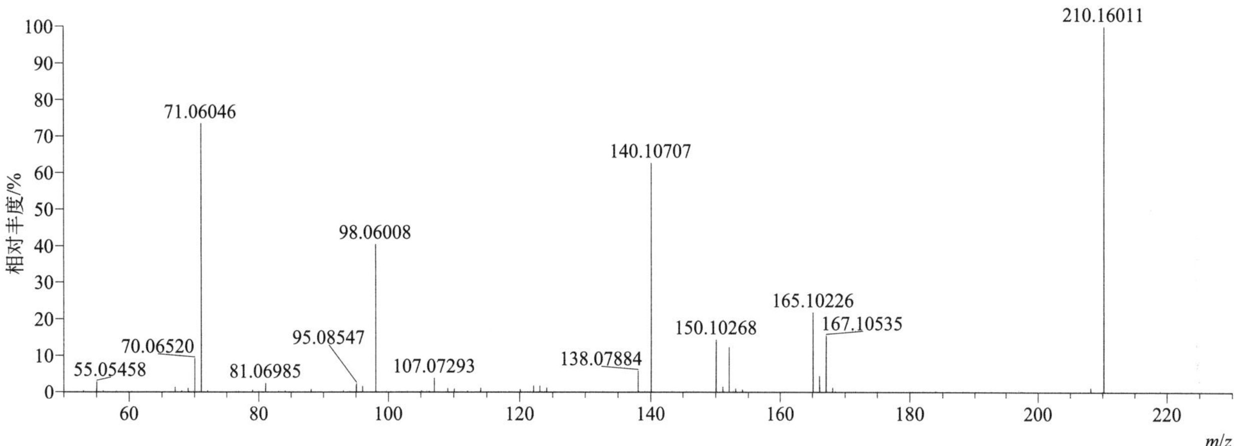

[M+H]+ 归一化法能量 NCE 为 80 时典型的二级质谱图

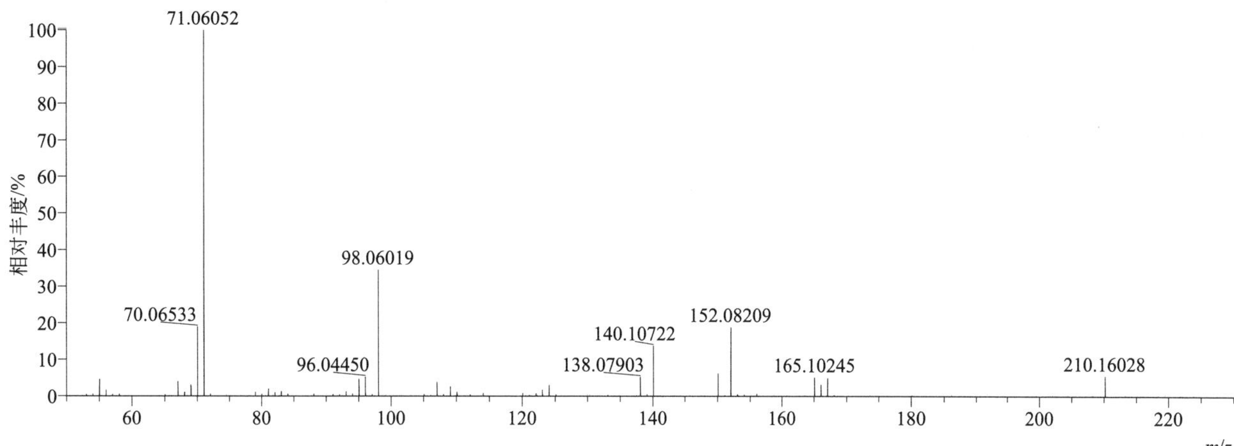

[M+H]+ 归一化法能量 NCE 为 100 时典型的二级质谱图

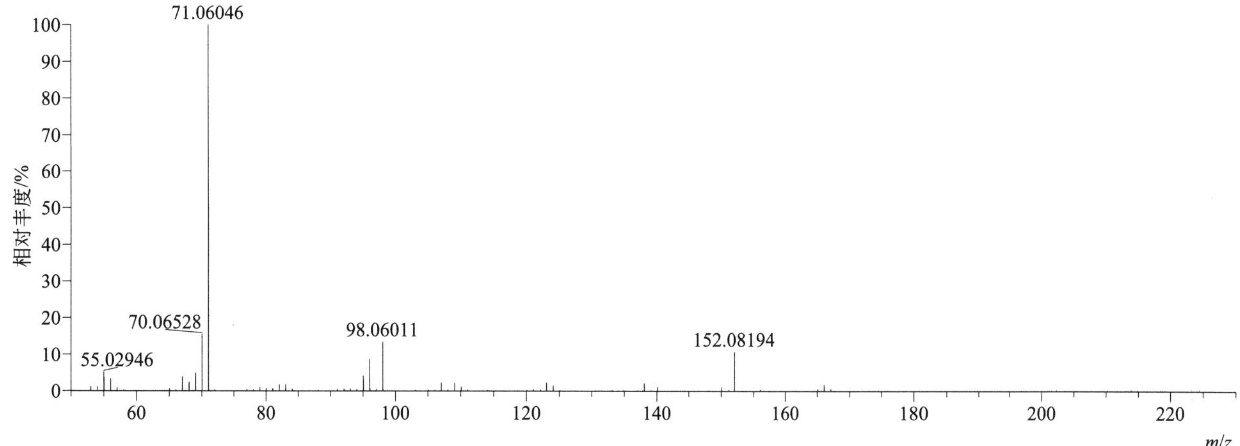

[M+H]+ 阶梯归一化法能量 Step NCE 为 60、80、100 时典型的二级质谱图

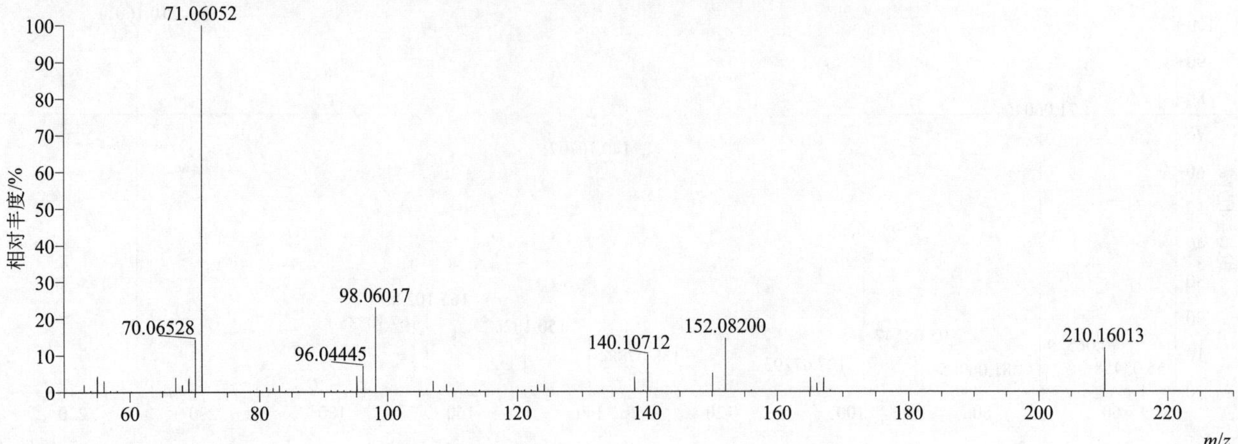

dimethoate（乐果）

基本信息

CAS 登录号	60-51-5	分子量	228.99962	离子源和极性	电喷雾离子源（ESI）
分子式	$C_5H_{12}NO_3PS_2$	保留时间	11.81min	极性	正模式

[M+H]+ 提取离子流色谱图

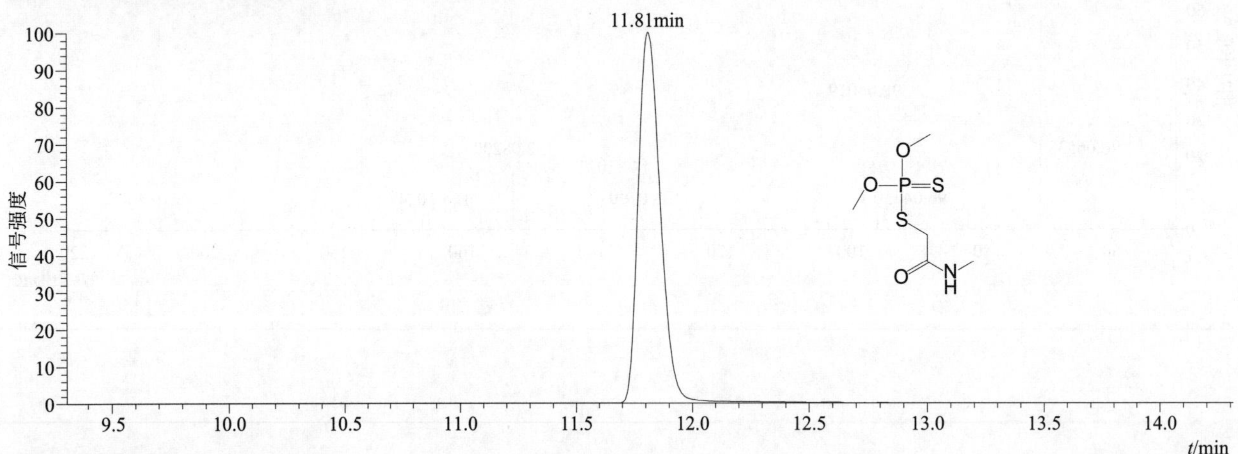

[M+H]+ 典型的一级质谱图

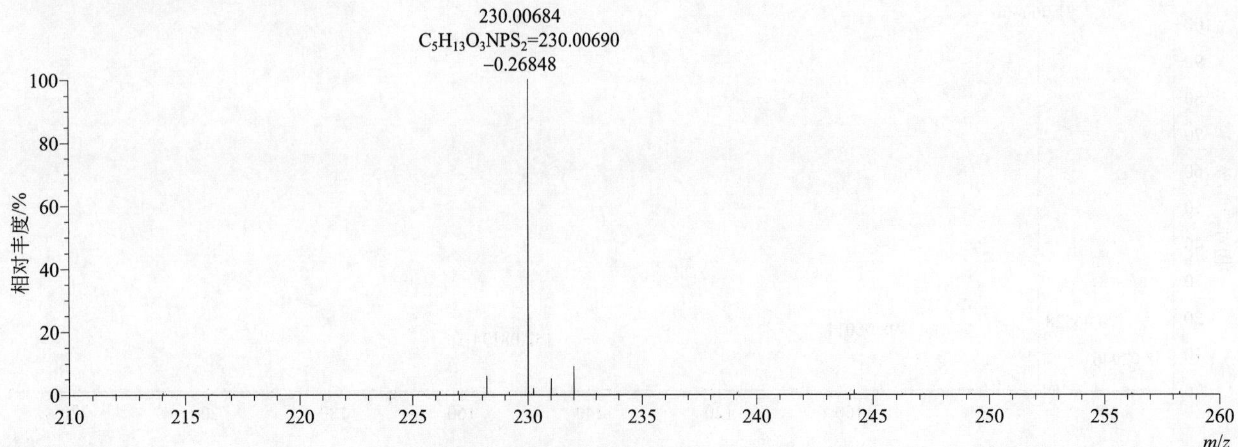

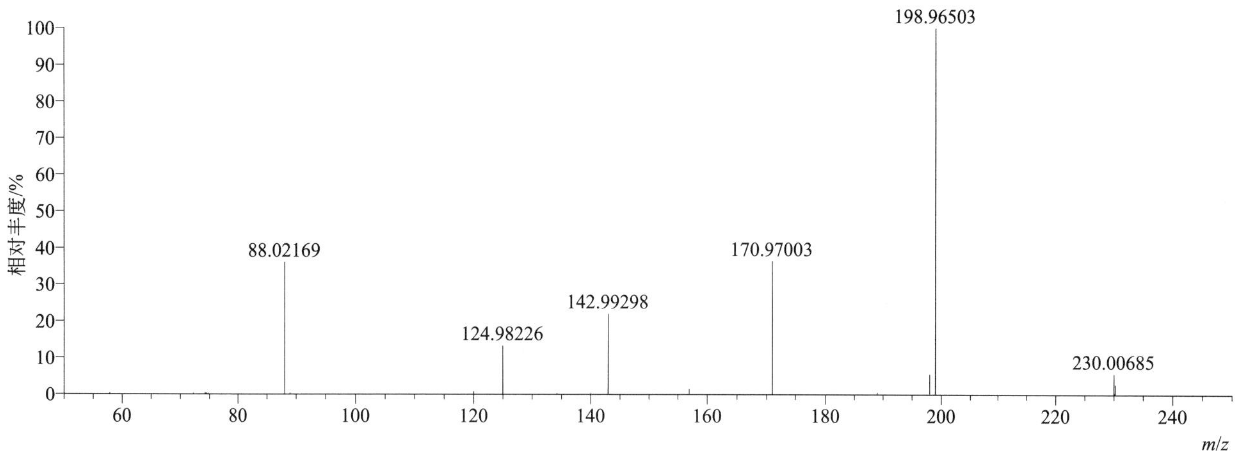
[M+H]+ 归一化法能量 NCE 为 20 时典型的二级质谱图
相对丰度/%
198.96503
88.02169
170.97003
142.99298
124.98226
230.00685
m/z

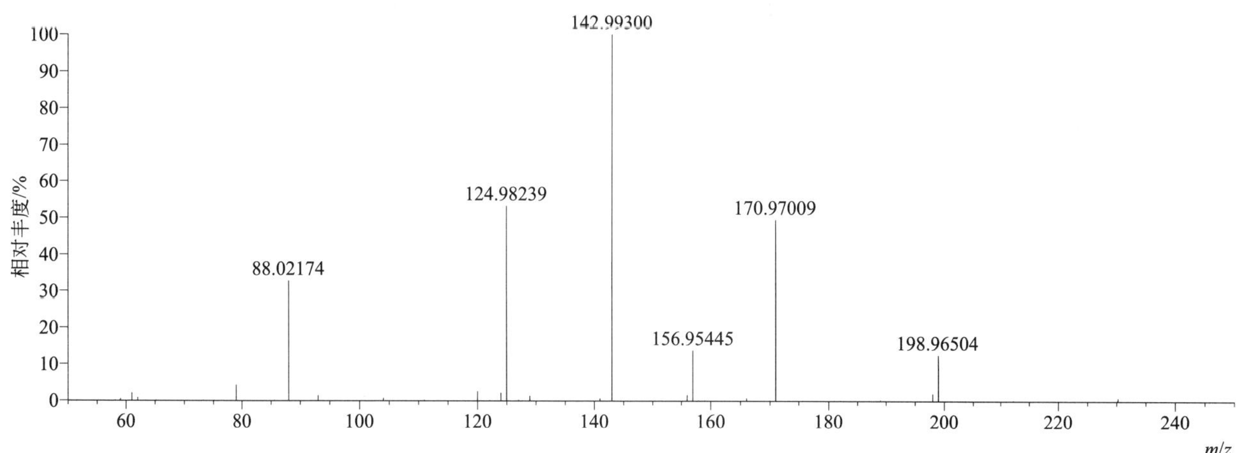
[M+H]+ 归一化法能量 NCE 为 40 时典型的二级质谱图
相对丰度/%
142.99300
124.98239
170.97009
88.02174
156.95445
198.96504
m/z

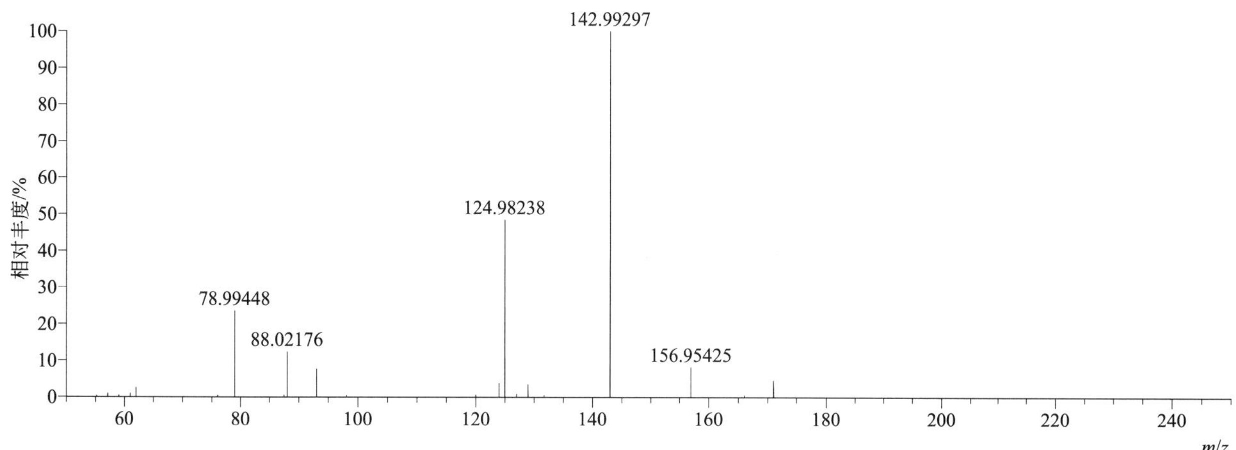
[M+H]+ 归一化法能量 NCE 为 60 时典型的二级质谱图
相对丰度/%
142.99297
124.98238
78.99448
88.02176
156.95425
m/z

[M+H]+ 阶梯归一化法能量 Step NCE 为 20、40、60 时典型的二级质谱图

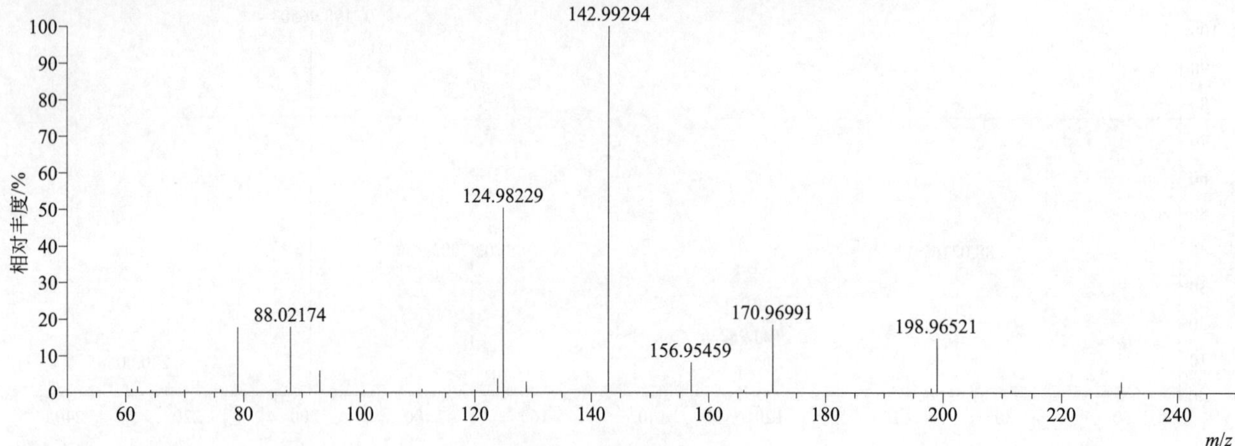

dimethomorph（烯酰吗啉）

基本信息

CAS 登录号	110488-70-5	分子量	387.12374	离子源和极性	电喷雾离子源（ESI）
分子式	$C_{21}H_{22}ClNO_4$	保留时间	14.21min；14.39min	极性	正模式

[M+H]+ 提取离子流色谱图

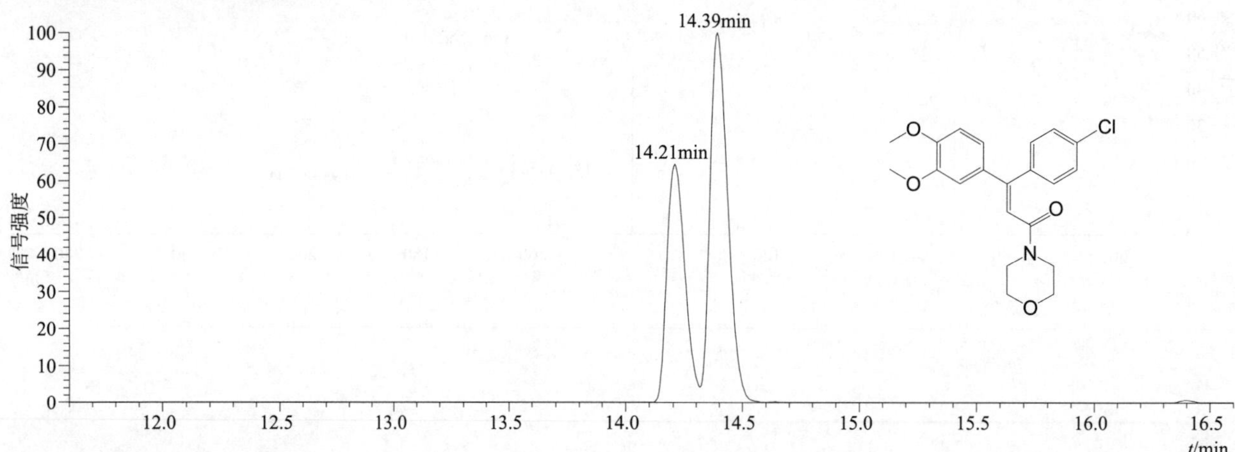

[M+H]+ 典型的一级质谱图

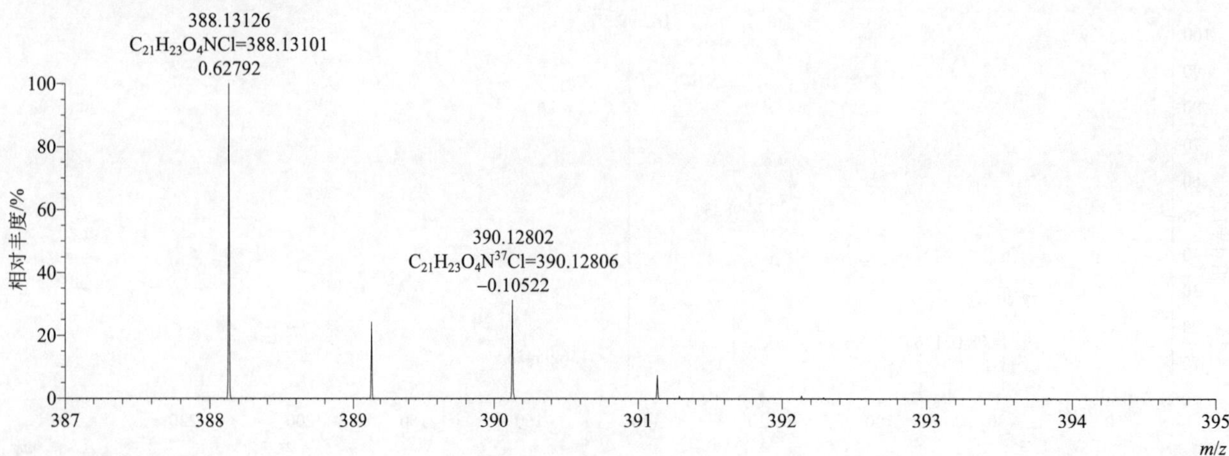

[M+H]+ 归一化法能量 NCE 为 20 时典型的二级质谱图

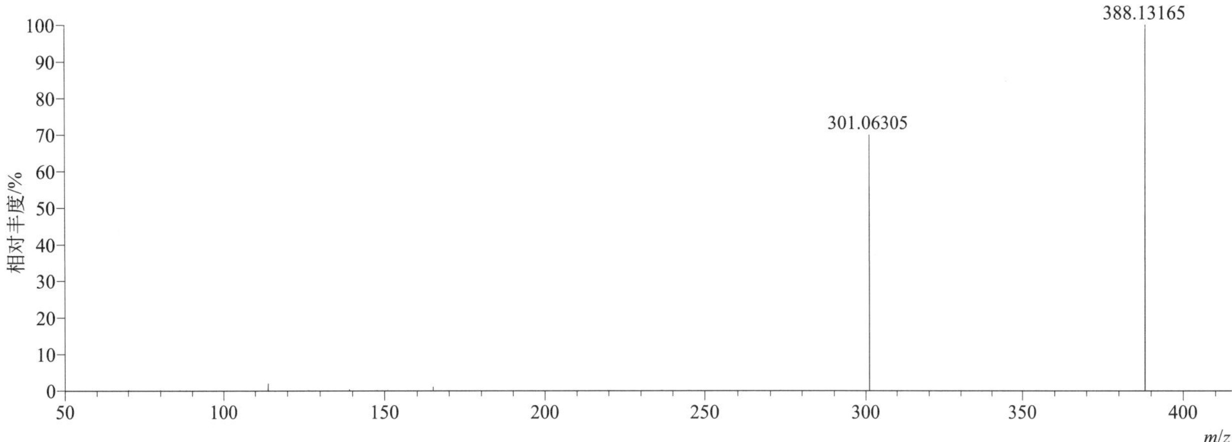

[M+H]+ 归一化法能量 NCE 为 40 时典型的二级质谱图

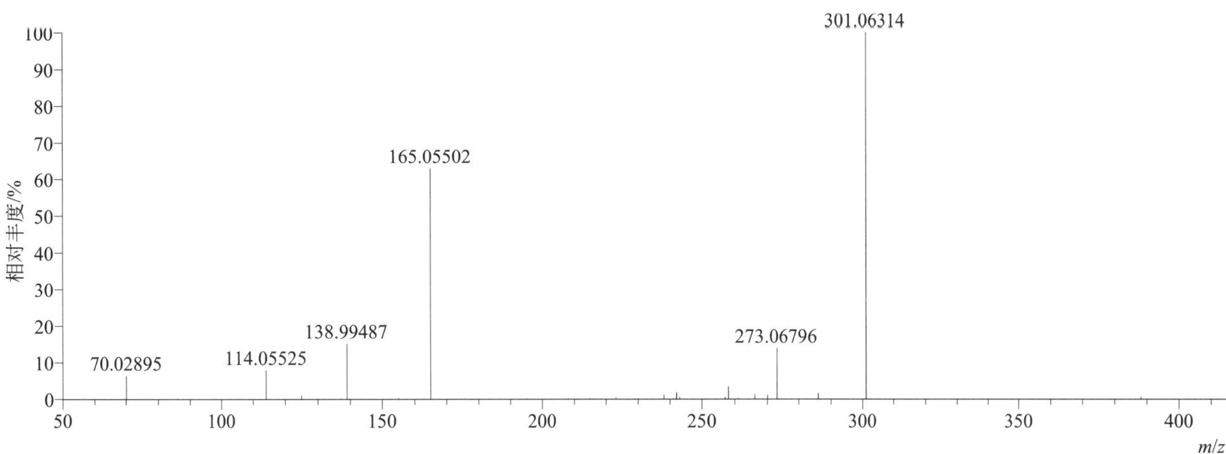

[M+H]+ 归一化法能量 NCE 为 60 时典型的二级质谱图

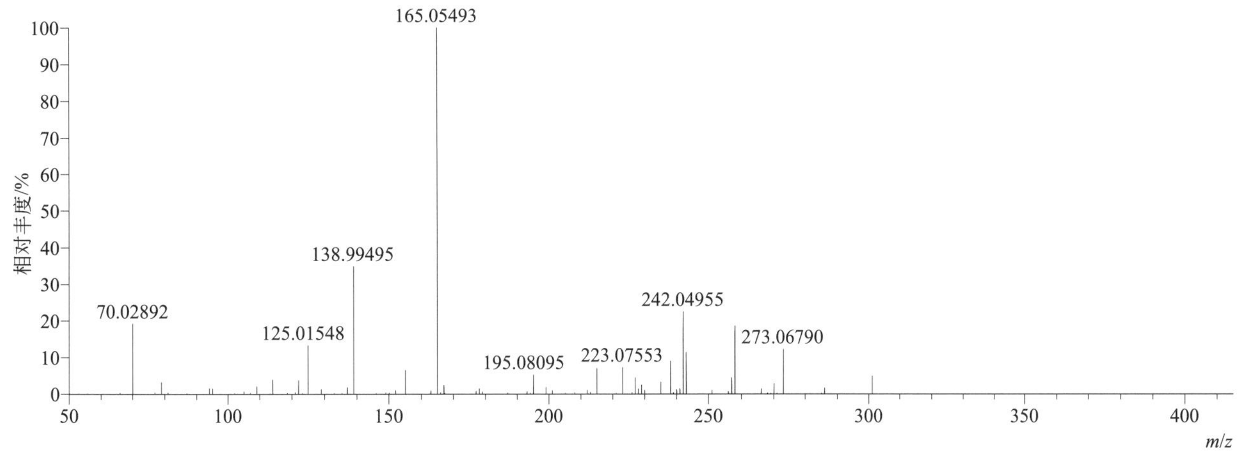

[M+H]+ 阶梯归一化法能量 Step NCE 为 20、40、60 时典型的二级质谱图

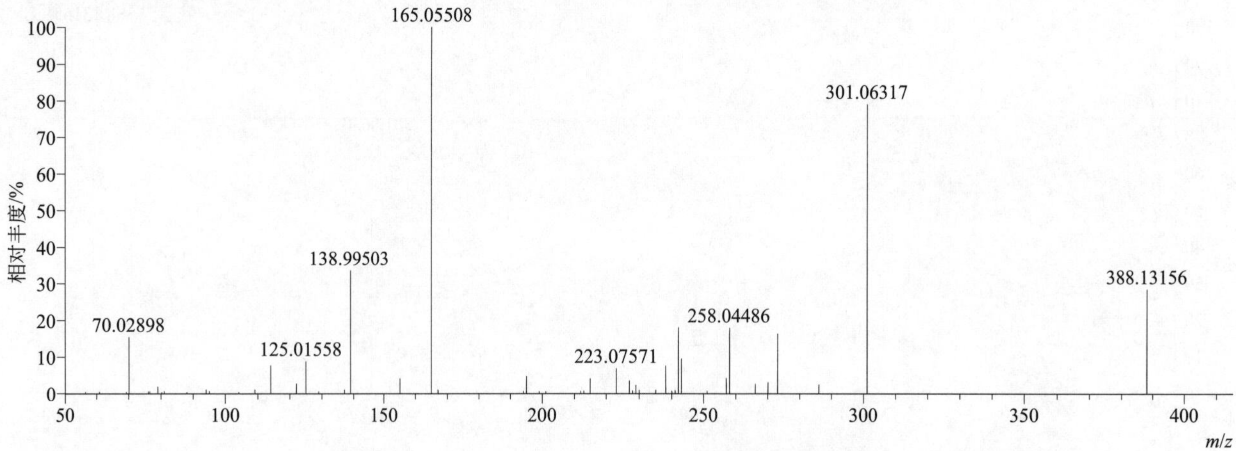

dimethylvinphos-(Z) [甲基毒虫畏 -(Z)]

基本信息

CAS 登录号	67628-93-7	分子量	329.93823	离子源和极性	电喷雾离子源（ESI）
分子式	$C_{10}H_{10}Cl_3O_4P$	保留时间	14.56min	极性	正模式

[M+H]+ 提取离子流色谱图

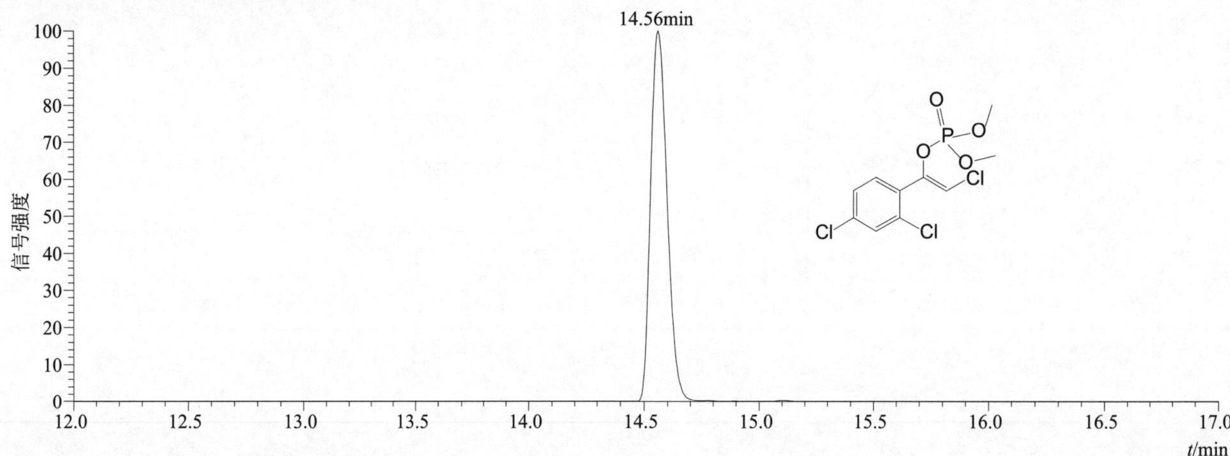

[M+H]+ 典型的一级质谱图

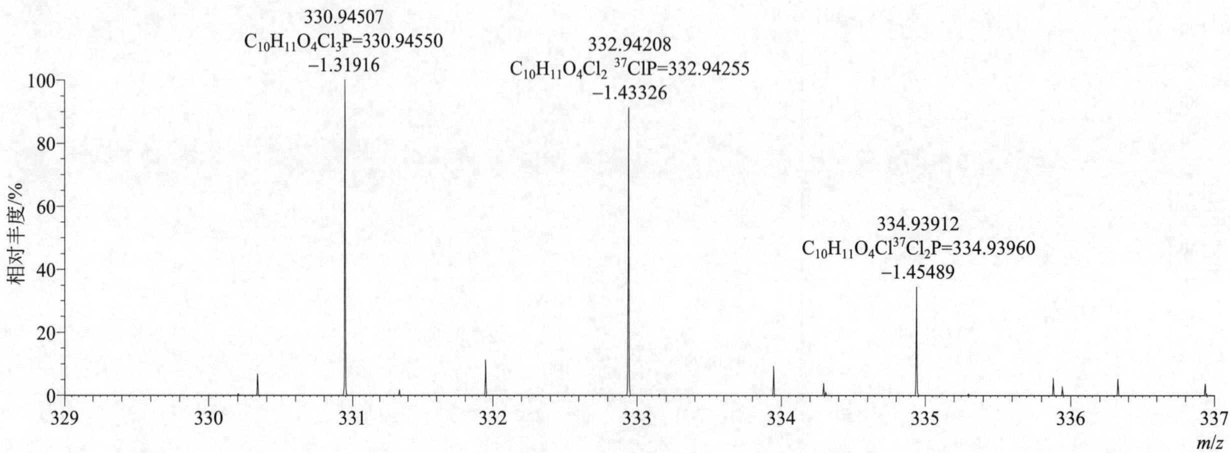

[M+H]+ 归一化法能量 NCE 为 20 时典型的二级质谱图

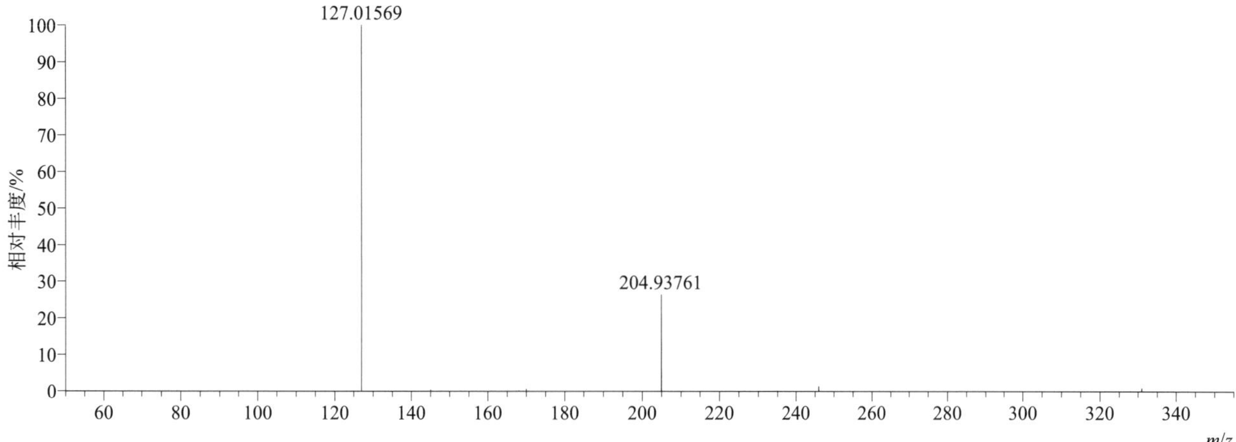

[M+H]+ 归一化法能量 NCE 为 40 时典型的二级质谱图

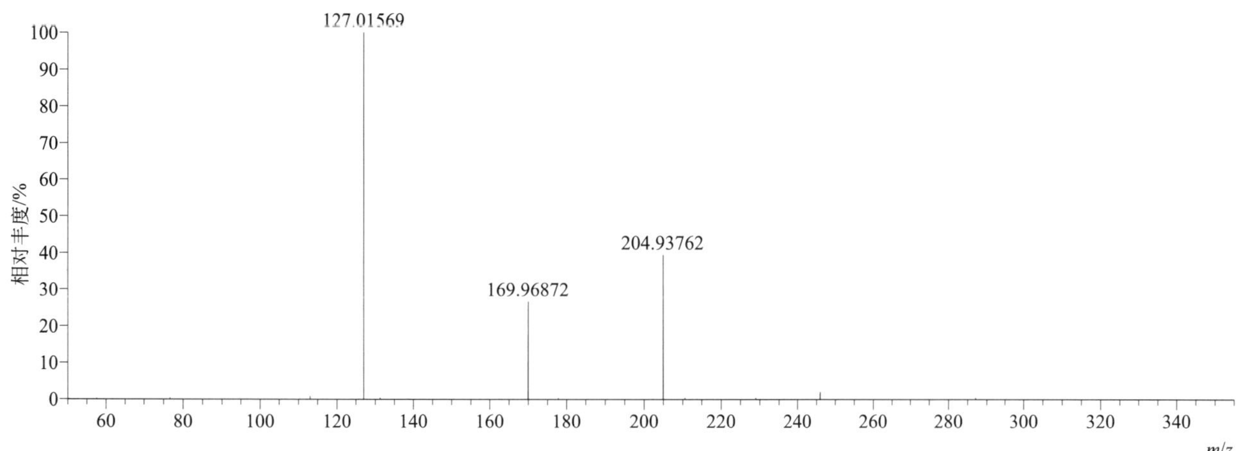

[M+H]+ 归一化法能量 NCE 为 60 时典型的二级质谱图

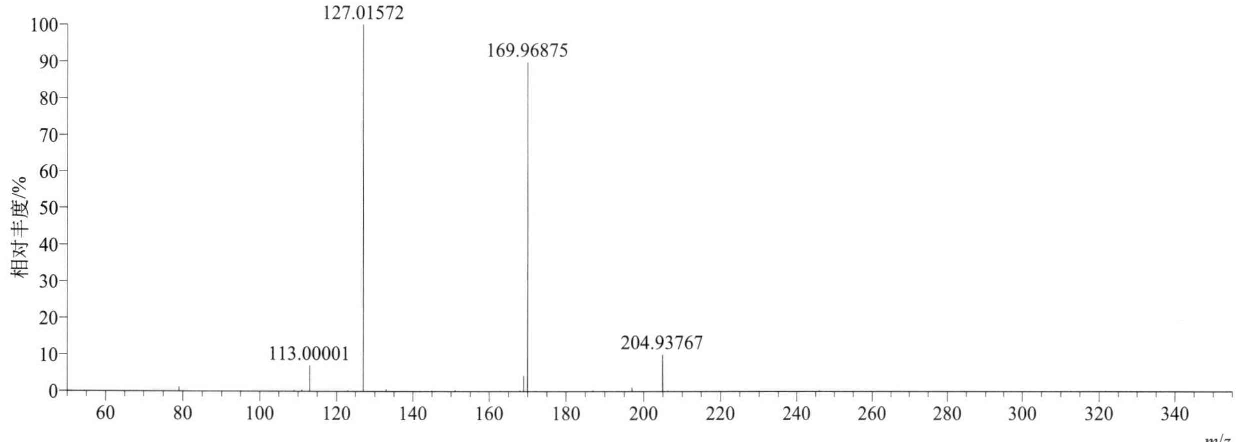

[M+H]+ 阶梯归一化法能量 Step NCE 为 20、40、60 时典型的二级质谱图

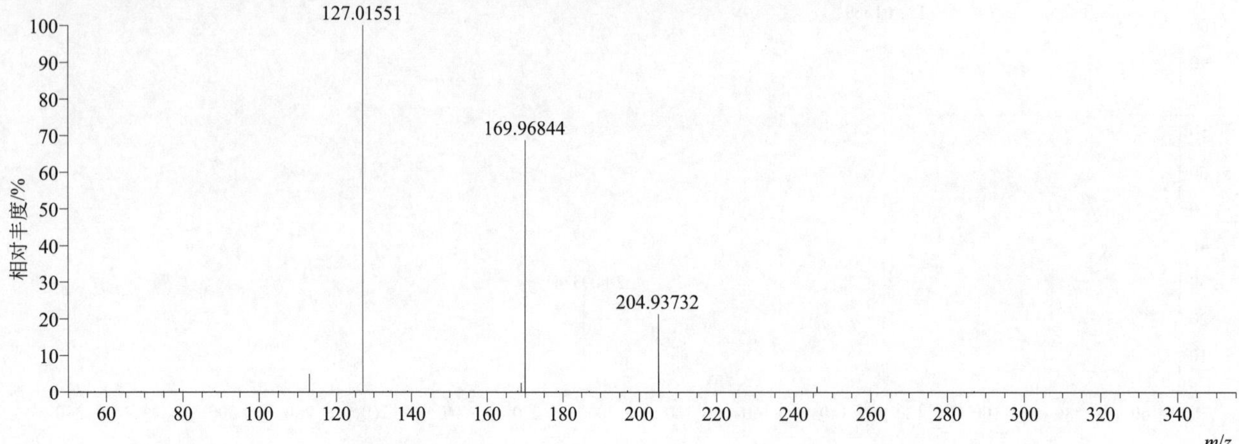

dimetilan（地麦威）

基本信息

CAS 登录号	644-64-4	分子量	240.12224	离子源和极性	电喷雾离子源（ESI）
分子式	$C_{10}H_{16}N_4O_3$	保留时间	12.06min	极性	正模式

[M+H]+ 提取离子流色谱图

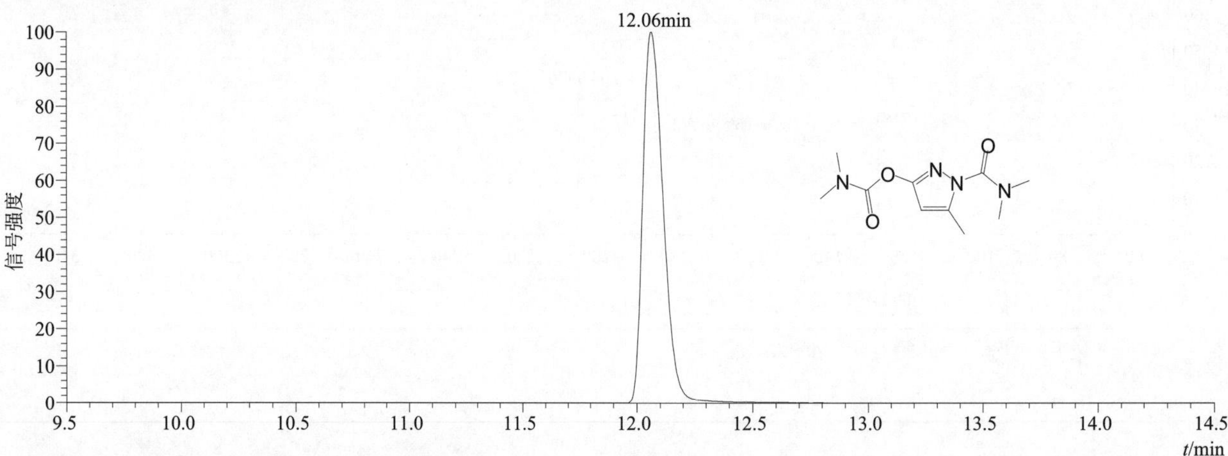

[M+H]+ 和 [M+Na]+ 典型的一级质谱图

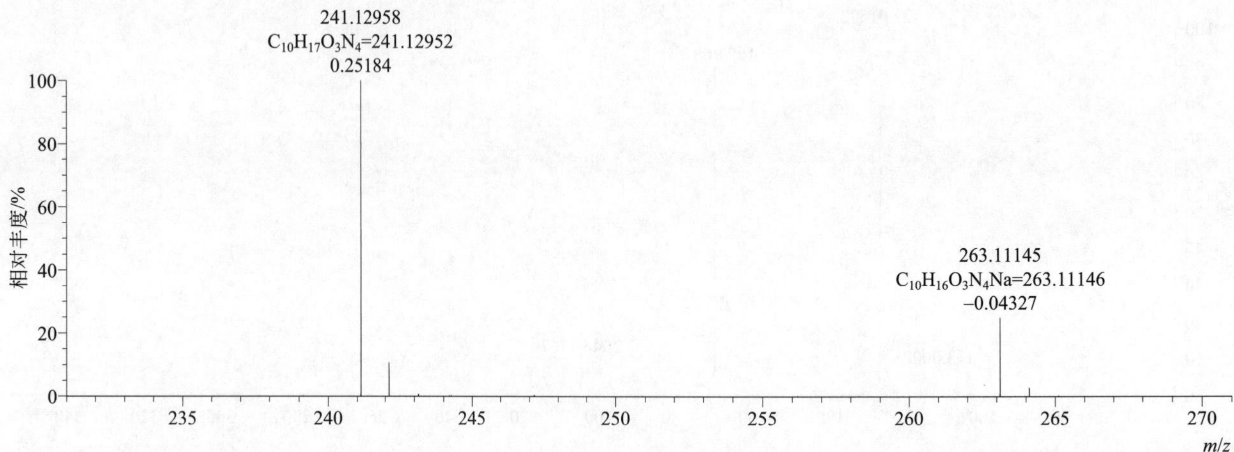

$[M+H]^+$ 归一化法能量 NCE 为 10 时典型的二级质谱图

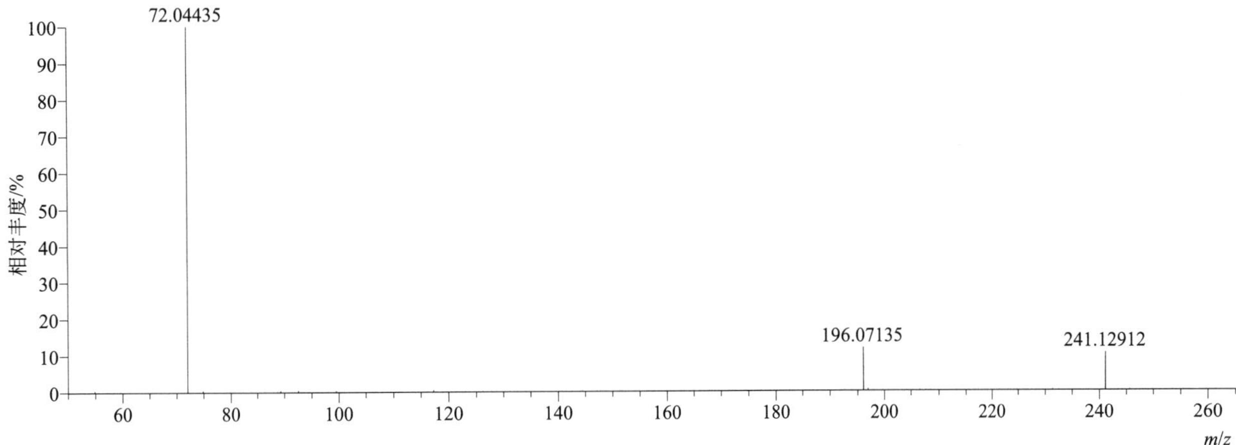

$[M+H]^+$ 归一化法能量 NCE 为 20 时典型的二级质谱图

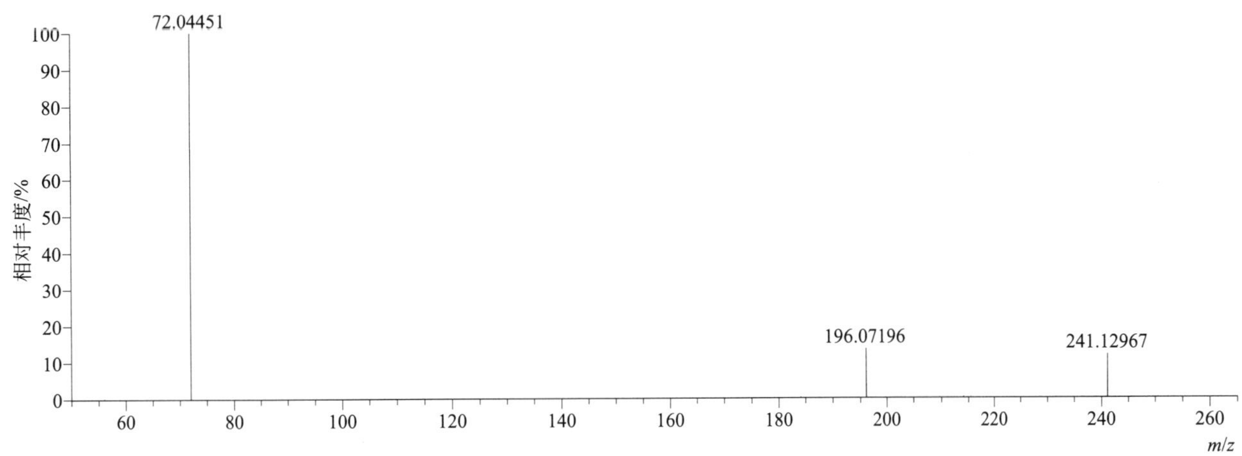

$[M+H]^+$ 归一化法能量 NCE 为 30 时典型的二级质谱图

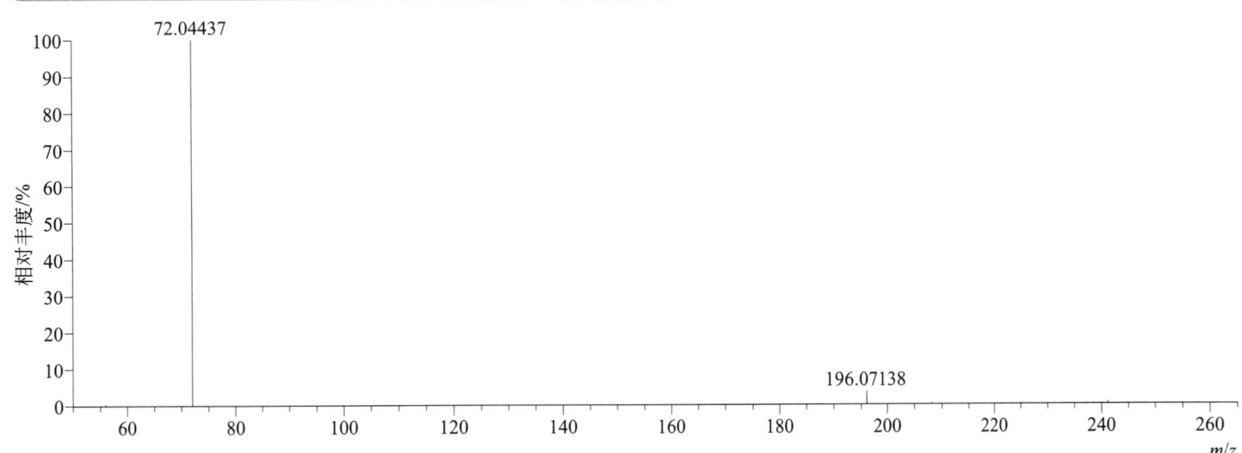

[M+H]+ 阶梯归一化法能量 Step NCE 为 10、20、30 时典型的二级质谱图

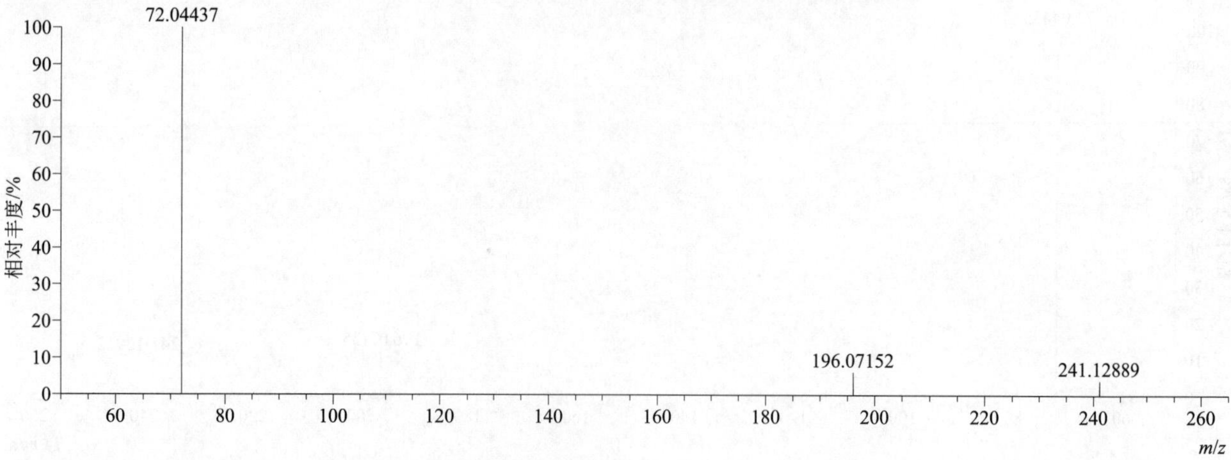

dimoxystrobin（醚菌胺）

基本信息

CAS 登录号	149961-52-4	分子量	326.16304	离子源和极性	电喷雾离子源（ESI）
分子式	$C_{19}H_{22}N_2O_3$	保留时间	14.97min	极性	正模式

[M+H]+ 提取离子流色谱图

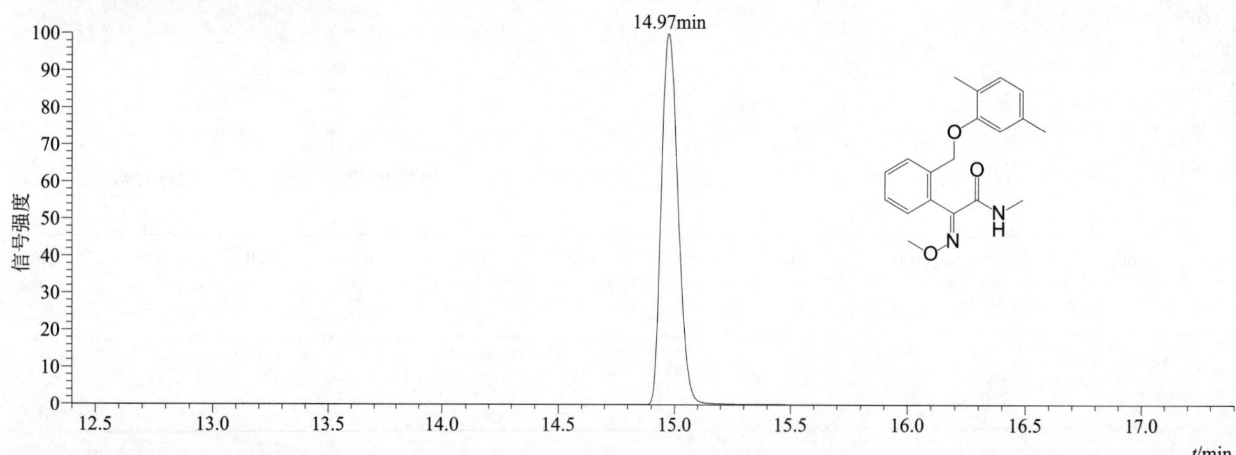

[M+H]+ 典型的一级质谱图

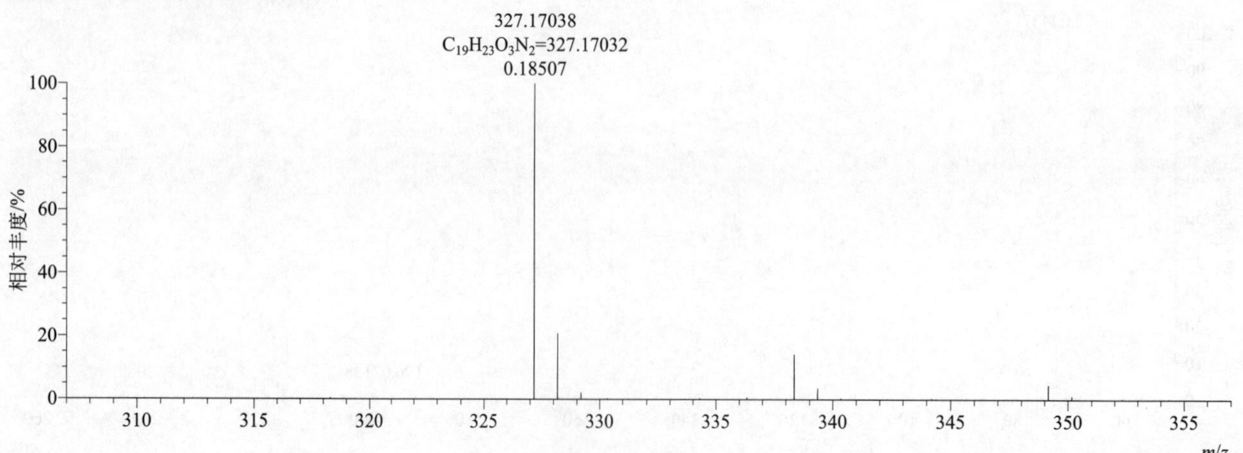

[M+H]$^+$ 归一化法能量 NCE 为 20 时典型的二级质谱图

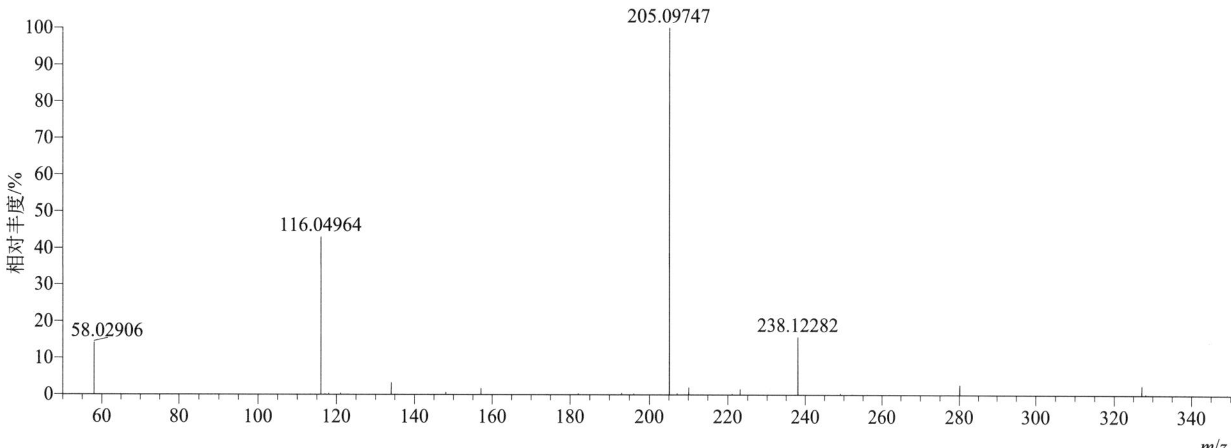

[M+H]$^+$ 归一化法能量 NCE 为 40 时典型的二级质谱图

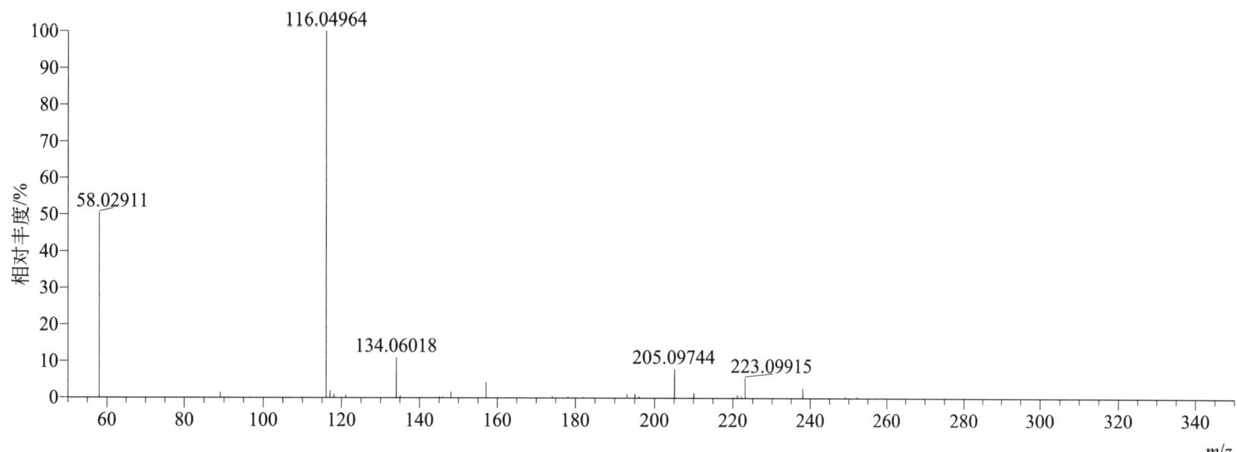

[M+H]$^+$ 归一化法能量 NCE 为 60 时典型的二级质谱图

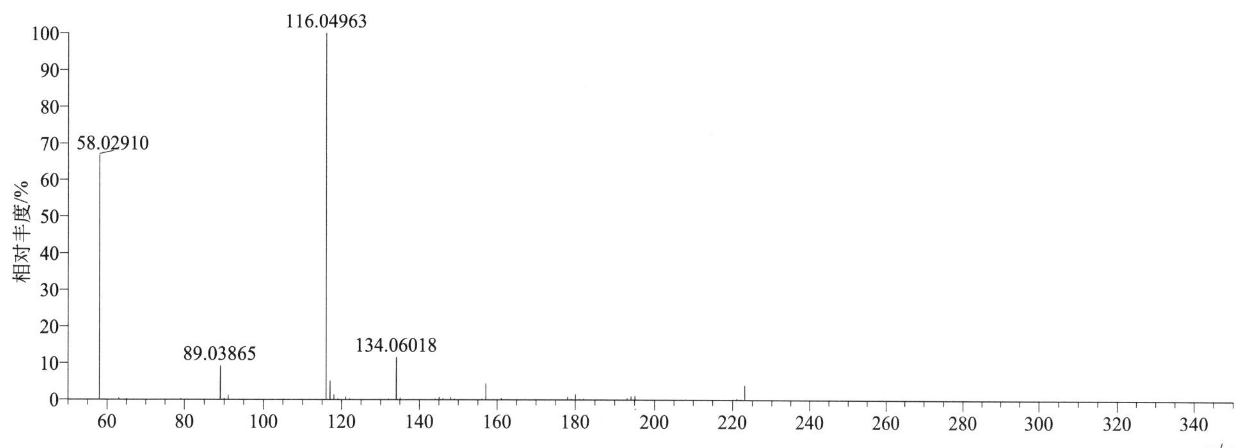

[M+H]⁺ 阶梯归一化法能量 Step NCE 为 20、40、60 时典型的二级质谱图

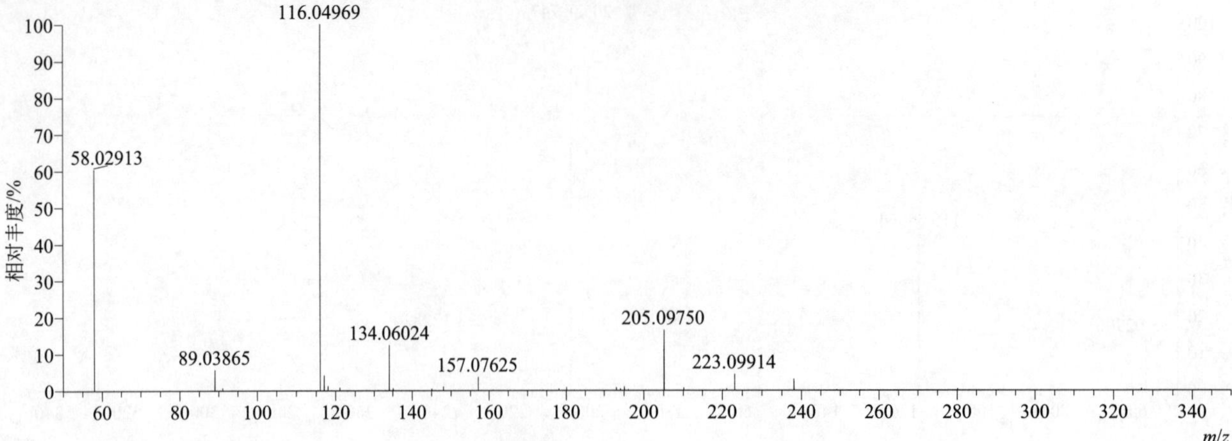

diniconazole（烯唑醇）

基本信息

CAS 登录号	83657-24-3	分子量	325.07487	离子源和极性	电喷雾离子源（ESI）
分子式	$C_{15}H_{17}Cl_2N_3O$	保留时间	15.41min	极性	正模式

[M+H]⁺ 提取离子流色谱图

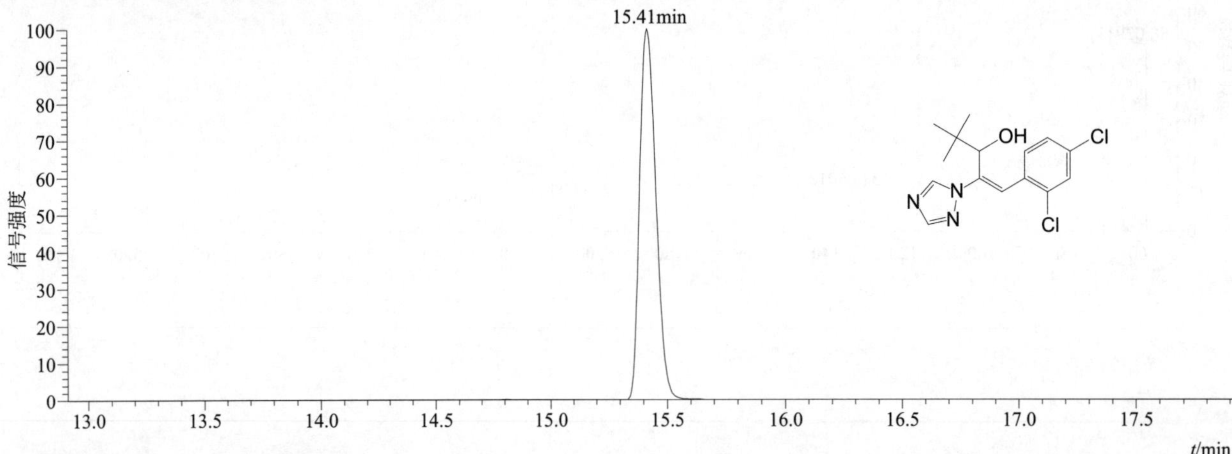

[M+H]⁺ 典型的一级质谱图

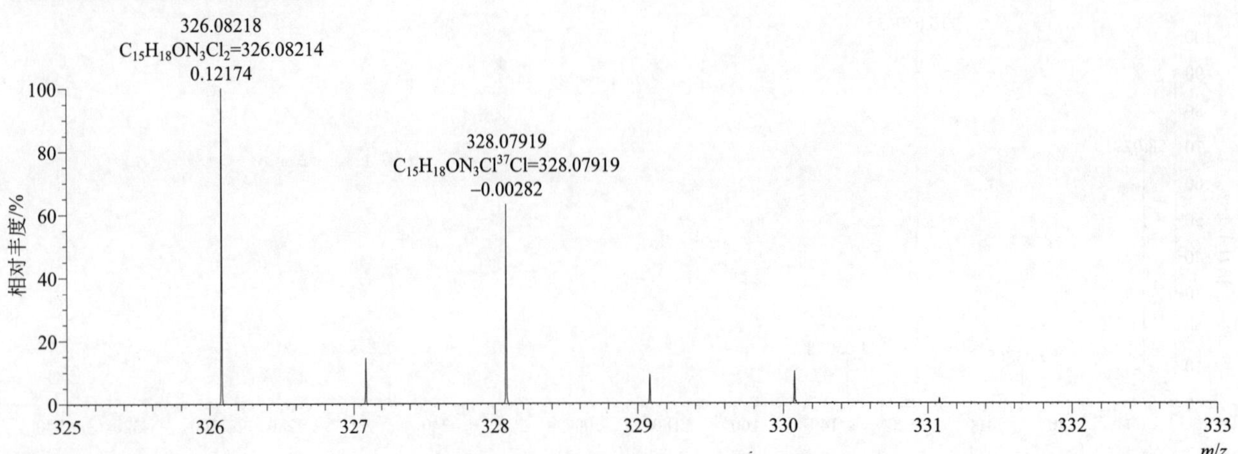

$[M+H]^+$ 归一化法能量 NCE 为 20 时典型的二级质谱图

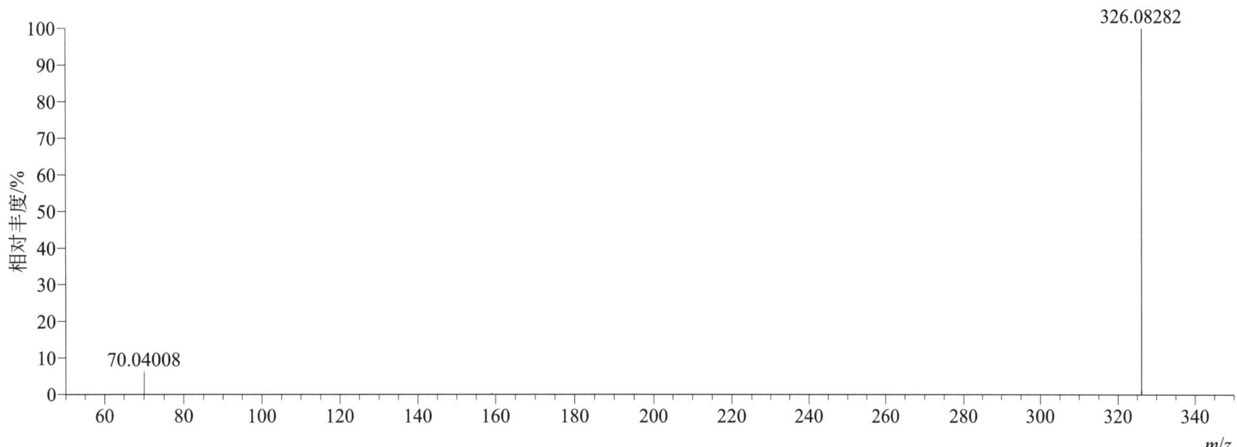

$[M+H]^+$ 归一化法能量 NCE 为 40 时典型的二级质谱图

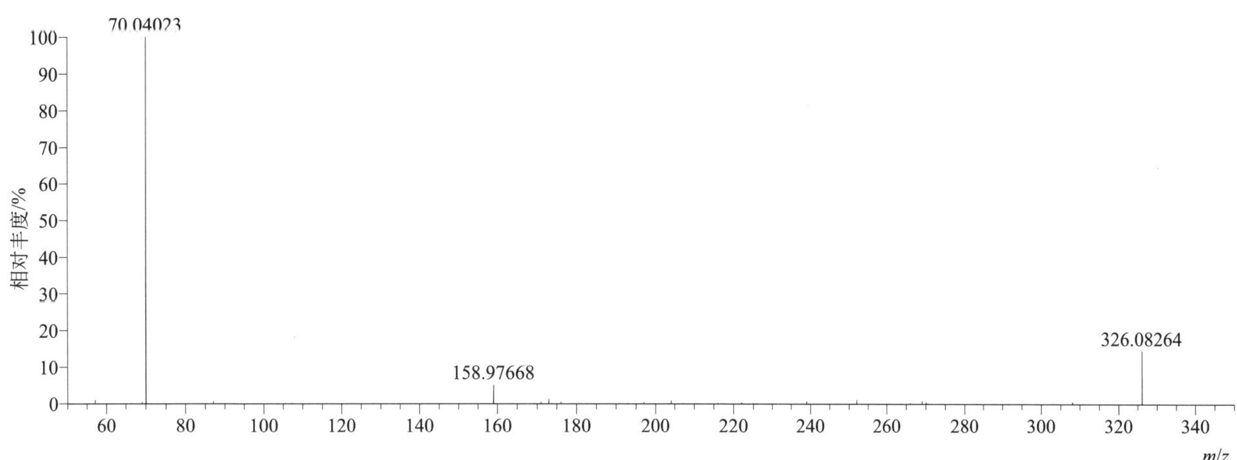

$[M+H]^+$ 归一化法能量 NCE 为 60 时典型的二级质谱图

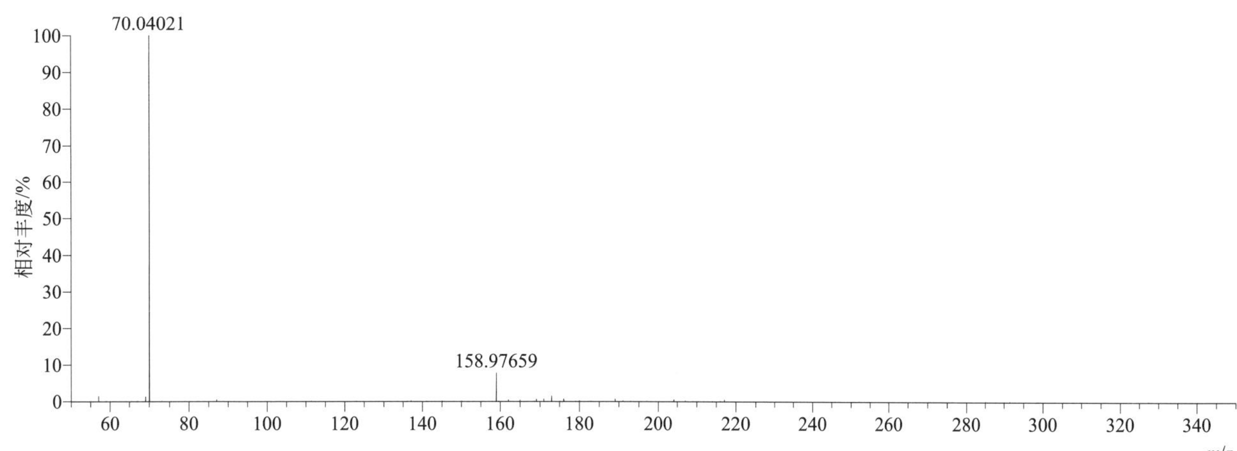

[M+H]+ 阶梯归一化法能量 Step NCE 为 20、40、60 时典型的二级质谱图

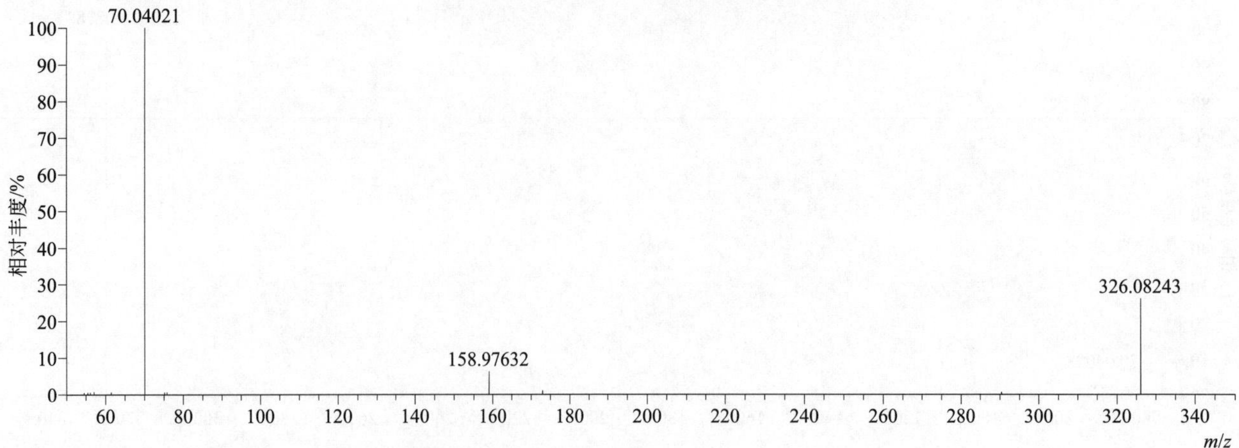

dinitramine（氨基乙氟灵）

基本信息

CAS 登录号	29091-05-2	分子量	322.08889	离子源和极性	电喷雾离子源（ESI）
分子式	$C_{11}H_{13}F_3N_4O_4$	保留时间	15.35min	极性	正模式

[M+H]+ 提取离子流色谱图

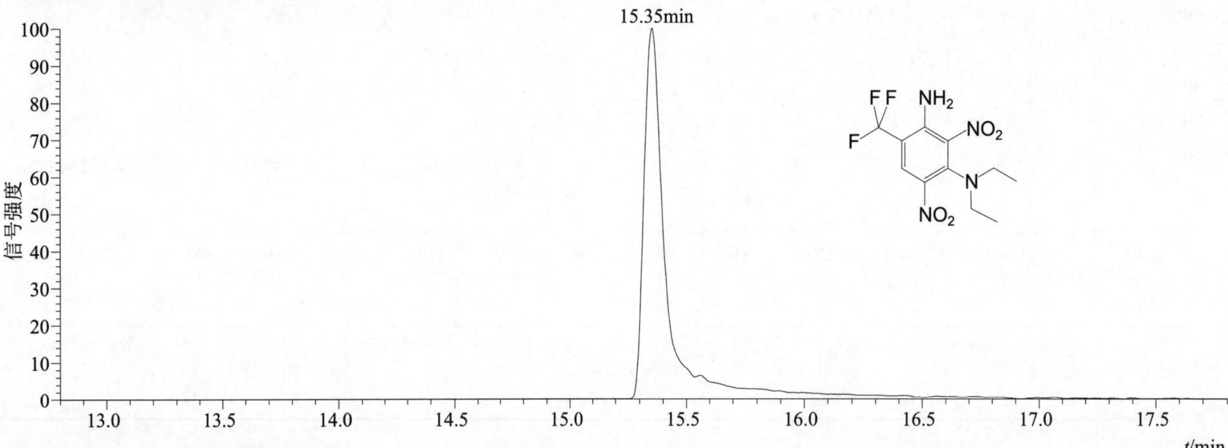

[M+H]+ 典型的一级质谱图

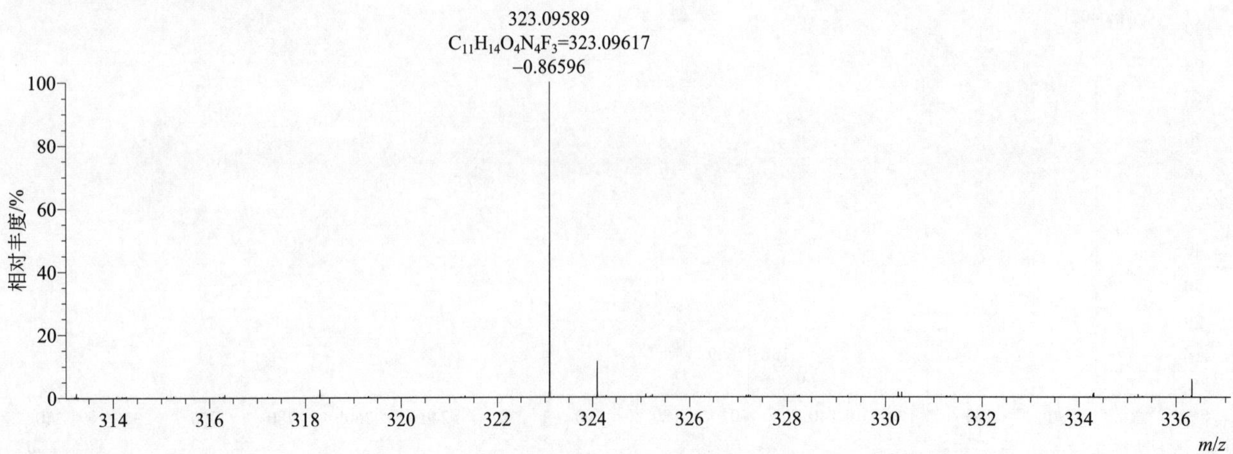

[M+H]⁺ 归一化法能量 NCE 为 20 时典型的二级质谱图

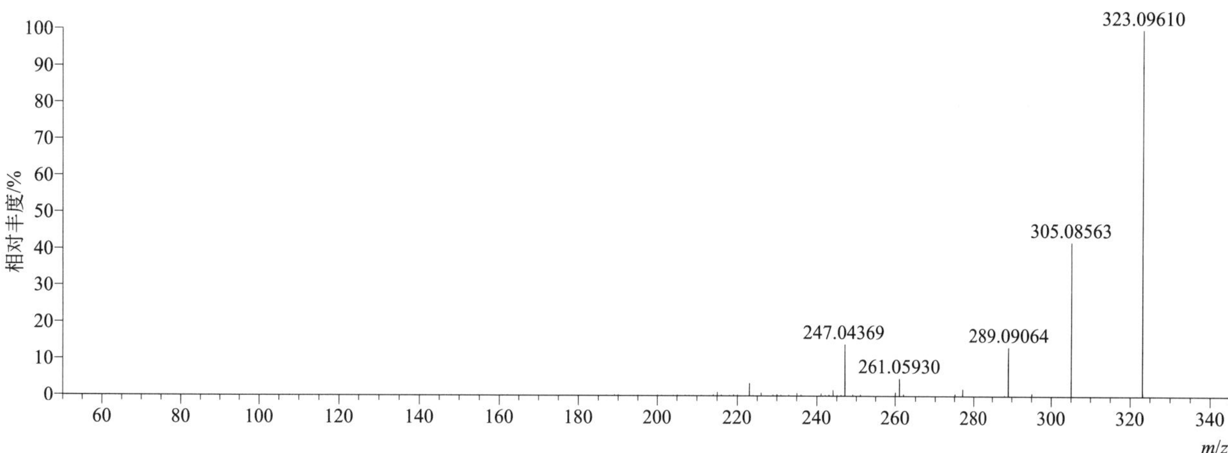

[M+H]⁺ 归一化法能量 NCE 为 40 时典型的二级质谱图

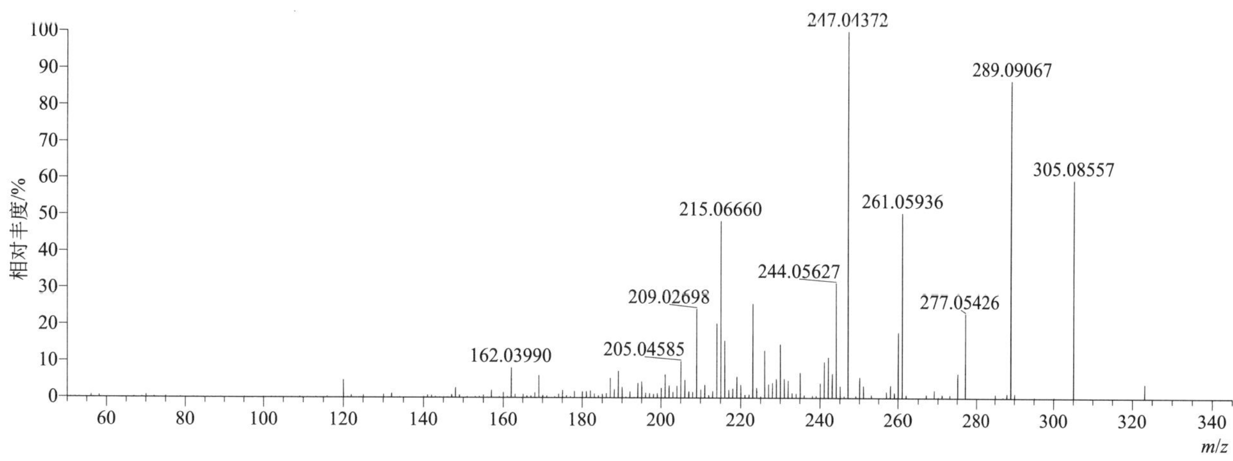

[M+H]⁺ 归一化法能量 NCE 为 60 时典型的二级质谱图

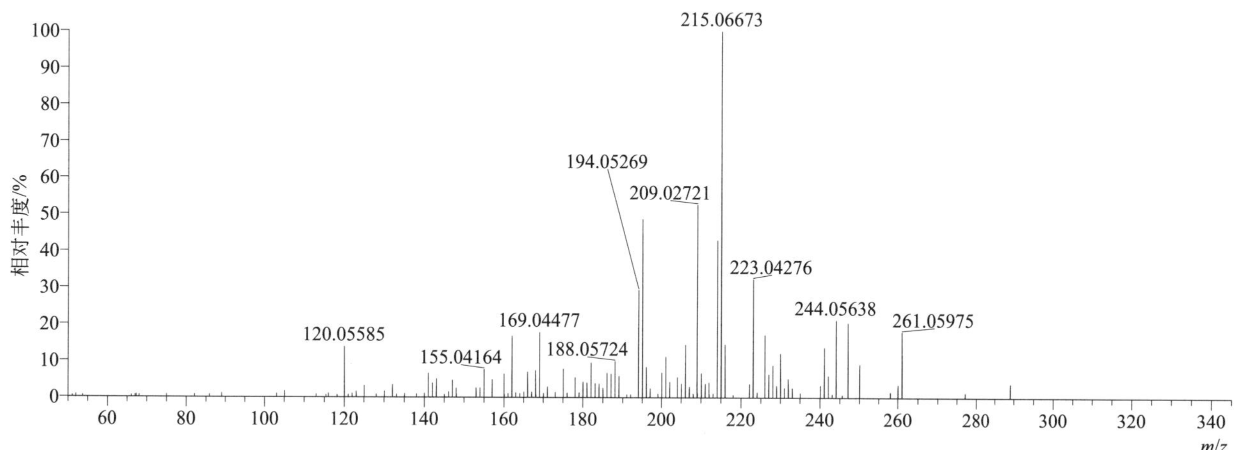

[M+H]+ 阶梯归一化法能量 Step NCE 为 20、40、60 时典型的二级质谱图

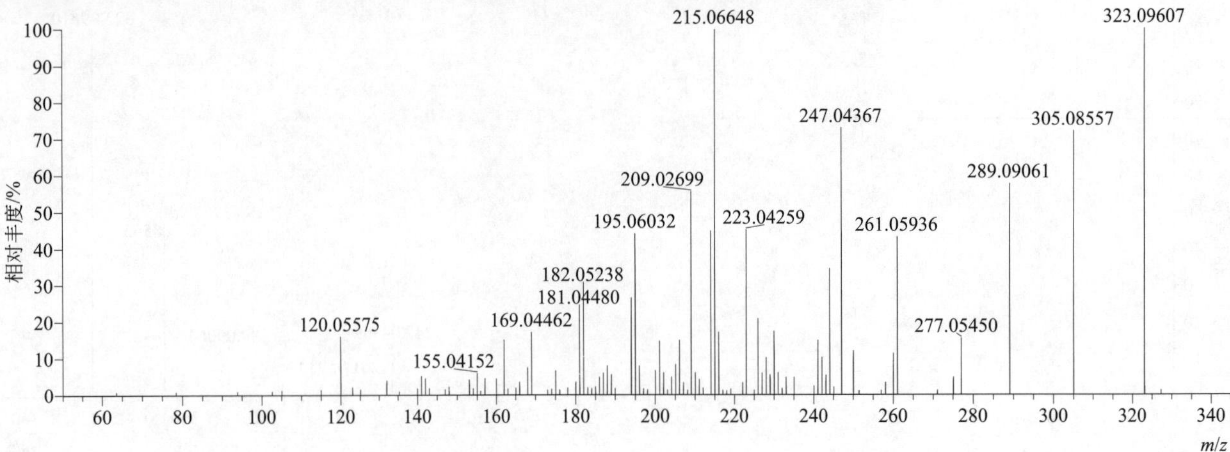

dinotefuran（呋虫胺）

基本信息

CAS 登录号	165252-70-0	分子量	202.10659	离子源和极性	电喷雾离子源（ESI）
分子式	$C_7H_{14}N_4O_3$	保留时间	8.59min	极性	正模式

[M+H]+ 提取离子流色谱图

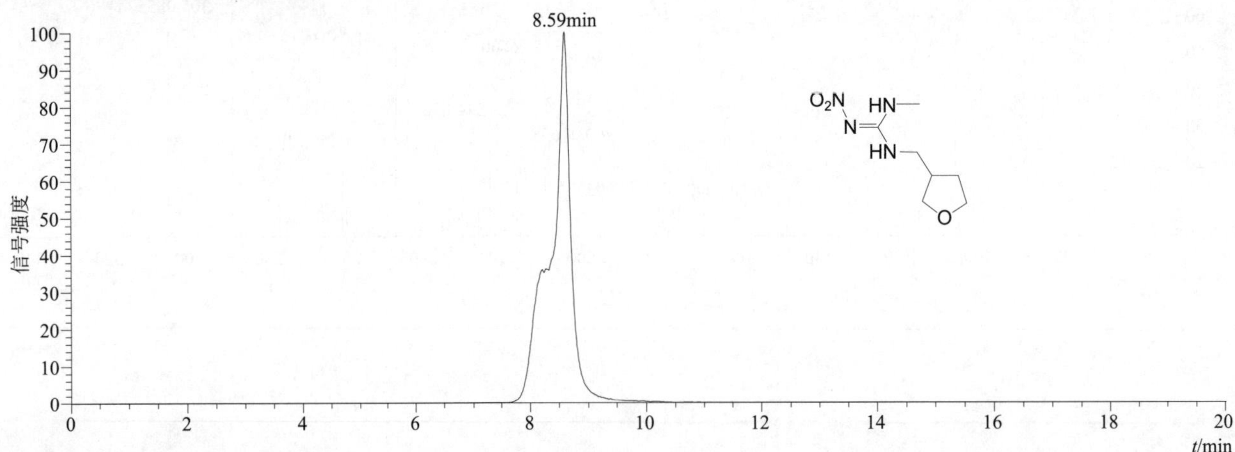

[M+H]+ 典型的一级质谱图

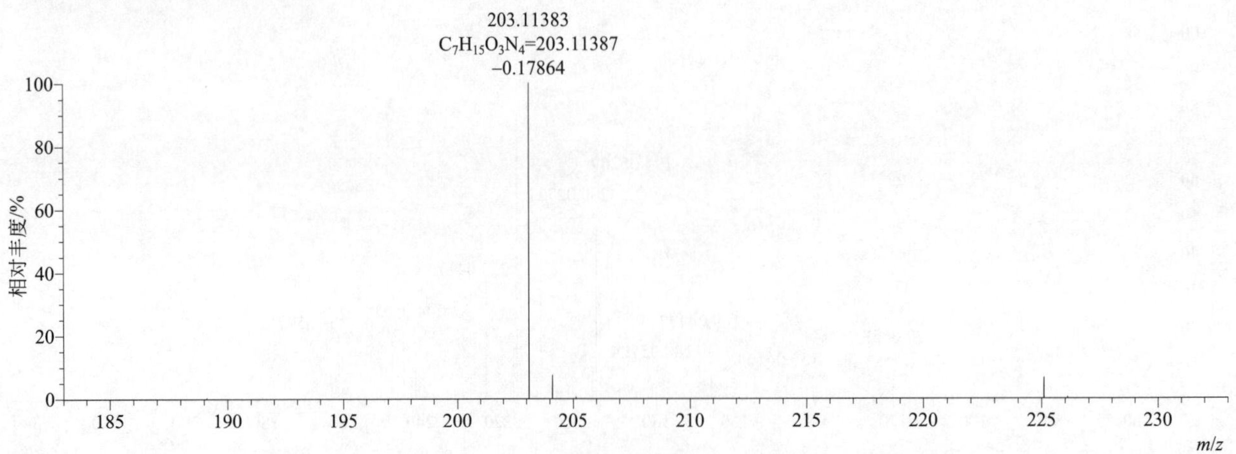

[M+H]+ 归一化法能量 NCE 为 20 时典型的二级质谱图

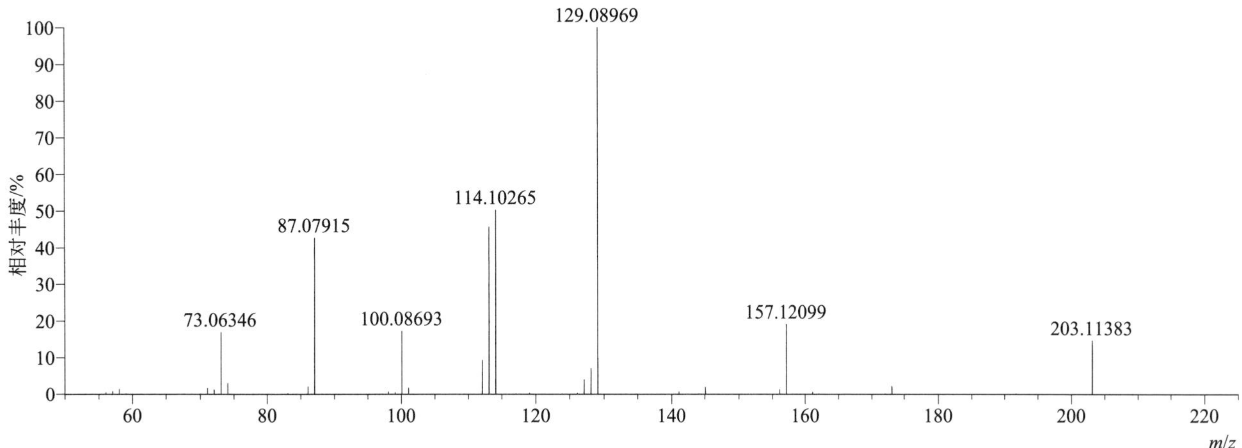

[M+H]+ 归一化法能量 NCE 为 40 时典型的二级质谱图

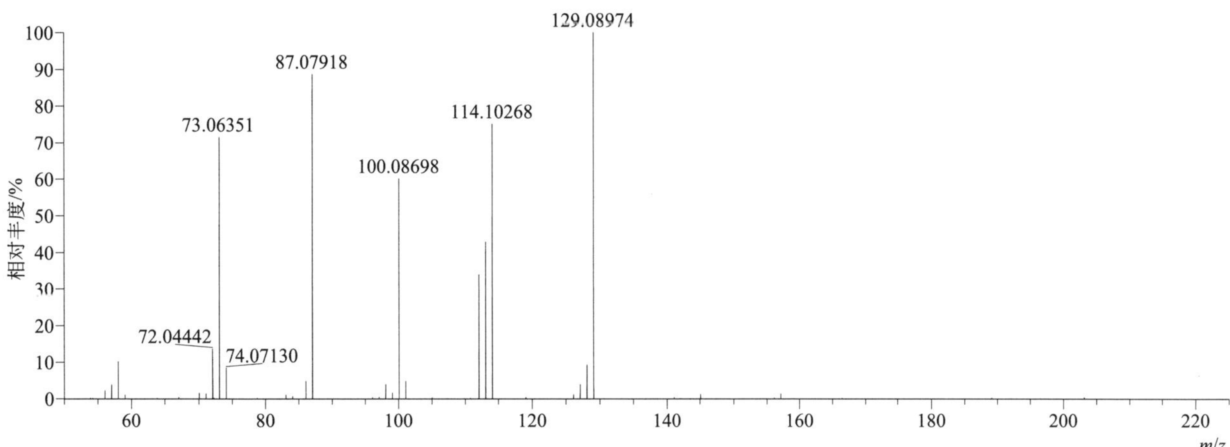

[M+H]+ 归一化法能量 NCE 为 60 时典型的二级质谱图

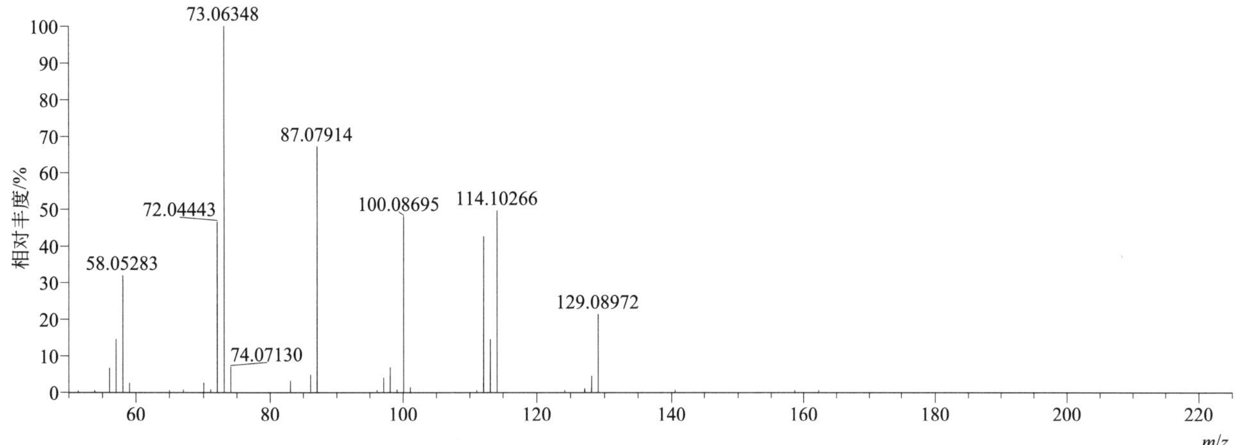

[M+H]+ 阶梯归一化法能量 Step NCE 为 20、40、60 时典型的二级质谱图

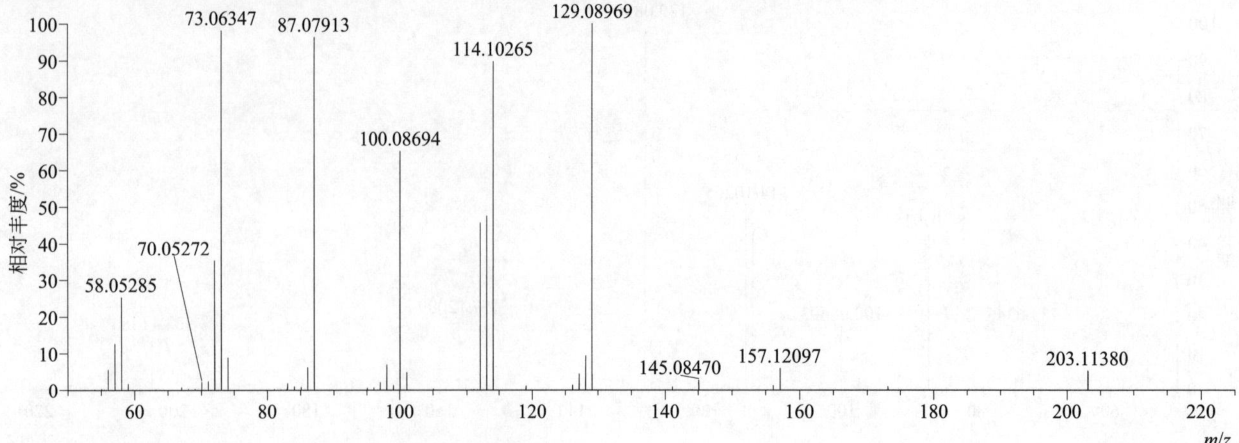

diphenamid（草乃敌）

基本信息

CAS 登录号	957-51-7	分子量	239.13101	离子源和极性	电喷雾离子源（ESI）
分子式	$C_{16}H_{17}NO$	保留时间	13.95min	极性	正模式

[M+H]+ 提取离子流色谱图

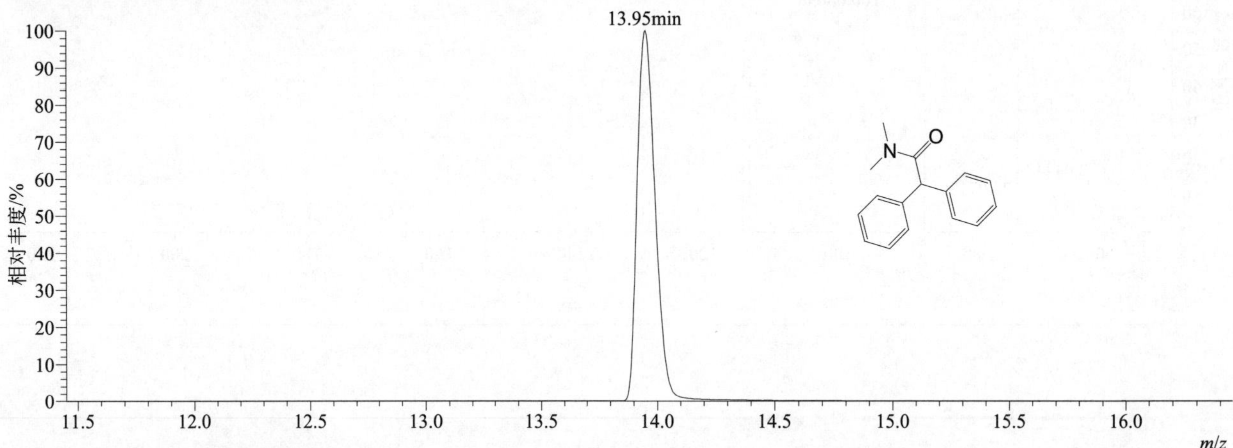

[M+H]+ 典型的一级质谱图

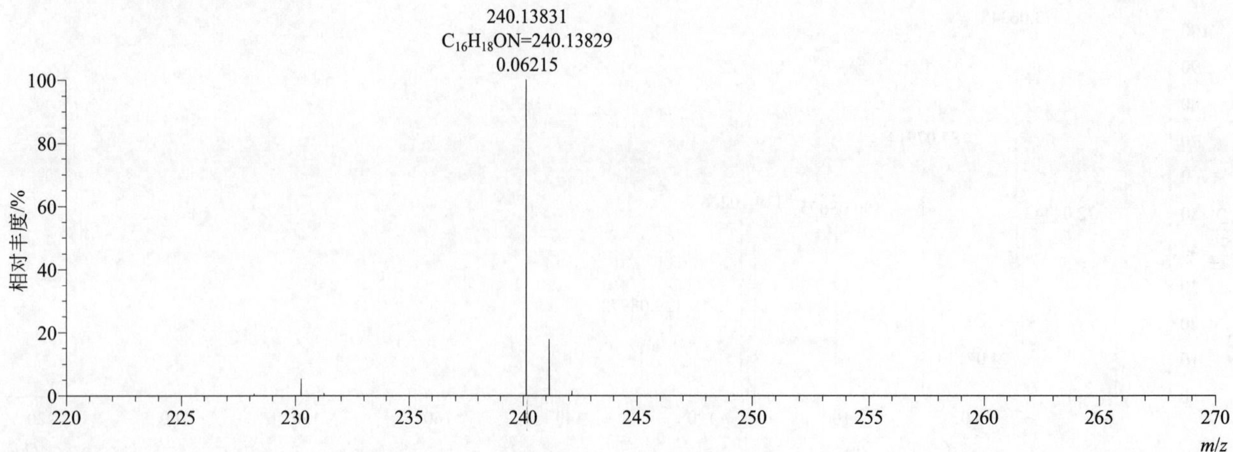

[M+H]⁺ 归一化法能量 NCE 为 20 时典型的二级质谱图

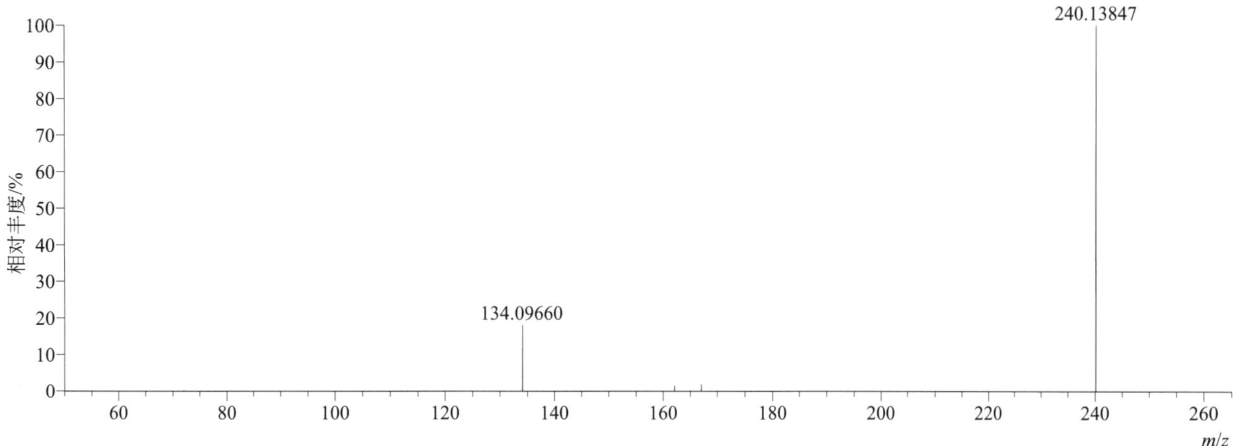

[M+H]⁺ 归一化法能量 NCE 为 40 时典型的二级质谱图

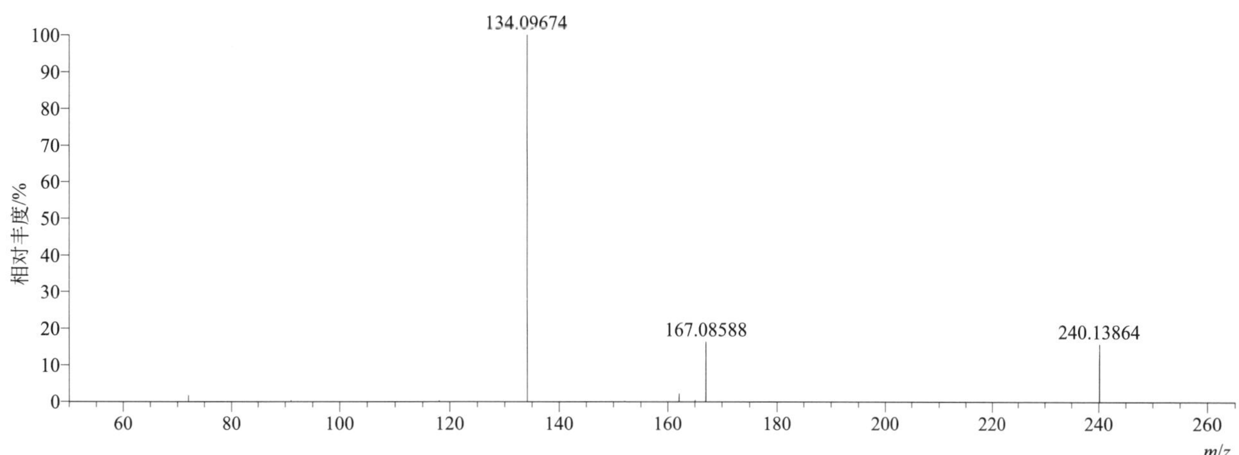

[M+H]⁺ 归一化法能量 NCE 为 60 时典型的二级质谱图

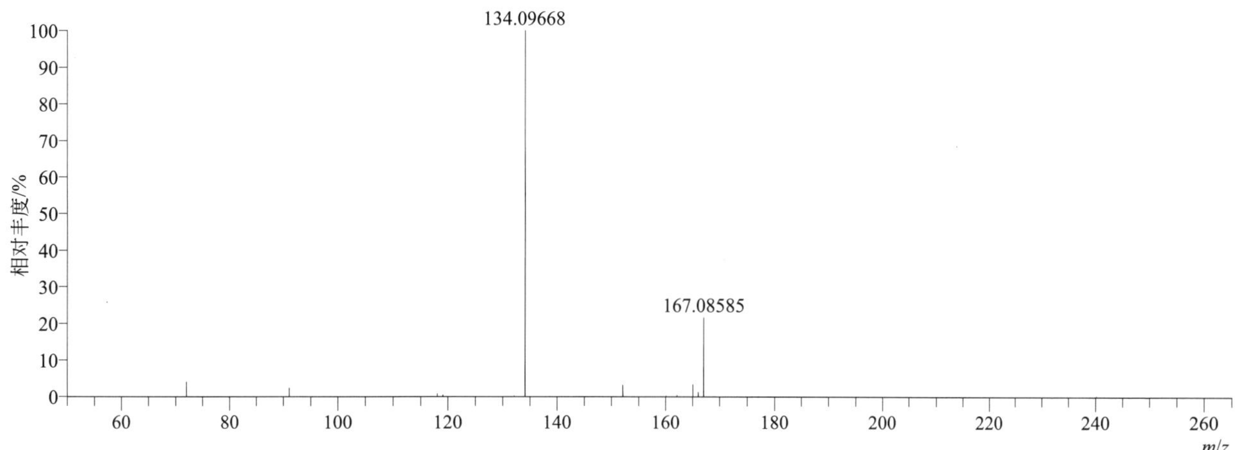

[M+H]+ 阶梯归一化法能量 Step NCE 为 20、40、60 时典型的二级质谱图

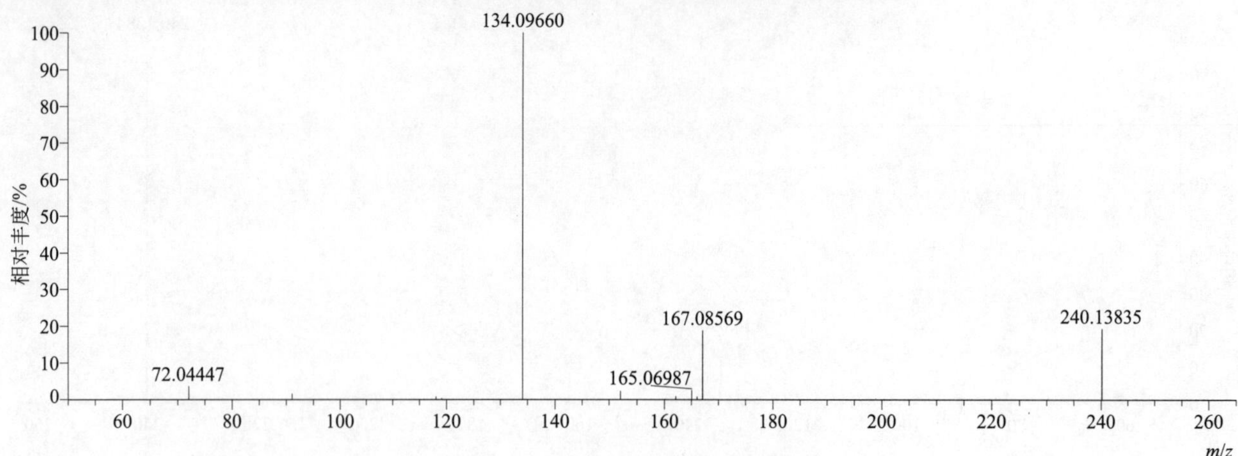

1,3-diphenyl urea（双苯基脲）

基本信息

CAS 登录号	102-07-8	分子量	212.09496	离子源和极性	电喷雾离子源（ESI）
分子式	$C_{13}H_{12}N_2O$	保留时间	13.69min	极性	正模式

[M+H]+ 提取离子流色谱图

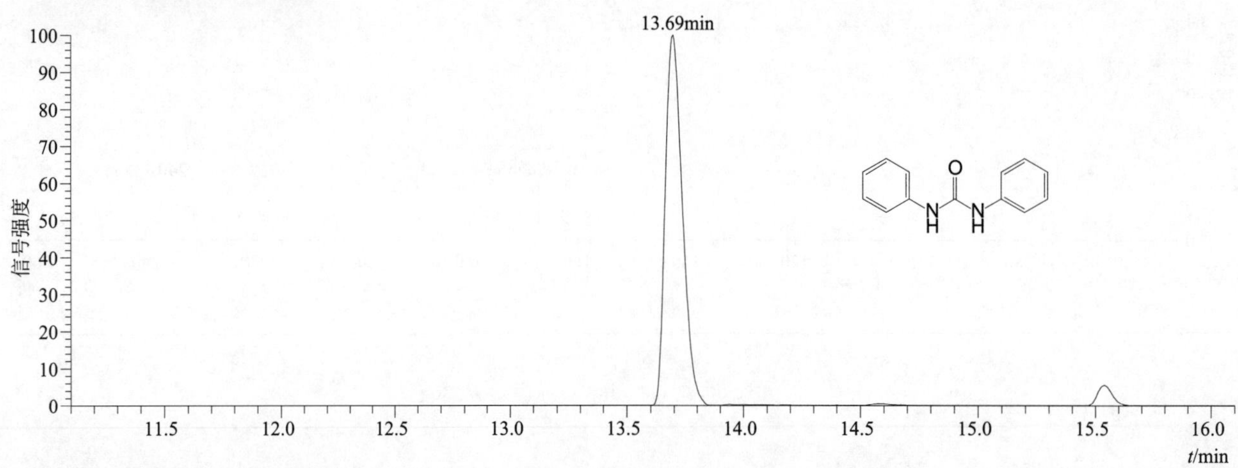

[M+H]+ 典型的一级质谱图

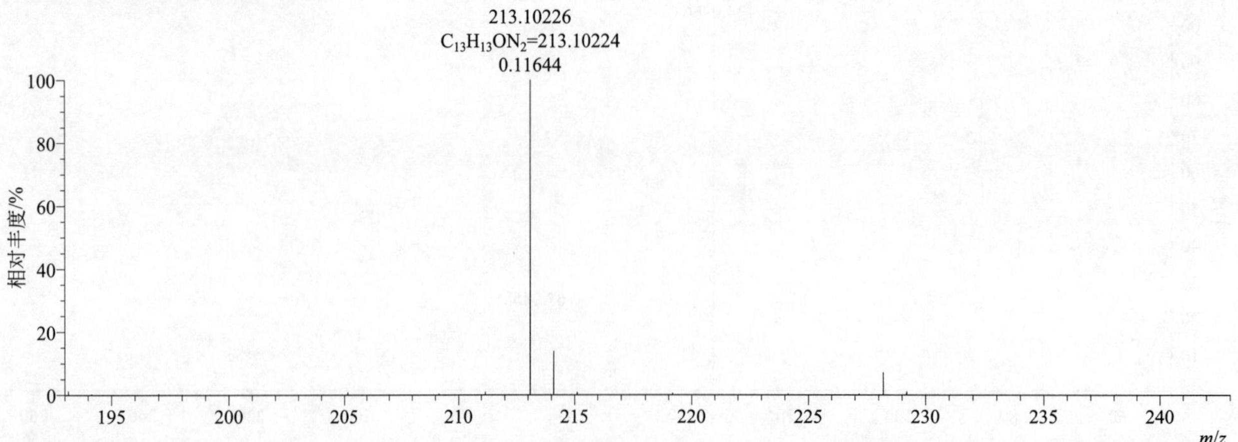

$[M+H]^+$ 归一化法能量 NCE 为 20 时典型的二级质谱图

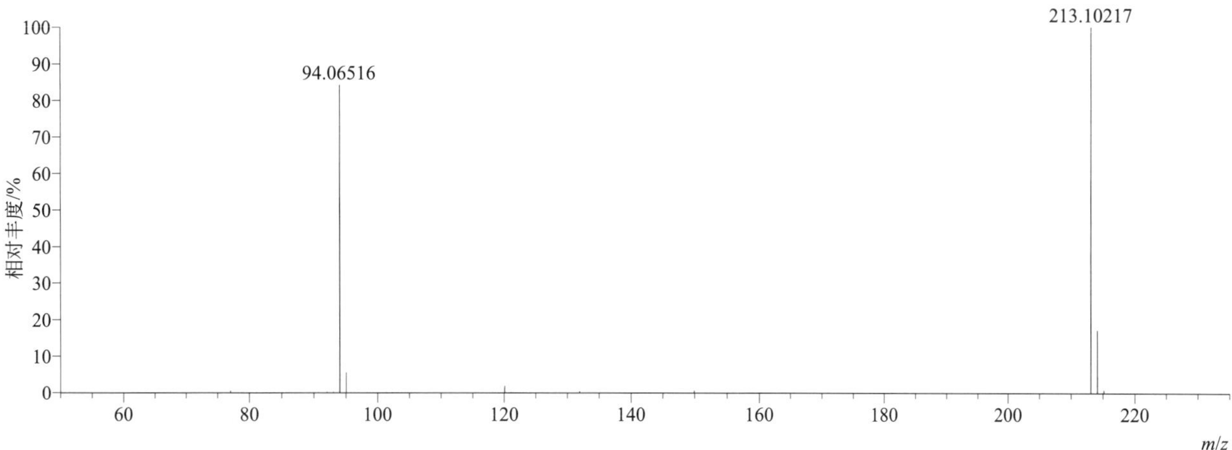

$[M+H]^+$ 归一化法能量 NCE 为 40 时典型的二级质谱图

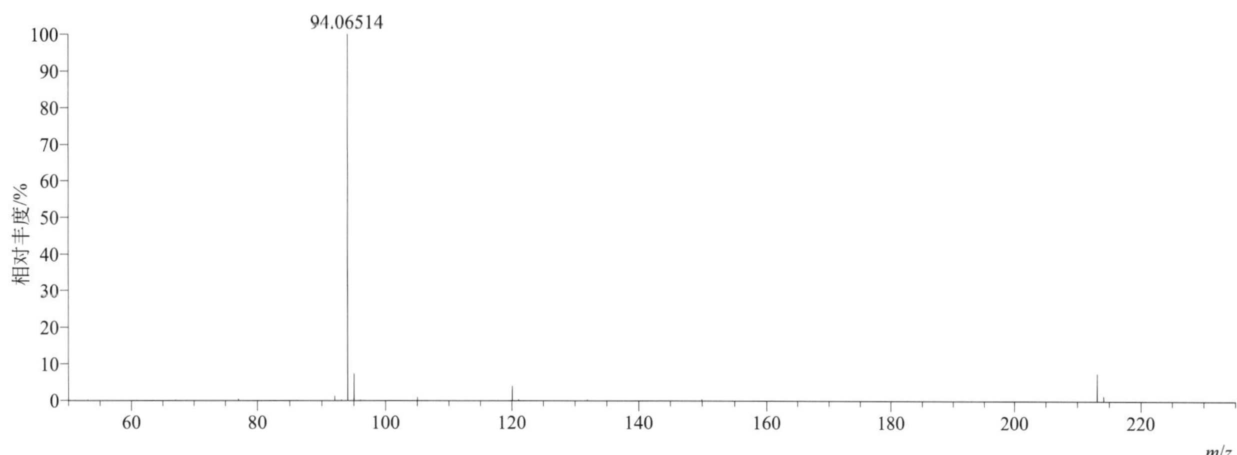

$[M+H]^+$ 归一化法能量 NCE 为 60 时典型的二级质谱图

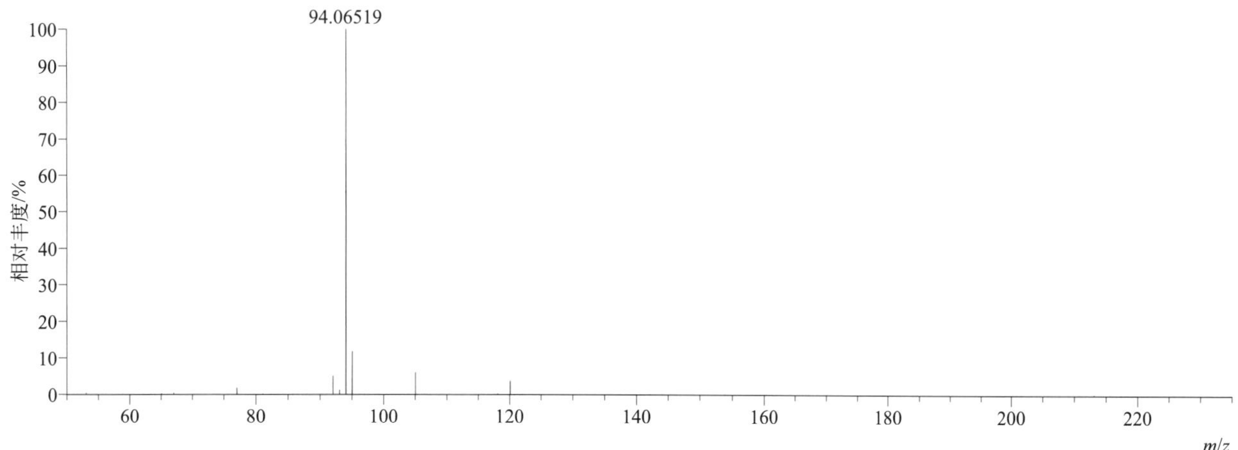

[M+H]+ 阶梯归一化法能量 Step NCE 为 20、40、60 时典型的二级质谱图

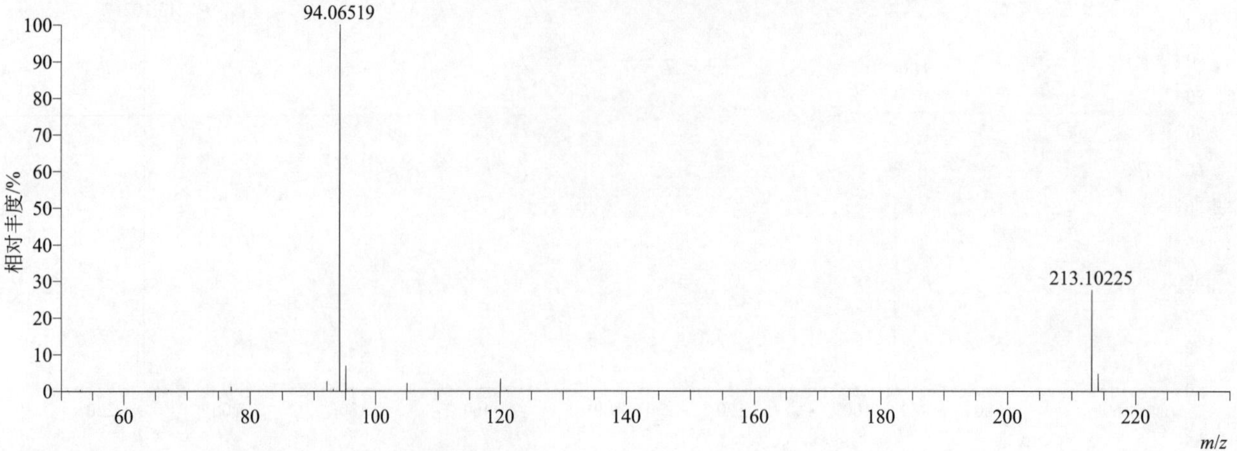

dipropetryn（异丙净）

基本信息

CAS 登录号	4147-51-7	分子量	255.15177	离子源和极性	电喷雾离子源（ESI）
分子式	$C_{11}H_{21}N_5S$	保留时间	14.83min	极性	正模式

[M+H]+ 提取离子流色谱图

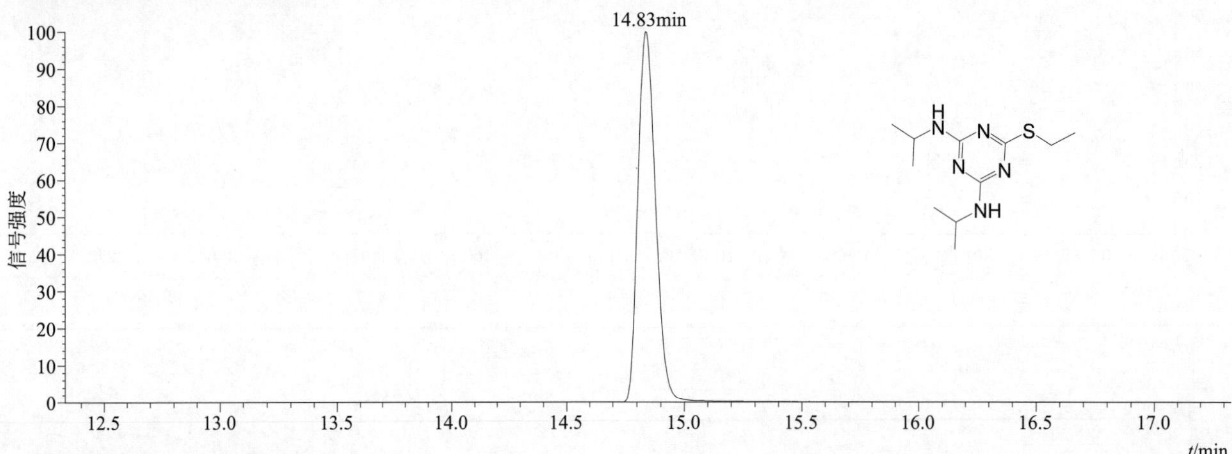

[M+H]+ 典型的一级质谱图

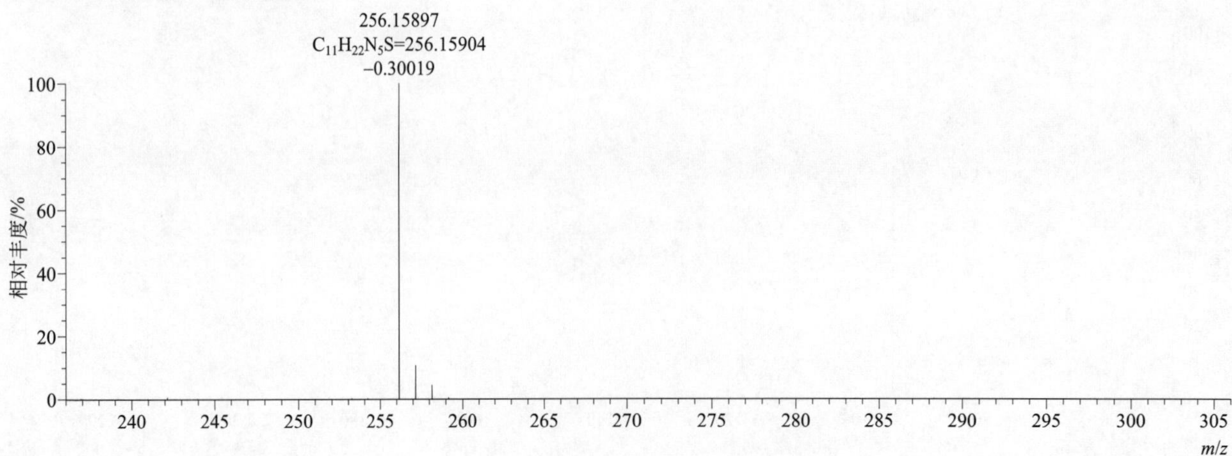

$[M+H]^+$ 归一化法能量 NCE 为 20 时典型的二级质谱图

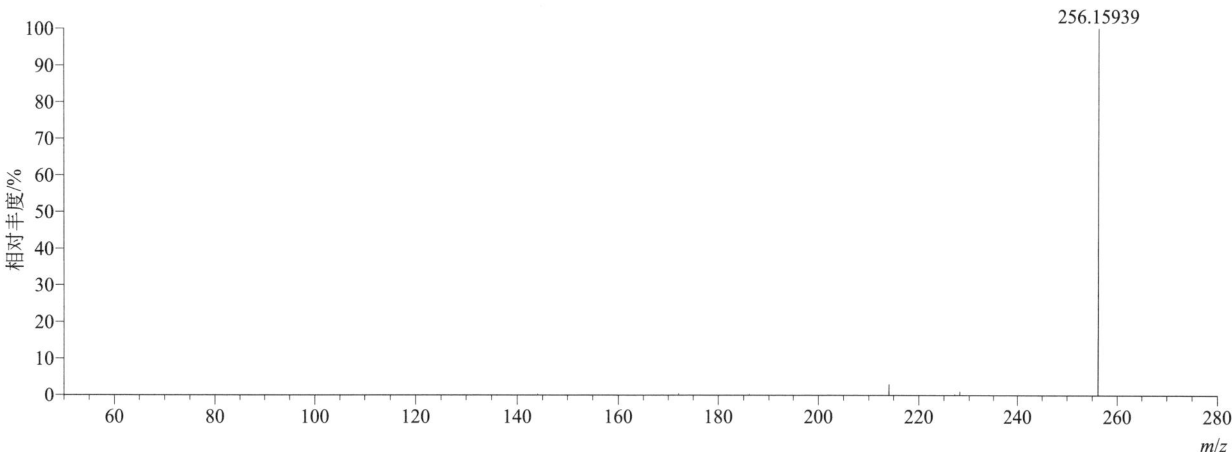

$[M+H]^+$ 归一化法能量 NCE 为 40 时典型的二级质谱图

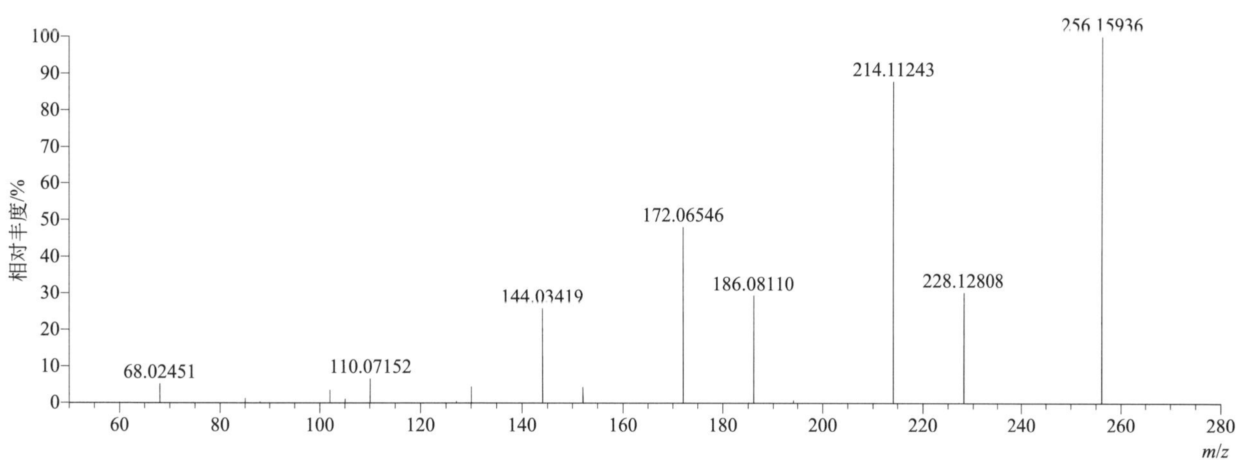

$[M+H]^+$ 归一化法能量 NCE 为 60 时典型的二级质谱图

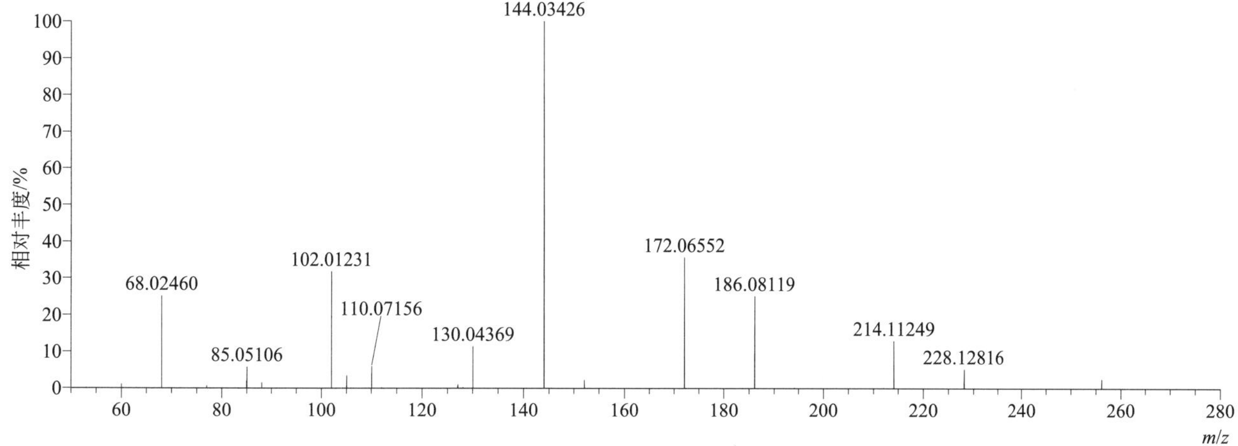

[M+H]+ 阶梯归一化法能量 Step NCE 为 20、40、60 时典型的二级质谱图

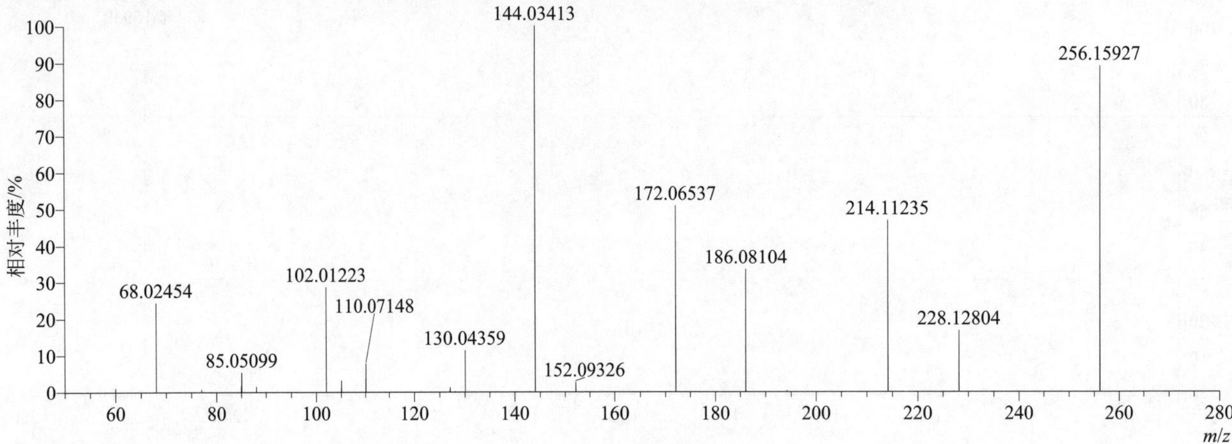

disulfoton sulfone（乙拌砜）

基本信息

CAS 登录号	2497-06-5	分子量	306.01831	离子源和极性	电喷雾离子源（ESI）
分子式	$C_8H_{19}O_4PS_3$	保留时间	13.64min	极性	正模式

[M+H]+ 提取离子流色谱图

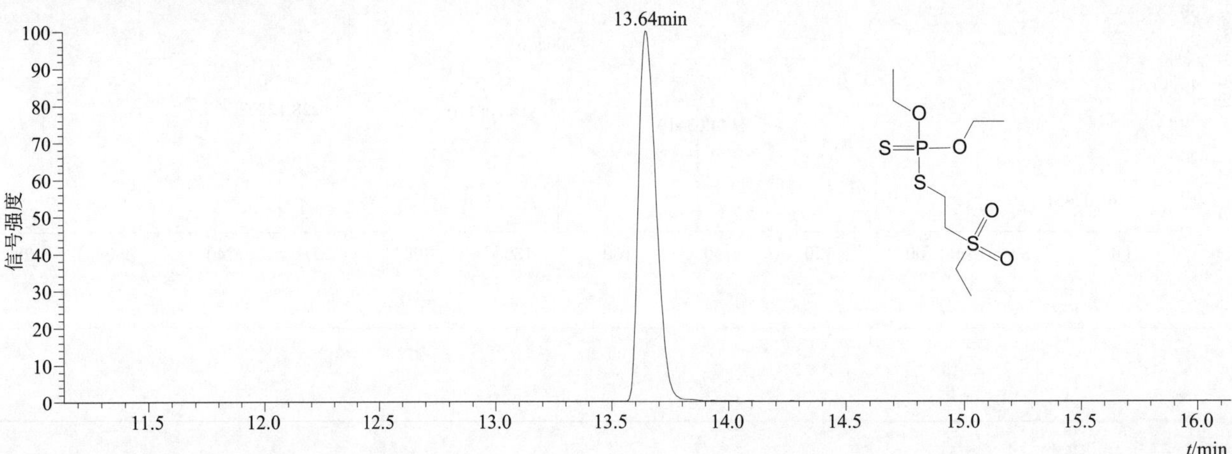

[M+H]+ 典型的一级质谱图

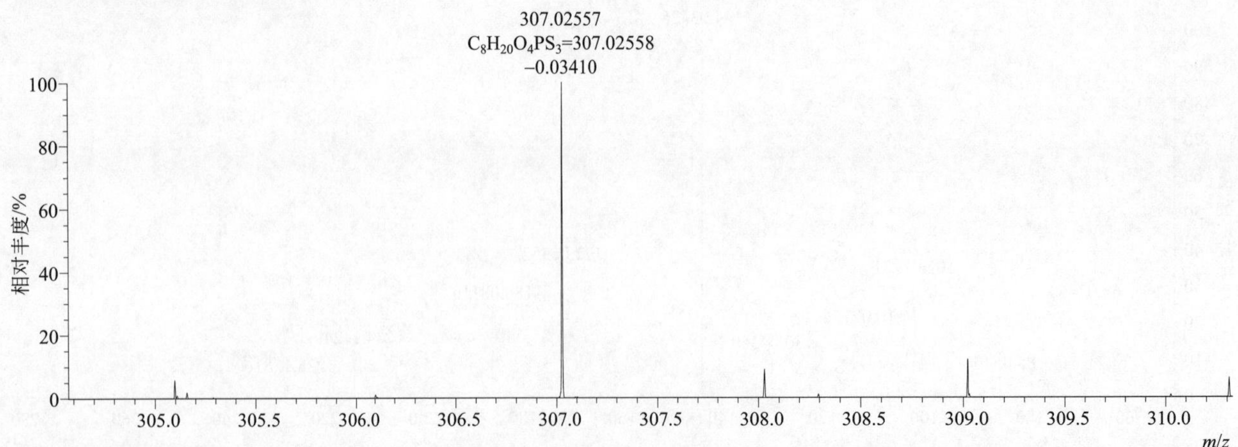

[M+H]+ 归一化法能量 NCE 为 20 时典型的二级质谱图

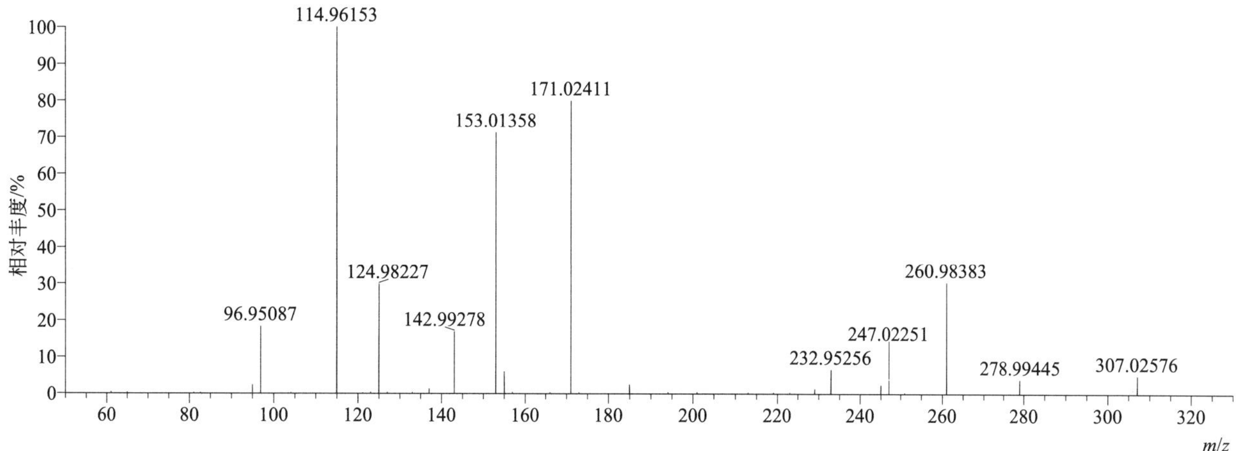

[M+H]+ 归一化法能量 NCE 为 40 时典型的二级质谱图

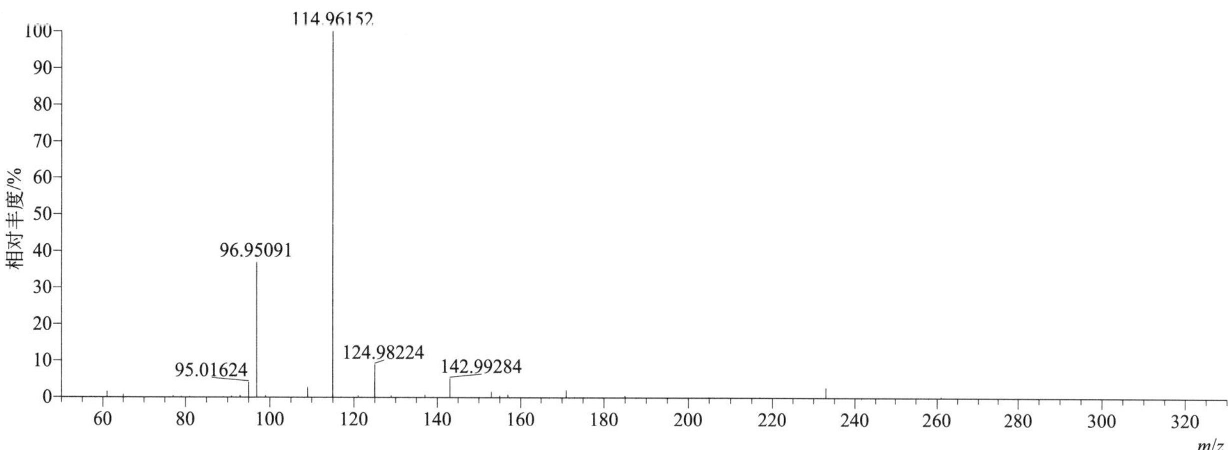

[M+H]+ 归一化法能量 NCE 为 60 时典型的二级质谱图

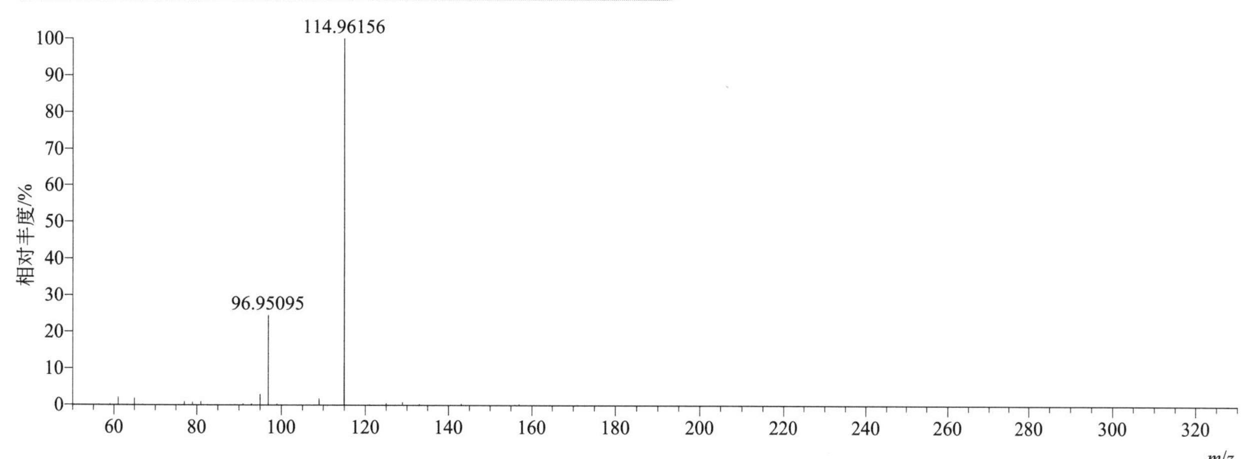

[M+H]+ 阶梯归一化法能量 Step NCE 为 20、40、60 时典型的二级质谱图

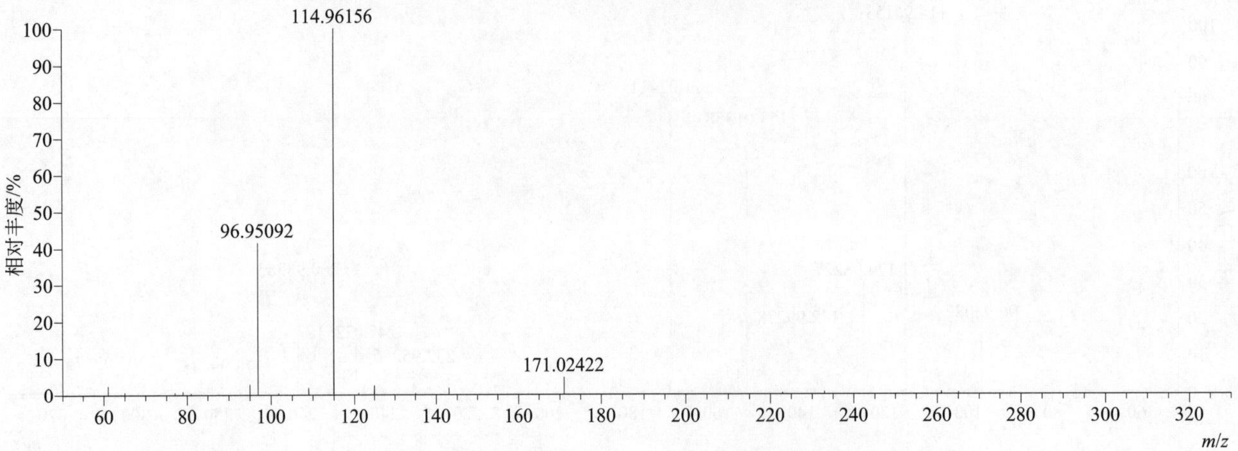

disulfoton sulfoxide（乙拌磷亚砜）

基本信息

CAS 登录号	2497-07-6	分子量	290.02339	离子源和极性	电喷雾离子源（ESI）
分子式	$C_8H_{19}O_3PS_3$	保留时间	13.59min	极性	正模式

[M+H]+ 提取离子流色谱图

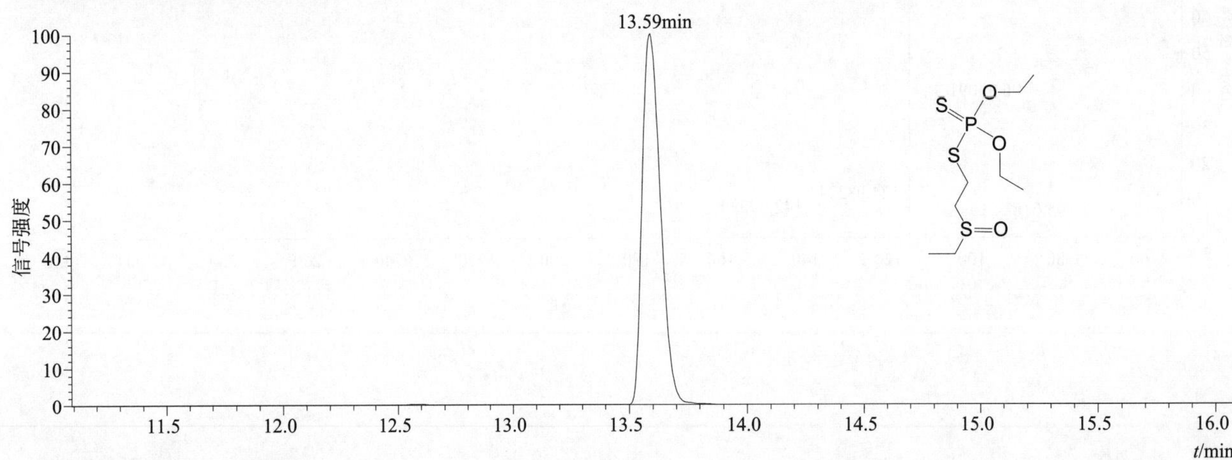

[M+H]+ 典型的一级质谱图

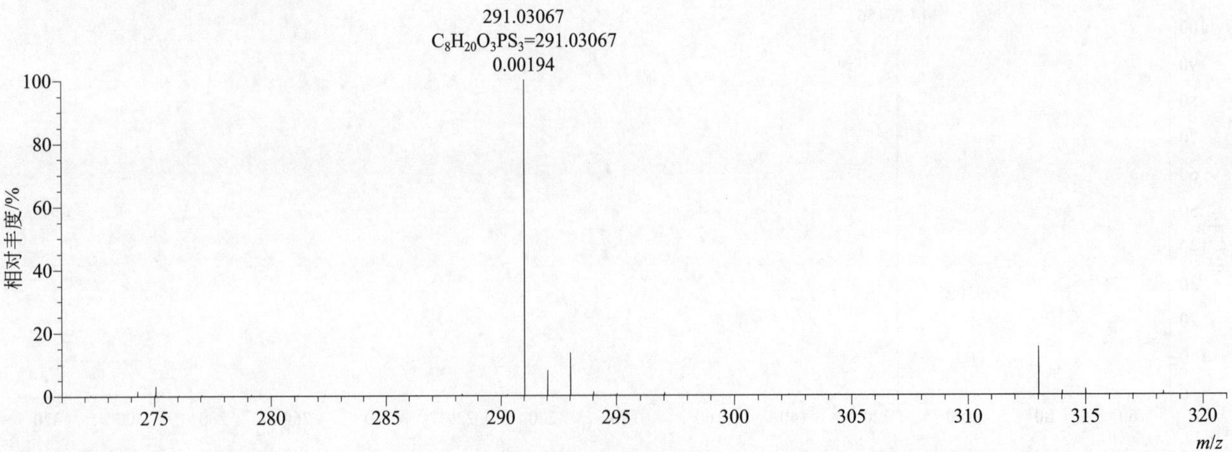

[M+H]+ 归一化法能量 NCE 为 20 时典型的二级质谱图

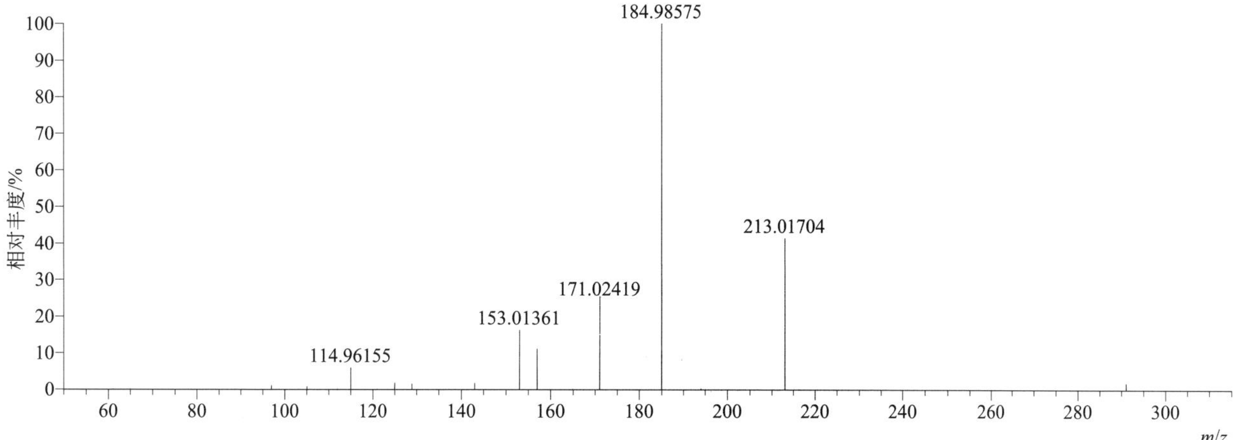

[M+H]+ 归一化法能量 NCE 为 40 时典型的二级质谱图

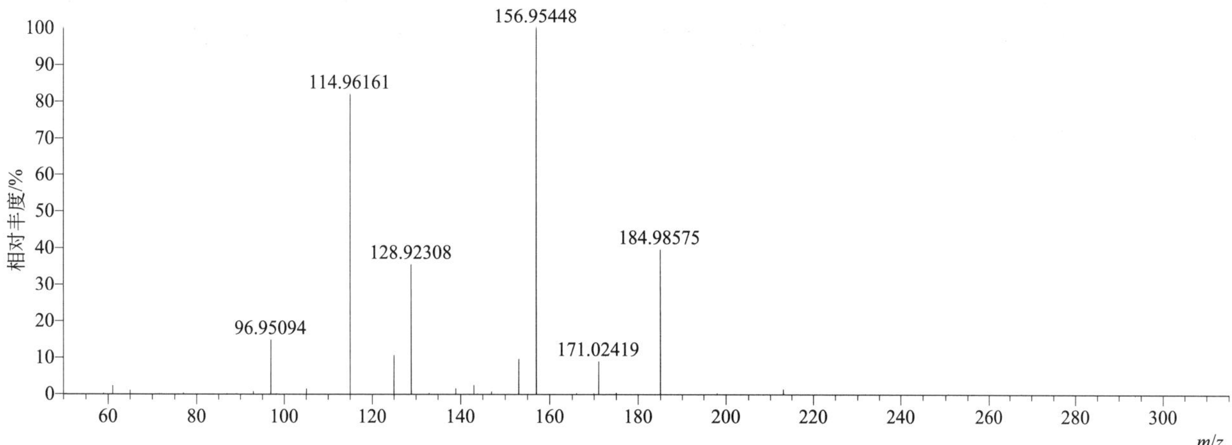

[M+H]+ 归一化法能量 NCE 为 60 时典型的二级质谱图

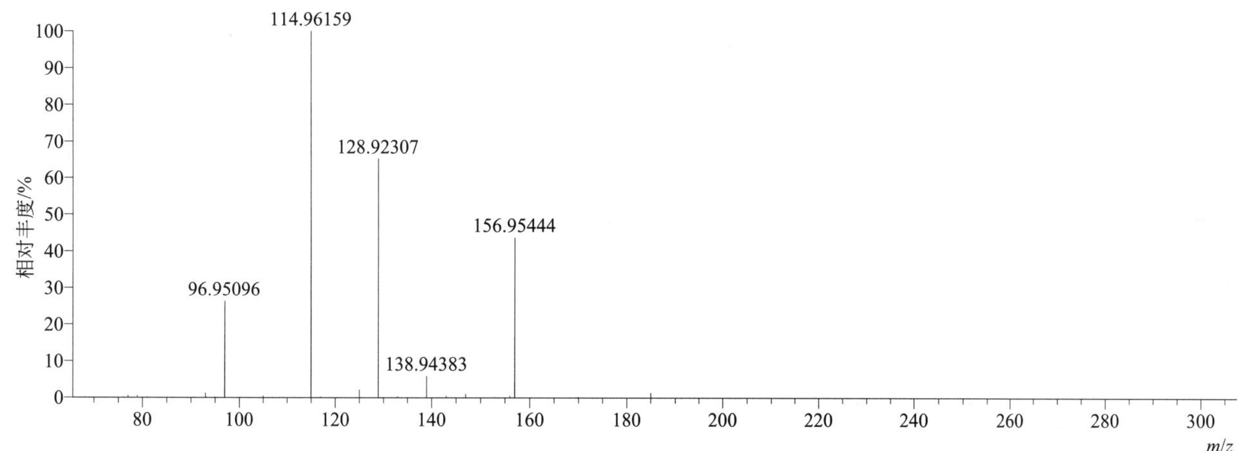

[M+H]$^+$ 阶梯归一化法能量 Step NCE 为 20、40、60 时典型的二级质谱图

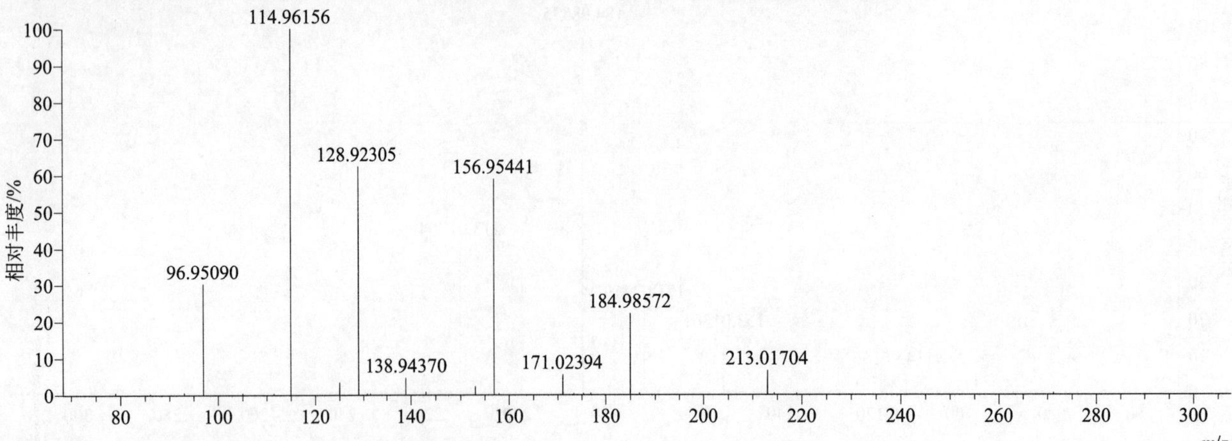

ditalimfos（灭菌磷）

基本信息

CAS 登录号	5131-24-8	分子量	299.03812	离子源和极性	电喷雾离子源（ESI）
分子式	$C_{12}H_{14}NO_4PS$	保留时间	13.31min	极性	正模式

[M+H]$^+$ 提取离子流色谱图

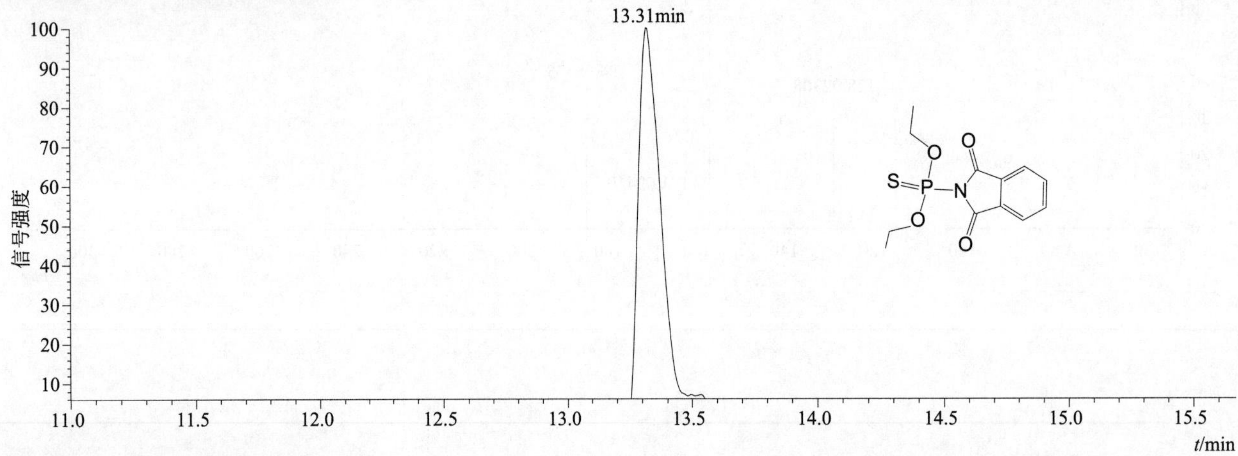

[M+H]$^+$ 典型的一级质谱图

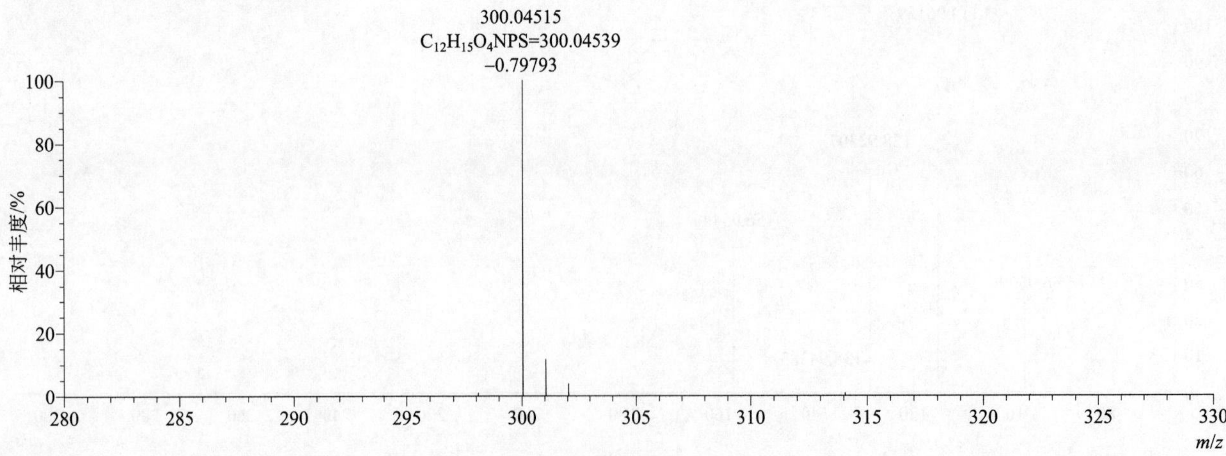

[M+H]⁺ 归一化法能量 NCE 为 20 时典型的二级质谱图

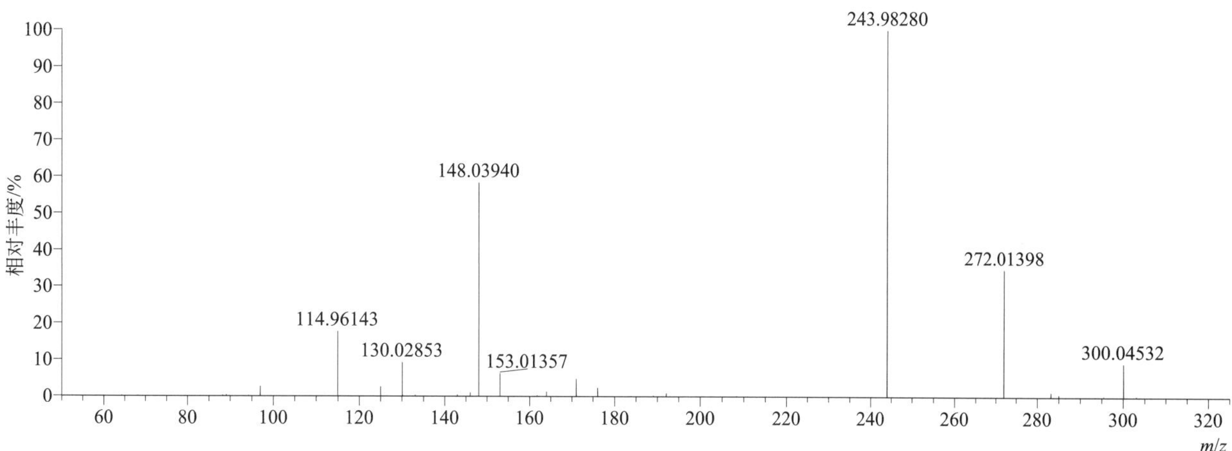

[M+H]⁺ 归一化法能量 NCE 为 40 时典型的二级质谱图

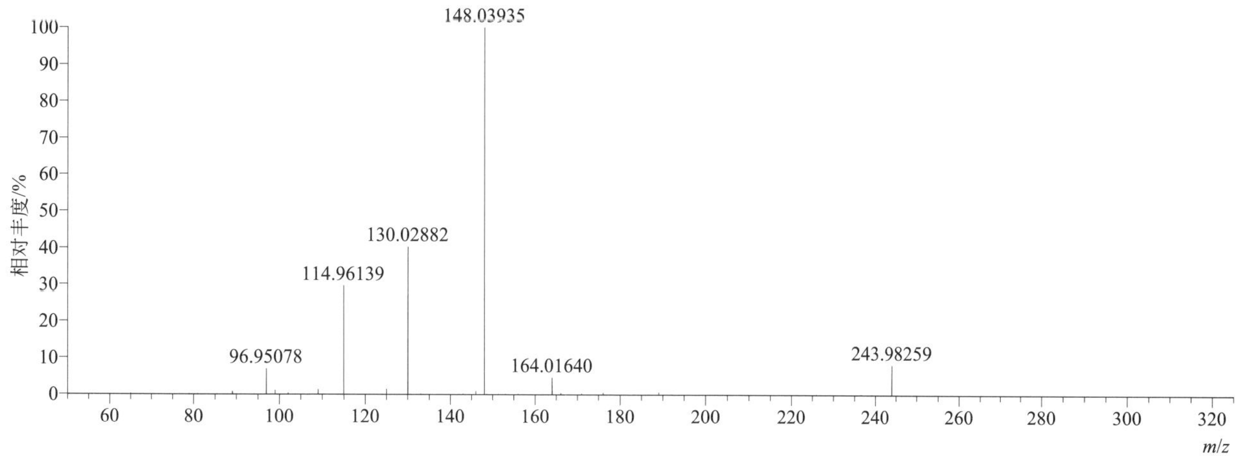

[M+H]⁺ 归一化法能量 NCE 为 60 时典型的二级质谱图

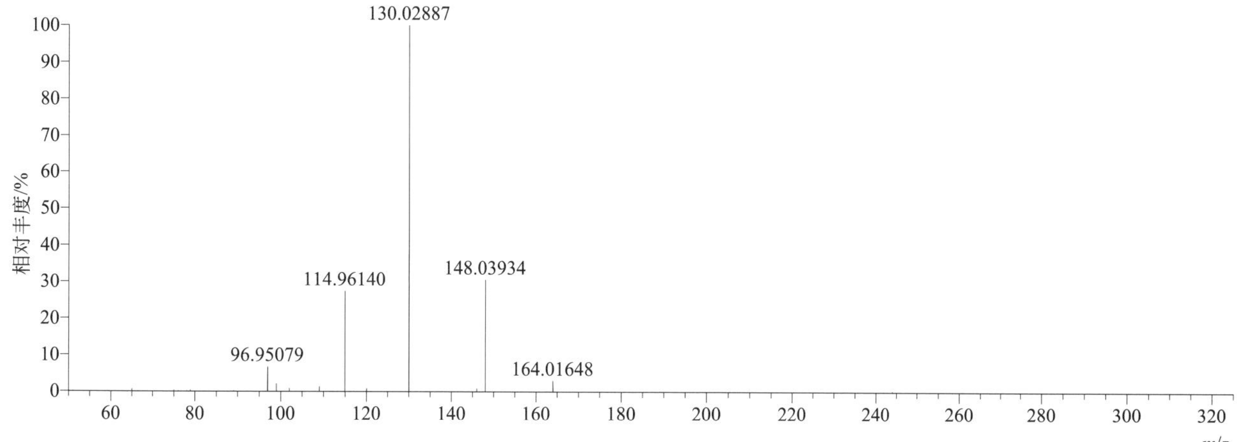

[M+H]+ 阶梯归一化法能量 Step NCE 为 20、40、60 时典型的二级质谱图

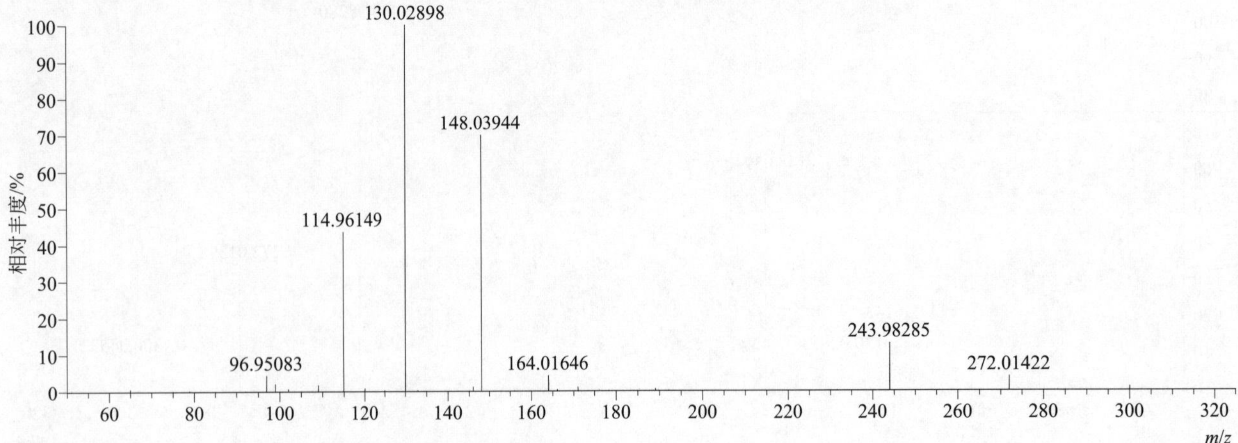

dithiopyr（氟硫草定）

基本信息

CAS 登录号	97886-45-8	分子量	401.05426	离子源和极性	电喷雾离子源（ESI）
分子式	$C_{15}H_{16}F_5NO_2S_2$	保留时间	15.52min	极性	正模式

[M+H]+ 提取离子流色谱图

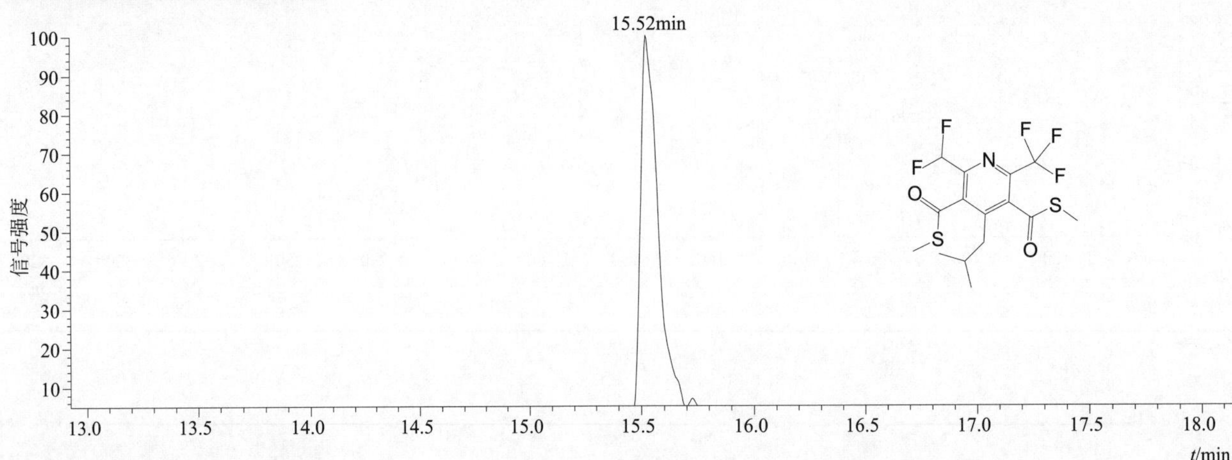

[M+H]+ 典型的一级质谱图

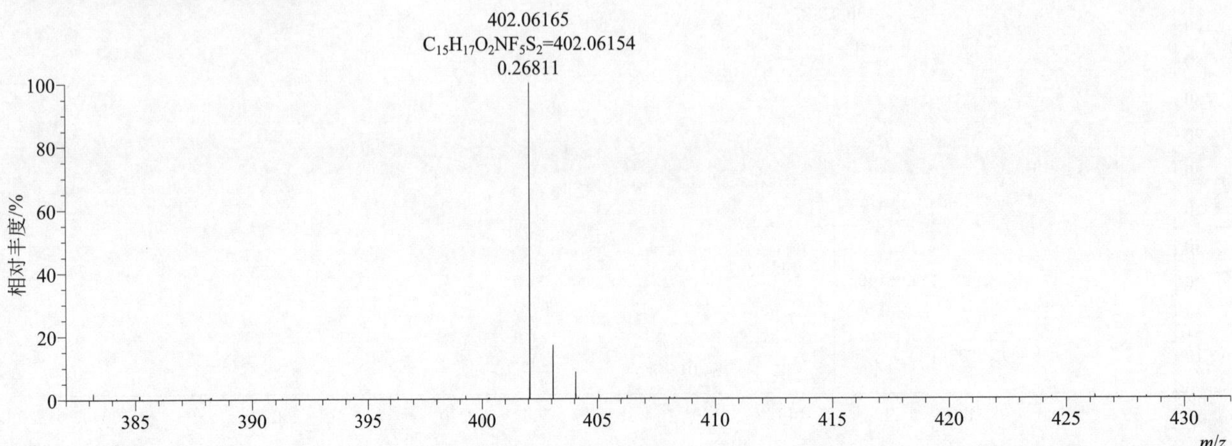

$[M+H]^+$ 归一化法能量 NCE 为 40 时典型的二级质谱图

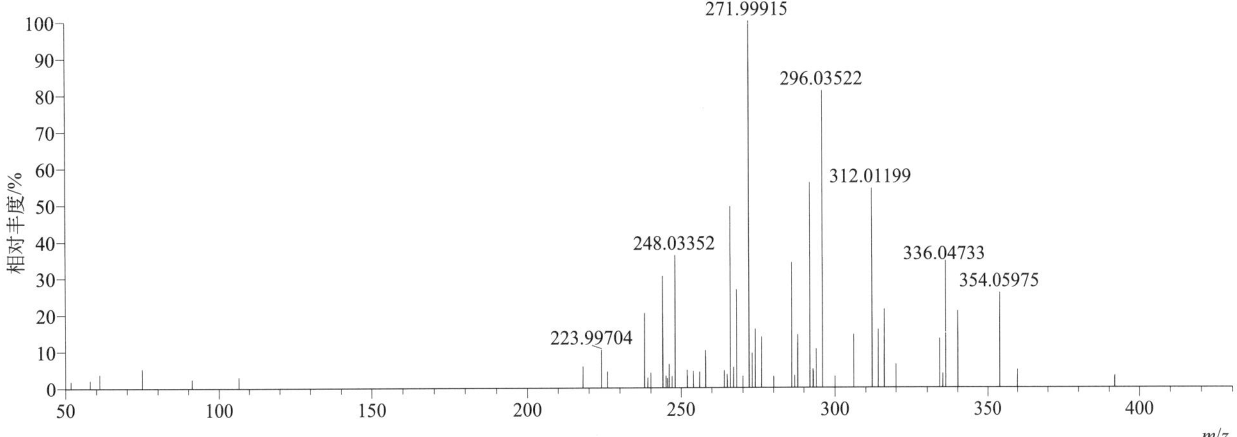

$[M+H]^+$ 归一化法能量 NCE 为 60 时典型的二级质谱图

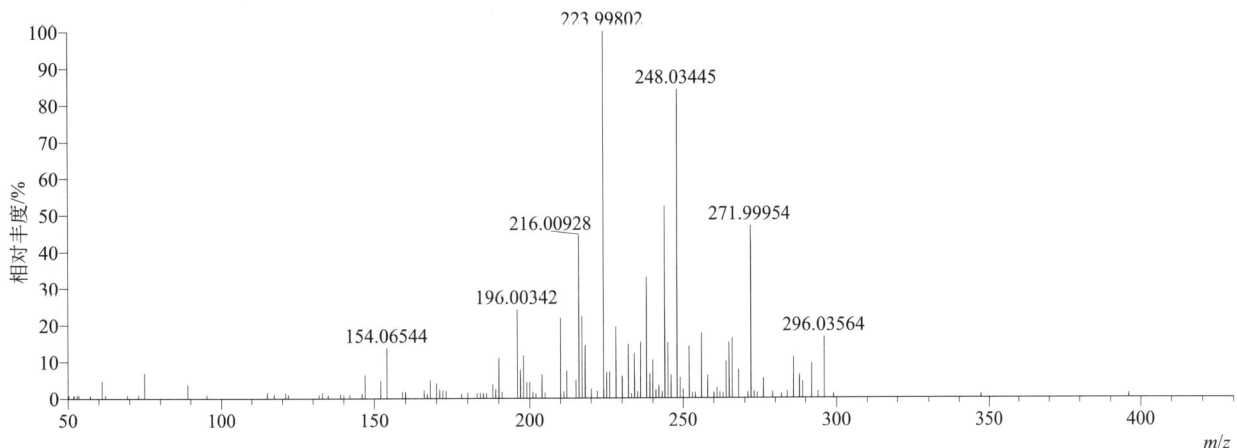

$[M+H]^+$ 归一化法能量 NCE 为 80 时典型的二级质谱图

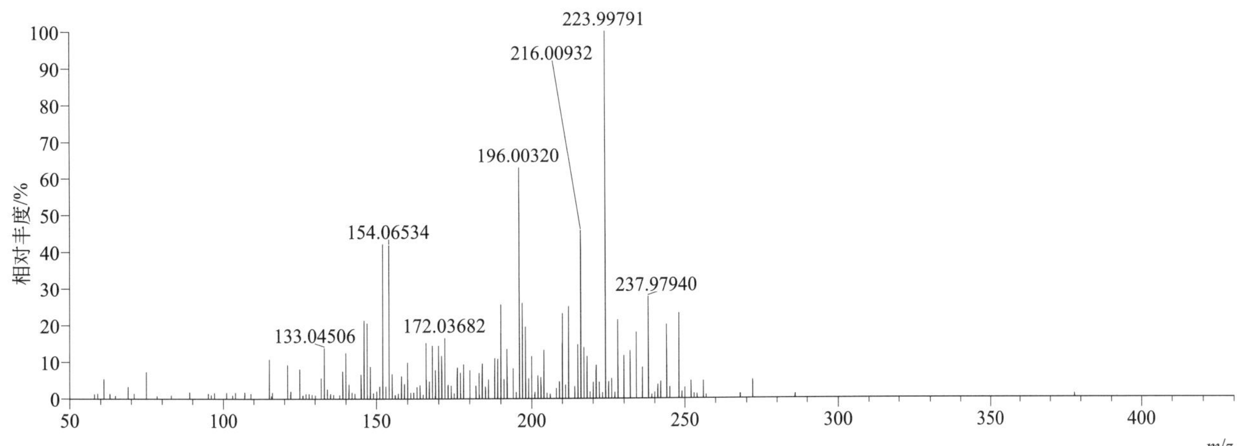

[M+H]+ 阶梯归一化法能量 Step NCE 为 20、40、60 时典型的二级质谱图

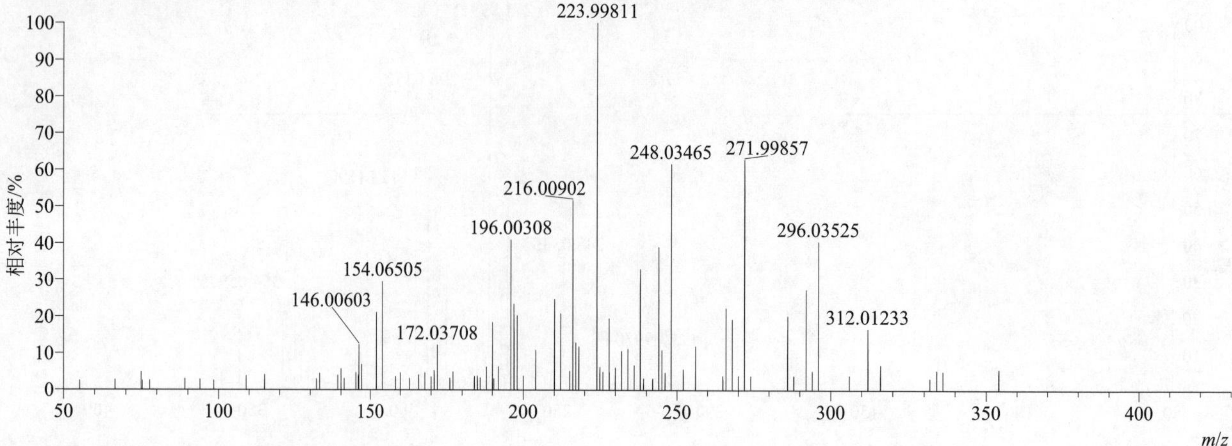

diuron（敌草隆）

基本信息

CAS 登录号	330-54-1	分子量	232.01702	离子源和极性	电喷雾离子源（ESI）
分子式	$C_9H_{10}Cl_2N_2O$	保留时间	14.03min	极性	正模式

[M+H]+ 提取离子流色谱图

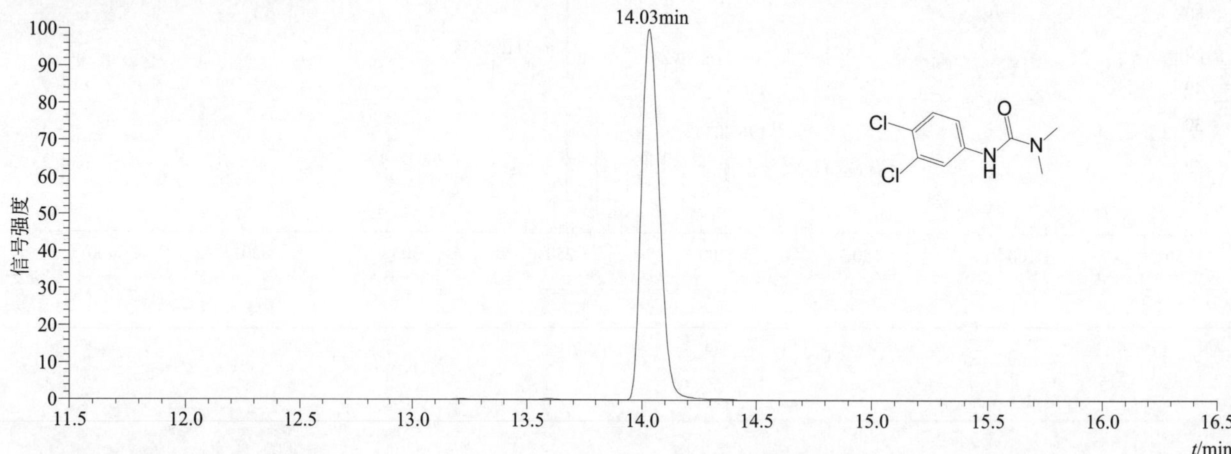

[M+H]+ 典型的一级质谱图

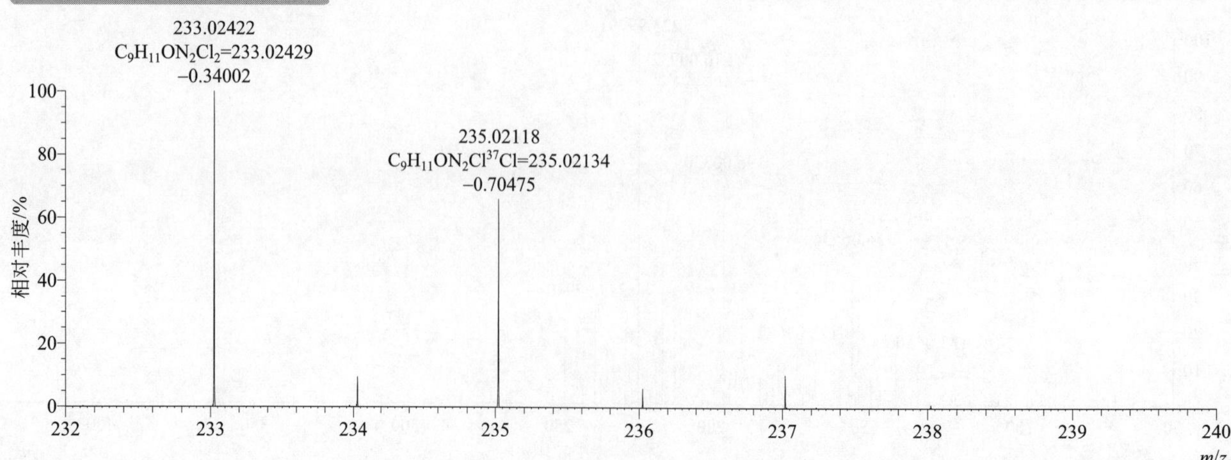

[M+H]+ 归一化法能量 NCE 为 20 时典型的二级质谱图

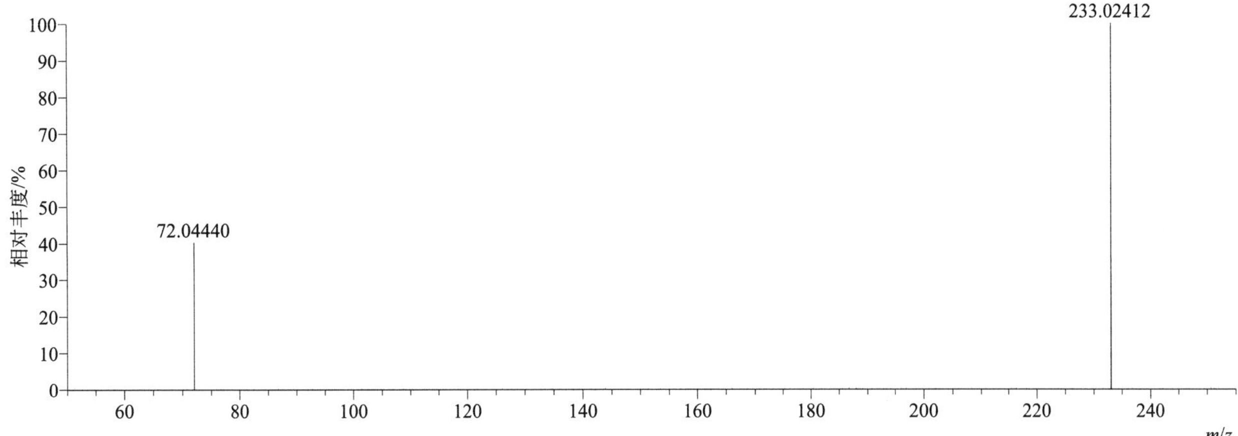

[M+H]+ 归一化法能量 NCE 为 40 时典型的二级质谱图

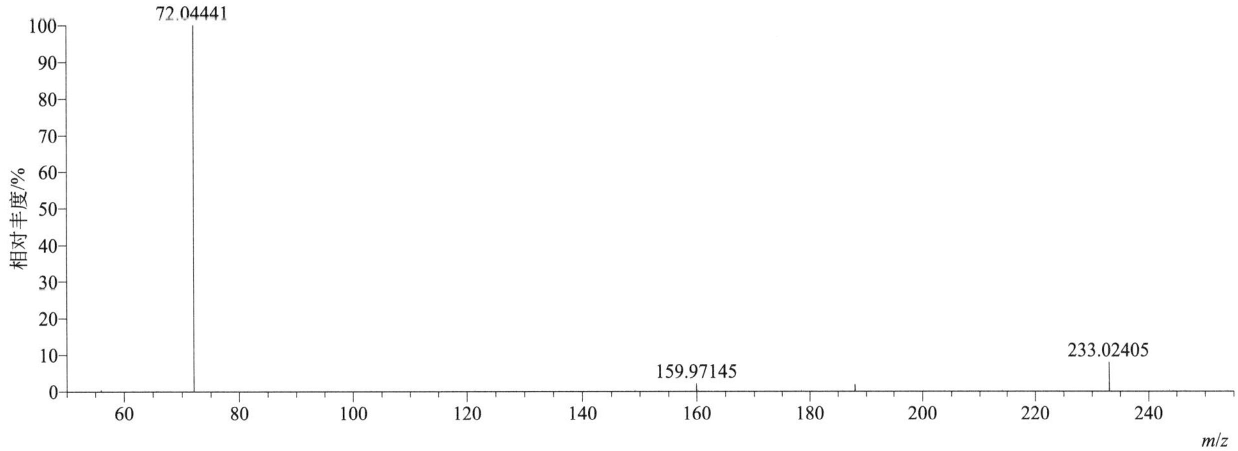

[M+H]+ 归一化法能量 NCE 为 60 时典型的二级质谱图

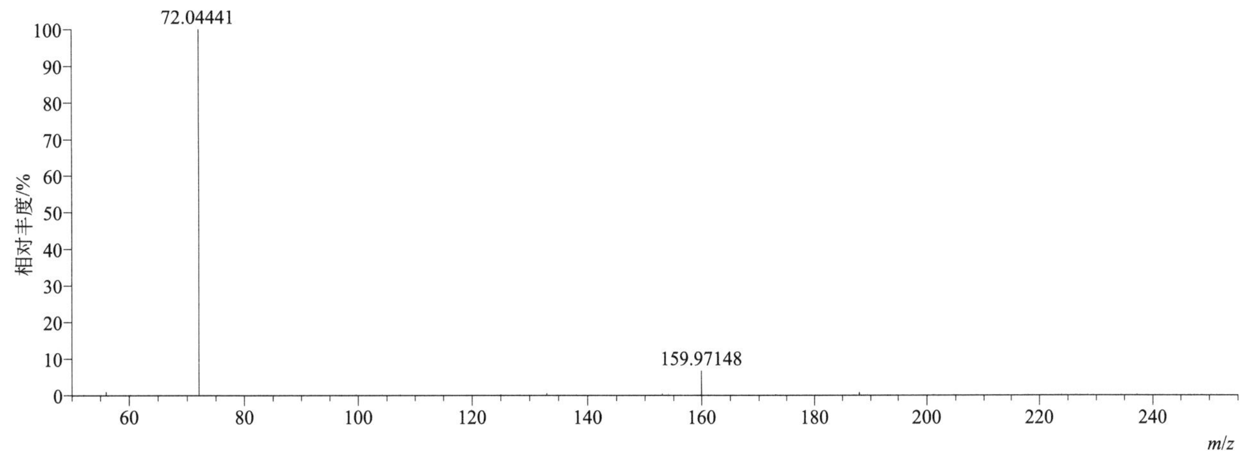

[M+H]+ 阶梯归一化法能量 Step NCE 为 20、40、60 时典型的二级质谱图

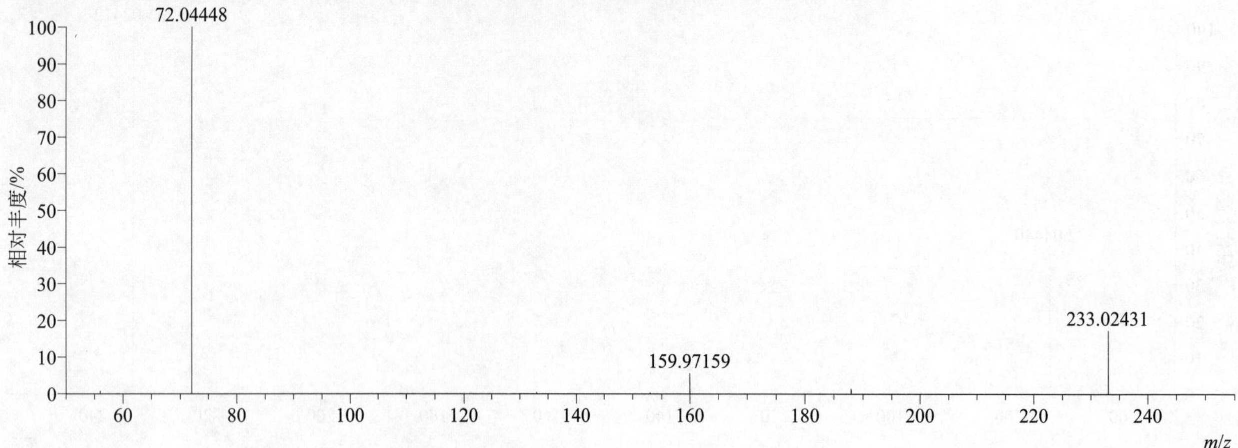

dodemorph（吗菌灵）

基本信息

CAS 登录号	1593-77-7	分子量	281.27186	离子源和极性	电喷雾离子源（ESI）
分子式	$C_{18}H_{35}NO$	保留时间	13.97min	极性	正模式

[M+H]+ 提取离子流色谱图

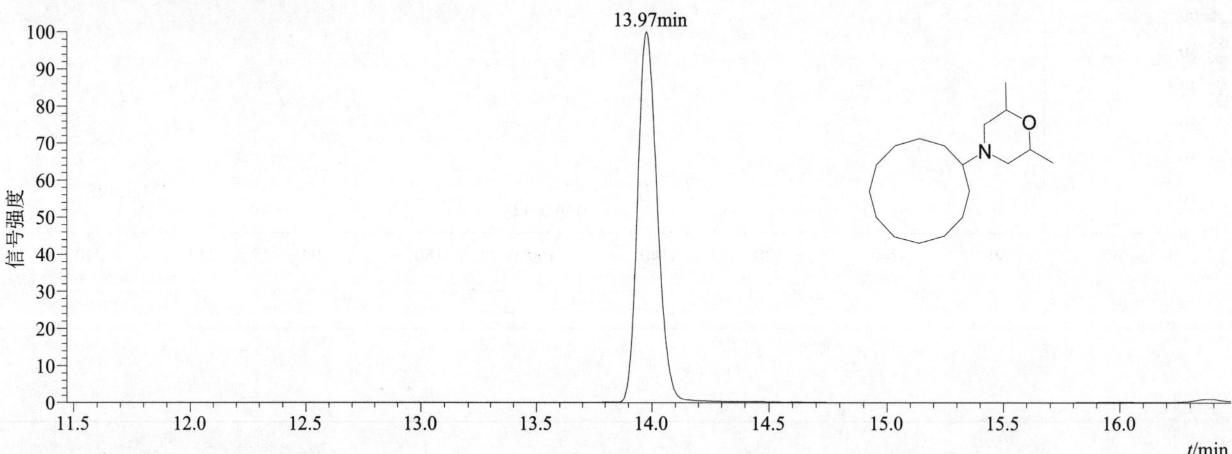

[M+H]+ 典型的一级质谱图

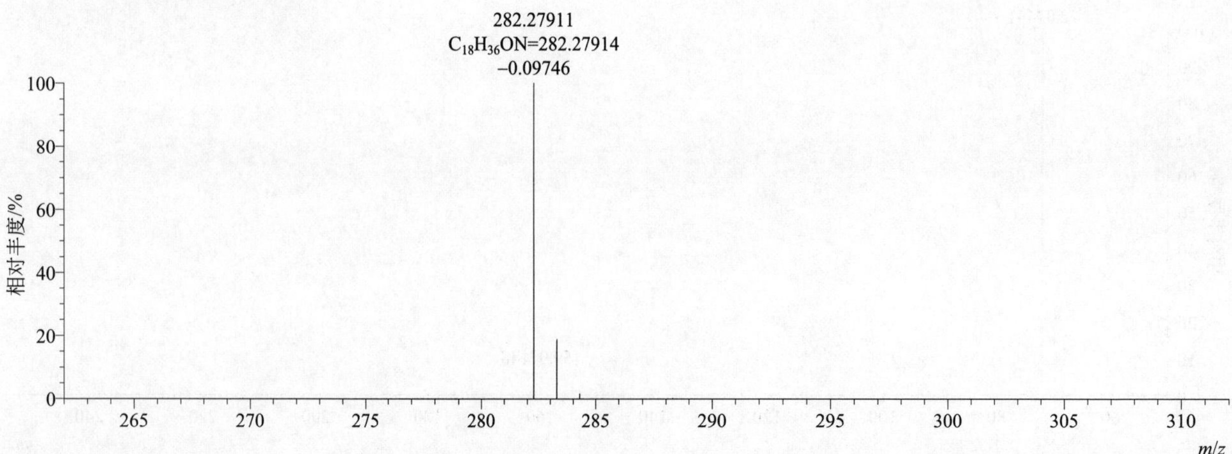

$[M+H]^+$ 归一化法能量 NCE 为 20 时典型的二级质谱图

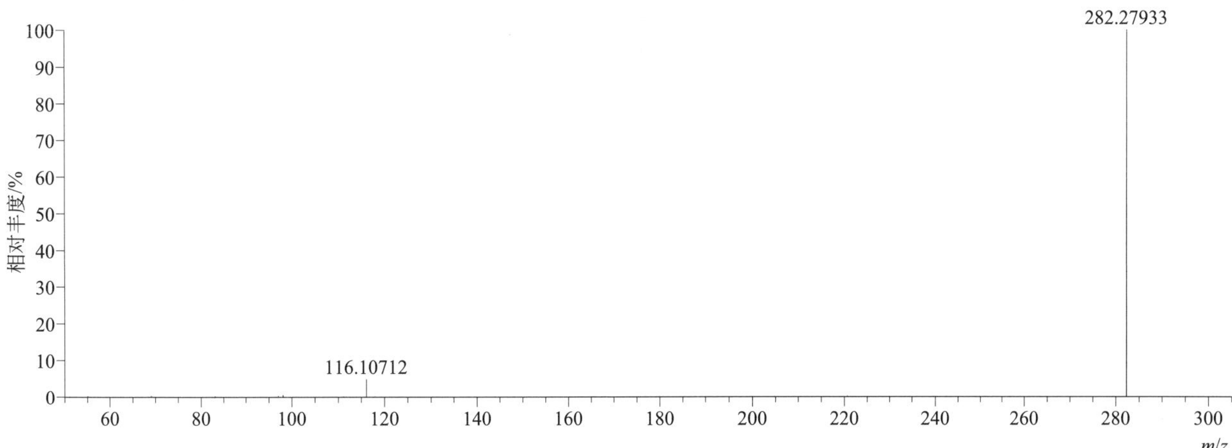

$[M+H]^+$ 归一化法能量 NCE 为 40 时典型的二级质谱图

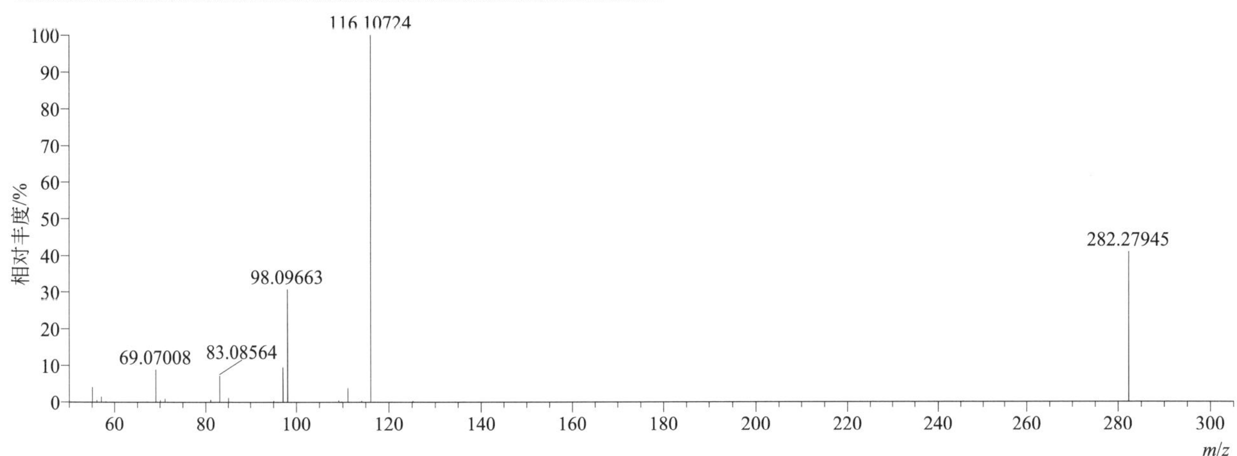

$[M+H]^+$ 归一化法能量 NCE 为 60 时典型的二级质谱图

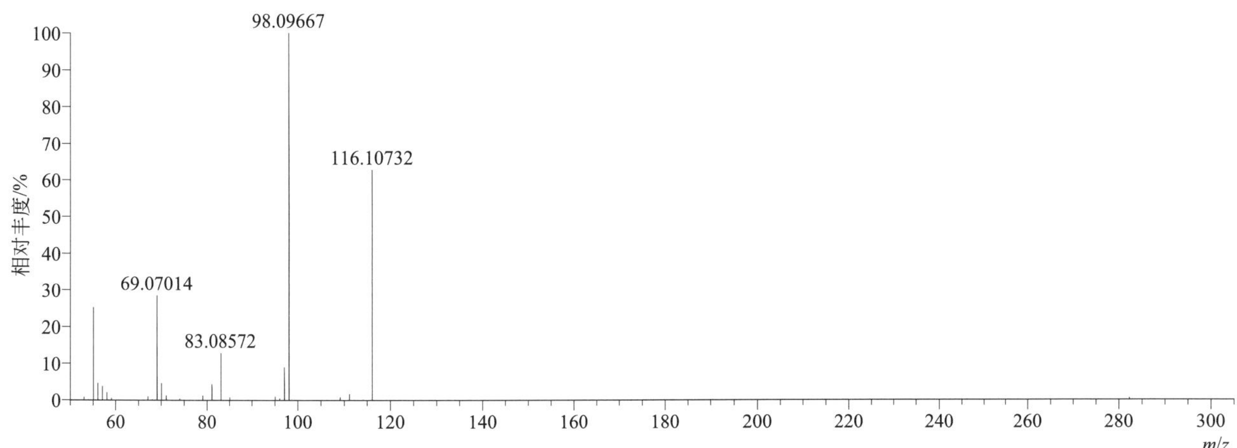

[M+H]+ 阶梯归一化法能量 Step NCE 为 20、40、60 时典型的二级质谱图

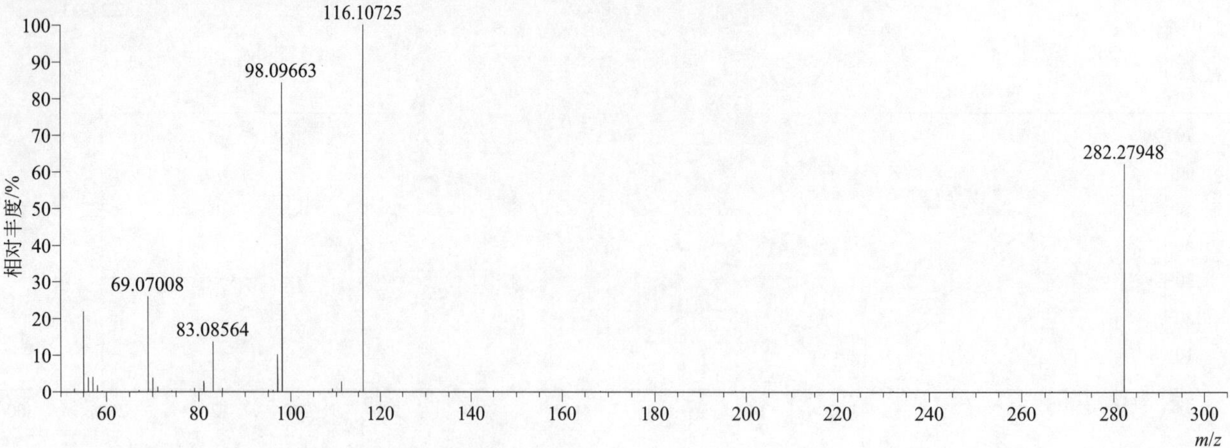

drazoxolon（敌菌酮）

基本信息

CAS 登录号	5707-69-7	分子量	237.03050	离子源和极性	电喷雾离子源（ESI）
分子式	$C_{10}H_8ClN_3O_2$	保留时间	15.02min	极性	正模式

[M+H]+ 提取离子流色谱图

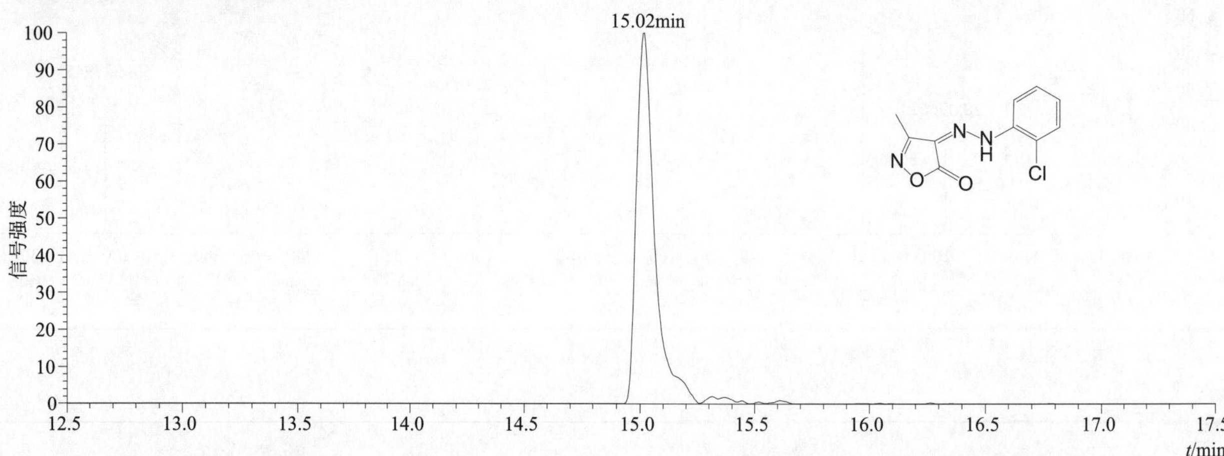

[M+H]+ 典型的一级质谱图

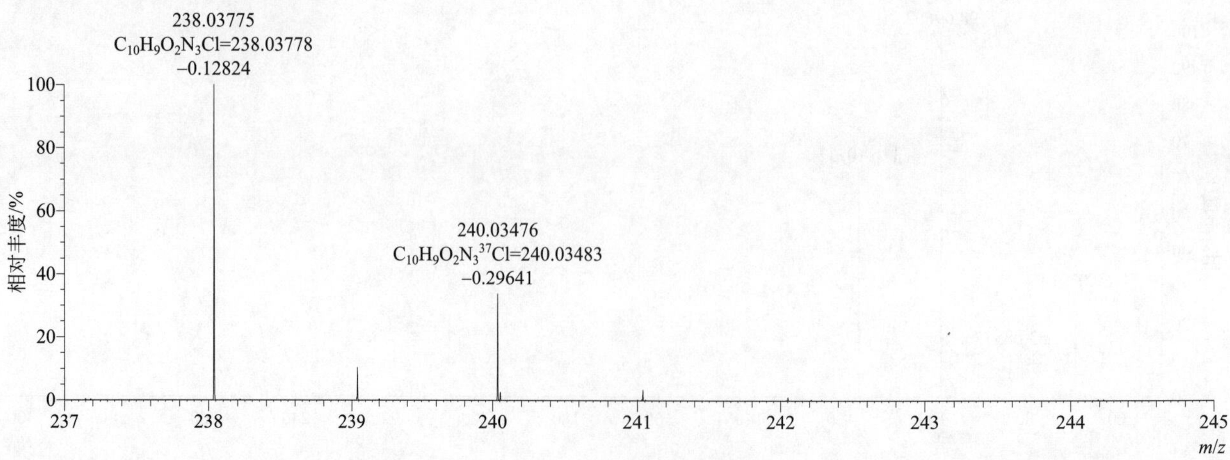

[M+H]⁺ 归一化法能量 NCE 为 20 时典型的二级质谱图

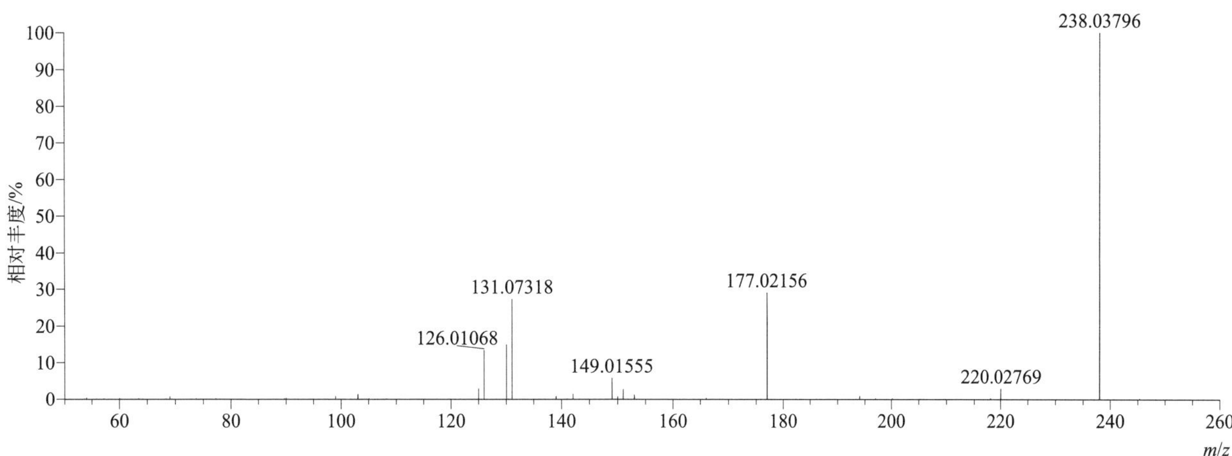

[M+H]⁺ 归一化法能量 NCE 为 40 时典型的二级质谱图

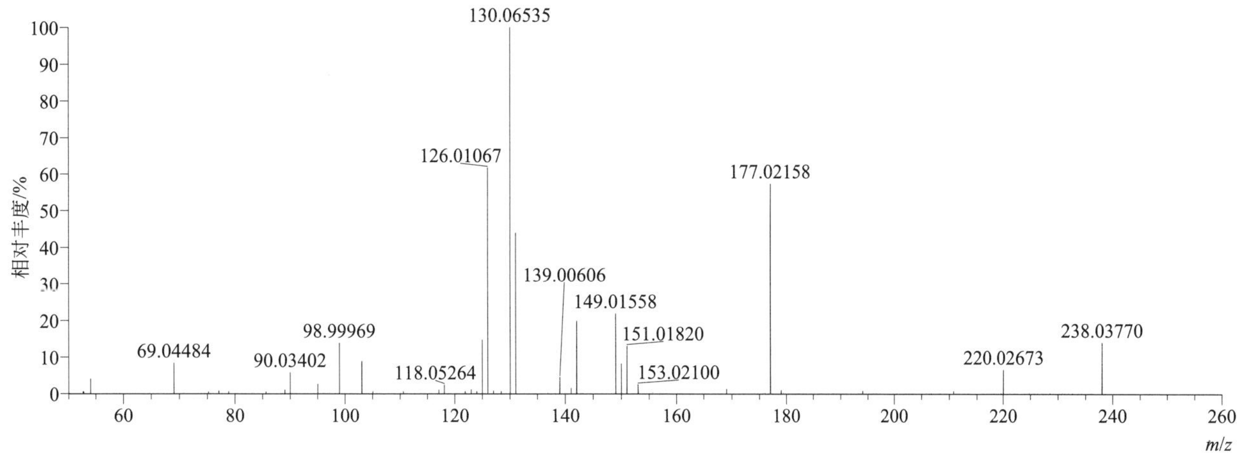

[M+H]⁺ 归一化法能量 NCE 为 60 时典型的二级质谱图

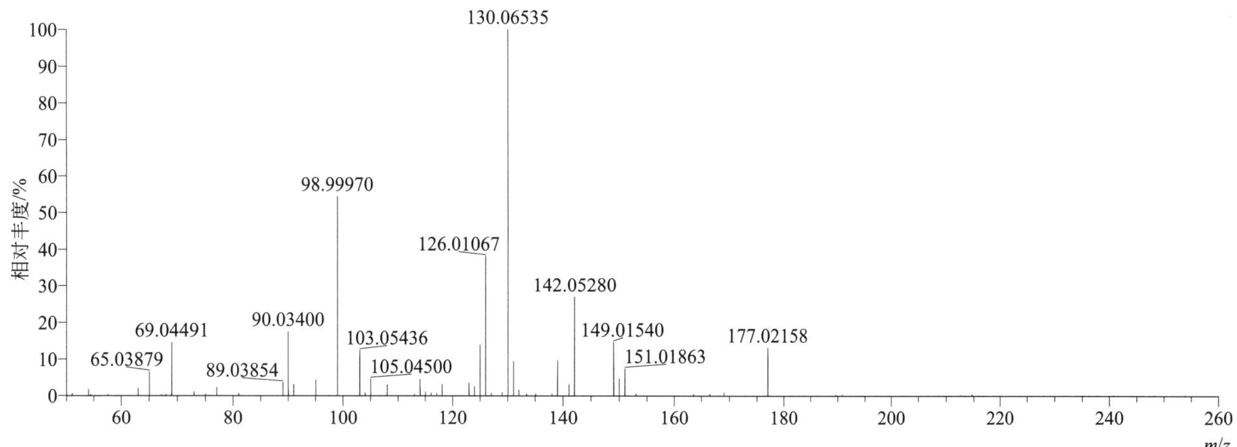

[M+H]$^+$ 阶梯归一化法能量 Step NCE 为 20、40、60 时典型的二级质谱图

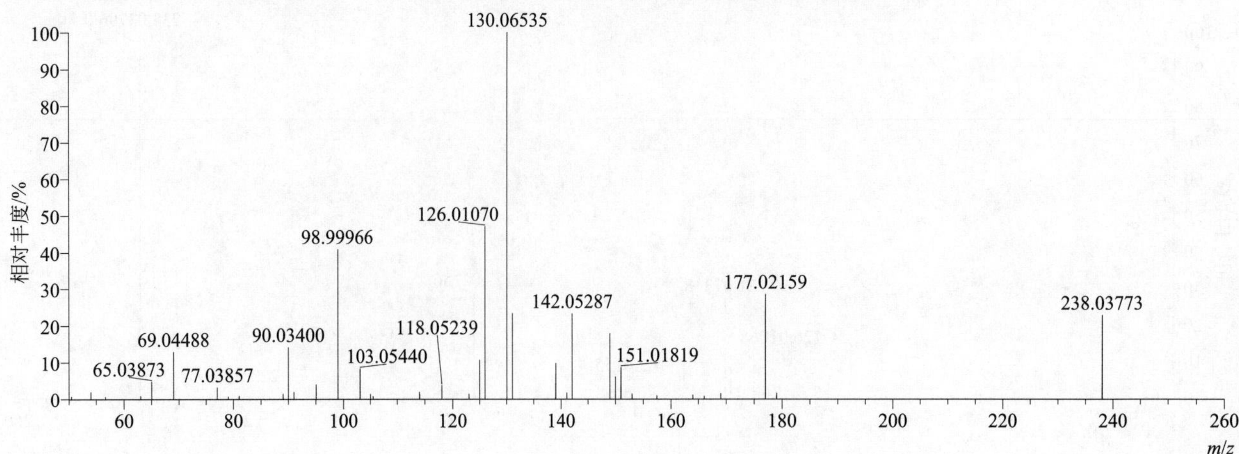

E

edifenphos（敌瘟磷）

基本信息

CAS 登录号	17109-49-8	分子量	310.02511	离子源和极性	电喷雾离子源（ESI）
分子式	$C_{14}H_{15}O_2PS_2$	保留时间	15.07min	极性	正模式

[M+H]⁺ 提取离子流色谱图

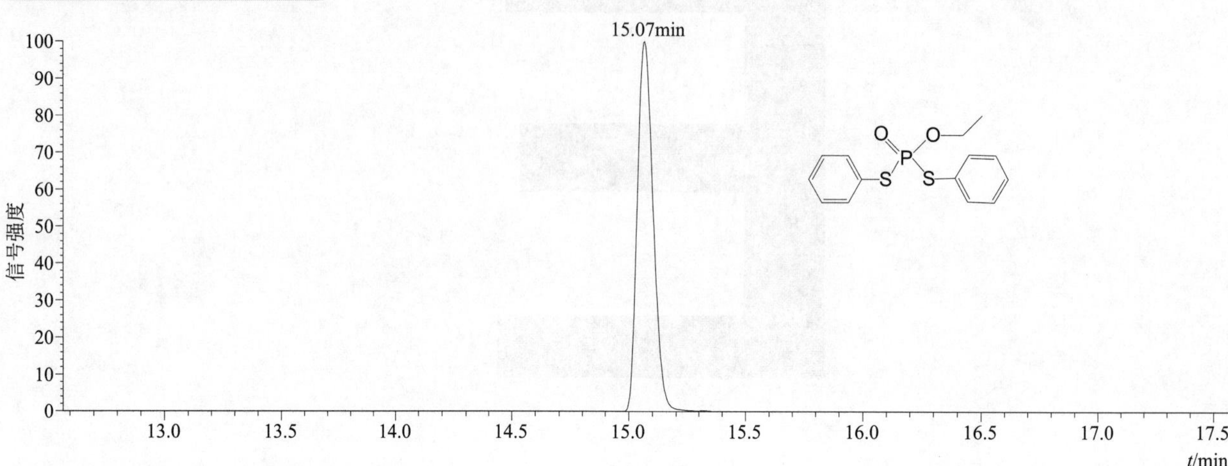

[M+H]⁺ 典型的一级质谱图

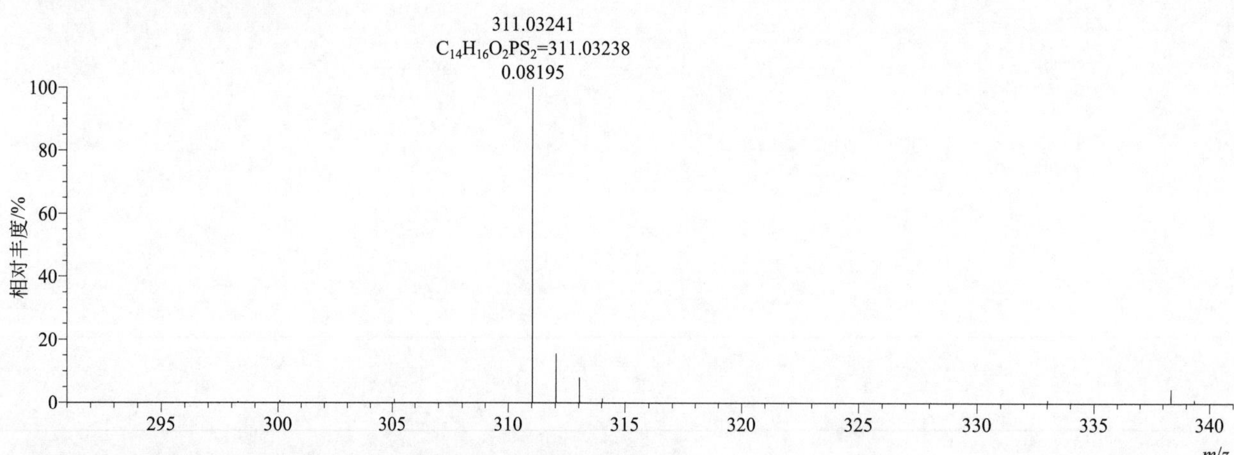

[M+H]⁺ 归一化法能量 NCE 为 20 时典型的二级质谱图

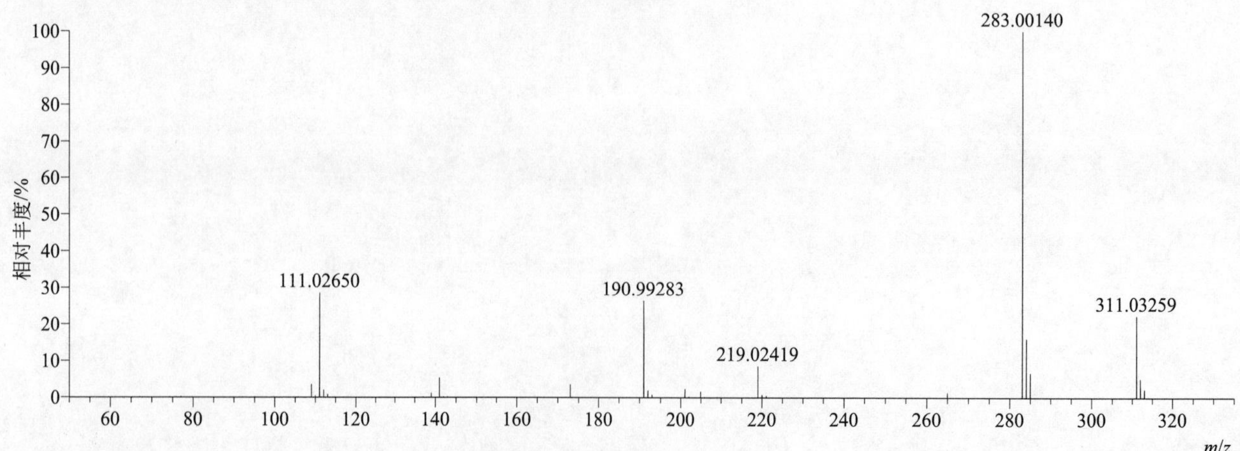

[M+H]⁺ 归一化法能量 NCE 为 40 时典型的二级质谱图

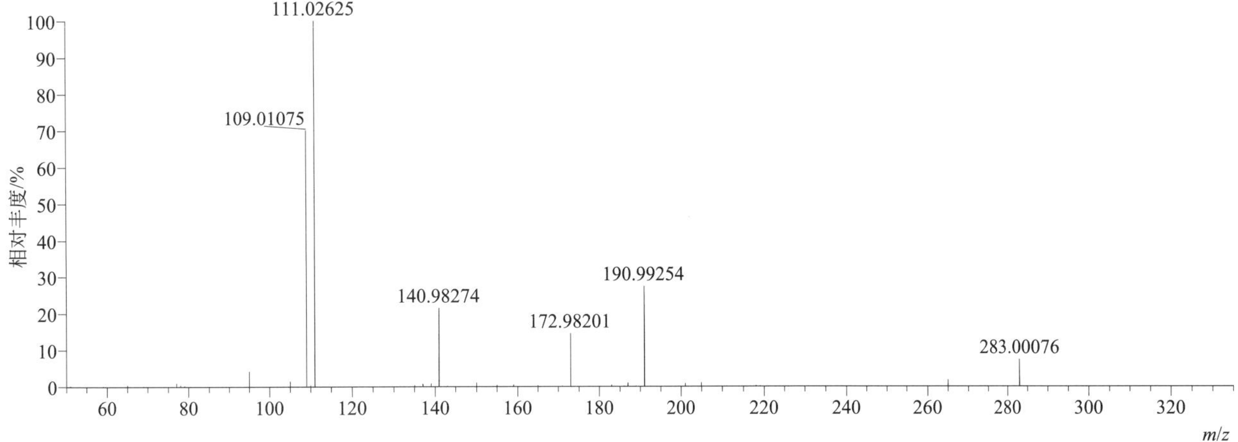

[M+H]⁺ 归一化法能量 NCE 为 60 时典型的二级质谱图

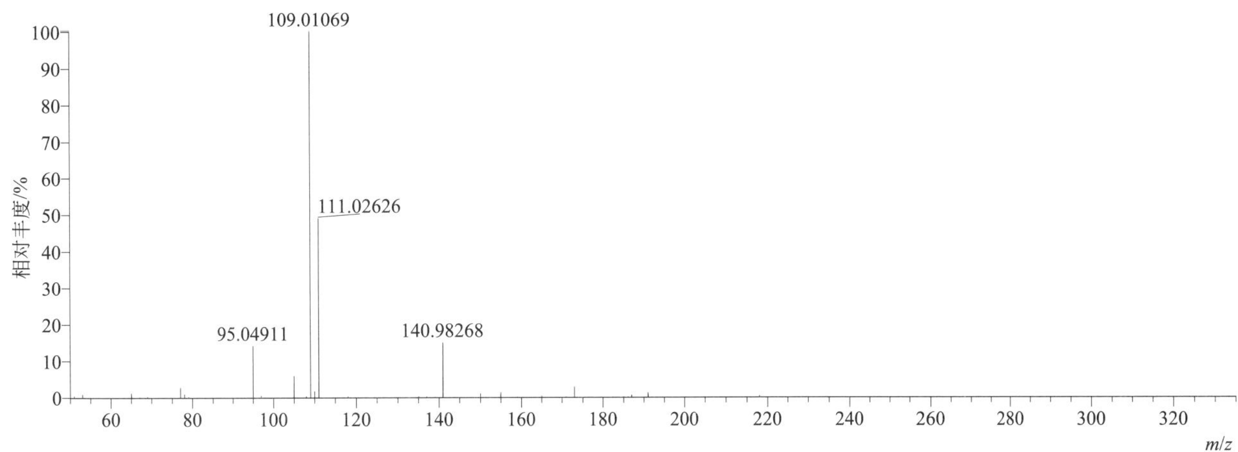

[M+H]⁺ 阶梯归一化法能量 Step NCE 为 20、40、60 时典型的二级质谱图

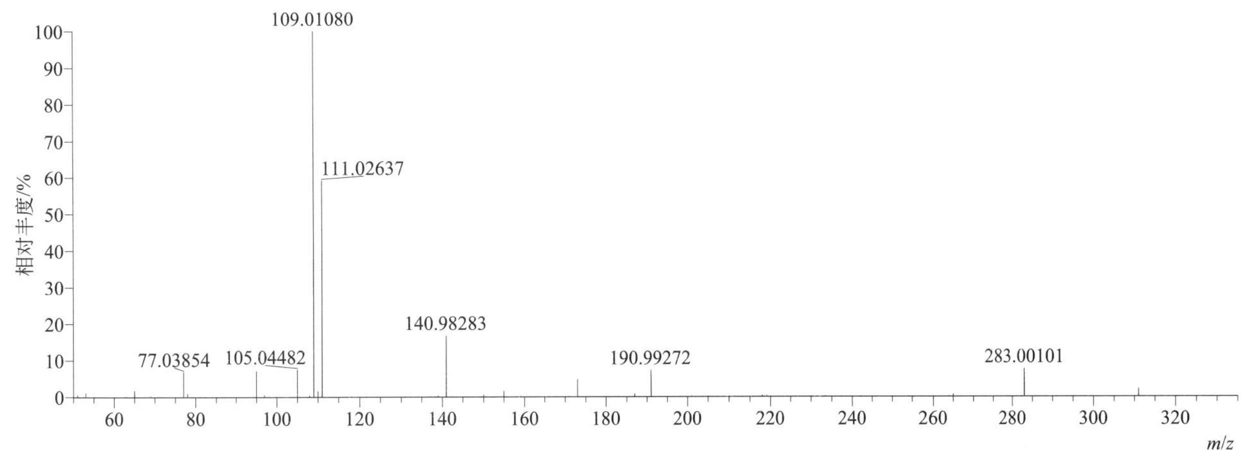

emamectin（甲氨基阿维菌素）

基本信息

CAS 登录号	119791-41-2	分子量	885.52384	离子源和极性	电喷雾离子源（ESI）
分子式	$C_{49}H_{75}NO_{13}$	保留时间	15.84min	极性	正模式

$[M+H]^+$ 提取离子流色谱图

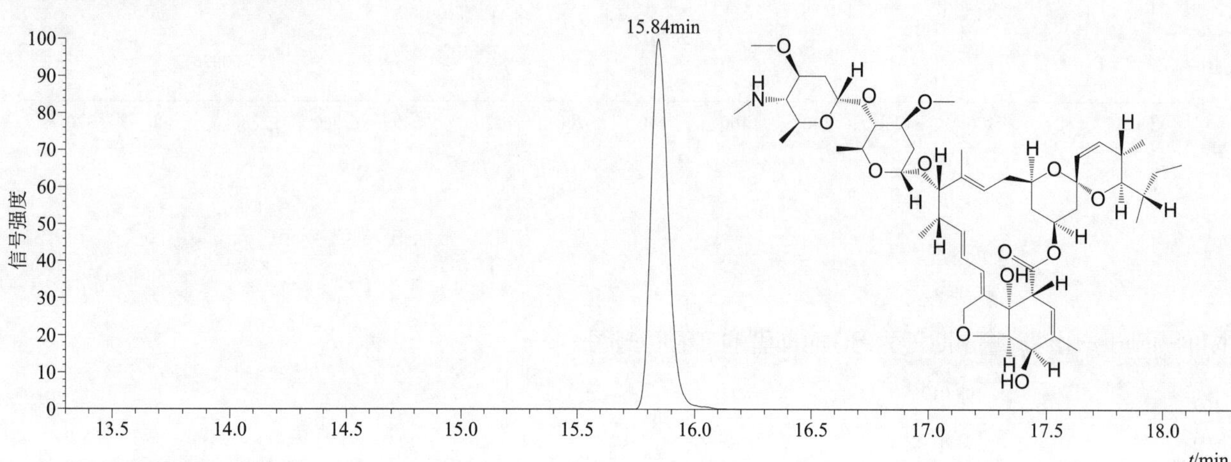

$[M+H]^+$ 典型的一级质谱图

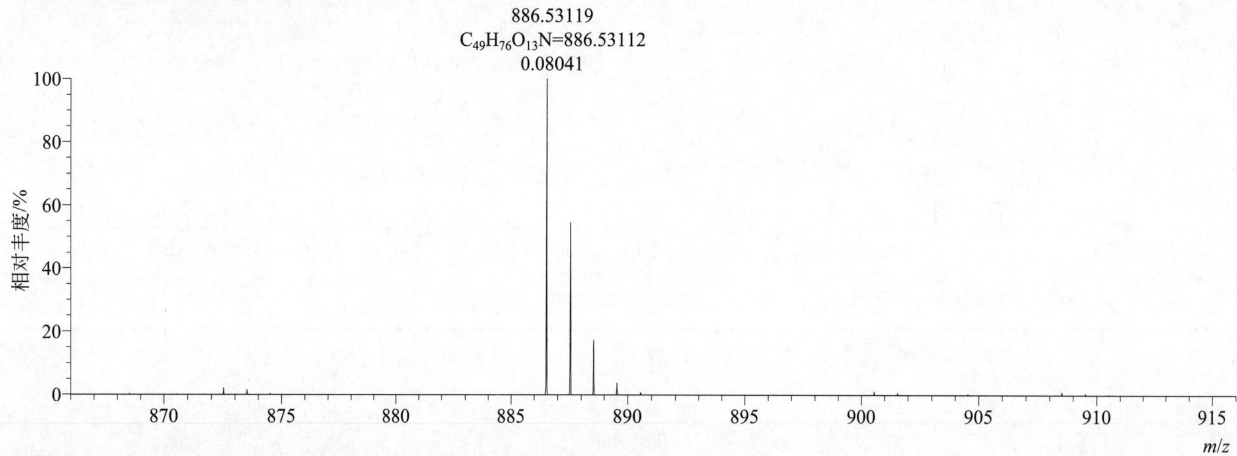

$[M+H]^+$ 归一化法能量 NCE 为 20 时典型的二级质谱图

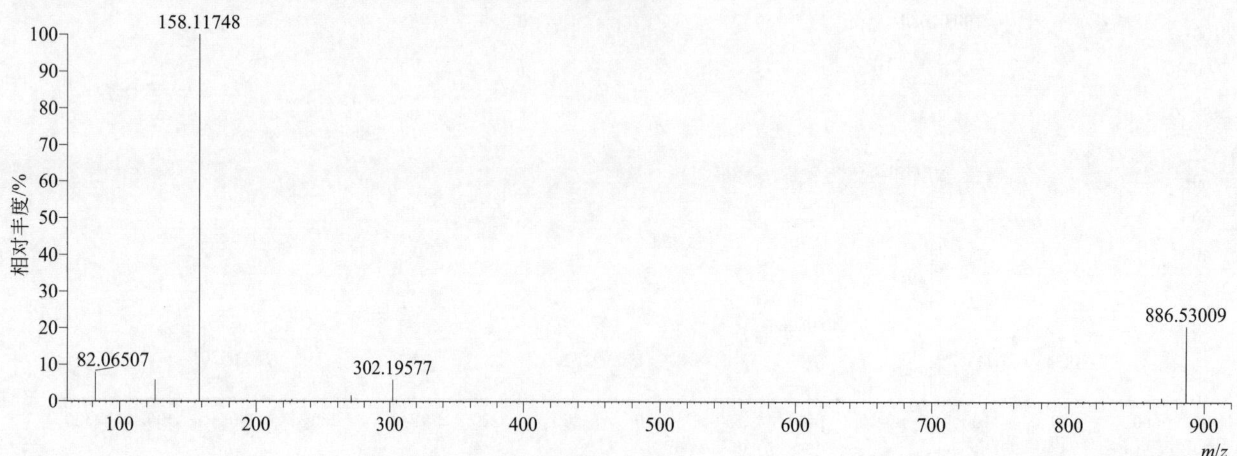

[M+H]+ 归一化法能量 NCE 为 40 时典型的二级质谱图

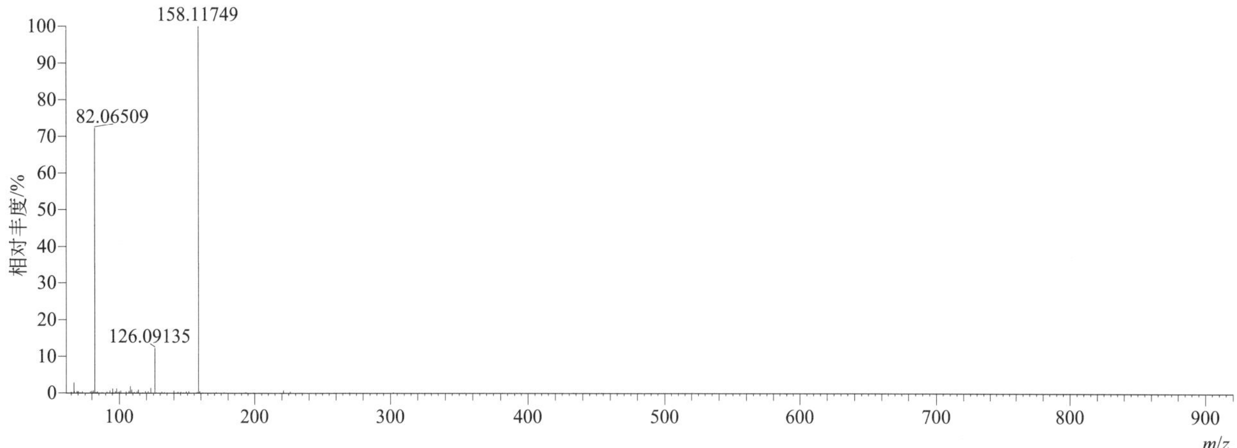

[M+H]+ 归一化法能量 NCE 为 60 时典型的二级质谱图

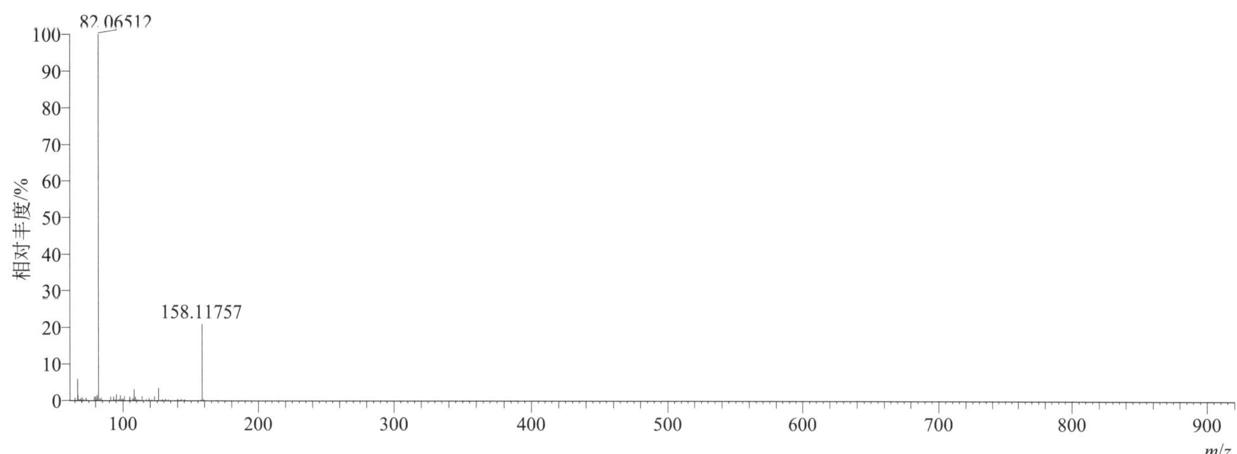

[M+H]+ 阶梯归一化法能量 Step NCE 为 20、40、60 时典型的二级质谱图

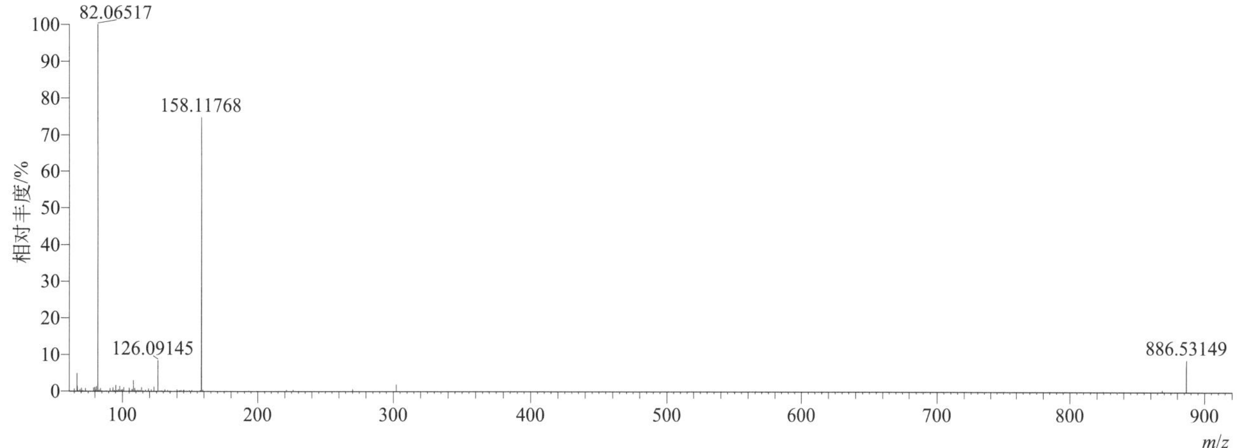

epoxiconazole（氟环唑）

基本信息

CAS 登录号	133855-98-8	分子量	329.07312	离子源和极性	电喷雾离子源（ESI）
分子式	$C_{17}H_{13}ClFN_3O$	保留时间	14.78min	极性	正模式

[M+H]⁺ 提取离子流色谱图

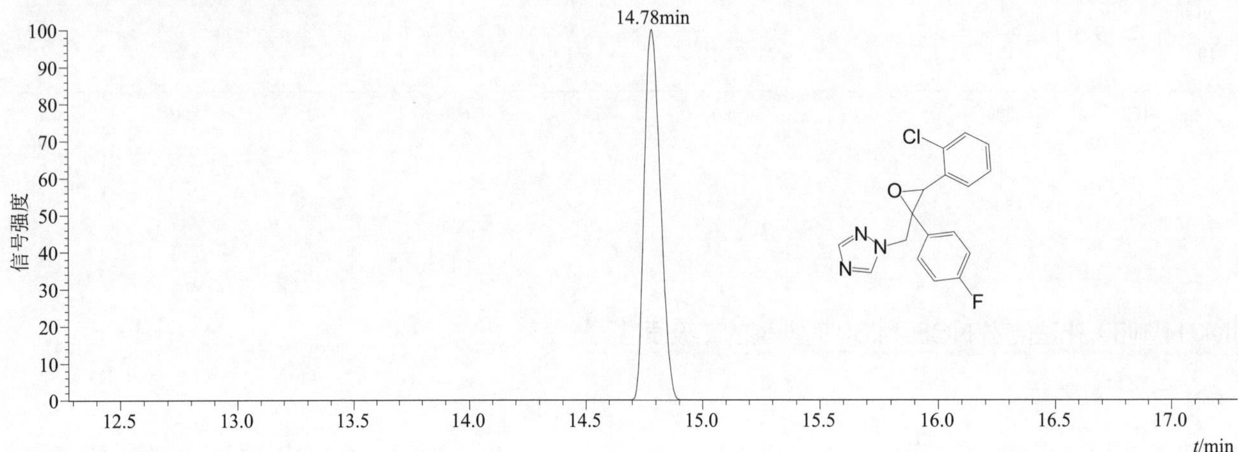

[M+H]⁺ 典型的一级质谱图

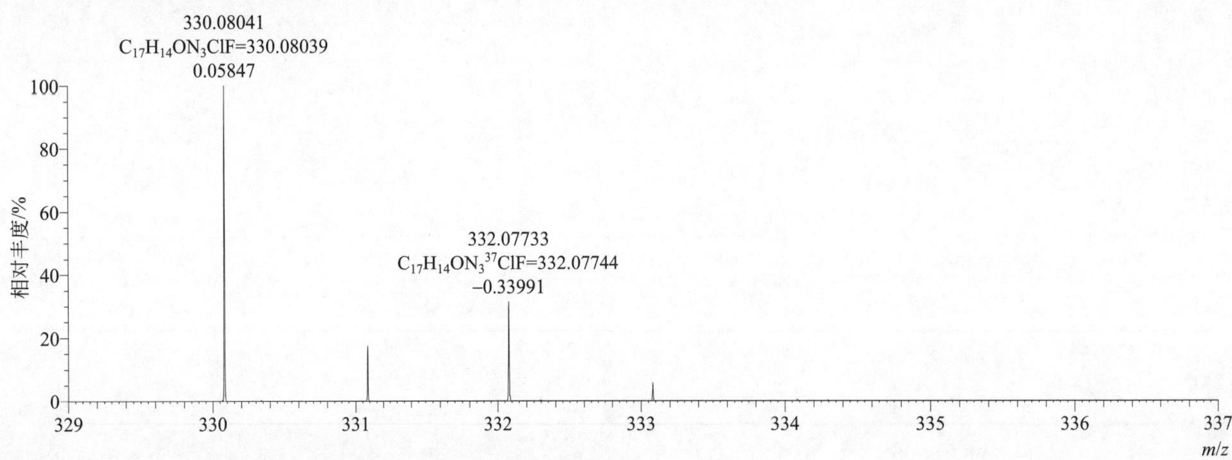

[M+H]⁺ 归一化法能量 NCE 为 20 时典型的二级质谱图

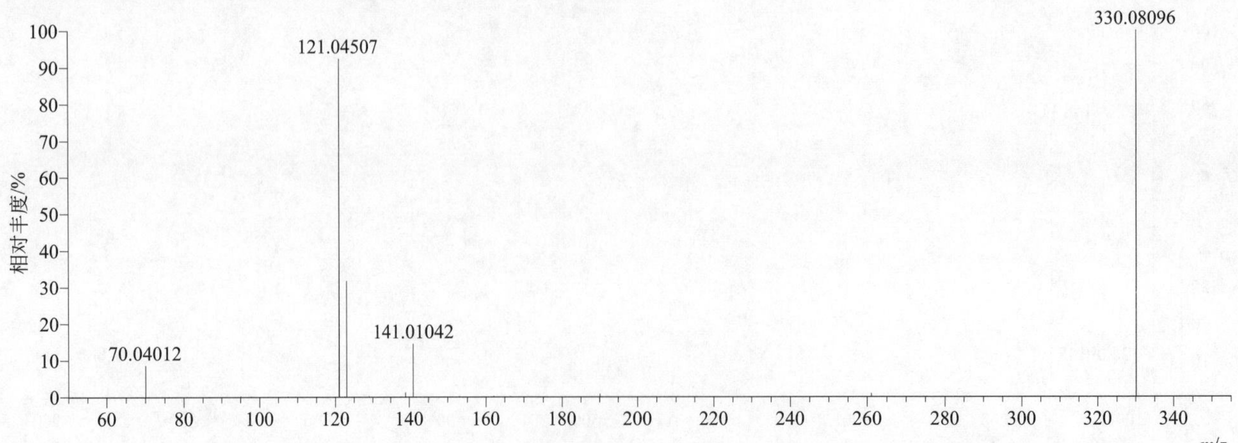

[M+H]+ 归一化法能量 NCE 为 40 时典型的二级质谱图

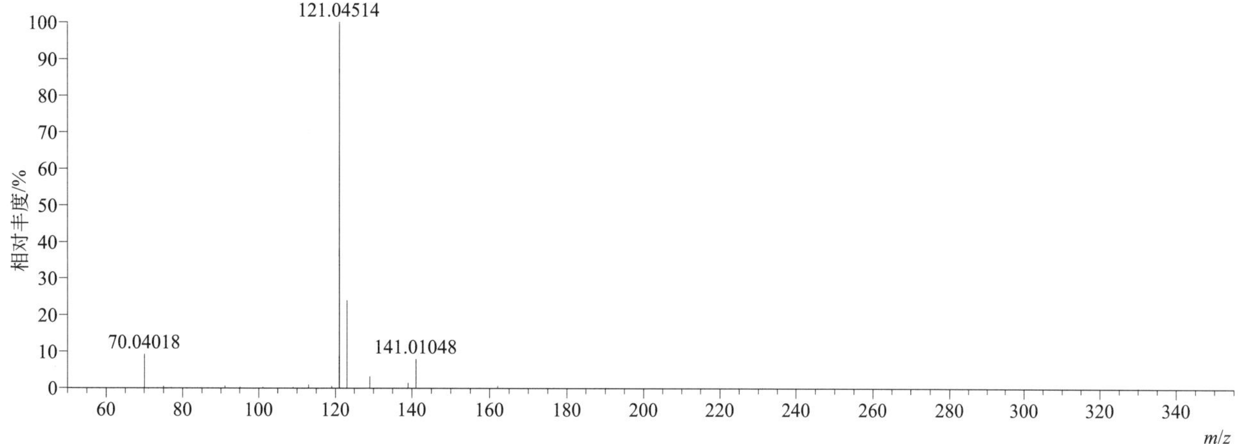

[M+H]+ 归一化法能量 NCE 为 60 时典型的二级质谱图

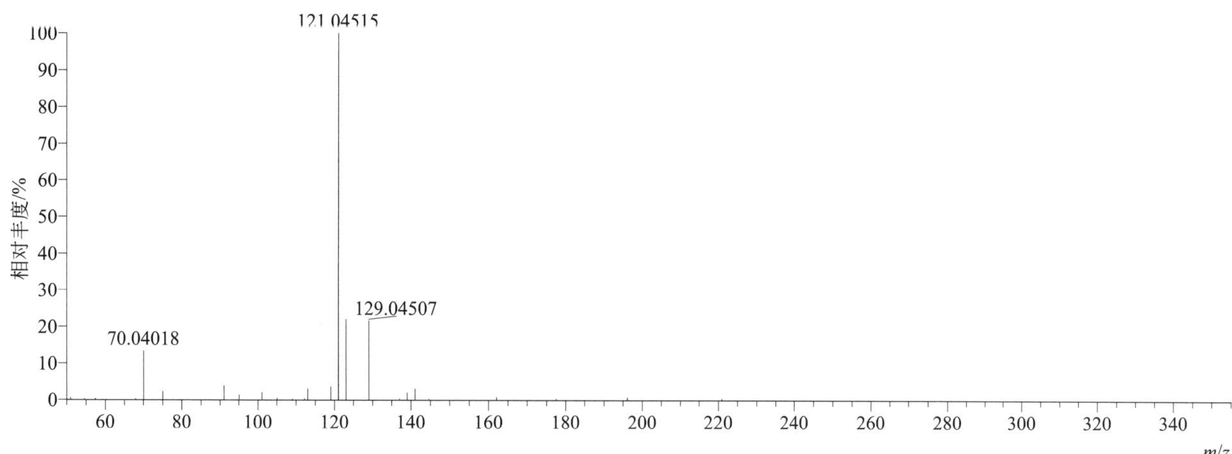

[M+H]+ 阶梯归一化法能量 Step NCE 为 20、40、60 时典型的二级质谱图

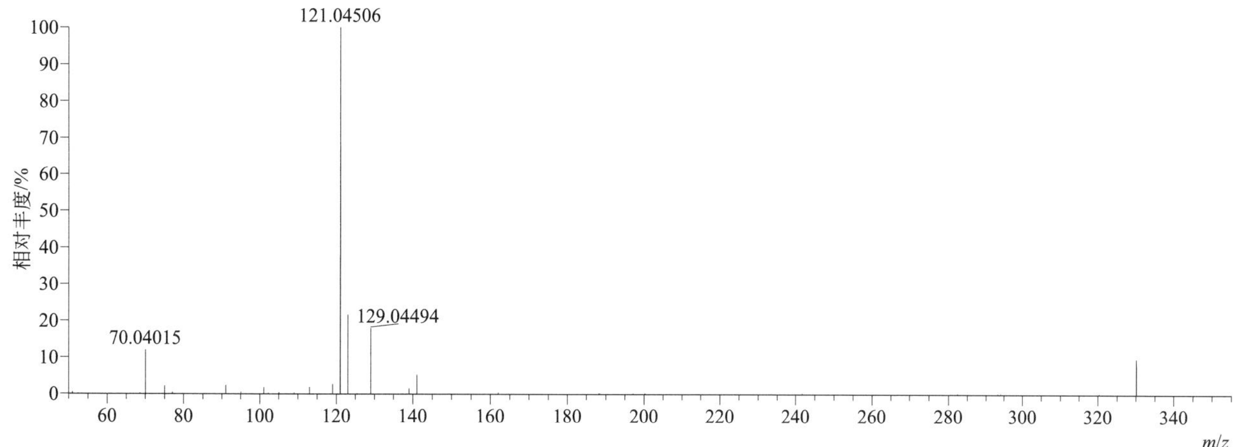

esprocarb（戊草丹）

基本信息

CAS 登录号	85785-20-2	分子量	265.15003	离子源和极性	电喷雾离子源（ESI）
分子式	$C_{15}H_{23}NOS$	保留时间	15.77min	极性	正模式

[M+H]⁺ 提取离子流色谱图

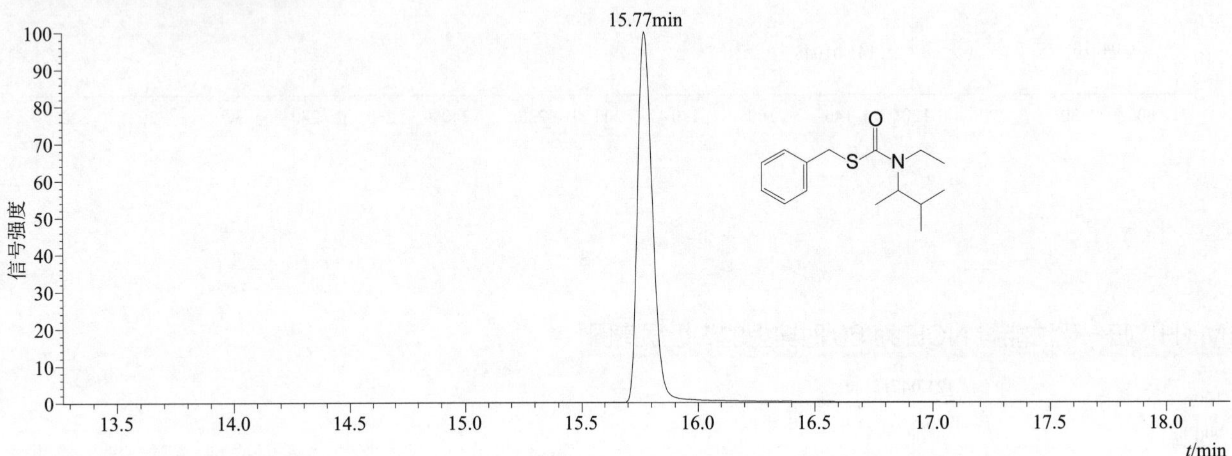

[M+H]⁺ 典型的一级质谱图

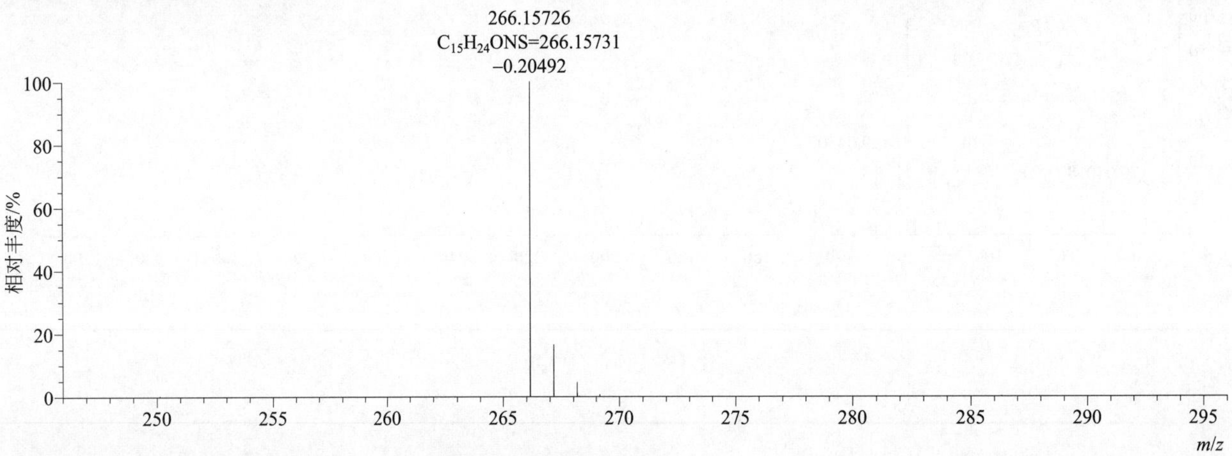

[M+H]⁺ 归一化法能量 NCE 为 20 时典型的二级质谱图

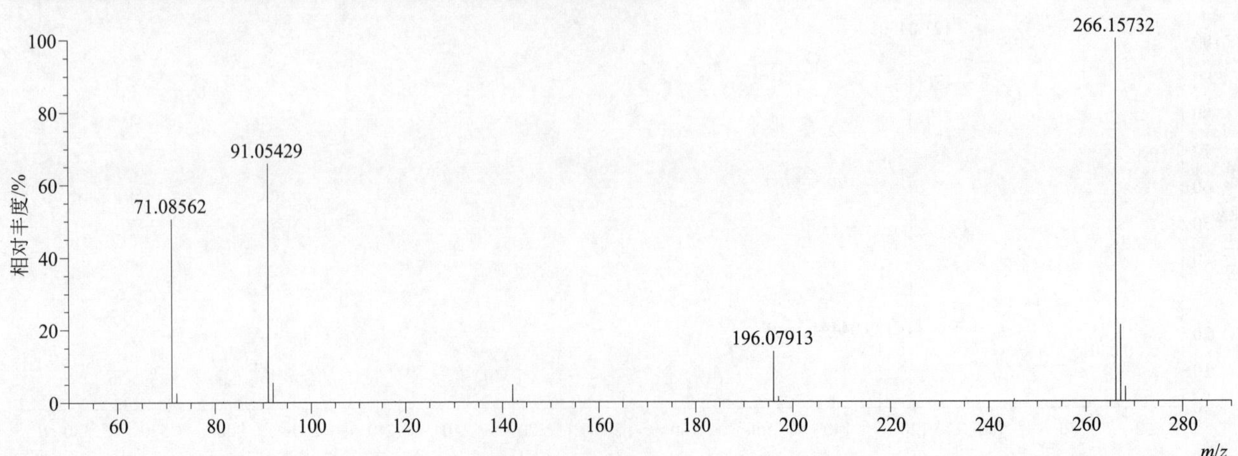

[M+H]+ 归一化法能量 NCE 为 40 时典型的二级质谱图

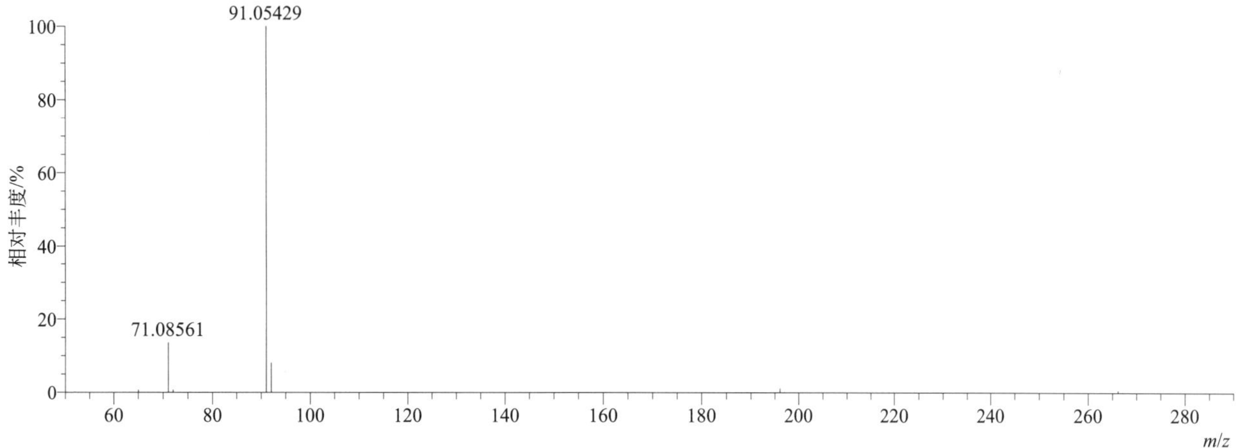

[M+H]+ 归一化法能量 NCE 为 60 时典型的二级质谱图

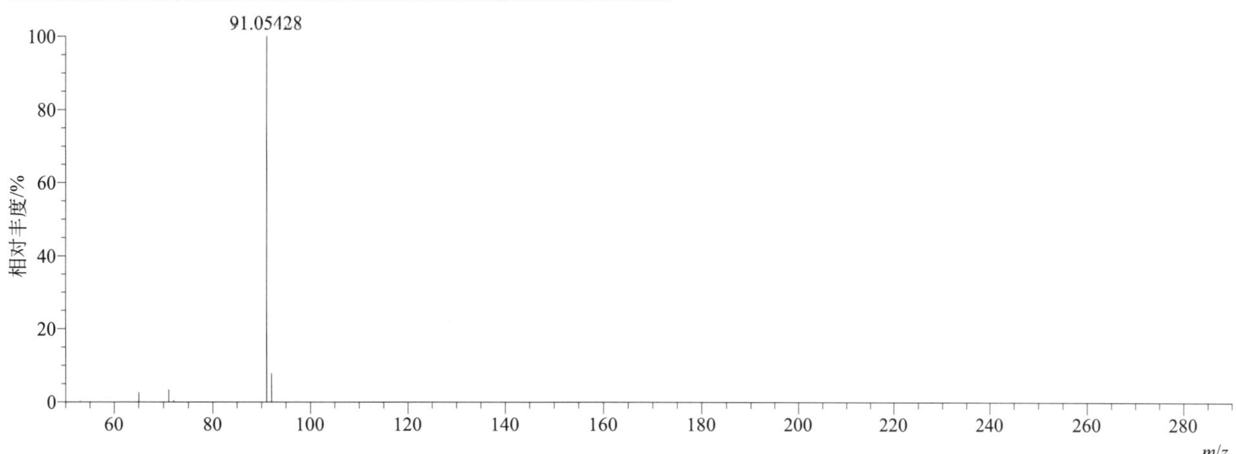

[M+H]+ 阶梯归一化法能量 Step NCE 为 20、40、60 时典型的二级质谱图

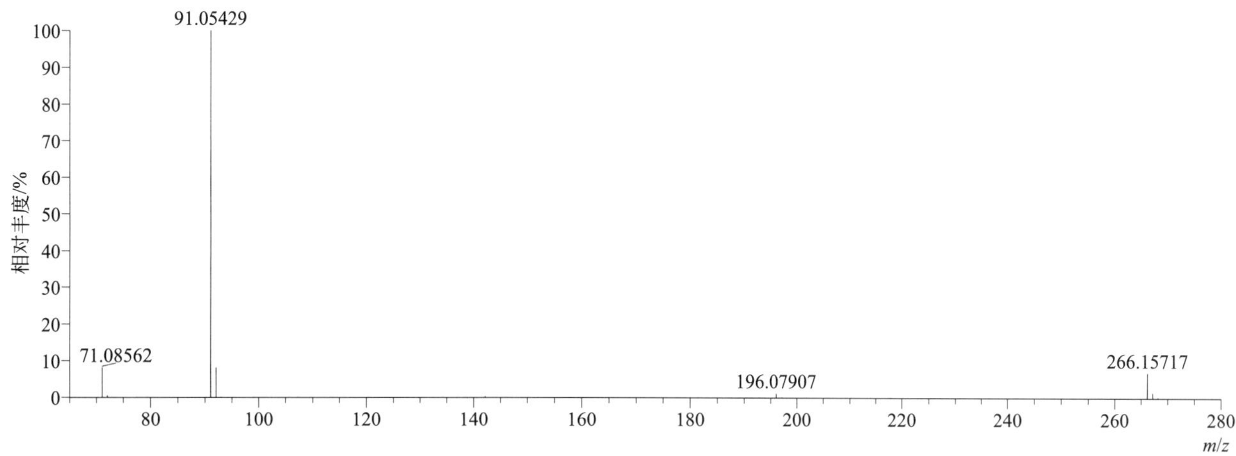

etaconazole（乙环唑）

基本信息

CAS 登录号	60207-93-4	分子量	327.05413	离子源和极性	电喷雾离子源（ESI）
分子式	$C_{14}H_{15}Cl_2N_3O_2$	保留时间	14.80min	极性	正模式

$[M+H]^+$ 提取离子流色谱图

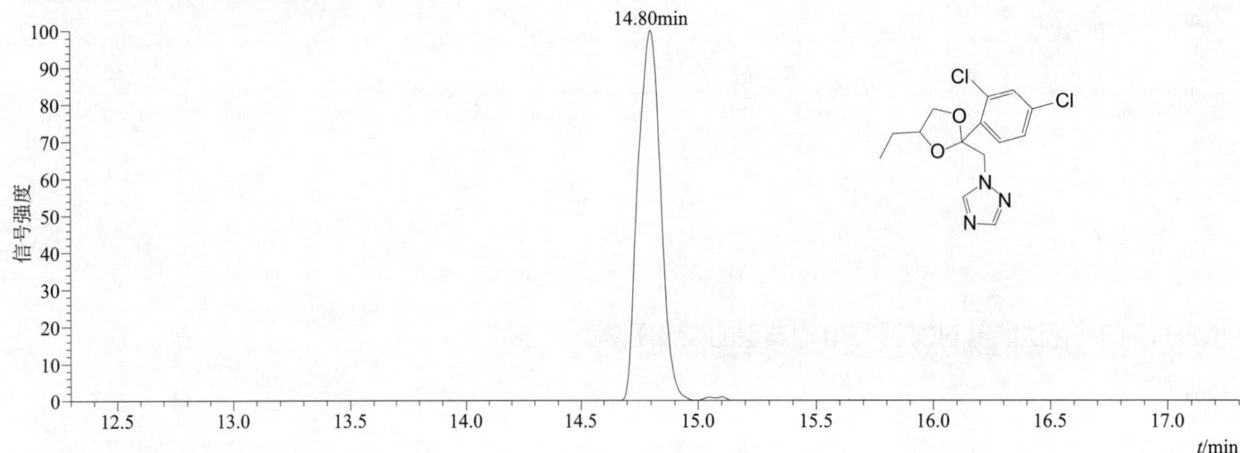

$[M+H]^+$ 典型的一级质谱图

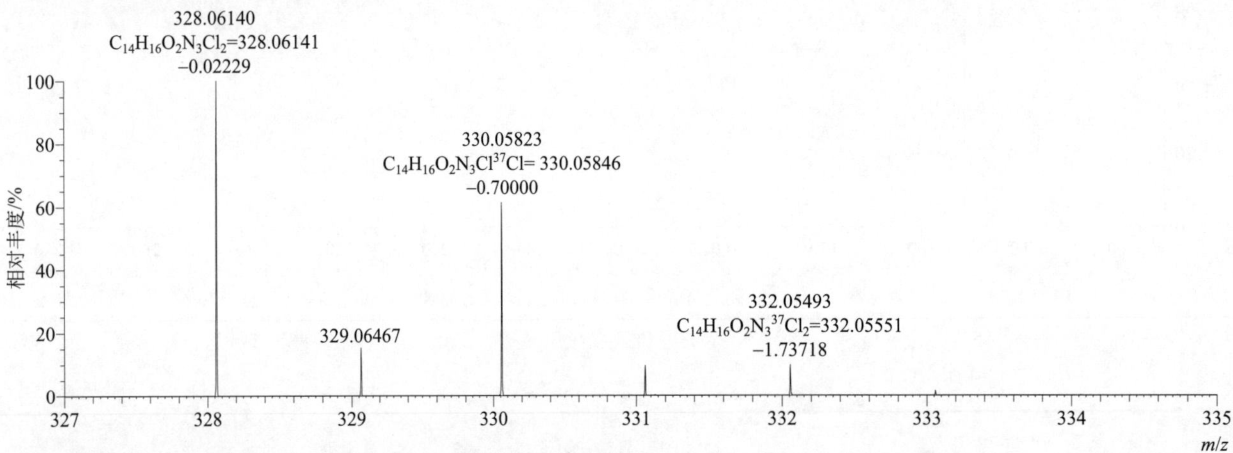

$[M+H]^+$ 归一化法能量 NCE 为 20 时典型的二级质谱图

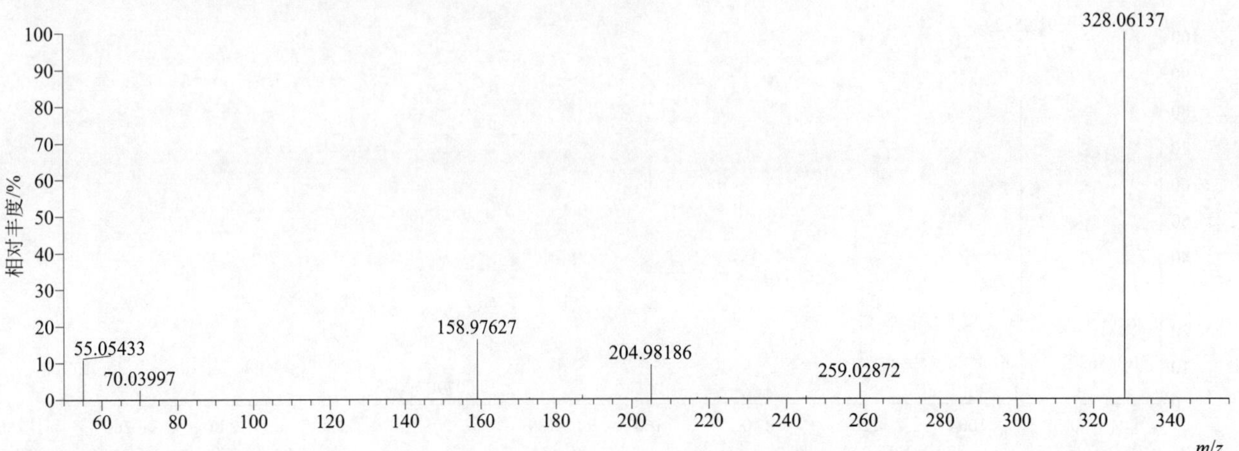

[M+H]⁺ 归一化法能量 NCE 为 40 时典型的二级质谱图

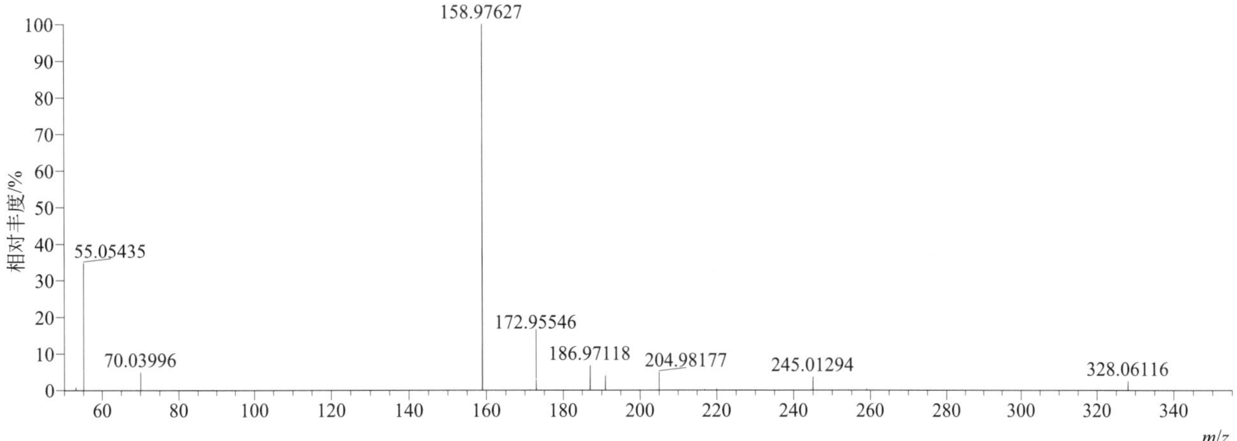

[M+H]⁺ 归一化法能量 NCE 为 60 时典型的二级质谱图

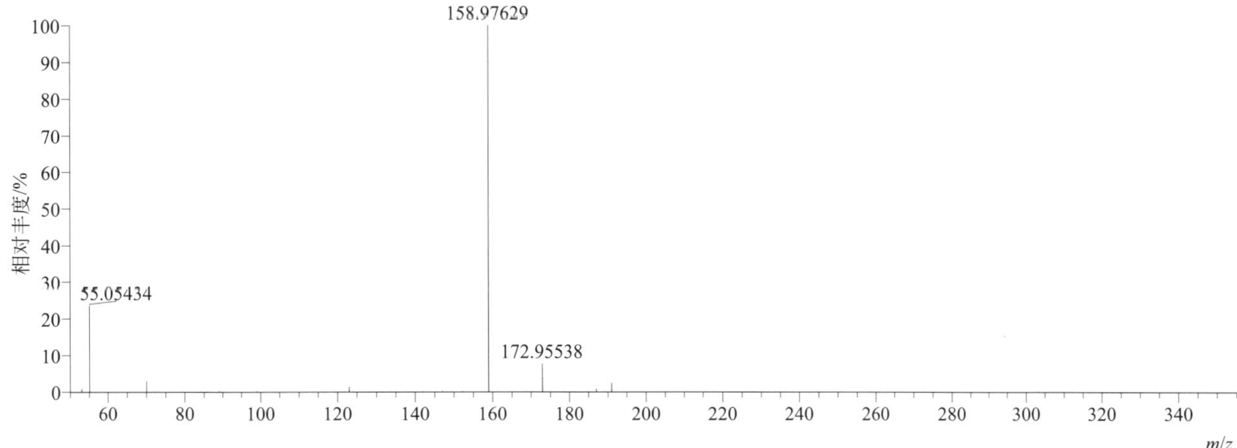

[M+H]⁺ 阶梯归一化法能量 Step NCE 为 20、40、60 时典型的二级质谱图

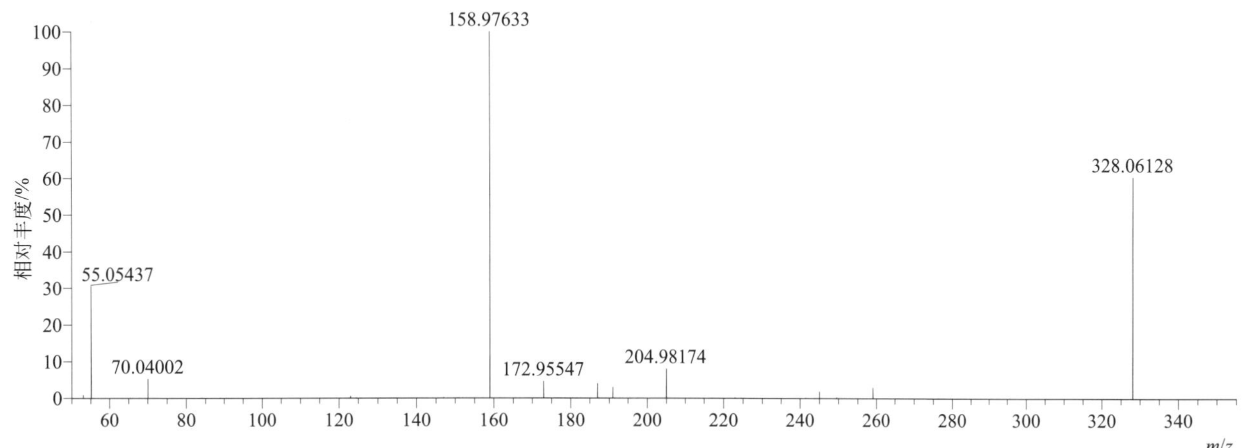

ethametsulfuron-methyl（胺苯磺隆）

基本信息

CAS 登录号	97780-06-8	分子量	410.10085	离子源和极性	电喷雾离子源（ESI）
分子式	$C_{15}H_{18}N_6O_6S$	保留时间	13.48min	极性	正模式

$[M+H]^+$ 提取离子流色谱图

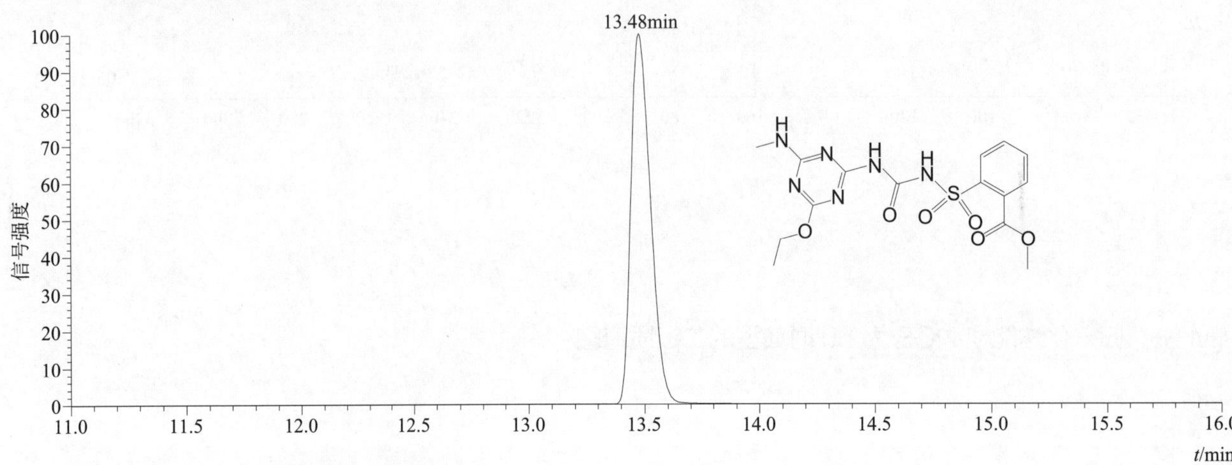

$[M+H]^+$ 和 $[M+Na]^+$ 典型的一级质谱图

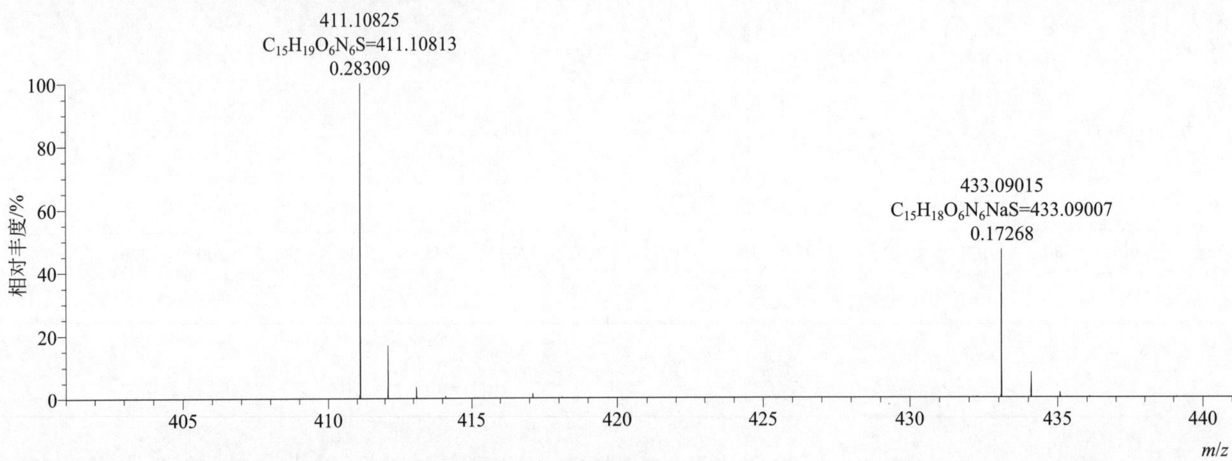

$[M+H]^+$ 归一化法能量 NCE 为 20 时典型的二级质谱图

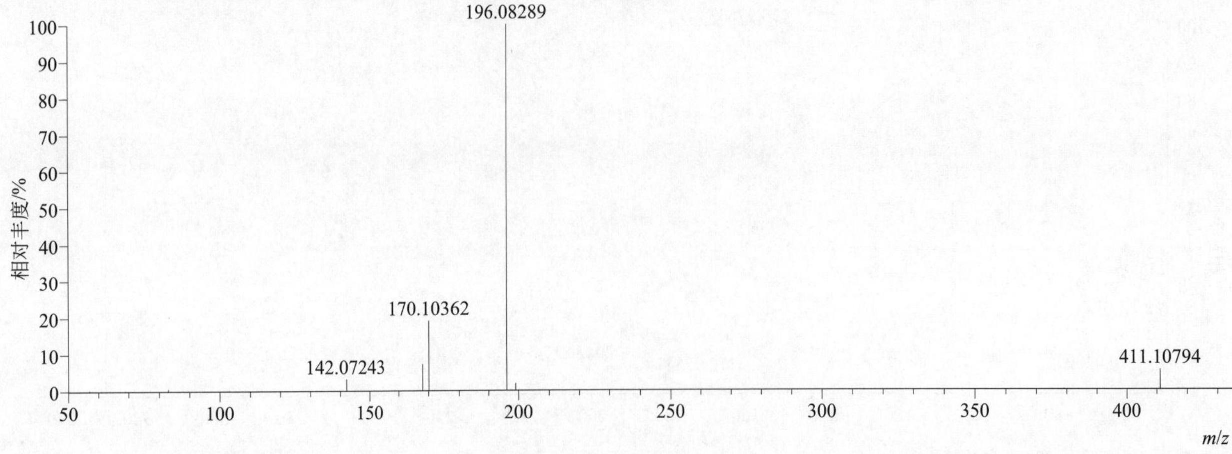

[M+H]⁺ 归一化法能量 NCE 为 40 时典型的二级质谱图

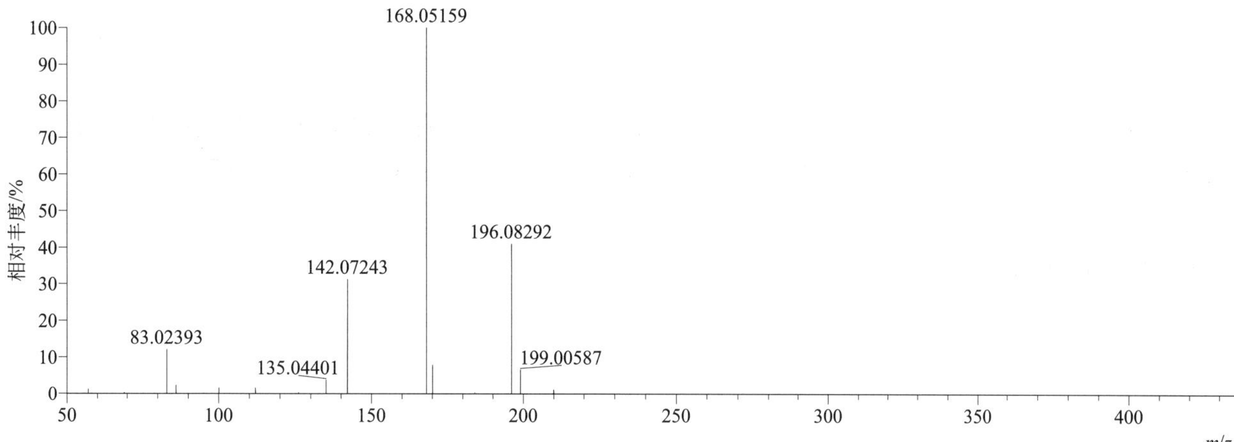

[M+H]⁺ 归一化法能量 NCE 为 60 时典型的二级质谱图

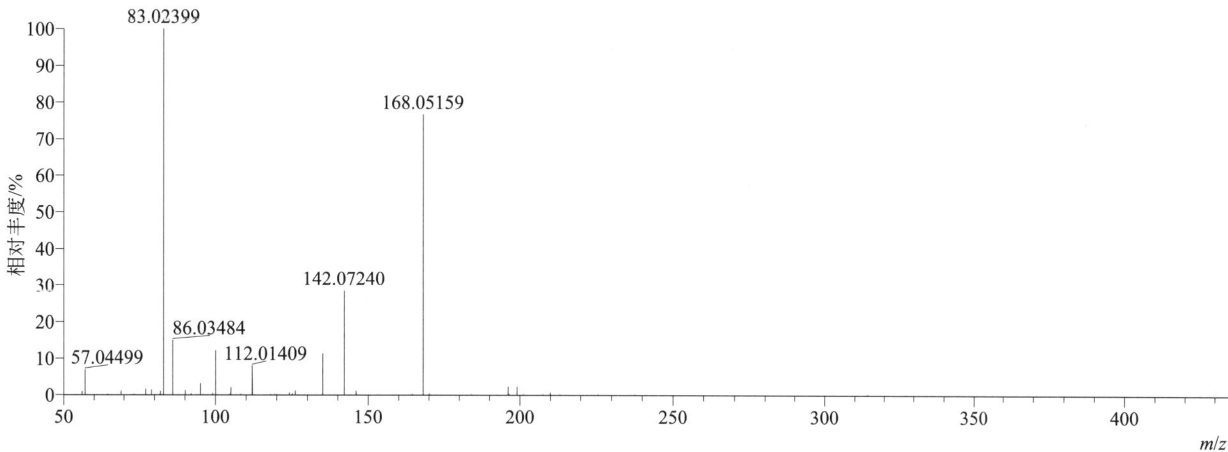

[M+H]⁺ 阶梯归一化法能量 Step NCE 为 20、40、60 时典型的二级质谱图

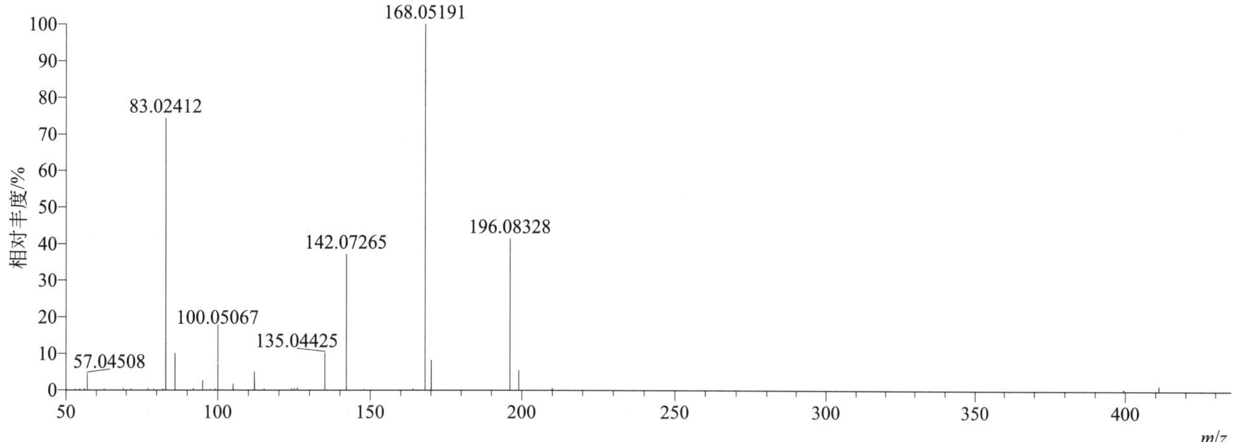

ethidimuron（噻二唑隆）

基本信息

CAS 登录号	30043-49-3	分子量	264.03508	离子源和极性	电喷雾离子源（ESI）
分子式	$C_7H_{12}N_4O_3S_2$	保留时间	11.62min	极性	正模式

[M+H]⁺ 提取离子流色谱图

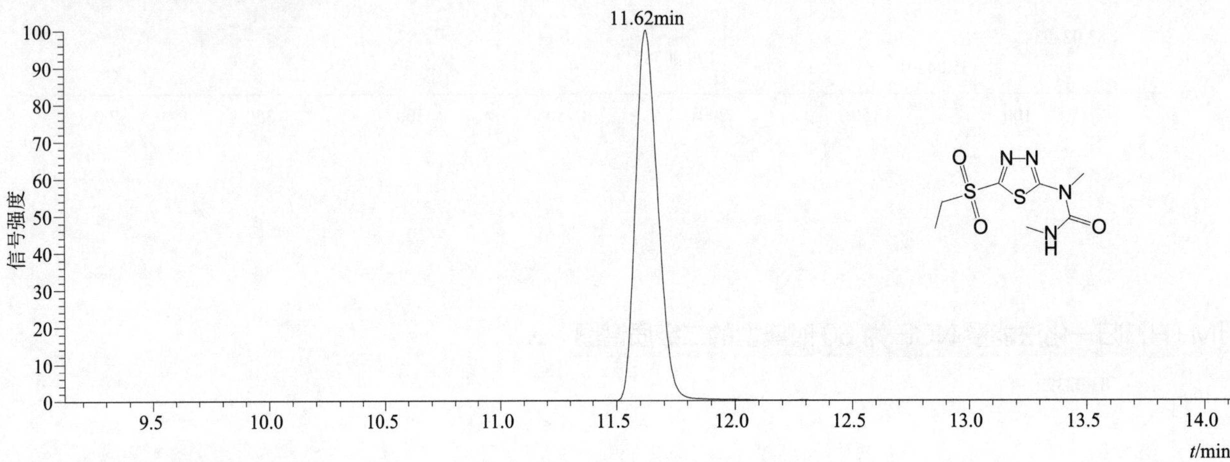

[M+H]⁺ 典型的一级质谱图

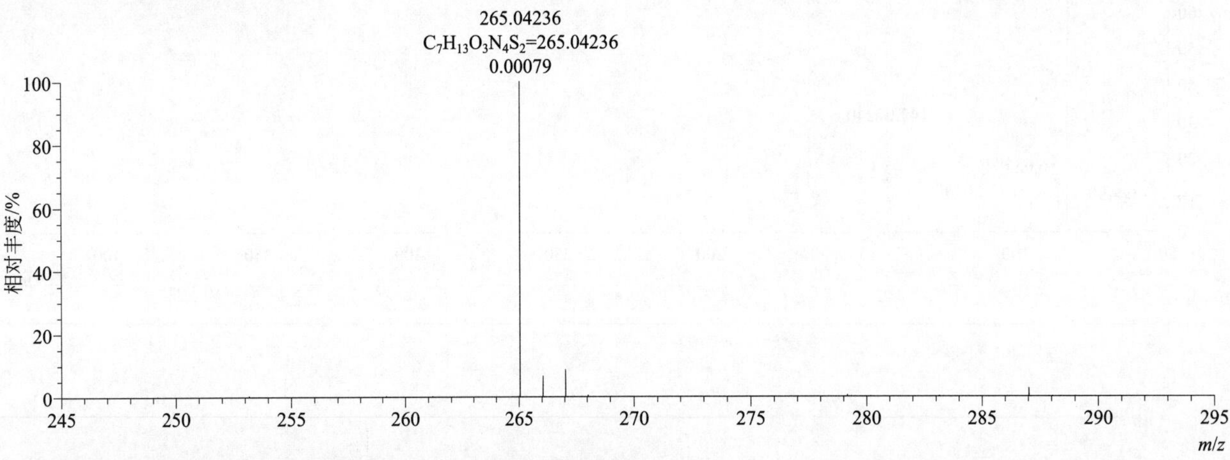

[M+H]⁺ 归一化法能量 NCE 为 20 时典型的二级质谱图

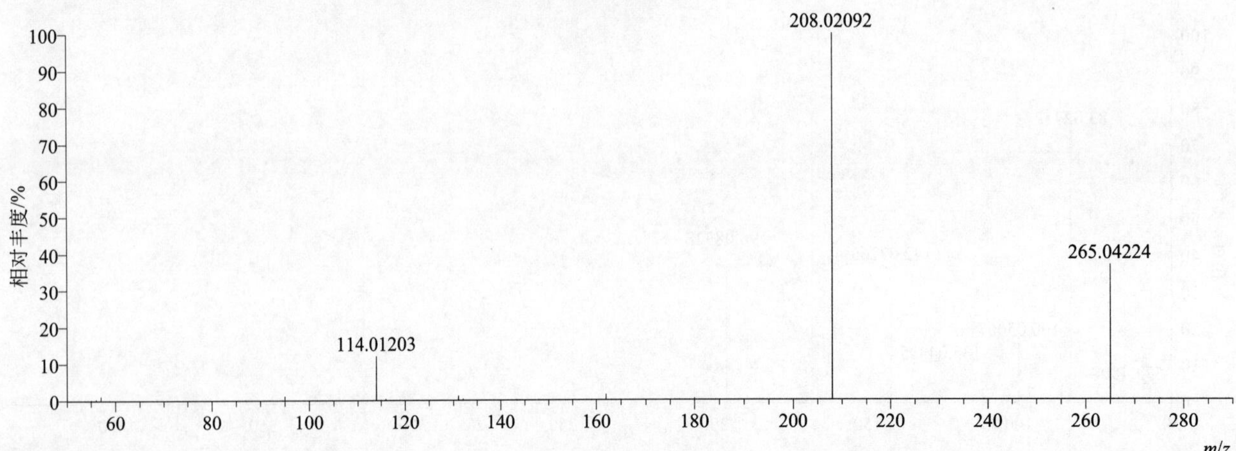

[M+H]$^+$ 归一化法能量 NCE 为 40 时典型的二级质谱图

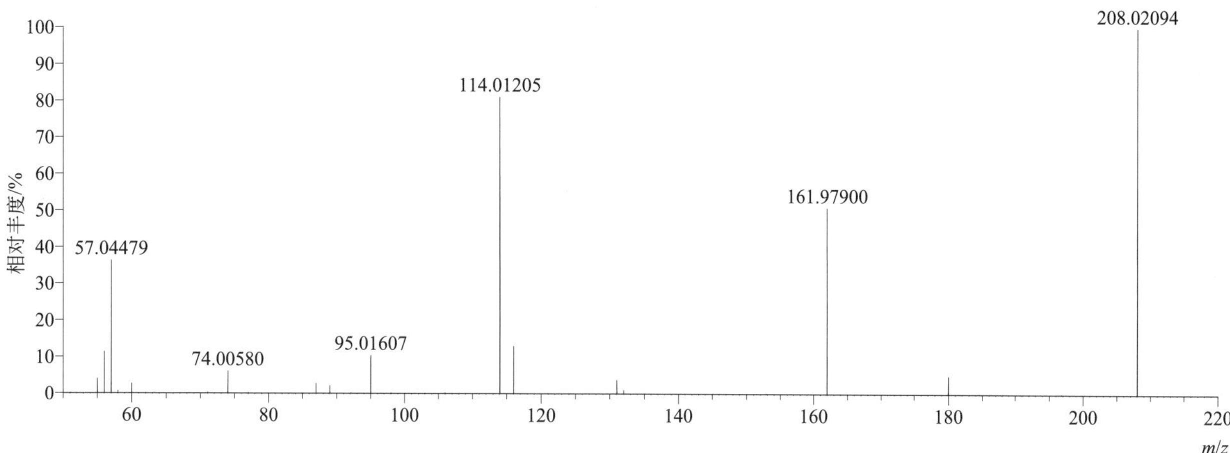

[M+H]$^+$ 归一化法能量 NCE 为 60 时典型的二级质谱图

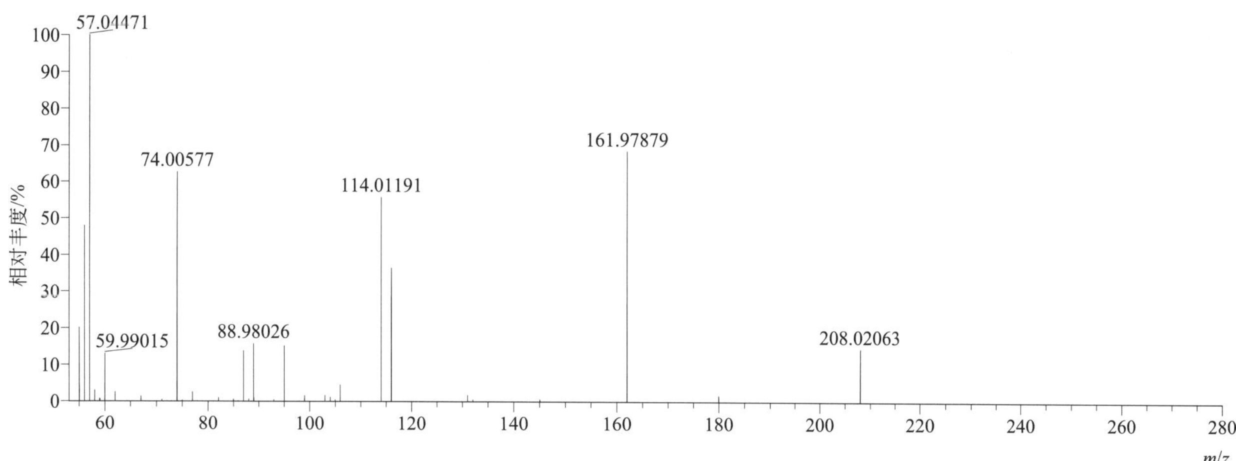

[M+H]$^+$ 阶梯归一化法能量 Step NCE 为 20、40、60 时典型的二级质谱图

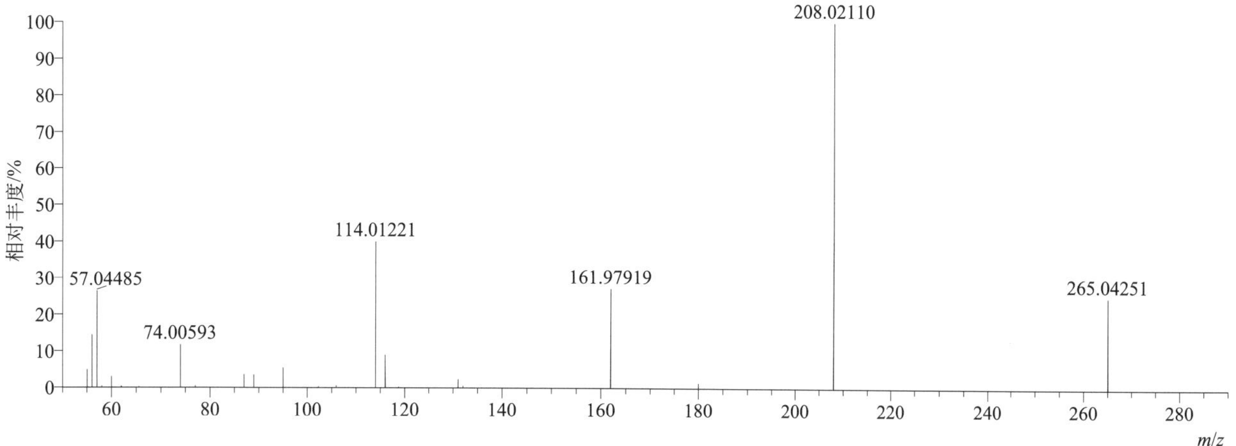

ethiofencarb（乙硫苯威）

基本信息

CAS 登录号	29973-13-5	分子量	225.08235	离子源和极性	电喷雾离子源（ESI）
分子式	$C_{11}H_{15}NO_2S$	保留时间	13.48min	极性	正模式

$[M+H]^+$ 提取离子流色谱图

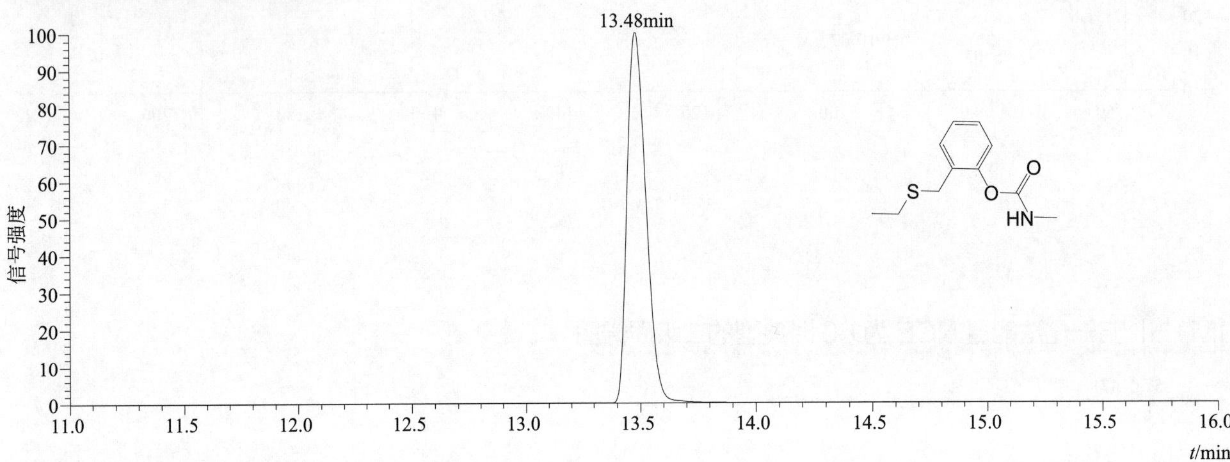

$[M+H]^+$ 典型的一级质谱图

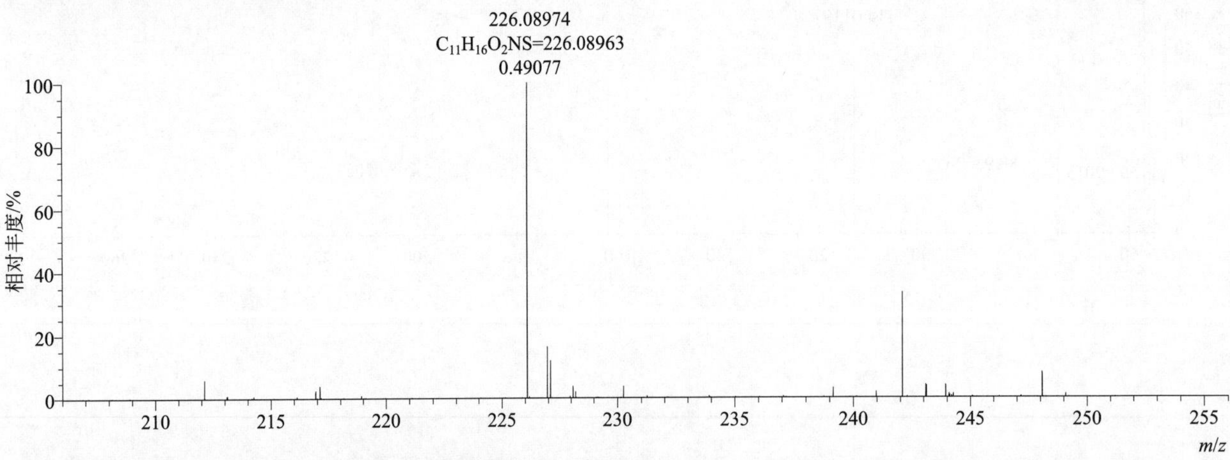

$[M+H]^+$ 归一化法能量 NCE 为 20 时典型的二级质谱图

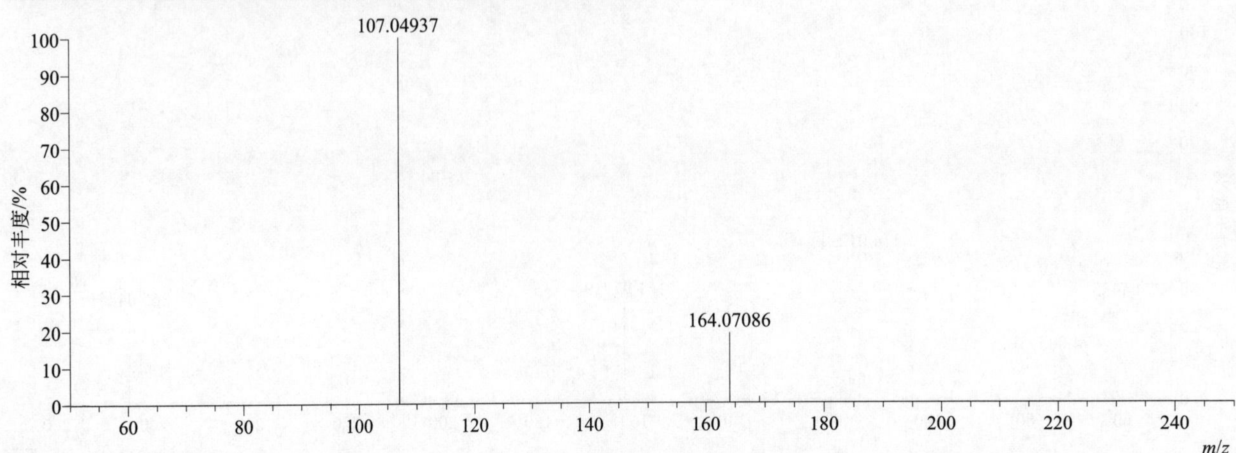

[M+H]+ 归一化法能量 NCE 为 40 时典型的二级质谱图

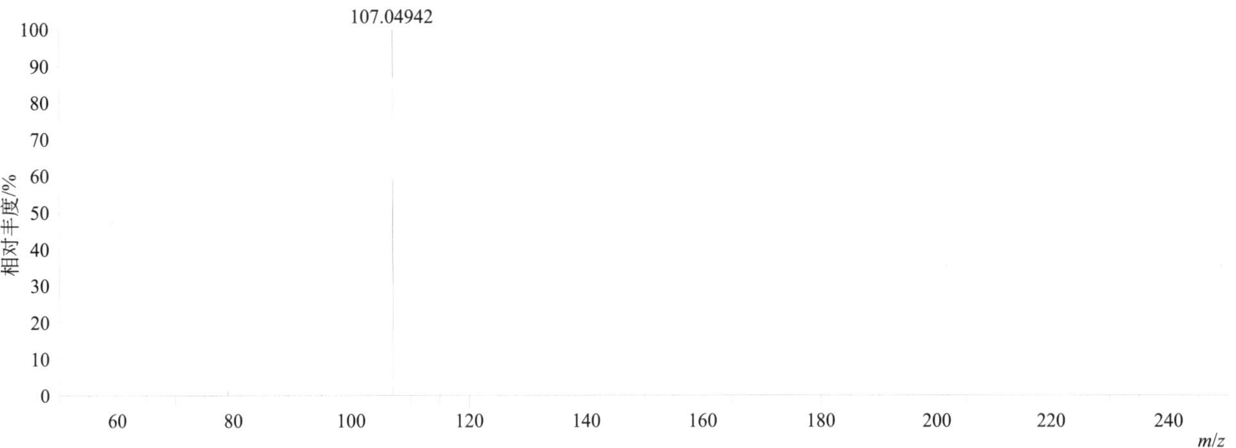

[M+H]+ 归一化法能量 NCE 为 60 时典型的二级质谱图

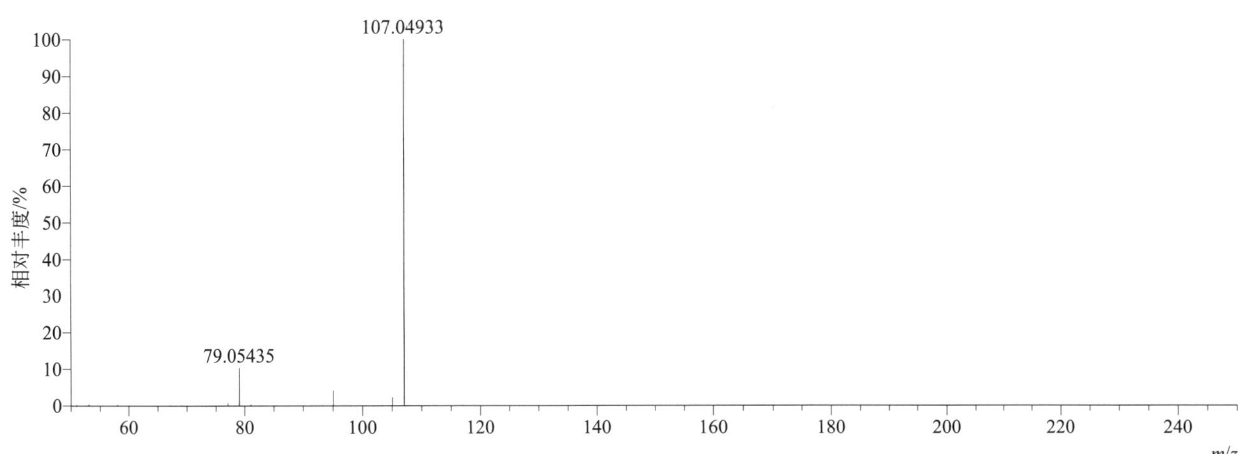

[M+H]+ 阶梯归一化法能量 Step NCE 为 20、40、60 时典型的二级质谱图

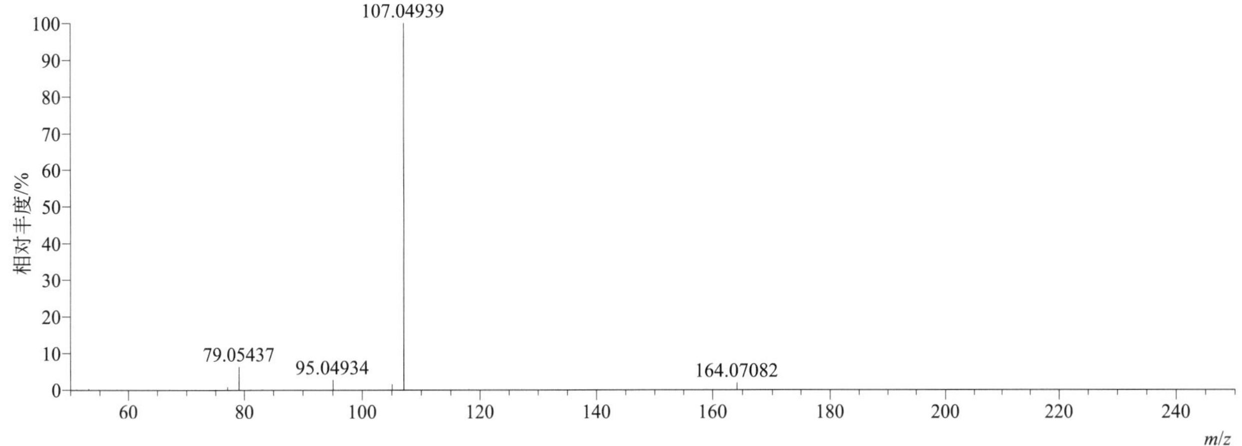

ethiofencarb-sulfone（乙硫苯威砜）

基本信息

CAS 登录号	53380-23-7	分子量	257.07218	离子源和极性	电喷雾离子源（ESI）
分子式	$C_{11}H_{15}NO_4S$	保留时间	11.26min	极性	正模式

$[M+NH_4]^+$ 提取离子流色谱图

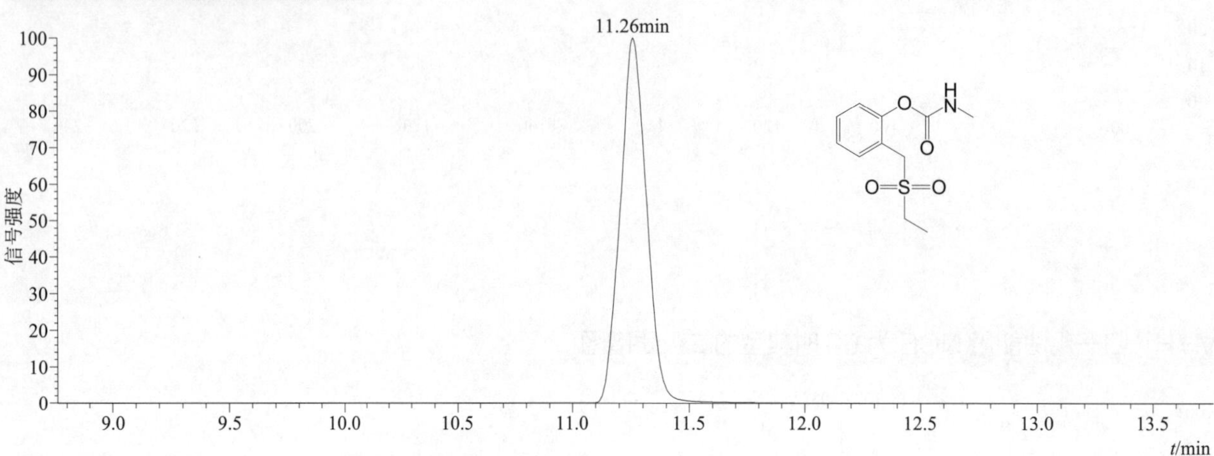

$[M+H]^+$、$[M+NH_4]^+$ 和 $[M+Na]^+$ 典型的一级质谱图

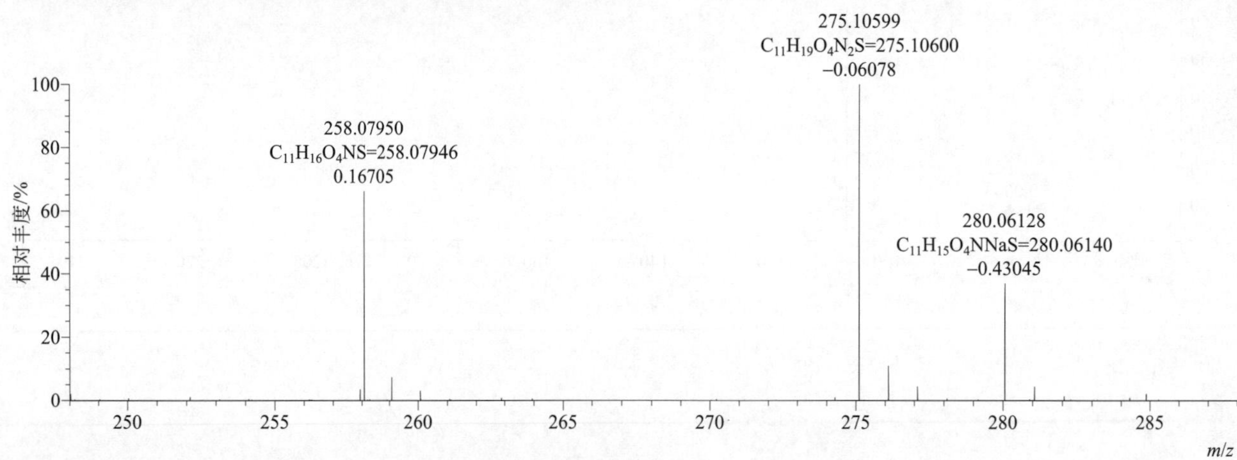

$[M+H]^+$ 归一化法能量 NCE 为 20 时典型的二级质谱图

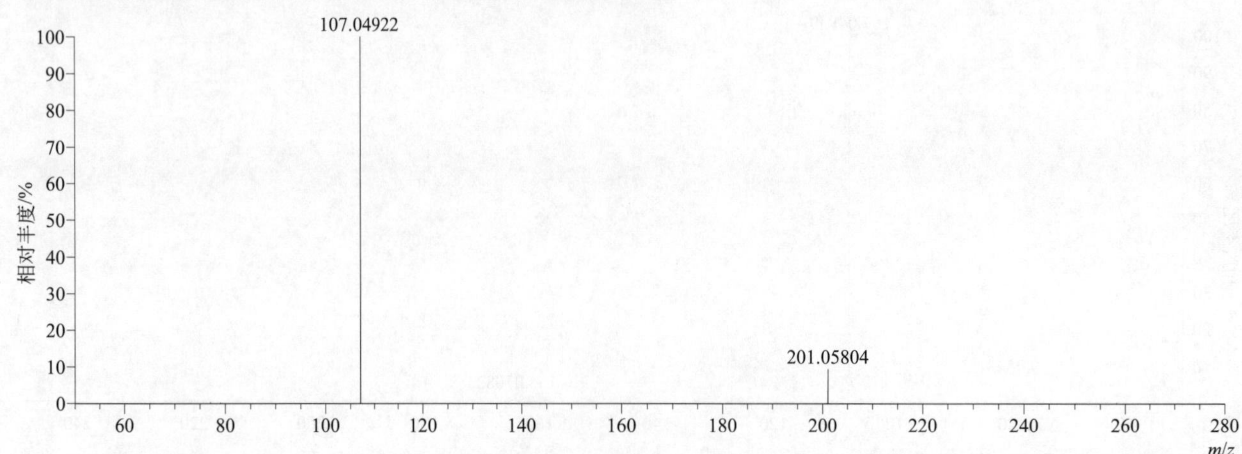

[M+H]$^+$ 归一化法能量 NCE 为 40 时典型的二级质谱图

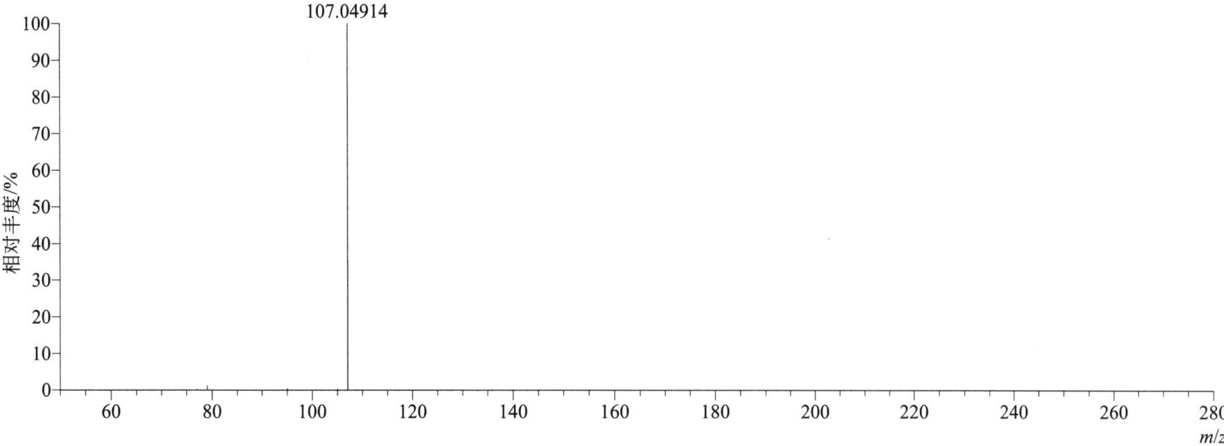

[M+H]$^+$ 归一化法能量 NCE 为 60 时典型的二级质谱图

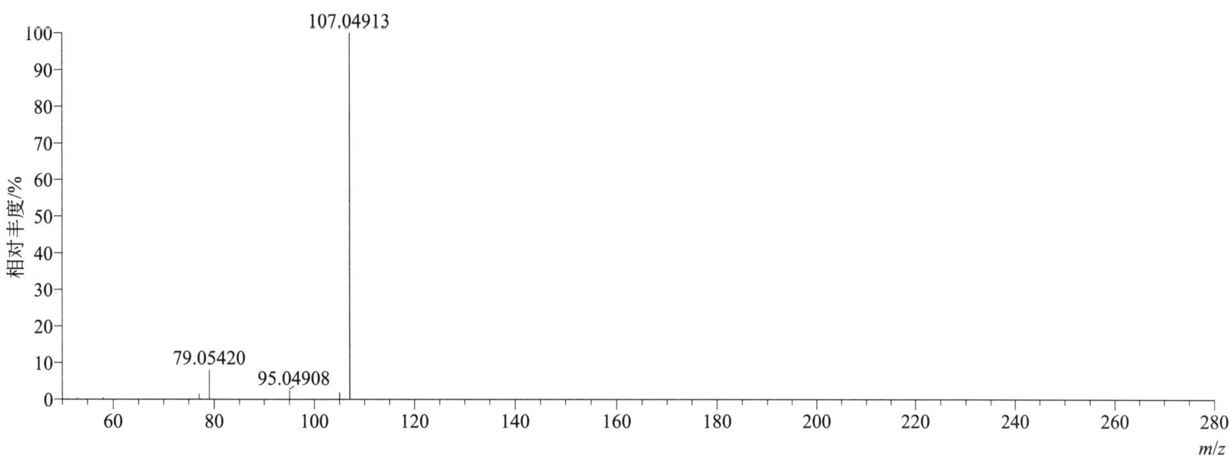

[M+H]$^+$ 阶梯归一化法能量 Step NCE 为 20、40、60 时典型的二级质谱图

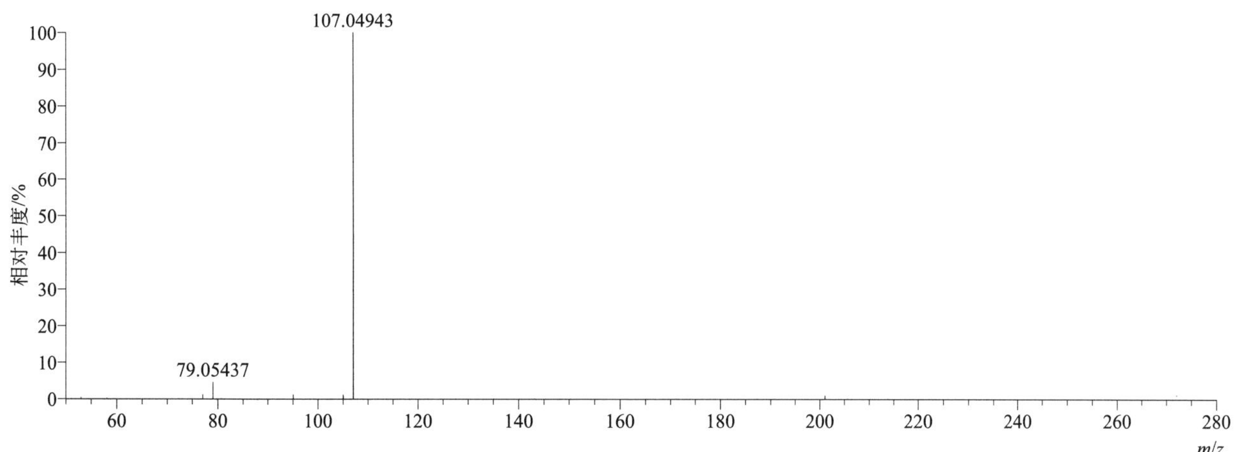

$[M+NH_4]^+$ 归一化法能量 NCE 为 20 时典型的二级质谱图

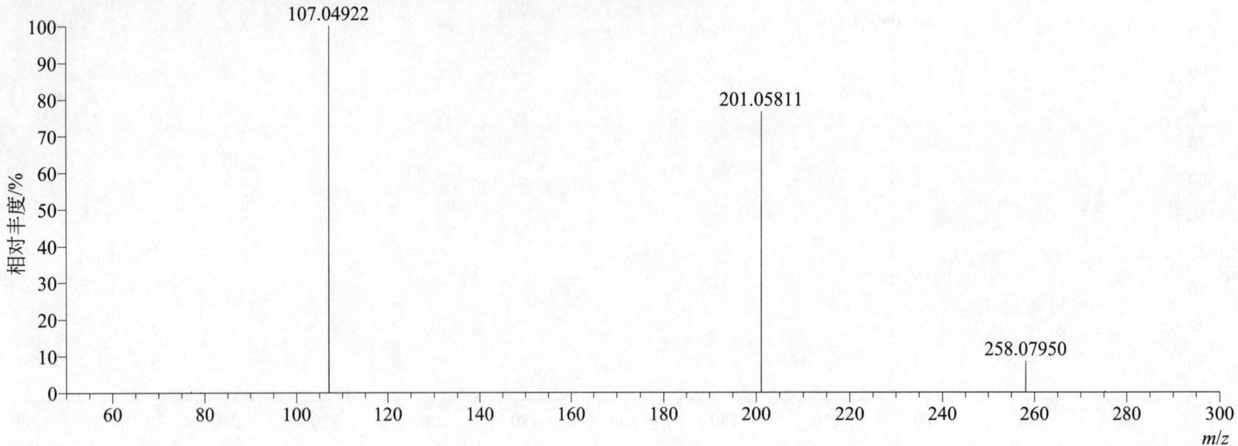

$[M+NH_4]^+$ 归一化法能量 NCE 为 40 时典型的二级质谱图

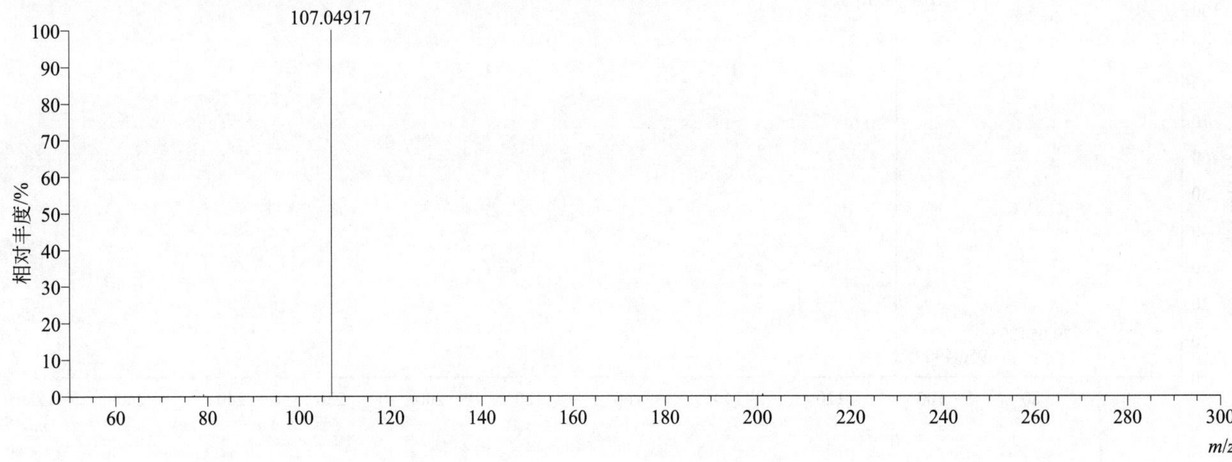

$[M+NH_4]^+$ 归一化法能量 NCE 为 60 时典型的二级质谱图

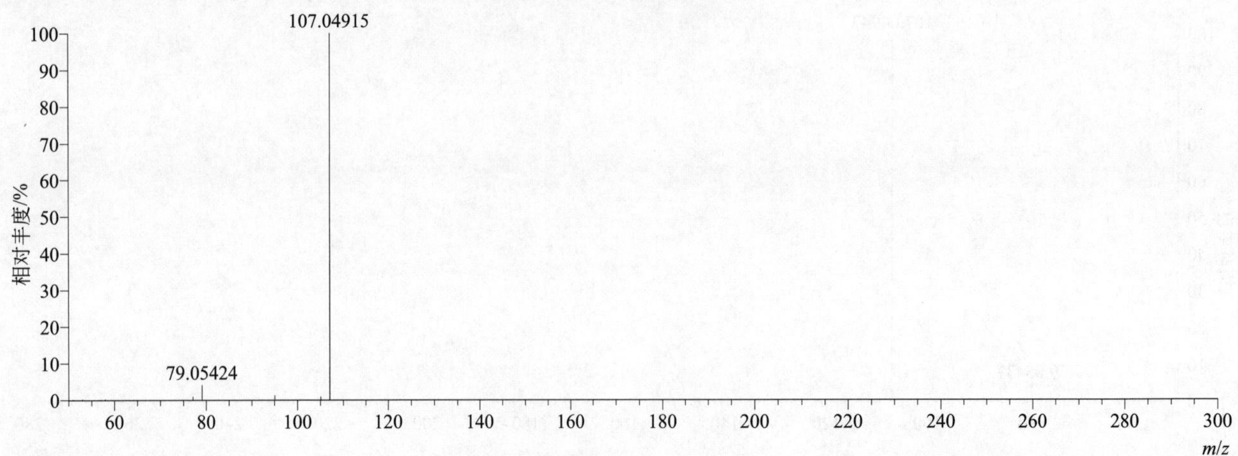

[M+NH4]+ 阶梯归一化法能量 Step NCE 为 20、40、60 时典型的二级质谱图

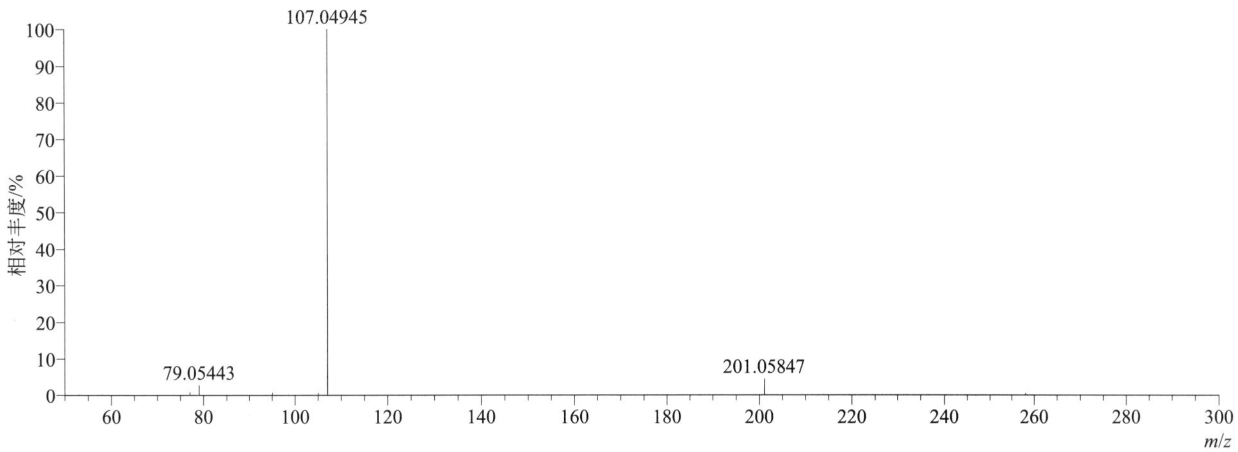

ethiofencarb-sulfoxide（乙硫苯威亚砜）

基本信息

CAS 登录号	53380-22-6	分子量	241.07726	离子源和极性	电喷雾离子源（ESI）
分子式	$C_{11}H_{15}NO_3S$	保留时间	11.42min	极性	正模式

[M+H]+ 提取离子流色谱图

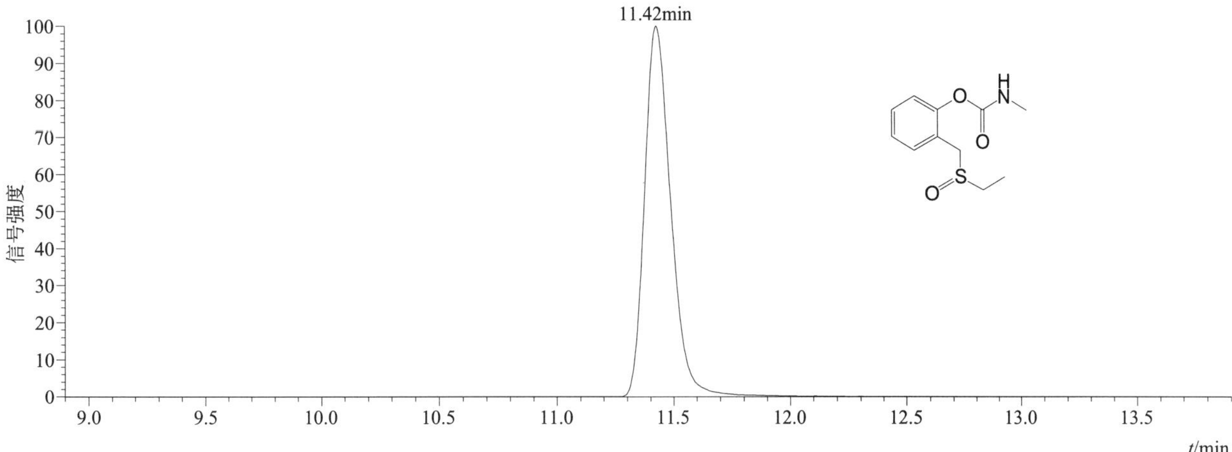

[M+H]+ 和 [M+Na]+ 典型的一级质谱图

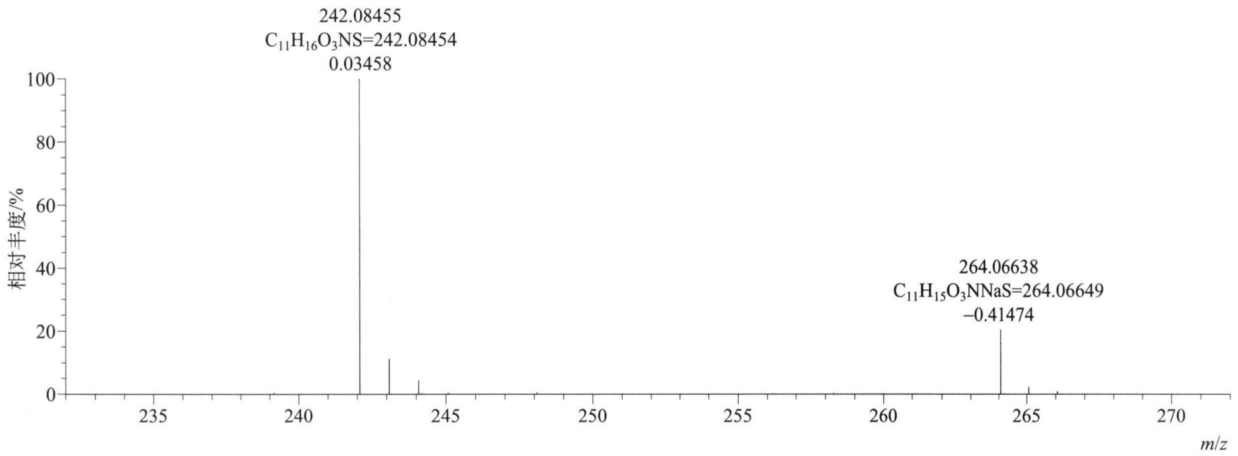

[M+H]+ 归一化法能量 NCE 为 20 时典型的二级质谱图

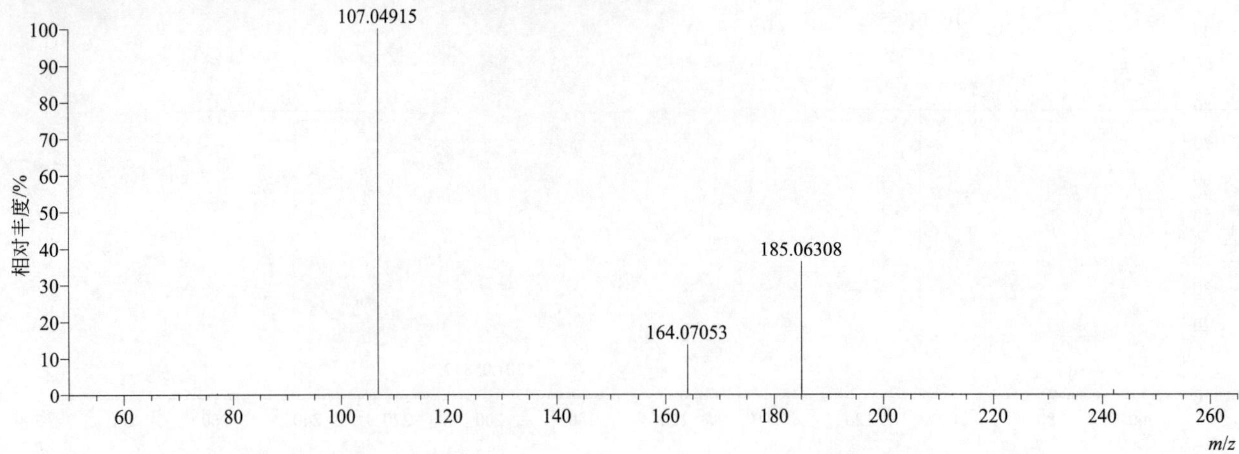

[M+H]+ 归一化法能量 NCE 为 40 时典型的二级质谱图

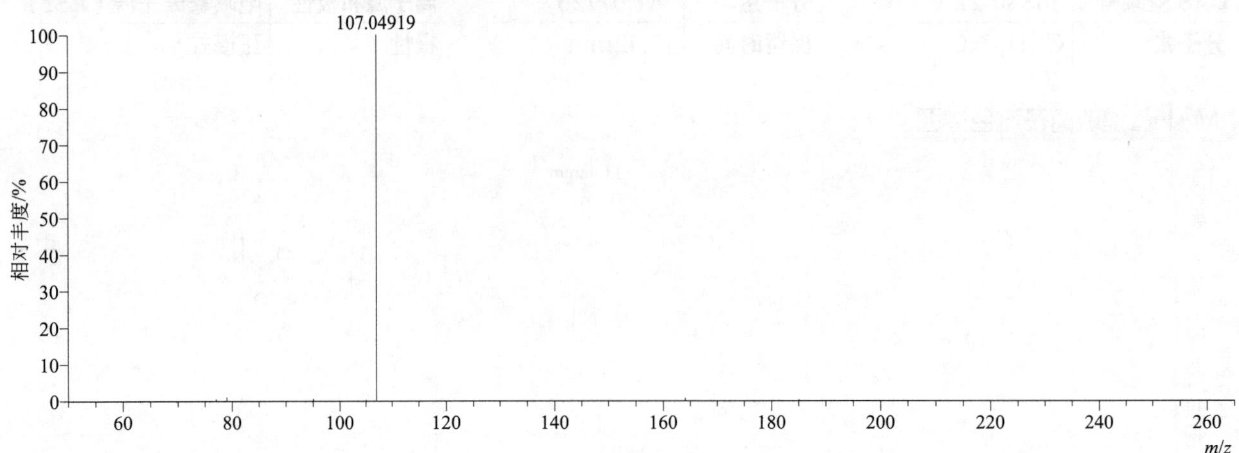

[M+H]+ 归一化法能量 NCE 为 60 时典型的二级质谱图

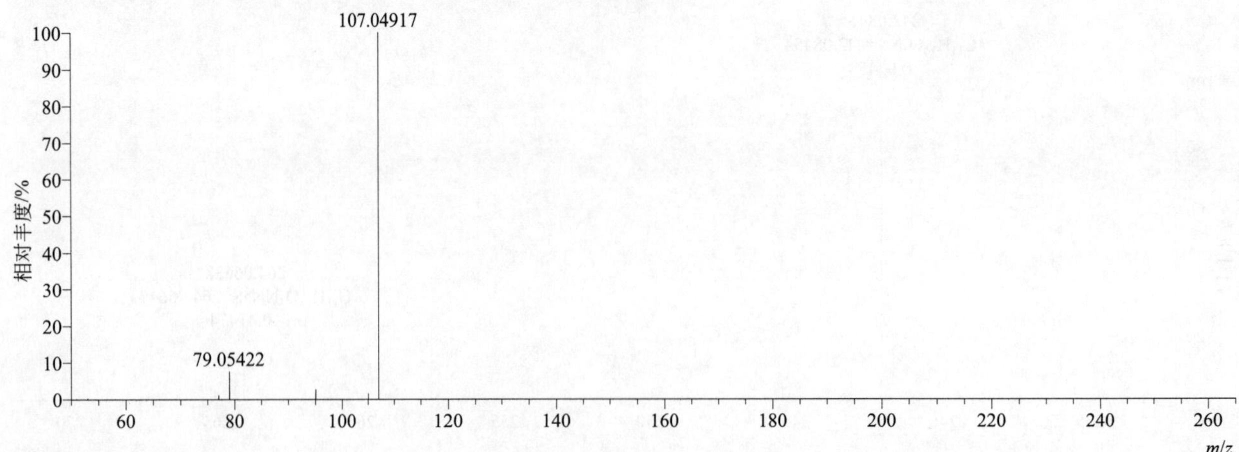

[M+H]+ 阶梯归一化法能量 Step NCE 为 20、40、60 时典型的二级质谱图

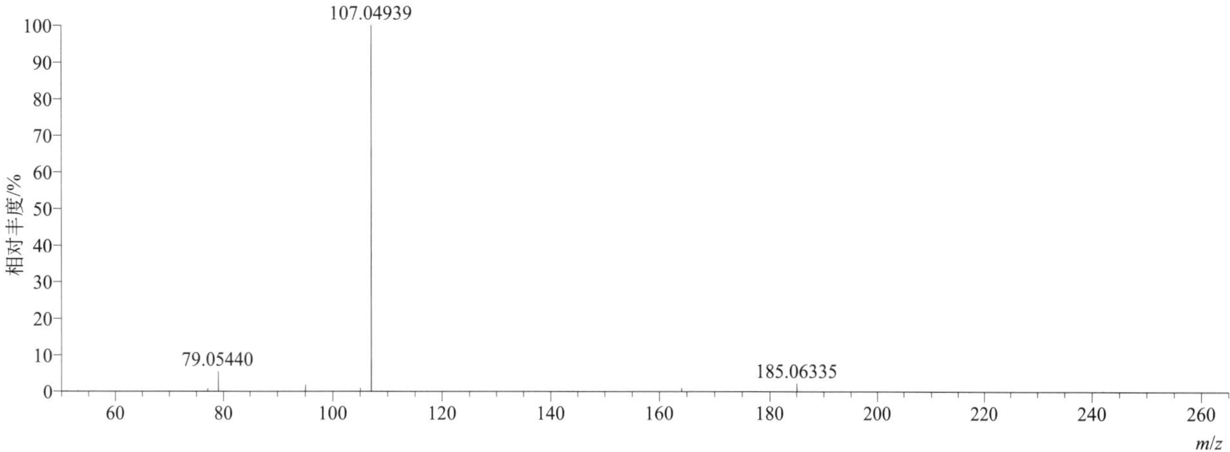

ethion（乙硫磷）

基本信息

CAS 登录号	563-12-2	分子量	383.98761	离子源和极性	电喷雾离子源（ESI）
分子式	$C_9H_{22}O_4P_2S_4$	保留时间	15.86min	极性	正模式

[M+H]+ 提取离子流色谱图

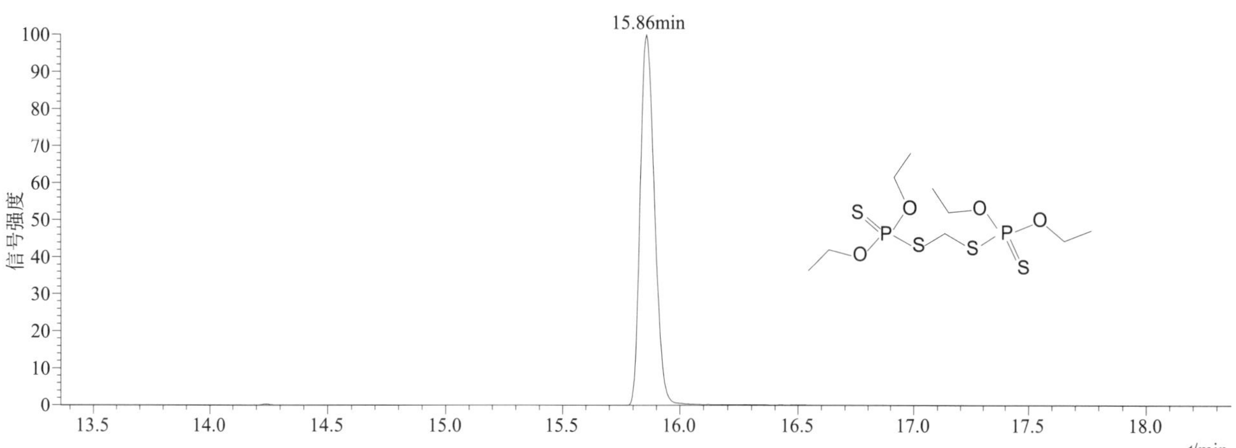

[M+H]+ 典型的一级质谱图

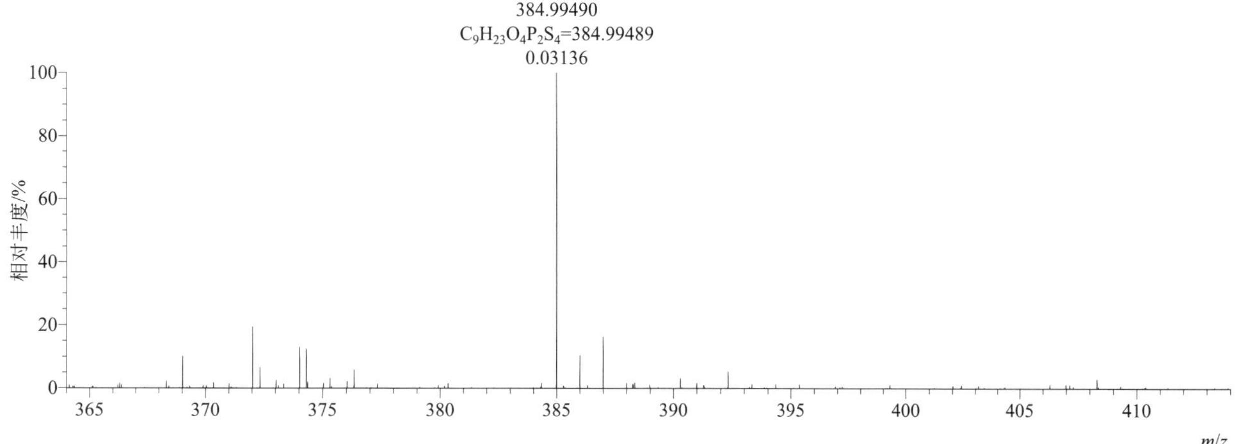

$[M+H]^+$ 归一化法能量 NCE 为 10 时典型的二级质谱图

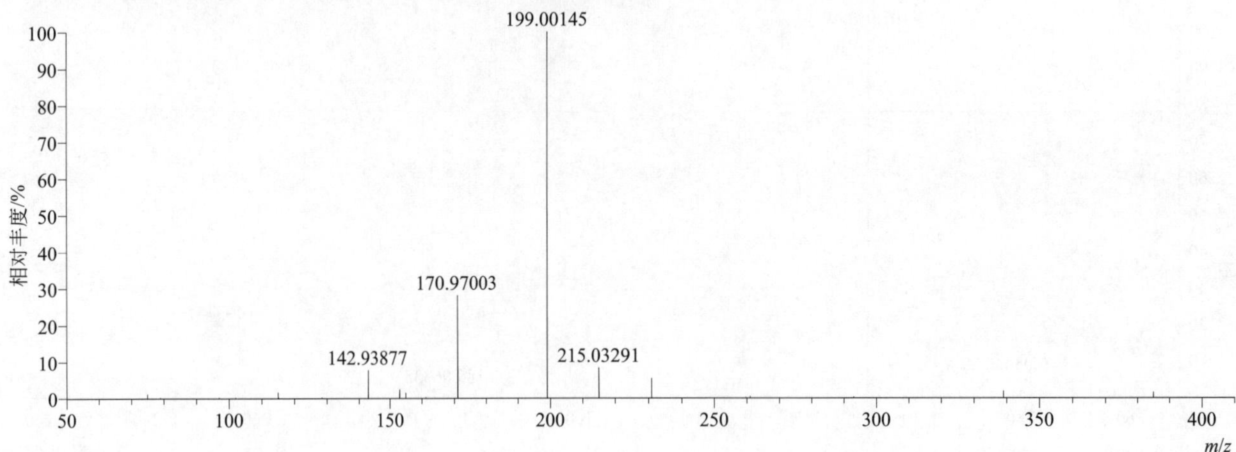

$[M+H]^+$ 归一化法能量 NCE 为 20 时典型的二级质谱图

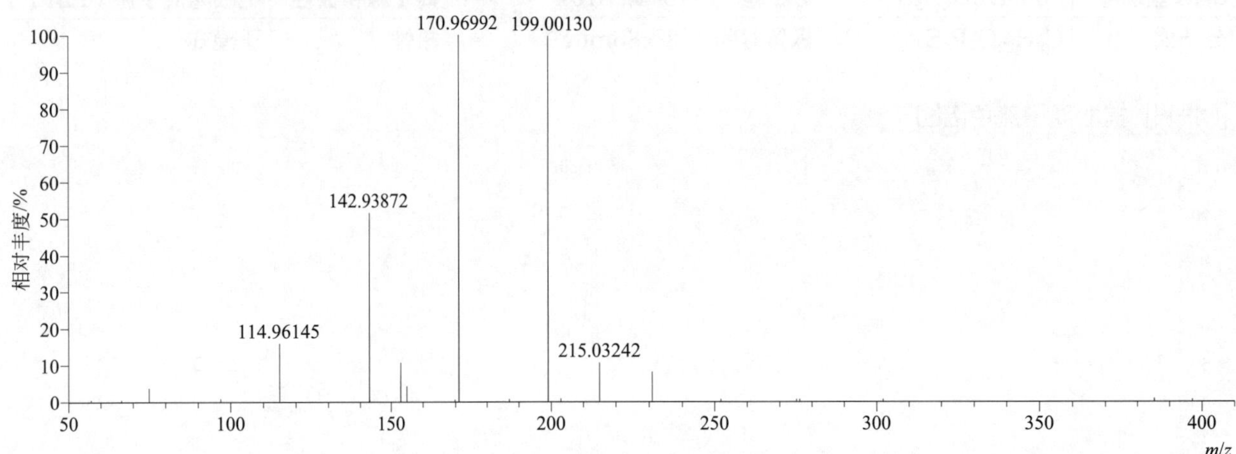

$[M+H]^+$ 归一化法能量 NCE 为 30 时典型的二级质谱图

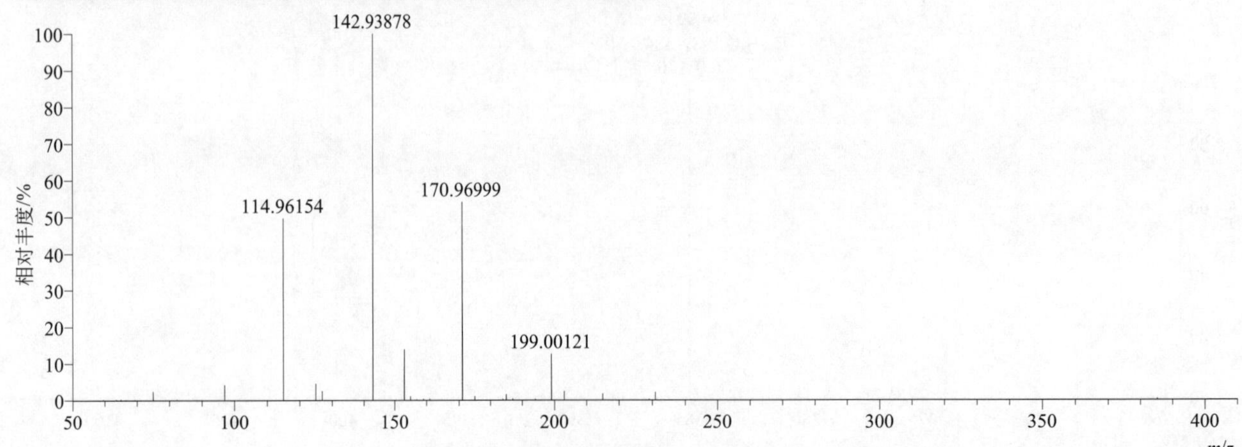

$[M+H]^+$ 阶梯归一化法能量 Step NCE 为 10、20、30 时典型的二级质谱图

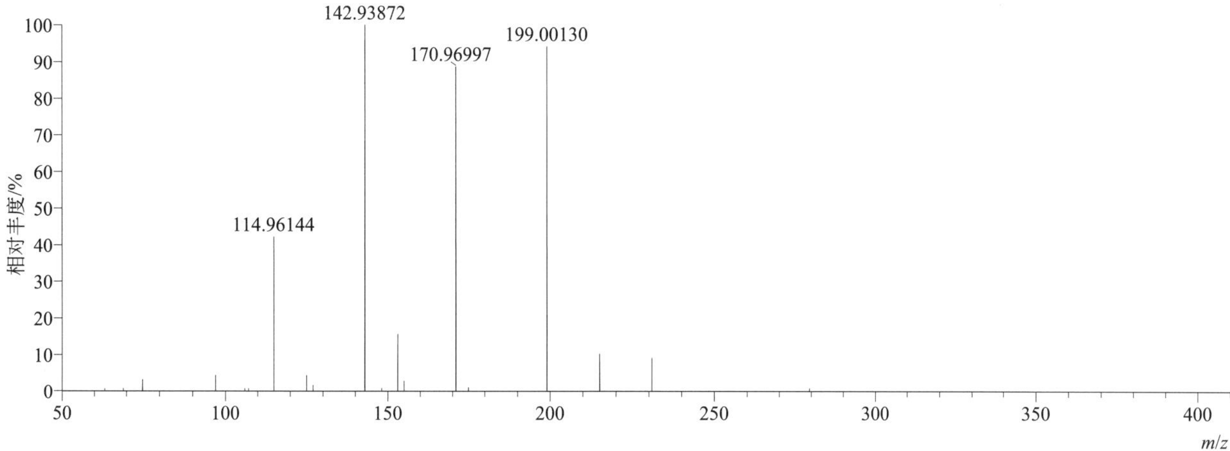

ethiprole（乙虫腈）

基本信息

CAS 登录号	181587-01-9	分子量	395.98262	离子源和极性	电喷雾离子源（ESI）
分子式	$C_{13}H_9Cl_2F_3N_4OS$	保留时间	14.24min	极性	正模式

$[M+H]^+$ 提取离子流色谱图

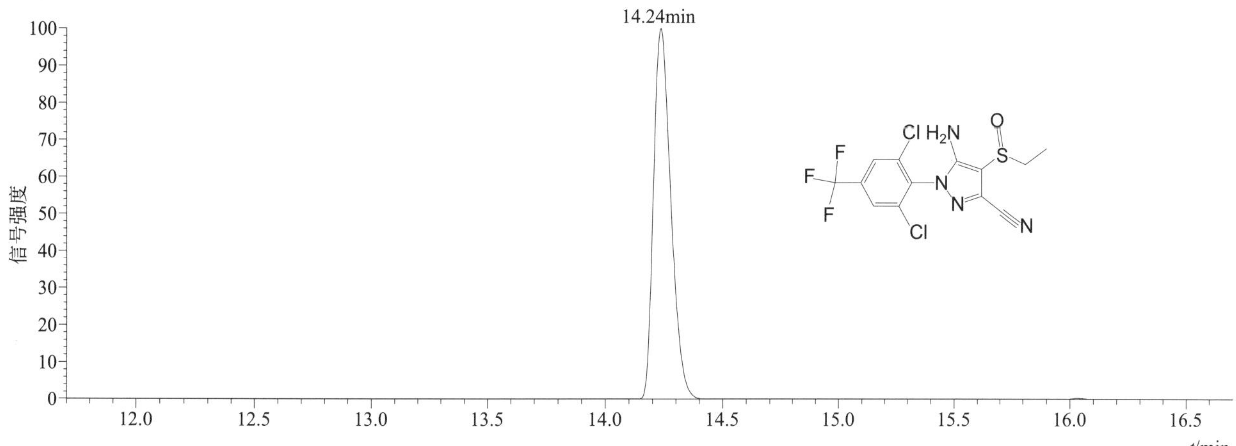

$[M+H]^+$ 典型的一级质谱图

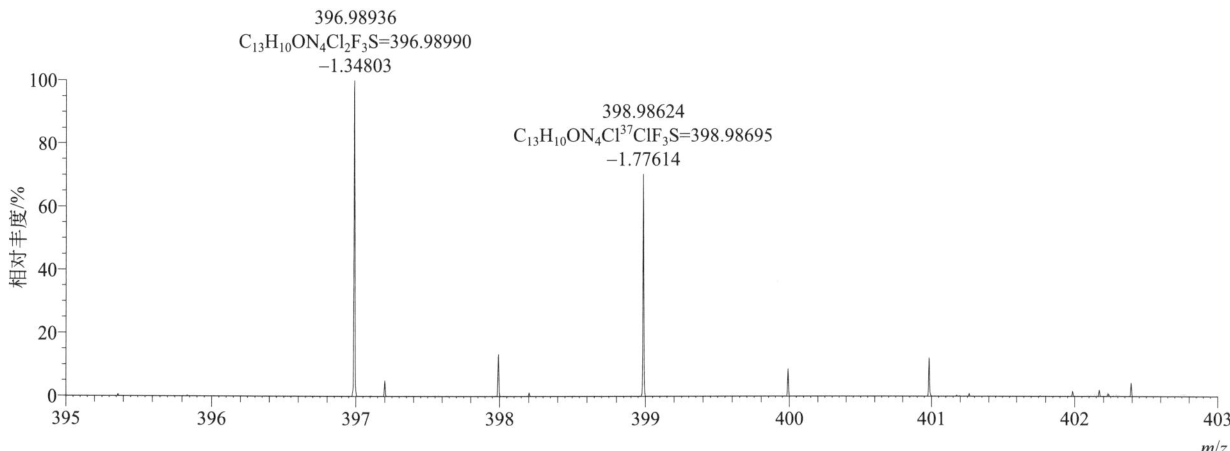

[M+H]$^+$ 归一化法能量 NCE 为 20 时典型的二级质谱图

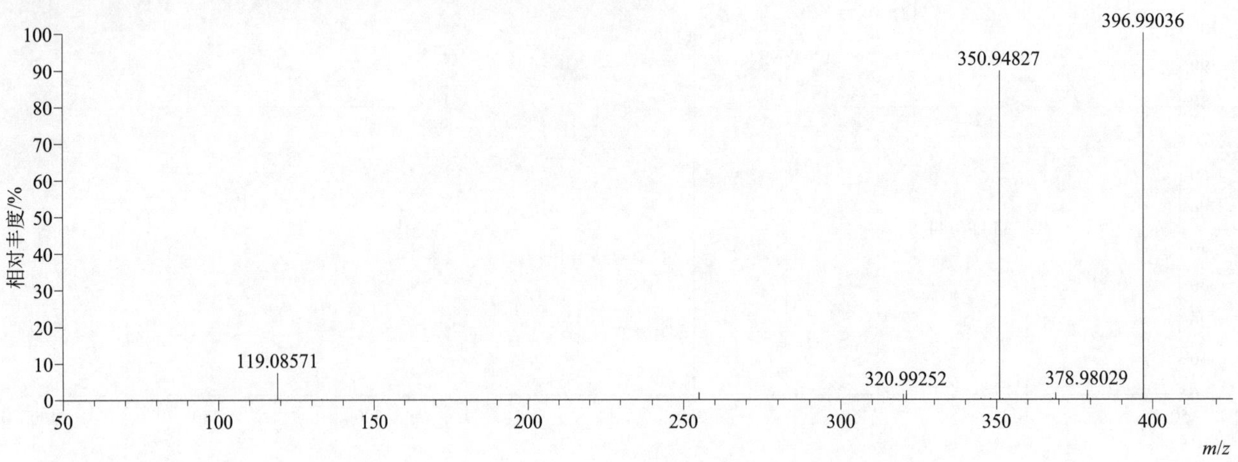

[M+H]$^+$ 归一化法能量 NCE 为 40 时典型的二级质谱图

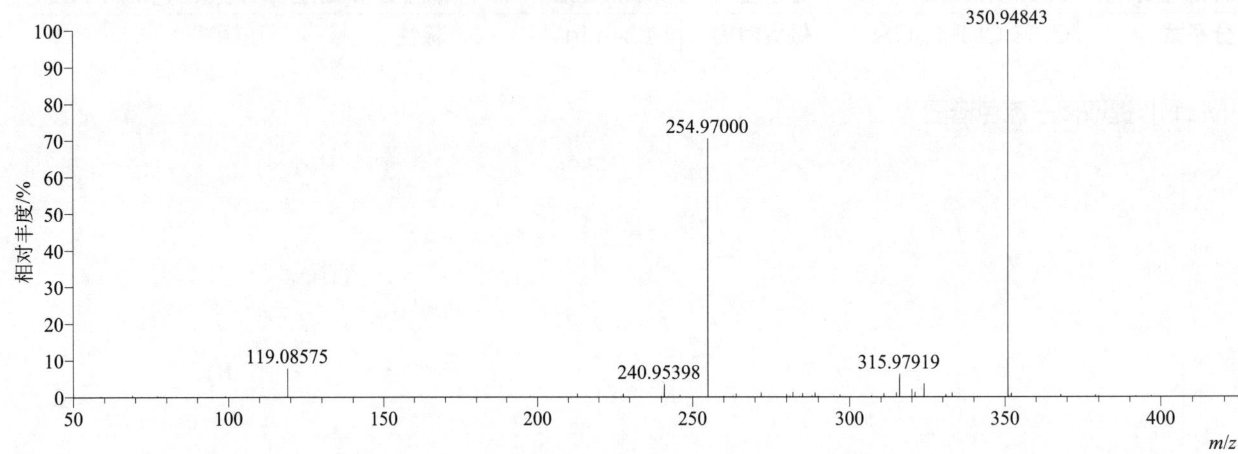

[M+H]$^+$ 归一化法能量 NCE 为 60 时典型的二级质谱图

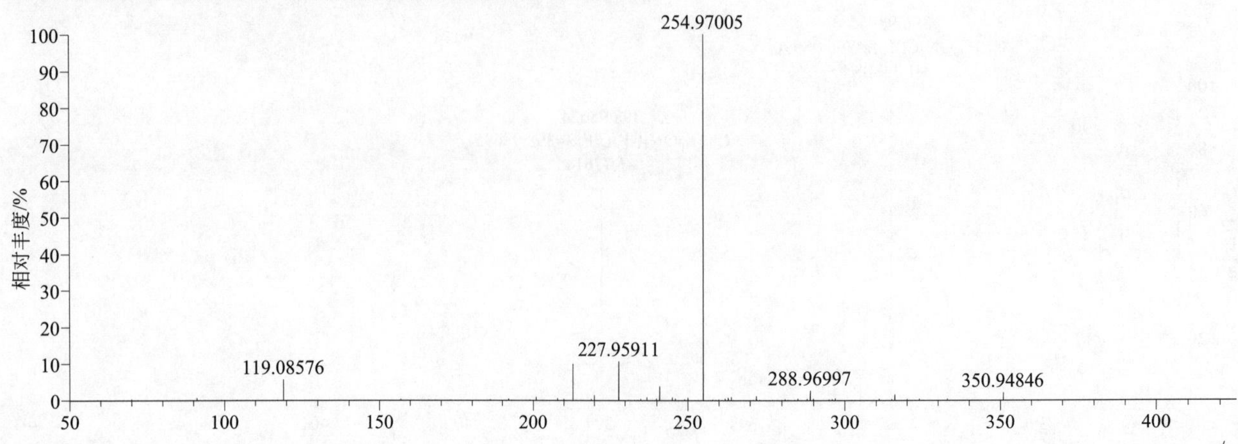

[M+H]+ 阶梯归一化法能量 Step NCE 为 20、40、60 时典型的二级质谱图

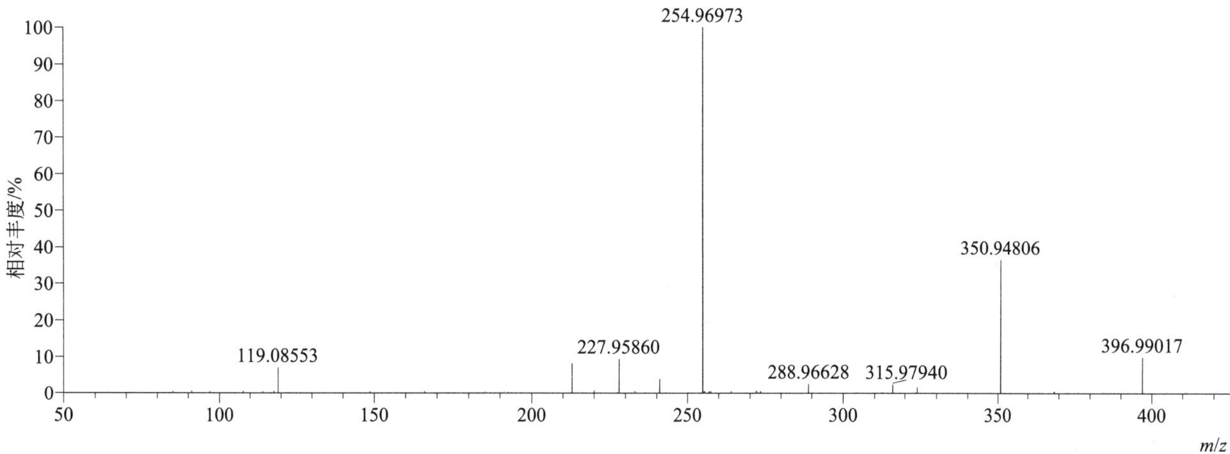

ethirimol（乙嘧酚）

基本信息

CAS 登录号	23947-60-6	分子量	209.15281	离子源和极性	电喷雾离子源（ESI）
分子式	$C_{11}H_{19}N_3O$	保留时间	12.56min	极性	正模式

[M+H]+ 提取离子流色谱图

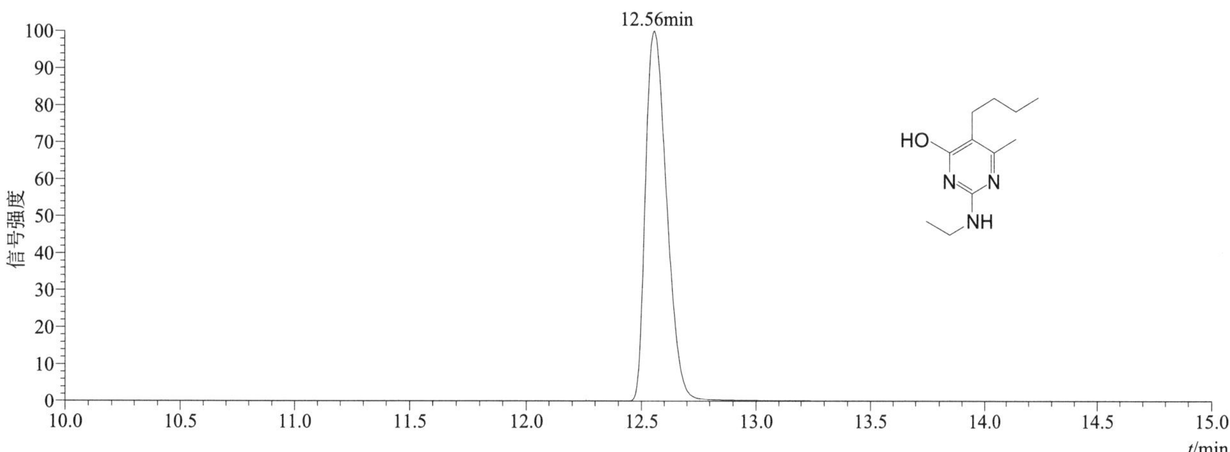

[M+H]+ 典型的一级质谱图

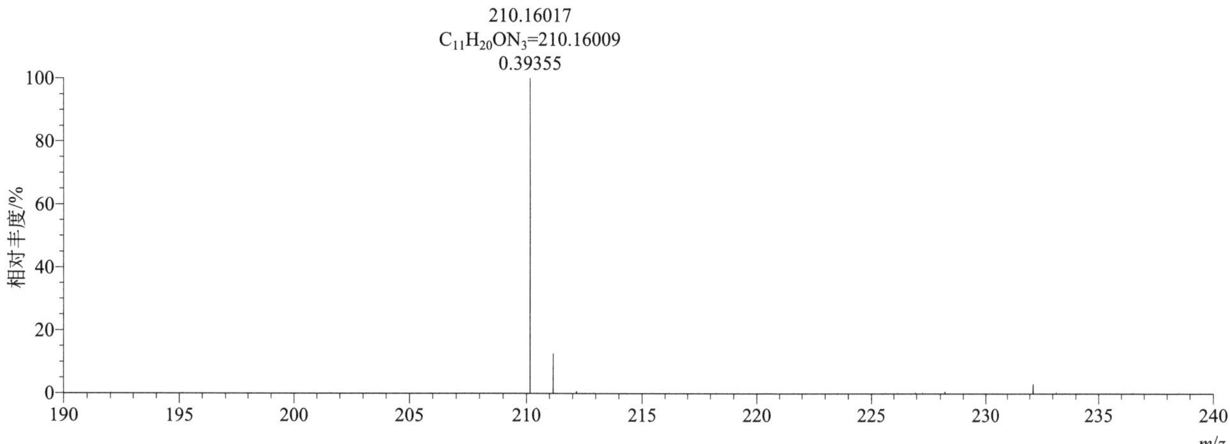

[M+H]$^+$ 归一化法能量 NCE 为 20 时典型的二级质谱图

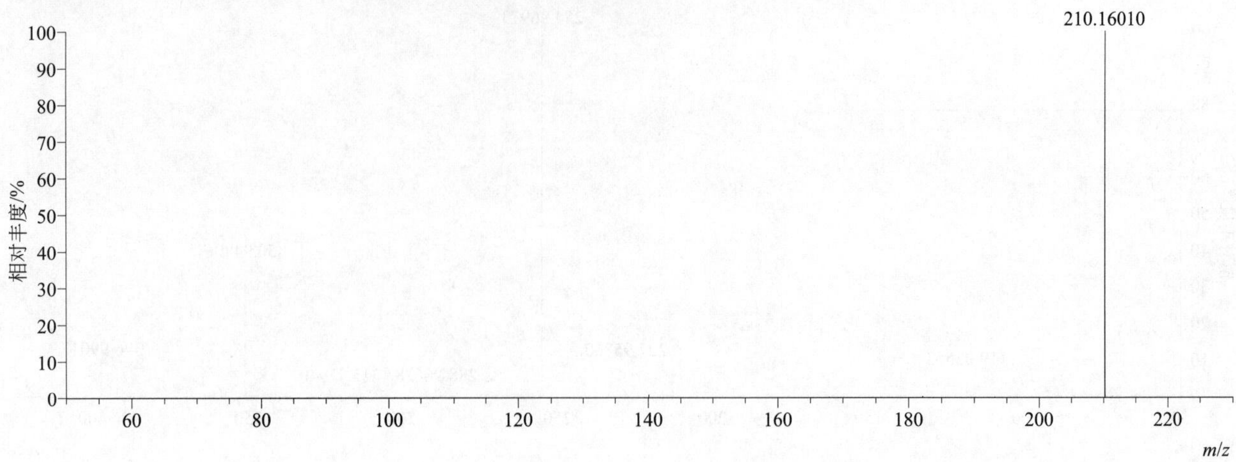

[M+H]$^+$ 归一化法能量 NCE 为 40 时典型的二级质谱图

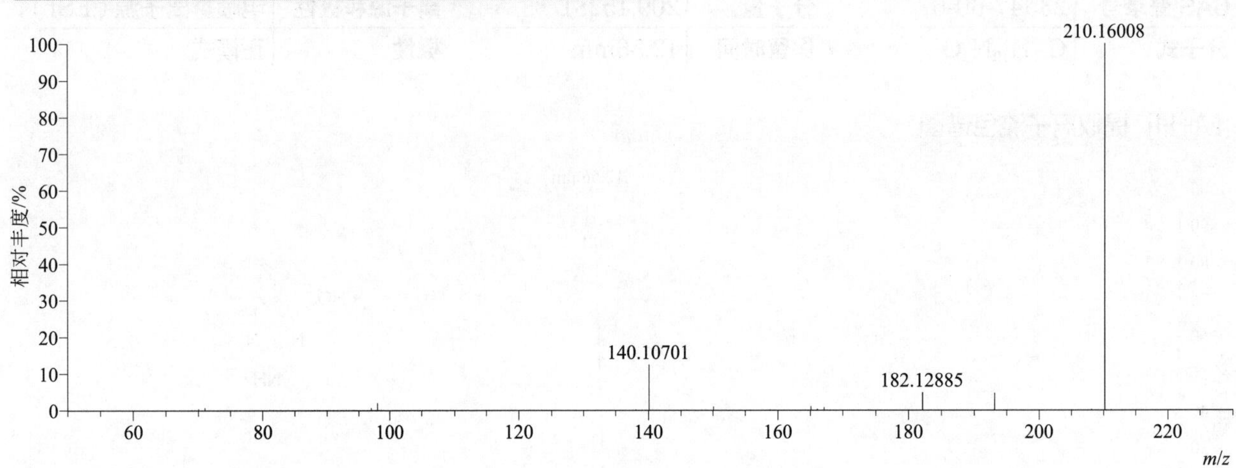

[M+H]$^+$ 归一化法能量 NCE 为 60 时典型的二级质谱图

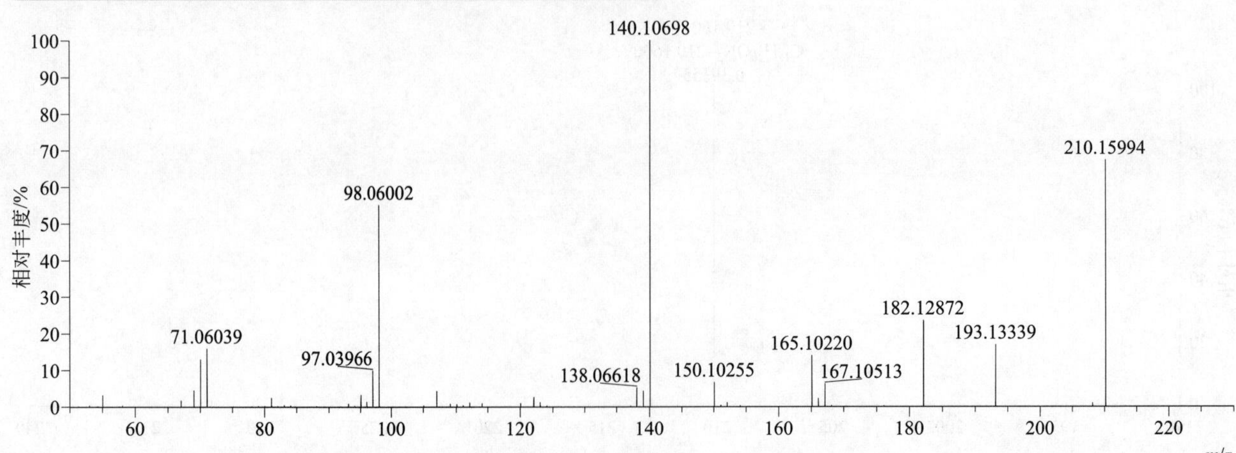

[M+H]+ 阶梯归一化法能量 Step NCE 为 20、40、60 时典型的二级质谱图

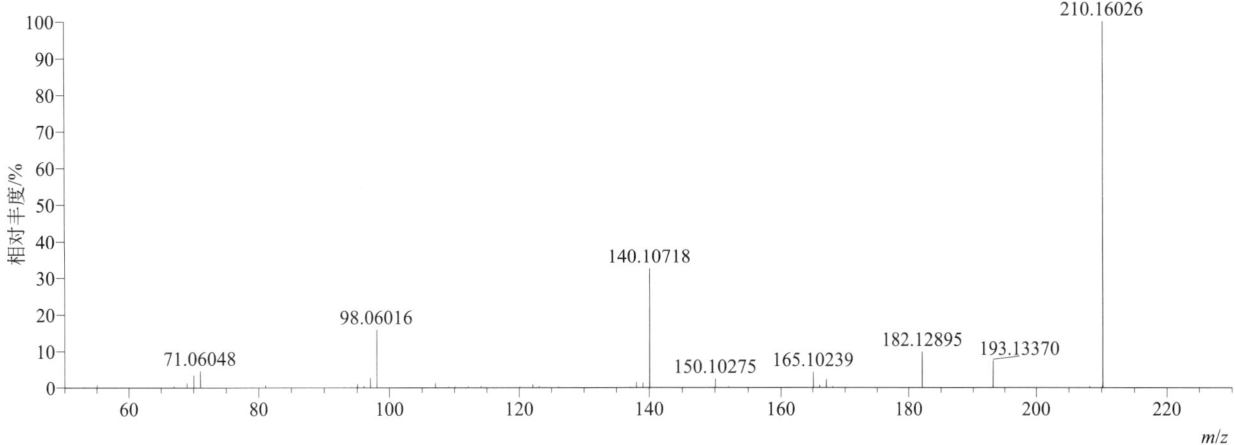

ethoprophos（灭线磷）

基本信息

CAS 登录号	13194-48-4	分子量	242.05641	离子源和极性	电喷雾离子源（ESI）
分子式	$C_8H_{19}O_2PS_2$	保留时间	14.75min	极性	正模式

[M+H]+ 提取离子流色谱图

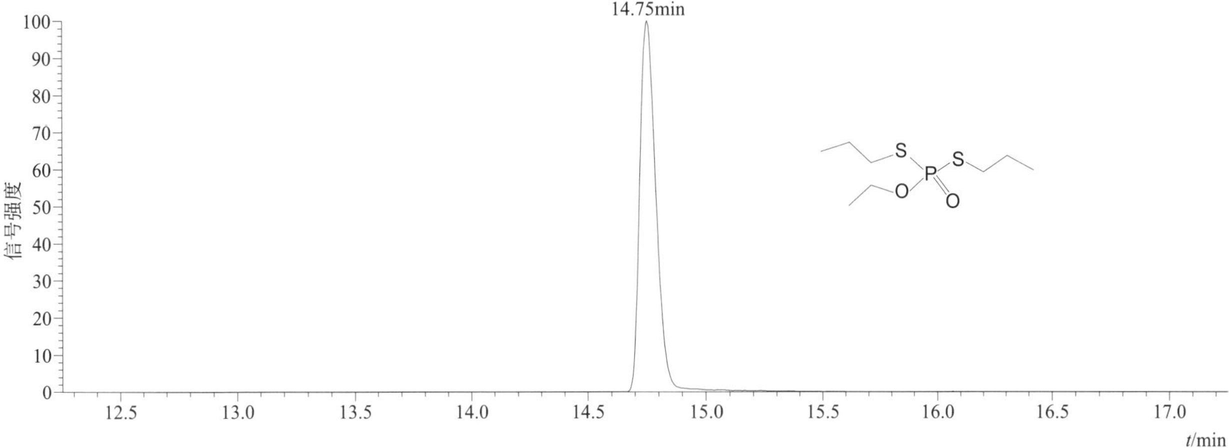

[M+H]+ 典型的一级质谱图

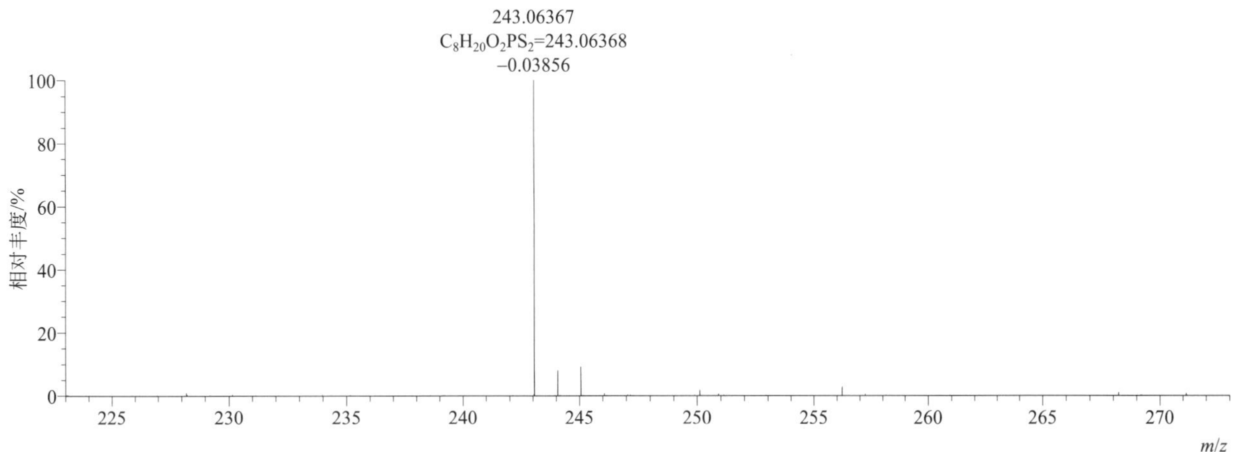

[M+H]$^+$ 归一化法能量 NCE 为 20 时典型的二级质谱图

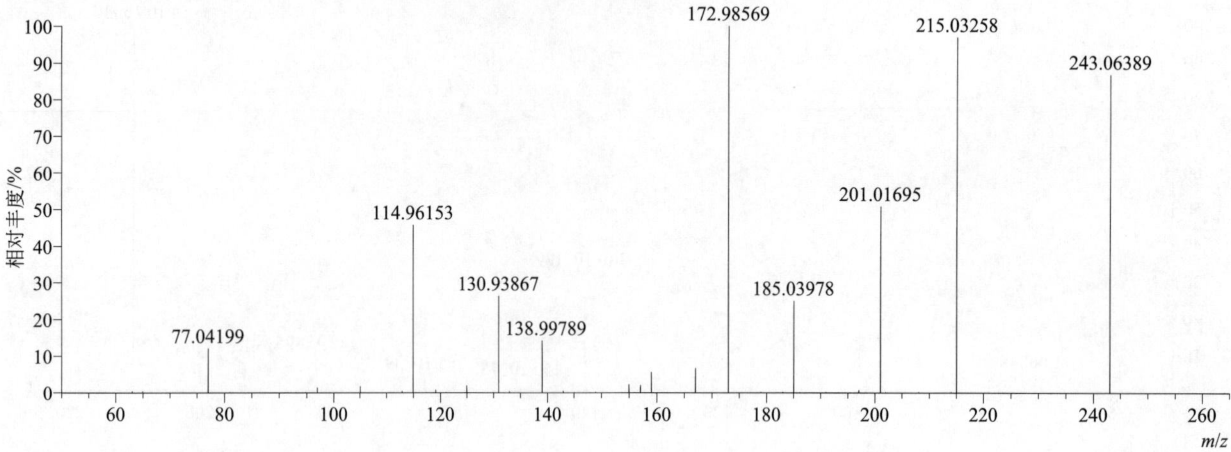

[M+H]$^+$ 归一化法能量 NCE 为 40 时典型的二级质谱图

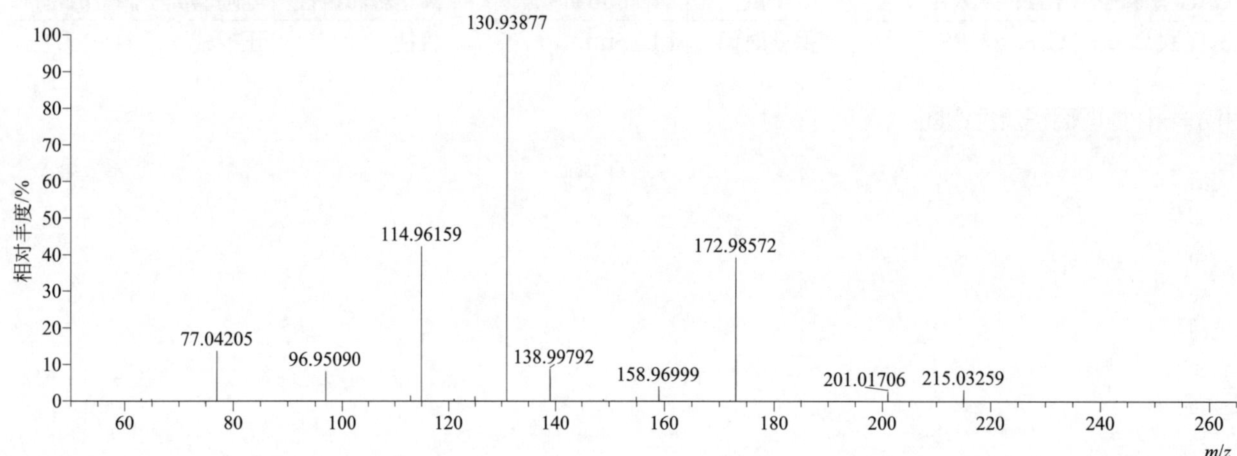

[M+H]$^+$ 归一化法能量 NCE 为 60 时典型的二级质谱图

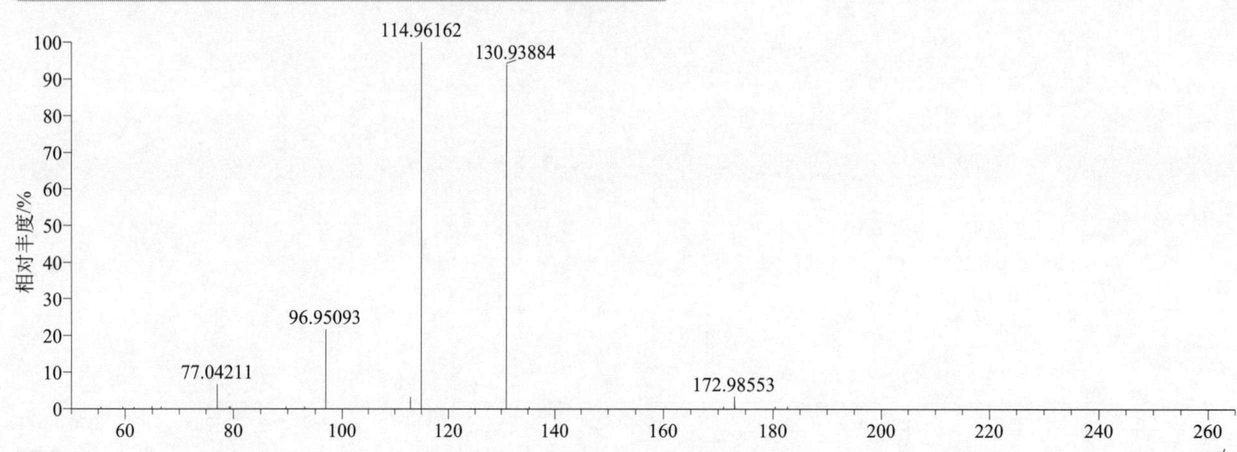

[M+H]+ 阶梯归一化法能量 Step NCE 为 20、40、60 时典型的二级质谱图

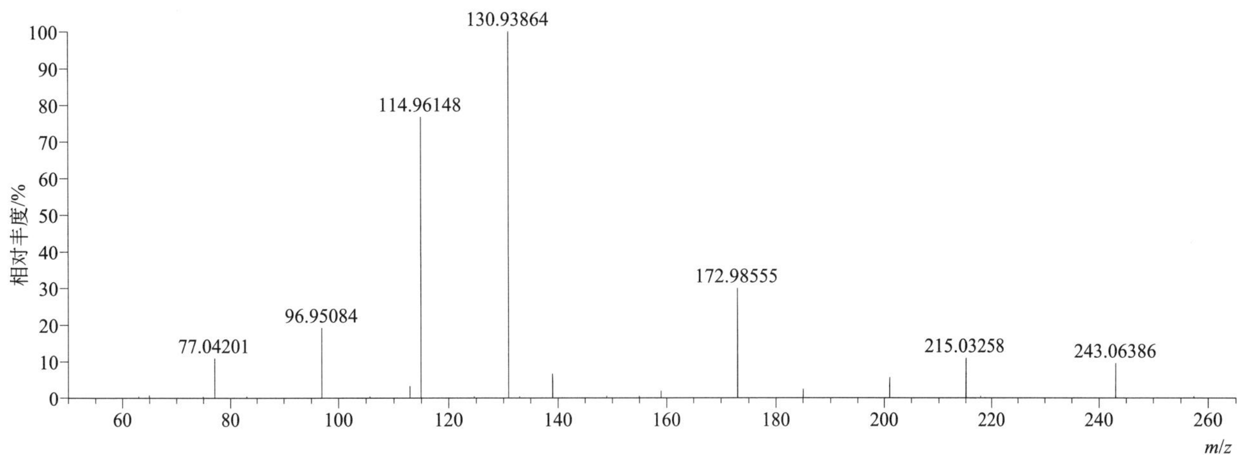

ethoxyquin（乙氧喹啉）

基本信息

CAS 登录号	91-53-2	**分子量**	217.14666	**离子源和极性**	电喷雾离子源（ESI）
分子式	$C_{14}H_{19}NO$	**保留时间**	13.92min	**极性**	正模式

[M+H]+ 提取离子流色谱图

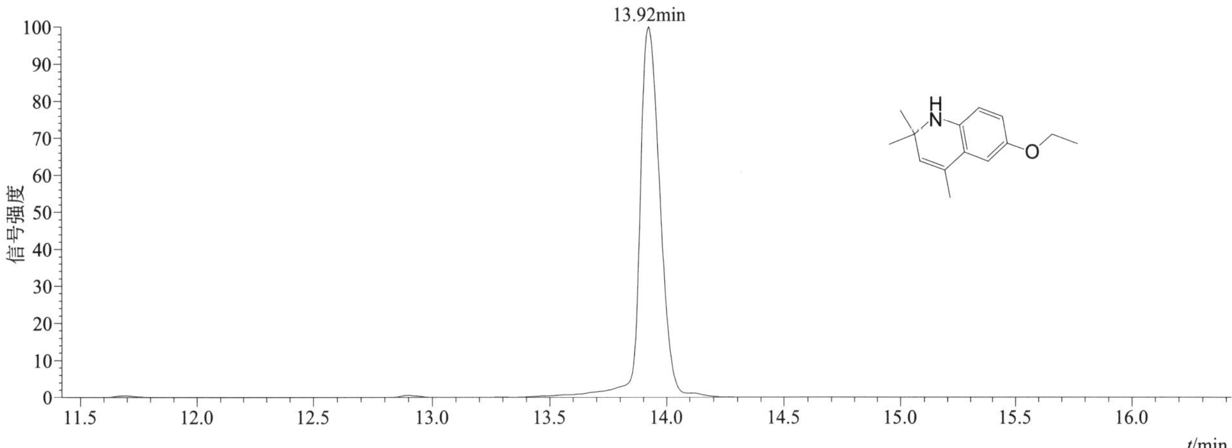

[M+H]+ 典型的一级质谱图

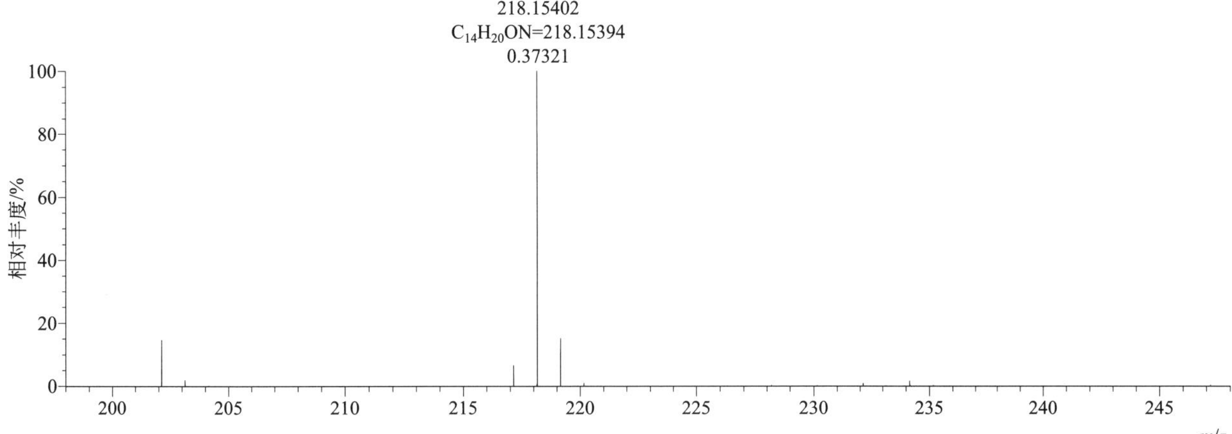

[M+H]+ 归一化法能量 NCE 为 20 时典型的二级质谱图

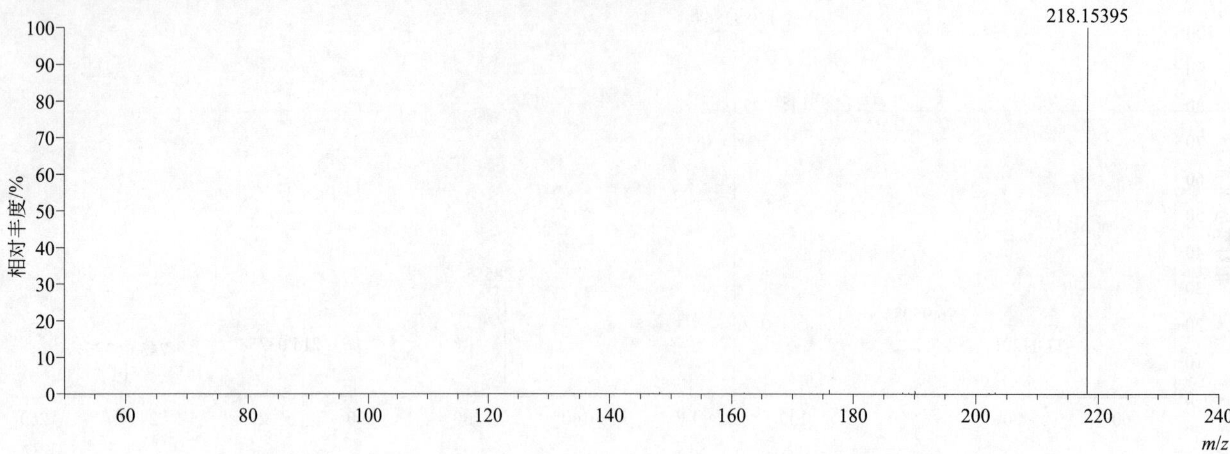

[M+H]+ 归一化法能量 NCE 为 40 时典型的二级质谱图

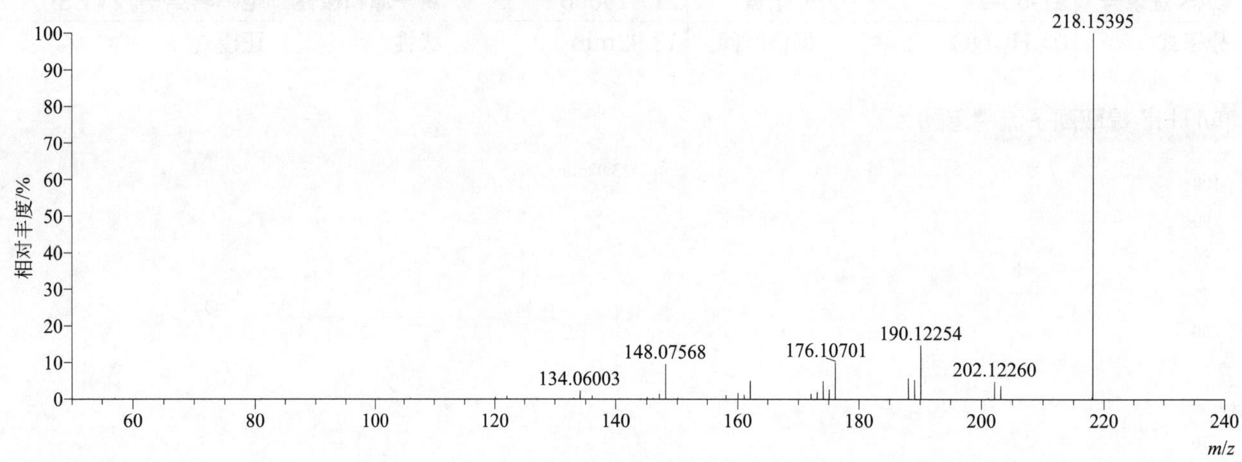

[M+H]+ 归一化法能量 NCE 为 60 时典型的二级质谱图

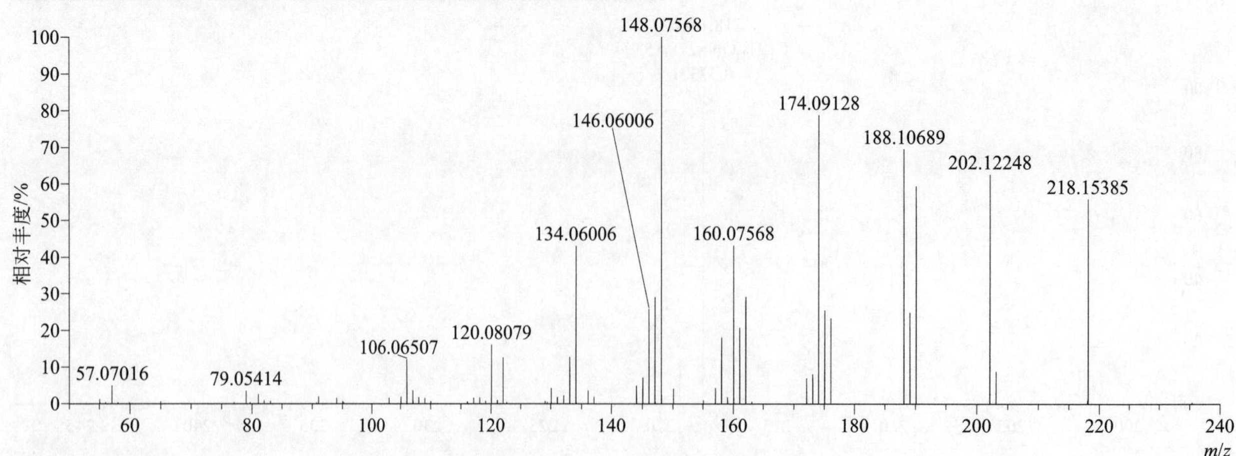

[M+H]⁺ 阶梯归一化法能量 Step NCE 为 20、40、60 时典型的二级质谱图

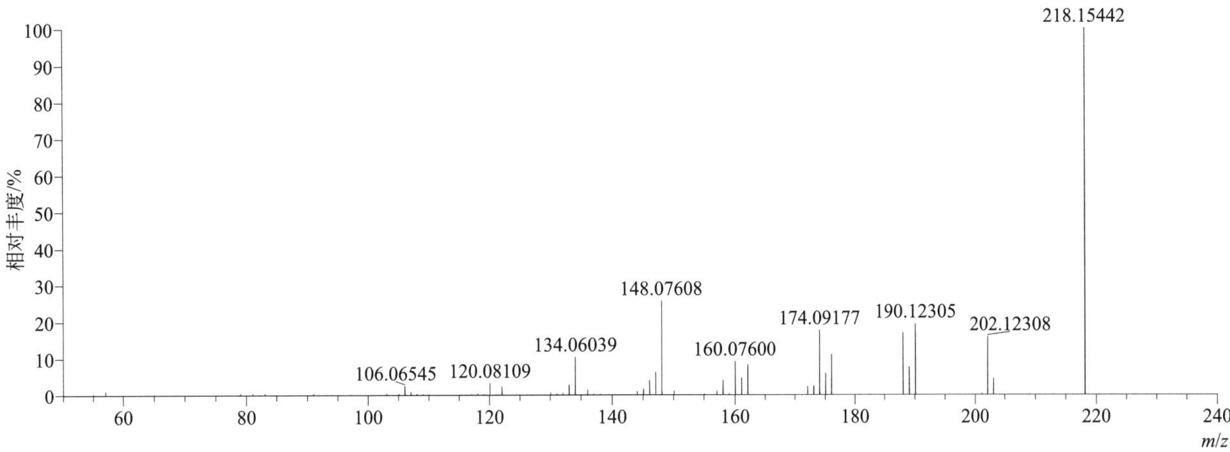

ethoxysulfuron（乙氧磺隆）

基本信息

CAS 登录号	126801-58-9	分子量	398.08962	离子源和极性	电喷雾离子源（ESI）
分子式	$C_{15}H_{18}N_4O_7S$	保留时间	14.52min	极性	正模式

[M+H]⁺ 提取离子流色谱图

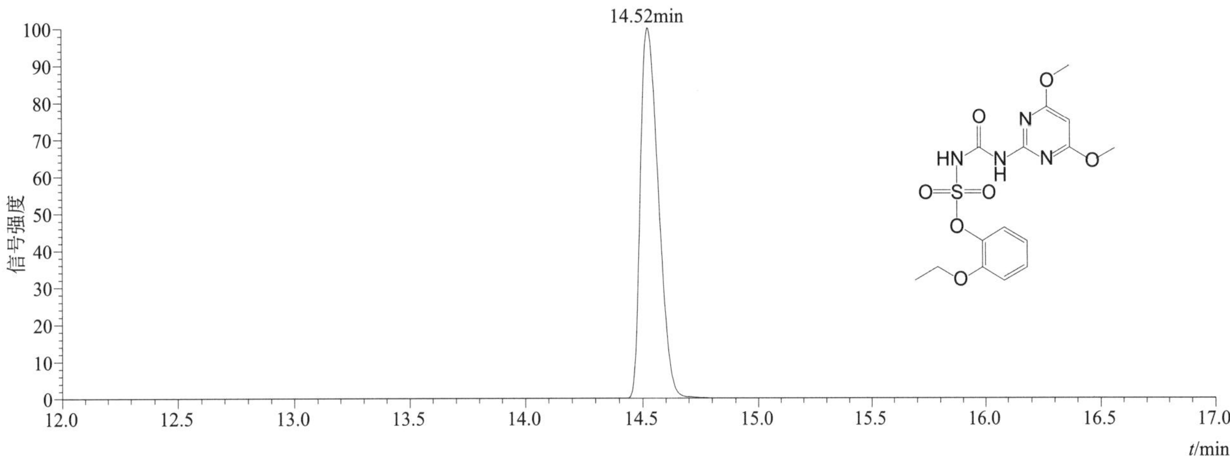

[M+H]⁺ 典型的一级质谱图

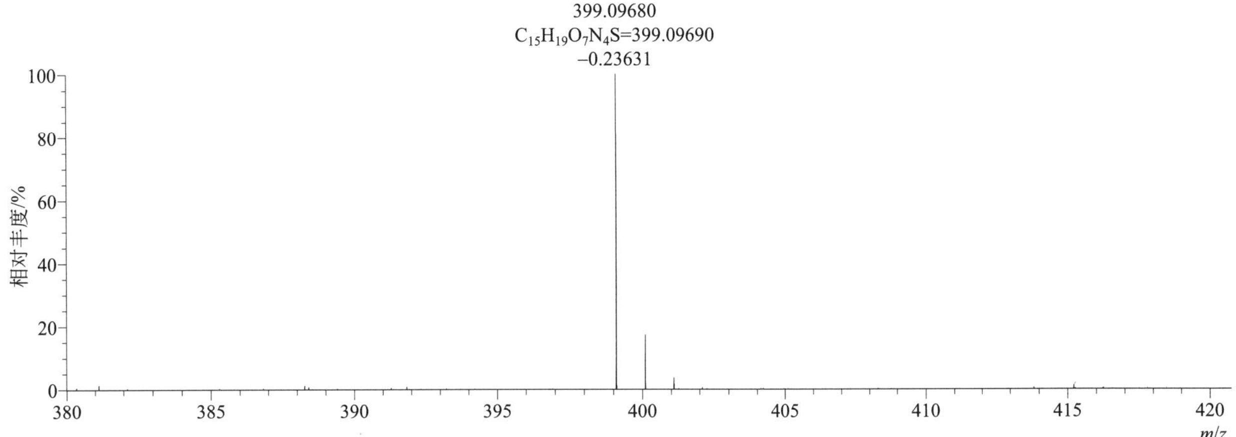

[M+H]+ 归一化法能量 NCE 为 20 时典型的二级质谱图

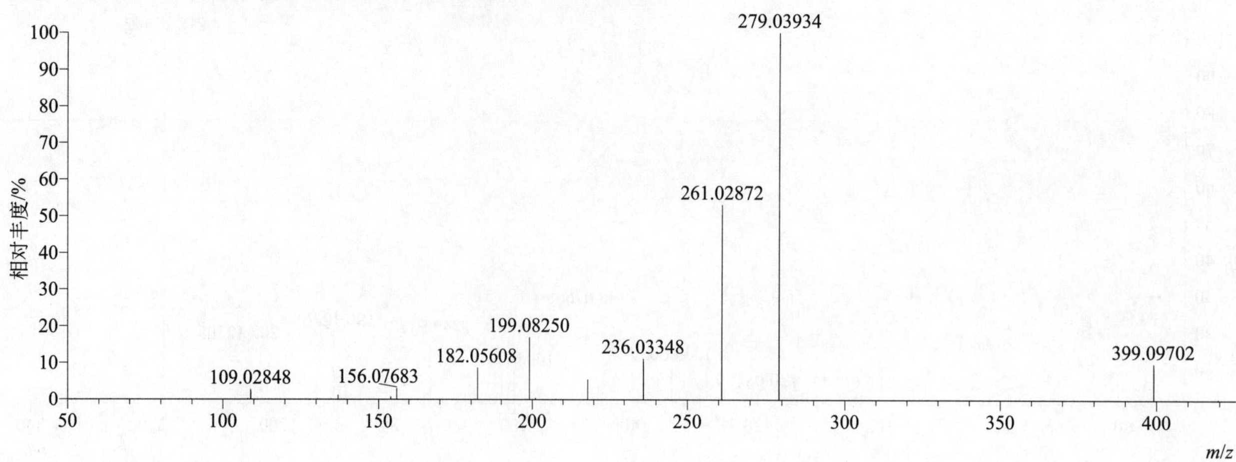

[M+H]+ 归一化法能量 NCE 为 40 时典型的二级质谱图

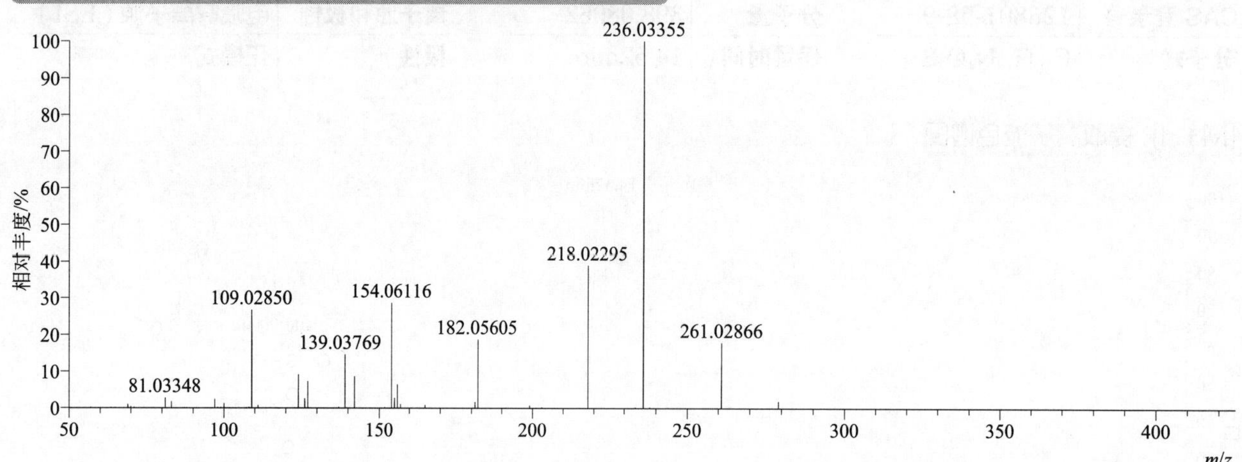

[M+H]+ 归一化法能量 NCE 为 60 时典型的二级质谱图

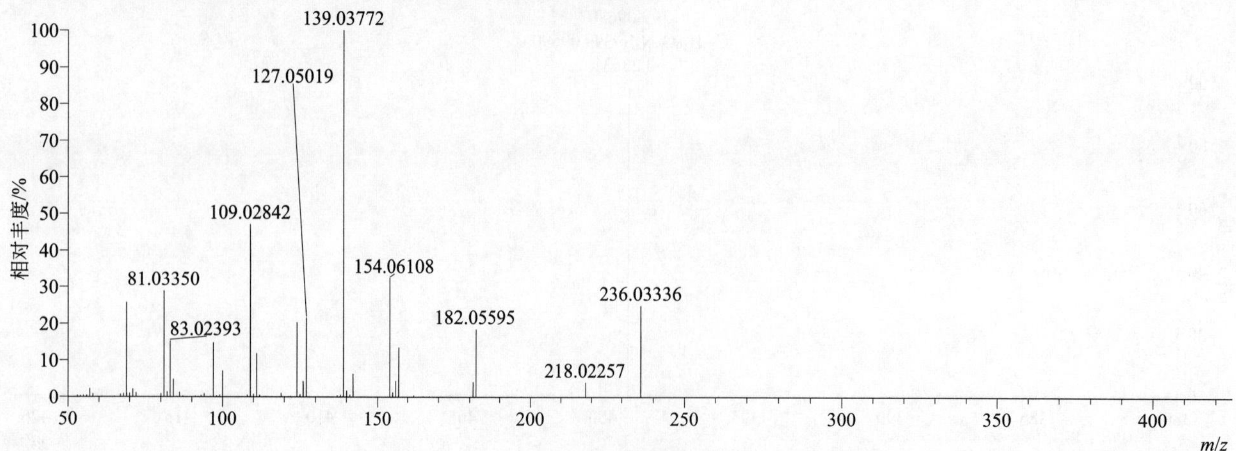

[M+H]+ 阶梯归一化法能量 Step NCE 为 20、40、60 时典型的二级质谱图

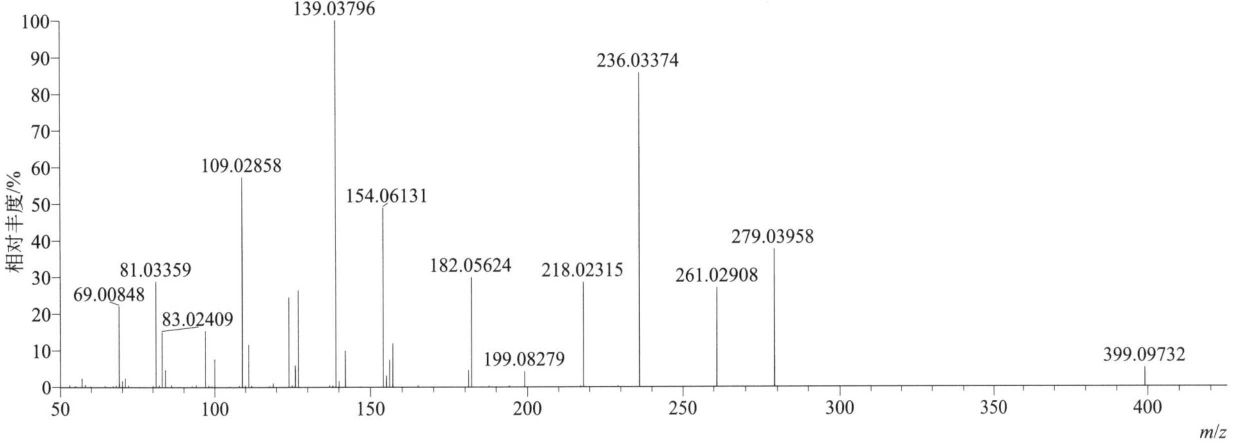

etobenzanid（乙氧苯草胺）

基本信息

CAS 登录号	79540-50-4	分子量	339.04290	离子源和极性	电喷雾离子源（ESI）
分子式	$C_{16}H_{15}Cl_2NO_3$	保留时间	15.23min	极性	正模式

[M+H]+ 提取离子流色谱图

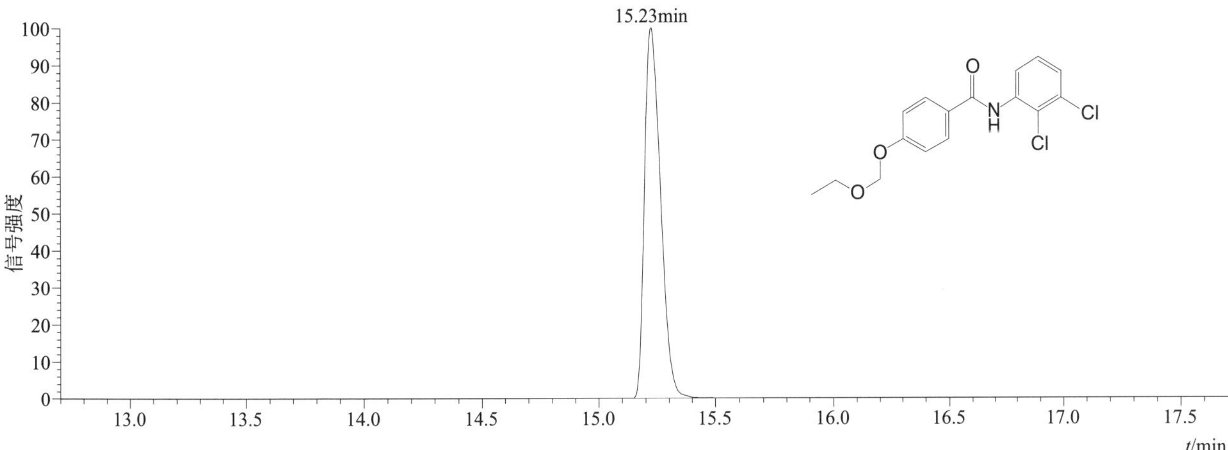

[M+H]+ 典型的一级质谱图

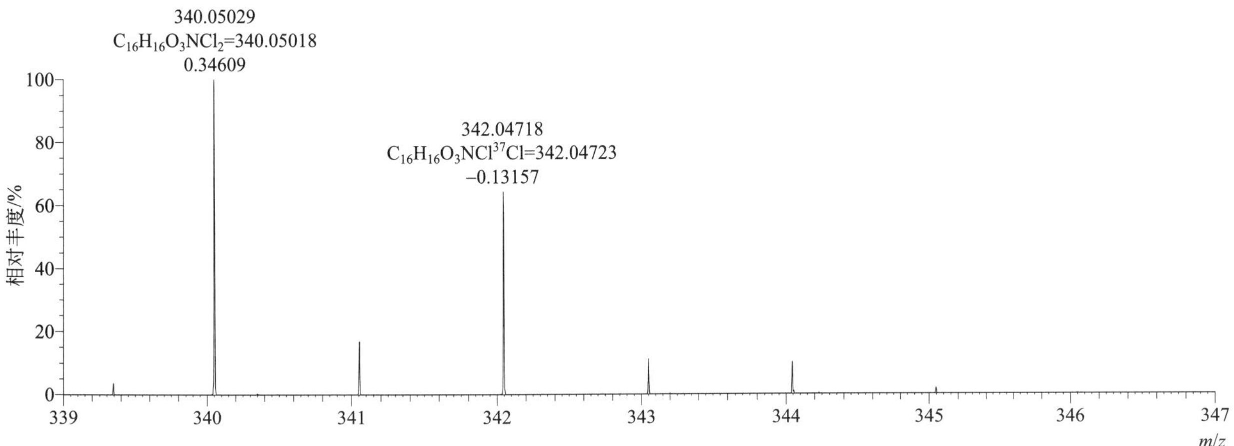

[M+H]+ 归一化法能量 NCE 为 20 时典型的二级质谱图

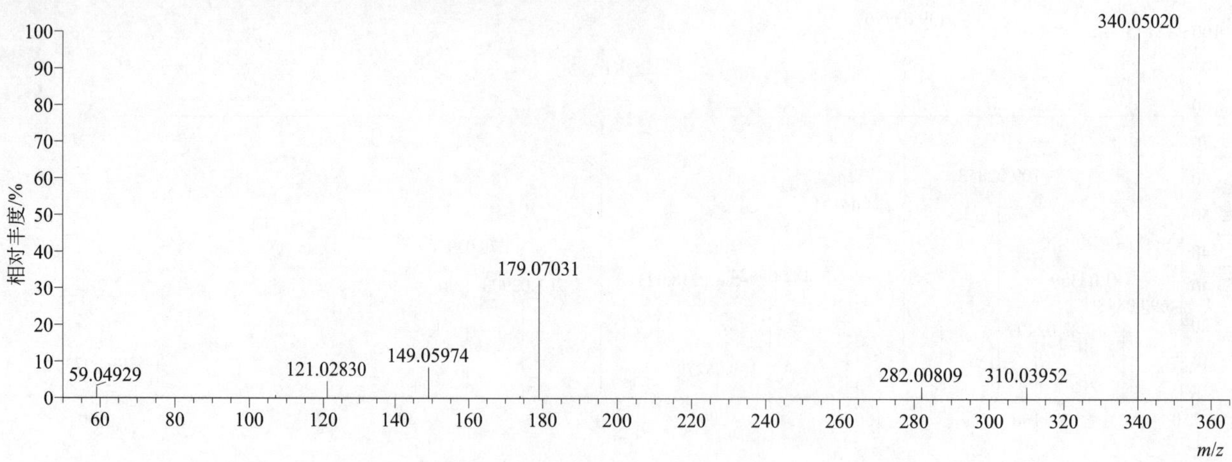

[M+H]+ 归一化法能量 NCE 为 40 时典型的二级质谱图

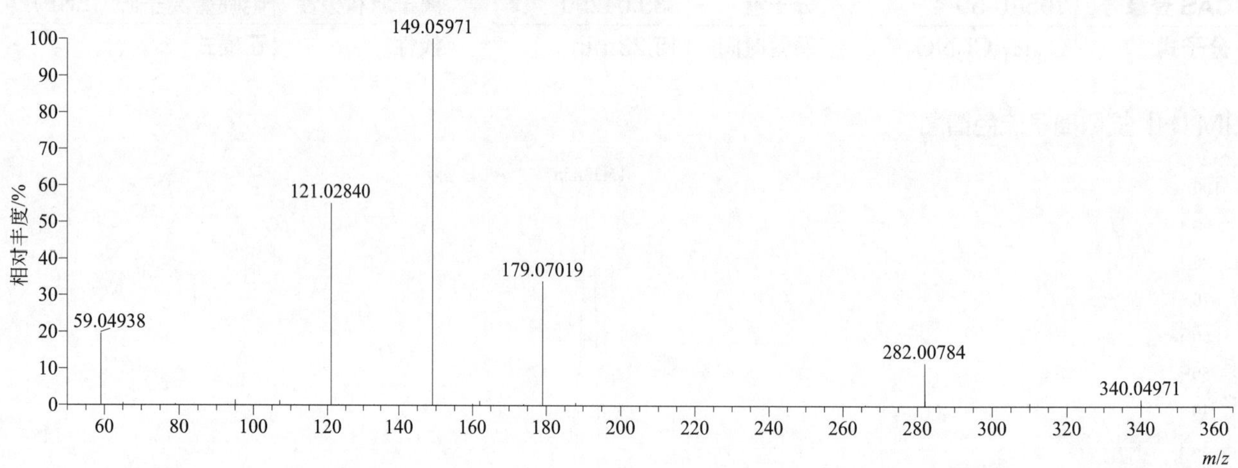

[M+H]+ 归一化法能量 NCE 为 60 时典型的二级质谱图

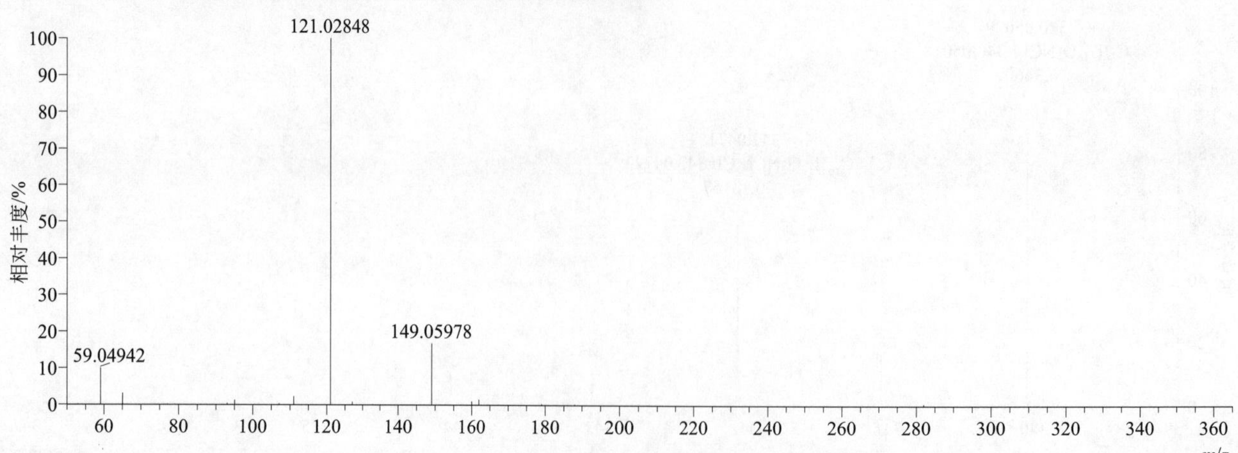

[M+H]+ 阶梯归一化法能量 Step NCE 为 20、40、60 时典型的二级质谱图

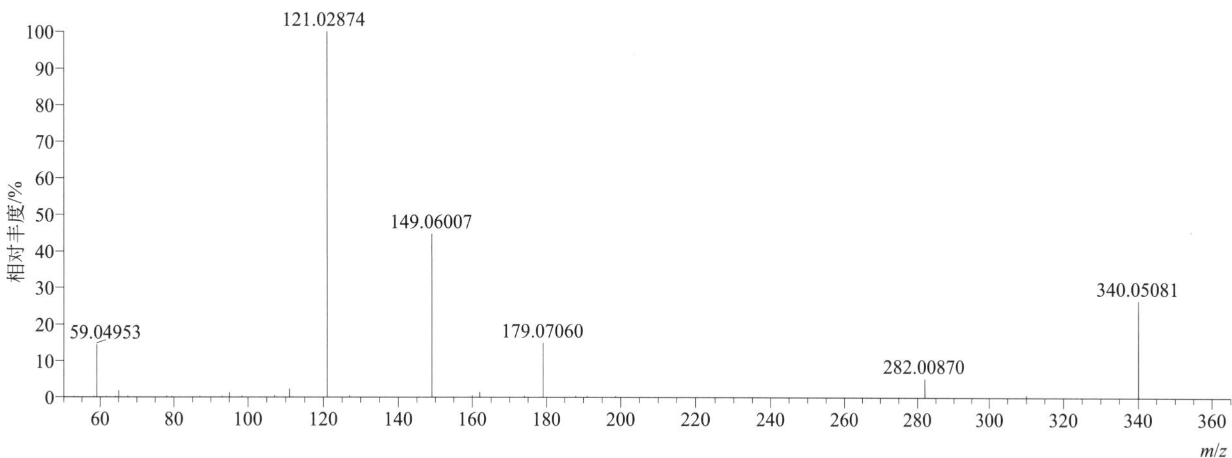

etoxazole（乙螨唑）

基本信息

CAS 登录号	153233-91-1	分子量	359.16969	离子源和极性	电喷雾离子源（ESI）
分子式	$C_{21}H_{23}F_2NO_2$	保留时间	16.09min	极性	正模式

[M+H]+ 提取离子流色谱图

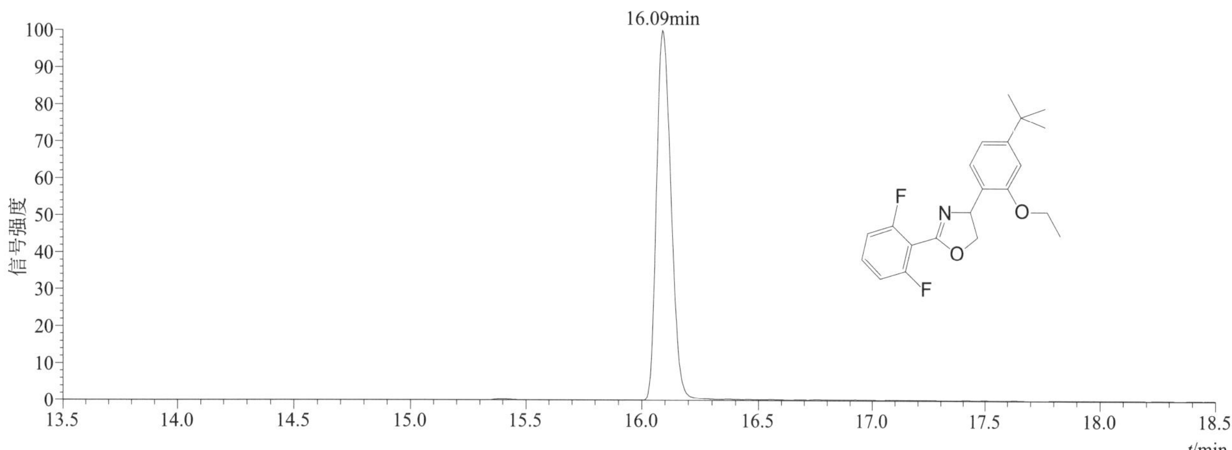

[M+H]+ 典型的一级质谱图

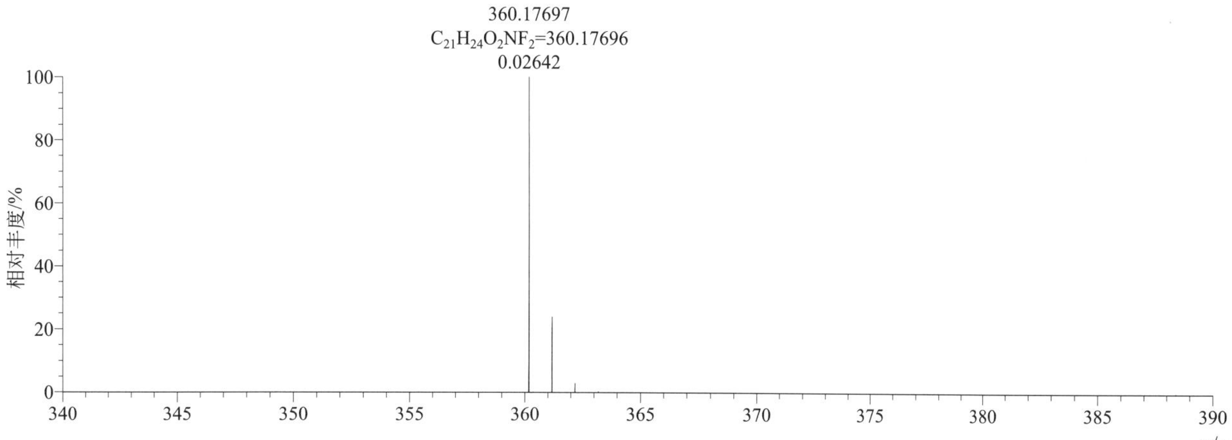

[M+H]+ 归一化法能量 NCE 为 20 时典型的二级质谱图

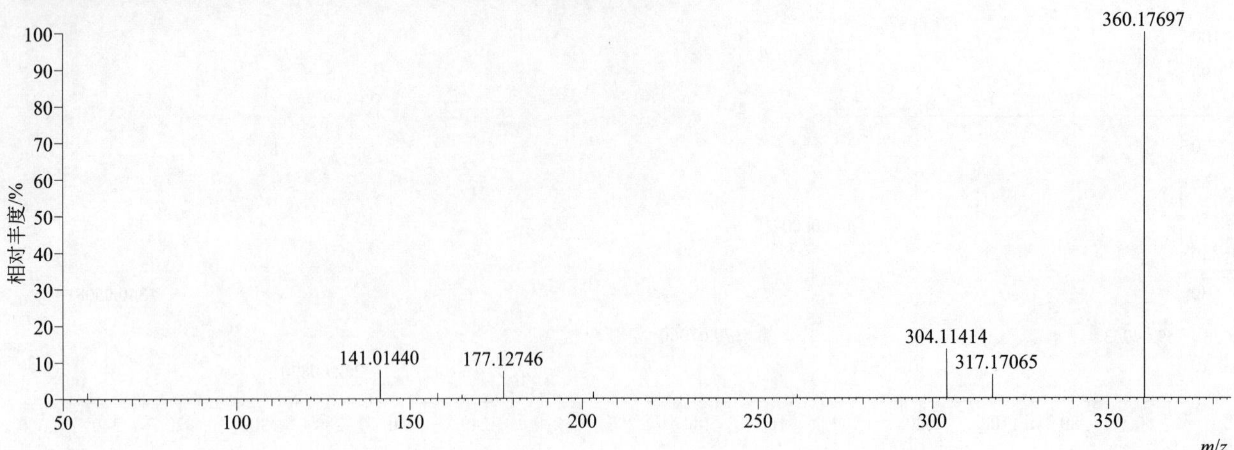

[M+H]+ 归一化法能量 NCE 为 40 时典型的二级质谱图

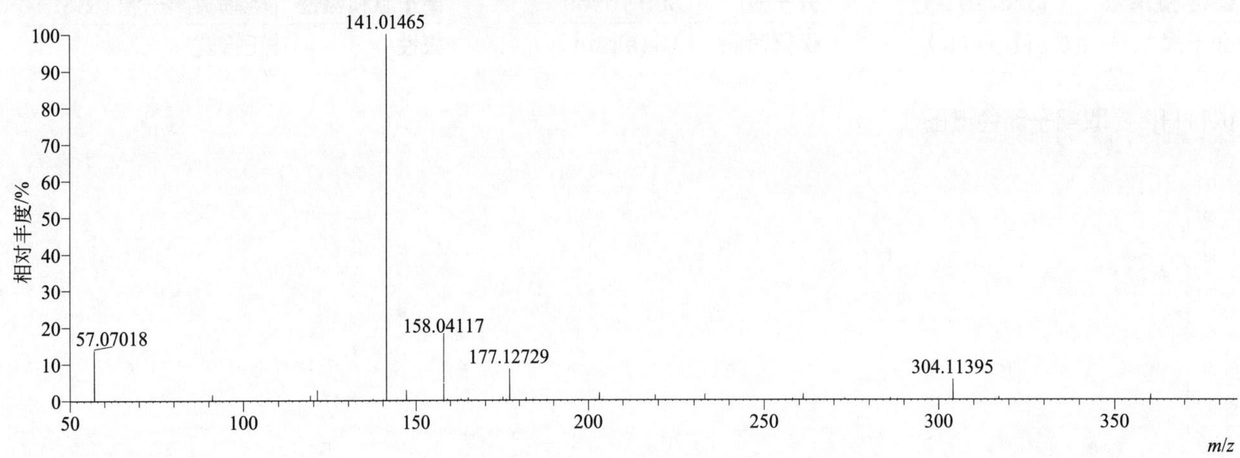

[M+H]+ 归一化法能量 NCE 为 60 时典型的二级质谱图

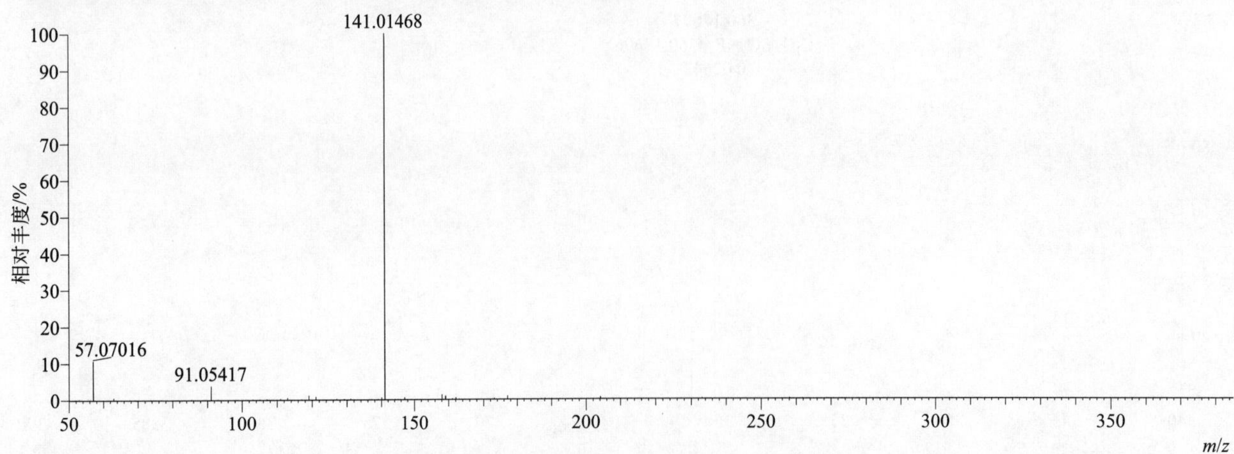

[M+H]$^+$ 阶梯归一化法能量 Step NCE 为 20、40、60 时典型的二级质谱图

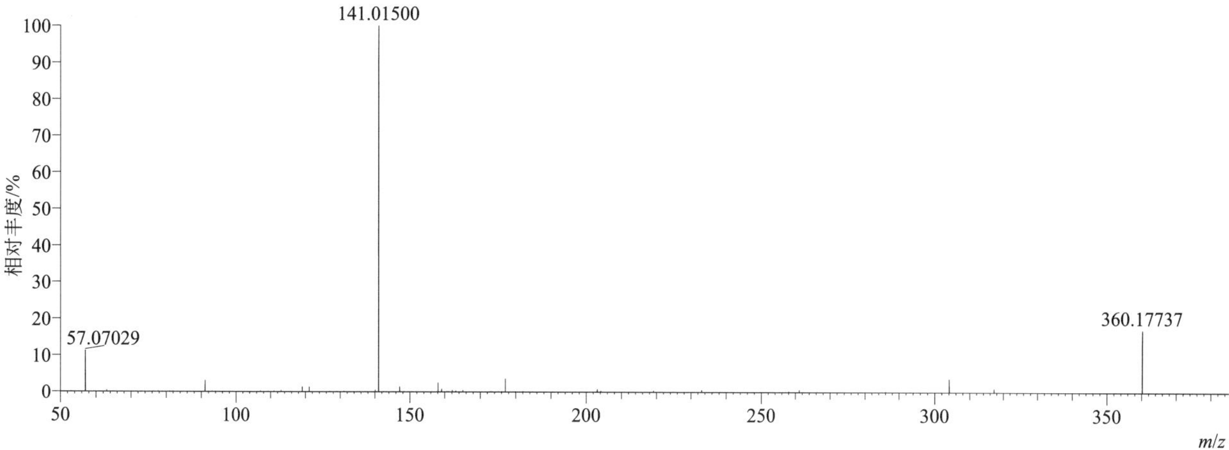

etrimfos（乙嘧硫磷）

基本信息

CAS 登录号	38260-54-7	分子量	292.06466	离子源和极性	电喷雾离子源（ESI）
分子式	$C_{10}H_{17}N_2O_4PS$	保留时间	15.11min	极性	正模式

[M+H]$^+$ 提取离子流色谱图

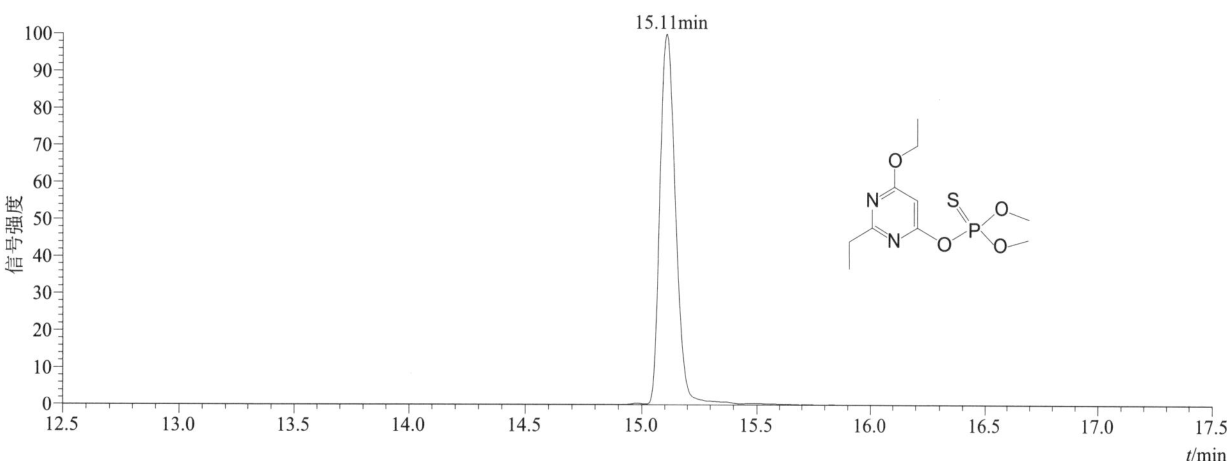

[M+H]$^+$ 典型的一级质谱图

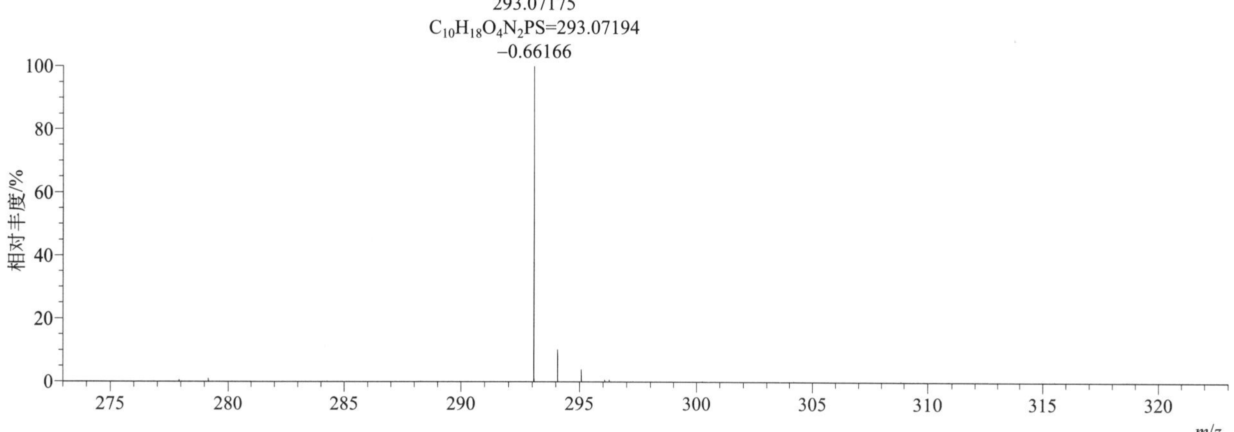

[M+H]+ 归一化法能量 NCE 为 20 时典型的二级质谱图

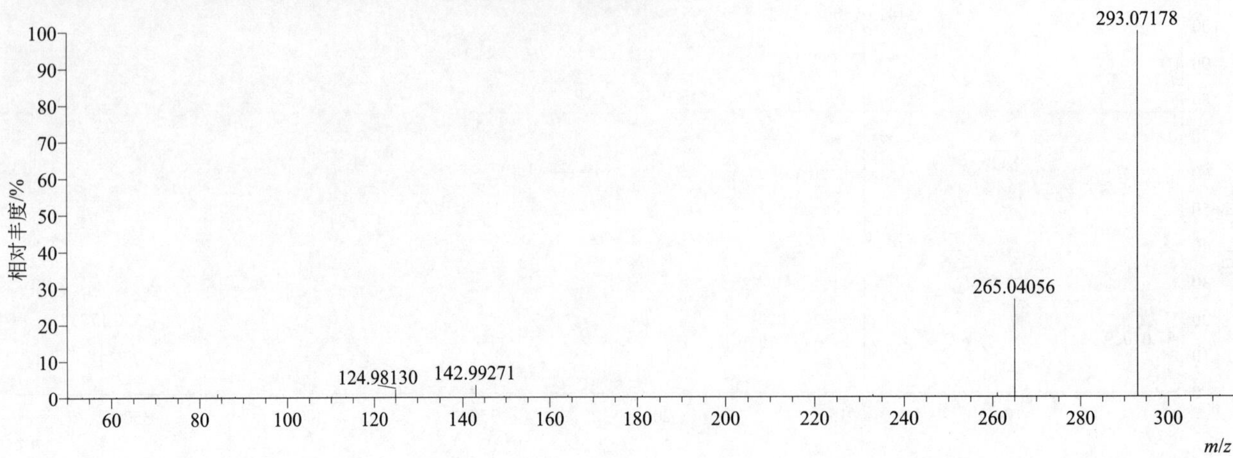

[M+H]+ 归一化法能量 NCE 为 40 时典型的二级质谱图

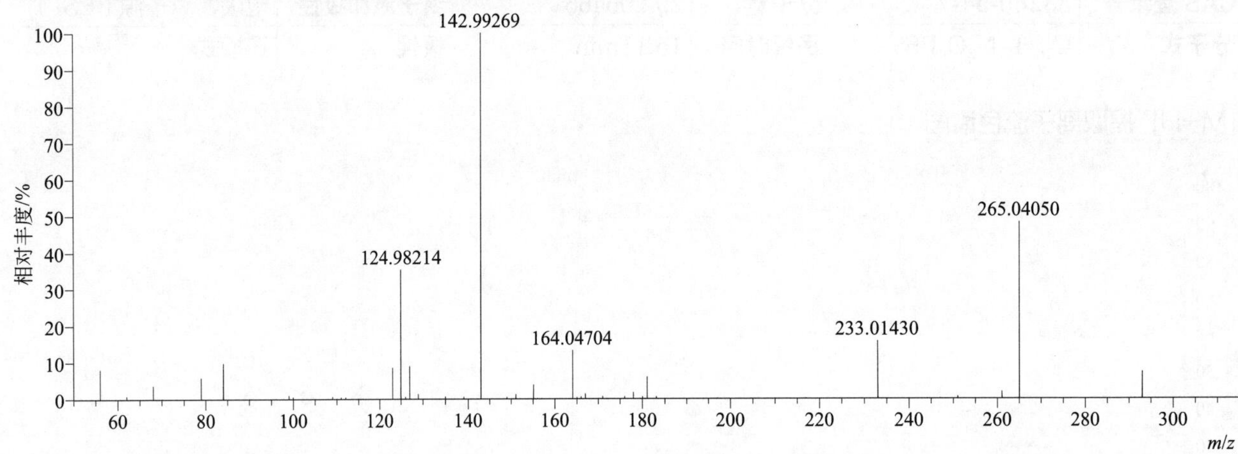

[M+H]+ 归一化法能量 NCE 为 60 时典型的二级质谱图

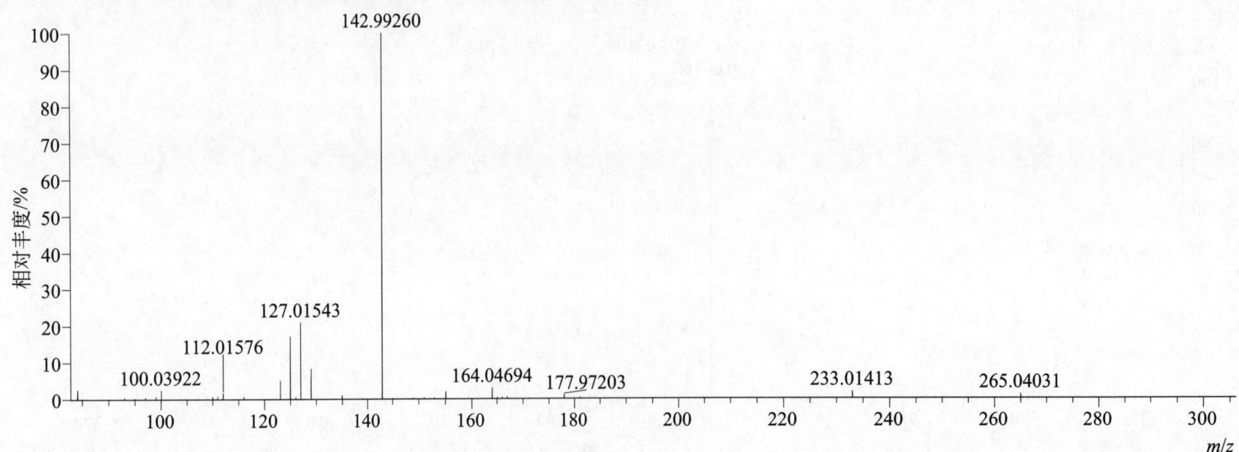

[M+H]$^+$ 阶梯归一化法能量 Step NCE 为 20、40、60 时典型的二级质谱图

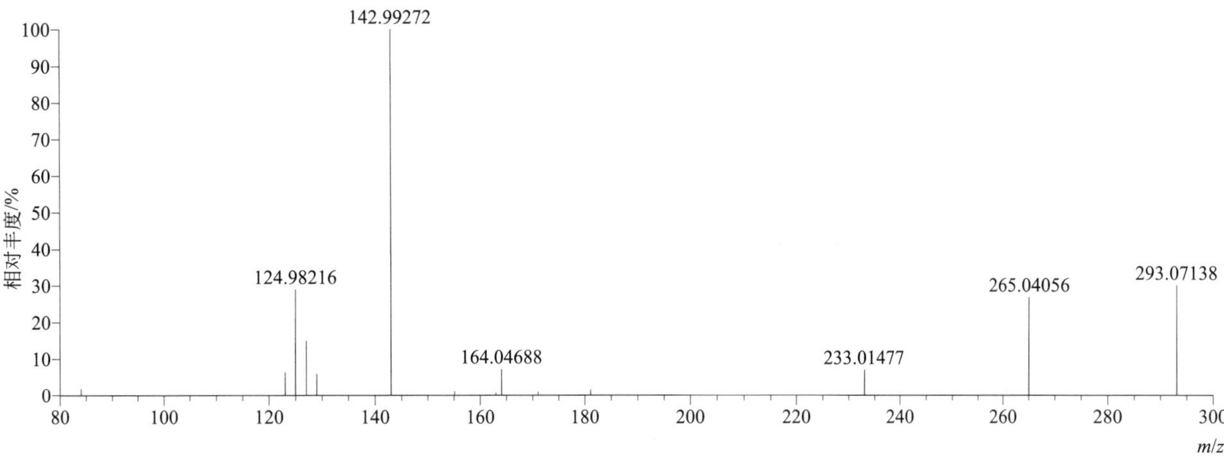

F

famphur（氨磺磷）

基本信息

CAS 登录号	52-85-7	分子量	325.02075	离子源和极性	电喷雾离子源（ESI）
分子式	$C_{10}H_{16}NO_5PS_2$	保留时间	13.64min	极性	正模式

[M+H]+ 提取离子流色谱图

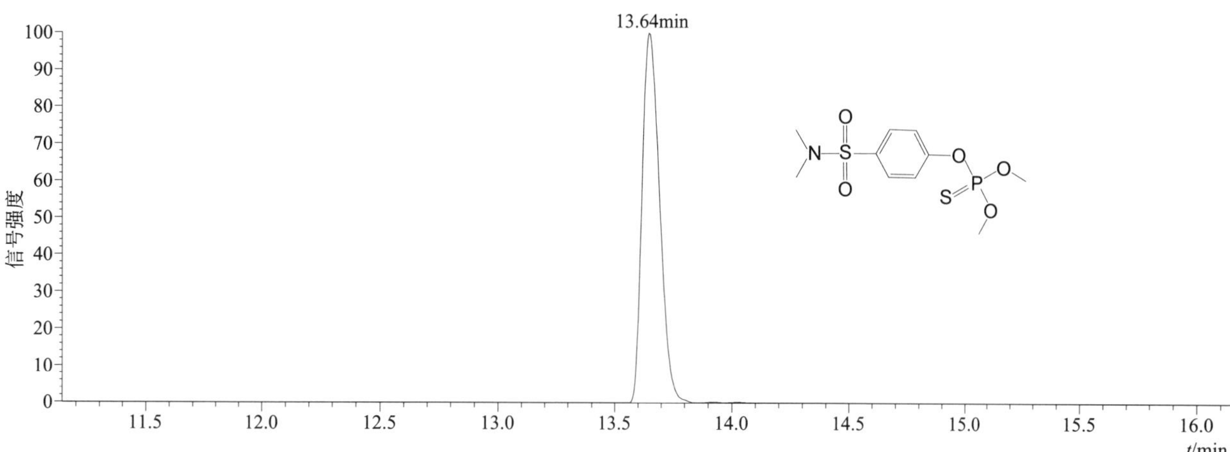

[M+H]+ 典型的一级质谱图

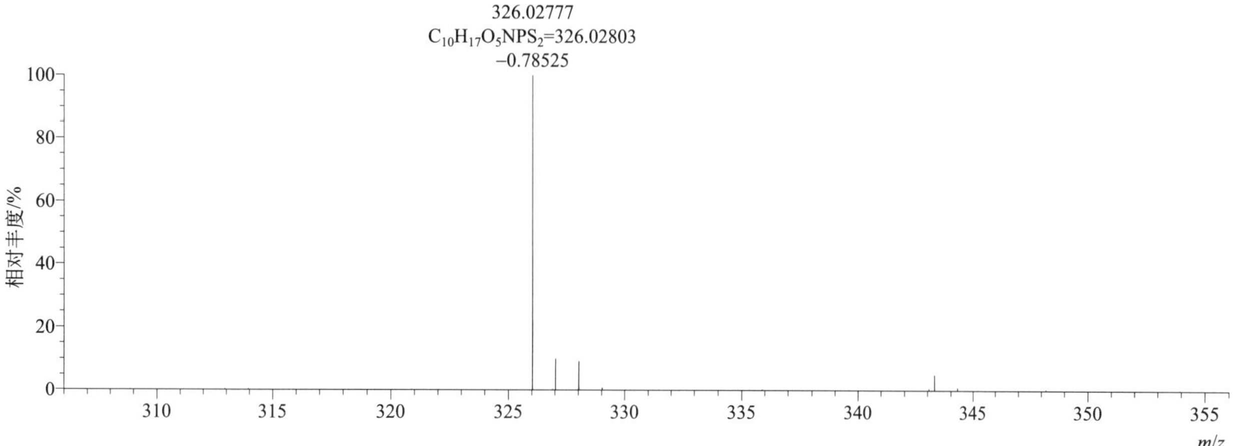

[M+H]+ 归一化法能量 NCE 为 20 时典型的二级质谱图

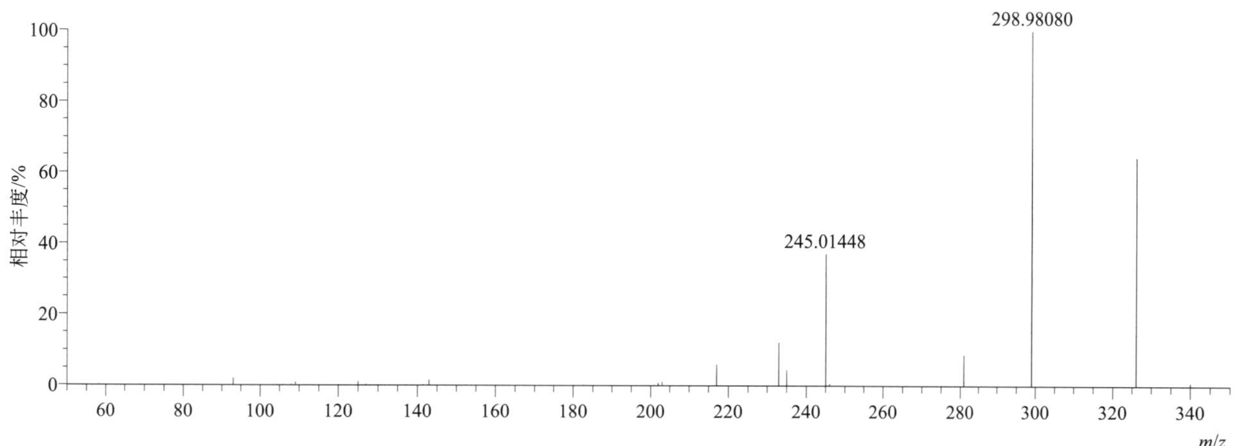

[M+H]$^+$ 归一化法能量 NCE 为 40 时典型的二级质谱图

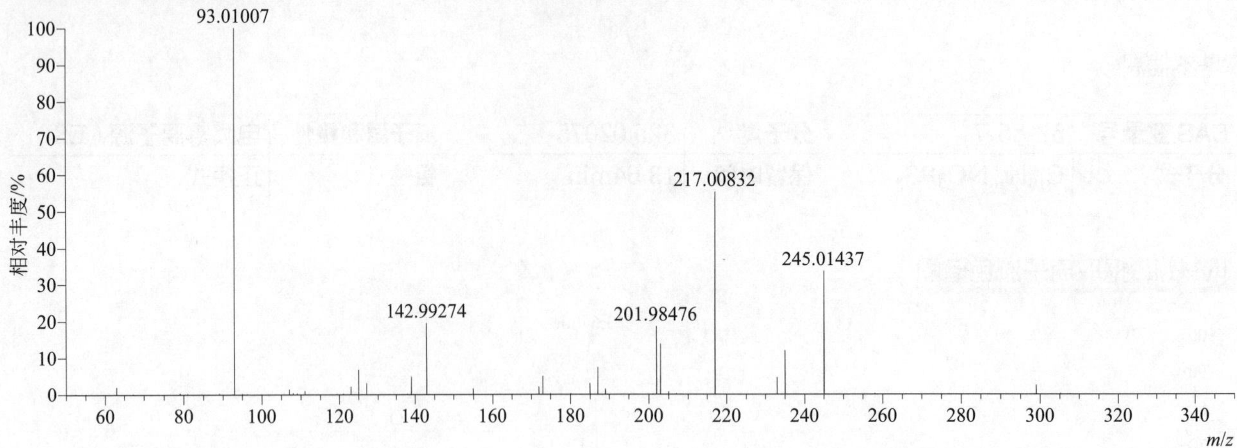

[M+H]$^+$ 归一化法能量 NCE 为 60 时典型的二级质谱图

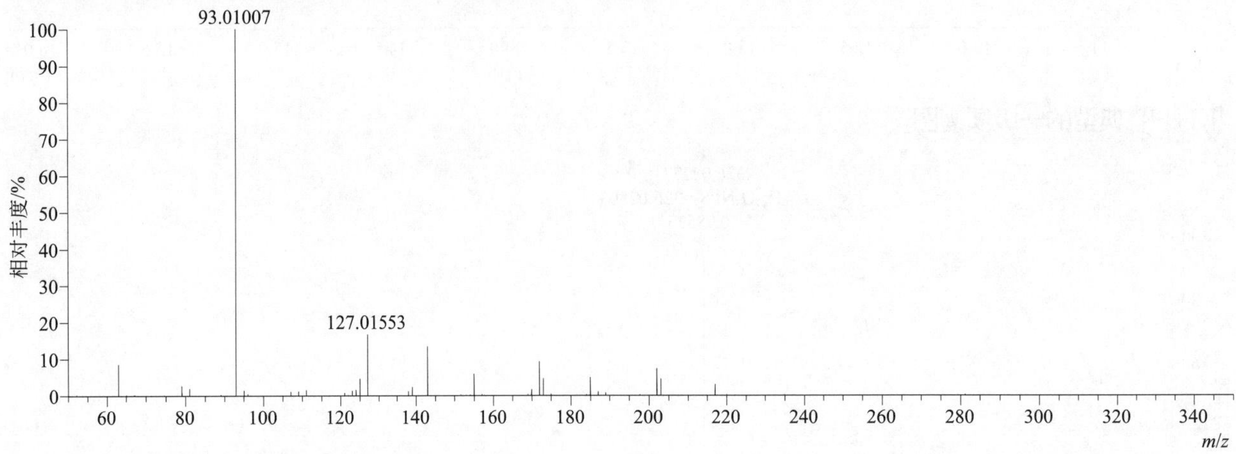

[M+H]$^+$ 阶梯归一化法能量 Step NCE 为 20、40、60 时典型的二级质谱图

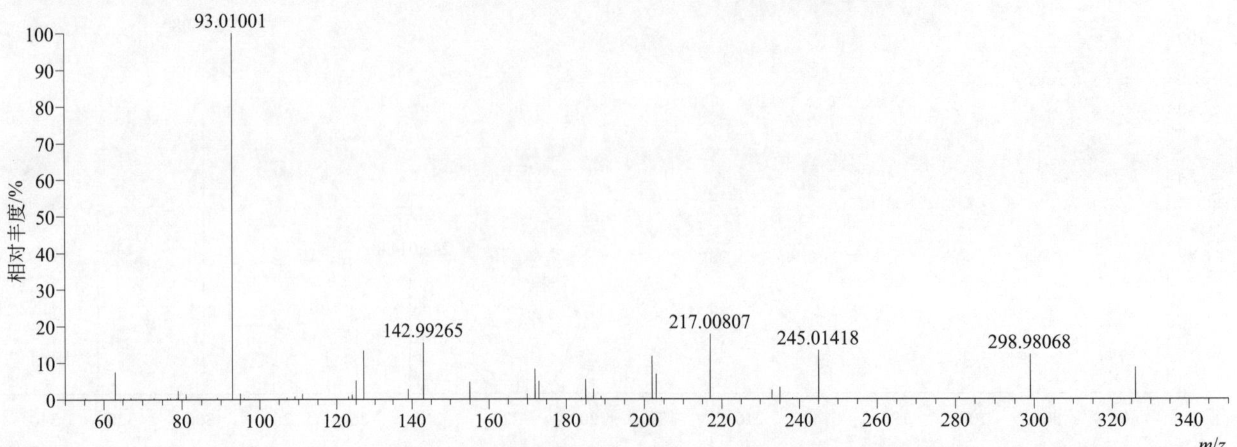

fenamidone（咪唑菌酮）

基本信息

CAS 登录号	161326-34-7	分子量	311.10923	离子源和极性	电喷雾离子源（ESI）
分子式	$C_{17}H_{17}N_3OS$	保留时间	14.24min	极性	正模式

[M+H]⁺ 提取离子流色谱图

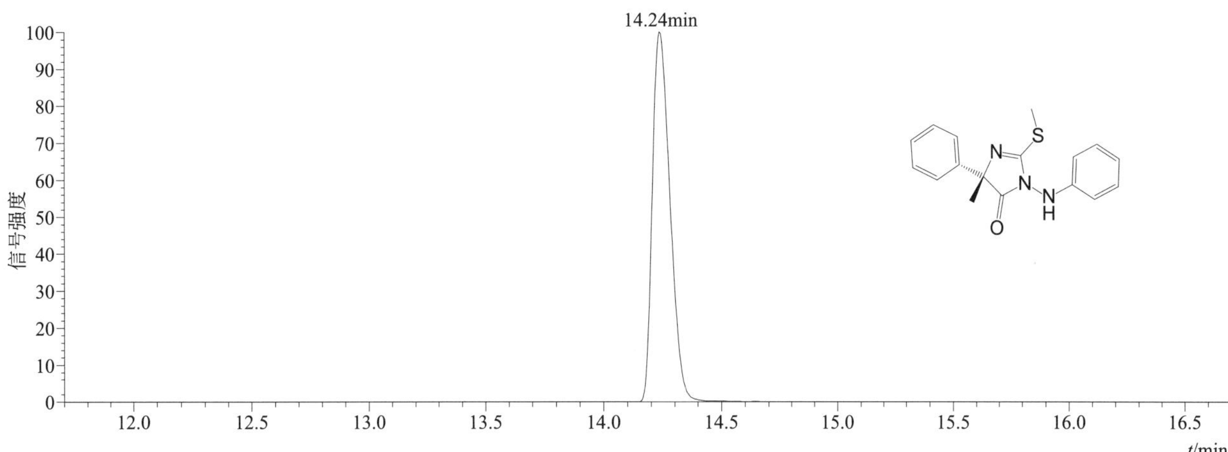

[M+H]⁺ 典型的一级质谱图

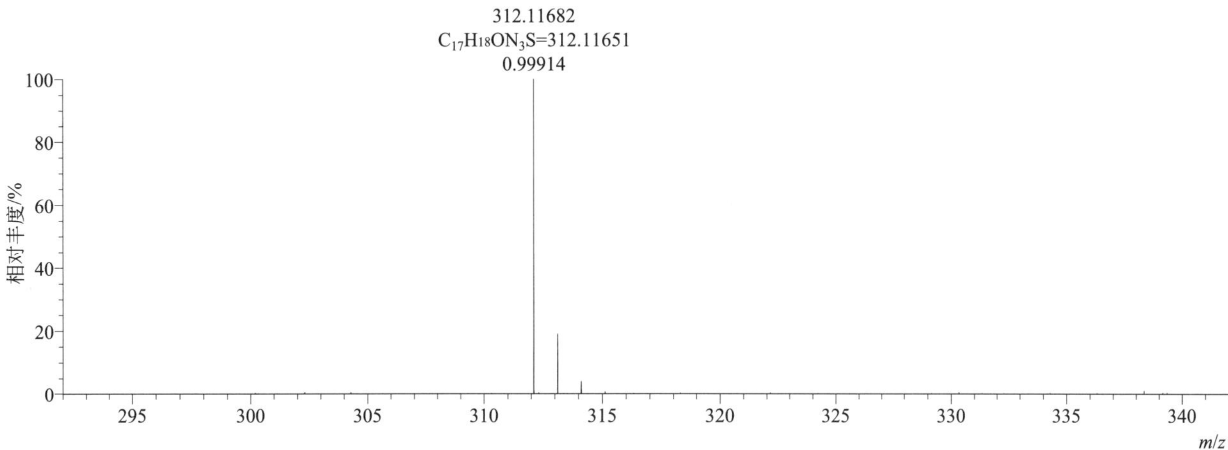

[M+H]⁺ 归一化法能量 NCE 为 20 时典型的二级质谱图

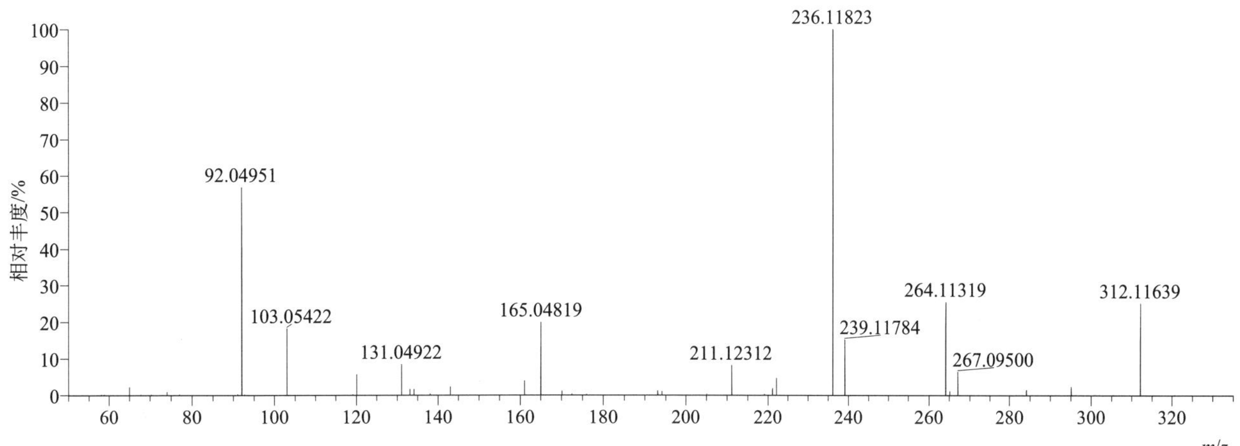

[M+H]+ 归一化法能量 NCE 为 40 时典型的二级质谱图

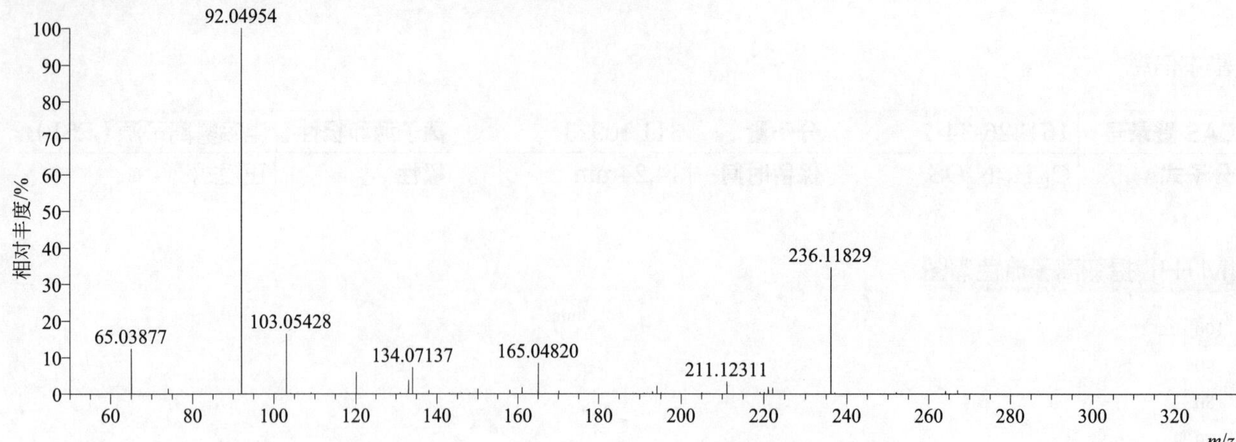

[M+H]+ 归一化法能量 NCE 为 60 时典型的二级质谱图

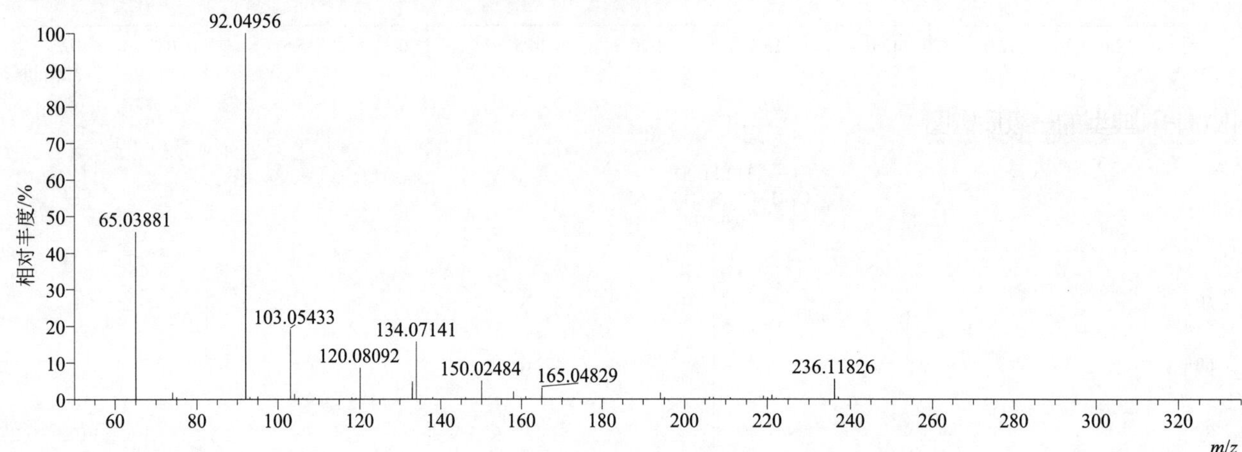

[M+H]+ 阶梯归一化法能量 Step NCE 为 20、40、60 时典型的二级质谱图

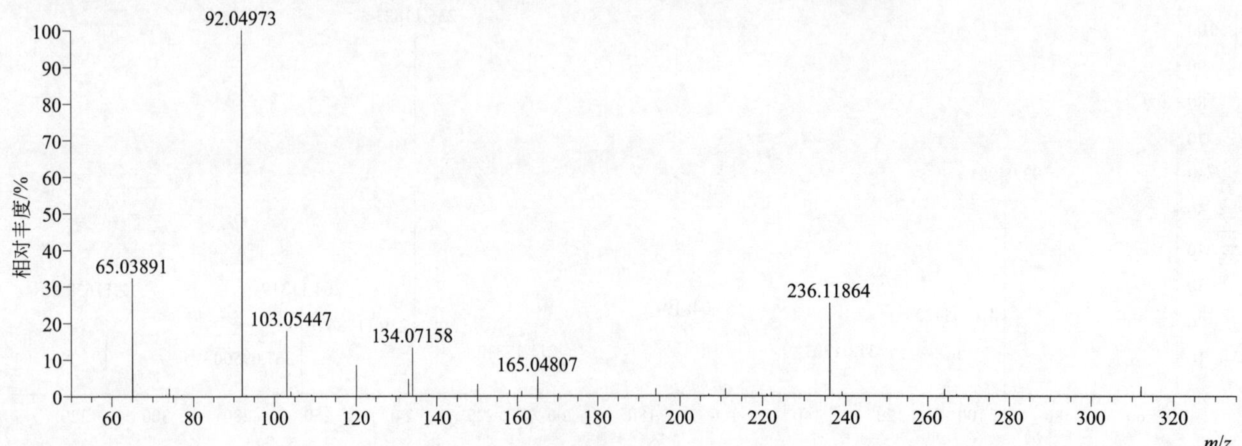

fenamiphos（苯线磷）

基本信息

CAS 登录号	22224-92-6	分子量	303.10580	离子源和极性	电喷雾离子源（ESI）
分子式	$C_{13}H_{22}NO_3PS$	保留时间	14.85min	极性	正模式

[M+H]⁺ 提取离子流色谱图

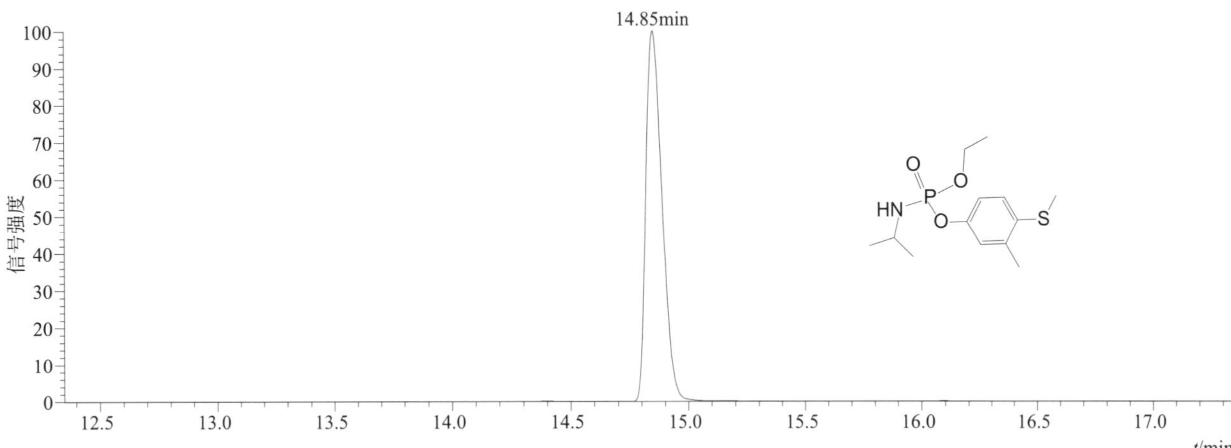

[M+H]⁺ 和 [M+Na]⁺ 典型的一级质谱图

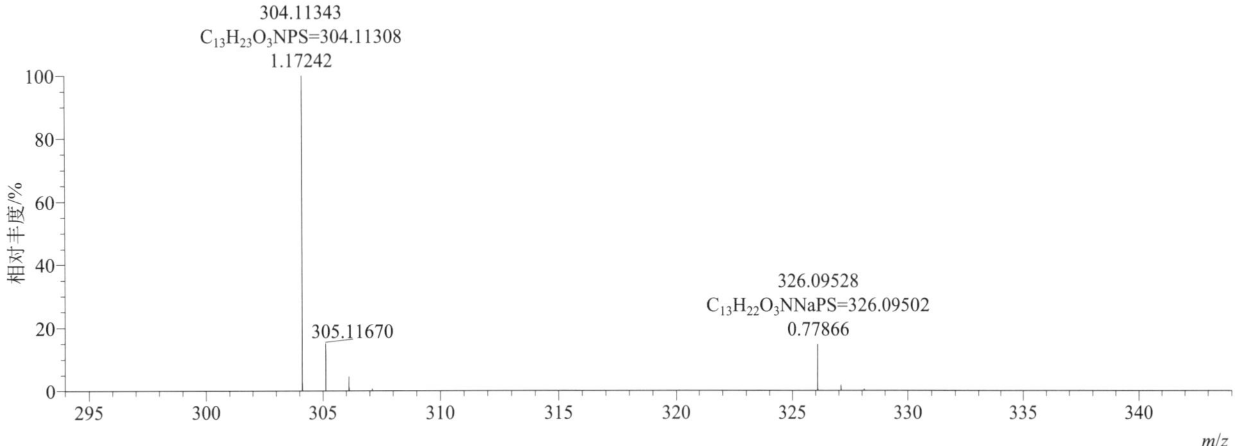

[M+H]⁺ 归一化法能量 NCE 为 20 时典型的二级质谱图

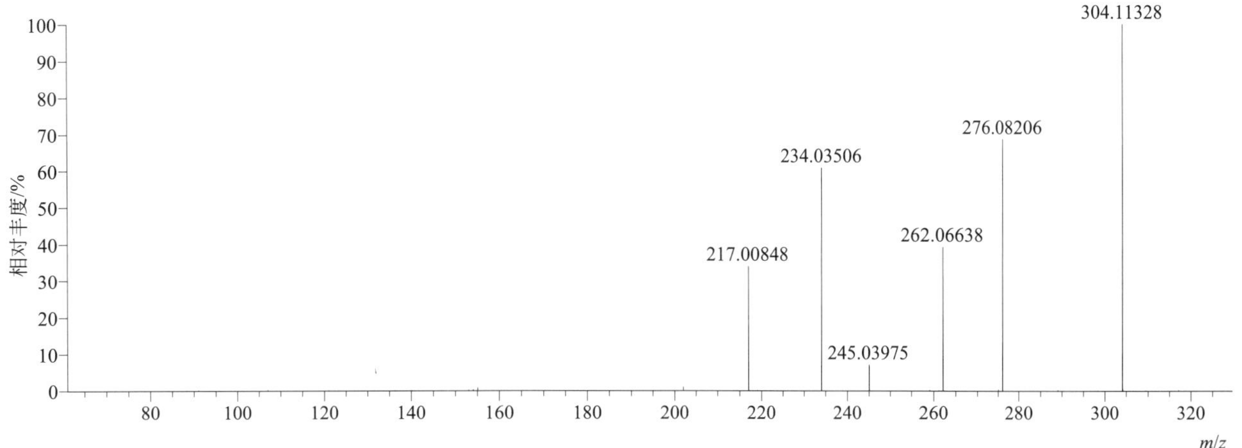

[M+H]+ 归一化法能量 NCE 为 40 时典型的二级质谱图

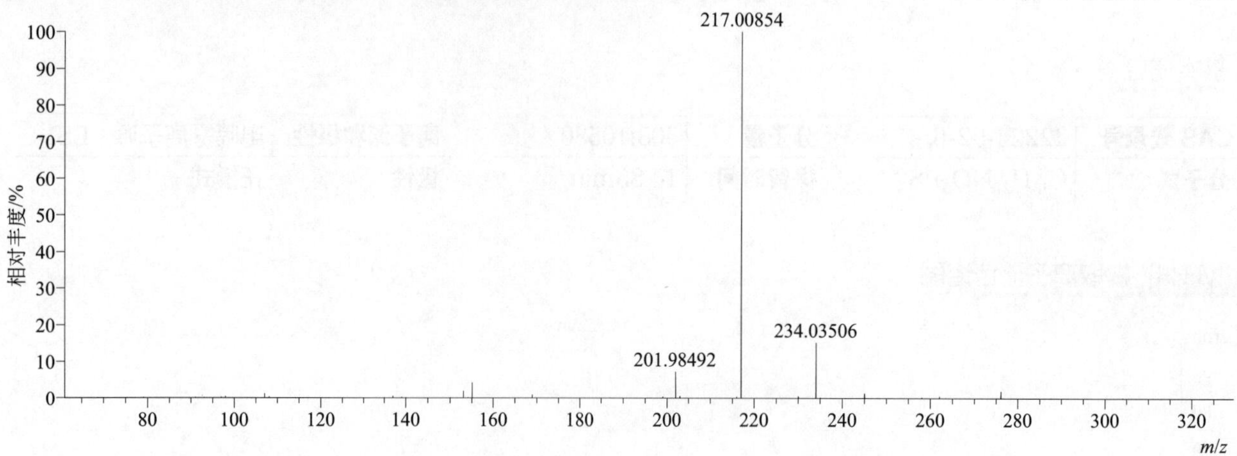

[M+H]+ 归一化法能量 NCE 为 60 时典型的二级质谱图

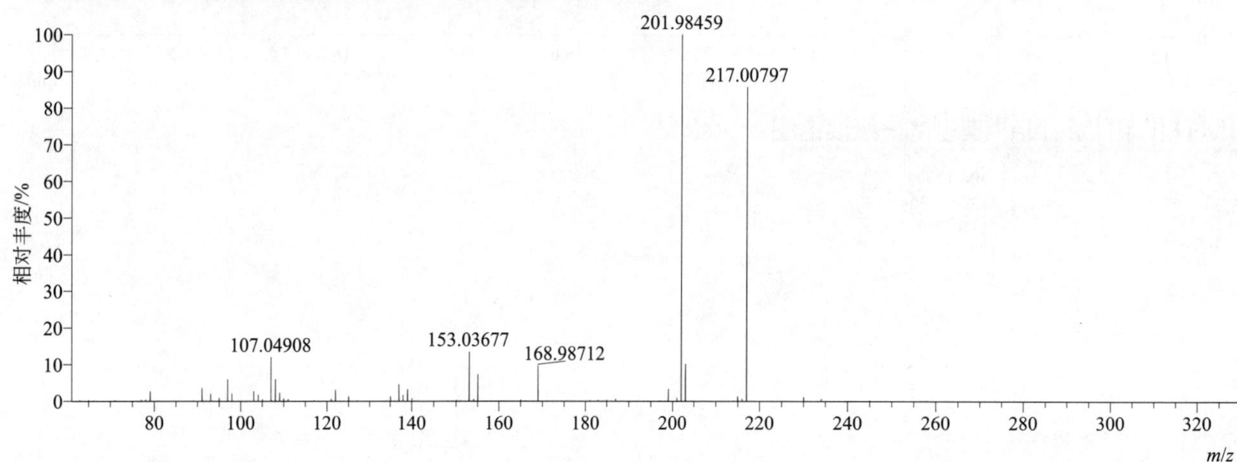

[M+H]+ 阶梯归一化法能量 Step NCE 为 20、40、60 时典型的二级质谱图

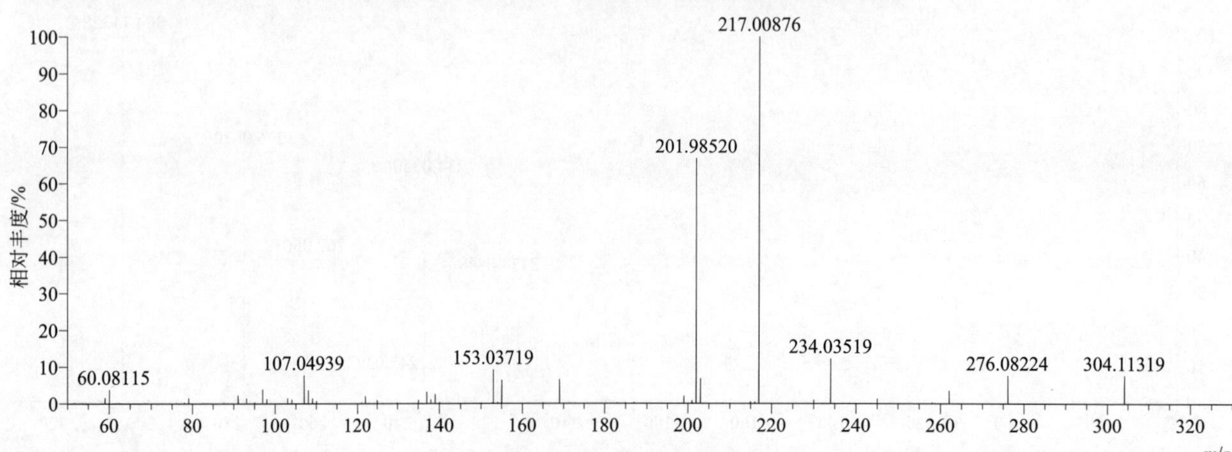

fenamiphos-sulfone（苯线磷砜）

基本信息

CAS 登录号	31972-44-8	分子量	335.09563	离子源和极性	电喷雾离子源（ESI）
分子式	$C_{13}H_{22}NO_5PS$	保留时间	13.19min	极性	正模式

$[M+H]^+$ 提取离子流色谱图

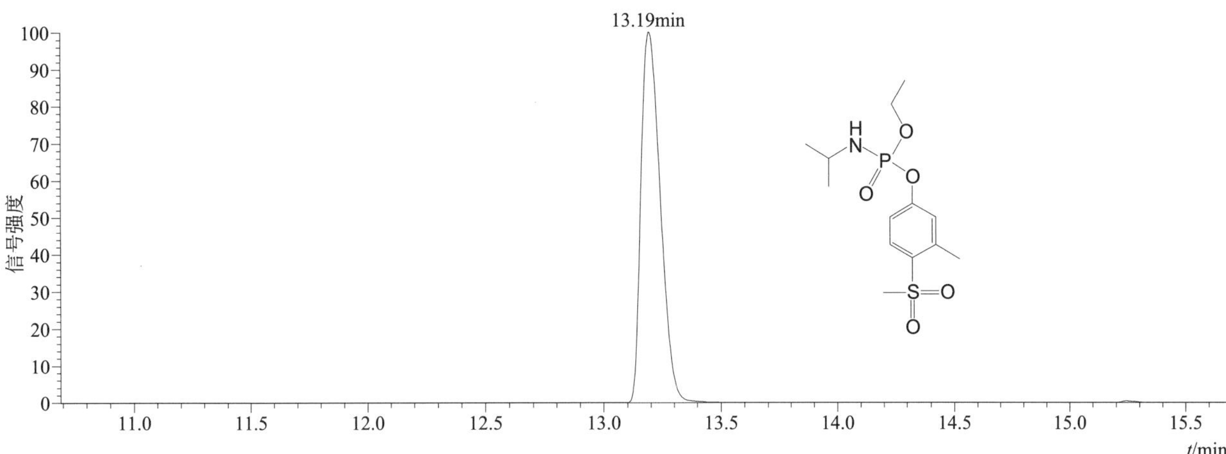

$[M+H]^+$ 和 $[M+Na]^+$ 典型的一级质谱图

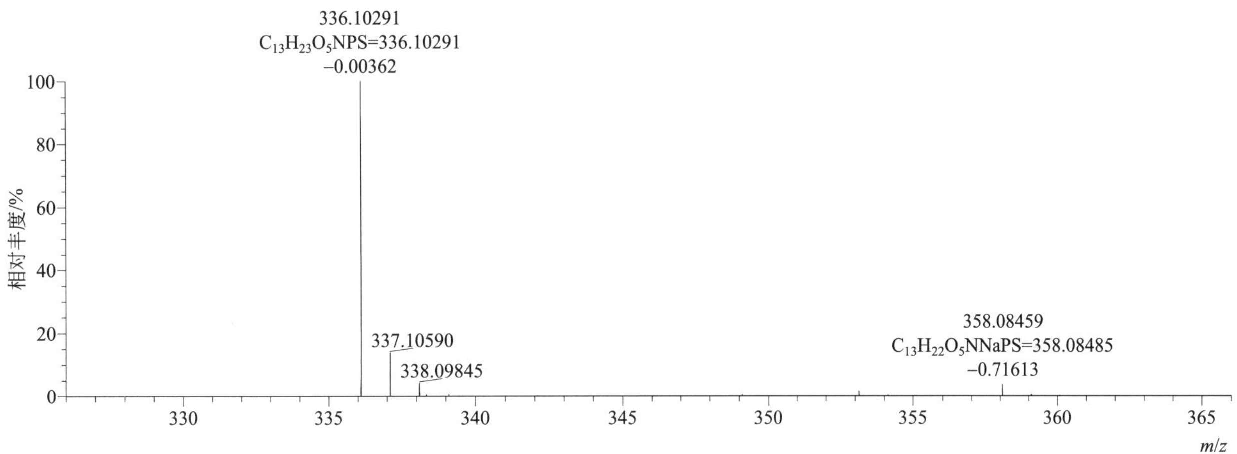

$[M+H]^+$ 归一化法能量 NCE 为 20 时典型的二级质谱图

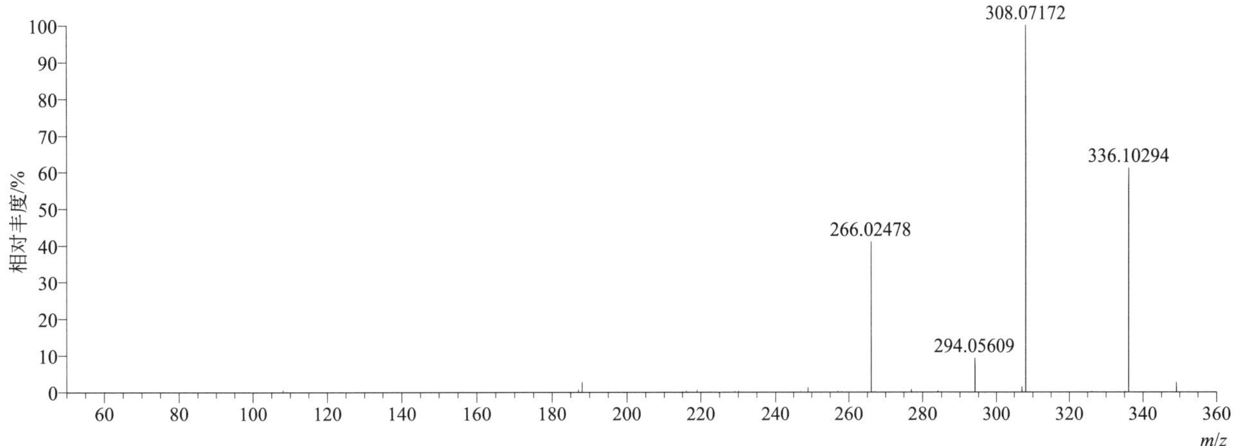

$[M+H]^+$ 归一化法能量 NCE 为 40 时典型的二级质谱图

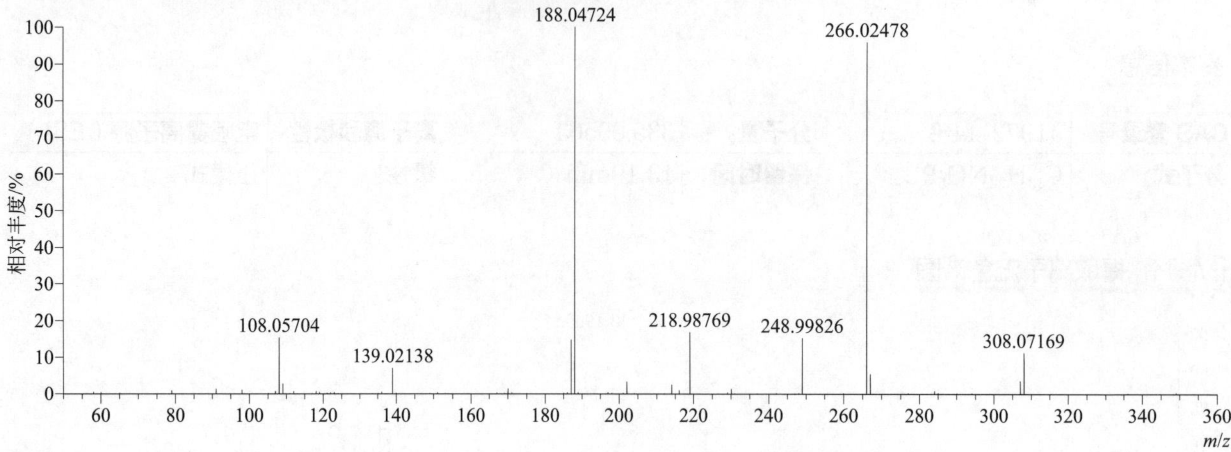

$[M+H]^+$ 归一化法能量 NCE 为 60 时典型的二级质谱图

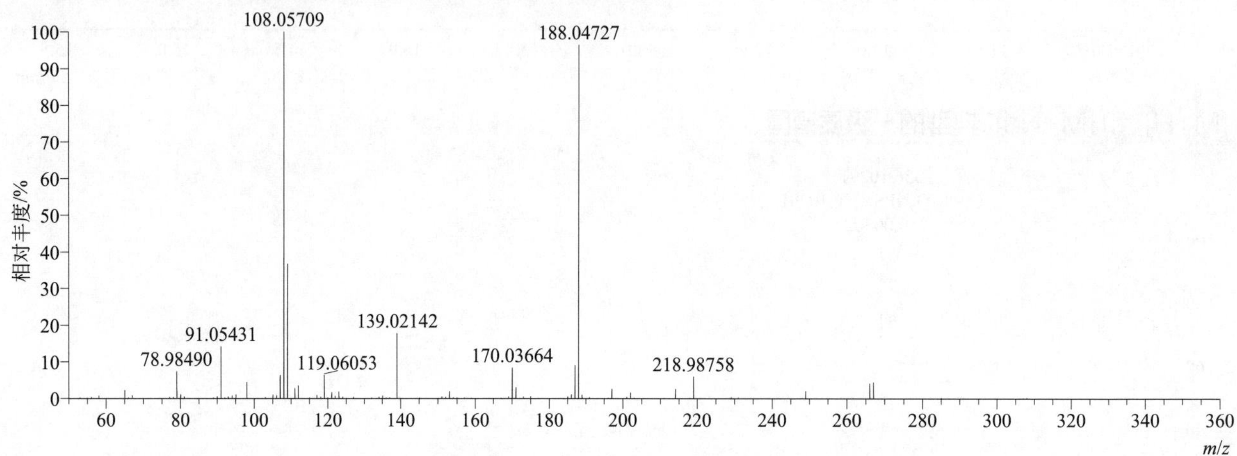

$[M+H]^+$ 阶梯归一化法能量 Step NCE 为 20、40、60 时典型的二级质谱图

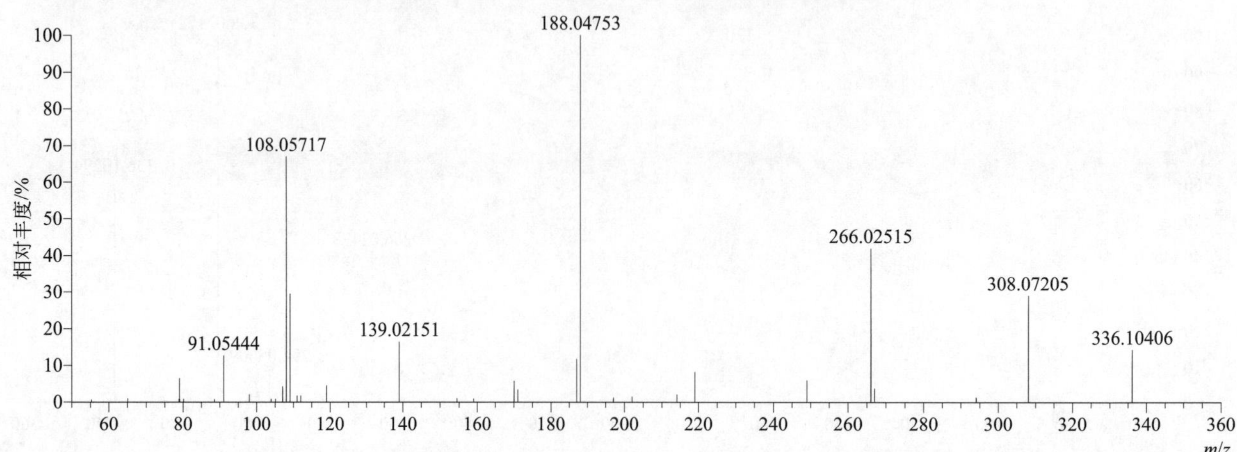

fenamiphos-sulfoxide（苯线磷亚砜）

基本信息

CAS 登录号	31972-43-7	分子量	319.10072	离子源和极性	电喷雾离子源（ESI）
分子式	$C_{13}H_{22}NO_4PS$	保留时间	13.08min	极性	正模式

[M+H]+ 提取离子流色谱图

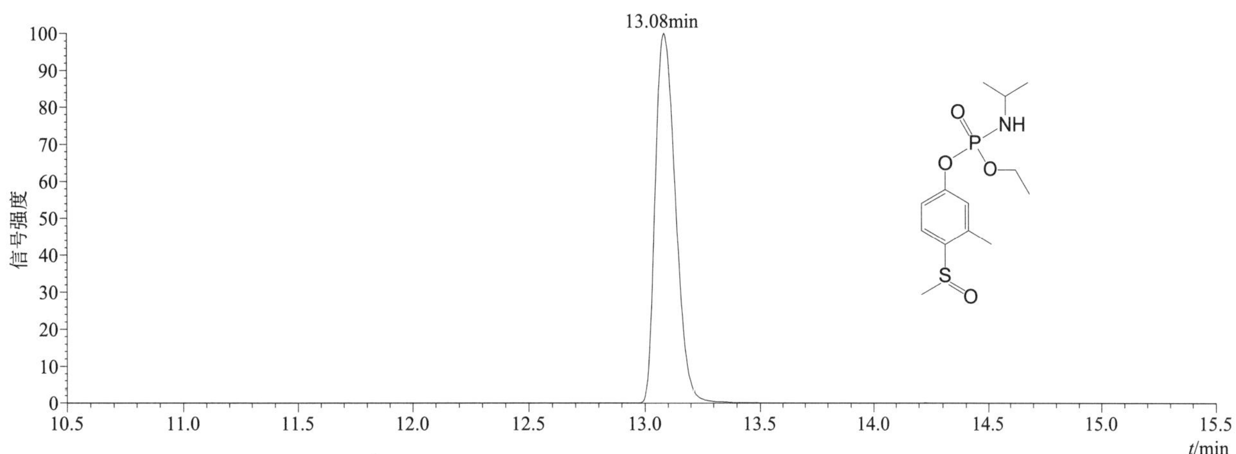

[M+H]+ 和 [M+Na]+ 典型的一级质谱图

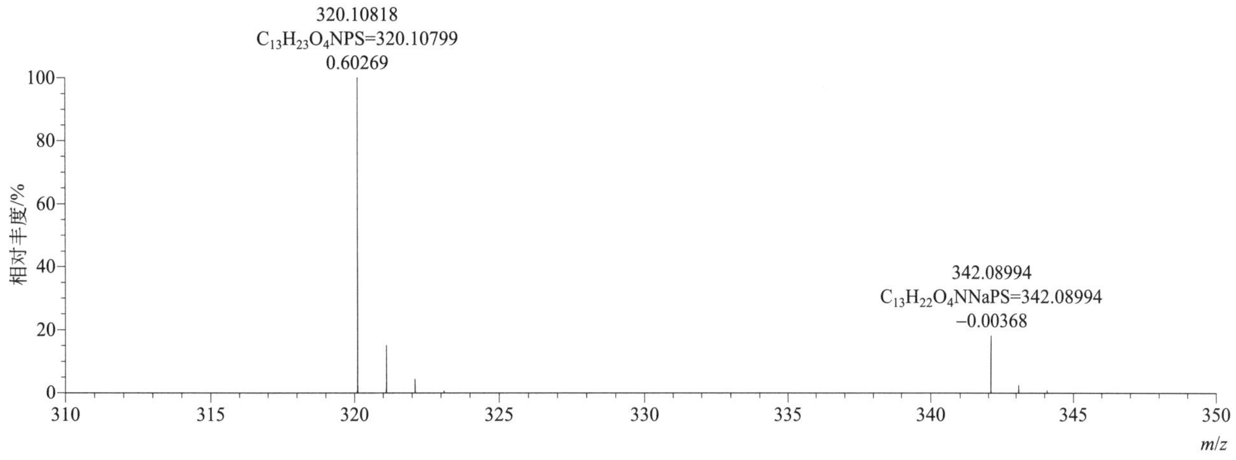

[M+H]+ 归一化法能量 NCE 为 20 时典型的二级质谱图

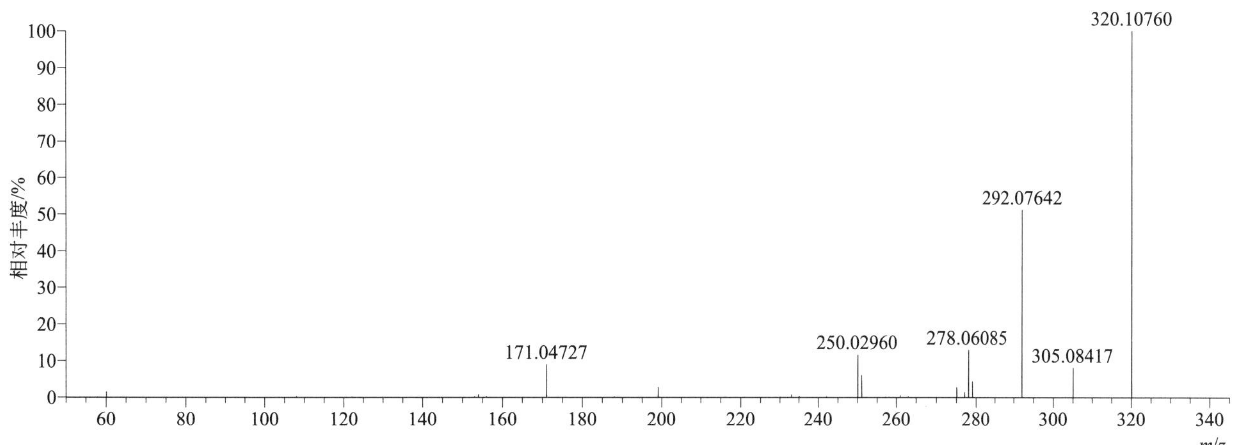

[M+H]+ 归一化法能量 NCE 为 40 时典型的二级质谱图

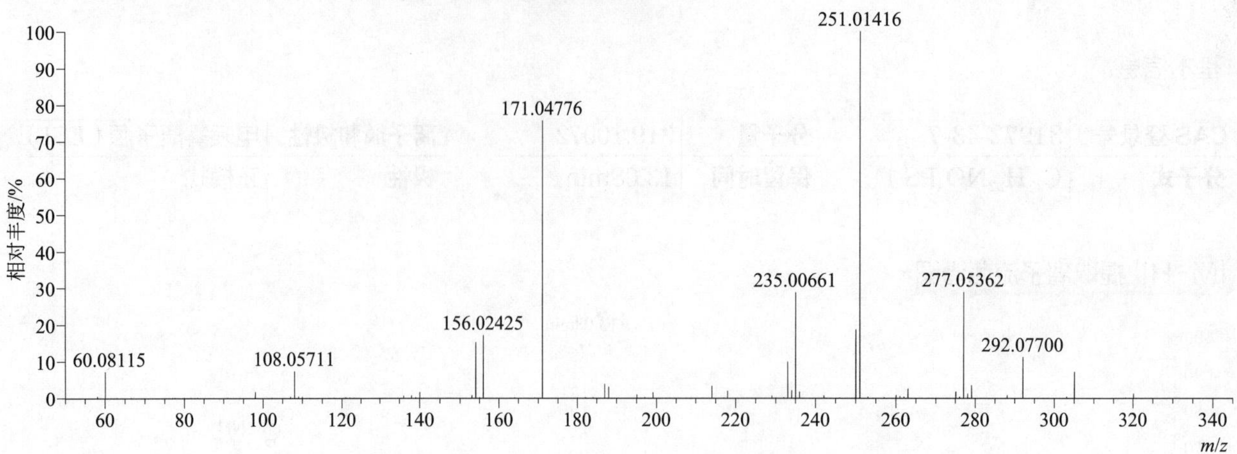

[M+H]+ 归一化法能量 NCE 为 60 时典型的二级质谱图

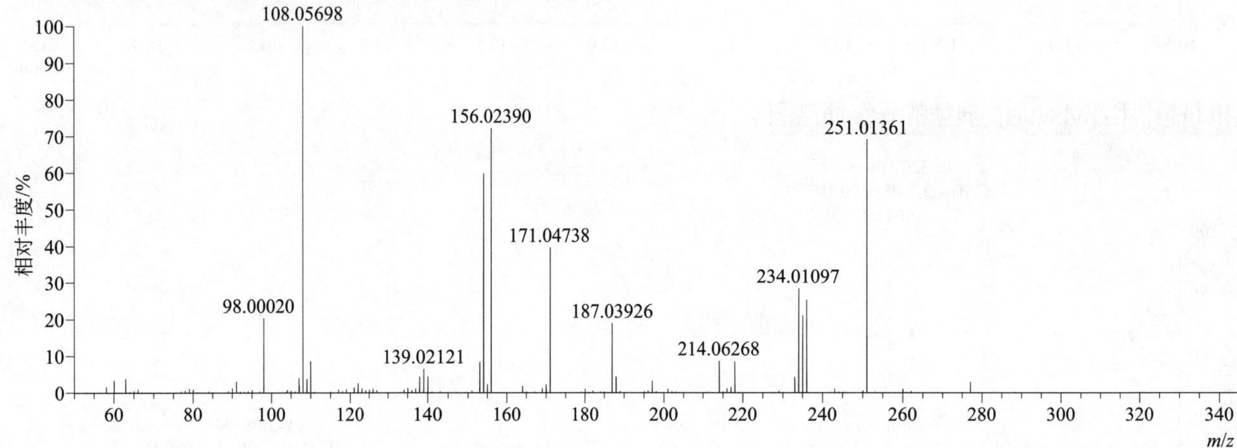

[M+H]+ 阶梯归一化法能量 Step NCE 为 20、40、60 时典型的二级质谱图

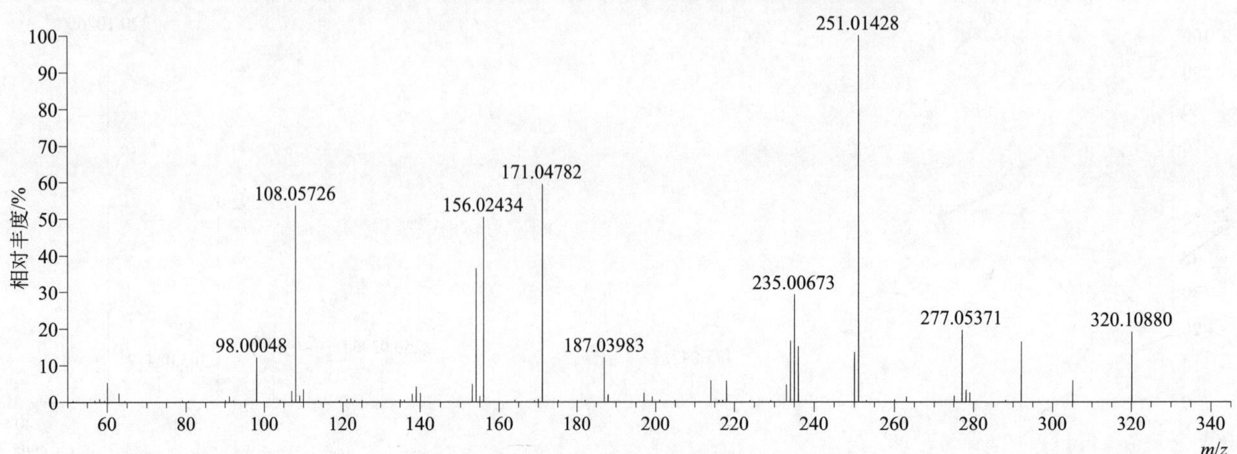

fenarimol（氯苯嘧啶醇）

基本信息

CAS 登录号	60168-88-9	分子量	330.03267	离子源和极性	电喷雾离子源（ESI）
分子式	$C_{17}H_{12}Cl_2N_2O$	保留时间	14.68min	极性	正模式

[M+H]⁺ 提取离子流色谱图

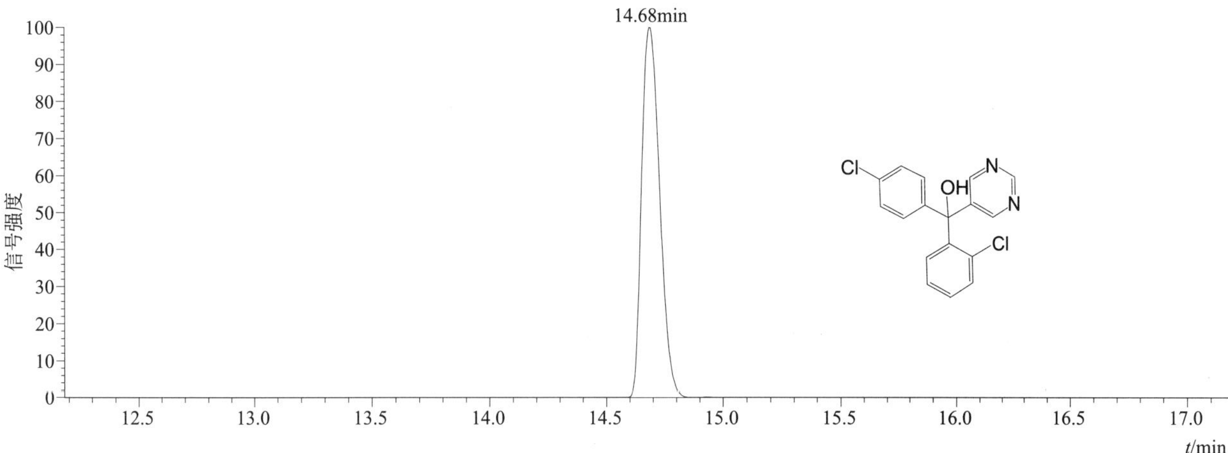

[M+H]⁺ 典型的一级质谱图

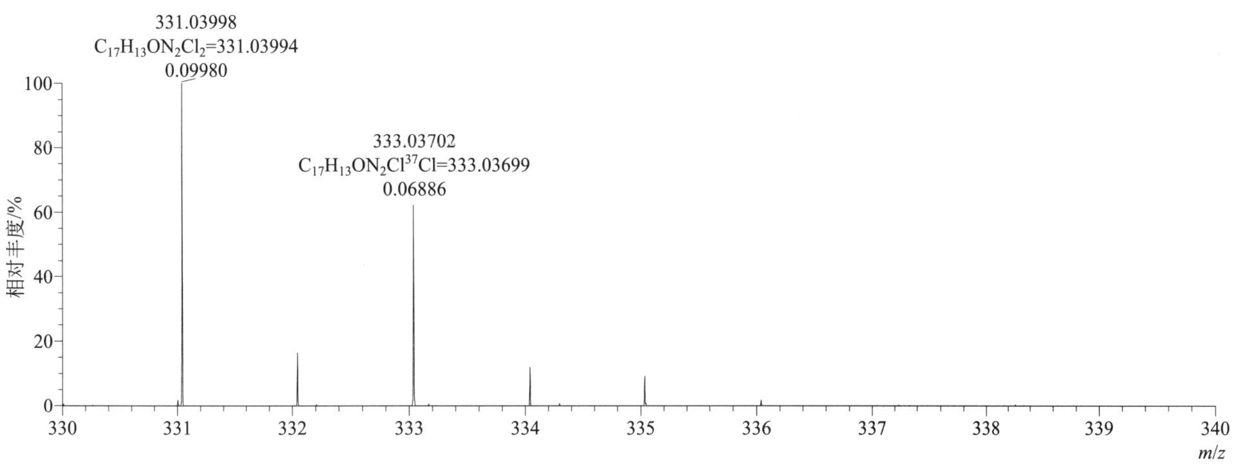

[M+H]⁺ 归一化法能量 NCE 为 20 时典型的二级质谱图

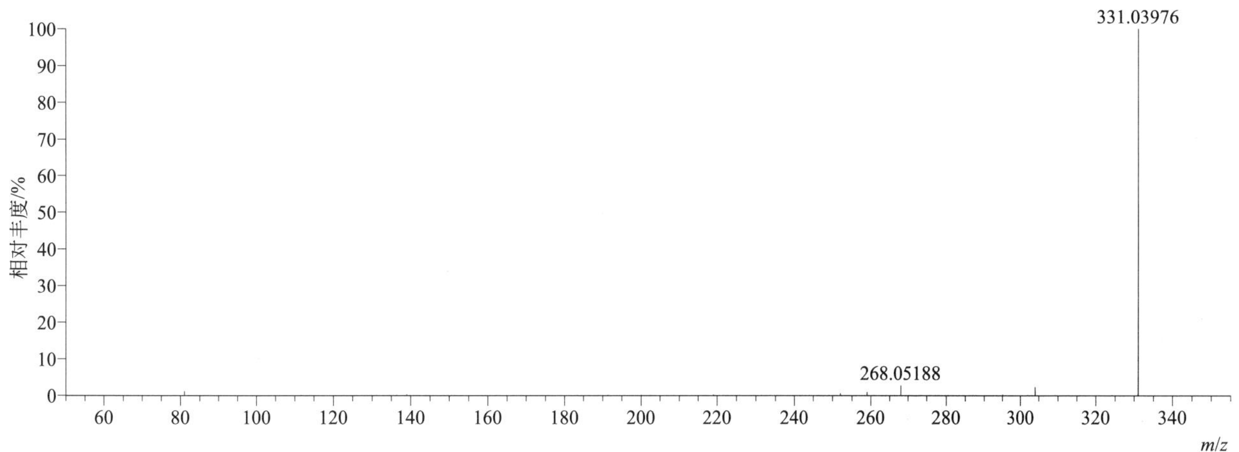

[M+H]+ 归一化法能量 NCE 为 40 时典型的二级质谱图

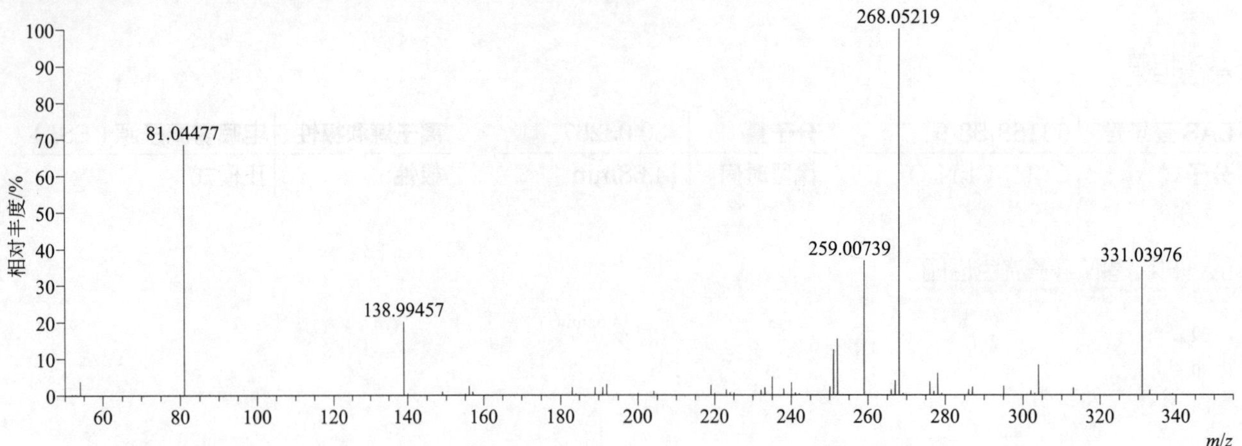

[M+H]+ 归一化法能量 NCE 为 60 时典型的二级质谱图

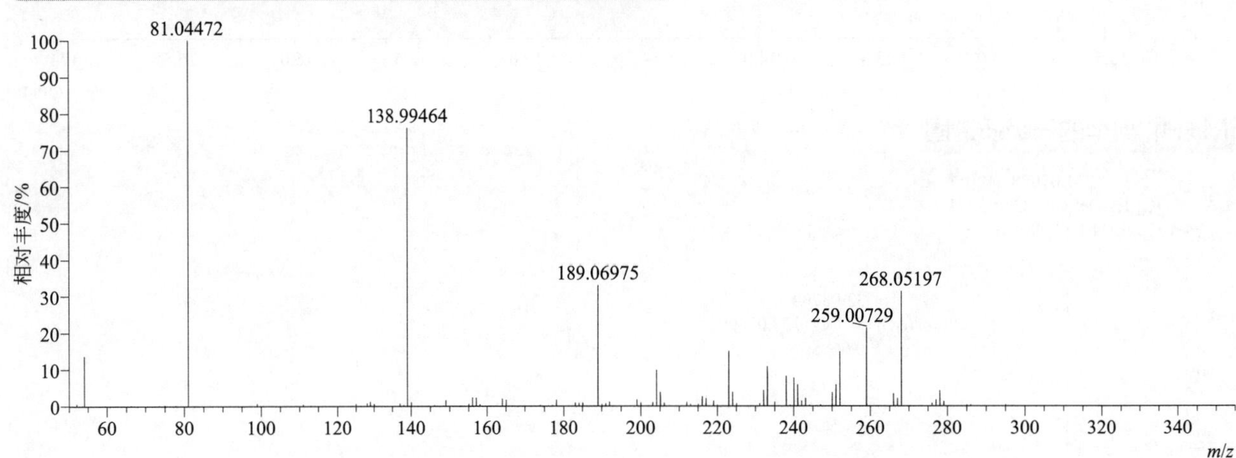

[M+H]+ 阶梯归一化法能量 Step NCE 为 20、40、60 时典型的二级质谱图

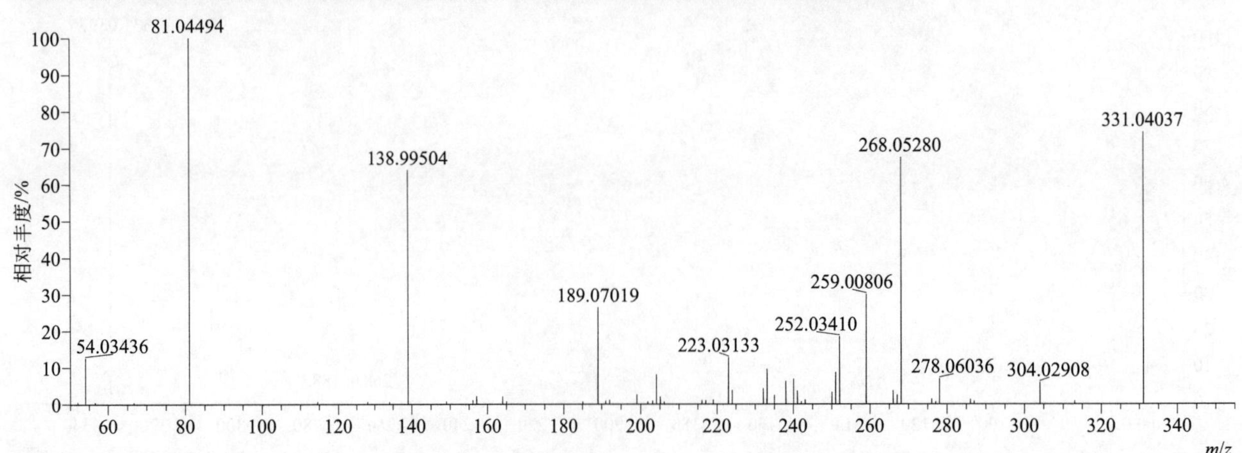

fenazaquin（喹螨醚）

基本信息

CAS 登录号	120928-09-8	分子量	306.17321	离子源和极性	电喷雾离子源（ESI）
分子式	$C_{20}H_{22}N_2O$	保留时间	16.74min	极性	正模式

[M+H]+ 提取离子流色谱图

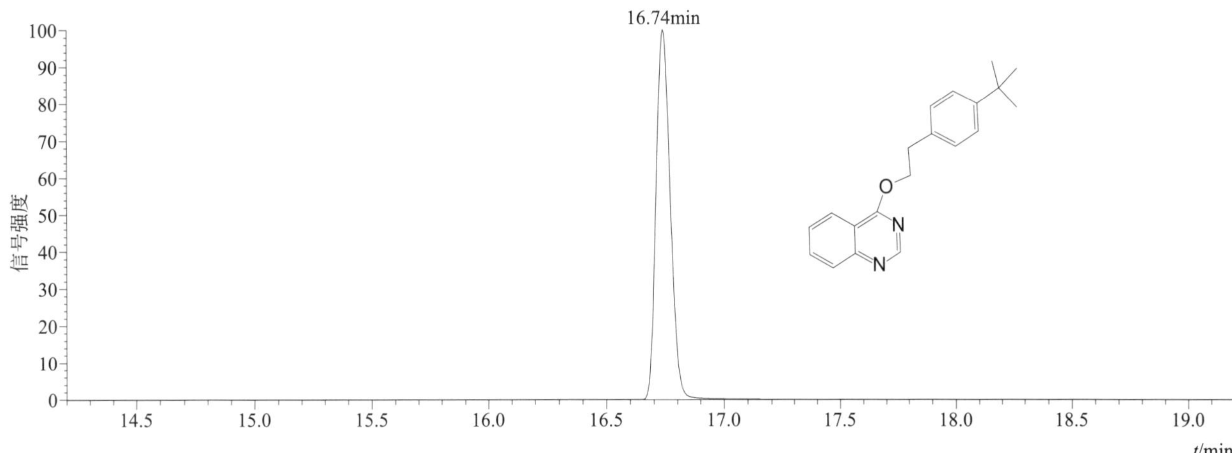

[M+H]+ 典型的一级质谱图

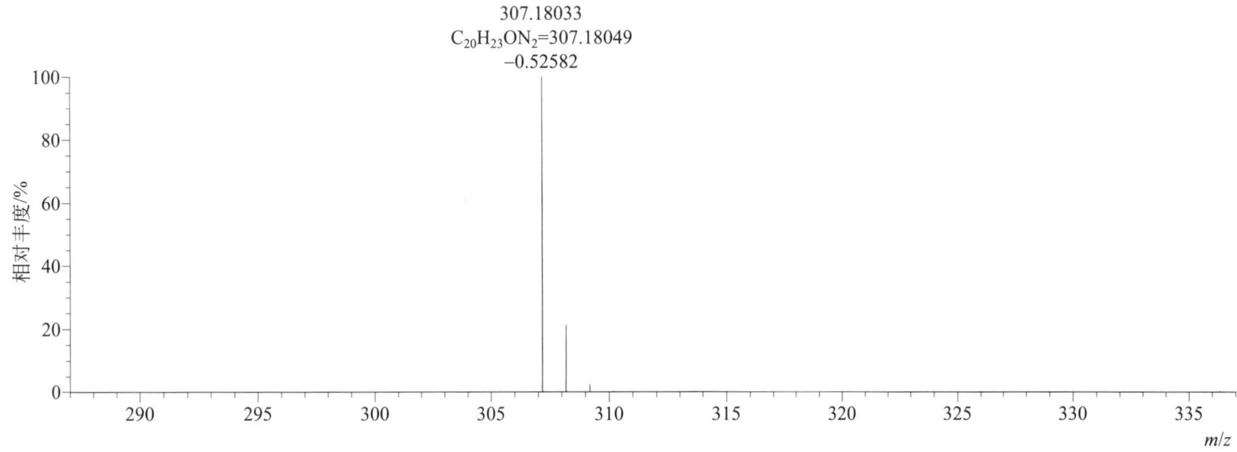

[M+H]+ 归一化法能量 NCE 为 20 时典型的二级质谱图

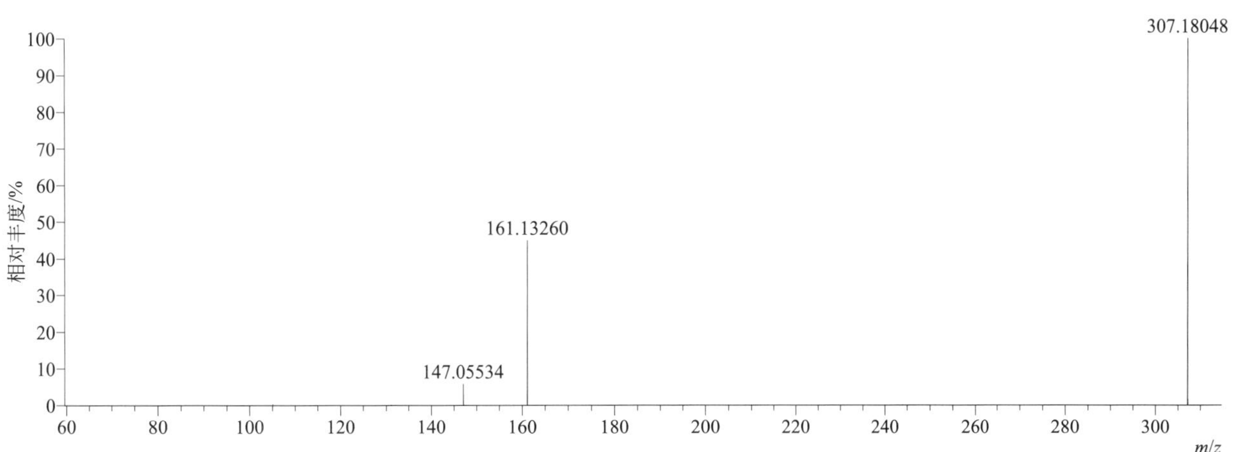

[M+H]⁺ 归一化法能量 NCE 为 40 时典型的二级质谱图

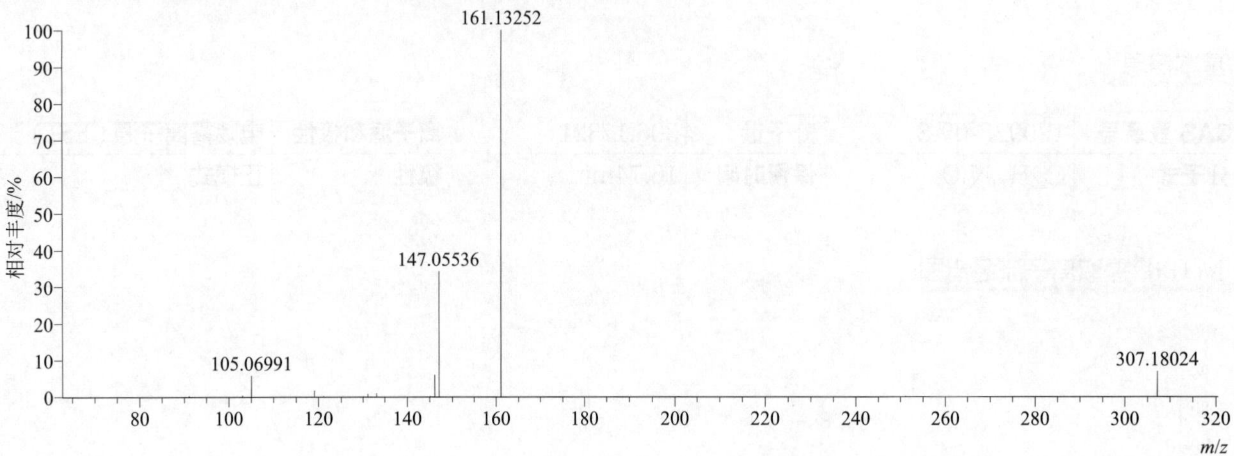

[M+H]⁺ 归一化法能量 NCE 为 60 时典型的二级质谱图

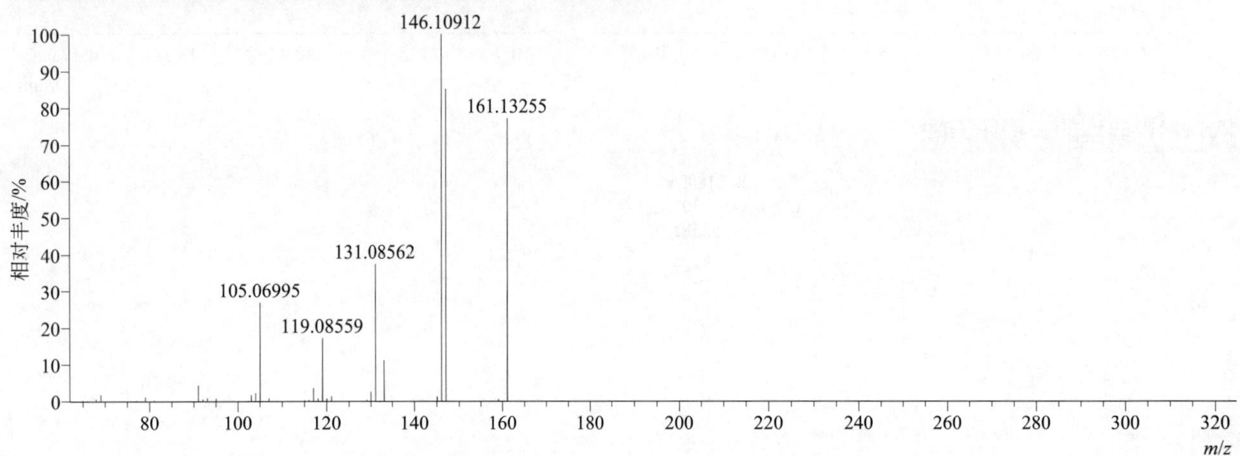

[M+H]⁺ 阶梯归一化法能量 Step NCE 为 20、40、60 时典型的二级质谱图

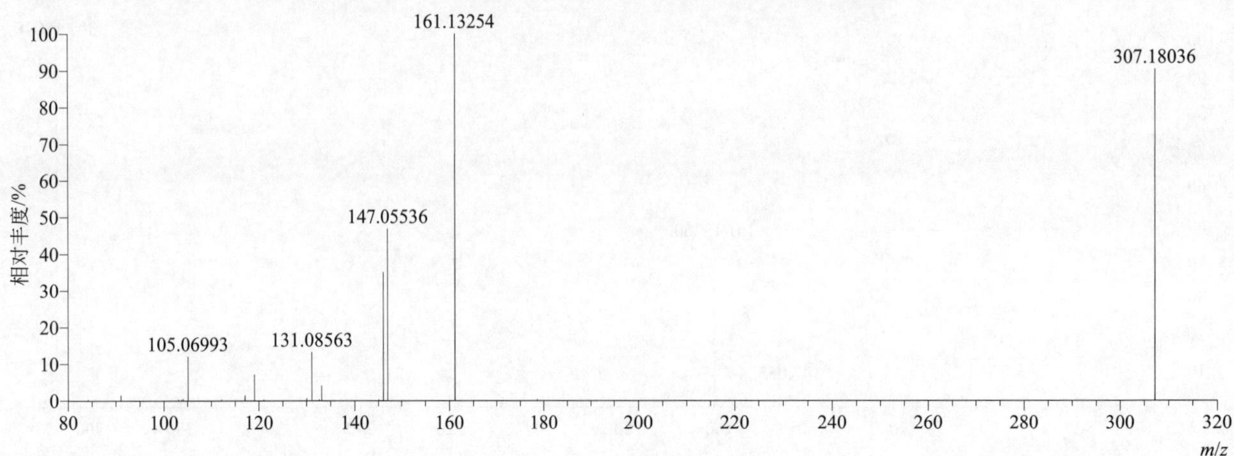

fenbuconazole（腈苯唑）

基本信息

CAS 登录号	114369-43-6	分子量	336.11417	离子源和极性	电喷雾离子源（ESI）
分子式	$C_{19}H_{17}ClN_4$	保留时间	14.81min	极性	正模式

$[M+H]^+$ 提取离子流色谱图

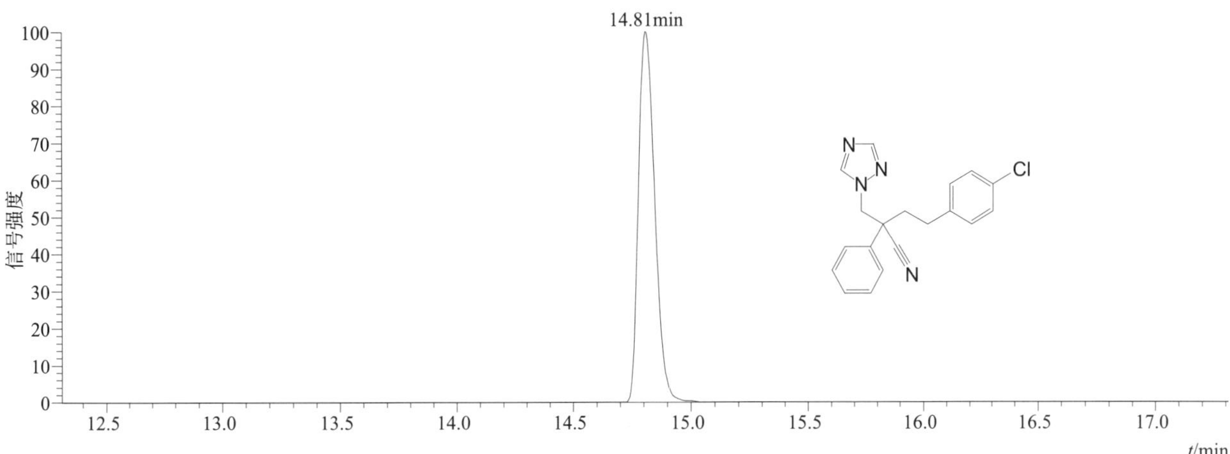

$[M+H]^+$ 典型的一级质谱图

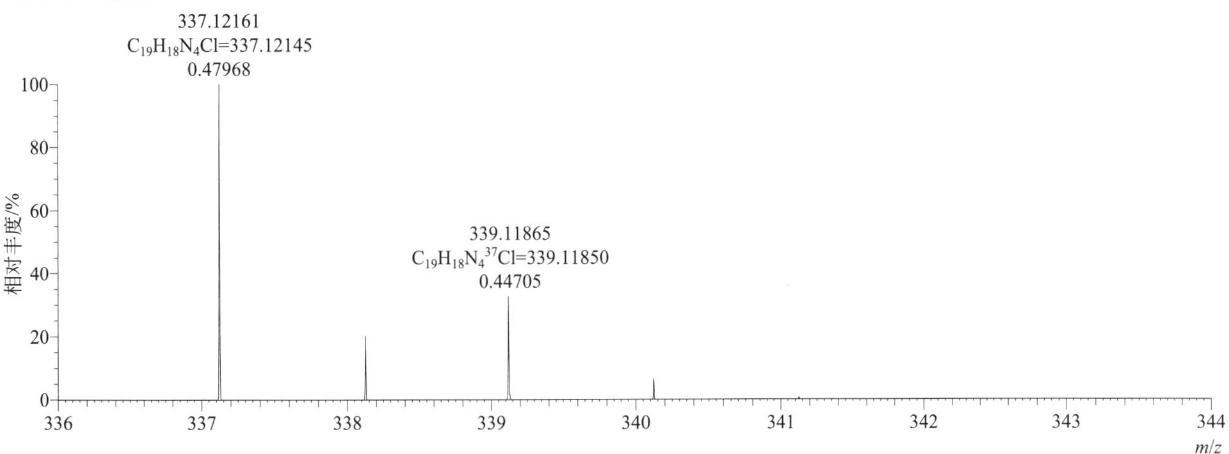

$[M+H]^+$ 归一化法能量 NCE 为 20 时典型的二级质谱图

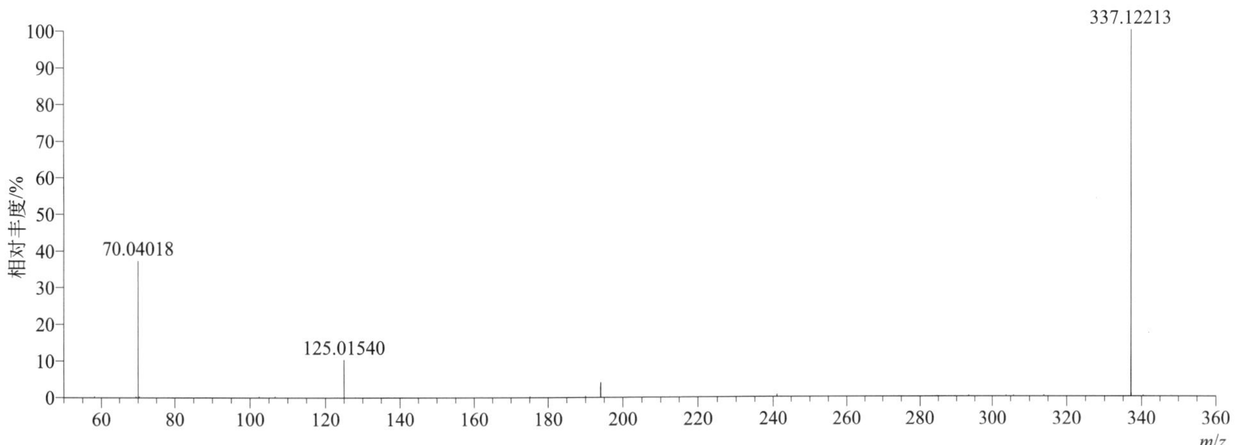

[M+H]⁺ 归一化法能量 NCE 为 40 时典型的二级质谱图

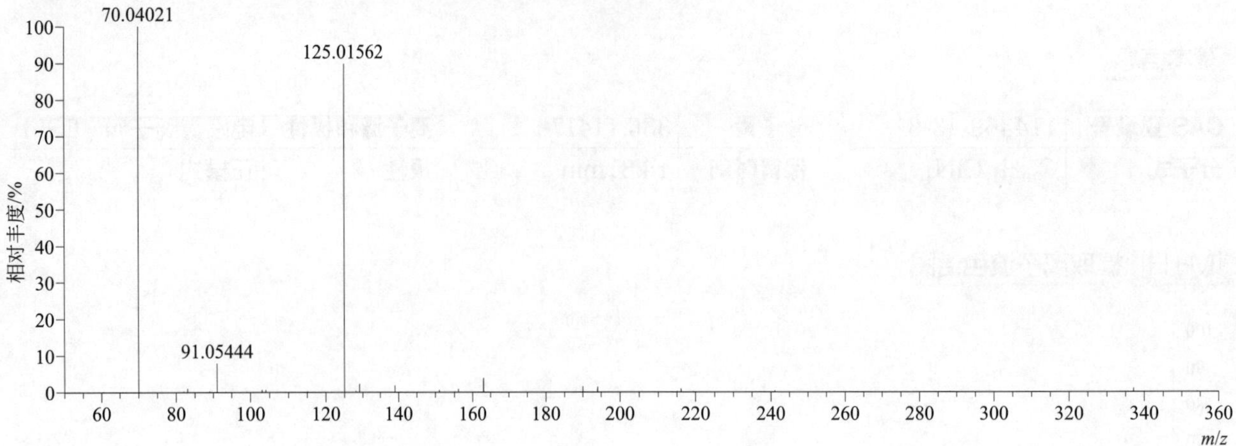

[M+H]⁺ 归一化法能量 NCE 为 60 时典型的二级质谱图

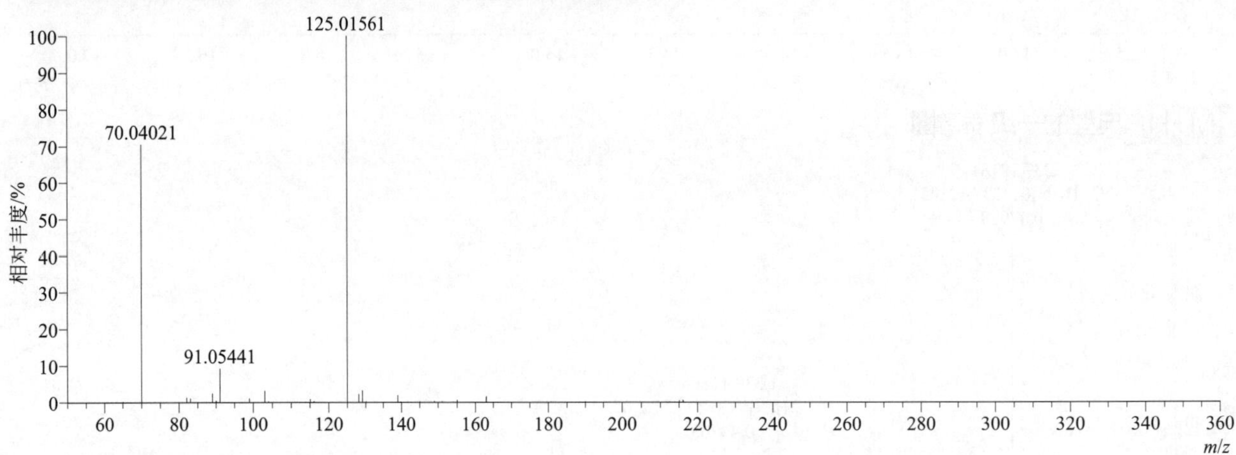

[M+H]⁺ 阶梯归一化法能量 Step NCE 为 20、40、60 时典型的二级质谱图

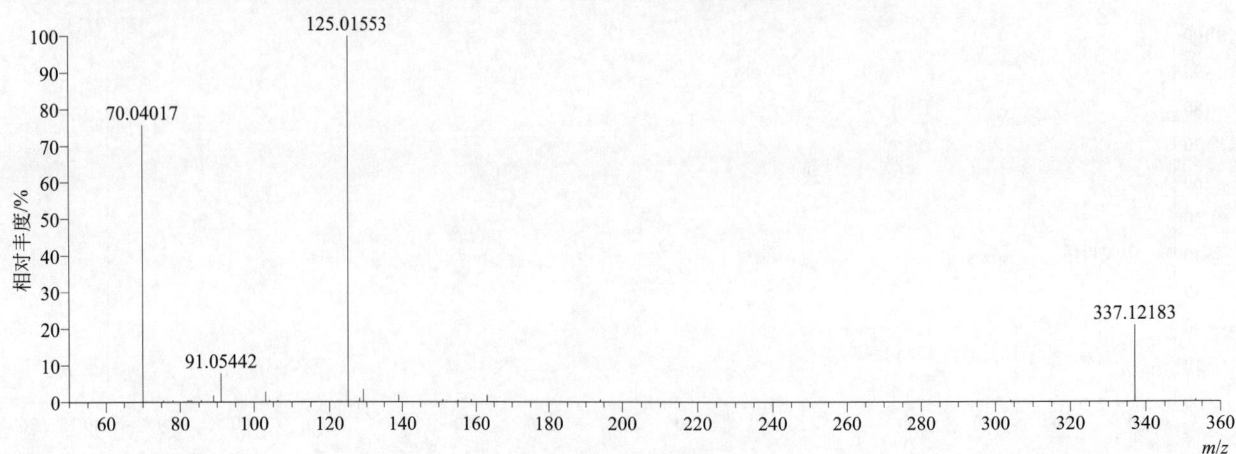

fenfuram（甲呋酰胺）

基本信息

CAS 登录号	24691-80-3	分子量	201.07898	离子源和极性	电喷雾离子源（ESI）
分子式	$C_{12}H_{11}NO_2$	保留时间	13.47min	极性	正模式

$[M+H]^+$ 提取离子流色谱图

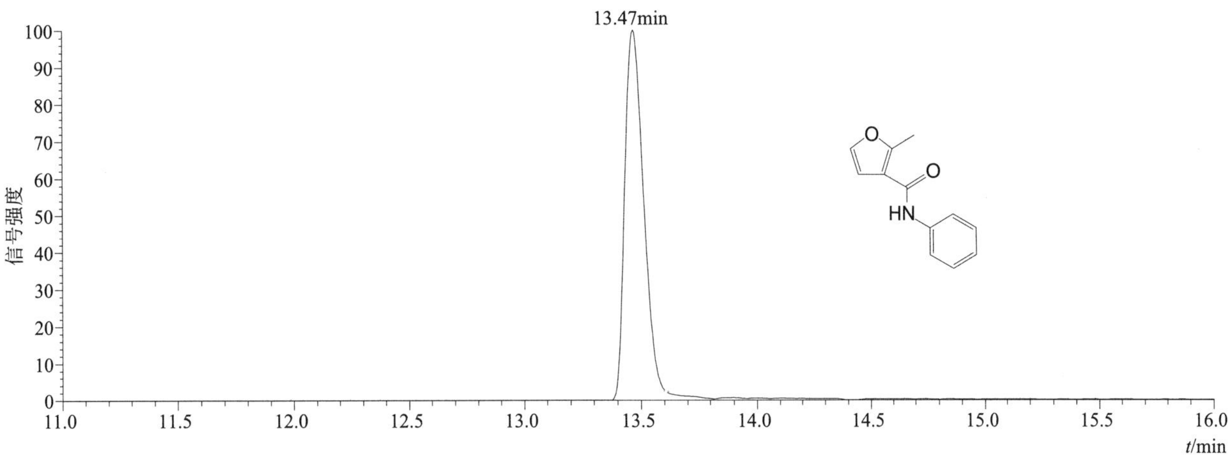

$[M+H]^+$ 典型的一级质谱图

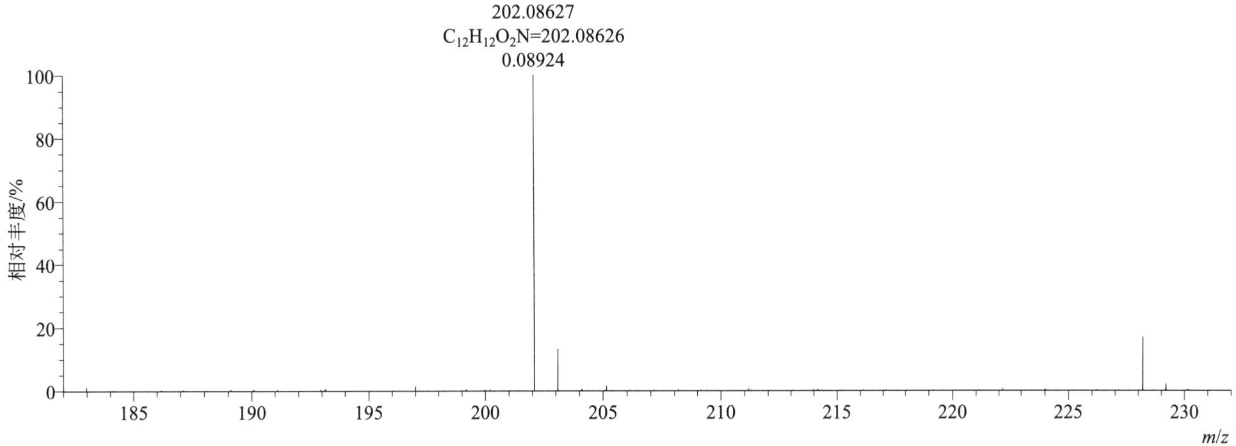

$[M+H]^+$ 归一化法能量 NCE 为 20 时典型的二级质谱图

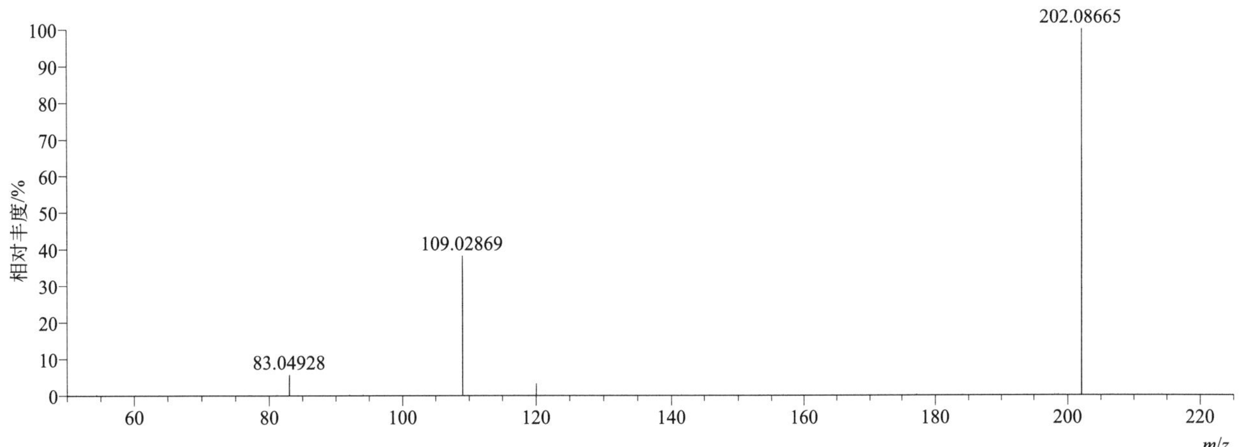

[M+H]+ 归一化法能量 NCE 为 40 时典型的二级质谱图

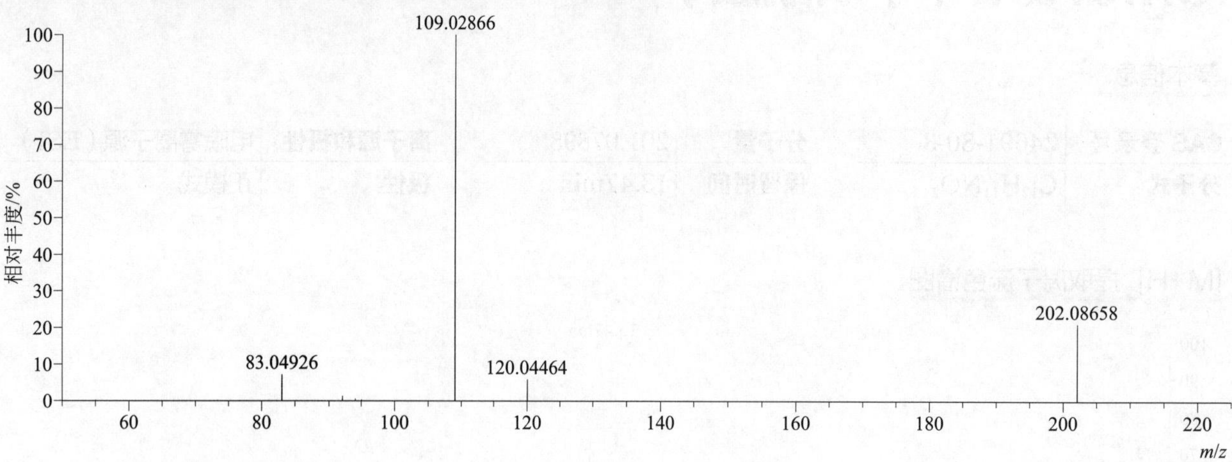

[M+H]+ 归一化法能量 NCE 为 60 时典型的二级质谱图

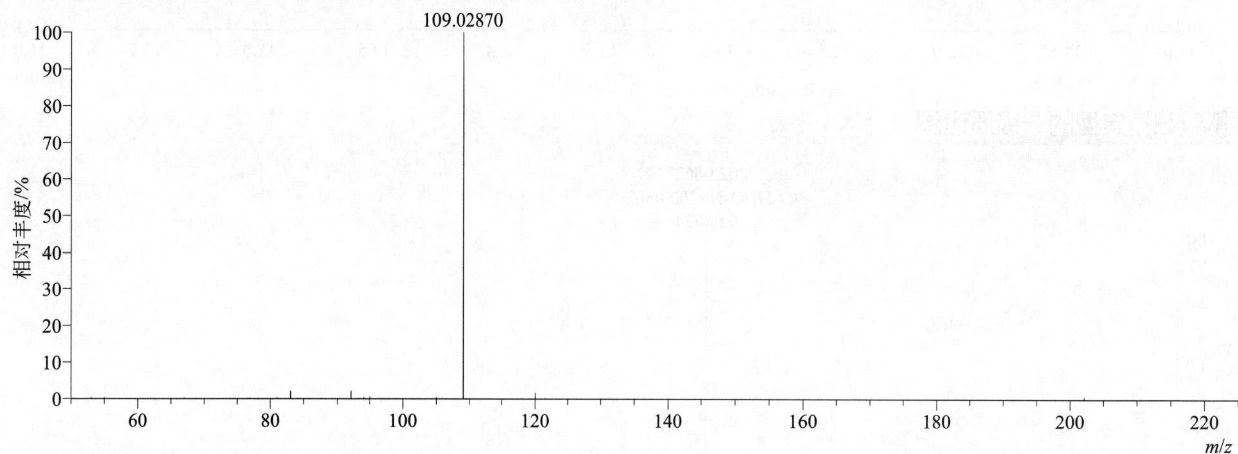

[M+H]+ 阶梯归一化法能量 Step NCE 为 20、40、60 时典型的二级质谱图

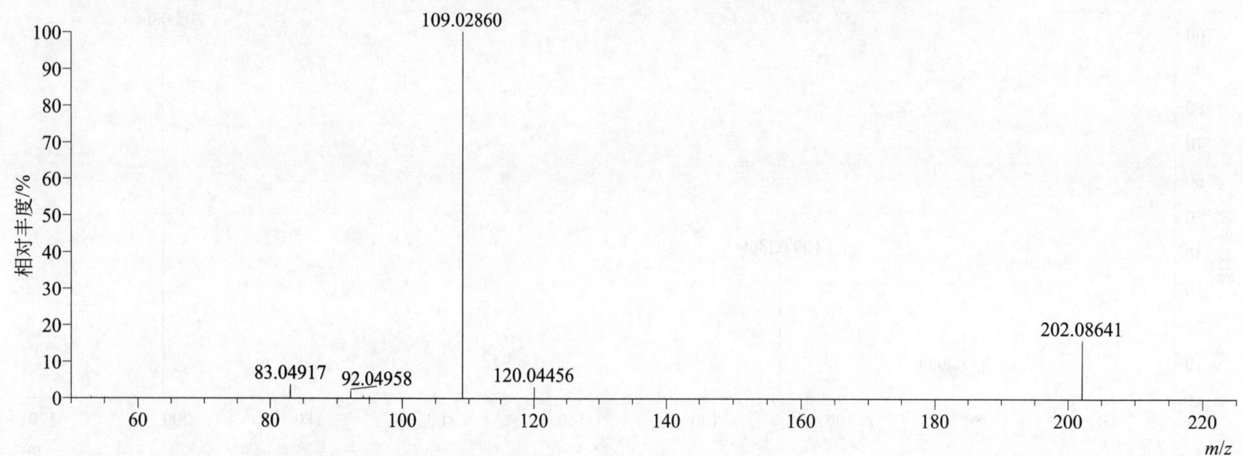

fenhexamid（环酰菌胺）

基本信息

CAS 登录号	126833-17-8	分子量	301.06363	离子源和极性	电喷雾离子源（ESI）
分子式	$C_{14}H_{17}Cl_2NO_2$	保留时间	14.60min	极性	正模式

$[M+H]^+$ 提取离子流色谱图

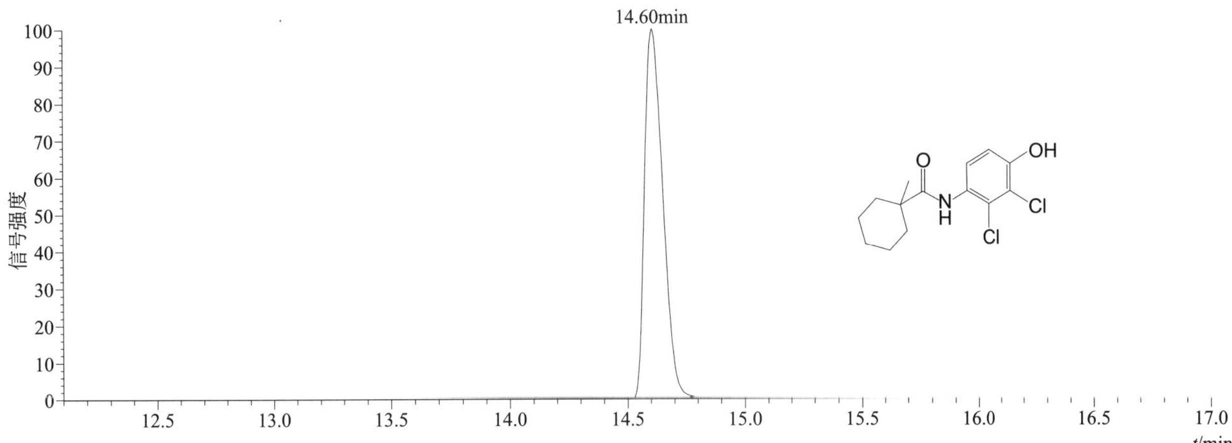

$[M+H]^+$ 典型的一级质谱图

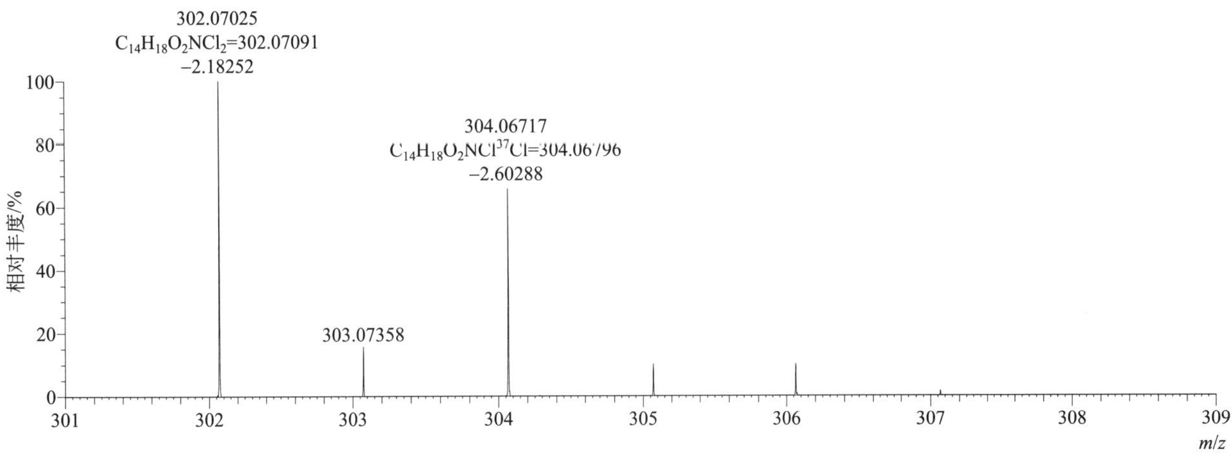

$[M+H]^+$ 归一化法能量 NCE 为 20 时典型的二级质谱图

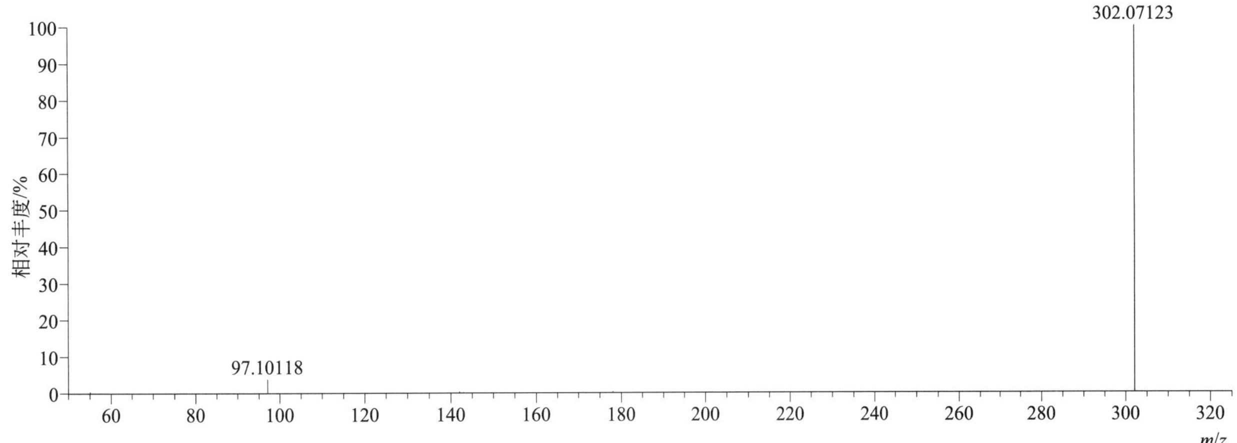

[M+H]⁺ 归一化法能量 NCE 为 40 时典型的二级质谱图

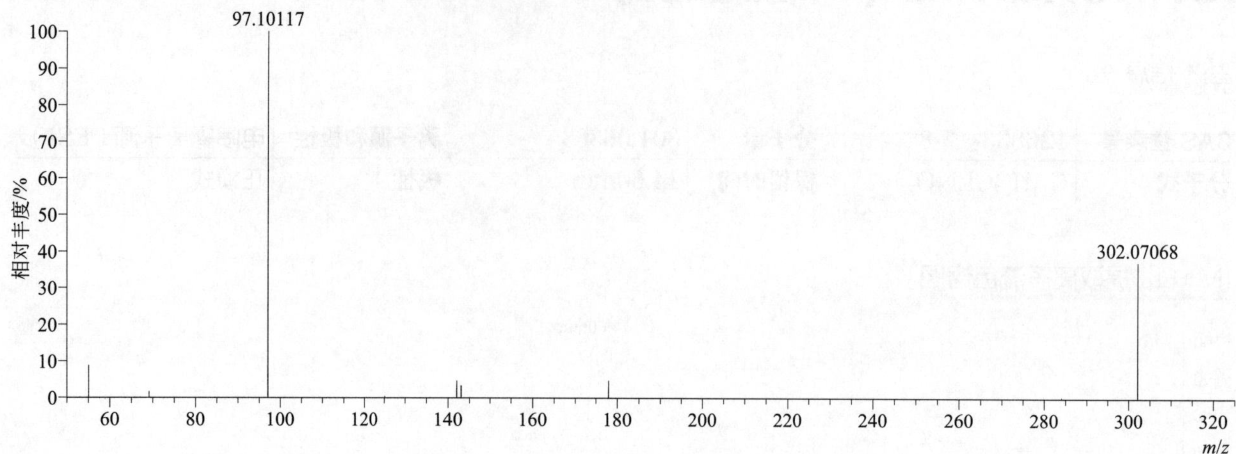

[M+H]⁺ 归一化法能量 NCE 为 60 时典型的二级质谱图

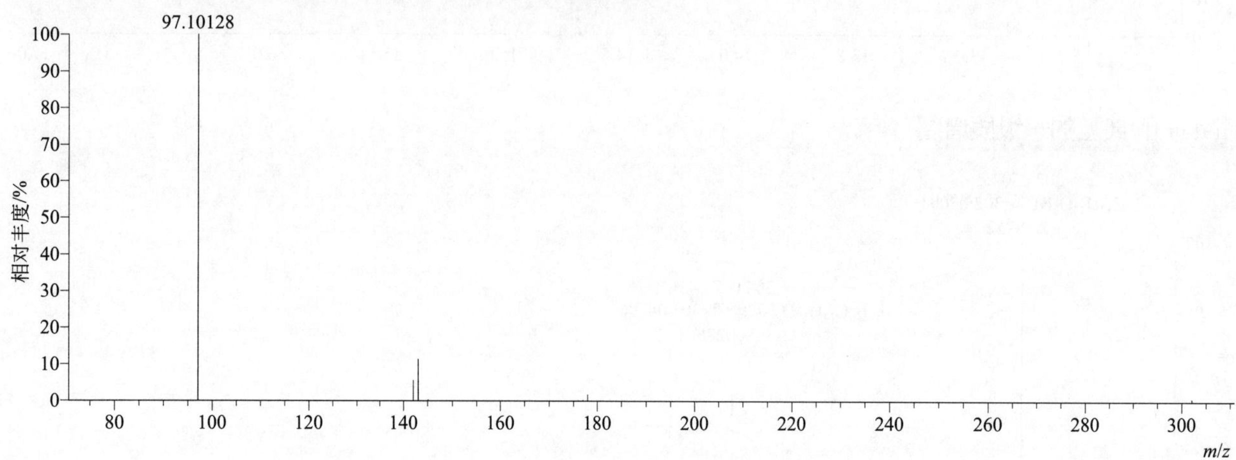

[M+H]⁺ 阶梯归一化法能量 Step NCE 为 20、40、60 时典型的二级质谱图

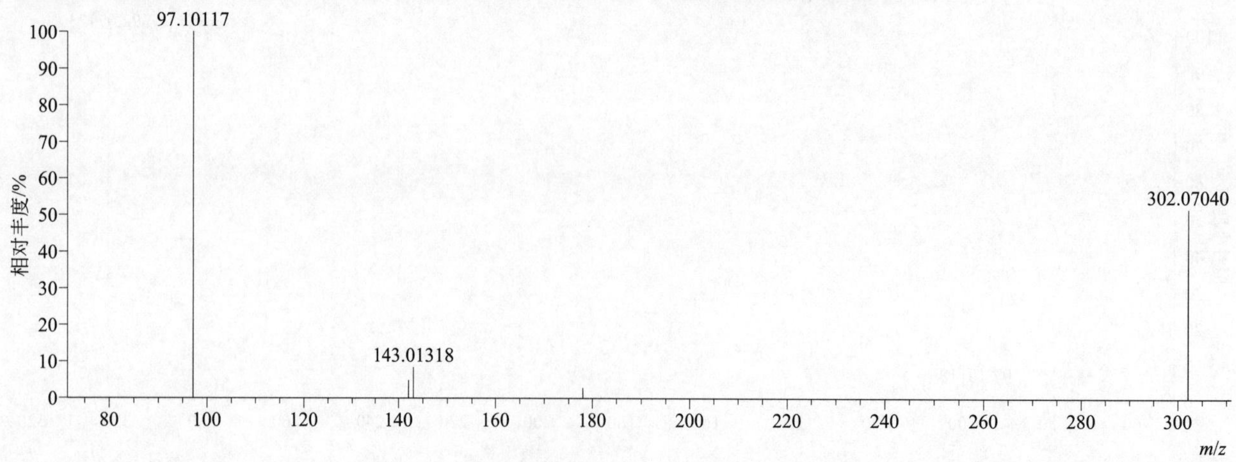

fenobucarb（仲丁威）

基本信息

CAS 登录号	3766-81-2	分子量	207.12593	离子源和极性	电喷雾离子源（ESI）
分子式	$C_{12}H_{17}NO_2$	保留时间	14.19min	极性	正模式

[M+H]+ 提取离子流色谱图

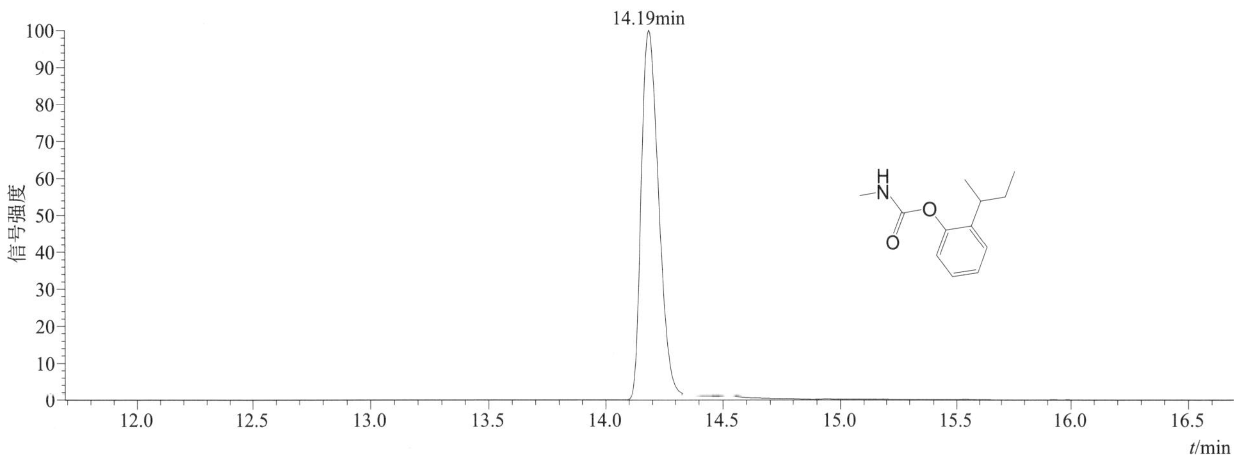

[M+H]+ 典型的一级质谱图

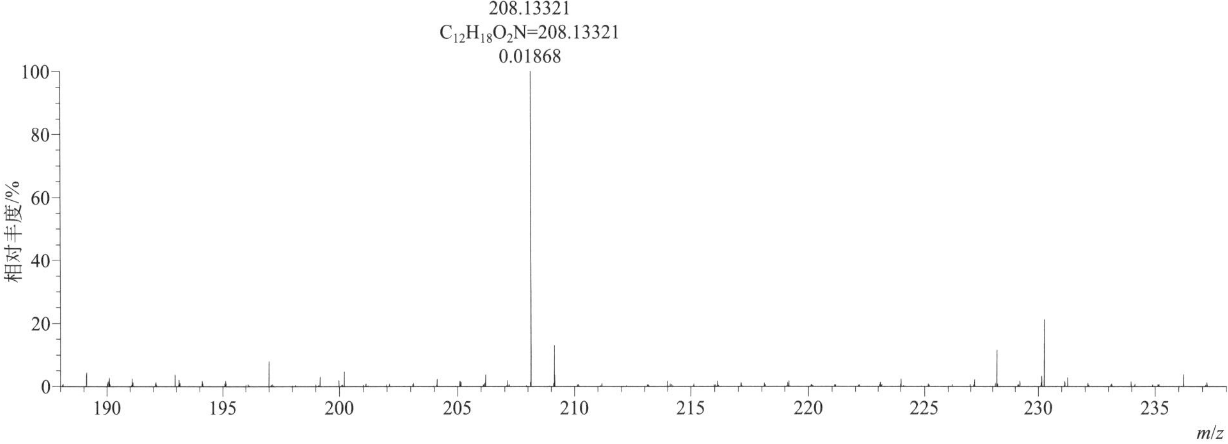

[M+H]+ 归一化法能量 NCE 为 10 时典型的二级质谱图

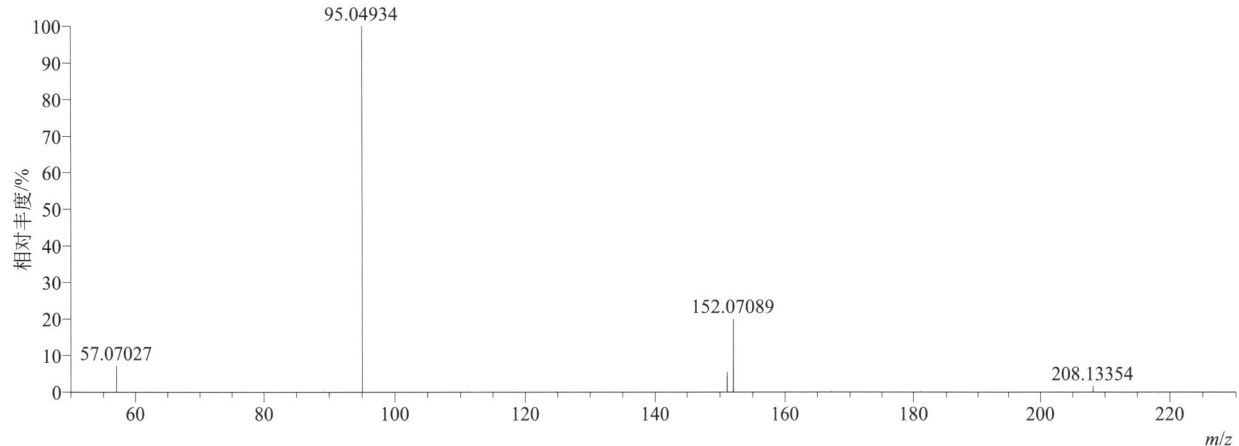

[M+H]$^+$ 归一化法能量 NCE 为 20 时典型的二级质谱图

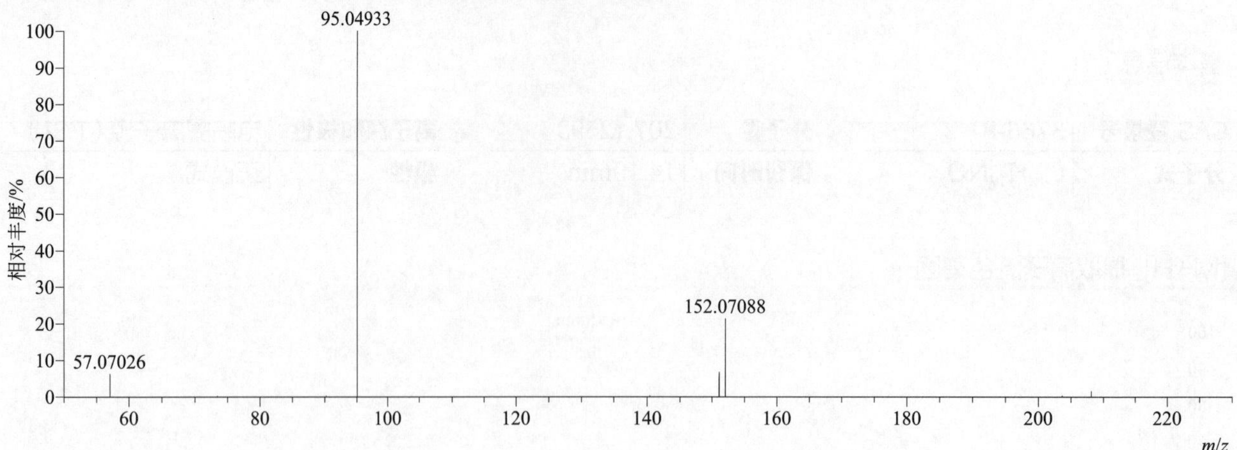

[M+H]$^+$ 归一化法能量 NCE 为 30 时典型的二级质谱图

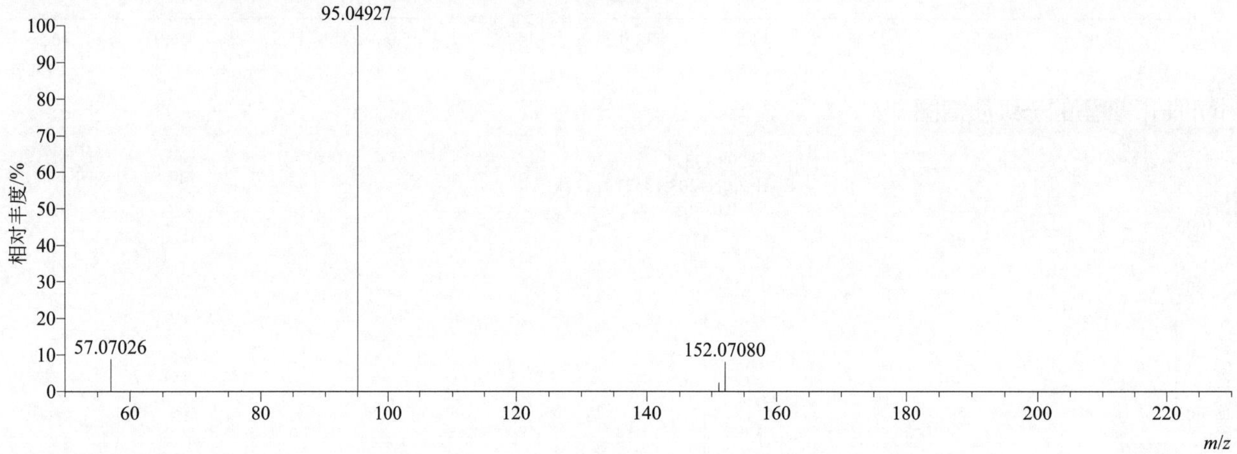

[M+H]$^+$ 阶梯归一化法能量 Step NCE 为 10、20、30 时典型的二级质谱图

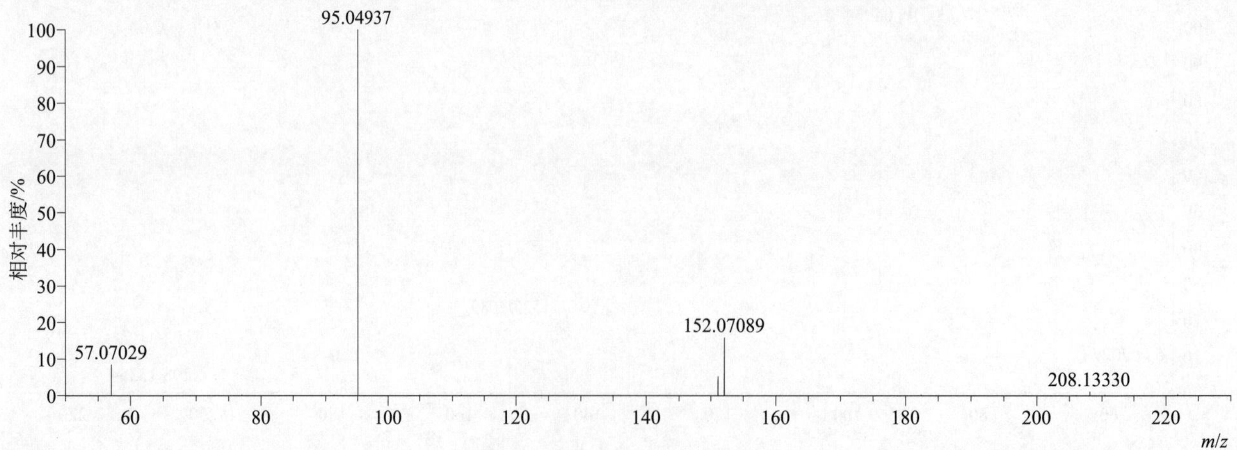

fenothiocarb（苯硫威）

基本信息

CAS 登录号	62850-32-2	分子量	253.011365	离子源和极性	电喷雾离子源（ESI）
分子式	$C_{13}H_{19}NO_2S$	保留时间	15.06min	极性	正模式

[M+H]+ 提取离子流色谱图

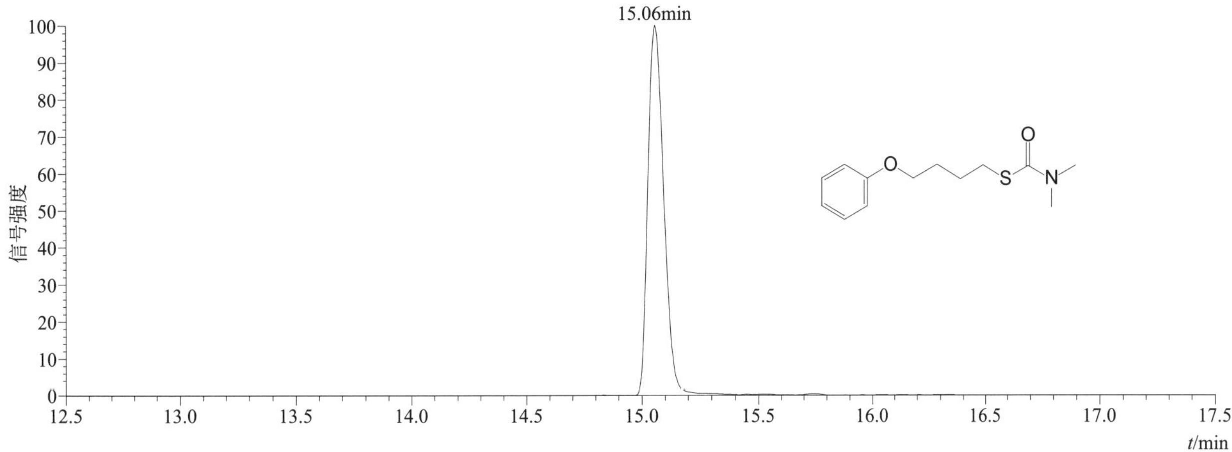

[M+H]+ 典型的一级质谱图

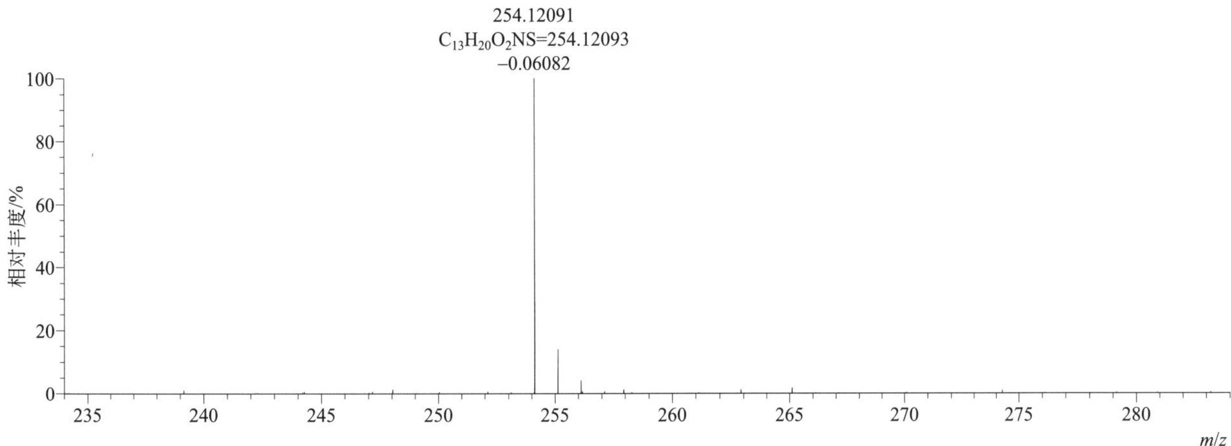

[M+H]+ 归一化法能量 NCE 为 20 时典型的二级质谱图

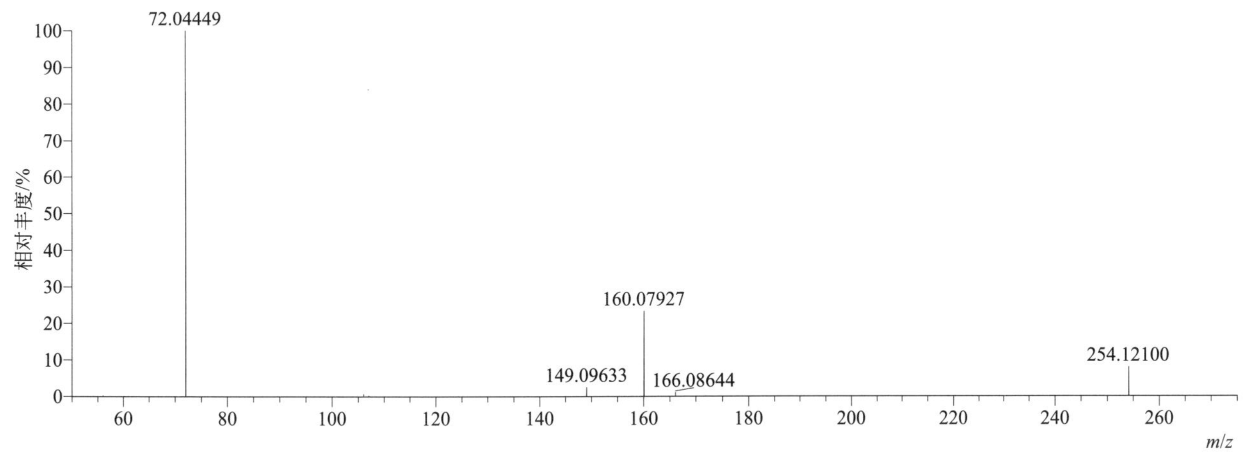

[M+H]$^+$ 归一化法能量 NCE 为 40 时典型的二级质谱图

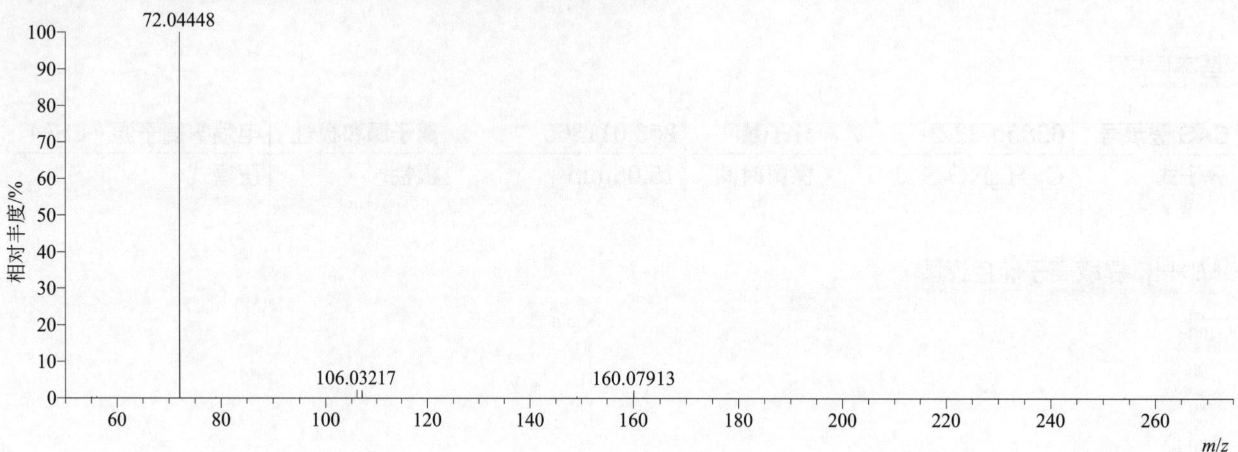

[M+H]$^+$ 归一化法能量 NCE 为 60 时典型的二级质谱图

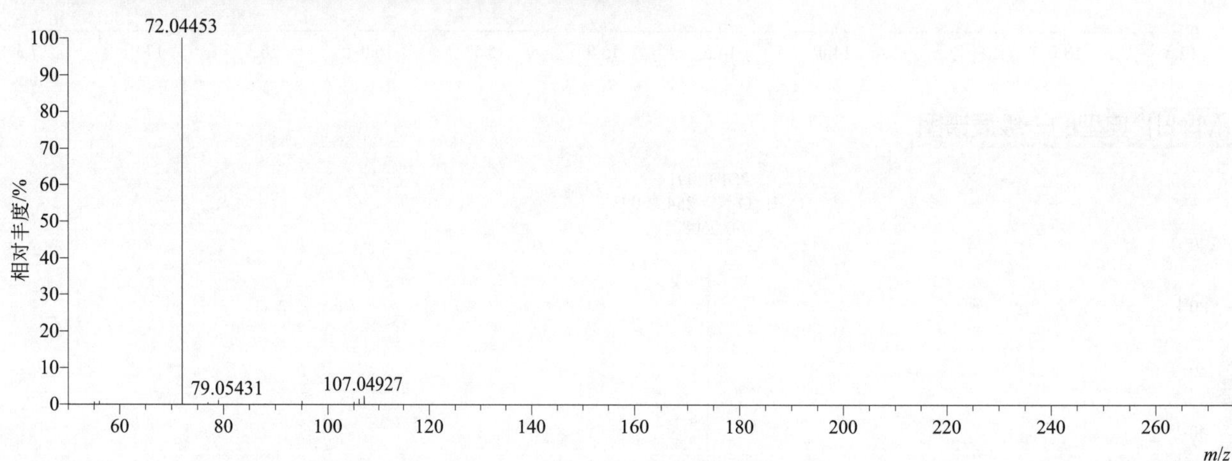

[M+H]$^+$ 阶梯归一化法能量 Step NCE 为 20、40、60 时典型的二级质谱图

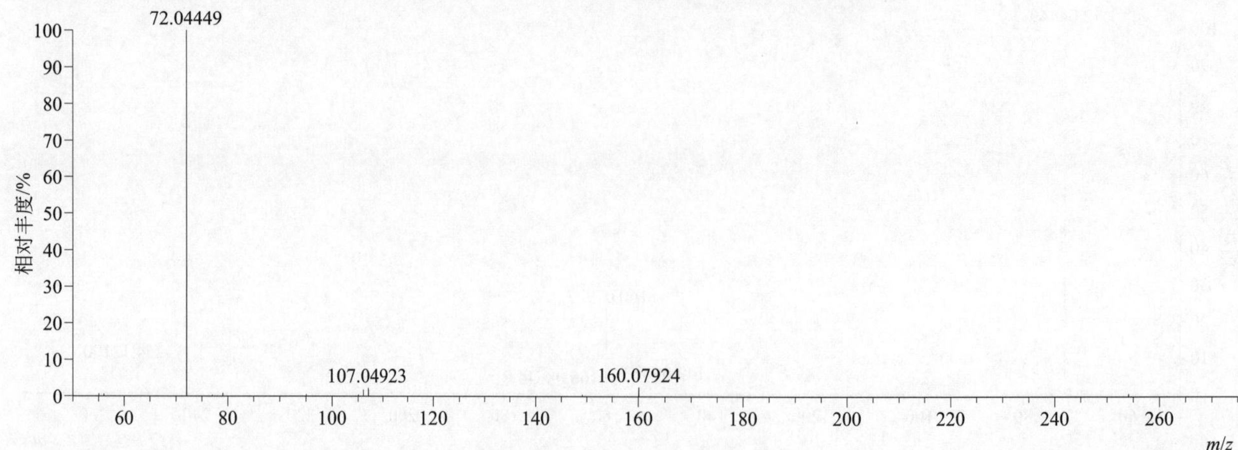

fenoxanil（稻瘟酰胺）

基本信息

CAS 登录号	115852-48-7	分子量	328.07453	离子源和极性	电喷雾离子源（ESI）
分子式	$C_{15}H_{18}Cl_2N_2O_2$	保留时间	14.89min	极性	正模式

[M+H]⁺ 提取离子流色谱图

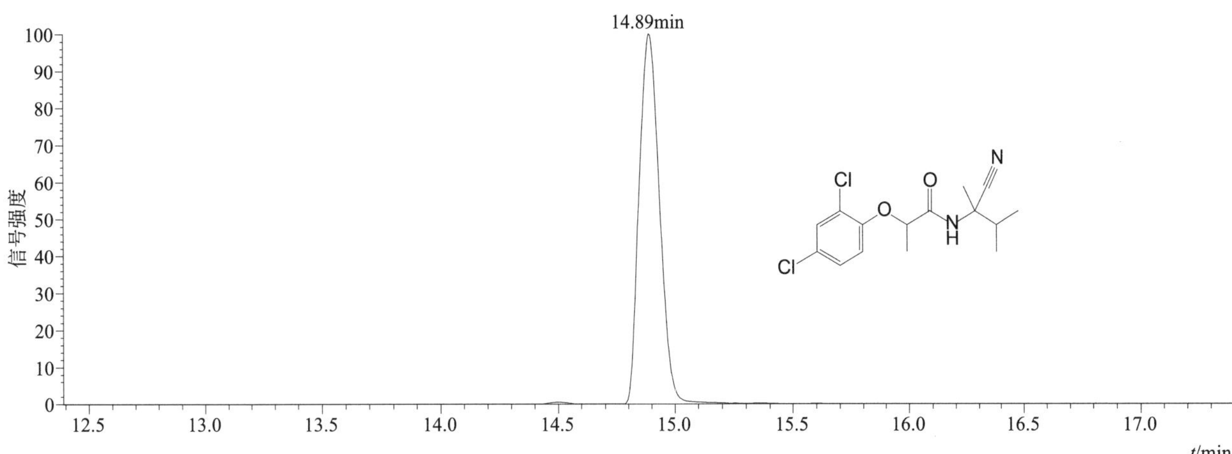

[M+H]⁺ 典型的一级质谱图

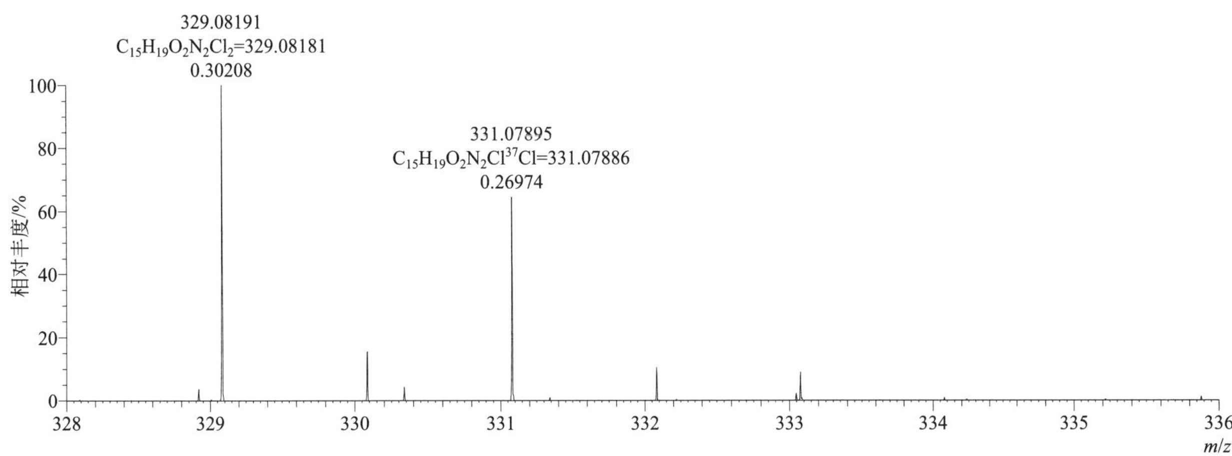

[M+H]⁺ 归一化法能量 NCE 为 20 时典型的二级质谱图

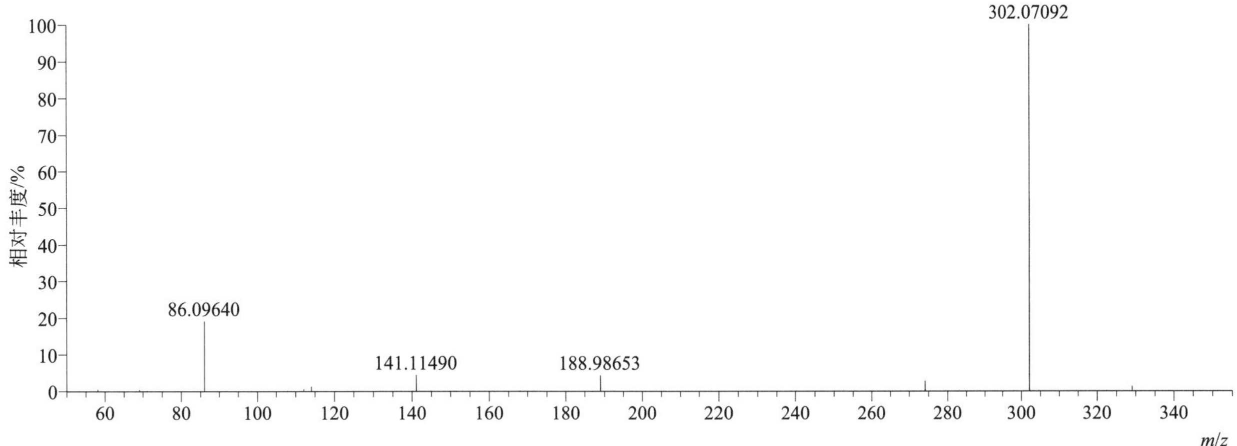

[M+H]+ 归一化法能量 NCE 为 40 时典型的二级质谱图

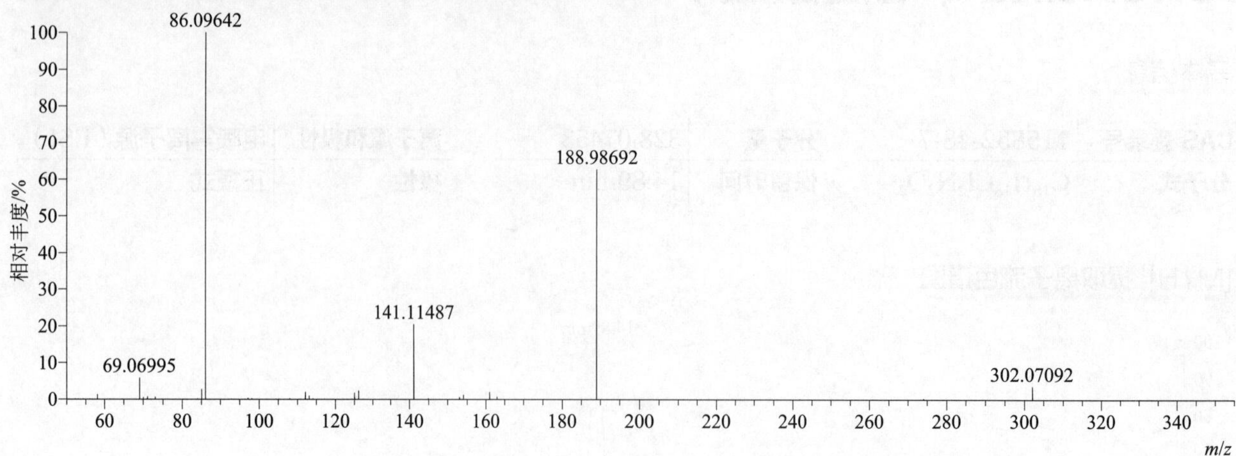

[M+H]+ 归一化法能量 NCE 为 60 时典型的二级质谱图

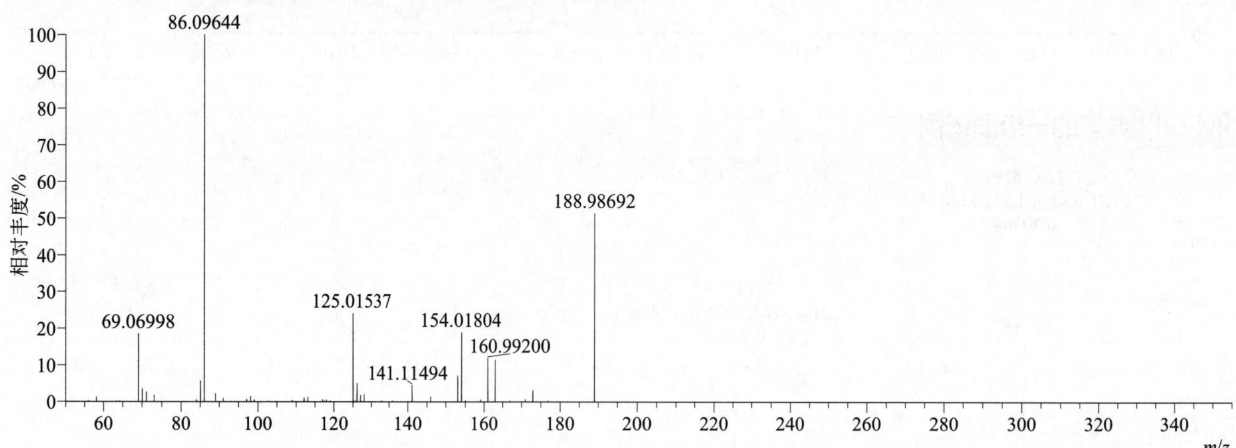

[M+H]+ 阶梯归一化法能量 Step NCE 为 20、40、60 时典型的二级质谱图

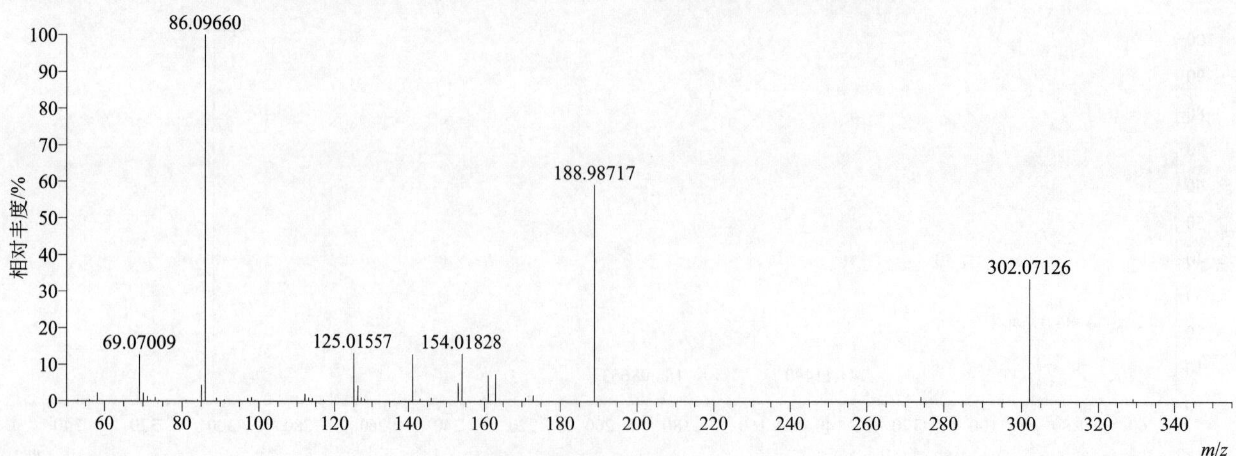

fenoxaprop-ethyl（噁唑禾草灵乙酯）

基本信息

CAS 登录号	66441-23-4	分子量	361.07170	离子源和极性	电喷雾离子源（ESI）
分子式	$C_{18}H_{16}ClNO_5$	保留时间	15.67min	极性	正模式

$[M+H]^+$ 提取离子流色谱图

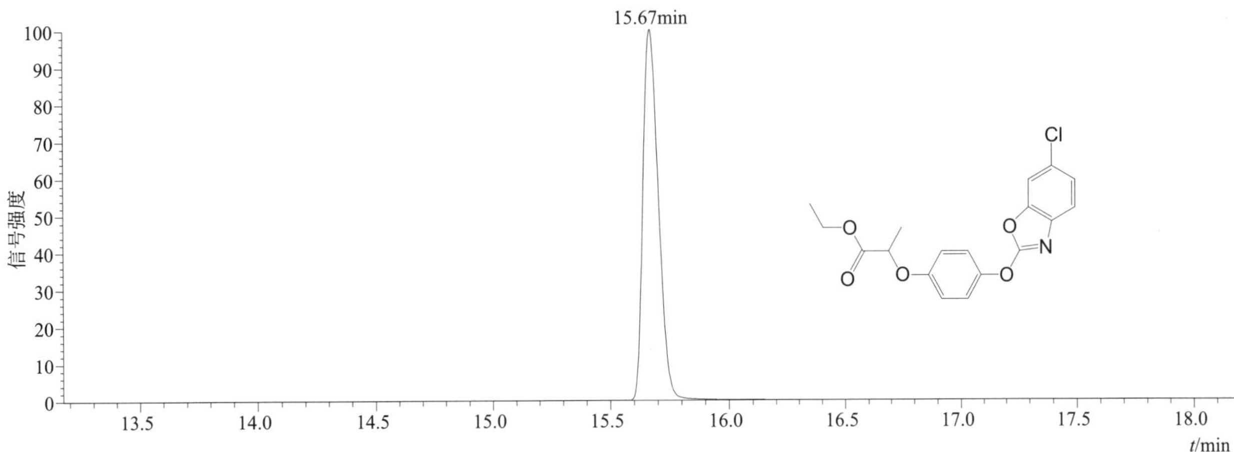

$[M+H]^+$ 典型的一级质谱图

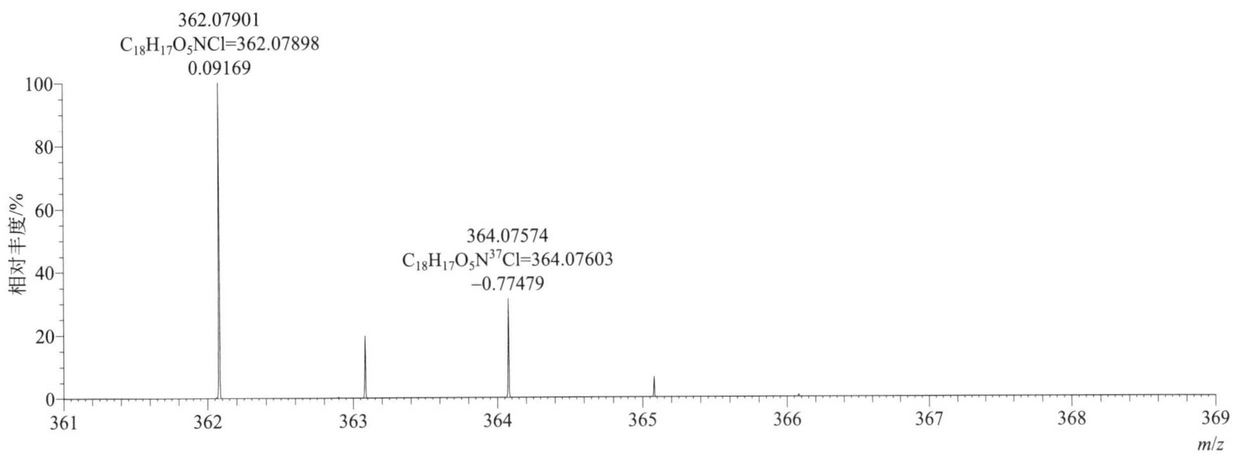

$[M+H]^+$ 归一化法能量 NCE 为 20 时典型的二级质谱图

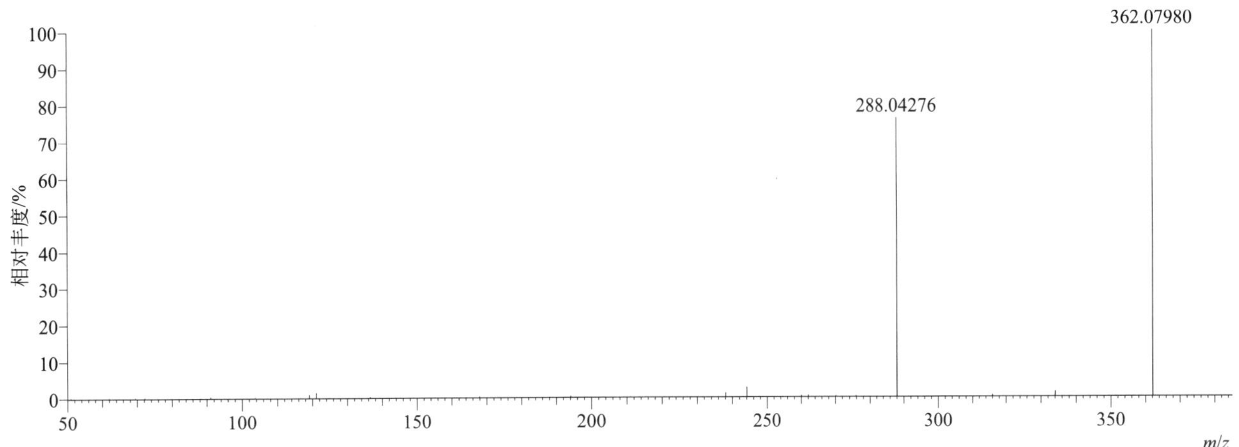

[M+H]+ 归一化法能量 NCE 为 40 时典型的二级质谱图

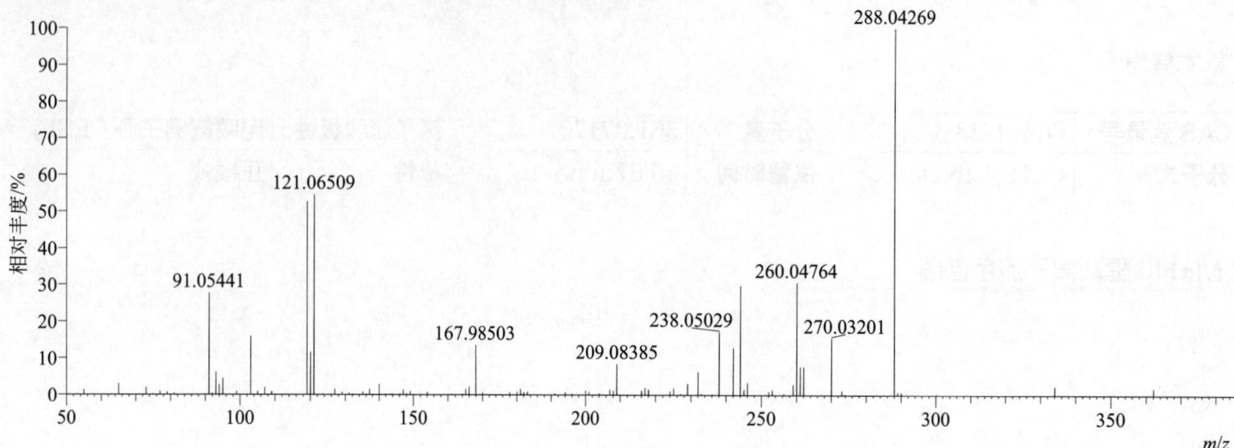

[M+H]+ 归一化法能量 NCE 为 60 时典型的二级质谱图

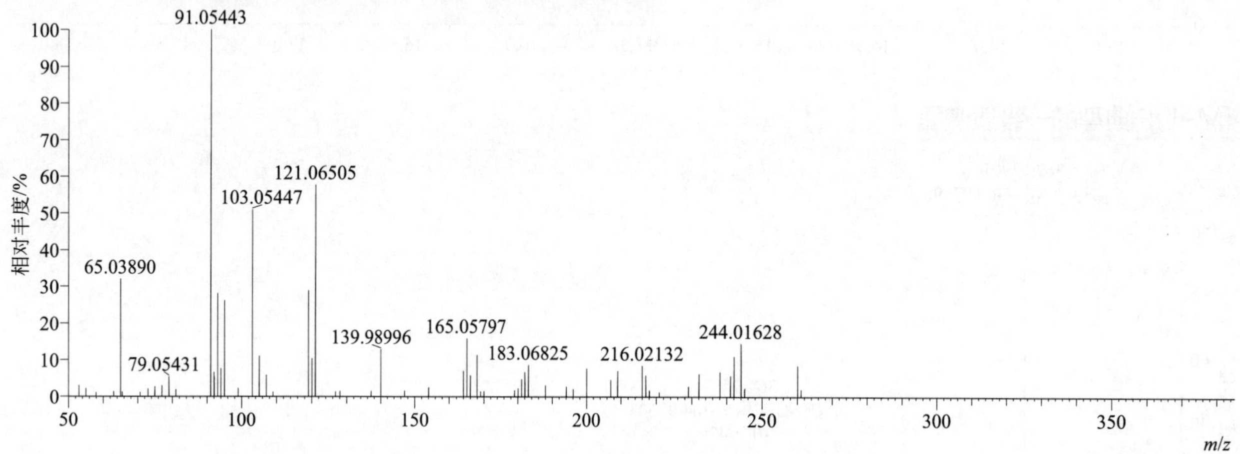

[M+H]+ 阶梯归一化法能量 Step NCE 为 20、40、60 时典型的二级质谱图

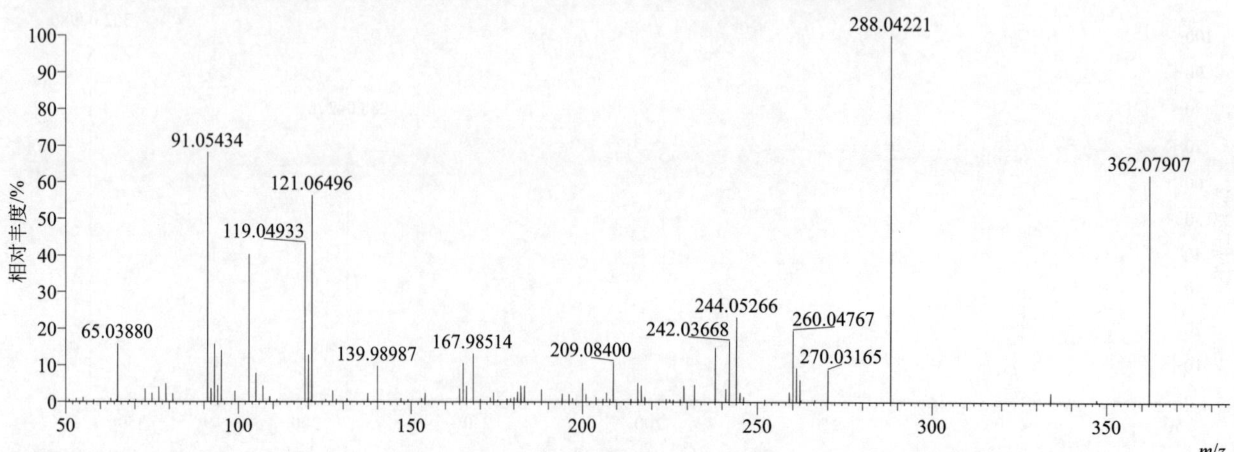

fenoxaprop-P-ethyl（精噁唑禾草灵乙酯）

基本信息

CAS 登录号	71283-80-2	分子量	361.07170	离子源和极性	电喷雾离子源（ESI）
分子式	$C_{18}H_{16}ClNO_5$	保留时间	15.67min	极性	正模式

$[M+H]^+$ 提取离子流色谱图

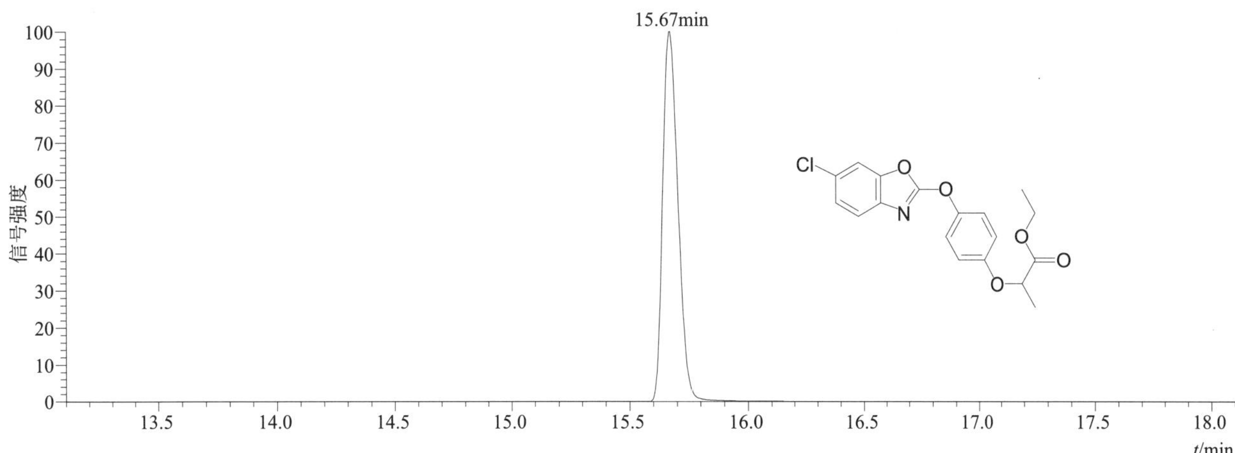

$[M+H]^+$ 典型的一级质谱图

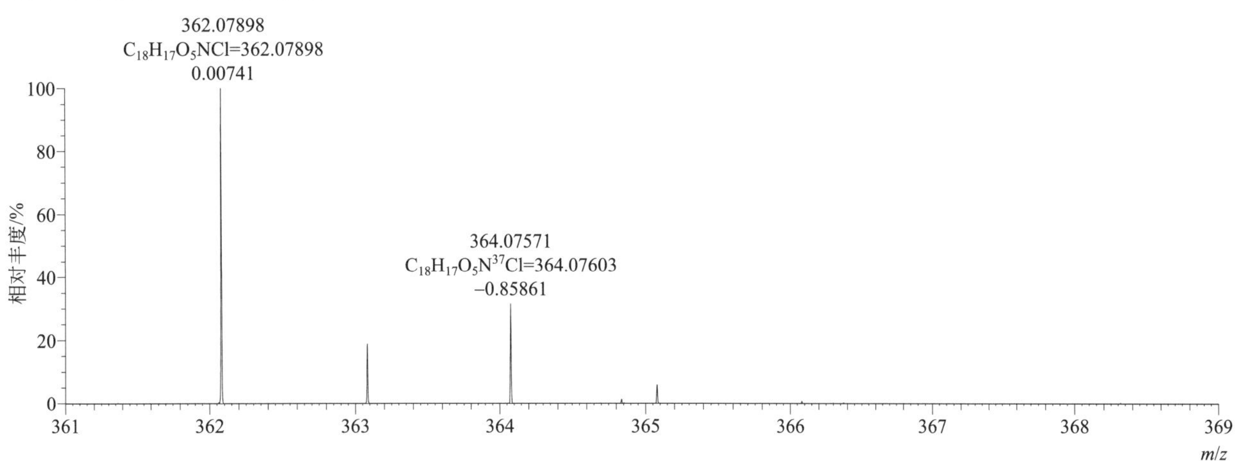

$[M+H]^+$ 归一化法能量 NCE 为 20 时典型的二级质谱图

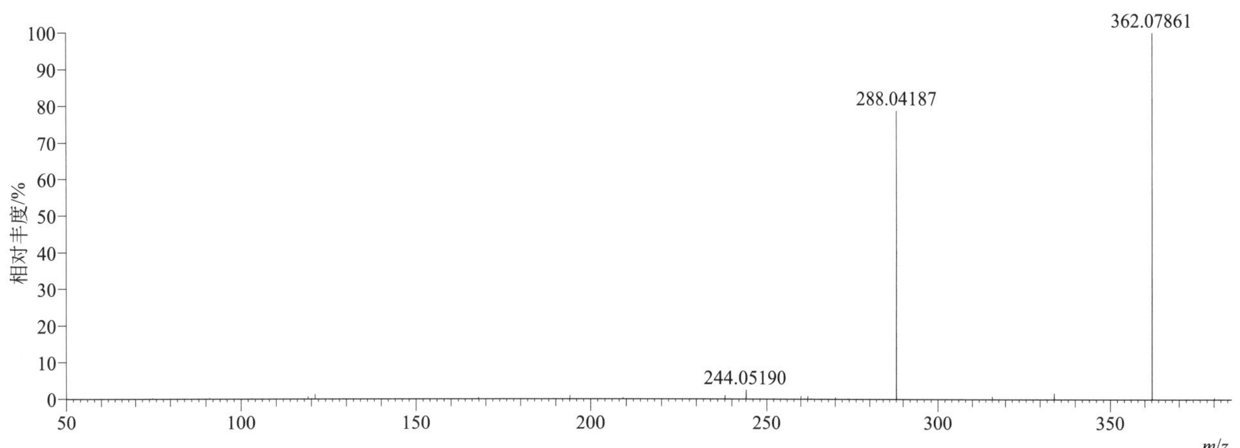

[M+H]+ 归一化法能量 NCE 为 40 时典型的二级质谱图

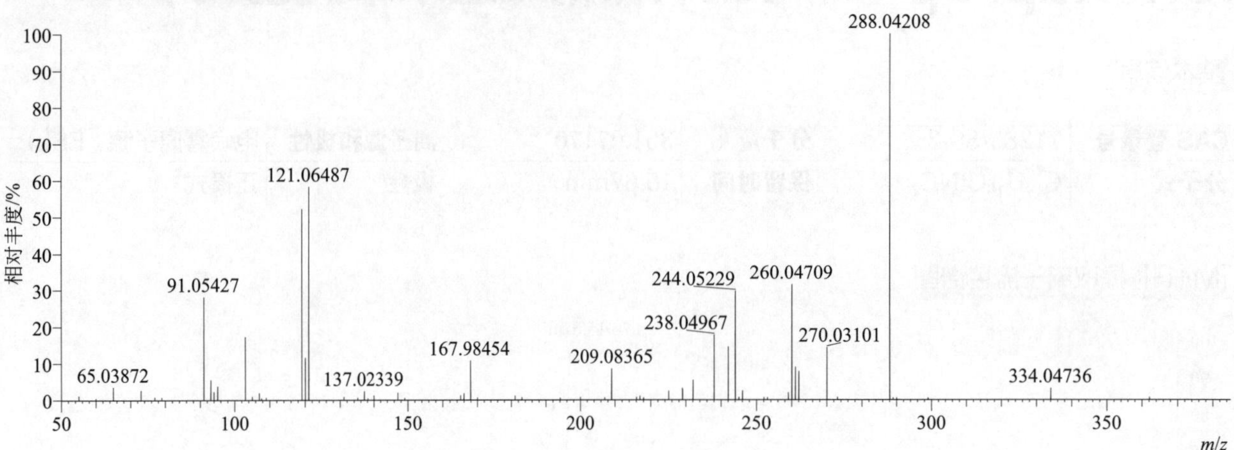

[M+H]+ 归一化法能量 NCE 为 60 时典型的二级质谱图

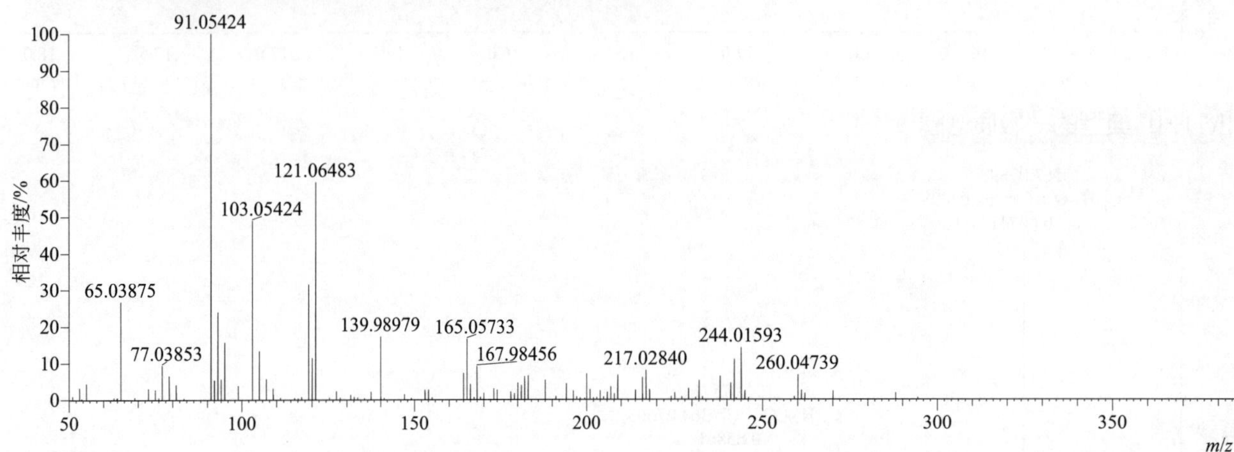

[M+H]+ 阶梯归一化法能量 Step NCE 为 20、40、60 时典型的二级质谱图

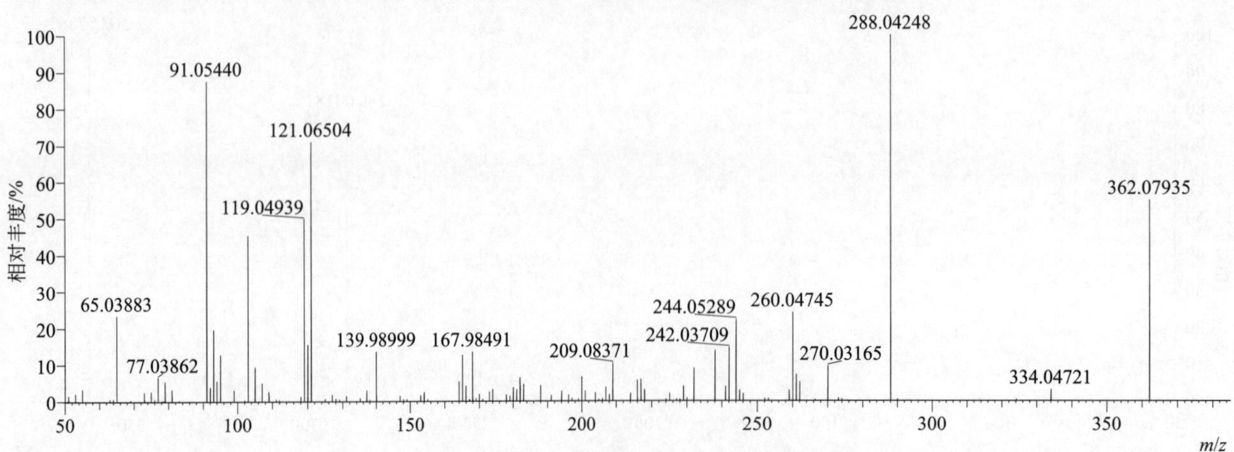

fenoxycarb（苯氧威）

基本信息

CAS 登录号	72490-01-8	分子量	301.13141	离子源和极性	电喷雾离子源（ESI）
分子式	$C_{17}H_{19}NO_4$	保留时间	14.93min	极性	正模式

[M+H]⁺ 提取离子流色谱图

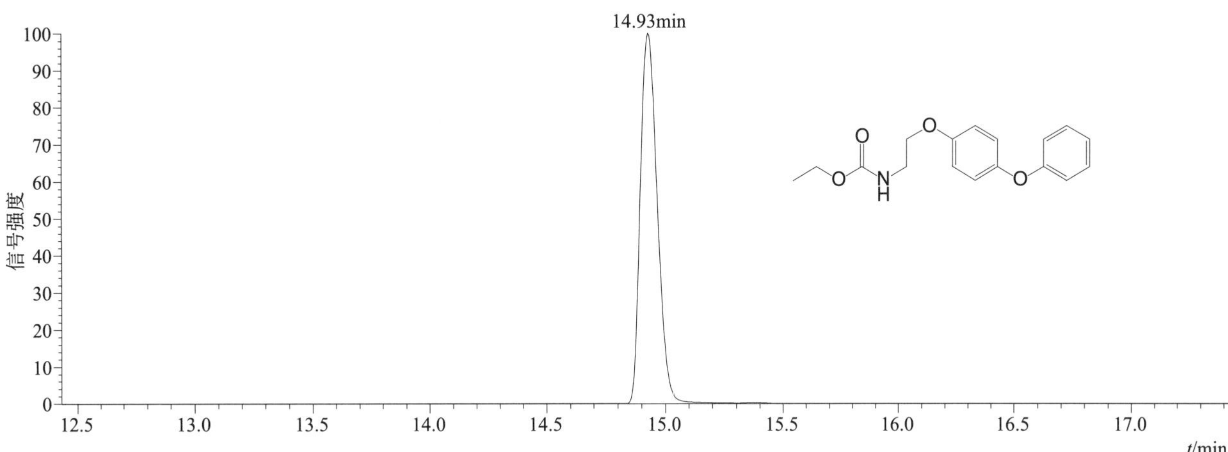

[M+H]⁺ 典型的一级质谱图

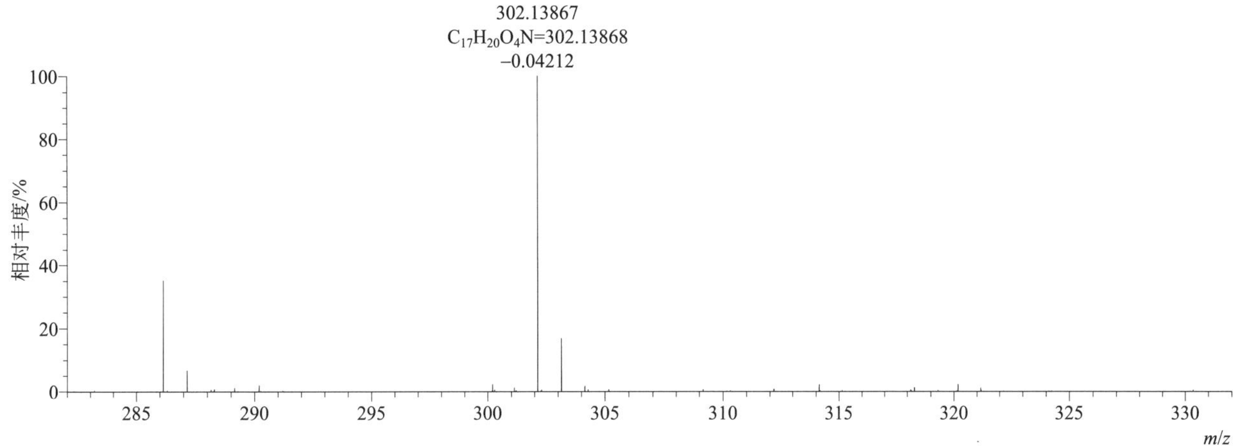

[M+H]⁺ 归一化法能量 NCE 为 10 时典型的二级质谱图

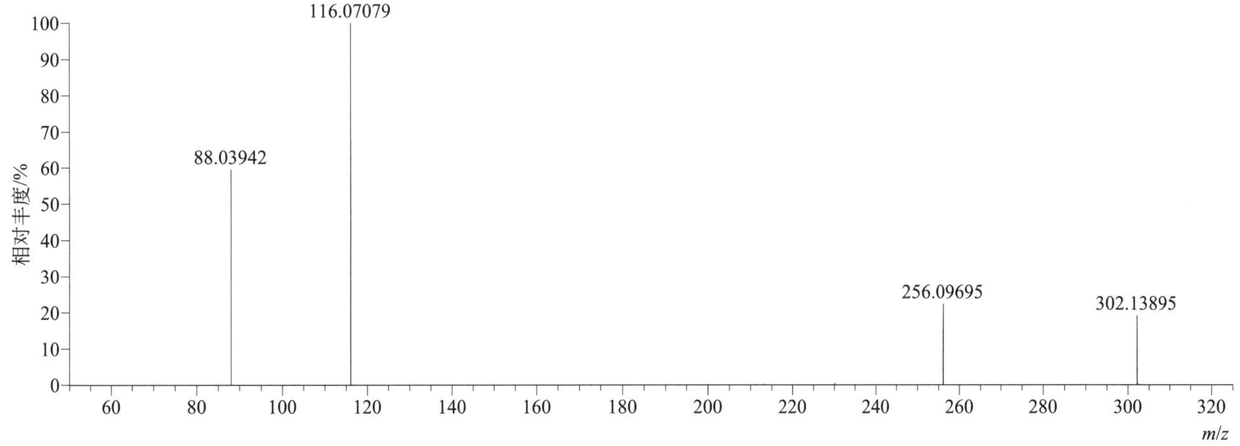

[M+H]$^+$ 归一化法能量 NCE 为 20 时典型的二级质谱图

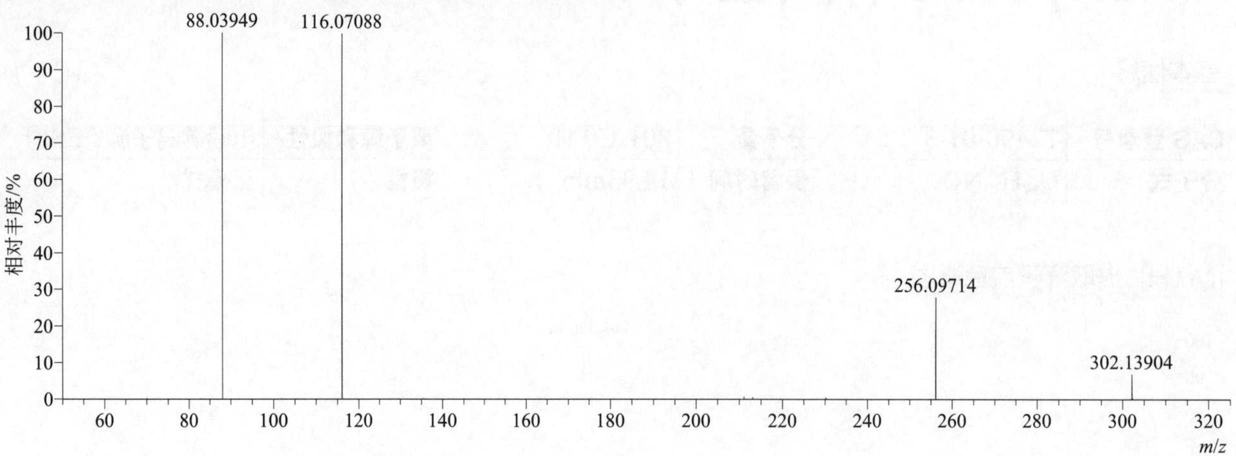

[M+H]$^+$ 归一化法能量 NCE 为 30 时典型的二级质谱图

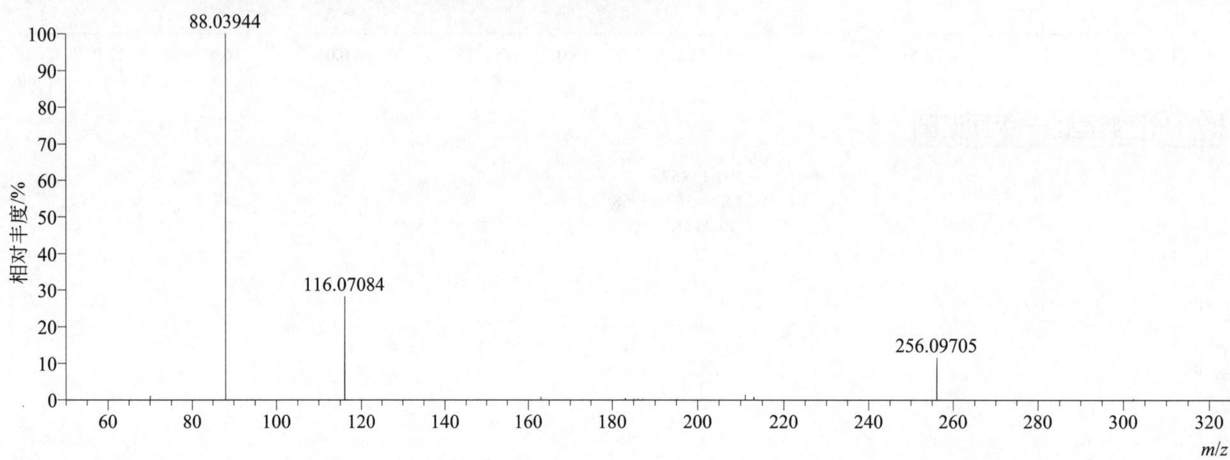

[M+H]$^+$ 阶梯归一化法能量 Step NCE 为 10、20、30 时典型的二级质谱图

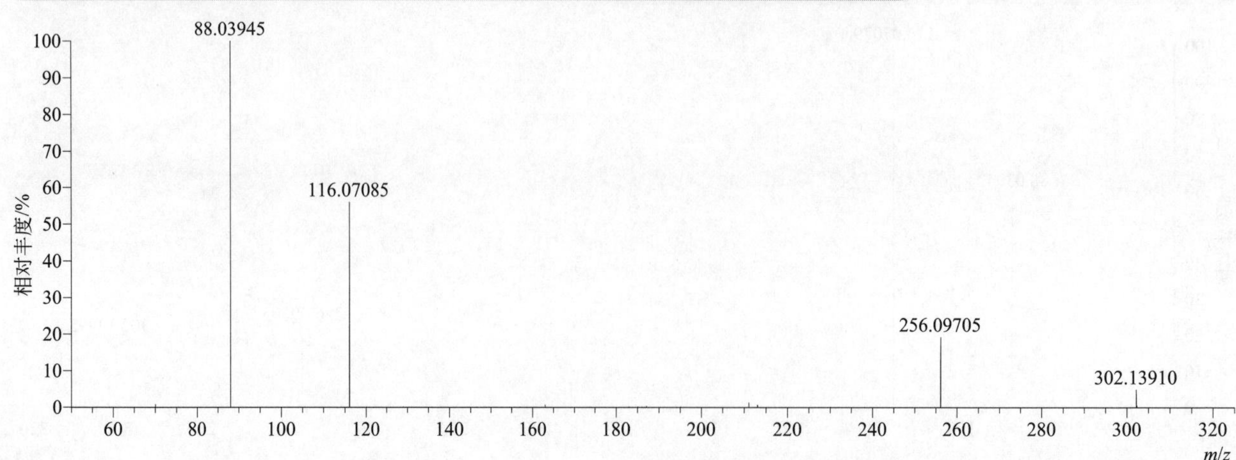

fenpropidin（苯锈啶）

基本信息

CAS 登录号	67306-00-7	分子量	273.24565	离子源和极性	电喷雾离子源（ESI）
分子式	$C_{19}H_{31}N$	保留时间	14.07min	极性	正模式

[M+H]+ 提取离子流色谱图

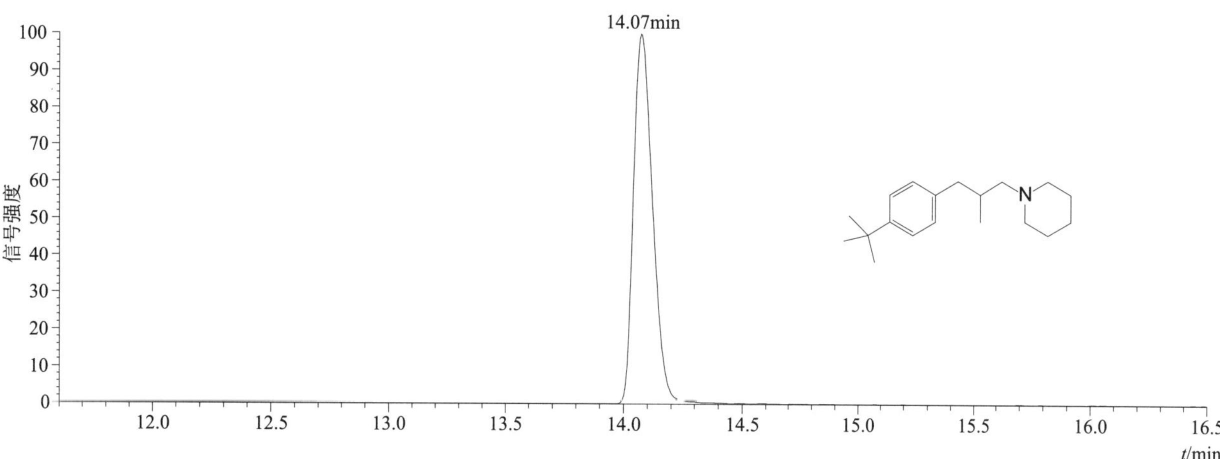

[M+H]+ 典型的一级质谱图

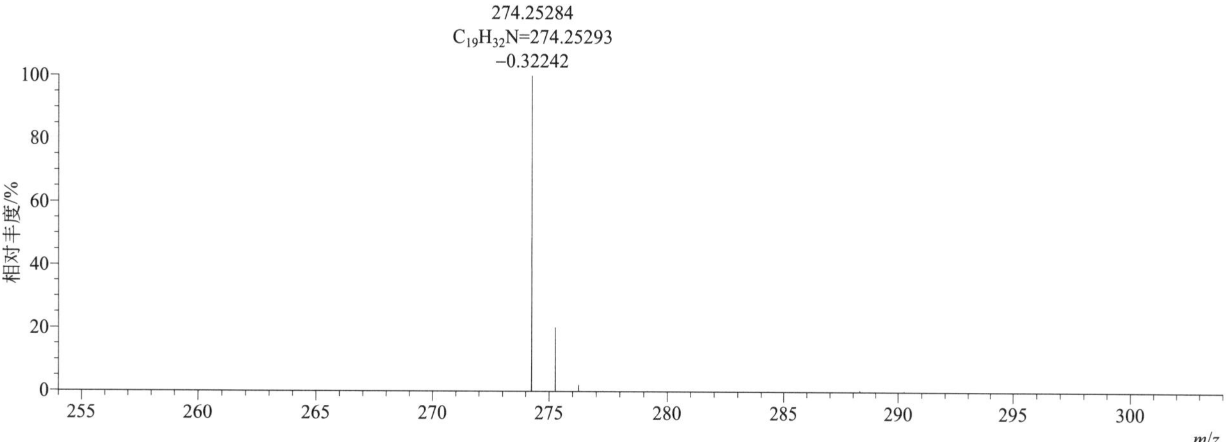

[M+H]+ 归一化法能量 NCE 为 40 时典型的二级质谱图

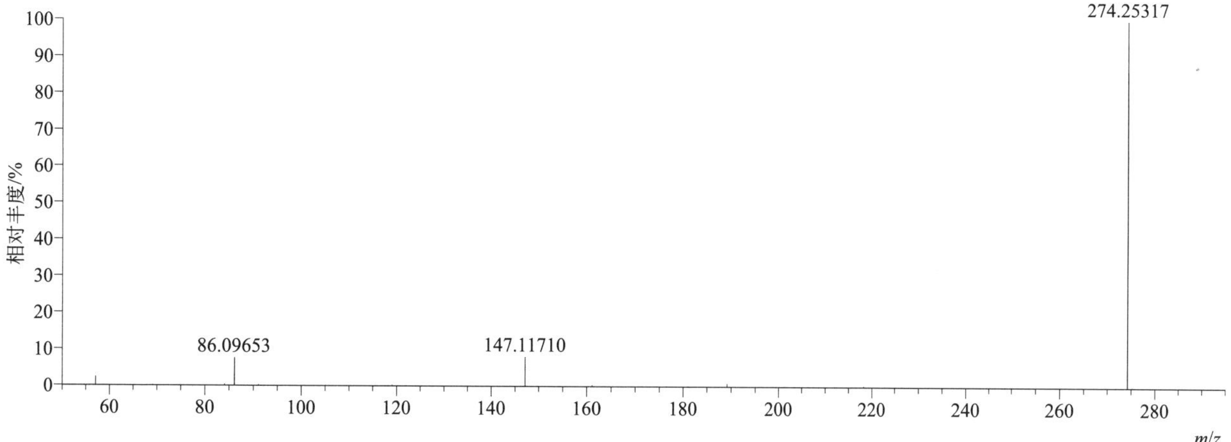

[M+H]+ 归一化法能量 NCE 为 60 时典型的二级质谱图

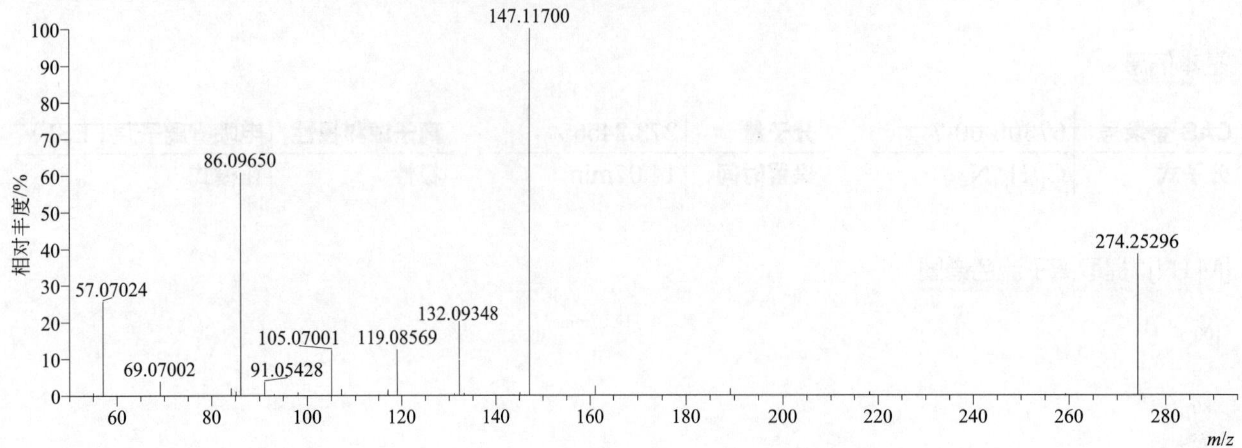

[M+H]+ 归一化法能量 NCE 为 80 时典型的二级质谱图

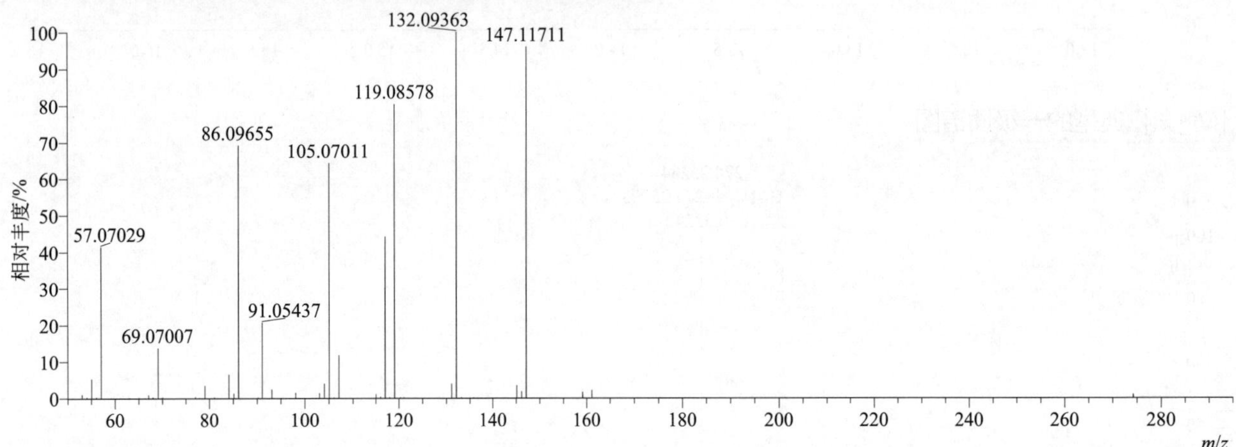

[M+H]+ 阶梯归一化法能量 Step NCE 为 40、60、80 时典型的二级质谱图

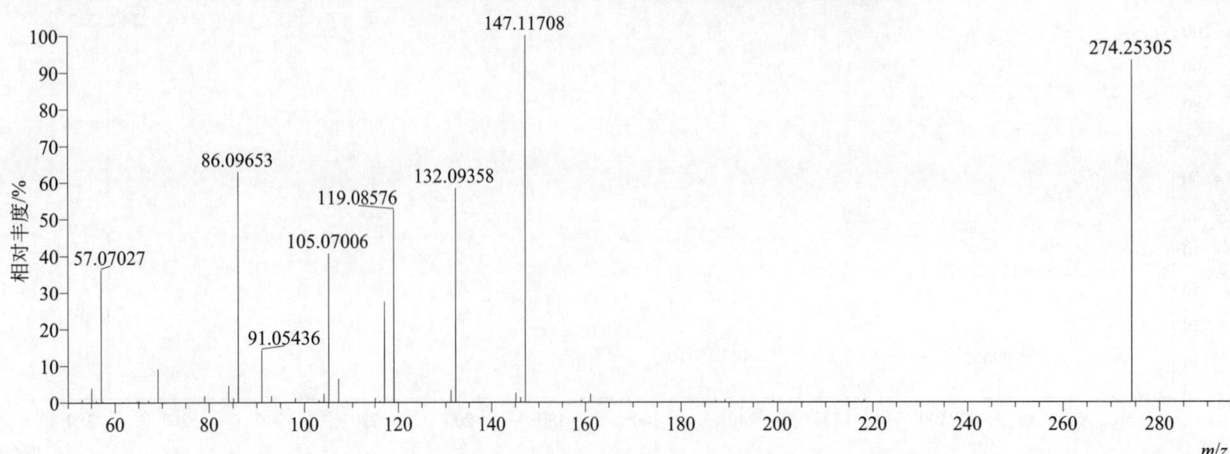

fenpropimorph（丁苯吗啉）

基本信息

CAS 登录号	67564-91-4	分子量	303.25621	离子源和极性	电喷雾离子源（ESI）
分子式	$C_{20}H_{33}NO$	保留时间	14.21min	极性	正模式

$[M+H]^+$ 提取离子流色谱图

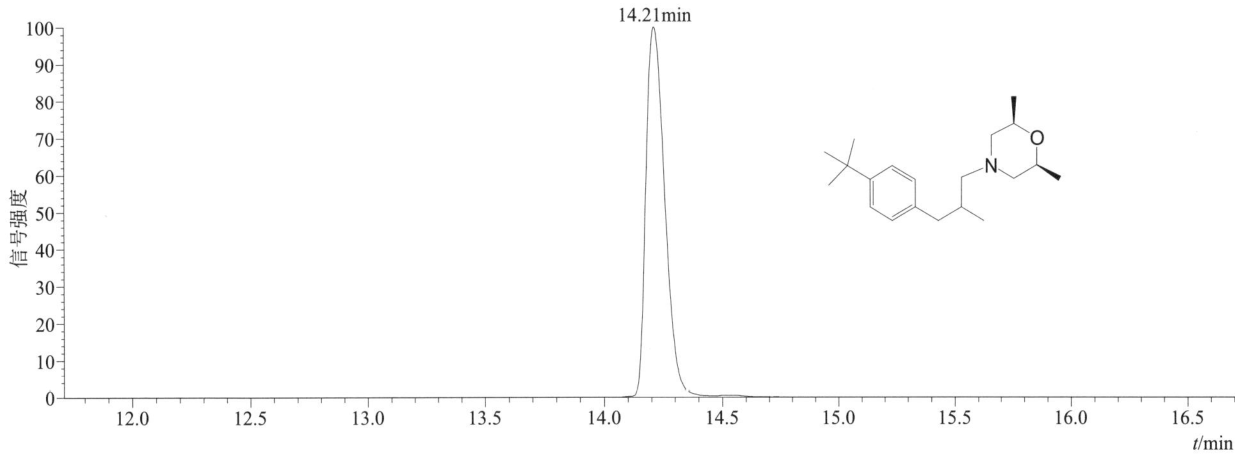

$[M+H]^+$ 典型的一级质谱图

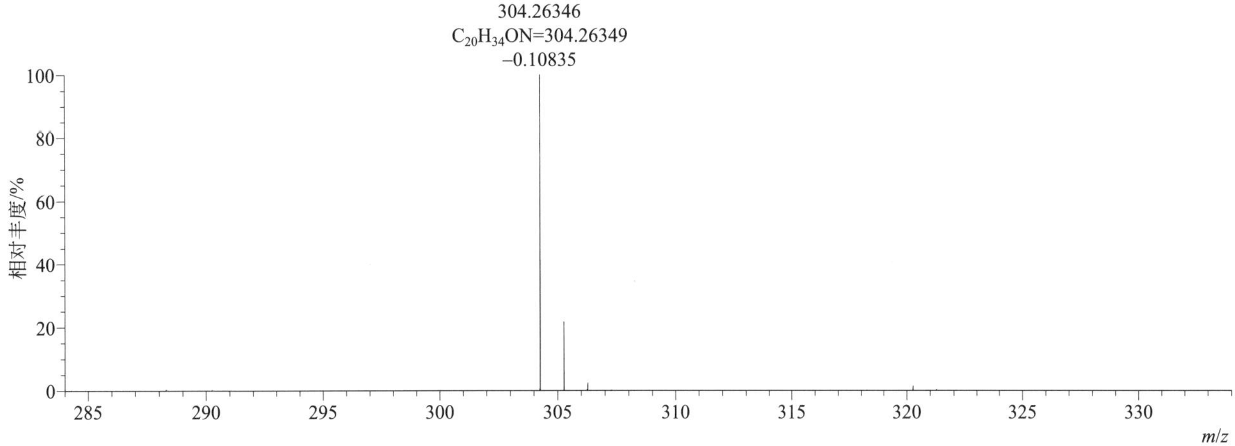

$[M+H]^+$ 归一化法能量 NCE 为 20 时典型的二级质谱图

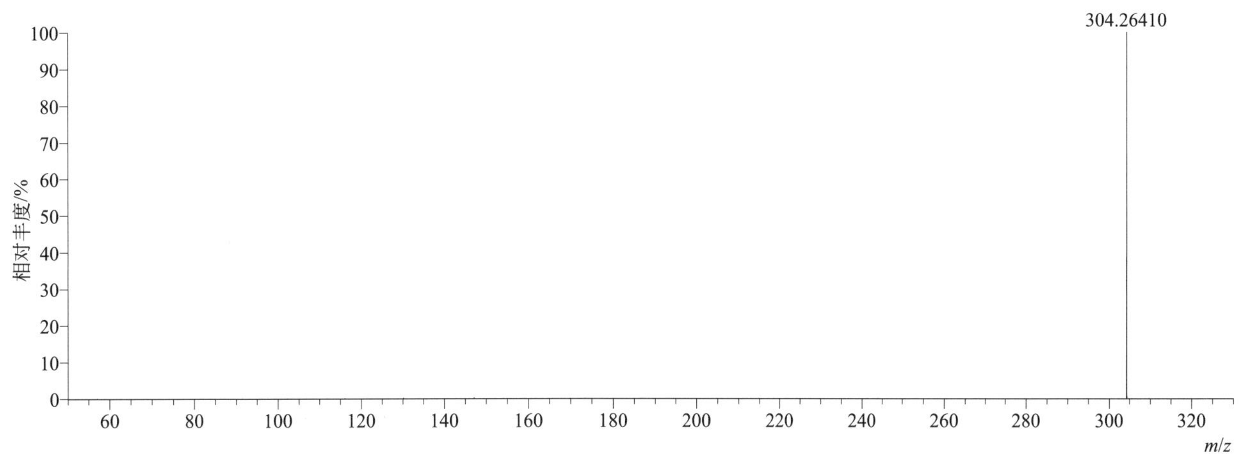

$[M+H]^+$ 归一化法能量 NCE 为 40 时典型的二级质谱图

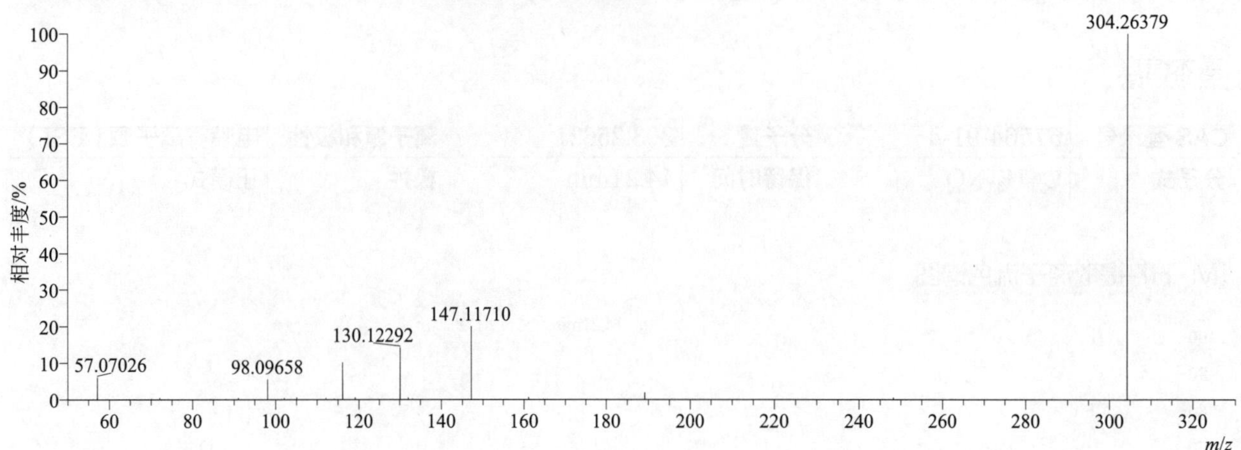

$[M+H]^+$ 归一化法能量 NCE 为 60 时典型的二级质谱图

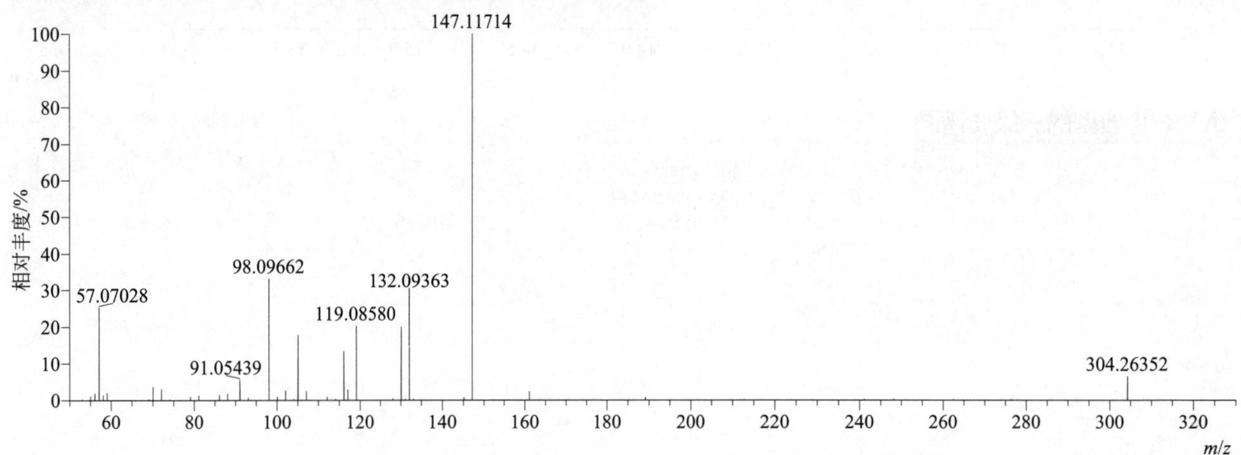

$[M+H]^+$ 阶梯归一化法能量 Step NCE 为 20、40、60 时典型的二级质谱图

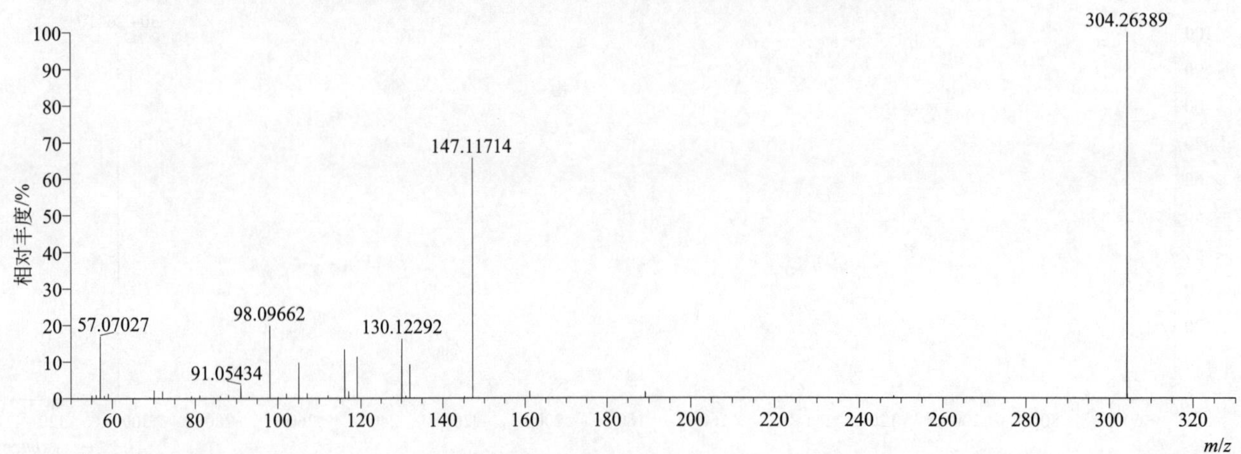

fenpyroximate（唑螨酯）

基本信息

CAS 登录号	134098-61-6	分子量	421.20016	离子源和极性	电喷雾离子源（ESI）
分子式	$C_{24}H_{27}N_3O_4$	保留时间	16.24min	极性	正模式

$[M+H]^+$ 提取离子流色谱图

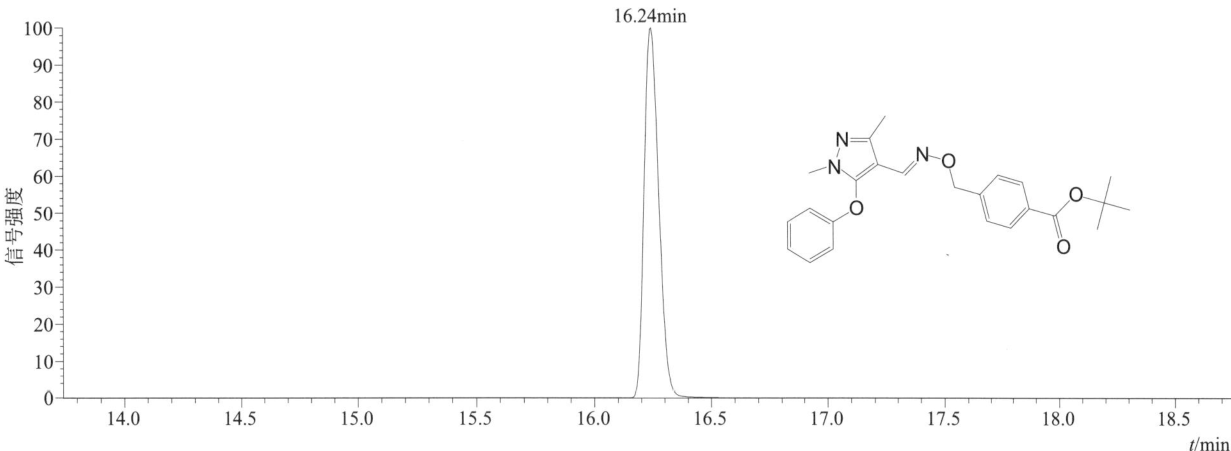

$[M+H]^+$ 典型的一级质谱图

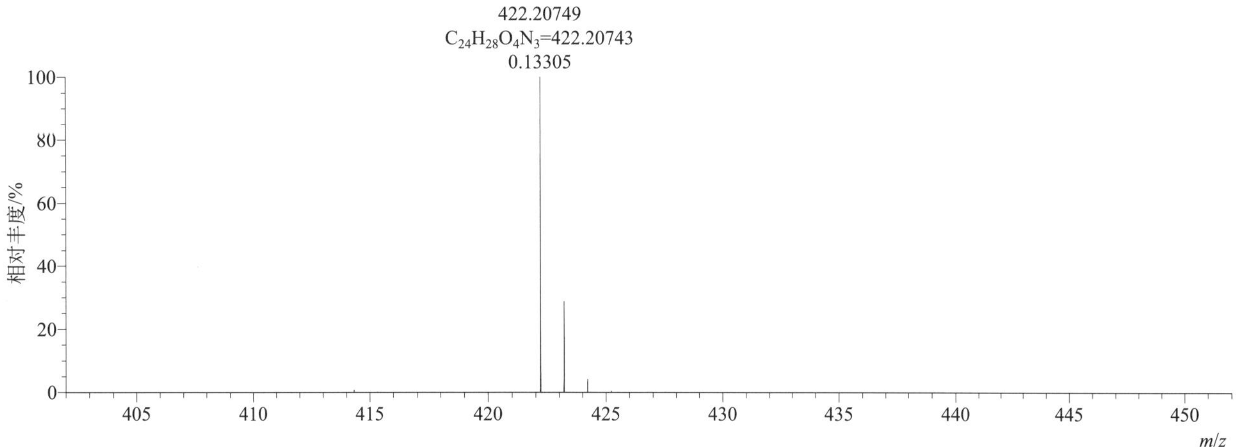

$[M+H]^+$ 归一化法能量 NCE 为 20 时典型的二级质谱图

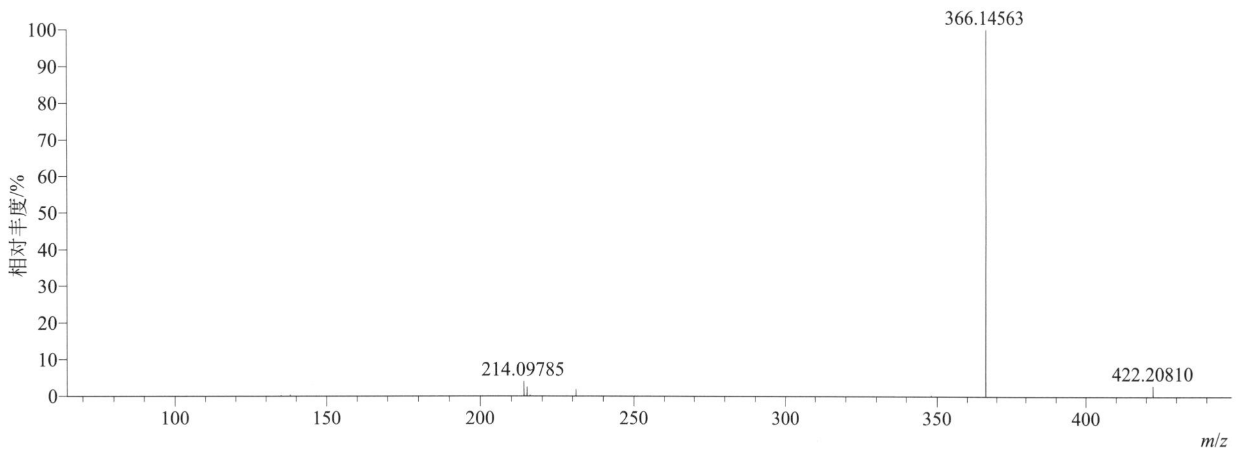

[M+H]+ 归一化法能量 NCE 为 40 时典型的二级质谱图

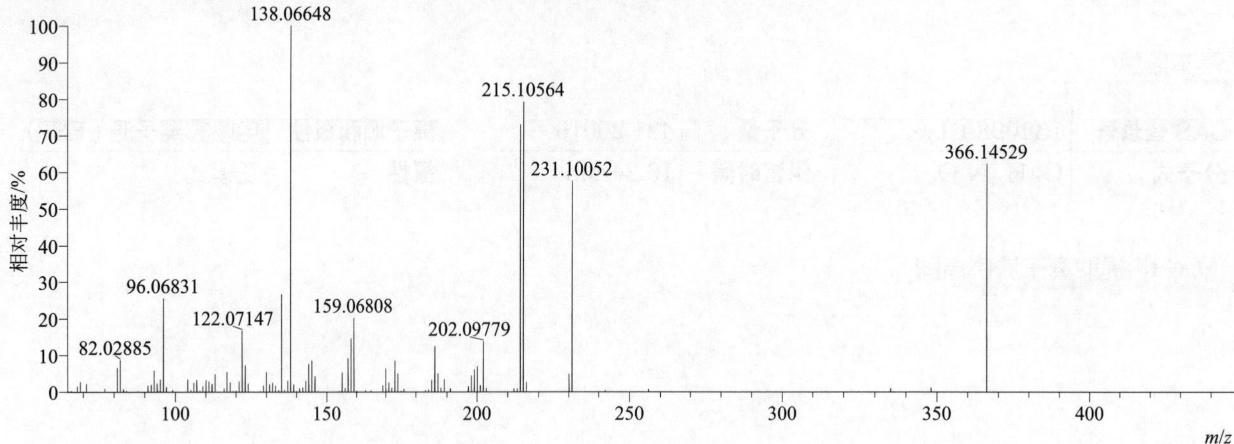

[M+H]+ 归一化法能量 NCE 为 60 时典型的二级质谱图

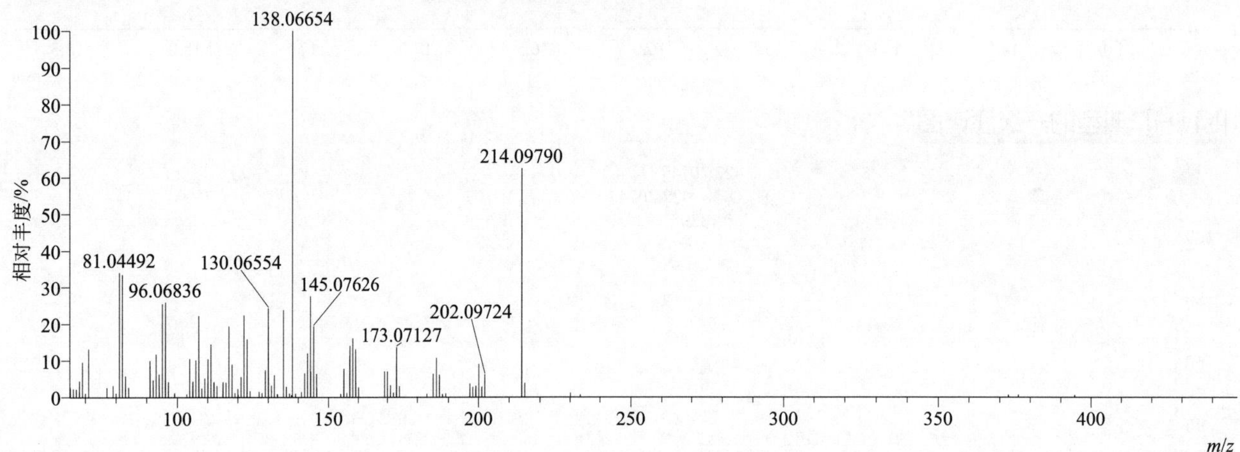

[M+H]+ 阶梯归一化法能量 Step NCE 为 20、40、60 时典型的二级质谱图

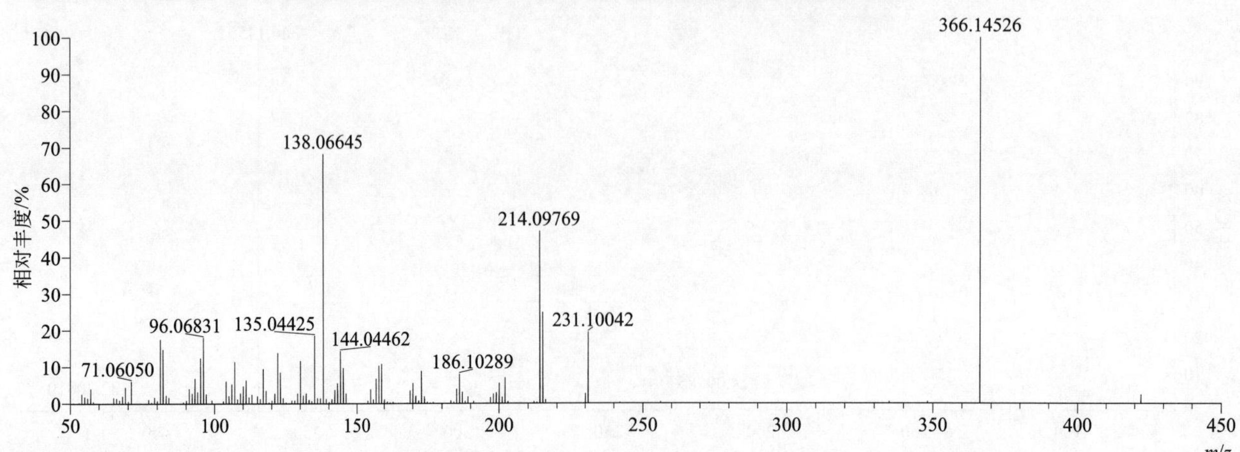

fensulfothion（丰索磷）

基本信息

CAS 登录号	115-90-2	分子量	308.03059	离子源和极性	电喷雾离子源（ESI）
分子式	$C_{11}H_{17}O_4PS_2$	保留时间	13.80min	极性	正模式

[M+H]+ 提取离子流色谱图

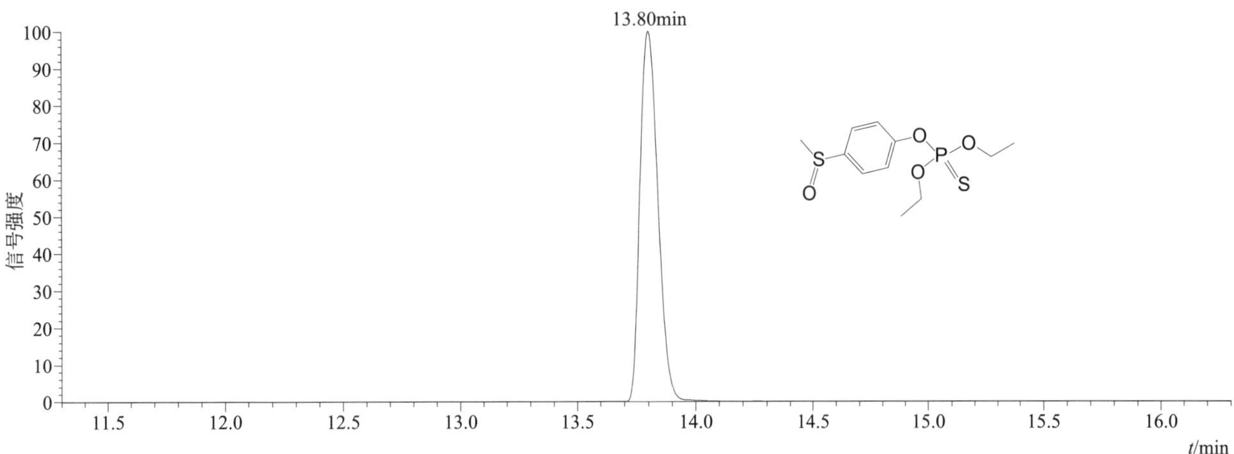

[M+H]+ 典型的一级质谱图

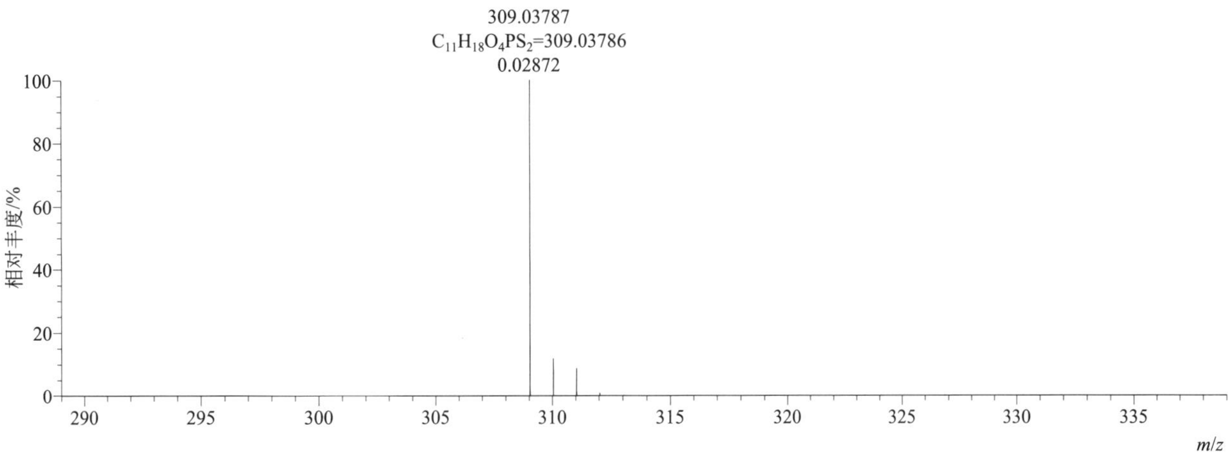

[M+H]+ 归一化法能量 NCE 为 20 时典型的二级质谱图

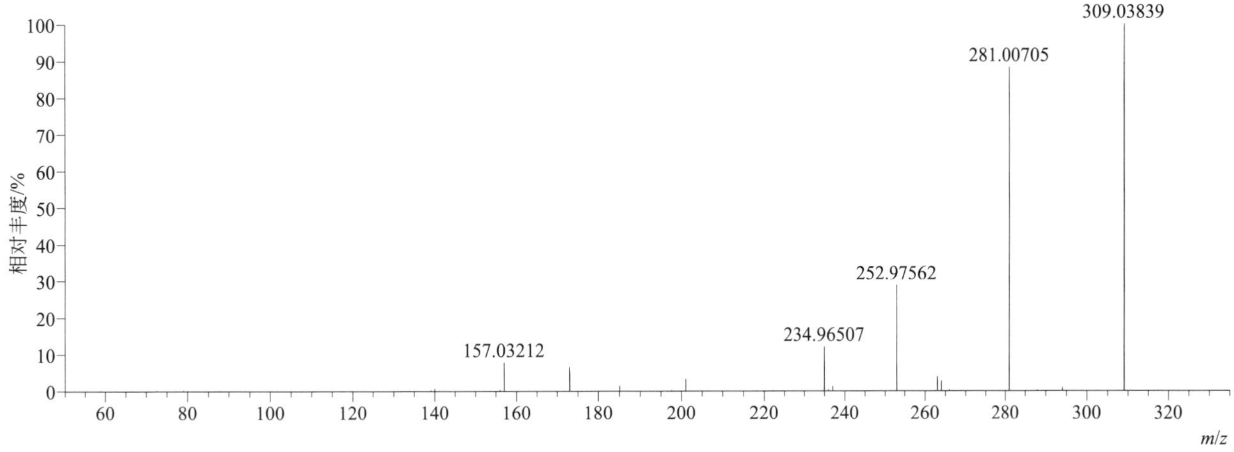

[M+H]+ 归一化法能量 NCE 为 40 时典型的二级质谱图

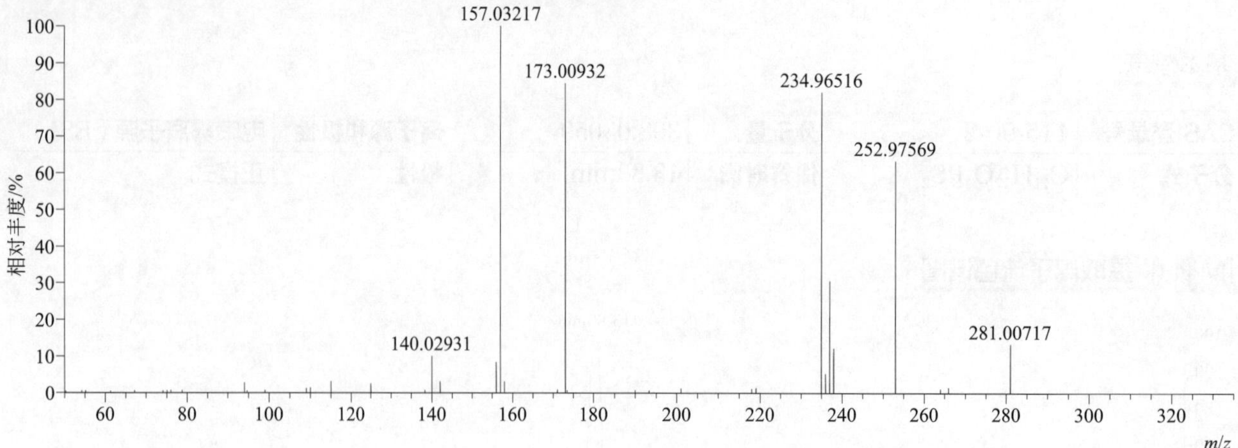

[M+H]+ 归一化法能量 NCE 为 60 时典型的二级质谱图

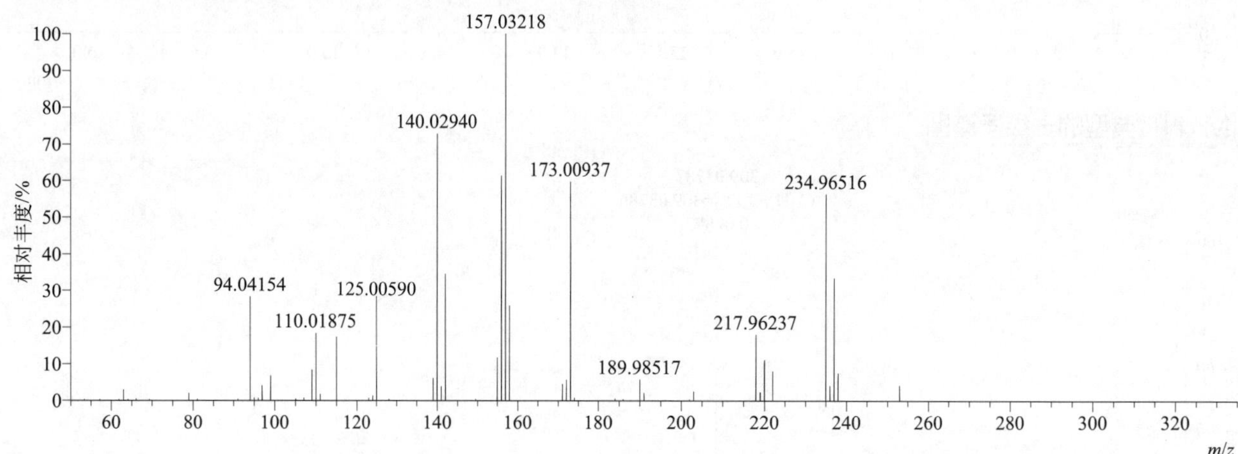

[M+H]+ 阶梯归一化法能量 Step NCE 为 20、40、60 时典型的二级质谱图

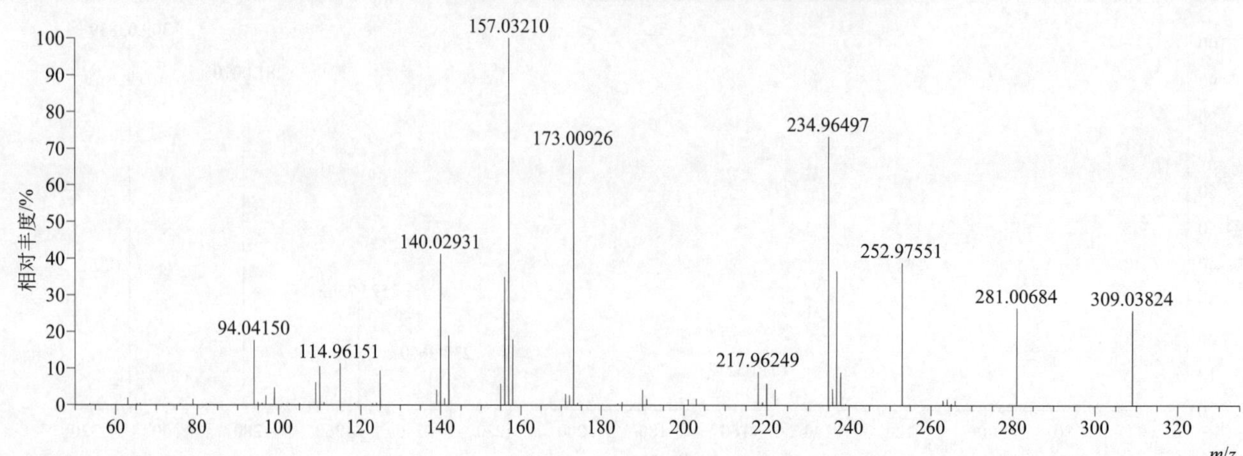

fensulfothion-oxon（氧丰索磷）

基本信息

CAS 登录号	6552-21-2	分子量	292.05343	离子源和极性	电喷雾离子源（ESI）
分子式	$C_{11}H_{17}O_5PS$	保留时间	12.48min	极性	正模式

[M+H]+ 提取离子流色谱图

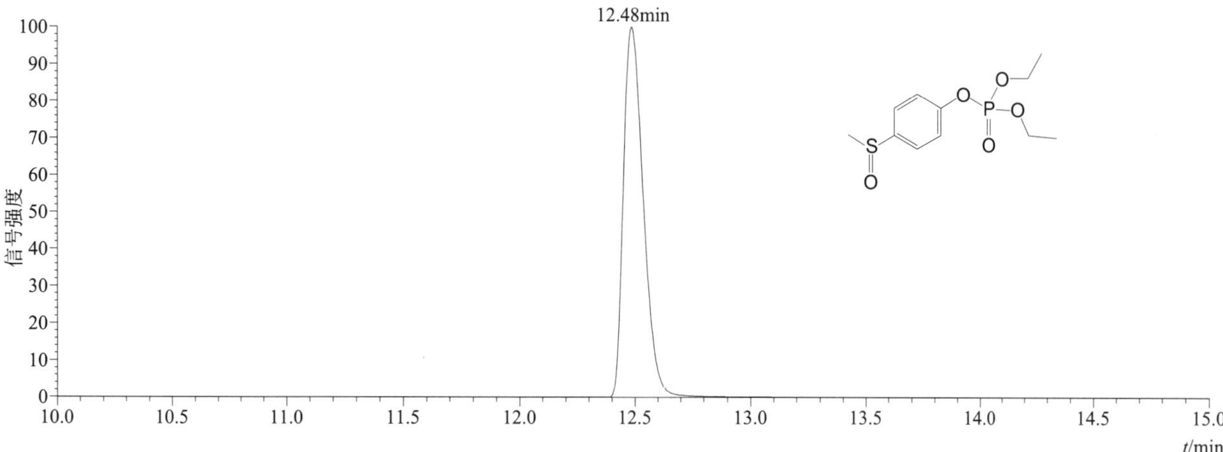

[M+H]+ 典型的一级质谱图

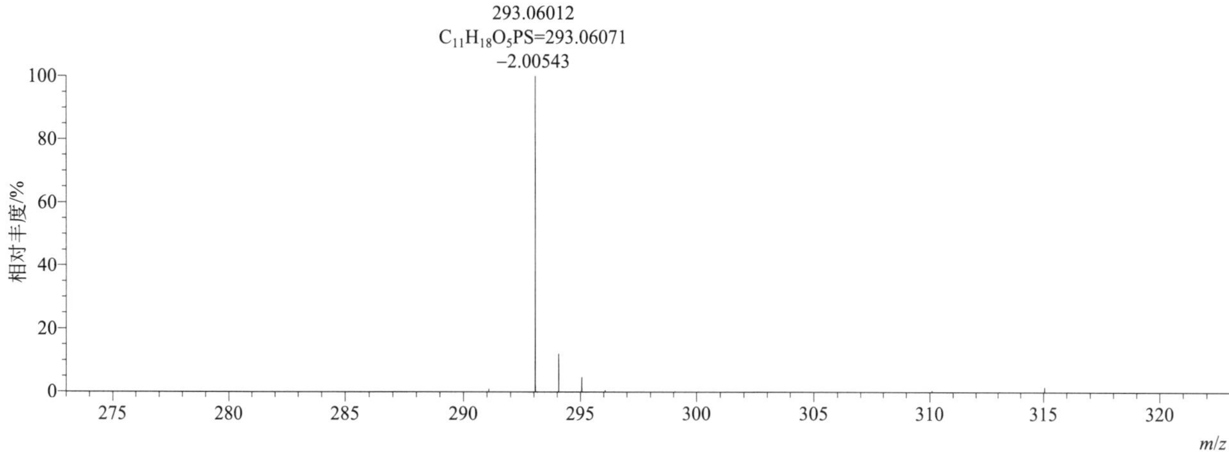

[M+H]+ 归一化法能量 NCE 为 20 时典型的二级质谱图

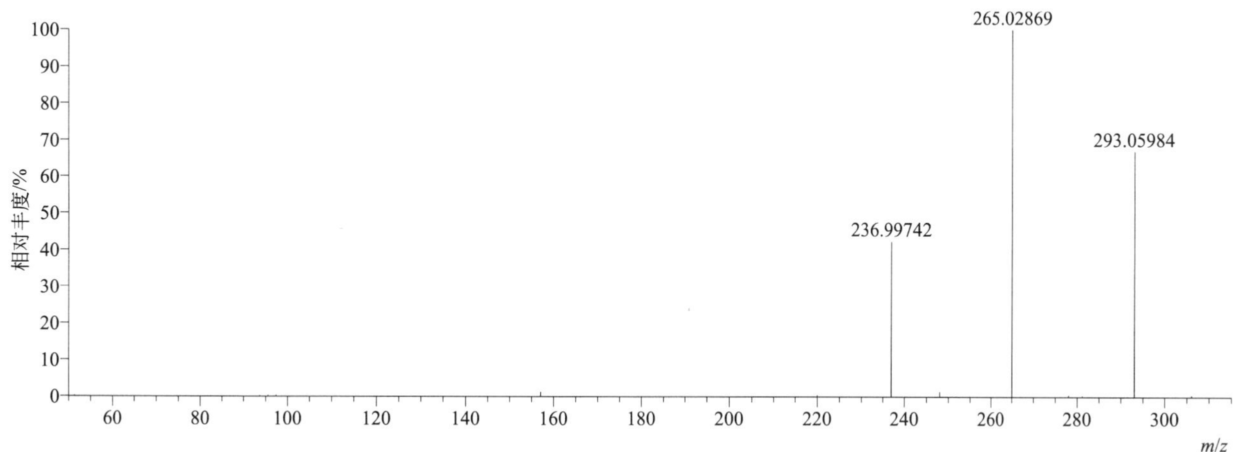

[M+H]$^+$ 归一化法能量 NCE 为 40 时典型的二级质谱图

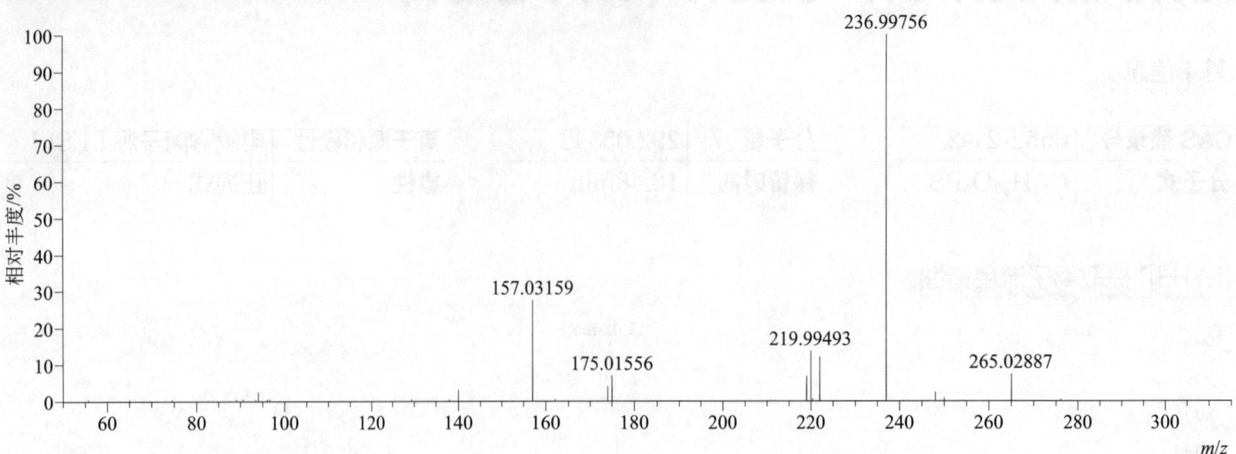

[M+H]$^+$ 归一化法能量 NCE 为 60 时典型的二级质谱图

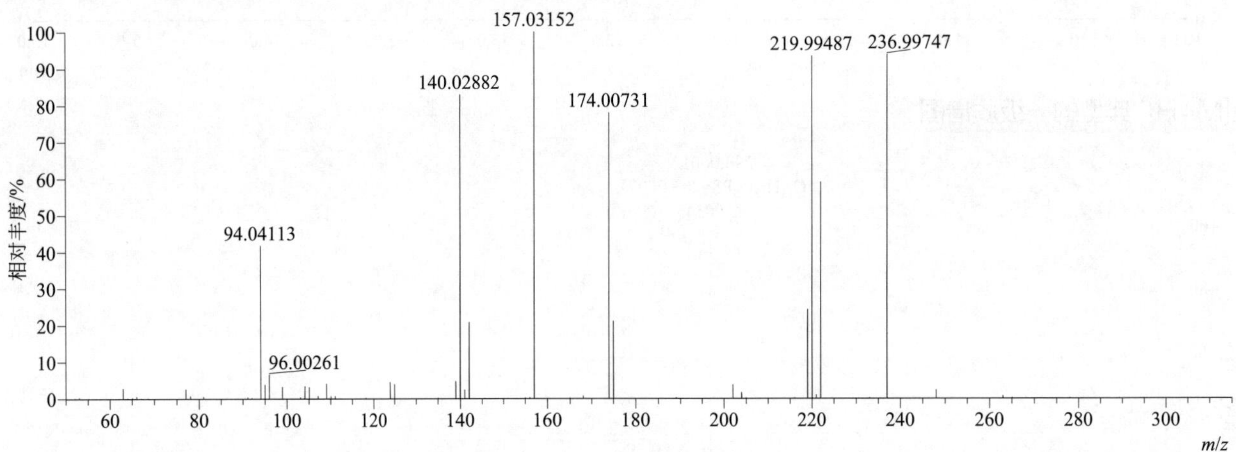

[M+H]$^+$ 阶梯归一化法能量 Step NCE 为 20、40、60 时典型的二级质谱图

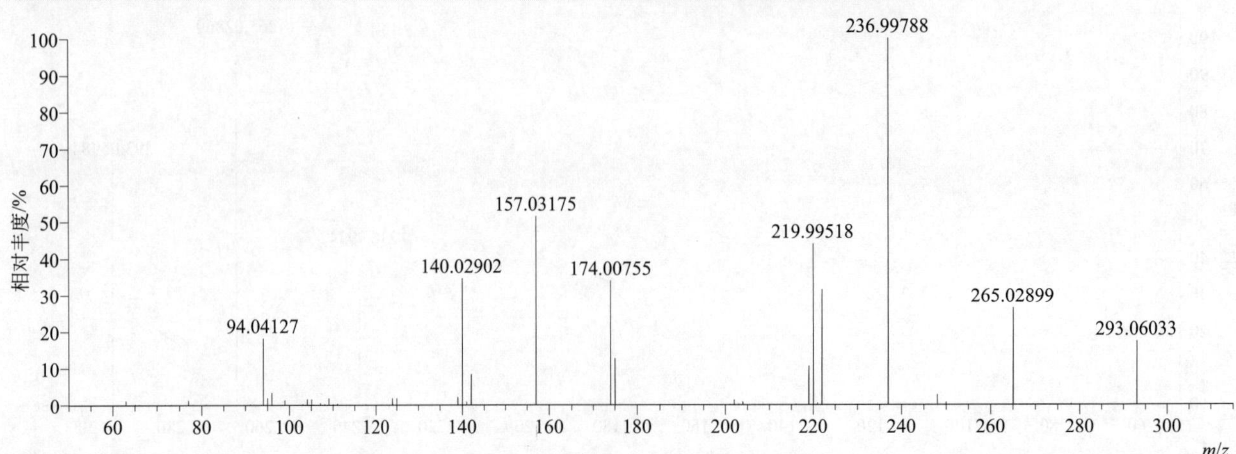

fensulfothion-sulfone（丰索磷砜）

基本信息

CAS 登录号	14255-72-2	分子量	324.02550	离子源和极性	电喷雾离子源（ESI）
分子式	$C_{11}H_{17}O_5PS_2$	保留时间	13.91min	极性	正模式

[M+H]+ 提取离子流色谱图

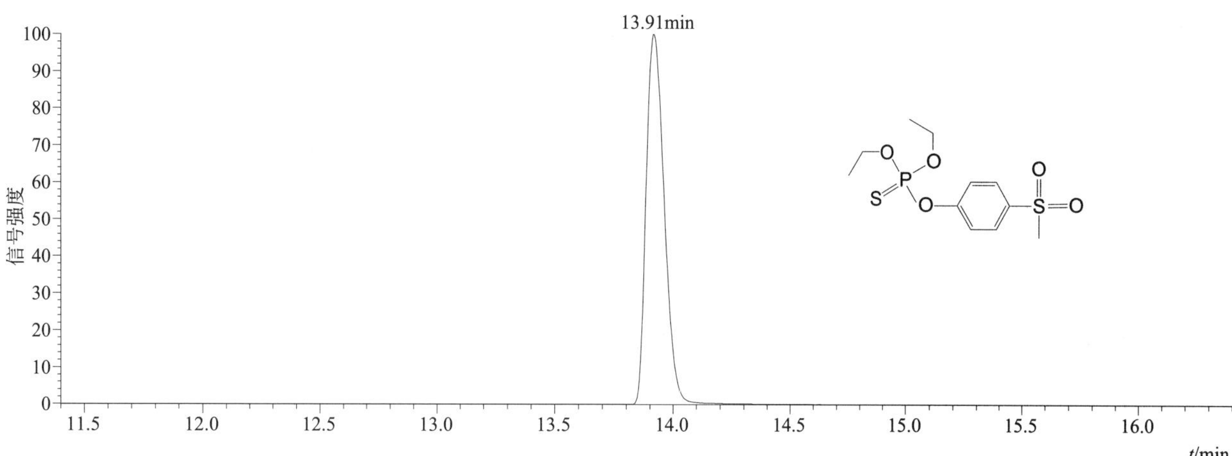

[M+H]+ 典型的一级质谱图

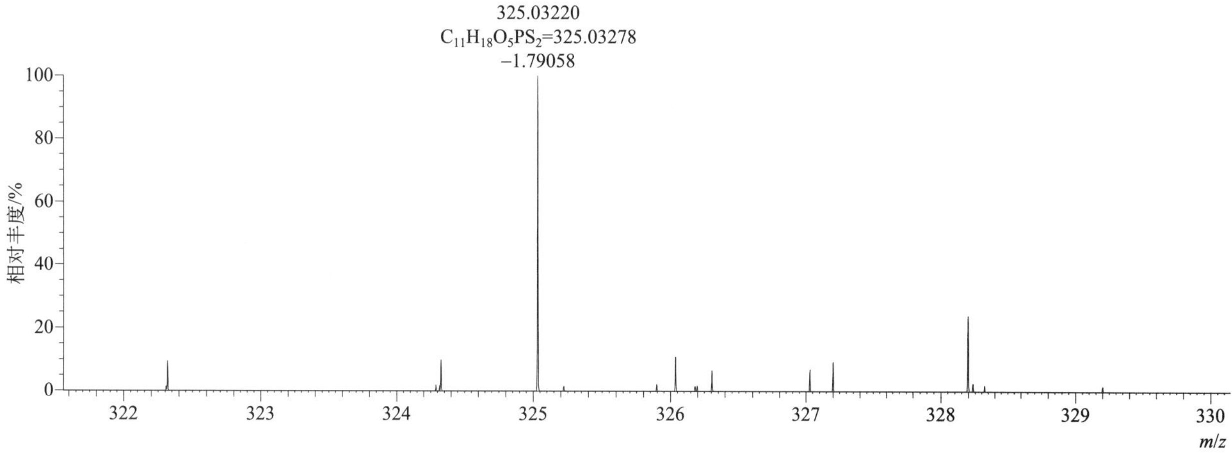

[M+H]+ 归一化法能量 NCE 为 20 时典型的二级质谱图

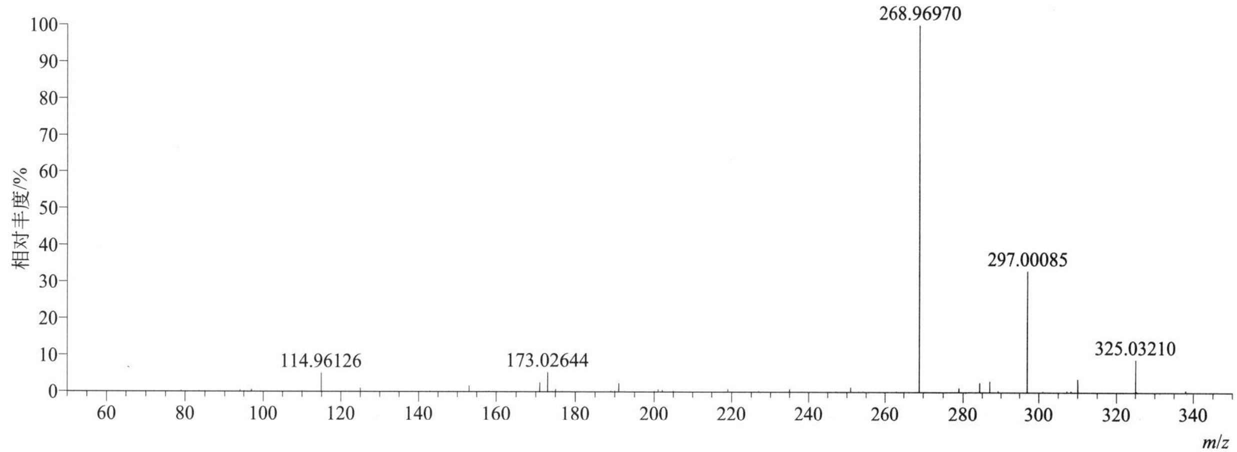

[M+H]$^+$ 归一化法能量 NCE 为 40 时典型的二级质谱图

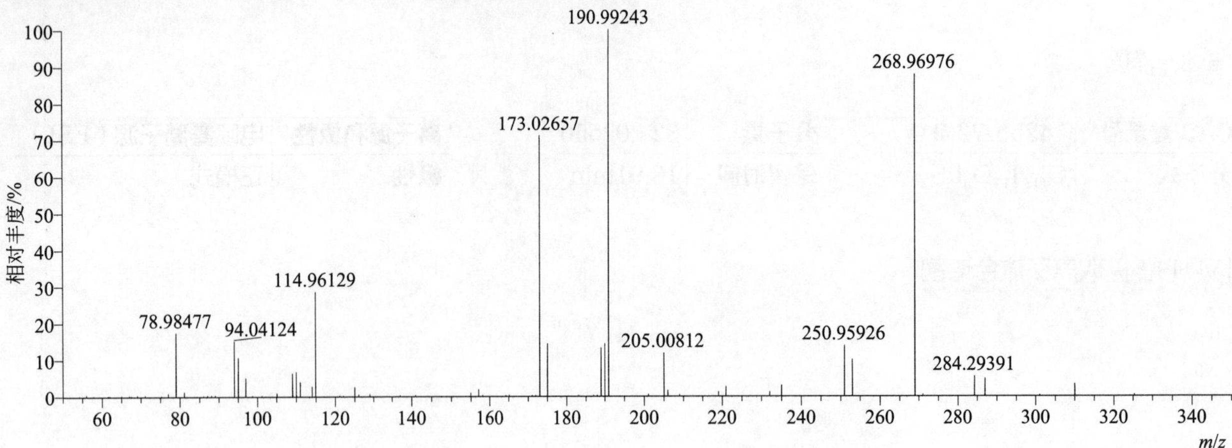

[M+H]$^+$ 归一化法能量 NCE 为 60 时典型的二级质谱图

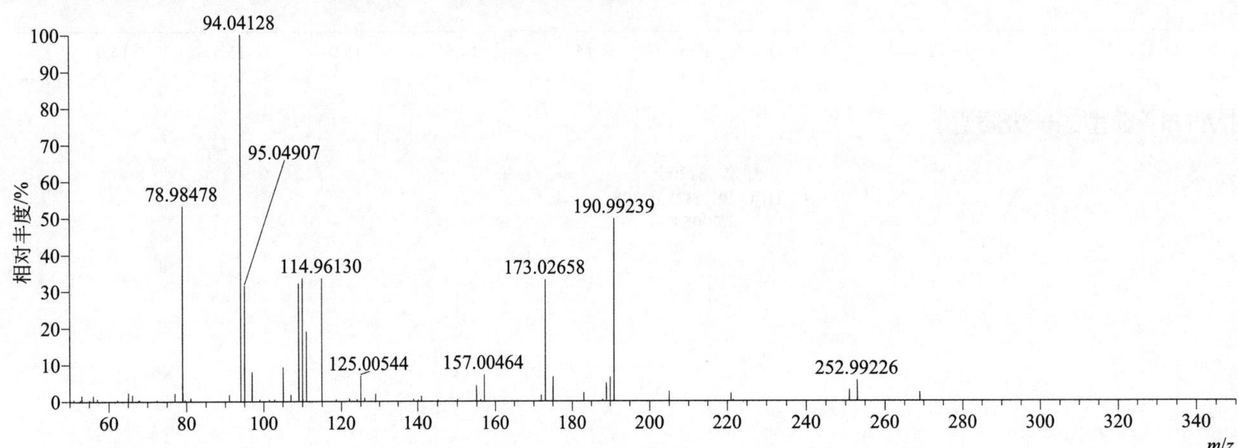

[M+H]$^+$ 阶梯归一化法能量 Step NCE 为 20、40、60 时典型的二级质谱图

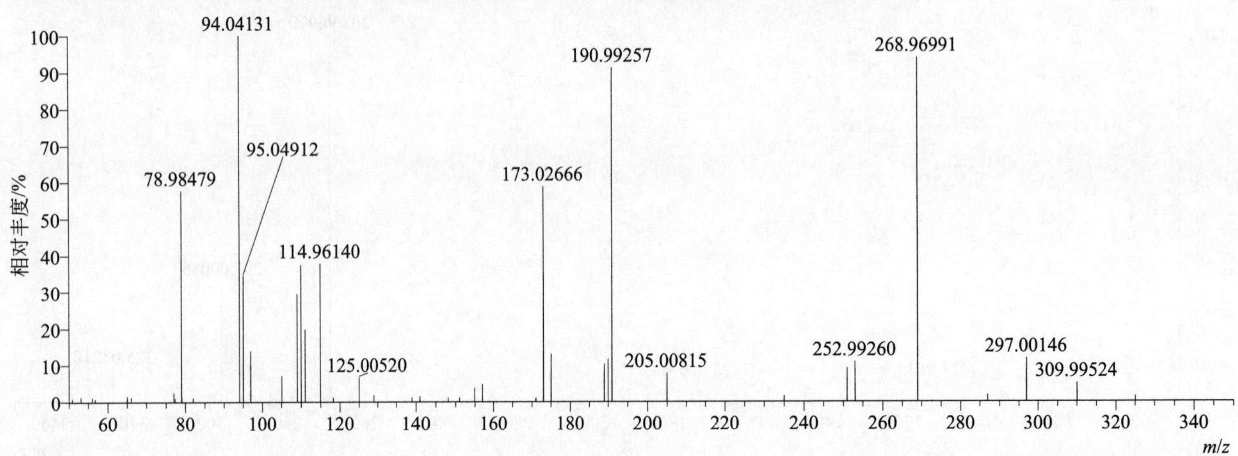

fenthion（倍硫磷）

基本信息

CAS 登录号	55-38-9	分子量	278.02002	离子源和极性	电喷雾离子源（ESI）
分子式	$C_{10}H_{15}O_3PS_2$	保留时间	13.43min	极性	正模式

[M+H]+ 提取离子流色谱图

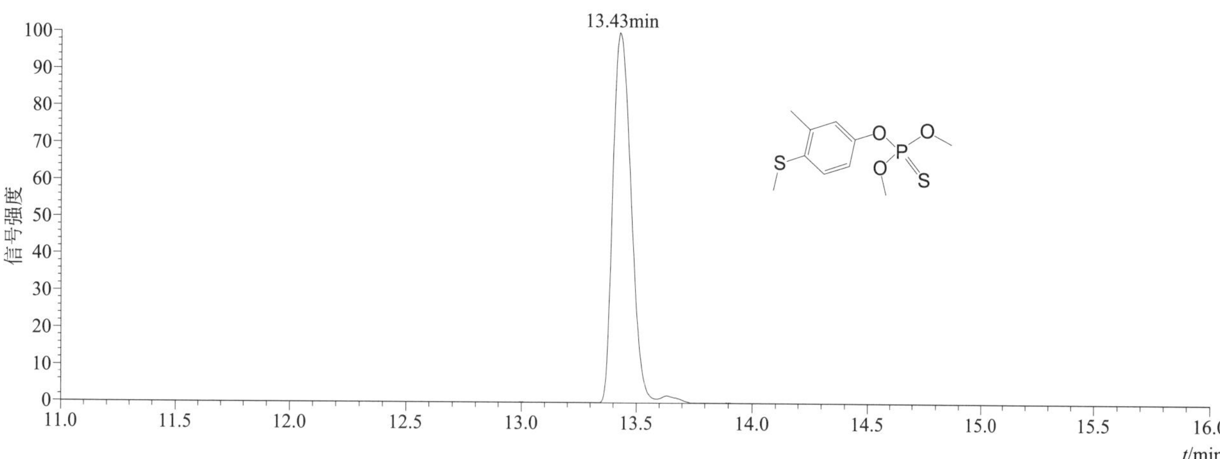

[M+H]+ 典型的一级质谱图

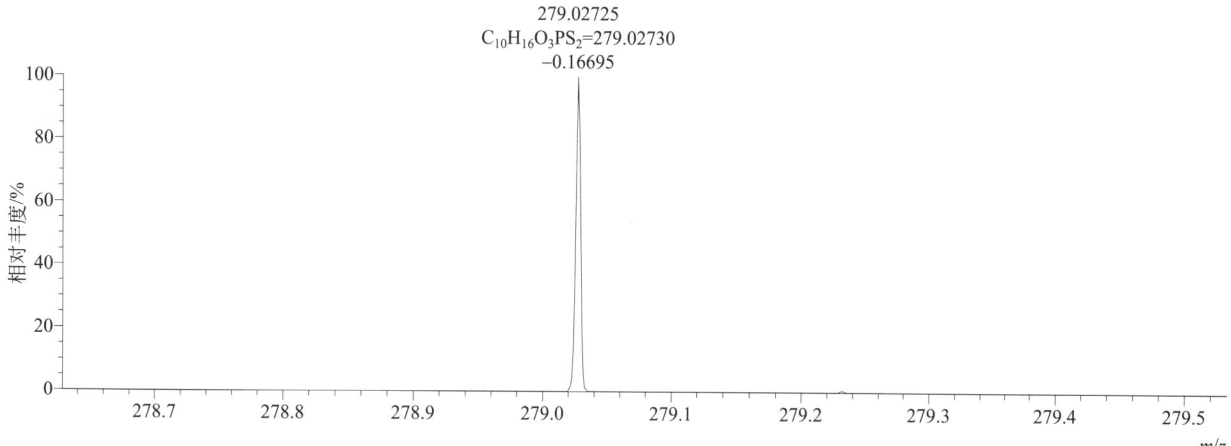

[M+H]+ 归一化法能量 NCE 为 20 时典型的二级质谱图

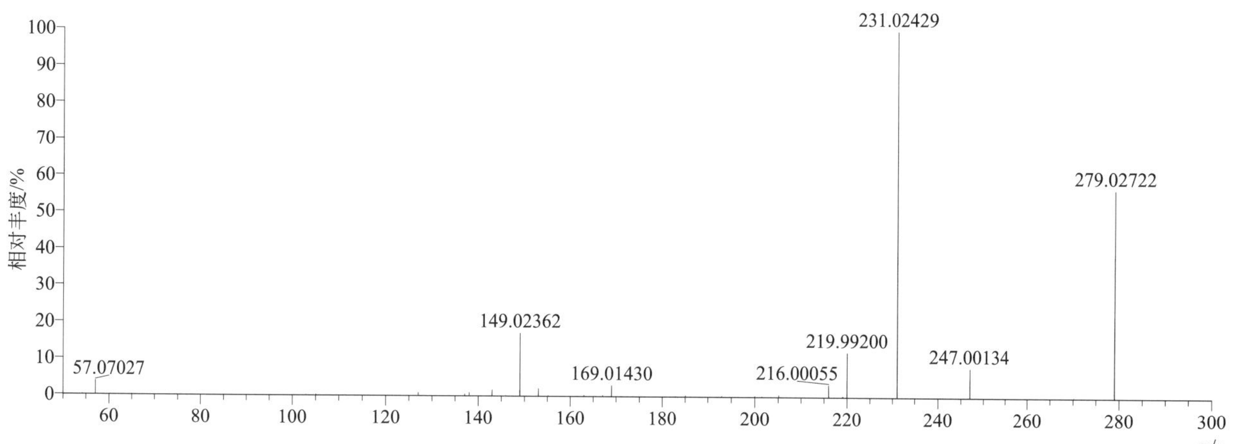

[M+H]$^+$ 归一化法能量 NCE 为 40 时典型的二级质谱图

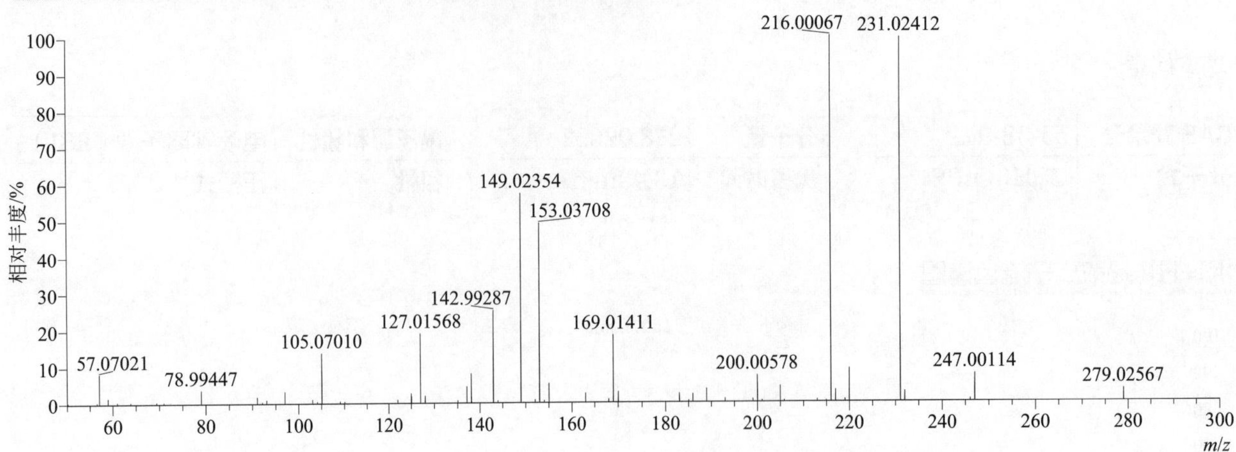

[M+H]$^+$ 归一化法能量 NCE 为 60 时典型的二级质谱图

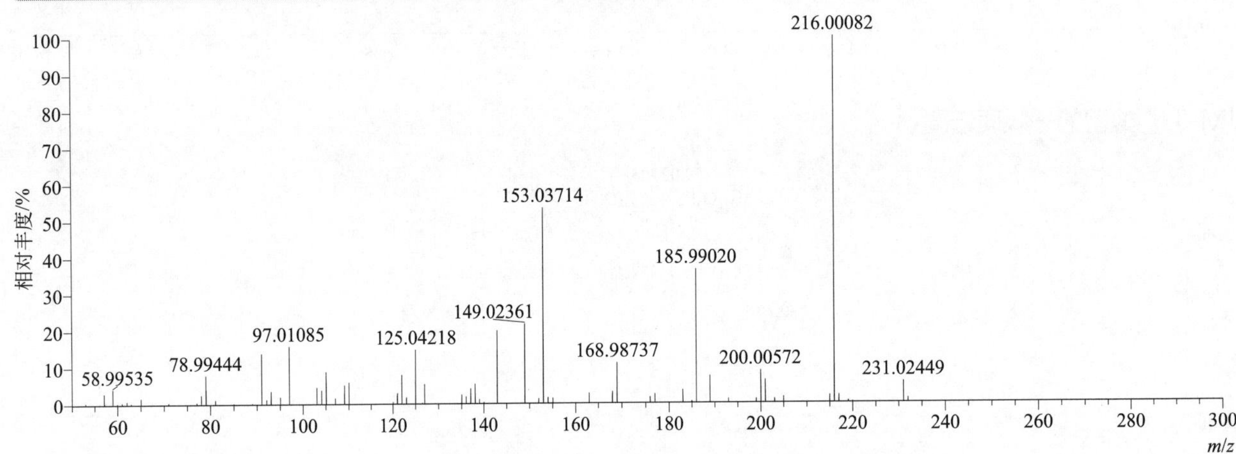

[M+H]$^+$ 阶梯归一化法能量 Step NCE 为 20、40、60 时典型的二级质谱图

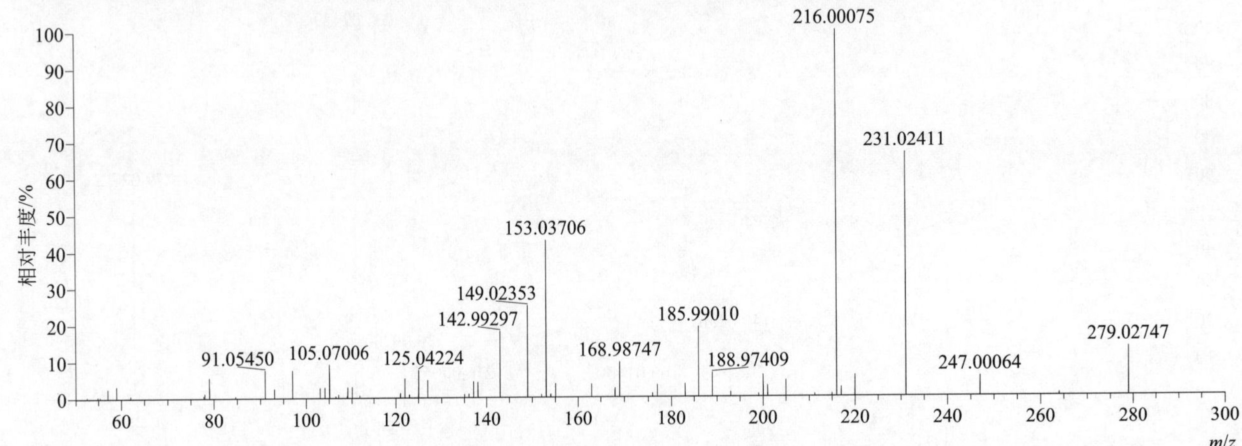

fenthion-oxon（倍硫磷氧）

基本信息

CAS 登录号	6552-12-1	分子量	262.04287	离子源和极性	电喷雾离子源（ESI）
分子式	$C_{10}H_{15}O_4PS$	保留时间	14.14min	极性	正模式

$[M+H]^+$ 提取离子流色谱图

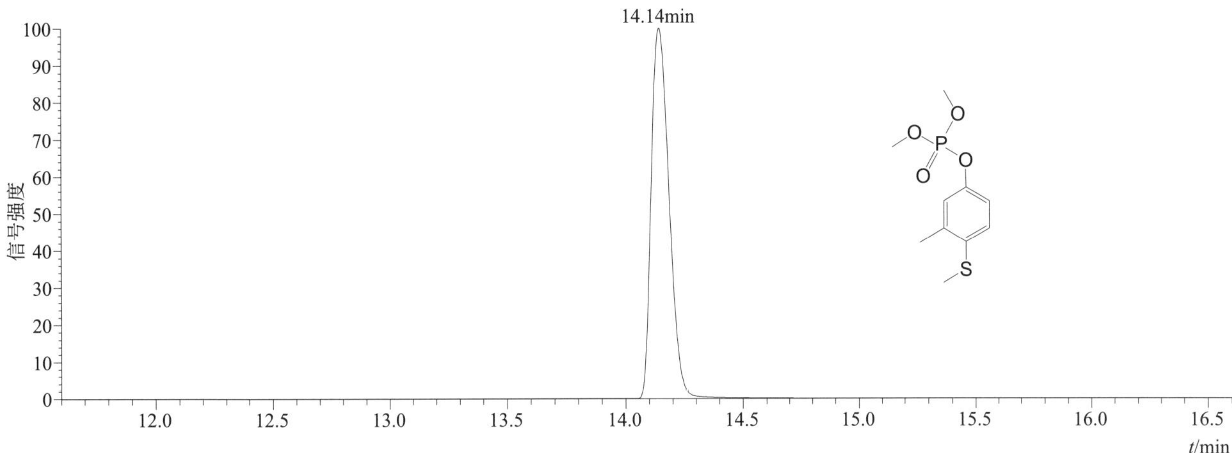

$[M+H]^+$ 和 $[M+NH_4]^+$ 典型的一级质谱图

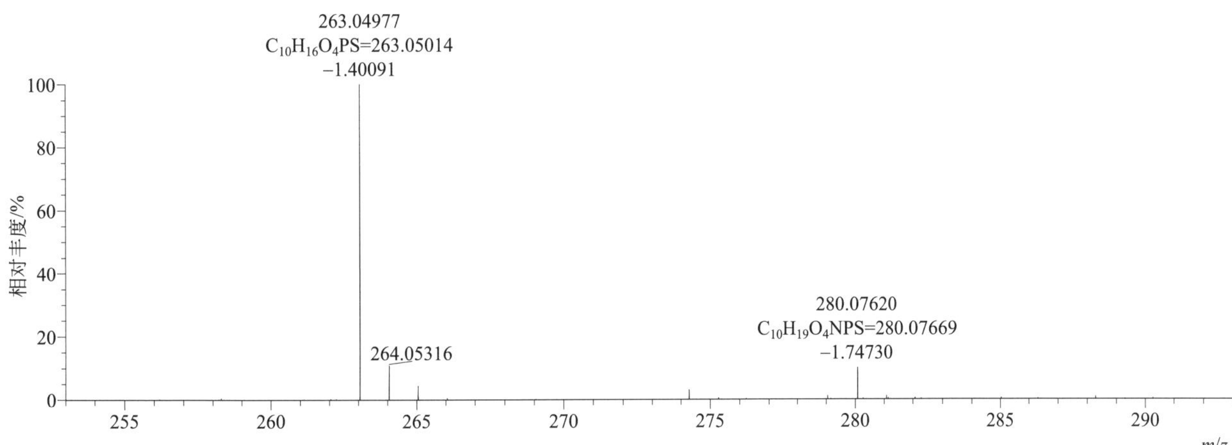

$[M+H]^+$ 归一化法能量 NCE 为 20 时典型的二级质谱图

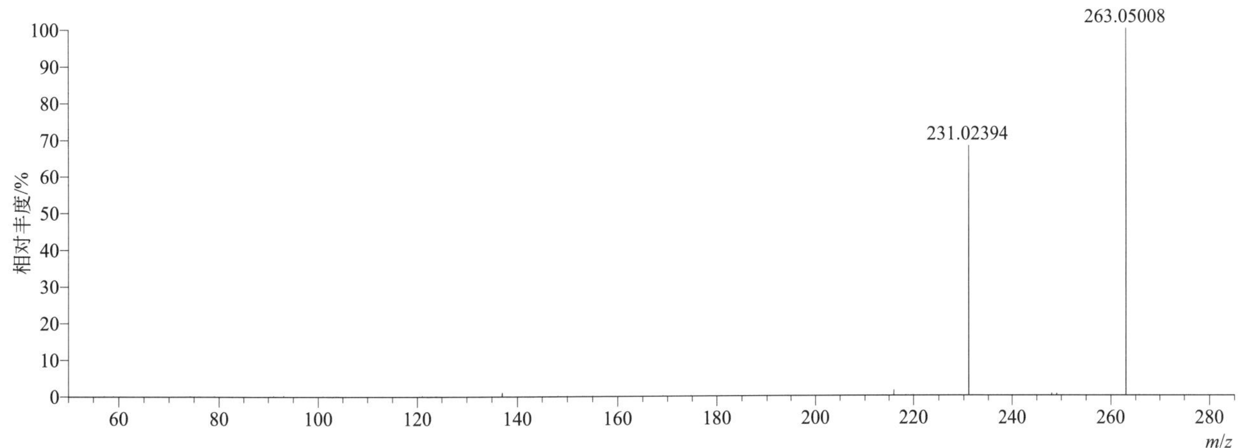

[M+H]+ 归一化法能量 NCE 为 40 时典型的二级质谱图

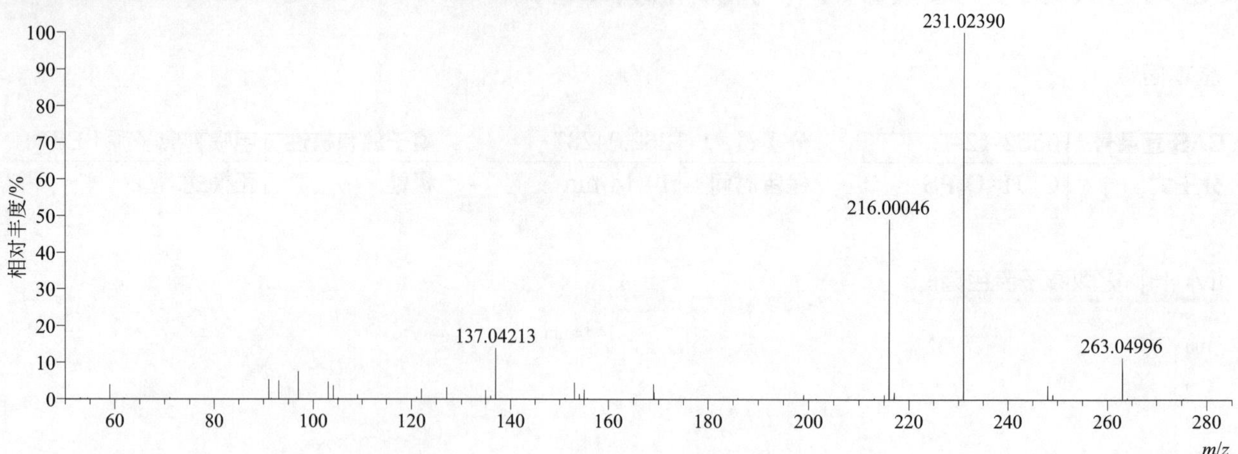

[M+H]+ 归一化法能量 NCE 为 60 时典型的二级质谱图

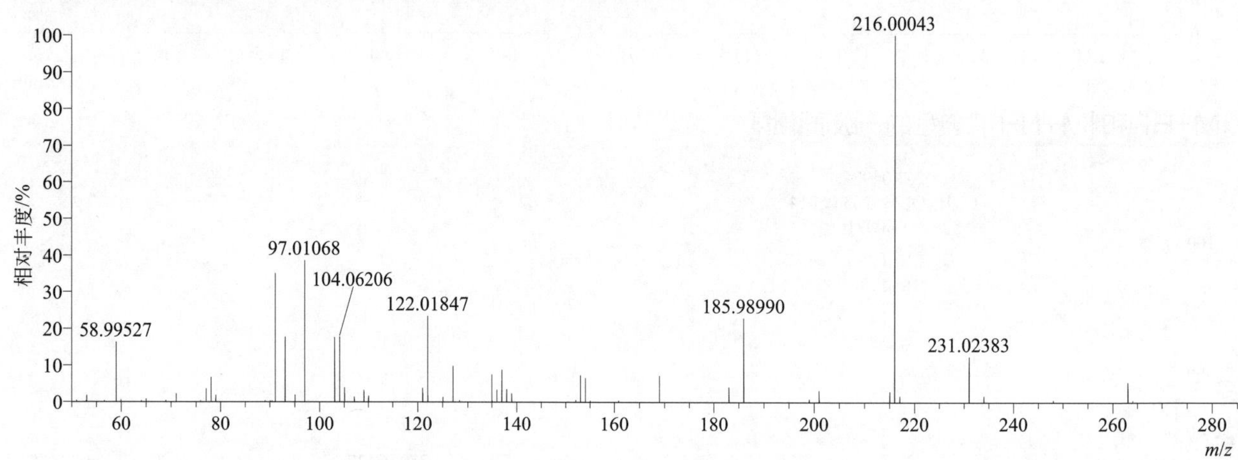

[M+H]+ 阶梯归一化法能量 Step NCE 为 20、40、60 时典型的二级质谱图

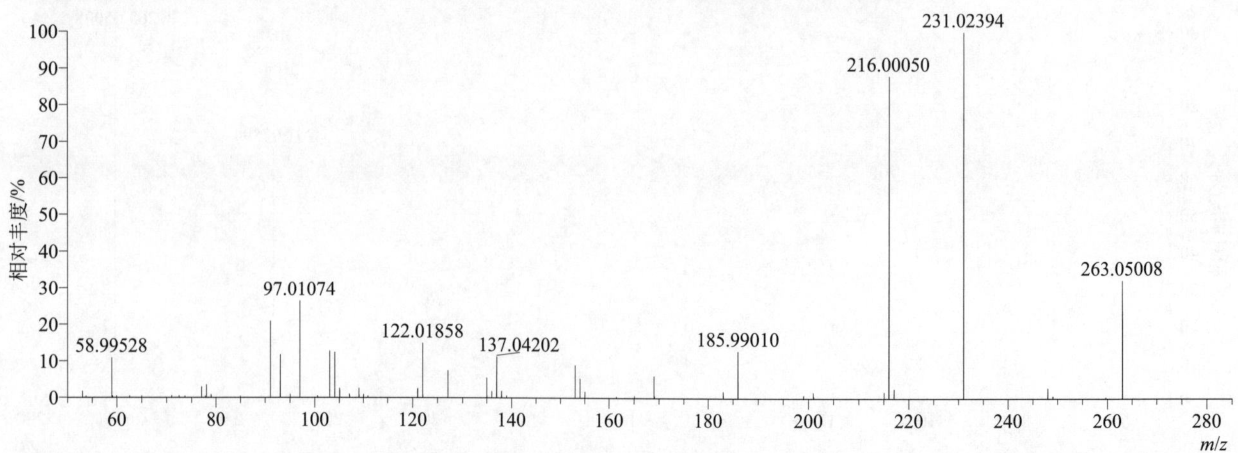

$[M+NH_4]^+$ 归一化法能量 NCE 为 20 时典型的二级质谱图

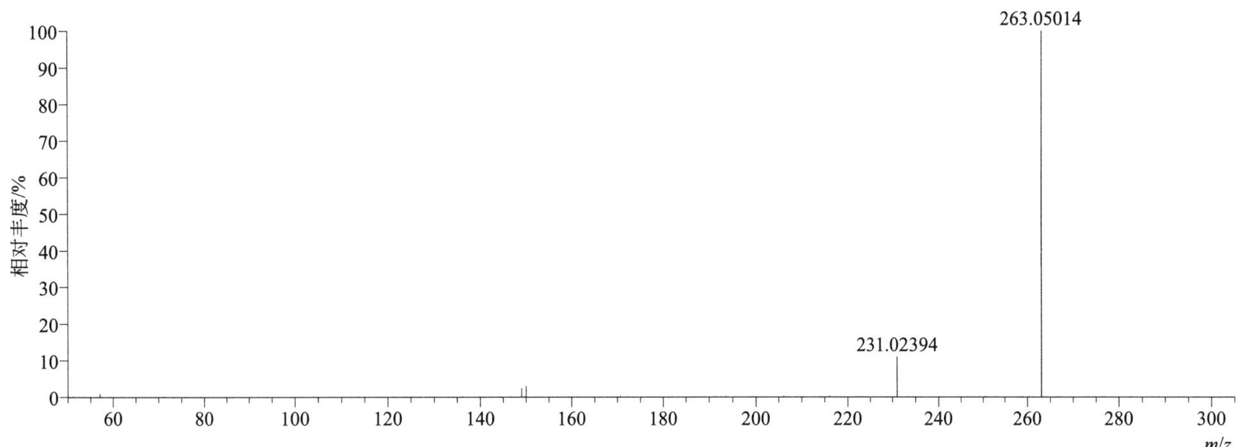

$[M+NH_4]^+$ 归一化法能量 NCE 为 40 时典型的二级质谱图

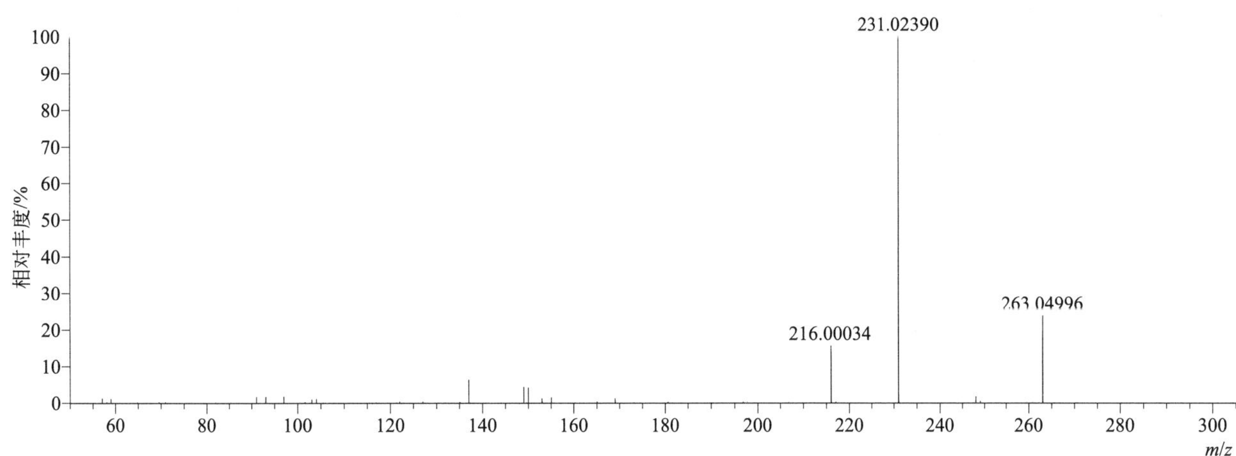

$[M+NH_4]^+$ 归一化法能量 NCE 为 60 时典型的二级质谱图

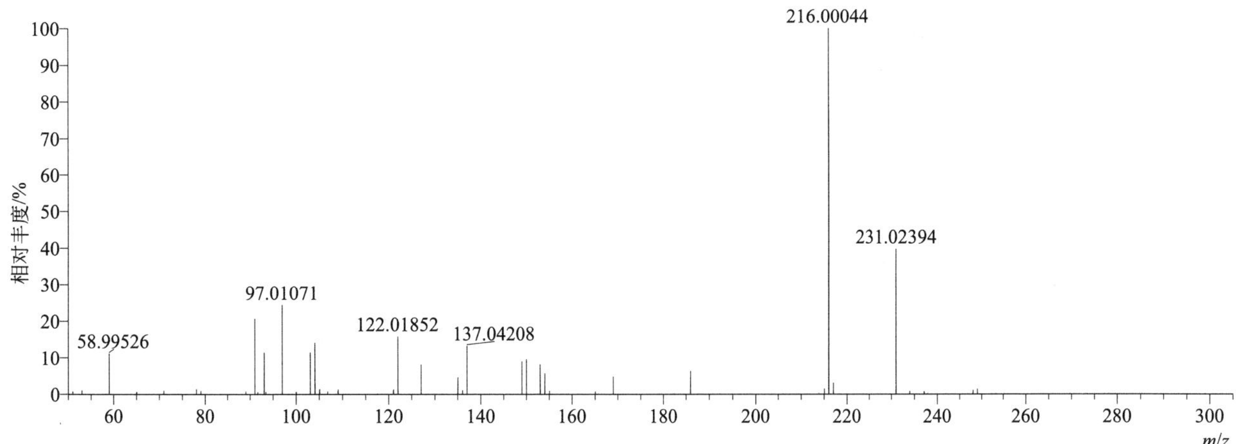

[M+NH$_4$]$^+$ 阶梯归一化法能量 Step NCE 为 20、40、60 时典型的二级质谱图

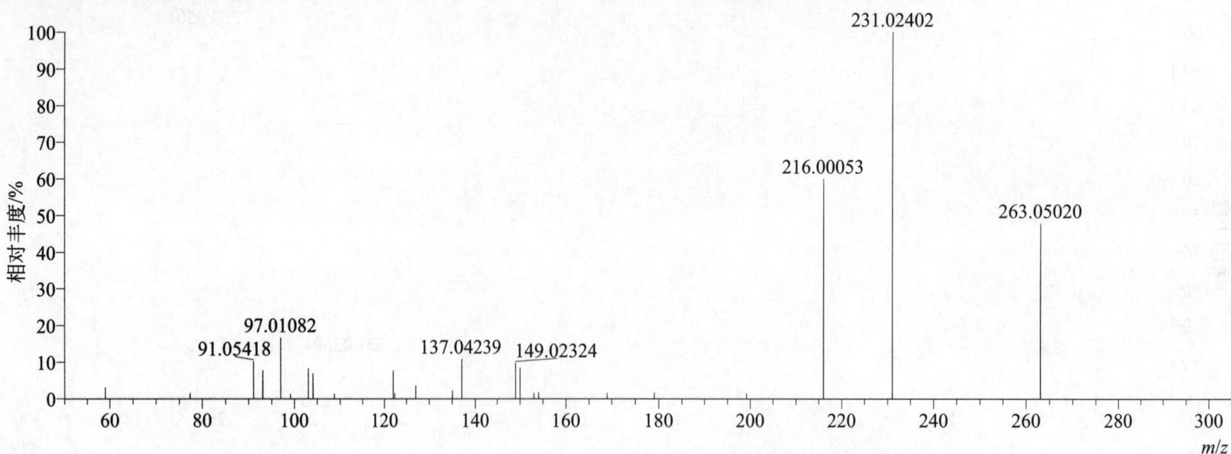

fenthion-oxon-sulfone（倍硫磷氧砜）

基本信息

CAS 登录号	14086-35-2	分子量	294.03270	离子源和极性	电喷雾离子源（ESI）
分子式	$C_{10}H_{15}O_6PS$	保留时间	12.13min	极性	正模式

[M+H]$^+$ 提取离子流色谱图

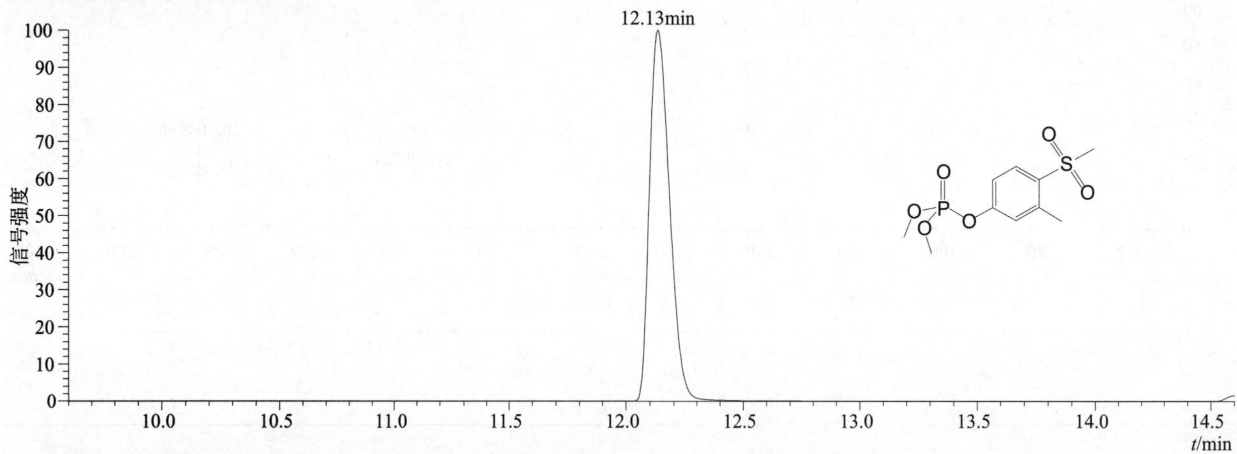

[M+H]$^+$、[M+NH$_4$]$^+$ 和 [M+Na]$^+$ 典型的一级质谱图

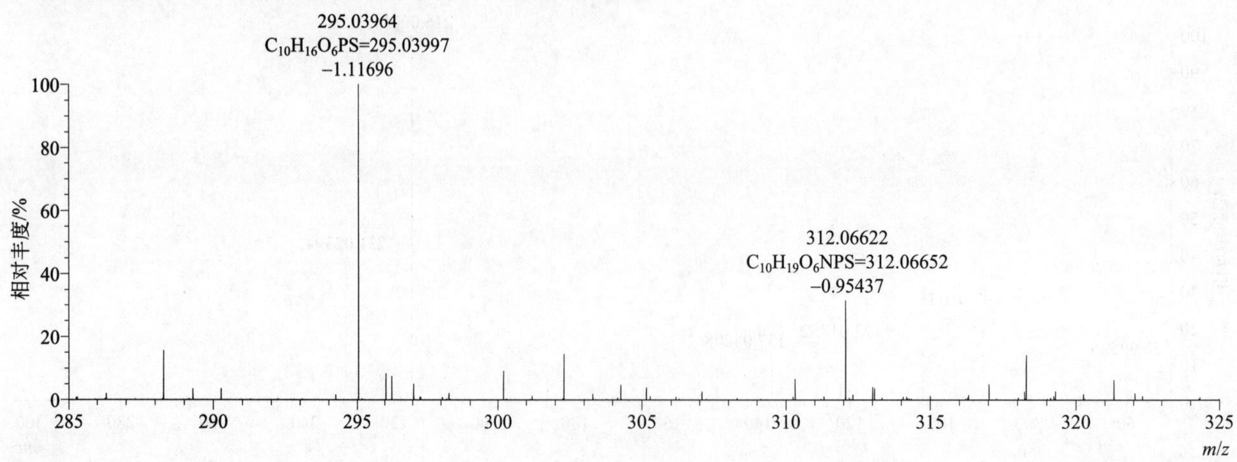

$[M+H]^+$、$[M+NH_4]^+$ 和 $[M+Na]^+$ 典型的一级质谱图（局部图）

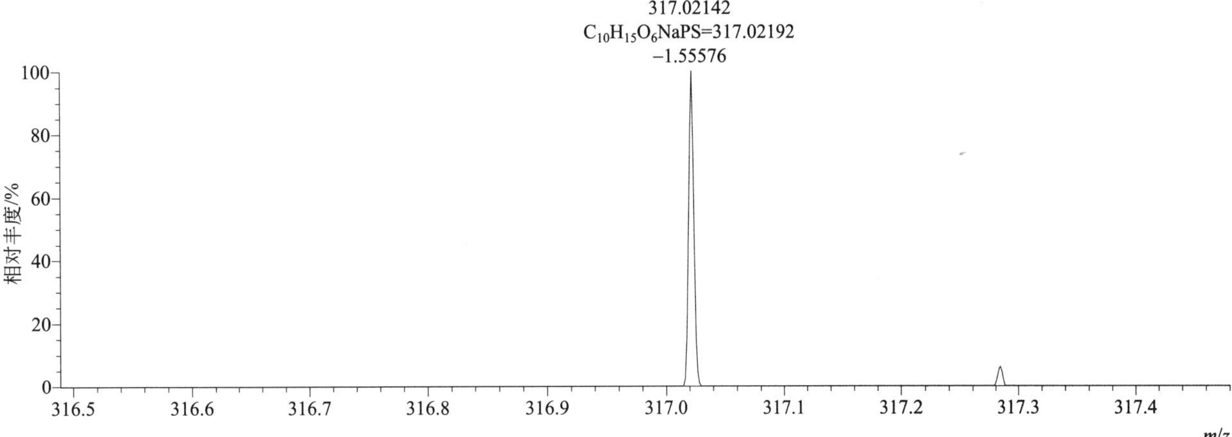

$[M+H]^+$ 归一化法能量 NCE 为 20 时典型的二级质谱图

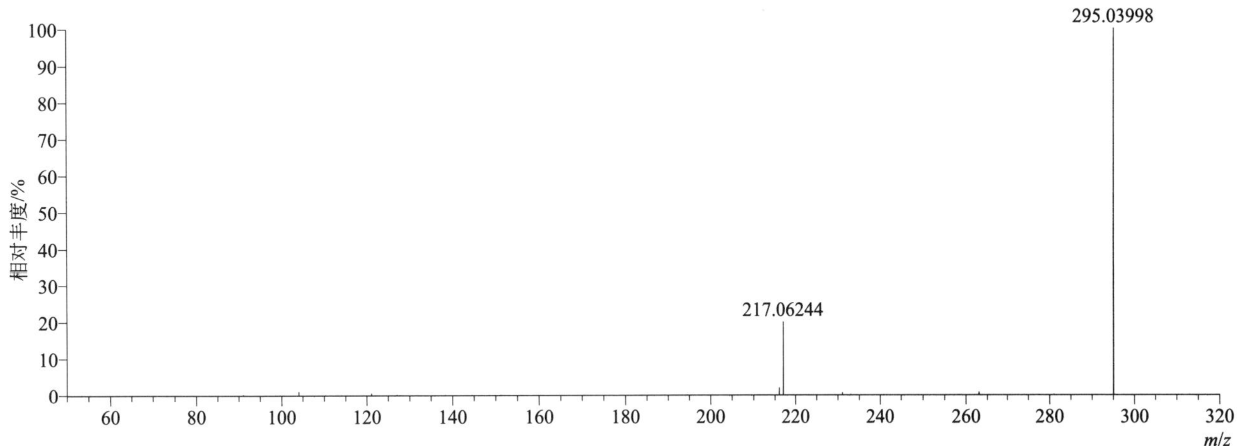

$[M+H]^+$ 归一化法能量 NCE 为 40 时典型的二级质谱图

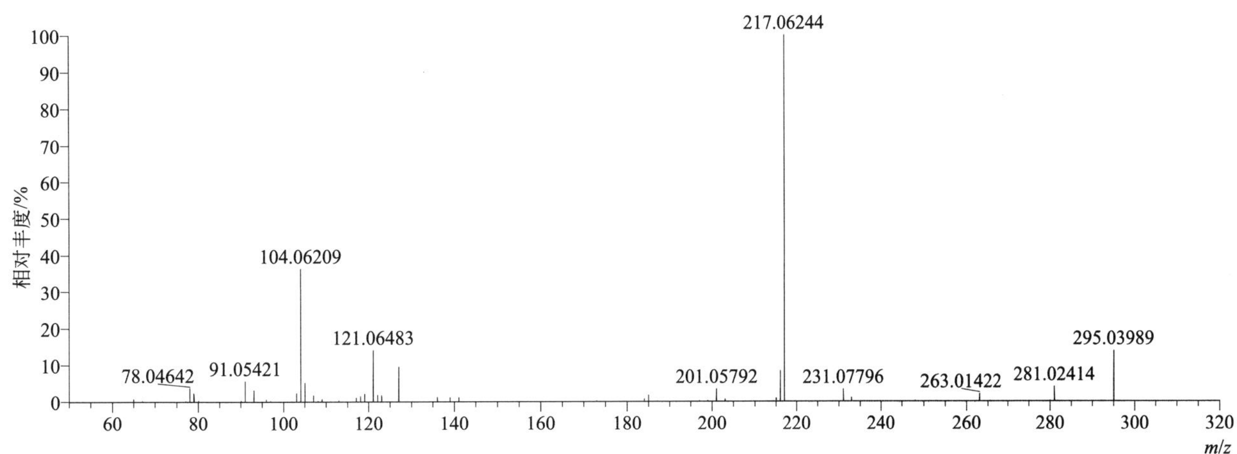

[M+H]⁺ 归一化法能量 NCE 为 60 时典型的二级质谱图

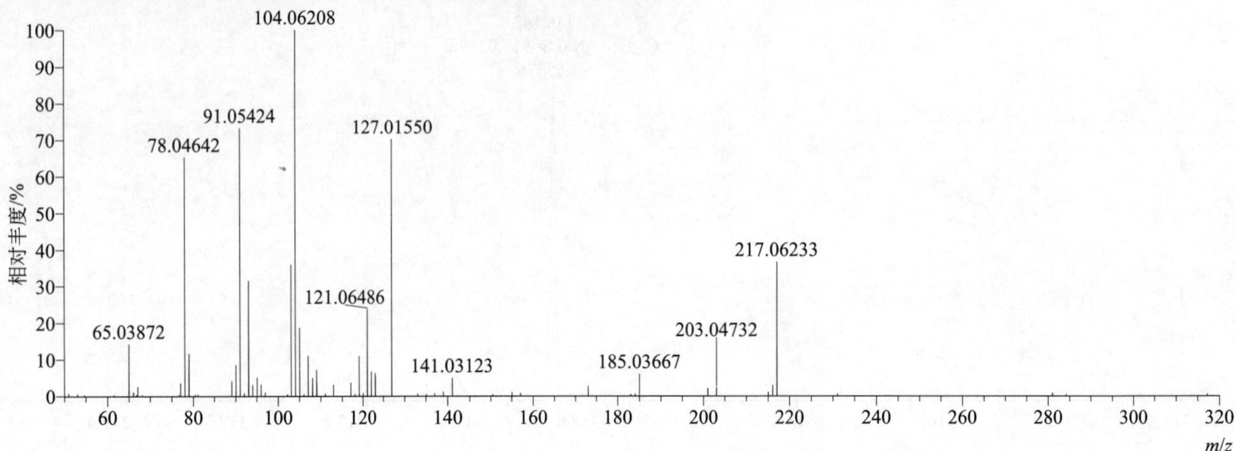

[M+H]⁺ 阶梯归一化法能量 Step NCE 为 20、40、60 时典型的二级质谱图

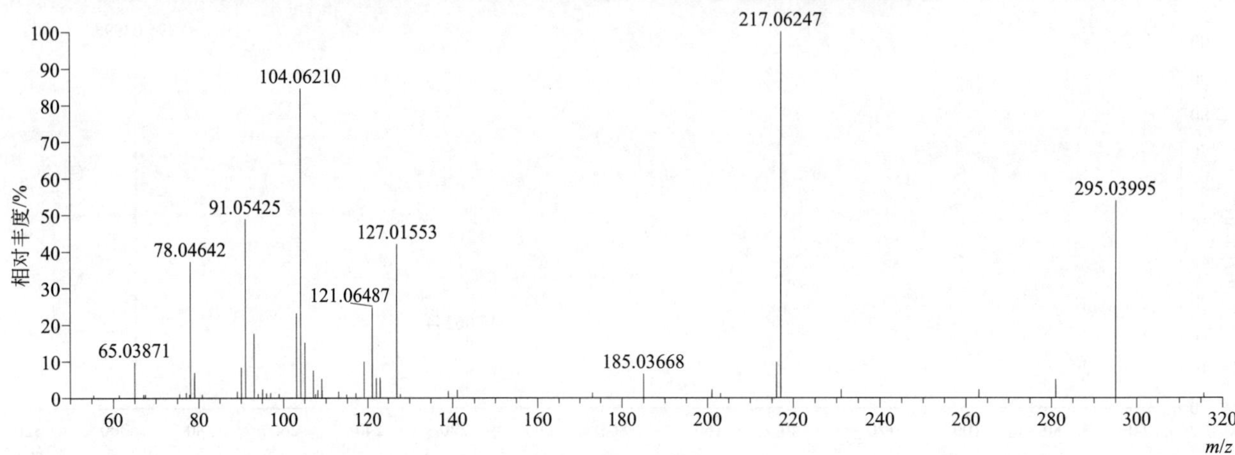

$[M+NH_4]^+$ 归一化法能量 NCE 为 20 时典型的二级质谱图

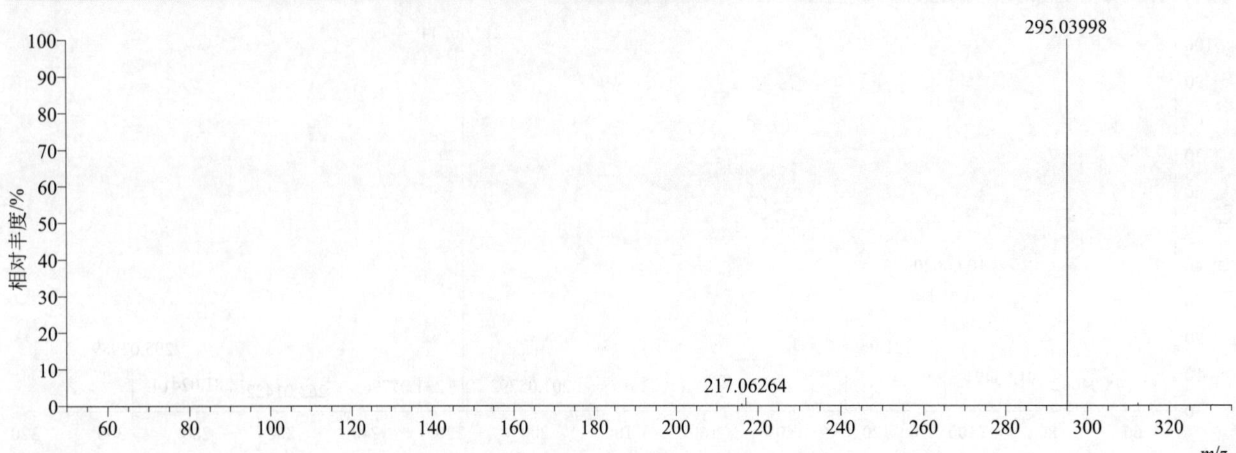

[M+NH$_4$]$^+$ 归一化法能量 NCE 为 40 时典型的二级质谱图

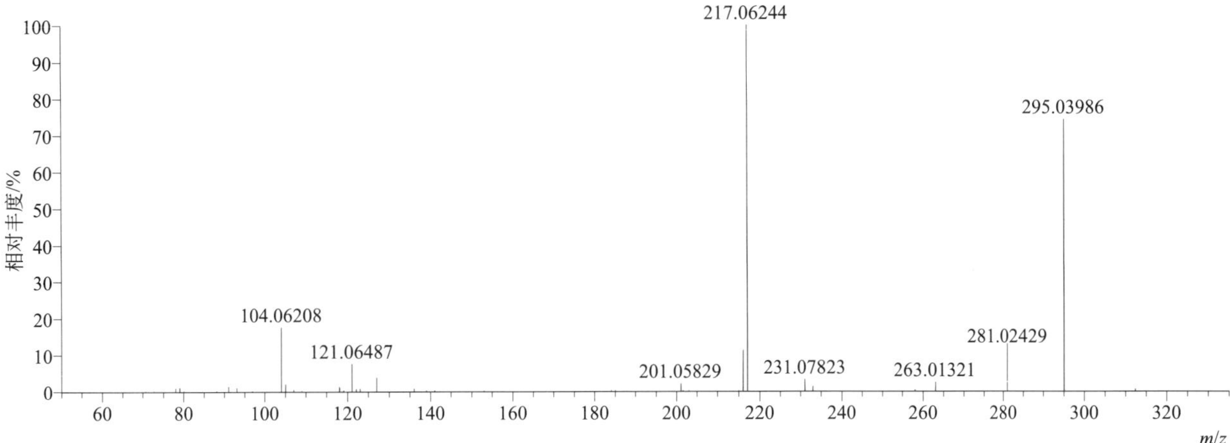

[M+NH$_4$]$^+$ 归一化法能量 NCE 为 60 时典型的二级质谱图

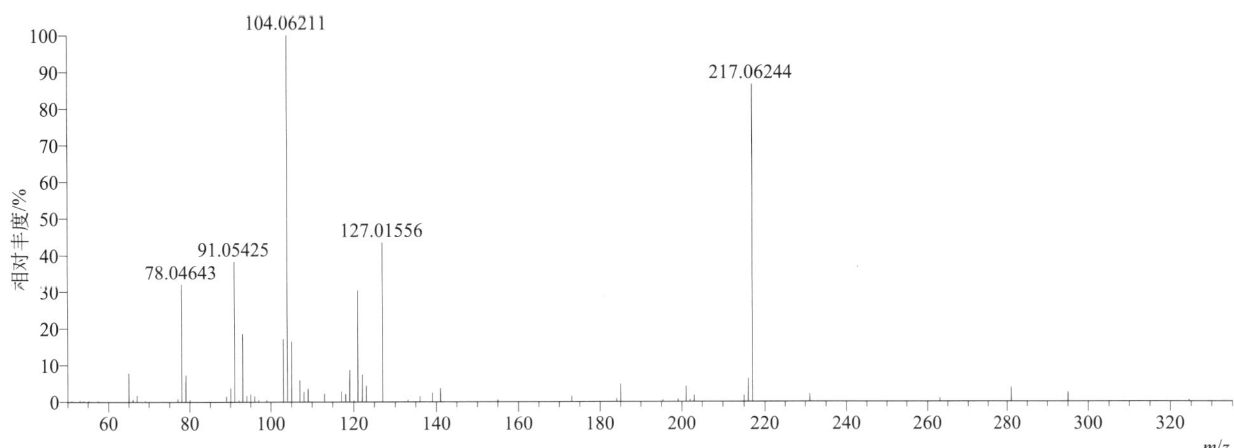

[M+NH$_4$]$^+$ 阶梯归一化法能量 Step NCE 为 20、40、60 时典型的二级质谱图

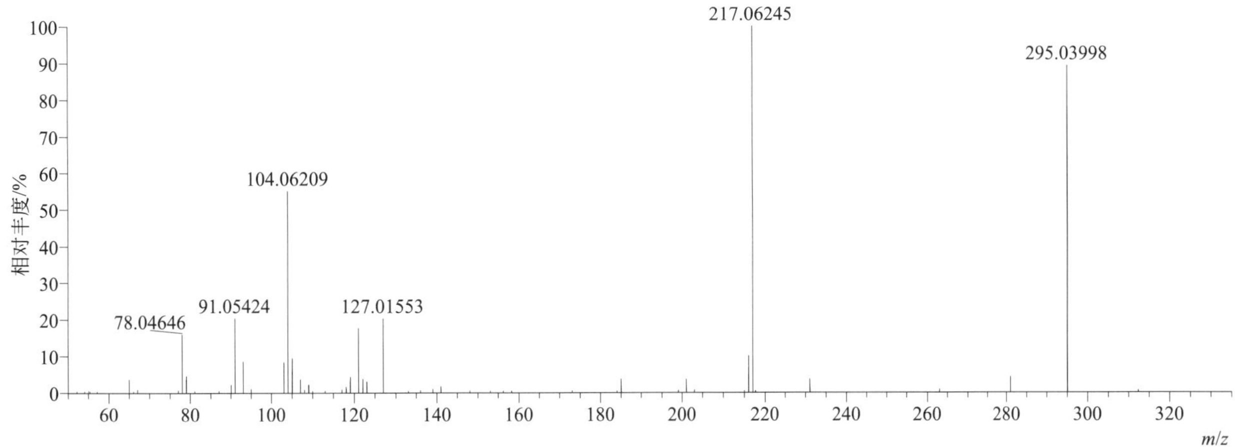

fenthion-oxon-sulfoxide（倍硫磷氧亚砜）

基本信息

CAS 登录号	6552-13-2	分子量	278.03778	离子源和极性	电喷雾离子源（ESI）
分子式	$C_{10}H_{15}O_5PS$	保留时间	12.00min	极性	正模式

[M+H]+ 提取离子流色谱图

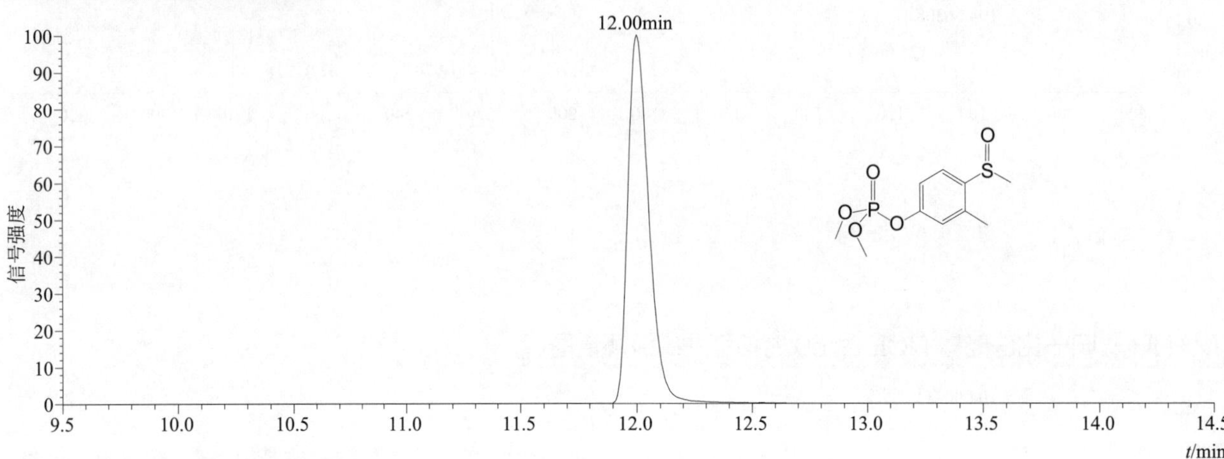

[M+H]+ 典型的一级质谱图

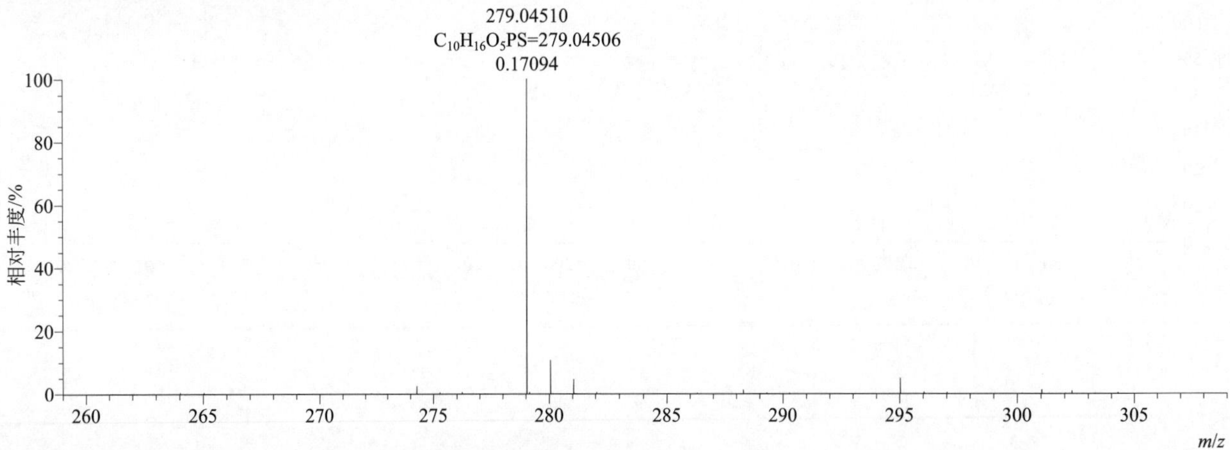

[M+H]+ 归一化法能量 NCE 为 20 时典型的二级质谱图

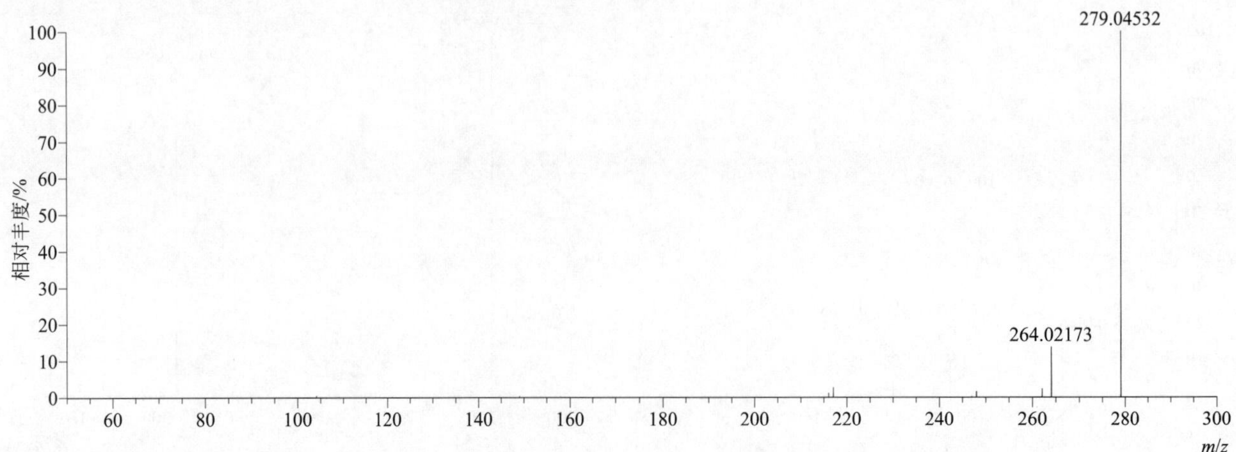

[M+H]⁺ 归一化法能量 NCE 为 40 时典型的二级质谱图

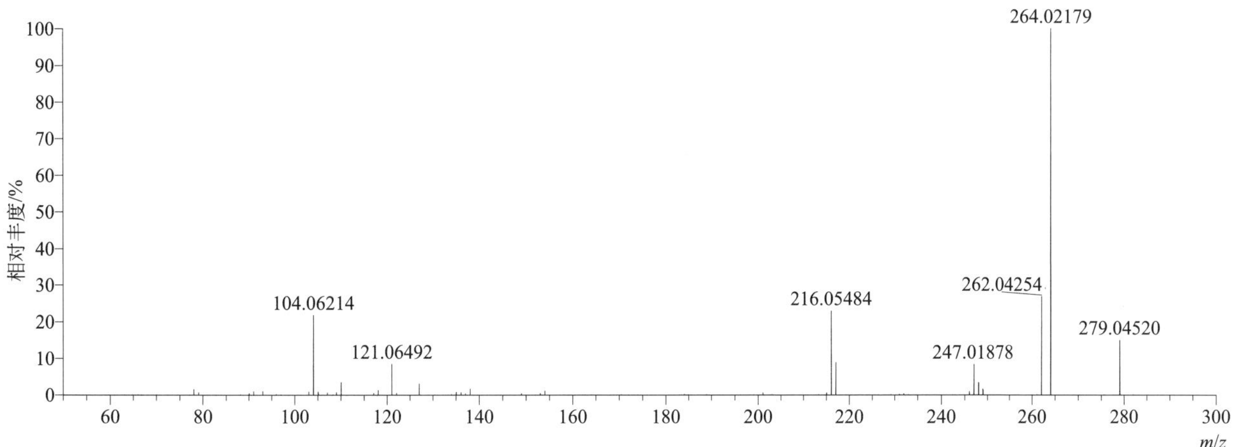

[M+H]⁺ 归一化法能量 NCE 为 60 时典型的二级质谱图

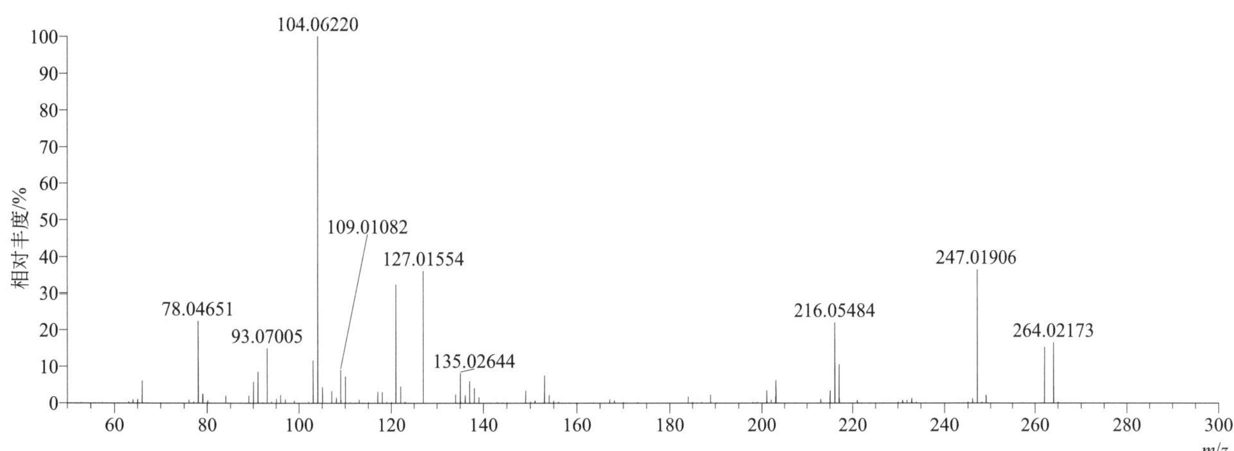

[M+H]⁺ 阶梯归一化法能量 Step NCE 为 20、40、60 时典型的二级质谱图

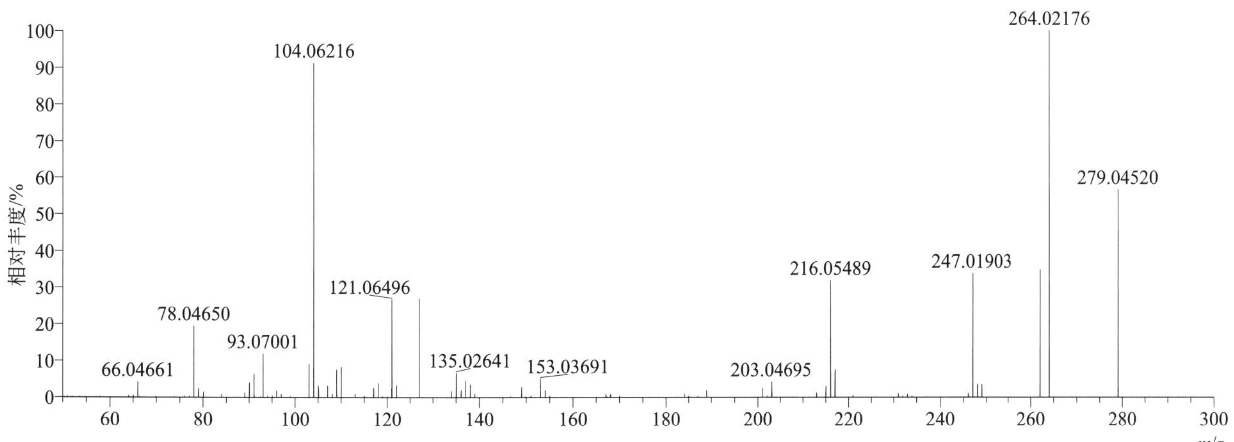

fenthion-sulfone（倍硫磷砜）

基本信息

CAS 登录号	3761-42-0	分子量	310.00985	离子源和极性	电喷雾离子源（ESI）
分子式	$C_{10}H_{15}O_5PS_2$	保留时间	13.45min	极性	正模式

[M+H]+ 提取离子流色谱图

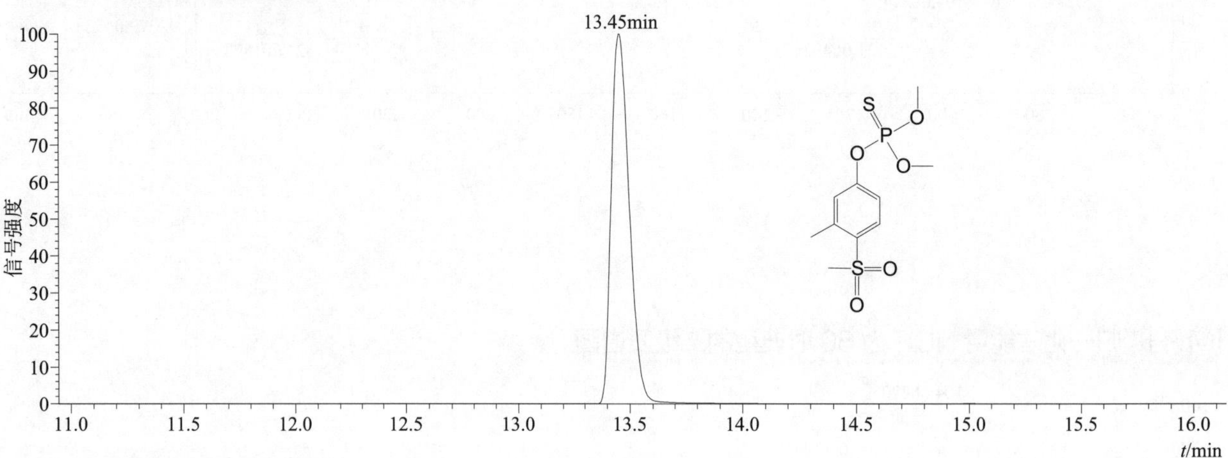

[M+H]+ 典型的一级质谱图

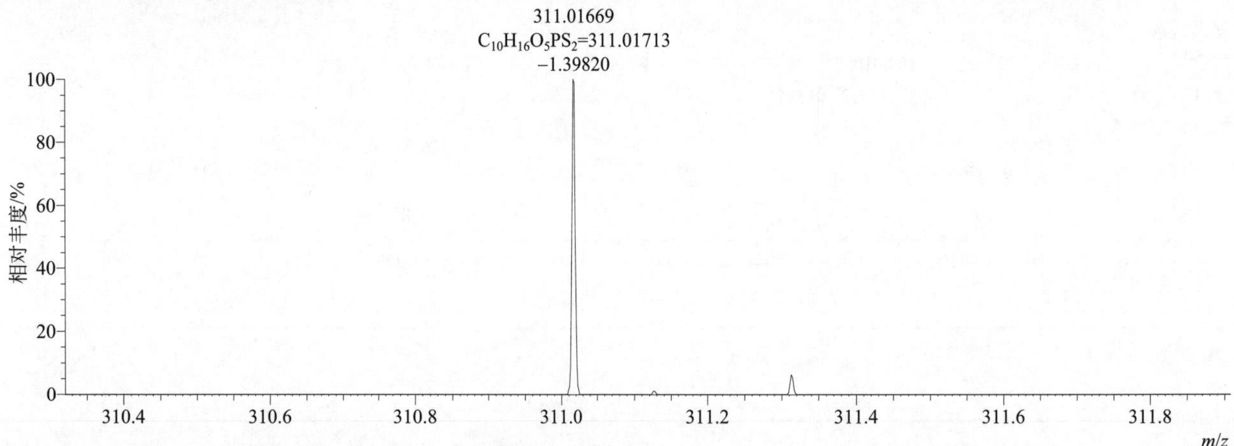

[M+H]+ 归一化法能量 NCE 为 20 时典型的二级质谱图

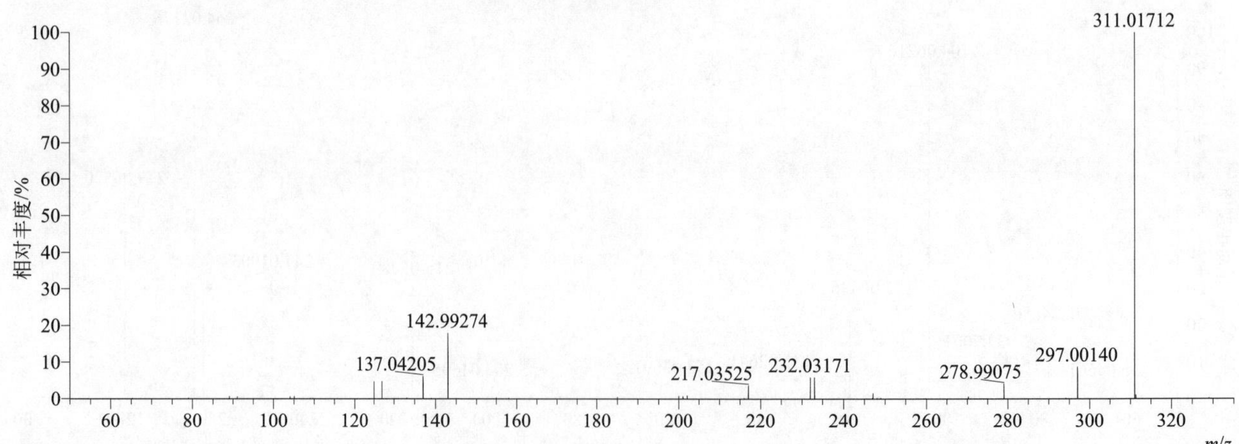

[M+H]$^+$ 归一化法能量 NCE 为 40 时典型的二级质谱图

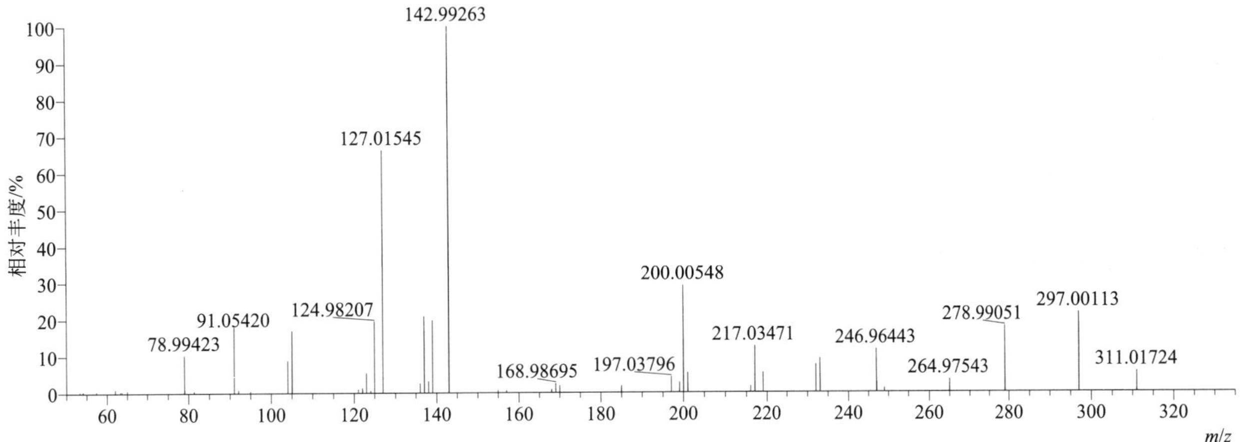

[M+H]$^+$ 归一化法能量 NCE 为 60 时典型的二级质谱图

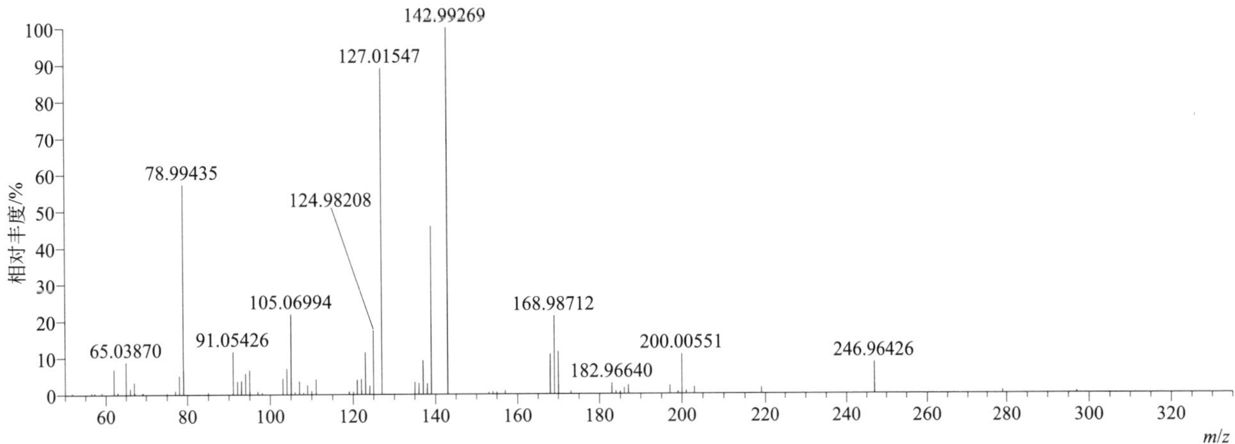

[M+H]$^+$ 阶梯归一化法能量 Step NCE 为 20、40、60 时典型的二级质谱图

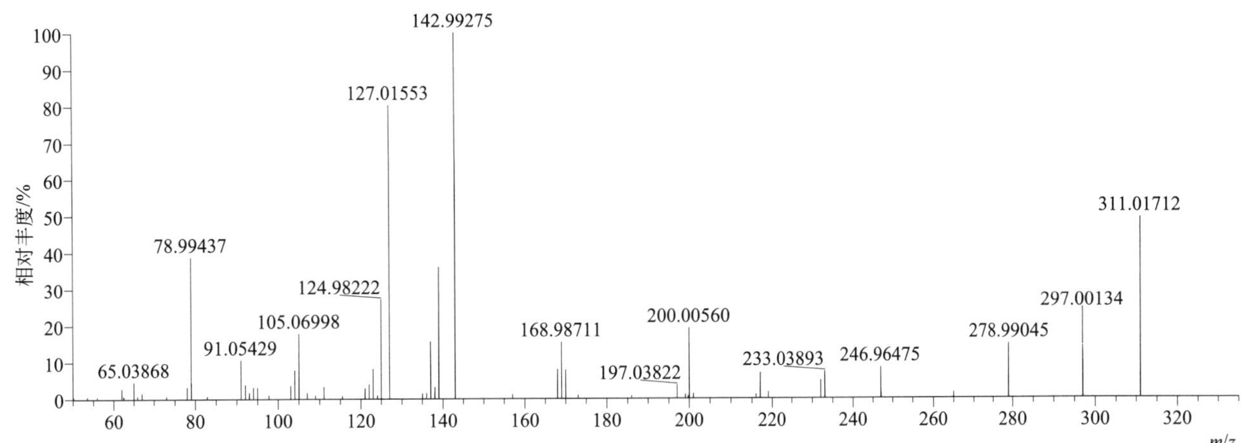

fenthion-sulfoxide（倍硫磷亚砜）

基本信息

CAS 登录号	3761-41-9	分子量	294.01494	离子源和极性	电喷雾离子源（ESI）
分子式	$C_{10}H_{15}O_4PS_2$	保留时间	13.31min	极性	正模式

[M+H]$^+$ 提取离子流色谱图

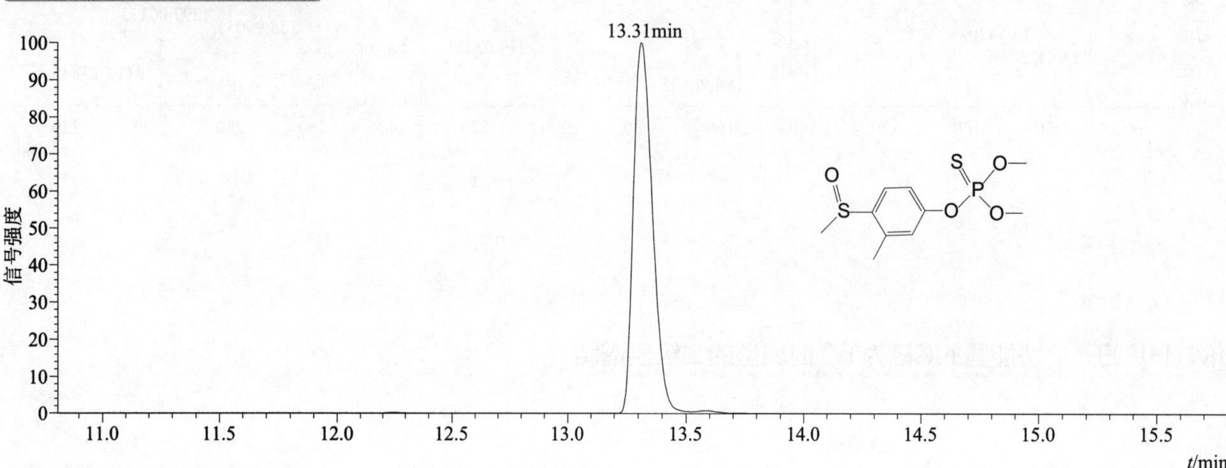

[M+H]$^+$ 典型的一级质谱图

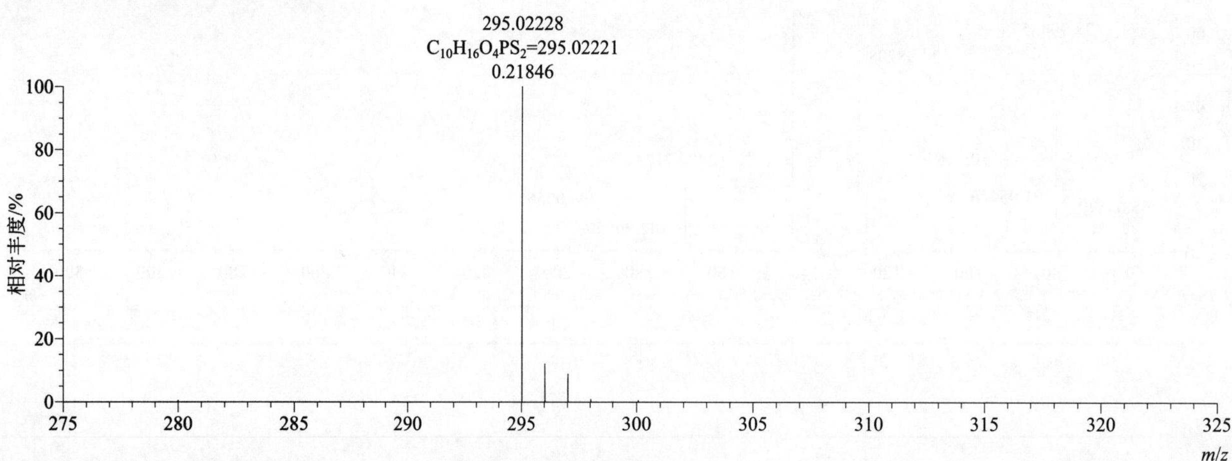

[M+H]$^+$ 归一化法能量 NCE 为 20 时典型的二级质谱图

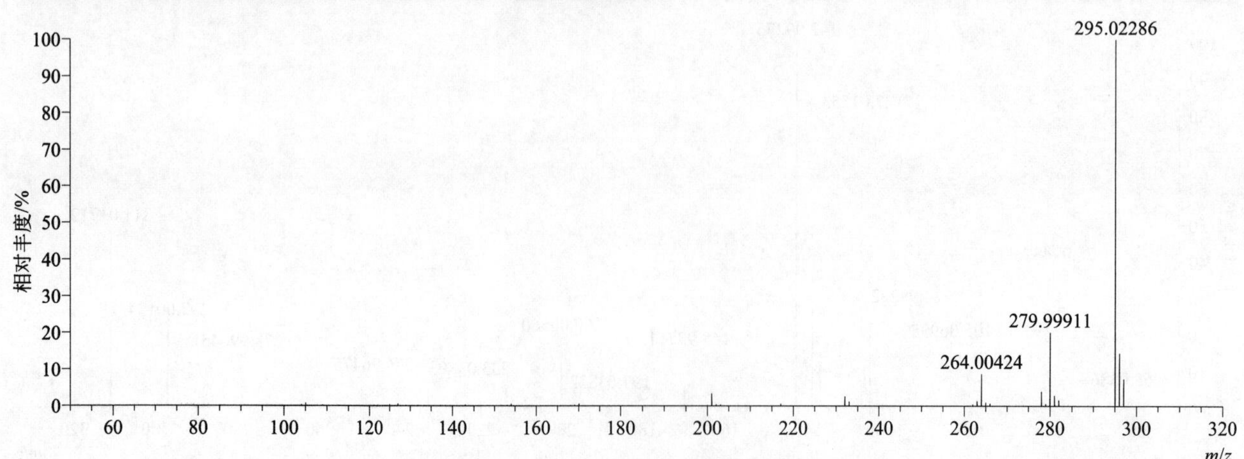

[M+H]⁺ 归一化法能量 NCE 为 40 时典型的二级质谱图

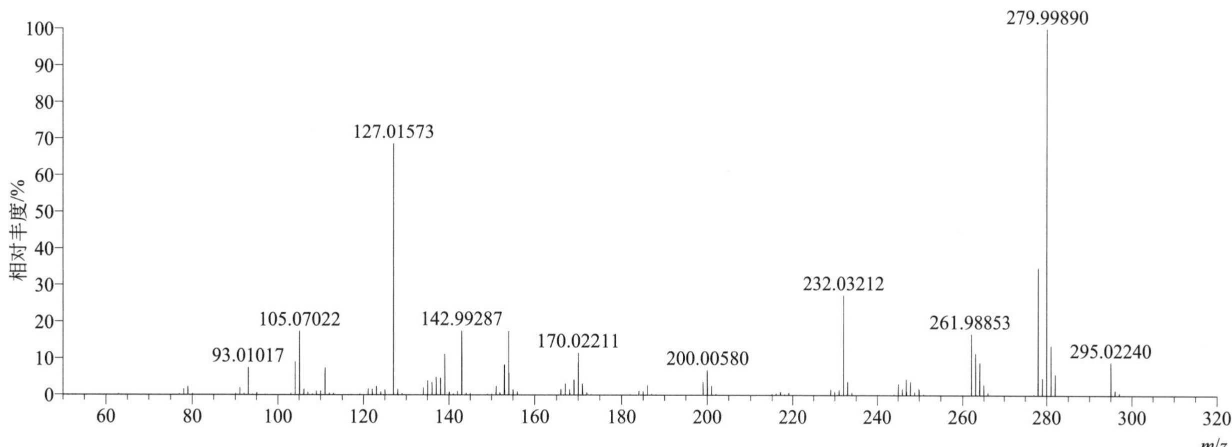

[M+H]⁺ 归一化法能量 NCE 为 60 时典型的二级质谱图

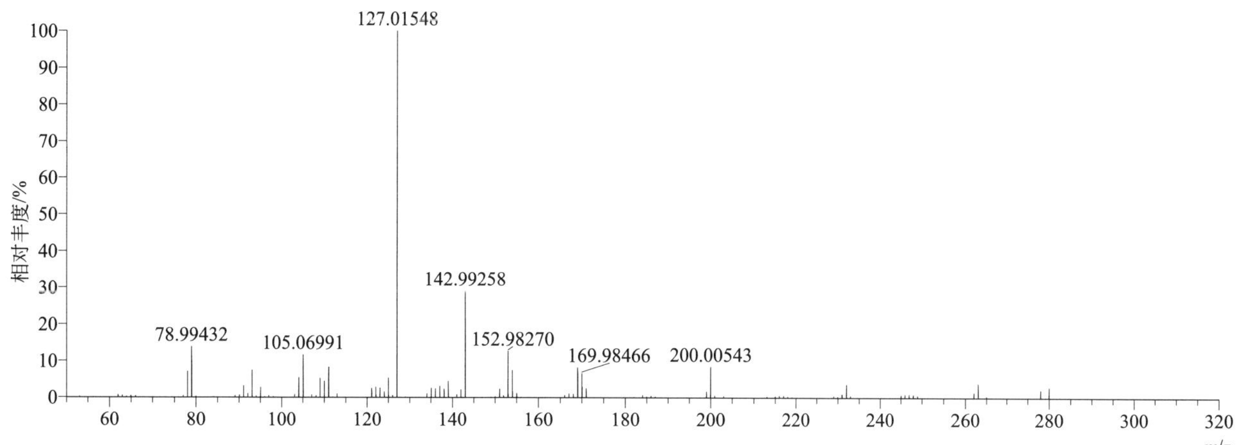

[M+H]⁺ 阶梯归一化法能量 Step NCE 为 20、40、60 时典型的二级质谱图

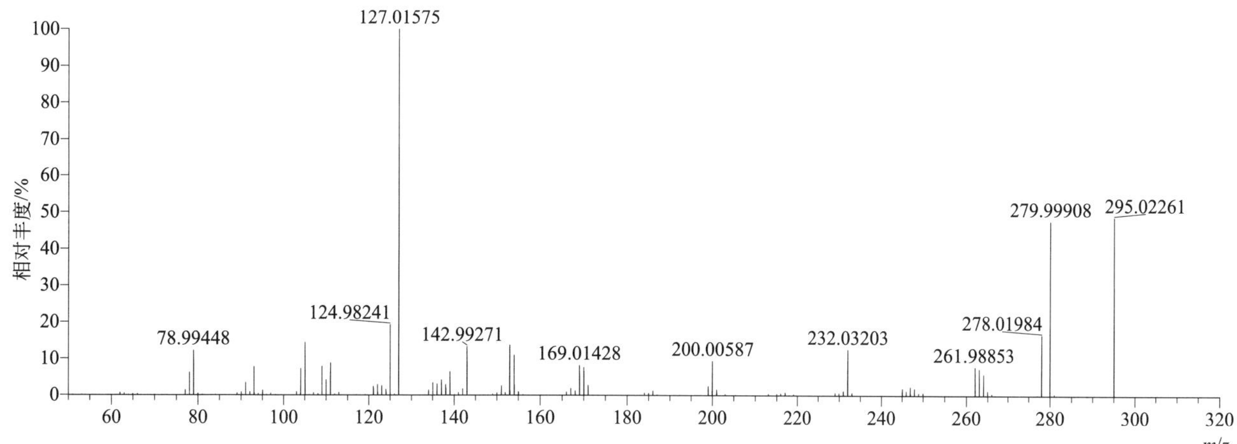

fentrazamide（四唑酰草胺）

基本信息

CAS 登录号	158237-07-1	分子量	349.13055	离子源和极性	电喷雾离子源（ESI）
分子式	$C_{16}H_{20}ClN_5O_2$	保留时间	15.09min	极性	正模式

$[M+H]^+$ 提取离子流色谱图

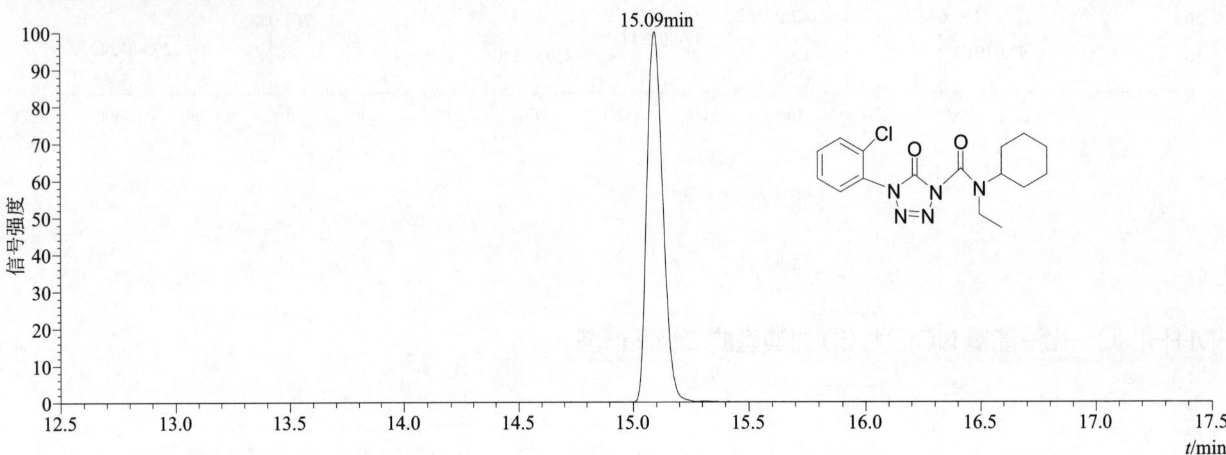

$[M+H]^+$、$[M+NH_4]^+$ 和 $[M+Na]^+$ 典型的一级质谱图

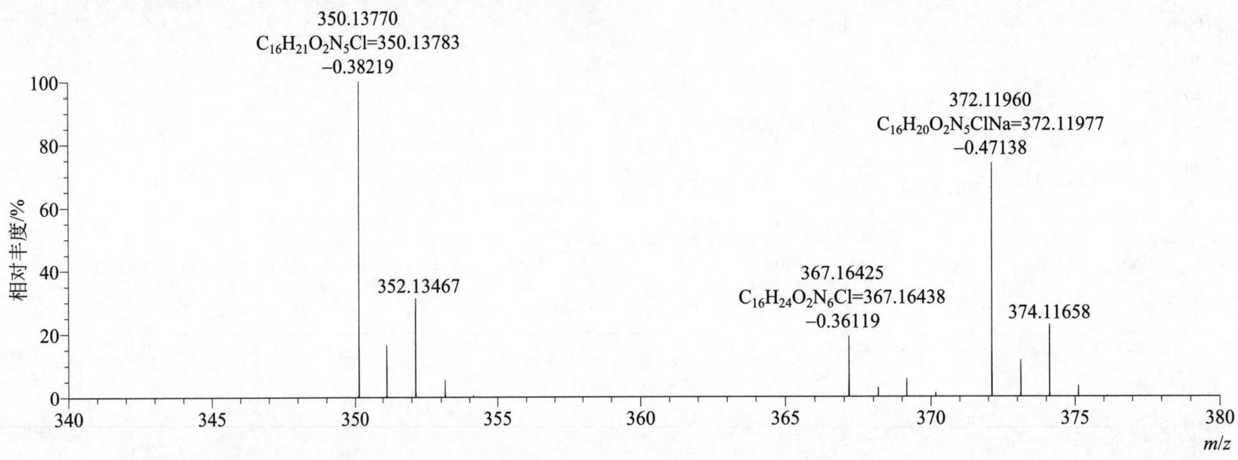

$[M+H]^+$ 典型的一级质谱图

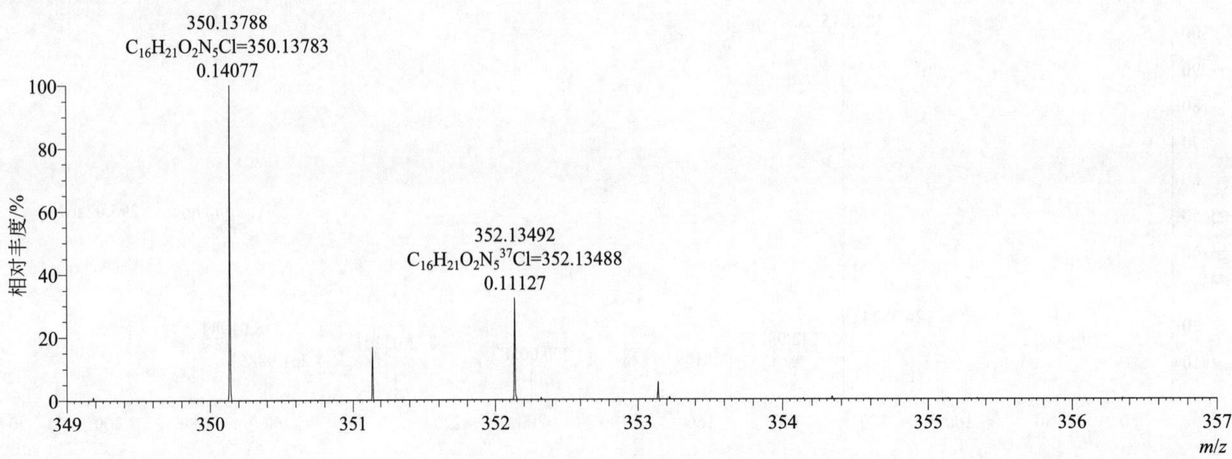

$[M+NH_4]^+$ 典型的一级质谱图

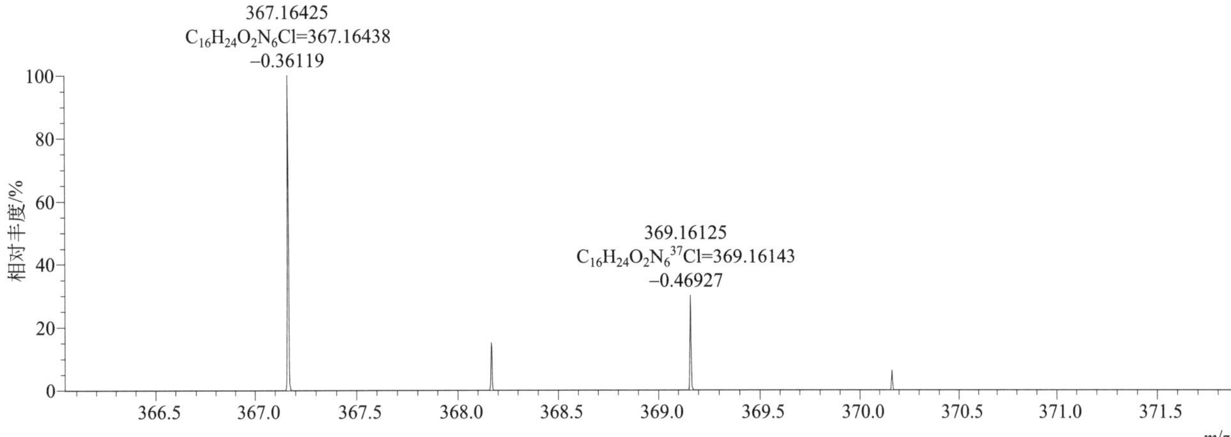

$[M+Na]^+$ 典型的一级质谱图

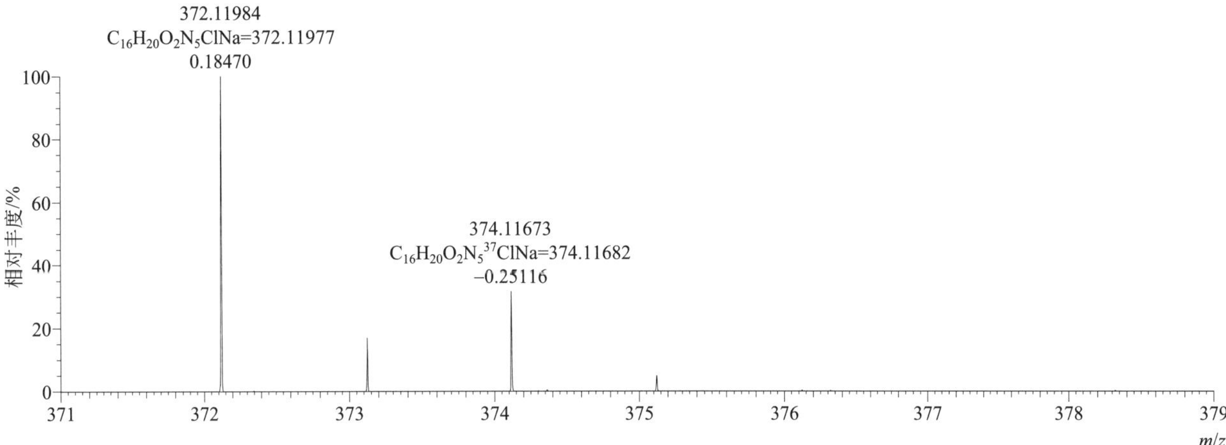

$[M+H]^+$ 归一化法能量 NCE 为 20 时典型的二级质谱图

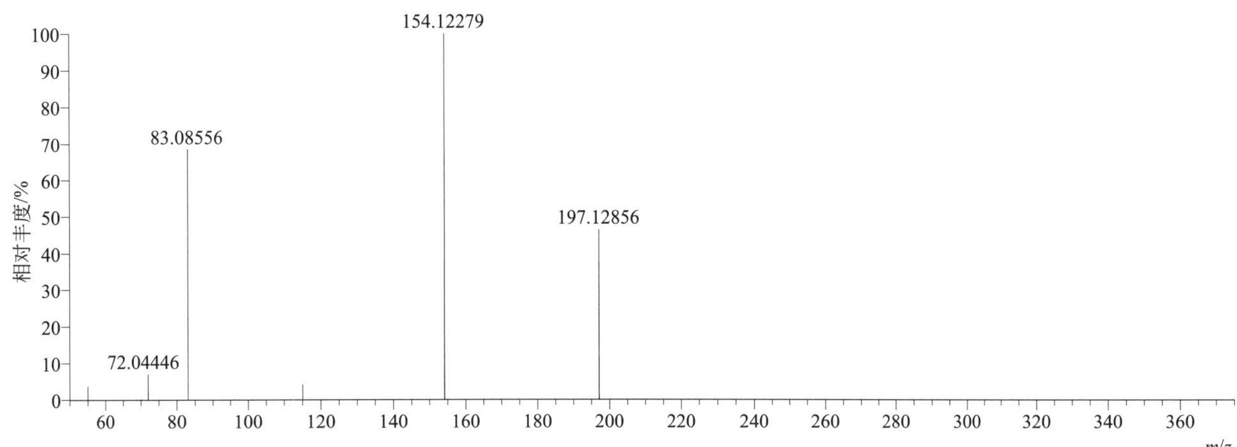

[M+H]$^+$ 归一化法能量 NCE 为 40 时典型的二级质谱图

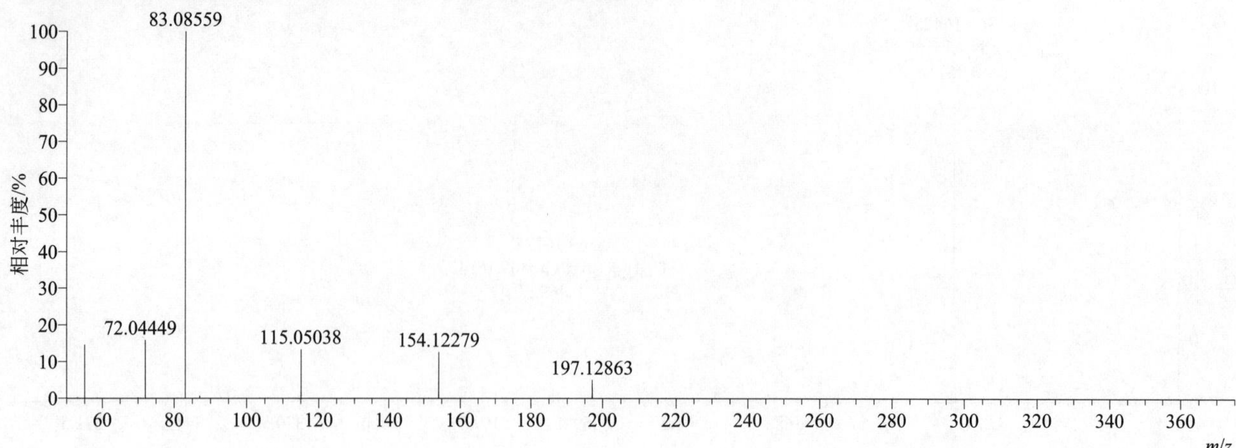

[M+H]$^+$ 归一化法能量 NCE 为 60 时典型的二级质谱图

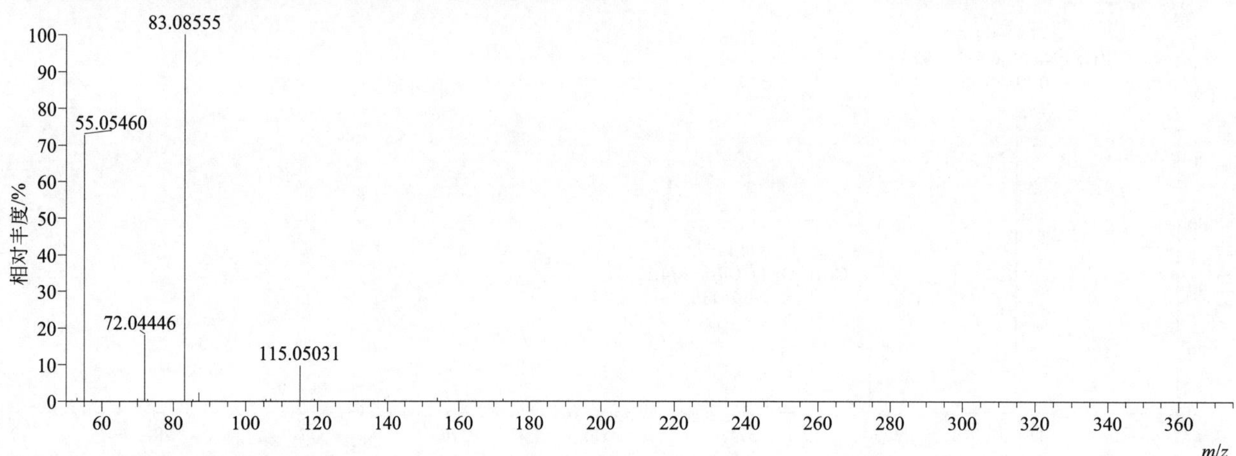

[M+H]$^+$ 阶梯归一化法能量 Step NCE 为 20、40、60 时典型的二级质谱图

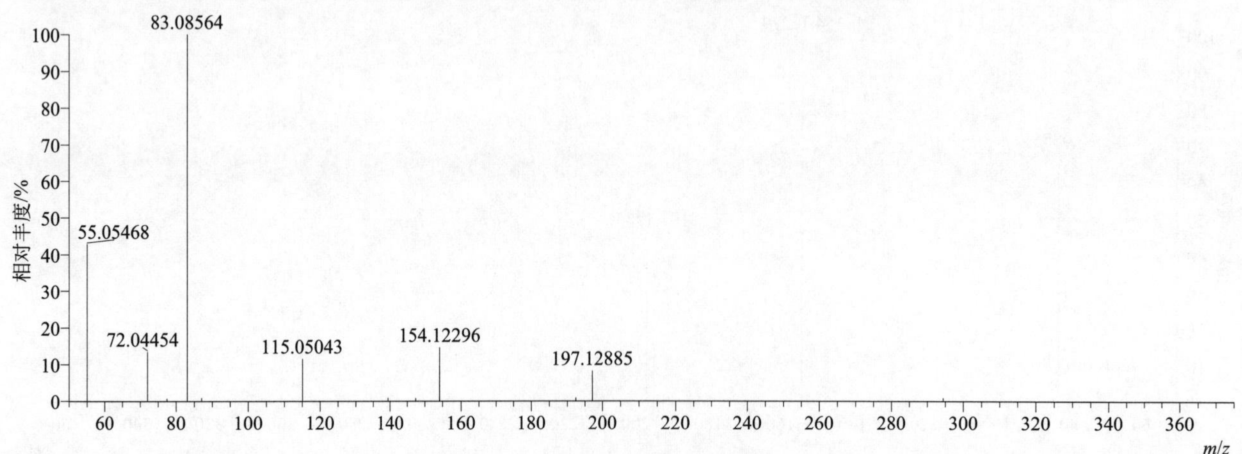

$[M+NH_4]^+$ 归一化法能量 NCE 为 20 时典型的二级质谱图

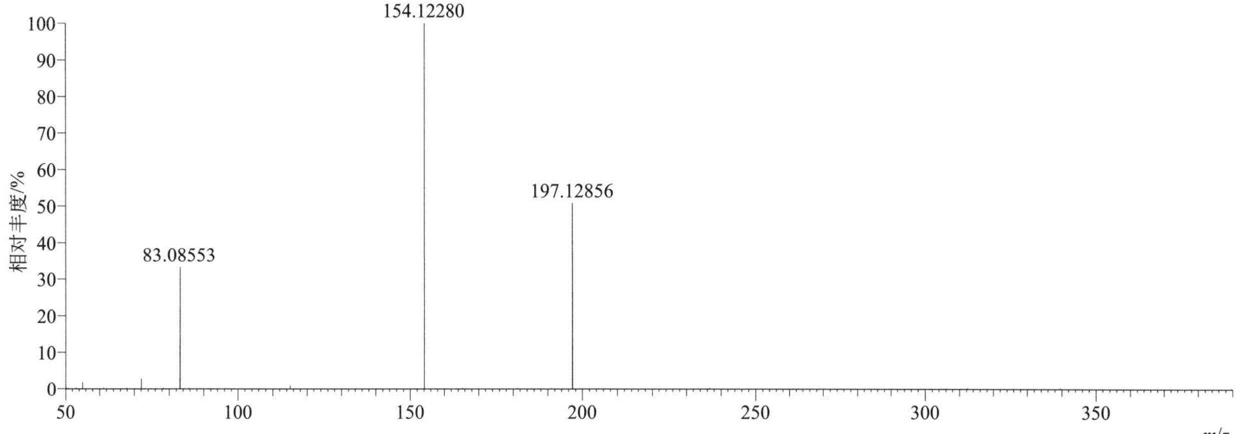

$[M+NH_4]^+$ 归一化法能量 NCE 为 40 时典型的二级质谱图

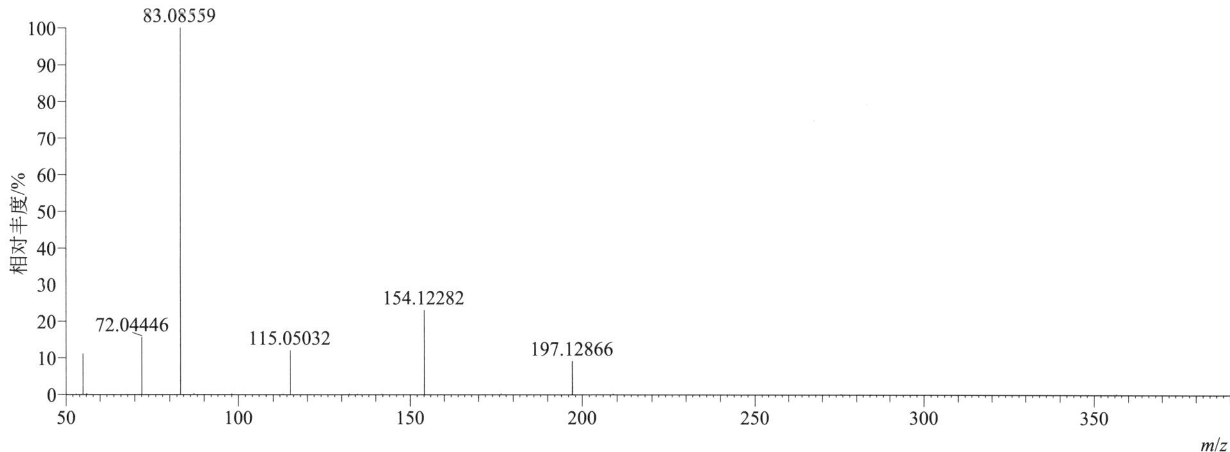

$[M+NH_4]^+$ 归一化法能量 NCE 为 60 时典型的二级质谱图

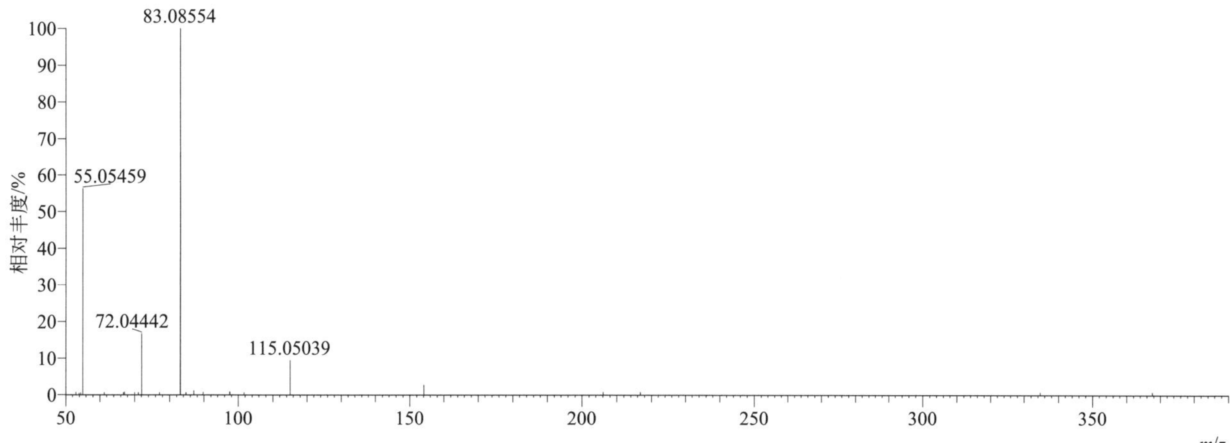

[M+NH$_4$]$^+$ 阶梯归一化法能量 Step NCE 为 20、40、60 时典型的二级质谱图

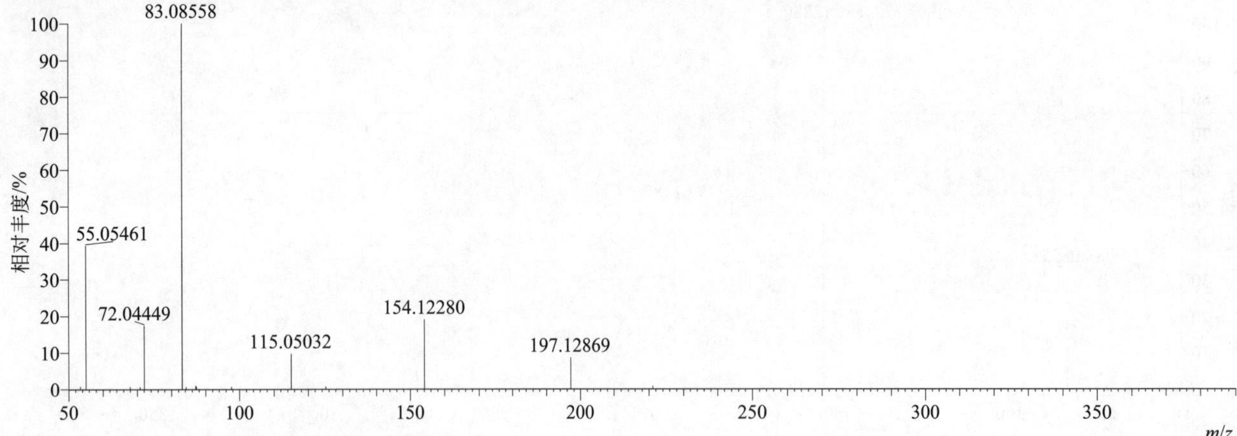

fenuron（非草隆）

基本信息

CAS 登录号	101-42-8	分子量	164.09496	离子源和极性	电喷雾离子源（ESI）
分子式	$C_9H_{12}N_2O$	保留时间	11.68min	极性	正模式

[M+H]$^+$ 提取离子流色谱图

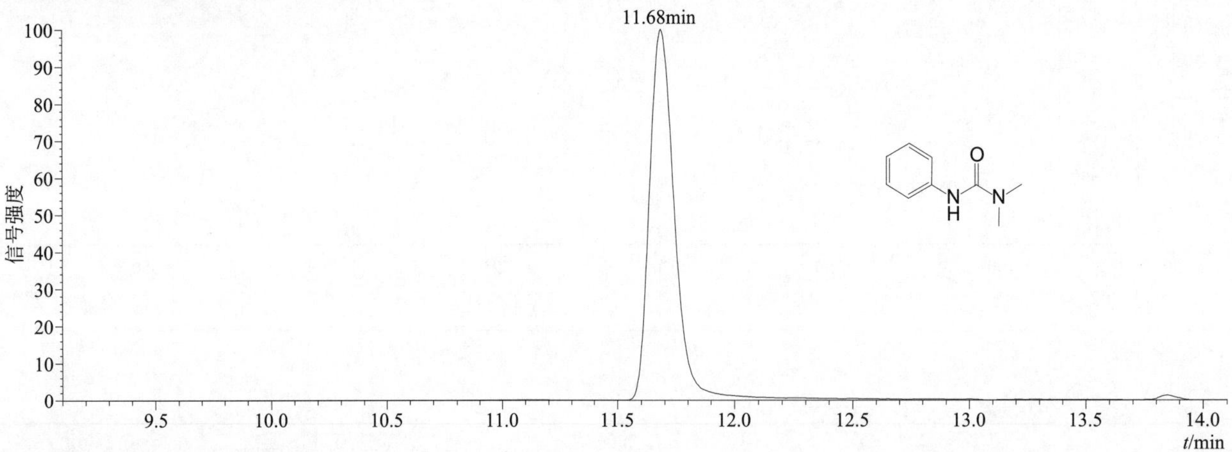

[M+H]$^+$ 典型的一级质谱图

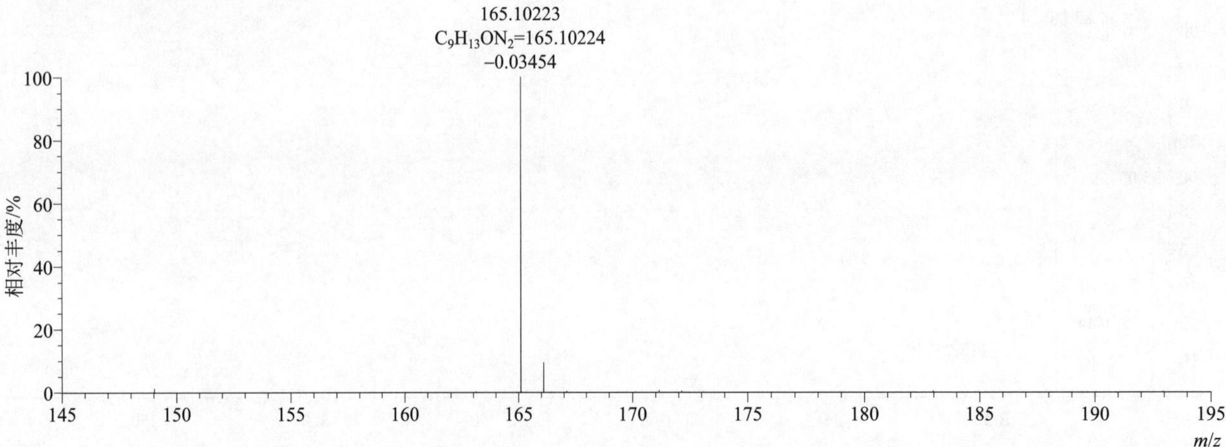

[M+H]⁺ 归一化法能量 NCE 为 20 时典型的二级质谱图

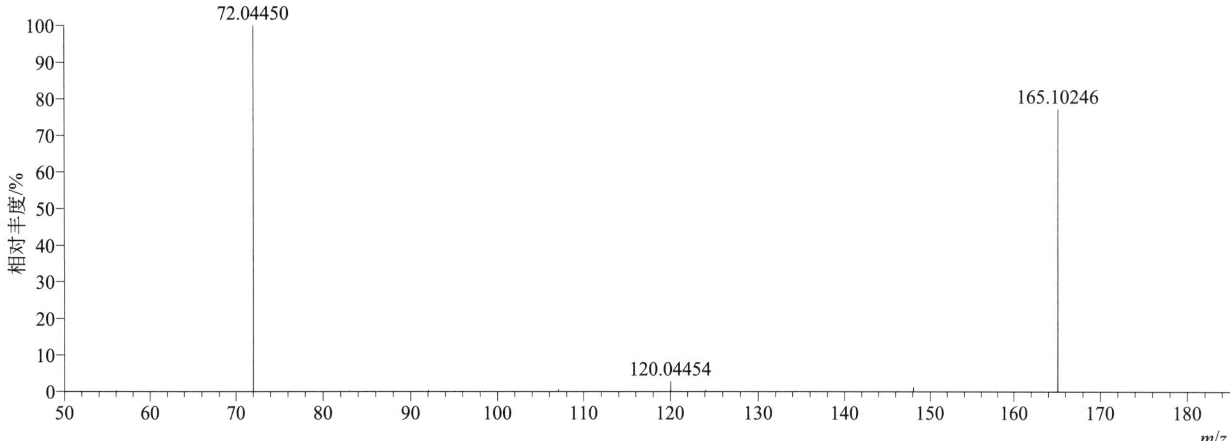

[M+H]⁺ 归一化法能量 NCE 为 40 时典型的二级质谱图

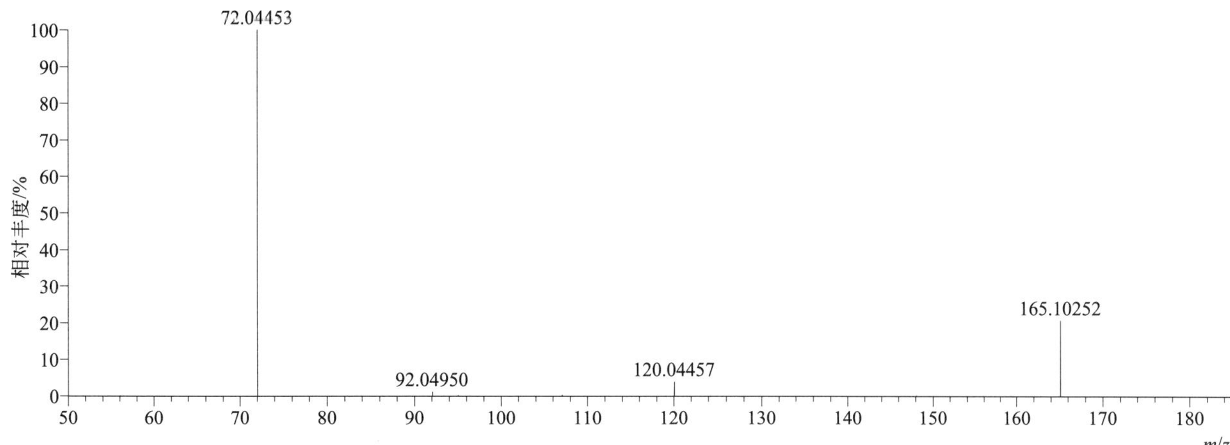

[M+H]⁺ 归一化法能量 NCE 为 60 时典型的二级质谱图

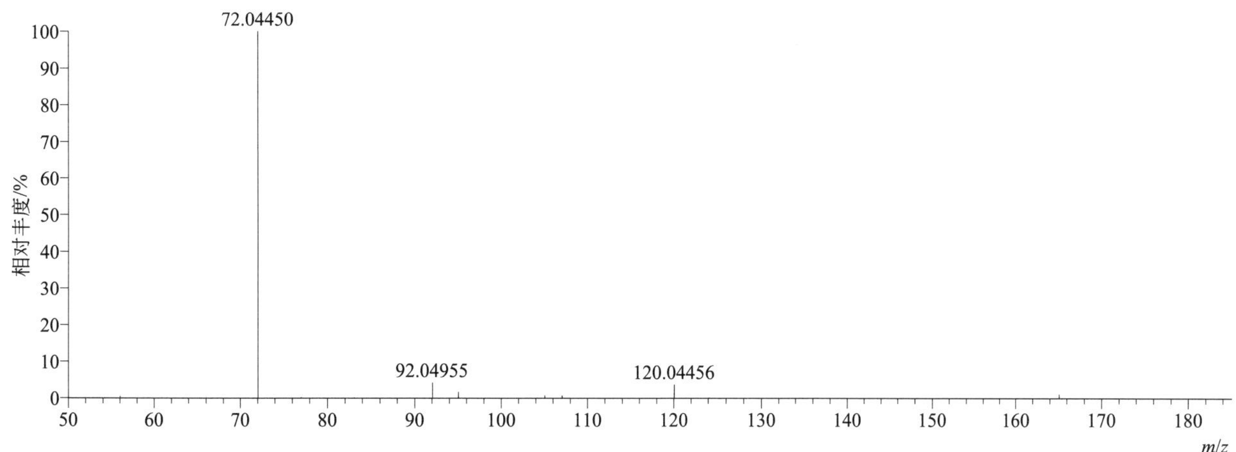

[M+H]+ 阶梯归一化法能量 Step NCE 为 20、40、60 时典型的二级质谱图

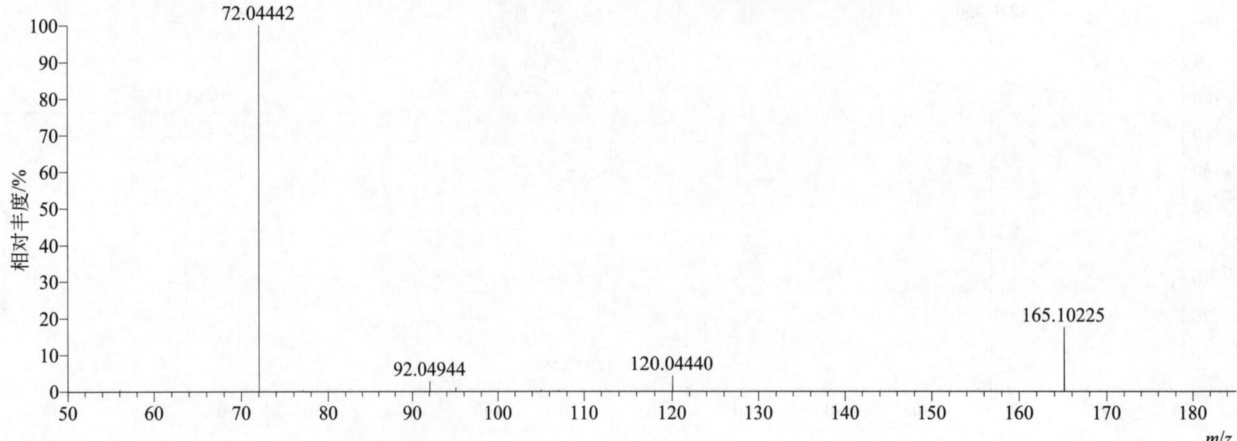

flamprop（麦草氟）

基本信息

CAS 登录号	58667-63-3	分子量	321.05680	离子源和极性	电喷雾离子源（ESI）
分子式	$C_{16}H_{13}ClFNO_3$	保留时间	14.14min	极性	正模式

[M+H]+ 提取离子流色谱图

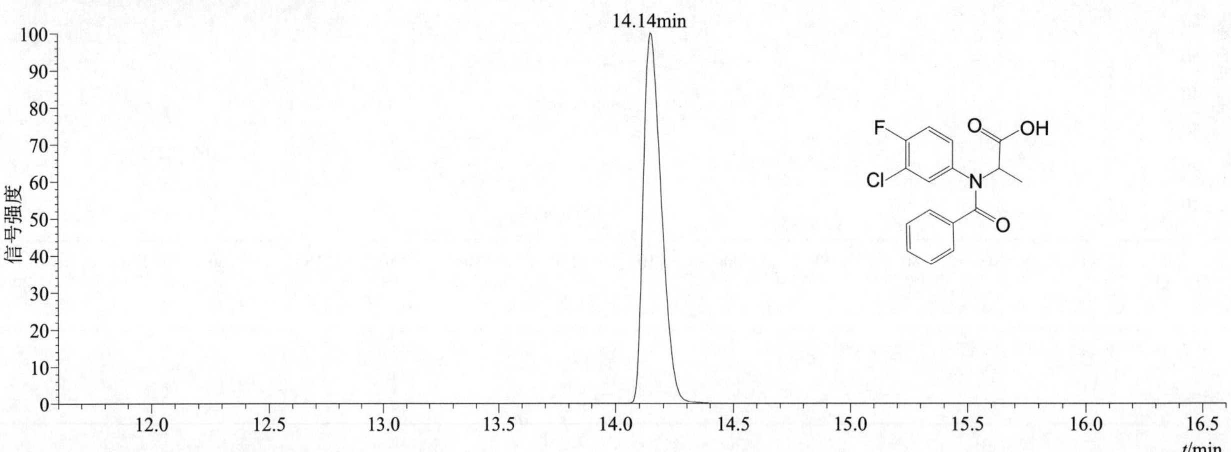

[M+H]+ 典型的一级质谱图

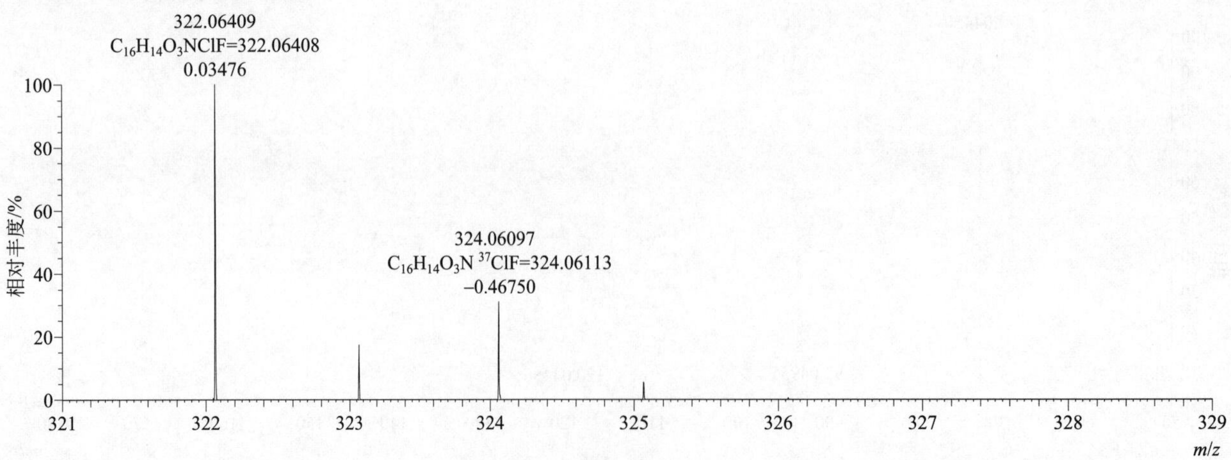

[M+H]⁺ 归一化法能量 NCE 为 20 时典型的二级质谱图

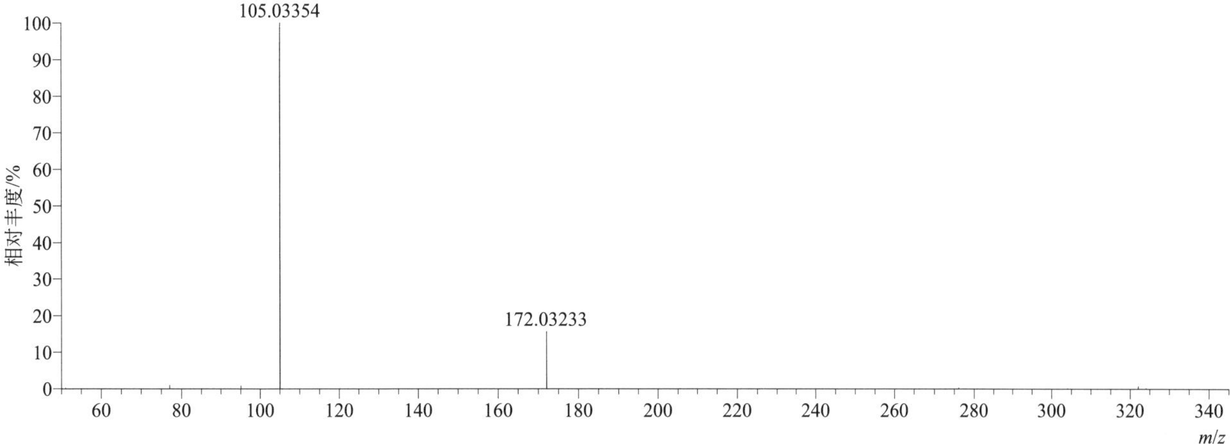

[M+H]⁺ 归一化法能量 NCE 为 40 时典型的二级质谱图

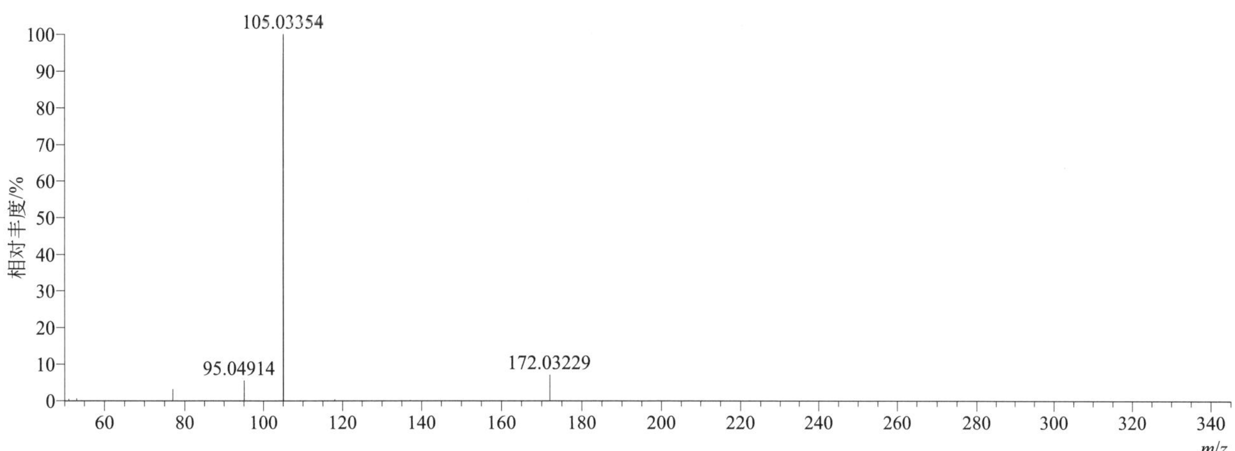

[M+H]⁺ 归一化法能量 NCE 为 60 时典型的二级质谱图

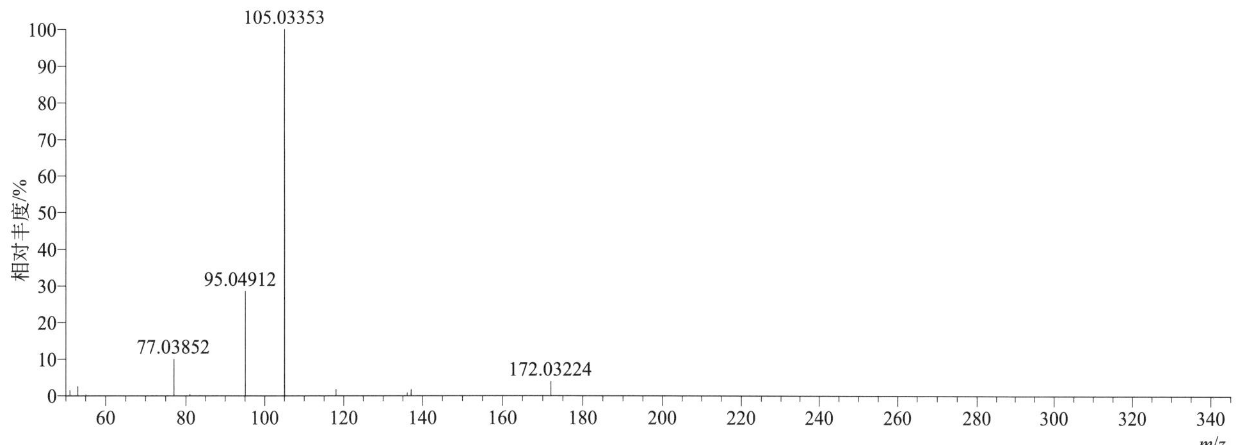

[M+H]+ 阶梯归一化法能量 Step NCE 为 20、40、60 时典型的二级质谱图

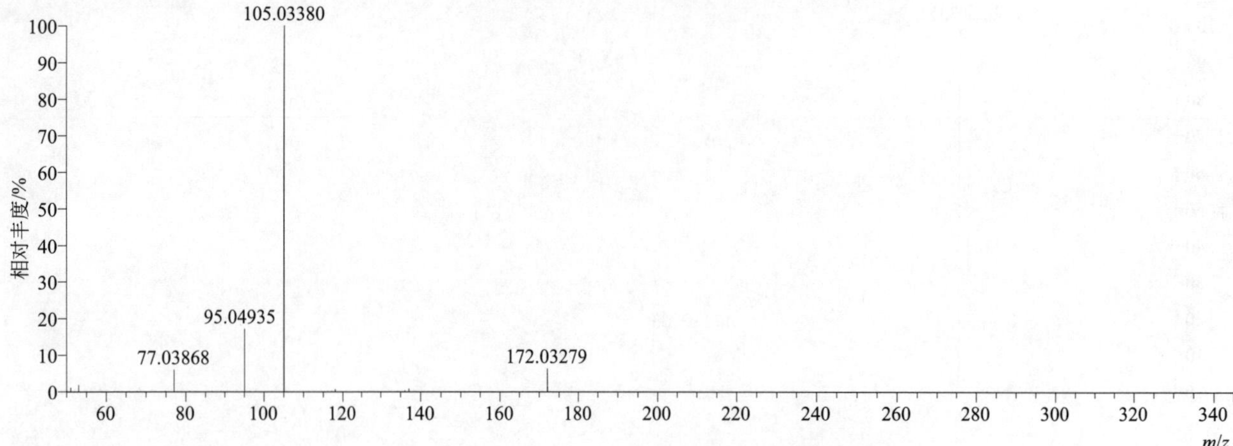

flamprop-isopropyl（异丙基麦草伏）

基本信息

CAS 登录号	52756-22-6	分子量	363.10375	离子源和极性	电喷雾离子源（ESI）
分子式	$C_{19}H_{19}ClFNO_3$	保留时间	15.07min	极性	正模式

[M+H]+ 提取离子流色谱图

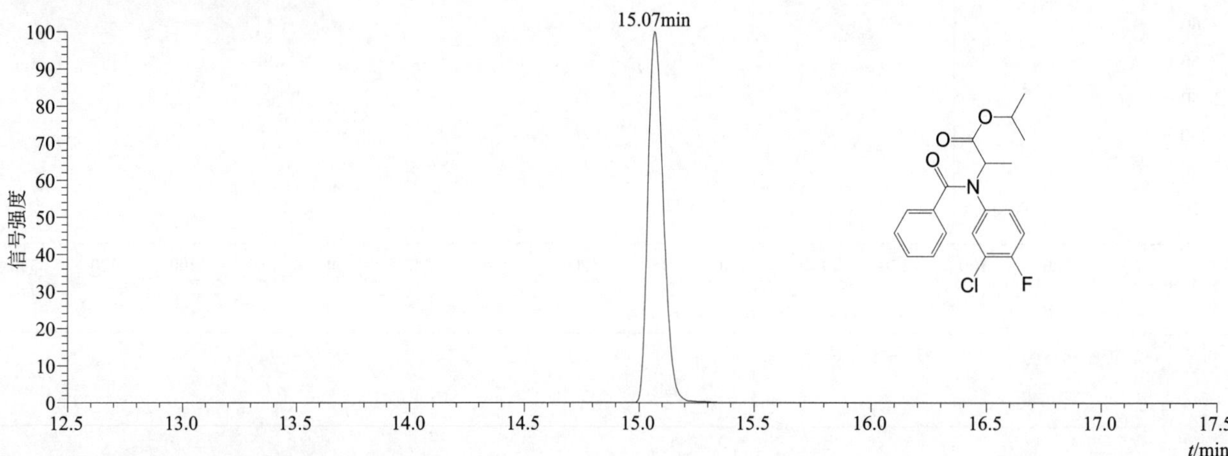

[M+H]+ 典型的一级质谱图

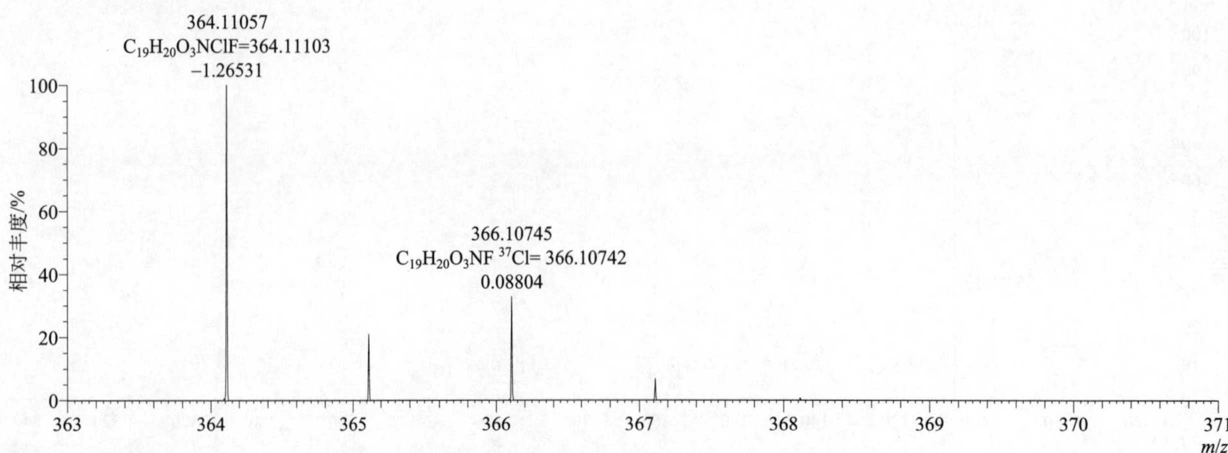

$[M+H]^+$ 归一化法能量 NCE 为 20 时典型的二级质谱图

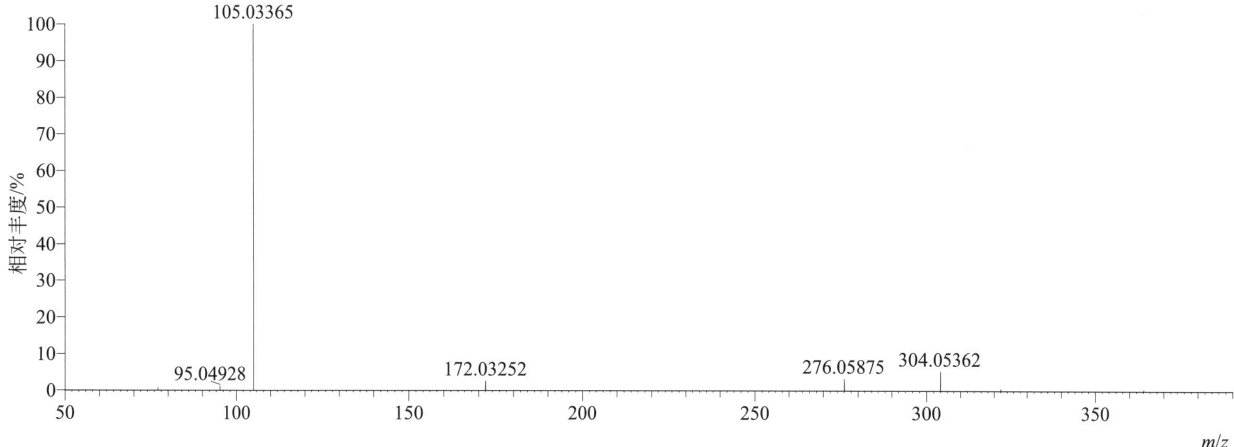

$[M+H]^+$ 归一化法能量 NCE 为 40 时典型的二级质谱图

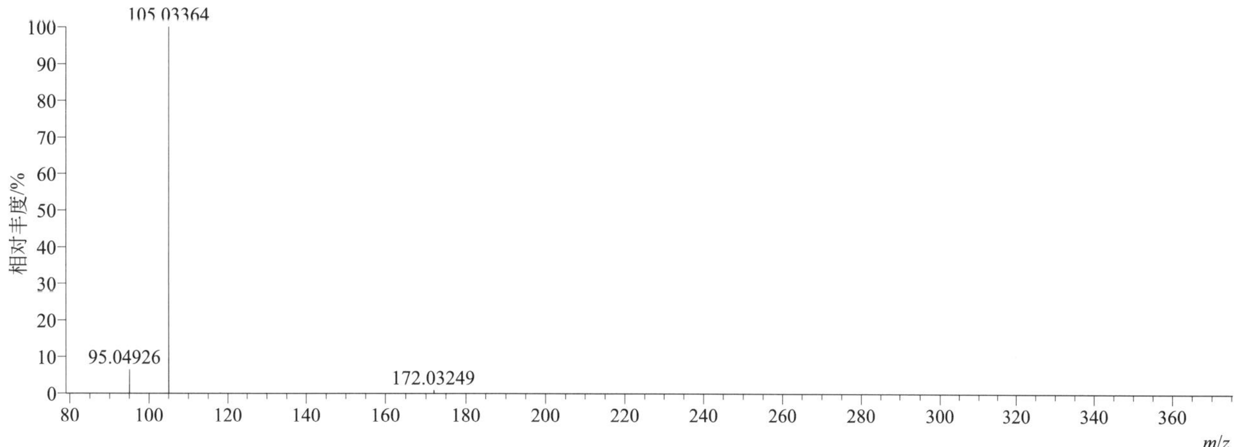

$[M+H]^+$ 归一化法能量 NCE 为 60 时典型的二级质谱图

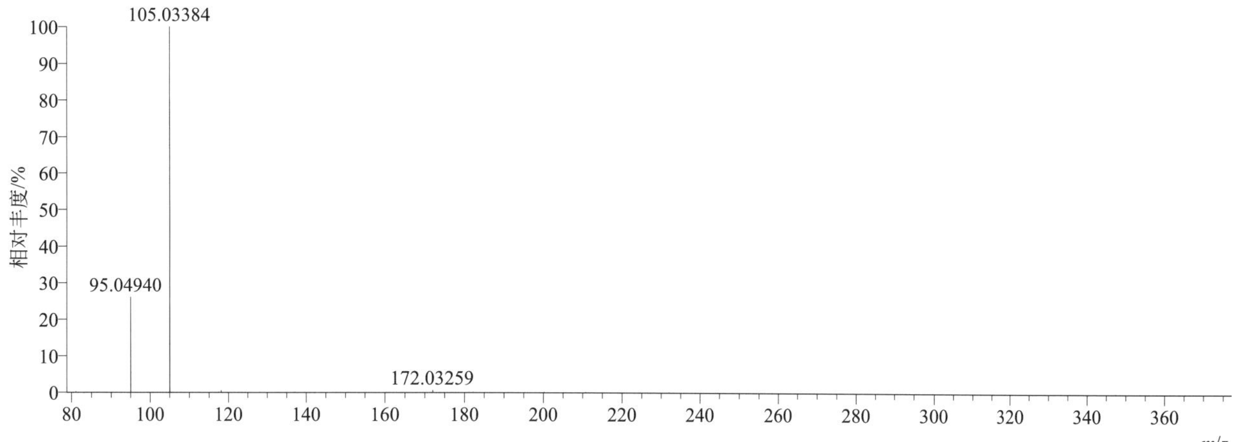

[M+H]$^+$ 阶梯归一化法能量 Step NCE 为 20、40、60 时典型的二级质谱图

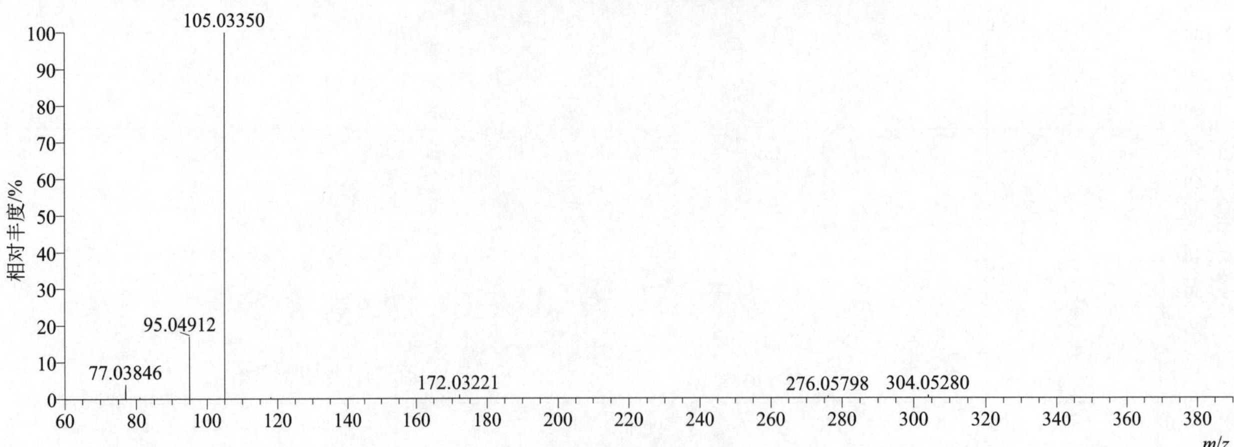

flamprop-methyl（甲氟燕灵）

基本信息

CAS 登录号	52756-25-9	分子量	335.07245	离子源和极性	电喷雾离子源（ESI）
分子式	$C_{17}H_{15}ClFNO_3$	保留时间	14.50min	极性	正模式

[M+H]$^+$ 提取离子流色谱图

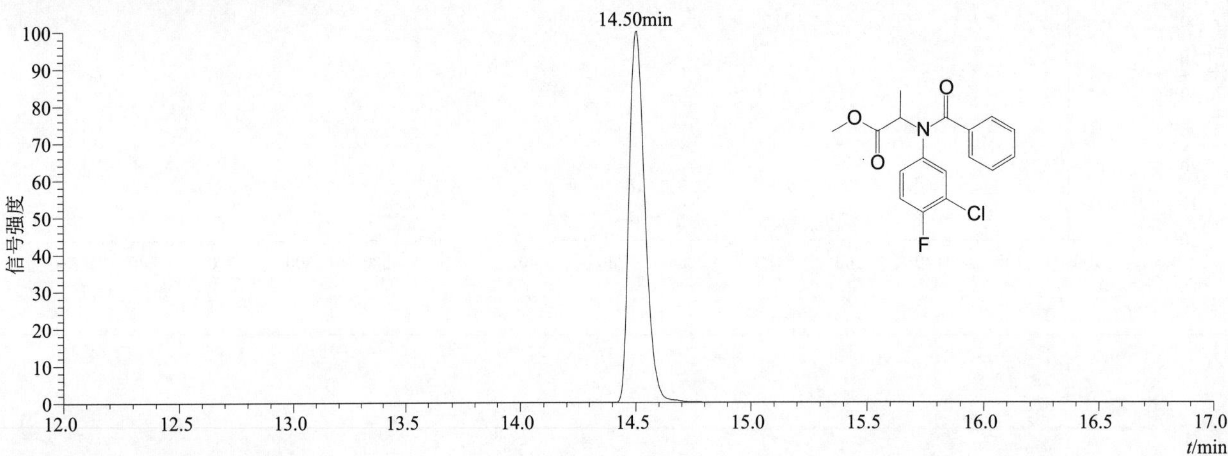

[M+H]$^+$ 典型的一级质谱图

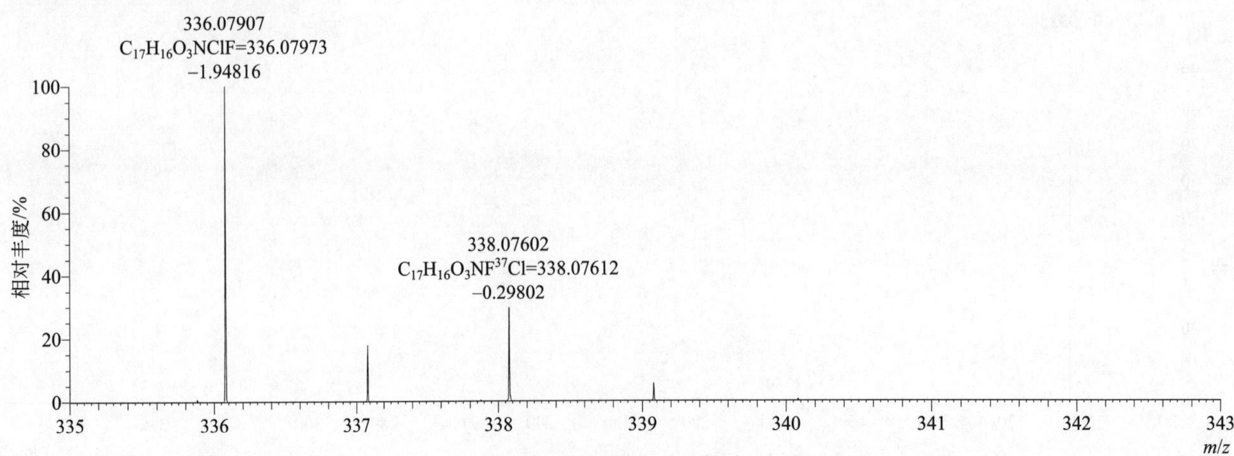

[M+H]$^+$ 归一化法能量 NCE 为 20 时典型的二级质谱图

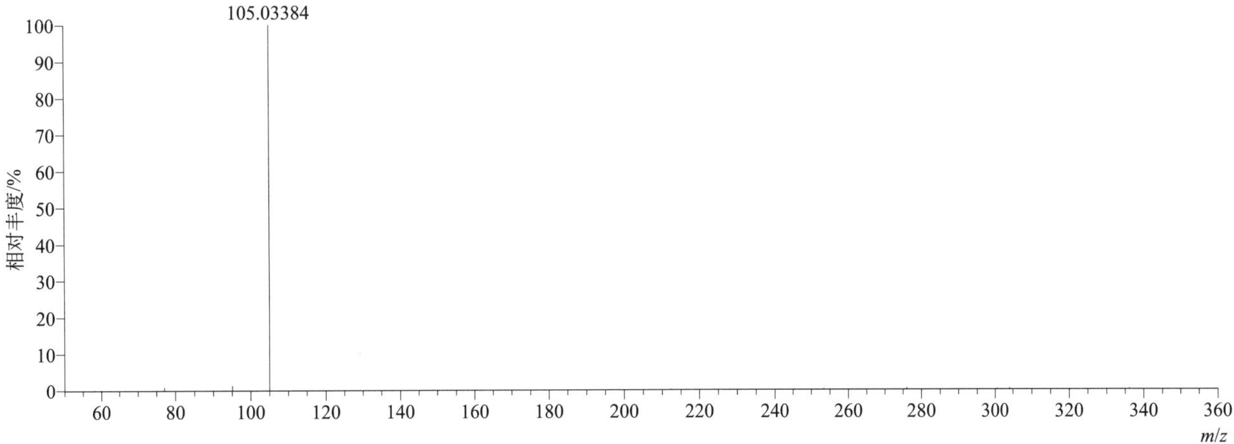

[M+H]$^+$ 归一化法能量 NCE 为 40 时典型的二级质谱图

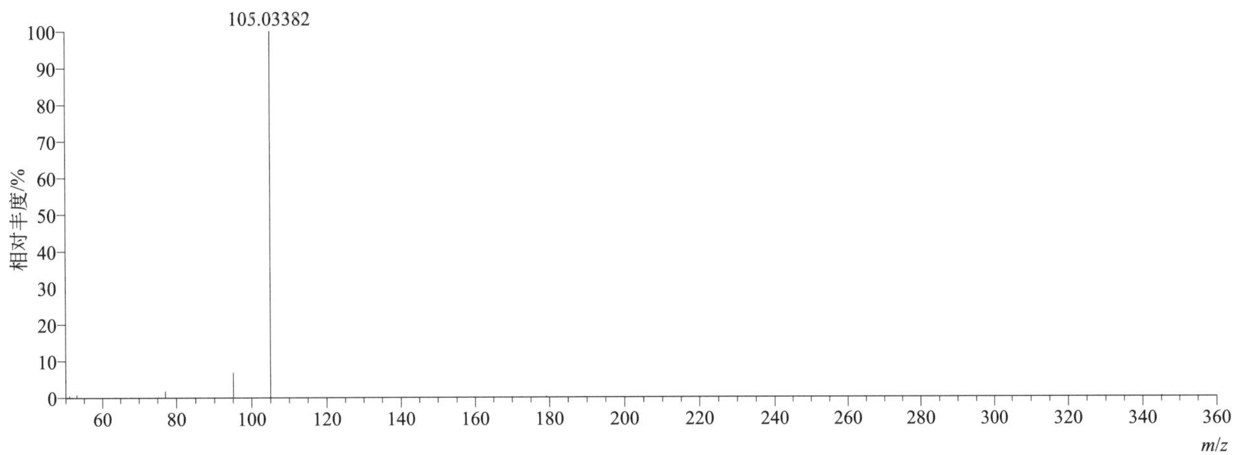

[M+H]$^+$ 归一化法能量 NCE 为 60 时典型的二级质谱图

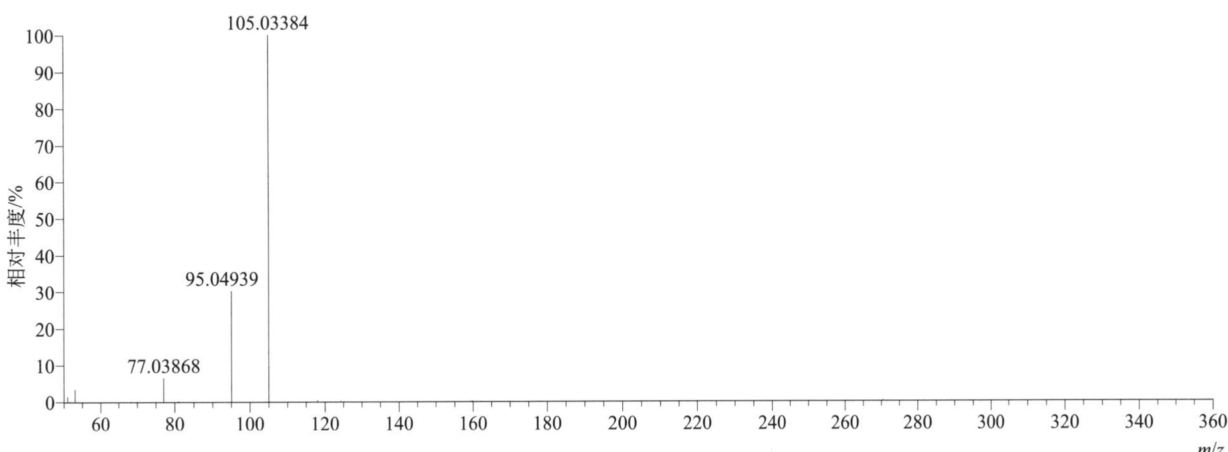

[M+H]+ 阶梯归一化法能量 Step NCE 为 20、40、60 时典型的二级质谱图

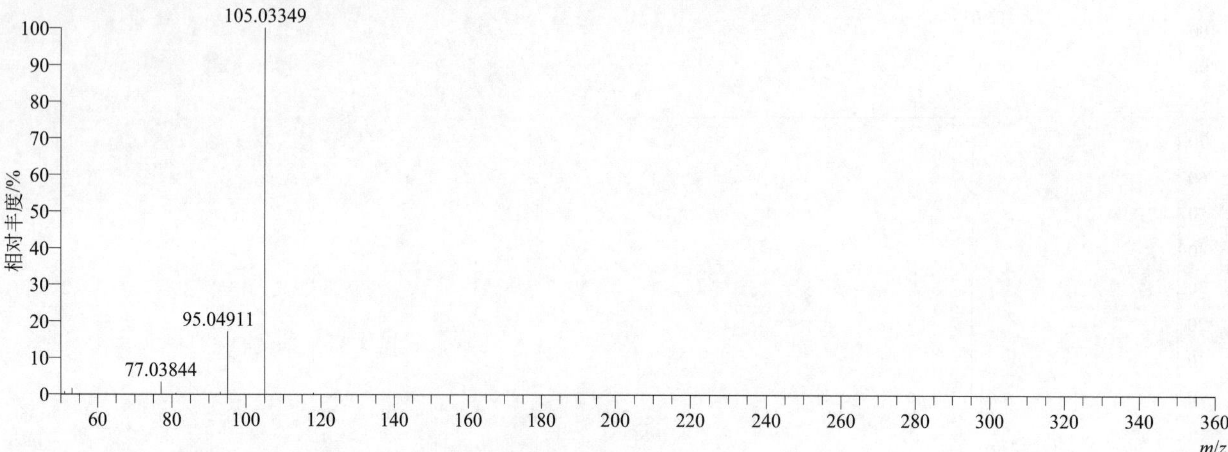

flazasulfuron（啶嘧磺隆）

基本信息

CAS 登录号	104040-78-0	分子量	407.05112	离子源和极性	电喷雾离子源（ESI）
分子式	$C_{13}H_{12}F_3N_5O_5S$	保留时间	14.01min	极性	正模式

[M+H]+ 提取离子流色谱图

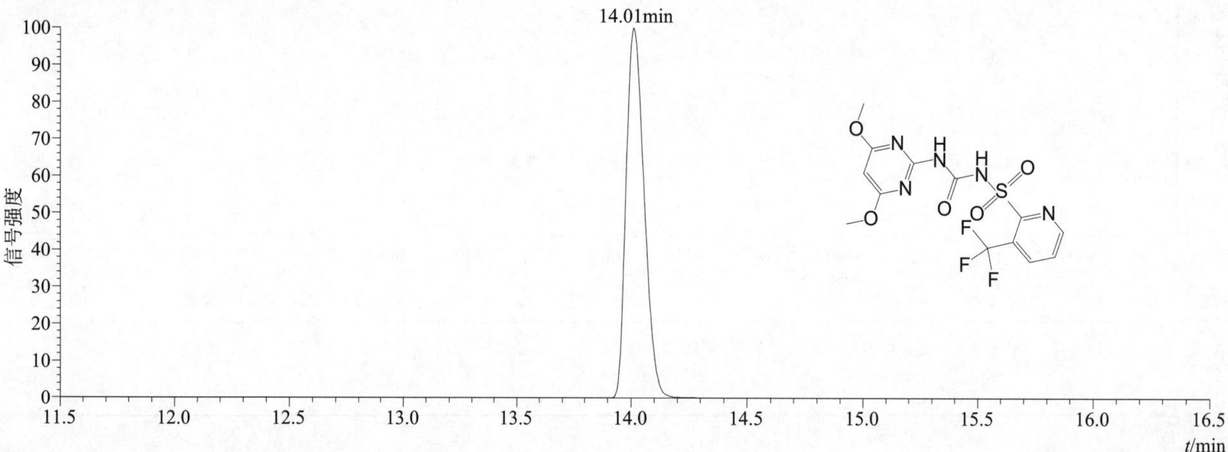

[M+H]+ 典型的一级质谱图

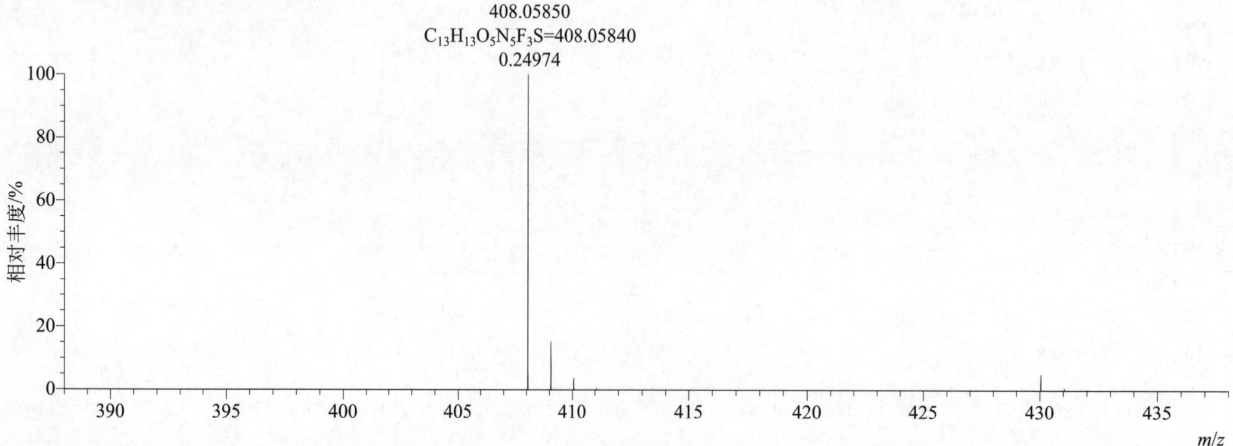

[M+H]⁺ 归一化法能量 NCE 为 20 时典型的二级质谱图

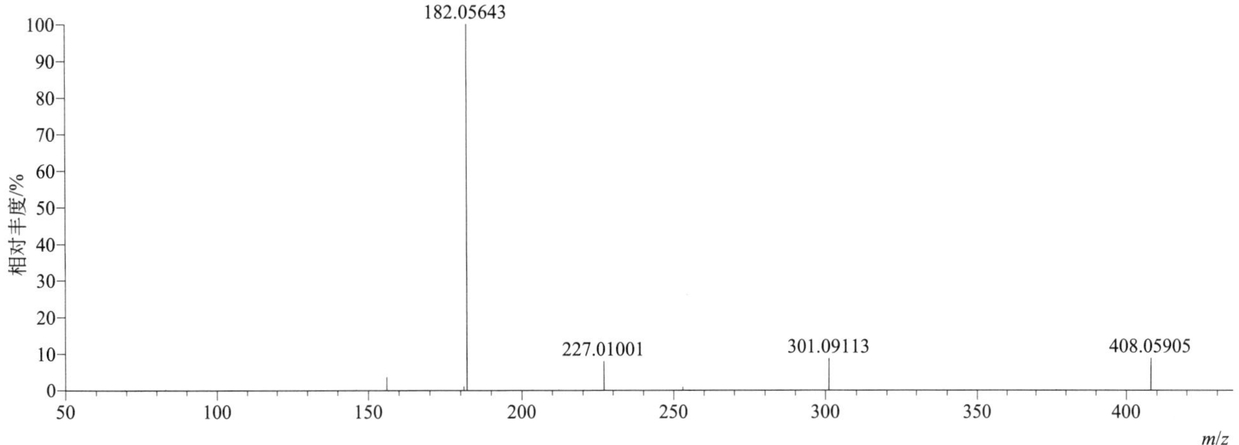

[M+H]⁺ 归一化法能量 NCE 为 40 时典型的二级质谱图

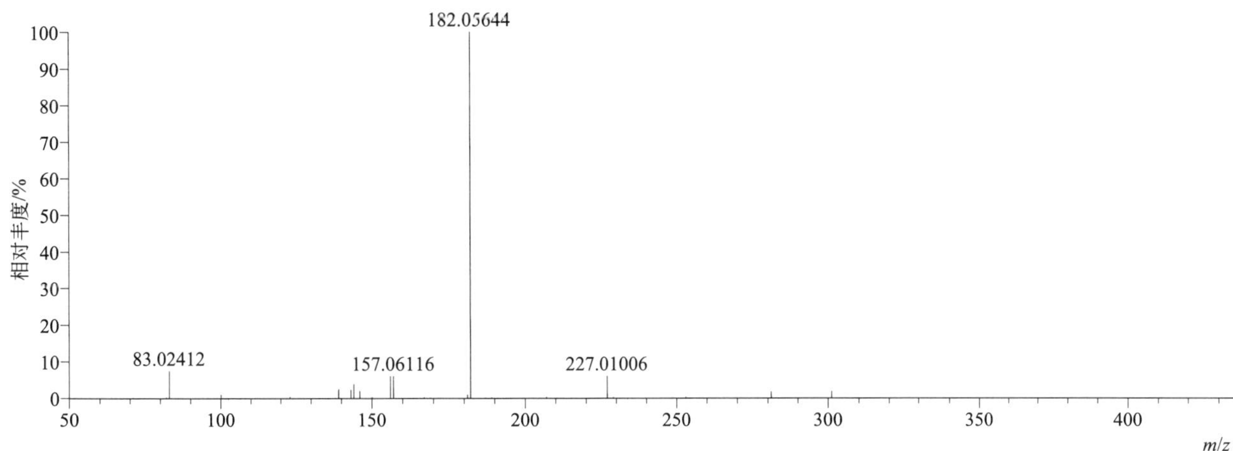

[M+H]⁺ 归一化法能量 NCE 为 60 时典型的二级质谱图

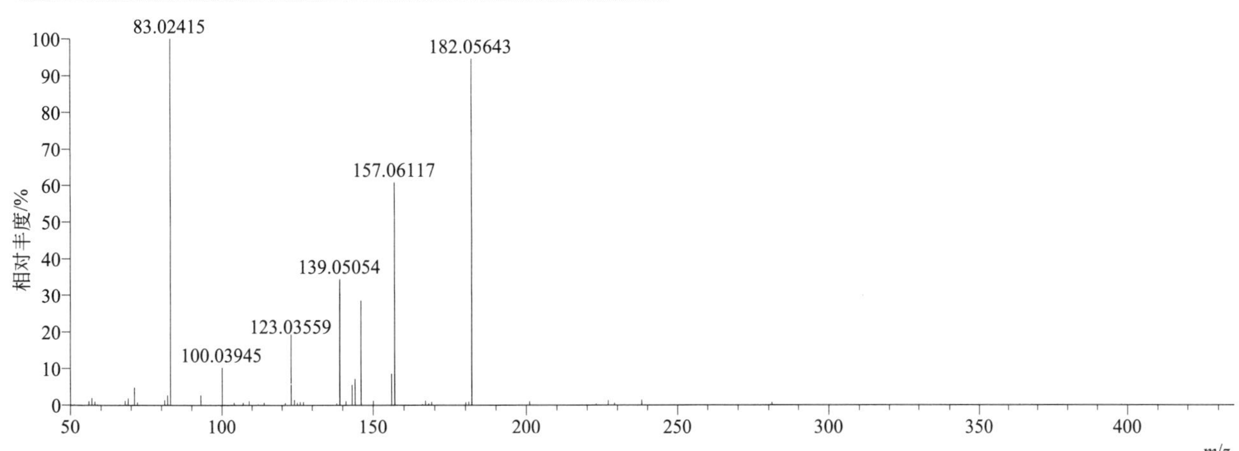

[M+H]⁺ 阶梯归一化法能量 Step NCE 为 20、40、60 时典型的二级质谱图

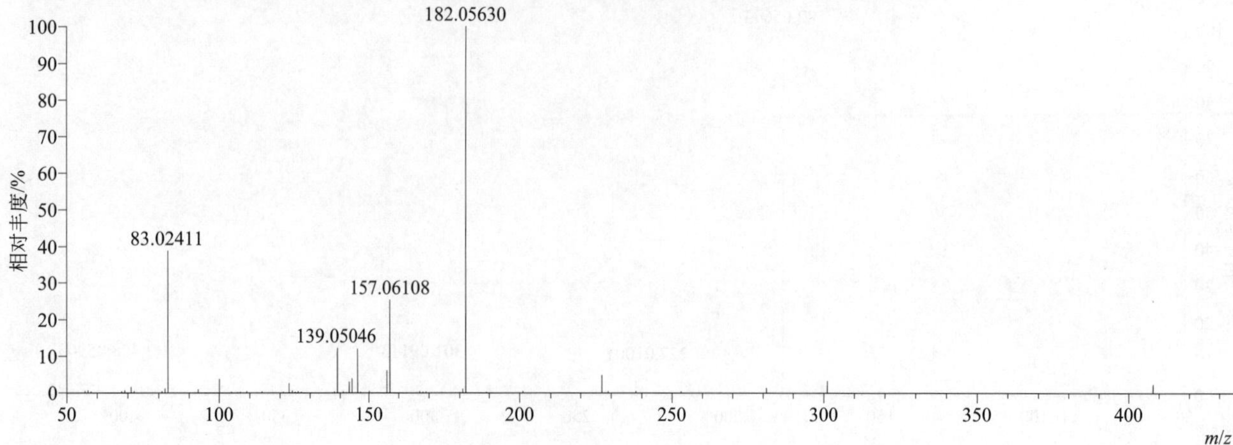

florasulam（双氟磺草胺）

基本信息

CAS 登录号	145701-23-1	分子量	359.02999	离子源和极性	电喷雾离子源（ESI）
分子式	$C_{12}H_8F_3N_5O_3S$	保留时间	12.43min	极性	正模式

[M+H]⁺ 提取离子流色谱图

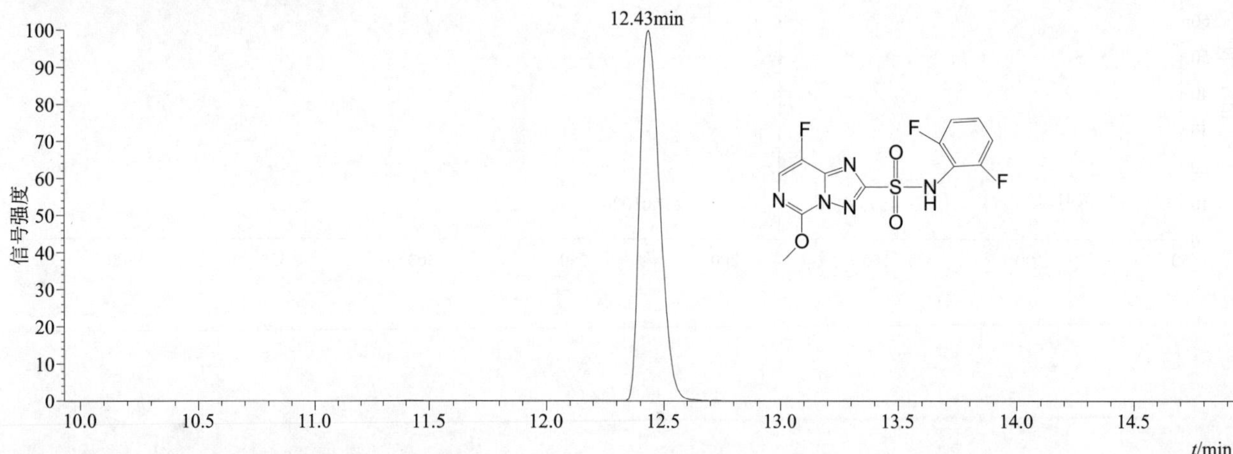

[M+H]⁺ 和 [M+Na]⁺ 典型的一级质谱图

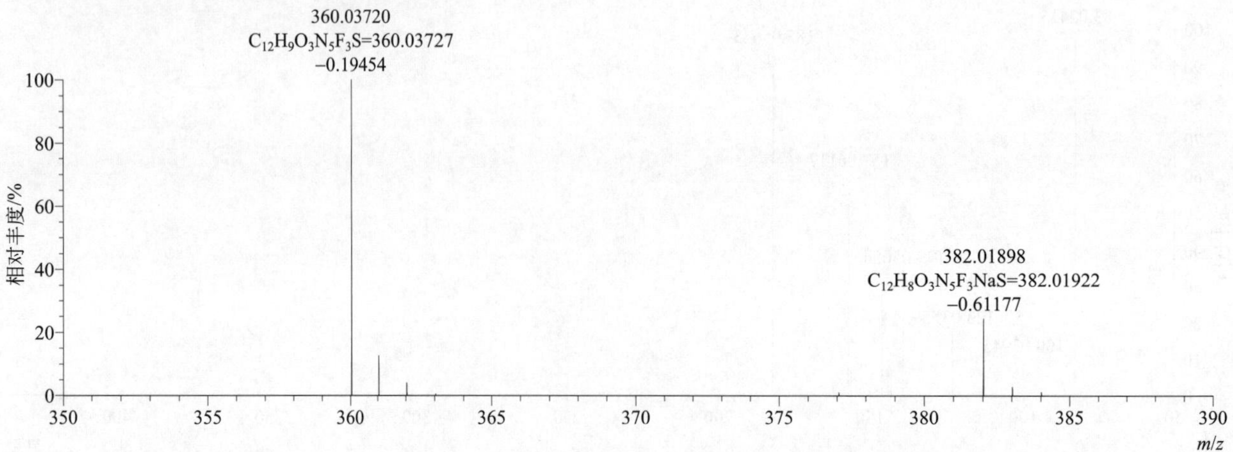

$[M+H]^+$ 归一化法能量 NCE 为 20 时典型的二级质谱图

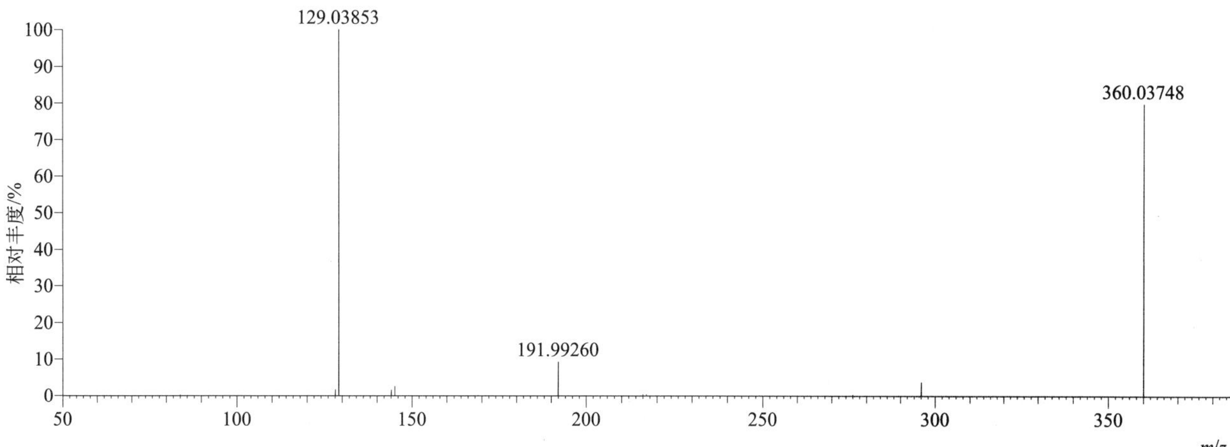

$[M+H]^+$ 归一化法能量 NCE 为 40 时典型的二级质谱图

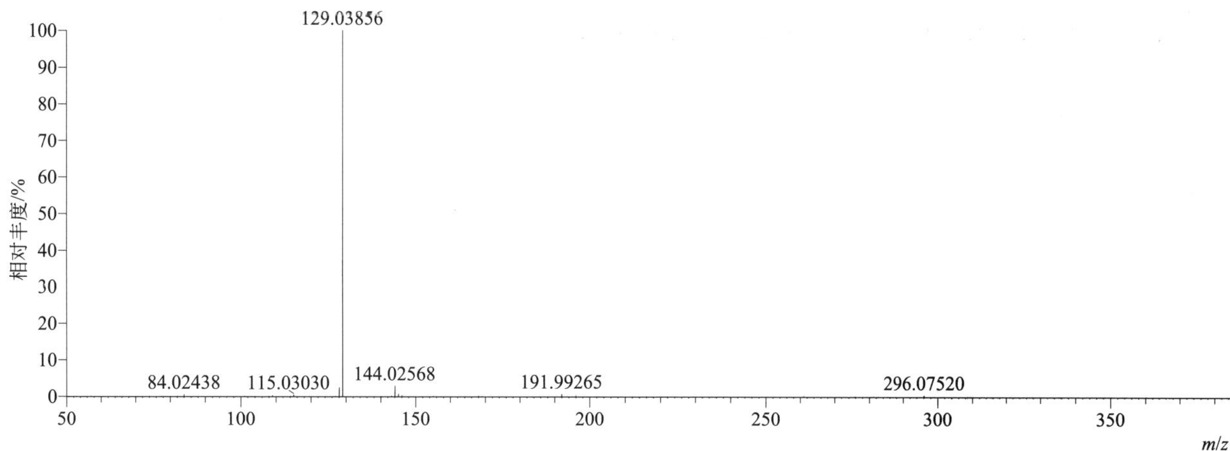

$[M+H]^+$ 归一化法能量 NCE 为 60 时典型的二级质谱图

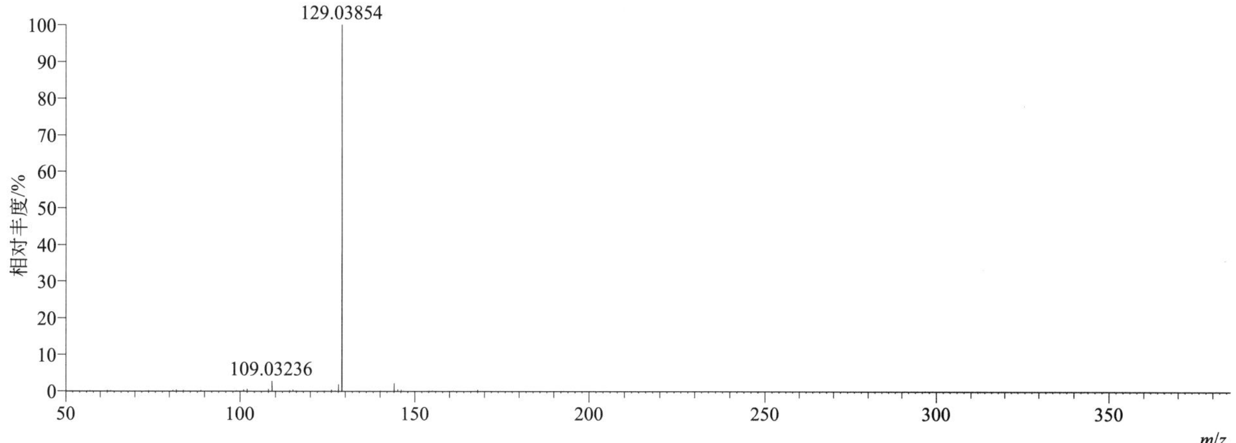

[M+H]+ 阶梯归一化法能量 Step NCE 为 20、40、60 时典型的二级质谱图

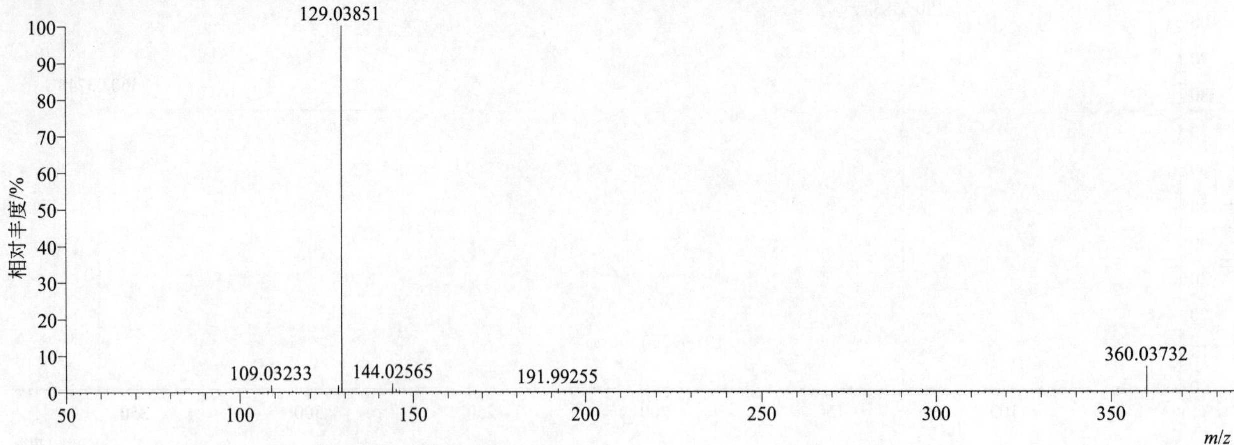

fluazifop（吡氟禾草灵）

基本信息

CAS 登录号	69335-91-7	分子量	327.07184	离子源和极性	电喷雾离子源（ESI）
分子式	$C_{15}H_{12}F_3NO_4$	保留时间	14.18min	极性	正模式

[M+H]+ 提取离子流色谱图

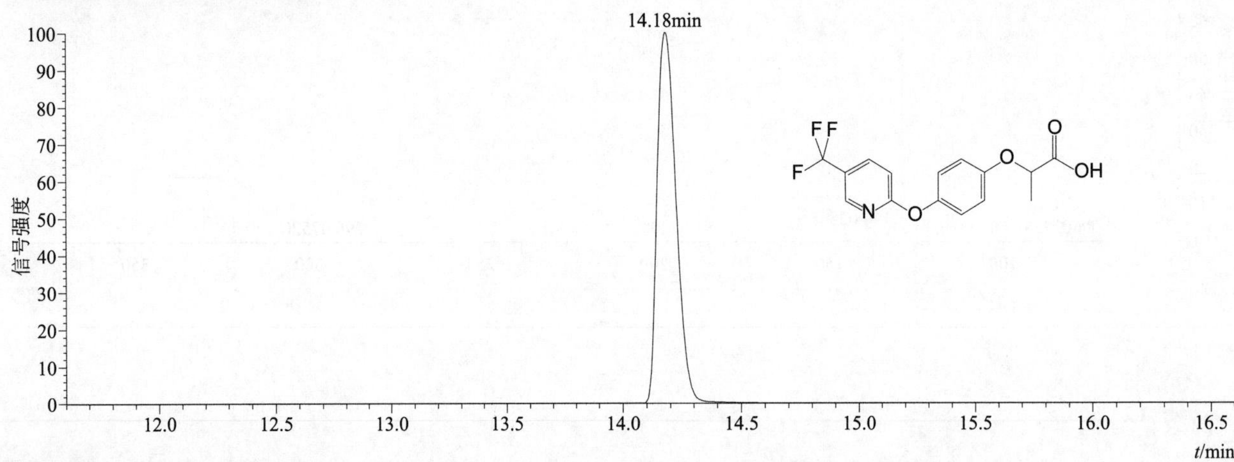

[M+H]+ 典型的一级质谱图

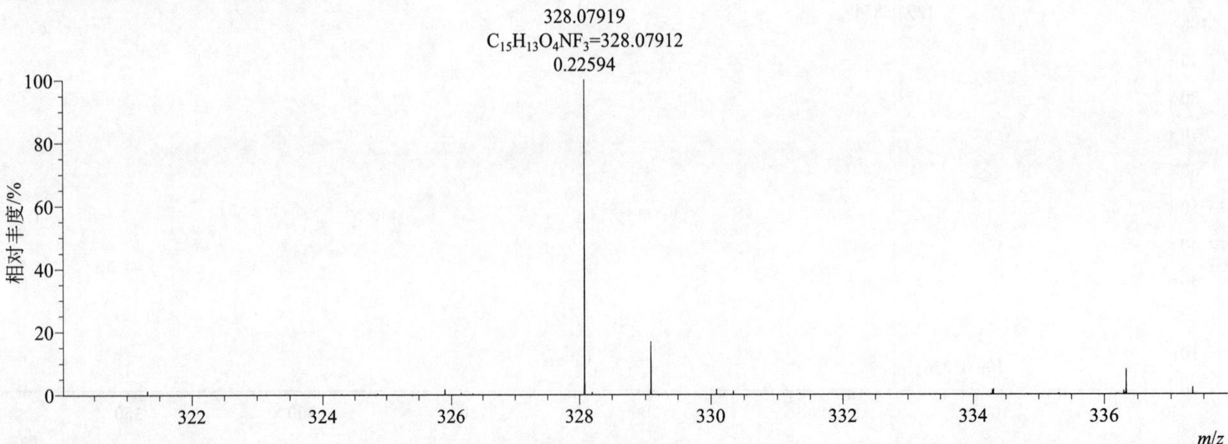

[M+H]$^{+}$ 归一化法能量 NCE 为 20 时典型的二级质谱图

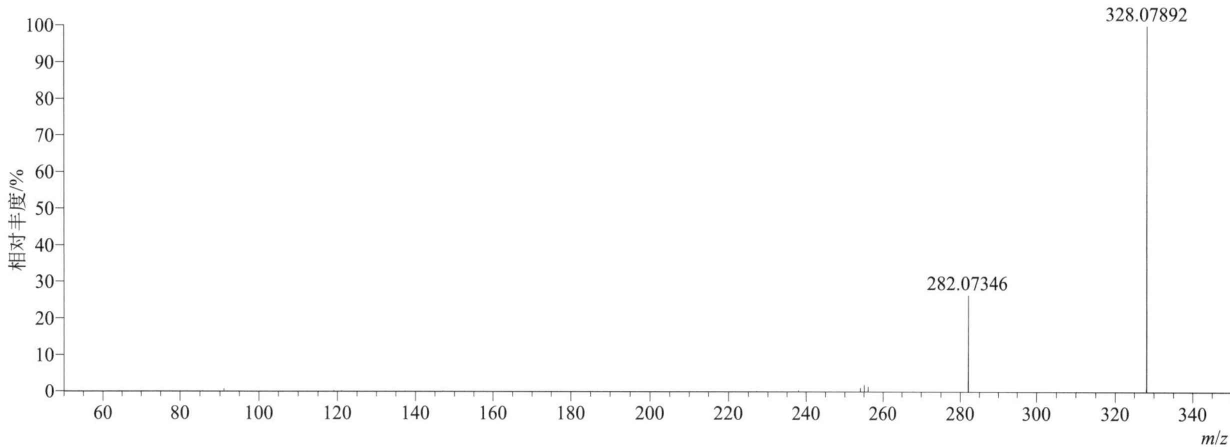

[M+H]$^{+}$ 归一化法能量 NCE 为 40 时典型的二级质谱图

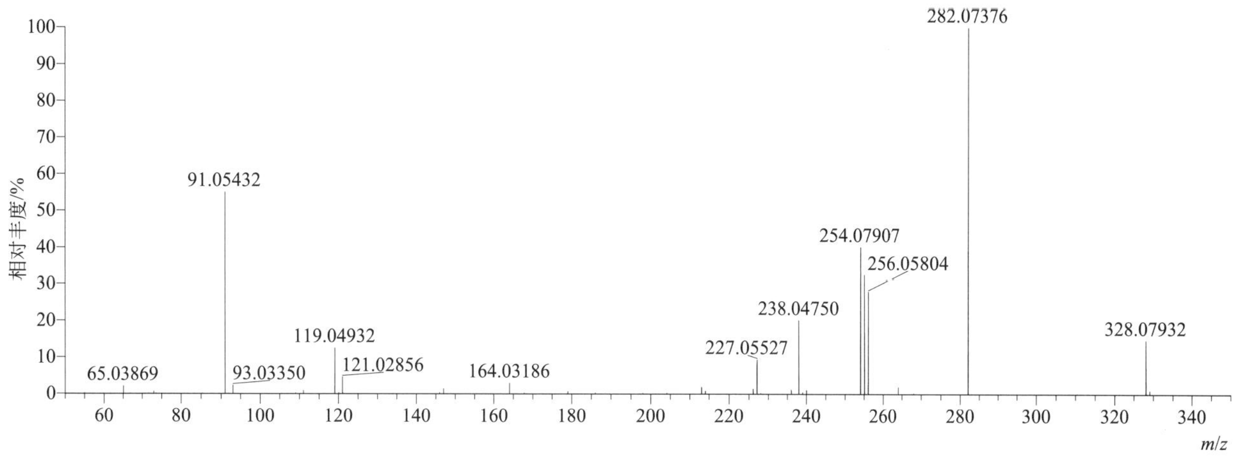

[M+H]$^{+}$ 归一化法能量 NCE 为 60 时典型的二级质谱图

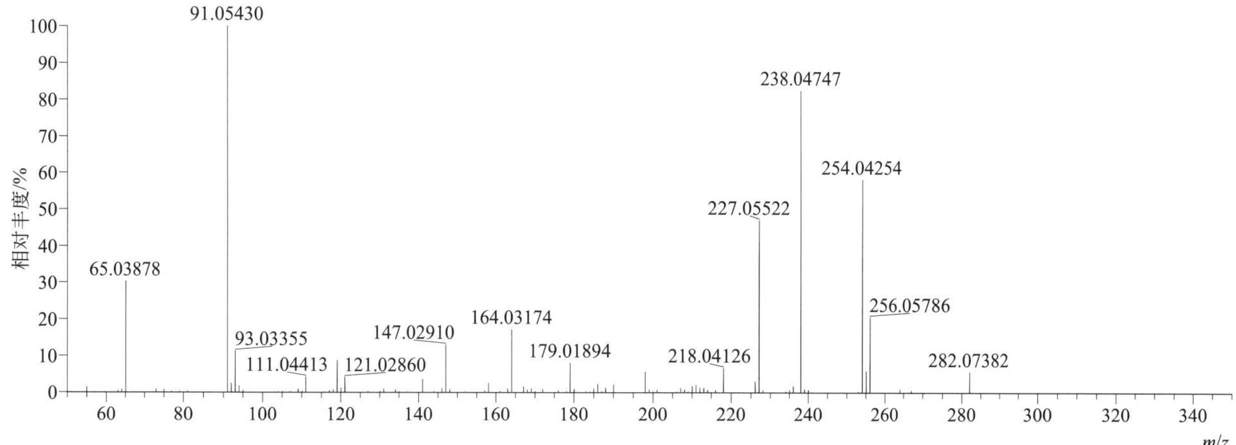

[M+H]+ 阶梯归一化法能量 Step NCE 为 20、40、60 时典型的二级质谱图

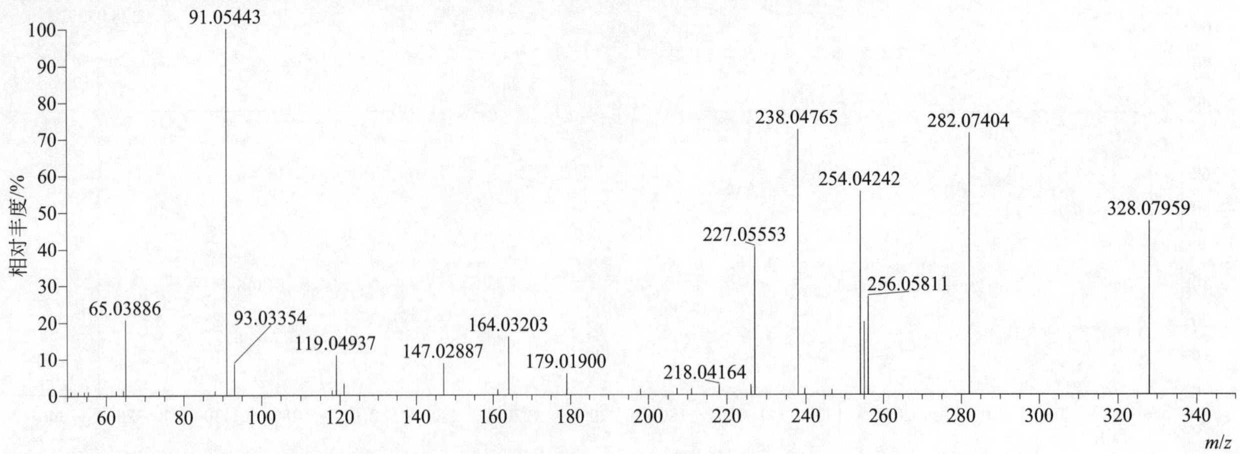

fluazifop-butyl（吡氟丁禾灵）

基本信息

CAS 登录号	69806-50-4	**分子量**	383.13444	**离子源和极性**	电喷雾离子源（ESI）
分子式	$C_{19}H_{20}F_3NO_4$	**保留时间**	15.62min	**极性**	正模式

[M+H]+ 提取离子流色谱图

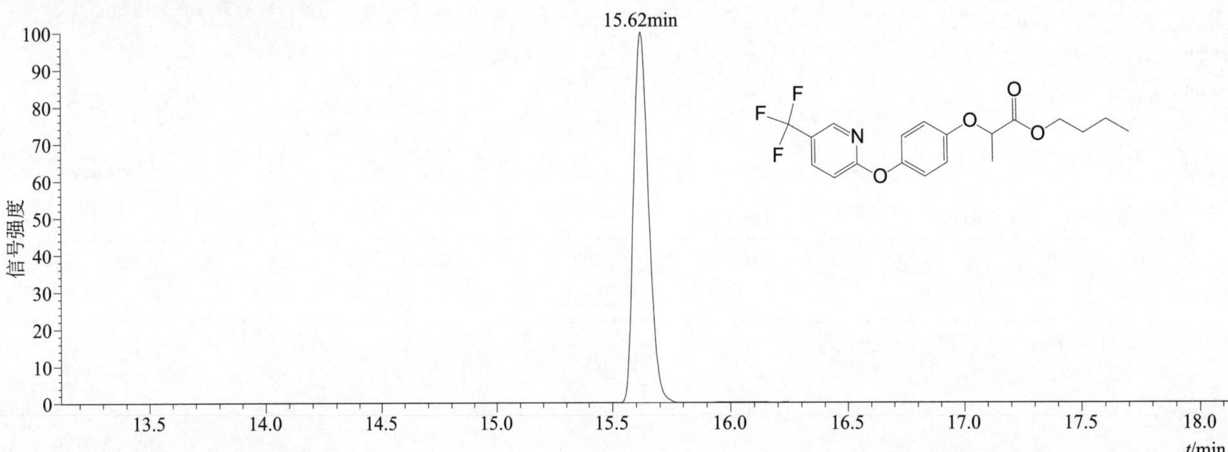

[M+H]+ 典型的一级质谱图

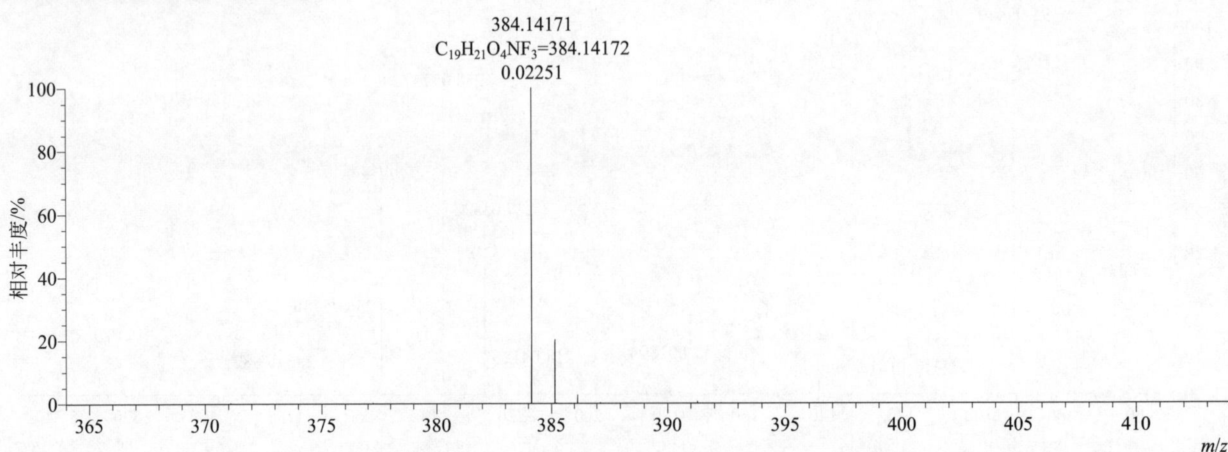

[M+H]+ 归一化法能量 NCE 为 20 时典型的二级质谱图

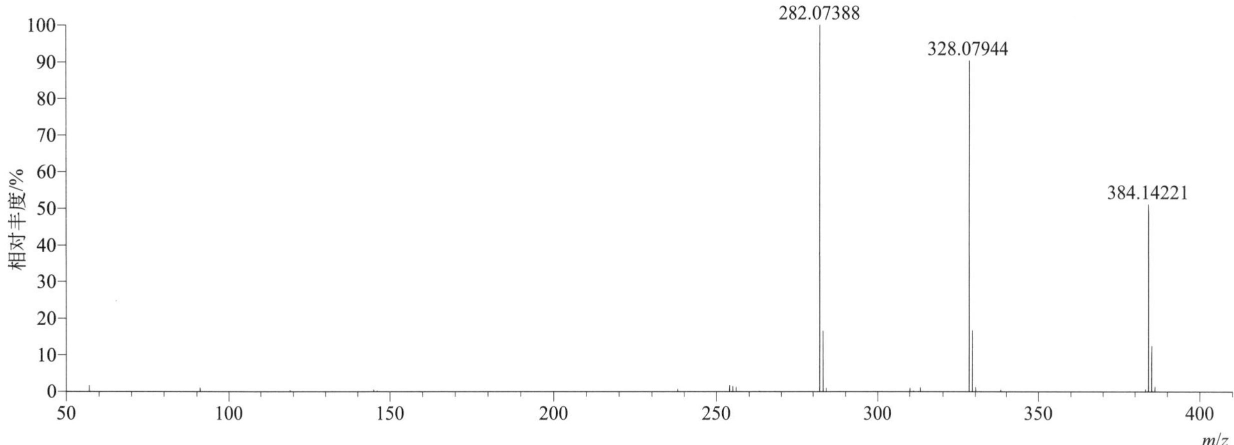

[M+H]+ 归一化法能量 NCE 为 40 时典型的二级质谱图

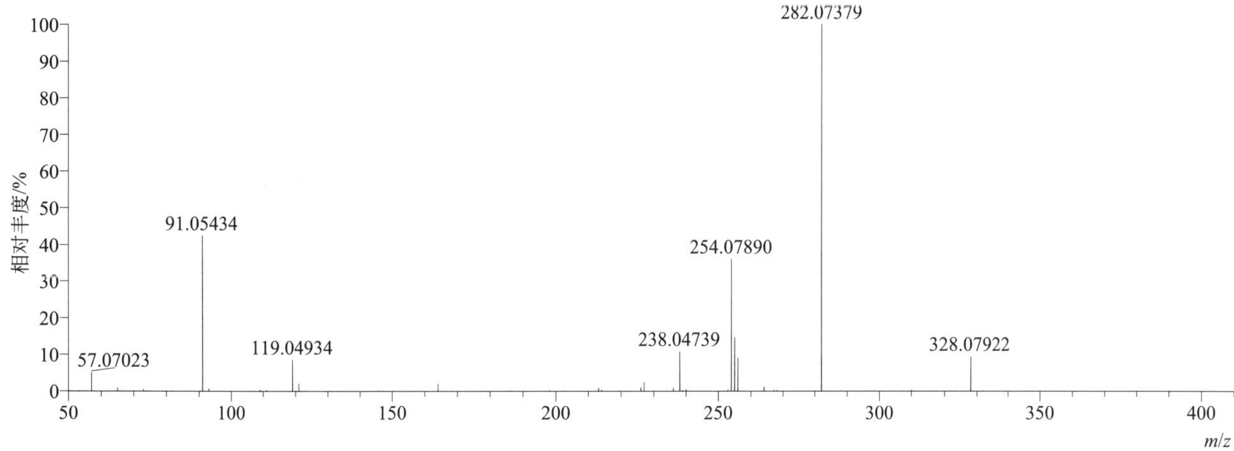

[M+H]+ 归一化法能量 NCE 为 60 时典型的二级质谱图

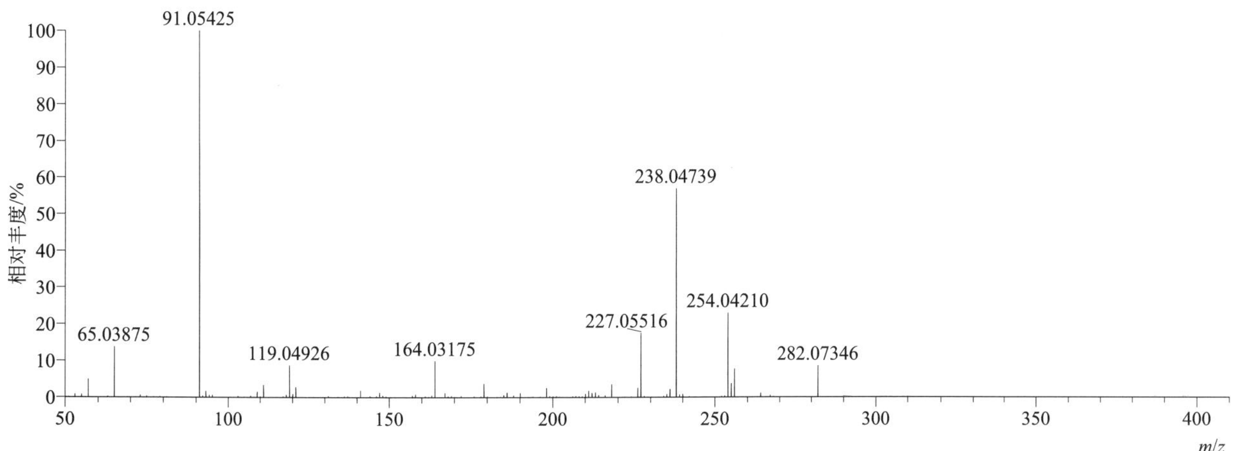

[M+H]+ 阶梯归一化法能量 Step NCE 为 20、40、60 时典型的二级质谱图

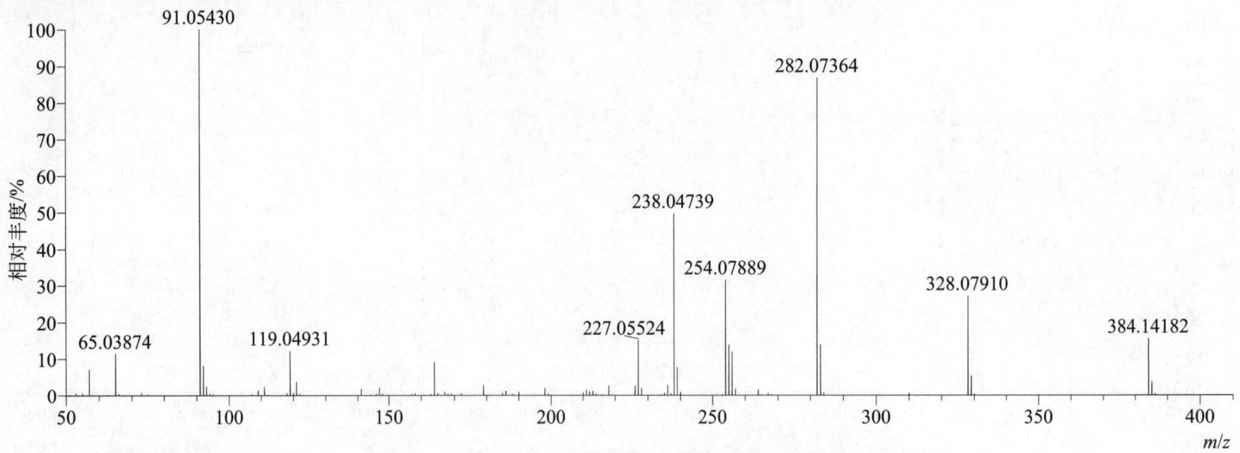

fluazifop-P-butyl（精吡氟禾草灵）

基本信息

CAS 登录号	79241-46-6	分子量	383.13444	离子源和极性	电喷雾离子源（ESI）
分子式	$C_{19}H_{20}F_3NO_4$	保留时间	15.62min	极性	正模式

[M+H]+ 提取离子流色谱图

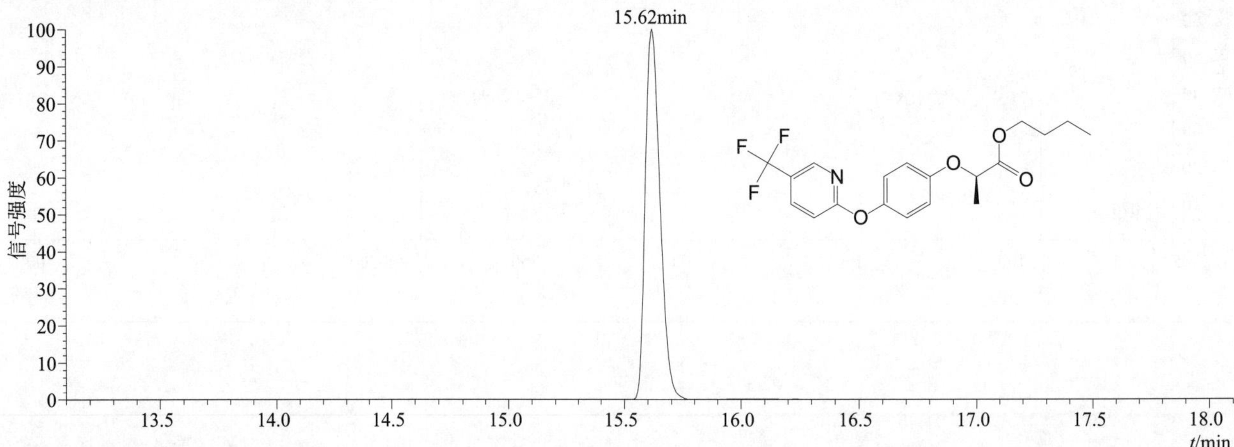

[M+H]+ 典型的一级质谱图

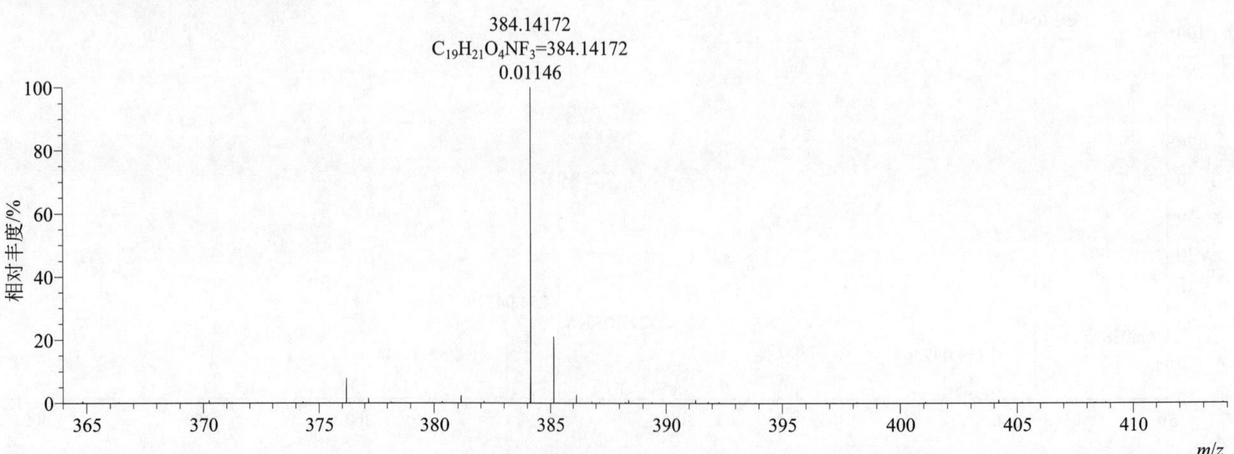

[M+H]+ 归一化法能量 NCE 为 20 时典型的二级质谱图

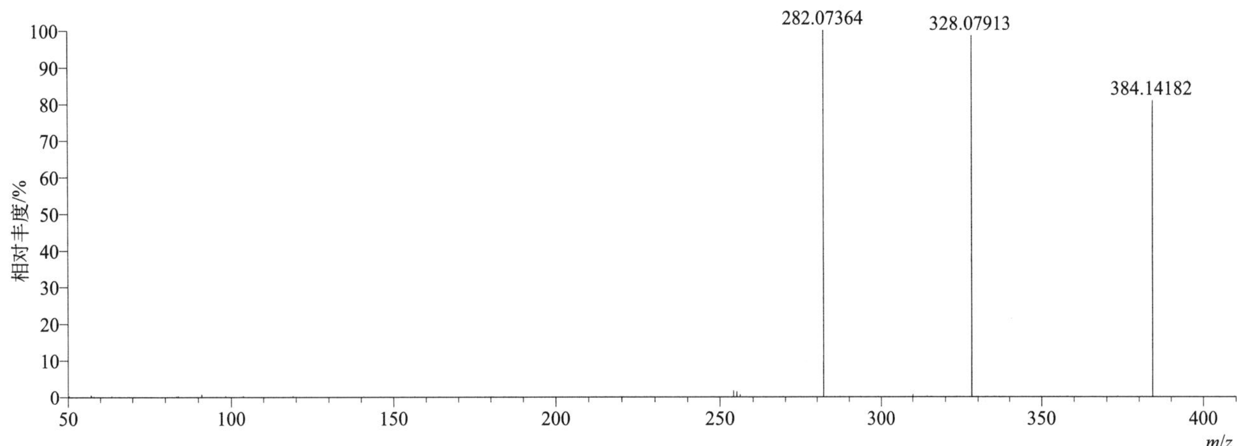

[M+H]+ 归一化法能量 NCE 为 40 时典型的二级质谱图

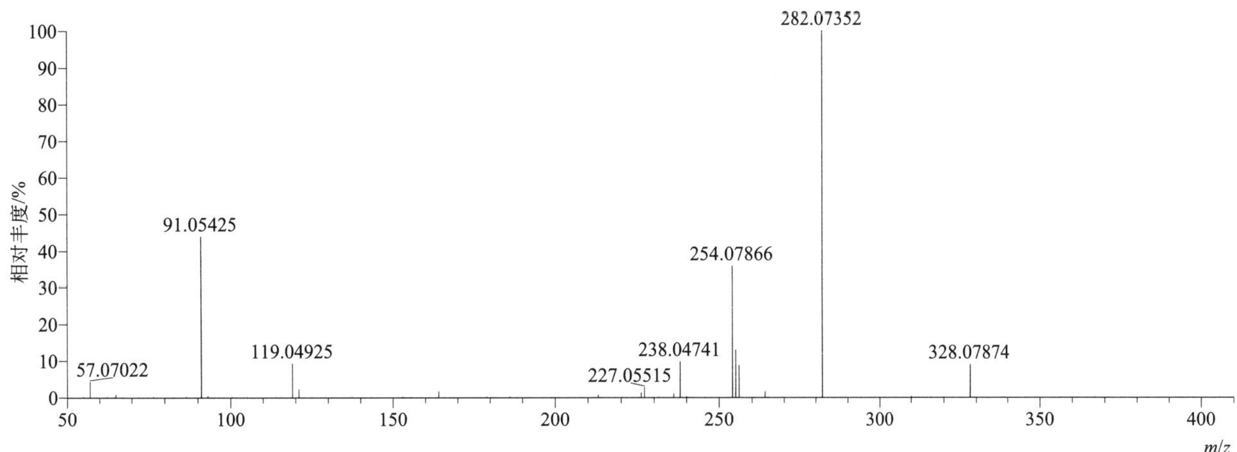

[M+H]+ 归一化法能量 NCE 为 60 时典型的二级质谱图

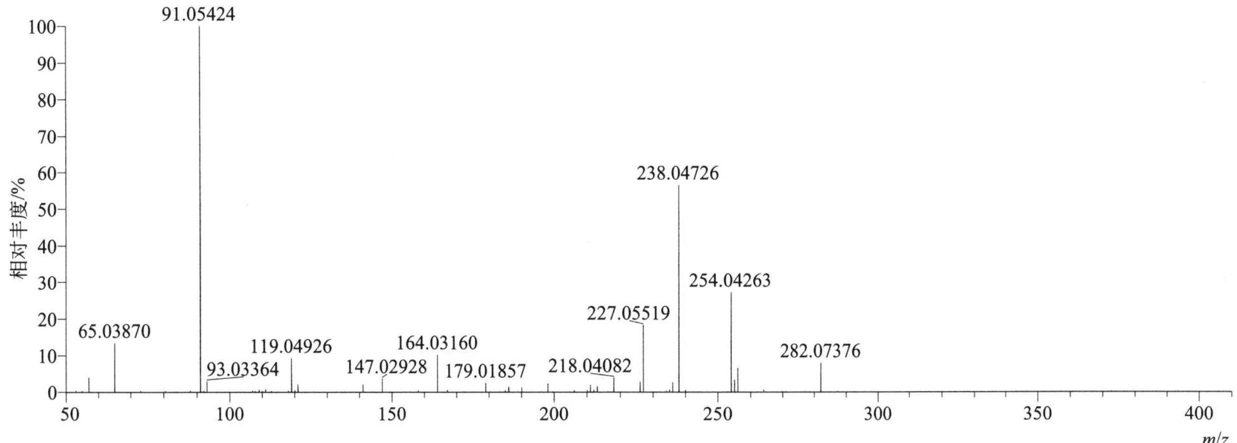

[M+H]+ 阶梯归一化法能量 Step NCE 为 20、40、60 时典型的二级质谱图

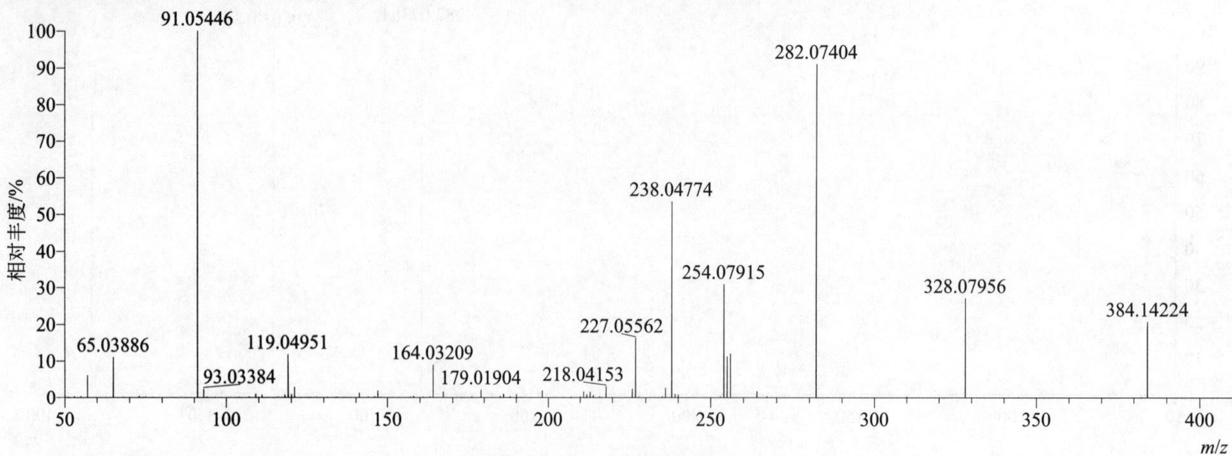

flubendiamide（氟苯虫酰胺）

基本信息

CAS 登录号	272451-65-7	分子量	682.02332	离子源和极性	电喷雾离子源（ESI）
分子式	$C_{23}H_{22}F_7IN_2O_4S$	保留时间	14.87min	极性	正模式

[M+H]+ 提取离子流色谱图

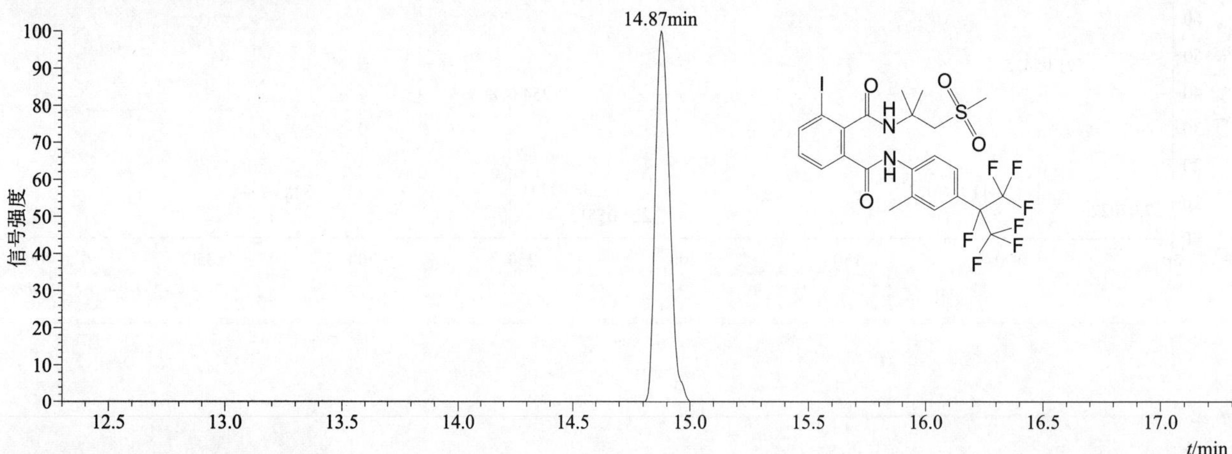

[M+H]+ 典型的一级质谱图

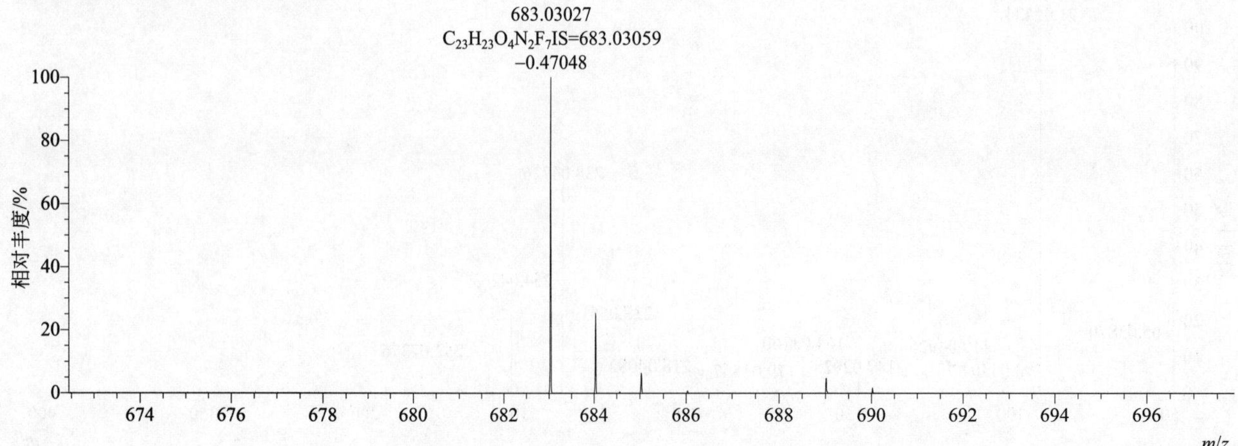

[M+H]+ 归一化法能量 NCE 为 20 时典型的二级质谱图

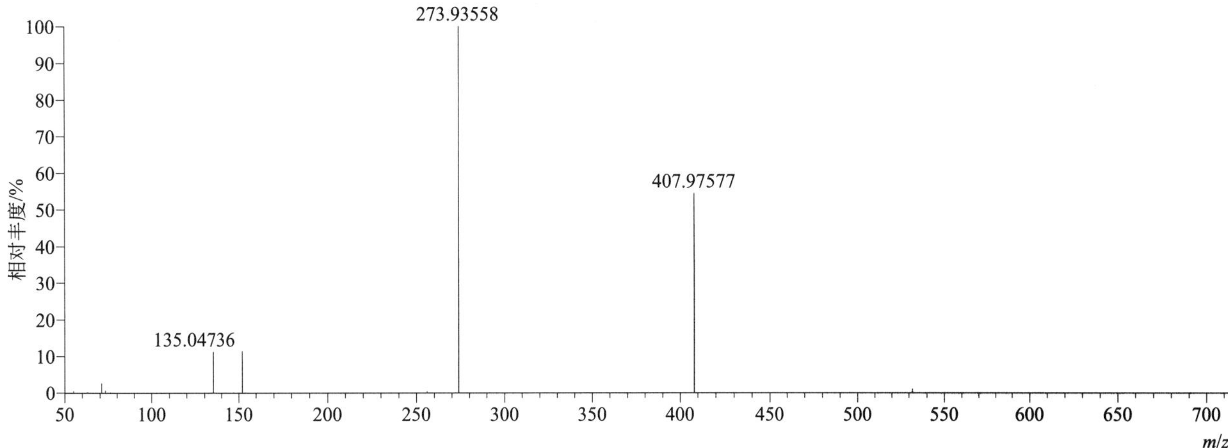

[M+H]+ 归一化法能量 NCE 为 40 时典型的二级质谱图

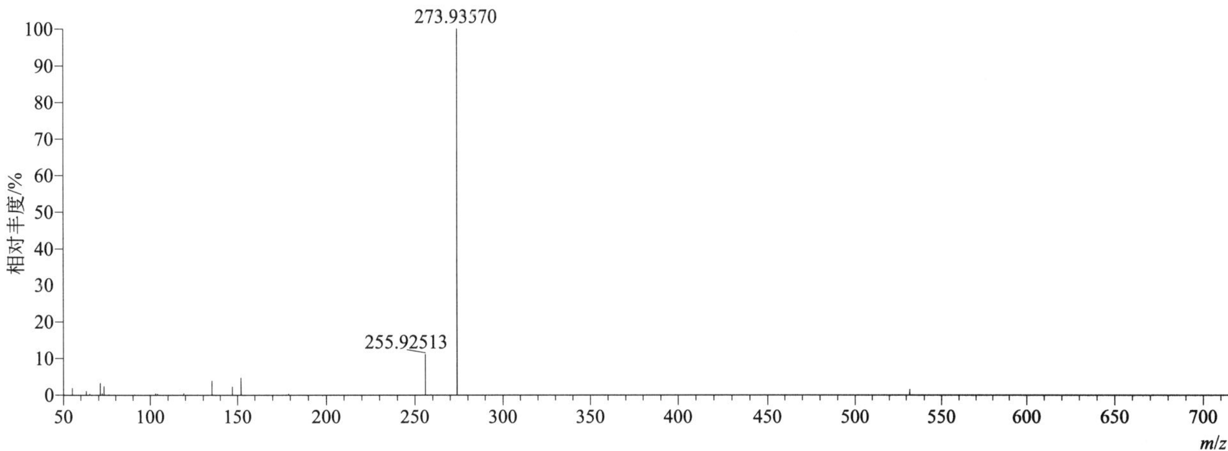

[M+H]+ 归一化法能量 NCE 为 60 时典型的二级质谱图

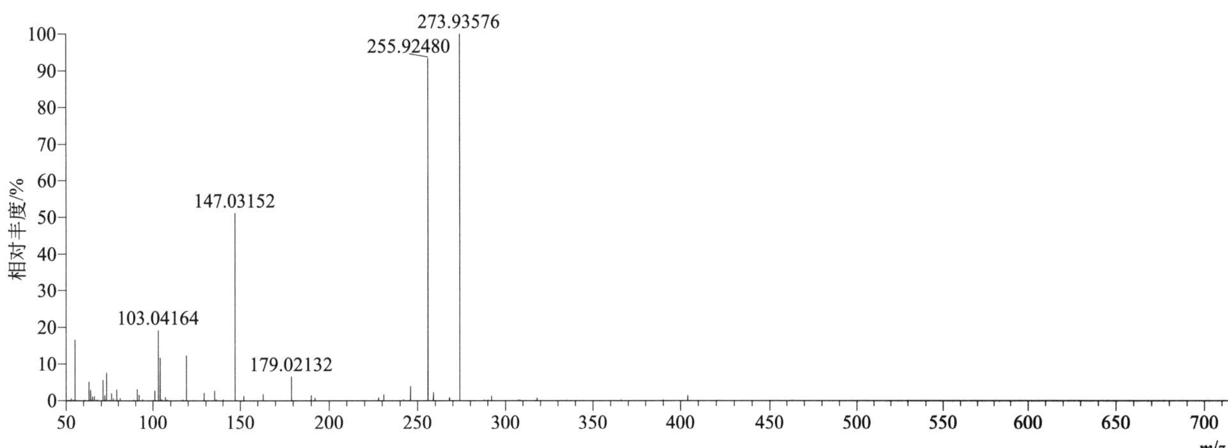

[M+H]+ 阶梯归一化法能量 Step NCE 为 20、40、60 时典型的二级质谱图

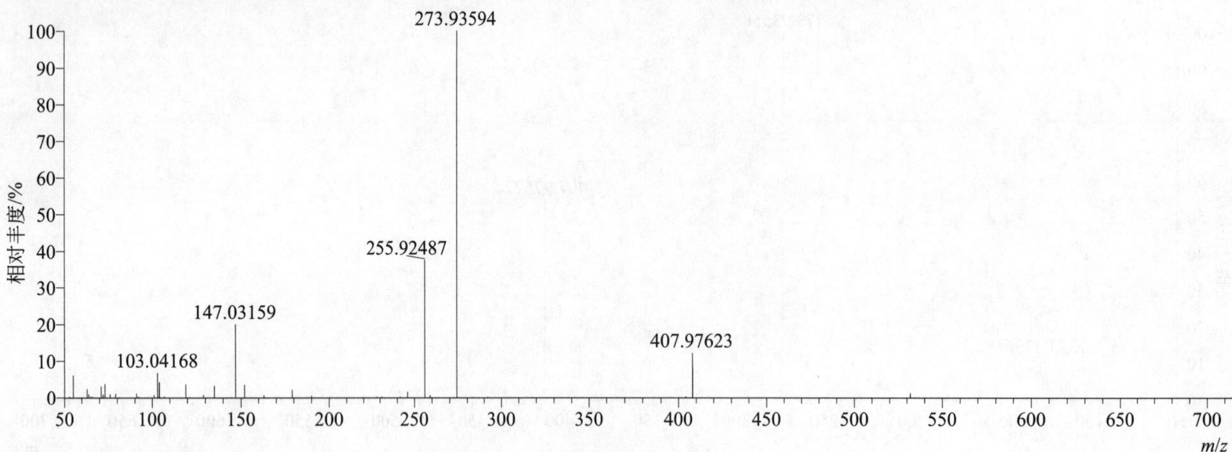

flucarbazone（氟唑磺隆）

基本信息

CAS 登录号	145026-88-6	分子量	396.03514	离子源和极性	电喷雾离子源（ESI）
分子式	$C_{12}H_{11}F_3N_4O_6S$	保留时间	12.23min	极性	正模式

[M+H]+ 提取离子流色谱图

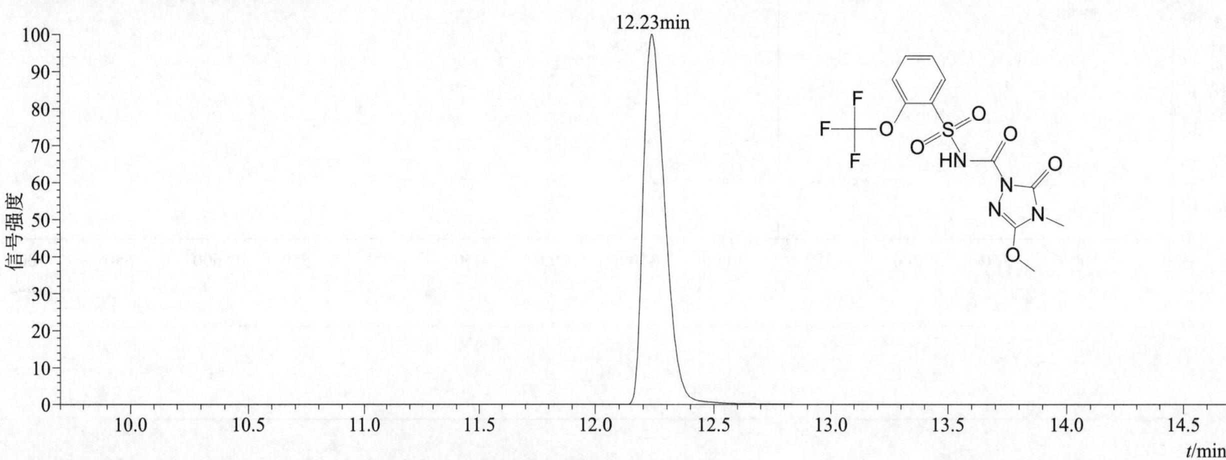

[M+H]+、[M+NH4]+ 和 [M+Na]+ 典型的一级质谱图

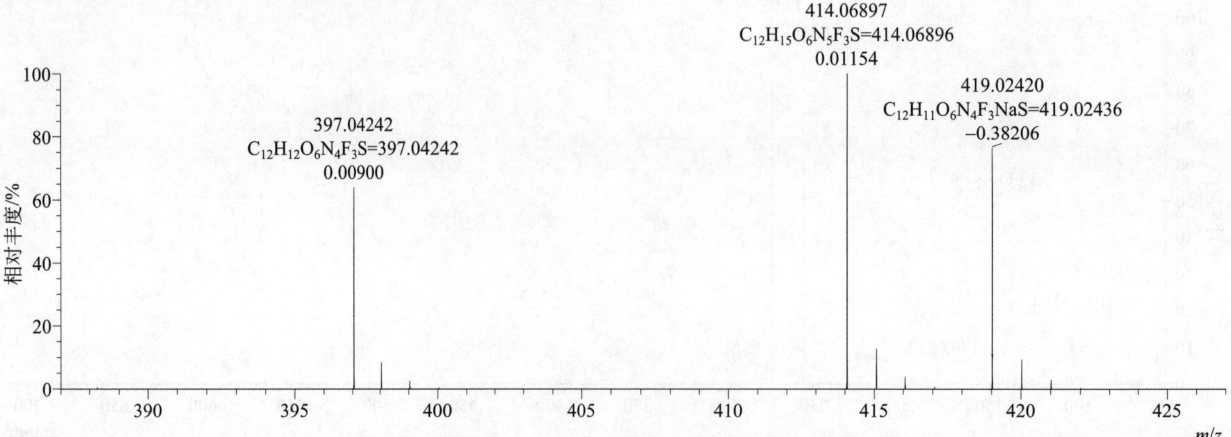

[M+H]$^+$ 归一化法能量 NCE 为 20 时典型的二级质谱图

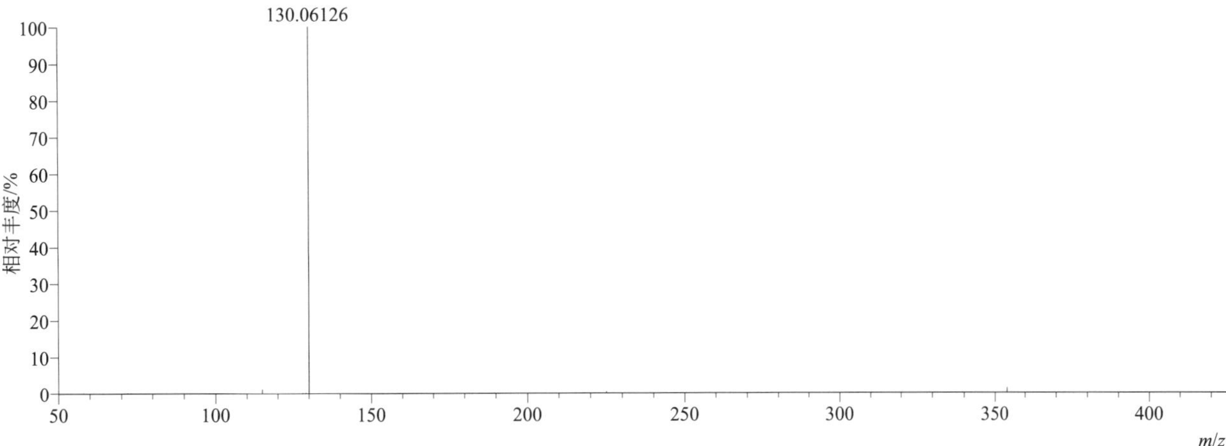

[M+H]$^+$ 归一化法能量 NCE 为 40 时典型的二级质谱图

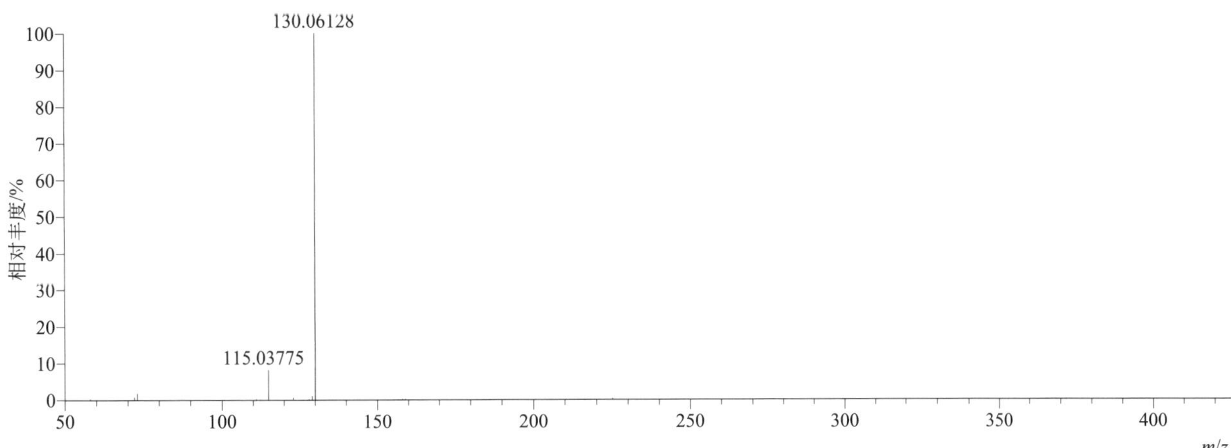

[M+H]$^+$ 归一化法能量 NCE 为 60 时典型的二级质谱图

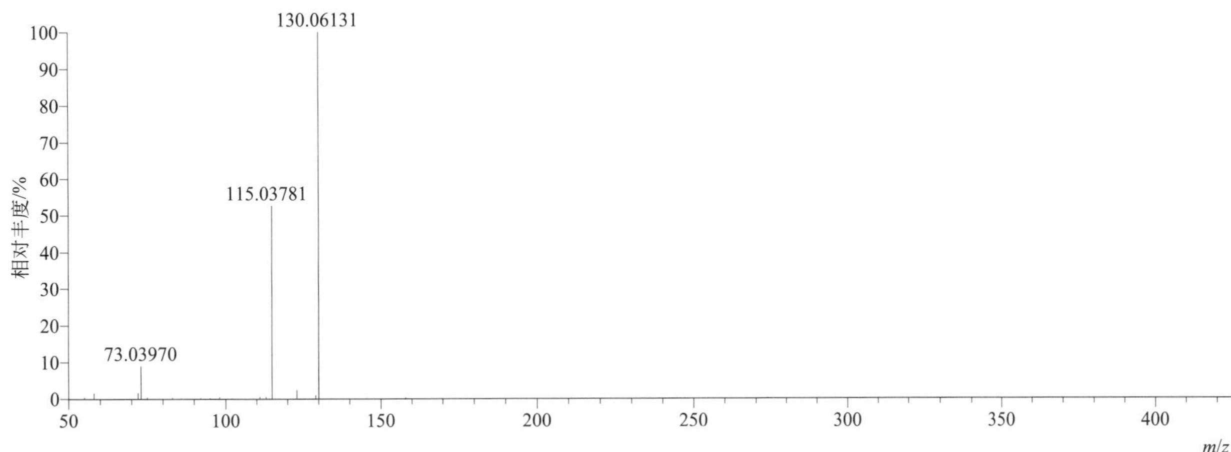

[M+H]$^+$ 阶梯归一化法能量 Step NCE 为 20、40、60 时典型的二级质谱图

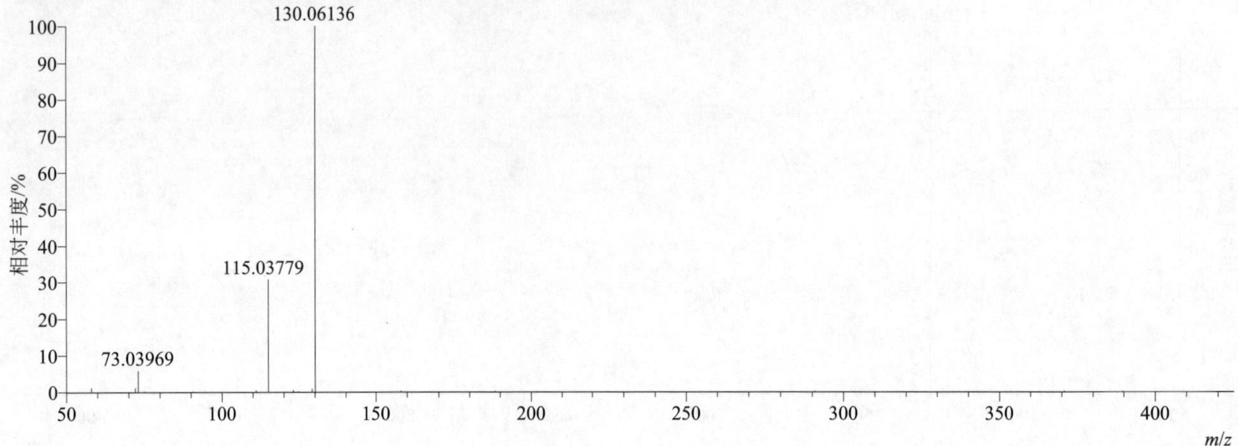

[M+NH$_4$]$^+$ 归一化法能量 NCE 为 20 时典型的二级质谱图

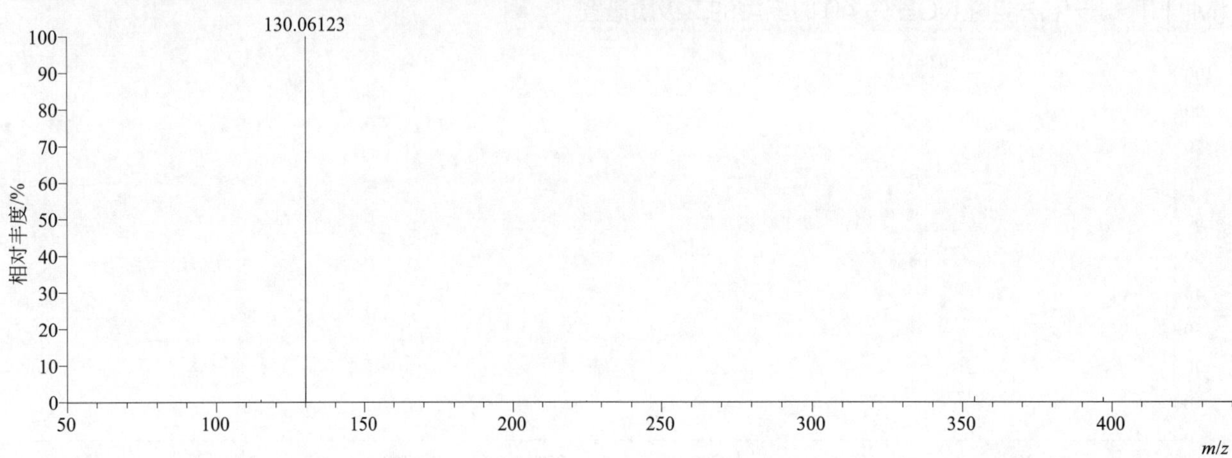

[M+NH$_4$]$^+$ 归一化法能量 NCE 为 40 时典型的二级质谱图

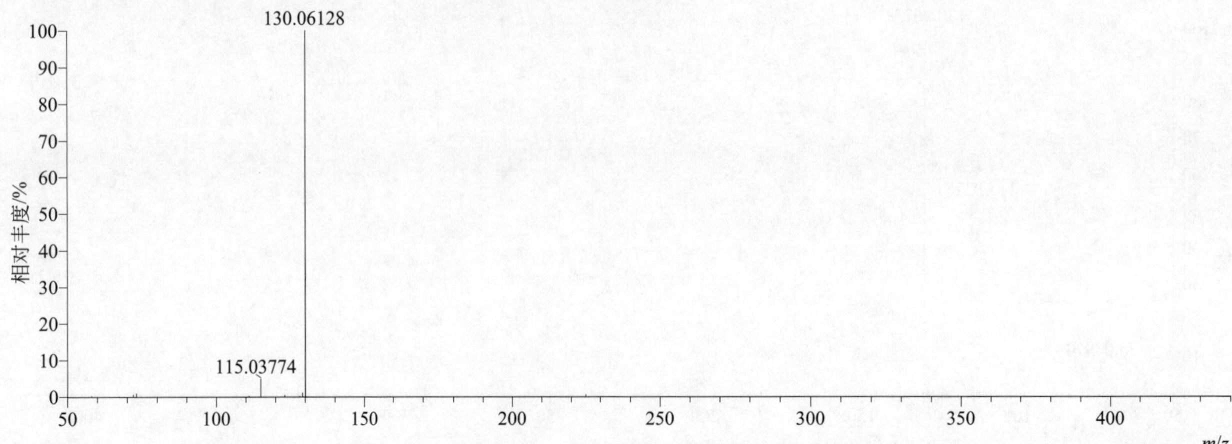

$[M+NH_4]^+$ 归一化法能量 NCE 为 60 时典型的二级质谱图

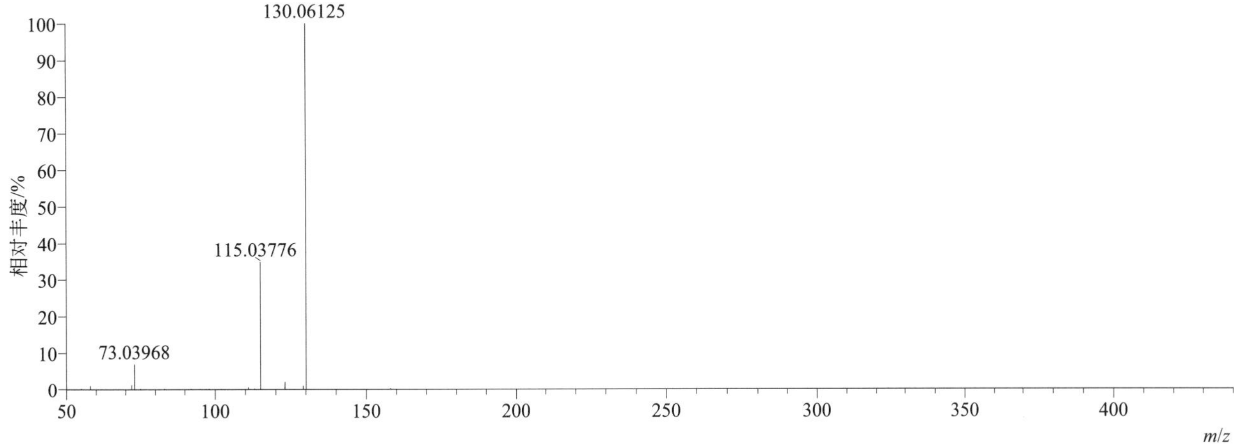

$[M+NH_4]^+$ 阶梯归一化法能量 Step NCE 为 20、40、60 时典型的二级质谱图

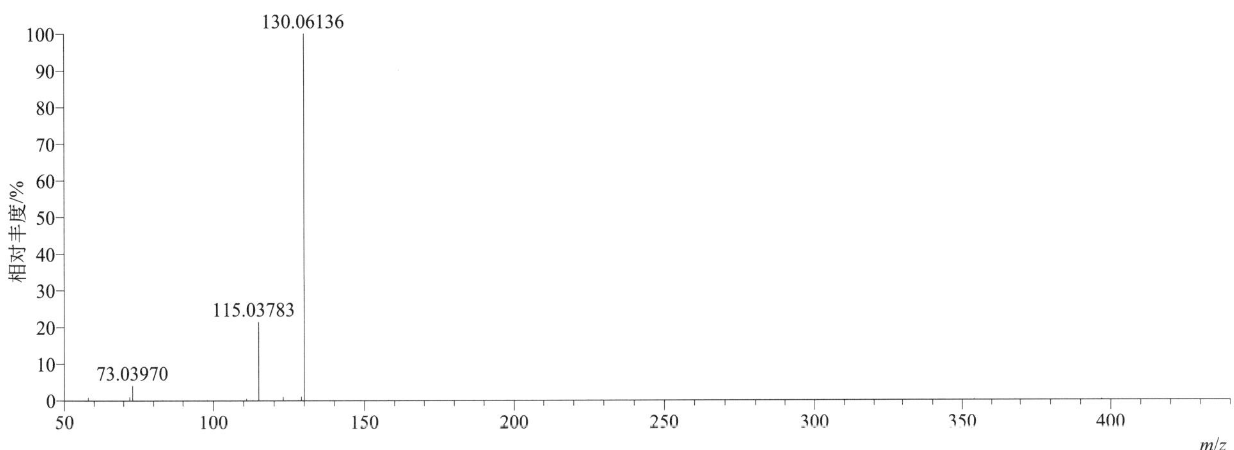

flucycloxuron（氟环脲）

基本信息

CAS 登录号	94050-52-9	分子量	483.11613	离子源和极性	电喷雾离子源（ESI）
分子式	$C_{25}H_{20}ClF_2N_3O_3$	保留时间	16.02min	极性	正模式

$[M+H]^+$ 提取离子流色谱图

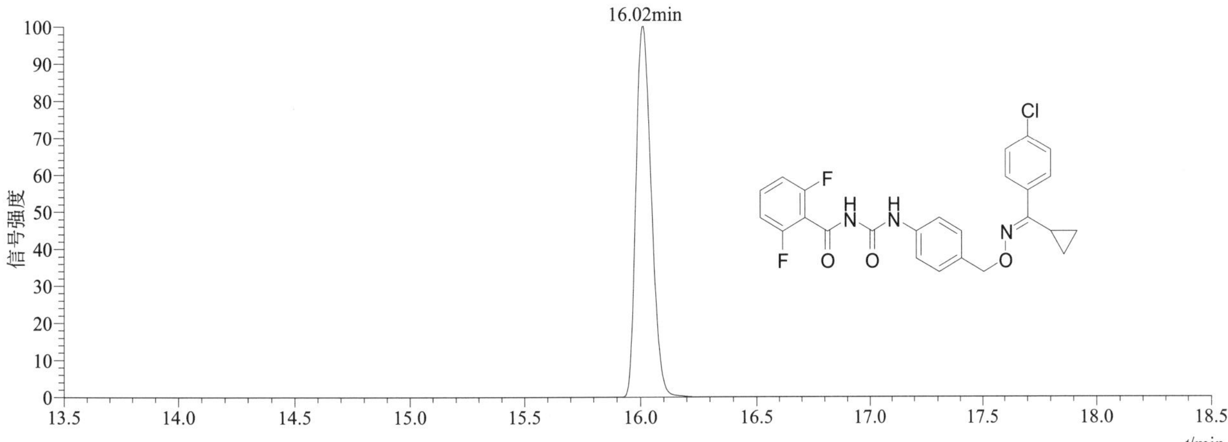

[M+H]+ 典型的一级质谱图

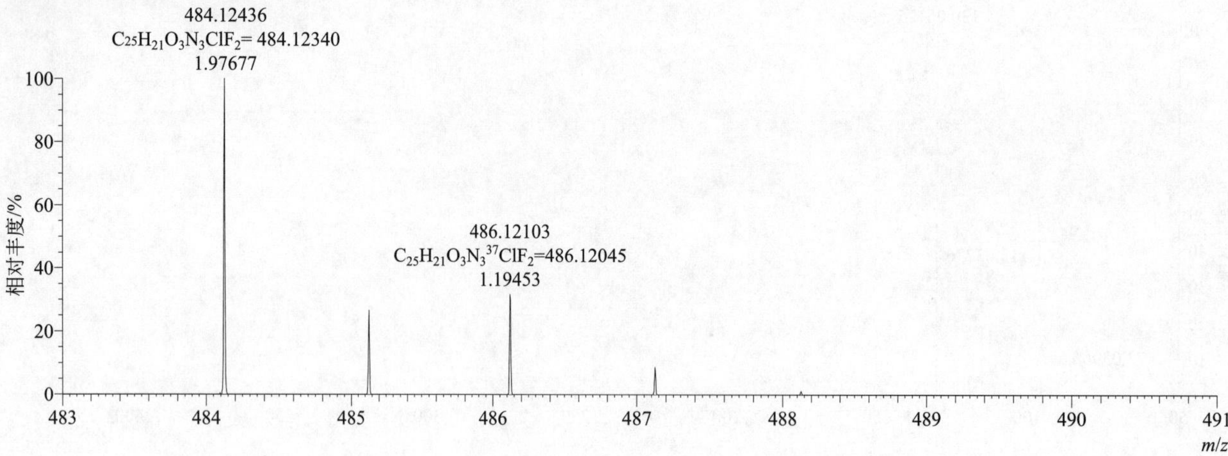

[M+H]+ 归一化法能量 NCE 为 20 时典型的二级质谱图

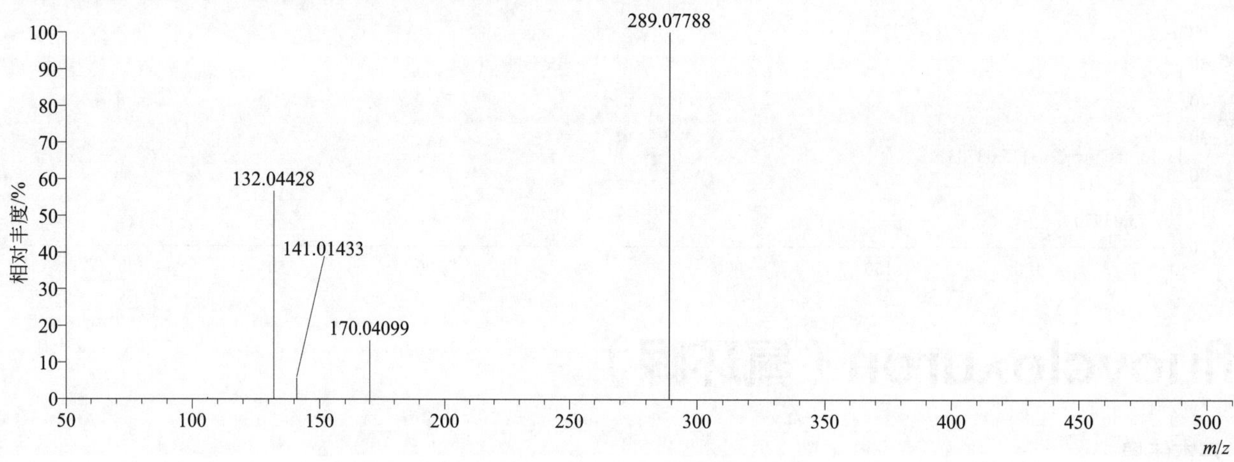

[M+H]+ 归一化法能量 NCE 为 40 时典型的二级质谱图

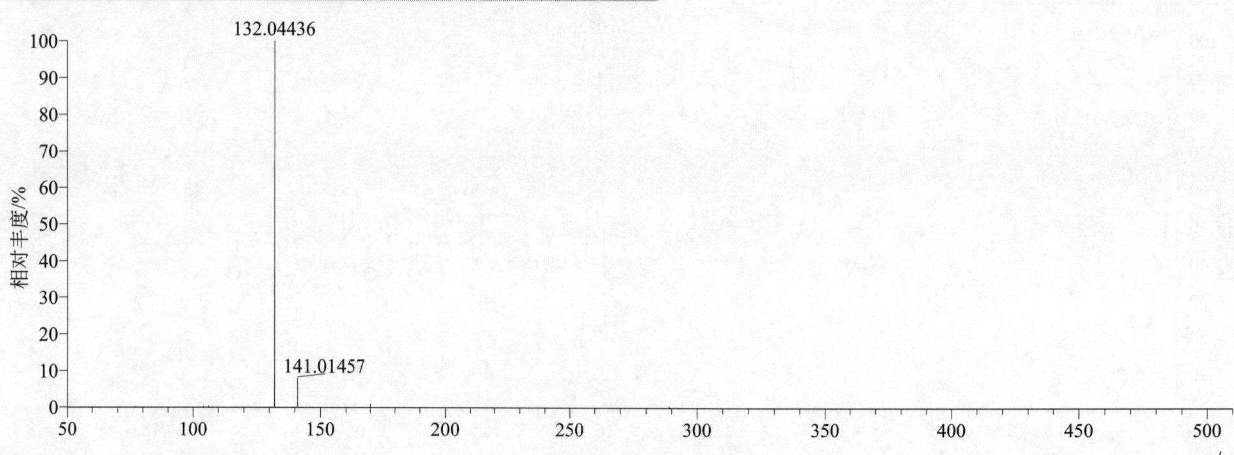

[M+H]⁺ 归一化法能量 NCE 为 60 时典型的二级质谱图

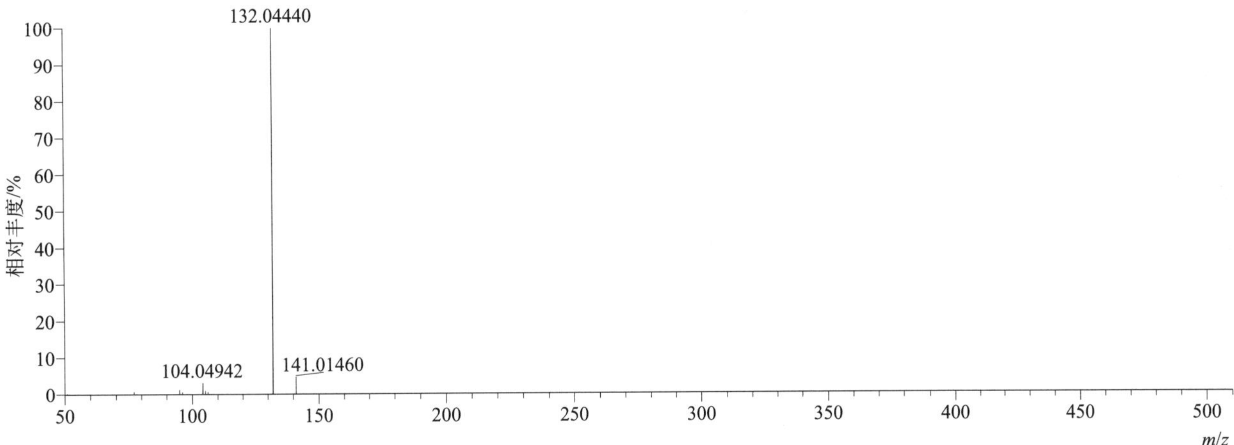

[M+H]⁺ 阶梯归一化法能量 Step NCE 为 20、40、60 时典型的二级质谱图

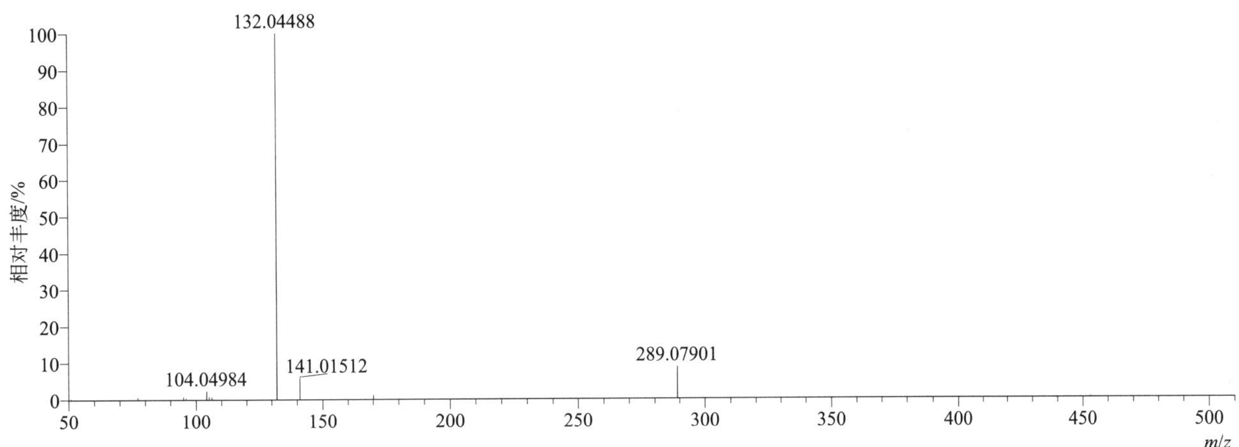

flufenacet（氟噻草胺）

基本信息

CAS 登录号	142459-58-3	分子量	363.06646	离子源和极性	电喷雾离子源（ESI）
分子式	$C_{14}H_{13}F_4N_3O_2S$	保留时间	14.68min	极性	正模式

[M+H]⁺ 提取离子流色谱图

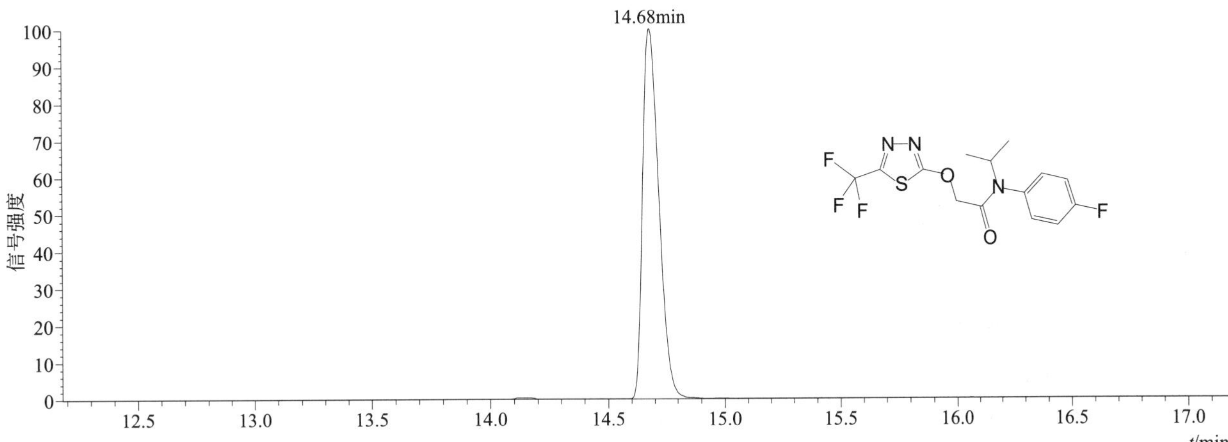

[M+H]+ 典型的一级质谱图

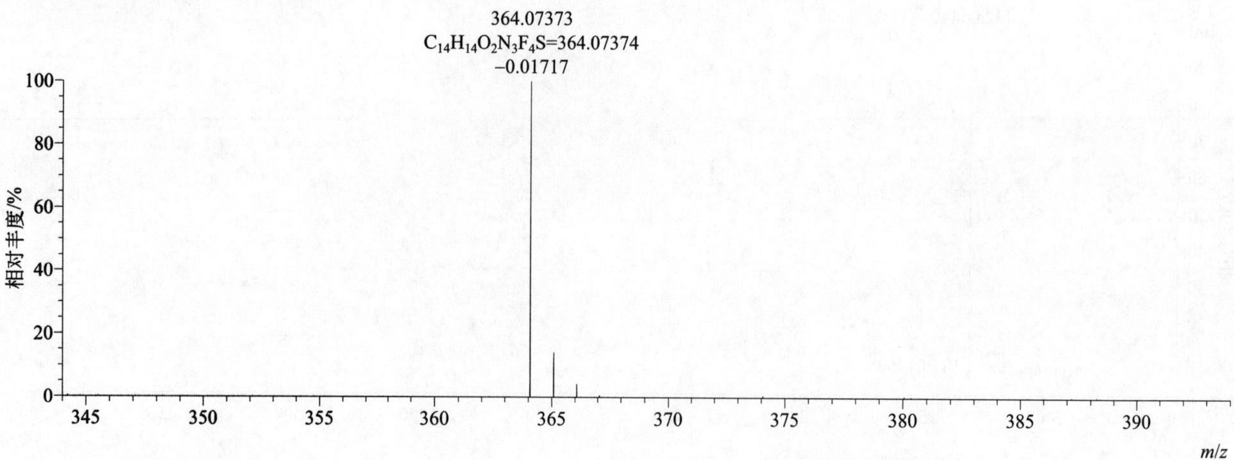

[M+H]+ 归一化法能量 NCE 为 20 时典型的二级质谱图

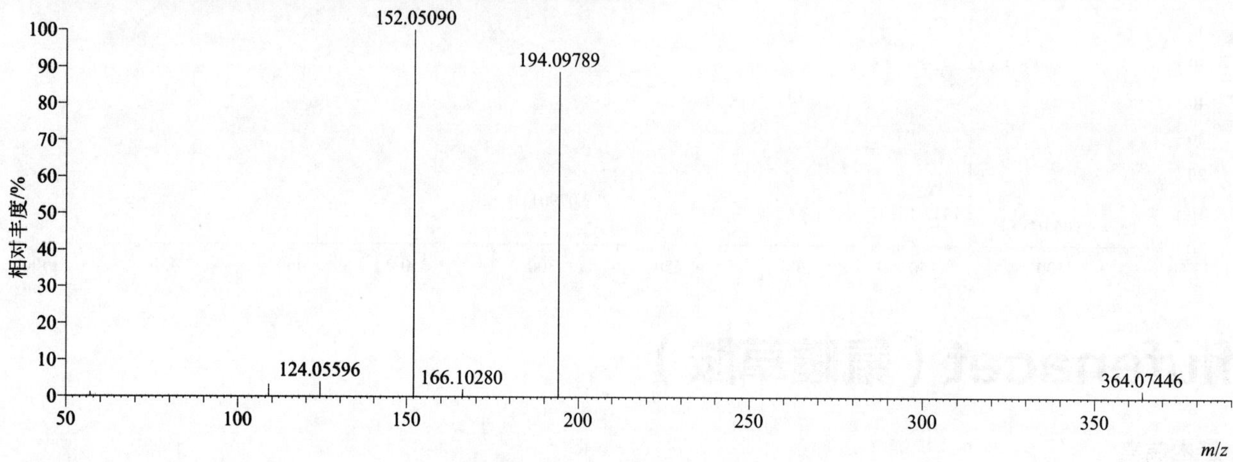

[M+H]+ 归一化法能量 NCE 为 40 时典型的二级质谱图

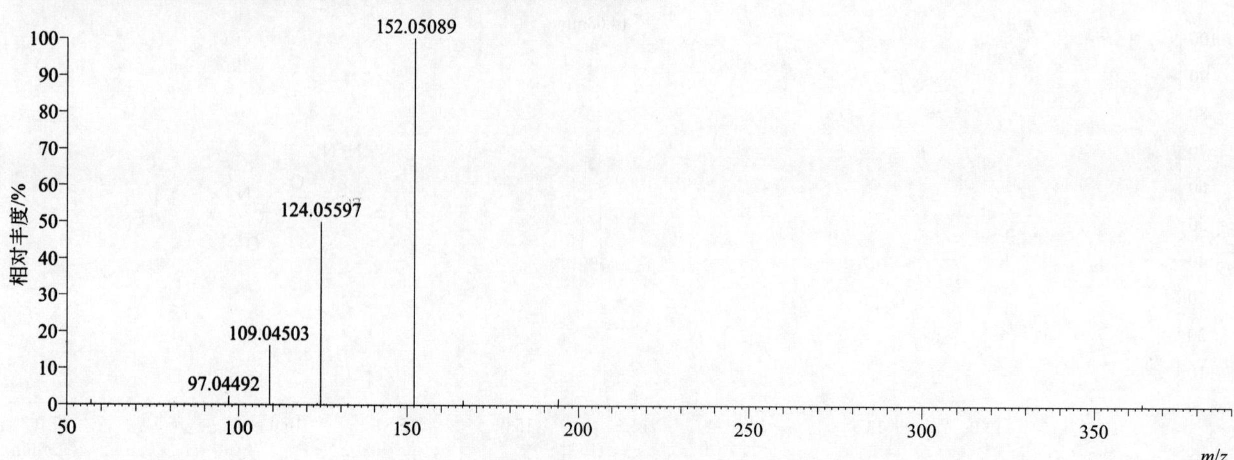

[M+H]+ 归一化法能量 NCE 为 60 时典型的二级质谱图

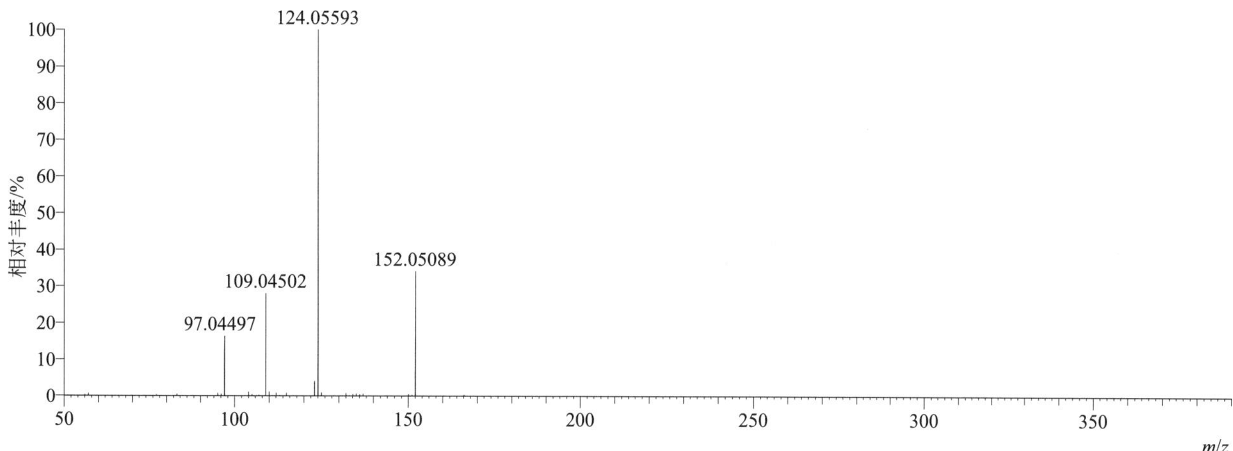

[M+H]+ 阶梯归一化法能量 Step NCE 为 20、40、60 时典型的二级质谱图

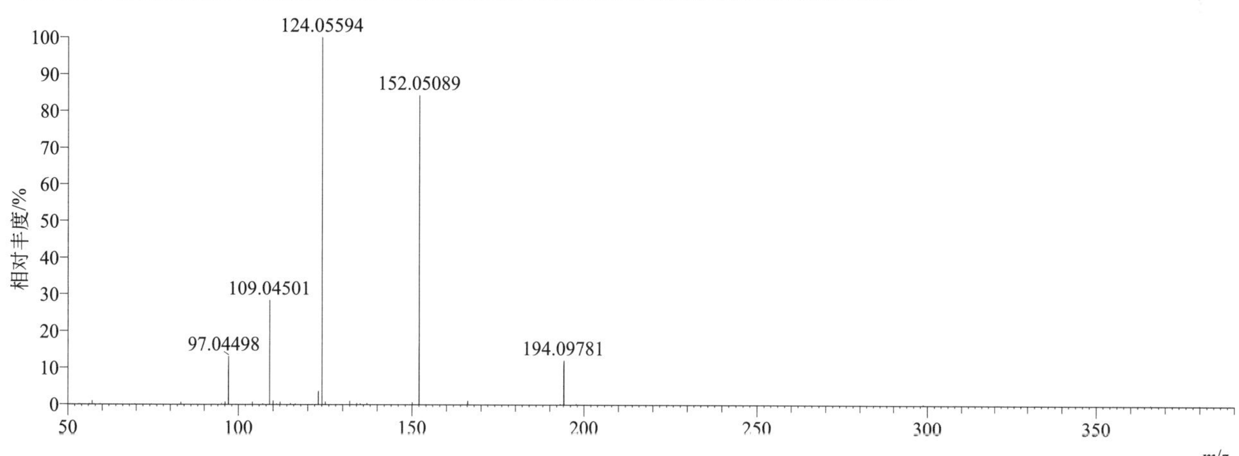

flufenoxuron（氟虫脲）

基本信息

CAS 登录号	101463-69-8	分子量	488.03624	离子源和极性	电喷雾离子源（ESI）
分子式	$C_{21}H_{11}ClF_6N_2O_3$	保留时间	16.06min	极性	正模式

[M+H]+ 提取离子流色谱图

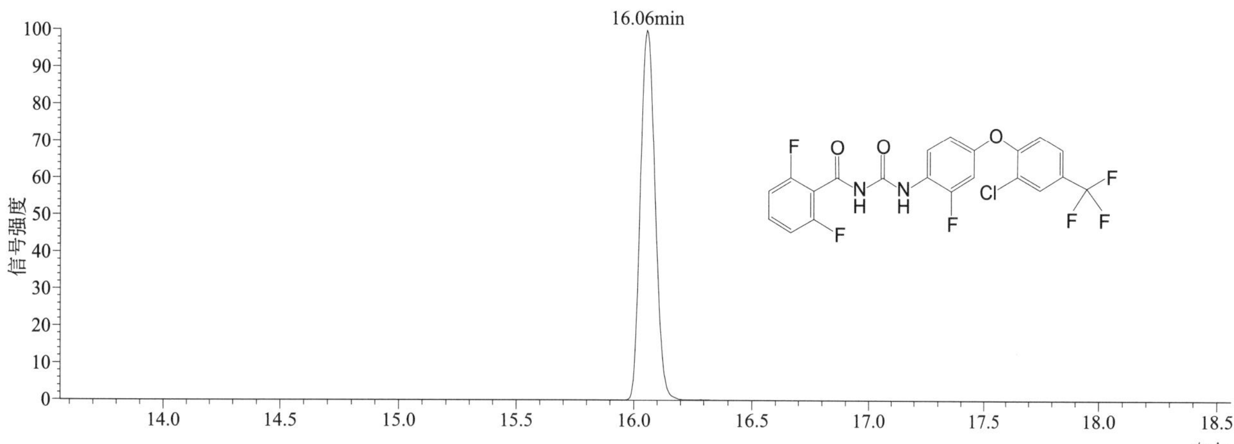

[M+H]+ 典型的一级质谱图

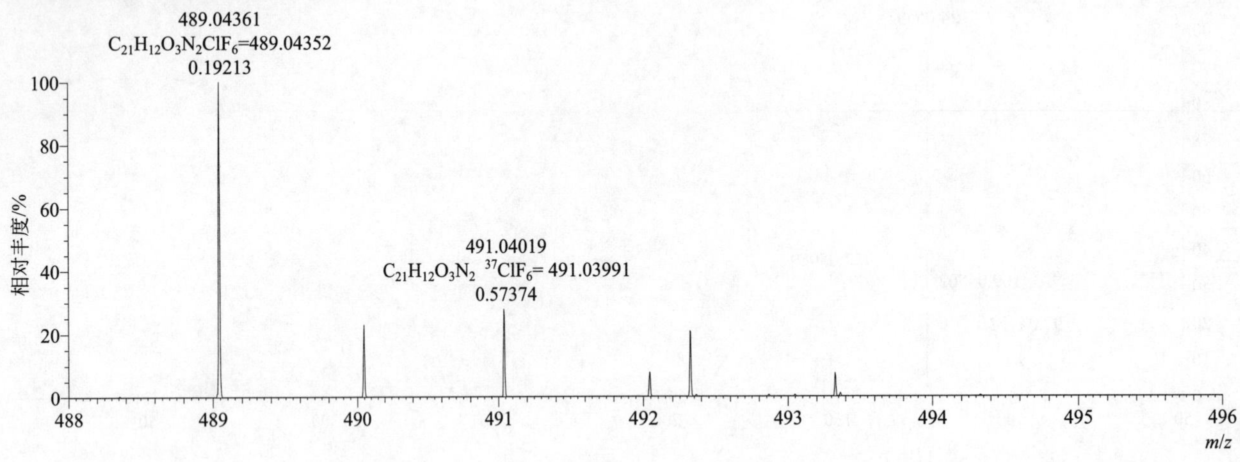

[M+H]+ 归一化法能量 NCE 为 20 时典型的二级质谱图

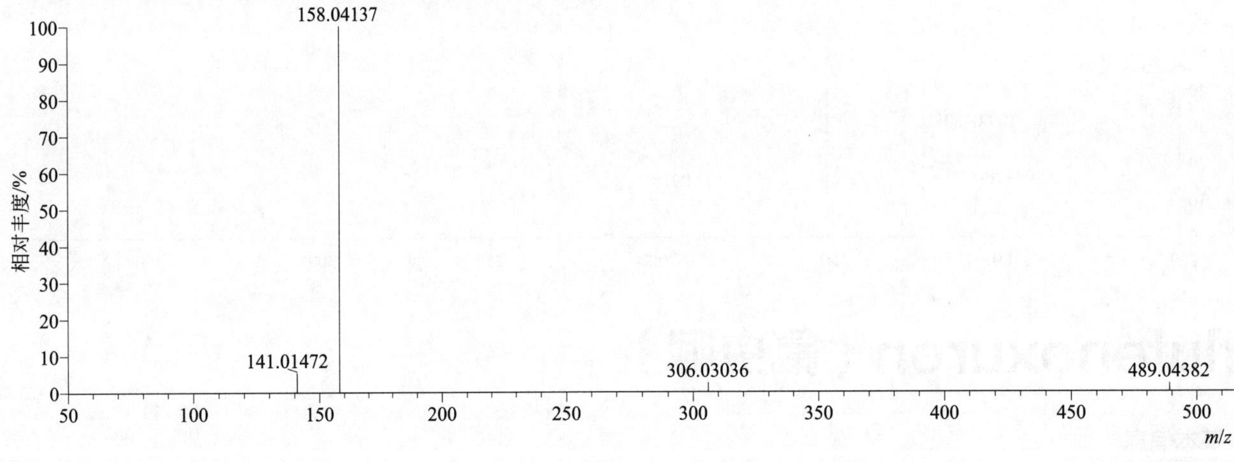

[M+H]+ 归一化法能量 NCE 为 40 时典型的二级质谱图

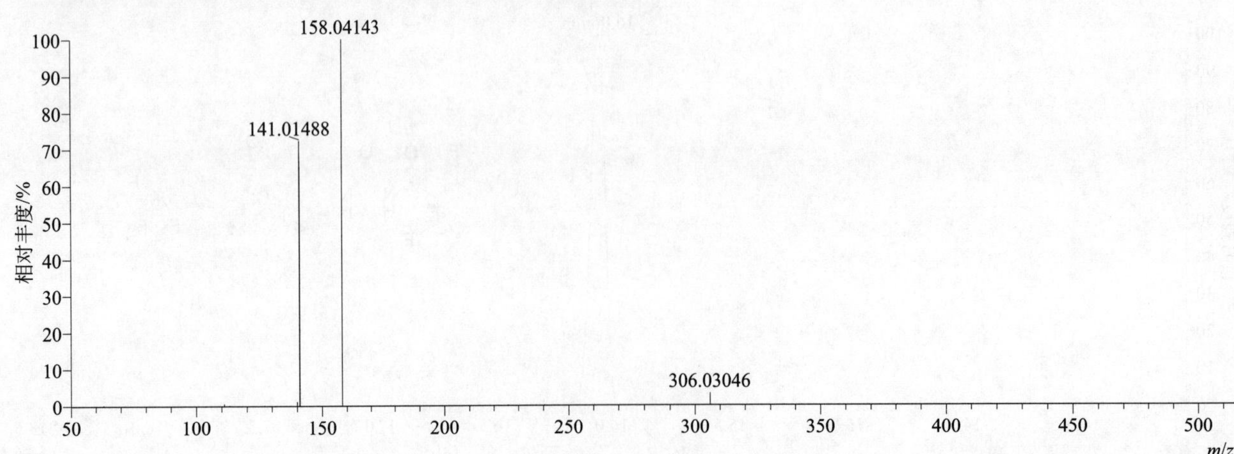

[M+H]+ 归一化法能量 NCE 为 60 时典型的二级质谱图

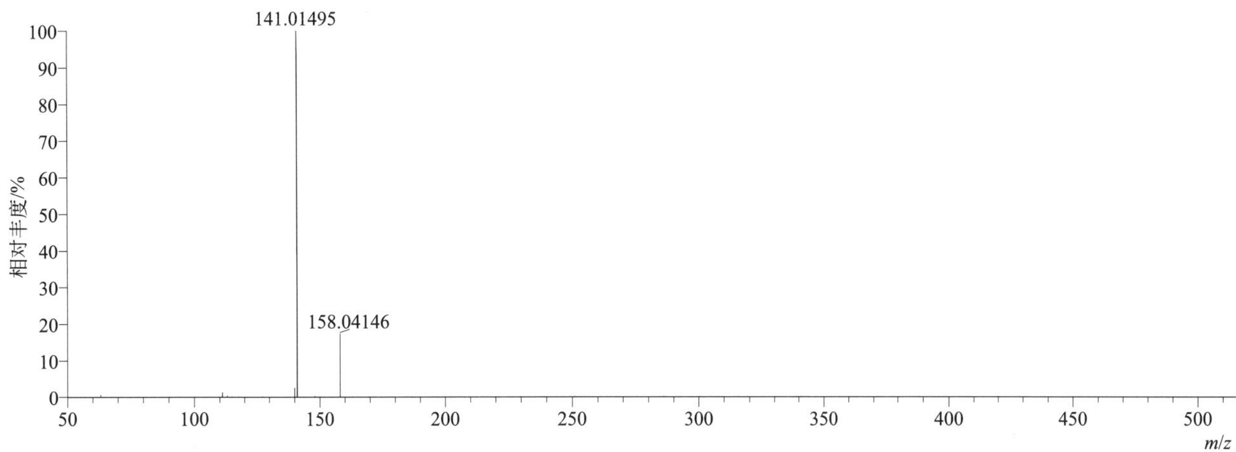

[M+H]+ 阶梯归一化法能量 Step NCE 为 20、40、60 时典型的二级质谱图

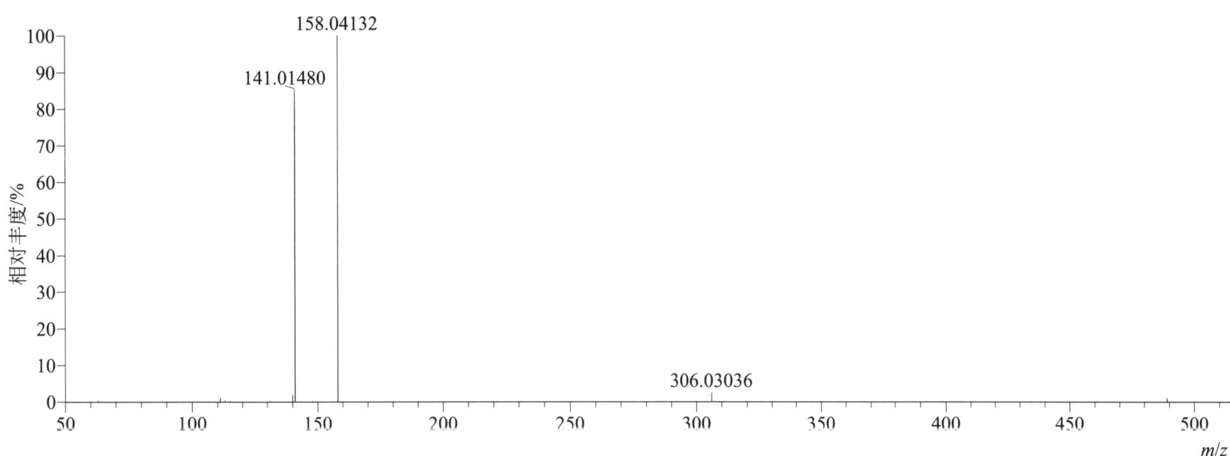

flufenpyr-ethyl（氟哒嗪草酯）

基本信息

CAS 登录号	188489-07-8	分子量	408.05000	离子源和极性	电喷雾离子源（ESI）
分子式	$C_{16}H_{13}ClF_4N_2O_4$	保留时间	14.84min	极性	正模式

[M+H]+ 提取离子流色谱图

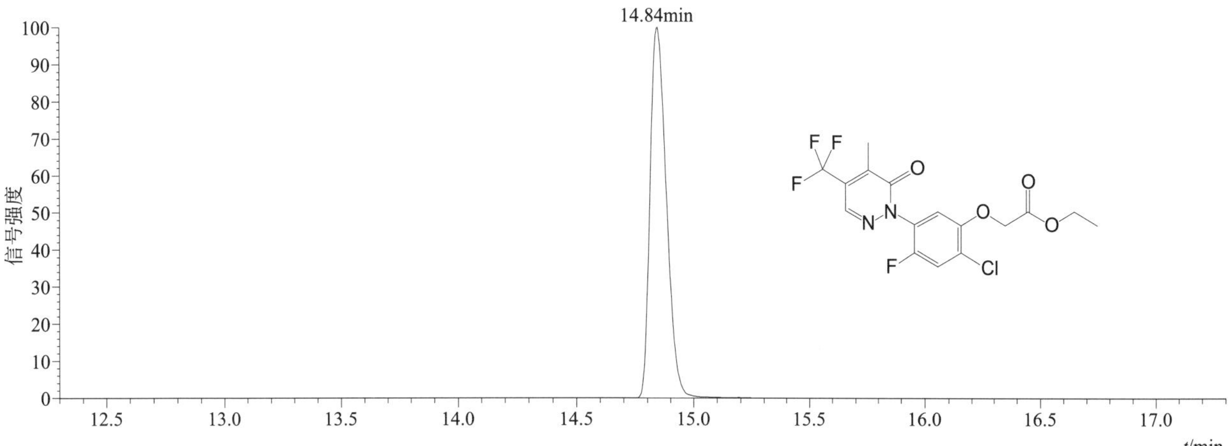

$[M+H]^+$、$[M+NH_4]^+$ 和 $[M+Na]^+$ 典型的一级质谱图（全图）

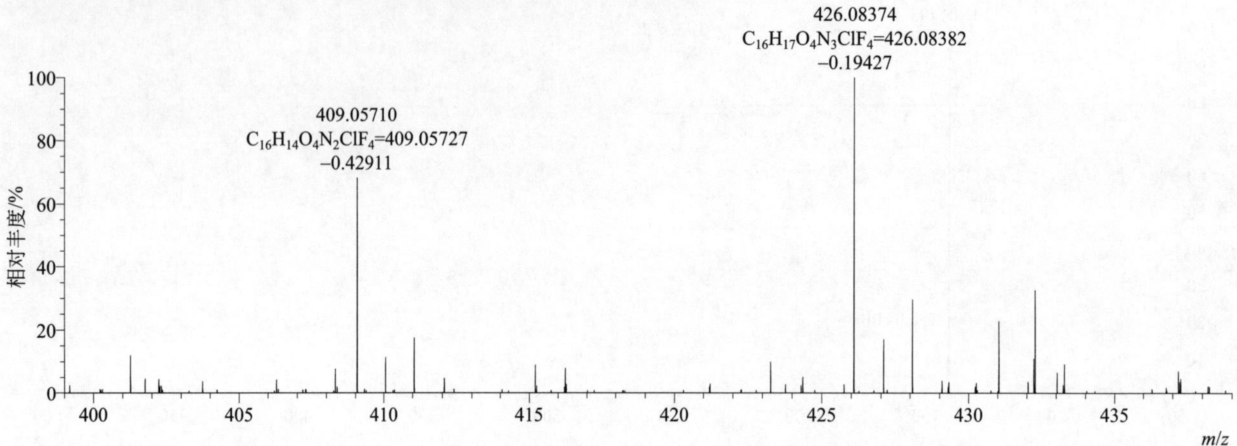

$[M+H]^+$、$[M+NH_4]^+$ 和 $[M+Na]^+$ 典型的一级质谱图（局部图）

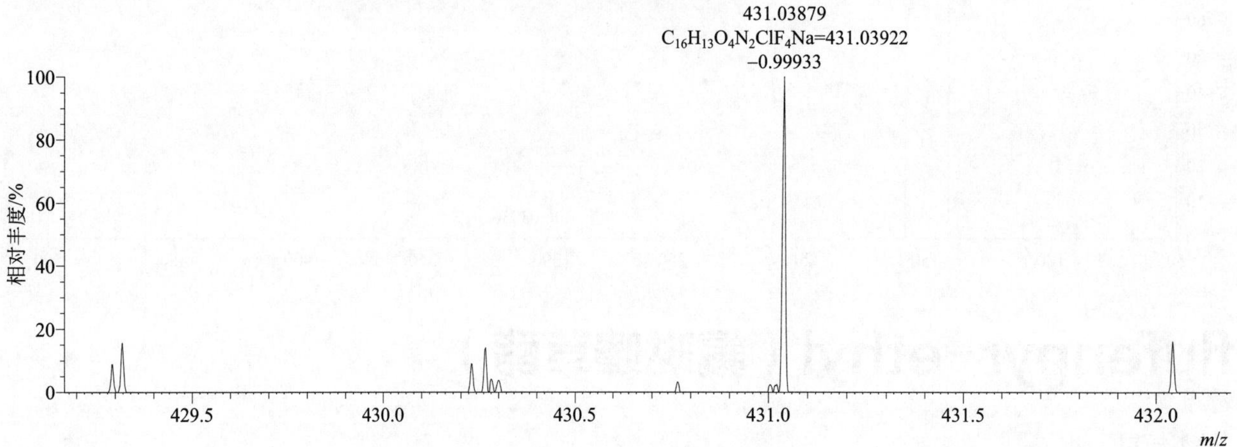

$[M+H]^+$ 典型的一级质谱图

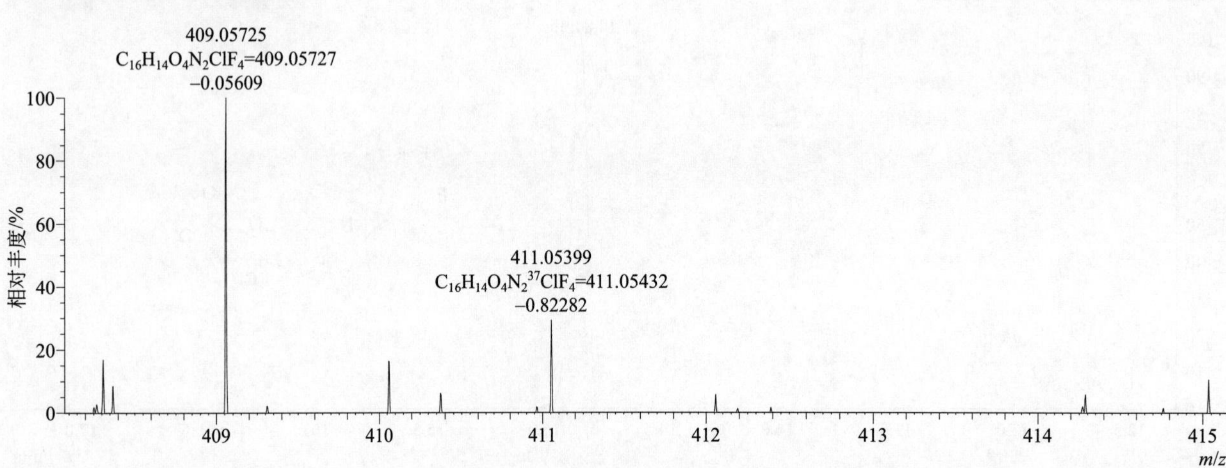

$[M+NH_4]^+$ 典型的一级质谱图

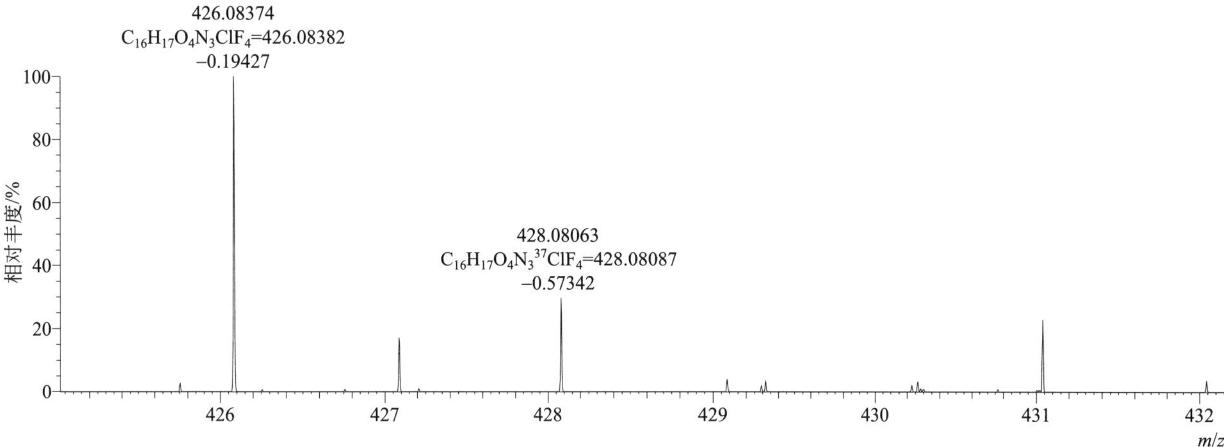

$[M+Na]^+$ 典型的一级质谱图

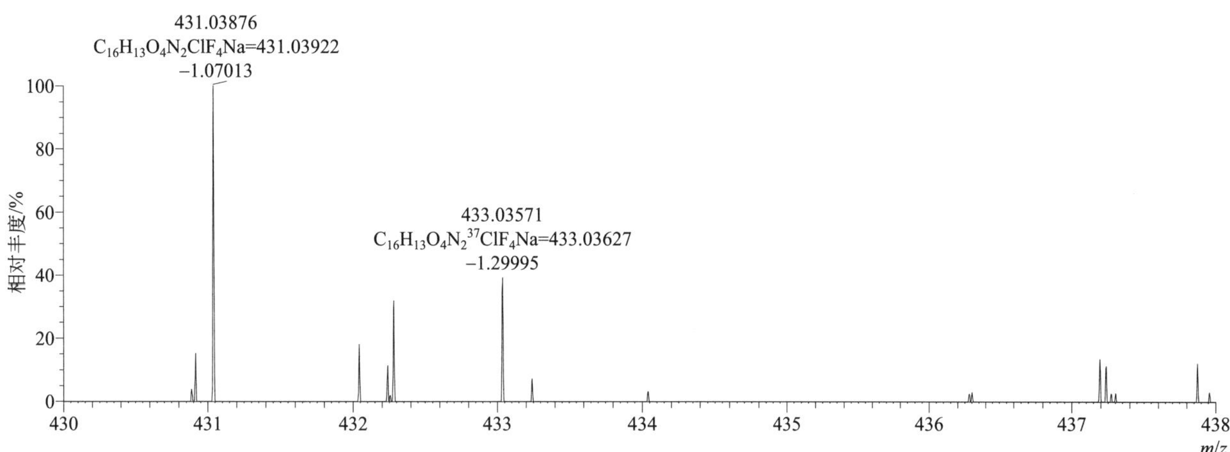

$[M+H]^+$ 归一化法能量 NCE 为 20 时典型的二级质谱图

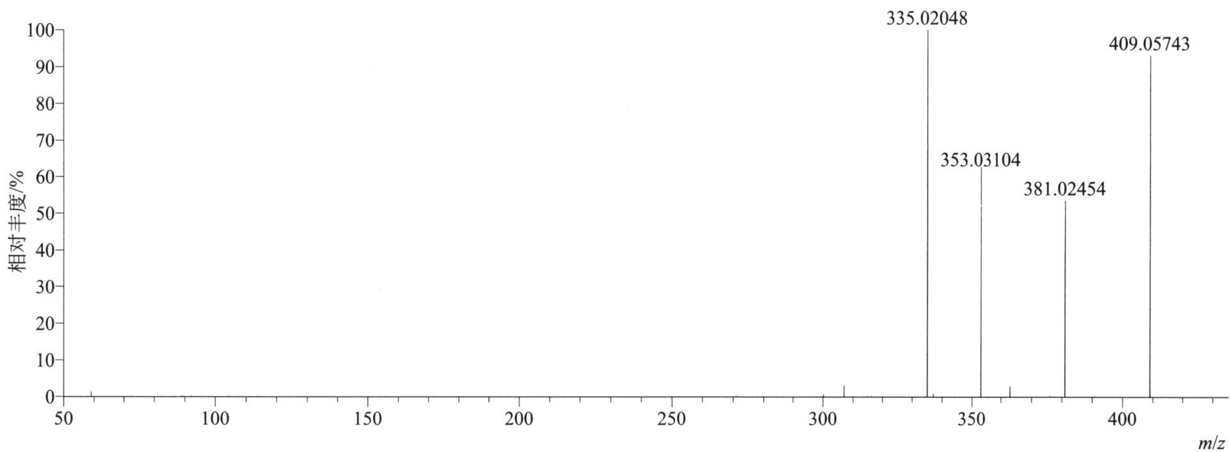

[M+H]+ 归一化法能量 NCE 为 40 时典型的二级质谱图

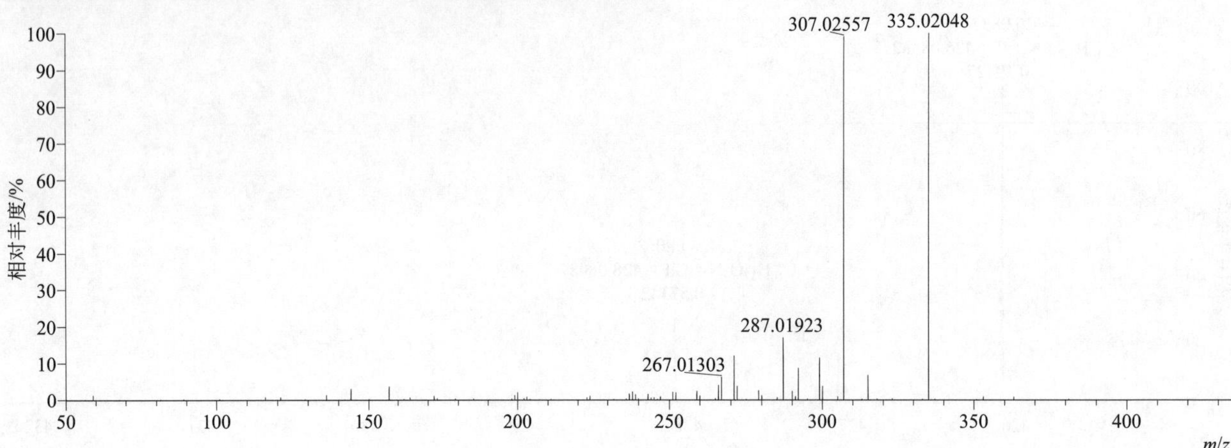

[M+H]+ 归一化法能量 NCE 为 60 时典型的二级质谱图

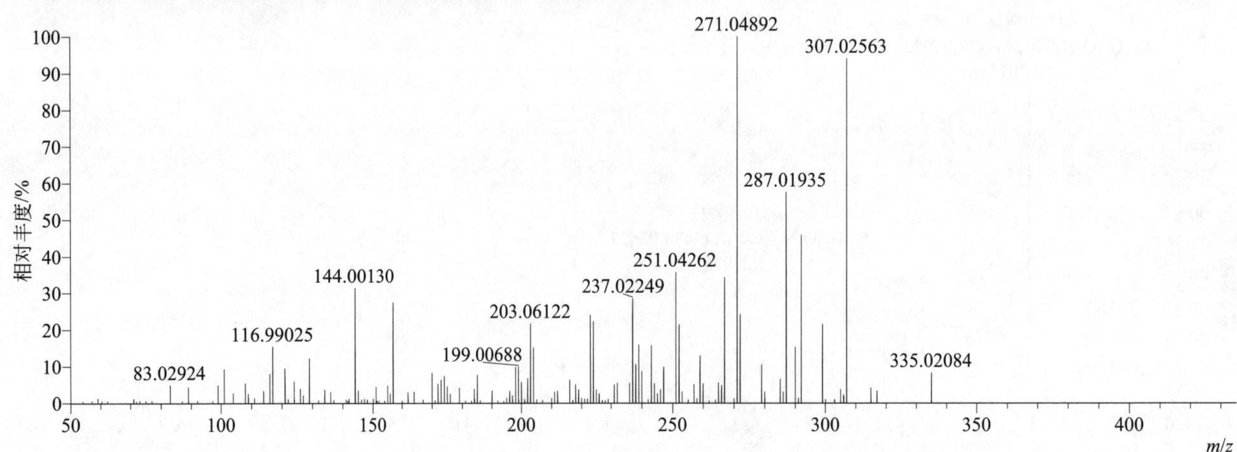

[M+H]+ 阶梯归一化法能量 Step NCE 为 20、40、60 时典型的二级质谱图

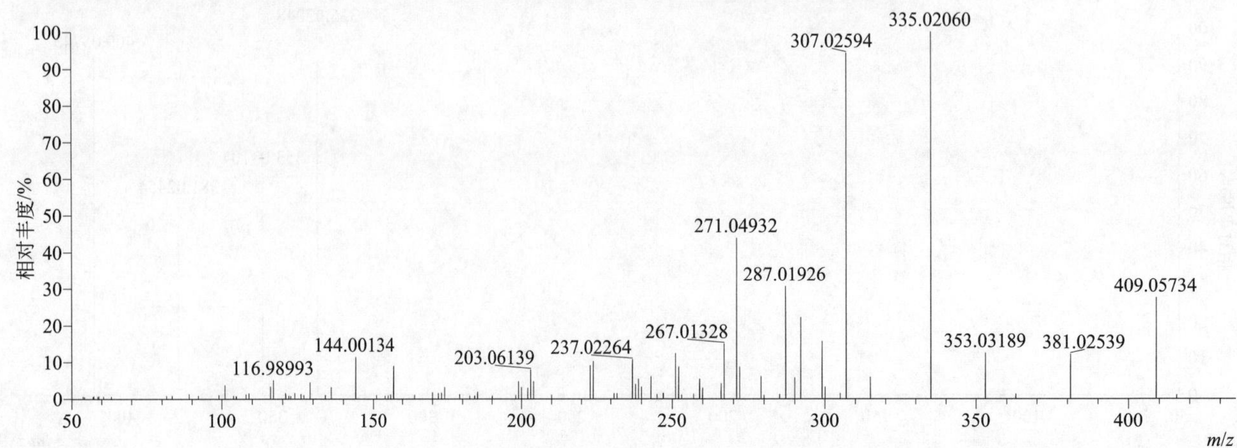

[M+NH4]+ 归一化法能量 NCE 为 20 时典型的二级质谱图

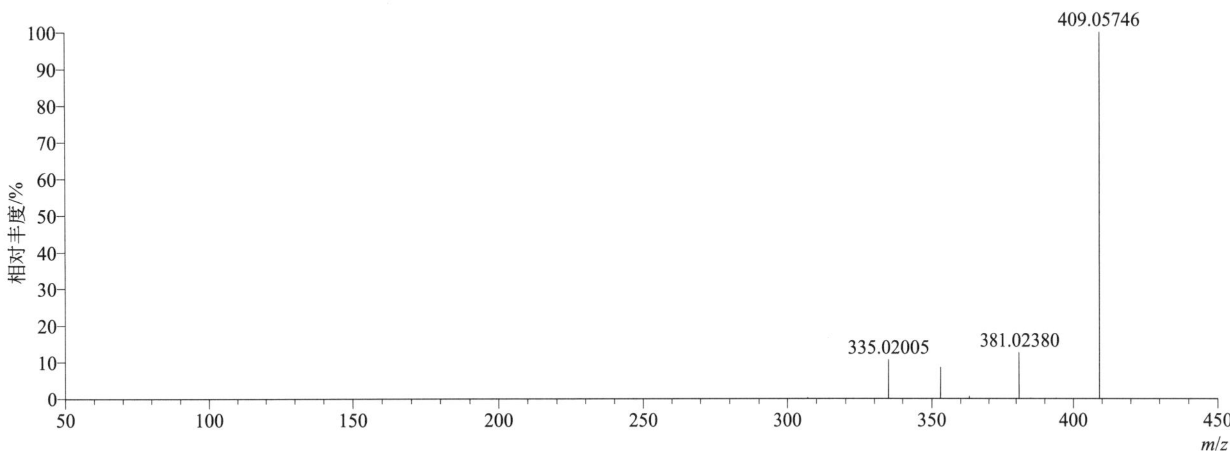

[M+NH4]+ 归一化法能量 NCE 为 40 时典型的二级质谱图

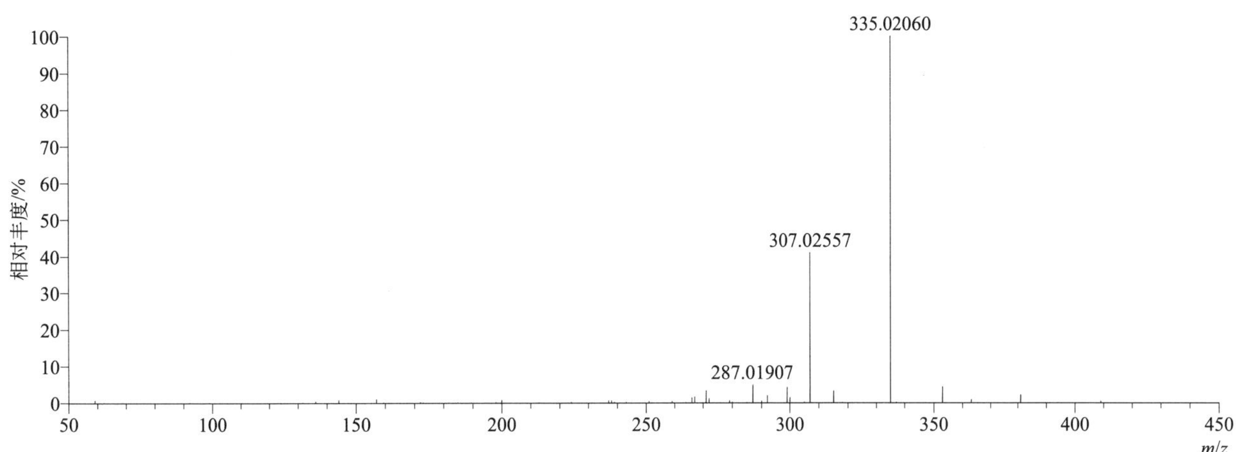

[M+NH4]+ 归一化法能量 NCE 为 60 时典型的二级质谱图

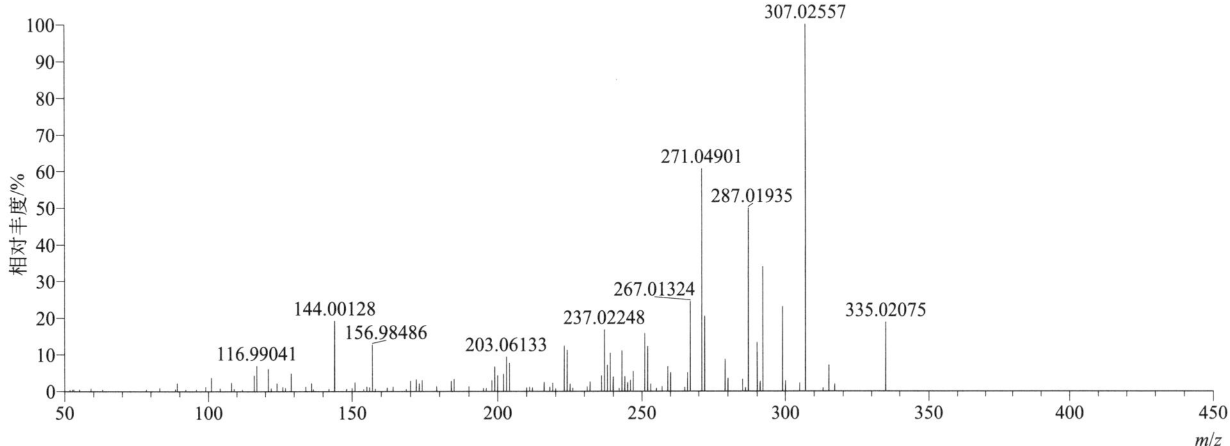

[M+NH4]+ 阶梯归一化法能量 Step NCE 为 20、40、60 时典型的二级质谱图

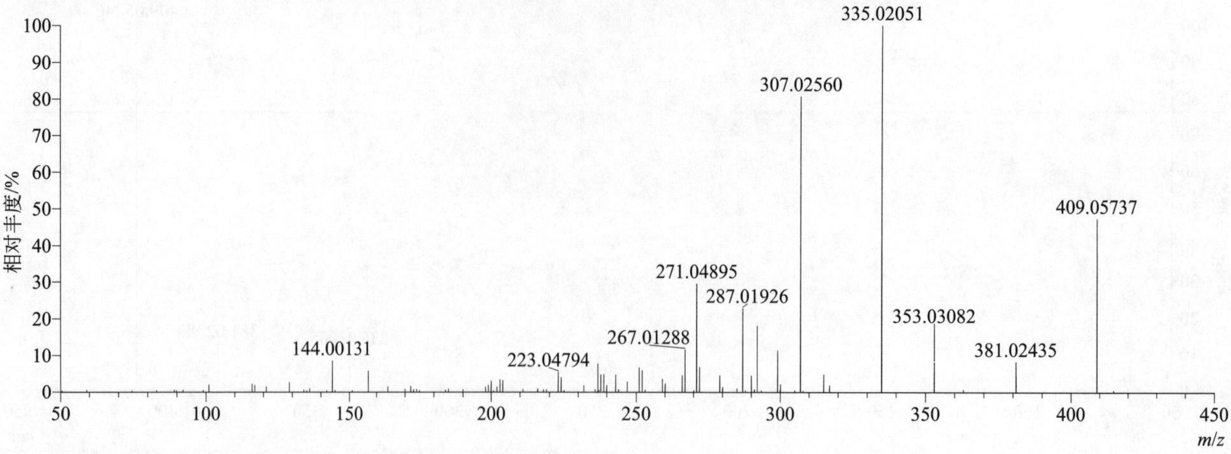

flumequine（氟甲喹）

基本信息

CAS 登录号	42835-25-6	分子量	261.08012	离子源和极性	电喷雾离子源（ESI）
分子式	$C_{14}H_{12}FNO_3$	保留时间	13.53min	极性	正模式

[M+H]+ 提取离子流色谱图

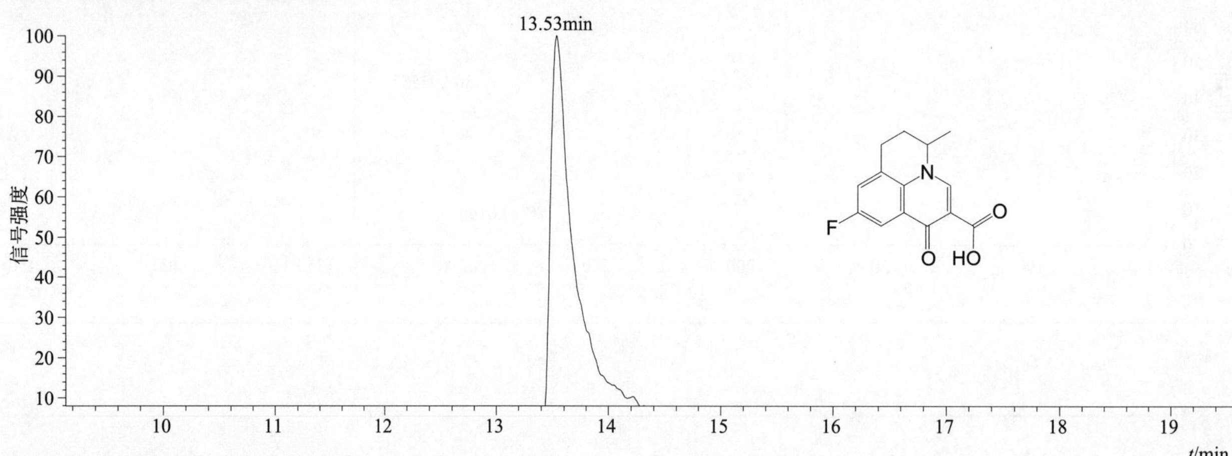

[M+H]+ 典型的一级质谱图

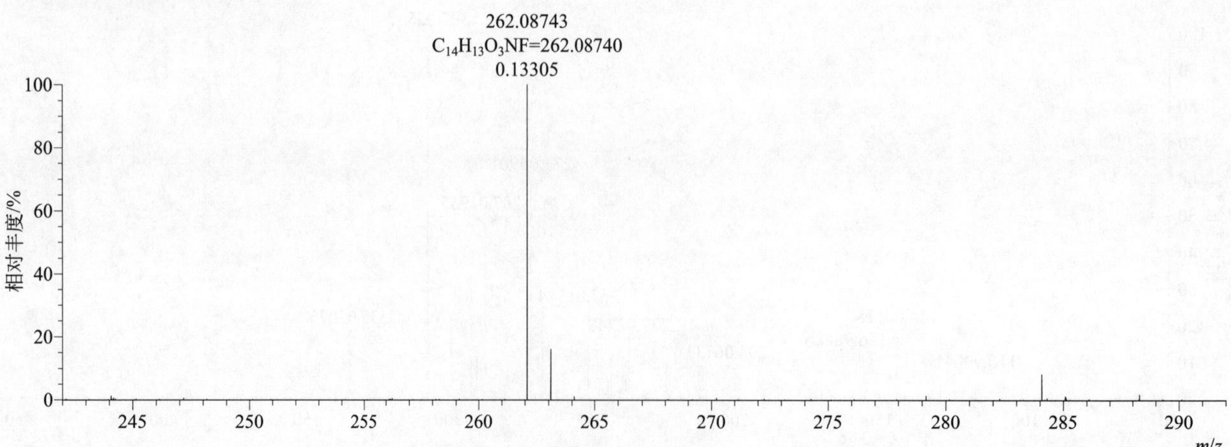

[M+H]⁺ 归一化法能量 NCE 为 20 时典型的二级质谱图

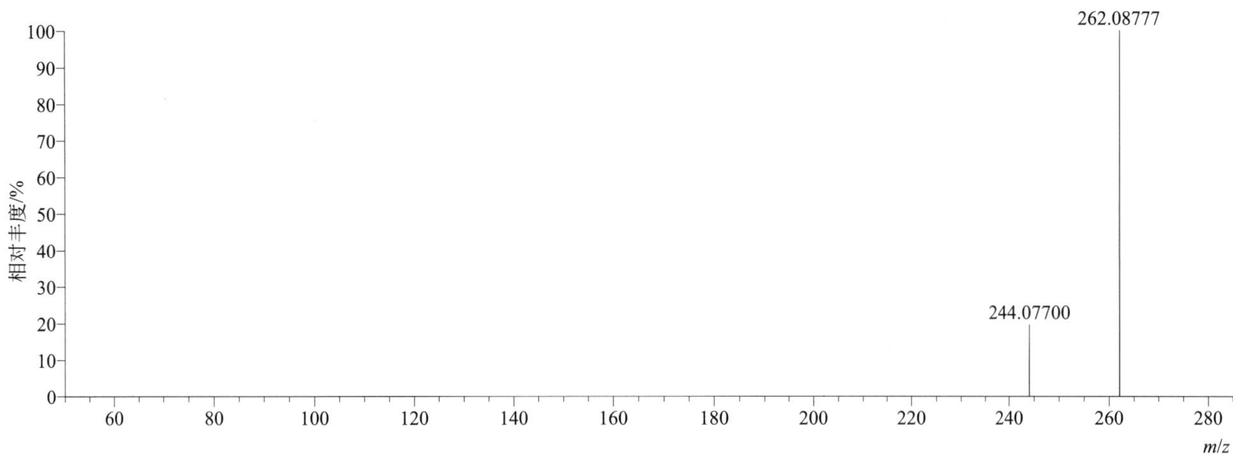

[M+H]⁺ 归一化法能量 NCE 为 40 时典型的二级质谱图

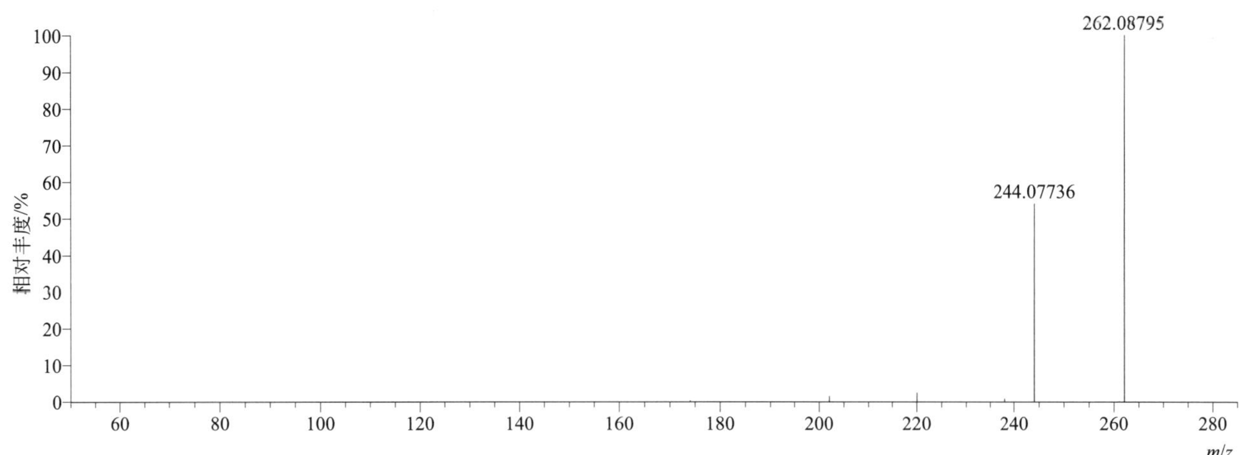

[M+H]⁺ 归一化法能量 NCE 为 60 时典型的二级质谱图

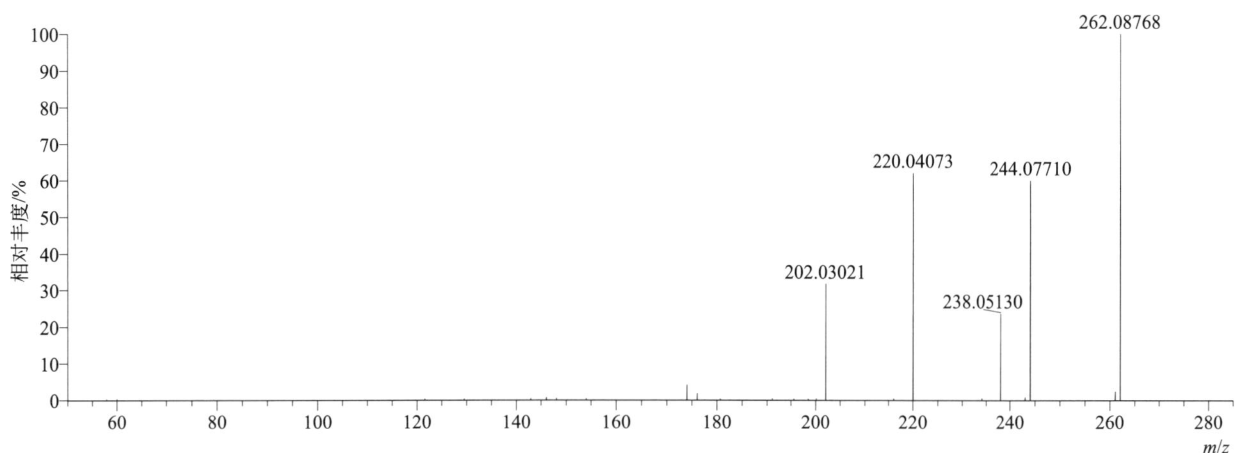

[M+H]$^+$ 阶梯归一化法能量 Step NCE 为 20、40、60 时典型的二级质谱图

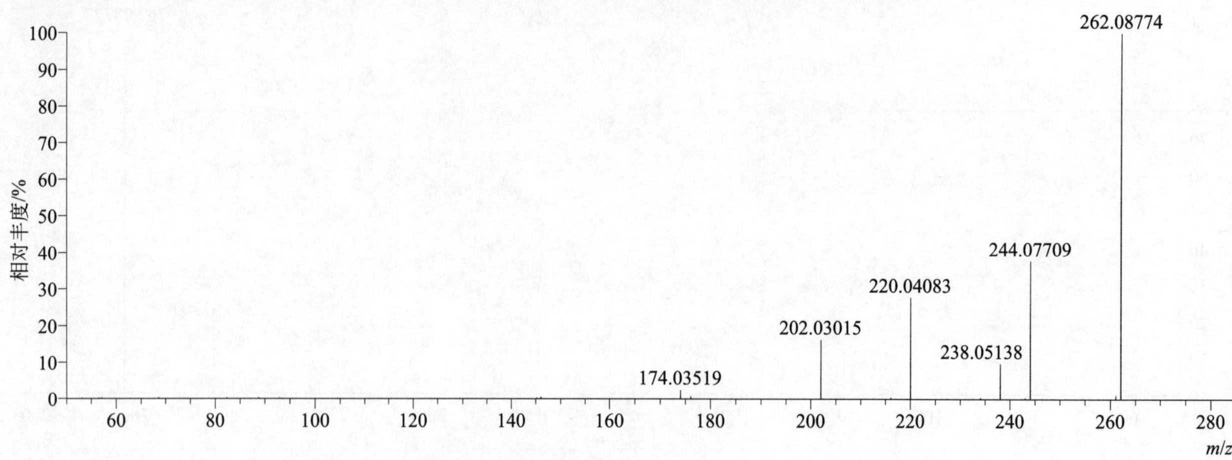

flumetsulam（唑嘧磺草胺）

基本信息

CAS 登录号	98967-40-9	分子量	325.04450	离子源和极性	电喷雾离子源（ESI）
分子式	$C_{12}H_9F_2N_5O_2S$	保留时间	11.71min	极性	正模式

[M+H]$^+$ 提取离子流色谱图

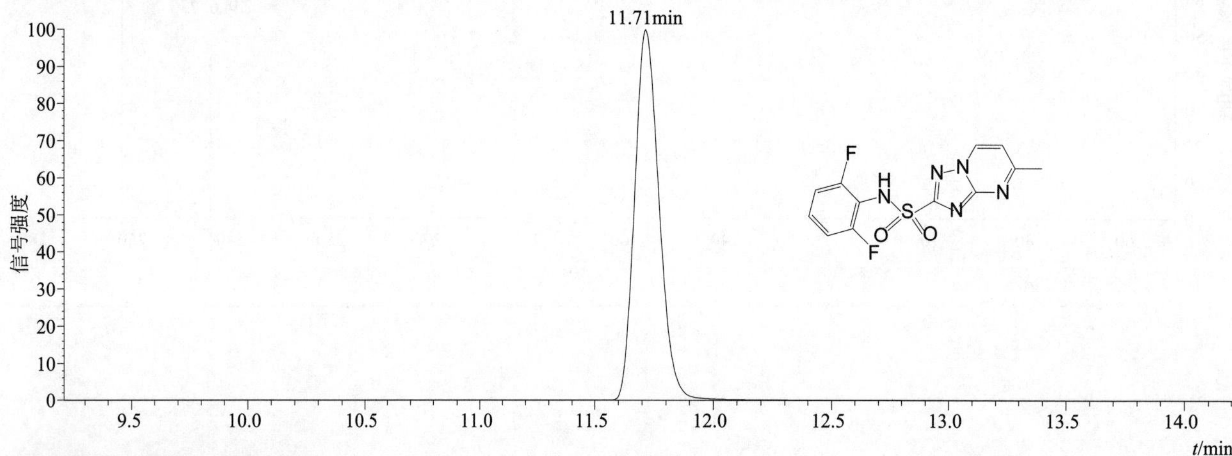

[M+H]$^+$ 典型的一级质谱图

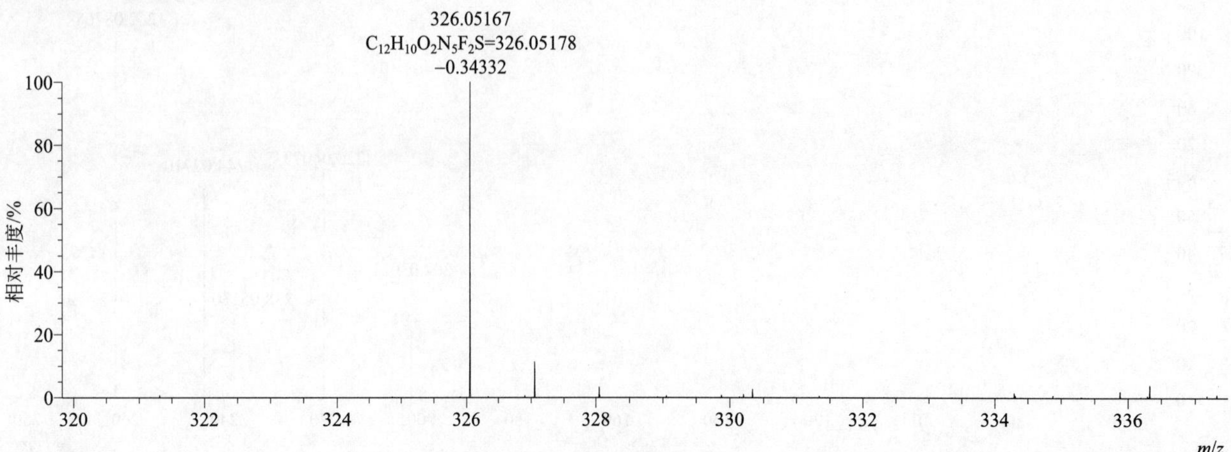

[M+H]$^+$ 归一化法能量 NCE 为 20 时典型的二级质谱图

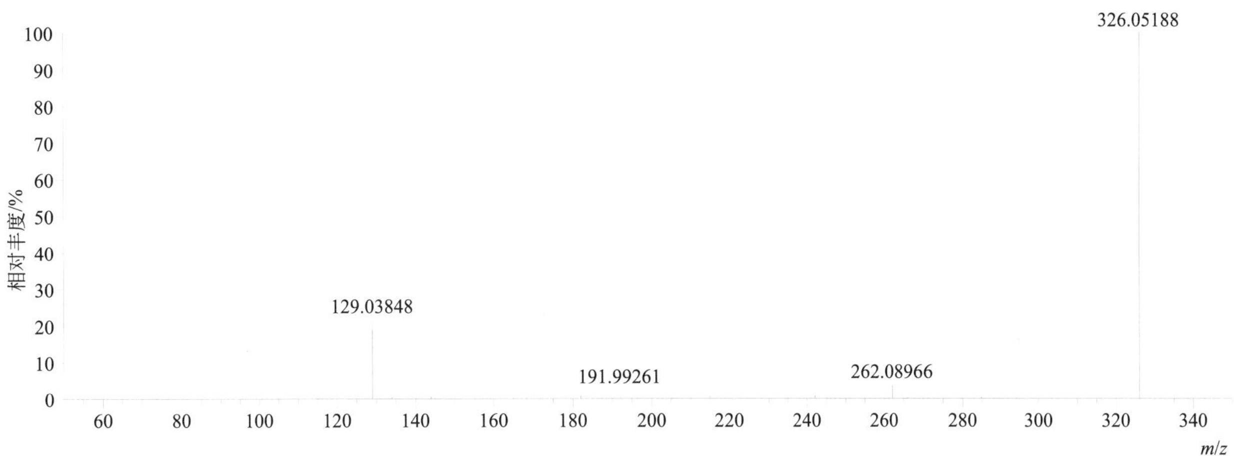

[M+H]$^+$ 归一化法能量 NCE 为 40 时典型的二级质谱图

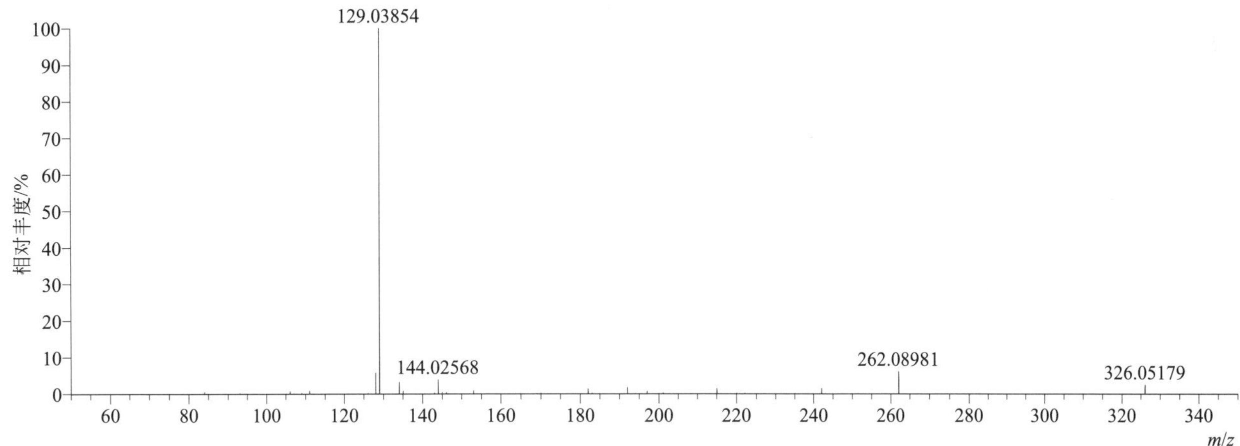

[M+H]$^+$ 归一化法能量 NCE 为 60 时典型的二级质谱图

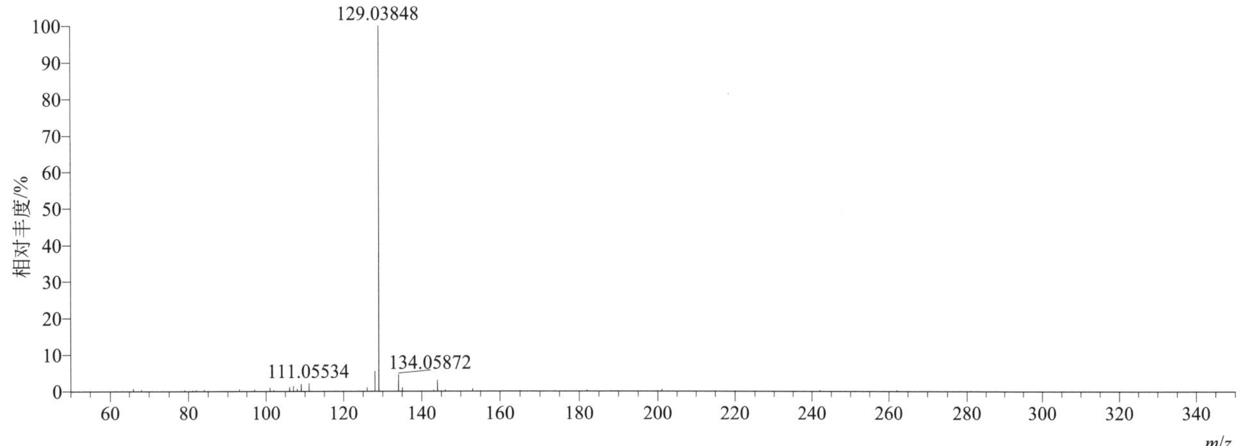

[M+H]+ 阶梯归一化法能量 Step NCE 为 20、40、60 时典型的二级质谱图

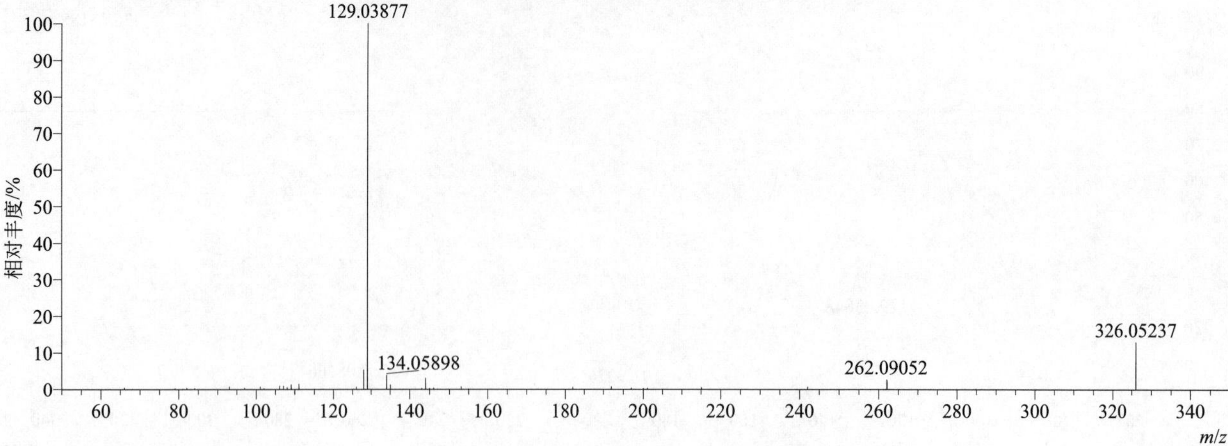

flumiclorac-pentyl（氟烯草酸）

基本信息

CAS 登录号	87546-18-7	分子量	423.12488	离子源和极性	电喷雾离子源（ESI）
分子式	$C_{21}H_{23}ClFNO_5$	保留时间	15.67min	极性	正模式

[M+NH4]+ 提取离子流色谱图

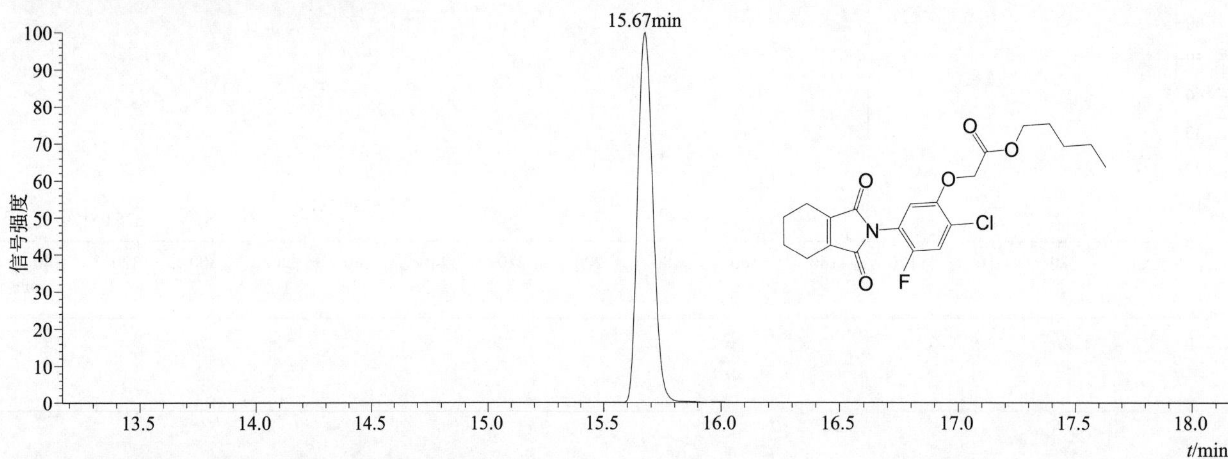

[M+H]+ 和 [M+NH4]+ 典型的一级质谱图

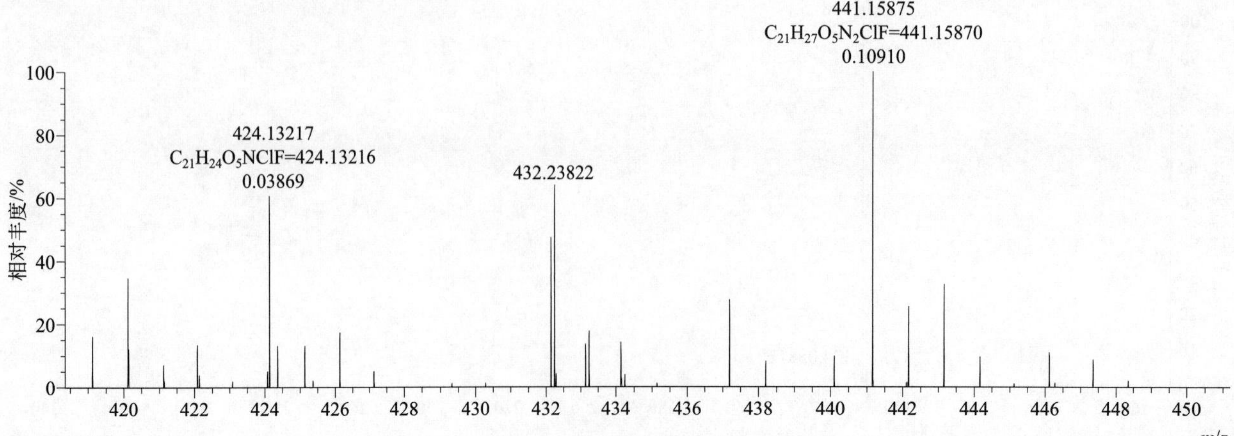

[M+H]+ 典型的一级质谱图

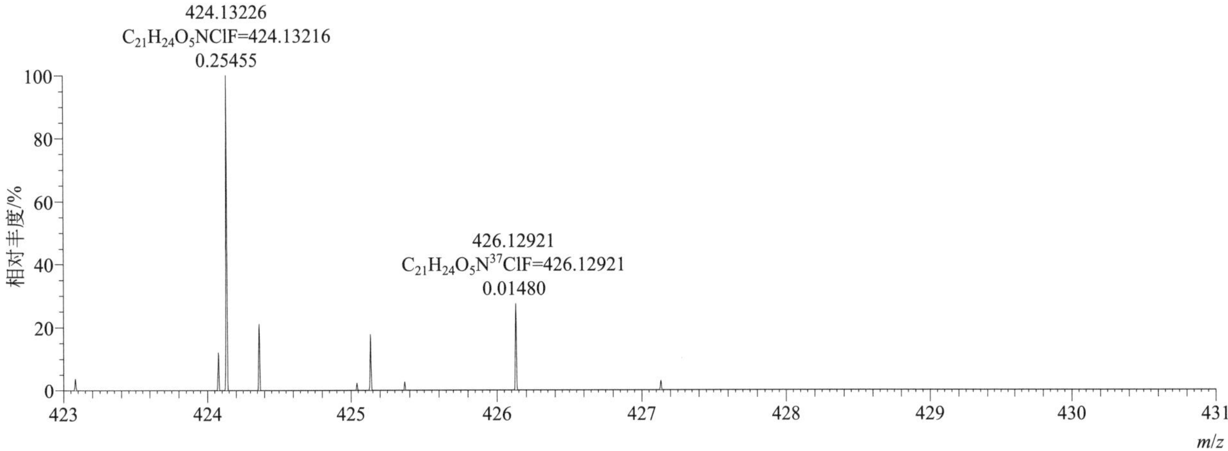

[M+NH4]+ 典型的一级质谱图

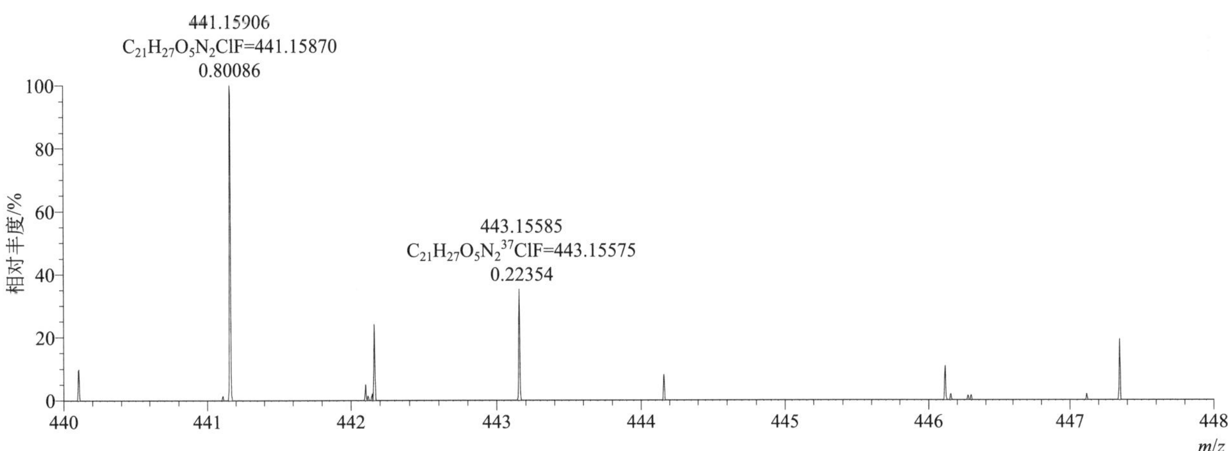

[M+H]+ 归一化法能量 NCE 为 20 时典型的二级质谱图

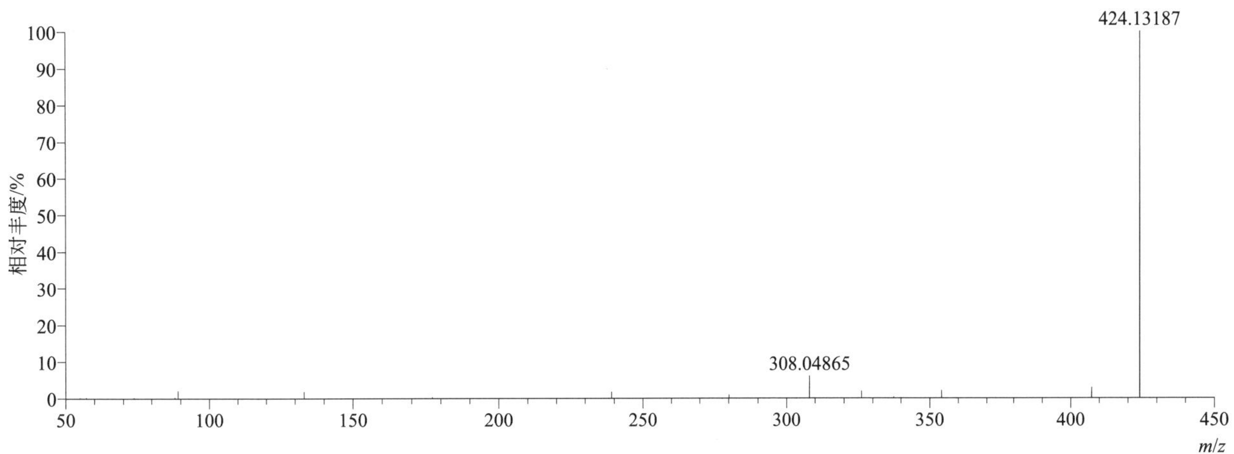

[M+H]$^+$ 归一化法能量 NCE 为 40 时典型的二级质谱图

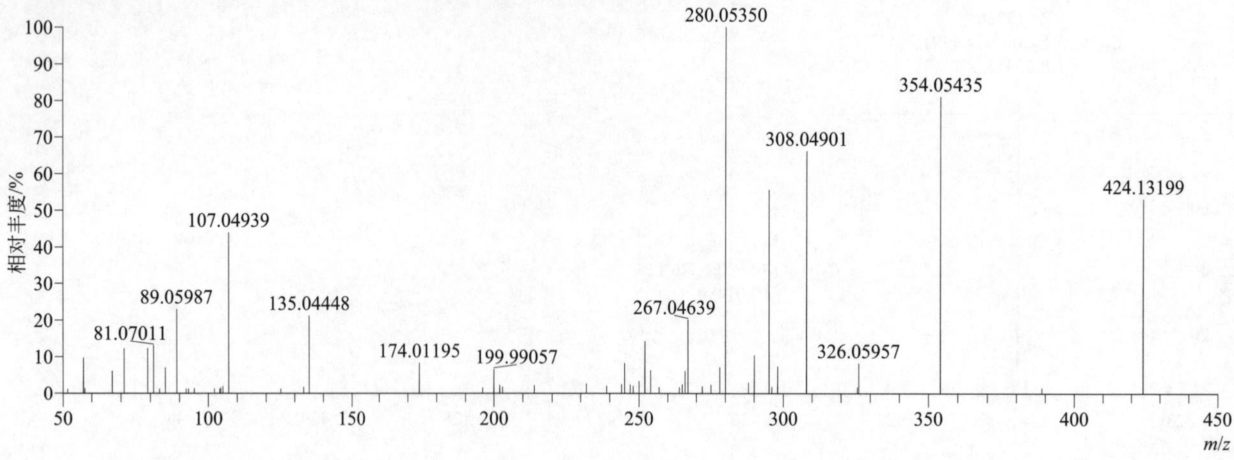

[M+H]$^+$ 归一化法能量 NCE 为 60 时典型的二级质谱图

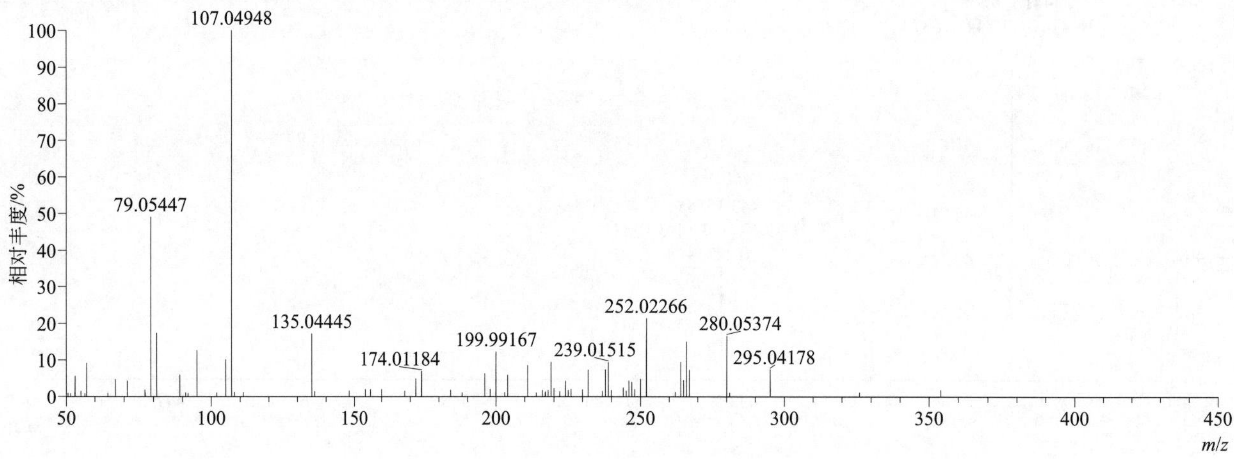

[M+H]$^+$ 阶梯归一化法能量 Step NCE 为 20、40、60 时典型的二级质谱图

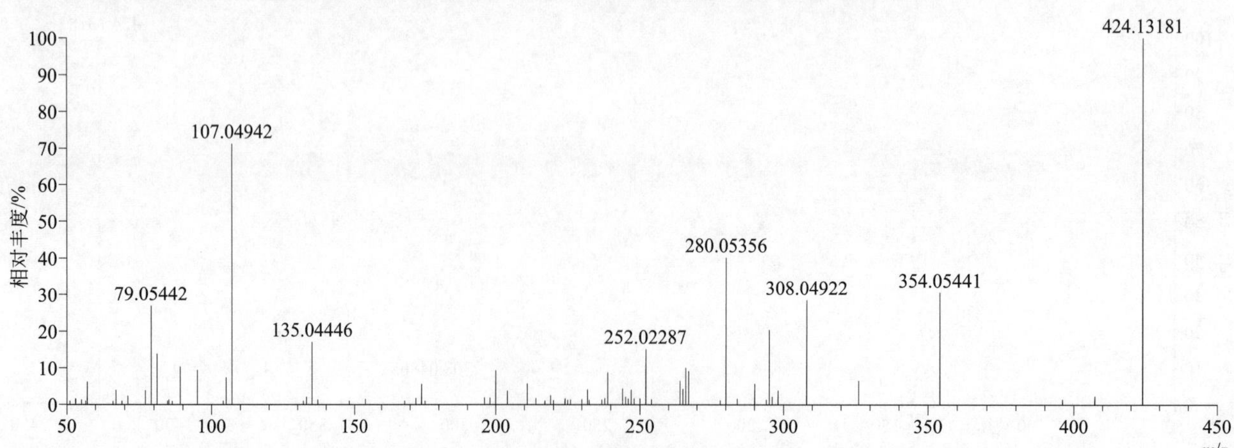

[M+NH$_4$]$^+$ 归一化法能量 NCE 为 20 时典型的二级质谱图

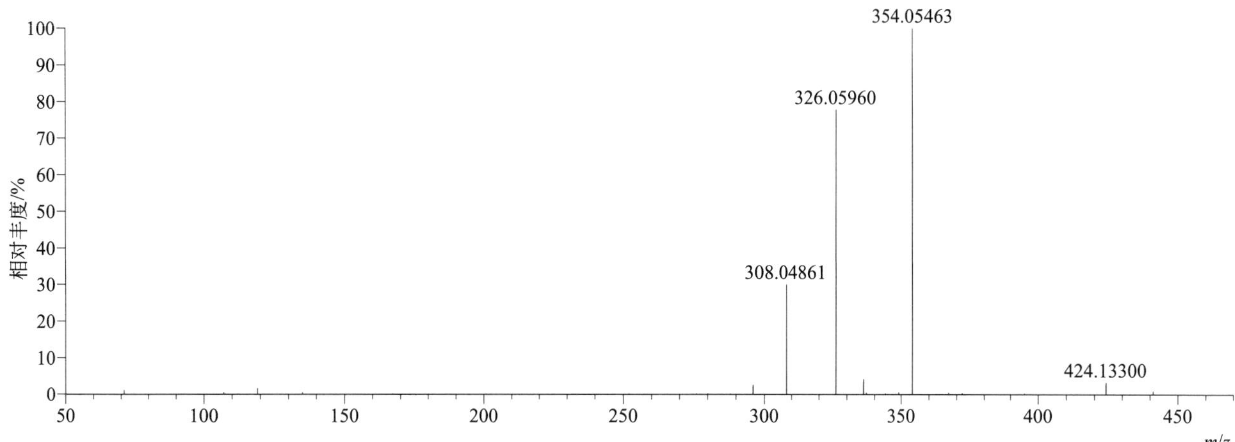

[M+NH$_4$]$^+$ 归一化法能量 NCE 为 40 时典型的二级质谱图

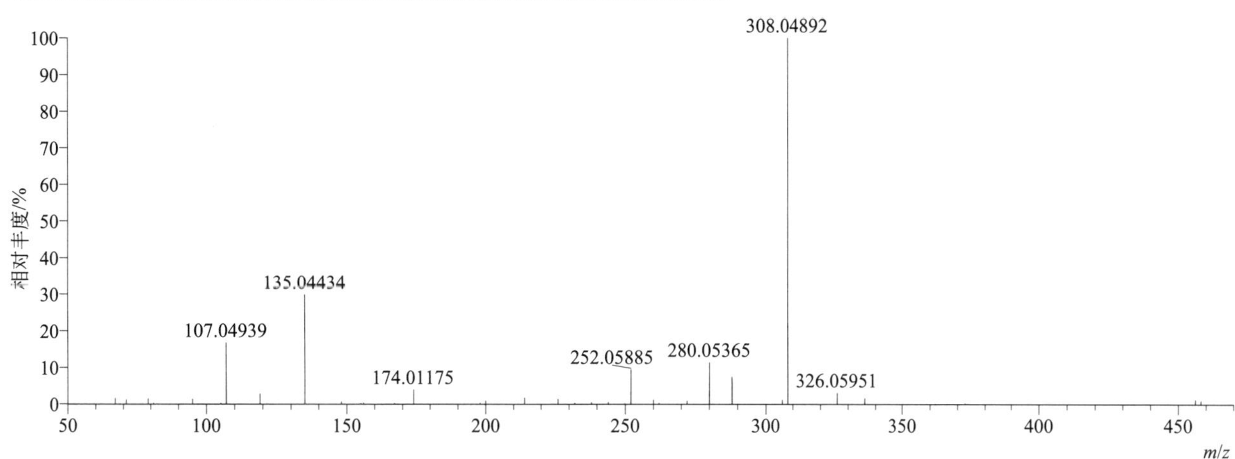

[M+NH$_4$]$^+$ 归一化法能量 NCE 为 60 时典型的二级质谱图

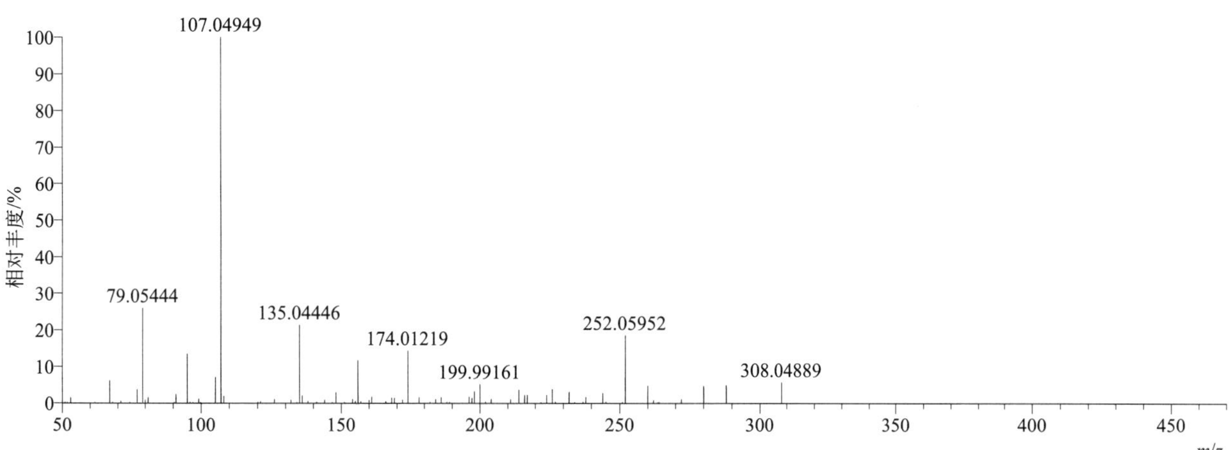

[M+NH$_4$]$^+$ 阶梯归一化法能量 Step NCE 为 20、40、60 时典型的二级质谱图

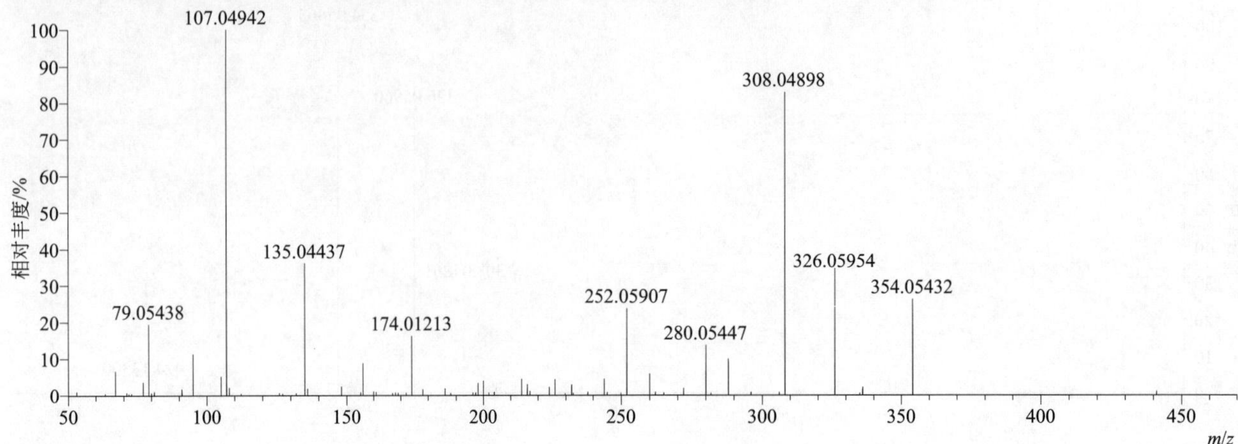

flumorph（氟吗啉）

基本信息

CAS 登录号	211867-47-9	分子量	371.15329	离子源和极性	电喷雾离子源（ESI）
分子式	$C_{21}H_{22}FNO_4$	保留时间	13.75min	极性	正模式

[M+H]$^+$ 提取离子流色谱图

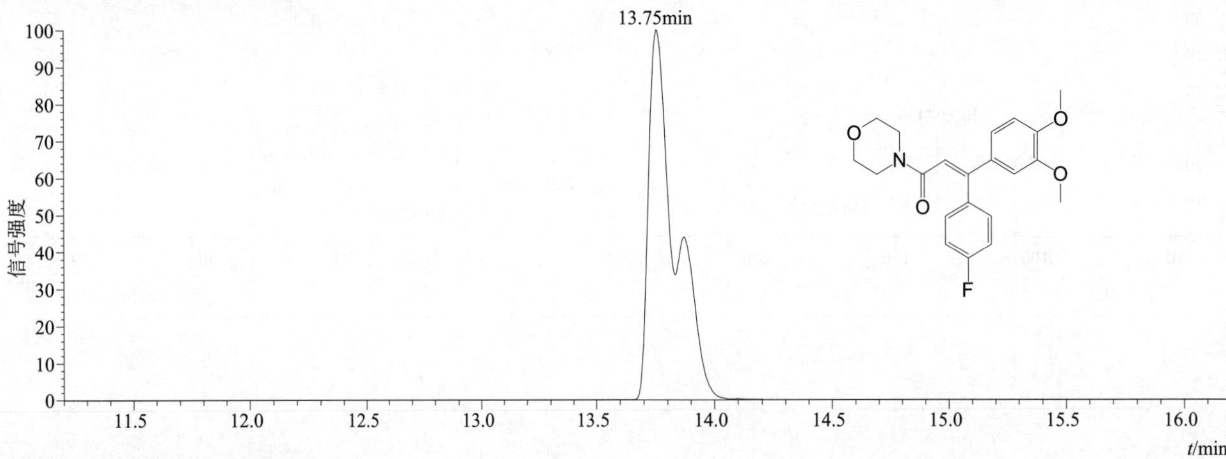

[M+H]$^+$ 典型的一级质谱图

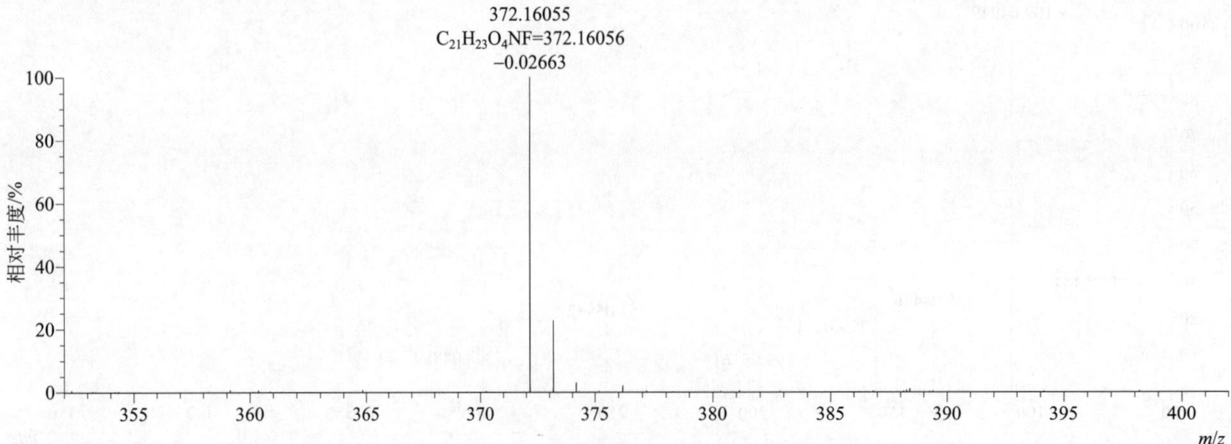

[M+H]⁺ 归一化法能量 NCE 为 20 时典型的二级质谱图

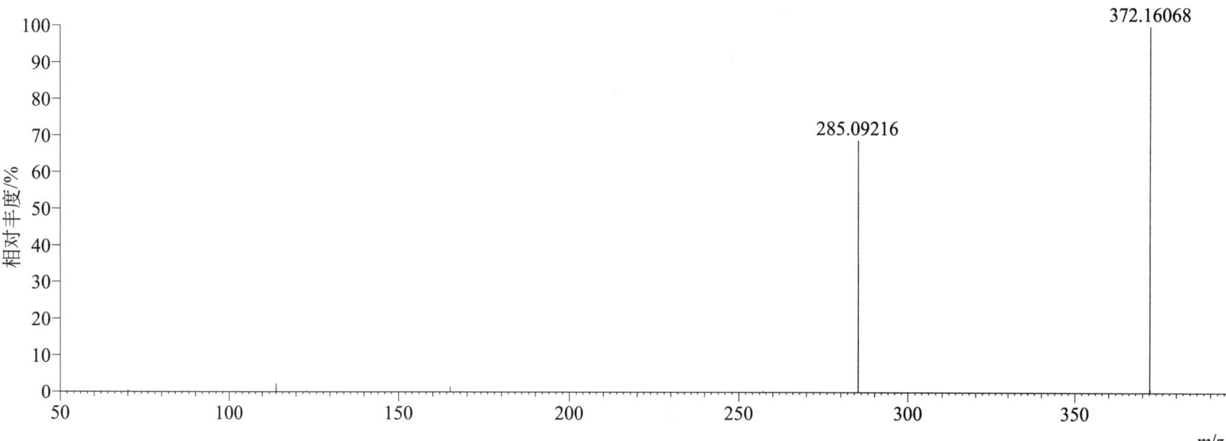

[M+H]⁺ 归一化法能量 NCE 为 40 时典型的二级质谱图

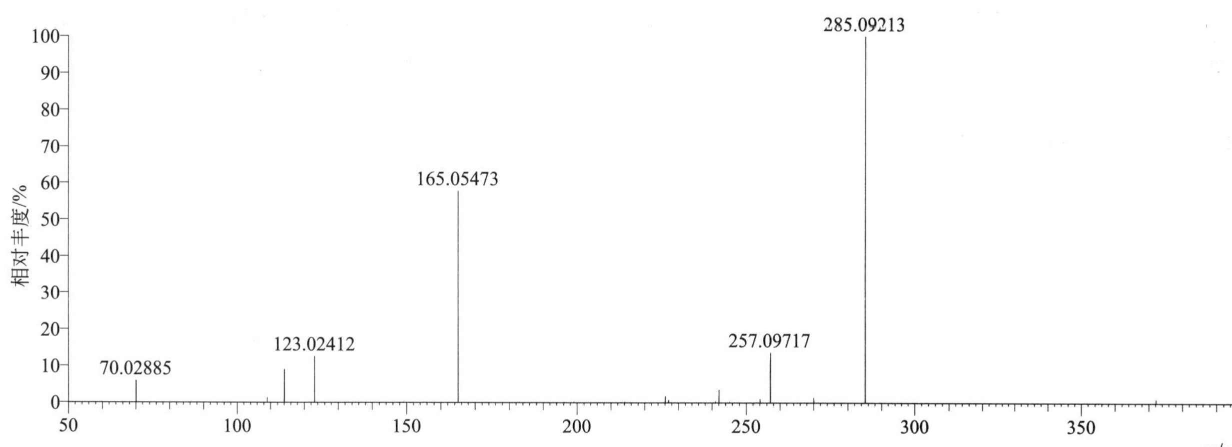

[M+H]⁺ 归一化法能量 NCE 为 60 时典型的二级质谱图

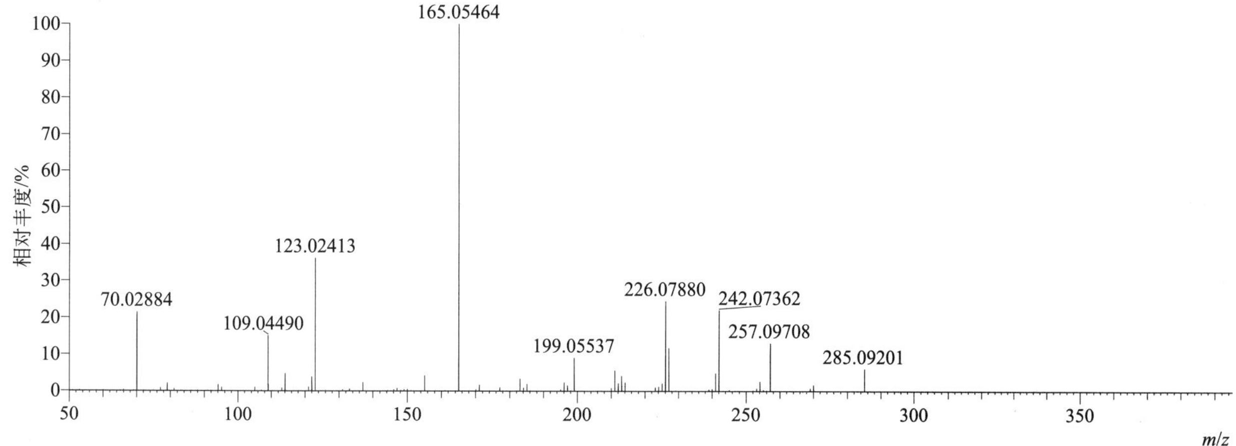

[M+H]+ 阶梯归一化法能量 Step NCE 为 20、40、60 时典型的二级质谱图

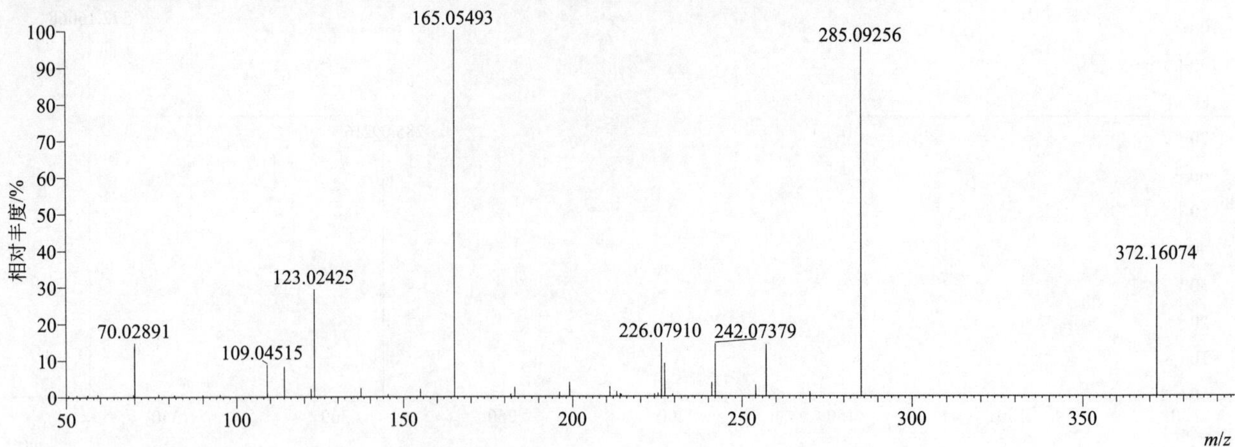

fluometuron（氟草隆）

基本信息

CAS 登录号	2164-17-2	分子量	232.08235	离子源和极性	电喷雾离子源（ESI）
分子式	$C_{10}H_{11}F_3N_2O$	保留时间	13.58min	极性	正模式

[M+H]+ 提取离子流色谱图

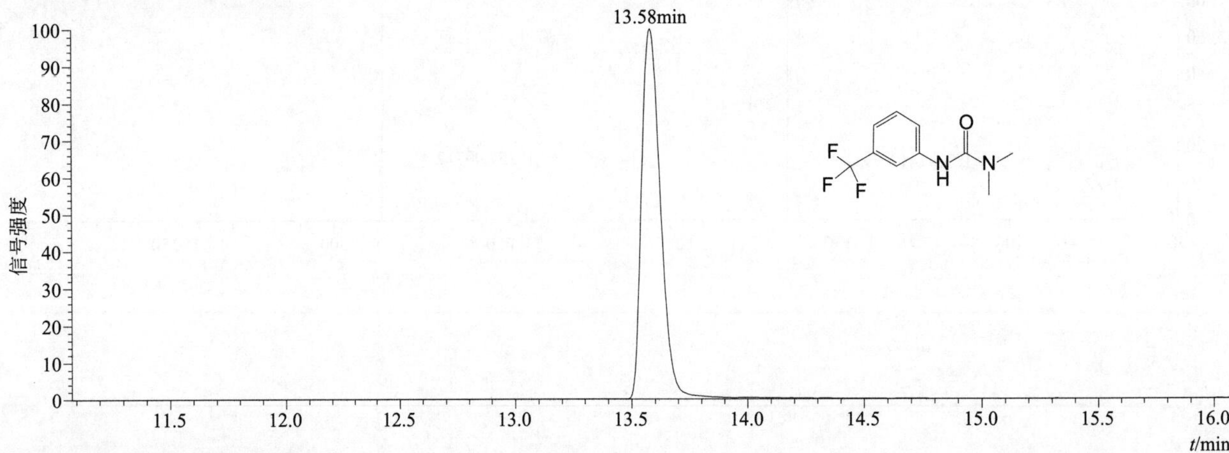

[M+H]+ 典型的一级质谱图

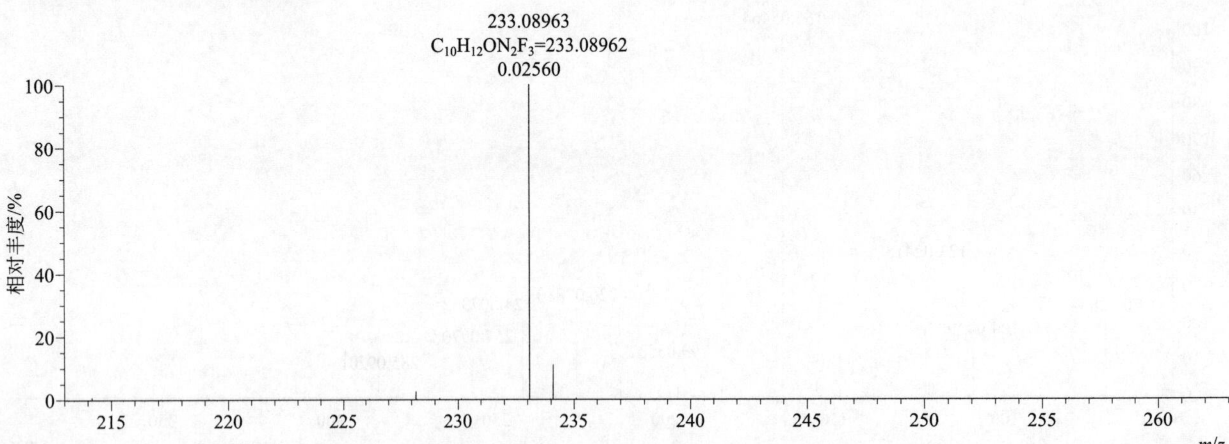

[M+H]+ 归一化法能量 NCE 为 20 时典型的二级质谱图

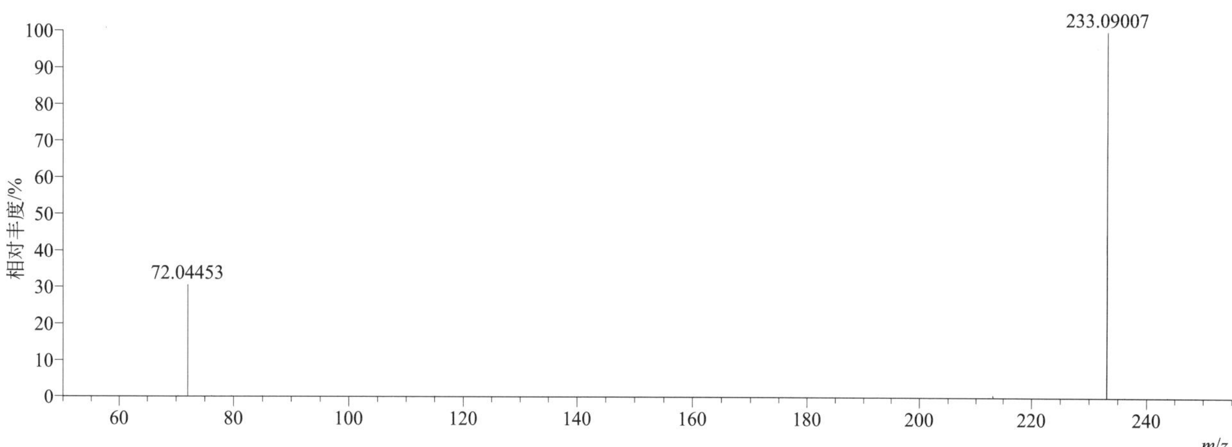

[M+H]+ 归一化法能量 NCE 为 40 时典型的二级质谱图

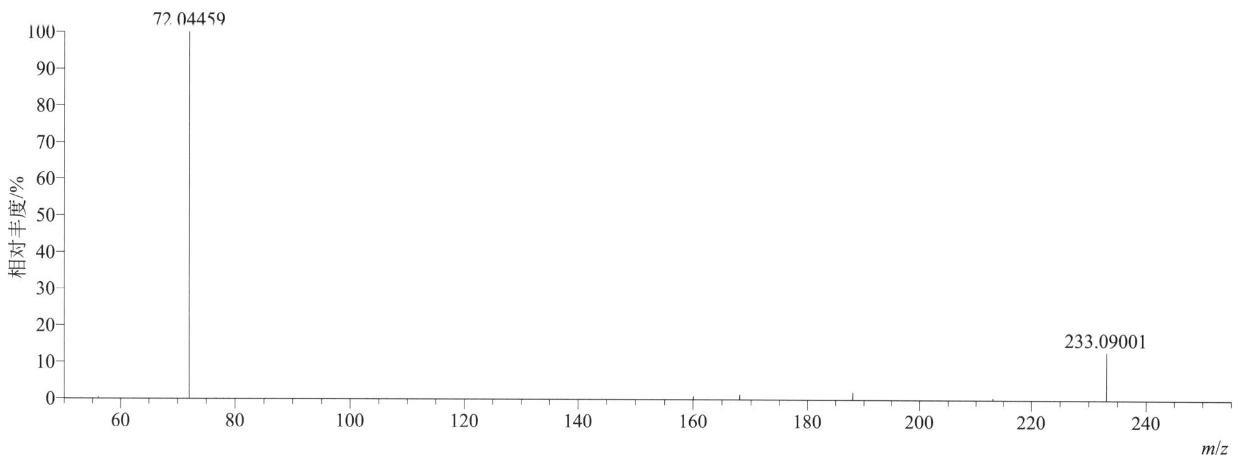

[M+H]+ 归一化法能量 NCE 为 60 时典型的二级质谱图

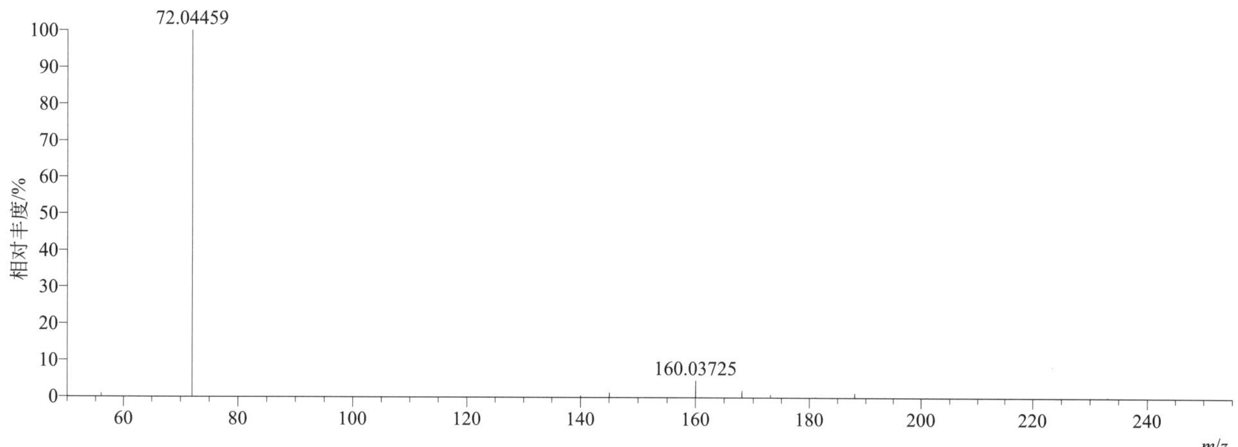

[M+H]+ 阶梯归一化法能量 Step NCE 为 20、40、60 时典型的二级质谱图

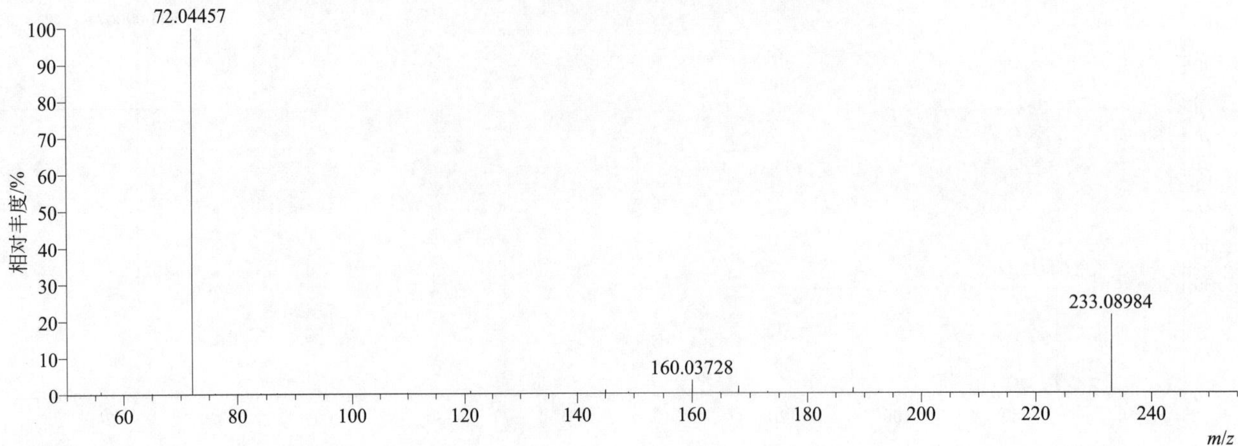

fluopicolide（氟吡菌胺）

基本信息

CAS 登录号	239110-15-7	分子量	381.96543	离子源和极性	电喷雾离子源（ESI）
分子式	$C_{14}H_8Cl_3F_3N_2O$	保留时间	14.39min	极性	正模式

[M+H]+ 提取离子流色谱图

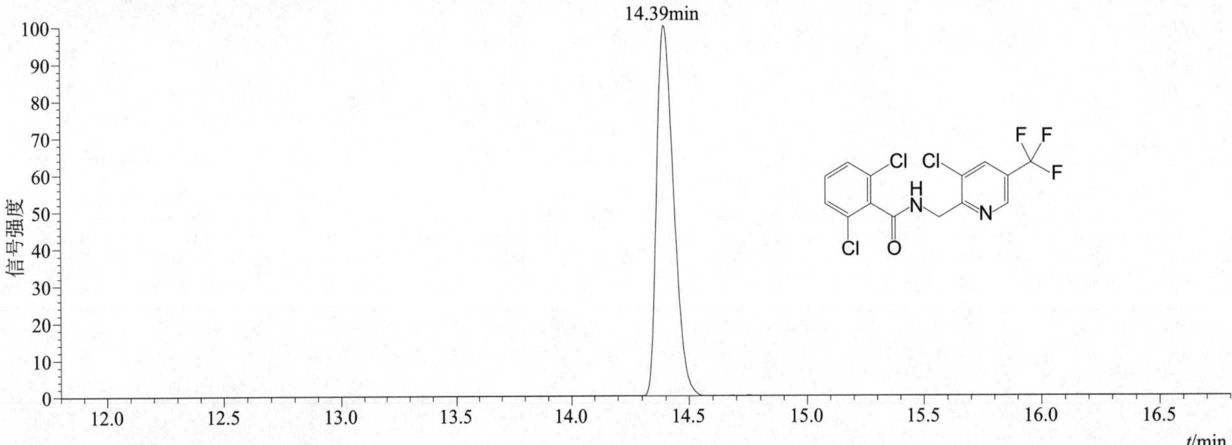

[M+H]+ 典型的一级质谱图

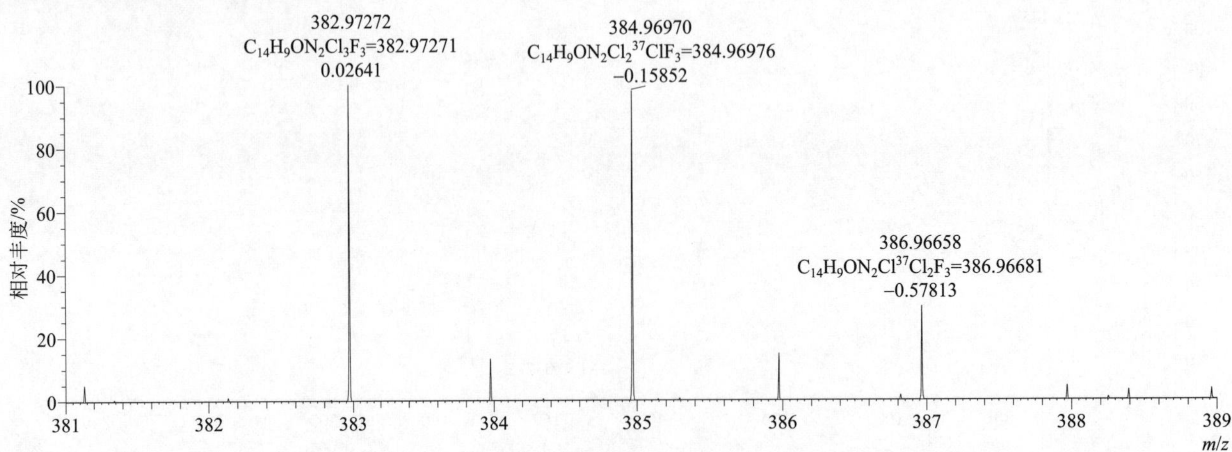

[M+H]$^+$ 归一化法能量 NCE 为 20 时典型的二级质谱图

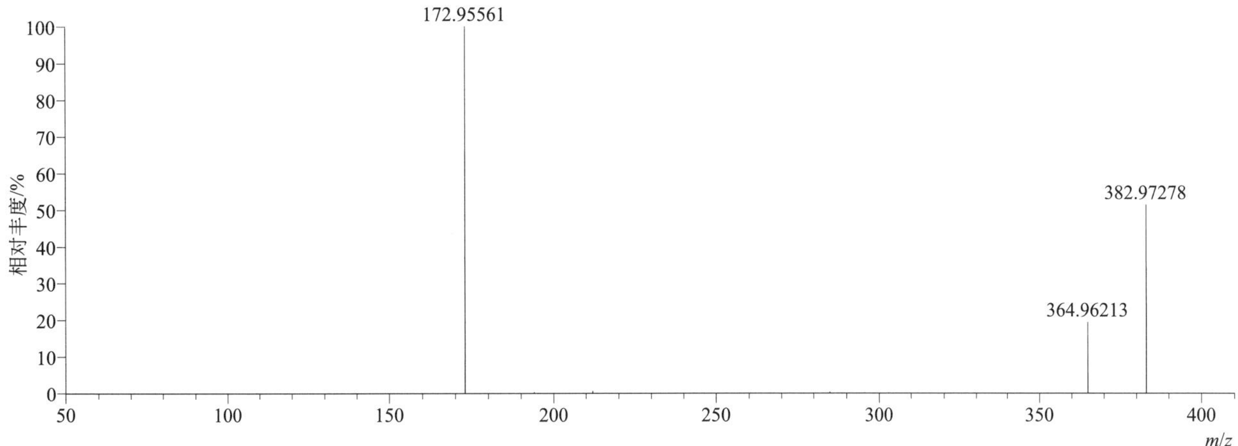

[M+H]$^+$ 归一化法能量 NCE 为 40 时典型的二级质谱图

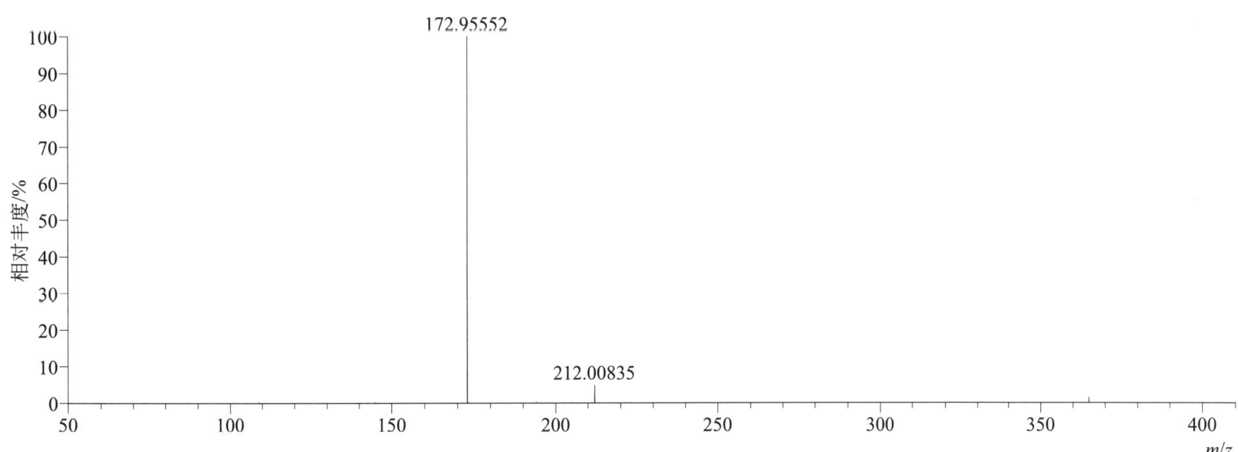

[M+H]$^+$ 归一化法能量 NCE 为 60 时典型的二级质谱图

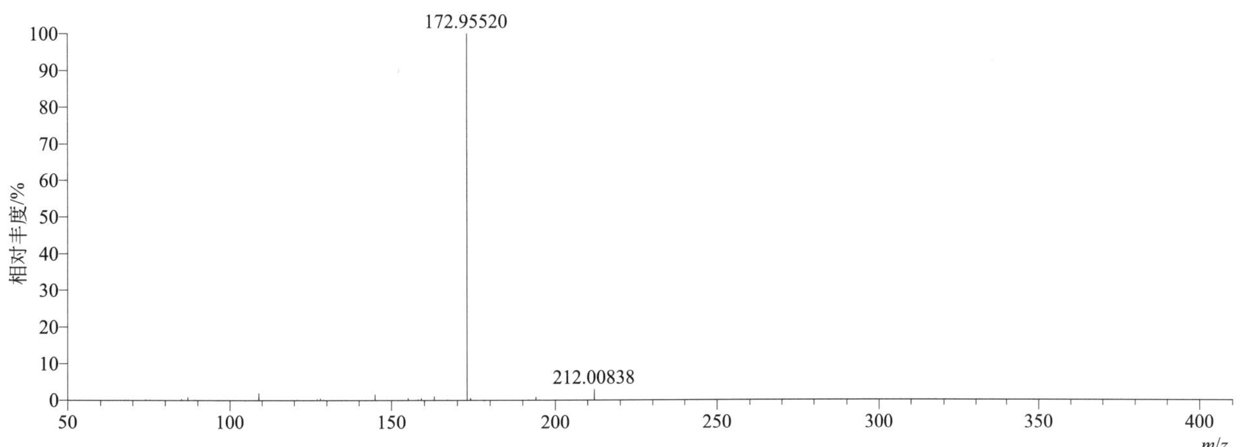

[M+H]+ 阶梯归一化法能量 Step NCE 为 20、40、60 时典型的二级质谱图

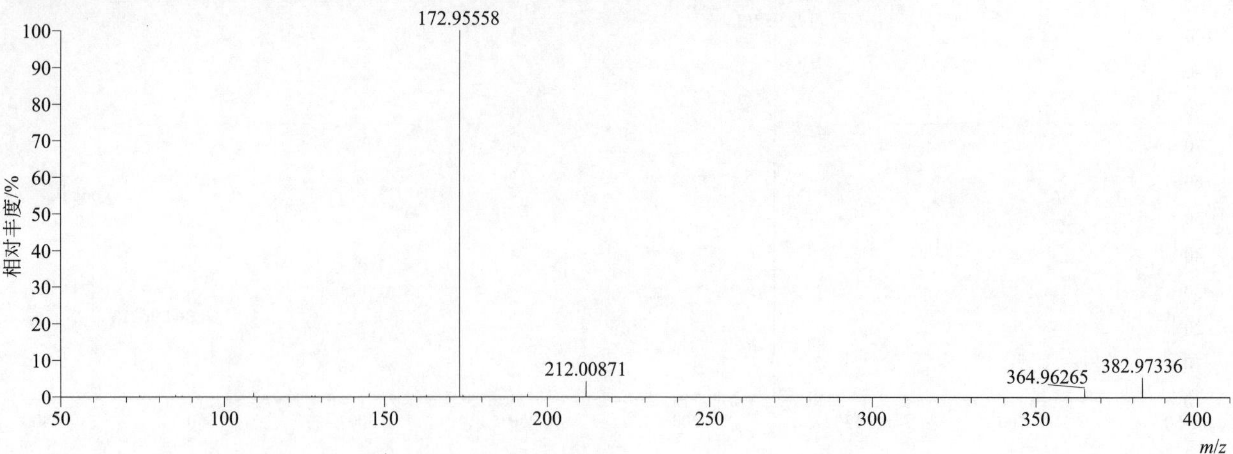

fluopyram（氟吡菌酰胺）

基本信息

CAS 登录号	658066-35-4	分子量	396.04641	离子源和极性	电喷雾离子源（ESI）
分子式	$C_{16}H_{11}ClF_6N_2O$	保留时间	14.58min	极性	正模式

[M+H]+ 提取离子流色谱图

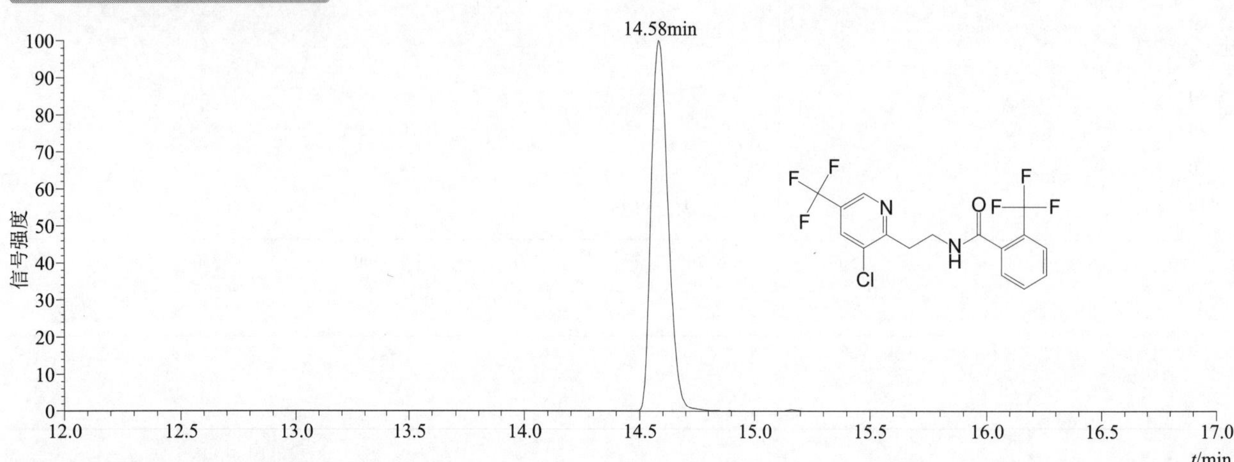

[M+H]+ 典型的一级质谱图

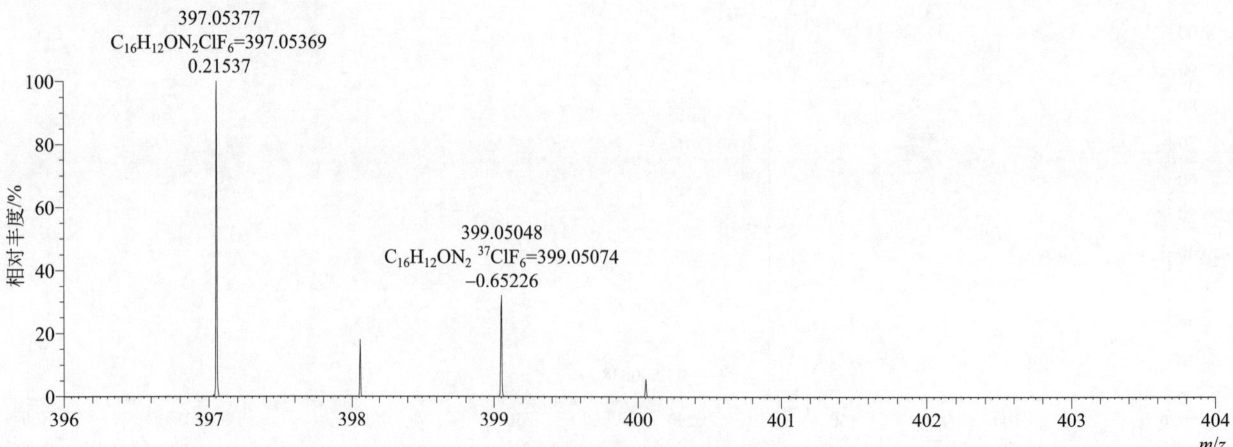

$[M+H]^+$ 归一化法能量 NCE 为 20 时典型的二级质谱图

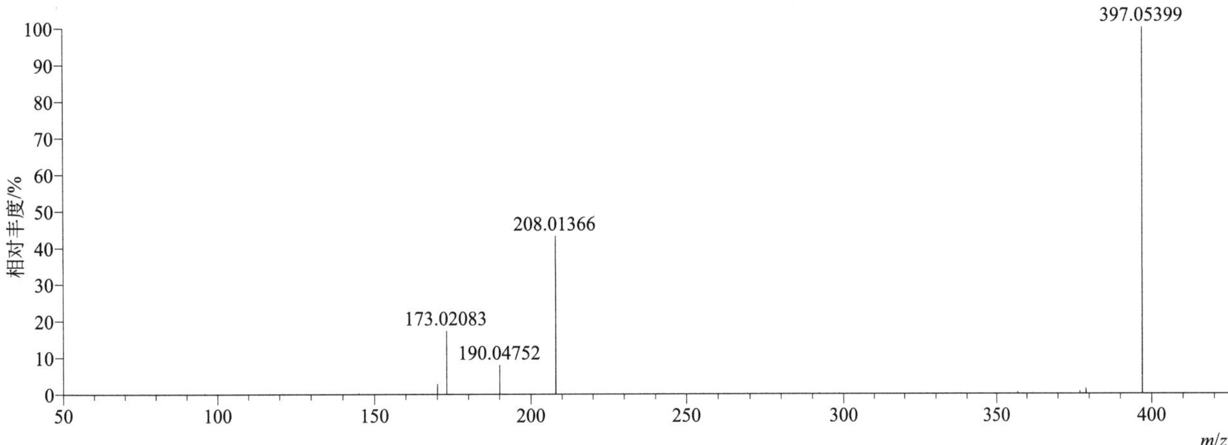

$[M+H]^+$ 归一化法能量 NCE 为 40 时典型的二级质谱图

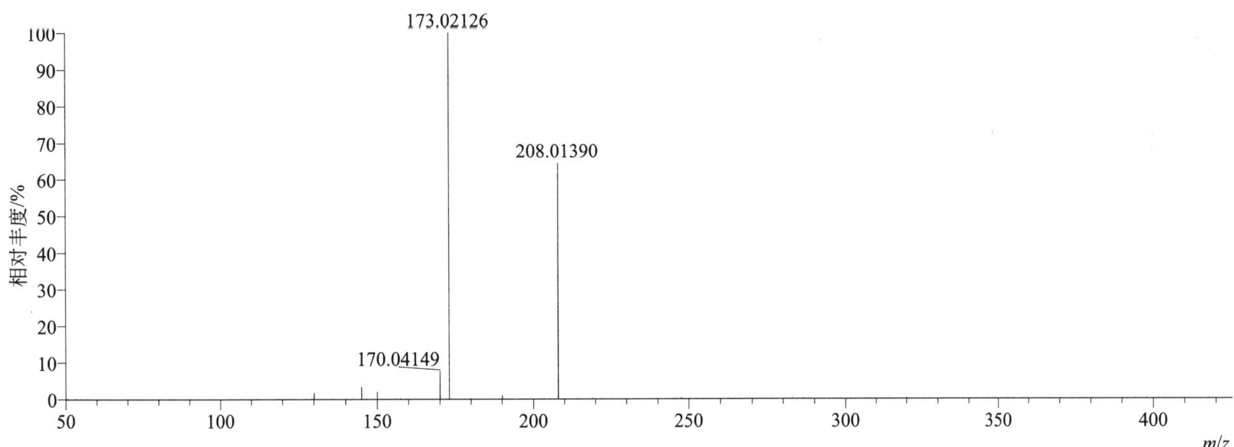

$[M+H]^+$ 归一化法能量 NCE 为 60 时典型的二级质谱图

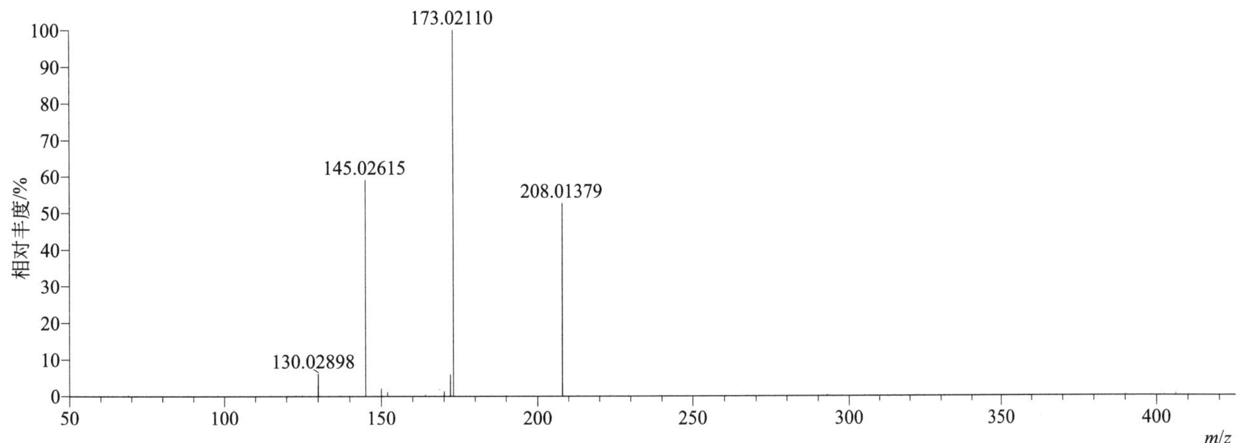

[M+H]+ 阶梯归一化法能量 Step NCE 为 20、40、60 时典型的二级质谱图

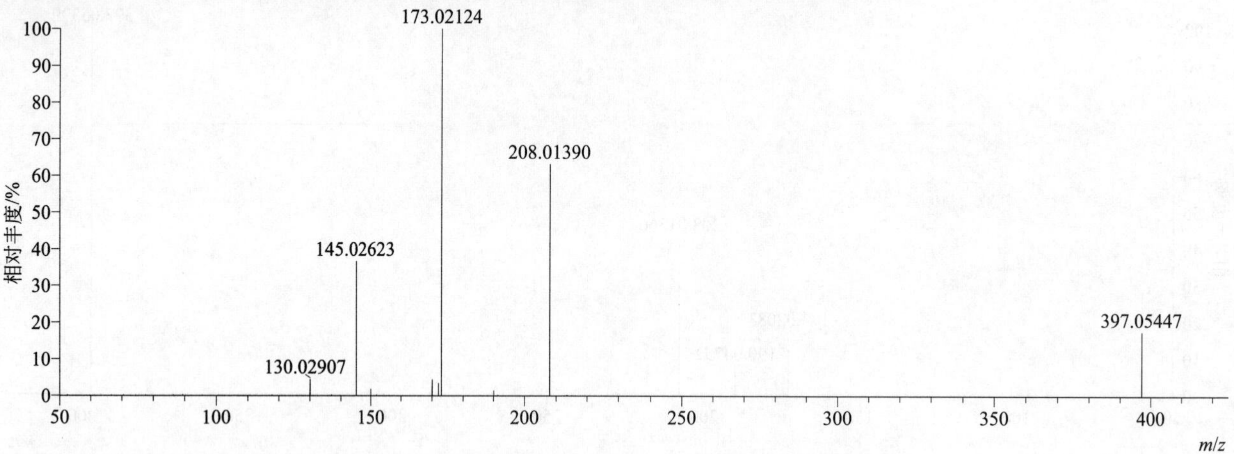

fluoroglycofen-ethyl（乙羧氟草醚）

基本信息

CAS 登录号	77501-90-7	分子量	447.03326	离子源和极性	电喷雾离子源（ESI）
分子式	$C_{18}H_{13}ClF_3NO_7$	保留时间	15.45min	极性	正模式

$[M+NH_4]^+$ 提取离子流色谱图

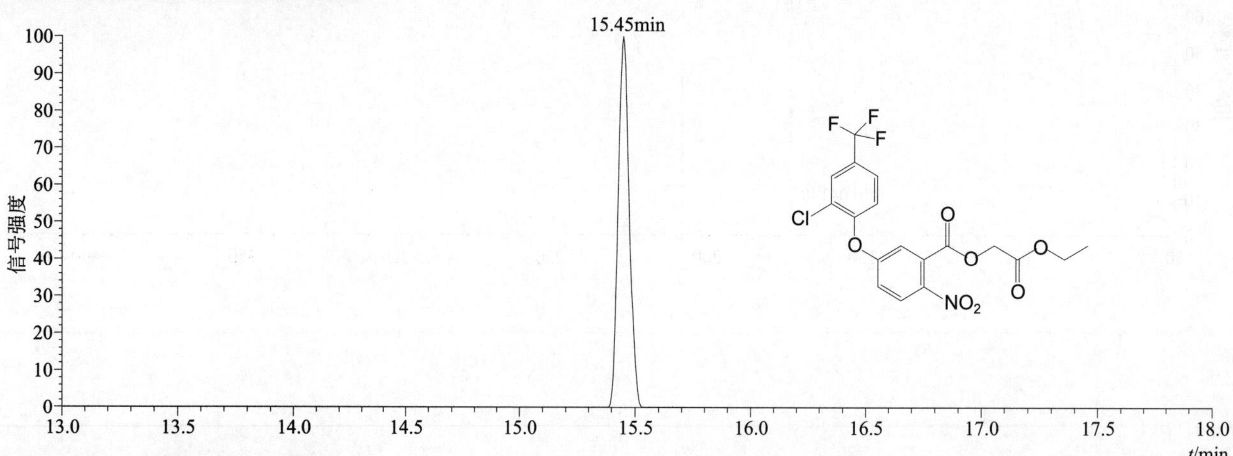

$[M+NH_4]^+$ 典型的一级质谱图

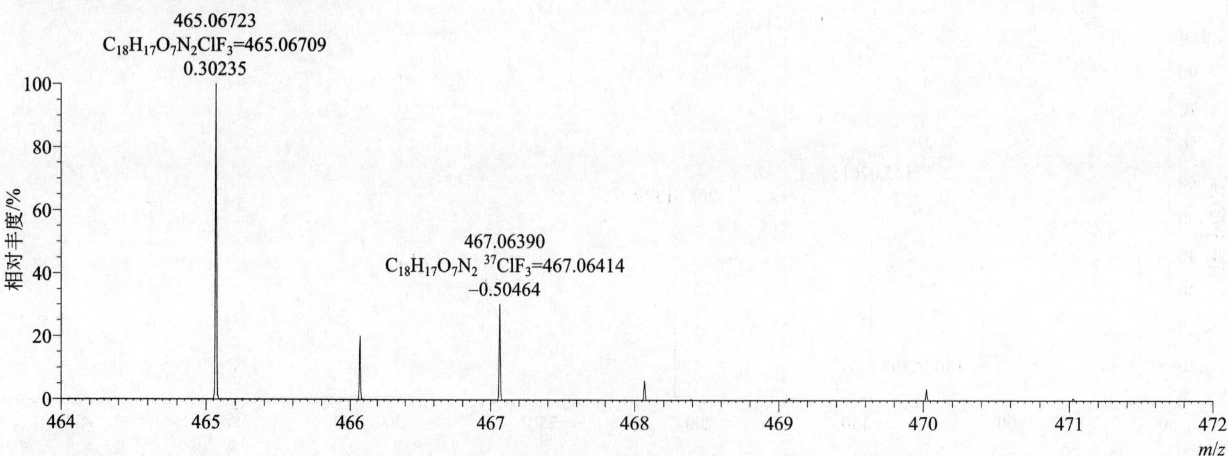

[M+NH$_4$]$^+$ 归一化法能量 NCE 为 20 时典型的二级质谱图

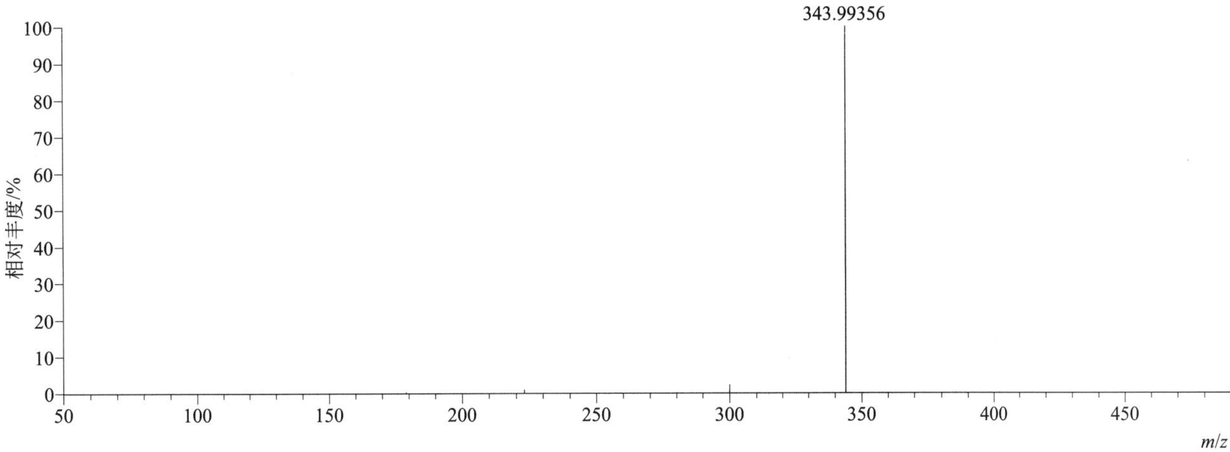

[M+NH$_4$]$^+$ 归一化法能量 NCE 为 40 时典型的二级质谱图

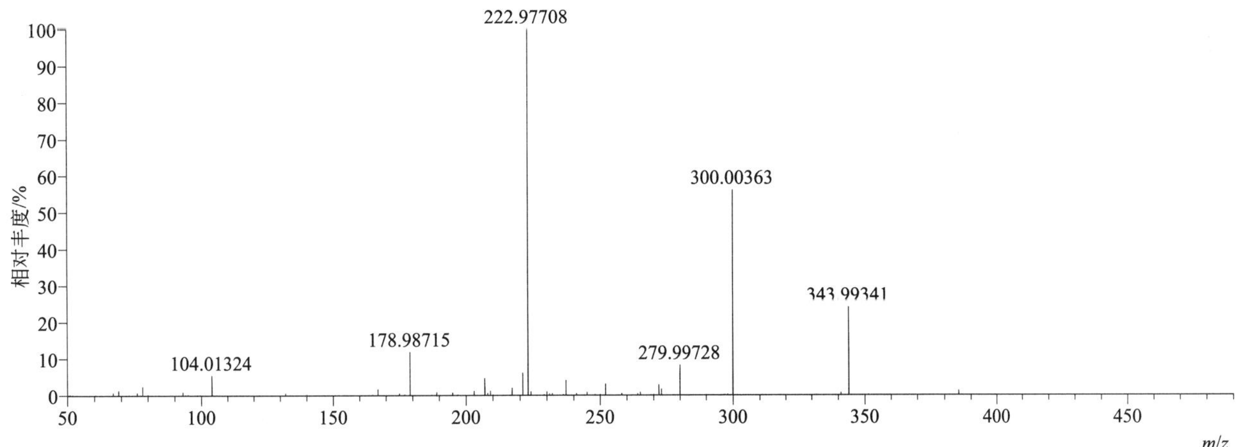

[M+NH$_4$]$^+$ 归一化法能量 NCE 为 60 时典型的二级质谱图

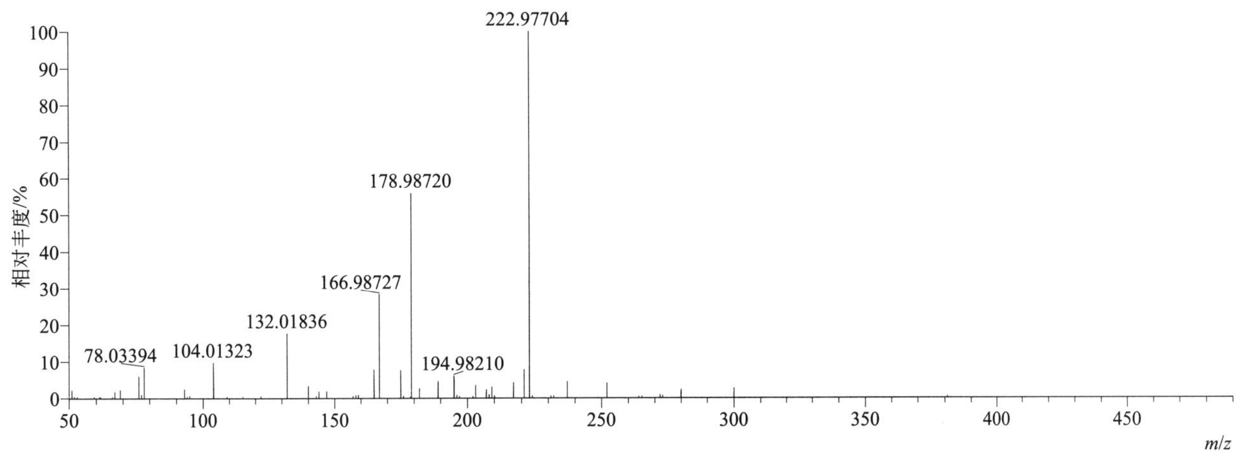

[M+NH$_4$]$^+$ 阶梯归一化法能量 Step NCE 为 20、40、60 时典型的二级质谱图

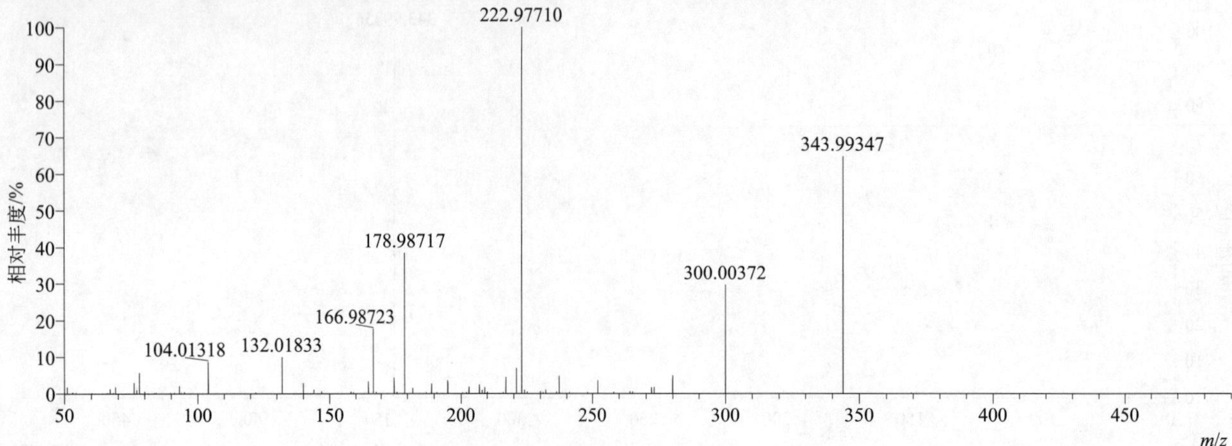

fluoxastrobin（氟嘧菌酯）

基本信息

CAS 登录号	361377-29-9	分子量	458.07933	离子源和极性	电喷雾离子源（ESI）
分子式	$C_{21}H_{16}ClFN_4O_5$	保留时间	14.54min	极性	正模式

[M+H]$^+$ 提取离子流色谱图

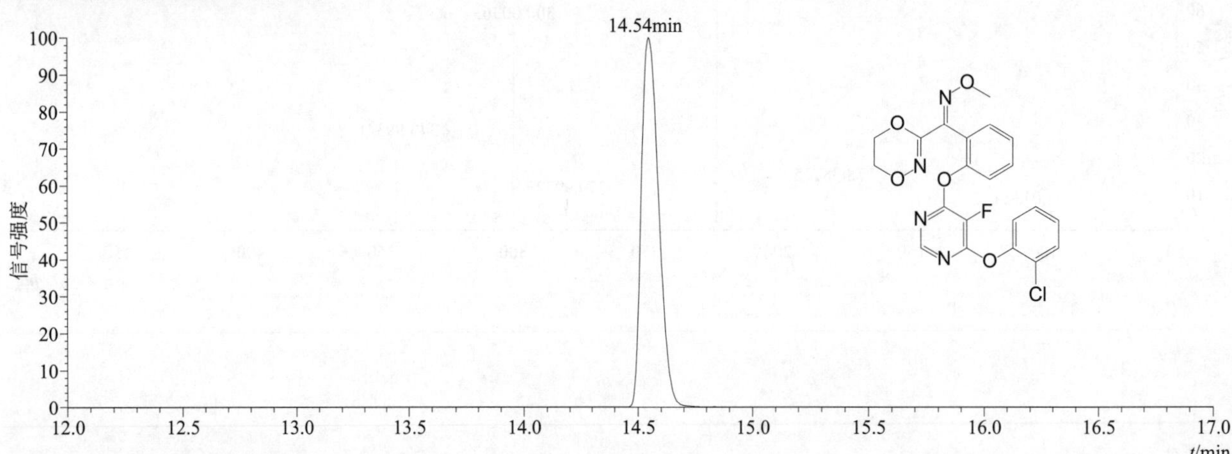

[M+H]$^+$ 典型的一级质谱图

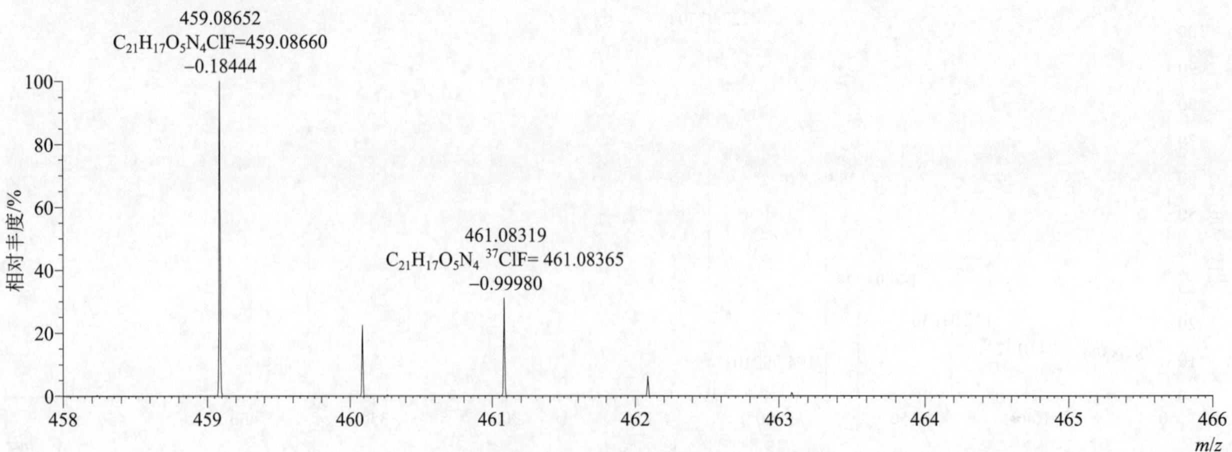

[M+H]+ 归一化法能量 NCE 为 20 时典型的二级质谱图

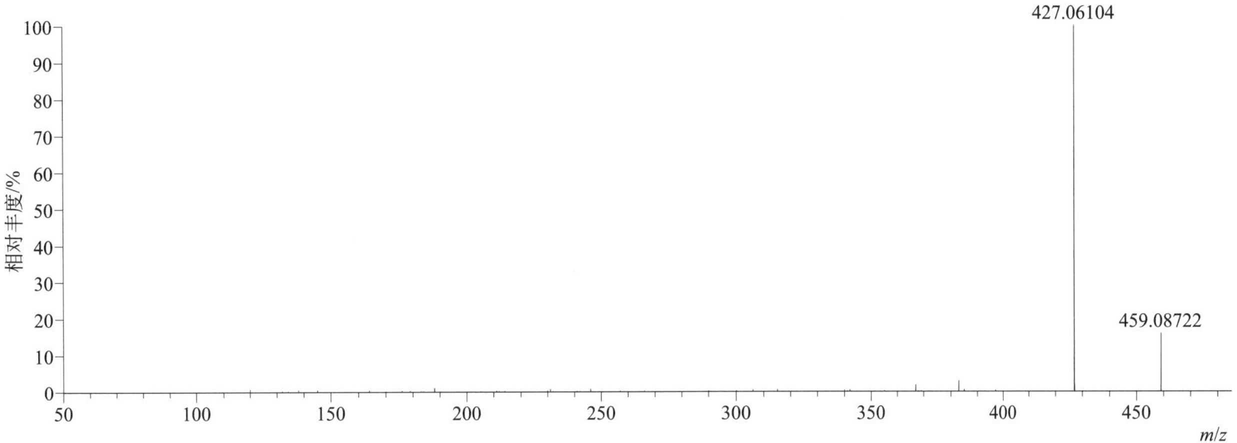

[M+H]+ 归一化法能量 NCE 为 40 时典型的二级质谱图

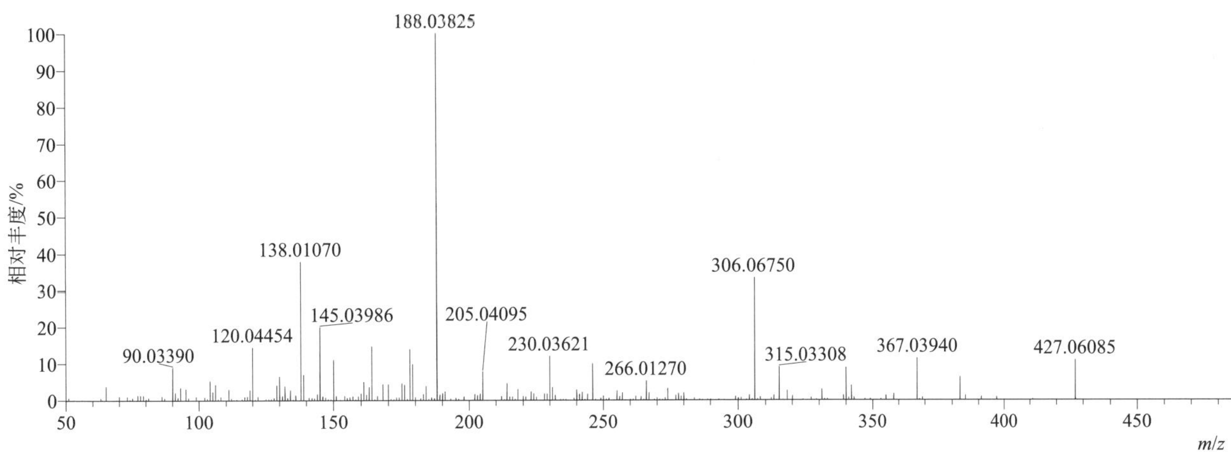

[M+H]+ 归一化法能量 NCE 为 60 时典型的二级质谱图

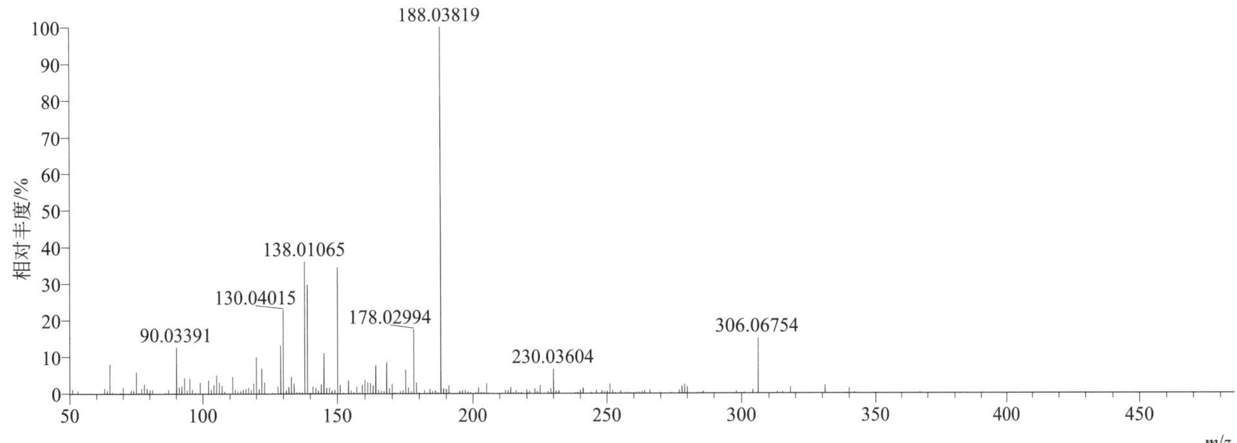

[M+H]+ 阶梯归一化法能量 Step NCE 为 20、40、60 时典型的二级质谱图

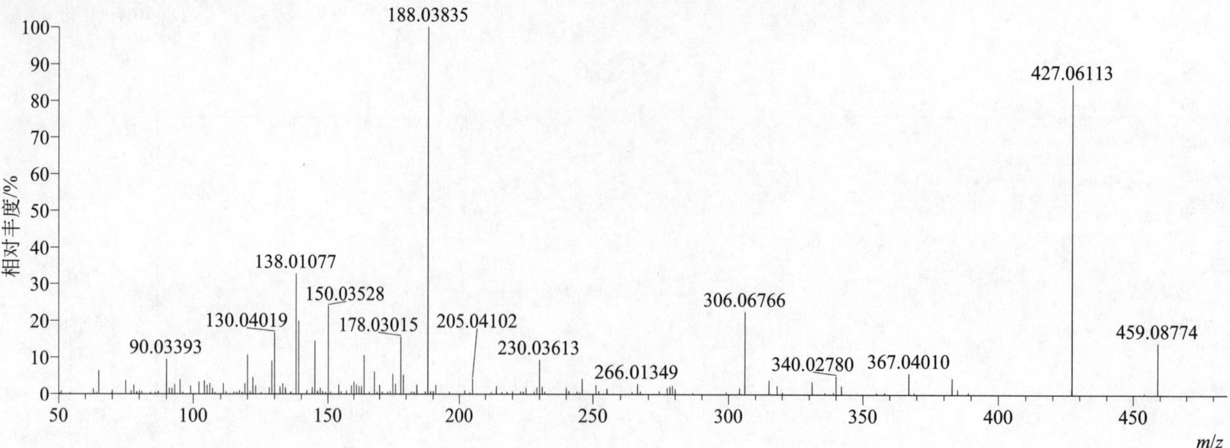

fluquinconazole（氟喹唑）

基本信息

CAS 登录号	136426-54-5	**分子量**	375.00899	**离子源和极性**	电喷雾离子源（ESI）
分子式	$C_{16}H_8Cl_2FN_5O$	**保留时间**	14.64min	**极性**	正模式

[M+H]+ 提取离子流色谱图

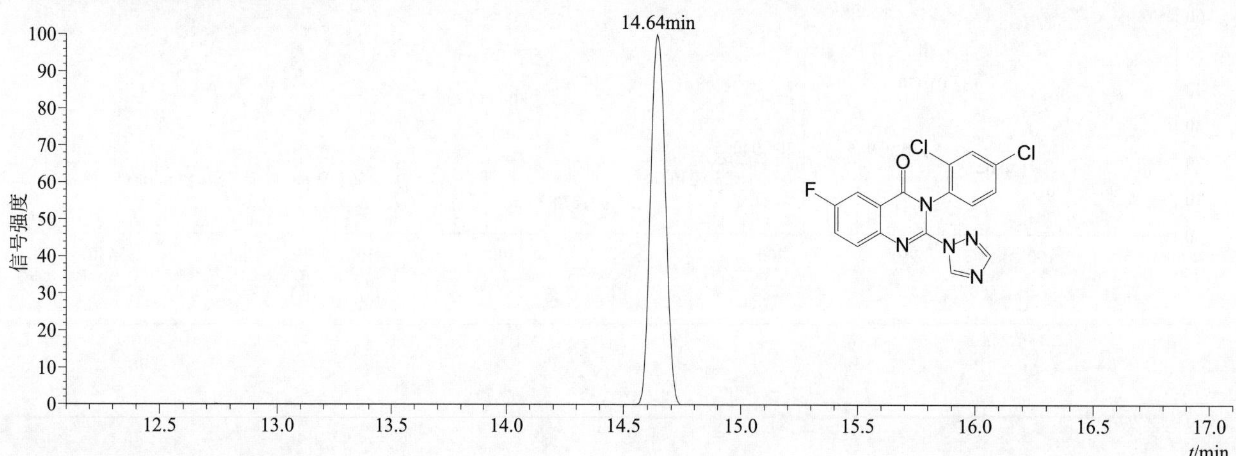

[M+H]+ 典型的一级质谱图

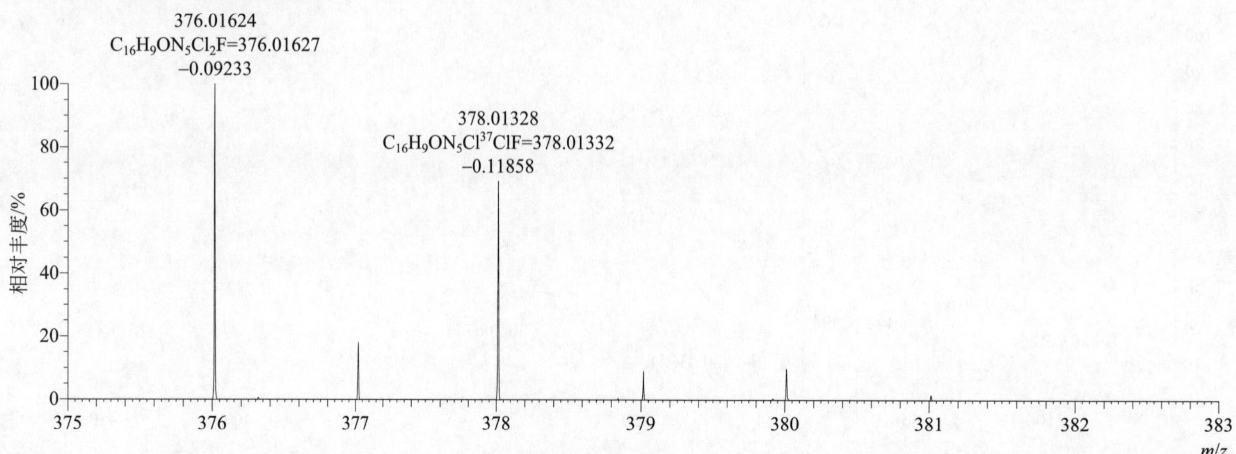

[M+H]+ 归一化法能量 NCE 为 20 时典型的二级质谱图

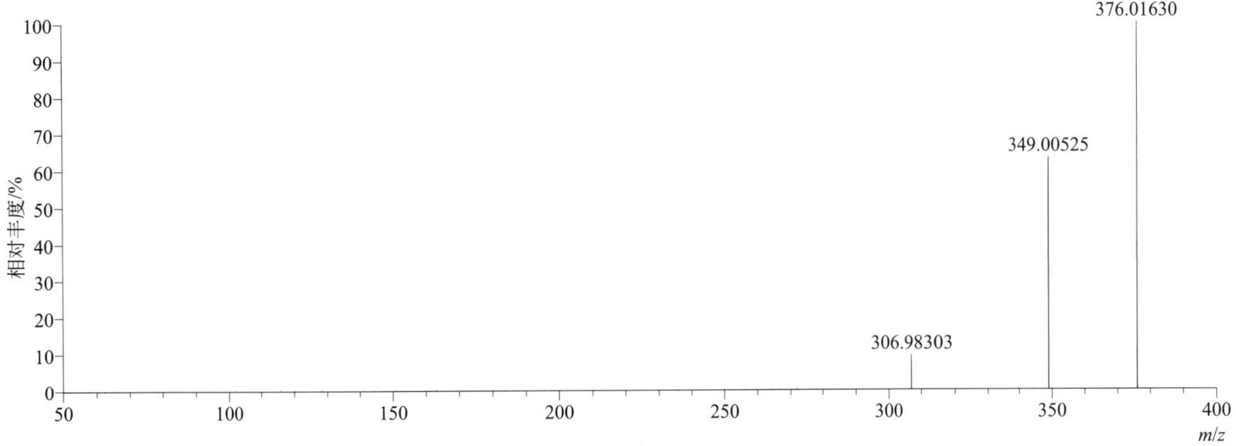

[M+H]+ 归一化法能量 NCE 为 40 时典型的二级质谱图

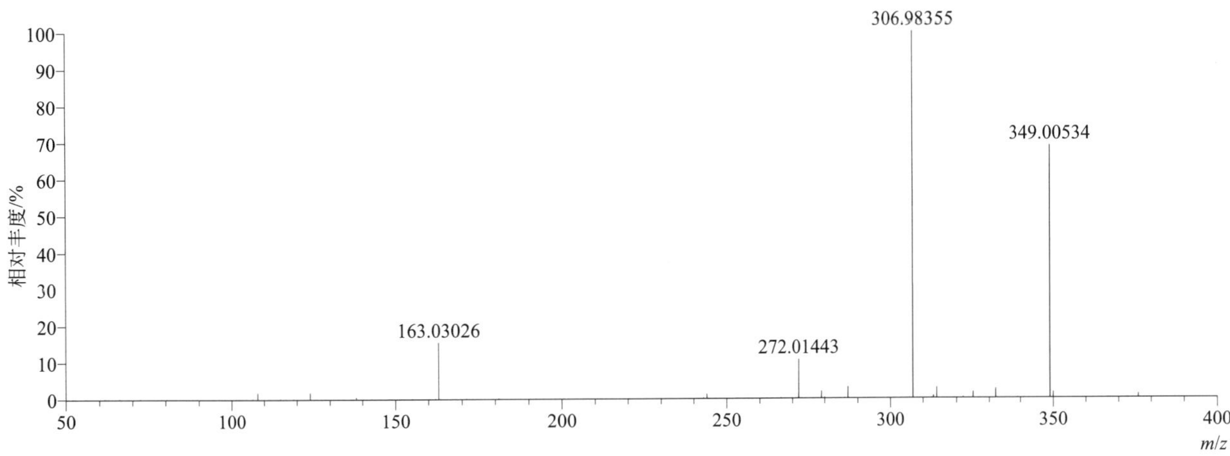

[M+H]+ 归一化法能量 NCE 为 60 时典型的二级质谱图

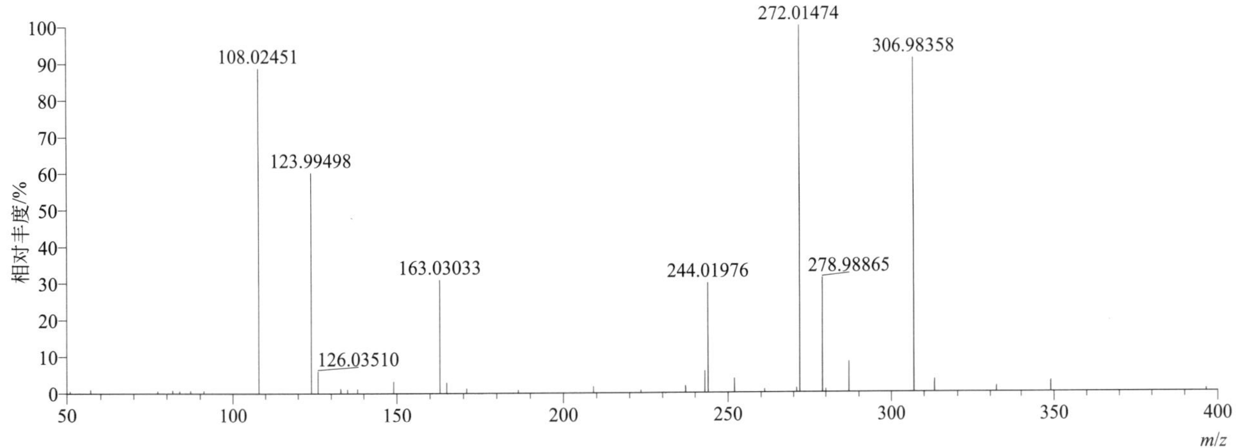

[M+H]+ 阶梯归一化法能量 Step NCE 为 20、40、60 时典型的二级质谱图

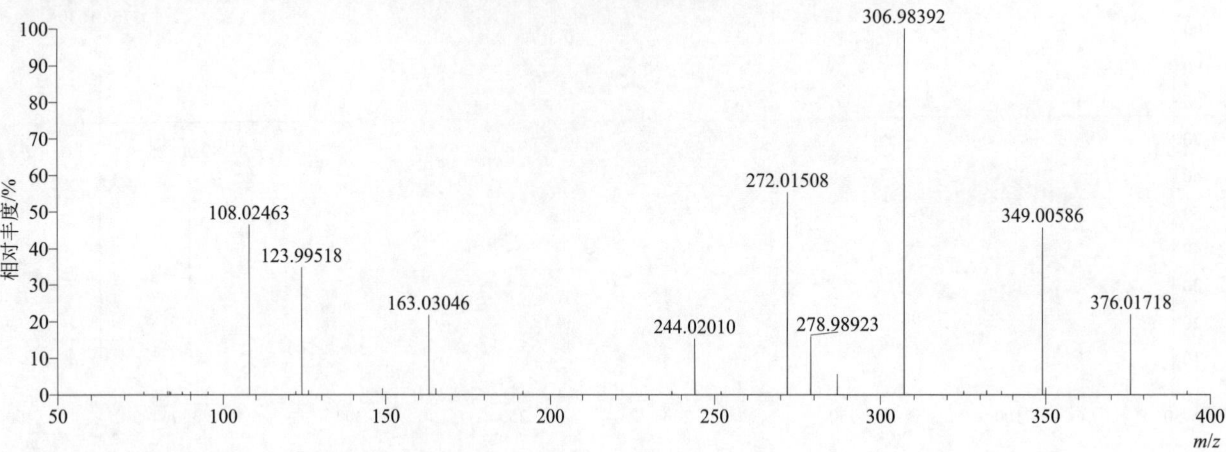

fluridone（氟啶草酮）

基本信息

CAS 登录号	59756-60-4	分子量	329.10275	离子源和极性	电喷雾离子源（ESI）
分子式	$C_{19}H_{14}F_3NO$	保留时间	14.06min	极性	正模式

[M+H]+ 提取离子流色谱图

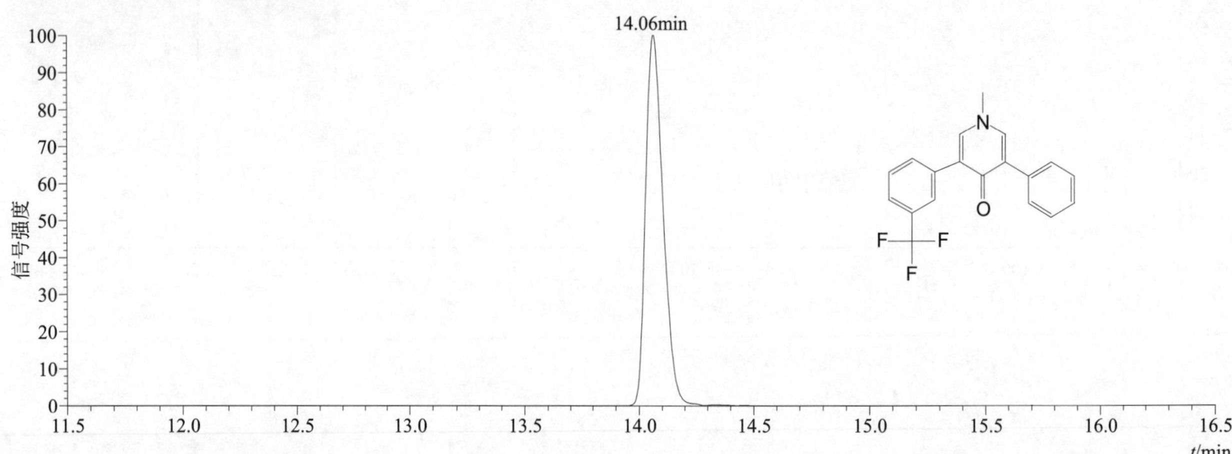

[M+H]+ 典型的一级质谱图

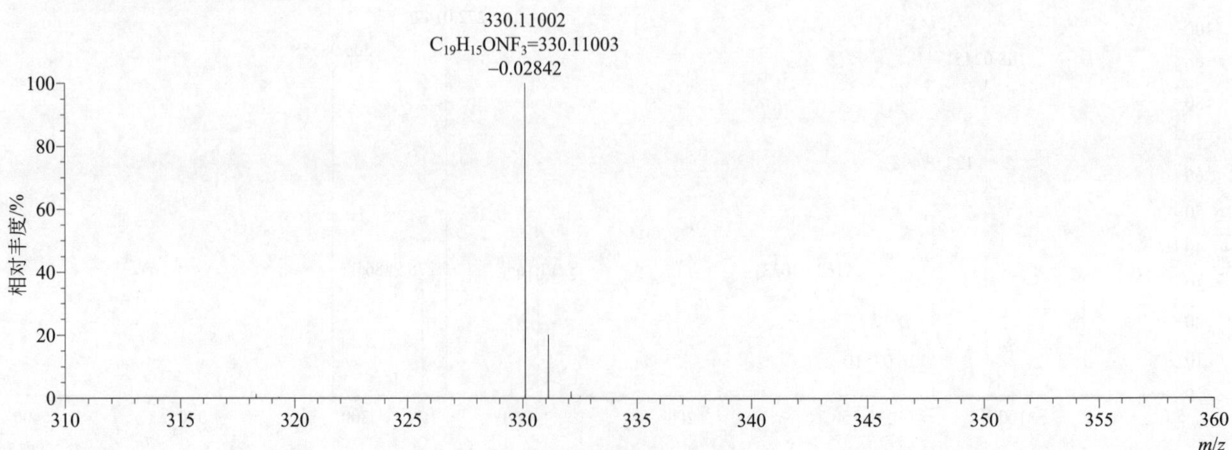

[M+H]+ 归一化法能量 NCE 为 80 时典型的二级质谱图

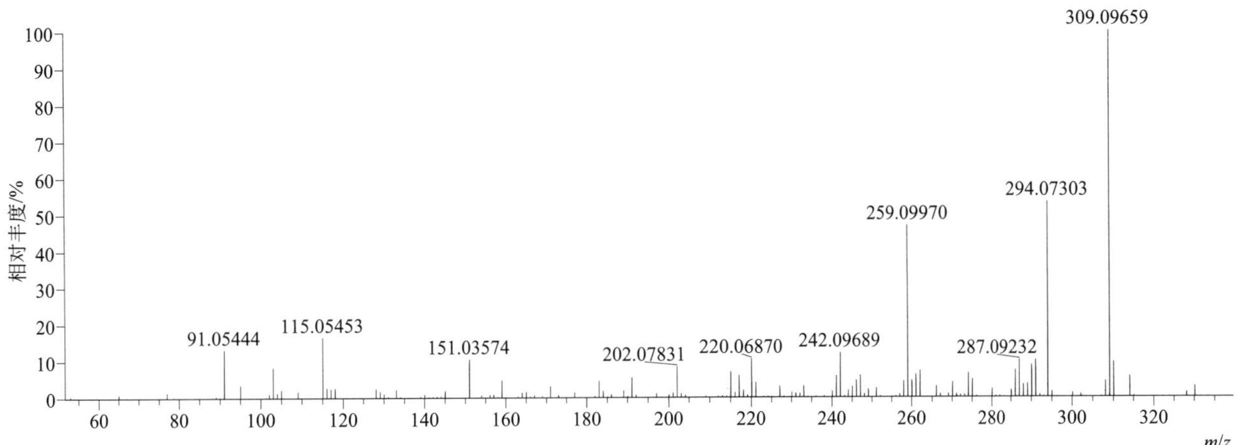

[M+H]+ 归一化法能量 NCE 为 100 时典型的二级质谱图

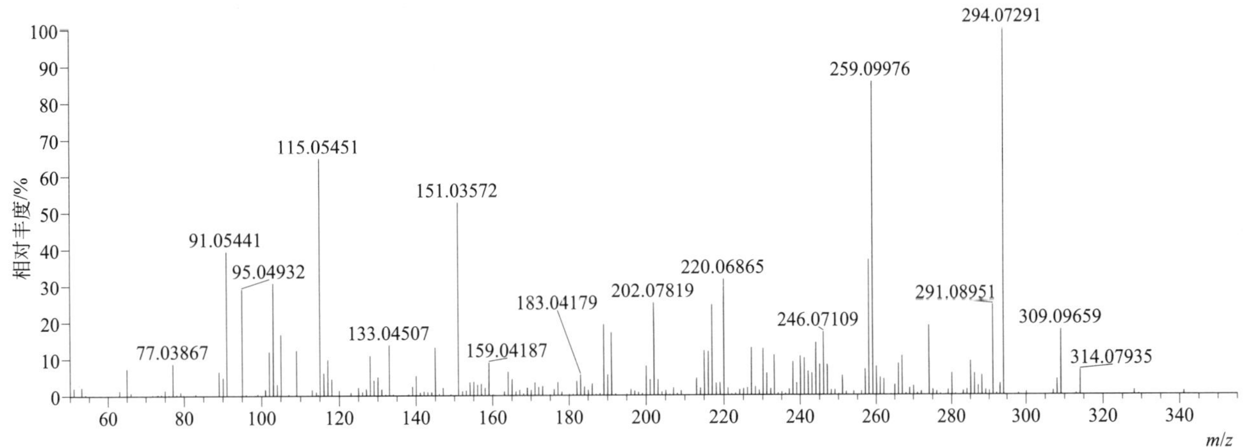

[M+H]+ 归一化法能量 NCE 为 120 时典型的二级质谱图

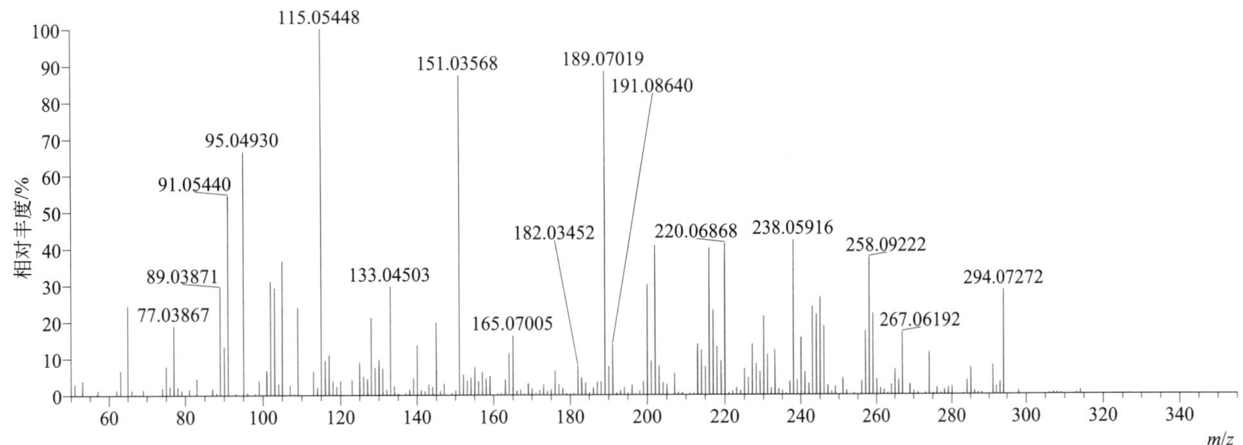

$[M+H]^+$ 阶梯归一化法能量 Step NCE 为 80、100、120 时典型的二级质谱图

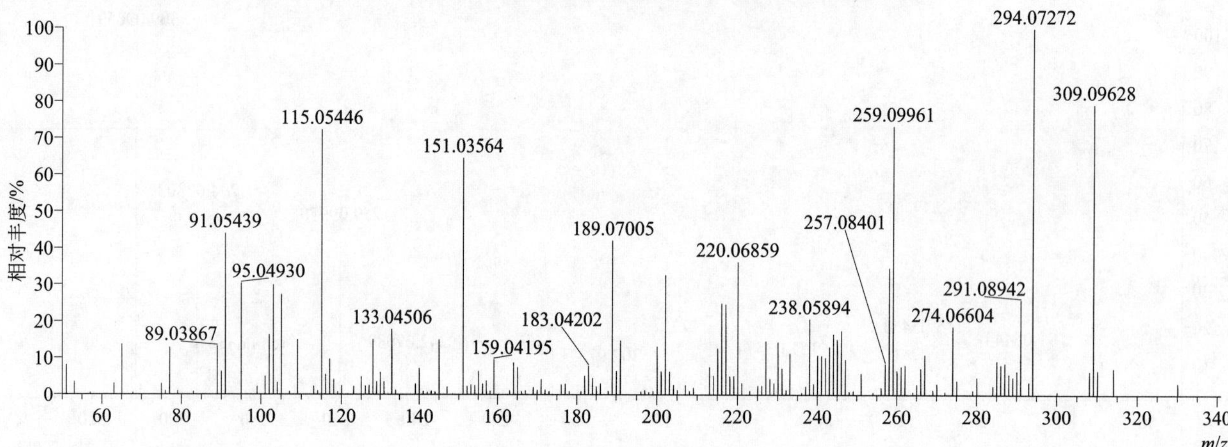

flurochloridone（氟咯草酮）

基本信息

CAS 登录号	61213-25-0	分子量	311.00915	离子源和极性	电喷雾离子源（ESI）
分子式	$C_{12}H_{10}Cl_2F_3NO$	保留时间	14.59min	极性	正模式

$[M+H]^+$ 提取离子流色谱图

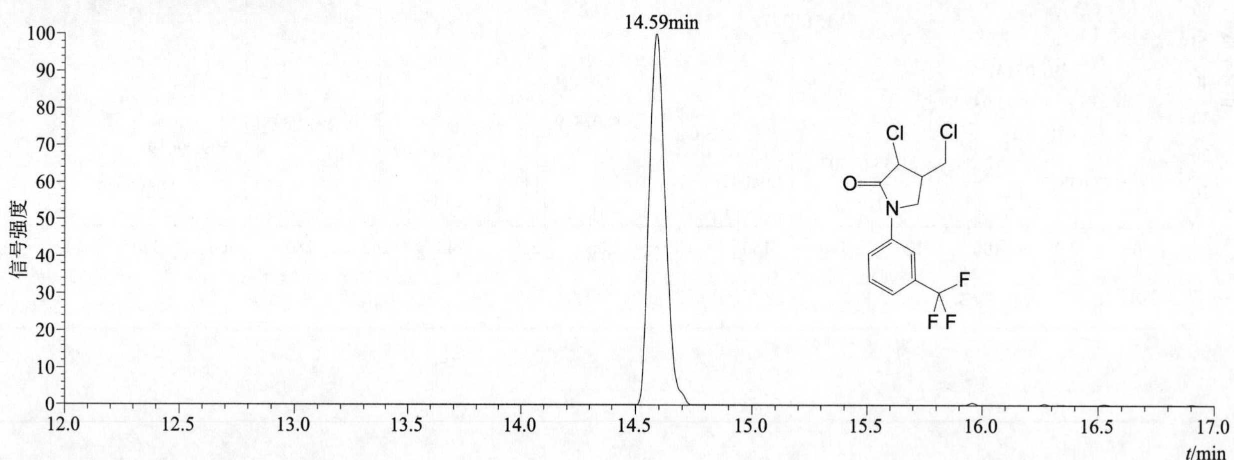

$[M+H]^+$ 典型的一级质谱图

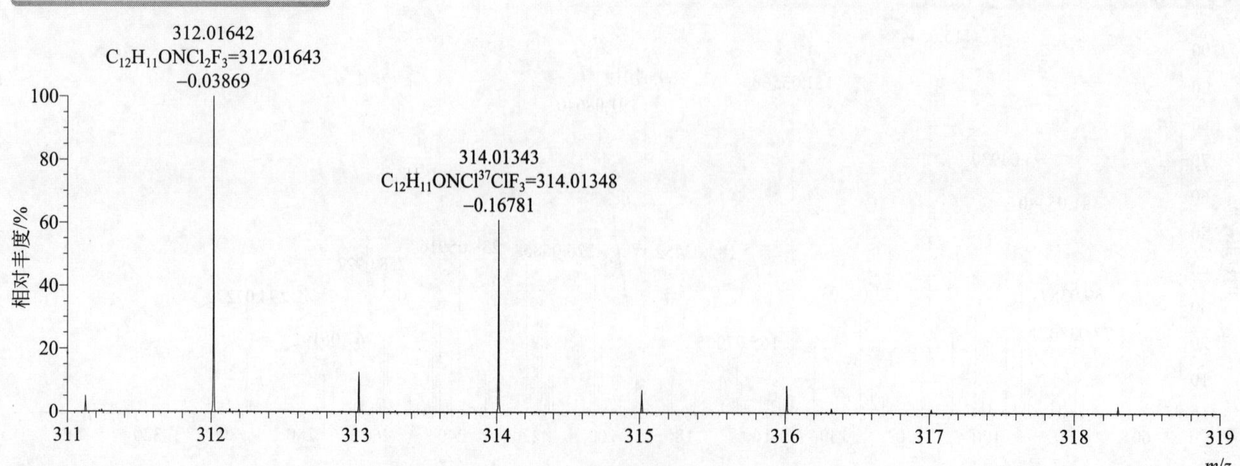

[M+H]$^+$ 归一化法能量 NCE 为 20 时典型的二级质谱图

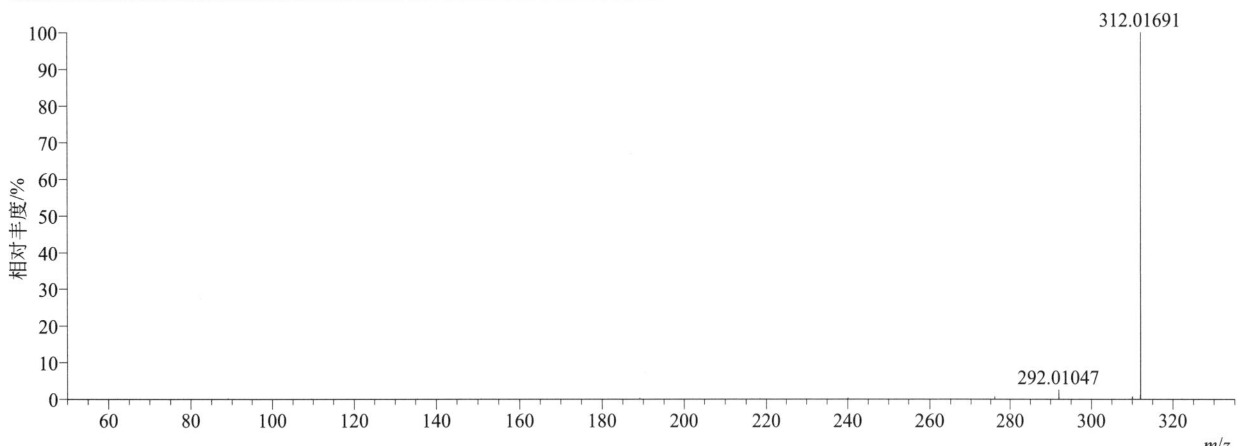

[M+H]$^+$ 归一化法能量 NCE 为 40 时典型的二级质谱图

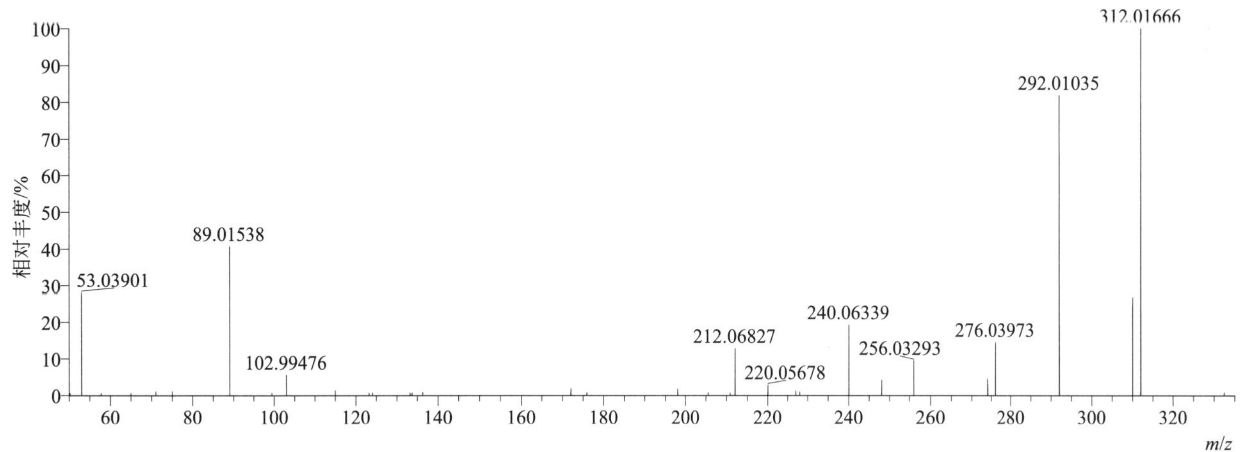

[M+H]$^+$ 归一化法能量 NCE 为 60 时典型的二级质谱图

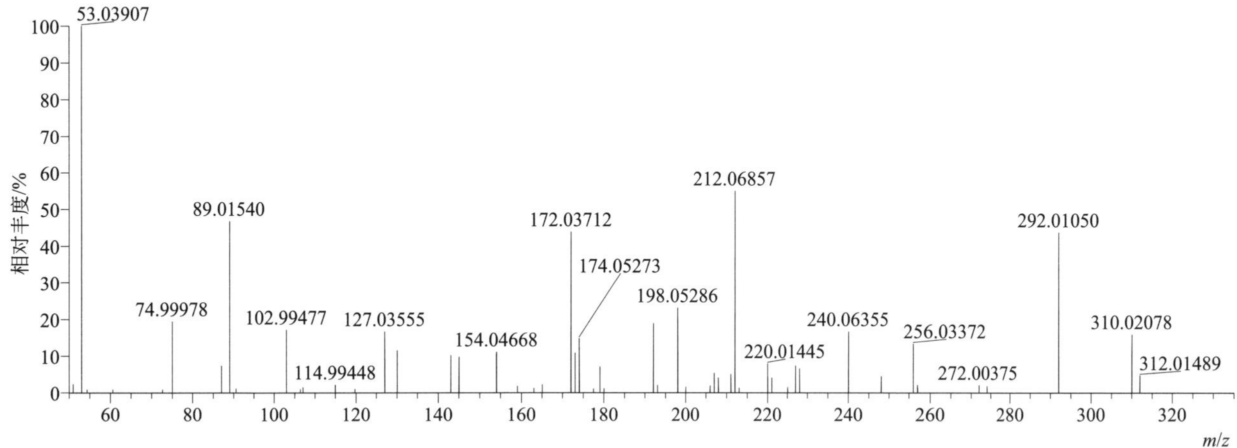

[M+H]+ 阶梯归一化法能量 Step NCE 为 20、40、60 时典型的二级质谱图

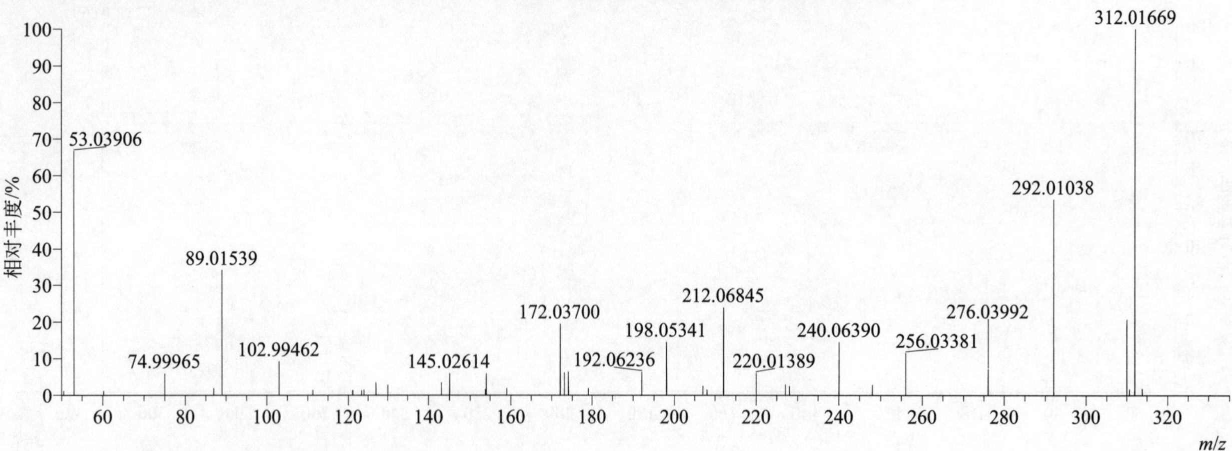

flurprimidol（调嘧醇）

基本信息

CAS 登录号	56425-91-3	分子量	312.10856	离子源和极性	电喷雾离子源（ESI）
分子式	$C_{15}H_{15}F_3N_2O_2$	保留时间	14.44min	极性	正模式

[M+H]+ 提取离子流色谱图

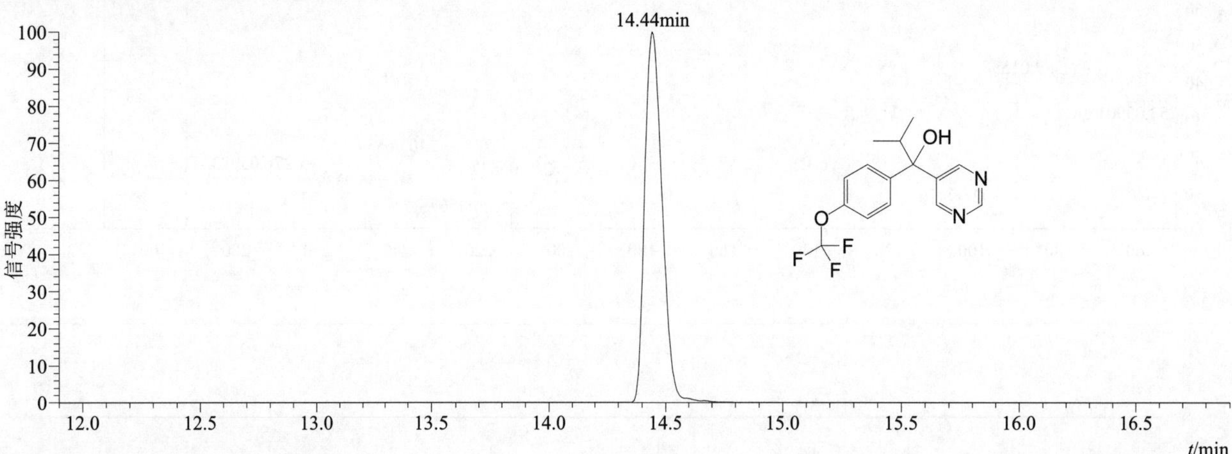

[M+H]+ 典型的一级质谱图

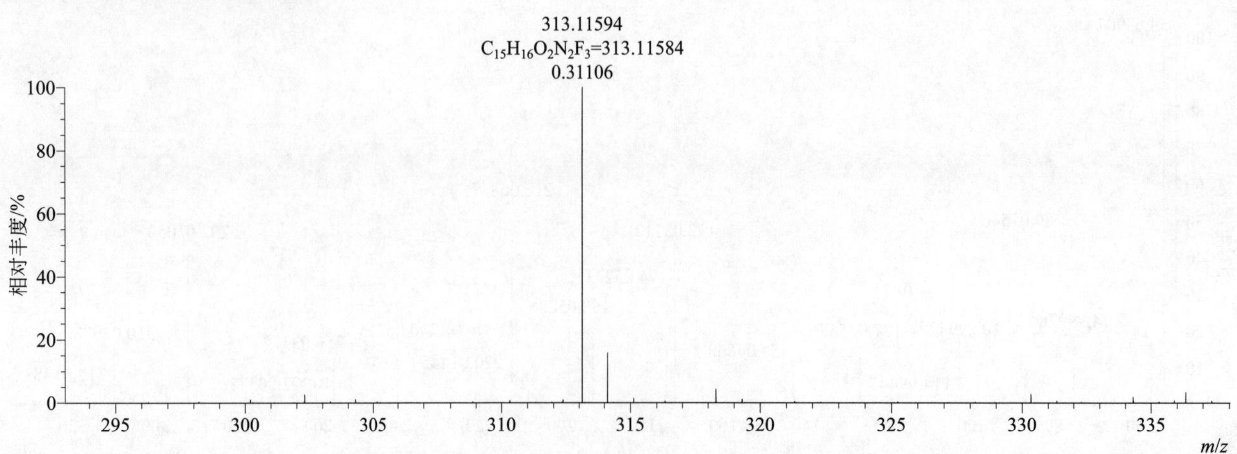

[M+H]+ 归一化法能量 NCE 为 20 时典型的二级质谱图

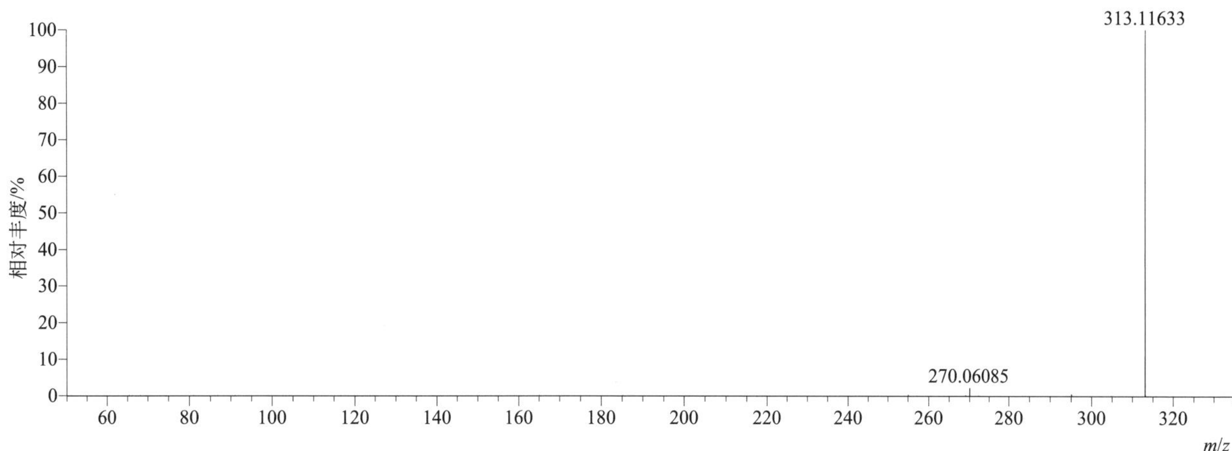

[M+H]+ 归一化法能量 NCE 为 40 时典型的二级质谱图

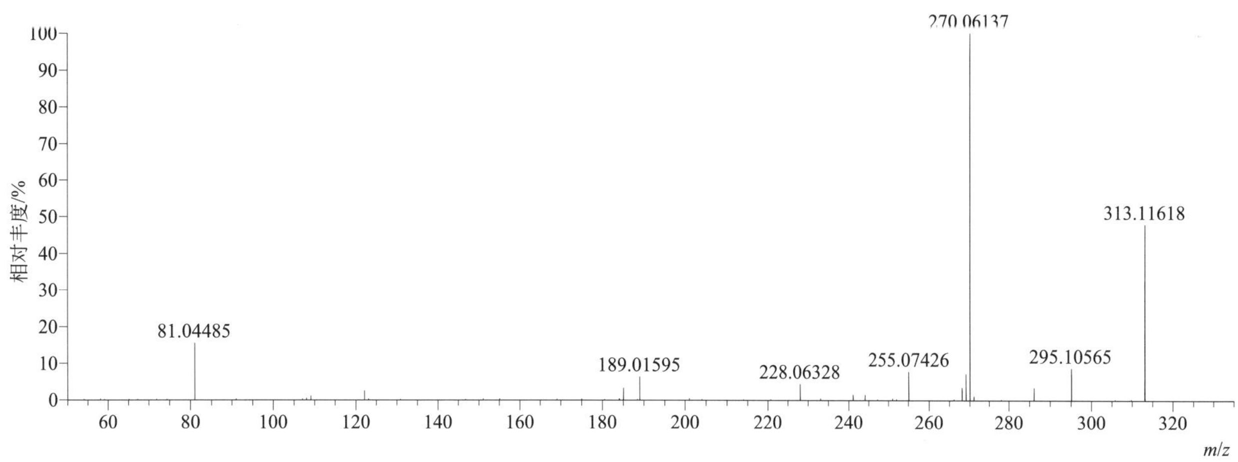

[M+H]+ 归一化法能量 NCE 为 60 时典型的二级质谱图

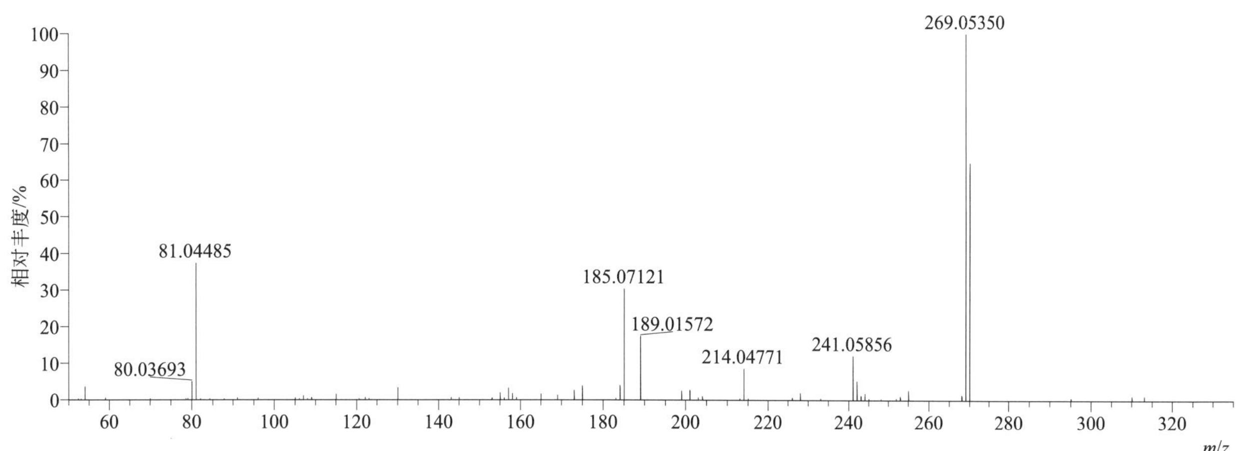

[M+H]+ 阶梯归一化法能量 Step NCE 为 20、40、60 时典型的二级质谱图

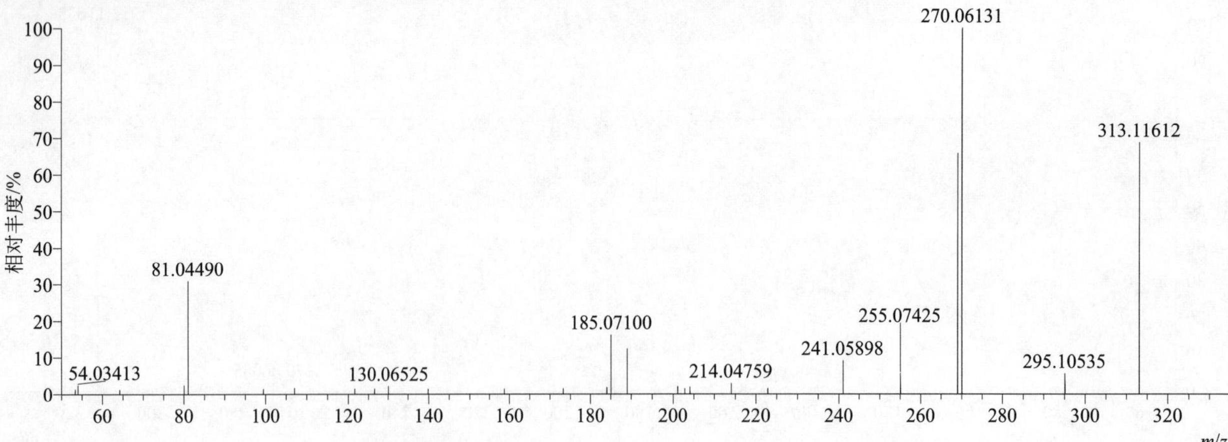

flurtamone（呋草酮）

基本信息

CAS 登录号	96525-23-4	分子量	333.09766	离子源和极性	电喷雾离子源（ESI）
分子式	$C_{18}H_{14}F_3NO_2$	保留时间	14.25min	极性	正模式

[M+H]+ 提取离子流色谱图

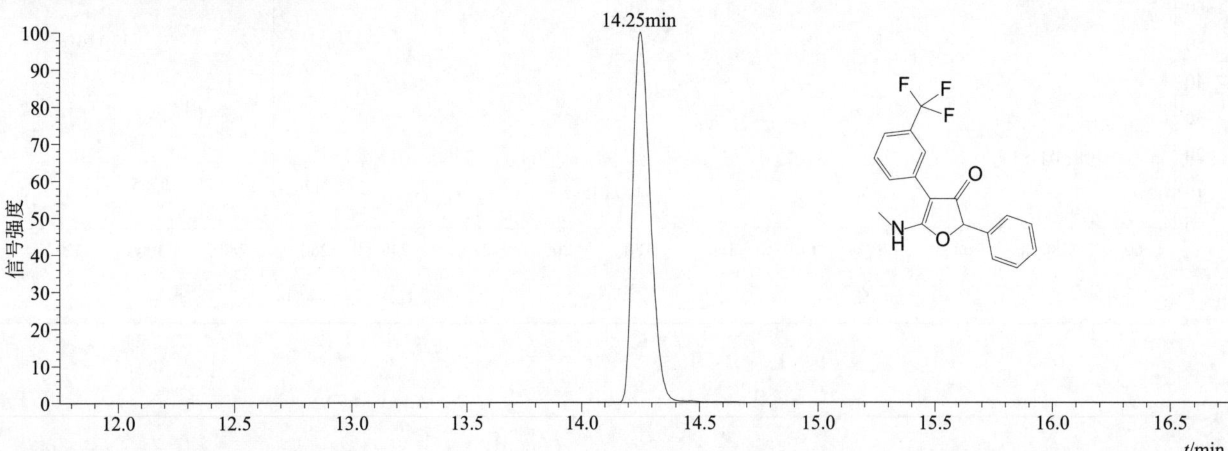

[M+H]+ 典型的一级质谱图

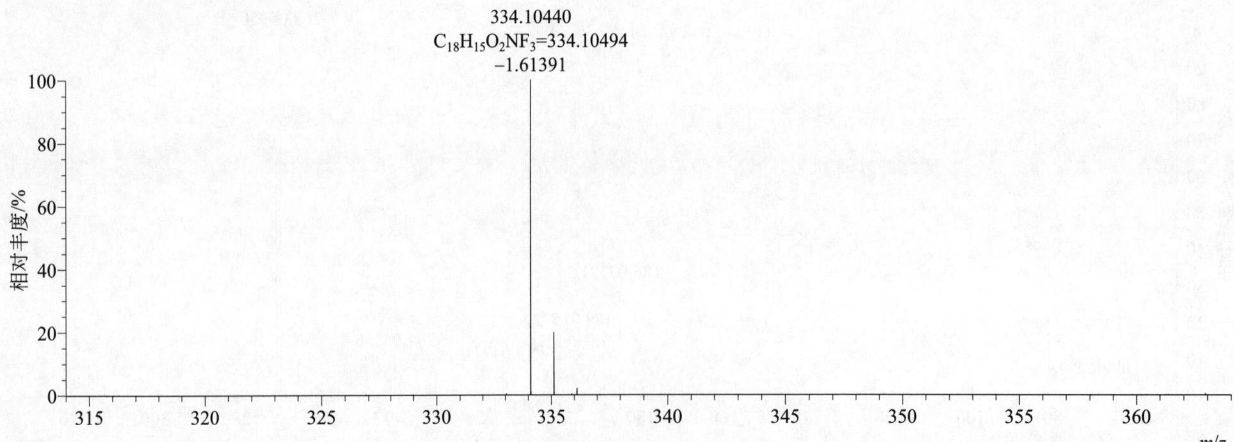

[M+H]+ 归一化法能量 NCE 为 20 时典型的二级质谱图

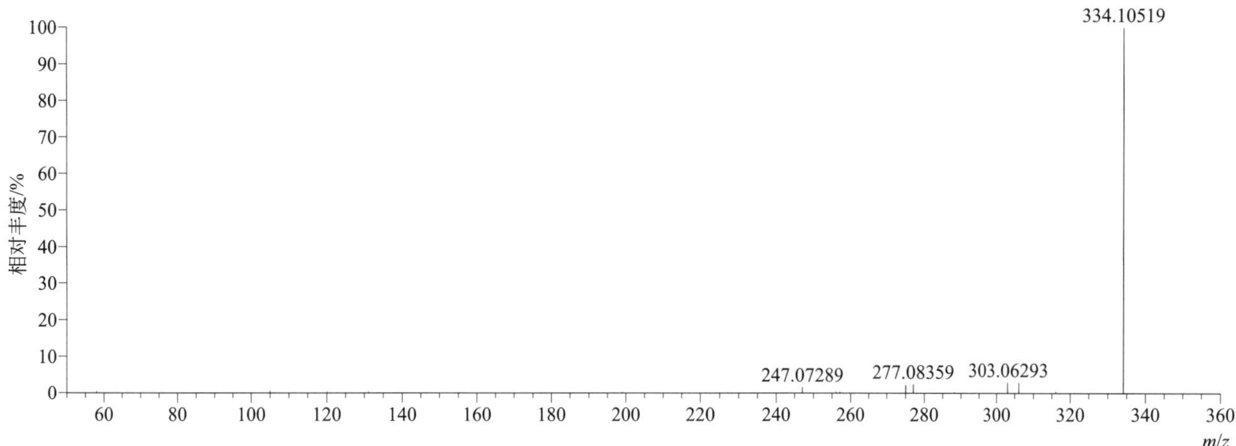

[M+H]+ 归一化法能量 NCE 为 40 时典型的二级质谱图

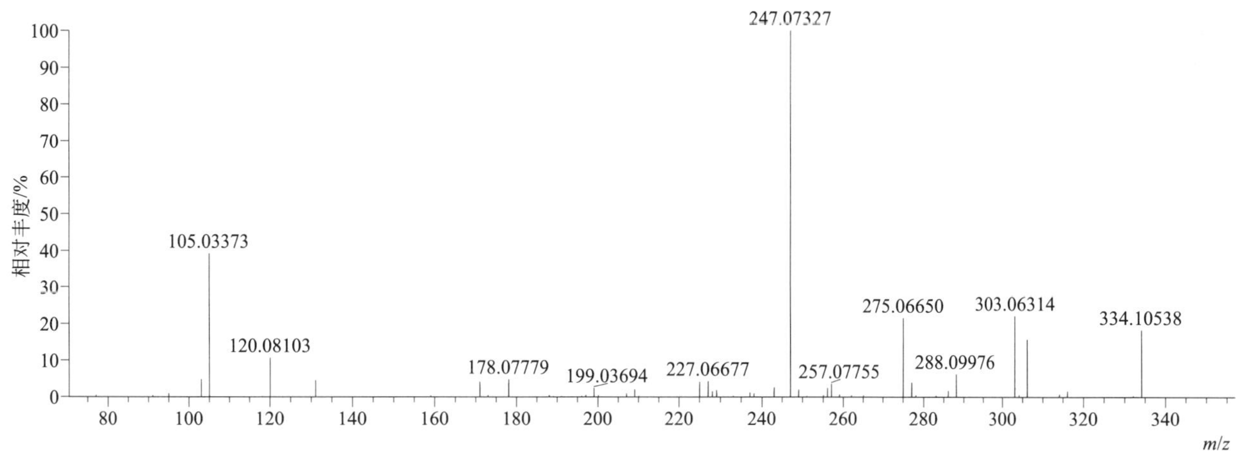

[M+H]+ 归一化法能量 NCE 为 60 时典型的二级质谱图

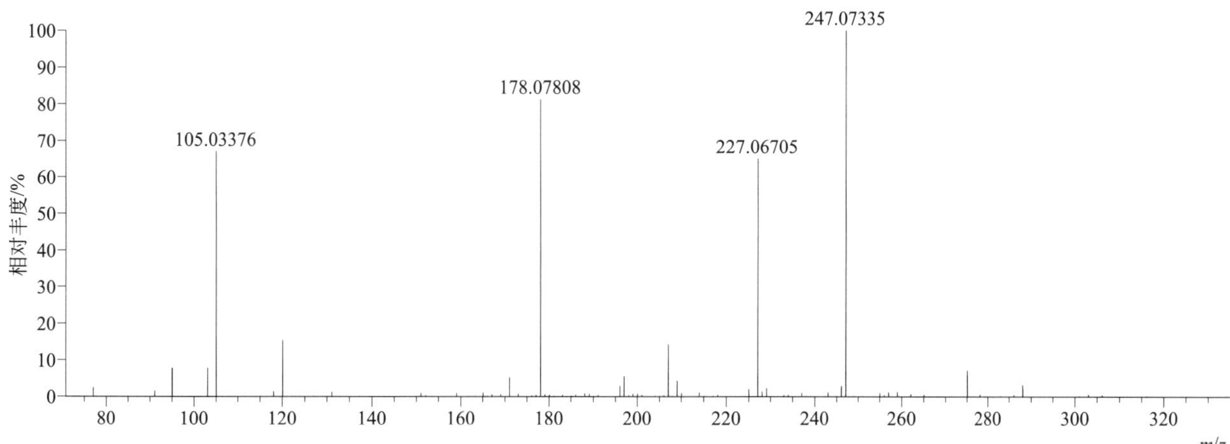

[M+H]$^+$ 阶梯归一化法能量 Step NCE 为 20、40、60 时典型的二级质谱图

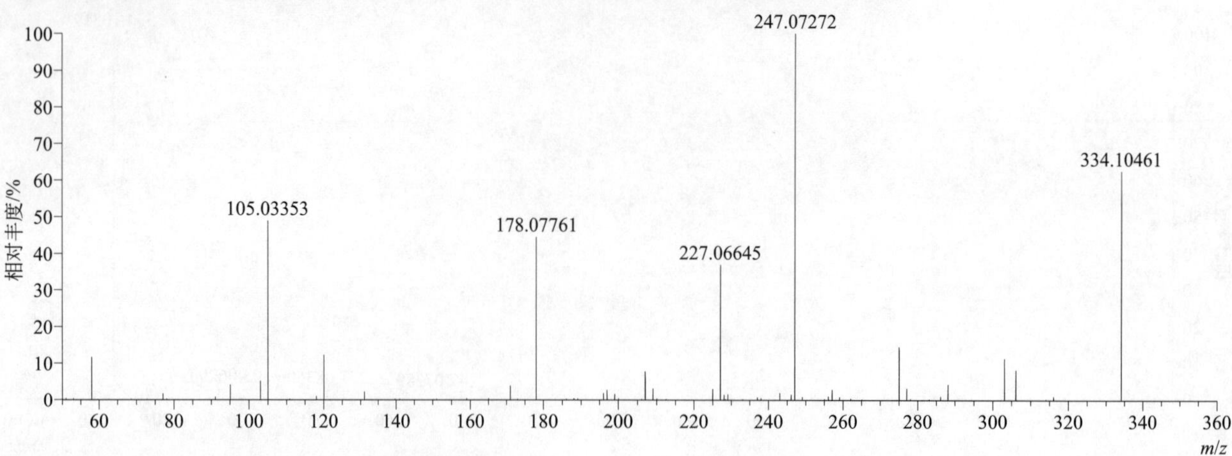

flusilazole（氟硅唑）

基本信息

CAS 登录号	85509-19-9	分子量	315.10033	离子源和极性	电喷雾离子源（ESI）
分子式	$C_{16}H_{15}F_2N_3Si$	保留时间	14.91min	极性	正模式

[M+H]$^+$ 提取离子流色谱图

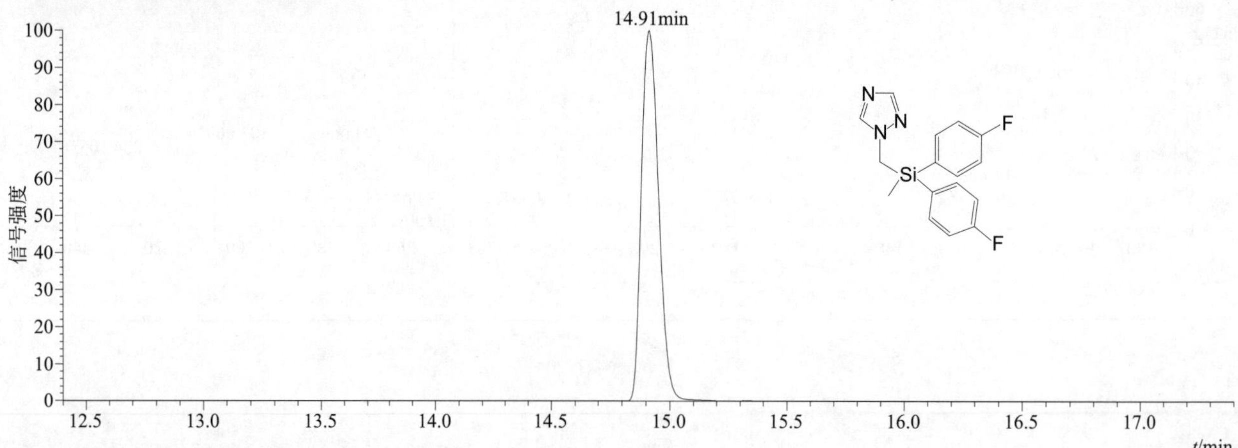

[M+H]$^+$ 典型的一级质谱图

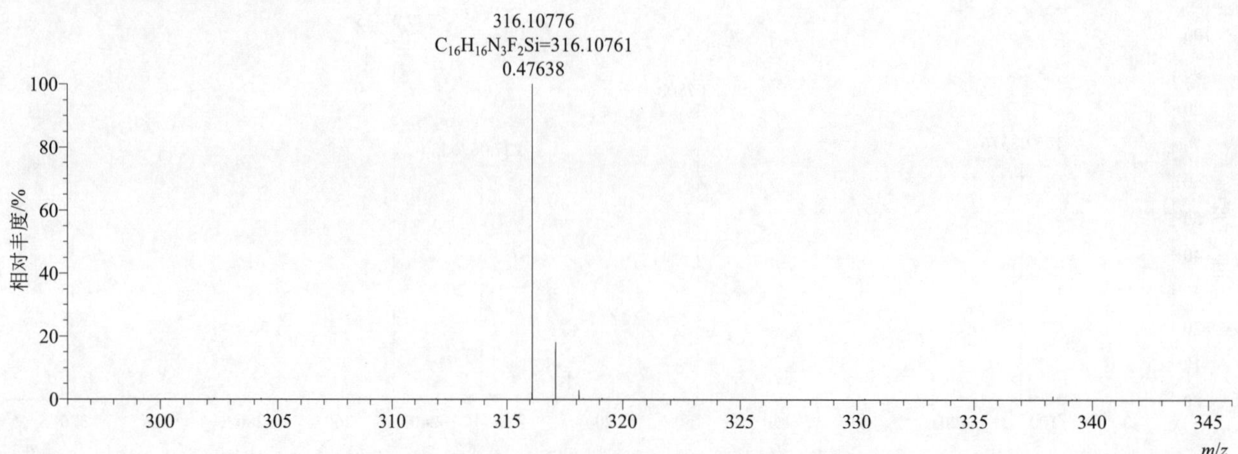

[M+H]+ 归一化法能量 NCE 为 20 时典型的二级质谱图

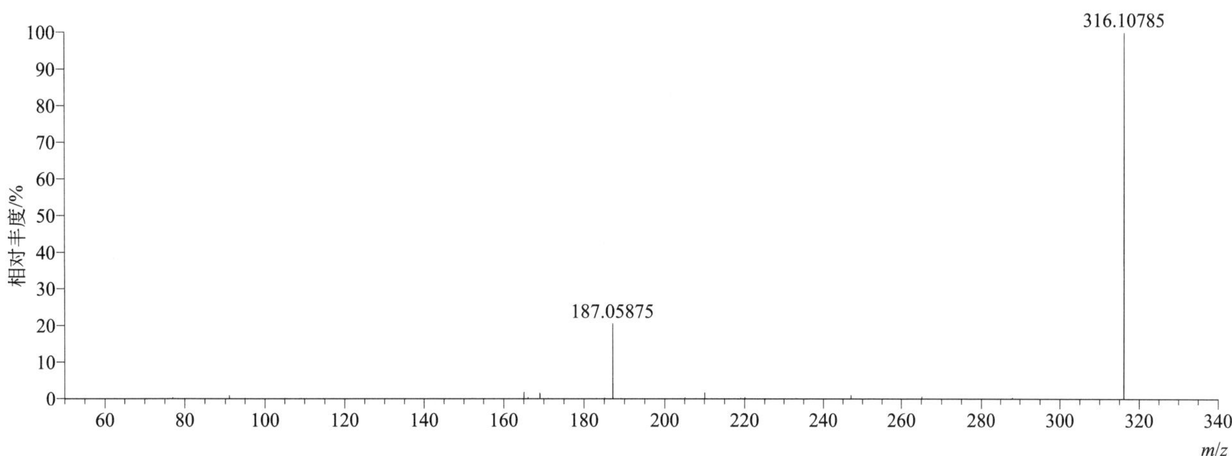

[M+H]+ 归一化法能量 NCE 为 40 时典型的二级质谱图

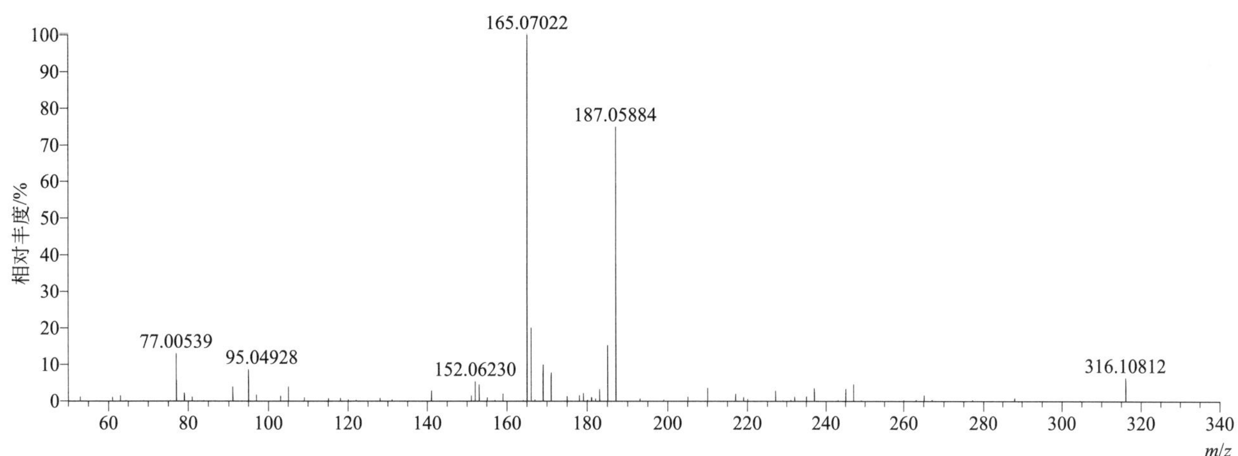

[M+H]+ 归一化法能量 NCE 为 60 时典型的二级质谱图

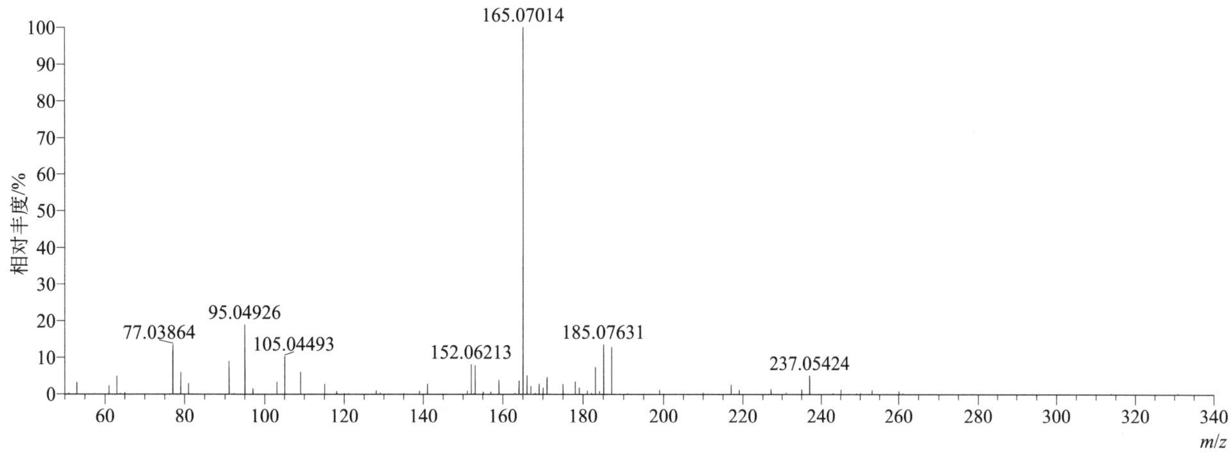

[M+H]+ 阶梯归一化法能量 Step NCE 为 20、40、60 时典型的二级质谱图

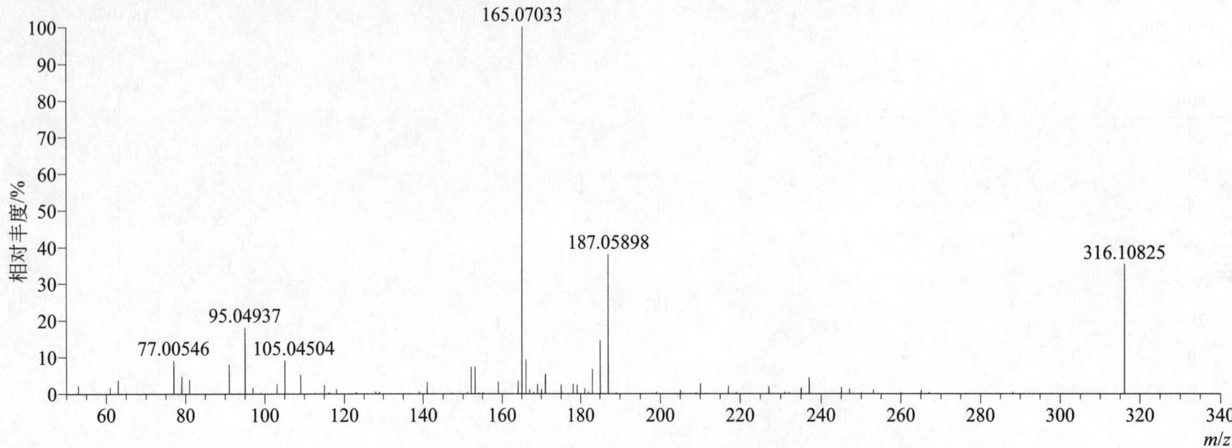

flutiacet-methyl（嗪草酸甲酯）

基本信息

CAS 登录号	117337-19-6	分子量	403.02274	离子源和极性	电喷雾离子源（ESI）
分子式	$C_{15}H_{15}ClFN_3O_3S_2$	保留时间	15.03min	极性	正模式

[M+H]+ 提取离子流色谱图

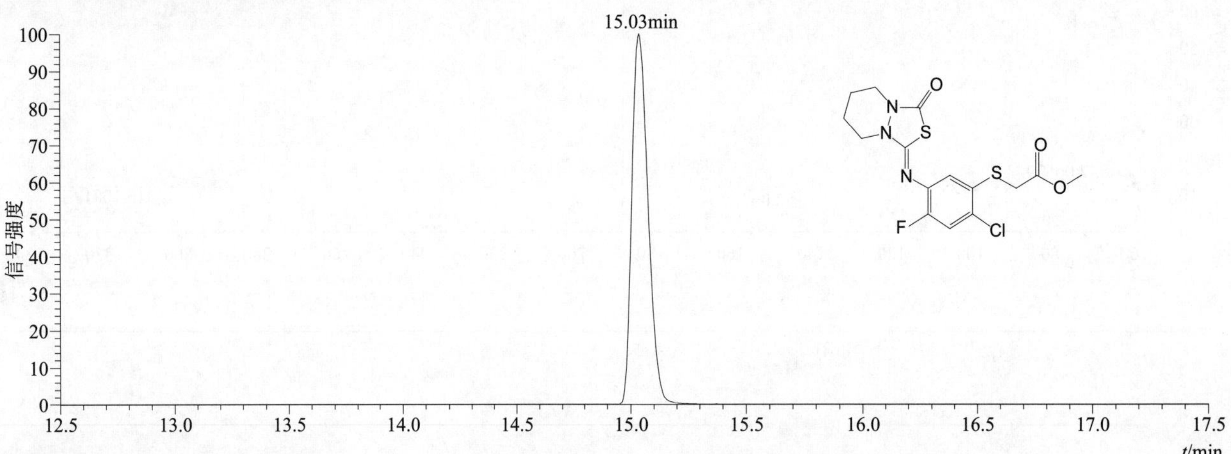

[M+H]+ 典型的一级质谱图

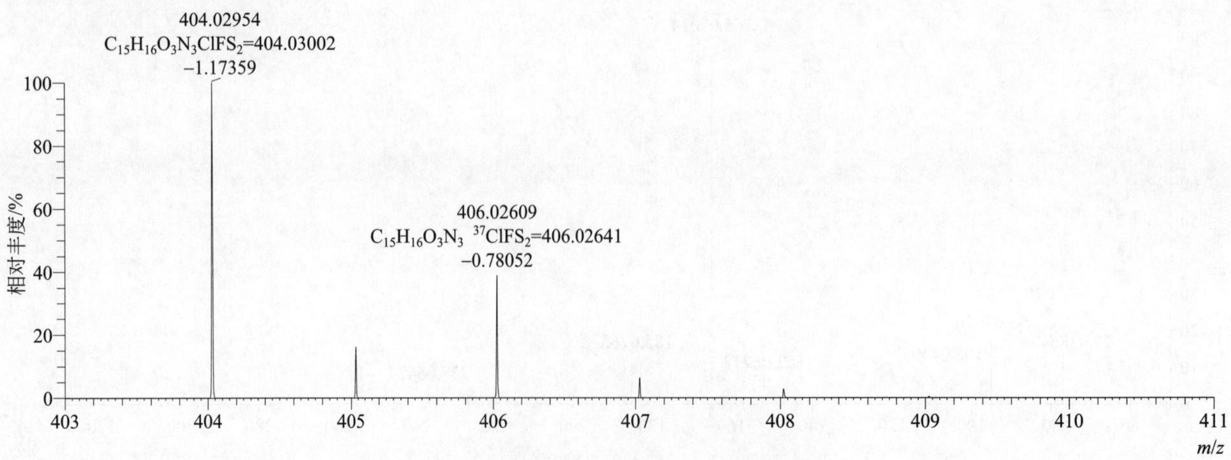

[M+H]⁺ 归一化法能量 NCE 为 20 时典型的二级质谱图

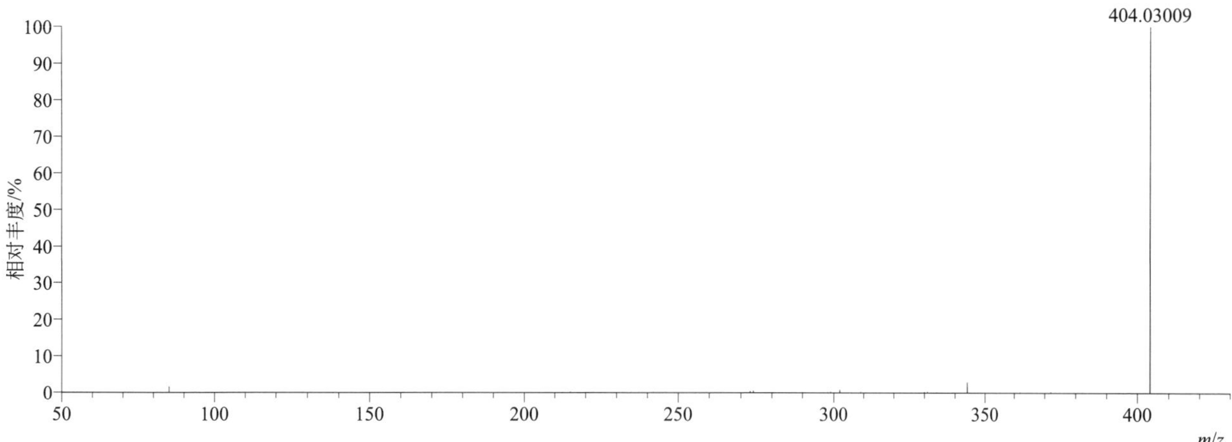

[M+H]⁺ 归一化法能量 NCE 为 40 时典型的二级质谱图

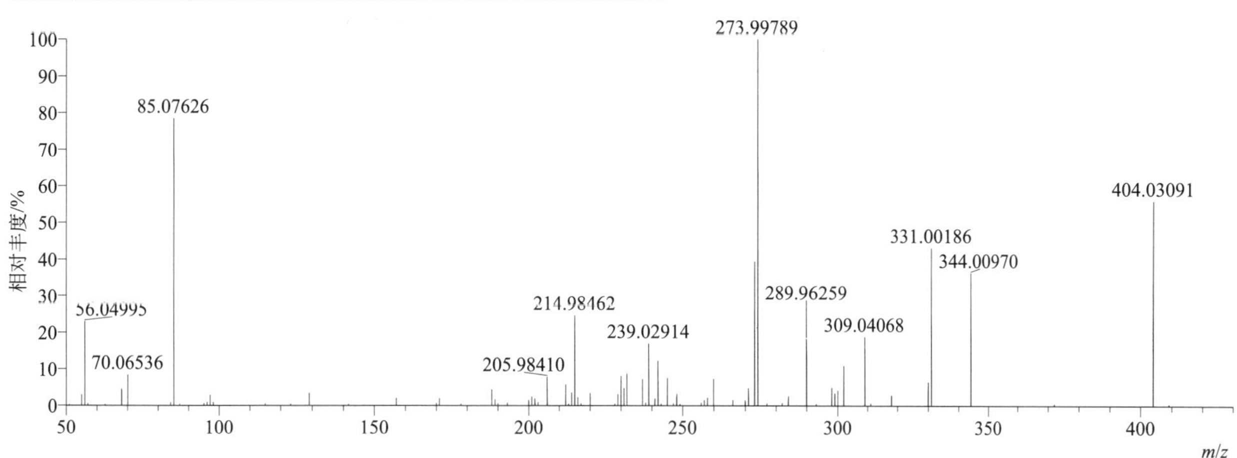

[M+H]⁺ 归一化法能量 NCE 为 60 时典型的二级质谱图

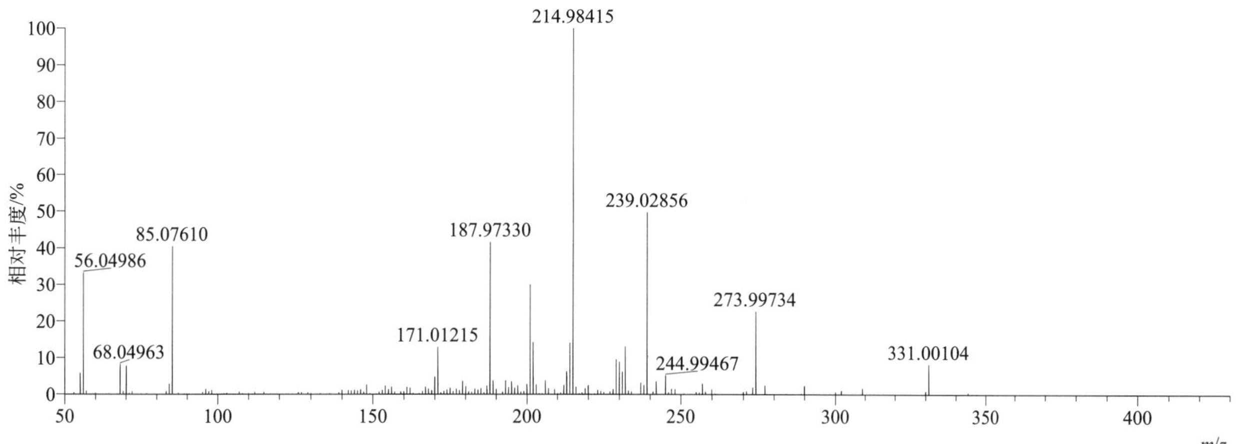

[M+H]+ 阶梯归一化法能量 Step NCE 为 20、40、60 时典型的二级质谱图

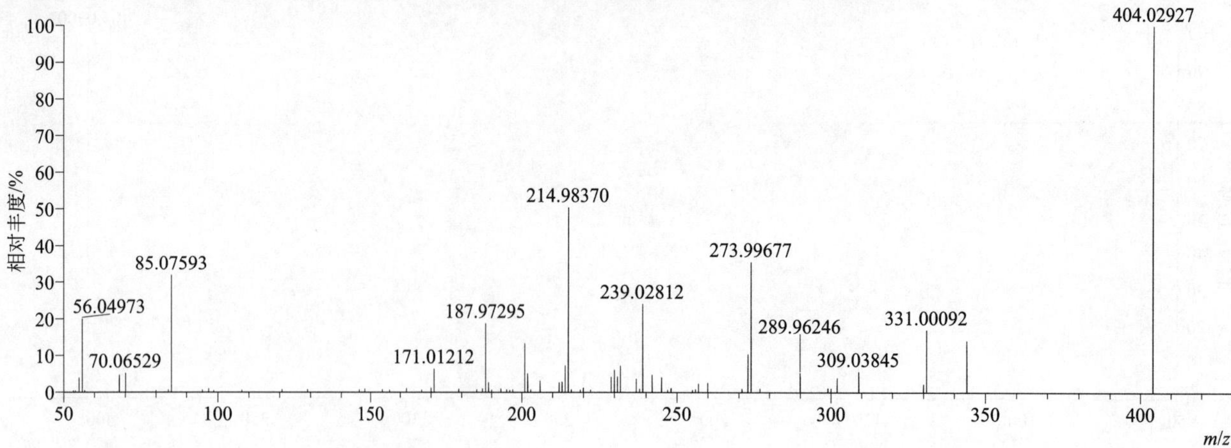

flutolanil（氟酰胺）

基本信息

CAS 登录号	66332-96-5	分子量	323.11331	离子源和极性	电喷雾离子源（ESI）
分子式	$C_{17}H_{16}F_3NO_2$	保留时间	14.39min	极性	正模式

[M+H]+ 提取离子流色谱图

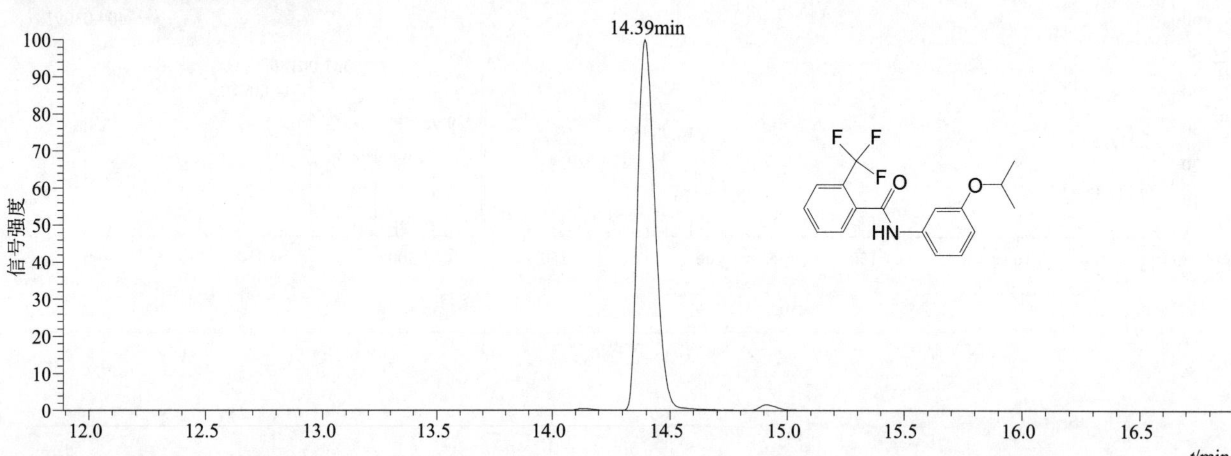

[M+H]+ 典型的一级质谱图

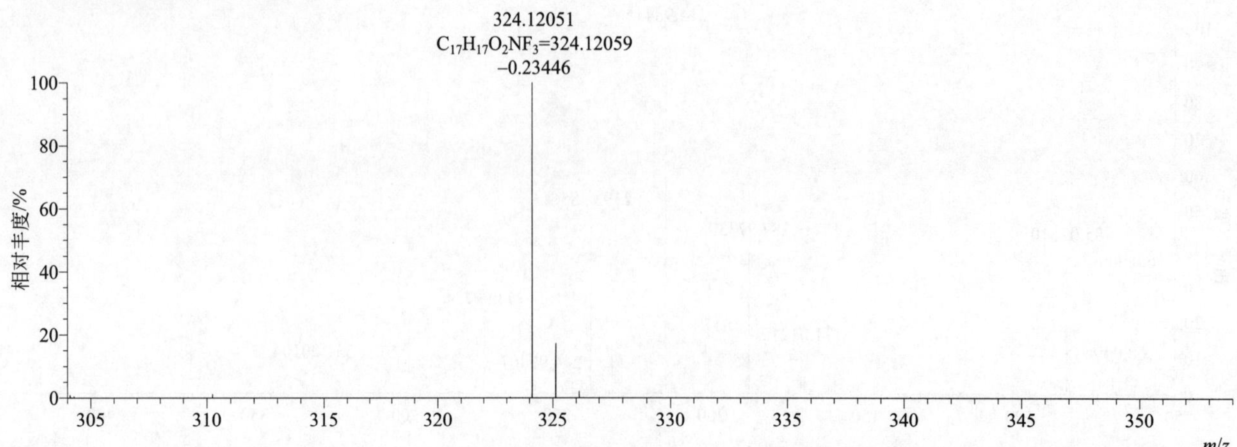

[M+H]+ 归一化法能量 NCE 为 20 时典型的二级质谱图

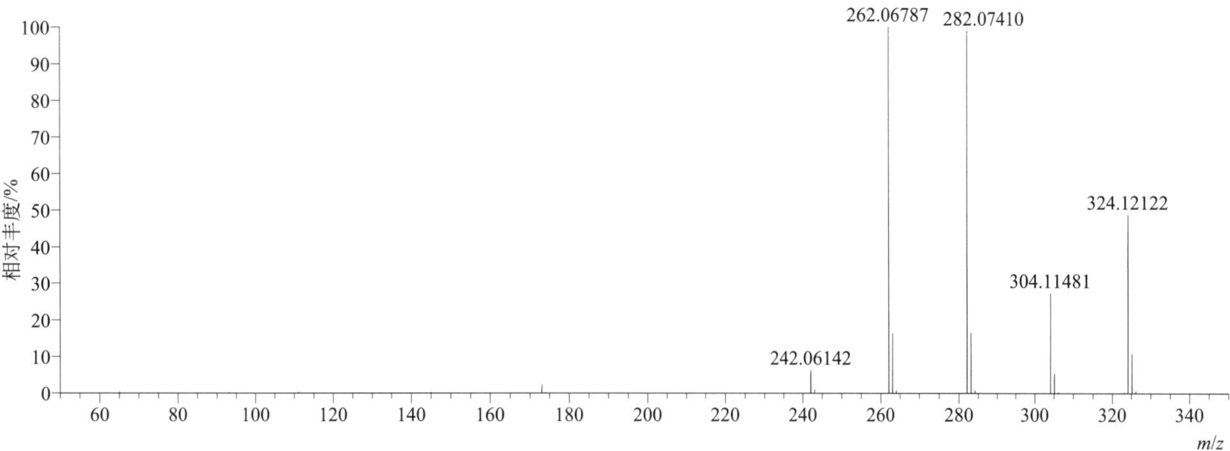

[M+H]+ 归一化法能量 NCE 为 40 时典型的二级质谱图

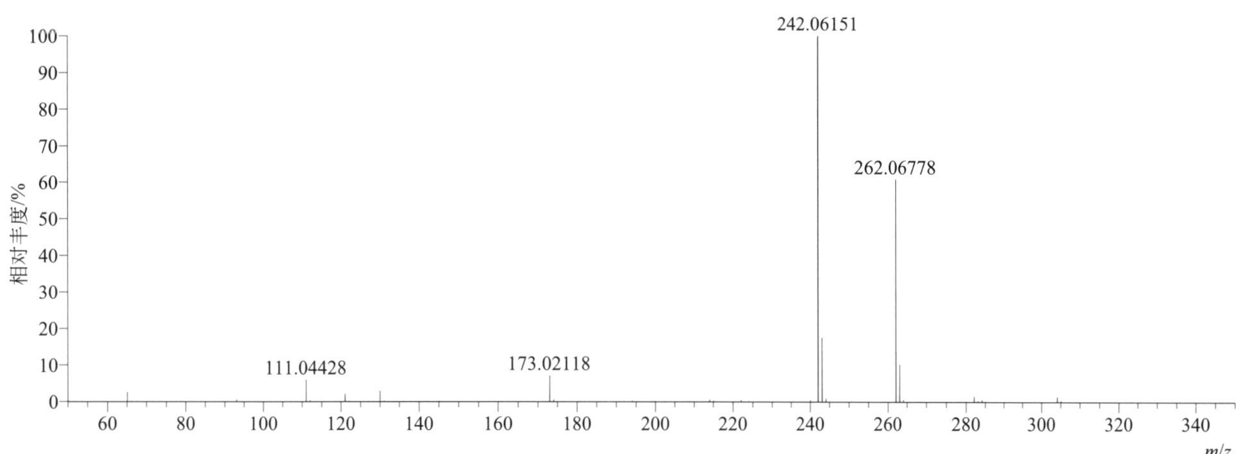

[M+H]+ 归一化法能量 NCE 为 60 时典型的二级质谱图

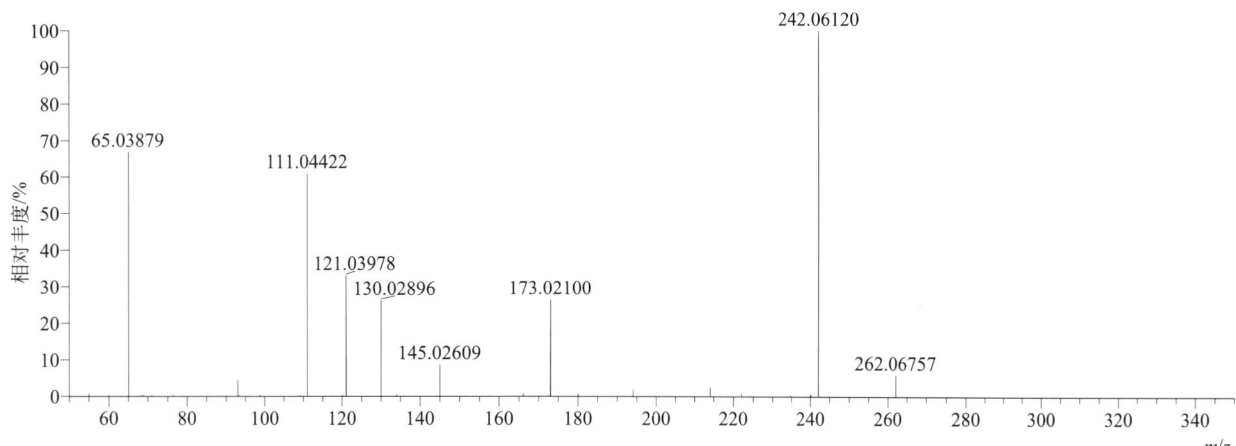

[M+H]+ 阶梯归一化法能量 Step NCE 为 20、40、60 时典型的二级质谱图

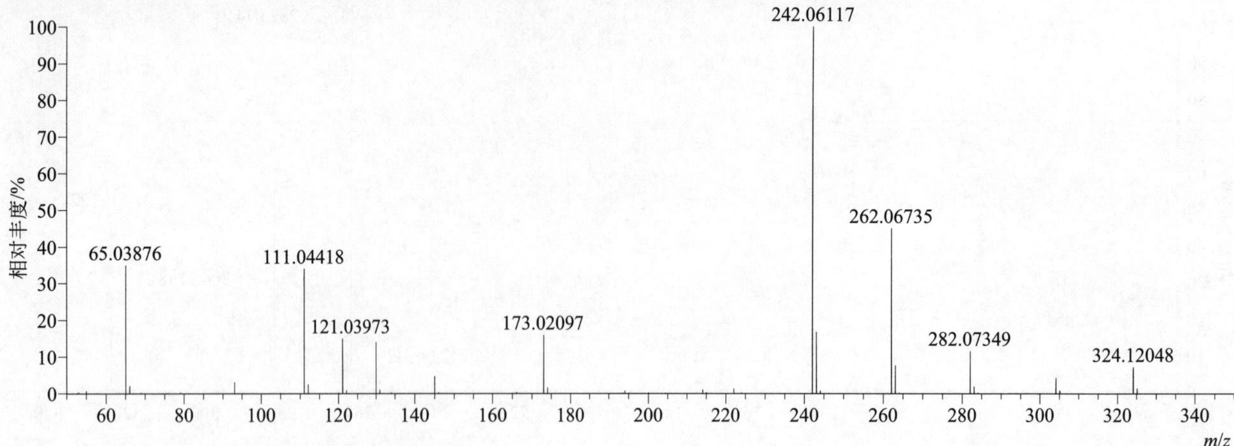

flutriafol（粉唑醇）

基本信息

CAS 登录号	76674-21-0	分子量	301.10267	离子源和极性	电喷雾离子源（ESI）
分子式	$C_{16}H_{13}F_2N_3O$	保留时间	13.66min	极性	正模式

[M+H]+ 提取离子流色谱图

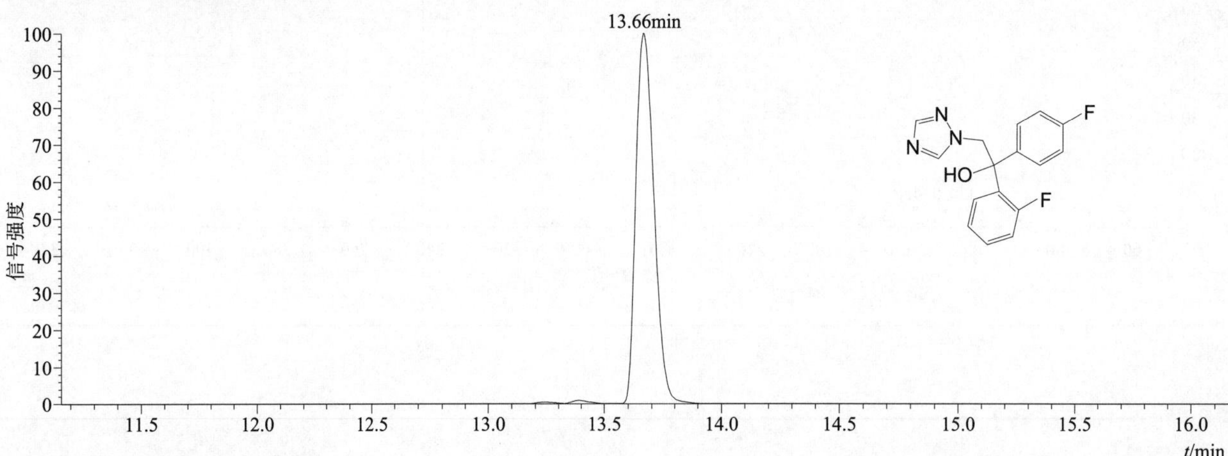

[M+H]+ 典型的一级质谱图

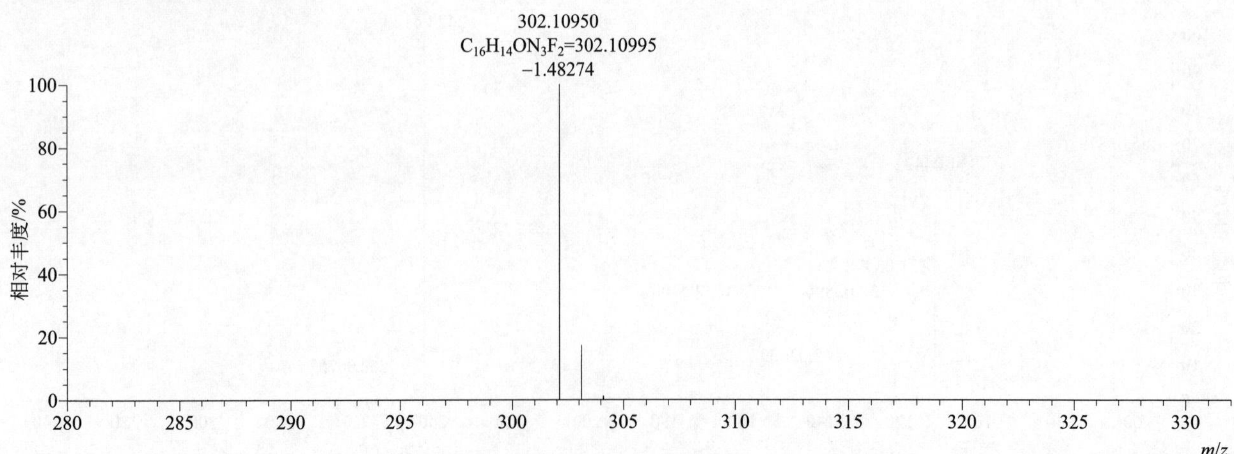

[M+H]+ 归一化法能量 NCE 为 20 时典型的二级质谱图

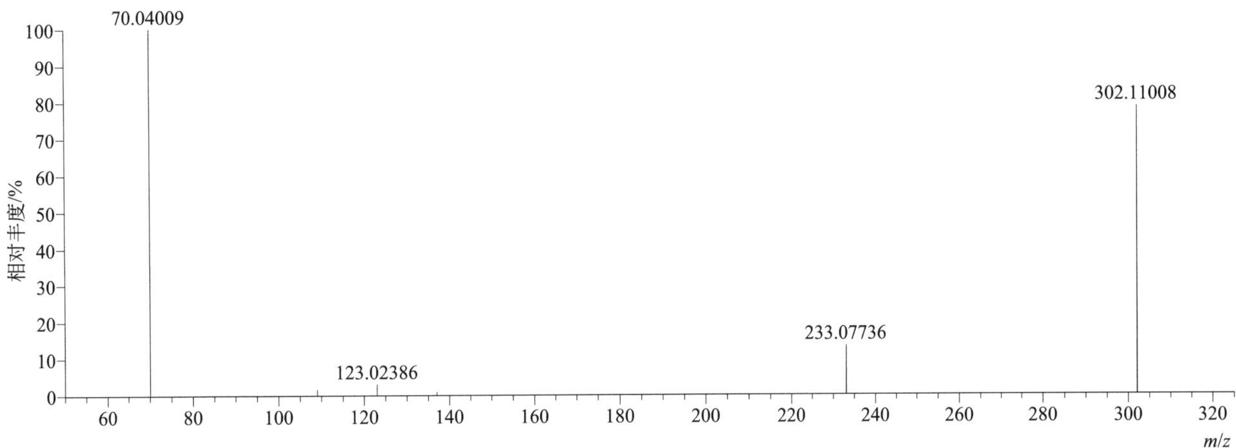

[M+H]+ 归一化法能量 NCE 为 40 时典型的二级质谱图

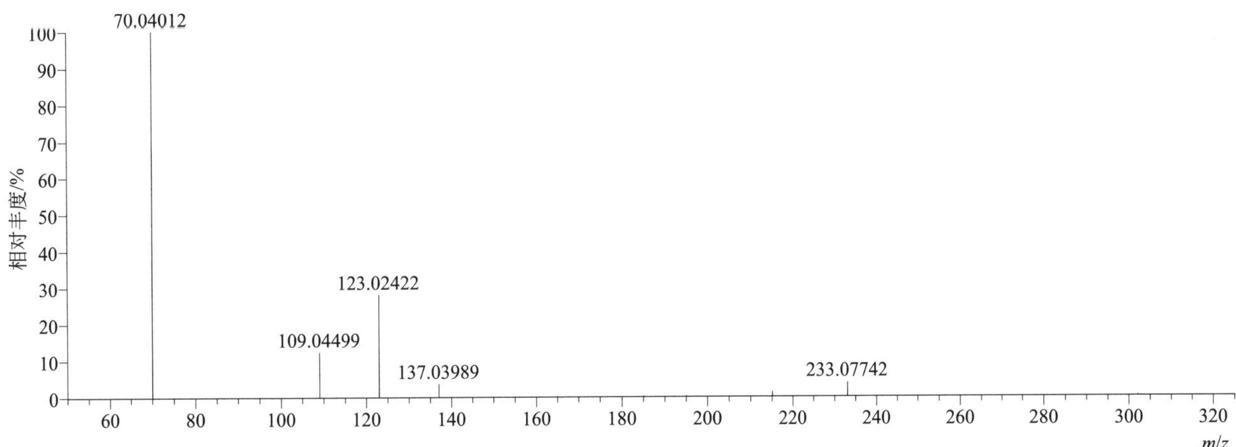

[M+H]+ 归一化法能量 NCE 为 60 时典型的二级质谱图

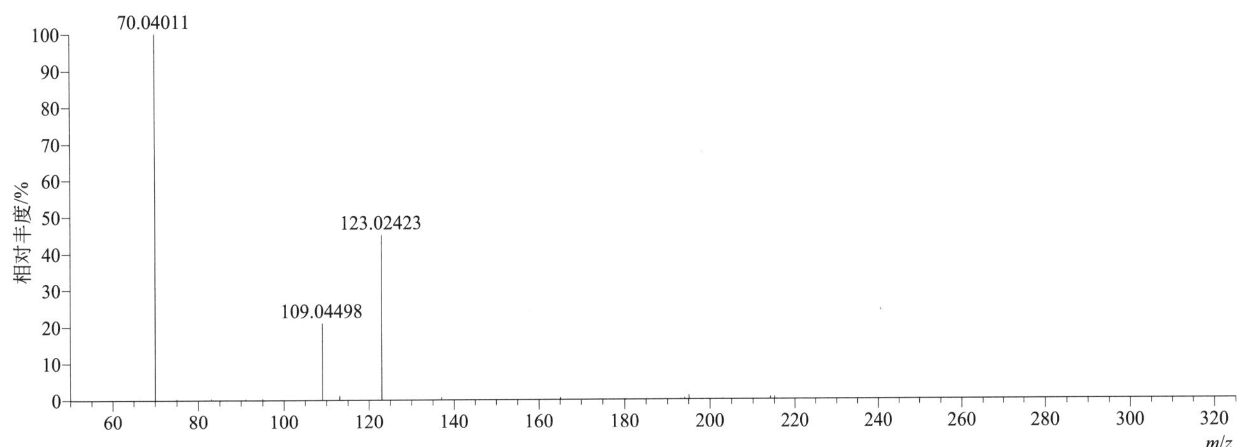

[M+H]+ 阶梯归一化法能量 Step NCE 为 20、40、60 时典型的二级质谱图

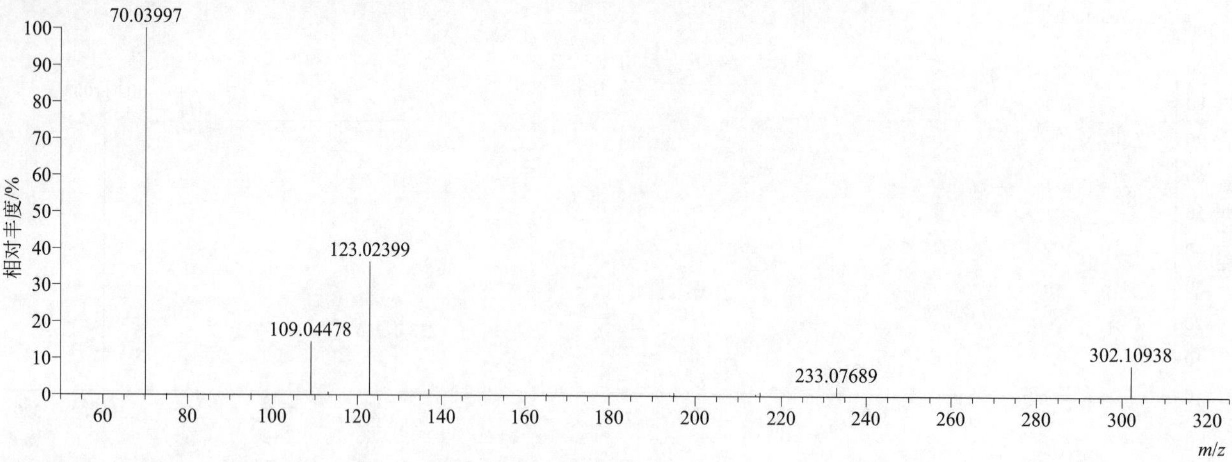

fluxapyroxad（氟唑菌酰胺）

基本信息

CAS 登录号	907204-31-3	分子量	381.09005	离子源和极性	电喷雾离子源（ESI）
分子式	$C_{18}H_{12}F_5N_3O$	保留时间	14.40min	极性	正模式

[M+H]+ 提取离子流色谱图

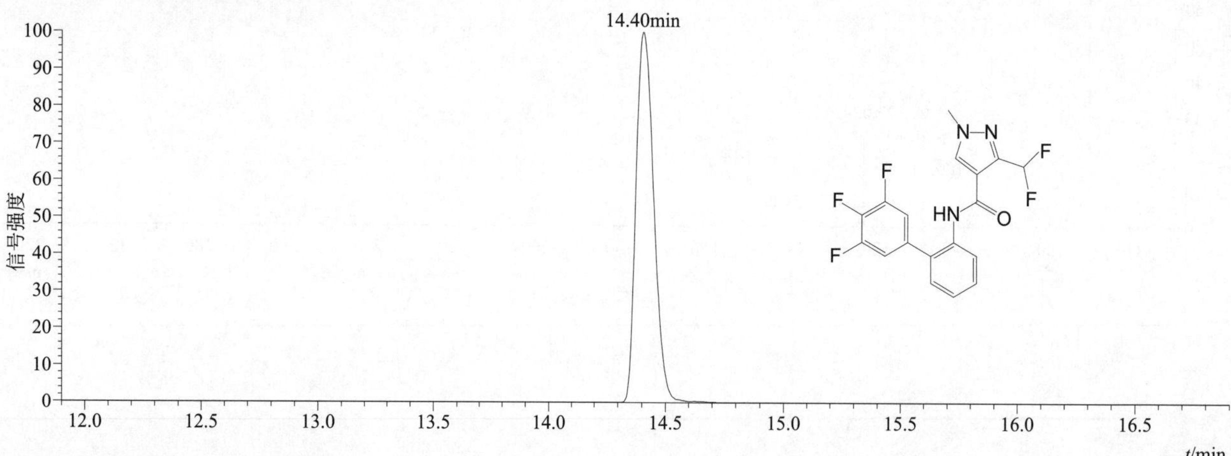

[M+H]+ 典型的一级质谱图

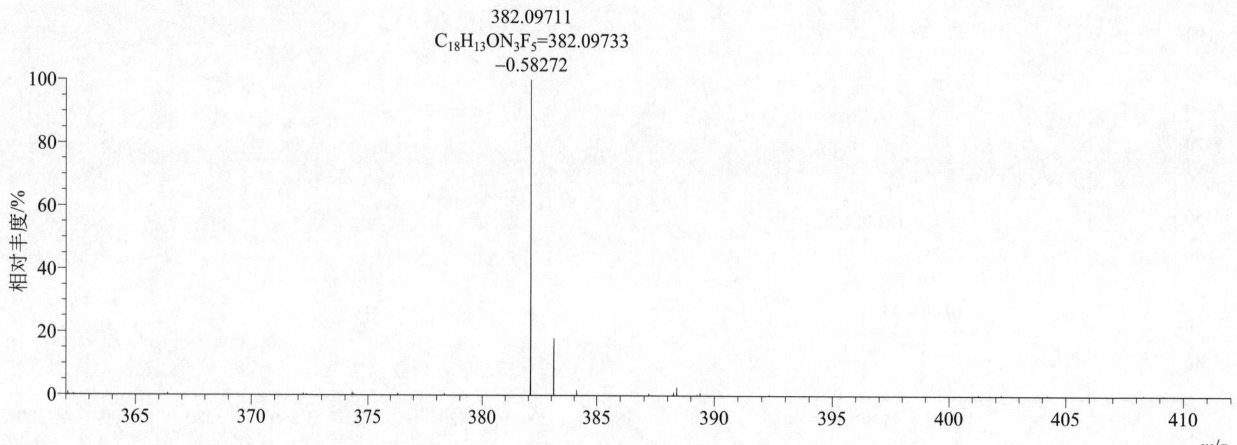

[M+H]+ 归一化法能量 NCE 为 20 时典型的二级质谱图

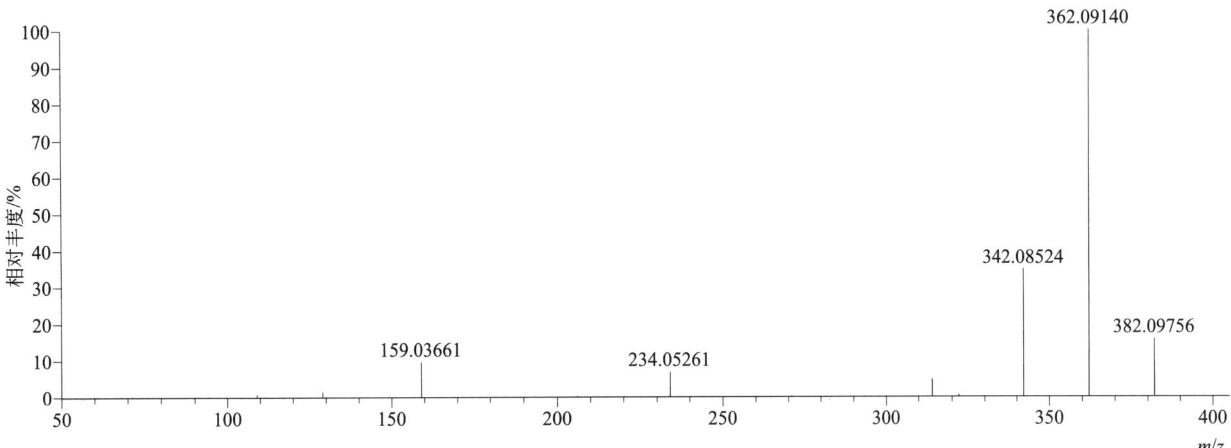

[M+H]+ 归一化法能量 NCE 为 40 时典型的二级质谱图

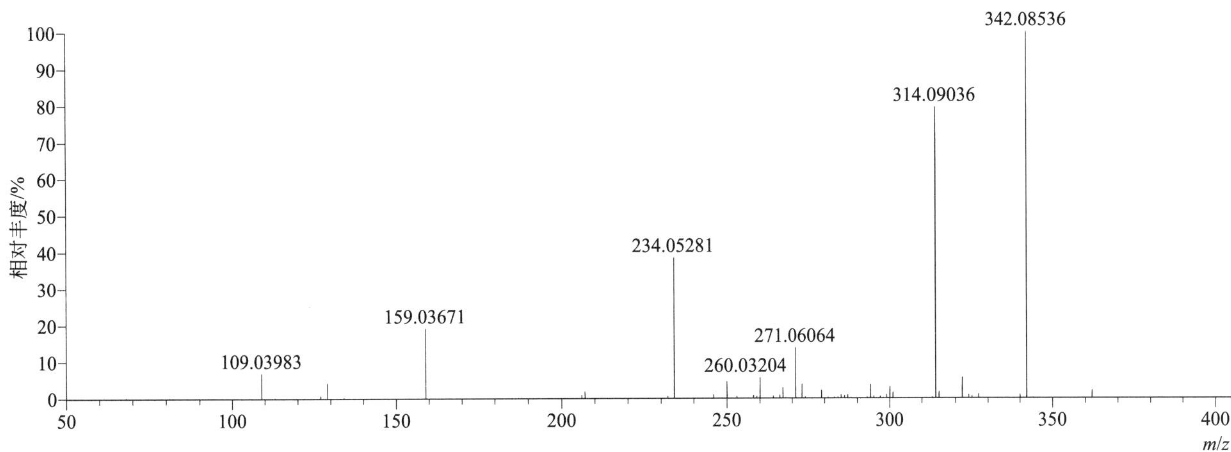

[M+H]+ 归一化法能量 NCE 为 60 时典型的二级质谱图

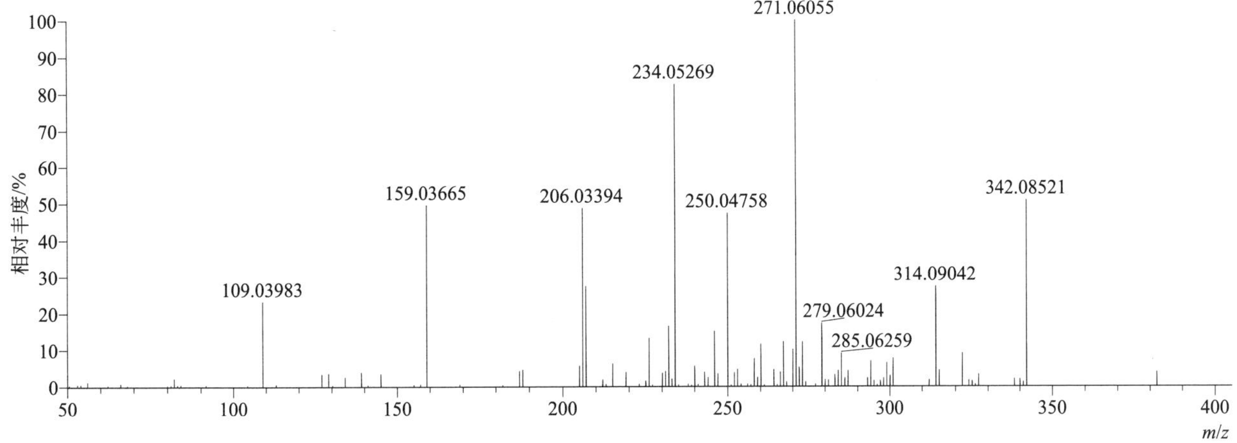

[M+H]+ 阶梯归一化法能量 Step NCE 为 20、40、60 时典型的二级质谱图

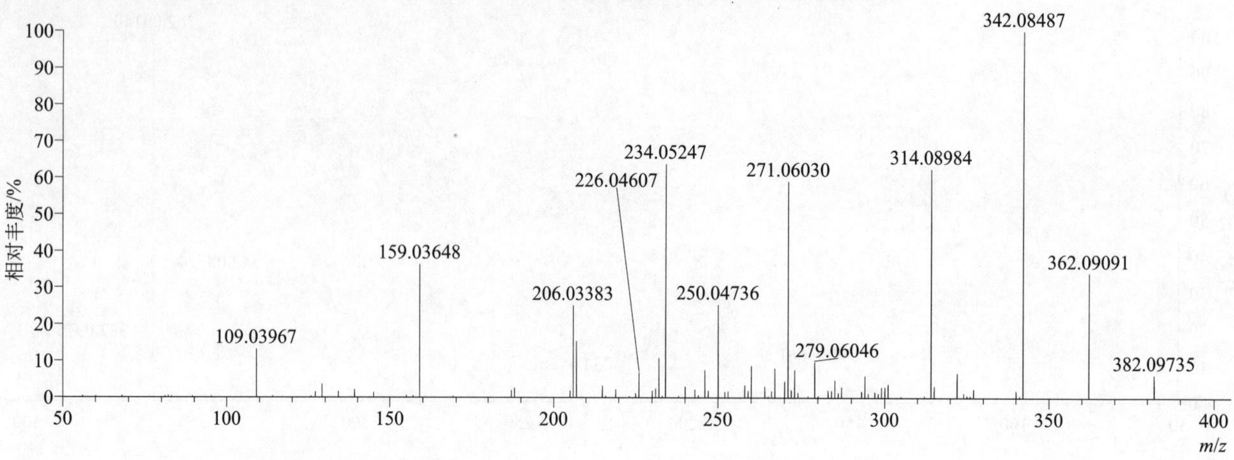

fonofos（地虫硫磷）

基本信息

CAS 登录号	994-22-9	分子量	246.03019	离子源和极性	电喷雾离子源（ESI）
分子式	$C_{10}H_{15}OPS_2$	保留时间	15.21min	极性	正模式

[M+H]+ 提取离子流色谱图

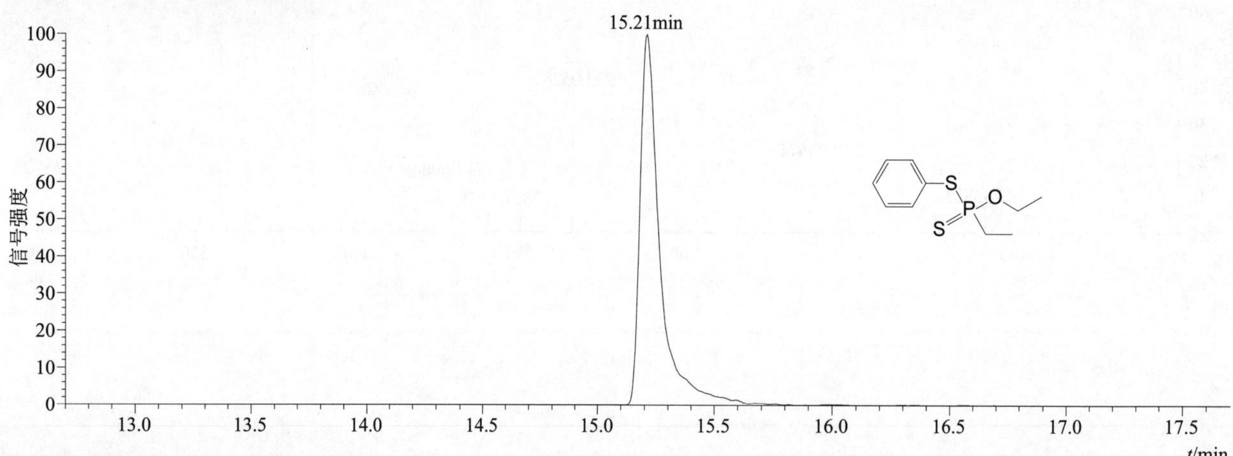

[M+H]+ 典型的一级质谱图

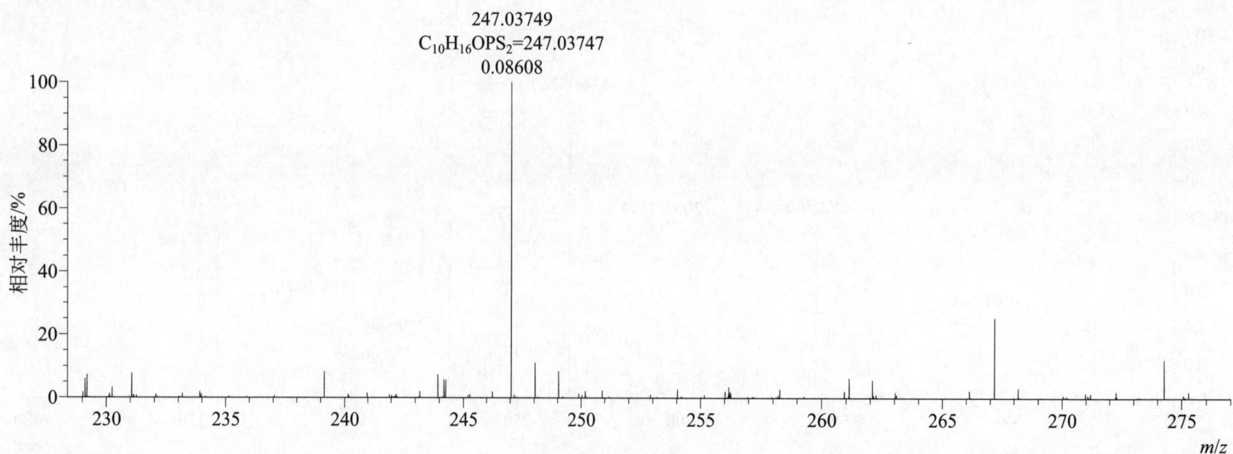

[M+H]+ 归一化法能量 NCE 为 10 时典型的二级质谱图

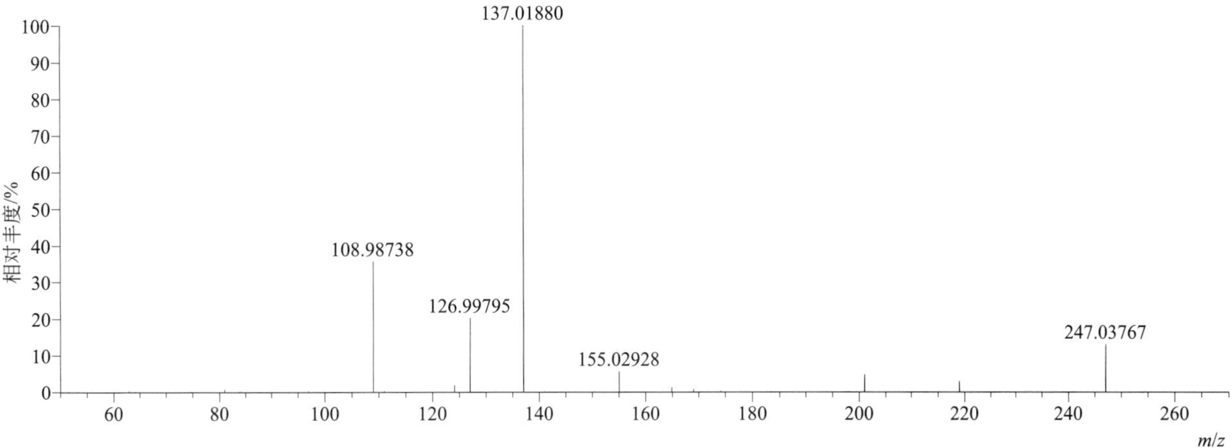

[M+H]+ 归一化法能量 NCE 为 20 时典型的二级质谱图

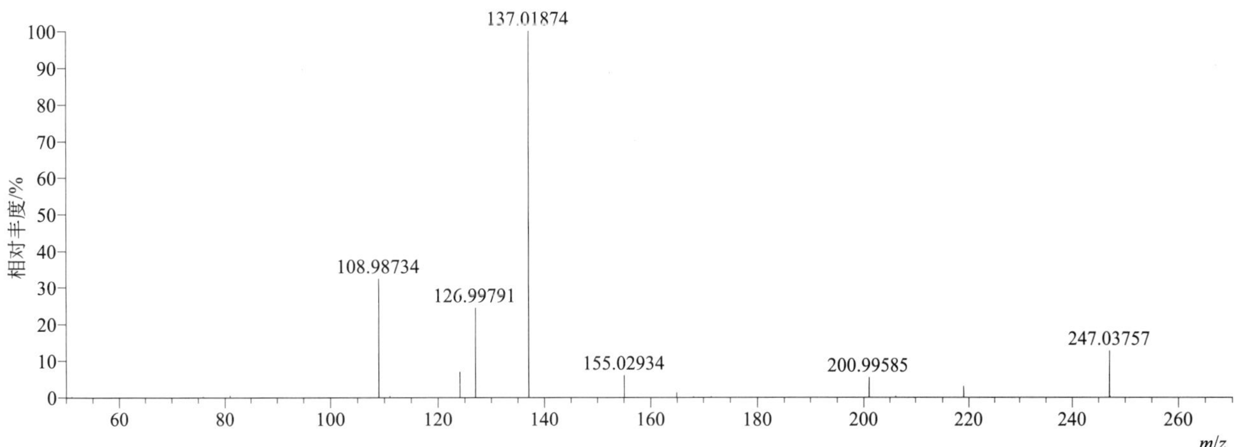

[M+H]+ 归一化法能量 NCE 为 30 时典型的二级质谱图

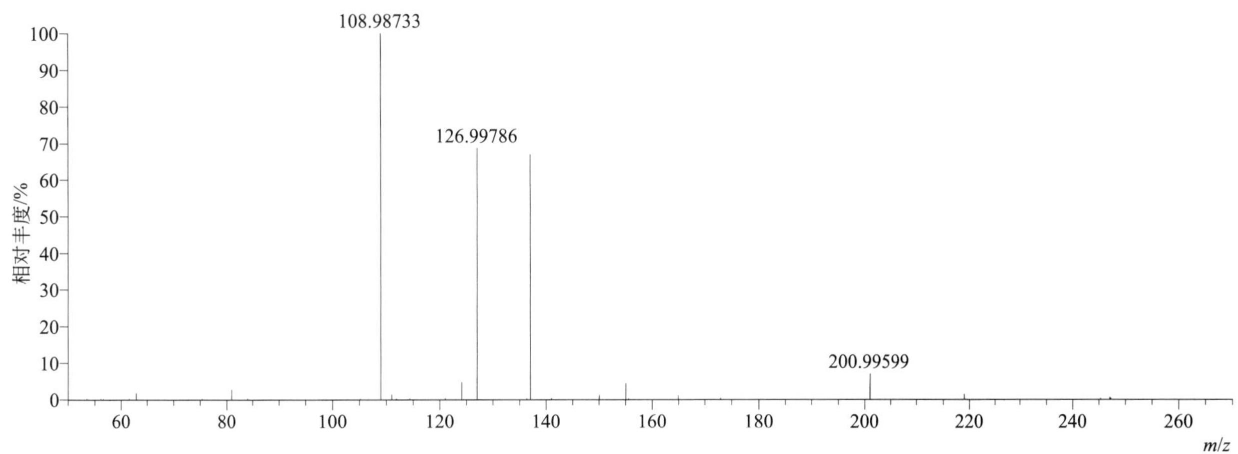

[M+H]+ 阶梯归一化法能量 Step NCE 为 10、20、30 时典型的二级质谱图

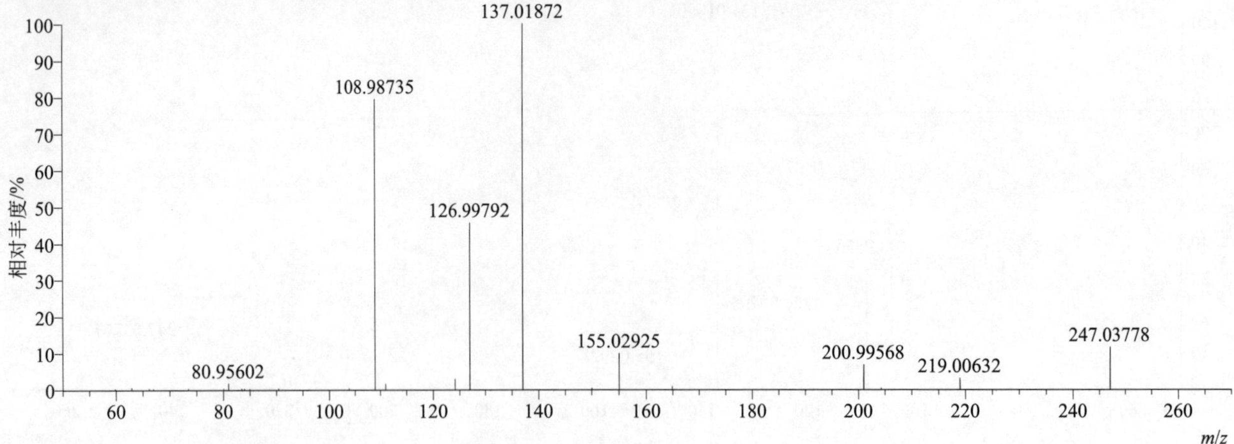

foramsulfuron（甲酰胺磺隆）

基本信息

CAS 登录号	173159-57-4	分子量	452.11142	离子源和极性	电喷雾离子源（ESI）
分子式	$C_{17}H_{20}N_6O_7S$	保留时间	13.35min	极性	正模式

[M+H]+ 提取离子流色谱图

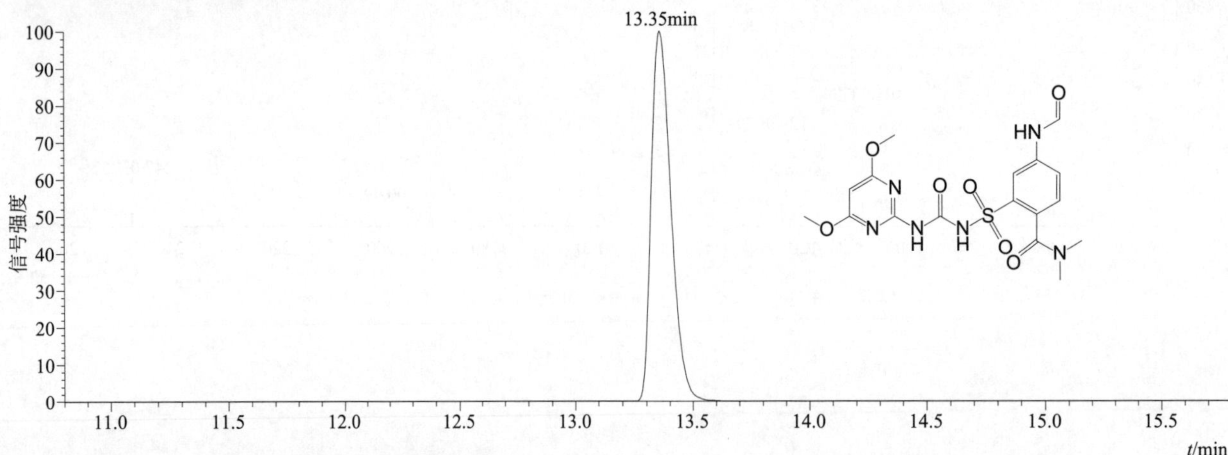

[M+H]+ 和 [M+Na]+ 典型的一级质谱图

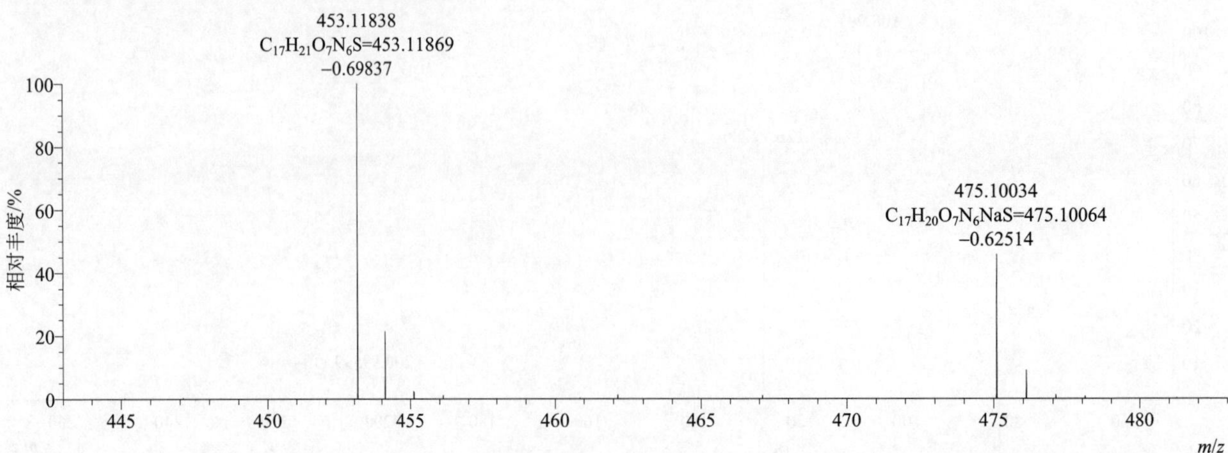

[M+H]+ 归一化法能量 NCE 为 10 时典型的二级质谱图

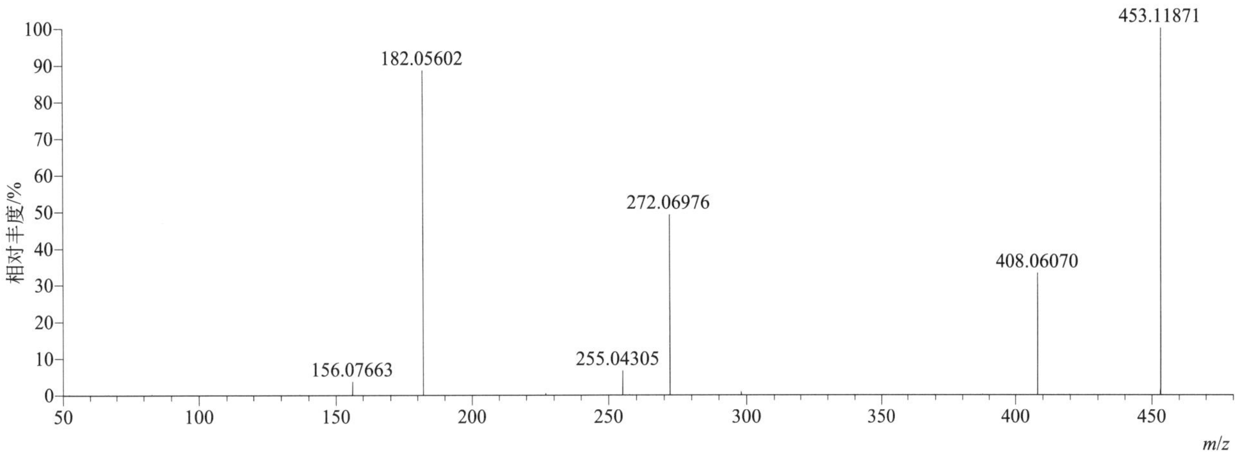

[M+H]+ 归一化法能量 NCE 为 20 时典型的二级质谱图

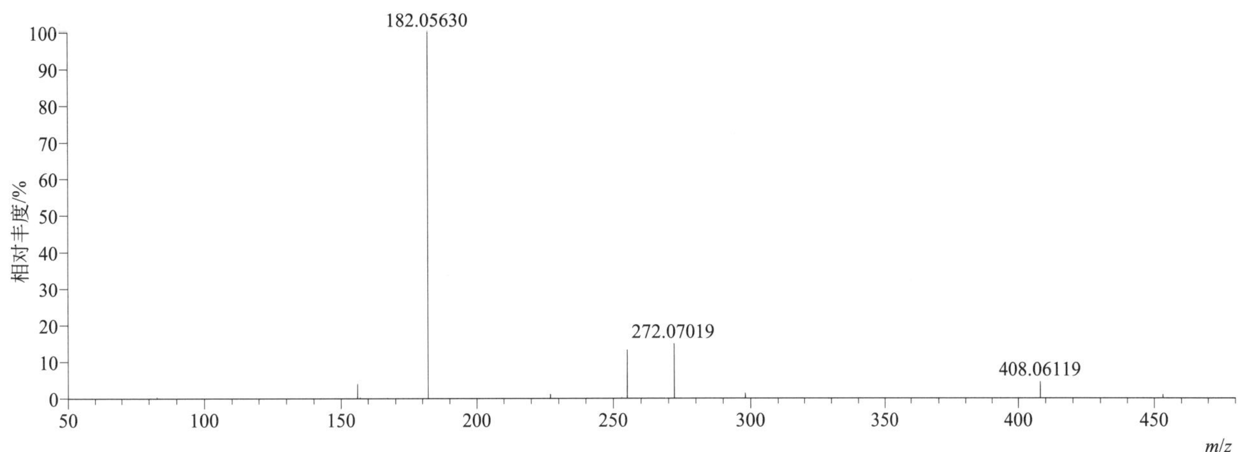

[M+H]+ 归一化法能量 NCE 为 30 时典型的二级质谱图

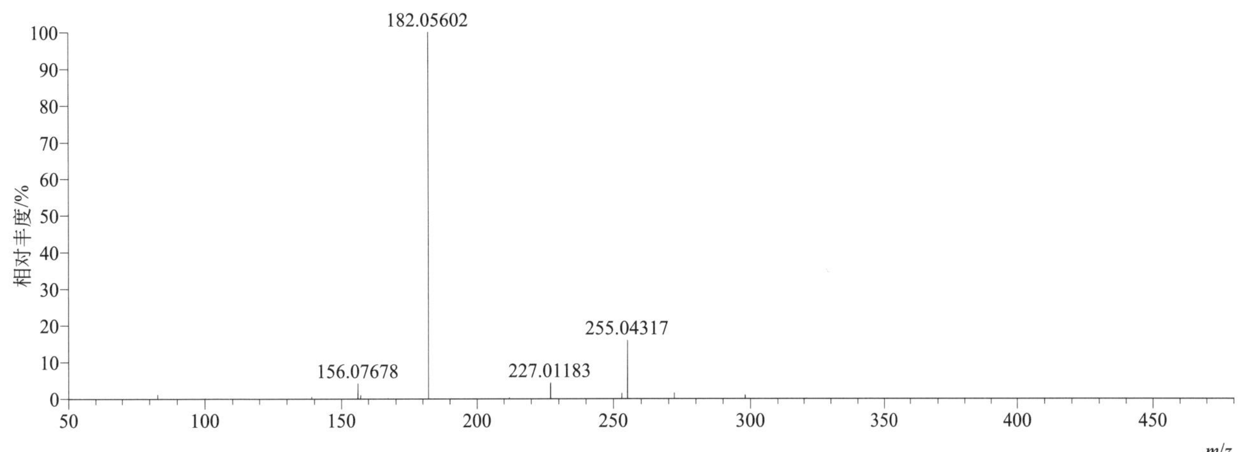

[M+H]$^+$ 阶梯归一化法能量 Step NCE 为 10、20、30 时典型的二级质谱图

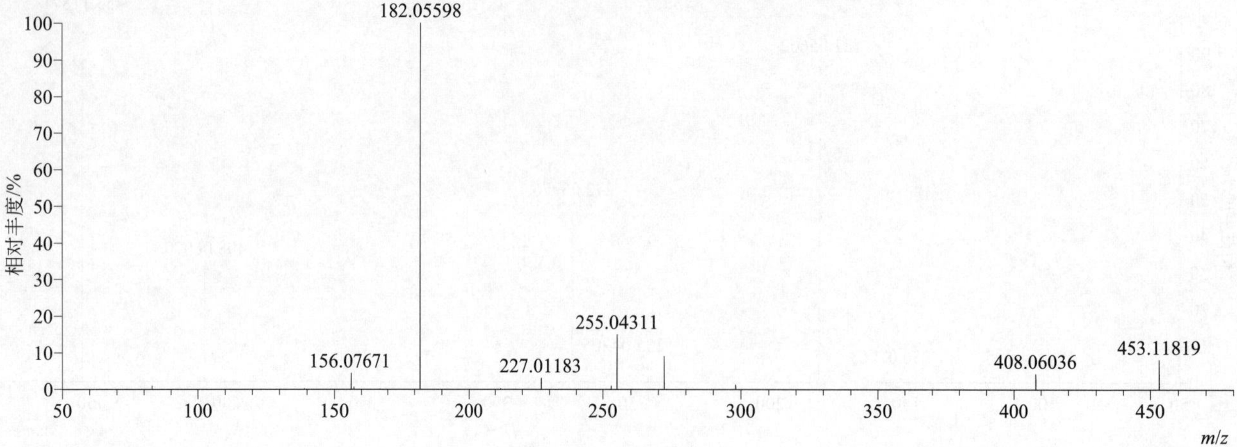

forchlorfenuron（氯吡脲）

基本信息

CAS 登录号	68157-60-8	分子量	247.68000	离子源和极性	电喷雾离子源（ESI）
分子式	$C_{12}H_{10}ClN_3O$	保留时间	13.94min	极性	正模式

[M+H]$^+$ 提取离子流色谱图

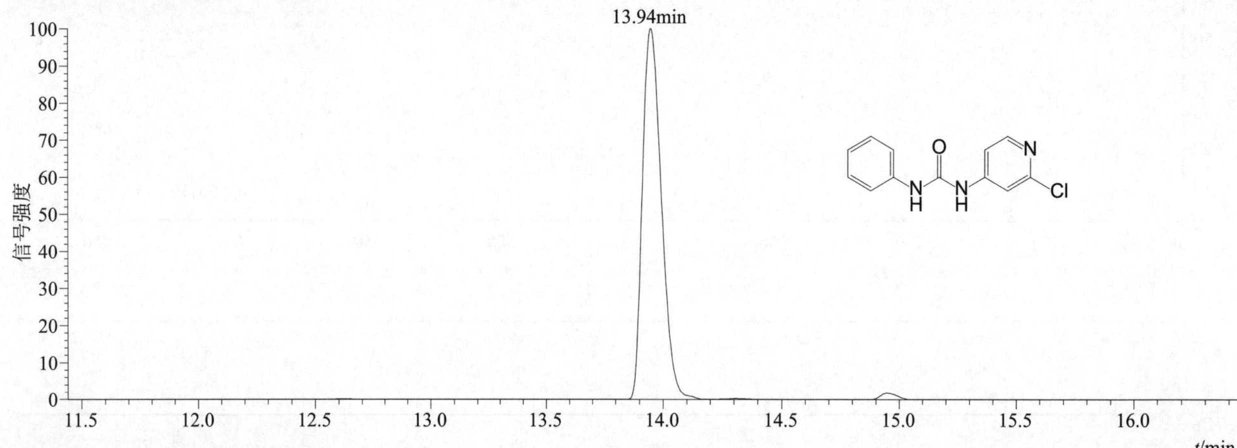

[M+H]$^+$ 典型的一级质谱图

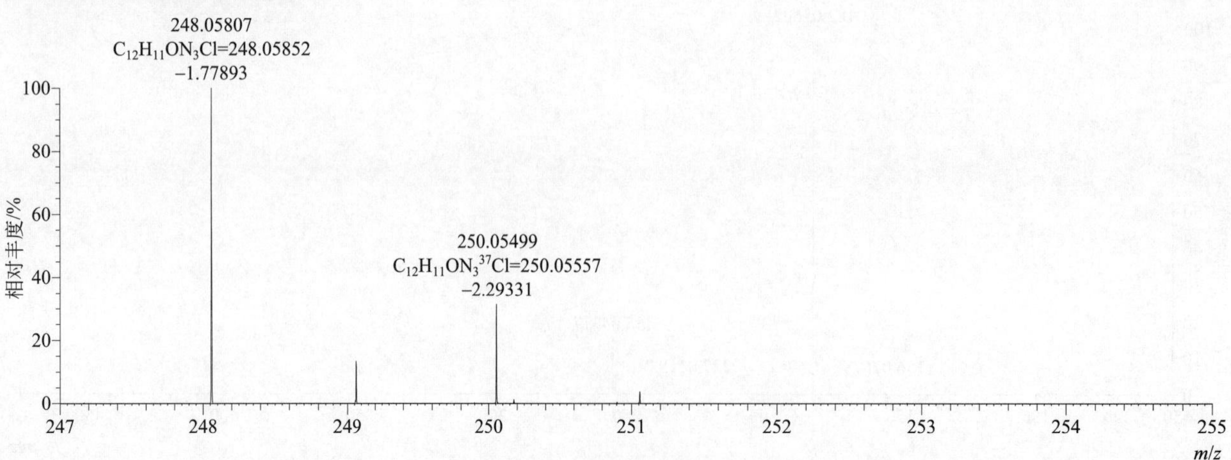

$[M+H]^+$ 归一化法能量 NCE 为 20 时典型的二级质谱图

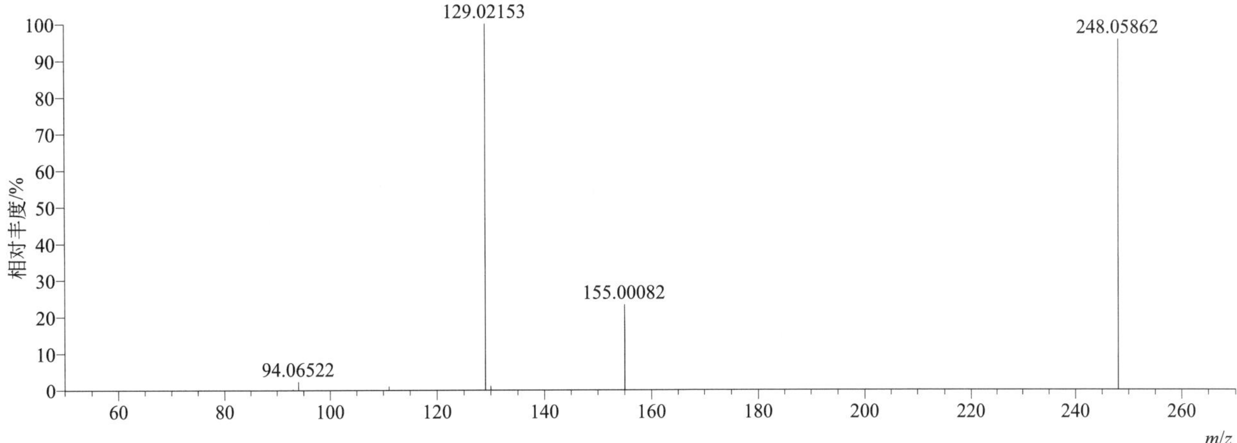

$[M+H]^+$ 归一化法能量 NCE 为 40 时典型的二级质谱图

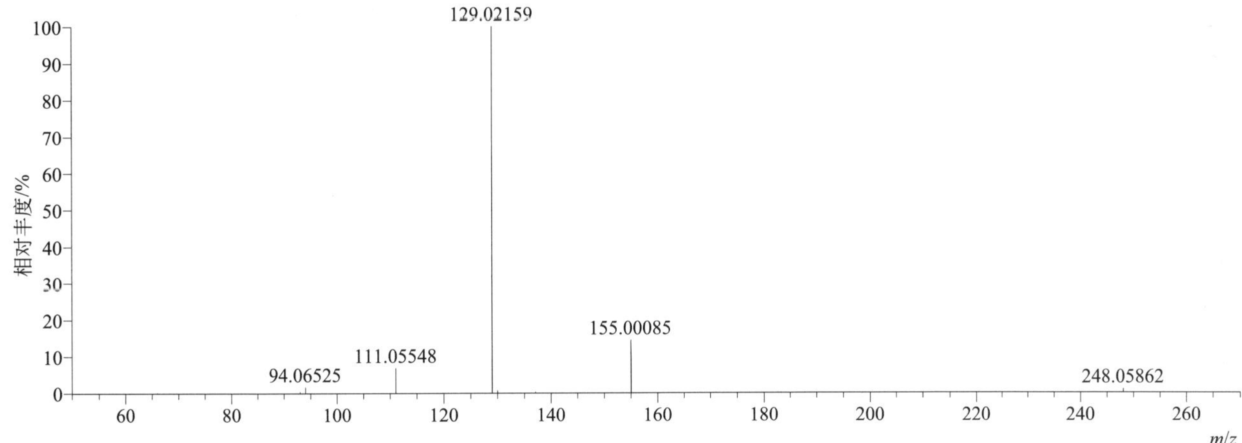

$[M+H]^+$ 归一化法能量 NCE 为 60 时典型的二级质谱图

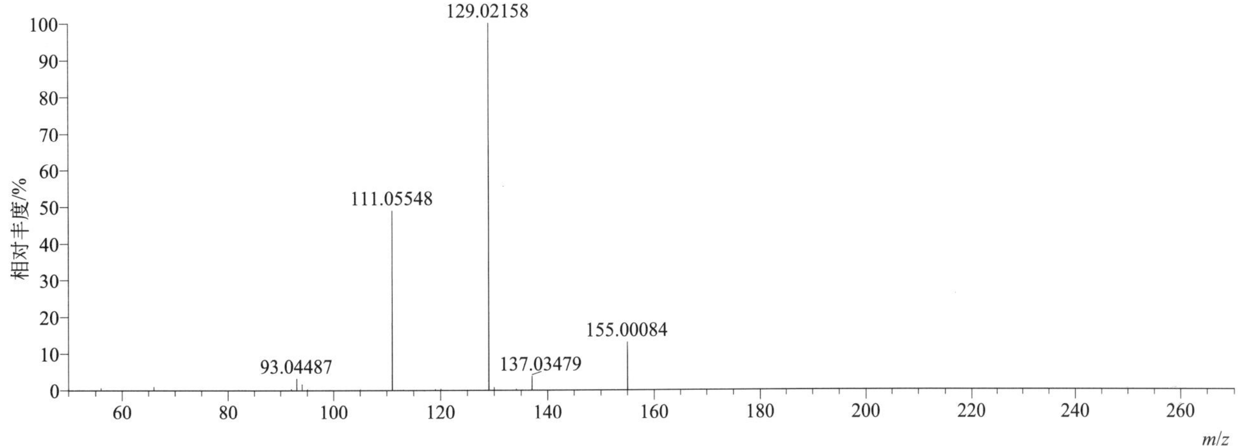

[M+H]$^+$ 阶梯归一化法能量 Step NCE 为 20、40、60 时典型的二级质谱图

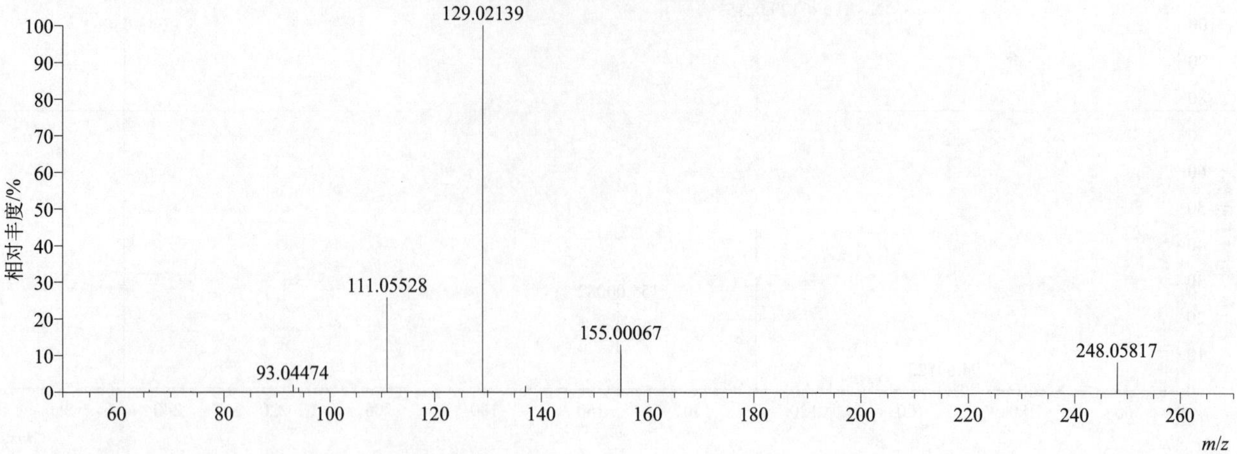

fosthiazate（噻唑膦）

基本信息

CAS 登录号	98886-44-3	分子量	283.04657	离子源和极性	电喷雾离子源（ESI）
分子式	$C_9H_{18}NO_3PS_2$	保留时间	13.49min	极性	正模式

[M+H]$^+$ 提取离子流色谱图

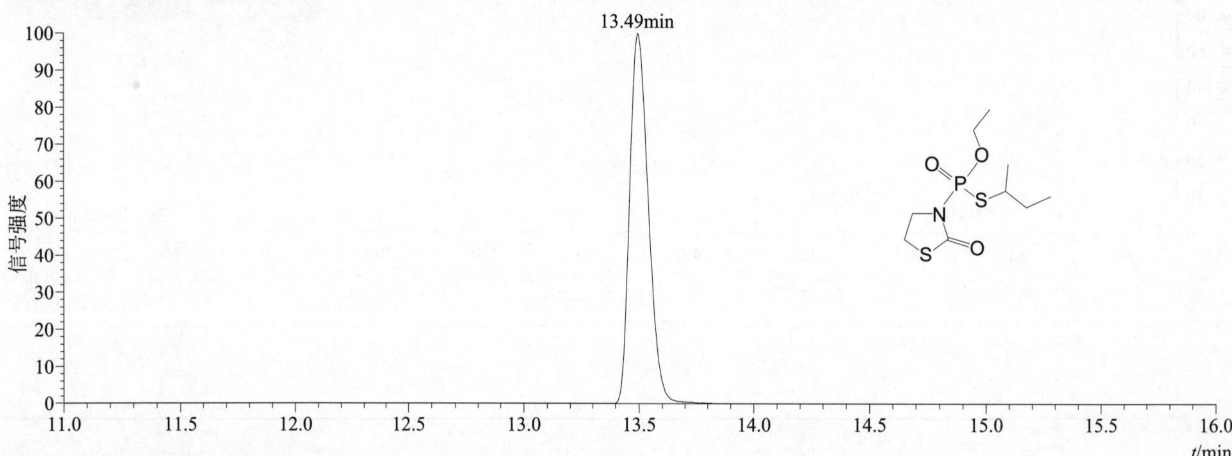

[M+H]$^+$ 典型的一级质谱图

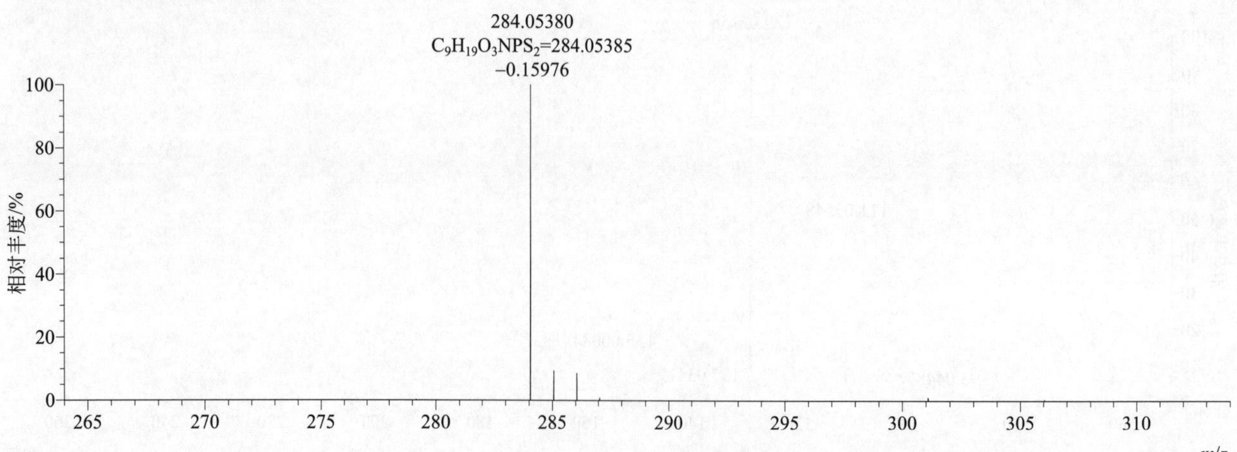

[M+H]+ 归一化法能量 NCE 为 20 时典型的二级质谱图

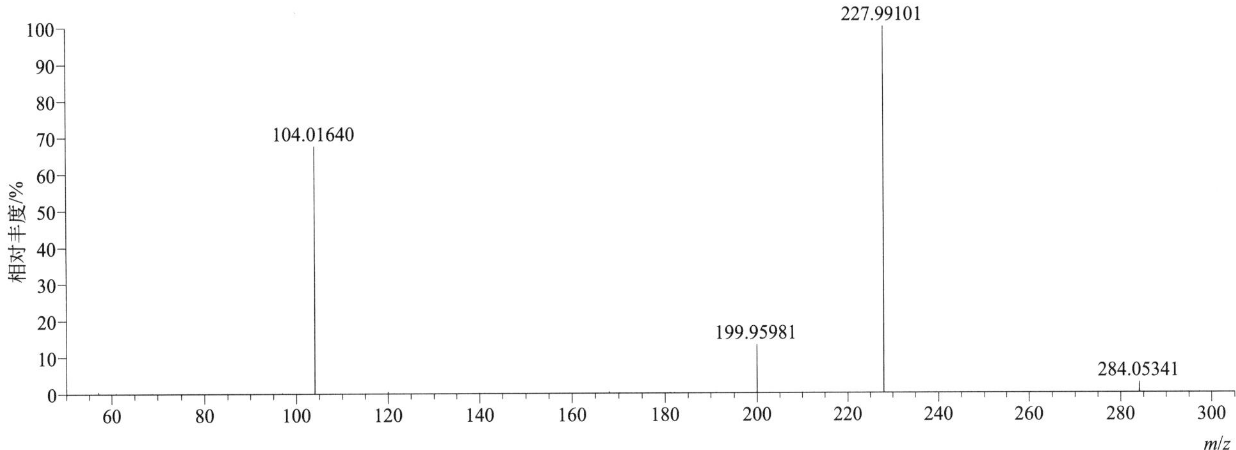

[M+H]+ 归一化法能量 NCE 为 40 时典型的二级质谱图

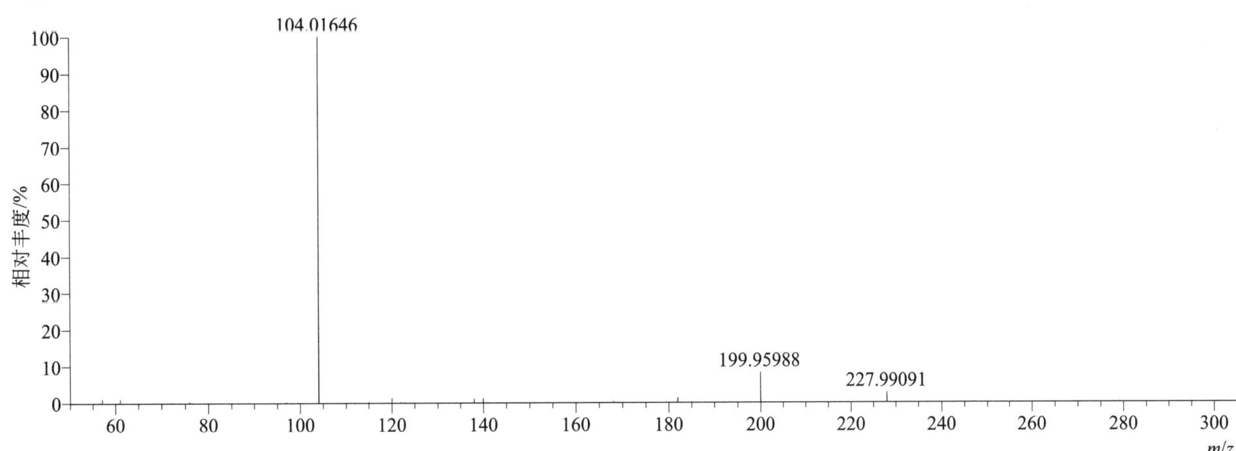

[M+H]+ 归一化法能量 NCE 为 60 时典型的二级质谱图

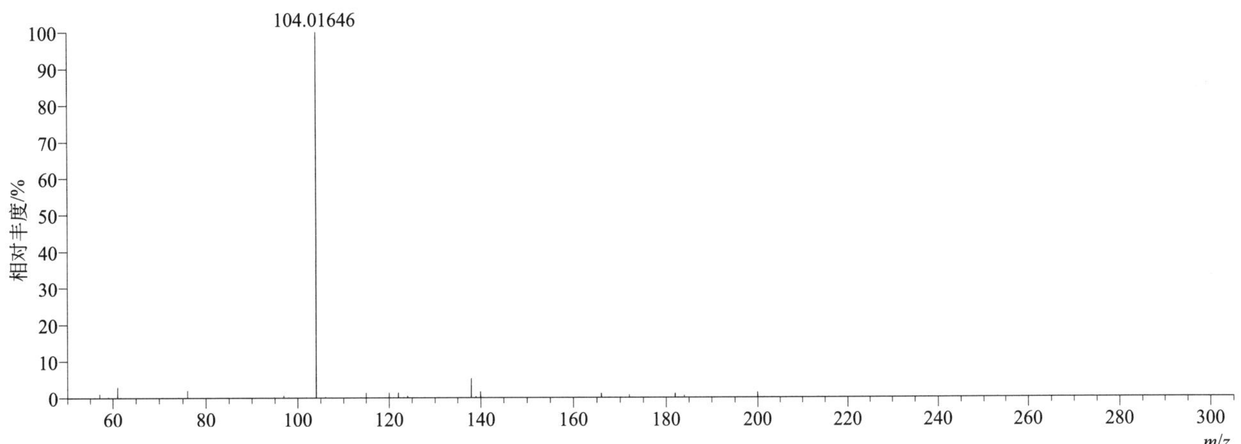

[M+H]+ 阶梯归一化法能量 Step NCE 为 20、40、60 时典型的二级质谱图

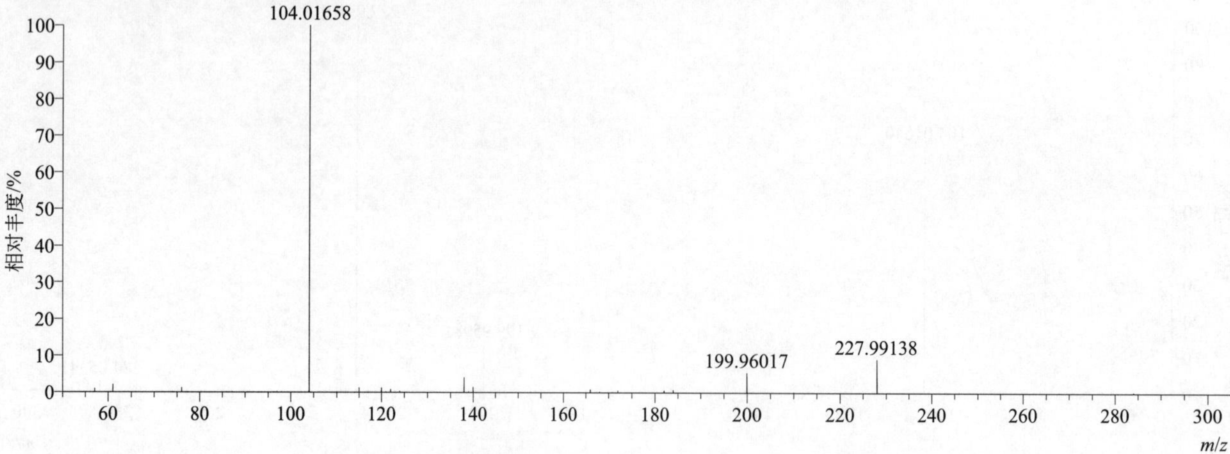

fuberidazole（麦穗宁）

基本信息

CAS 登录号	3878-19-1	分子量	184.06366	离子源和极性	电喷雾离子源（ESI）
分子式	$C_{11}H_8N_2O$	保留时间	11.81min	极性	正模式

[M+H]+ 提取离子流色谱图

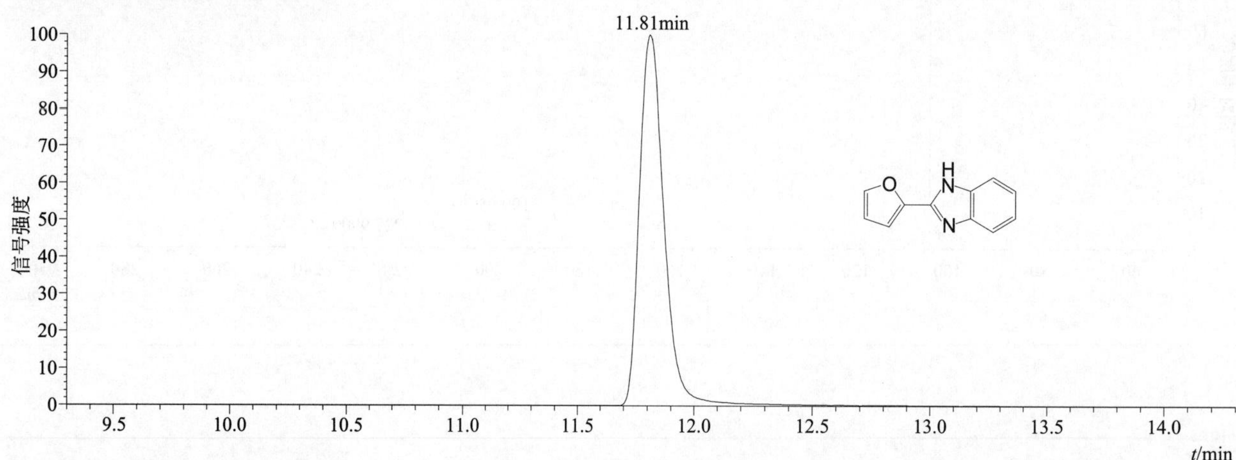

[M+H]+ 典型的一级质谱图

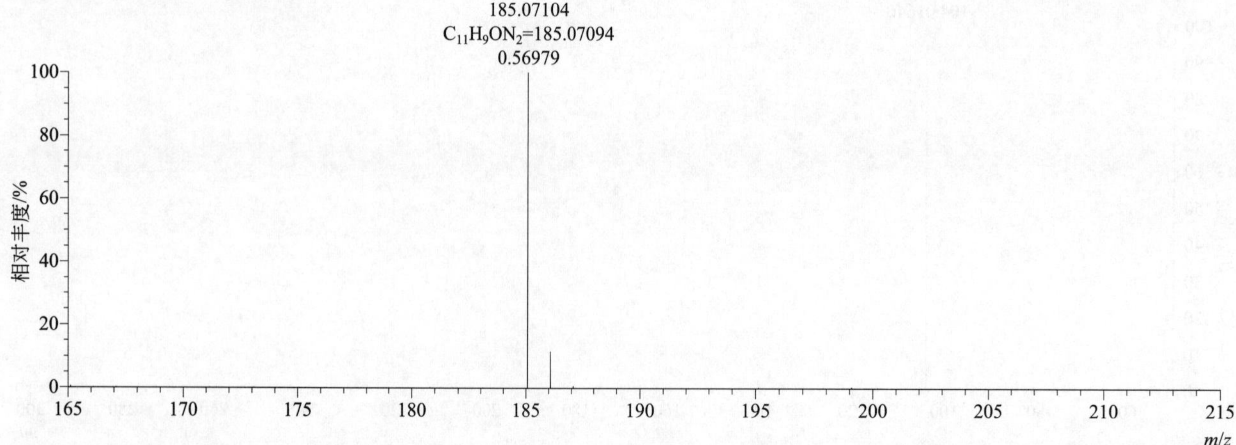

[M+H]⁺ 归一化法能量 NCE 为 60 时典型的二级质谱图

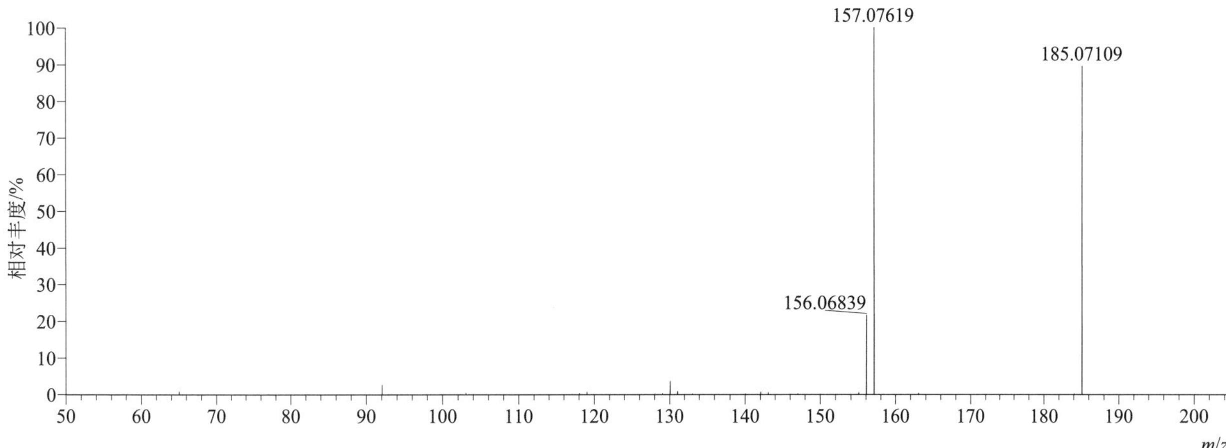

[M+H]⁺ 归一化法能量 NCE 为 80 时典型的二级质谱图

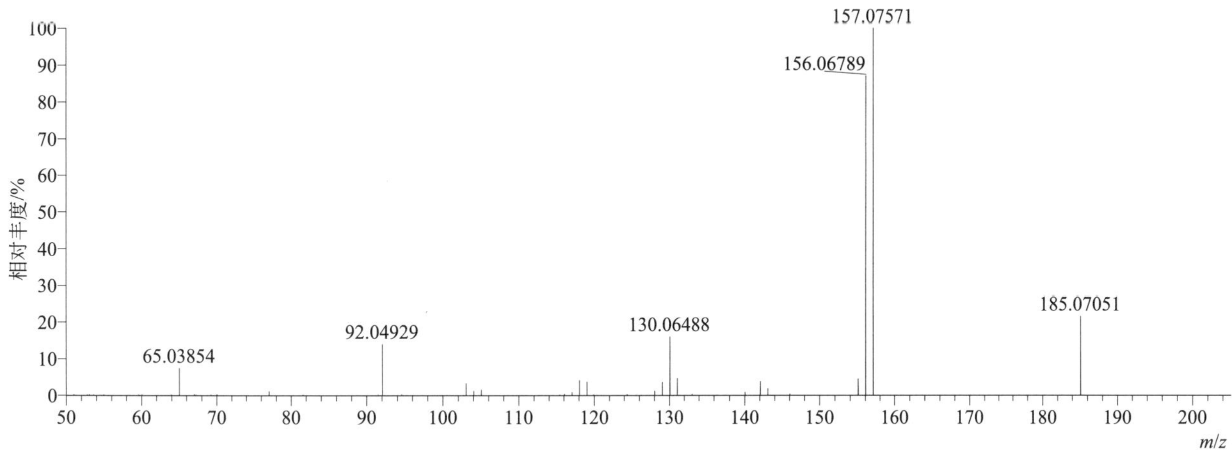

[M+H]⁺ 归一化法能量 NCE 为 100 时典型的二级质谱图

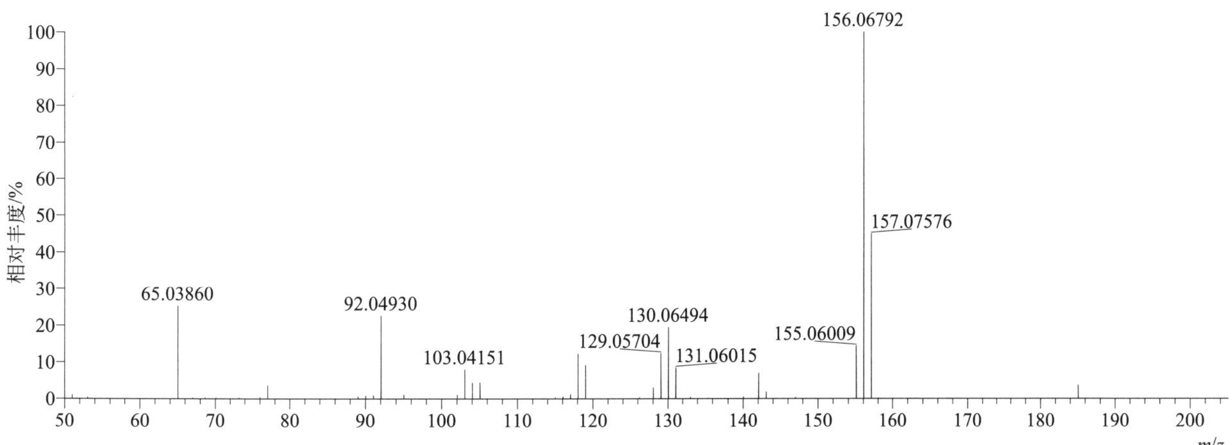

[M+H]+ 阶梯归一化法能量 Step NCE 为 60、80、100 时典型的二级质谱图

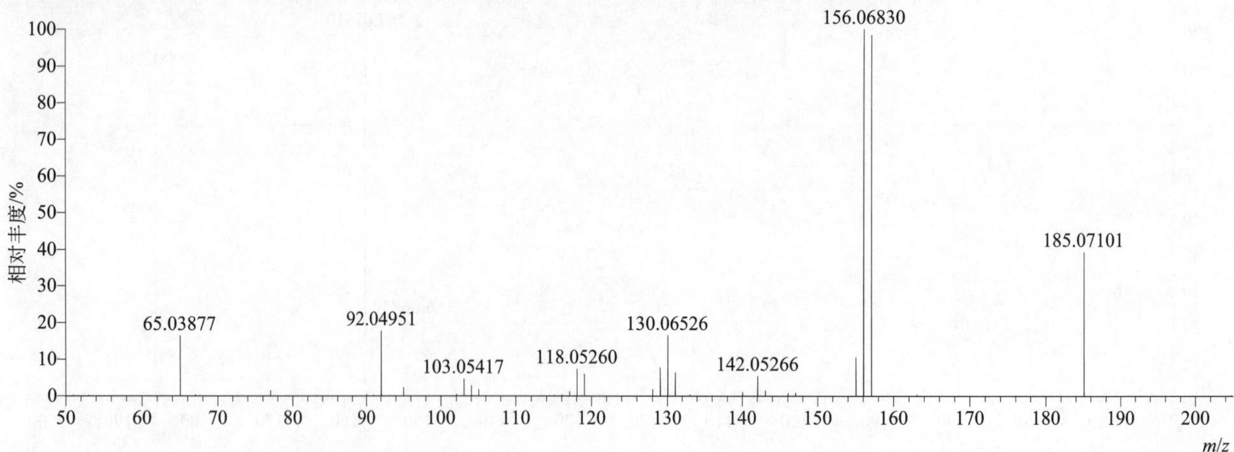

furalaxyl（呋霜灵）

基本信息

CAS 登录号	57646-30-7	分子量	301.13141	离子源和极性	电喷雾离子源（ESI）
分子式	$C_{17}H_{19}NO_4$	保留时间	14.15min	极性	正模式

[M+H]+ 提取离子流色谱图

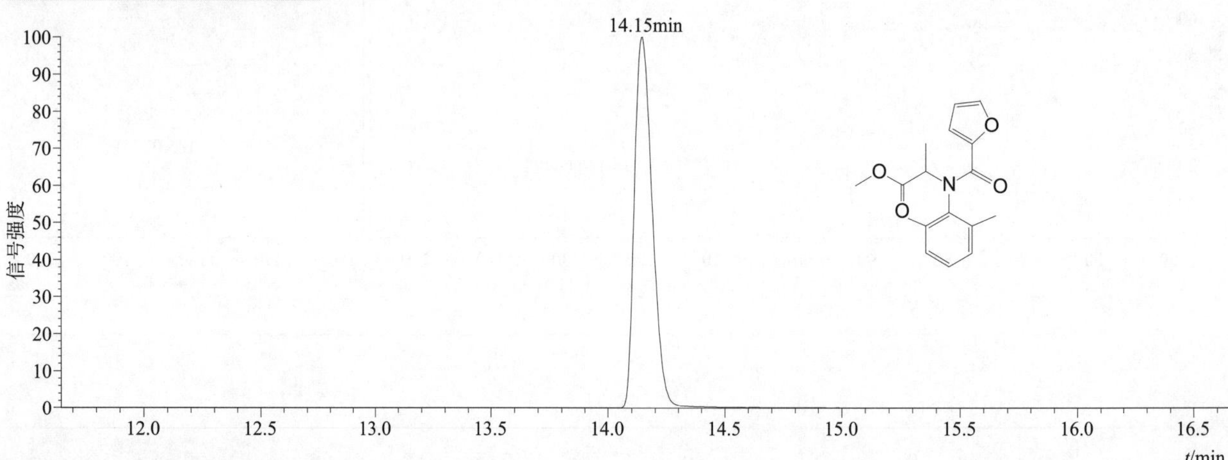

[M+H]+ 典型的一级质谱图

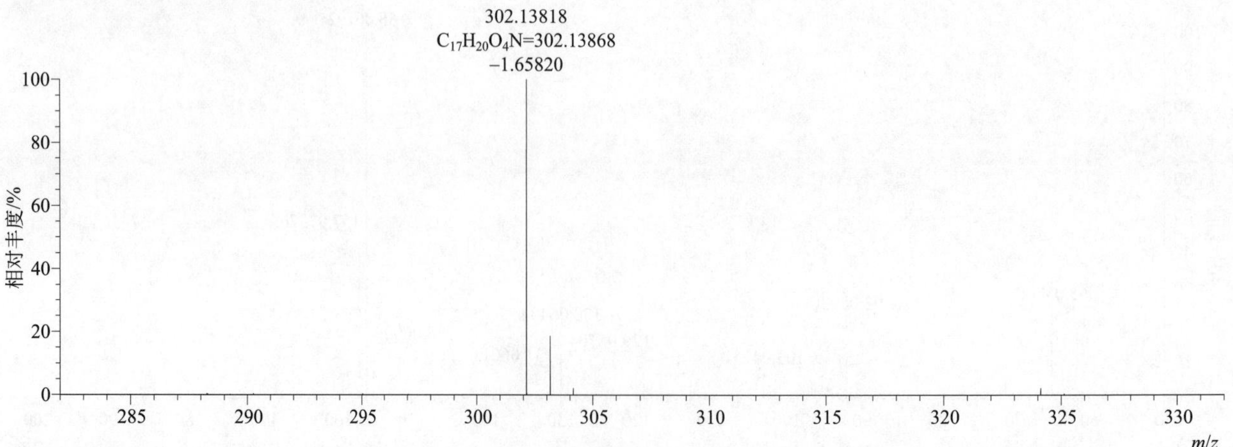

[M+H]$^+$ 归一化法能量 NCE 为 20 时典型的二级质谱图

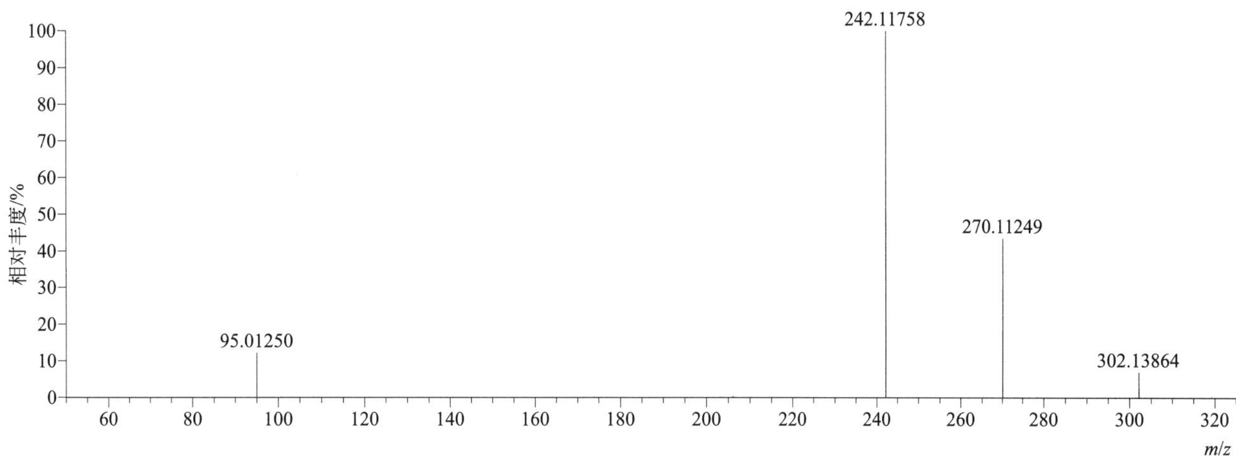

[M+H]$^+$ 归一化法能量 NCE 为 40 时典型的二级质谱图

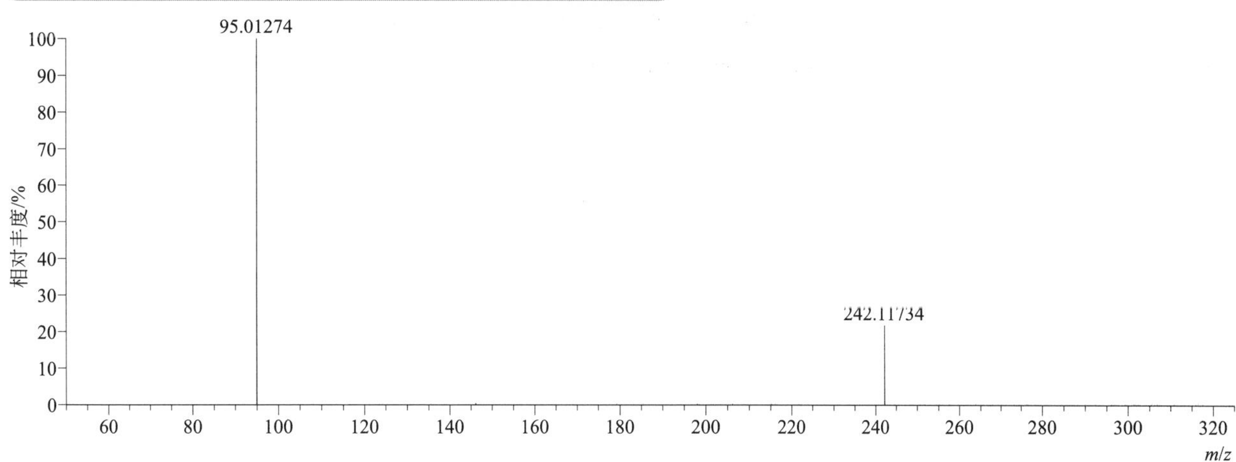

[M+H]$^+$ 归一化法能量 NCE 为 60 时典型的二级质谱图

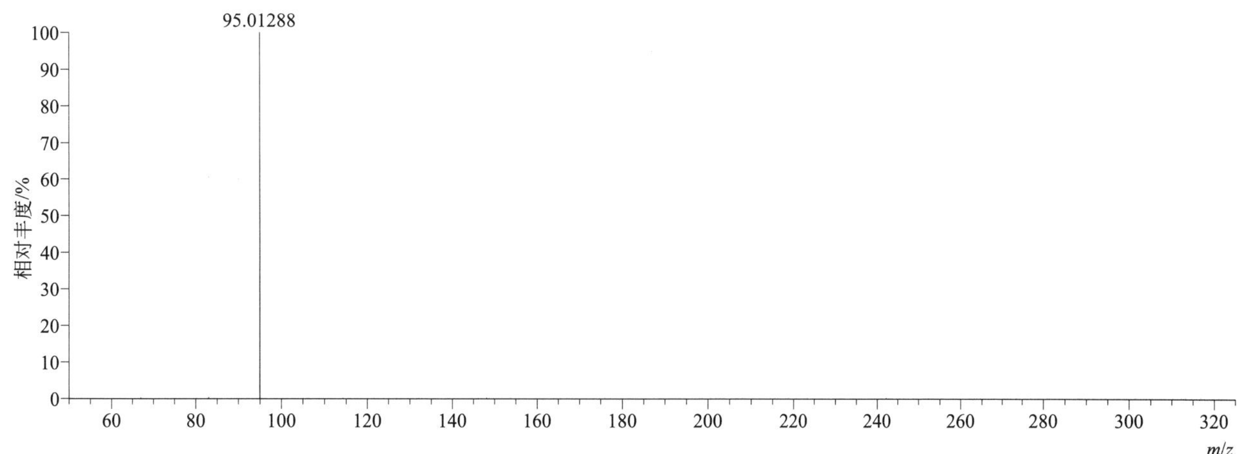

[M+H]+ 阶梯归一化法能量 Step NCE 为 20、40、60 时典型的二级质谱图

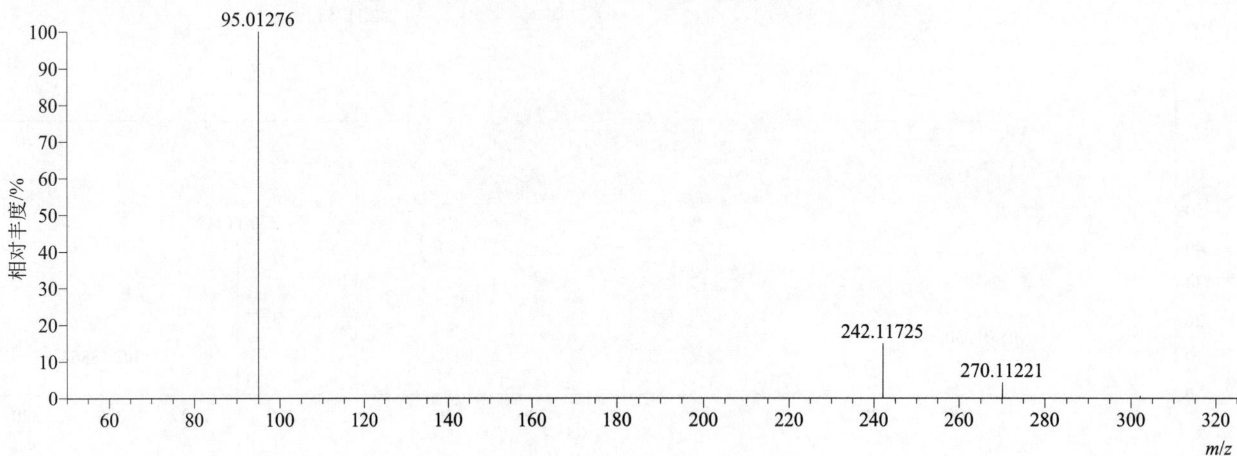

furathiocarb（呋线威）

基本信息

CAS 登录号	65907-30-4	分子量	382.15624	离子源和极性	电喷雾离子源（ESI）
分子式	$C_{18}H_{26}N_2O_5S$	保留时间	15.67min	极性	正模式

[M+H]+ 提取离子流色谱图

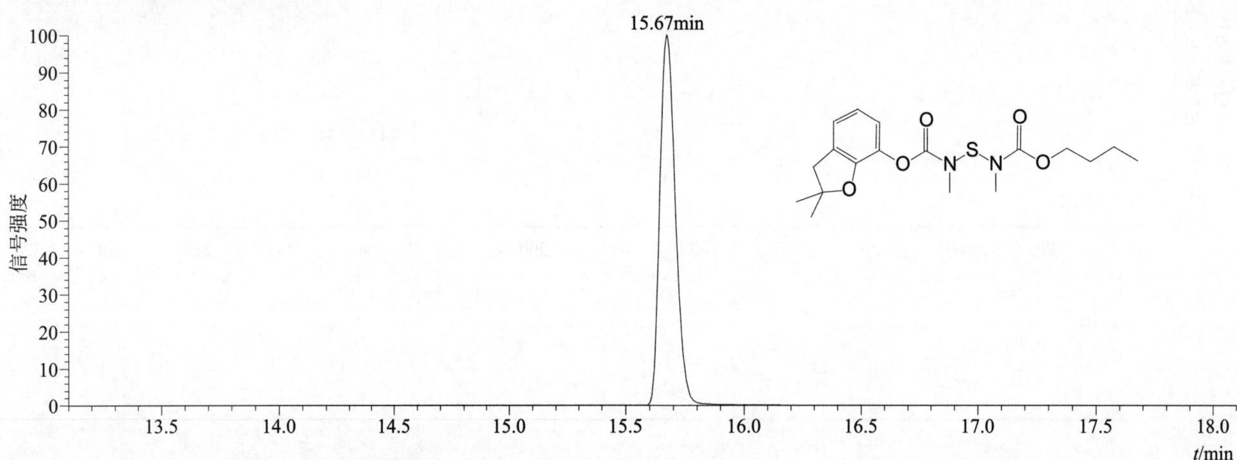

[M+H]+ 和 [M+Na]+ 典型的一级质谱图

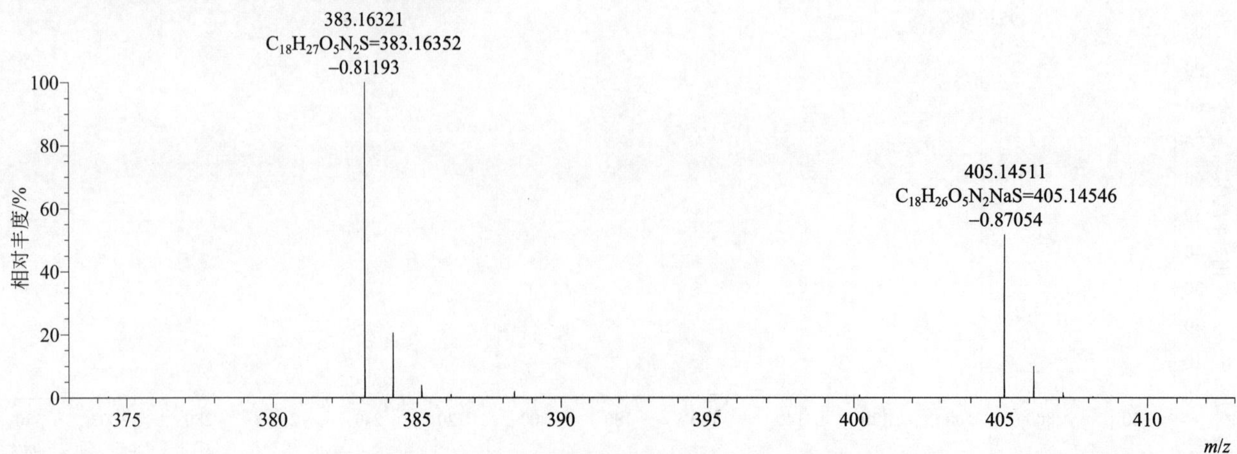

[M+H]+ 归一化法能量 NCE 为 20 时典型的二级质谱图

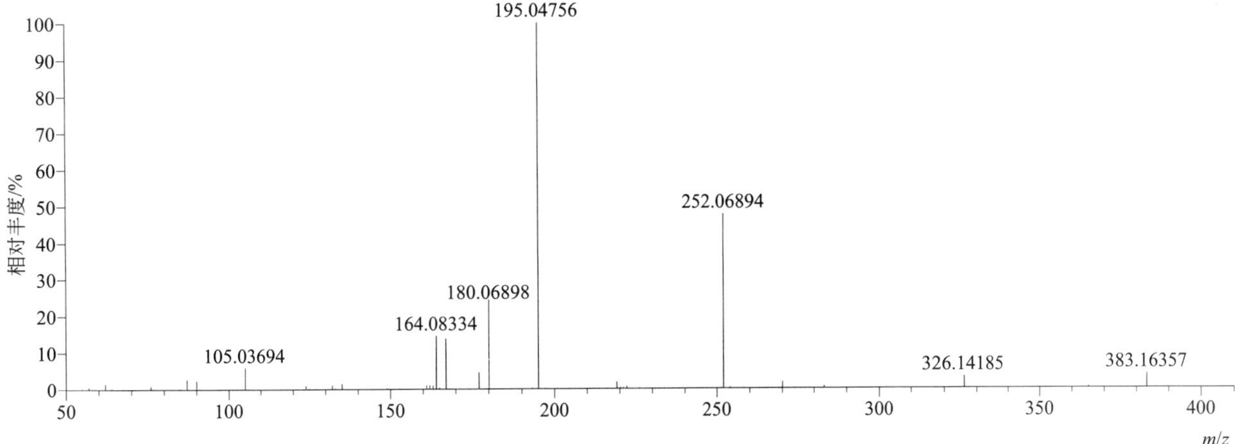

[M+H]+ 归一化法能量 NCE 为 40 时典型的二级质谱图

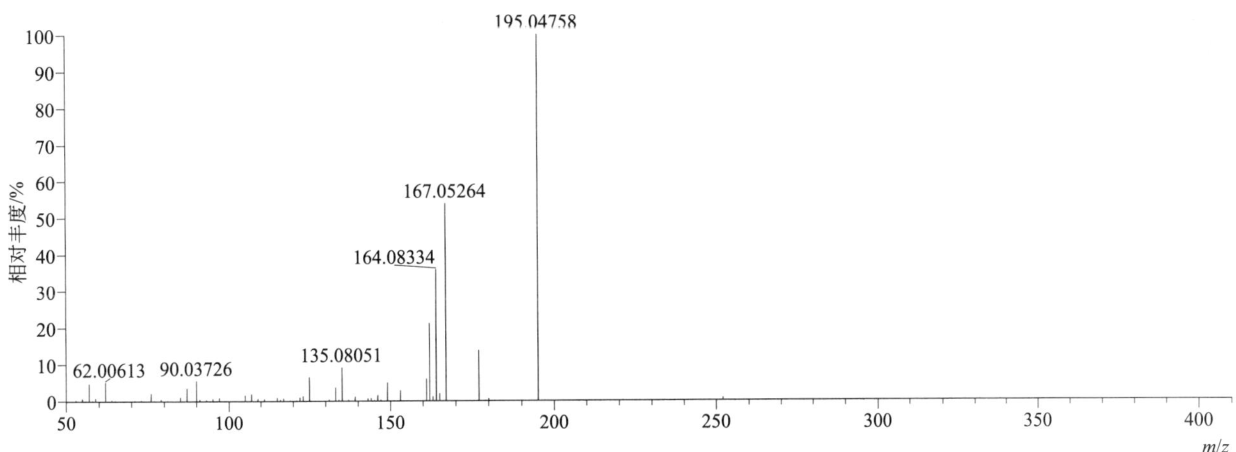

[M+H]+ 归一化法能量 NCE 为 60 时典型的二级质谱图

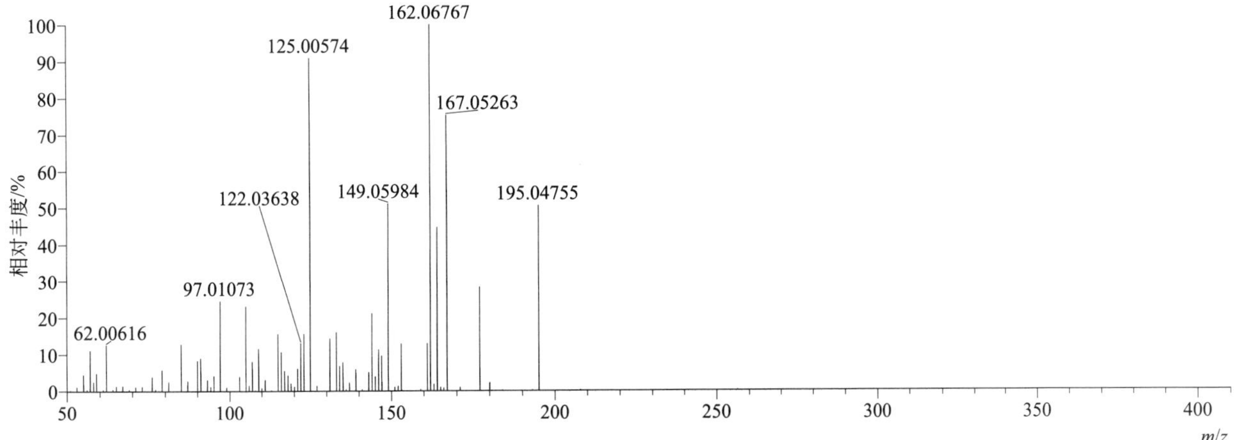

[M+H]+ 阶梯归一化法能量 Step NCE 为 20、40、60 时典型的二级质谱图

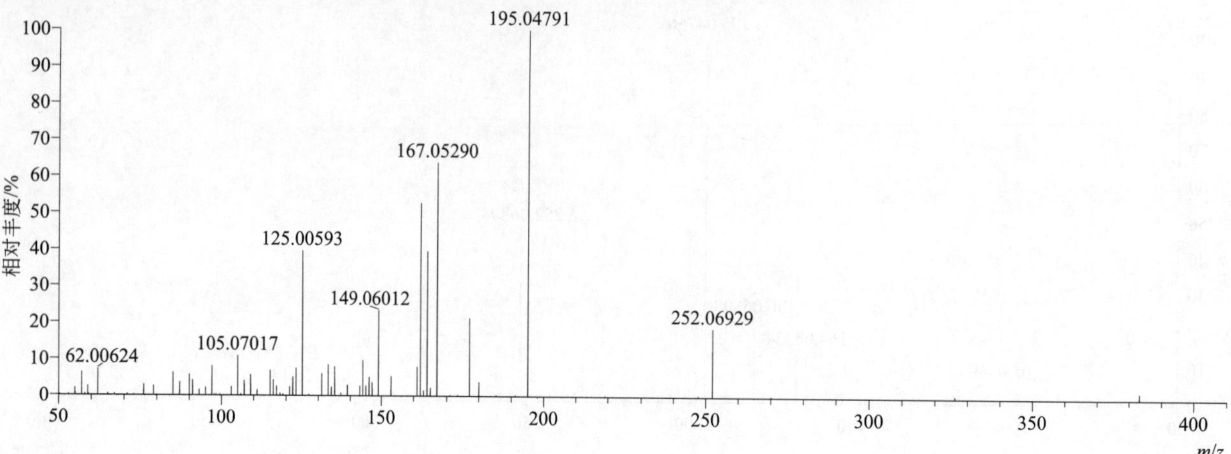

furmecyclox（拌种胺）

基本信息

CAS 登录号	60568-05-0	分子量	251.15214	离子源和极性	电喷雾离子源（ESI）
分子式	$C_{14}H_{21}NO_3$	保留时间	15.11min	极性	正模式

[M+H]+ 提取离子流色谱图

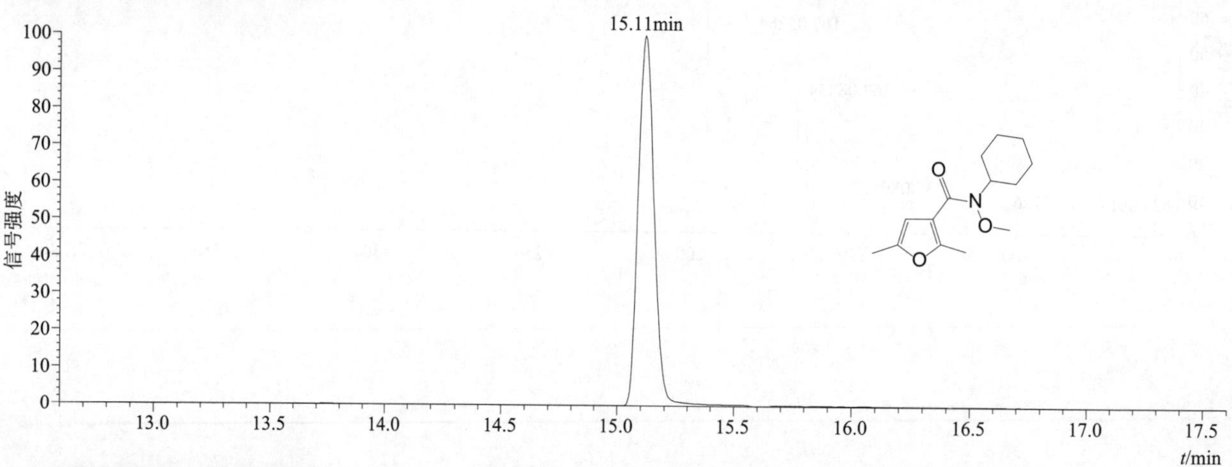

[M+H]+ 典型的一级质谱图

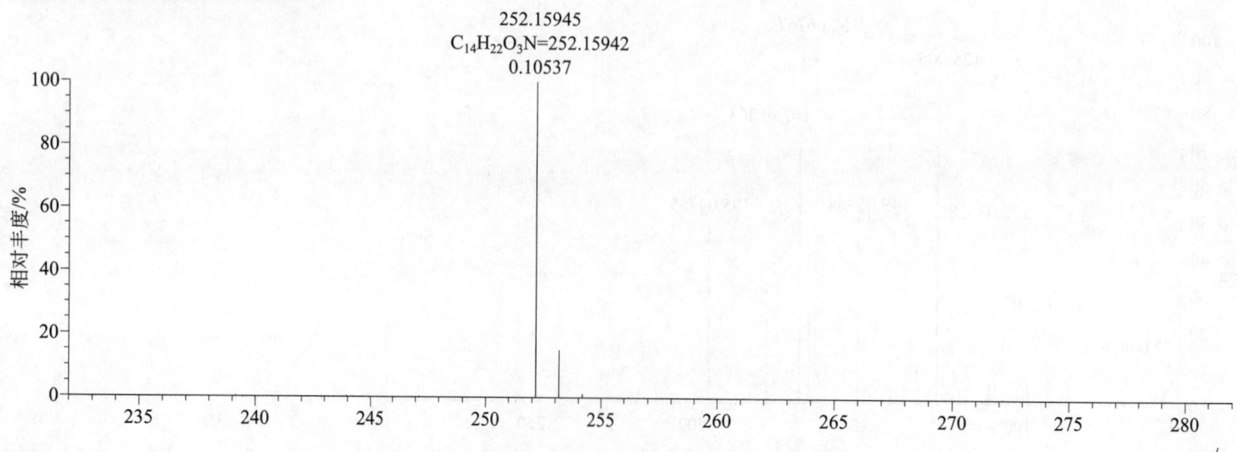

[M+H]+ 归一化法能量 NCE 为 20 时典型的二级质谱图

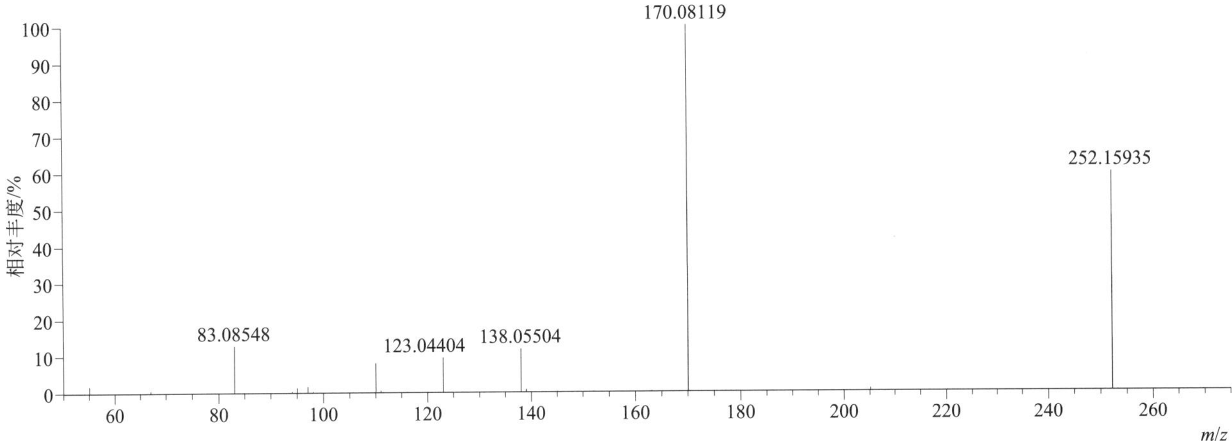

[M+H]+ 归一化法能量 NCE 为 40 时典型的二级质谱图

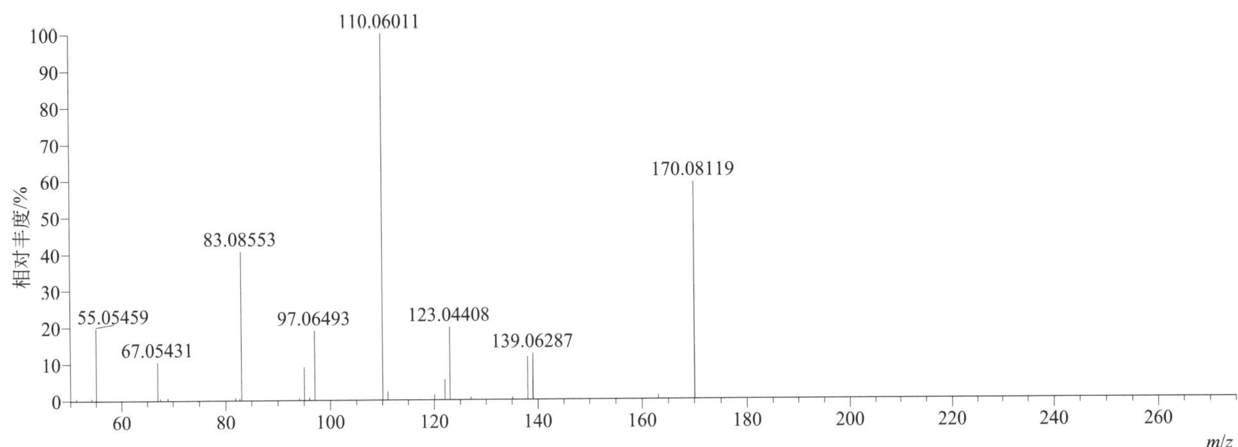

[M+H]+ 归一化法能量 NCE 为 60 时典型的二级质谱图

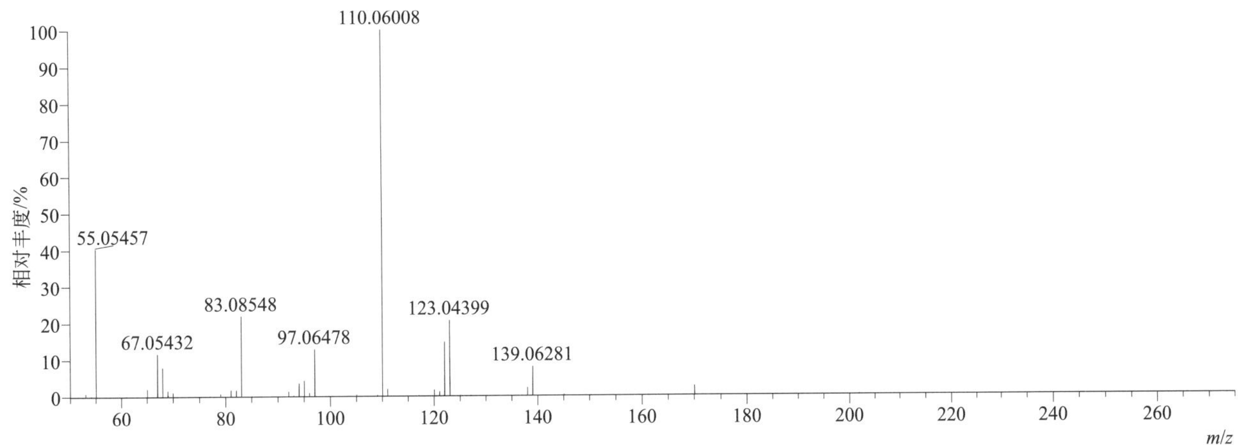

[M+H]⁺ 阶梯归一化法能量 Step NCE 为 20、40、60 时典型的二级质谱图

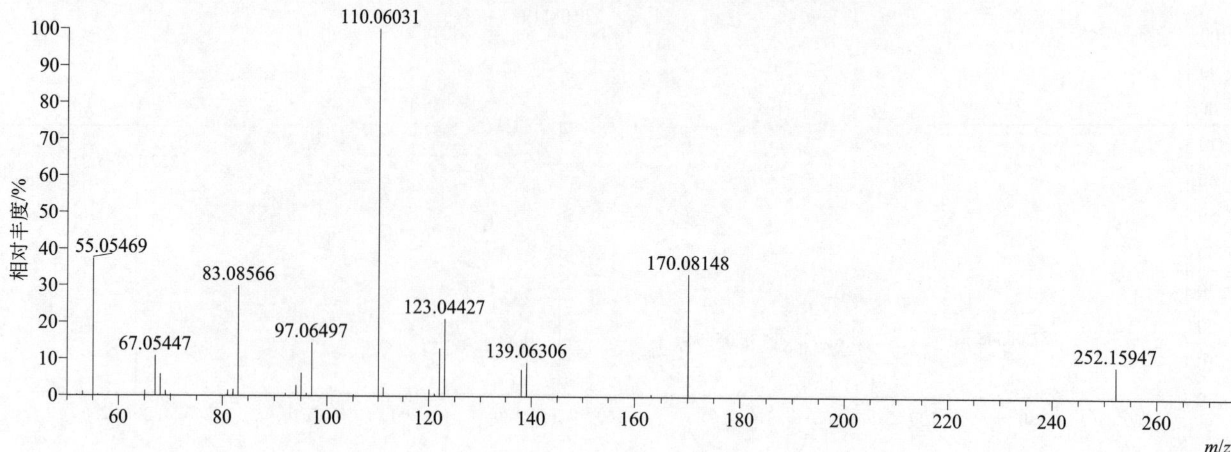

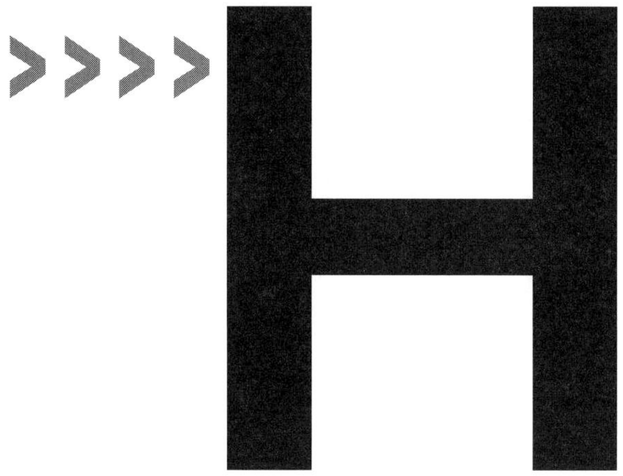

halofenozide（氯虫酰肼）

基本信息

CAS 登录号	112226-61-6	分子量	330.11351	离子源和极性	电喷雾离子源（ESI）
分子式	$C_{18}H_{19}ClN_2O_2$	保留时间	14.29min	极性	正模式

$[M+H]^+$ 提取离子流色谱图

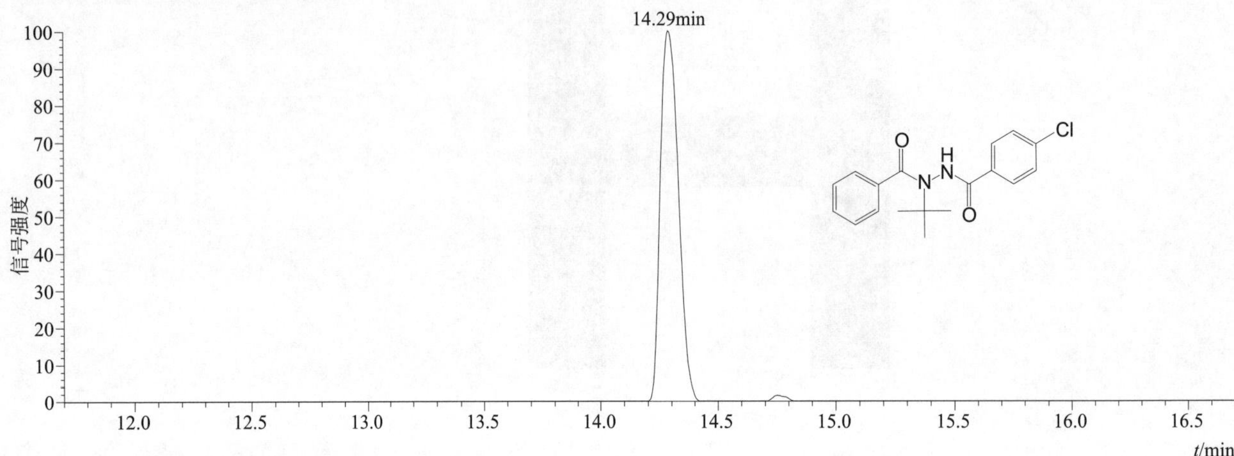

$[M+H]^+$ 典型的一级质谱图

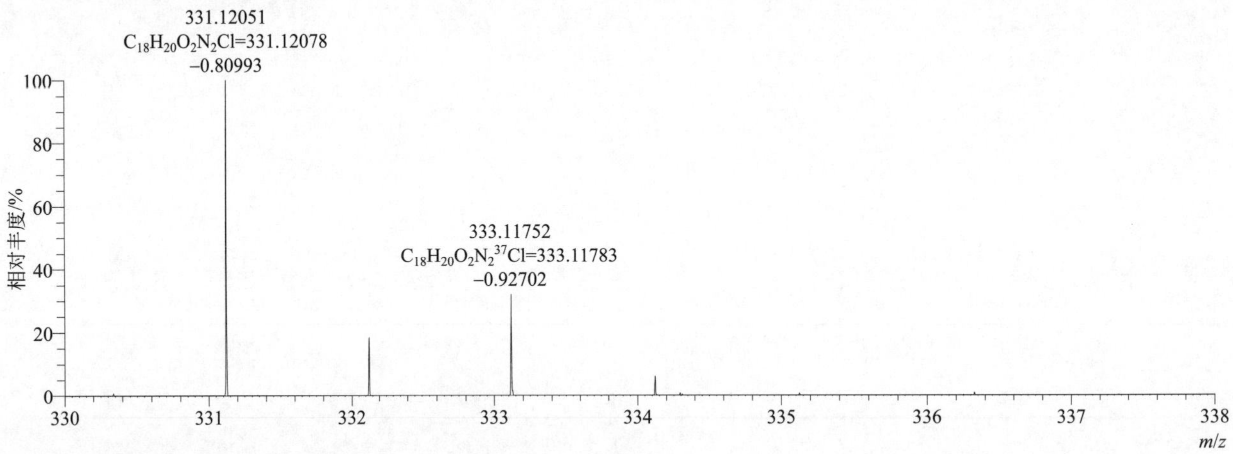

$[M+H]^+$ 归一化法能量 NCE 为 20 时典型的二级质谱图

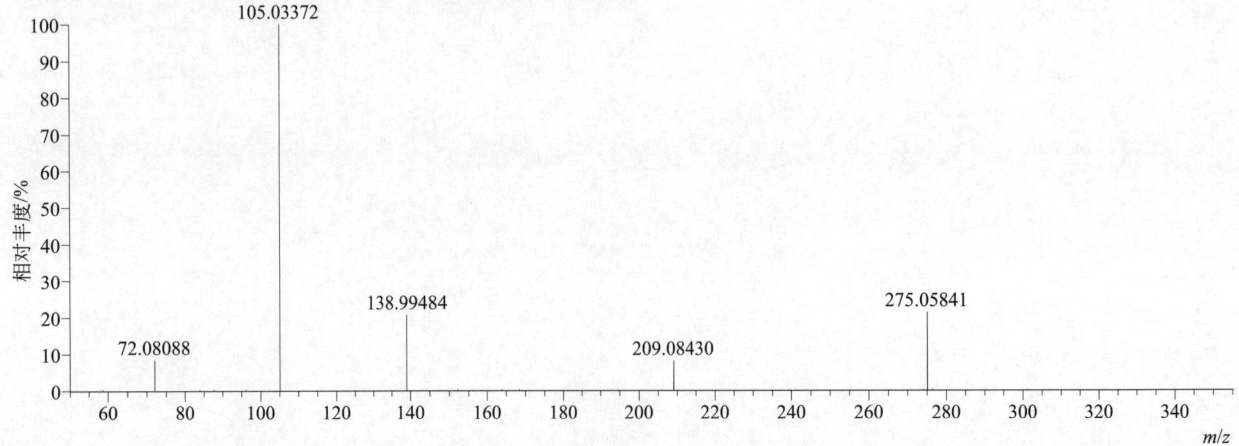

[M+H]⁺ 归一化法能量 NCE 为 40 时典型的二级质谱图

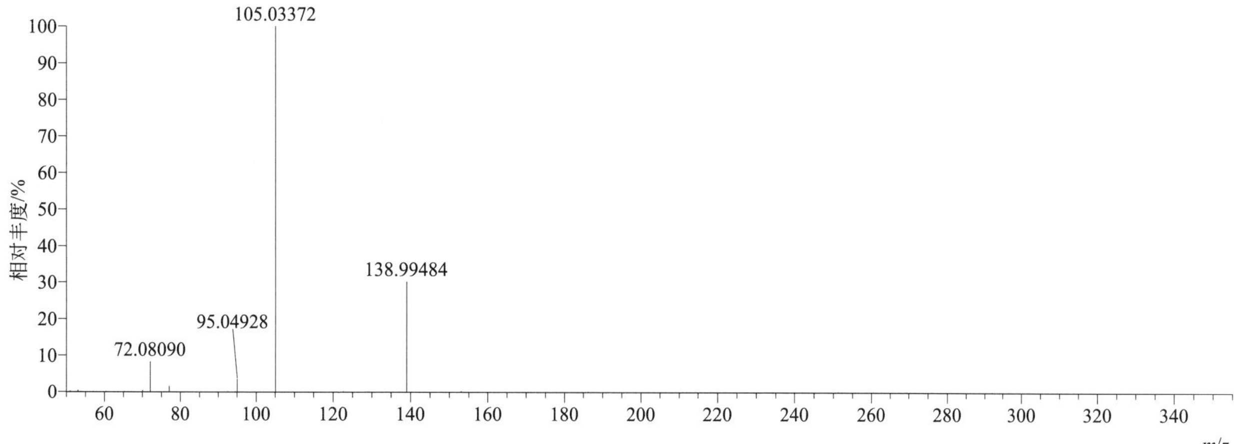

[M+H]⁺ 归一化法能量 NCE 为 60 时典型的二级质谱图

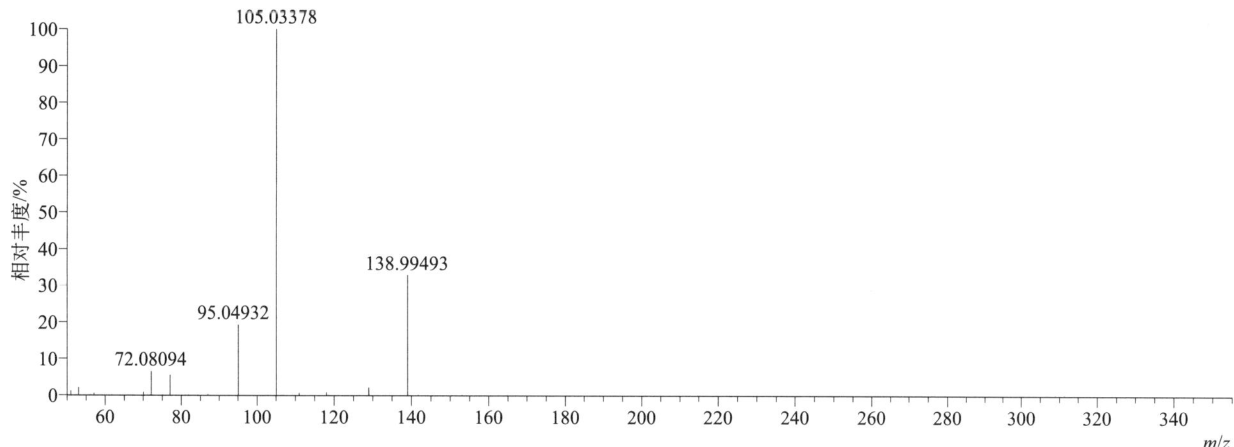

[M+H]⁺ 阶梯归一化法能量 Step NCE 为 20、40、60 时典型的二级质谱图

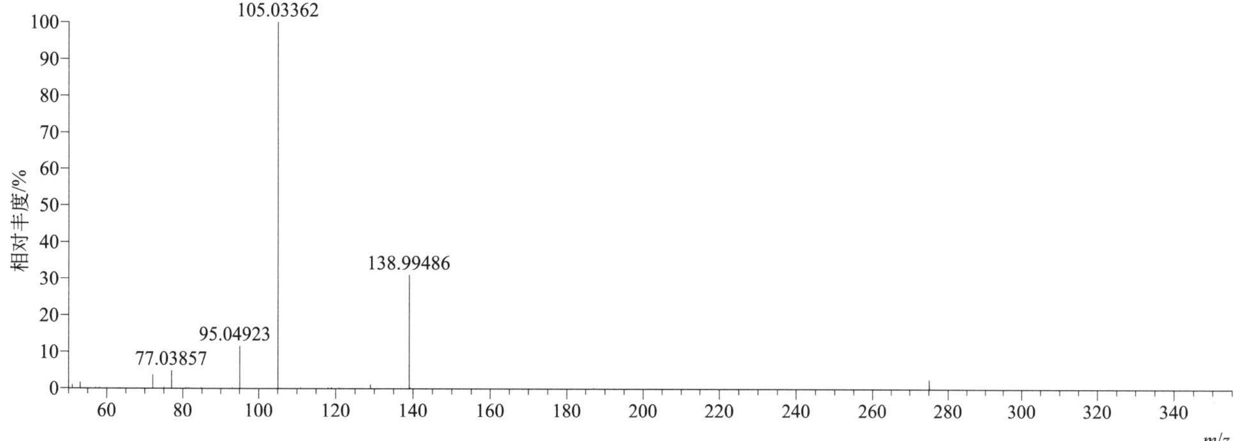

halosulfuron-methyl（氯吡嘧磺隆）

基本信息

CAS 登录号	100784-20-1	分子量	434.04115	离子源和极性	电喷雾离子源（ESI）
分子式	$C_{13}H_{15}ClN_6O_7S$	保留时间	14.72min	极性	正模式

[M+H]+ 提取离子流色谱图

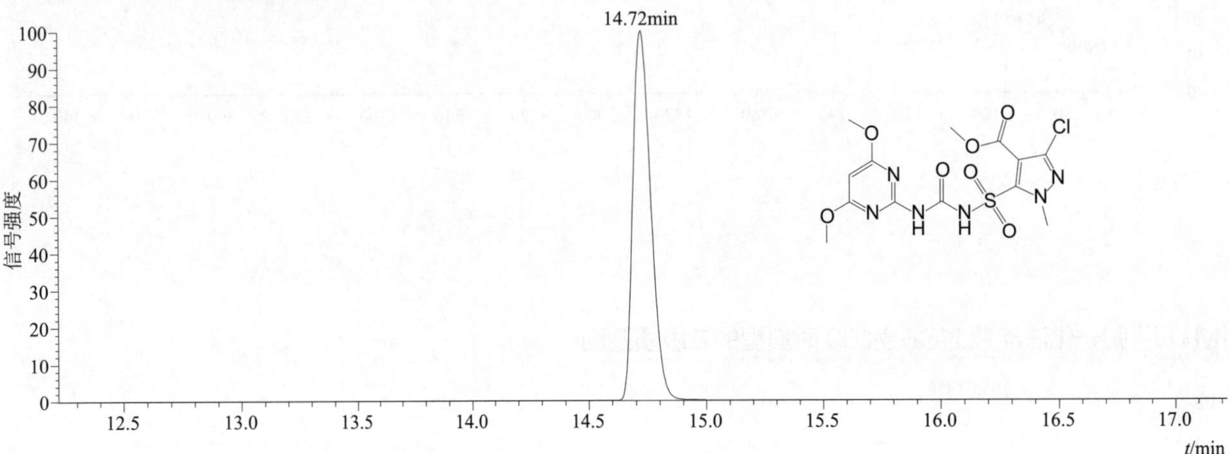

[M+H]+ 和 [M+Na]+ 典型的一级质谱图

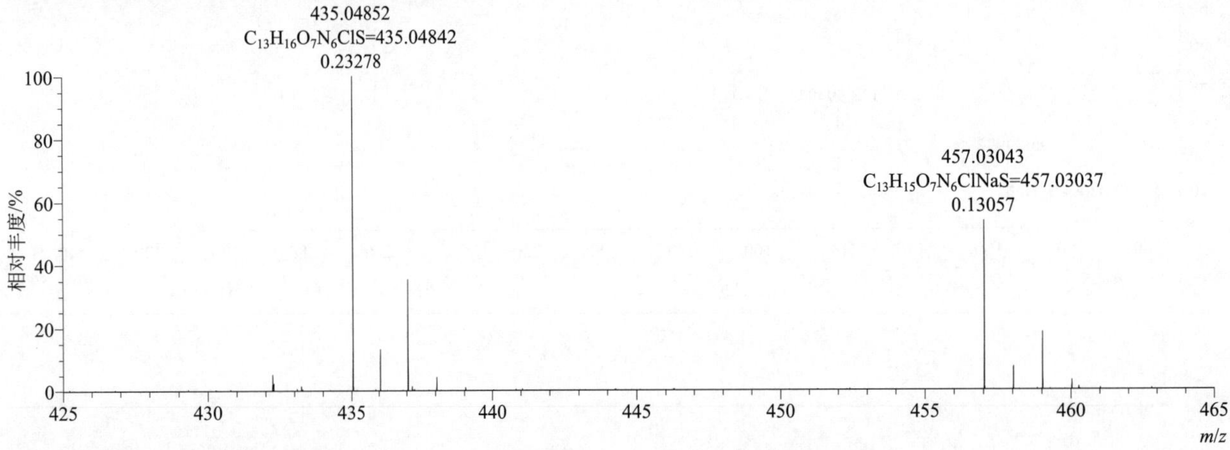

[M+H]+ 典型的一级质谱图

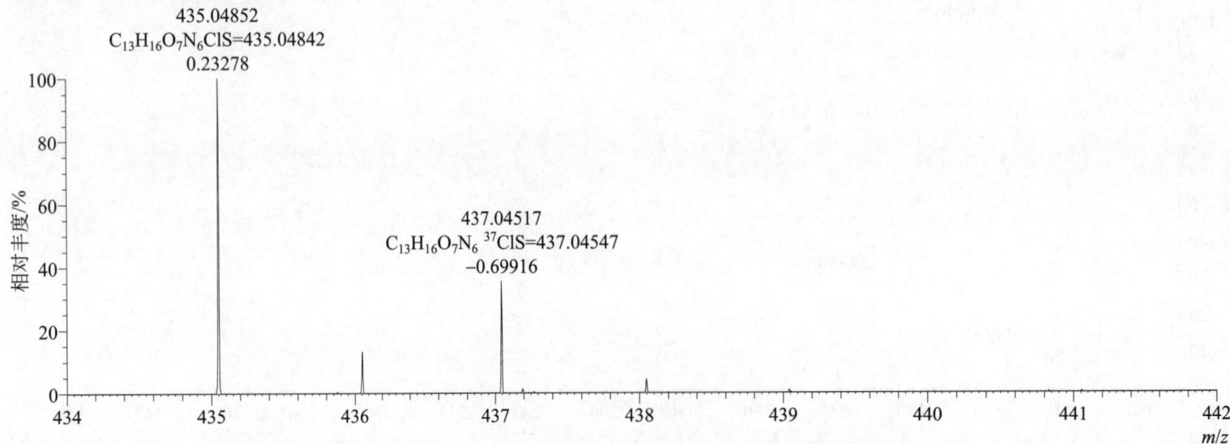

[M+Na]+ 典型的一级质谱图

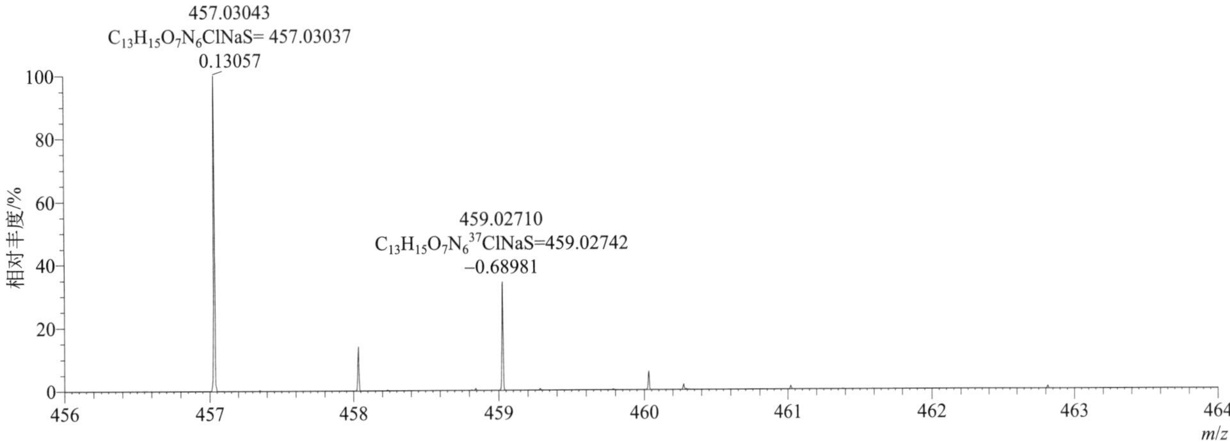

[M+H]+ 归一化法能量 NCE 为 20 时典型的二级质谱图

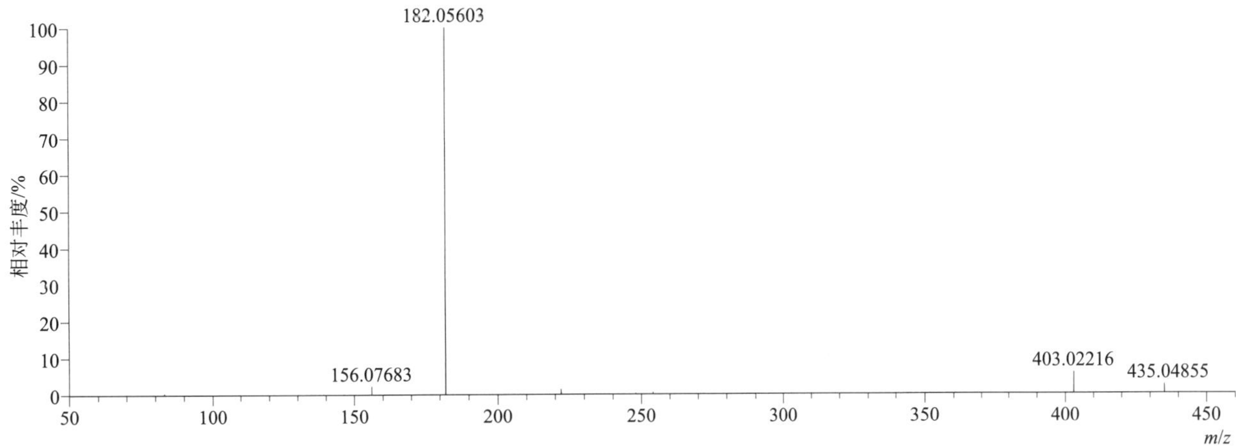

[M+H]+ 归一化法能量 NCE 为 40 时典型的二级质谱图

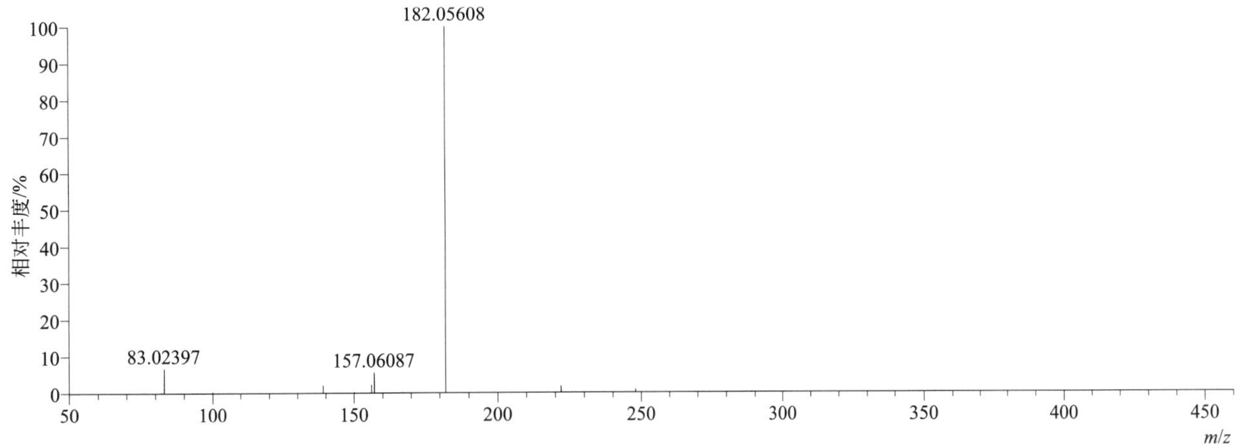

[M+H]$^+$ 归一化法能量 NCE 为 60 时典型的二级质谱图

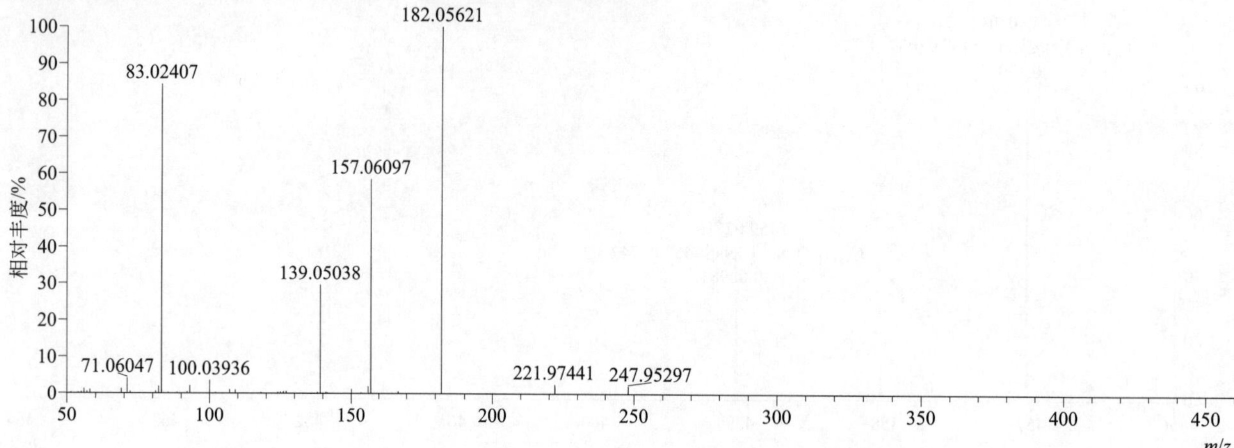

[M+H]$^+$ 阶梯归一化法能量 Step NCE 为 20、40、60 时典型的二级质谱图

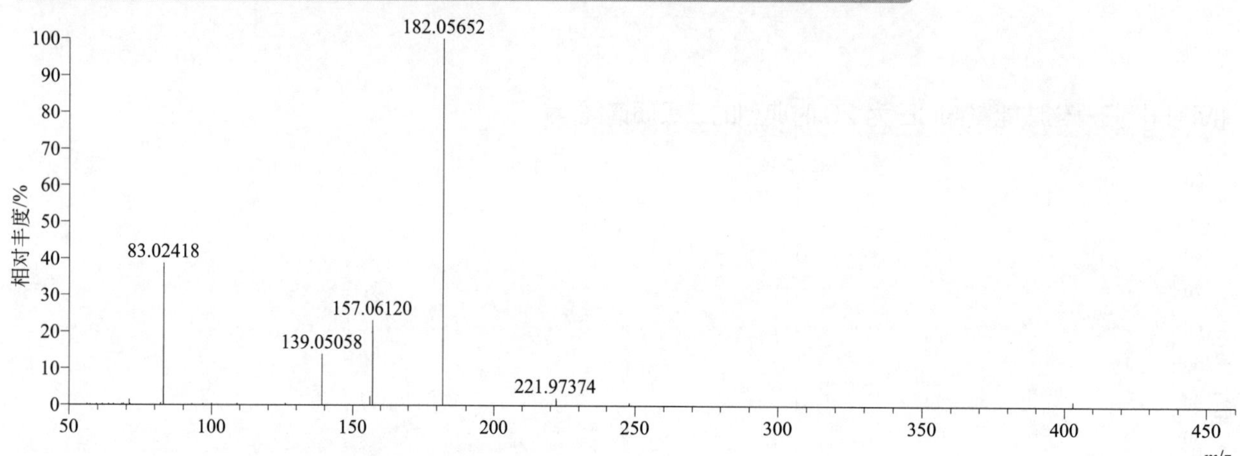

haloxyfop（氟吡禾灵）

基本信息

CAS 登录号	69806-34-4	分子量	361.03287	离子源和极性	电喷雾离子源（ESI）
分子式	$C_{15}H_{11}ClF_3NO_4$	保留时间	14.83min	极性	正模式

[M+H]$^+$ 提取离子流色谱图

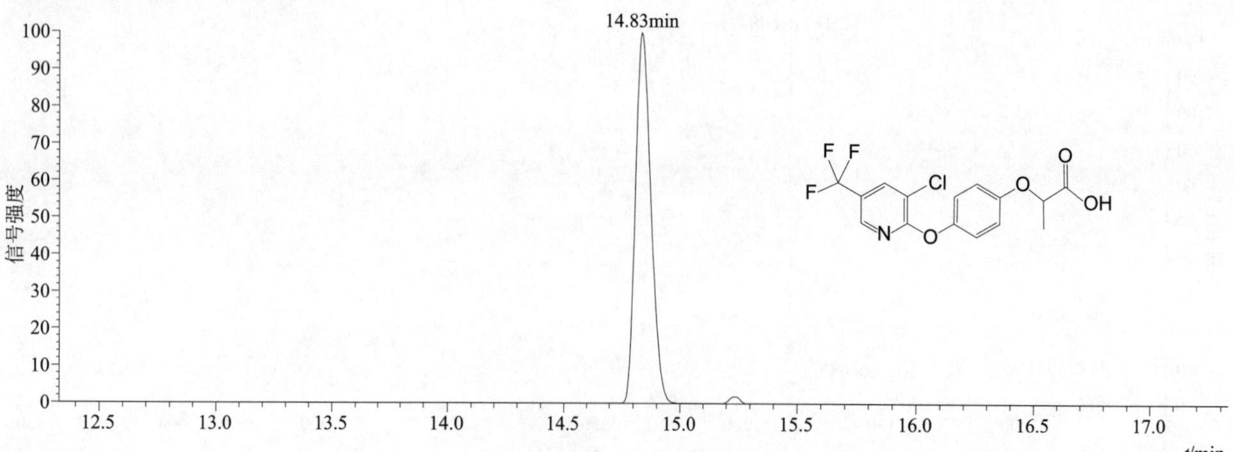

[M+H]+ 典型的一级质谱图

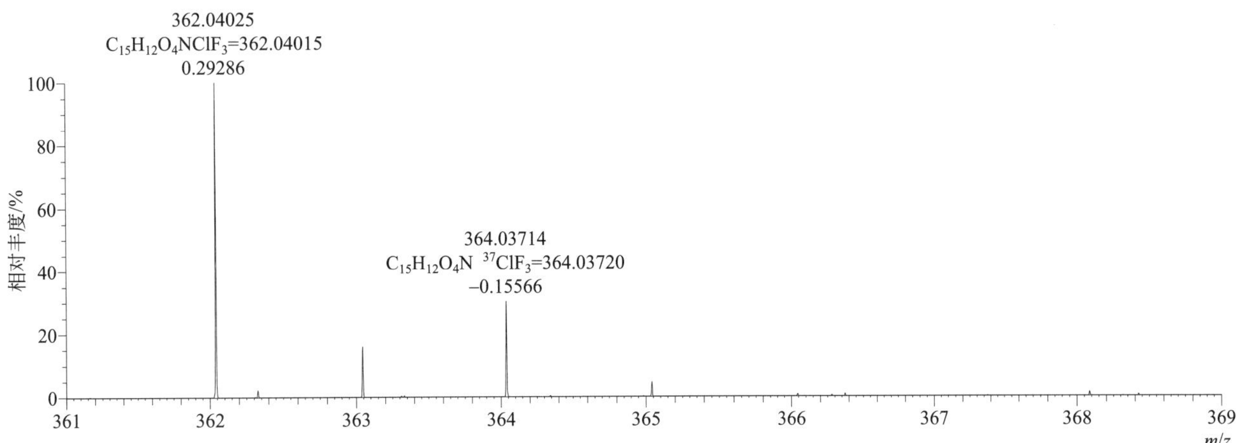

[M+H]+ 归一化法能量 NCE 为 20 时典型的二级质谱图

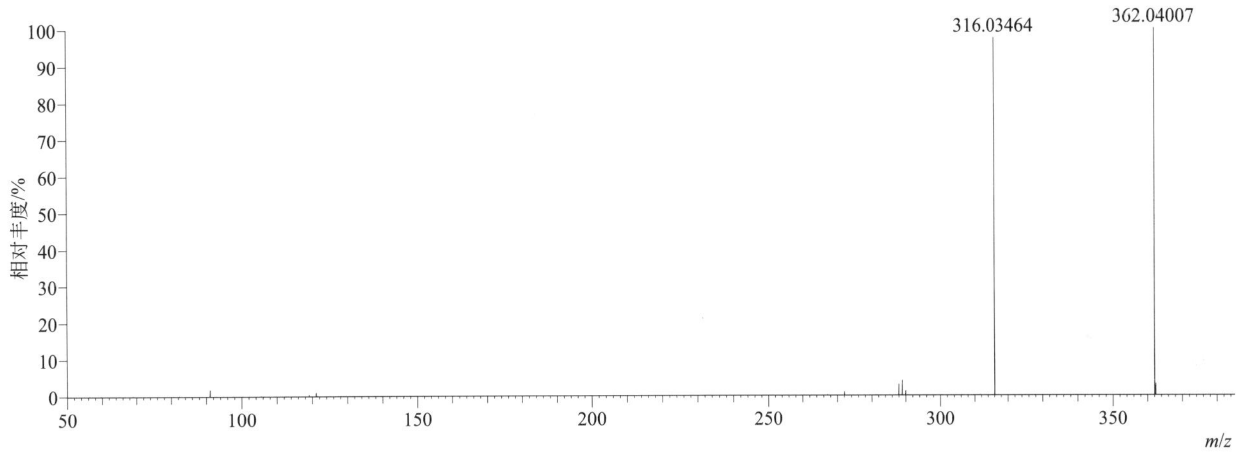

[M+H]+ 归一化法能量 NCE 为 40 时典型的二级质谱图

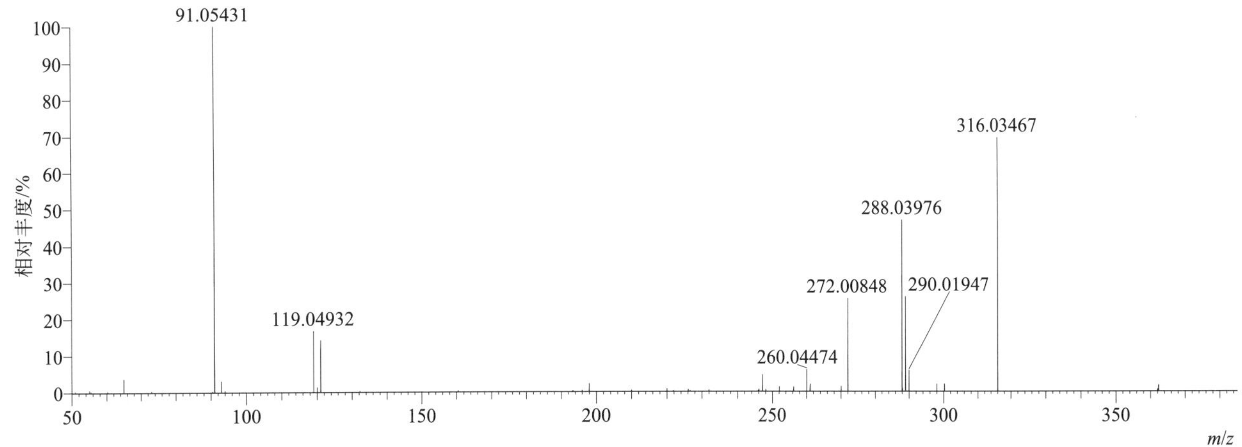

[M+H]+ 归一化法能量 NCE 为 60 时典型的二级质谱图

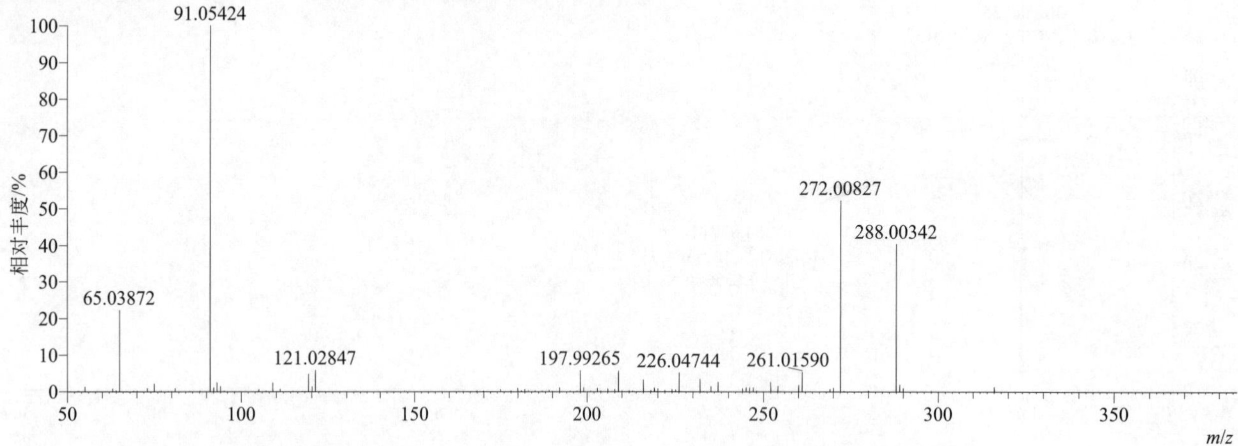

[M+H]+ 阶梯归一化法能量 Step NCE 为 20、40、60 时典型的二级质谱图

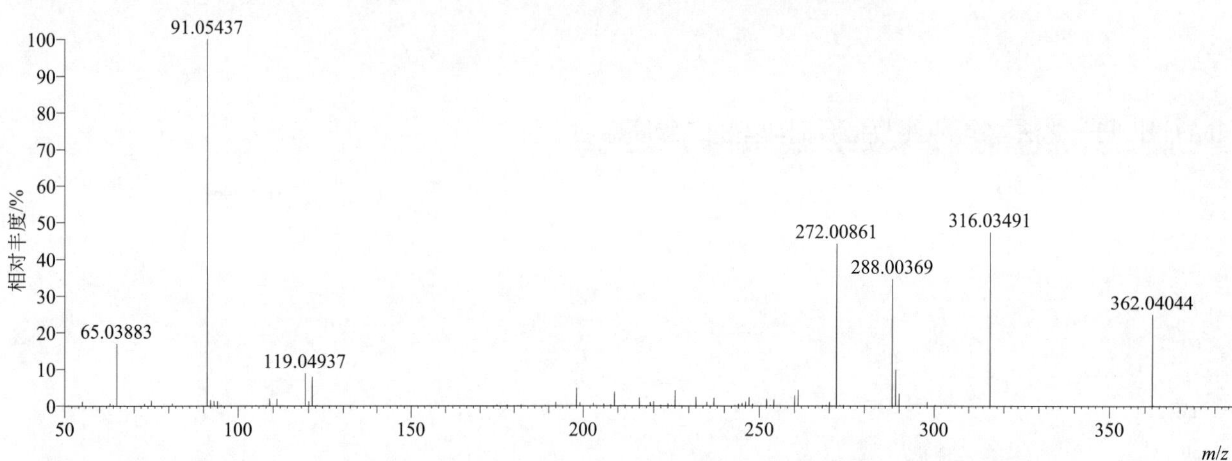

haloxyfop-2-ethoxyethyl（氟吡乙禾灵）

基本信息

CAS 登录号	87237-48-7	分子量	433.09038	离子源和极性	电喷雾离子源（ESI）
分子式	$C_{19}H_{19}ClF_3NO_5$	保留时间	15.57min	极性	正模式

[M+H]+ 提取离子流色谱图

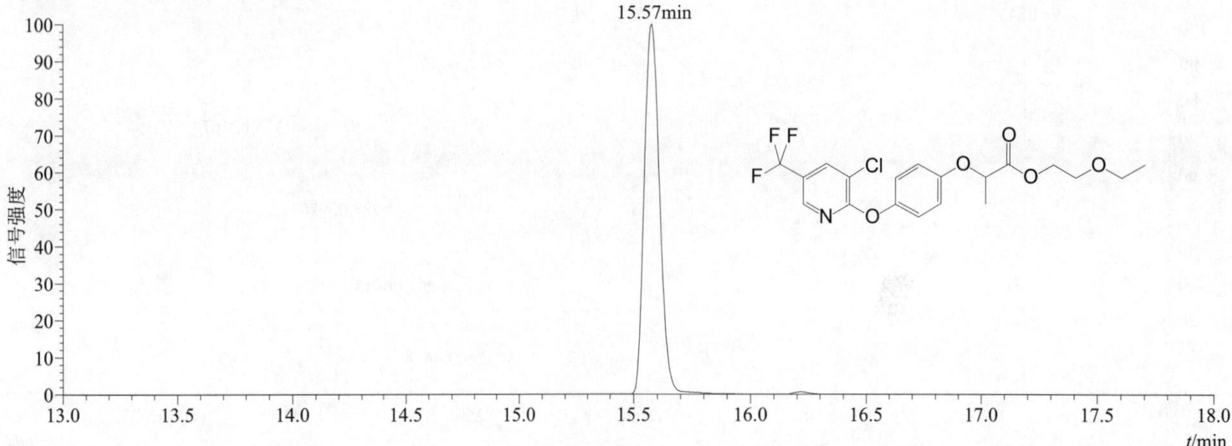

[M+H]+ 典型的一级质谱图

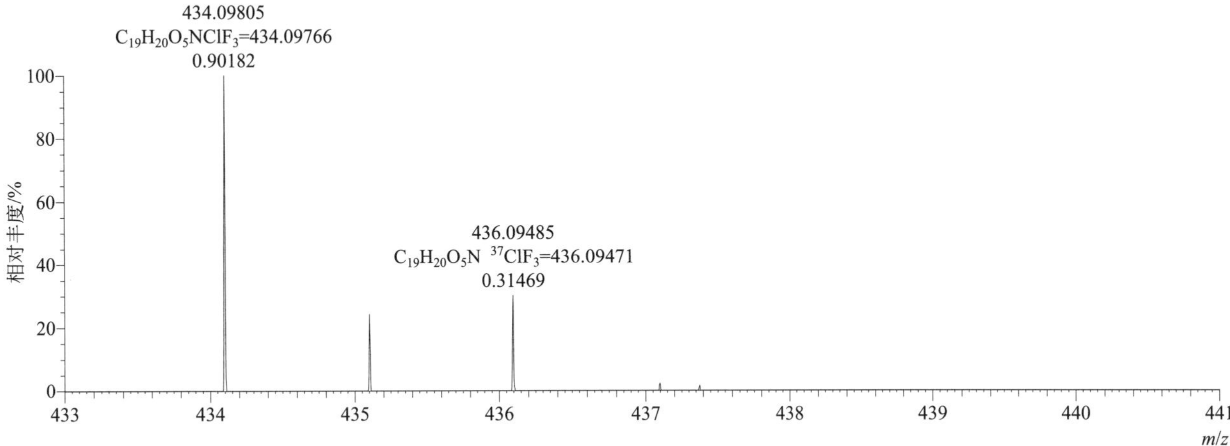

[M+H]+ 归一化法能量 NCE 为 20 时典型的二级质谱图

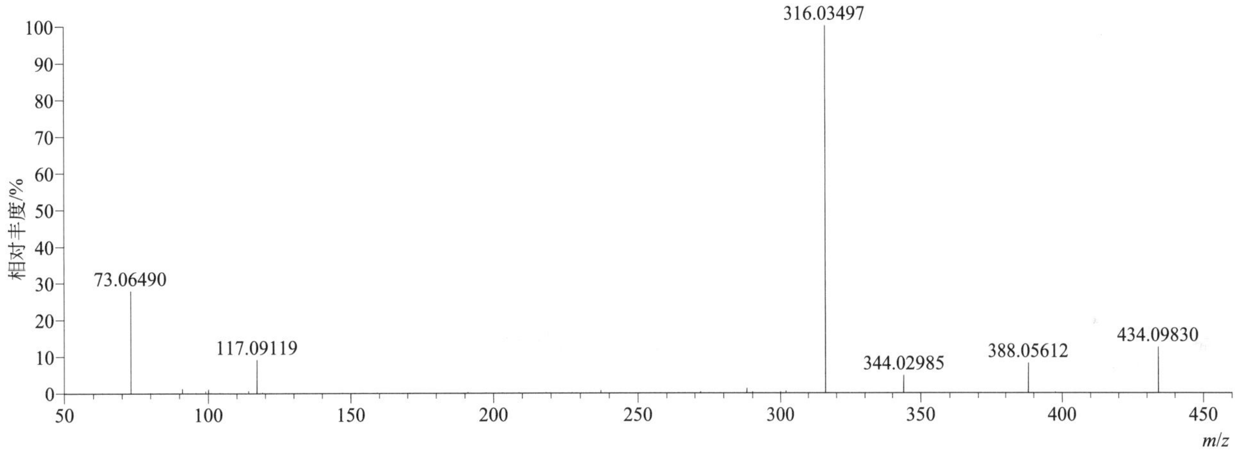

[M+H]+ 归一化法能量 NCE 为 40 时典型的二级质谱图

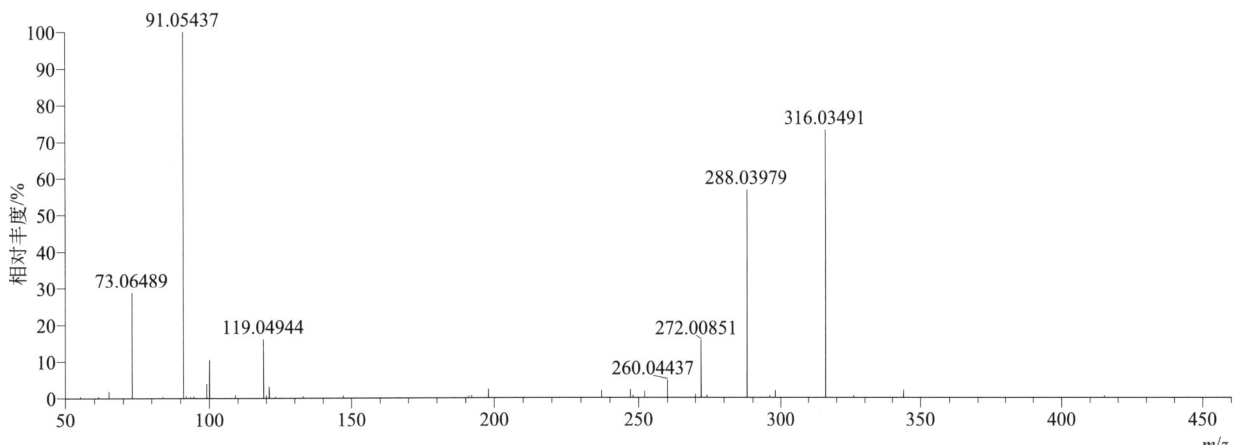

[M+H]+ 归一化法能量 NCE 为 60 时典型的二级质谱图

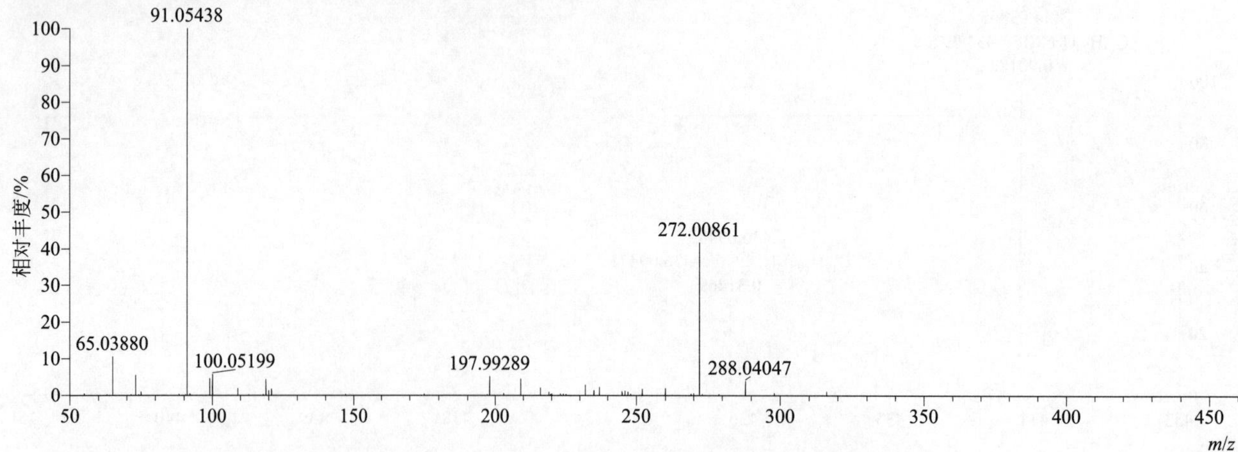

[M+H]+ 阶梯归一化法能量 Step NCE 为 20、40、60 时典型的二级质谱图

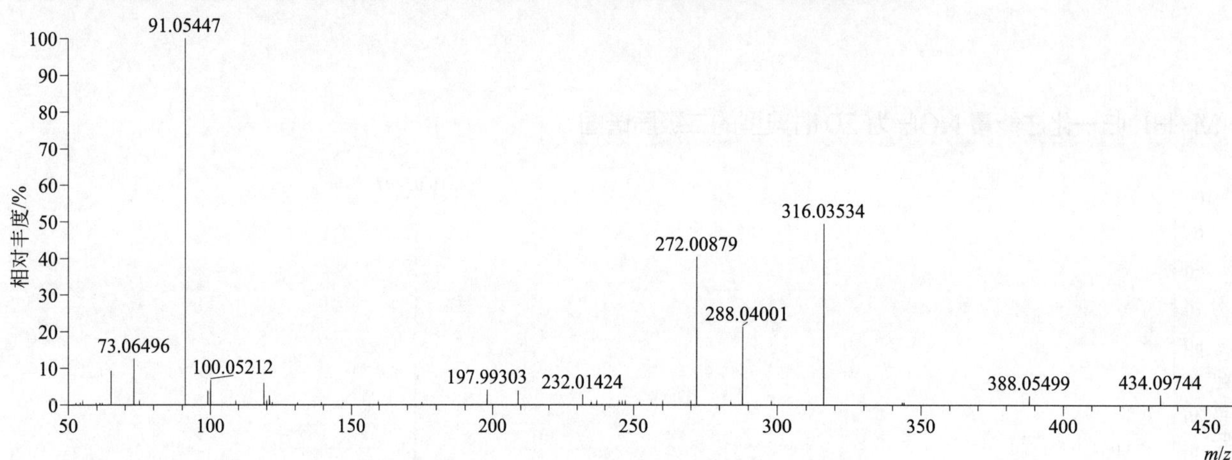

haloxyfop-methyl（氟吡甲禾灵）

基本信息

CAS 登录号	69806-40-2	分子量	375.04852	离子源和极性	电喷雾离子源（ESI）
分子式	$C_{16}H_{13}ClF_3NO_4$	保留时间	15.36min	极性	正模式

[M+H]+ 提取离子流色谱图

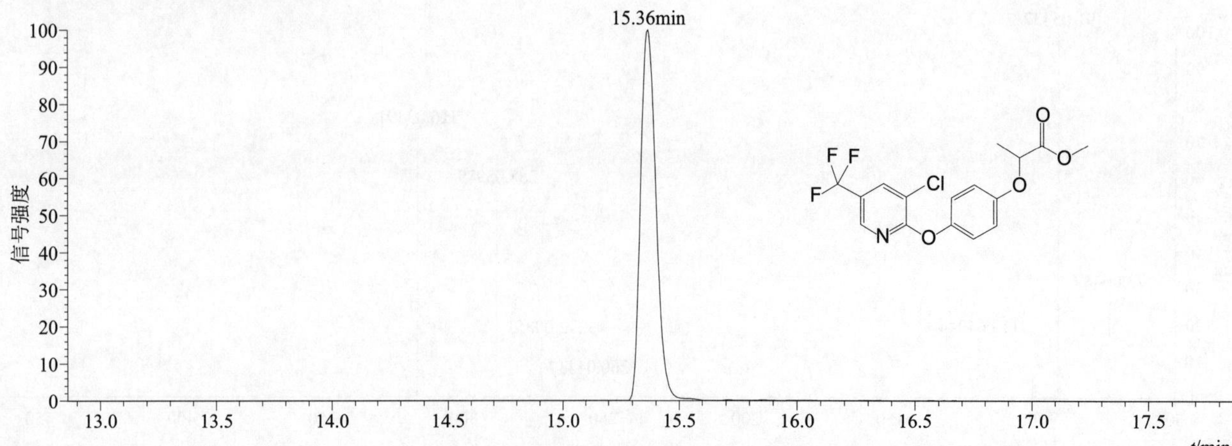

[M+H]$^+$ 典型的一级质谱图

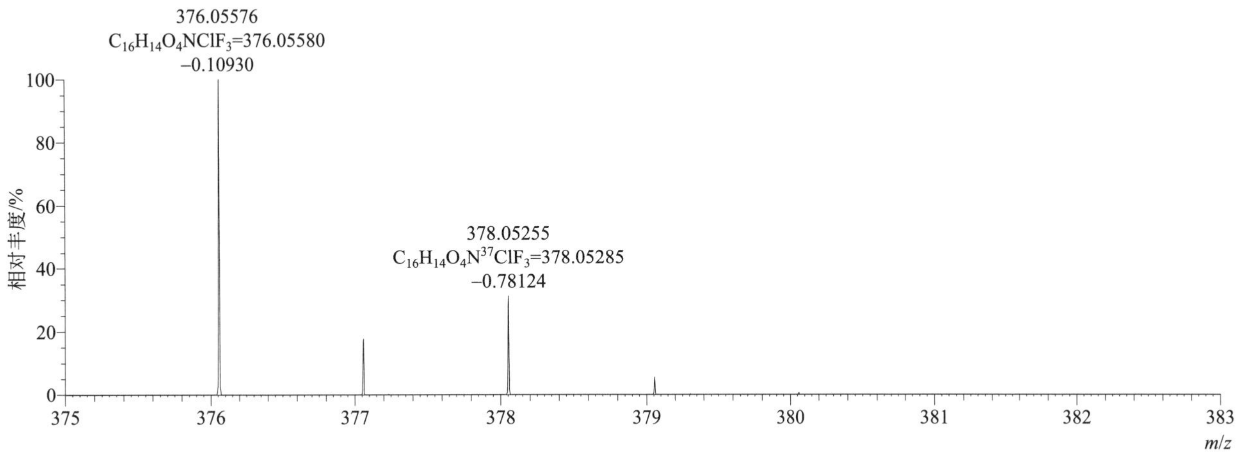

[M+H]$^+$ 归一化法能量 NCE 为 20 时典型的二级质谱图

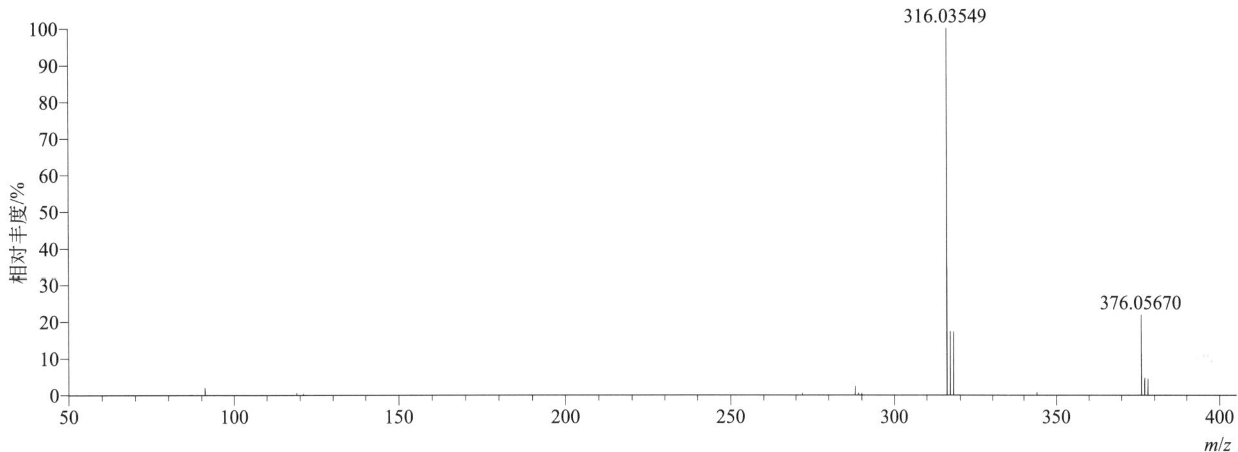

[M+H]$^+$ 归一化法能量 NCE 为 40 时典型的二级质谱图

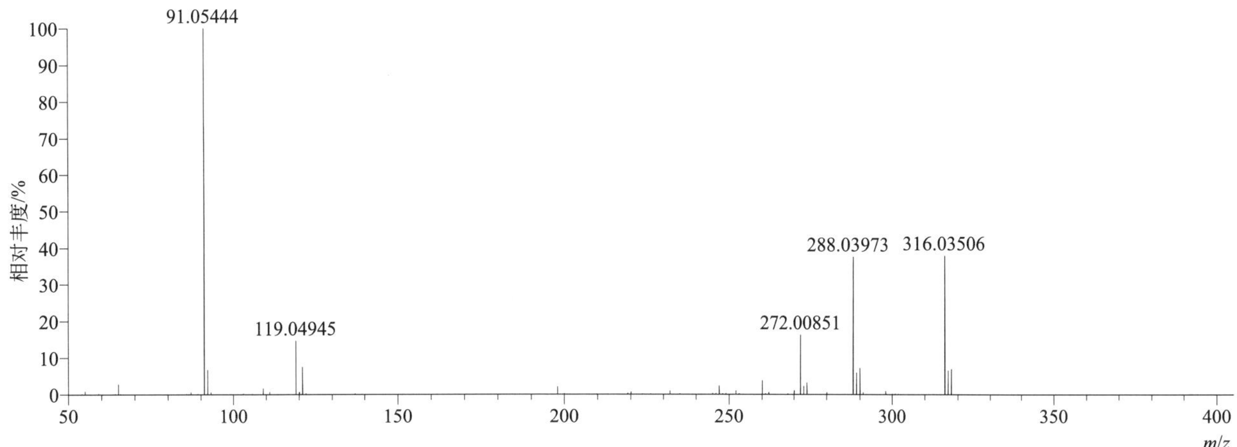

[M+H]+ 归一化法能量 NCE 为 60 时典型的二级质谱图

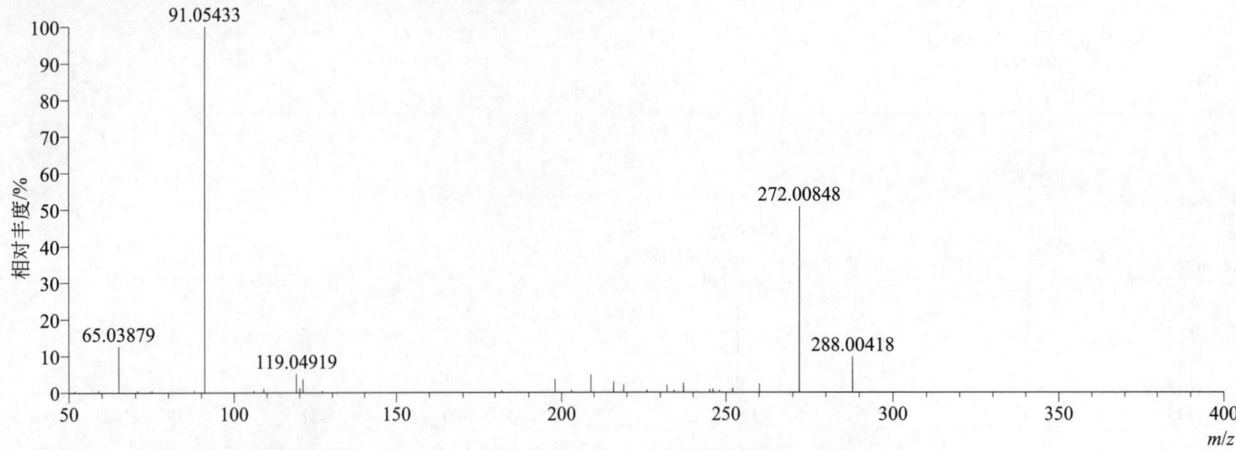

[M+H]+ 阶梯归一化法能量 Step NCE 为 20、40、60 时典型的二级质谱图

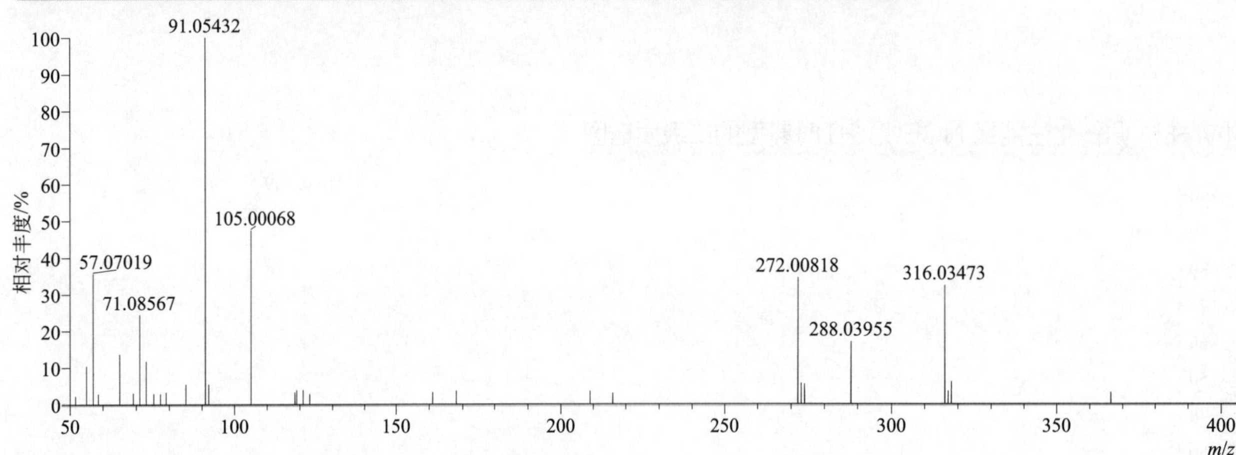

heptenophos（庚虫磷）

基本信息

CAS 登录号	23560-59-0	分子量	250.01617	离子源和极性	电喷雾离子源（ESI）
分子式	$C_9H_{12}ClO_4P$	保留时间	13.91min	极性	正模式

[M+H]+ 提取离子流色谱图

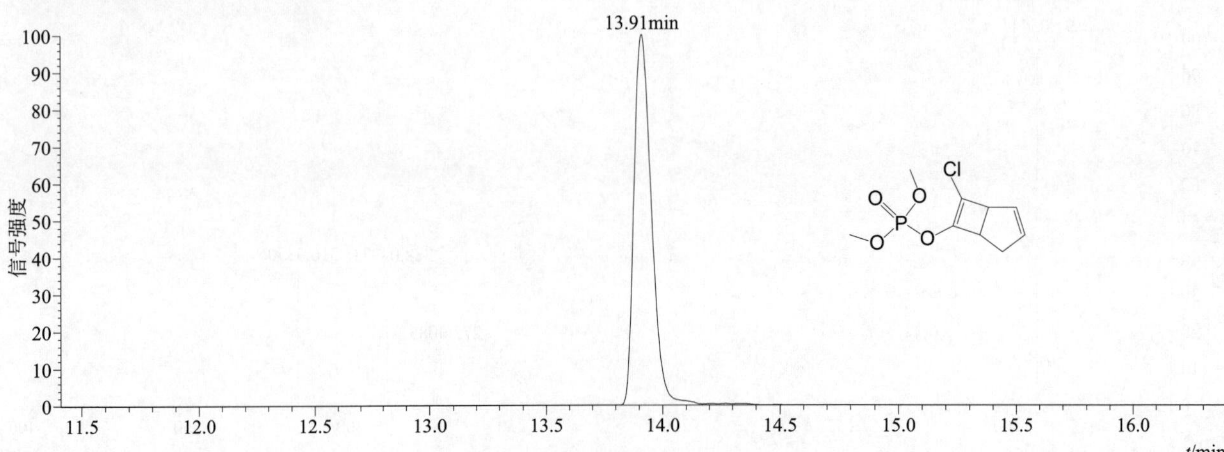

[M+H]+ 典型的一级质谱图

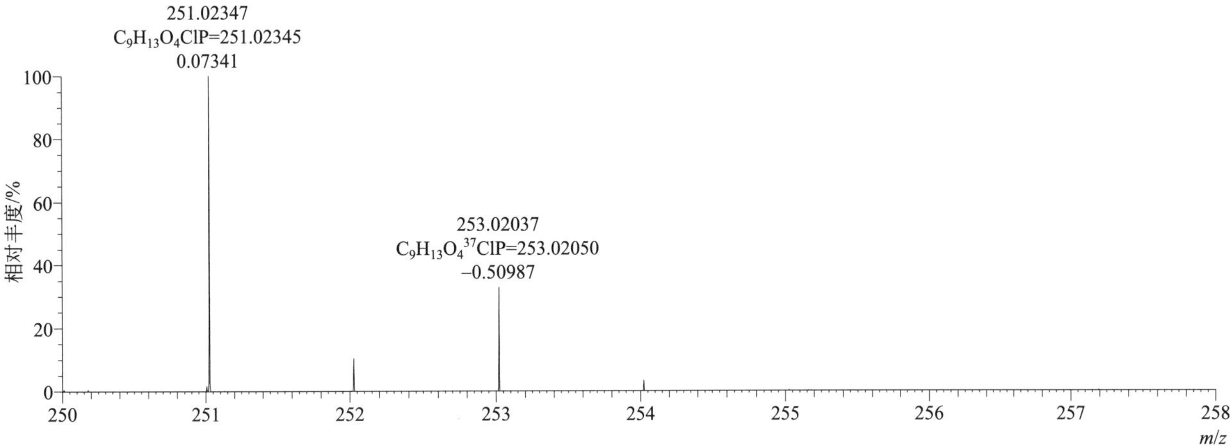

[M+H]+ 归一化法能量 NCE 为 20 时典型的二级质谱图

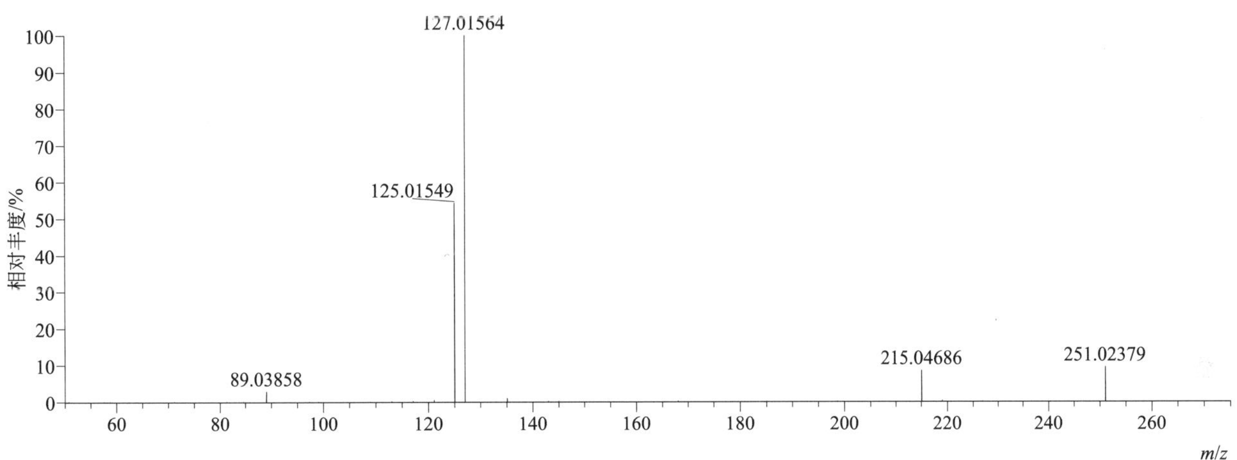

[M+H]+ 归一化法能量 NCE 为 40 时典型的二级质谱图

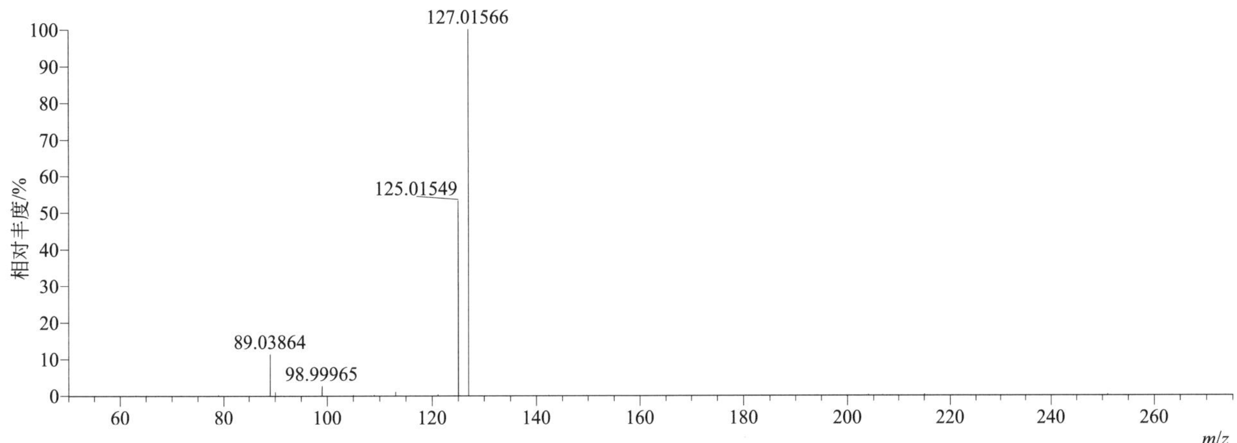

[M+H]+ 归一化法能量 NCE 为 60 时典型的二级质谱图

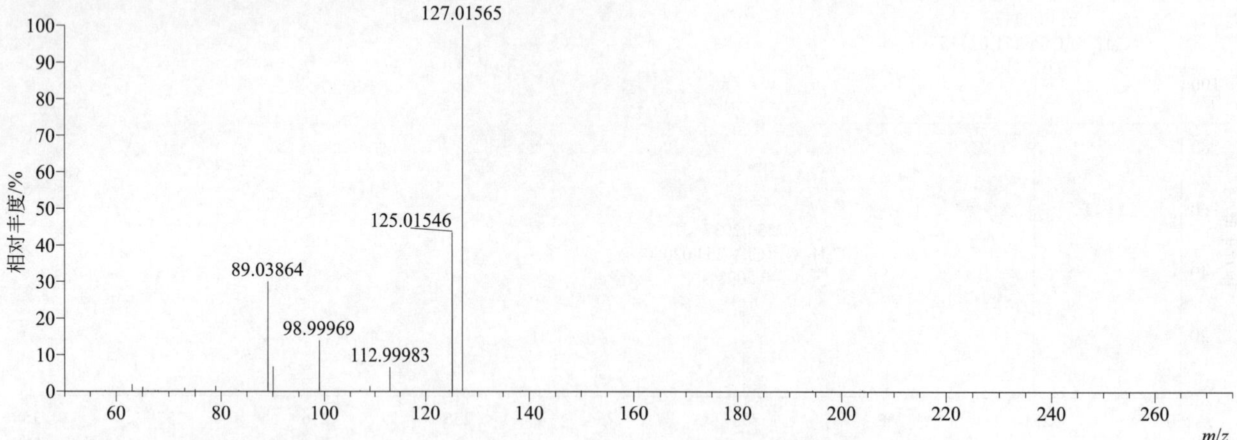

[M+H]+ 阶梯归一化法能量 Step NCE 为 20、40、60 时典型的二级质谱图

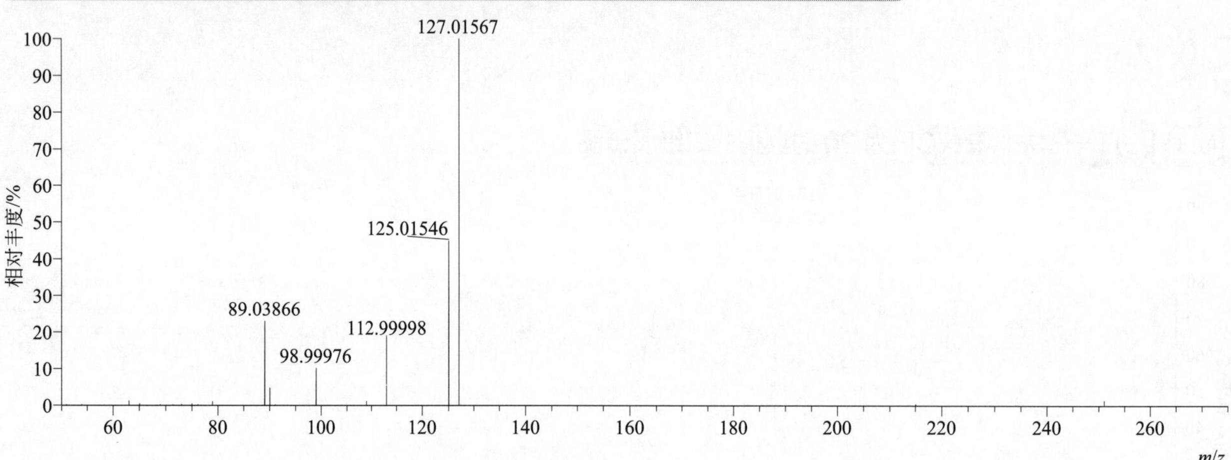

hexaconazole（己唑醇）

基本信息

CAS 登录号	79983-71-4	分子量	313.07487	离子源和极性	电喷雾离子源（ESI）
分子式	$C_{14}H_{17}Cl_2N_3O$	保留时间	15.22min	极性	正模式

[M+H]+ 提取离子流色谱图

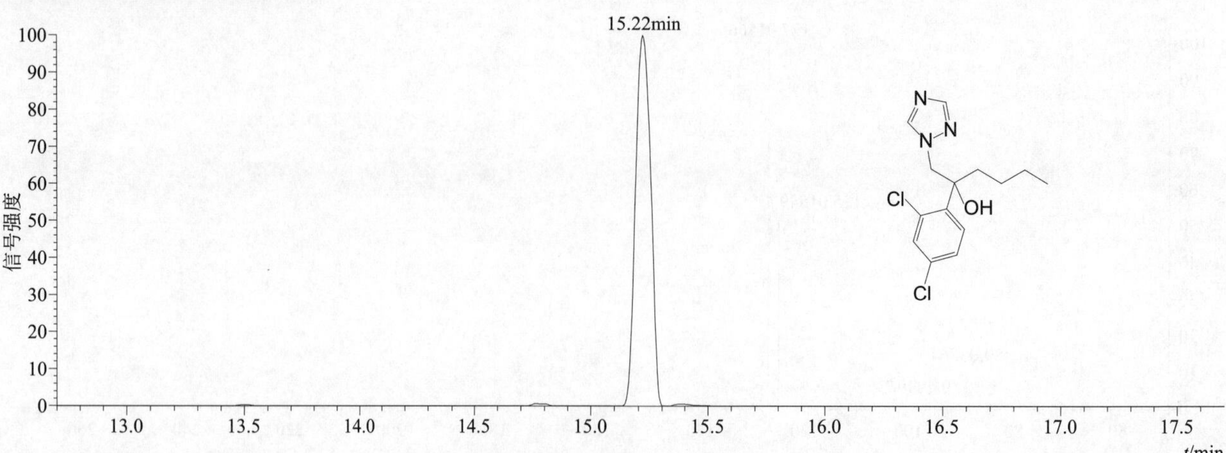

$[M+H]^+$ 典型的一级质谱图

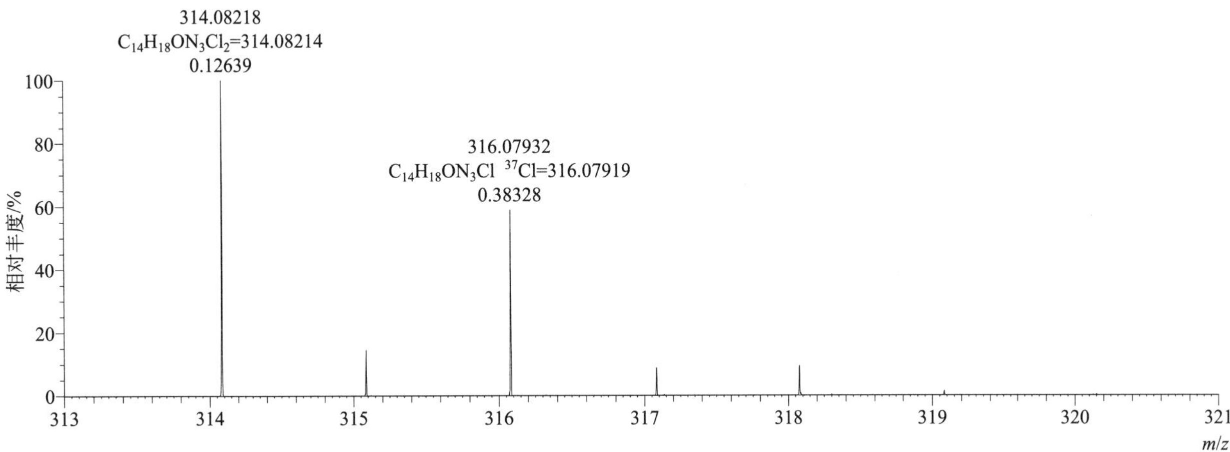

$[M+H]^+$ 归一化法能量 NCE 为 20 时典型的二级质谱图

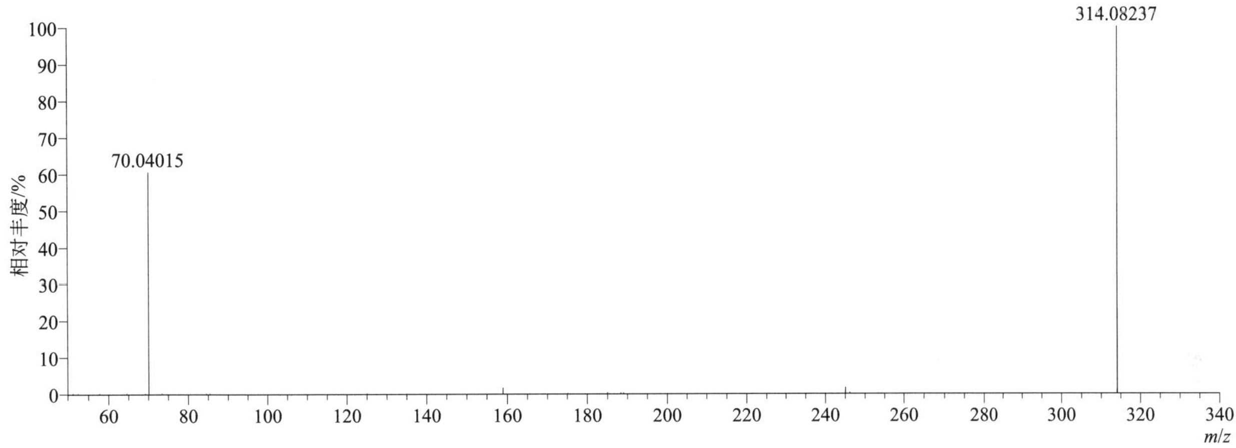

$[M+H]^+$ 归一化法能量 NCE 为 40 时典型的二级质谱图

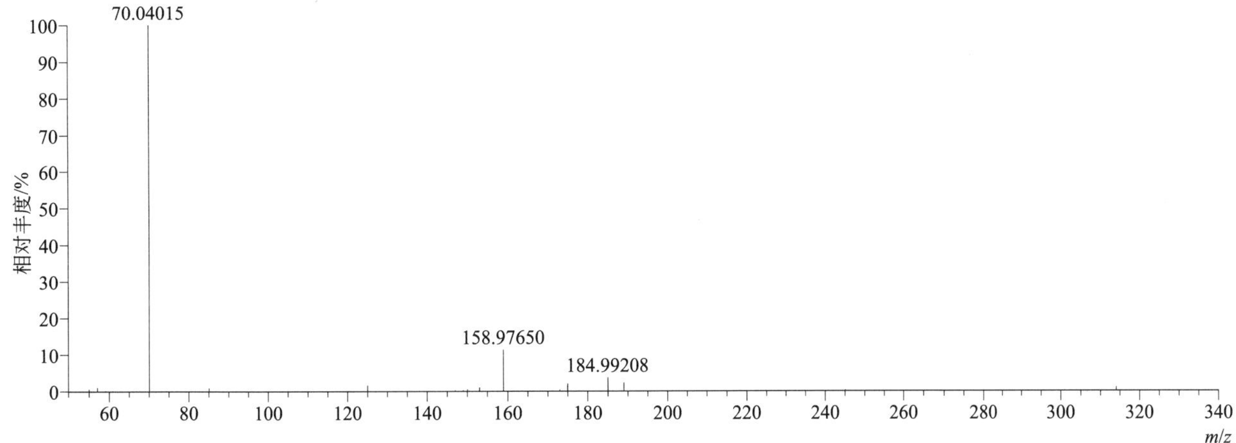

[M+H]+ 归一化法能量 NCE 为 60 时典型的二级质谱图

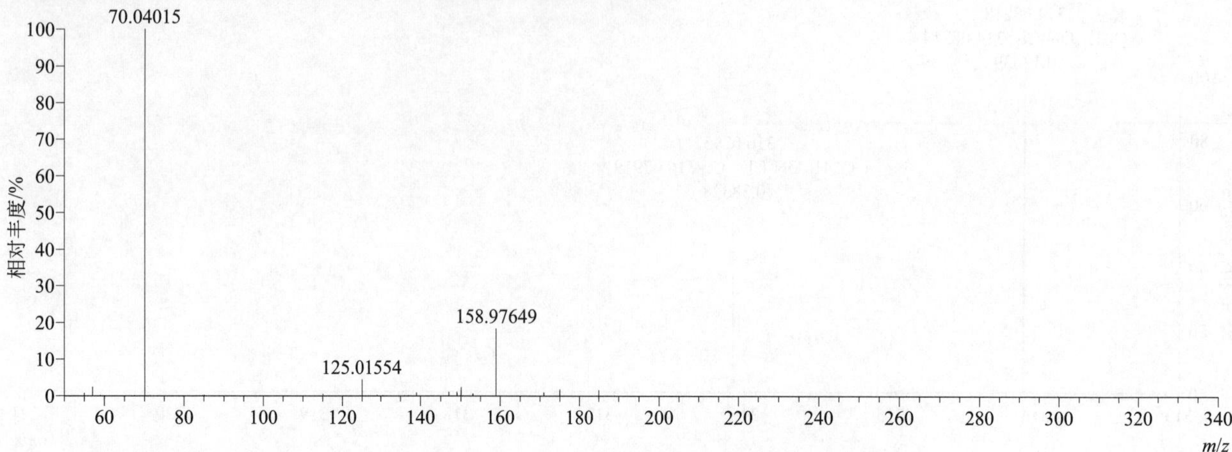

[M+H]+ 阶梯归一化法能量 Step NCE 为 20、40、60 时典型的二级质谱图

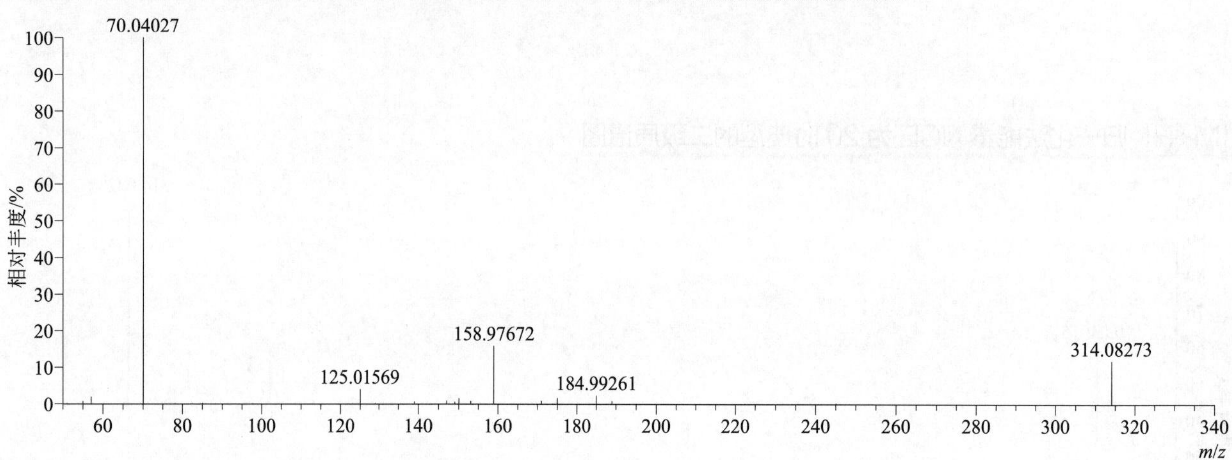

hexazinone（环嗪酮）

基本信息

CAS 登录号	51235-04-2	分子量	252.15863	离子源和极性	电喷雾离子源（ESI）
分子式	$C_{12}H_{20}N_4O_2$	保留时间	13.18min	极性	正模式

[M+H]+ 提取离子流色谱图

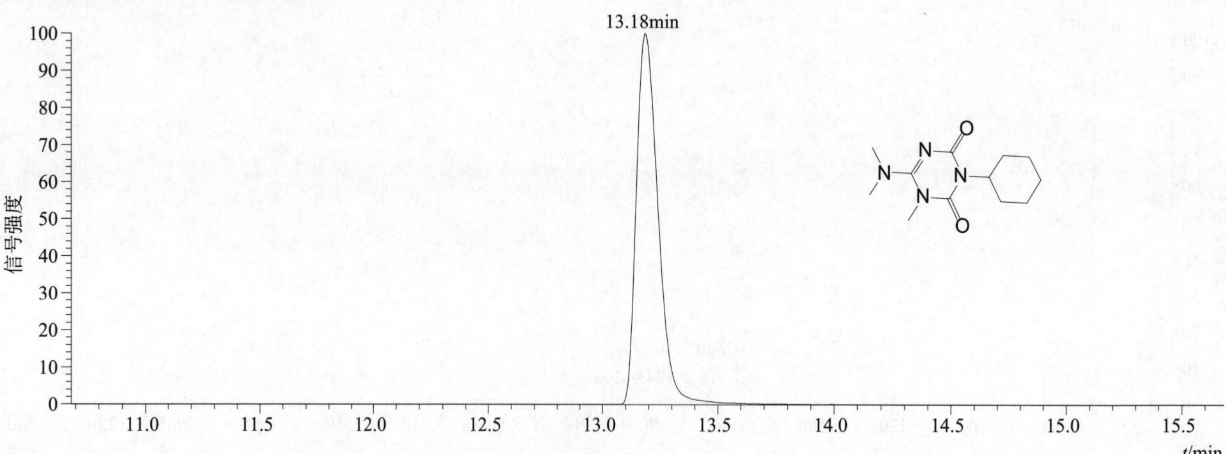

$[M+H]^+$ 典型的一级质谱图

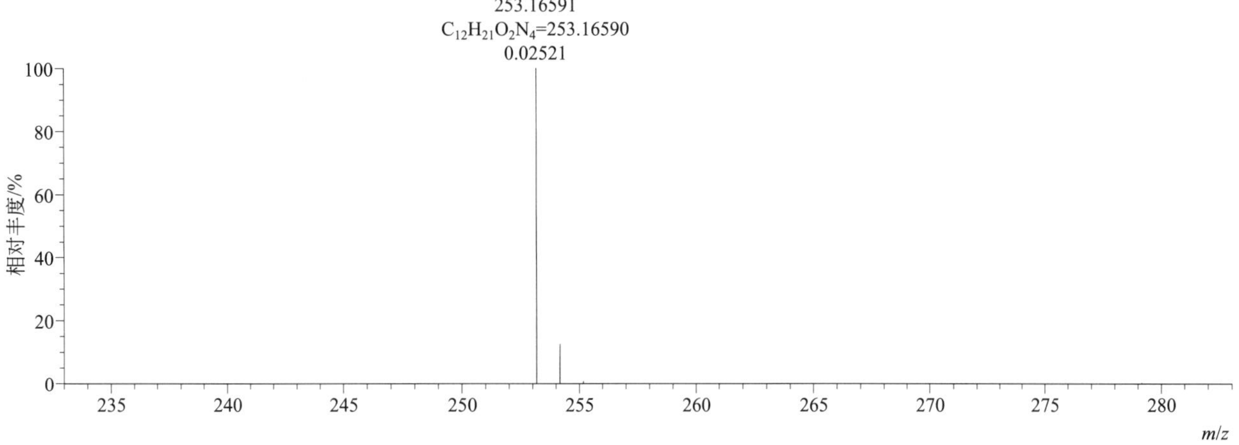

$[M+H]^+$ 归一化法能量 NCE 为 20 时典型的二级质谱图

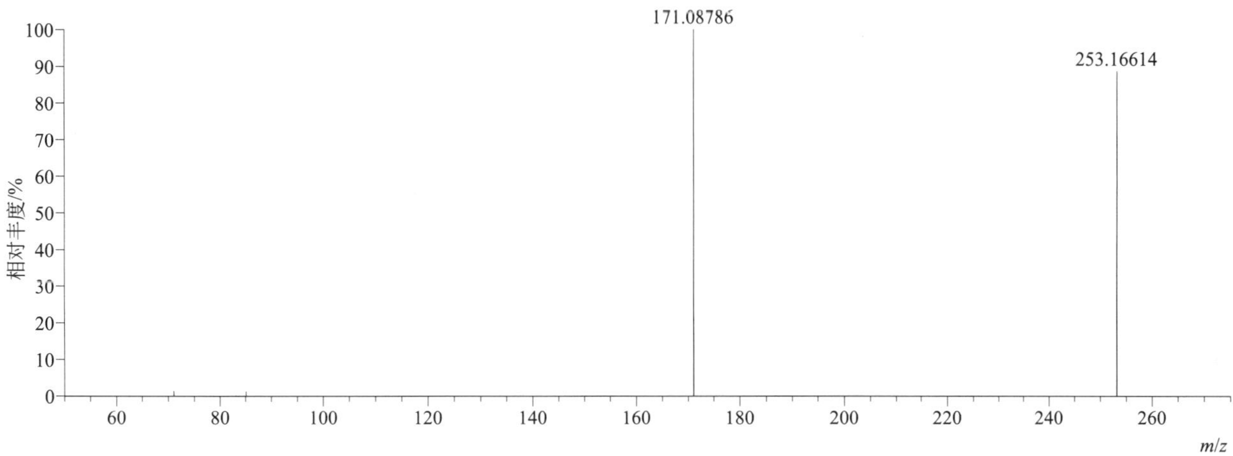

$[M+H]^+$ 归一化法能量 NCE 为 40 时典型的二级质谱图

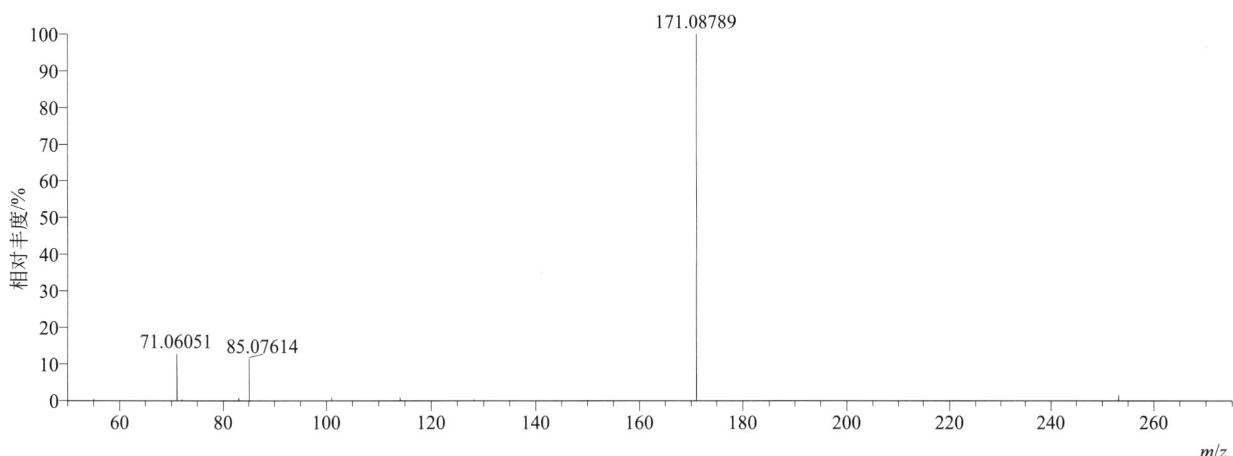

[M+H]+ 归一化法能量 NCE 为 60 时典型的二级质谱图

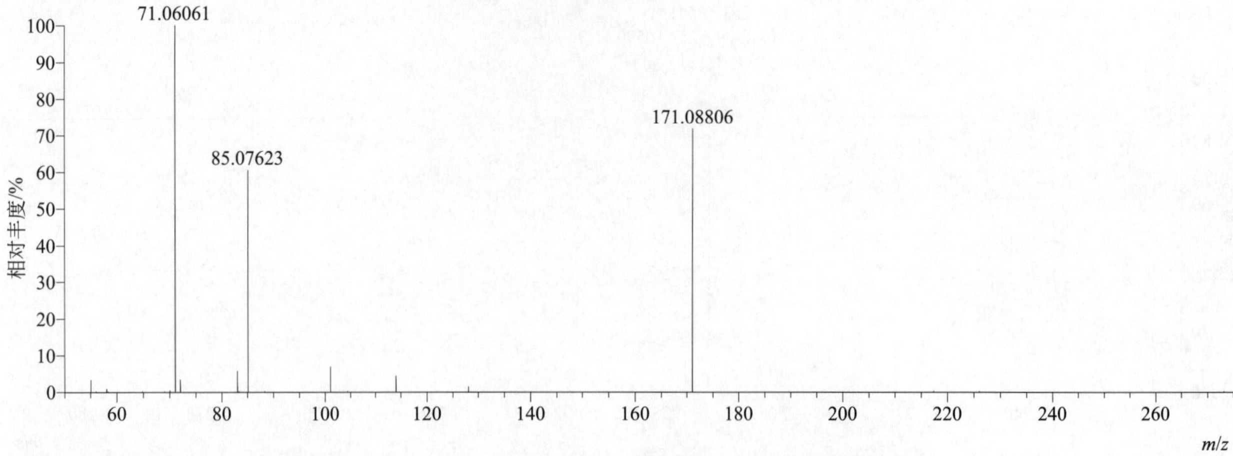

[M+H]+ 阶梯归一化法能量 Step NCE 为 20、40、60 时典型的二级质谱图

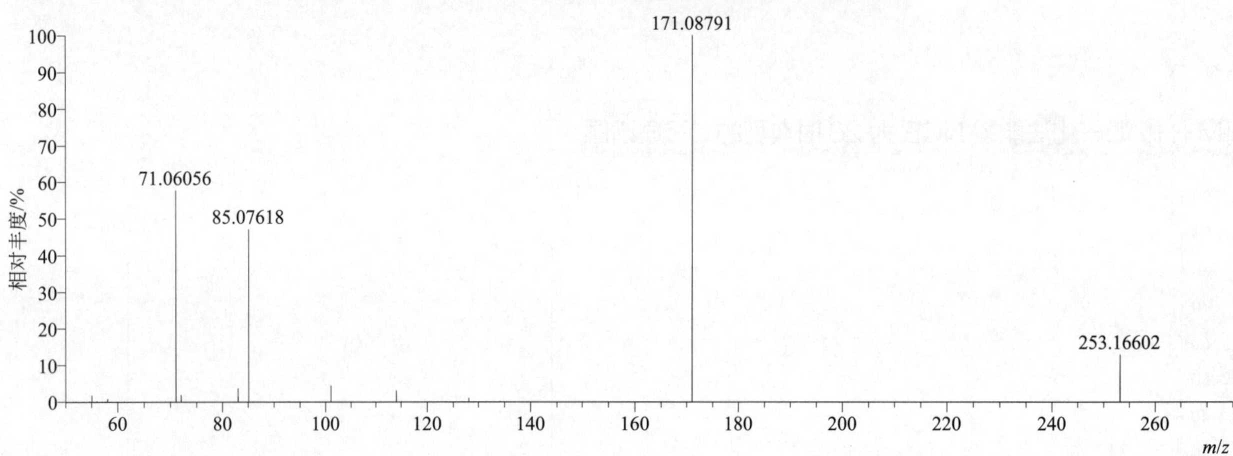

hexythiazox（噻螨酮）

基本信息

CAS 登录号	78587-05-0	分子量	352.10123	离子源和极性	电喷雾离子源（ESI）
分子式	$C_{17}H_{21}ClN_2O_2S$	保留时间	15.98min	极性	正模式

[M+H]+ 提取离子流色谱图

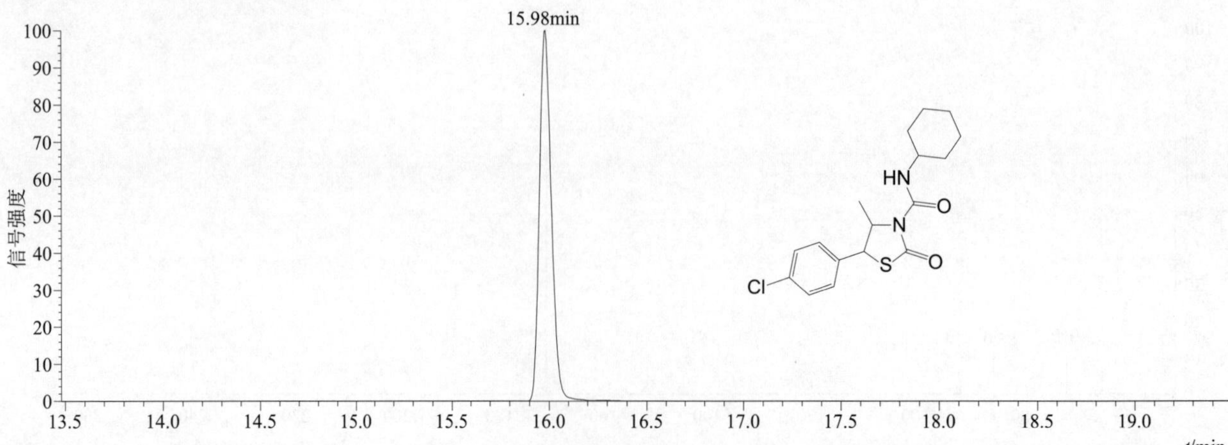

[M+H]⁺ 典型的一级质谱图

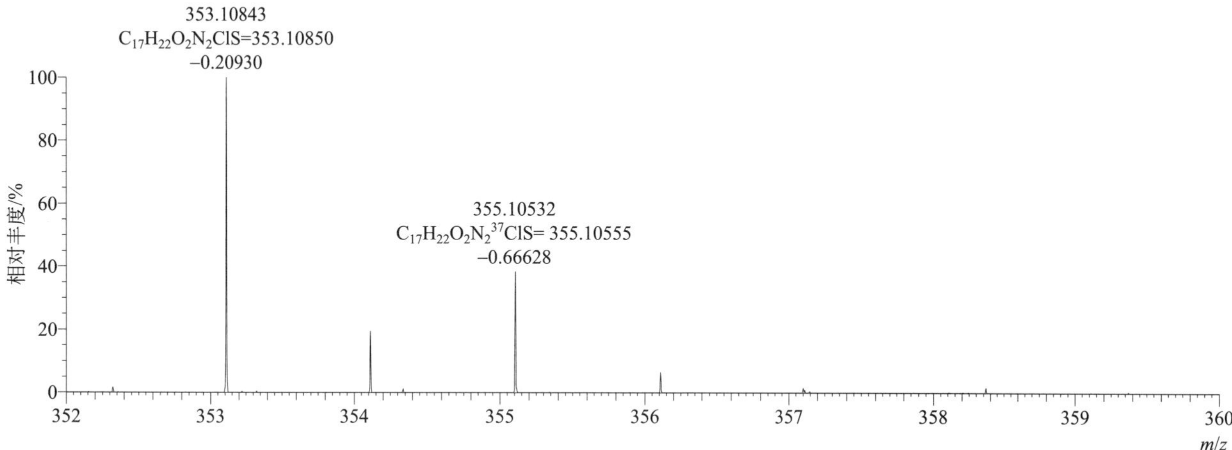

[M+H]⁺ 归一化法能量 NCE 为 20 时典型的二级质谱图

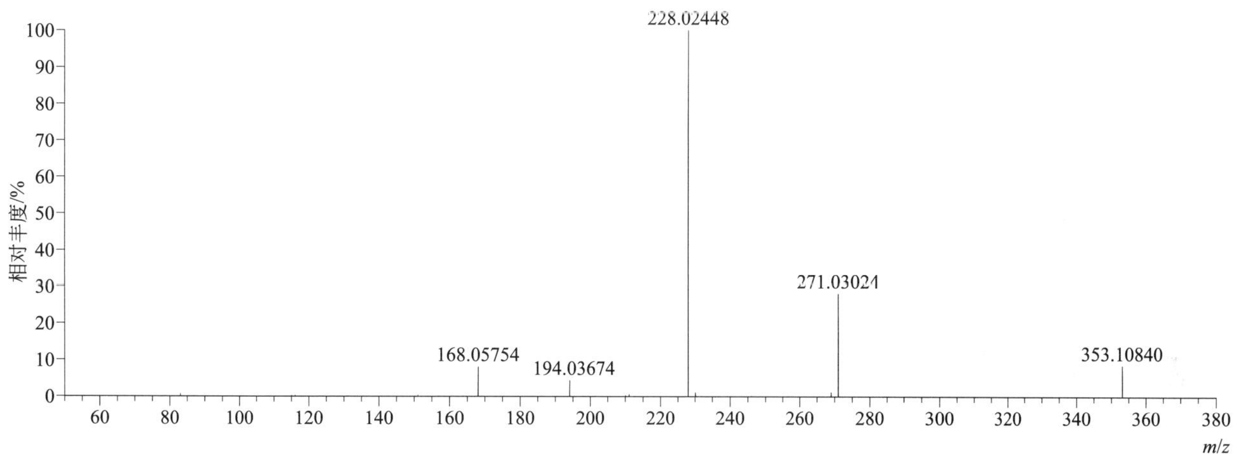

[M+H]⁺ 归一化法能量 NCE 为 40 时典型的二级质谱图

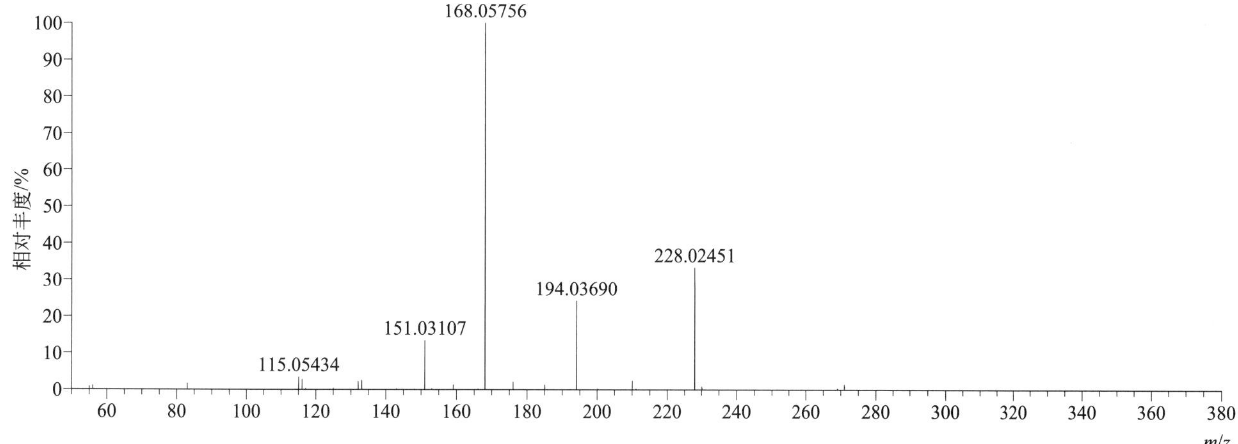

[M+H]+ 归一化法能量 NCE 为 60 时典型的二级质谱图

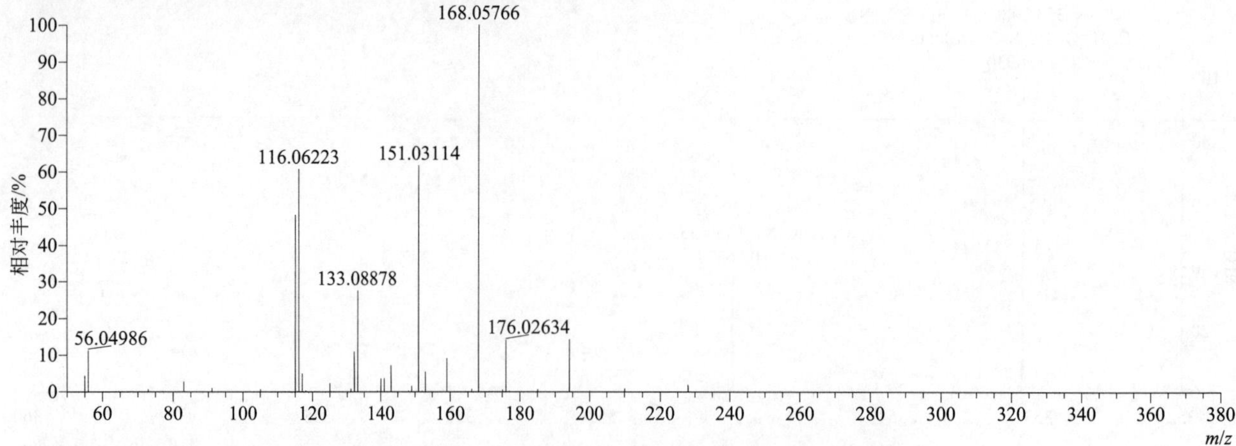

[M+H]+ 阶梯归一化法能量 Step NCE 为 20、40、60 时典型的二级质谱图

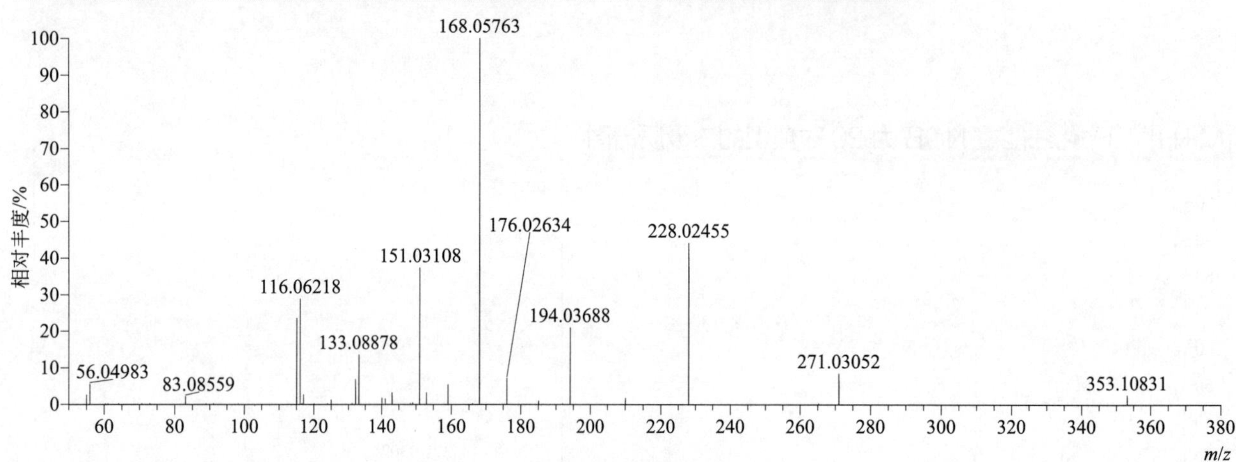

hydramethylnon（氟蚁腙）

基本信息

CAS 登录号	67485-29-4	分子量	494.19052	离子源和极性	电喷雾离子源（ESI）
分子式	$C_{25}H_{24}F_6N_4$	保留时间	15.44min	极性	正模式

[M+H]+ 提取离子流色谱图

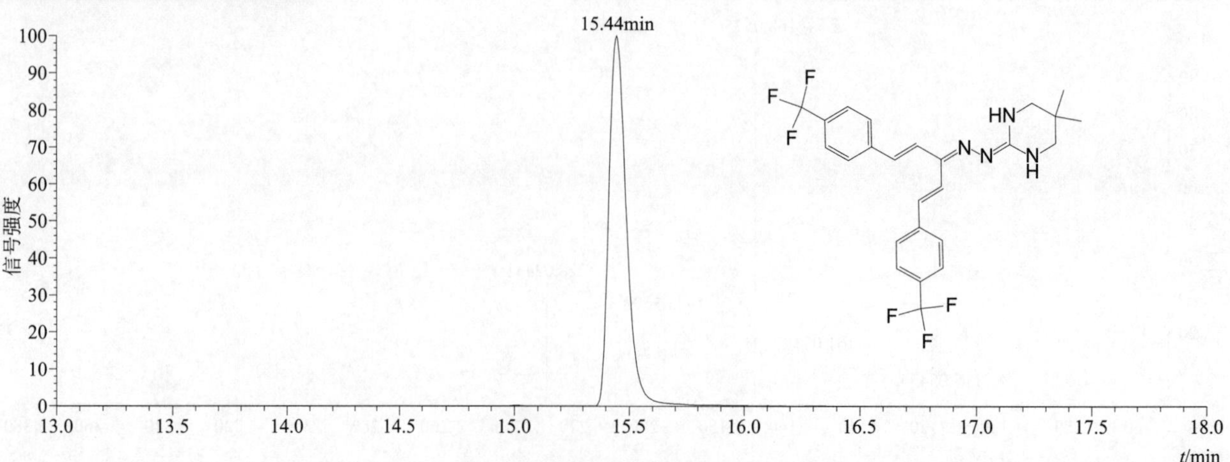

[M+H]⁺ 典型的一级质谱图

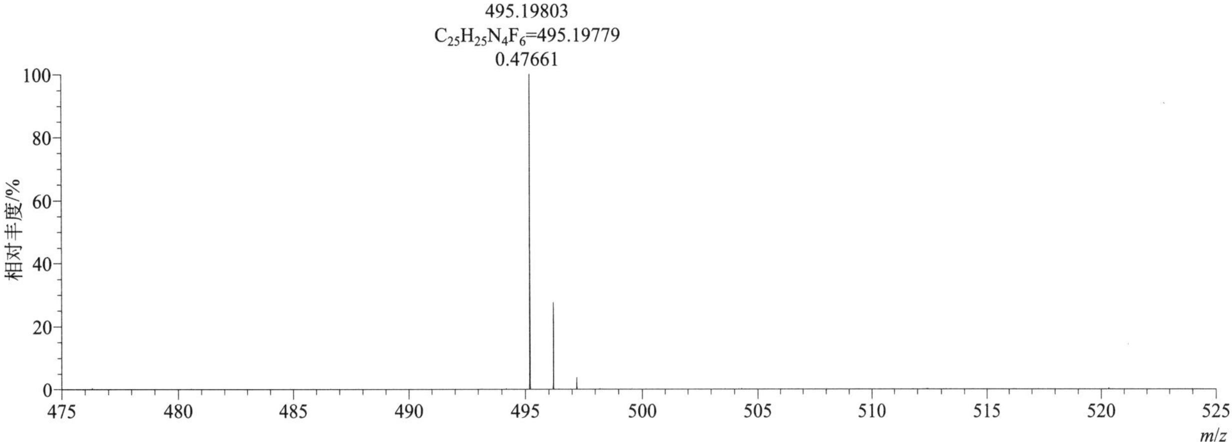

[M+H]⁺ 归一化法能量 NCE 为 40 时典型的二级质谱图

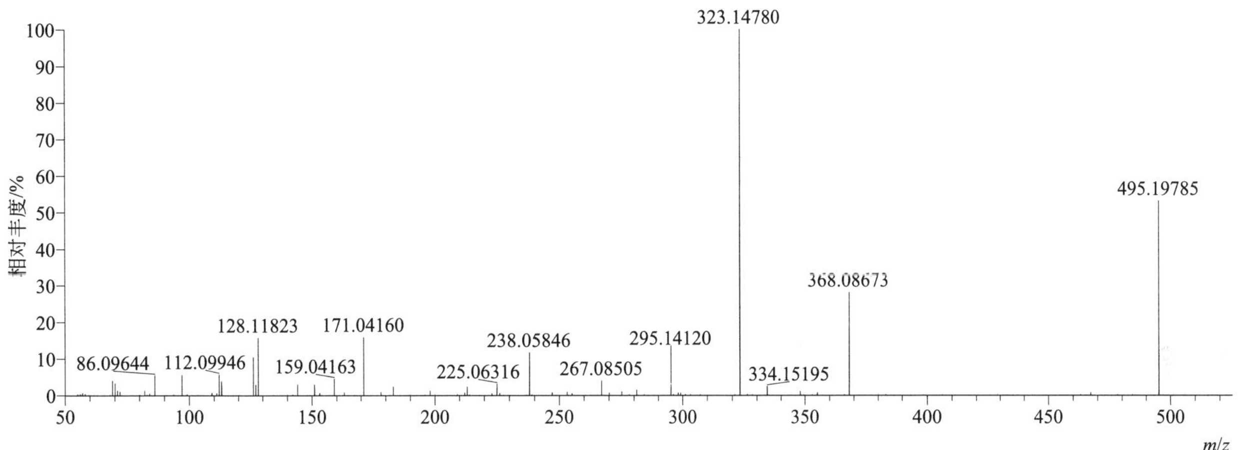

[M+H]⁺ 归一化法能量 NCE 为 60 时典型的二级质谱图

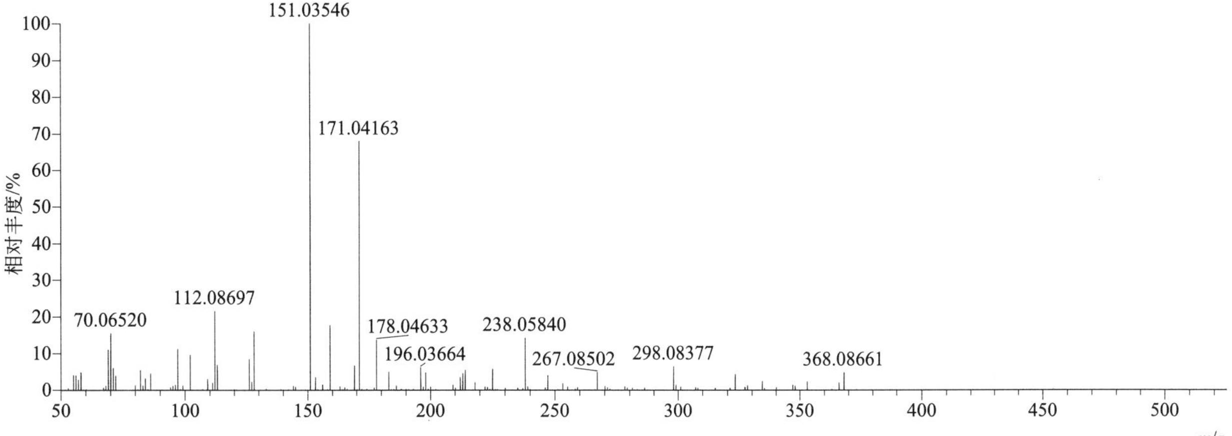

[M+H]+ 归一化法能量 NCE 为 80 时典型的二级质谱图

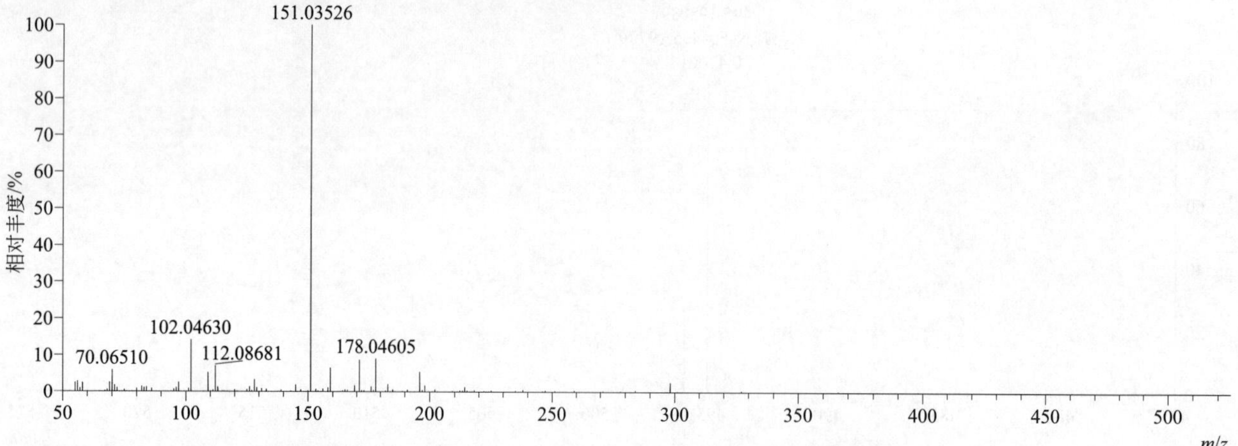

[M+H]+ 阶梯归一化法能量 Step NCE 为 40、60、80 时典型的二级质谱图

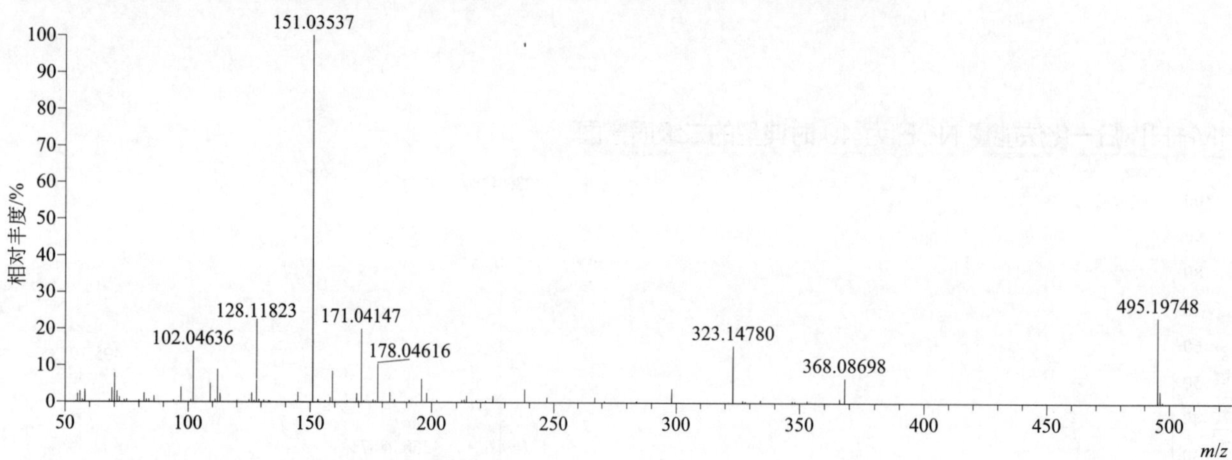

hymexazol（噁霉灵）

基本信息

CAS 登录号	10004-44-1	分子量	99.03203	离子源和极性	电喷雾离子源（ESI）
分子式	$C_4H_5NO_2$	保留时间	3.61min	极性	正模式

[M+H]+ 提取离子流色谱图

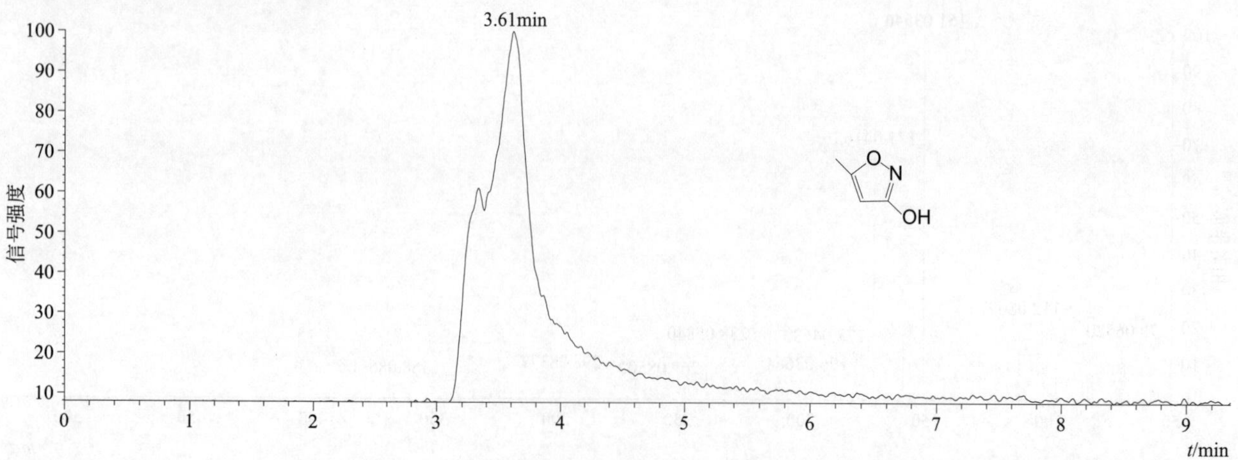

[M+H]$^+$ 典型的一级质谱图

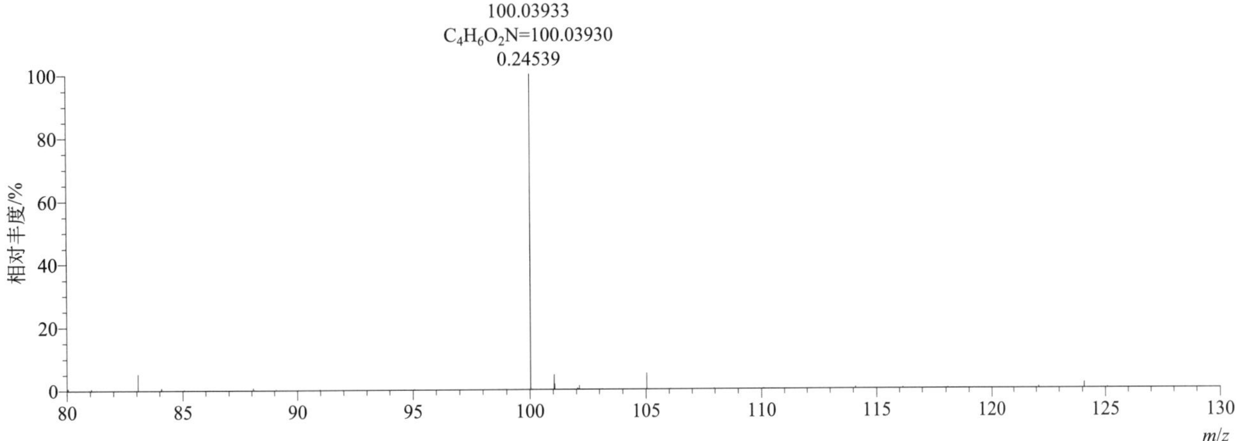

[M+H]$^+$ 归一化法能量 NCE 为 20 时典型的二级质谱图

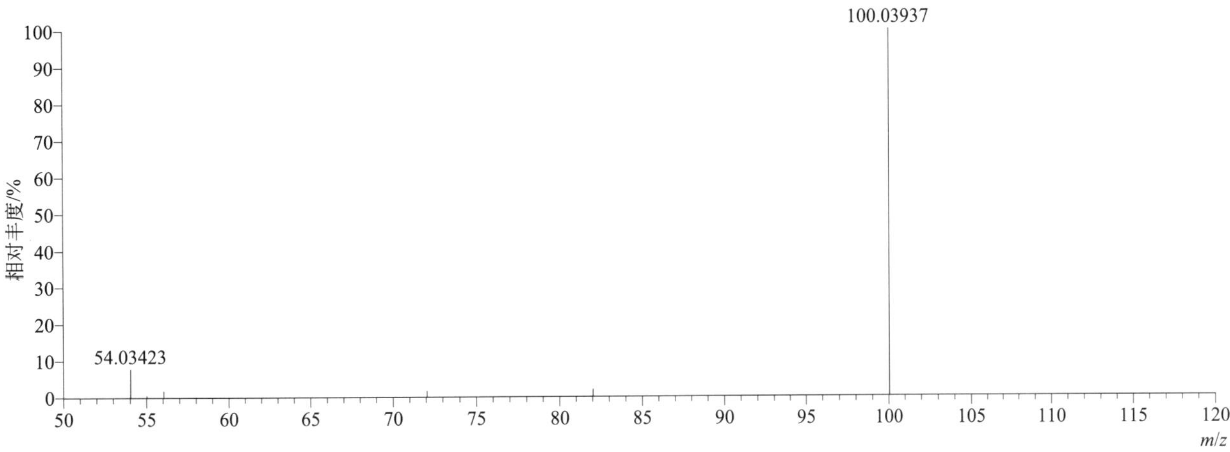

[M+H]$^+$ 归一化法能量 NCE 为 40 时典型的二级质谱图

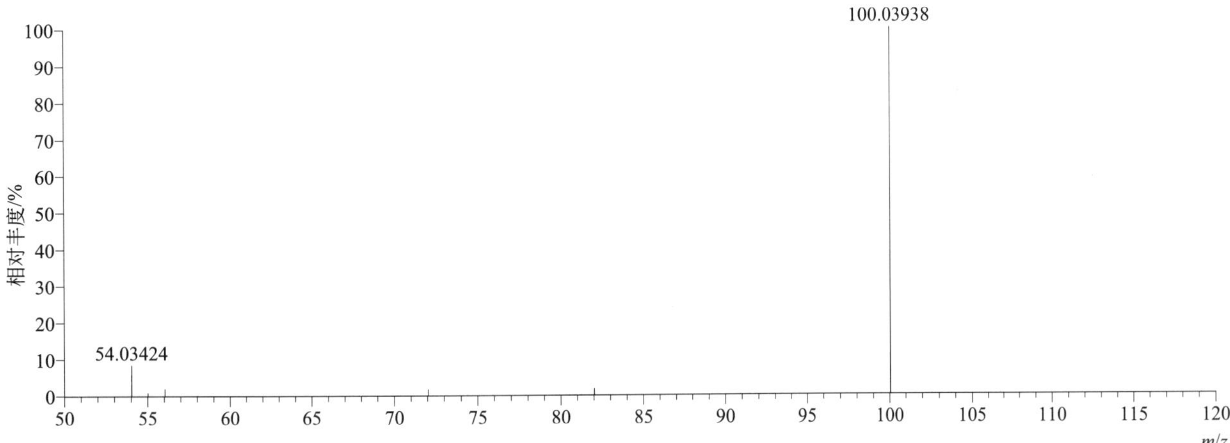

[M+H]$^+$ 归一化法能量 NCE 为 60 时典型的二级质谱图

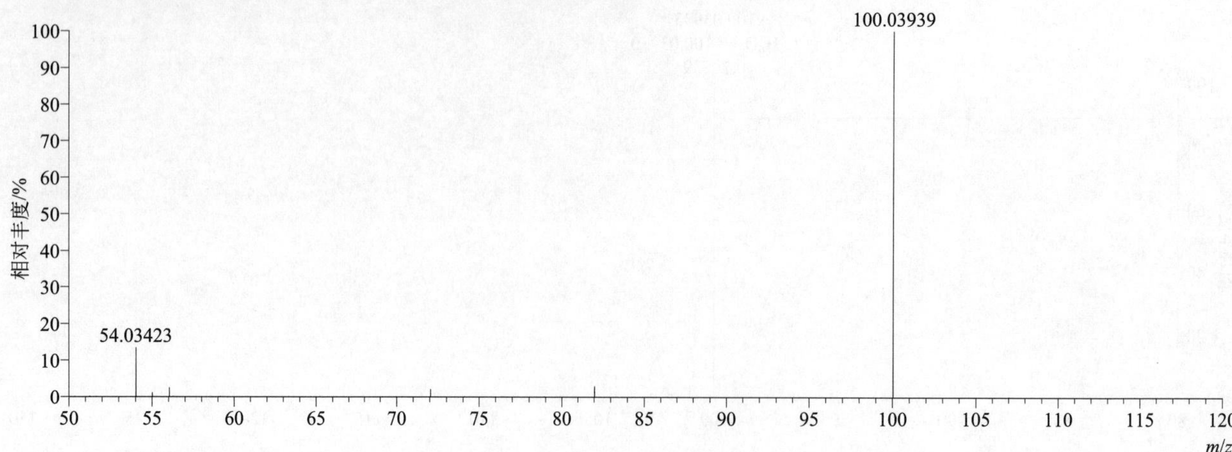

[M+H]$^+$ 阶梯归一化法能量 Step NCE 为 20、40、60 时典型的二级质谱图

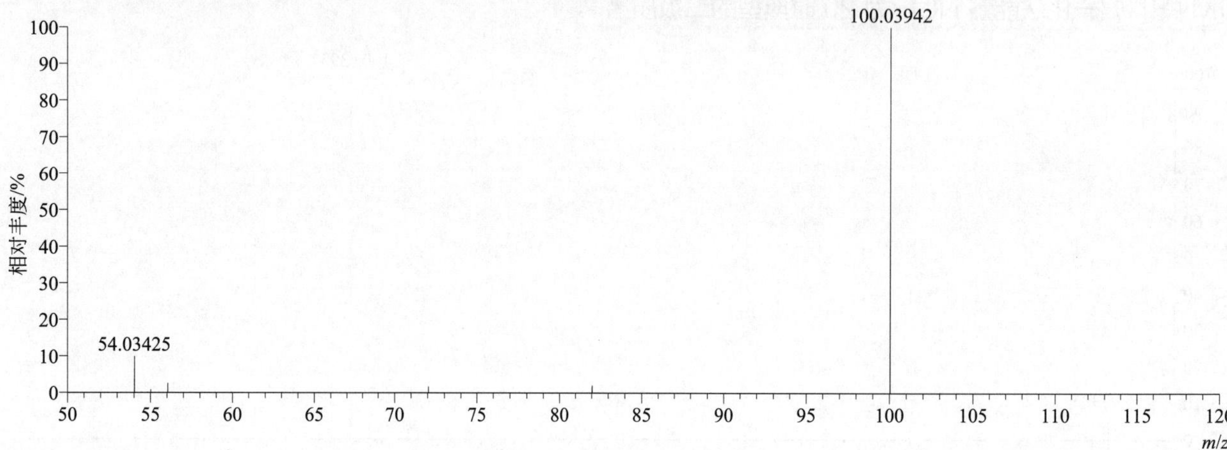

imazalil（抑霉唑）

基本信息

CAS 登录号	35554-44-0	分子量	296.04832	离子源和极性	电喷雾离子源（ESI）
分子式	$C_{14}H_{14}Cl_2N_2O$	保留时间	13.67min	极性	正模式

[M+H]⁺ 提取离子流色谱图

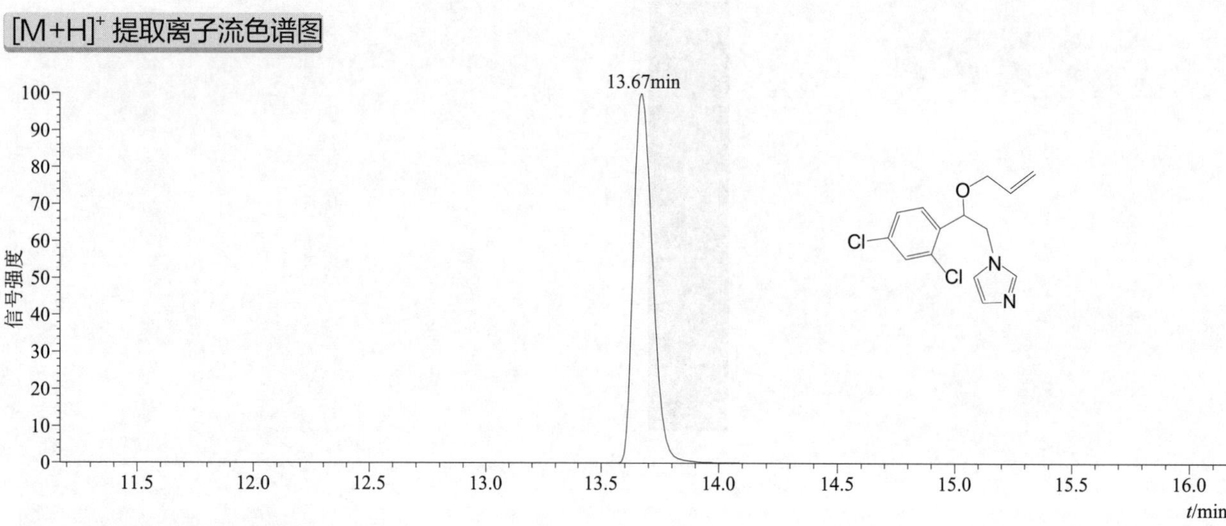

[M+H]⁺ 典型的一级质谱图

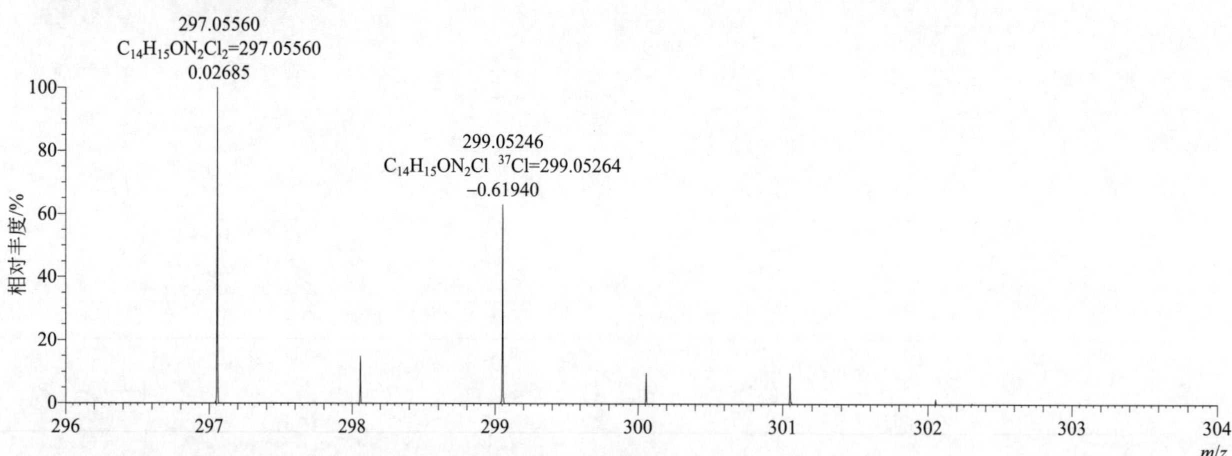

[M+H]⁺ 归一化法能量 NCE 为 20 时典型的二级质谱图

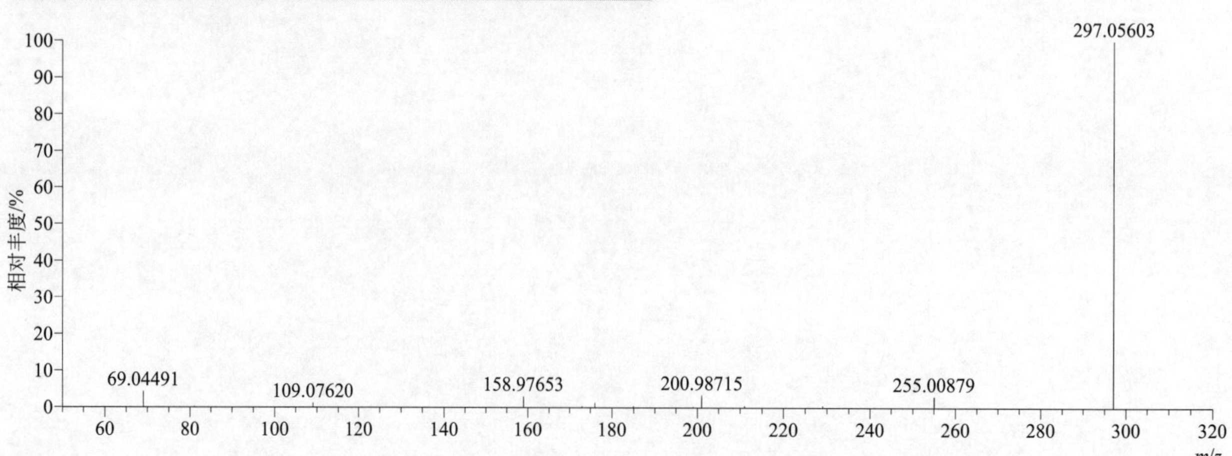

[M+H]+ 归一化法能量 NCE 为 40 时典型的二级质谱图

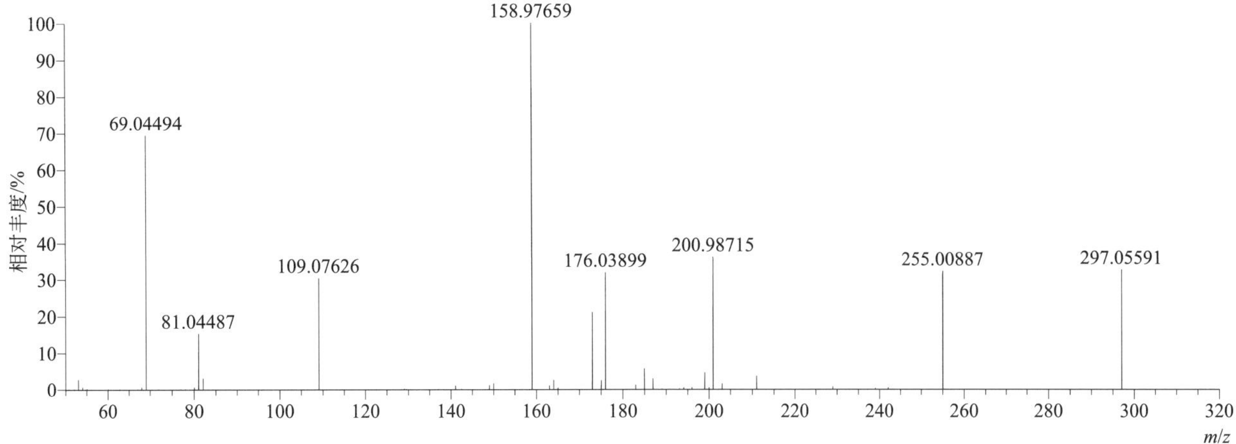

[M+H]+ 归一化法能量 NCE 为 60 时典型的二级质谱图

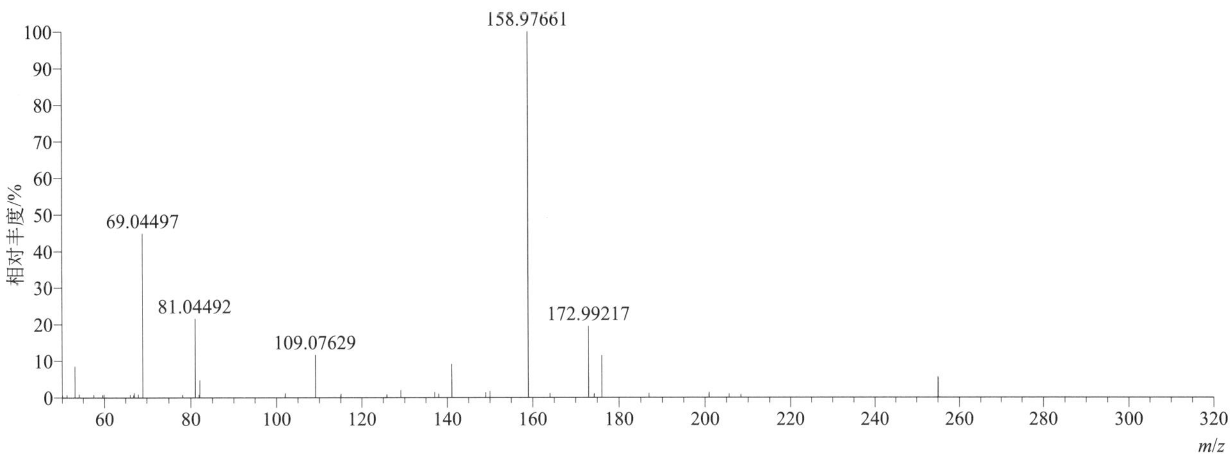

[M+H]+ 阶梯归一化法能量 Step NCE 为 20、40、60 时典型的二级质谱图

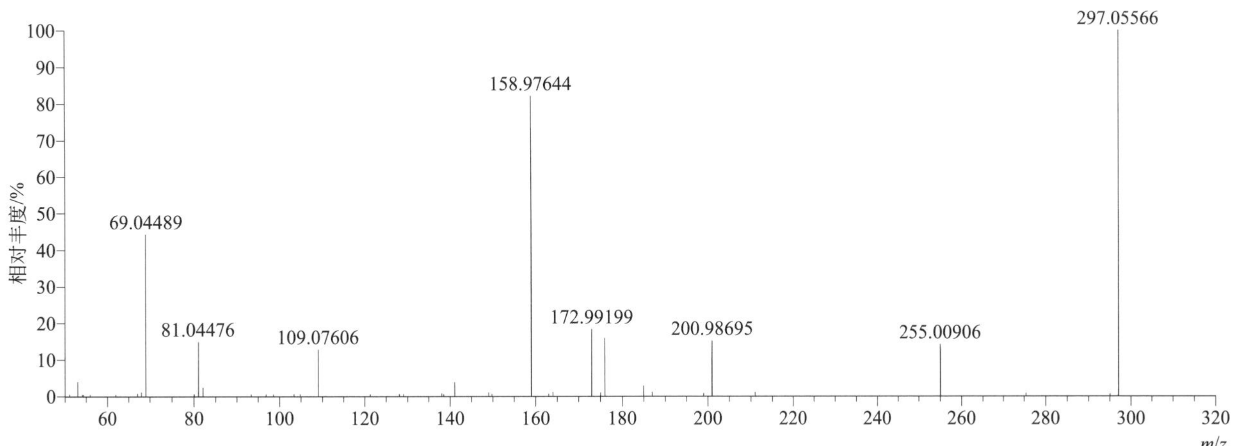

imazamethabenz-methyl（咪草酸甲酯）

基本信息

CAS 登录号	81405-85-8	分子量	288.14739	离子源和极性	电喷雾离子源（ESI）
分子式	$C_{16}H_{20}N_2O_3$	保留时间	13.06min	极性	正模式

[M+H]⁺ 提取离子流色谱图

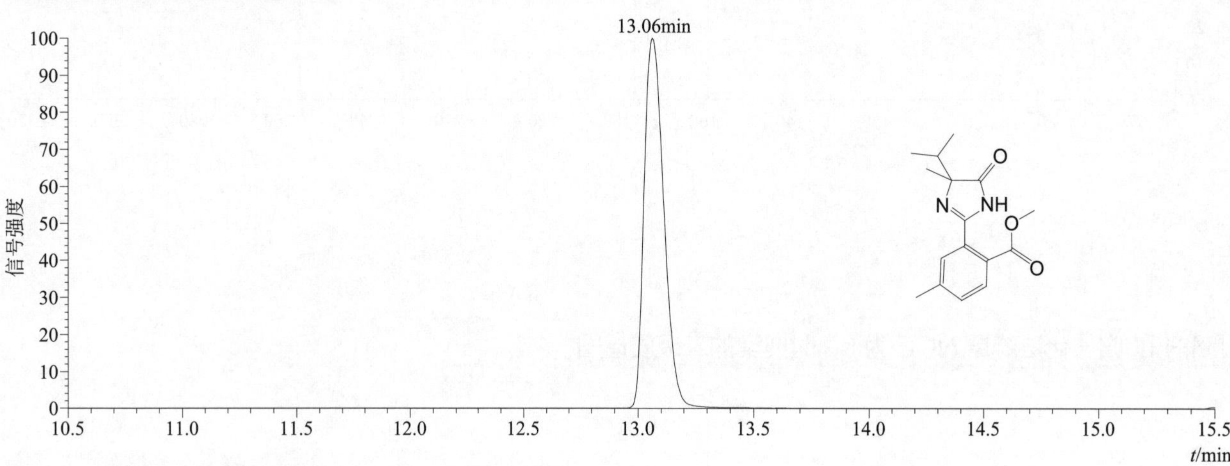

[M+H]⁺ 典型的一级质谱图

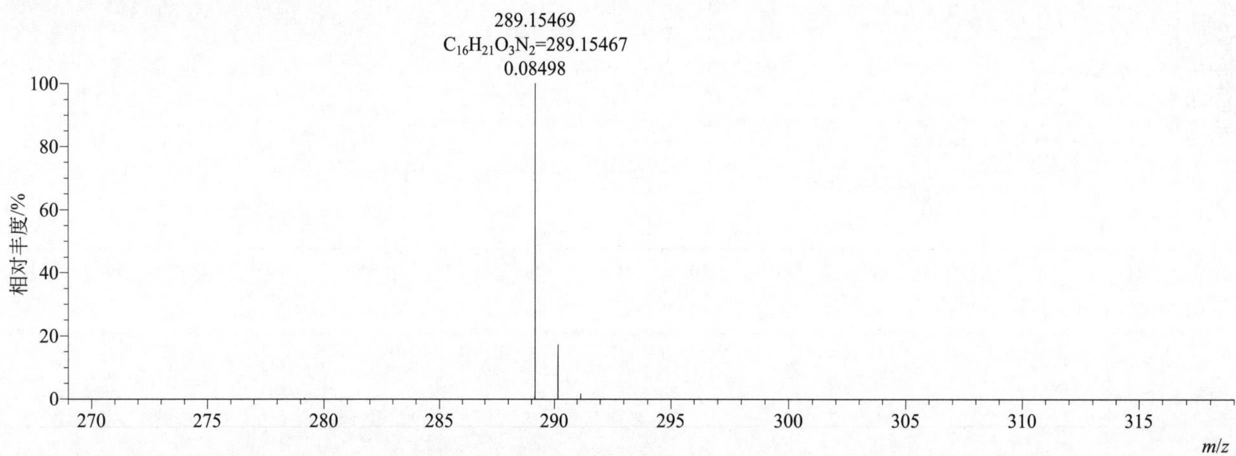

[M+H]⁺ 归一化法能量 NCE 为 20 时典型的二级质谱图

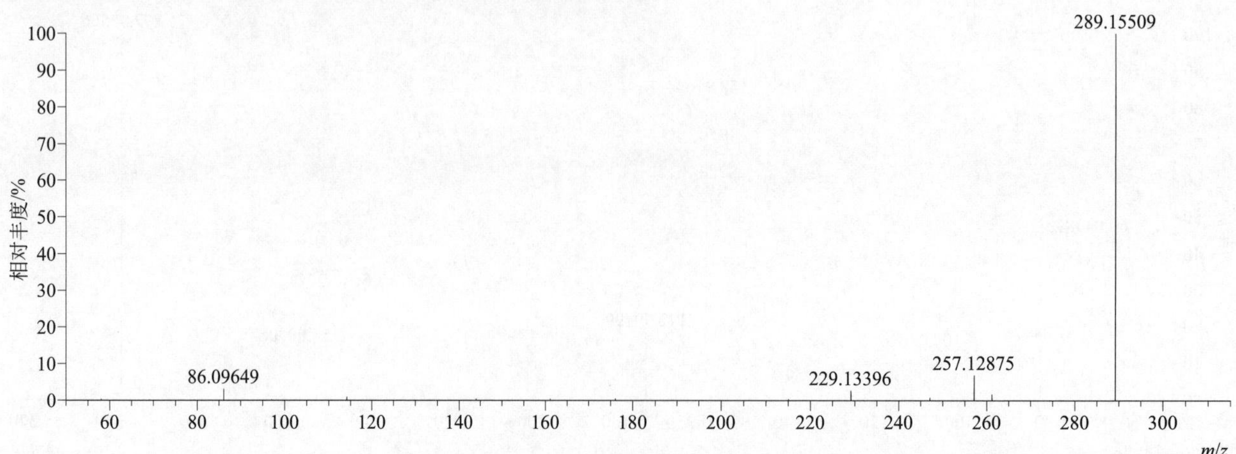

[M+H]+ 归一化法能量 NCE 为 40 时典型的二级质谱图

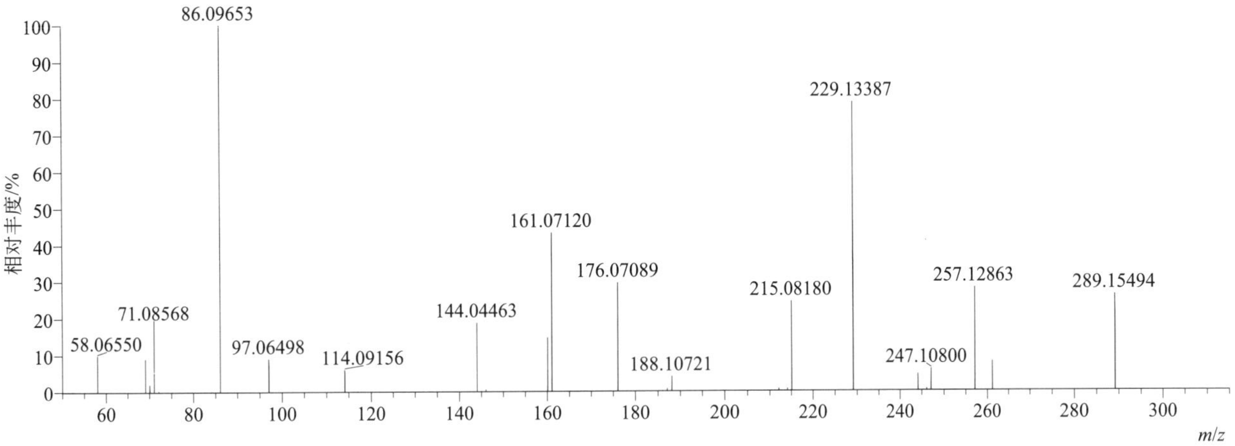

[M+H]+ 归一化法能量 NCE 为 60 时典型的二级质谱图

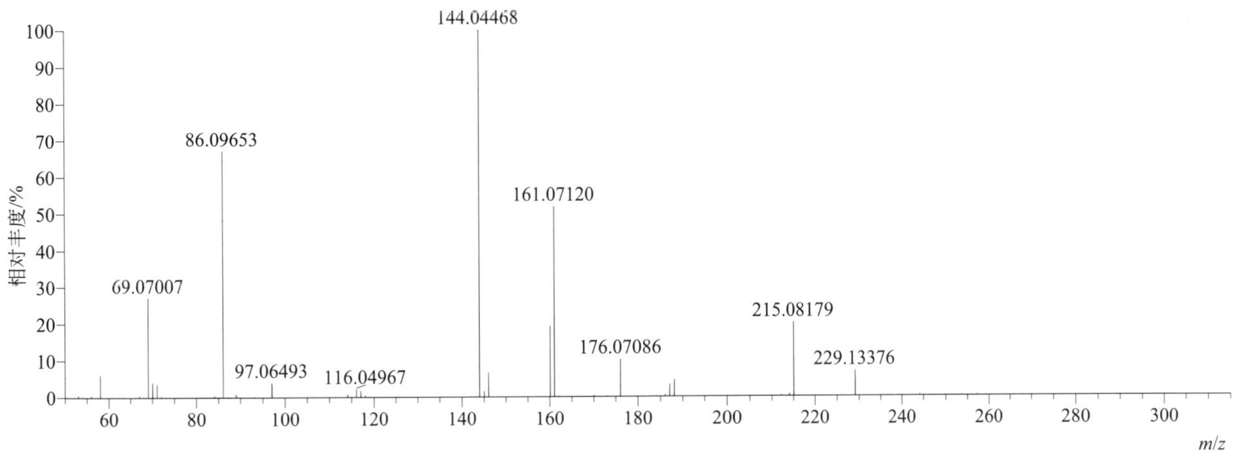

[M+H]+ 阶梯归一化法能量 Step NCE 为 20、40、60 时典型的二级质谱图

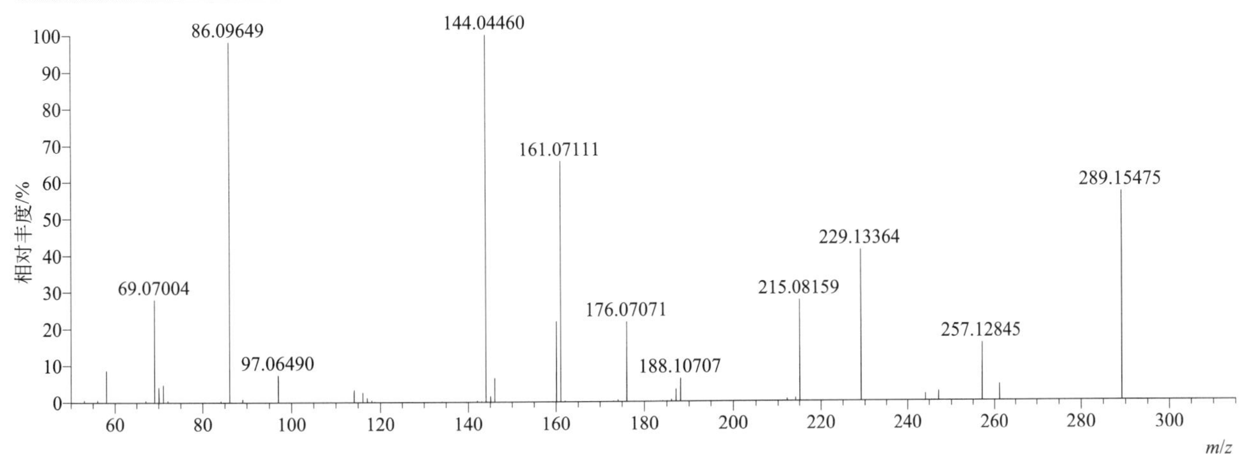

imazamox（甲氧咪草烟）

基本信息

CAS 登录号	114311-32-9	分子量	305.13756	离子源和极性	电喷雾离子源（ESI）
分子式	$C_{15}H_{19}N_3O_4$	保留时间	12.05min	极性	正模式

[M+H]+ 提取离子流色谱图

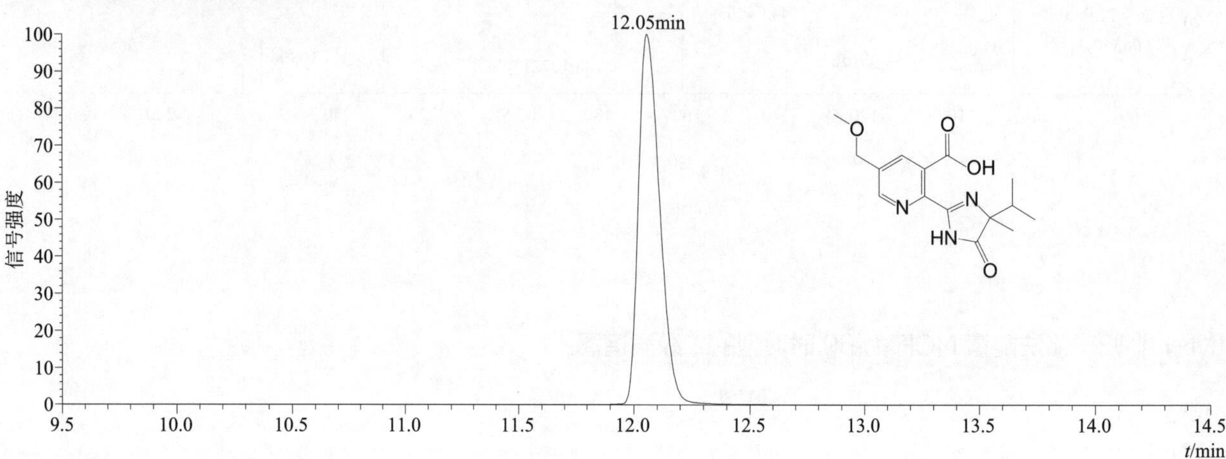

[M+H]+ 典型的一级质谱图

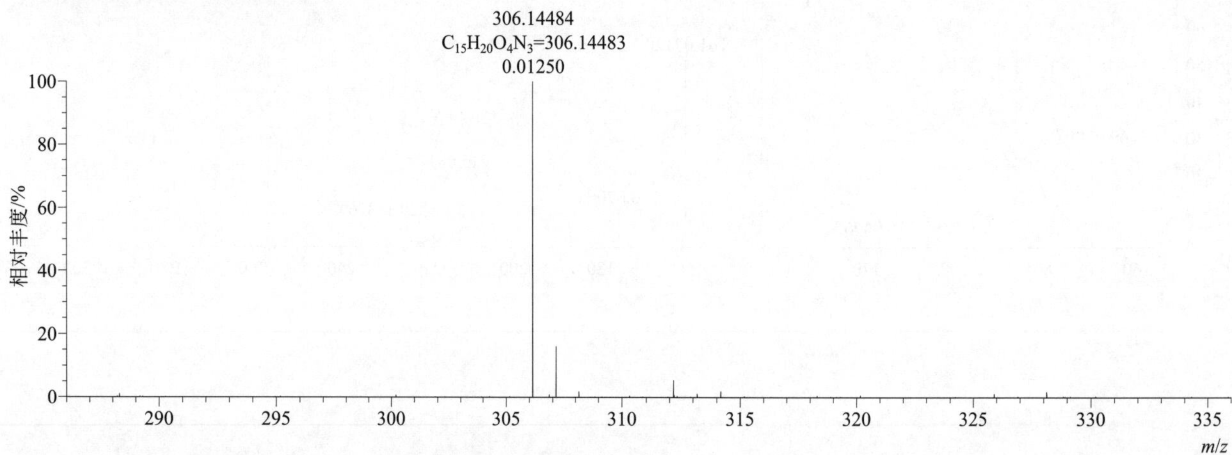

[M+H]+ 归一化法能量 NCE 为 20 时典型的二级质谱图

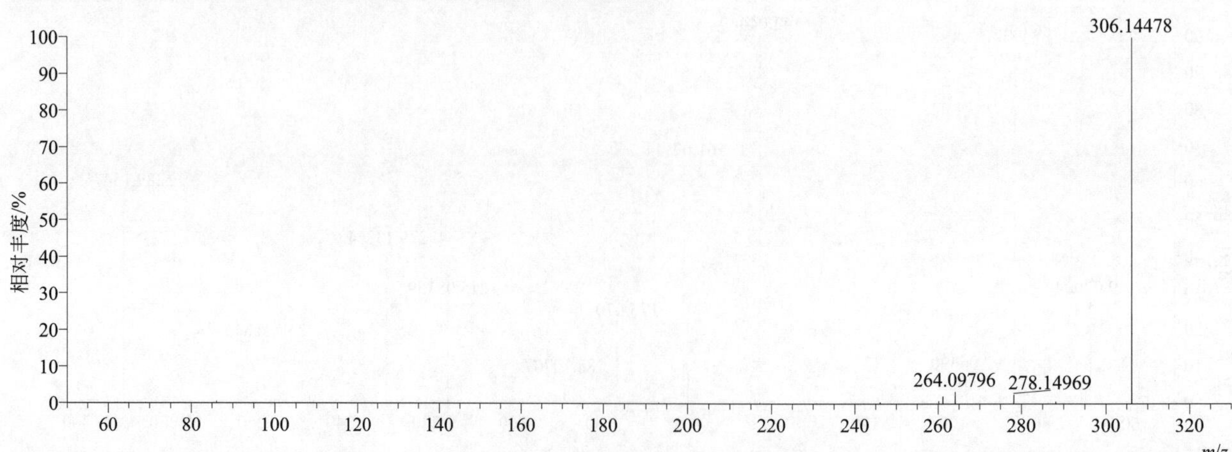

[M+H]+ 归一化法能量 NCE 为 40 时典型的二级质谱图

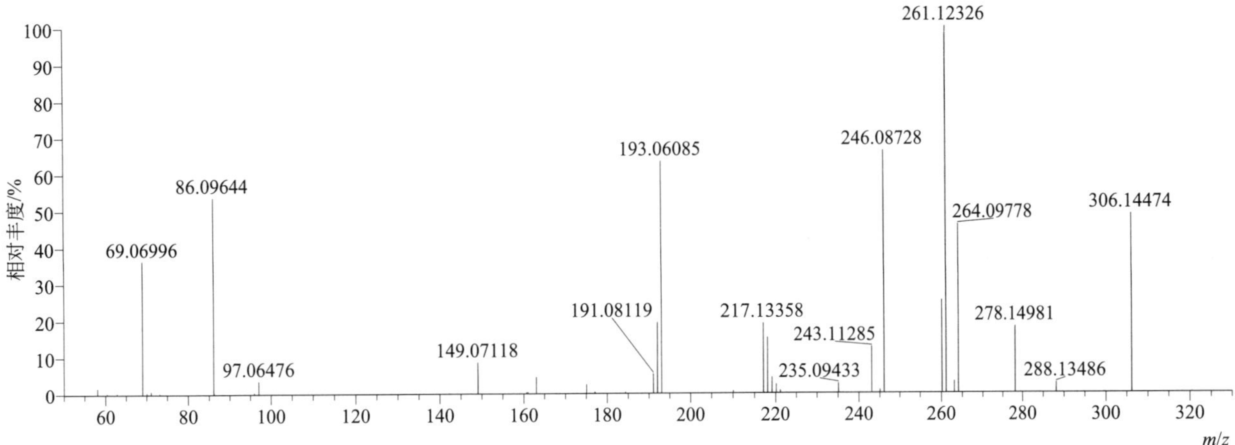

[M+H]+ 归一化法能量 NCE 为 60 时典型的二级质谱图

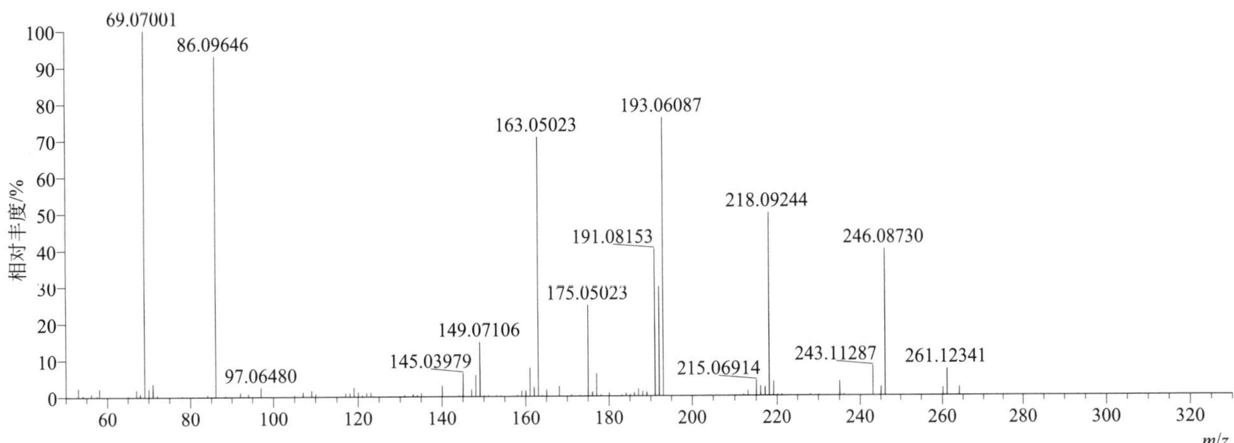

[M+H]+ 阶梯归一化法能量 Step NCE 为 20、40、60 时典型的二级质谱图

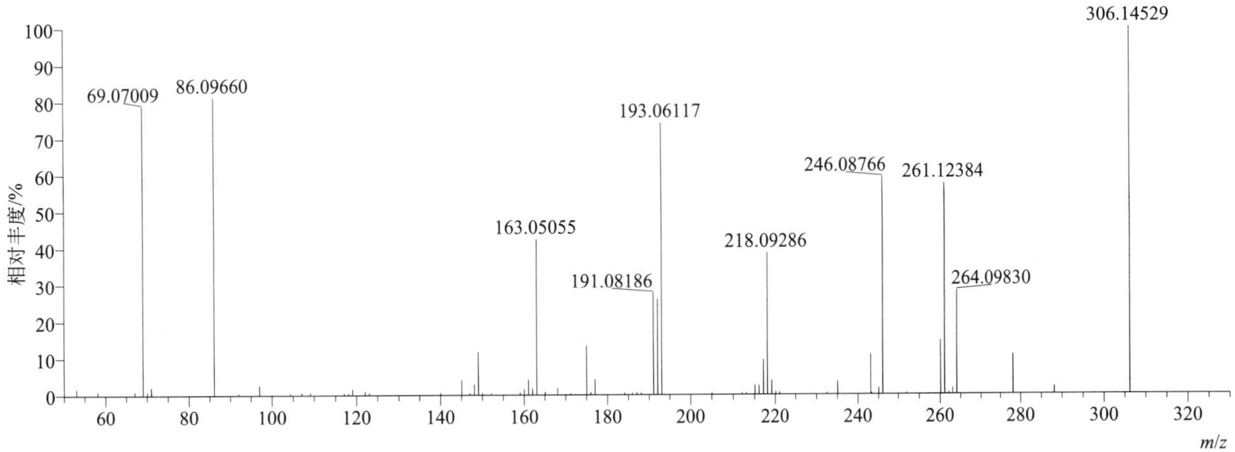

imazapic（甲咪唑烟酸）

基本信息

CAS 登录号	104098-48-8	分子量	275.12699	离子源和极性	电喷雾离子源（ESI）
分子式	$C_{14}H_{17}N_3O_3$	保留时间	12.15min	极性	正模式

[M+H]⁺ 提取离子流色谱图

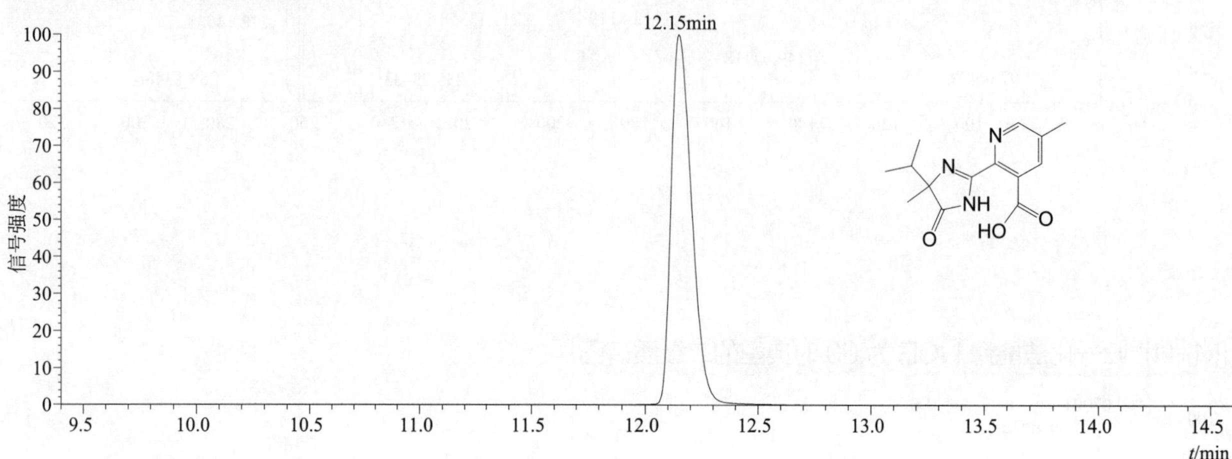

[M+H]⁺ 典型的一级质谱图

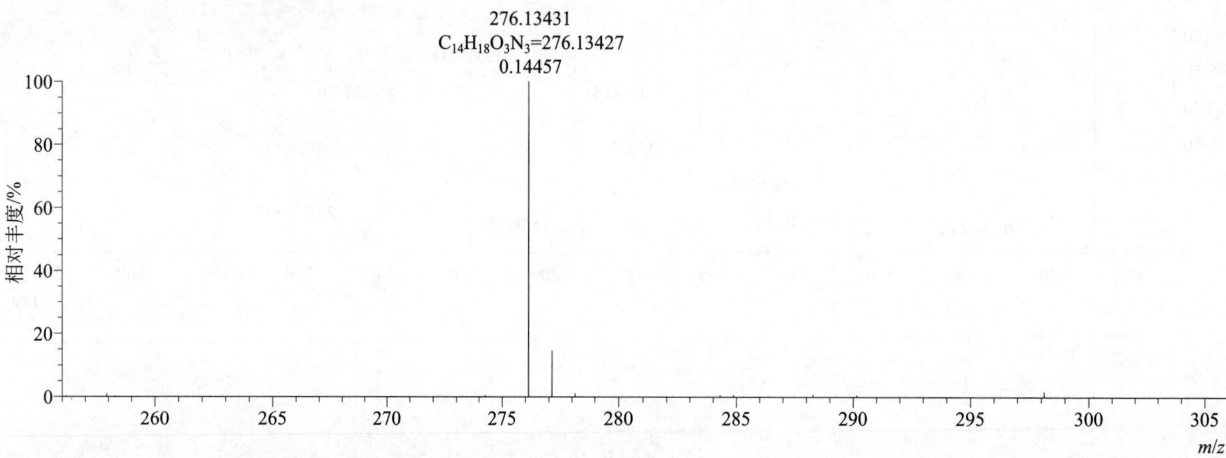

[M+H]⁺ 归一化法能量 NCE 为 20 时典型的二级质谱图

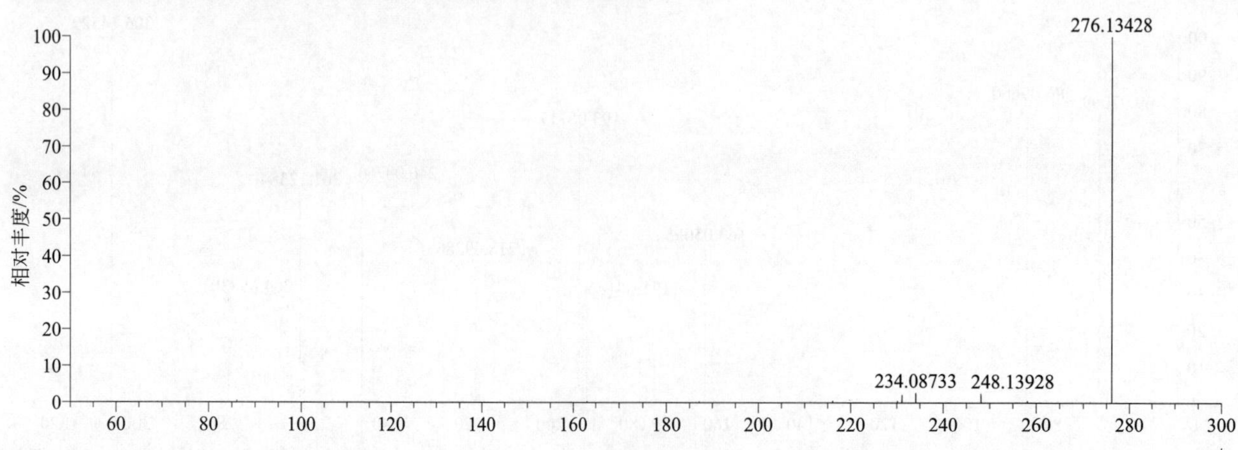

[M+H]$^{+}$ 归一化法能量 NCE 为 40 时典型的二级质谱图

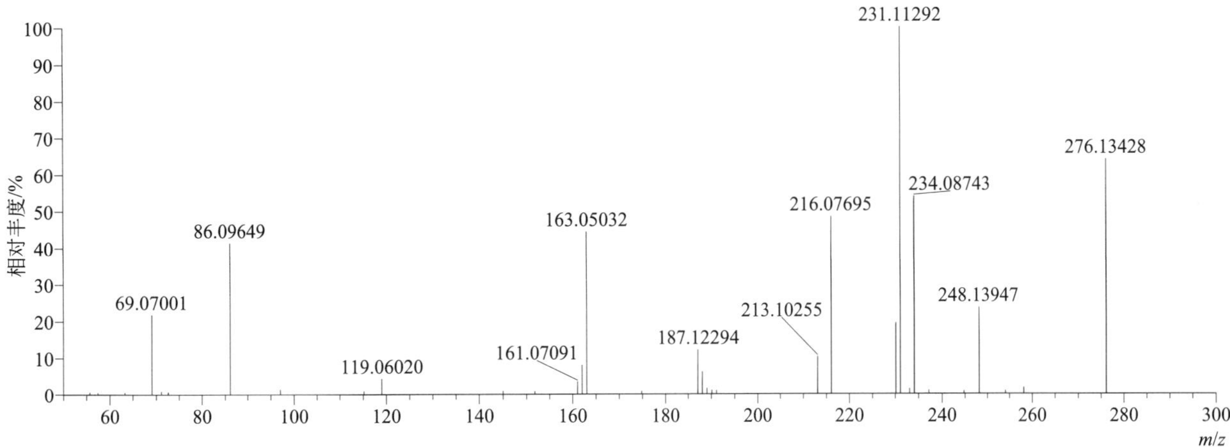

[M+H]$^{+}$ 归一化法能量 NCE 为 60 时典型的二级质谱图

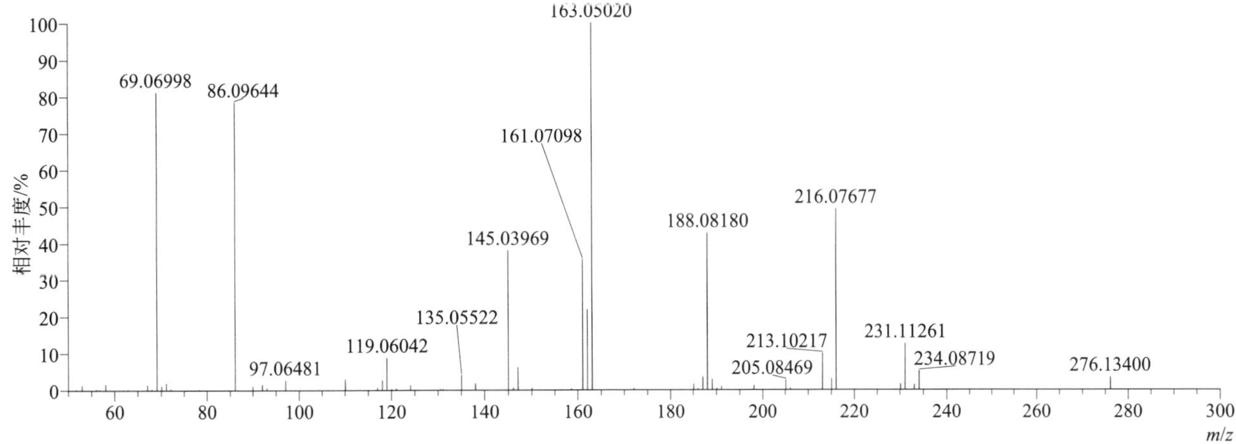

[M+H]$^{+}$ 阶梯归一化法能量 Step NCE 为 20、40、60 时典型的二级质谱图

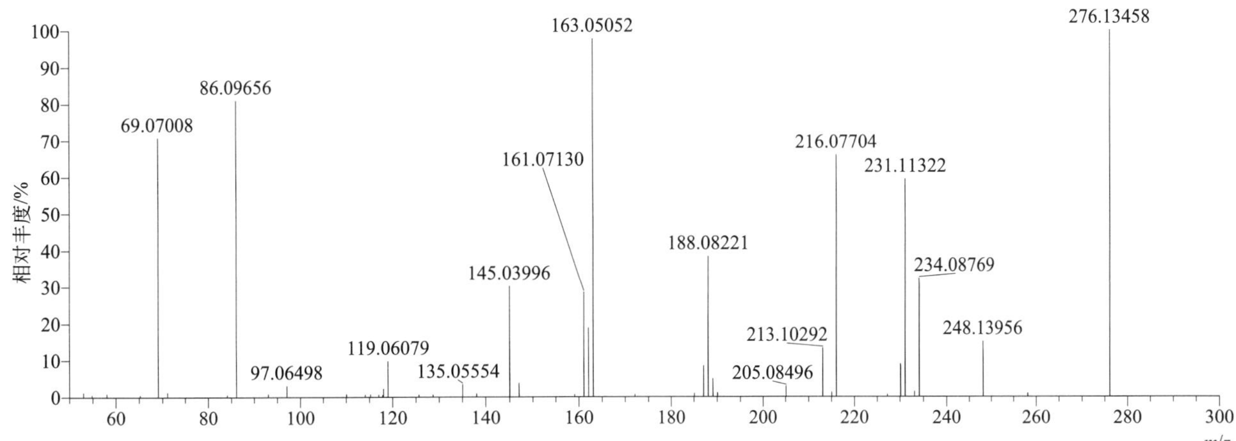

imazapyr（咪唑烟酸）

基本信息

CAS 登录号	81334-34-1	分子量	261.11134	离子源和极性	电喷雾离子源（ESI）
分子式	$C_{13}H_{15}N_3O_3$	保留时间	11.29min	极性	正模式

$[M+H]^+$ 提取离子流色谱图

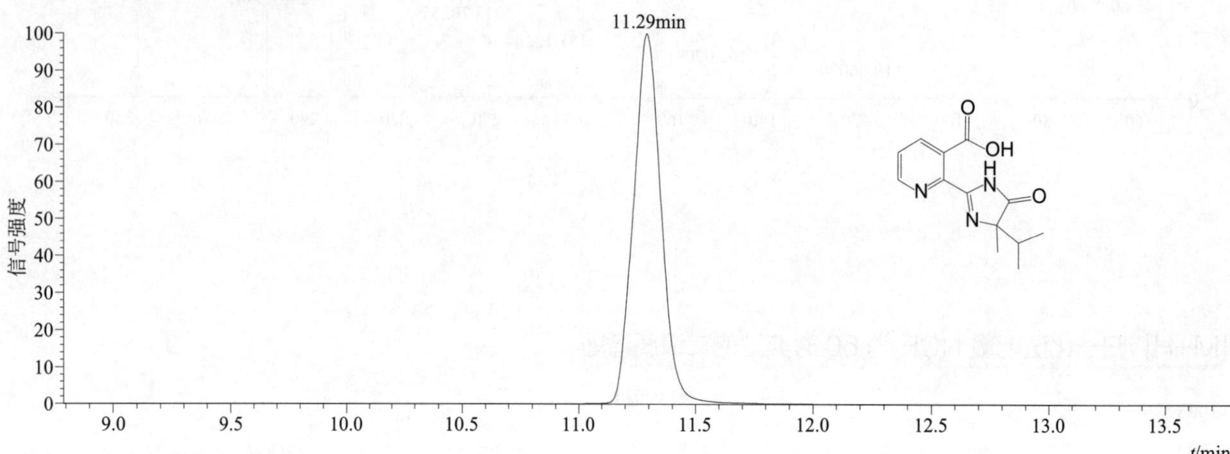

$[M+H]^+$ 典型的一级质谱图

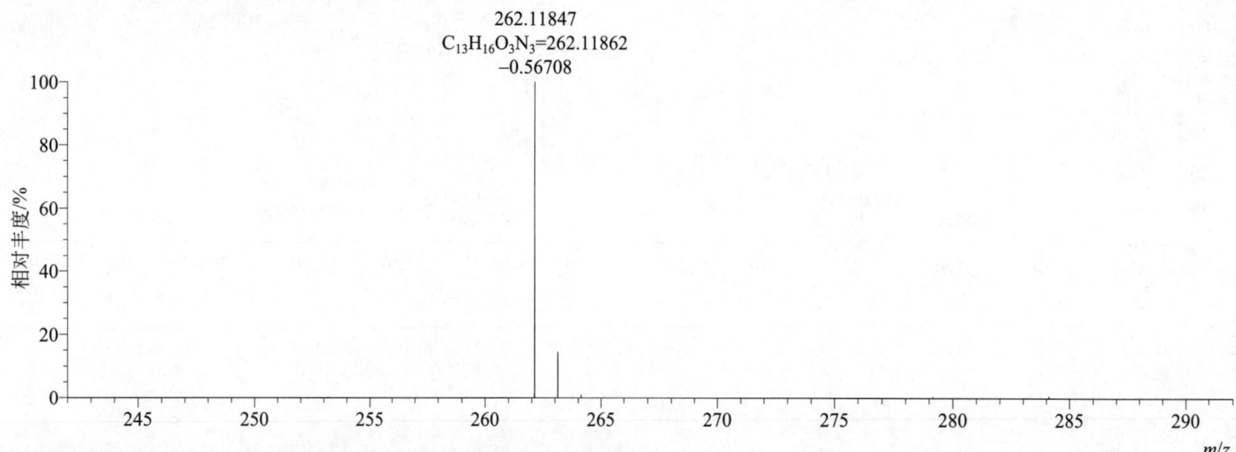

$[M+H]^+$ 归一化法能量 NCE 为 20 时典型的二级质谱图

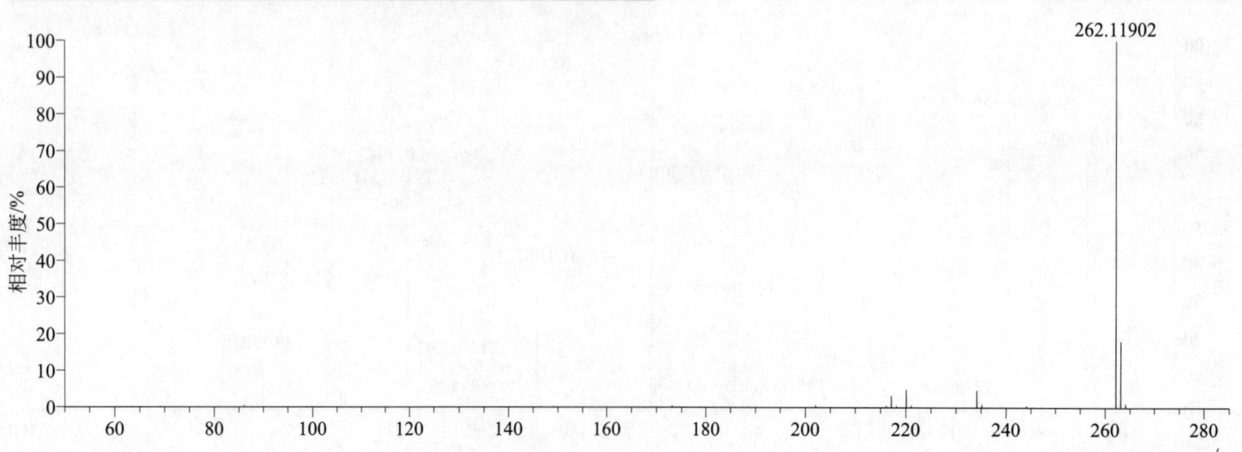

$[M+H]^+$ 归一化法能量 NCE 为 40 时典型的二级质谱图

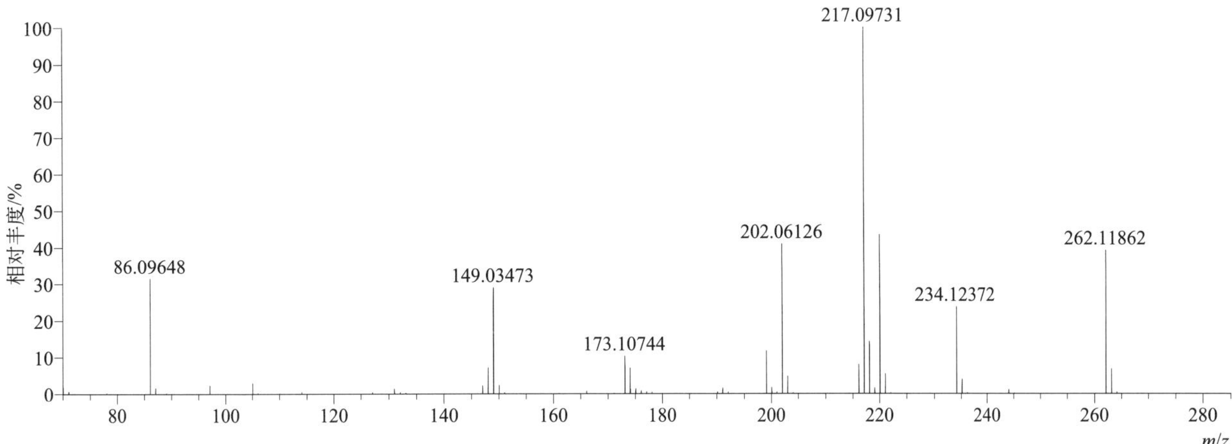

$[M+H]^+$ 归一化法能量 NCE 为 60 时典型的二级质谱图

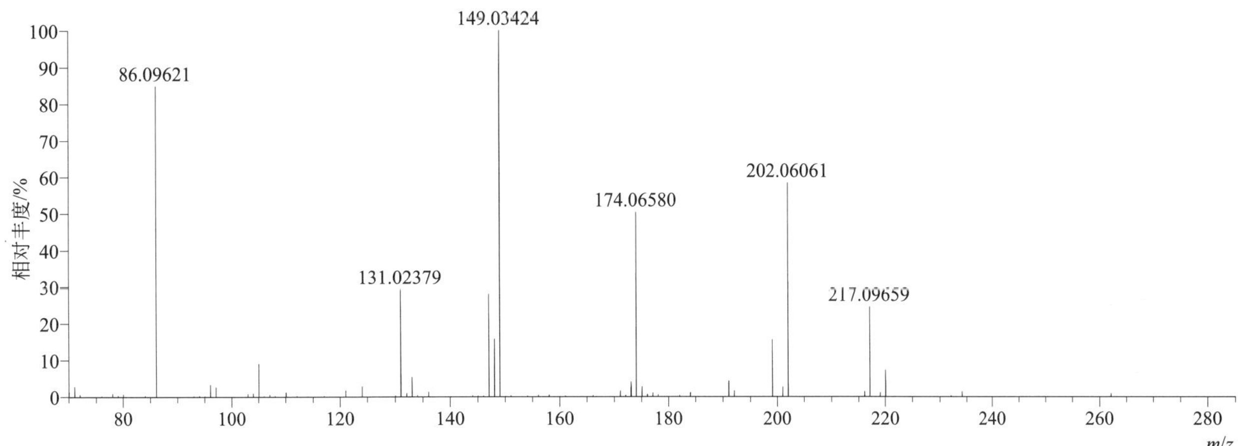

$[M+H]^+$ 阶梯归一化法能量 Step NCE 为 20、40、60 时典型的二级质谱图

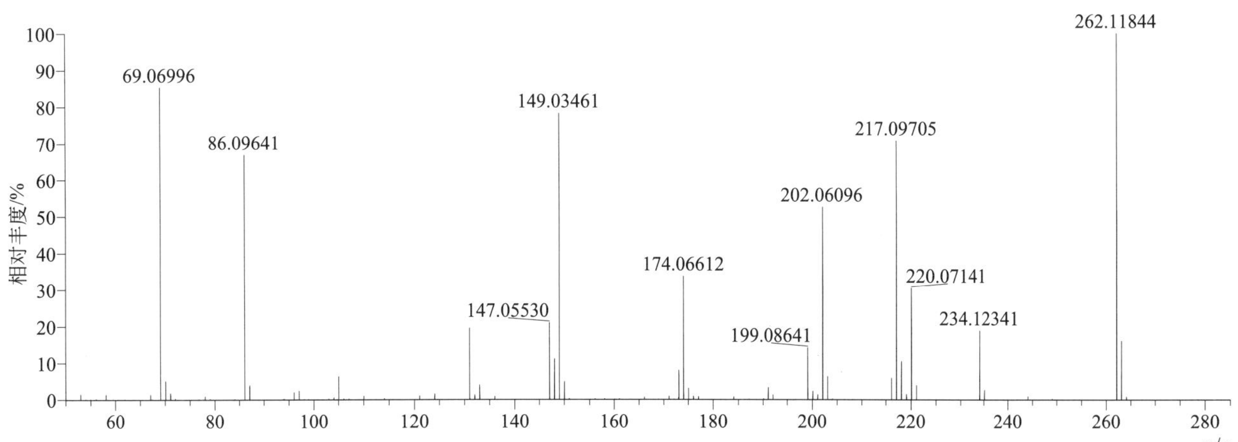

imazaquin（咪唑喹啉酸）

基本信息

CAS 登录号	81335-37-7	分子量	311.12699	离子源和极性	电喷雾离子源（ESI）
分子式	$C_{17}H_{17}N_3O_3$	保留时间	13.08min	极性	正模式

[M+H]$^+$ 提取离子流色谱图

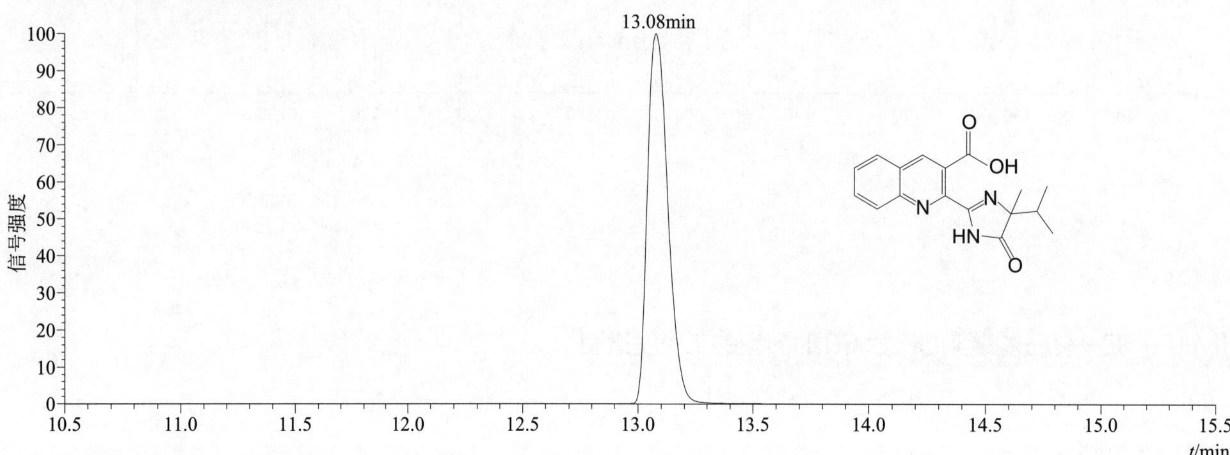

[M+H]$^+$ 典型的一级质谱图

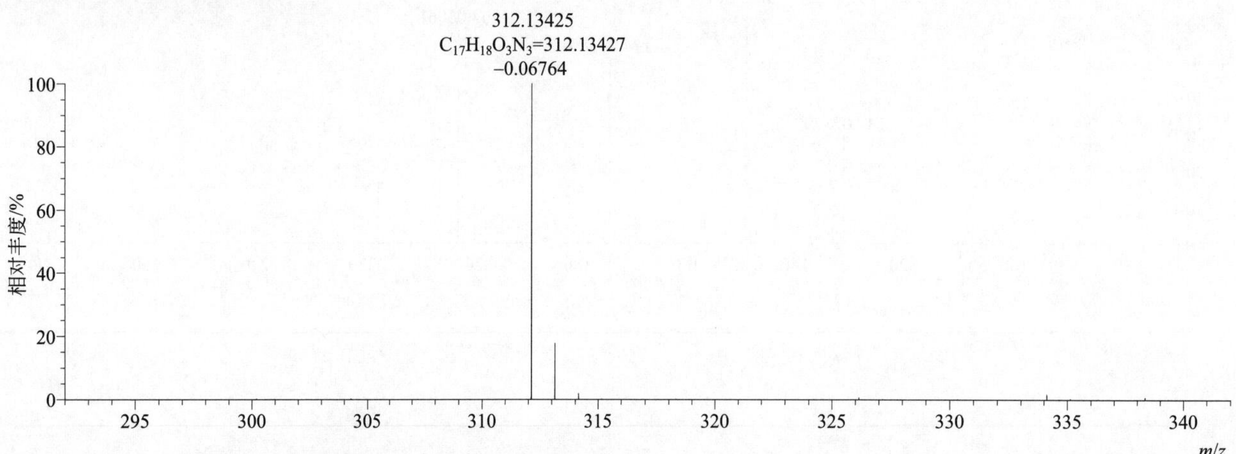

[M+H]$^+$ 归一化法能量 NCE 为 20 时典型的二级质谱图

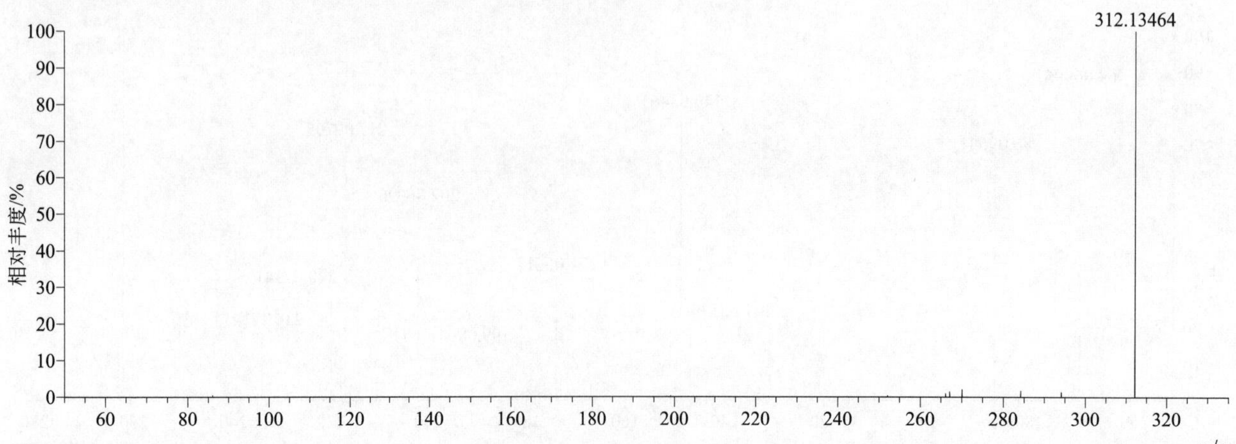

[M+H]$^+$ 归一化法能量 NCE 为 40 时典型的二级质谱图

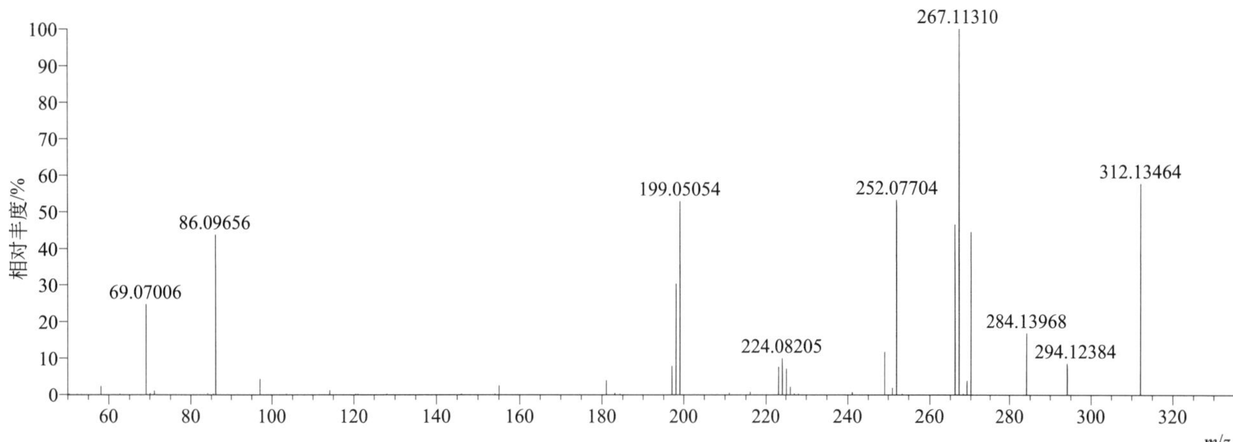

[M+H]$^+$ 归一化法能量 NCE 为 60 时典型的二级质谱图

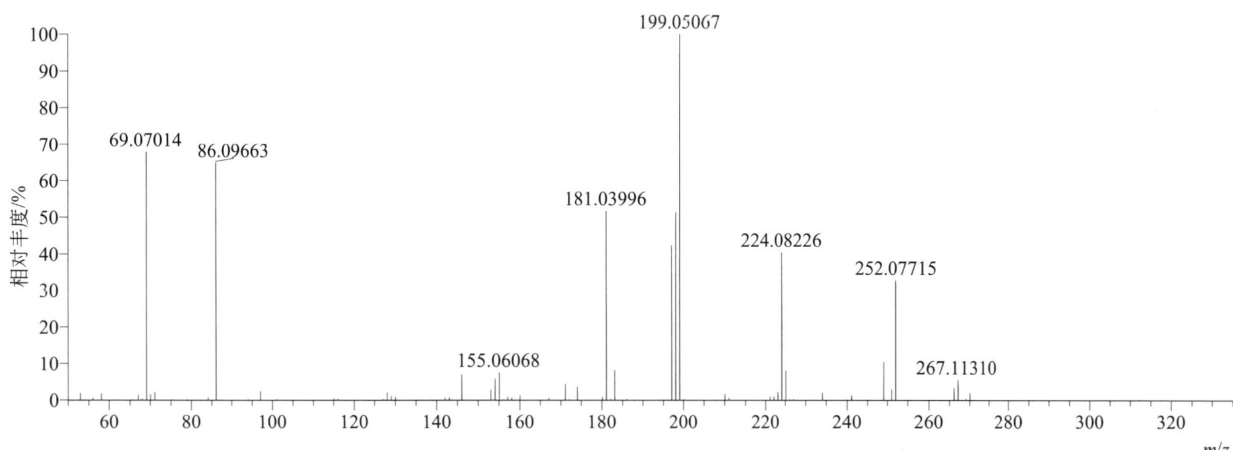

[M+H]$^+$ 阶梯归一化法能量 Step NCE 为 20、40、60 时典型的二级质谱图

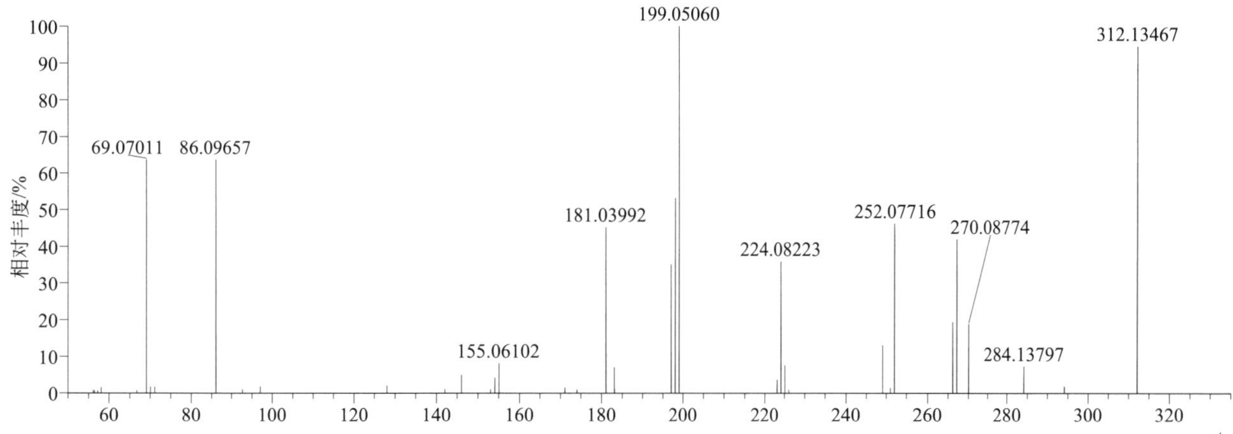

imazethapyr（咪唑乙烟酸）

基本信息

CAS 登录号	81335-77-5	分子量	289.14264	离子源和极性	电喷雾离子源（ESI）
分子式	$C_{15}H_{19}N_3O_3$	保留时间	12.71min	极性	正模式

$[M+NH_4]^+$ 提取离子流色谱图

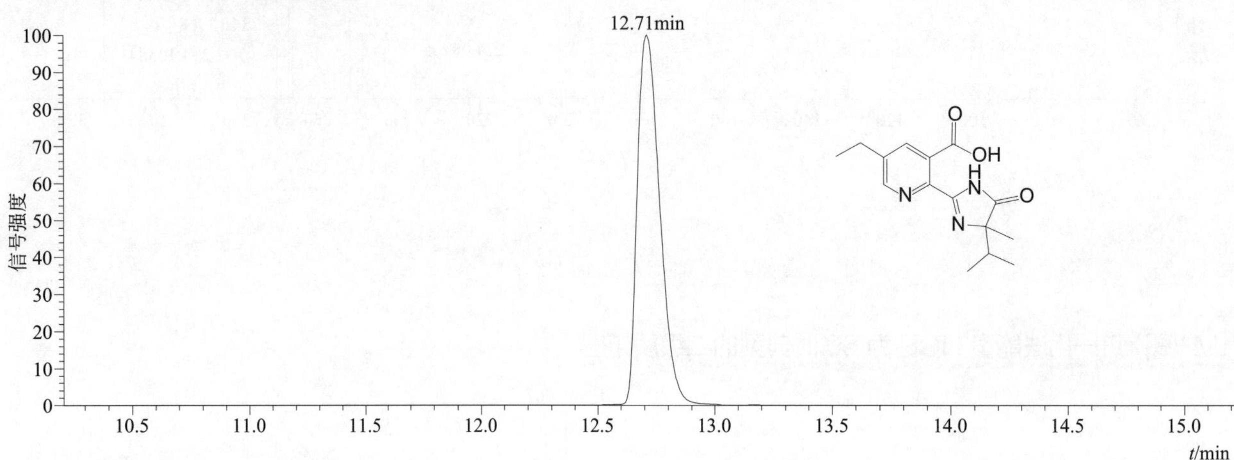

$[M+H]^+$ 典型的一级质谱图

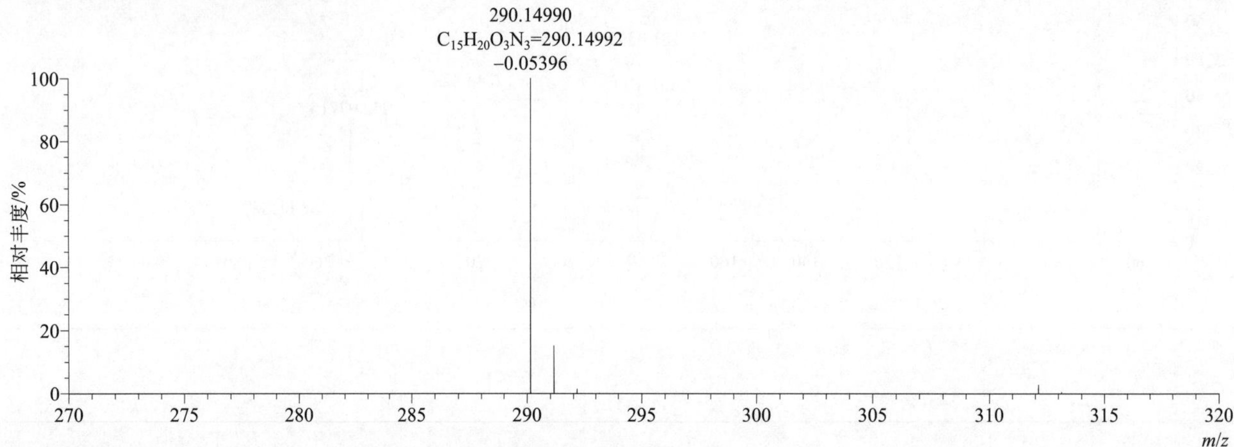

$[M+H]^+$ 归一化法能量 NCE 为 40 时典型的二级质谱图

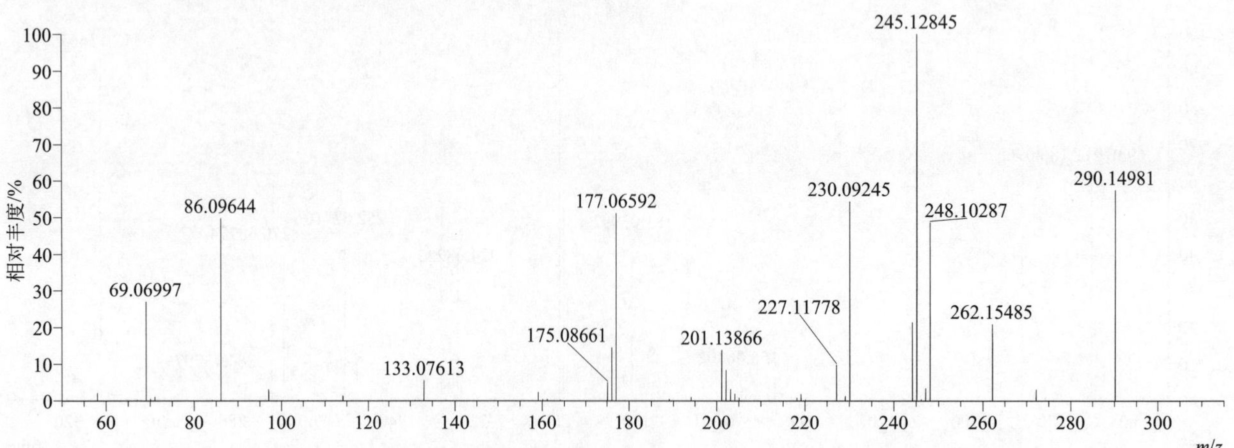

[M+H]+ 归一化法能量 NCE 为 60 时典型的二级质谱图

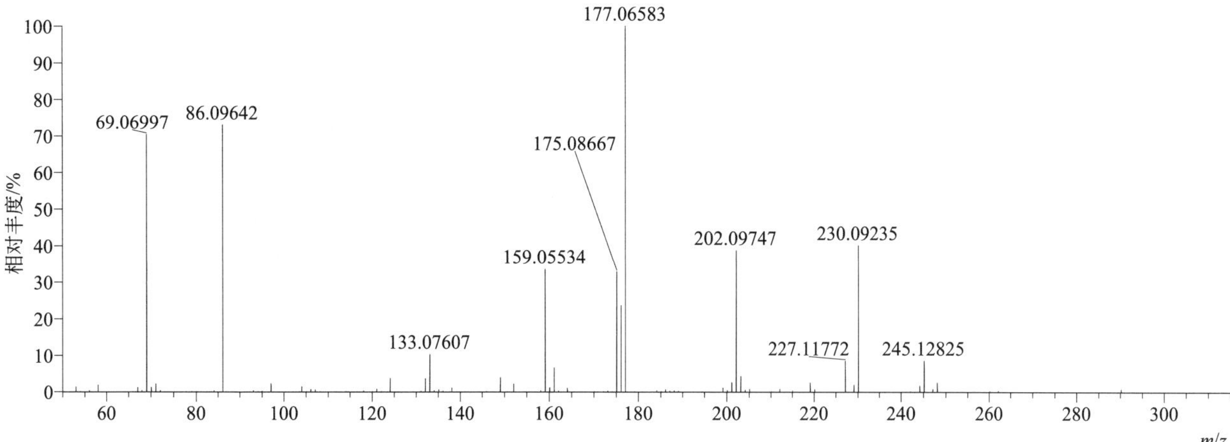

[M+H]+ 归一化法能量 NCE 为 80 时典型的二级质谱图

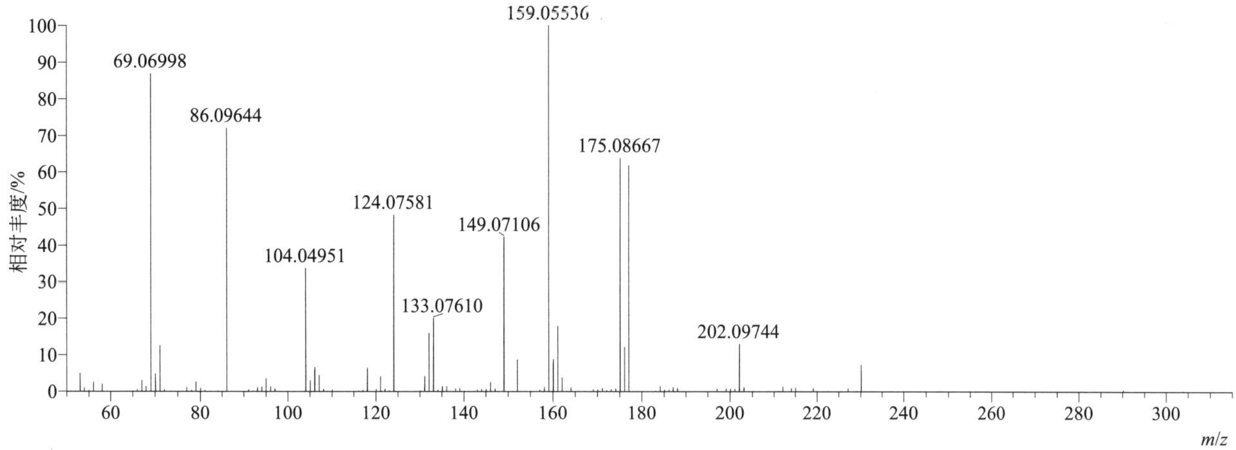

[M+H]+ 阶梯归一化法能量 Step NCE 为 40、60、80 时典型的二级质谱图

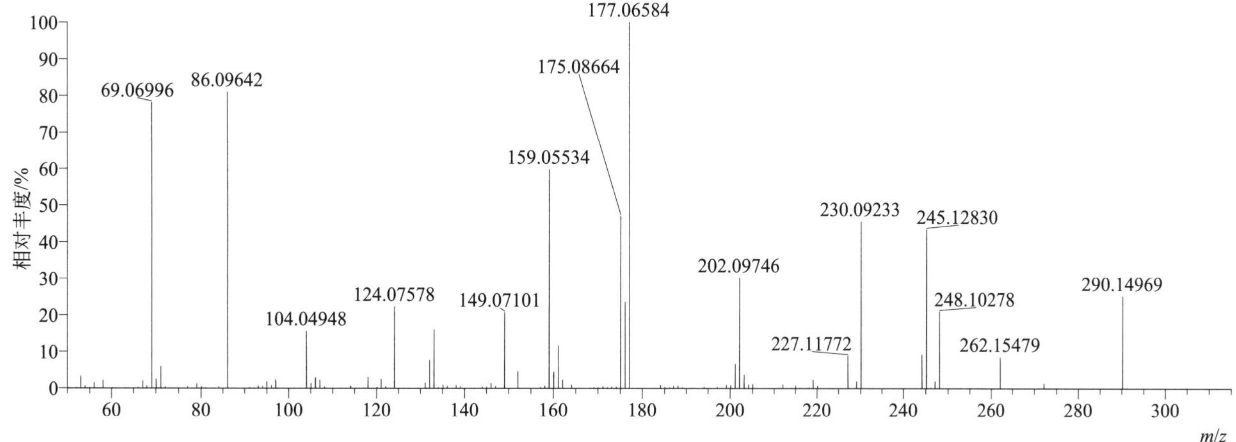

imazosulfuron（唑吡嘧磺隆）

基本信息

CAS 登录号	122548-33-8	分子量	412.03567	离子源和极性	电喷雾离子源（ESI）
分子式	$C_{14}H_{13}ClN_6O_5S$	保留时间	14.49min	极性	正模式

$[M+H]^+$ 提取离子流色谱图

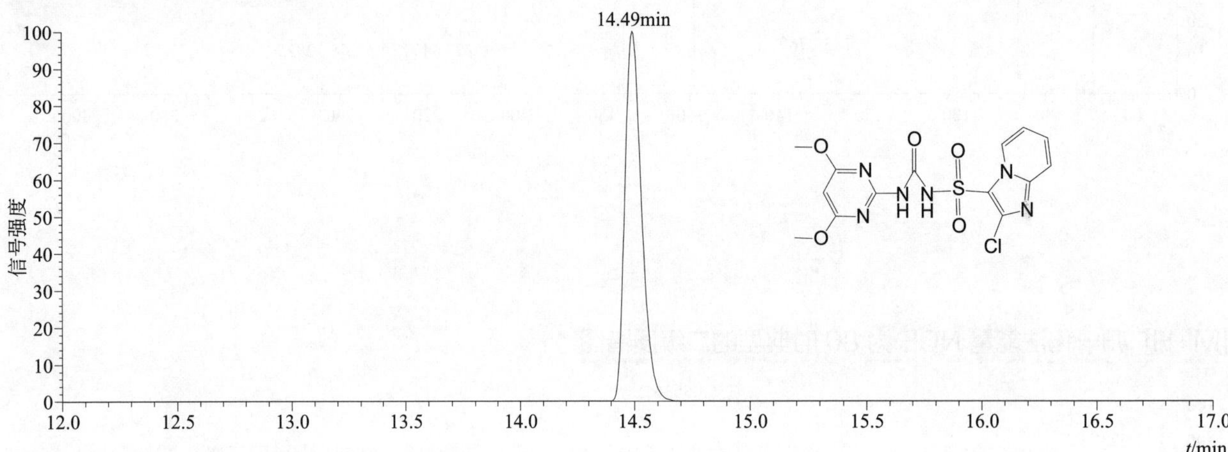

$[M+H]^+$ 典型的一级质谱图

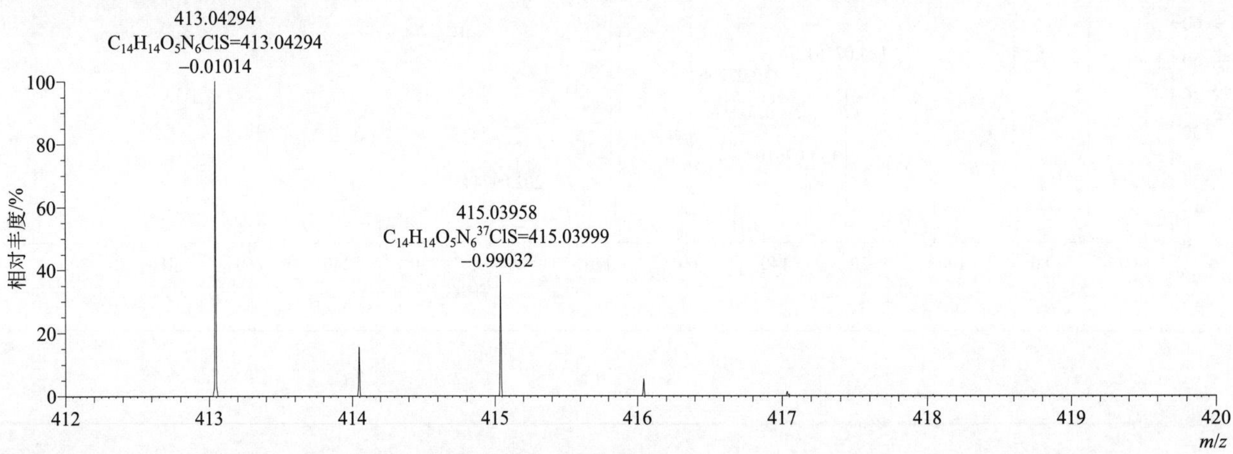

$[M+H]^+$ 归一化法能量 NCE 为 20 时典型的二级质谱图

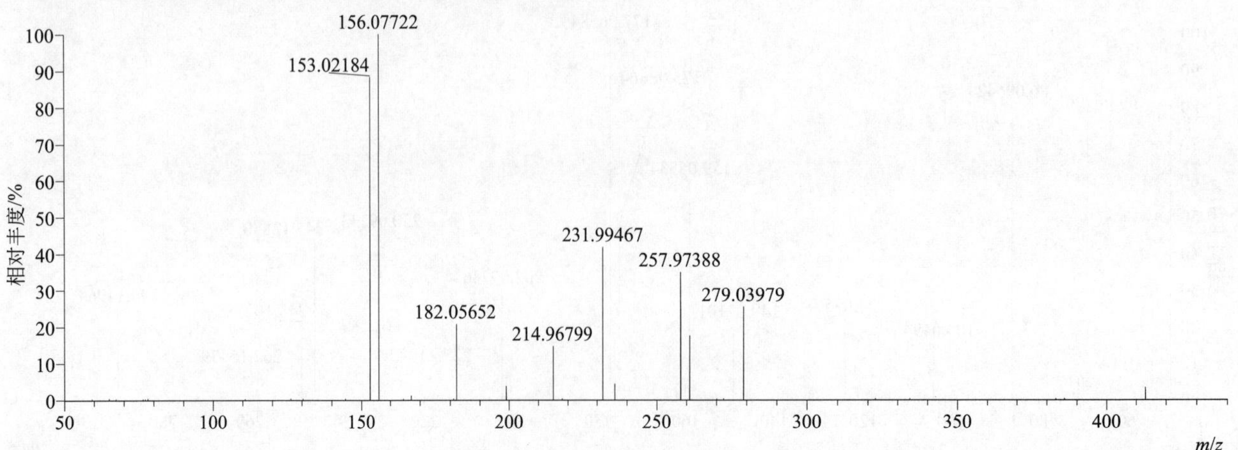

[M+H]+ 归一化法能量 NCE 为 40 时典型的二级质谱图

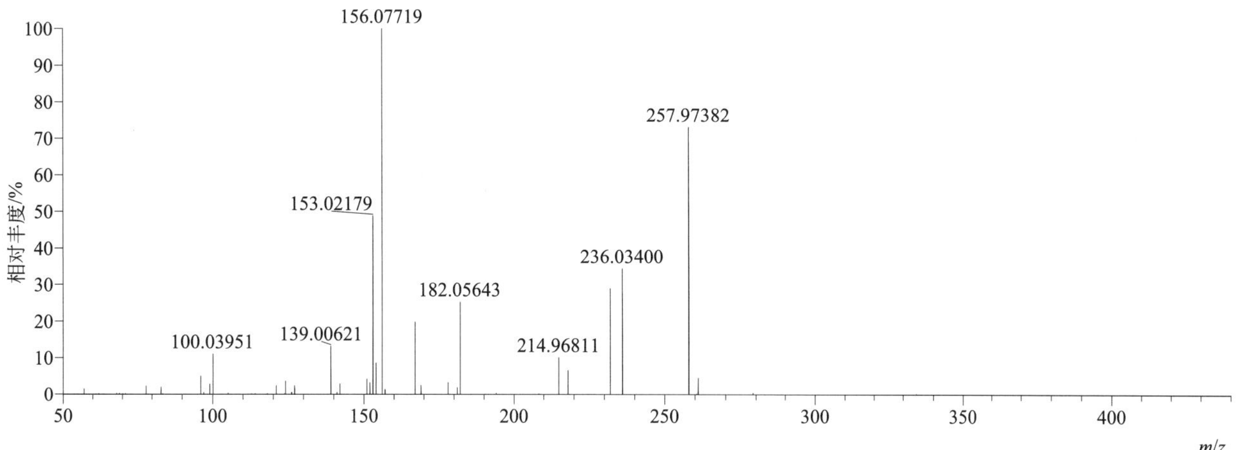

[M+H]+ 归一化法能量 NCE 为 60 时典型的二级质谱图

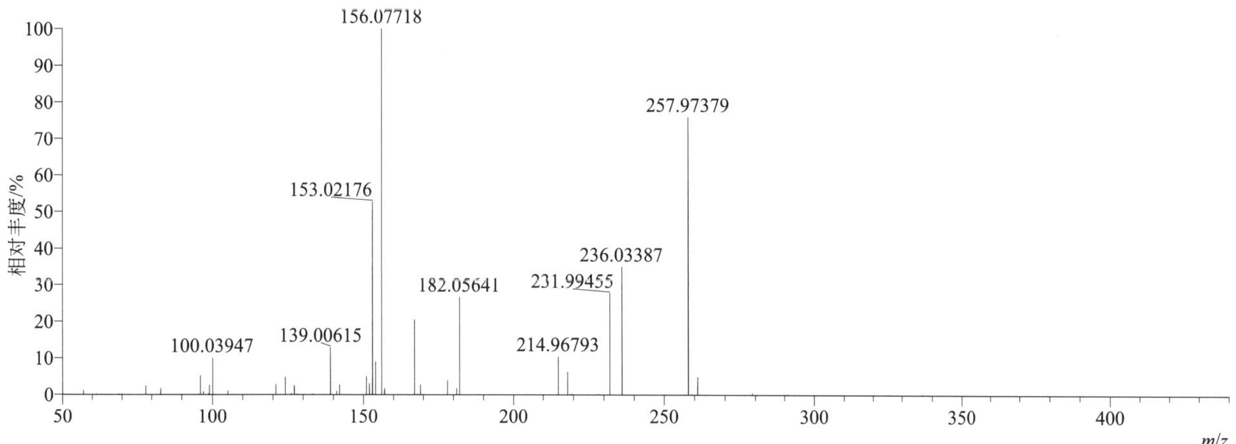

[M+H]+ 阶梯归一化法能量 Step NCE 为 20、40、60 时典型的二级质谱图

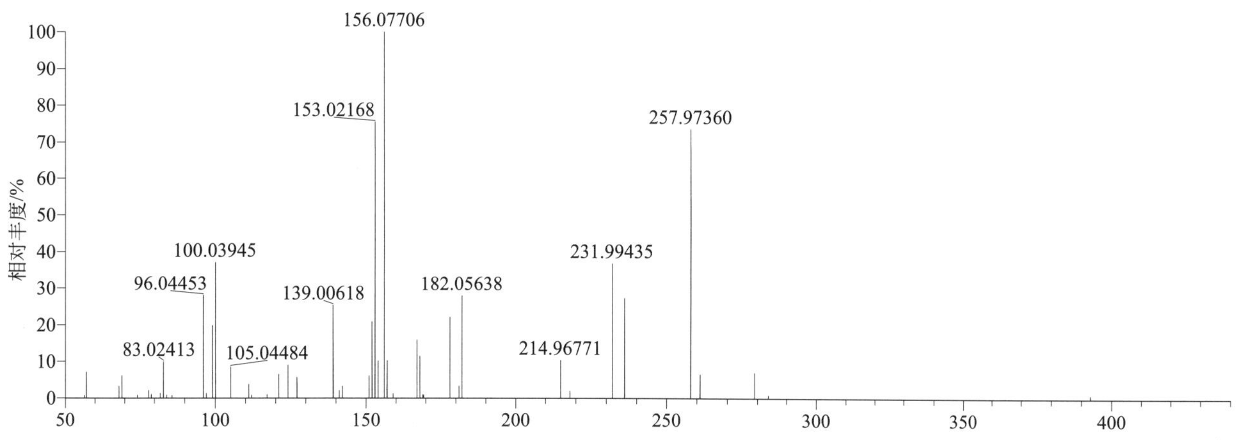

imibenconazole（亚胺唑）

基本信息

CAS 登录号	86598-92-7	分子量	409.99265	离子源和极性	电喷雾离子源（ESI）
分子式	$C_{17}H_{13}Cl_3N_4S$	保留时间	15.83min	极性	正模式

[M+H]⁺ 提取离子流色谱图

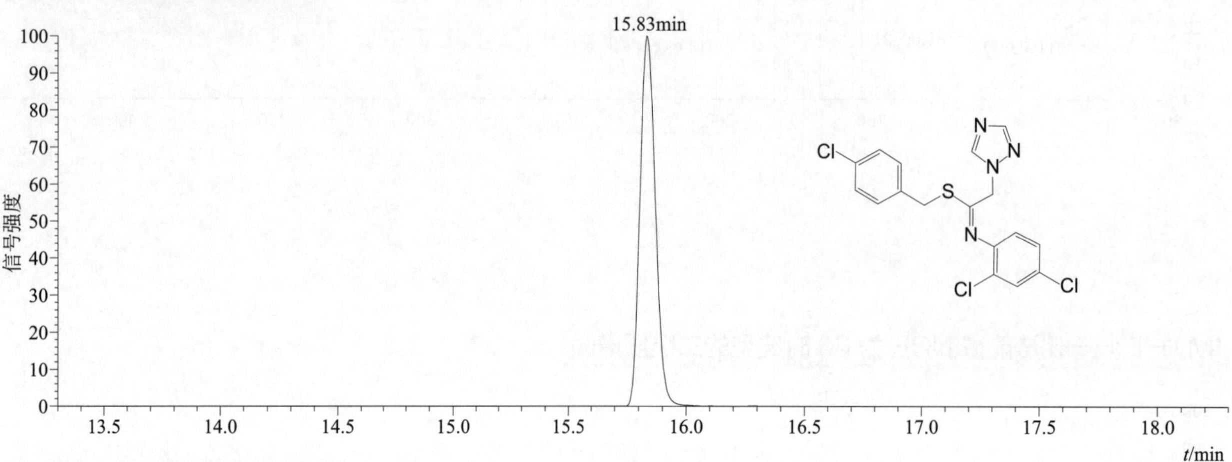

[M+H]⁺ 典型的一级质谱图

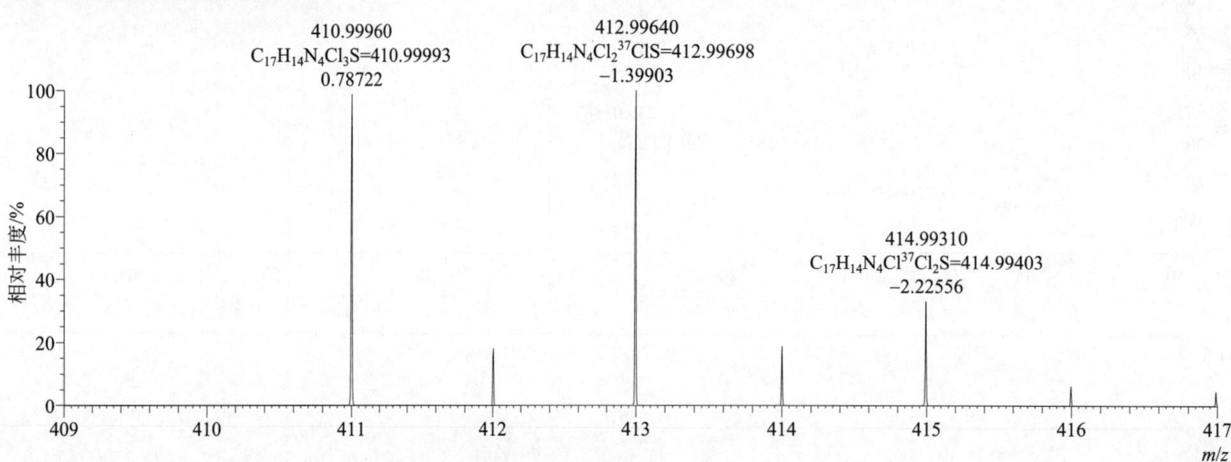

[M+H]⁺ 归一化法能量 NCE 为 20 时典型的二级质谱图

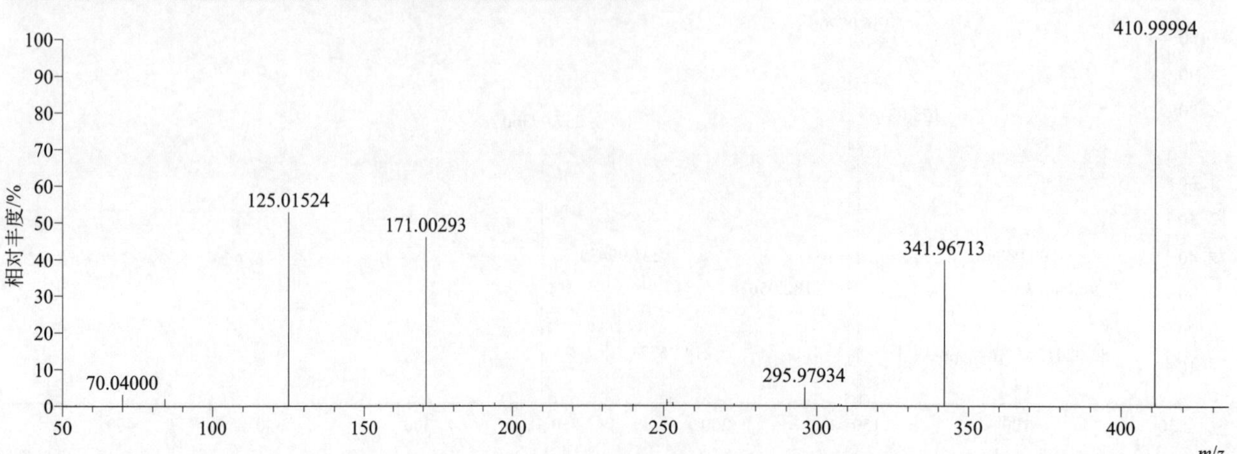

[M+H]⁺ 归一化法能量 NCE 为 40 时典型的二级质谱图

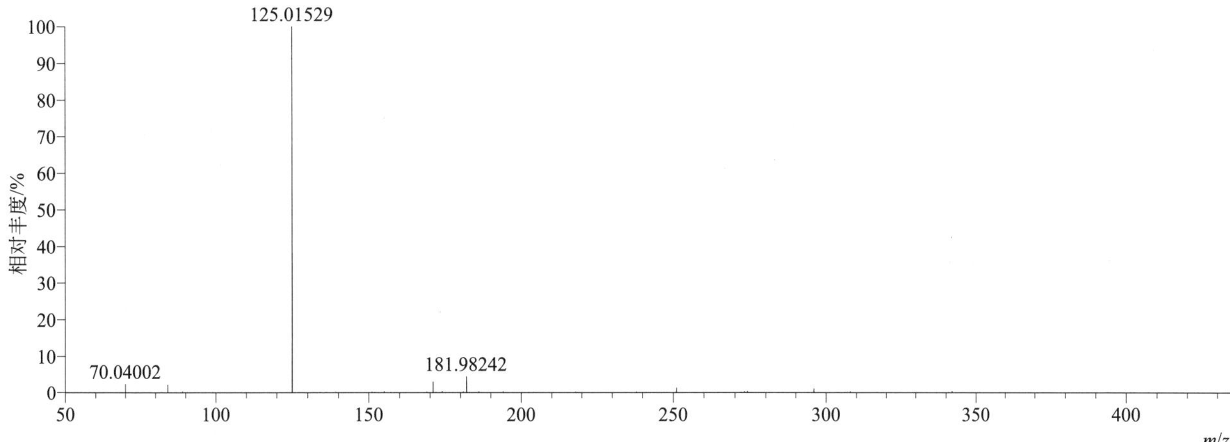

[M+H]⁺ 归一化法能量 NCE 为 60 时典型的二级质谱图

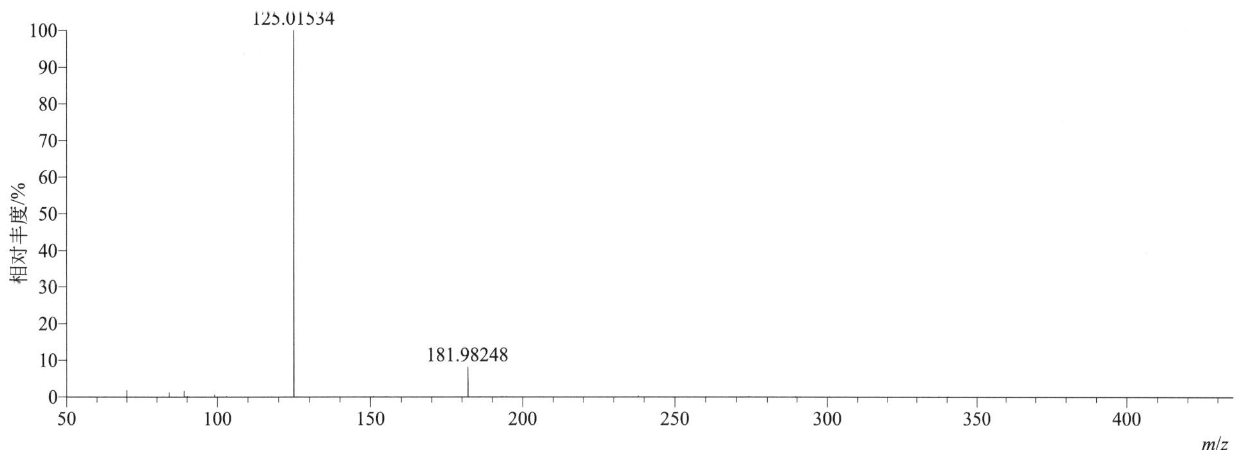

[M+H]⁺ 阶梯归一化法能量 Step NCE 为 20、40、60 时典型的二级质谱图

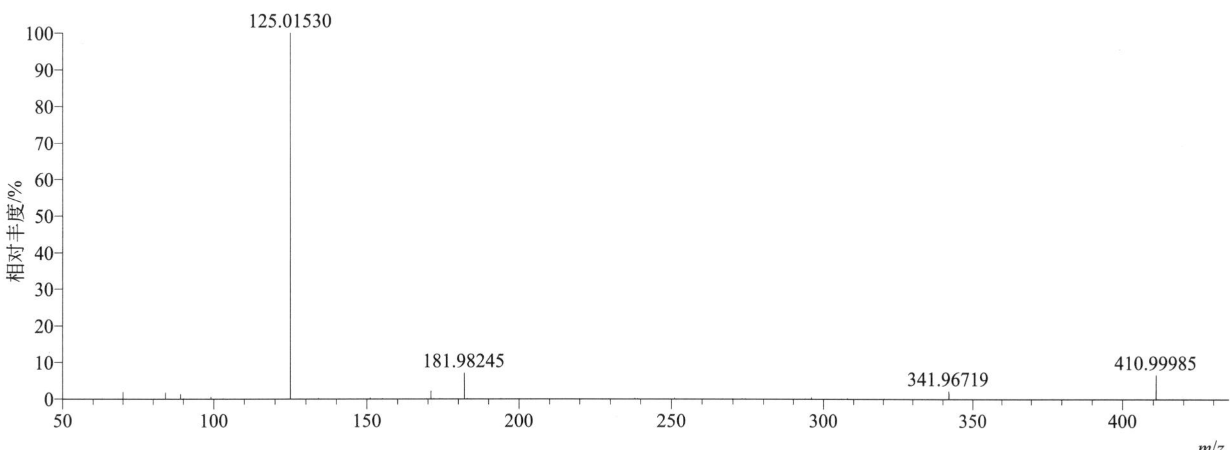

imidacloprid（吡虫啉）

基本信息

CAS 登录号	138261-41-3	分子量	255.05230	离子源和极性	电喷雾离子源（ESI）
分子式	$C_9H_{10}ClN_5O_2$	保留时间	11.54min	极性	正模式

$[M+H]^+$ 提取离子流色谱图

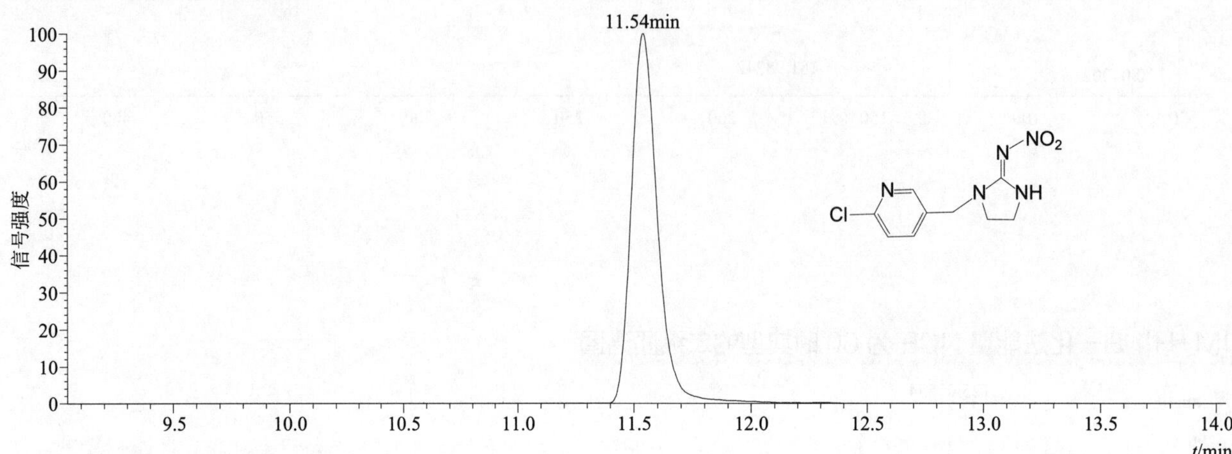

$[M+H]^+$ 典型的一级质谱图

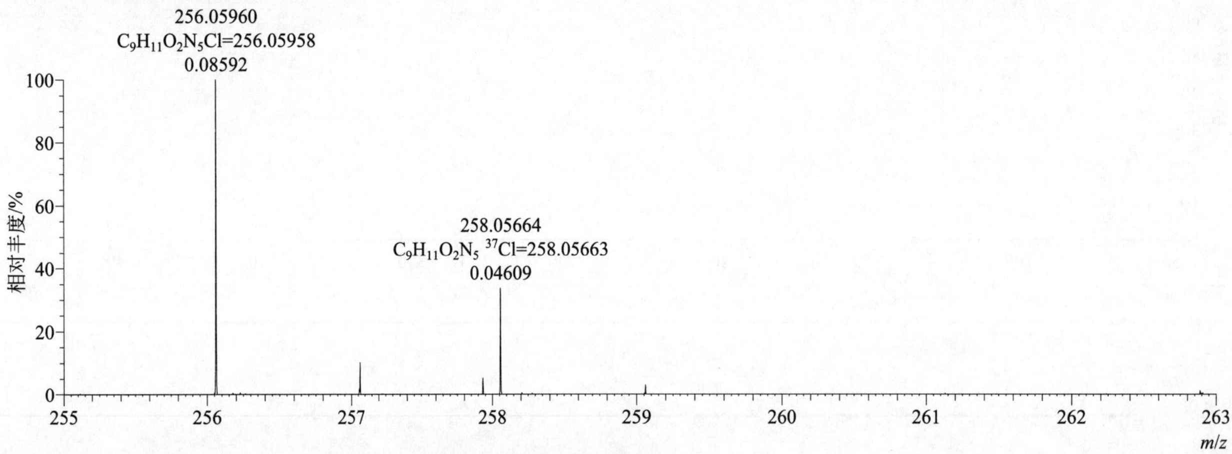

$[M+H]^+$ 归一化法能量 NCE 为 20 时典型的二级质谱图

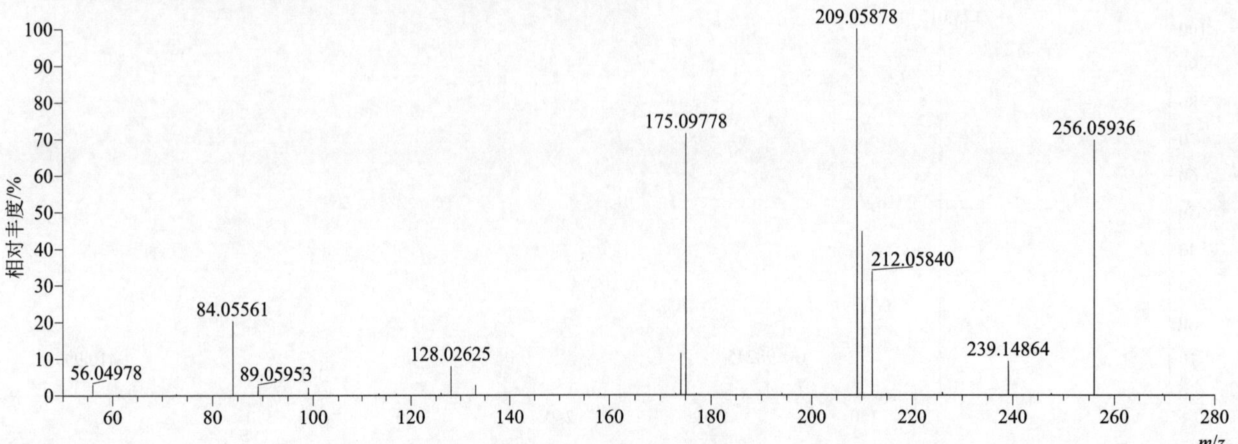

[M+H]$^+$ 归一化法能量 NCE 为 40 时典型的二级质谱图

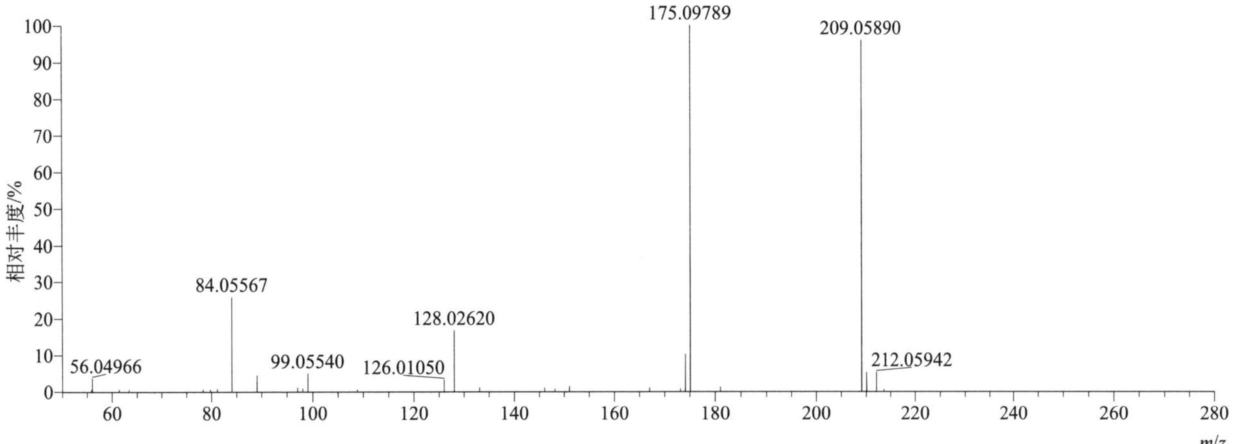

[M+H]$^+$ 归一化法能量 NCE 为 60 时典型的二级质谱图

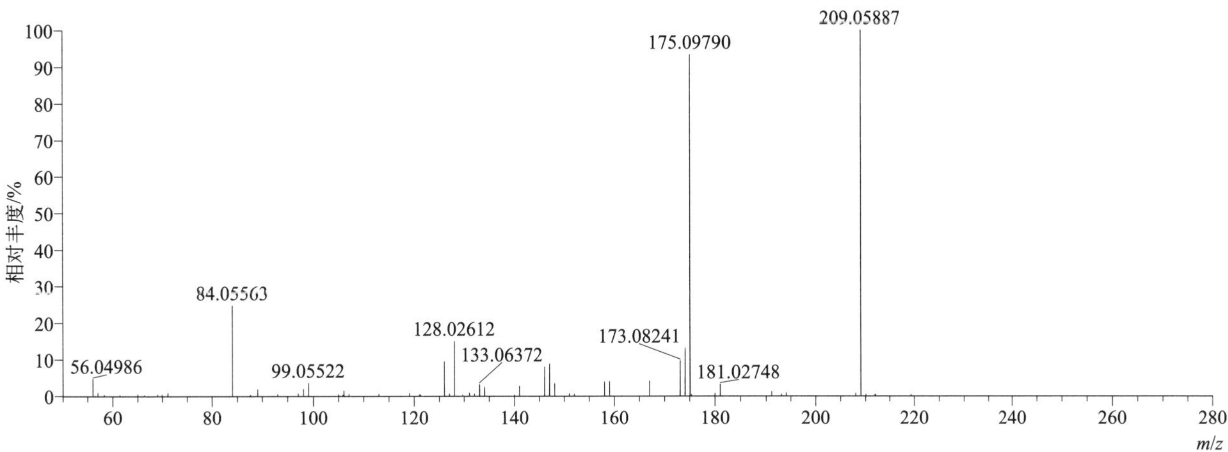

[M+H]$^+$ 阶梯归一化法能量 Step NCE 为 20、40、60 时典型的二级质谱图

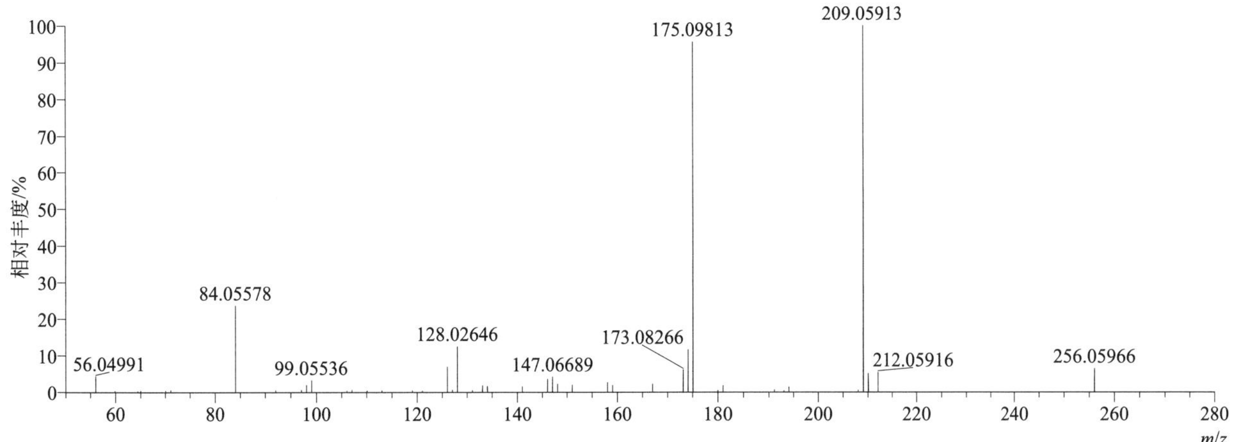

imidacloprid-urea（吡虫啉脲）

基本信息

CAS 登录号	120868-66-8	分子量	211.05124	离子源和极性	电喷雾离子源（ESI）
分子式	$C_9H_{10}ClN_3O$	保留时间	11.50min	极性	正模式

$[M+H]^+$ 提取离子流色谱图

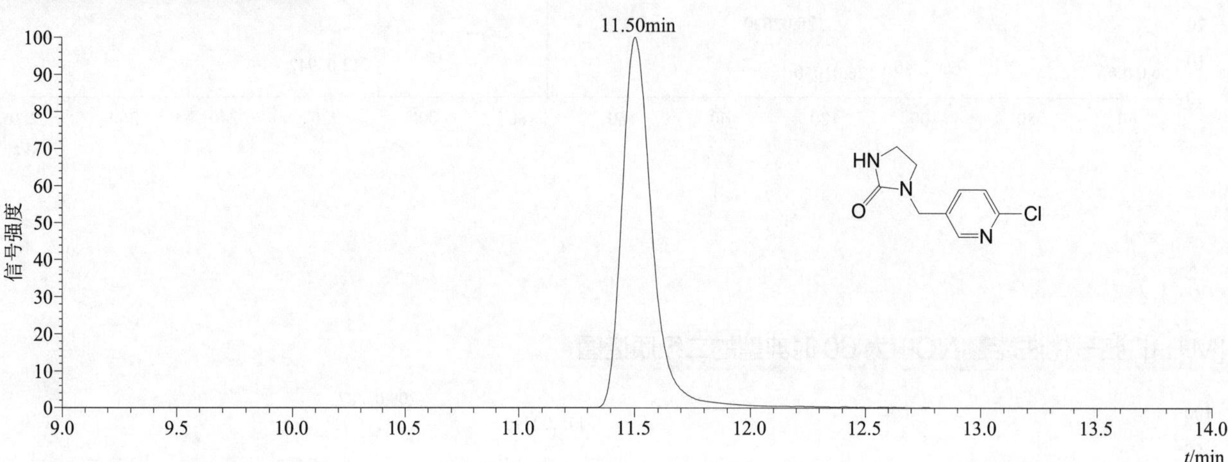

$[M+H]^+$ 典型的一级质谱图

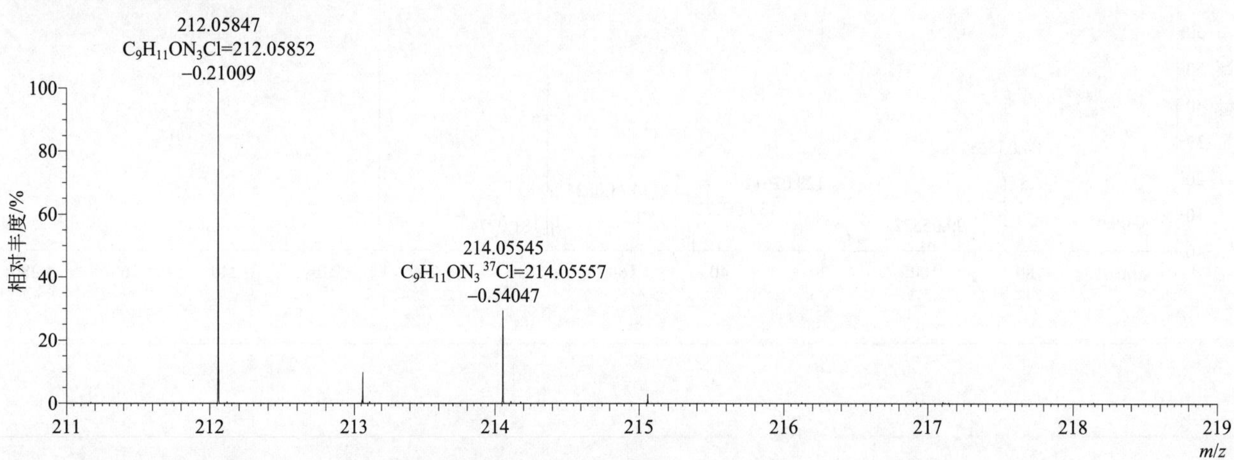

$[M+H]^+$ 归一化法能量 NCE 为 20 时典型的二级质谱图

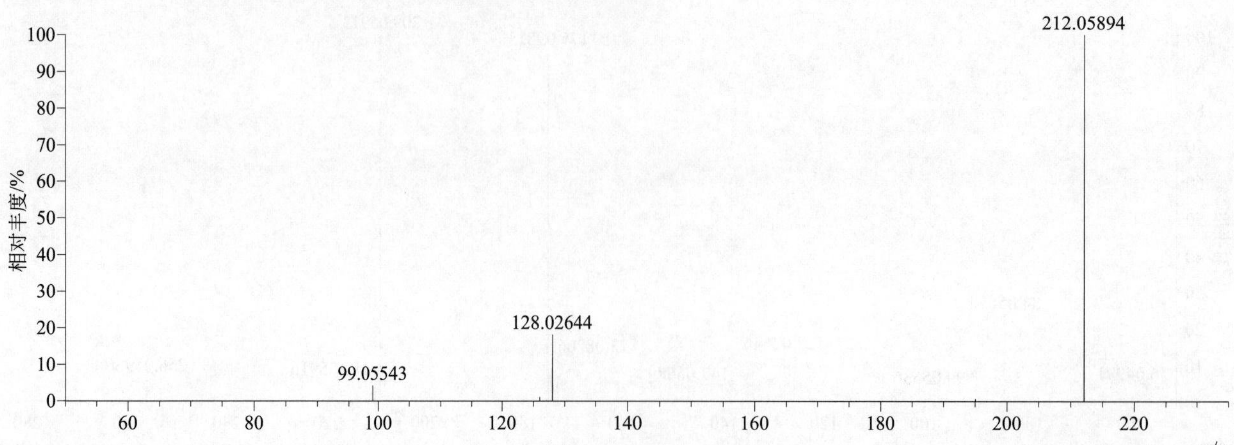

[M+H]$^+$ 归一化法能量 NCE 为 40 时典型的二级质谱图

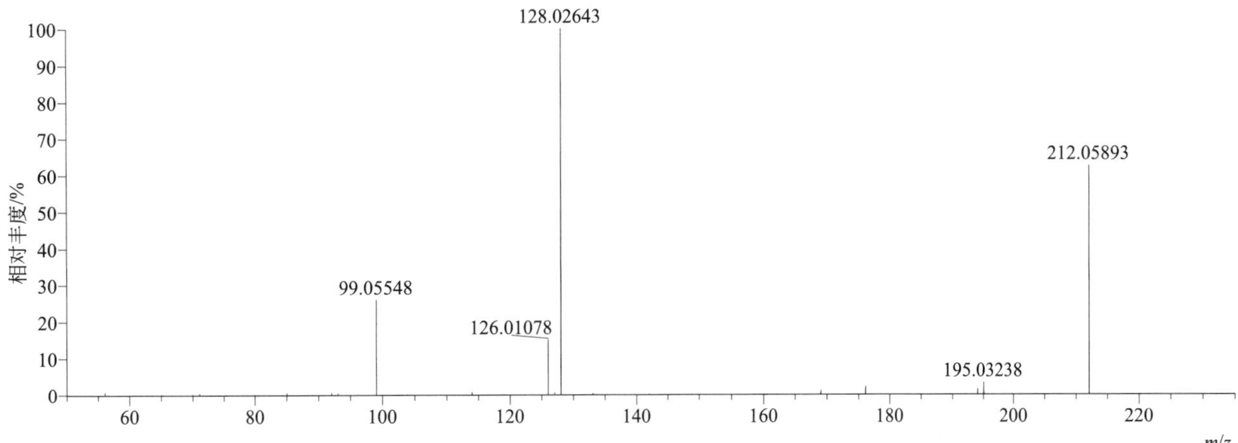

[M+H]$^+$ 归一化法能量 NCE 为 60 时典型的二级质谱图

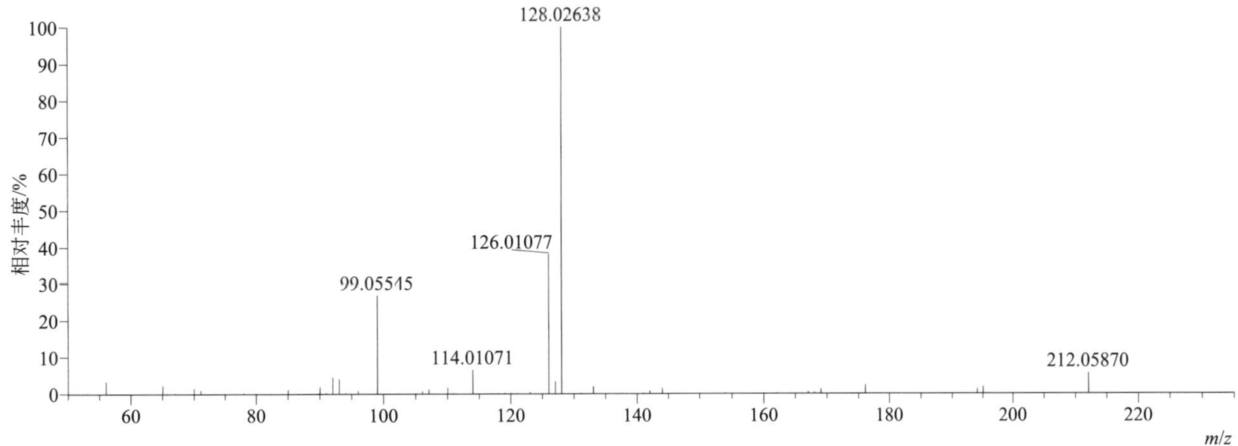

[M+H]$^+$ 阶梯归一化法能量 Step NCE 为 20、40、60 时典型的二级质谱图

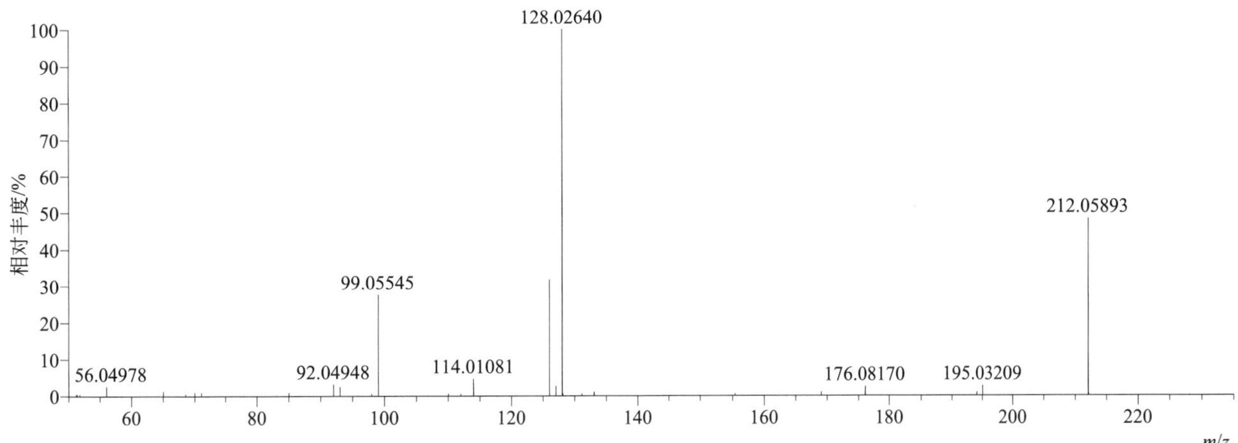

inabenfide（抗倒胺）

基本信息

CAS 登录号	82211-24-3	分子量	338.08221	离子源和极性	电喷雾离子源（ESI）
分子式	$C_{19}H_{15}ClN_2O_2$	保留时间	14.29min	极性	正模式

$[M+H]^+$ 提取离子流色谱图

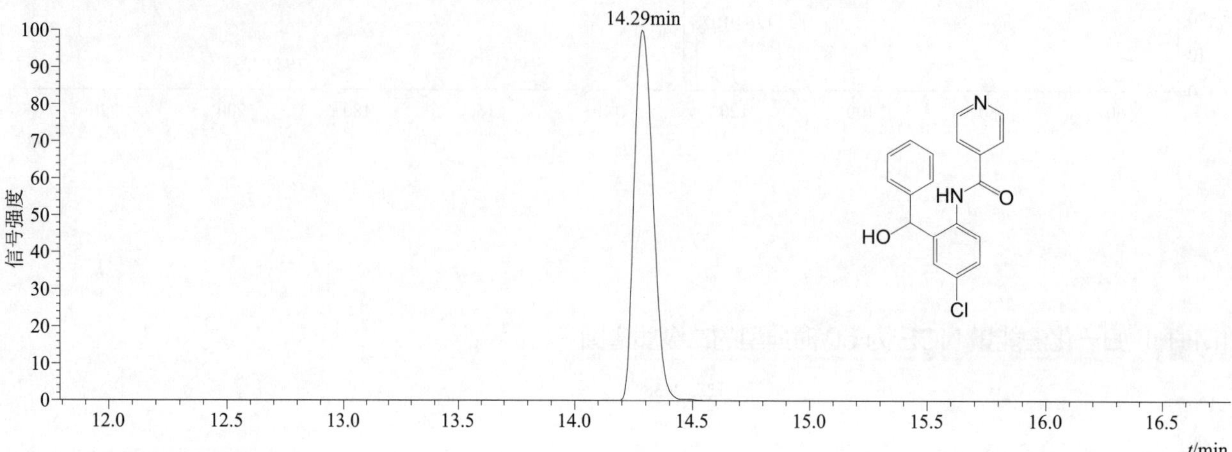

$[M+H]^+$ 典型的一级质谱图

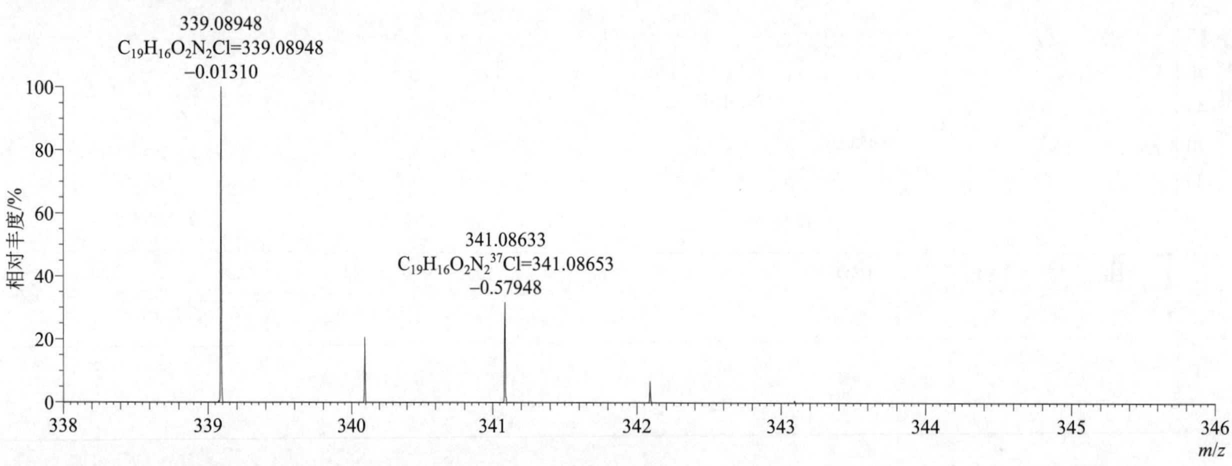

$[M+H]^+$ 归一化法能量 NCE 为 20 时典型的二级质谱图

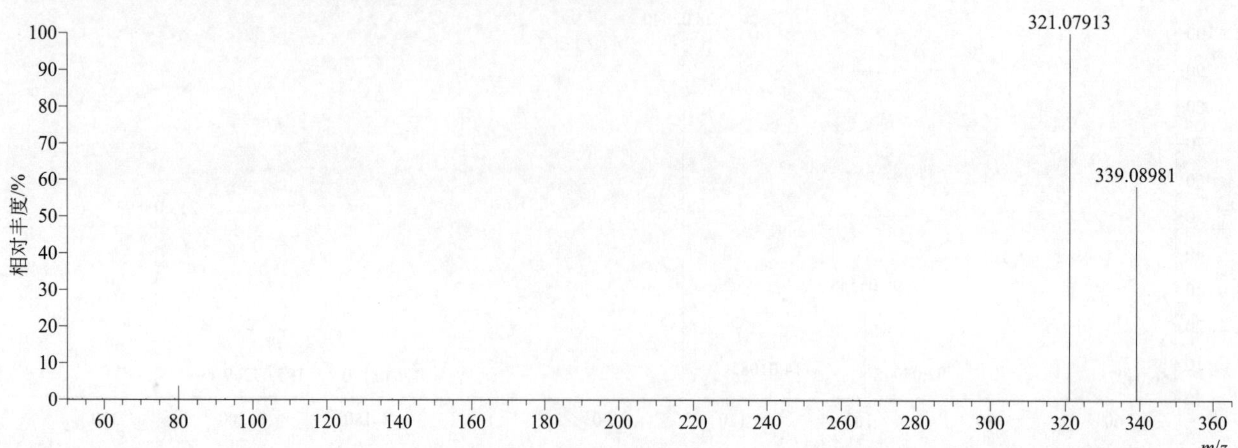

[M+H]+ 归一化法能量 NCE 为 40 时典型的二级质谱图

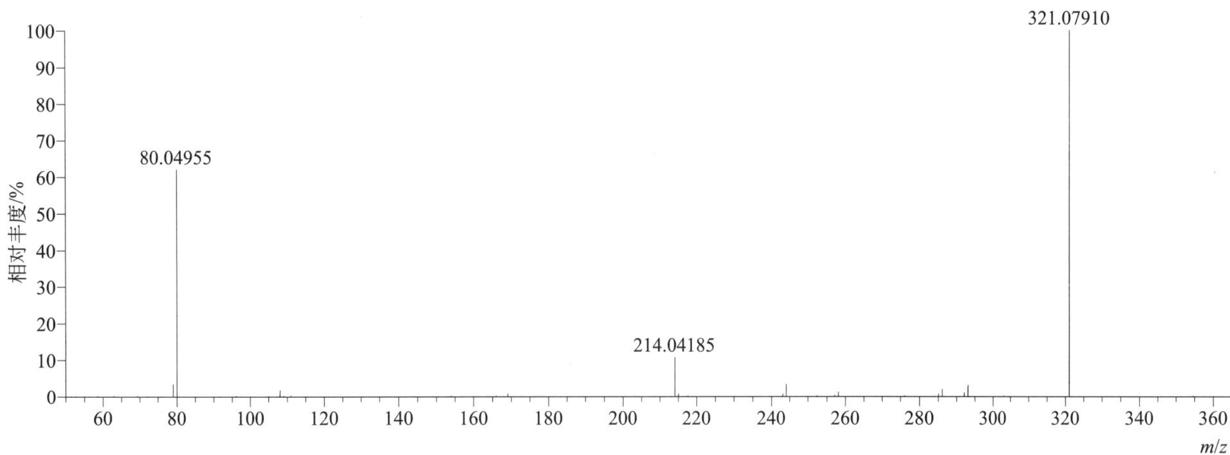

[M+H]+ 归一化法能量 NCE 为 60 时典型的二级质谱图

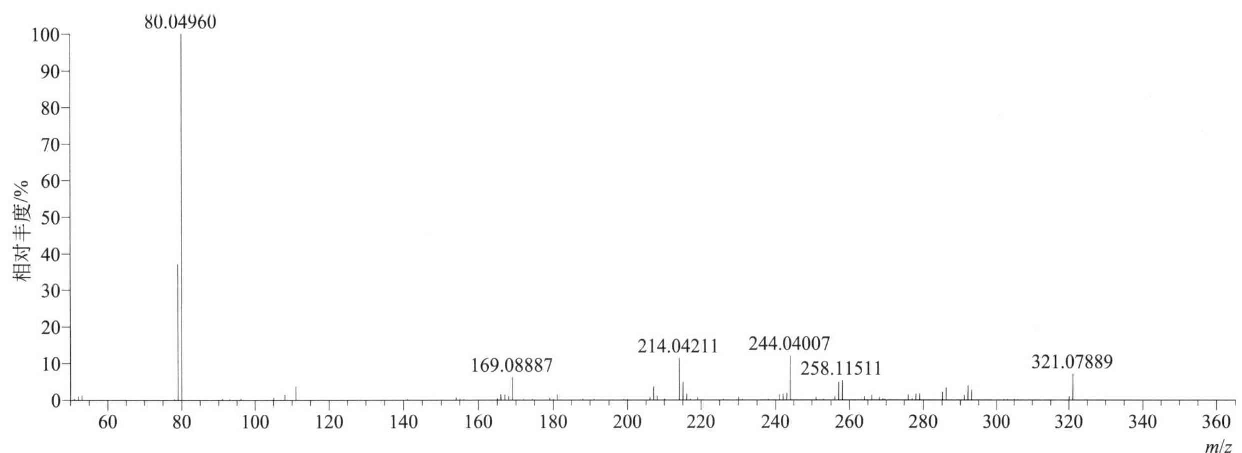

[M+H]+ 阶梯归一化法能量 Step NCE 为 20、40、60 时典型的二级质谱图

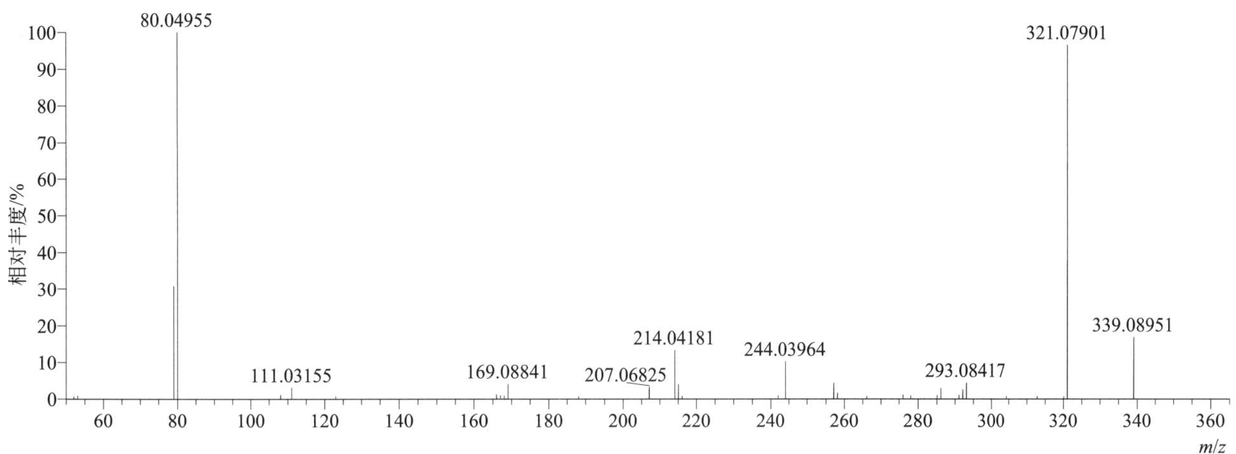

indoxacarb（茚虫威）

基本信息

CAS 登录号	144171-61-9	分子量	527.07071	离子源和极性	电喷雾离子源（ESI）
分子式	$C_{22}H_{17}ClF_3N_3O_7$	保留时间	15.35min	极性	正模式

[M+H]⁺ 提取离子流色谱图

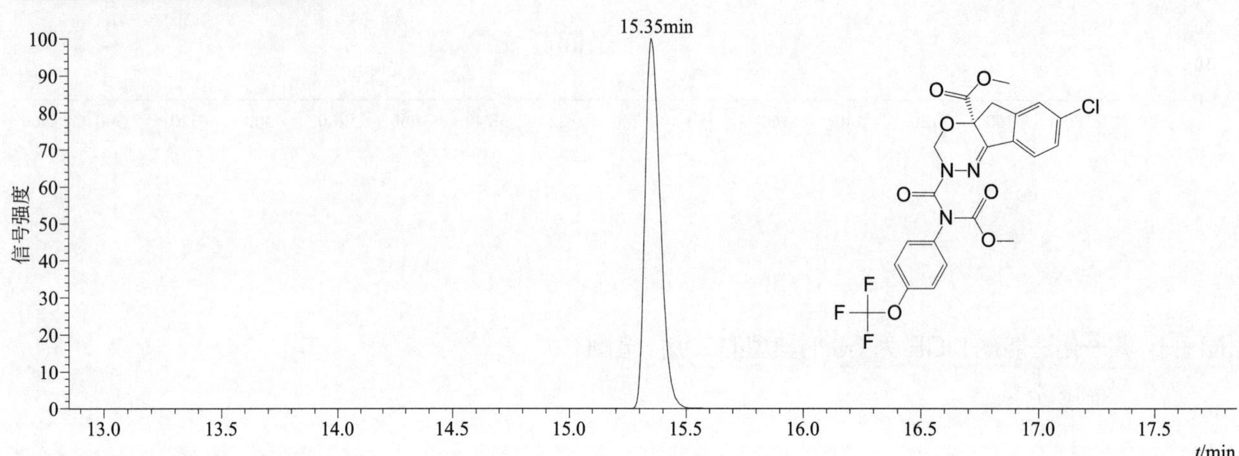

[M+H]⁺ 典型的一级质谱图

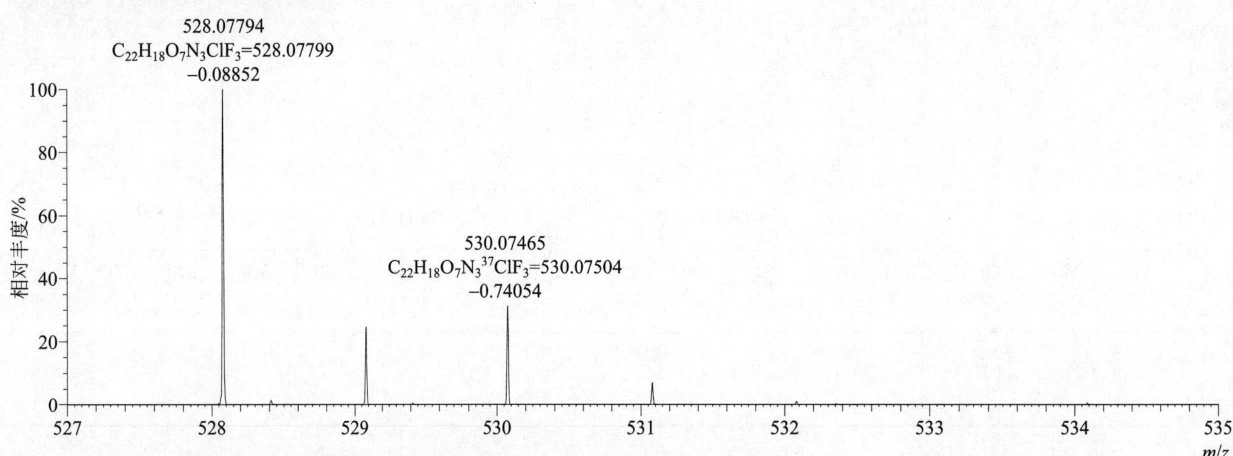

[M+H]⁺ 归一化法能量 NCE 为 20 时典型的二级质谱图

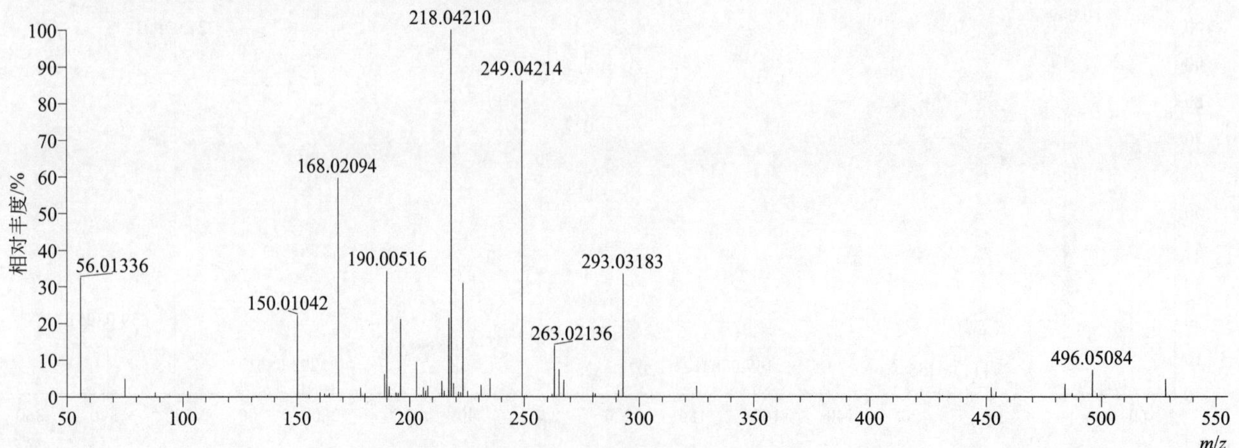

[M+H]+ 归一化法能量 NCE 为 40 时典型的二级质谱图

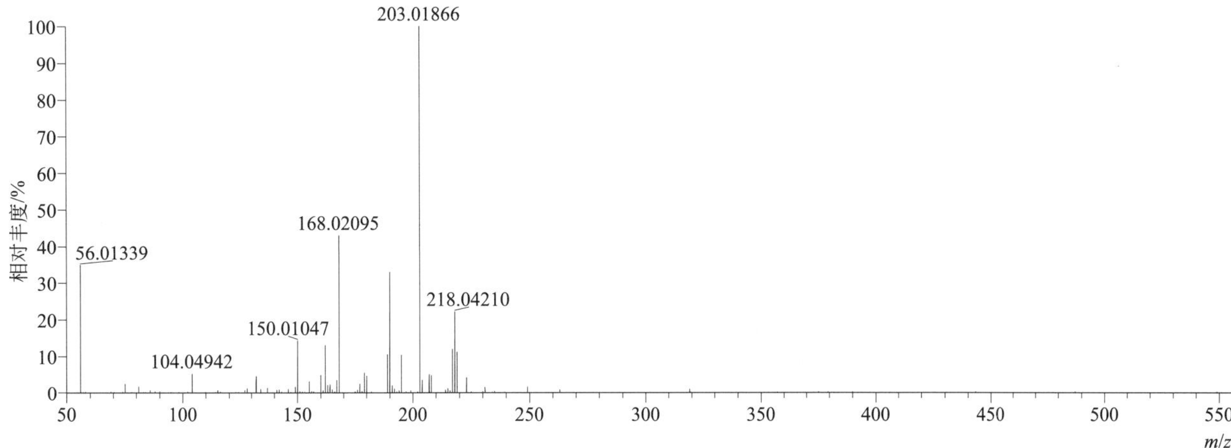

[M+H]+ 归一化法能量 NCE 为 60 时典型的二级质谱图

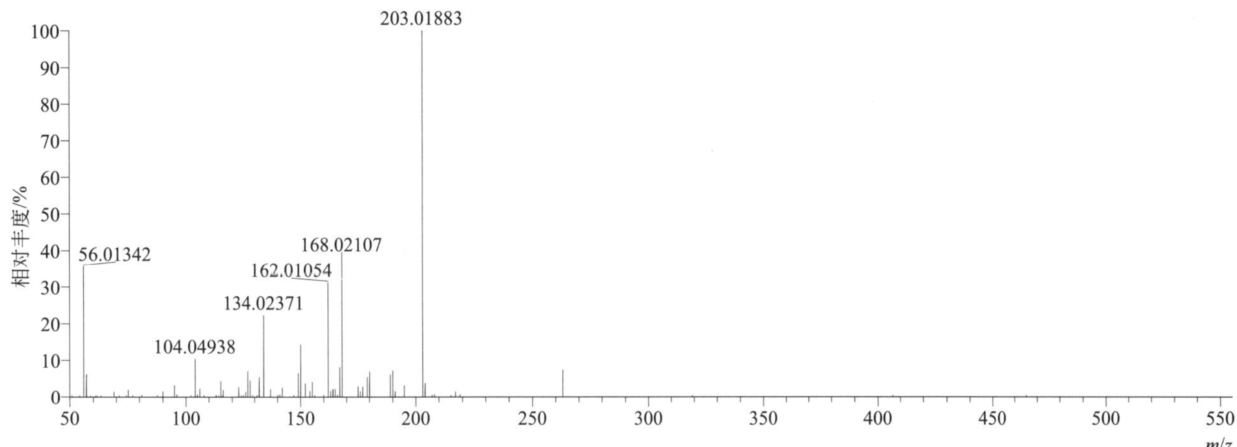

[M+H]+ 阶梯归一化法能量 Step NCE 为 20、40、60 时典型的二级质谱图

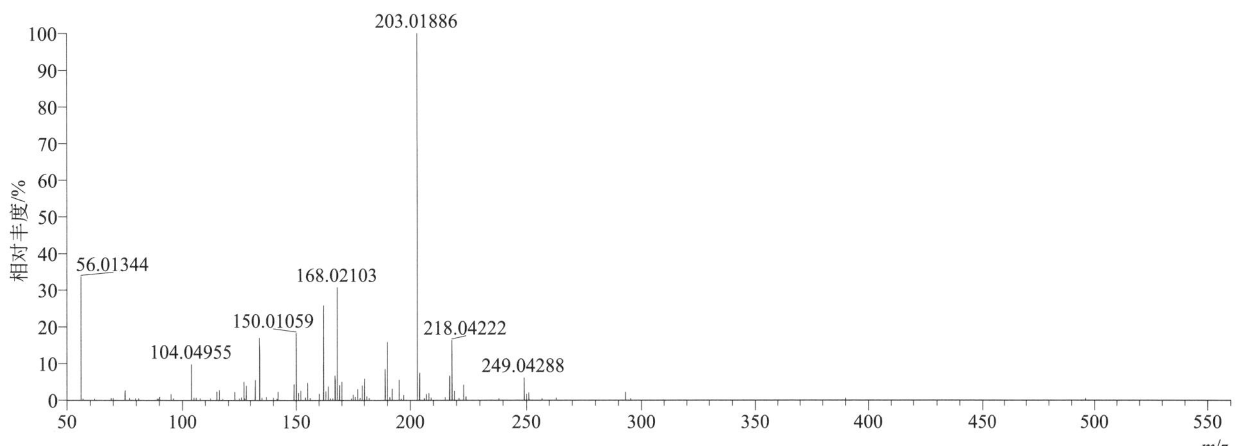

iodosulfuron-methyl（甲基碘磺隆）

基本信息

CAS 登录号	144550-06-1	分子量	506.97095	离子源和极性	电喷雾离子源（ESI）
分子式	$C_{14}H_{14}IN_5O_6S$	保留时间	13.98min	极性	正模式

$[M+H]^+$ 提取离子流色谱图

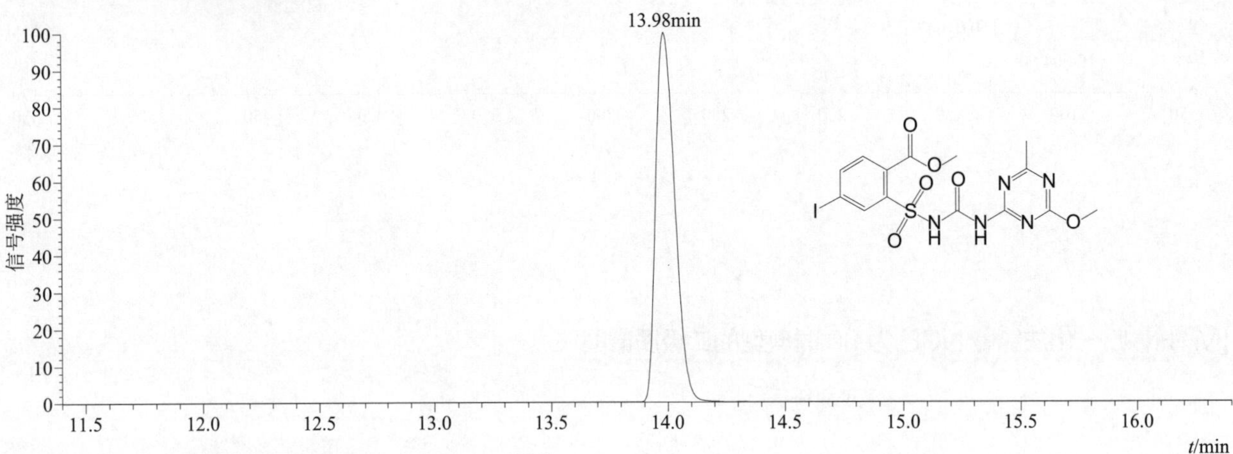

$[M+H]^+$ 和 $[M+Na]^+$ 典型的一级质谱图

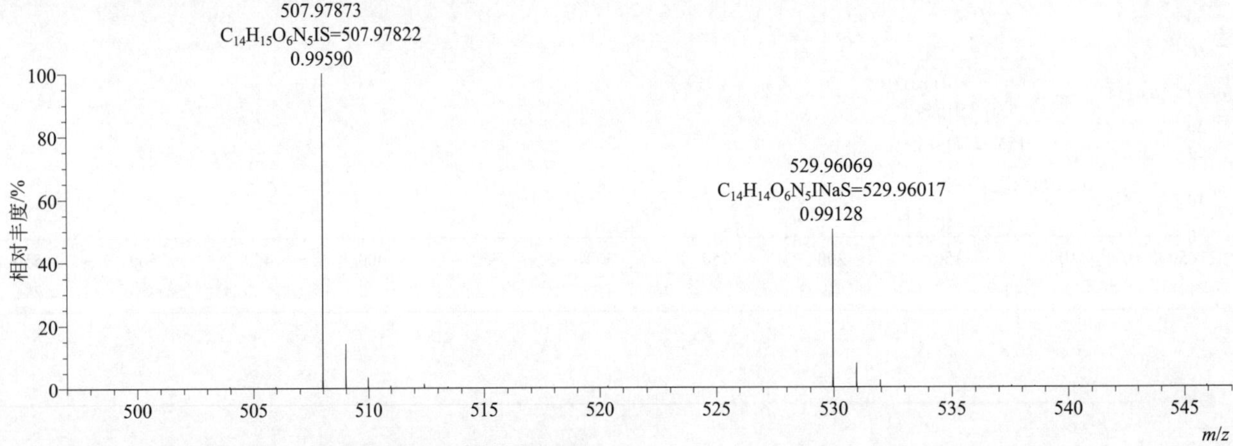

$[M+H]^+$ 归一化法能量 NCE 为 20 时典型的二级质谱图

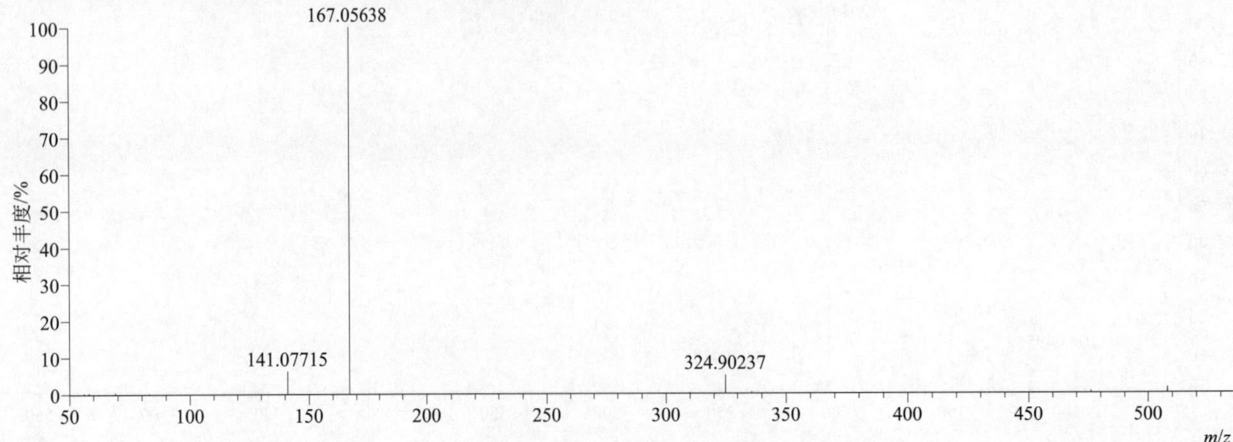

[M+H]+ 归一化法能量 NCE 为 40 时典型的二级质谱图

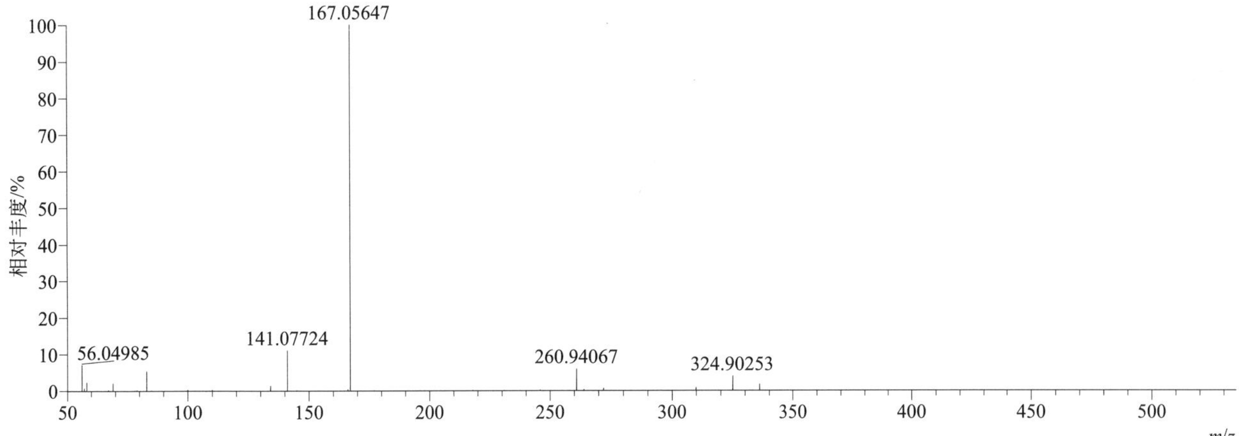

[M+H]+ 归一化法能量 NCE 为 60 时典型的二级质谱图

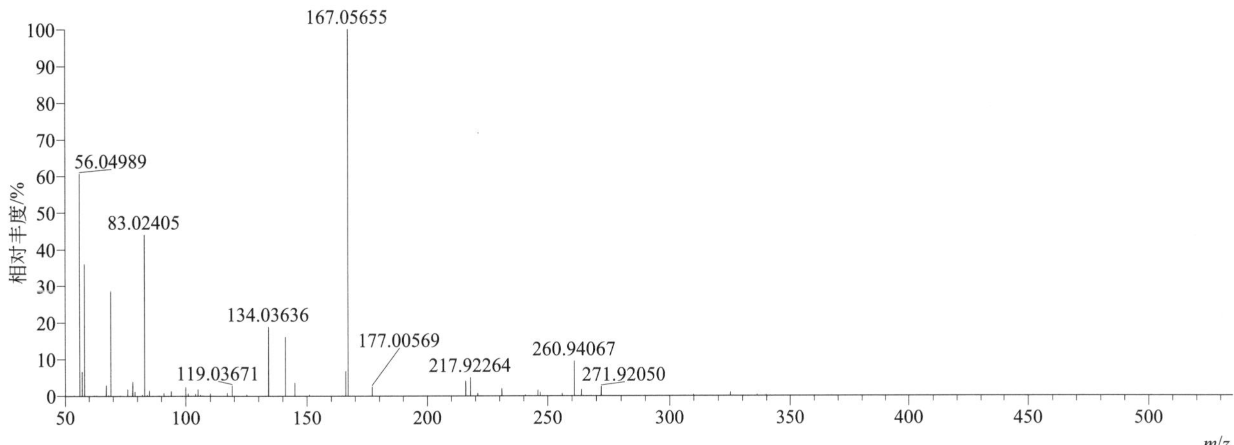

[M+H]+ 阶梯归一化法能量 Step NCE 为 20、40、60 时典型的二级质谱图

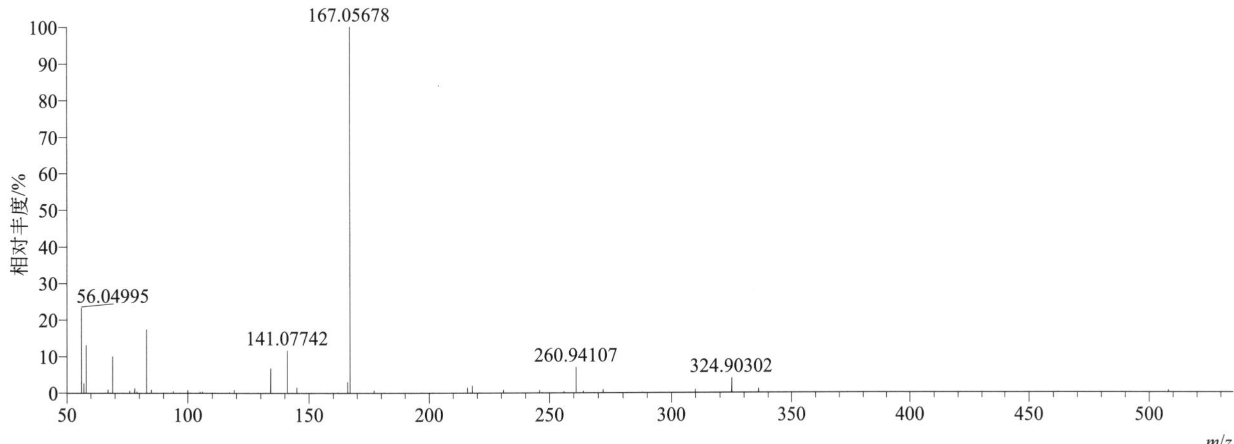

ipconazole（种菌唑）

基本信息

CAS 登录号	125225-28-7	分子量	333.16079	离子源和极性	电喷雾离子源（ESI）
分子式	$C_{18}H_{24}ClN_3O$	保留时间	15.56min	极性	正模式

[M+H]+ 提取离子流色谱图

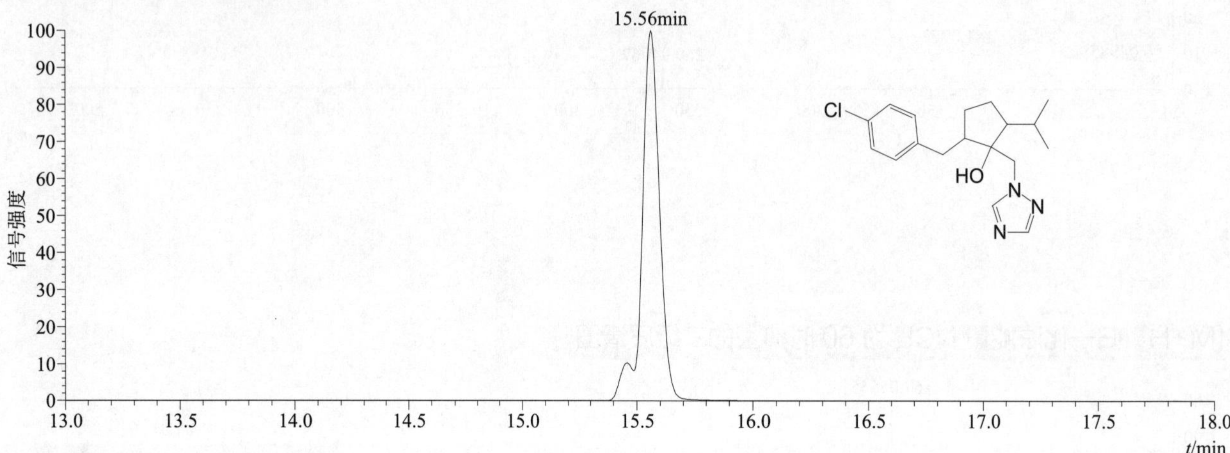

[M+H]+ 典型的一级质谱图

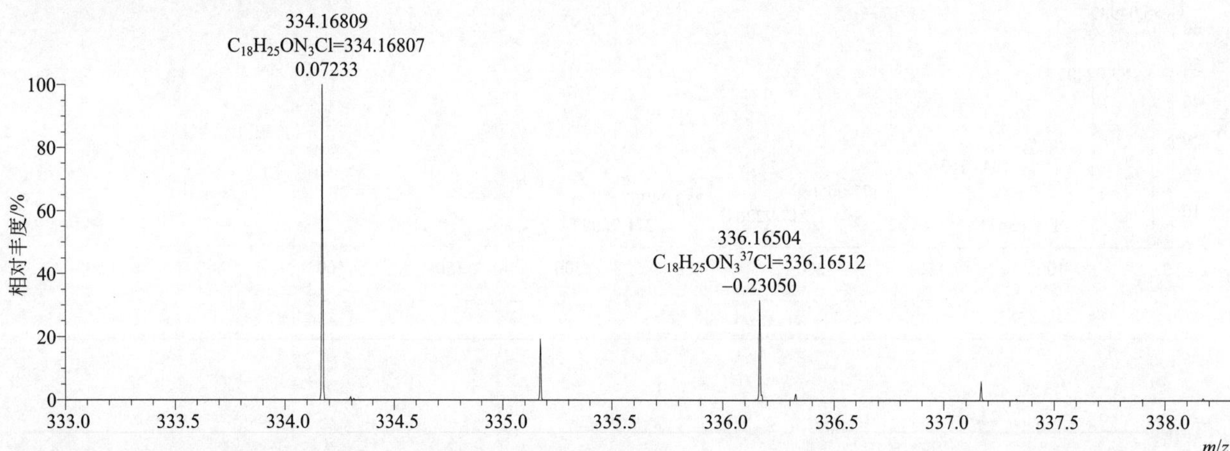

[M+H]+ 归一化法能量 NCE 为 20 时典型的二级质谱图

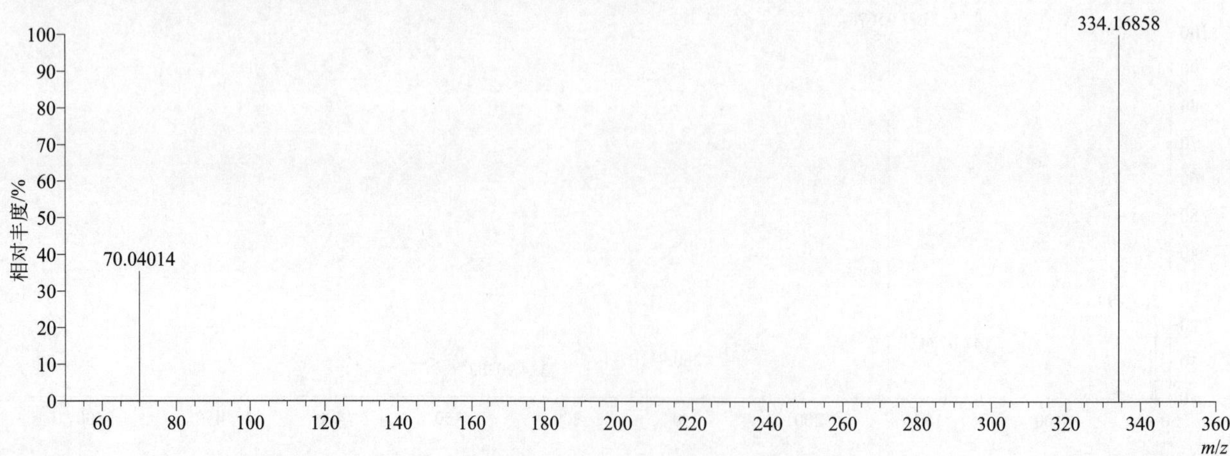

[M+H]+ 归一化法能量 NCE 为 40 时典型的二级质谱图

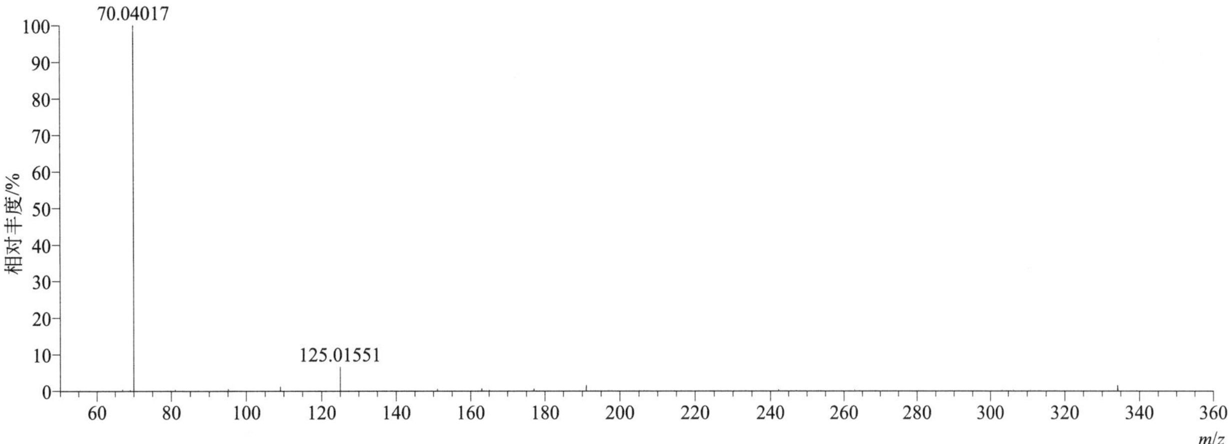

[M+H]+ 归一化法能量 NCE 为 60 时典型的二级质谱图

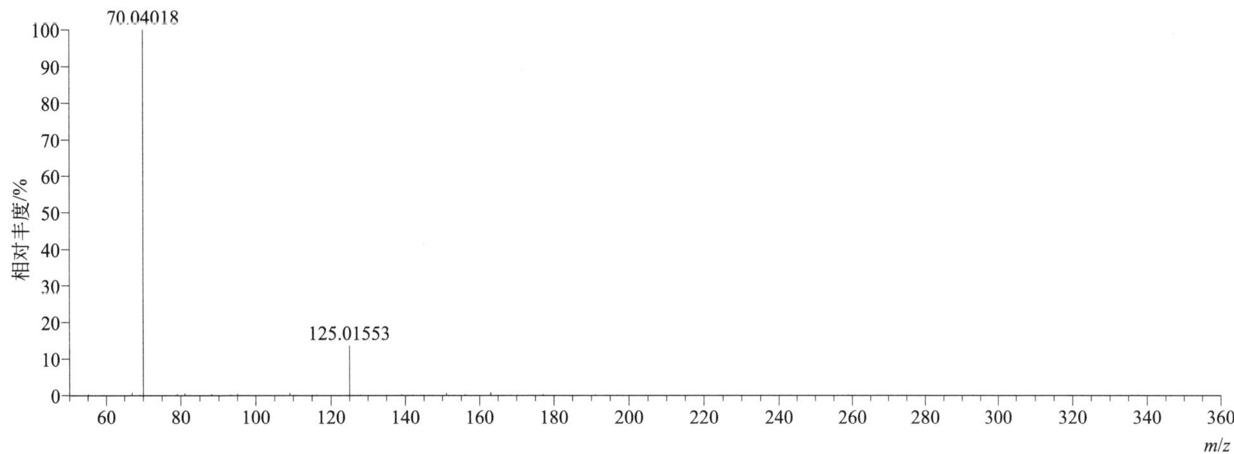

[M+H]+ 阶梯归一化法能量 Step NCE 为 20、40、60 时典型的二级质谱图

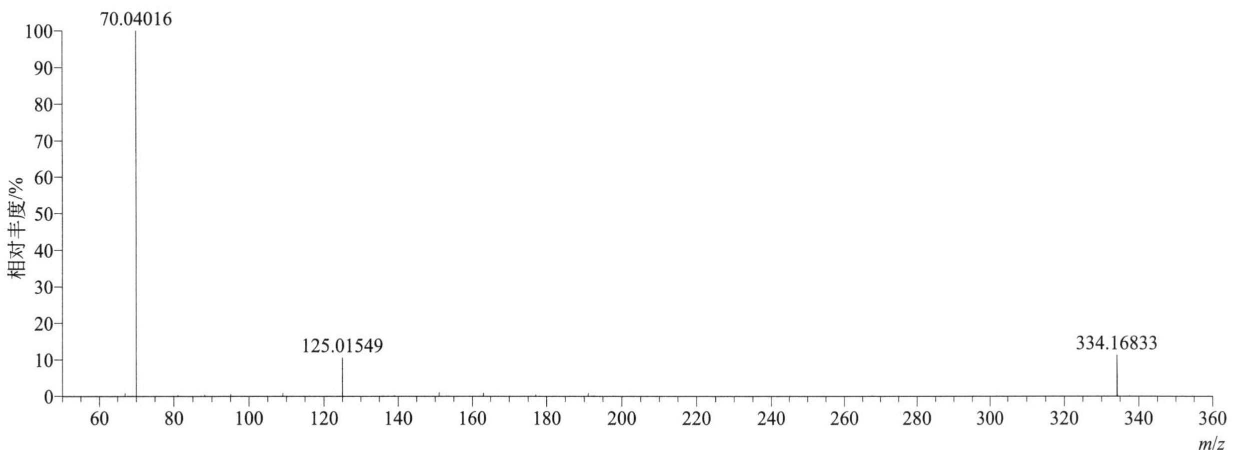

iprobenfos（异稻瘟净）

基本信息

CAS 登录号	26087-47-8	分子量	288.09490	离子源和极性	电喷雾离子源（ESI）
分子式	$C_{13}H_{21}O_3PS$	保留时间	14.95min	极性	正模式

$[M+H]^+$ 提取离子流色谱图

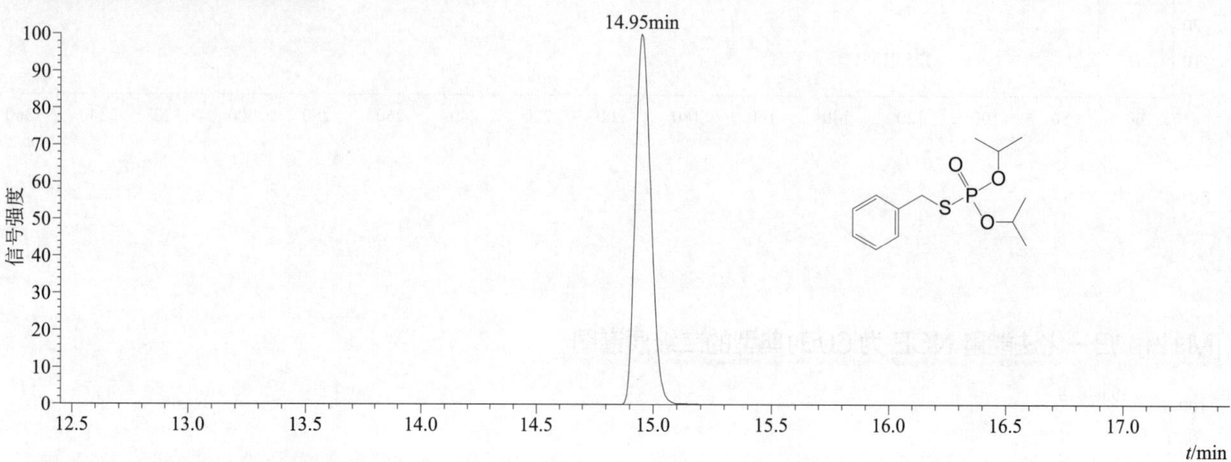

$[M+H]^+$ 典型的一级质谱图

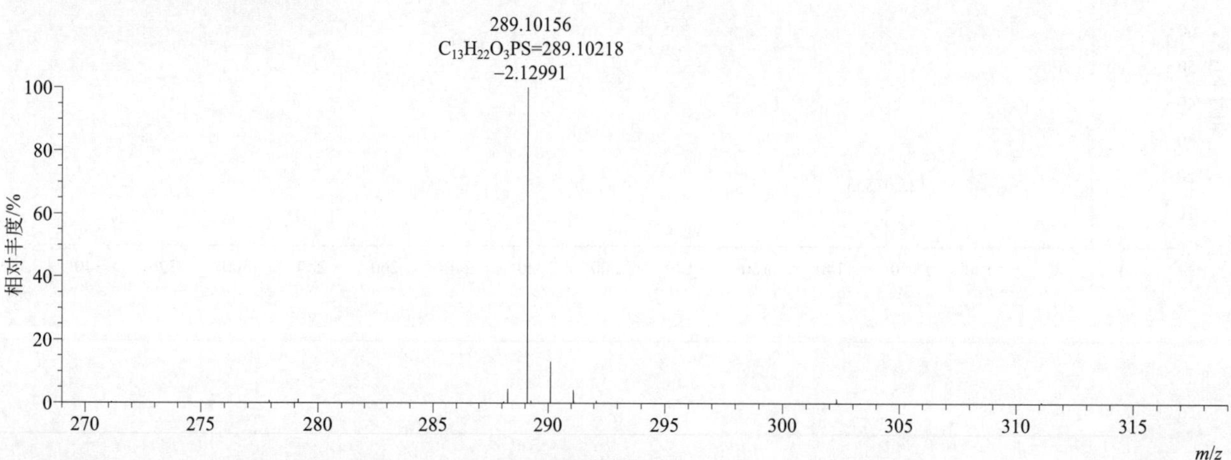

$[M+H]^+$ 归一化法能量 NCE 为 20 时典型的二级质谱图

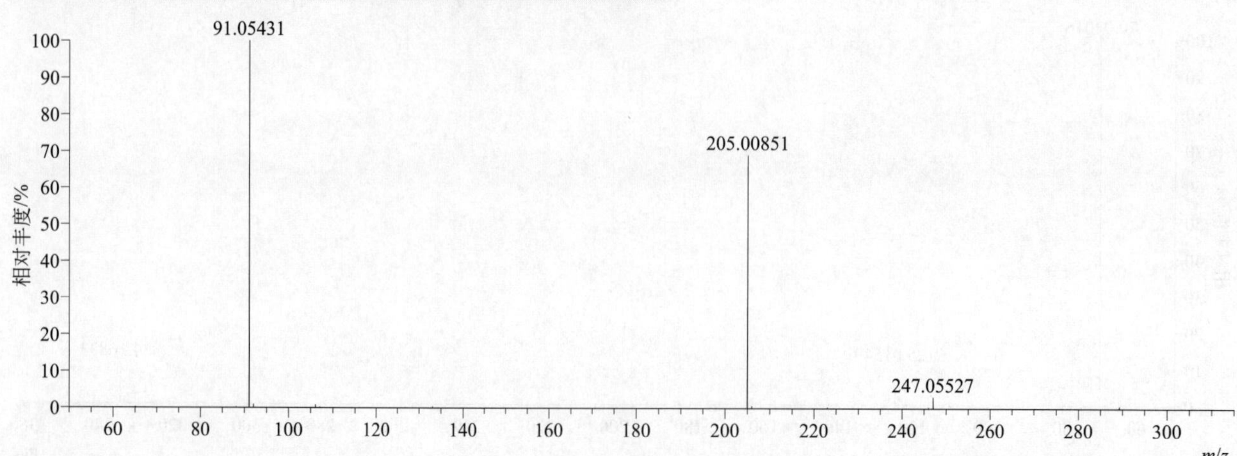

[M+H]⁺ 归一化法能量 NCE 为 40 时典型的二级质谱图

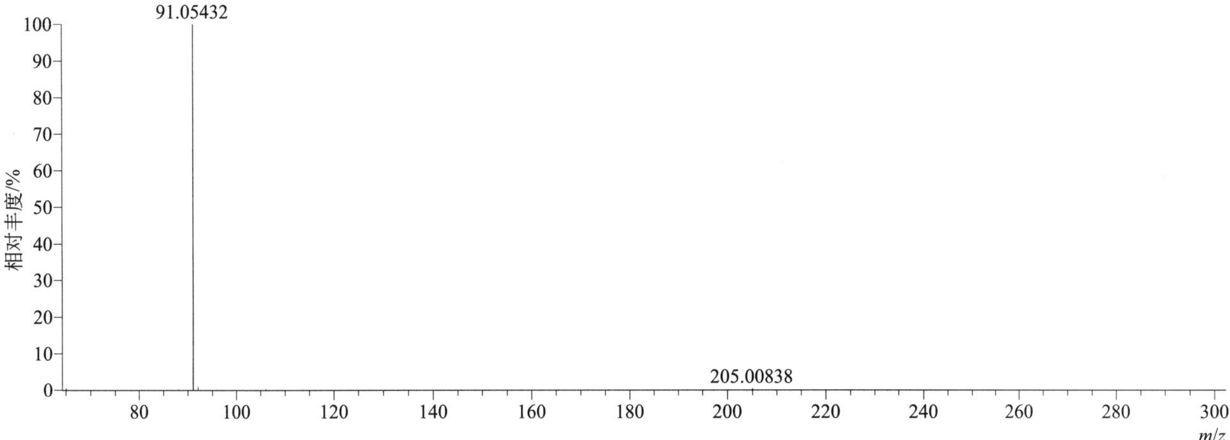

[M+H]⁺ 归一化法能量 NCE 为 60 时典型的二级质谱图

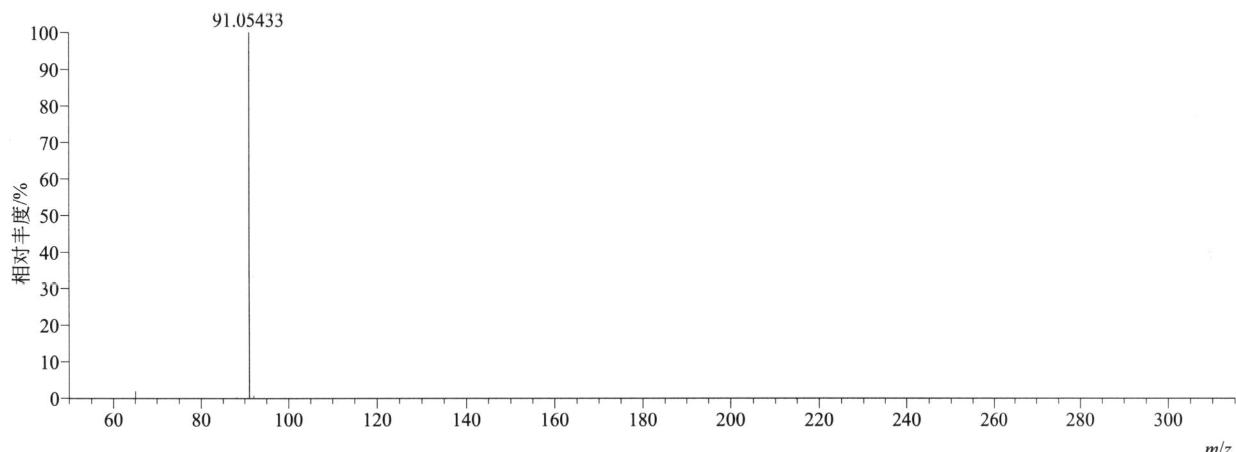

[M+H]⁺ 阶梯归一化法能量 Step NCE 为 20、40、60 时典型的二级质谱图

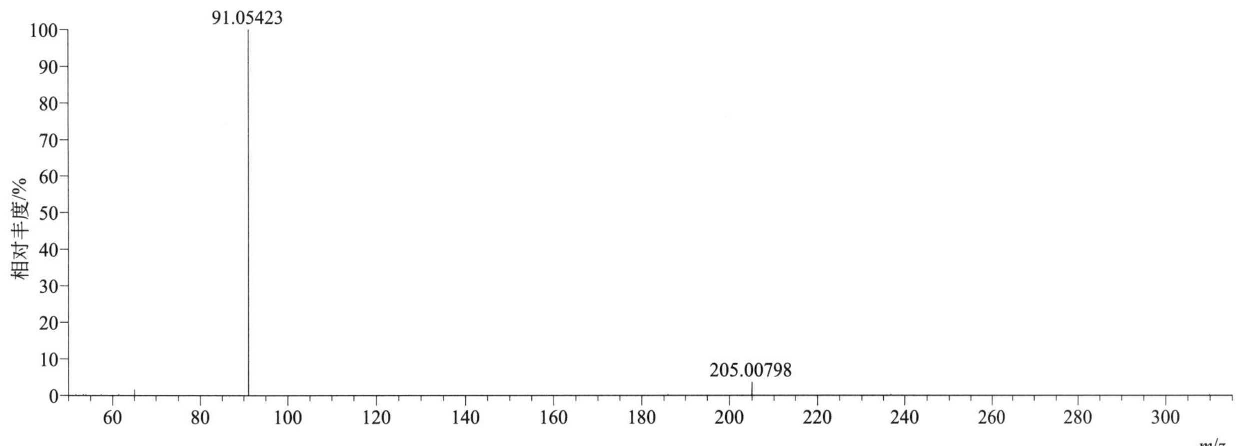

iprovalicarb（异丙菌胺）

基本信息

CAS 登录号	140923-17-7	分子量	320.20999	离子源和极性	电喷雾离子源（ESI）
分子式	$C_{18}H_{28}N_2O_3$	保留时间	14.63min	极性	正模式

$[M+H]^+$ 提取离子流色谱图

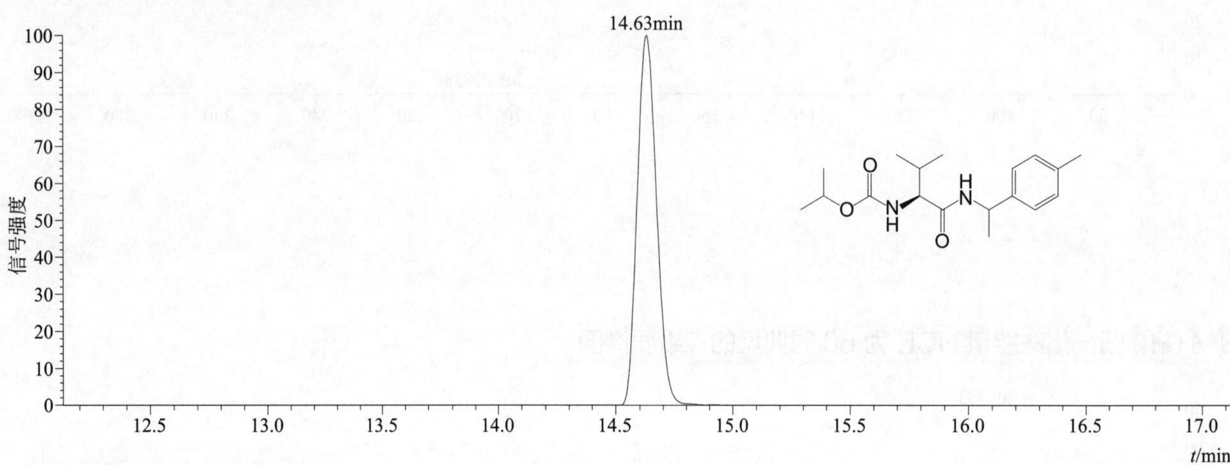

$[M+H]^+$ 典型的一级质谱图

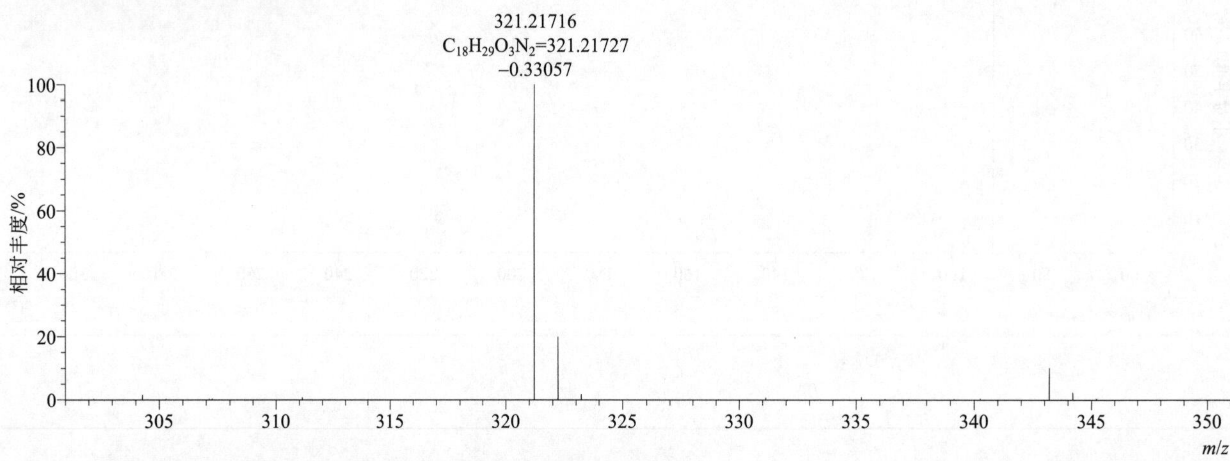

$[M+H]^+$ 归一化法能量 NCE 为 20 时典型的二级质谱图

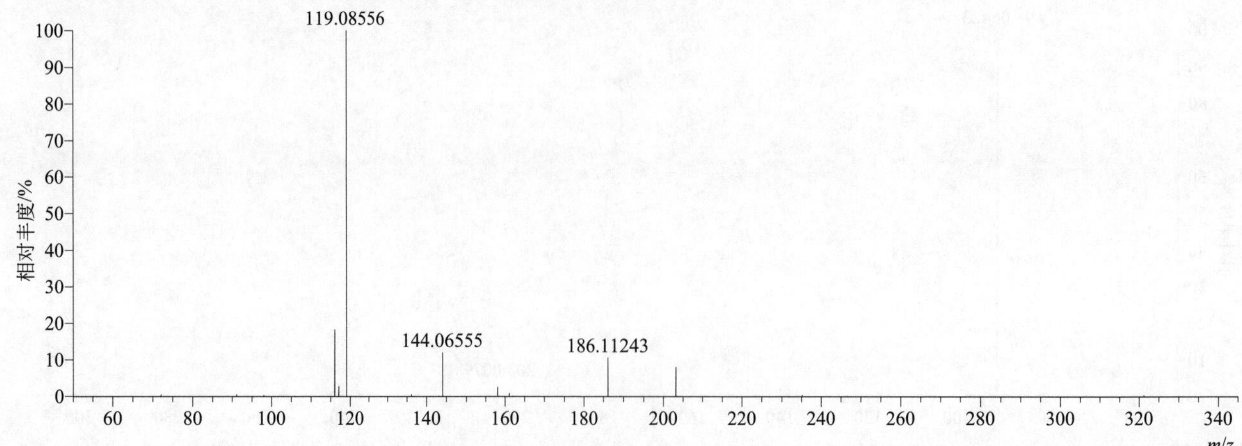

[M+H]⁺ 归一化法能量 NCE 为 40 时典型的二级质谱图

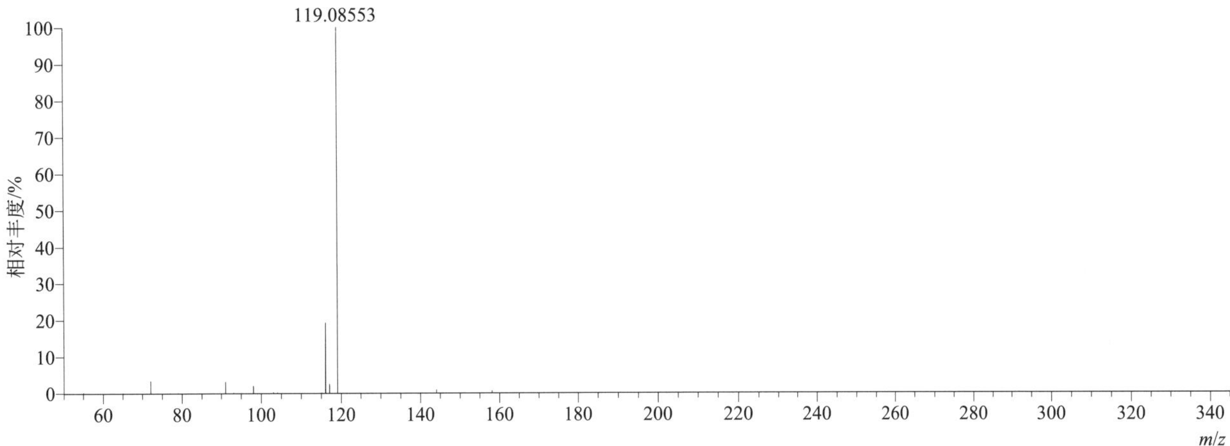

[M+H]⁺ 归一化法能量 NCE 为 60 时典型的二级质谱图

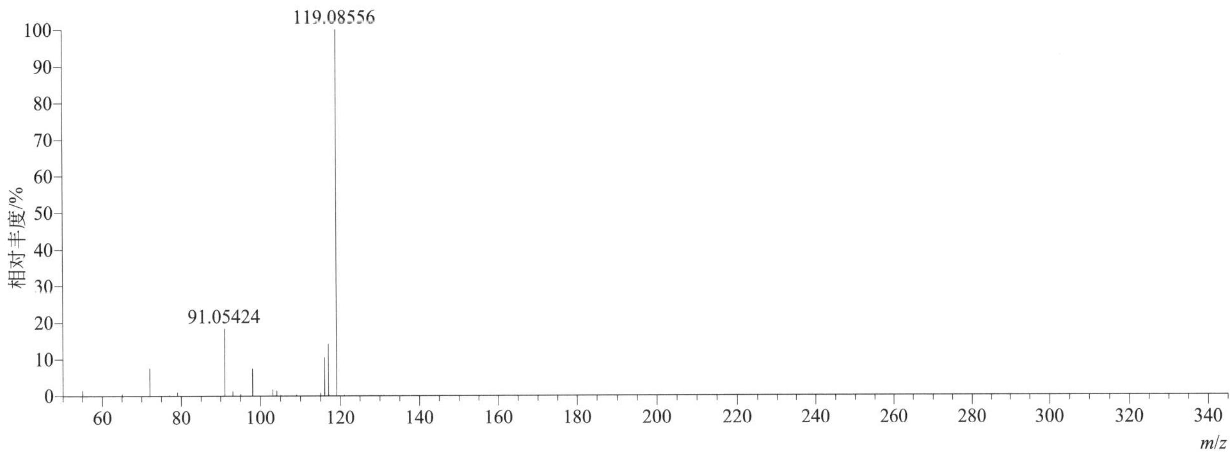

[M+H]⁺ 阶梯归一化法能量 Step NCE 为 20、40、60 时典型的二级质谱图

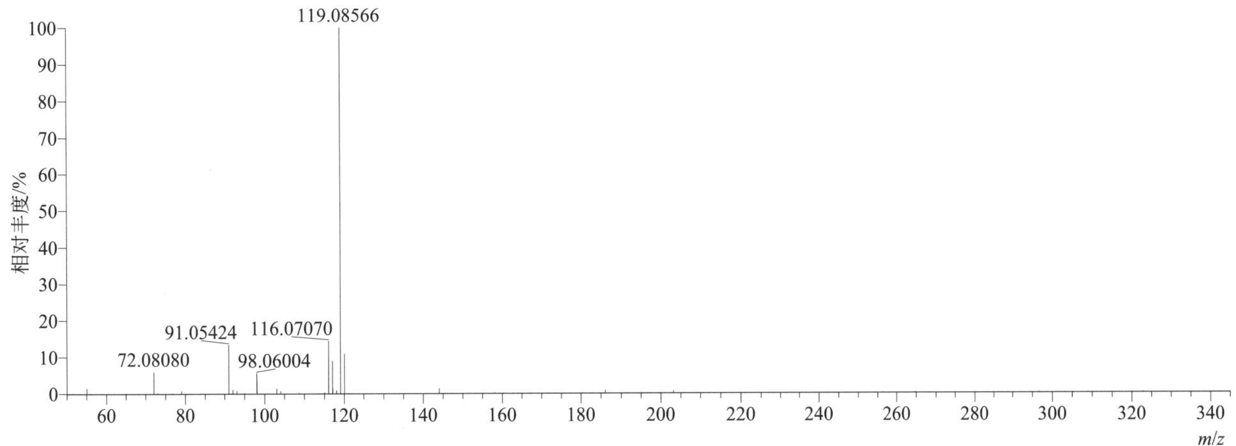

isazofos（氯唑磷）

基本信息

CAS 登录号	42509-80-8	分子量	313.04168	离子源和极性	电喷雾离子源（ESI）
分子式	$C_9H_{17}ClN_3O_3PS$	保留时间	14.57min	极性	正模式

$[M+H]^+$ 提取离子流色谱图

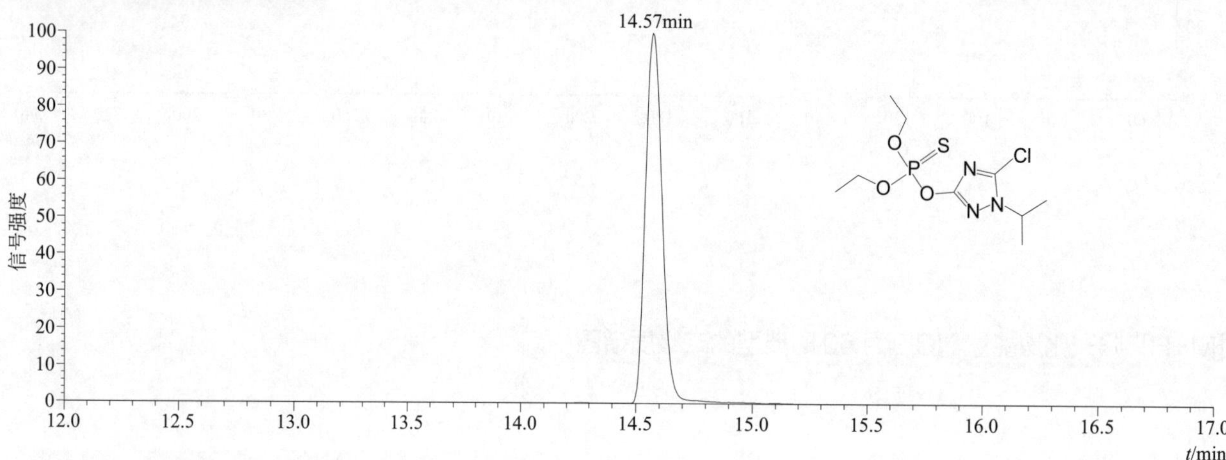

$[M+H]^+$ 典型的一级质谱图

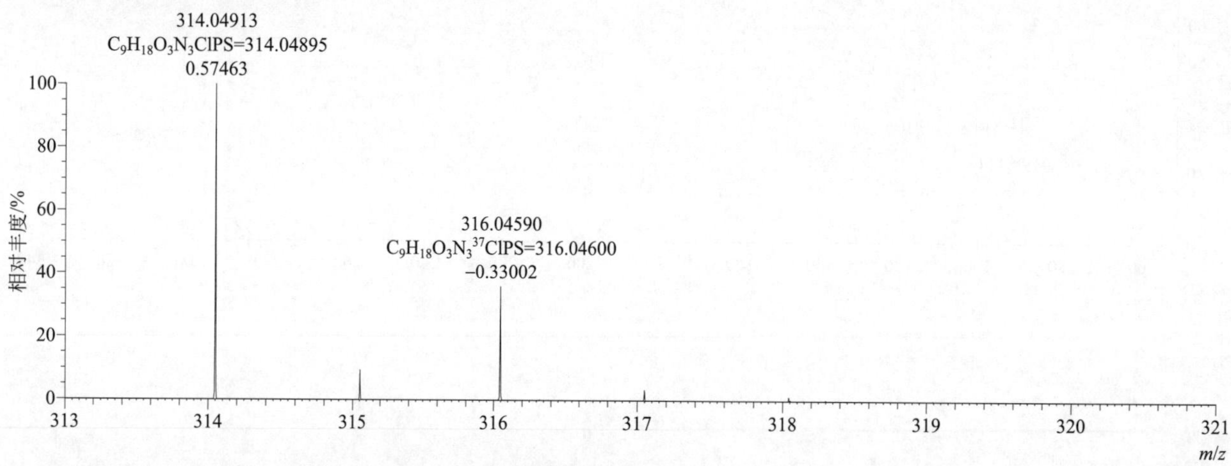

$[M+H]^+$ 归一化法能量 NCE 为 20 时典型的二级质谱图

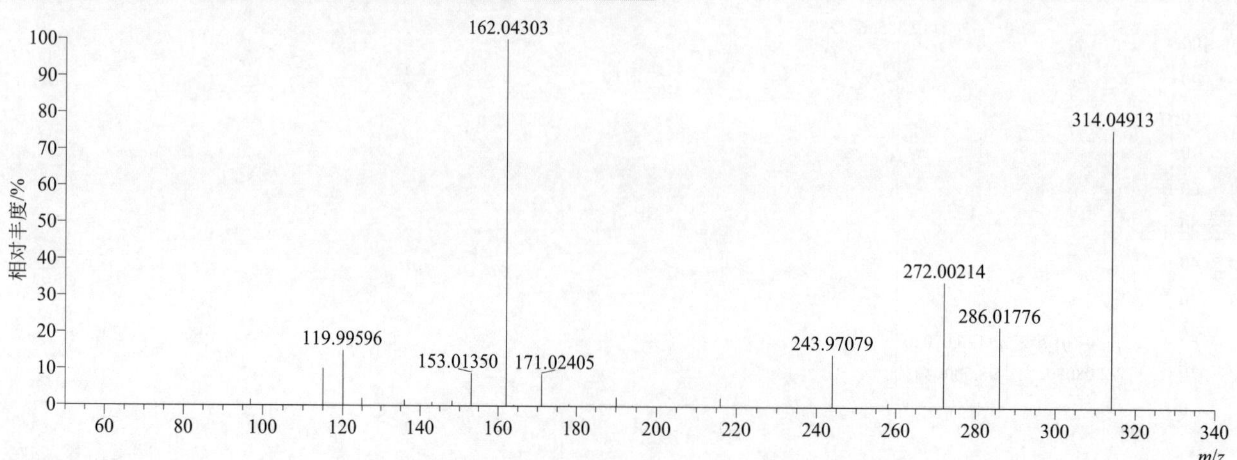

[M+H]$^+$ 归一化法能量 NCE 为 40 时典型的二级质谱图

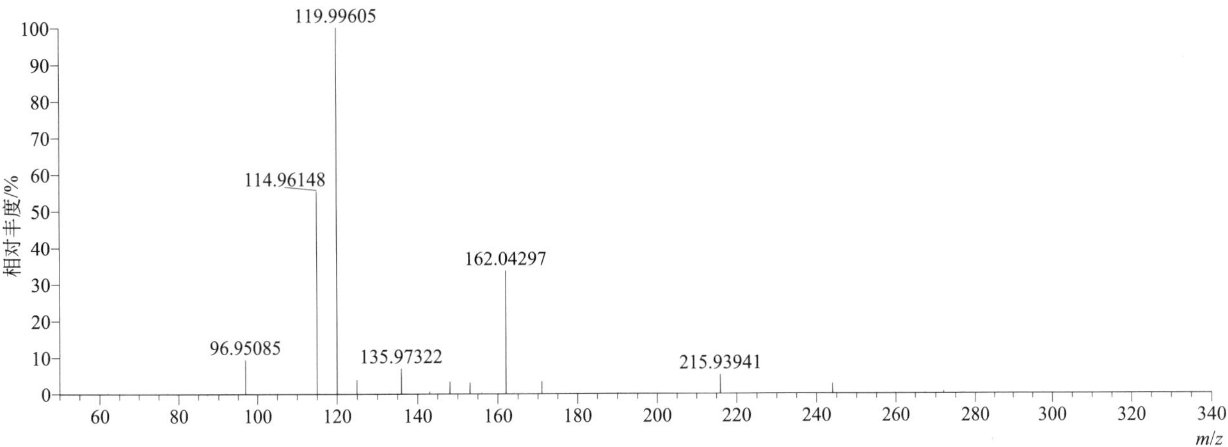

[M+H]$^+$ 归一化法能量 NCE 为 60 时典型的二级质谱图

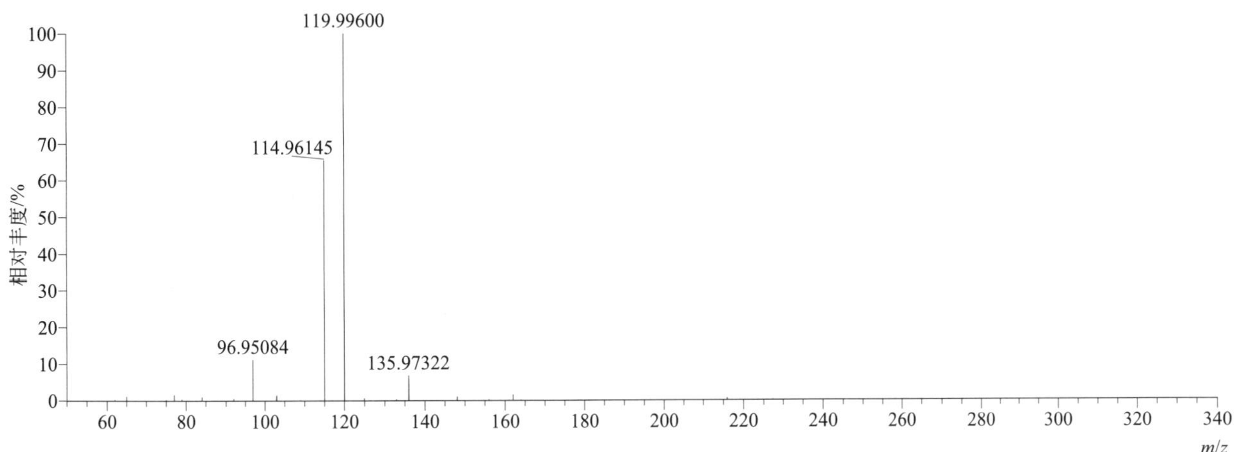

[M+H]$^+$ 阶梯归一化法能量 Step NCE 为 20、40、60 时典型的二级质谱图

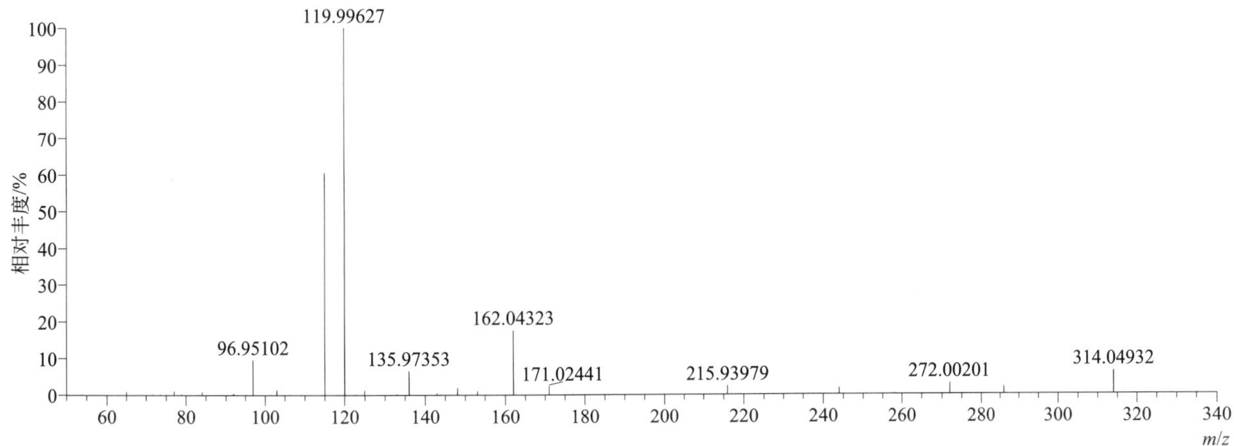

isocarbamid（草灵酮）

基本信息

CAS 登录号	30979-48-7	分子量	185.11643	离子源和极性	电喷雾离子源（ESI）
分子式	$C_8H_{15}N_3O_2$	保留时间	12.26min	极性	正模式

$[M+H]^+$ 提取离子流色谱图

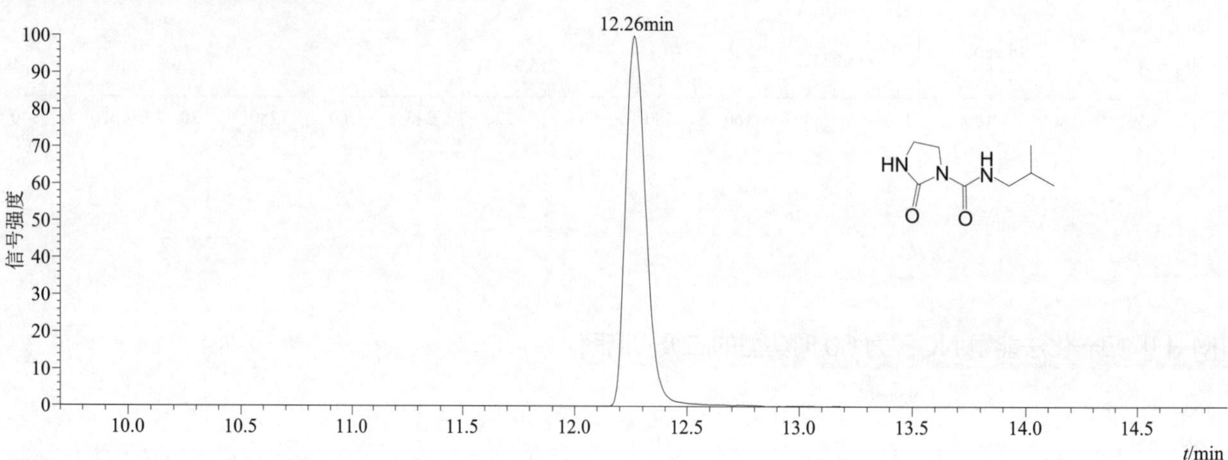

$[M+H]^+$ 典型的一级质谱图

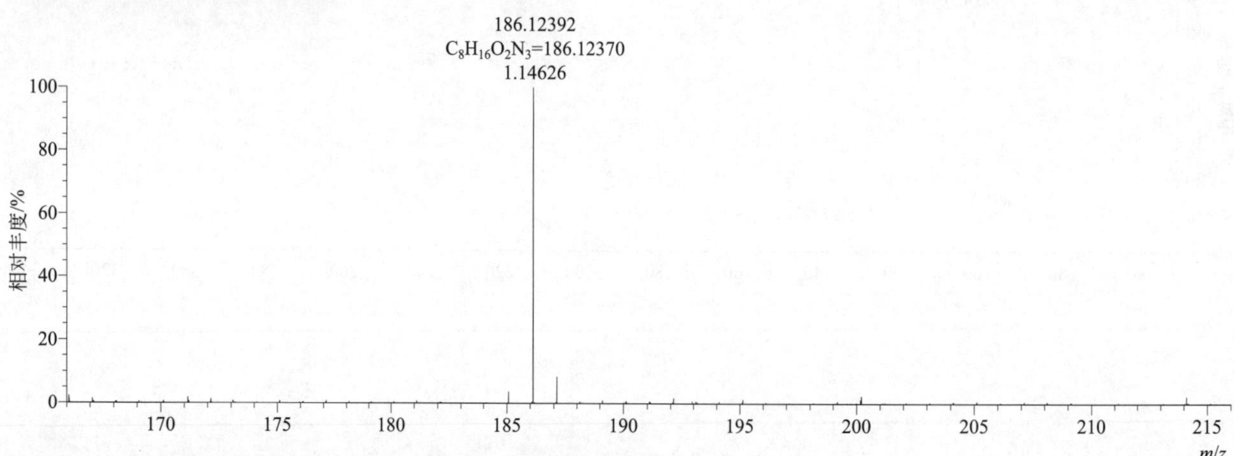

$[M+H]^+$ 归一化法能量 NCE 为 20 时典型的二级质谱图

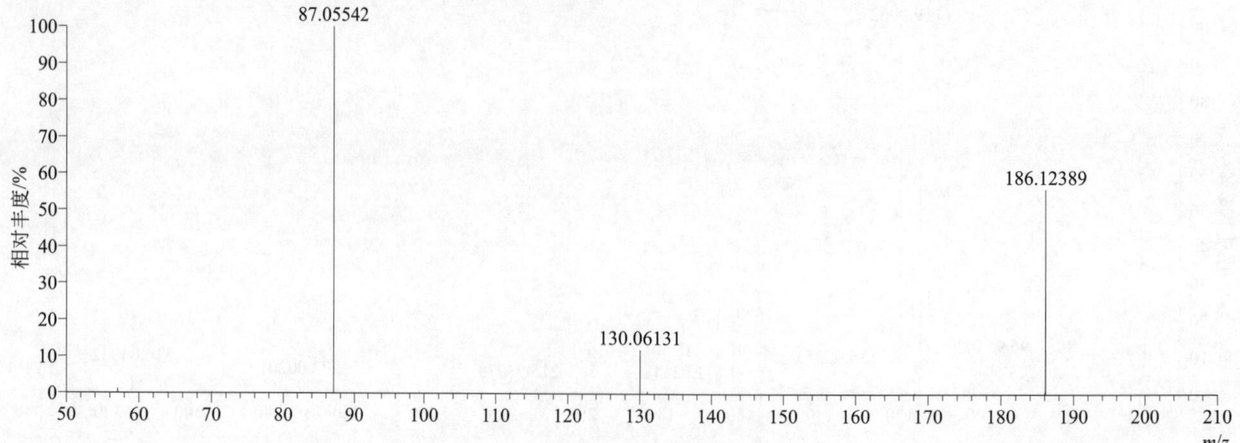

[M+H]$^+$ 归一化法能量 NCE 为 40 时典型的二级质谱图

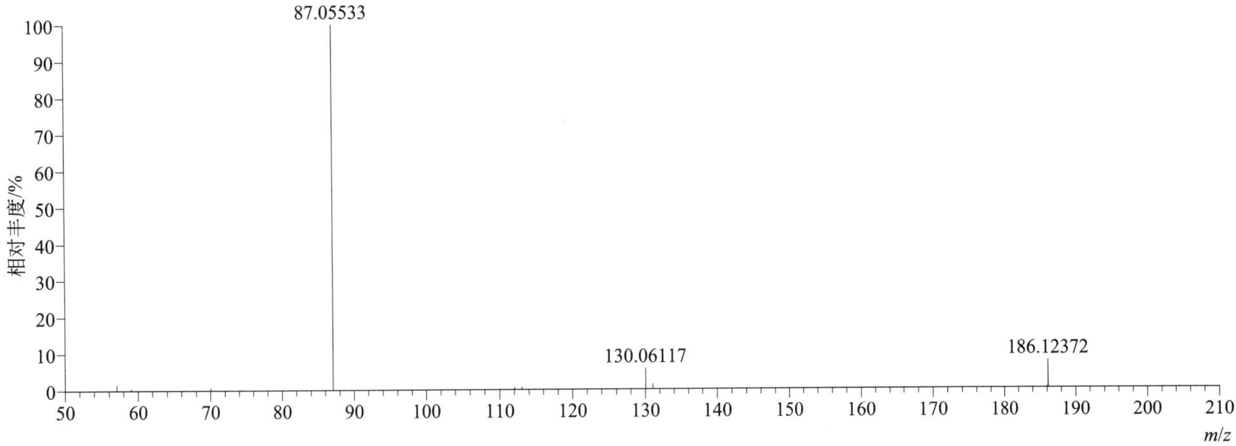

[M+H]$^+$ 归一化法能量 NCE 为 60 时典型的二级质谱图

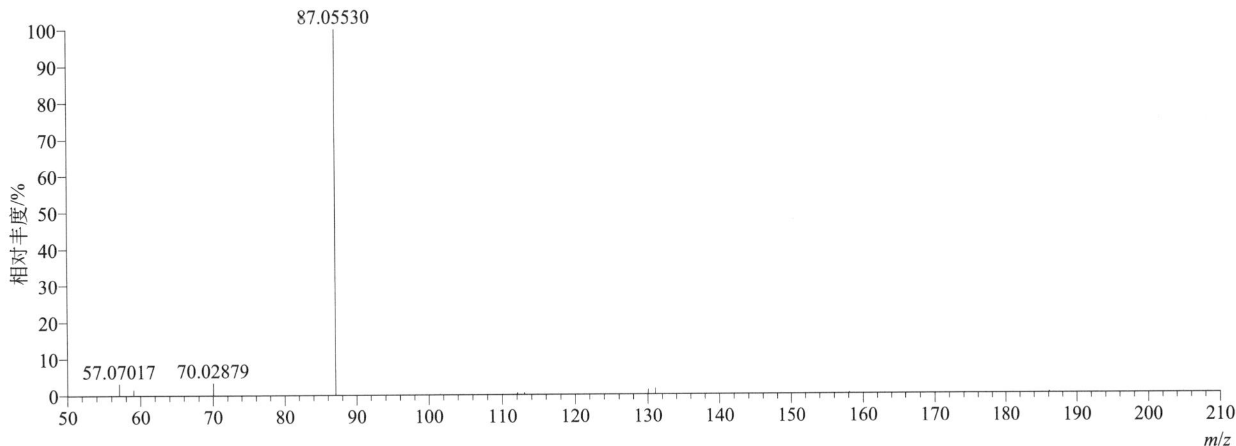

[M+H]$^+$ 阶梯归一化法能量 Step NCE 为 20、40、60 时典型的二级质谱图

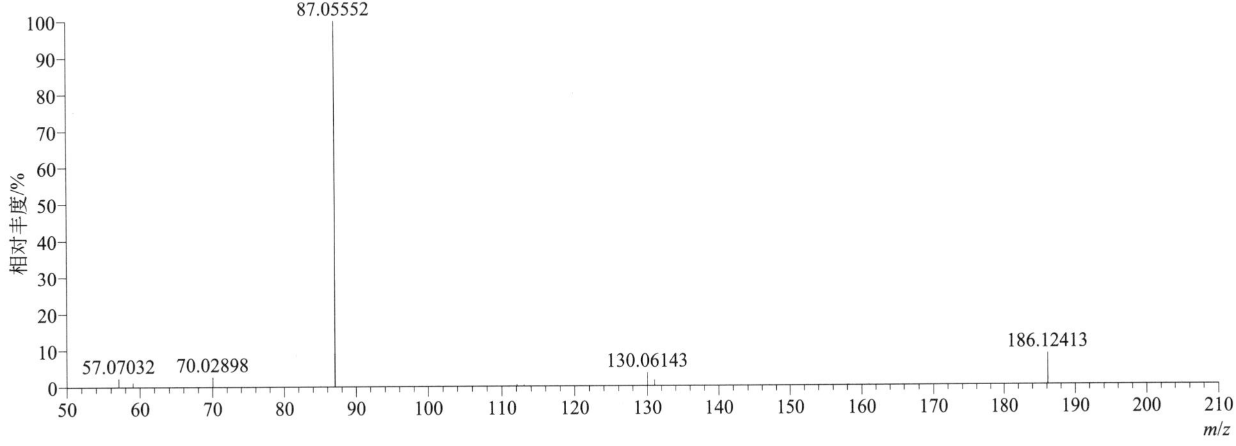

isocarbophos（水胺硫磷）

基本信息

CAS 登录号	24353-61-5	分子量	289.05377	离子源和极性	电喷雾离子源（ESI）
分子式	$C_{11}H_{16}NO_4PS$	保留时间	13.78min	极性	正模式

[M+H]+ 提取离子流色谱图

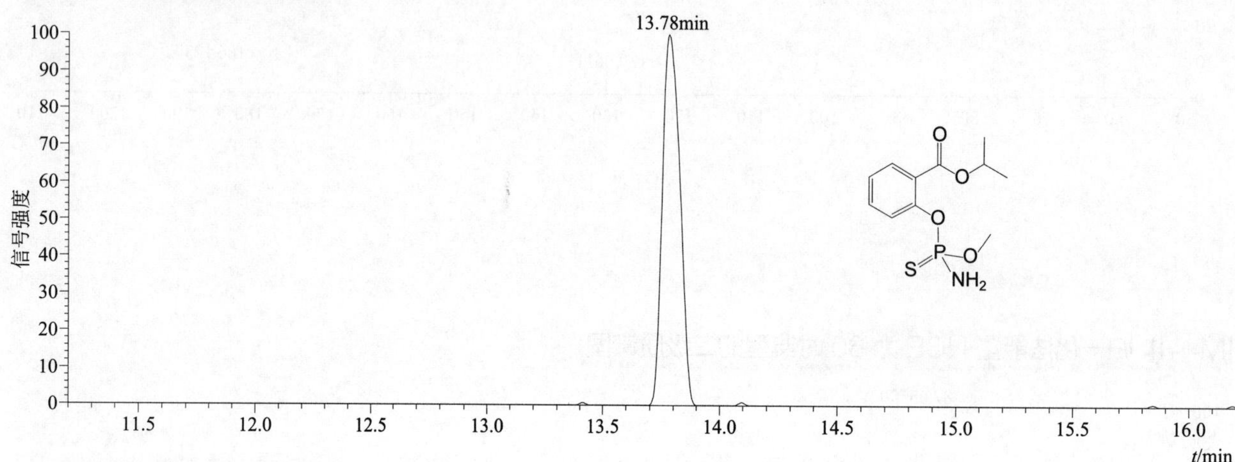

[M+H]+ 典型的一级质谱图

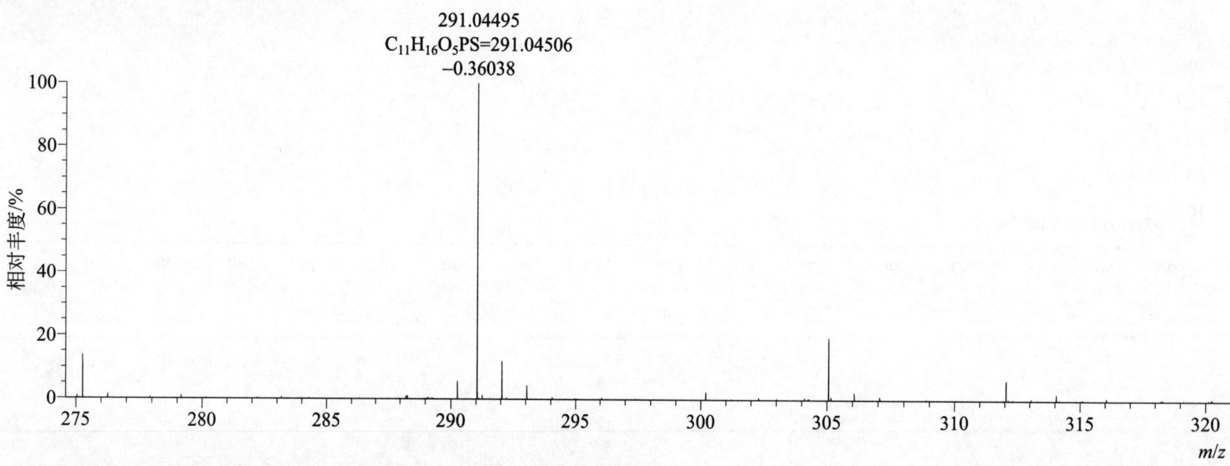

[M+H]+ 归一化法能量 NCE 为 20 时典型的二级质谱图

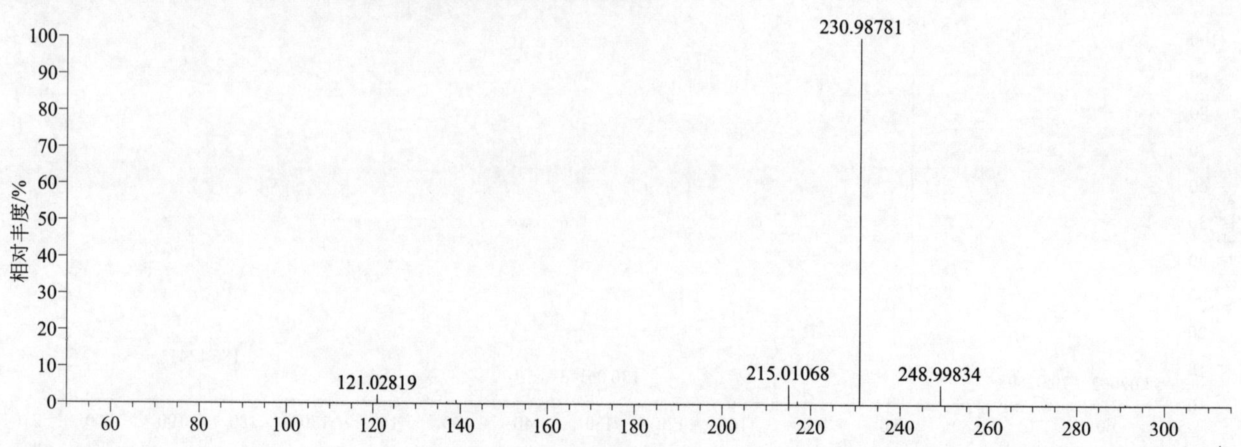

[M+H]$^+$ 归一化法能量 NCE 为 40 时典型的二级质谱图

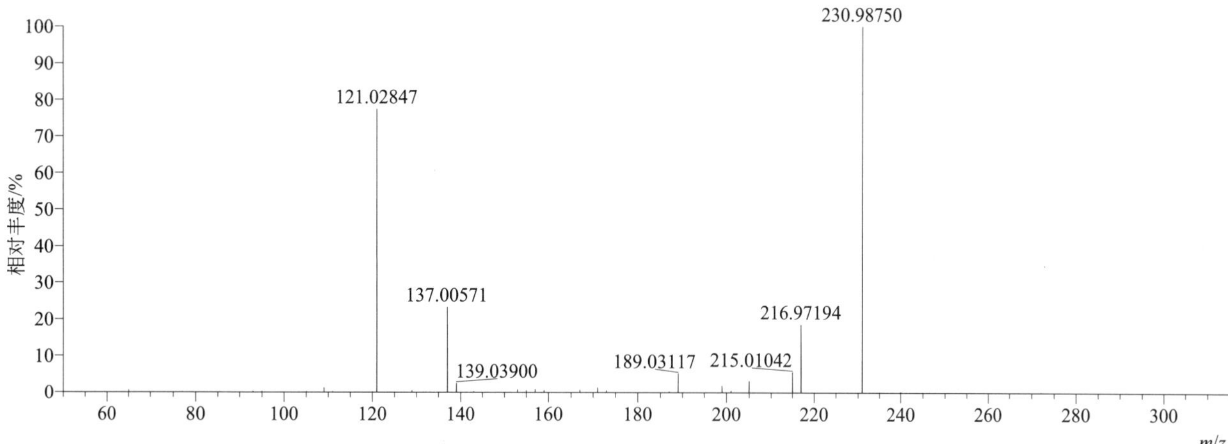

[M+H]$^+$ 归一化法能量 NCE 为 60 时典型的二级质谱图

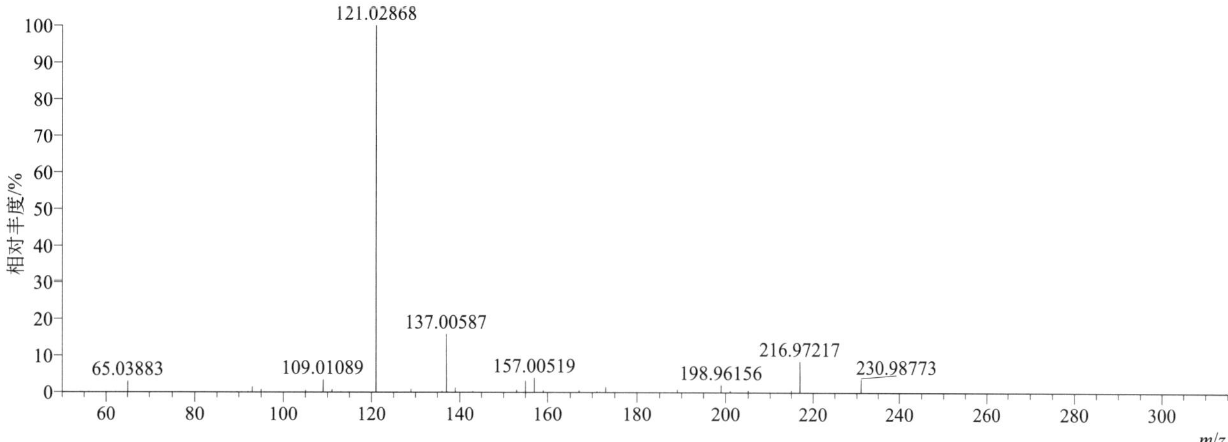

[M+H]$^+$ 阶梯归一化法能量 Step NCE 为 20、40、60 时典型的二级质谱图

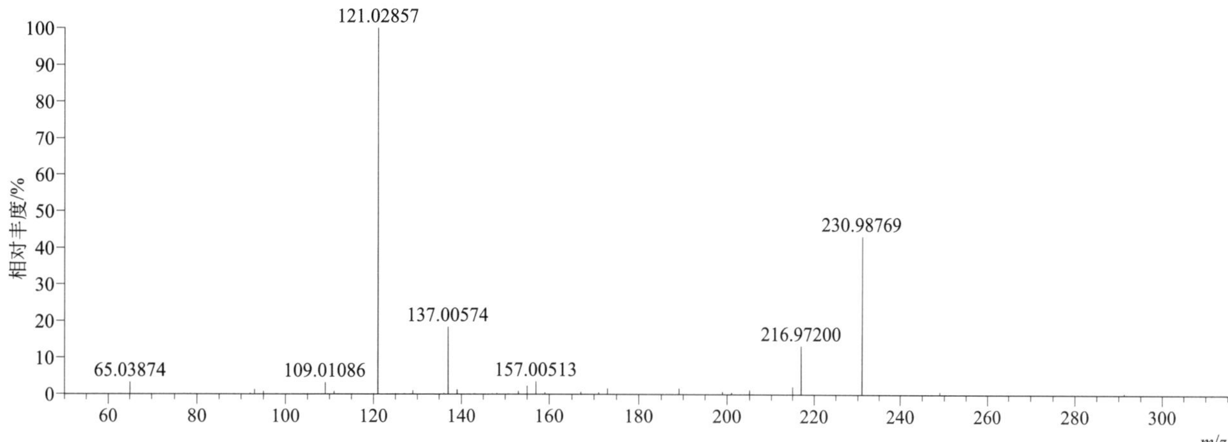

isofenphos（丙胺磷）

基本信息

CAS 登录号	25311-71-1	分子量	345.11637	离子源和极性	电喷雾离子源（ESI）
分子式	$C_{15}H_{24}NO_4PS$	保留时间	15.25min	极性	正模式

$[M+H]^+$ 提取离子流色谱图

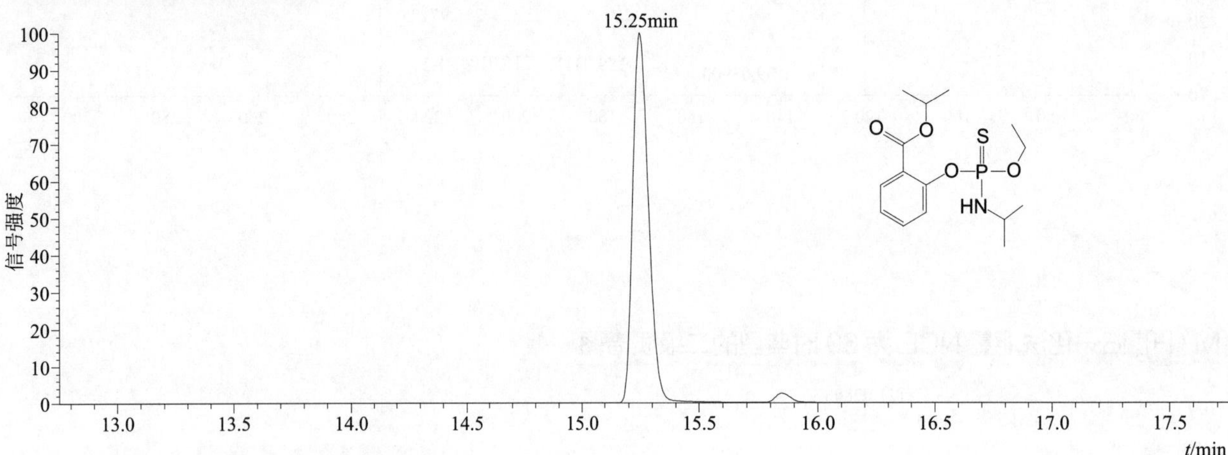

$[M+H]^+$ 和 $[M+Na]^+$ 典型的一级质谱图

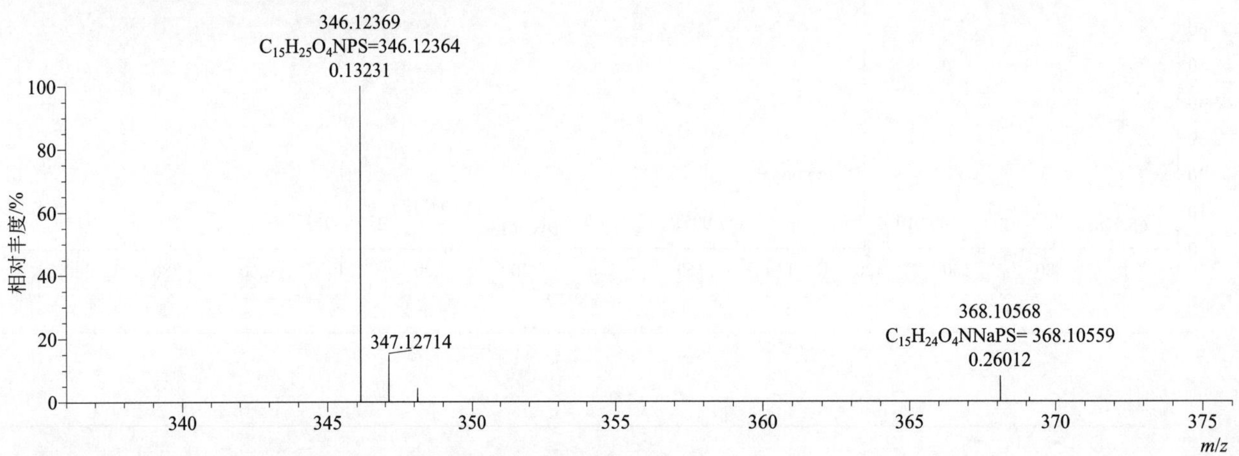

$[M+H]^+$ 归一化法能量 NCE 为 20 时典型的二级质谱图

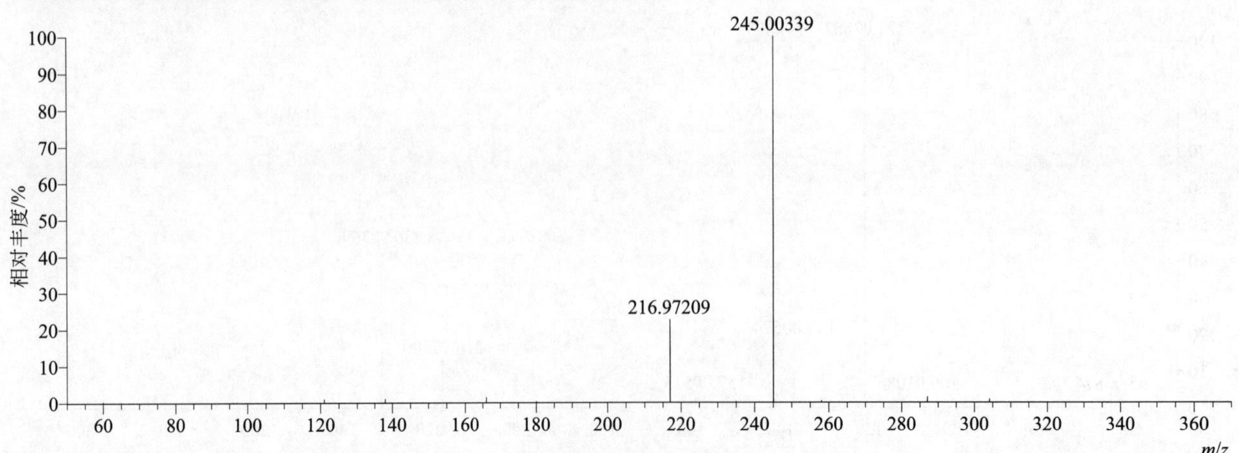

[M+H]$^+$ 归一化法能量 NCE 为 40 时典型的二级质谱图

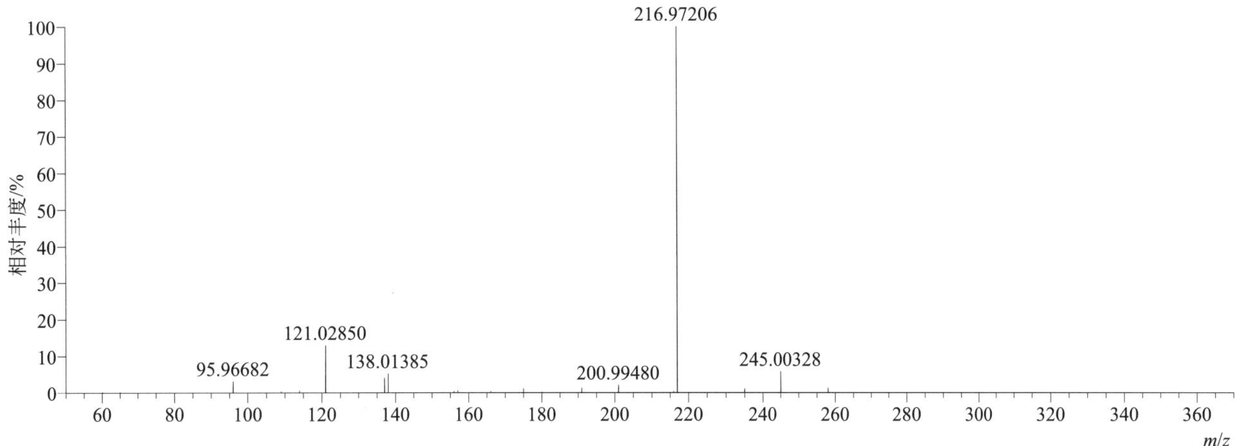

[M+H]$^+$ 归一化法能量 NCE 为 60 时典型的二级质谱图

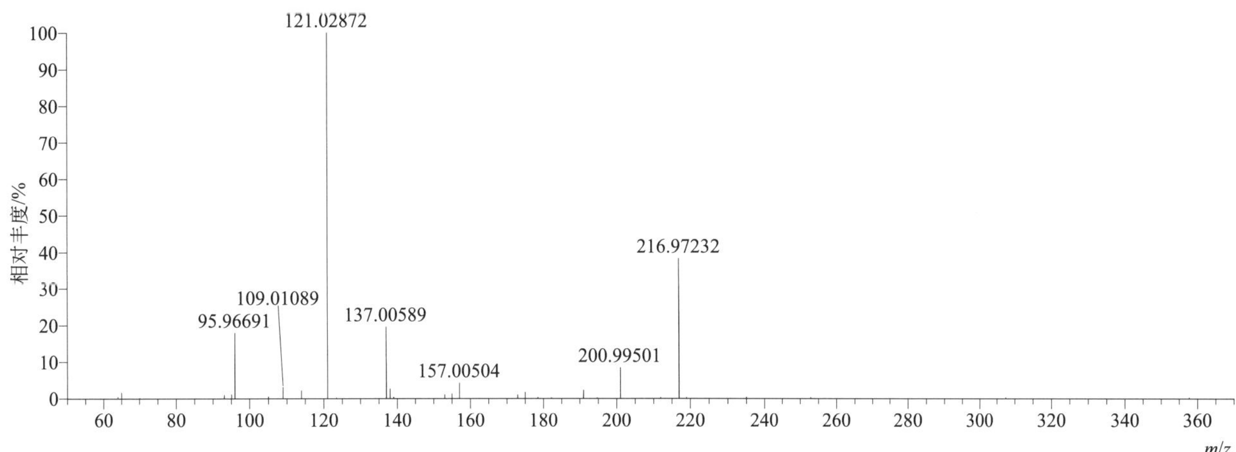

[M+H]$^+$ 阶梯归一化法能量 Step NCE 为 20、40、60 时典型的二级质谱图

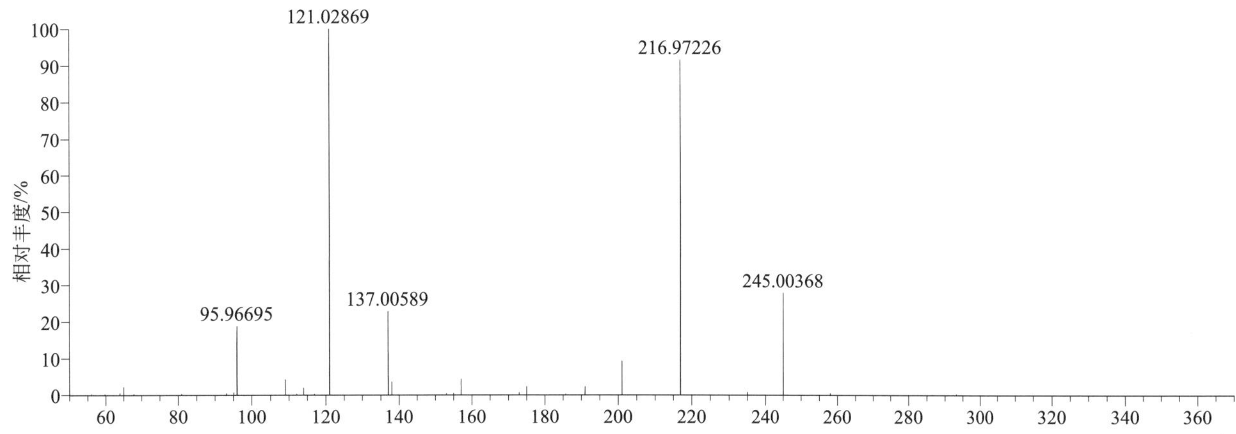

isofenphos-oxon（氧丙胺磷）

基本信息

CAS 登录号	31120-85-1	分子量	329.13921	离子源和极性	电喷雾离子源（ESI）
分子式	$C_{15}H_{24}NO_5P$	保留时间	14.56min	极性	正模式

$[M+H]^+$ 提取离子流色谱图

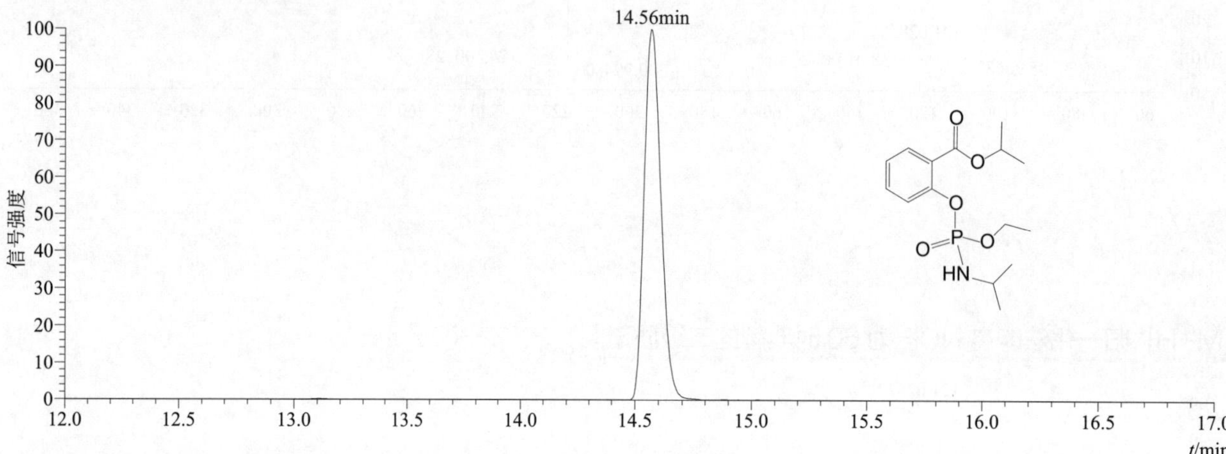

$[M+H]^+$ 典型的一级质谱图

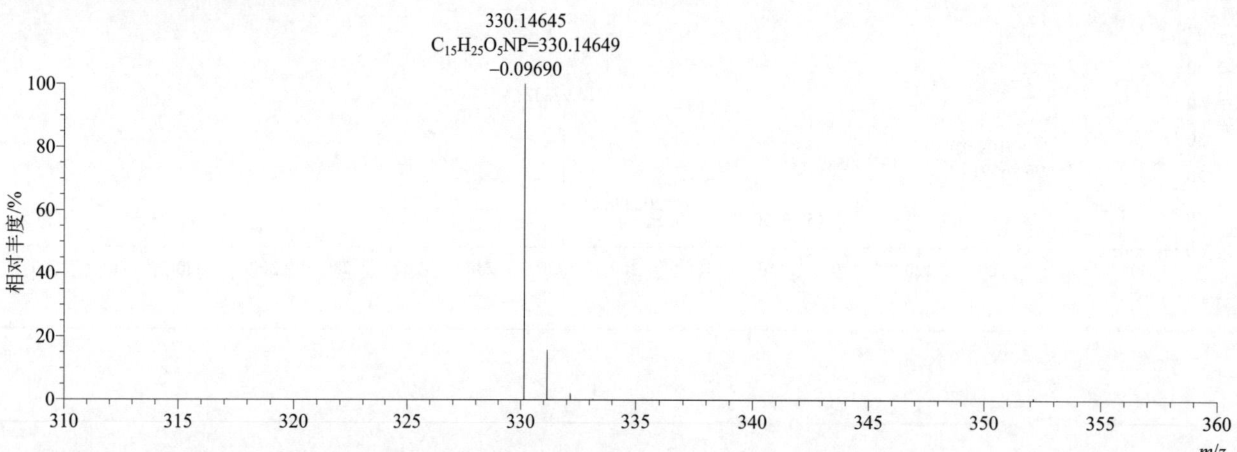

$[M+H]^+$ 归一化法能量 NCE 为 20 时典型的二级质谱图

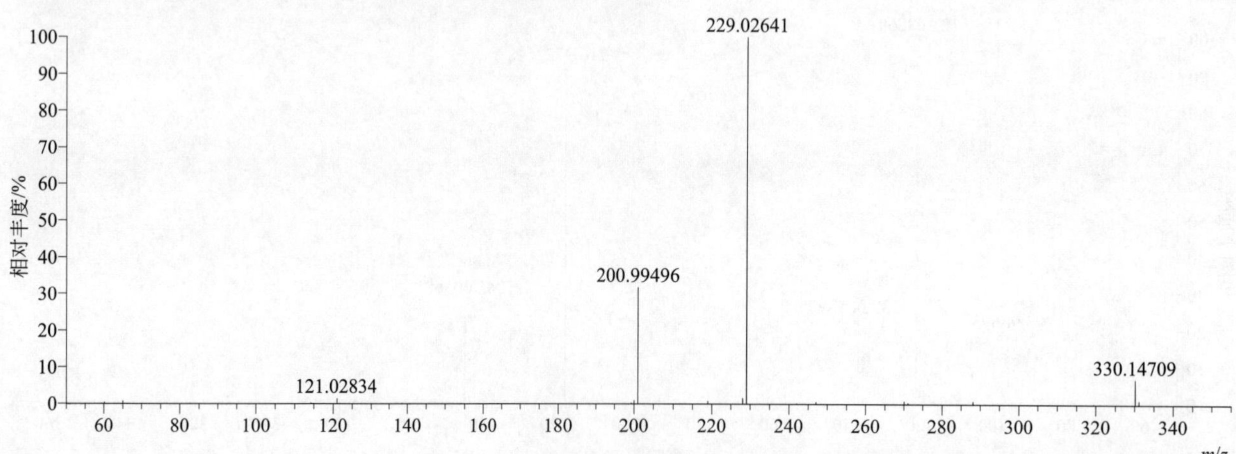

[M+H]+ 归一化法能量 NCE 为 40 时典型的二级质谱图

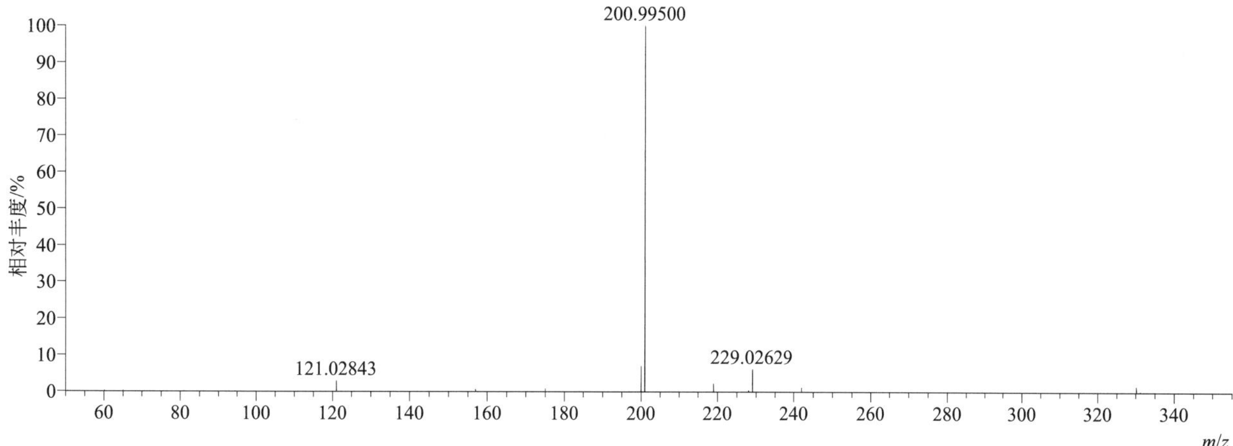

[M+H]+ 归一化法能量 NCE 为 60 时典型的二级质谱图

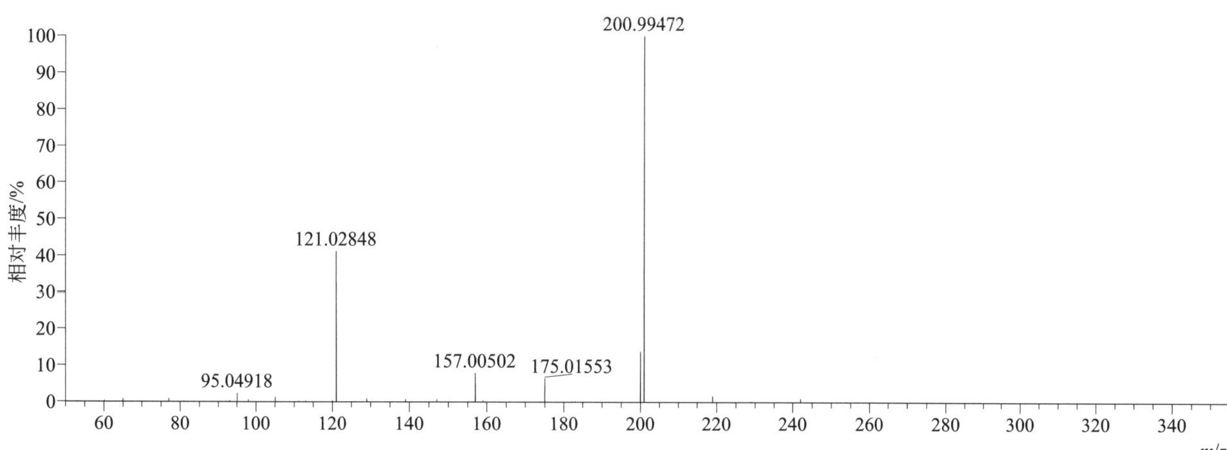

[M+H]+ 阶梯归一化法能量 Step NCE 为 20、40、60 时典型的二级质谱图

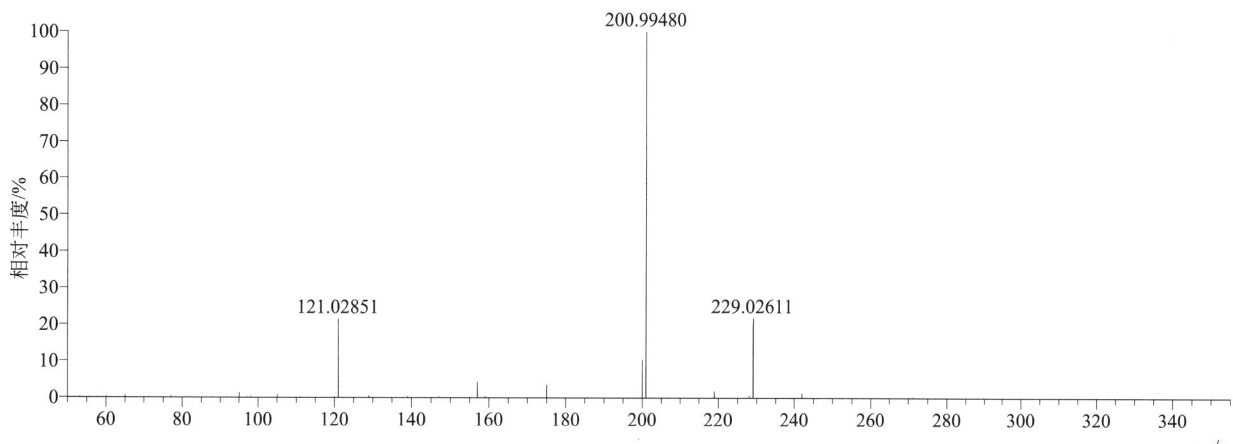

isomethiozin（嗪丁草）

基本信息

CAS 登录号	57052-04-7	分子量	268.13578	离子源和极性	电喷雾离子源（ESI）
分子式	$C_{12}H_{20}N_4OS$	保留时间	15.13min	极性	正模式

$[M+H]^+$ 提取离子流色谱图

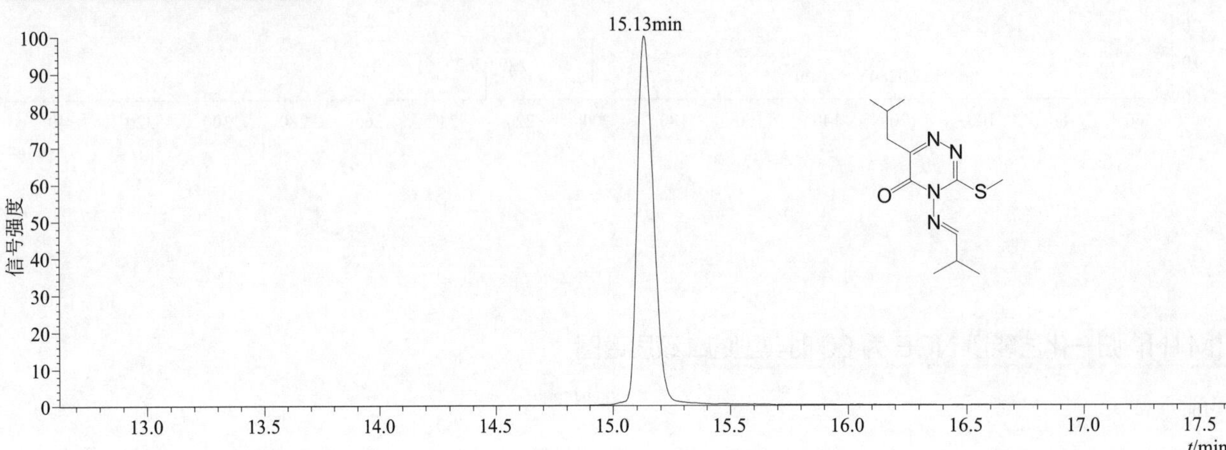

$[M+H]^+$ 典型的一级质谱图

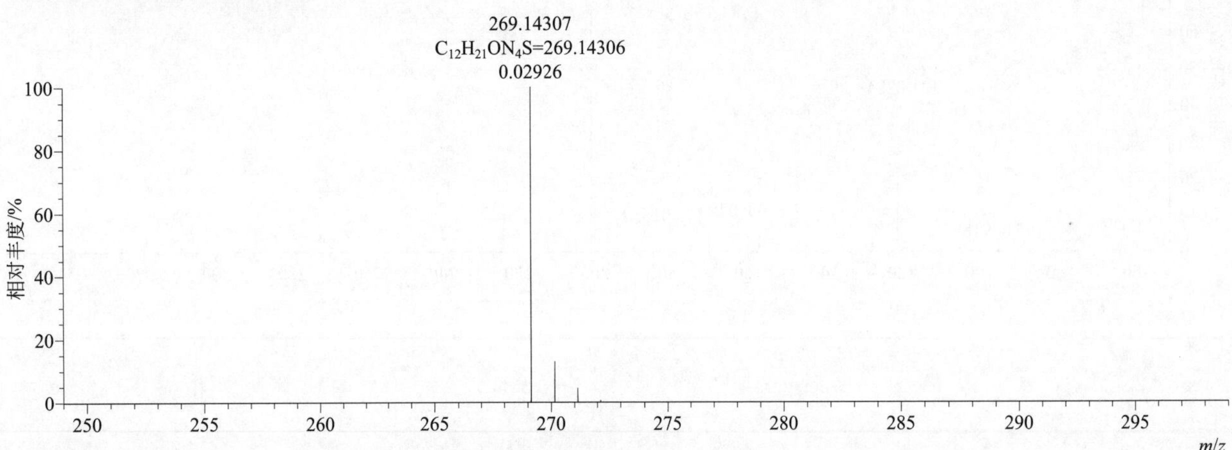

$[M+H]^+$ 归一化法能量 NCE 为 20 时典型的二级质谱图

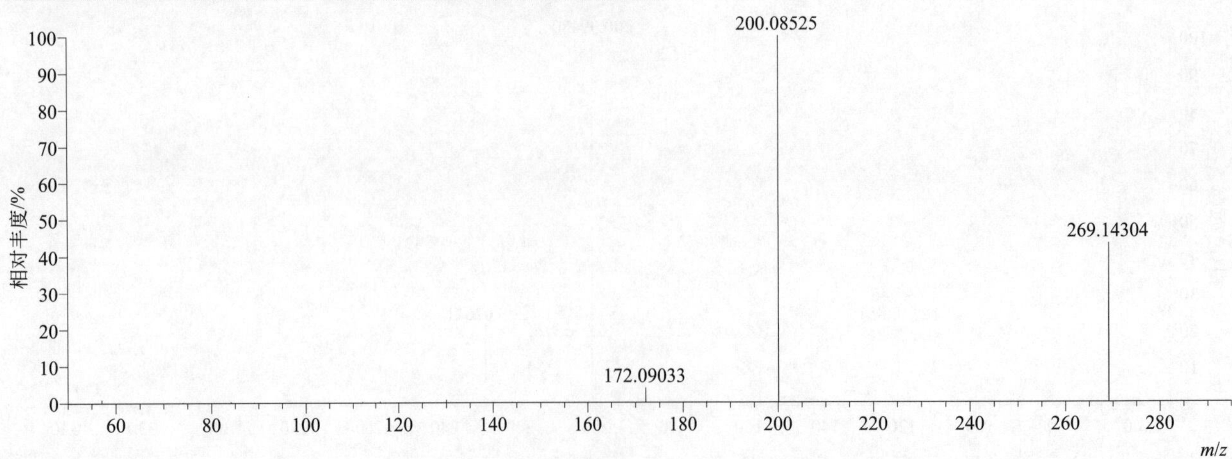

[M+H]$^+$ 归一化法能量 NCE 为 40 时典型的二级质谱图

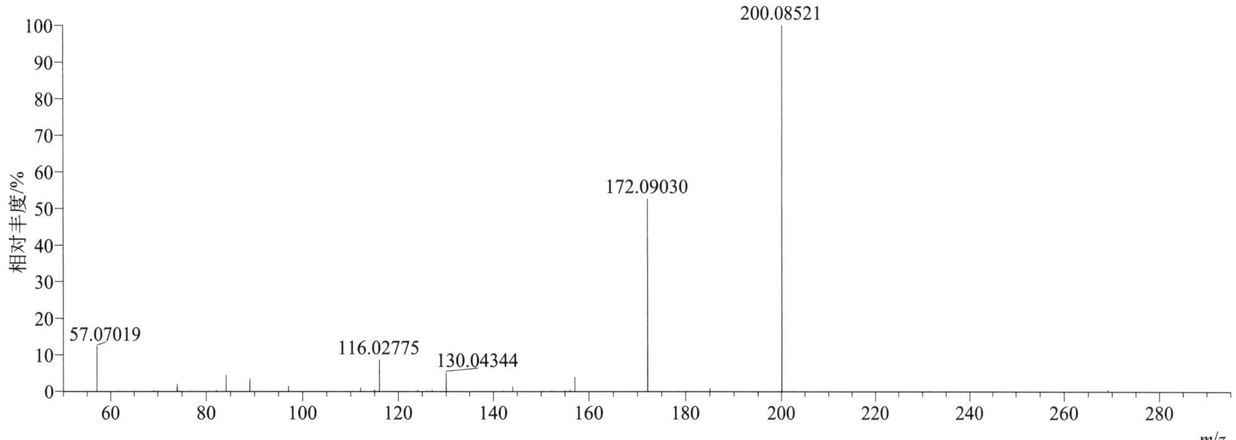

[M+H]$^+$ 归一化法能量 NCE 为 60 时典型的二级质谱图

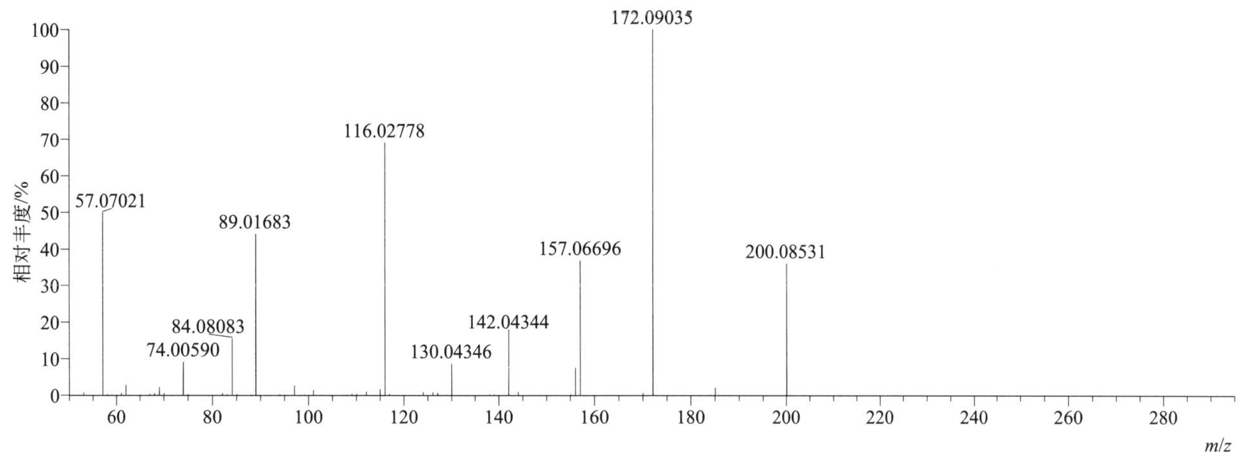

[M+H]$^+$ 阶梯归一化法能量 Step NCE 为 20、40、60 时典型的二级质谱图

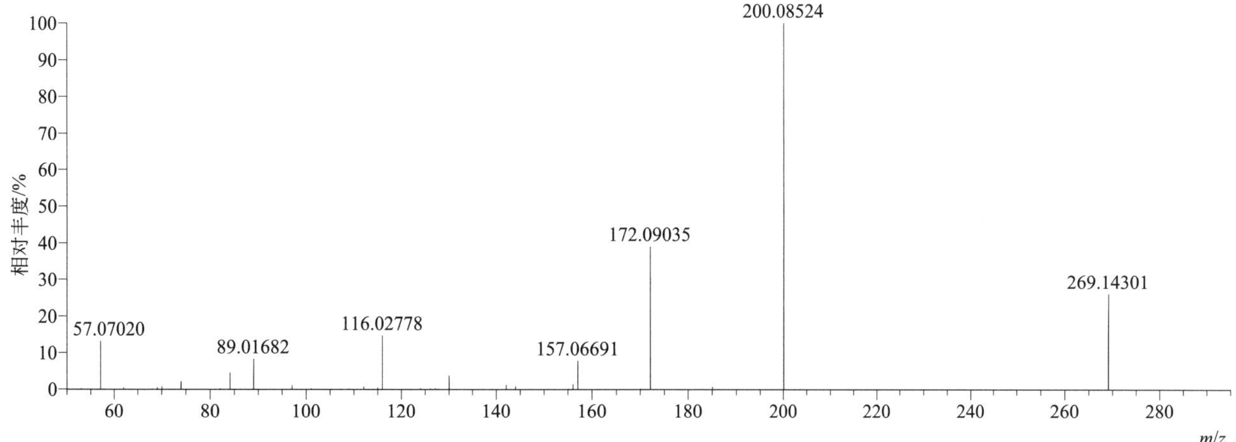

isoprocarb（异丙威）

基本信息

CAS 登录号	2631-40-5	分子量	193.11028	离子源和极性	电喷雾离子源（ESI）
分子式	$C_{11}H_{15}NO_2$	保留时间	13.69min	极性	正模式

$[M+H]^+$ 提取离子流色谱图

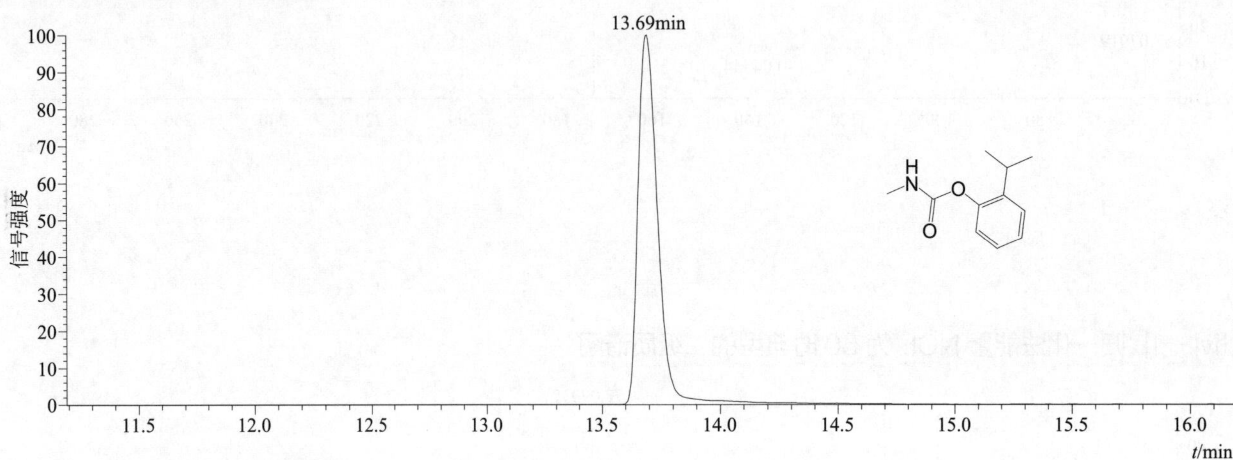

$[M+H]^+$ 典型的一级质谱图

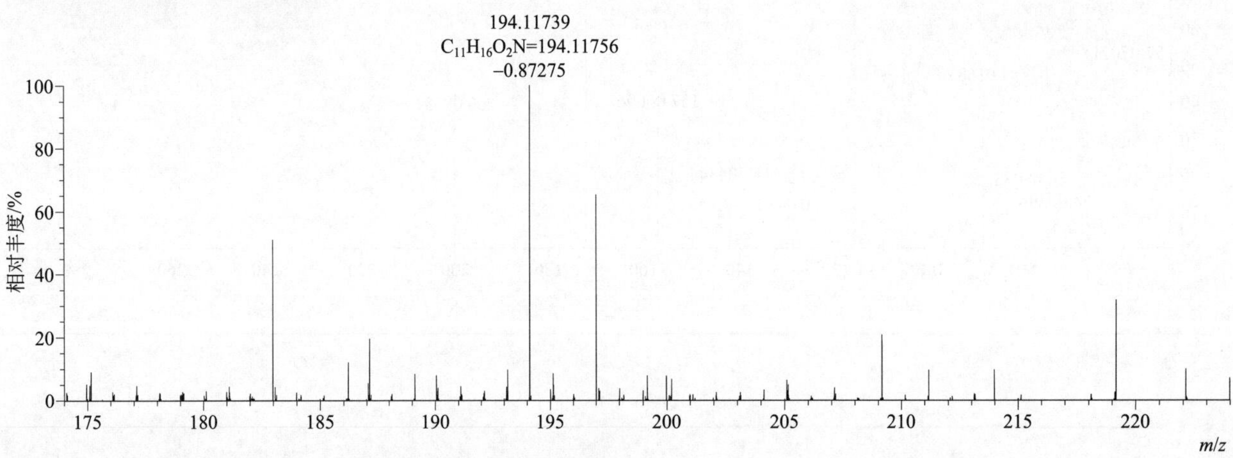

$[M+H]^+$ 归一化法能量 NCE 为 20 时典型的二级质谱图

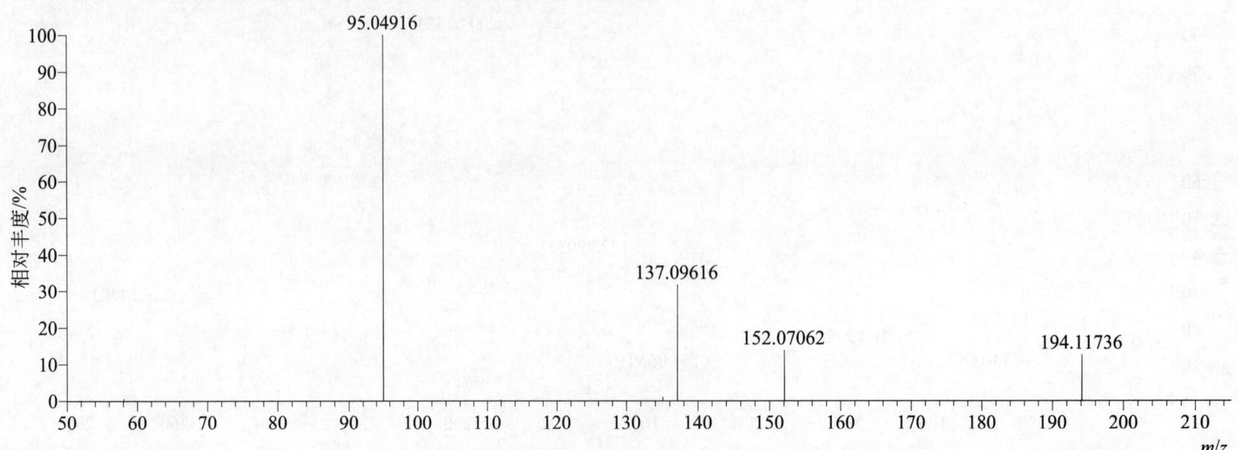

[M+H]$^+$ 归一化法能量 NCE 为 40 时典型的二级质谱图

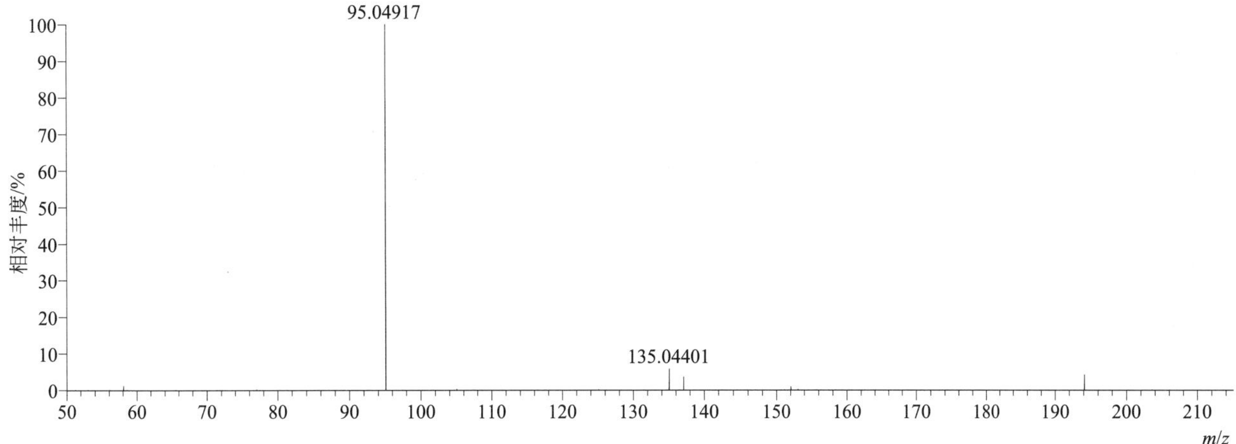

[M+H]$^+$ 归一化法能量 NCE 为 60 时典型的二级质谱图

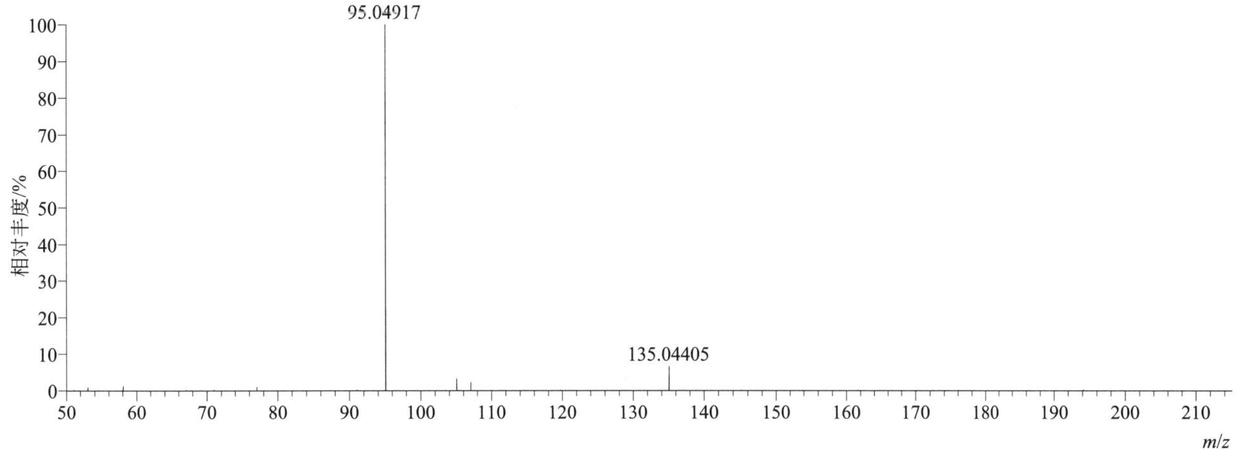

[M+H]$^+$ 阶梯归一化法能量 Step NCE 为 20、40、60 时典型的二级质谱图

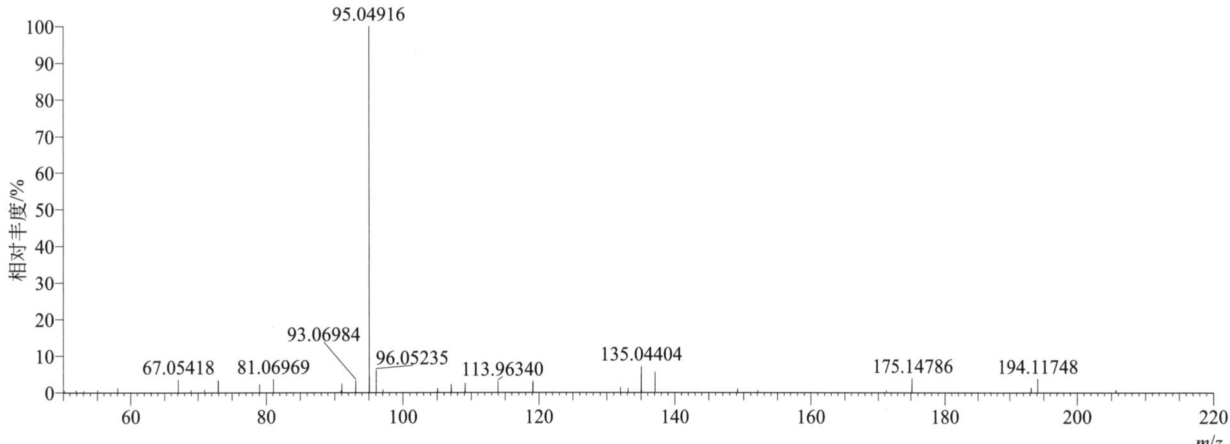

isopropalin（异乐灵）

基本信息

CAS 登录号	33820-53-0	分子量	309.16886	离子源和极性	电喷雾离子源（ESI）
分子式	$C_{15}H_{23}N_3O_4$	保留时间	16.32min	极性	正模式

$[M+H]^+$ 提取离子流色谱图

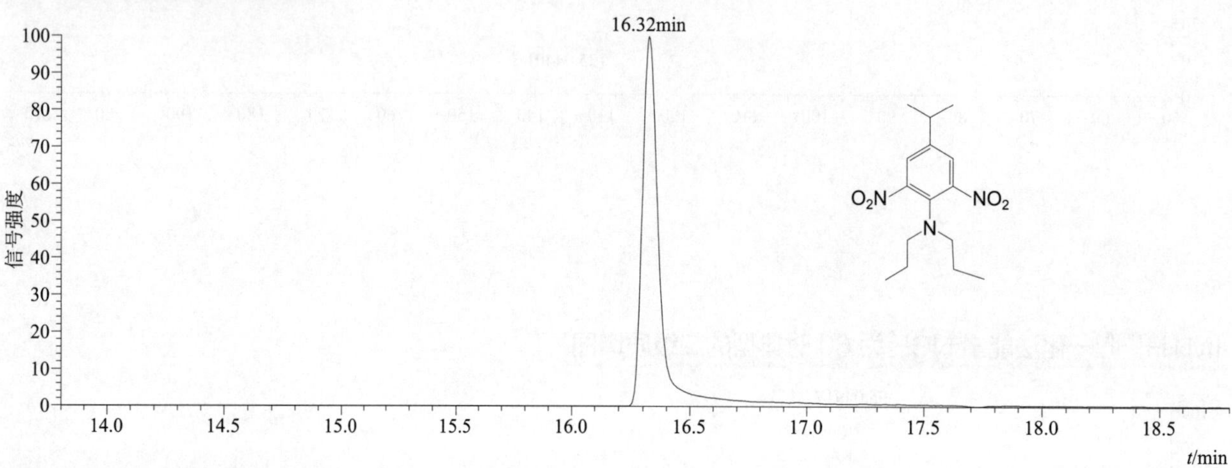

$[M+H]^+$ 典型的一级质谱图

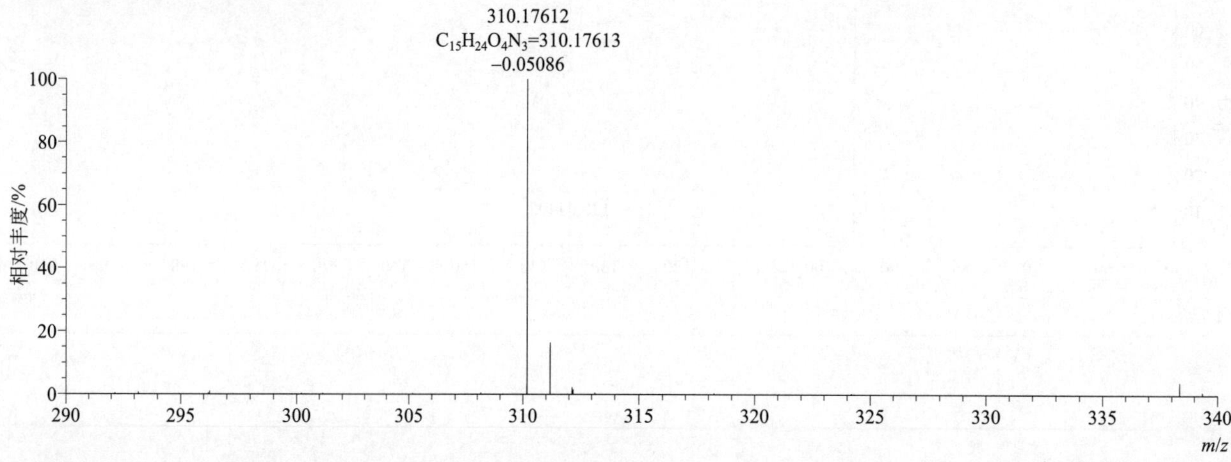

$[M+H]^+$ 归一化法能量 NCE 为 20 时典型的二级质谱图

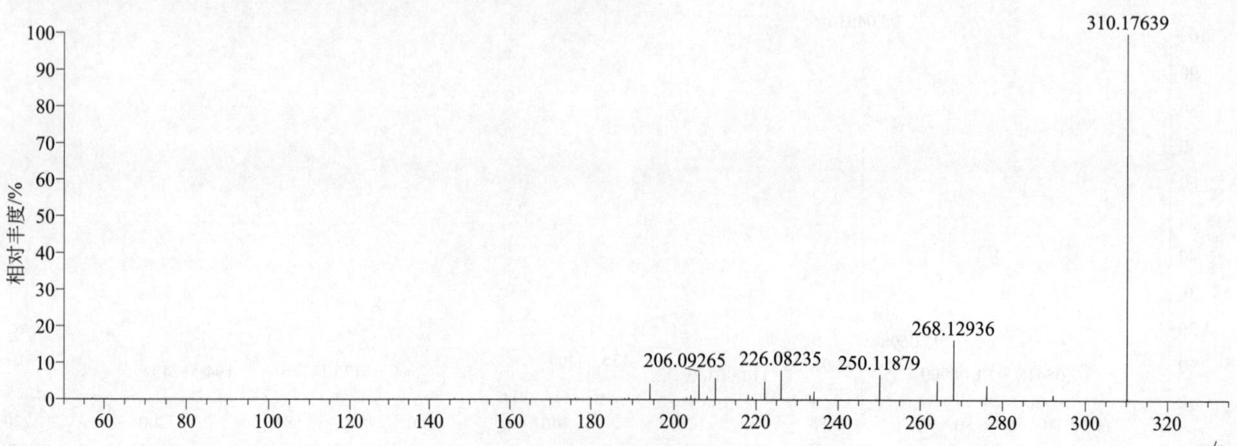

[M+H]$^+$ 归一化法能量 NCE 为 40 时典型的二级质谱图

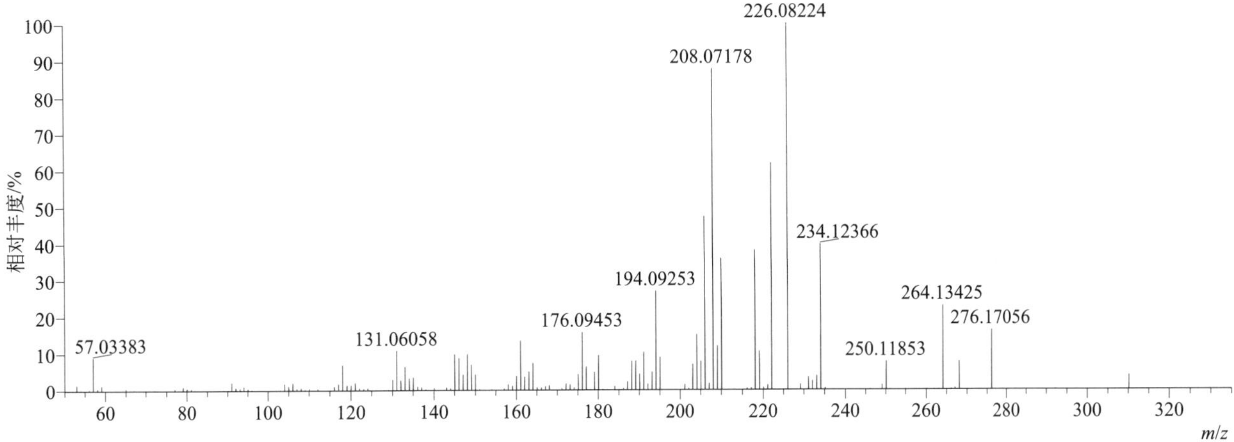

[M+H]$^+$ 归一化法能量 NCE 为 60 时典型的二级质谱图

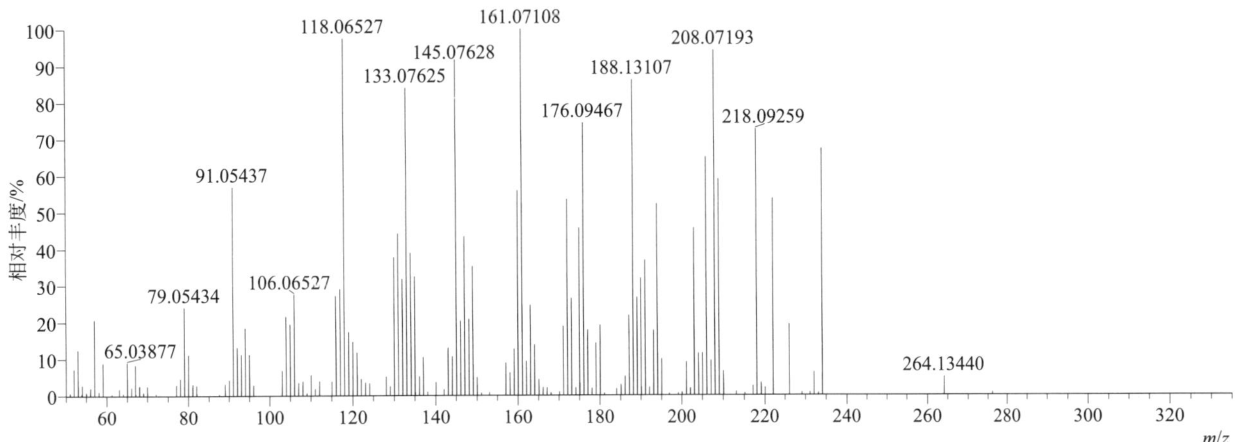

[M+H]$^+$ 阶梯归一化法能量 Step NCE 为 20、40、60 时典型的二级质谱图

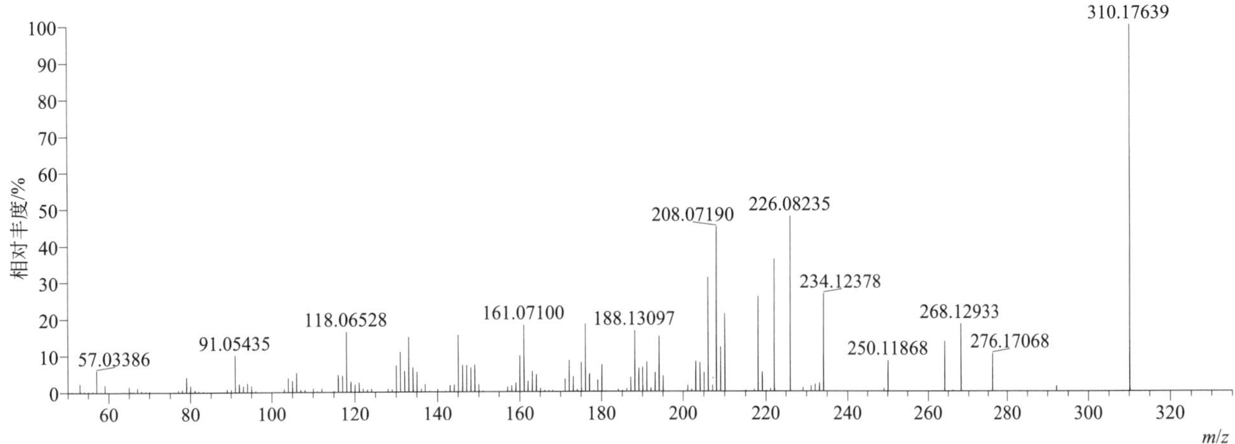

isoprothiolane（稻瘟灵）

基本信息

CAS 登录号	50512-35-1	分子量	290.06465	离子源和极性	电喷雾离子源（ESI）
分子式	$C_{12}H_{18}O_4S_2$	保留时间	14.46min	极性	正模式

[M+H]⁺ 提取离子流色谱图

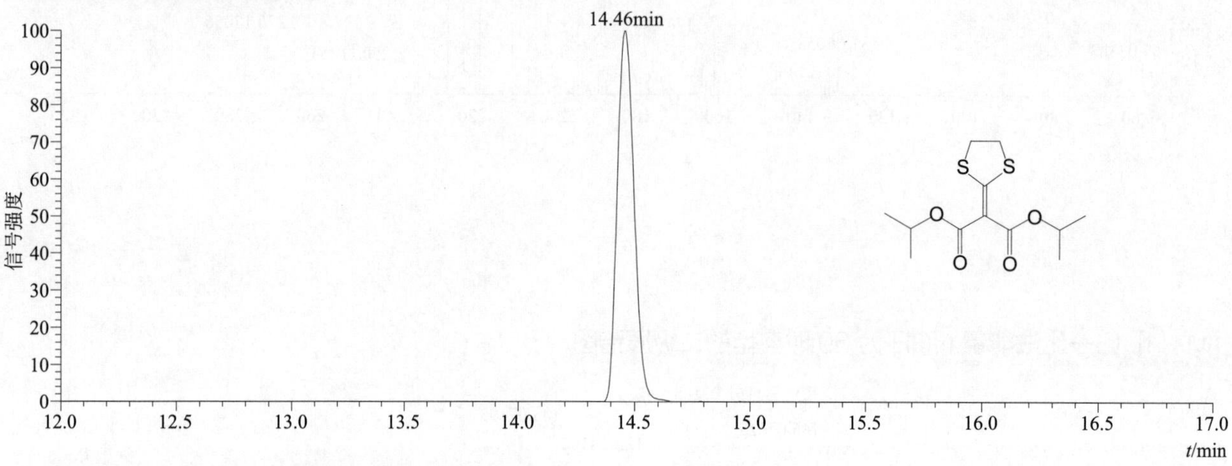

[M+H]⁺ 和 [M+Na]⁺ 典型的一级质谱图

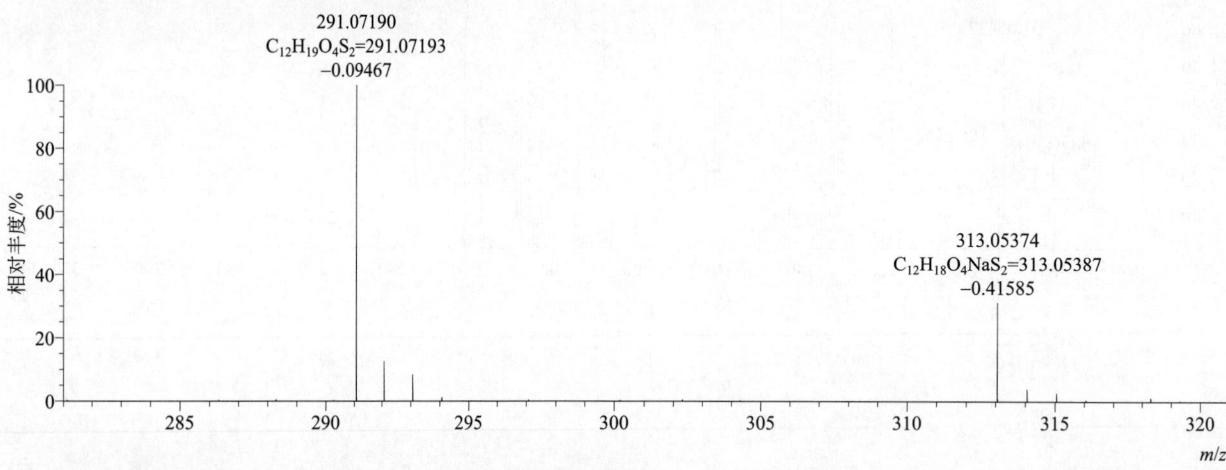

[M+H]⁺ 归一化法能量 NCE 为 20 时典型的二级质谱图

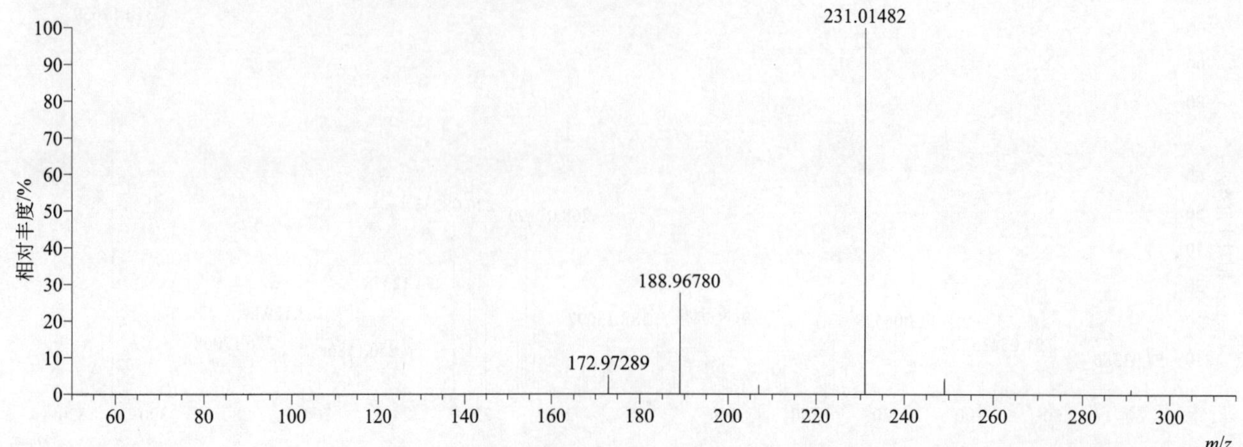

[M+H]⁺ 归一化法能量 NCE 为 40 时典型的二级质谱图

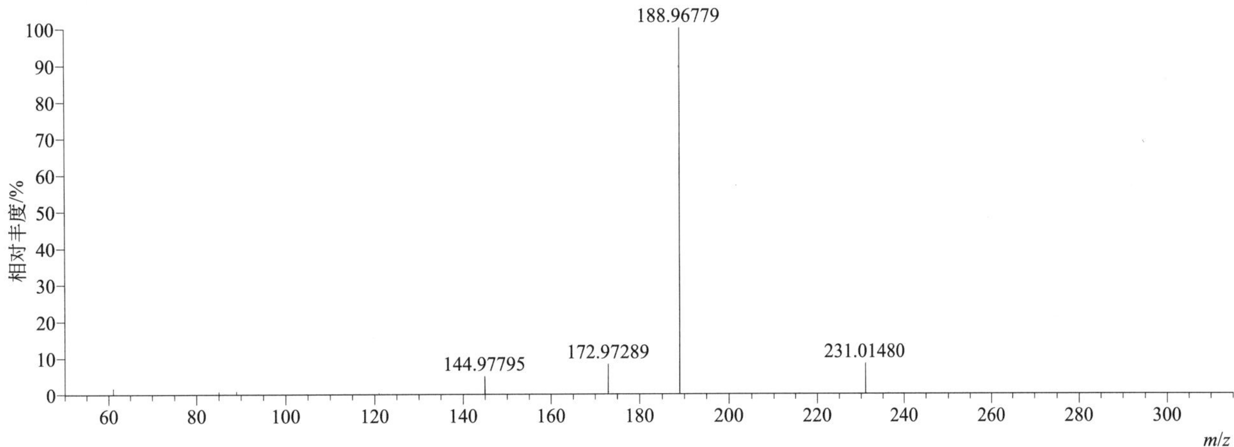

[M+H]⁺ 归一化法能量 NCE 为 60 时典型的二级质谱图

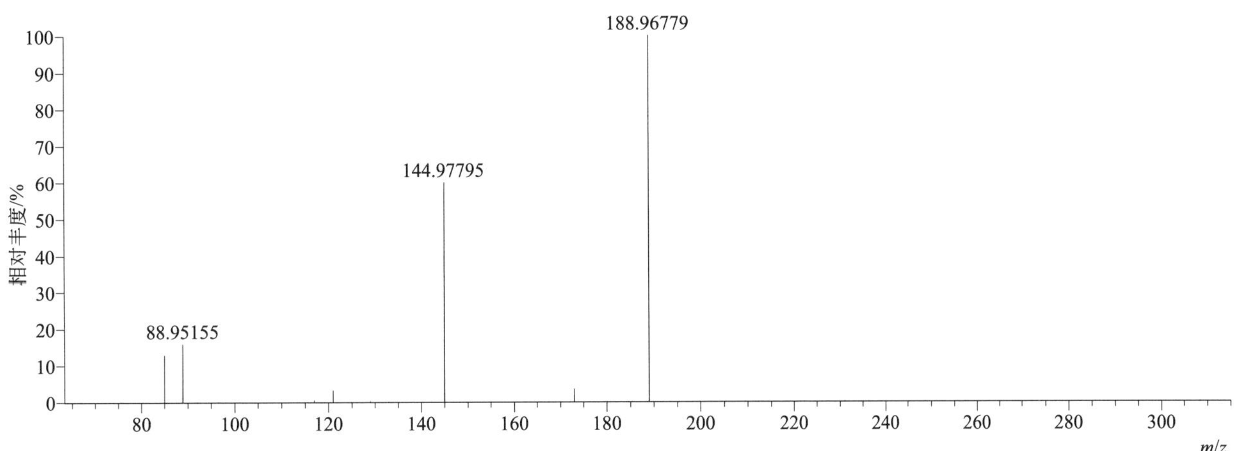

[M+H]⁺ 阶梯归一化法能量 Step NCE 为 20、40、60 时典型的二级质谱图

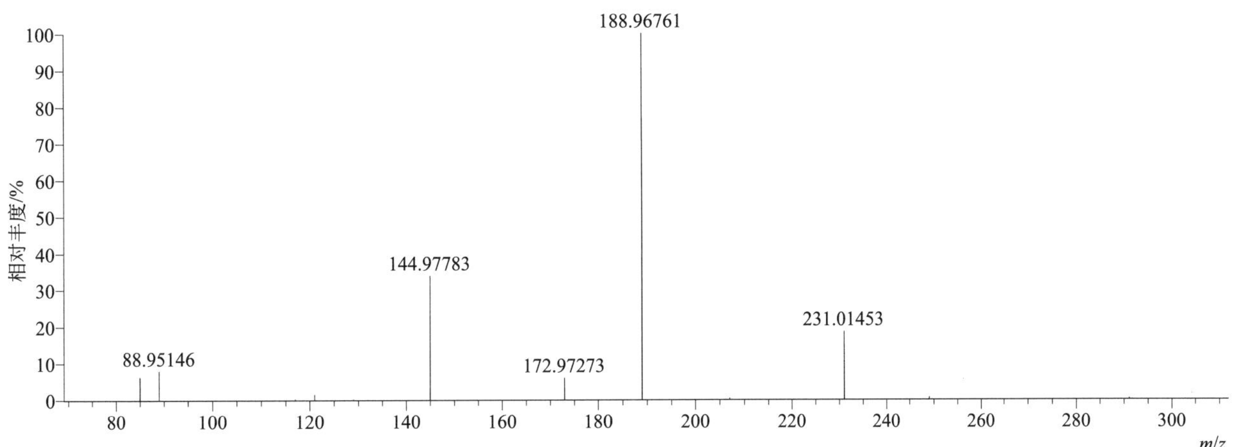

isoproturon（异丙隆）

基本信息

CAS 登录号	34123-59-6	分子量	206.14191	离子源和极性	电喷雾离子源（ESI）
分子式	$C_{12}H_{18}N_2O$	保留时间	13.87min	极性	正模式

$[M+H]^+$ 提取离子流色谱图

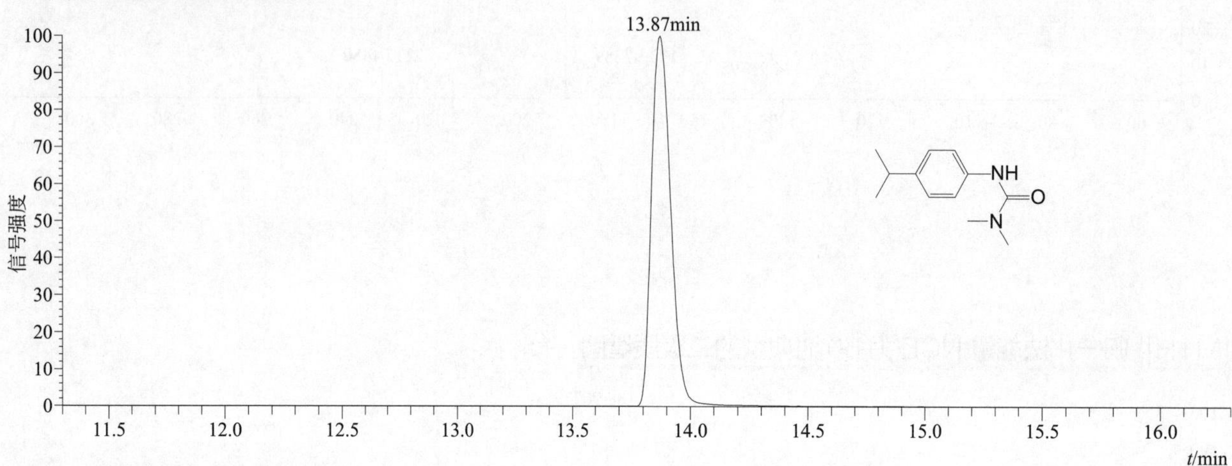

$[M+H]^+$ 典型的一级质谱图

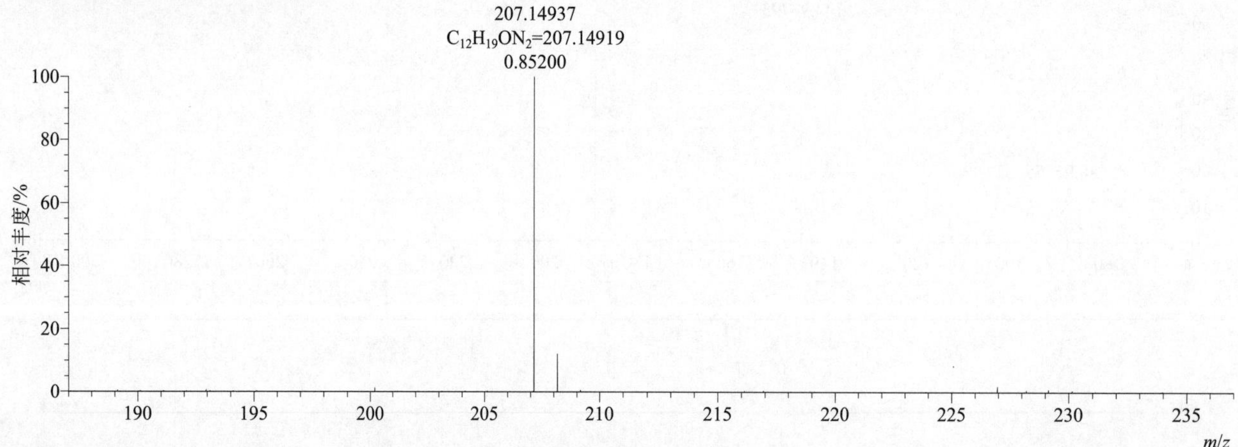

$[M+H]^+$ 归一化法能量 NCE 为 20 时典型的二级质谱图

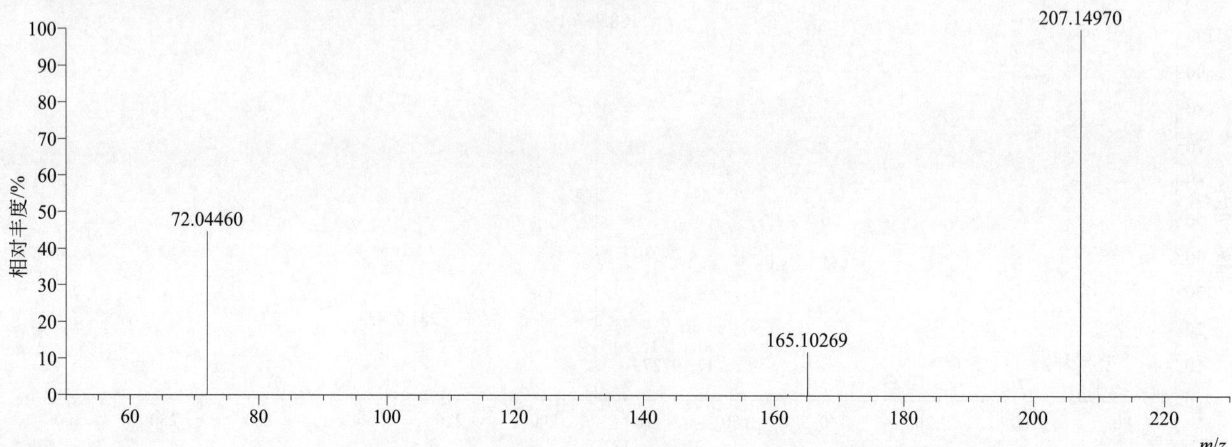

[M+H]+ 归一化法能量 NCE 为 40 时典型的二级质谱图

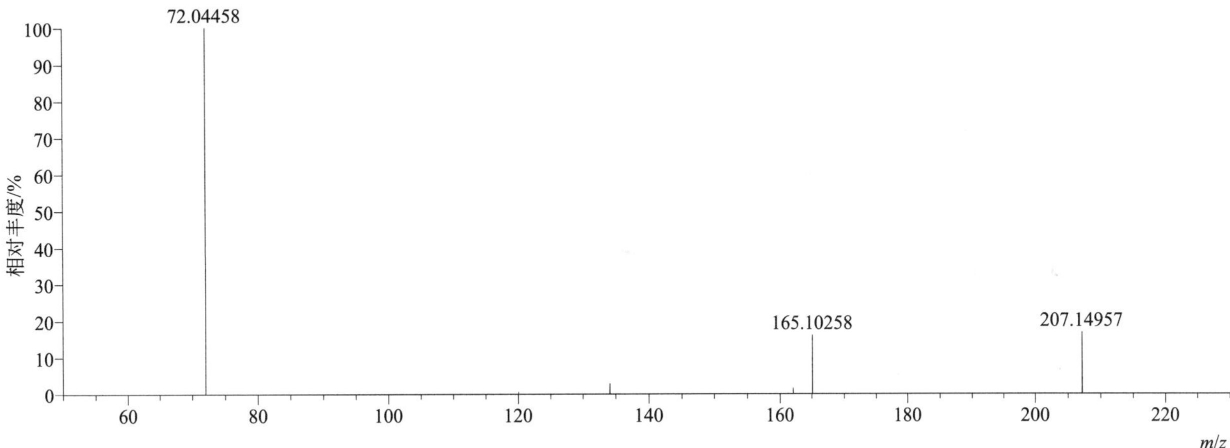

[M+H]+ 归一化法能量 NCE 为 60 时典型的二级质谱图

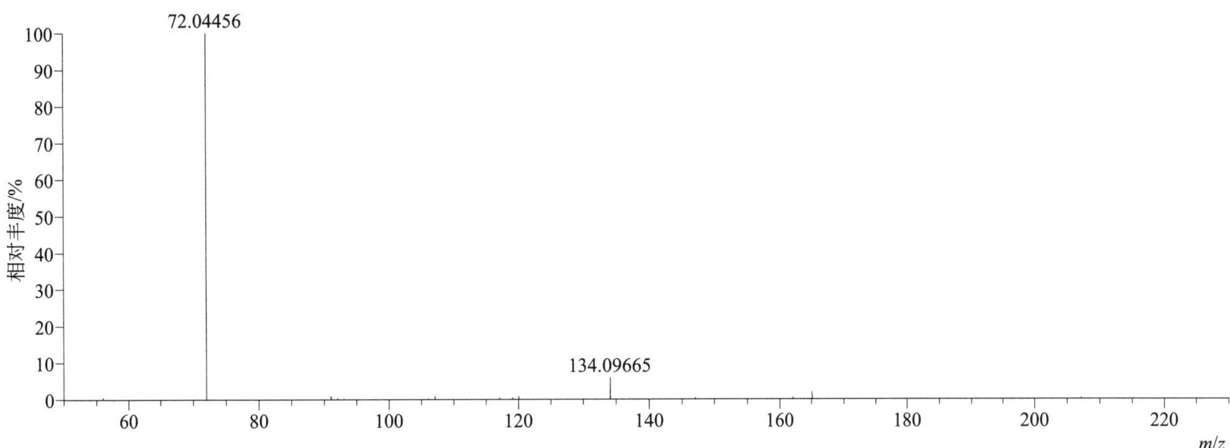

[M+H]+ 阶梯归一化法能量 Step NCE 为 20、40、60 时典型的二级质谱图

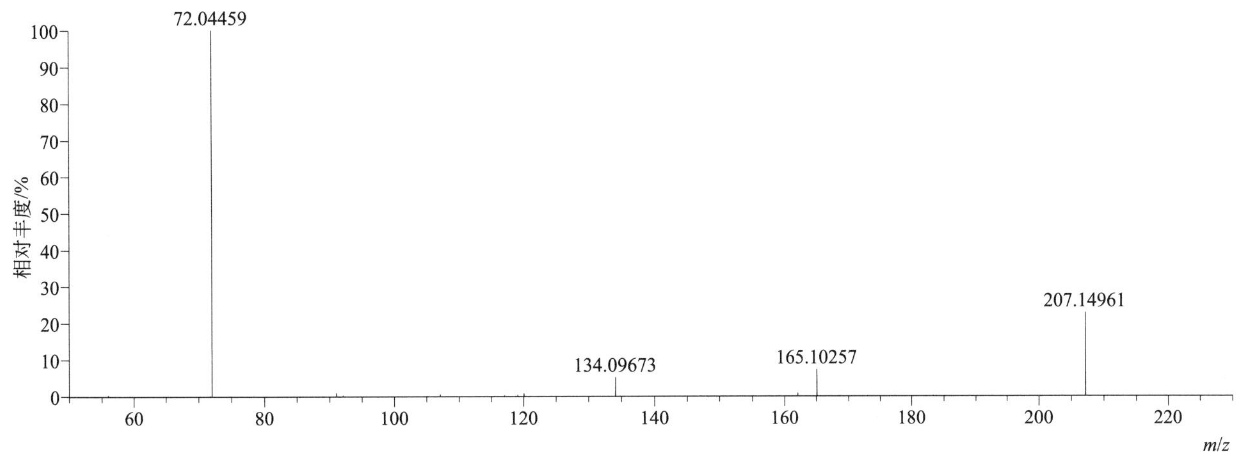

isouron（异噁隆）

基本信息

CAS 登录号	55861-78-4	分子量	211.13208	离子源和极性	电喷雾离子源（ESI）
分子式	$C_{10}H_{17}N_3O_2$	保留时间	13.27min	极性	正模式

[M+H]+ 提取离子流色谱图

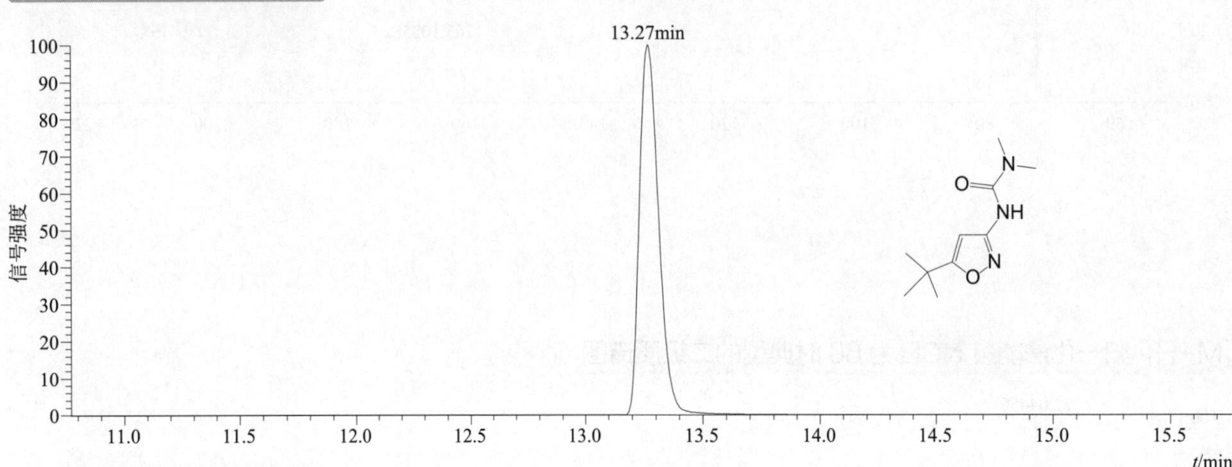

[M+H]+ 典型的一级质谱图

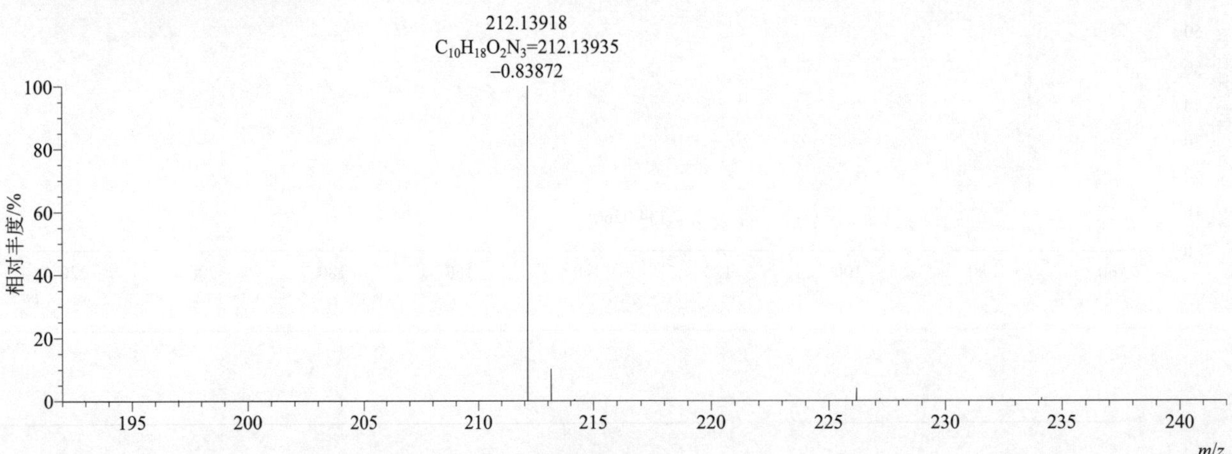

[M+H]+ 归一化法能量 NCE 为 20 时典型的二级质谱图

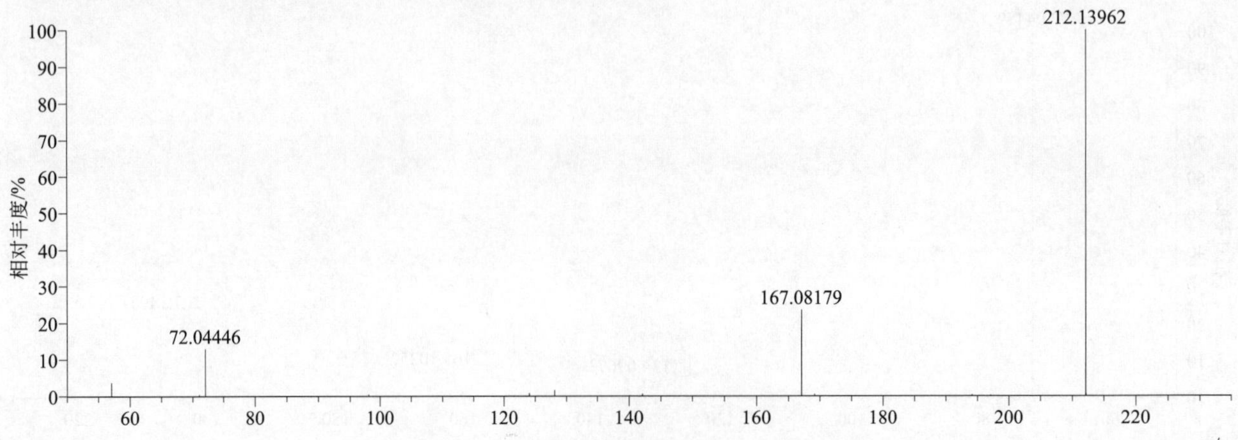

[M+H]+ 归一化法能量 NCE 为 40 时典型的二级质谱图

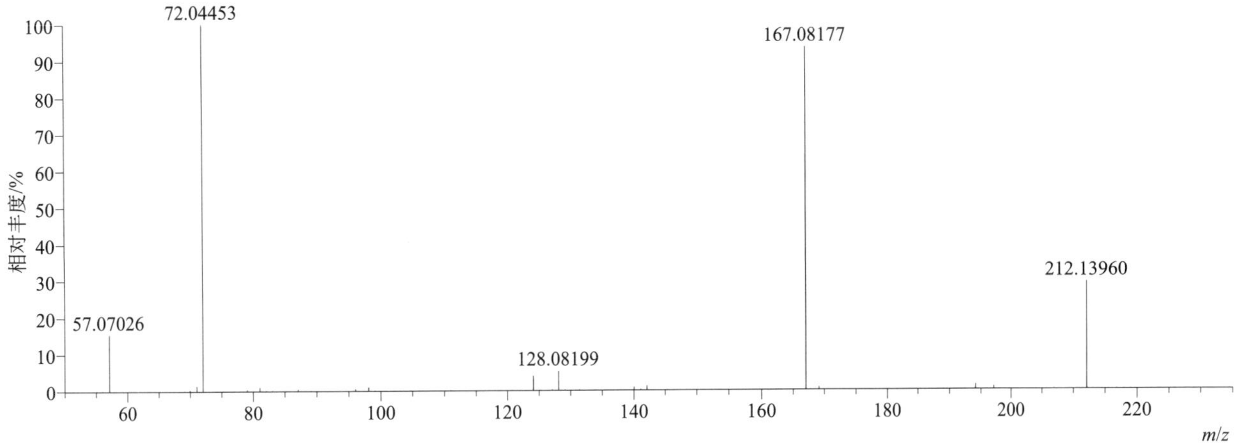

[M+H]+ 归一化法能量 NCE 为 60 时典型的二级质谱图

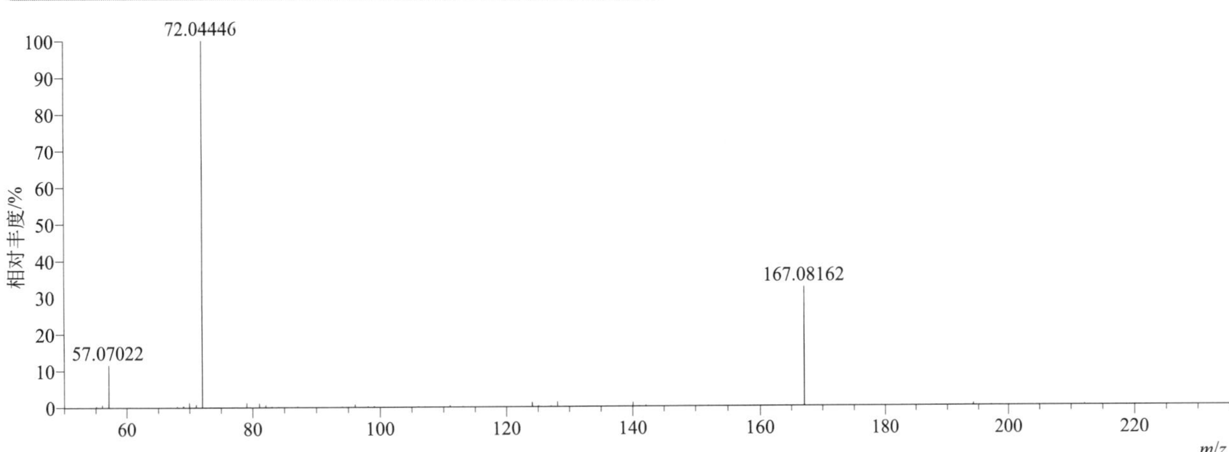

[M+H]+ 阶梯归一化法能量 Step NCE 为 20、40、60 时典型的二级质谱图

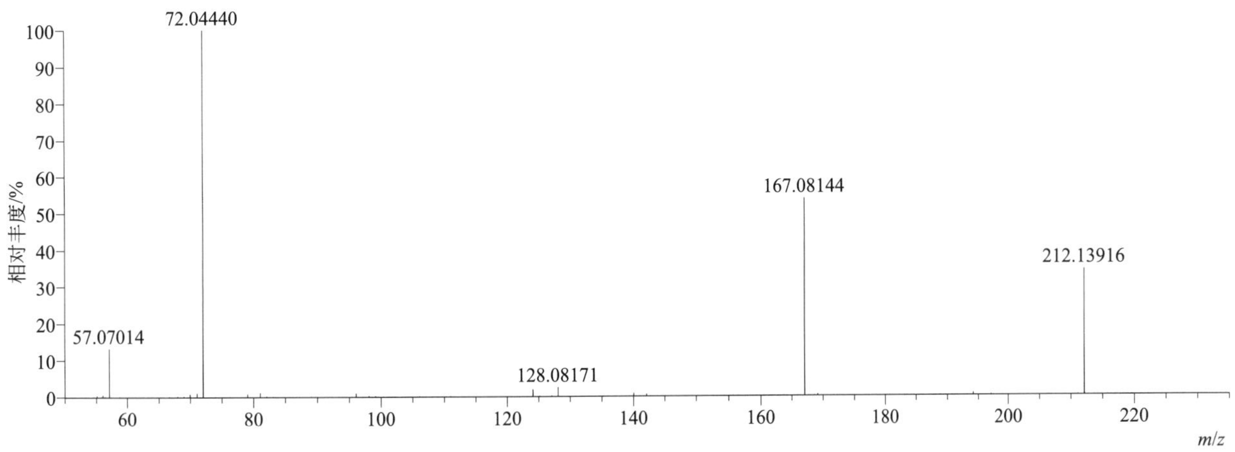

isoxaben（异噁草胺）

基本信息

CAS 登录号	82558-50-7	分子量	332.17361	离子源和极性	电喷雾离子源（ESI）
分子式	$C_{18}H_{24}N_2O_4$	保留时间	14.33min	极性	正模式

[M+H]+ 提取离子流色谱图

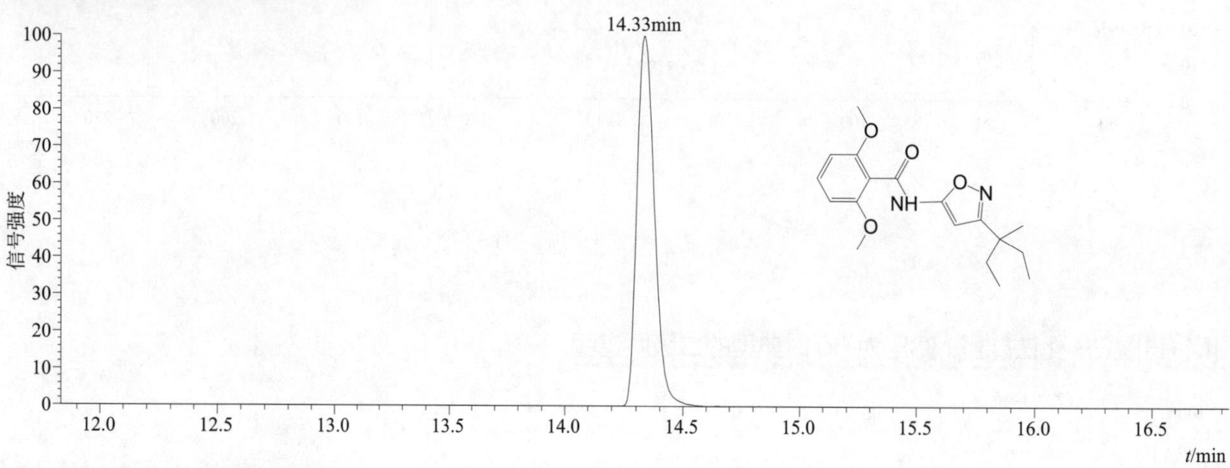

[M+H]+ 典型的一级质谱图

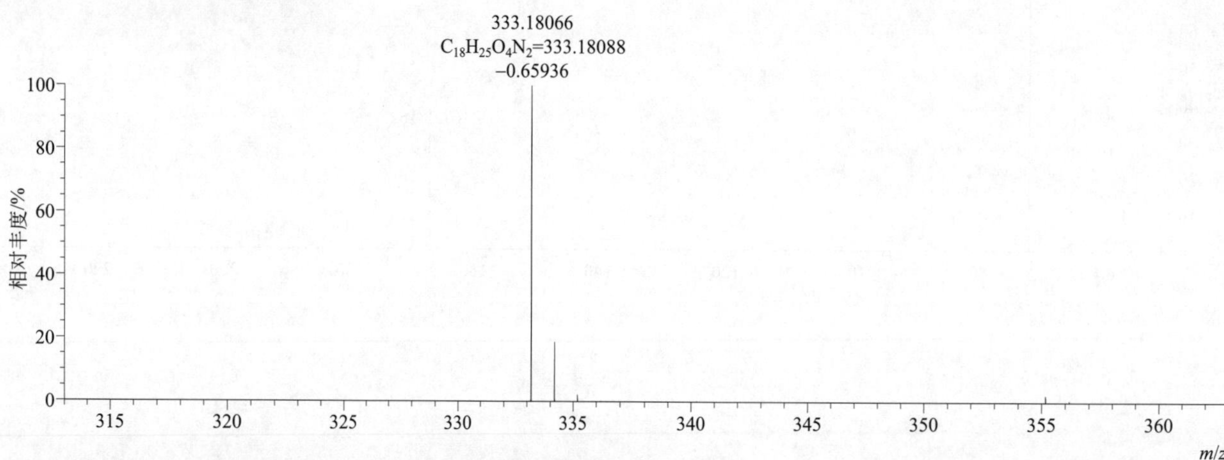

[M+H]+ 归一化法能量 NCE 为 20 时典型的二级质谱图

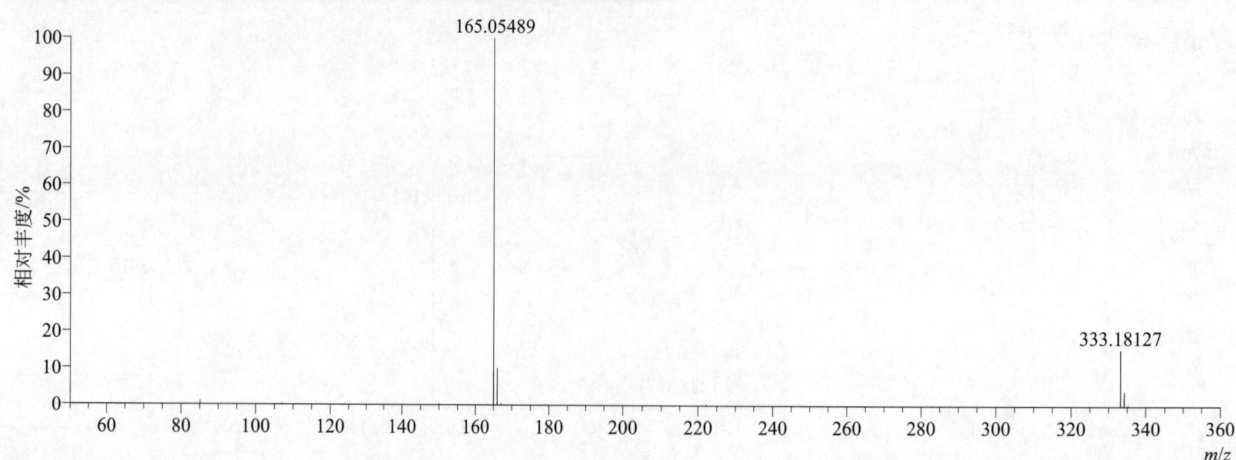

[M+H]+ 归一化法能量 NCE 为 40 时典型的二级质谱图

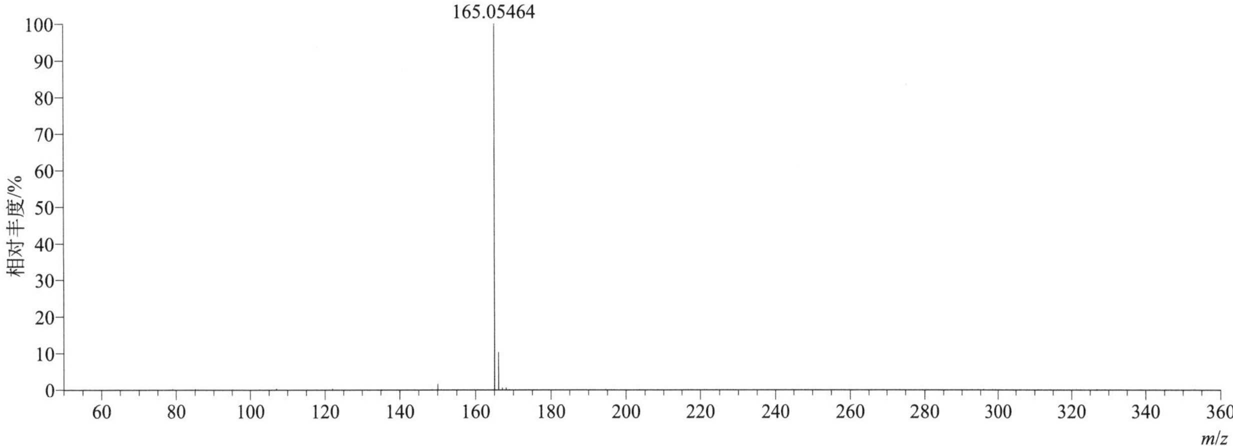

[M+H]+ 归一化法能量 NCE 为 60 时典型的二级质谱图

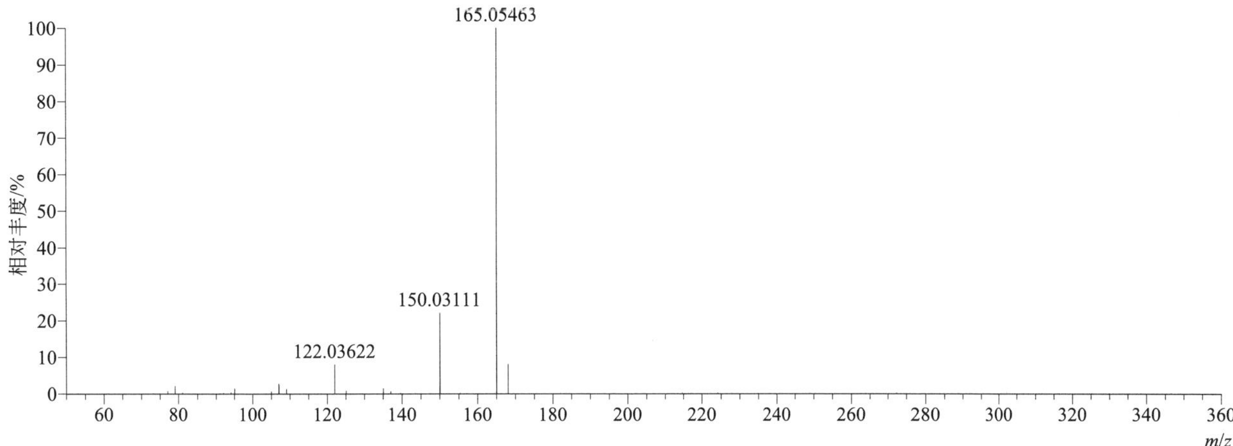

[M+H]+ 阶梯归一化法能量 Step NCE 为 20、40、60 时典型的二级质谱图

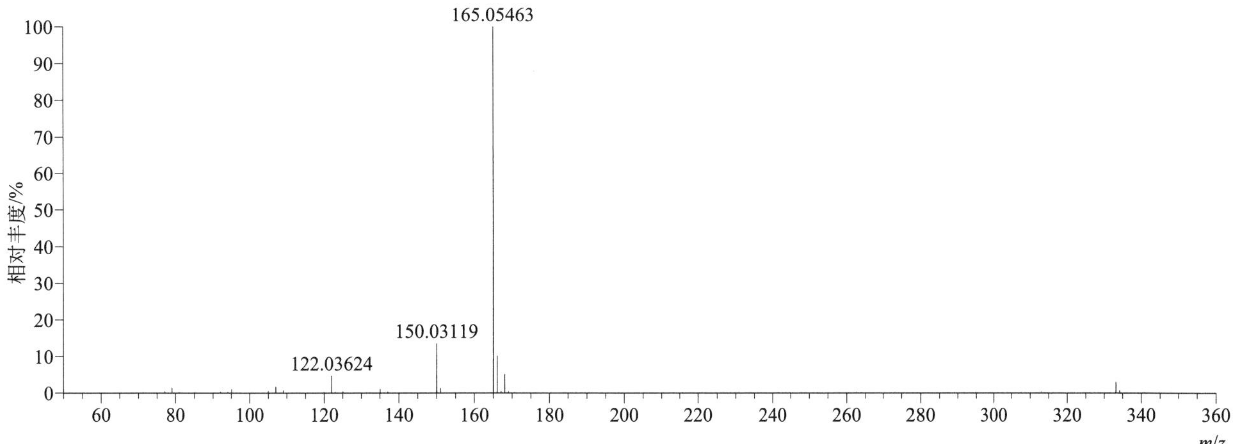

isoxadifen-ethyl（双苯噁唑酸乙酯）

基本信息

CAS 登录号	163520-33-0	分子量	295.12084	离子源和极性	电喷雾离子源（ESI）
分子式	$C_{18}H_{17}NO_3$	保留时间	14.95min	极性	正模式

[M+H]+ 提取离子流色谱图

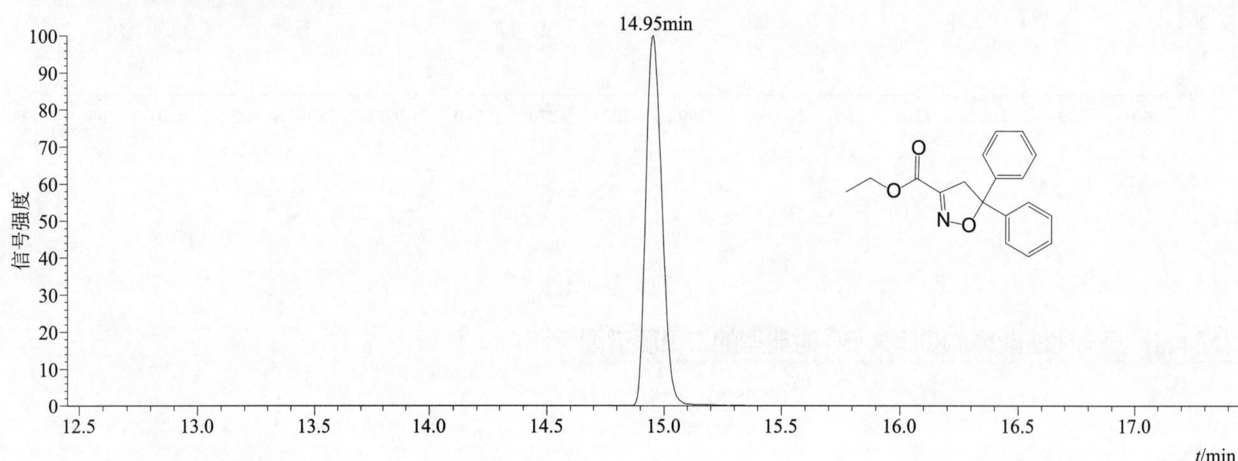

[M+H]+ 典型的一级质谱图

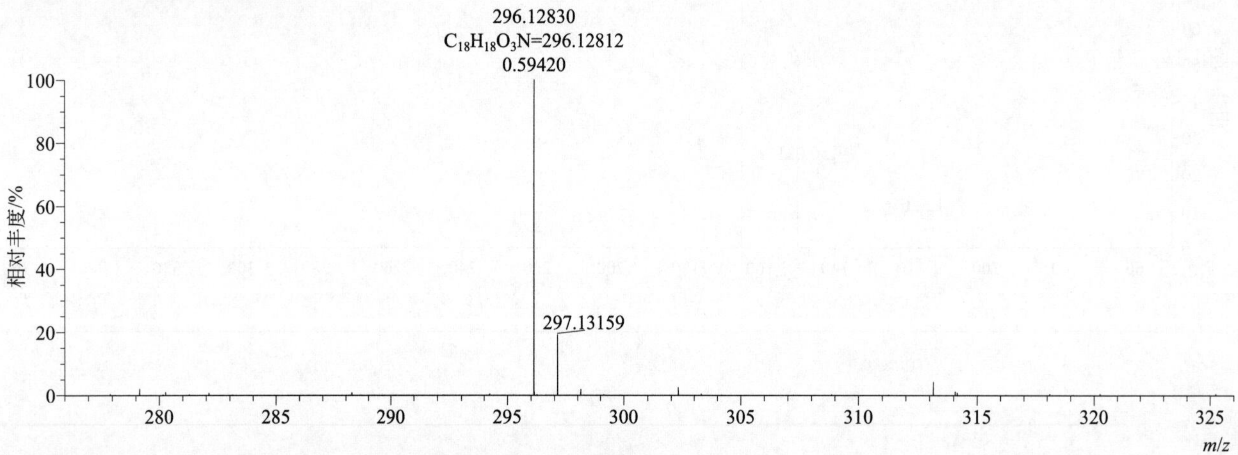

[M+H]+ 归一化法能量 NCE 为 20 时典型的二级质谱图

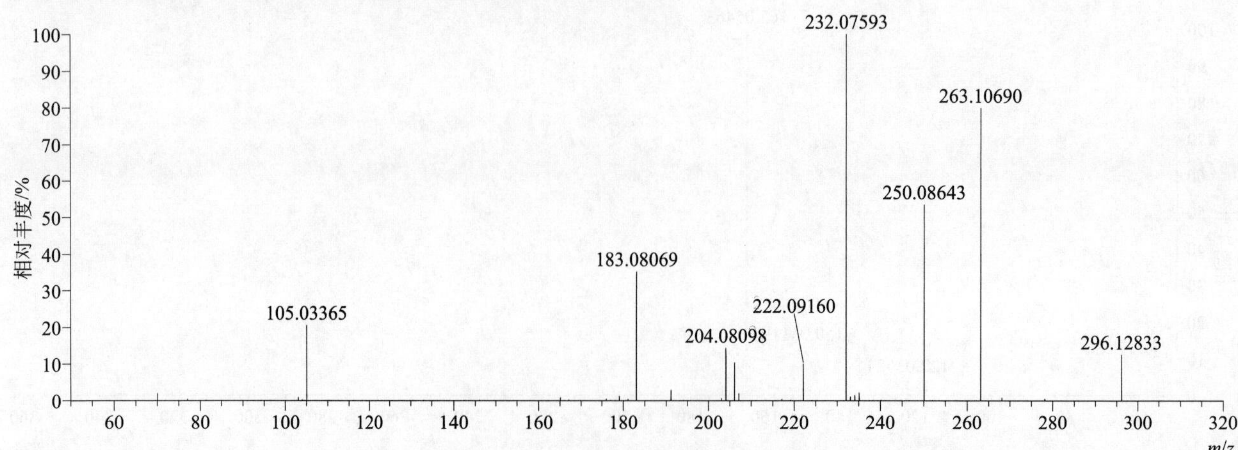

[M+H]+ 归一化法能量 NCE 为 40 时典型的二级质谱图

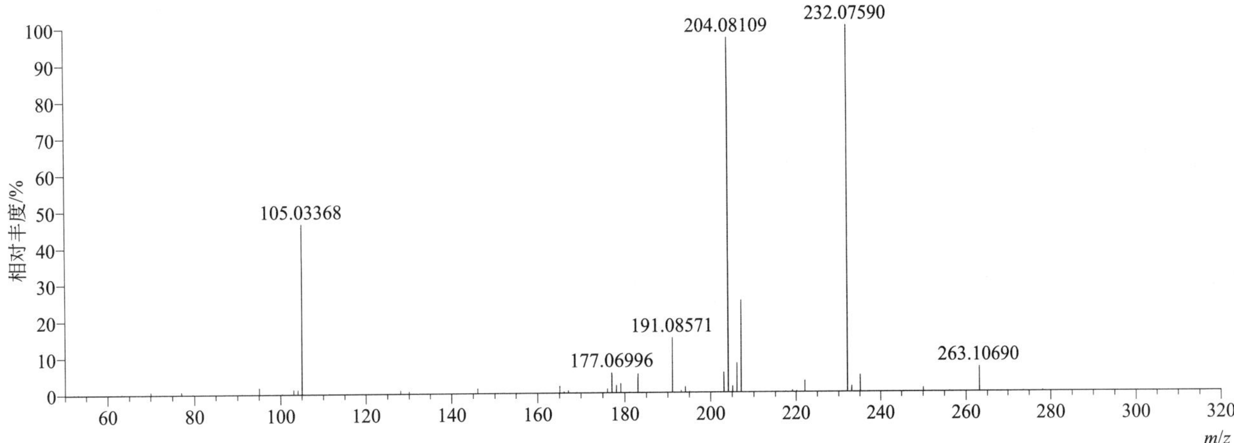

[M+H]+ 归一化法能量 NCE 为 60 时典型的二级质谱图

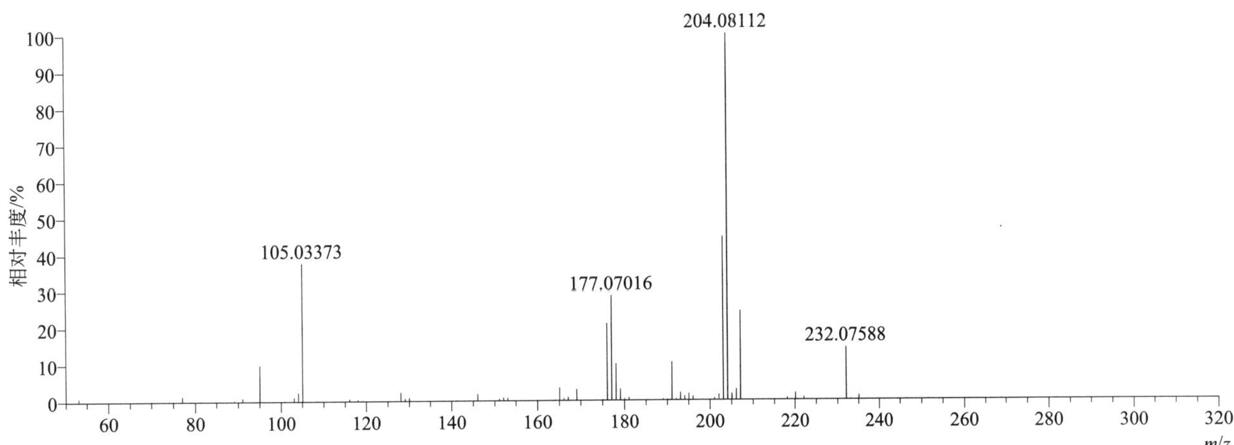

[M+H]+ 阶梯归一化法能量 Step NCE 为 20、40、60 时典型的二级质谱图

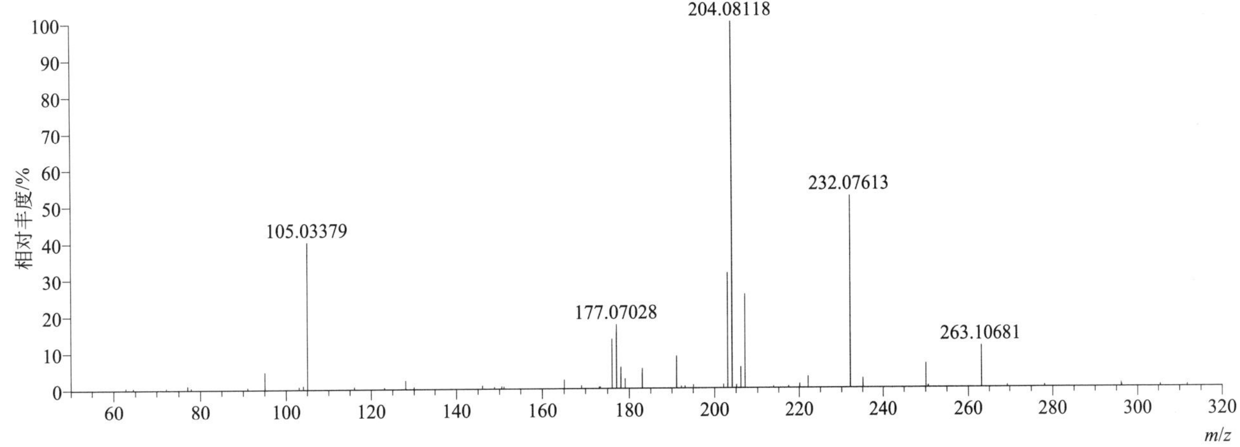

isoxaflutole（异噁唑草酮）

基本信息

CAS 登录号	141112-29-0	分子量	359.32000	离子源和极性	电喷雾离子源（ESI）
分子式	$C_{15}H_{12}F_3NO_4S$	保留时间	13.79min	极性	正模式

$[M+H]^+$ 提取离子流色谱图

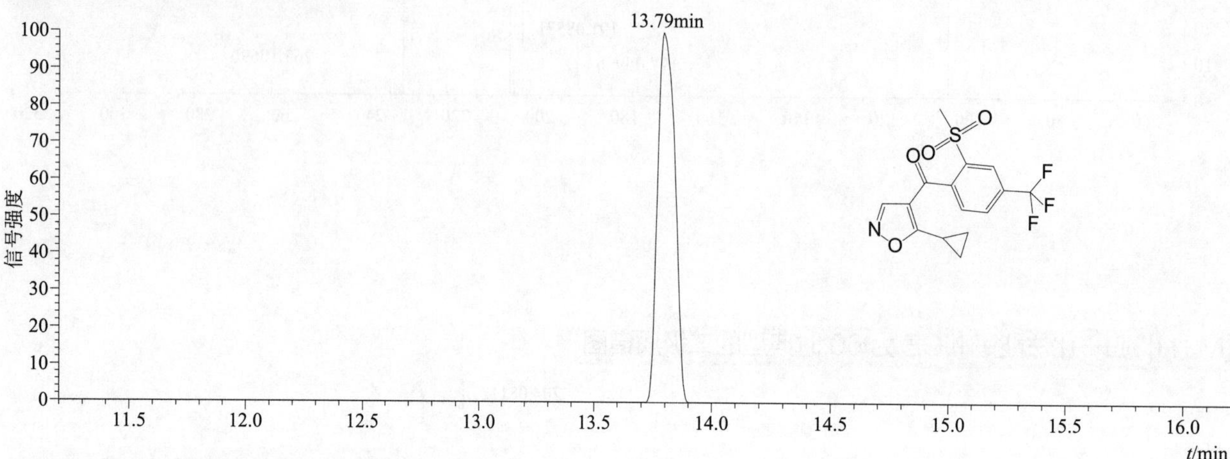

$[M+H]^+$ 和 $[M+NH_4]^+$ 典型的一级质谱图

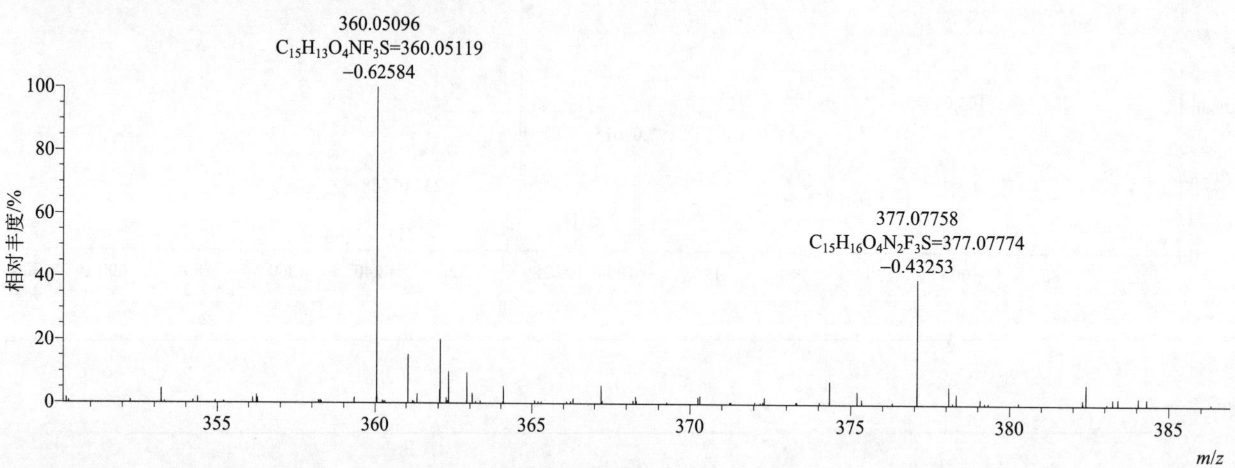

$[M+H]^+$ 归一化法能量 NCE 为 20 时典型的二级质谱图

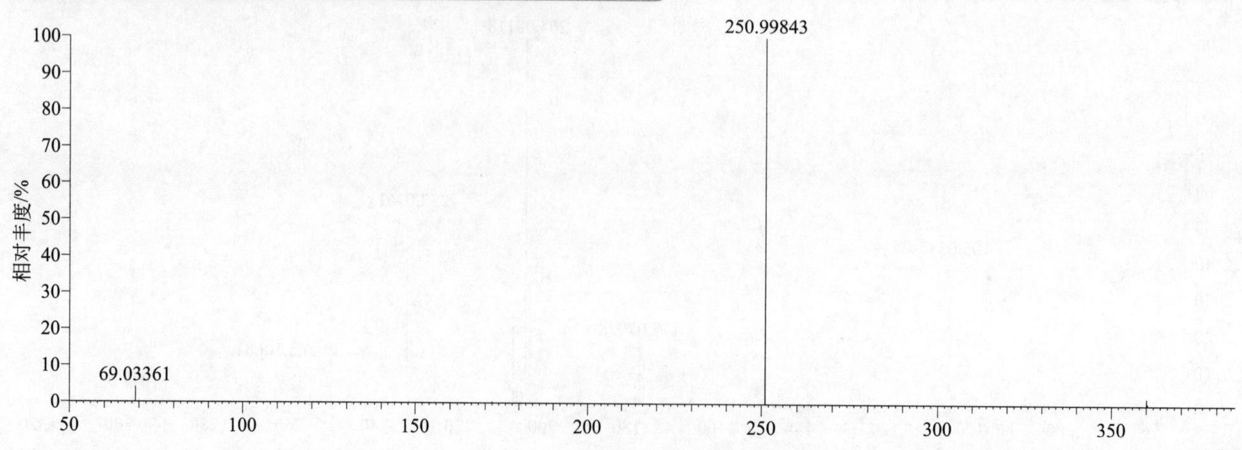

[M+H]⁺ 归一化法能量 NCE 为 40 时典型的二级质谱图

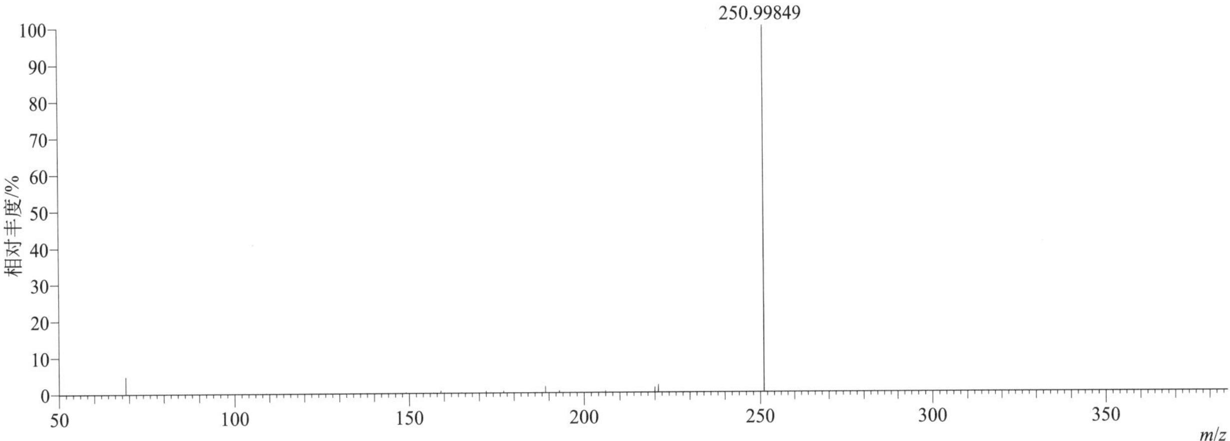

[M+H]⁺ 归一化法能量 NCE 为 60 时典型的二级质谱图

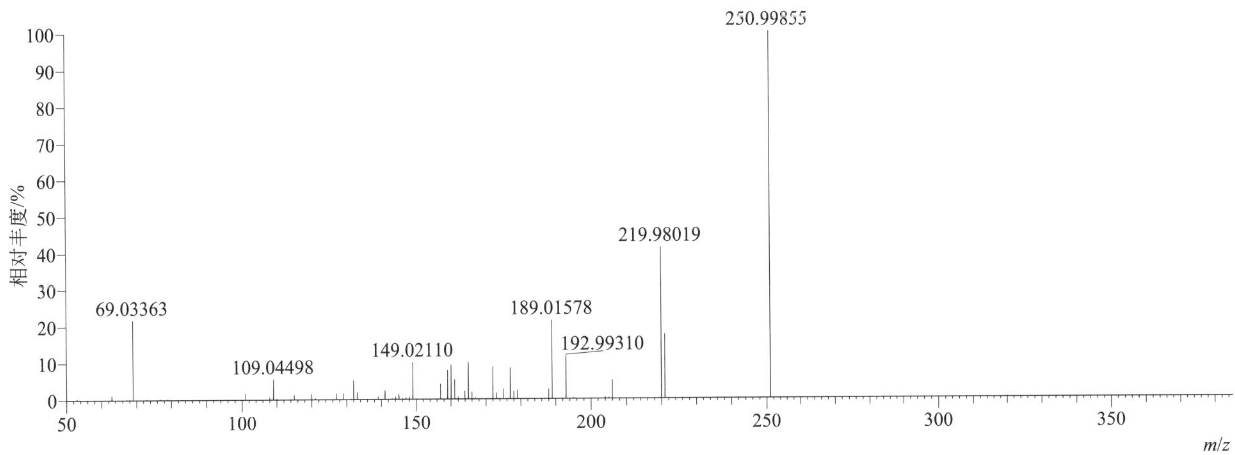

[M+H]⁺ 阶梯归一化法能量 Step NCE 为 20、40、60 时典型的二级质谱图

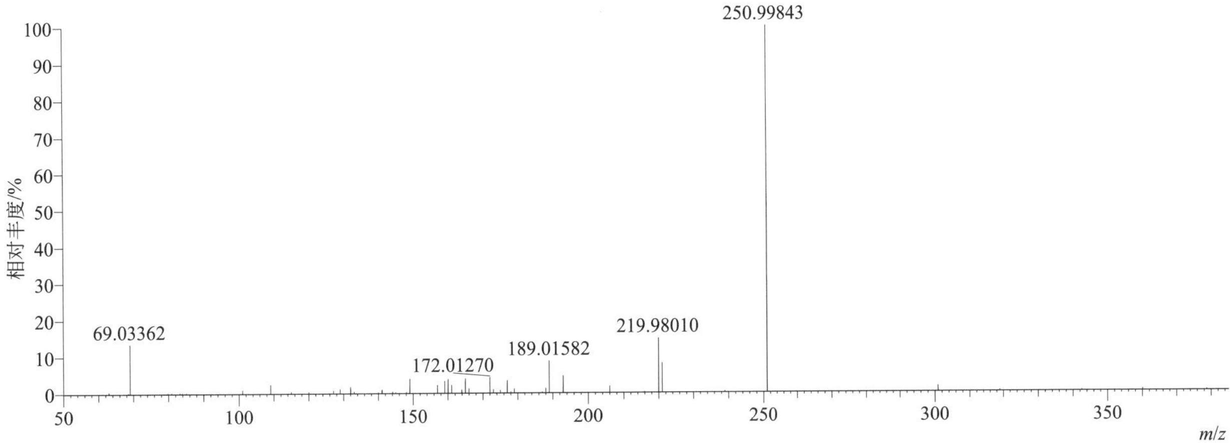

$[M+NH_4]^+$ 归一化法能量 NCE 为 20 时典型的二级质谱图

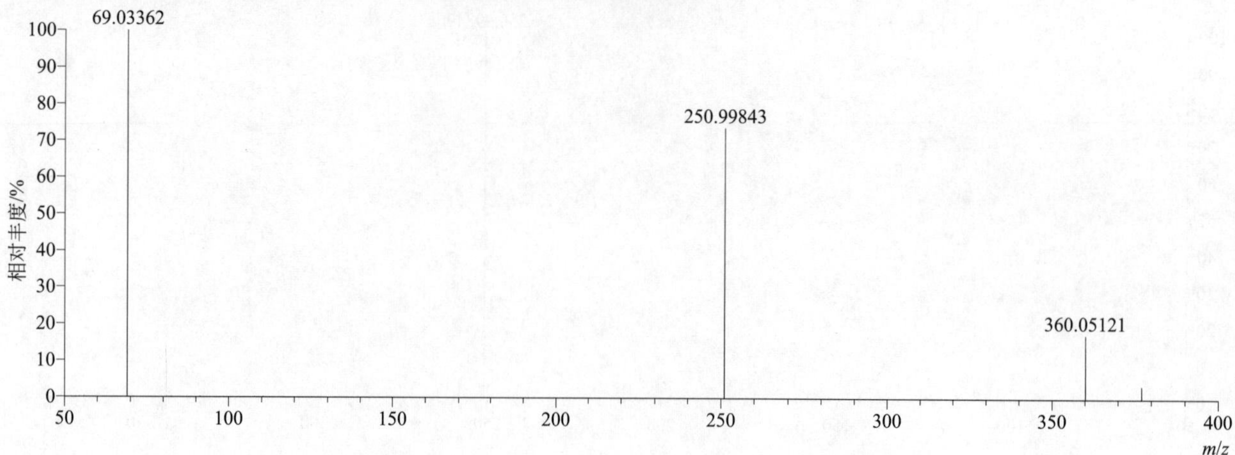

$[M+NH_4]^+$ 归一化法能量 NCE 为 40 时典型的二级质谱图

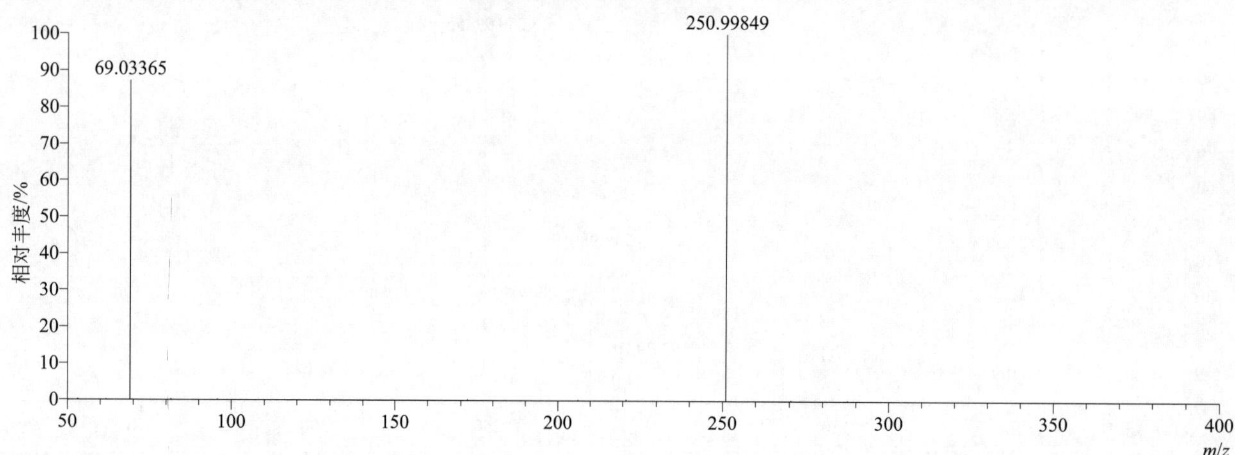

$[M+NH_4]^+$ 归一化法能量 NCE 为 60 时典型的二级质谱图

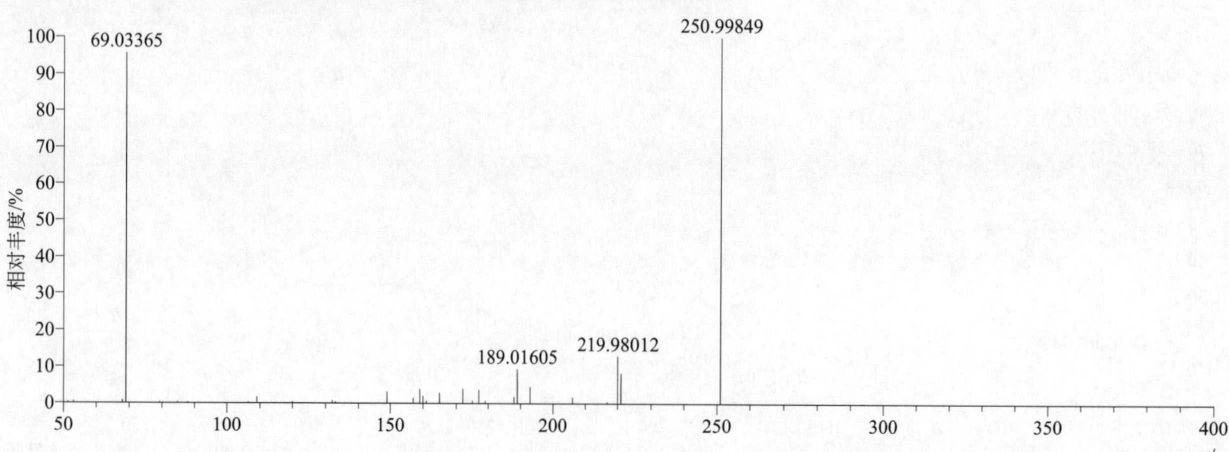

$[M+NH_4]^+$ 阶梯归一化法能量 Step NCE 为 20、40、60 时典型的二级质谱图

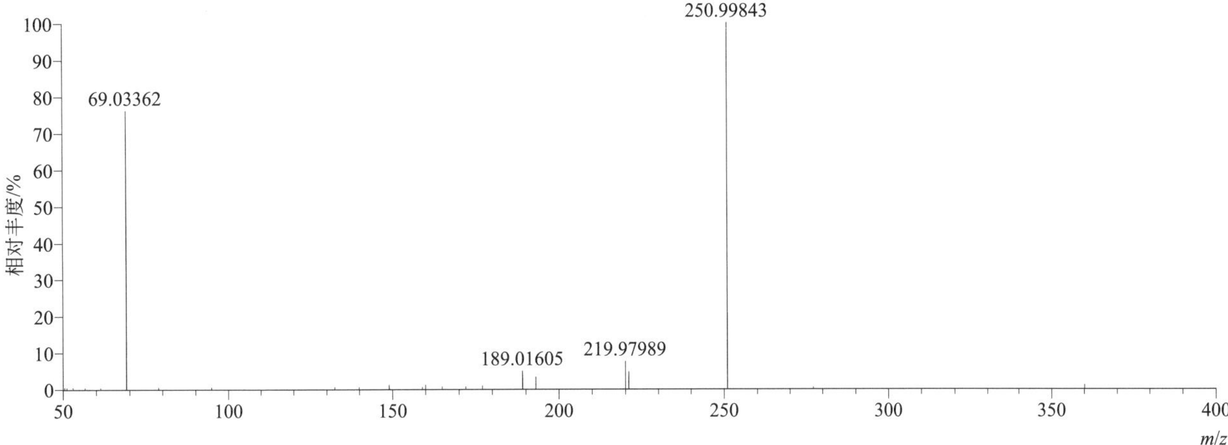

isoxathion（噁唑磷）

基本信息

CAS 登录号	18854-01-8	分子量	313.05377	离子源和极性	电喷雾离子源（ESI）
分子式	$C_{13}II_{16}NO_4PS$	保留时间	15.28min	极性	正模式

$[M+H]^+$ 提取离子流色谱图

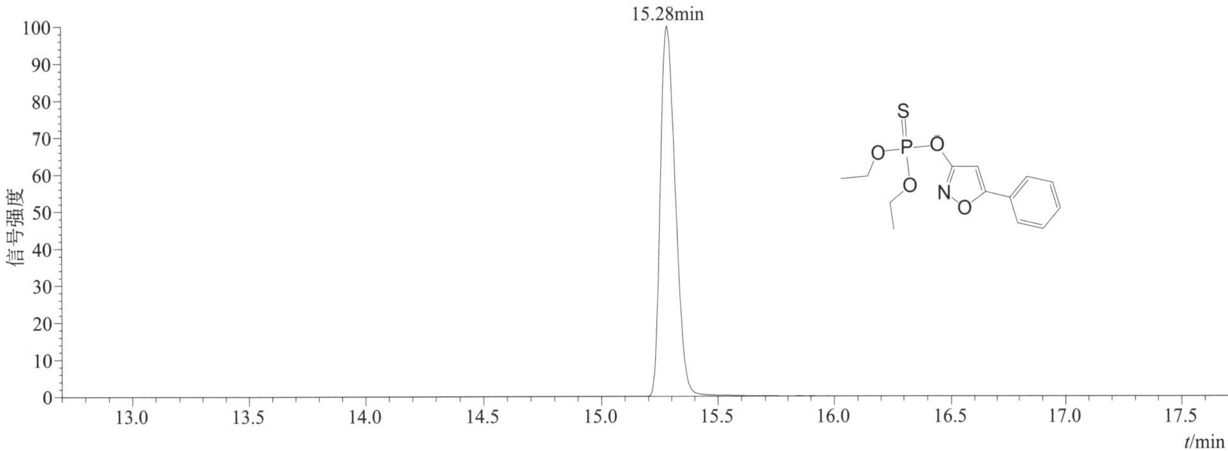

$[M+H]^+$ 典型的一级质谱图

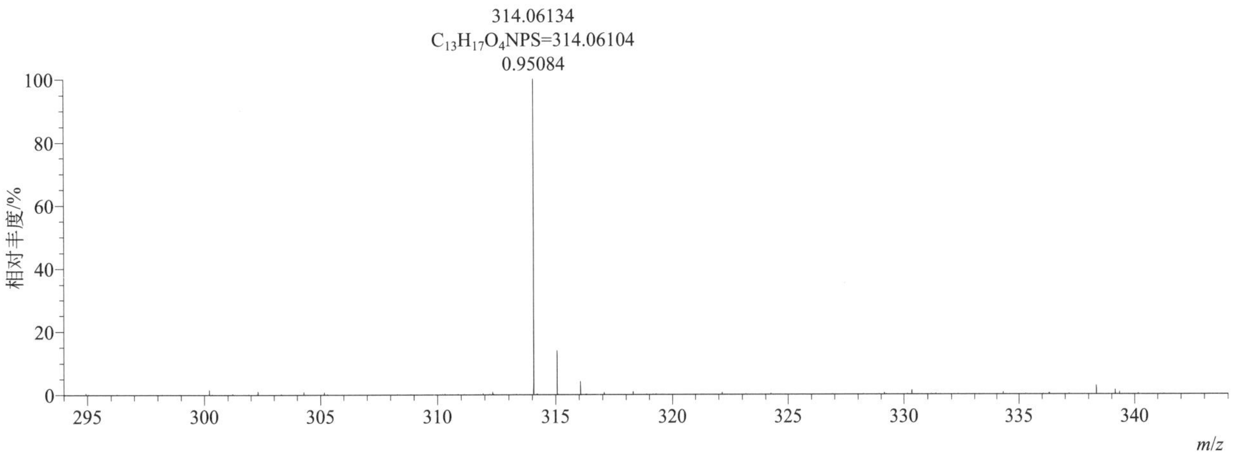

[M+H]+ 归一化法能量 NCE 为 20 时典型的二级质谱图

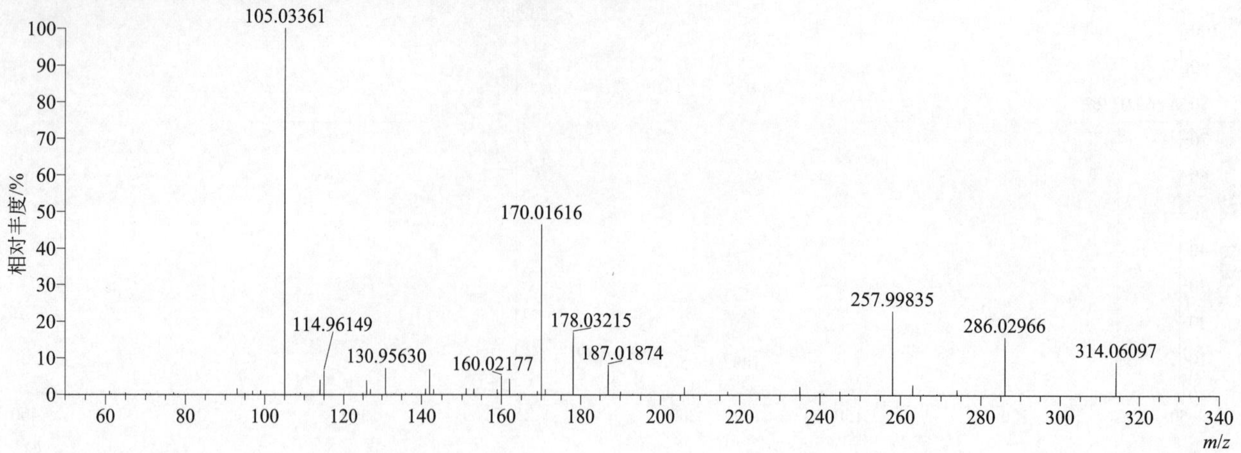

[M+H]+ 归一化法能量 NCE 为 40 时典型的二级质谱图

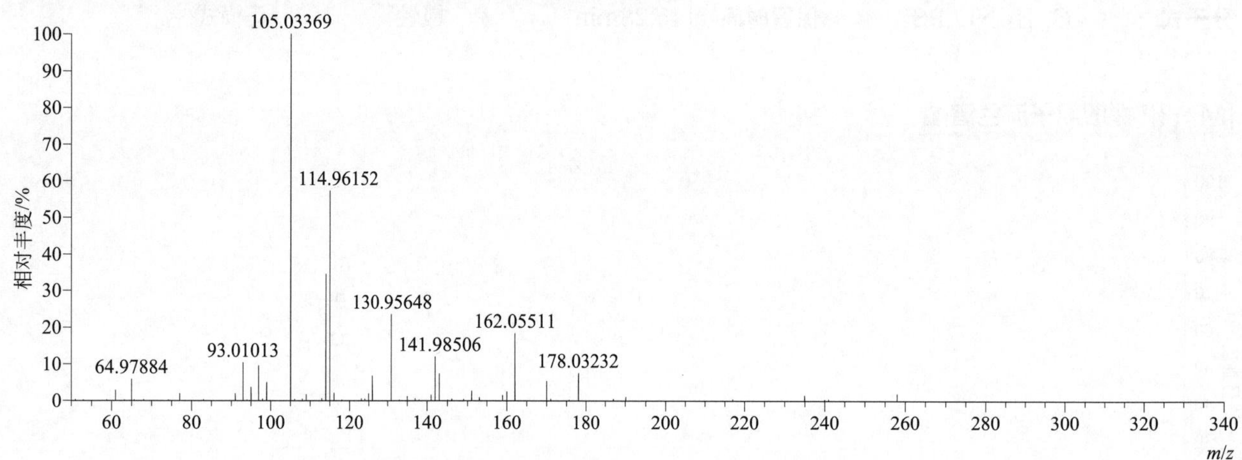

[M+H]+ 归一化法能量 NCE 为 60 时典型的二级质谱图

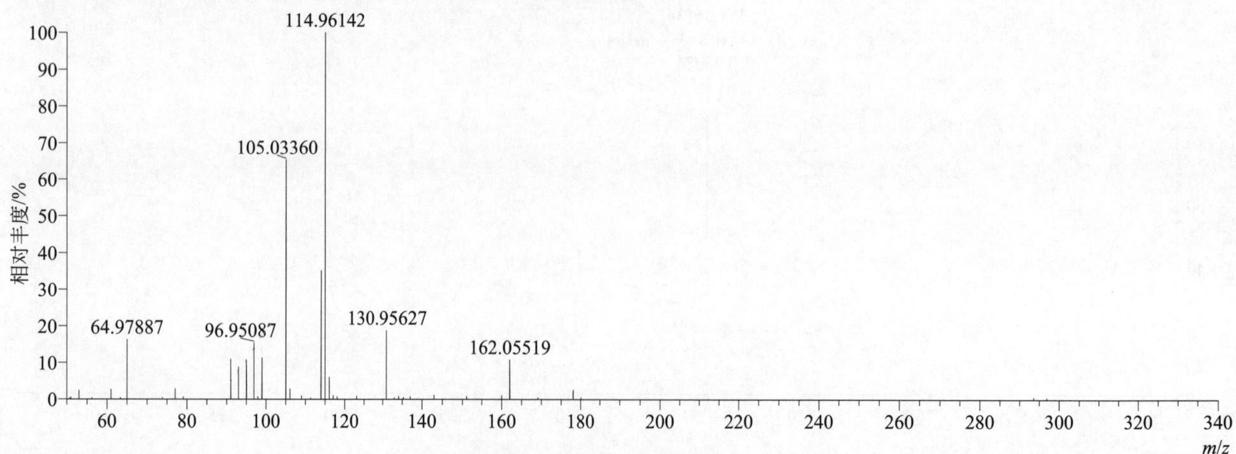

[M+H]+ 阶梯归一化法能量 Step NCE 为 20、40、60 时典型的二级质谱图

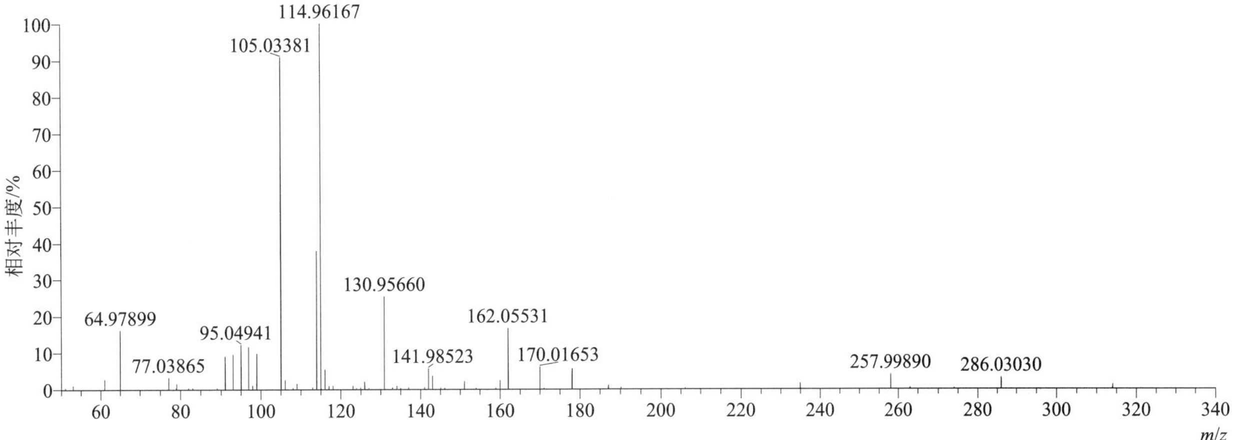

ivermectin（依维菌素）

基本信息

CAS 登录号	70288-86-7	分子量	874.50786	离子源和极性	电喷雾离子源（ESI）
分子式	$C_{48}H_{74}O_{14}$	保留时间	16.77min	极性	正模式

[M+H]+ 提取离子流色谱图

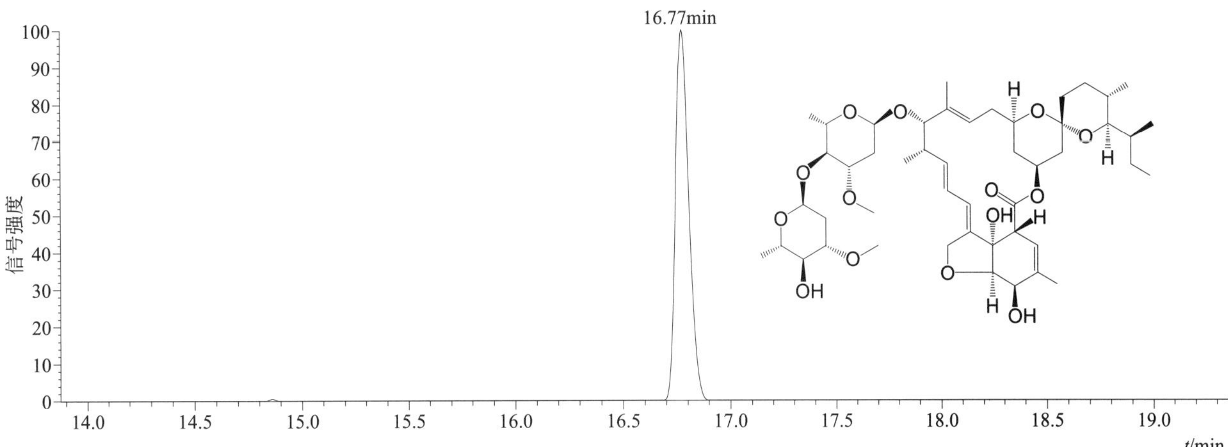

[M+NH4]+ 和 [M+Na]+ 典型的一级质谱图

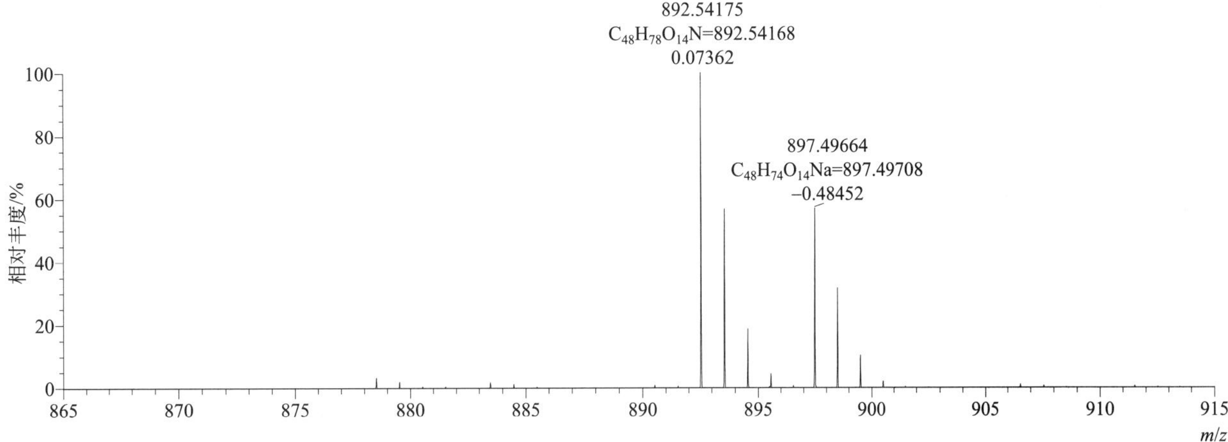

$[M+NH_4]^+$ 归一化法能量 NCE 为 20 时典型的二级质谱图

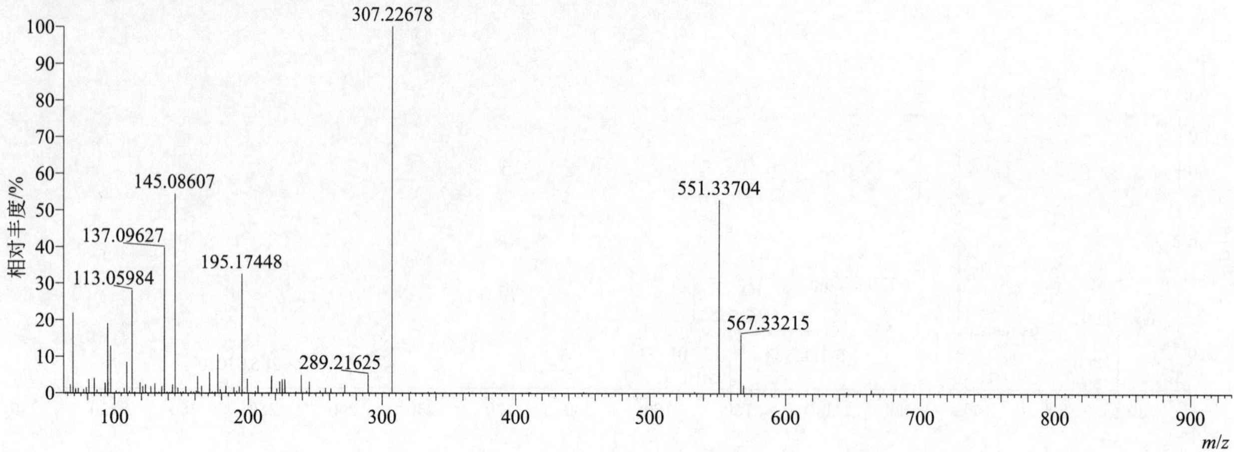

$[M+NH_4]^+$ 归一化法能量 NCE 为 40 时典型的二级质谱图

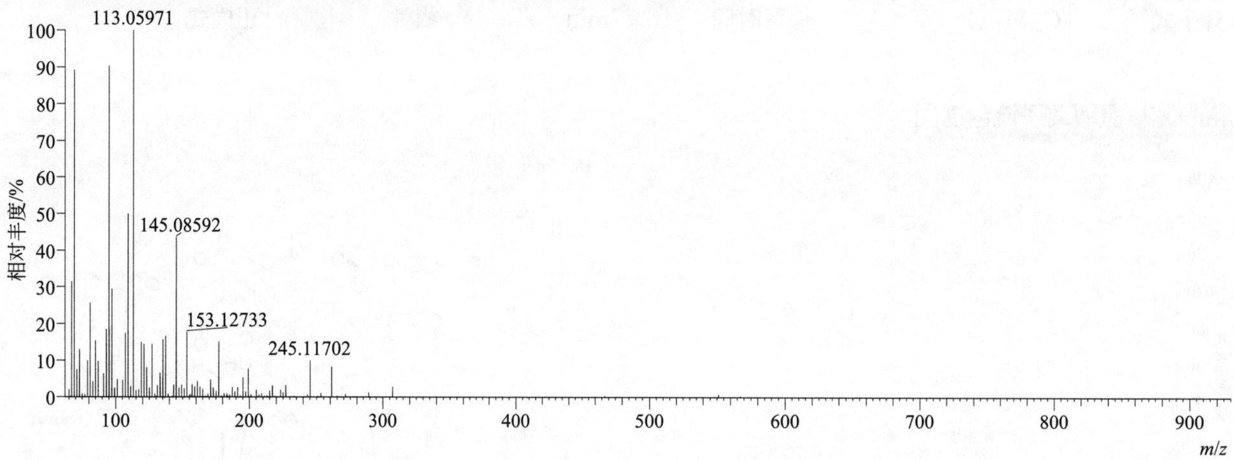

$[M+NH_4]^+$ 归一化法能量 NCE 为 60 时典型的二级质谱图

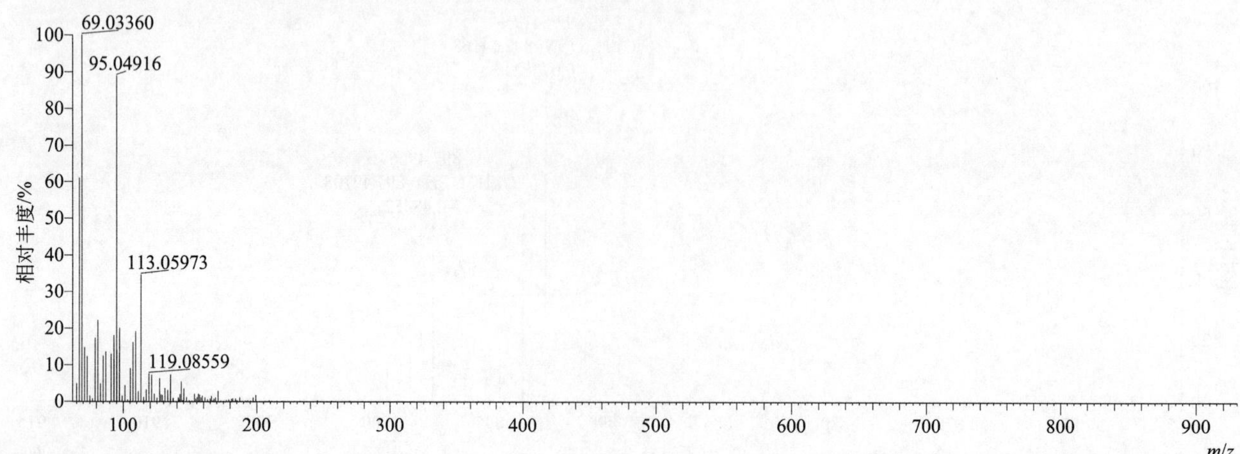

$[M+NH_4]^+$ 阶梯归一化法能量 Step NCE 为 20、40、60 时典型的二级质谱图

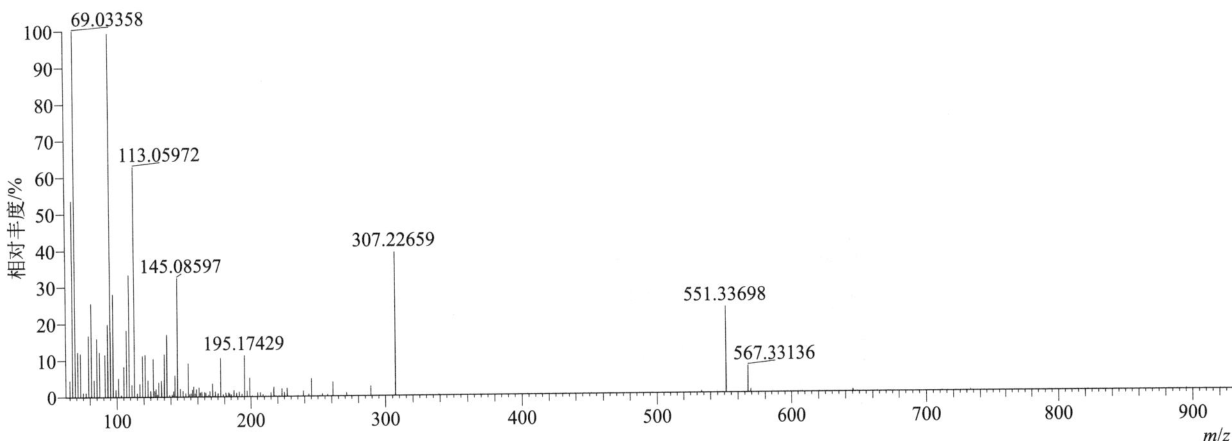

K

kadethrin（噻嗯菊酯）

基本信息

CAS 登录号	58769-20-3	分子量	396.13953	离子源和极性	电喷雾离子源（ESI）
分子式	$C_{23}H_{24}O_4S$	保留时间	15.49min	极性	正模式

$[M+NH_4]^+$ 提取离子流色谱图

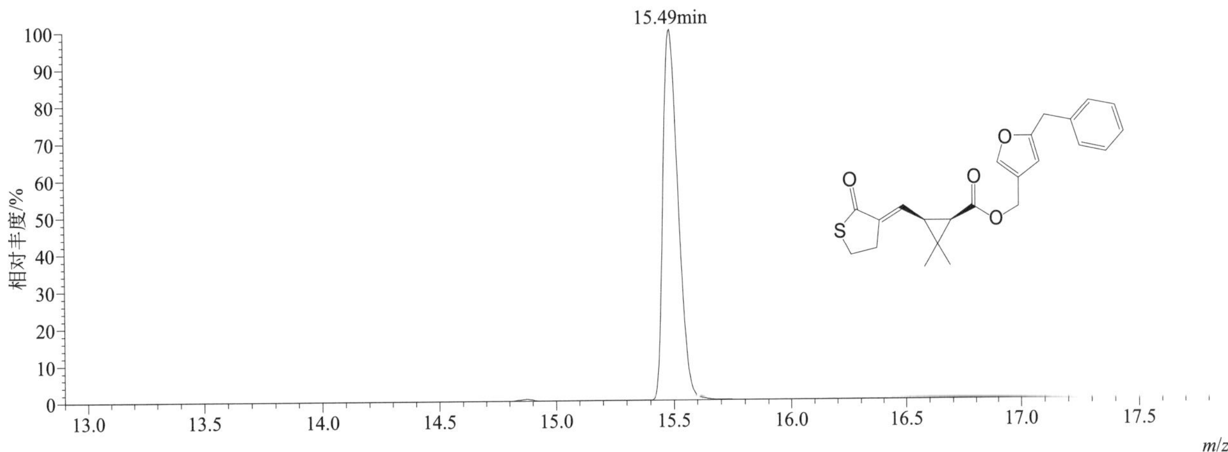

$[M+H]^+$ 和 $[M+NH_4]^+$ 典型的一级质谱图

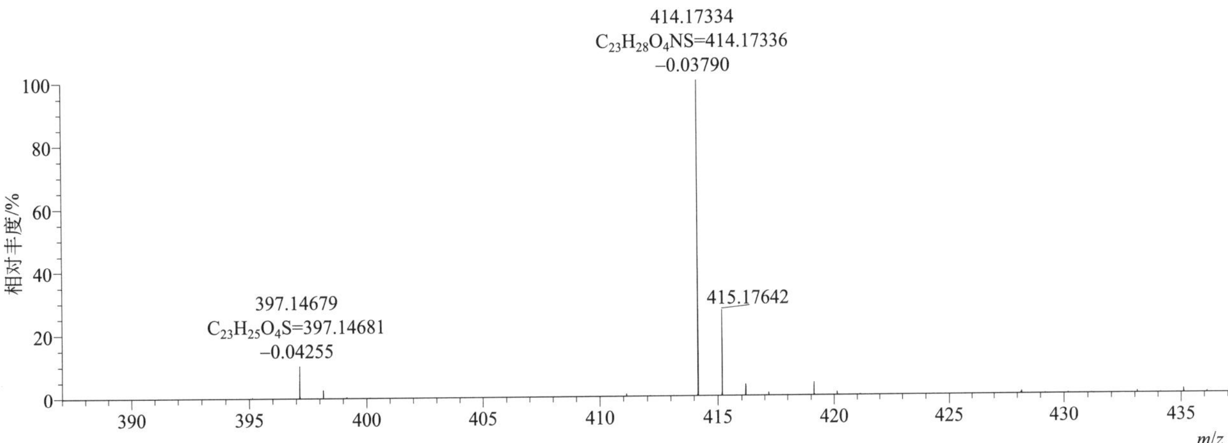

$[M+H]^+$ 归一化法能量 NCE 为 20 时典型的二级质谱图

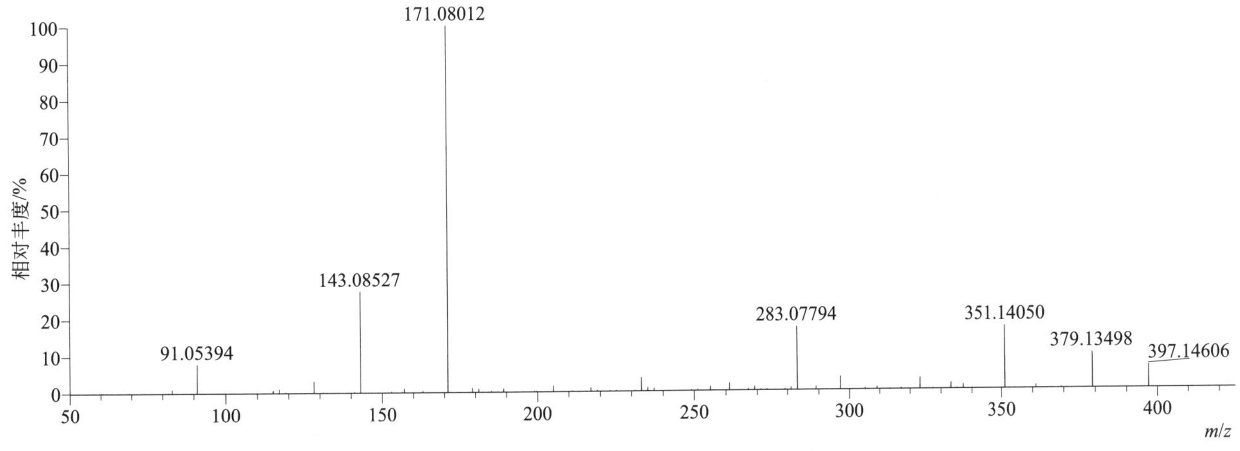

[M+H]+ 归一化法能量 NCE 为 40 时典型的二级质谱图

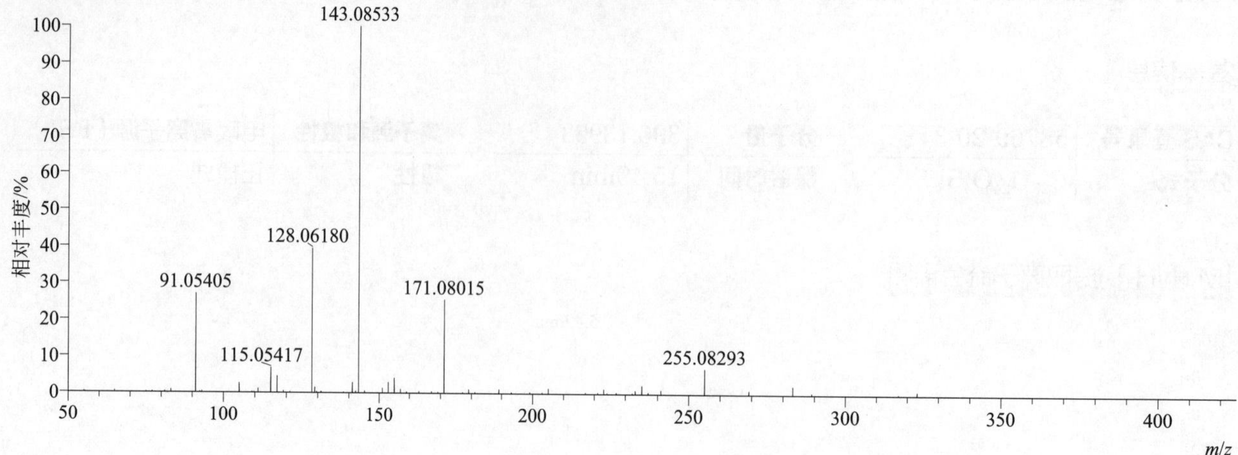

[M+H]+ 归一化法能量 NCE 为 60 时典型的二级质谱图

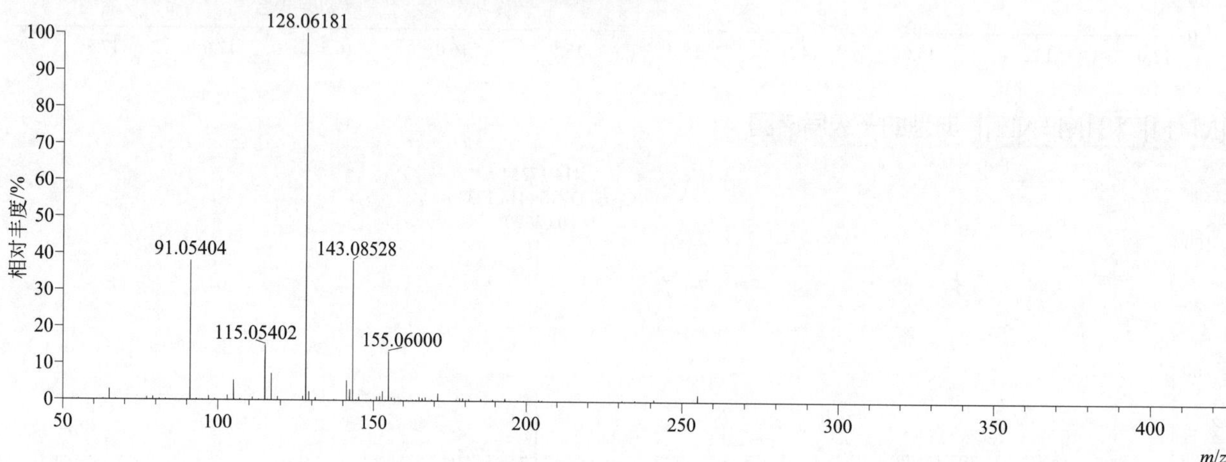

[M+H]+ 阶梯归一化法能量 Step NCE 为 20、40、60 时典型的二级质谱图

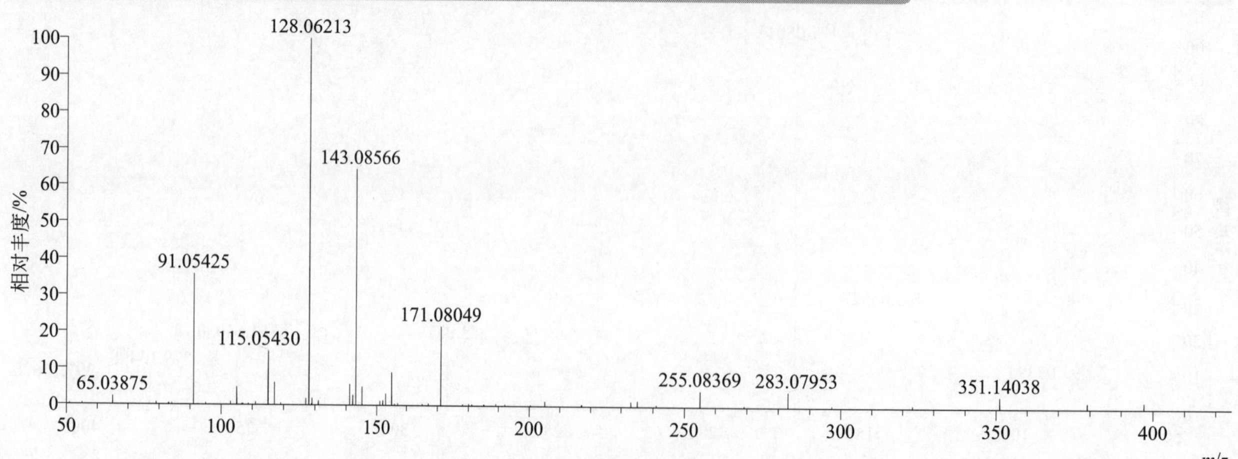

$[M+NH_4]^+$ 归一化法能量 NCE 为 20 时典型的二级质谱图

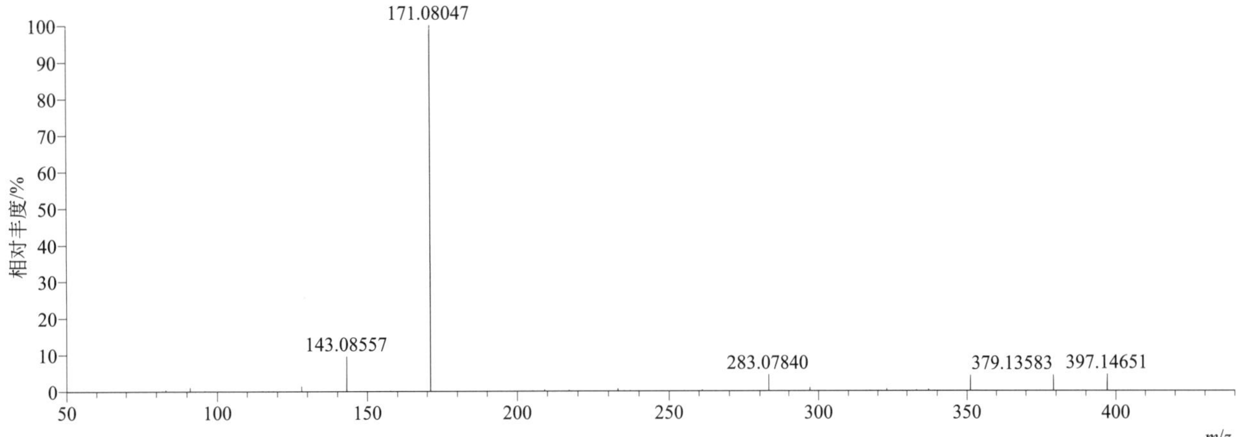

$[M+NH_4]^+$ 归一化法能量 NCE 为 40 时典型的二级质谱图

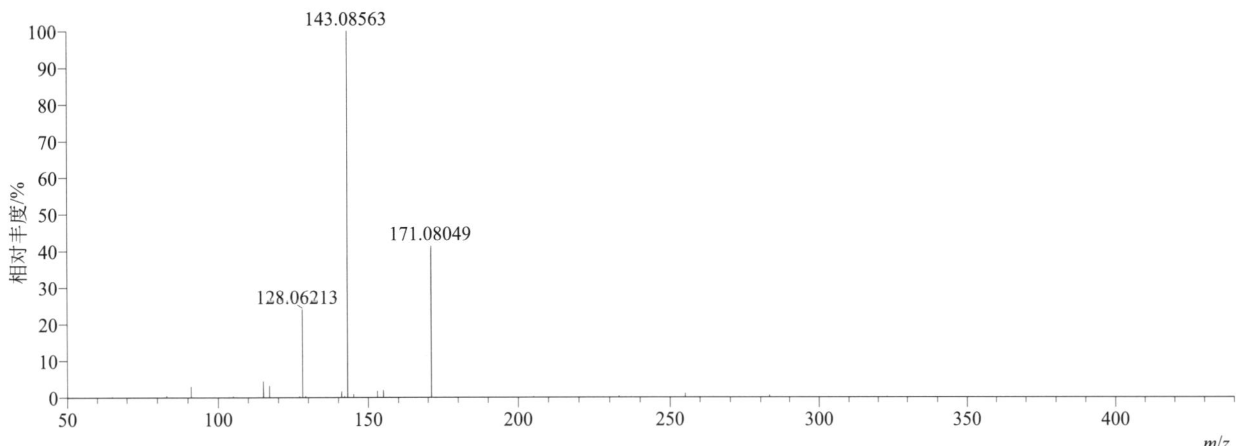

$[M+NH_4]^+$ 归一化法能量 NCE 为 60 时典型的二级质谱图

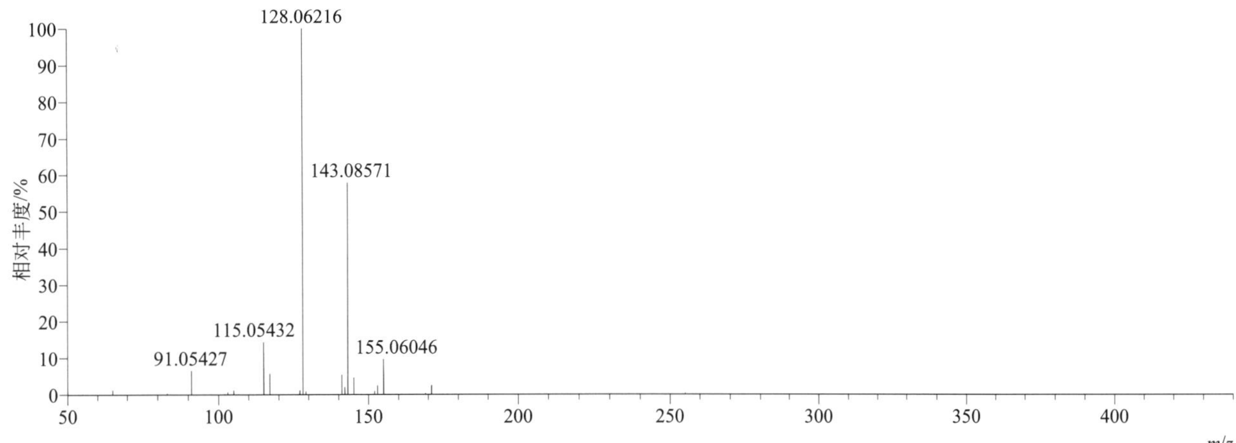

[M+NH4]+ 阶梯归一化法能量 Step NCE 为 20、40、60 时典型的二级质谱图

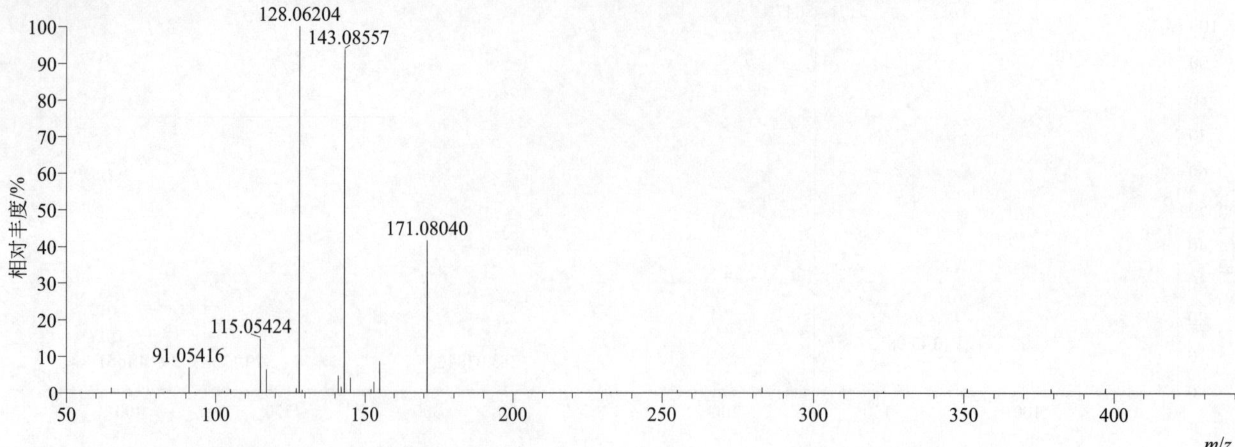

karbutilate（卡草灵）

基本信息

CAS 登录号	4849-32-5	分子量	279.15829	离子源和极性	电喷雾离子源（ESI）
分子式	$C_{14}H_{21}N_3O_3$	保留时间	13.03min	极性	正模式

[M+H]+ 提取离子流色谱图

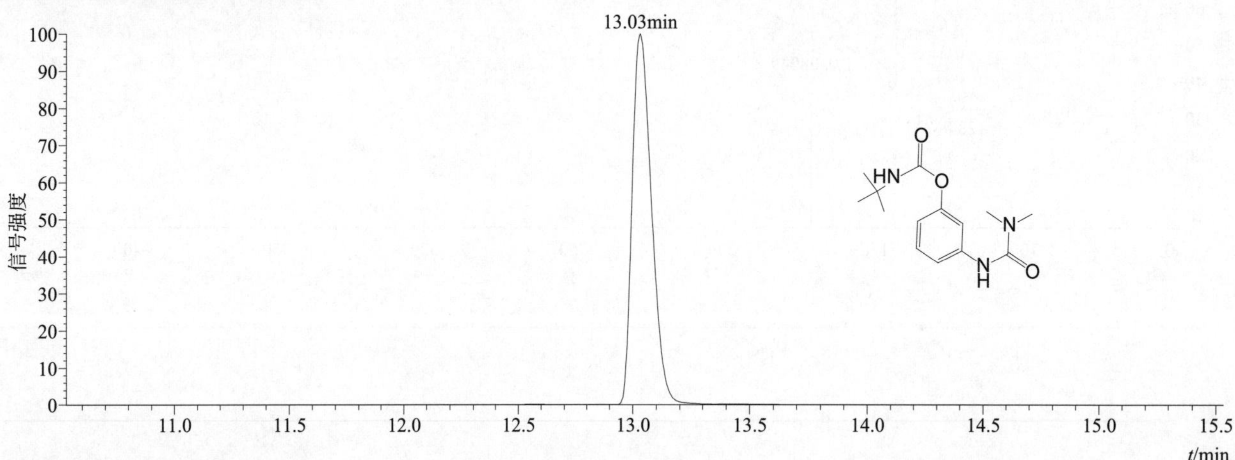

[M+H]+ 典型的一级质谱图

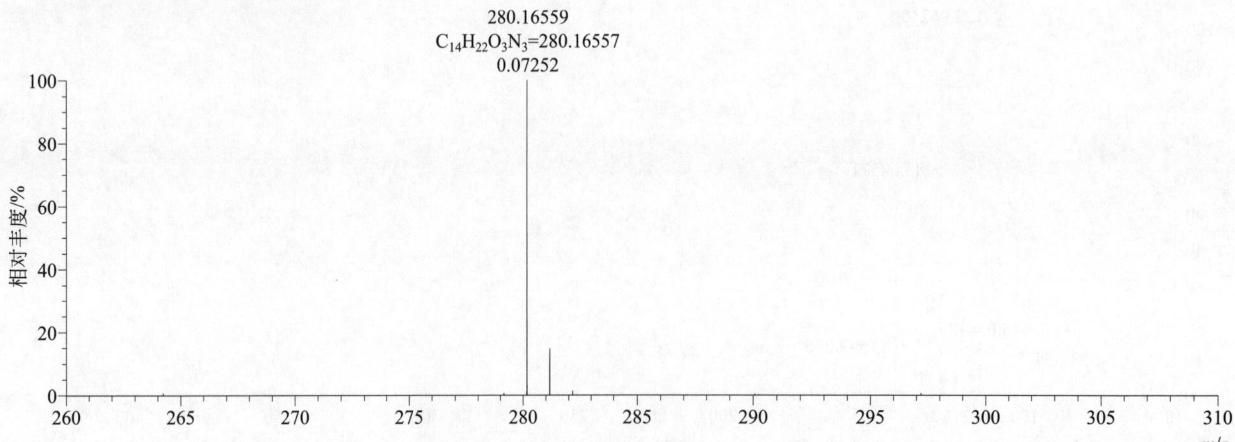

[M+H]+ 归一化法能量 NCE 为 20 时典型的二级质谱图

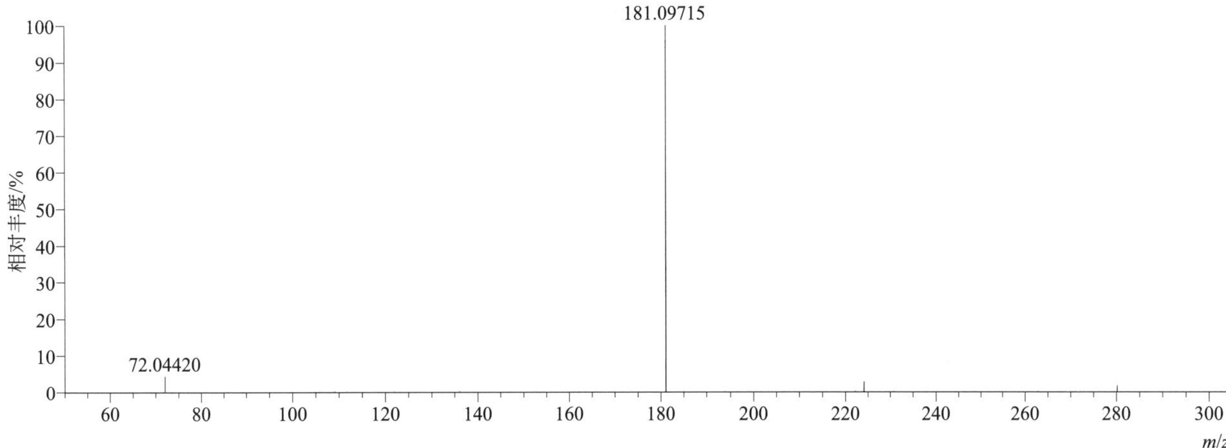

[M+H]+ 归一化法能量 NCE 为 40 时典型的二级质谱图

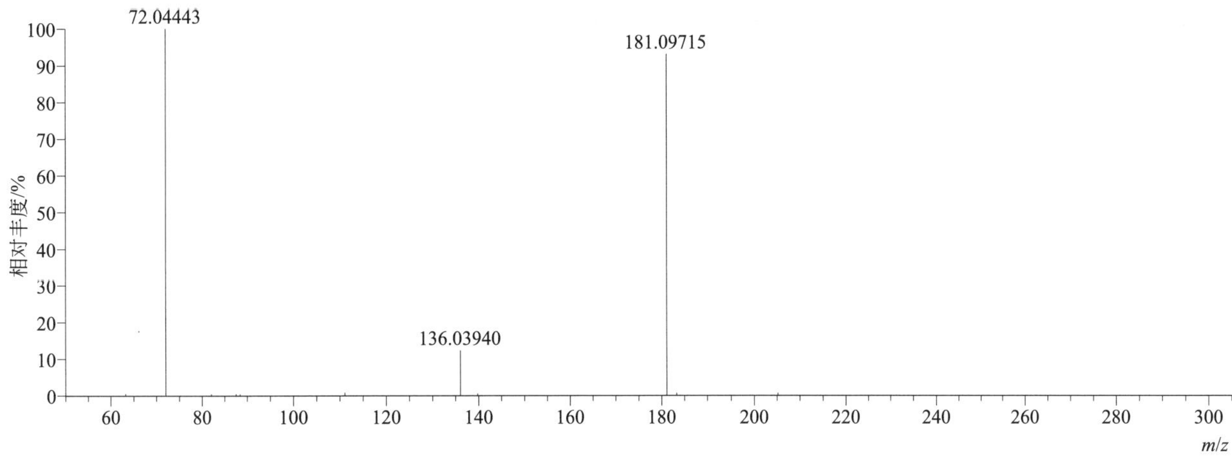

[M+H]+ 归一化法能量 NCE 为 60 时典型的二级质谱图

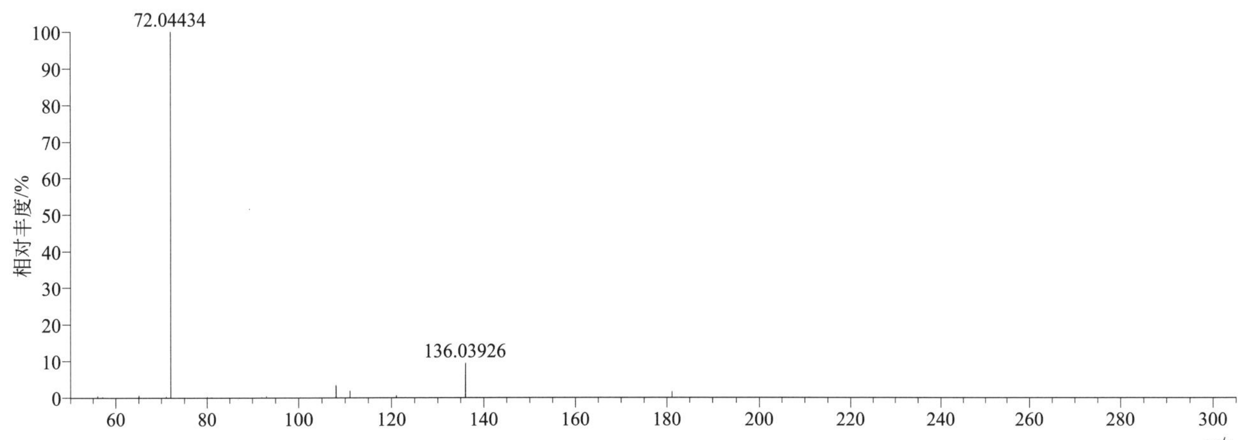

[M+H]+ 阶梯归一化法能量 Step NCE 为 20、40、60 时典型的二级质谱图

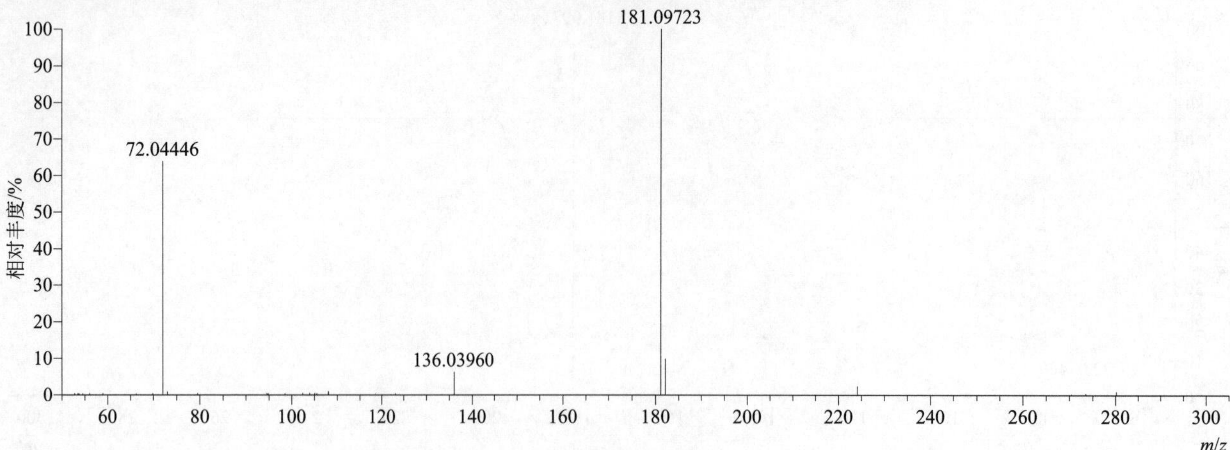

kresoxim-methyl（醚菌酯）

基本信息

CAS 登录号	143390-89-0	分子量	313.13141	离子源和极性	电喷雾离子源（ESI）
分子式	$C_{18}H_{19}NO_4$	保留时间	14.98min	极性	正模式

[M+H]+ 提取离子流色谱图

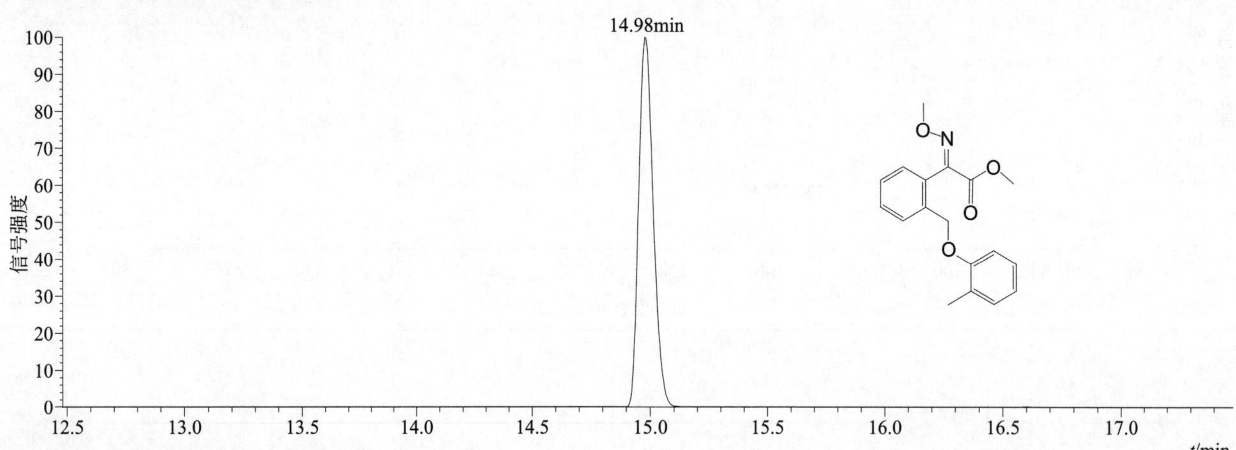

[M+H]+ 典型的一级质谱图

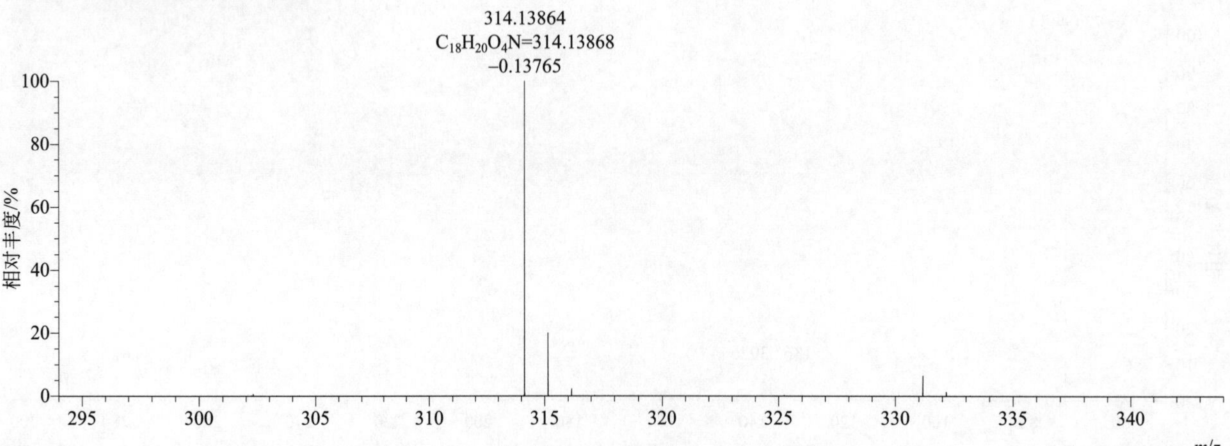

[M+H]+ 归一化法能量 NCE 为 20 时典型的二级质谱图

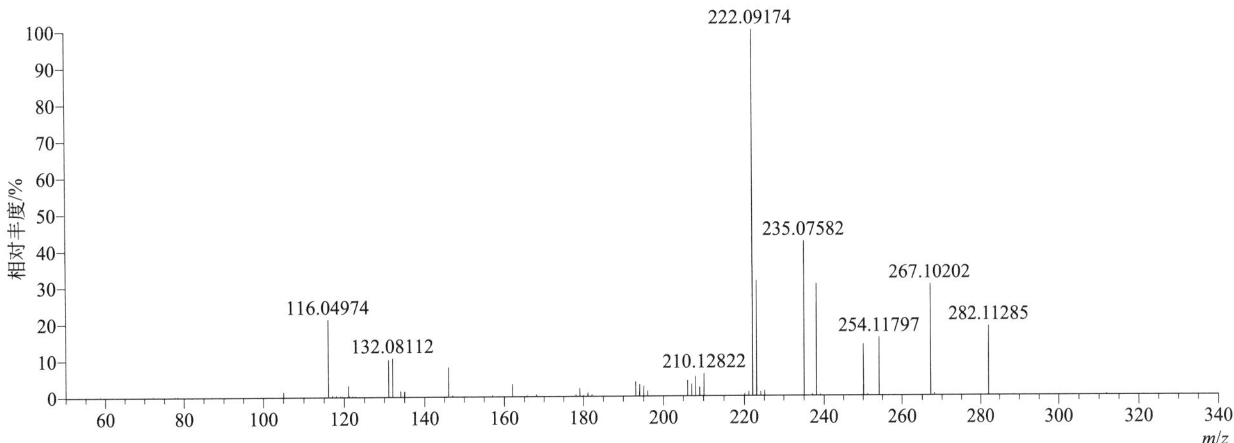

[M+H]+ 归一化法能量 NCE 为 40 时典型的二级质谱图

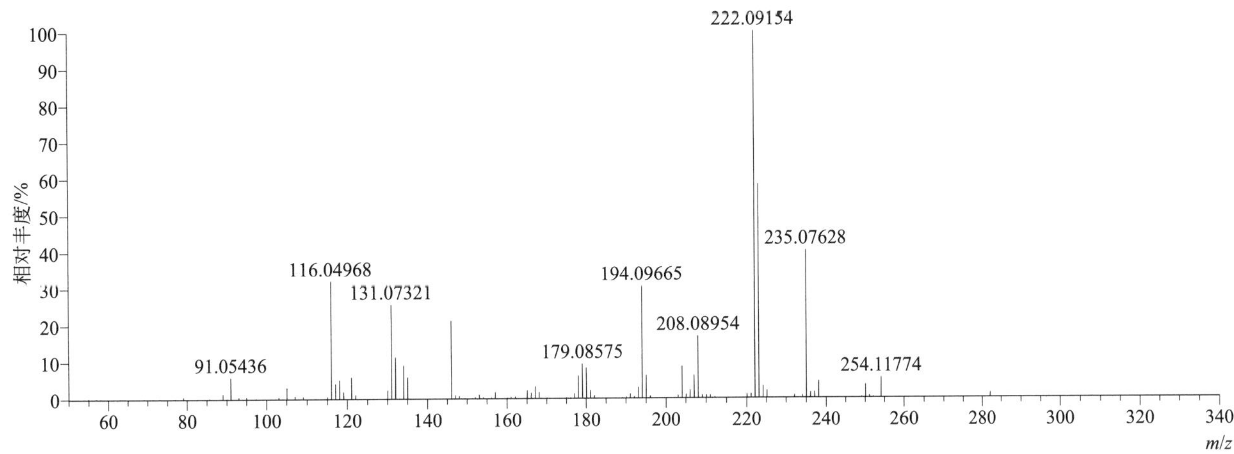

[M+H]+ 归一化法能量 NCE 为 60 时典型的二级质谱图

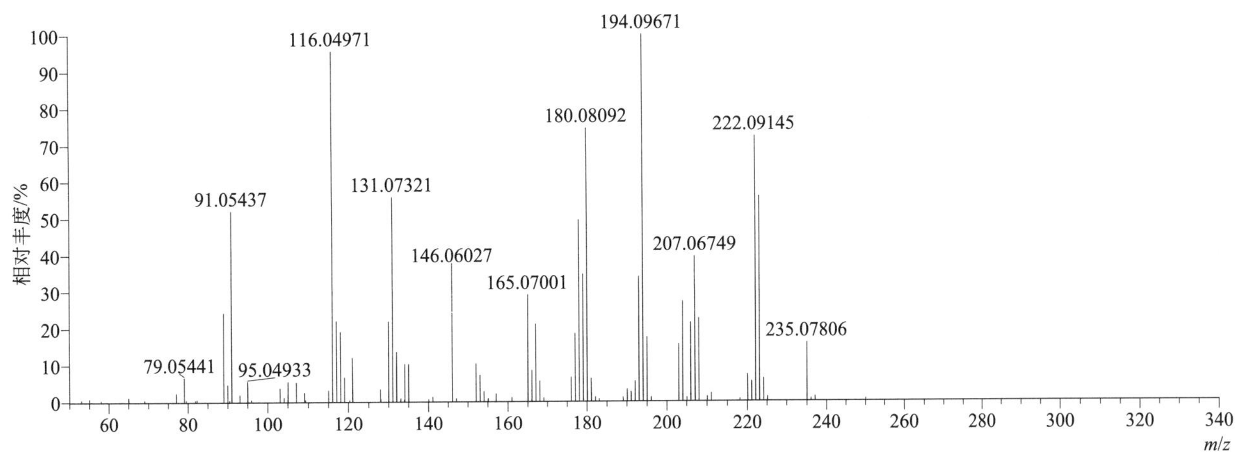

[M+H]$^+$ 阶梯归一化法能量 Step NCE 为 20、40、60 时典型的二级质谱图

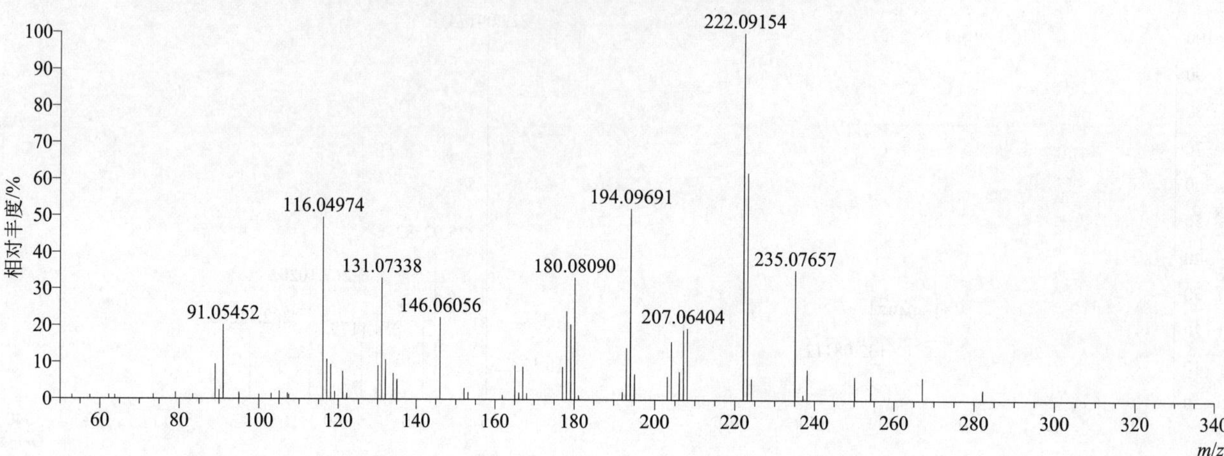

lactofen（乳氟禾草灵）

基本信息

CAS 登录号	77501-63-4	分子量	461.04891	离子源和极性	电喷雾离子源（ESI）
分子式	$C_{19}H_{15}ClF_3NO_7$	保留时间	15.68min	极性	正模式

$[M+H]^+$ 提取离子流色谱图

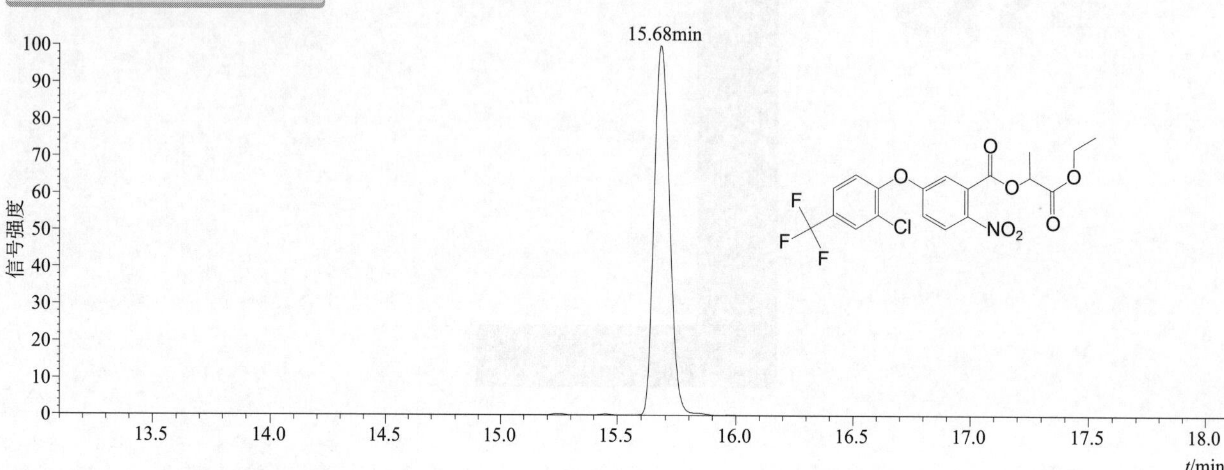

$[M+NH_4]^+$ 典型的一级质谱图

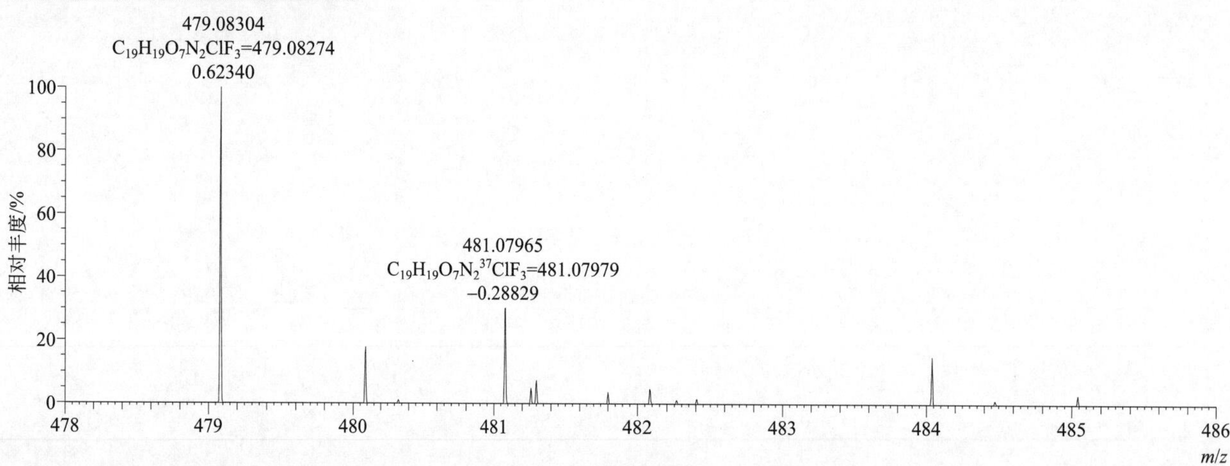

$[M+NH_4]^+$ 归一化法能量 NCE 为 20 时典型的二级质谱图

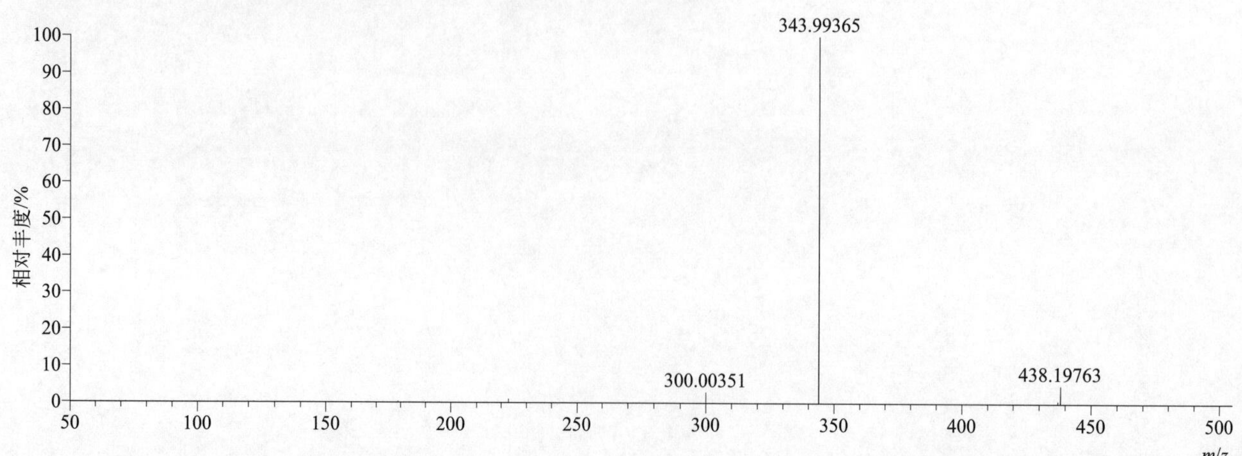

[M+NH$_4$]$^+$ 归一化法能量 NCE 为 40 时典型的二级质谱图

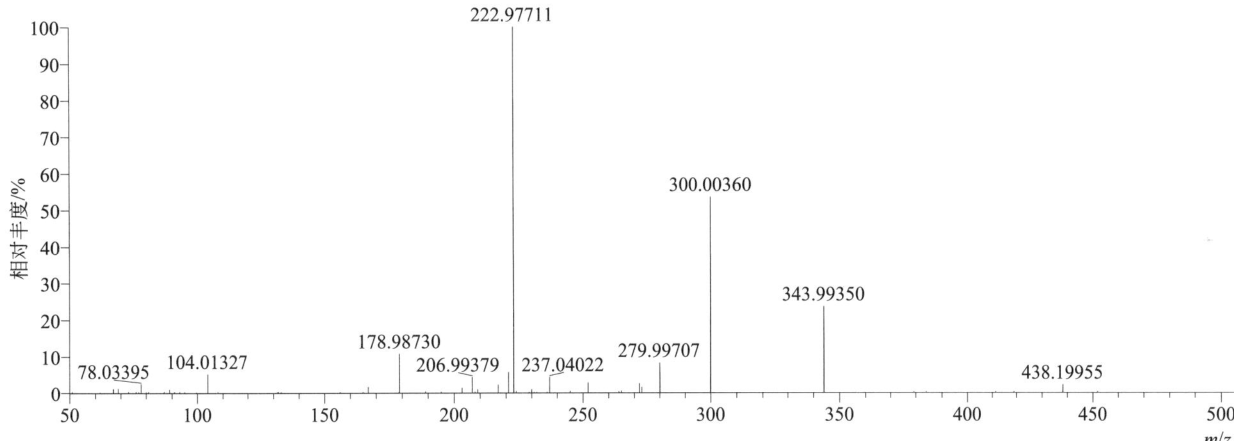

[M+NH$_4$]$^+$ 归一化法能量 NCE 为 60 时典型的二级质谱图

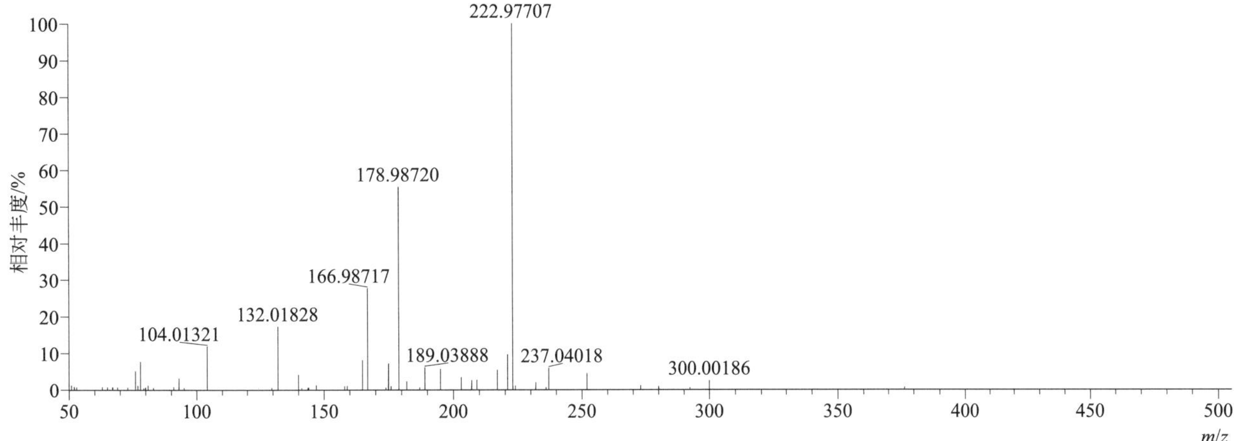

[M+NH$_4$]$^+$ 阶梯归一化法能量 Step NCE 为 20、40、60 时典型的二级质谱图

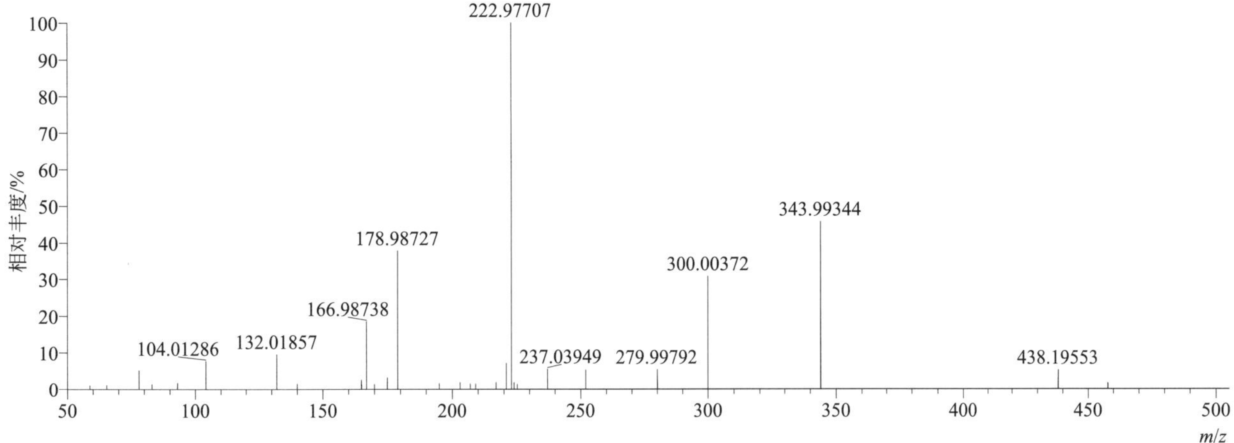

linuron（利谷隆）

基本信息

CAS 登录号	330-55-2	分子量	248.01193	离子源和极性	电喷雾离子源（ESI）
分子式	$C_9H_{10}Cl_2N_2O_2$	保留时间	14.41min	极性	正模式

$[M+H]^+$ 提取离子流色谱图

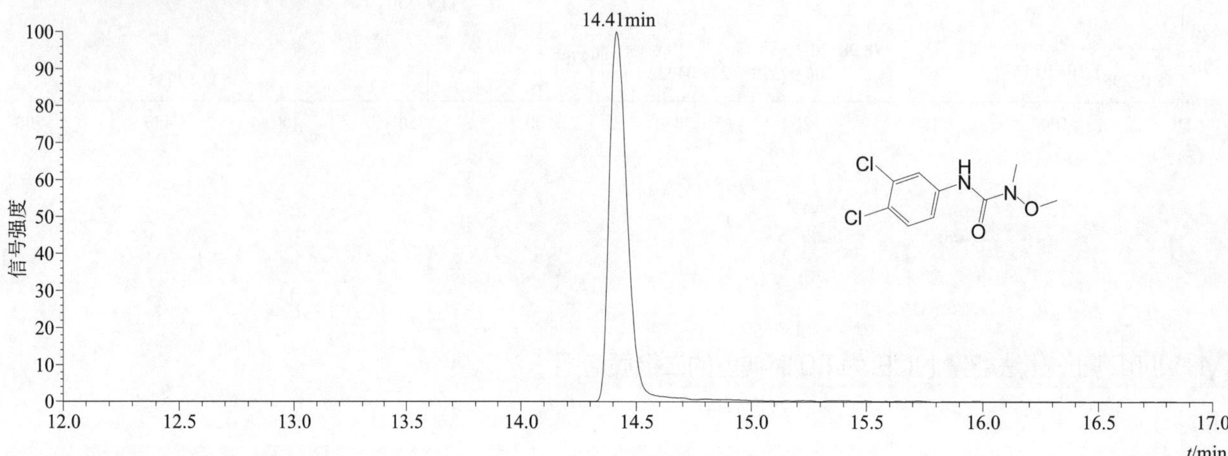

$[M+H]^+$ 典型的一级质谱图

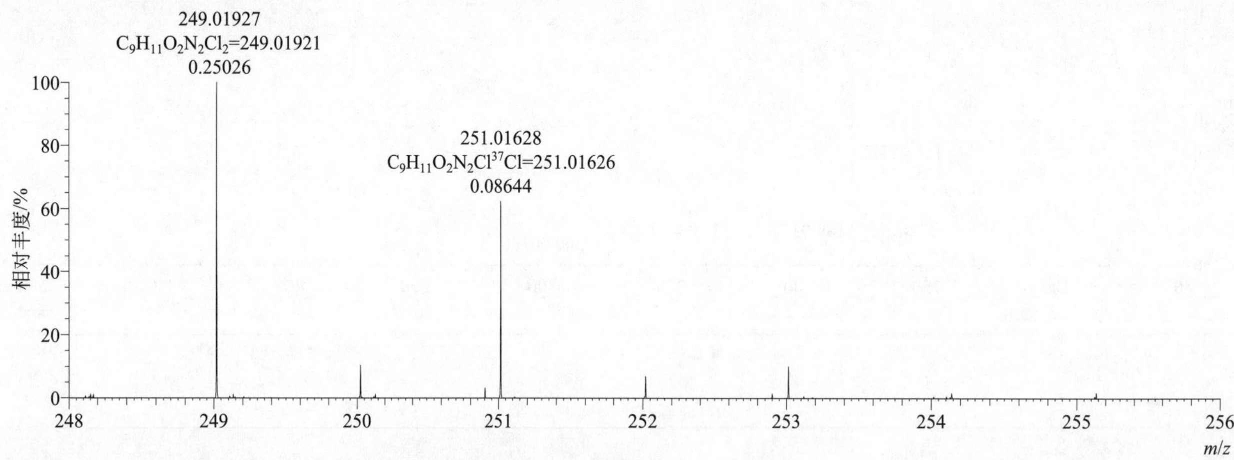

$[M+H]^+$ 归一化法能量 NCE 为 20 时典型的二级质谱图

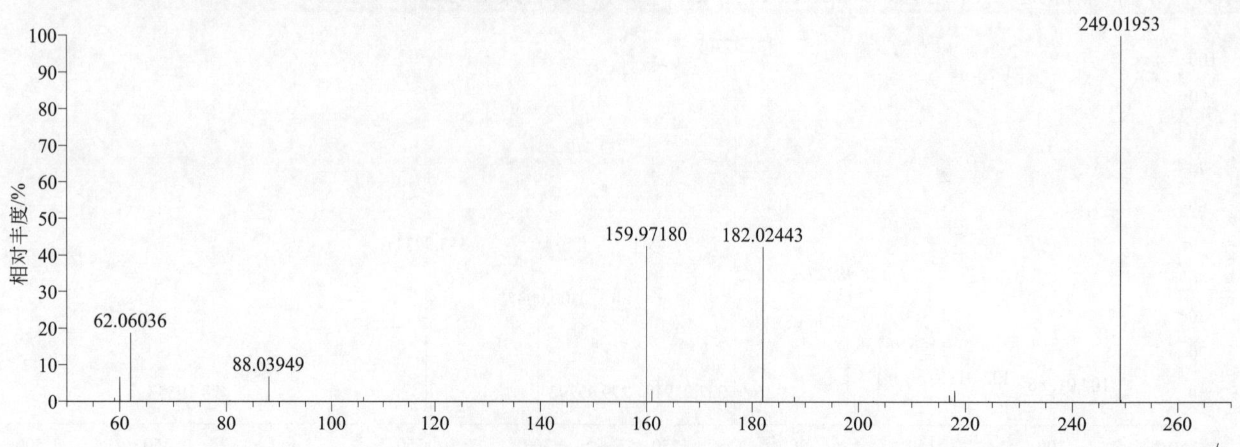

[M+H]+ 归一化法能量 NCE 为 40 时典型的二级质谱图

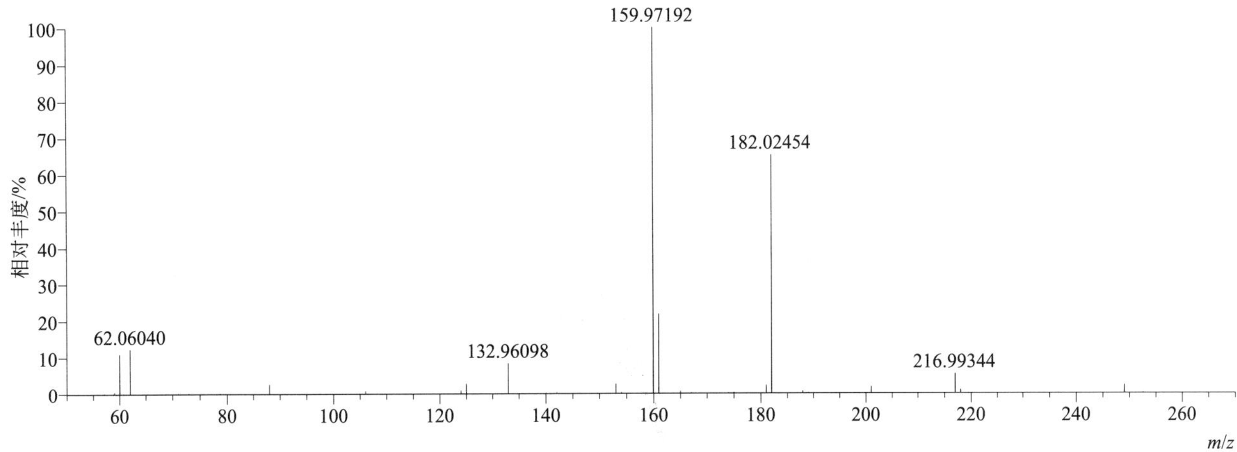

[M+H]+ 归一化法能量 NCE 为 60 时典型的二级质谱图

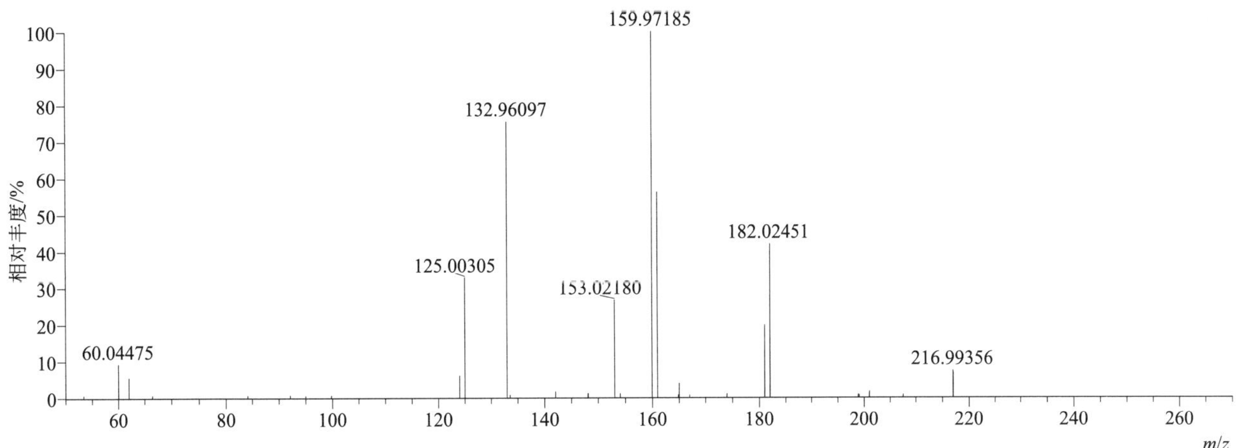

[M+H]+ 阶梯归一化法能量 Step NCE 为 20、40、60 时典型的二级质谱图

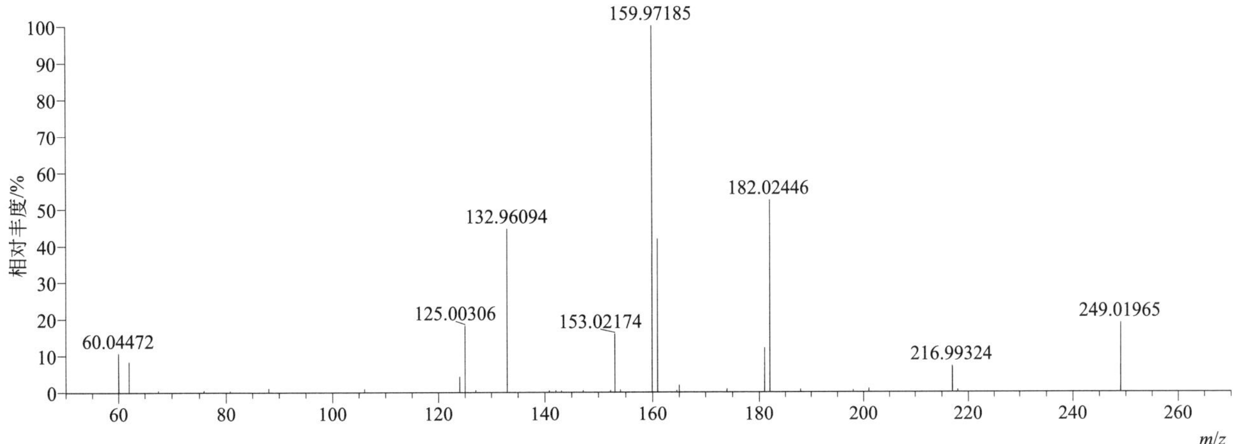

malaoxon（马拉氧磷）

基本信息

CAS 登录号	1634-78-2	分子量	314.05891	离子源和极性	电喷雾离子源（ESI）
分子式	$C_{10}H_{19}O_7PS$	保留时间	13.12min	极性	正模式

$[M+H]^+$ 提取离子流色谱图

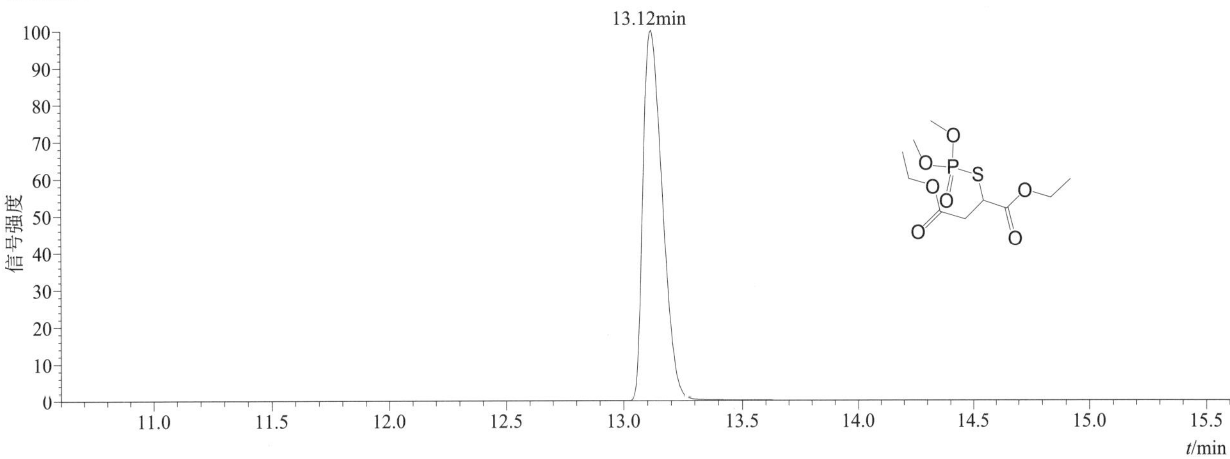

$[M+H]^+$ 和 $[M+Na]^+$ 典型的一级质谱图

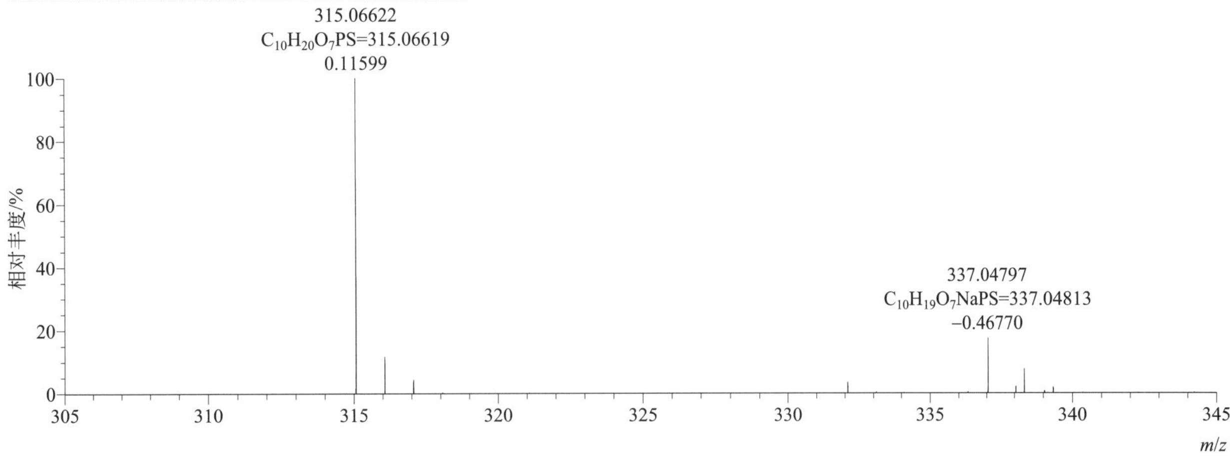

$[M+H]^+$ 归一化法能量 NCE 为 20 时典型的二级质谱图

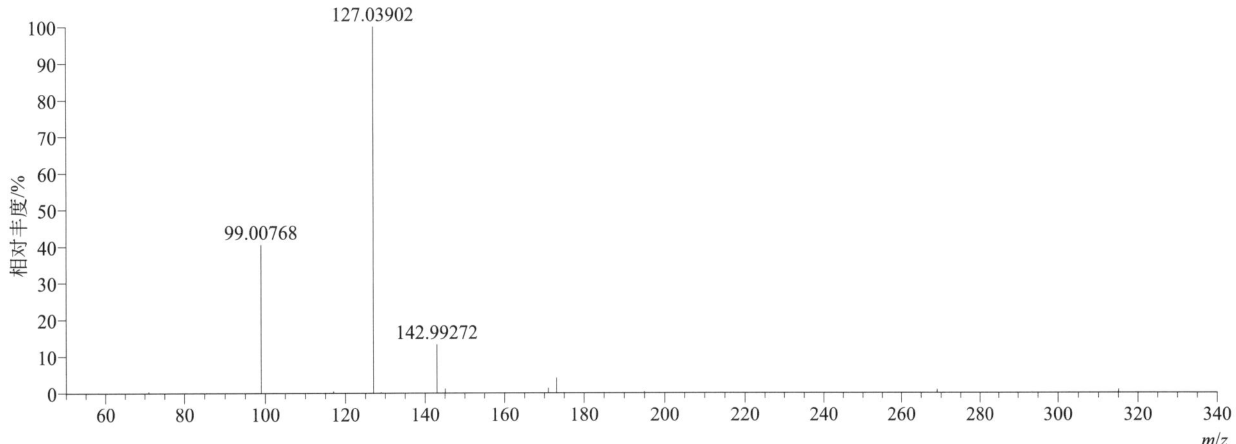

[M+H]+ 归一化法能量 NCE 为 40 时典型的二级质谱图

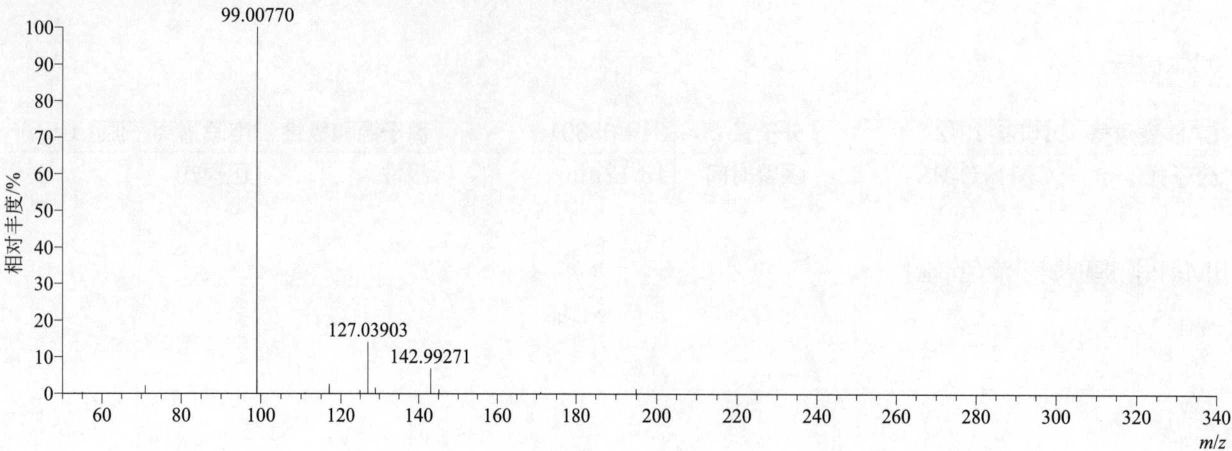

[M+H]+ 归一化法能量 NCE 为 60 时典型的二级质谱图

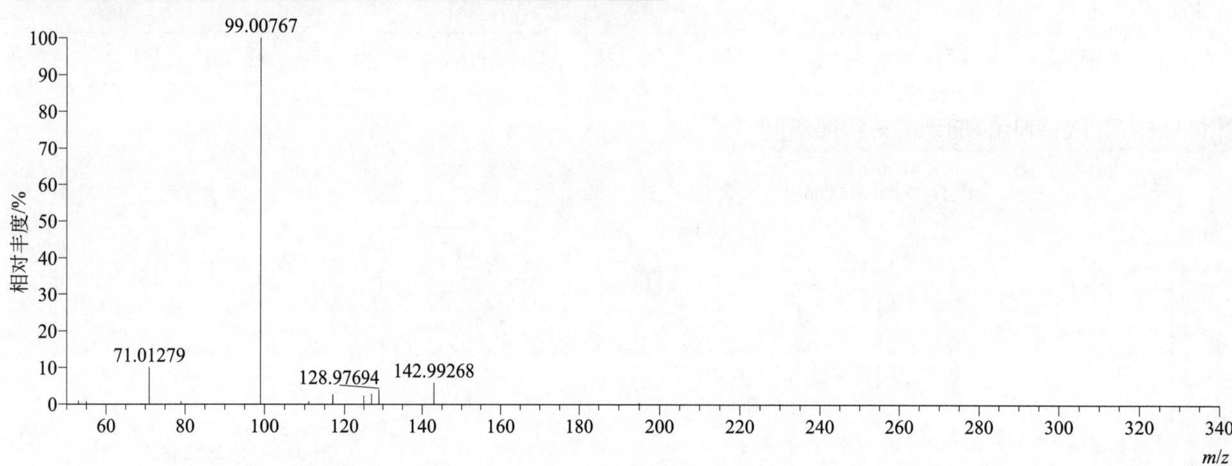

[M+H]+ 阶梯归一化法能量 Step NCE 为 20、40、60 时典型的二级质谱图

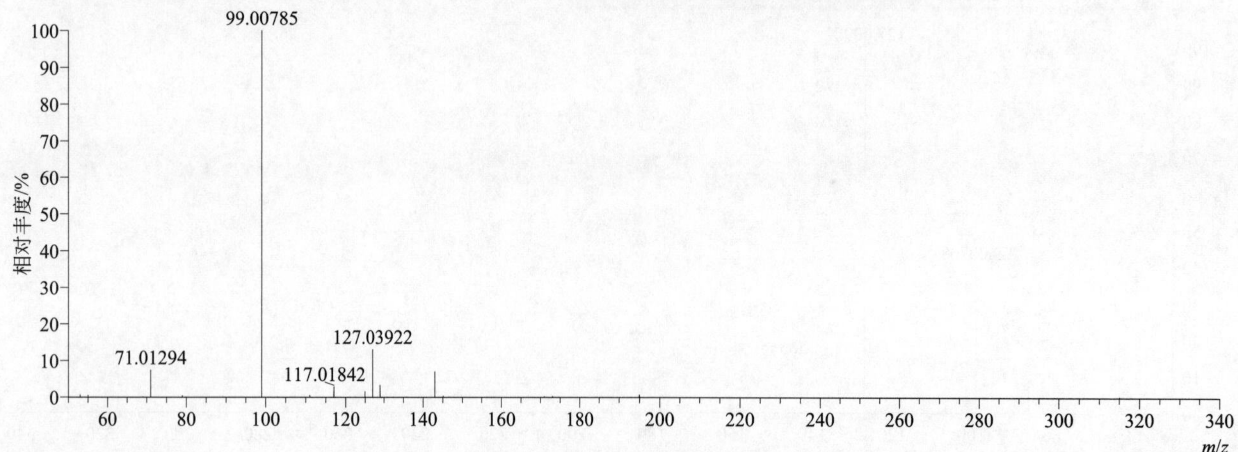

malathion（马拉硫磷）

基本信息

CAS 登录号	121-75-5	分子量	330.03607	离子源和极性	电喷雾离子源（ESI）
分子式	$C_{10}H_{19}O_6PS_2$	保留时间	14.45min	极性	正模式

[M+H]⁺ 提取离子流色谱图

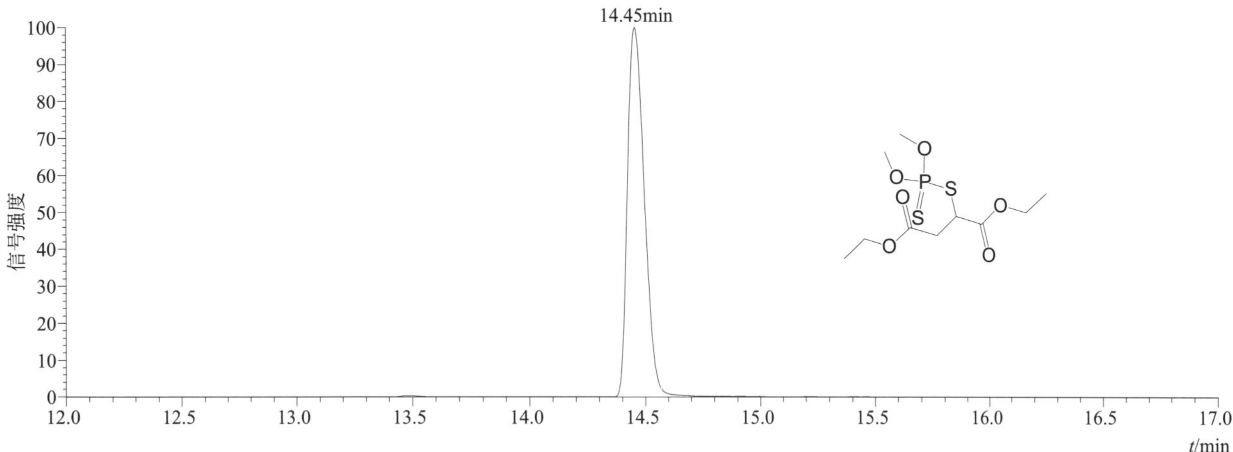

[M+H]⁺、[M+NH₄]⁺ 和 [M+Na]⁺ 典型的一级质谱图

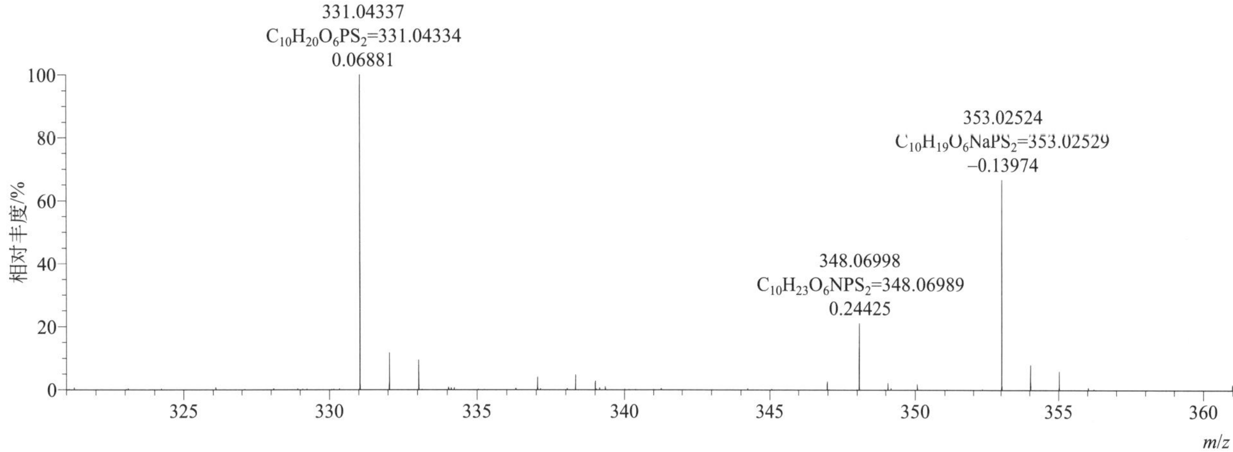

[M+H]⁺ 归一化法能量 NCE 为 20 时典型的二级质谱图

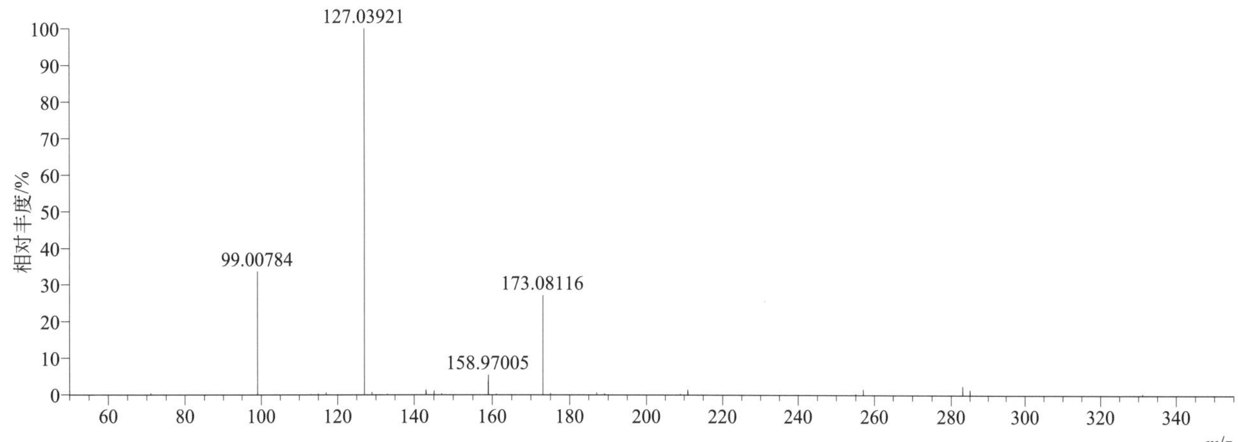

[M+H]+ 归一化法能量 NCE 为 40 时典型的二级质谱图

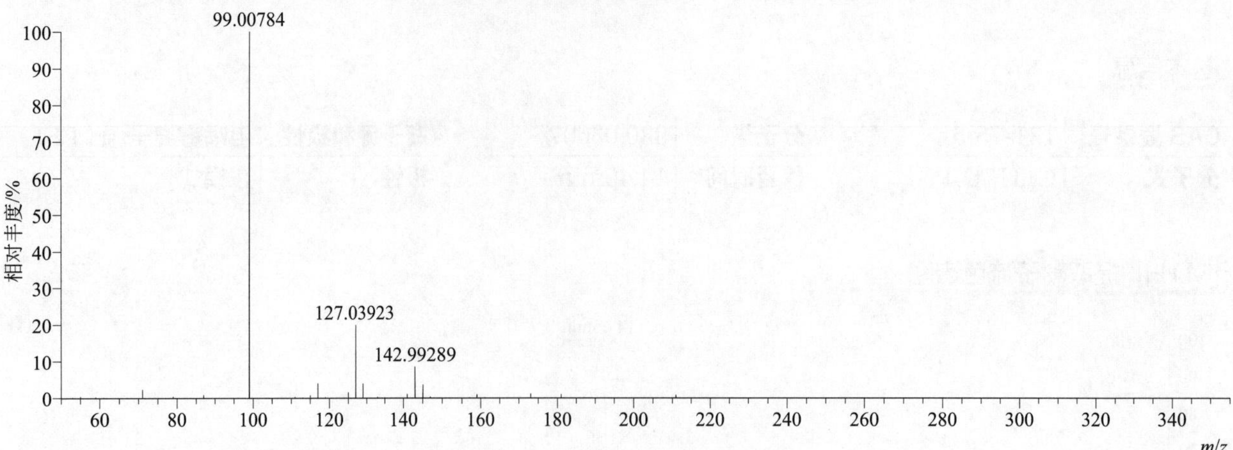

[M+H]+ 归一化法能量 NCE 为 60 时典型的二级质谱图

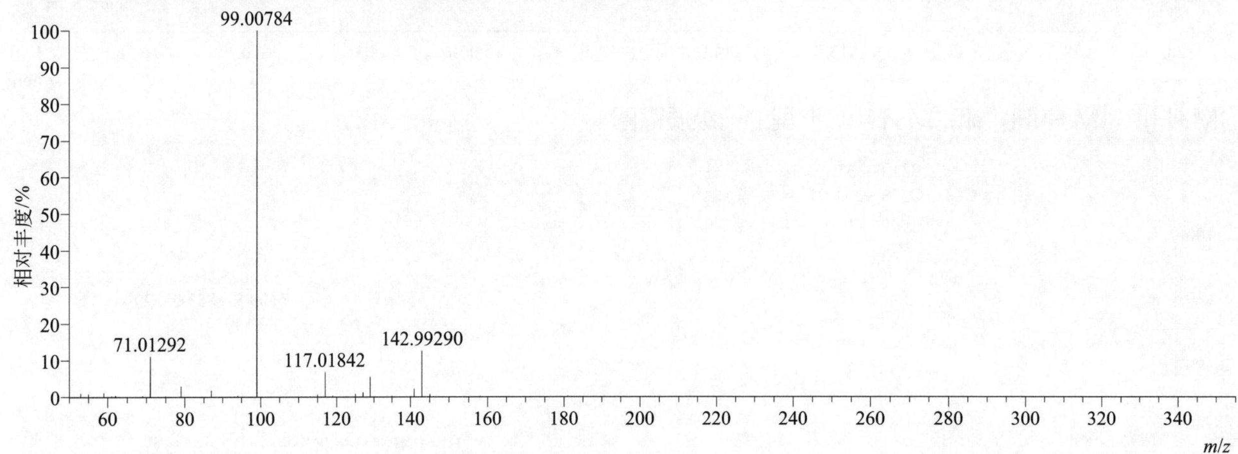

[M+H]+ 阶梯归一化法能量 Step NCE 为 20、40、60 时典型的二级质谱图

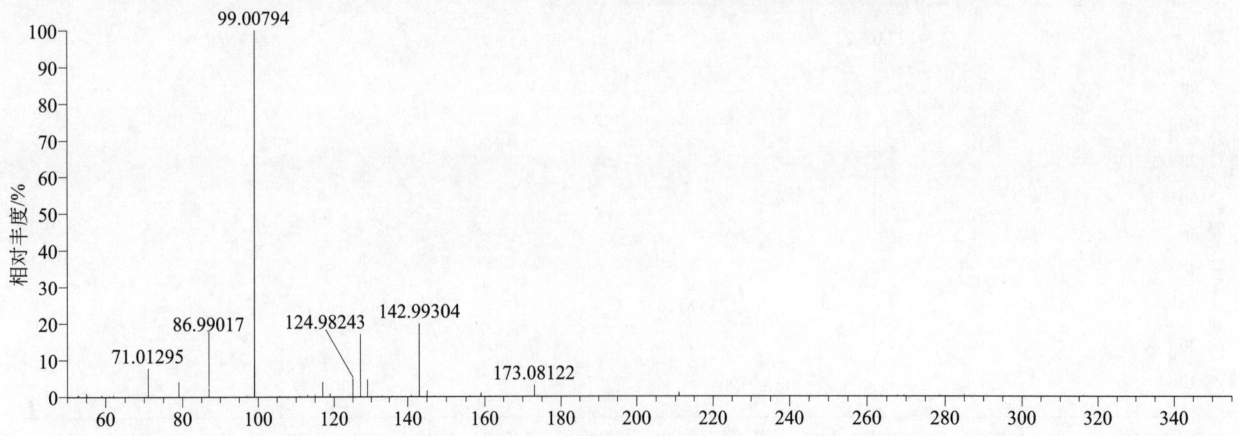

$[M+NH_4]^+$ 归一化法能量 NCE 为 20 时典型的二级质谱图

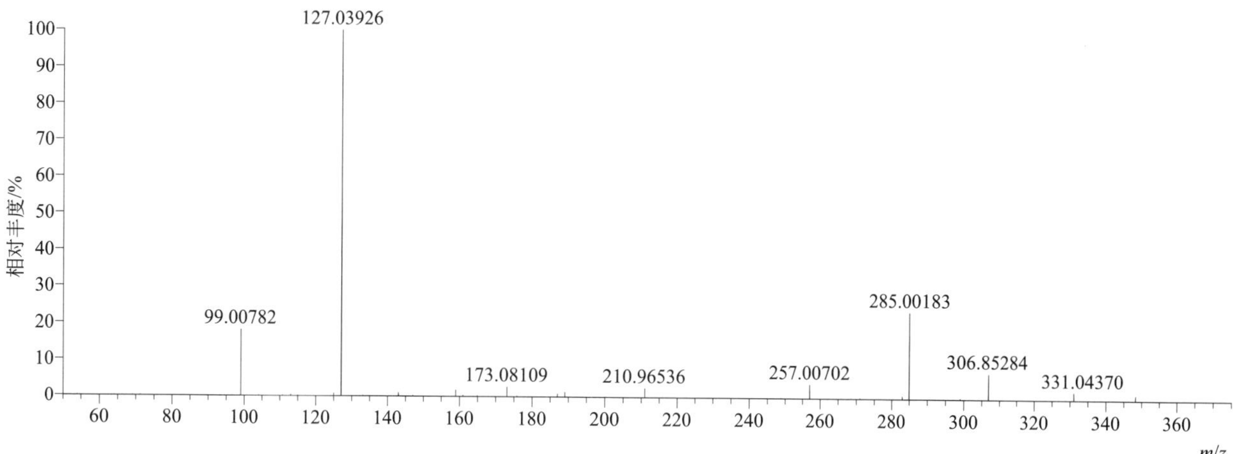

$[M+NH_4]^+$ 归一化法能量 NCE 为 40 时典型的二级质谱图

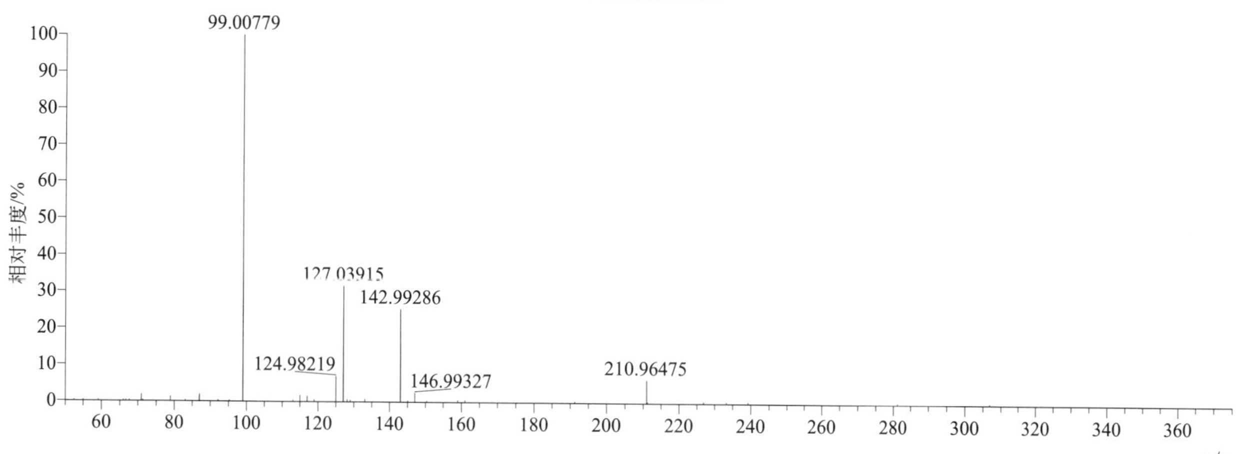

$[M+NH_4]^+$ 归一化法能量 NCE 为 60 时典型的二级质谱图

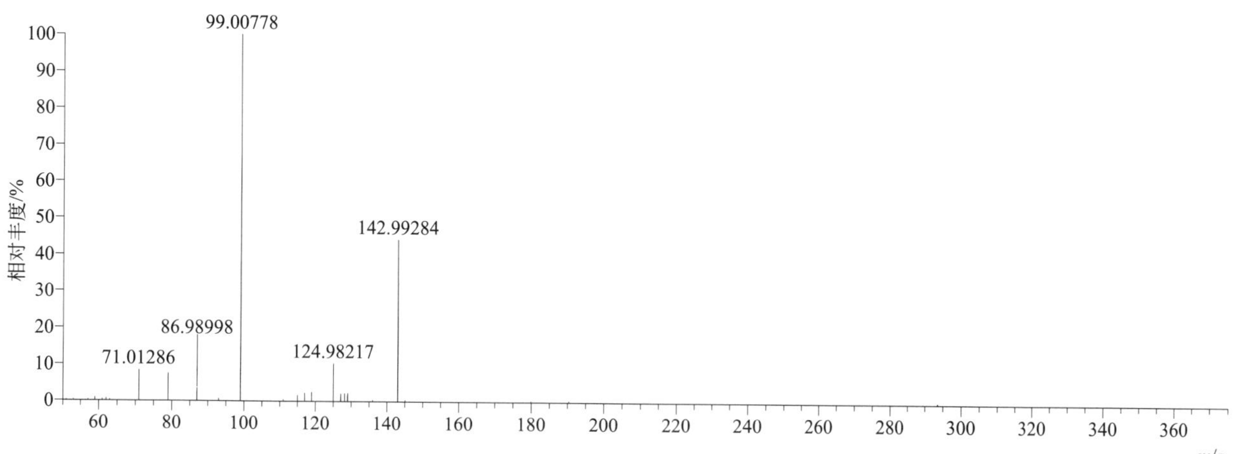

[M+NH$_4$]$^+$ 阶梯归一化法能量 Step NCE 为 20、40、60 时典型的二级质谱图

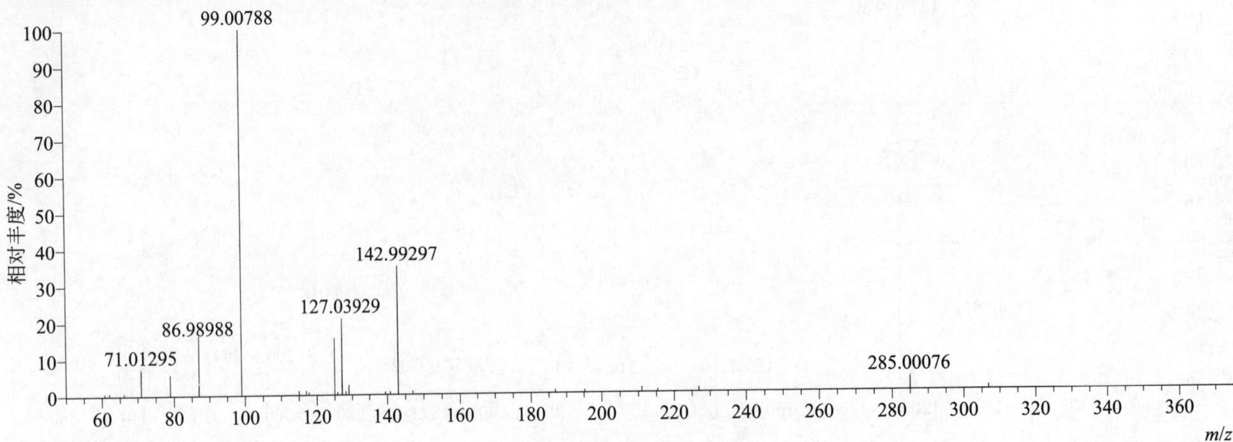

mandipropamid（双炔酰菌胺）

基本信息

CAS 登录号	374726-62-2	分子量	411.12374	离子源和极性	电喷雾离子源（ESI）
分子式	$C_{23}H_{22}ClNO_4$	保留时间	14.29min	极性	正模式

[M+H]$^+$ 提取离子流色谱图

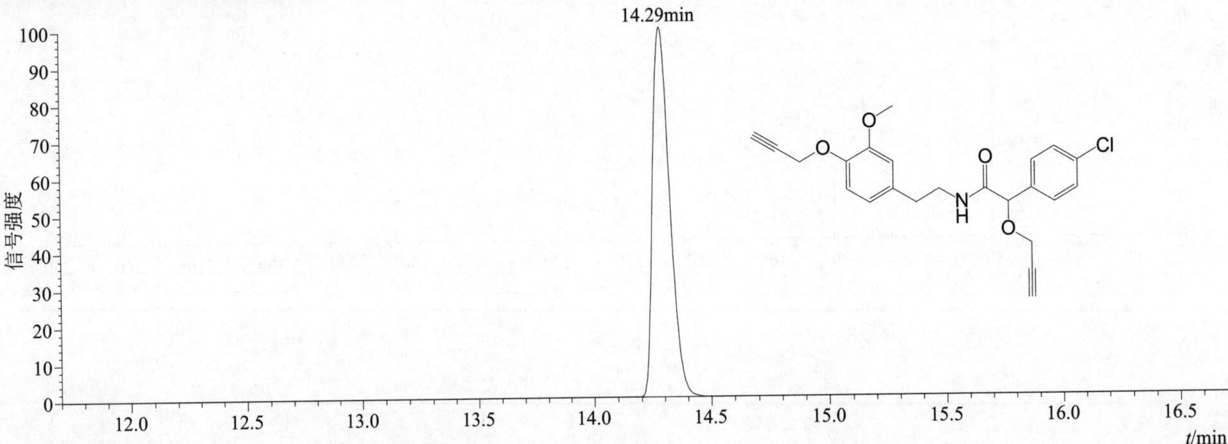

[M+H]$^+$ 和 [M+NH$_4$]$^+$ 典型的一级质谱图

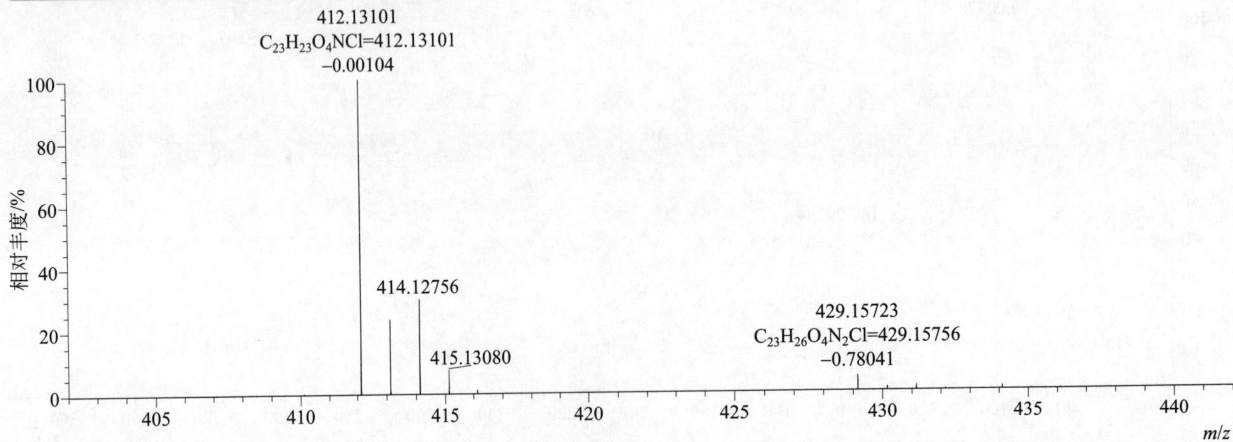

$[M+H]^+$ 典型的一级质谱图

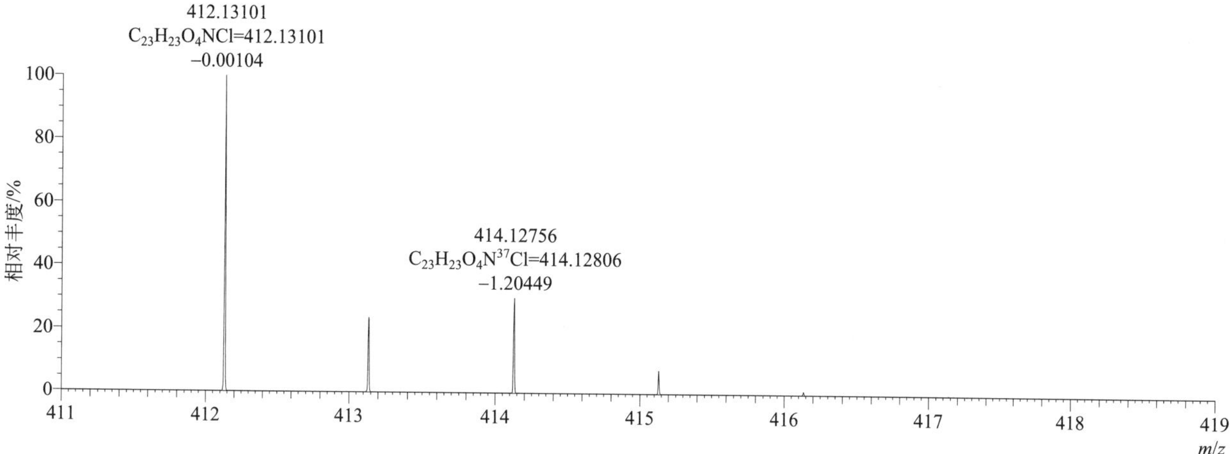

$[M+NH_4]^+$ 典型的一级质谱图

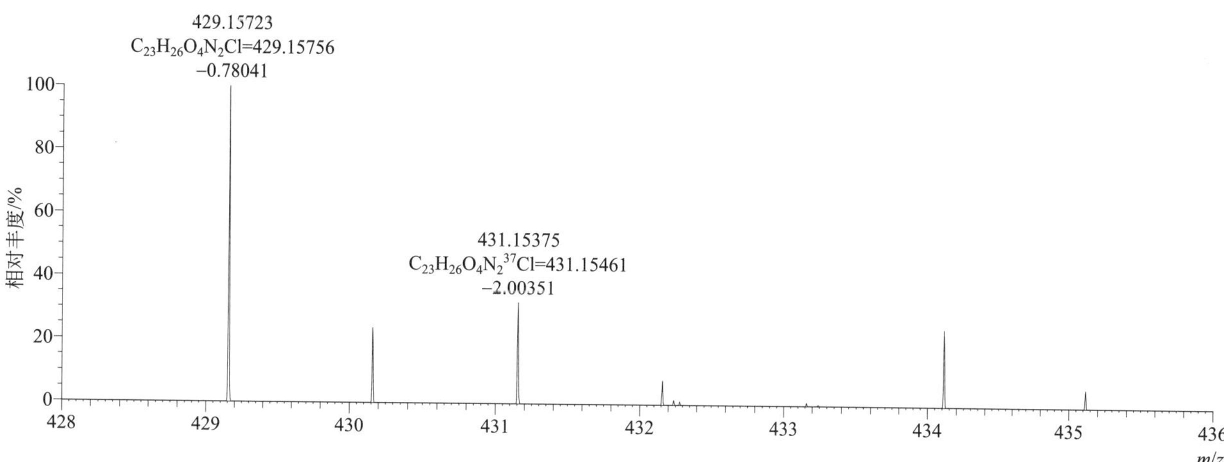

$[M+H]^+$ 归一化法能量 NCE 为 20 时典型的二级质谱图

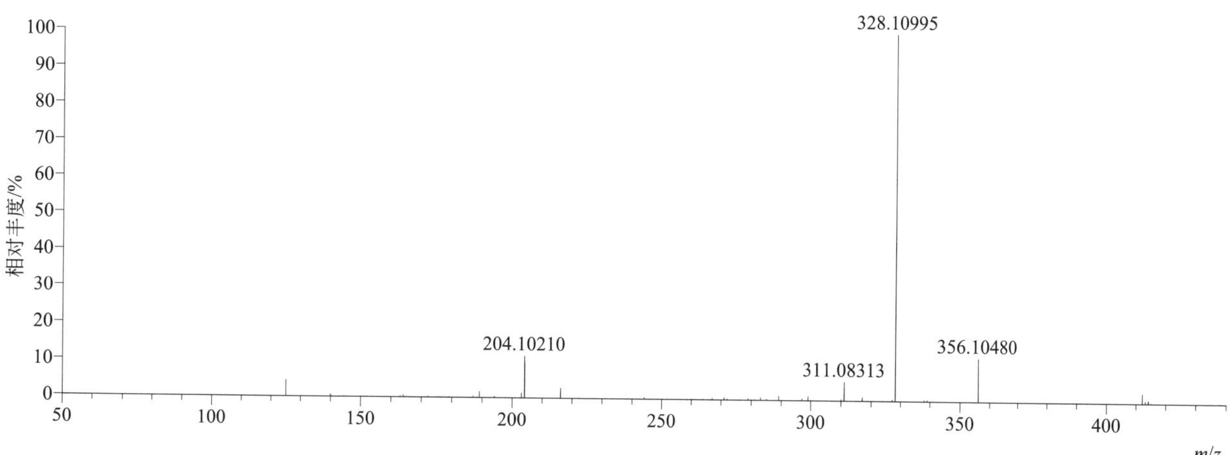

[M+H]+ 归一化法能量 NCE 为 40 时典型的二级质谱图

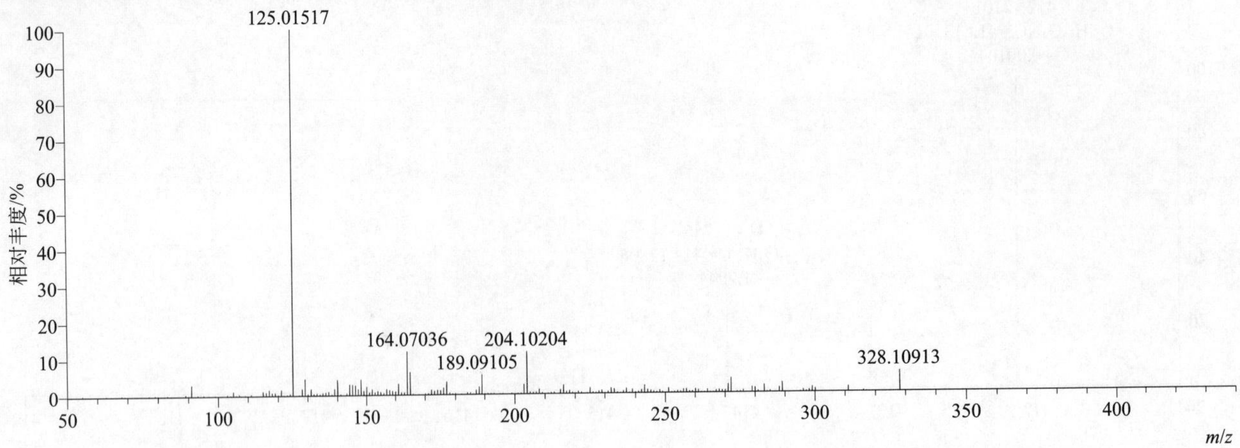

[M+H]+ 归一化法能量 NCE 为 60 时典型的二级质谱图

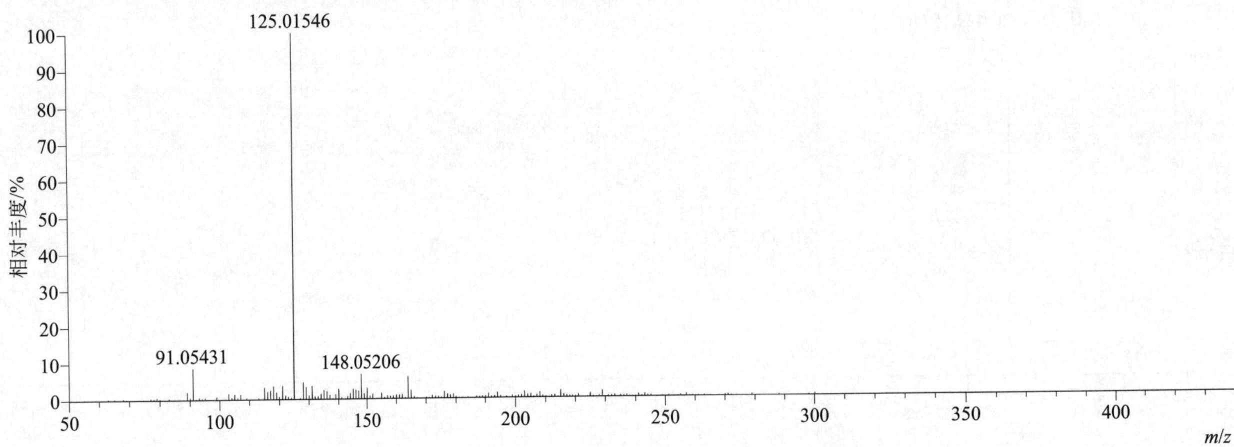

[M+H]+ 阶梯归一化法能量 Step NCE 为 20、40、60 时典型的二级质谱图

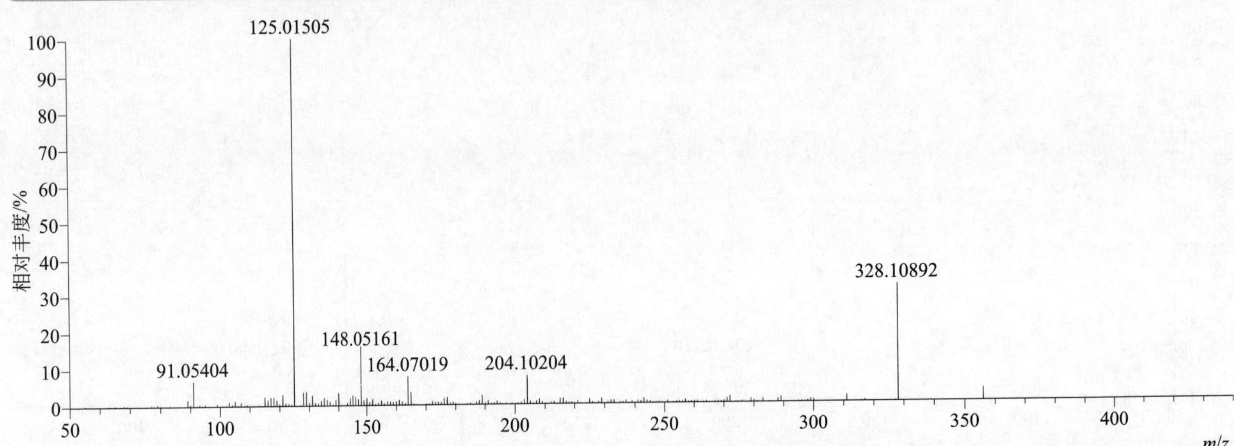

[M+NH$_4$]$^+$ 归一化法能量 NCE 为 20 时典型的二级质谱图

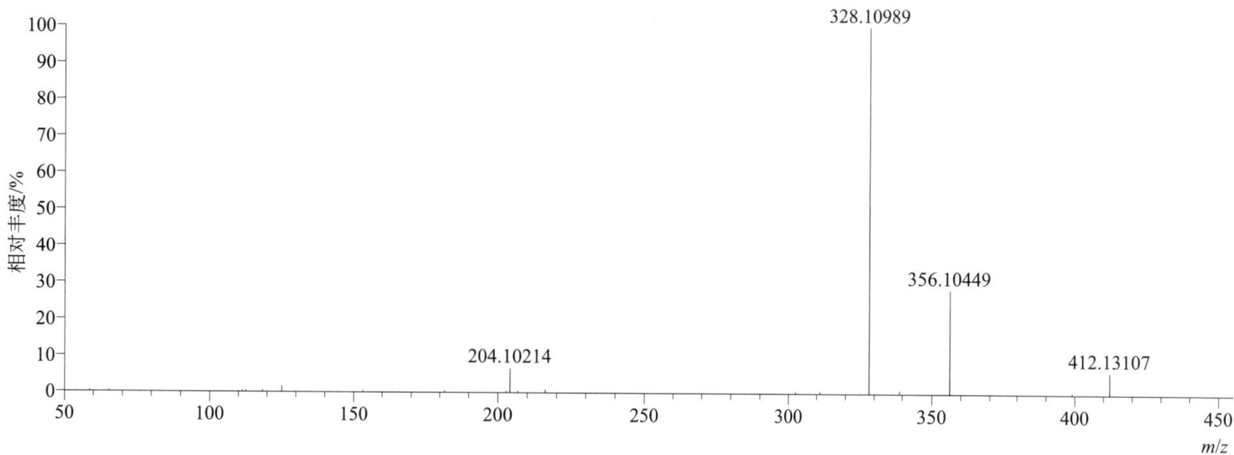

[M+NH$_4$]$^+$ 归一化法能量 NCE 为 40 时典型的二级质谱图

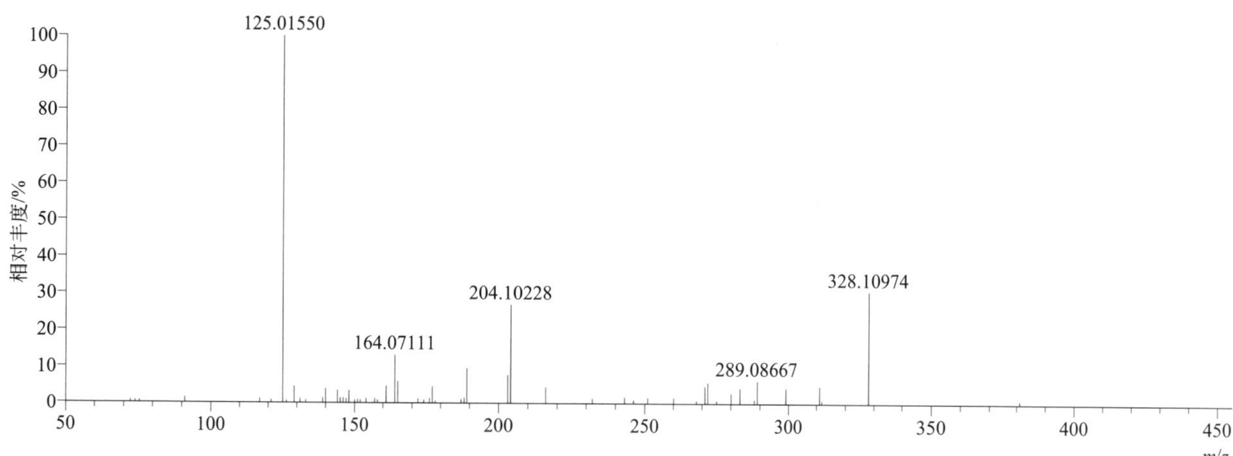

[M+NH$_4$]$^+$ 归一化法能量 NCE 为 60 时典型的二级质谱图

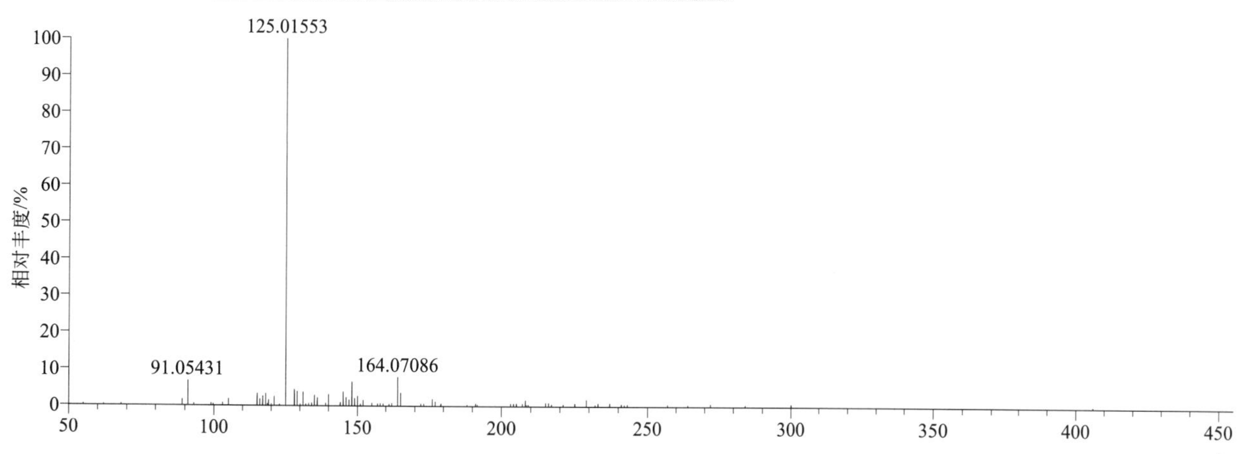

[M+NH$_4$]$^+$ 阶梯归一化法能量 Step NCE 为 20、40、60 时典型的二级质谱图

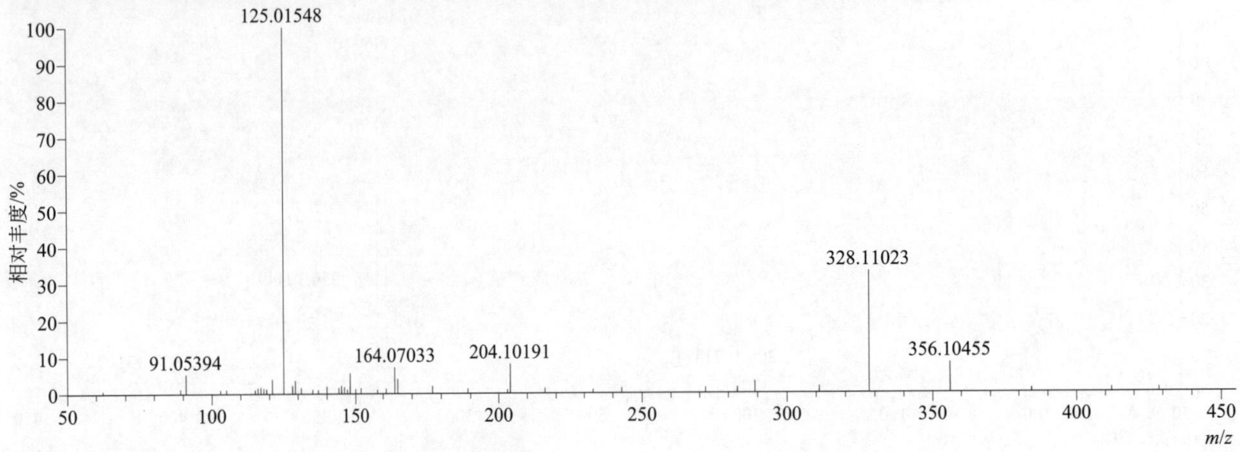

mecarbam（灭蚜磷）

基本信息

CAS 登录号	2595-54-2	分子量	329.05205	离子源和极性	电喷雾离子源（ESI）
分子式	$C_{10}H_{20}NO_5PS_2$	保留时间	14.73min	极性	正模式

[M+H]$^+$ 提取离子流色谱图

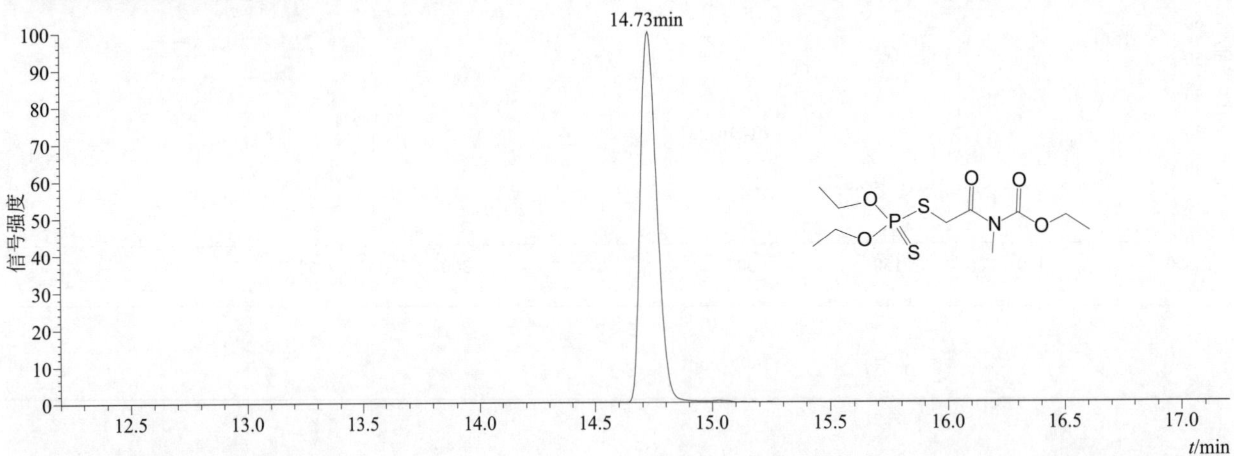

[M+H]$^+$ 典型的一级质谱图

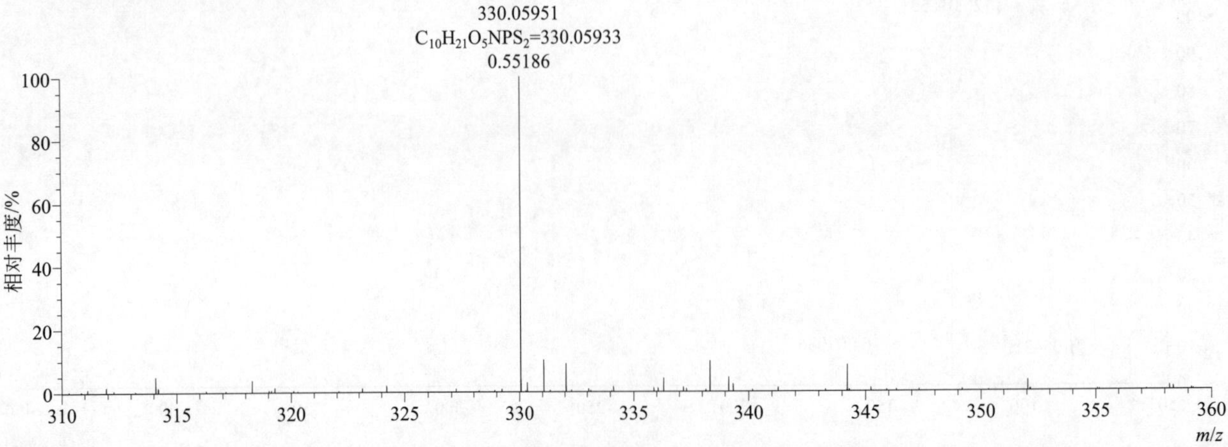

[M+H]⁺ 归一化法能量 NCE 为 20 时典型的二级质谱图

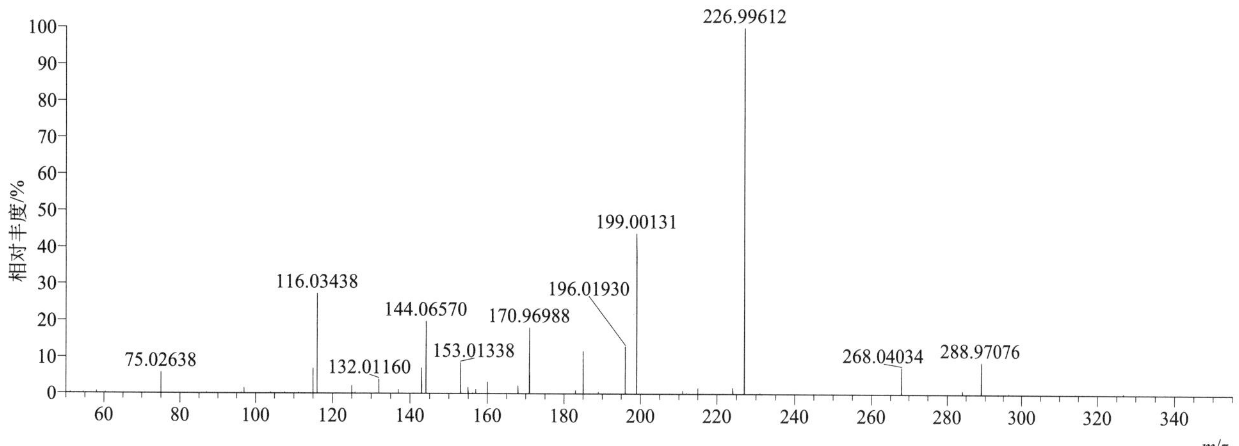

[M+H]⁺ 归一化法能量 NCE 为 40 时典型的二级质谱图

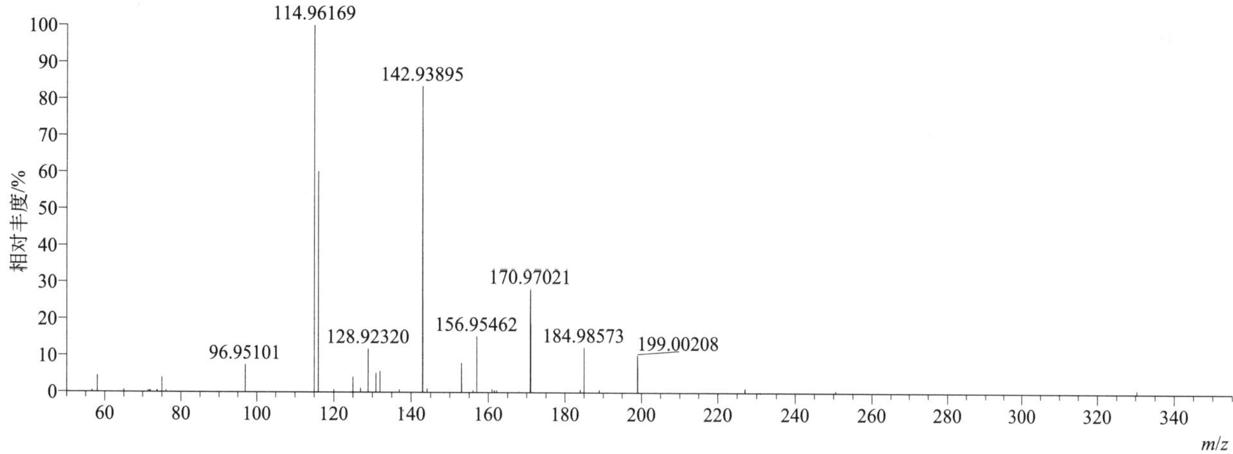

[M+H]⁺ 归一化法能量 NCE 为 60 时典型的二级质谱图

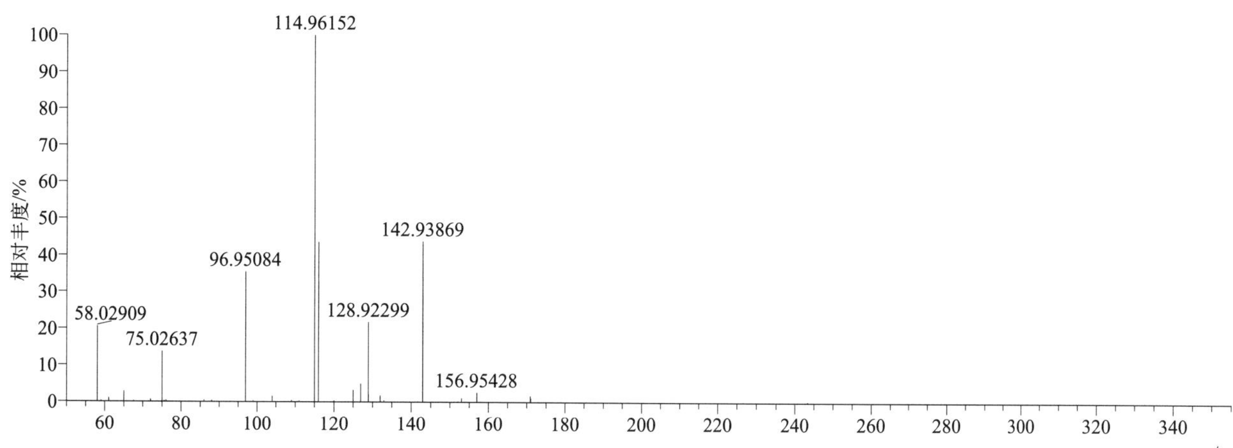

[M+H]+ 阶梯归一化法能量 Step NCE 为 20、40、60 时典型的二级质谱图

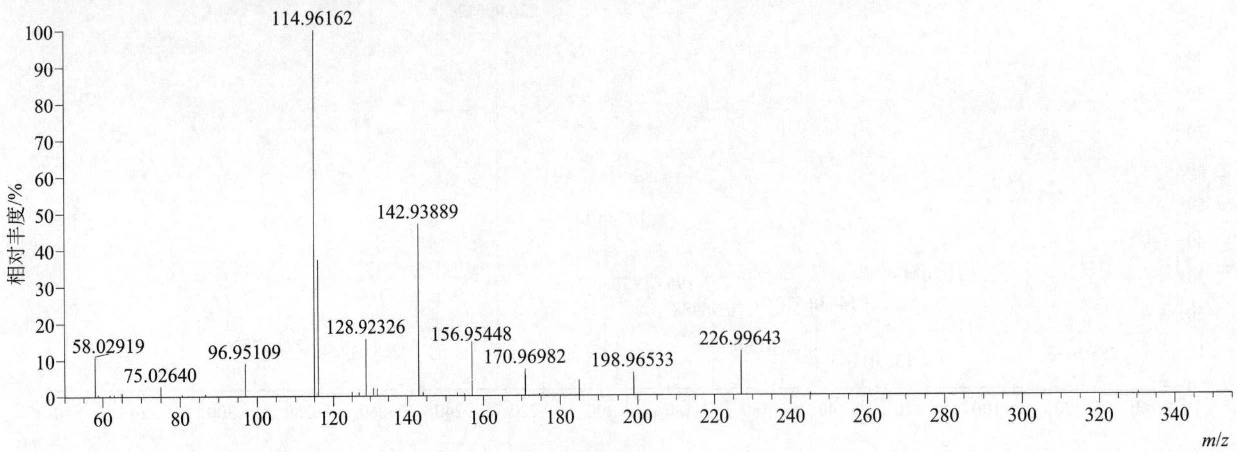

mefenacet（苯噻酰草胺）

基本信息

CAS 登录号	73250-68-7	**分子量**	298.07760	**离子源和极性**	电喷雾离子源（ESI）
分子式	$C_{16}H_{14}N_2O_2S$	**保留时间**	14.61min	**极性**	正模式

[M+H]+ 提取离子流色谱图

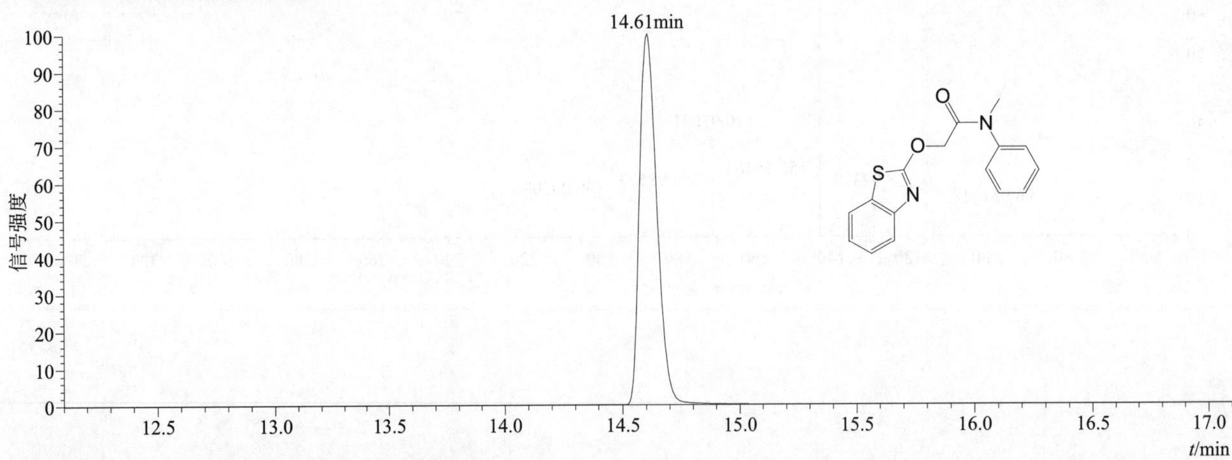

[M+H]+ 和 [M+Na]+ 典型的一级质谱图

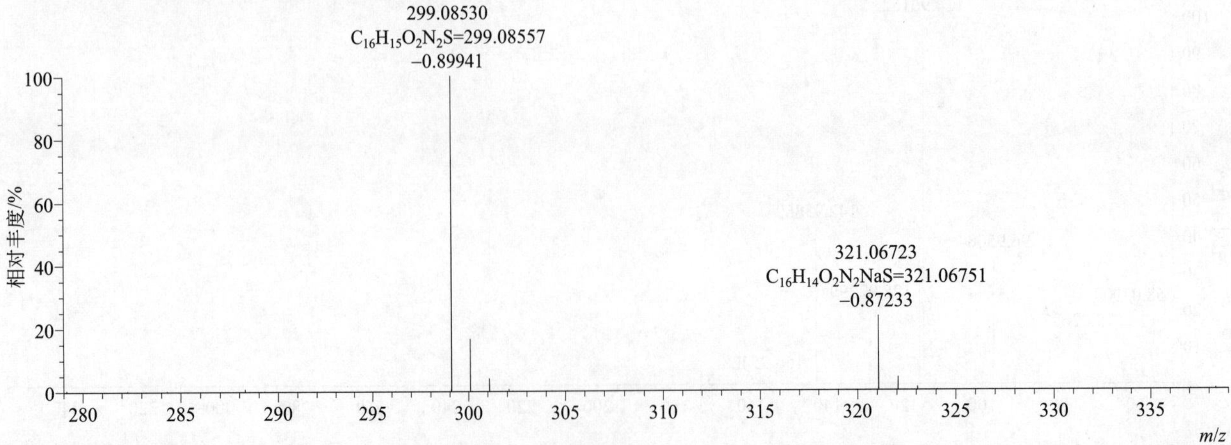

[M+H]+ 归一化法能量 NCE 为 20 时典型的二级质谱图

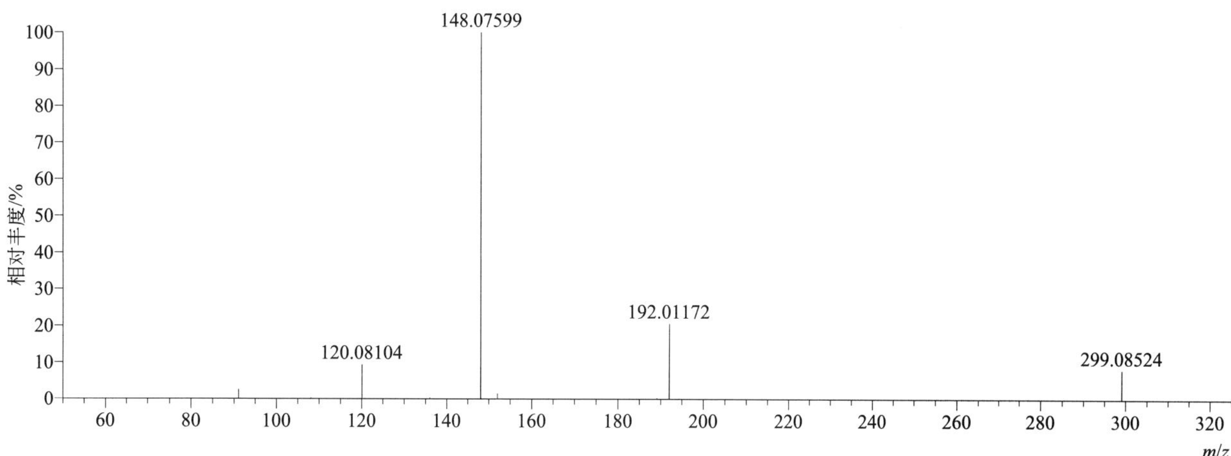

[M+H]+ 归一化法能量 NCE 为 40 时典型的二级质谱图

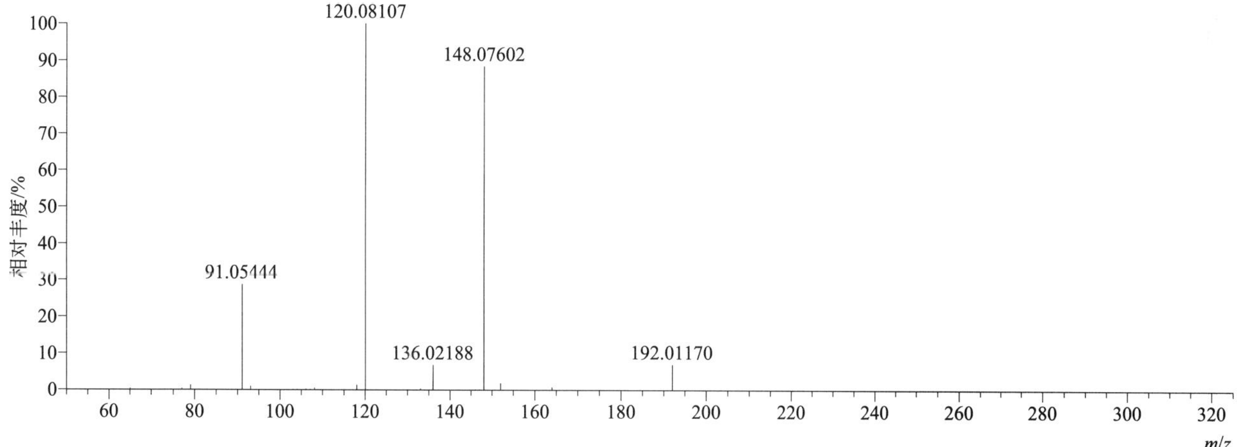

[M+H]+ 归一化法能量 NCE 为 60 时典型的二级质谱图

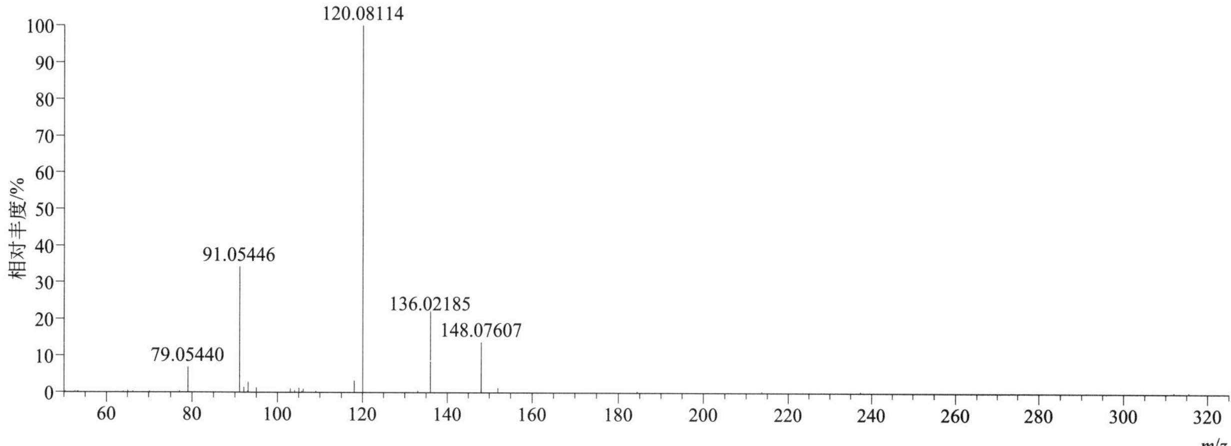

[M+H]+ 阶梯归一化法能量 Step NCE 为 20、40、60 时典型的二级质谱图

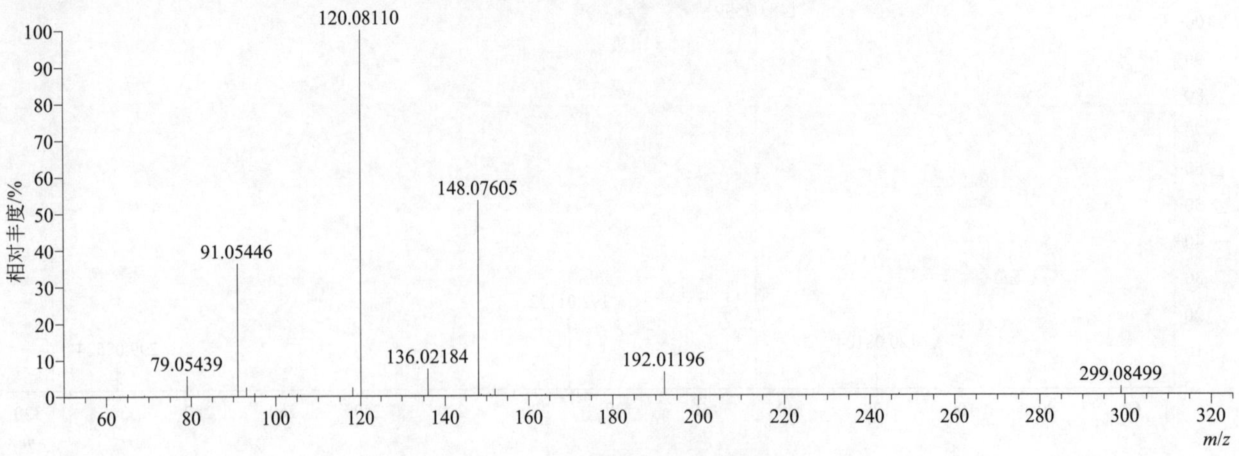

mefenpyr-diethyl（吡唑解草酯）

基本信息

CAS 登录号	135590-91-9	**分子量**	372.06436	**离子源和极性**	电喷雾离子源（ESI）
分子式	$C_{16}H_{18}Cl_2N_2O_4$	**保留时间**	15.17min	**极性**	正模式

[M+H]+ 提取离子流色谱图

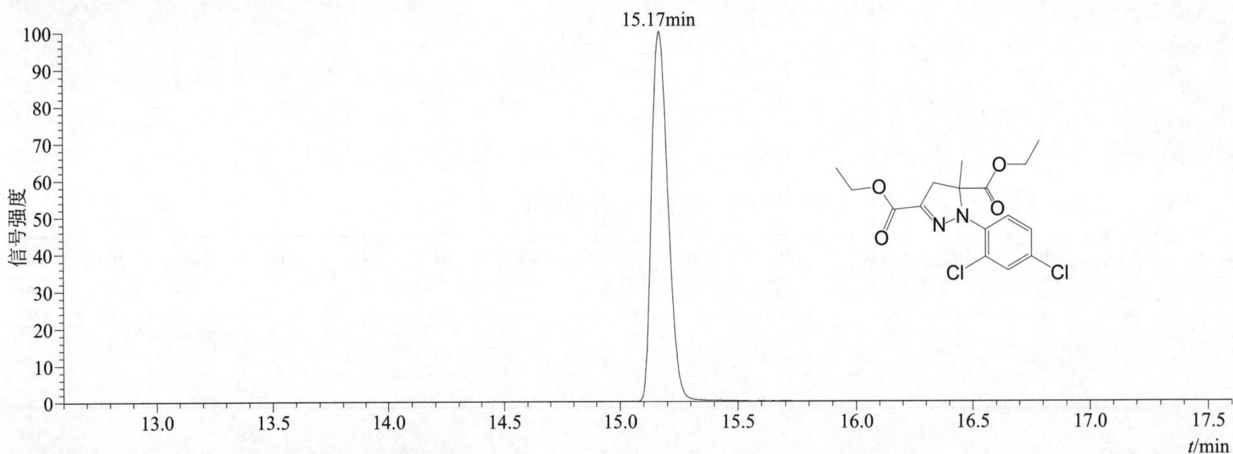

[M+H]+ 和 [M+Na]+ 典型的一级质谱图

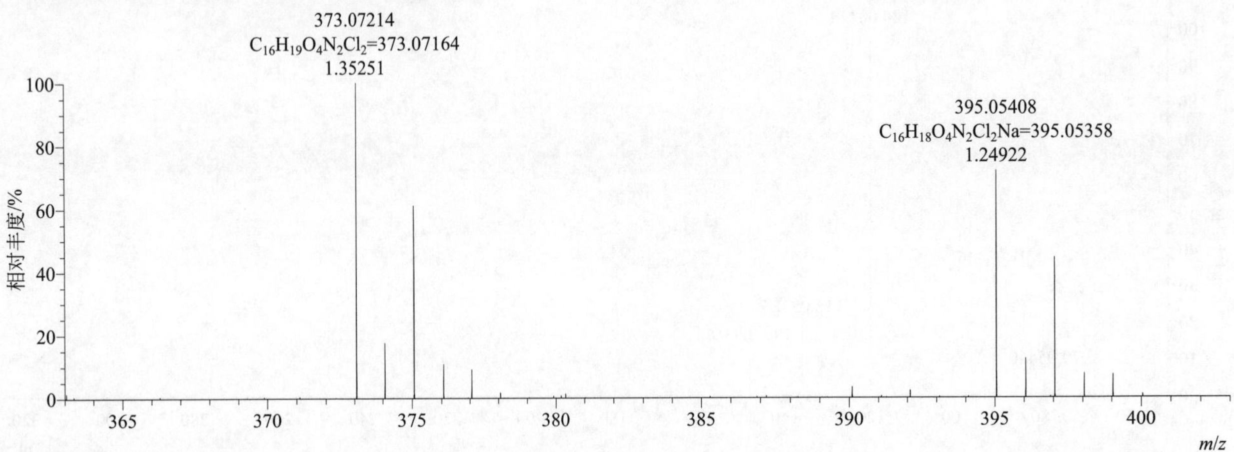

$[M+H]^+$ 典型的一级质谱图

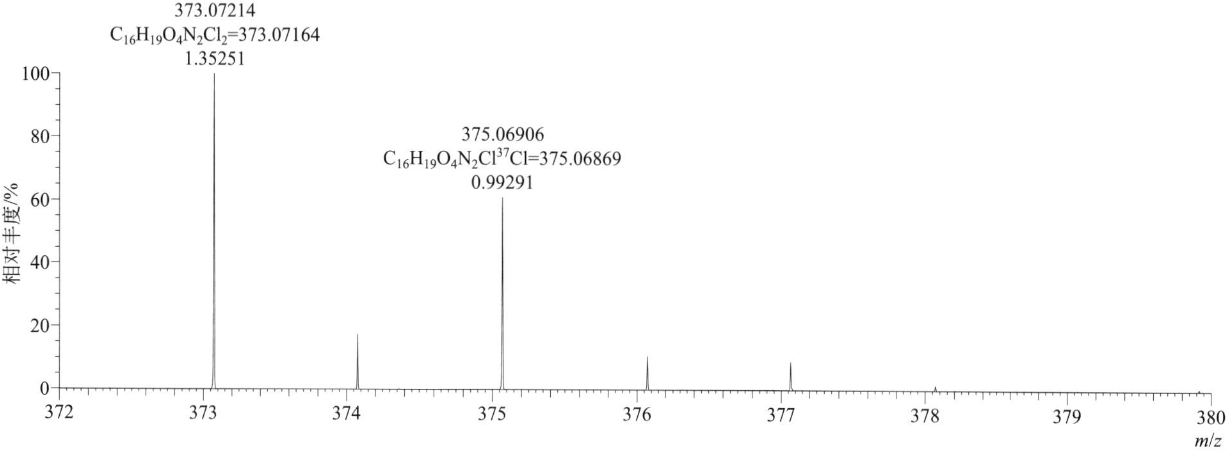

$[M+Na]^+$ 典型的一级质谱图

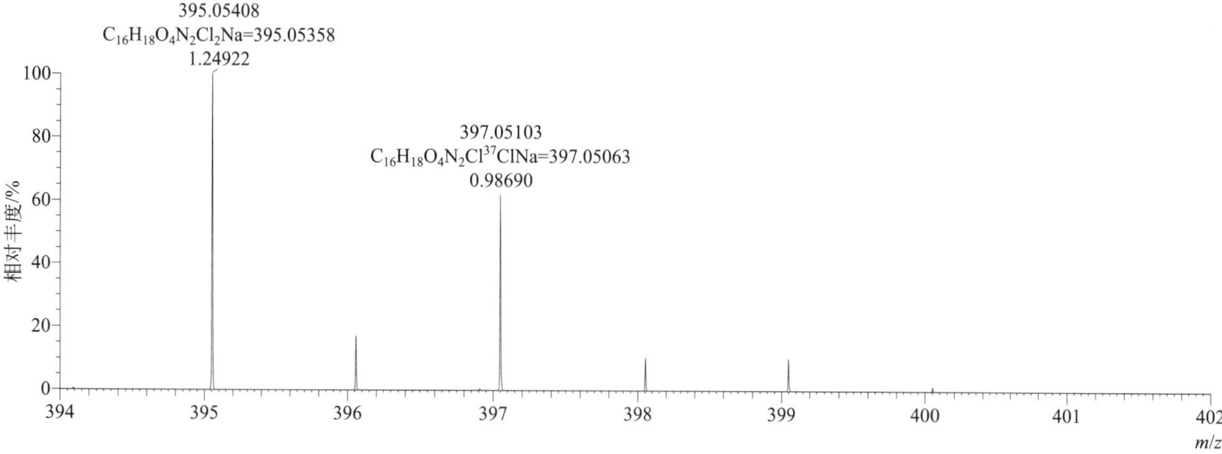

$[M+H]^+$ 归一化法能量 NCE 为 20 时典型的二级质谱图

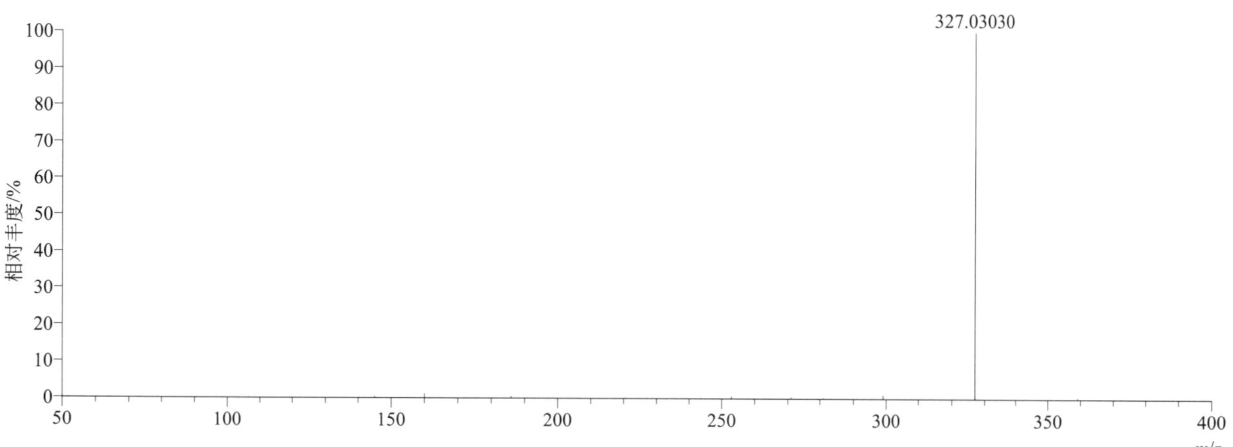

[M+H]+ 归一化法能量 NCE 为 40 时典型的二级质谱图

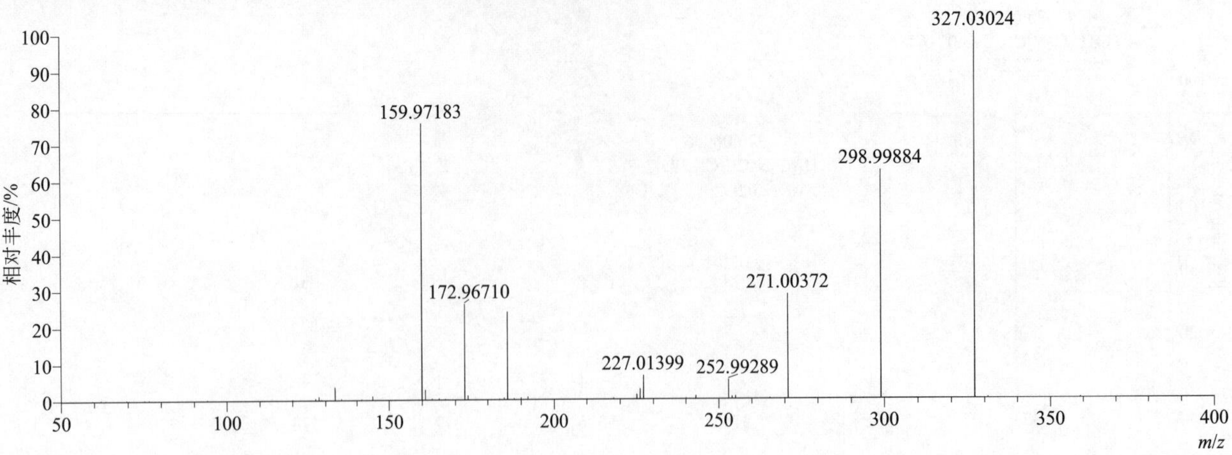

[M+H]+ 归一化法能量 NCE 为 60 时典型的二级质谱图

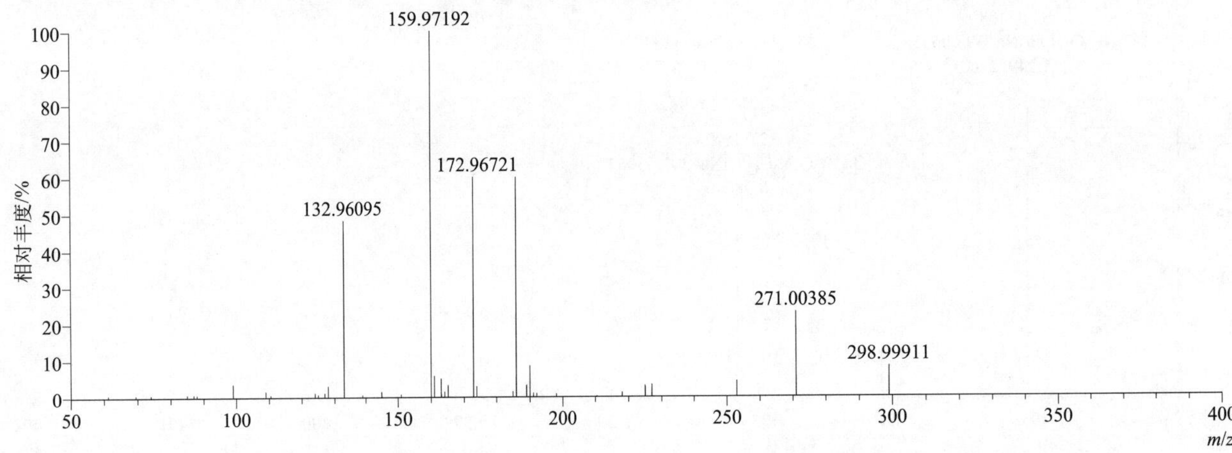

[M+H]+ 阶梯归一化法能量 Step NCE 为 20、40、60 时典型的二级质谱图

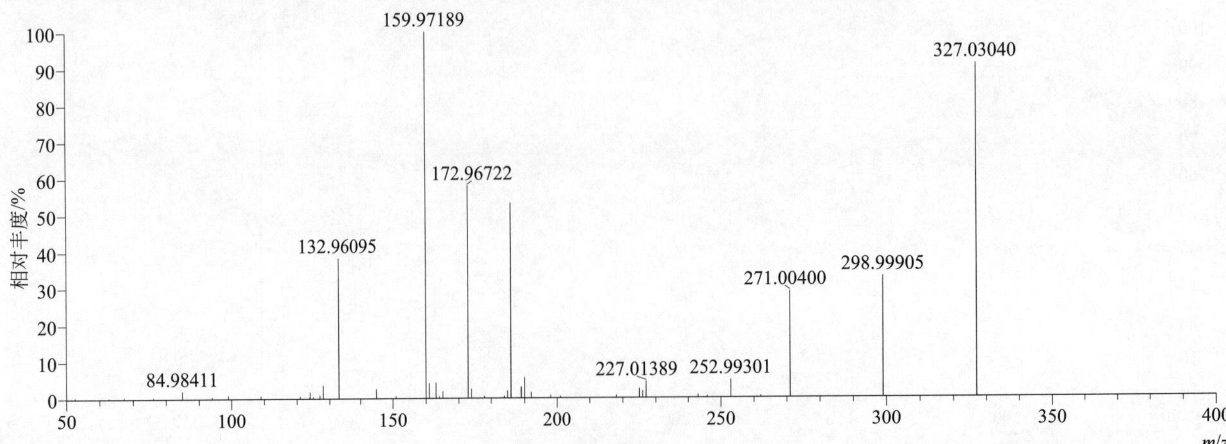

mepanipyrim（嘧菌胺）

基本信息

CAS 登录号	110235-47-7	分子量	223.11095	离子源和极性	电喷雾离子源（ESI）
分子式	$C_{14}H_{13}N_3$	保留时间	14.88min	极性	正模式

[M+H]$^+$ 提取离子流色谱图

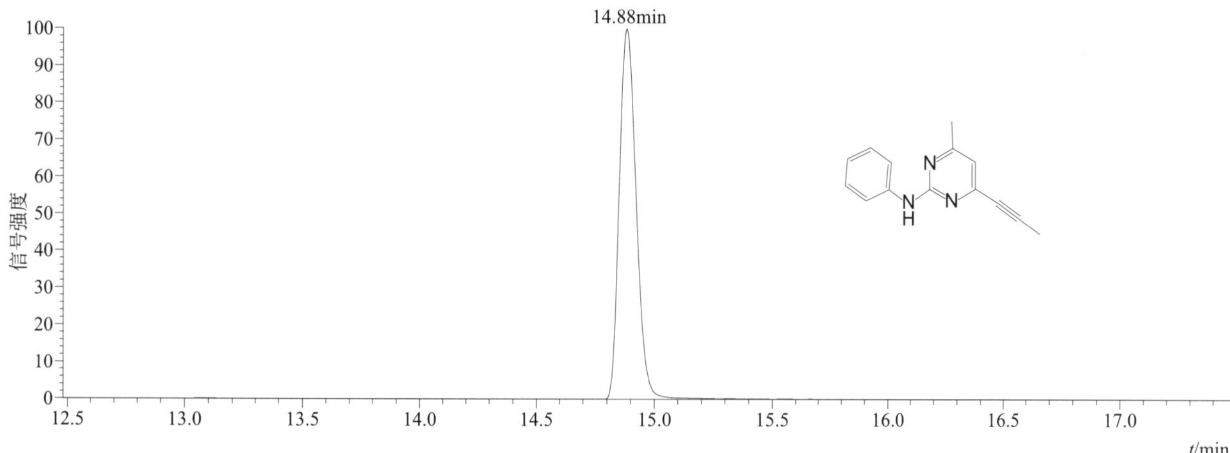

[M+H]$^+$ 典型的一级质谱图

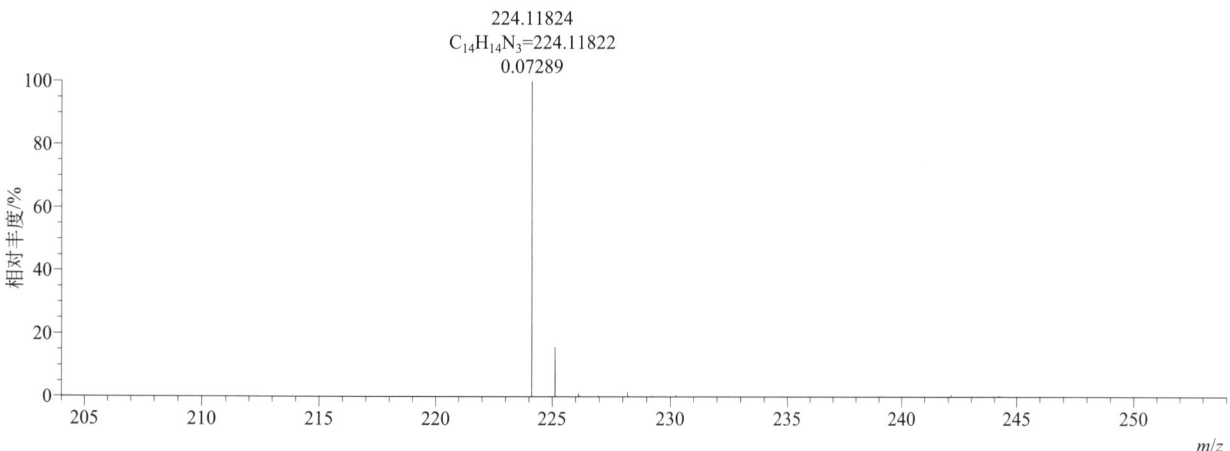

[M+H]$^+$ 归一化法能量 NCE 为 80 时典型的二级质谱图

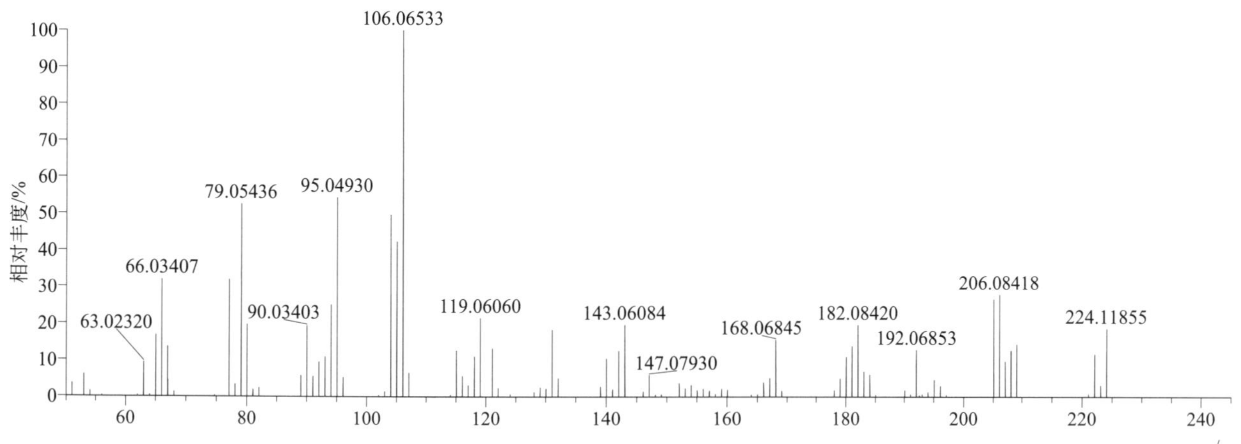

[M+H]+ 归一化法能量 NCE 为 100 时典型的二级质谱图

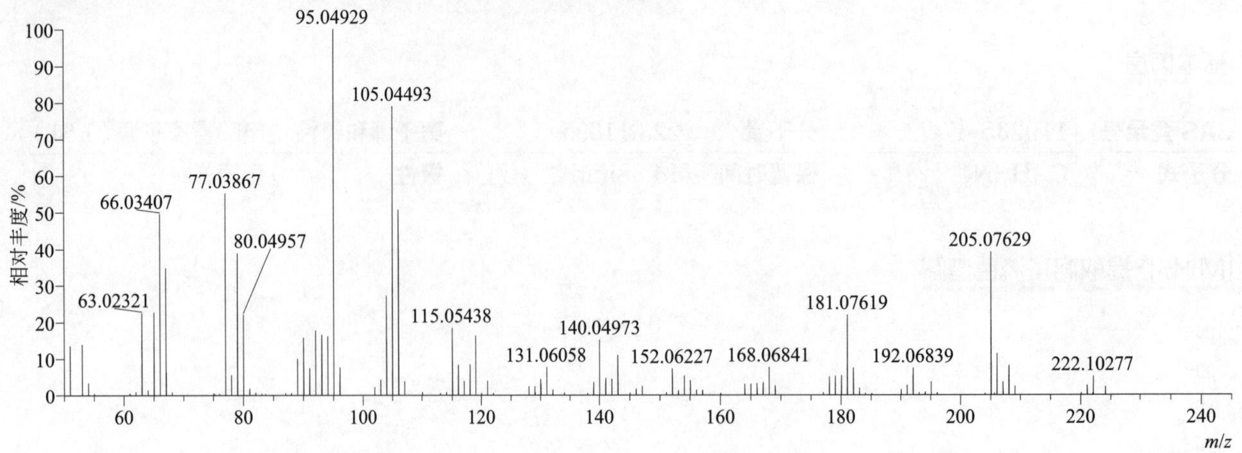

[M+H]+ 归一化法能量 NCE 为 120 时典型的二级质谱图

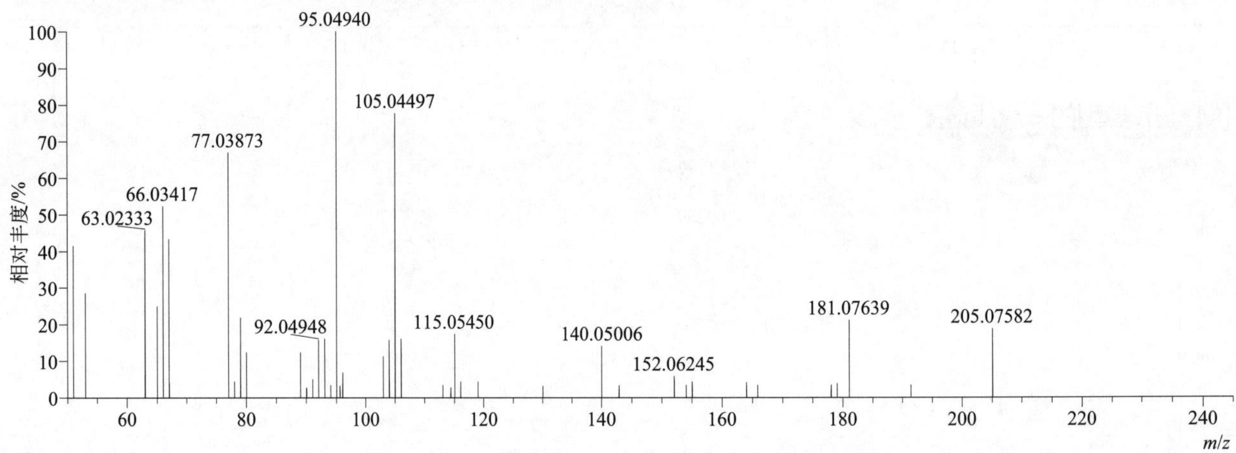

[M+H]+ 阶梯归一化法能量 Step NCE 为 80、100、120 时典型的二级质谱图

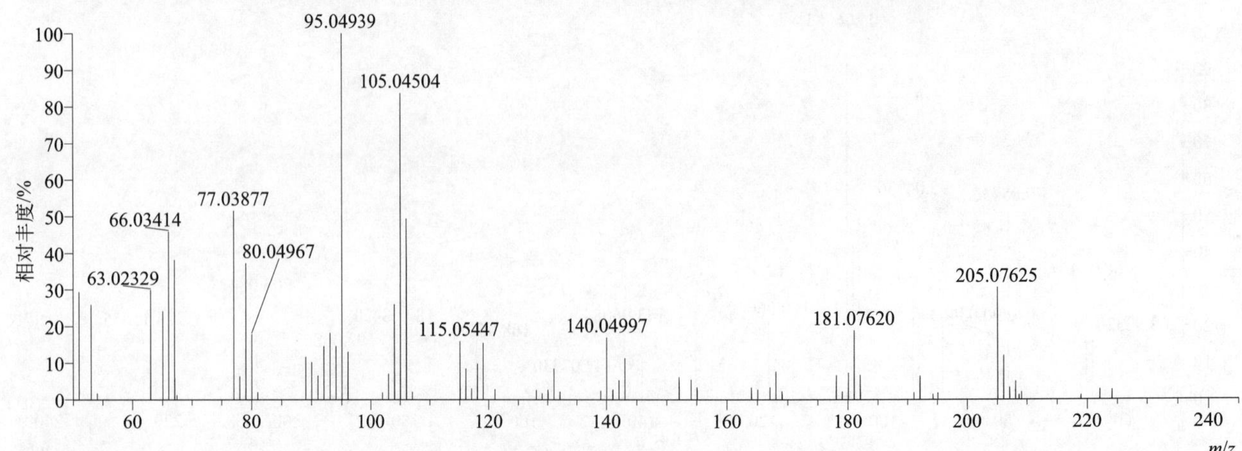

mephosfolan（地胺磷）

基本信息

CAS 登录号	950-10-7	分子量	269.03092	离子源和极性	电喷雾离子源（ESI）
分子式	$C_8H_{16}NO_3PS_2$	保留时间	12.97min	极性	正模式

[M+H]+ 提取离子流色谱图

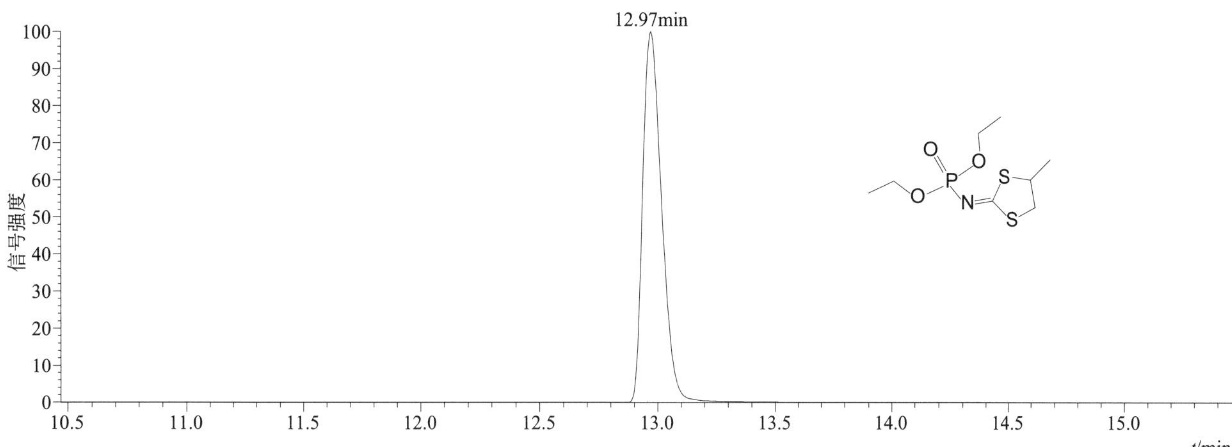

[M+H]+ 典型的一级质谱图

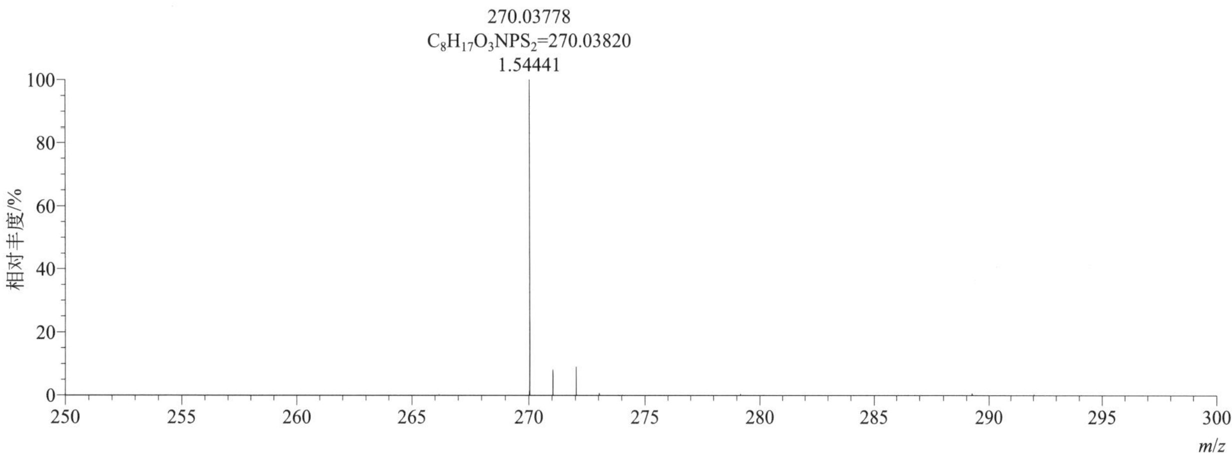

[M+H]+ 归一化法能量 NCE 为 20 时典型的二级质谱图

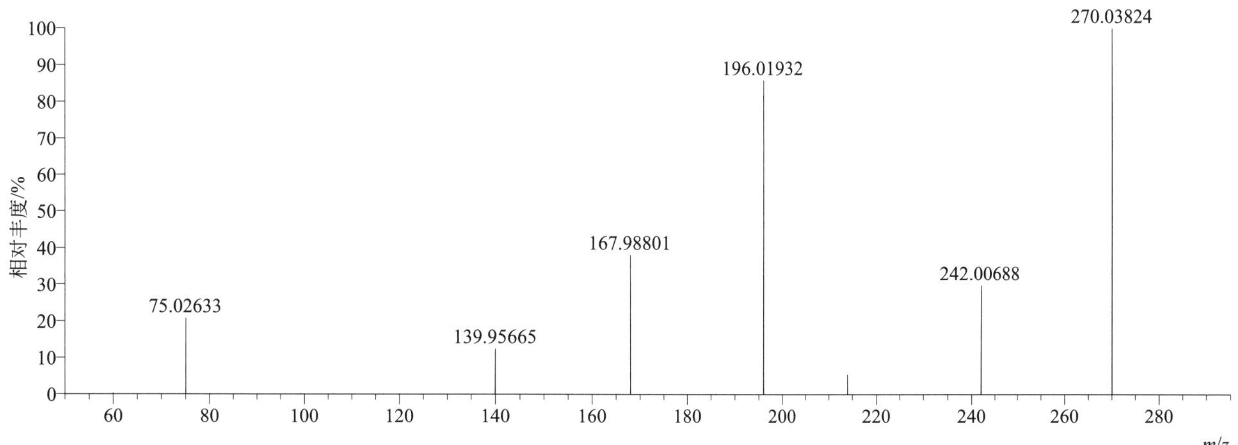

[M+H]+ 归一化法能量 NCE 为 40 时典型的二级质谱图

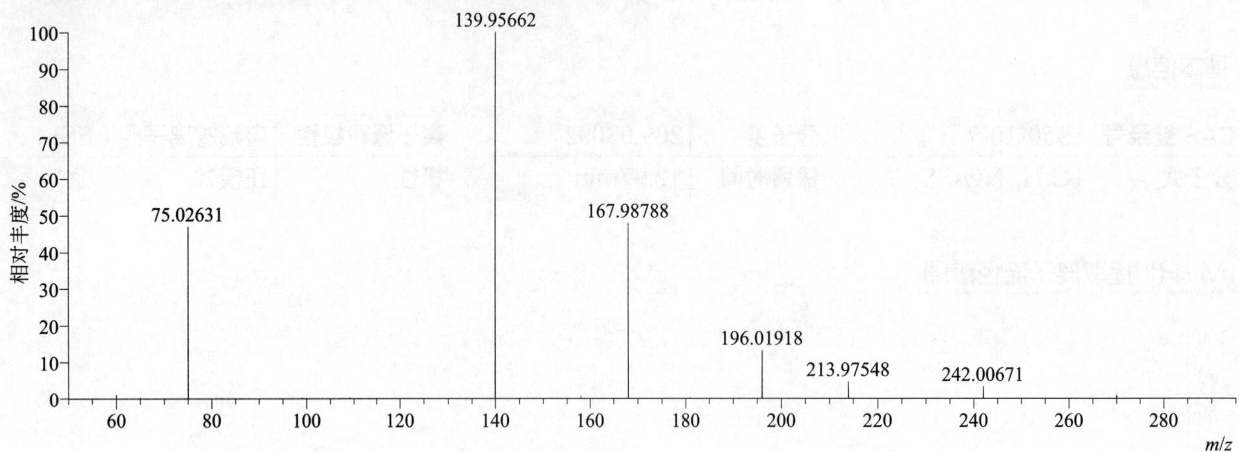

[M+H]+ 归一化法能量 NCE 为 60 时典型的二级质谱图

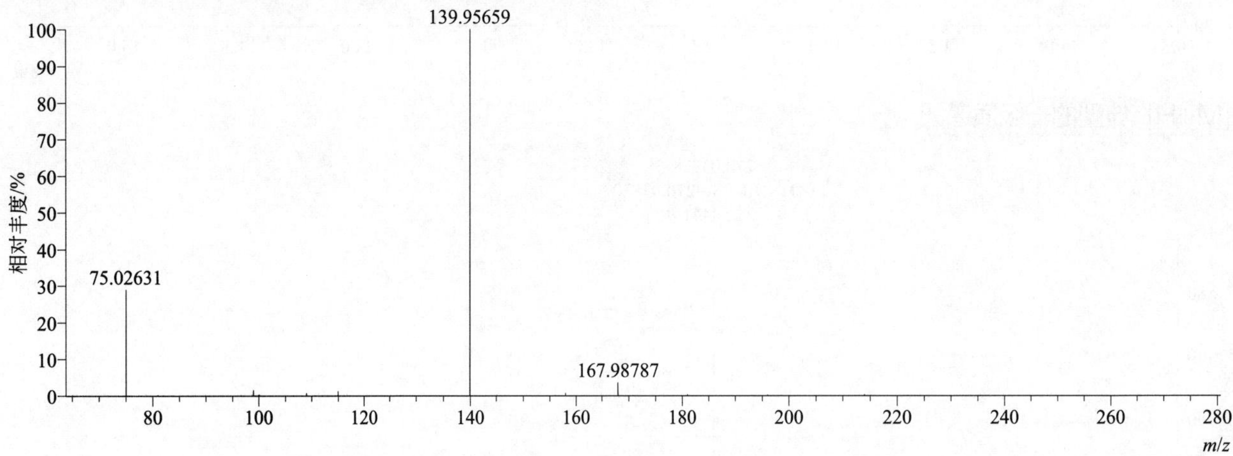

[M+H]+ 阶梯归一化法能量 Step NCE 为 20、40、60 时典型的二级质谱图

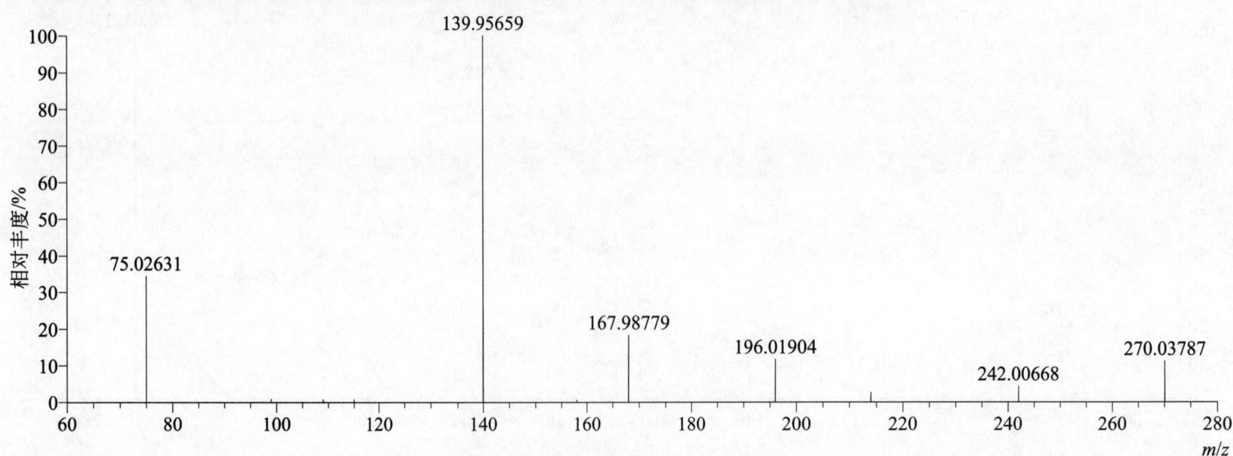

mepiquat（甲哌）

基本信息

CAS 登录号	15302-91-7	分子量	114.12827	离子源和极性	电喷雾离子源（ESI）
分子式	$C_7H_{16}N$	保留时间	0.81min	极性	正模式

[M]+ 提取离子流色谱图

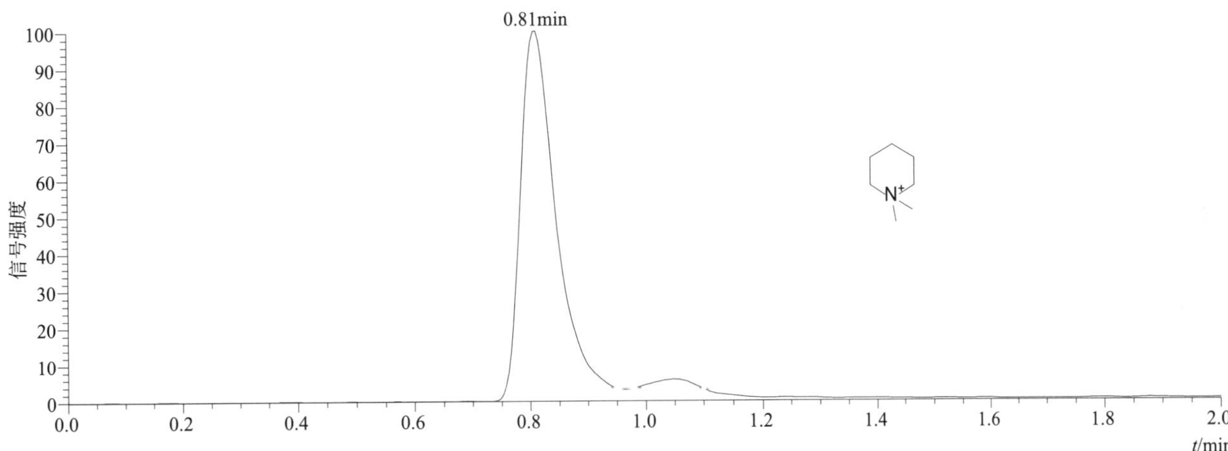

[M]+ 典型的一级质谱图

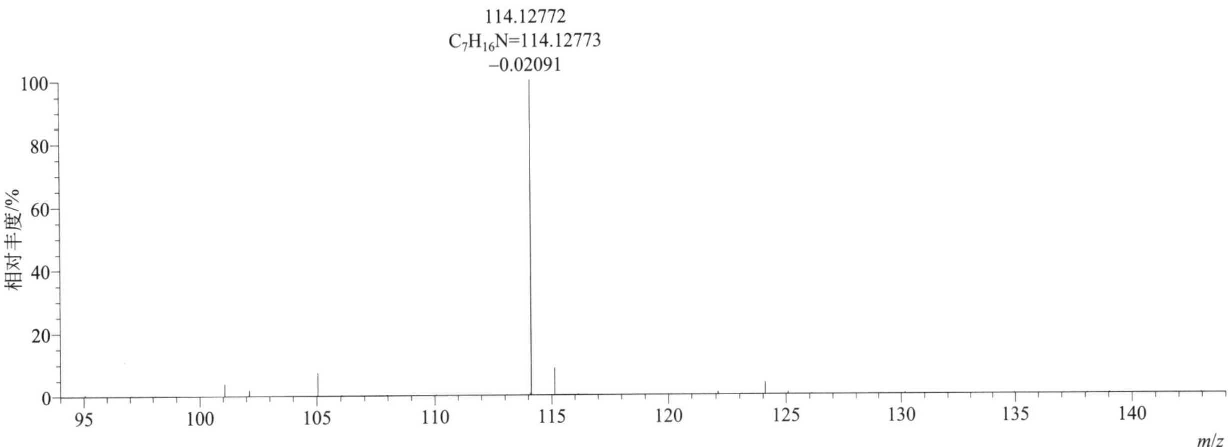

[M]+ 归一化法能量 NCE 为 100 时典型的二级质谱图

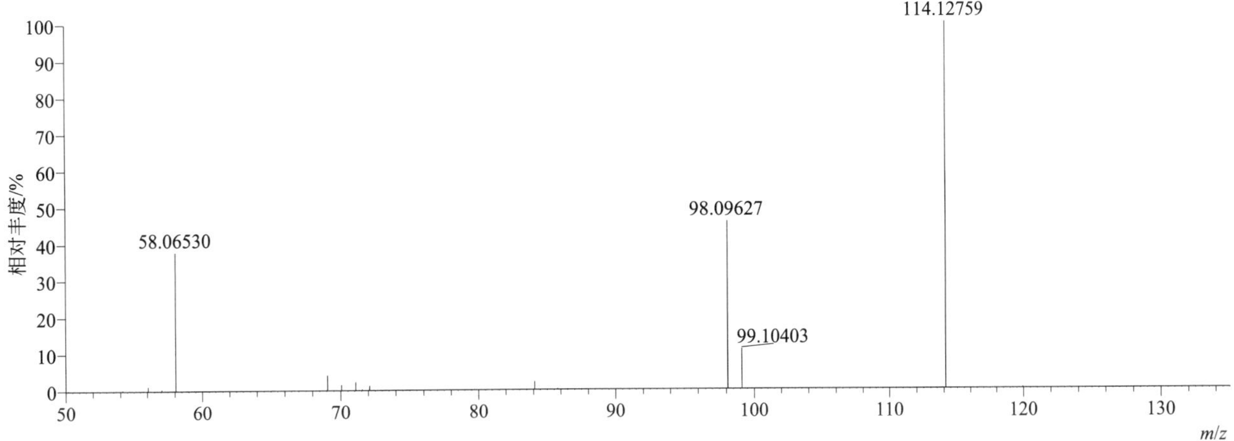

[M]$^+$ 归一化法能量 NCE 为 120 时典型的二级质谱图

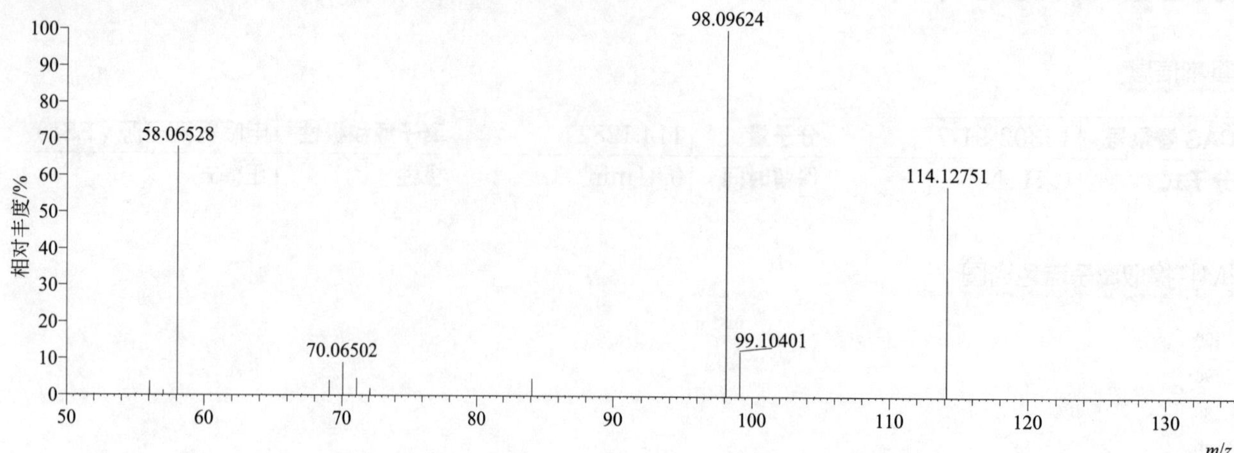

[M]$^+$ 归一化法能量 NCE 为 140 时典型的二级质谱图

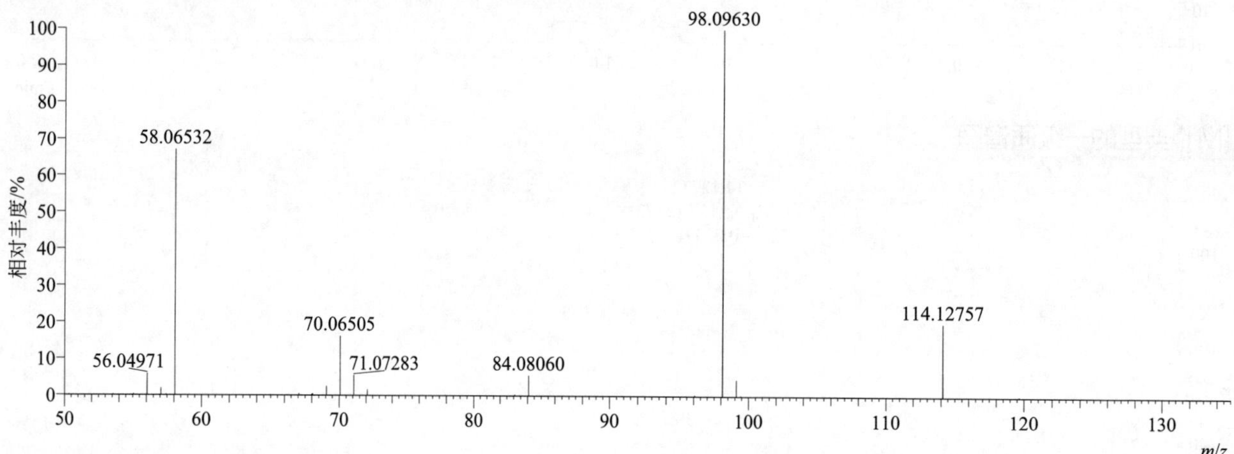

[M]$^+$ 阶梯归一化法能量 Step NCE 为 100、120、140 时典型的二级质谱图

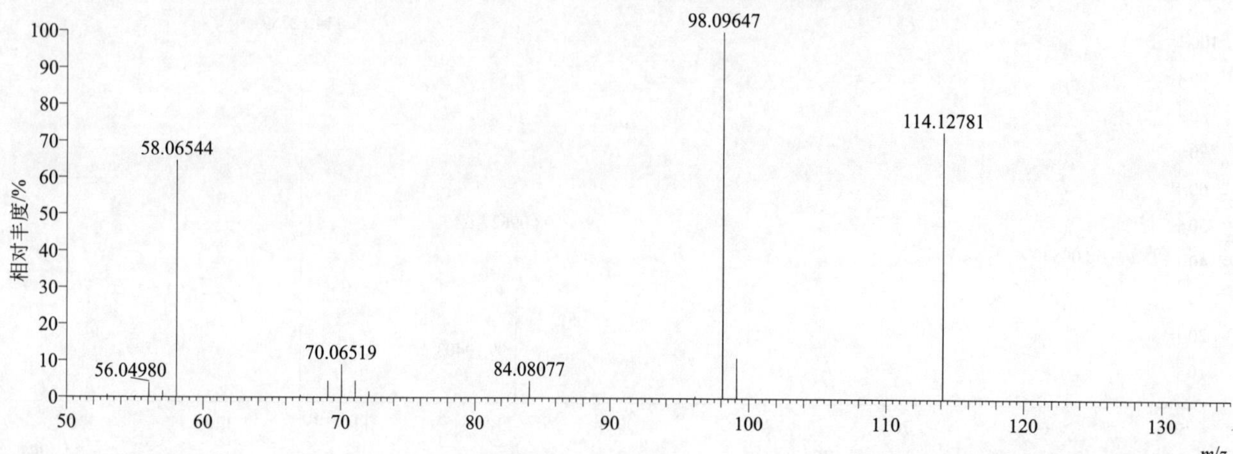

mepronil（灭锈胺）

基本信息

CAS 登录号	55814-41-0	分子量	269.14158	离子源和极性	电喷雾离子源（ESI）
分子式	$C_{17}H_{19}NO_2$	保留时间	14.49min	极性	正模式

[M+H]+ 提取离子流色谱图

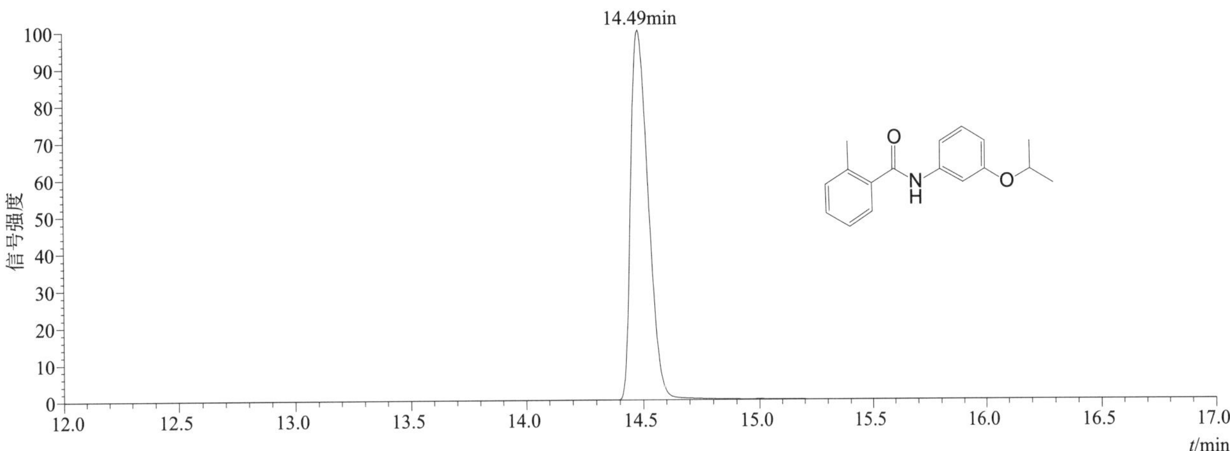

[M+H]+ 典型的一级质谱图

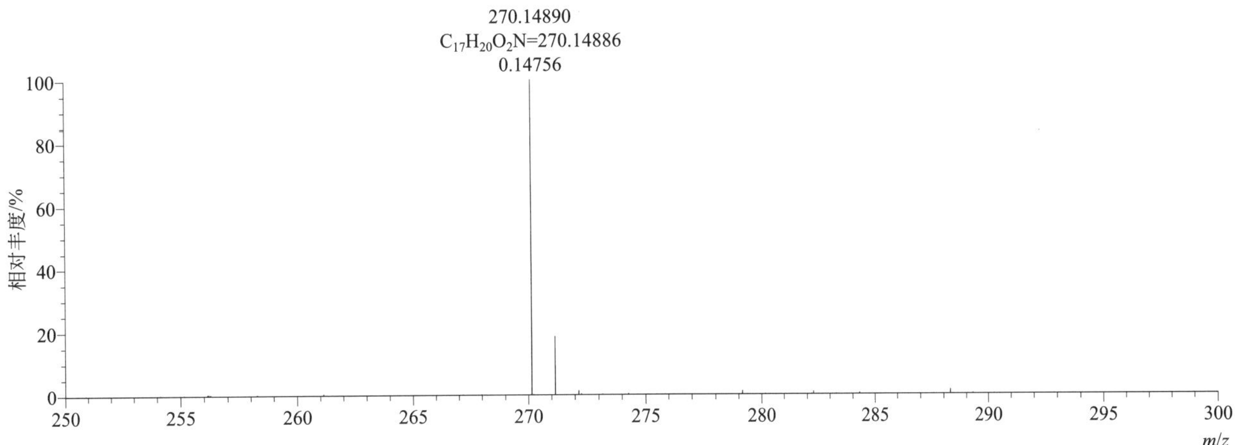

[M+H]+ 归一化法能量 NCE 为 20 时典型的二级质谱图

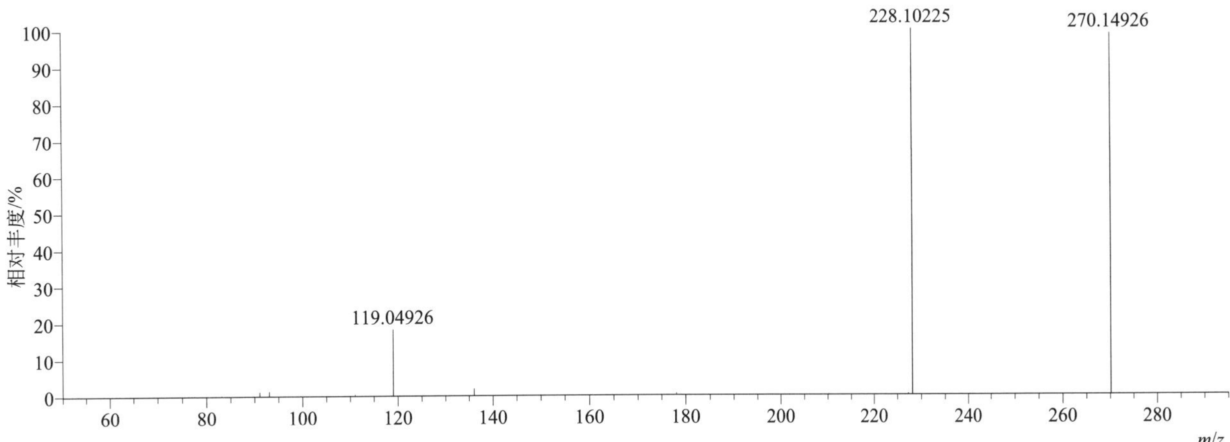

[M+H]+ 归一化法能量 NCE 为 40 时典型的二级质谱图

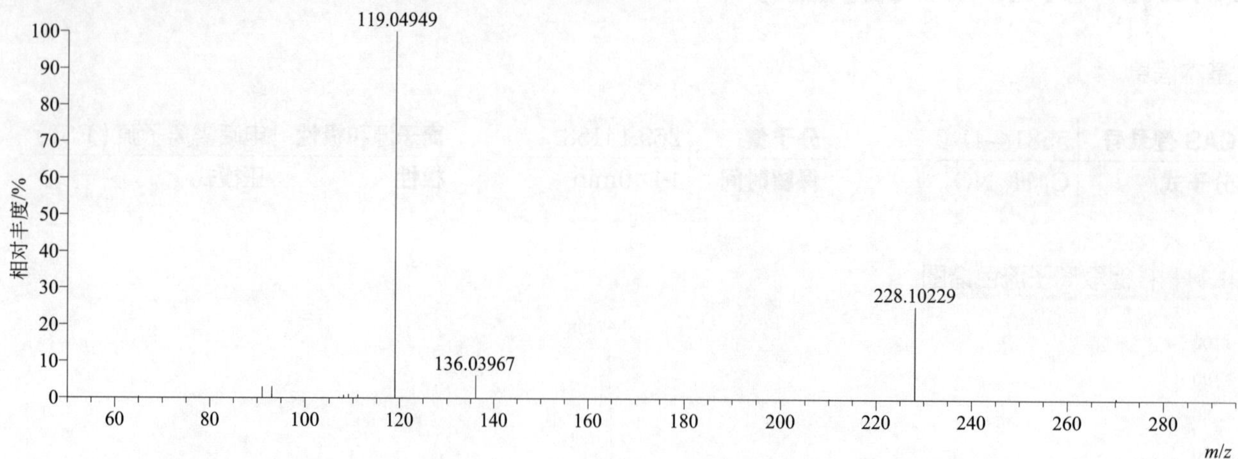

[M+H]+ 归一化法能量 NCE 为 60 时典型的二级质谱图

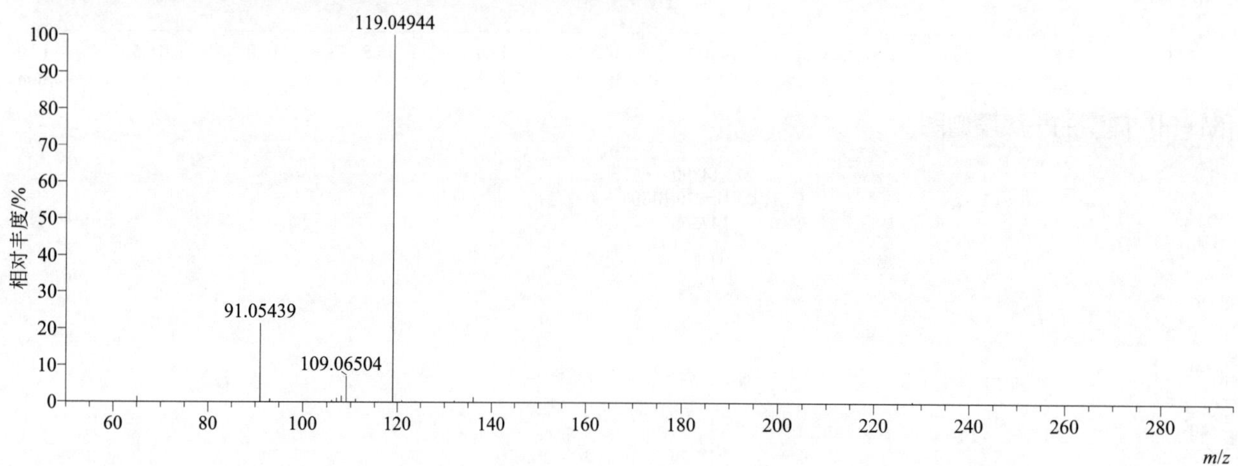

[M+H]+ 阶梯归一化法能量 Step NCE 为 20、40、60 时典型的二级质谱图

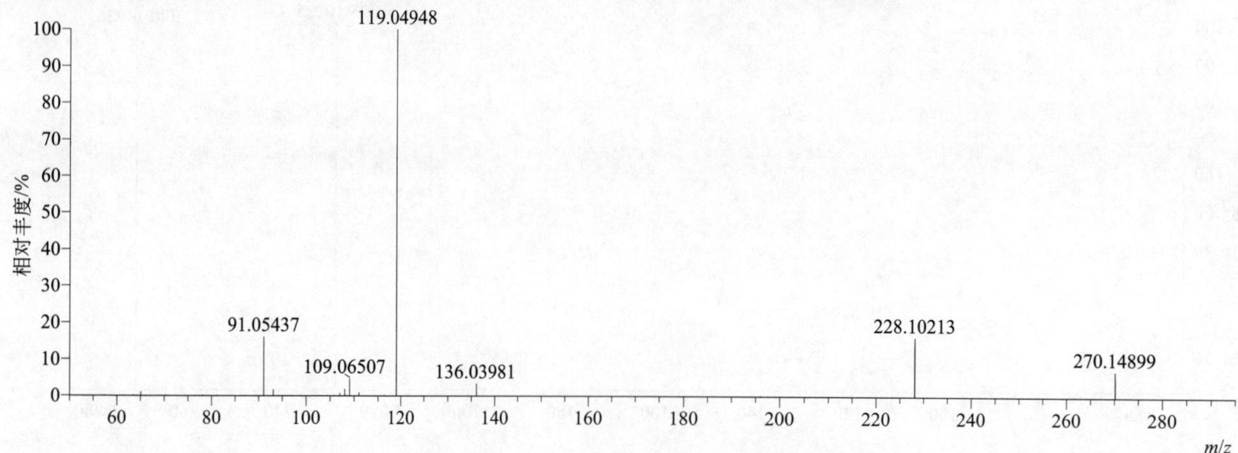

mesosulfuron-methyl（甲基二磺隆）

基本信息

CAS 登录号	208465-21-8	分子量	503.07807	离子源和极性	电喷雾离子源（ESI）
分子式	$C_{17}H_{21}N_5O_9S_2$	保留时间	13.65min	极性	正模式

$[M+H]^+$ 提取离子流色谱图

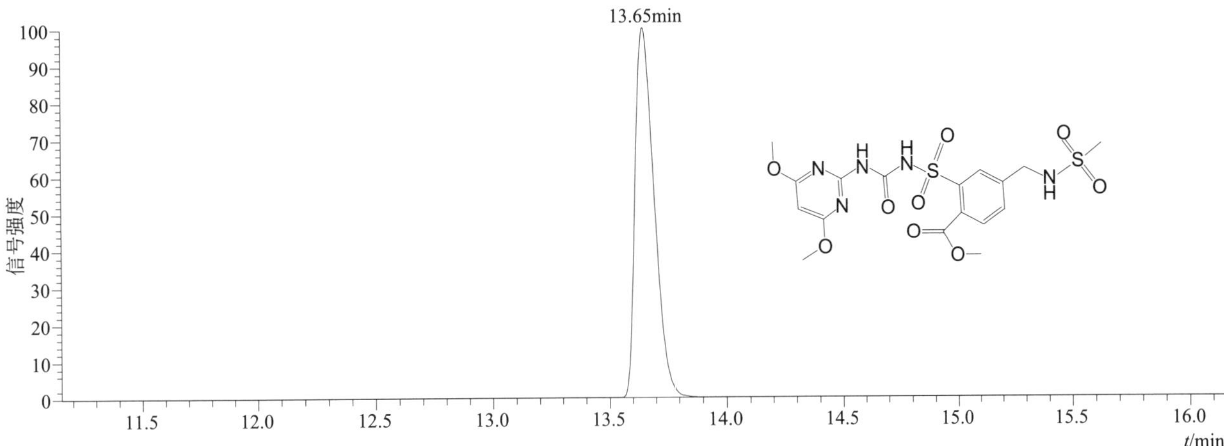

$[M+H]^+$ 和 $[M+Na]^+$ 典型的一级质谱图

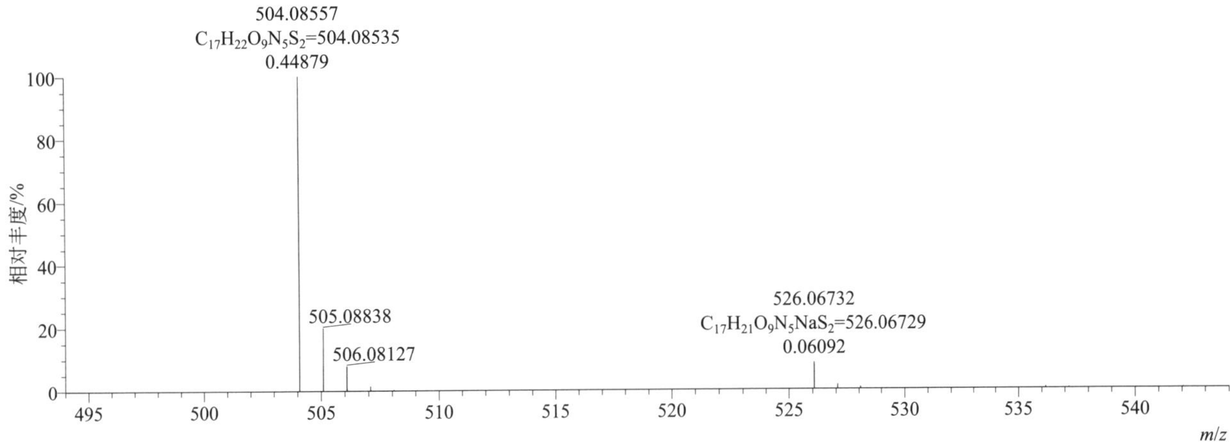

$[M+H]^+$ 归一化法能量 NCE 为 20 时典型的二级质谱图

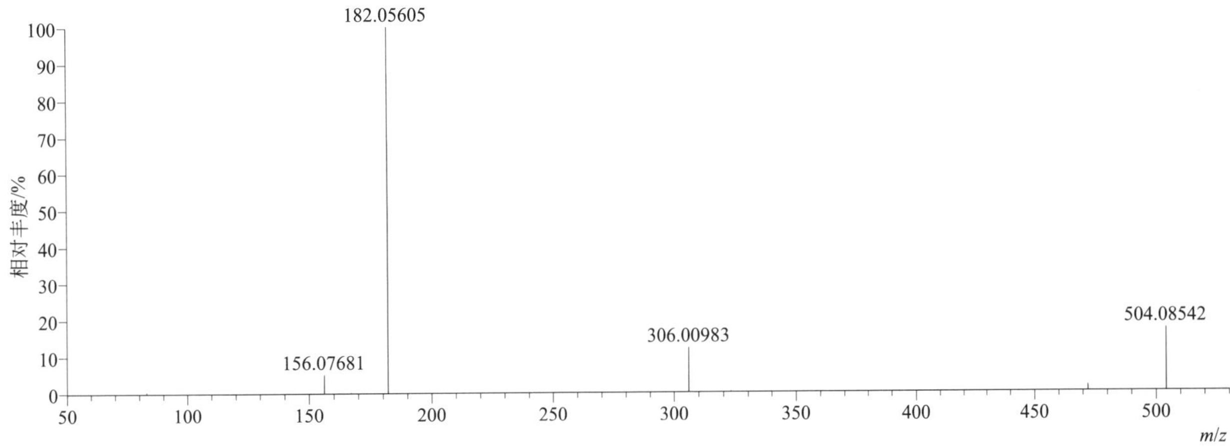

[M+H]+ 归一化法能量 NCE 为 40 时典型的二级质谱图

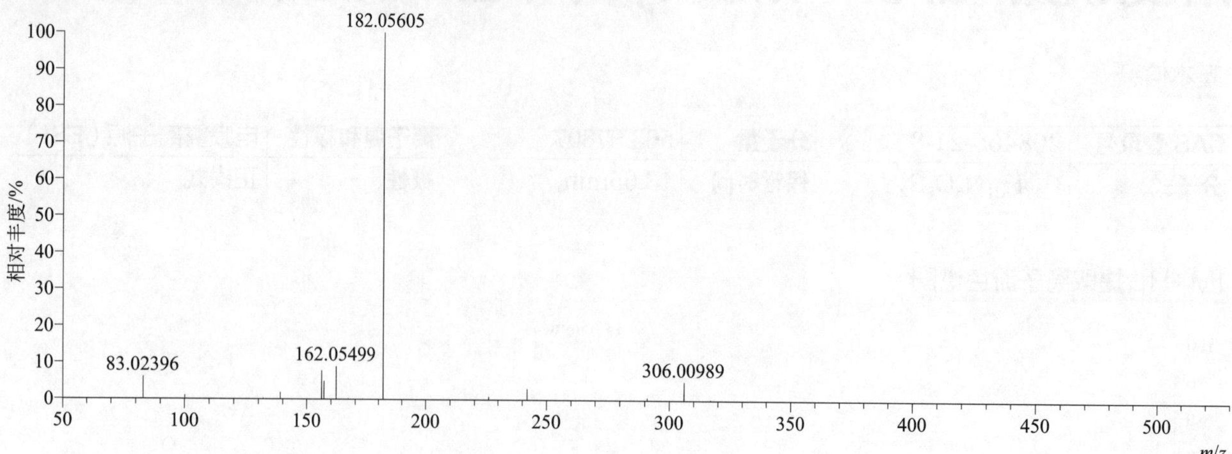

[M+H]+ 归一化法能量 NCE 为 60 时典型的二级质谱图

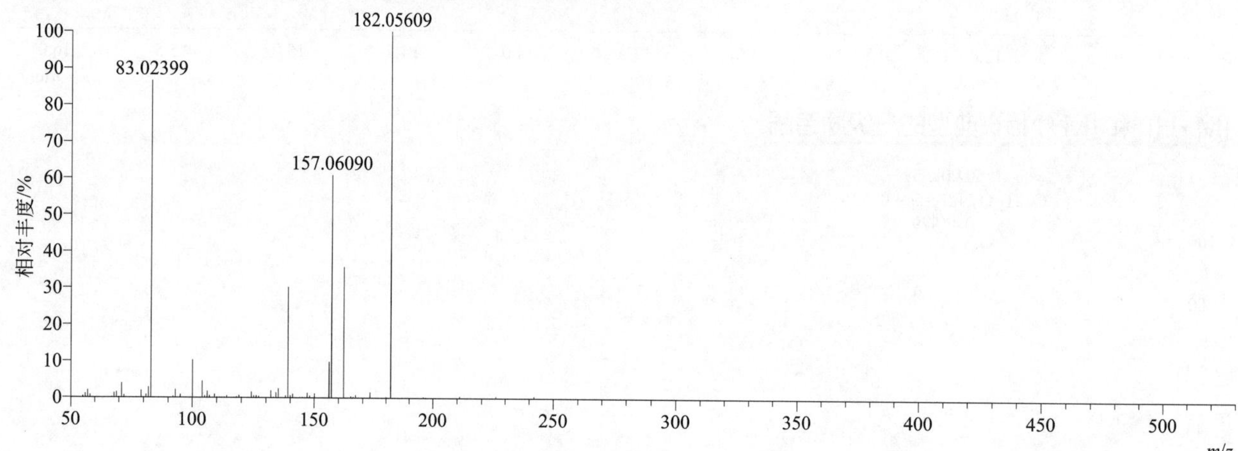

[M+H]+ 阶梯归一化法能量 Step NCE 为 20、40、60 时典型的二级质谱图

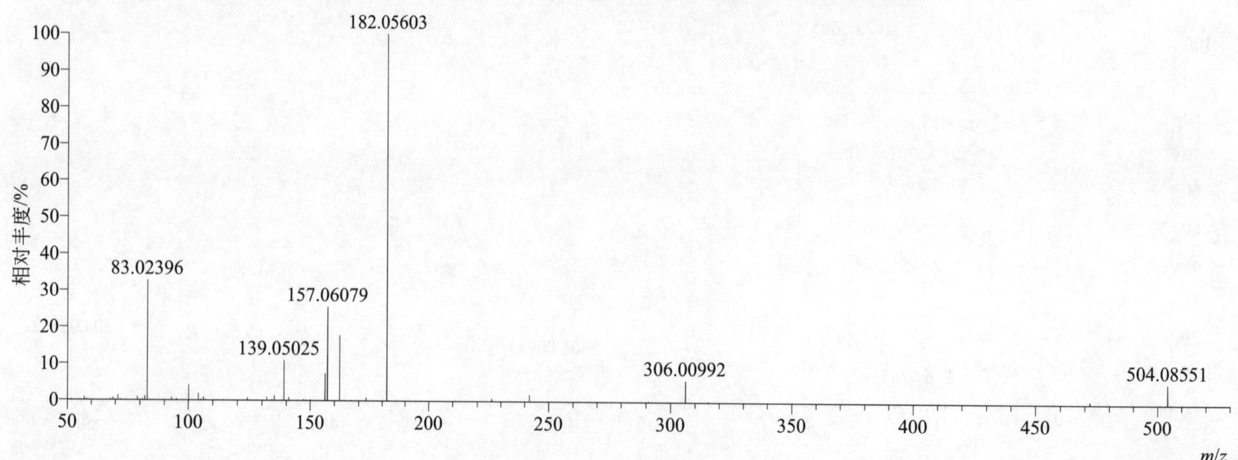

metalaxyl（甲霜灵）

基本信息

CAS 登录号	57837-19-1	分子量	279.14706	离子源和极性	电喷雾离子源（ESI）
分子式	$C_{15}H_{21}NO_4$	保留时间	13.75min	极性	正模式

$[M+H]^+$ 提取离子流色谱图

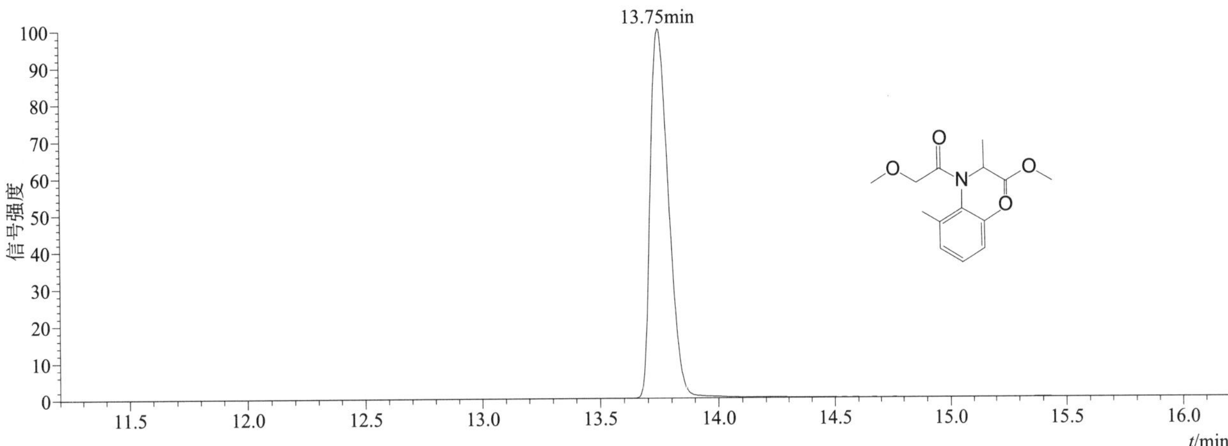

$[M+H]^+$ 和 $[M+Na]^+$ 典型的一级质谱图

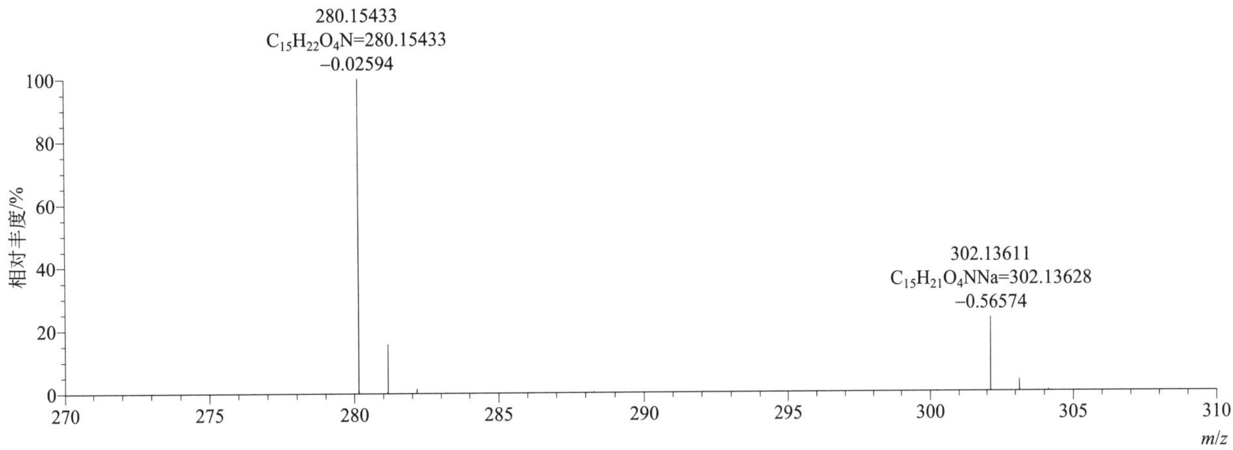

$[M+H]^+$ 归一化法能量 NCE 为 20 时典型的二级质谱图

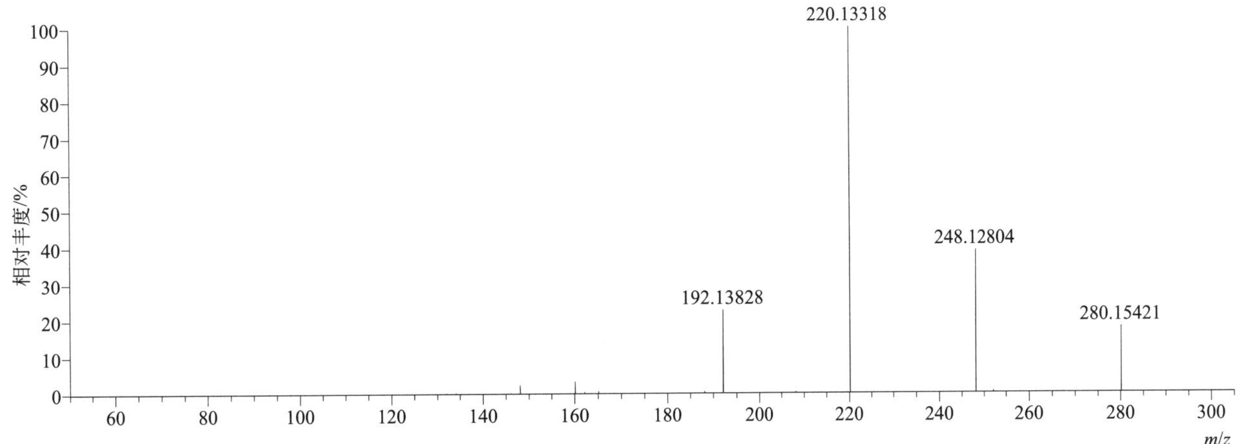

[M+H]+ 归一化法能量 NCE 为 40 时典型的二级质谱图

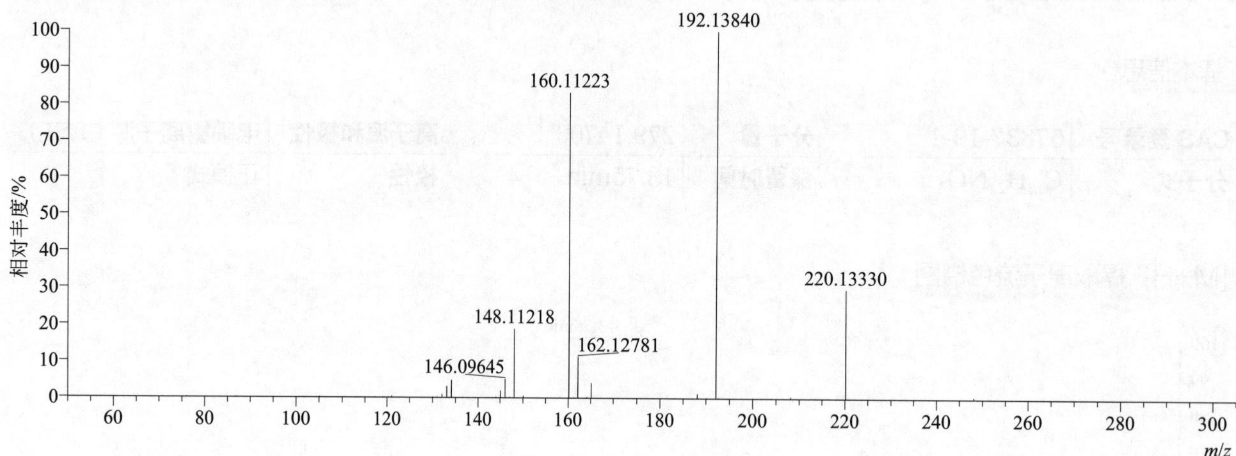

[M+H]+ 归一化法能量 NCE 为 60 时典型的二级质谱图

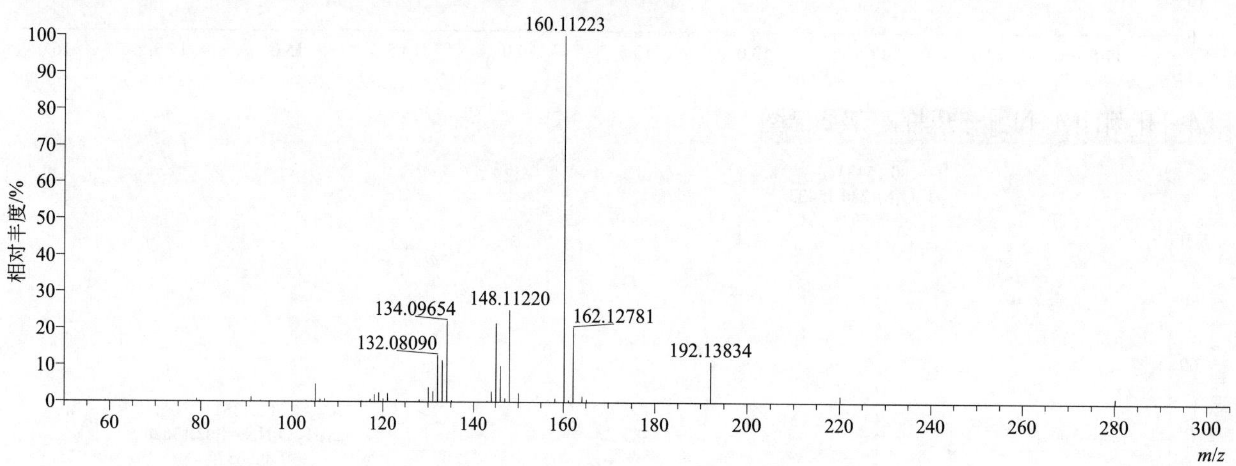

[M+H]+ 阶梯归一化法能量 Step NCE 为 20、40、60 时典型的二级质谱图

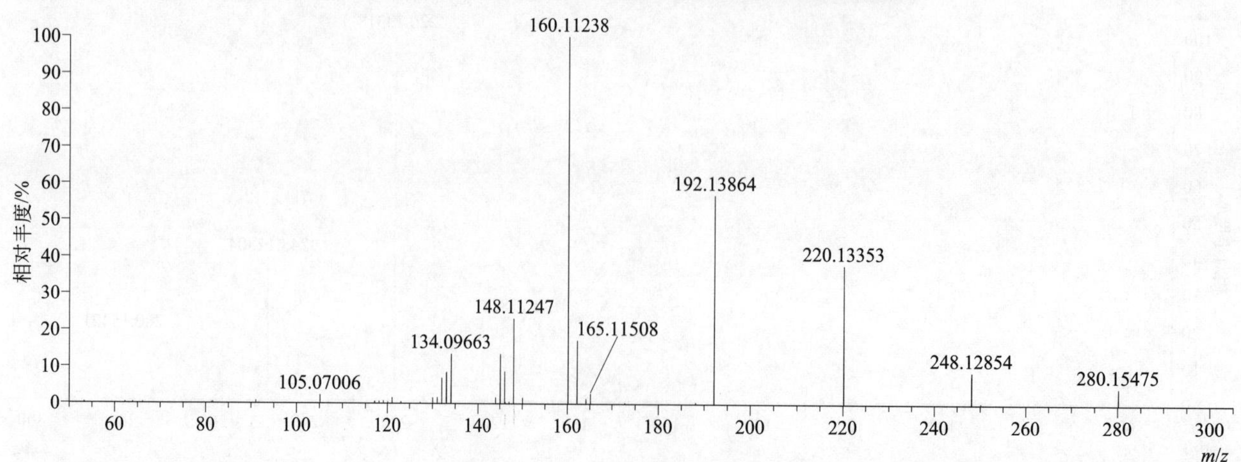

metalaxyl-M（精甲霜灵）

基本信息

CAS 登录号	70630-17-0	分子量	279.14706	离子源和极性	电喷雾离子源（ESI）
分子式	$C_{15}H_{21}NO_4$	保留时间	13.75min	极性	正模式

$[M+H]^+$ 提取离子流色谱图

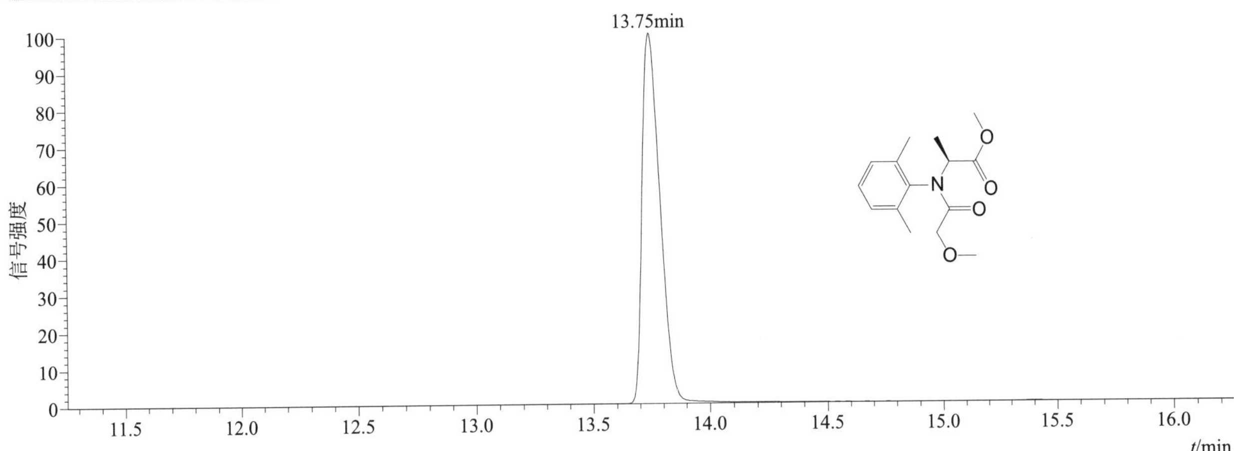

$[M+H]^+$ 典型的一级质谱图

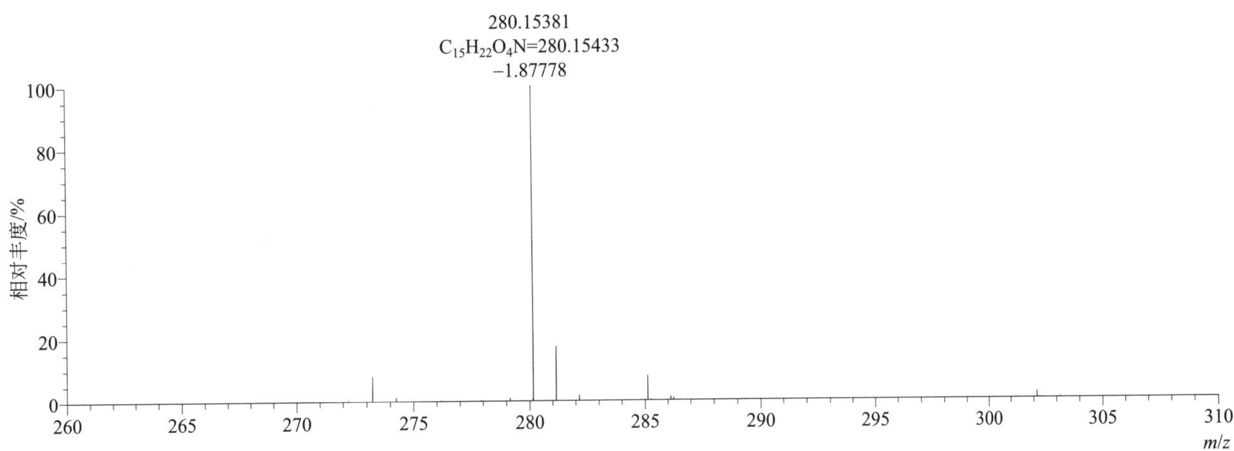

$[M+H]^+$ 归一化法能量 NCE 为 20 时典型的二级质谱图

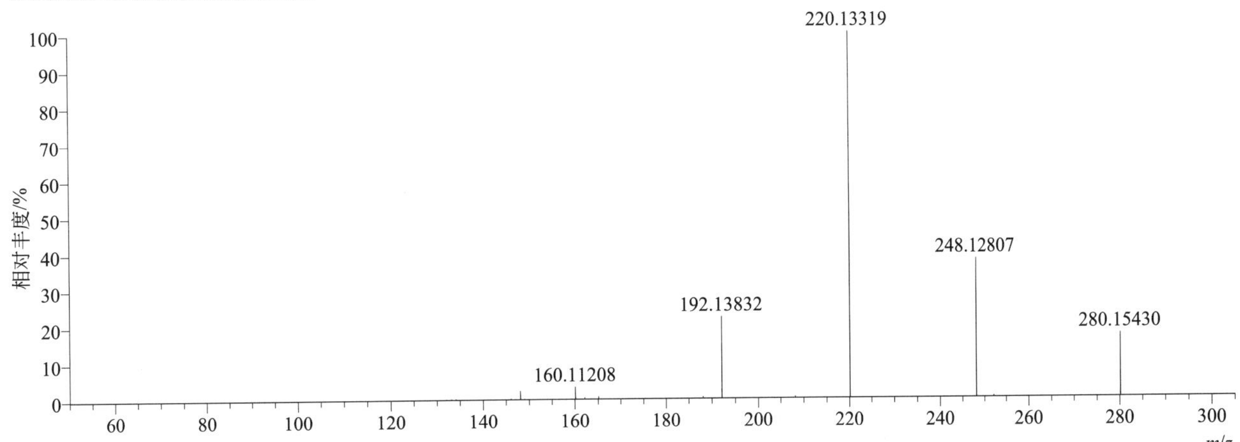

[M+H]+ 归一化法能量 NCE 为 40 时典型的二级质谱图

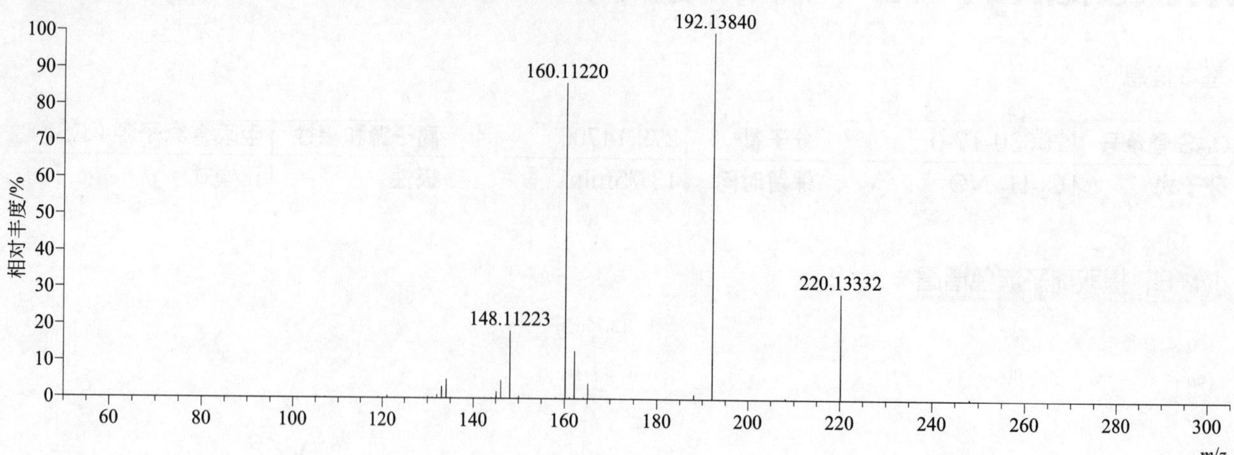

[M+H]+ 归一化法能量 NCE 为 60 时典型的二级质谱图

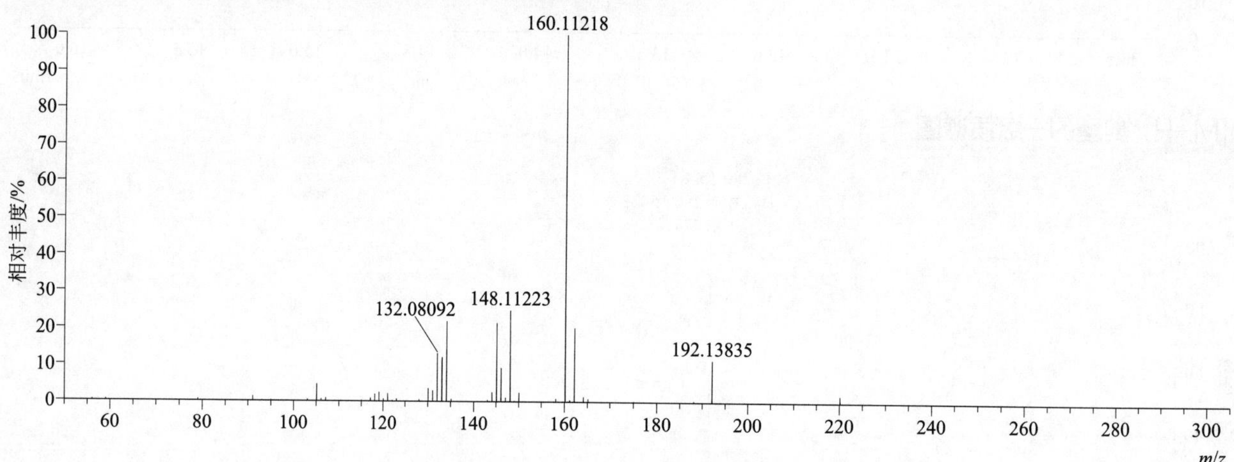

[M+H]+ 阶梯归一化法能量 Step NCE 为 20、40、60 时典型的二级质谱图

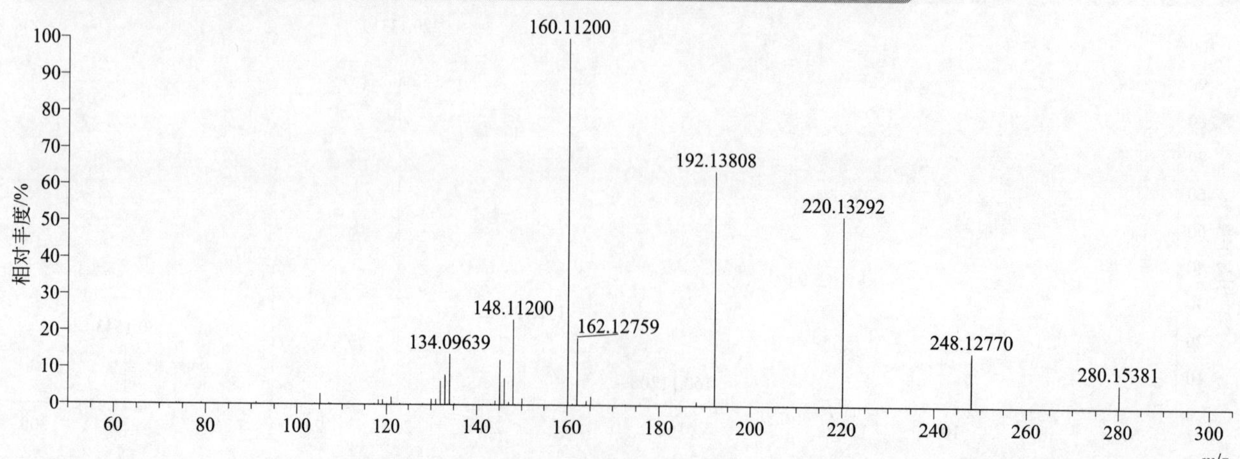

metamitron（苯嗪草酮）

基本信息

CAS 登录号	41394-05-2	分子量	202.08546	离子源和极性	电喷雾离子源（ESI）
分子式	$C_{10}H_{10}N_4O$	保留时间	11.80min	极性	正模式

[M+H]⁺ 提取离子流色谱图

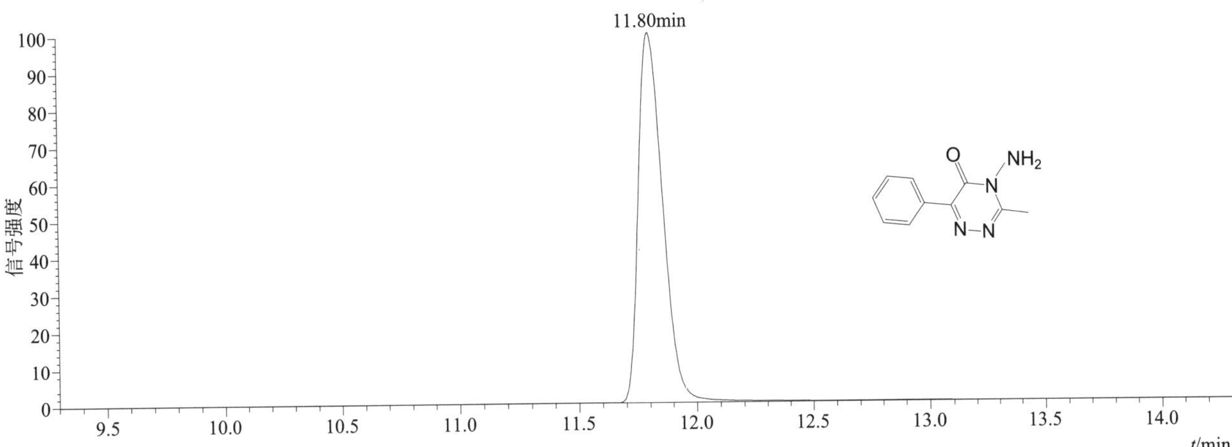

[M+H]⁺ 典型的一级质谱图

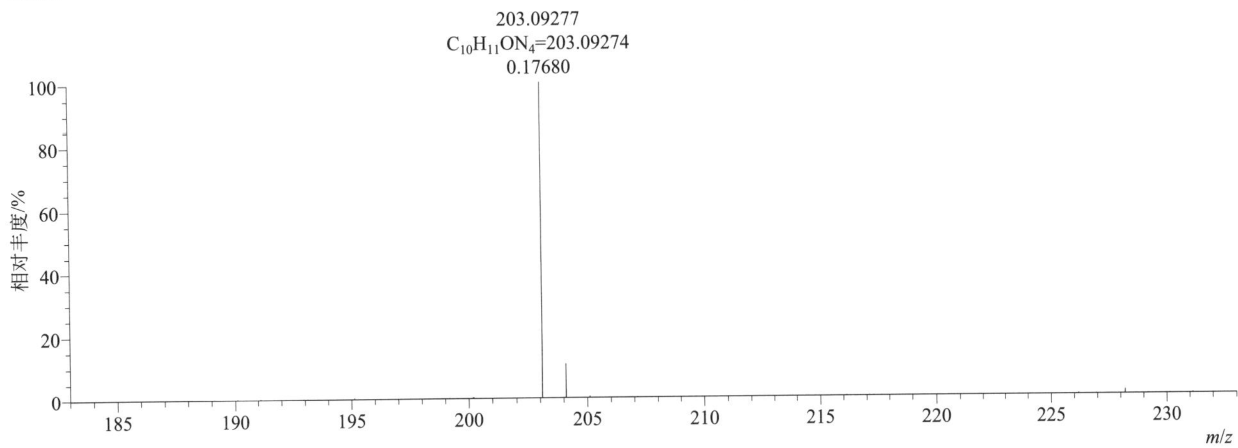

[M+H]⁺ 归一化法能量 NCE 为 20 时典型的二级质谱图

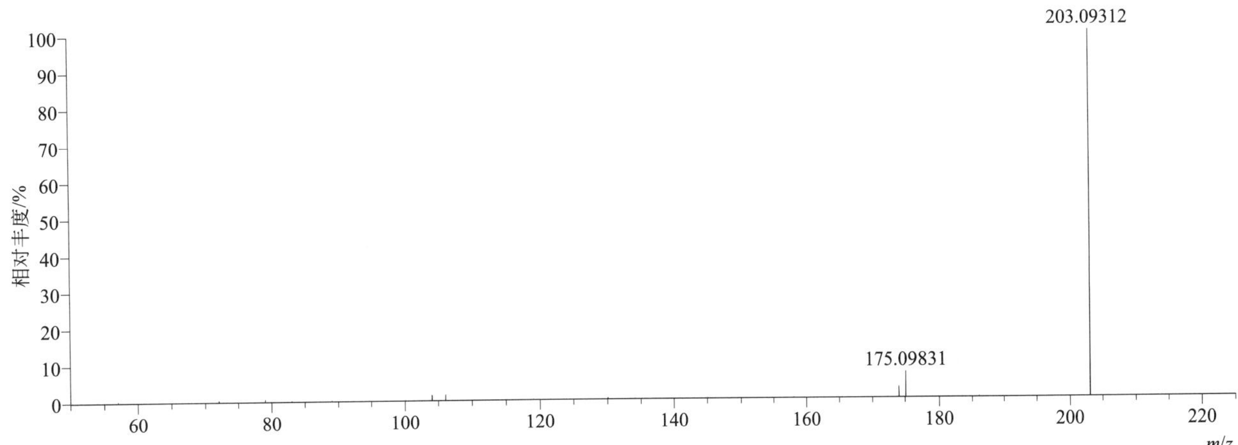

[M+H]+ 归一化法能量 NCE 为 40 时典型的二级质谱图

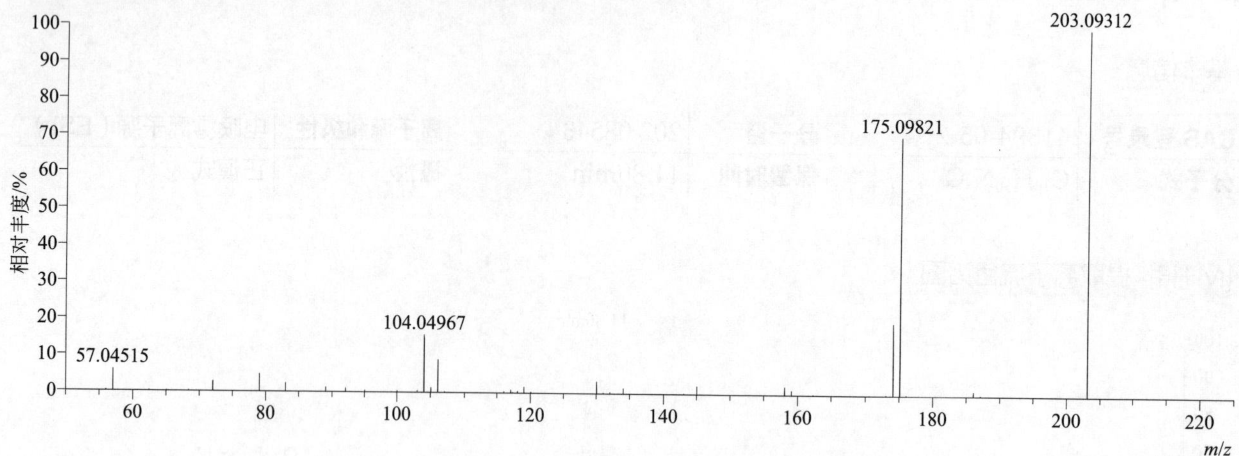

[M+H]+ 归一化法能量 NCE 为 60 时典型的二级质谱图

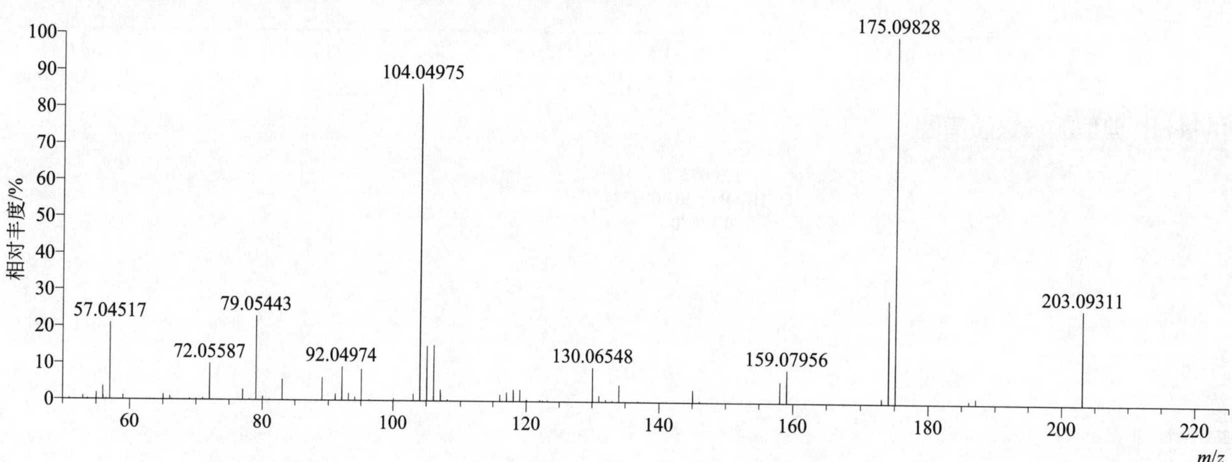

[M+H]+ 阶梯归一化法能量 Step NCE 为 20、40、60 时典型的二级质谱图

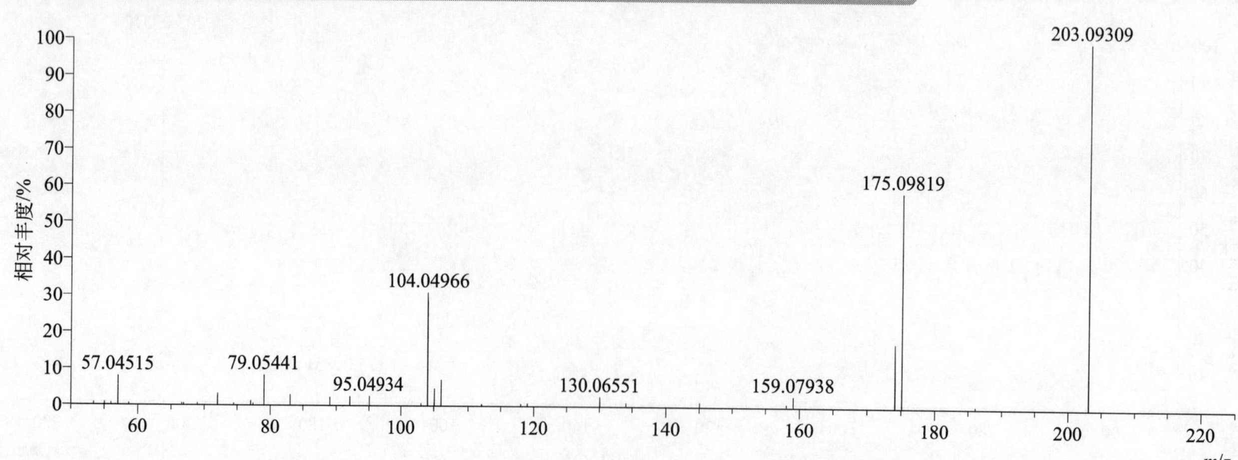

metamitron-desamino（脱氨基苯嗪草酮）

基本信息

CAS 登录号	36993-94-9	分子量	187.07456	离子源和极性	电喷雾离子源（ESI）
分子式	$C_{10}H_9N_3O$	保留时间	11.69min	极性	正模式

$[M+H]^+$ 提取离子流色谱图

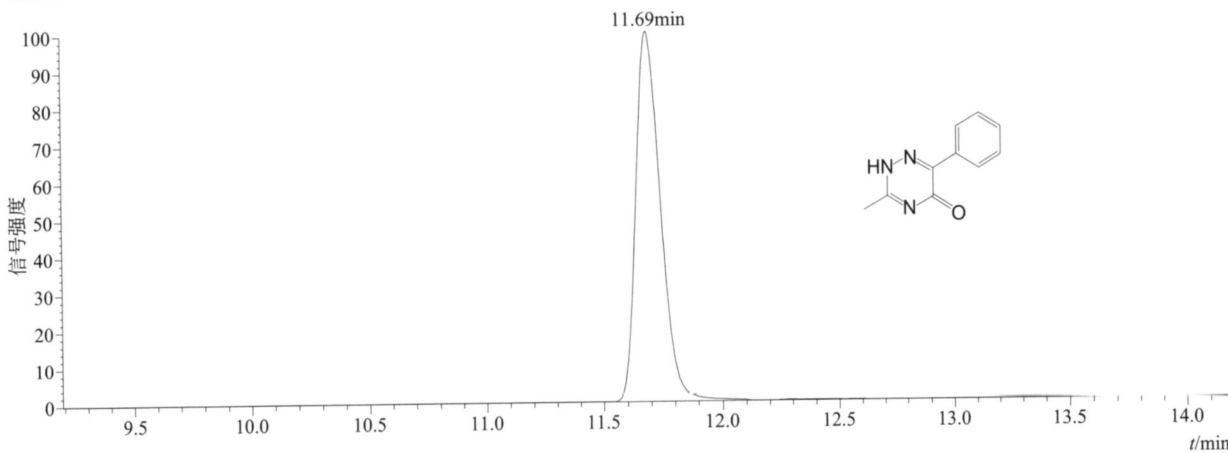

$[M+H]^+$ 典型的一级质谱图

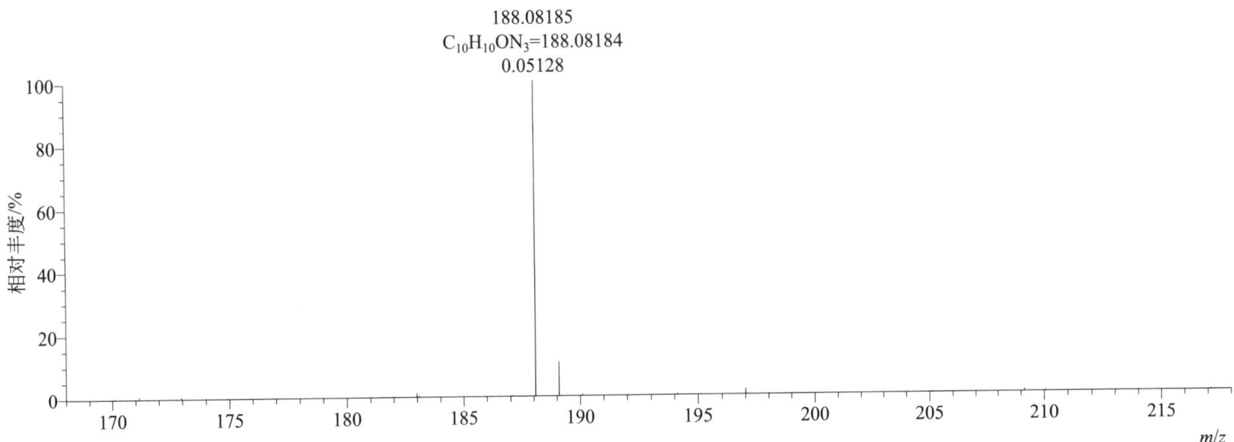

$[M+H]^+$ 归一化法能量 NCE 为 20 时典型的二级质谱图

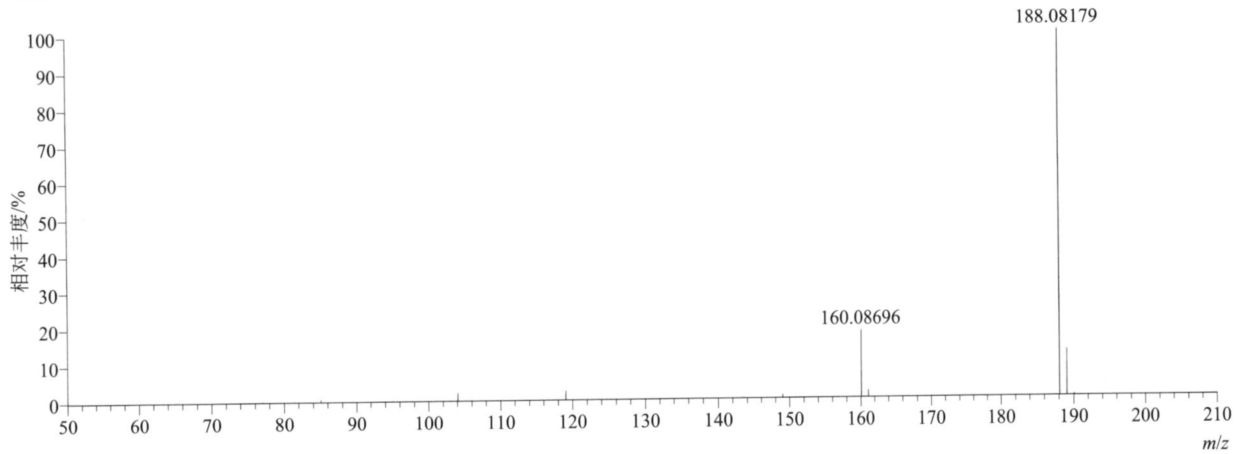

[M+H]$^+$ 归一化法能量 NCE 为 40 时典型的二级质谱图

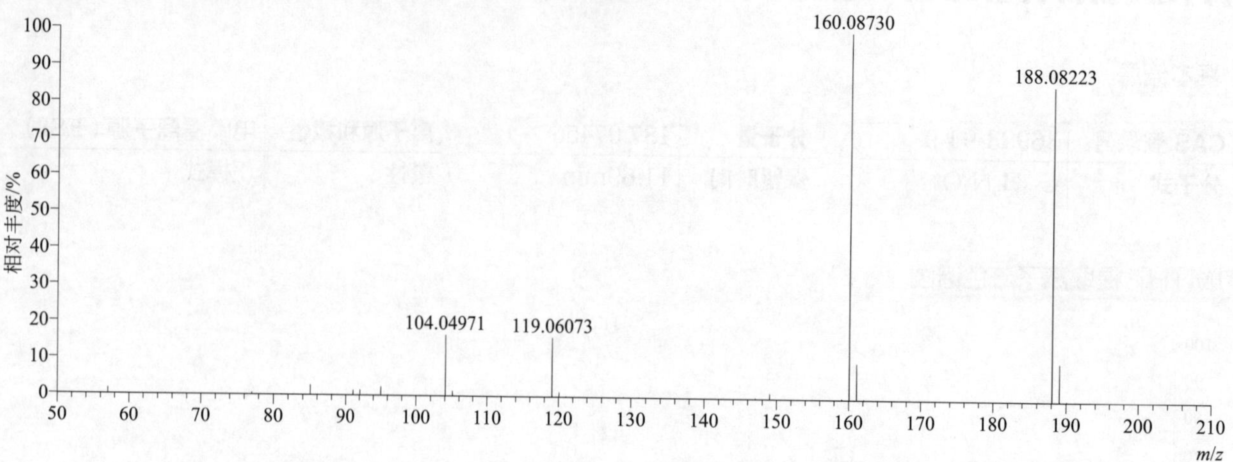

[M+H]$^+$ 归一化法能量 NCE 为 60 时典型的二级质谱图

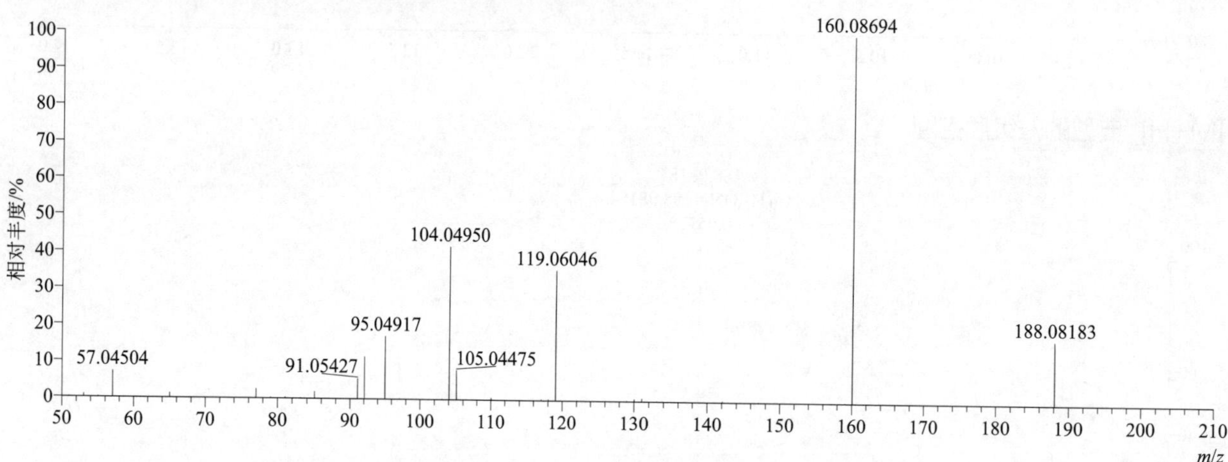

[M+H]$^+$ 阶梯归一化法能量 Step NCE 为 20、40、60 时典型的二级质谱图

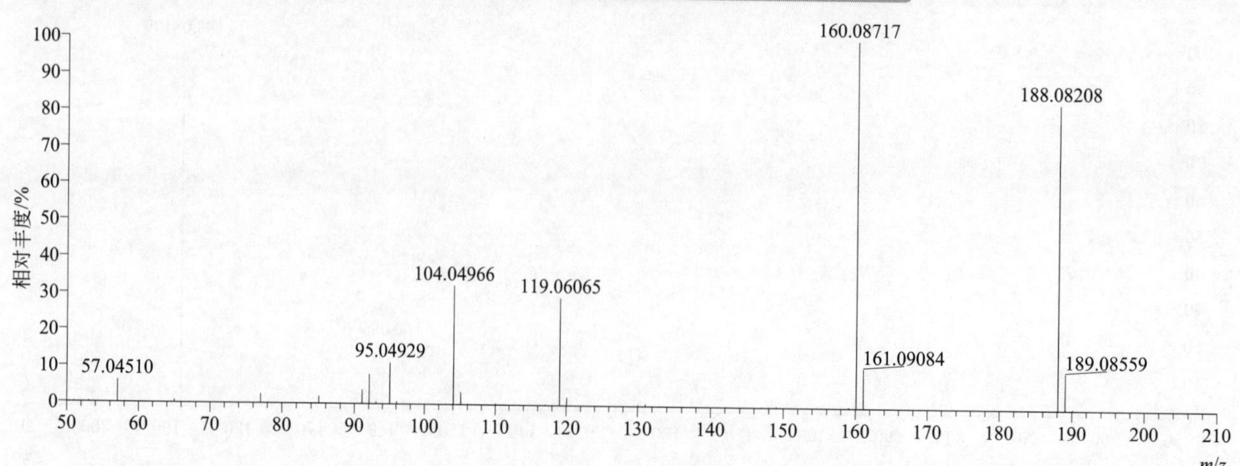

metazachlor（吡唑草胺）

基本信息

CAS 登录号	67129-08-2	分子量	277.09819	离子源和极性	电喷雾离子源（ESI）
分子式	$C_{14}H_{16}ClN_3O$	保留时间	13.74min	极性	正模式

[M+H]⁺ 提取离子流色谱图

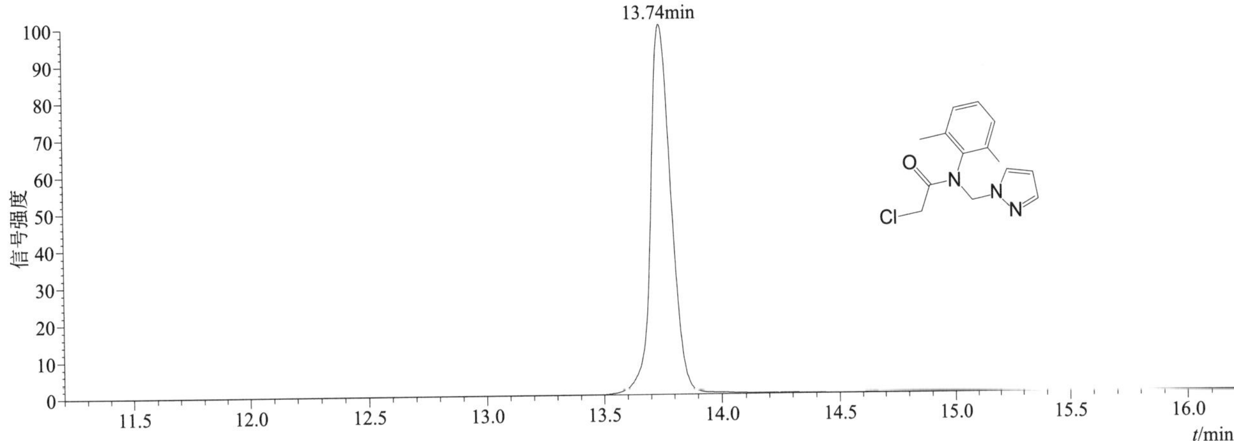

[M+H]⁺ 典型的一级质谱图

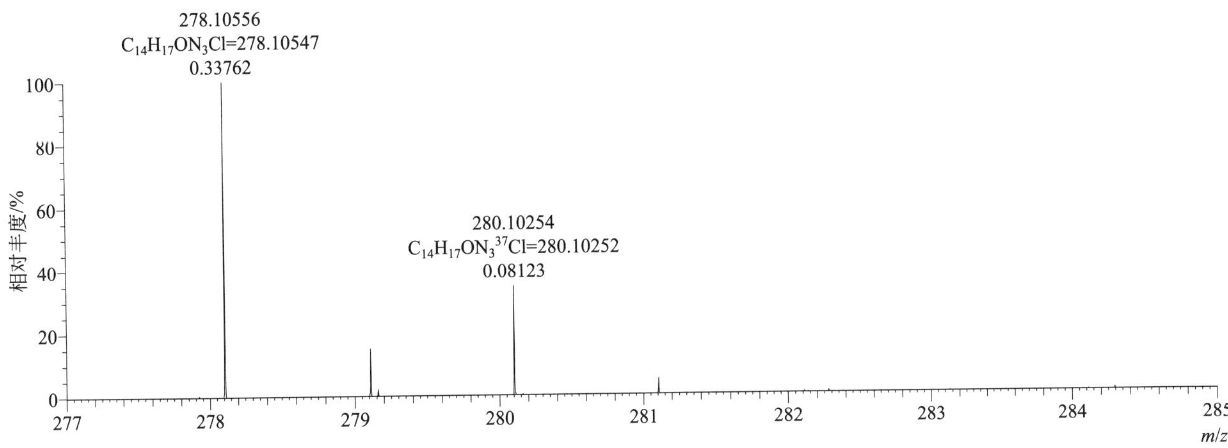

[M+H]⁺ 归一化法能量 NCE 为 20 时典型的二级质谱图

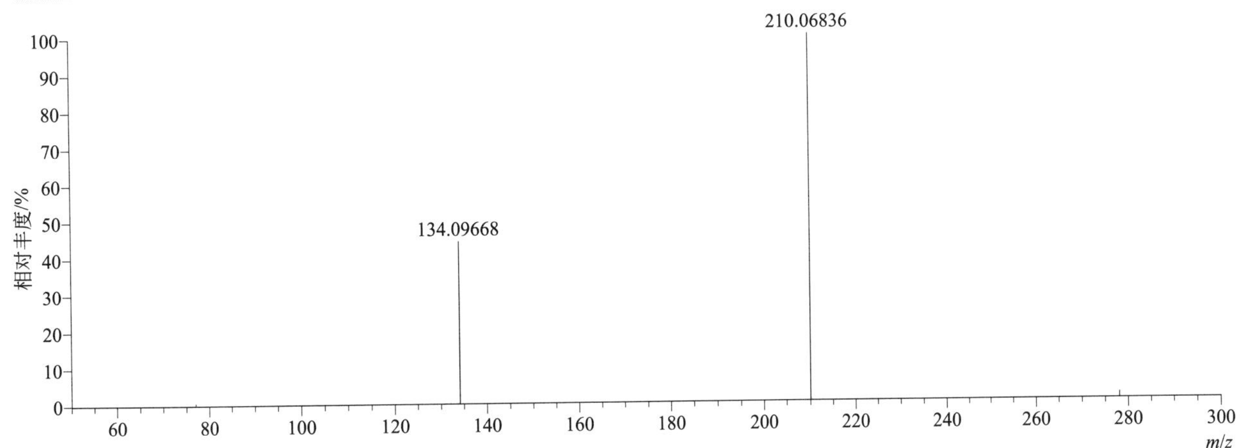

[M+H]$^+$ 归一化法能量 NCE 为 40 时典型的二级质谱图

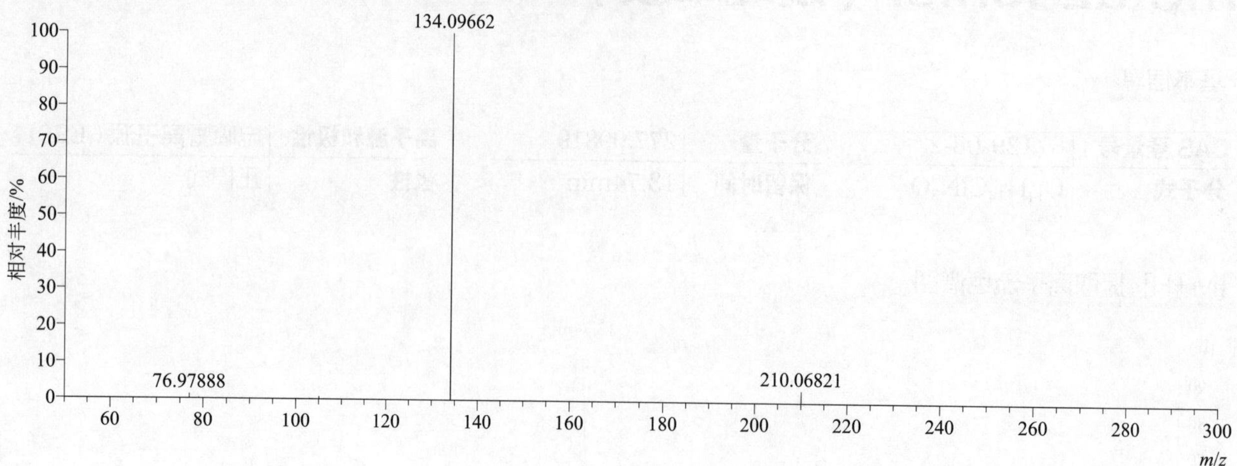

[M+H]$^+$ 归一化法能量 NCE 为 60 时典型的二级质谱图

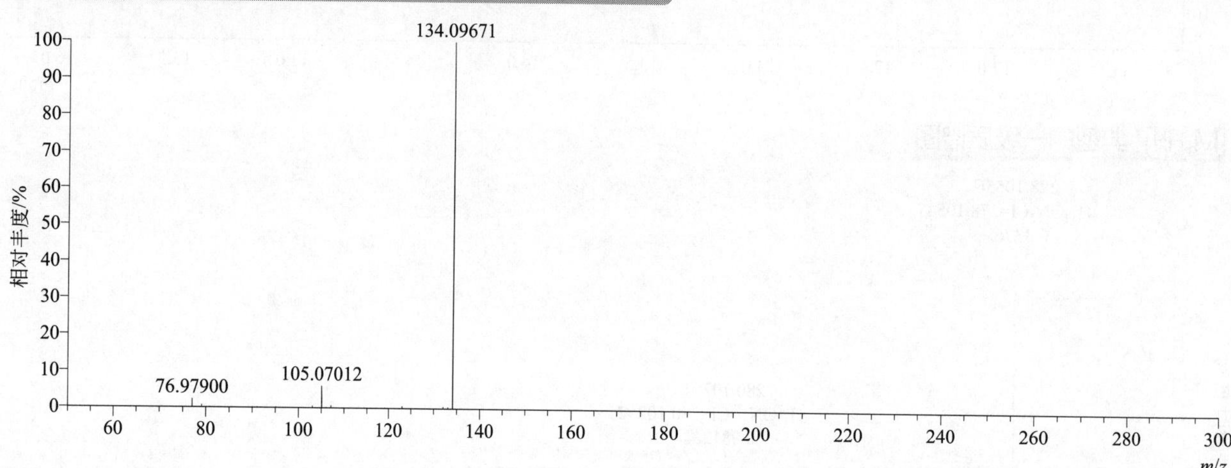

[M+H]$^+$ 阶梯归一化法能量 Step NCE 为 20、40、60 时典型的二级质谱图

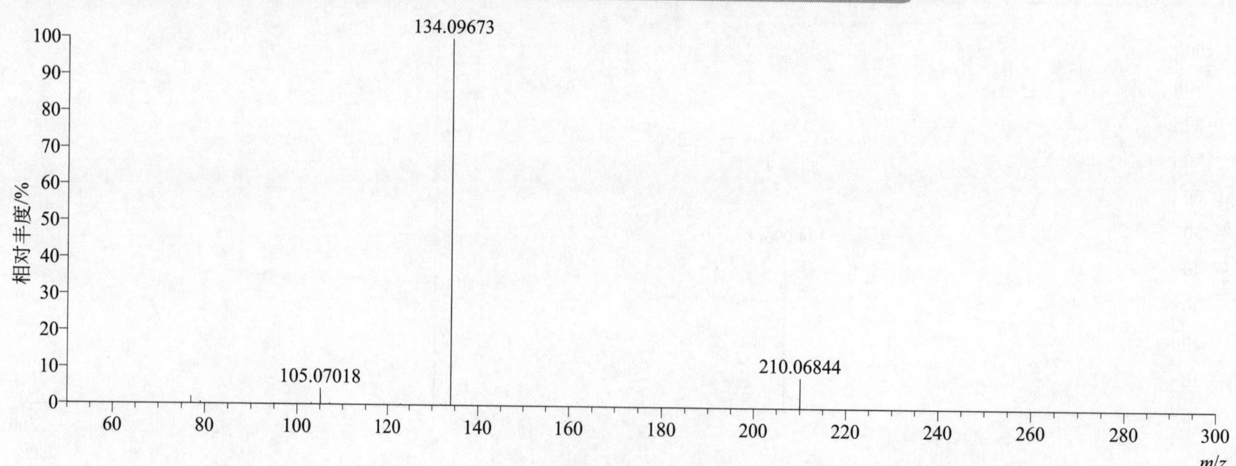

metconazole（叶菌唑）

基本信息

CAS 登录号	125116-23-6	分子量	319.14514	离子源和极性	电喷雾离子源（ESI）
分子式	$C_{17}H_{22}ClN_3O$	保留时间	15.24min	极性	正模式

$[M+H]^+$ 提取离子流色谱图

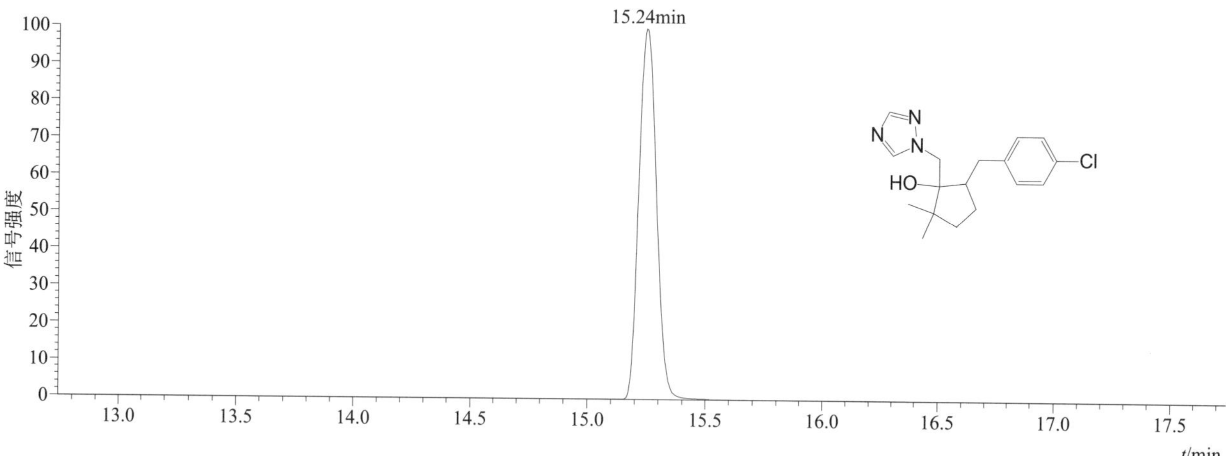

$[M+H]^+$ 典型的一级质谱图

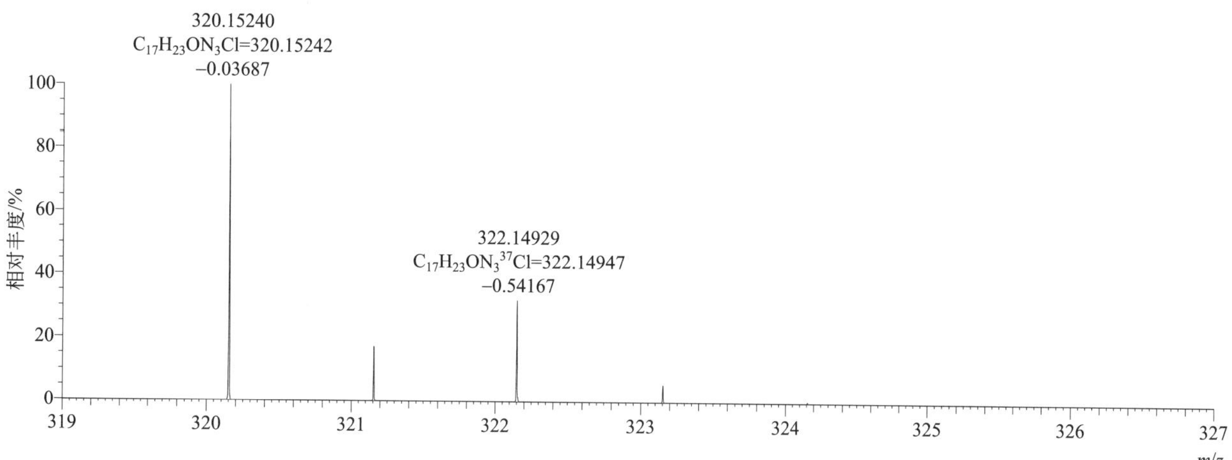

$[M+H]^+$ 归一化法能量 NCE 为 20 时典型的二级质谱图

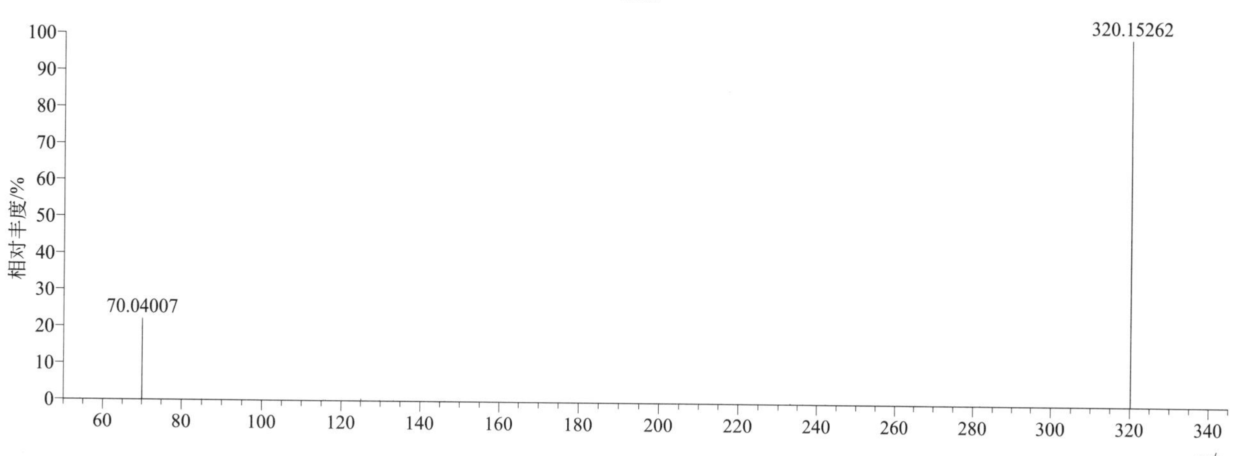

[M+H]$^+$ 归一化法能量 NCE 为 40 时典型的二级质谱图

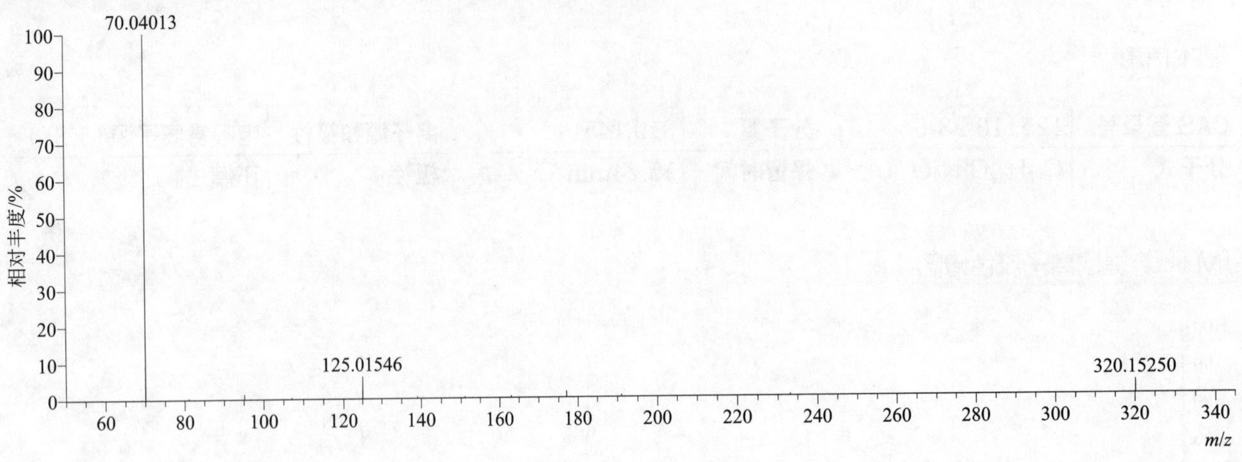

[M+H]$^+$ 归一化法能量 NCE 为 60 时典型的二级质谱图

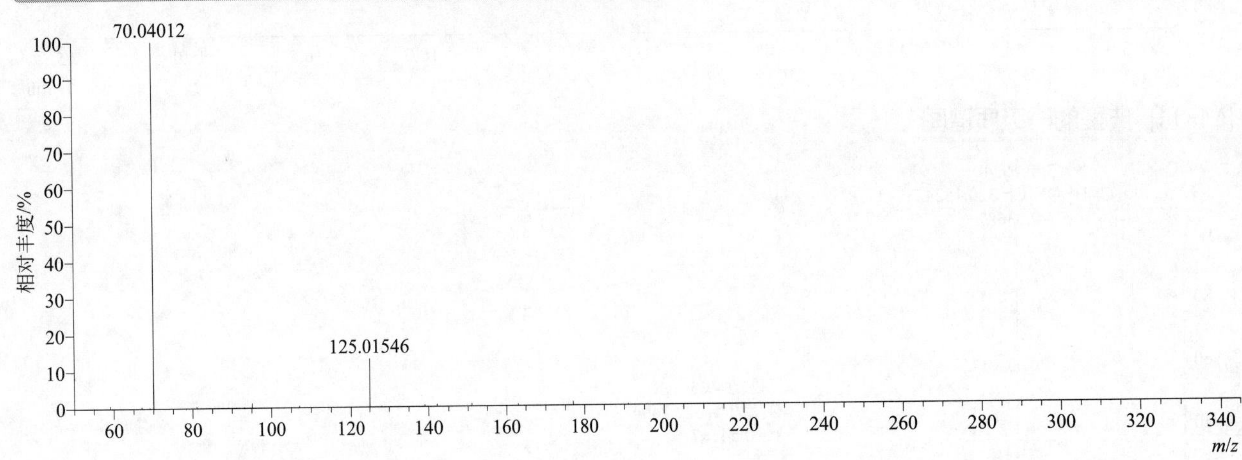

[M+H]$^+$ 阶梯归一化法能量 Step NCE 为 20、40、60 时典型的二级质谱图

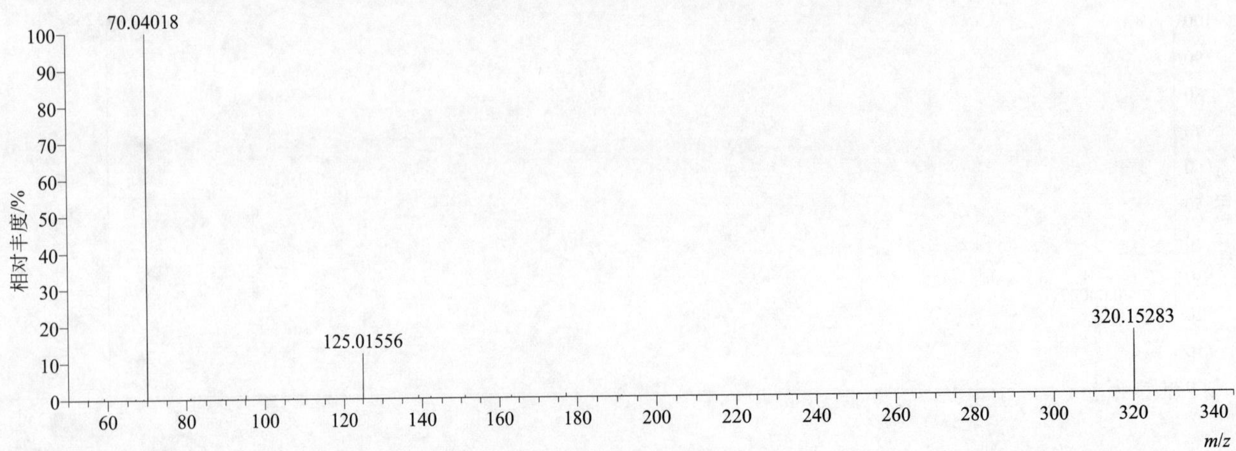

methabenzthiazuron（噻唑隆）

基本信息

CAS 登录号	18691-97-9	分子量	221.06228	离子源和极性	电喷雾离子源（ESI）
分子式	$C_{10}H_{11}N_3OS$	保留时间	14.02min	极性	正模式

$[M+H]^+$ 提取离子流色谱图

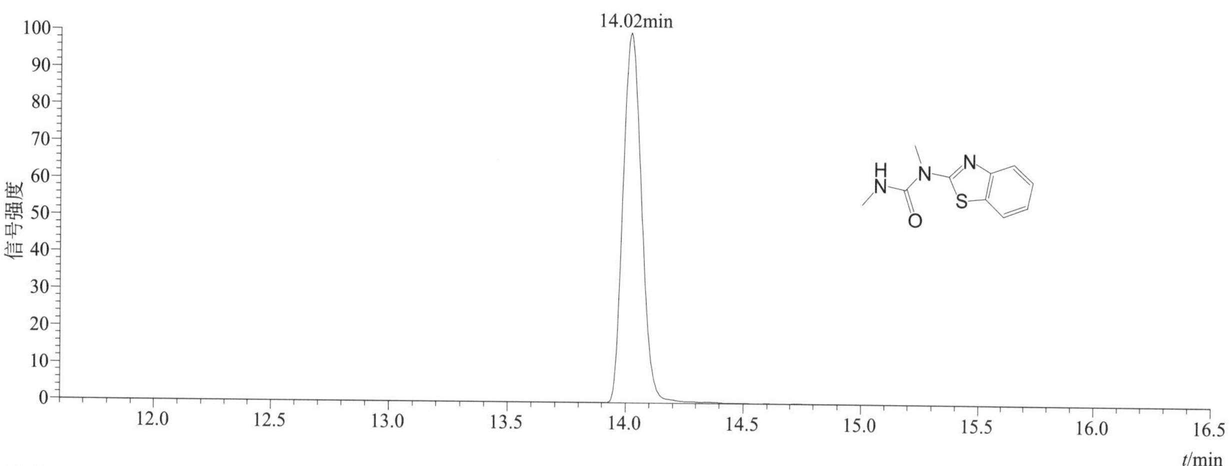

$[M+H]^+$ 典型的一级质谱图

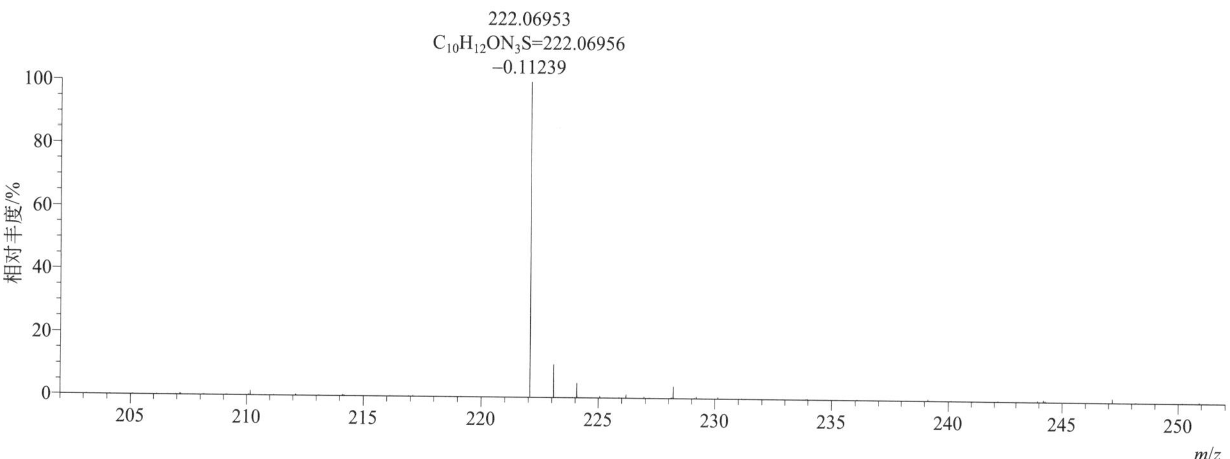

$[M+H]^+$ 归一化法能量 NCE 为 20 时典型的二级质谱图

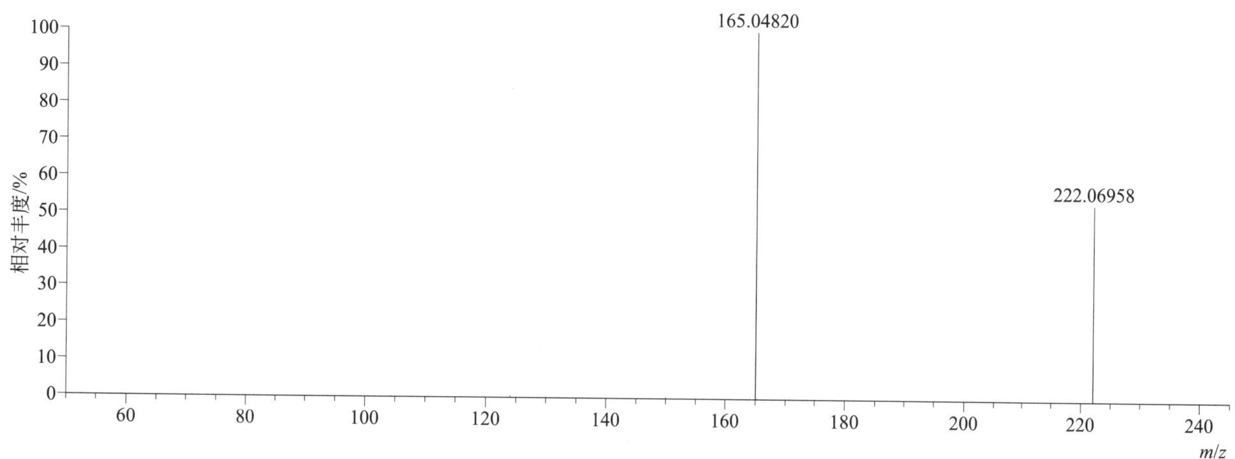

$[M+H]^+$ 归一化法能量 NCE 为 40 时典型的二级质谱图

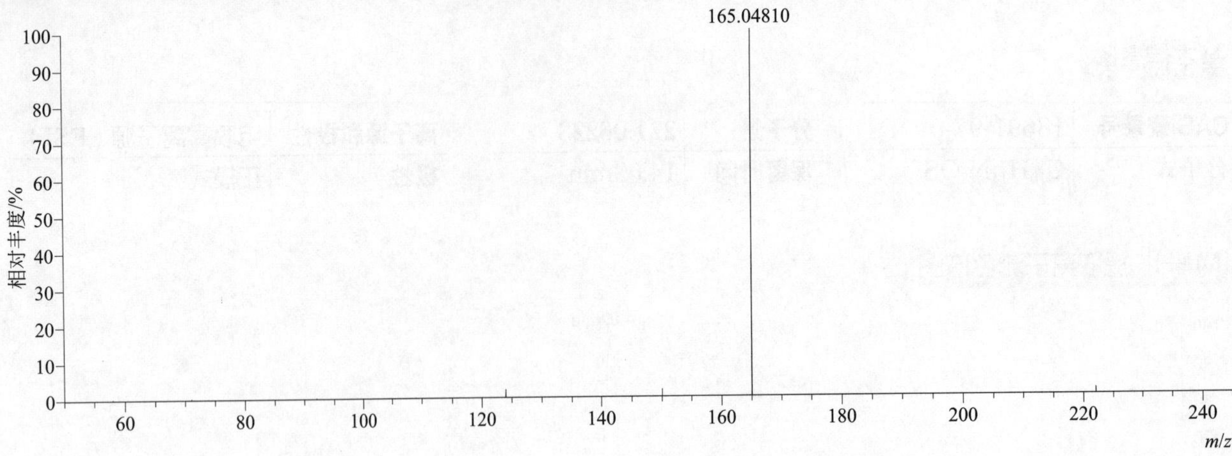

$[M+H]^+$ 归一化法能量 NCE 为 60 时典型的二级质谱图

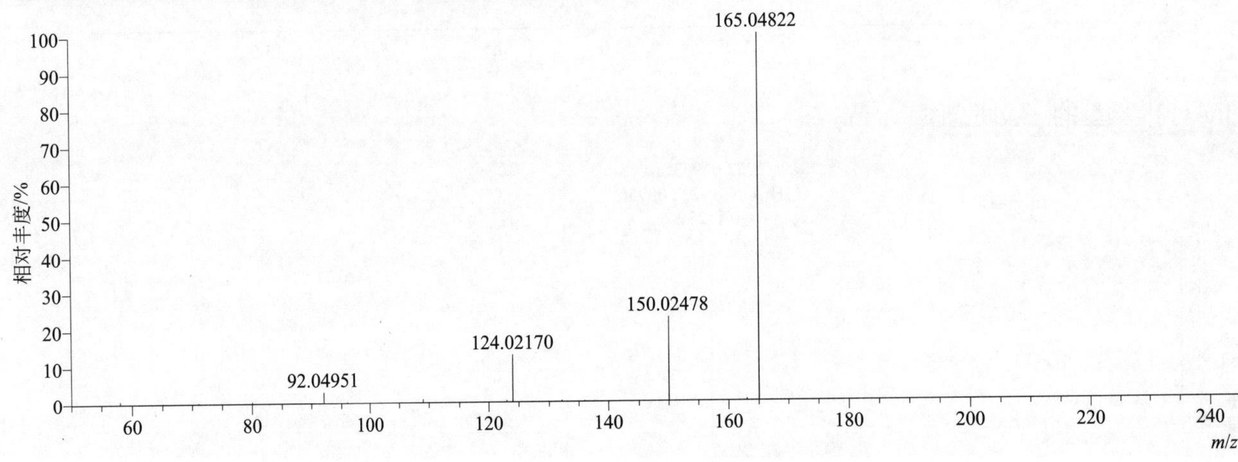

$[M+H]^+$ 阶梯归一化法能量 Step NCE 为 20、40、60 时典型的二级质谱图

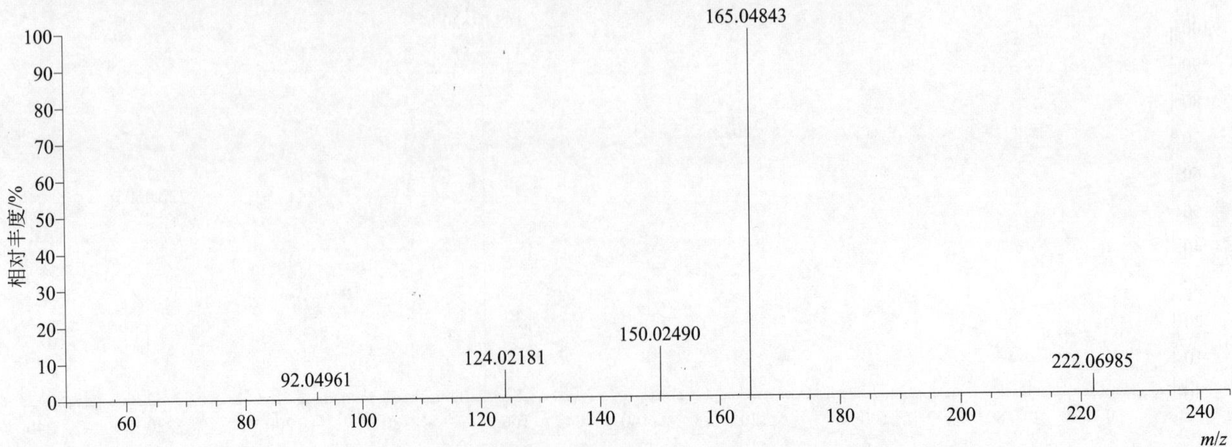

methamidophos（甲胺磷）

基本信息

CAS 登录号	10265-92-6	分子量	141.00134	离子源和极性	电喷雾离子源（ESI）
分子式	$C_2H_8NO_2PS$	保留时间	2.21min	极性	正模式

[M+H]⁺ 提取离子流色谱图

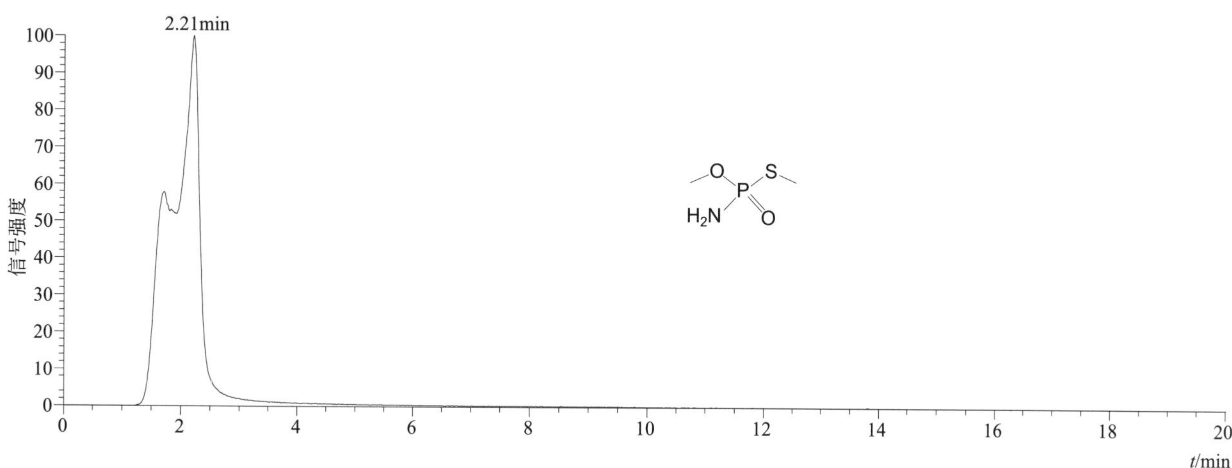

[M+H]⁺ 典型的一级质谱图

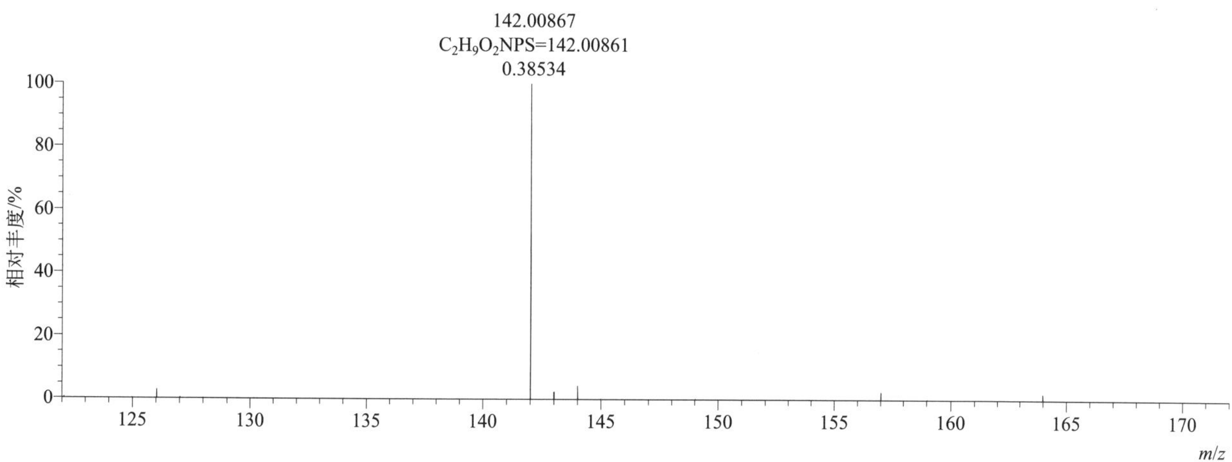

[M+H]⁺ 归一化法能量 NCE 为 20 时典型的二级质谱图

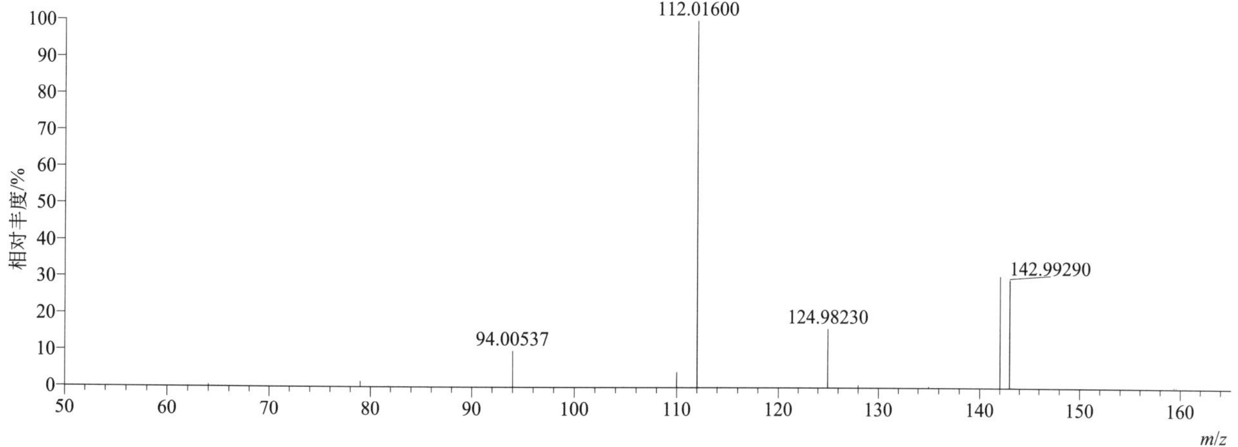

[M+H]+ 归一化法能量 NCE 为 40 时典型的二级质谱图

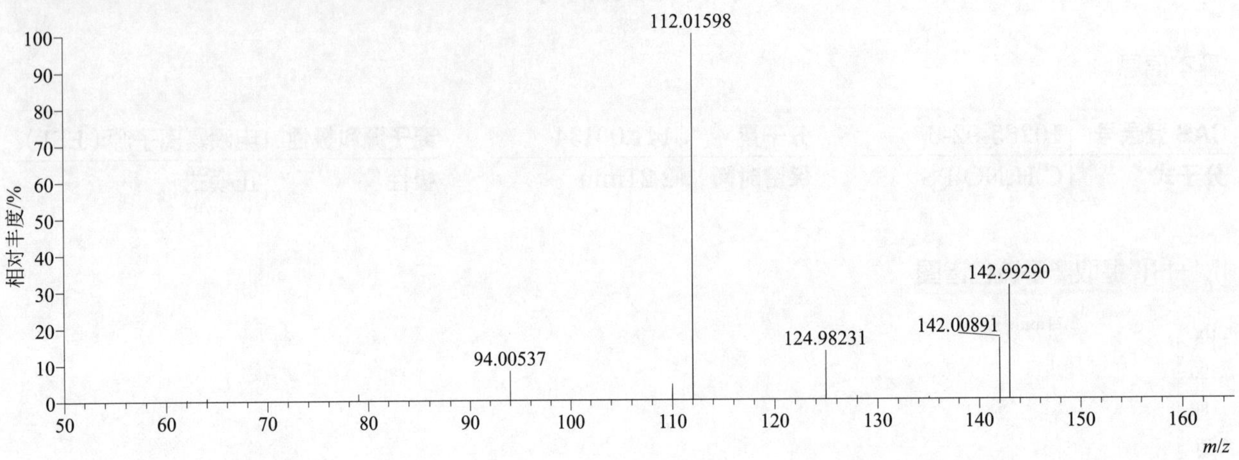

[M+H]+ 归一化法能量 NCE 为 60 时典型的二级质谱图

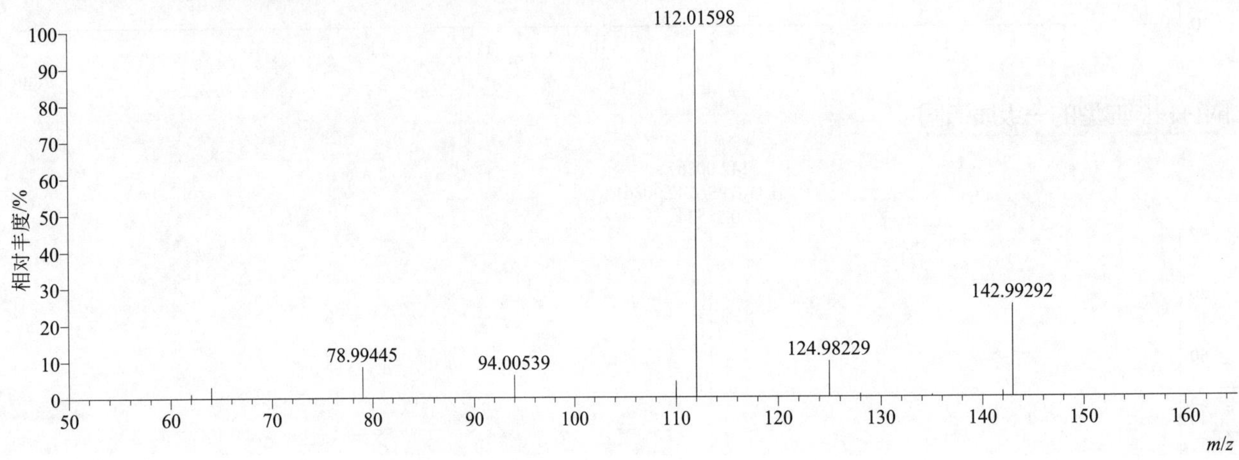

[M+H]+ 阶梯归一化法能量 Step NCE 为 20、40、60 时典型的二级质谱图

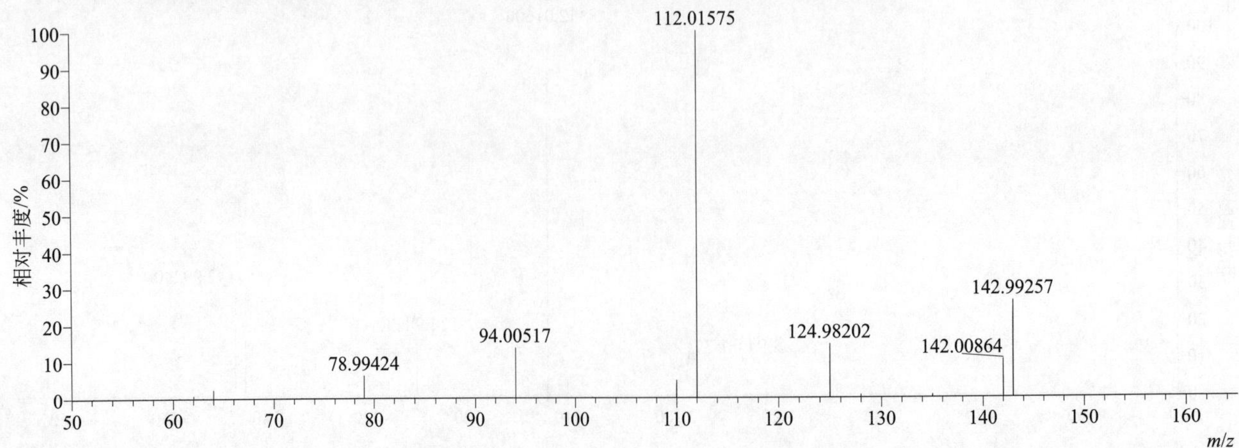

methidathion（杀扑磷）

基本信息

CAS 登录号	950-37-8	分子量	301.96186	离子源和极性	电喷雾离子源（ESI）
分子式	$C_6H_{11}N_2O_4PS_3$	保留时间	14.02min	极性	正模式

[M+H]+ 提取离子流色谱图

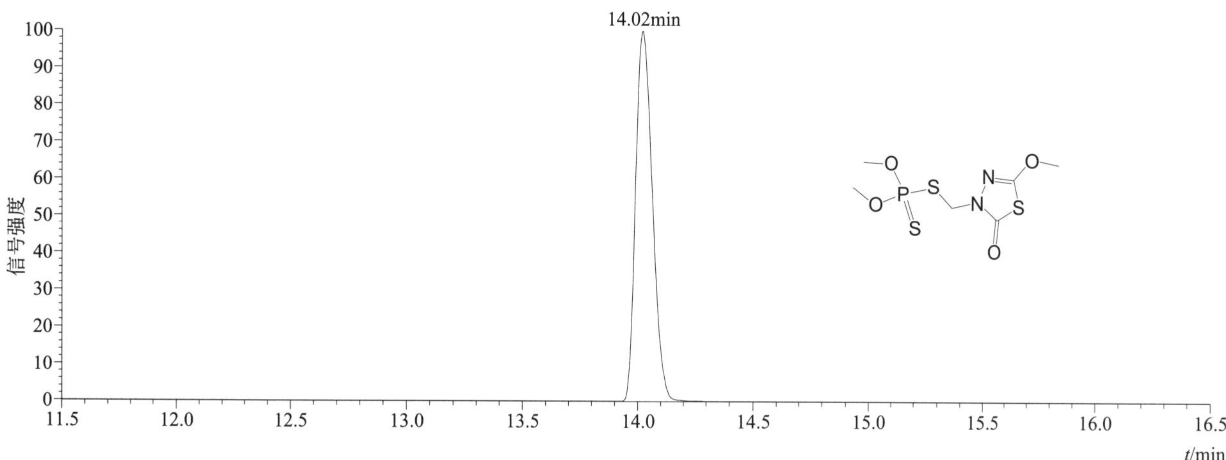

[M+H]+、[M+NH4]+ 和 [M+Na]+ 典型的一级质谱图

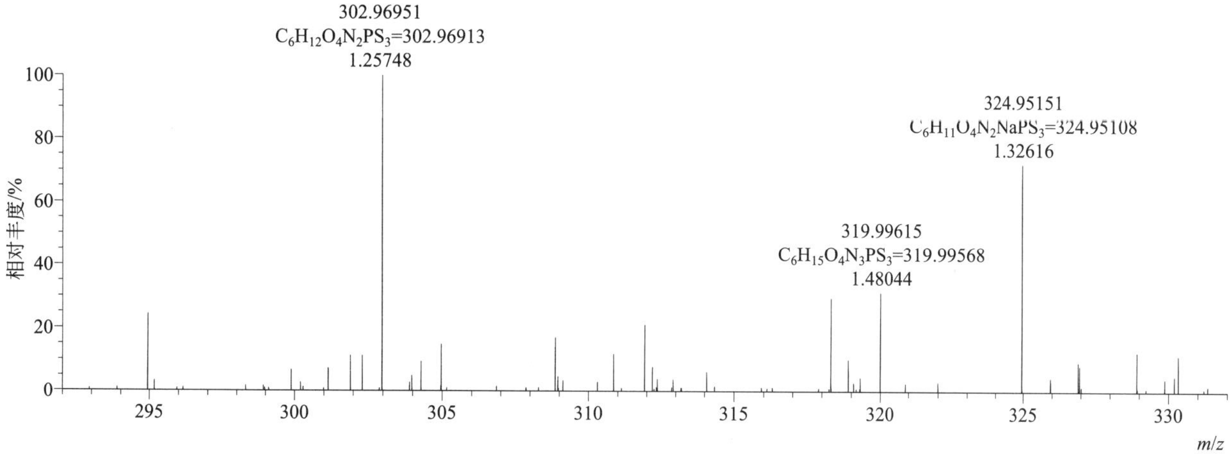

[M+H]+ 归一化法能量 NCE 为 20 时典型的二级质谱图

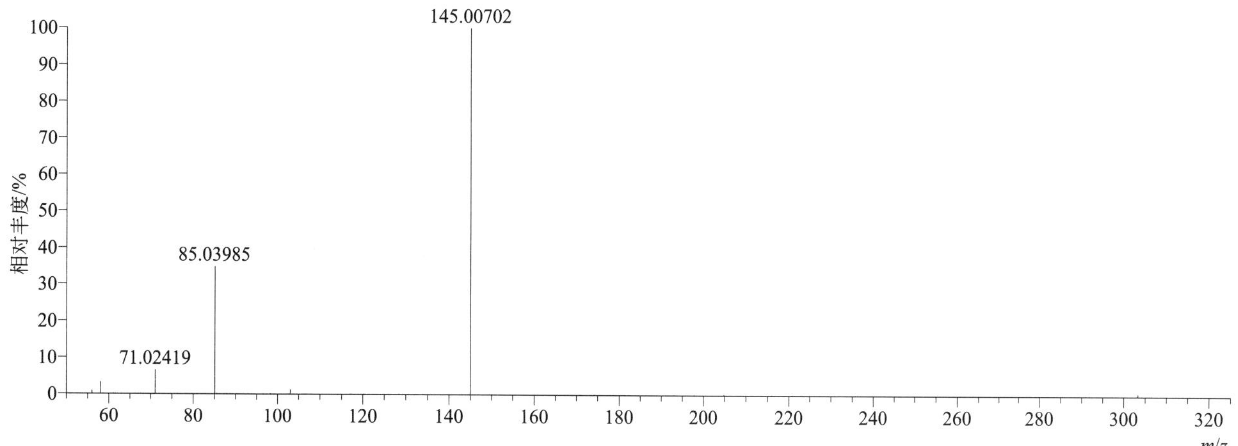

$[M+H]^+$ 归一化法能量 NCE 为 40 时典型的二级质谱图

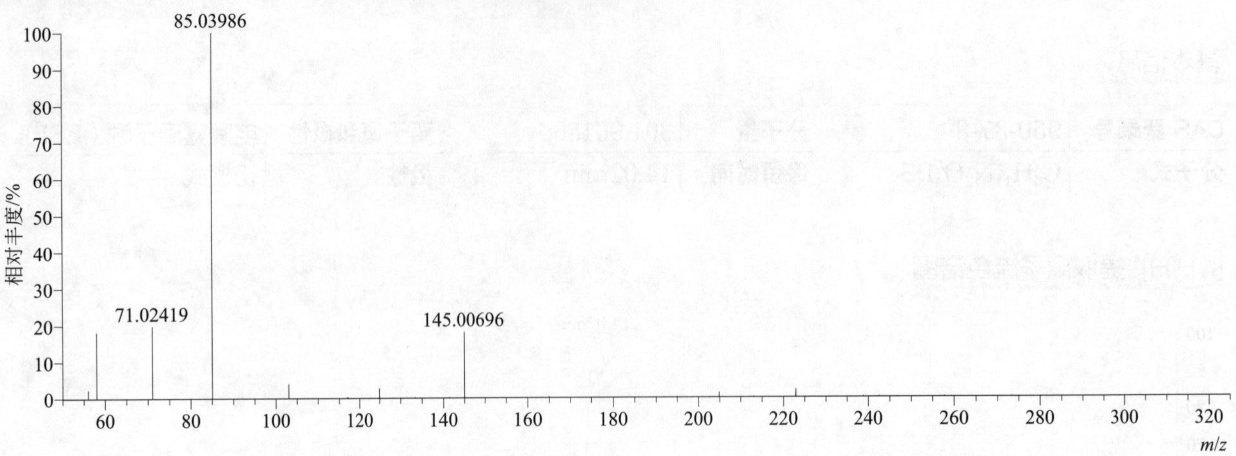

$[M+H]^+$ 归一化法能量 NCE 为 60 时典型的二级质谱图

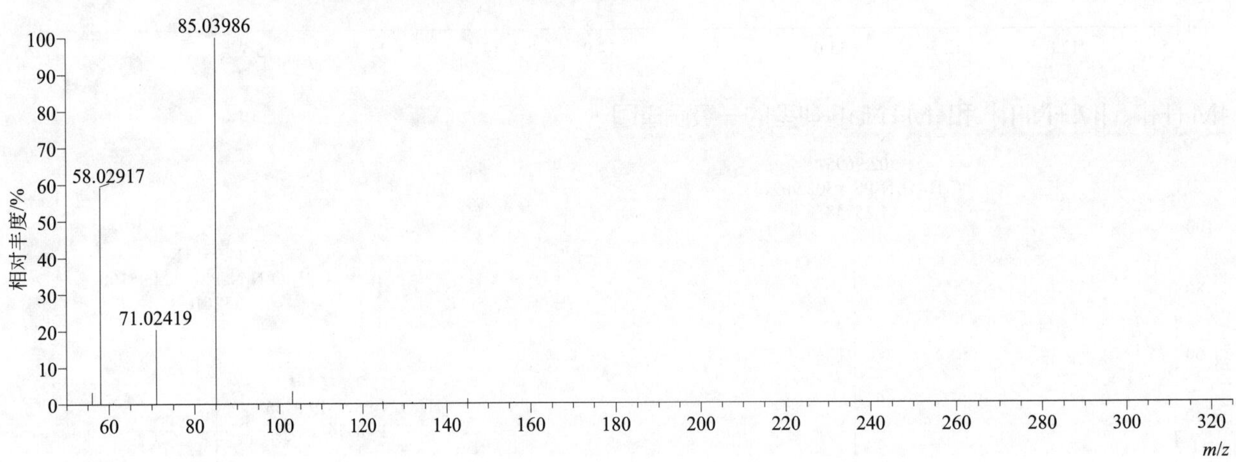

$[M+H]^+$ 阶梯归一化法能量 Step NCE 为 20、40、60 时典型的二级质谱图

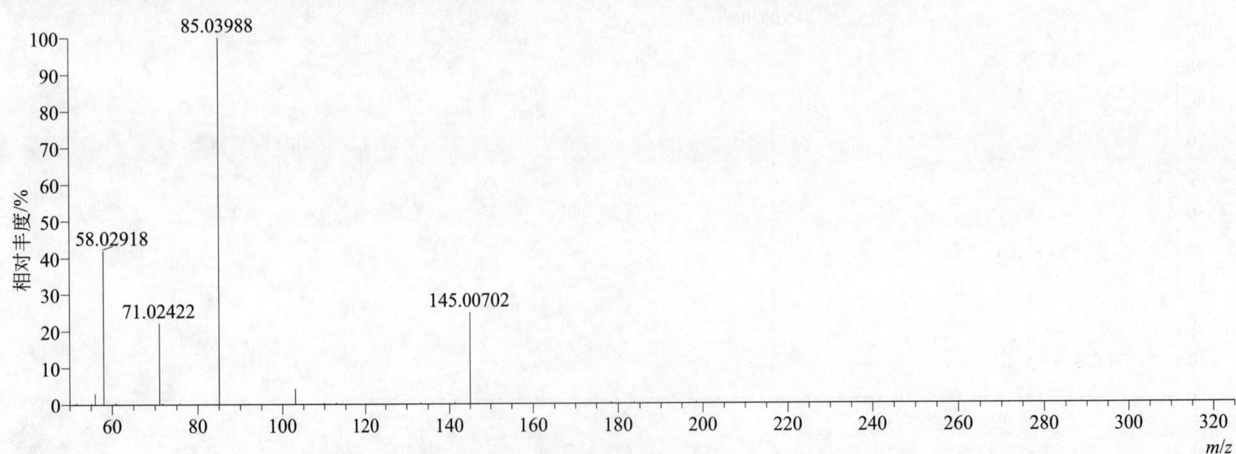

[M+NH$_4$]$^+$ 归一化法能量 NCE 为 20 时典型的二级质谱图

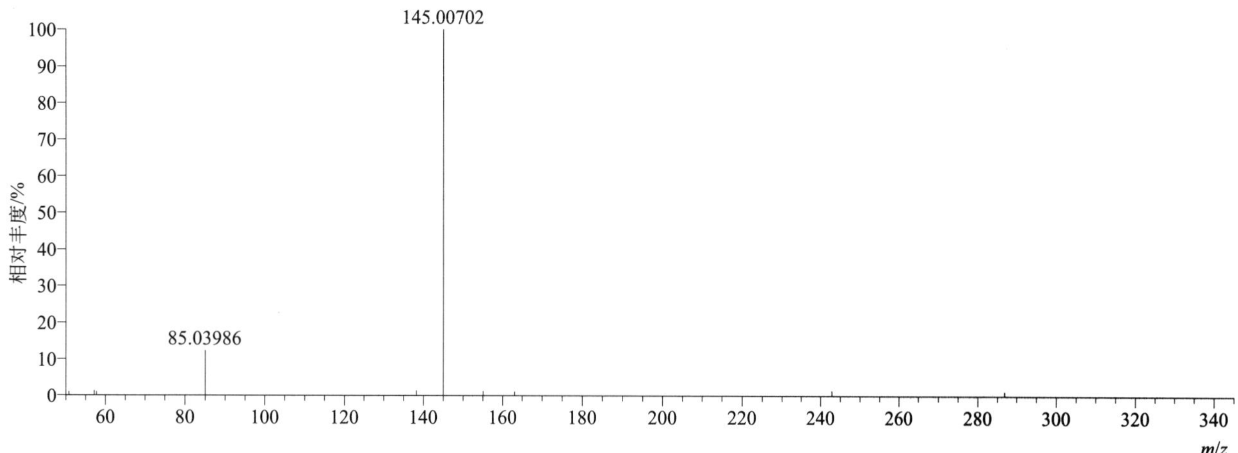

[M+NH$_4$]$^+$ 归一化法能量 NCE 为 40 时典型的二级质谱图

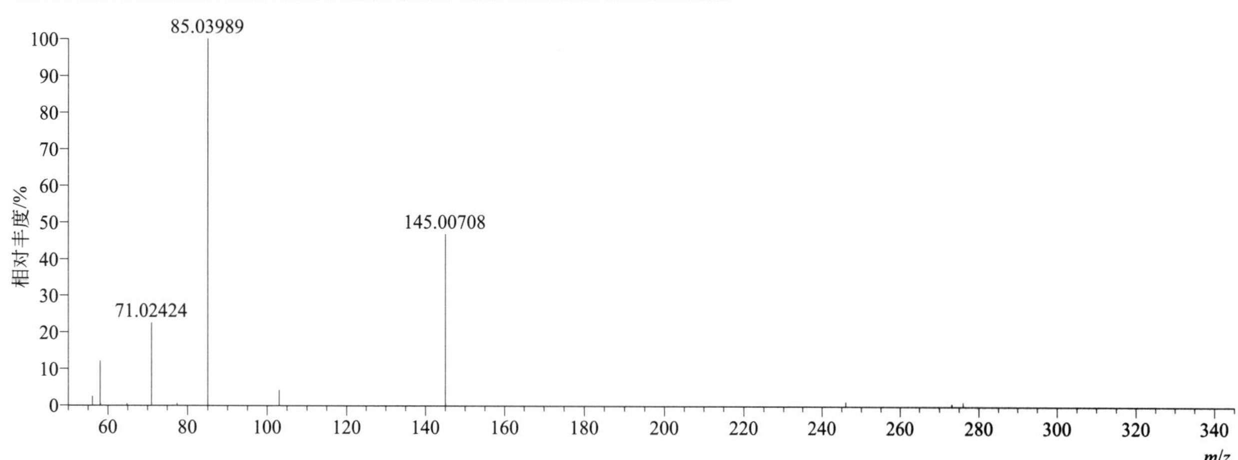

[M+NH$_4$]$^+$ 归一化法能量 NCE 为 60 时典型的二级质谱图

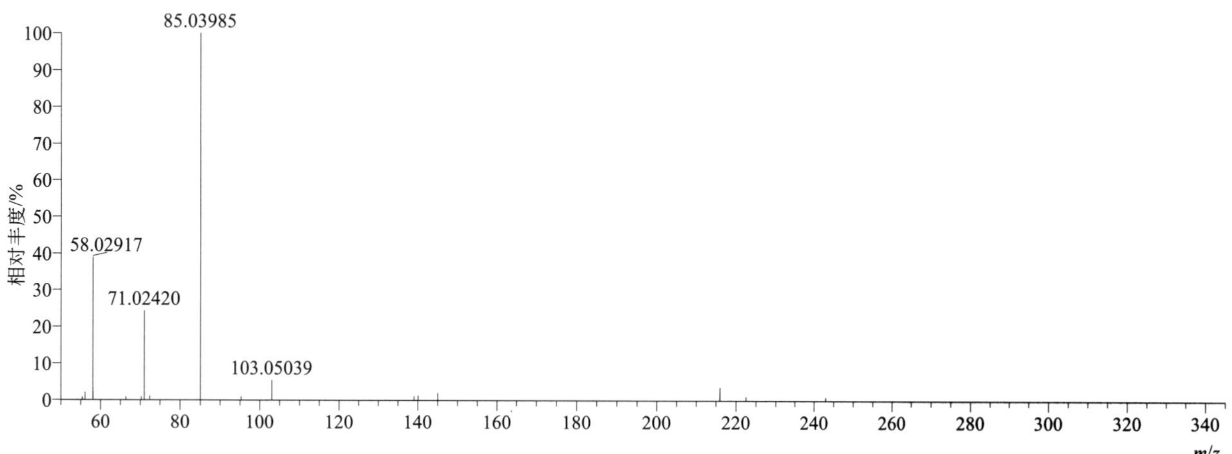

[M+NH4]+ 阶梯归一化法能量 Step NCE 为 20、40、60 时典型的二级质谱图

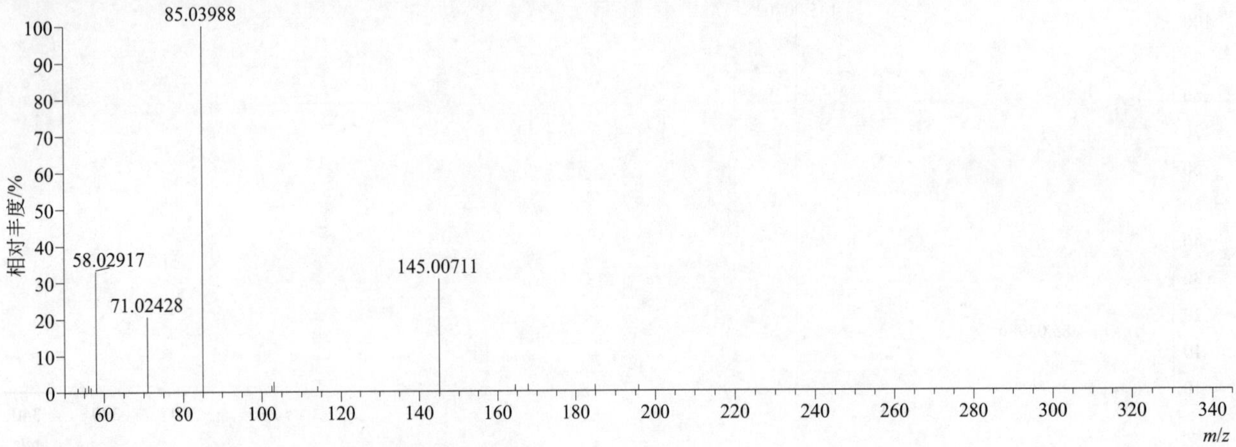

methiocarb（甲硫威）

基本信息

CAS 登录号	2032-65-7	分子量	225.08235	离子源和极性	电喷雾离子源（ESI）
分子式	$C_{11}H_{15}NO_2S$	保留时间	14.34min	极性	正模式

[M+H]+ 提取离子流色谱图

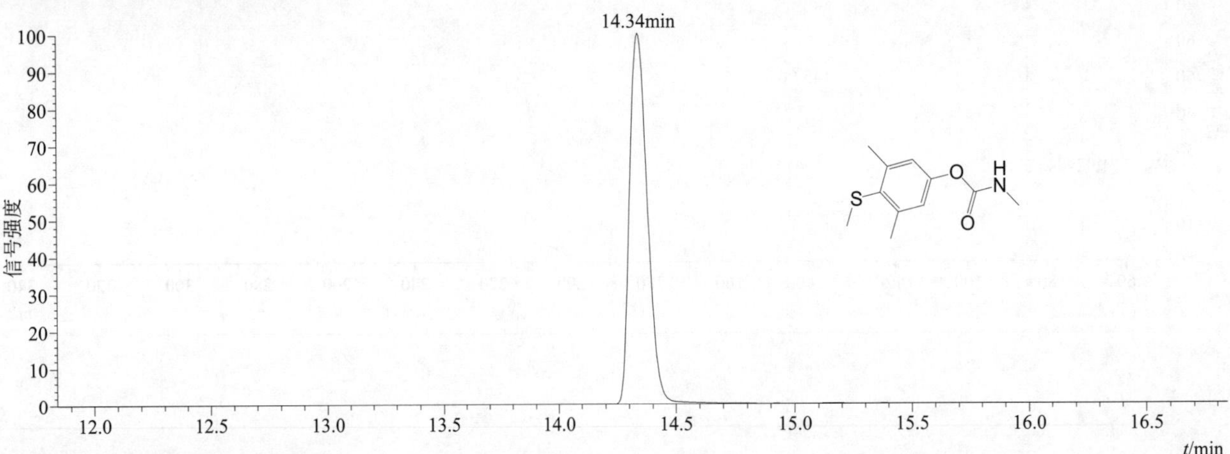

[M+H]+ 典型的一级质谱图

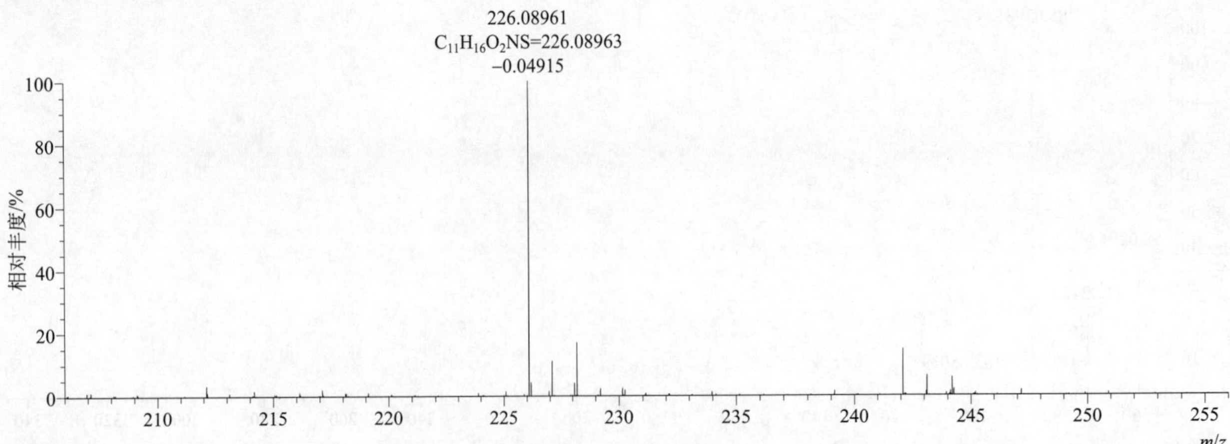

[M+H]$^+$ 归一化法能量 NCE 为 20 时典型的二级质谱图

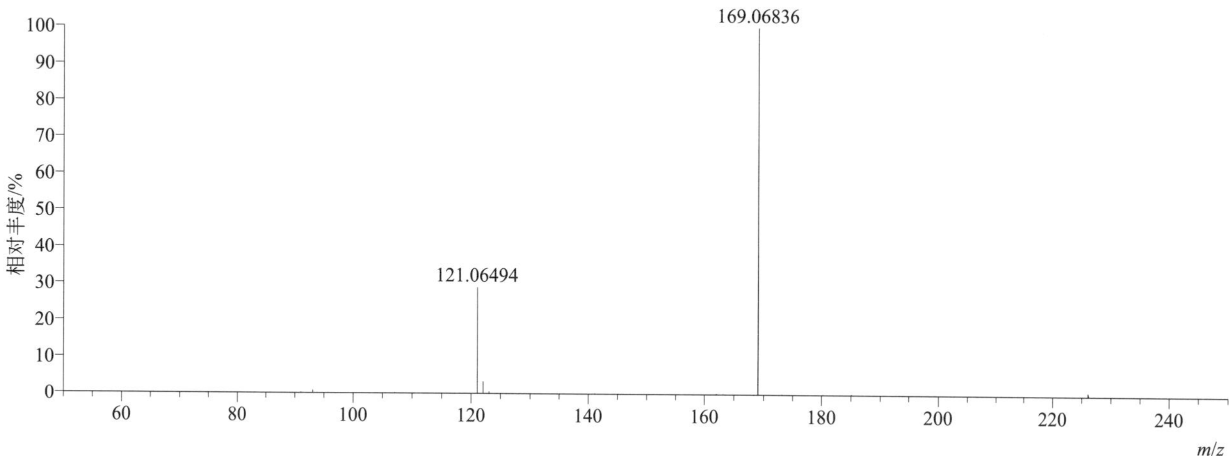

[M+H]$^+$ 归一化法能量 NCE 为 40 时典型的二级质谱图

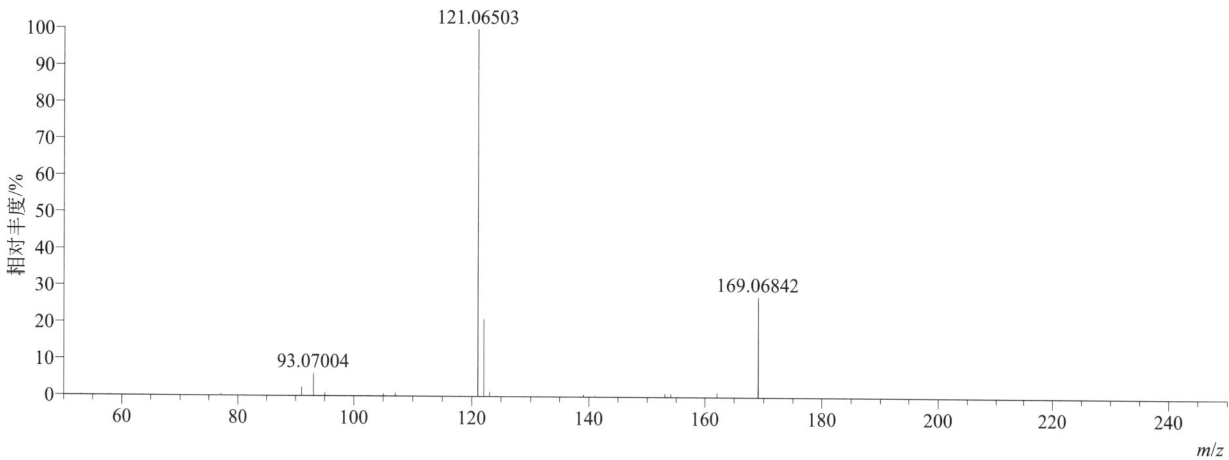

[M+H]$^+$ 归一化法能量 NCE 为 60 时典型的二级质谱图

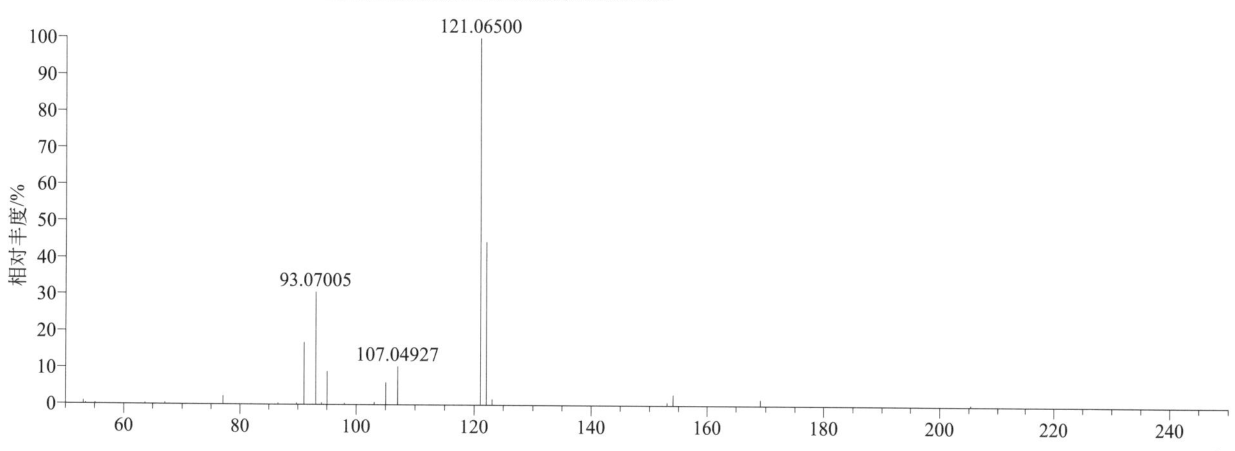

[M+H]+ 阶梯归一化法能量 Step NCE 为 20、40、60 时典型的二级质谱图

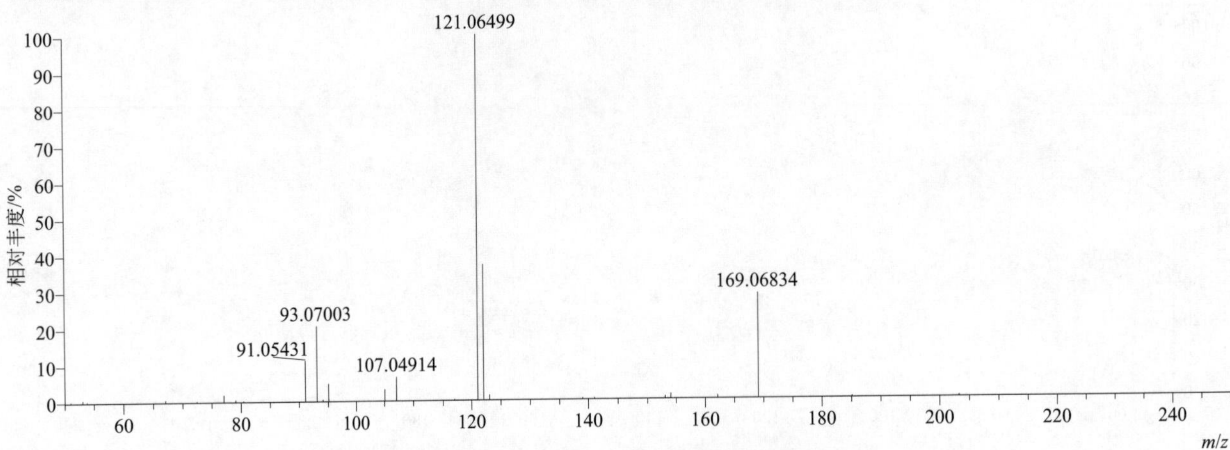

methiocarb-sulfone（甲硫威砜）

基本信息

CAS 登录号	2179-25-1	分子量	257.07218	离子源和极性	电喷雾离子源（ESI）
分子式	$C_{11}H_{15}NO_4S$	保留时间	12.10min	极性	正模式

[M+H]+ 提取离子流色谱图

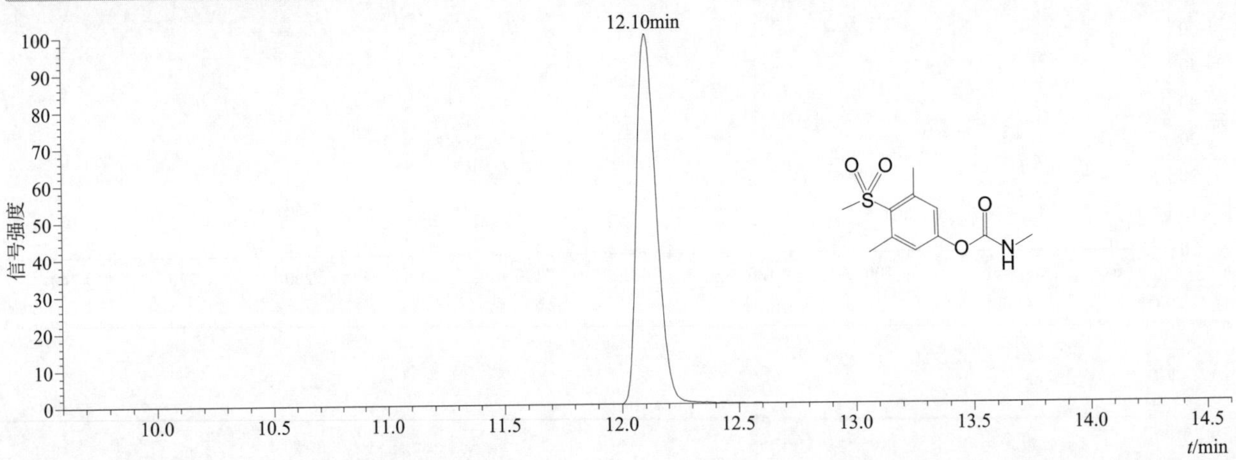

[M+H]+ 和 [M+NH4]+ 典型的一级质谱图

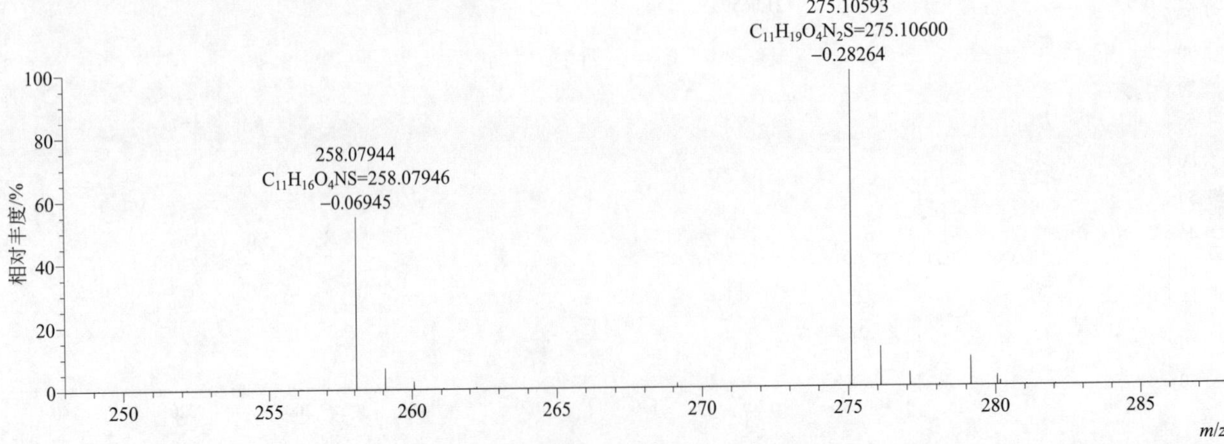

[M+H]$^{+}$ 归一化法能量 NCE 为 20 时典型的二级质谱图

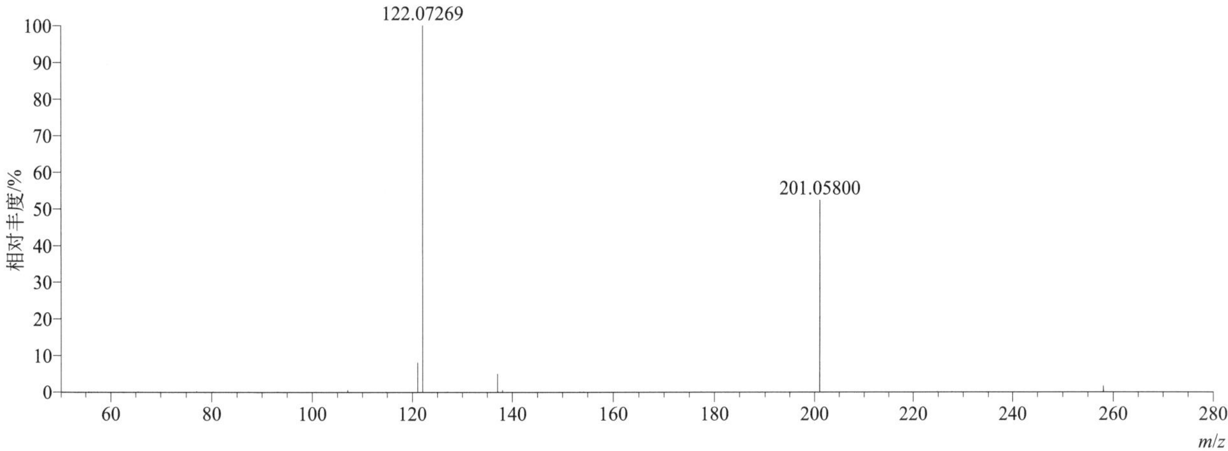

[M+H]$^{+}$ 归一化法能量 NCE 为 40 时典型的二级质谱图

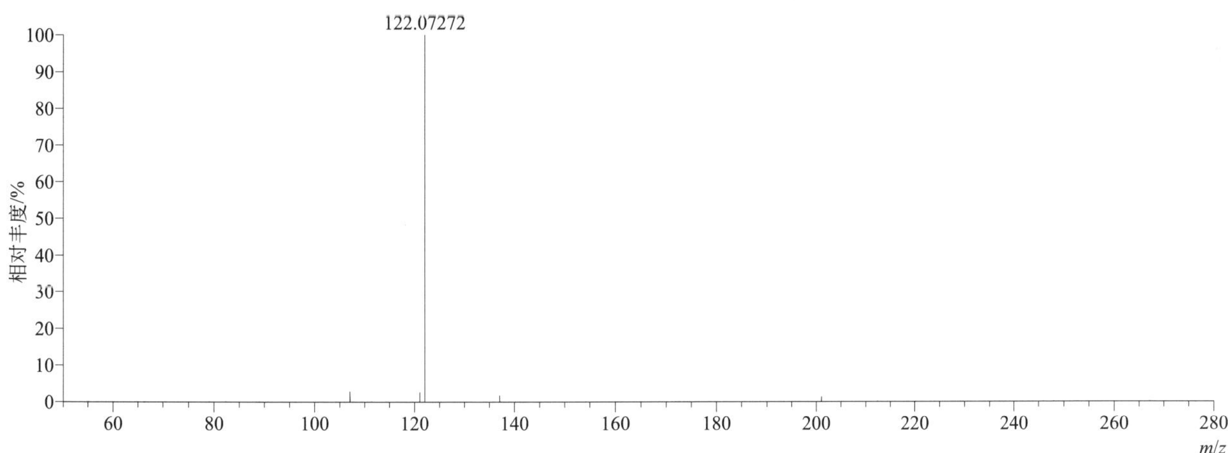

[M+H]$^{+}$ 归一化法能量 NCE 为 60 时典型的二级质谱图

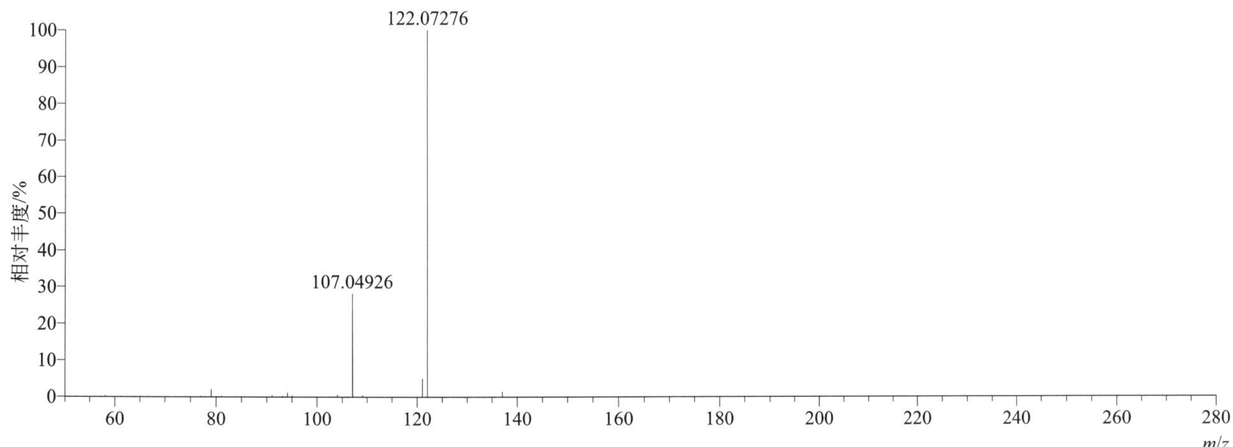

$[M+H]^+$ 阶梯归一化法能量 Step NCE 为 20、40、60 时典型的二级质谱图

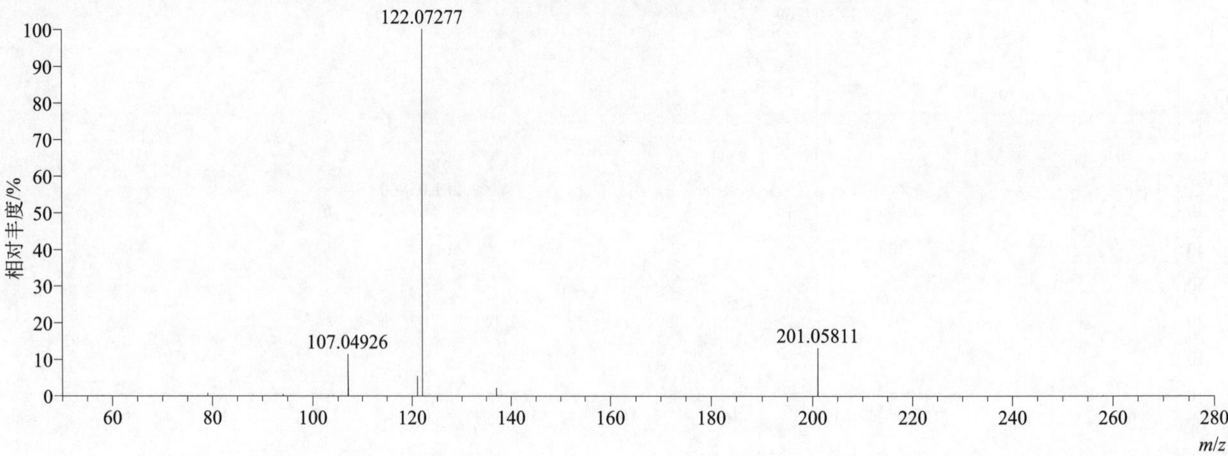

$[M+NH_4]^+$ 归一化法能量 NCE 为 20 时典型的二级质谱图

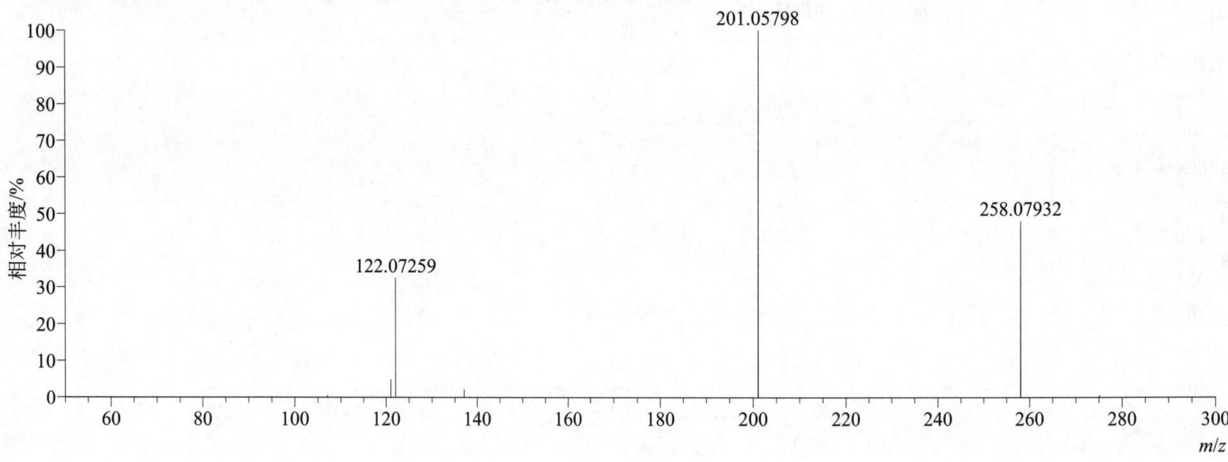

$[M+NH_4]^+$ 归一化法能量 NCE 为 40 时典型的二级质谱图

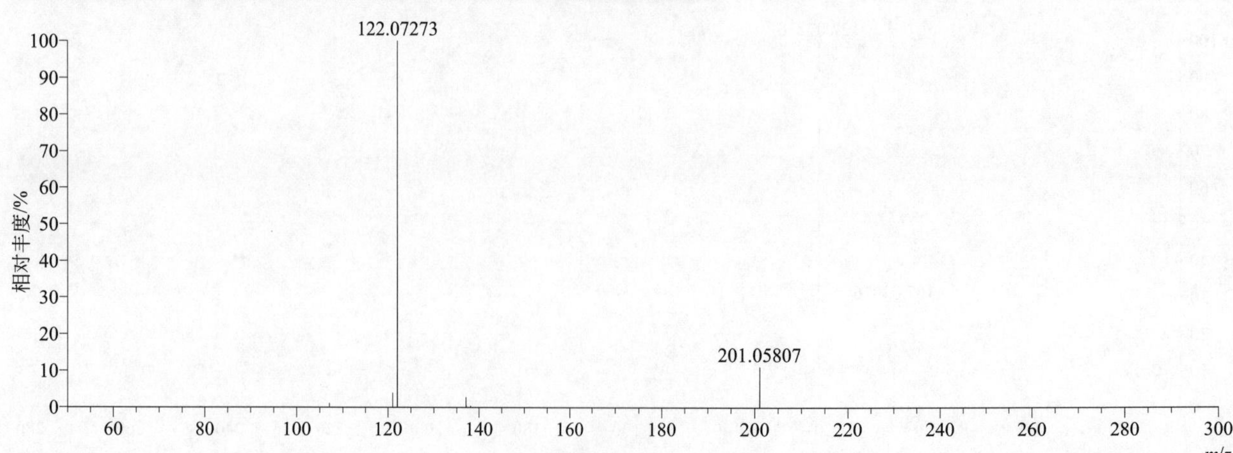

$[M+NH_4]^+$ 归一化法能量 NCE 为 60 时典型的二级质谱图

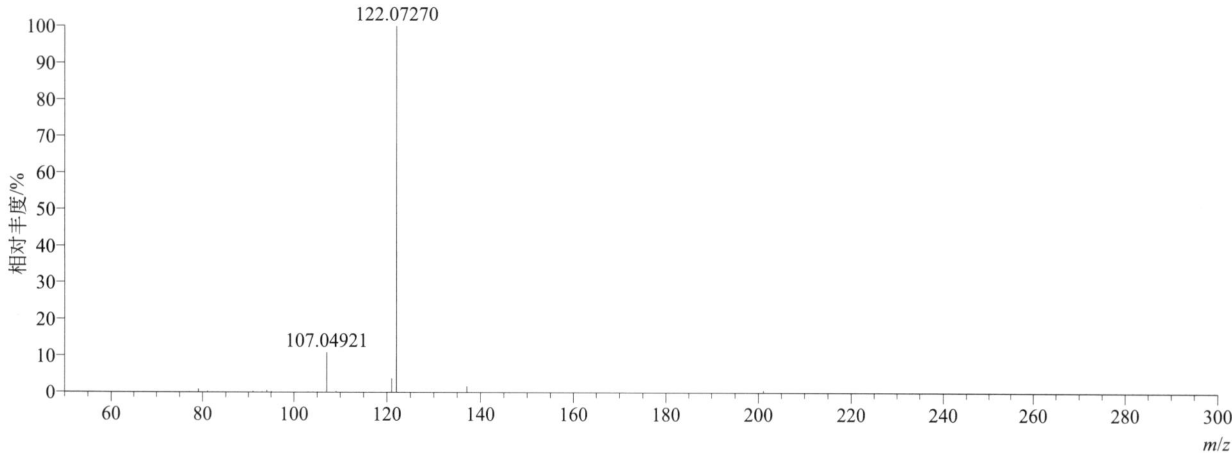

$[M+NH_4]^+$ 阶梯归一化法能量 Step NCE 为 20、40、60 时典型的二级质谱图

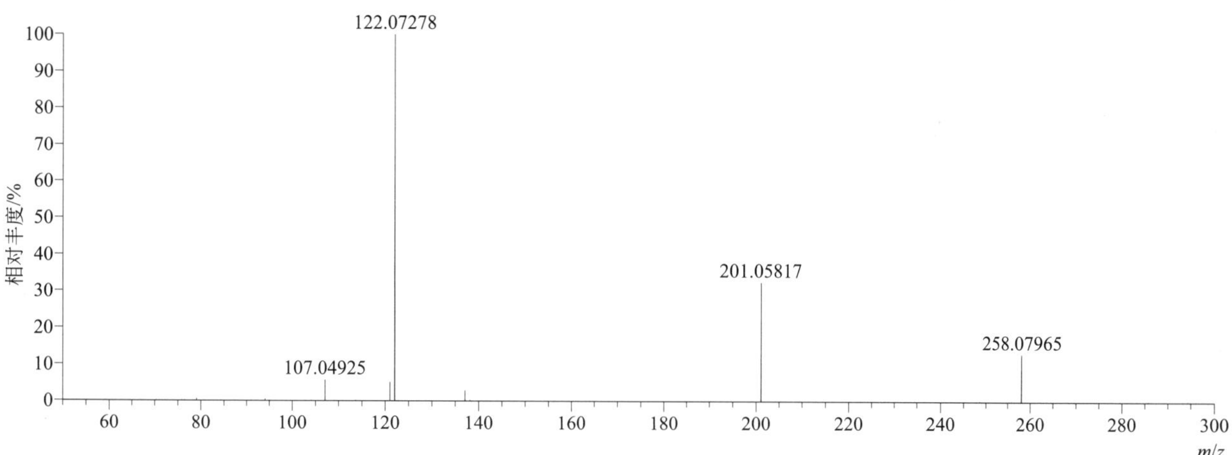

methiocarb-sulfoxide（甲硫威亚砜）

基本信息

CAS 登录号	2635-10-1	**分子量**	241.07726	**离子源和极性**	电喷雾离子源（ESI）
分子式	$C_{11}H_{15}NO_3S$	**保留时间**	11.76min	**极性**	正模式

$[M+H]^+$ 提取离子流色谱图

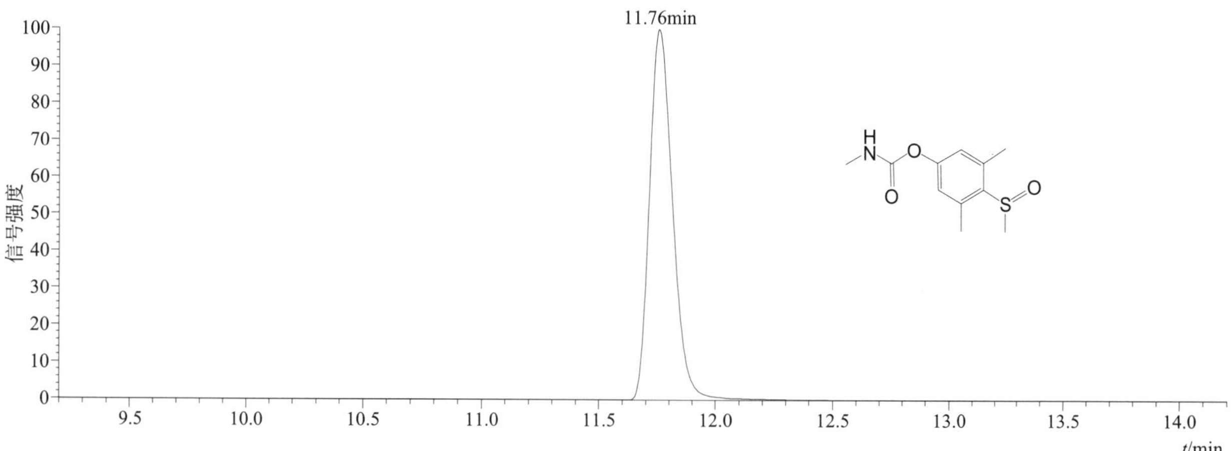

[M+H]+ 典型的一级质谱图

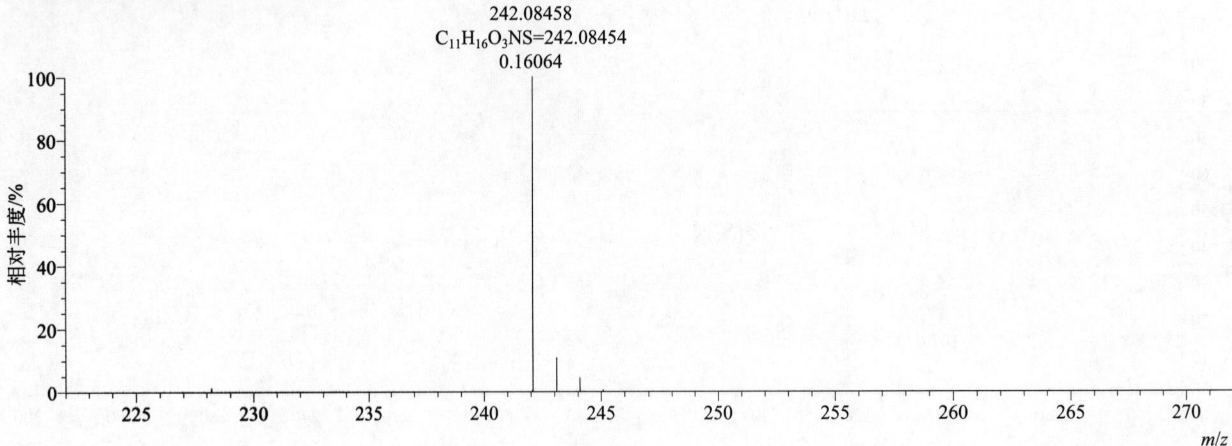

[M+H]+ 归一化法能量 NCE 为 20 时典型的二级质谱图

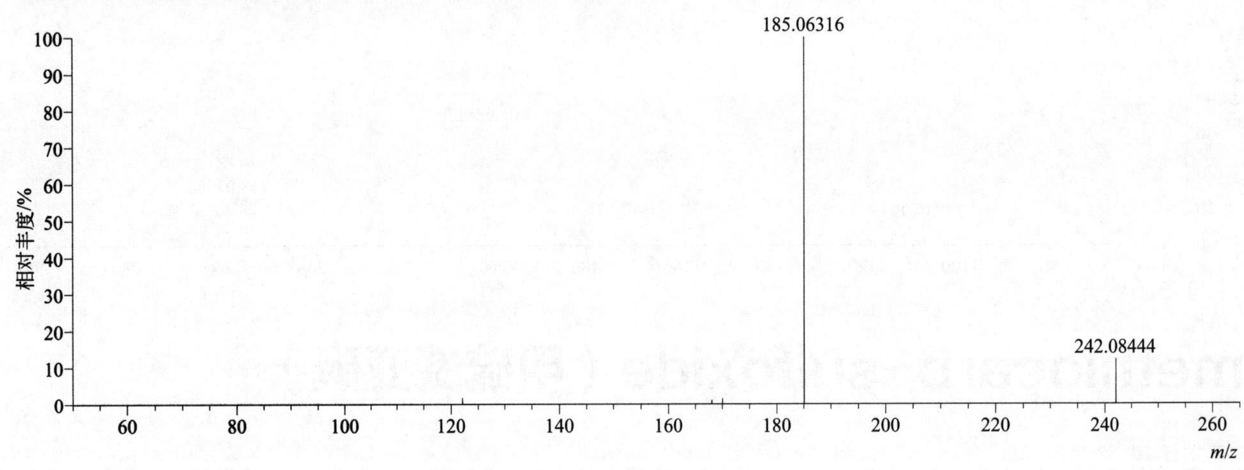

[M+H]+ 归一化法能量 NCE 为 40 时典型的二级质谱图

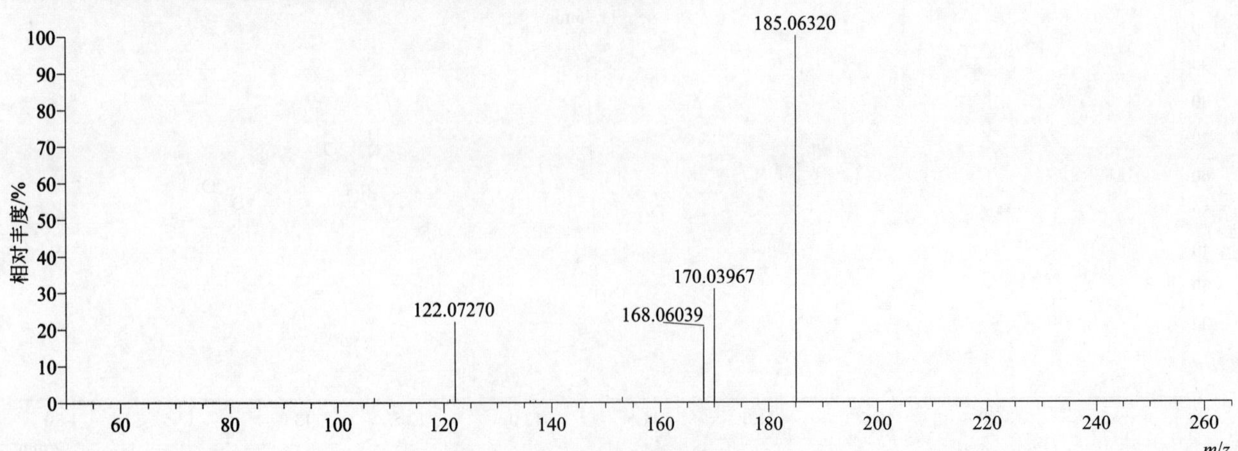

[M+H]⁺ 归一化法能量 NCE 为 60 时典型的二级质谱图

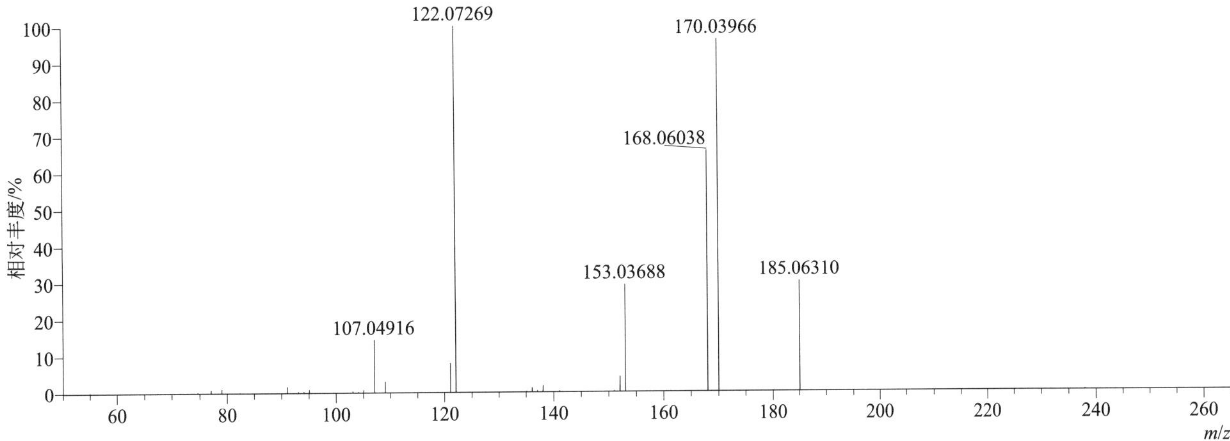

[M+H]⁺ 阶梯归一化法能量 Step NCE 为 20、40、60 时典型的二级质谱图

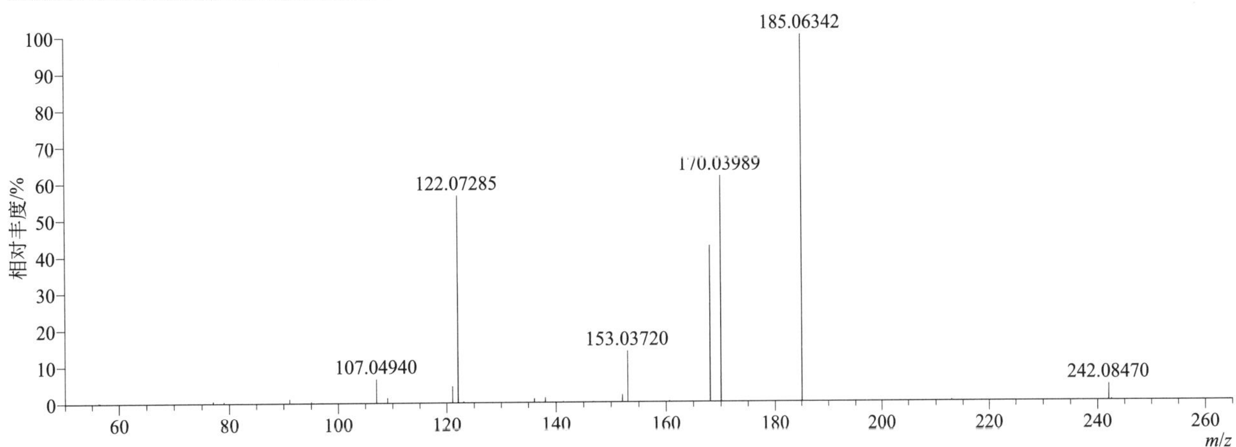

methomyl（灭多威）

基本信息

CAS 登录号	16752-77-5	分子量	162.04630	离子源和极性	电喷雾离子源（ESI）
分子式	$C_5H_{10}N_2O_2S$	保留时间	9.86min	极性	正模式

[M+H]⁺ 提取离子流色谱图

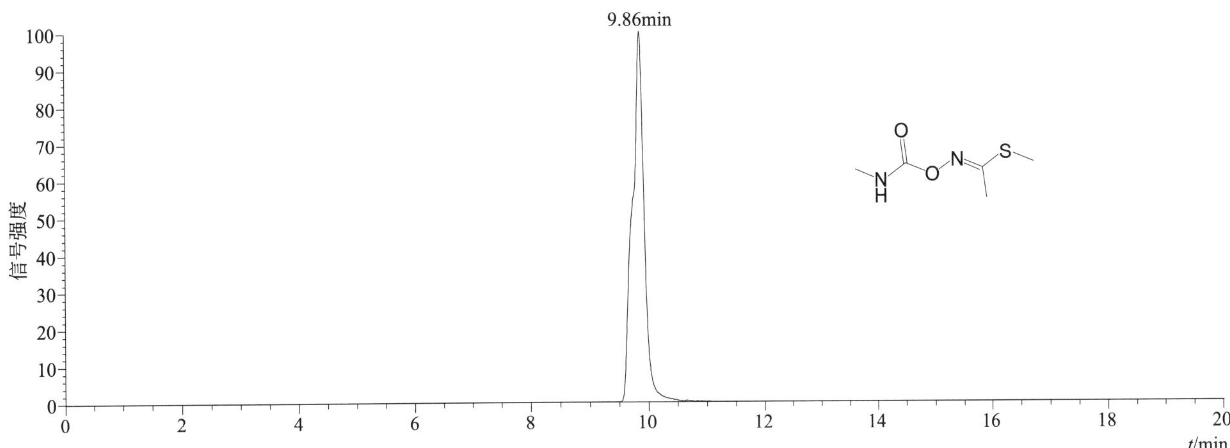

[M+H]⁺ 典型的一级质谱图

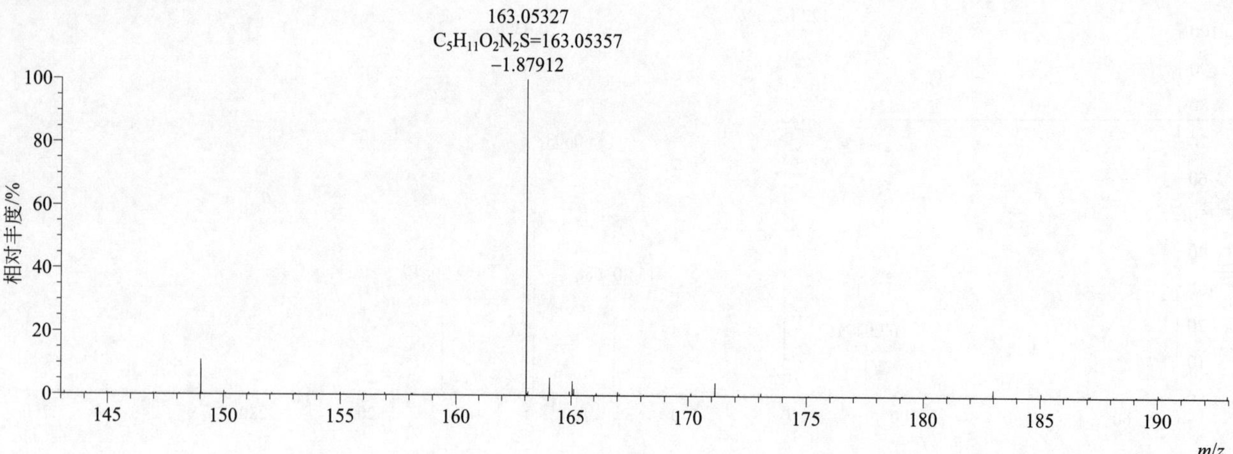

[M+H]⁺ 归一化法能量 NCE 为 20 时典型的二级质谱图

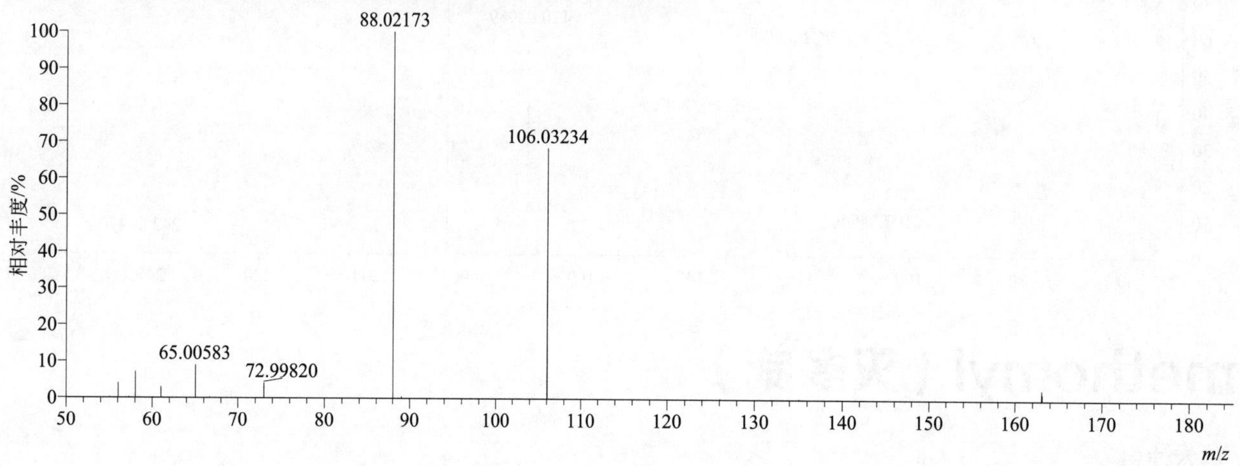

[M+H]⁺ 归一化法能量 NCE 为 40 时典型的二级质谱图

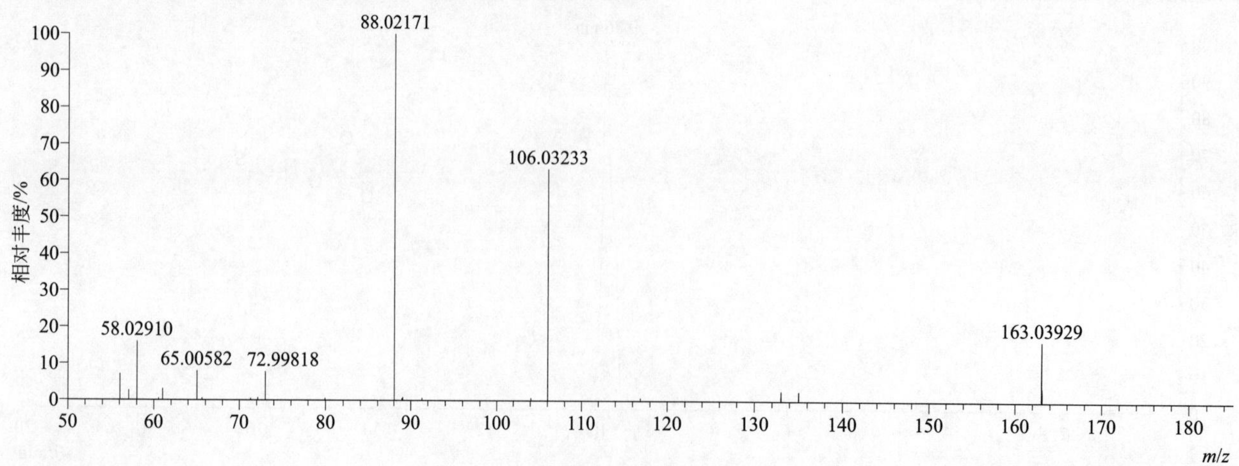

[M+H]+ 归一化法能量 NCE 为 60 时典型的二级质谱图

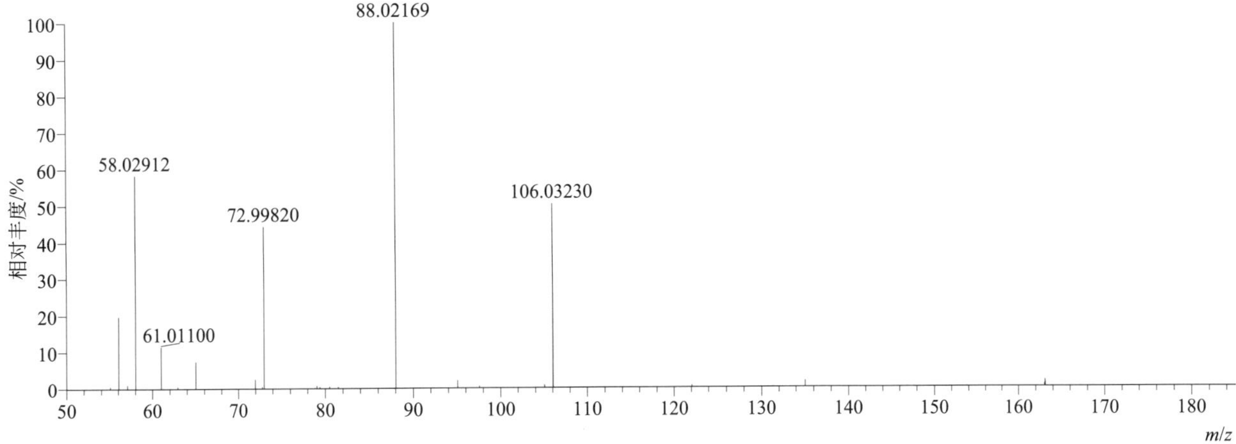

[M+H]+ 阶梯归一化法能量 Step NCE 为 20、40、60 时典型的二级质谱图

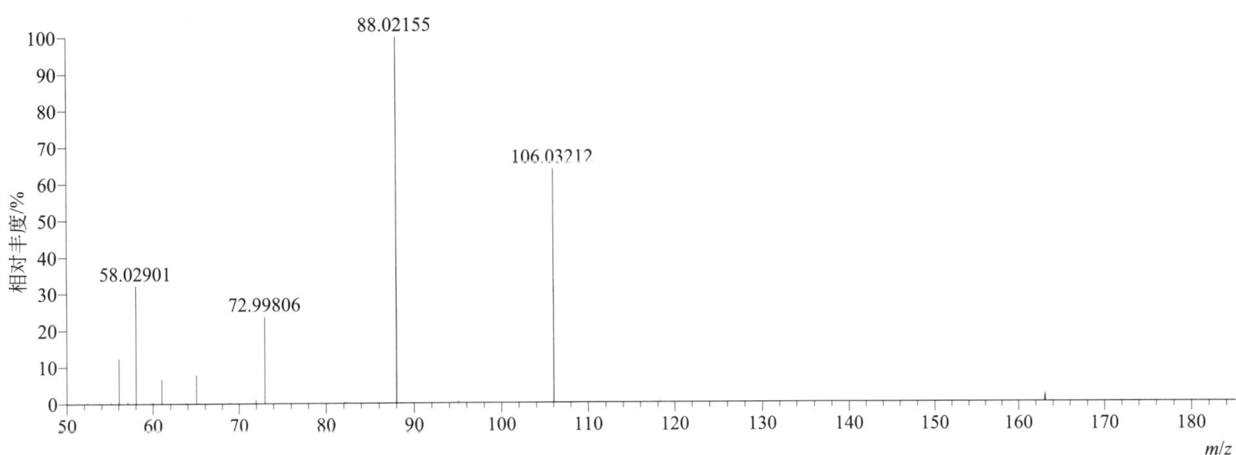

methoprotryne（盖草津）

基本信息

CAS 登录号	841-06-5	分子量	271.14668	离子源和极性	电喷雾离子源（ESI）
分子式	$C_{11}H_{21}N_5OS$	保留时间	13.92min	极性	正模式

[M+H]+ 提取离子流色谱图

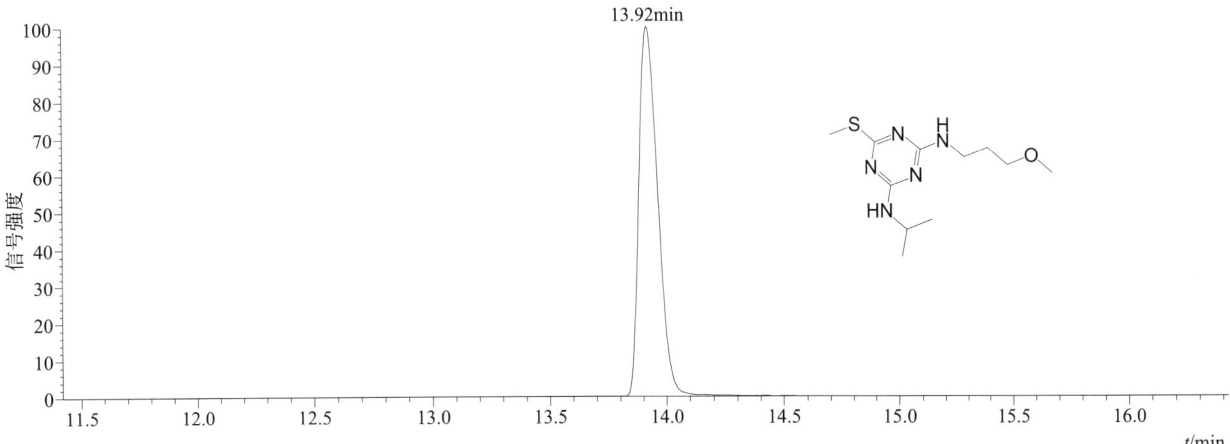

[M+H]$^+$ 典型的一级质谱图

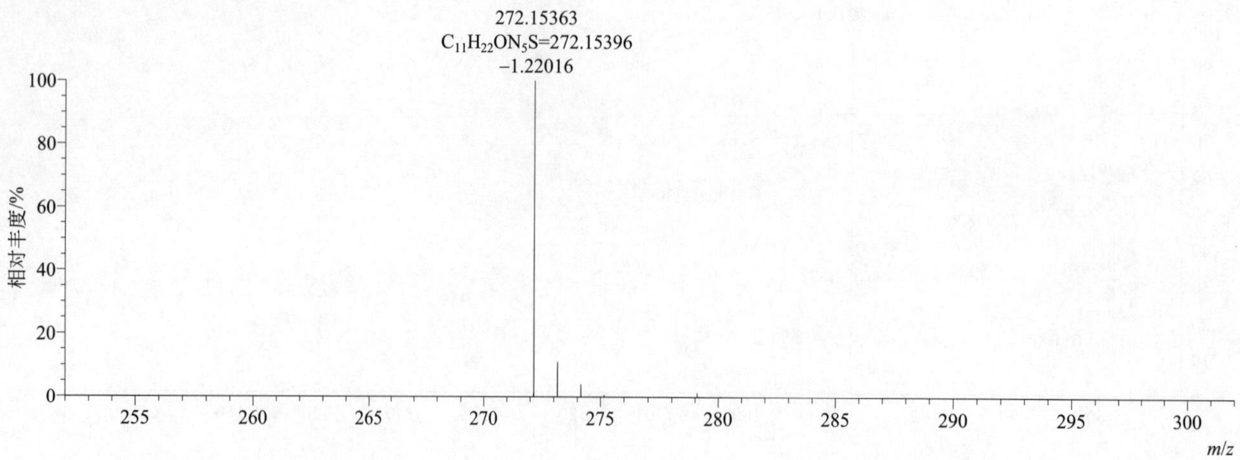

[M+H]$^+$ 归一化法能量 NCE 为 20 时典型的二级质谱图

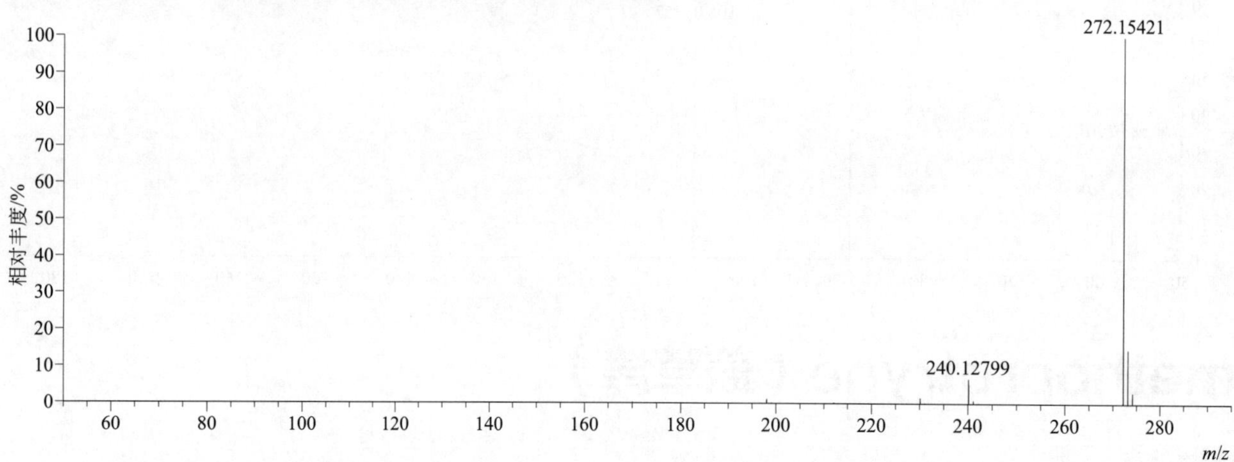

[M+H]$^+$ 归一化法能量 NCE 为 40 时典型的二级质谱图

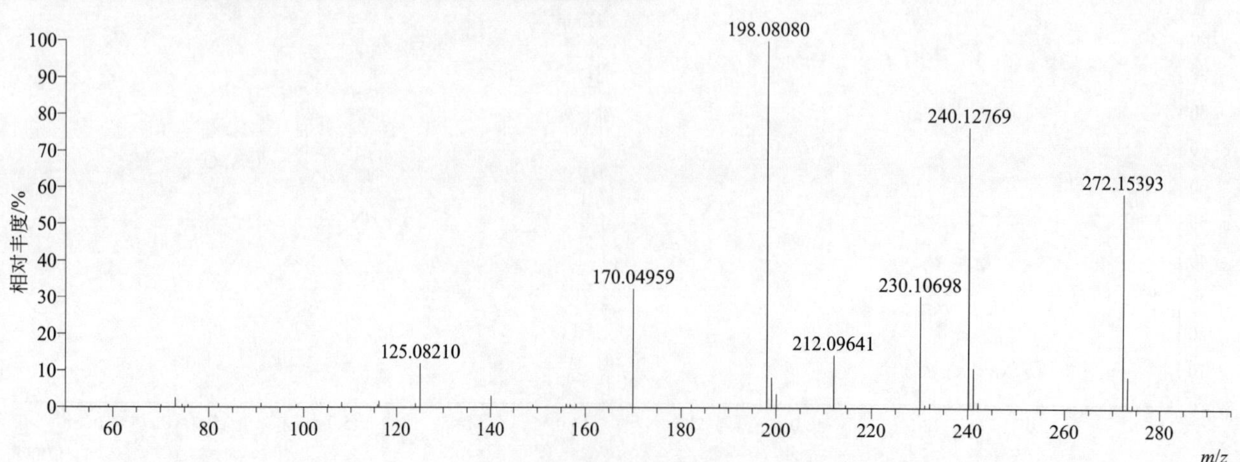

[M+H]$^+$ 归一化法能量 NCE 为 60 时典型的二级质谱图

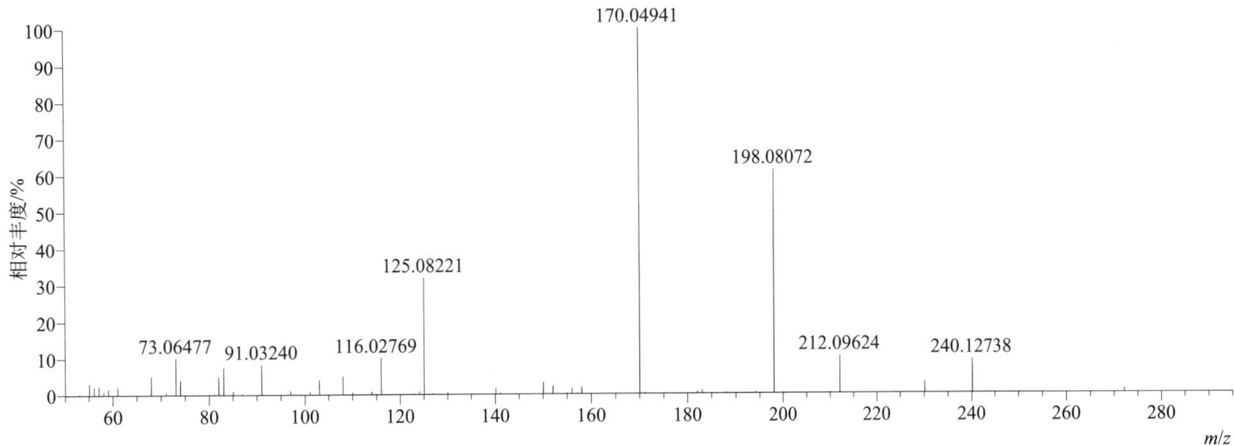

[M+H]$^+$ 阶梯归一化法能量 Step NCE 为 20、40、60 时典型的二级质谱图

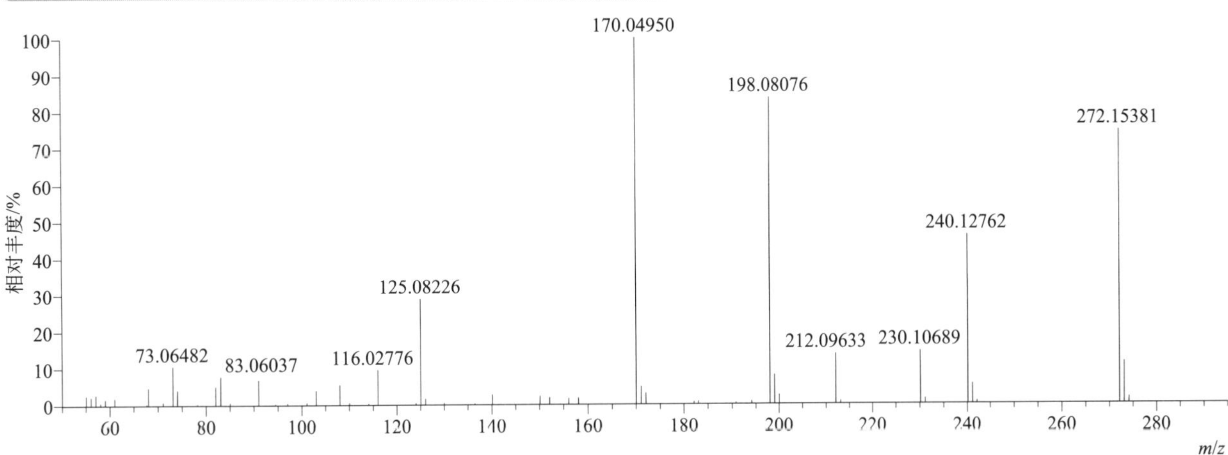

methoxyfenozide（甲氧虫酰肼）

基本信息

CAS 登录号	161050-58-4	分子量	368.20999	离子源和极性	电喷雾离子源（ESI）
分子式	$C_{22}H_{28}N_2O_3$	保留时间	14.47min	极性	正模式

[M+H]$^+$ 提取离子流色谱图

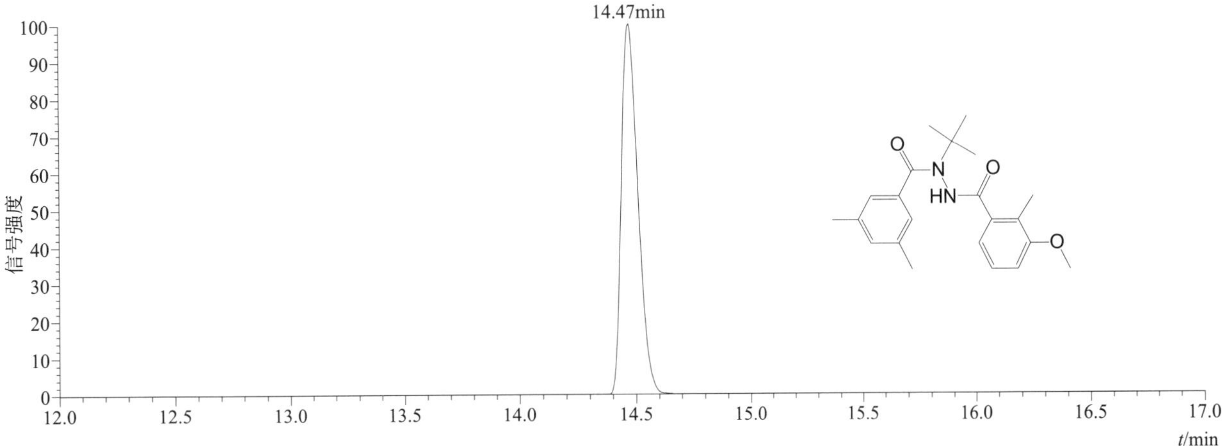

[M+H]$^+$ 典型的一级质谱图

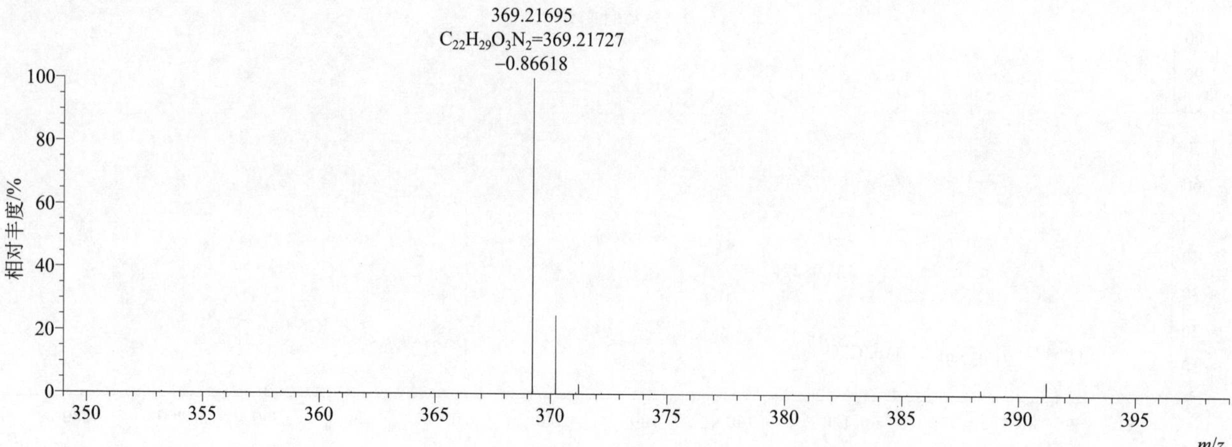

[M+H]$^+$ 归一化法能量 NCE 为 20 时典型的二级质谱图

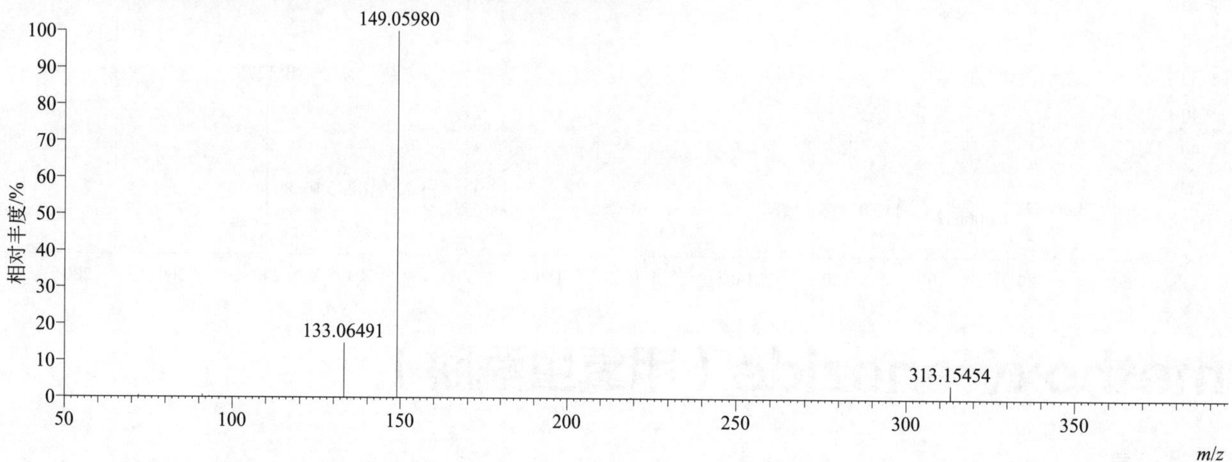

[M+H]$^+$ 归一化法能量 NCE 为 40 时典型的二级质谱图

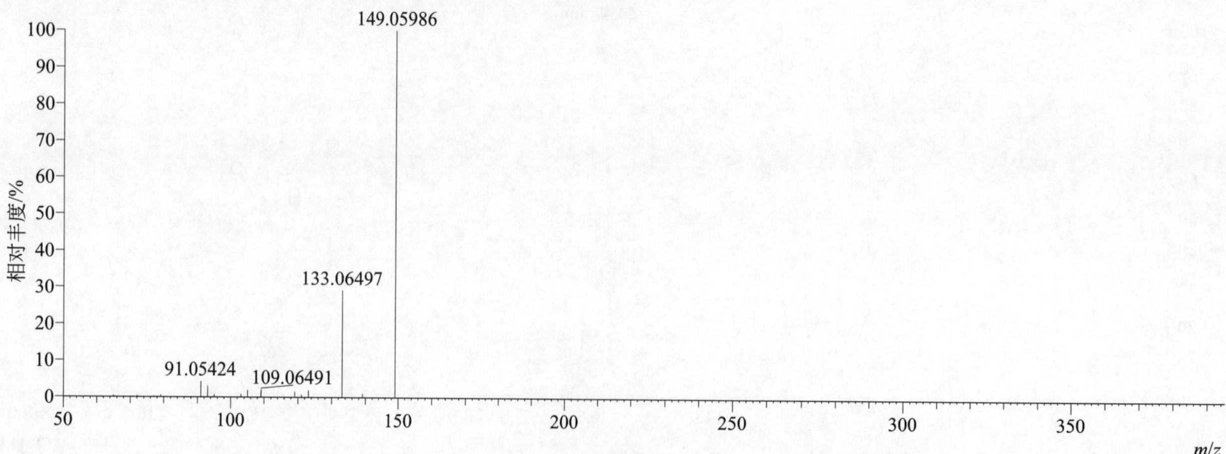

[M+H]+ 归一化法能量 NCE 为 60 时典型的二级质谱图

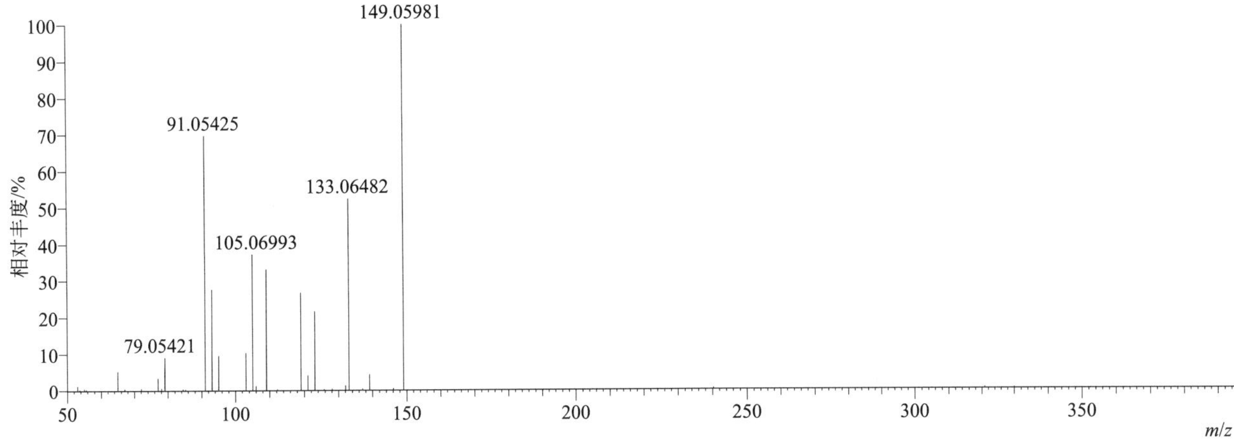

[M+H]+ 阶梯归一化法能量 Step NCE 为 20、40、60 时典型的二级质谱图

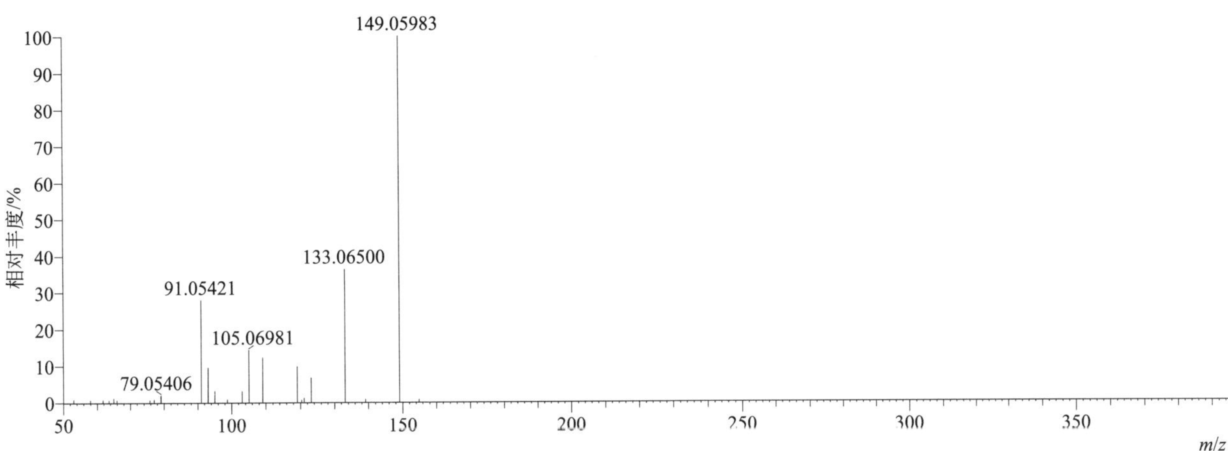

metobromuron（溴谷隆）

基本信息

CAS 登录号	3060-89-7	**分子量**	258.00039	**离子源和极性**	电喷雾离子源（ESI）
分子式	$C_9H_{11}BrN_2O_2$	**保留时间**	13.81min	**极性**	正模式

[M+H]+ 提取离子流色谱图

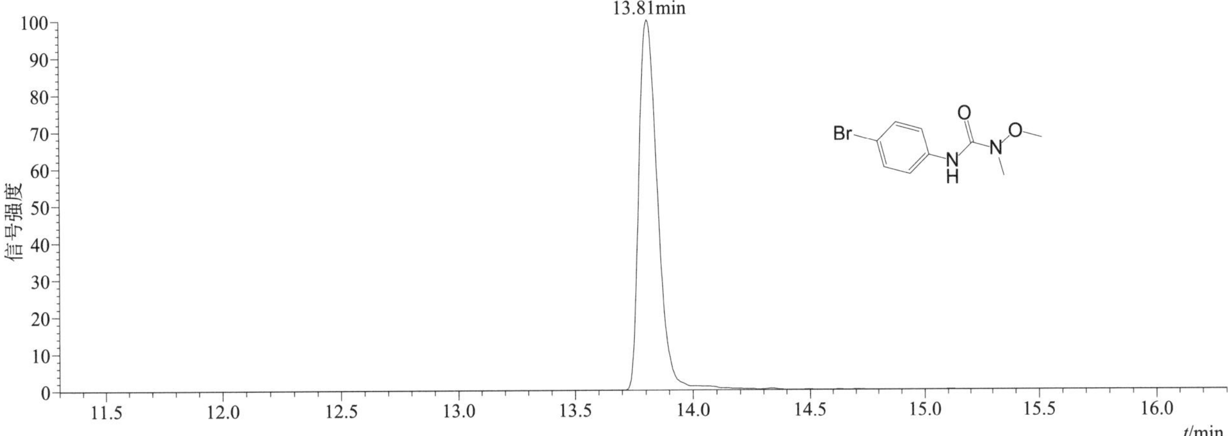

[M+H]$^+$ 典型的一级质谱图

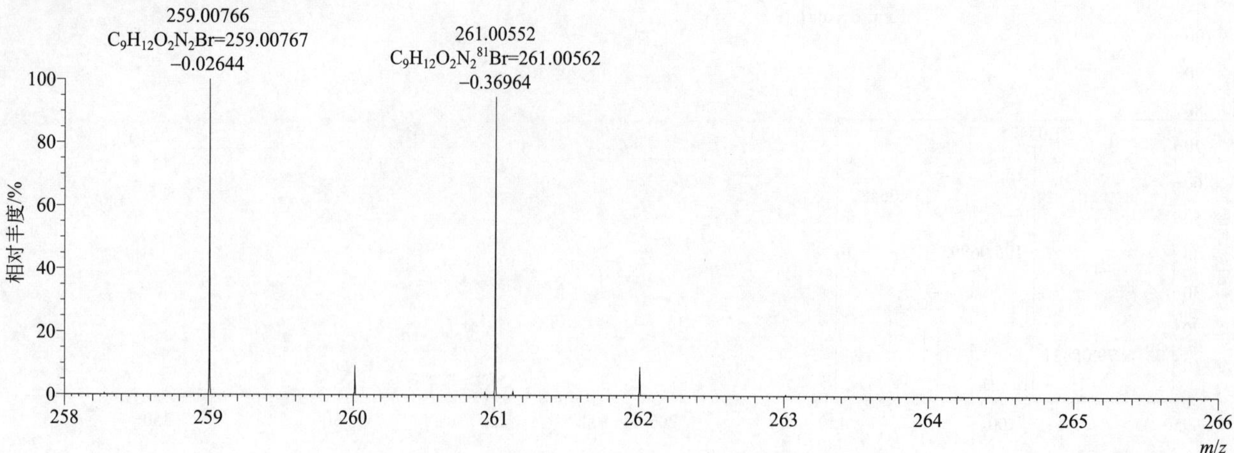

[M+H]$^+$ 归一化法能量 NCE 为 20 时典型的二级质谱图

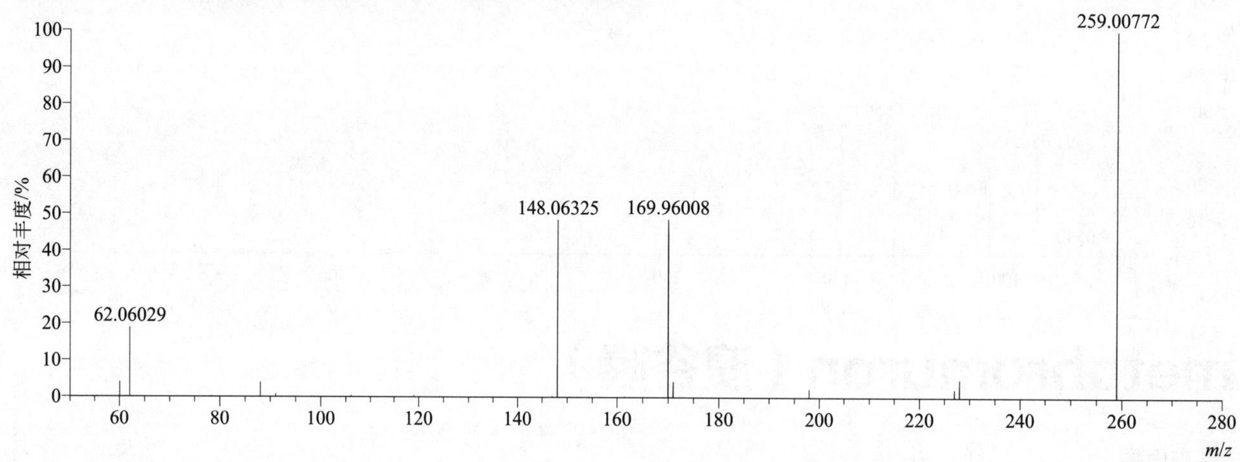

[M+H]$^+$ 归一化法能量 NCE 为 40 时典型的二级质谱图

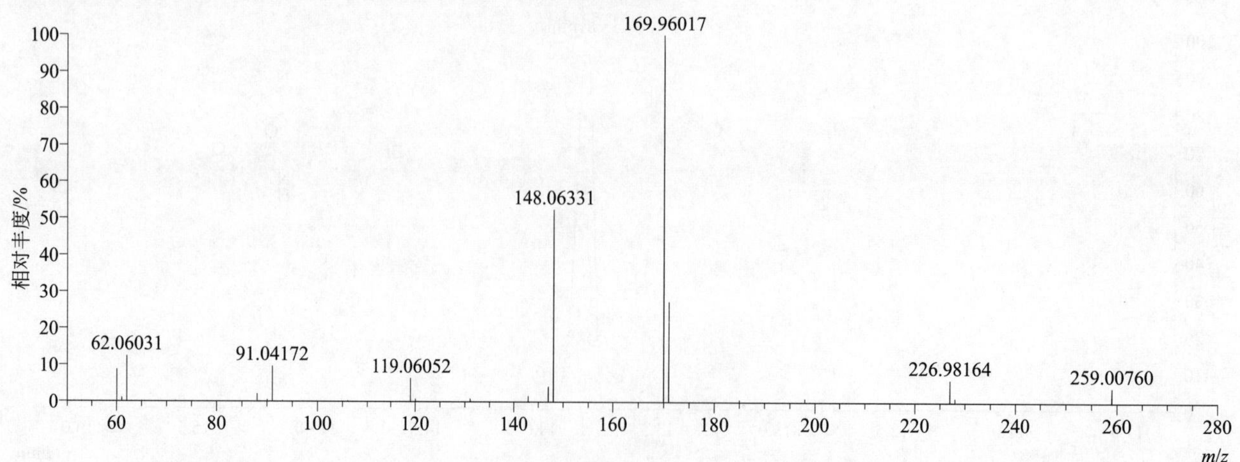

[M+H]⁺ 归一化法能量 NCE 为 60 时典型的二级质谱图

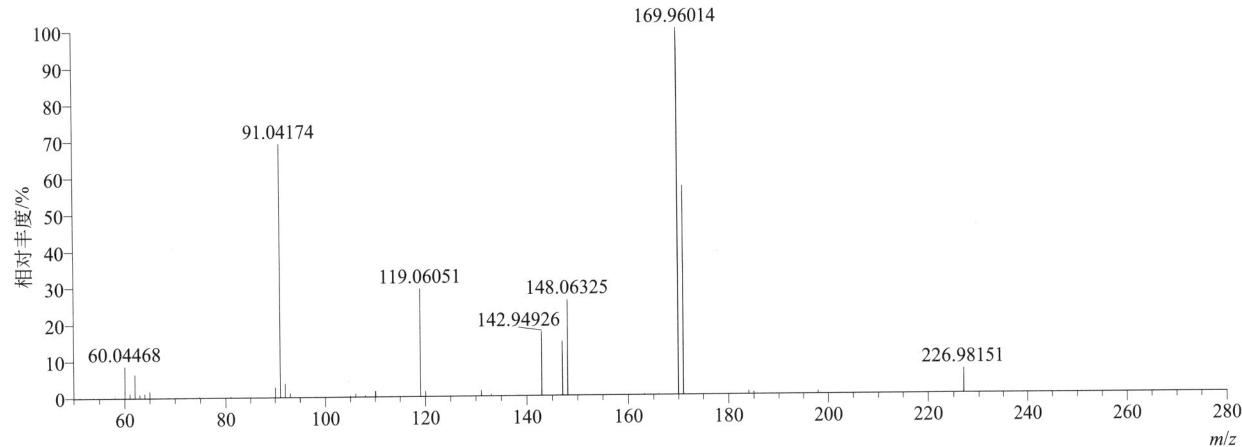

[M+H]⁺ 阶梯归一化法能量 Step NCE 为 20、40、60 时典型的二级质谱图

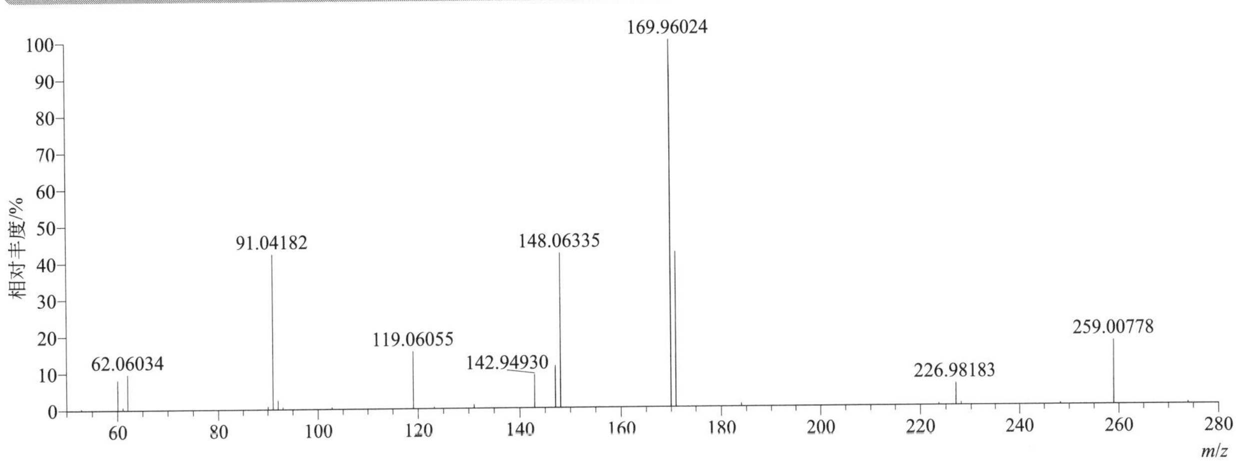

metolachlor（异丙甲草胺）

基本信息

CAS 登录号	51218-45-2	分子量	283.13391	离子源和极性	电喷雾离子源（ESI）
分子式	$C_{15}H_{22}ClNO_2$	保留时间	14.84min	极性	正模式

[M+H]⁺ 提取离子流色谱图

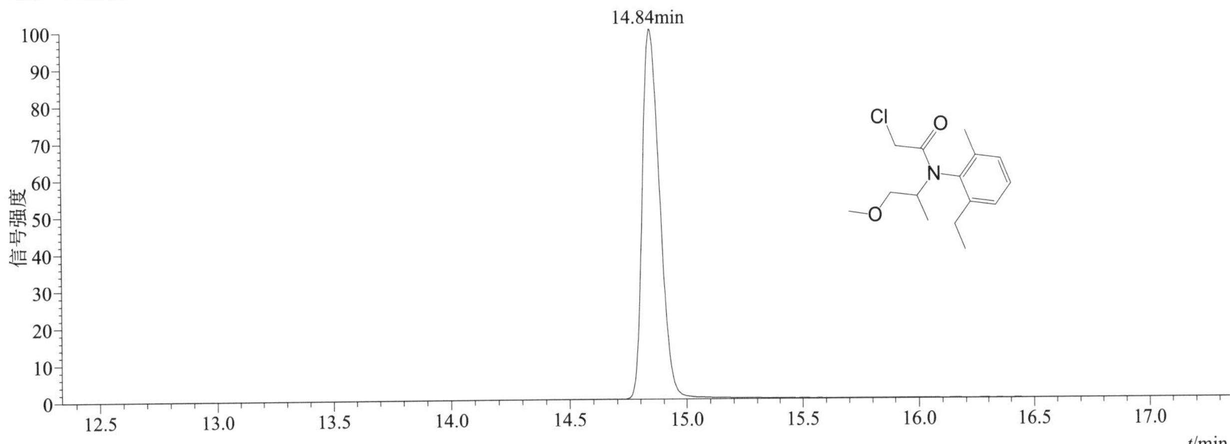

[M+H]+ 典型的一级质谱图

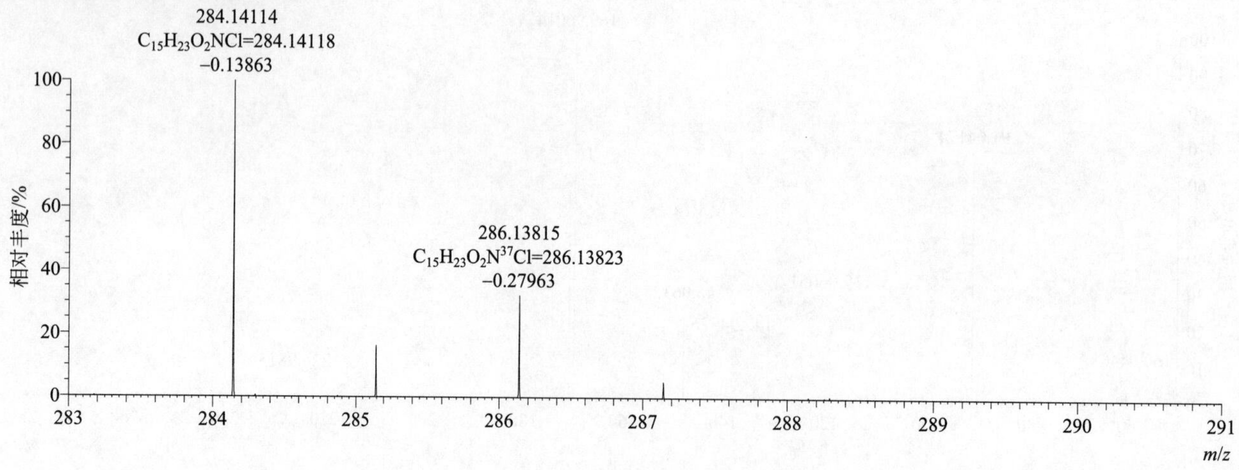

[M+H]+ 归一化法能量 NCE 为 20 时典型的二级质谱图

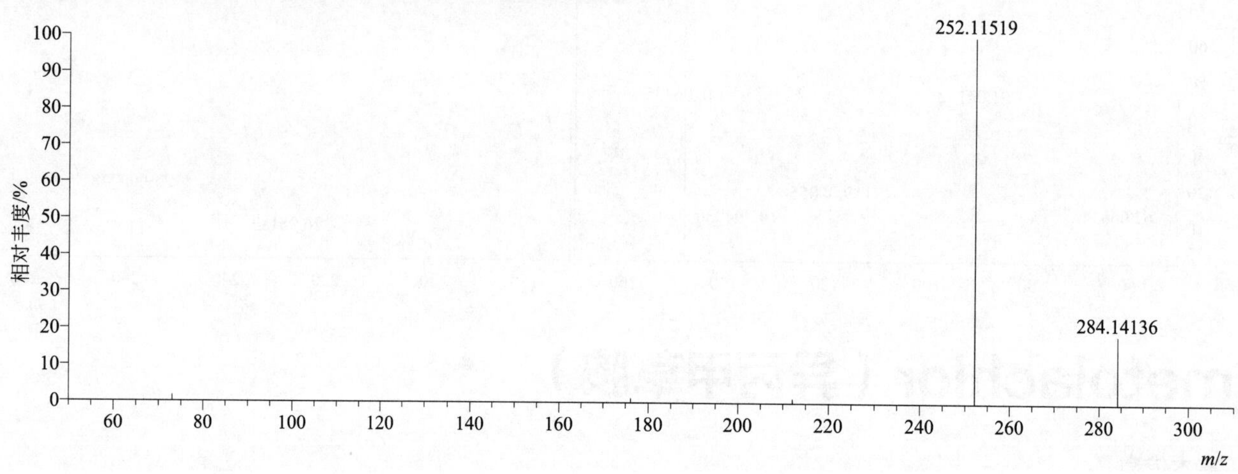

[M+H]+ 归一化法能量 NCE 为 40 时典型的二级质谱图

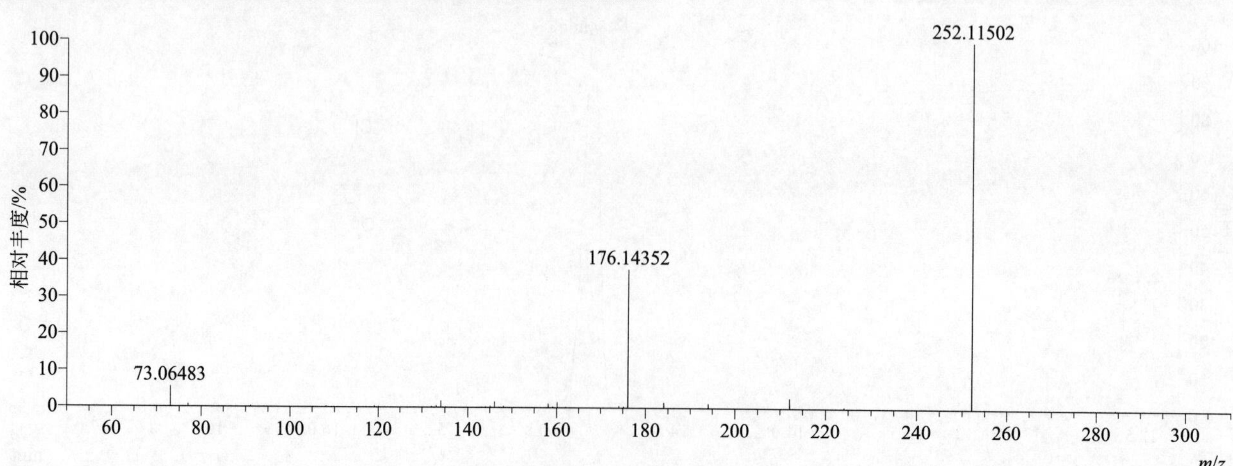

[M+H]+ 归一化法能量 NCE 为 60 时典型的二级质谱图

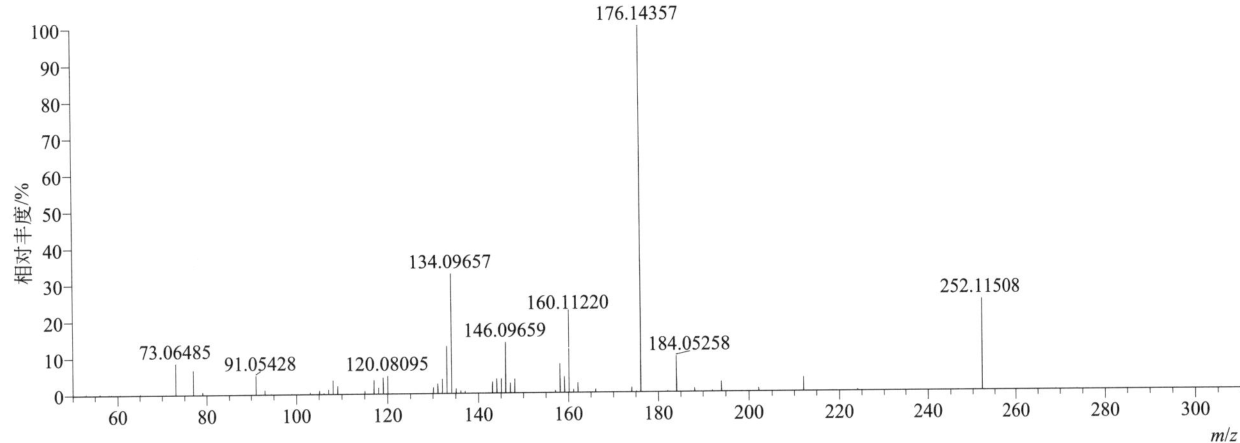

[M+H]+ 阶梯归一化法能量 Step NCE 为 20、40、60 时典型的二级质谱图

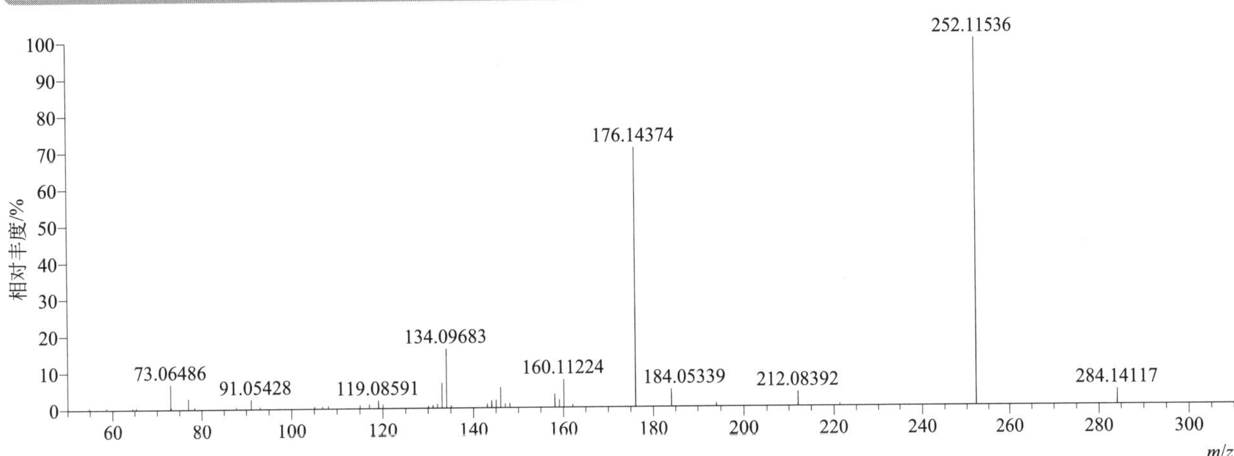

(S)-metolachlor（精异丙甲草胺）

基本信息

CAS 登录号	87392-12-9	分子量	283.13391	离子源和极性	电喷雾离子源（ESI）
分子式	$C_{15}H_{22}ClNO_2$	保留时间	14.86min	极性	正模式

[M+H]+ 提取离子流色谱图

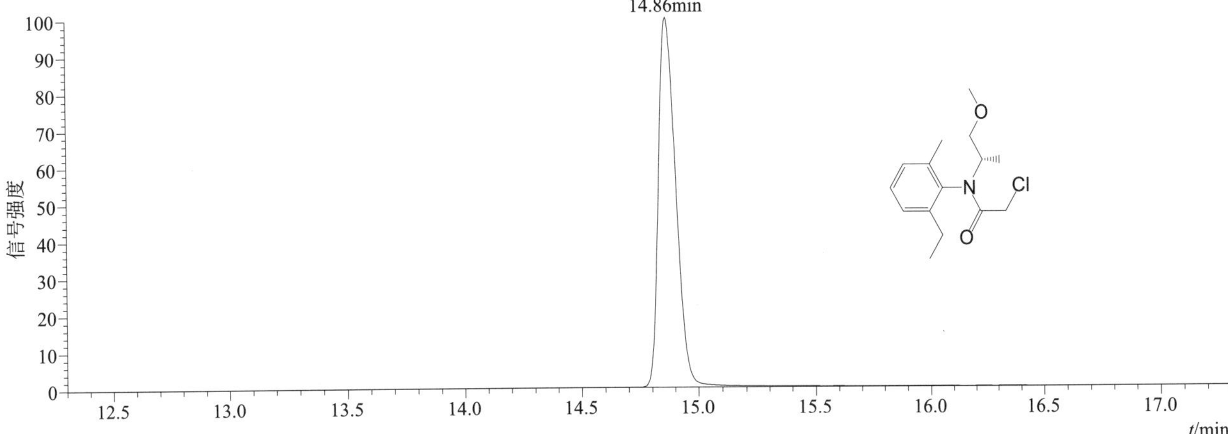

[M+H]⁺ 典型的一级质谱图

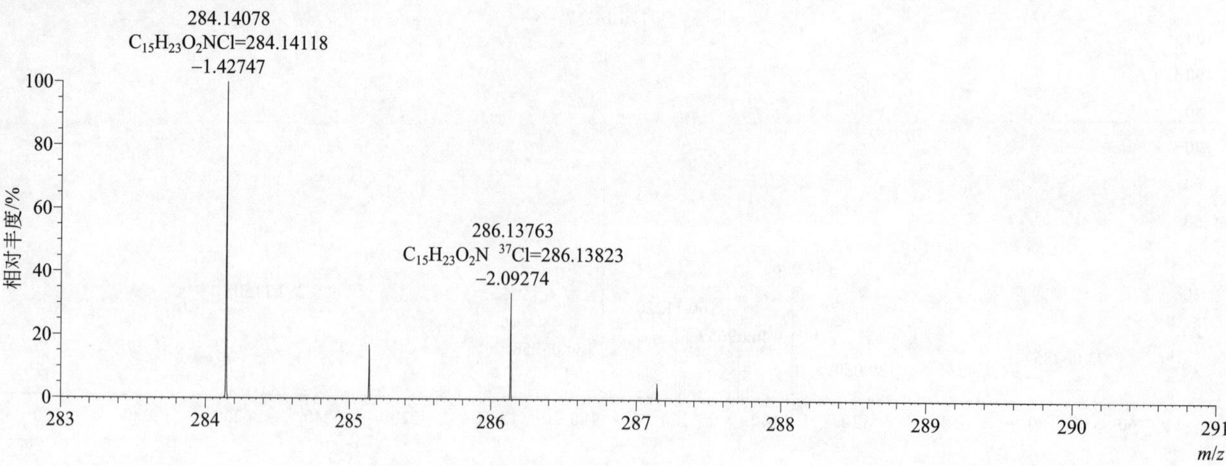

[M+H]⁺ 归一化法能量 NCE 为 20 时典型的二级质谱图

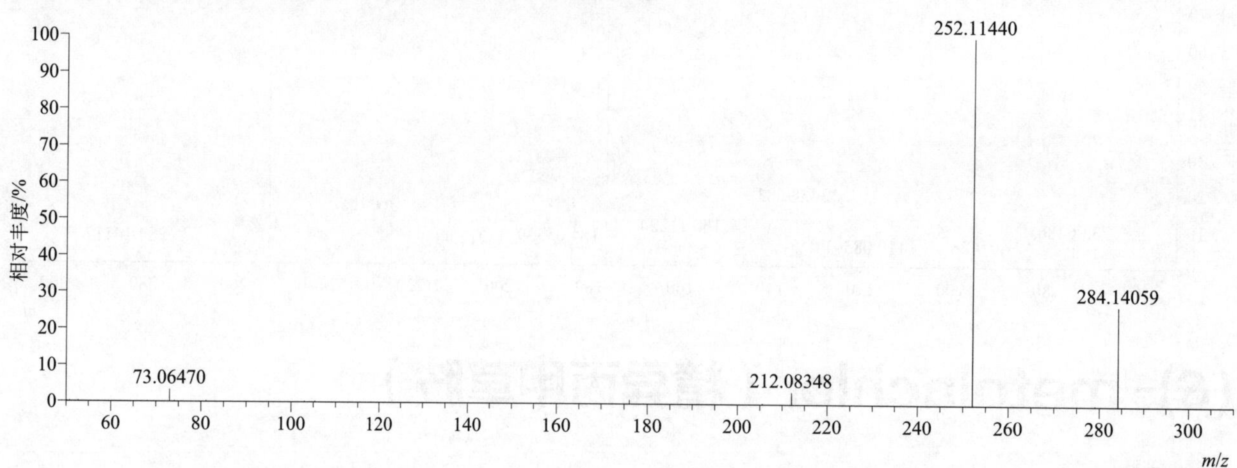

[M+H]⁺ 归一化法能量 NCE 为 40 时典型的二级质谱图

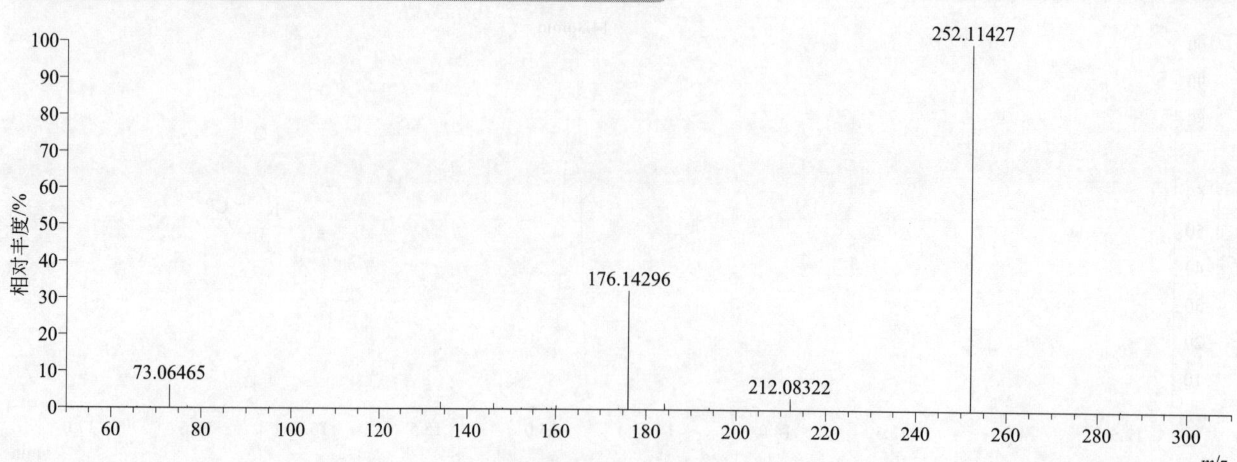

[M+H]+ 归一化法能量 NCE 为 60 时典型的二级质谱图

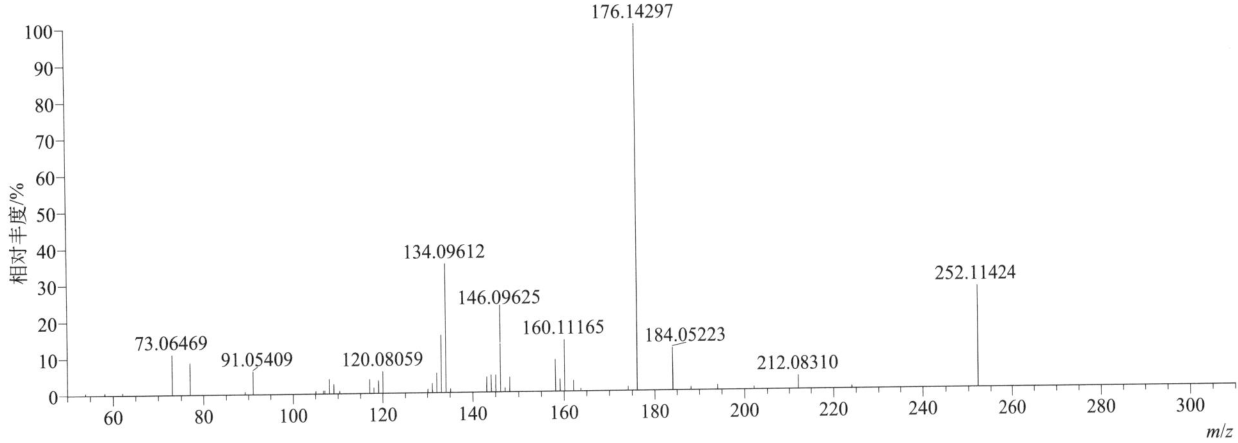

[M+H]+ 阶梯归一化法能量 Step NCE 为 20、40、60 时典型的二级质谱图

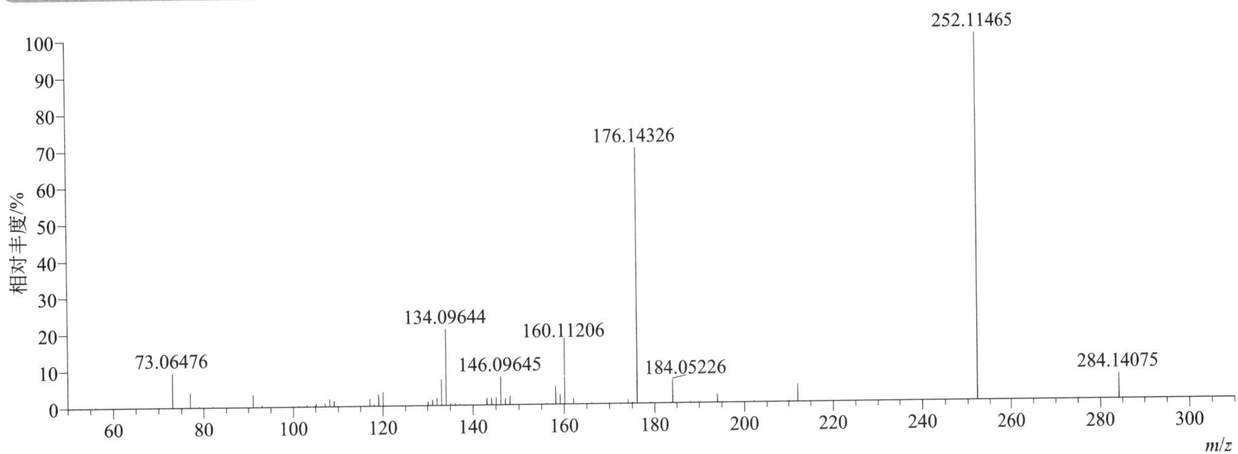

metolcarb（速灭威）

基本信息

CAS 登录号	1129-41-5	分子量	165.07898	离子源和极性	电喷雾离子源（ESI）
分子式	$C_9H_{11}NO_2$	保留时间	12.83min	极性	正模式

[M+H]+ 提取离子流色谱图

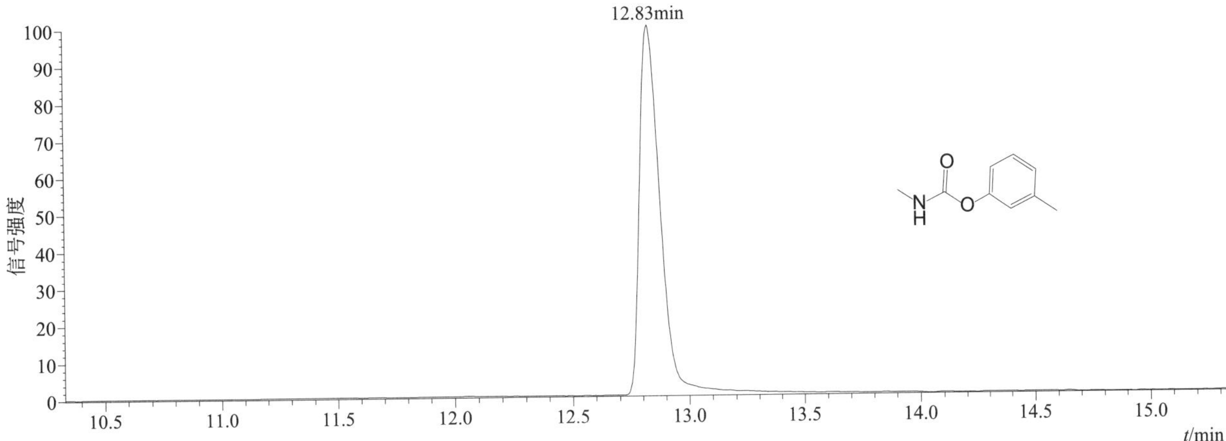

[M+H]+ 典型的一级质谱图

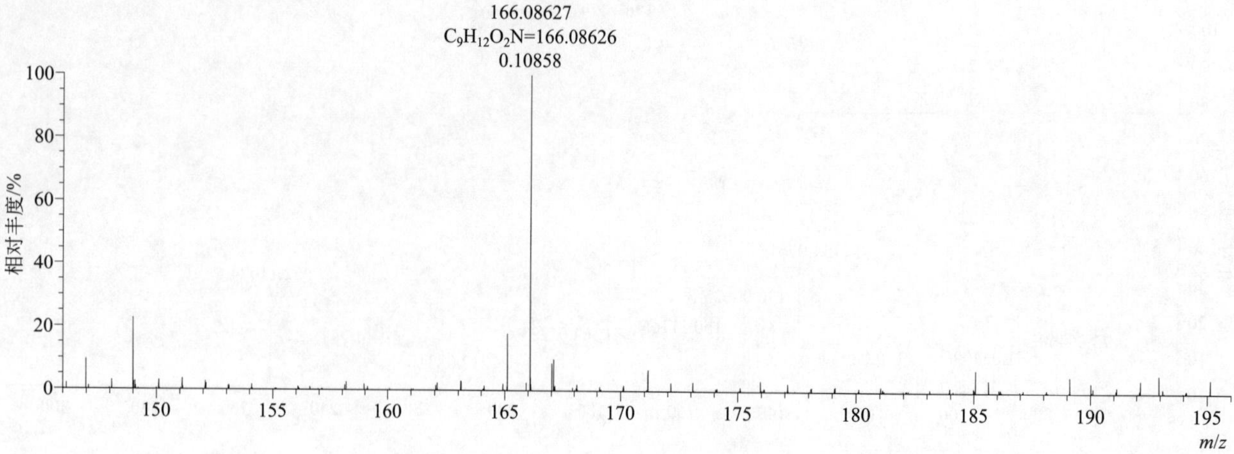

[M+H]+ 归一化法能量 NCE 为 20 时典型的二级质谱图

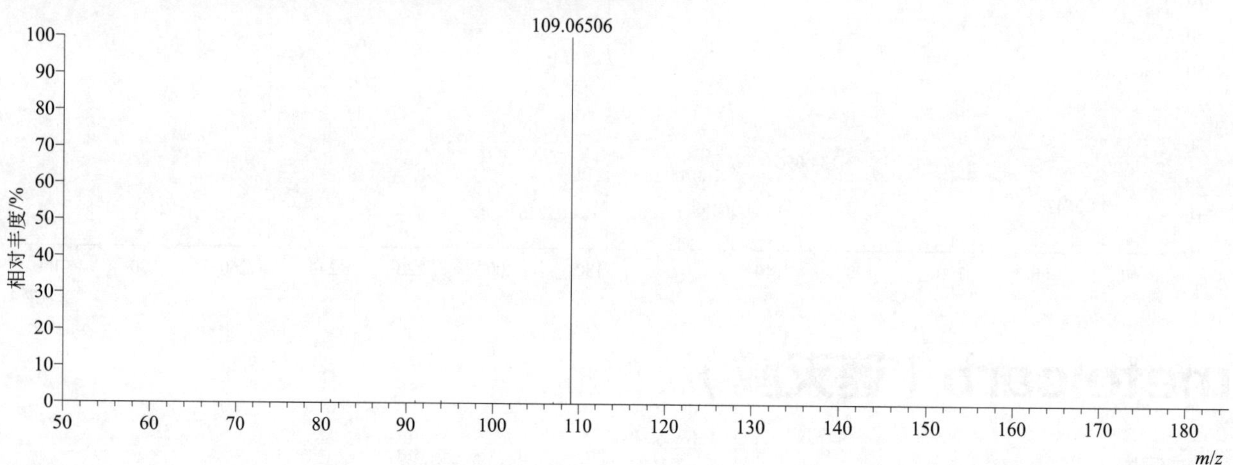

[M+H]+ 归一化法能量 NCE 为 40 时典型的二级质谱图

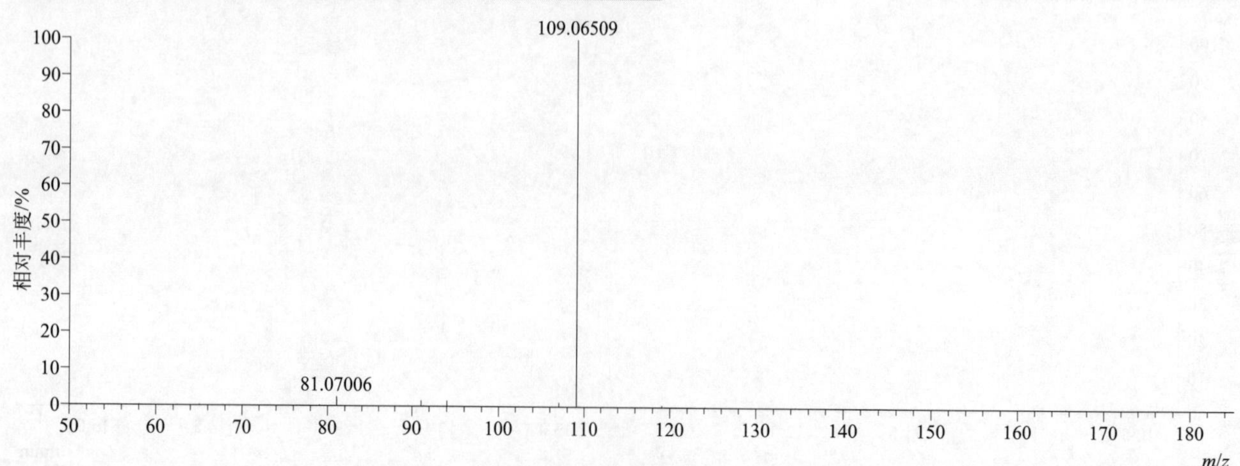

[M+H]+ 归一化法能量 NCE 为 60 时典型的二级质谱图

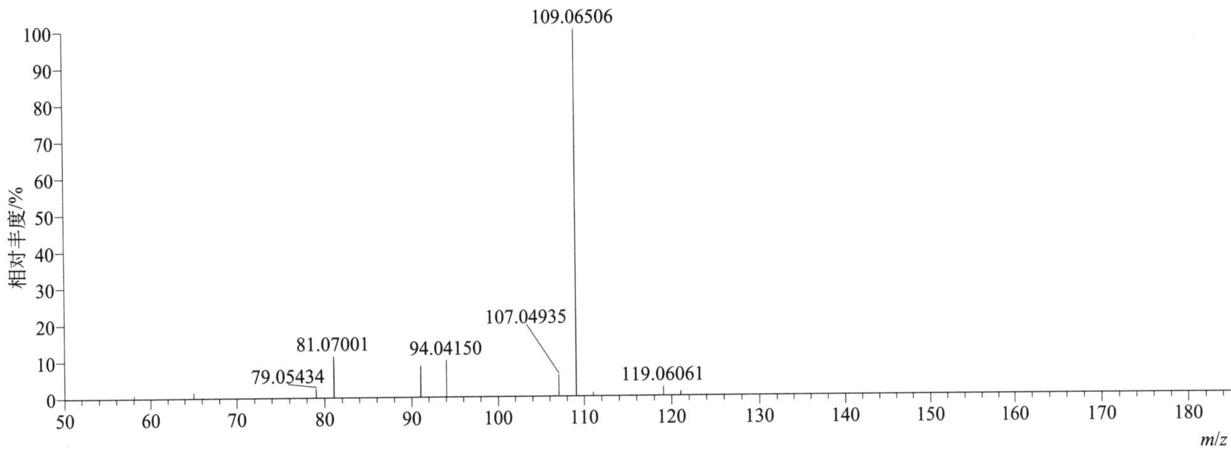

[M+H]+ 阶梯归一化法能量 Step NCE 为 20、40、60 时典型的二级质谱图

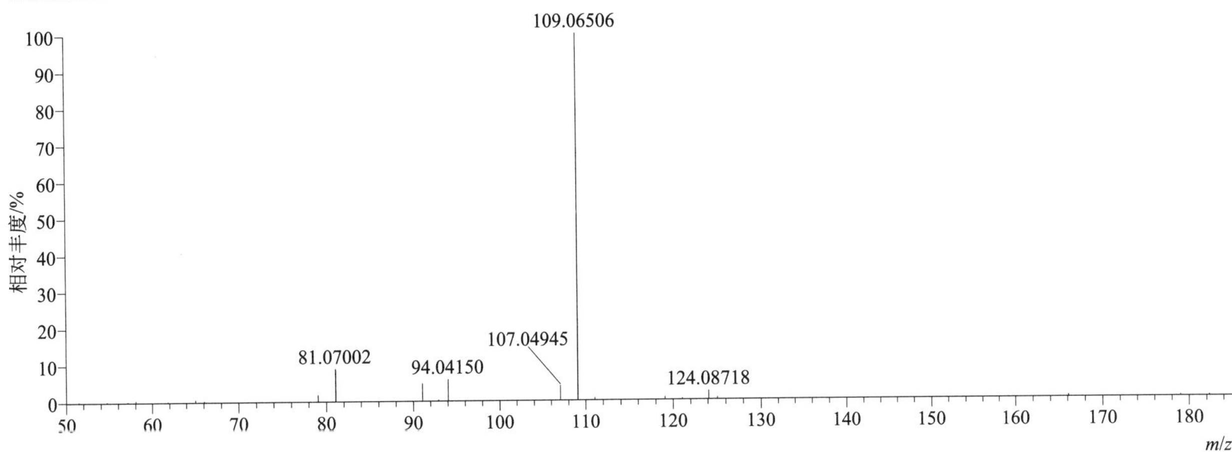

(*E*)-metominostrobin [(*E*)- 苯氧菌胺]

基本信息

CAS 登录号	133408-50-1	分子量	284.11609	离子源和极性	电喷雾离子源（ESI）
分子式	$C_{16}H_{16}N_2O_3$	保留时间	13.92min	极性	正模式

[M+H]+ 提取离子流色谱图

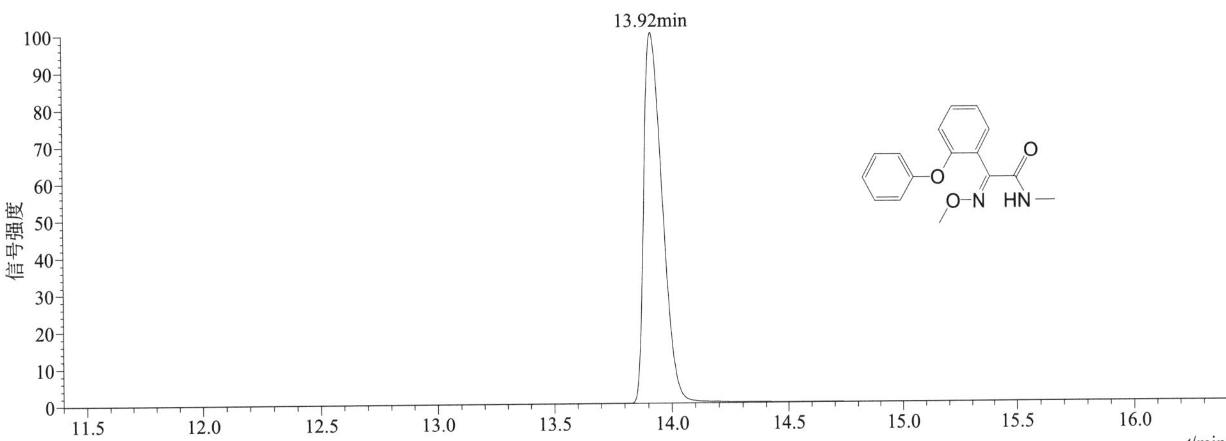

[M+H]+ 典型的一级质谱图

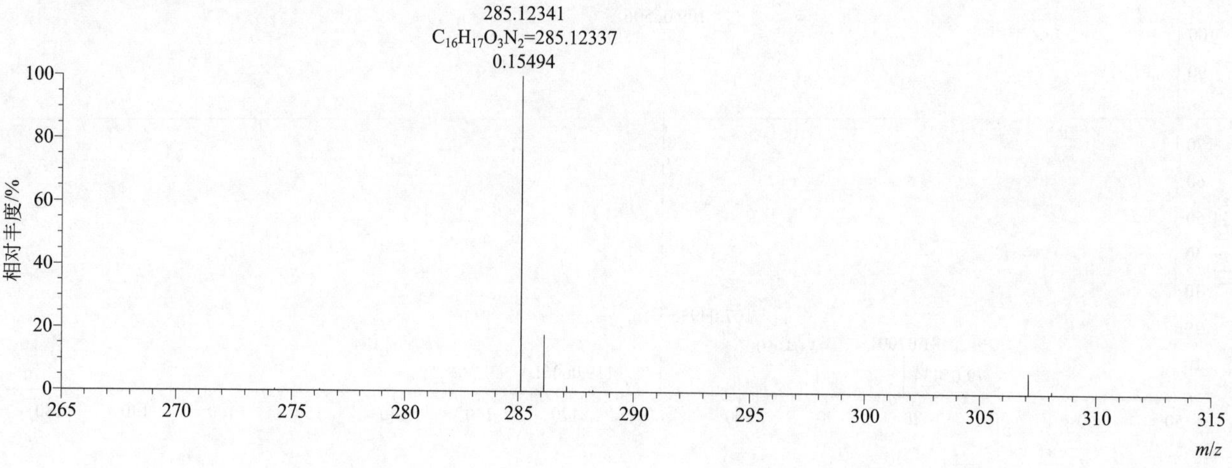

[M+H]+ 归一化法能量 NCE 为 20 时典型的二级质谱图

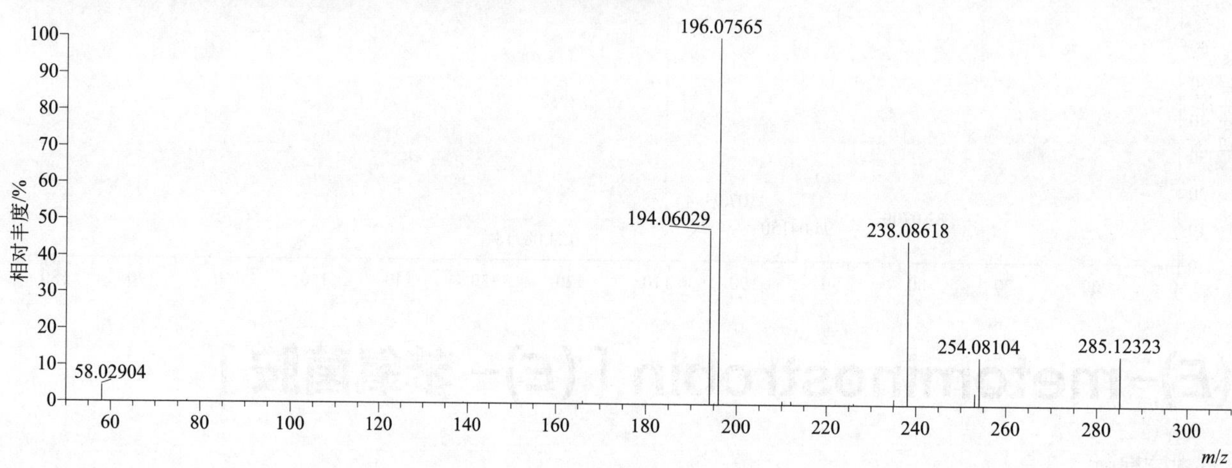

[M+H]+ 归一化法能量 NCE 为 40 时典型的二级质谱图

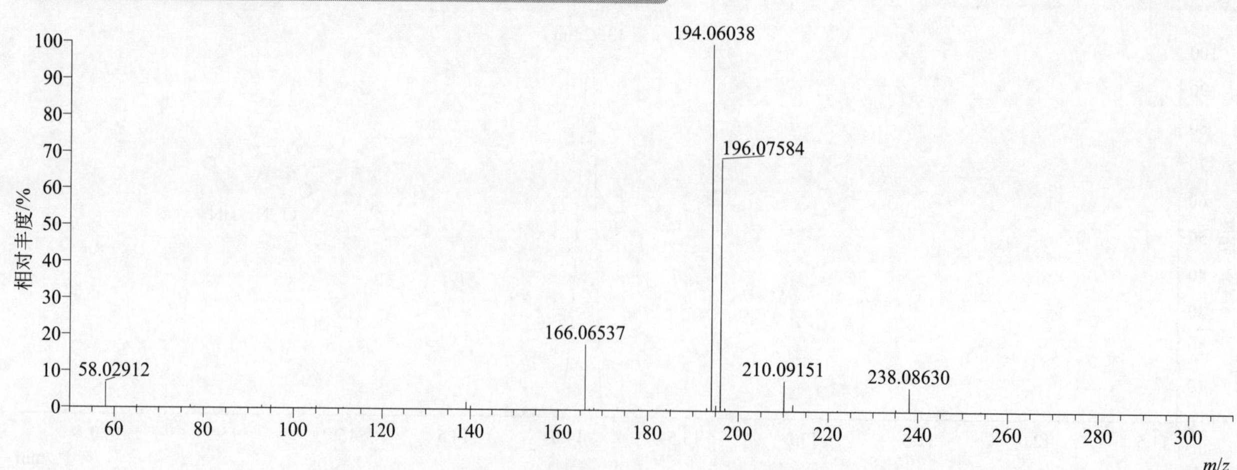

[M+H]+ 归一化法能量 NCE 为 60 时典型的二级质谱图

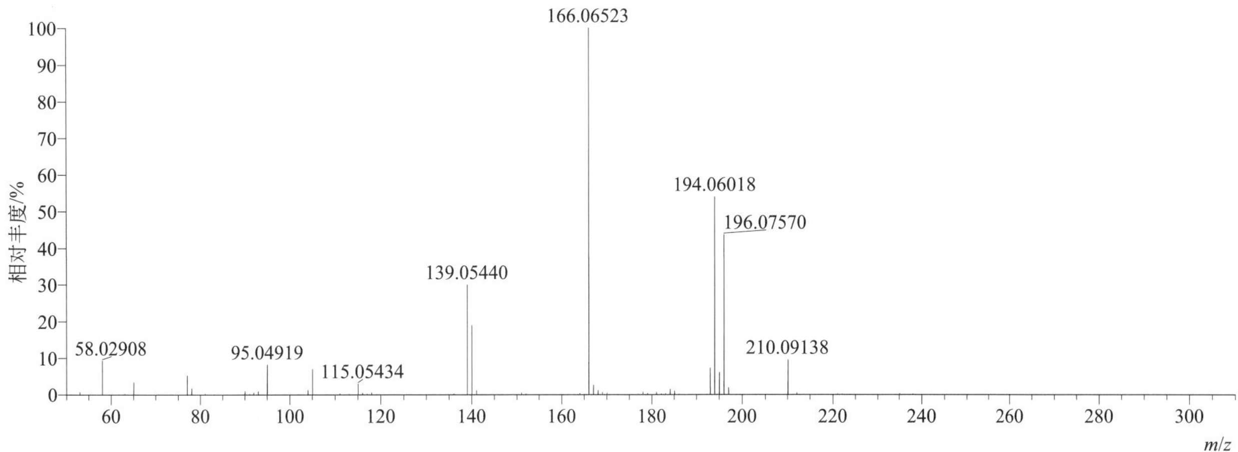

[M+H]+ 阶梯归一化法能量 Step NCE 为 20、40、60 时典型的二级质谱图

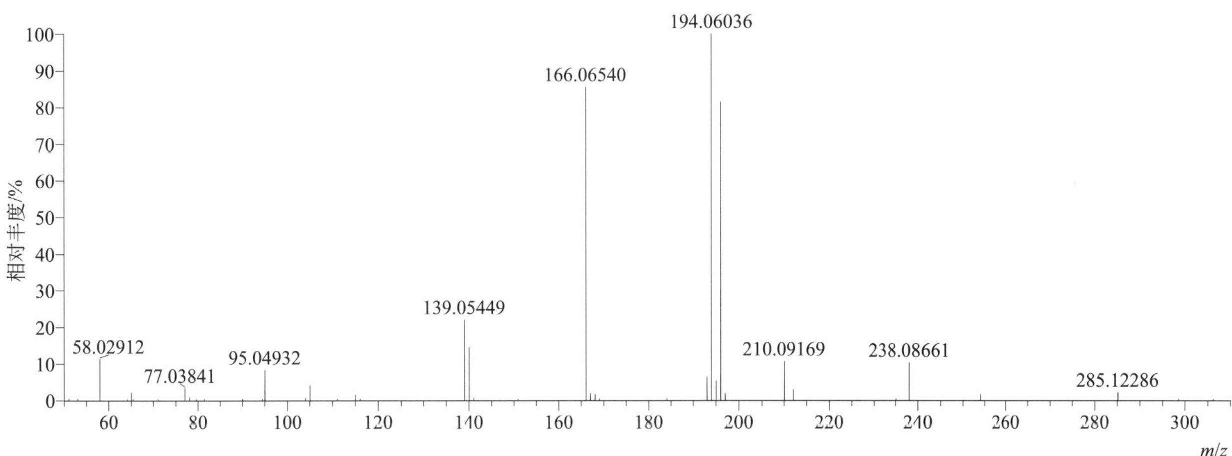

(Z)-metominostrobin [(Z)- 苯氧菌胺]

基本信息

CAS 登录号	133408-51-2	分子量	284.11609	离子源和极性	电喷雾离子源（ESI）
分子式	$C_{16}H_{16}N_2O_3$	保留时间	13.92min	极性	正模式

[M+H]+ 提取离子流色谱图

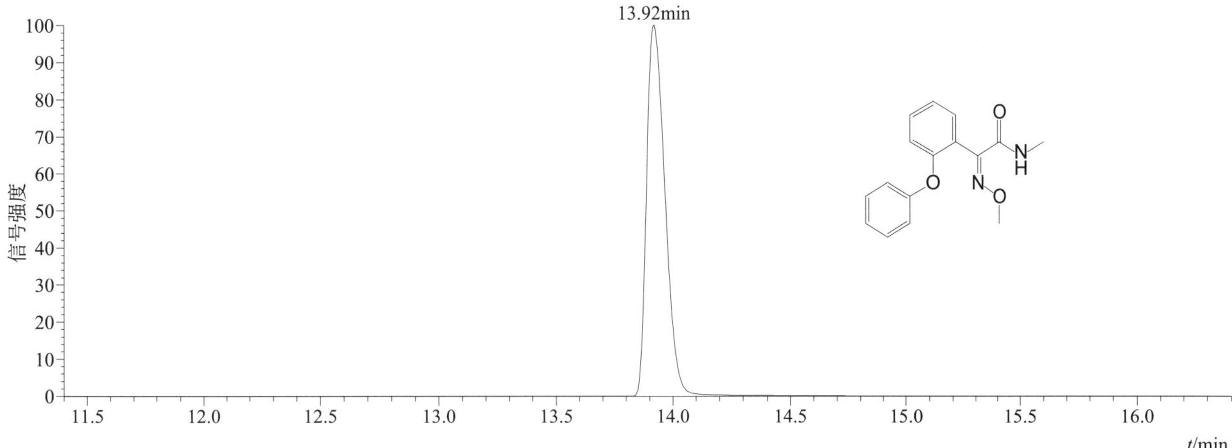

$[M+H]^+$ 典型的一级质谱图

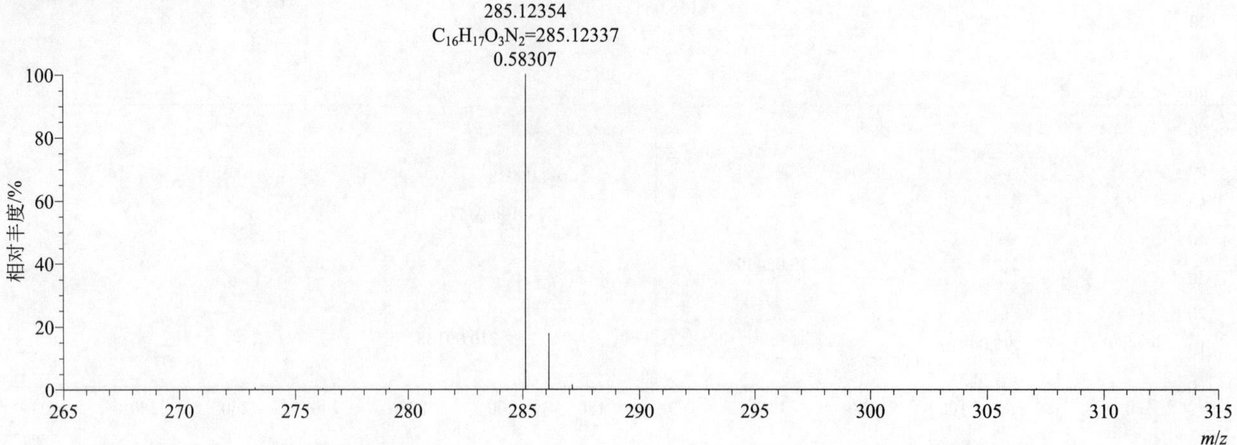

$[M+H]^+$ 归一化法能量 NCE 为 20 时典型的二级质谱图

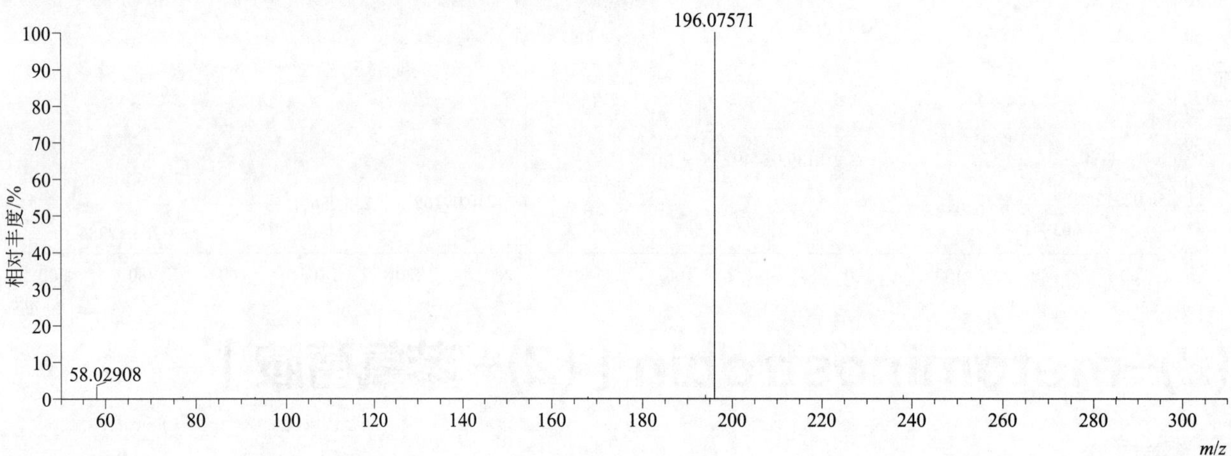

$[M+H]^+$ 归一化法能量 NCE 为 40 时典型的二级质谱图

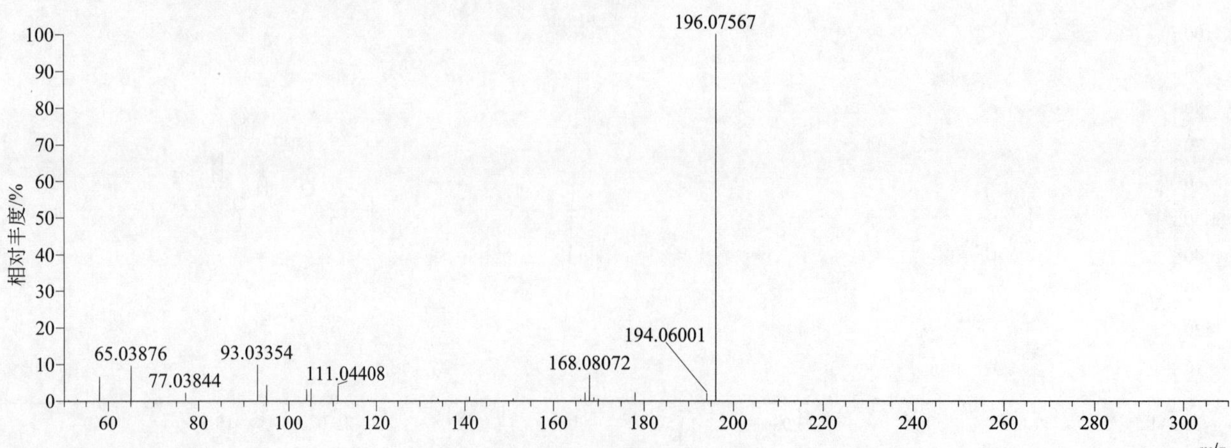

[M+H]+ 归一化法能量 NCE 为 60 时典型的二级质谱图

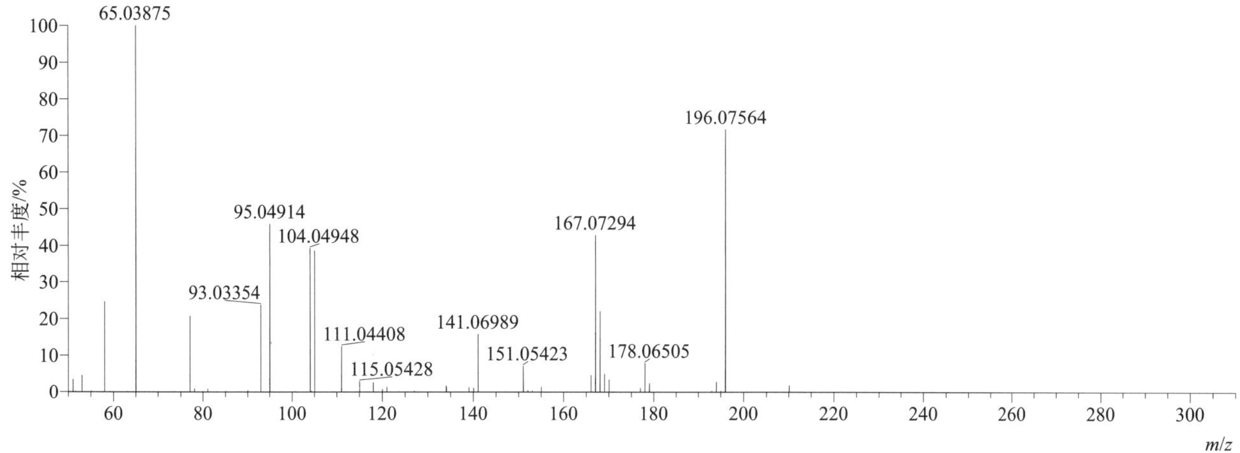

[M+H]+ 阶梯归一化法能量 Step NCE 为 20、40、60 时典型的二级质谱图

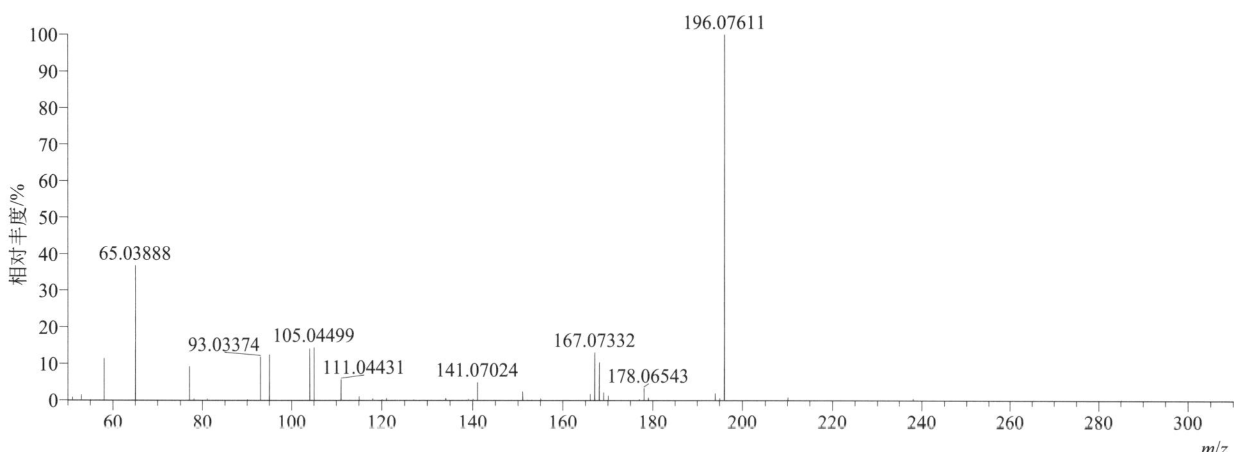

metosulam（甲氧磺草胺）

基本信息

CAS 登录号	139528-85-1	分子量	417.00653	离子源和极性	电喷雾离子源（ESI）
分子式	$C_{14}H_{13}Cl_2N_5O_4S$	保留时间	13.18min	极性	正模式

[M+H]+ 提取离子流色谱图

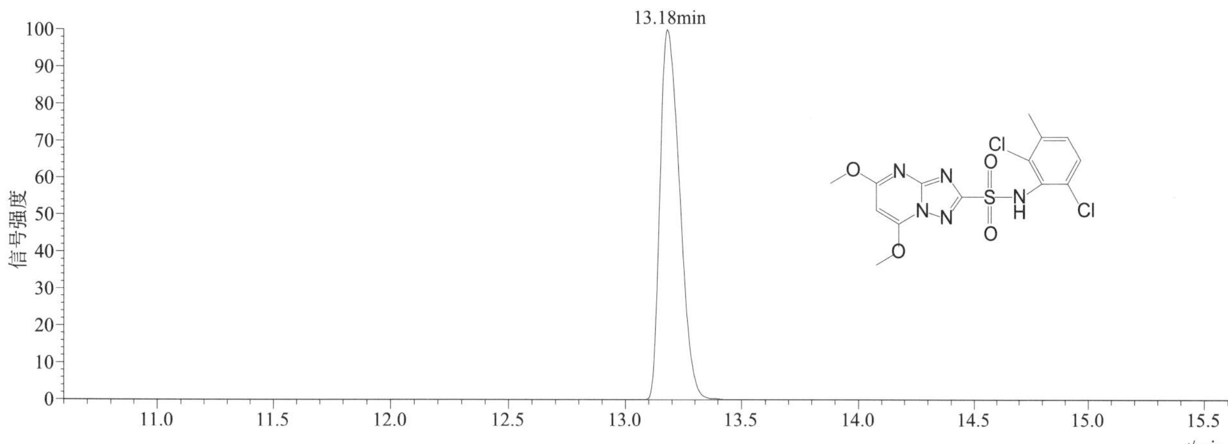

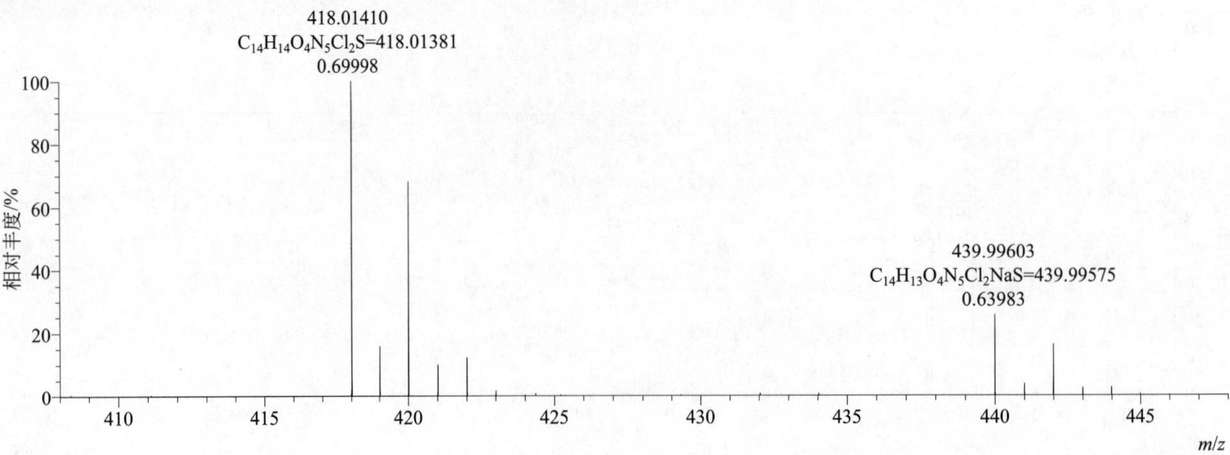
[M+H]+ 和 [M+Na]+ 典型的一级质谱图
418.01410
C14H14O4N5Cl2S=418.01381
0.69998
439.99603
C14H13O4N5Cl2NaS=439.99575
0.63983
相对丰度/%
m/z

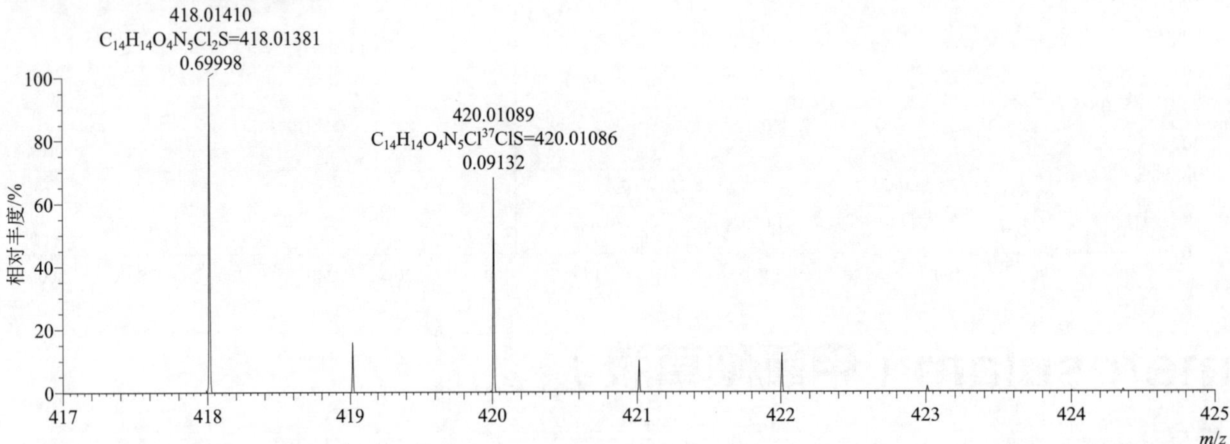
[M+H]+ 典型的一级质谱图
418.01410
C14H14O4N5Cl2S=418.01381
0.69998
420.01089
C14H14O4N5Cl37ClS=420.01086
0.09132
相对丰度/%
m/z

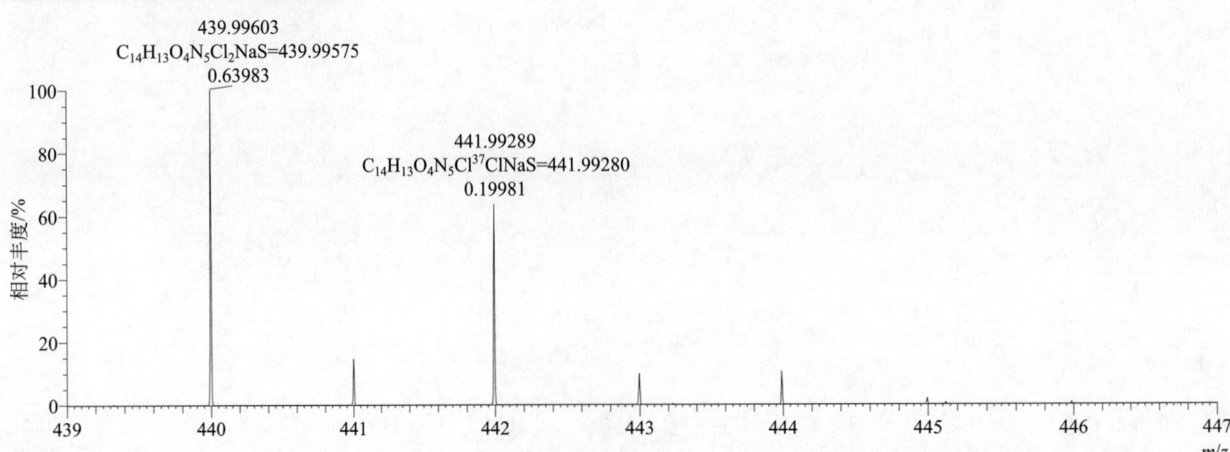
[M+Na]+ 典型的一级质谱图
439.99603
C14H13O4N5Cl2NaS=439.99575
0.63983
441.99289
C14H13O4N5Cl37ClNaS=441.99280
0.19981
相对丰度/%
m/z

[M+H]+ 归一化法能量 NCE 为 20 时典型的二级质谱图

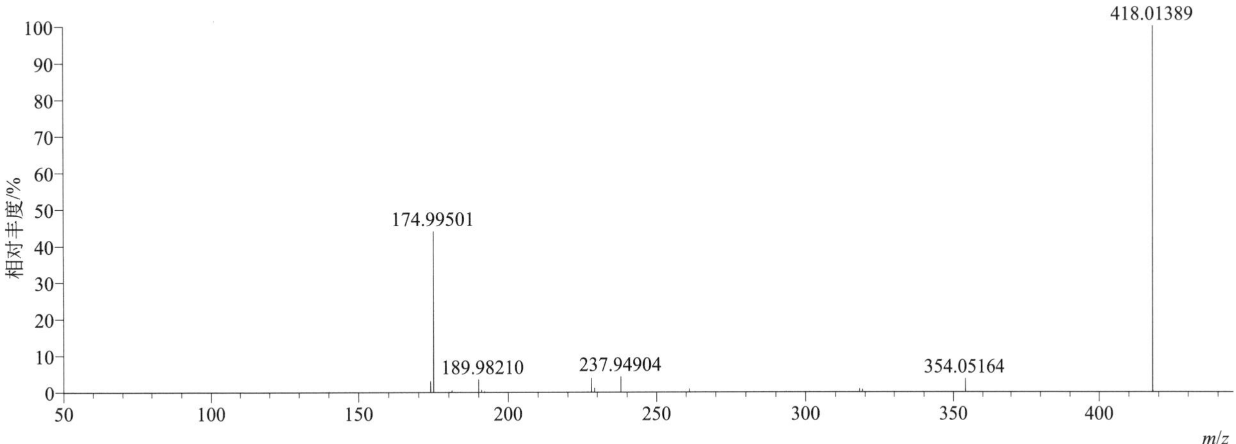

[M+H]+ 归一化法能量 NCE 为 40 时典型的二级质谱图

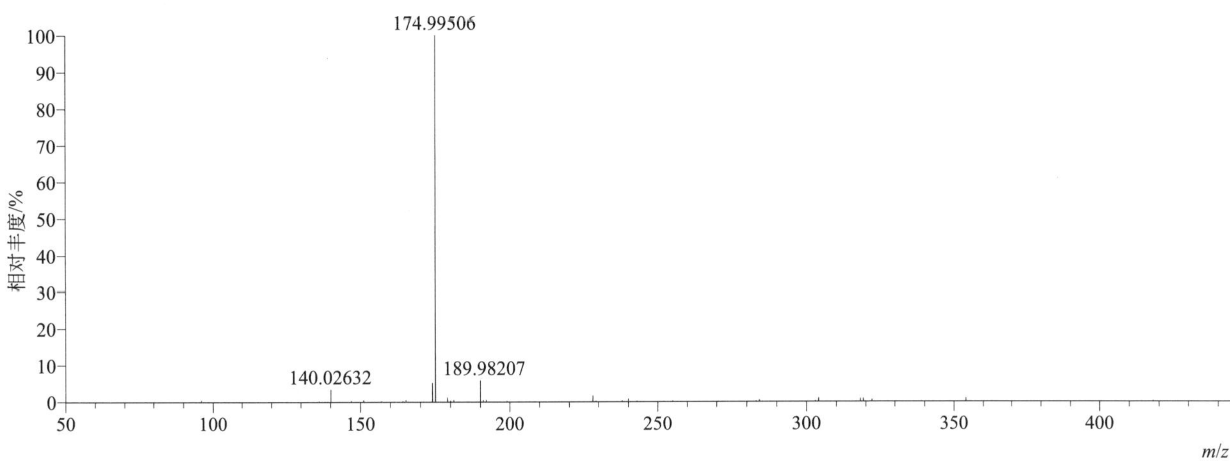

[M+H]+ 归一化法能量 NCE 为 60 时典型的二级质谱图

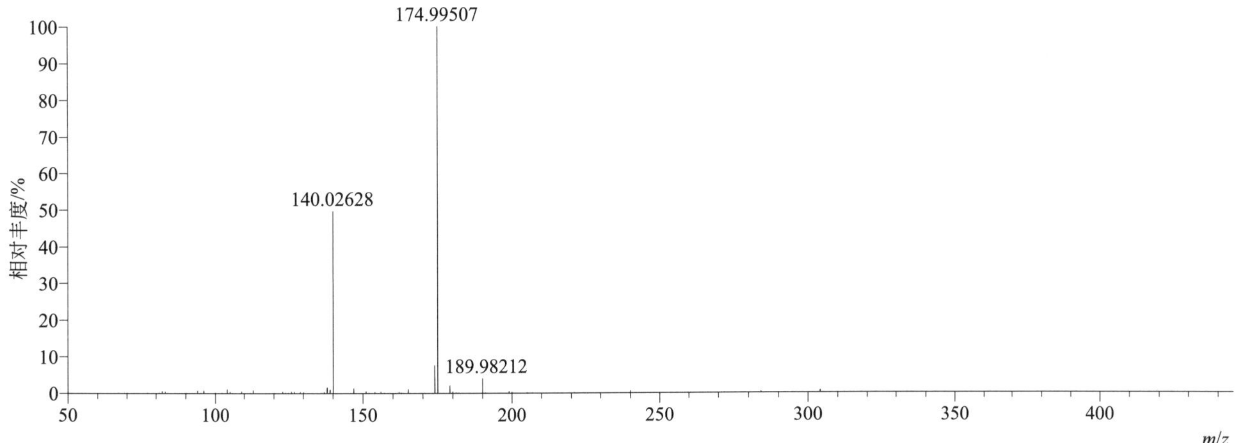

[M+H]+ 阶梯归一化法能量 Step NCE 为 20、40、60 时典型的二级质谱图

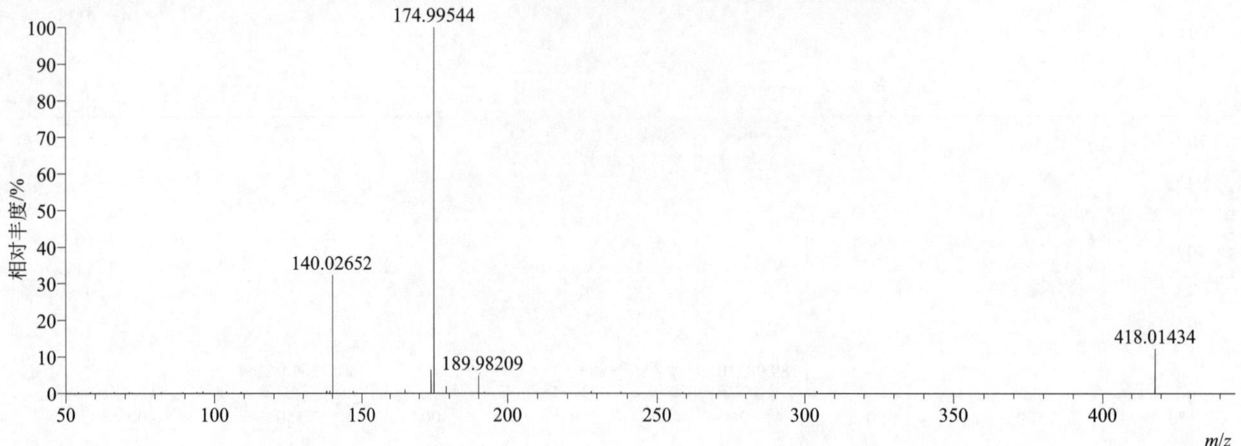

metoxuron（甲氧隆）

基本信息

CAS 登录号	19937-59-8	分子量	228.06656	离子源和极性	电喷雾离子源（ESI）
分子式	$C_{10}H_{13}ClN_2O_2$	保留时间	12.65min	极性	正模式

[M+H]+ 提取离子流色谱图

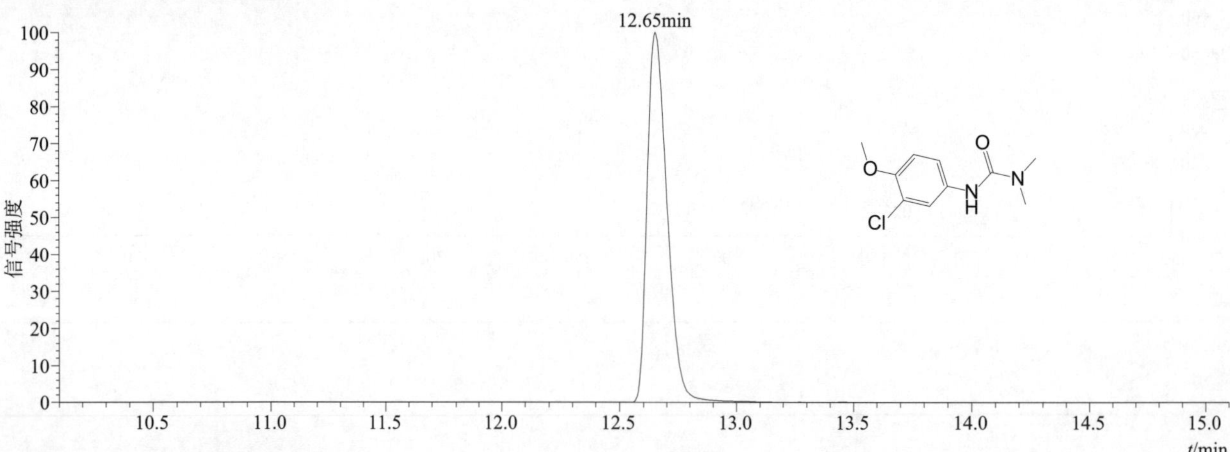

[M+H]+ 典型的一级质谱图

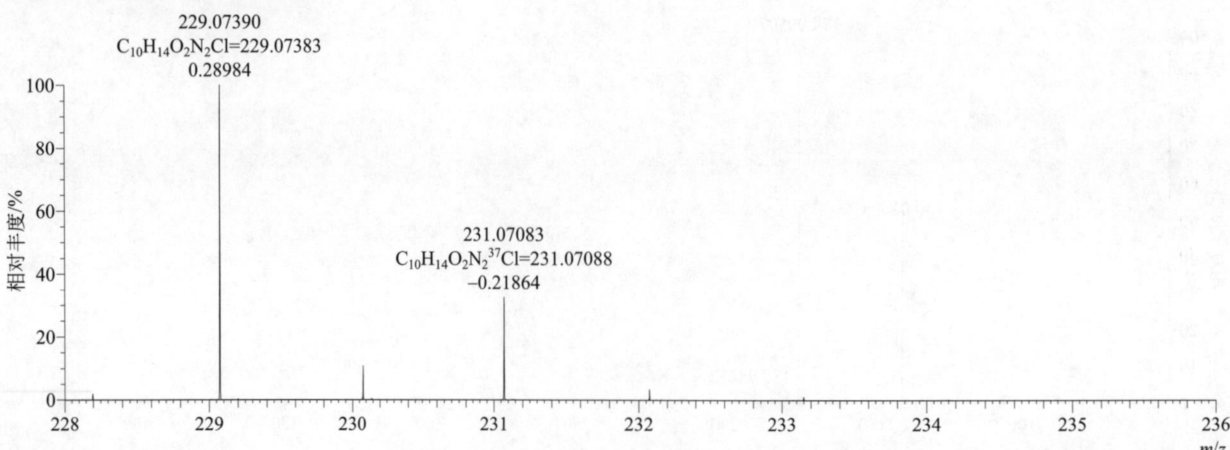

[M+H]⁺ 归一化法能量 NCE 为 20 时典型的二级质谱图

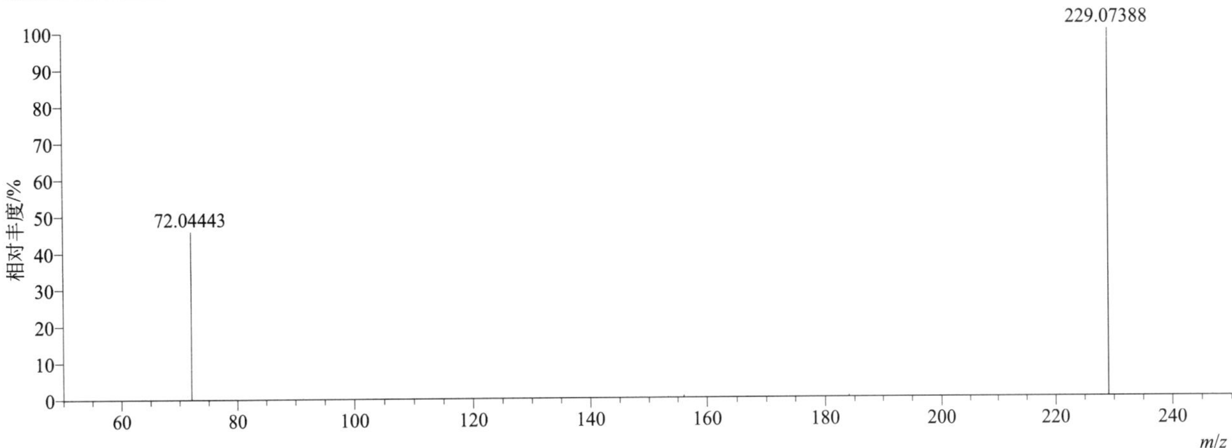

[M+H]⁺ 归一化法能量 NCE 为 40 时典型的二级质谱图

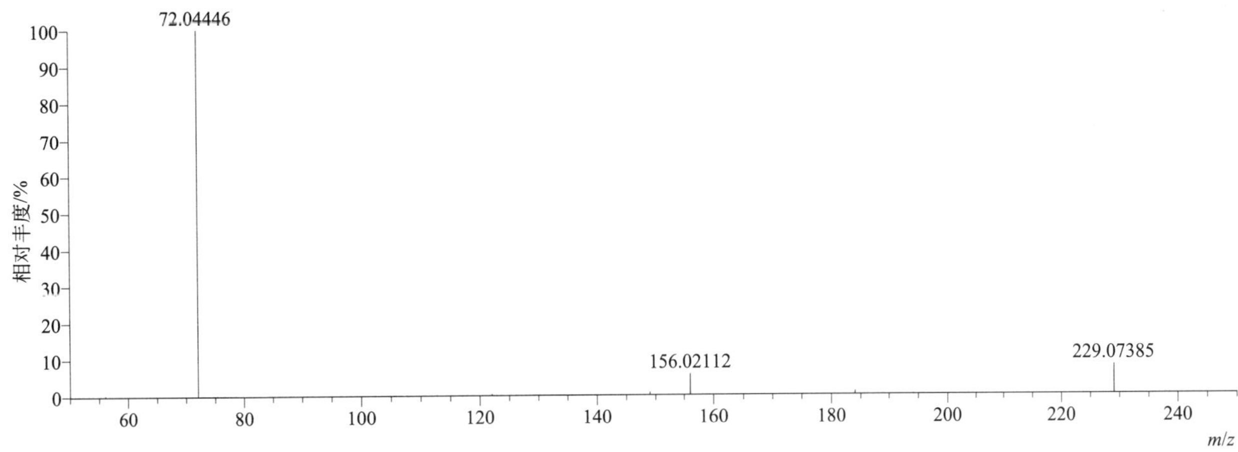

[M+H]⁺ 归一化法能量 NCE 为 60 时典型的二级质谱图

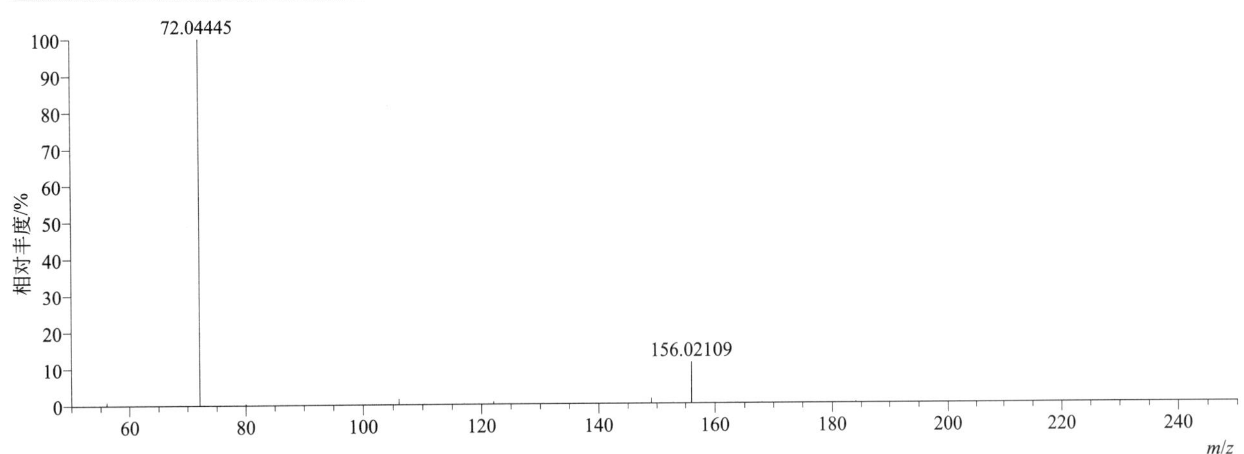

[M+H]+ 阶梯归一化法能量 Step NCE 为 20、40、60 时典型的二级质谱图

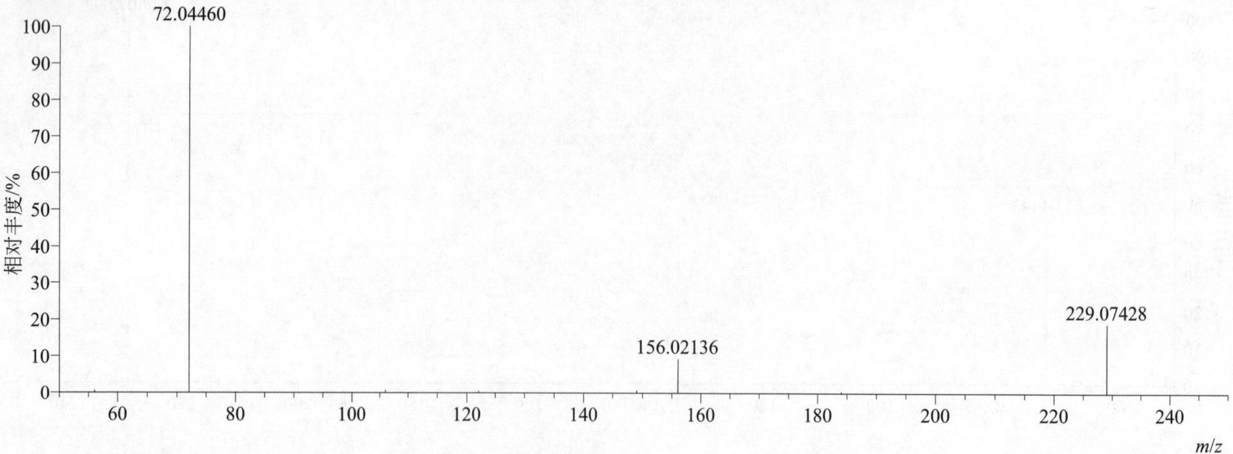

metrafenone（苯菌酮）

基本信息

CAS 登录号	220899-03-6	分子量	408.05724	离子源和极性	电喷雾离子源（ESI）
分子式	$C_{19}H_{21}BrO_5$	保留时间	15.38min	极性	正模式

[M+H]+ 提取离子流色谱图

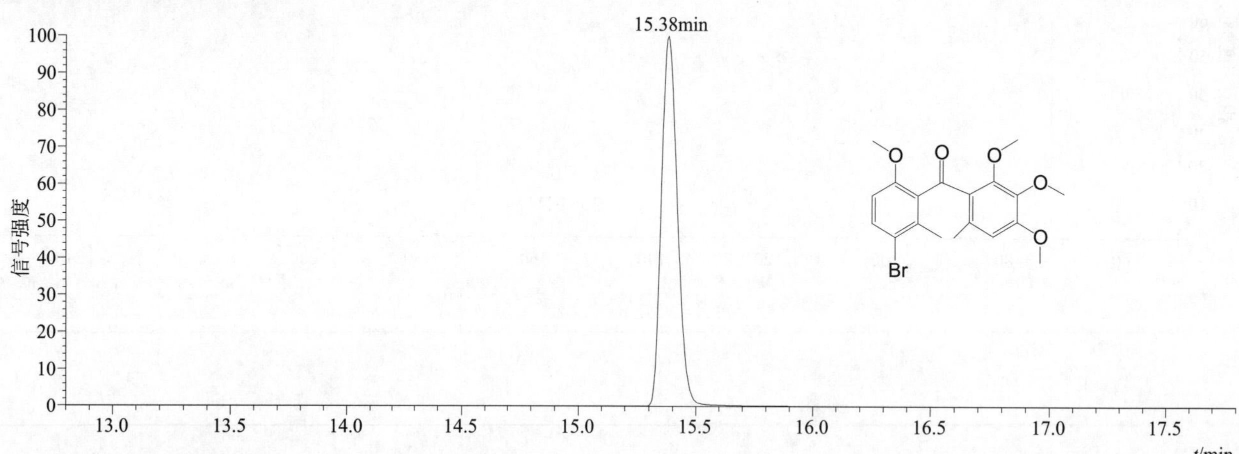

[M+H]+ 典型的一级质谱图

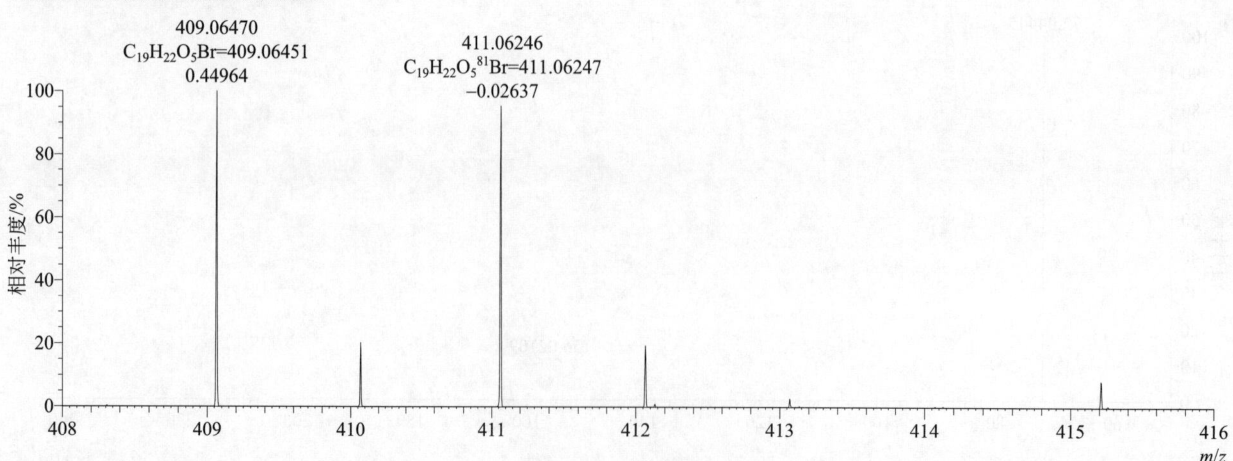

[M+H]⁺ 归一化法能量 NCE 为 20 时典型的二级质谱图

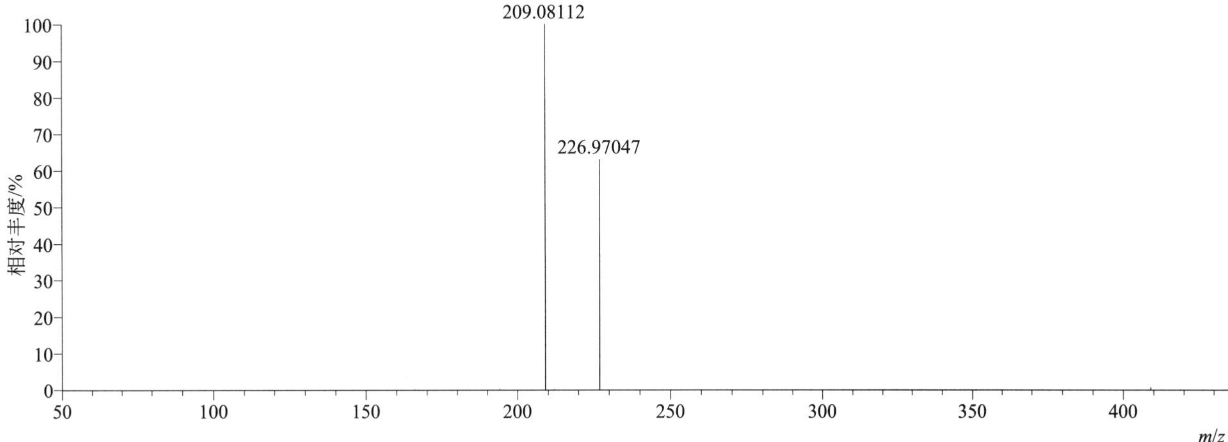

[M+H]⁺ 归一化法能量 NCE 为 40 时典型的二级质谱图

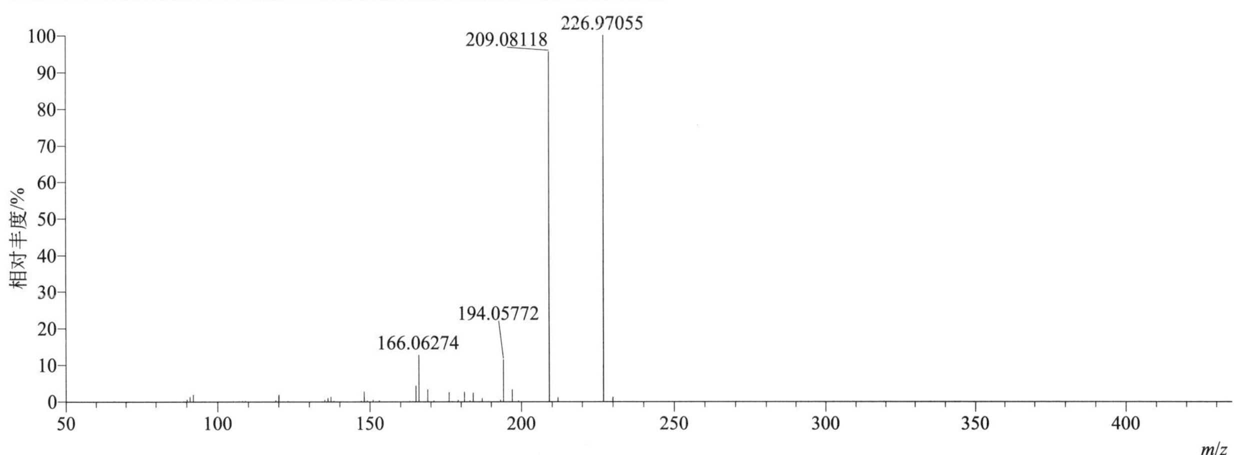

[M+H]⁺ 归一化法能量 NCE 为 60 时典型的二级质谱图

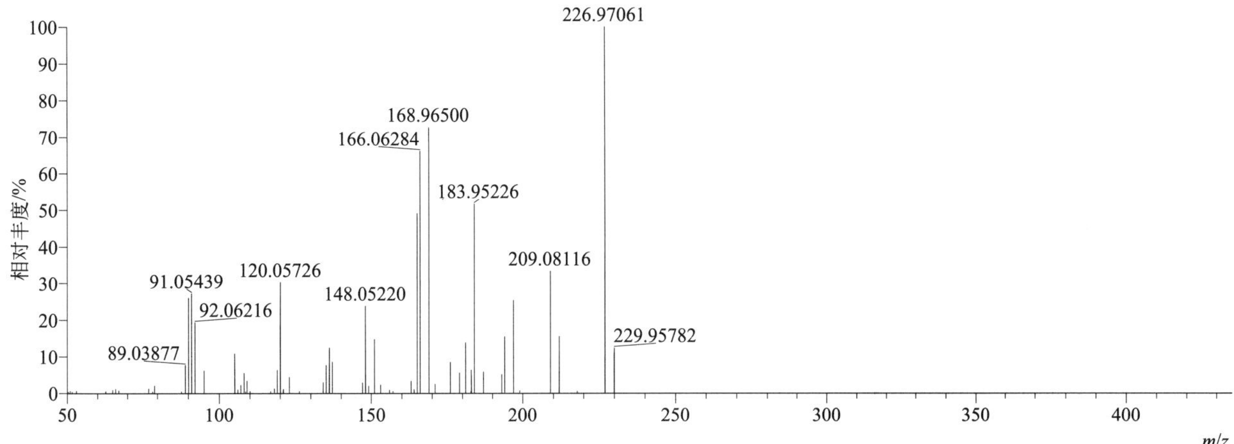

[M+H]⁺ 阶梯归一化法能量 Step NCE 为 20、40、60 时典型的二级质谱图

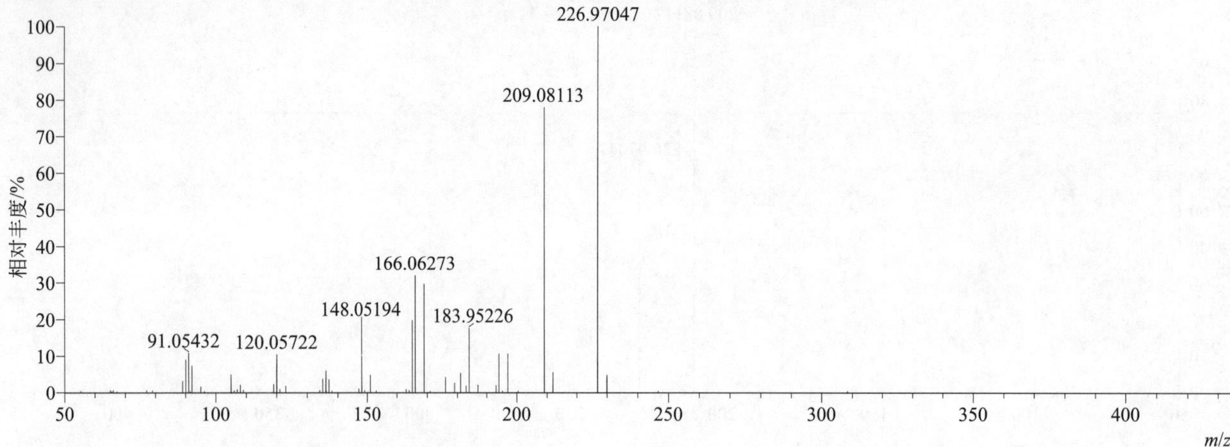

metribuzin（嗪草酮）

基本信息

CAS 登录号	21087-64-9	分子量	214.08883	离子源和极性	电喷雾离子源（ESI）
分子式	$C_8H_{14}N_4OS$	保留时间	13.05min	极性	正模式

[M+H]⁺ 提取离子流色谱图

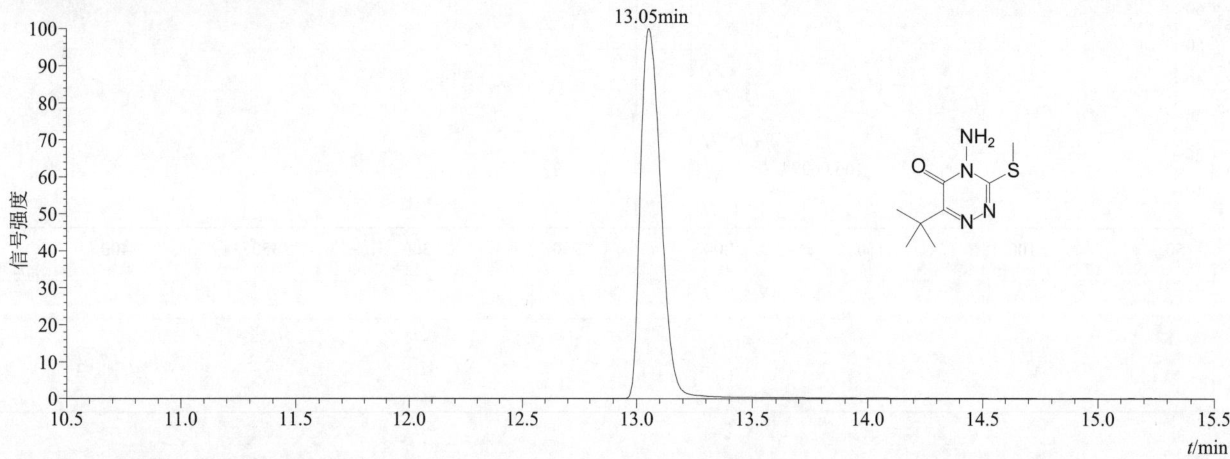

[M+H]⁺ 典型的一级质谱图

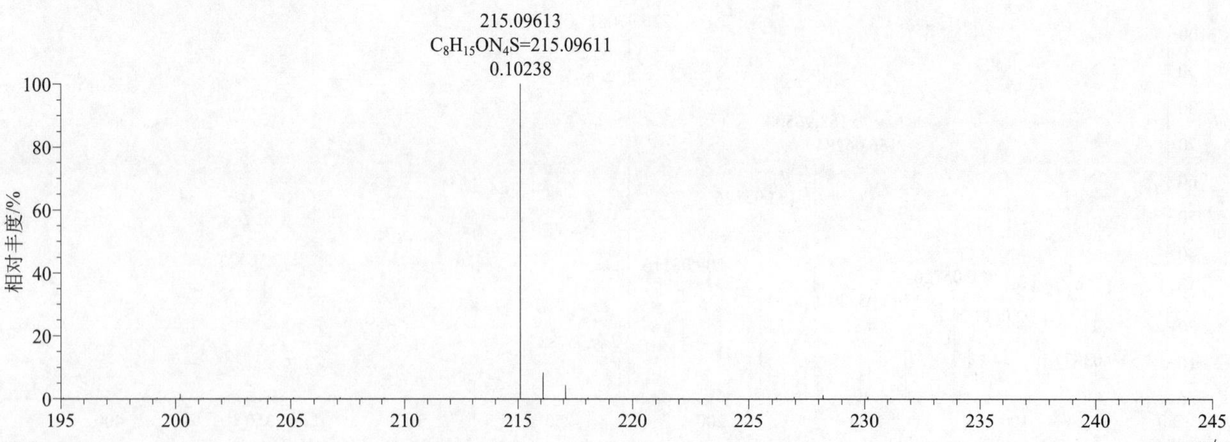

[M+H]+ 归一化法能量 NCE 为 20 时典型的二级质谱图

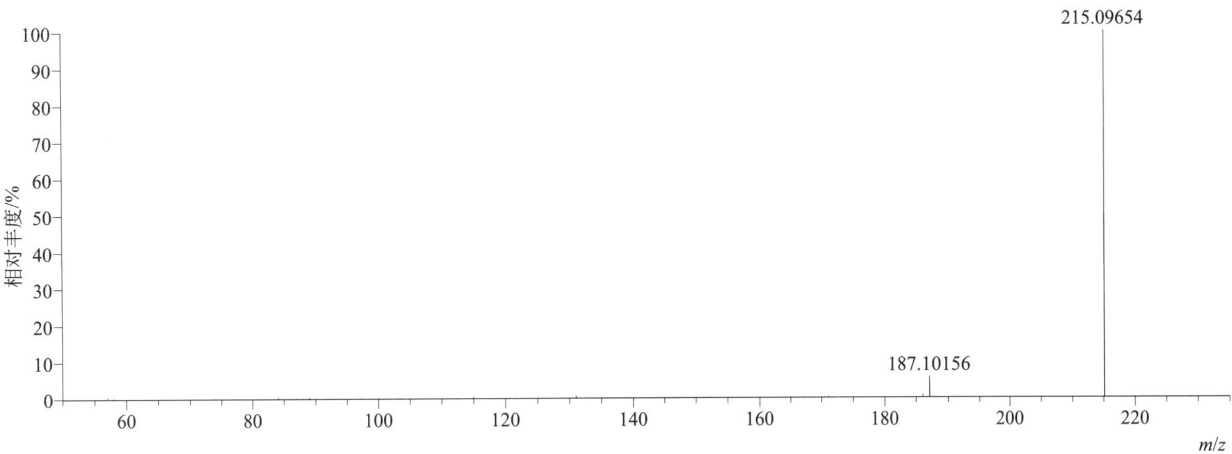

[M+H]+ 归一化法能量 NCE 为 40 时典型的二级质谱图

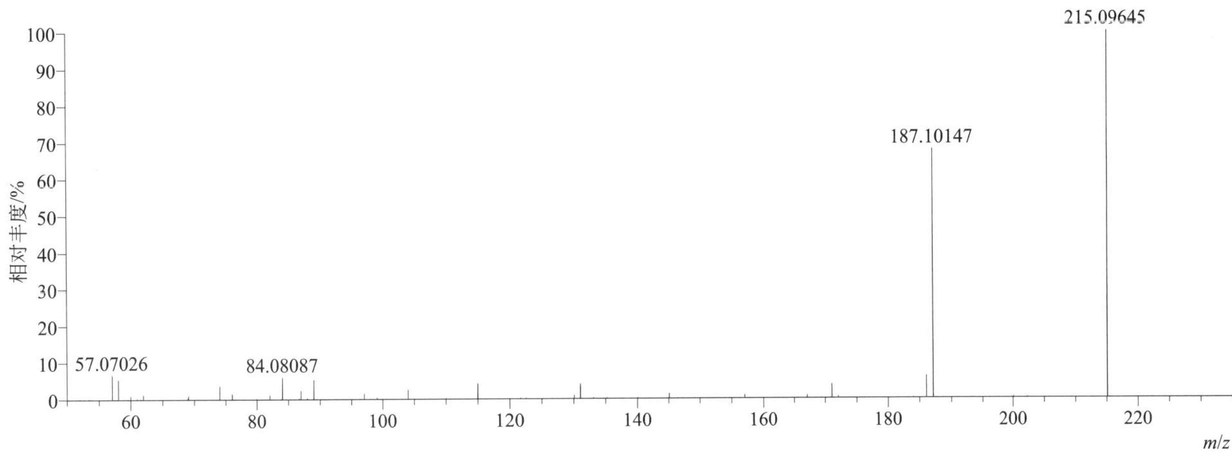

[M+H]+ 归一化法能量 NCE 为 60 时典型的二级质谱图

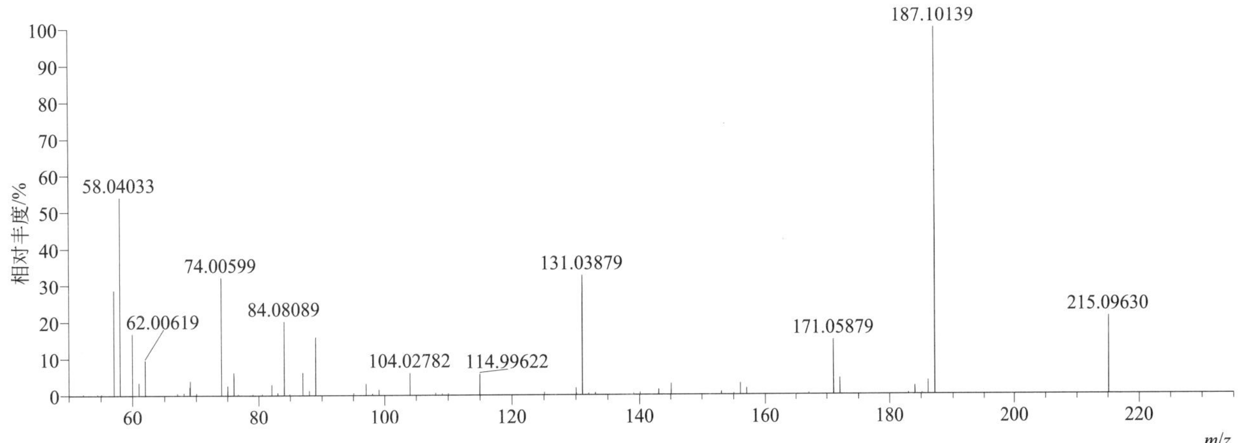

[M+H]+ 阶梯归一化法能量 Step NCE 为 20、40、60 时典型的二级质谱图

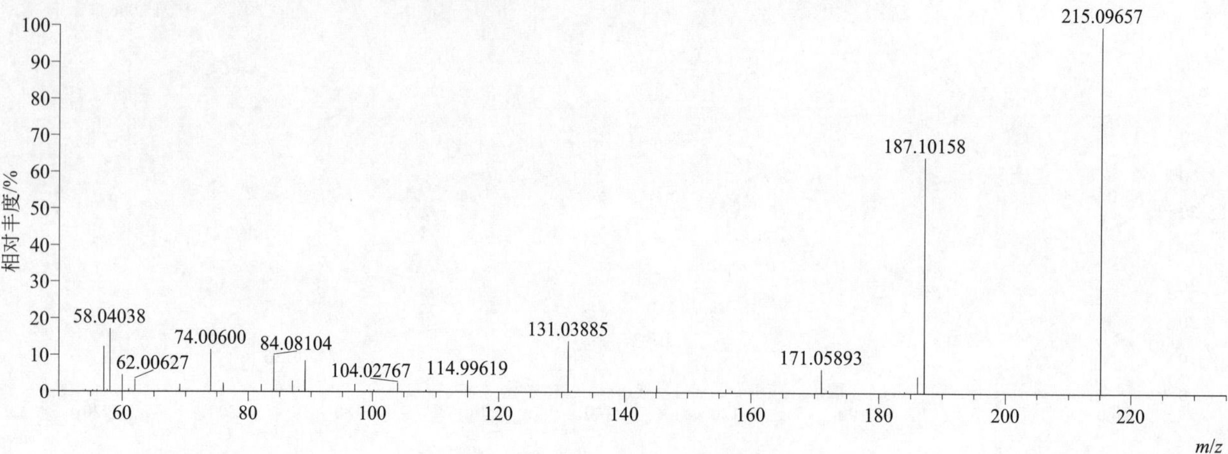

metsulfuron-methyl（甲磺隆）

基本信息

CAS 登录号	74223-64-6	分子量	381.07430	离子源和极性	电喷雾离子源（ESI）
分子式	$C_{14}H_{15}N_5O_6S$	保留时间	13.07min	极性	正模式

[M+H]+ 提取离子流色谱图

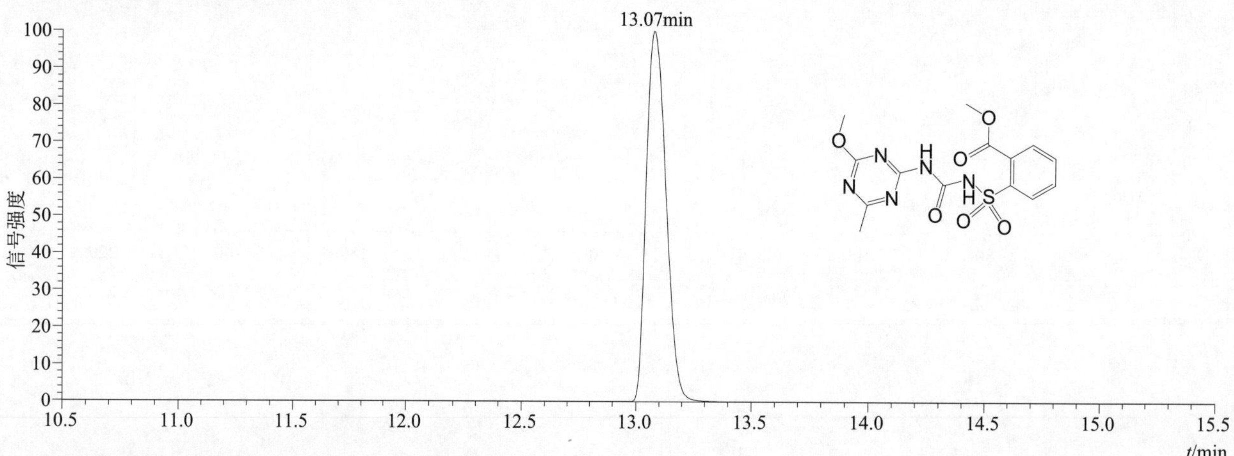

[M+H]+ 和 [M+Na]+ 典型的一级质谱图

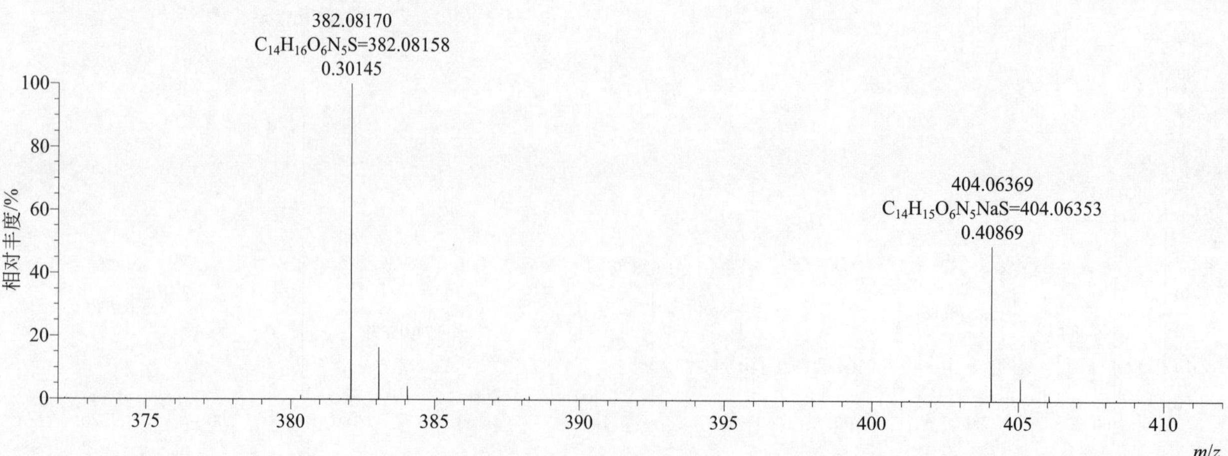

[M+H]+ 归一化法能量 NCE 为 20 时典型的二级质谱图

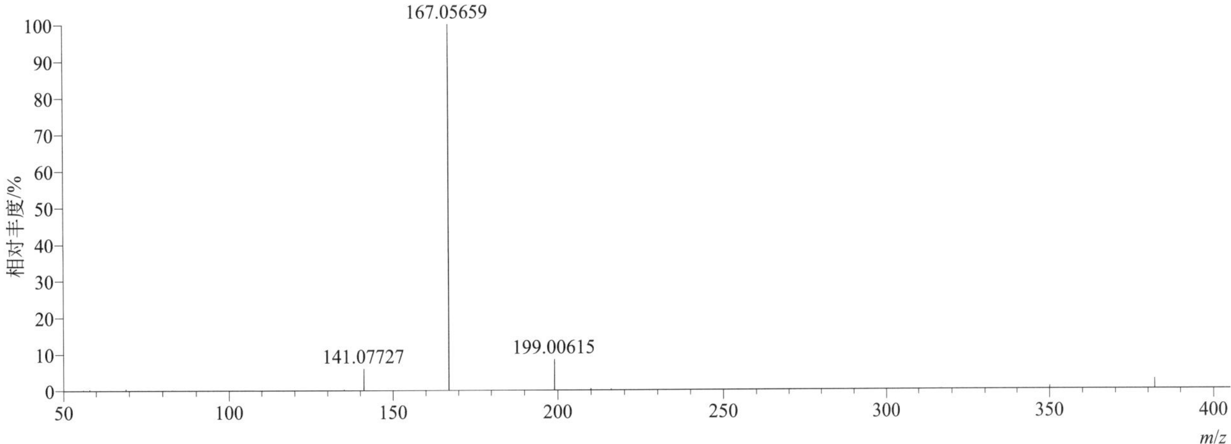

[M+H]+ 归一化法能量 NCE 为 40 时典型的二级质谱图

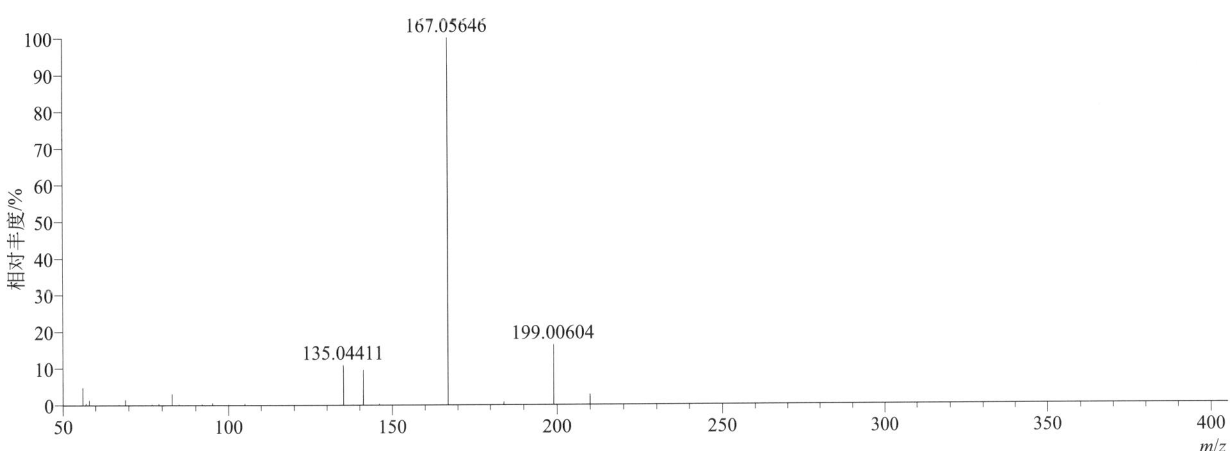

[M+H]+ 归一化法能量 NCE 为 60 时典型的二级质谱图

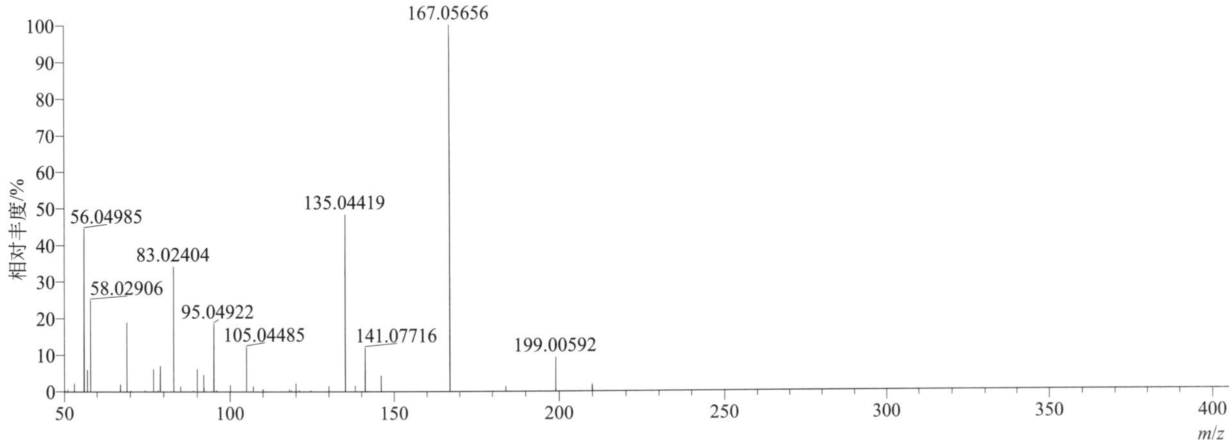

[M+H]+ 阶梯归一化法能量 Step NCE 为 20、40、60 时典型的二级质谱图

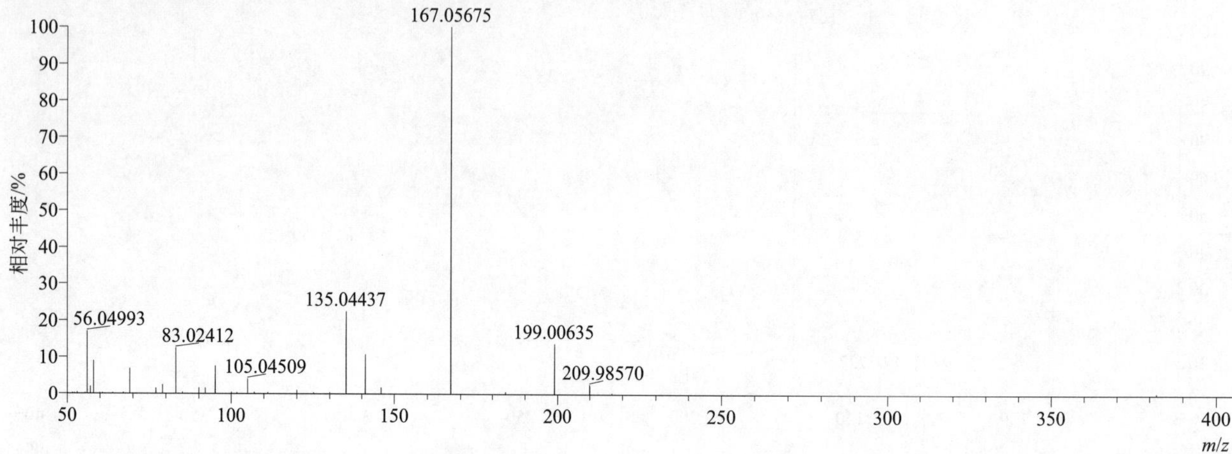

mevinphos（速灭磷）

基本信息

CAS 登录号	7786-34-7	分子量	224.04497	离子源和极性	电喷雾离子源（ESI）
分子式	$C_7H_{13}O_6P$	保留时间	11.85min；12.34min	极性	正模式

[M+H]+ 提取离子流色谱图（磷异构体 1=11.85；磷异构体 2=12.34）

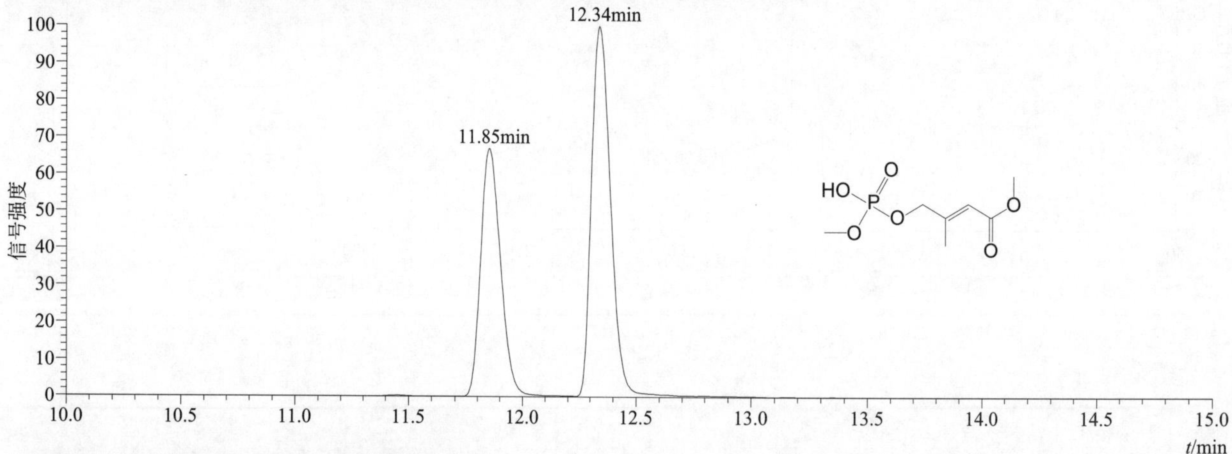

[M+H]+ 和 [M+Na]+ 典型的一级质谱图

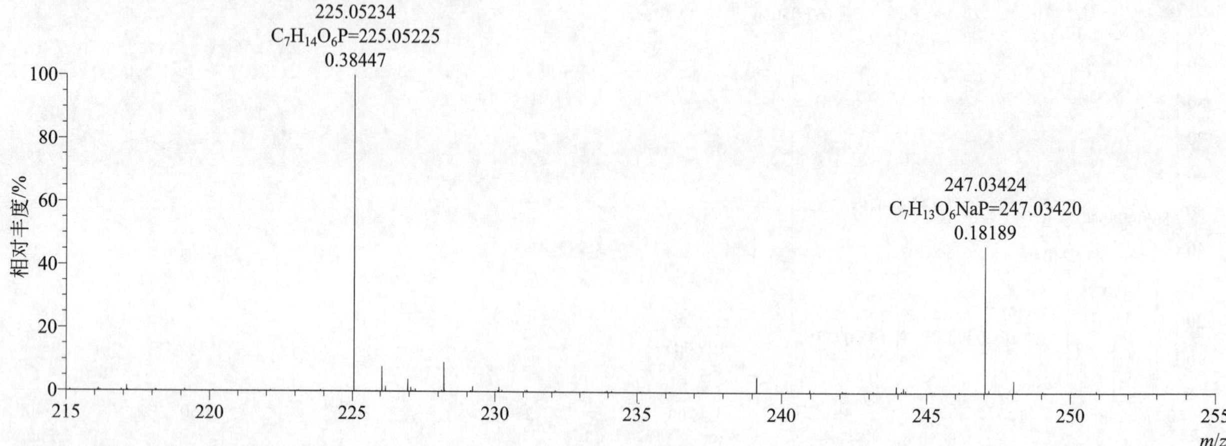

$[M+H]^+$ 归一化法能量 NCE 为 20 时典型的二级质谱图

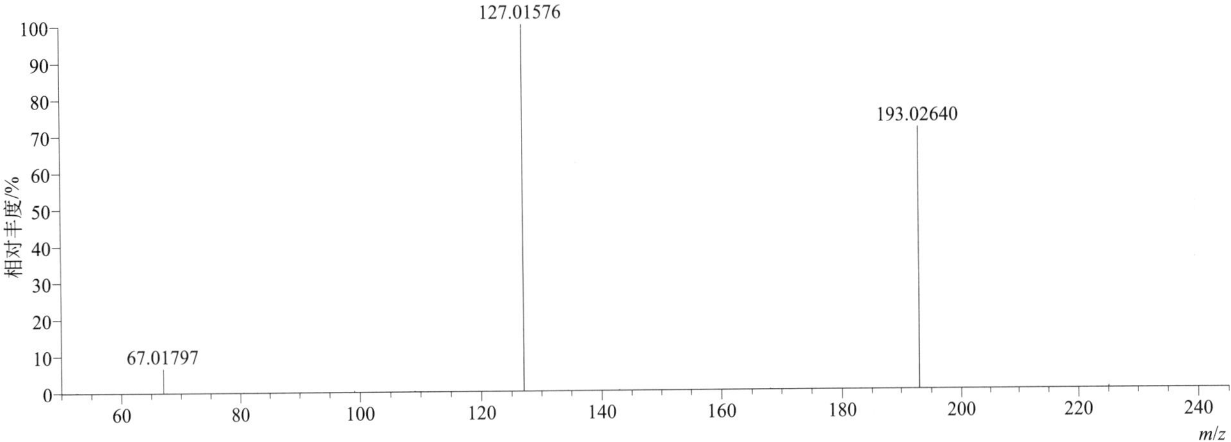

$[M+H]^+$ 归一化法能量 NCE 为 40 时典型的二级质谱图

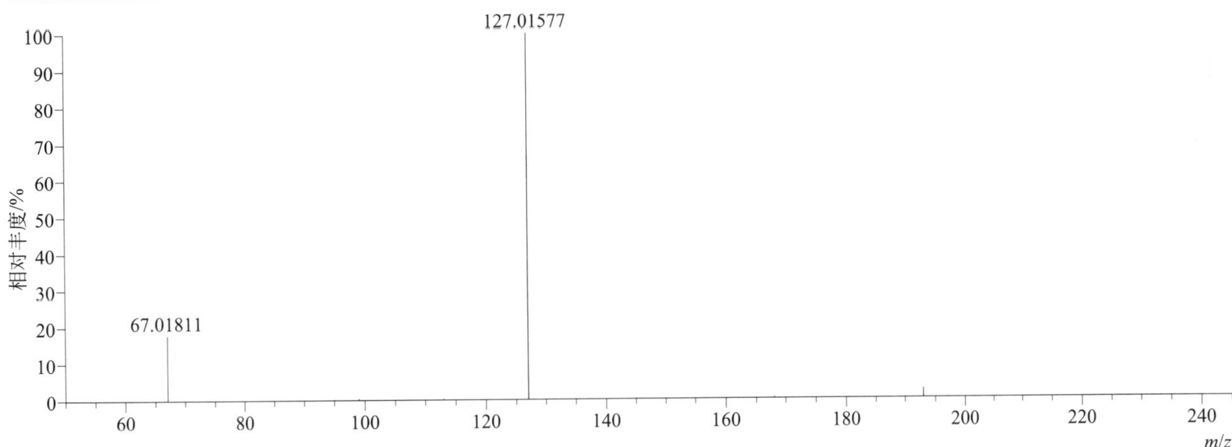

$[M+H]^+$ 归一化法能量 NCE 为 60 时典型的二级质谱图

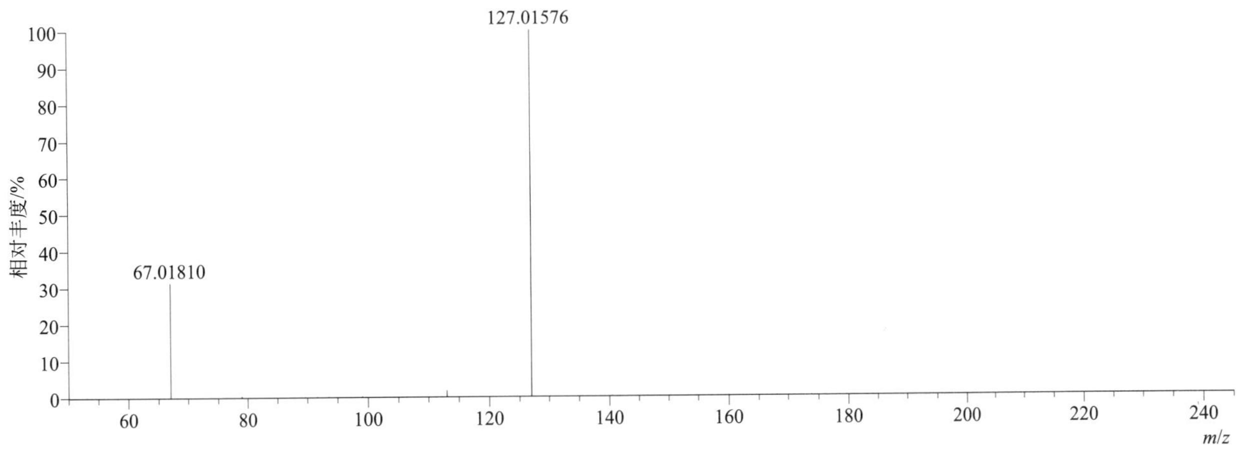

[M+H]$^+$ 阶梯归一化法能量 Step NCE 为 20、40、60 时典型的二级质谱图

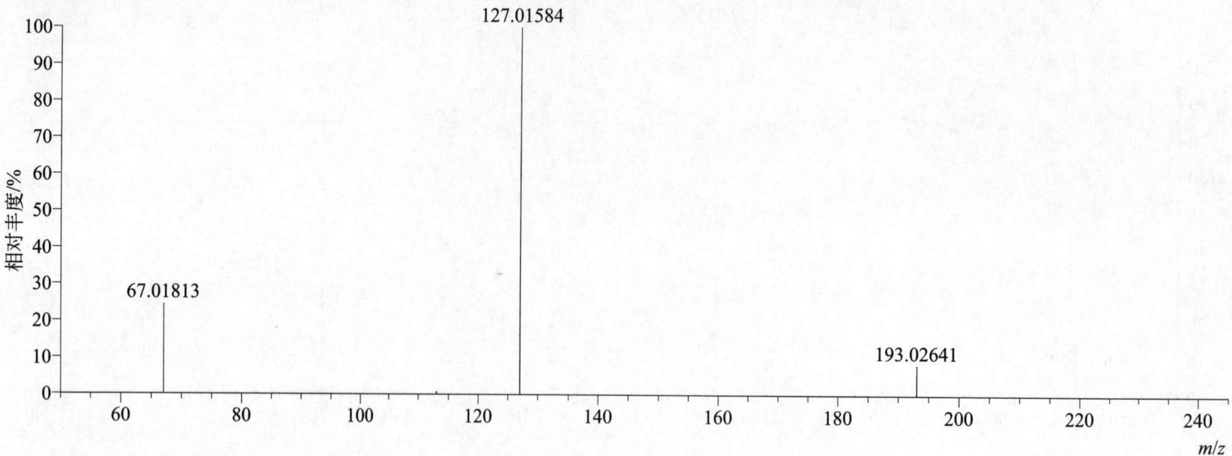

mexacarbate（自克威）

基本信息

CAS 登录号	315-18-4	分子量	222.136683	离子源和极性	电喷雾离子源（ESI）
分子式	$C_{12}H_{18}N_2O_2$	保留时间	11.12min	极性	正模式

[M+H]$^+$ 提取离子流色谱图

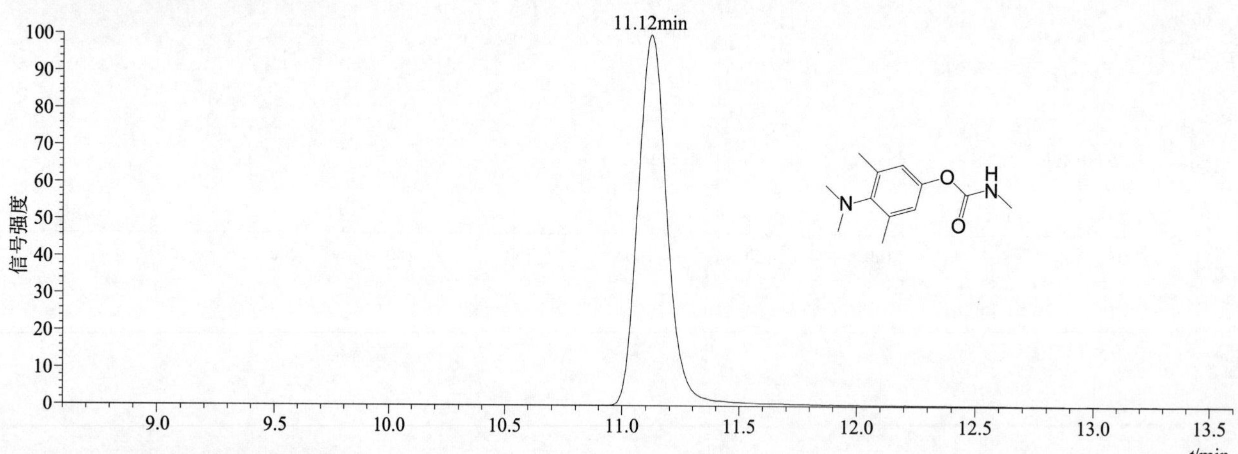

[M+H]$^+$ 典型的一级质谱图

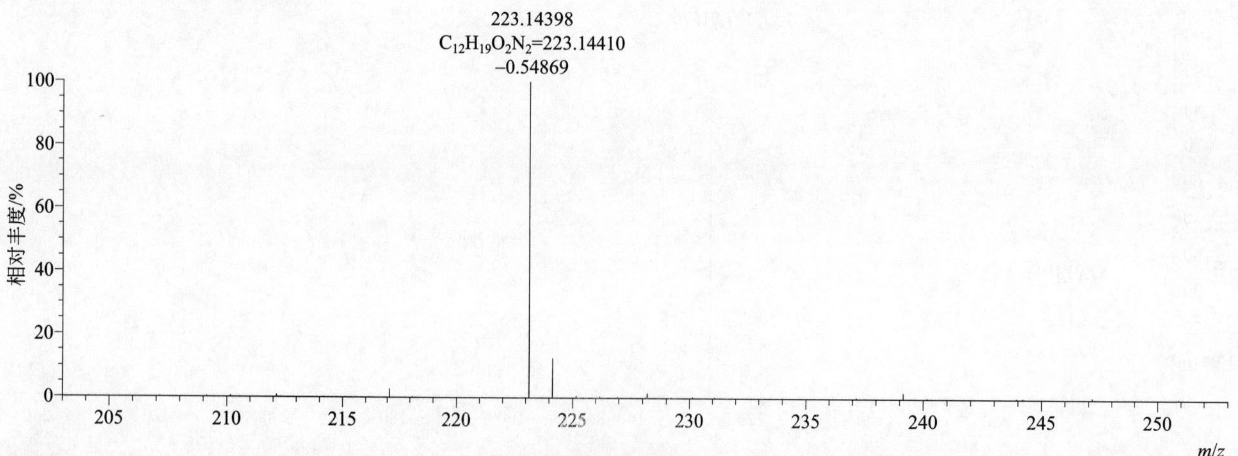

[M+H]+ 归一化法能量 NCE 为 20 时典型的二级质谱图

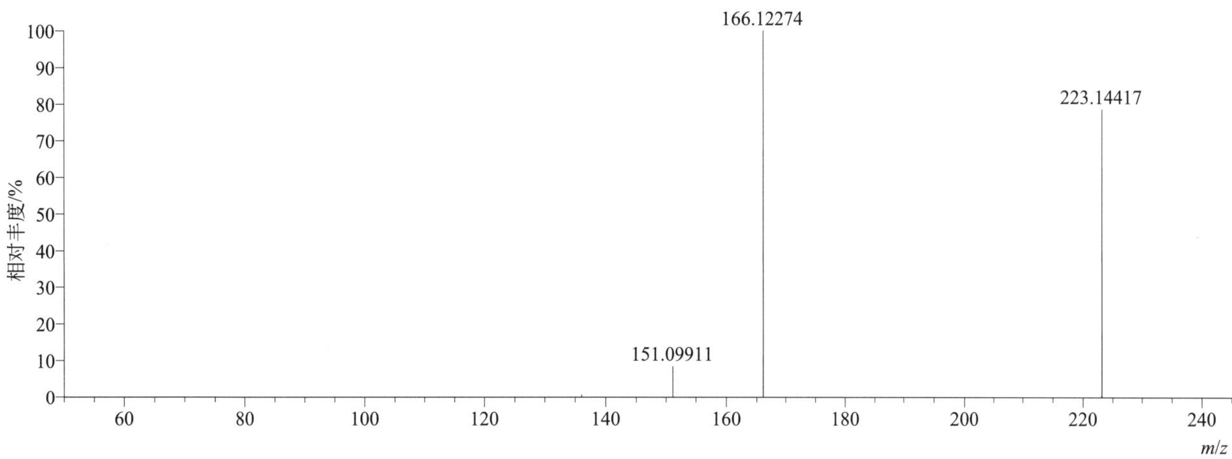

[M+H]+ 归一化法能量 NCE 为 40 时典型的二级质谱图

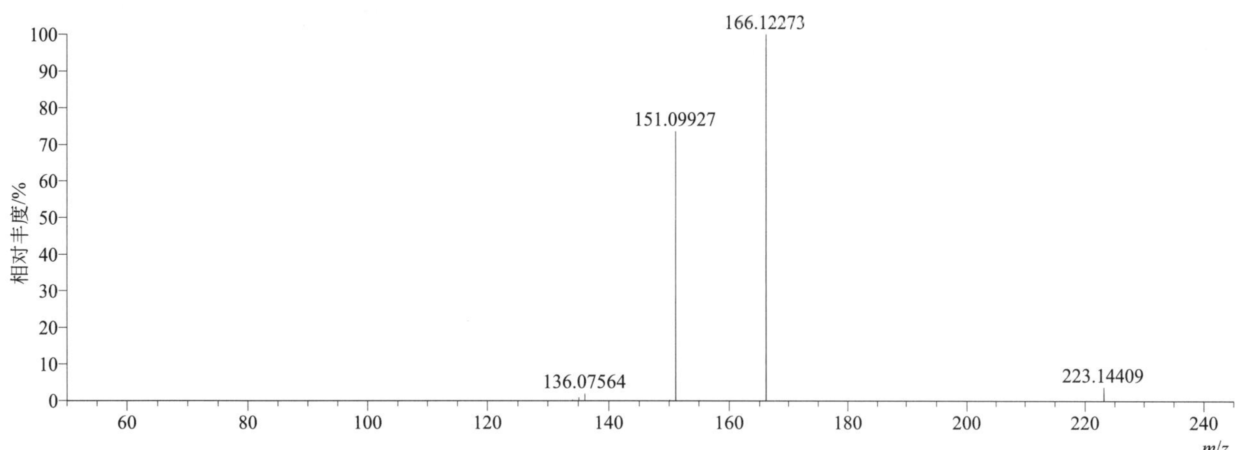

[M+H]+ 归一化法能量 NCE 为 60 时典型的二级质谱图

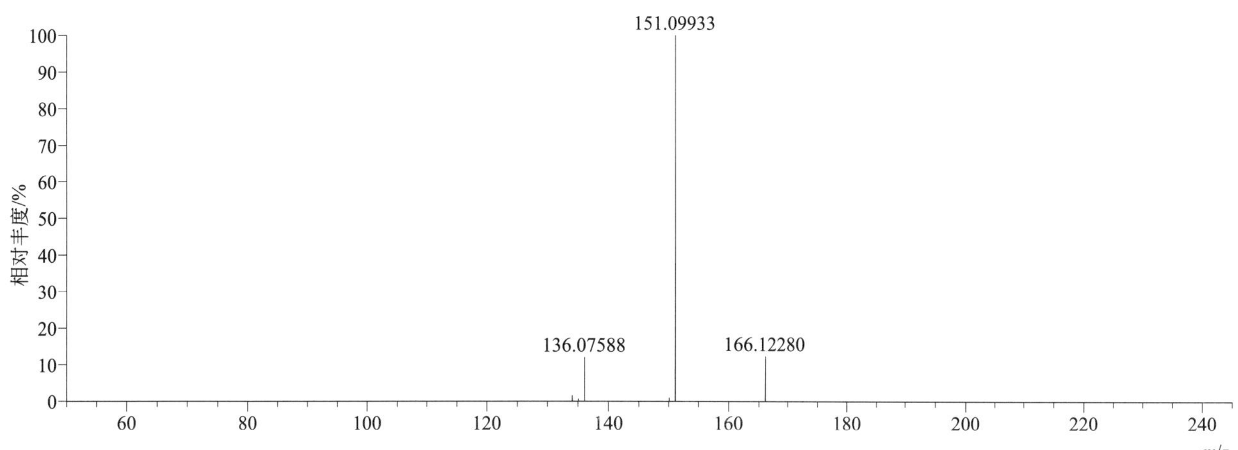

[M+H]+ 阶梯归一化法能量 Step NCE 为 20、40、60 时典型的二级质谱图

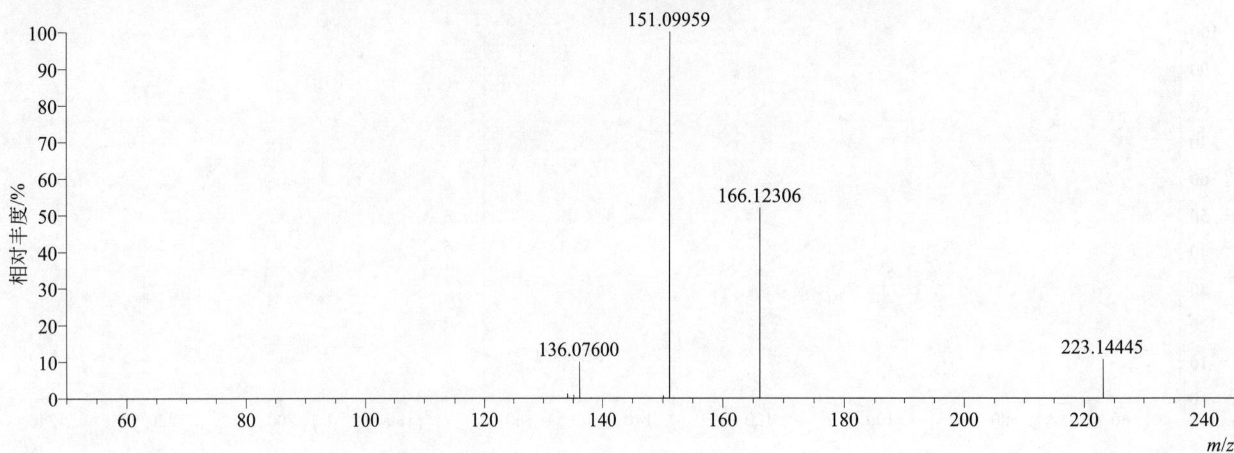

molinate（禾草敌）

基本信息

CAS 登录号	2212-67-1	分子量	187.10308	离子源和极性	电喷雾离子源（ESI）
分子式	$C_9H_{17}NOS$	保留时间	14.66min	极性	正模式

[M+H]+ 提取离子流色谱图

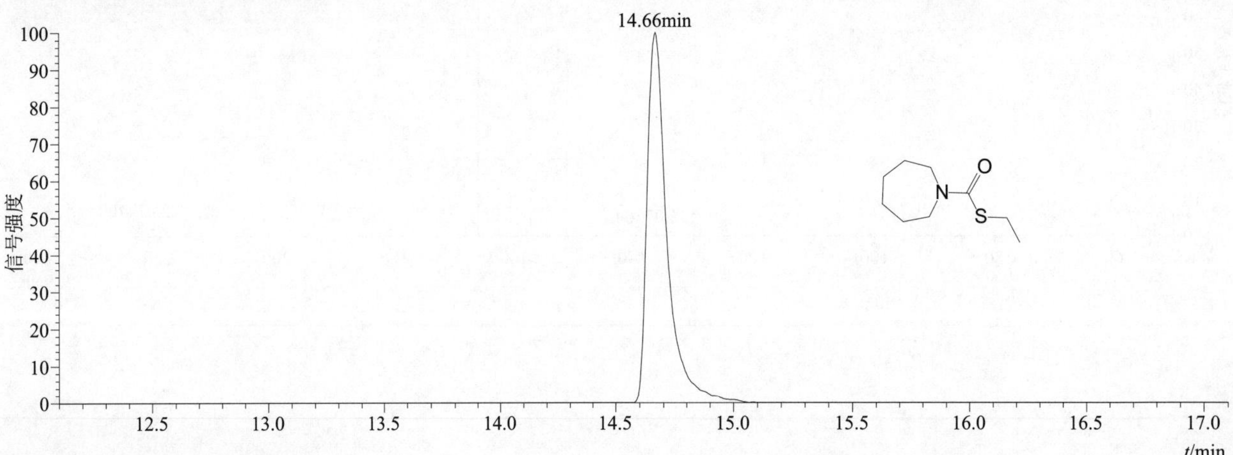

[M+H]+ 典型的一级质谱图

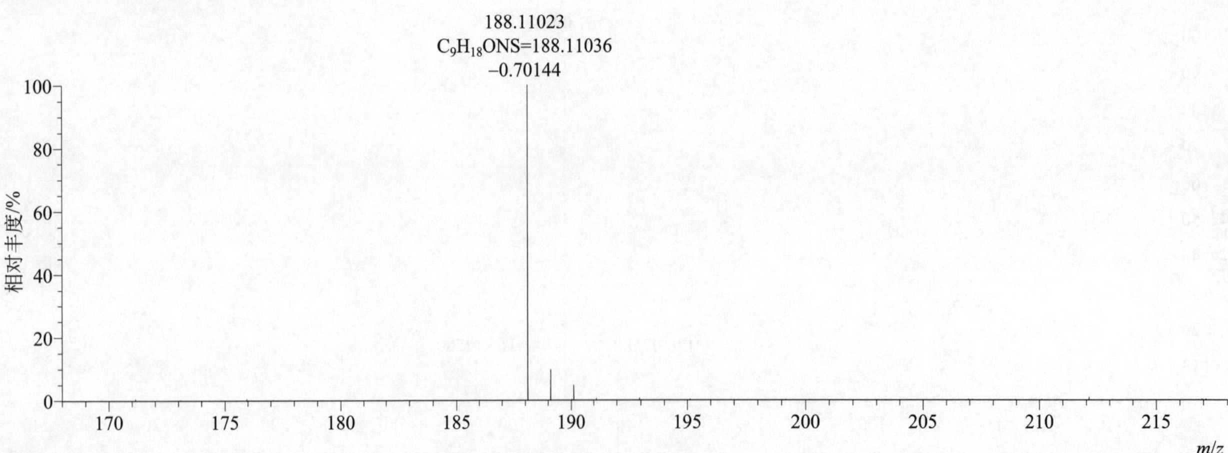

[M+H]+ 归一化法能量 NCE 为 20 时典型的二级质谱图

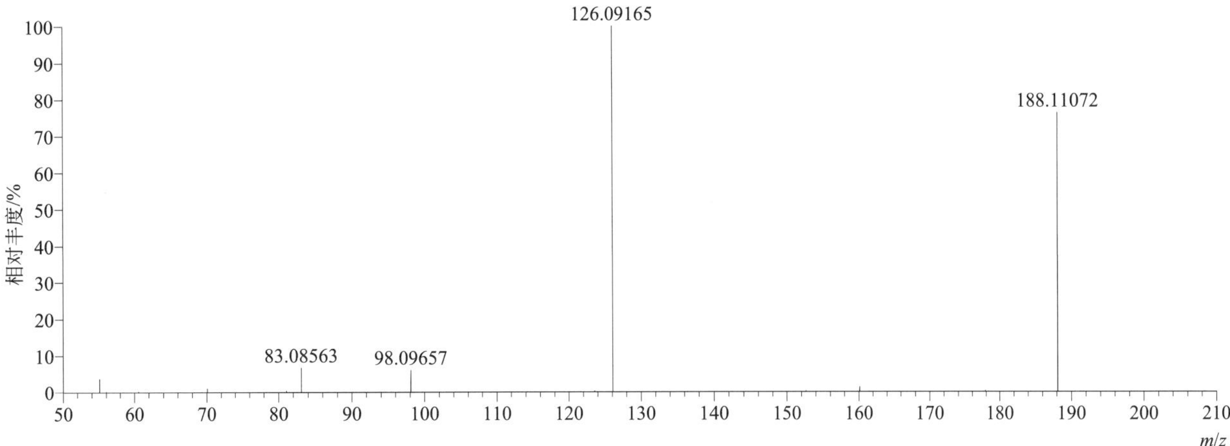

[M+H]+ 归一化法能量 NCE 为 40 时典型的二级质谱图

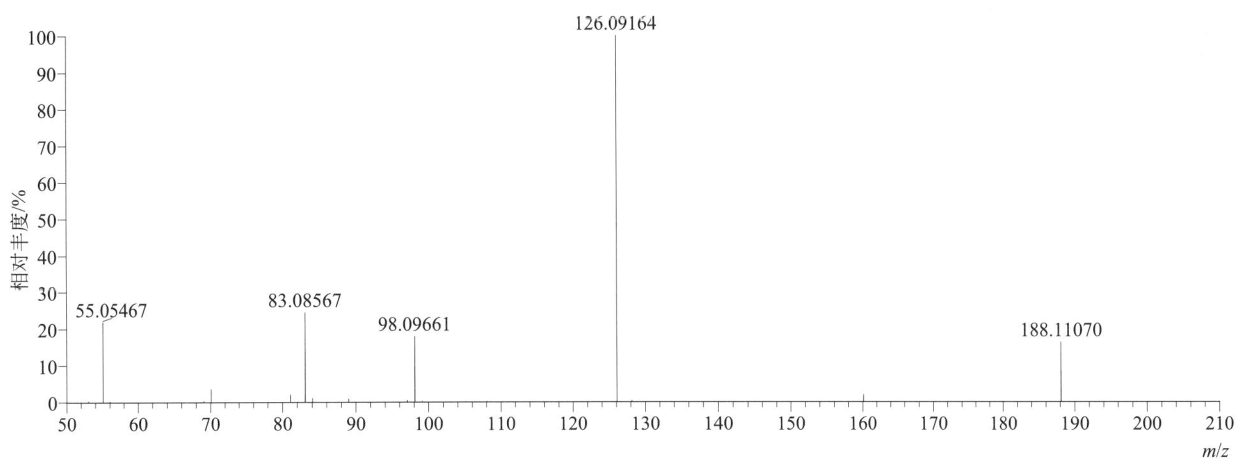

[M+H]+ 归一化法能量 NCE 为 60 时典型的二级质谱图

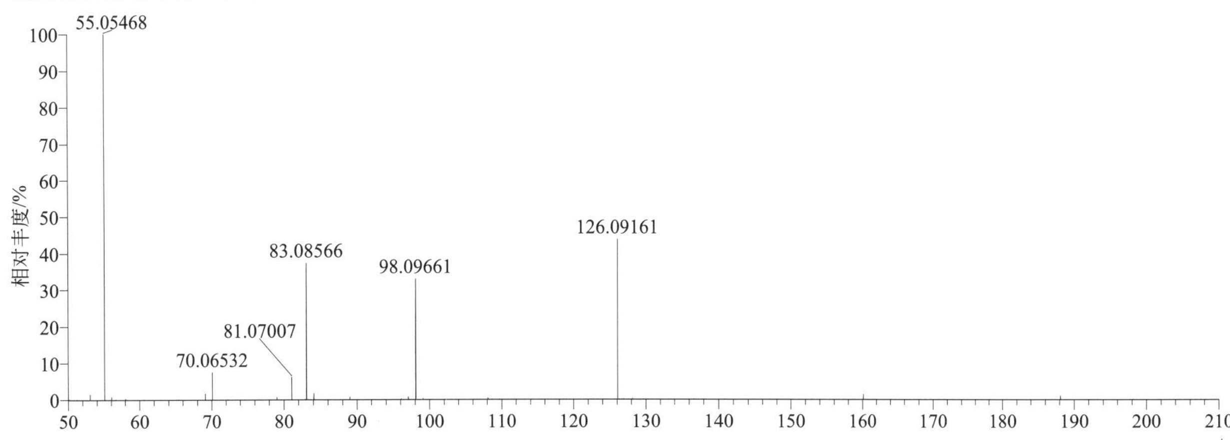

[M+H]⁺ 阶梯归一化法能量 Step NCE 为 20、40、60 时典型的二级质谱图

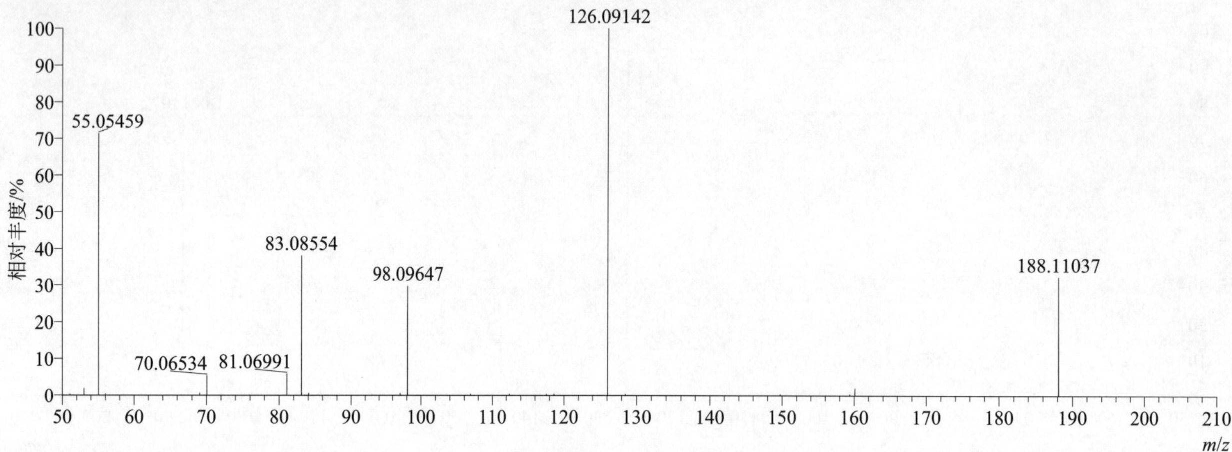

monocrotophos（久效磷）

基本信息

CAS 登录号	6923-22-4	分子量	223.06096	离子源和极性	电喷雾离子源（ESI）
分子式	$C_7H_{14}NO_5P$	保留时间	10.94min	极性	正模式

[M+H]⁺ 提取离子流色谱图

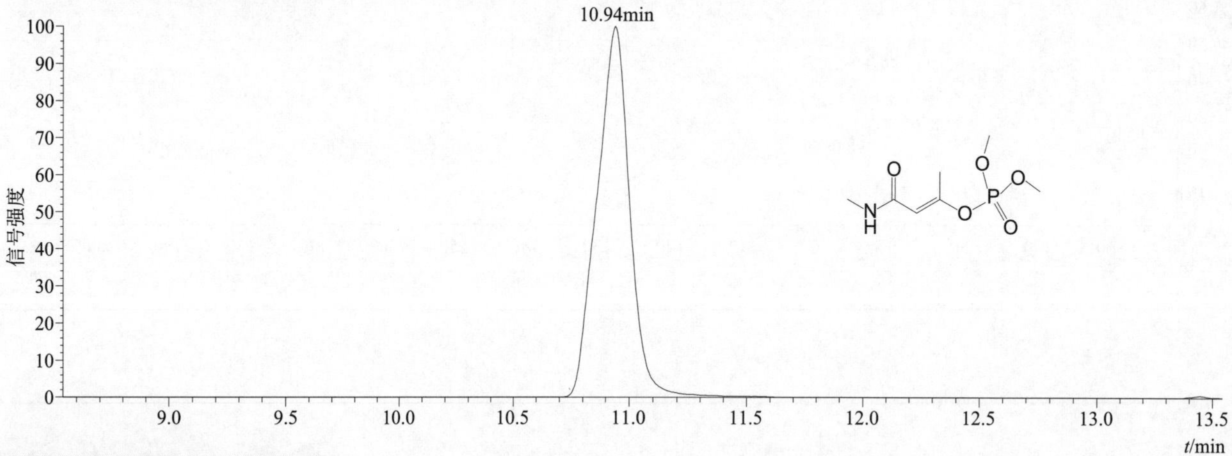

[M+H]⁺ 典型的一级质谱图

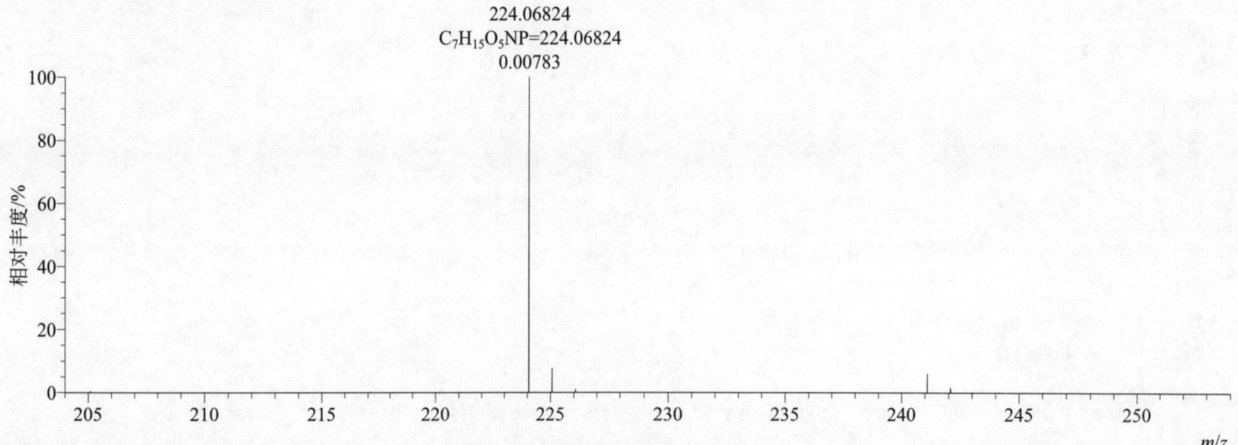

[M+H]+ 归一化法能量 NCE 为 20 时典型的二级质谱图

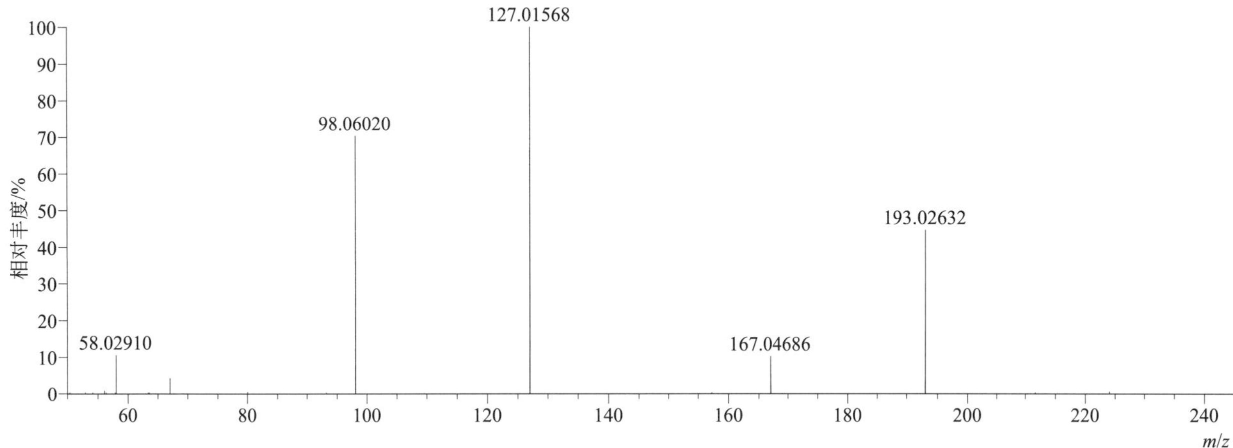

[M+H]+ 归一化法能量 NCE 为 40 时典型的二级质谱图

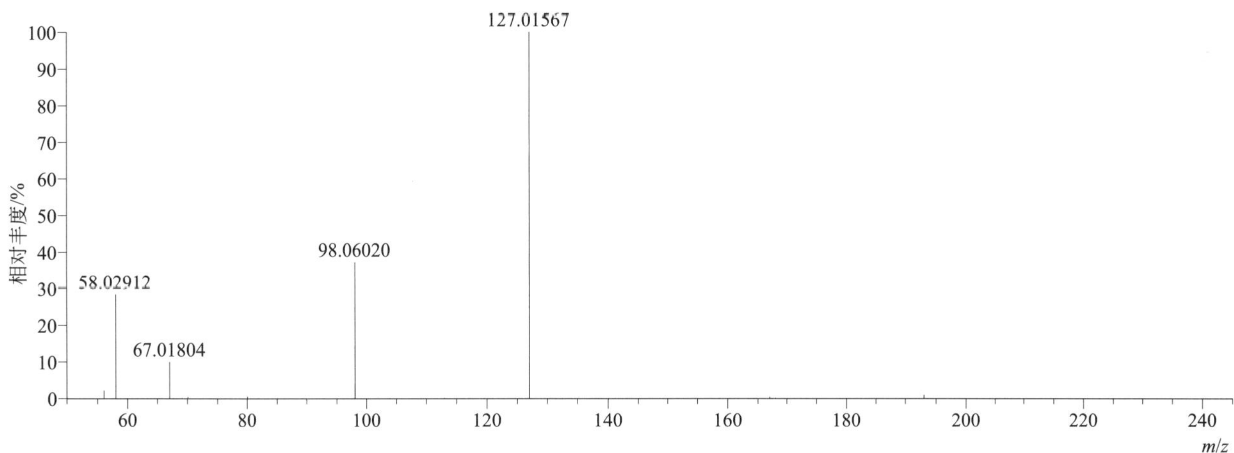

[M+H]+ 归一化法能量 NCE 为 60 时典型的二级质谱图

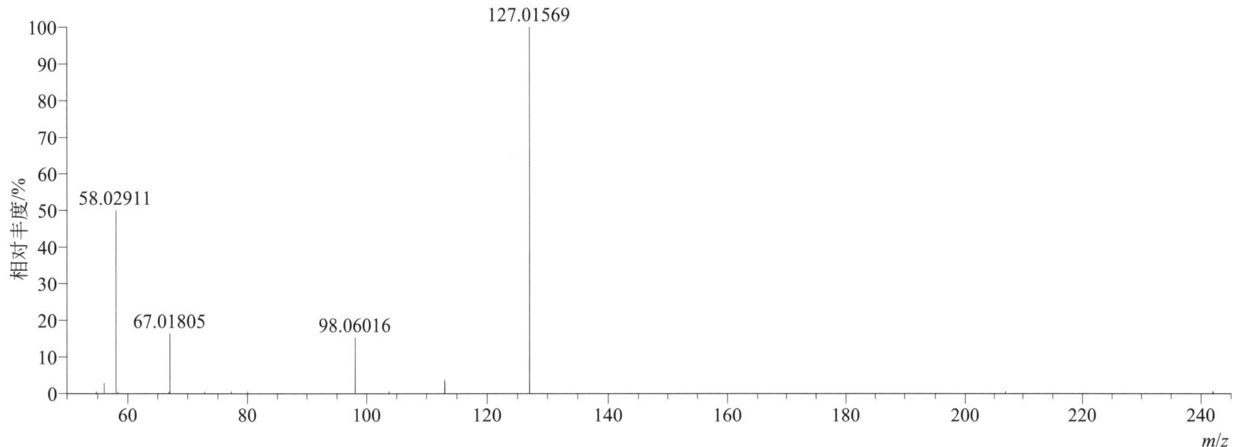

[M+H]$^+$ 阶梯归一化法能量 Step NCE 为 20、40、60 时典型的二级质谱图

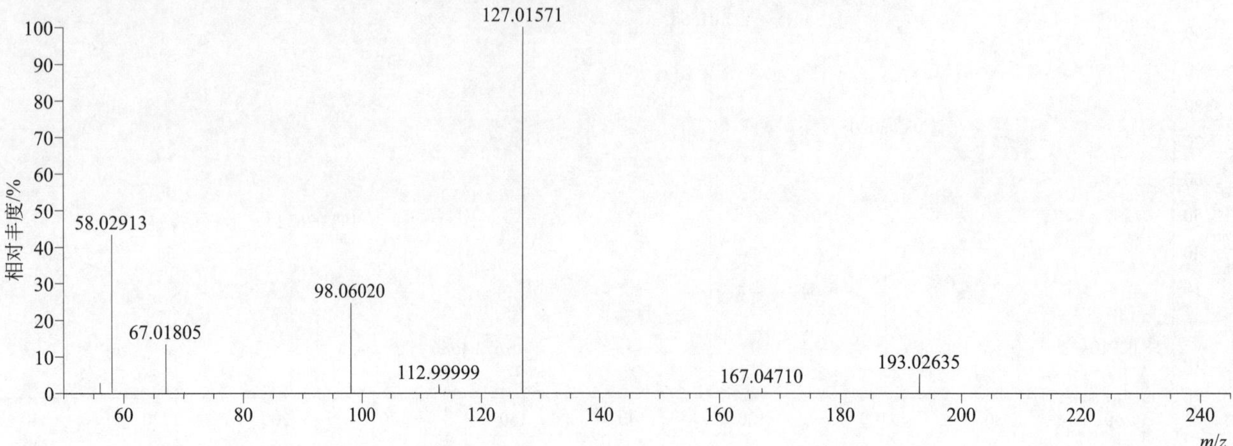

monolinuron（绿谷隆）

基本信息

CAS 登录号	1746-81-2	分子量	214.05091	离子源和极性	电喷雾离子源（ESI）
分子式	$C_9H_{11}ClN_2O_2$	保留时间	13.59min	极性	正模式

[M+H]$^+$ 提取离子流色谱图

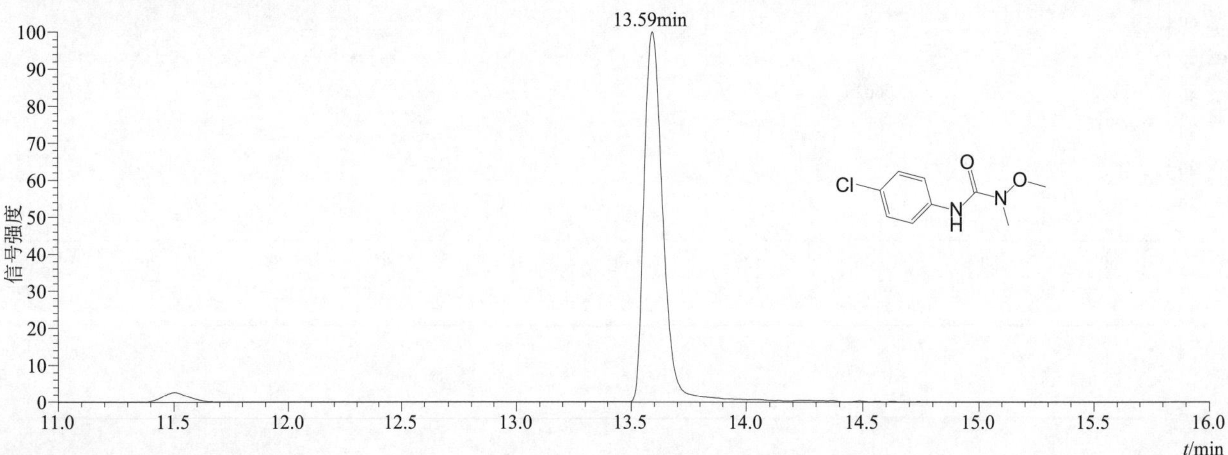

[M+H]$^+$ 典型的一级质谱图

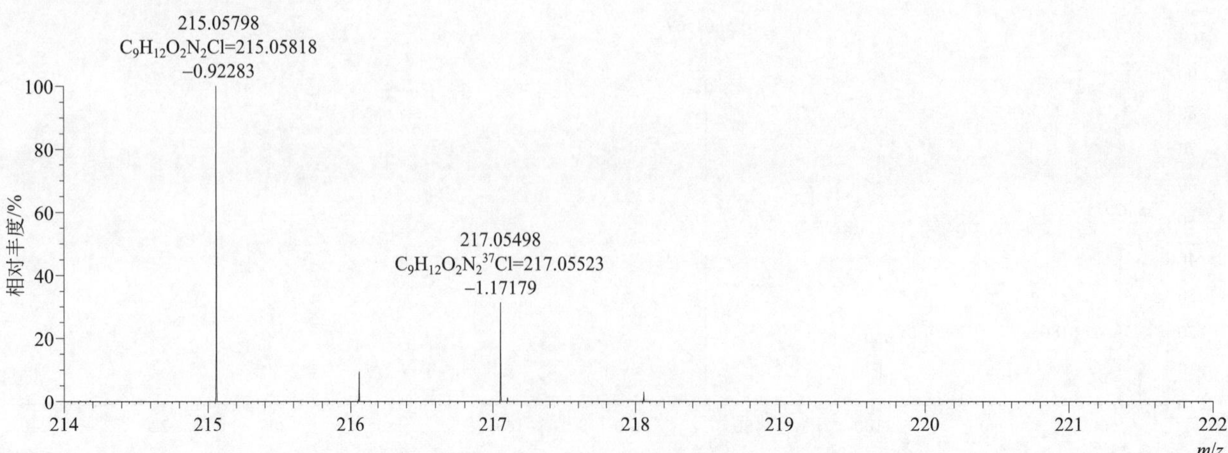

[M+H]+ 归一化法能量 NCE 为 20 时典型的二级质谱图

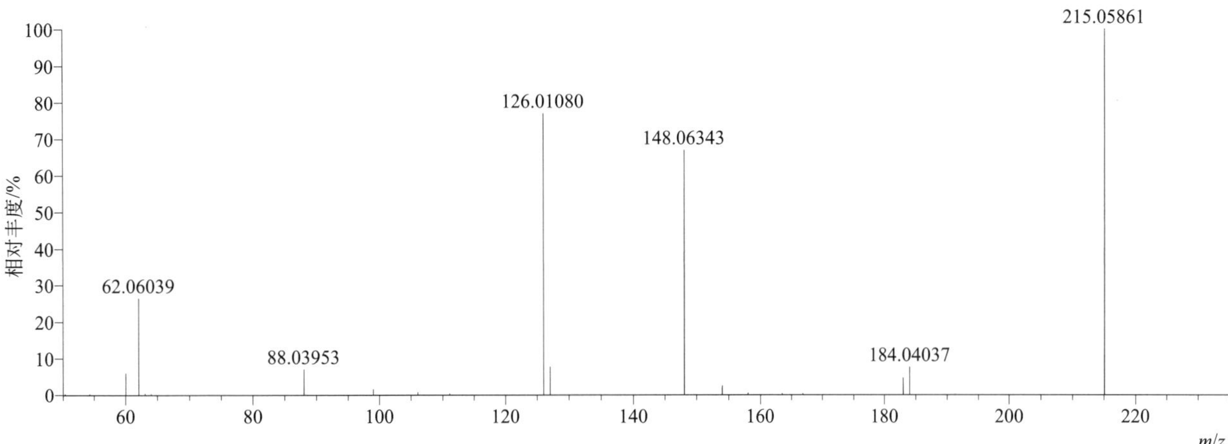

[M+H]+ 归一化法能量 NCE 为 40 时典型的二级质谱图

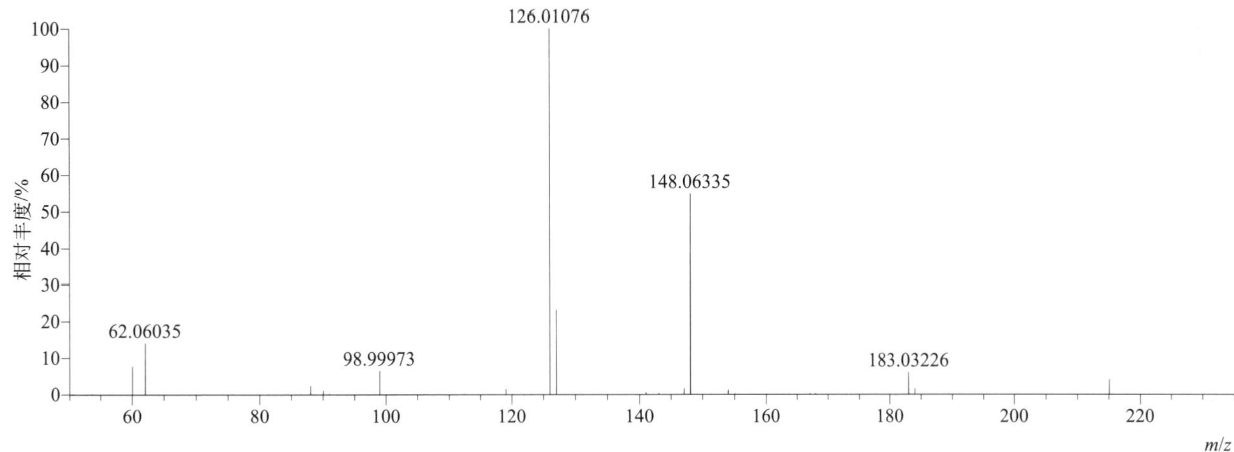

[M+H]+ 归一化法能量 NCE 为 60 时典型的二级质谱图

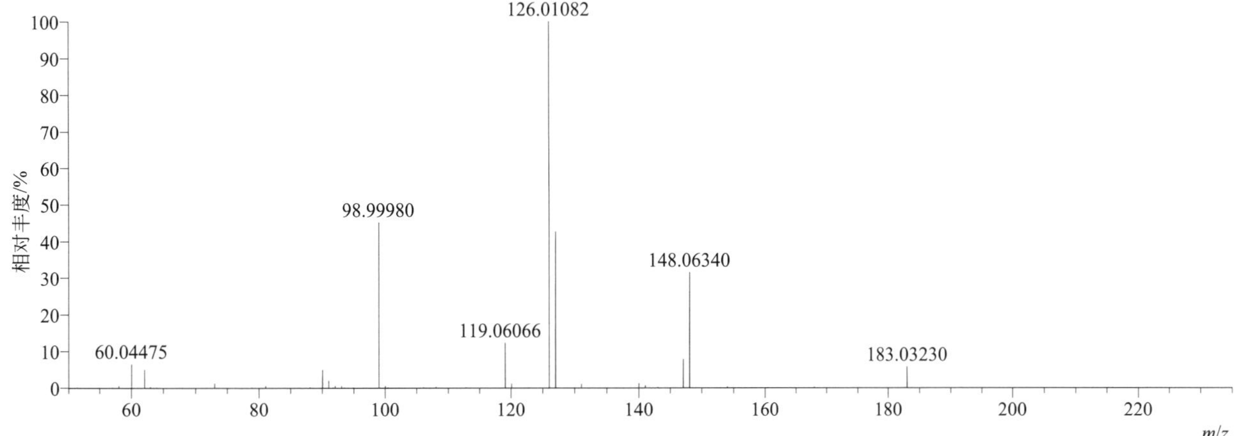

[M+H]⁺ 阶梯归一化法能量 Step NCE 为 20、40、60 时典型的二级质谱图

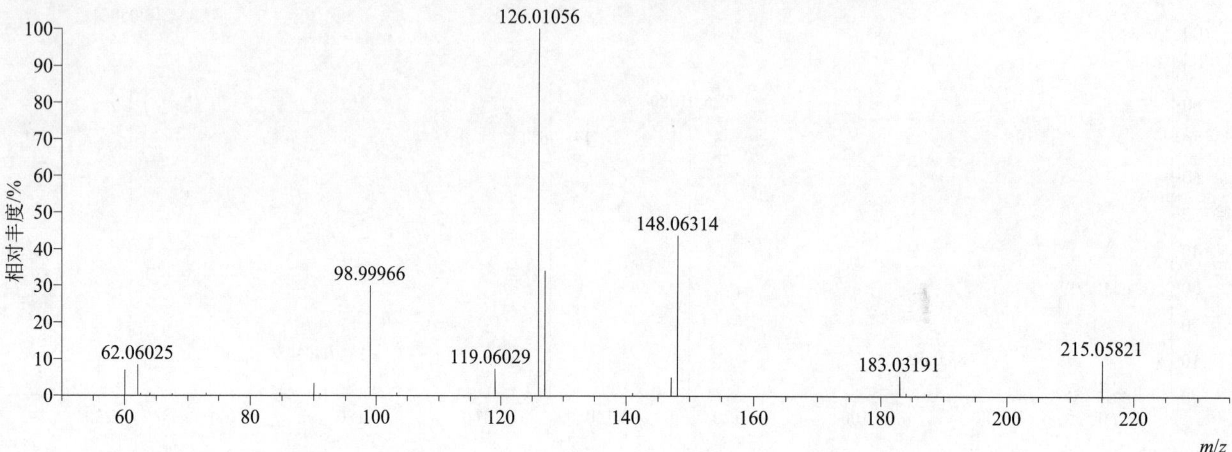

monuron（季草隆）

基本信息

CAS 登录号	150-68-5	分子量	198.05599	离子源和极性	电喷雾离子源（ESI）
分子式	$C_9H_{11}ClN_2O$	保留时间	13.12min	极性	正模式

[M+H]⁺ 提取离子流色谱图

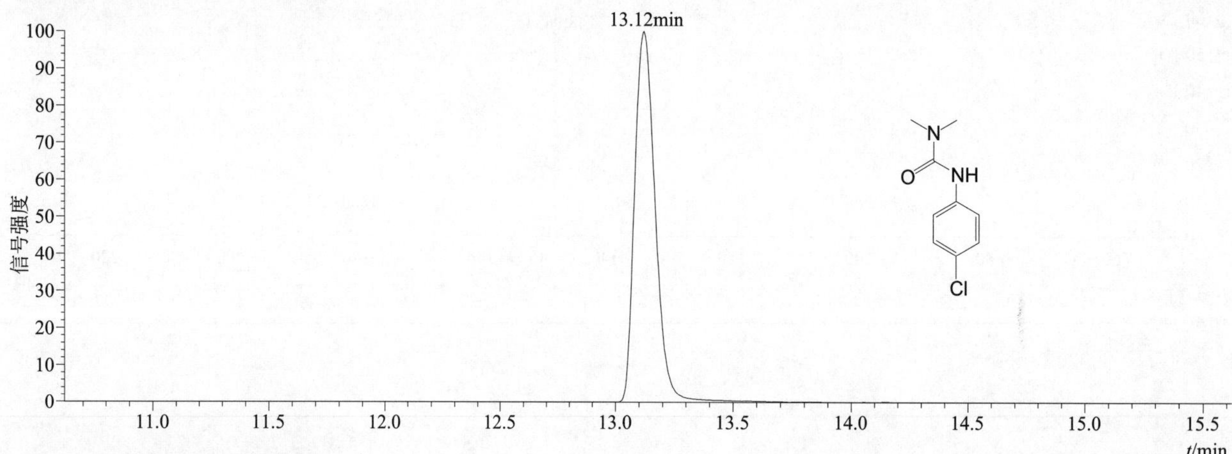

[M+H]⁺ 典型的一级质谱图

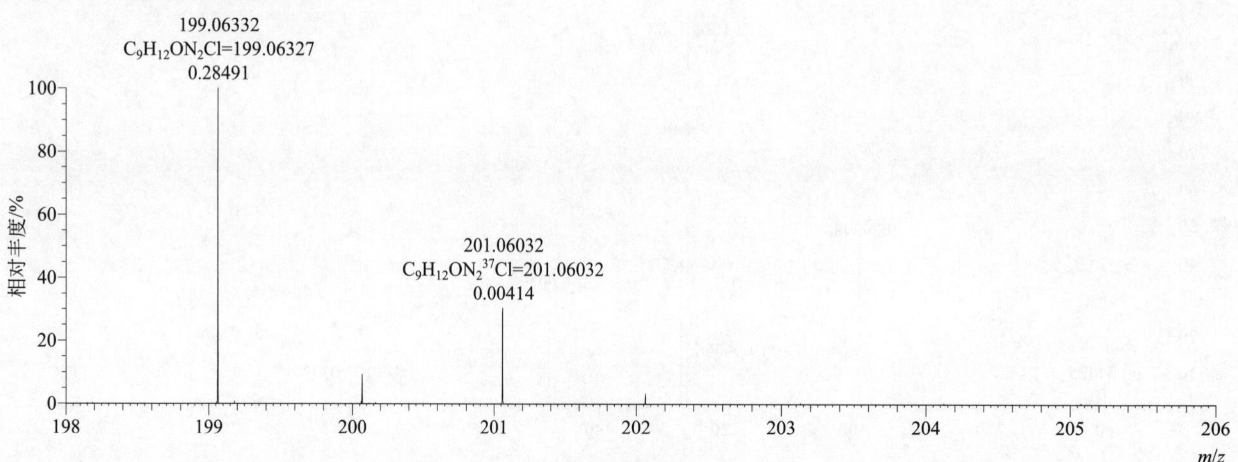

[M+H]+ 归一化法能量 NCE 为 20 时典型的二级质谱图

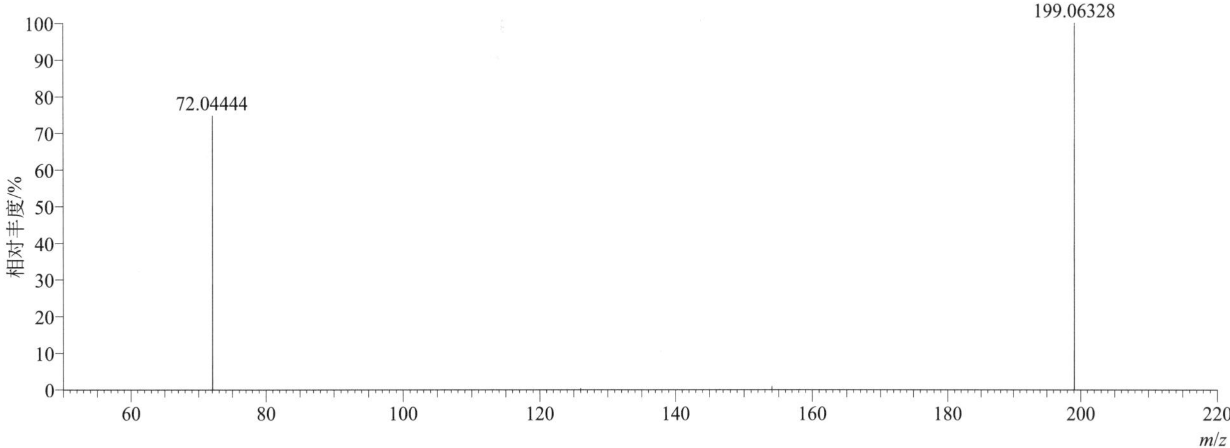

[M+H]+ 归一化法能量 NCE 为 40 时典型的二级质谱图

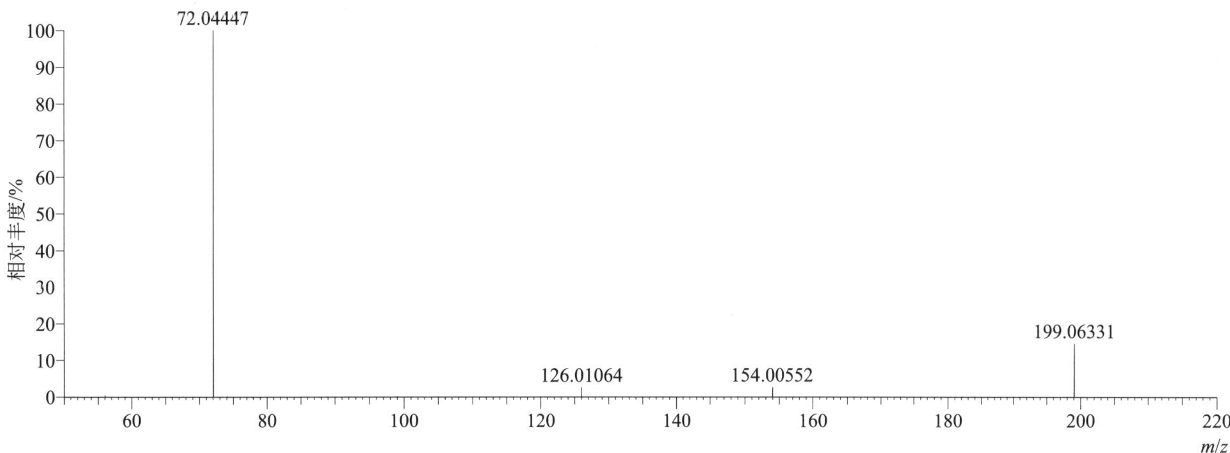

[M+H]+ 归一化法能量 NCE 为 60 时典型的二级质谱图

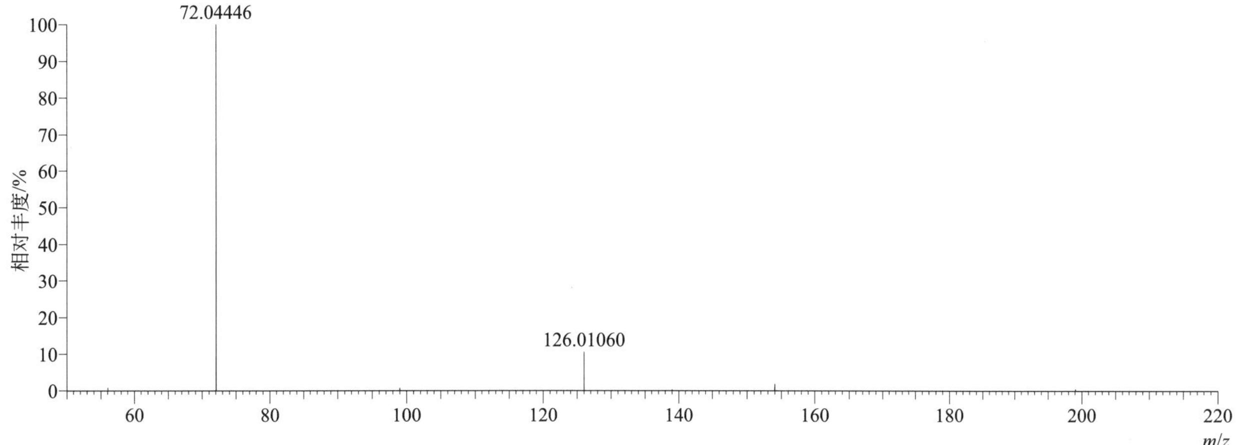

[M+H]$^+$ 阶梯归一化法能量 Step NCE 为 20、40、60 时典型的二级质谱图

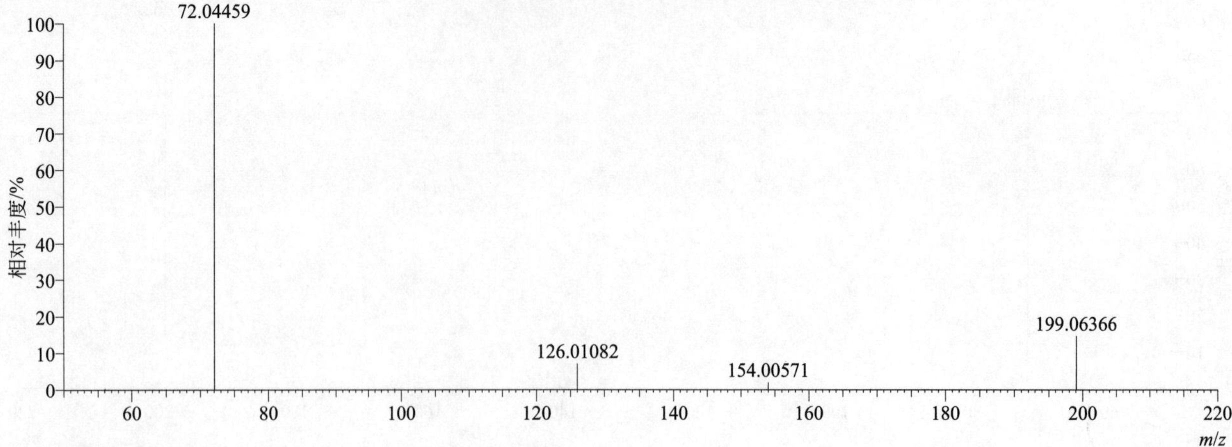

myclobutanil（腈菌唑）

基本信息

CAS 登录号	88671-89-0	分子量	288.11417	离子源和极性	电喷雾离子源（ESI）
分子式	$C_{15}H_{17}ClN_4$	保留时间	14.53min	极性	正模式

[M+H]$^+$ 提取离子流色谱图

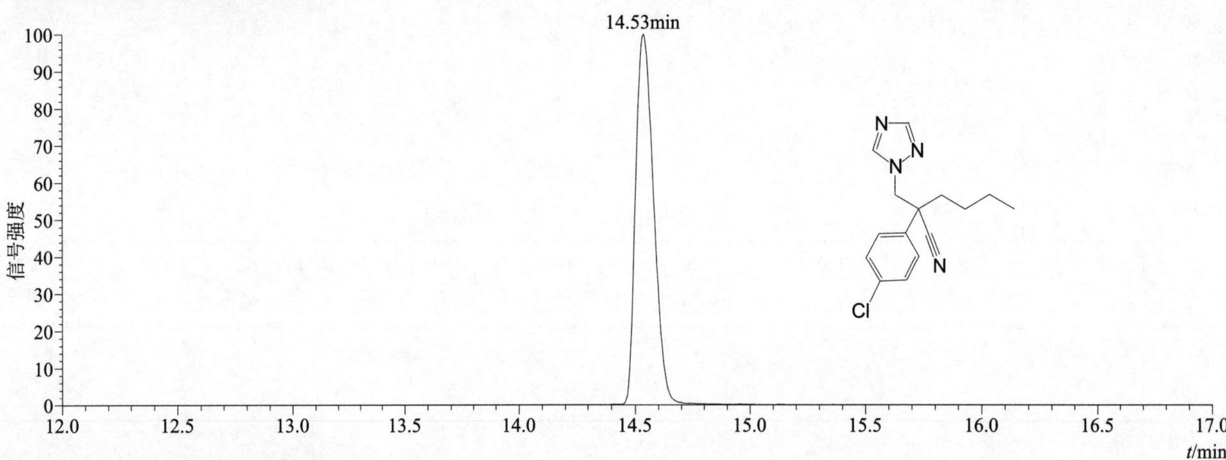

[M+H]$^+$ 典型的一级质谱图

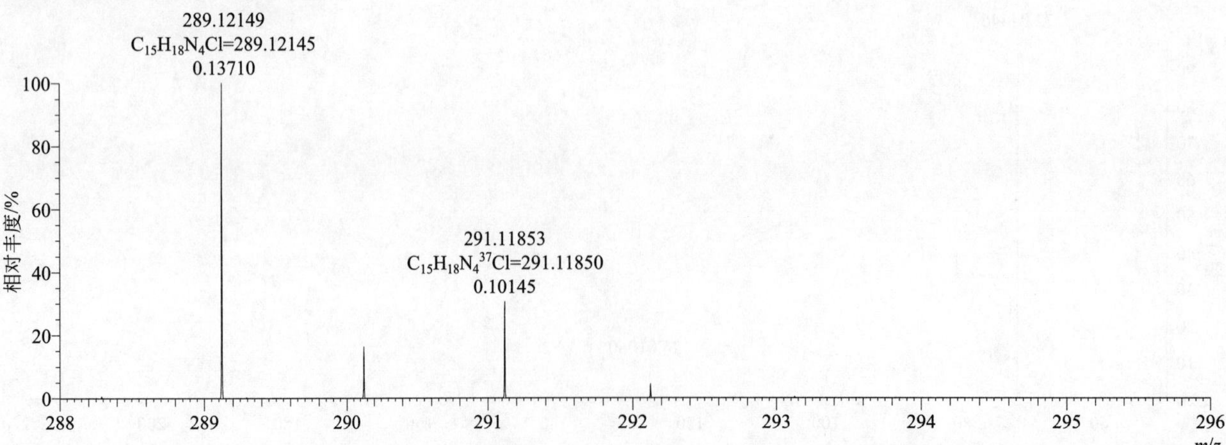

[M+H]$^+$ 归一化法能量 NCE 为 20 时典型的二级质谱图

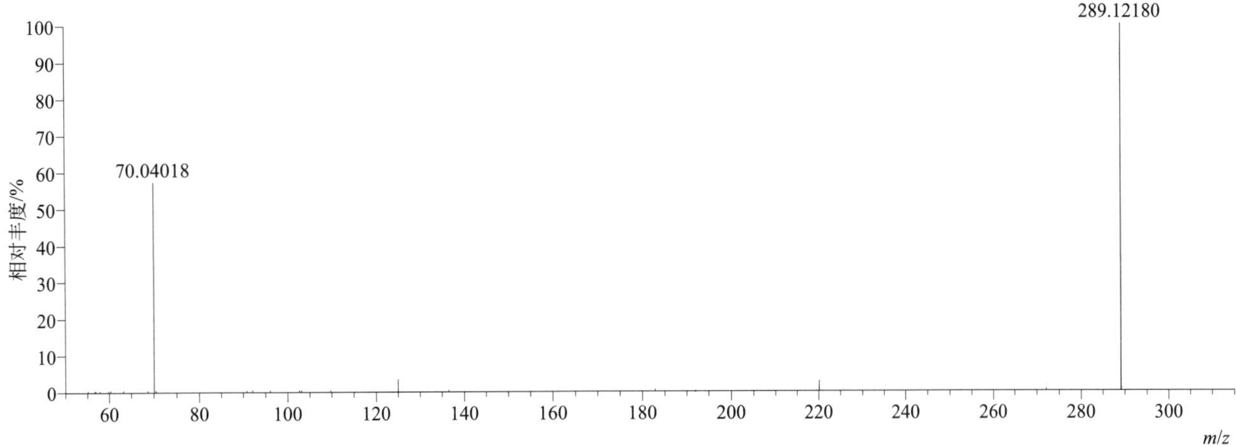

[M+H]$^+$ 归一化法能量 NCE 为 40 时典型的二级质谱图

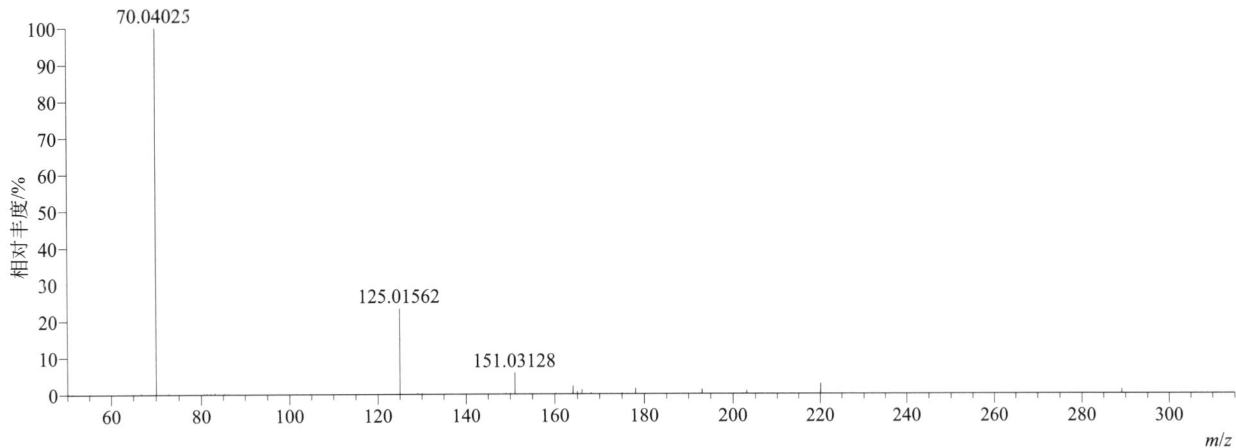

[M+H]$^+$ 归一化法能量 NCE 为 60 时典型的二级质谱图

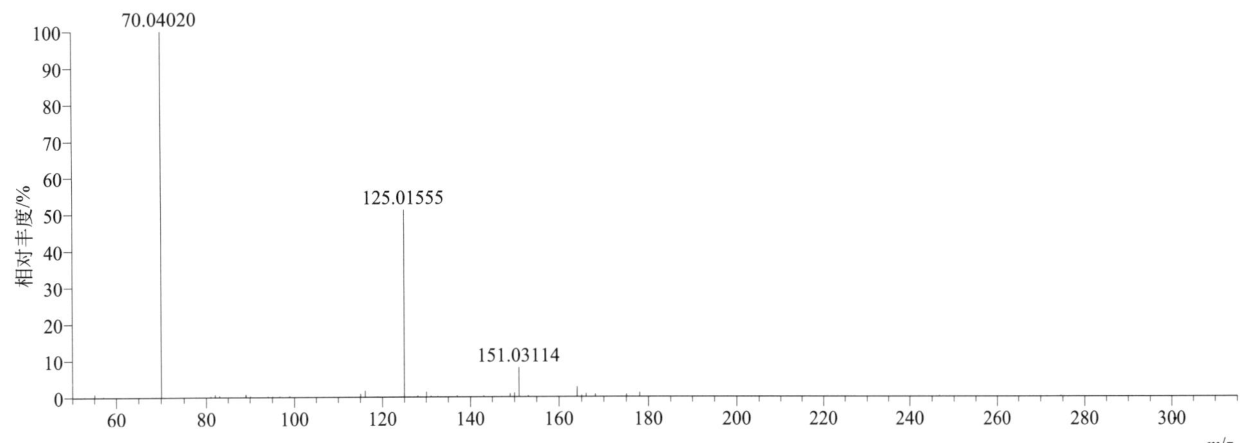

[M+H]$^{+}$ 阶梯归一化法能量 Step NCE 为 20、40、60 时典型的二级质谱图

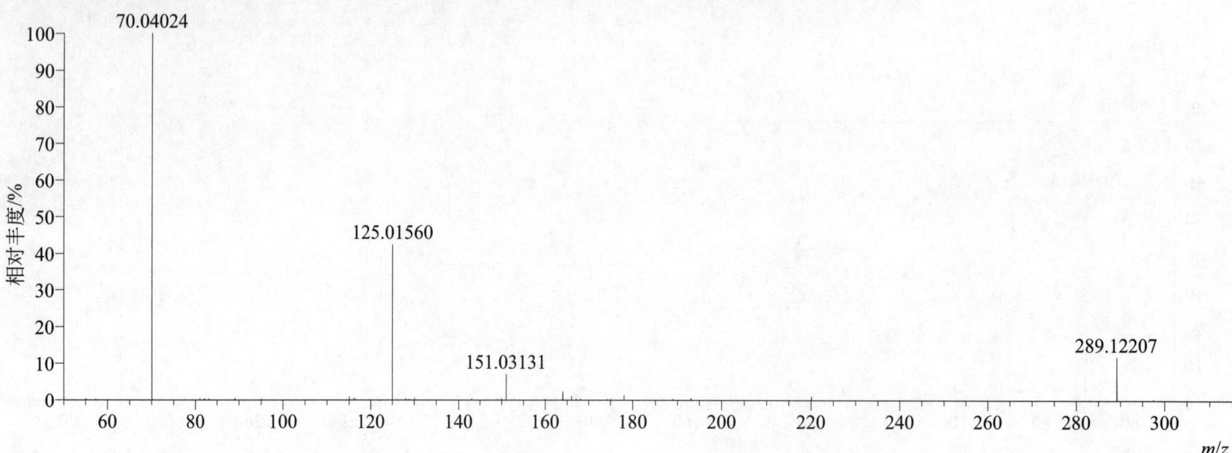

N

1-naphthyl acetamide（萘乙酰胺）

基本信息

CAS 登录号	86-86-2	分子量	185.08406	离子源和极性	电喷雾离子源（ESI）
分子式	$C_{12}H_{11}NO$	保留时间	12.88min	极性	正模式

[M+H]+ 提取离子流色谱图

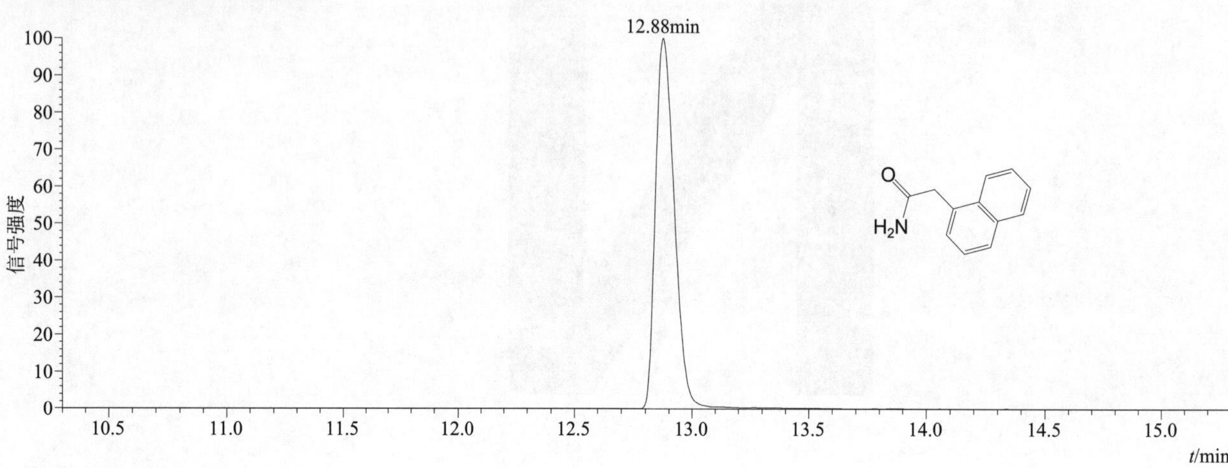

[M+H]+ 典型的一级质谱图

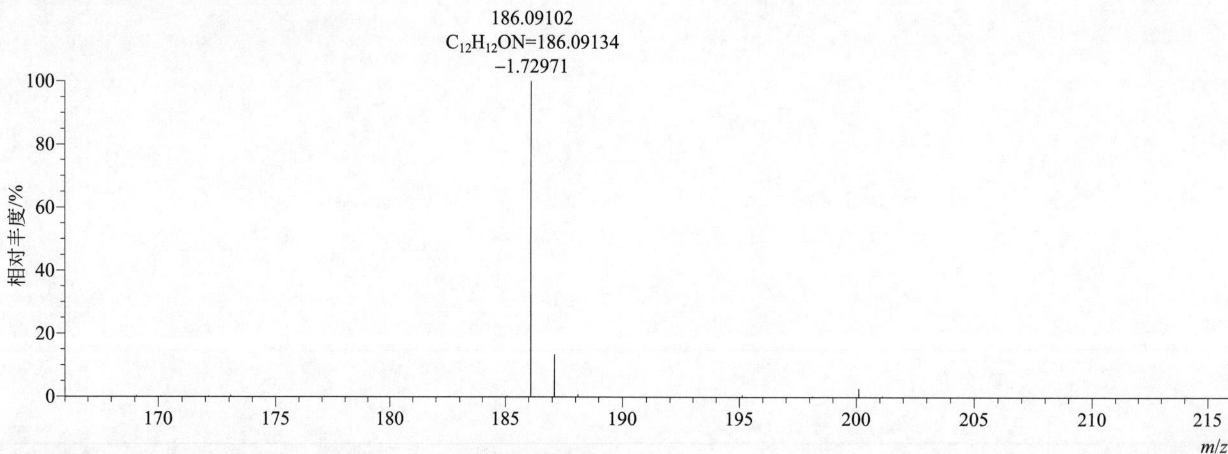

[M+H]+ 归一化法能量 NCE 为 20 时典型的二级质谱图

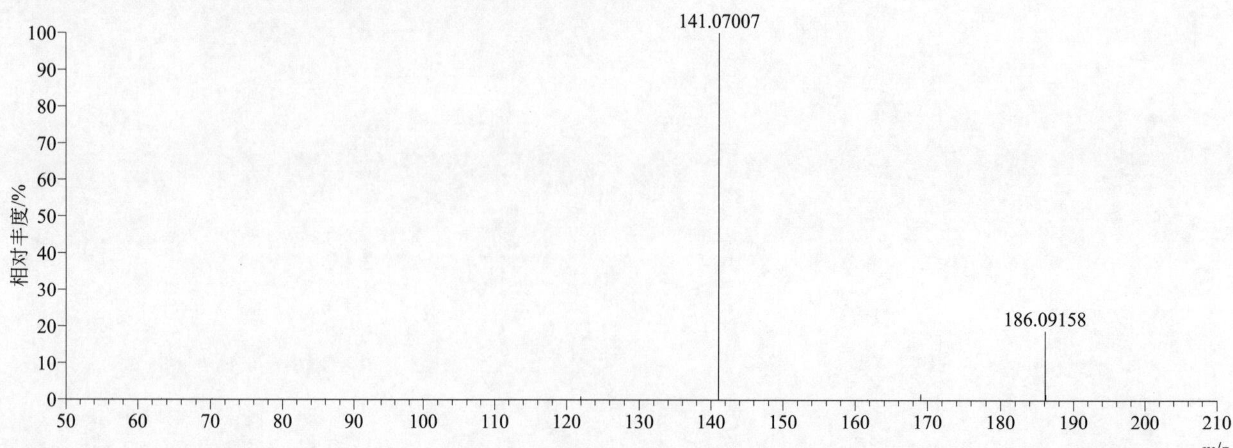

[M+H]+ 归一化法能量 NCE 为 40 时典型的二级质谱图

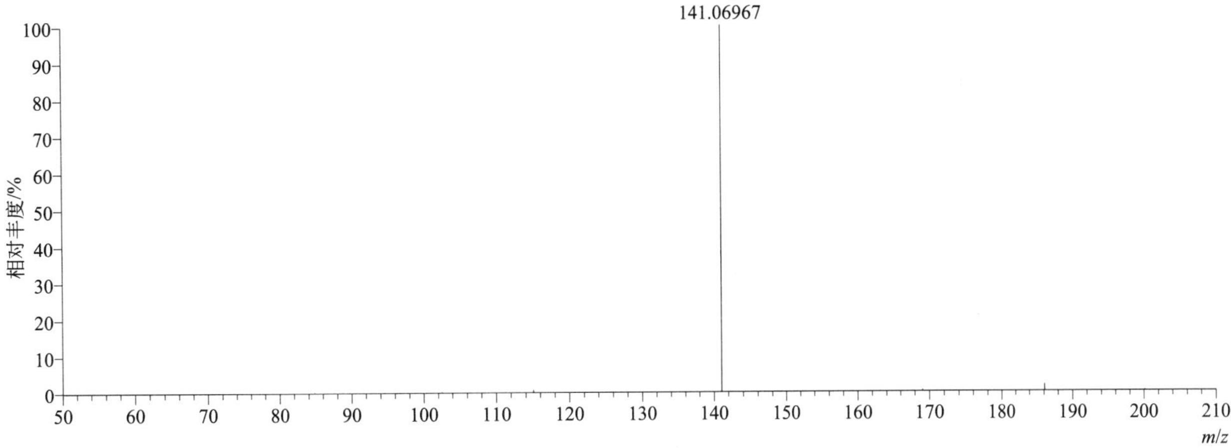

[M+H]+ 归一化法能量 NCE 为 60 时典型的二级质谱图

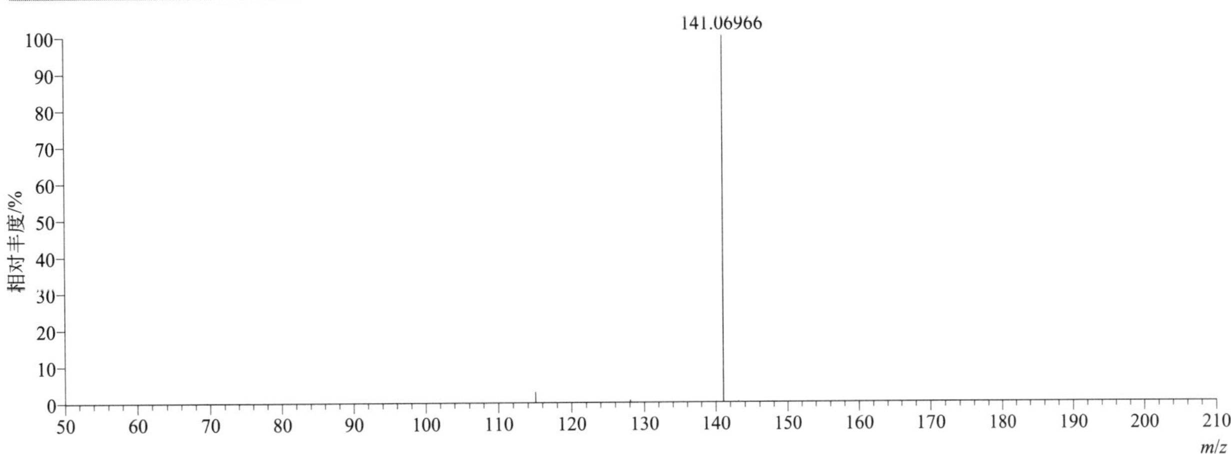

[M+H]+ 阶梯归一化法能量 Step NCE 为 20、40、60 时典型的二级质谱图

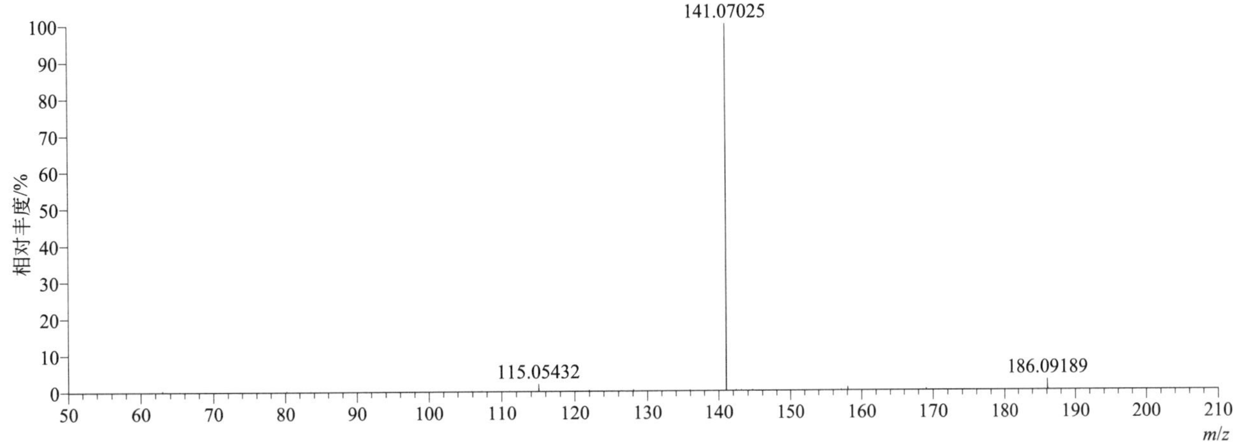

naproanilide（萘丙胺）

基本信息

CAS 登录号	52570-16-8	分子量	291.12593	离子源和极性	电喷雾离子源（ESI）
分子式	$C_{19}H_{17}NO_2$	保留时间	14.93min	极性	正模式

$[M+H]^+$ 提取离子流色谱图

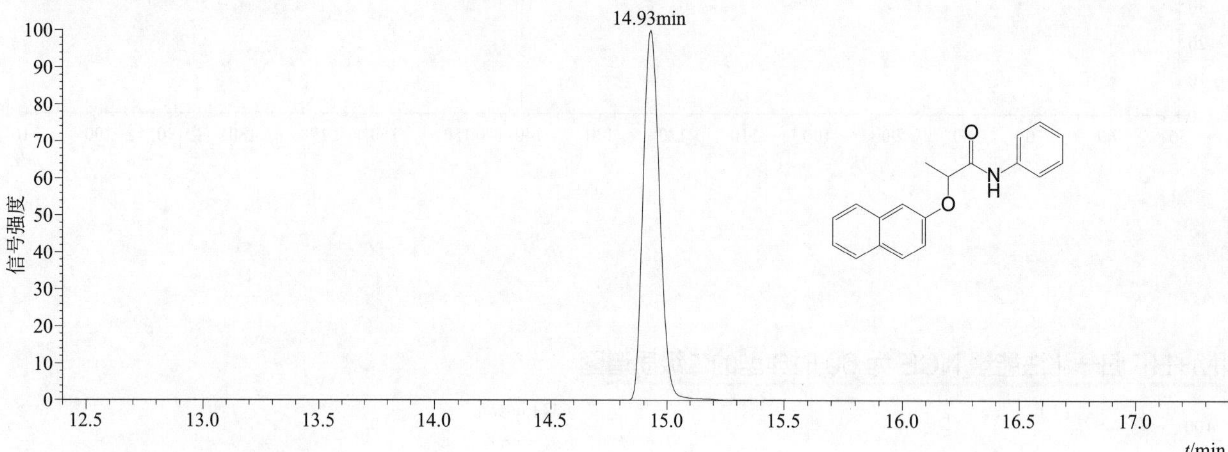

$[M+H]^+$ 典型的一级质谱图

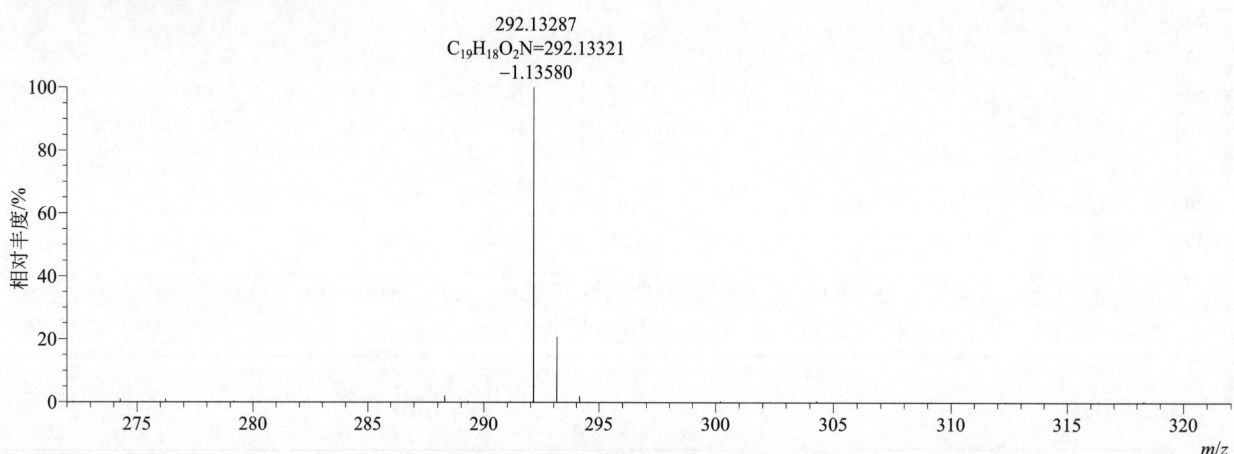

$[M+H]^+$ 归一化法能量 NCE 为 20 时典型的二级质谱图

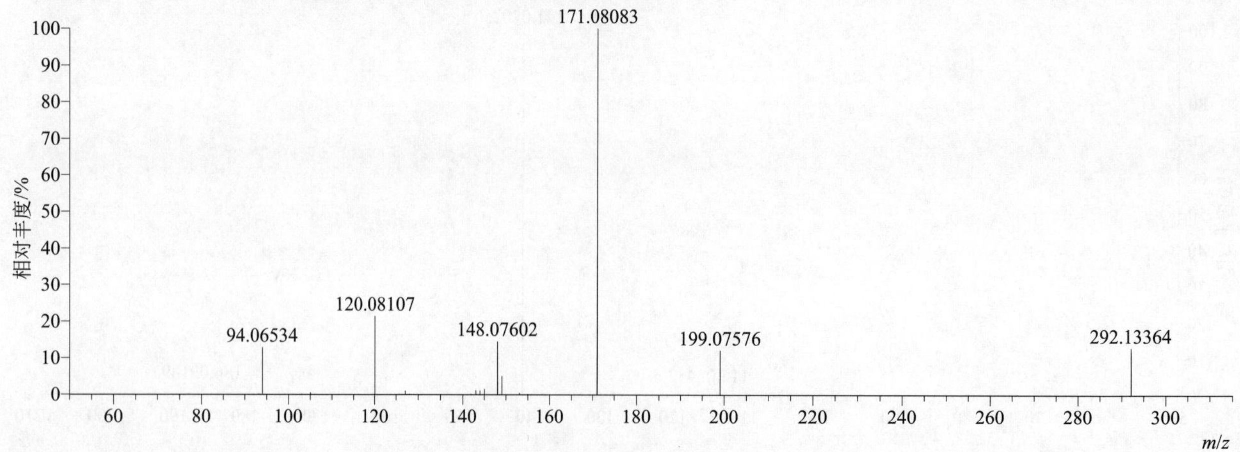

[M+H]$^+$ 归一化法能量 NCE 为 40 时典型的二级质谱图

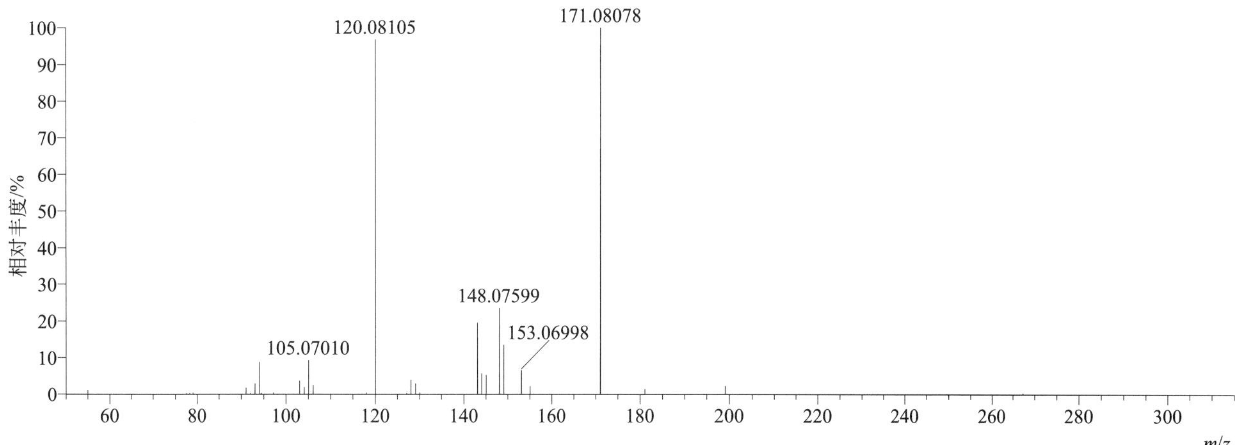

[M+H]$^+$ 归一化法能量 NCE 为 60 时典型的二级质谱图

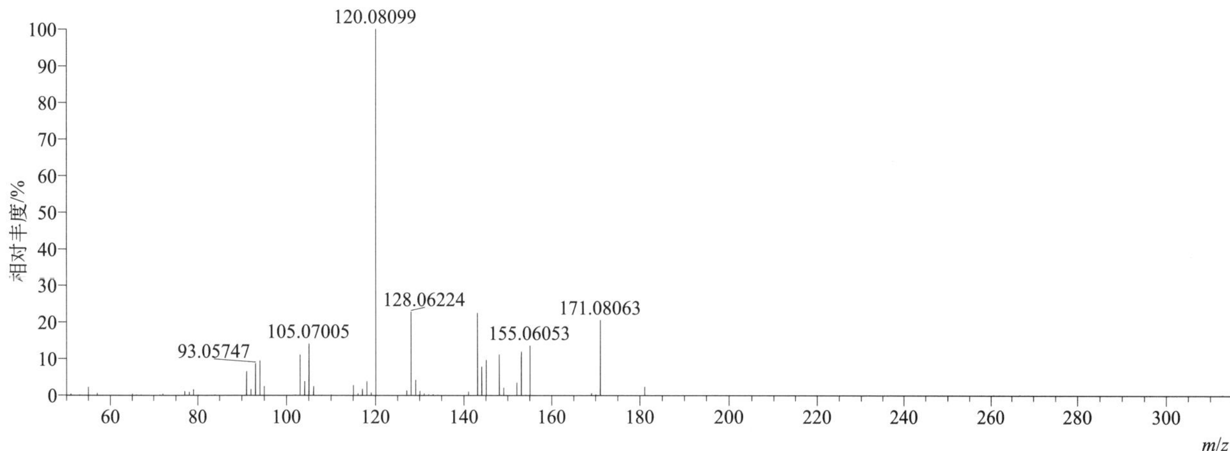

[M+H]$^+$ 阶梯归一化法能量 Step NCE 为 20、40、60 时典型的二级质谱图

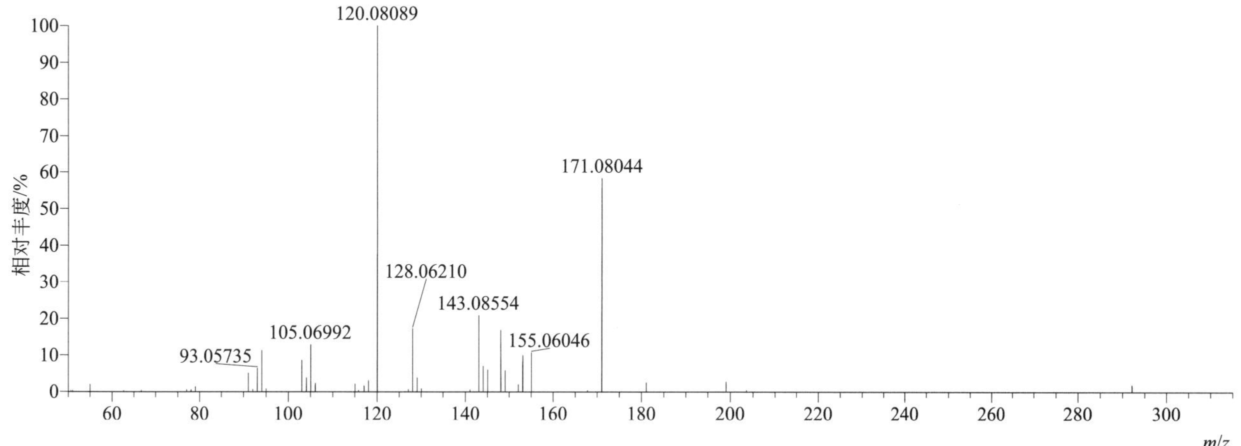

napropamide（敌草胺）

基本信息

CAS 登录号	15299-99-7	分子量	271.15723	离子源和极性	电喷雾离子源（ESI）
分子式	$C_{17}H_{21}NO_2$	保留时间	14.77min	极性	正模式

[M+H]+ 提取离子流色谱图

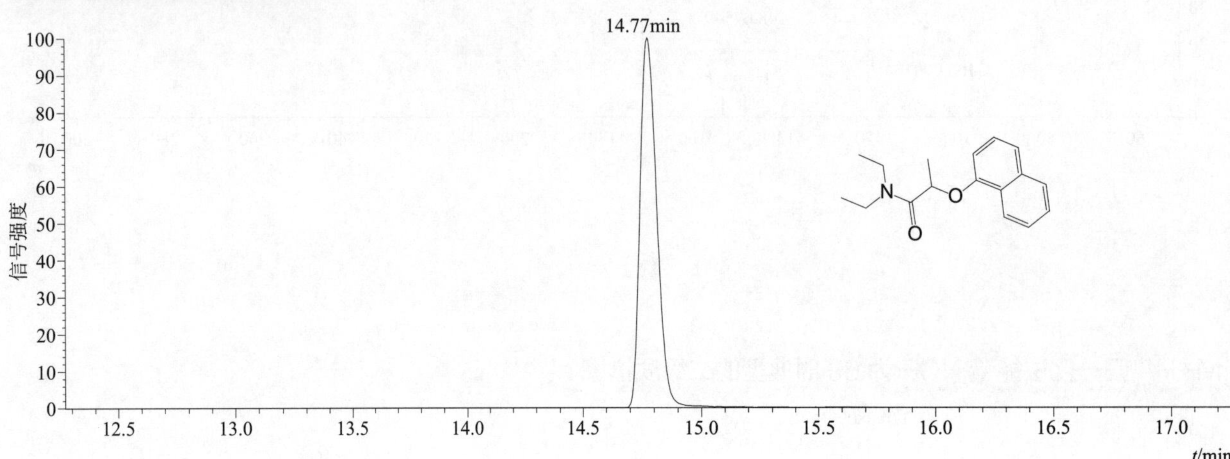

[M+H]+ 典型的一级质谱图

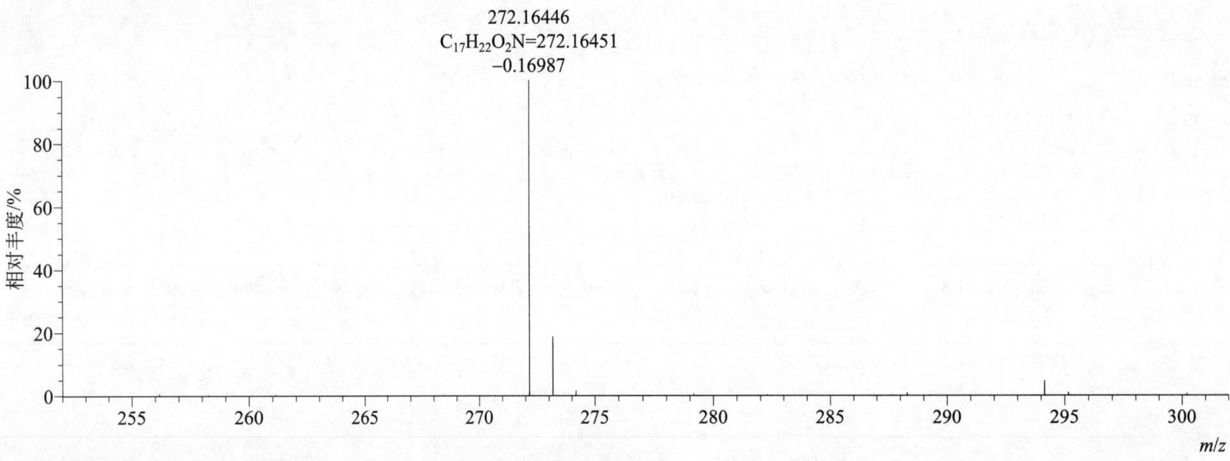

[M+H]+ 归一化法能量 NCE 为 20 时典型的二级质谱图

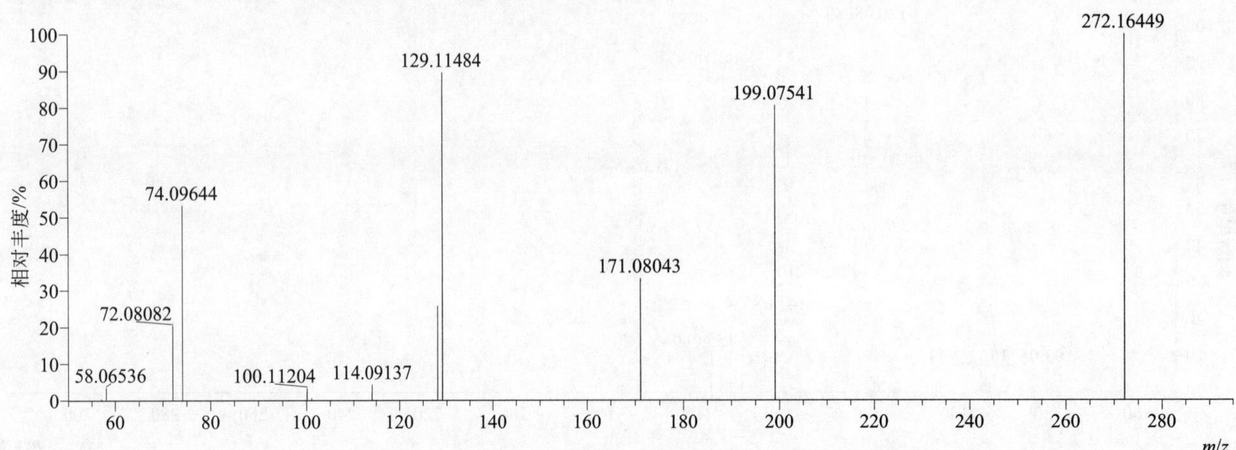

[M+H]+ 归一化法能量 NCE 为 40 时典型的二级质谱图

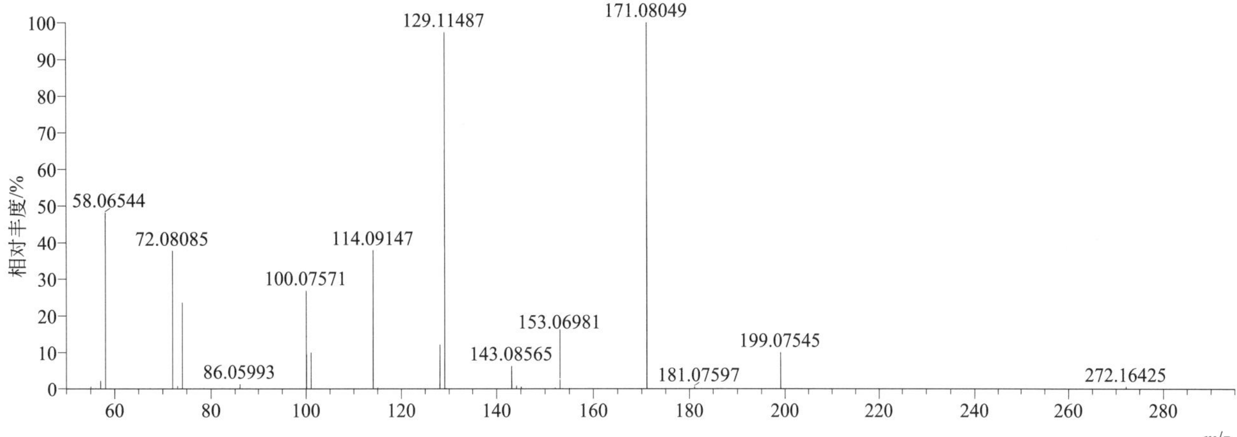

[M+H]+ 归一化法能量 NCE 为 60 时典型的二级质谱图

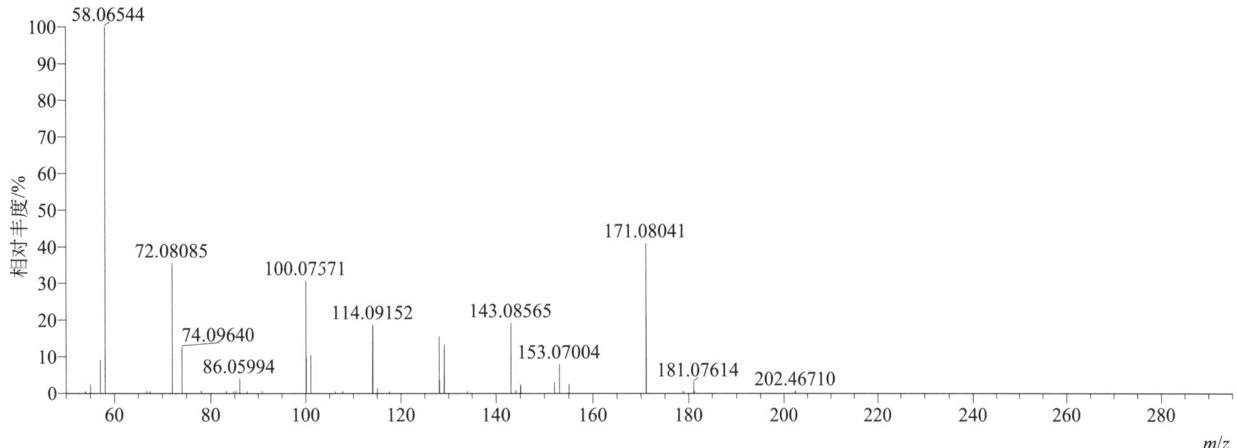

[M+H]+ 阶梯归一化法能量 Step NCE 为 20、40、60 时典型的二级质谱图

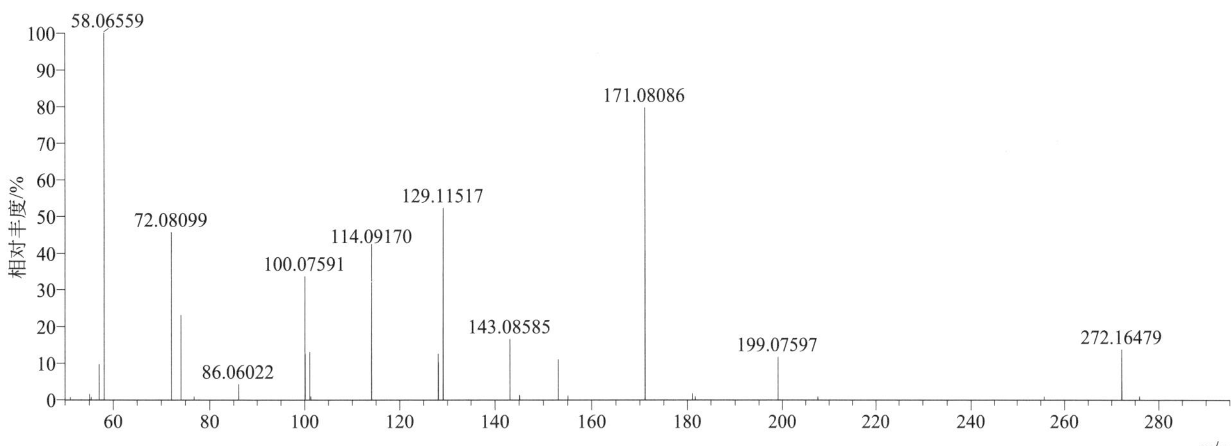

naptalam（抑草生）

基本信息

CAS 登录号	132-66-1	分子量	291.08954	离子源和极性	电喷雾离子源（ESI）
分子式	$C_{18}H_{13}NO_3$	保留时间	13.10min	极性	正模式

[M+H]+ 提取离子流色谱图

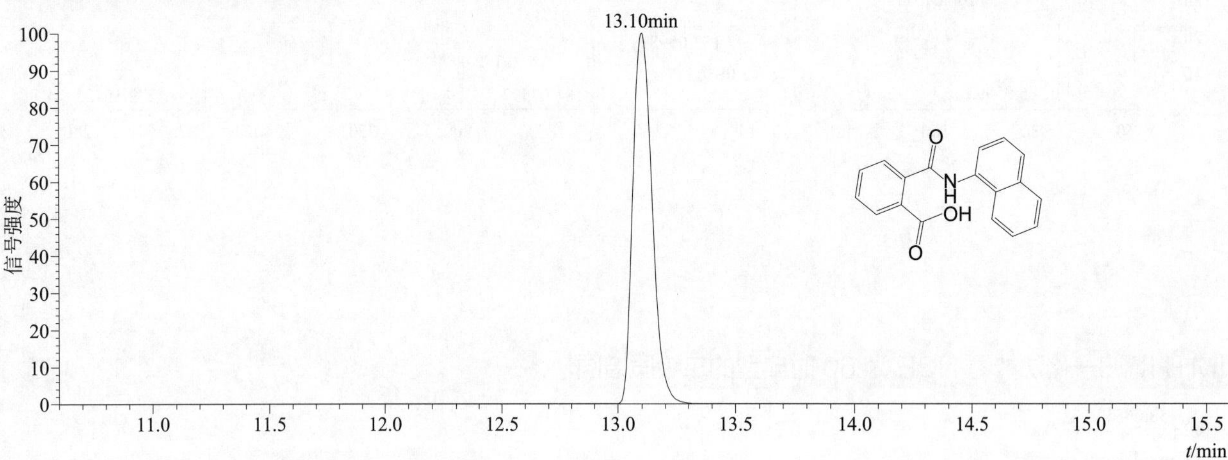

[M+H]+ 和 [M+Na]+ 典型的一级质谱图

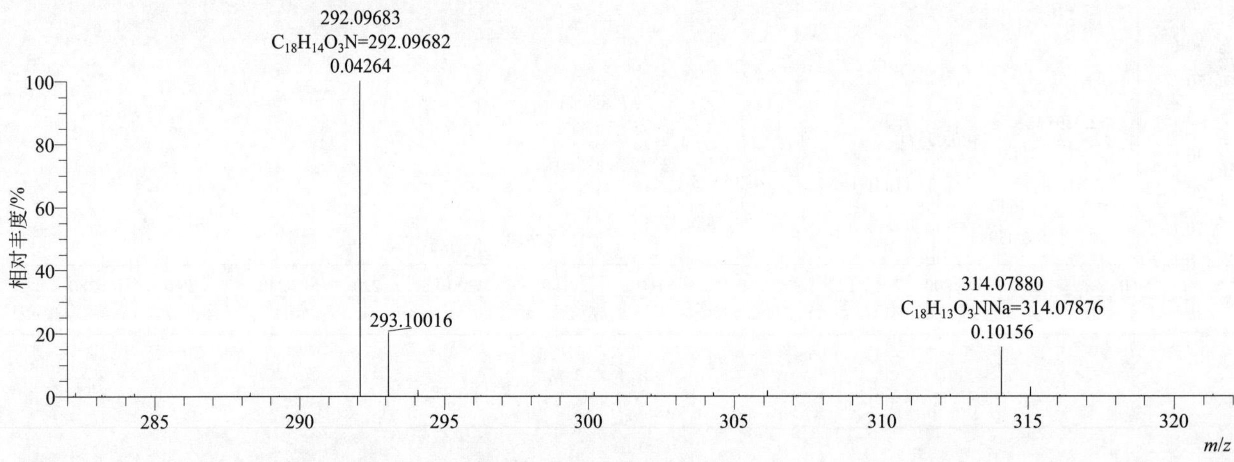

[M+H]+ 归一化法能量 NCE 为 20 时典型的二级质谱图

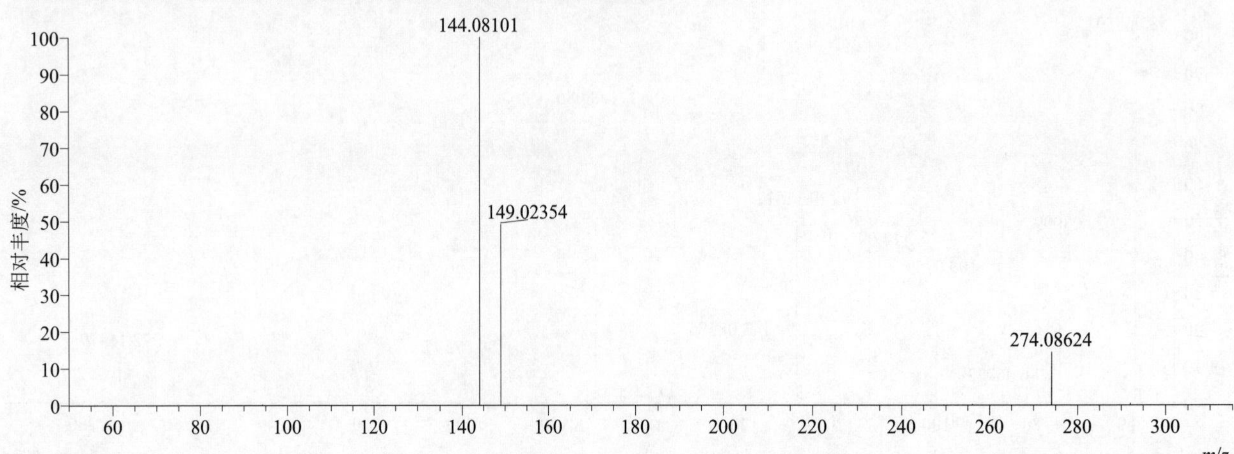

[M+H]⁺ 归一化法能量 NCE 为 40 时典型的二级质谱图

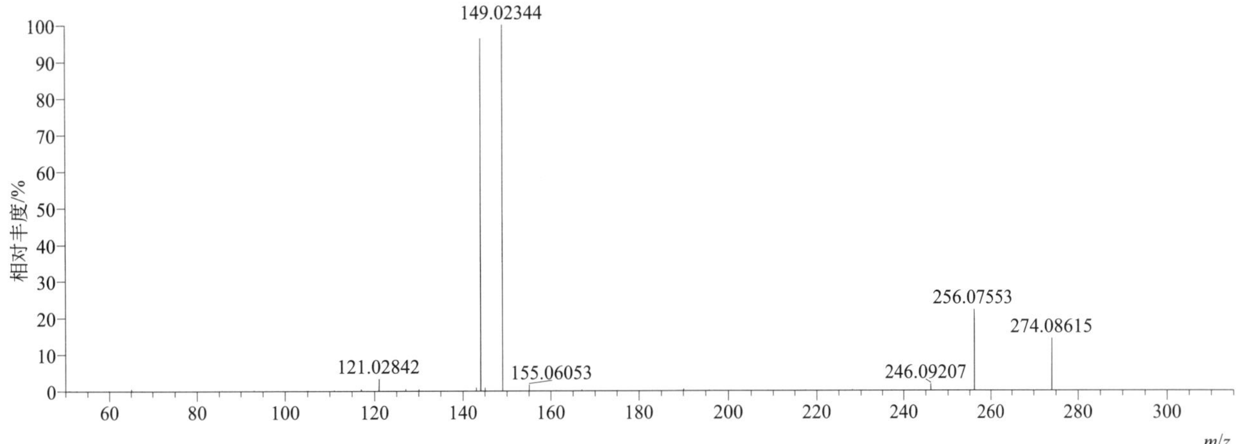

[M+H]⁺ 归一化法能量 NCE 为 60 时典型的二级质谱图

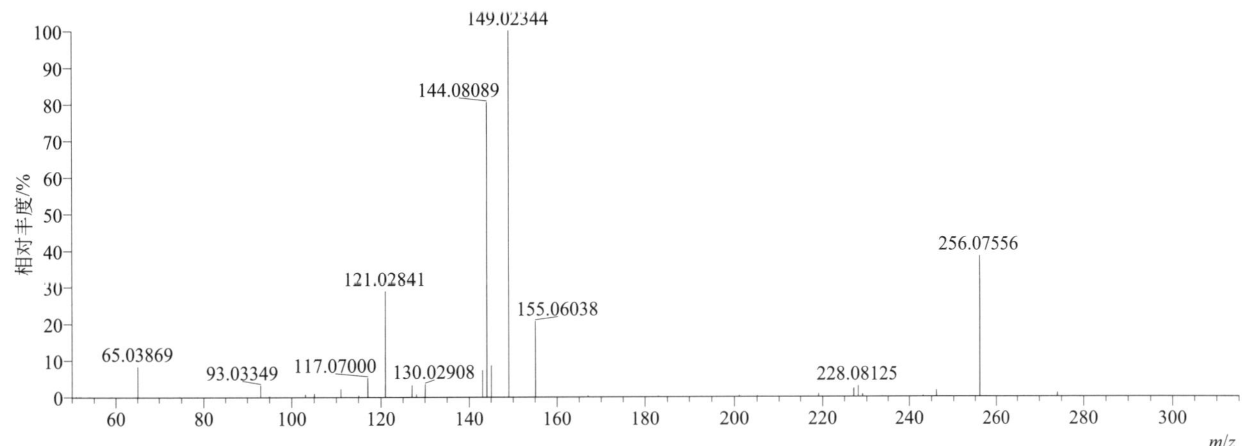

[M+H]⁺ 阶梯归一化法能量 Step NCE 为 20、40、60 时典型的二级质谱图

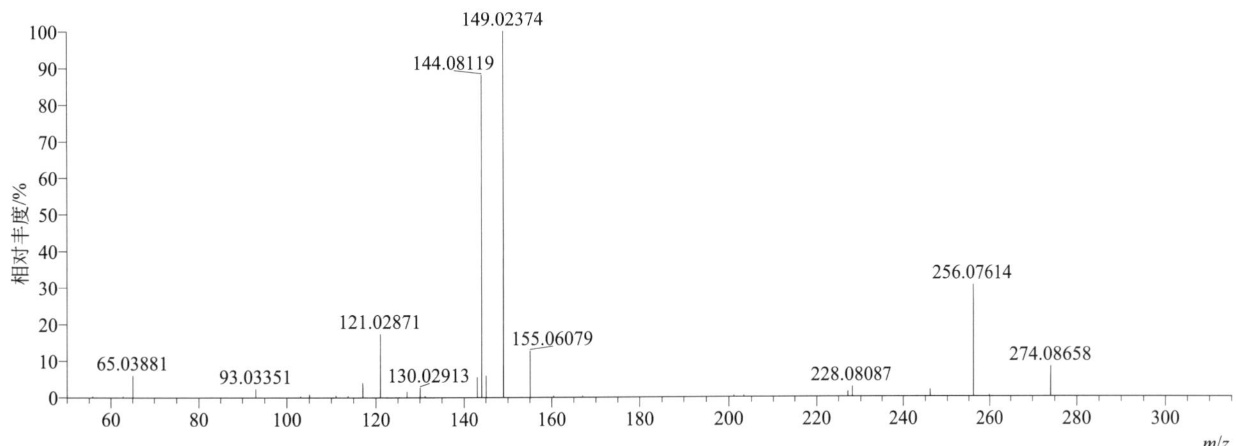

neburon（草不隆）

基本信息

CAS 登录号	555-37-3	分子量	274.06397	离子源和极性	电喷雾离子源（ESI）
分子式	$C_{12}H_{16}Cl_2N_2O$	保留时间	15.02min	极性	正模式

[M+H]+ 提取离子流色谱图

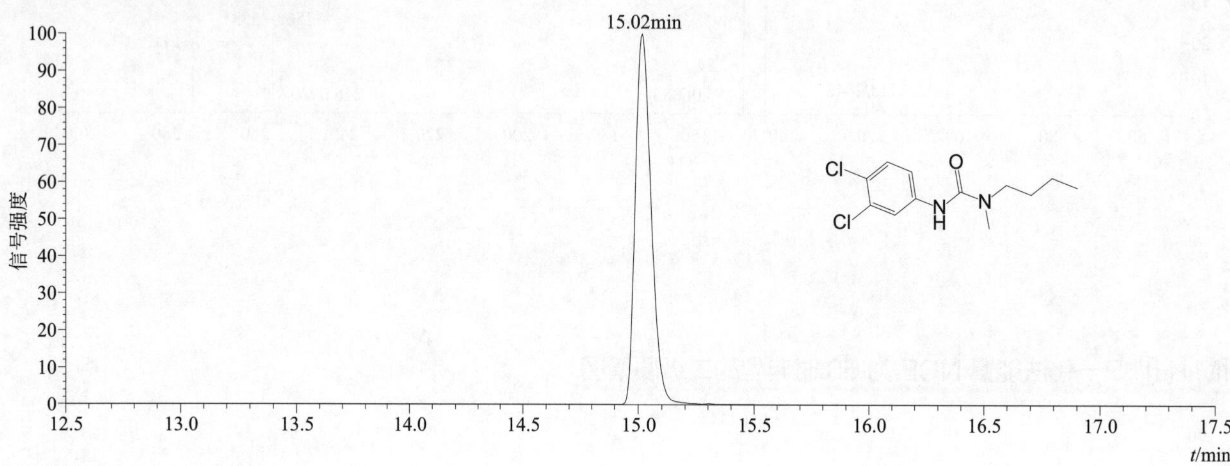

[M+H]+ 典型的一级质谱图

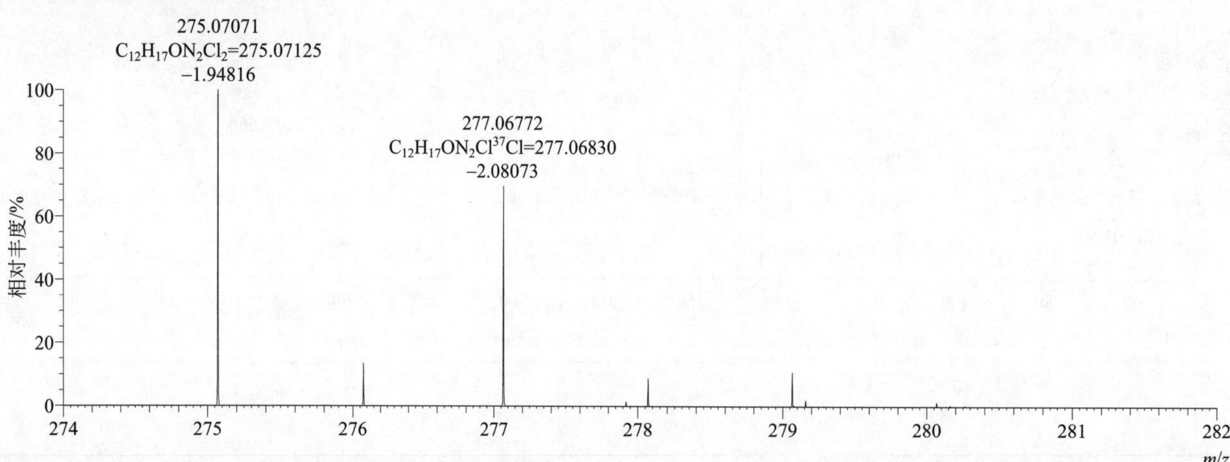

[M+H]+ 归一化法能量 NCE 为 20 时典型的二级质谱图

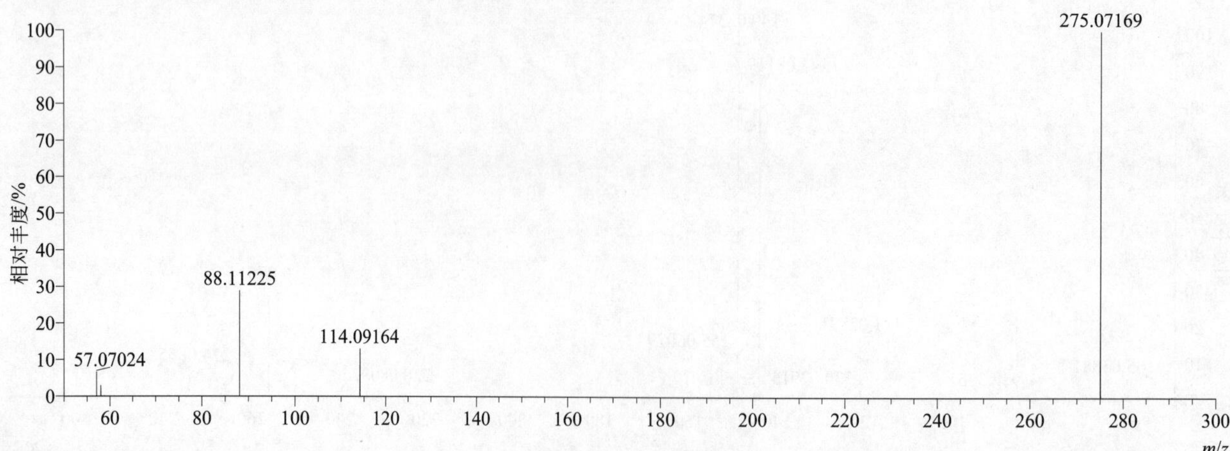

[M+H]⁺ 归一化法能量 NCE 为 40 时典型的二级质谱图

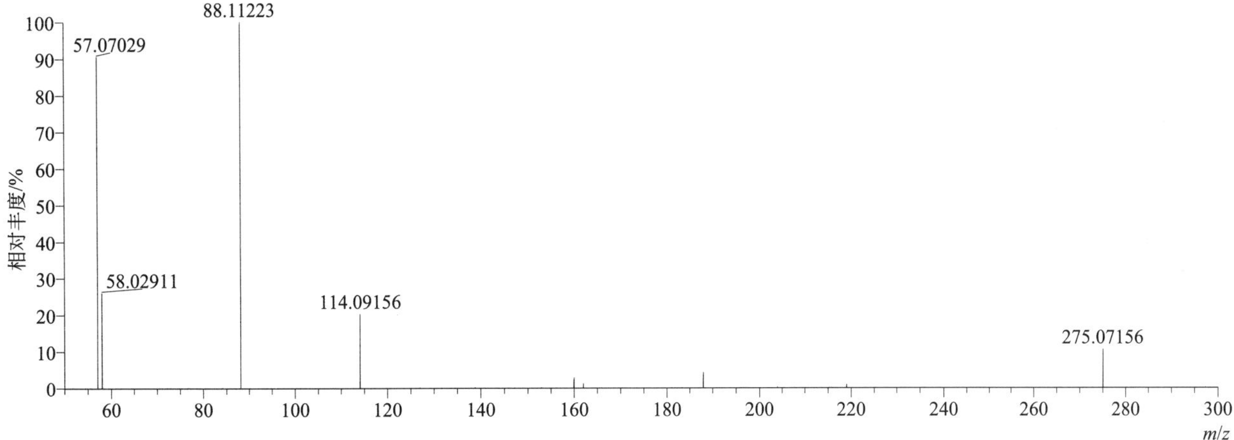

[M+H]⁺ 归一化法能量 NCE 为 60 时典型的二级质谱图

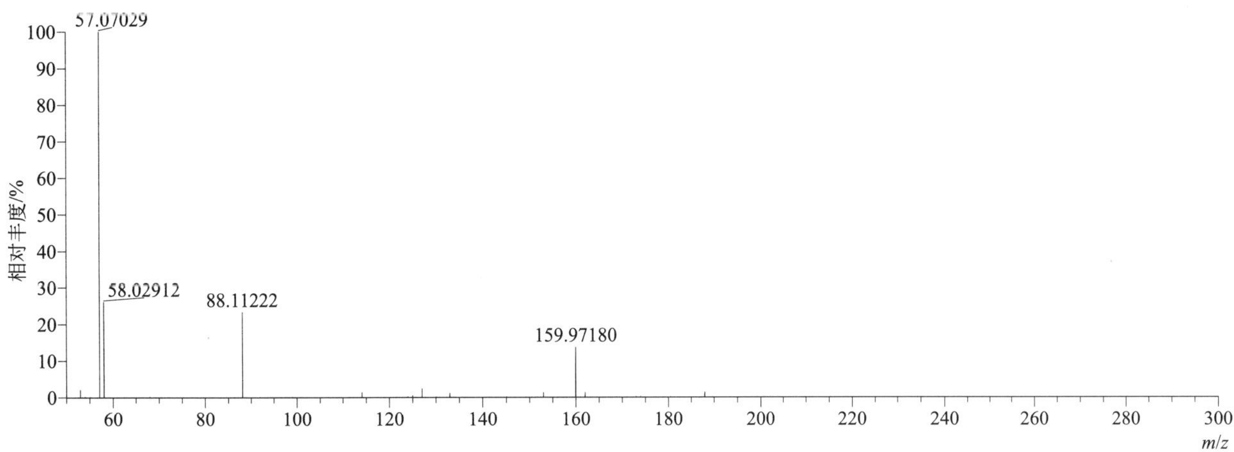

[M+H]⁺ 阶梯归一化法能量 Step NCE 为 20、40、60 时典型的二级质谱图

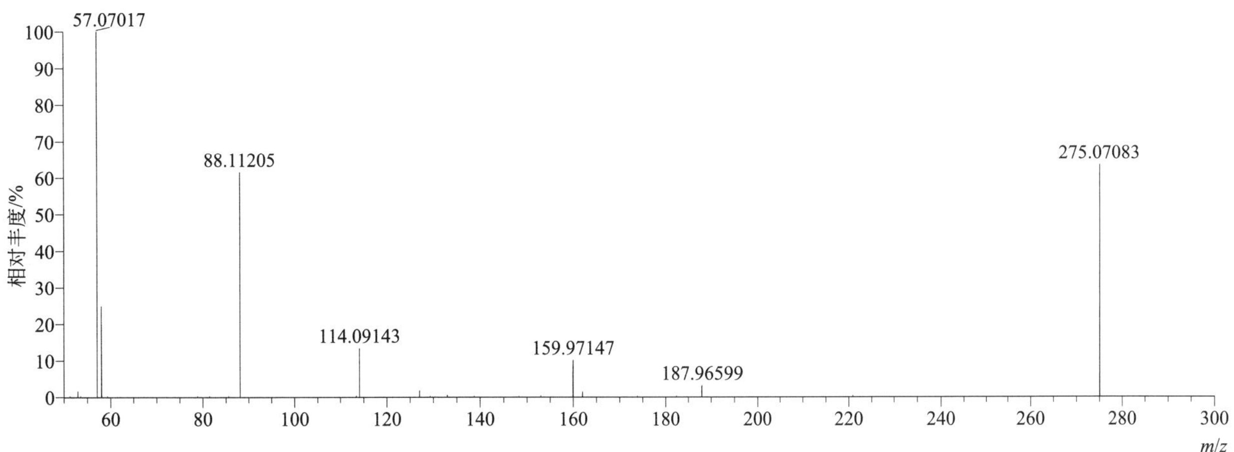

nicosulfuron（烟嘧磺隆）

基本信息

CAS 登录号	111991-09-4	分子量	410.10085	离子源和极性	电喷雾离子源（ESI）
分子式	$C_{15}H_{18}N_6O_6S$	保留时间	13.05min	极性	正模式

$[M+H]^+$ 提取离子流色谱图

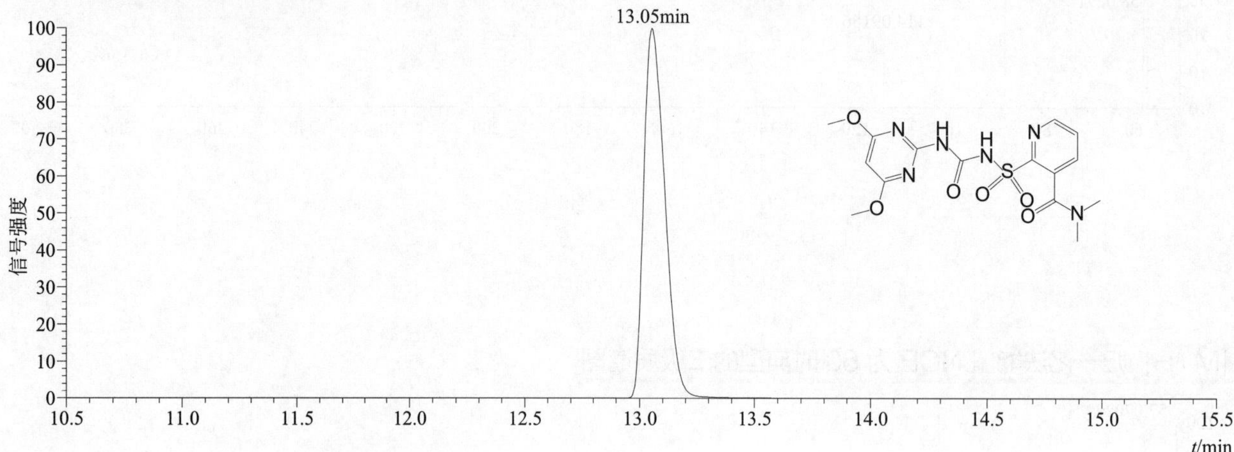

$[M+H]^+$ 和 $[M+Na]^+$ 典型的一级质谱图

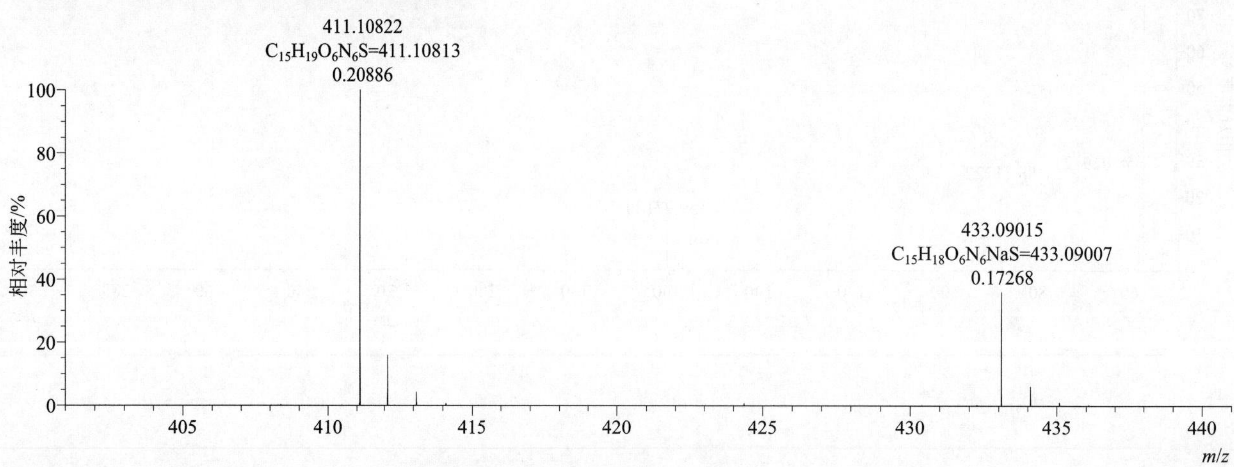

$[M+H]^+$ 归一化法能量 NCE 为 20 时典型的二级质谱图

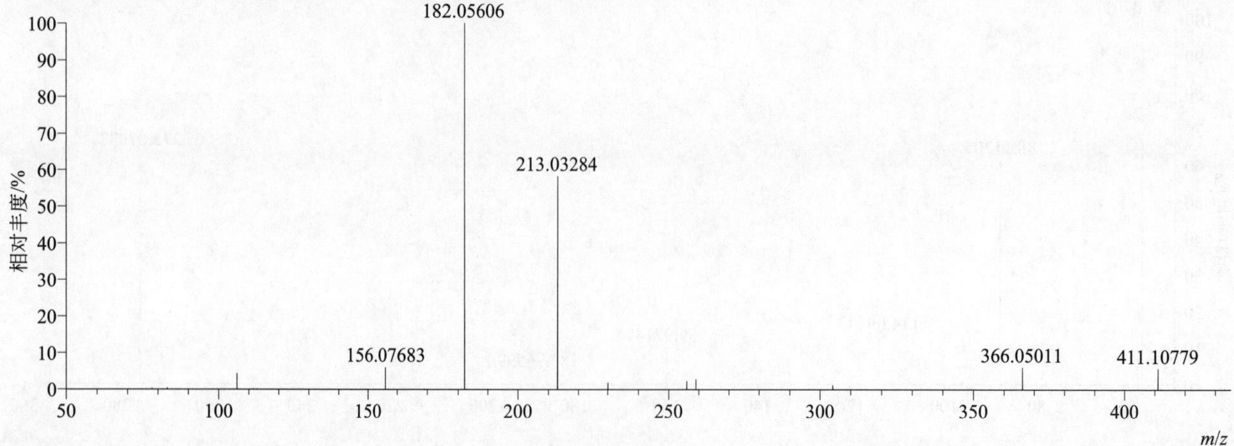

[M+H]$^+$ 归一化法能量 NCE 为 40 时典型的二级质谱图

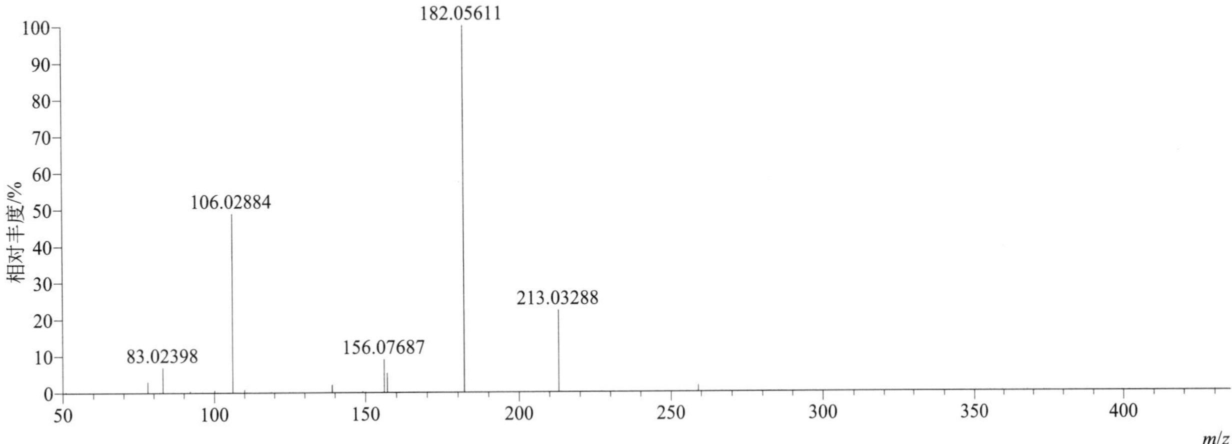

[M+H]$^+$ 归一化法能量 NCE 为 60 时典型的二级质谱图

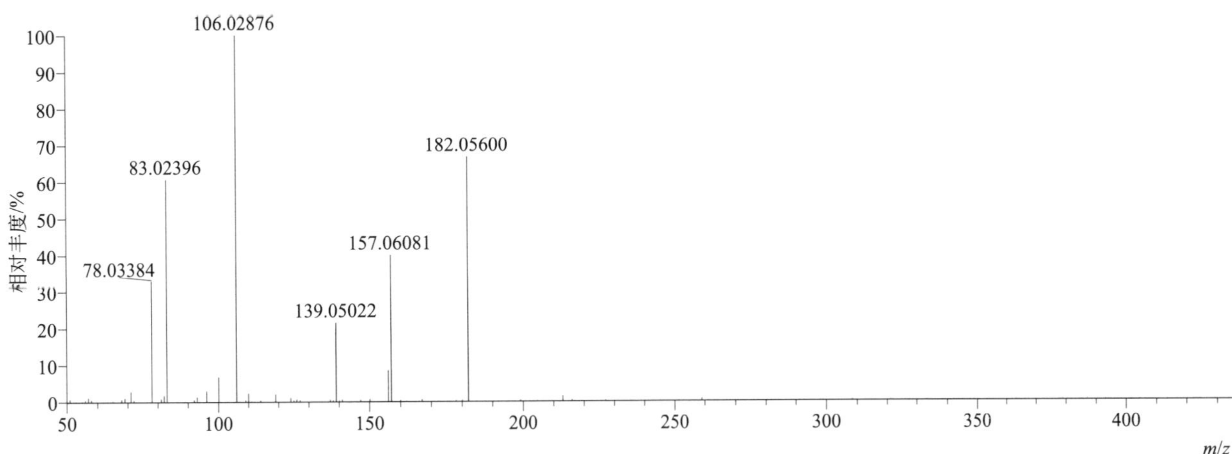

[M+H]$^+$ 阶梯归一化法能量 Step NCE 为 20、40、60 时典型的二级质谱图

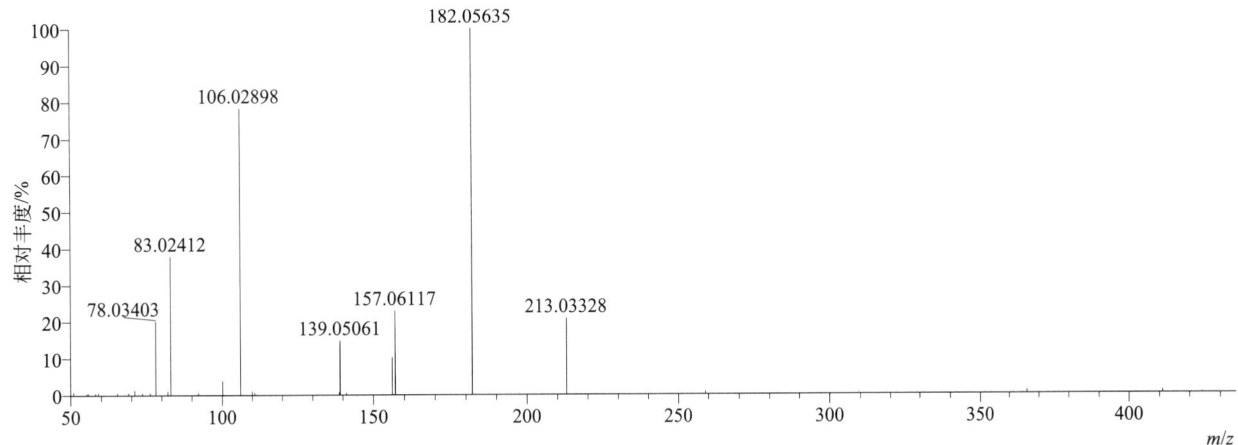

nitenpyram（烯啶虫胺）

基本信息

CAS 登录号	120738-89-8	分子量	270.08835	离子源和极性	电喷雾离子源（ESI）
分子式	$C_{11}H_{15}ClN_4O_2$	保留时间	15.41min	极性	正模式

$[M+H]^+$ 提取离子流色谱图

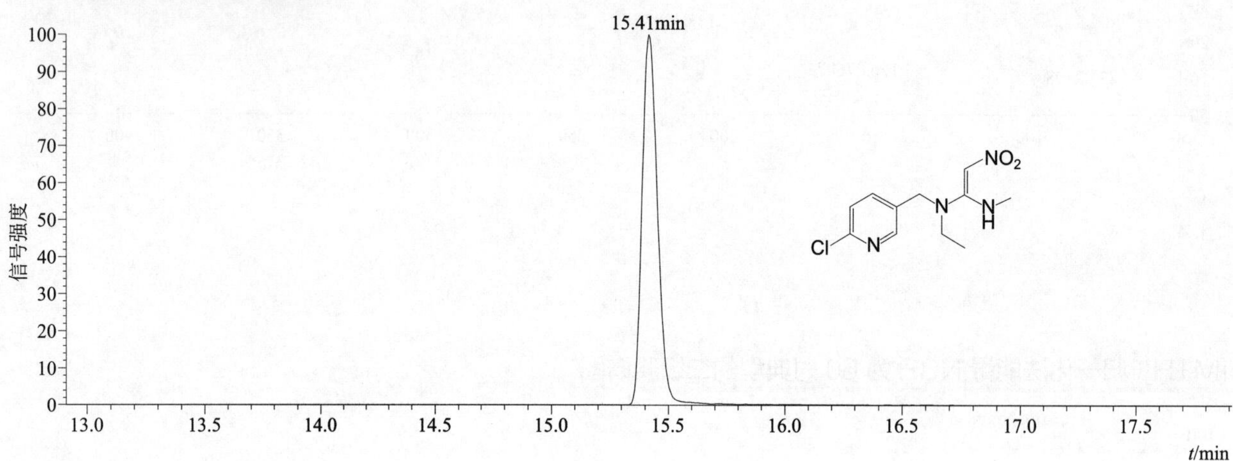

$[M+H]^+$ 典型的一级质谱图

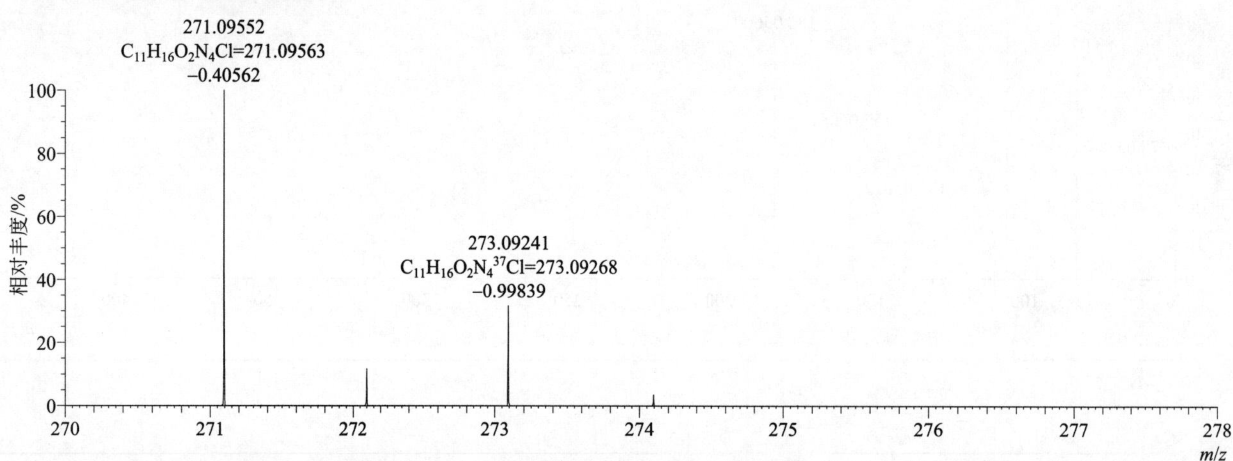

$[M+H]^+$ 归一化法能量 NCE 为 20 时典型的二级质谱图

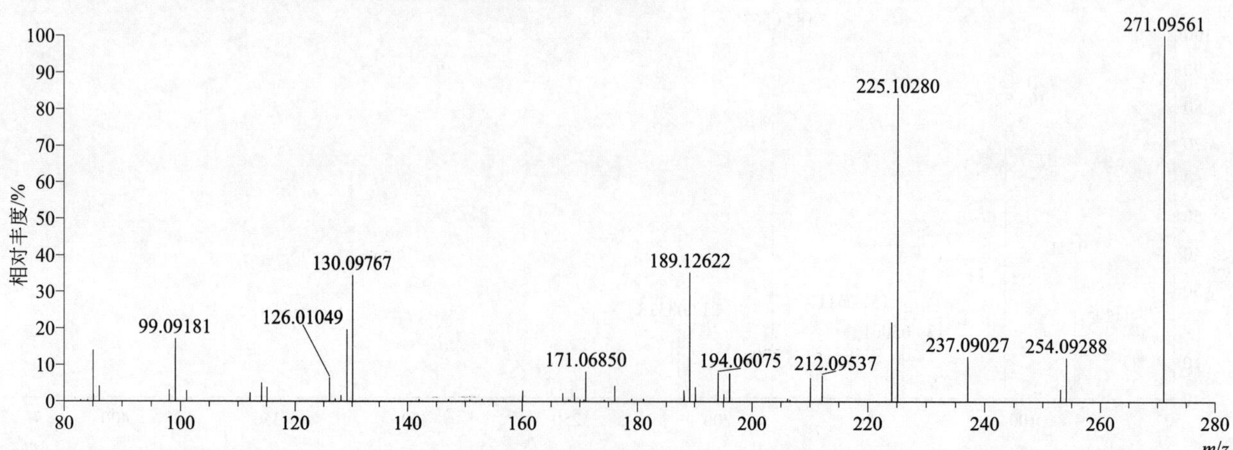

[M+H]$^+$ 归一化法能量 NCE 为 40 时典型的二级质谱图

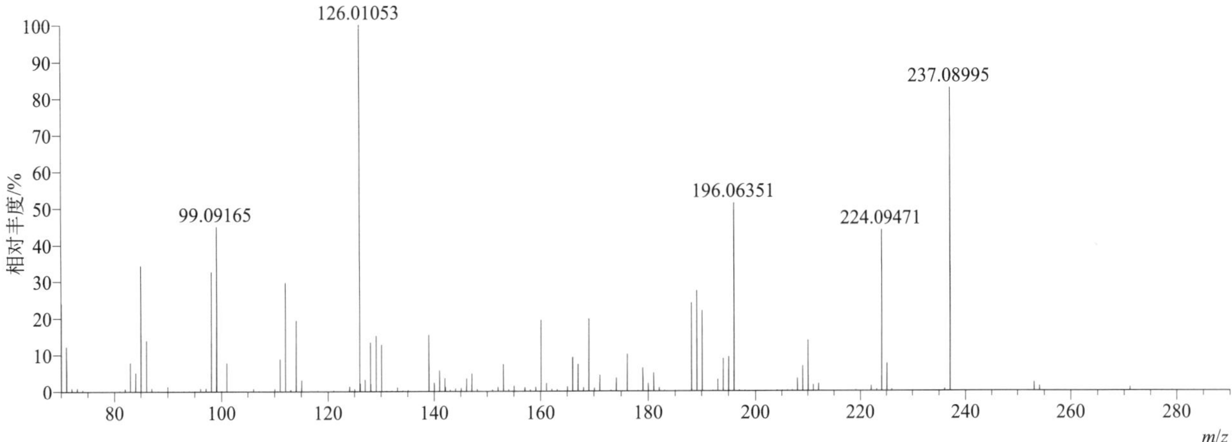

[M+H]$^+$ 归一化法能量 NCE 为 60 时典型的二级质谱图

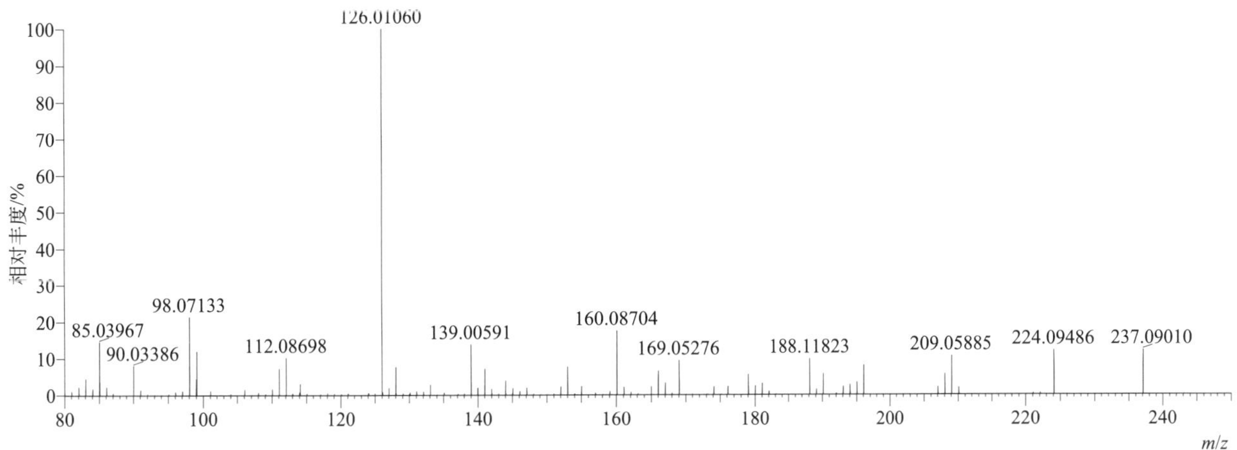

[M+H]$^+$ 阶梯归一化法能量 Step NCE 为 20、40、60 时典型的二级质谱图

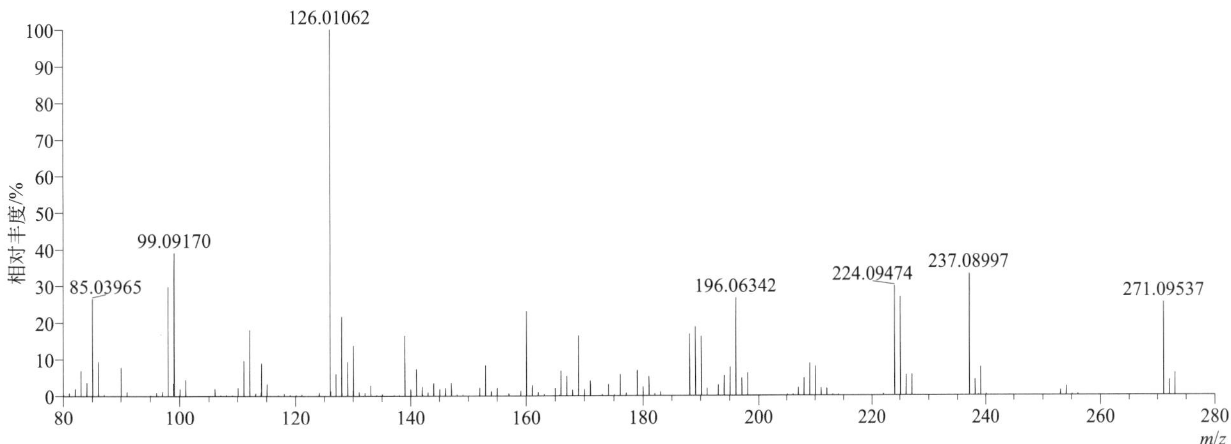

nitralin（磺乐灵）

基本信息

CAS 登录号	4726-14-1	分子量	345.09946	离子源和极性	电喷雾离子源（ESI）
分子式	$C_{13}H_{19}N_3O_6S$	保留时间	14.91min	极性	正模式

$[M+H]^+$ 提取离子流色谱图

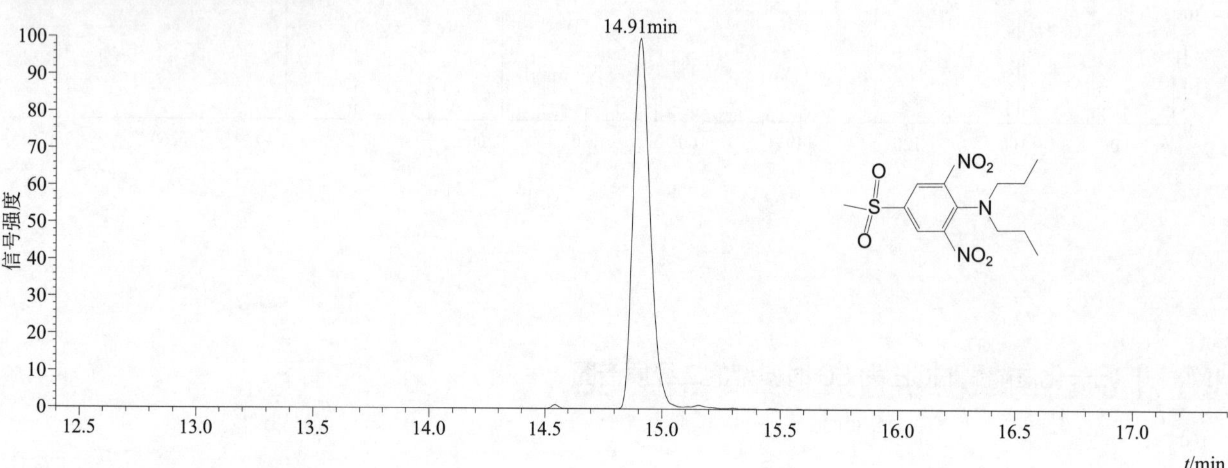

$[M+H]^+$ 典型的一级质谱图

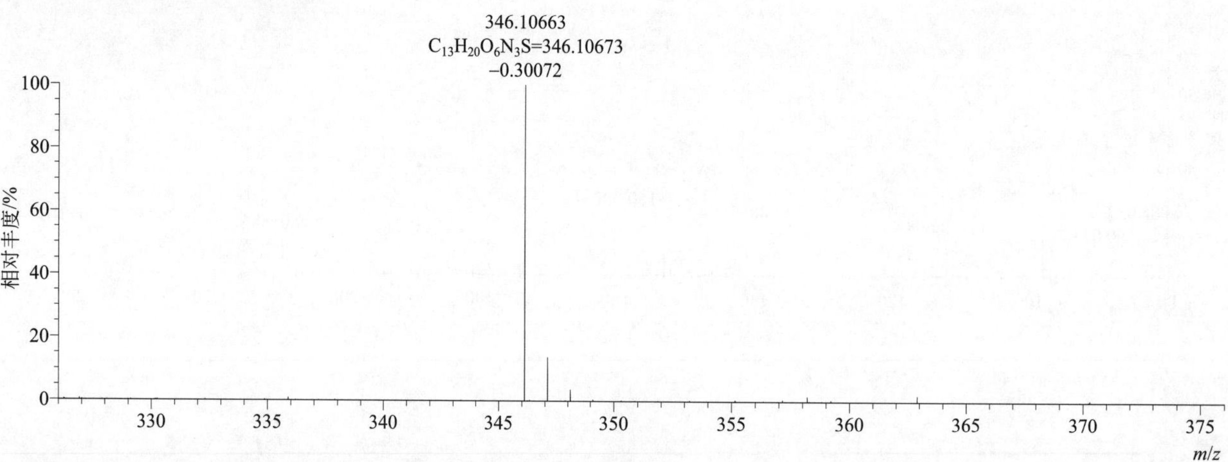

$[M+H]^+$ 归一化法能量 NCE 为 20 时典型的二级质谱图

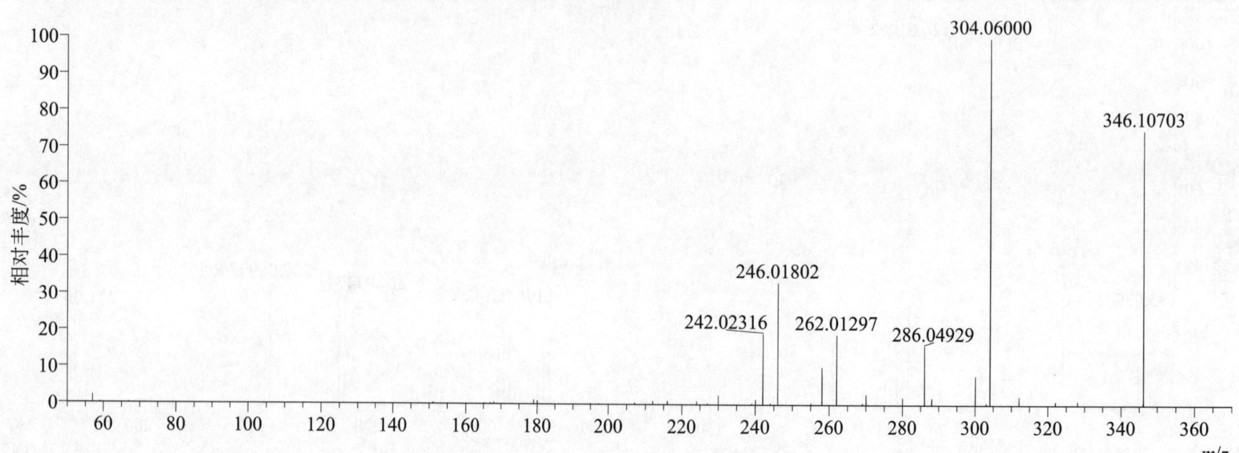

[M+H]⁺ 归一化法能量 NCE 为 40 时典型的二级质谱图

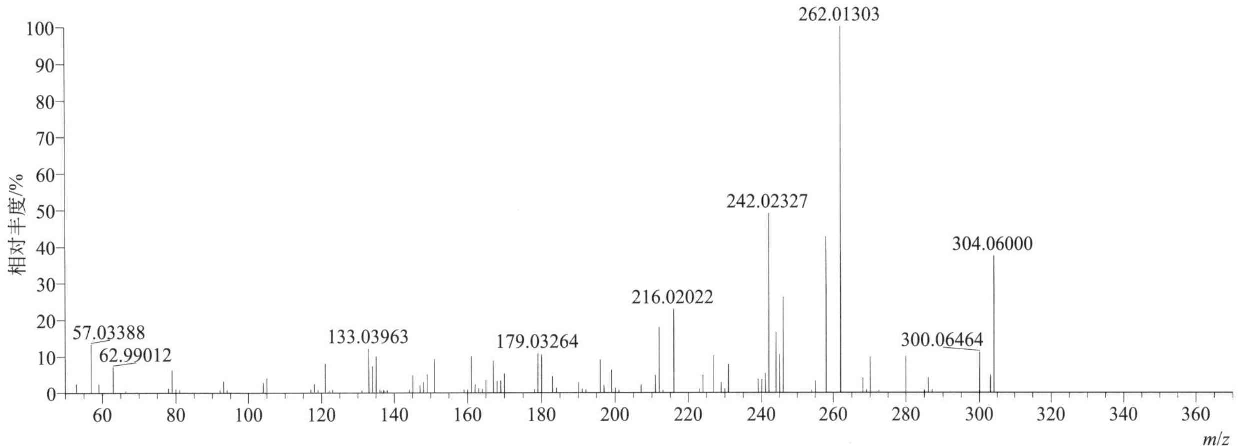

[M+H]⁺ 归一化法能量 NCE 为 60 时典型的二级质谱图

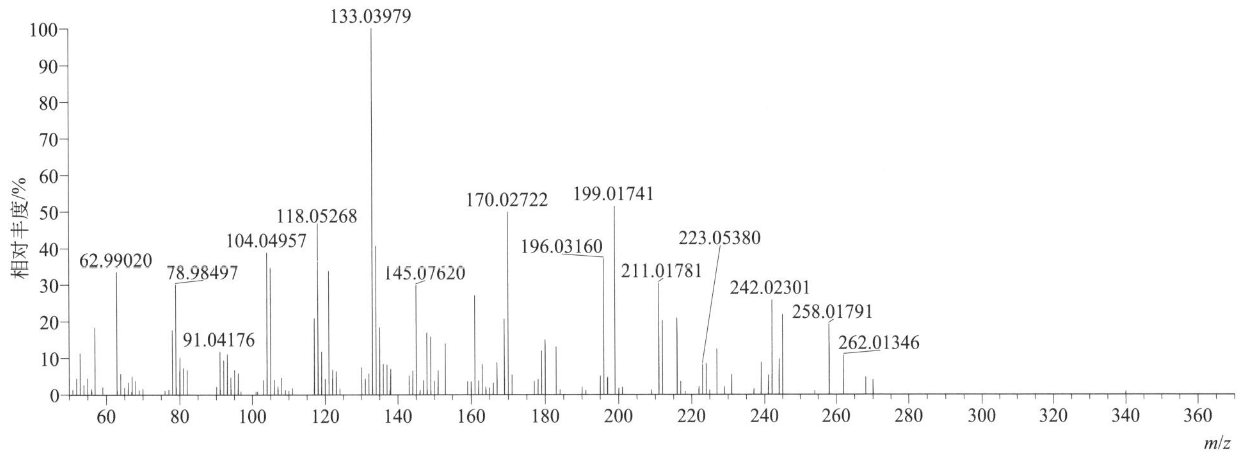

[M+H]⁺ 阶梯归一化法能量 Step NCE 为 20、40、60 时典型的二级质谱图

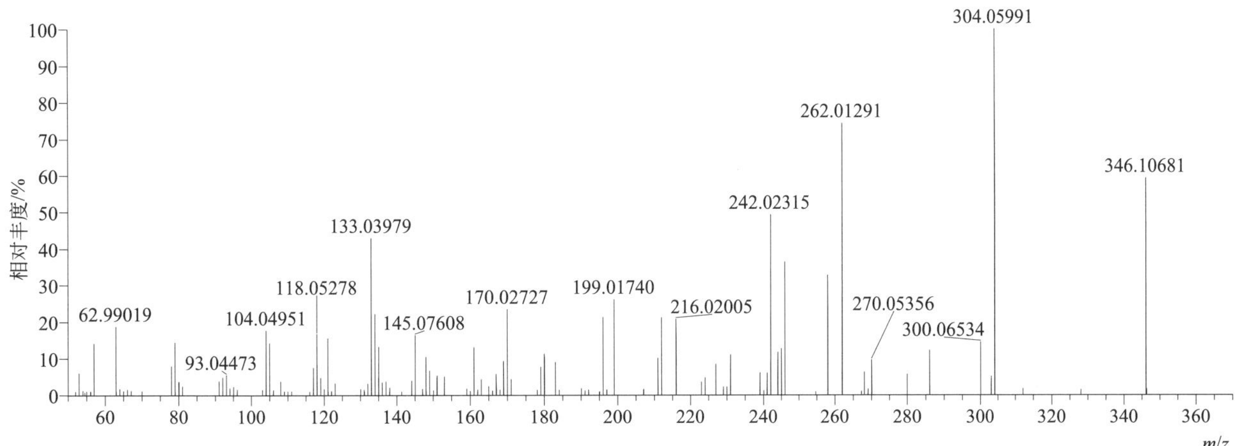

norflurazon（氟草敏）

基本信息

CAS 登录号	27314-13-2	分子量	303.03862	离子源和极性	电喷雾离子源（ESI）
分子式	$C_{12}H_9ClF_3N_3O$	保留时间	13.88min	极性	正模式

$[M+H]^+$ 提取离子流色谱图

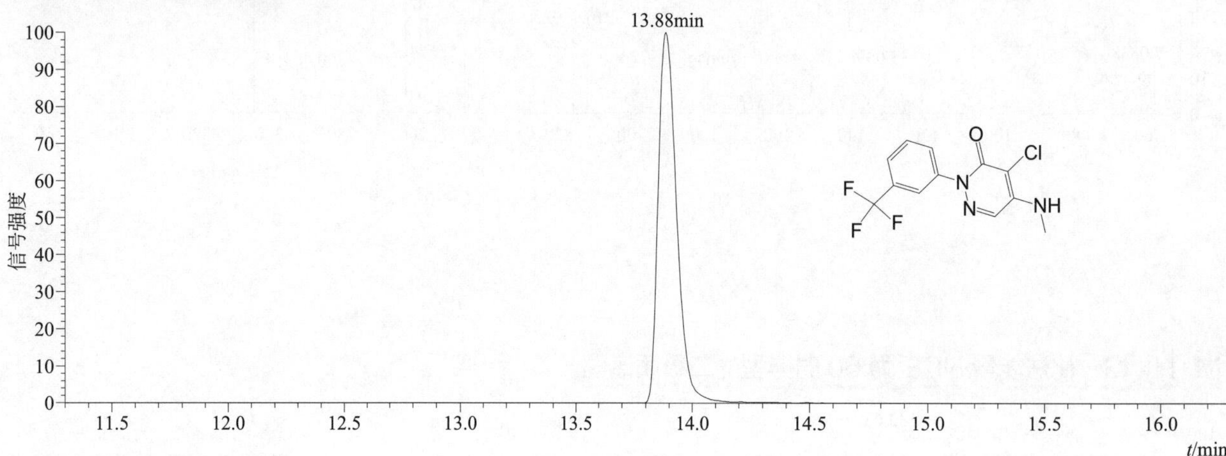

$[M+H]^+$ 典型的一级质谱图

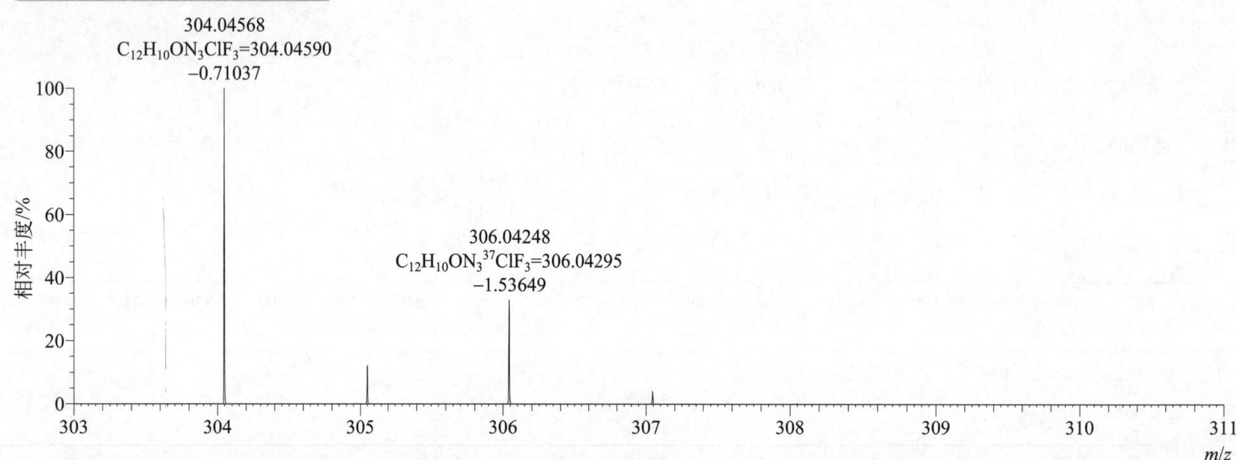

$[M+H]^+$ 归一化法能量 NCE 为 40 时典型的二级质谱图

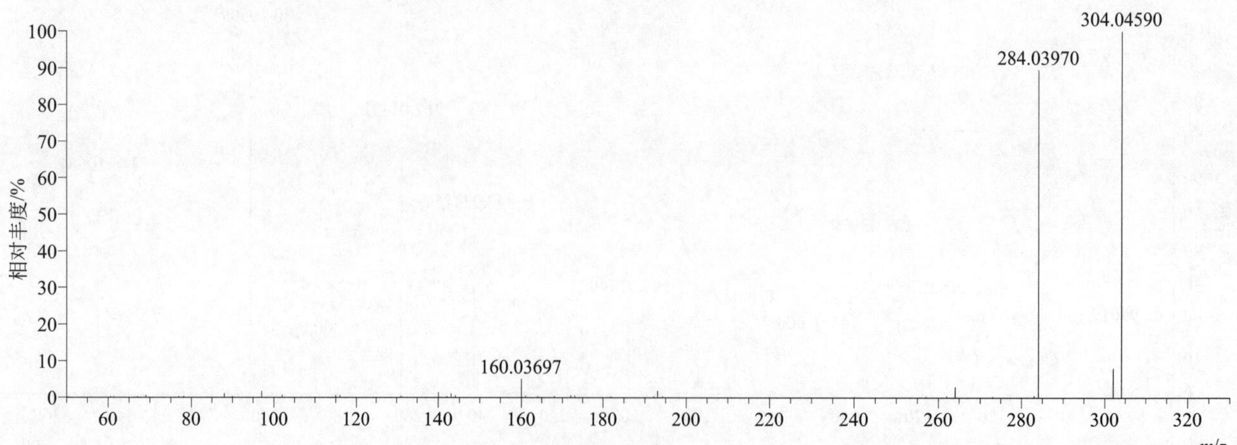

$[M+H]^+$ 归一化法能量 NCE 为 60 时典型的二级质谱图

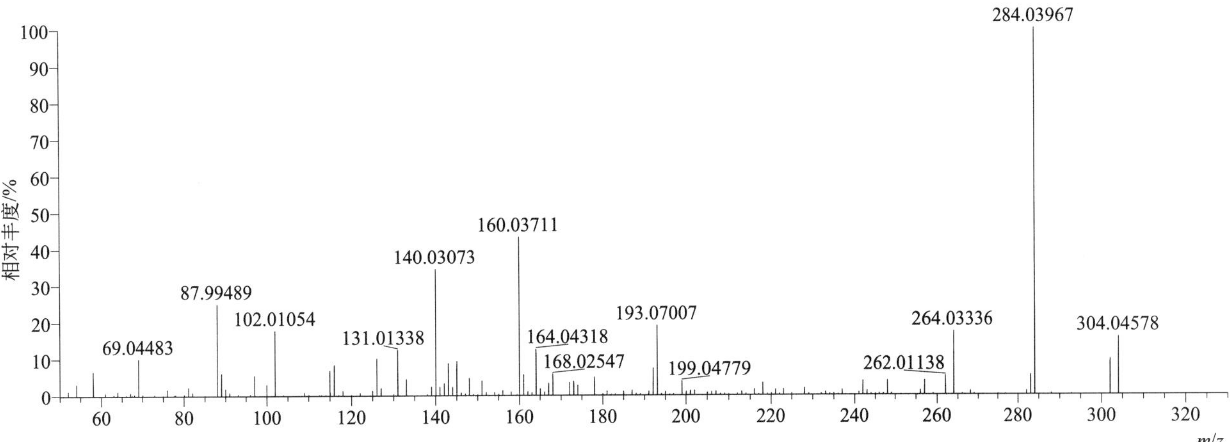

$[M+H]^+$ 归一化法能量 NCE 为 80 时典型的二级质谱图

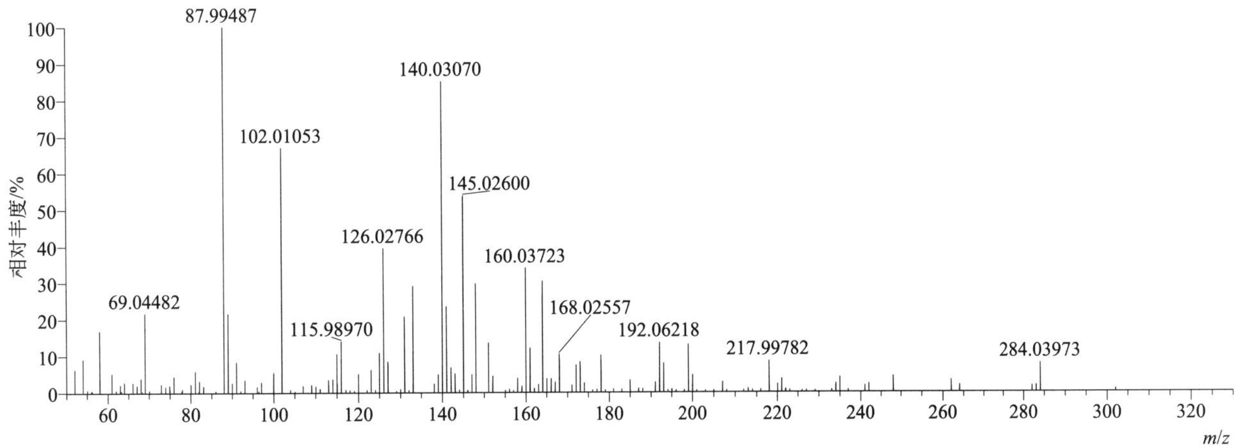

$[M+H]^+$ 阶梯归一化法能量 Step NCE 为 40、60、80 时典型的二级质谱图

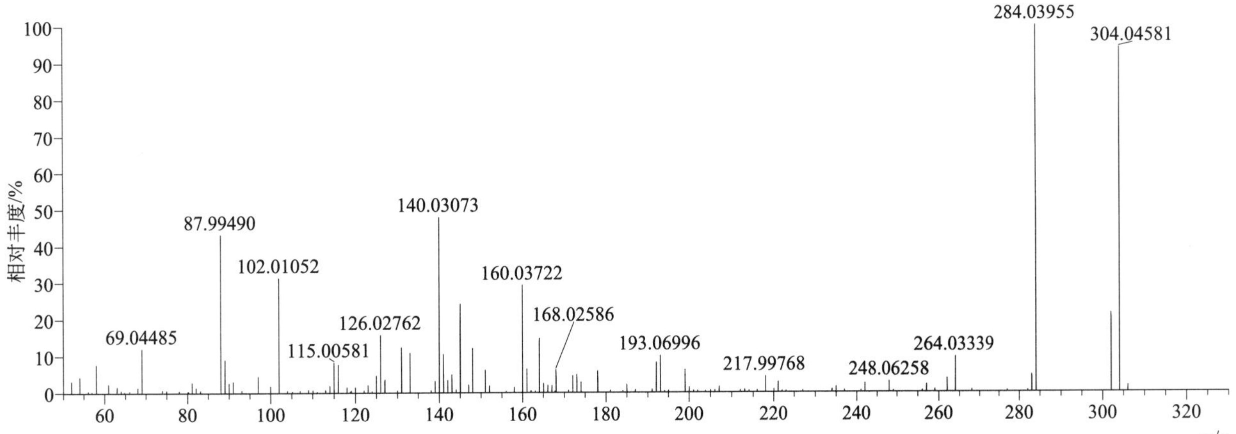

nuarimol（氟苯嘧啶醇）

基本信息

CAS 登录号	63284-71-9	分子量	314.06222	离子源和极性	电喷雾离子源（ESI）
分子式	$C_{17}H_{12}ClFN_2O$	保留时间	14.24min	极性	正模式

$[M+H]^+$ 提取离子流色谱图

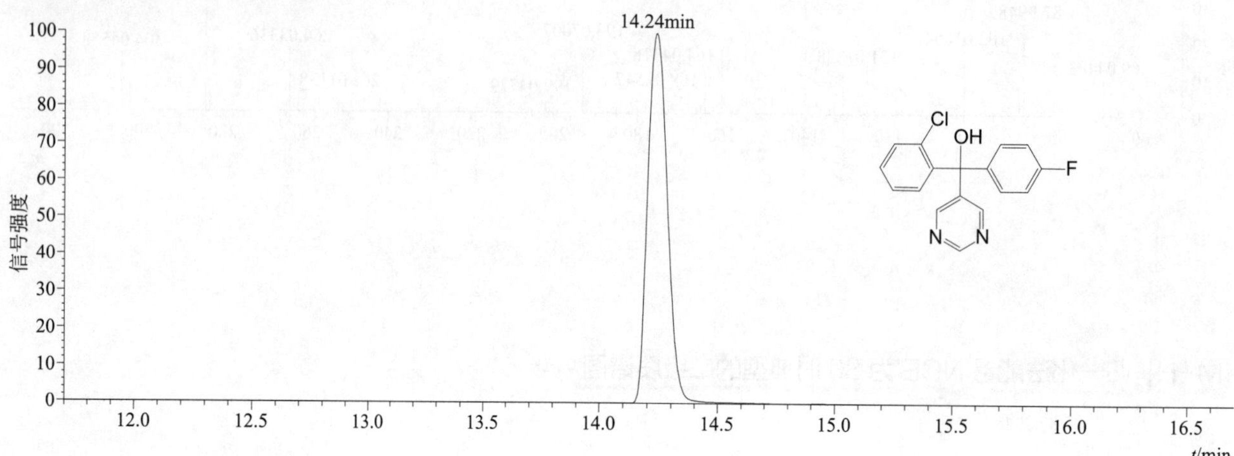

$[M+H]^+$ 典型的一级质谱图

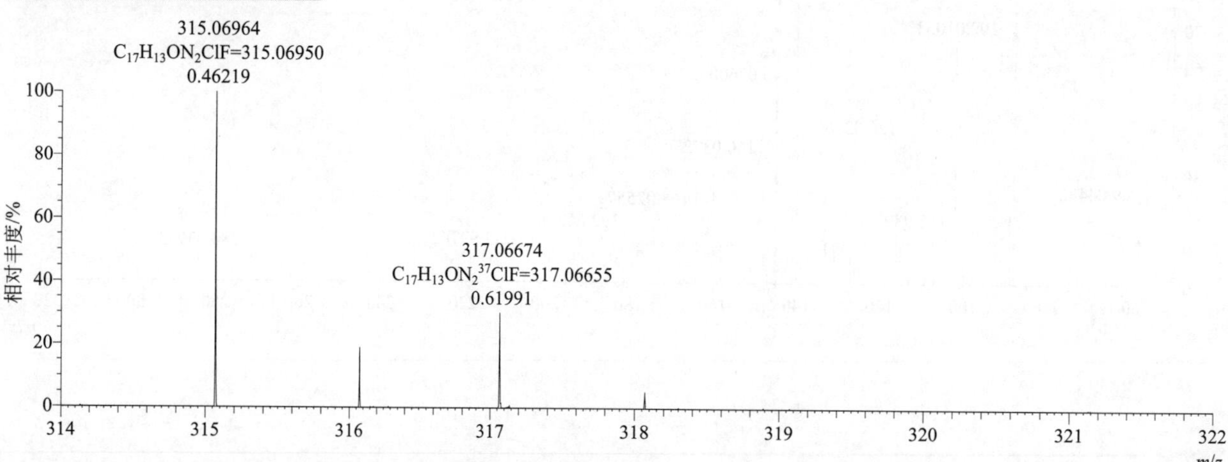

$[M+H]^+$ 归一化法能量 NCE 为 20 时典型的二级质谱图

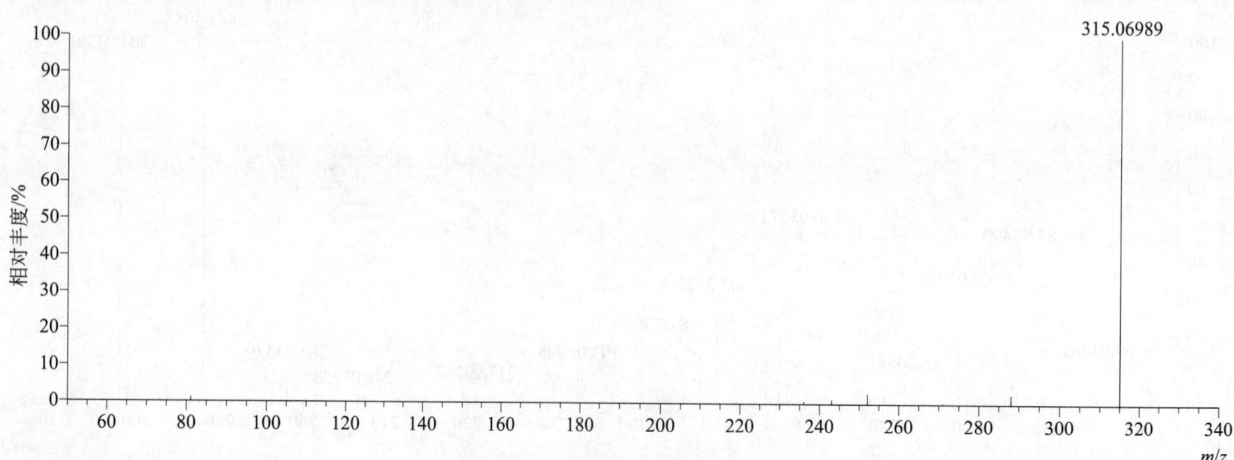

[M+H]⁺ 归一化法能量 NCE 为 40 时典型的二级质谱图

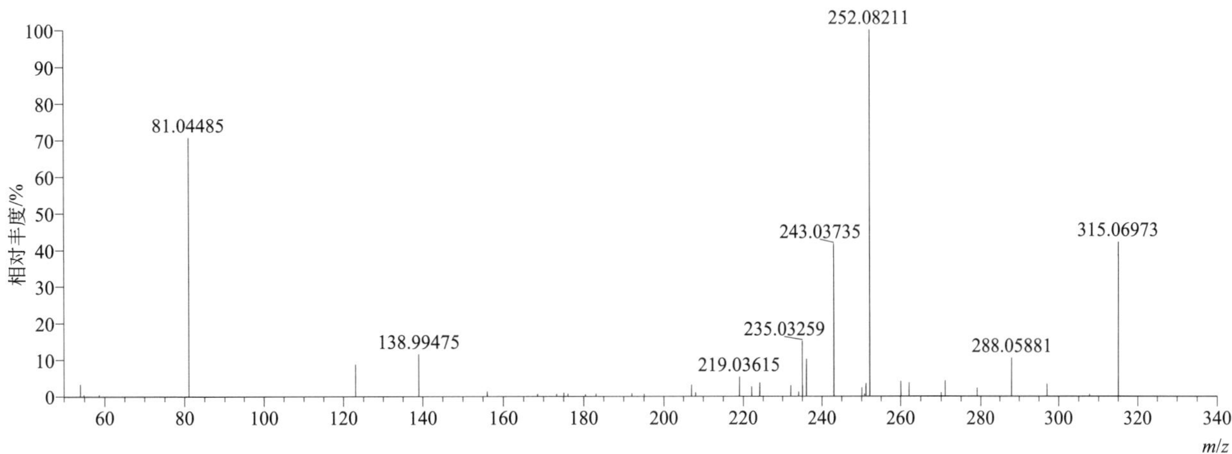

[M+H]⁺ 归一化法能量 NCE 为 60 时典型的二级质谱图

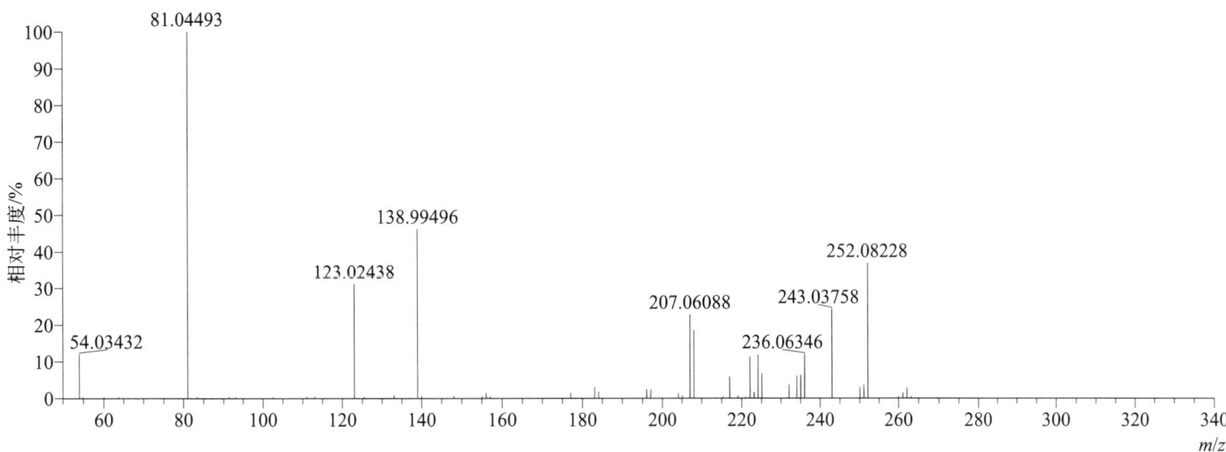

[M+H]⁺ 阶梯归一化法能量 Step NCE 为 20、40、60 时典型的二级质谱图

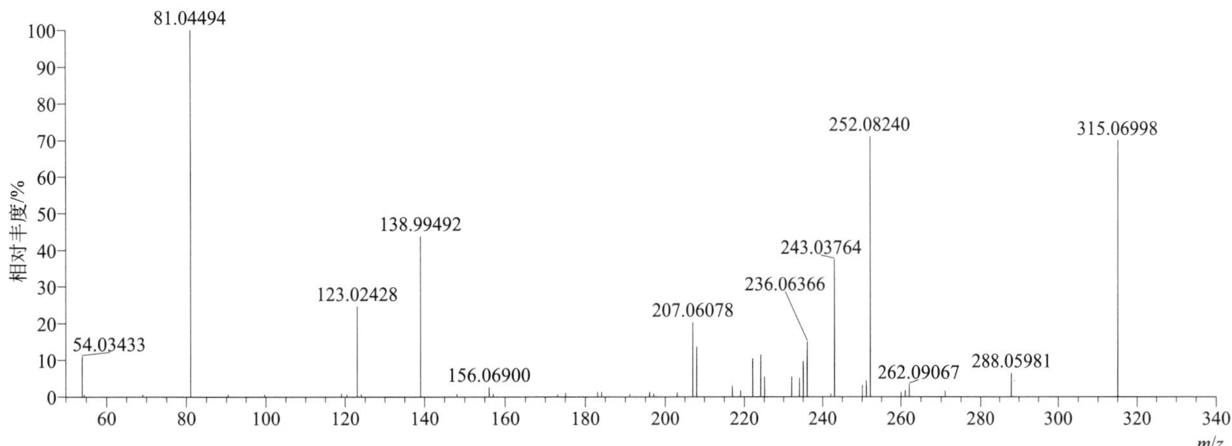

octhilinone（辛噻酮）

基本信息

CAS 登录号	26530-20-1	分子量	213.11873	离子源和极性	电喷雾离子源（ESI）
分子式	$C_{11}H_{19}NOS$	保留时间	14.91min	极性	正模式

[M+H]+ 提取离子流色谱图

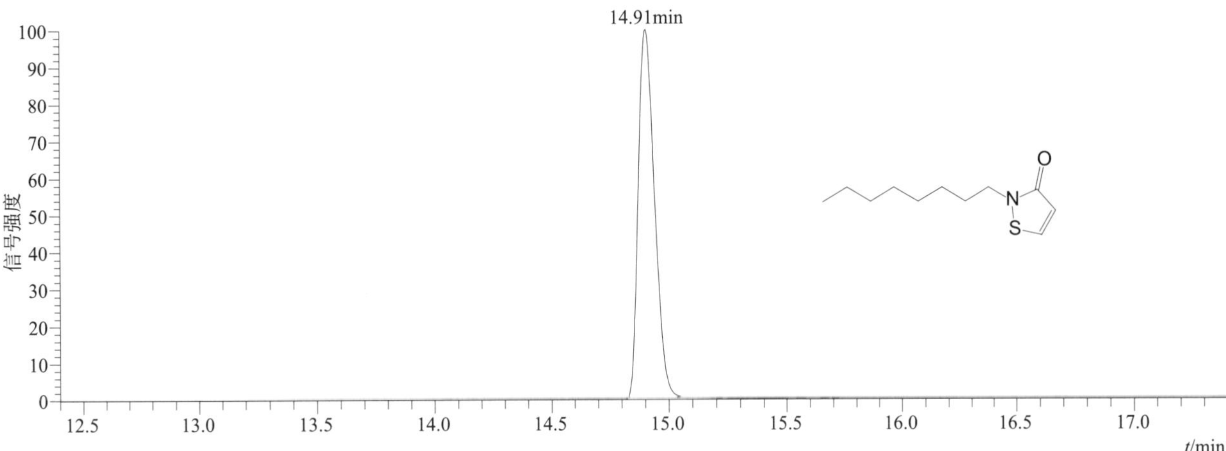

[M+H]+ 典型的一级质谱图

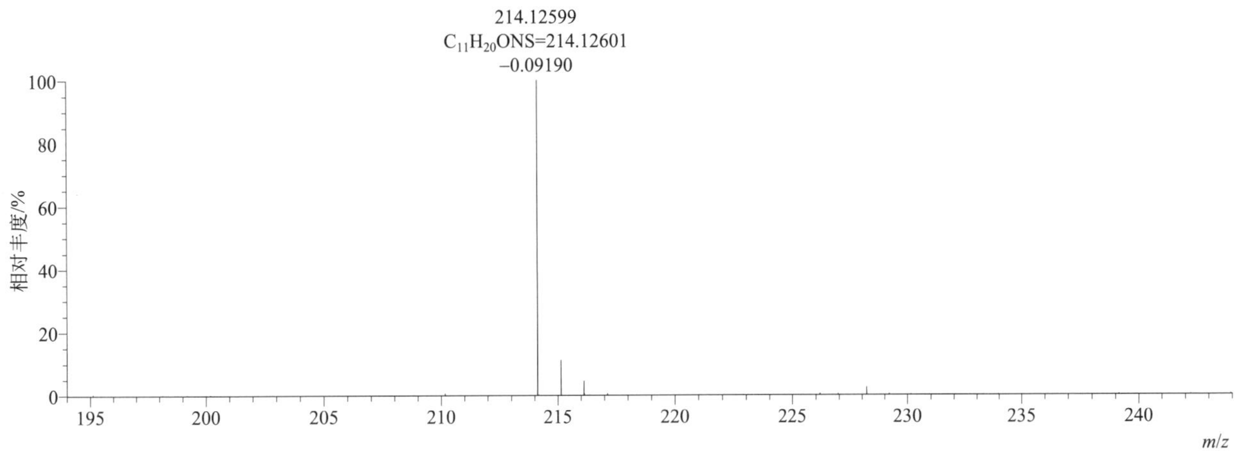

[M+H]+ 归一化法能量 NCE 为 20 时典型的二级质谱图

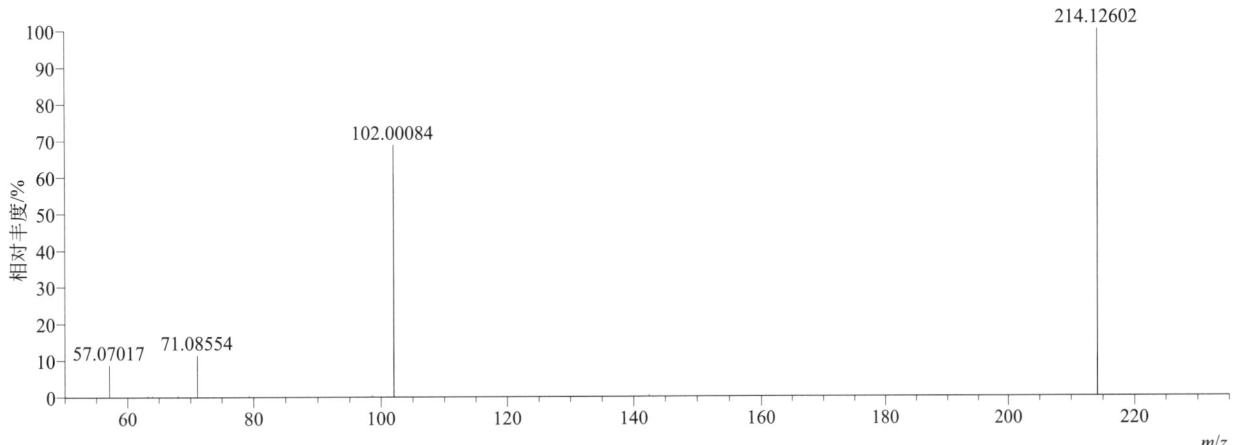

[M+H]+ 归一化法能量 NCE 为 40 时典型的二级质谱图

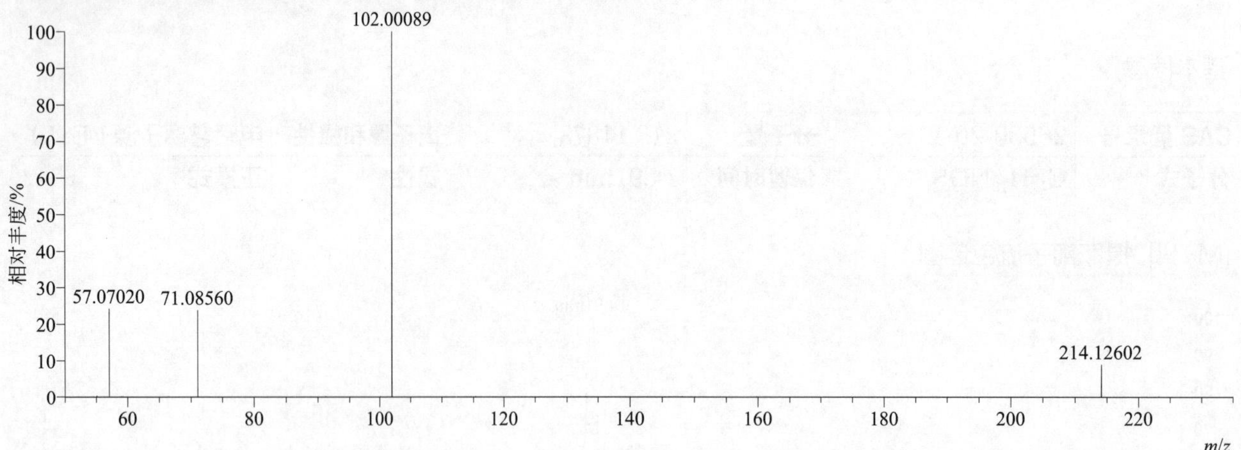

[M+H]+ 归一化法能量 NCE 为 60 时典型的二级质谱图

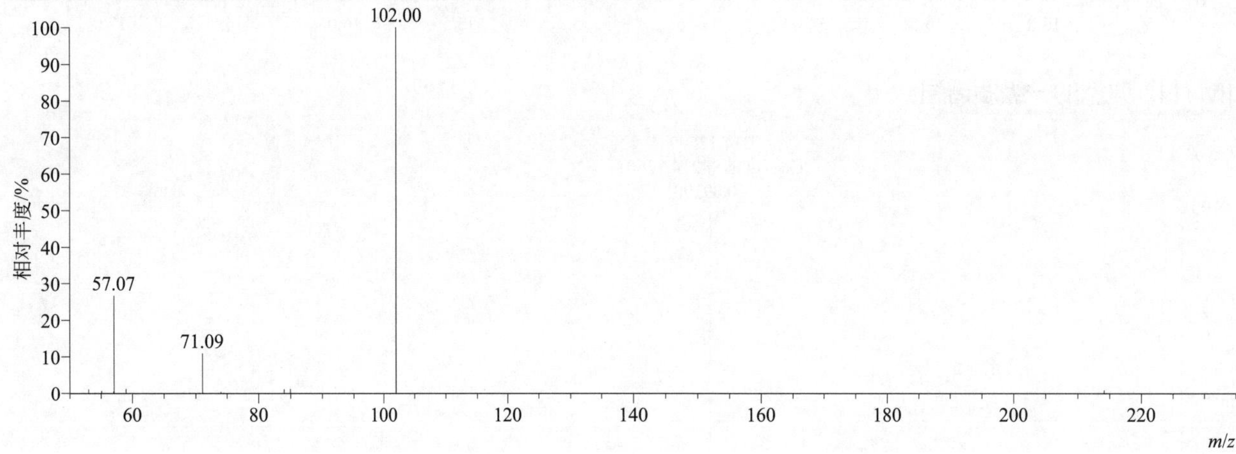

[M+H]+ 阶梯归一化法能量 Step NCE 为 20、40、60 时典型的二级质谱图

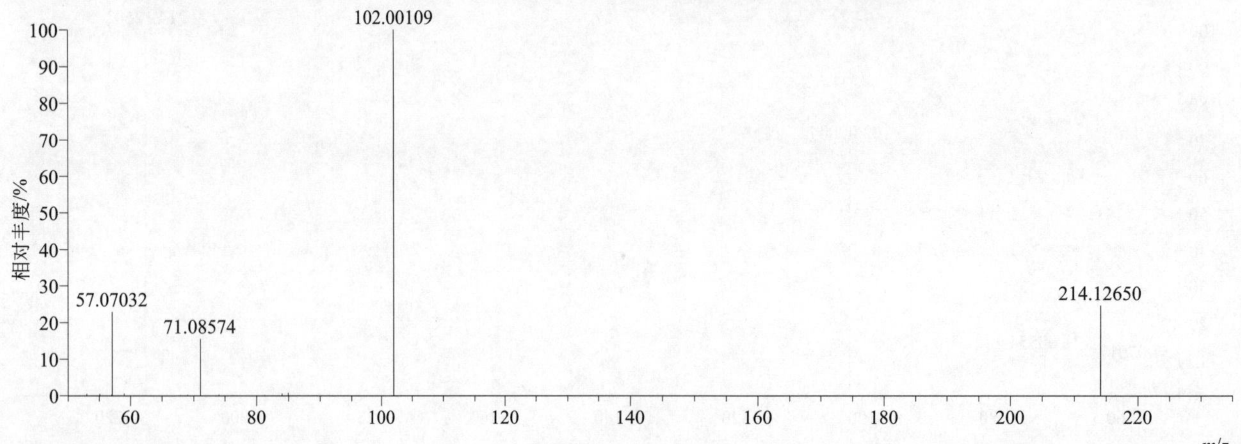

ofurace（呋酰胺）

基本信息

CAS 登录号	58810-48-3	分子量	281.08187	离子源和极性	电喷雾离子源（ESI）
分子式	$C_{14}H_{16}ClNO_3$	保留时间	13.09min	极性	正模式

[M+H]+ 提取离子流色谱图

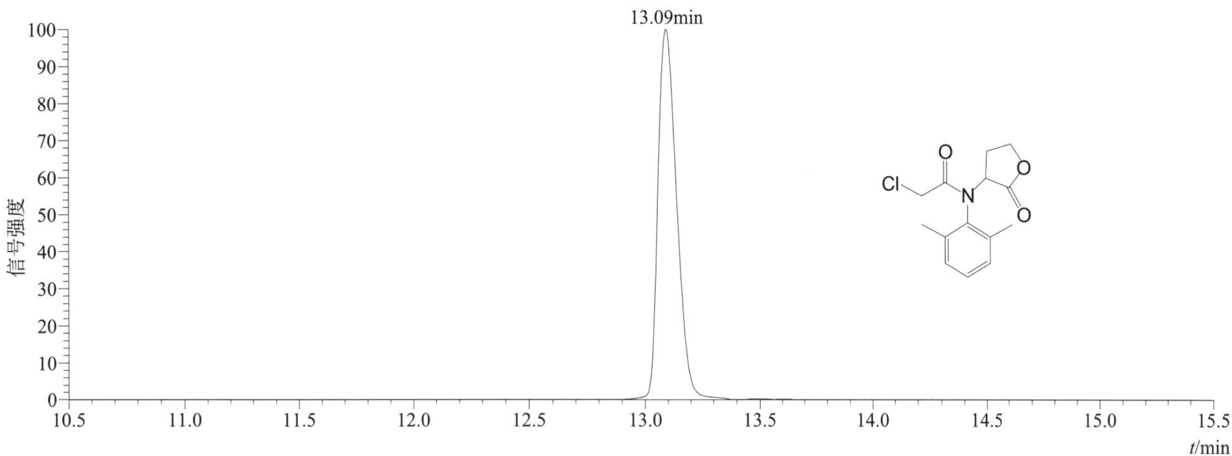

[M+H]+ 典型的一级质谱图

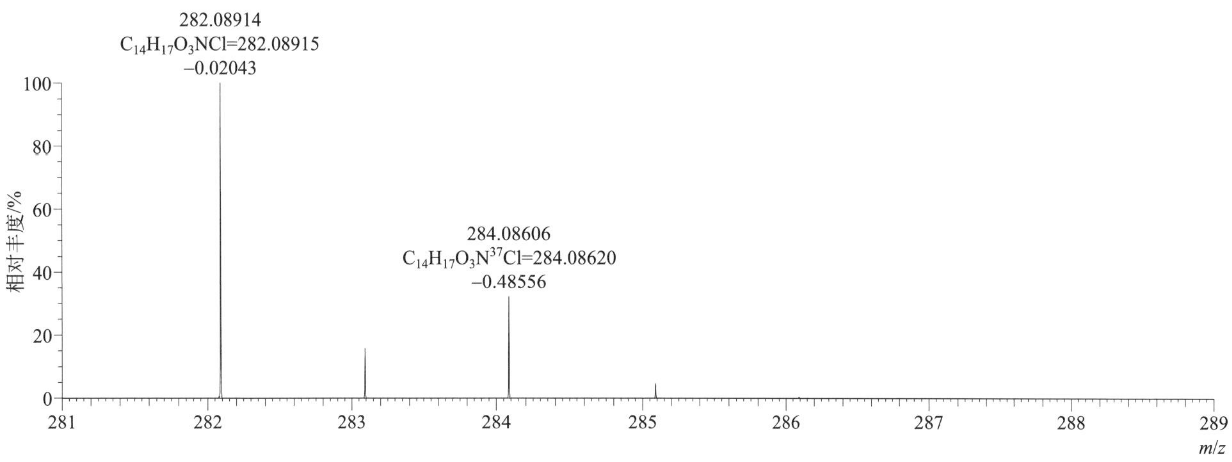

[M+H]+ 归一化法能量 NCE 为 20 时典型的二级质谱图

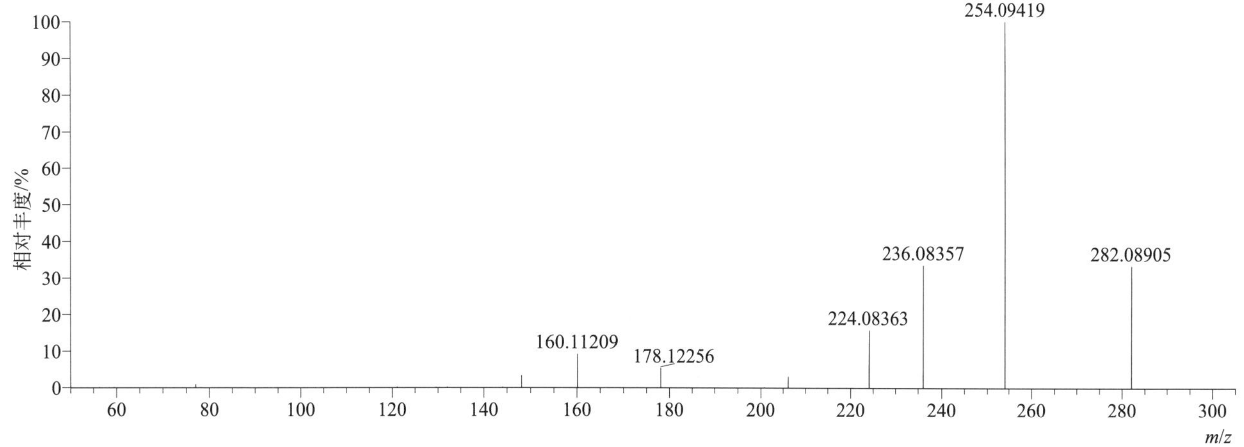

[M+H]⁺ 归一化法能量 NCE 为 40 时典型的二级质谱图

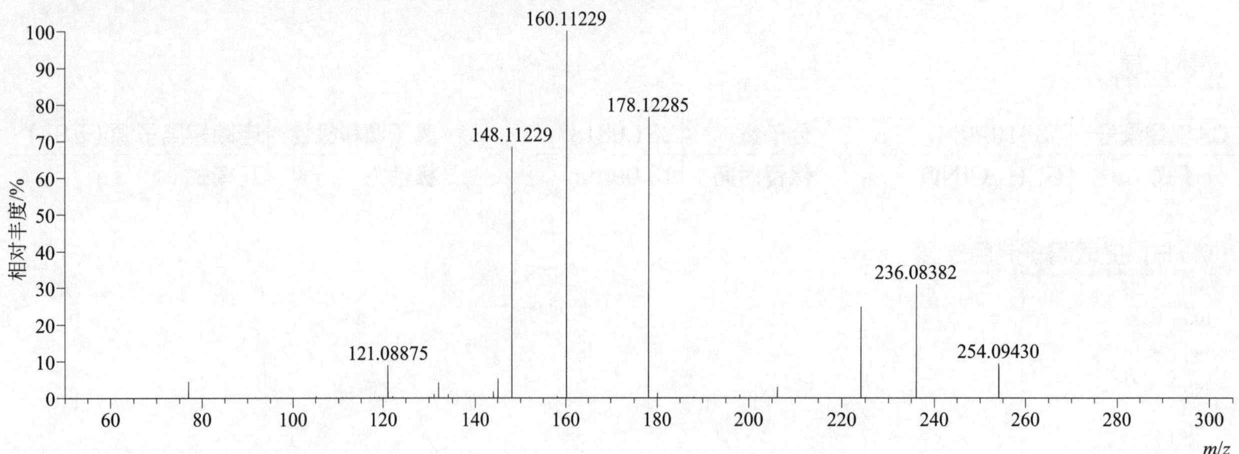

[M+H]⁺ 归一化法能量 NCE 为 60 时典型的二级质谱图

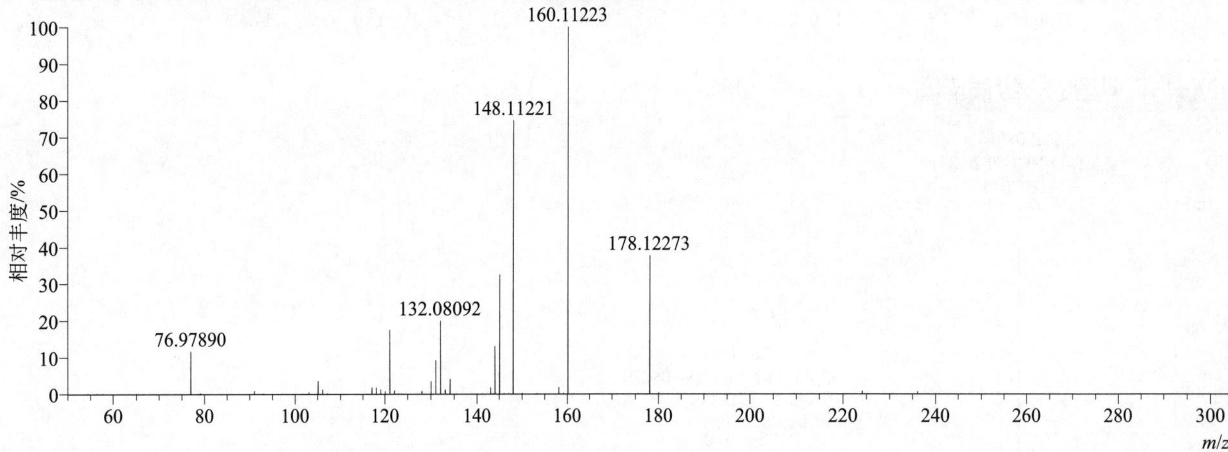

[M+H]⁺ 阶梯归一化法能量 Step NCE 为 20、40、60 时典型的二级质谱图

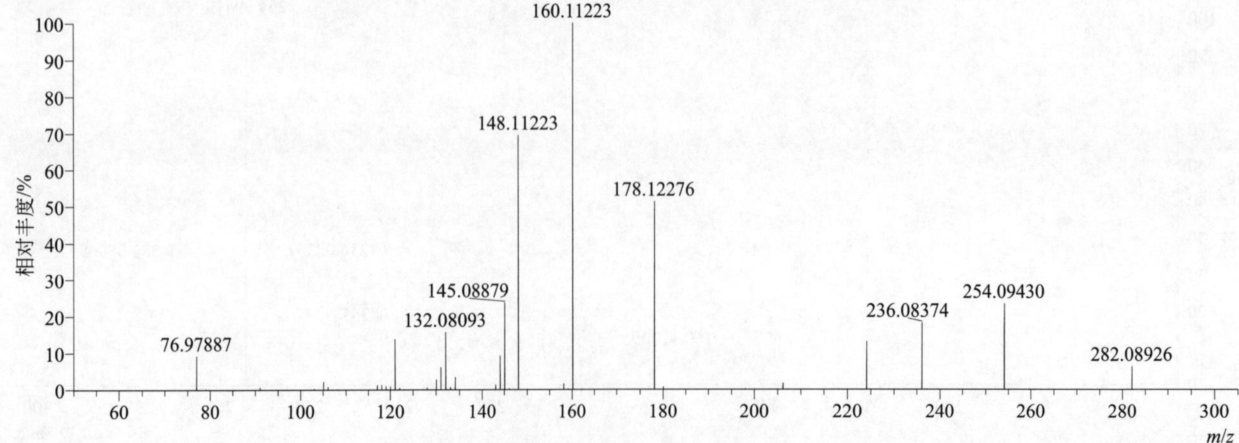

omethoate（氧乐果）

基本信息

CAS 登录号	1113-02-6	分子量	213.02246	离子源和极性	电喷雾离子源（ESI）
分子式	$C_5H_{12}NO_4PS$	保留时间	7.52min	极性	正模式

[M+H]+ 提取离子流色谱图

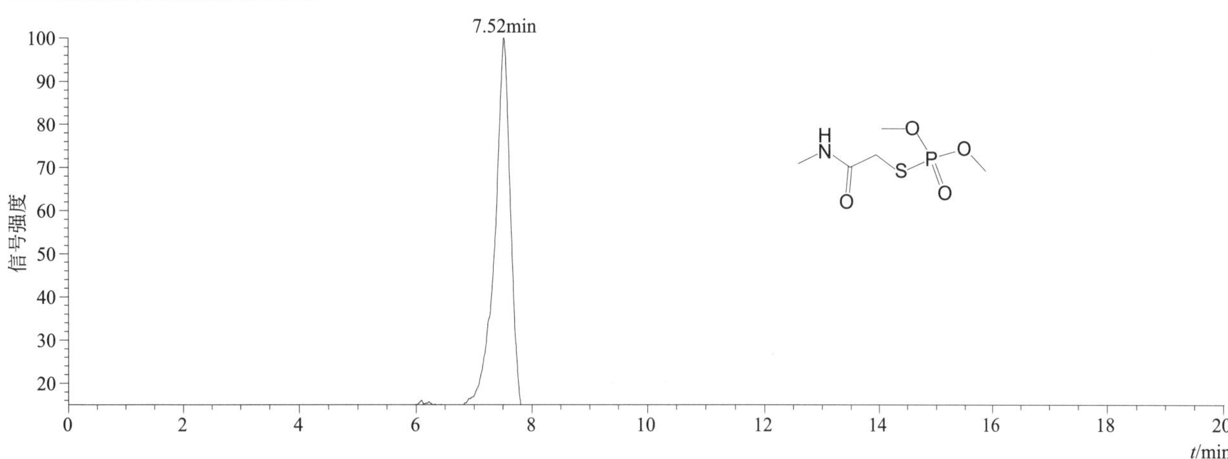

[M+H]+ 和 [M+Na]+ 典型的一级质谱图

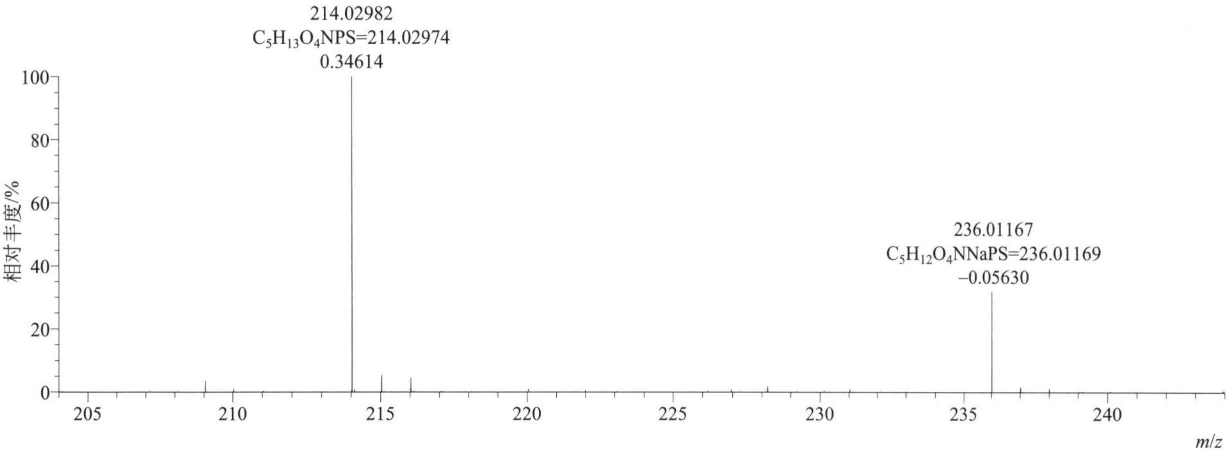

[M+H]+ 归一化法能量 NCE 为 20 时典型的二级质谱图

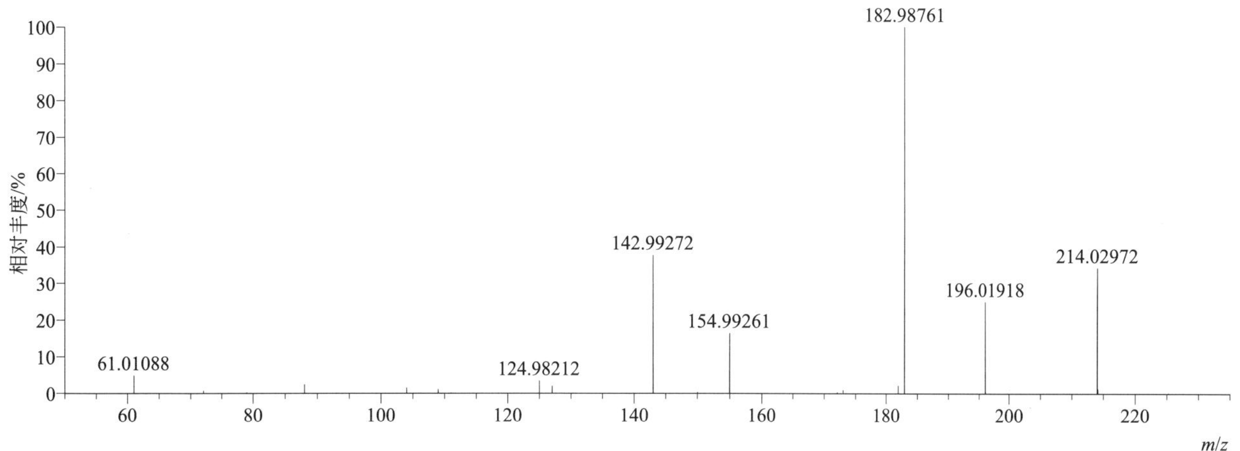

[M+H]+ 归一化法能量 NCE 为 40 时典型的二级质谱图

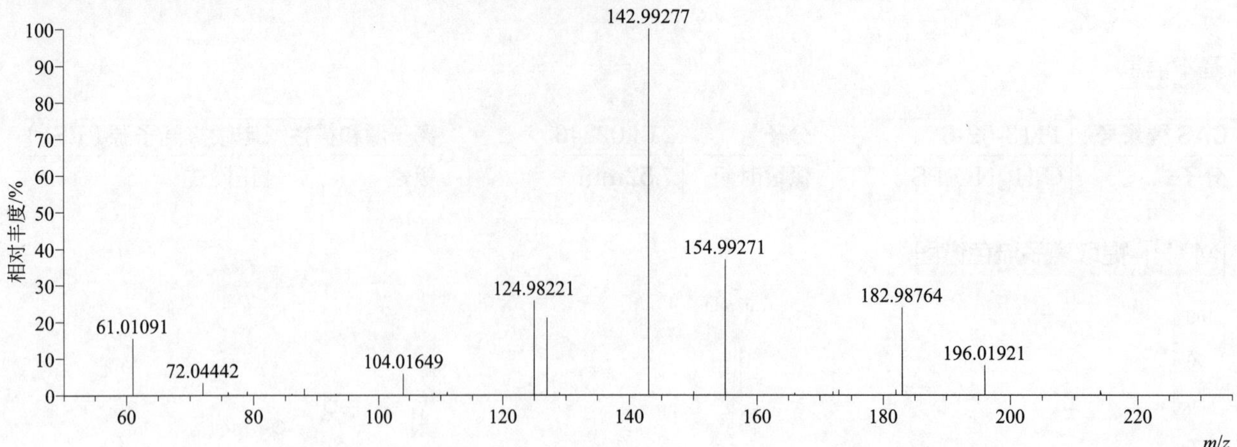

[M+H]+ 归一化法能量 NCE 为 60 时典型的二级质谱图

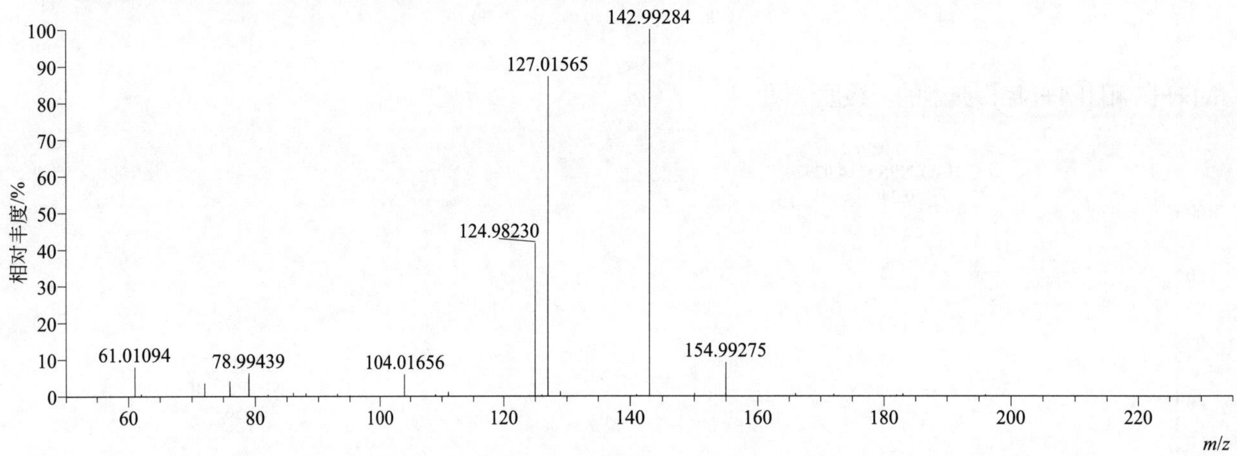

[M+H]+ 阶梯归一化法能量 Step NCE 为 20、40、60 时典型的二级质谱图

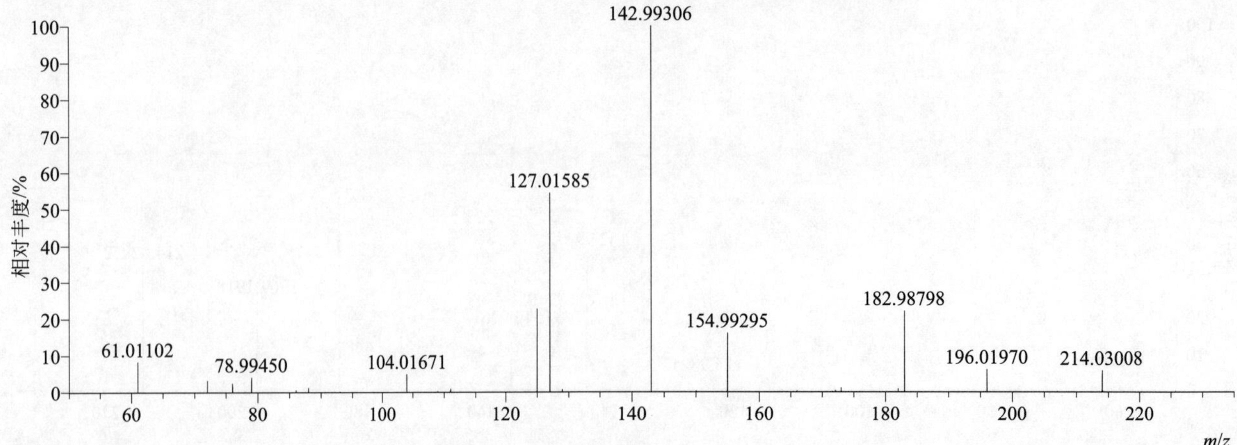

orbencarb（坪草丹）

基本信息

CAS 登录号	34622-58-7	分子量	257.06411	离子源和极性	电喷雾离子源（ESI）
分子式	$C_{12}H_{16}ClNOS$	保留时间	15.33min	极性	正模式

[M+H]$^+$ 提取离子流色谱图

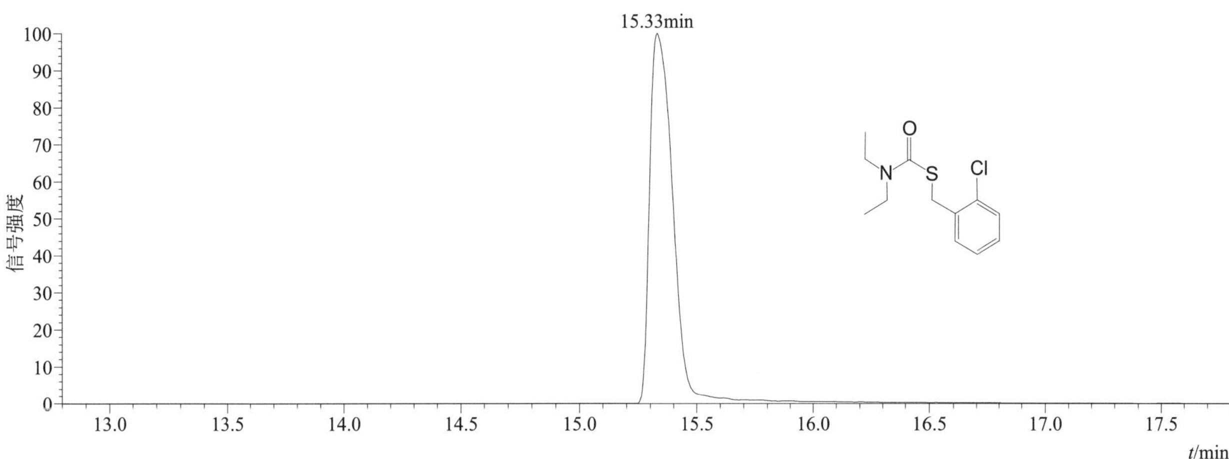

[M+H]$^+$ 典型的一级质谱图

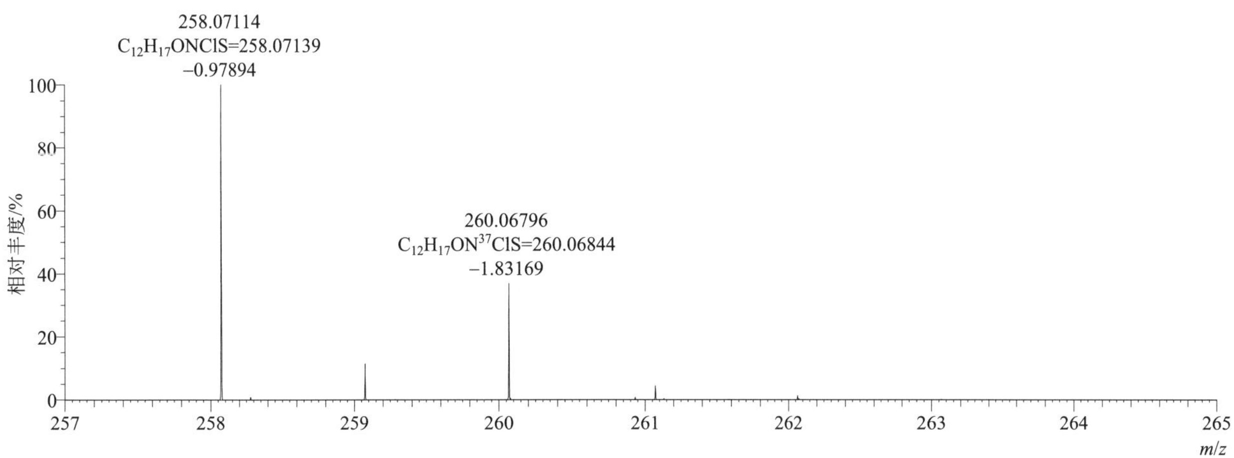

[M+H]$^+$ 归一化法能量 NCE 为 20 时典型的二级质谱图

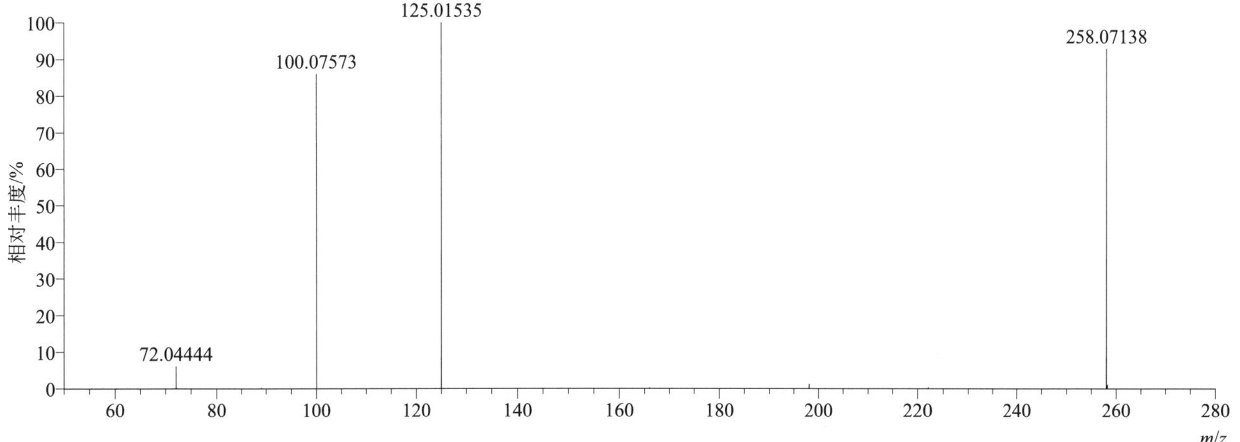

[M+H]+ 归一化法能量 NCE 为 40 时典型的二级质谱图

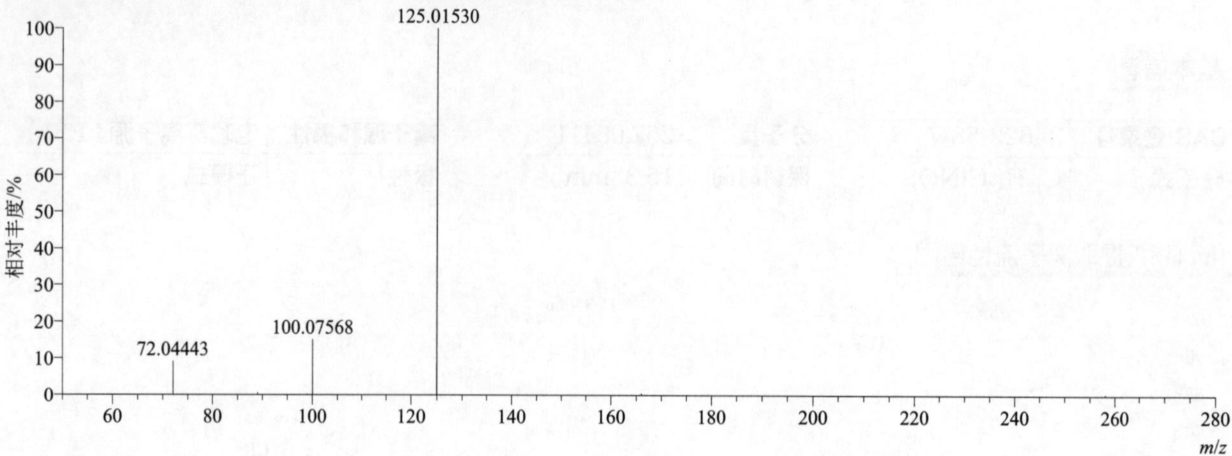

[M+H]+ 归一化法能量 NCE 为 60 时典型的二级质谱图

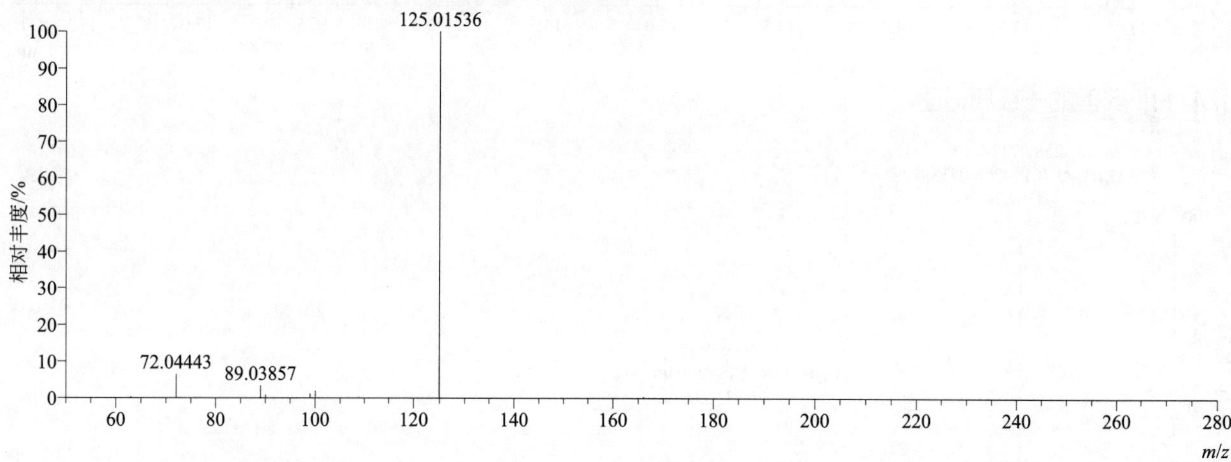

[M+H]+ 阶梯归一化法能量 Step NCE 为 20、40、60 时典型的二级质谱图

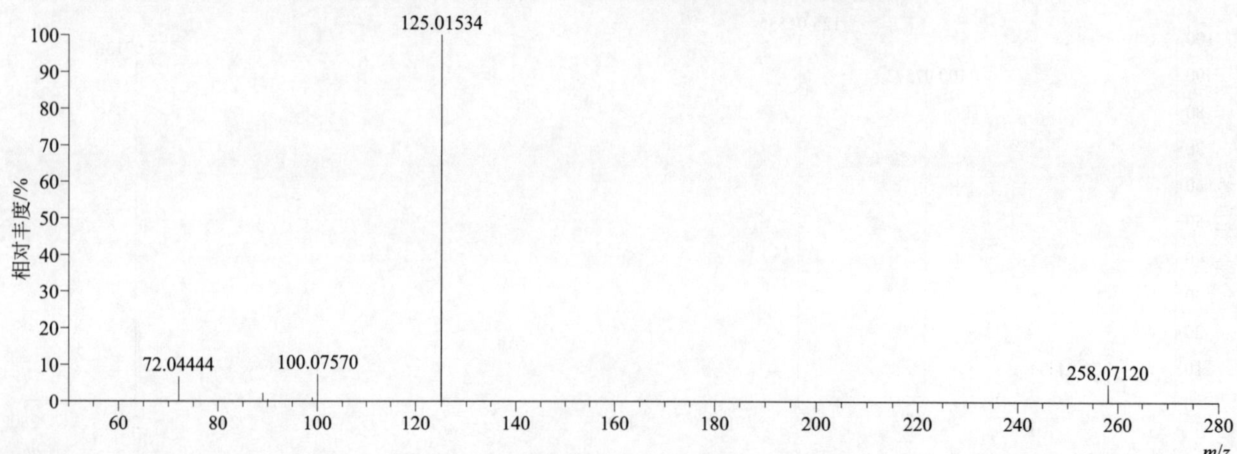

orthosulfamuron（嘧苯胺磺隆）

基本信息

CAS 登录号	213464-77-8	分子量	424.11650	离子源和极性	电喷雾离子源（ESI）
分子式	$C_{16}H_{20}N_6O_6S$	保留时间	13.81min	极性	正模式

[M+H]+ 提取离子流色谱图

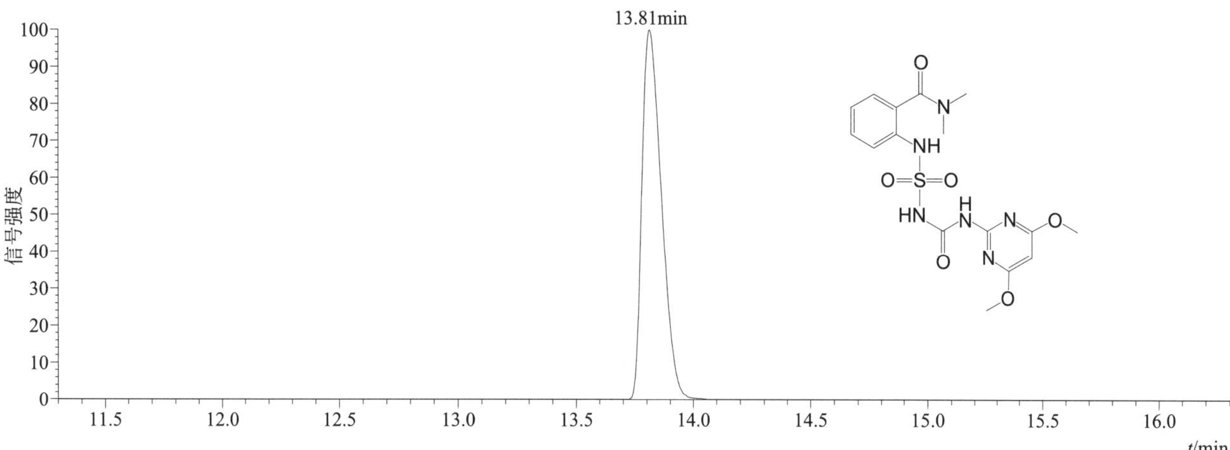

[M+H]+ 和 [M+Na]+ 典型的一级质谱图

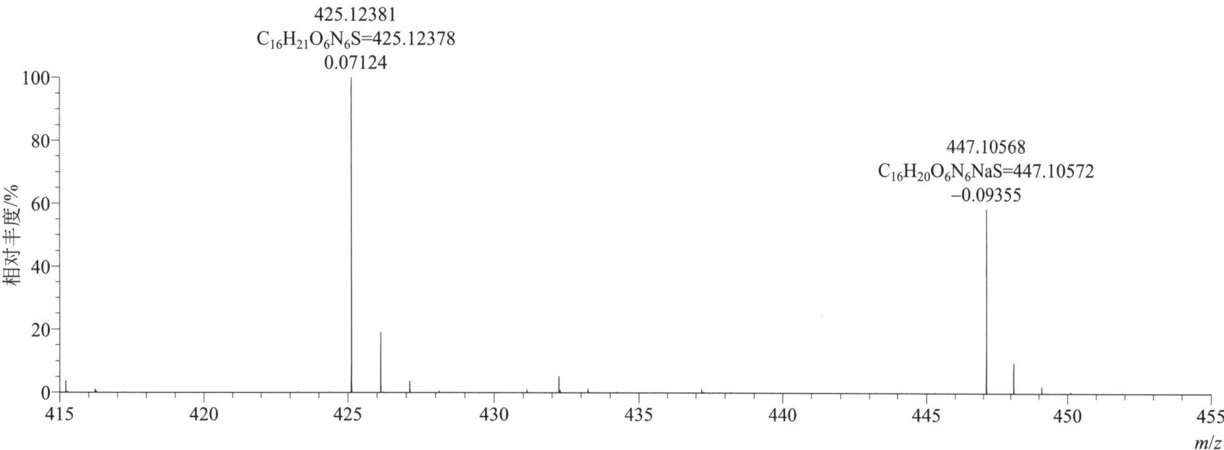

[M+H]+ 归一化法能量 NCE 为 20 时典型的二级质谱图

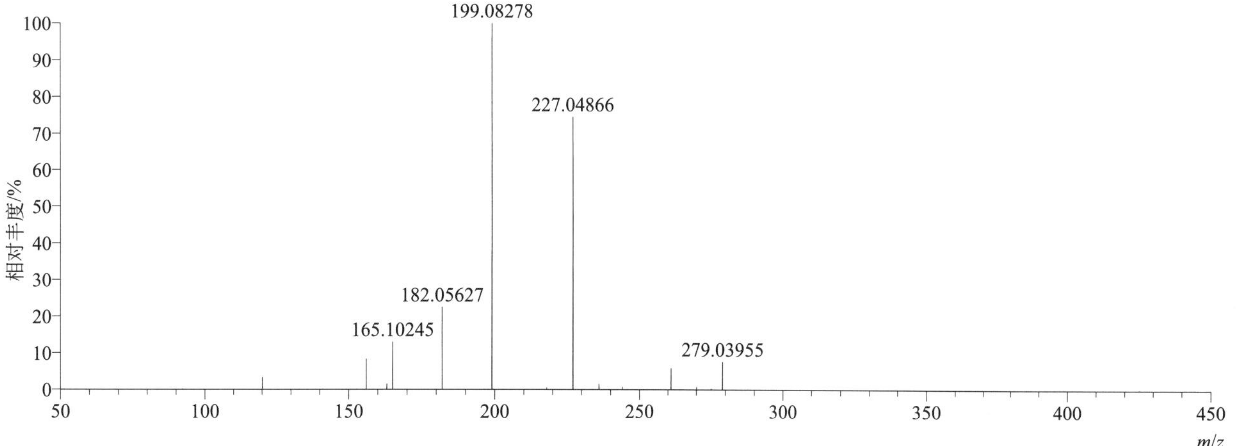

[M+H]+ 归一化法能量 NCE 为 40 时典型的二级质谱图

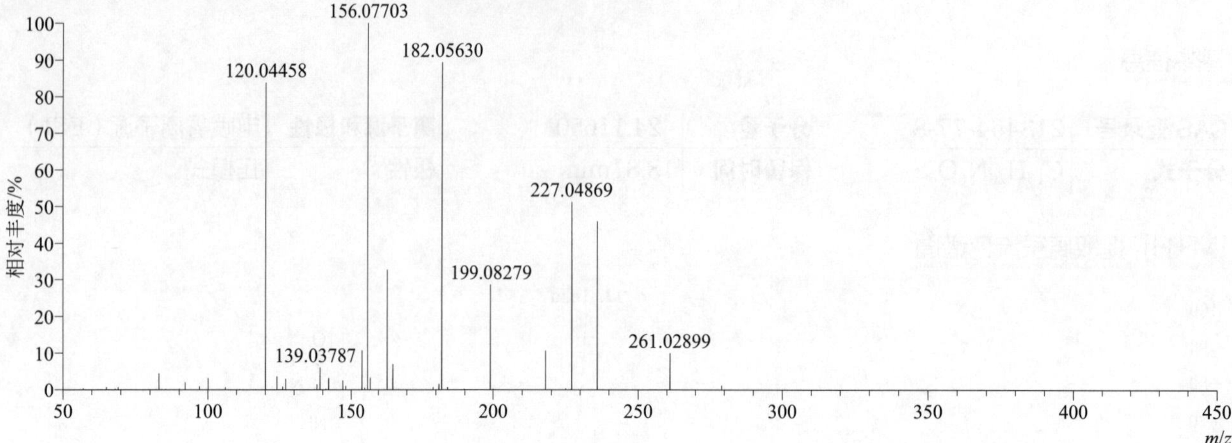

[M+H]+ 归一化法能量 NCE 为 60 时典型的二级质谱图

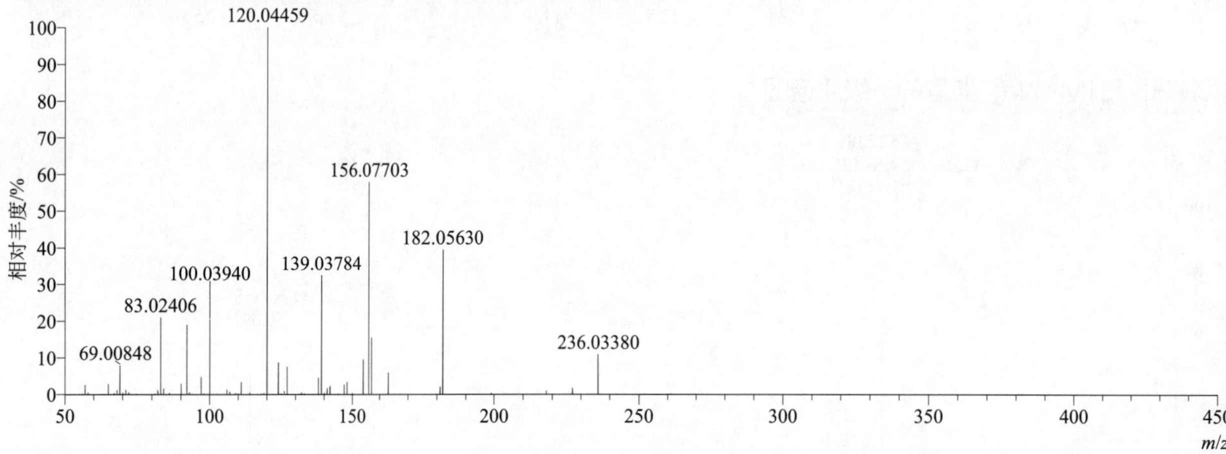

[M+H]+ 阶梯归一化法能量 Step NCE 为 20、40、60 时典型的二级质谱图

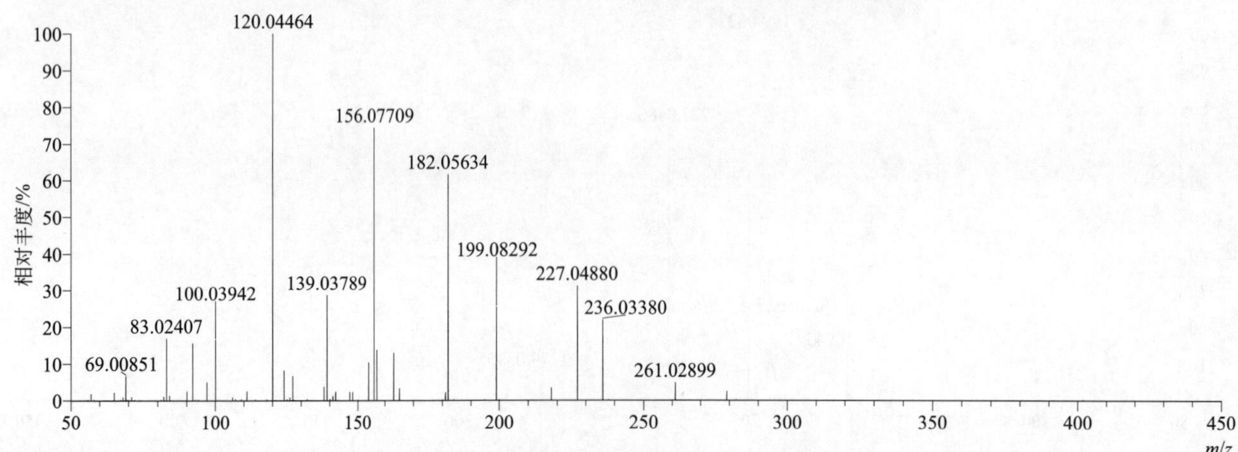

oxadixyl（噁霜灵）

基本信息

CAS 登录号	77732-09-3	分子量	278.12666	离子源和极性	电喷雾离子源（ESI）
分子式	$C_{14}H_{18}N_2O_4$	保留时间	12.70min	极性	正模式

$[M+H]^+$ 提取离子流色谱图

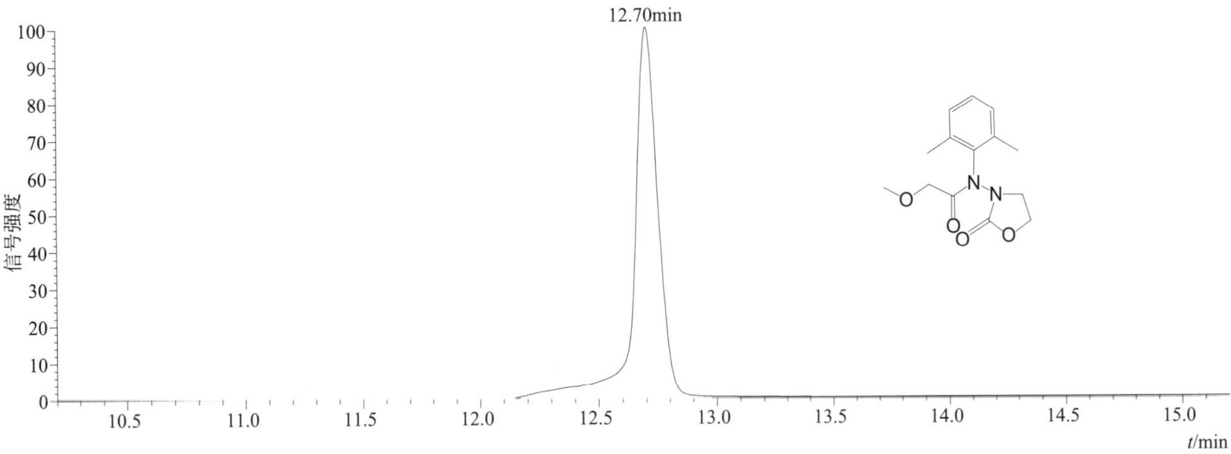

$[M+H]^+$、$[M+NH_4]^+$ 和 $[M+Na]^+$ 典型的一级质谱图

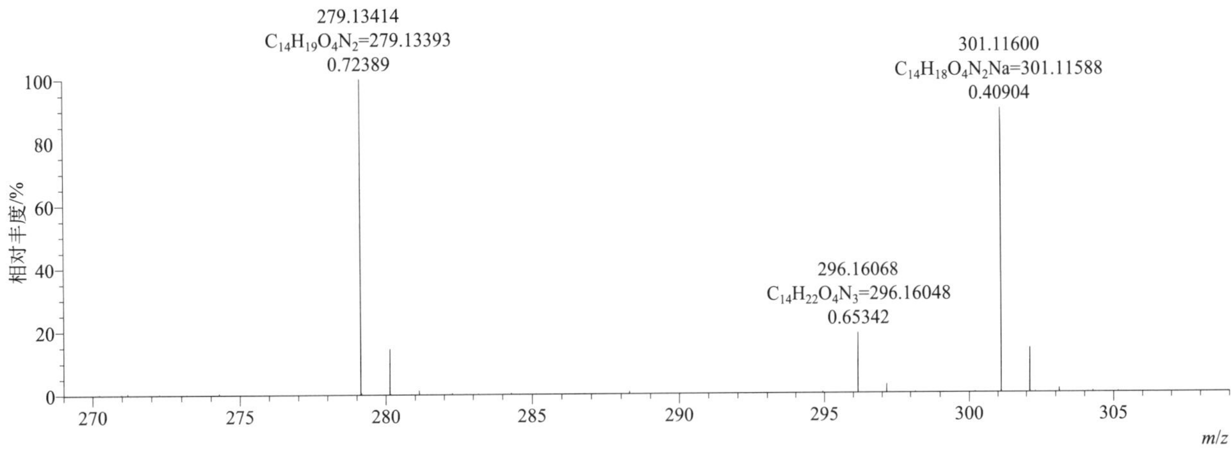

$[M+H]^+$ 归一化法能量 NCE 为 20 时典型的二级质谱图

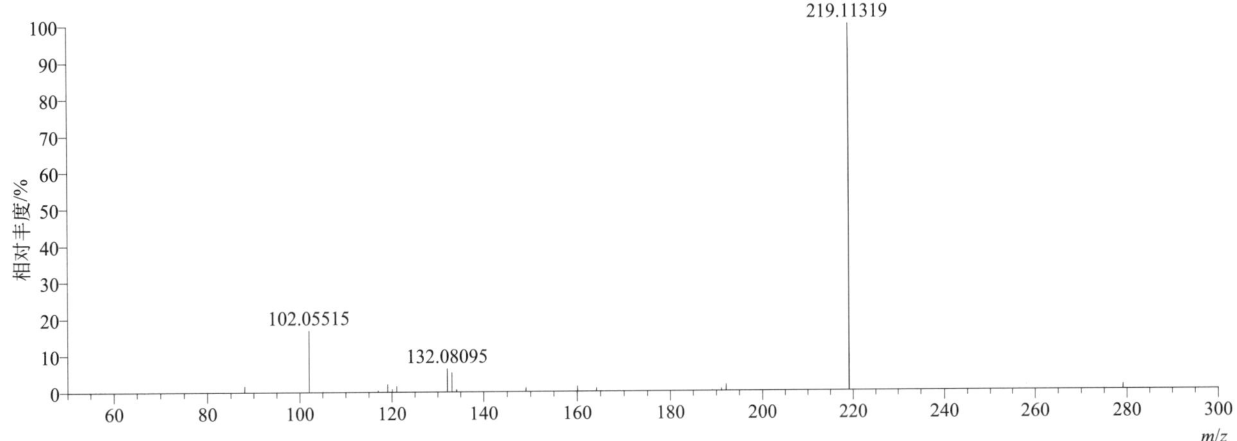

[M+H]$^+$ 归一化法能量 NCE 为 40 时典型的二级质谱图

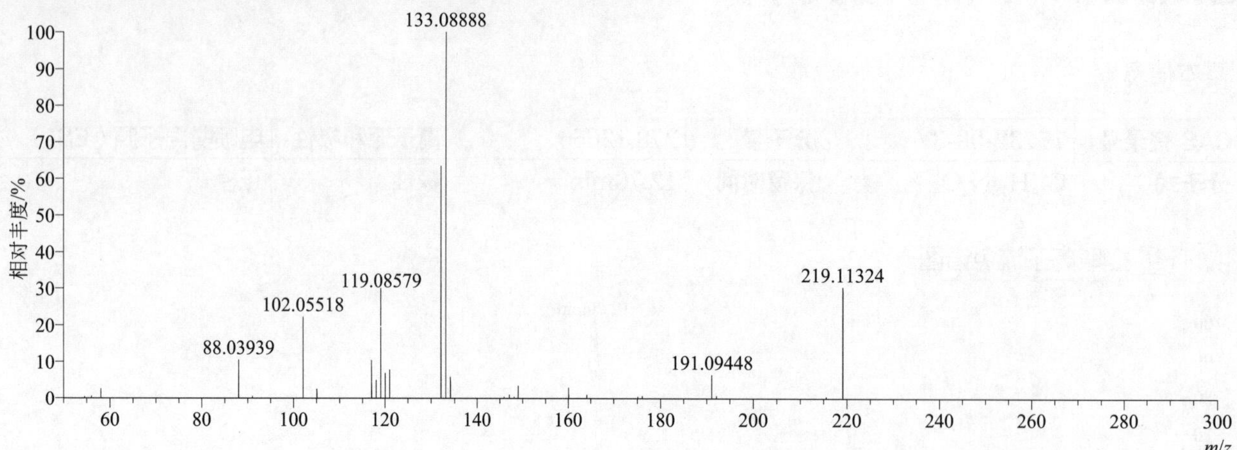

[M+H]$^+$ 归一化法能量 NCE 为 60 时典型的二级质谱图

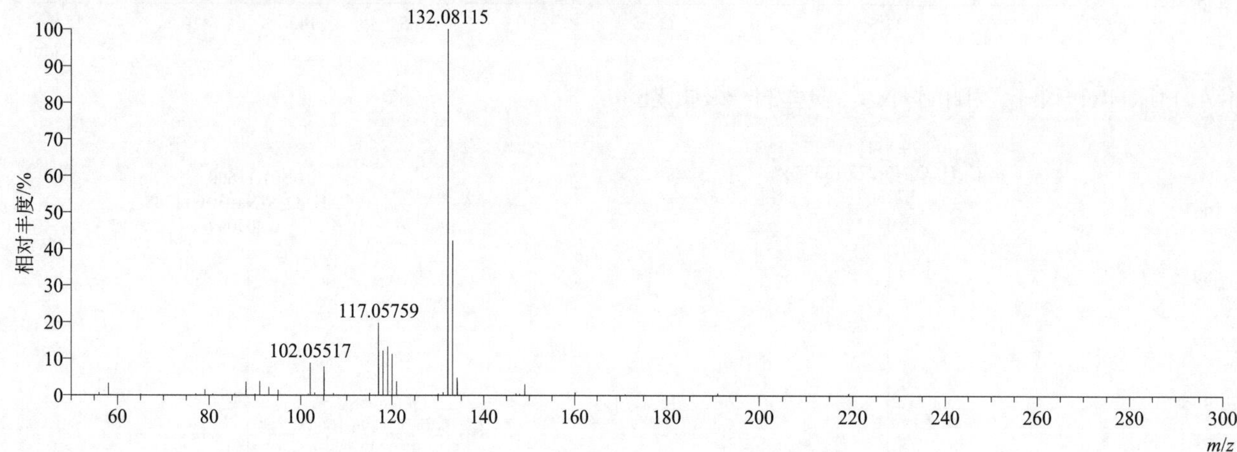

[M+H]$^+$ 阶梯归一化法能量 Step NCE 为 20、40、60 时典型的二级质谱图

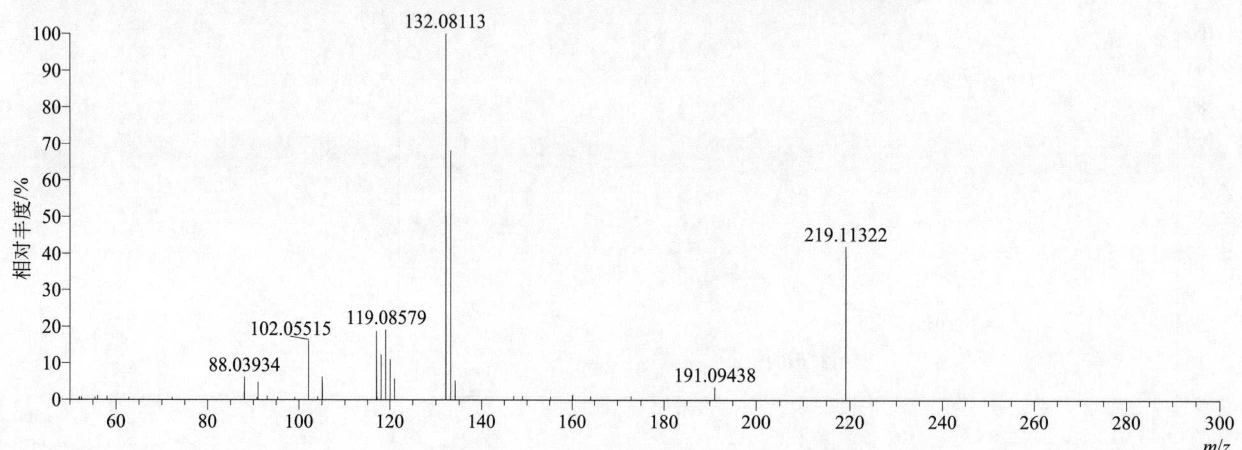

$[M+NH_4]^+$ 归一化法能量 NCE 为 20 时典型的二级质谱图

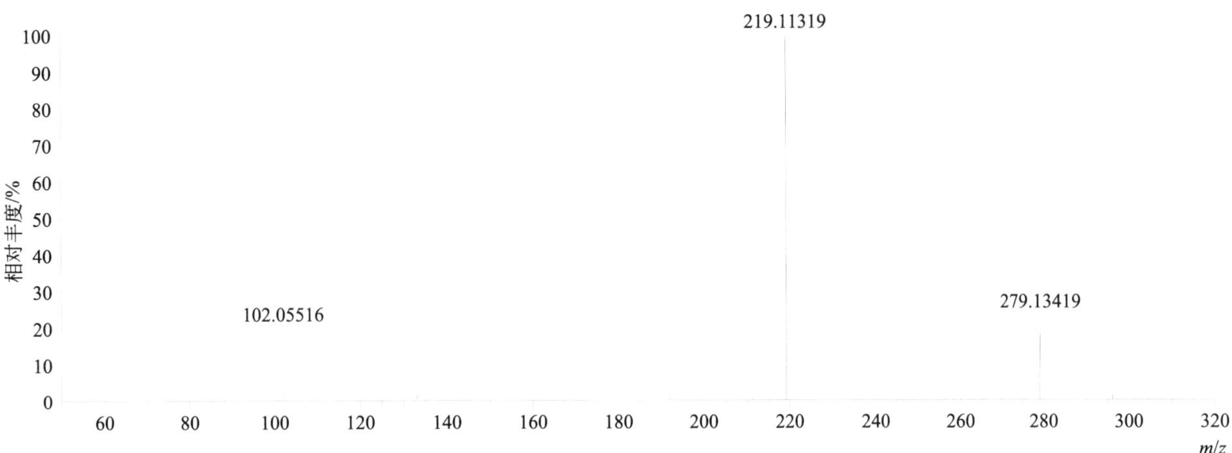

$[M+NH_4]^+$ 归一化法能量 NCE 为 40 时典型的二级质谱图

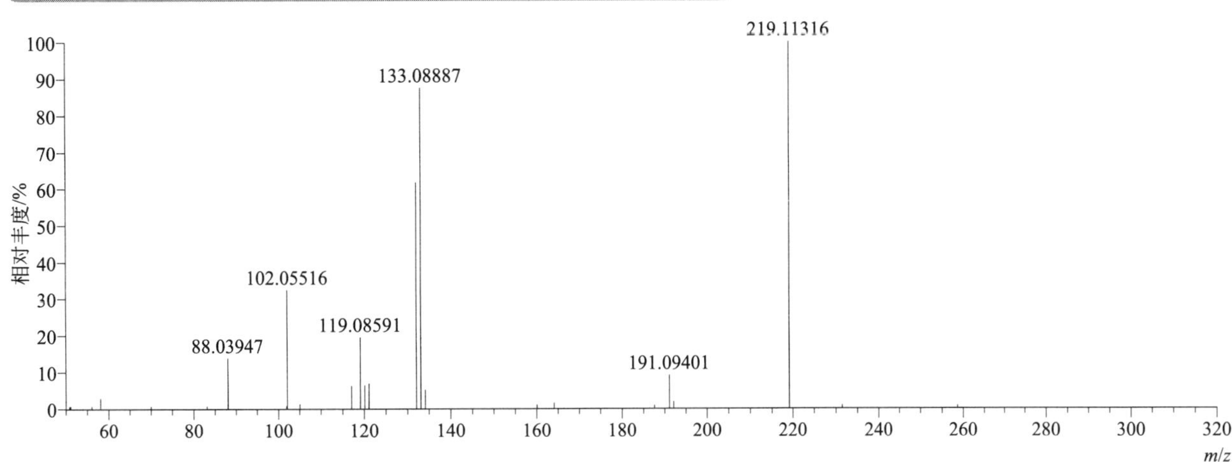

$[M+NH_4]^+$ 归一化法能量 NCE 为 60 时典型的二级质谱图

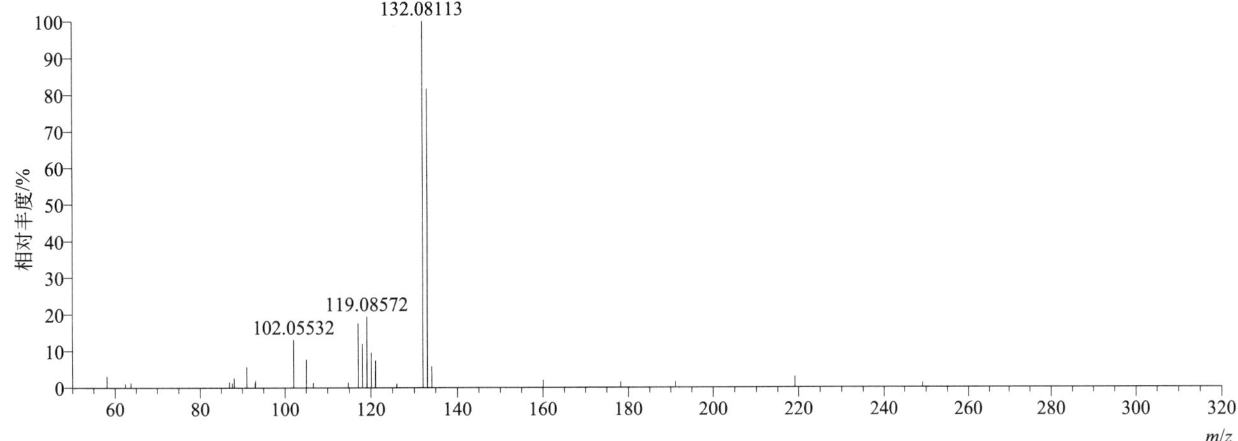

[M+NH$_4$]$^+$ 阶梯归一化法能量 Step NCE 为 20、40、60 时典型的二级质谱图

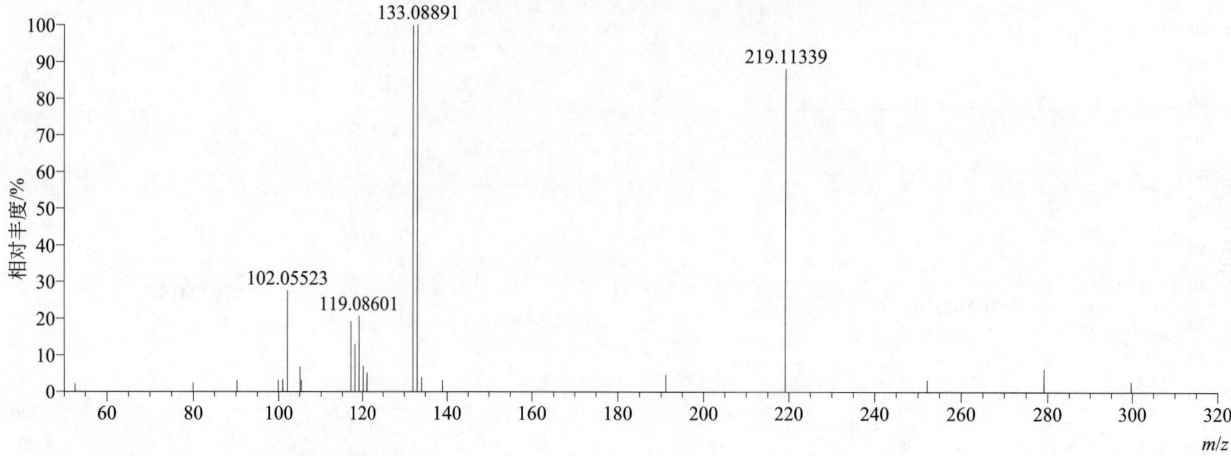

oxamyl（杀线威）

基本信息

CAS 登录号	23135-22-0	分子量	219.06776	离子源和极性	电喷雾离子源（ESI）
分子式	$C_7H_{13}N_3O_3S$	保留时间	9.59min	极性	正模式

[M+H]$^+$ 提取离子流色谱图

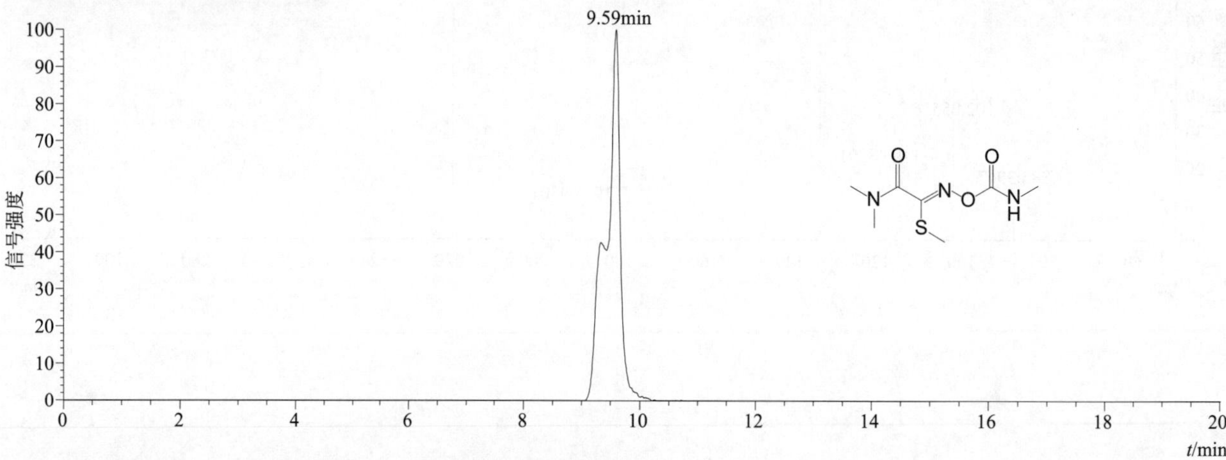

[M+H]$^+$、[M+NH$_4$]$^+$ 和 [M+Na]$^+$ 典型的一级质谱图

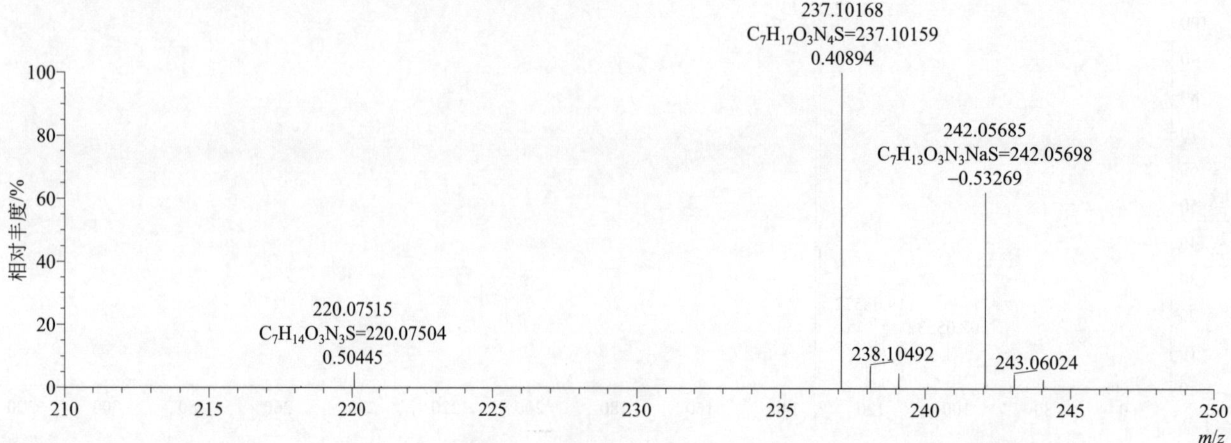

[M+H]+ 归一化法能量 NCE 为 20 时典型的二级质谱图

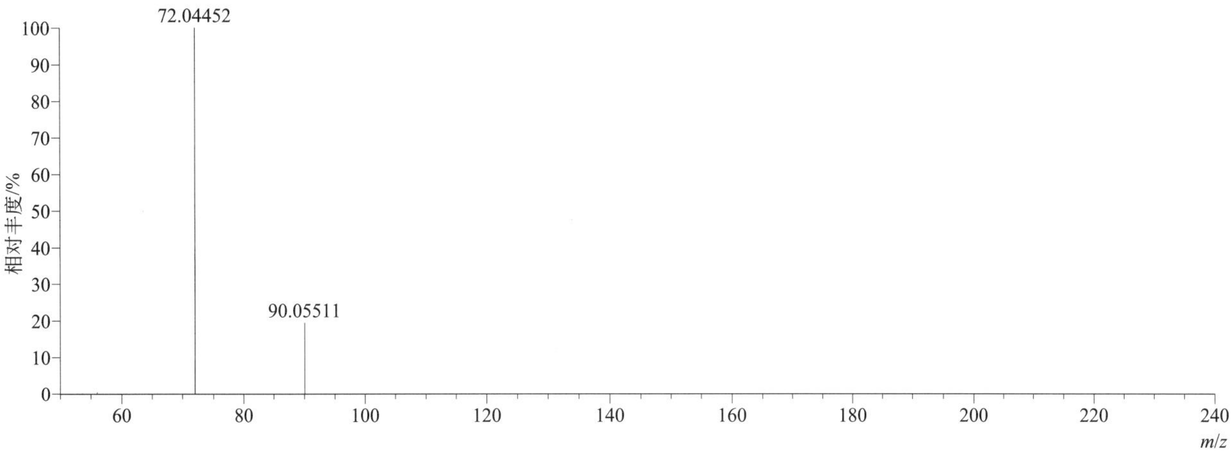

[M+H]+ 归一化法能量 NCE 为 40 时典型的二级质谱图

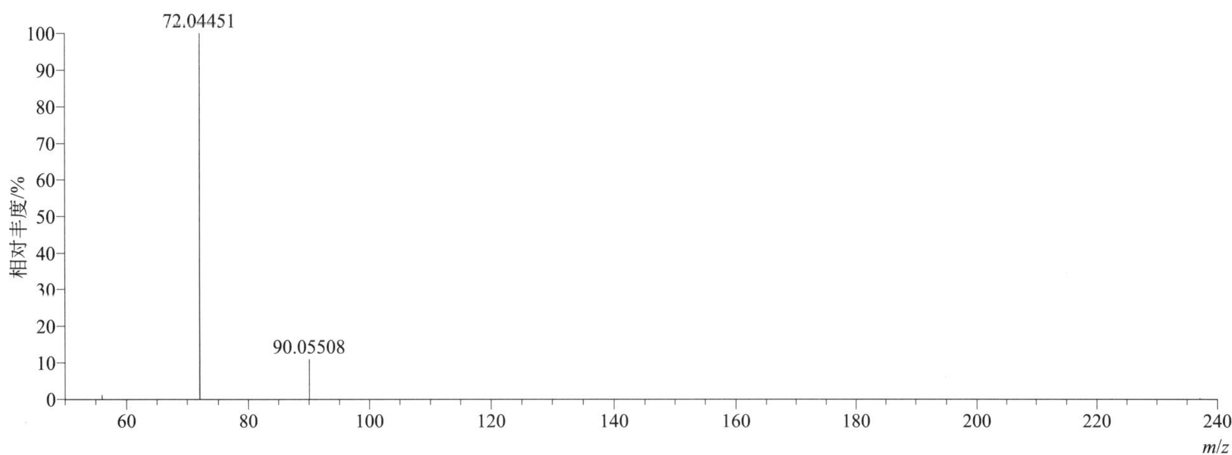

[M+H]+ 归一化法能量 NCE 为 60 时典型的二级质谱图

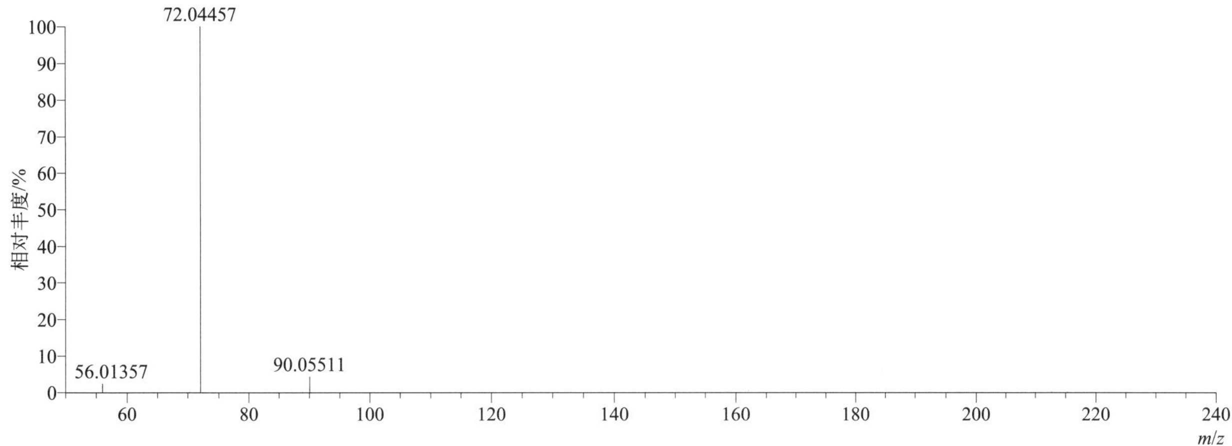

[M+H]+ 阶梯归一化法能量 Step NCE 为 20、40、60 时典型的二级质谱图

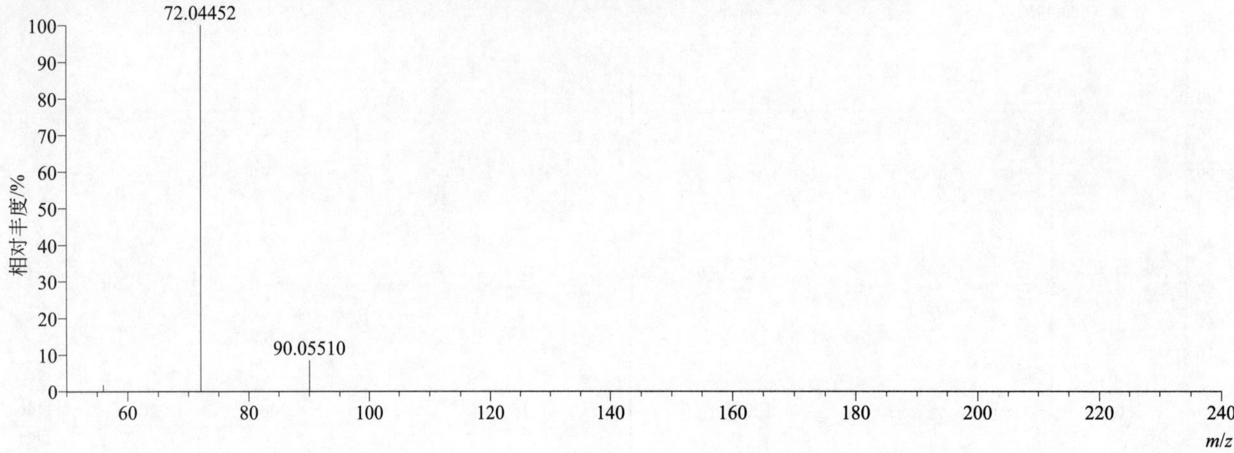

[M+NH4]+ 归一化法能量 NCE 为 20 时典型的二级质谱图

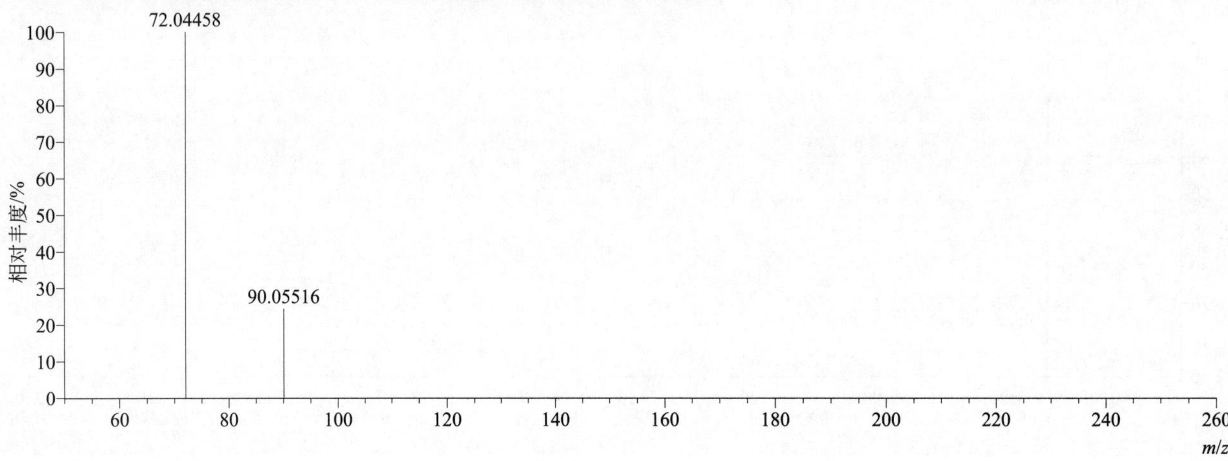

[M+NH4]+ 归一化法能量 NCE 为 40 时典型的二级质谱图

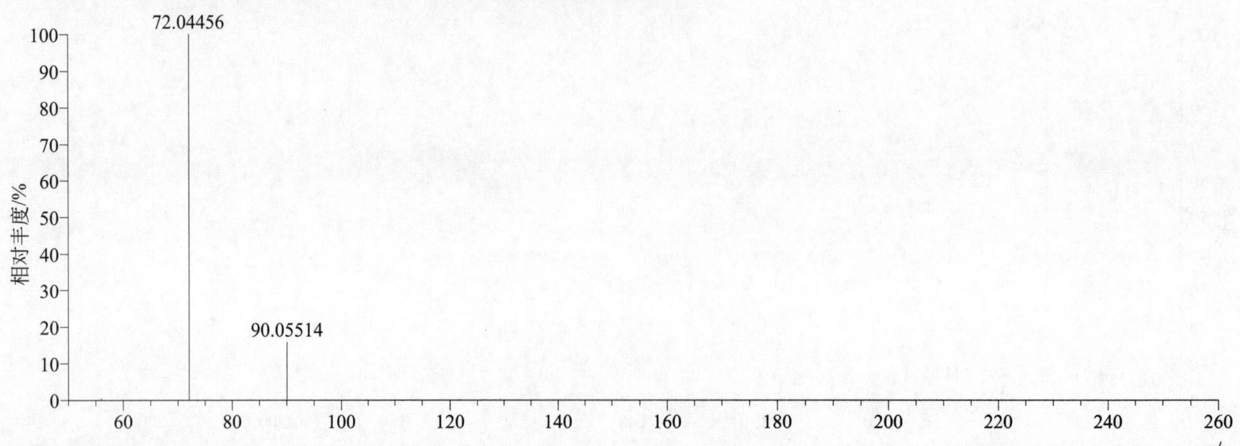

$[M+NH_4]^+$ 归一化法能量 NCE 为 60 时典型的二级质谱图

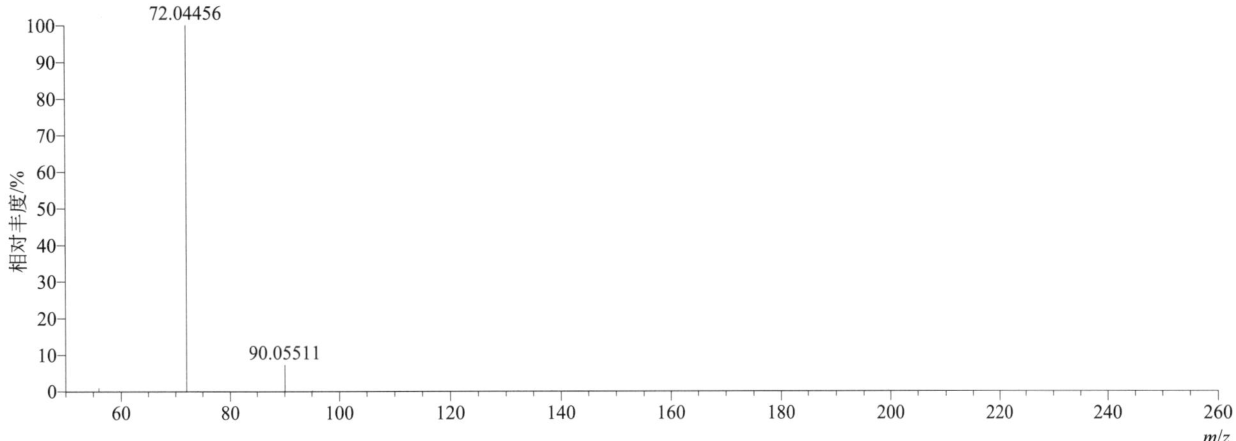

$[M+NH_4]^+$ 阶梯归一化法能量 Step NCE 为 20、40、60 时典型的二级质谱图

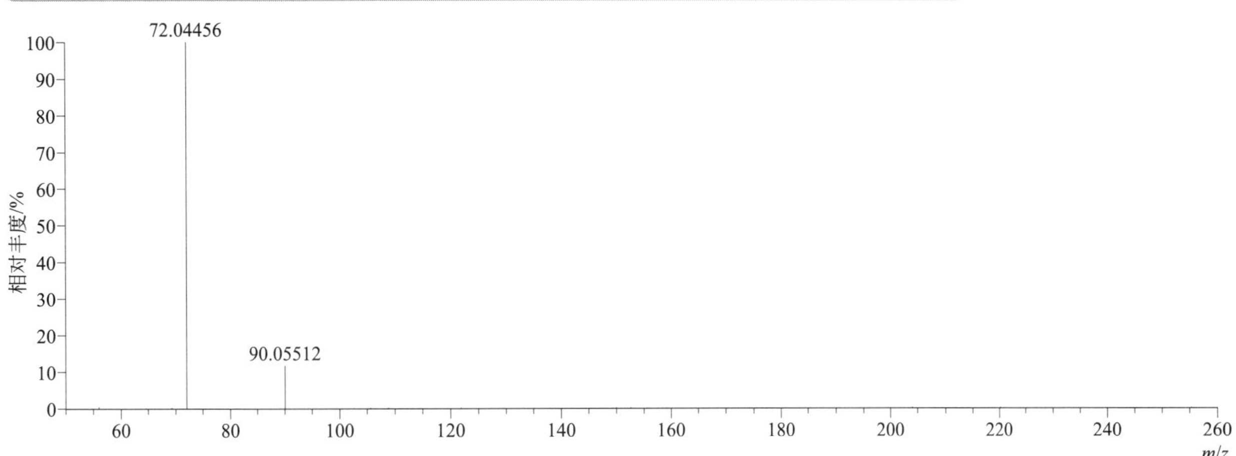

oxamyl-oxime（杀线威肟）

基本信息

CAS 登录号	30558-43-1	分子量	162.04630	离子源和极性	电喷雾离子源（ESI）
分子式	$C_5H_{10}N_2O_2S$	保留时间	6.77min	极性	正模式

$[M+H]^+$ 提取离子流色谱图

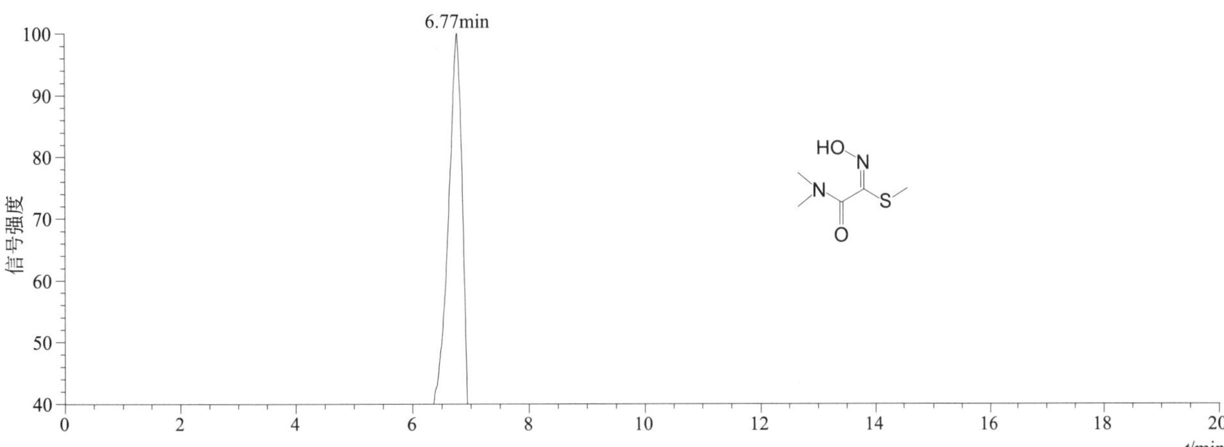

[M+H]+ 典型的一级质谱图

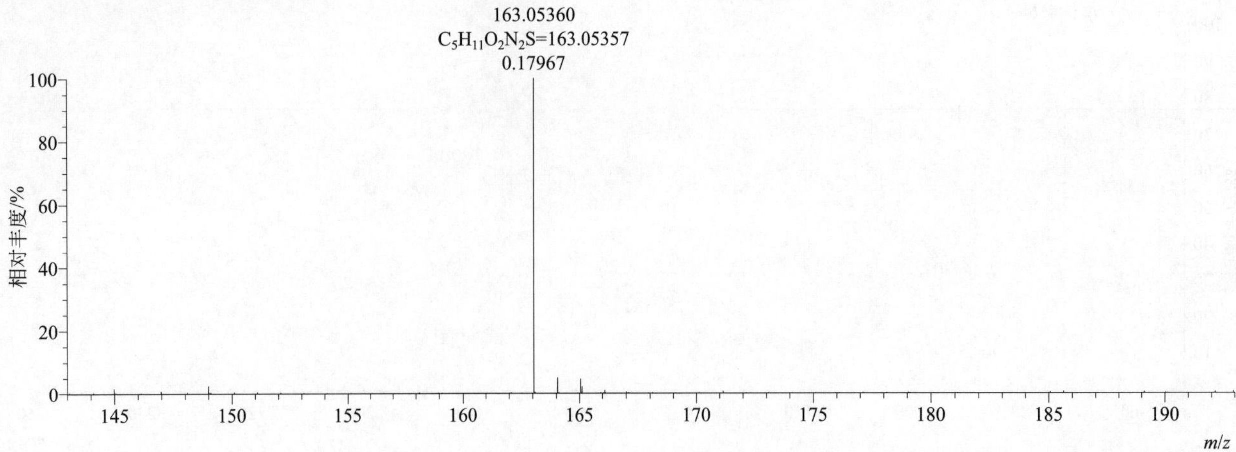

[M+H]+ 归一化法能量 NCE 为 20 时典型的二级质谱图

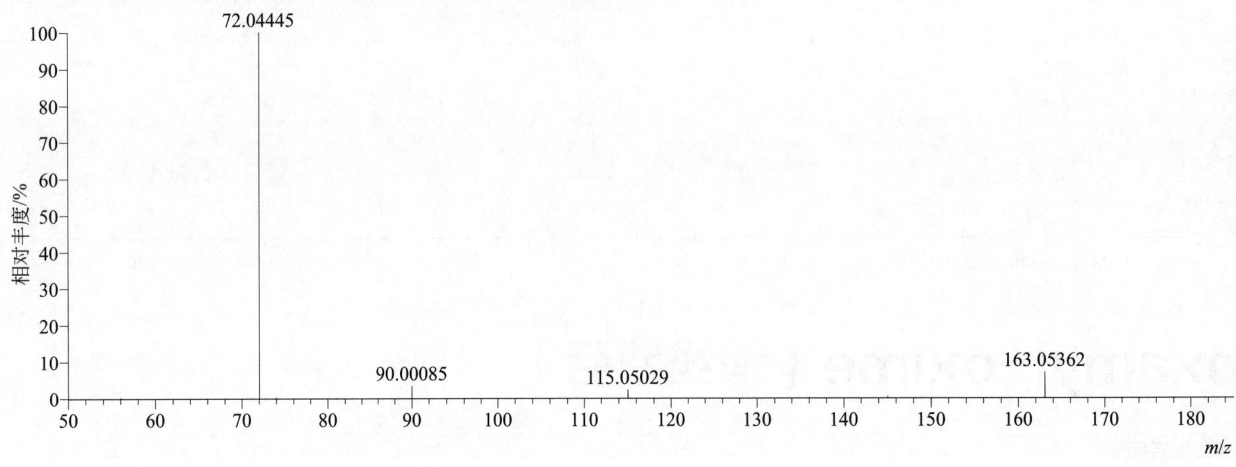

[M+H]+ 归一化法能量 NCE 为 40 时典型的二级质谱图

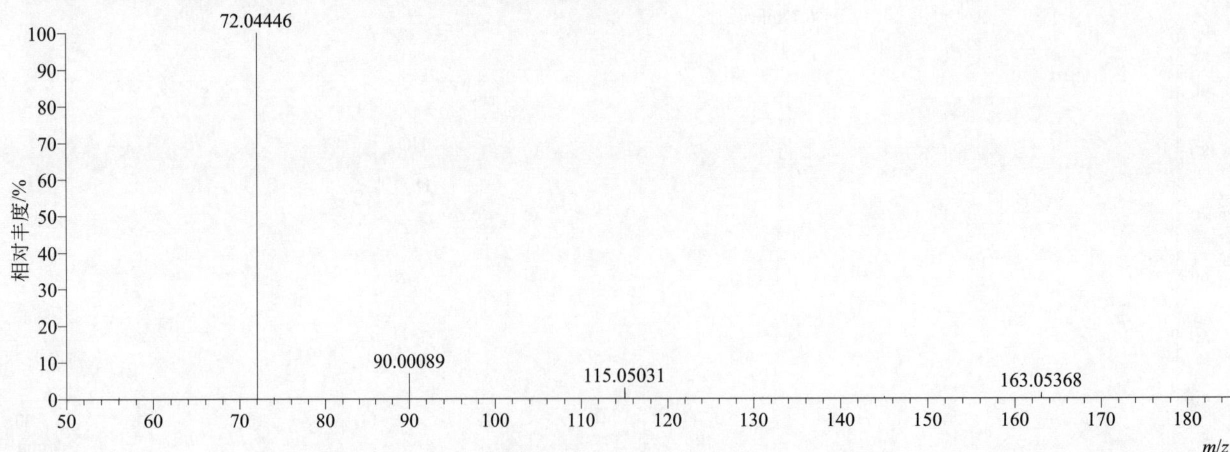

[M+H]+ 归一化法能量 NCE 为 60 时典型的二级质谱图

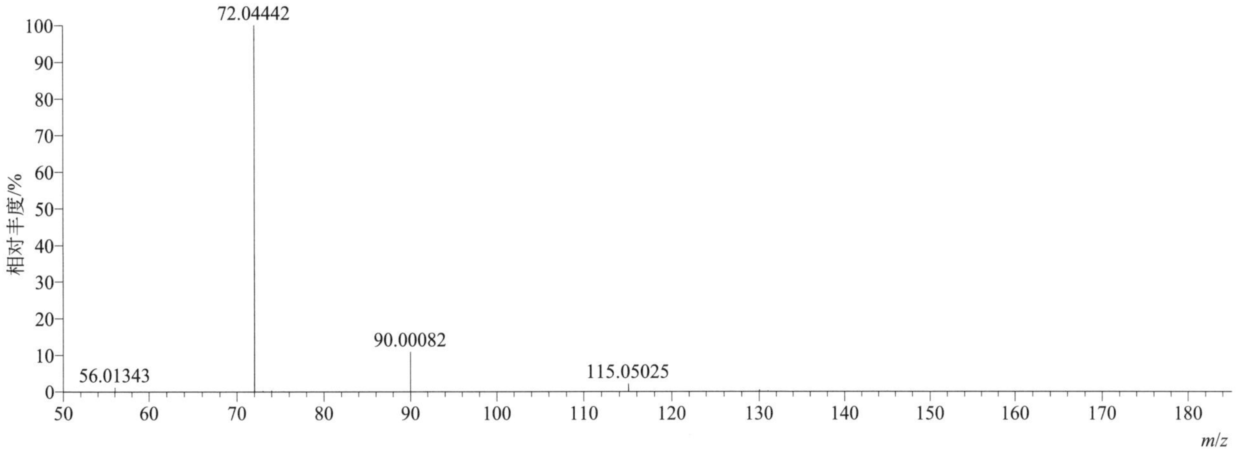

[M+H]+ 阶梯归一化法能量 Step NCE 为 20、40、60 时典型的二级质谱图

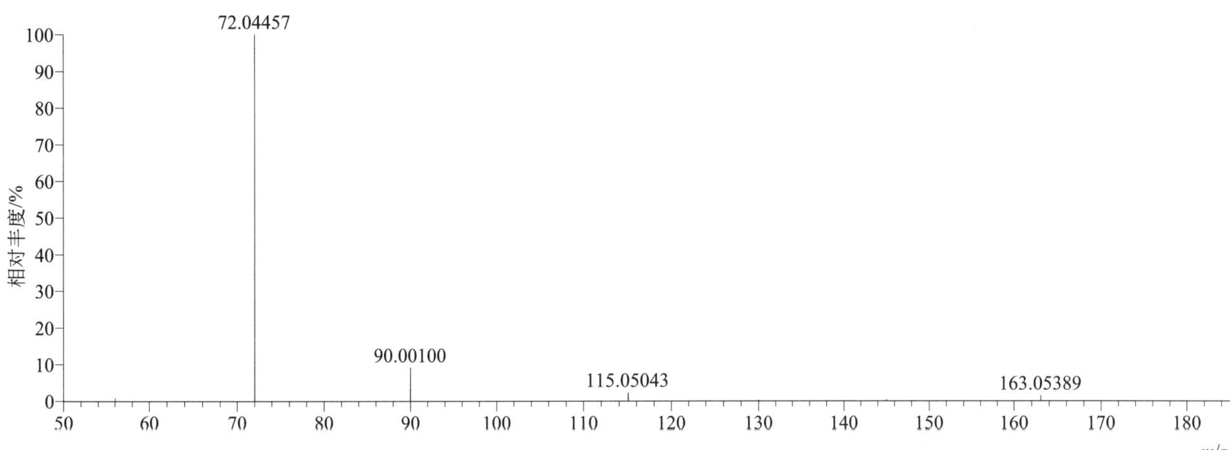

oxaziclomefone（噁嗪草酮）

基本信息

CAS 登录号	153197-14-9	分子量	375.07928	离子源和极性	电喷雾离子源（ESI）
分子式	$C_{20}H_{19}Cl_2NO_2$	保留时间	15.63min	极性	正模式

[M+H]+ 提取离子流色谱图

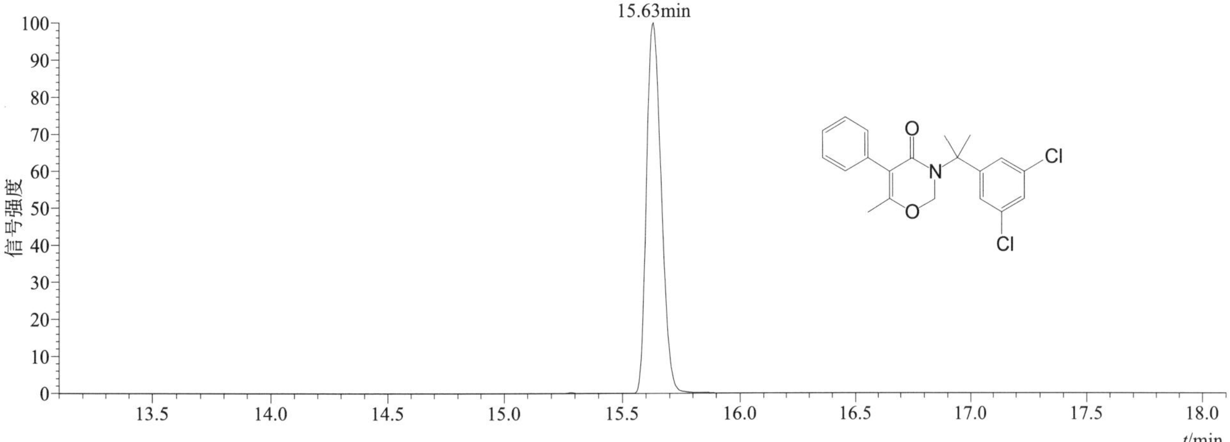

[M+H]+ 典型的一级质谱图

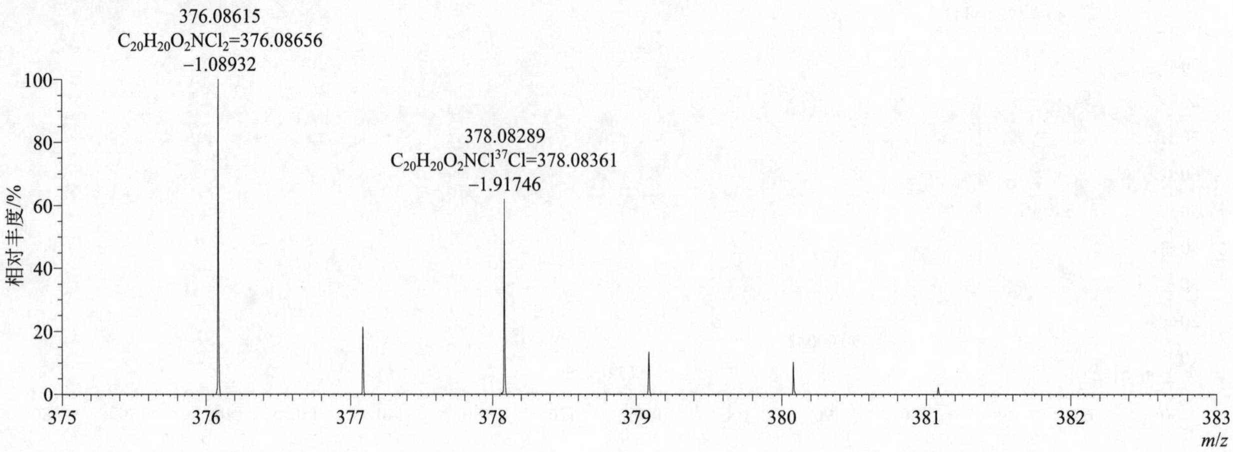

[M+H]+ 归一化法能量 NCE 为 20 时典型的二级质谱图

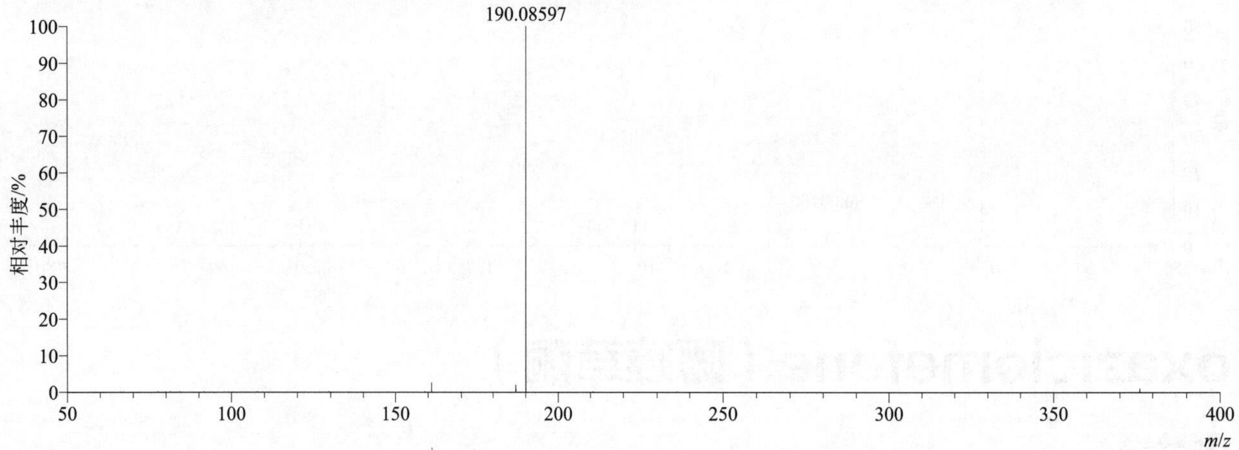

[M+H]+ 归一化法能量 NCE 为 40 时典型的二级质谱图

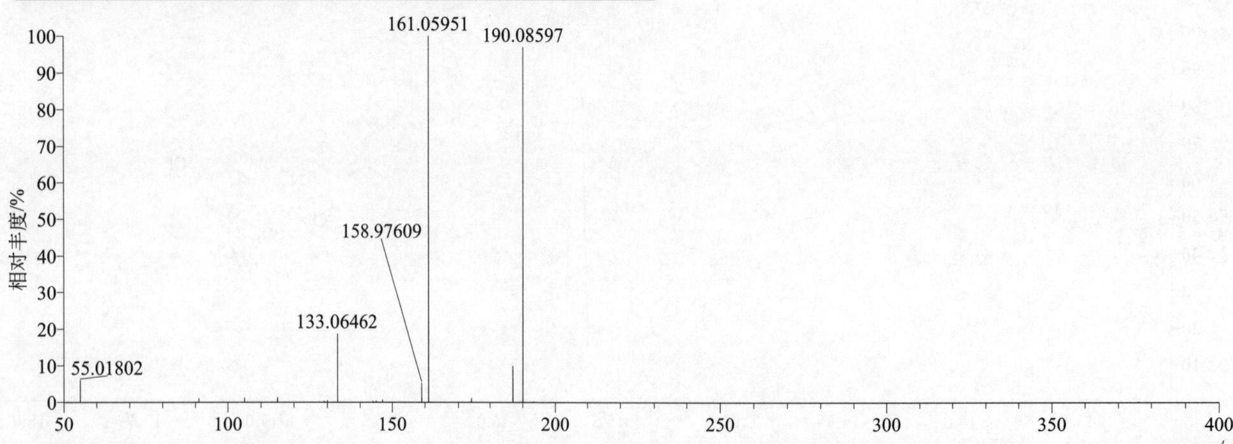

[M+H]+ 归一化法能量 NCE 为 60 时典型的二级质谱图

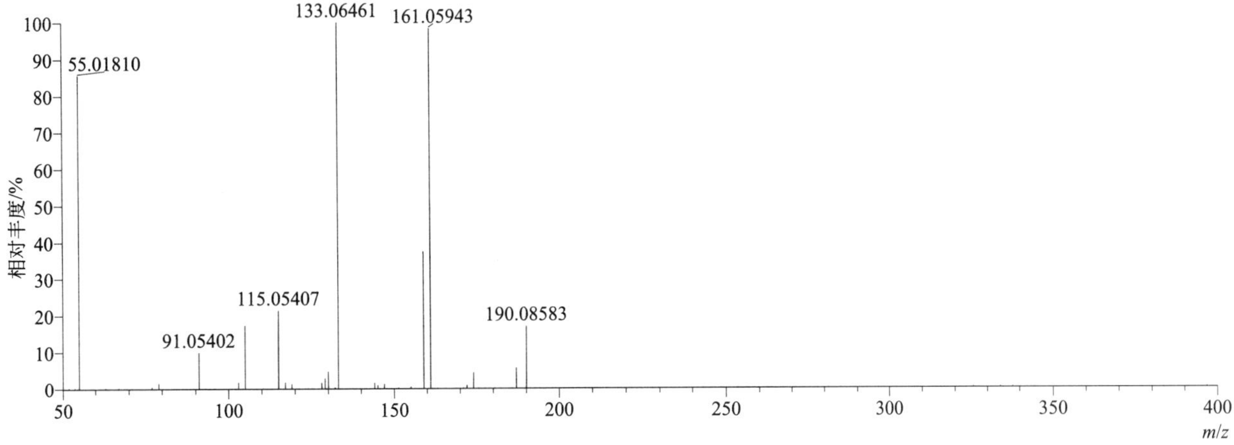

[M+H]+ 阶梯归一化法能量 Step NCE 为 20、40、60 时典型的二级质谱图

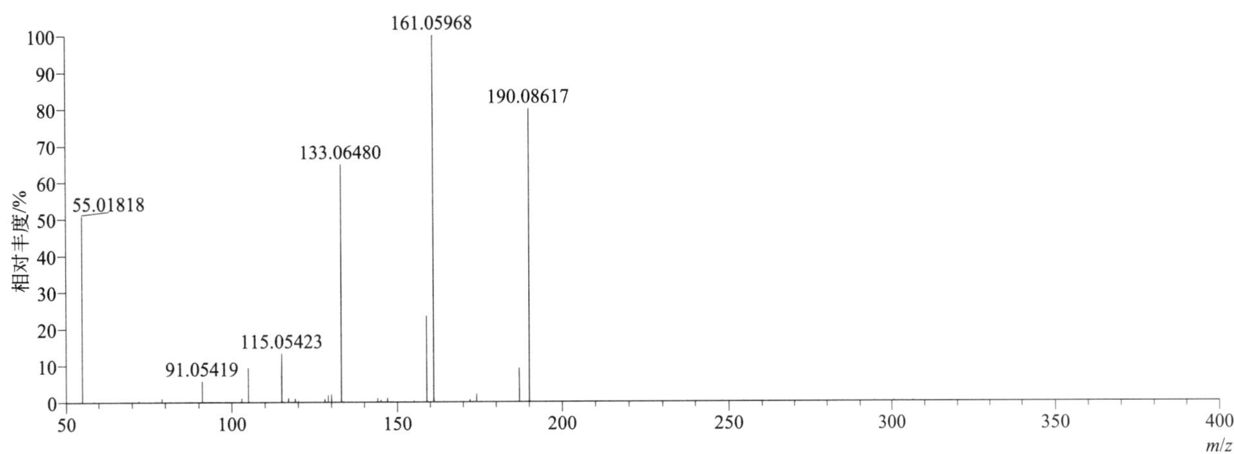

oxine-copper（喹啉铜）

基本信息

CAS 登录号	10380-28-6	分子量	351.01948	离子源和极性	电喷雾离子源（ESI）
分子式	$C_{18}H_{12}CuN_2O_2$	保留时间	15.98min	极性	正模式

[M+H]+ 提取离子流色谱图

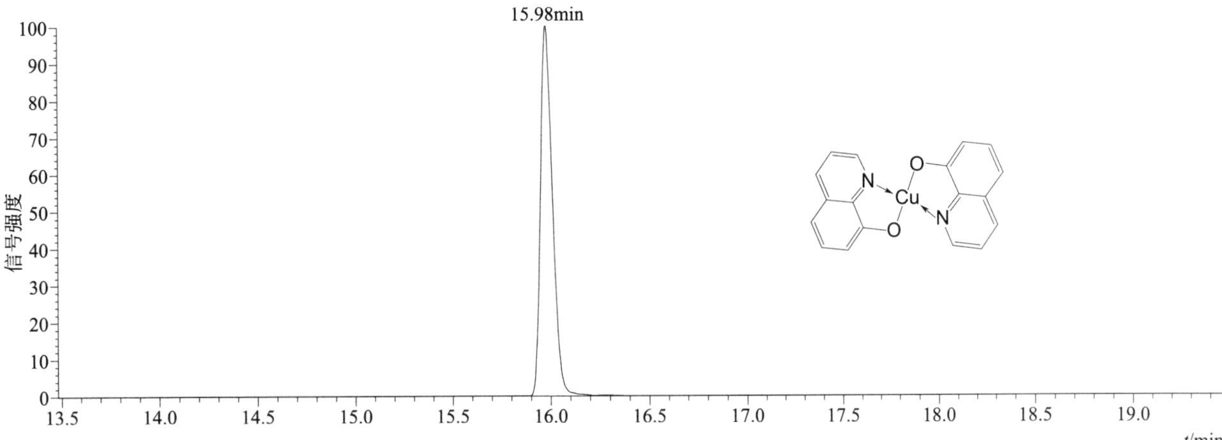

[M+H]+ 和 [M+Na]+ 典型的一级质谱图

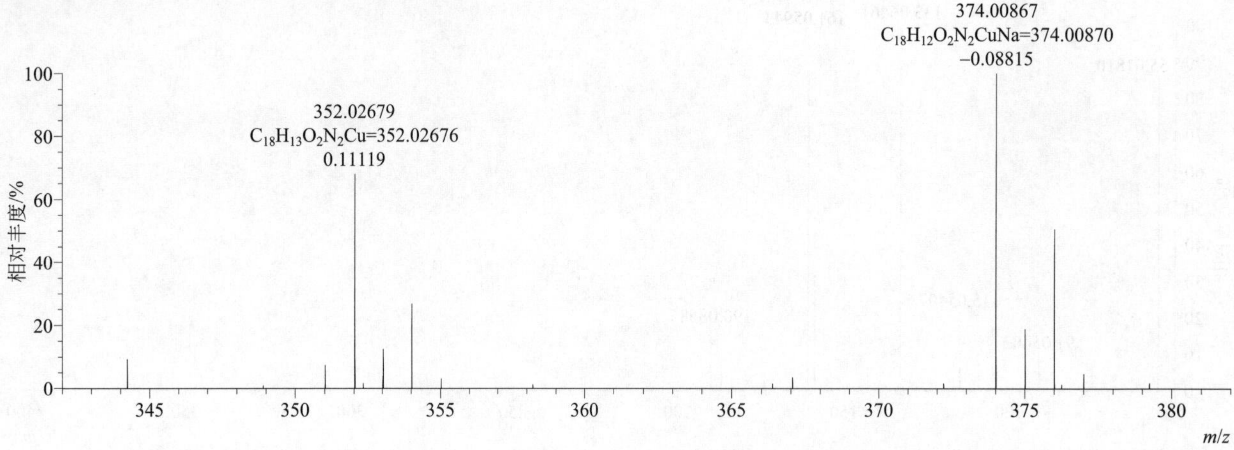

[M+H]+ 归一化法能量 NCE 为 20 时典型的二级质谱图

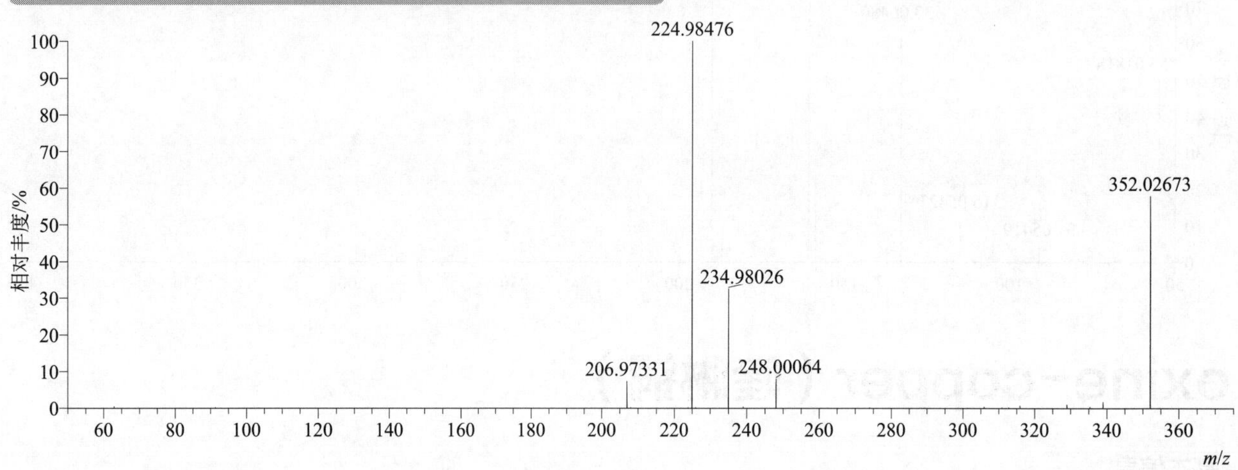

[M+H]+ 归一化法能量 NCE 为 40 时典型的二级质谱图

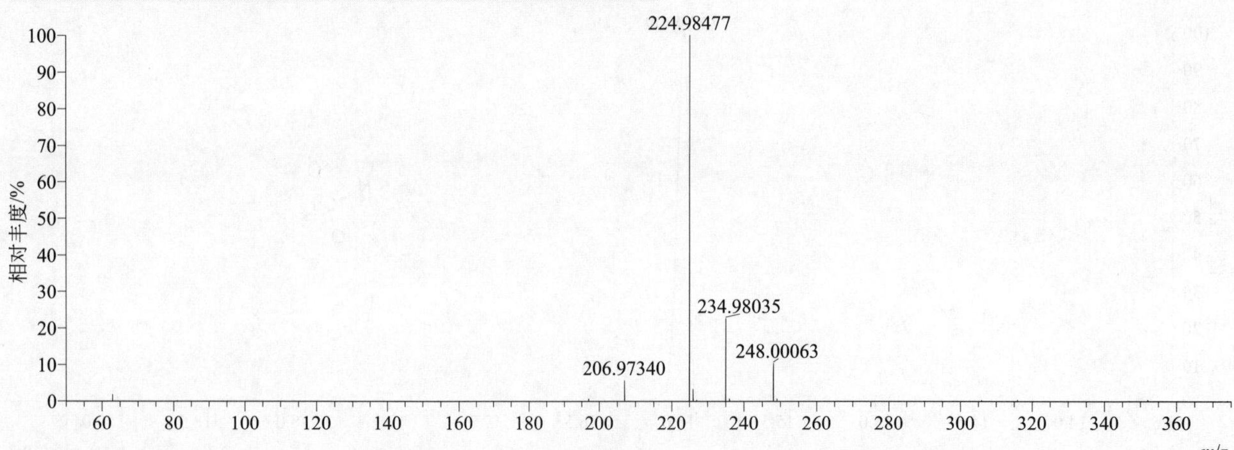

[M+H]$^+$ 归一化法能量 NCE 为 60 时典型的二级质谱图

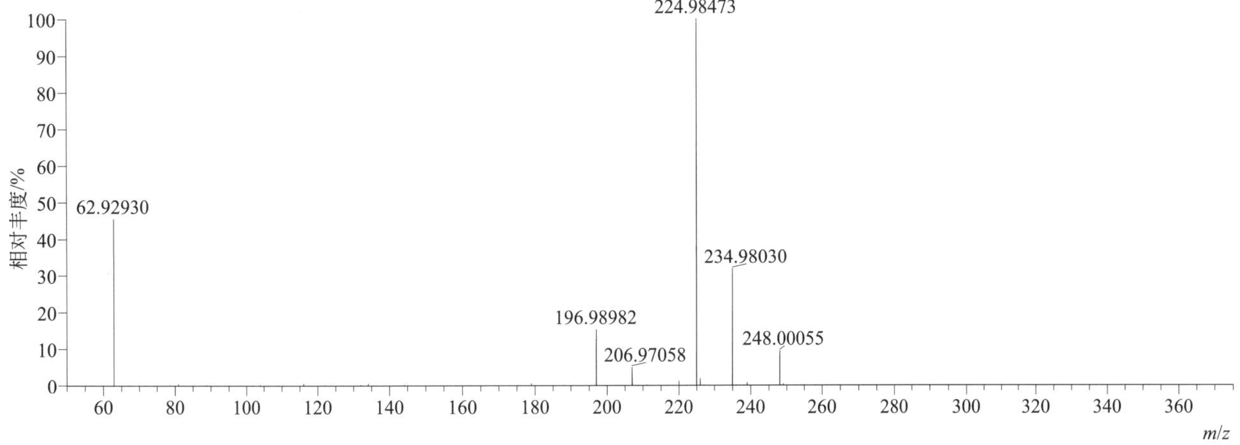

[M+H]$^+$ 阶梯归一化法能量 Step NCE 为 20、40、60 时典型的二级质谱图

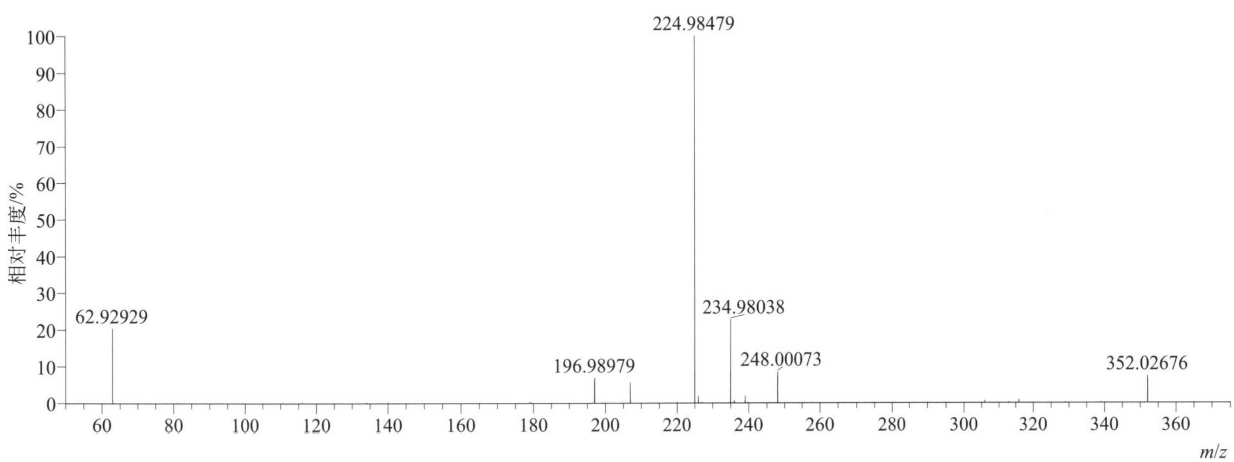

oxycarboxin（氧化萎锈灵）

基本信息

CAS 登录号	5259-88-1	分子量	267.05653	离子源和极性	电喷雾离子源（ESI）
分子式	$C_{12}H_{13}NO_4S$	保留时间	12.16min	极性	正模式

[M+H]$^+$ 提取离子流色谱图

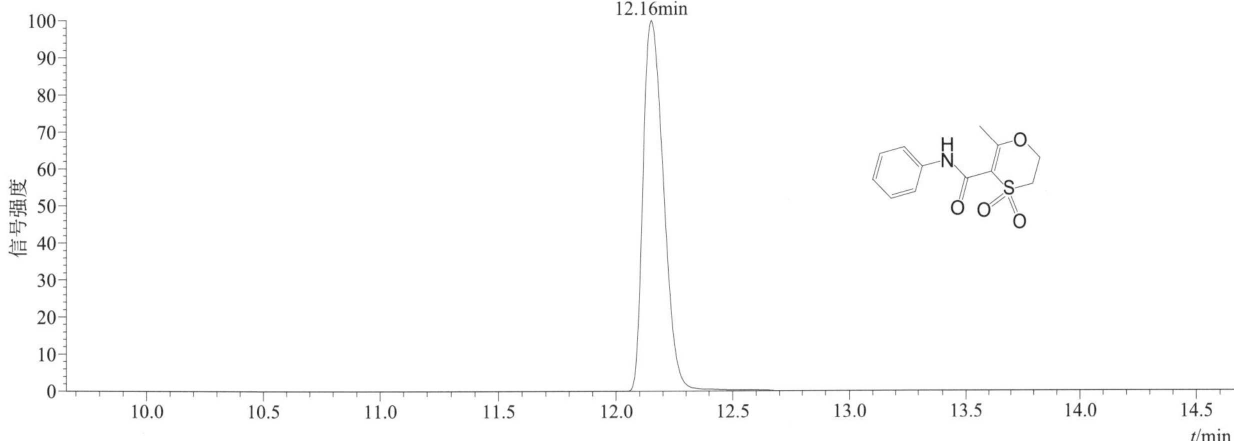

[M+H]$^+$ 典型的一级质谱图

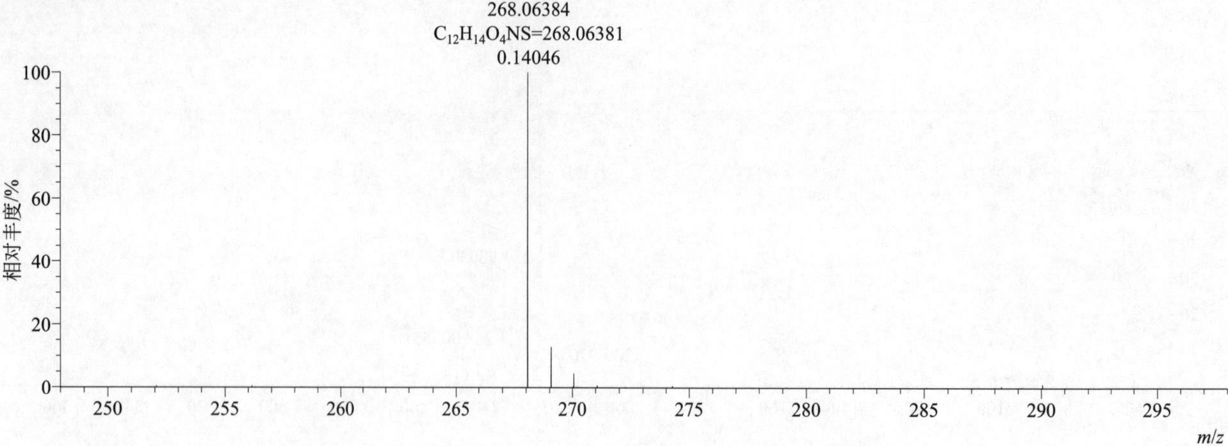

[M+H]$^+$ 归一化法能量 NCE 为 20 时典型的二级质谱图

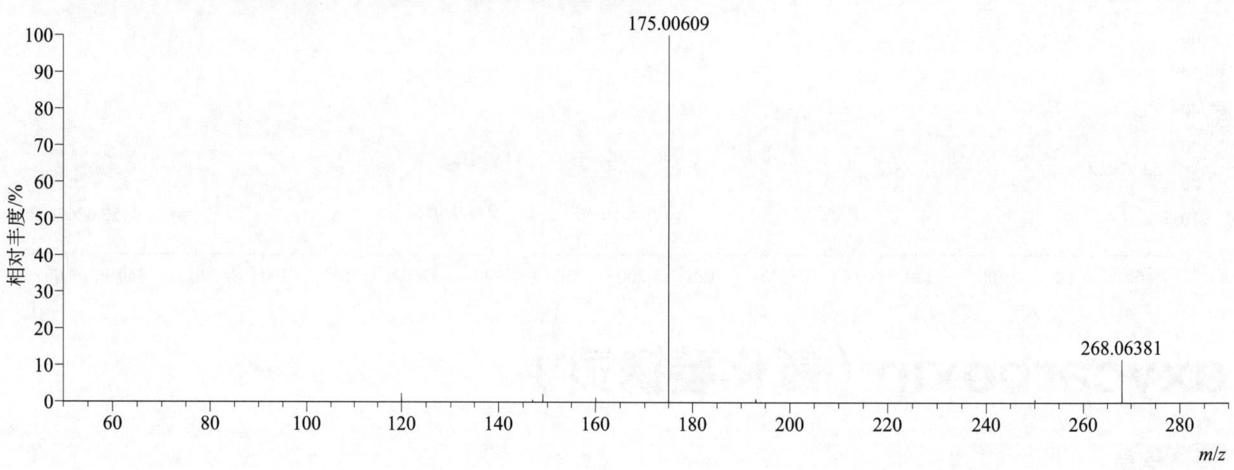

[M+H]$^+$ 归一化法能量 NCE 为 40 时典型的二级质谱图

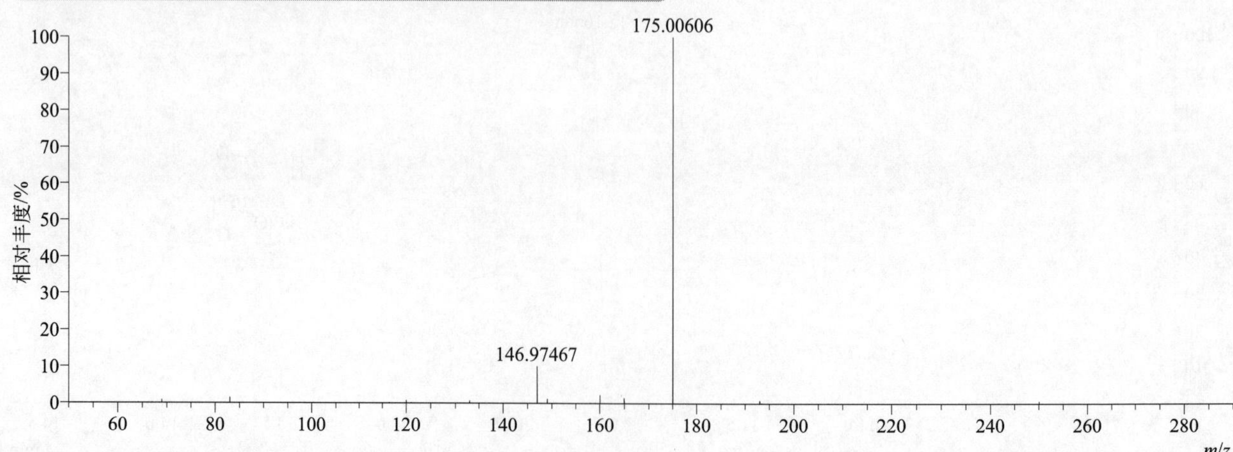

[M+H]+ 归一化法能量 NCE 为 60 时典型的二级质谱图

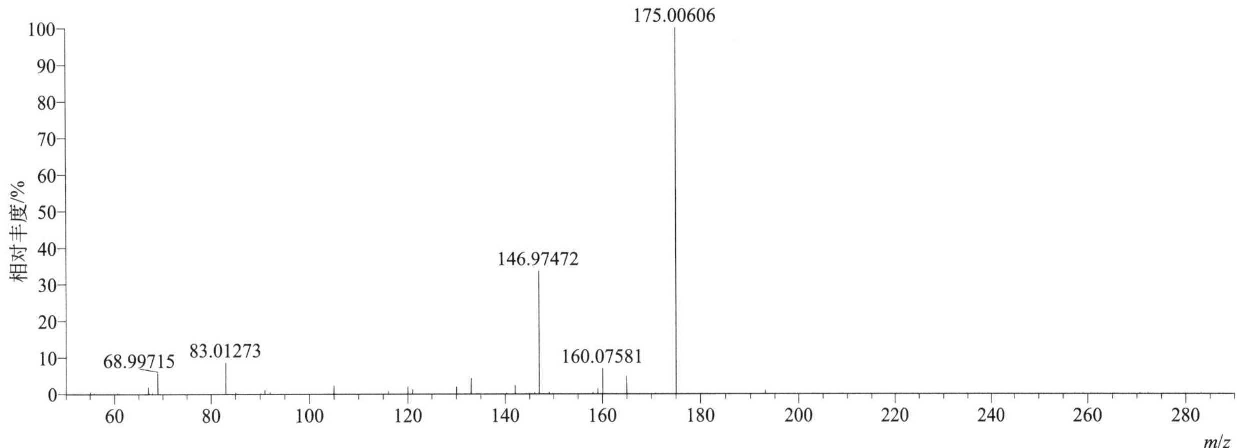

[M+H]+ 阶梯归一化法能量 Step NCE 为 20、40、60 时典型的二级质谱图

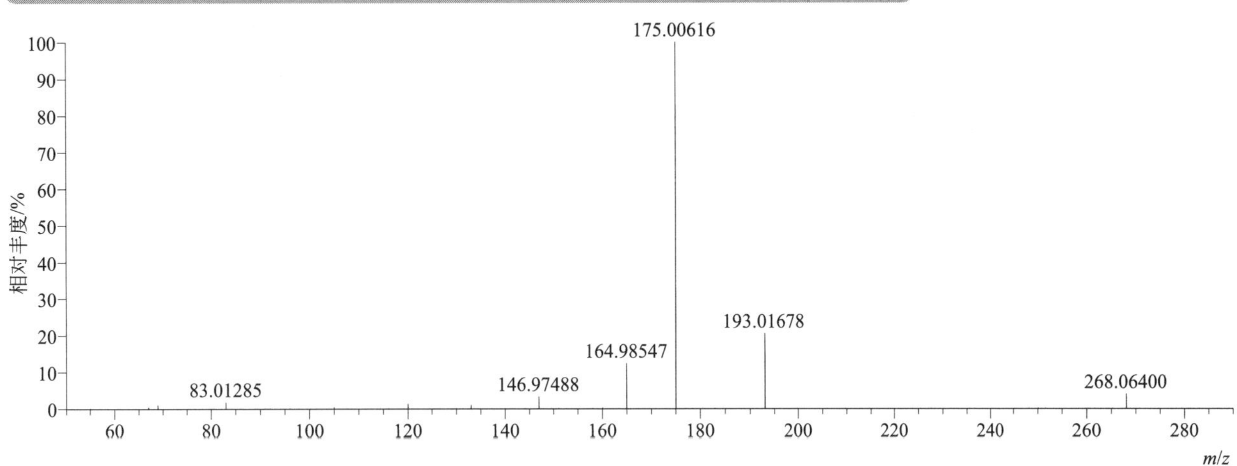

oxydemeton-methyl（亚砜磷）

基本信息

CAS 登录号	301-12-2	分子量	246.01494	离子源和极性	电喷雾离子源（ESI）
分子式	$C_6H_{15}O_4PS_2$	保留时间	10.26min	极性	正模式

[M+H]+ 提取离子流色谱图

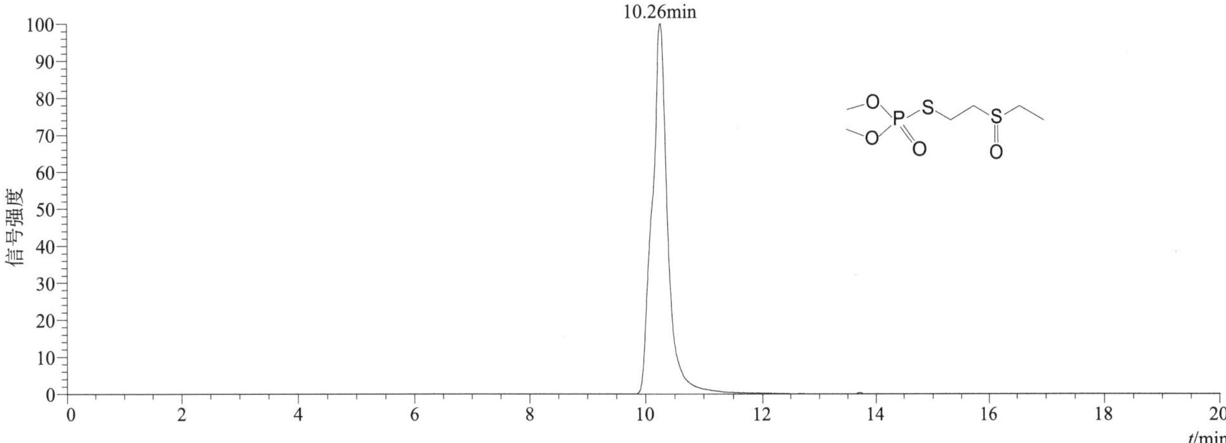

[M+H]$^+$ 典型的一级质谱图

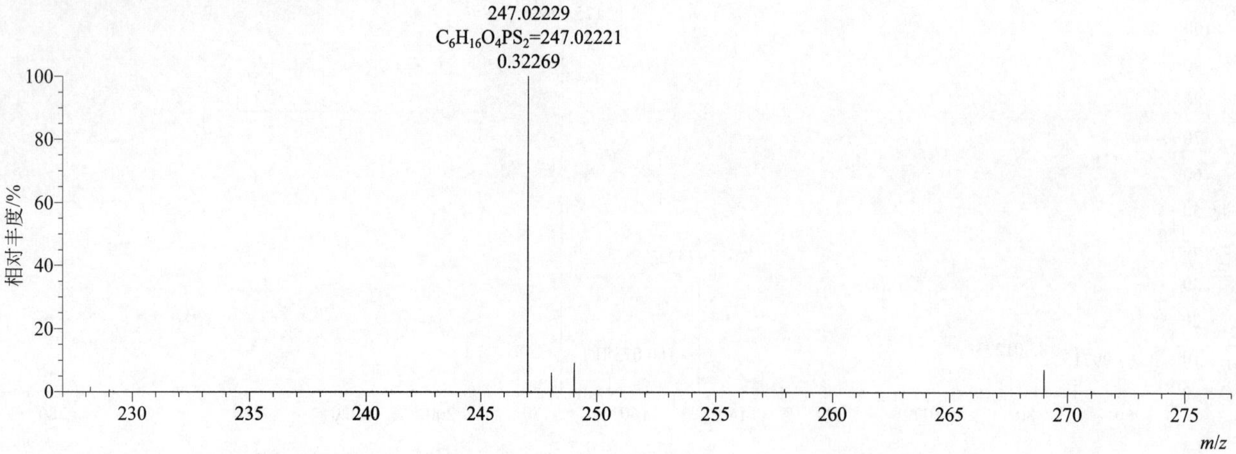

[M+H]$^+$ 归一化法能量 NCE 为 20 时典型的二级质谱图

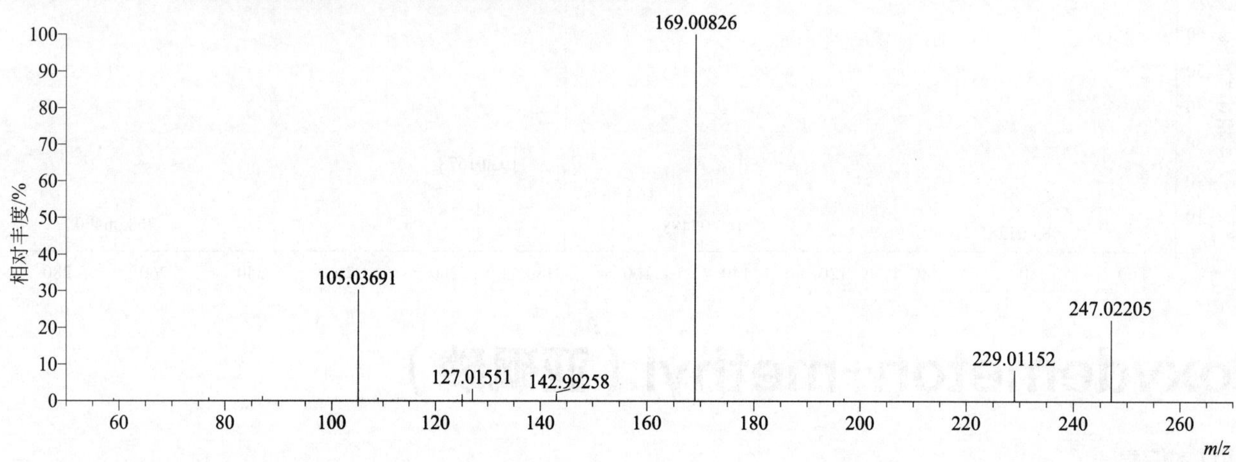

[M+H]$^+$ 归一化法能量 NCE 为 40 时典型的二级质谱图

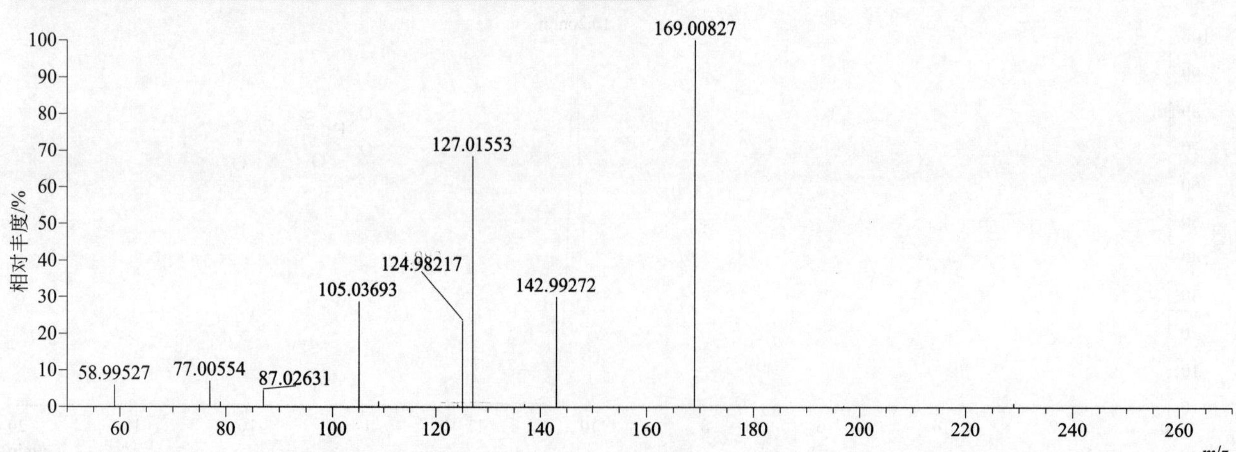

$[M+H]^+$ 归一化法能量 NCE 为 60 时典型的二级质谱图

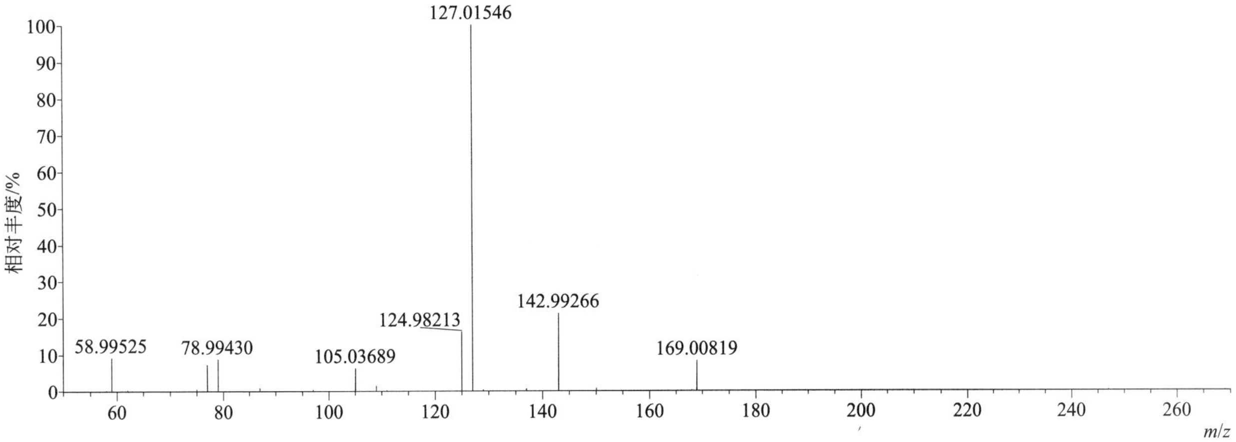

$[M+H]^+$ 阶梯归一化法能量 Step NCE 为 20、40、60 时典型的二级质谱图

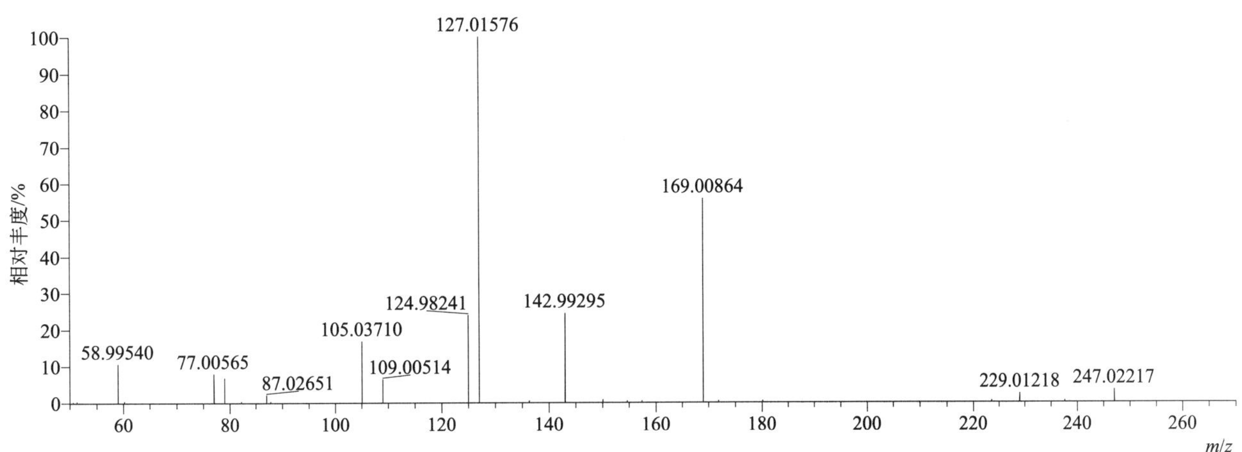

oxyfluorfen（乙氧氟草醚）

基本信息

CAS 登录号	42874-03-3	分子量	361.03287	离子源和极性	电喷雾离子源（ESI）
分子式	$C_{15}H_{11}ClF_3NO_4$	保留时间	15.74min	极性	正模式

$[M+H]^+$ 提取离子流色谱图

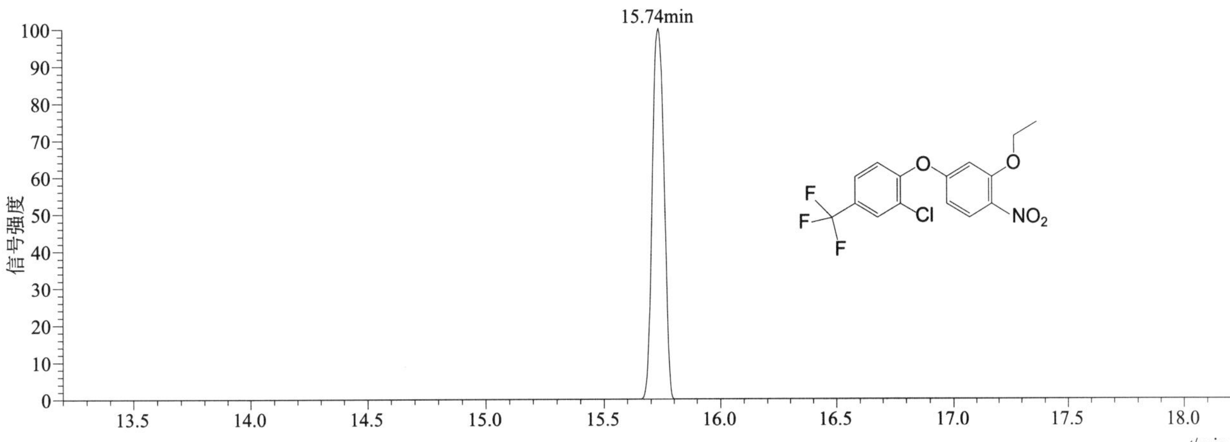

[M+H]$^+$ 典型的一级质谱图

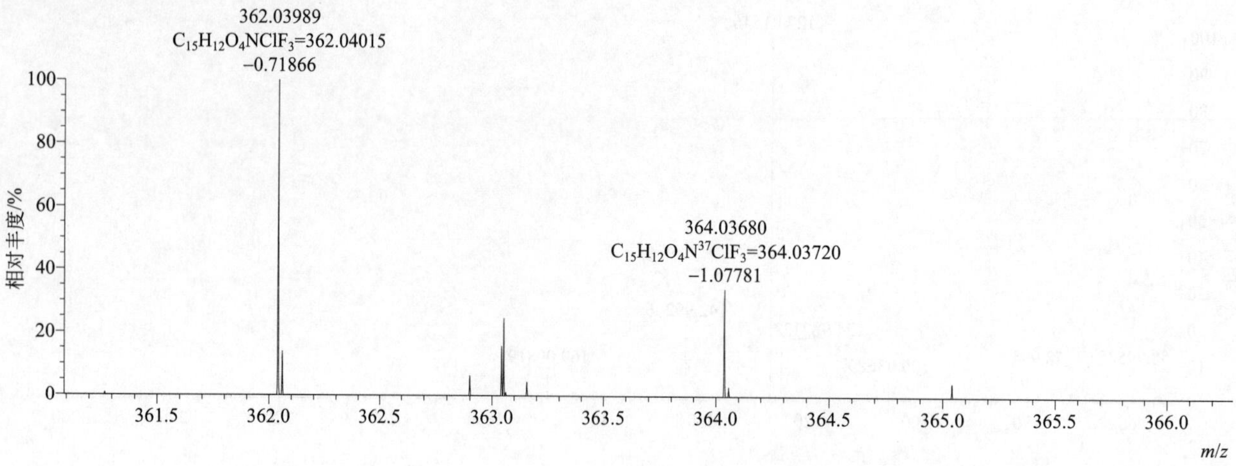

[M+H]$^+$ 归一化法能量 NCE 为 20 时典型的二级质谱图

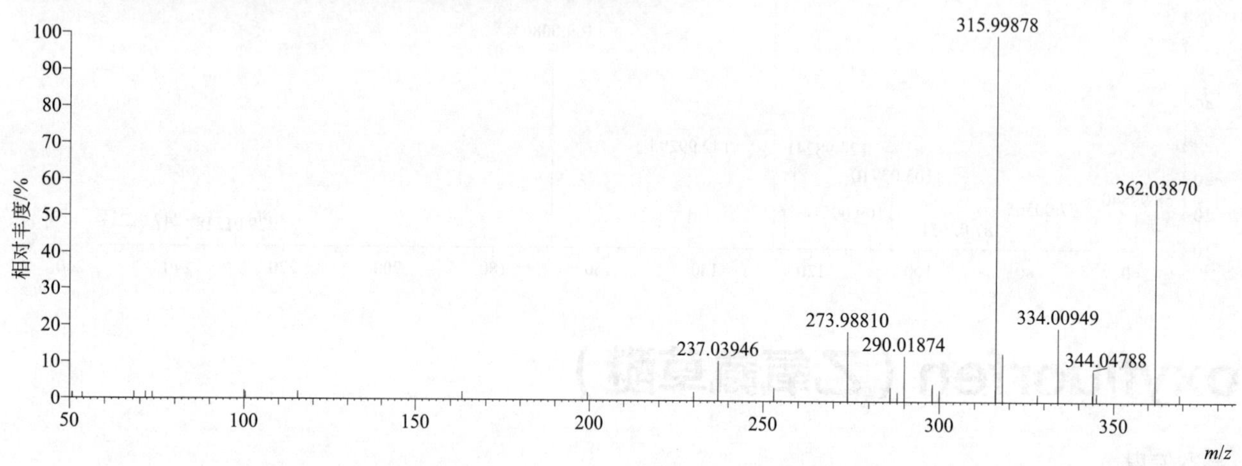

[M+H]$^+$ 归一化法能量 NCE 为 40 时典型的二级质谱图

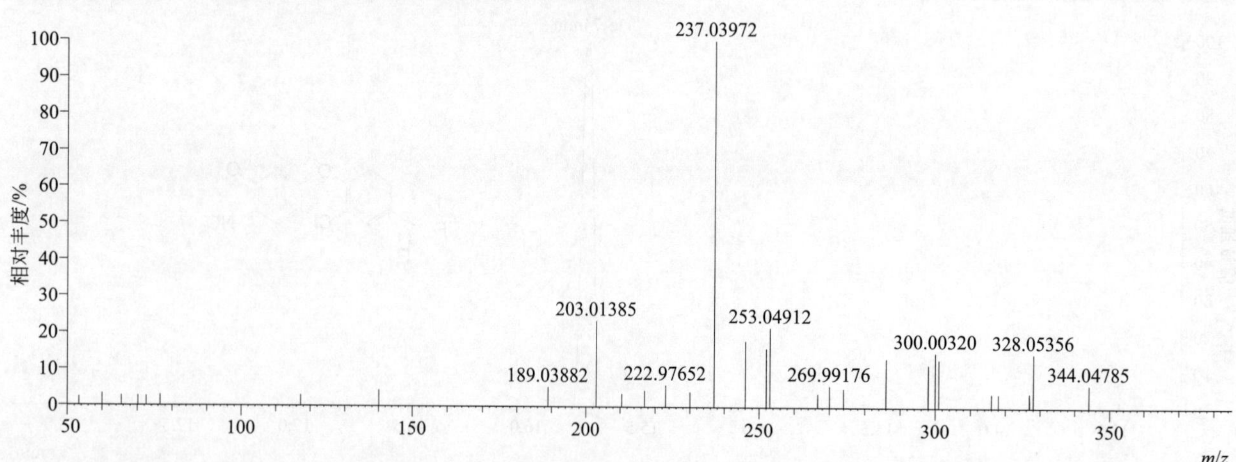

$[M+H]^+$ 归一化法能量 NCE 为 60 时典型的二级质谱图

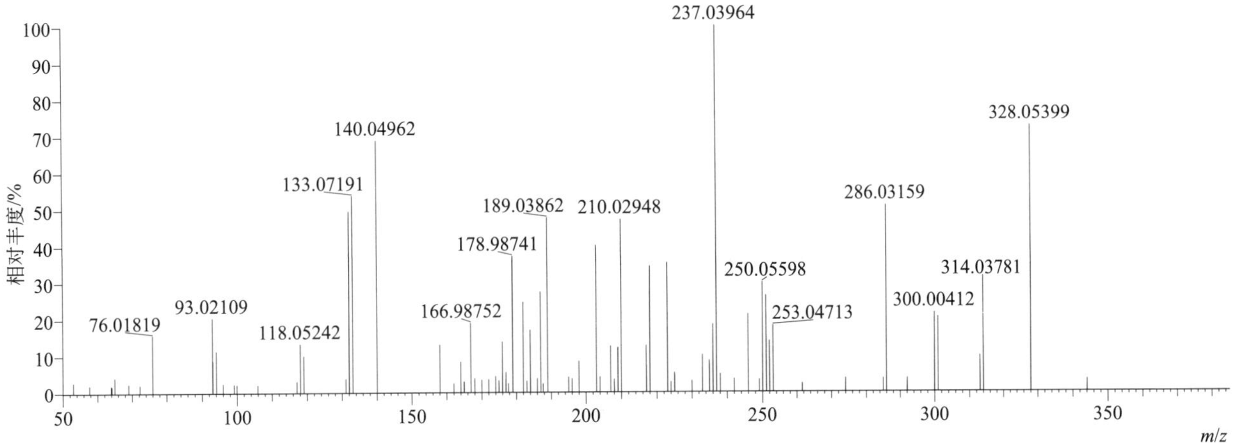

$[M+H]^+$ 阶梯归一化法能量 Step NCE 为 20、40、60 时典型的二级质谱图

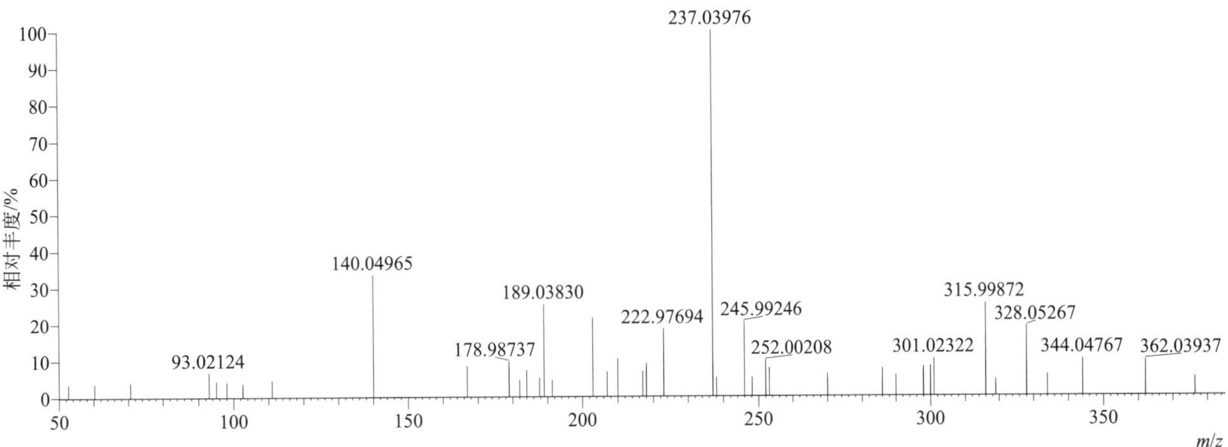

P

paclobutrazol（多效唑）

基本信息

CAS 登录号	76738-62-0	分子量	293.12949	离子源和极性	电喷雾离子源（ESI）
分子式	$C_{15}H_{20}ClN_3O$	保留时间	14.40min	极性	正模式

$[M+H]^+$ 提取离子流色谱图

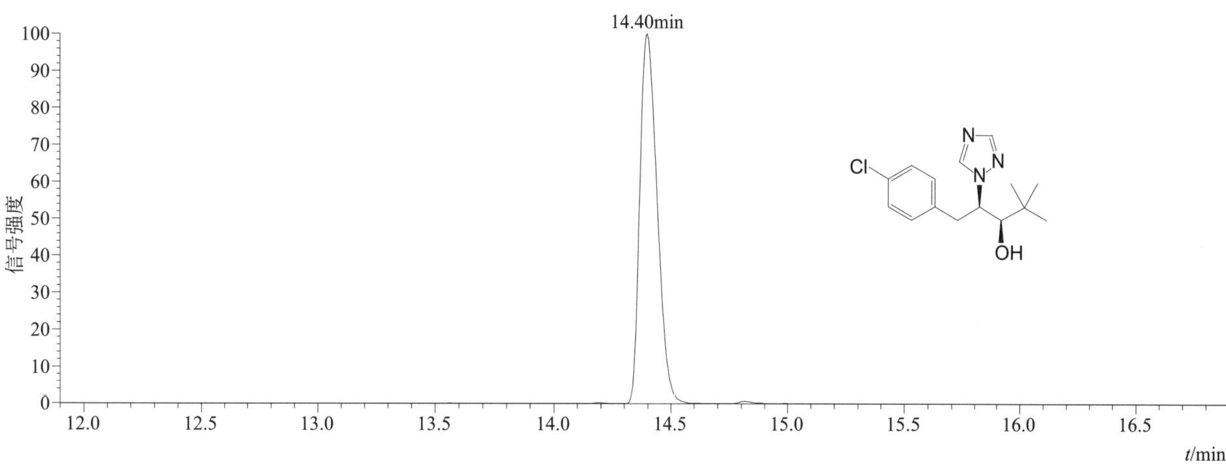

$[M+H]^+$ 典型的一级质谱图

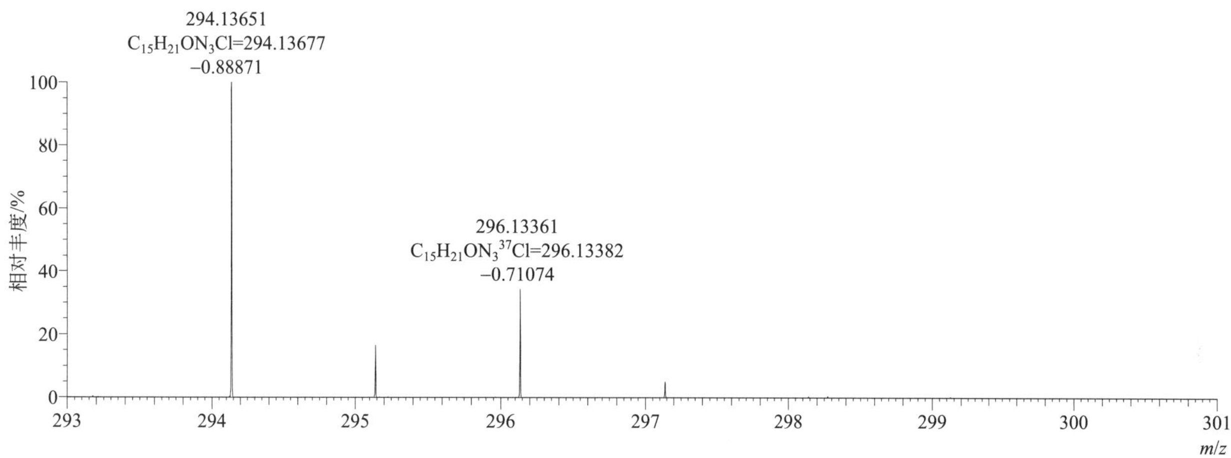

$[M+H]^+$ 归一化法能量 NCE 为 20 时典型的二级质谱图

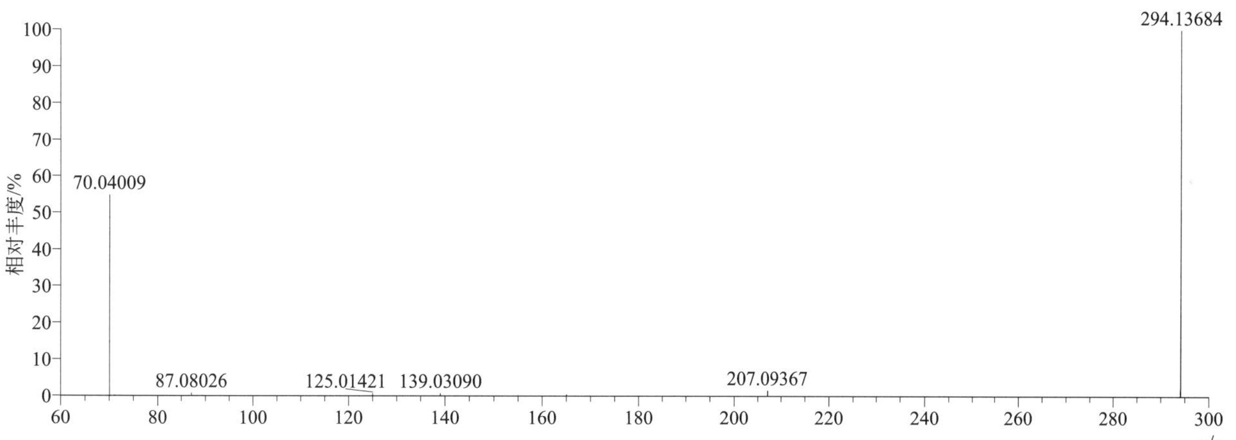

[M+H]+ 归一化法能量 NCE 为 40 时典型的二级质谱图

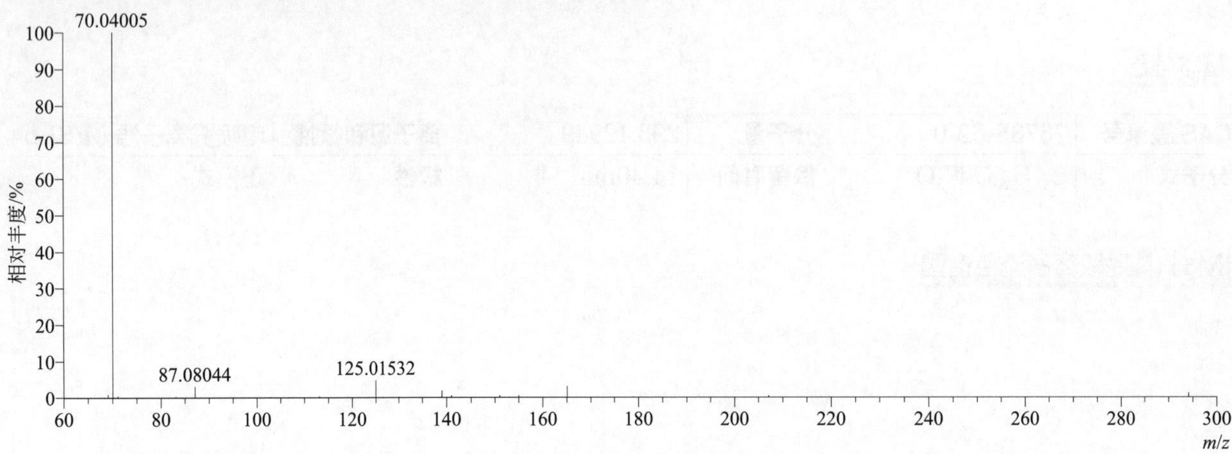

[M+H]+ 归一化法能量 NCE 为 60 时典型的二级质谱图

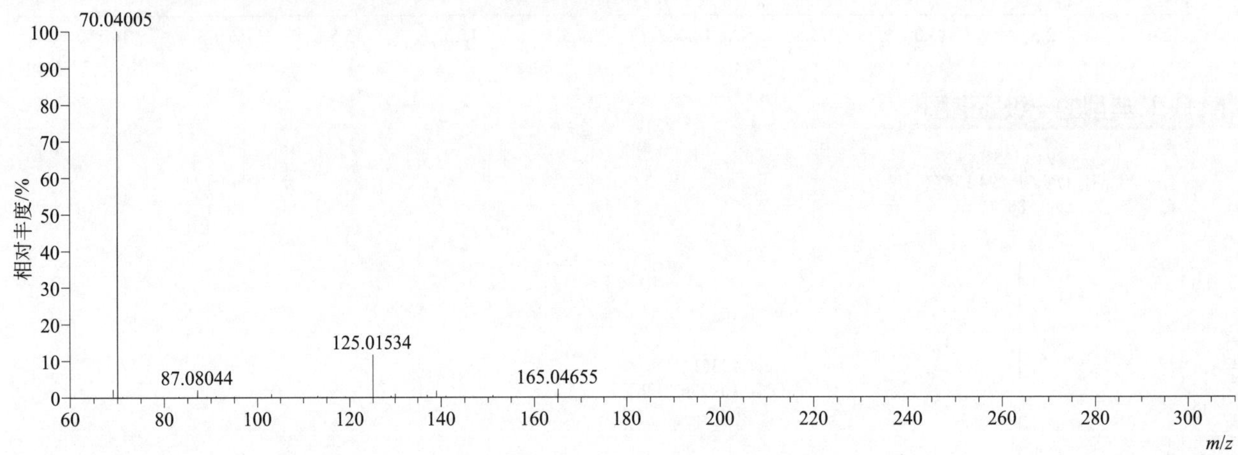

[M+H]+ 阶梯归一化法能量 Step NCE 为 20、40、60 时典型的二级质谱图

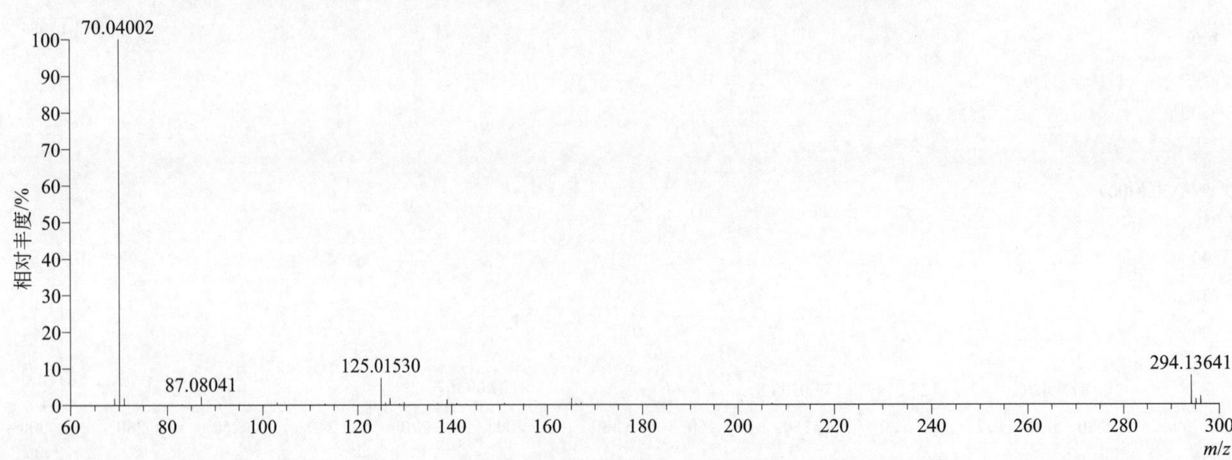

paraoxon-ethyl（对氧磷）

基本信息

CAS 登录号	311-45-5	分子量	275.05587	离子源和极性	电喷雾离子源（ESI）
分子式	$C_{10}H_{14}NO_6P$	保留时间	13.67min	极性	正模式

[M+H]+ 提取离子流色谱图

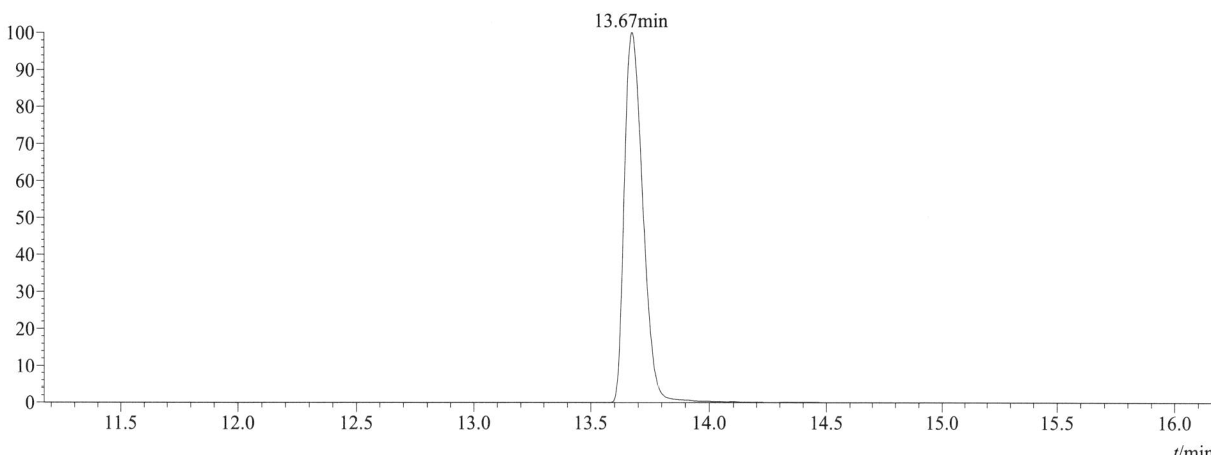

[M+H]+ 典型的一级质谱图

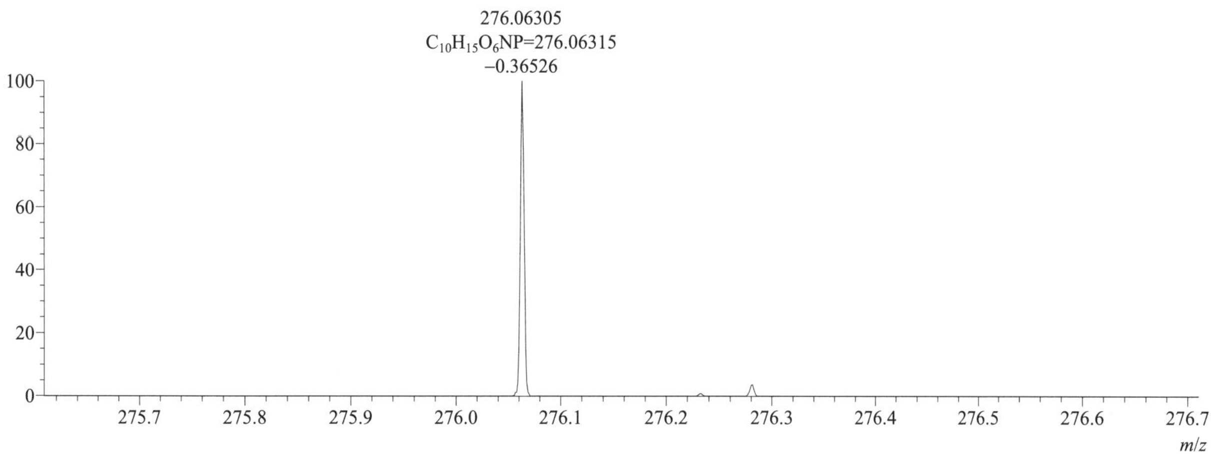

[M+H]+ 归一化法能量 NCE 为 20 时典型的二级质谱图

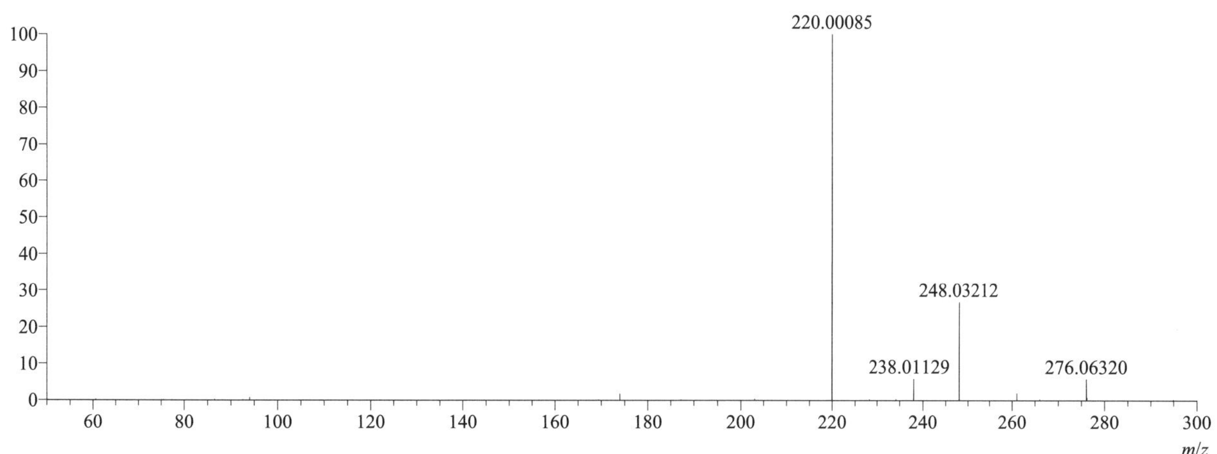

[M+H]$^+$ 归一化法能量 NCE 为 40 时典型的二级质谱图

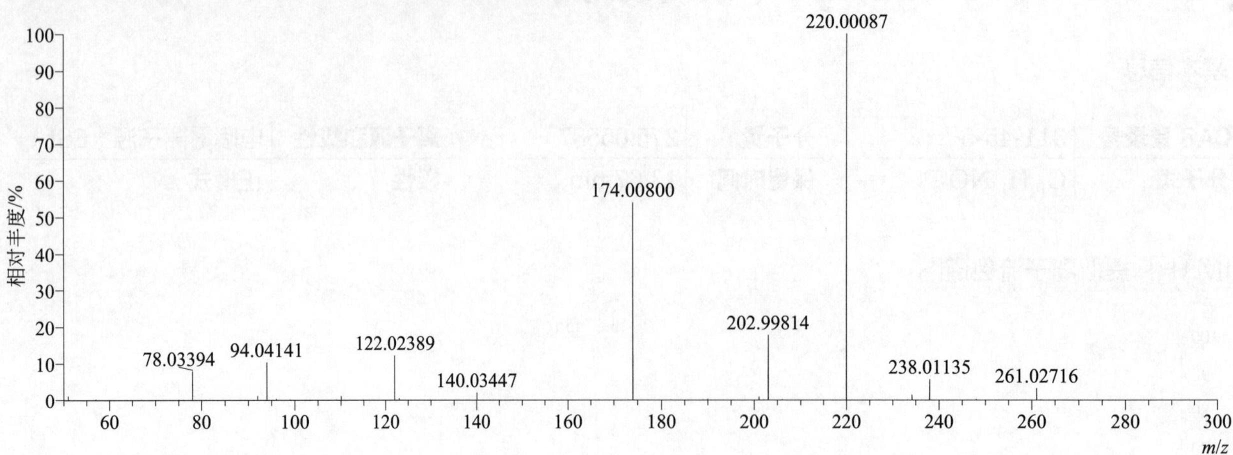

[M+H]$^+$ 归一化法能量 NCE 为 60 时典型的二级质谱图

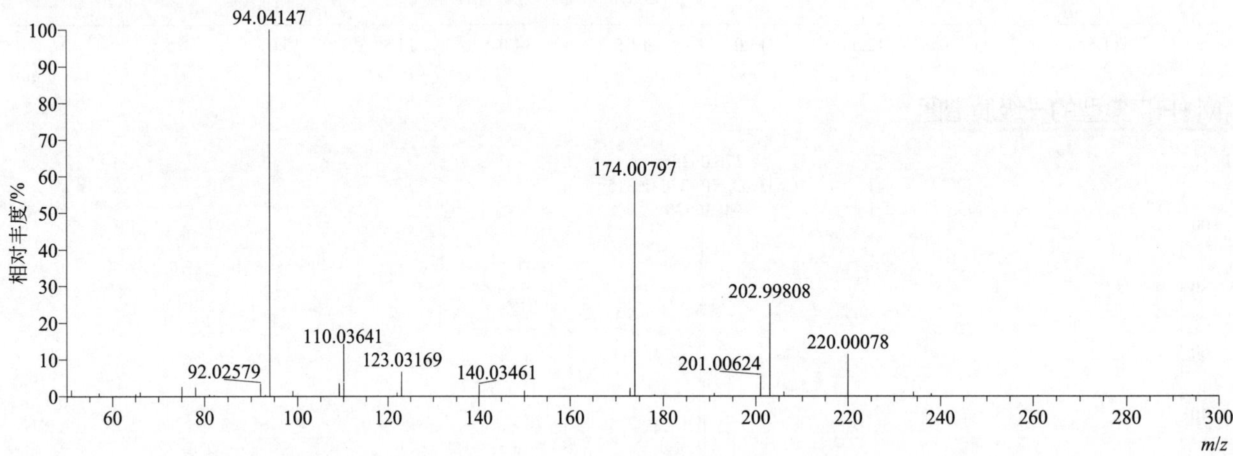

[M+H]$^+$ 阶梯归一化法能量 Step NCE 为 20、40、60 时典型的二级质谱图

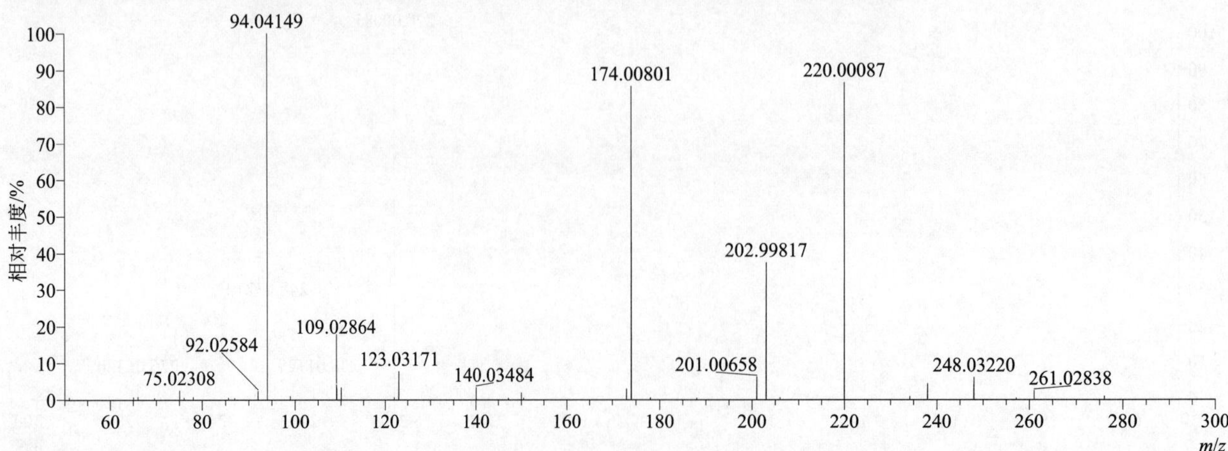

paraoxon-methyl（甲基对氧磷）

基本信息

CAS 登录号	950-35-6	分子量	247.02457	离子源和极性	电喷雾离子源（ESI）
分子式	$C_8H_{10}NO_6P$	保留时间	13.69min	极性	正模式

[M+H]⁺ 提取离子流色谱图

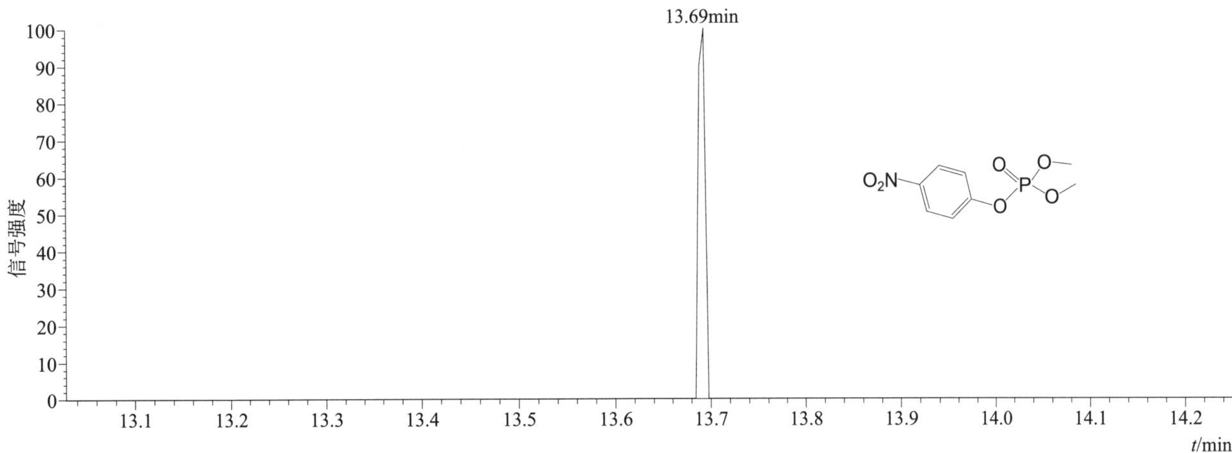

[M+H]⁺ 典型的一级质谱图

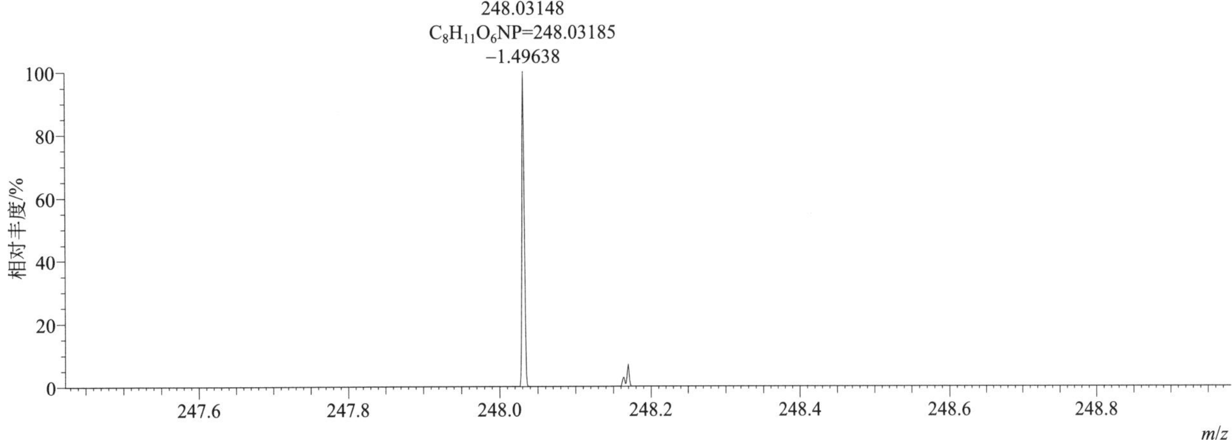

[M+H]⁺ 归一化法能量 NCE 为 20 时典型的二级质谱图

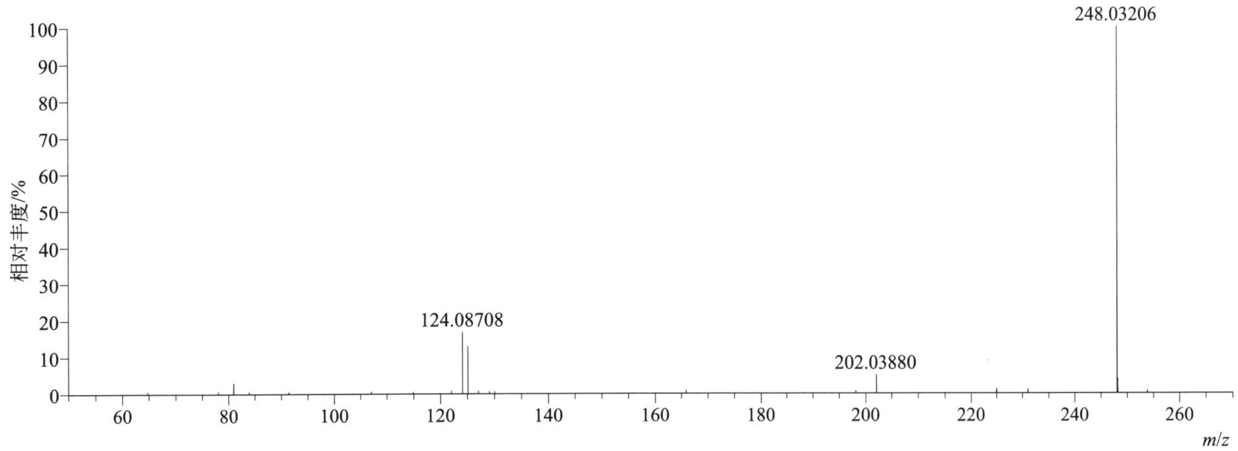

[M+H]⁺ 归一化法能量 NCE 为 40 时典型的二级质谱图

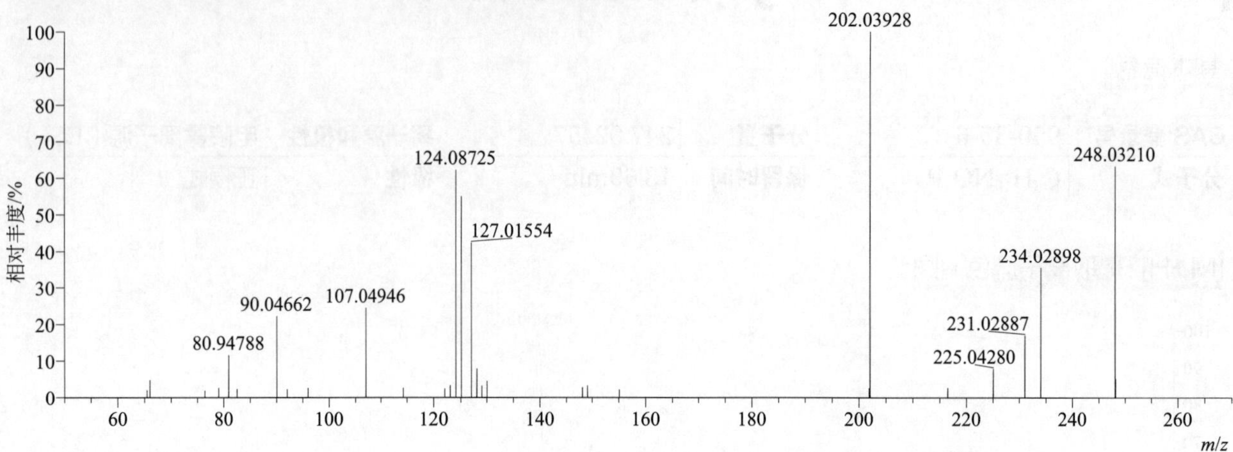

[M+H]⁺ 归一化法能量 NCE 为 60 时典型的二级质谱图

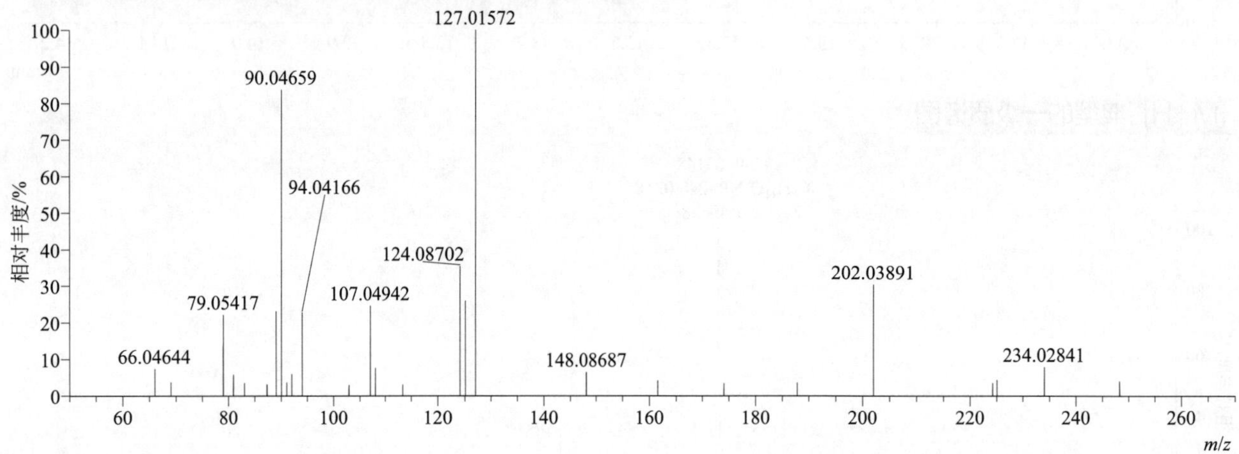

[M+H]⁺ 阶梯归一化法能量 Step NCE 为 20、40、60 时典型的二级质谱图

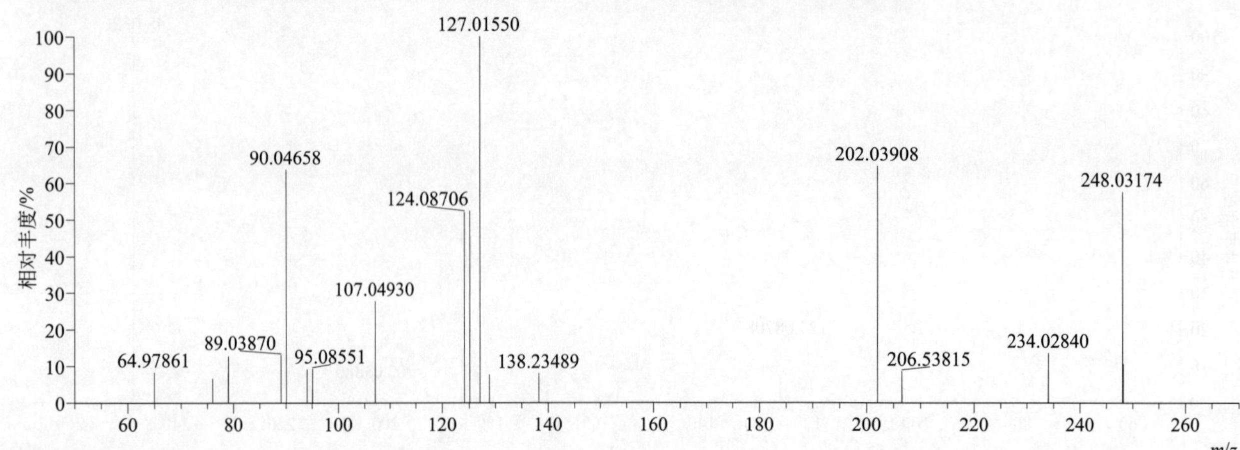

pebulate（克草猛）

基本信息

CAS 登录号	1114-71-2	分子量	203.13438	离子源和极性	电喷雾离子源（ESI）
分子式	$C_{10}H_{21}NOS$	保留时间	15.43min	极性	正模式

[M+H]+ 提取离子流色谱图

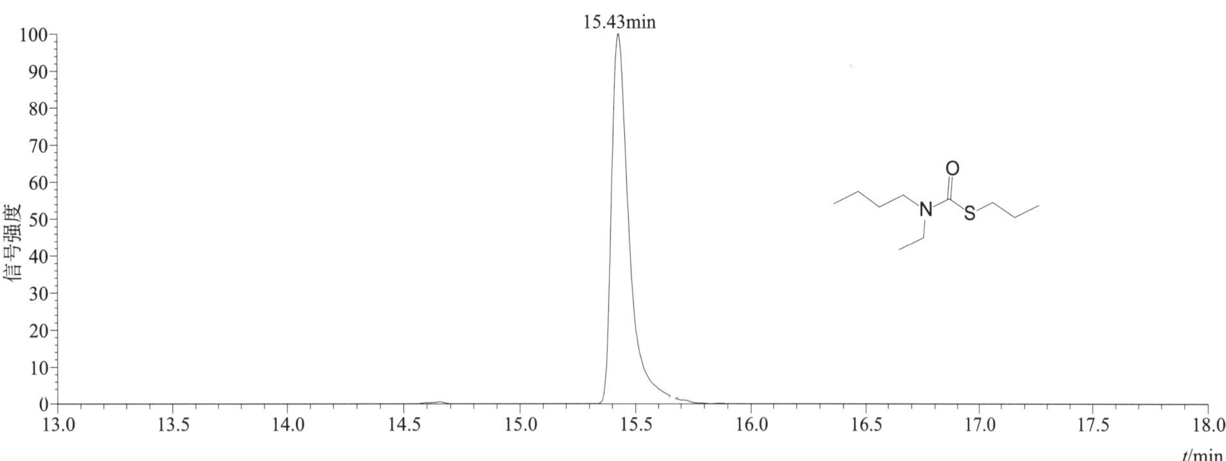

[M+H]+ 典型的一级质谱图

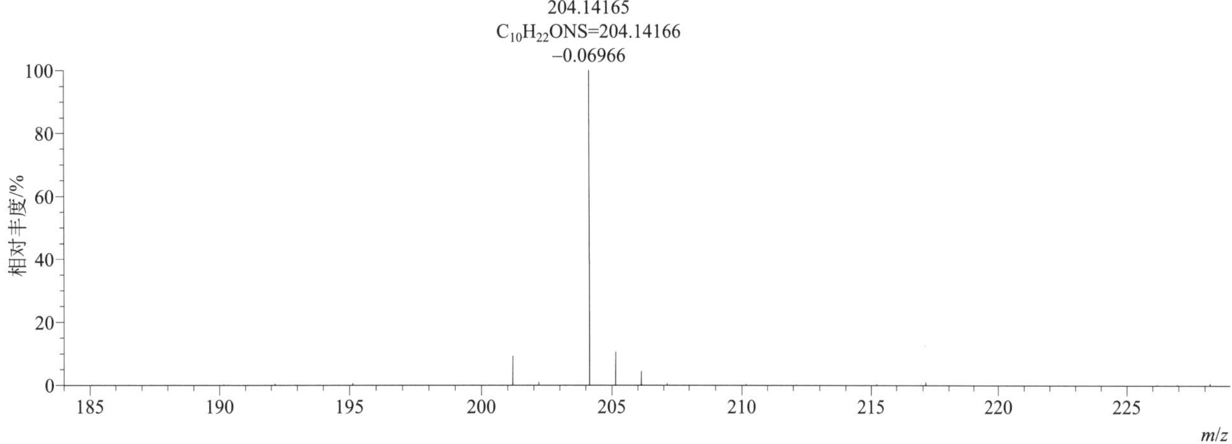

[M+H]+ 归一化法能量 NCE 为 20 时典型的二级质谱图

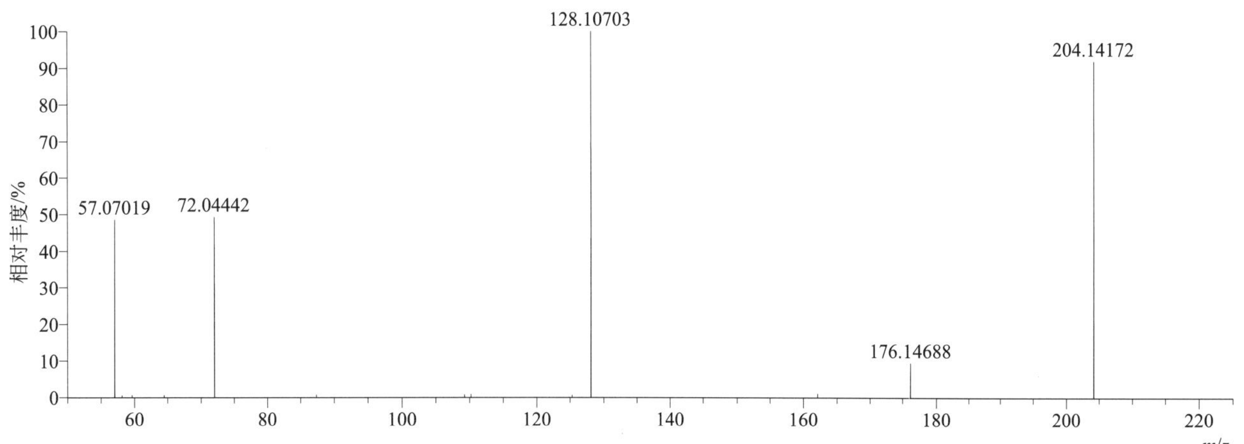

[M+H]+ 归一化法能量 NCE 为 40 时典型的二级质谱图

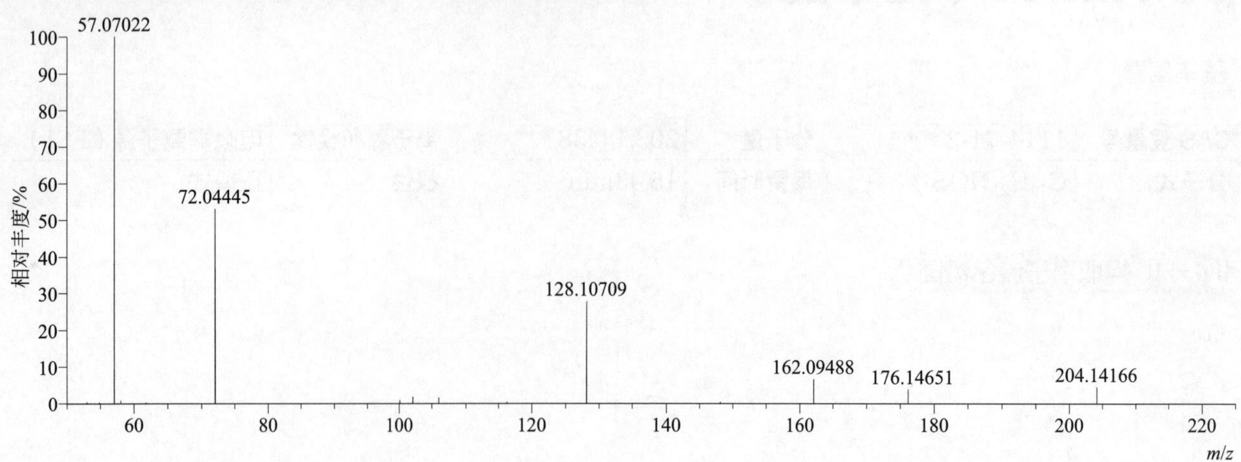

[M+H]+ 归一化法能量 NCE 为 60 时典型的二级质谱图

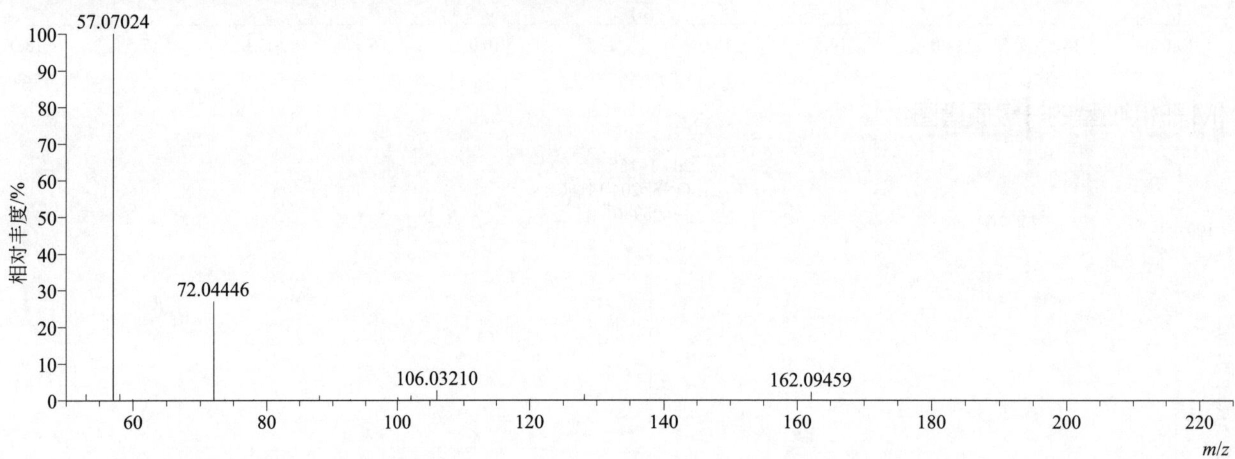

[M+H]+ 阶梯归一化法能量 Step NCE 为 20、40、60 时典型的二级质谱图

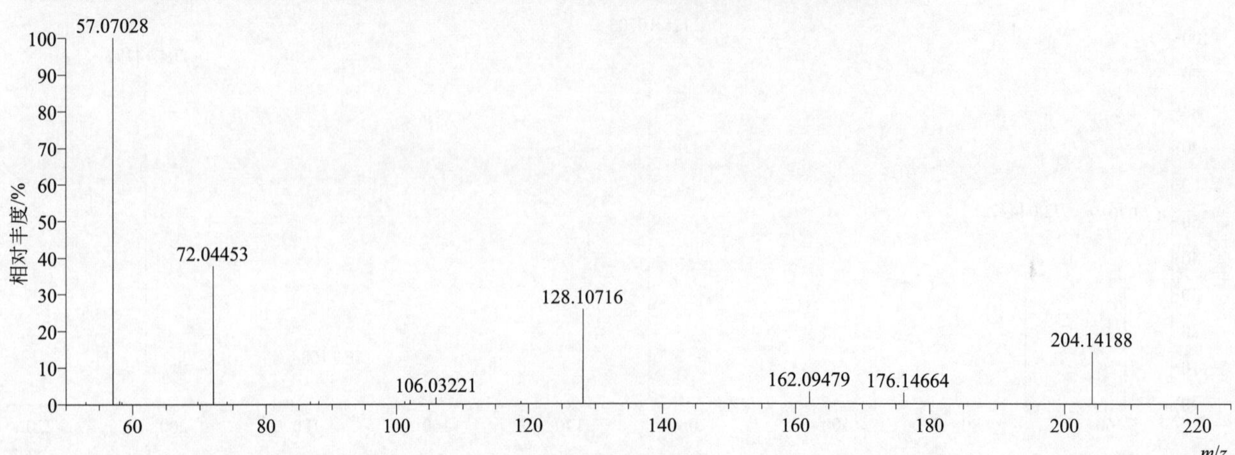

penconazole（戊菌唑）

基本信息

CAS 登录号	66246-88-6	分子量	283.06430	离子源和极性	电喷雾离子源（ESI）
分子式	$C_{13}H_{15}Cl_2N_3$	保留时间	15.10min	极性	正模式

$[M+H]^+$ 提取离子流色谱图

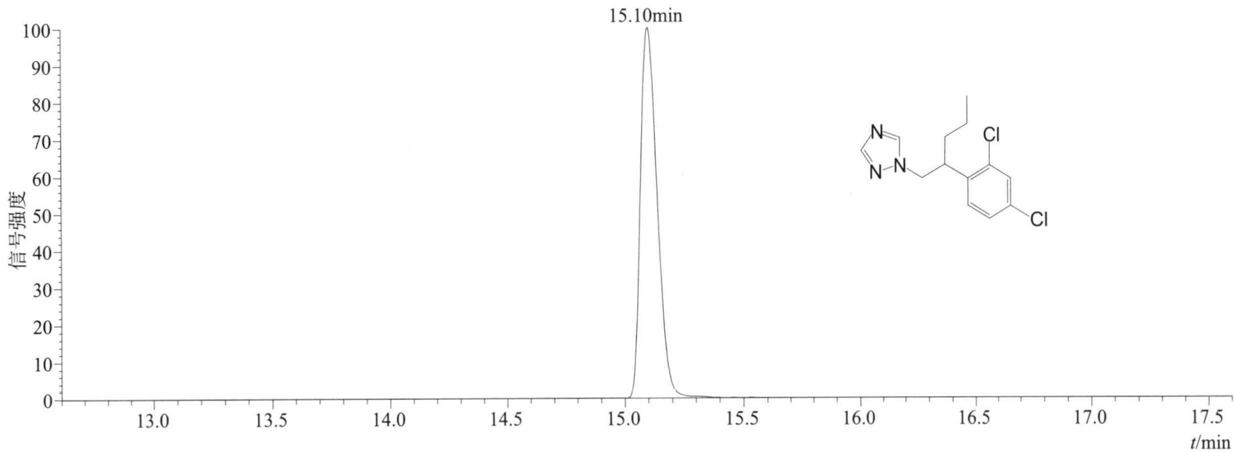

$[M+H]^+$ 典型的一级质谱图

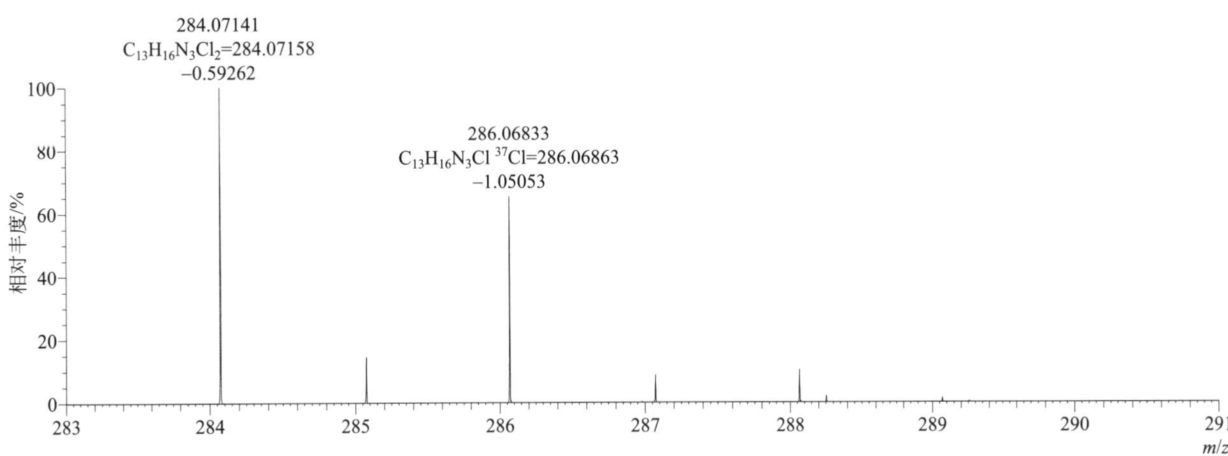

$[M+H]^+$ 归一化法能量 NCE 为 20 时典型的二级质谱图

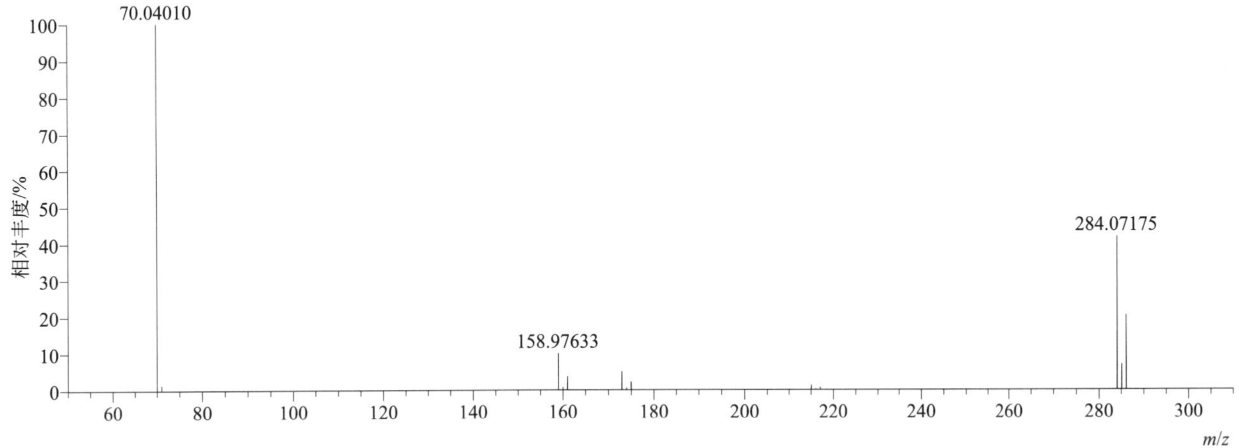

[M+H]$^+$ 归一化法能量 NCE 为 40 时典型的二级质谱图

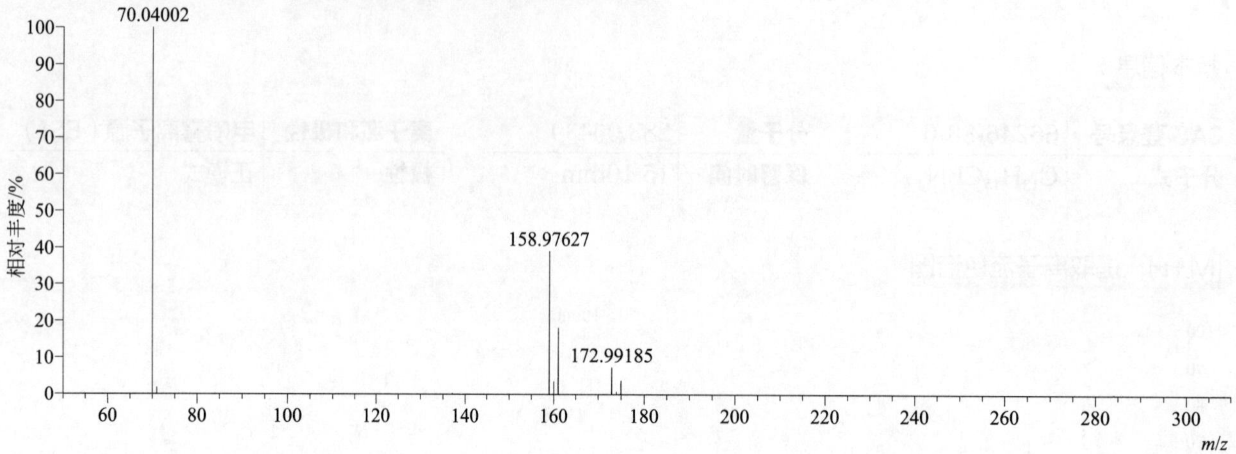

[M+H]$^+$ 归一化法能量 NCE 为 60 时典型的二级质谱图

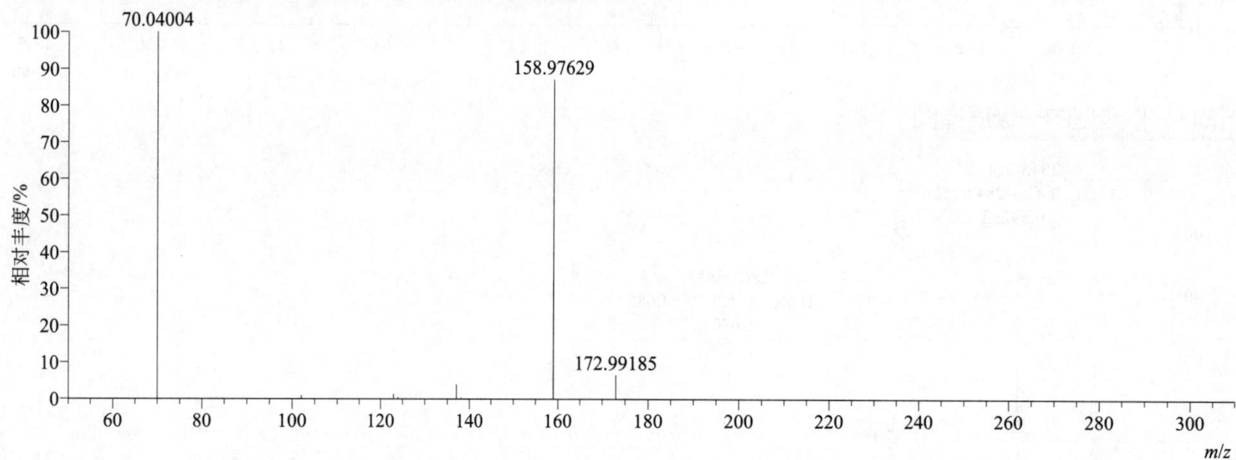

[M+H]$^+$ 阶梯归一化法能量 Step NCE 为 20、40、60 时典型的二级质谱图

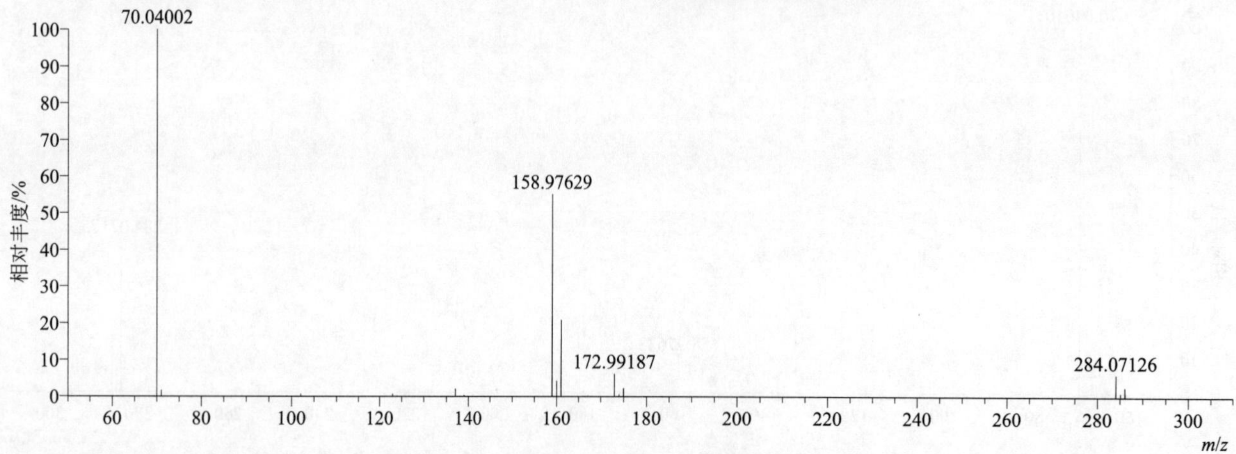

pencycuron（戊菌隆）

基本信息

CAS 登录号	66063-05-6	分子量	328.13424	离子源和极性	电喷雾离子源（ESI）
分子式	$C_{19}H_{21}ClN_2O$	保留时间	15.35min	极性	正模式

[M+H]⁺ 提取离子流色谱图

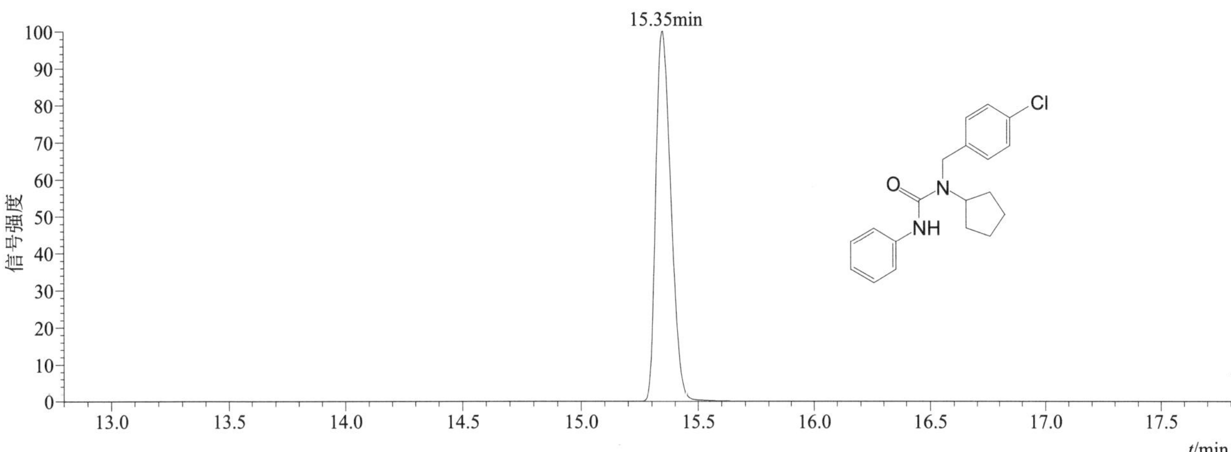

[M+H]⁺ 典型的一级质谱图

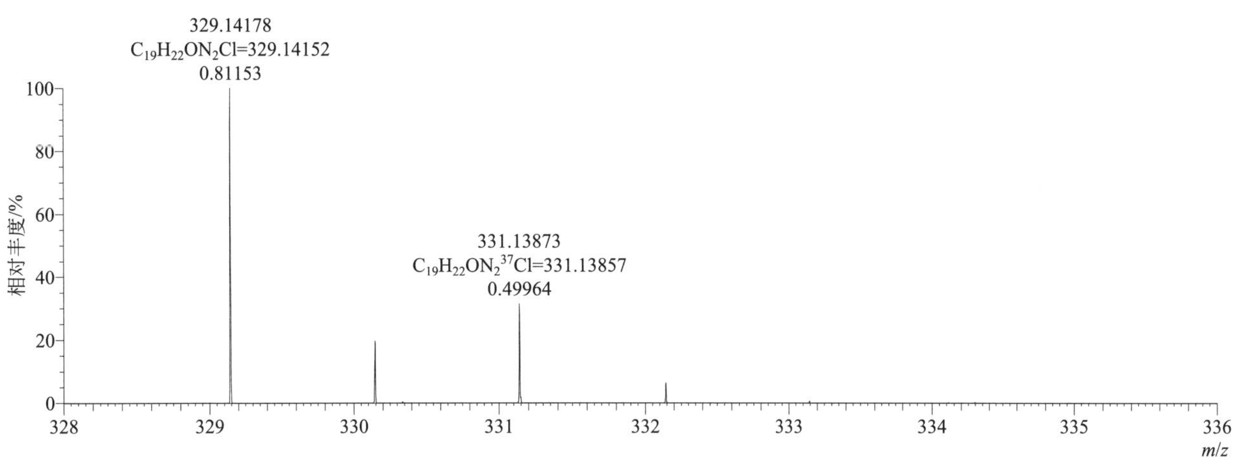

[M+H]⁺ 归一化法能量 NCE 为 10 时典型的二级质谱图

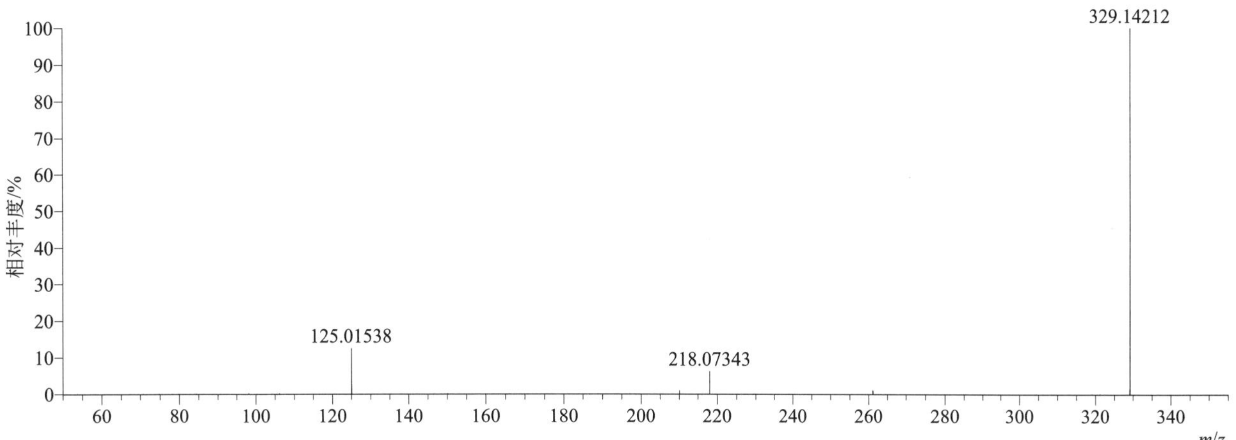

[M+H]+ 归一化法能量 NCE 为 20 时典型的二级质谱图

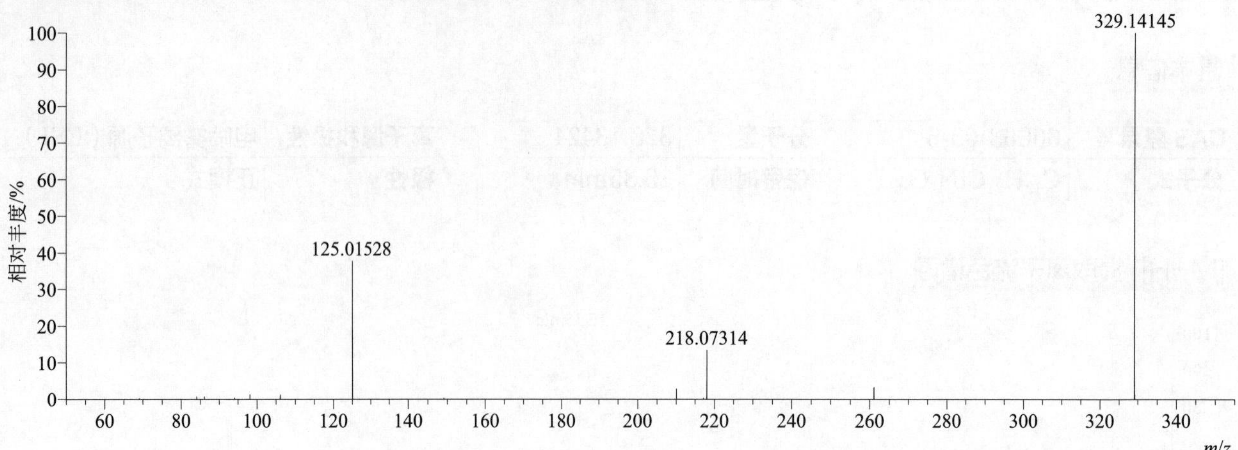

[M+H]+ 归一化法能量 NCE 为 30 时典型的二级质谱图

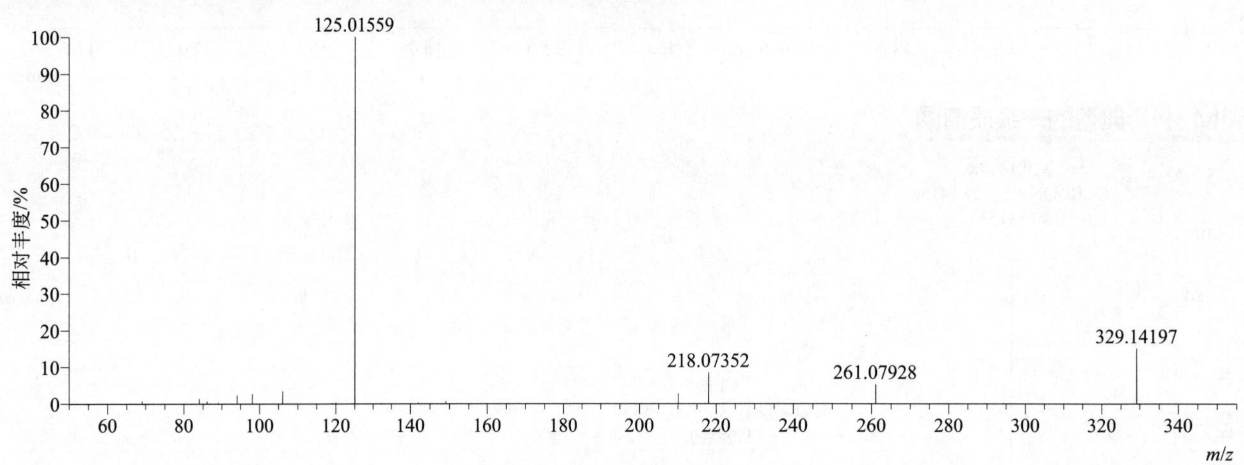

[M+H]+ 阶梯归一化法能量 Step NCE 为 10、20、30 时典型的二级质谱图

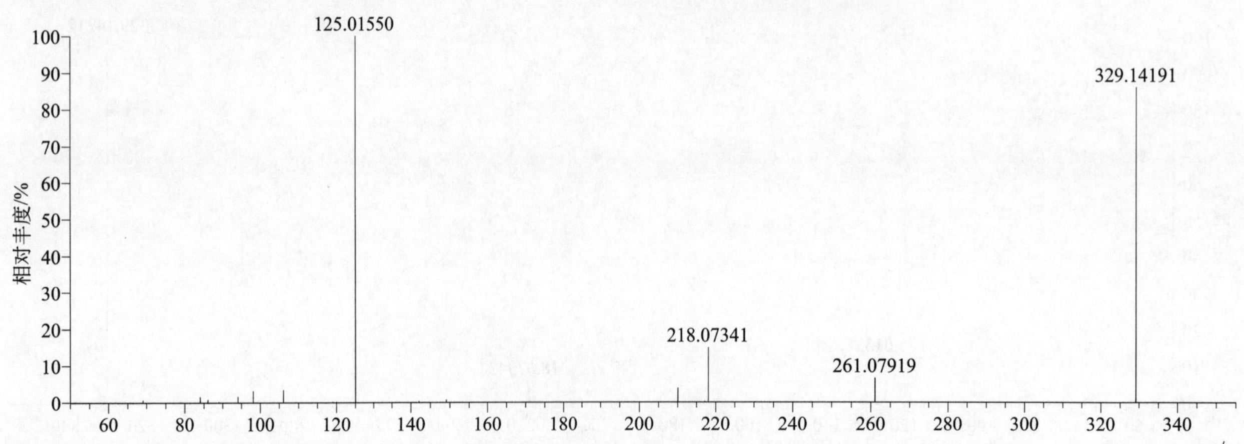

pendimethalin（二甲戊灵）

基本信息

CAS 登录号	40487-42-1	分子量	281.13756	离子源和极性	电喷雾离子源（ESI）
分子式	$C_{13}H_{19}N_3O_4$	保留时间	16.15min	极性	正模式

[M+H]⁺ 提取离子流色谱图

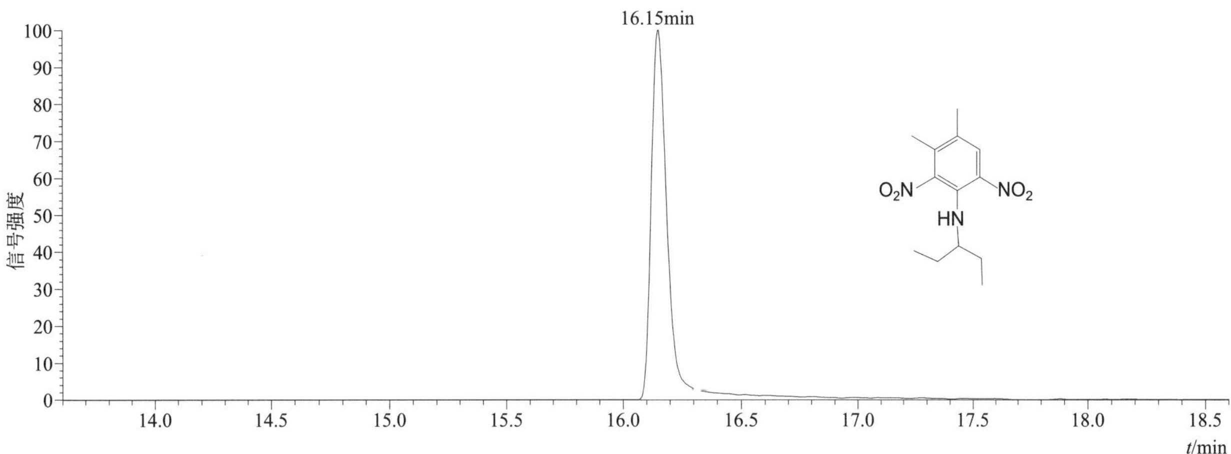

[M+H]⁺ 典型的一级质谱图

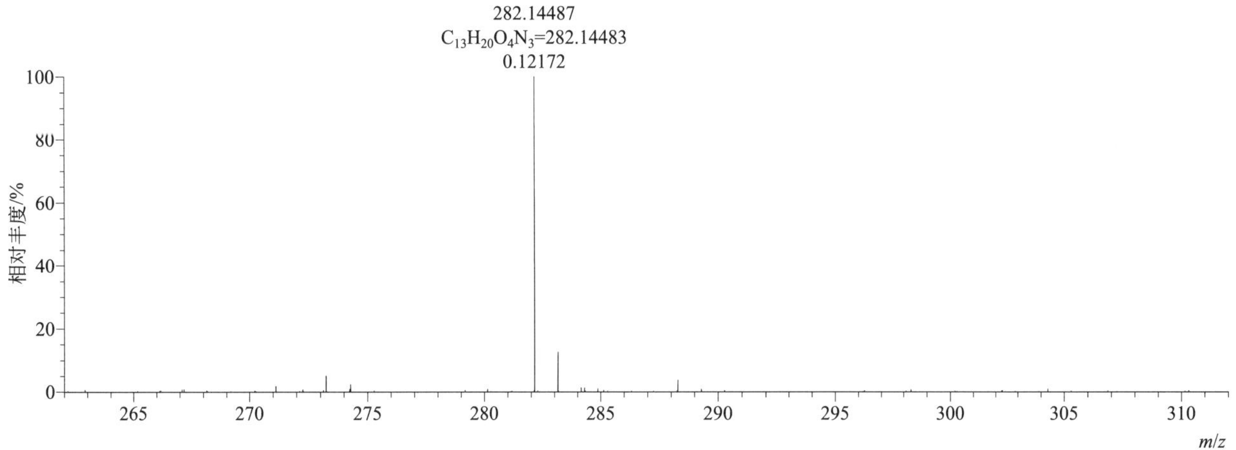

[M+H]⁺ 归一化法能量 NCE 为 20 时典型的二级质谱图

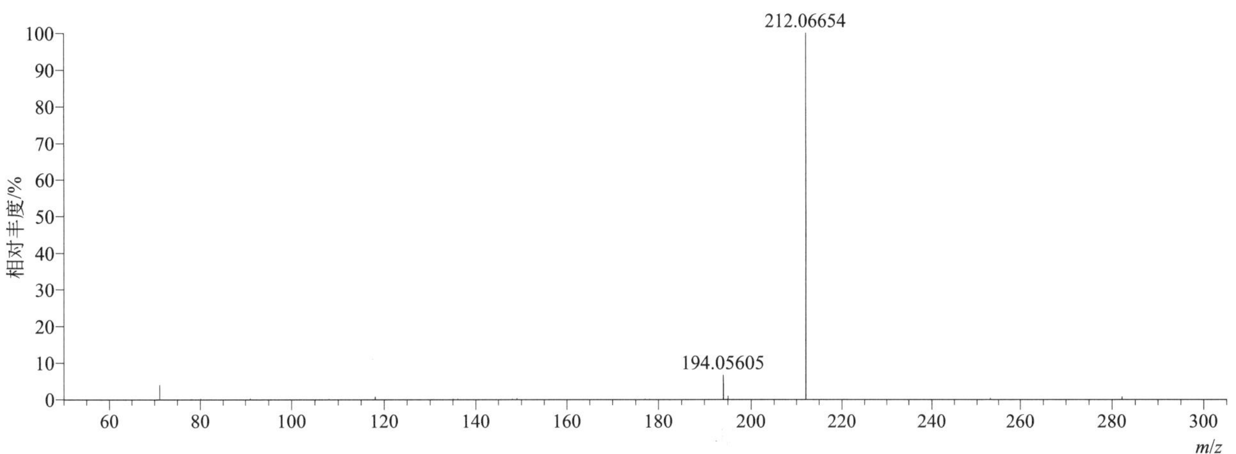

[M+H]+ 归一化法能量 NCE 为 40 时典型的二级质谱图

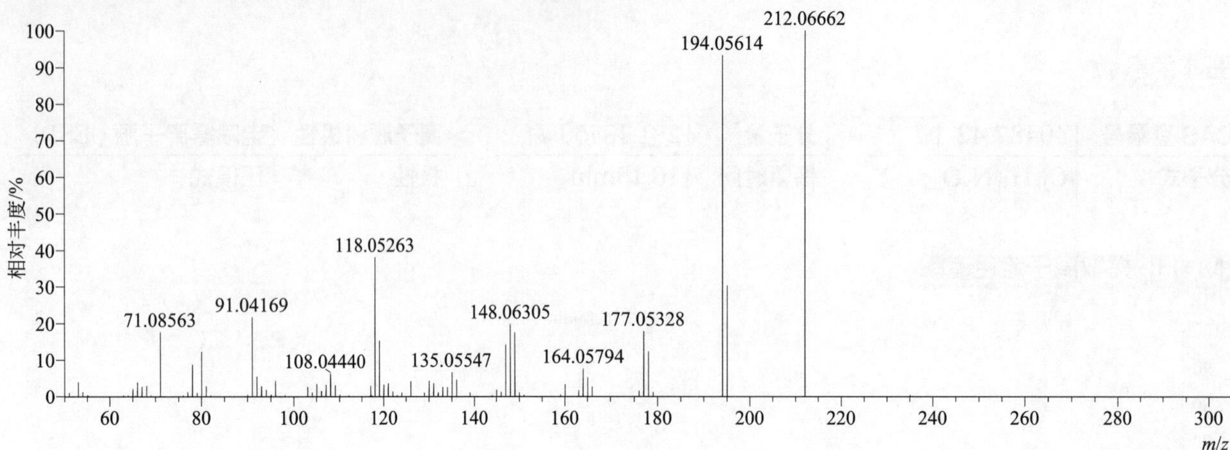

[M+H]+ 归一化法能量 NCE 为 60 时典型的二级质谱图

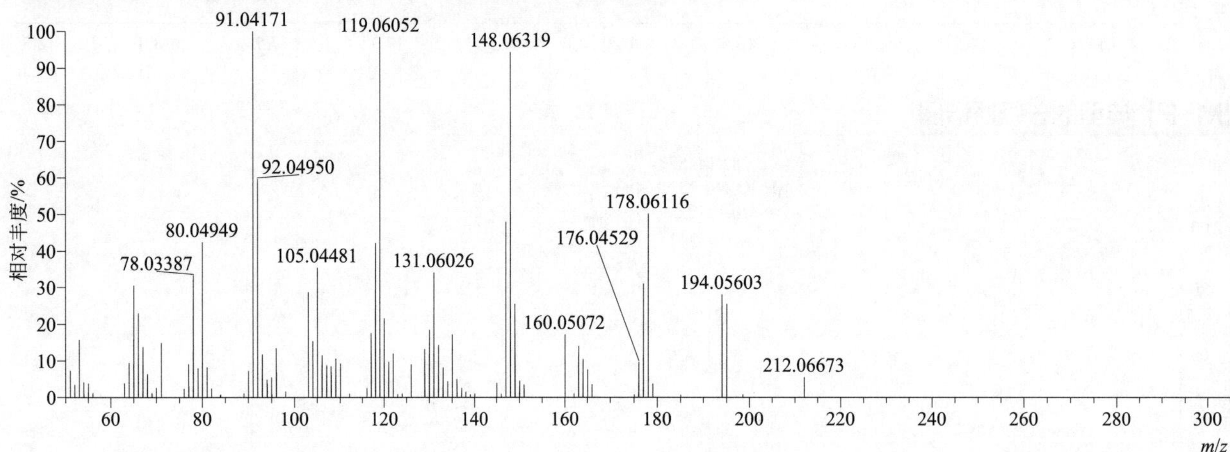

[M+H]+ 阶梯归一化法能量 Step NCE 为 20、40、60 时典型的二级质谱图

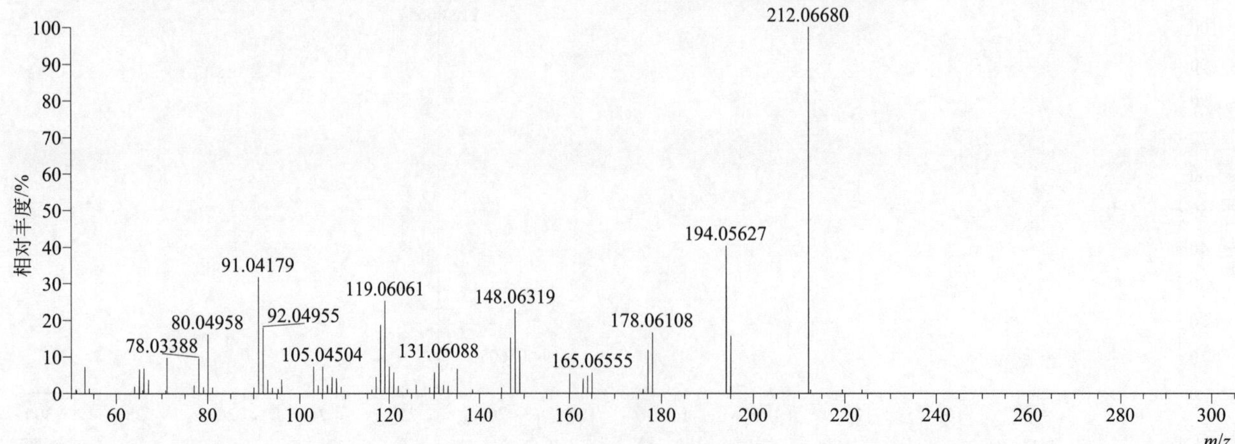

penoxsulam（五氟磺草胺）

基本信息

CAS 登录号	219714-96-2	分子量	483.06358	离子源和极性	电喷雾离子源（ESI）
分子式	$C_{16}H_{14}F_5N_5O_5S$	保留时间	13.37min	极性	正模式

$[M+H]^+$ 提取离子流色谱图

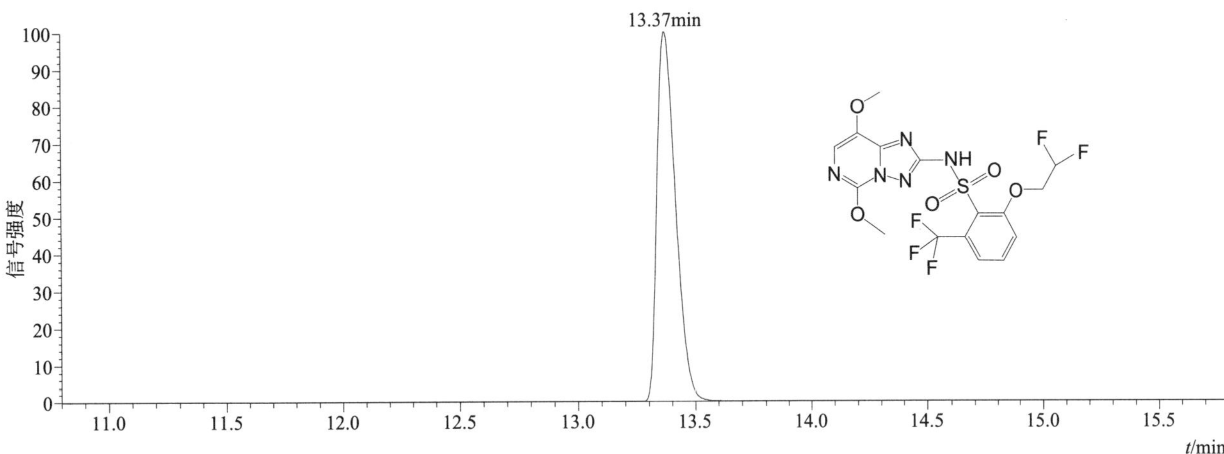

$[M+H]^+$ 和 $[M+Na]^+$ 典型的一级质谱图

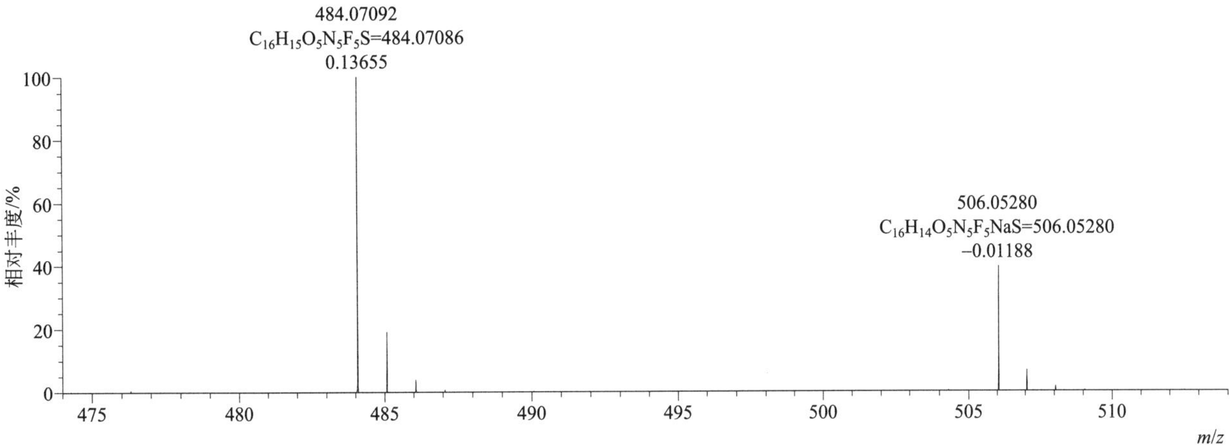

$[M+H]^+$ 归一化法能量 NCE 为 20 时典型的二级质谱图

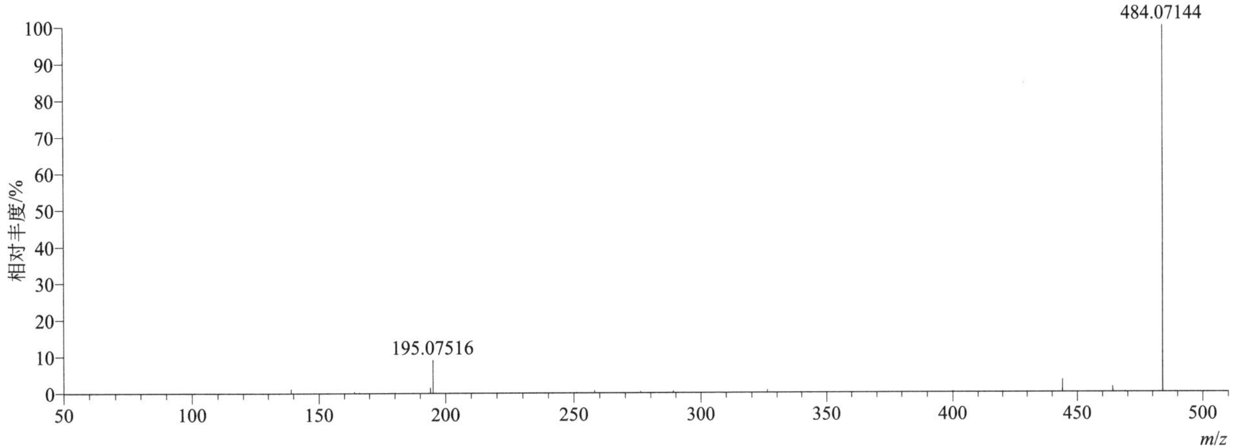

[M+H]+ 归一化法能量 NCE 为 40 时典型的二级质谱图

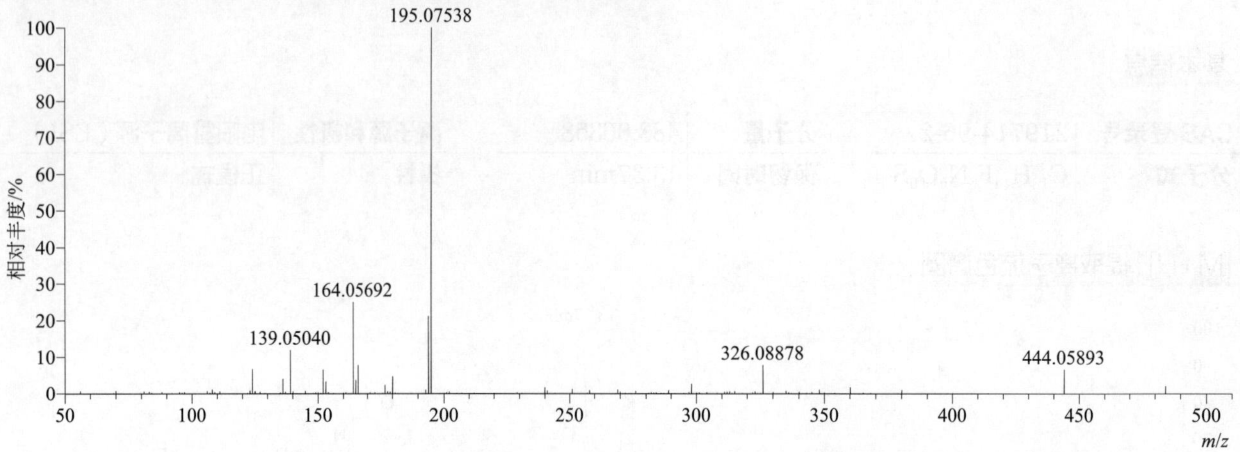

[M+H]+ 归一化法能量 NCE 为 60 时典型的二级质谱图

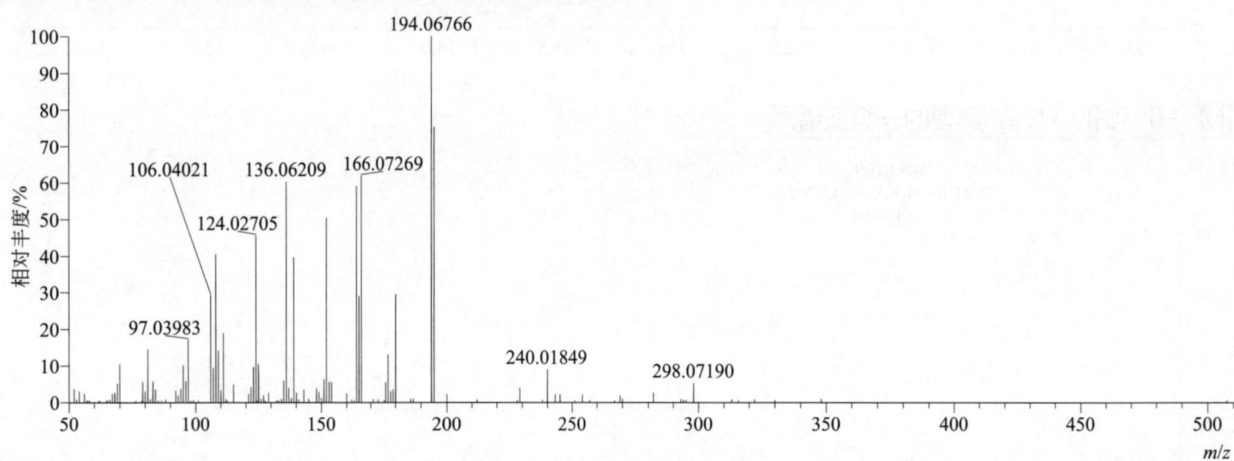

[M+H]+ 阶梯归一化法能量 Step NCE 为 20、40、60 时典型的二级质谱图

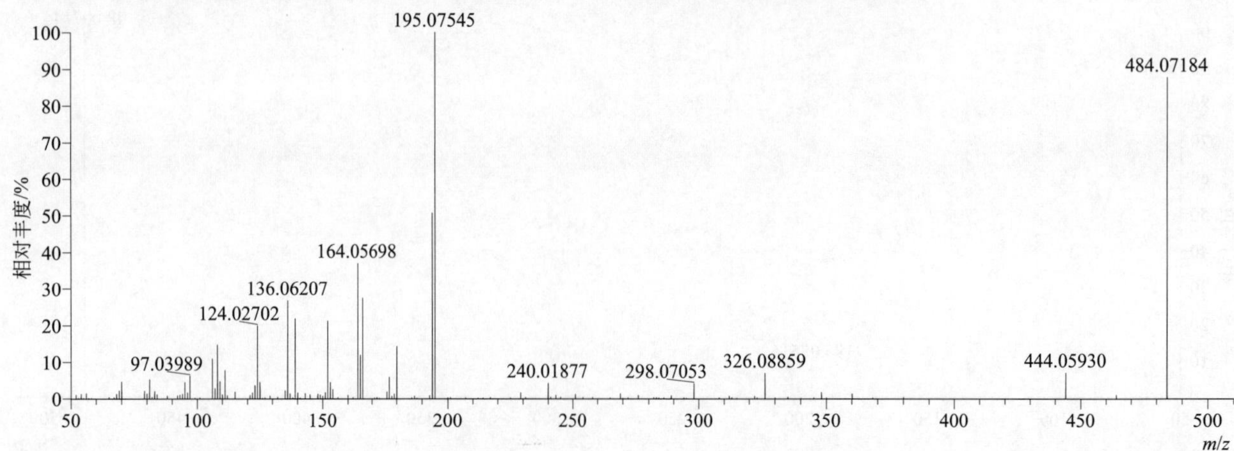

pentanochlor（蔬草灭）

基本信息

CAS 登录号	2307-68-8	分子量	239.10769	离子源和极性	电喷雾离子源（ESI）
分子式	$C_{13}H_{18}ClNO$	保留时间	15.00min	极性	正模式

[M+H]+ 提取离子流色谱图

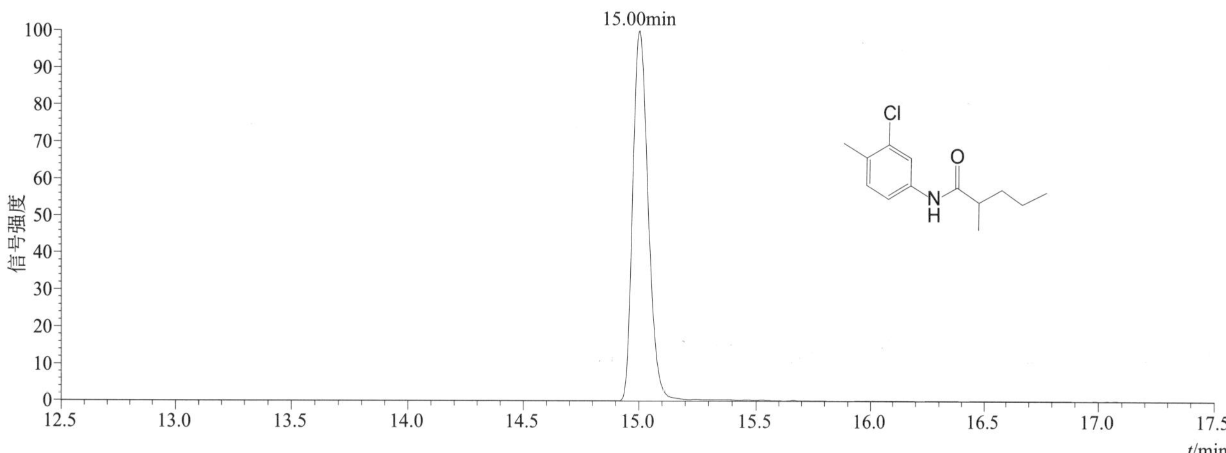

[M+H]+ 典型的一级质谱图

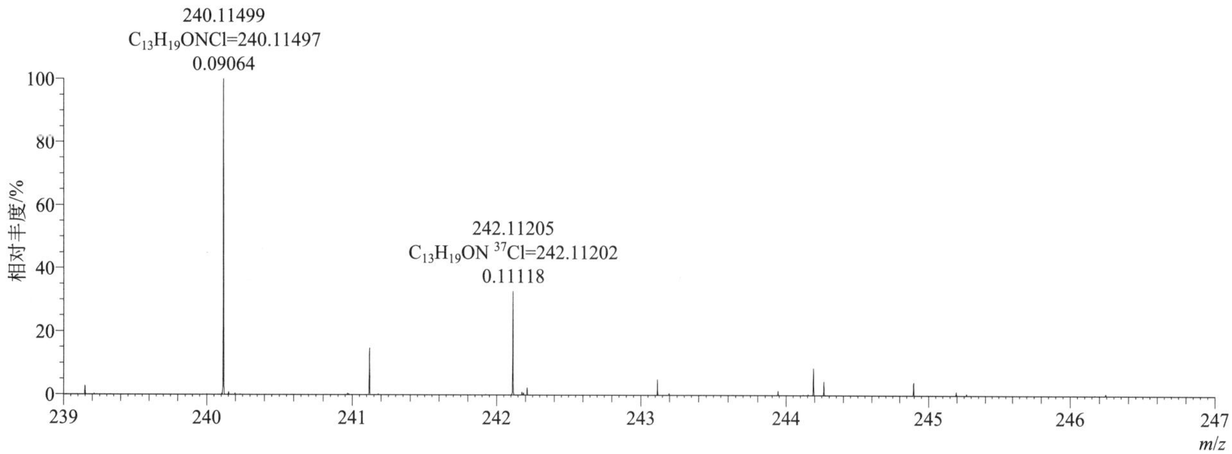

[M+H]+ 归一化法能量 NCE 为 20 时典型的二级质谱图

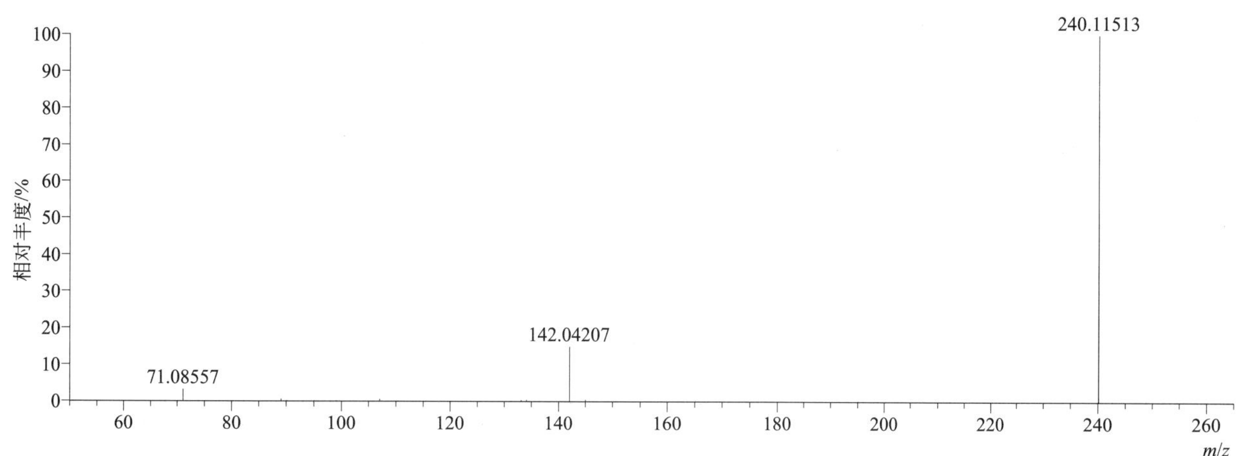

[M+H]+ 归一化法能量 NCE 为 40 时典型的二级质谱图

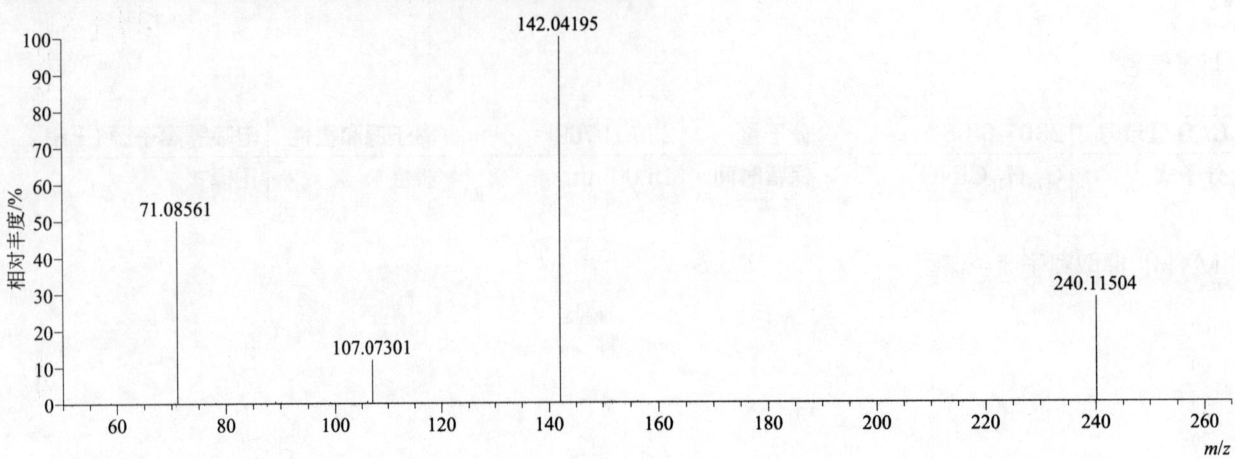

[M+H]+ 归一化法能量 NCE 为 60 时典型的二级质谱图

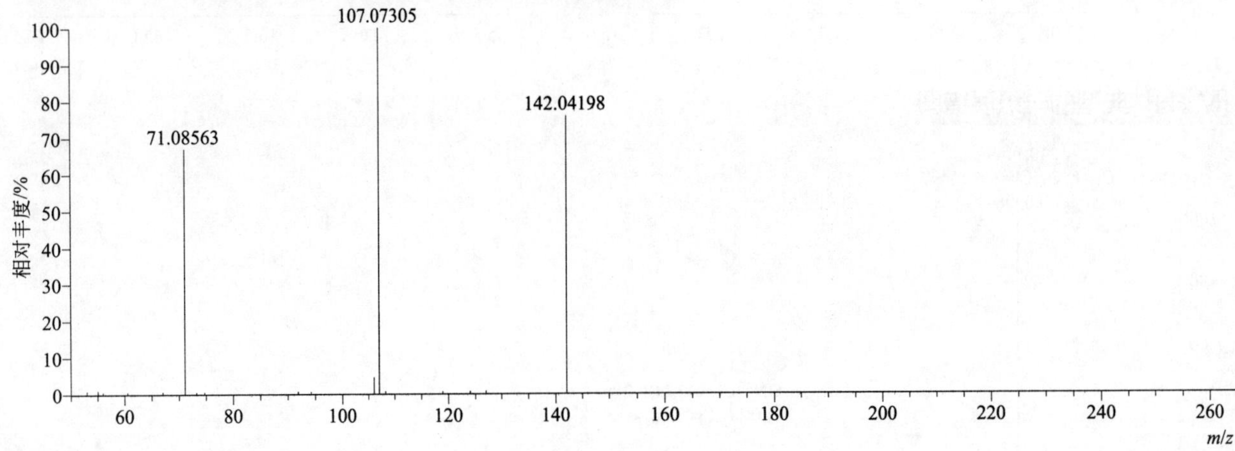

[M+H]+ 阶梯归一化法能量 Step NCE 为 20、40、60 时典型的二级质谱图

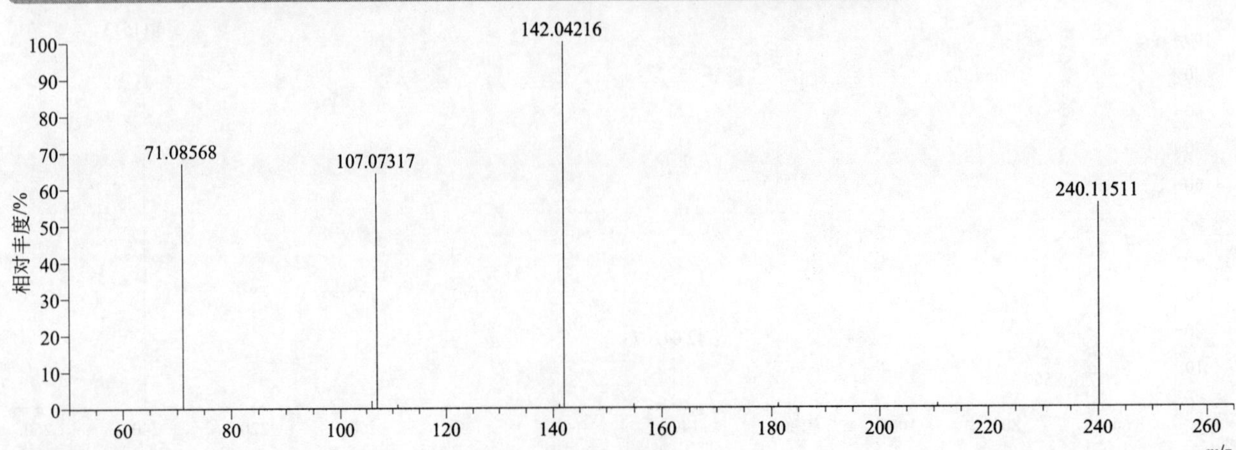

phenmedipham（甜菜宁）

基本信息

CAS 登录号	13684-63-4	分子量	300.11101	离子源和极性	电喷雾离子源（ESI）
分子式	$C_{16}H_{16}N_2O_4$	保留时间	13.99min	极性	正模式

$[M+H]^+$ 提取离子流色谱图

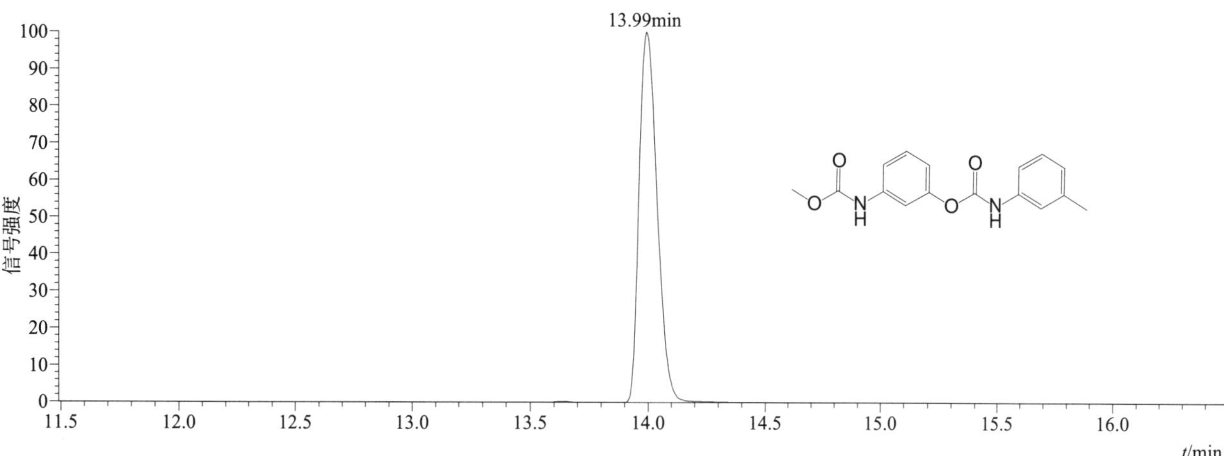

$[M+H]^+$、$[M+NH_4]^+$ 和 $[M+Na]^+$ 典型的一级质谱图

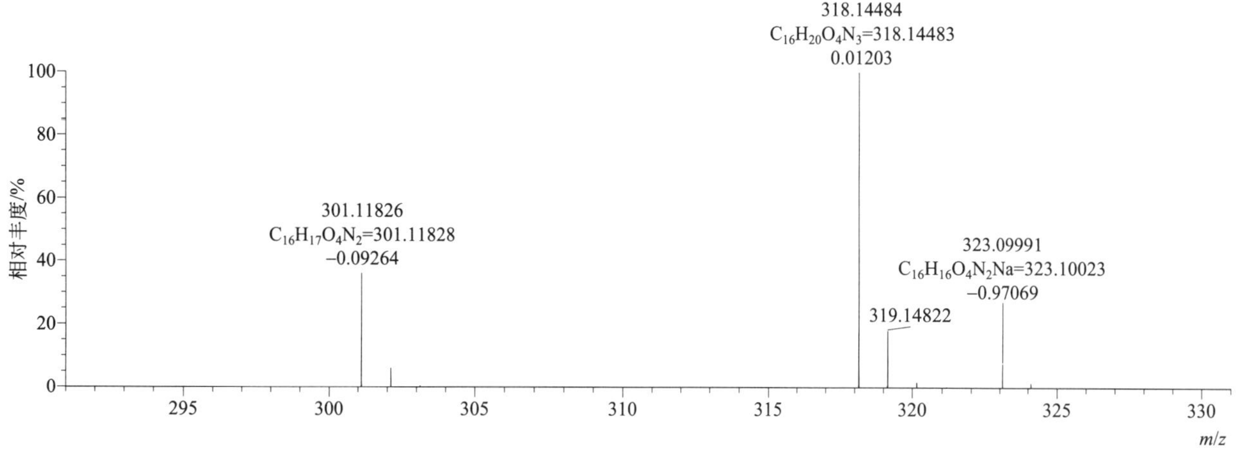

$[M+H]^+$ 归一化法能量 NCE 为 20 时典型的二级质谱图

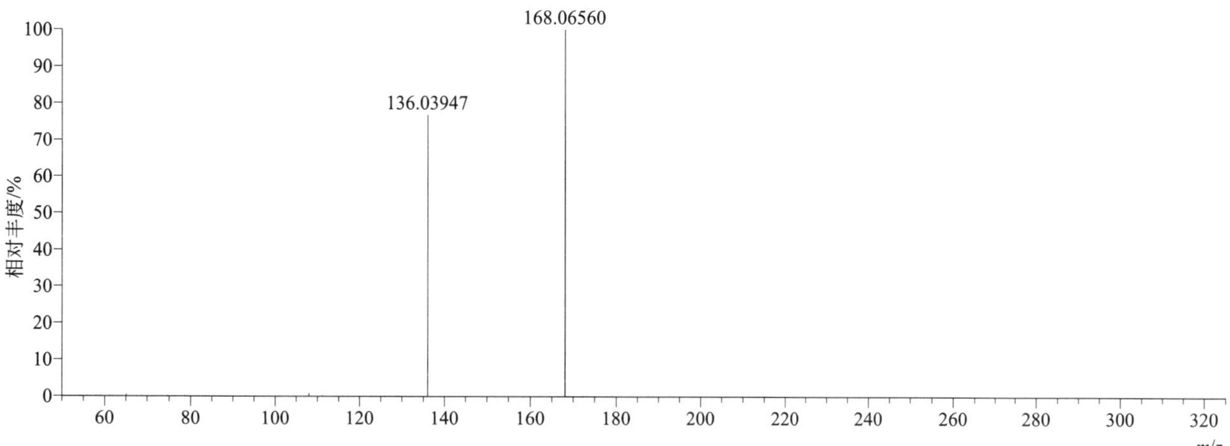

[M+H]+ 归一化法能量 NCE 为 40 时典型的二级质谱图

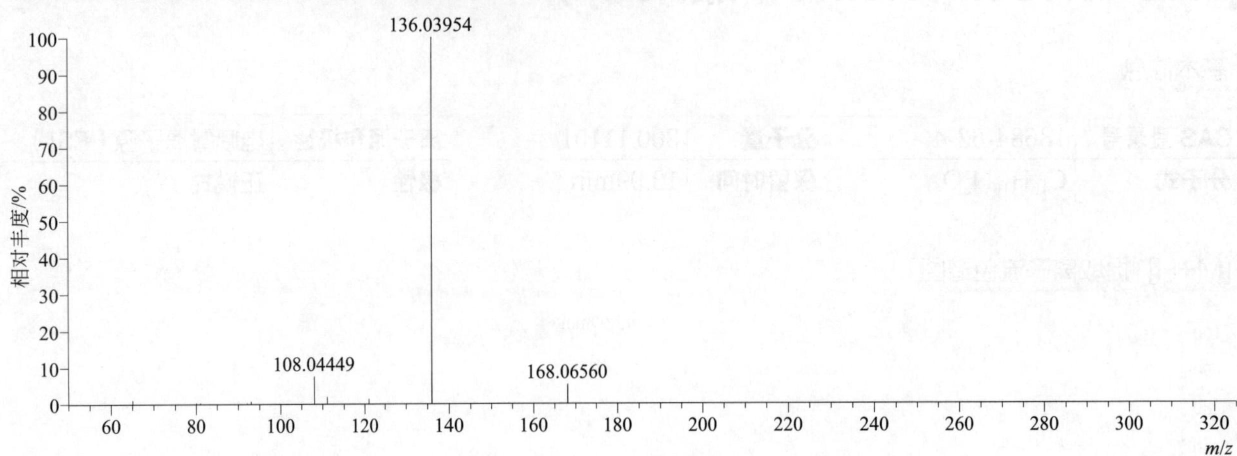

[M+H]+ 归一化法能量 NCE 为 60 时典型的二级质谱图

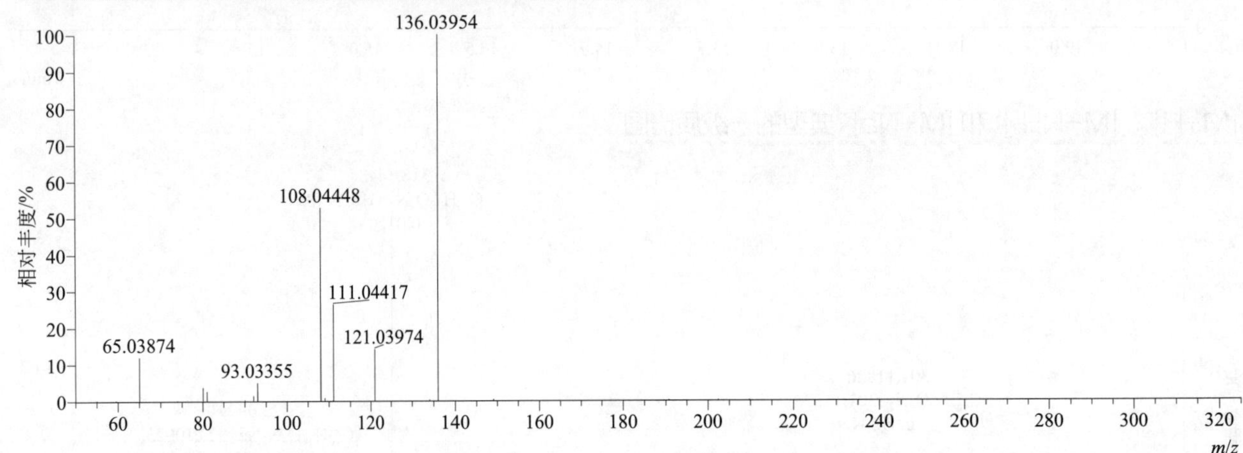

[M+H]+ 阶梯归一化法能量 Step NCE 为 20、40、60 时典型的二级质谱图

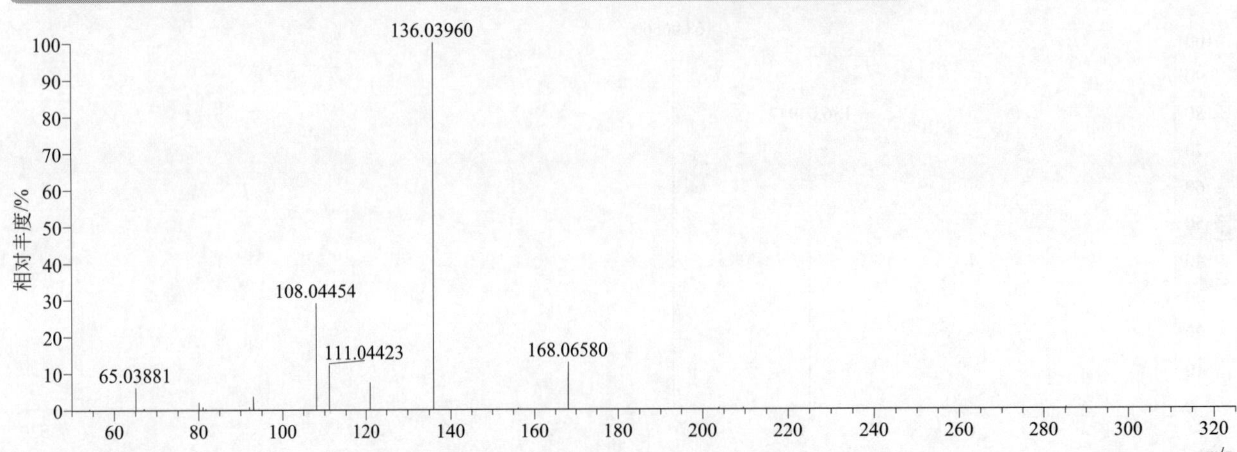

[M+NH$_4$]$^+$ 归一化法能量 NCE 为 20 时典型的二级质谱图

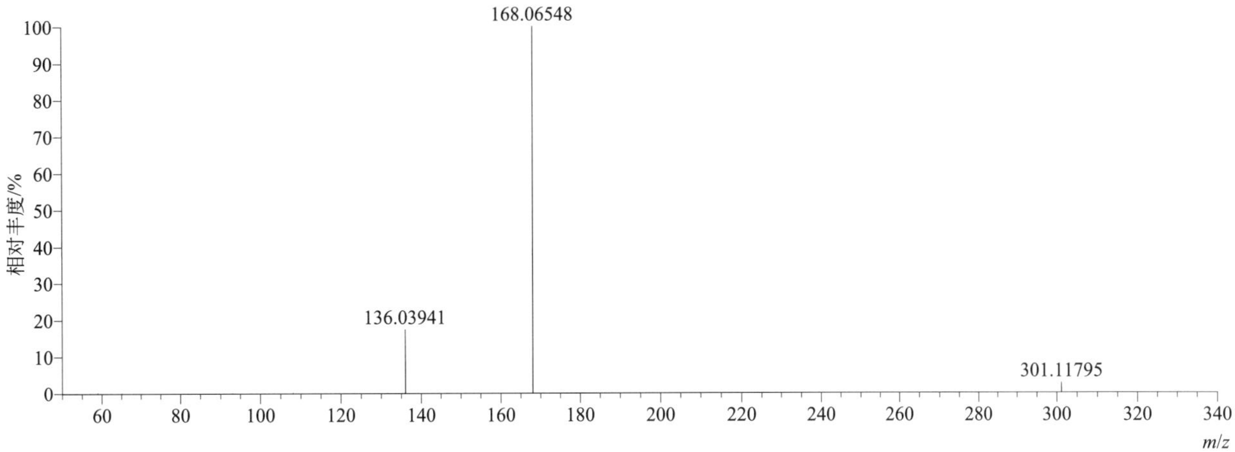

[M+NH$_4$]$^+$ 归一化法能量 NCE 为 40 时典型的二级质谱图

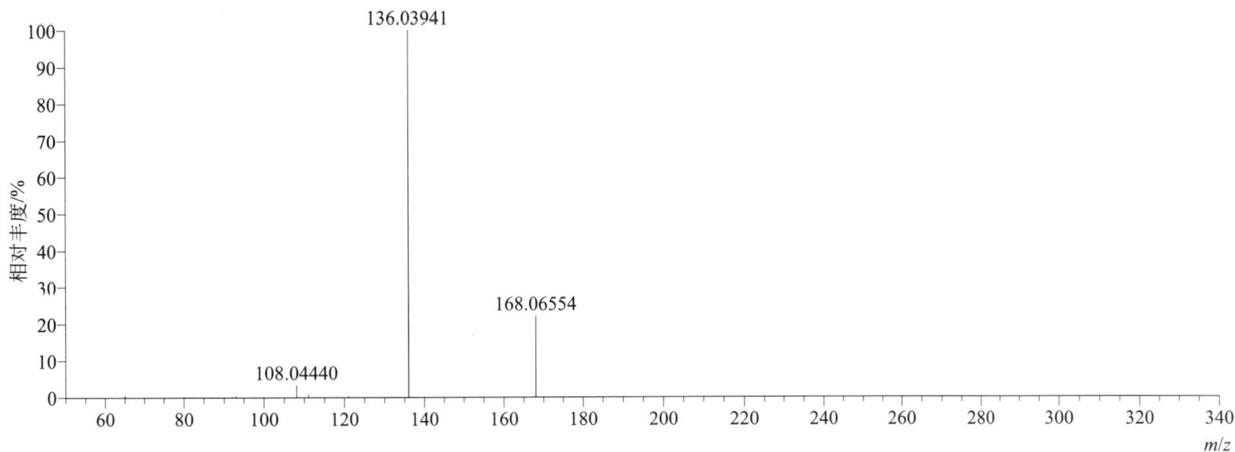

[M+NH$_4$]$^+$ 归一化法能量 NCE 为 60 时典型的二级质谱图

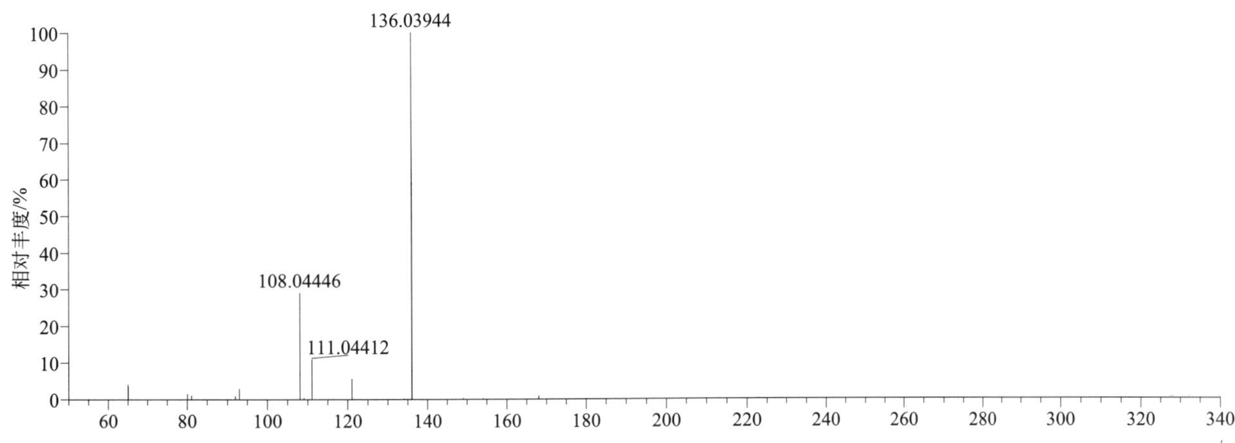

[M+NH$_4$]$^+$ 阶梯归一化法能量 Step NCE 为 20、40、60 时典型的二级质谱图

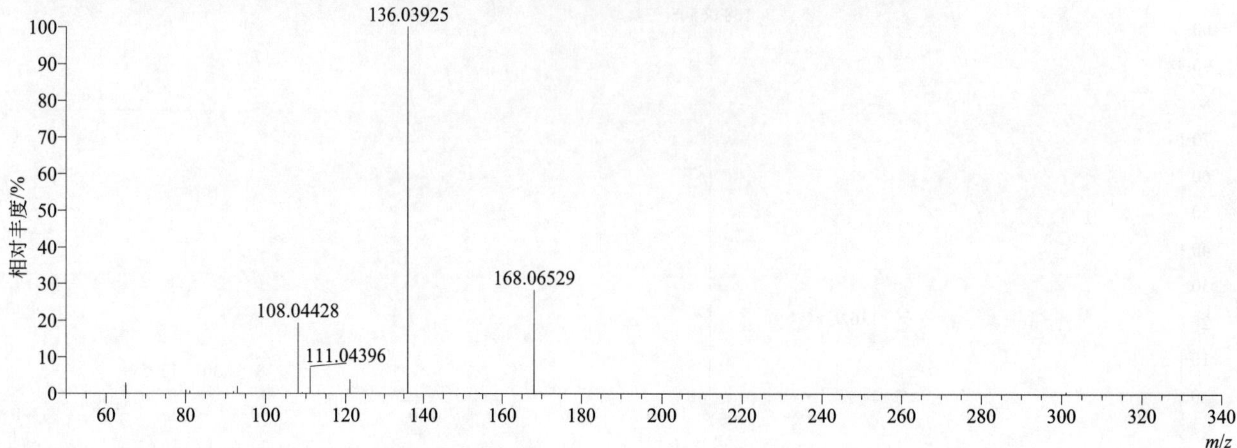

phenthoate（稻丰散）

基本信息

CAS 登录号	2597-03-7	分子量	320.03059	离子源和极性	电喷雾离子源（ESI）
分子式	$C_{12}H_{17}O_4PS_2$	保留时间	14.98min	极性	正模式

[M+H]$^+$ 提取离子流色谱图

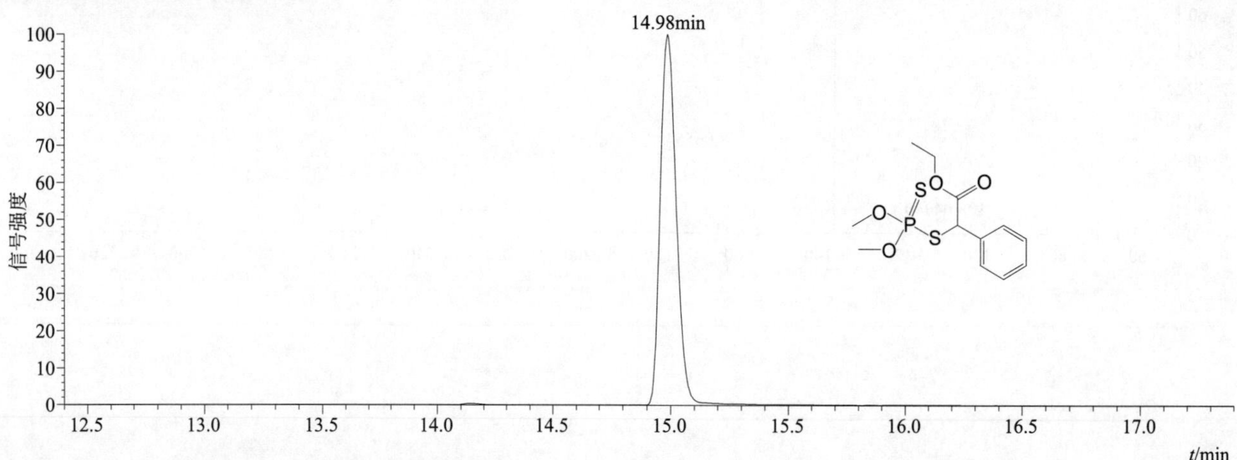

[M+H]$^+$ 和 [M+Na]$^+$ 典型的一级质谱图

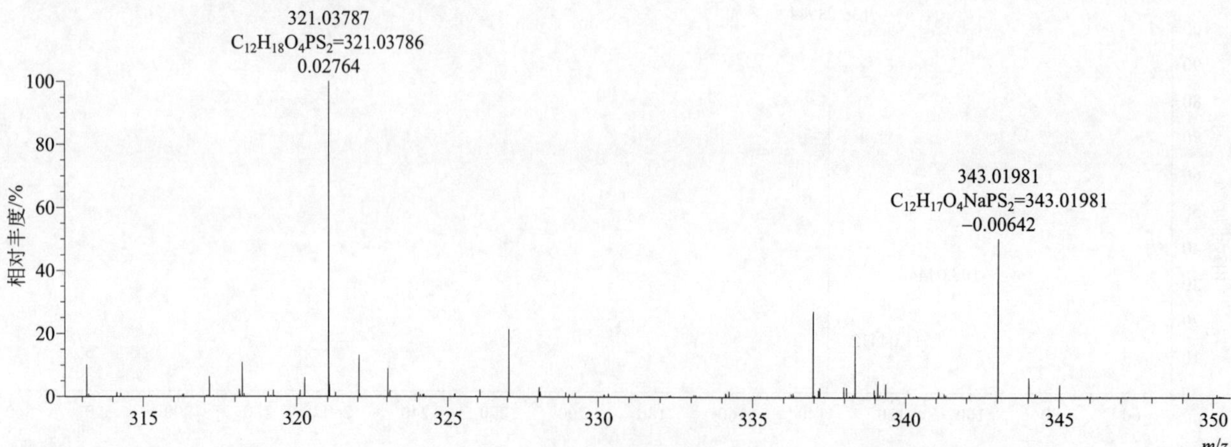

[M+H]+ 归一化法能量 NCE 为 20 时典型的二级质谱图

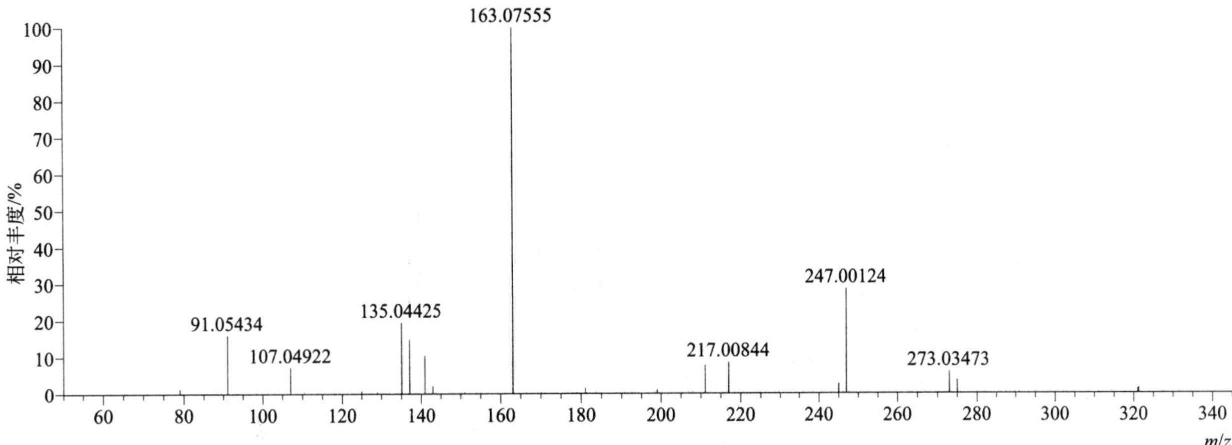

[M+H]+ 归一化法能量 NCE 为 40 时典型的二级质谱图

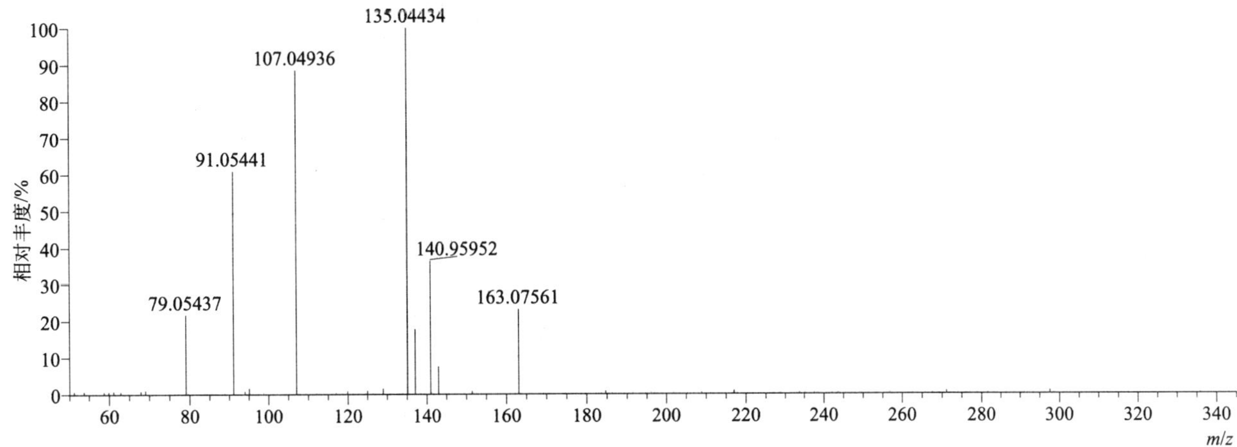

[M+H]+ 归一化法能量 NCE 为 60 时典型的二级质谱图

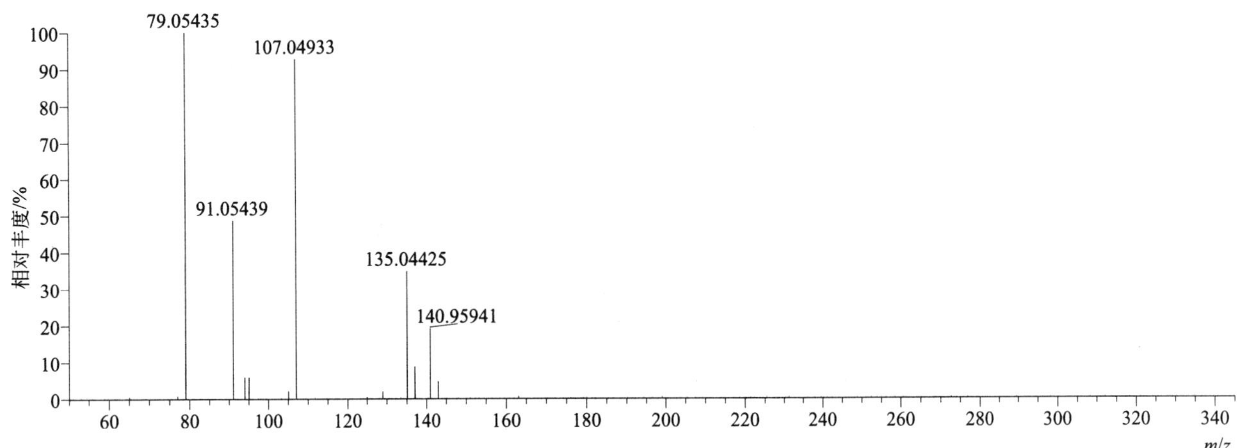

[M+H]+ 阶梯归一化法能量 Step NCE 为 20、40、60 时典型的二级质谱图

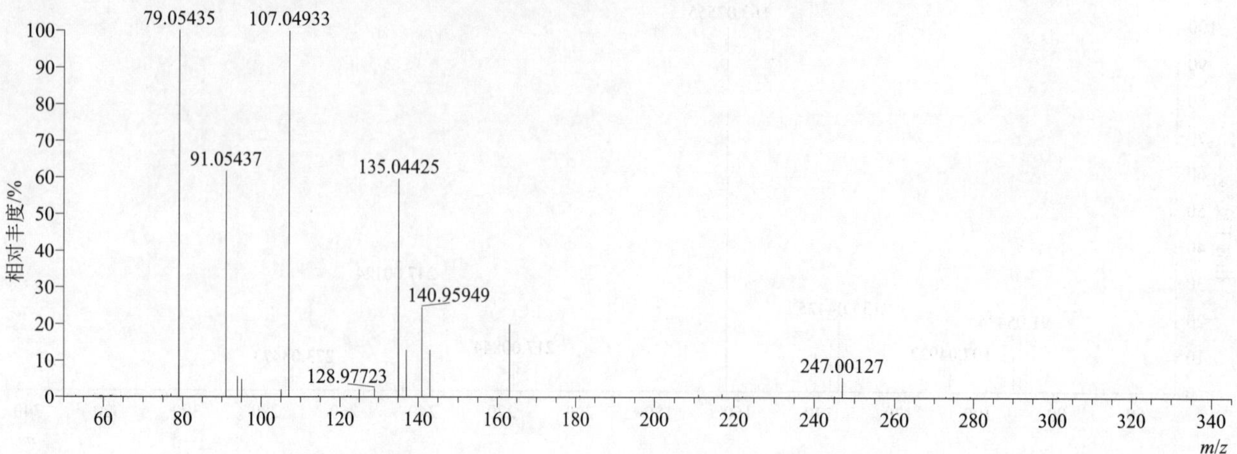

phorate（甲拌磷）

基本信息

CAS 登录号	298-02-2	分子量	260.01283	离子源和极性	电喷雾离子源（ESI）
分子式	$C_7H_{17}O_2PS_3$	保留时间	15.38min	极性	正模式

[M+H]+ 提取离子流色谱图

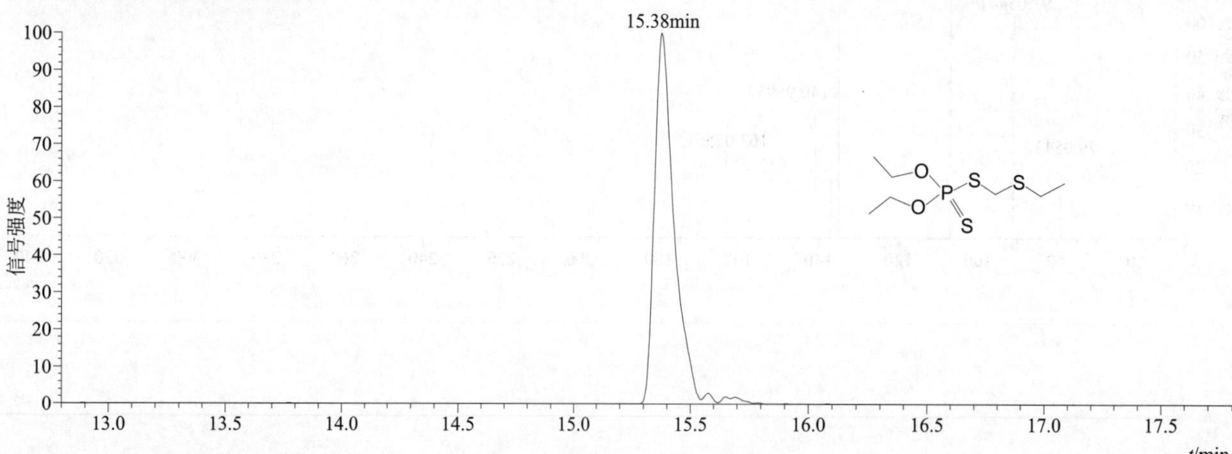

[M+H]+ 典型的一级质谱图

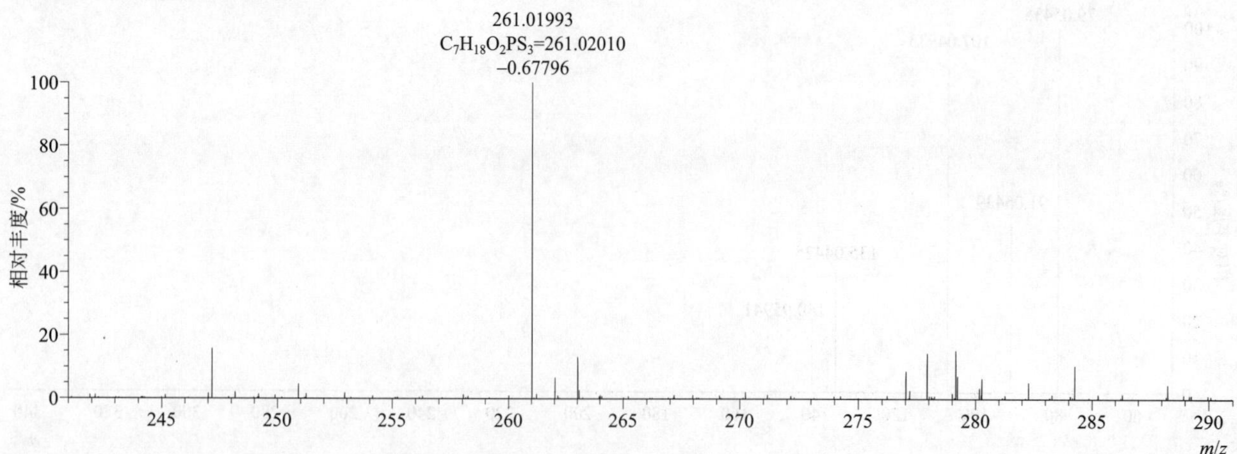

[M+H]+ 归一化法能量 NCE 为 20 时典型的二级质谱图

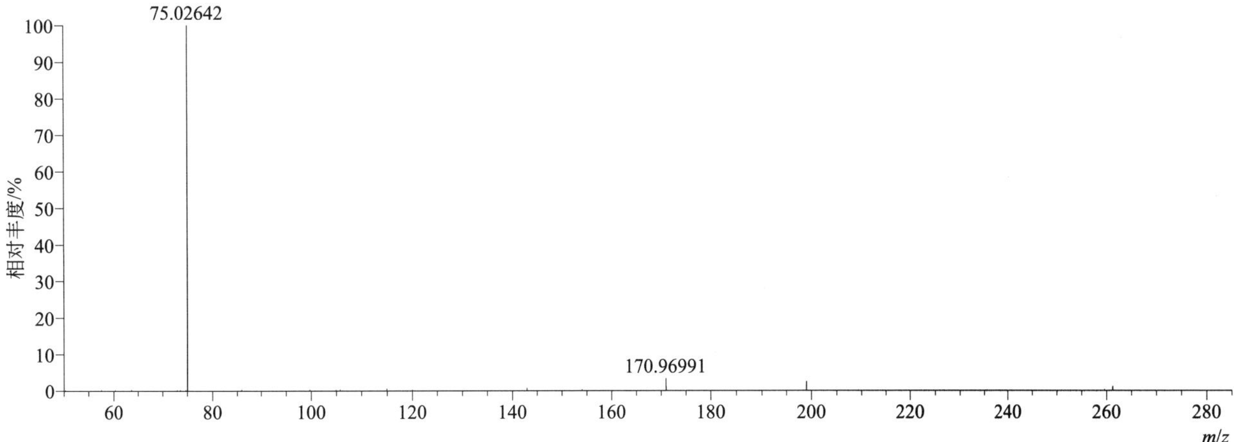

[M+H]+ 归一化法能量 NCE 为 40 时典型的二级质谱图

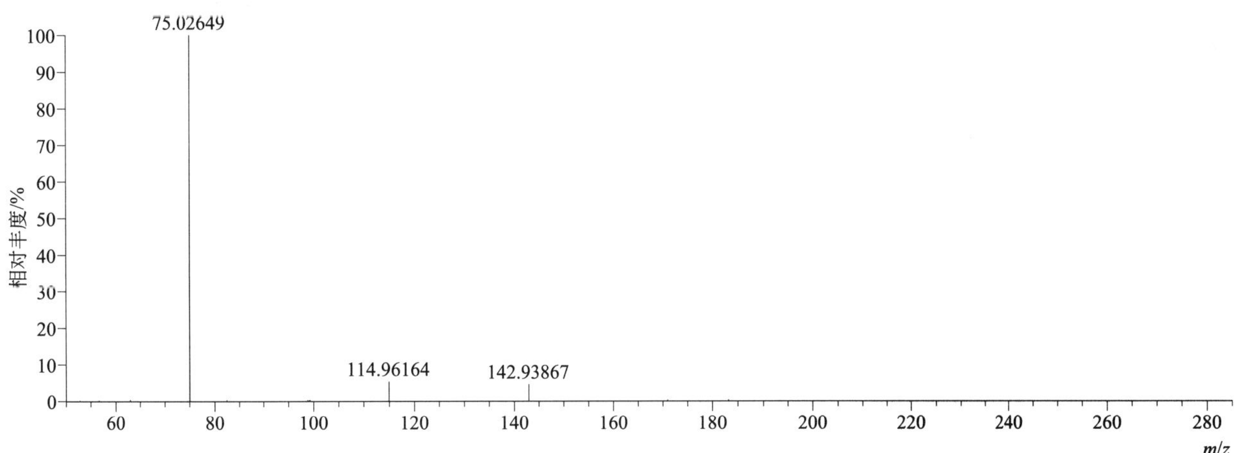

[M+H]+ 归一化法能量 NCE 为 60 时典型的二级质谱图

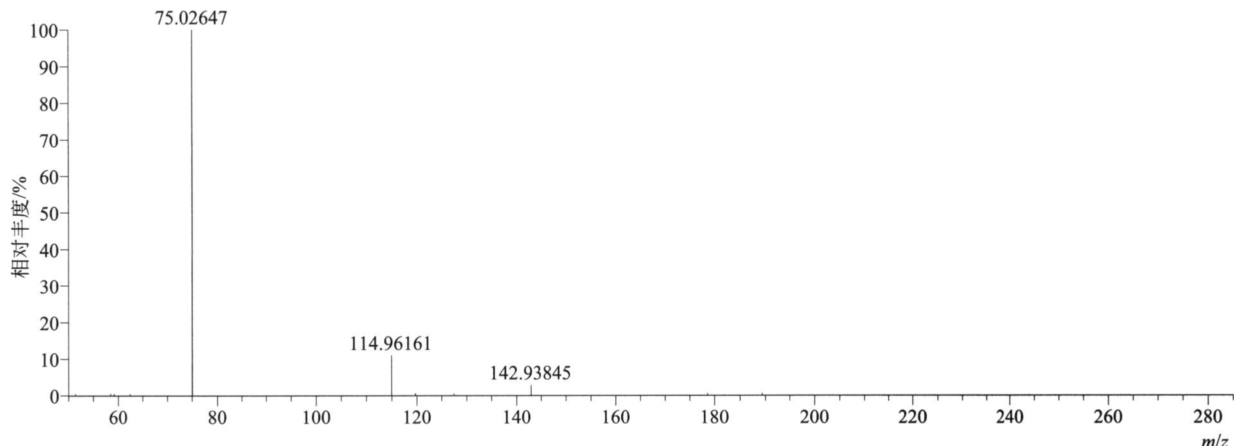

[M+H]+ 阶梯归一化法能量 Step NCE 为 20、40、60 时典型的二级质谱图

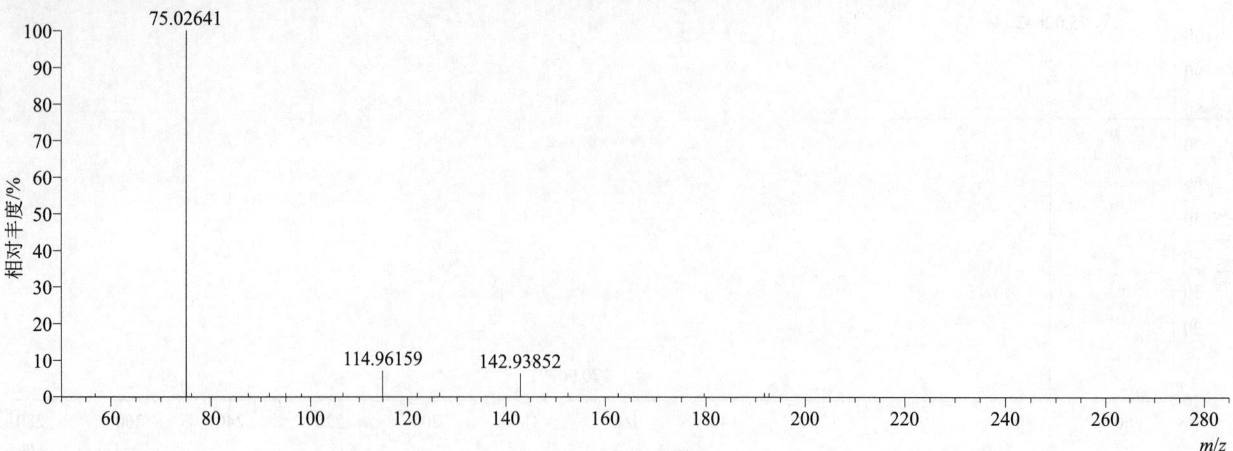

phorate-sulfone（甲拌磷砜）

基本信息

CAS 登录号	2588-04-7	分子量	292.00266	离子源和极性	电喷雾离子源（ESI）
分子式	$C_7H_{17}O_4PS_3$	保留时间	13.69min	极性	正模式

[M+H]+ 提取离子流色谱图

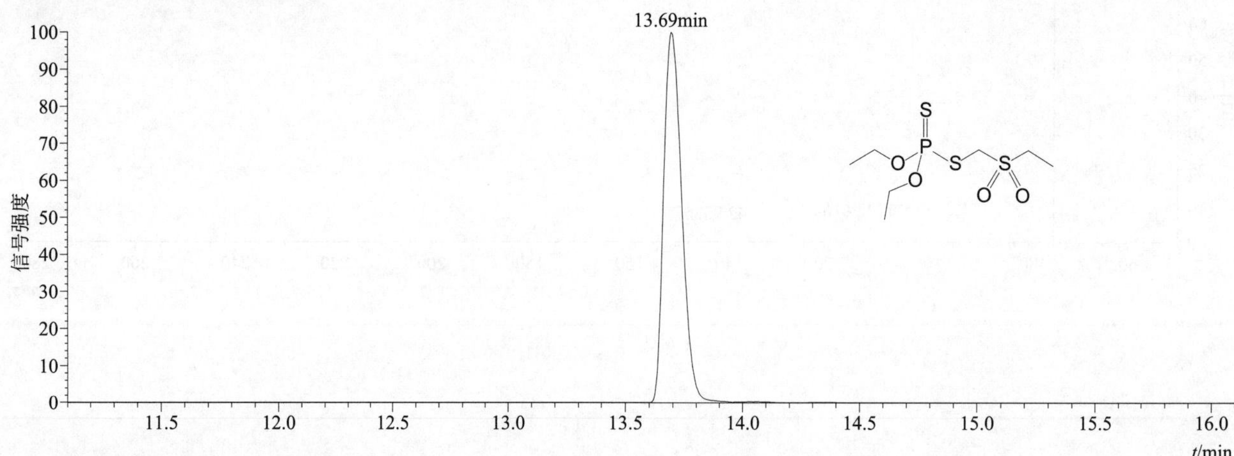

[M+H]+ 典型的一级质谱图

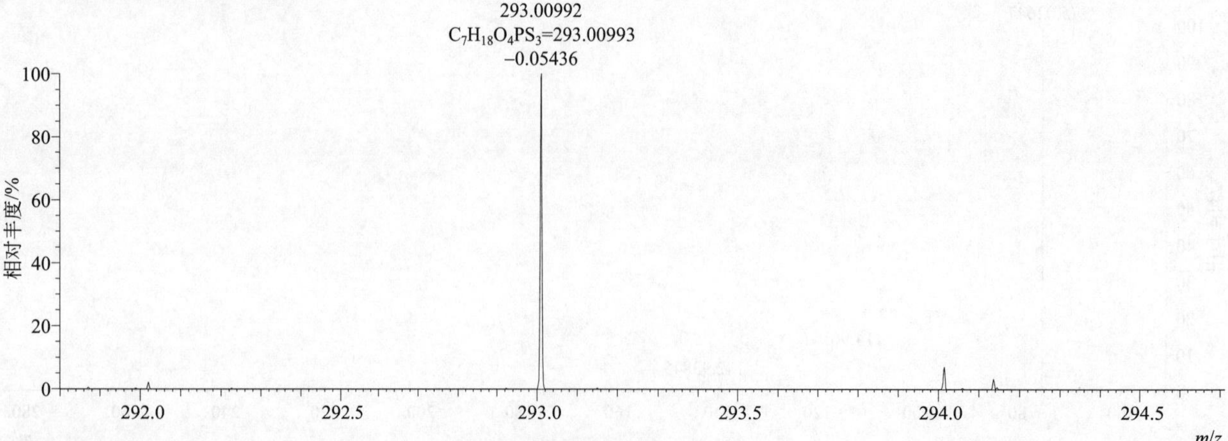

[M+H]+ 归一化法能量 NCE 为 20 时典型的二级质谱图

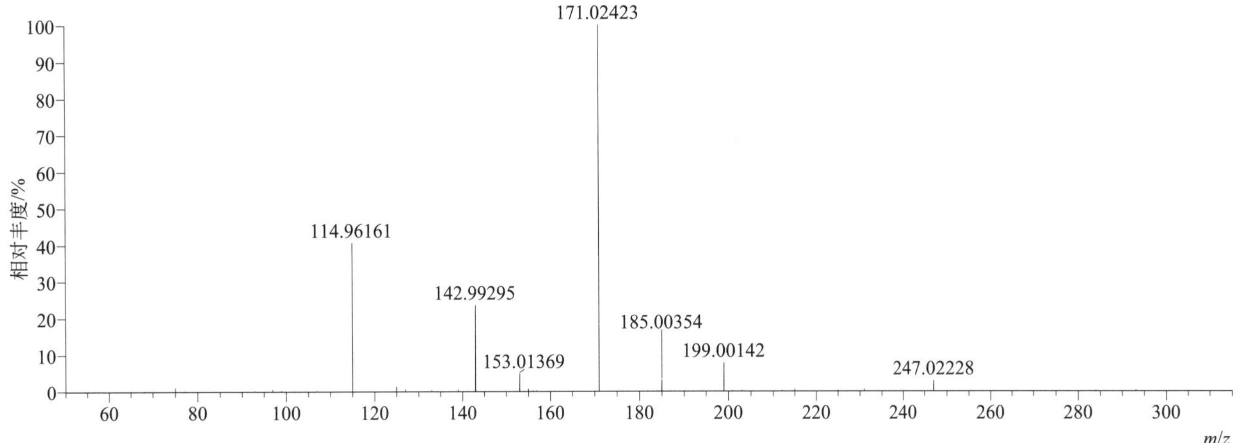

[M+H]+ 归一化法能量 NCE 为 40 时典型的二级质谱图

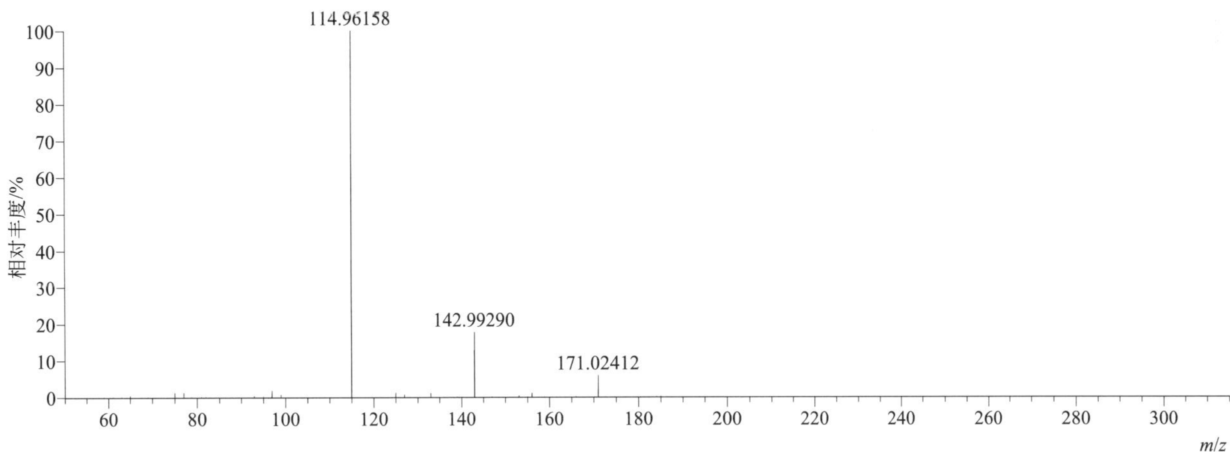

[M+H]+ 归一化法能量 NCE 为 60 时典型的二级质谱图

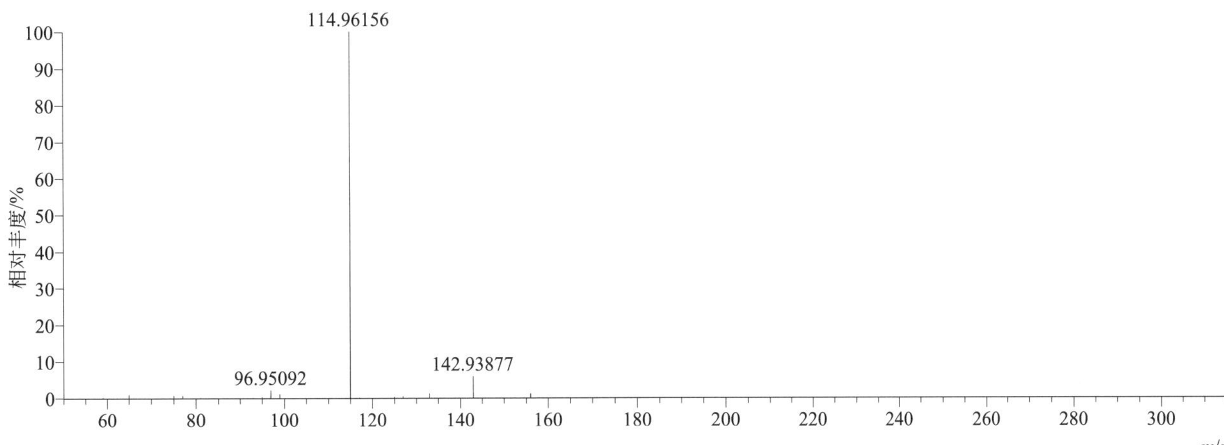

[M+H]+ 阶梯归一化法能量 Step NCE 为 20、40、60 时典型的二级质谱图

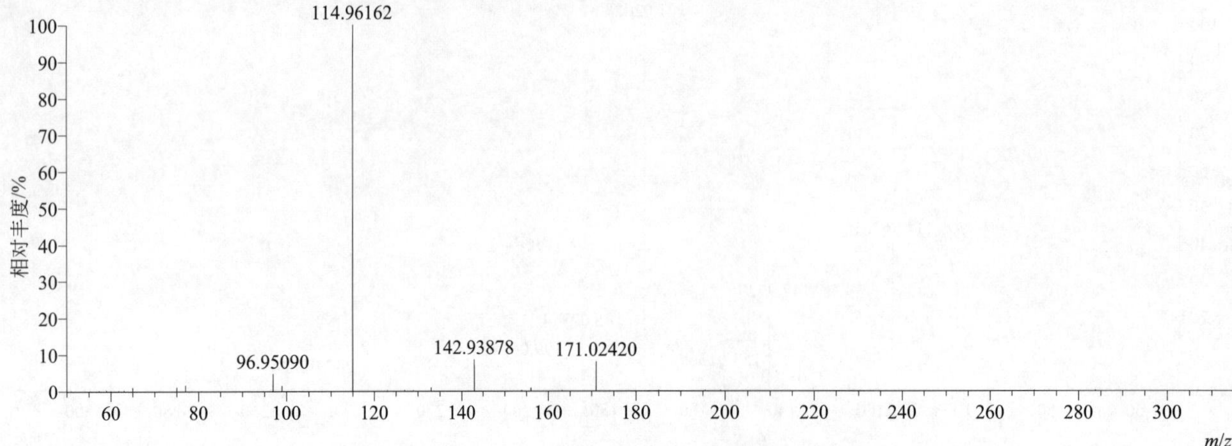

phorate-sulfoxide（甲拌磷亚砜）

基本信息

CAS 登录号	2588-03-6	分子量	276.00774	离子源和极性	电喷雾离子源（ESI）
分子式	$C_7H_{17}O_3PS_3$	保留时间	13.59min	极性	正模式

[M+H]+ 提取离子流色谱图

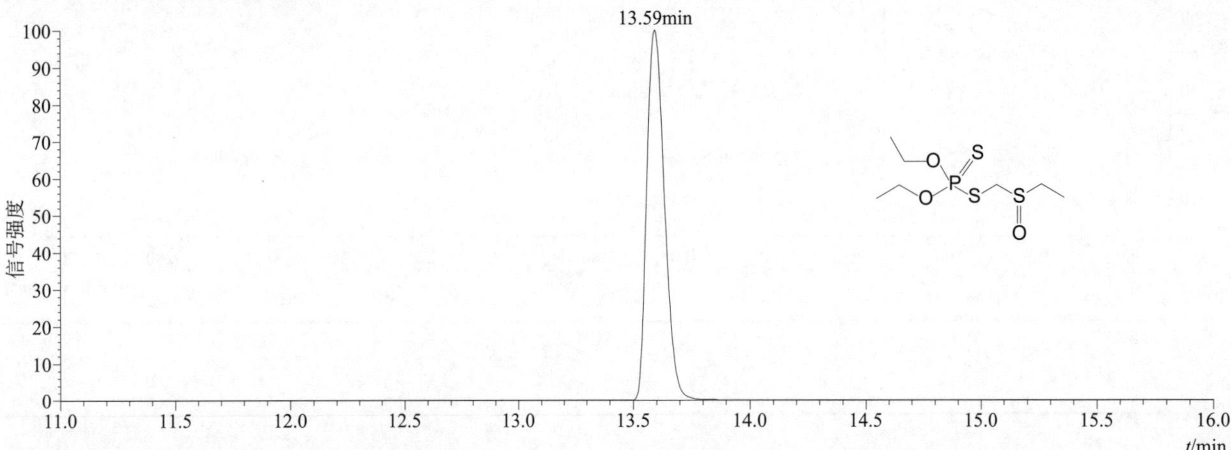

[M+H]+ 和 [M+Na]+ 典型的一级质谱图

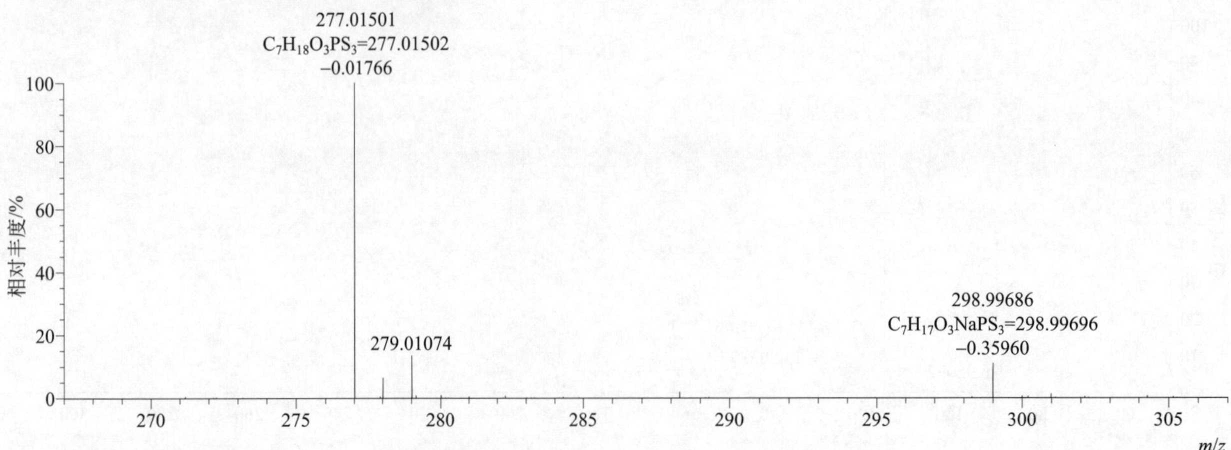

[M+H]⁺ 归一化法能量 NCE 为 20 时典型的二级质谱图

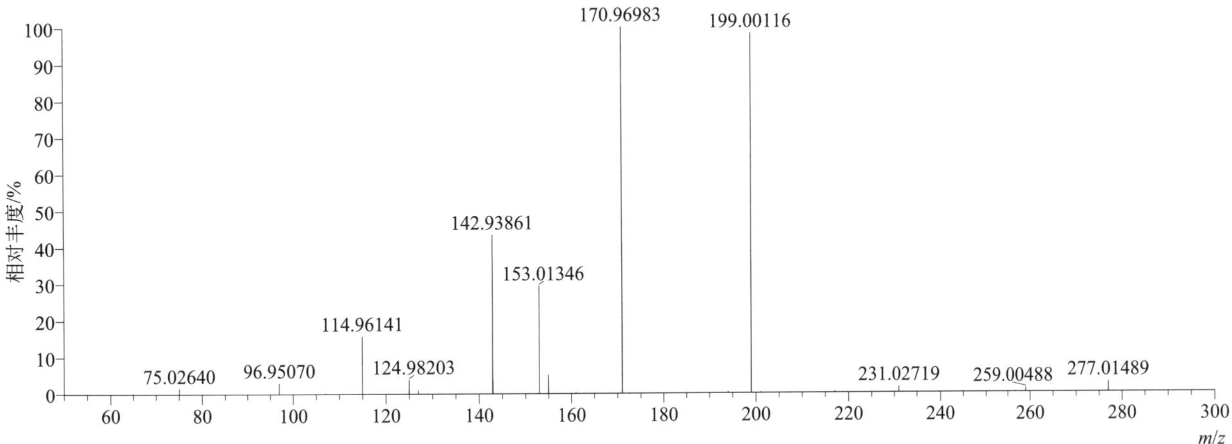

[M+H]⁺ 归一化法能量 NCE 为 40 时典型的二级质谱图

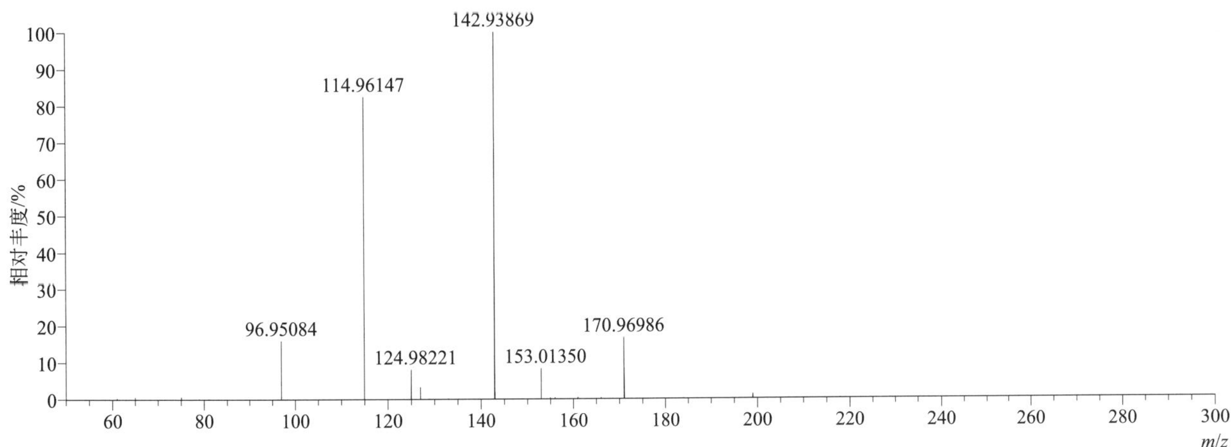

[M+H]⁺ 归一化法能量 NCE 为 60 时典型的二级质谱图

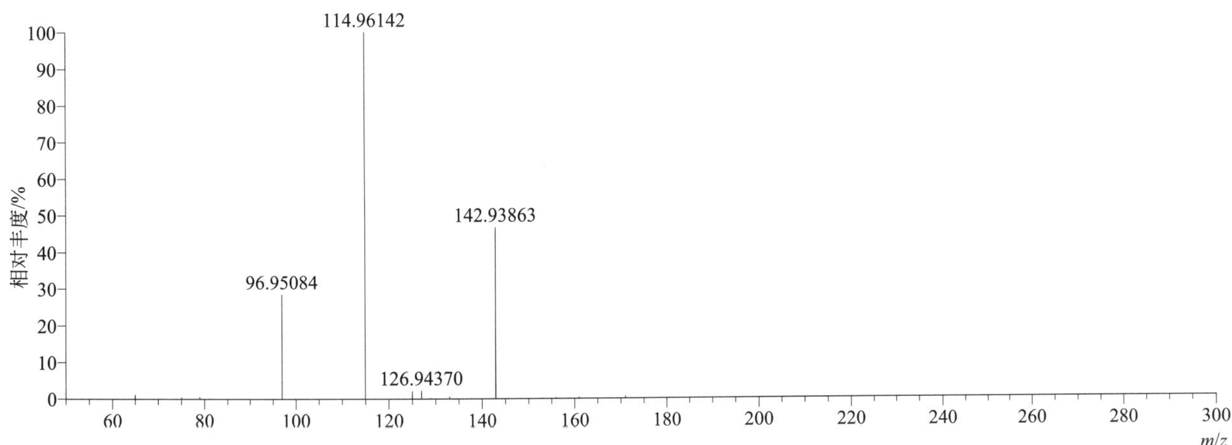

[M+H]+ 阶梯归一化法能量 Step NCE 为 20、40、60 时典型的二级质谱图

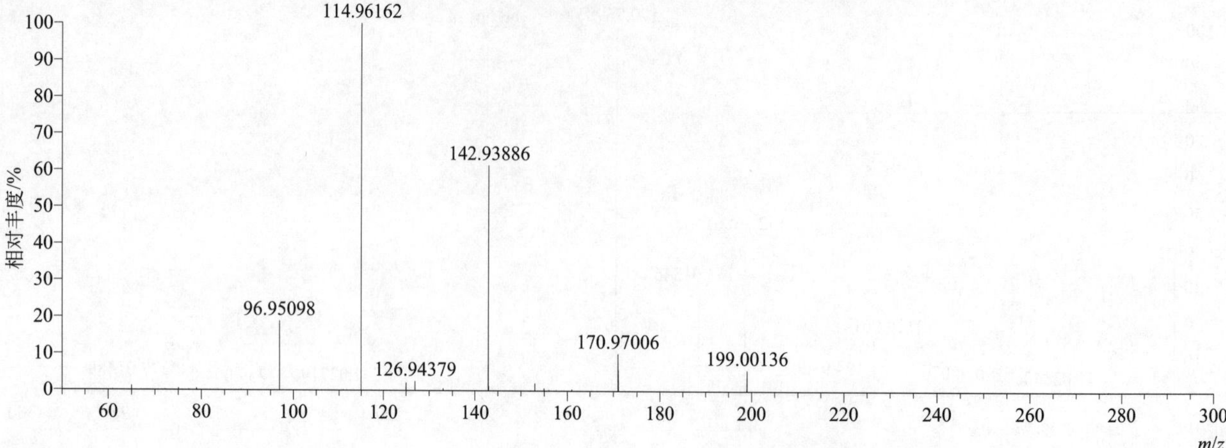

phorate-oxon-sulfone（氧甲拌磷砜）

基本信息

CAS 登录号	2588-06-9	分子量	276.02550	离子源和极性	电喷雾离子源（ESI）
分子式	$C_7H_{17}O_5PS_2$	保留时间	12.13min	极性	正模式

[M+H]+ 提取离子流色谱图

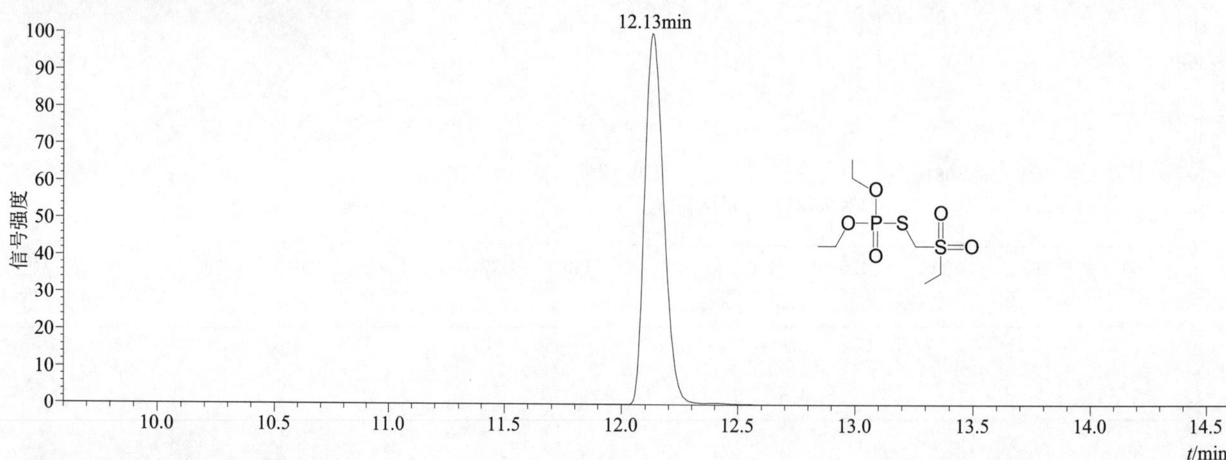

[M+H]+ 典型的一级质谱图

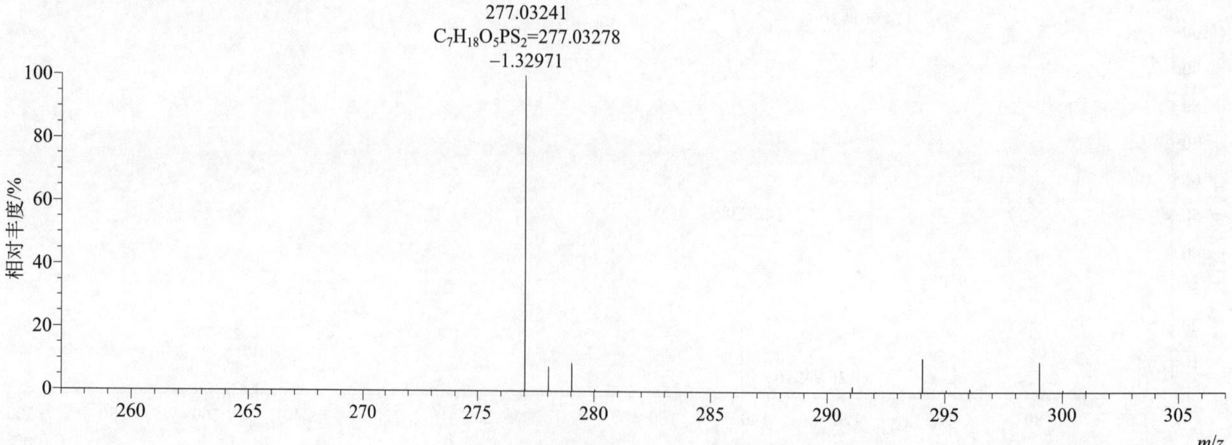

[M+H]+ 归一化法能量 NCE 为 20 时典型的二级质谱图

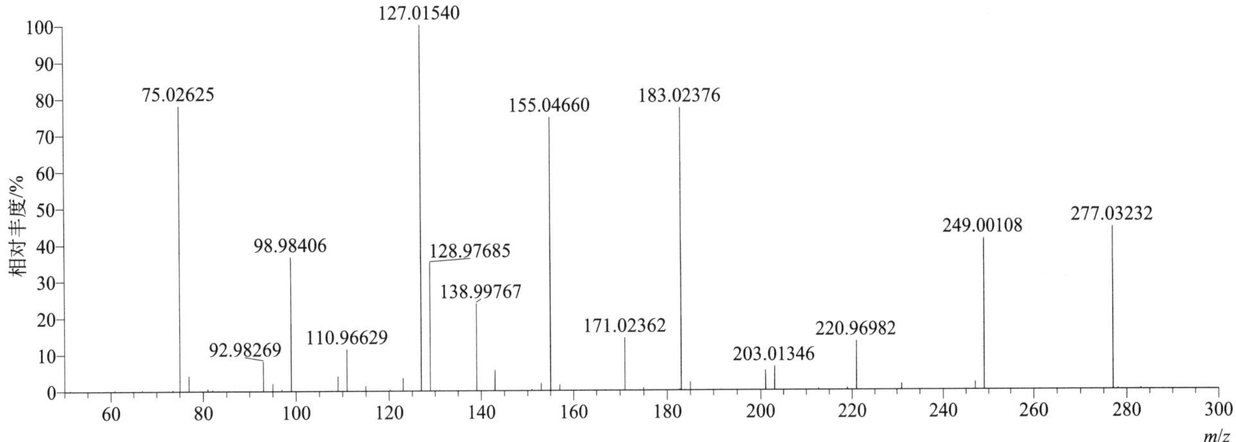

[M+H]+ 归一化法能量 NCE 为 40 时典型的二级质谱图

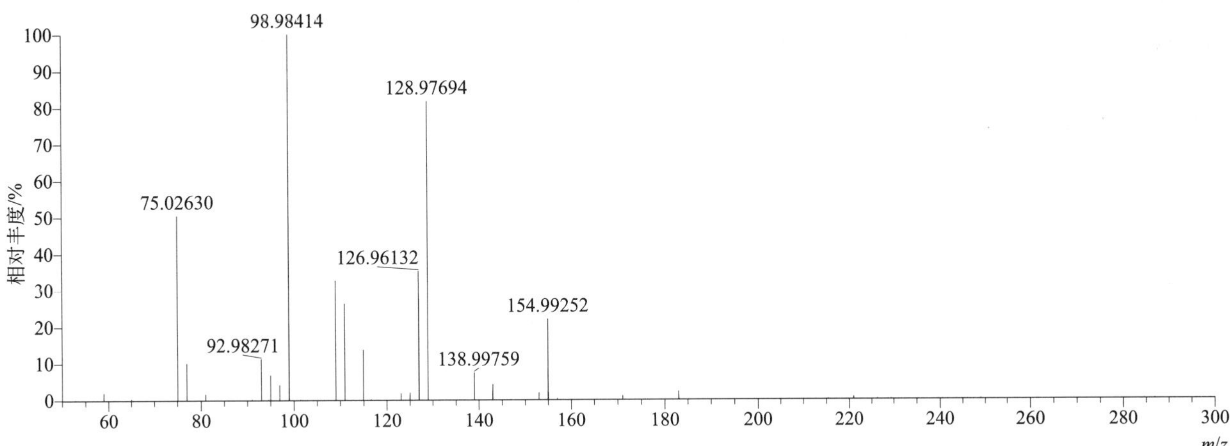

[M+H]+ 归一化法能量 NCE 为 60 时典型的二级质谱图

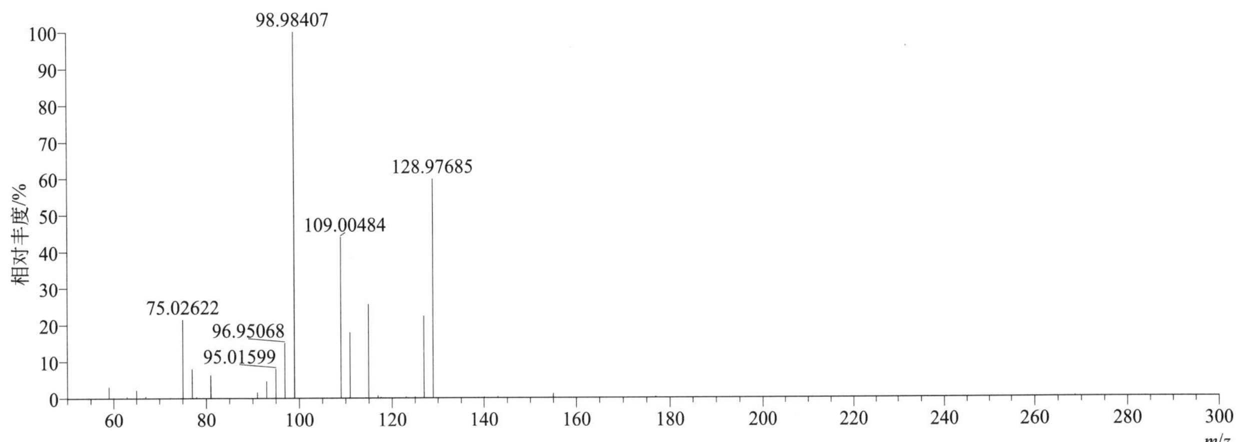

[M+H]+ 阶梯归一化法能量 Step NCE 为 20、40、60 时典型的二级质谱图

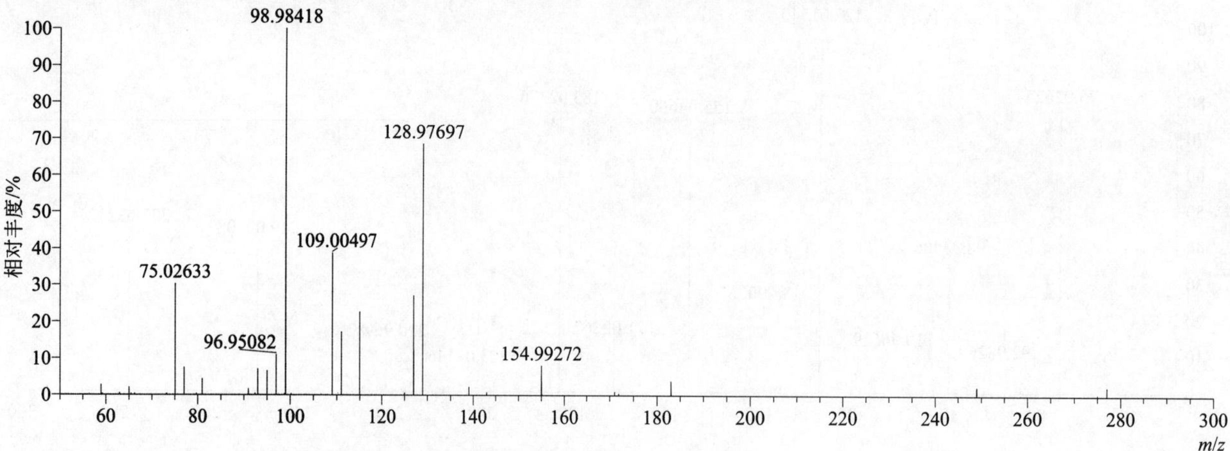

phosalone（伏杀硫磷）

基本信息

CAS 登录号	2310-17-0	分子量	366.98686	离子源和极性	电喷雾离子源（ESI）
分子式	$C_{12}H_{15}ClNO_4PS_2$	保留时间	15.31min	极性	正模式

[M+H]+ 提取离子流色谱图

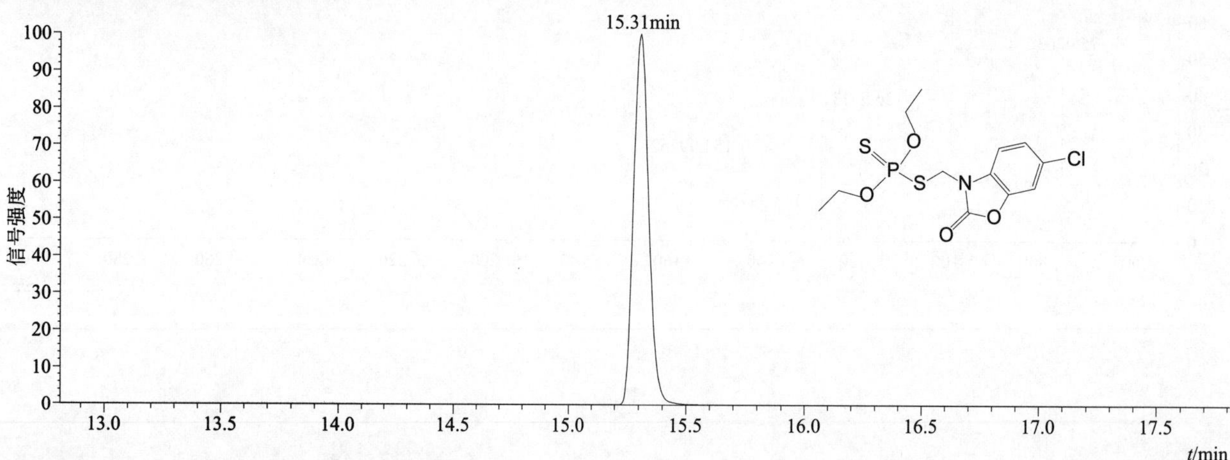

[M+H]+ 和 [M+NH4]+ 典型的一级质谱图

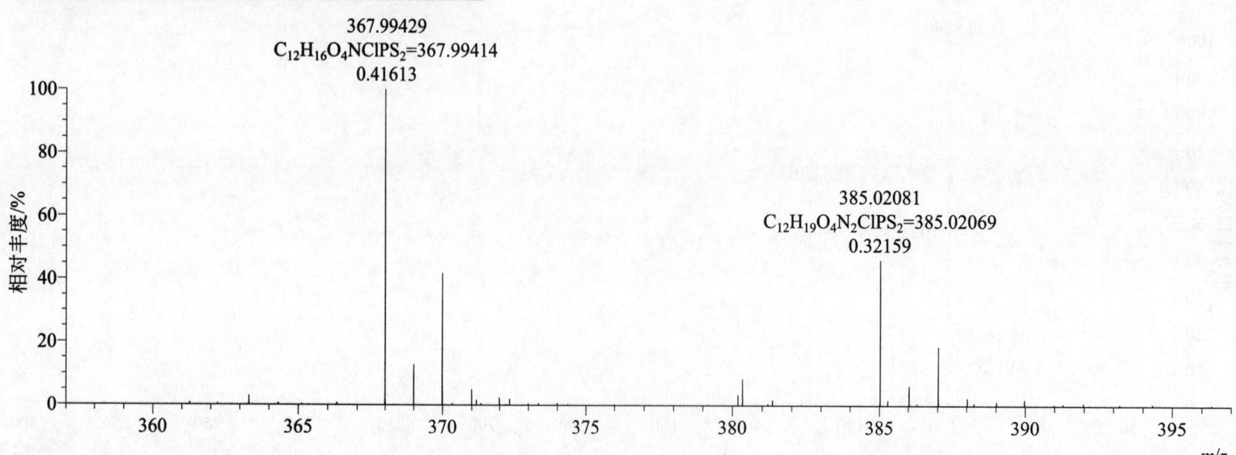

$[M+H]^+$ 典型的一级质谱图

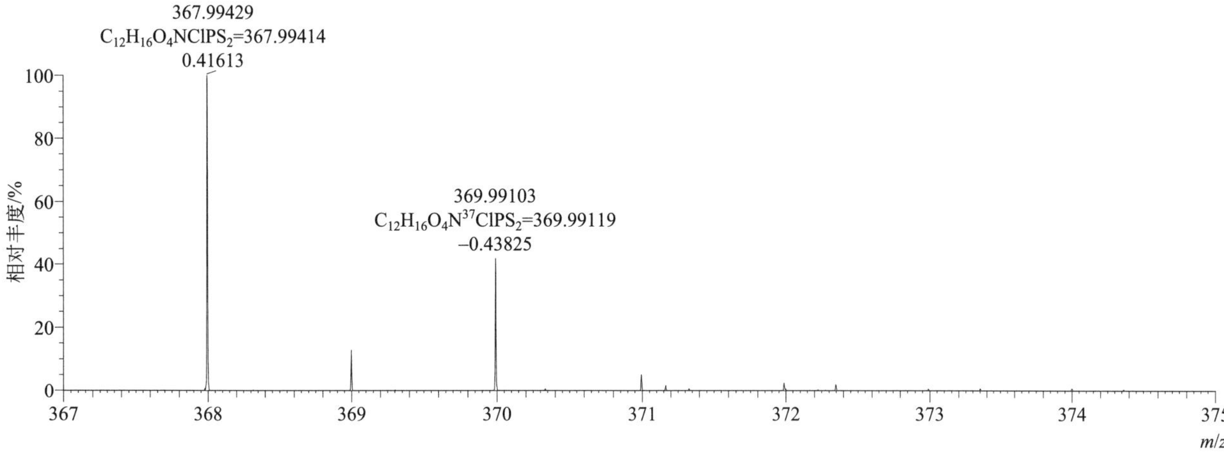

$[M+NH_4]^+$ 典型的一级质谱图

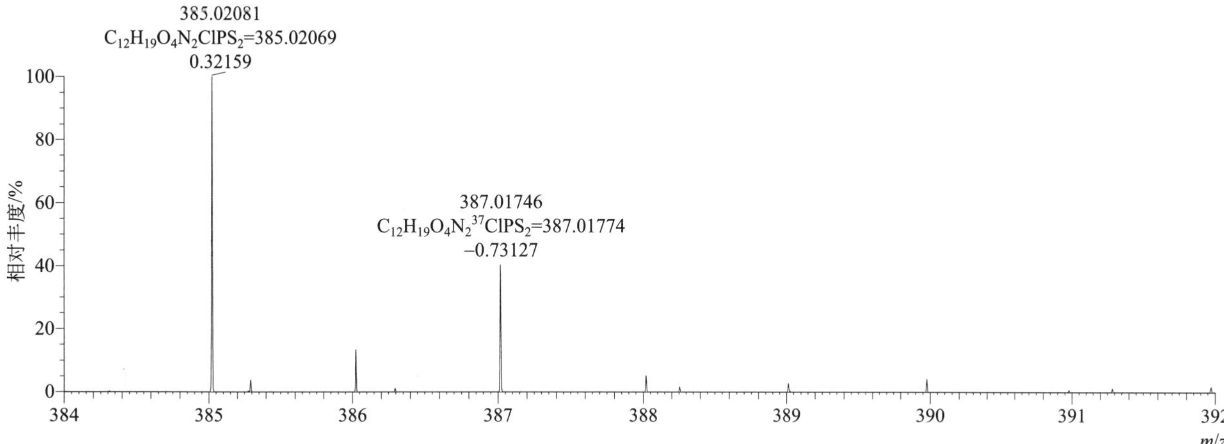

$[M+H]^+$ 归一化法能量 NCE 为 20 时典型的二级质谱图

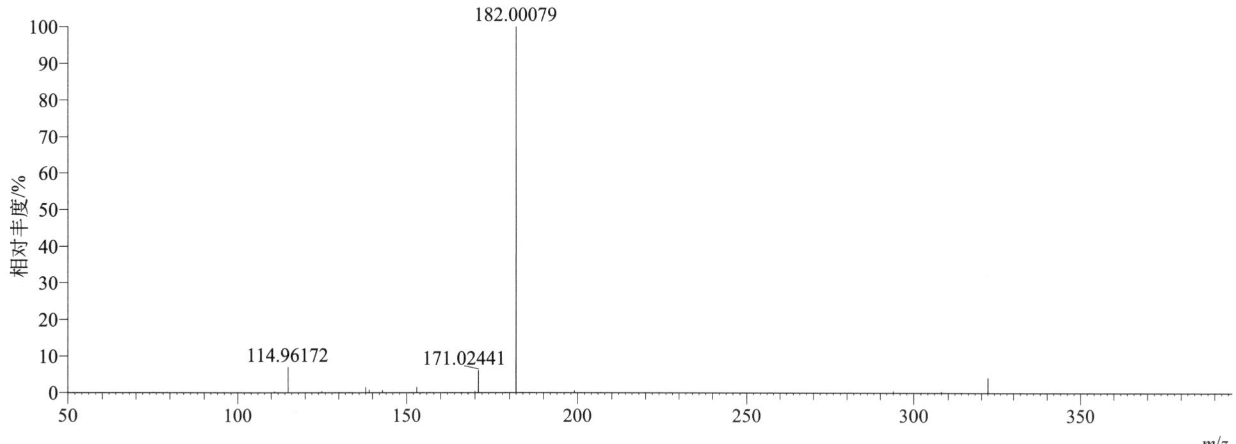

[M+H]+ 归一化法能量 NCE 为 40 时典型的二级质谱图

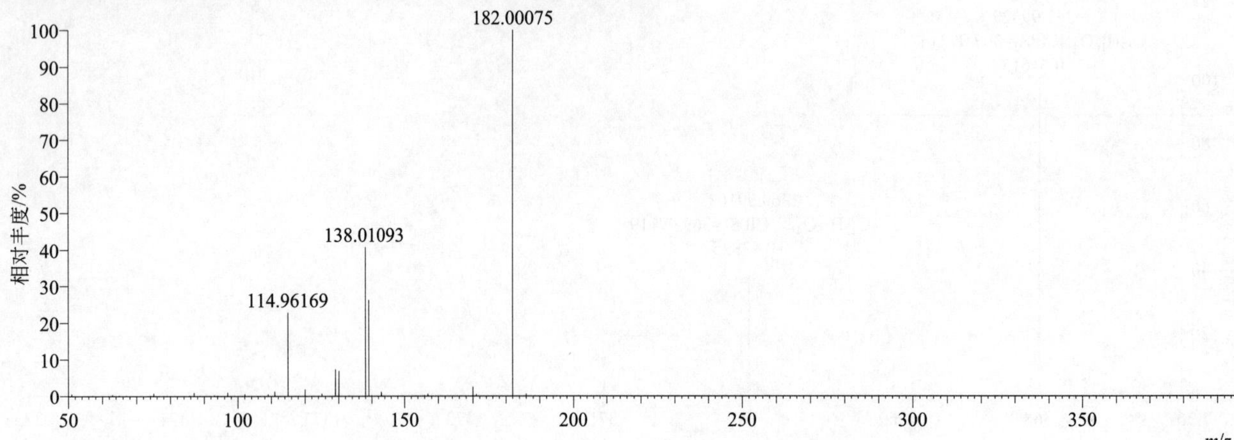

[M+H]+ 归一化法能量 NCE 为 60 时典型的二级质谱图

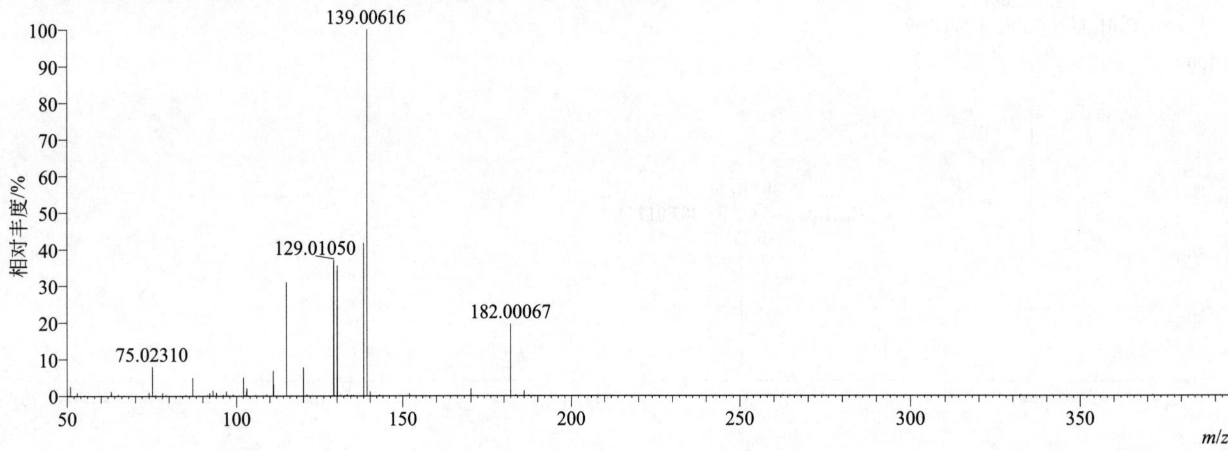

[M+H]+ 阶梯归一化法能量 Step NCE 为 20、40、60 时典型的二级质谱图

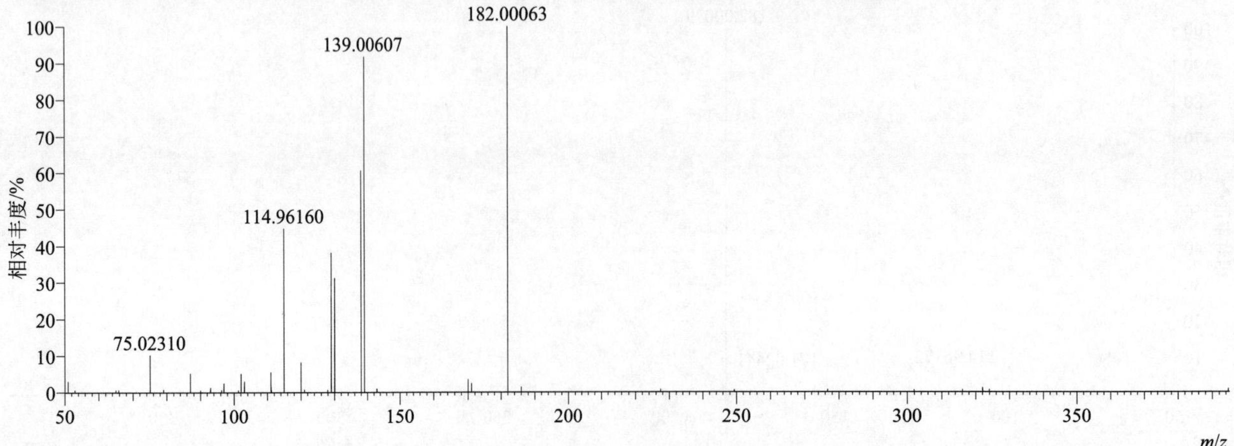

$[M+NH_4]^+$ 归一化法能量 NCE 为 20 时典型的二级质谱图

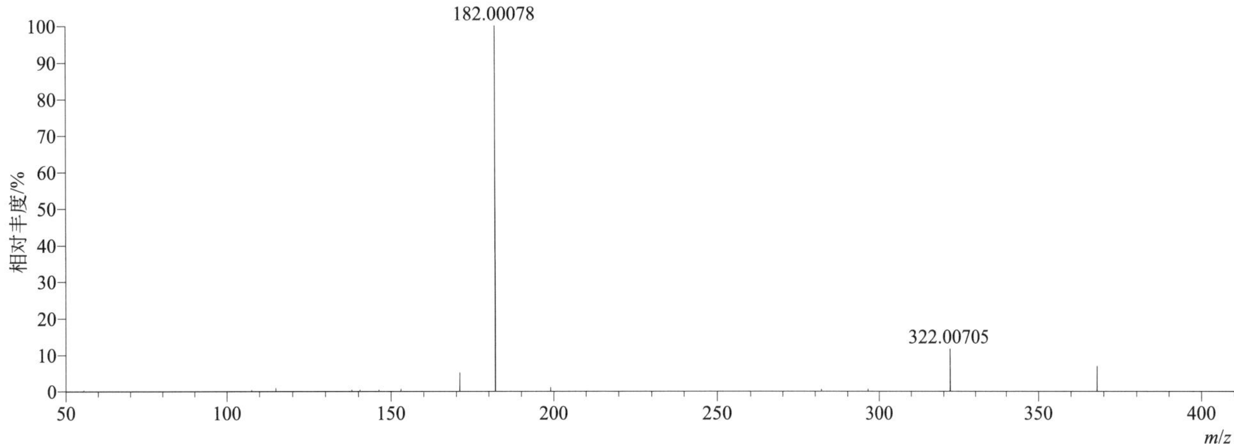

$[M+NH_4]^+$ 归一化法能量 NCE 为 40 时典型的二级质谱图

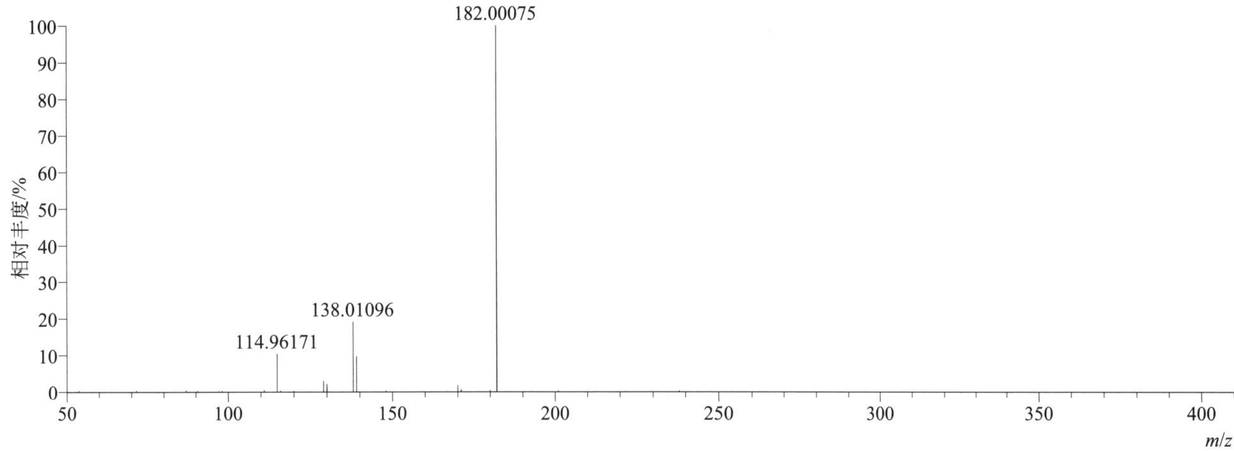

$[M+NH_4]^+$ 归一化法能量 NCE 为 60 时典型的二级质谱图

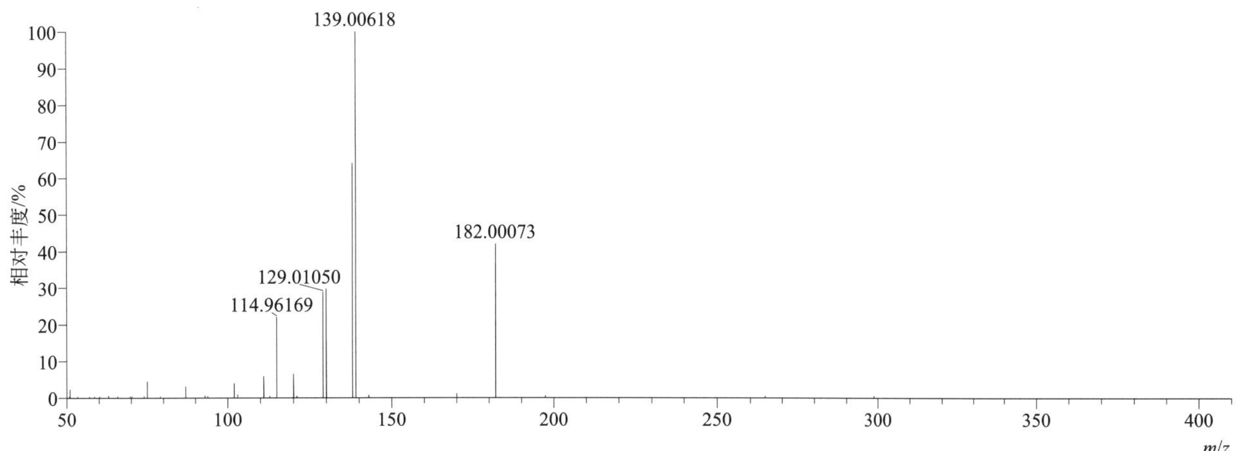

[M+NH$_4$]$^+$ 阶梯归一化法能量 Step NCE 为 20、40、60 时典型的二级质谱图

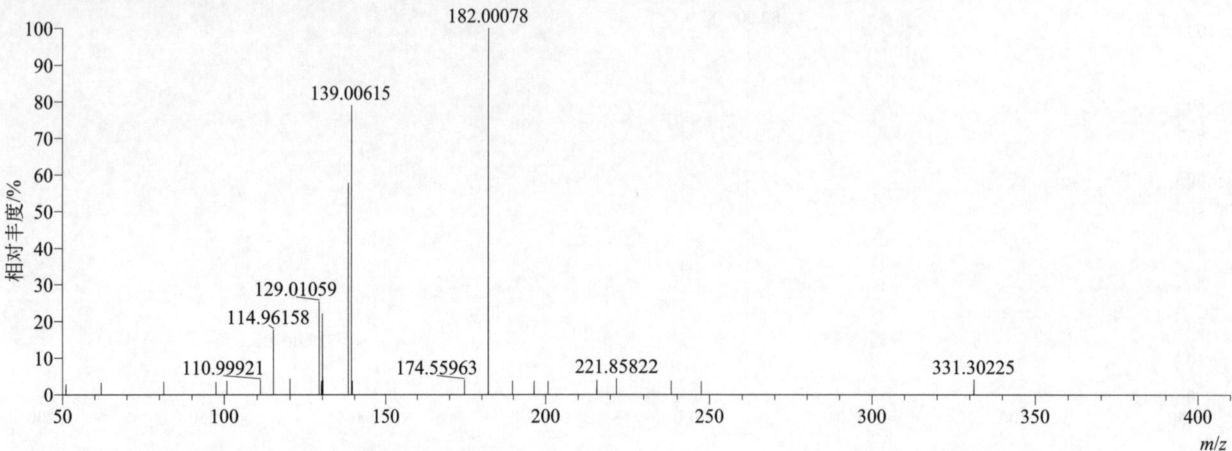

phosfolan（硫环磷）

基本信息

CAS 登录号	947-02-4	分子量	255.01527	离子源和极性	电喷雾离子源（ESI）
分子式	$C_7H_{14}NO_3PS_2$	保留时间	12.50min	极性	正模式

[M+H]$^+$ 提取离子流色谱图

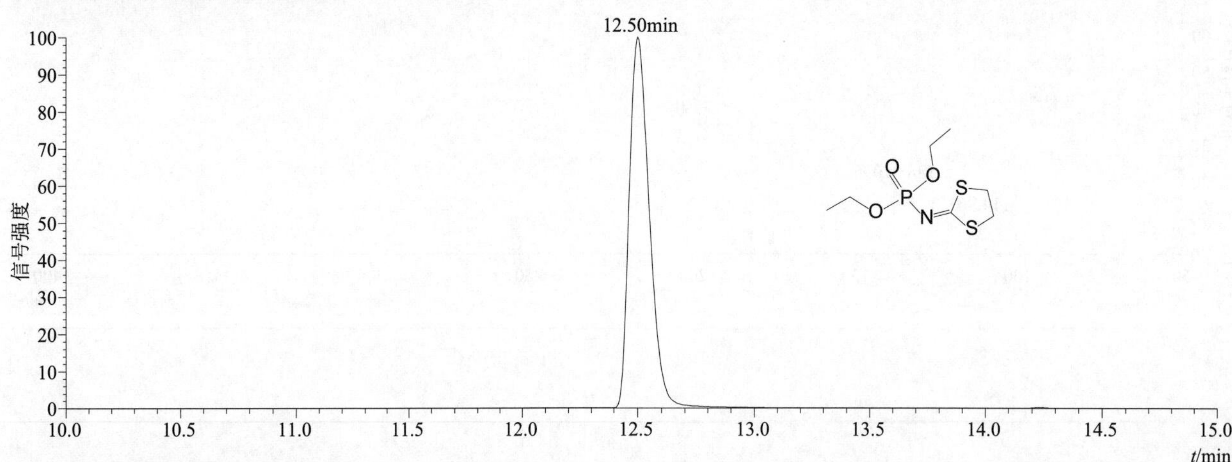

[M+H]$^+$ 典型的一级质谱图

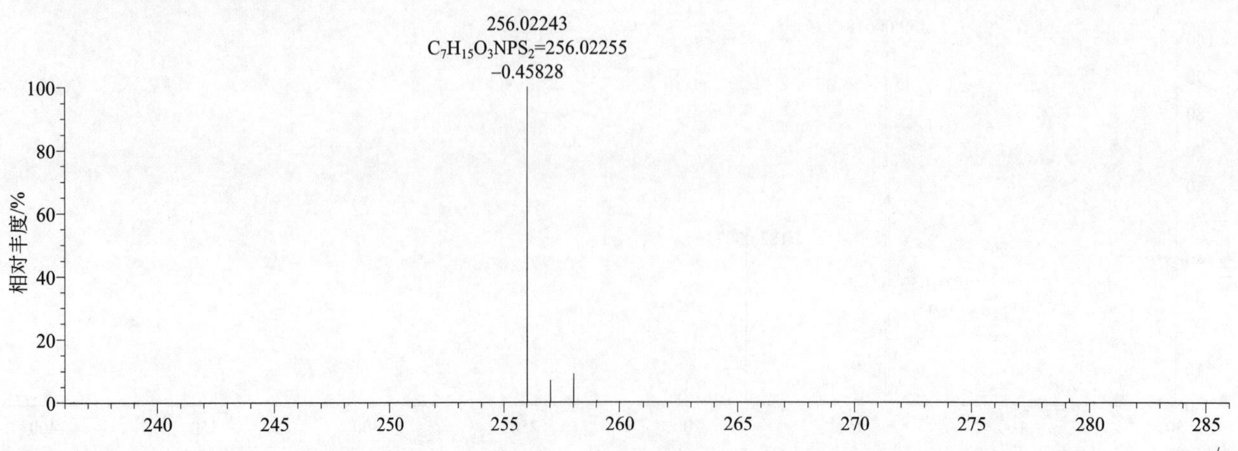

[M+H]+ 归一化法能量 NCE 为 20 时典型的二级质谱图

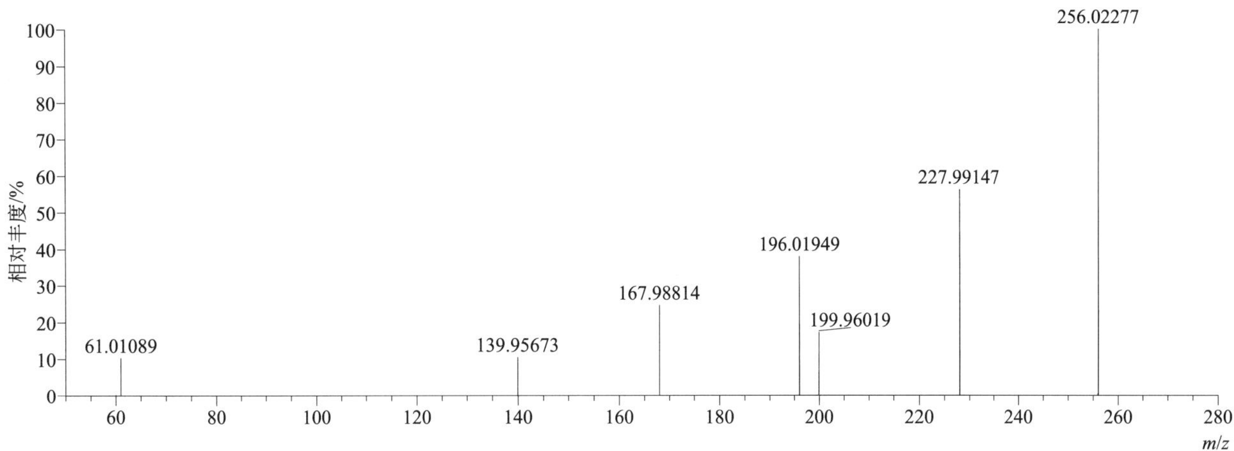

[M+H]+ 归一化法能量 NCE 为 40 时典型的二级质谱图

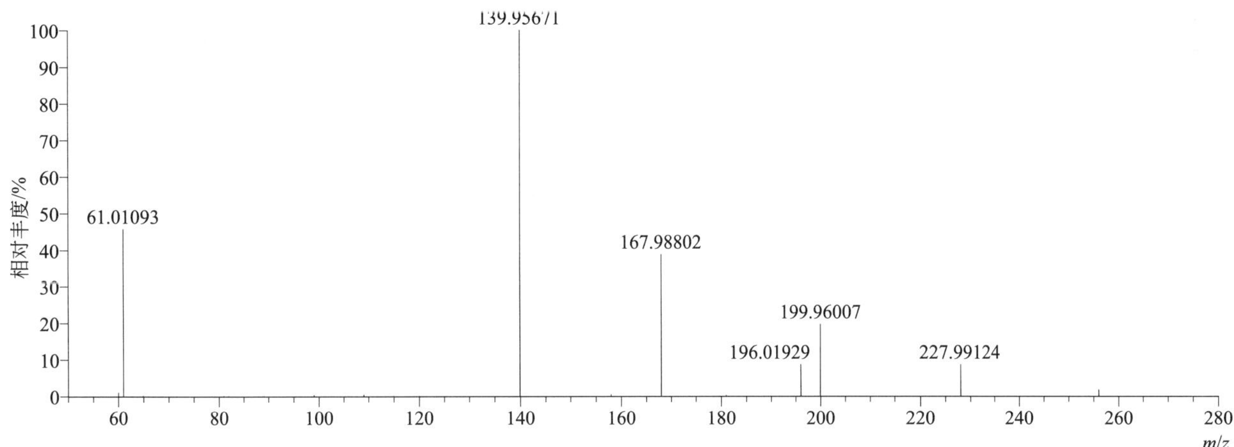

[M+H]+ 归一化法能量 NCE 为 60 时典型的二级质谱图

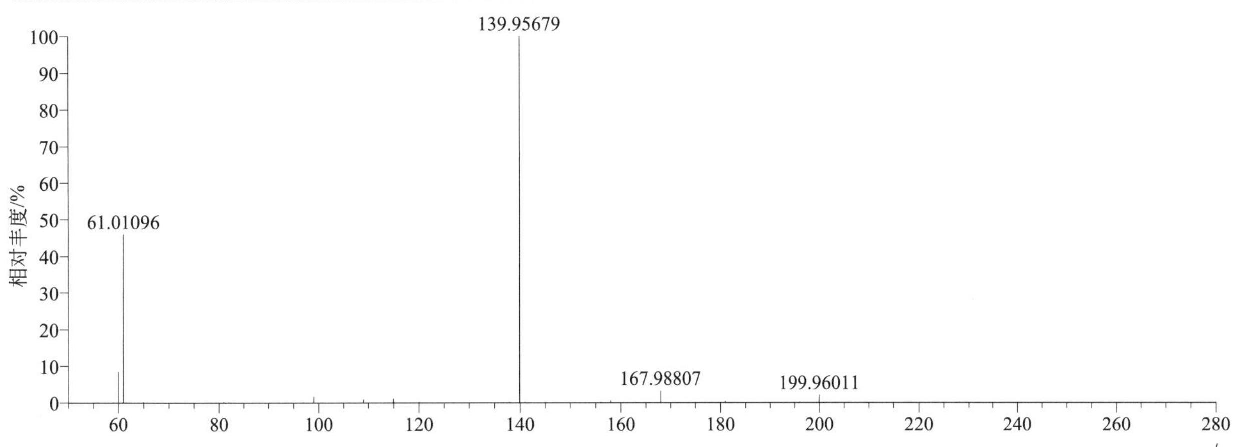

[M+H]+ 阶梯归一化法能量 Step NCE 为 20、40、60 时典型的二级质谱图

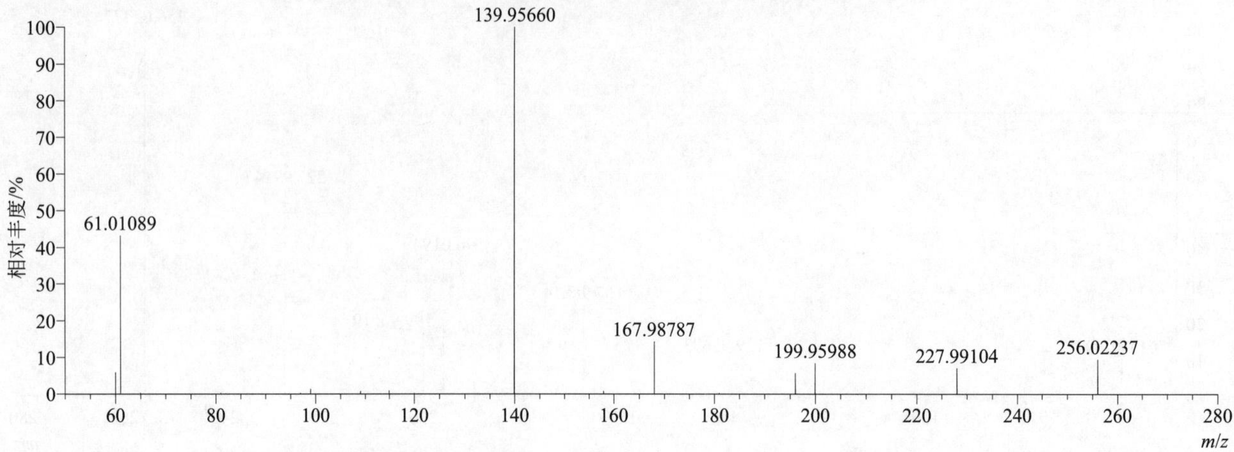

phosmet（亚胺硫磷）

基本信息

CAS 登录号	732-11-6	分子量	316.99454	离子源和极性	电喷雾离子源（ESI）
分子式	$C_{11}H_{12}NO_4PS_2$	保留时间	14.16min	极性	正模式

[M+H]+ 提取离子流色谱图

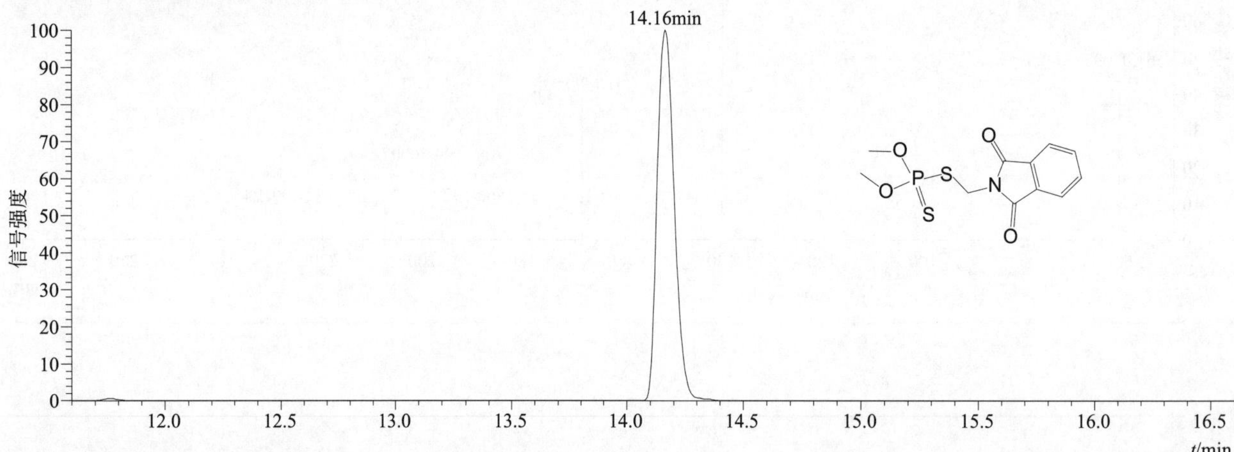

[M+H]+ 典型的一级质谱图

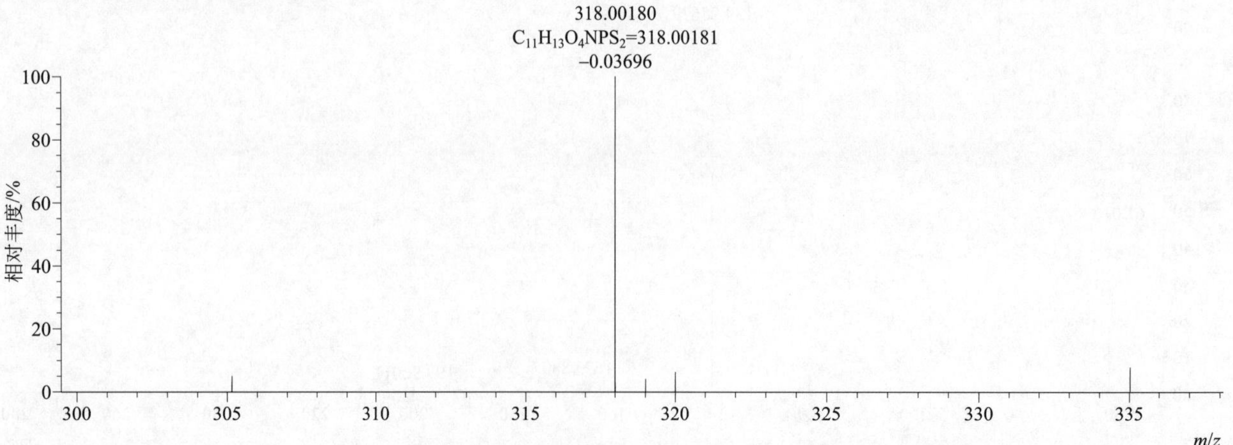

[M+H]+ 归一化法能量 NCE 为 20 时典型的二级质谱图

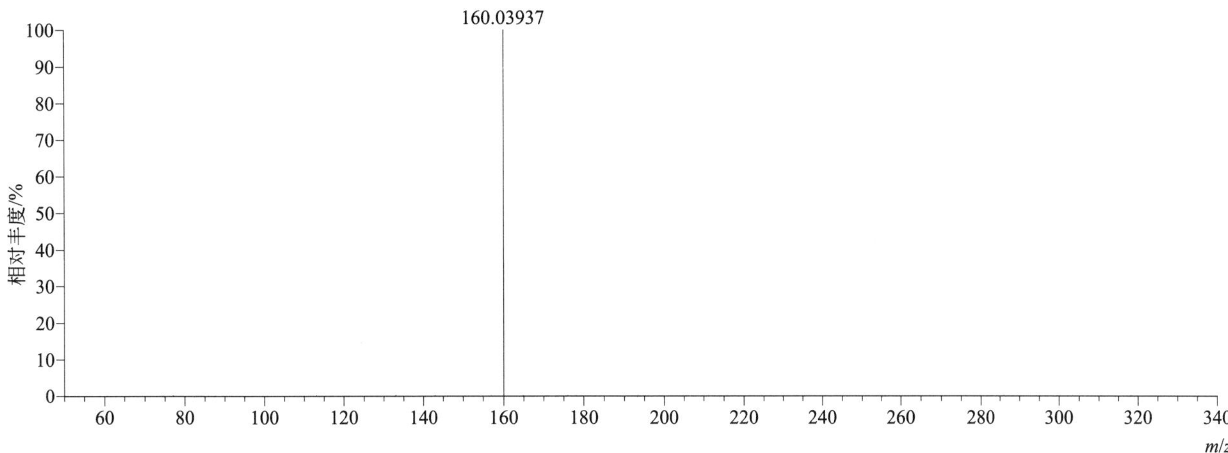

[M+H]+ 归一化法能量 NCE 为 40 时典型的二级质谱图

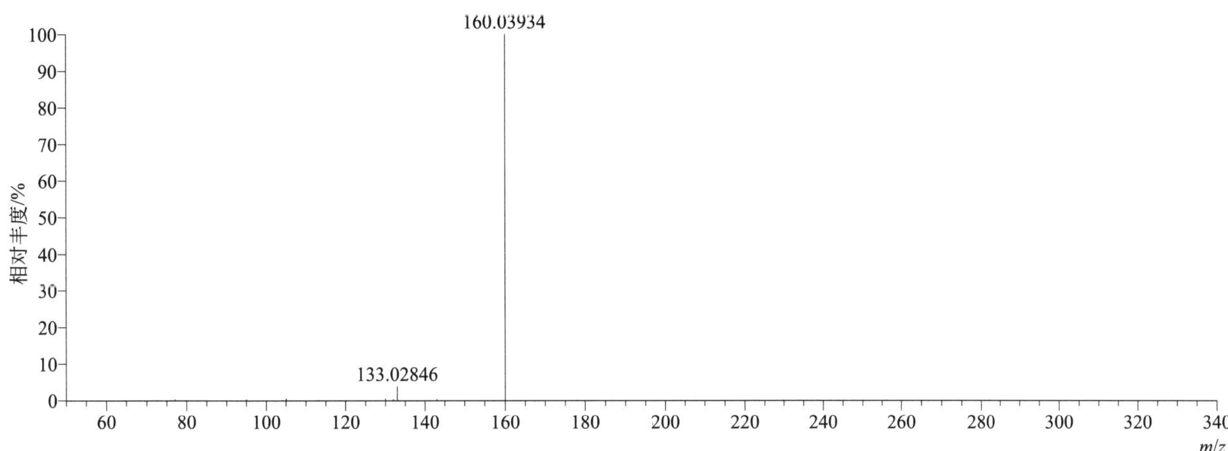

[M+H]+ 归一化法能量 NCE 为 60 时典型的二级质谱图

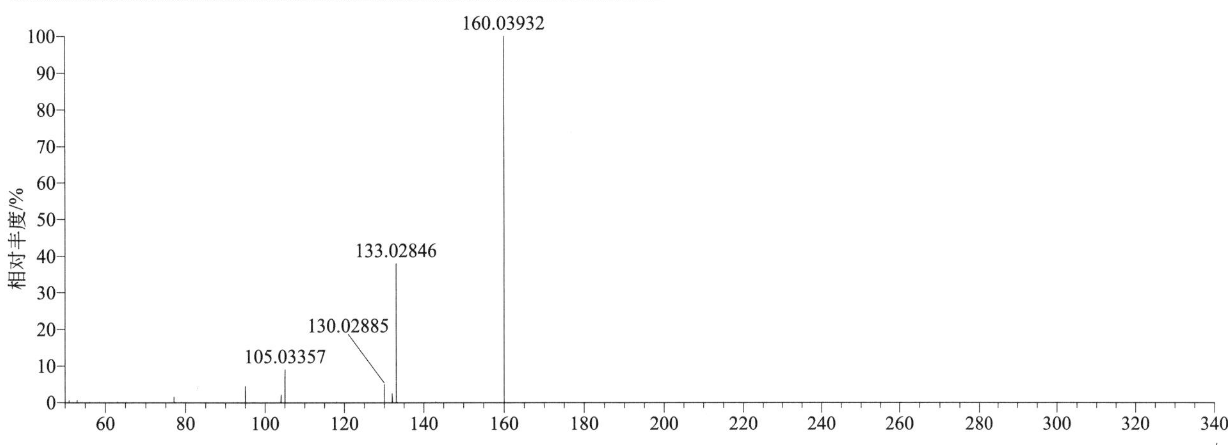

[M+H]+ 阶梯归一化法能量 Step NCE 为 20、40、60 时典型的二级质谱图

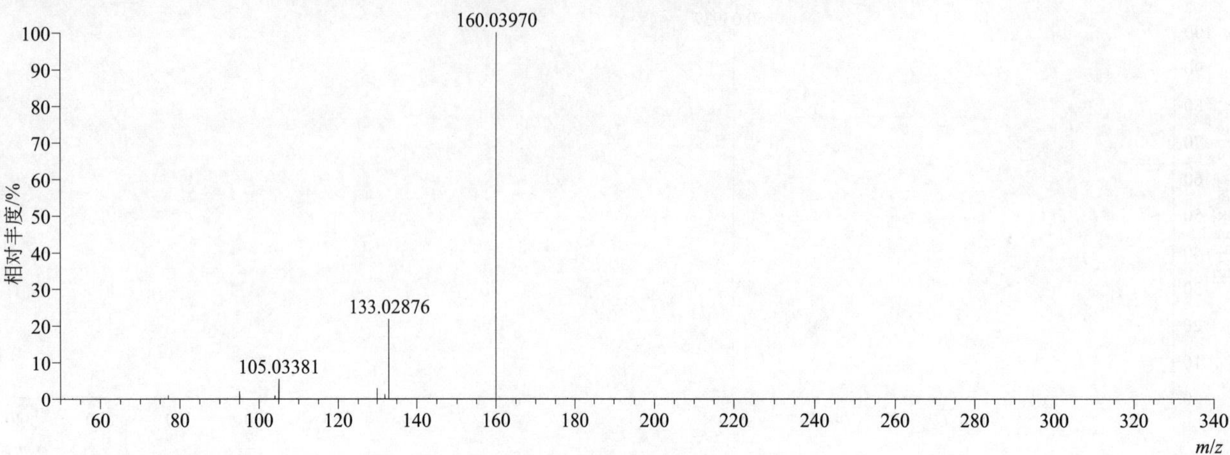

phosmet-oxon（氧亚胺硫磷）

基本信息

CAS 登录号	3735-33-9	分子量	301.01738	离子源和极性	电喷雾离子源（ESI）
分子式	$C_{11}H_{12}NO_5PS$	保留时间	10.64min	极性	正模式

[M+H]+ 提取离子流色谱图

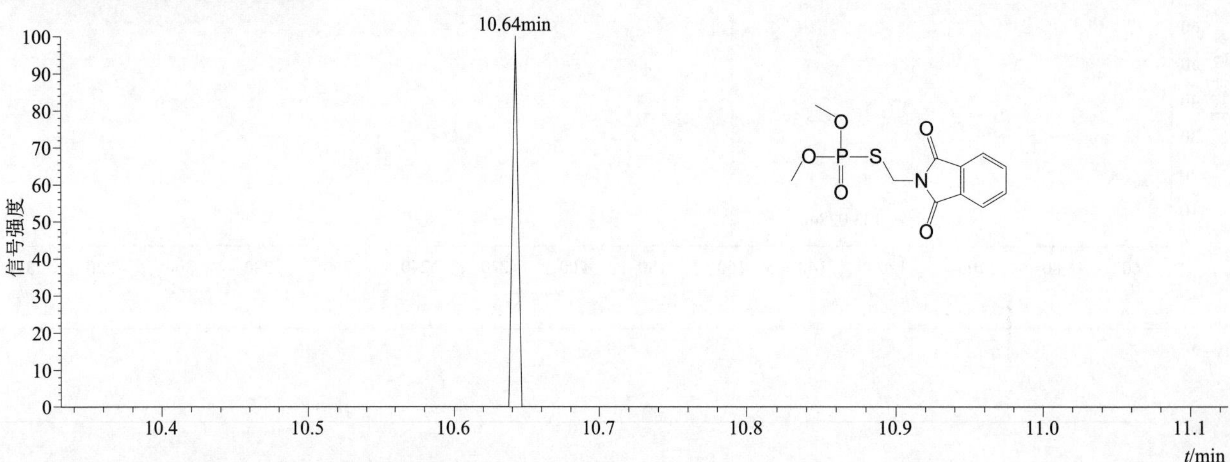

[M+H]+ 和 [M+Na]+ 典型的一级质谱图

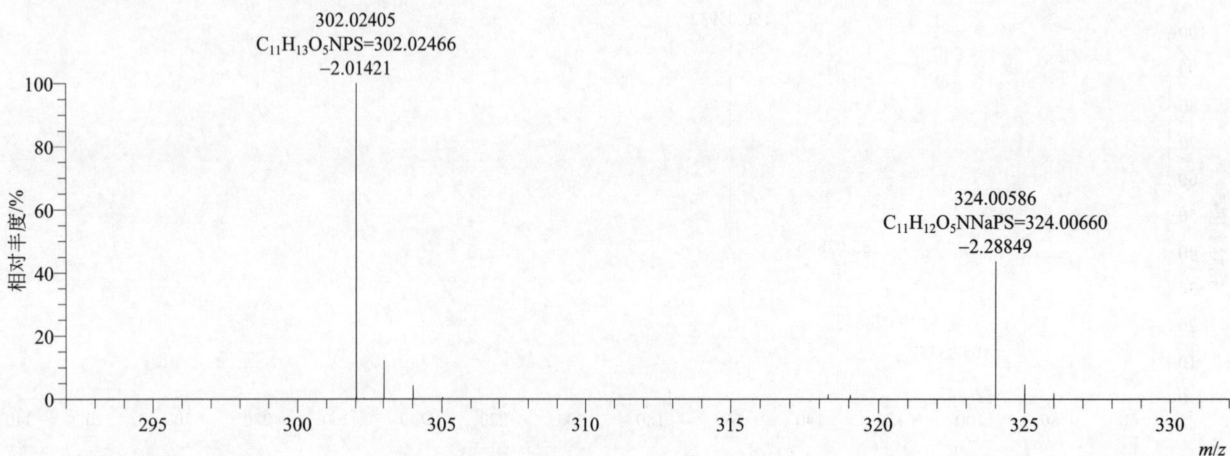

$[M+H]^+$ 归一化法能量 NCE 为 20 时典型的二级质谱图

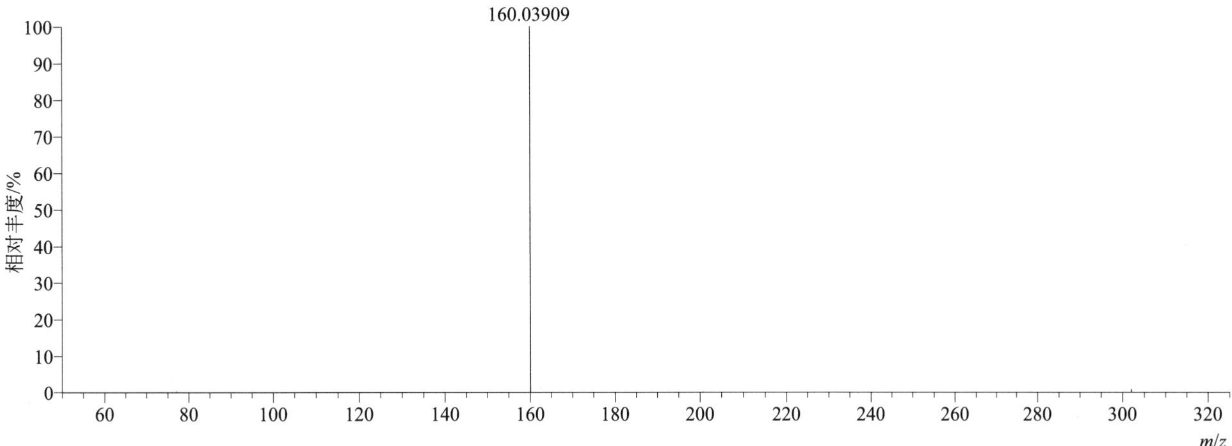

$[M+H]^+$ 归一化法能量 NCE 为 40 时典型的二级质谱图

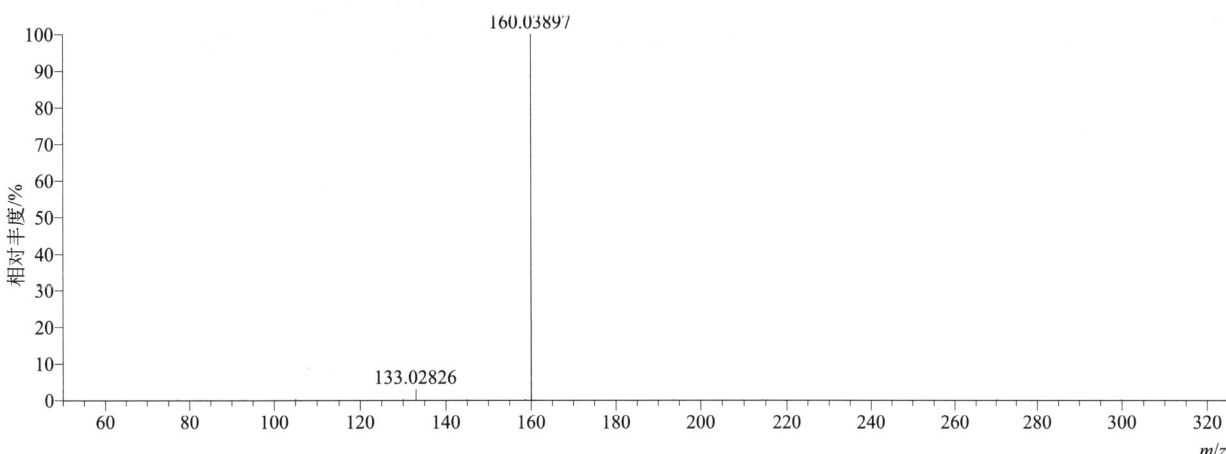

$[M+H]^+$ 归一化法能量 NCE 为 60 时典型的二级质谱图

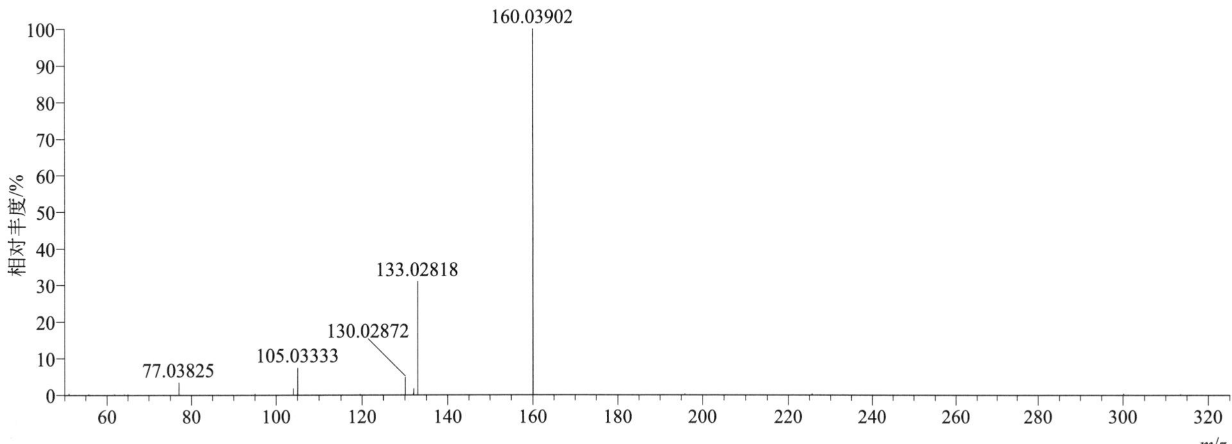

[M+H]+ 阶梯归一化法能量 Step NCE 为 20、40、60 时典型的二级质谱图

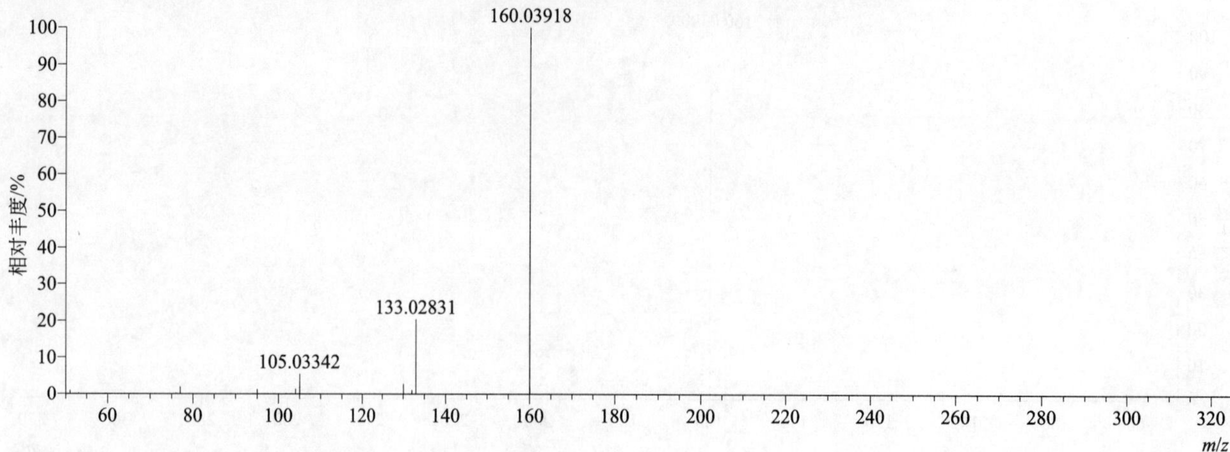

phosphamidon（磷胺）

基本信息

CAS 登录号	13171-21-6	分子量	299.06894	离子源和极性	电喷雾离子源（ESI）
分子式	$C_{10}H_{19}ClNO_5P$	保留时间	12.71min	极性	正模式

[M+H]+ 提取离子流色谱图

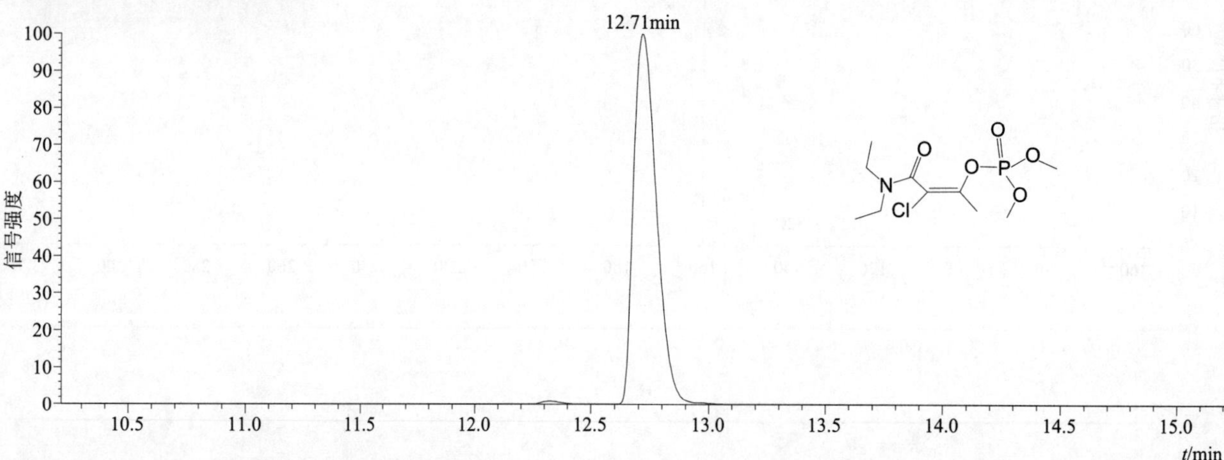

[M+H]+ 和 [M+NH4]+ 典型的一级质谱图

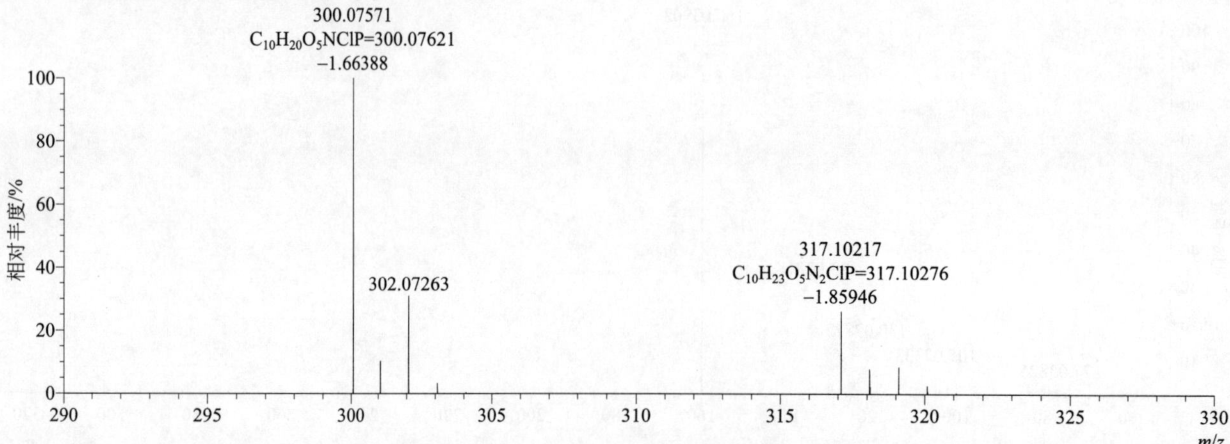

$[M+H]^+$ 典型的一级质谱图

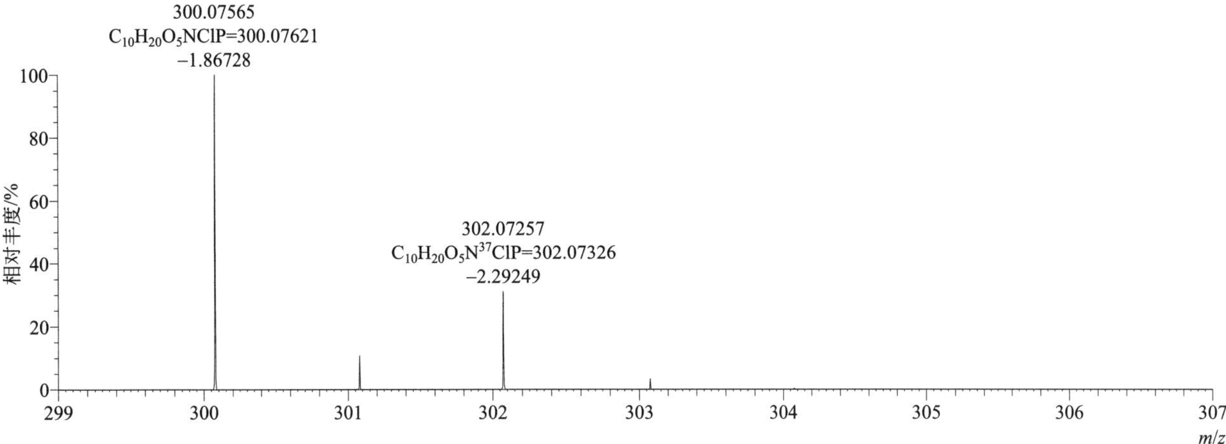

$[M+NH_4]^+$ 典型的一级质谱图

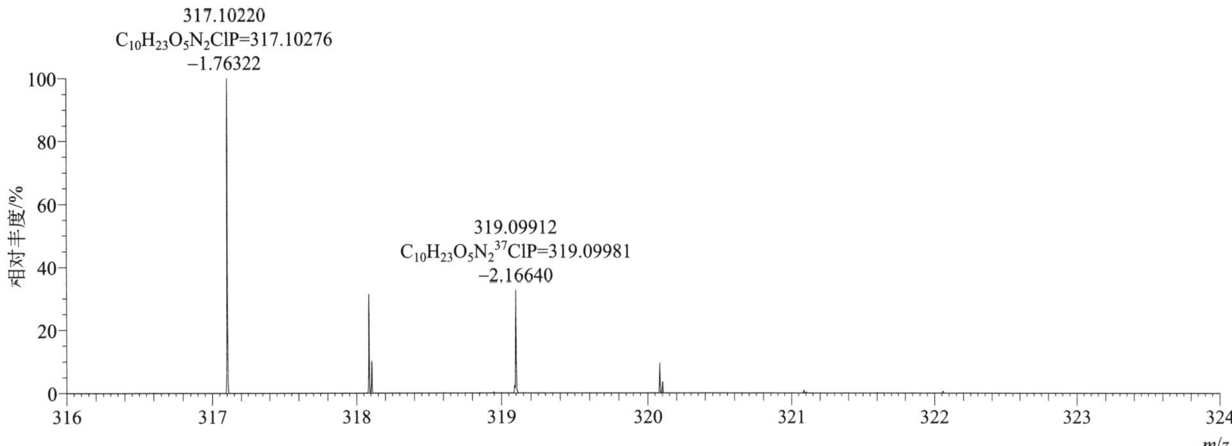

$[M+H]^+$ 归一化法能量 NCE 为 20 时典型的二级质谱图

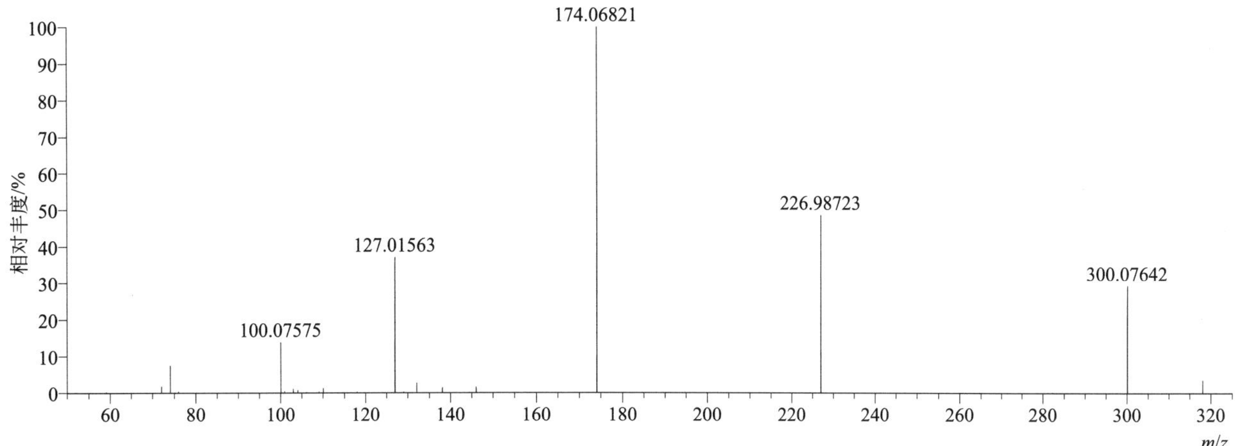

[M+H]+ 归一化法能量 NCE 为 40 时典型的二级质谱图

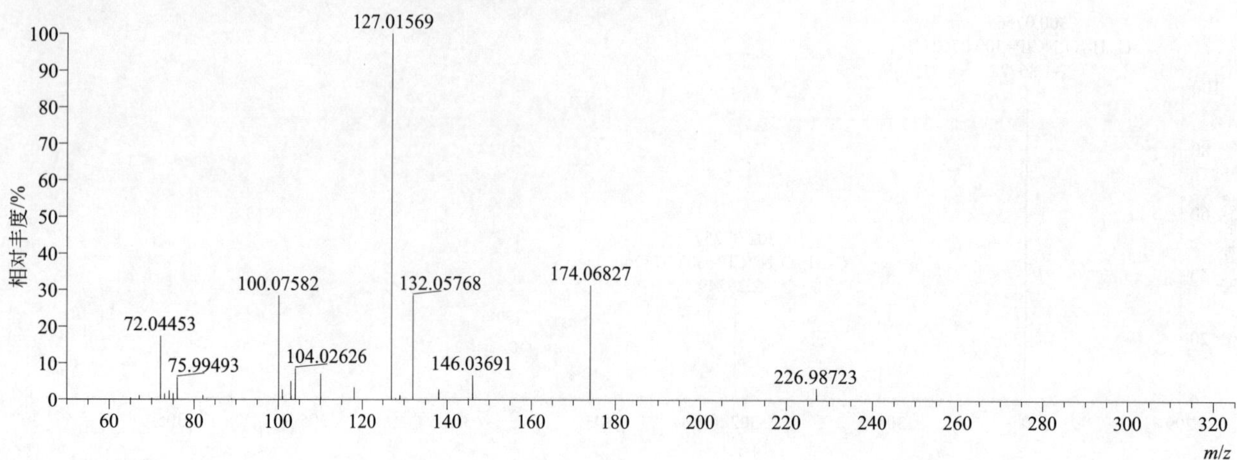

[M+H]+ 归一化法能量 NCE 为 60 时典型的二级质谱图

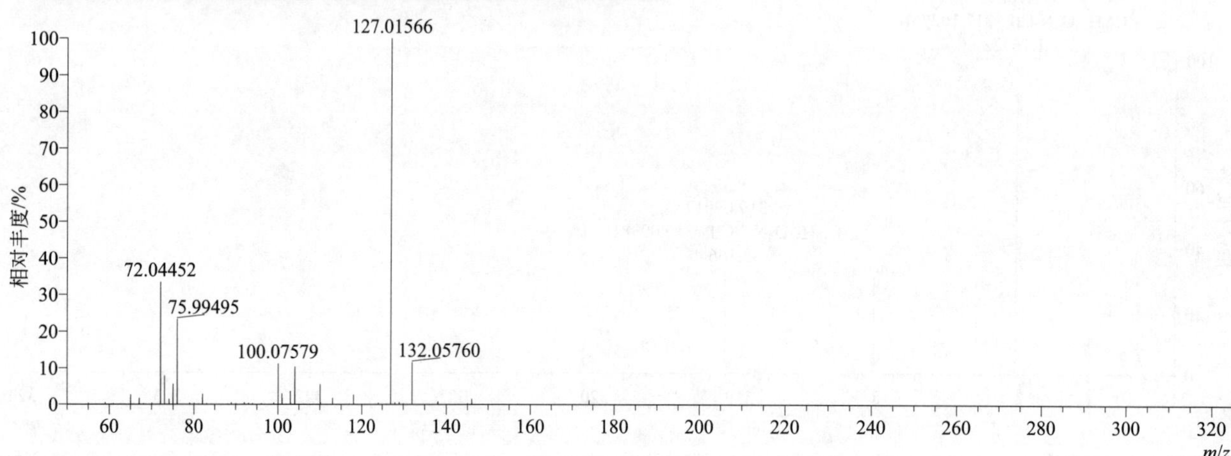

[M+H]+ 阶梯归一化法能量 Step NCE 为 20、40、60 时典型的二级质谱图

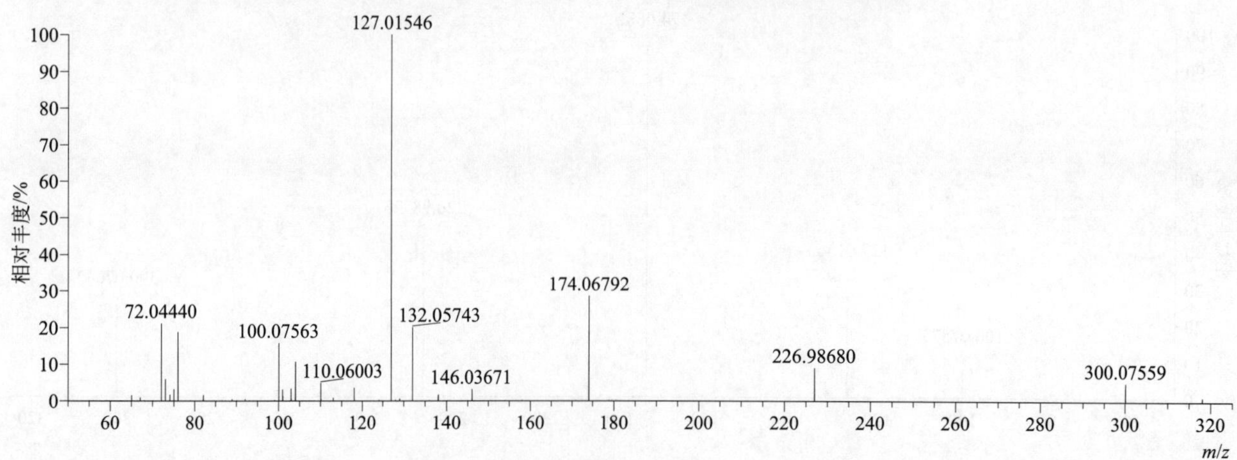

[M+NH4]+ 归一化法能量 NCE 为 20 时典型的二级质谱图

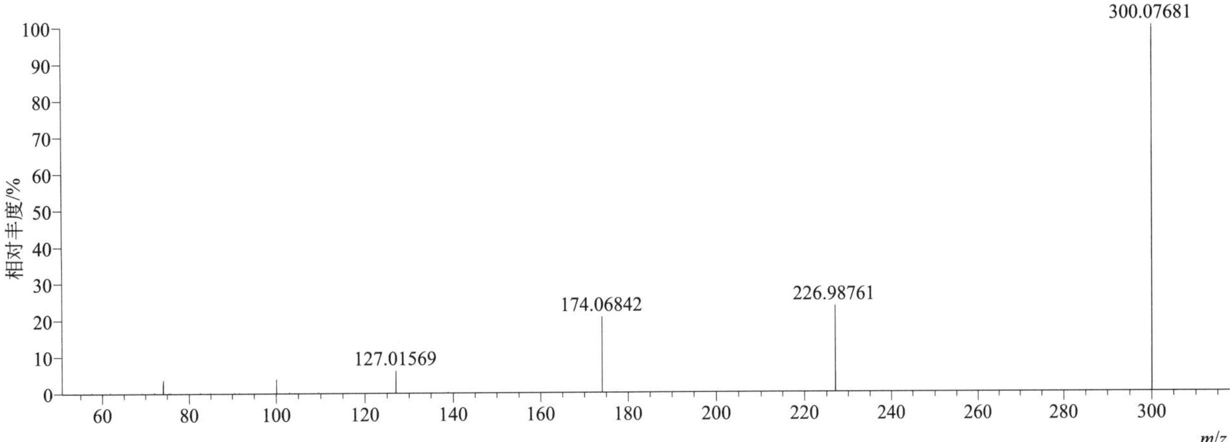

[M+NH4]+ 归一化法能量 NCE 为 40 时典型的二级质谱图

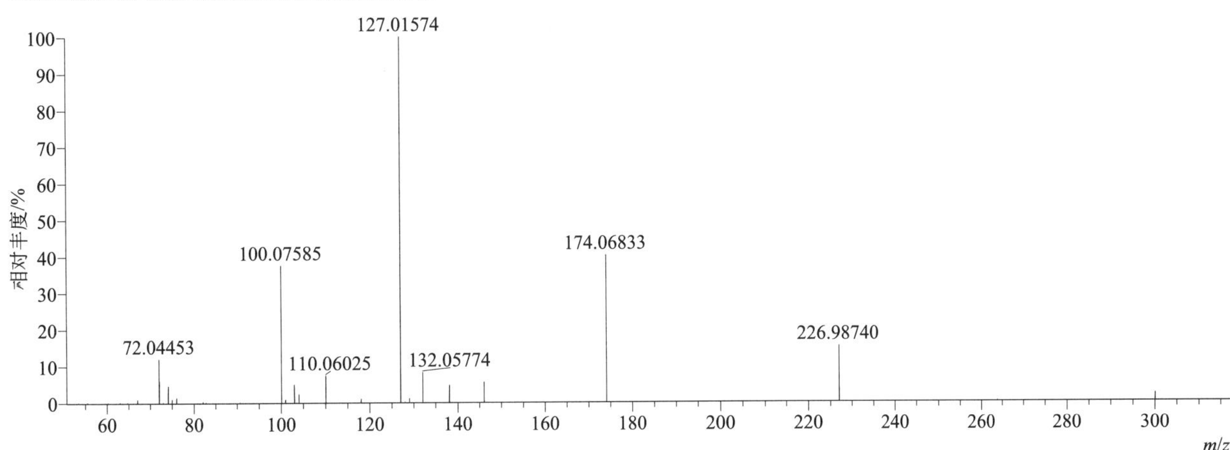

[M+NH4]+ 归一化法能量 NCE 为 60 时典型的二级质谱图

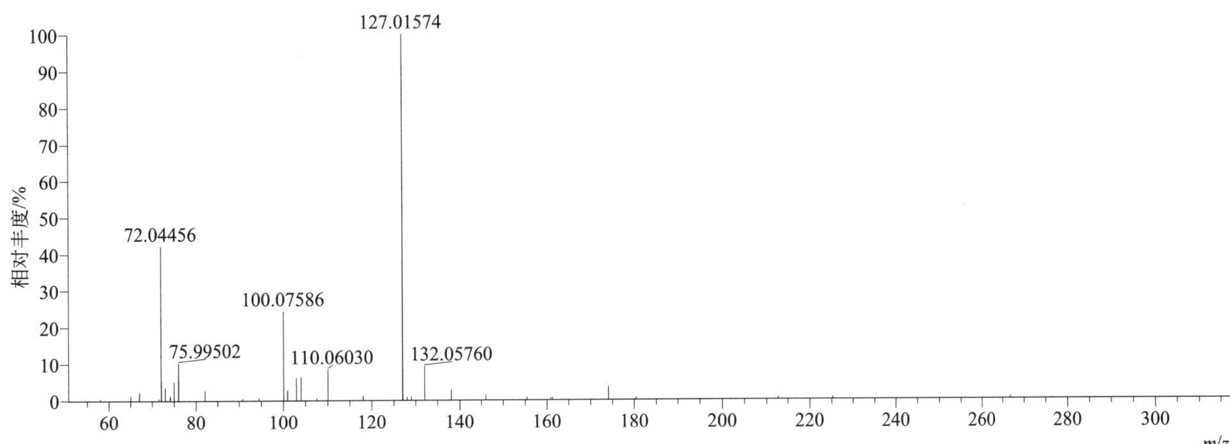

[M+NH$_4$]$^+$ 阶梯归一化法能量 Step NCE 为 20、40、60 时典型的二级质谱图

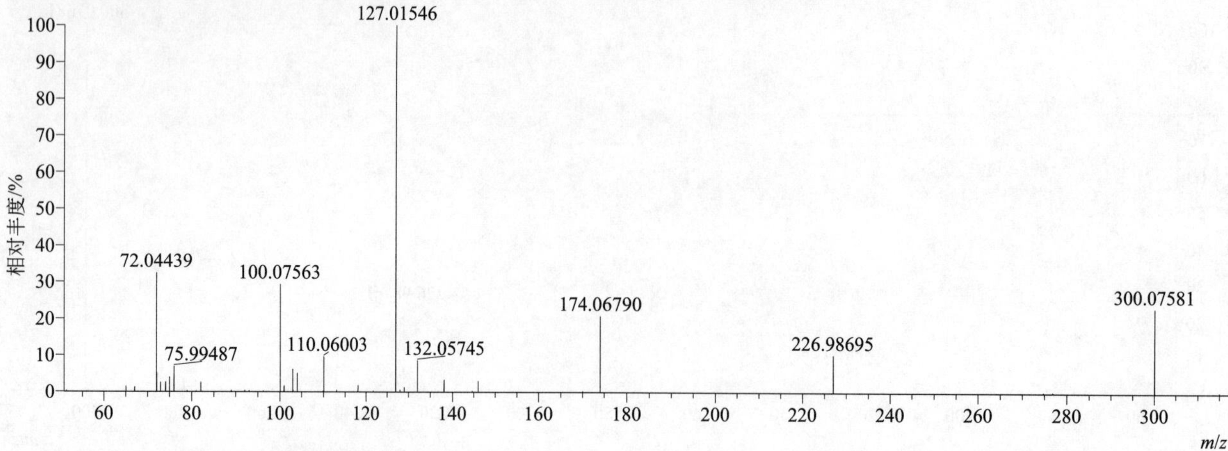

phoxim（辛硫磷）

基本信息

CAS 登录号	14816-18-3	分子量	298.05410	离子源和极性	电喷雾离子源（ESI）
分子式	$C_{12}H_{15}N_2O_3PS$	保留时间	15.25min	极性	正模式

[M+H]$^+$ 提取离子流色谱图

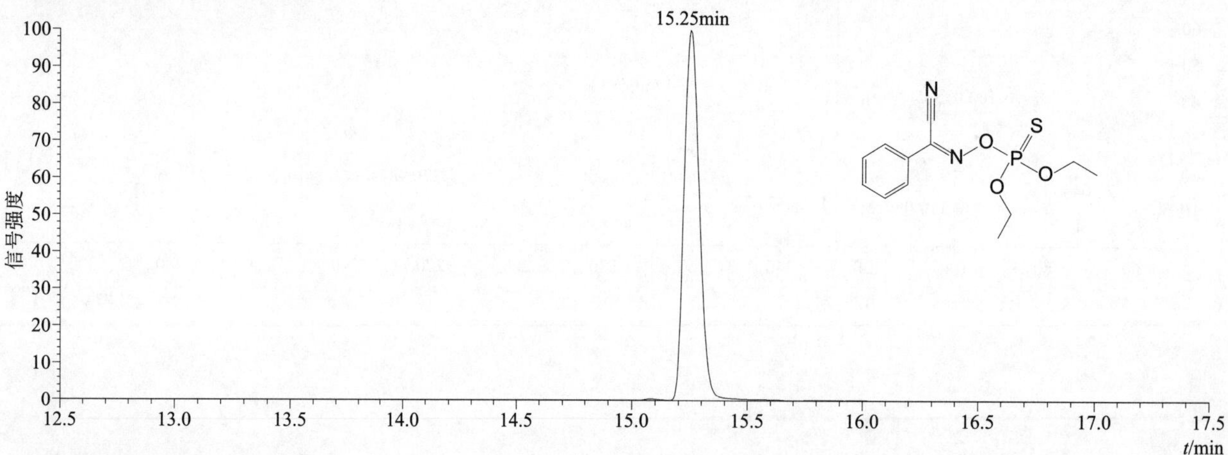

[M+H]$^+$ 典型的一级质谱图

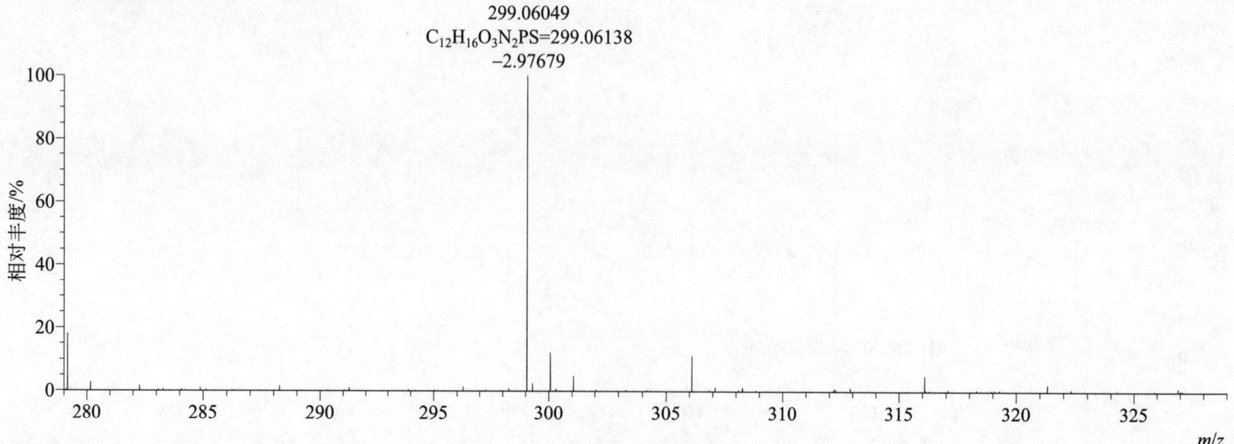

[M+H]⁺ 归一化法能量 NCE 为 20 时典型的二级质谱图

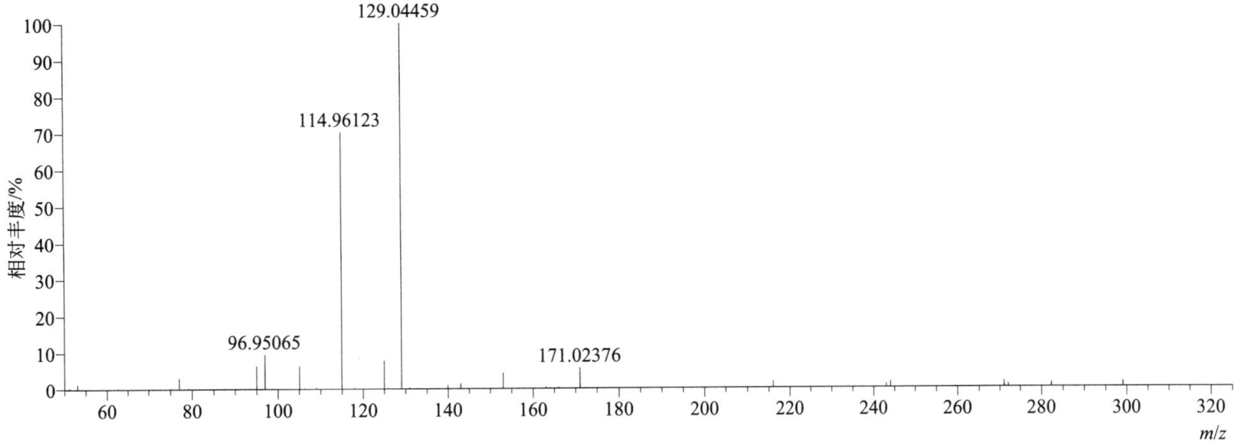

[M+H]⁺ 归一化法能量 NCE 为 40 时典型的二级质谱图

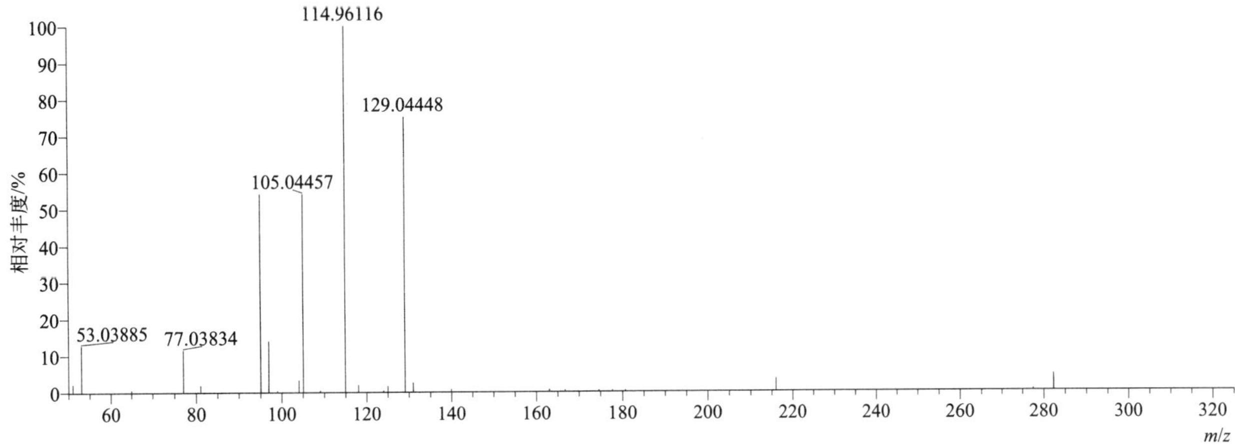

[M+H]⁺ 归一化法能量 NCE 为 60 时典型的二级质谱图

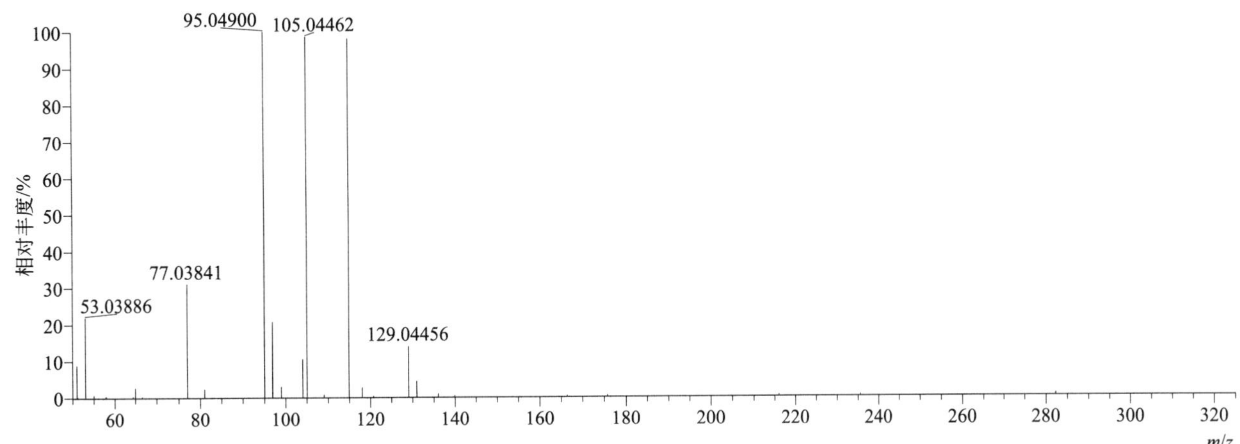

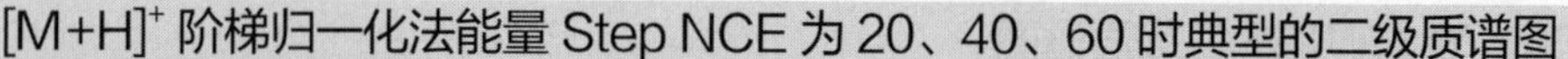

[M+H]⁺ 阶梯归一化法能量 Step NCE 为 20、40、60 时典型的二级质谱图

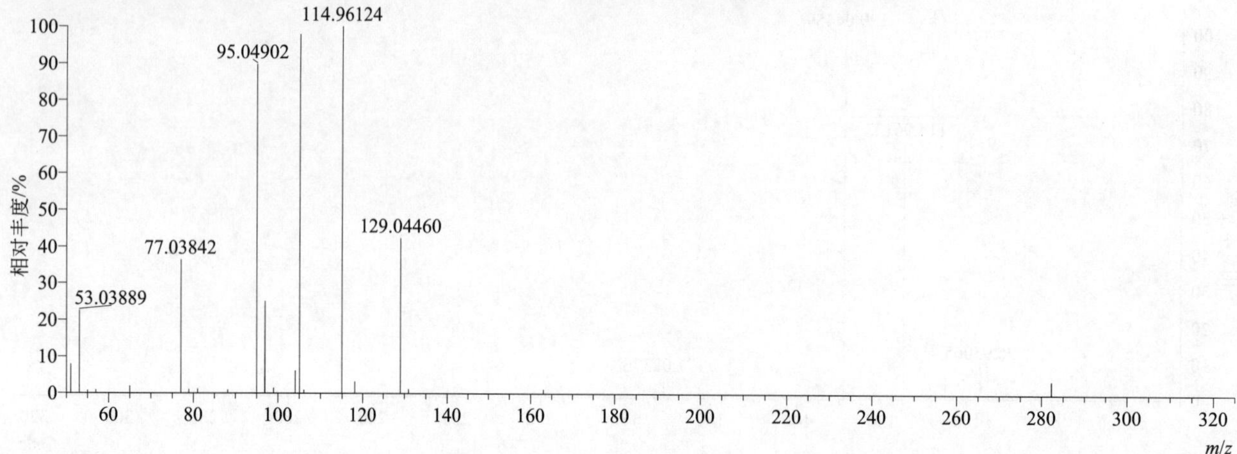

phthalic acid, benzyl butyl ester（邻苯二甲酸丁苄酯）

基本信息

CAS 登录号	85-68-7	分子量	312.13616	离子源和极性	电喷雾离子源（ESI）
分子式	$C_{19}H_{20}O_4$	保留时间	15.49min	极性	正模式

[M+H]⁺ 提取离子流色谱图

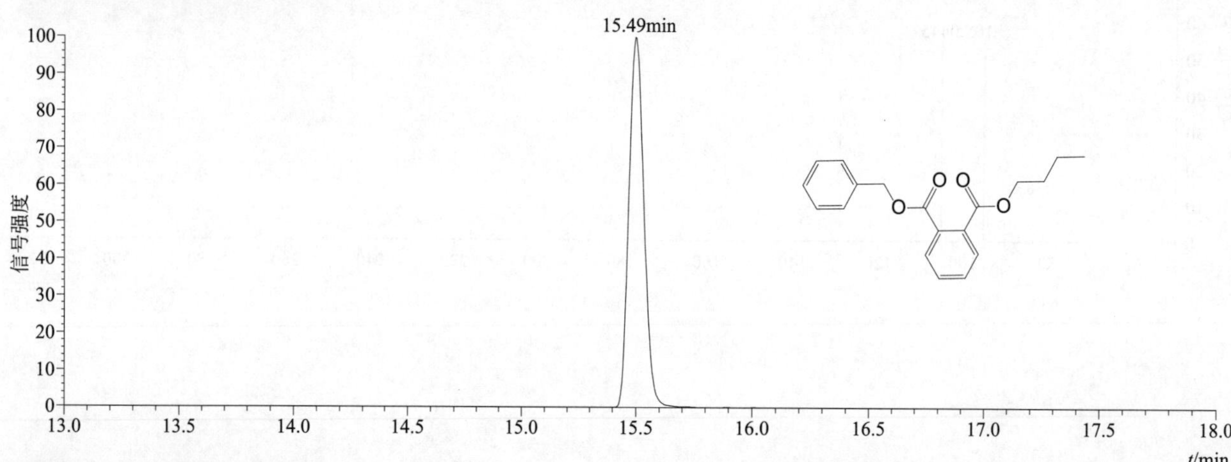

[M+H]⁺ 典型的一级质谱图

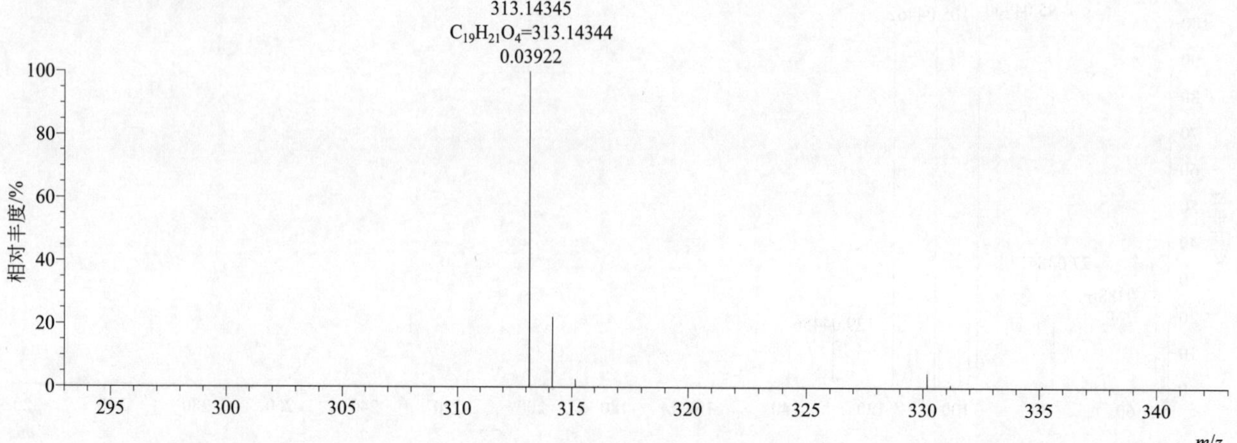

[M+H]+ 归一化法能量 NCE 为 20 时典型的二级质谱图

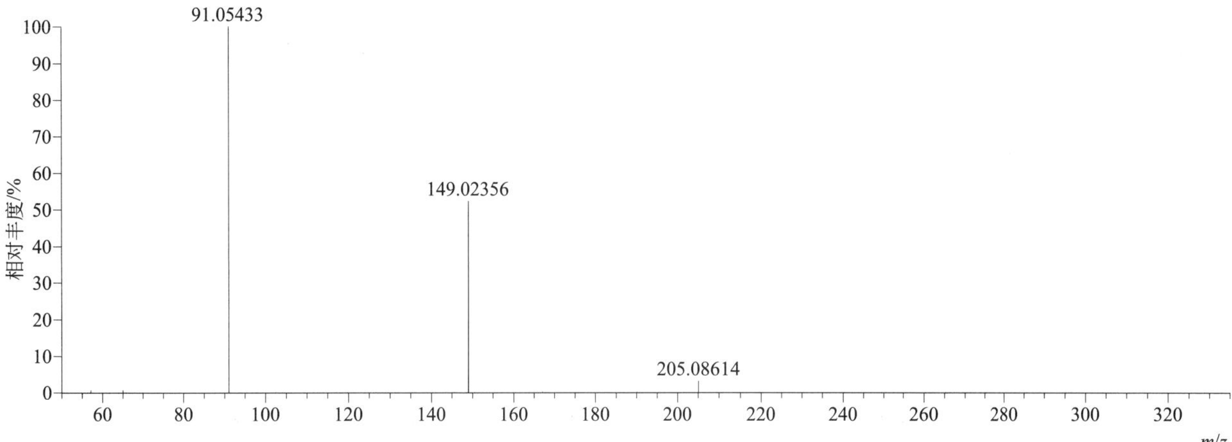

[M+H]+ 归一化法能量 NCE 为 40 时典型的二级质谱图

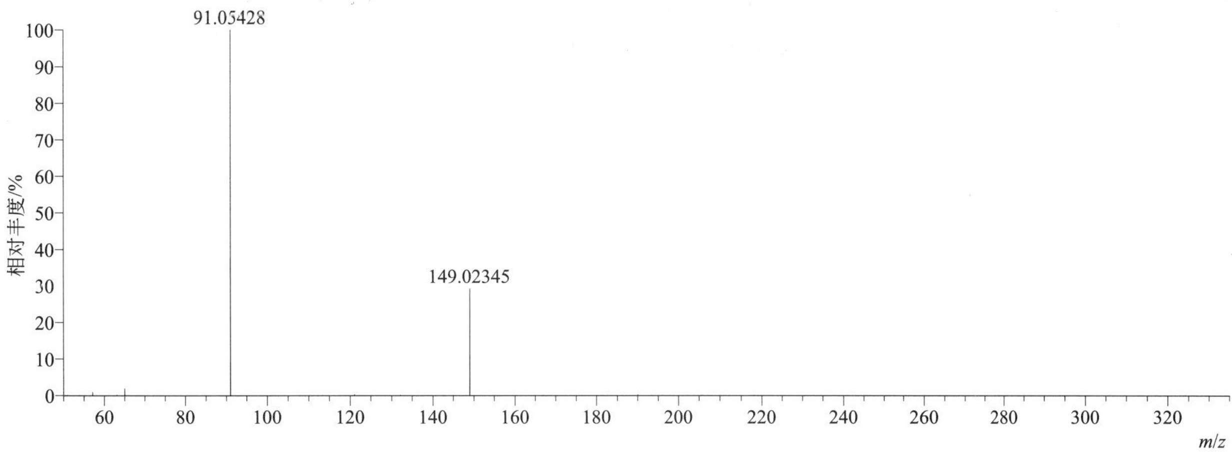

[M+H]+ 归一化法能量 NCE 为 60 时典型的二级质谱图

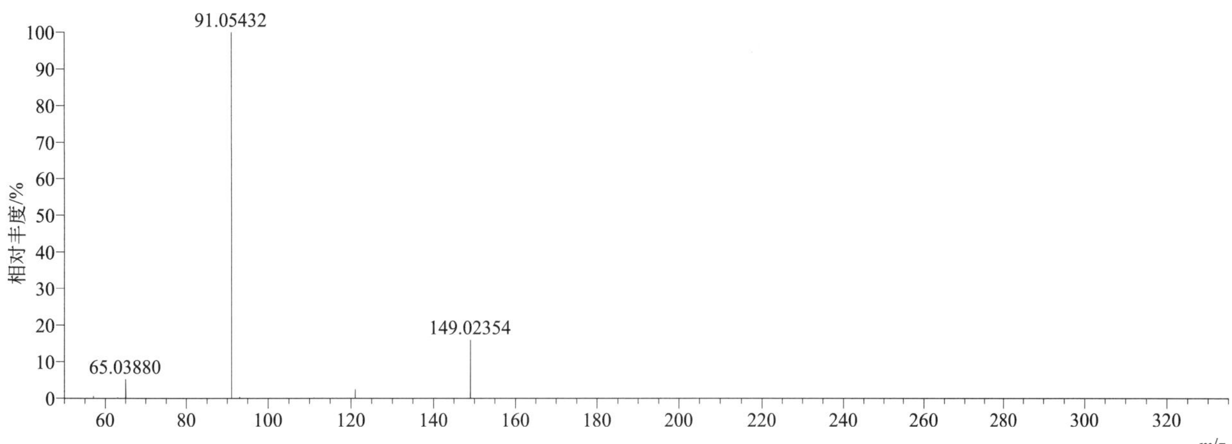

[M+H]+ 阶梯归一化法能量 Step NCE 为 20、40、60 时典型的二级质谱图

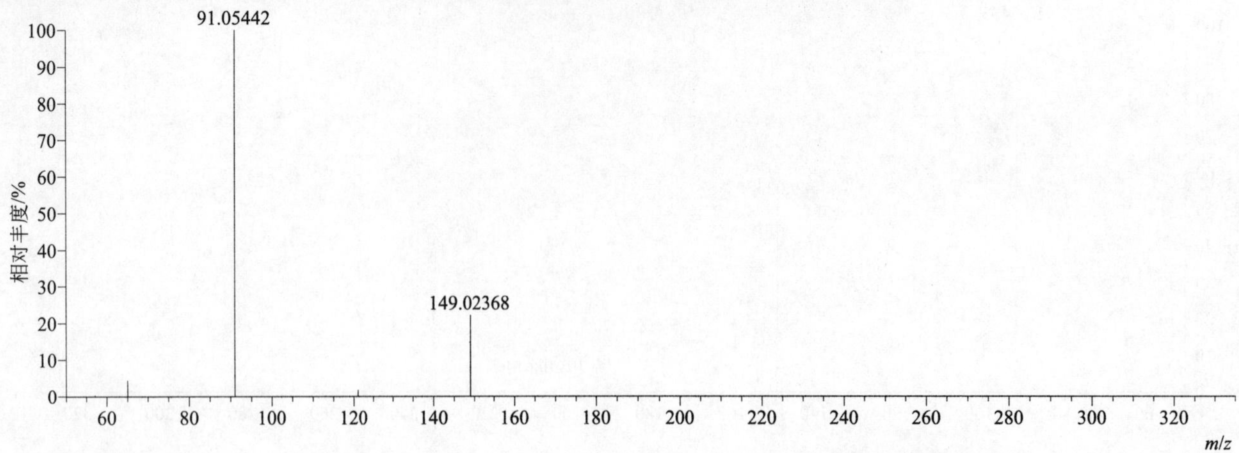

phthalic acid,bis-butyl ester（驱蚊叮）

基本信息

CAS 登录号	84-74-2	分子量	278.15181	离子源和极性	电喷雾离子源（ESI）
分子式	$C_{16}H_{22}O_4$	保留时间	15.55min	极性	正模式

[M+H]+ 提取离子流色谱图

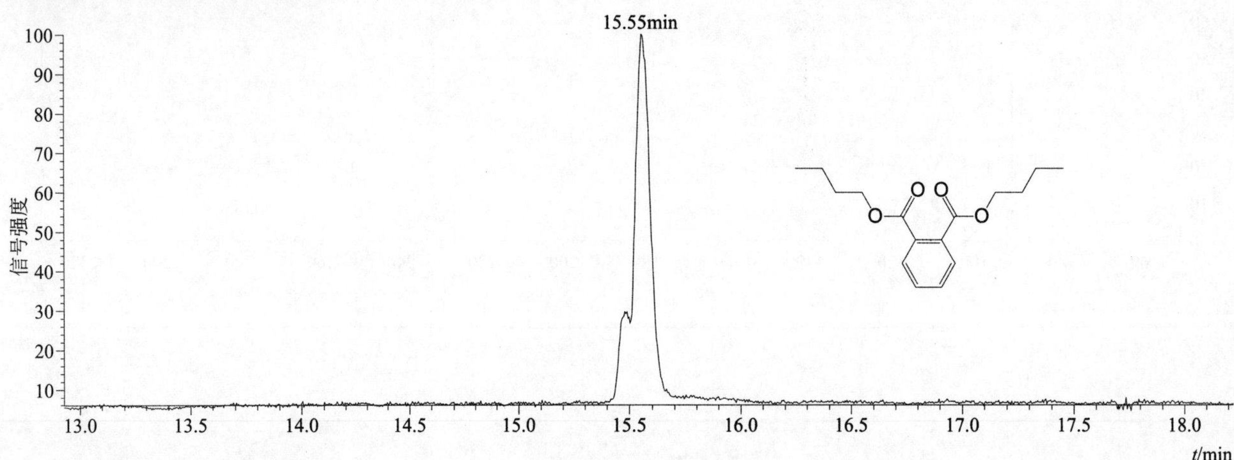

[M+H]+ 典型的一级质谱图

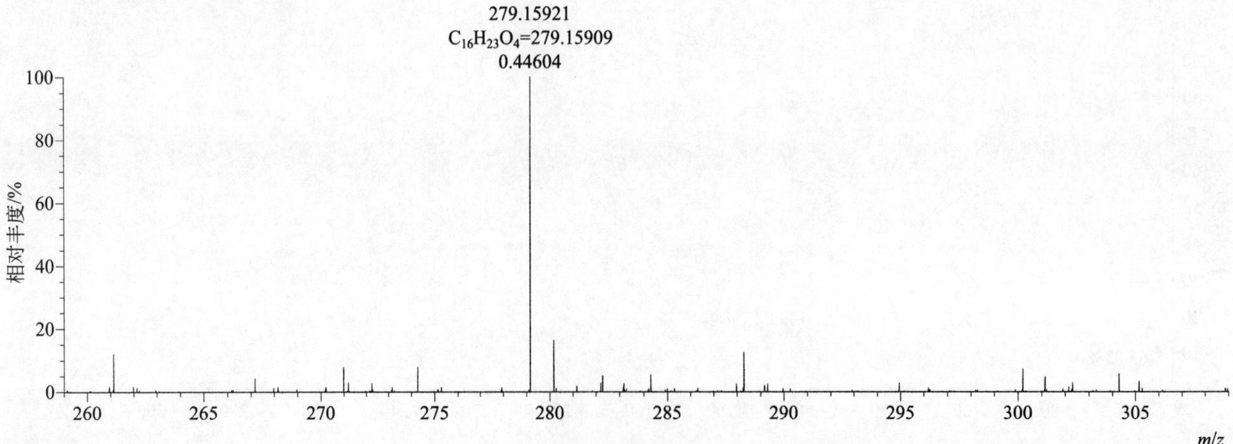

[M+H]$^+$ 归一化法能量 NCE 为 20 时典型的二级质谱图

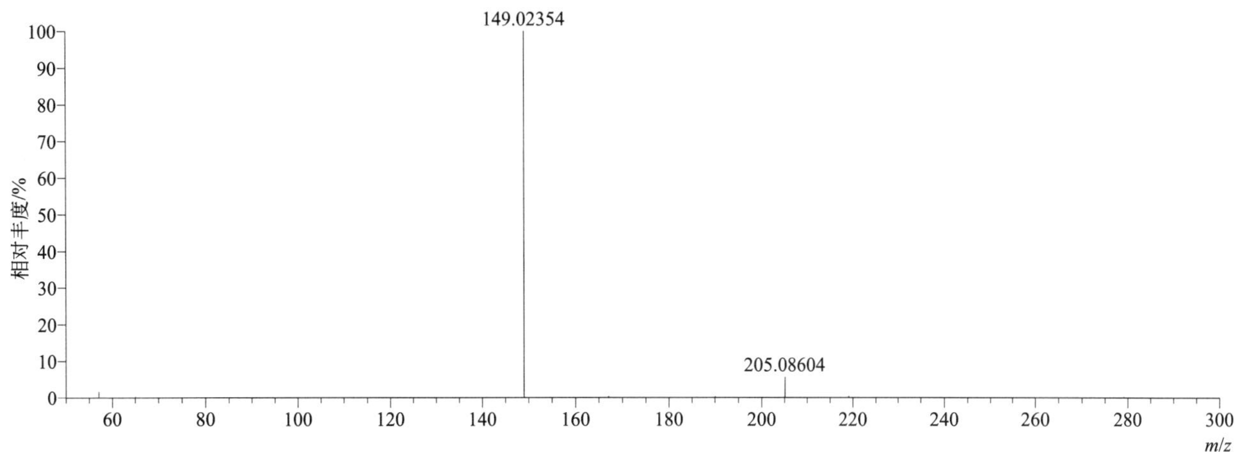

[M+H]$^+$ 归一化法能量 NCE 为 40 时典型的二级质谱图

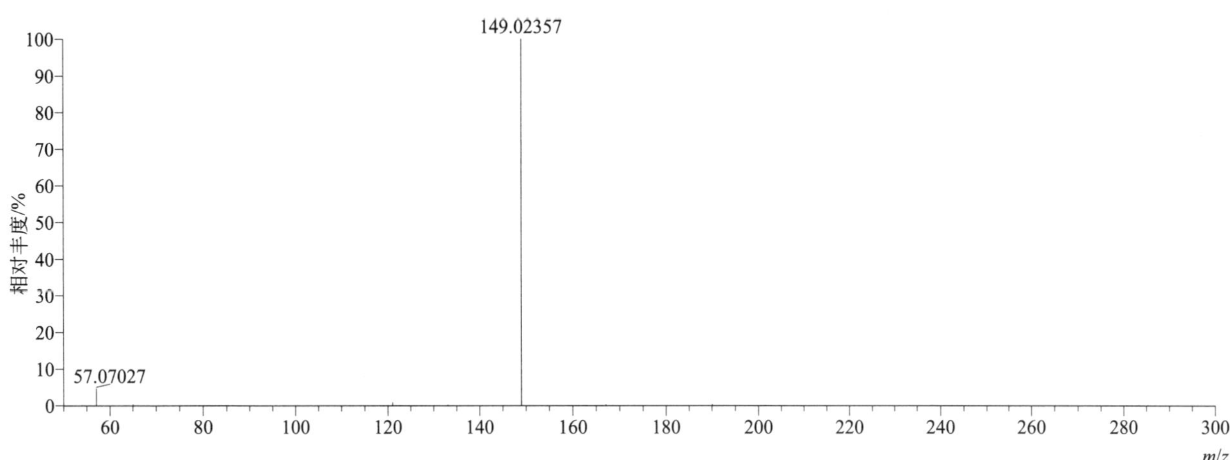

[M+H]$^+$ 归一化法能量 NCE 为 60 时典型的二级质谱图

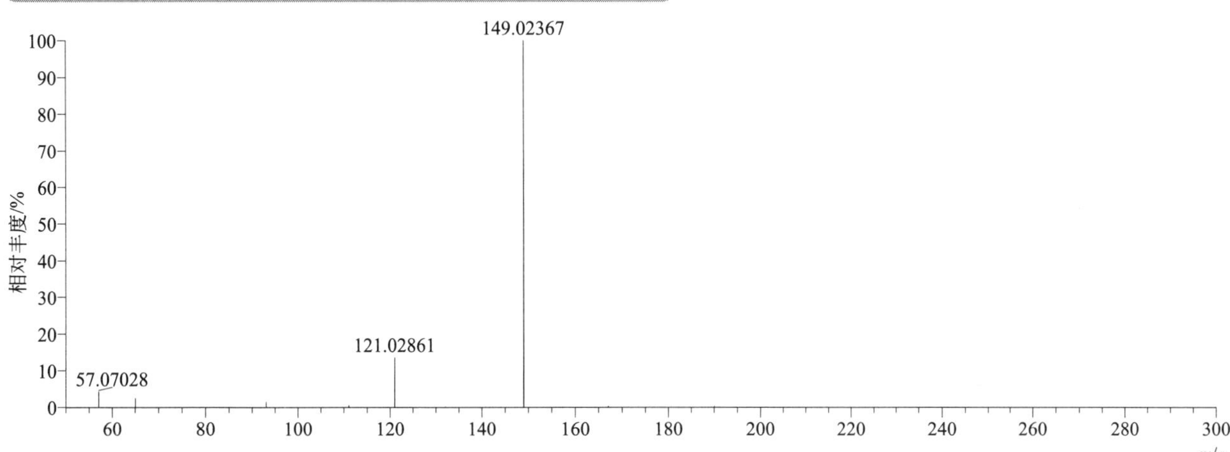

[M+H]+ 阶梯归一化法能量 Step NCE 为 20、40、60 时典型的二级质谱图

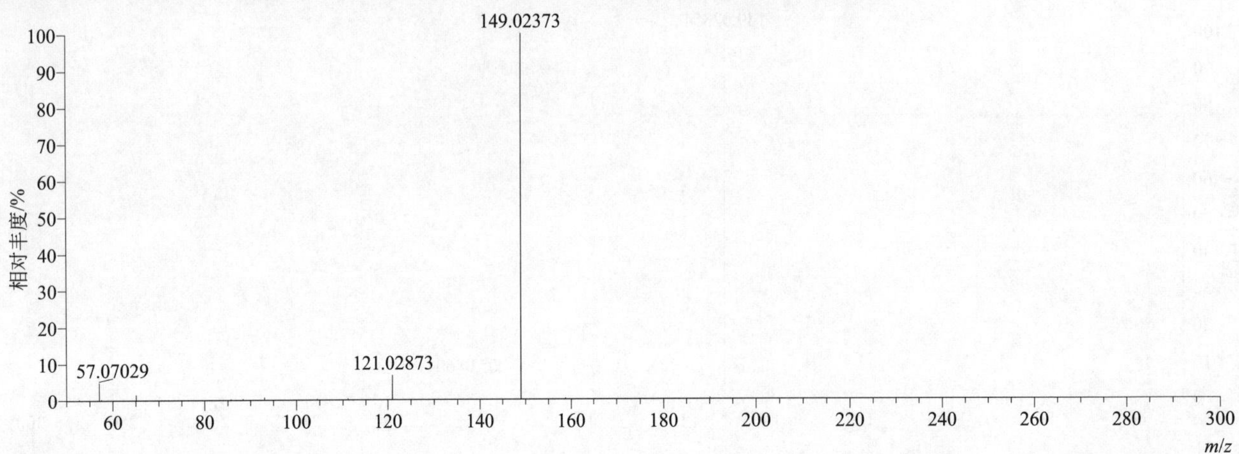

phthalic acid, bis-cyclohexyl ester（邻苯二甲酸二环己酯）

基本信息

CAS 登录号	84-61-7	分子量	330.18311	离子源和极性	电喷雾离子源（ESI）
分子式	$C_{20}H_{26}O_4$	保留时间	16.18min	极性	正模式

[M+H]+ 提取离子流色谱图

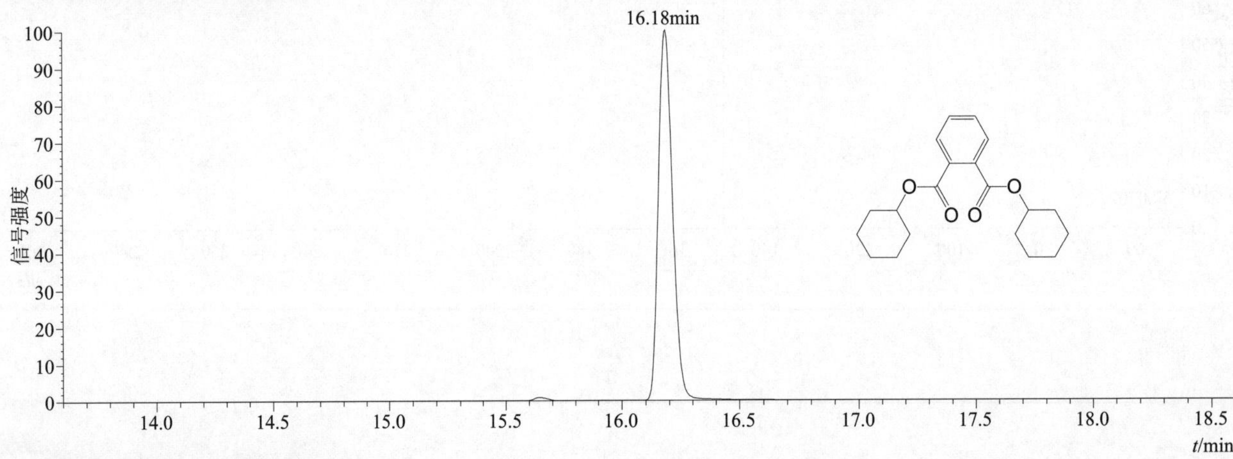

[M+H]+ 典型的一级质谱图

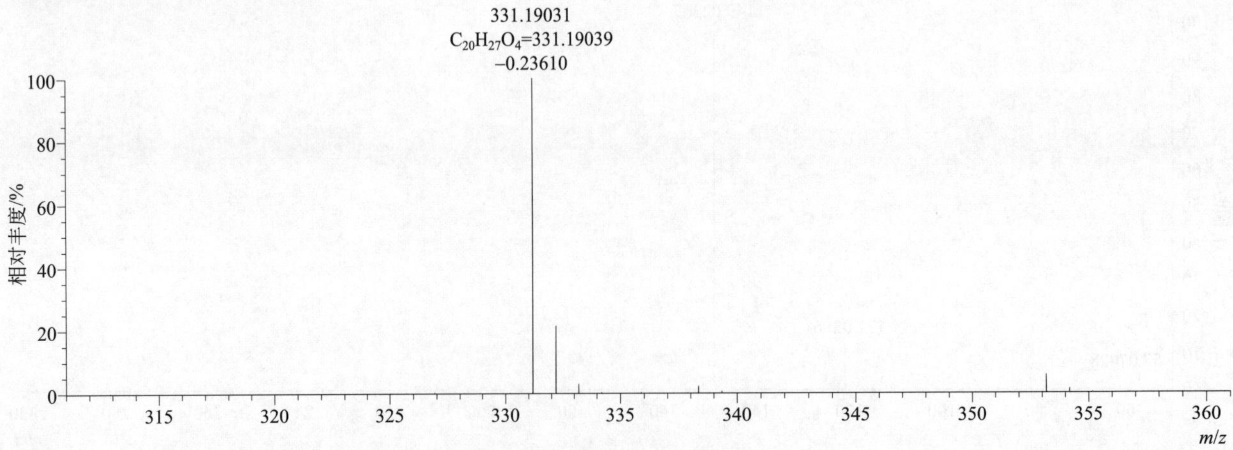

[M+H]⁺ 归一化法能量 NCE 为 20 时典型的二级质谱图

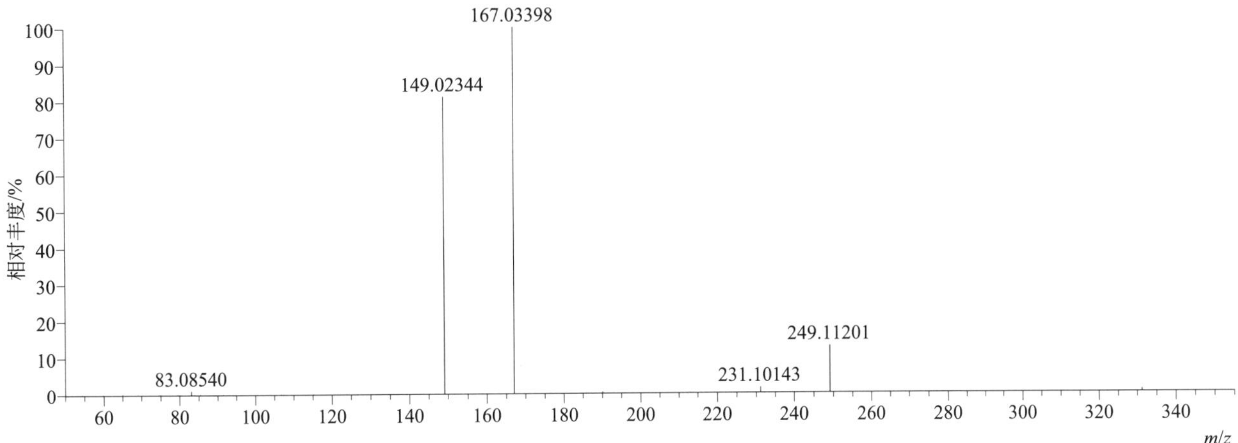

[M+H]⁺ 归一化法能量 NCE 为 40 时典型的二级质谱图

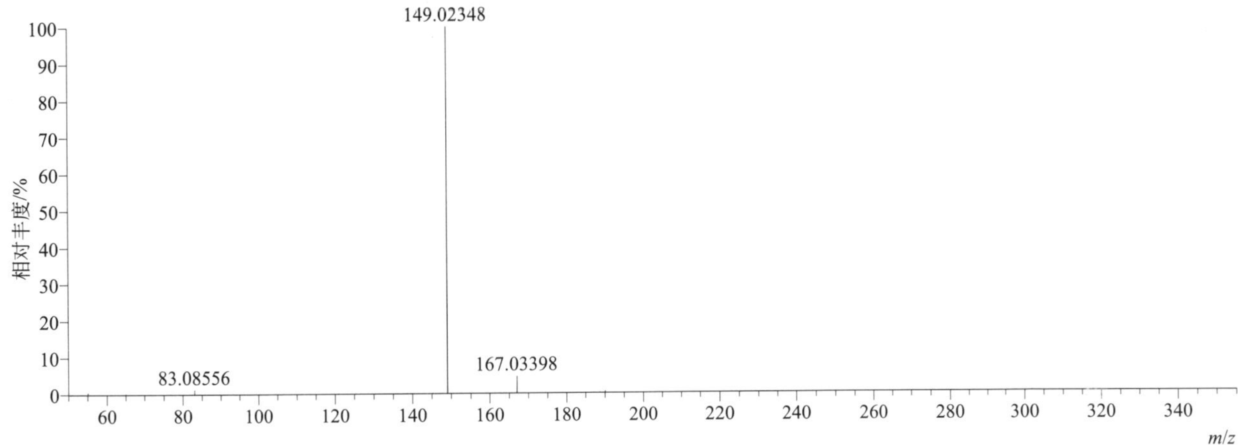

[M+H]⁺ 归一化法能量 NCE 为 60 时典型的二级质谱图

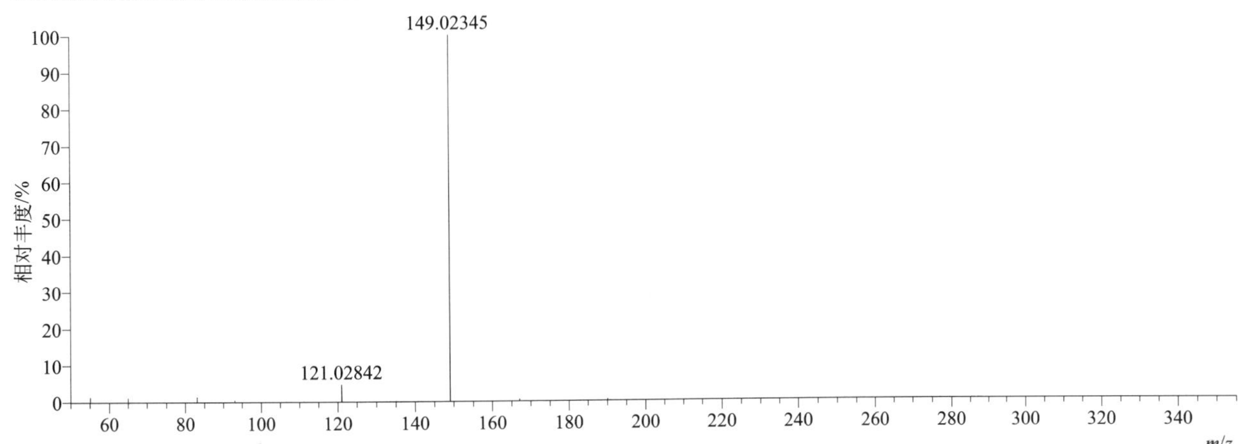

[M+H]+ 阶梯归一化法能量 Step NCE 为 20、40、60 时典型的二级质谱图

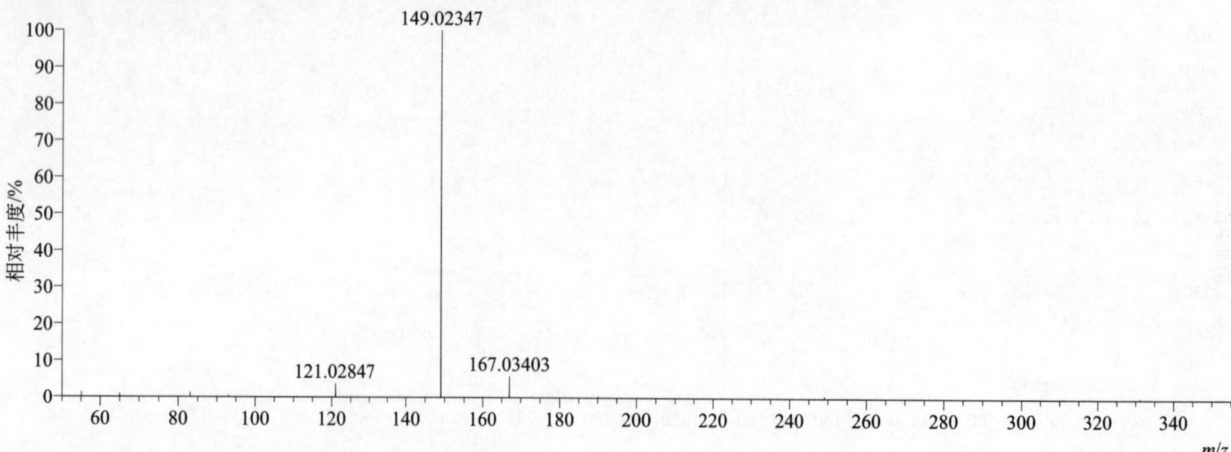

picaridin（埃卡瑞丁）

基本信息

CAS 登录号	119515-38-7	分子量	229.16779	离子源和极性	电喷雾离子源（ESI）
分子式	$C_{12}H_{23}NO_3$	保留时间	14.03min	极性	正模式

[M+H]+ 提取离子流色谱图

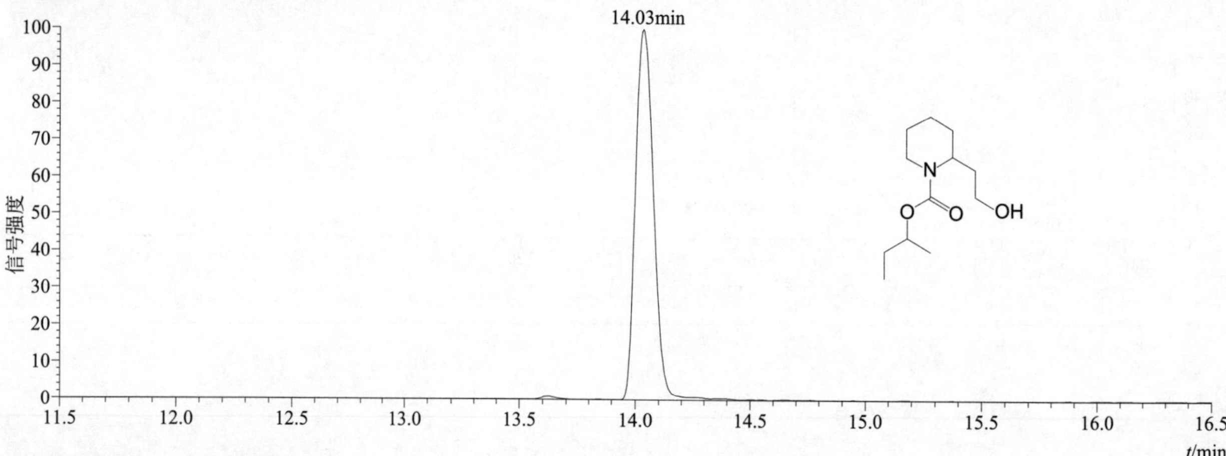

[M+H]+ 典型的一级质谱图

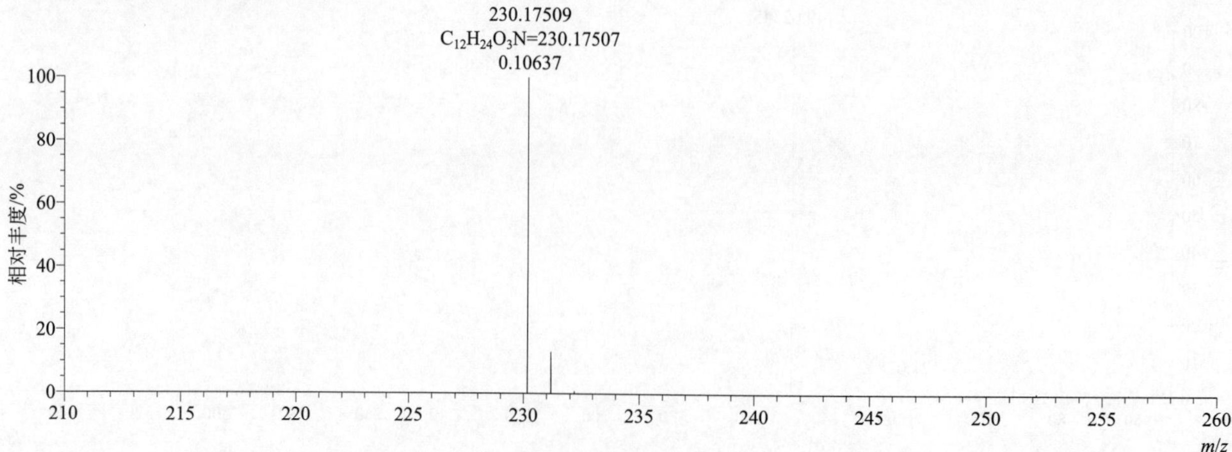

[M+H]+ 归一化法能量 NCE 为 20 时典型的二级质谱图

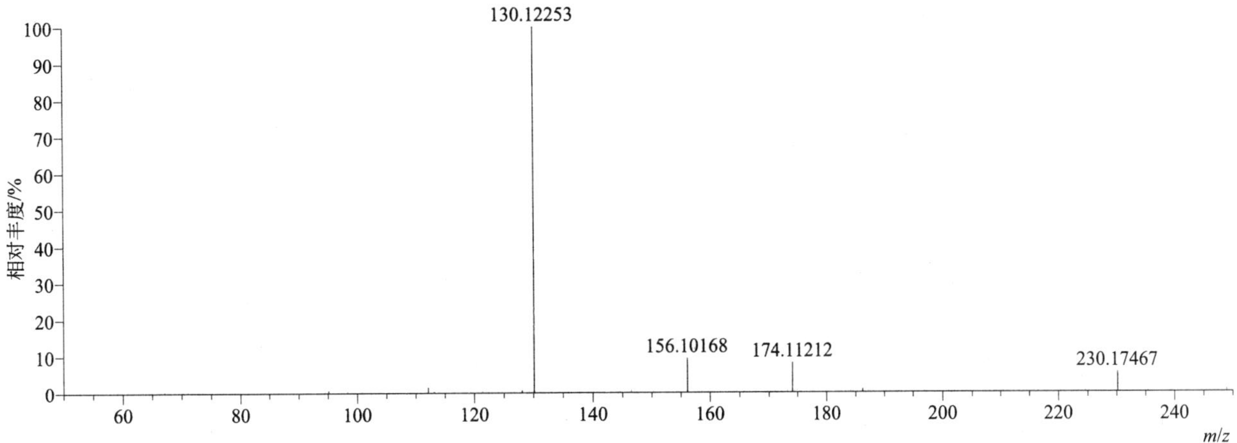

[M+H]+ 归一化法能量 NCE 为 40 时典型的二级质谱图

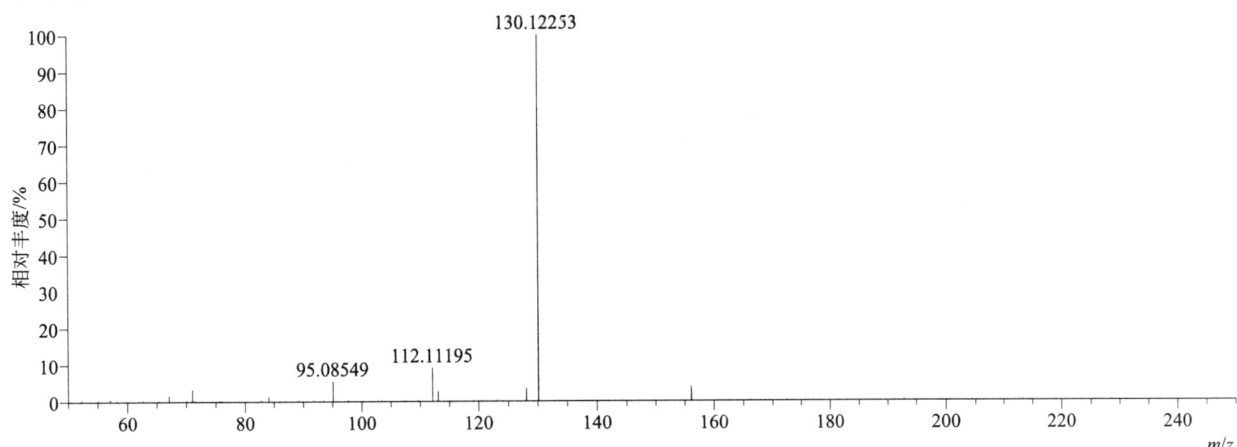

[M+H]+ 归一化法能量 NCE 为 60 时典型的二级质谱图

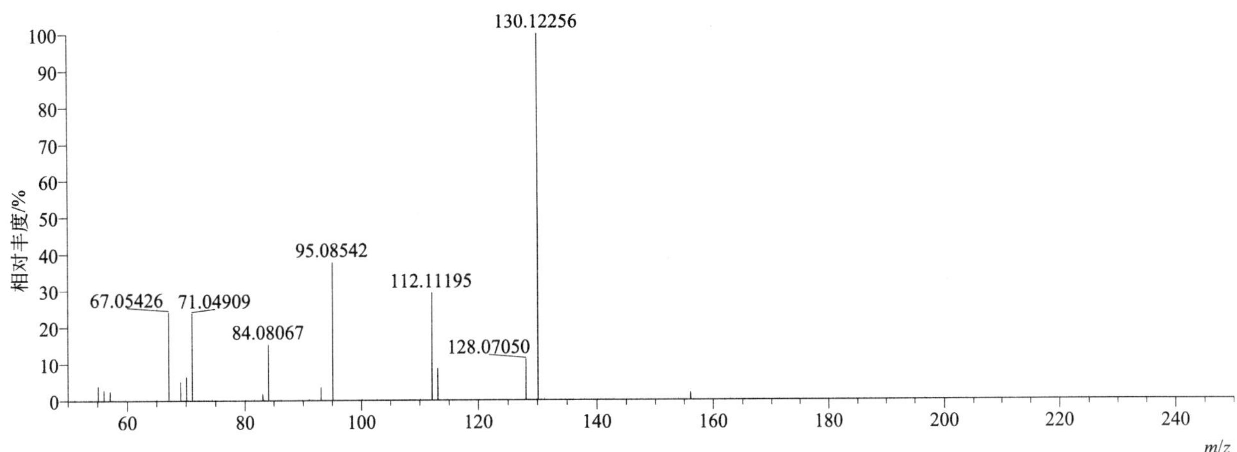

[M+H]+ 阶梯归一化法能量 Step NCE 为 20、40、60 时典型的二级质谱图

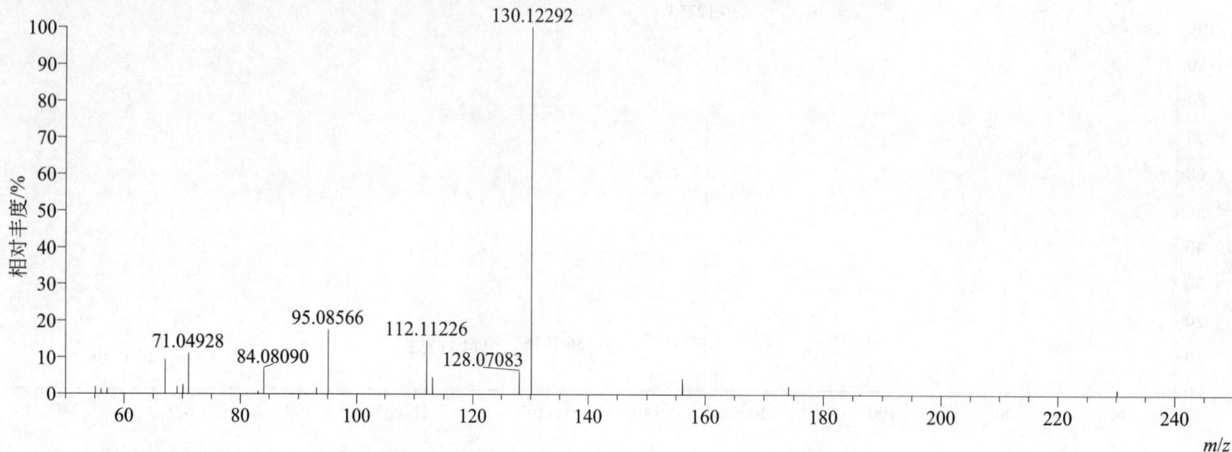

picloram（氨氯吡啶酸）

基本信息

CAS 登录号	1918-02-1	分子量	239.92601	离子源和极性	电喷雾离子源（ESI）
分子式	$C_6H_3Cl_3N_2O_2$	保留时间	7.80min	极性	正模式

[M+H]+ 提取离子流色谱图

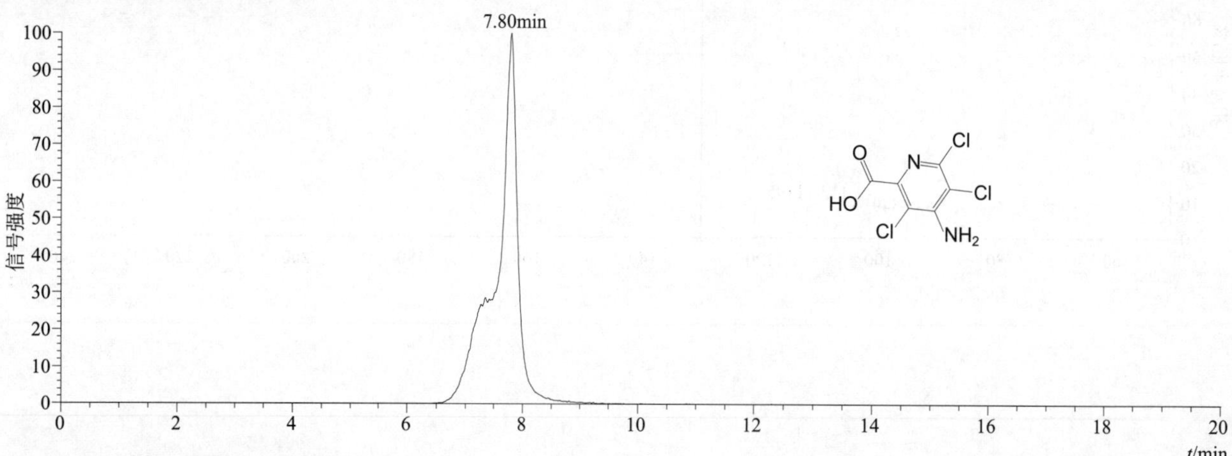

[M+H]+ 典型的一级质谱图

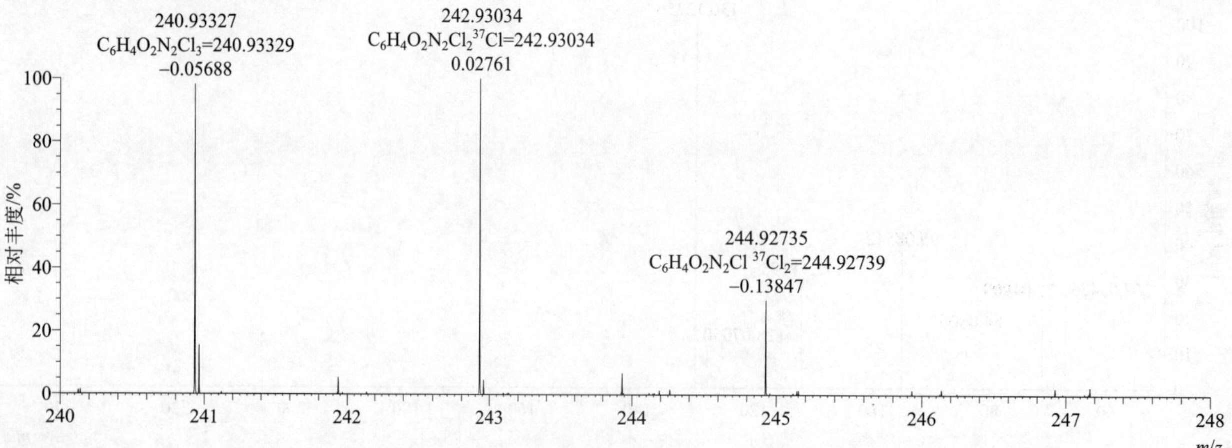

[M+H]+ 归一化法能量 NCE 为 40 时典型的二级质谱图

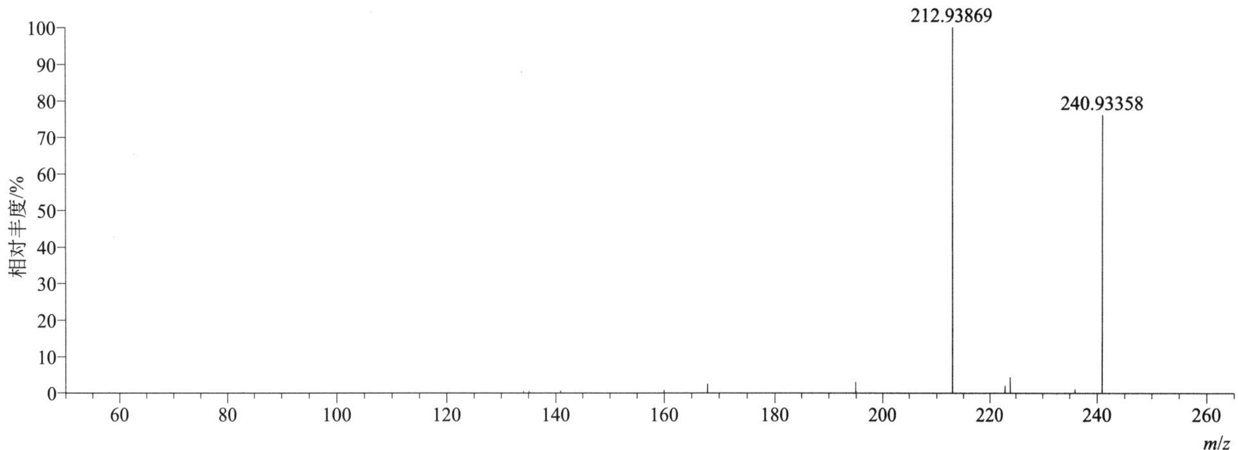

[M+H]+ 归一化法能量 NCE 为 60 时典型的二级质谱图

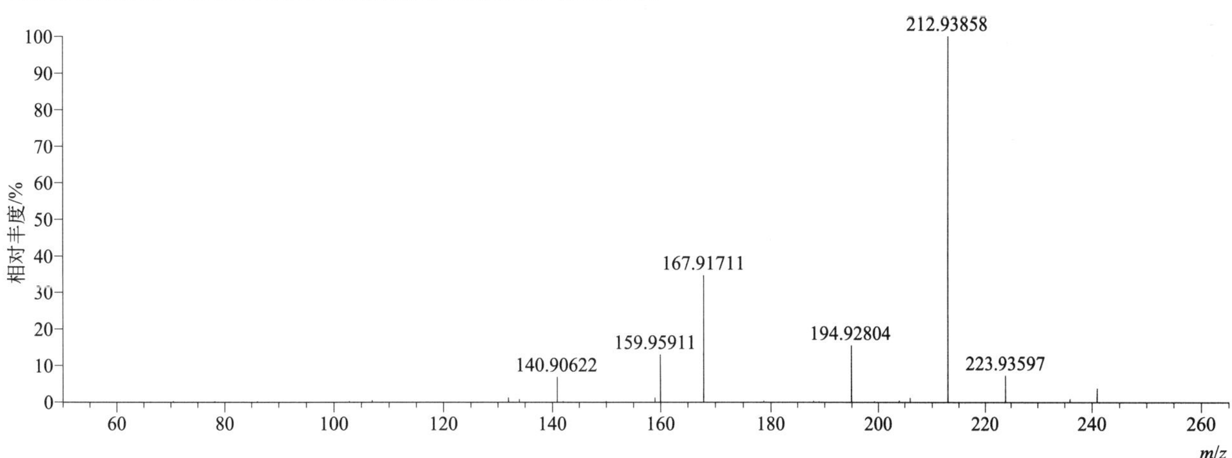

[M+H]+ 归一化法能量 NCE 为 80 时典型的二级质谱图

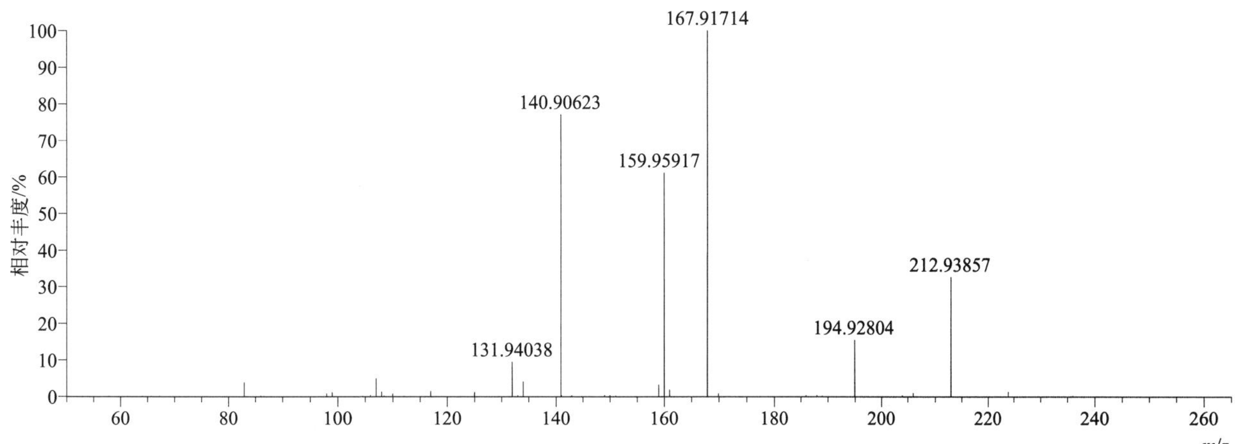

[M+H]+ 阶梯归一化法能量 Step NCE 为 40、60、80 时典型的二级质谱图

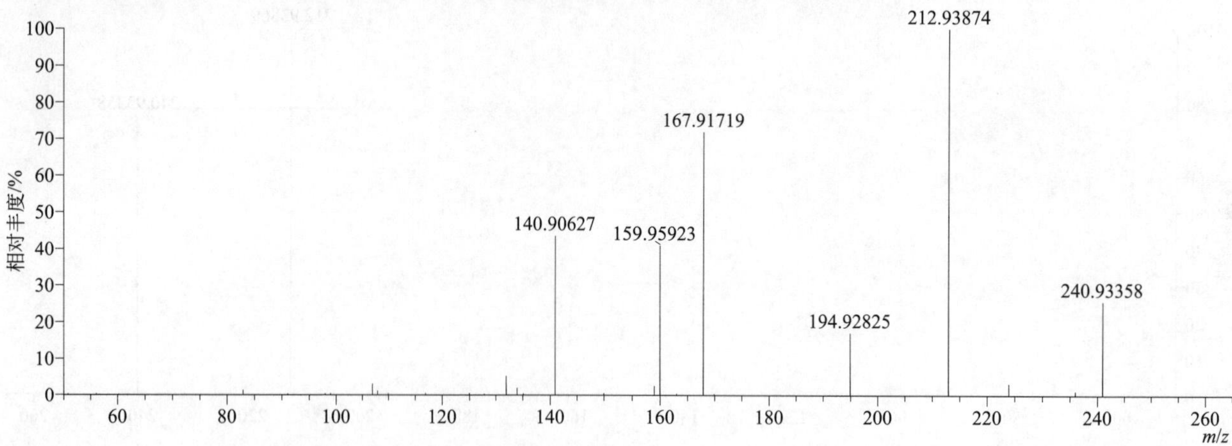

picolinafen（氟吡酰草胺）

基本信息

CAS 登录号	137641-05-5	分子量	376.08349	离子源和极性	电喷雾离子源（ESI）
分子式	$C_{19}H_{12}F_4N_2O_2$	保留时间	15.91min	极性	正模式

[M+H]+ 提取离子流色谱图

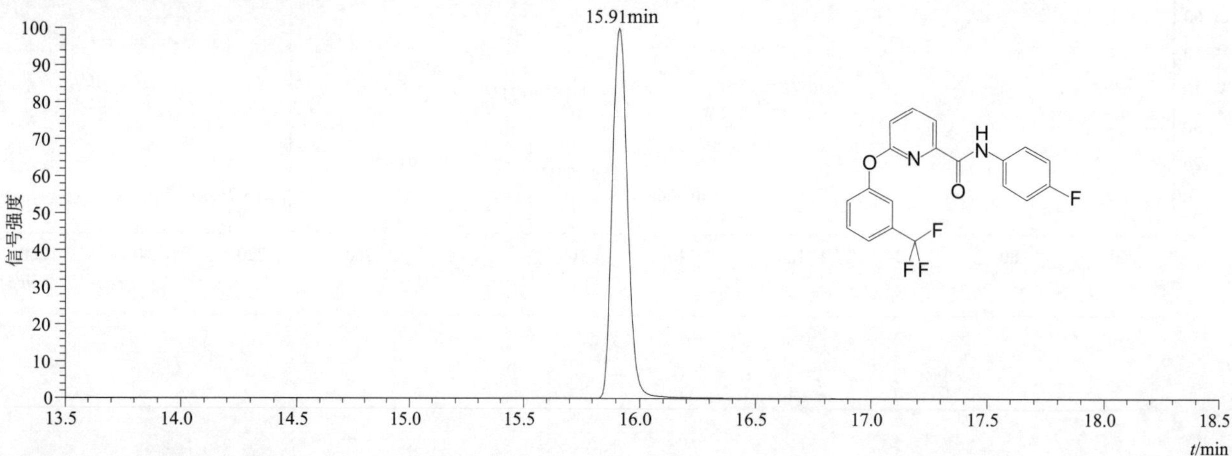

[M+H]+ 典型的一级质谱图

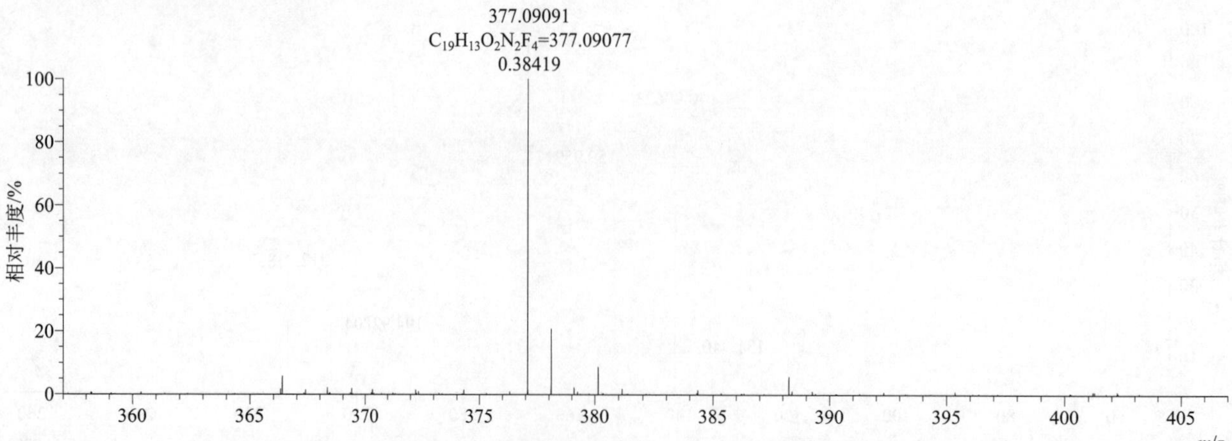

[M+H]⁺ 归一化法能量 NCE 为 20 时典型的二级质谱图

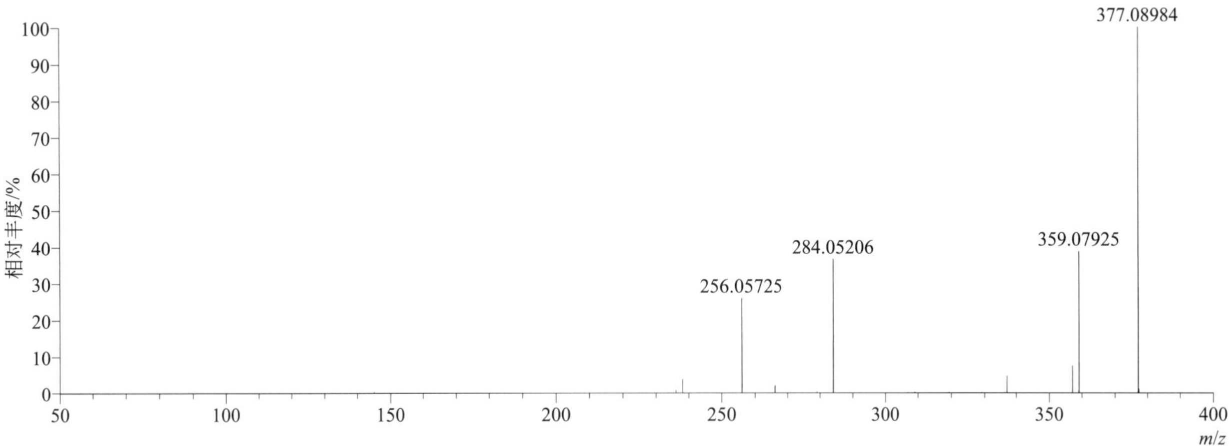

[M+H]⁺ 归一化法能量 NCE 为 40 时典型的二级质谱图

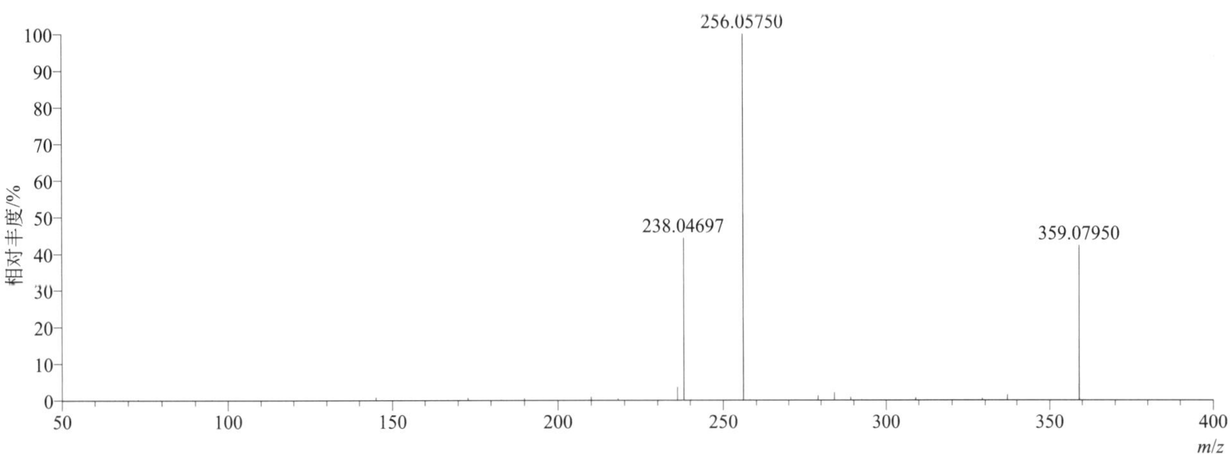

[M+H]⁺ 归一化法能量 NCE 为 60 时典型的二级质谱图

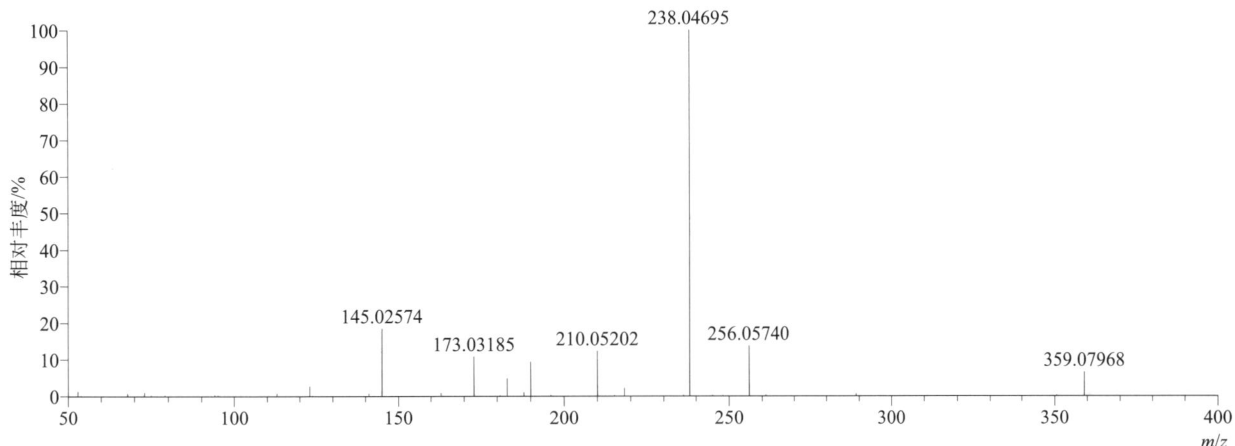

[M+H]+ 阶梯归一化法能量 Step NCE 为 20、40、60 时典型的二级质谱图

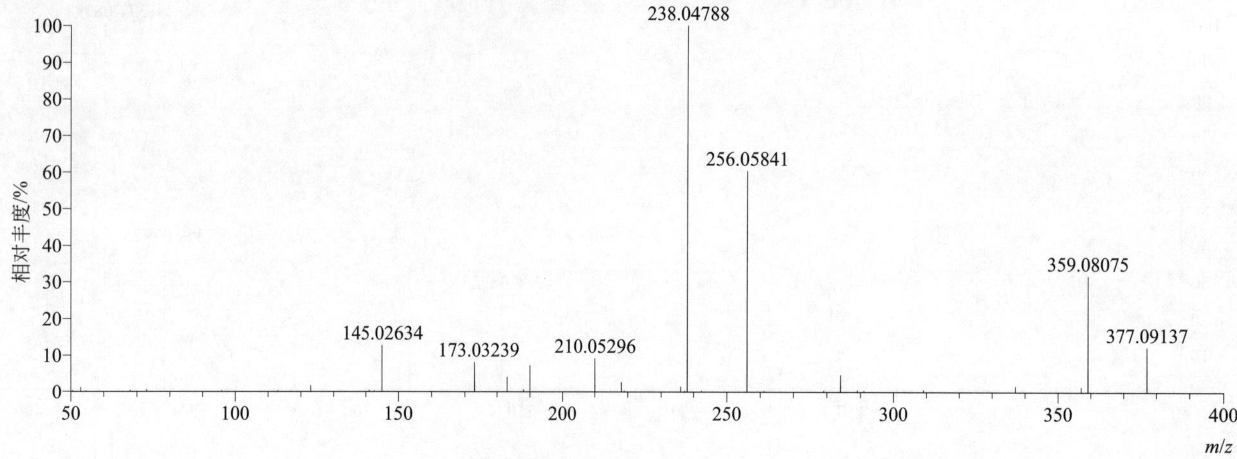

picoxystrobin（啶氧菌酯）

基本信息

CAS 登录号	117428-22-5	分子量	367.10314	离子源和极性	电喷雾离子源（ESI）
分子式	$C_{18}H_{16}F_3NO_4$	保留时间	14.87min	极性	正模式

[M+H]+ 提取离子流色谱图

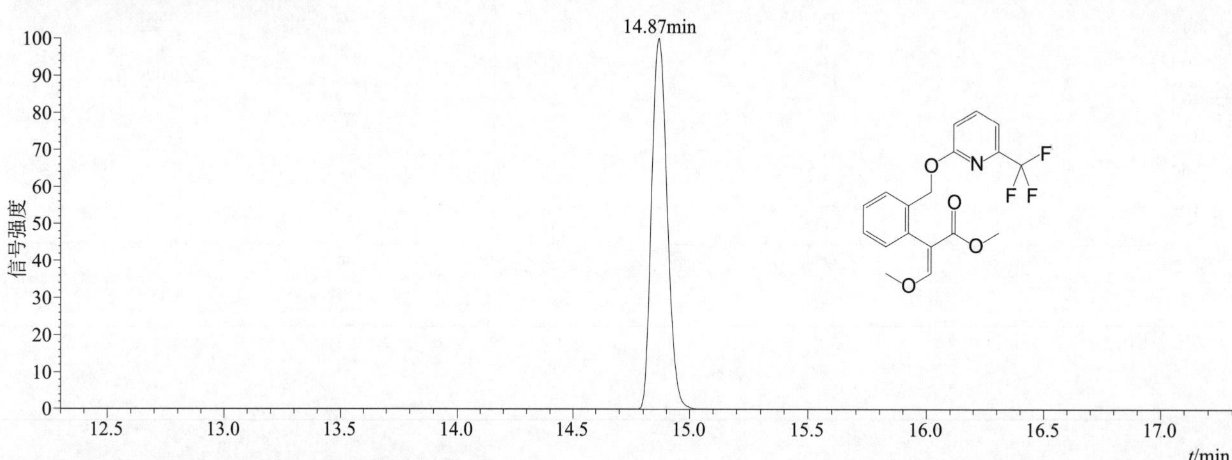

[M+H]+ 和 [M+Na]+ 典型的一级质谱图

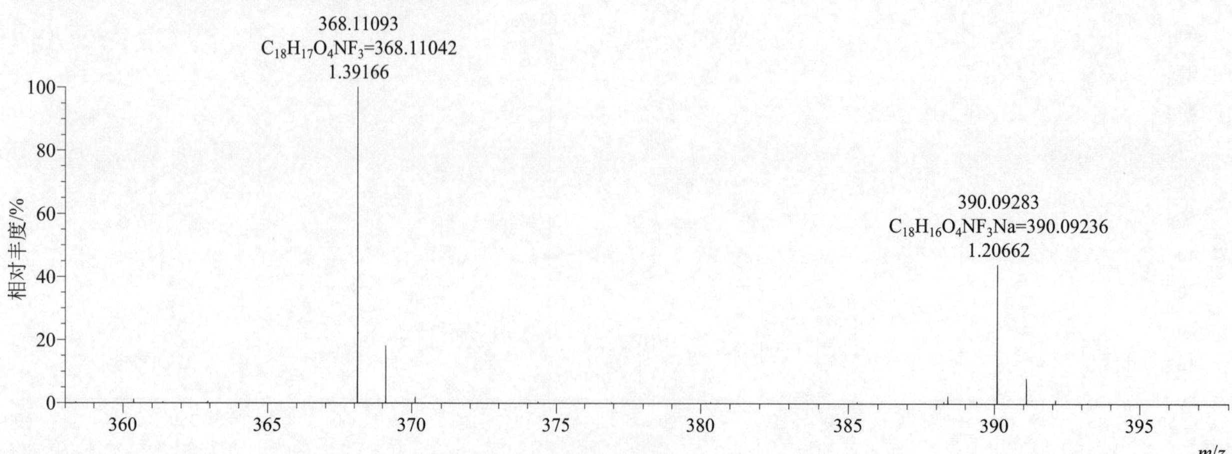

[M+H]+ 归一化法能量 NCE 为 20 时典型的二级质谱图

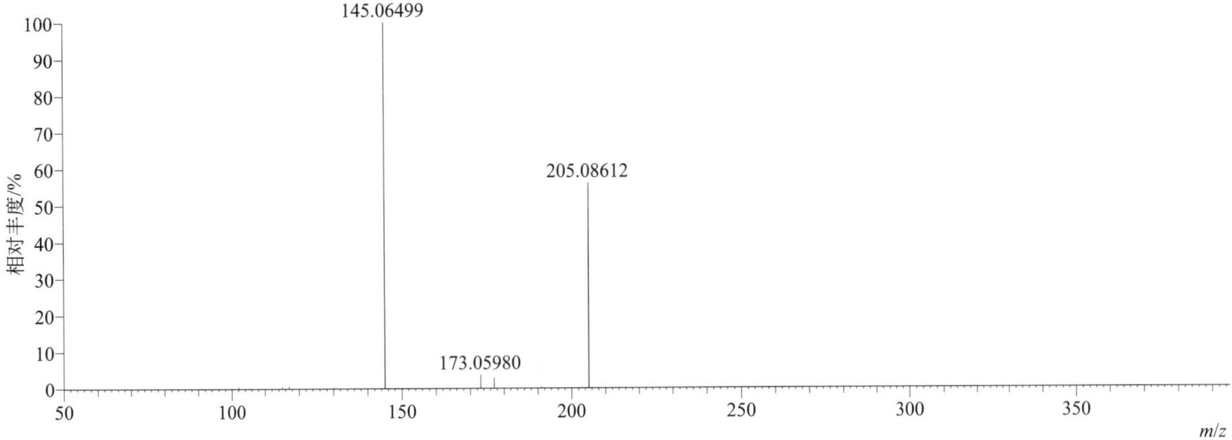

[M+H]+ 归一化法能量 NCE 为 40 时典型的二级质谱图

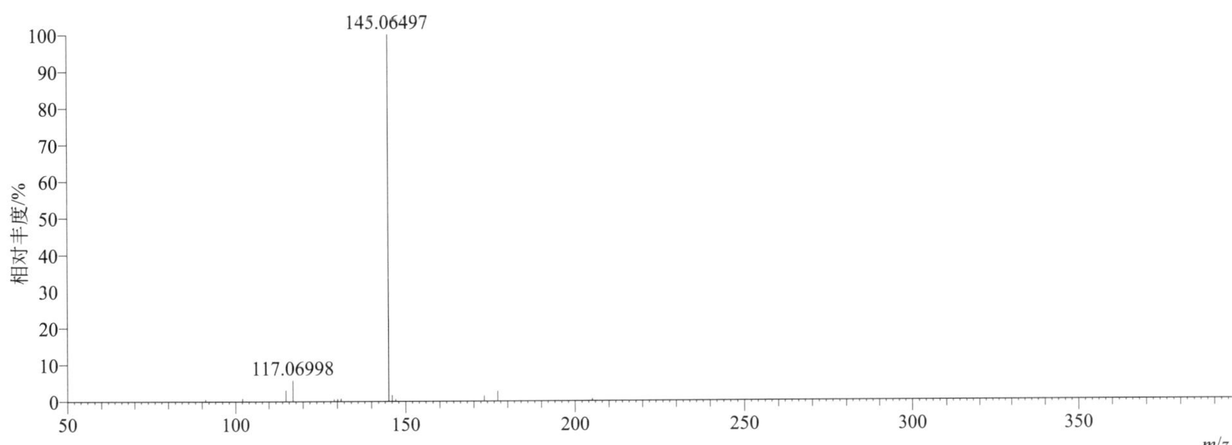

[M+H]+ 归一化法能量 NCE 为 60 时典型的二级质谱图

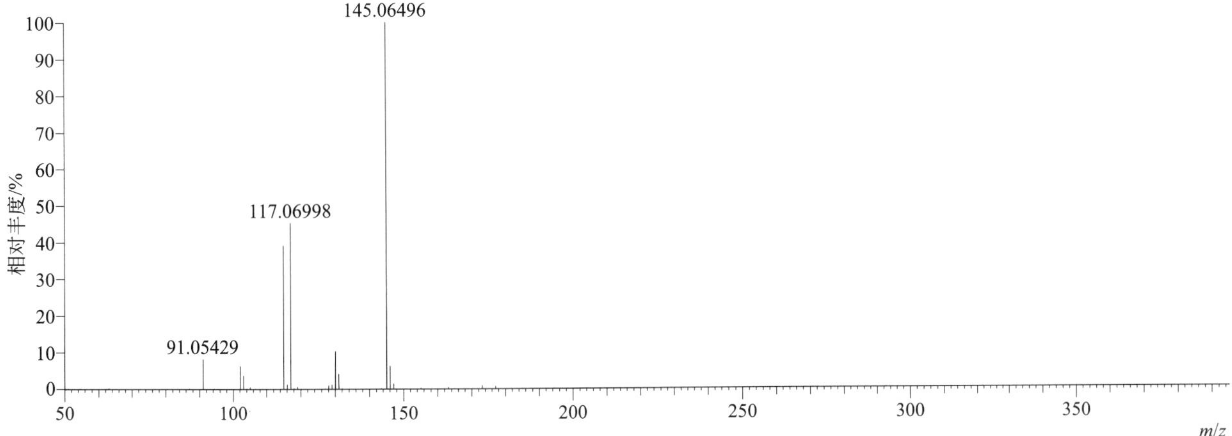

[M+H]+ 阶梯归一化法能量 Step NCE 为 20、40、60 时典型的二级质谱图

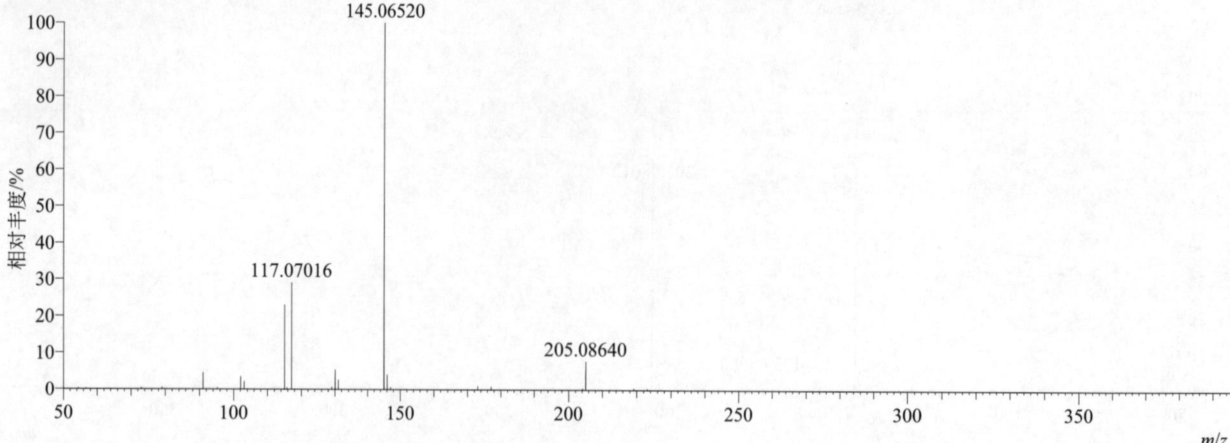

pinoxaden（唑啉草酯）

基本信息

CAS 登录号	243973-20-8	分子量	400.23621	离子源和极性	电喷雾离子源（ESI）
分子式	$C_{23}H_{32}N_2O_4$	保留时间	15.24min	极性	正模式

[M+H]+ 提取离子流色谱图

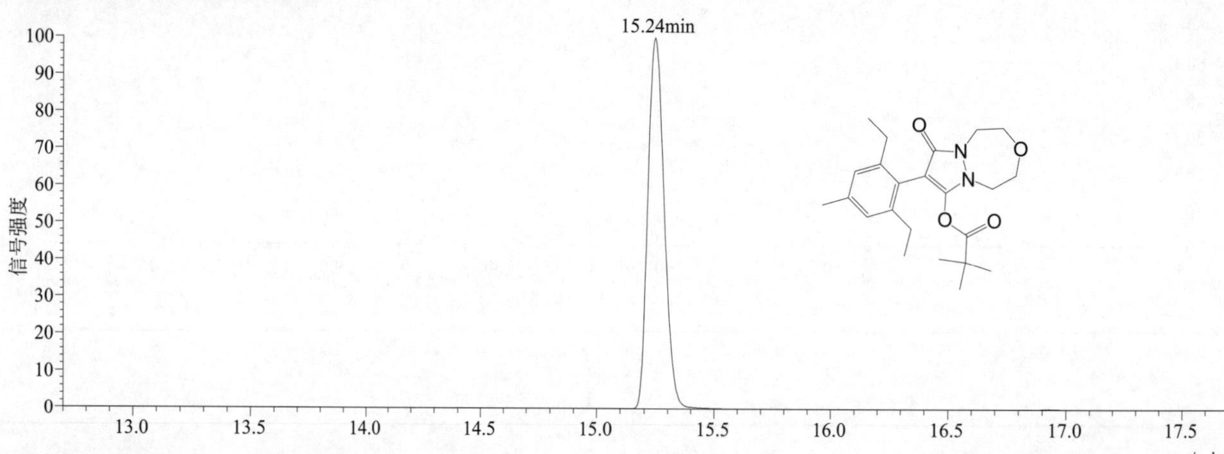

[M+H]+ 典型的一级质谱图

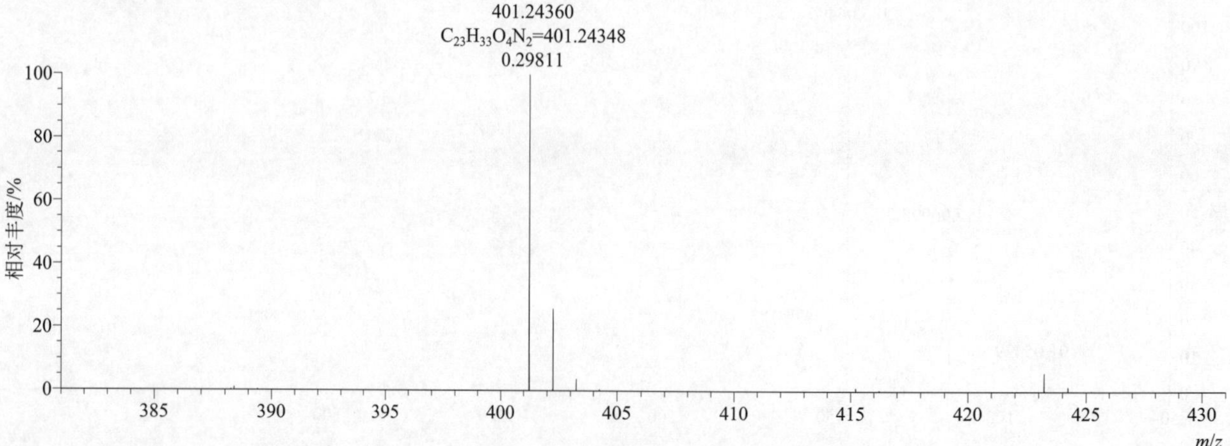

[M+H]⁺ 归一化法能量 NCE 为 20 时典型的二级质谱图

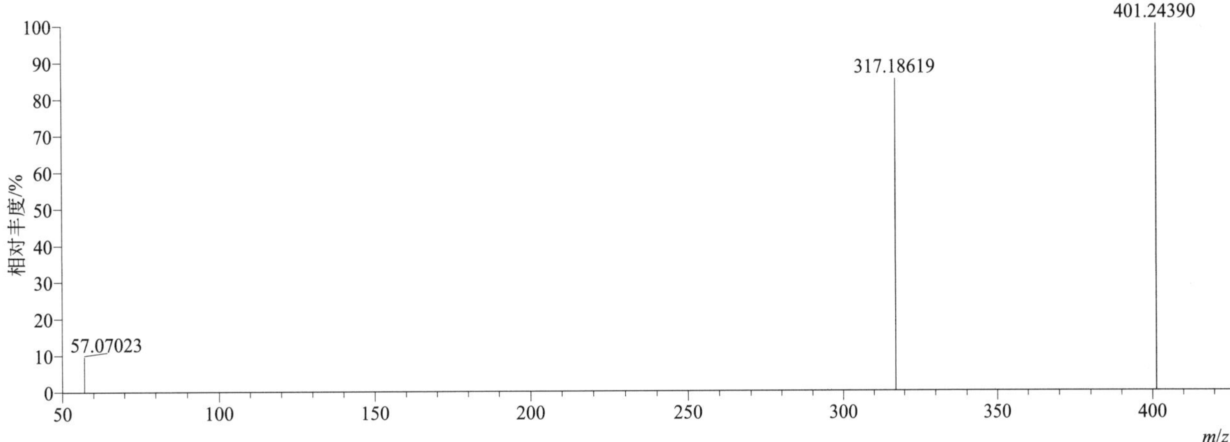

[M+H]⁺ 归一化法能量 NCE 为 40 时典型的二级质谱图

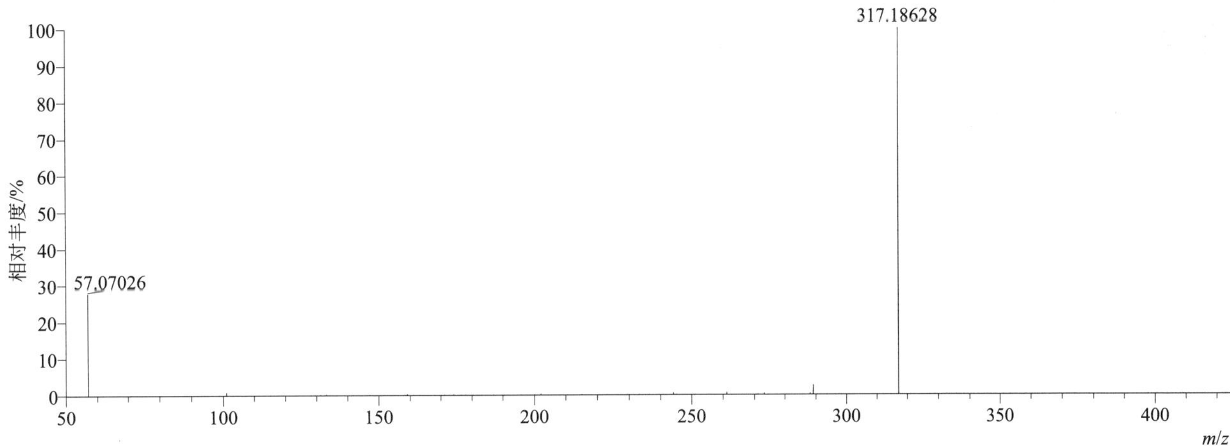

[M+H]⁺ 归一化法能量 NCE 为 60 时典型的二级质谱图

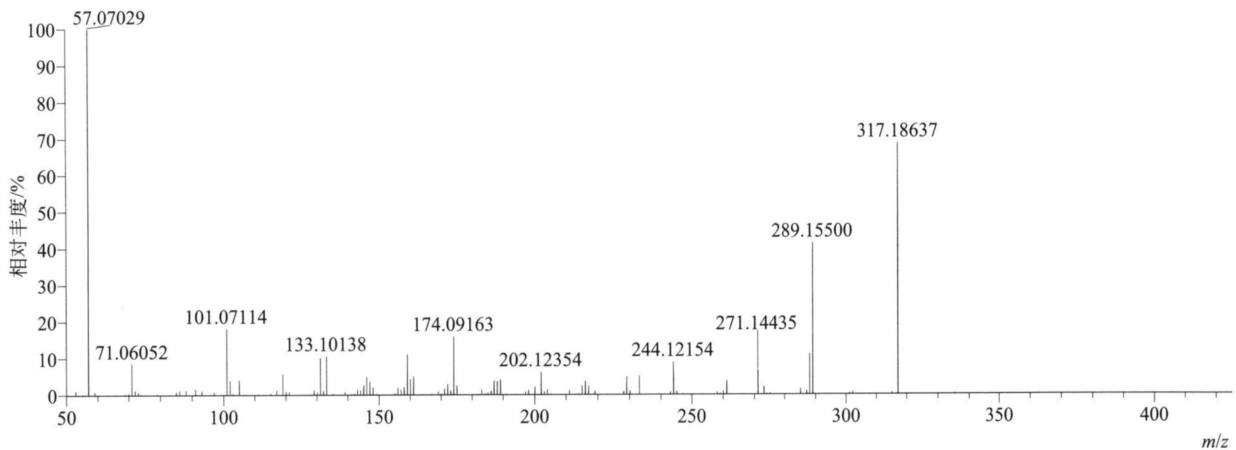

[M+H]⁺ 阶梯归一化法能量 Step NCE 为 20、40、60 时典型的二级质谱图

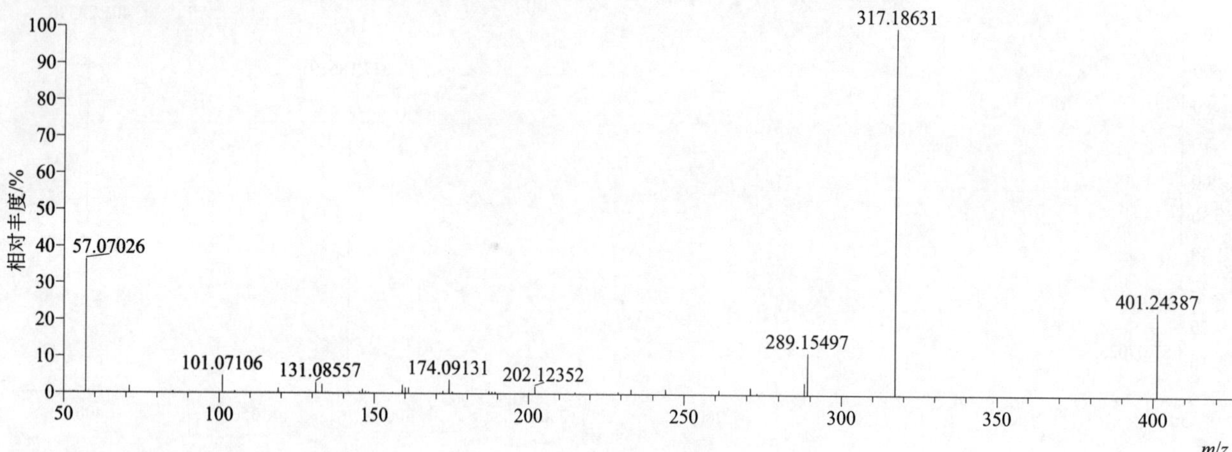

piperonyl butoxide（增效醚）

基本信息

CAS 登录号	51-03-6	分子量	338.20932	离子源和极性	电喷雾离子源（ESI）
分子式	$C_{19}H_{30}O_5$	保留时间	15.81min	极性	正模式

$[M+NH_4]^+$ 提取离子流色谱图

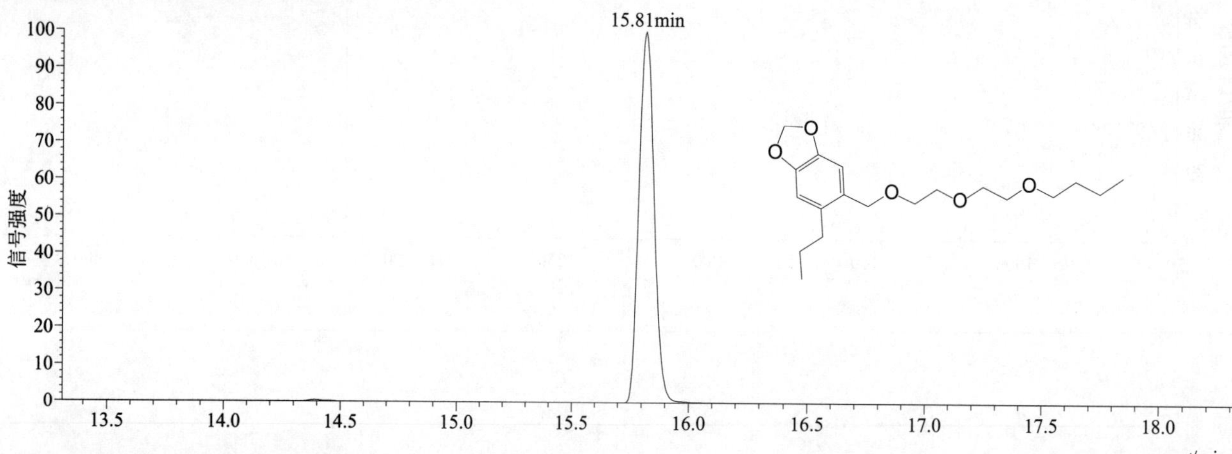

$[M+NH_4]^+$ 典型的一级质谱图

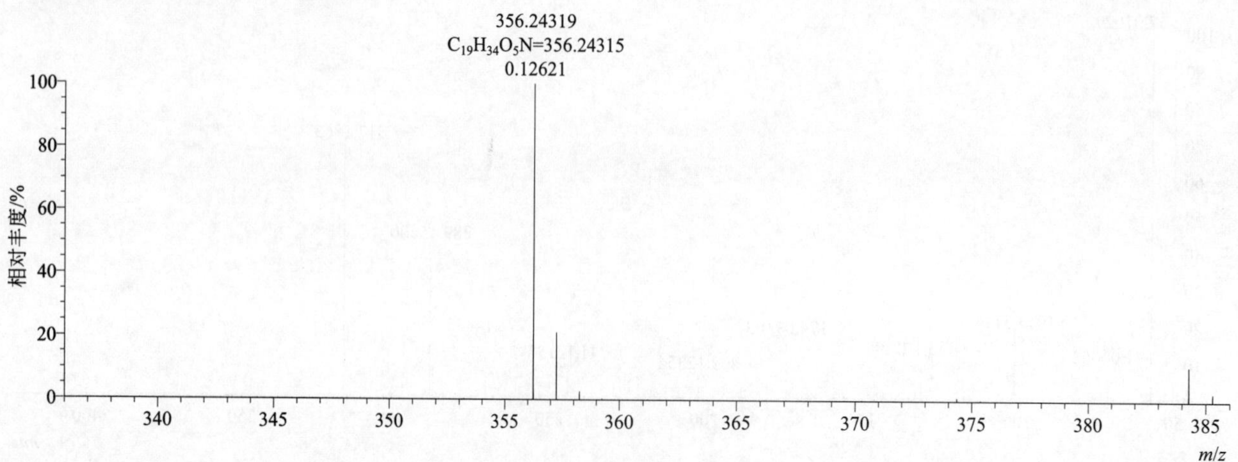

$[M+NH_4]^+$ 归一化法能量 NCE 为 20 时典型的二级质谱图

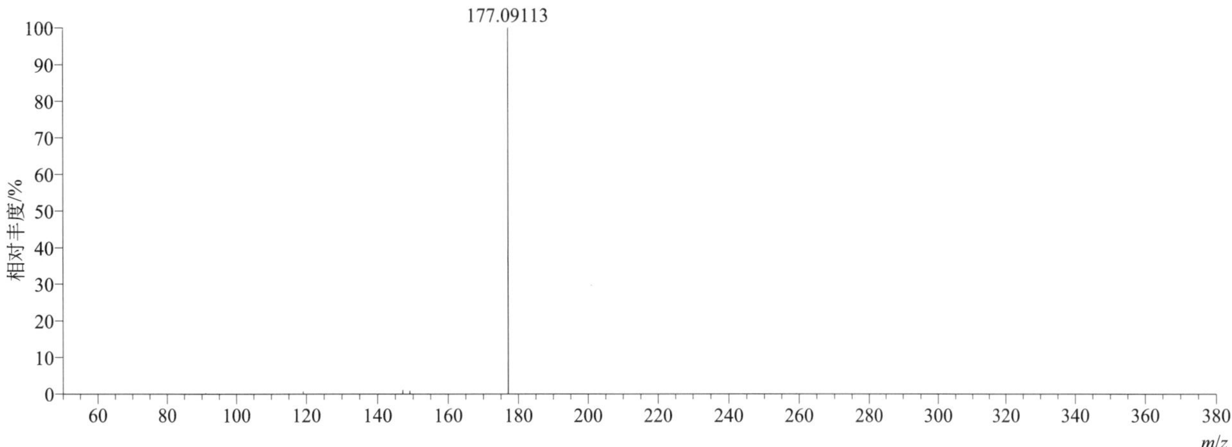

$[M+NH_4]^+$ 归一化法能量 NCE 为 40 时典型的二级质谱图

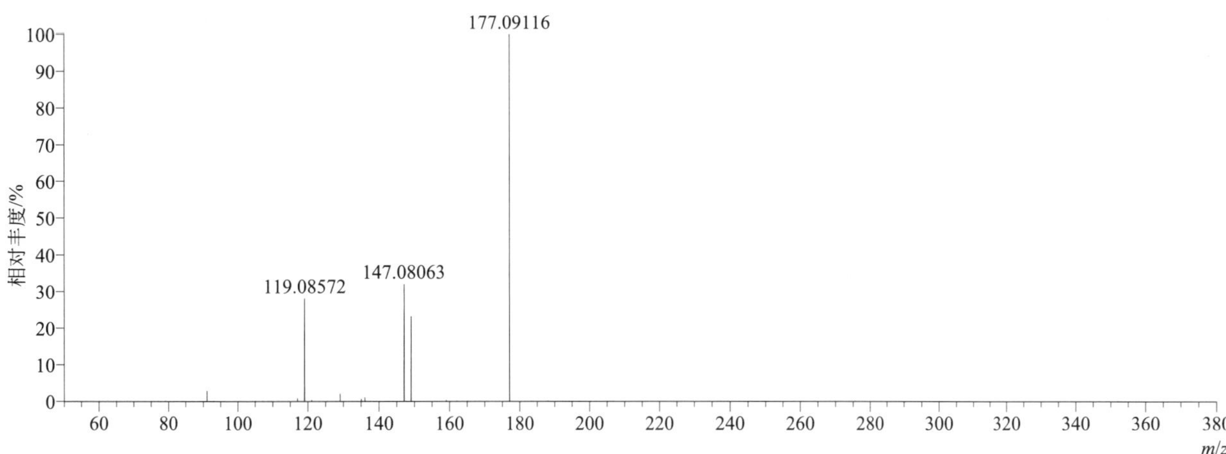

$[M+NH_4]^+$ 归一化法能量 NCE 为 60 时典型的二级质谱图

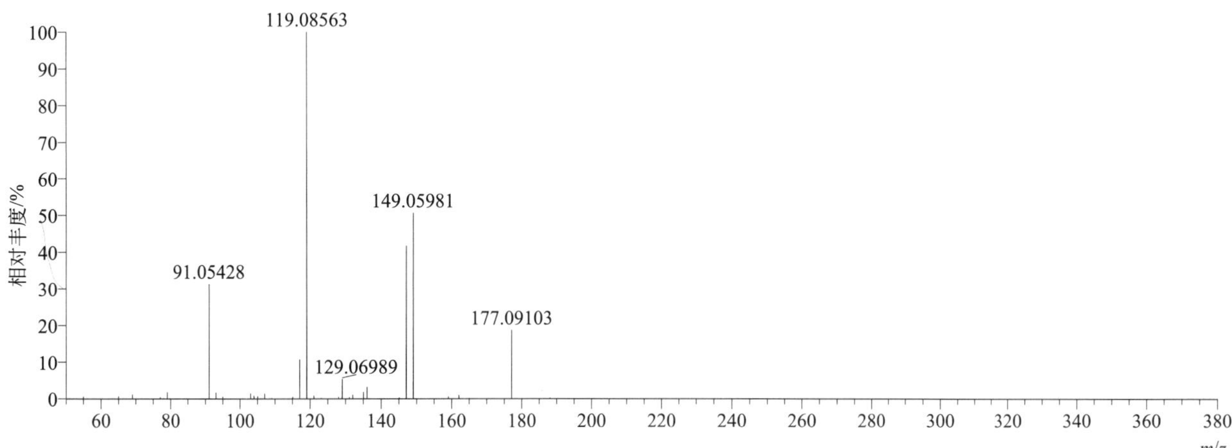

[M+NH$_4$]$^+$ 阶梯归一化法能量 Step NCE 为 20、40、60 时典型的二级质谱图

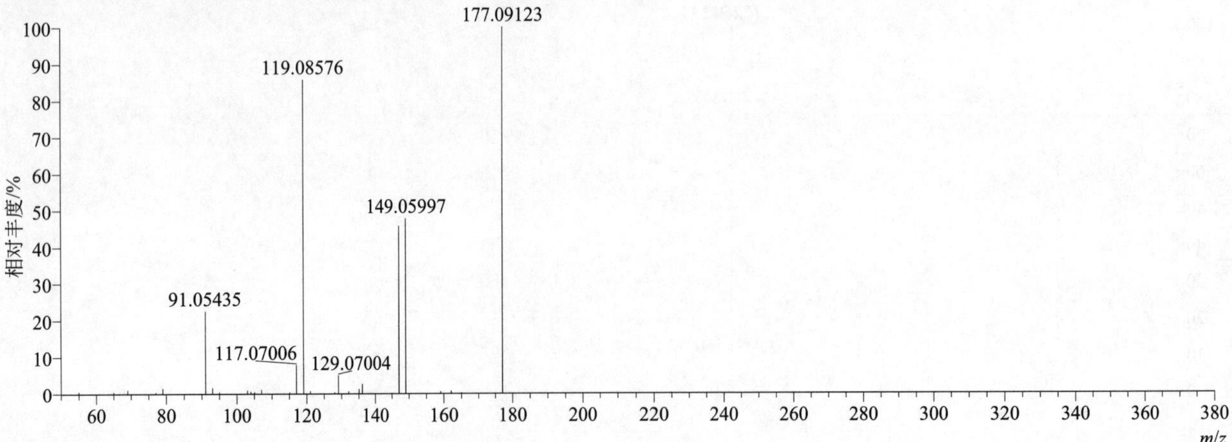

piperophos（哌草磷）

基本信息

CAS 登录号	24151-93-7	分子量	353.12482	离子源和极性	电喷雾离子源（ESI）
分子式	$C_{14}H_{28}NO_3PS_2$	保留时间	15.43min	极性	正模式

[M+H]$^+$ 提取离子流色谱图

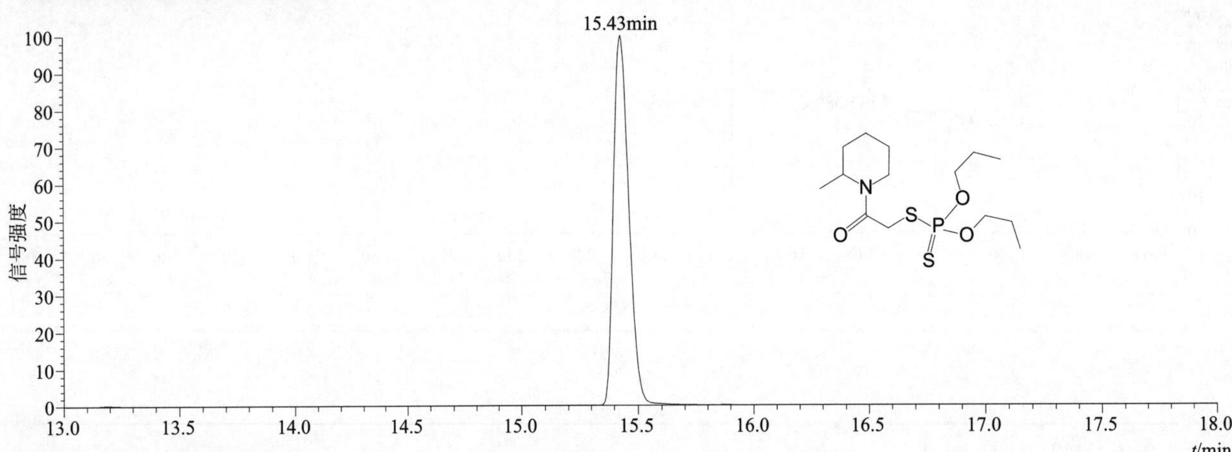

[M+H]$^+$ 典型的一级质谱图

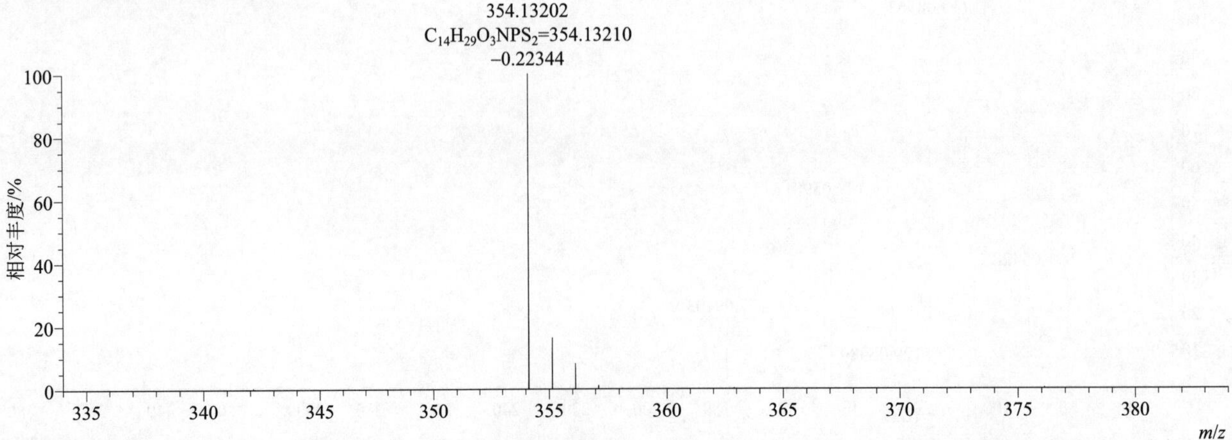

[M+H]$^+$ 归一化法能量 NCE 为 20 时典型的二级质谱图

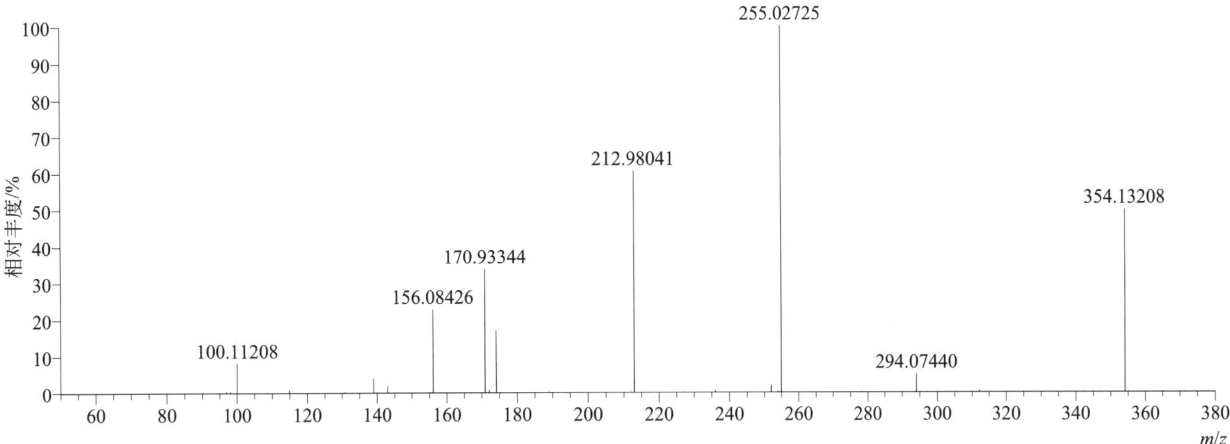

[M+H]$^+$ 归一化法能量 NCE 为 40 时典型的二级质谱图

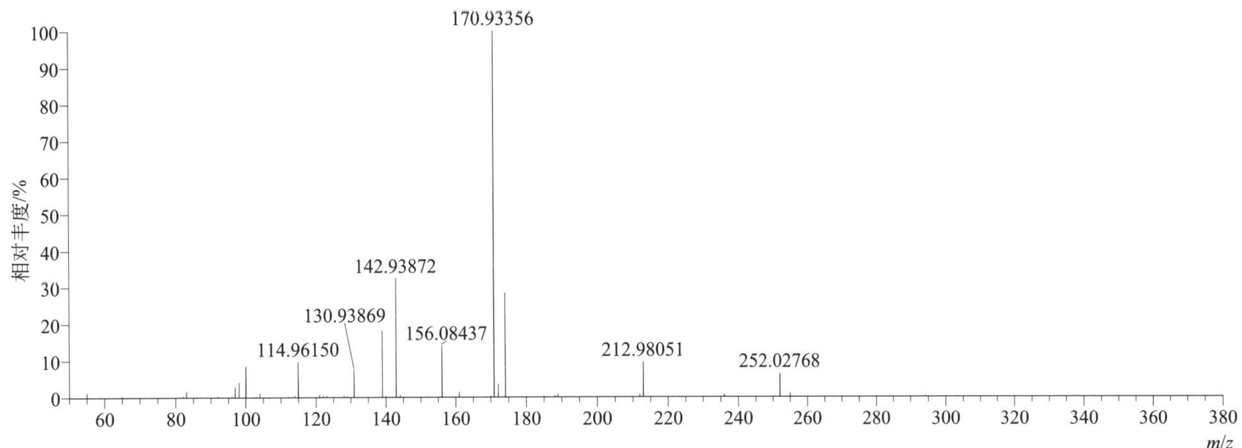

[M+H]$^+$ 归一化法能量 NCE 为 60 时典型的二级质谱图

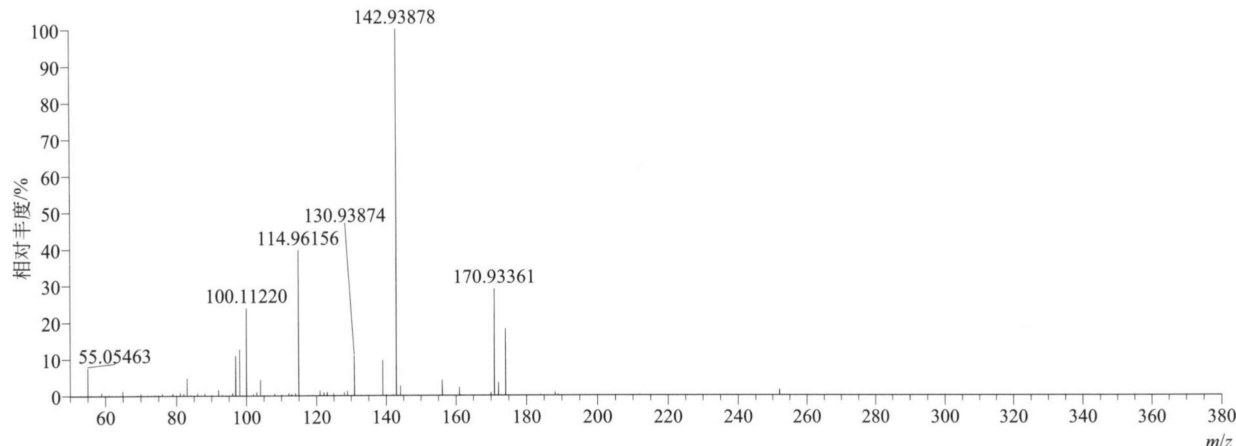

[M+H]+ 阶梯归一化法能量 Step NCE 为 20、40、60 时典型的二级质谱图

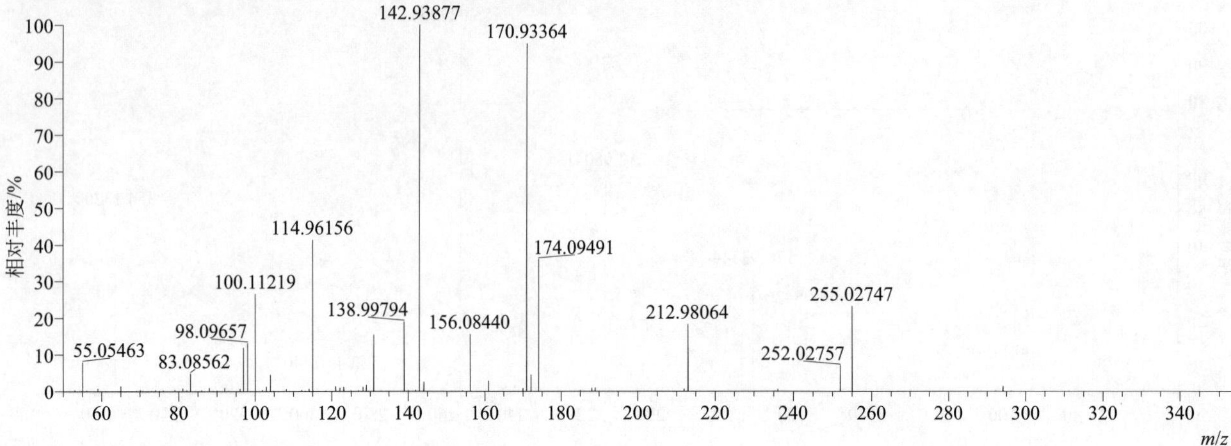

pirimicarb（抗蚜威）

基本信息

CAS 登录号	23103-98-2	分子量	238.14298	离子源和极性	电喷雾离子源（ESI）
分子式	$C_{11}H_{18}N_4O_2$	保留时间	12.69min	极性	正模式

[M+H]+ 提取离子流色谱图

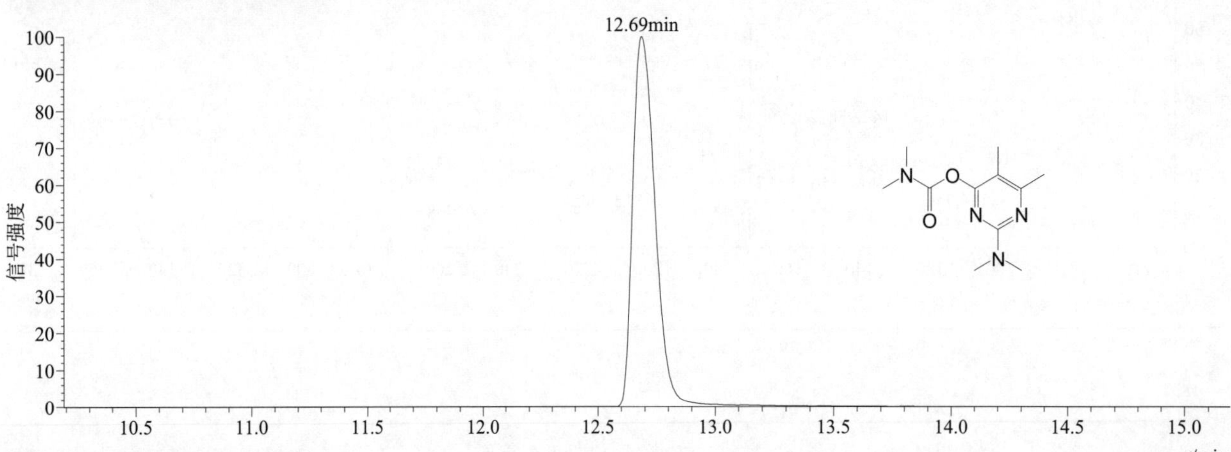

[M+H]+ 典型的一级质谱图

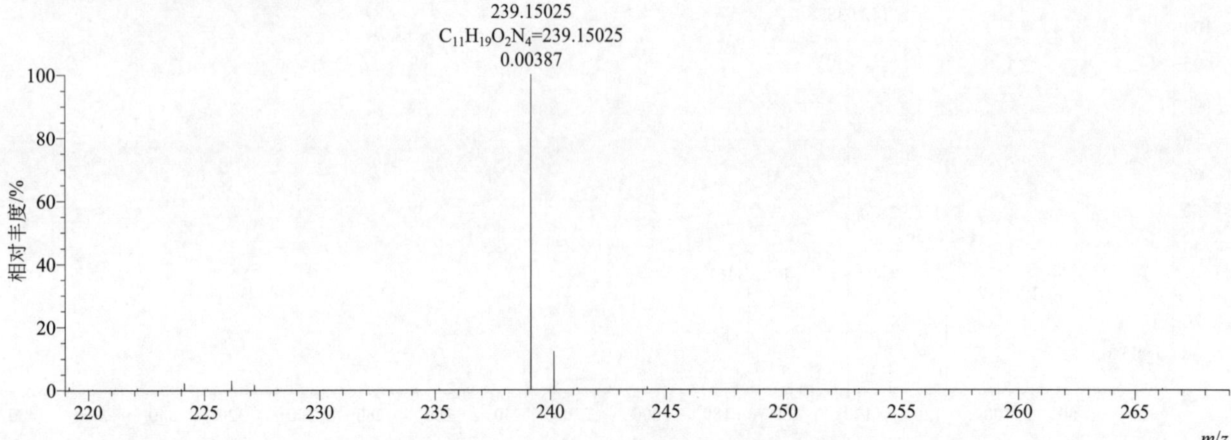

$[M+H]^+$ 归一化法能量 NCE 为 20 时典型的二级质谱图

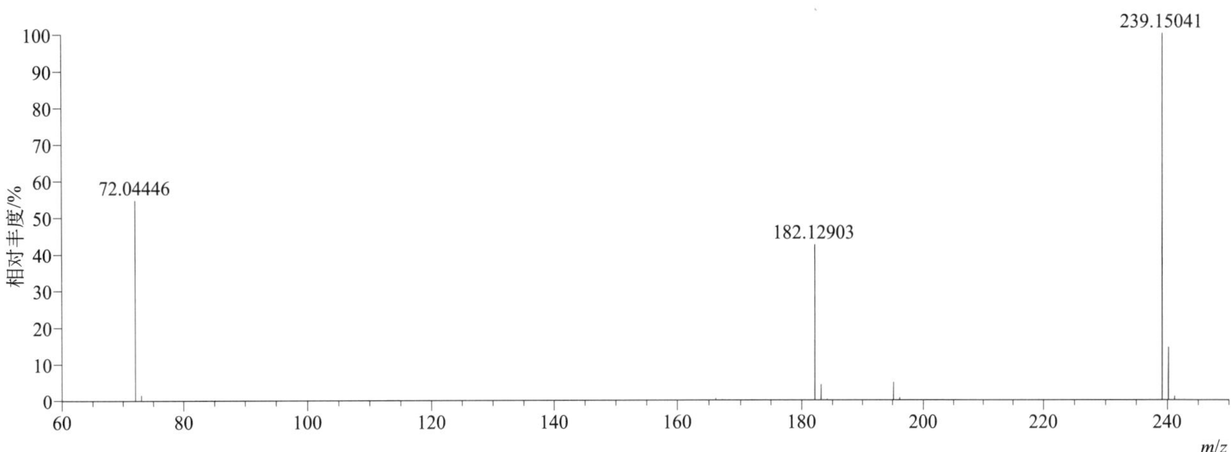

$[M+H]^+$ 归一化法能量 NCE 为 40 时典型的二级质谱图

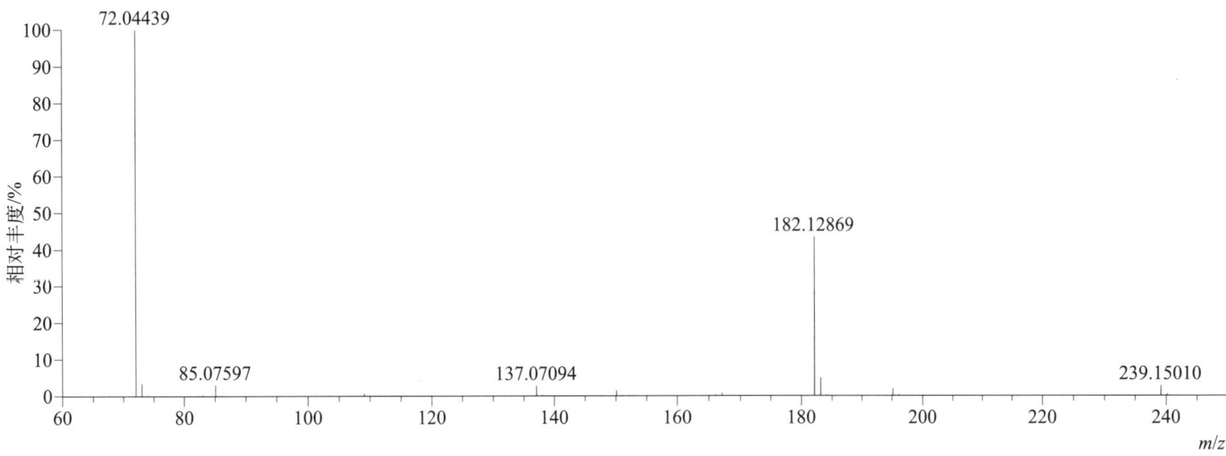

$[M+H]^+$ 归一化法能量 NCE 为 60 时典型的二级质谱图

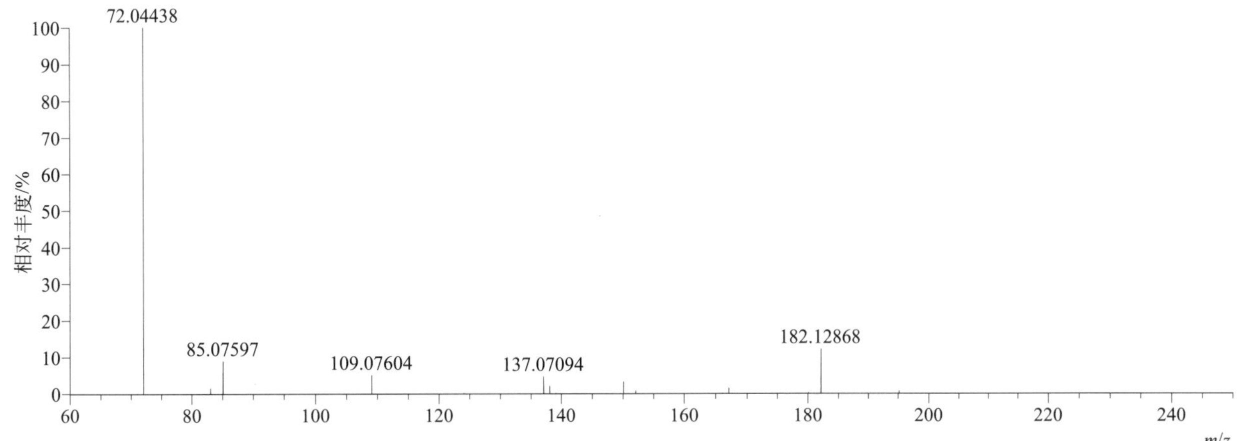

[M+H]+ 阶梯归一化法能量 Step NCE 为 20、40、60 时典型的二级质谱图

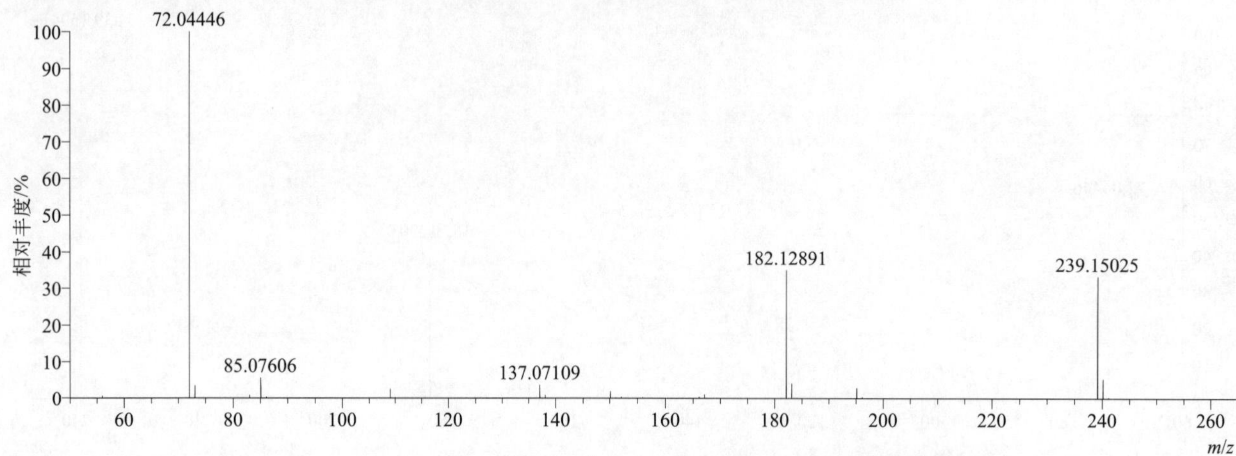

pirimicarb-desmethyl（脱甲基抗蚜威）

基本信息

CAS 登录号	30614-22-3	分子量	224.12733	离子源和极性	电喷雾离子源（ESI）
分子式	$C_{10}H_{16}N_4O_2$	保留时间	11.40min	极性	正模式

[M+H]+ 提取离子流色谱图

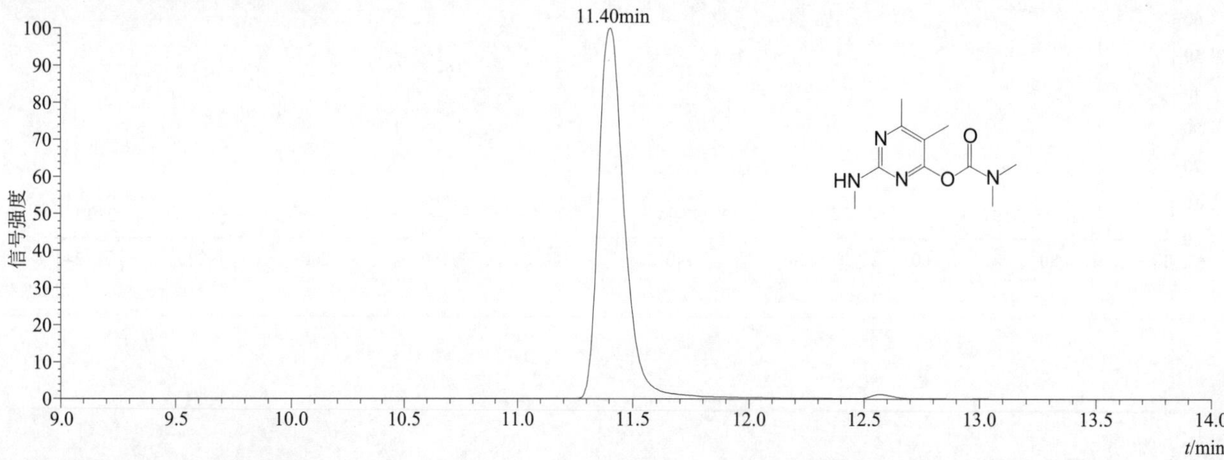

[M+H]+ 典型的一级质谱图

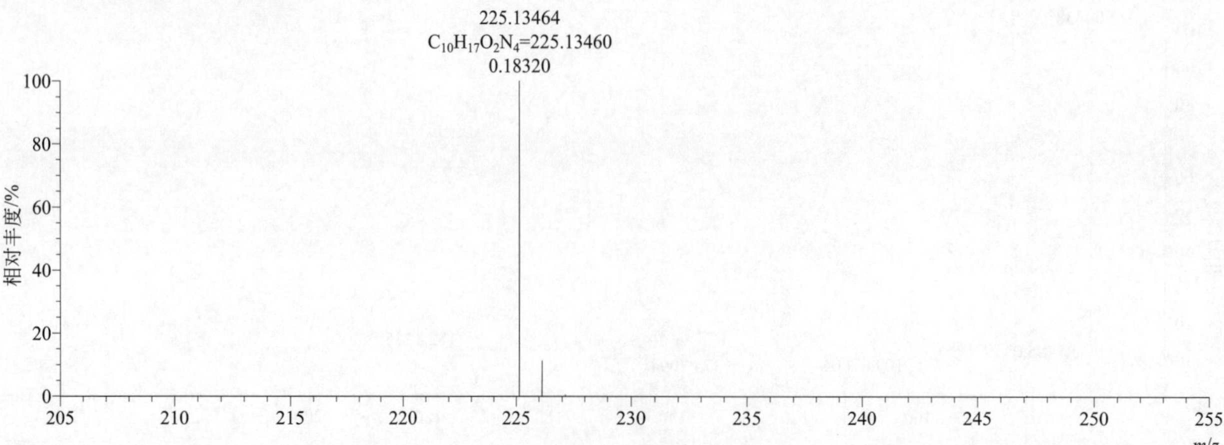

[M+H]+ 归一化法能量 NCE 为 20 时典型的二级质谱图

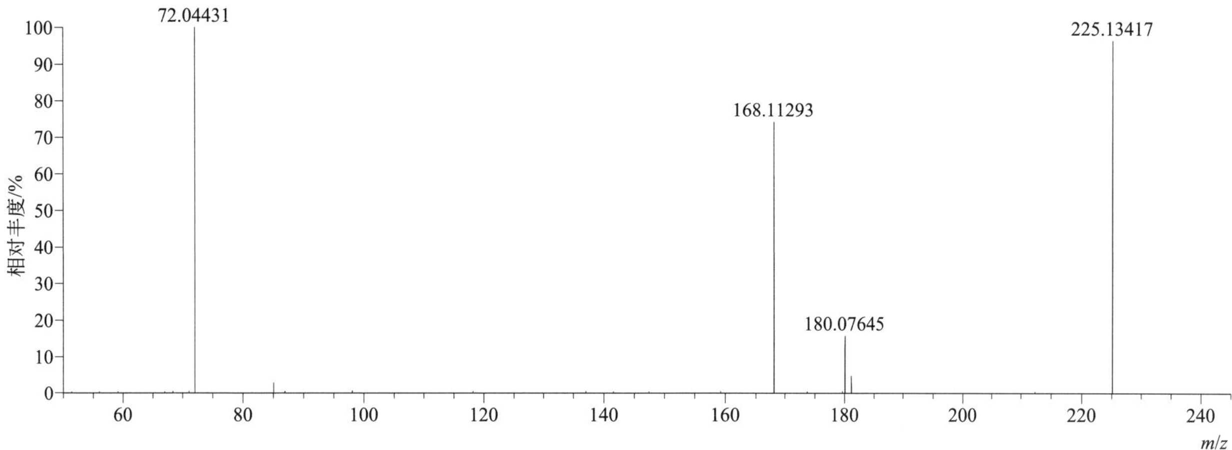

[M+H]+ 归一化法能量 NCE 为 40 时典型的二级质谱图

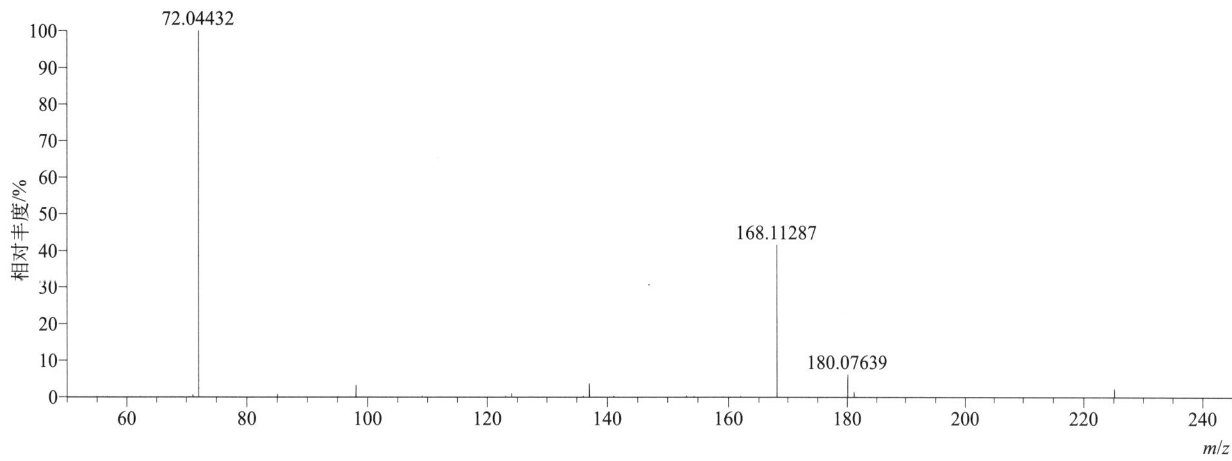

[M+H]+ 归一化法能量 NCE 为 60 时典型的二级质谱图

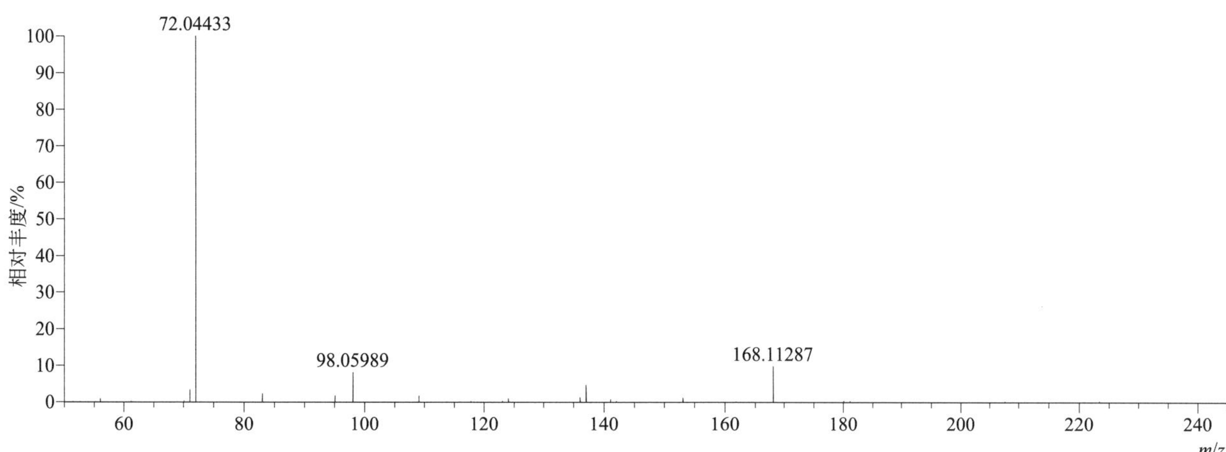

[M+H]+ 阶梯归一化法能量 Step NCE 为 20、40、60 时典型的二级质谱图

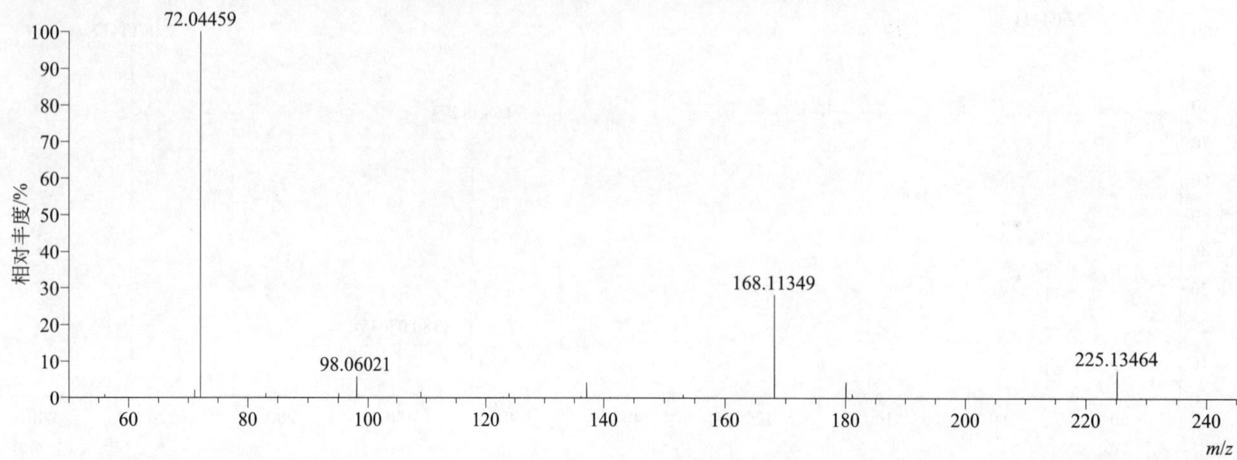

pirimicarb-desmethyl-formamido（脱甲基甲酰氨基抗蚜威）

基本信息

CAS 登录号	27218-04-8	分子量	252.12224	离子源和极性	电喷雾离子源（ESI）
分子式	$C_{11}H_{16}N_4O_3$	保留时间	13.01min	极性	正模式

[M+H]+ 提取离子流色谱图

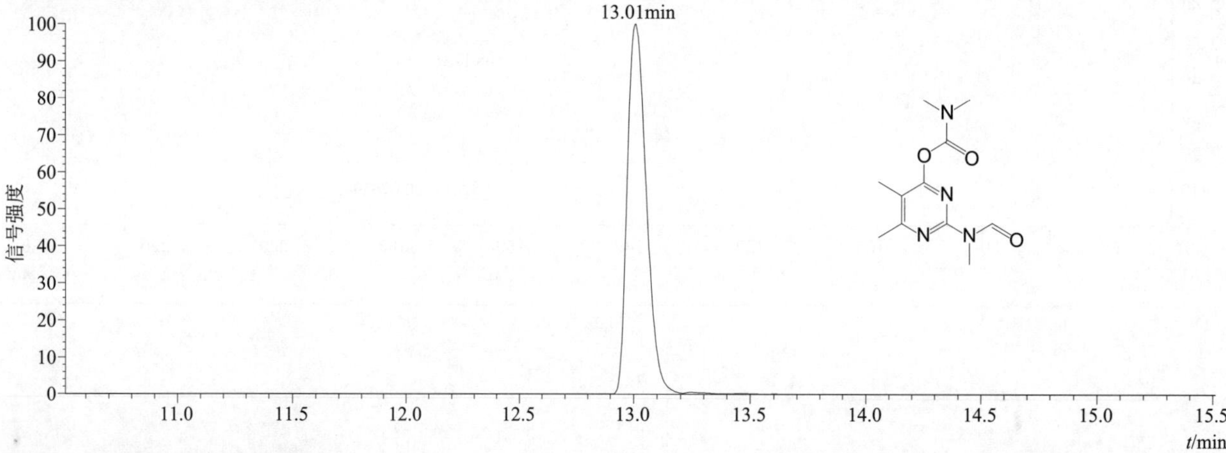

[M+H]+ 典型的一级质谱图

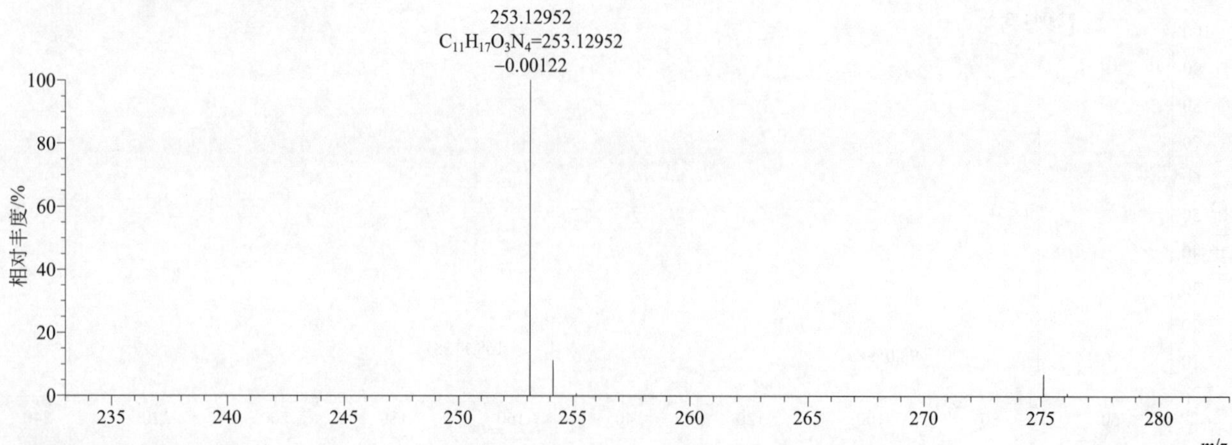

[M+H]+ 归一化法能量 NCE 为 20 时典型的二级质谱图

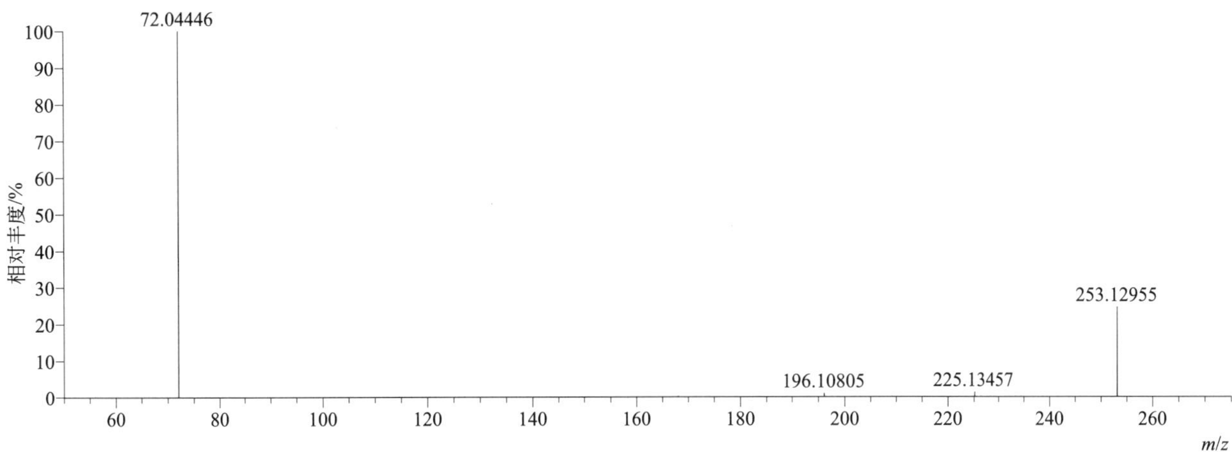

[M+H]+ 归一化法能量 NCE 为 40 时典型的二级质谱图

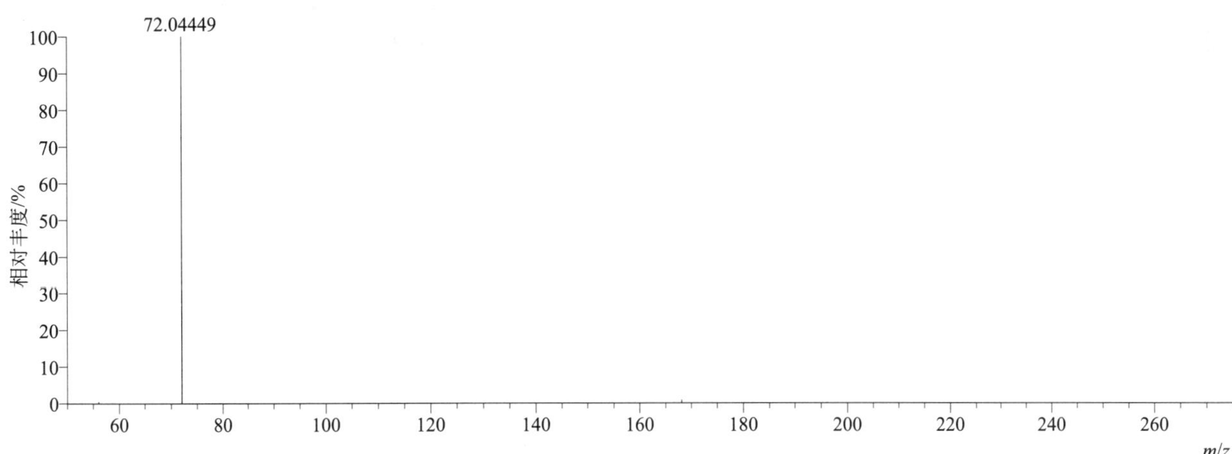

[M+H]+ 归一化法能量 NCE 为 60 时典型的二级质谱图

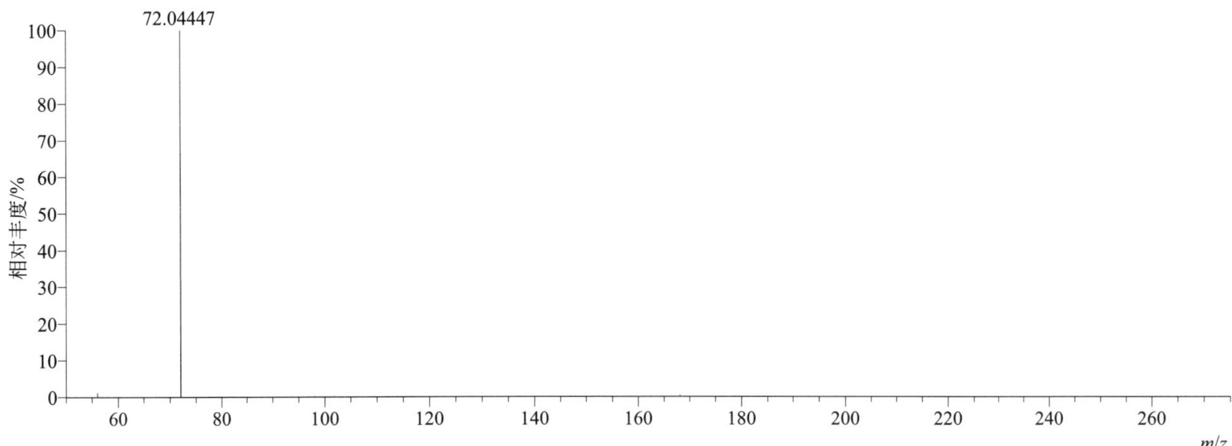

[M+H]+ 阶梯归一化法能量 Step NCE 为 20、40、60 时典型的二级质谱图

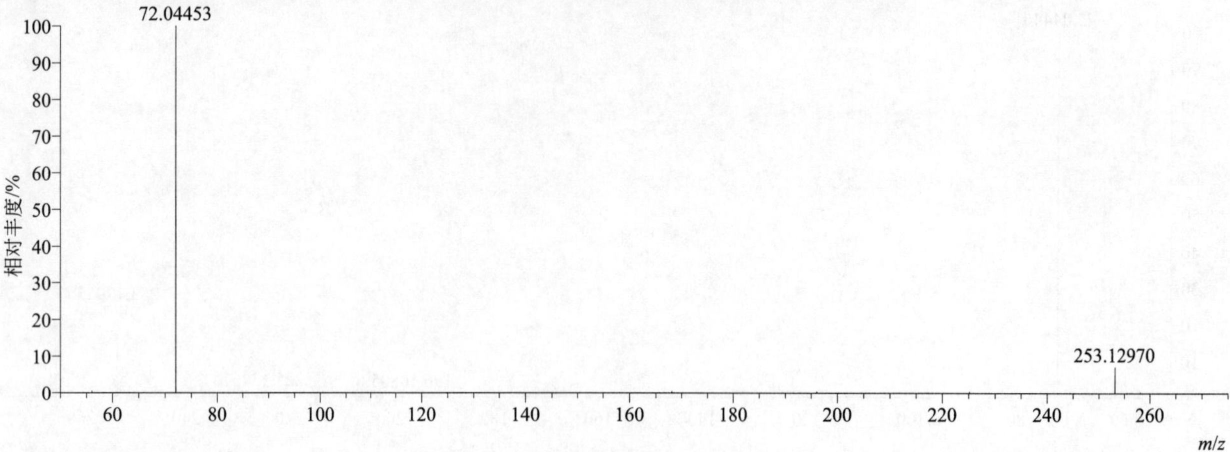

pirimiphos-ethyl（嘧啶磷）

基本信息

CAS 登录号	23505-41-1	分子量	333.12760	离子源和极性	电喷雾离子源（ESI）
分子式	$C_{13}H_{24}N_3O_3PS$	保留时间	15.78min	极性	正模式

[M+H]+ 提取离子流色谱图

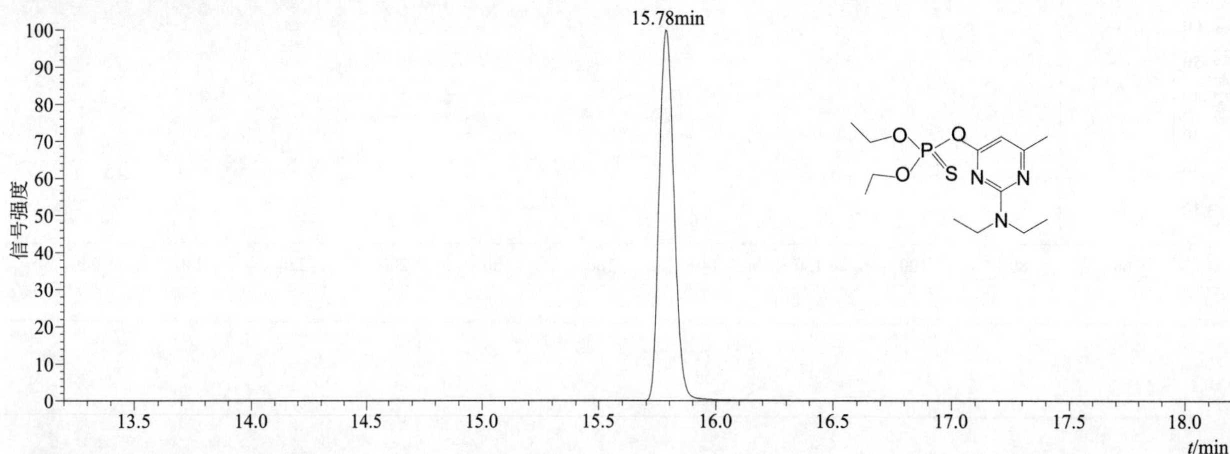

[M+H]+ 典型的一级质谱图

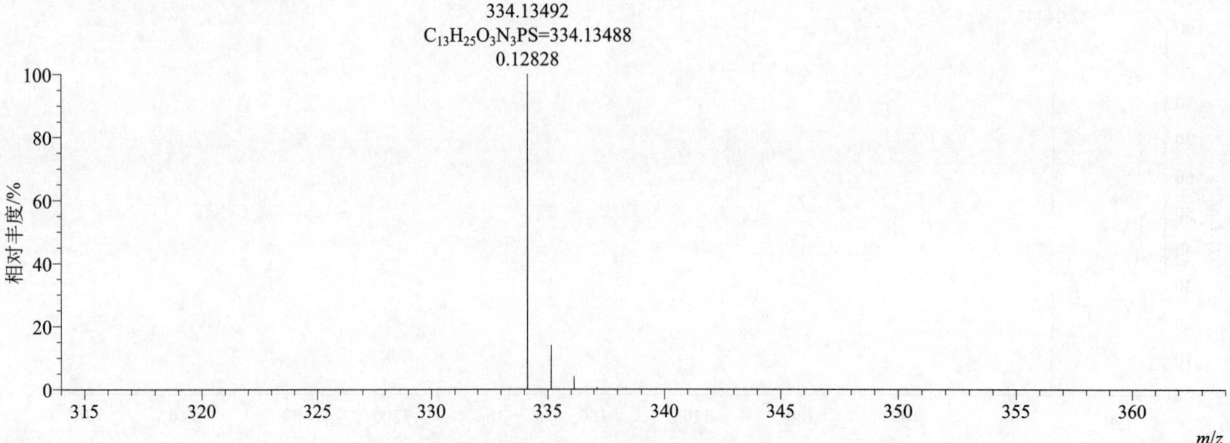

[M+H]+ 归一化法能量 NCE 为 20 时典型的二级质谱图

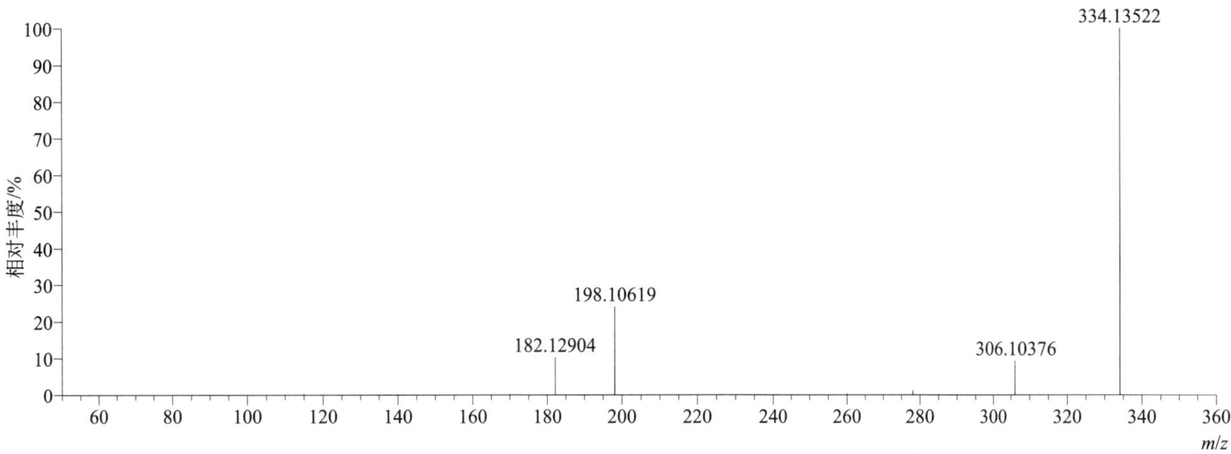

[M+H]+ 归一化法能量 NCE 为 40 时典型的二级质谱图

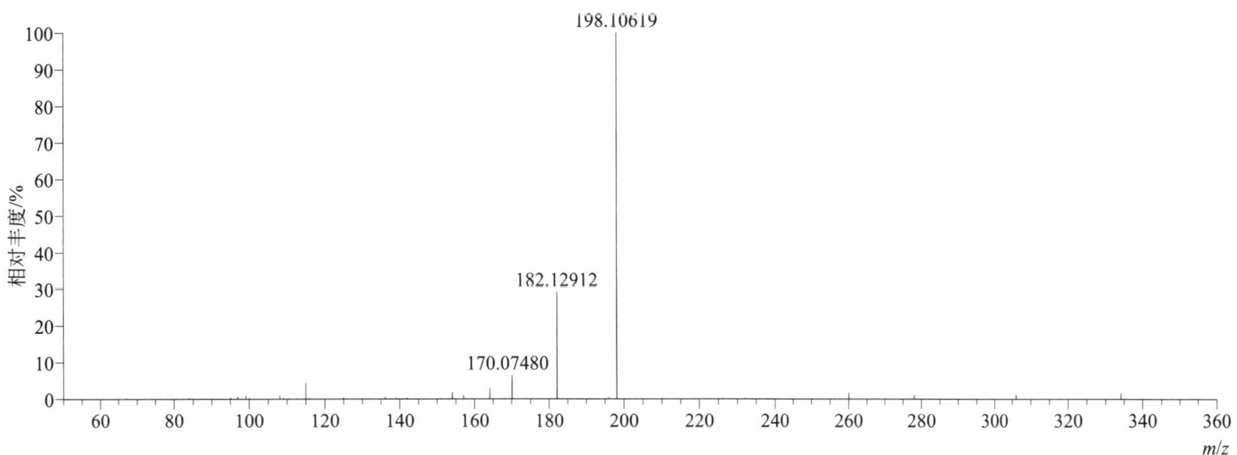

[M+H]+ 归一化法能量 NCE 为 60 时典型的二级质谱图

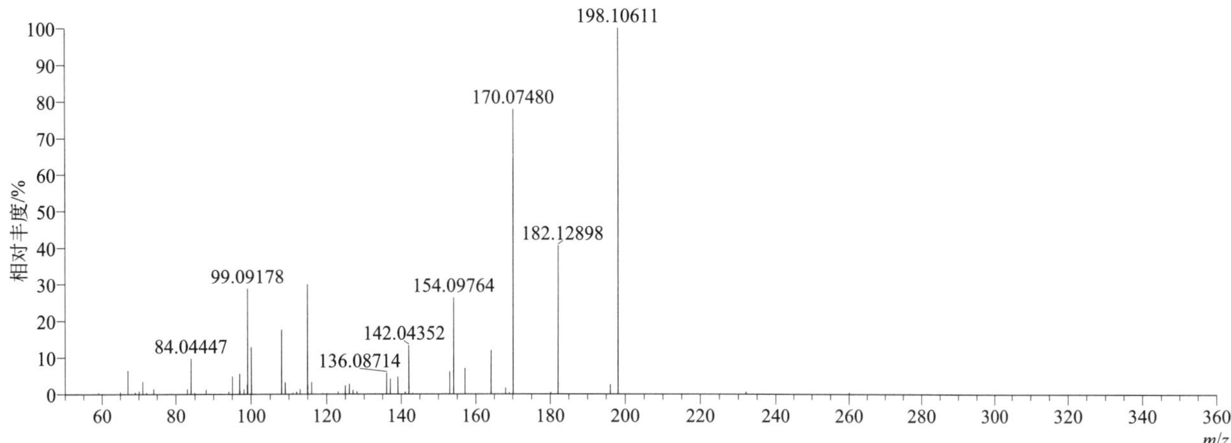

[M+H]+ 阶梯归一化法能量 Step NCE 为 20、40、60 时典型的二级质谱图

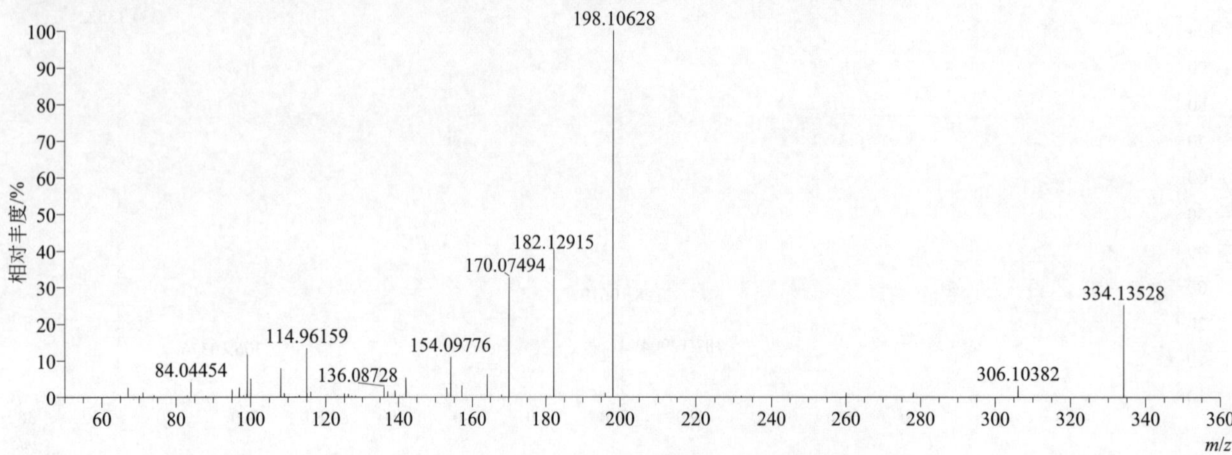

pirimiphos-methyl（甲基嘧啶磷）

基本信息

CAS 登录号	29232-93-7	分子量	305.09630	离子源和极性	电喷雾离子源（ESI）
分子式	$C_{11}H_{20}N_3O_3PS$	保留时间	15.27min	极性	正模式

[M+H]+ 提取离子流色谱图

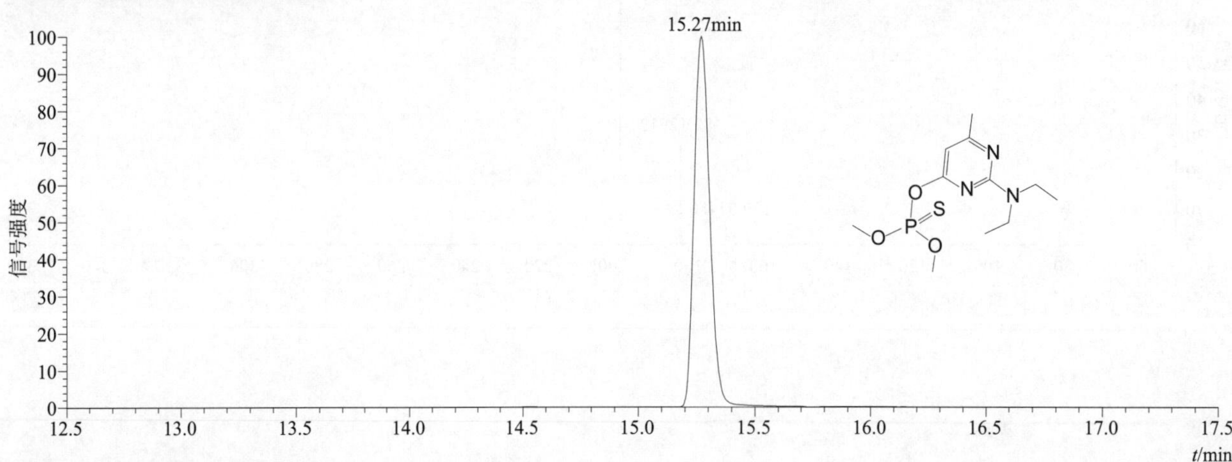

[M+H]+ 典型的一级质谱图

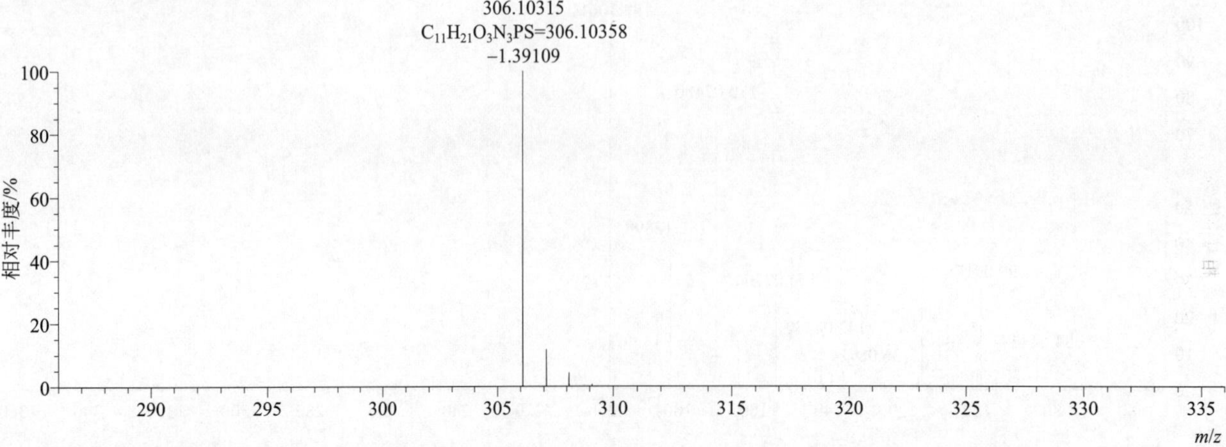

[M+H]+ 归一化法能量 NCE 为 20 时典型的二级质谱图

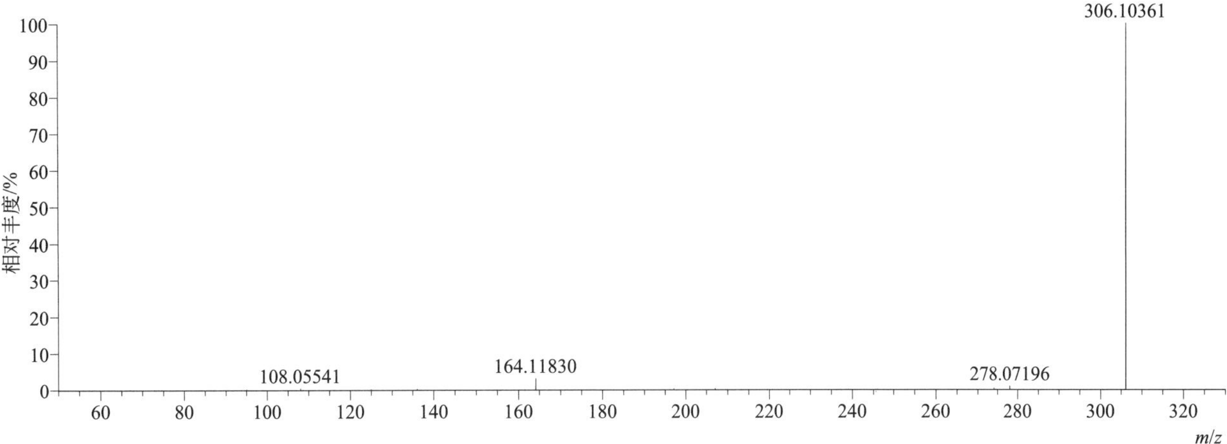

[M+H]+ 归一化法能量 NCE 为 40 时典型的二级质谱图

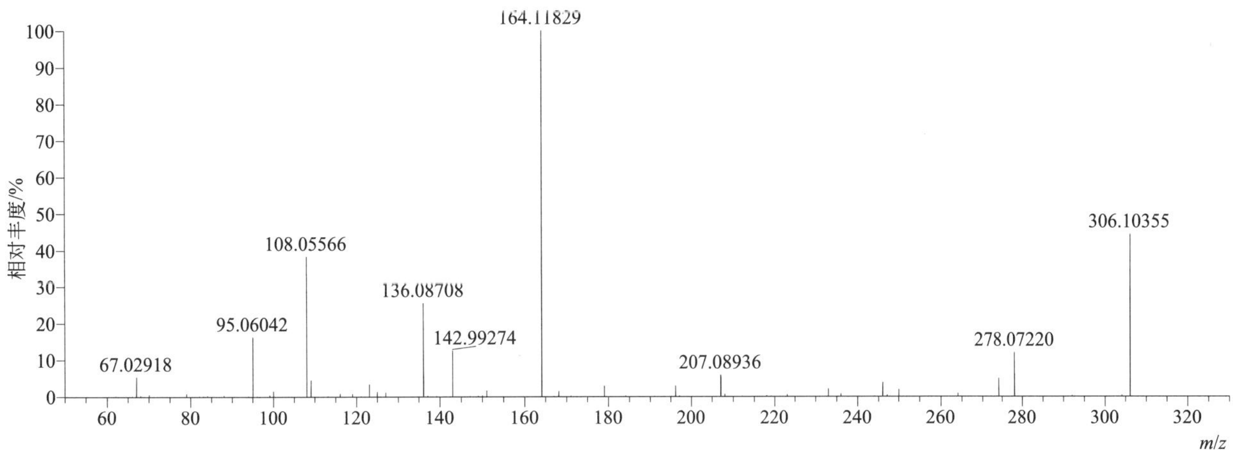

[M+H]+ 归一化法能量 NCE 为 60 时典型的二级质谱图

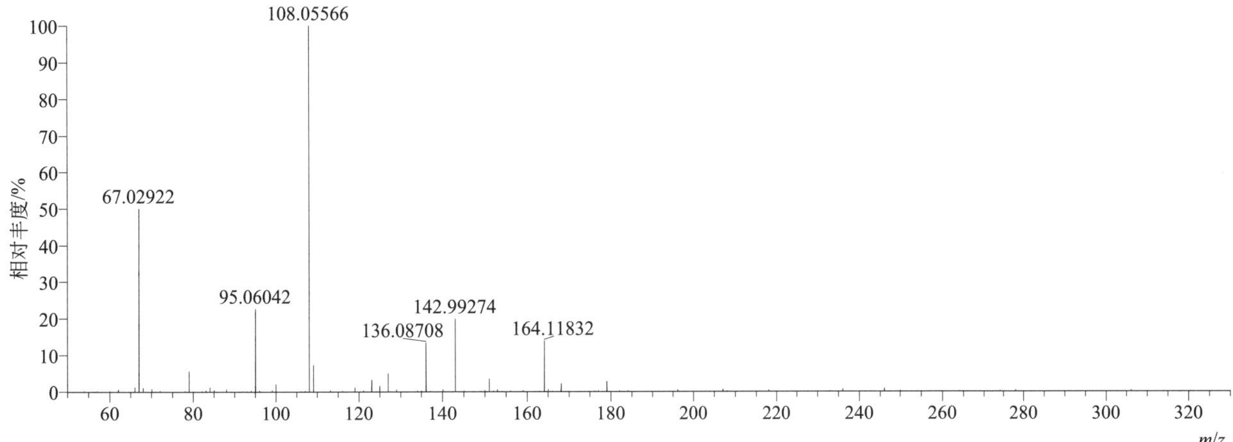

[M+H]+ 阶梯归一化法能量 Step NCE 为 20、40、60 时典型的二级质谱图

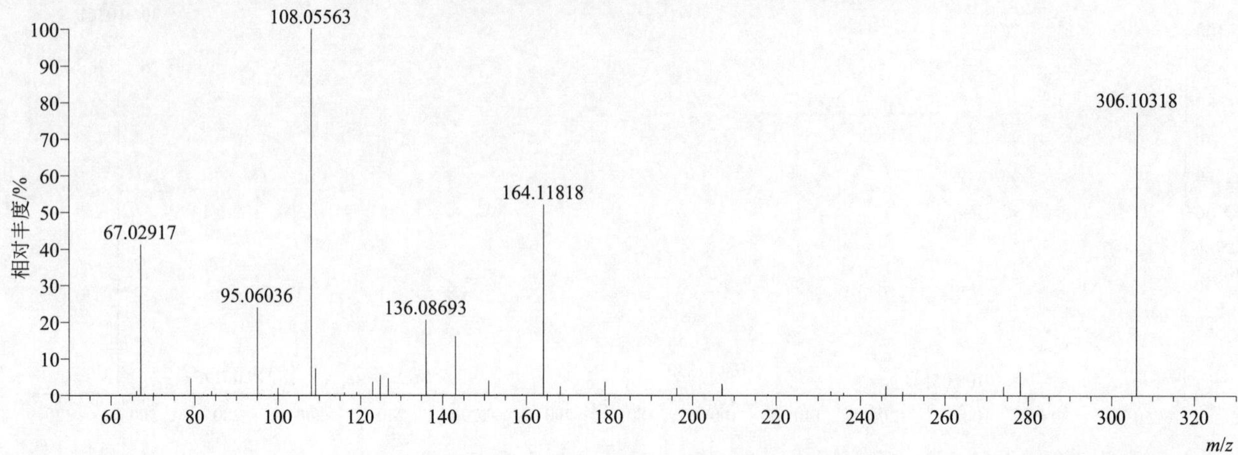

pirimiphos-methyl-*N*-desethyl（脱乙基甲基嘧啶磷）

基本信息

CAS 登录号	67018-59-1	分子量	277.06500	离子源和极性	电喷雾离子源（ESI）
分子式	$C_9H_{16}N_3O_3PS$	保留时间	13.93min	极性	正模式

[M+H]+ 提取离子流色谱图

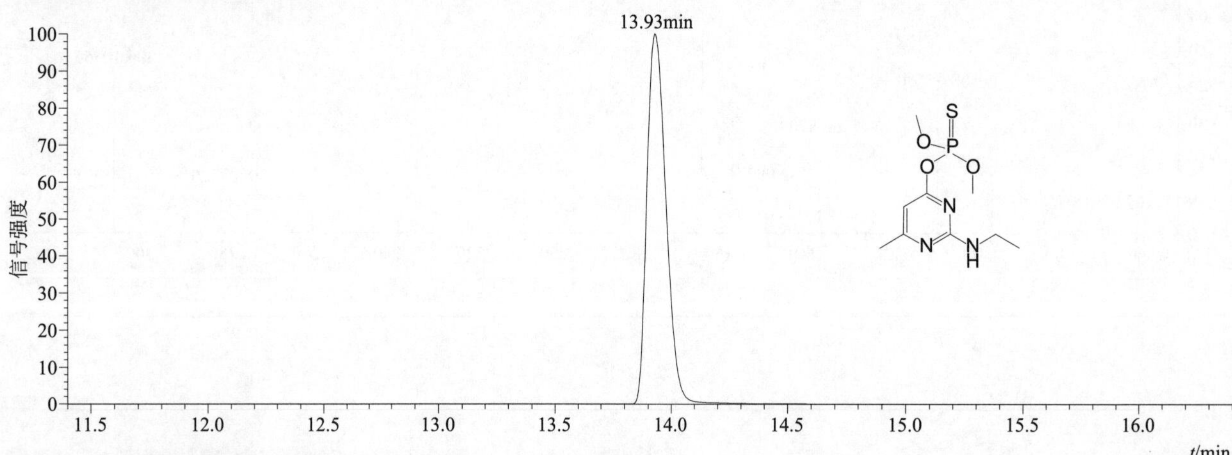

[M+H]+ 典型的一级质谱图

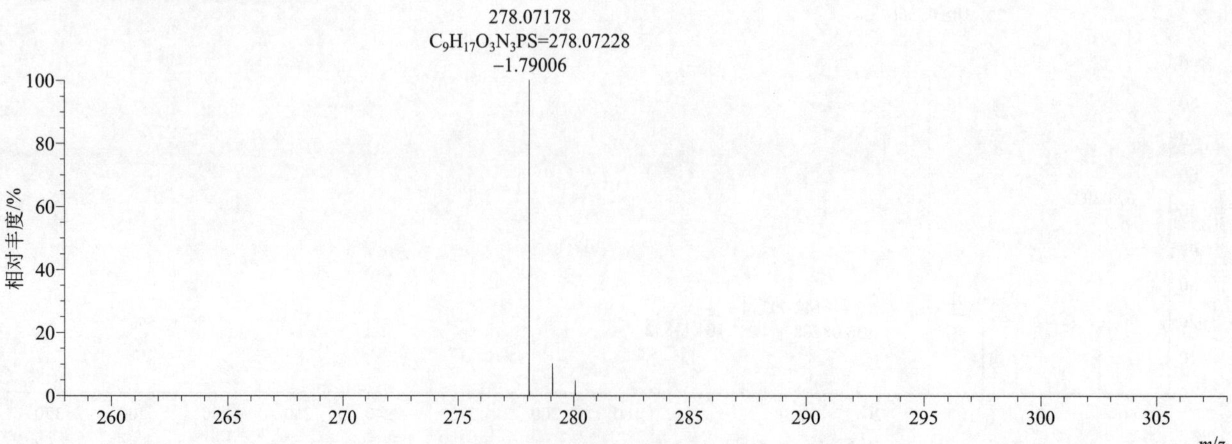

[M+H]$^+$ 归一化法能量 NCE 为 20 时典型的二级质谱图

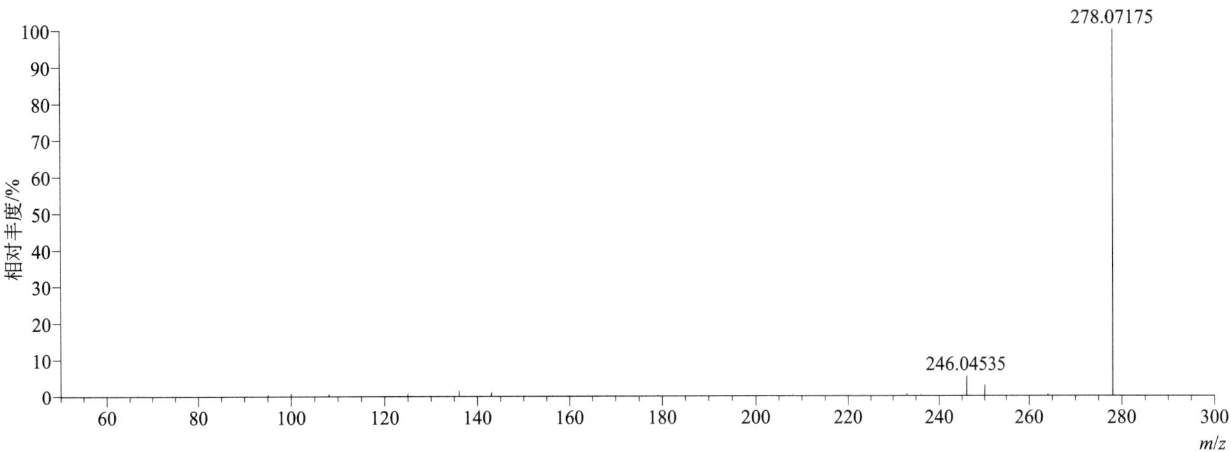

[M+H]$^+$ 归一化法能量 NCE 为 40 时典型的二级质谱图

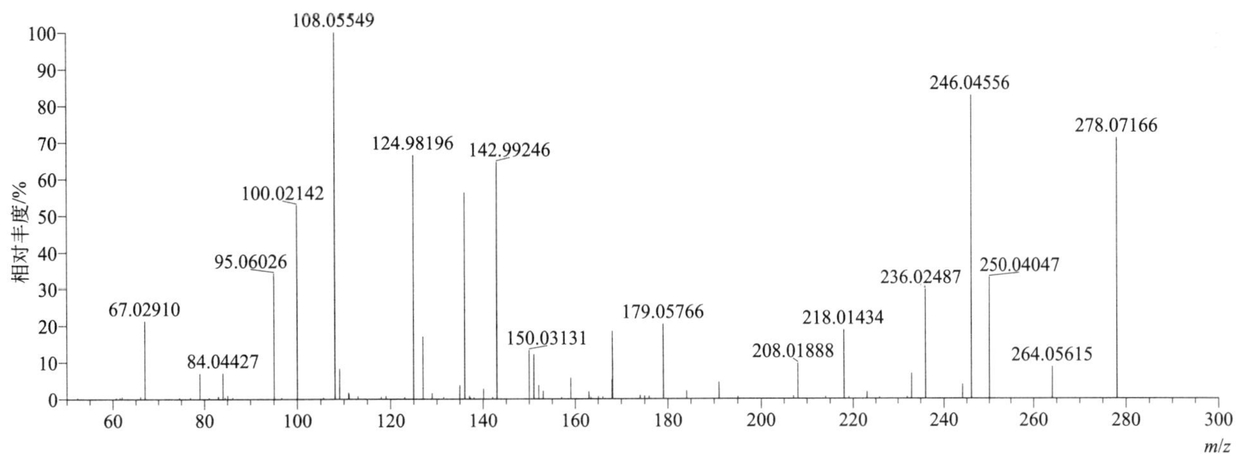

[M+H]$^+$ 归一化法能量 NCE 为 60 时典型的二级质谱图

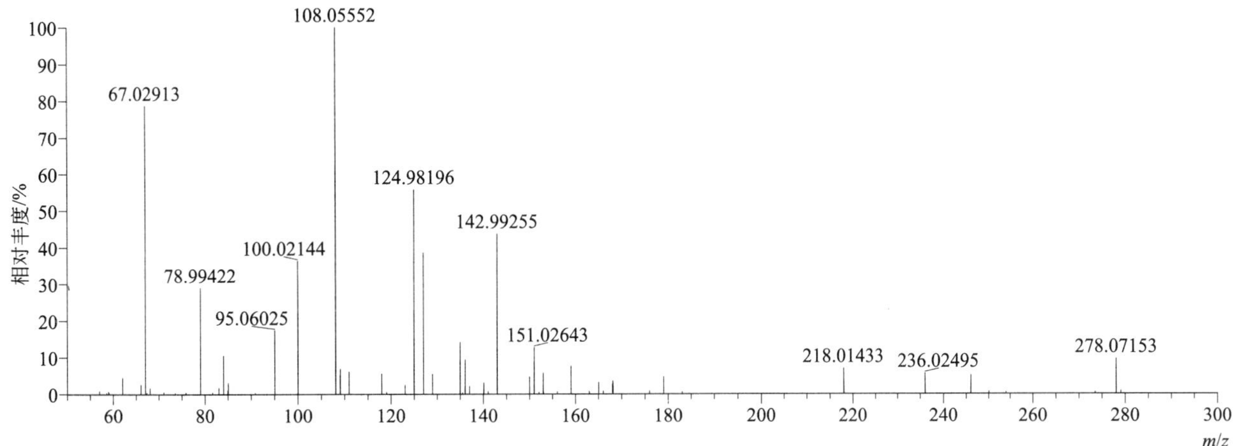

[M+H]+ 阶梯归一化法能量 Step NCE 为 20、40、60 时典型的二级质谱图

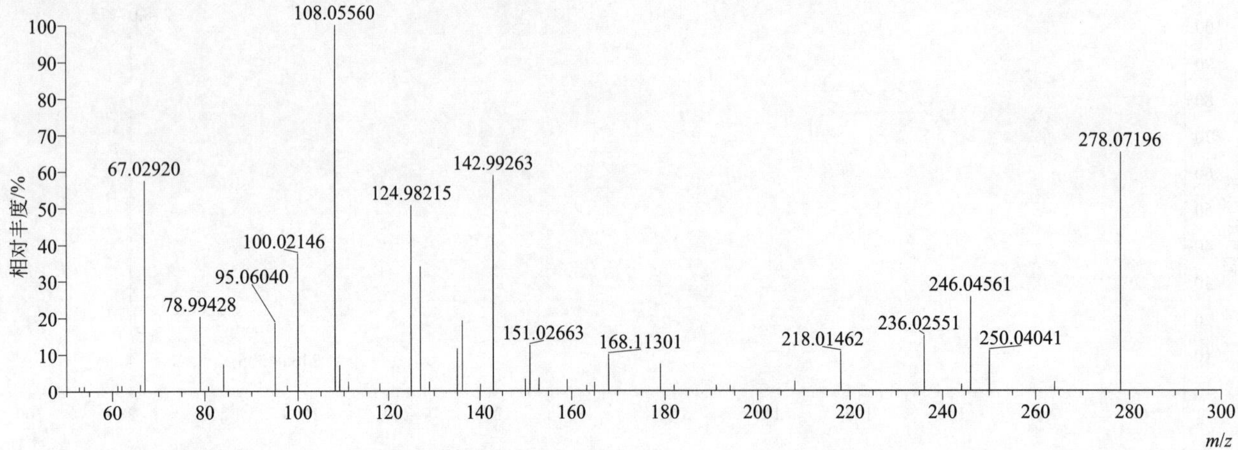

prallethrin（炔丙菊酯）

基本信息

CAS 登录号	23031-36-9	分子量	300.17254	离子源和极性	电喷雾离子源（ESI）
分子式	$C_{19}H_{24}O_3$	保留时间	15.38min	极性	正模式

[M+H]+ 提取离子流色谱图

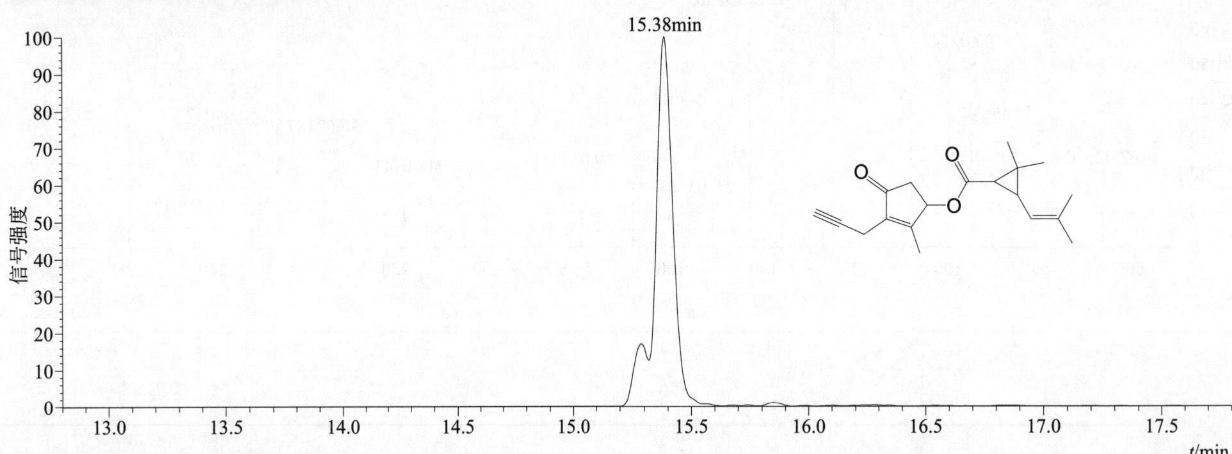

[M+H]+ 典型的一级质谱图

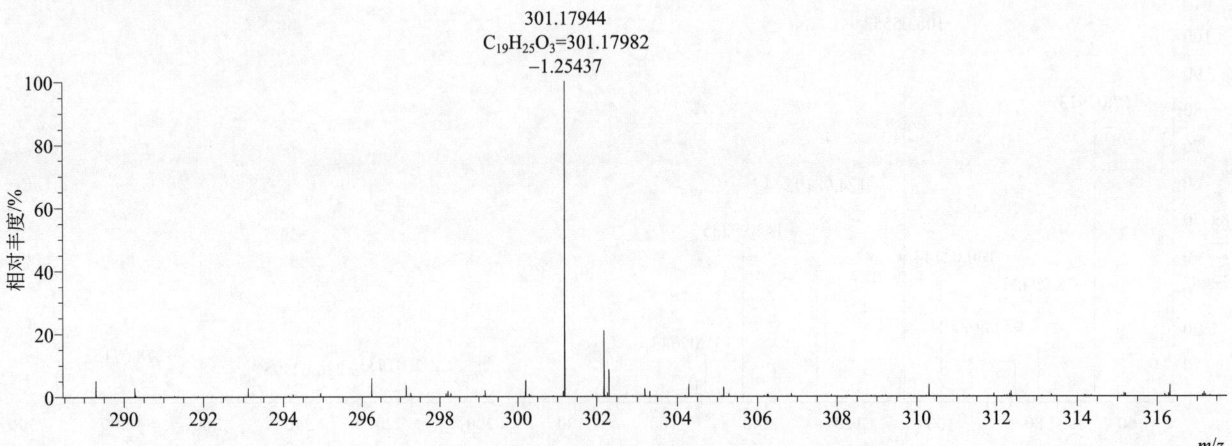

$[M+H]^+$ 归一化法能量 NCE 为 20 时典型的二级质谱图

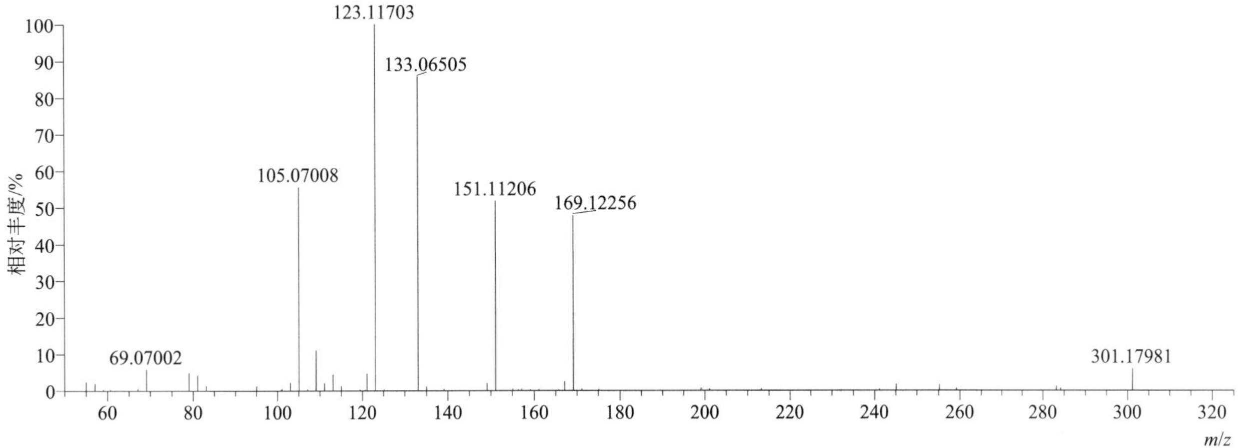

$[M+H]^+$ 归一化法能量 NCE 为 40 时典型的二级质谱图

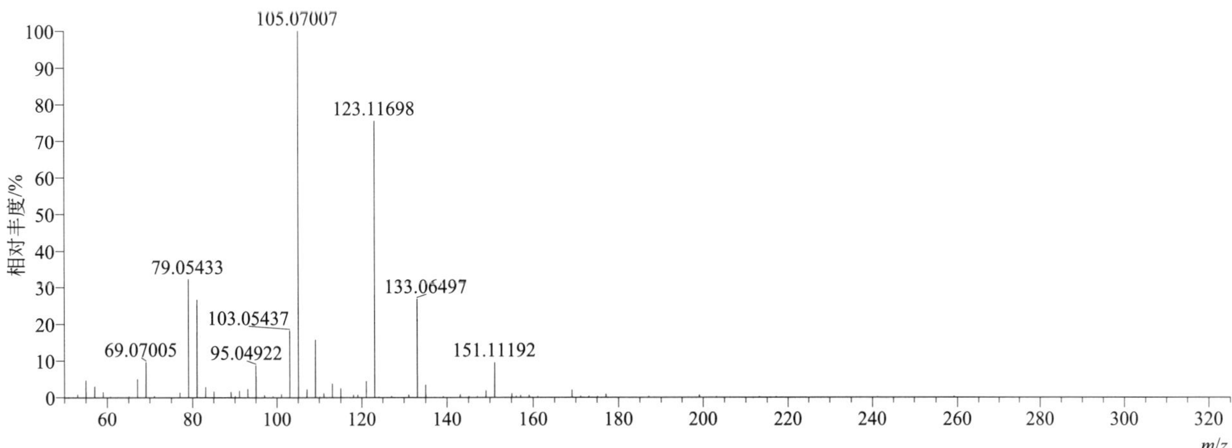

$[M+H]^+$ 归一化法能量 NCE 为 60 时典型的二级质谱图

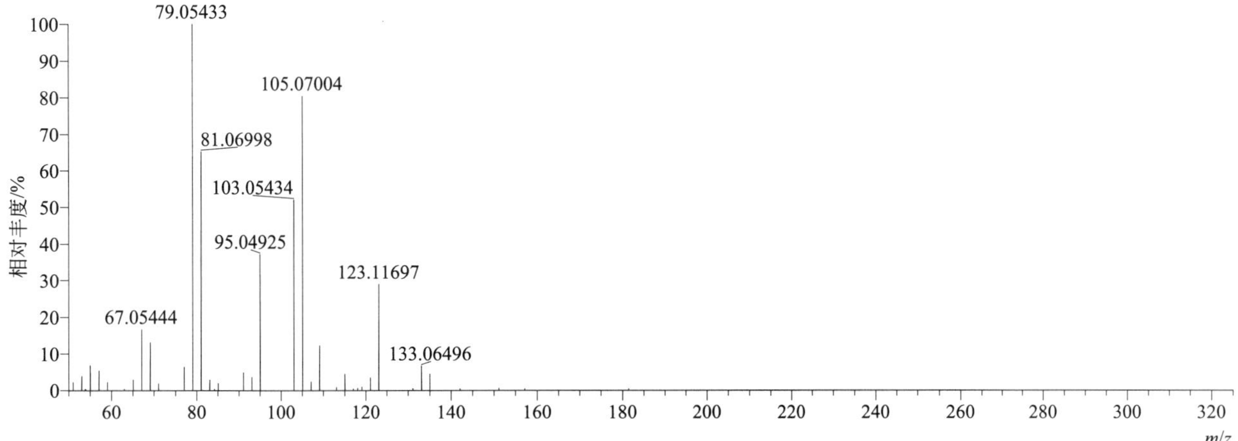

[M+H]+ 阶梯归一化法能量 Step NCE 为 20、40、60 时典型的二级质谱图

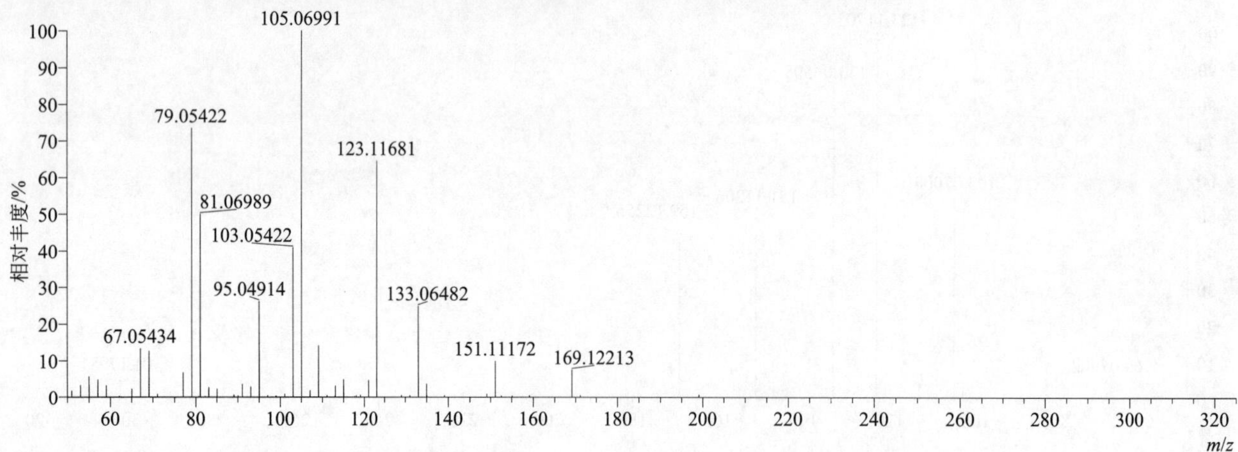

pretilachlor（丙草胺）

基本信息

CAS 登录号	51218-49-6	分子量	311.16521	离子源和极性	电喷雾离子源（ESI）
分子式	$C_{17}H_{26}ClNO_2$	保留时间	15.55min	极性	正模式

[M+H]+ 提取离子流色谱图

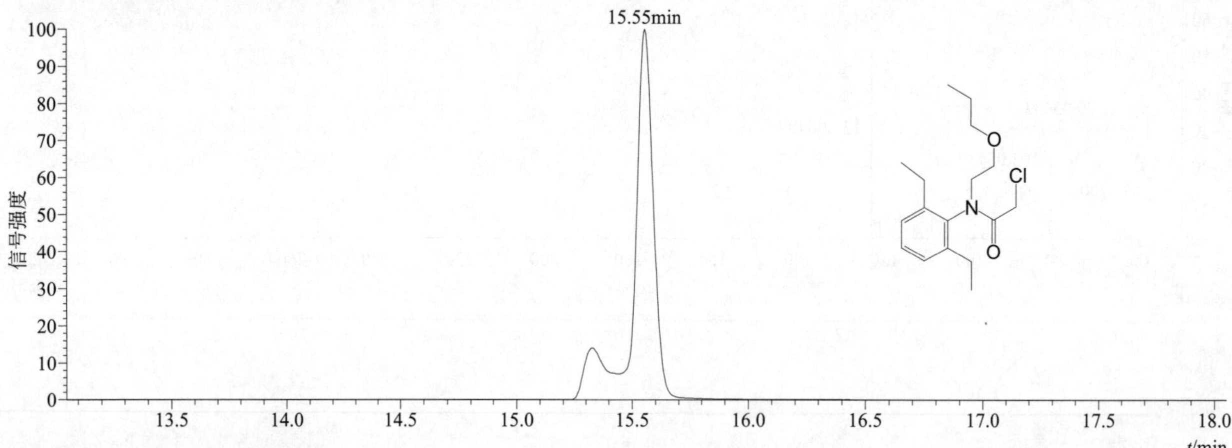

[M+H]+ 典型的一级质谱图

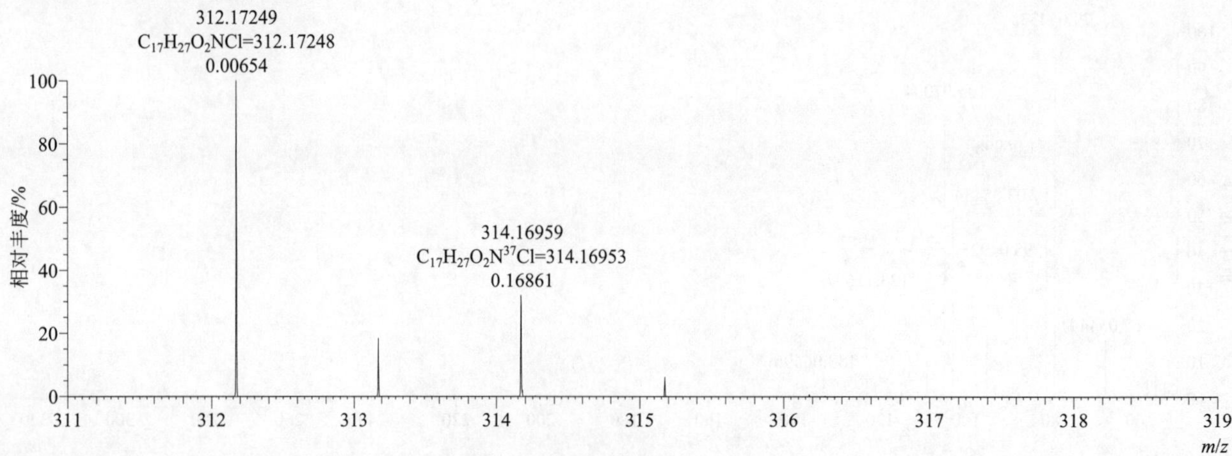

[M+H]+ 归一化法能量 NCE 为 20 时典型的二级质谱图

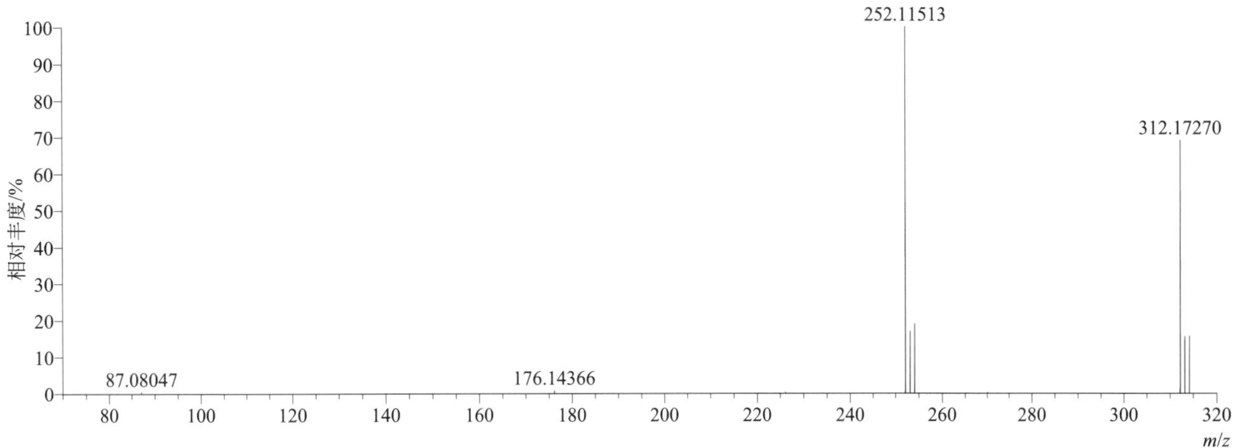

[M+H]+ 归一化法能量 NCE 为 40 时典型的二级质谱图

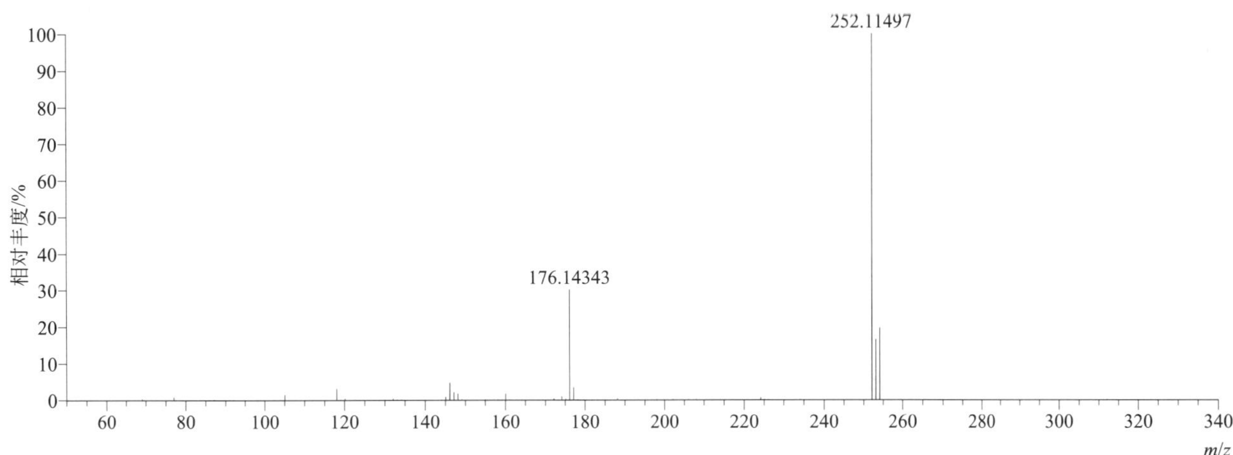

[M+H]+ 归一化法能量 NCE 为 60 时典型的二级质谱图

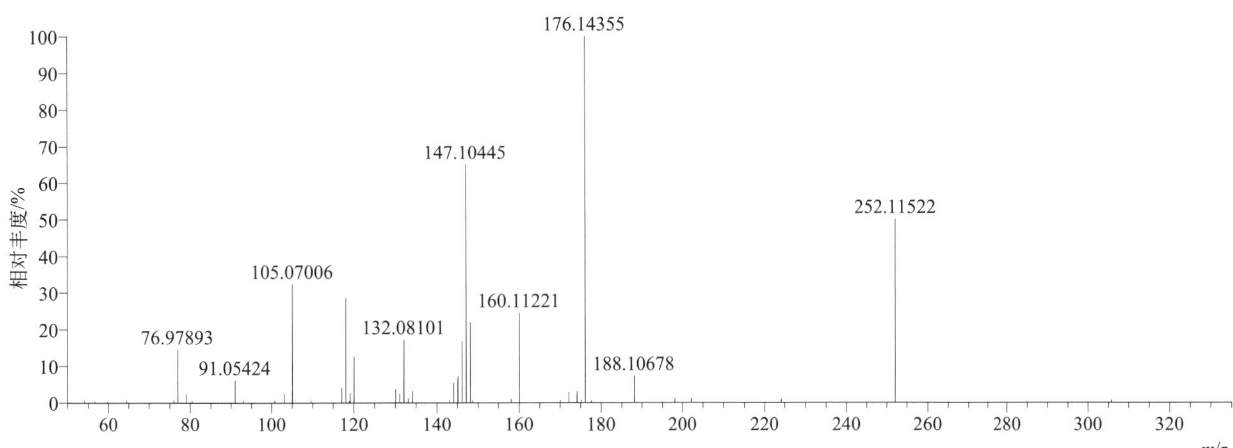

[M+H]+ 阶梯归一化法能量 Step NCE 为 20、40、60 时典型的二级质谱图

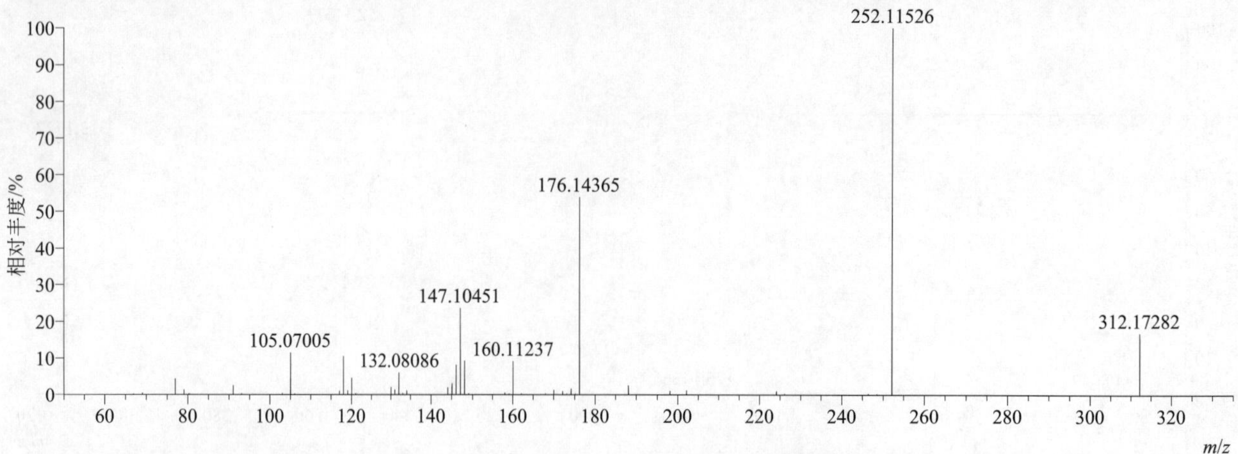

primisulfuron-methyl（氟嘧磺隆）

基本信息

CAS 登录号	86209-51-0	分子量	468.03628	离子源和极性	电喷雾离子源（ESI）
分子式	$C_{15}H_{12}F_4N_4O_7S$	保留时间	14.43min	极性	正模式

[M+H]+ 提取离子流色谱图

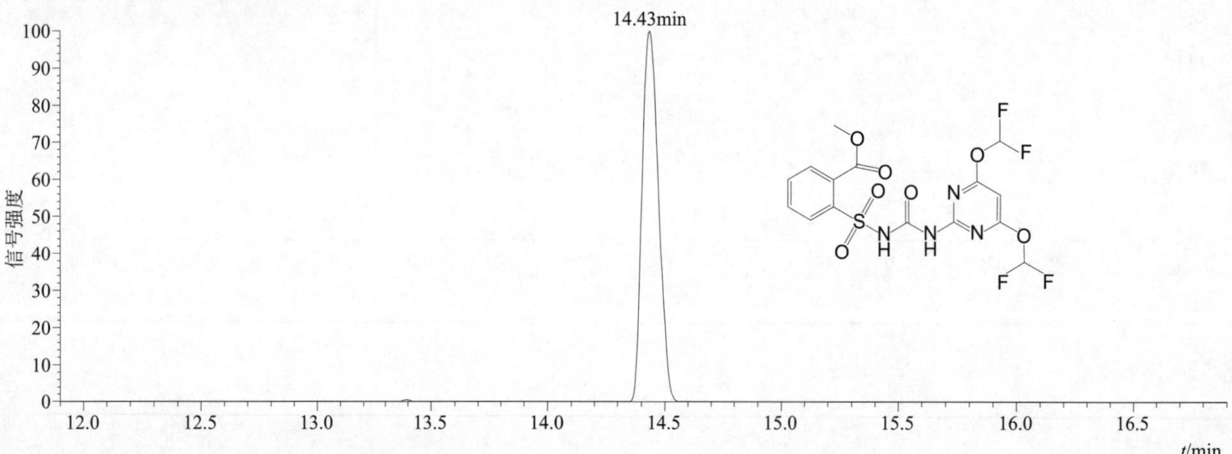

[M+H]+ 和 [M+Na]+ 典型的一级质谱图

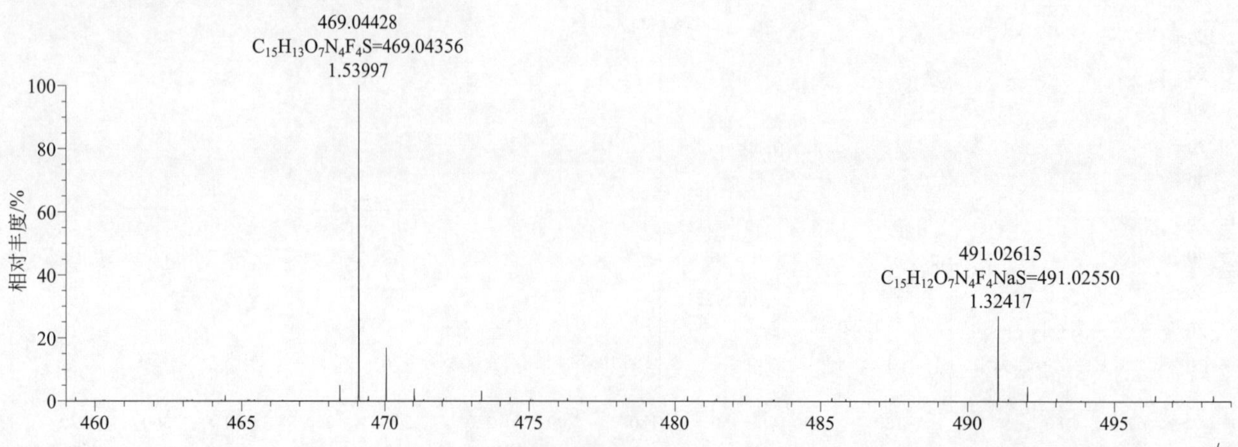

[M+H]+ 归一化法能量 NCE 为 20 时典型的二级质谱图

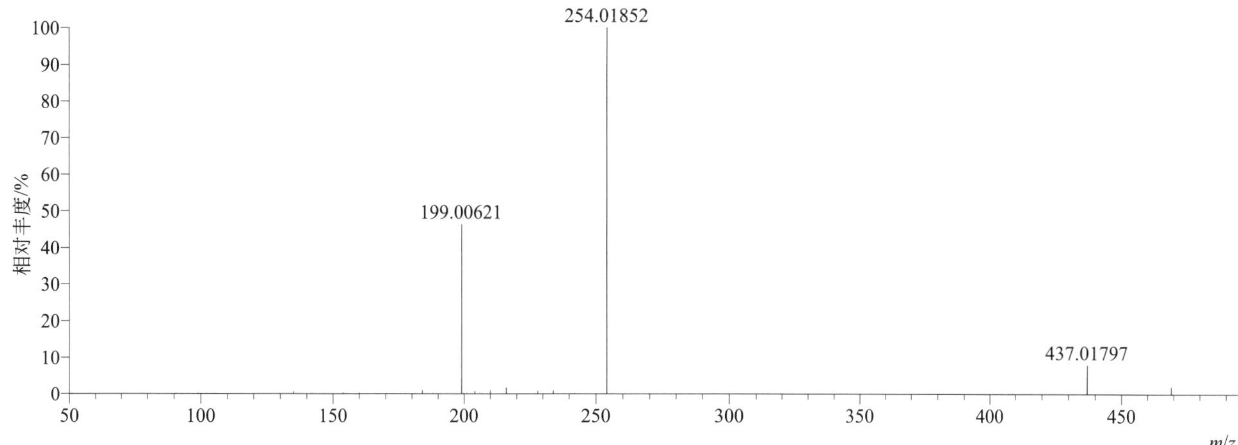

[M+H]+ 归一化法能量 NCE 为 40 时典型的二级质谱图

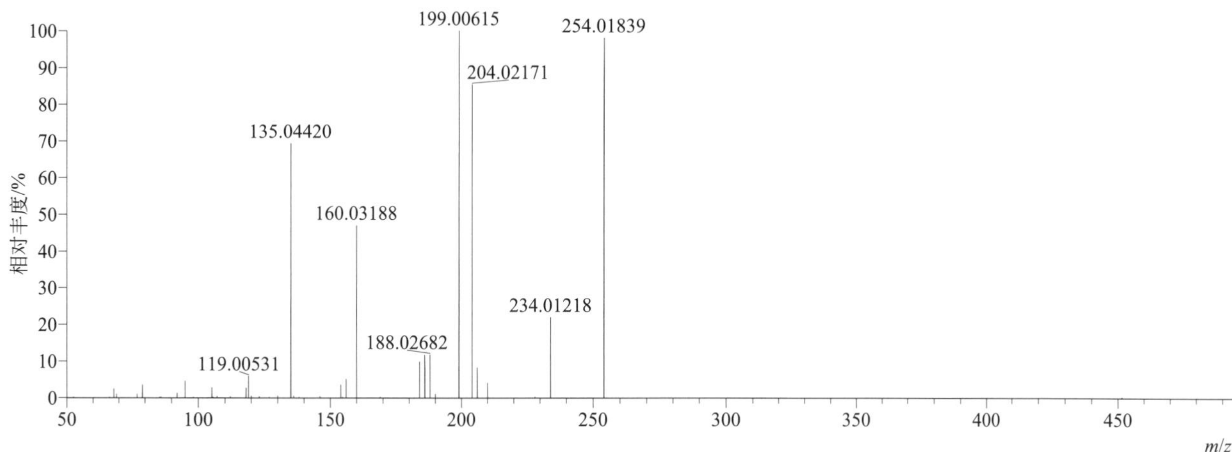

[M+H]+ 归一化法能量 NCE 为 60 时典型的二级质谱图

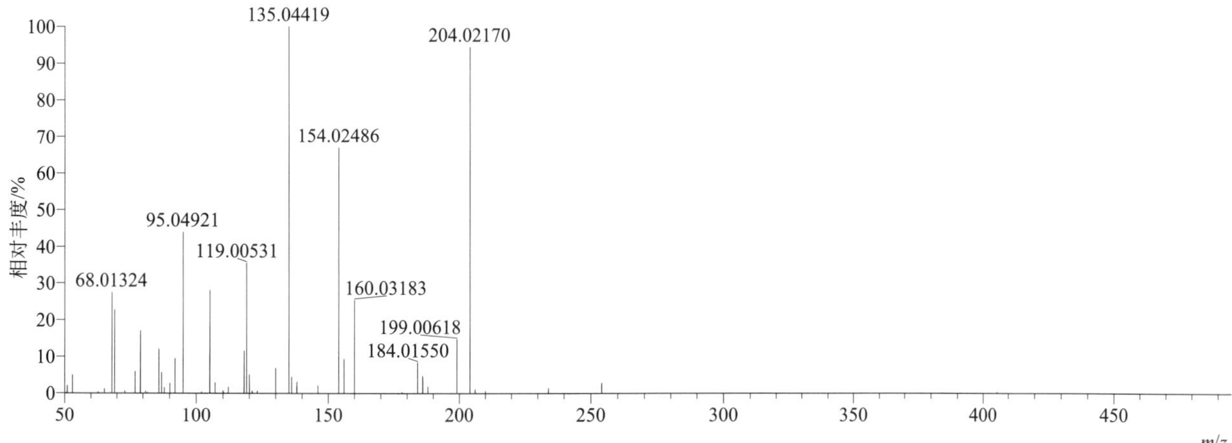

[M+H]$^+$ 阶梯归一化法能量 Step NCE 为 20、40、60 时典型的二级质谱图

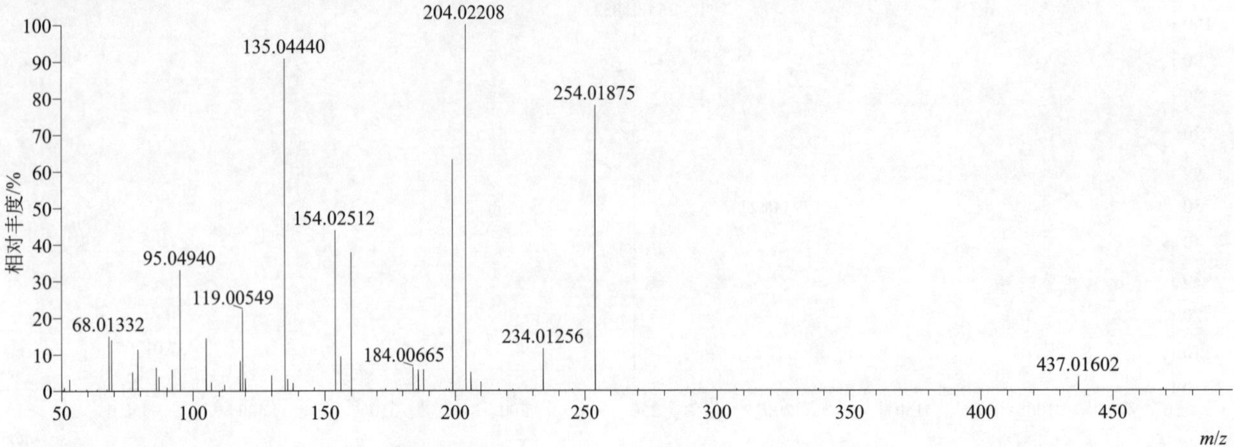

prochloraz（咪鲜胺）

基本信息

CAS 登录号	67747-09-5	分子量	375.03081	离子源和极性	电喷雾离子源（ESI）
分子式	$C_{15}H_{16}Cl_3N_3O_2$	保留时间	15.29min	极性	正模式

[M+H]$^+$ 提取离子流色谱图

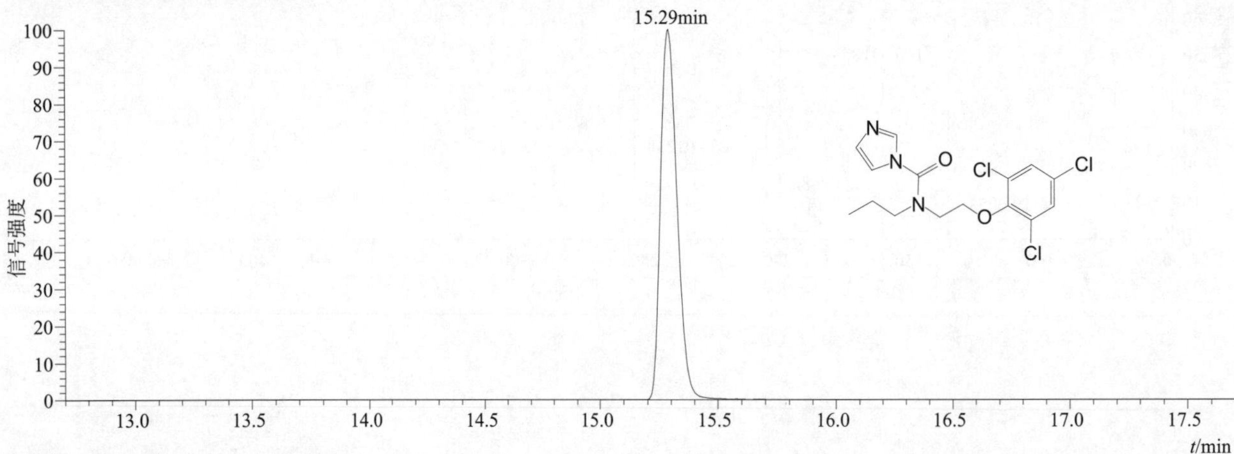

[M+H]$^+$ 典型的一级质谱图

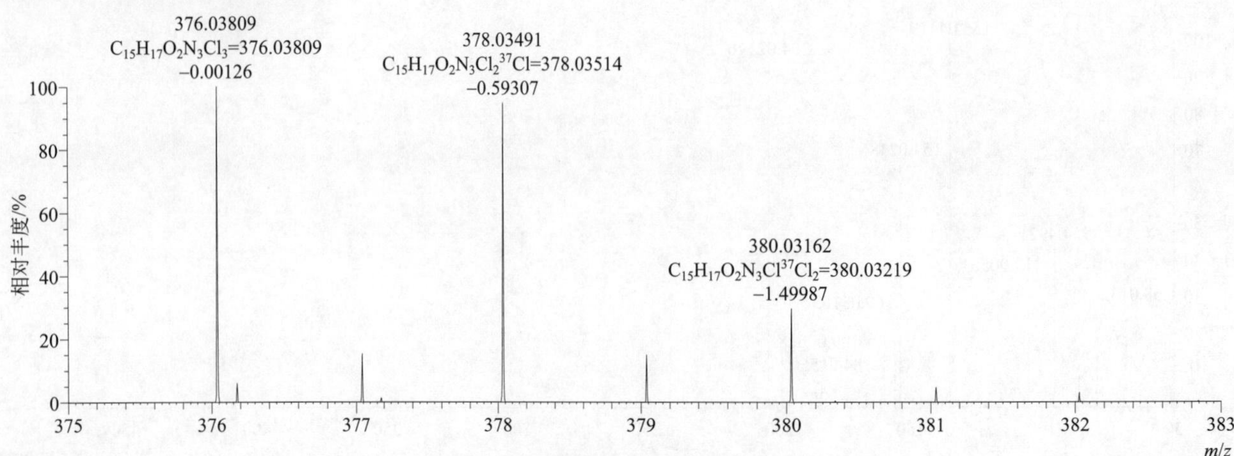

[M+H]+ 归一化法能量 NCE 为 20 时典型的二级质谱图

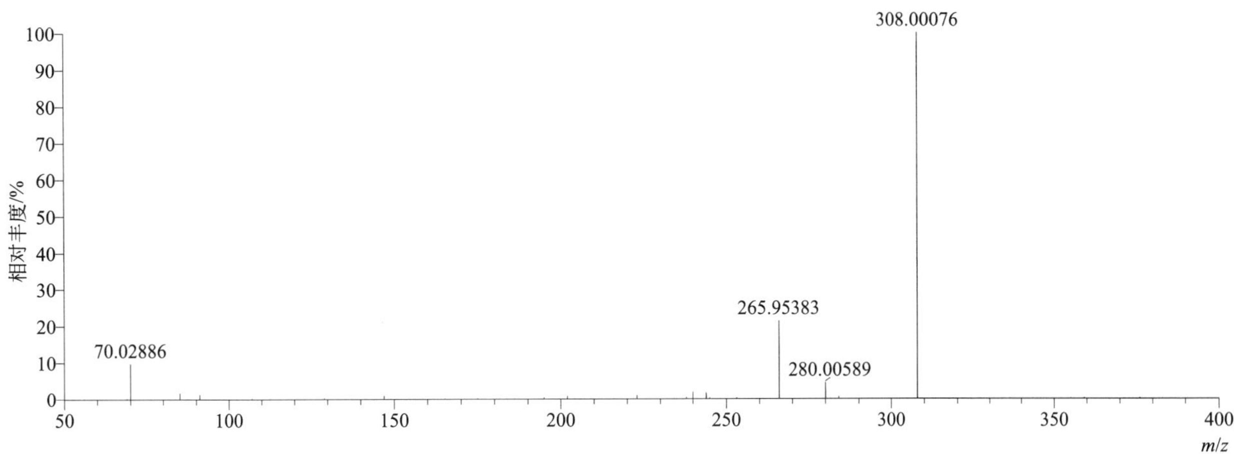

[M+H]+ 归一化法能量 NCE 为 40 时典型的二级质谱图

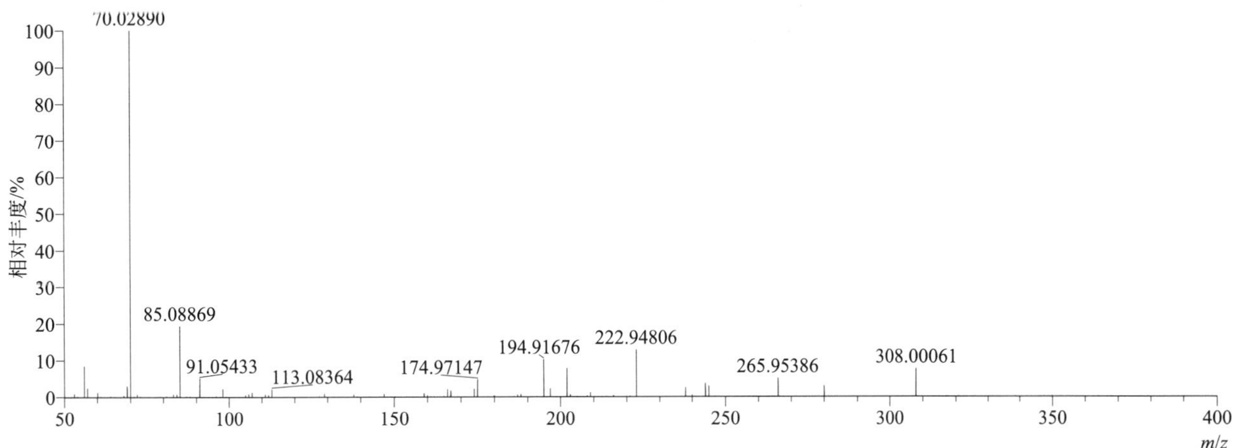

[M+H]+ 归一化法能量 NCE 为 60 时典型的二级质谱图

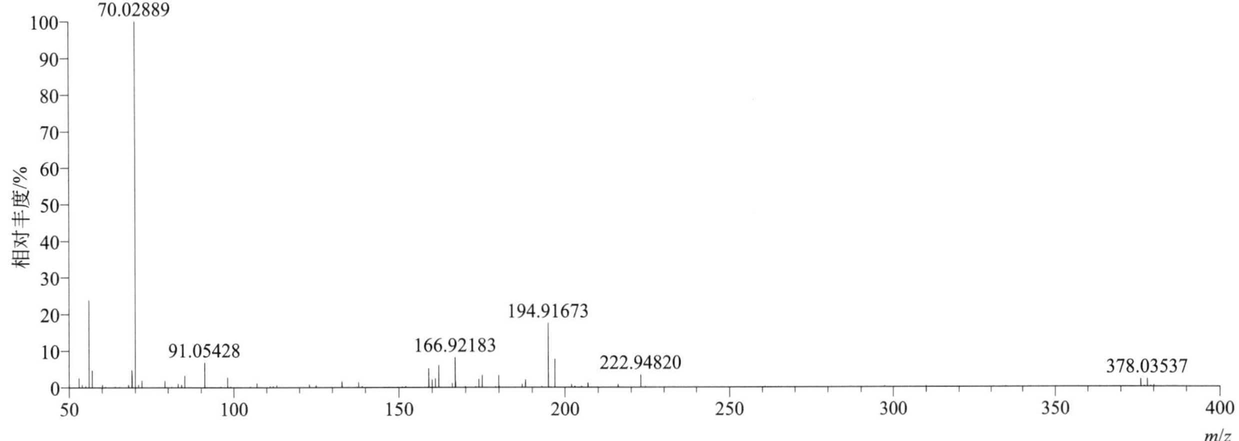

[M+H]+ 阶梯归一化法能量 Step NCE 为 20、40、60 时典型的二级质谱图

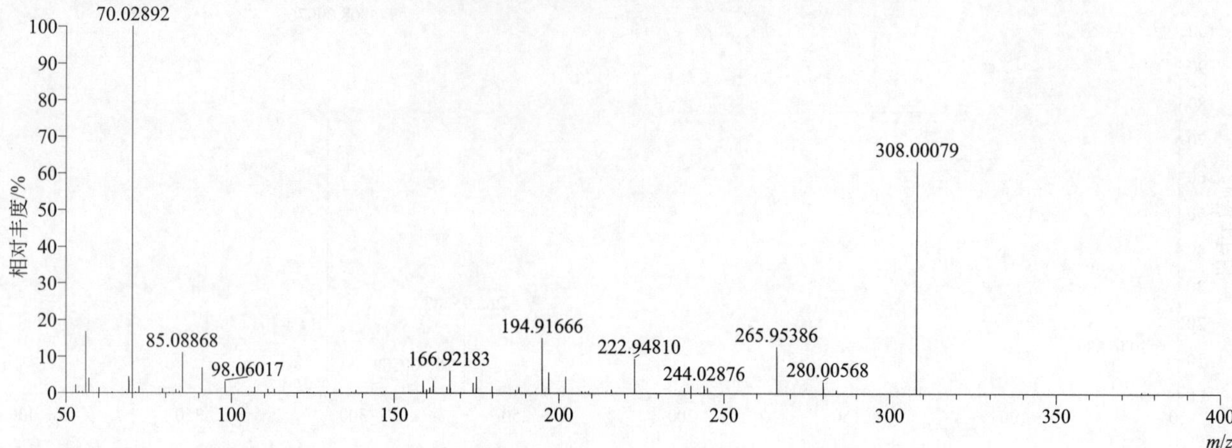

profenofos（丙溴磷）

基本信息

CAS 登录号	41198-08-7	分子量	371.93514	离子源和极性	电喷雾离子源（ESI）
分子式	$C_{11}H_{15}BrClO_3PS$	保留时间	15.68min	极性	正模式

[M+H]+ 提取离子流色谱图

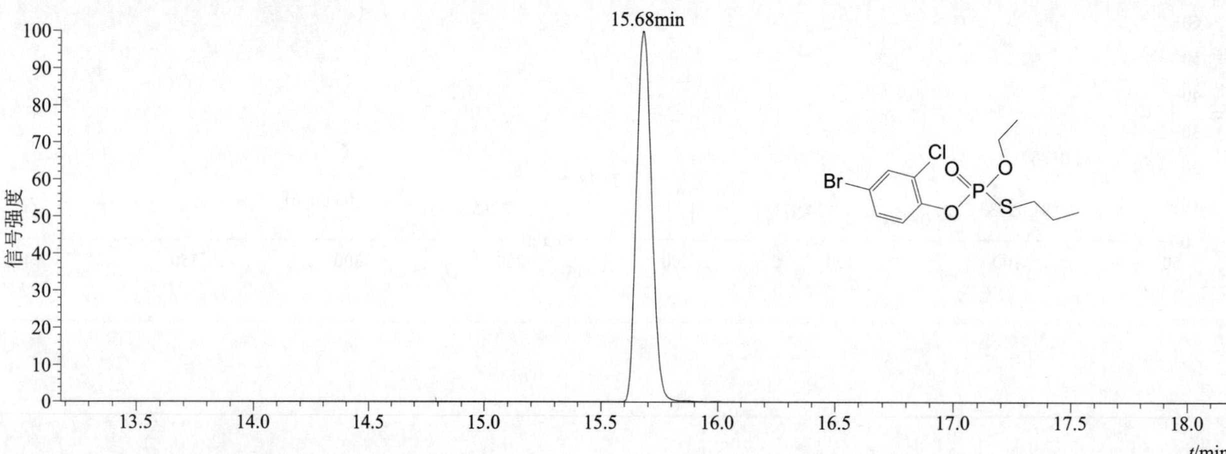

[M+H]+ 典型的一级质谱图

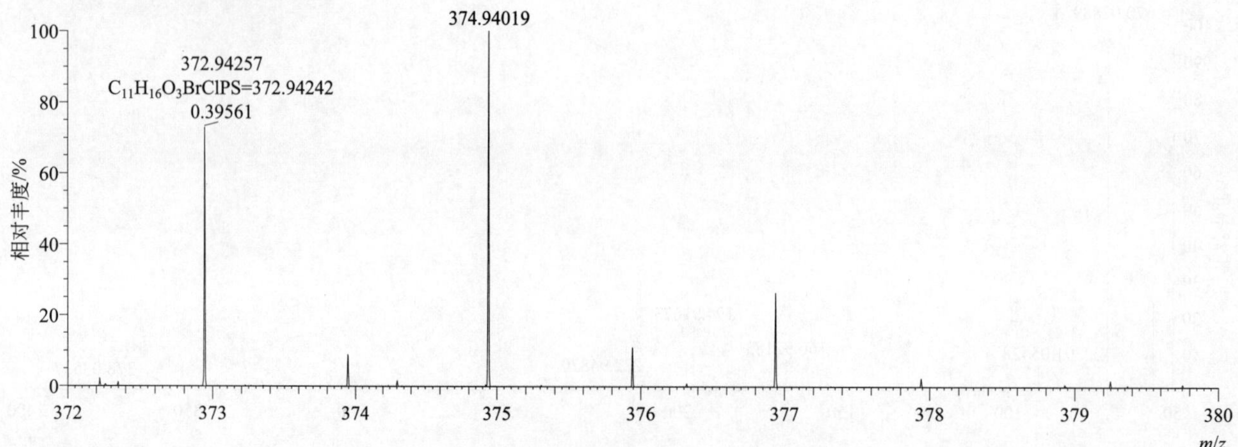

[M+H]+ 归一化法能量 NCE 为 20 时典型的二级质谱图

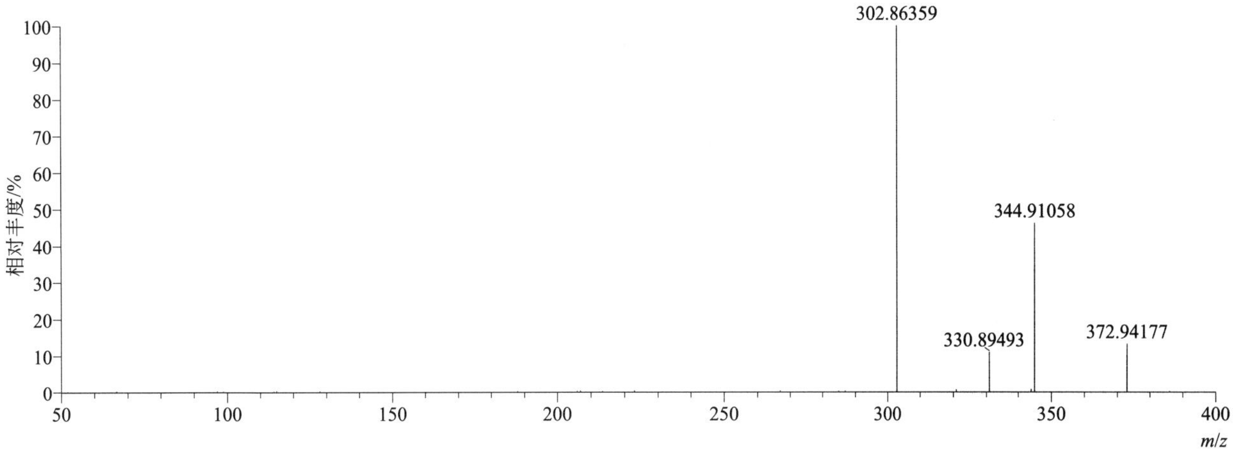

[M+H]+ 归一化法能量 NCE 为 40 时典型的二级质谱图

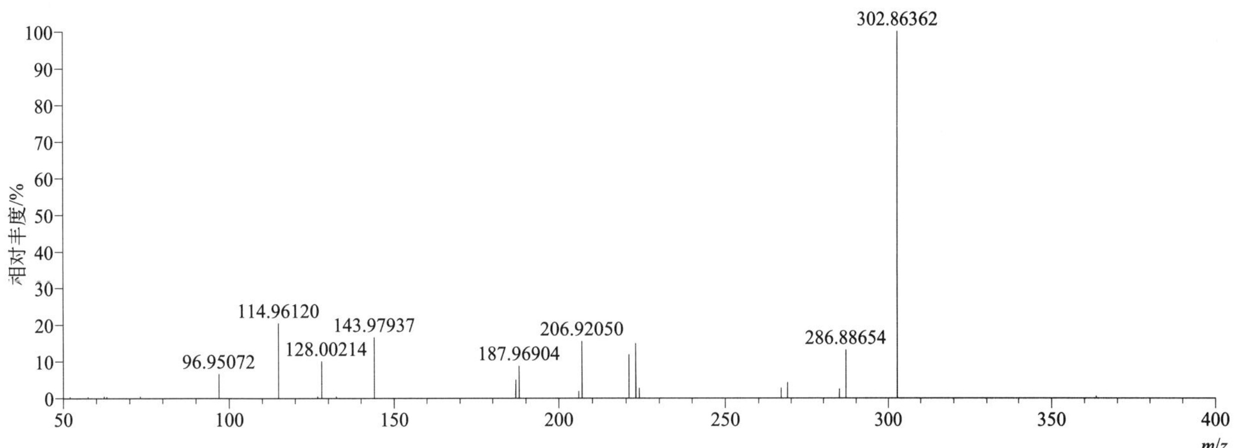

[M+H]+ 归一化法能量 NCE 为 60 时典型的二级质谱图

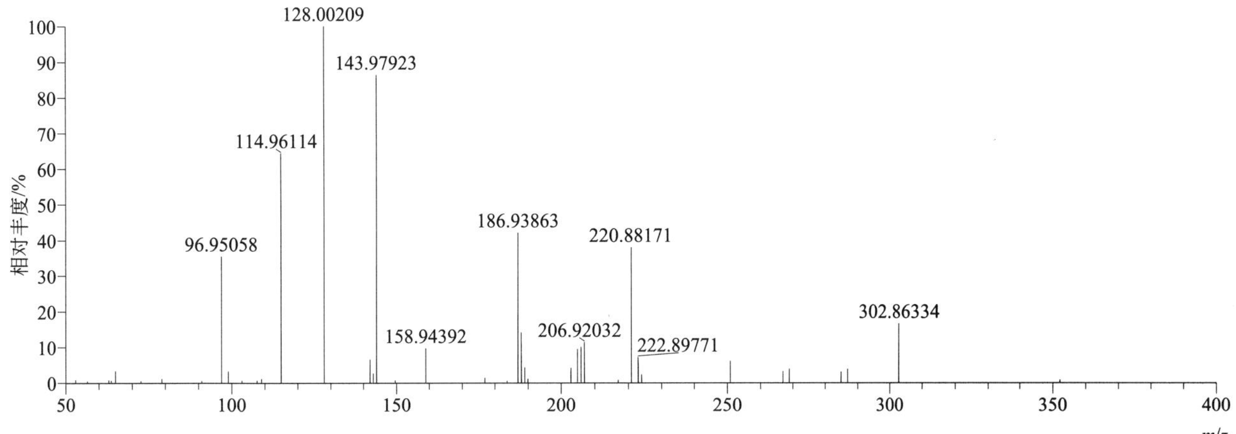

[M+H]+ 阶梯归一化法能量 Step NCE 为 20、40、60 时典型的二级质谱图

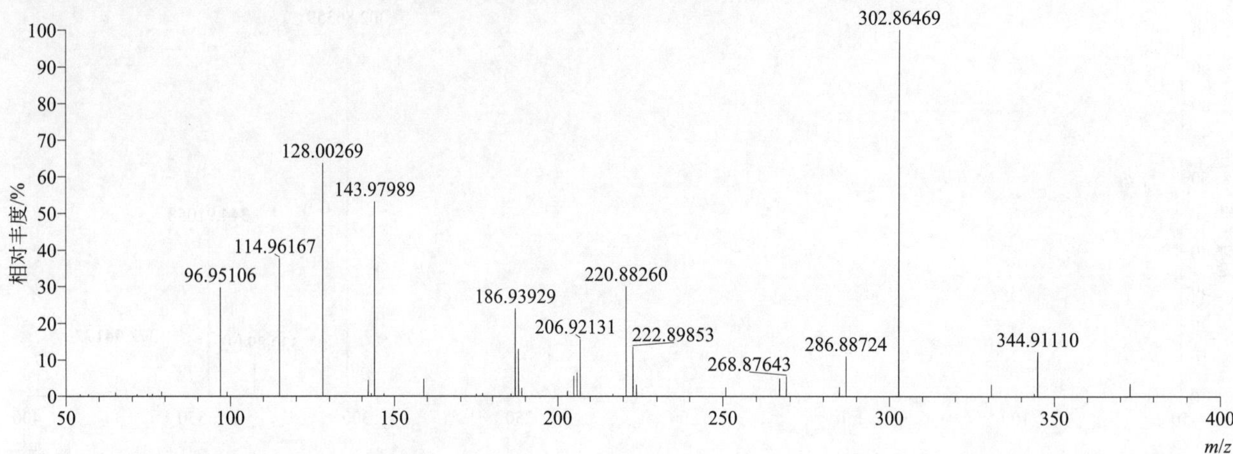

promecarb（猛杀威）

基本信息

CAS 登录号	2631-37-0	分子量	207.12593	离子源和极性	电喷雾离子源（ESI）
分子式	$C_{12}H_{17}NO_2$	保留时间	14.43min	极性	正模式

[M+H]+ 提取离子流色谱图

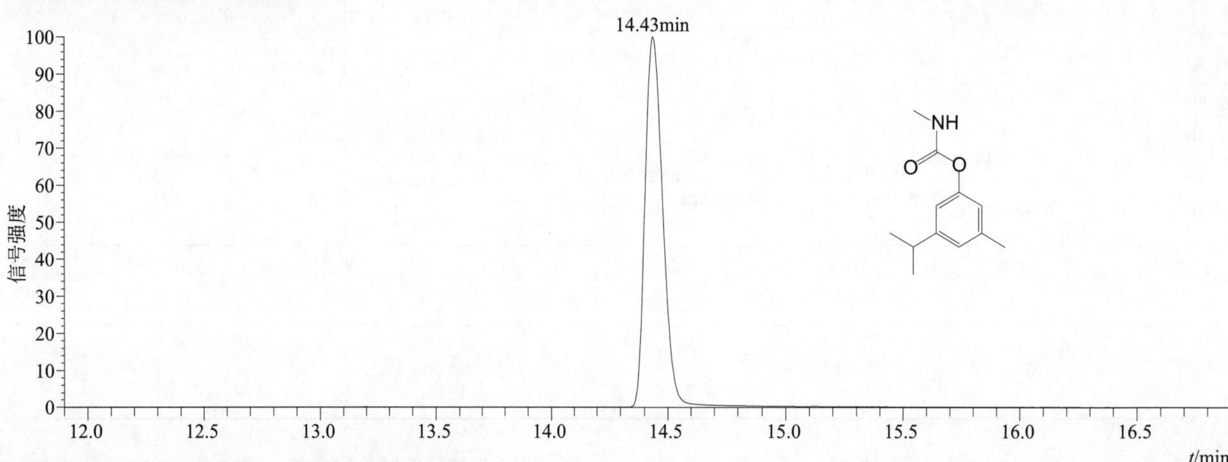

[M+H]+ 和 [M+NH4]+ 典型的一级质谱图

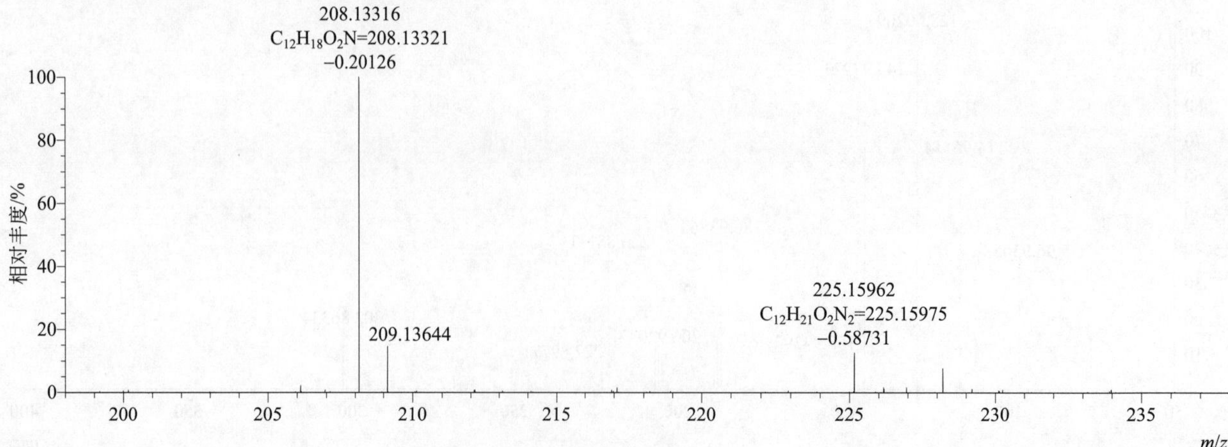

[M+H]$^+$ 归一化法能量 NCE 为 20 时典型的二级质谱图

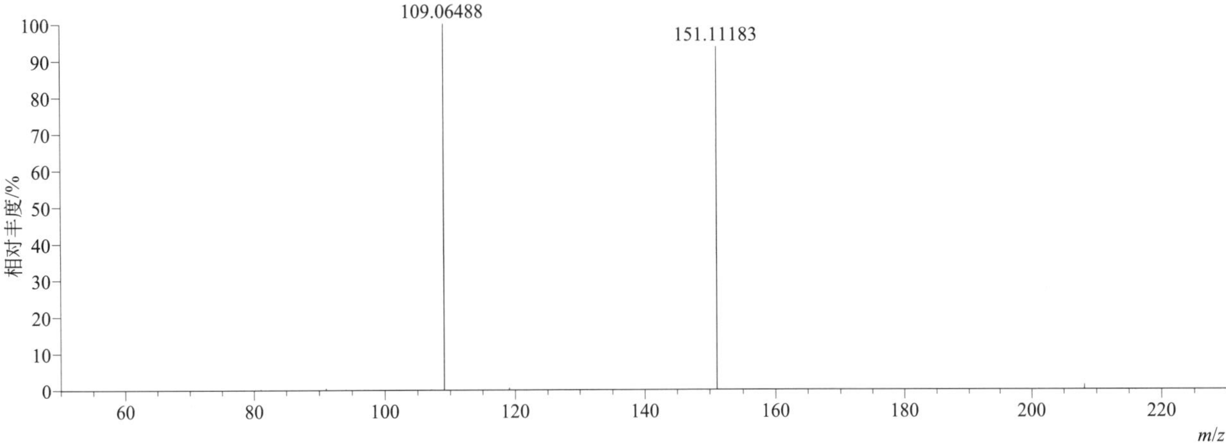

[M+H]$^+$ 归一化法能量 NCE 为 40 时典型的二级质谱图

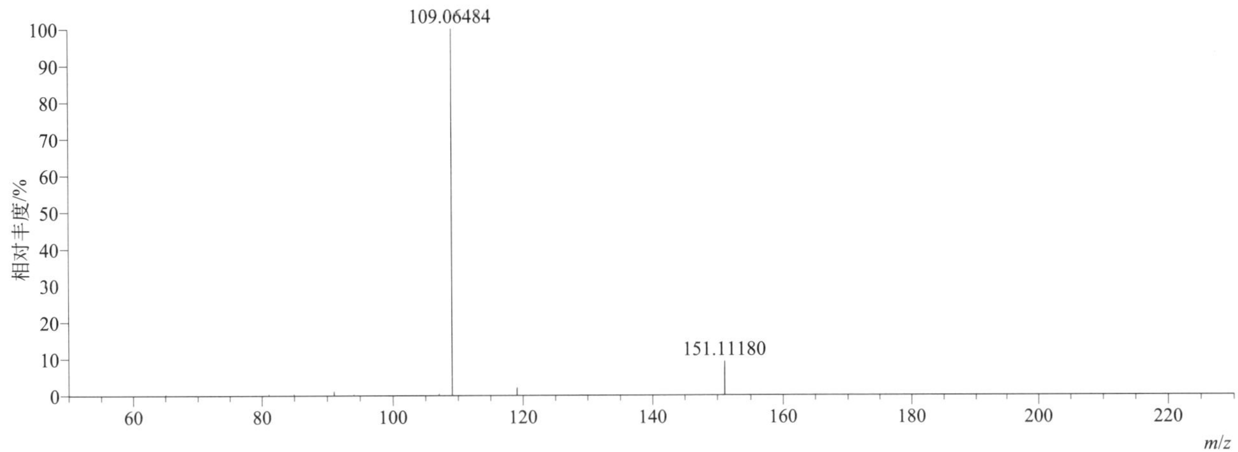

[M+H]$^+$ 归一化法能量 NCE 为 60 时典型的二级质谱图

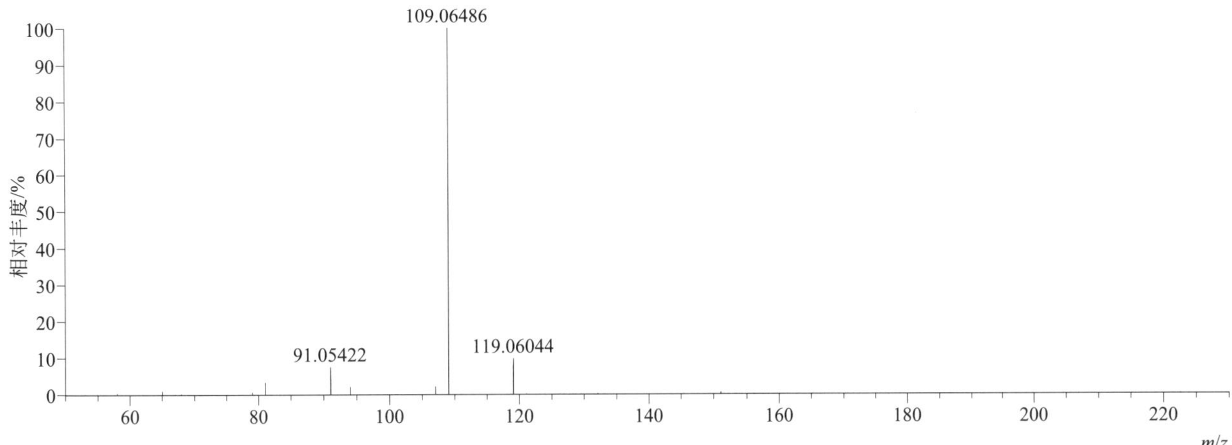

$[M+H]^+$ 阶梯归一化法能量 Step NCE 为 20、40、60 时典型的二级质谱图

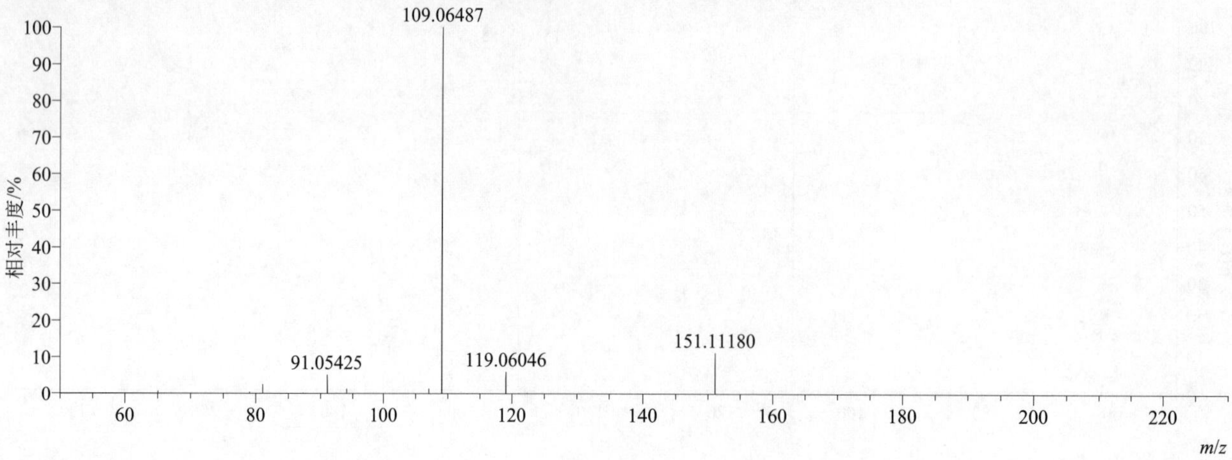

$[M+NH_4]^+$ 归一化法能量 NCE 为 20 时典型的二级质谱图

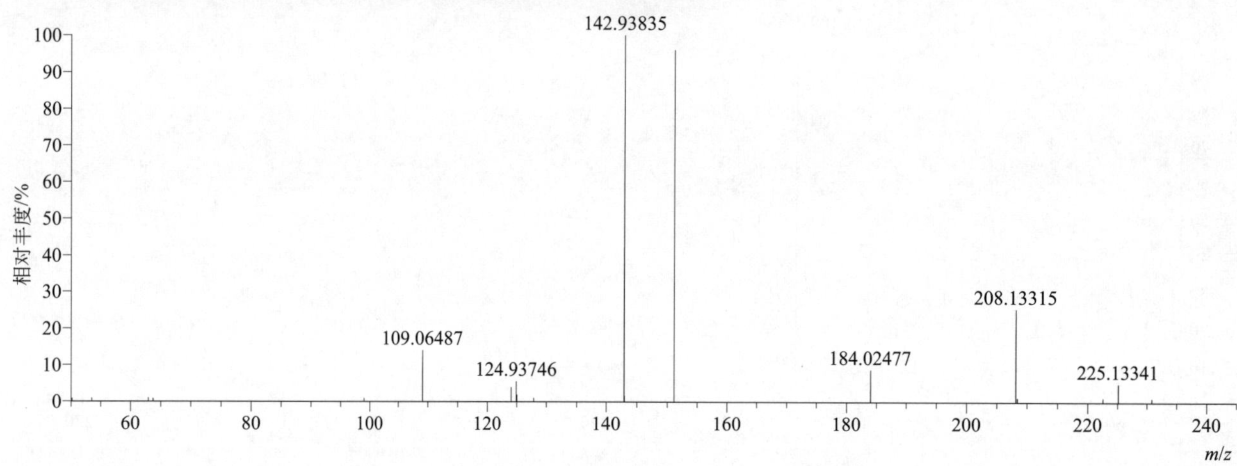

$[M+NH_4]^+$ 归一化法能量 NCE 为 40 时典型的二级质谱图

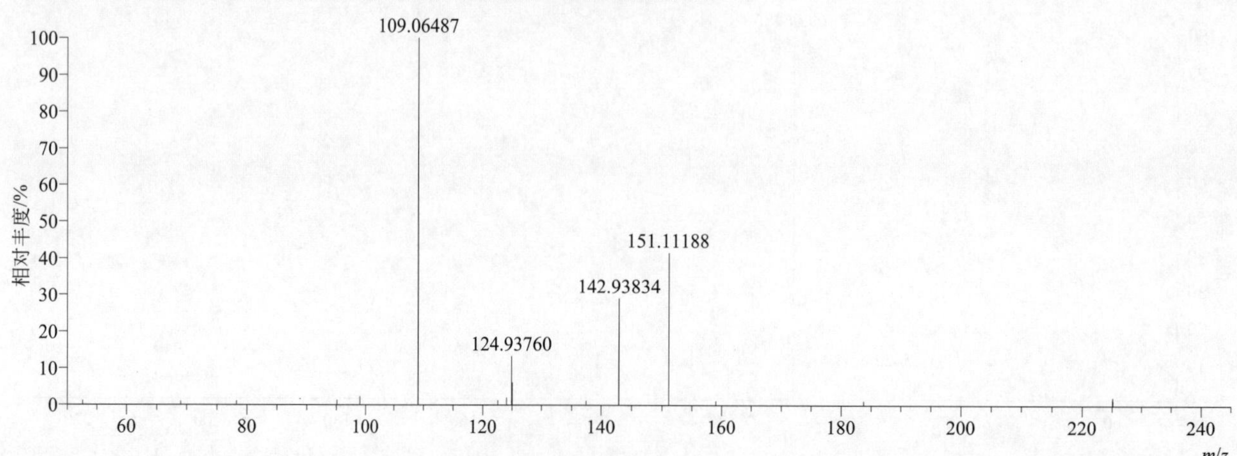

[M+NH$_4$]$^+$ 归一化法能量 NCE 为 60 时典型的二级质谱图

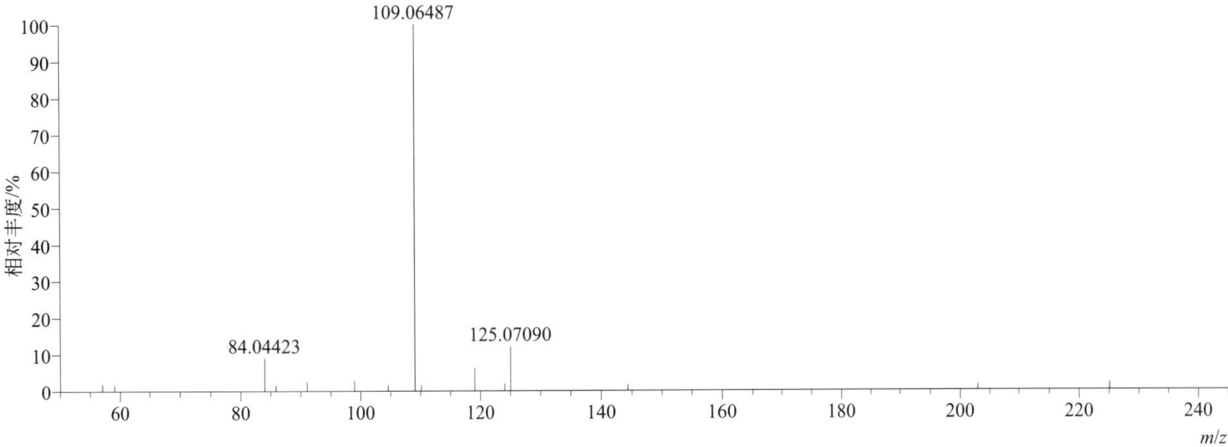

[M+NH$_4$]$^+$ 阶梯归一化法能量 Step NCE 为 20、40、60 时典型的二级质谱图

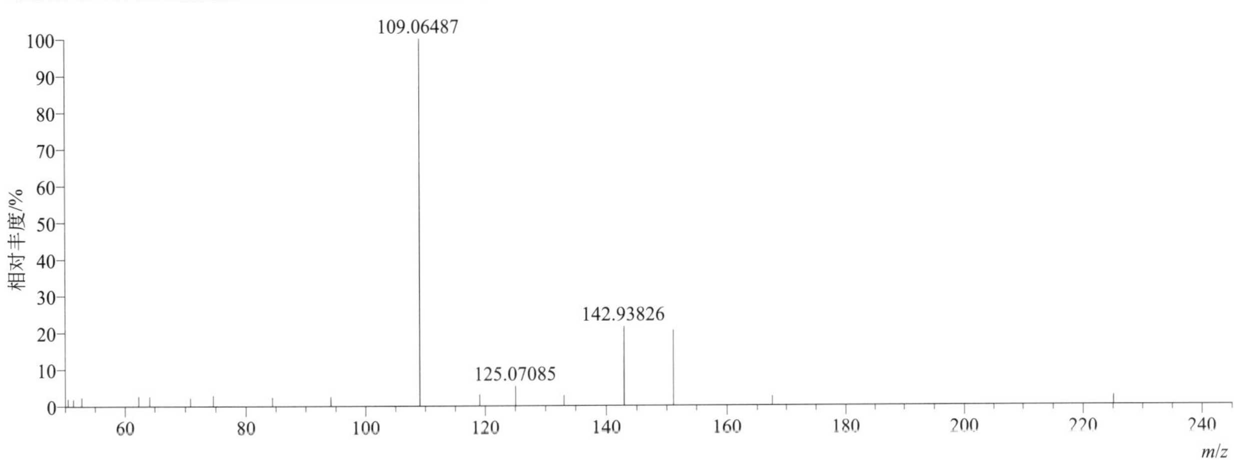

prometon（扑灭通）

基本信息

CAS 登录号	1610-18-0	分子量	225.15896	离子源和极性	电喷雾离子源（ESI）
分子式	$C_{10}H_{19}N_5O$	保留时间	13.57min	极性	正模式

[M+H]$^+$ 提取离子流色谱图

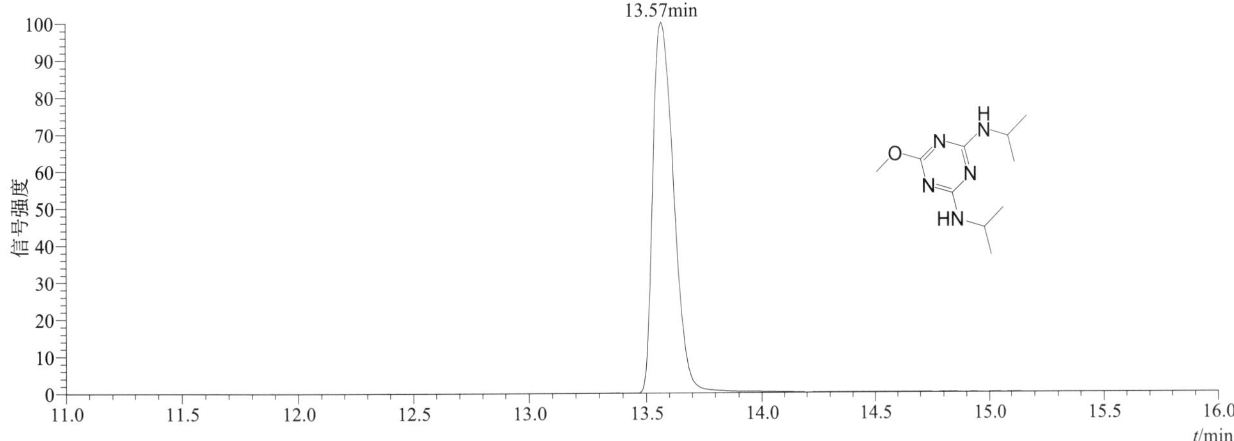

[M+H]+ 典型的一级质谱图

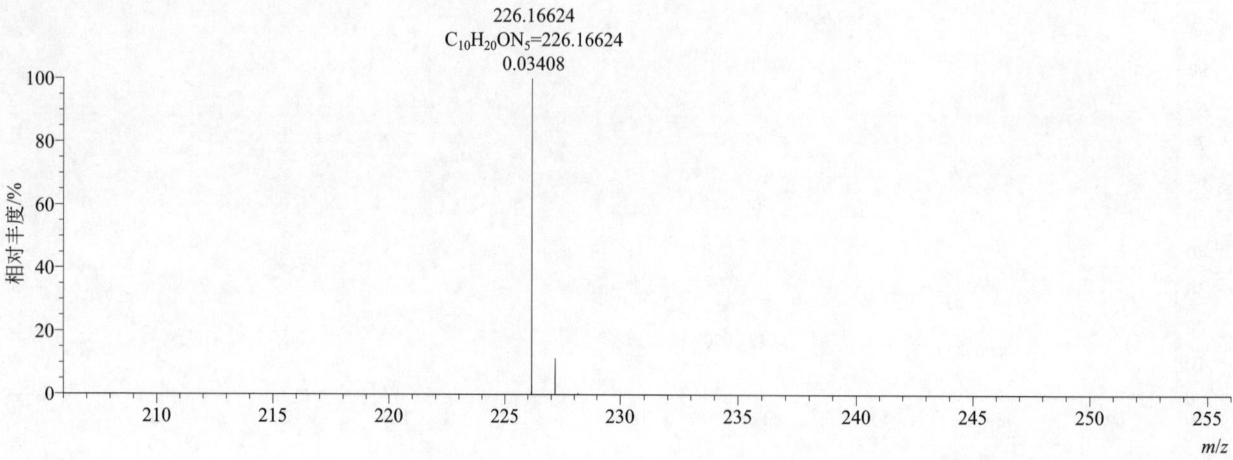

[M+H]+ 归一化法能量 NCE 为 60 时典型的二级质谱图

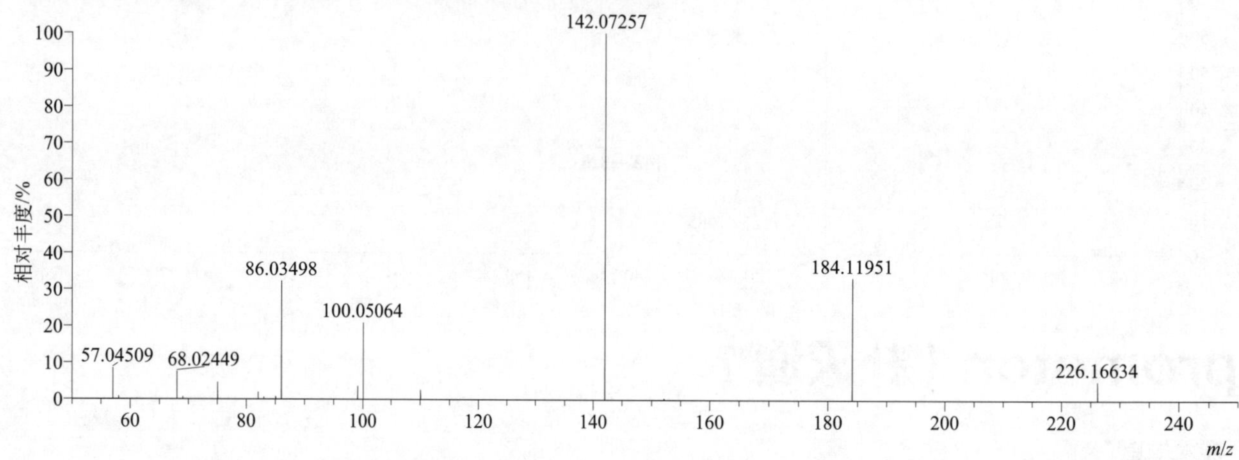

[M+H]+ 归一化法能量 NCE 为 80 时典型的二级质谱图

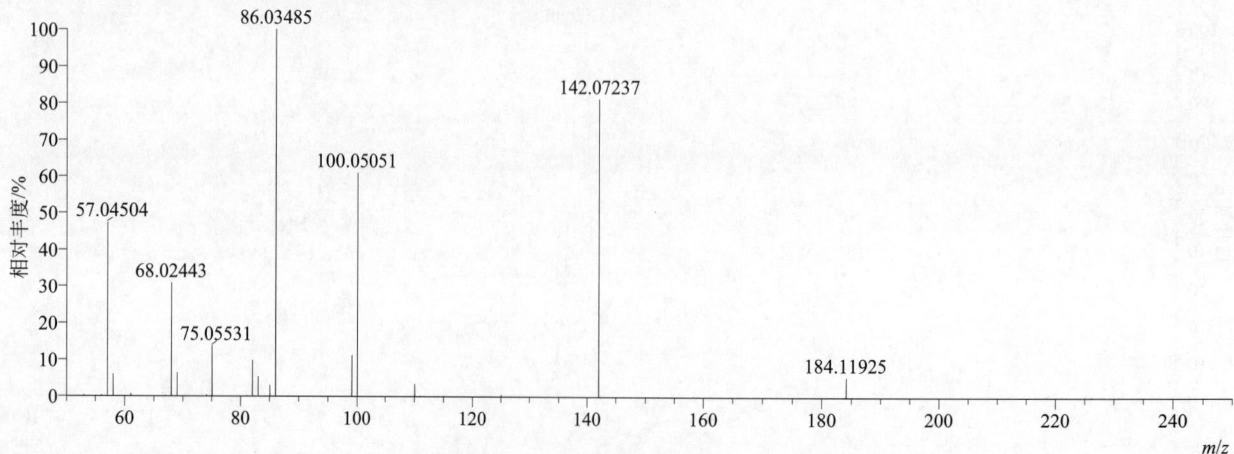

[M+H]+ 归一化法能量 NCE 为 100 时典型的二级质谱图

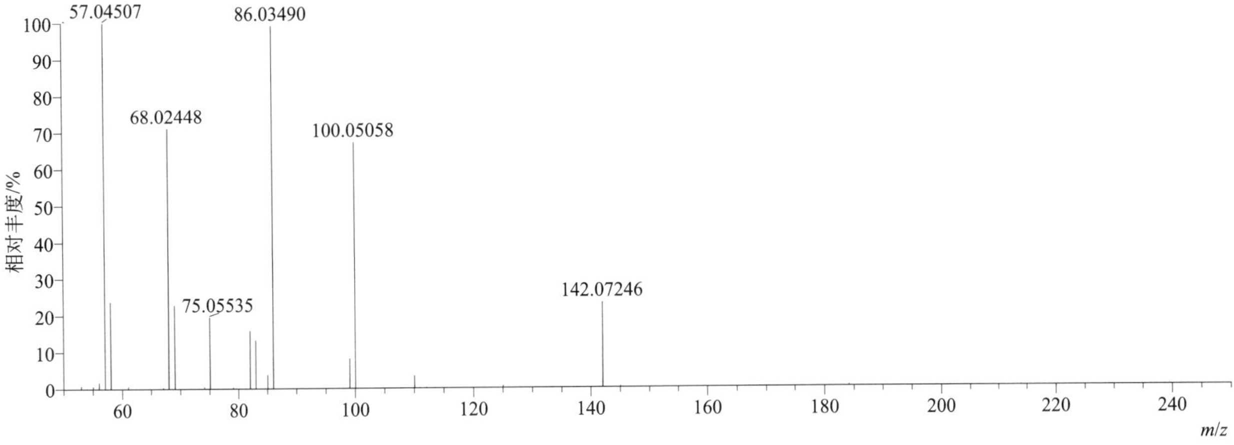

[M+H]+ 阶梯归一化法能量 Step NCE 为 60、80、100 时典型的二级质谱图

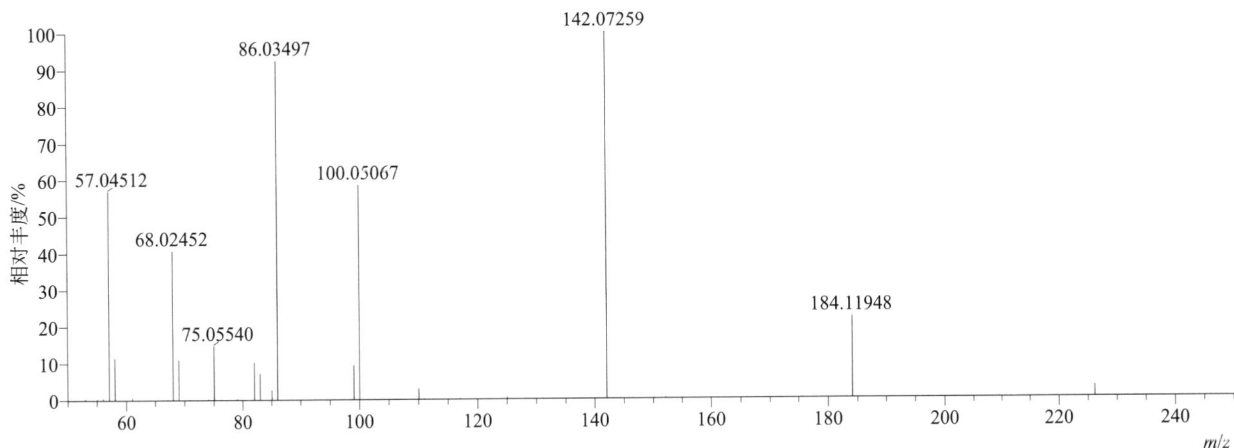

prometryn（扑草净）

基本信息

CAS 登录号	7287-19-6	**分子量**	241.13612	**离子源和极性**	电喷雾离子源（ESI）
分子式	$C_{10}H_{19}N_5S$	**保留时间**	14.42min	**极性**	正模式

[M+H]+ 提取离子流色谱图

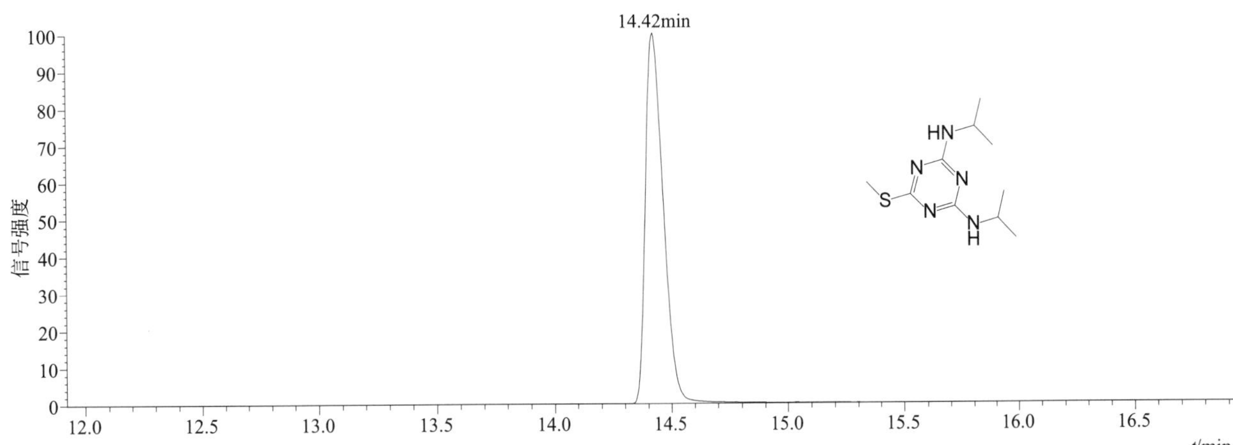

[M+H]+ 典型的一级质谱图

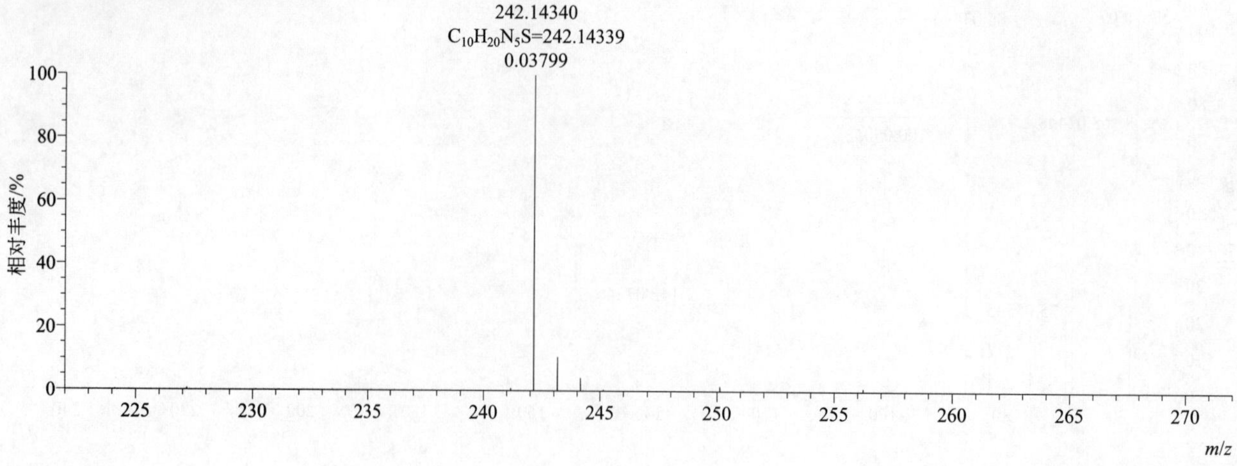

[M+H]+ 归一化法能量 NCE 为 20 时典型的二级质谱图

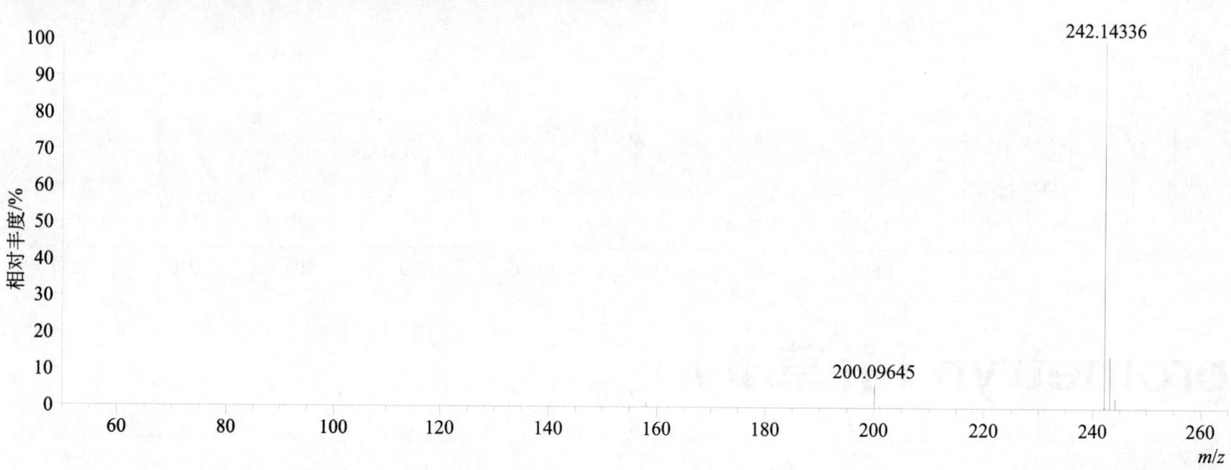

[M+H]+ 归一化法能量 NCE 为 40 时典型的二级质谱图

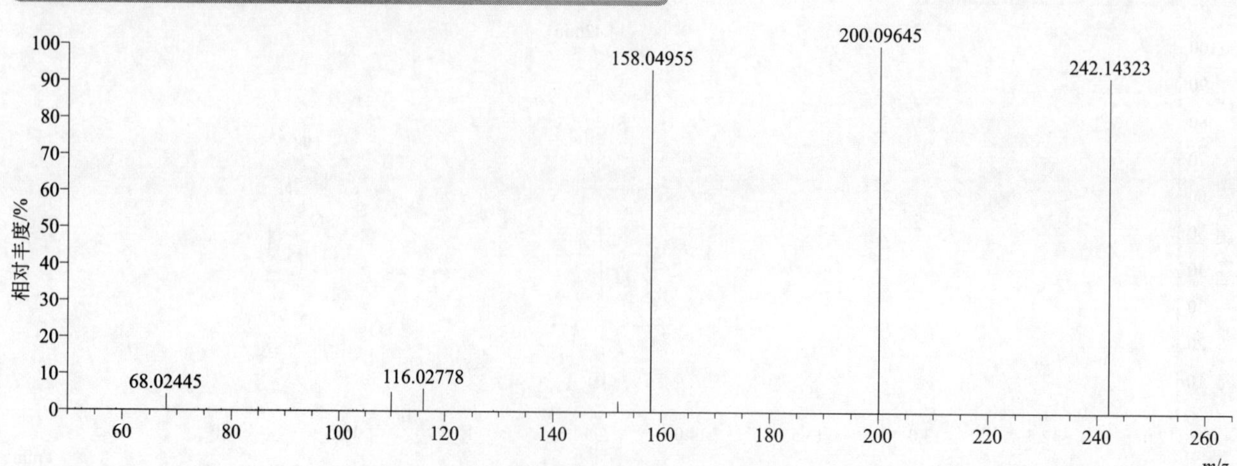

$[M+H]^+$ 归一化法能量 NCE 为 60 时典型的二级质谱图

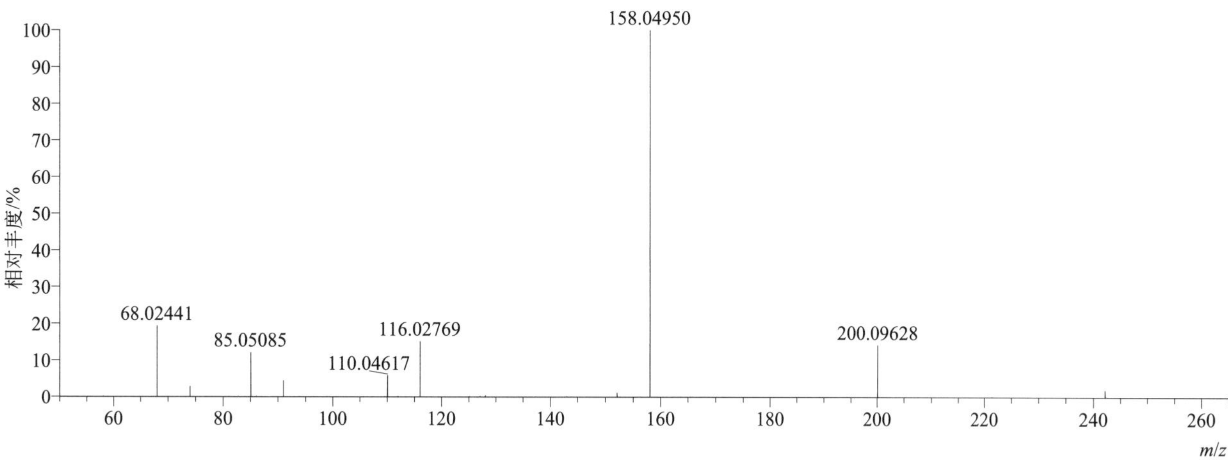

$[M+H]^+$ 阶梯归一化法能量 Step NCE 为 20、40、60 时典型的二级质谱图

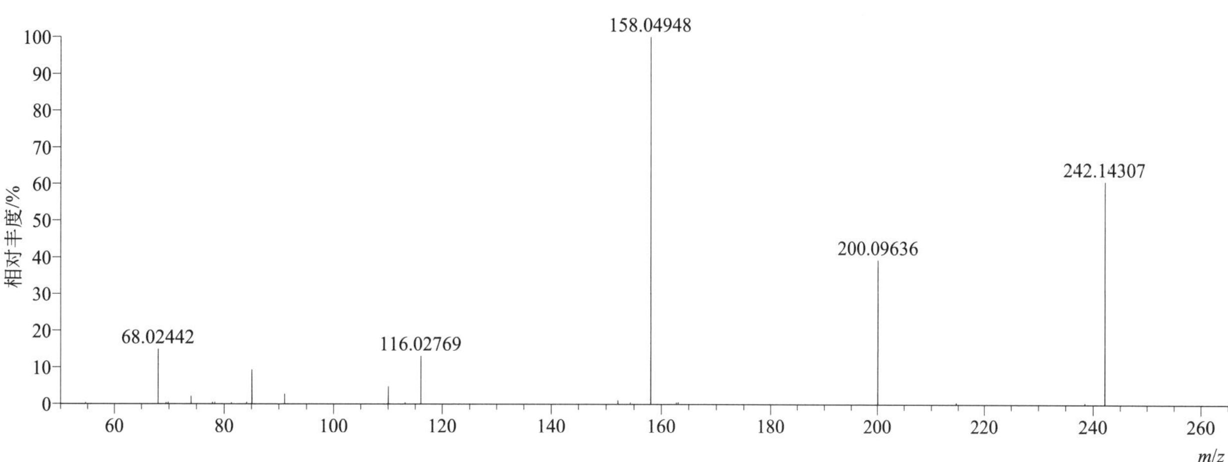

propachlor（毒草胺）

基本信息

CAS 登录号	1918-16-7	**分子量**	211.07639	**离子源和极性**	电喷雾离子源（ESI）
分子式	$C_{11}H_{14}ClNO$	**保留时间**	13.80min	**极性**	正模式

$[M+H]^+$ 提取离子流色谱图

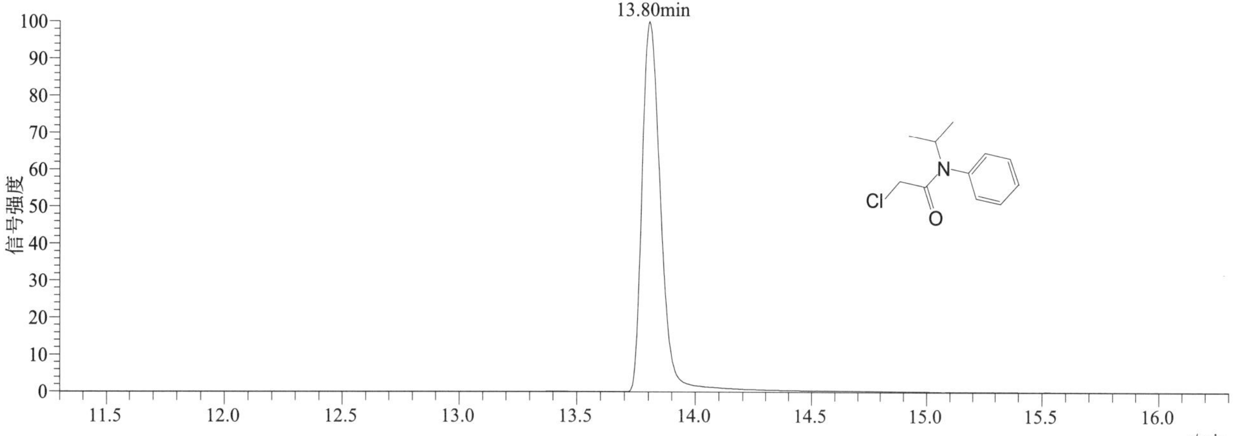

[M+H]+ 典型的一级质谱图

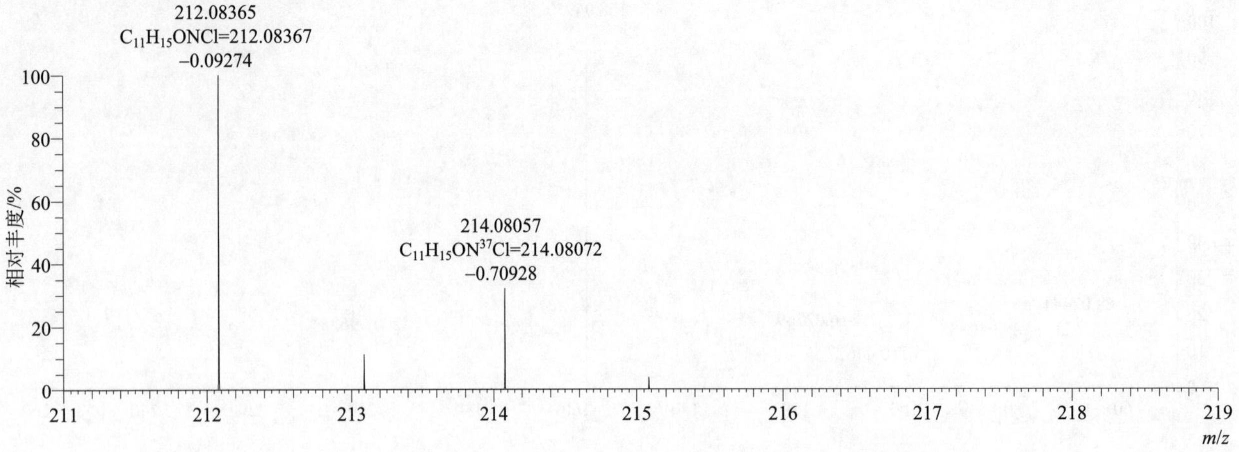

[M+H]+ 归一化法能量 NCE 为 20 时典型的二级质谱图

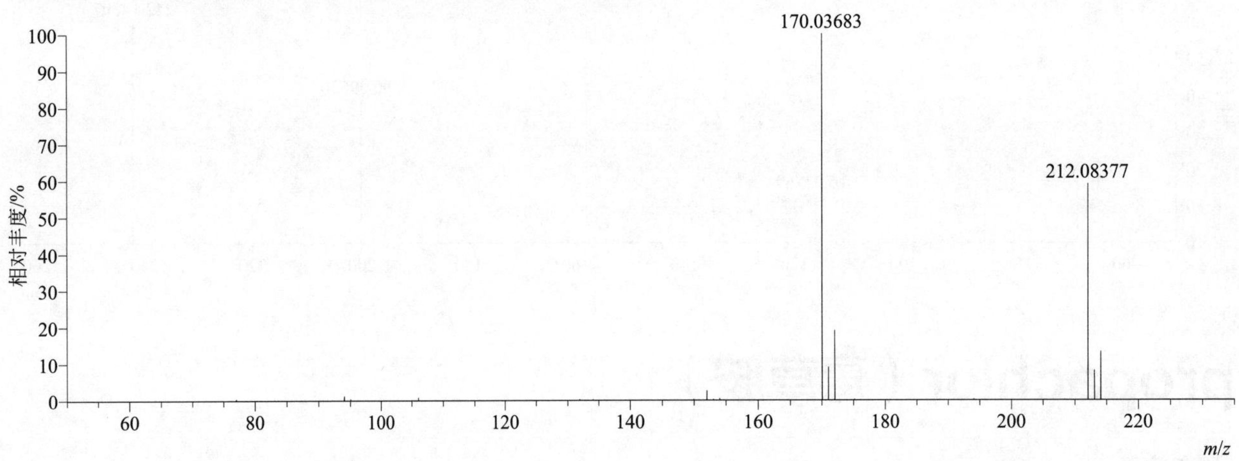

[M+H]+ 归一化法能量 NCE 为 40 时典型的二级质谱图

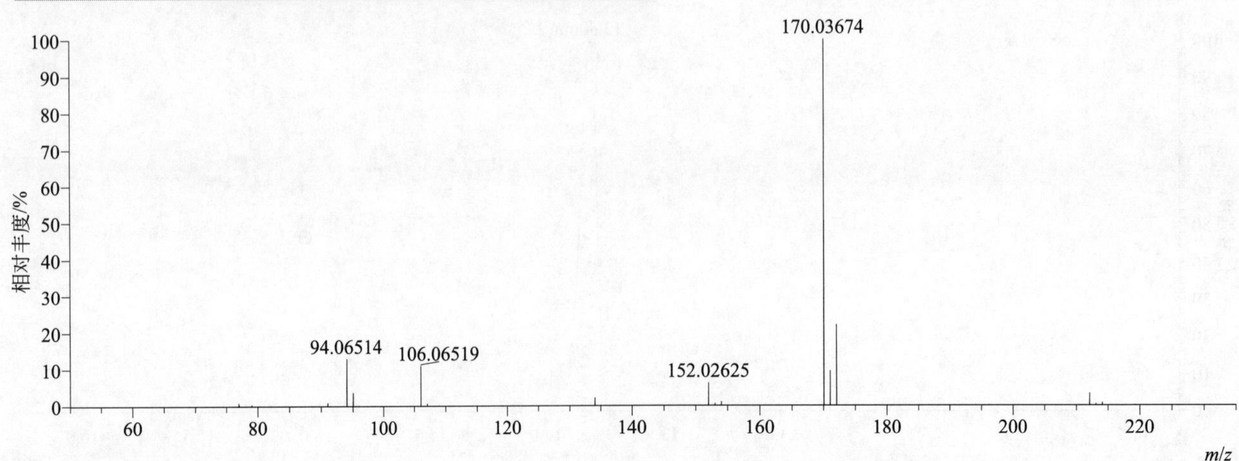

[M+H]+ 归一化法能量 NCE 为 60 时典型的二级质谱图

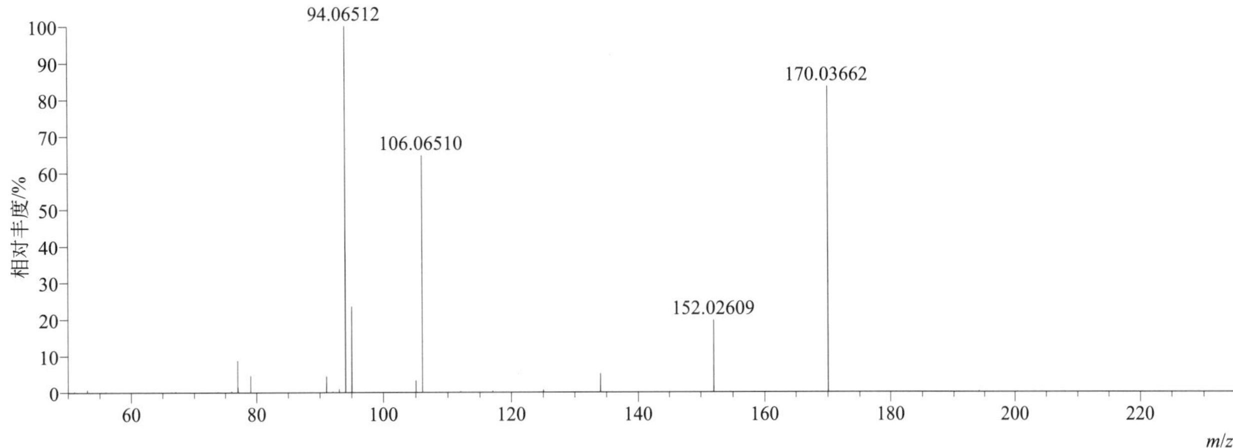

[M+H]+ 阶梯归一化法能量 Step NCE 为 20、40、60 时典型的二级质谱图

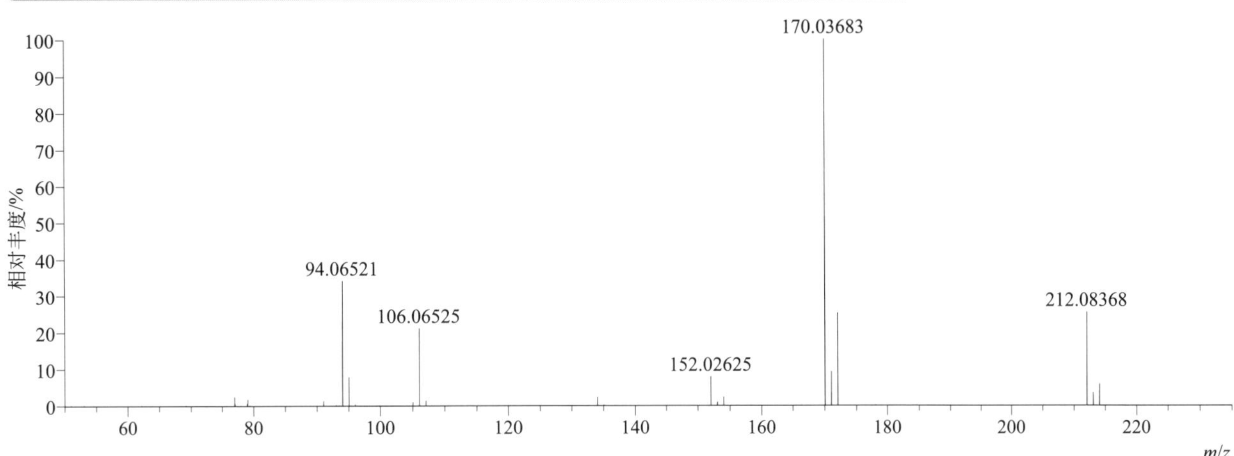

propamocarb（霜霉威）

基本信息

CAS 登录号	24579-73-5	分子量	188.15248	离子源和极性	电喷雾离子源（ESI）
分子式	$C_9H_{20}N_2O_2$	保留时间	7.67min	极性	正模式

[M+H]+ 提取离子流色谱图

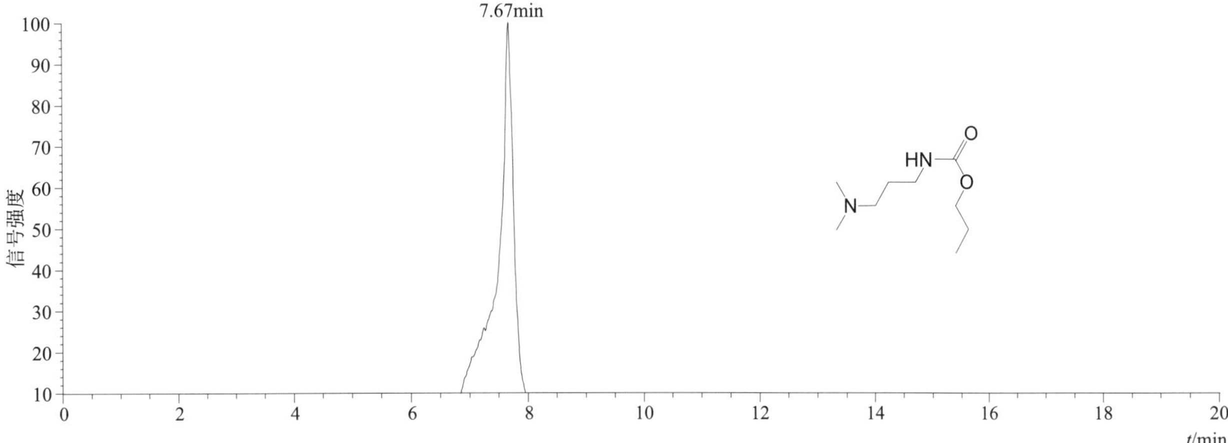

[M+H]$^+$ 典型的一级质谱图

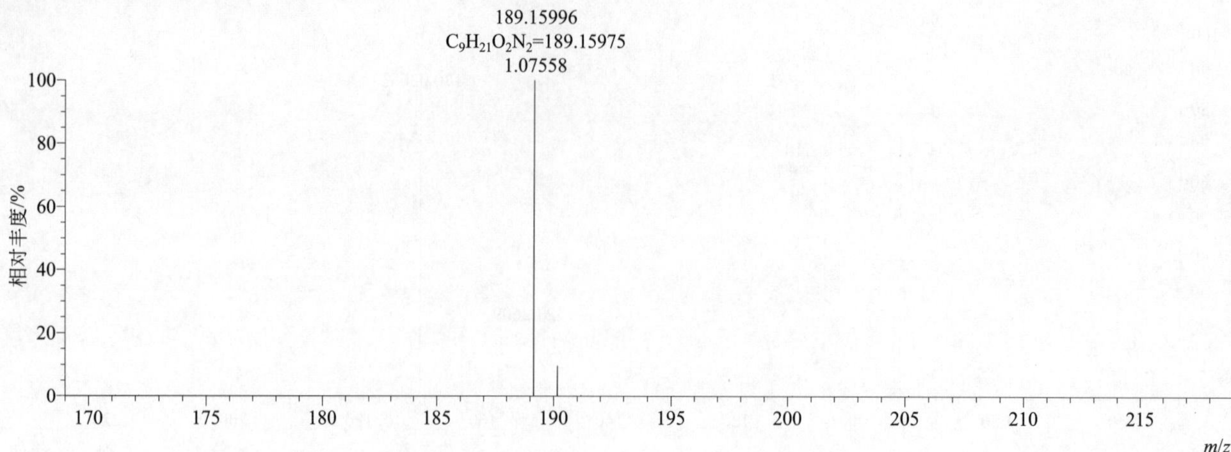

[M+H]$^+$ 归一化法能量 NCE 为 20 时典型的二级质谱图

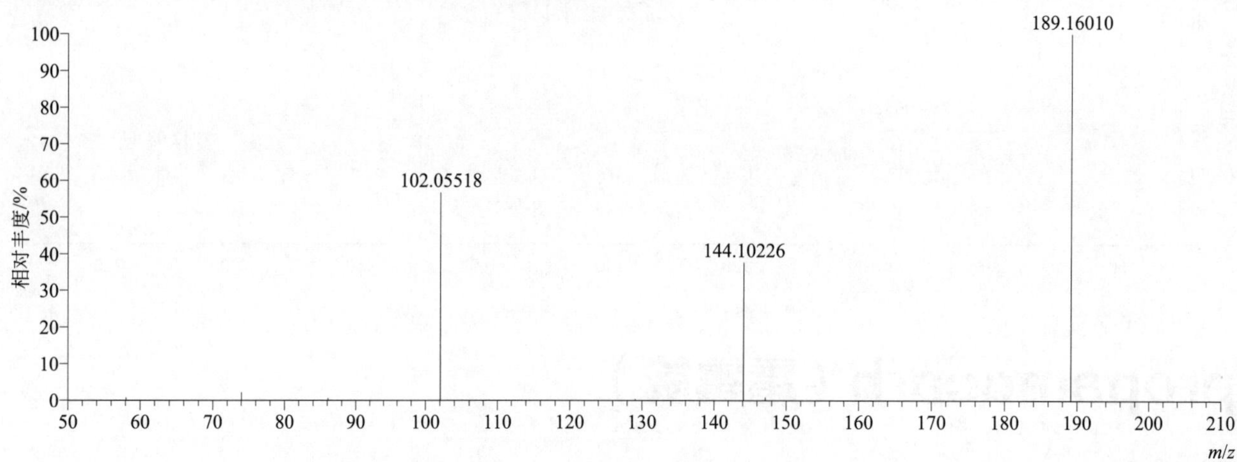

[M+H]$^+$ 归一化法能量 NCE 为 40 时典型的二级质谱图

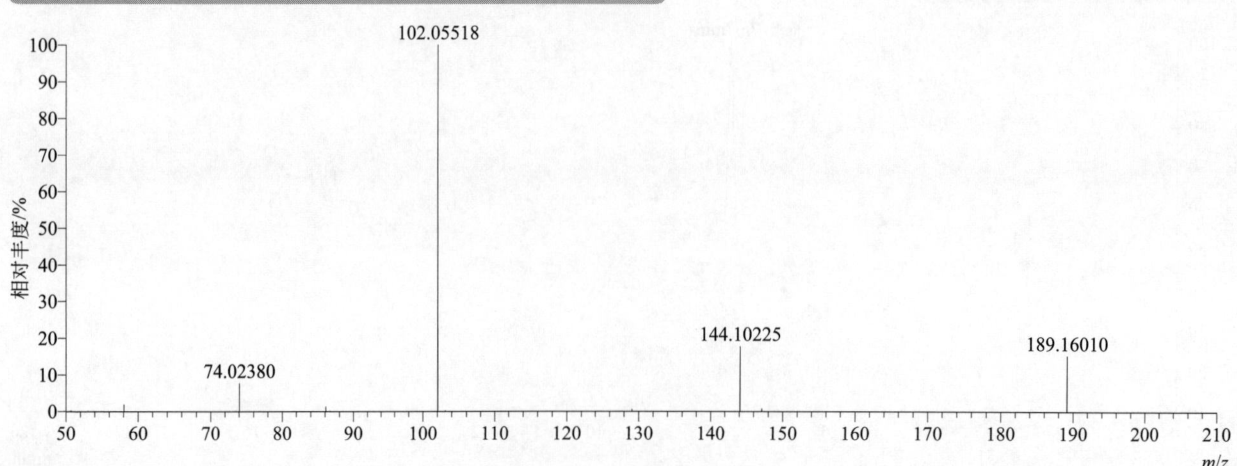

[M+H]+ 归一化法能量 NCE 为 60 时典型的二级质谱图

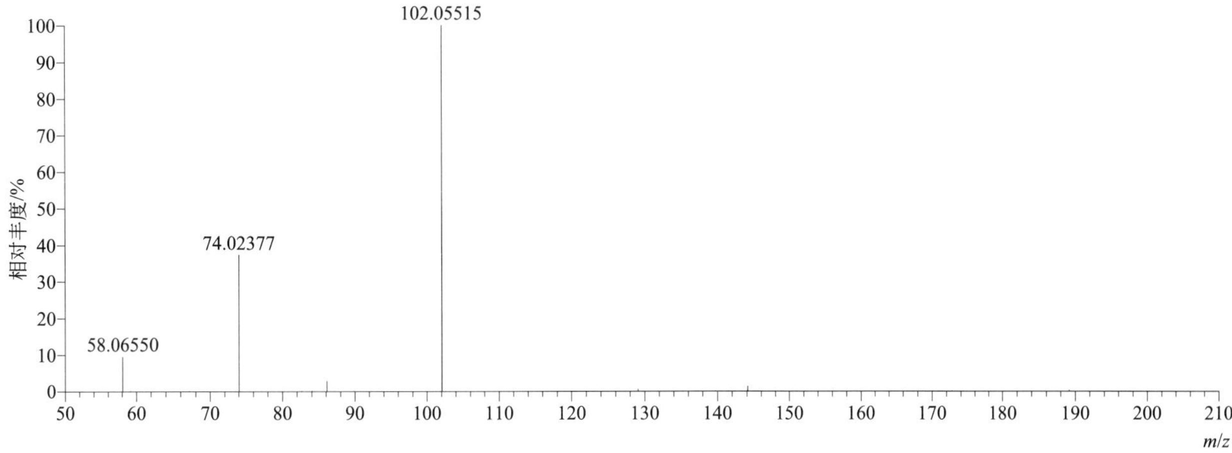

[M+H]+ 阶梯归一化法能量 Step NCE 为 20、40、60 时典型的二级质谱图

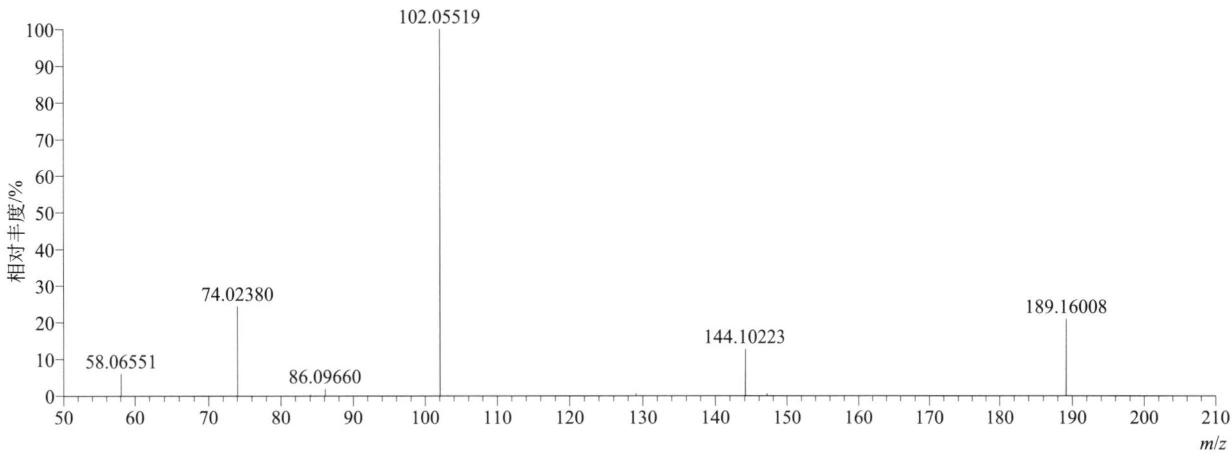

propanil（敌稗）

基本信息

CAS 登录号	709-98-8	分子量	217.00612	离子源和极性	电喷雾离子源（ESI）
分子式	$C_9H_9Cl_2NO$	保留时间	14.44min	极性	正模式

[M+H]+ 提取离子流色谱图

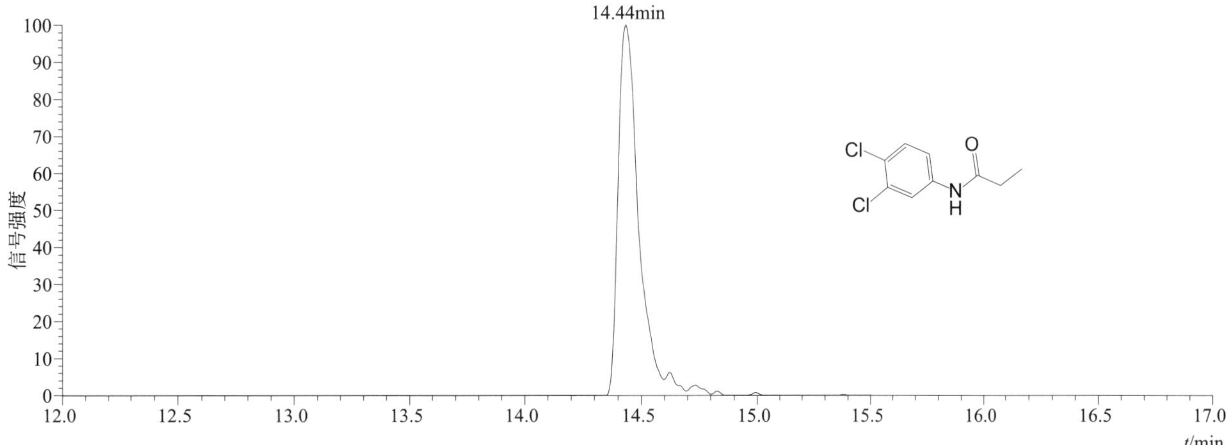

[M+H]+ 典型的一级质谱图

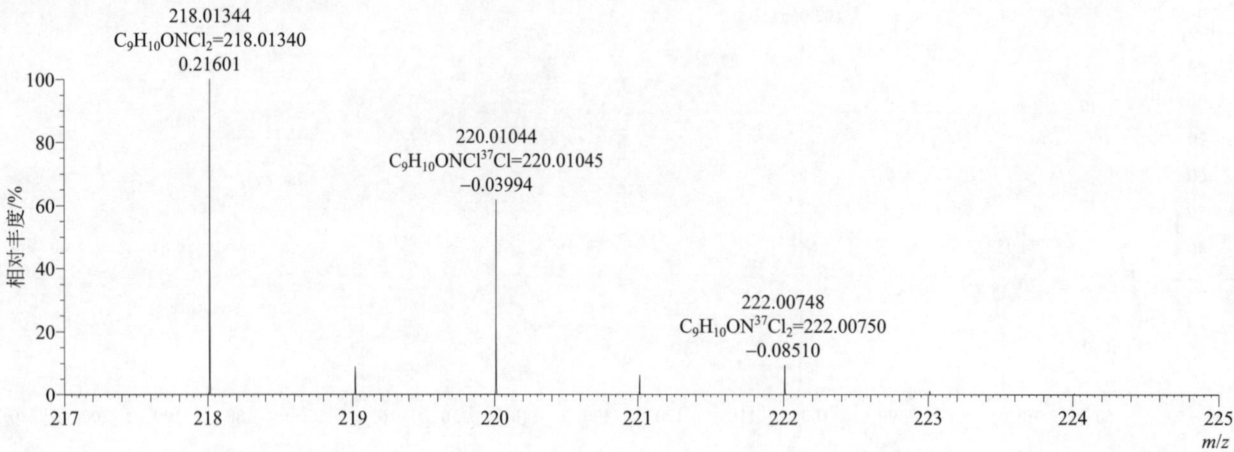

[M+H]+ 归一化法能量 NCE 为 20 时典型的二级质谱图

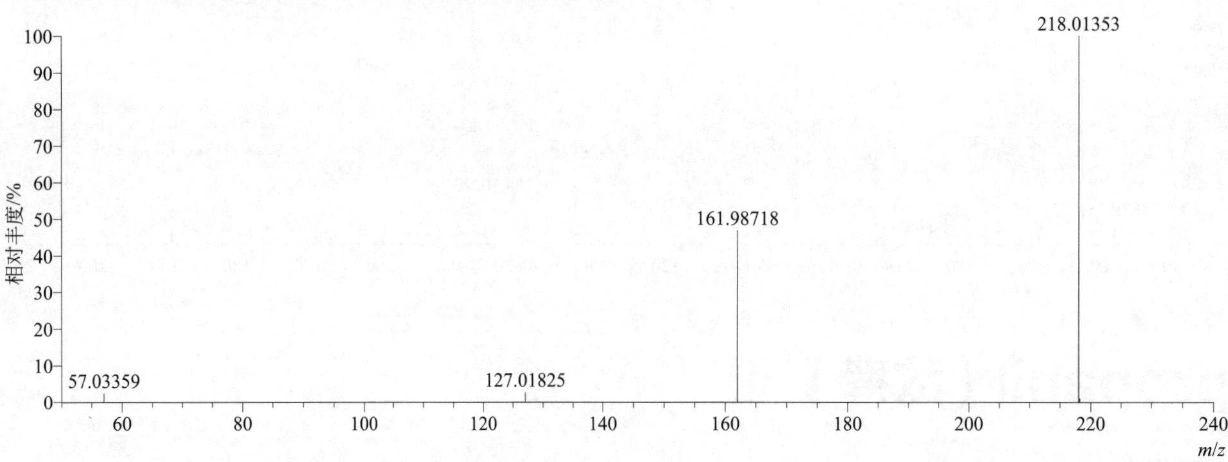

[M+H]+ 归一化法能量 NCE 为 40 时典型的二级质谱图

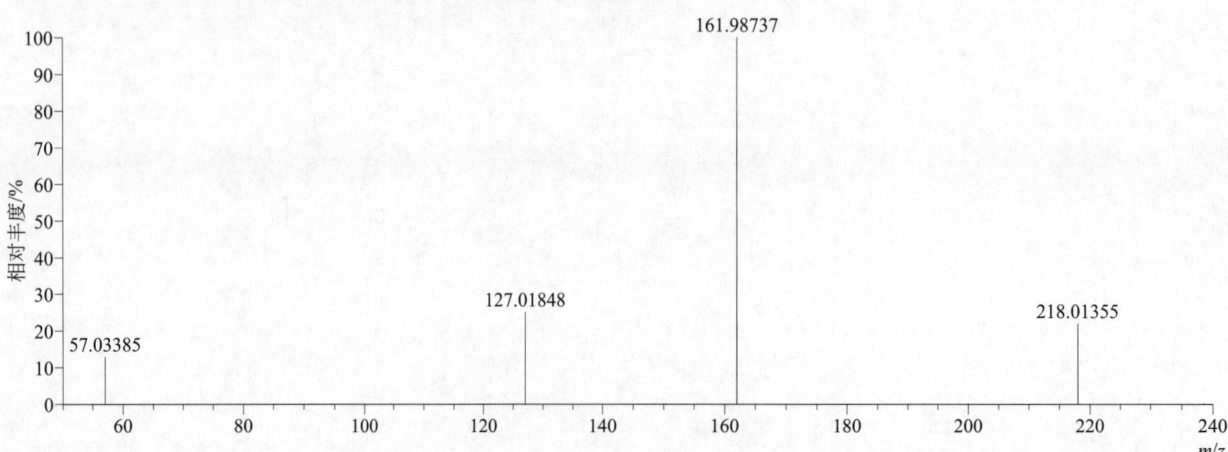

[M+H]+ 归一化法能量 NCE 为 60 时典型的二级质谱图

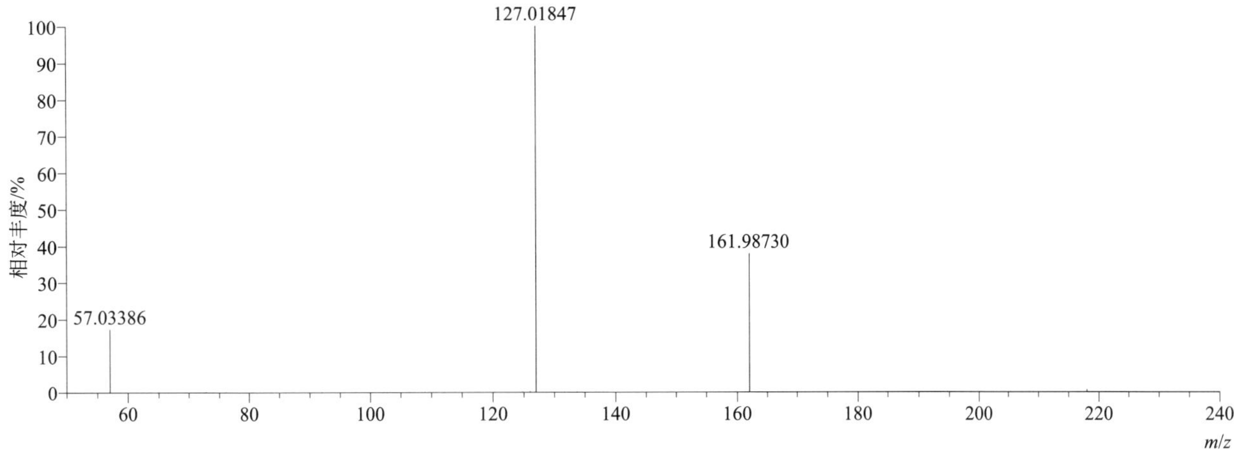

[M+H]+ 阶梯归一化法能量 Step NCE 为 20、40、60 时典型的二级质谱图

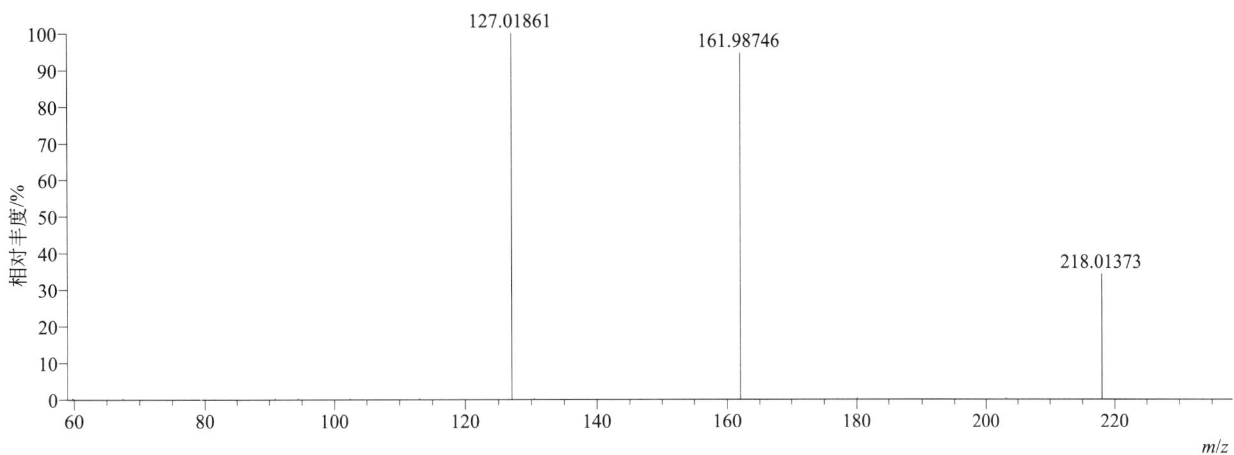

propaphos（丙虫磷）

基本信息

CAS 登录号	7292-16-2	分子量	304.08982	离子源和极性	电喷雾离子源（ESI）
分子式	$C_{13}H_{21}O_4PS$	保留时间	15.03min	极性	正模式

[M+H]+ 提取离子流色谱图

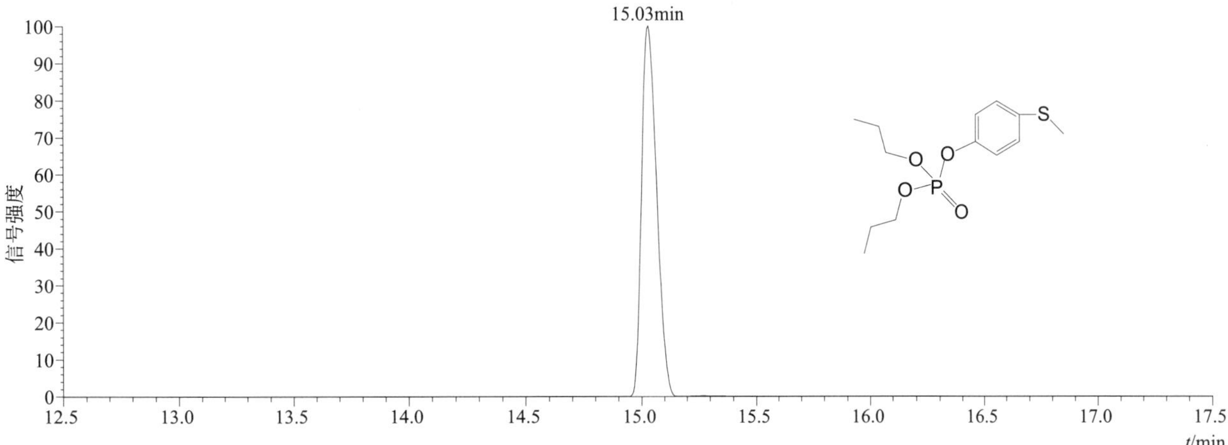

[M+H]+ 典型的一级质谱图

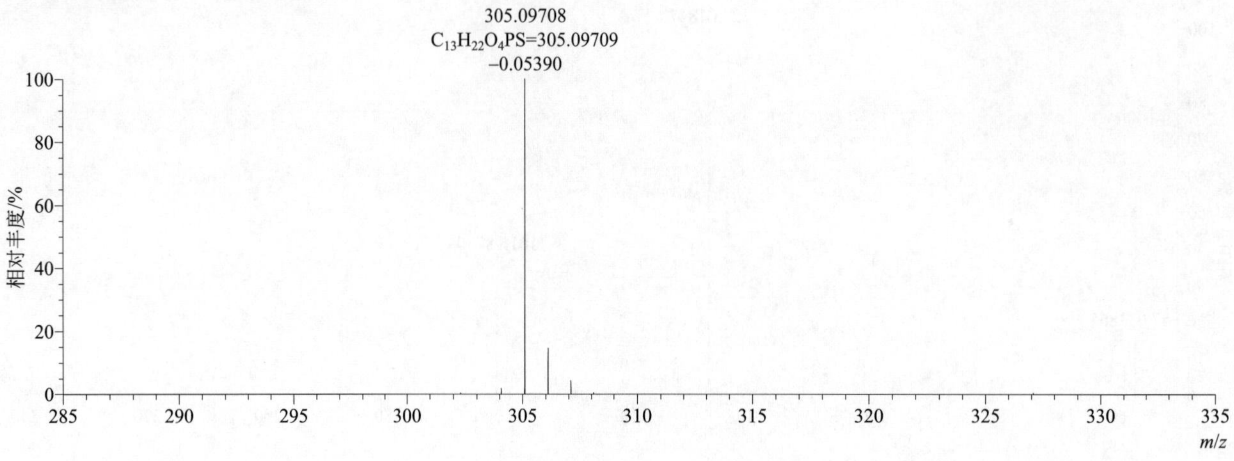

[M+H]+ 归一化法能量 NCE 为 20 时典型的二级质谱图

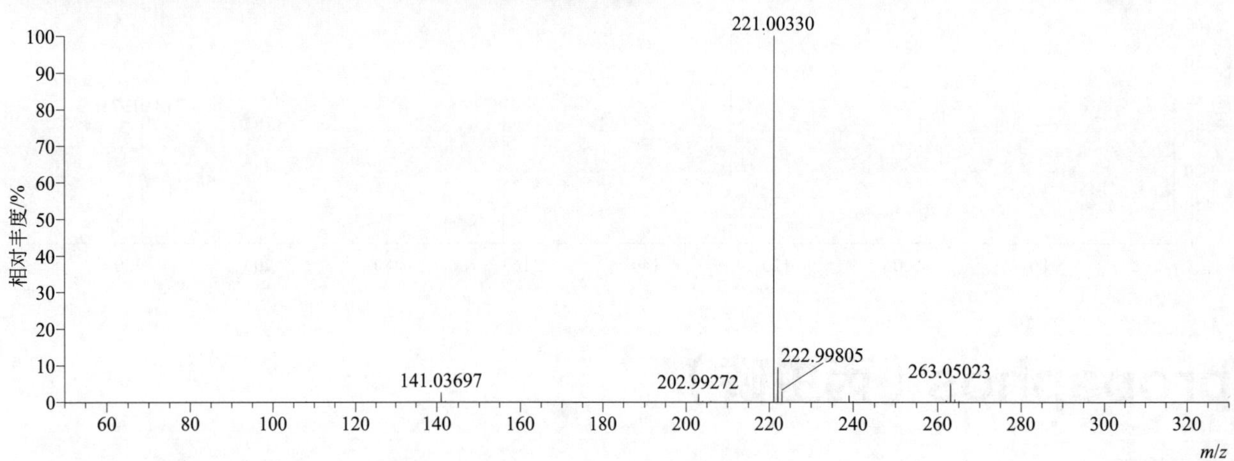

[M+H]+ 归一化法能量 NCE 为 40 时典型的二级质谱图

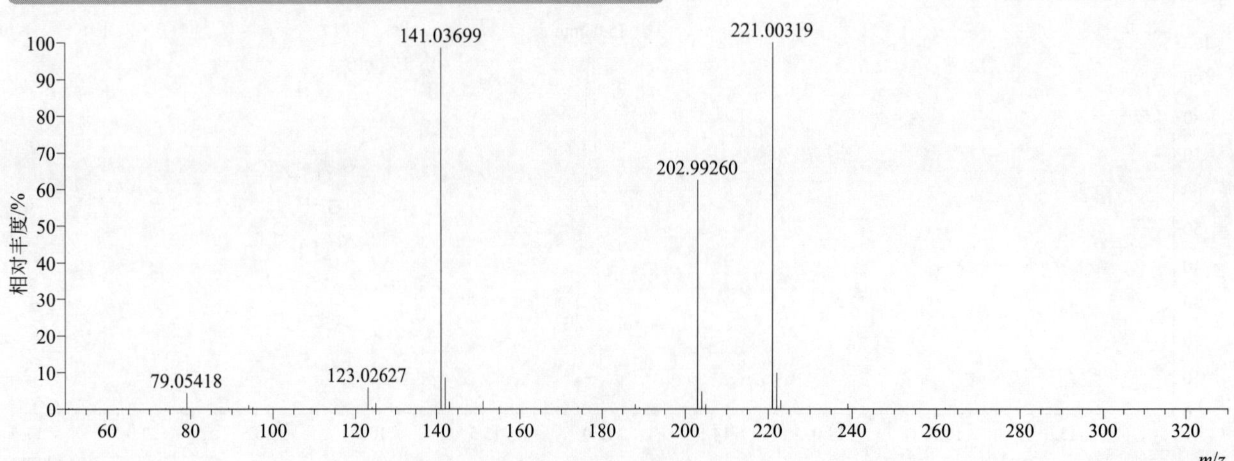

[M+H]+ 归一化法能量 NCE 为 60 时典型的二级质谱图

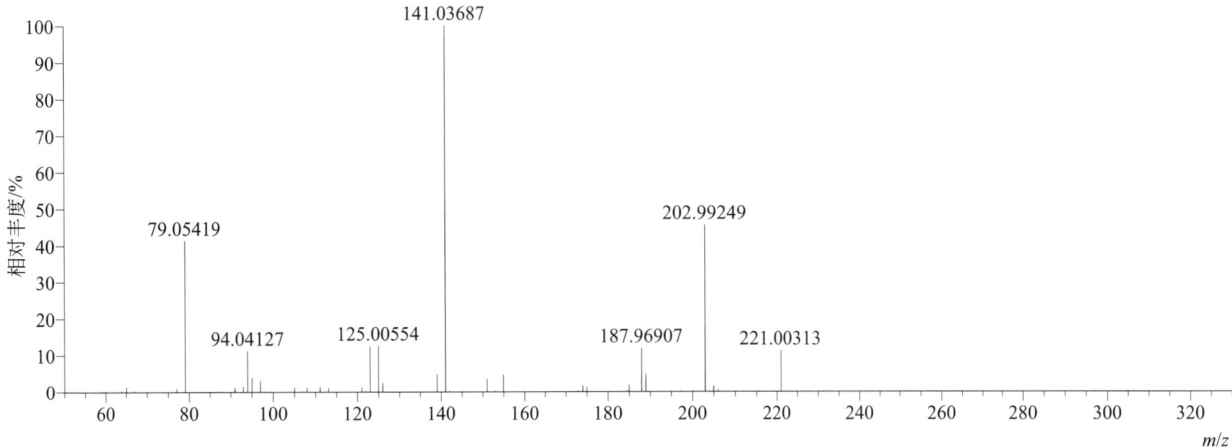

[M+H]+ 阶梯归一化法能量 Step NCE 为 20、40、60 时典型的二级质谱图

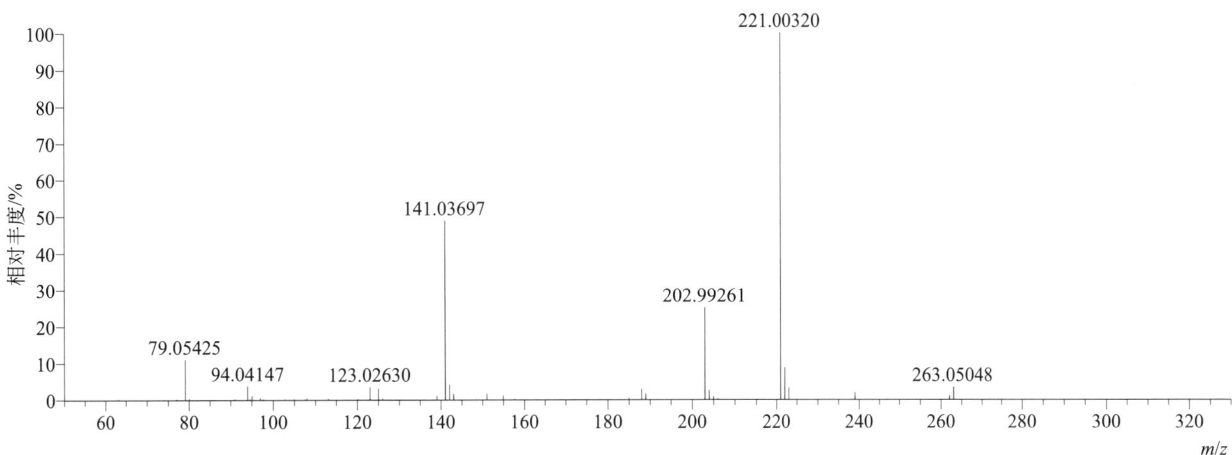

propaquizafop（喔草酸）

基本信息

CAS 登录号	111479-05-1	分子量	443.12480	离子源和极性	电喷雾离子源（ESI）
分子式	$C_{22}H_{22}ClN_3O_5$	保留时间	15.74min	极性	正模式

[M+H]+ 提取离子流色谱图

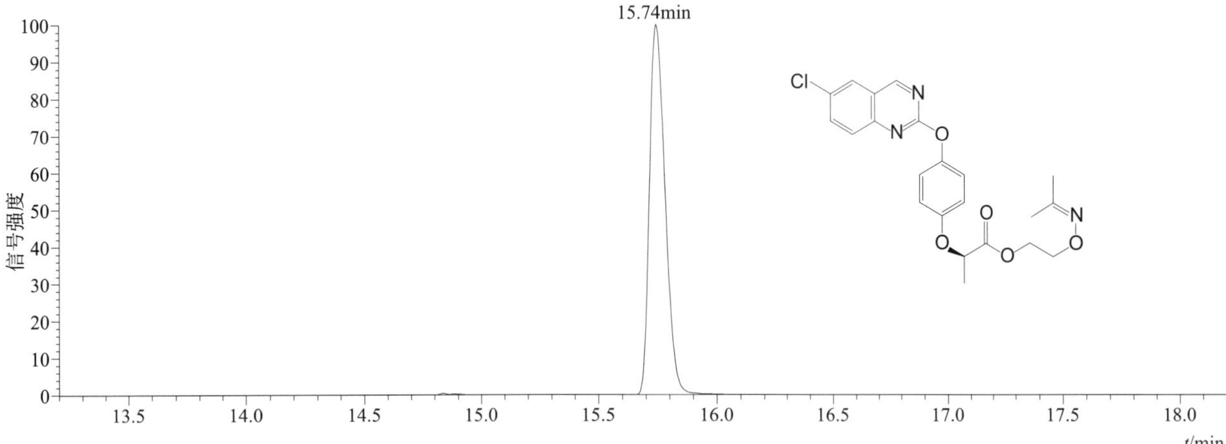

[M+H]+ 典型的一级质谱图

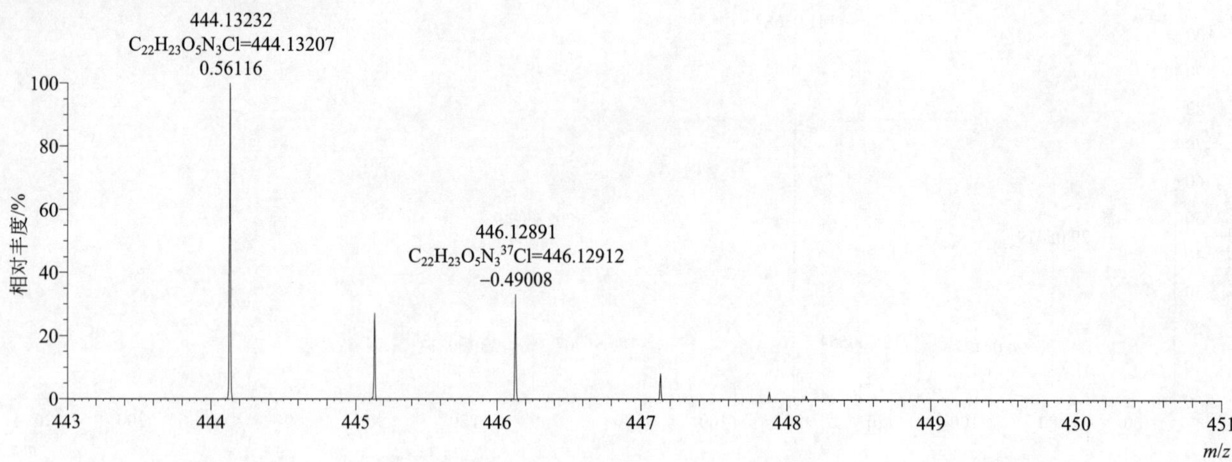

[M+H]+ 归一化法能量 NCE 为 20 时典型的二级质谱图

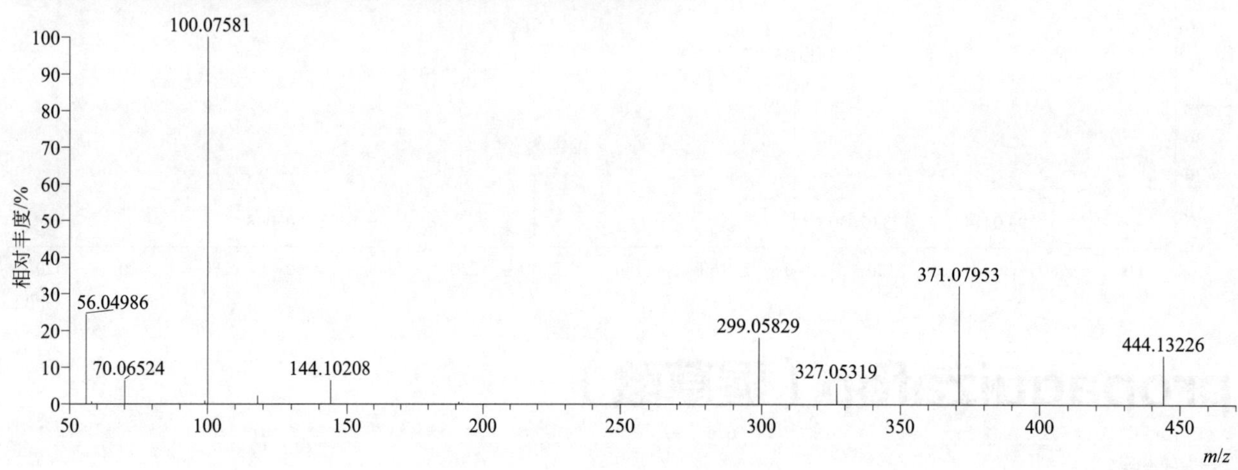

[M+H]+ 归一化法能量 NCE 为 40 时典型的二级质谱图

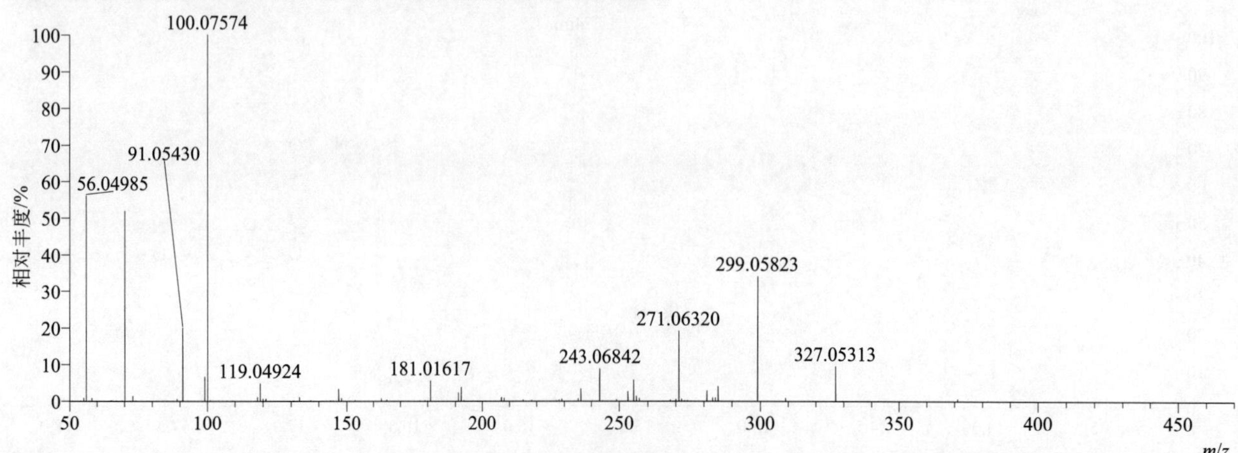

$[M+H]^+$ 归一化法能量 NCE 为 60 时典型的二级质谱图

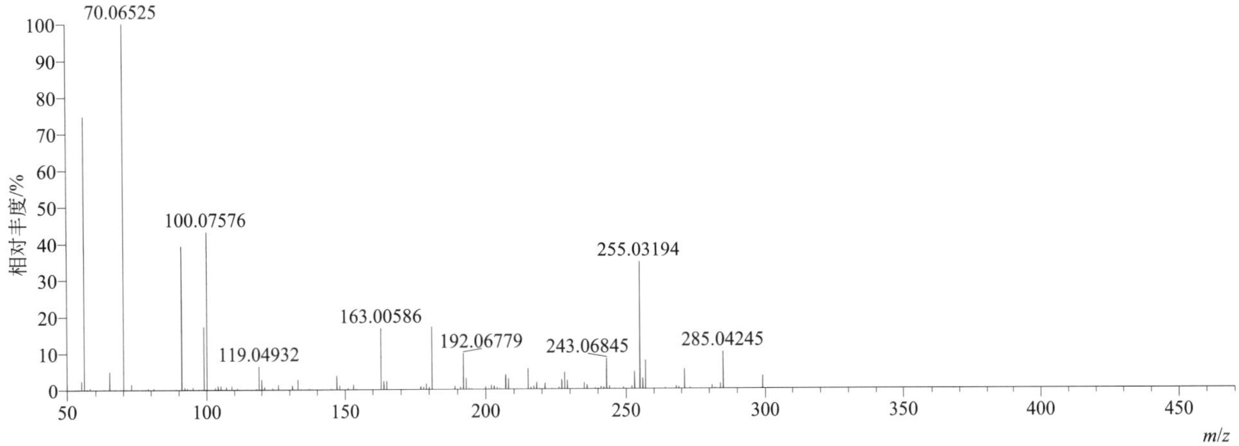

$[M+H]^+$ 阶梯归一化法能量 Step NCE 为 20、40、60 时典型的二级质谱图

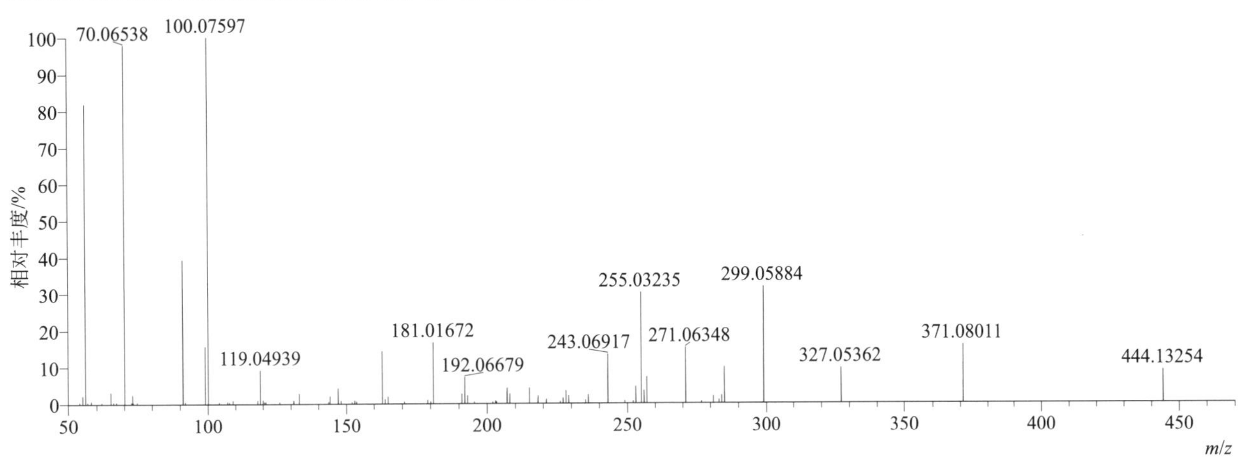

propargite（炔螨特）

基本信息

CAS 登录号	2312-35-8	分子量	350.15518	离子源和极性	电喷雾离子源（ESI）
分子式	$C_{19}H_{26}O_4S$	保留时间	16.03min	极性	正模式

$[M+NH_4]^+$ 提取离子流色谱图

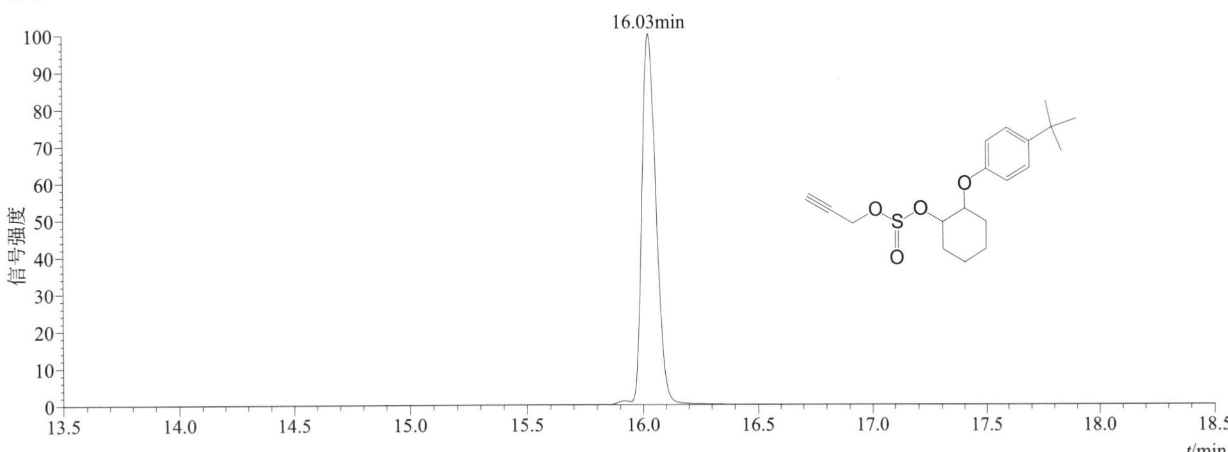

[M+NH$_4$]$^+$ 典型的一级质谱图

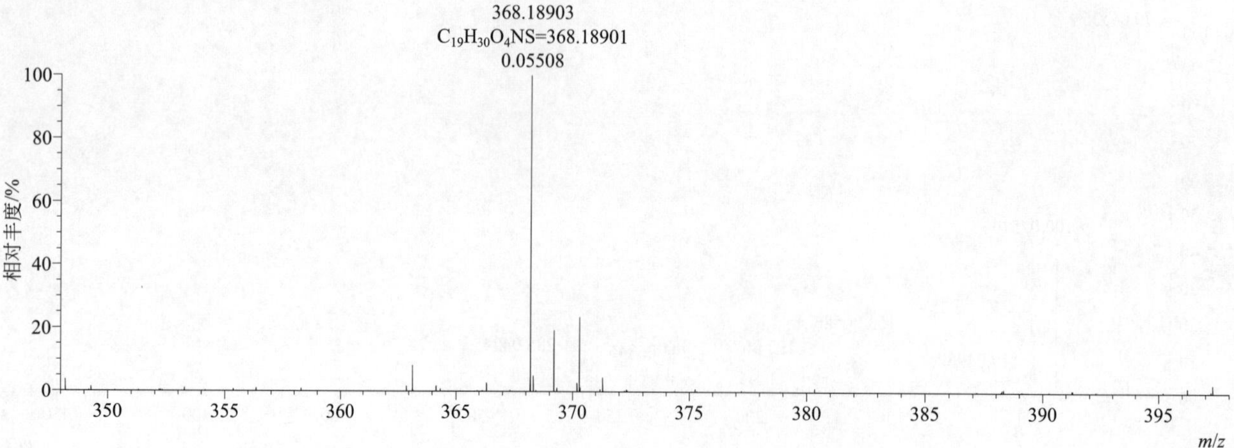

[M+NH$_4$]$^+$ 归一化法能量 NCE 为 20 时典型的二级质谱图

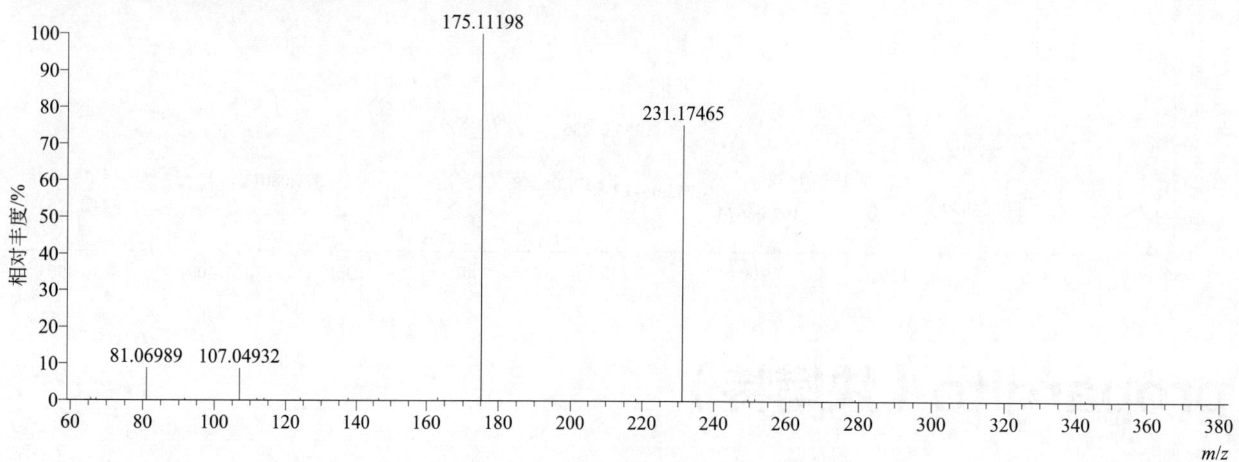

[M+NH$_4$]$^+$ 归一化法能量 NCE 为 40 时典型的二级质谱图

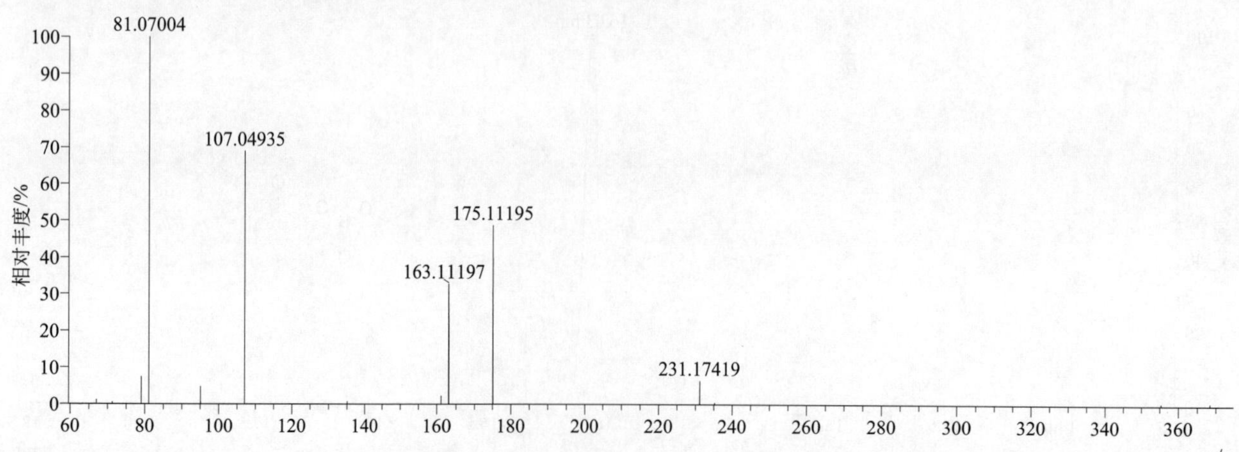

[M+NH$_4$]$^+$ 归一化法能量 NCE 为 60 时典型的二级质谱图

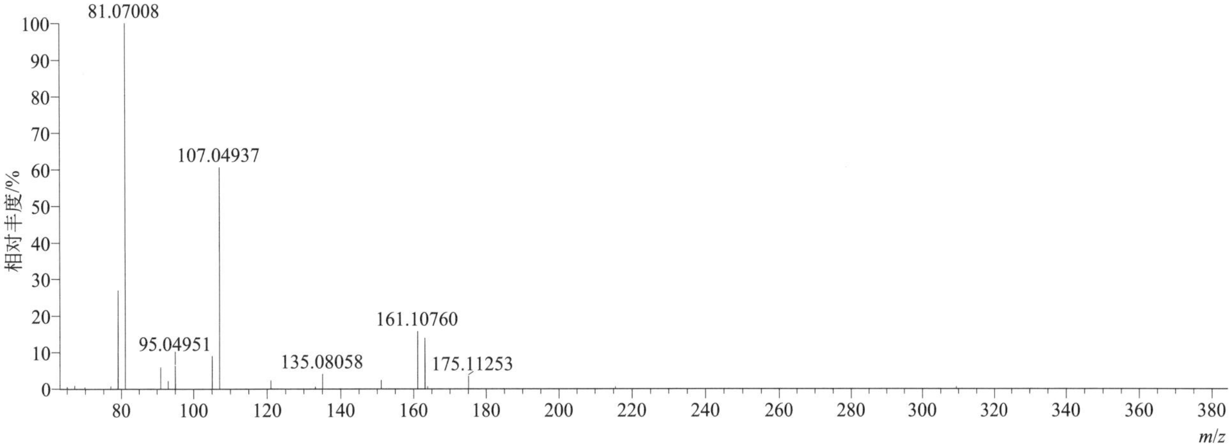

[M+NH$_4$]$^+$ 阶梯归一化法能量 Step NCE 为 20、40、60 时典型的二级质谱图

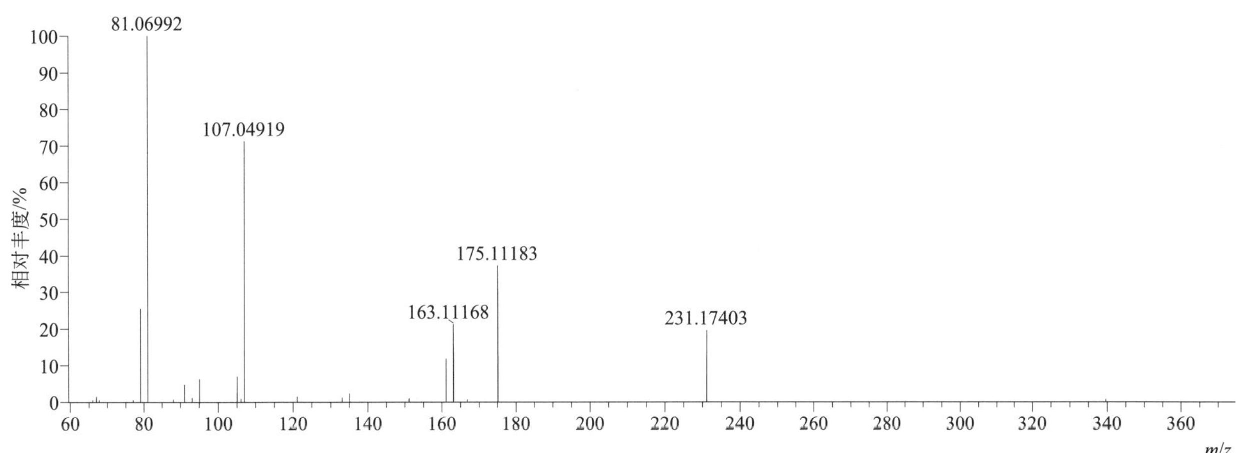

propazine（扑灭津）

基本信息

CAS 登录号	139-40-2	分子量	229.10942	离子源和极性	电喷雾离子源（ESI）
分子式	$C_9H_{16}ClN_5$	保留时间	14.25min	极性	正模式

[M+H]$^+$ 提取离子流色谱图

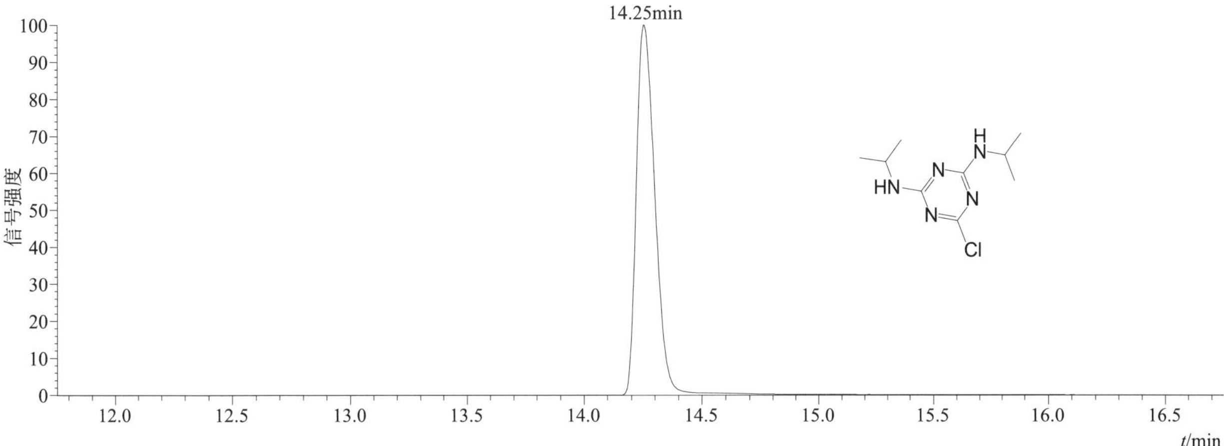

[M+H]+ 典型的一级质谱图

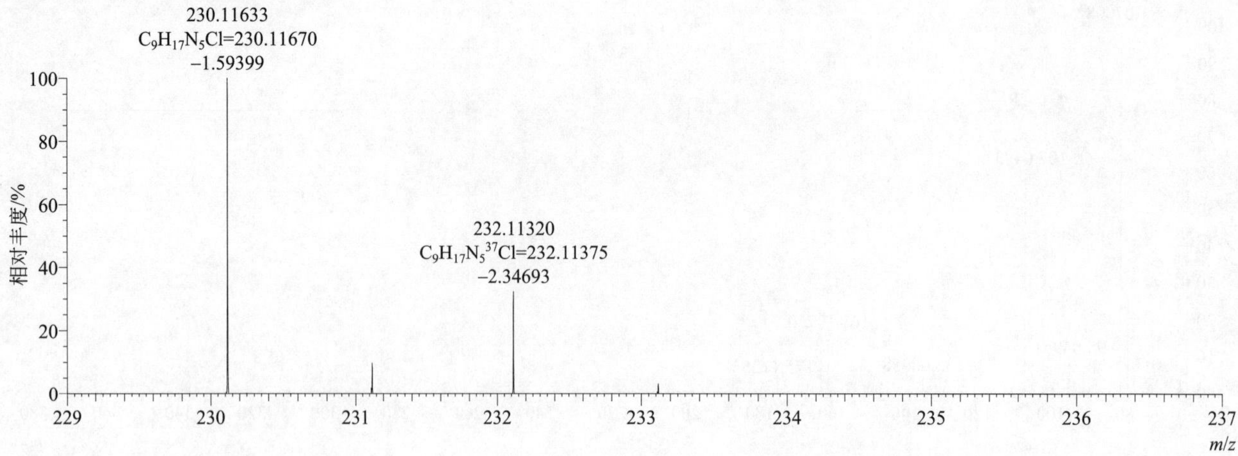

[M+H]+ 归一化法能量 NCE 为 20 时典型的二级质谱图

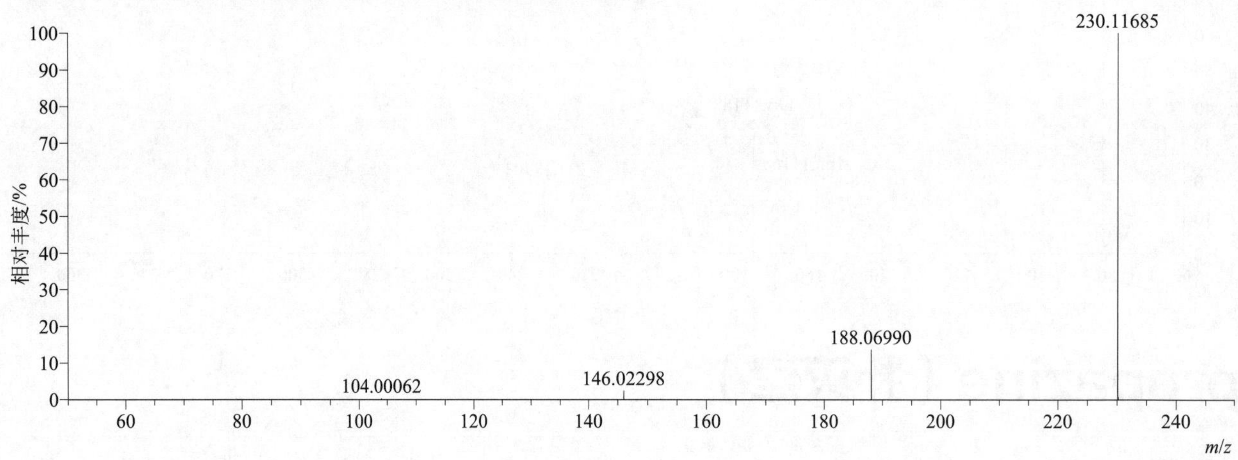

[M+H]+ 归一化法能量 NCE 为 40 时典型的二级质谱图

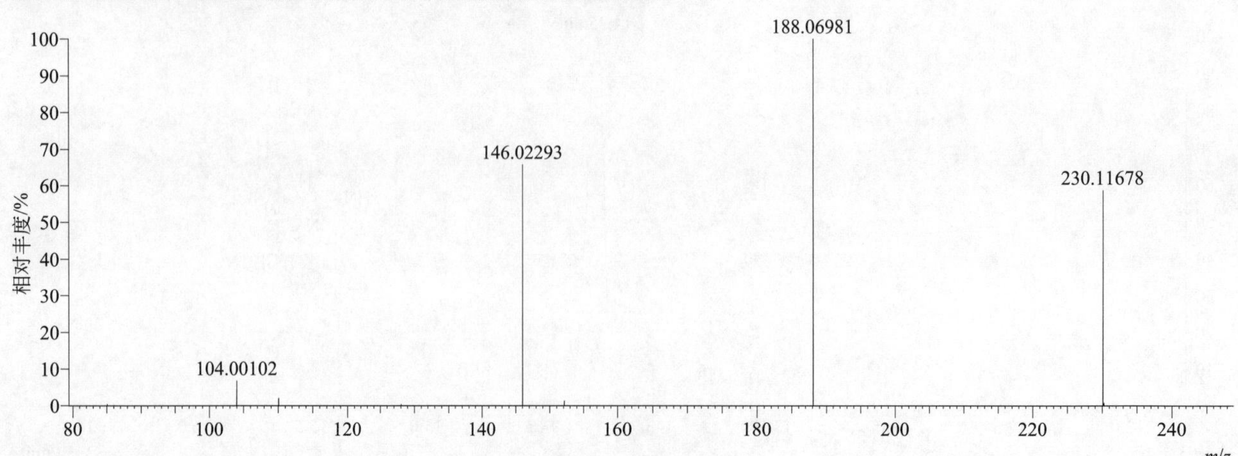

[M+H]+ 归一化法能量 NCE 为 60 时典型的二级质谱图

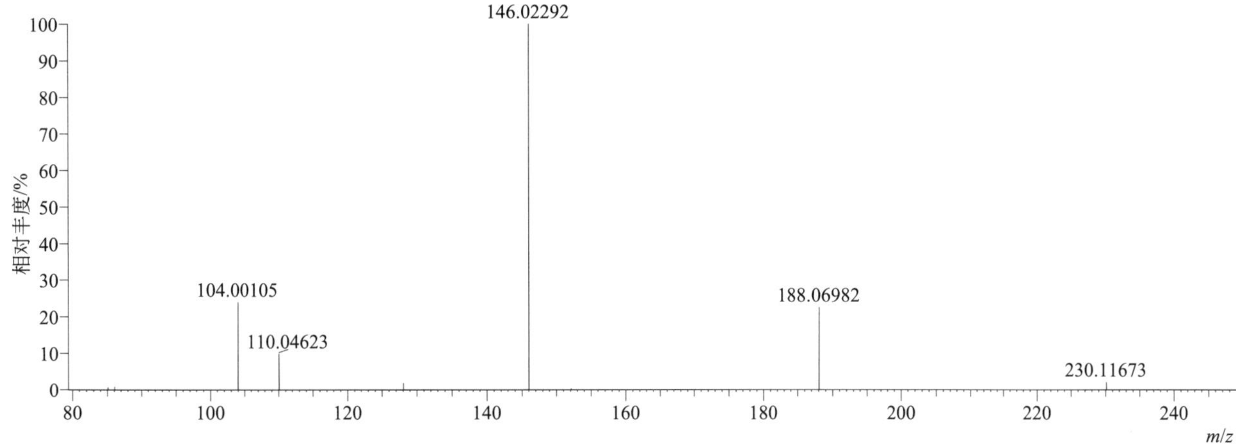

[M+H]+ 阶梯归一化法能量 Step NCE 为 20、40、60 时典型的二级质谱图

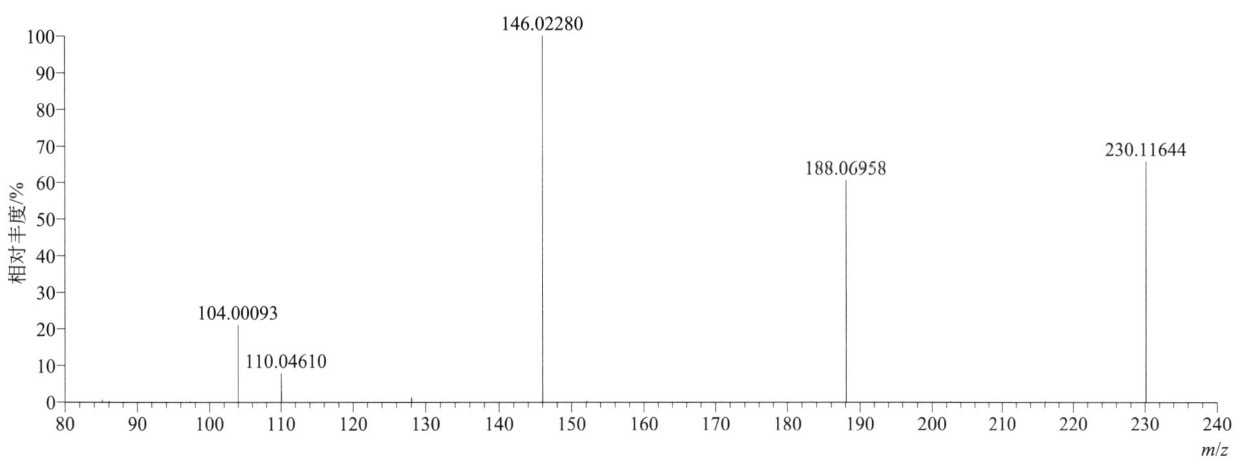

propetamphos（烯虫磷）

基本信息

CAS 登录号	31218-83-4	分子量	281.08507	离子源和极性	电喷雾离子源（ESI）
分子式	$C_{10}H_{20}NO_4PS$	保留时间	14.56min	极性	正模式

[M+H]+ 提取离子流色谱图

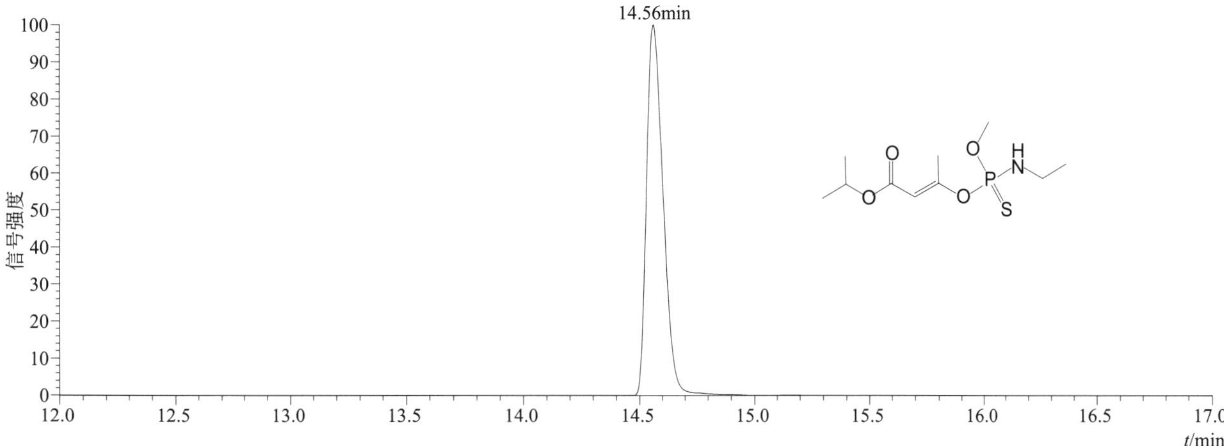

[M+H]$^+$ 和 [M+NH$_4$]$^+$ 典型的一级质谱图

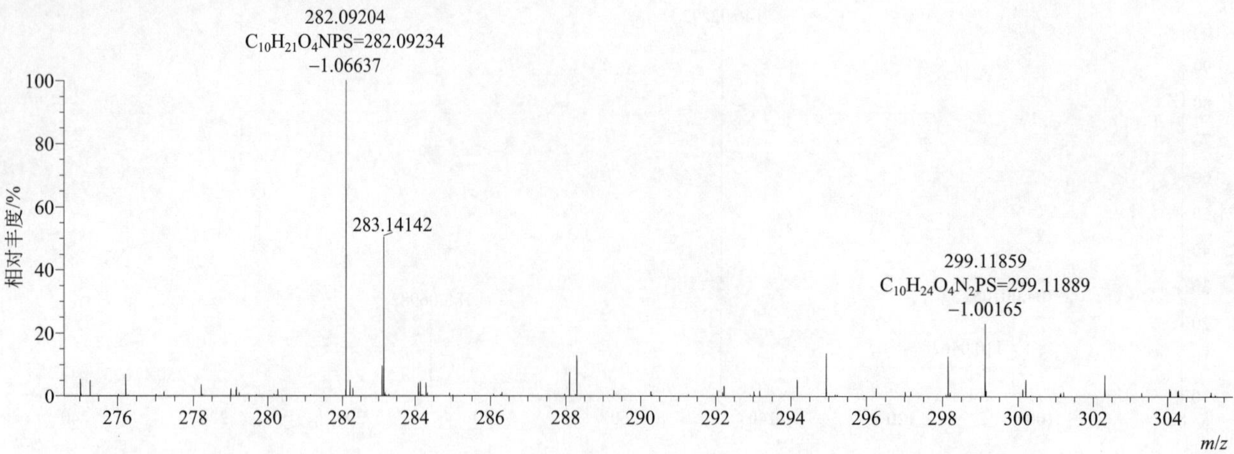

[M+H]$^+$ 归一化法能量 NCE 为 20 时典型的二级质谱图

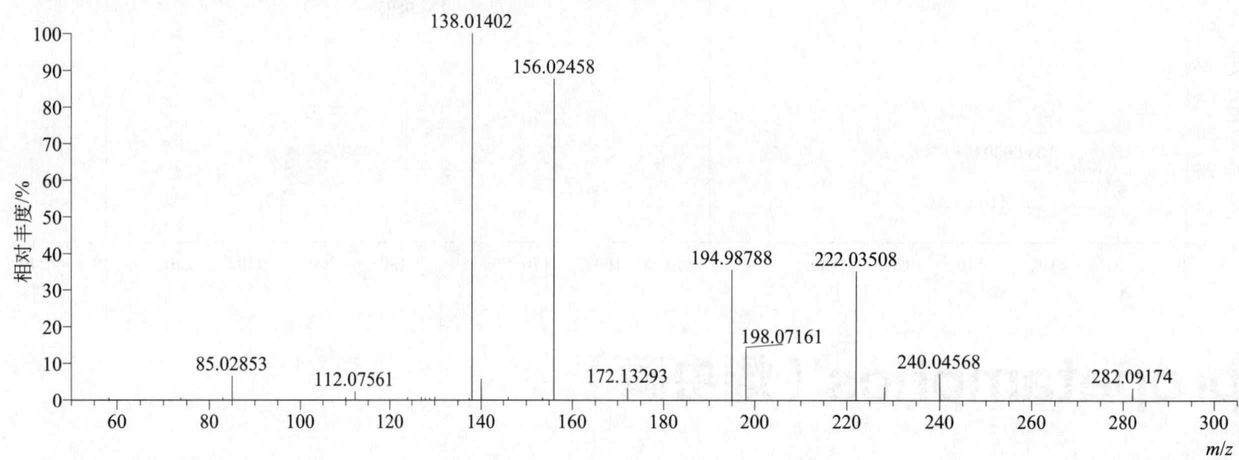

[M+H]$^+$ 归一化法能量 NCE 为 40 时典型的二级质谱图

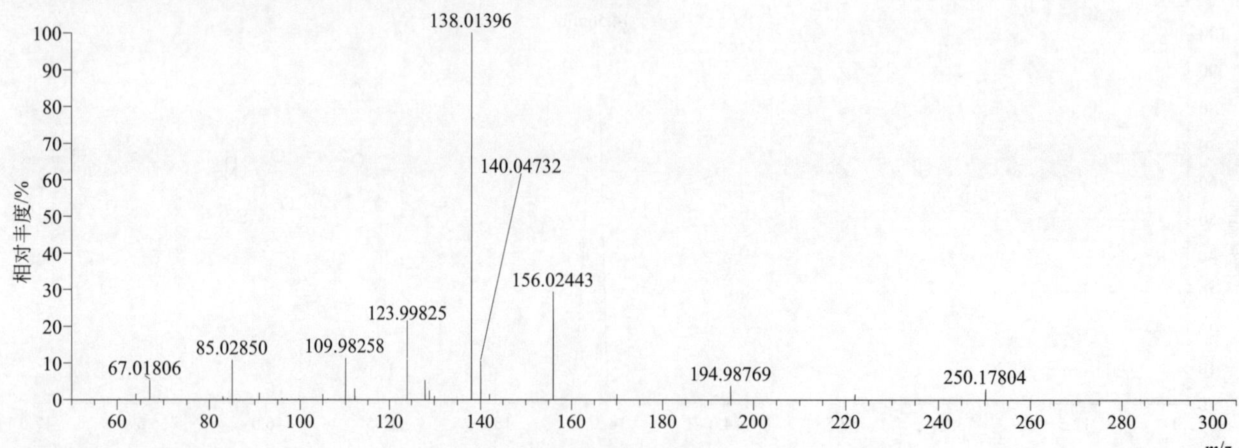

[M+H]⁺ 归一化法能量 NCE 为 60 时典型的二级质谱图

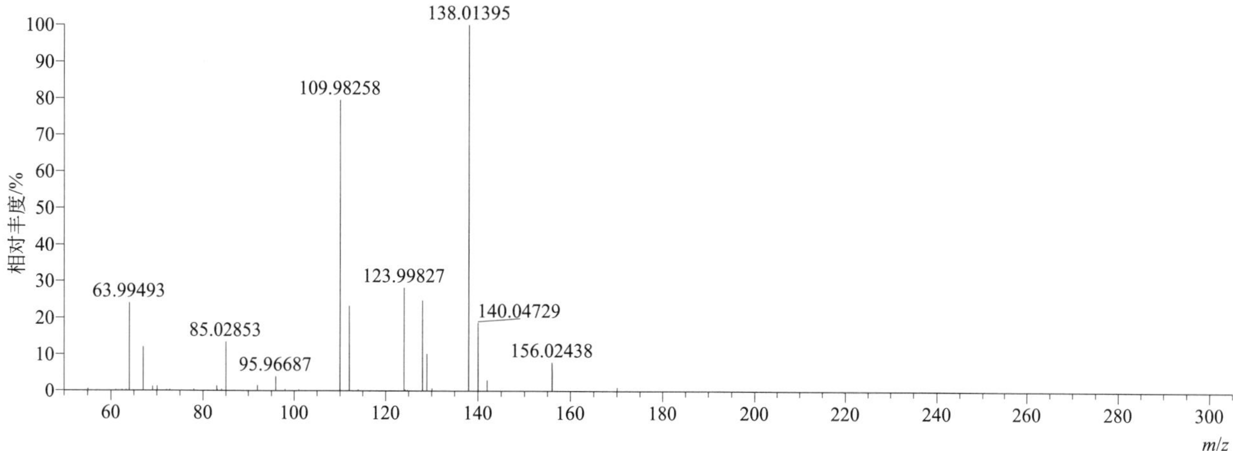

[M+H]⁺ 阶梯归一化法能量 Step NCE 为 20、40、60 时典型的二级质谱图

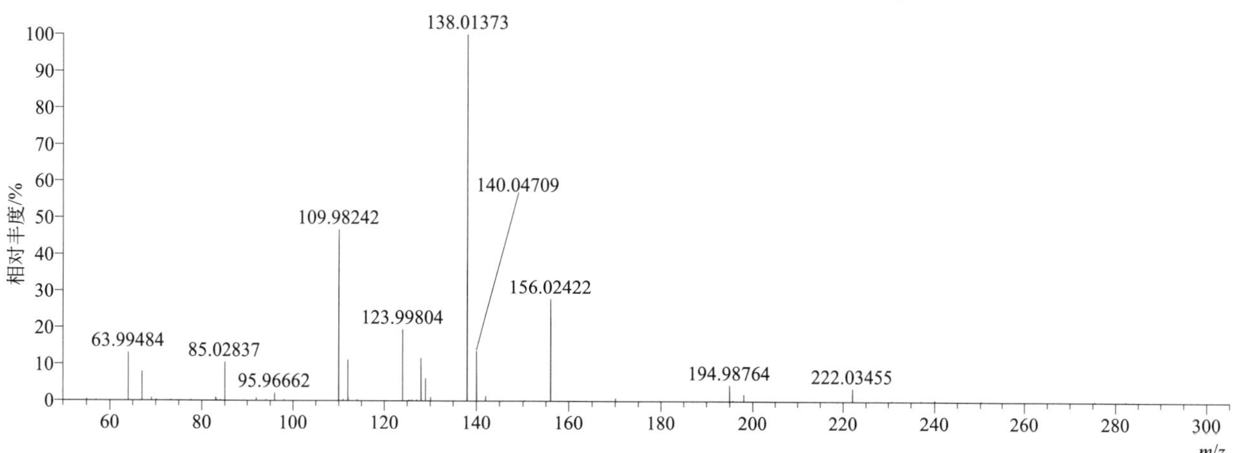

propiconazole（丙环唑）

基本信息

CAS 登录号	60207-90-1	分子量	341.06978	离子源和极性	电喷雾离子源（ESI）
分子式	$C_{15}H_{17}Cl_2N_3O_2$	保留时间	15.19min	极性	正模式

[M+H]⁺ 提取离子流色谱图

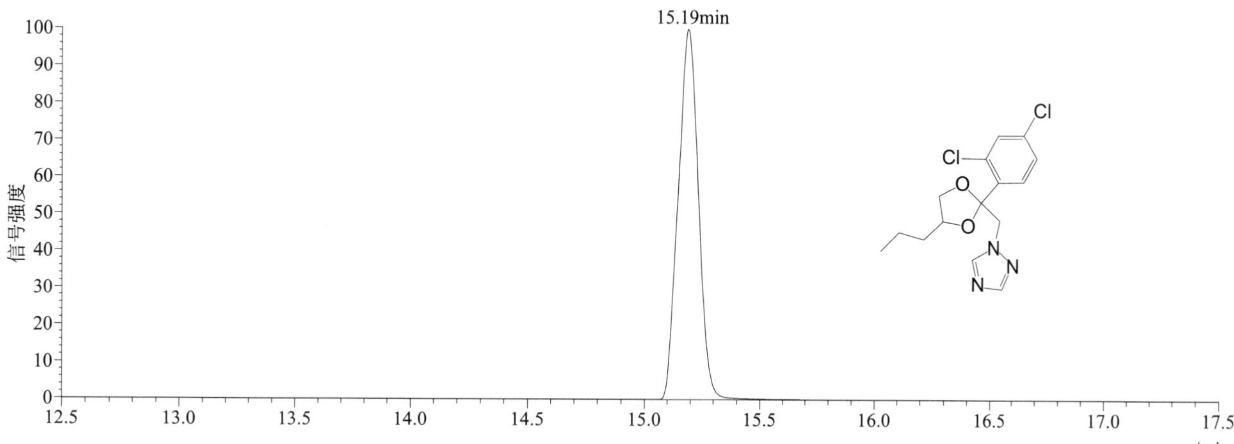

[M+H]+ 典型的一级质谱图

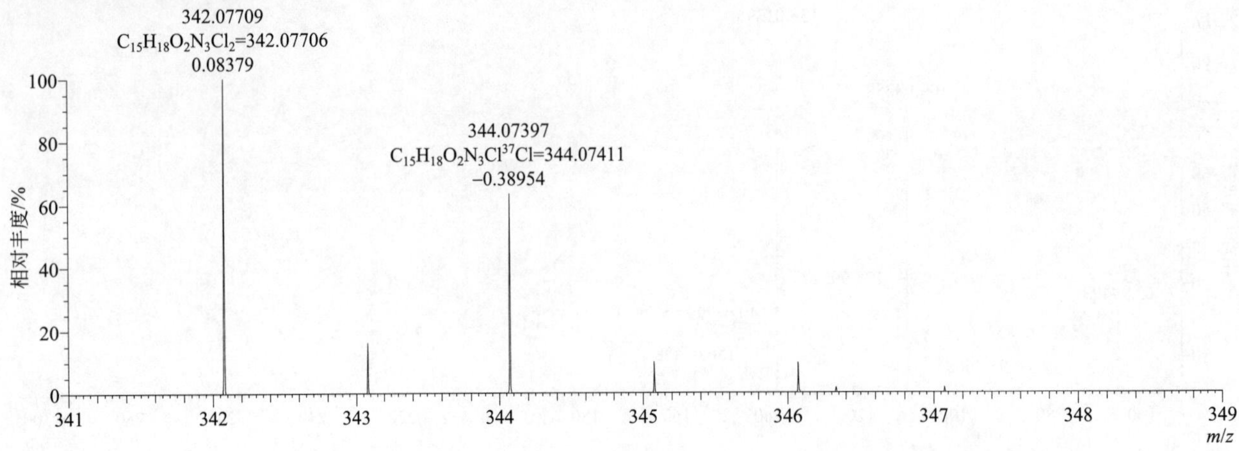

[M+H]+ 归一化法能量 NCE 为 20 时典型的二级质谱图

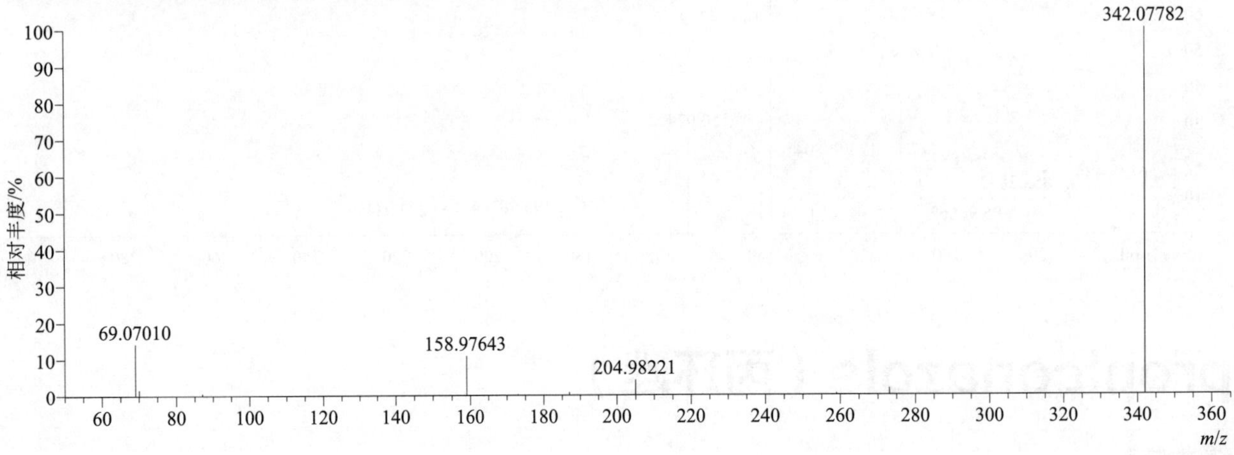

[M+H]+ 归一化法能量 NCE 为 40 时典型的二级质谱图

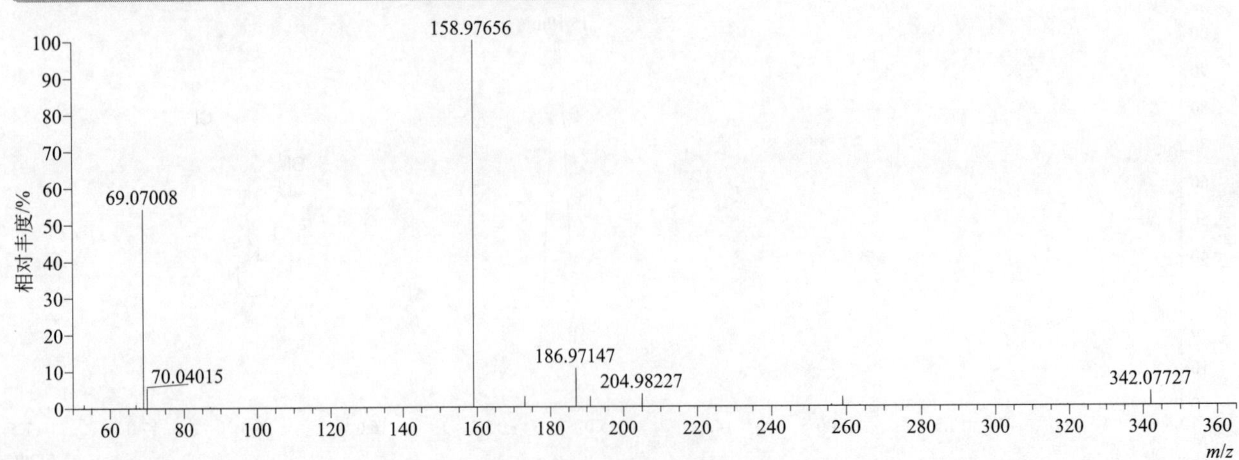

[M+H]⁺ 归一化法能量 NCE 为 60 时典型的二级质谱图

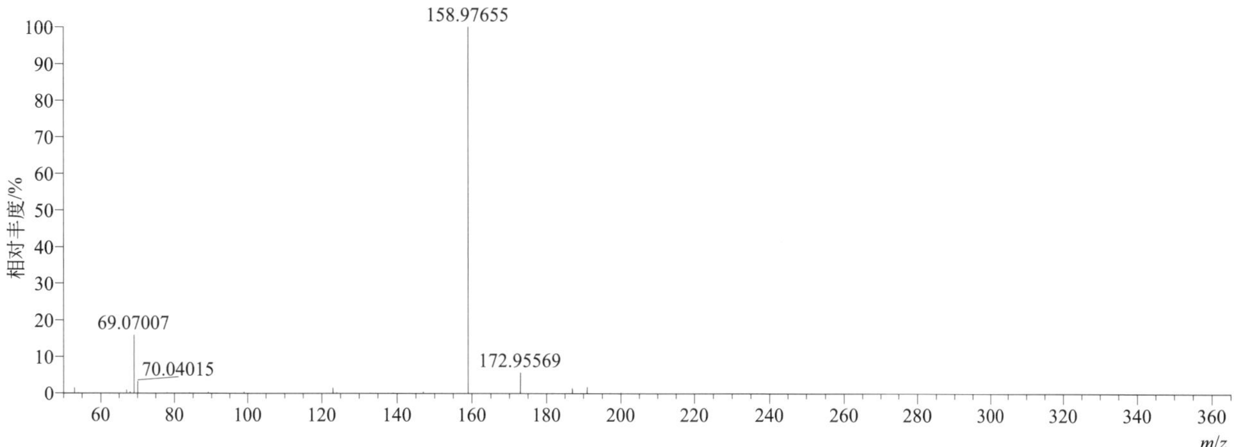

[M+H]⁺ 阶梯归一化法能量 Step NCE 为 20、40、60 时典型的二级质谱图

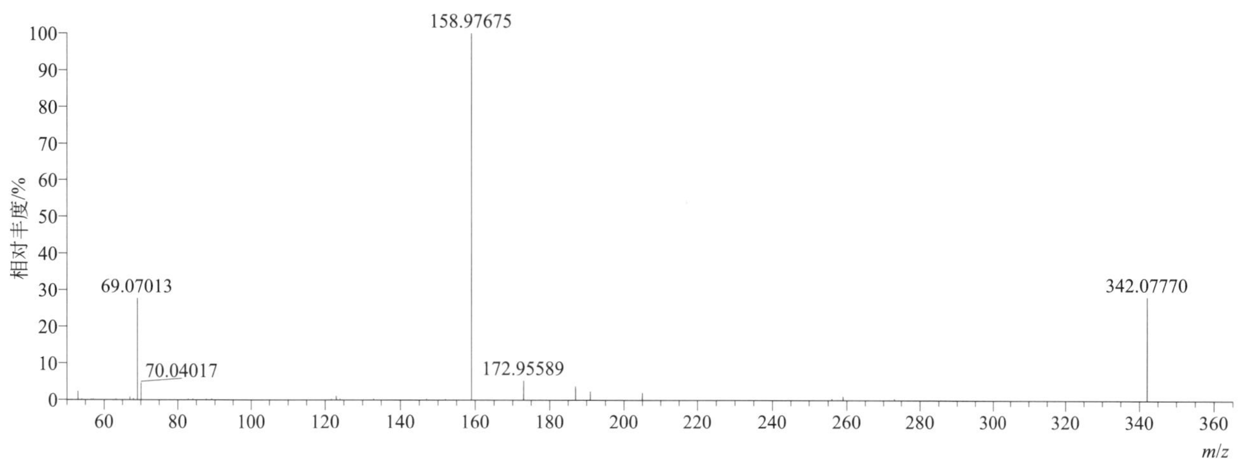

propisochlor（异丙草胺）

基本信息

CAS 登录号	86763-47-5	分子量	283.13391	离子源和极性	电喷雾离子源（ESI）
分子式	$C_{15}H_{22}ClNO_2$	保留时间	14.82min	极性	正模式

[M+H]⁺ 提取离子流色谱图

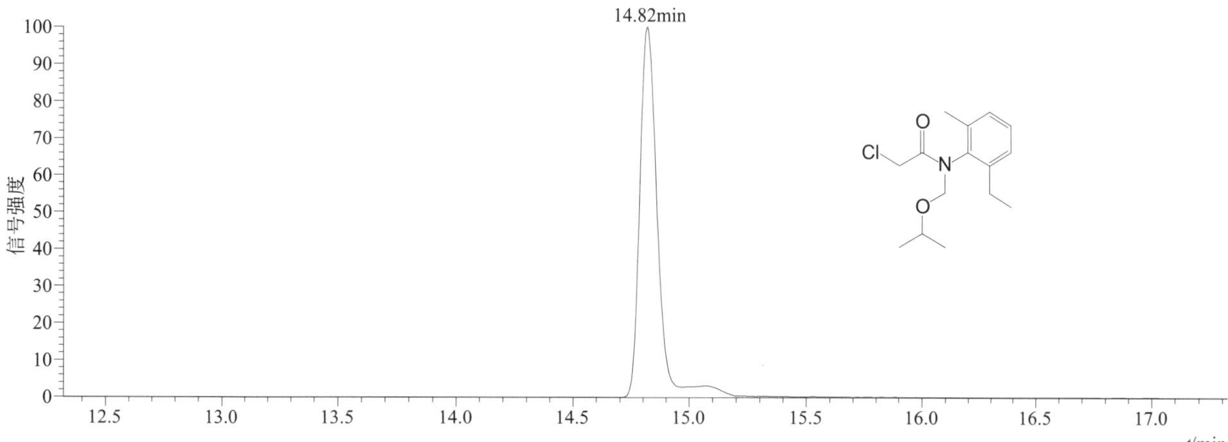

[M+H]+ 典型的一级质谱图

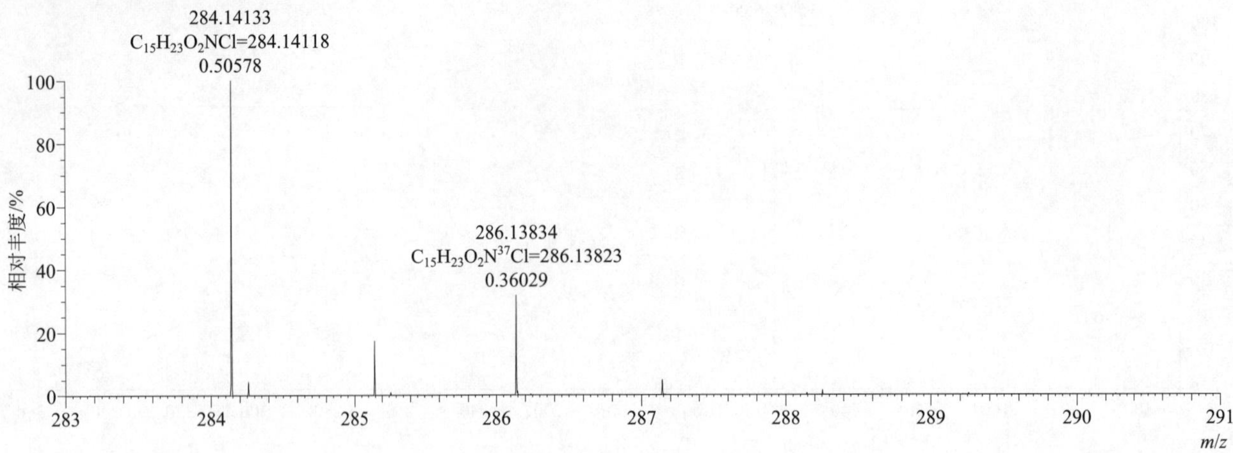

[M+H]+ 归一化法能量 NCE 为 20 时典型的二级质谱图

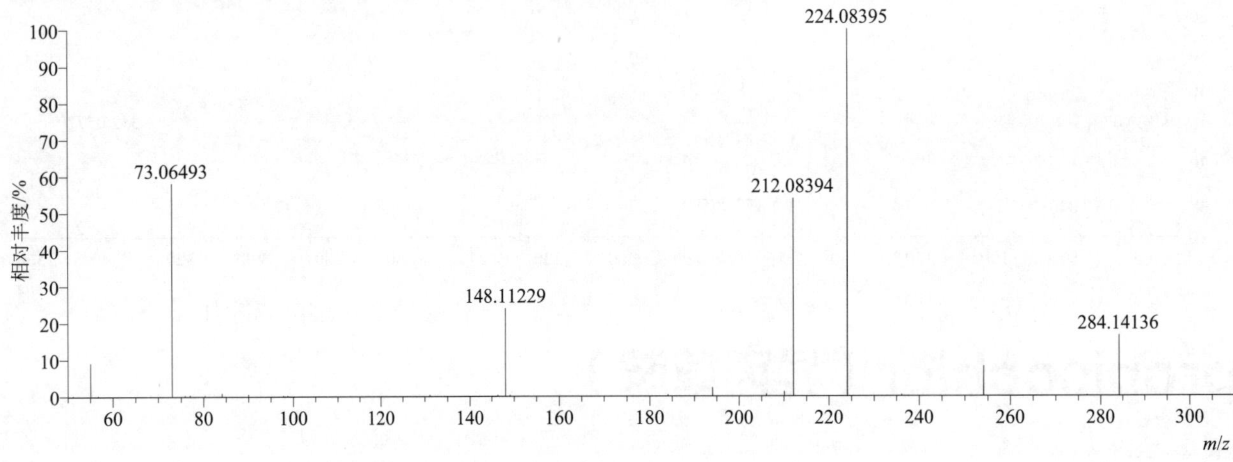

[M+H]+ 归一化法能量 NCE 为 40 时典型的二级质谱图

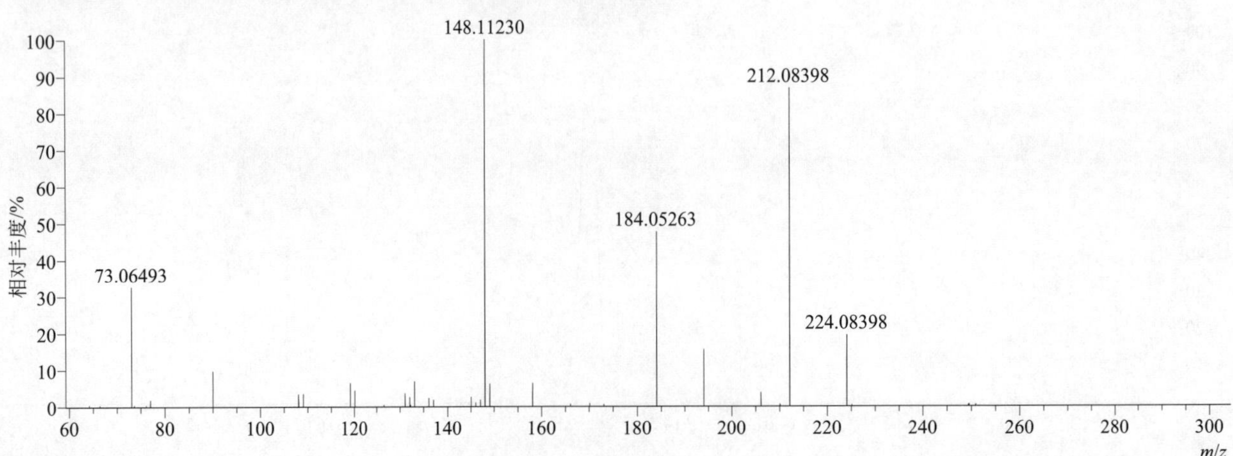

[M+H]⁺ 归一化法能量 NCE 为 60 时典型的二级质谱图

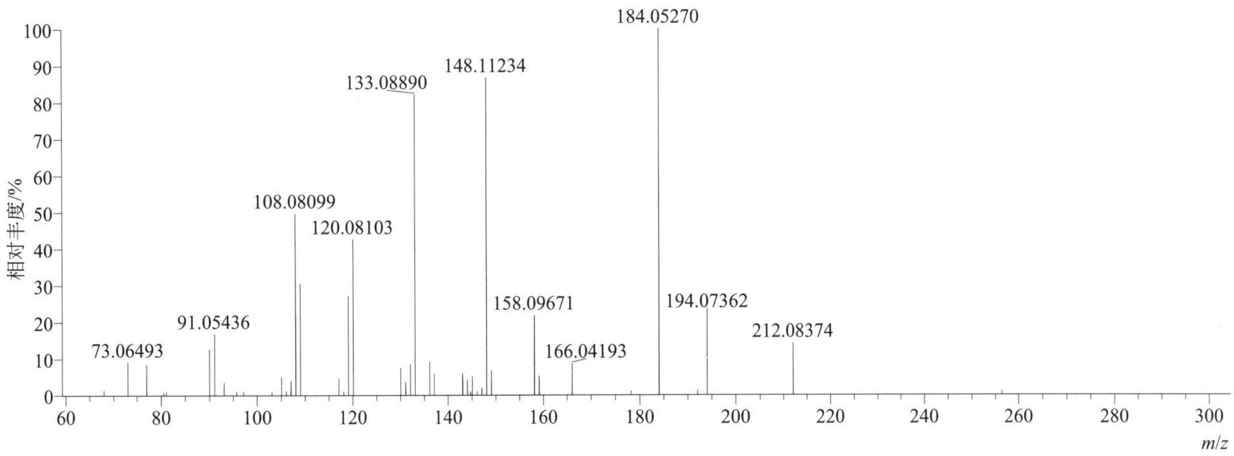

[M+H]⁺ 阶梯归一化法能量 Step NCE 为 20、40、60 时典型的二级质谱图

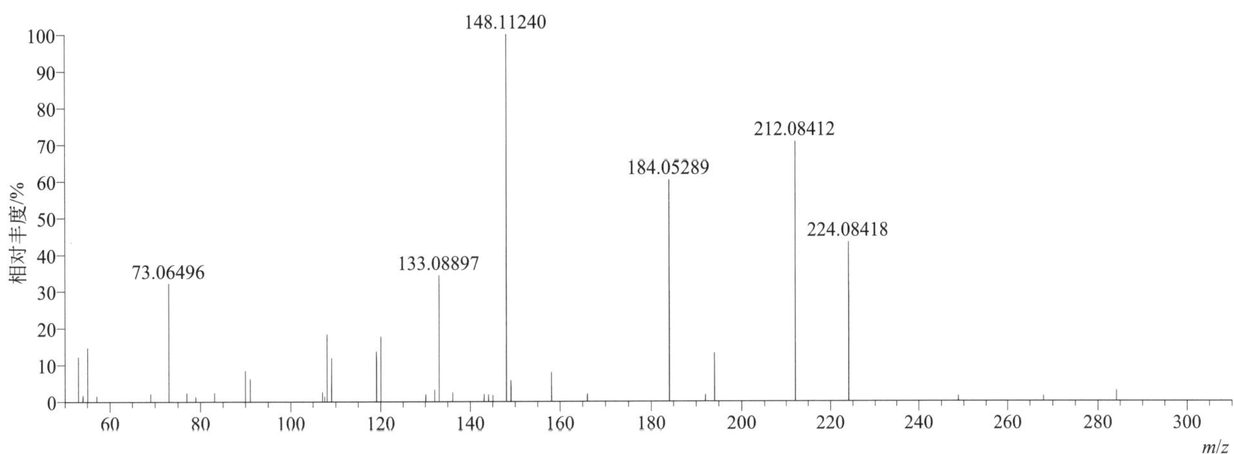

propoxur（残杀威）

基本信息

CAS 登录号	114-26-1	分子量	209.10519	离子源和极性	电喷雾离子源（ESI）
分子式	$C_{11}H_{15}NO_3$	保留时间	13.02min	极性	正模式

[M+H]⁺ 提取离子流色谱图

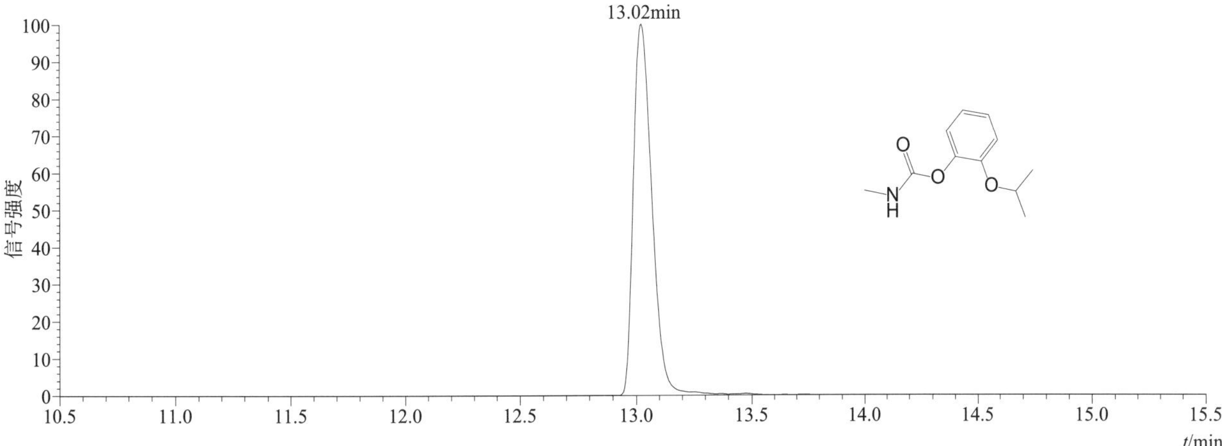

[M+H]+ 典型的一级质谱图

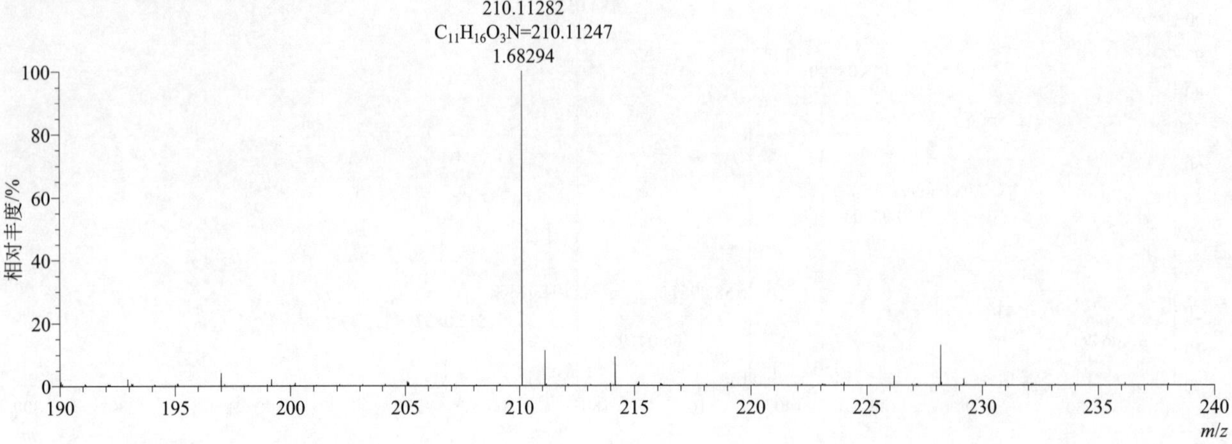

[M+H]+ 归一化法能量 NCE 为 20 时典型的二级质谱图

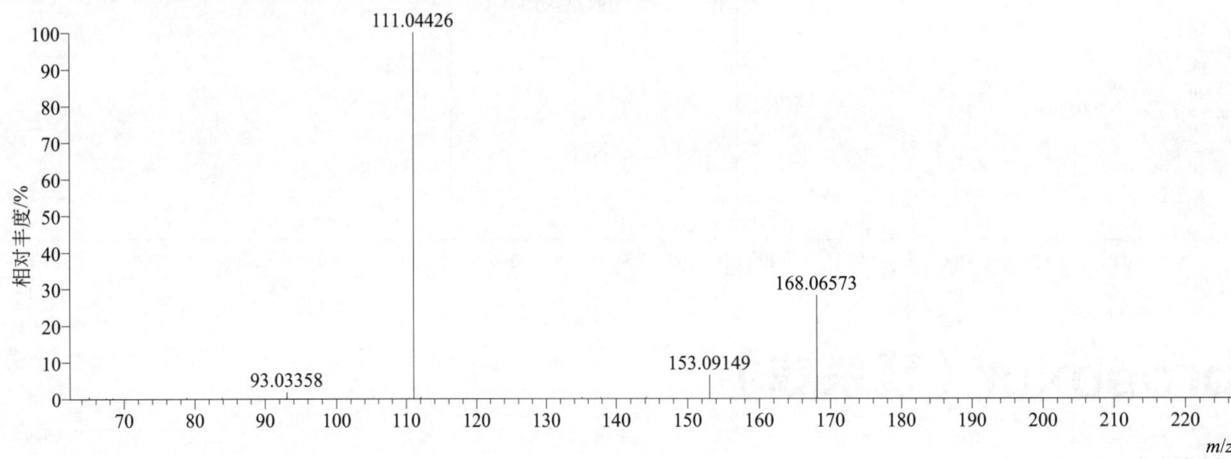

[M+H]+ 归一化法能量 NCE 为 40 时典型的二级质谱图

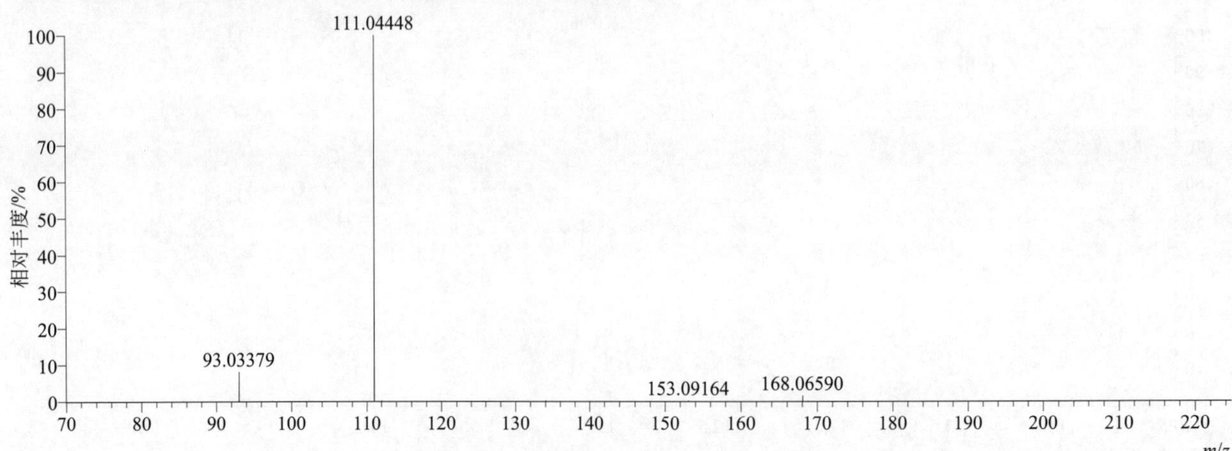

[M+H]+ 归一化法能量 NCE 为 60 时典型的二级质谱图

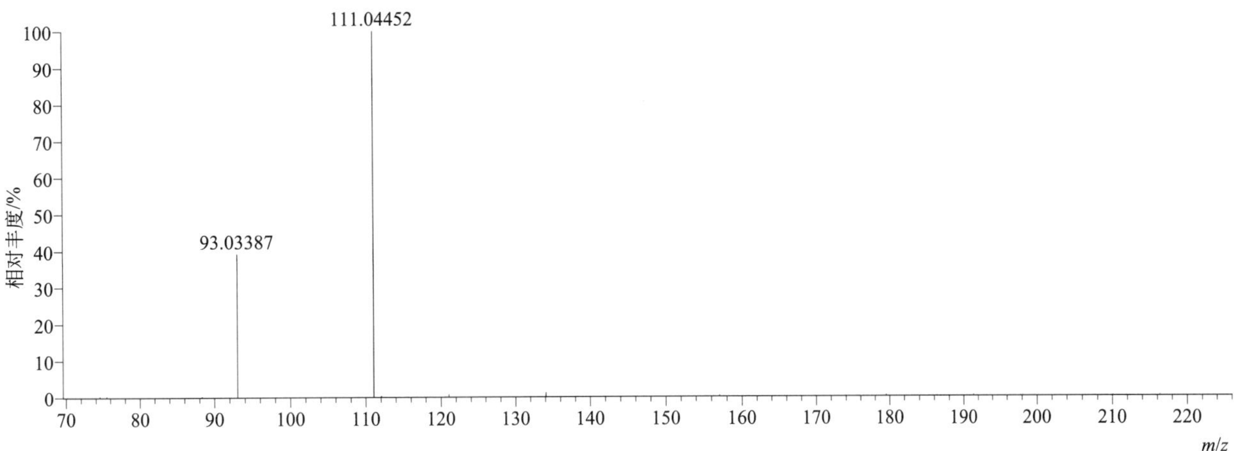

[M+H]+ 阶梯归一化法能量 Step NCE 为 20、40、60 时典型的二级质谱图

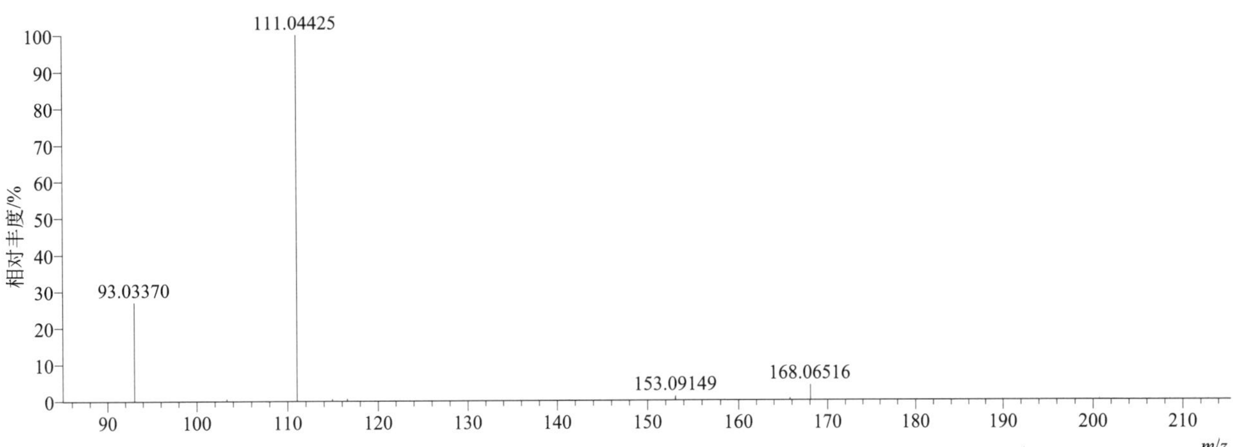

propoxycarbazone（丙苯磺隆）

基本信息

CAS 登录号	145026-81-9	分子量	398.08962	离子源和极性	电喷雾离子源（ESI）
分子式	$C_{15}H_{18}N_4O_7S$	保留时间	12.79min	极性	正模式

[M+H]+ 提取离子流色谱图

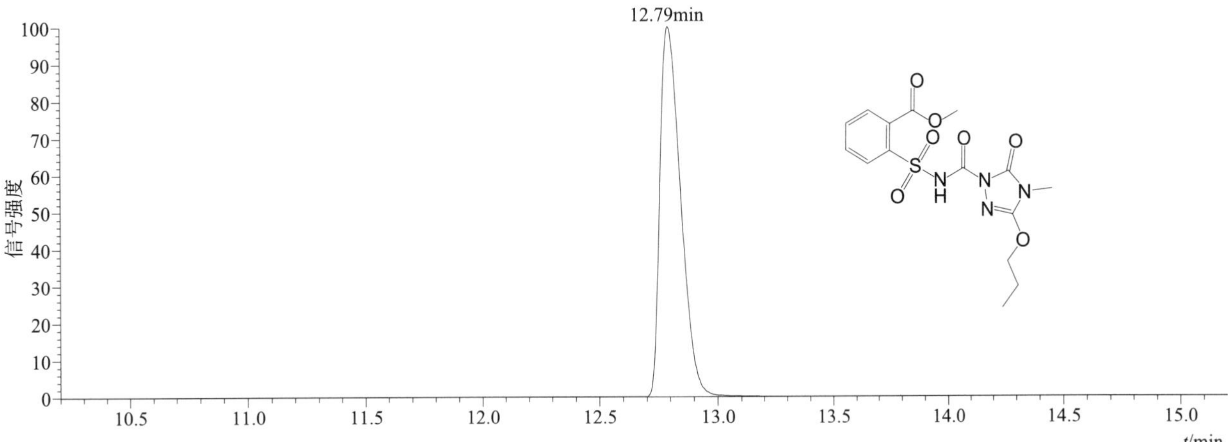

[M+H]⁺、[M+NH₄]⁺ 和 [M+Na]⁺ 典型的一级质谱图

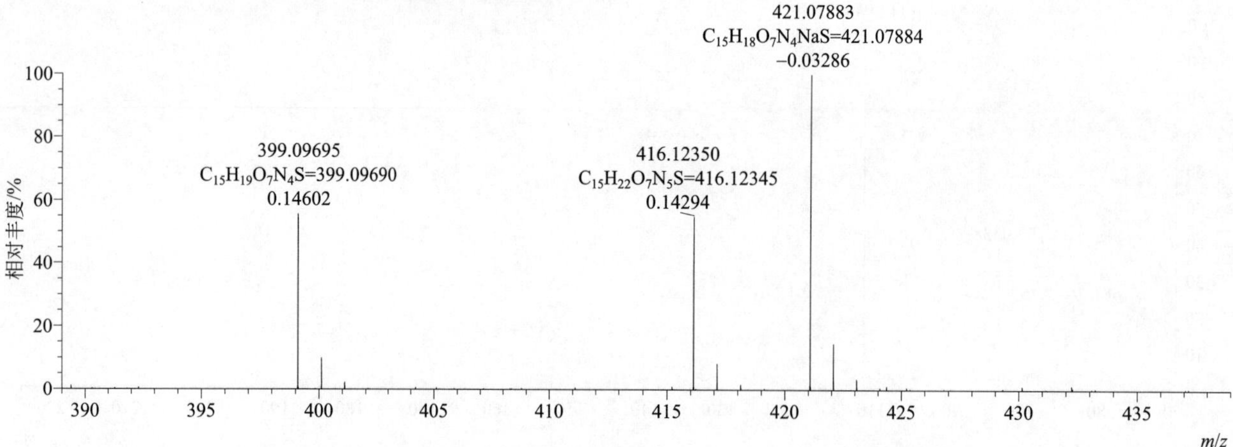

[M+H]⁺ 归一化法能量 NCE 为 20 时典型的二级质谱图

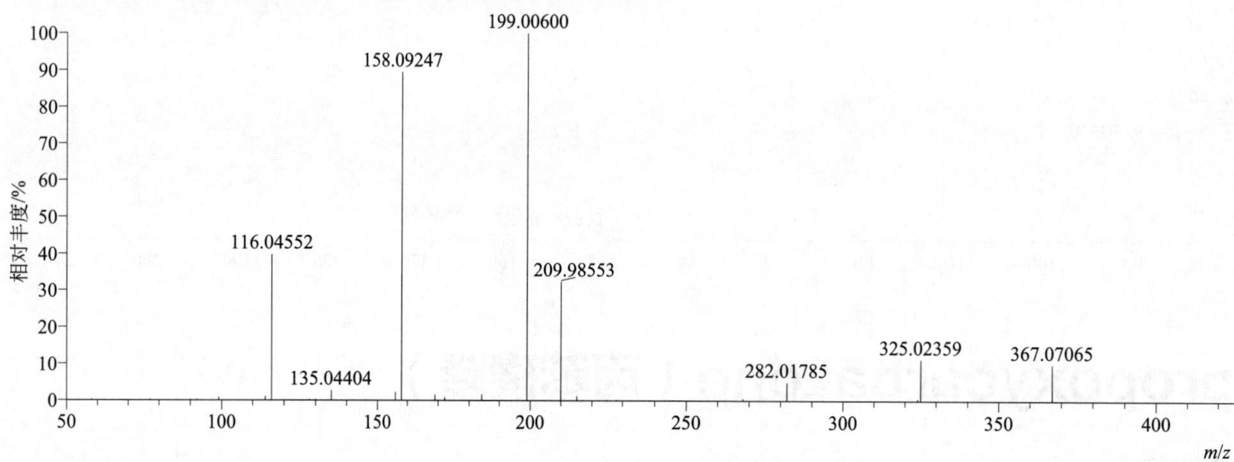

[M+H]⁺ 归一化法能量 NCE 为 40 时典型的二级质谱图

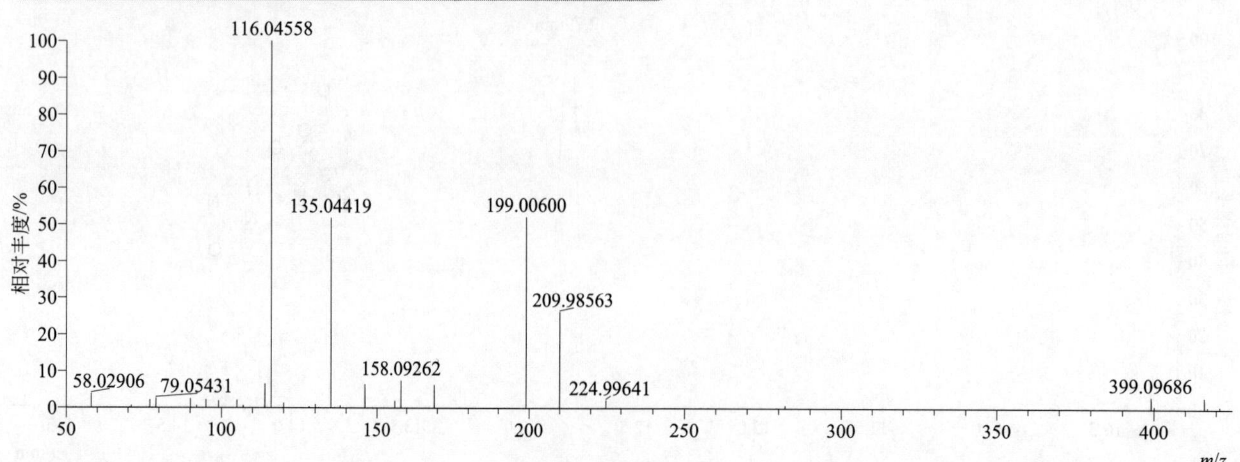

[M+H]⁺ 归一化法能量 NCE 为 60 时典型的二级质谱图

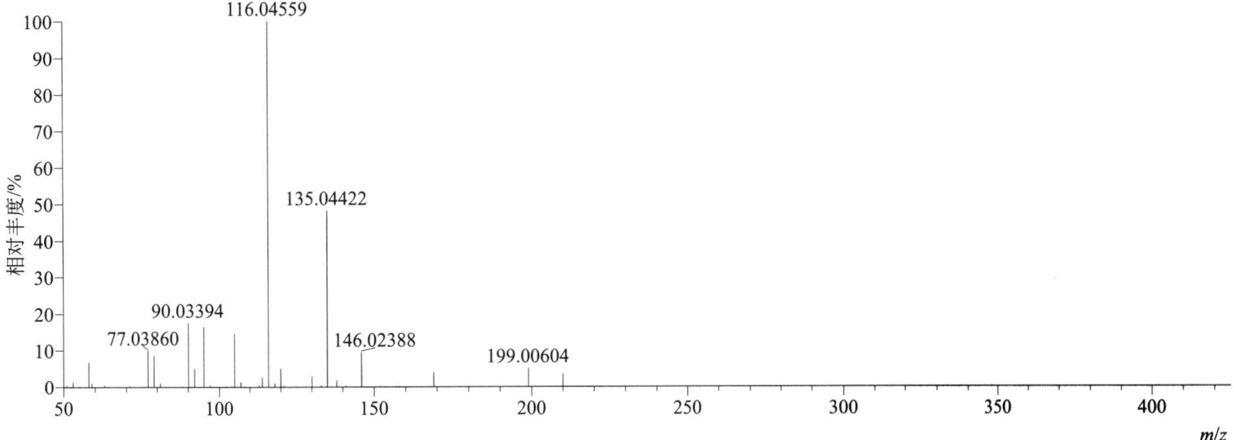

[M+H]⁺ 阶梯归一化法能量 Step NCE 为 20、40、60 时典型的二级质谱图

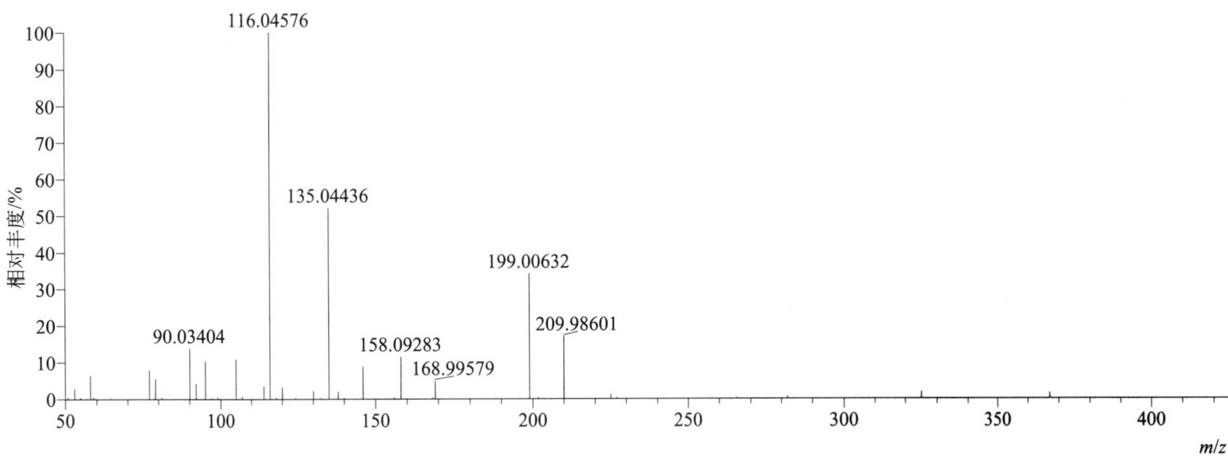

$[M+NH_4]^+$ 归一化法能量 NCE 为 20 时典型的二级质谱图

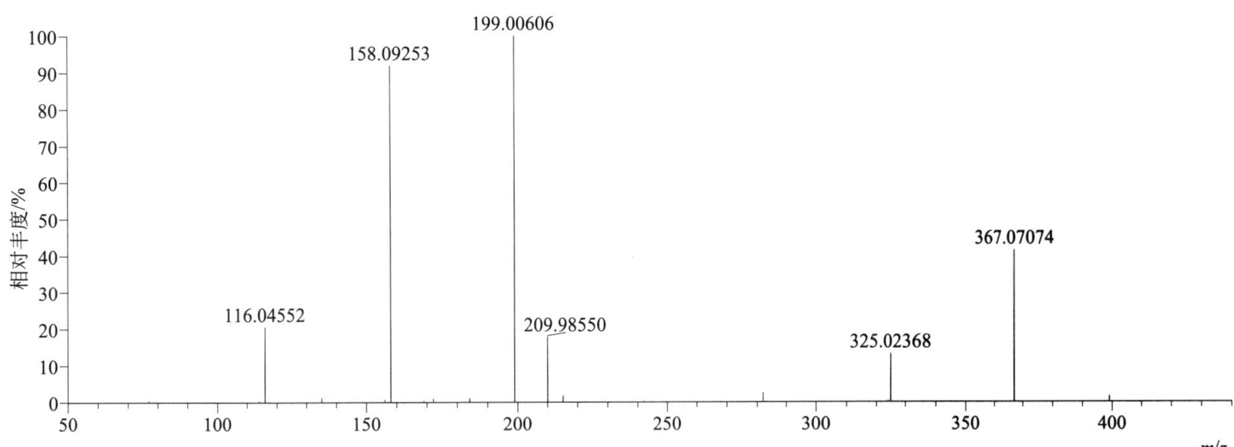

$[M+NH_4]^+$ 归一化法能量 NCE 为 40 时典型的二级质谱图

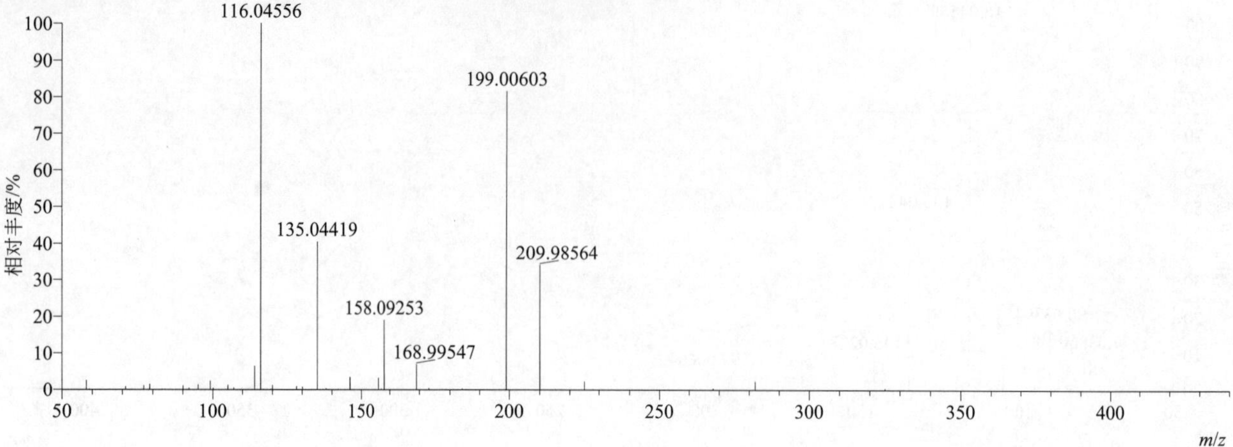

$[M+NH_4]^+$ 归一化法能量 NCE 为 60 时典型的二级质谱图

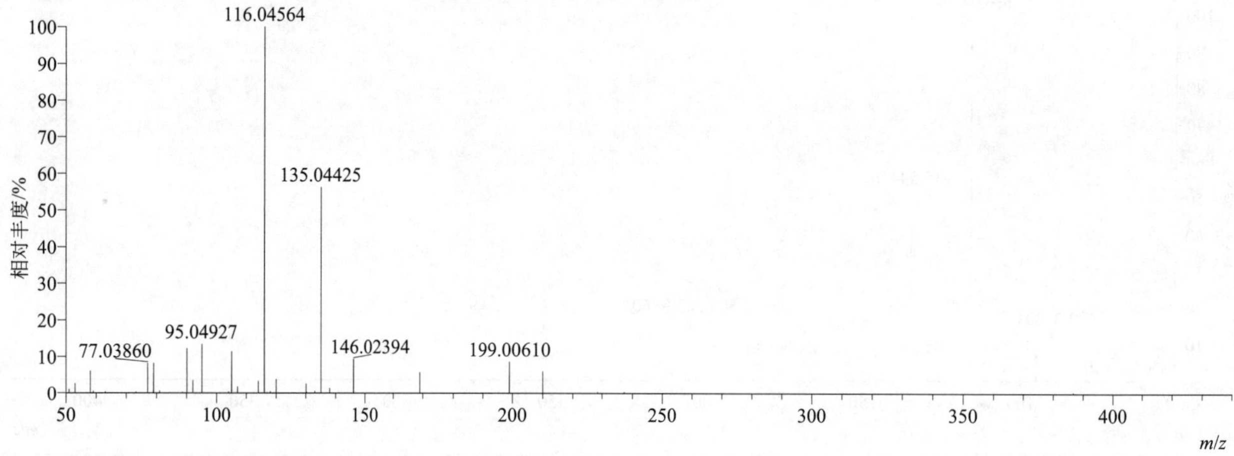

$[M+NH_4]^+$ 阶梯归一化法能量 Step NCE 为 20、40、60 时典型的二级质谱图

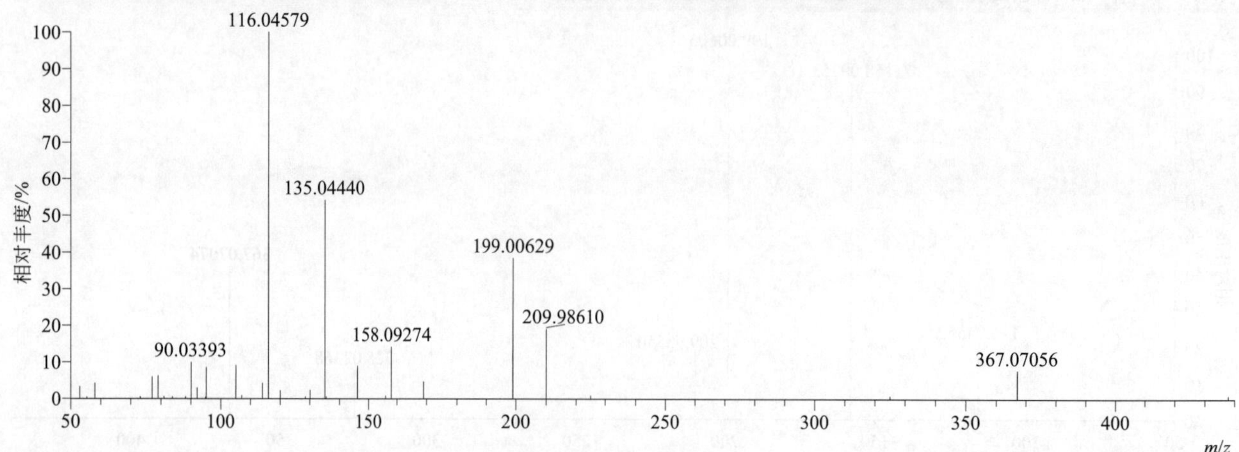

propyzamide（炔苯酰草胺）

基本信息

CAS 登录号	23950-58-5	分子量	255.02177	离子源和极性	电喷雾离子源（ESI）
分子式	$C_{12}H_{11}Cl_2NO$	保留时间	14.51min	极性	正模式

$[M+H]^+$ 提取离子流色谱图

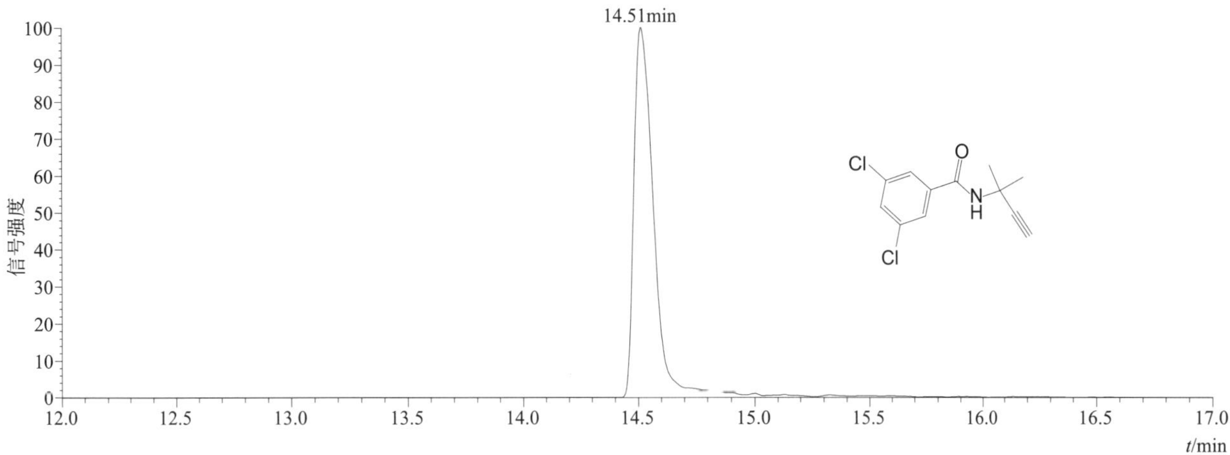

$[M+H]^+$ 典型的一级质谱图

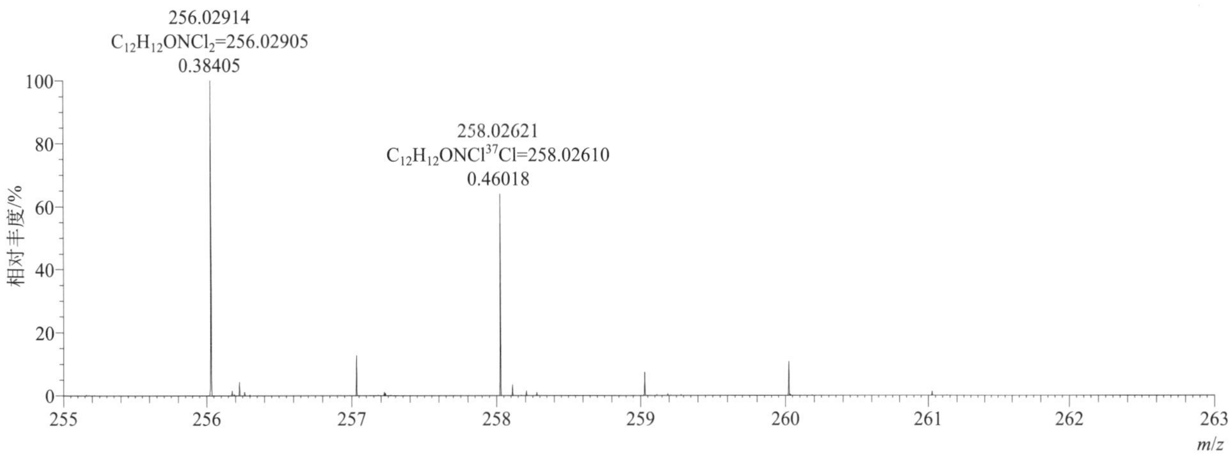

$[M+H]^+$ 归一化法能量 NCE 为 20 时典型的二级质谱图

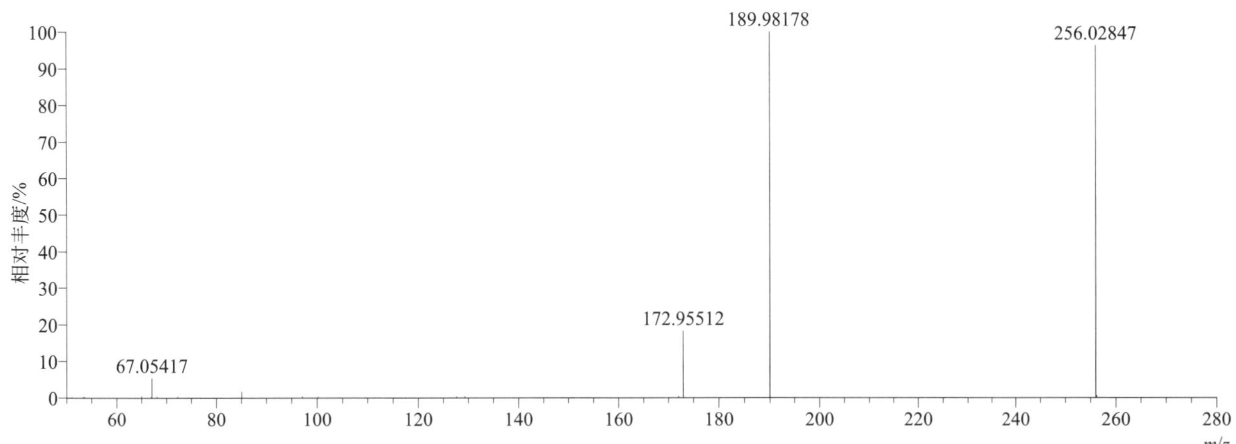

$[M+H]^+$ 归一化法能量 NCE 为 40 时典型的二级质谱图

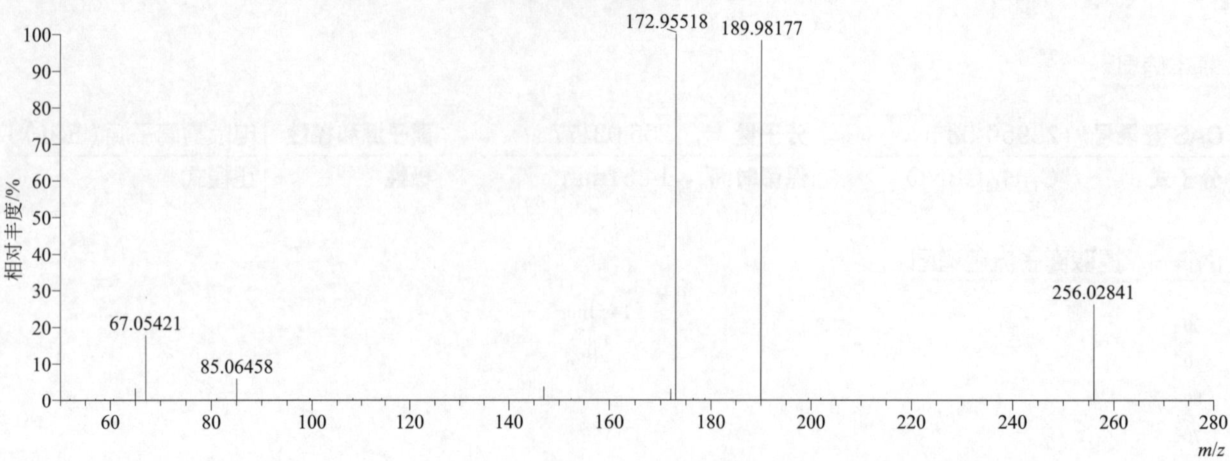

$[M+H]^+$ 归一化法能量 NCE 为 60 时典型的二级质谱图

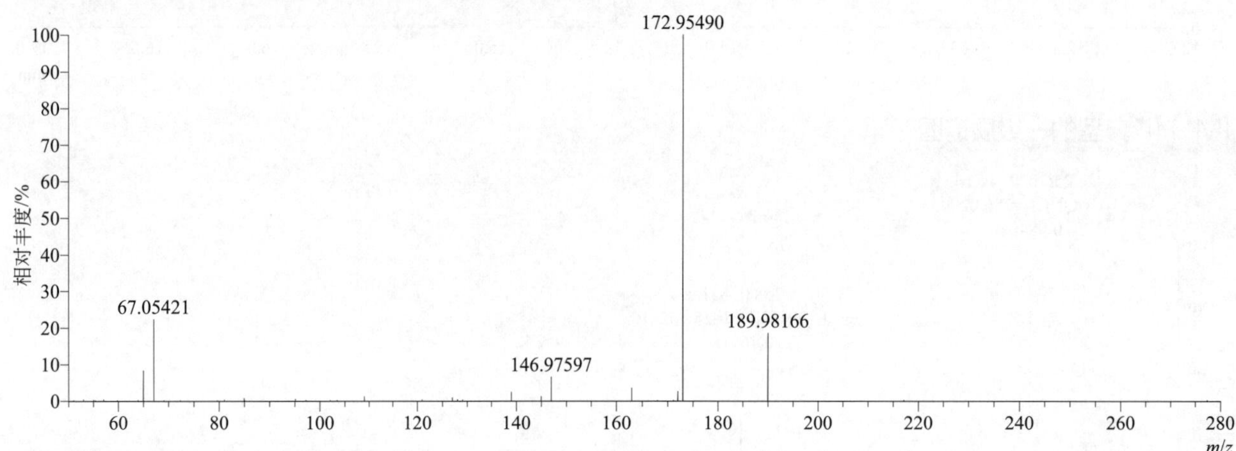

$[M+H]^+$ 阶梯归一化法能量 Step NCE 为 20、40、60 时典型的二级质谱图

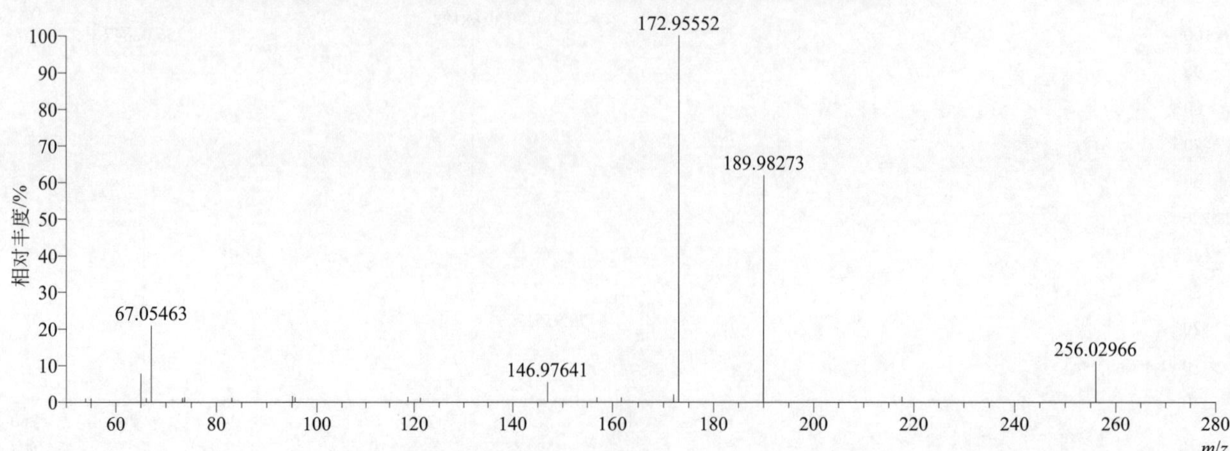

proquinazid（丙氧喹唑啉）

基本信息

CAS 登录号	189278-12-4	分子量	372.03347	离子源和极性	电喷雾离子源（ESI）
分子式	$C_{14}H_{17}IN_2O_2$	保留时间	16.48min	极性	正模式

$[M+H]^+$ 提取离子流色谱图

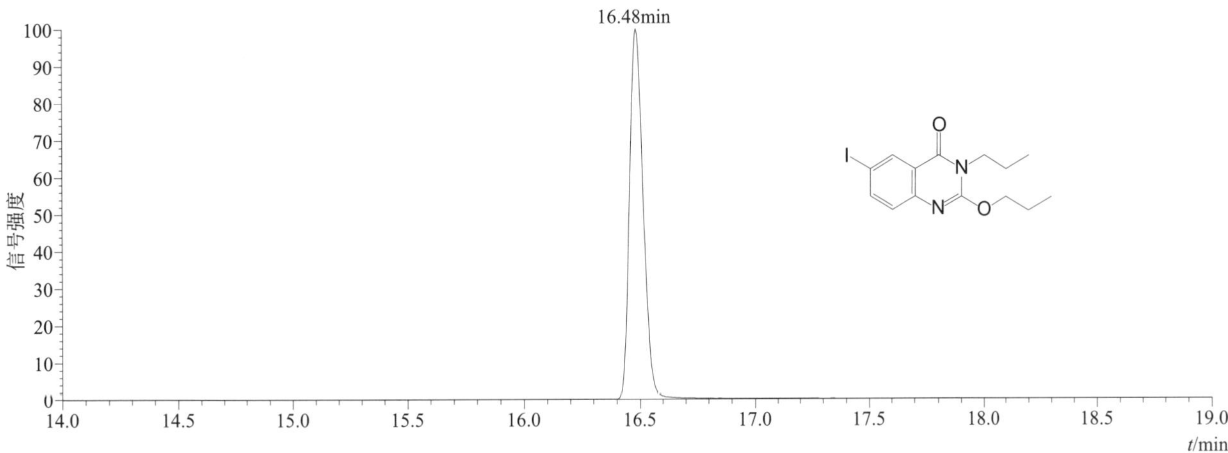

$[M+H]^+$ 典型的一级质谱图

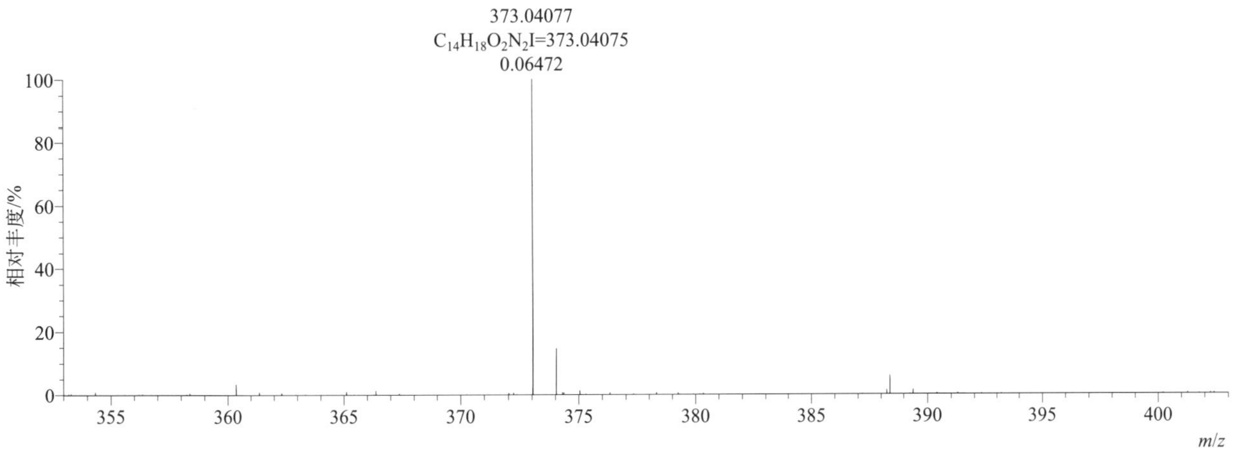

$[M+H]^+$ 归一化法能量 NCE 为 20 时典型的二级质谱图

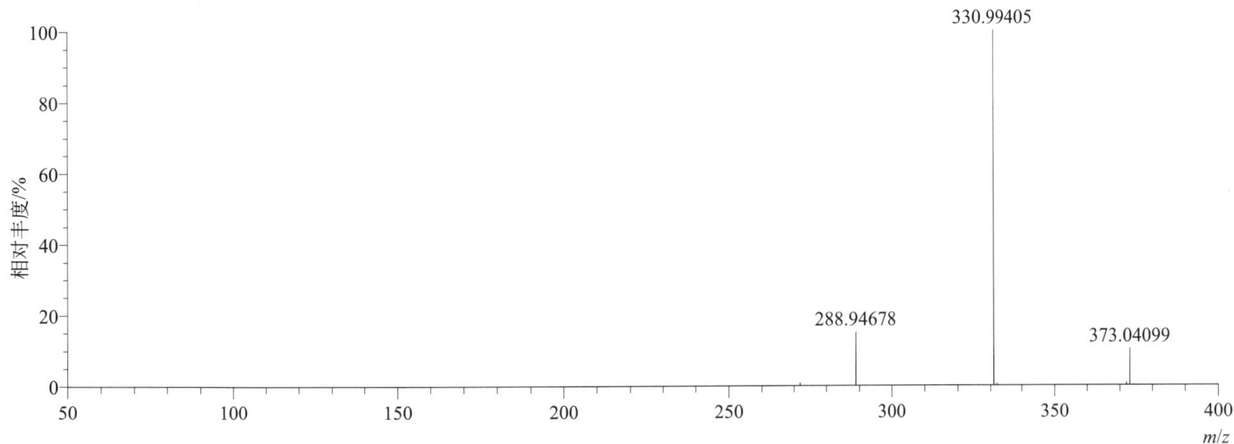

[M+H]+ 归一化法能量 NCE 为 40 时典型的二级质谱图

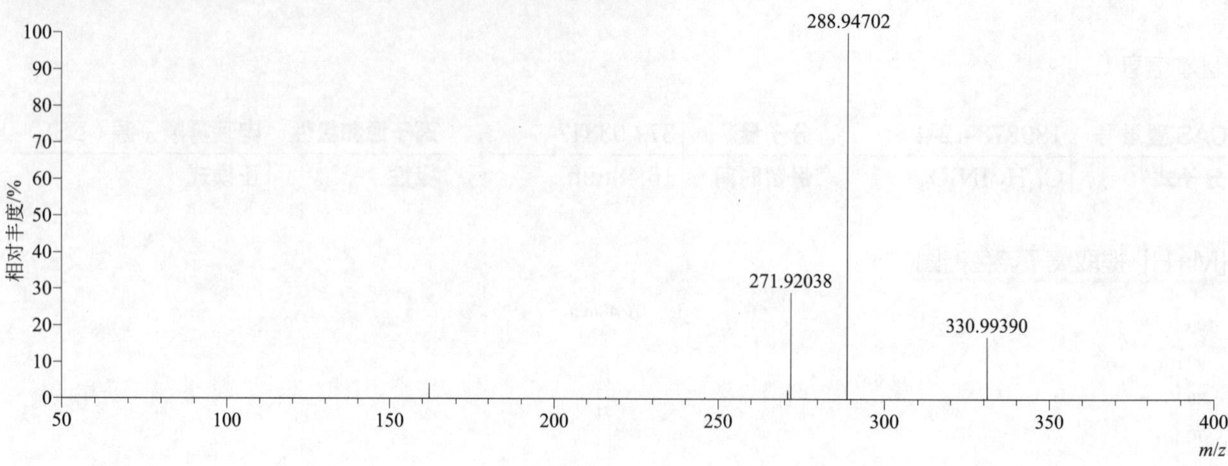

[M+H]+ 归一化法能量 NCE 为 60 时典型的二级质谱图

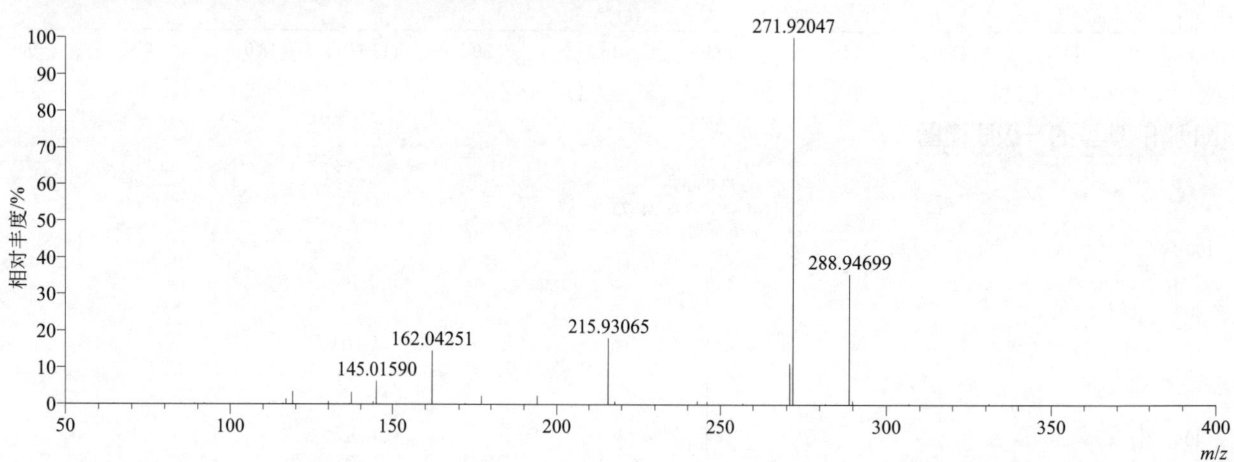

[M+H]+ 阶梯归一化法能量 Step NCE 为 20、40、60 时典型的二级质谱图

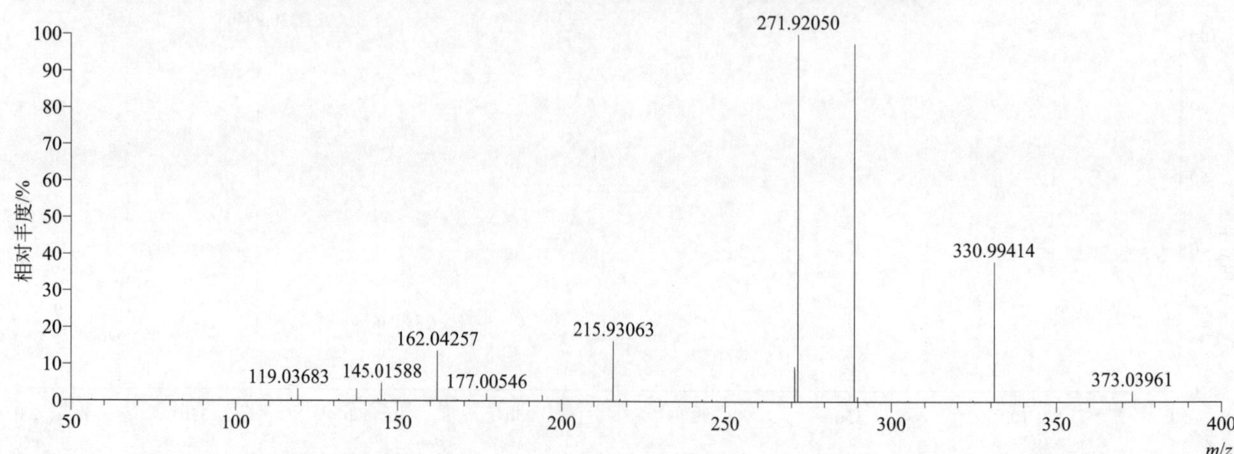

prosulfocarb（苄草丹）

基本信息

CAS 登录号	52888-80-9	分子量	251.13438	离子源和极性	电喷雾离子源（ESI）
分子式	$C_{14}H_{21}NOS$	保留时间	15.62min	极性	正模式

$[M+H]^+$ 提取离子流色谱图

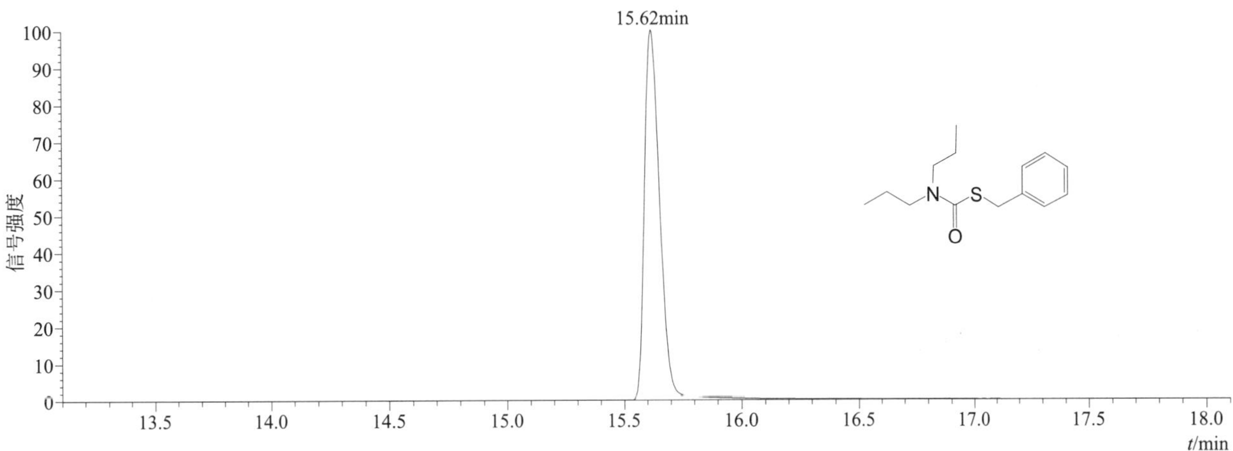

$[M+H]^+$ 典型的一级质谱图

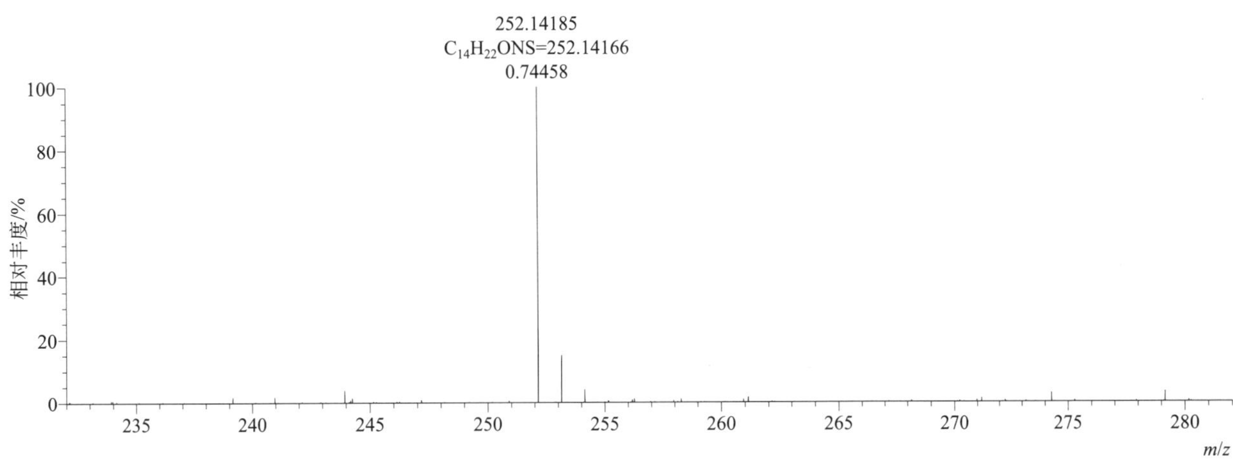

$[M+H]^+$ 归一化法能量 NCE 为 20 时典型的二级质谱图

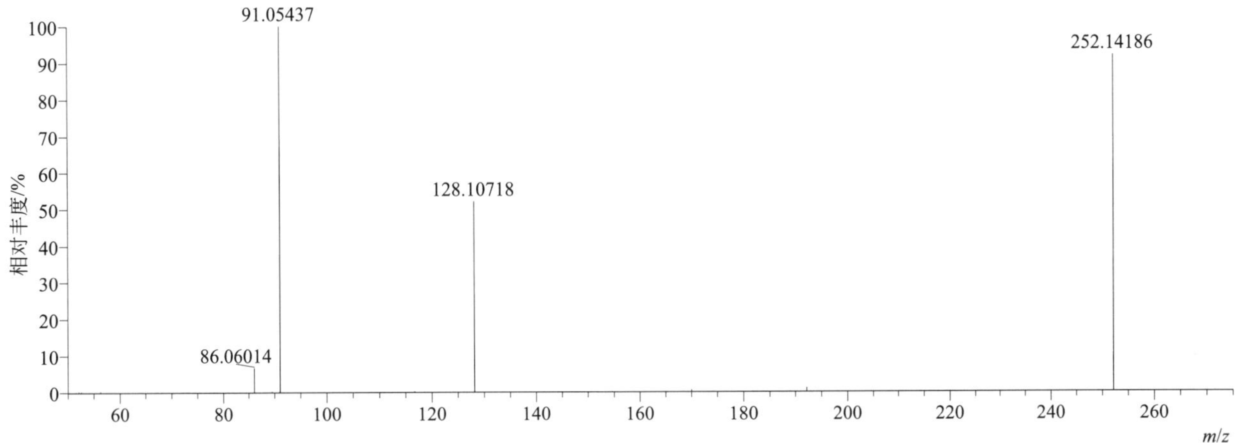

[M+H]$^+$ 归一化法能量 NCE 为 40 时典型的二级质谱图

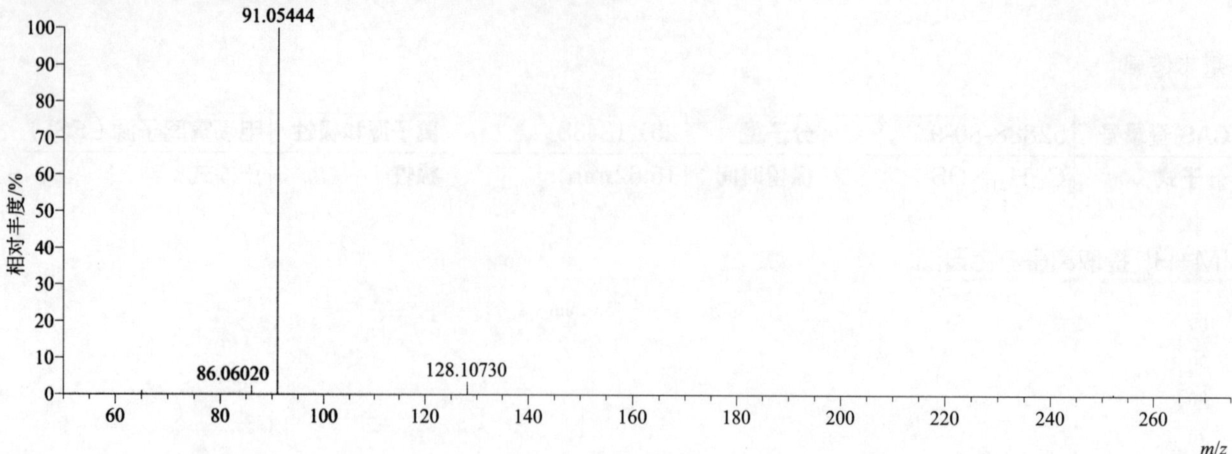

[M+H]$^+$ 归一化法能量 NCE 为 60 时典型的二级质谱图

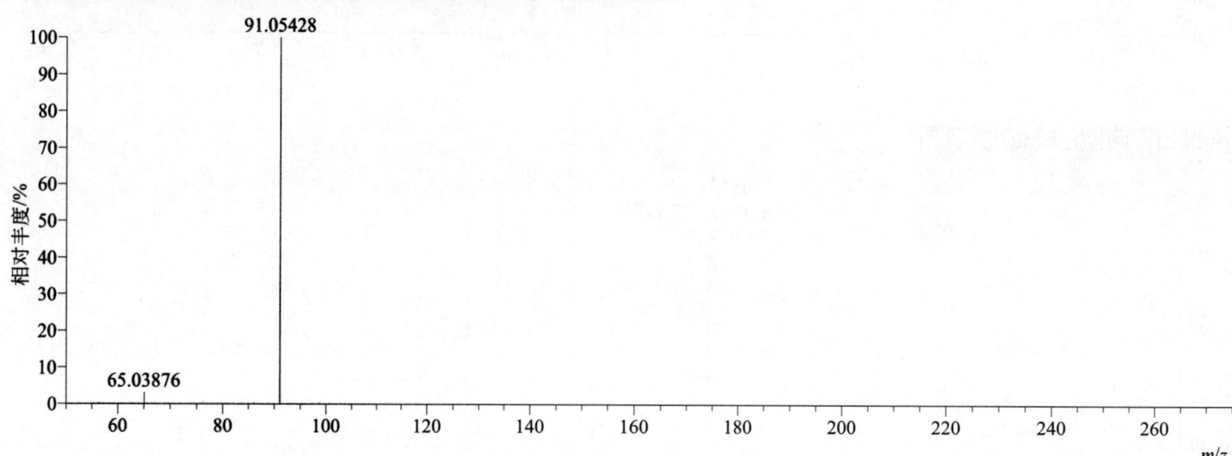

[M+H]$^+$ 阶梯归一化法能量 Step NCE 为 20、40、60 时典型的二级质谱图

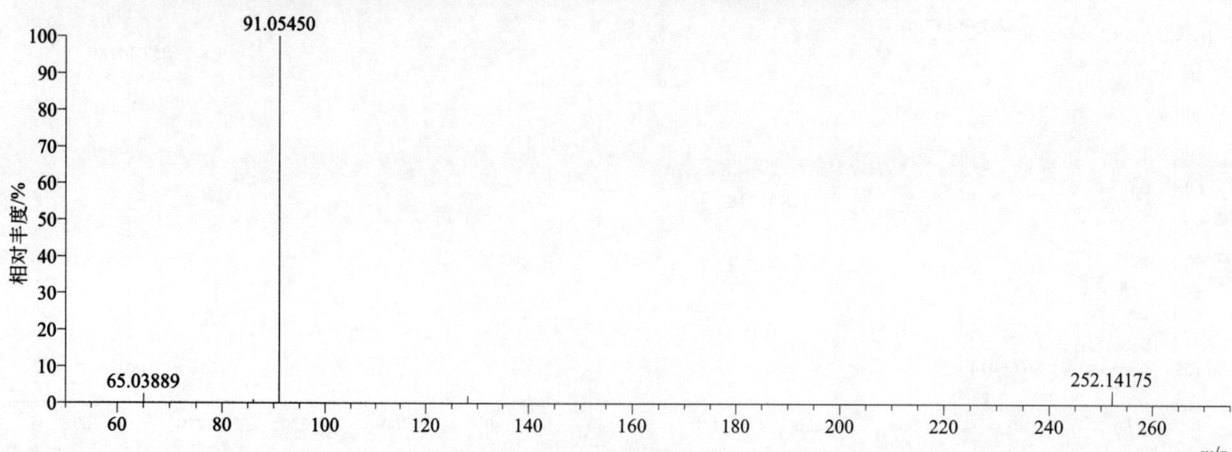

prothioconazole（丙硫菌唑）

基本信息

CAS 登录号	178928-70-6	分子量	343.03129	离子源和极性	电喷雾离子源（ESI）
分子式	$C_{14}H_{15}Cl_2N_3OS$	保留时间	15.18min	极性	正模式

$[M+H]^+$ 提取离子流色谱图

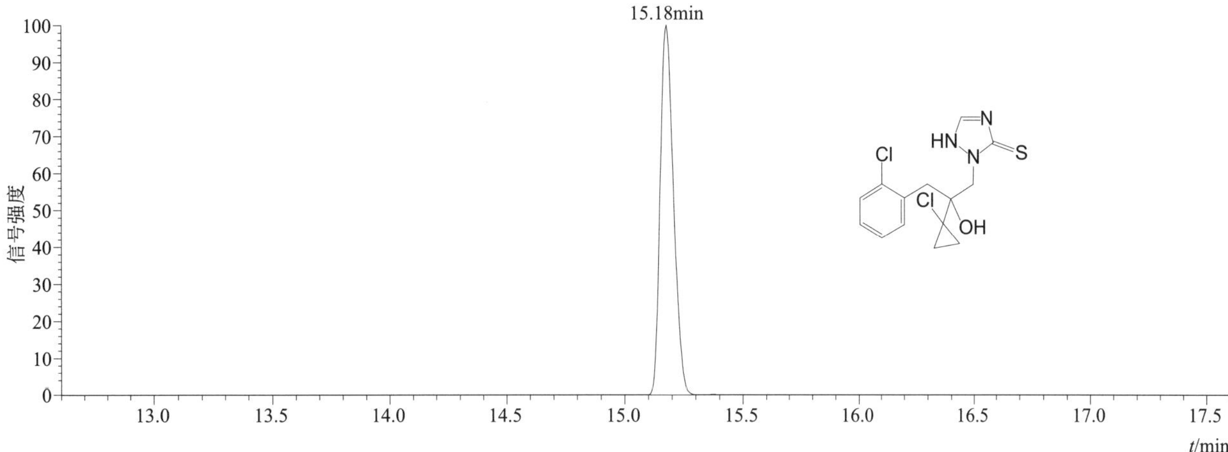

$[M+H]^+$ 典型的一级质谱图

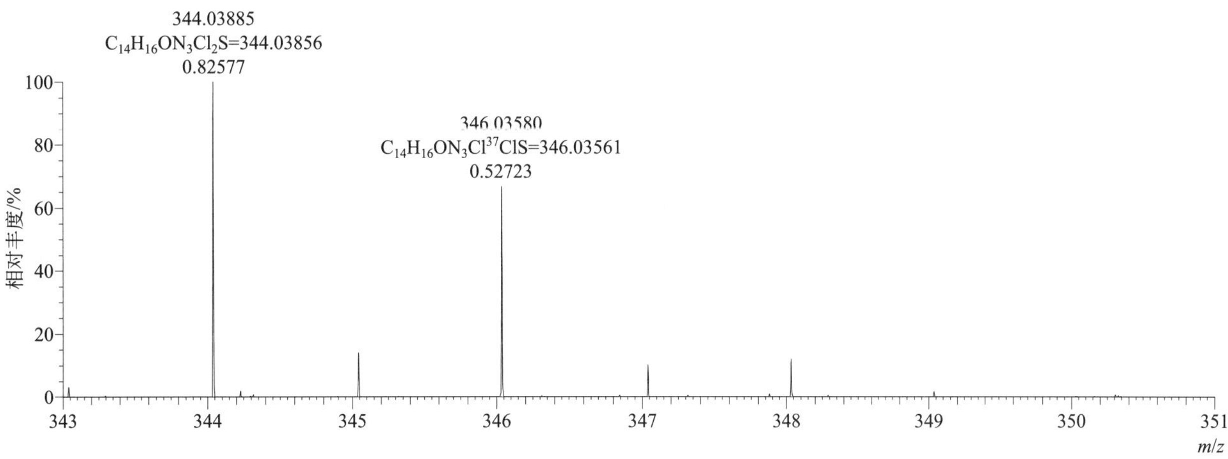

$[M+H]^+$ 归一化法能量 NCE 为 20 时典型的二级质谱图

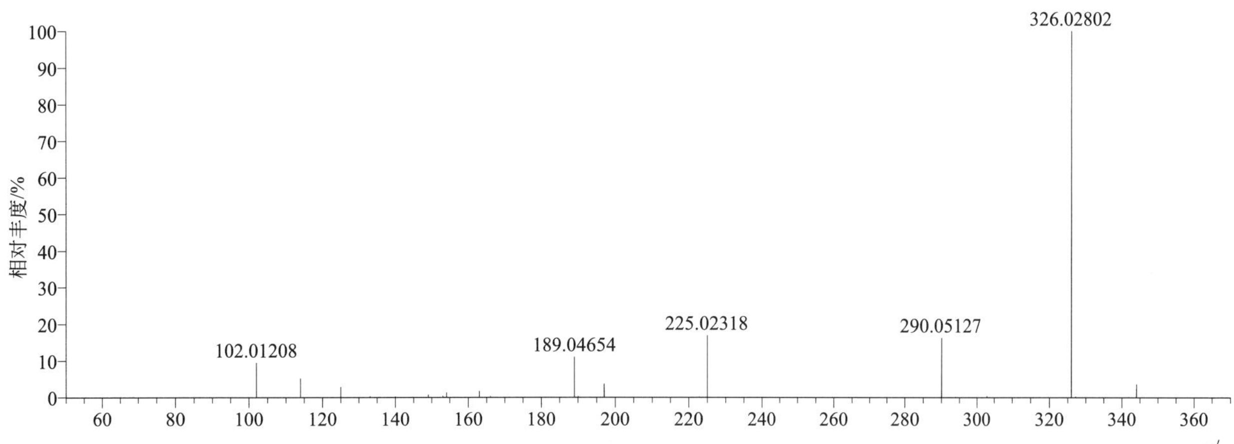

[M+H]+ 归一化法能量 NCE 为 40 时典型的二级质谱图

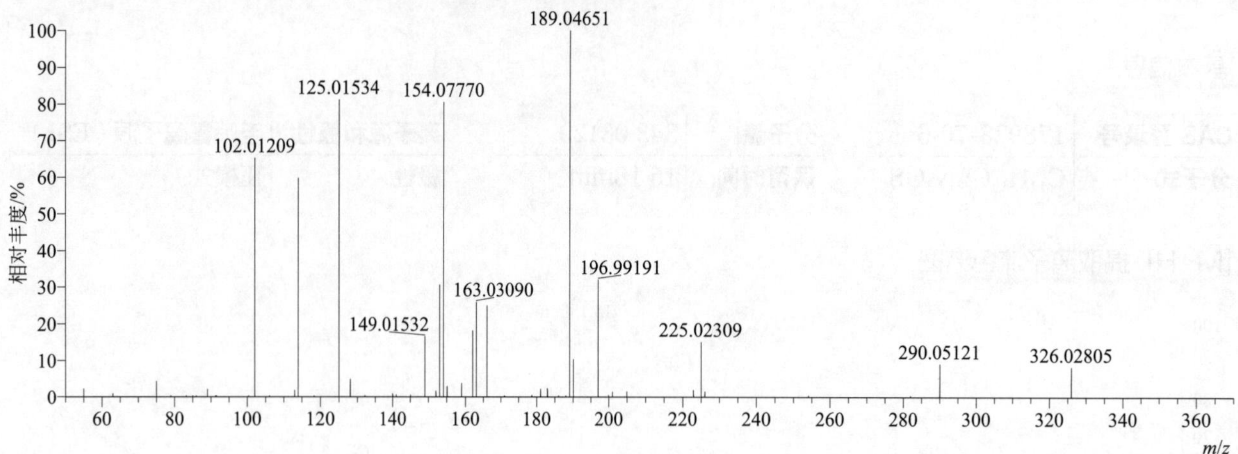

[M+H]+ 归一化法能量 NCE 为 60 时典型的二级质谱图

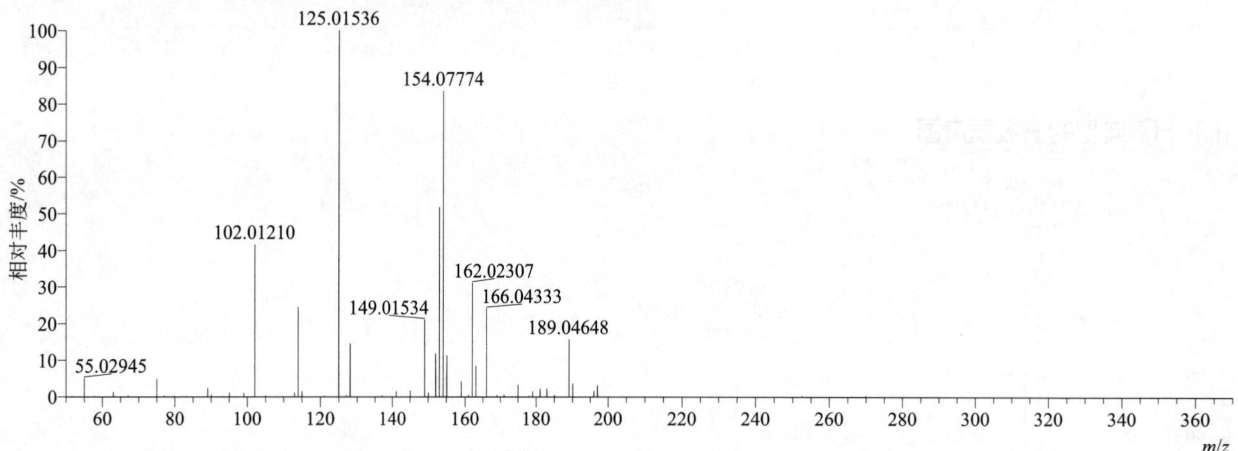

[M+H]+ 阶梯归一化法能量 Step NCE 为 20、40、60 时典型的二级质谱图

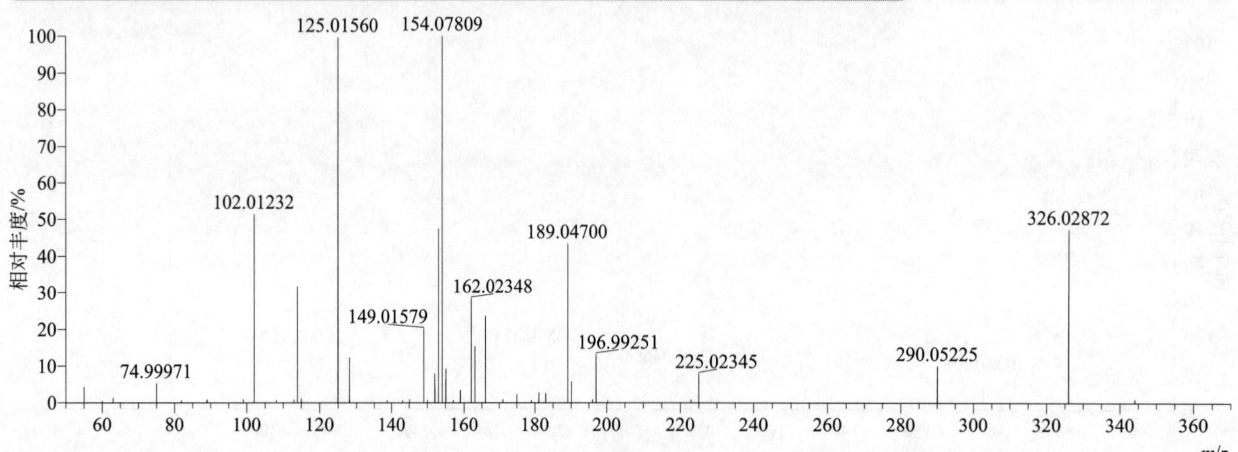

prothoate（发硫磷）

基本信息

CAS 登录号	2275-18-5	分子量	285.06222	离子源和极性	电喷雾离子源（ESI）
分子式	$C_9H_{20}NO_3PS_2$	保留时间	15.20min	极性	正模式

[M+H]+ 提取离子流色谱图

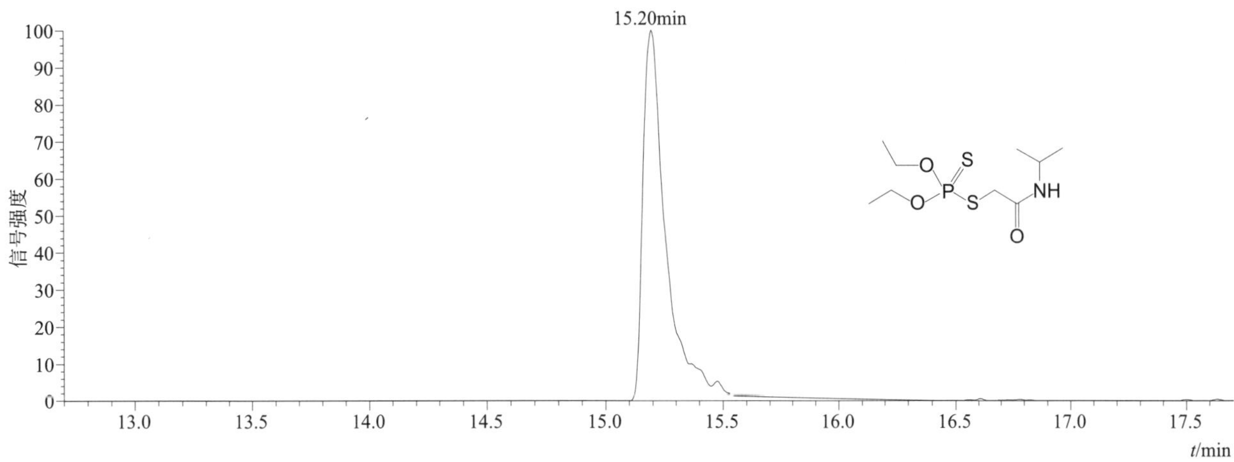

[M+H]+ 典型的一级质谱图

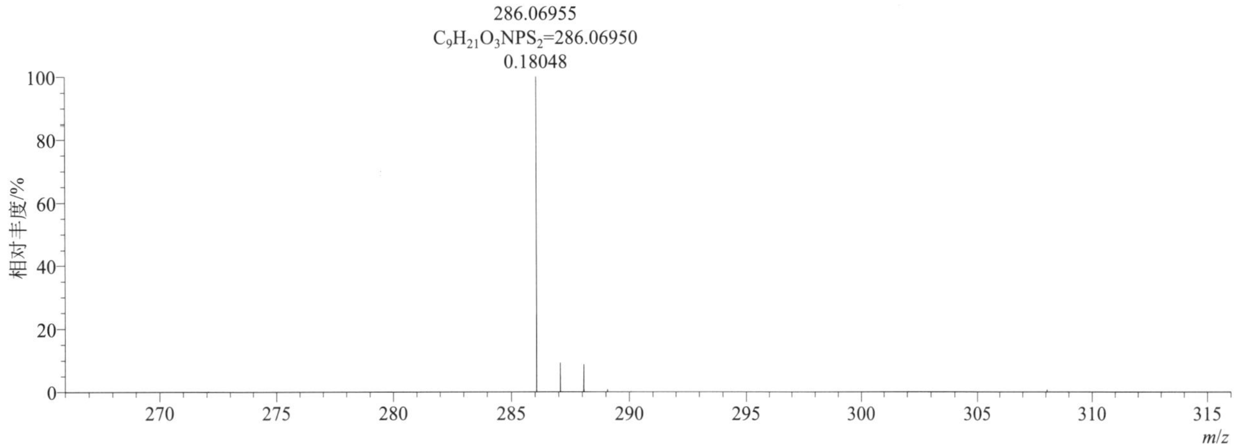

[M+H]+ 归一化法能量 NCE 为 20 时典型的二级质谱图

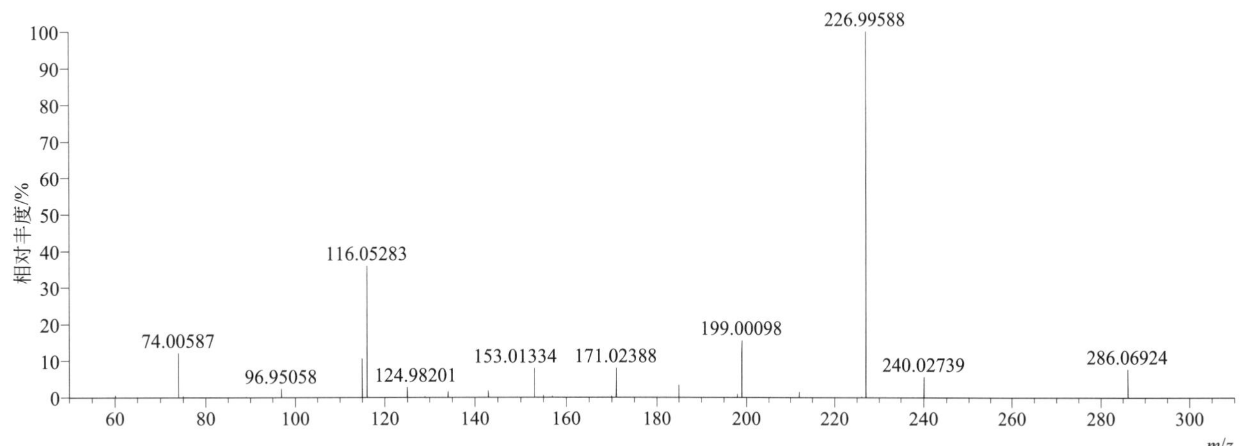

[M+H]+ 归一化法能量 NCE 为 40 时典型的二级质谱图

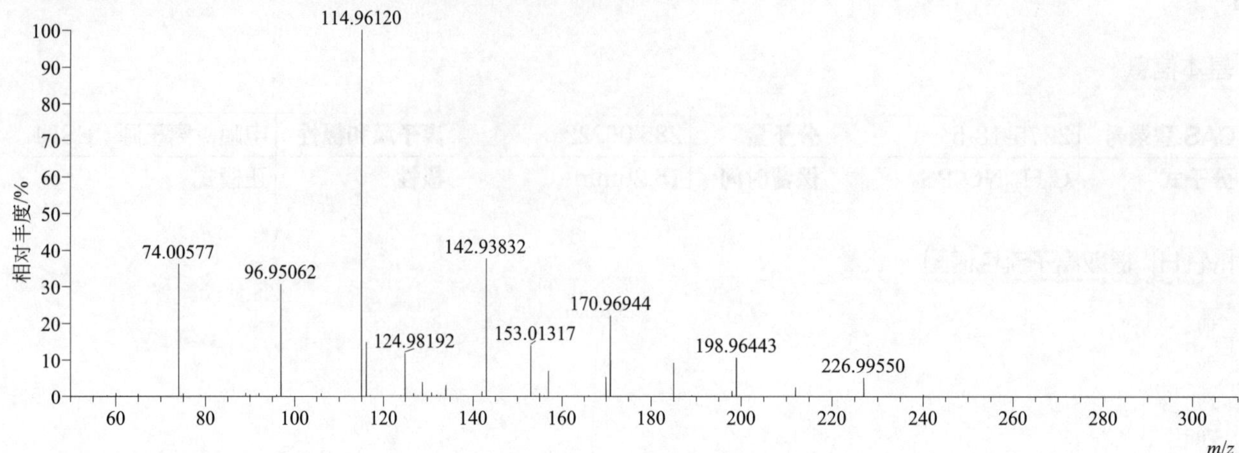

[M+H]+ 归一化法能量 NCE 为 60 时典型的二级质谱图

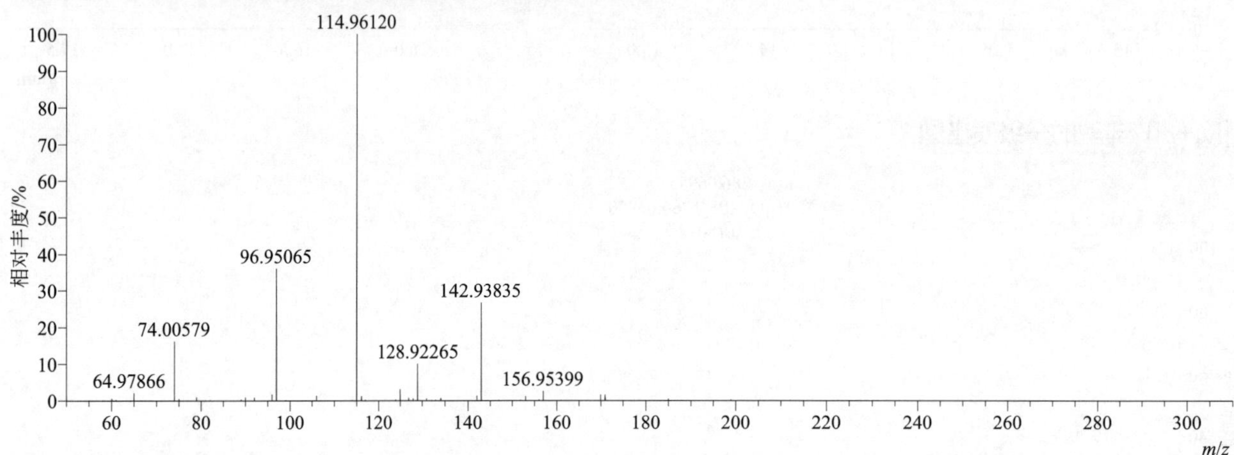

[M+H]+ 阶梯归一化法能量 Step NCE 为 20、40、60 时典型的二级质谱图

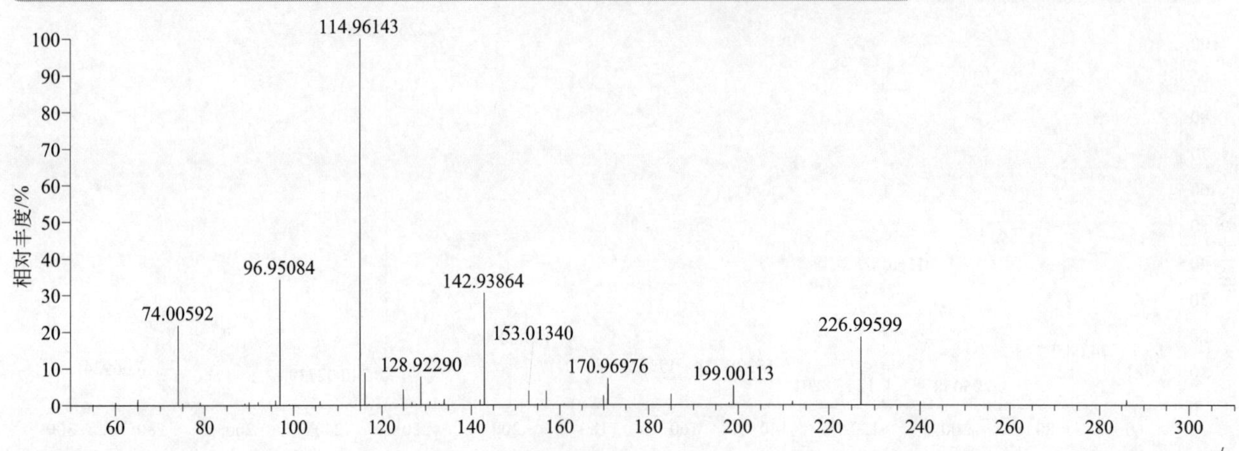

pymetrozine（吡蚜酮）

基本信息

CAS 登录号	123312-89-0	分子量	217.09636	离子源和极性	电喷雾离子源（ESI）
分子式	$C_{10}H_{11}N_5O$	保留时间	8.58min	极性	正模式

[M+H]⁺ 提取离子流色谱图

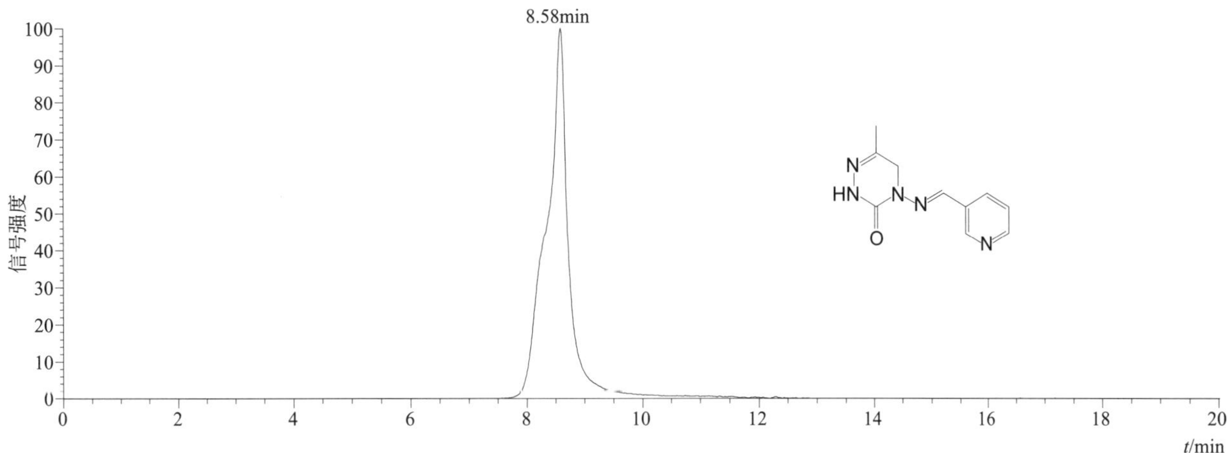

[M+H]⁺ 典型的一级质谱图

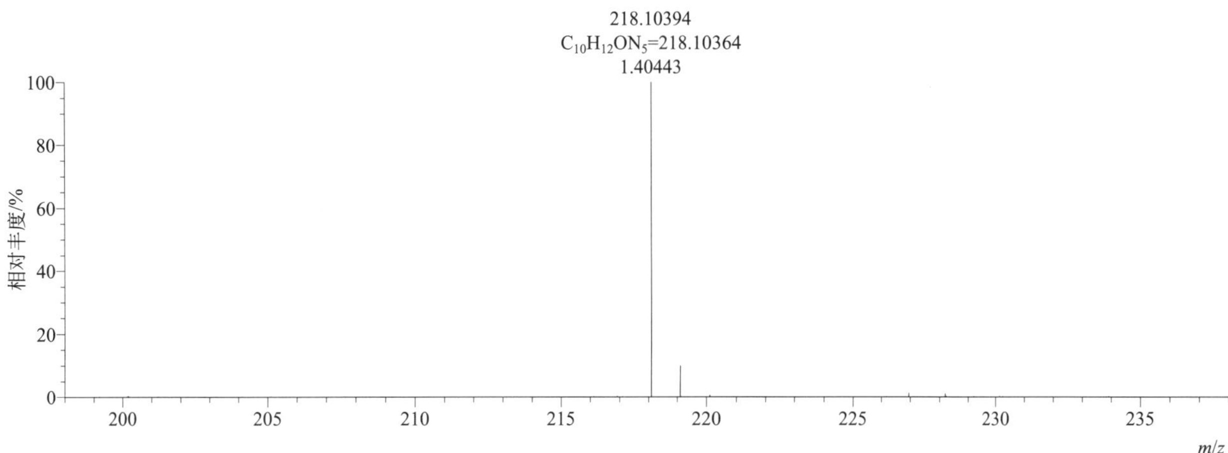

[M+H]⁺ 归一化法能量 NCE 为 20 时典型的二级质谱图

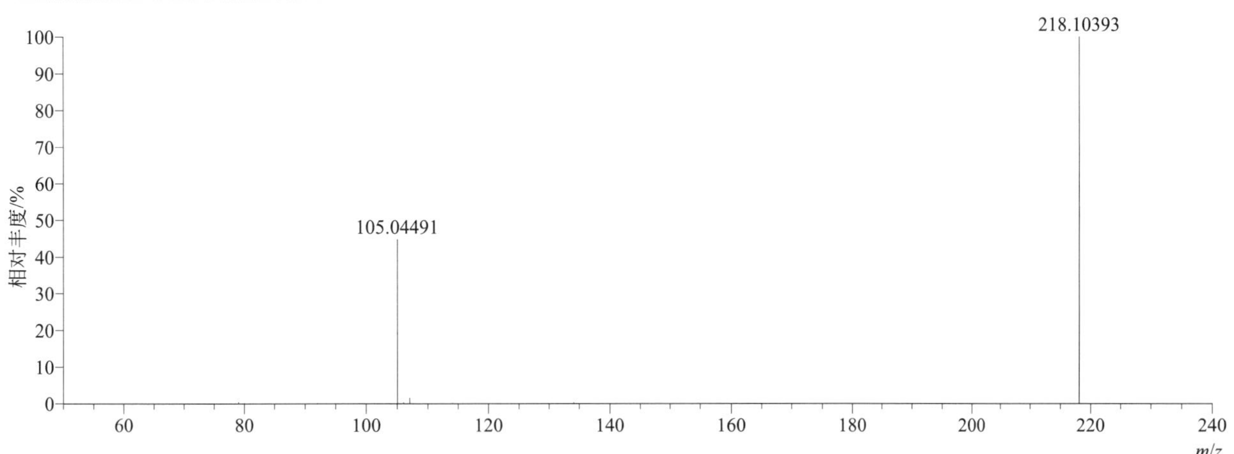

[M+H]$^+$ 归一化法能量 NCE 为 40 时典型的二级质谱图

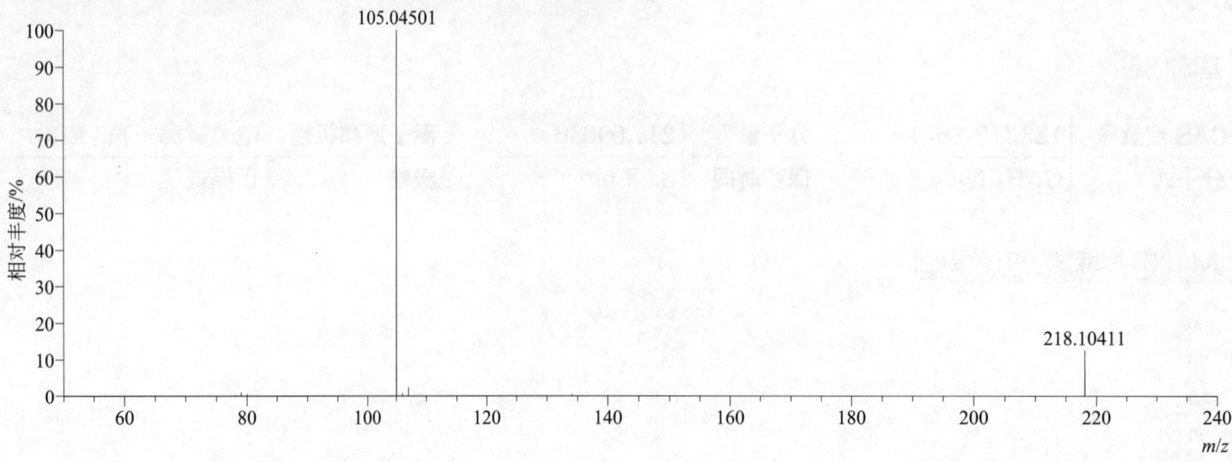

[M+H]$^+$ 归一化法能量 NCE 为 60 时典型的二级质谱图

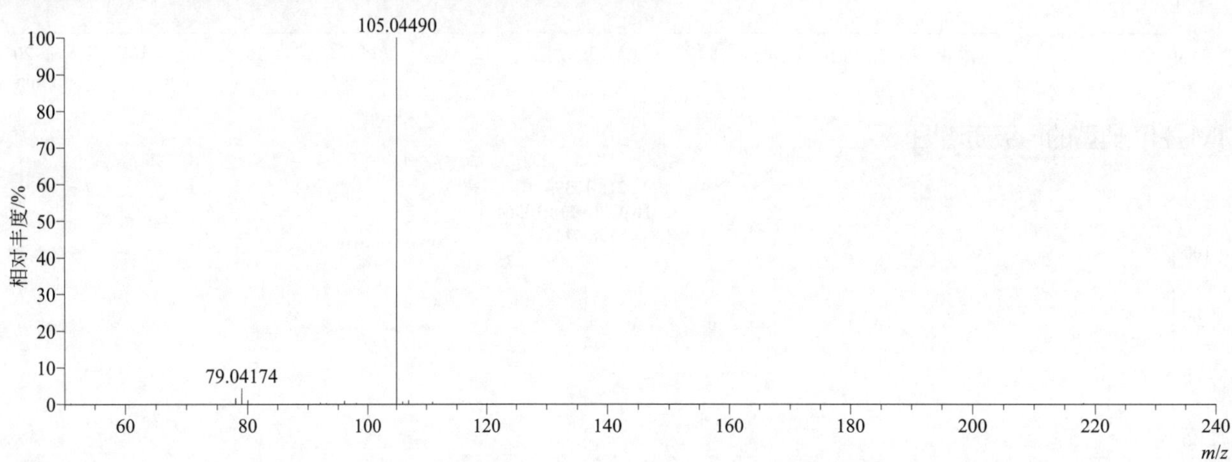

[M+H]$^+$ 阶梯归一化法能量 Step NCE 为 20、40、60 时典型的二级质谱图

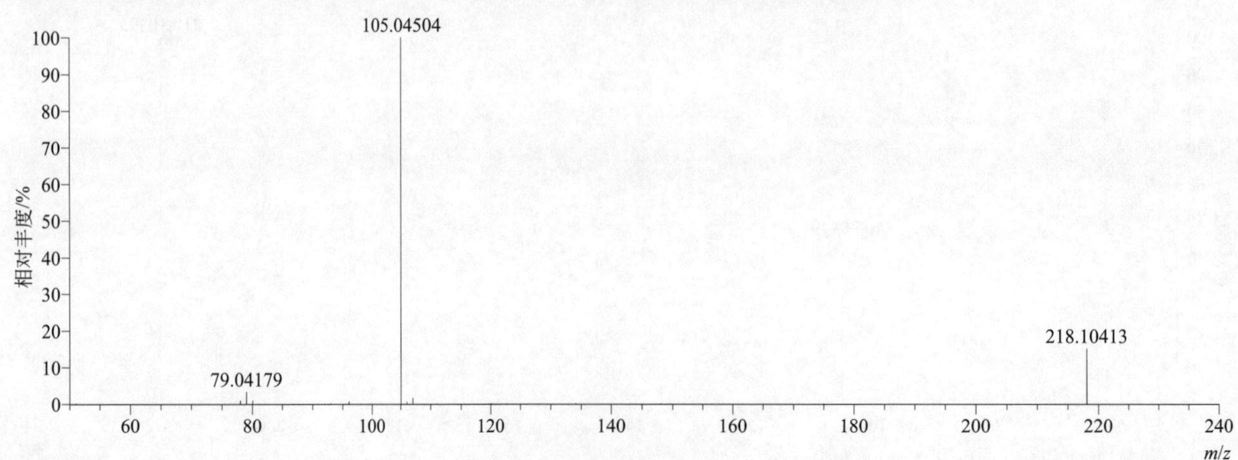

pyraclofos（吡唑硫磷）

基本信息

CAS 登录号	89784-60-1	分子量	360.04643	离子源和极性	电喷雾离子源（ESI）
分子式	$C_{14}H_{18}ClN_2O_3PS$	保留时间	15.27min	极性	正模式

[M+H]⁺ 提取离子流色谱图

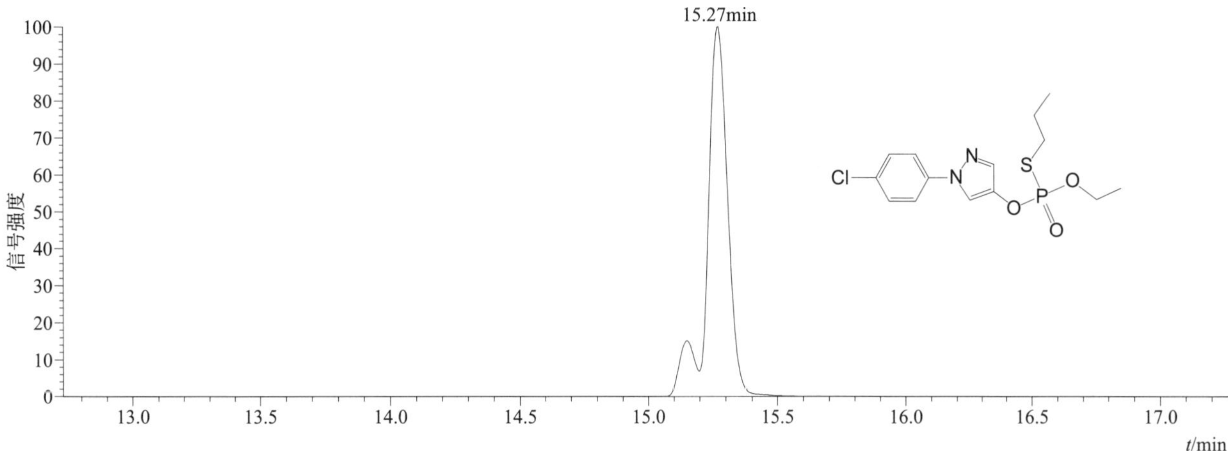

[M+H]⁺ 典型的一级质谱图

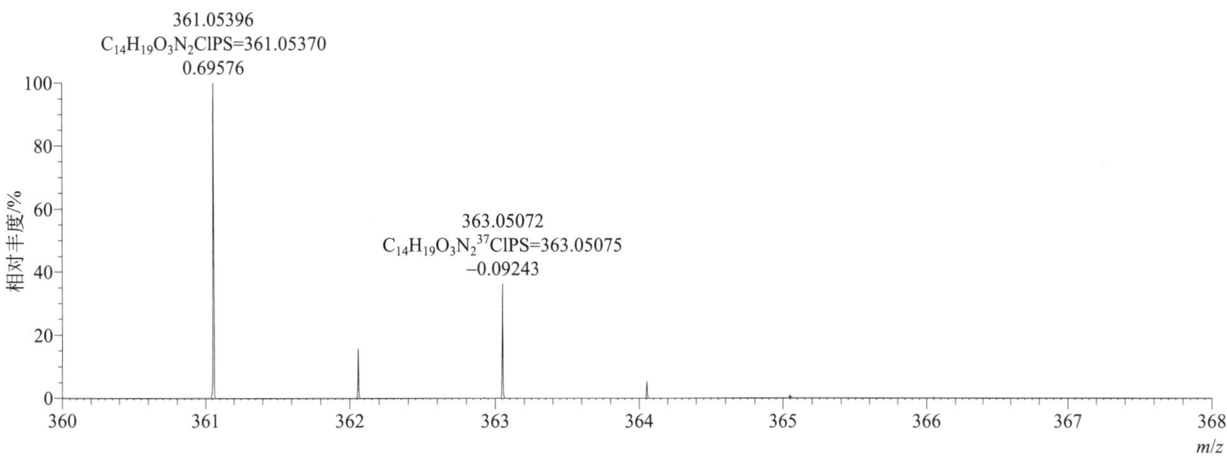

[M+H]⁺ 归一化法能量 NCE 为 20 时典型的二级质谱图

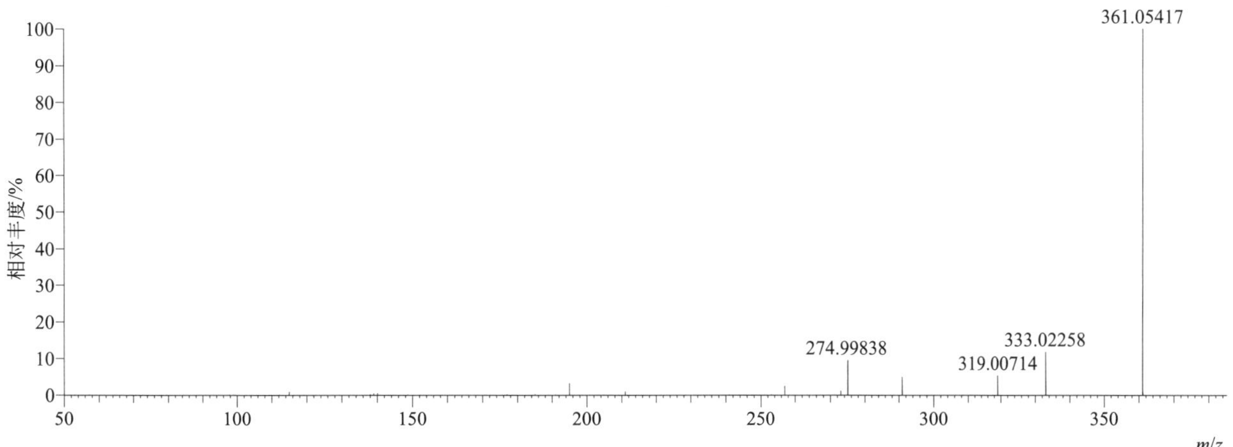

[M+H]$^+$ 归一化法能量 NCE 为 40 时典型的二级质谱图

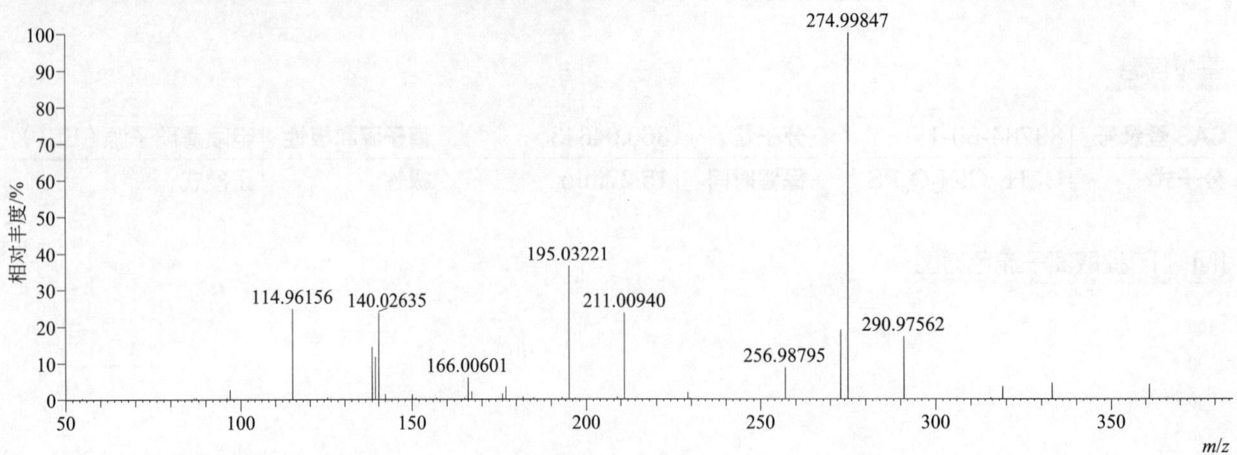

[M+H]$^+$ 归一化法能量 NCE 为 60 时典型的二级质谱图

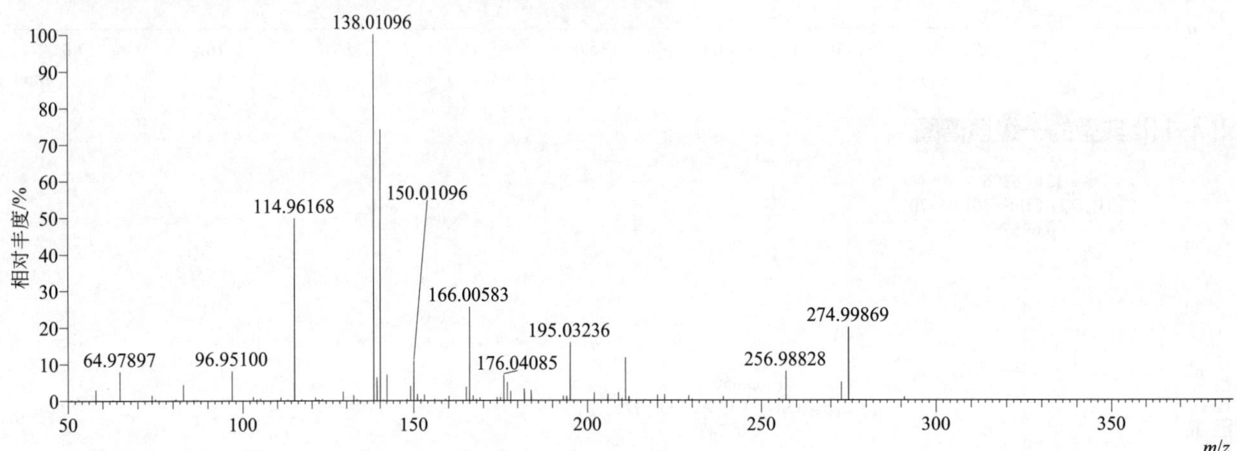

[M+H]$^+$ 阶梯归一化法能量 Step NCE 为 20、40、60 时典型的二级质谱图

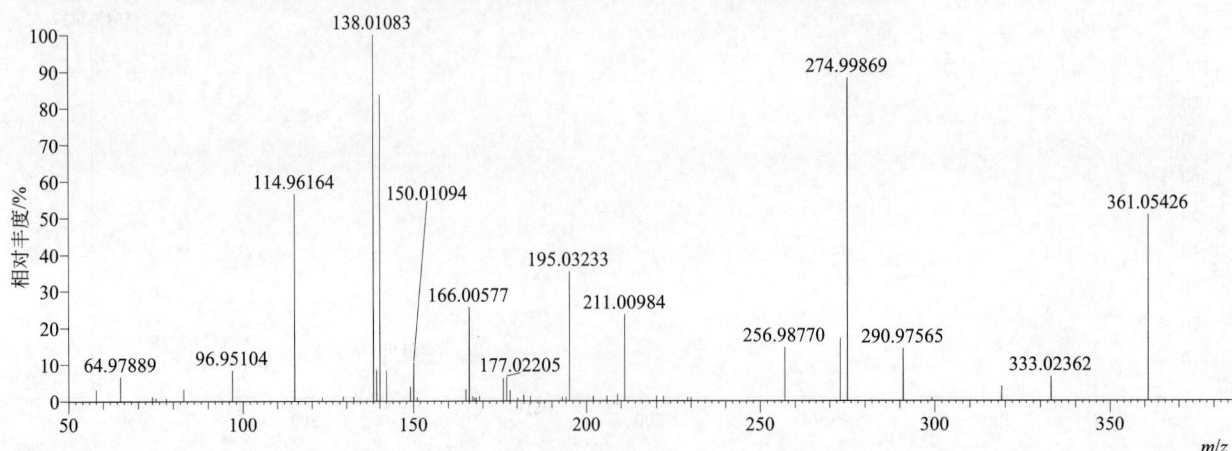

pyraclostrobin（吡唑醚菌酯）

基本信息

CAS 登录号	175013-18-0	分子量	387.09858	离子源和极性	电喷雾离子源（ESI）
分子式	$C_{19}H_{18}ClN_3O_4$	保留时间	15.22min	极性	正模式

[M+H]⁺ 提取离子流色谱图

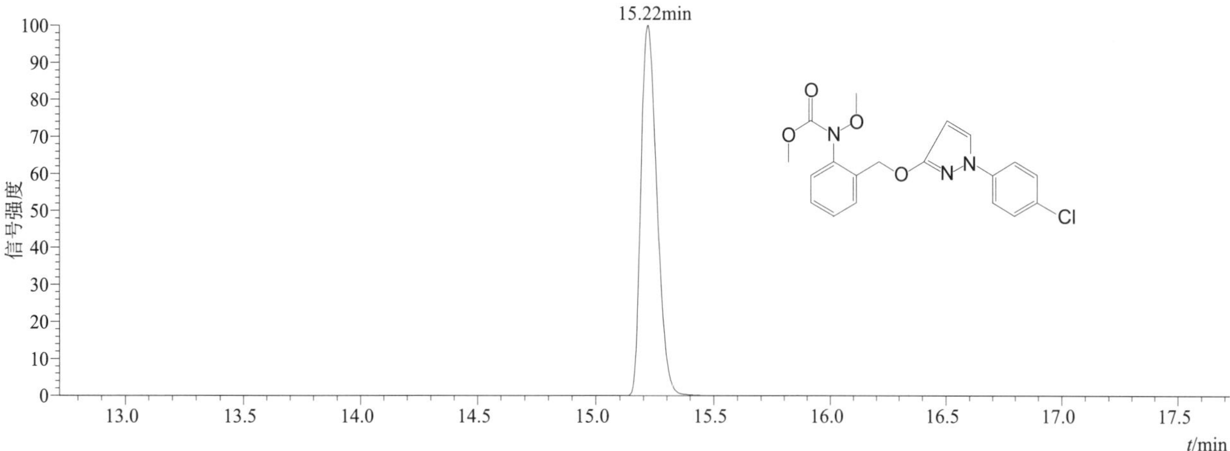

[M+H]⁺ 典型的一级质谱图

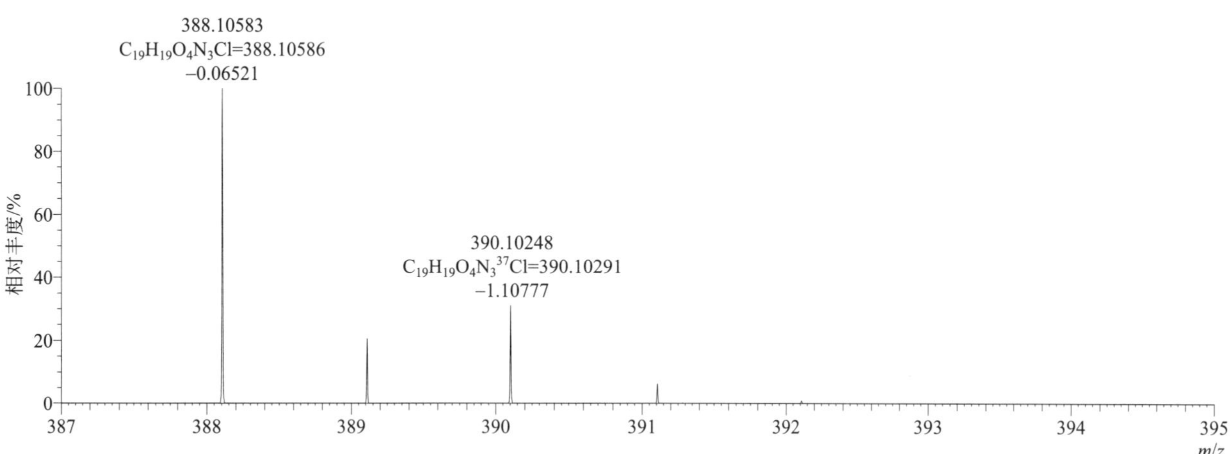

[M+H]⁺ 归一化法能量 NCE 为 20 时典型的二级质谱图

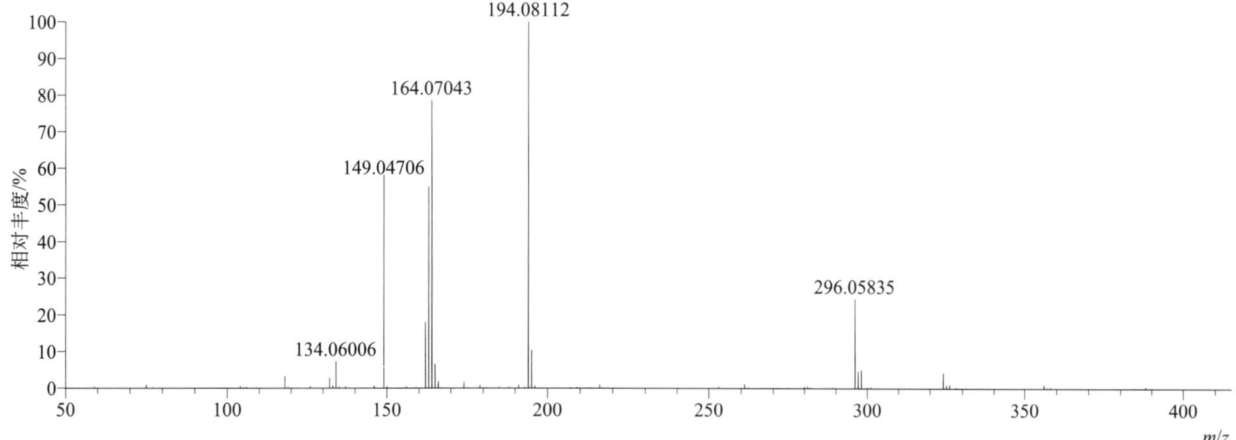

[M+H]$^+$ 归一化法能量 NCE 为 40 时典型的二级质谱图

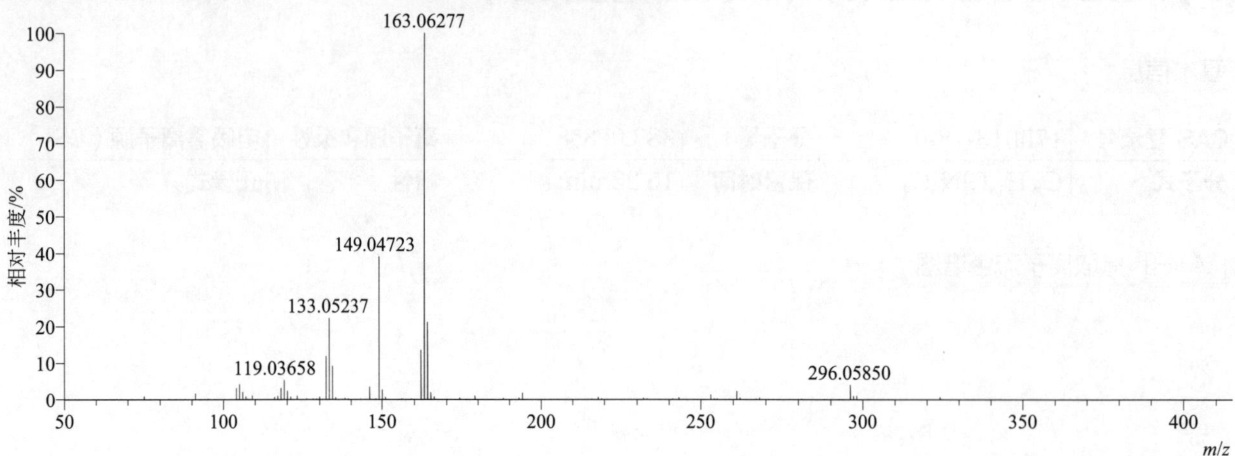

[M+H]$^+$ 归一化法能量 NCE 为 60 时典型的二级质谱图

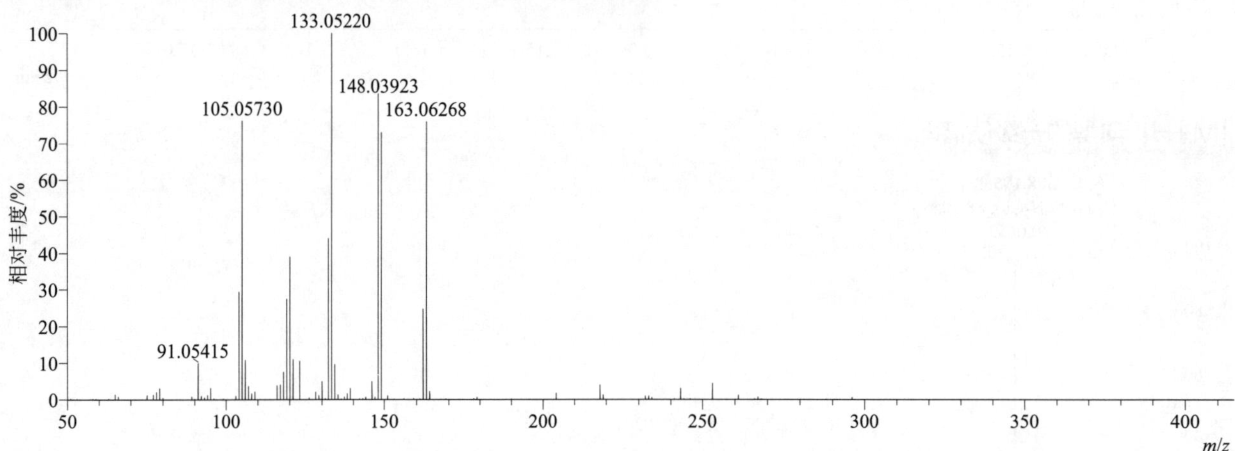

[M+H]$^+$ 阶梯归一化法能量 Step NCE 为 20、40、60 时典型的二级质谱图

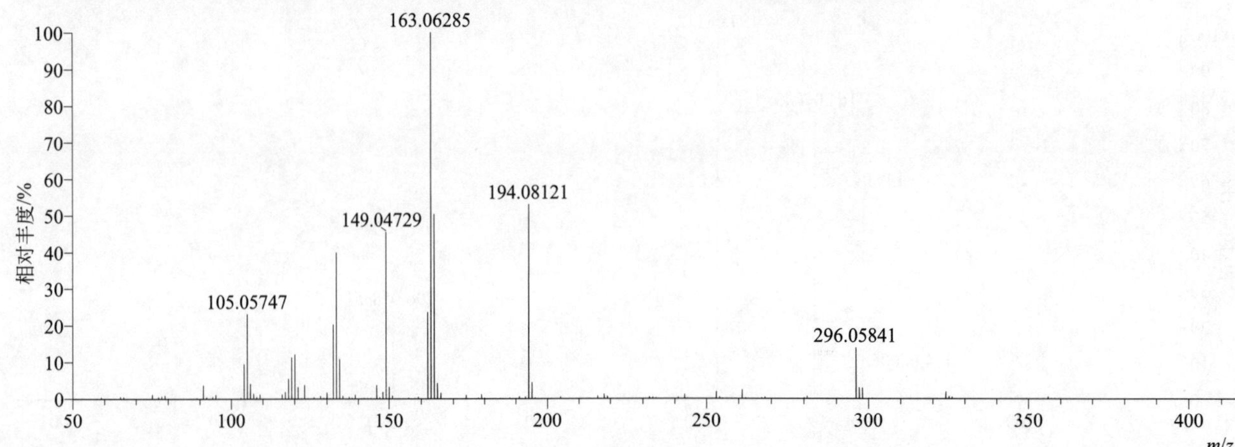

pyraflufen（霸草灵）

基本信息

CAS 登录号	129630-17-7	分子量	383.98915	离子源和极性	电喷雾离子源（ESI）
分子式	$C_{13}H_9Cl_2F_3N_2O_4$	保留时间	15.86min	极性	正模式

[M+H]+ 提取离子流色谱图

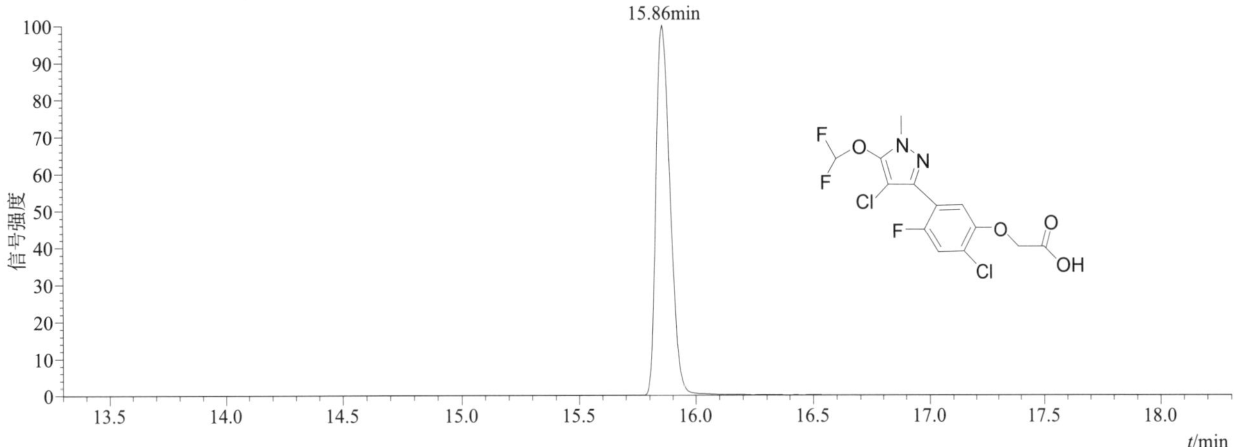

[M+H]+ 典型的一级质谱图

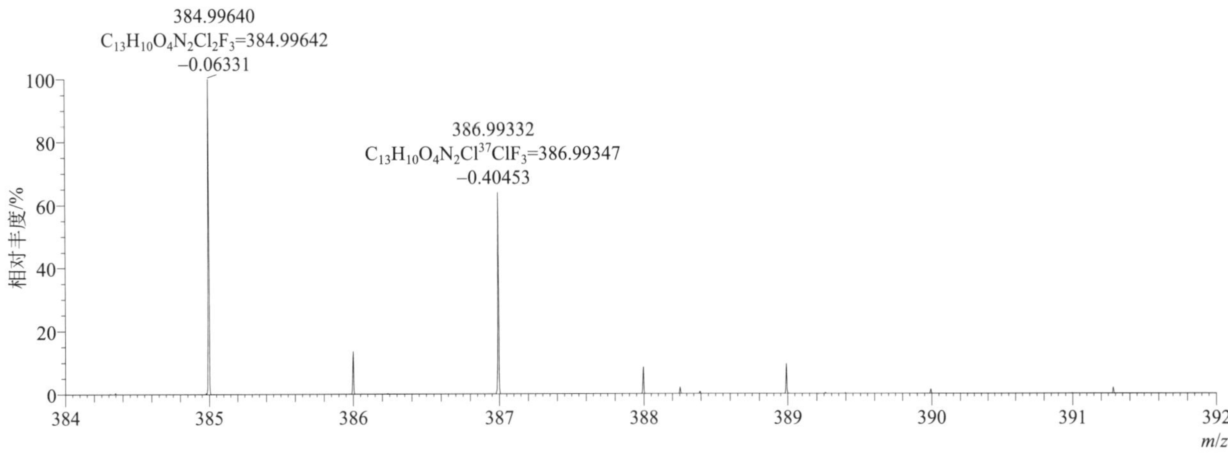

[M+H]+ 归一化法能量 NCE 为 20 时典型的二级质谱图

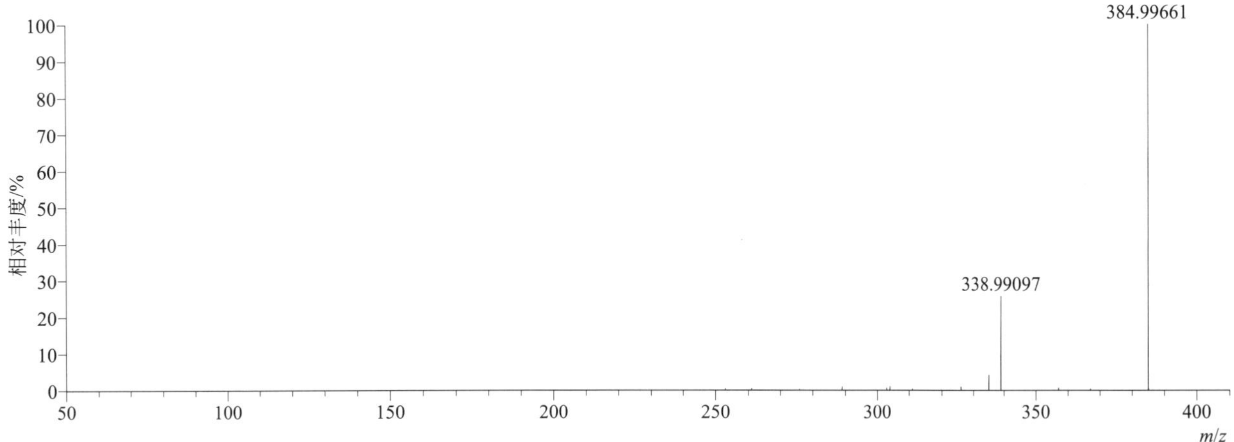

[M+H]+ 归一化法能量 NCE 为 40 时典型的二级质谱图

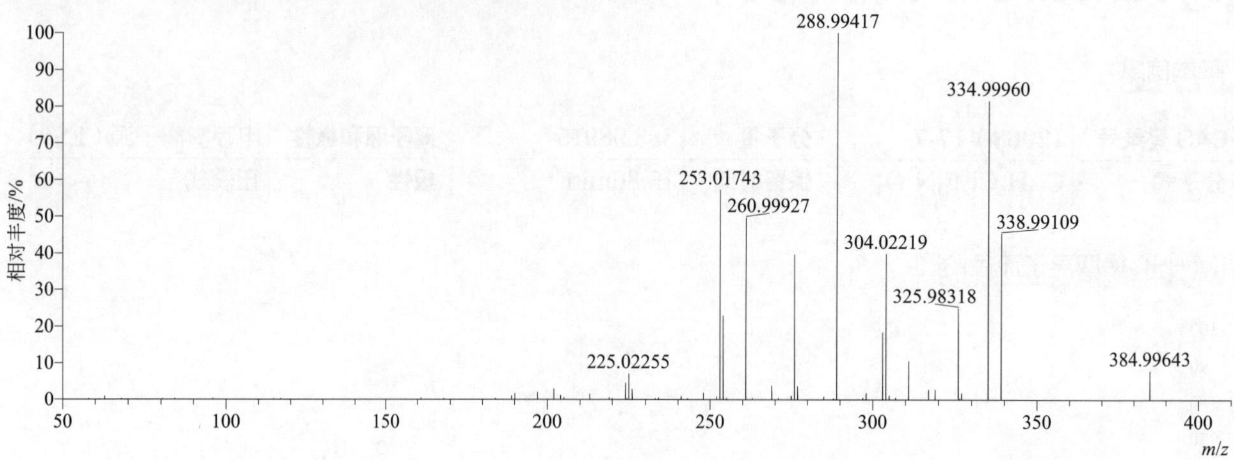

[M+H]+ 归一化法能量 NCE 为 60 时典型的二级质谱图

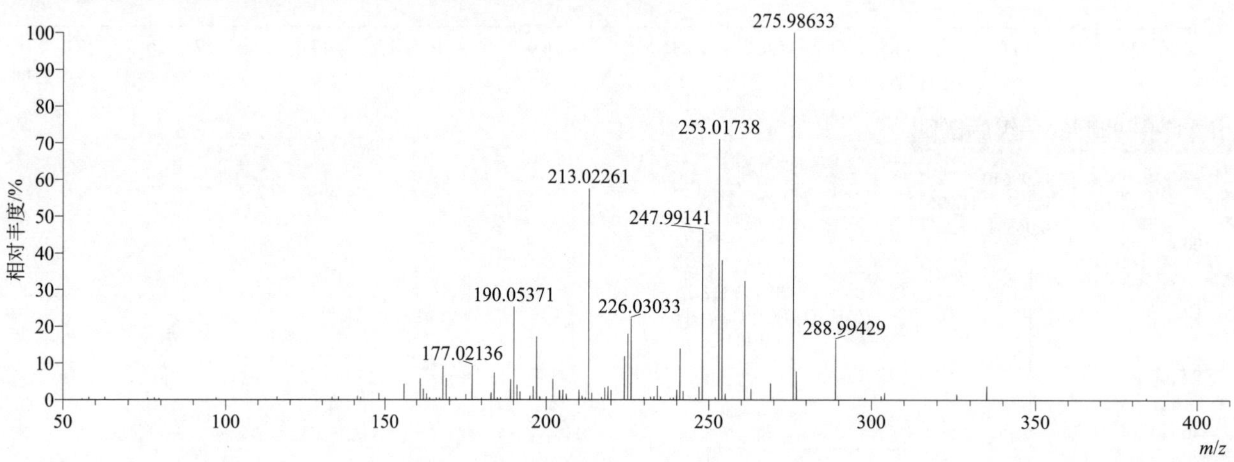

[M+H]+ 阶梯归一化法能量 Step NCE 为 20、40、60 时典型的二级质谱图

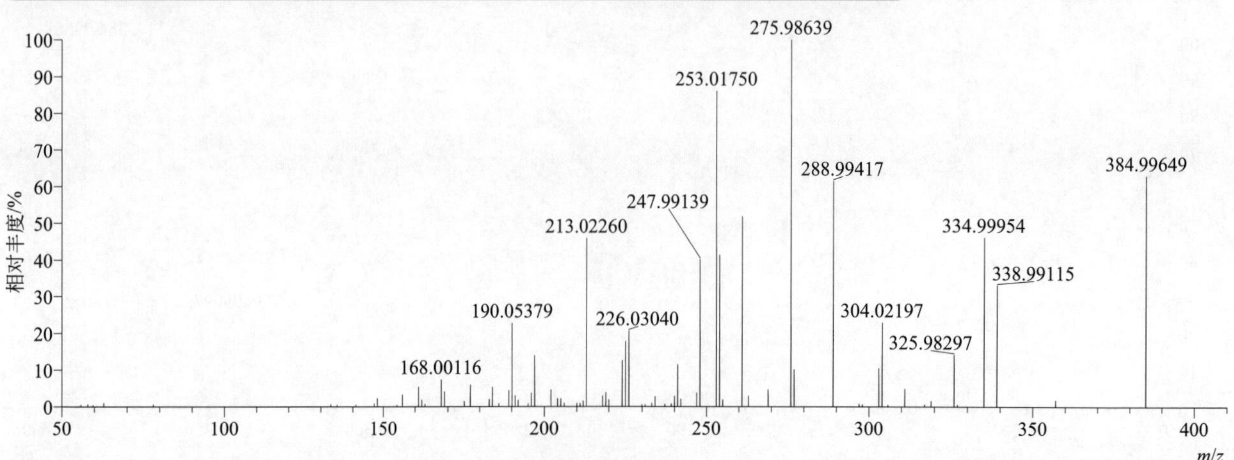

pyraflufen-ethyl（吡草醚）

基本信息

CAS 登录号	129630-19-9	分子量	412.02045	离子源和极性	电喷雾离子源（ESI）
分子式	$C_{15}H_{13}Cl_2F_3N_2O_4$	保留时间	15.04min	极性	正模式

$[M+H]^+$ 提取离子流色谱图

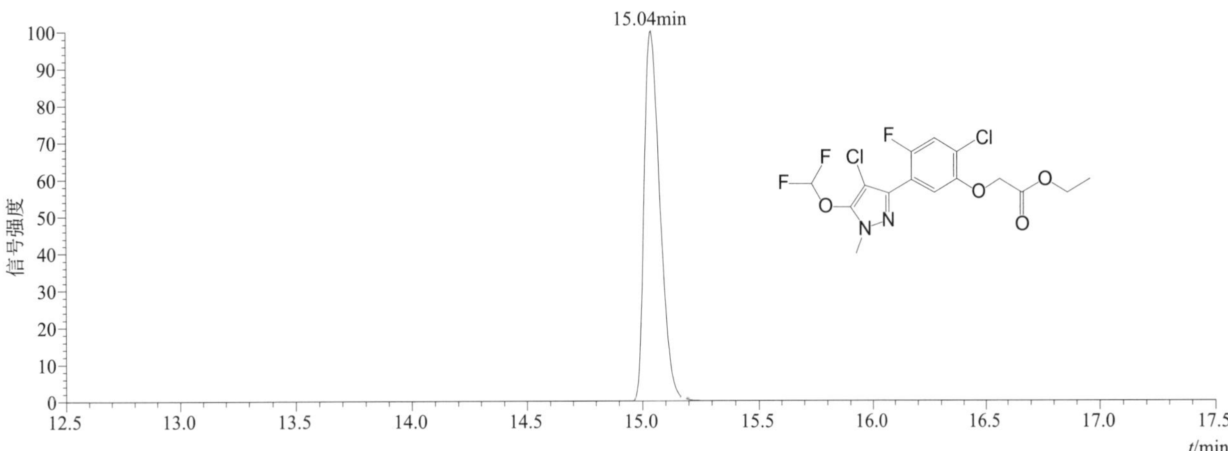

$[M+H]^+$ 典型的一级质谱图

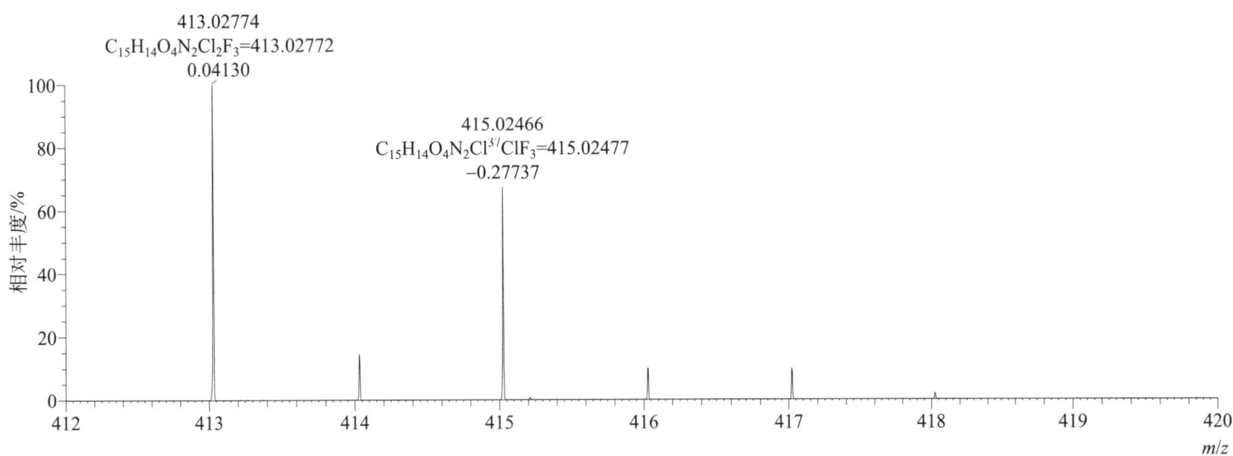

$[M+H]^+$ 归一化法能量 NCE 为 20 时典型的二级质谱图

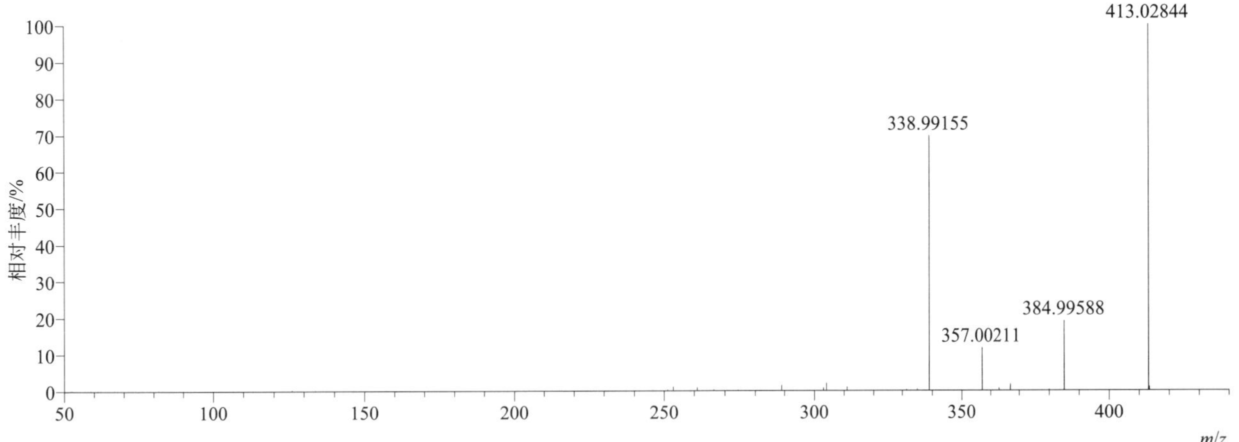

[M+H]+ 归一化法能量 NCE 为 40 时典型的二级质谱图

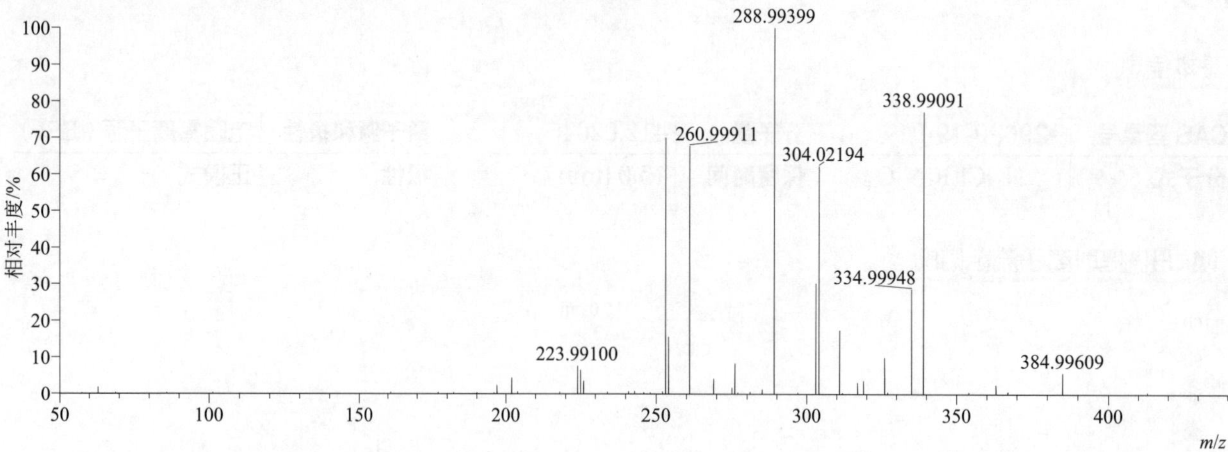

[M+H]+ 归一化法能量 NCE 为 60 时典型的二级质谱图

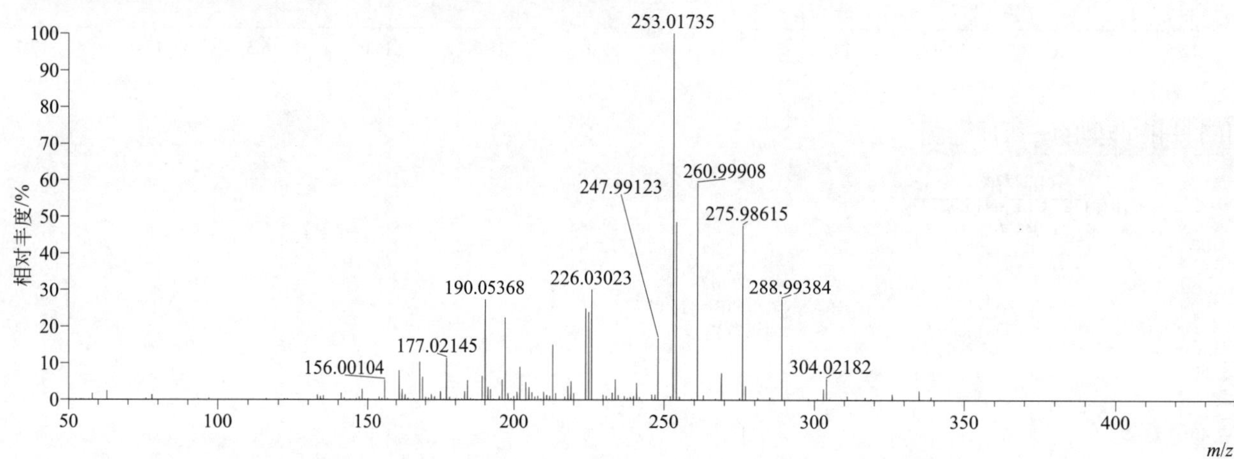

[M+H]+ 阶梯归一化法能量 Step NCE 为 20、40、60 时典型的二级质谱图

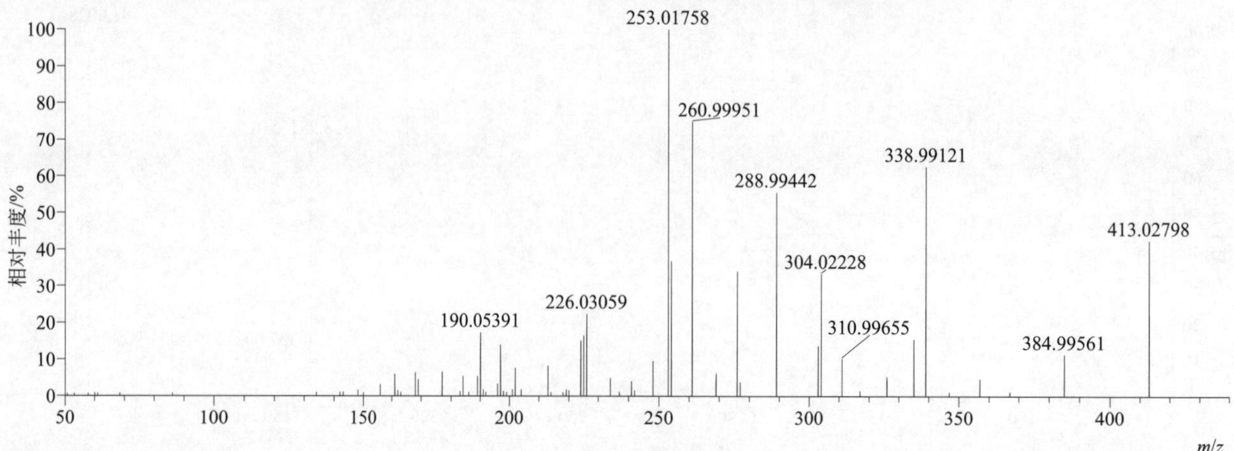

pyrasulfotole（吡唑氟磺草胺）

基本信息

CAS 登录号	365400-11-9	分子量	362.05481	离子源和极性	电喷雾离子源（ESI）
分子式	$C_{14}H_{13}F_3N_2O_4S$	保留时间	12.50min	极性	正模式

$[M+H]^+$ 提取离子流色谱图

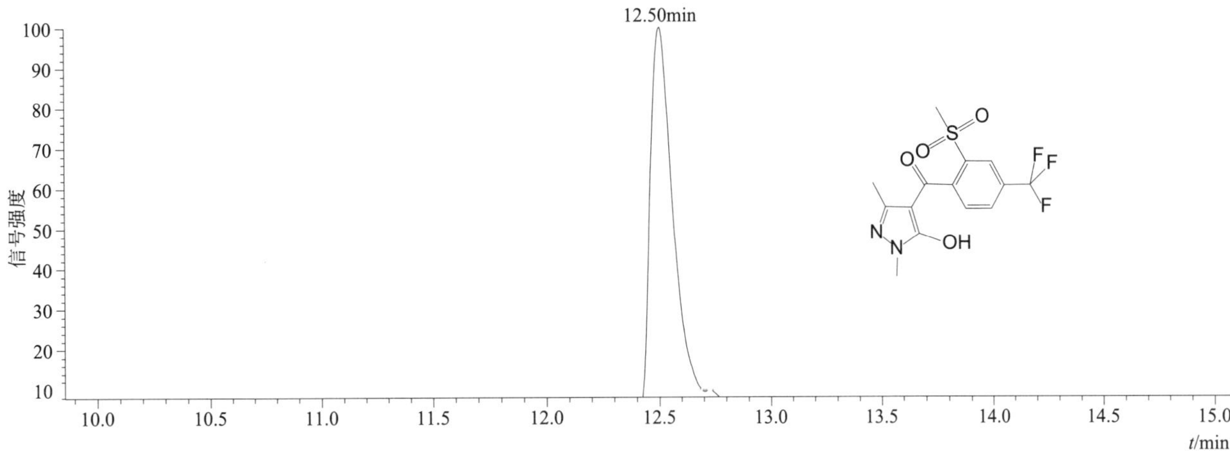

$[M+H]^+$ 和 $[M+Na]^+$ 典型的一级质谱图

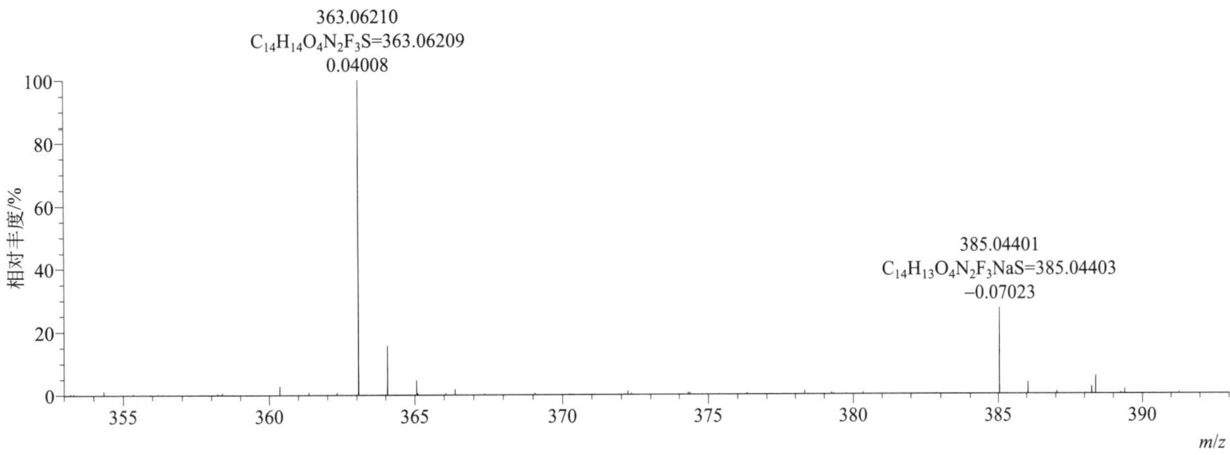

$[M+H]^+$ 归一化法能量 NCE 为 20 时典型的二级质谱图

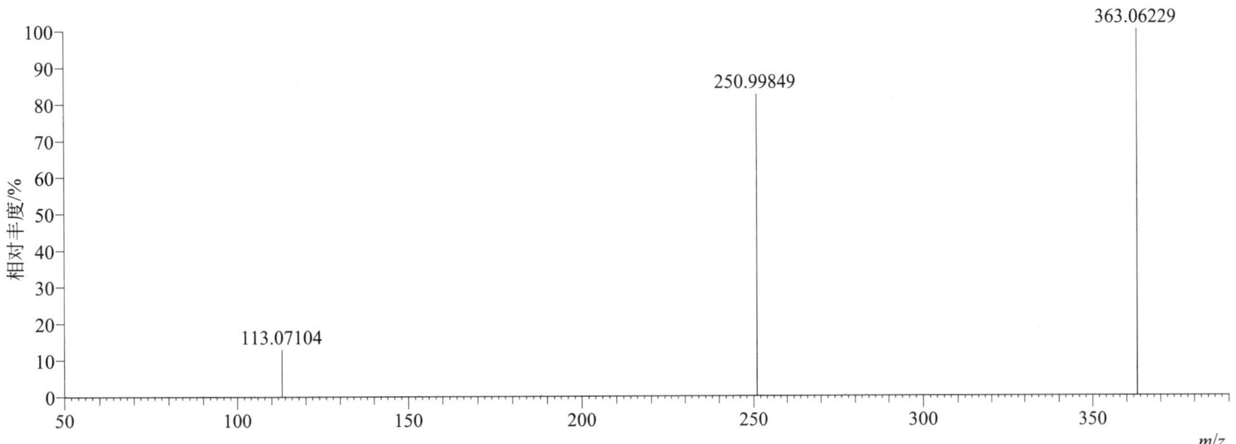

[M+H]$^+$ 归一化法能量 NCE 为 40 时典型的二级质谱图

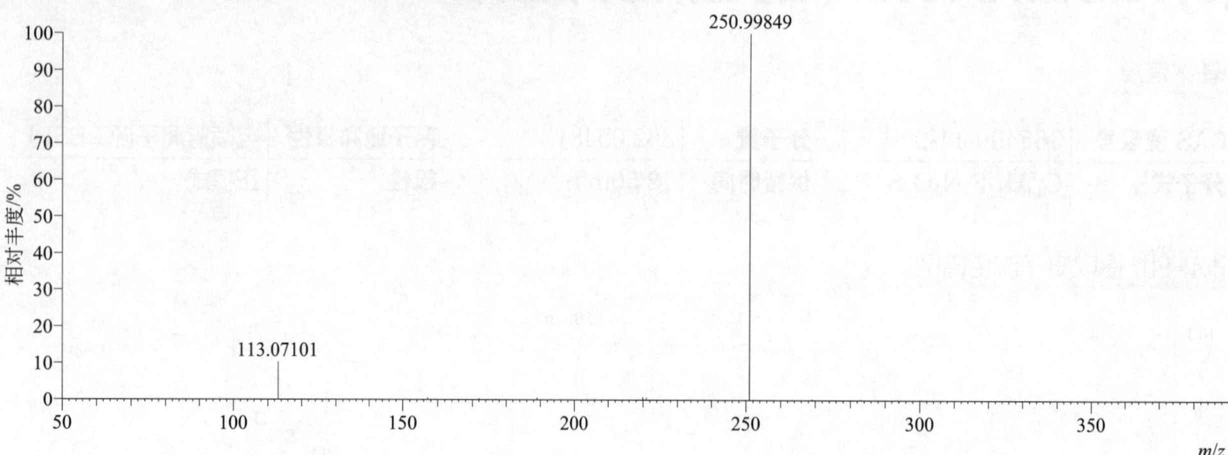

[M+H]$^+$ 归一化法能量 NCE 为 60 时典型的二级质谱图

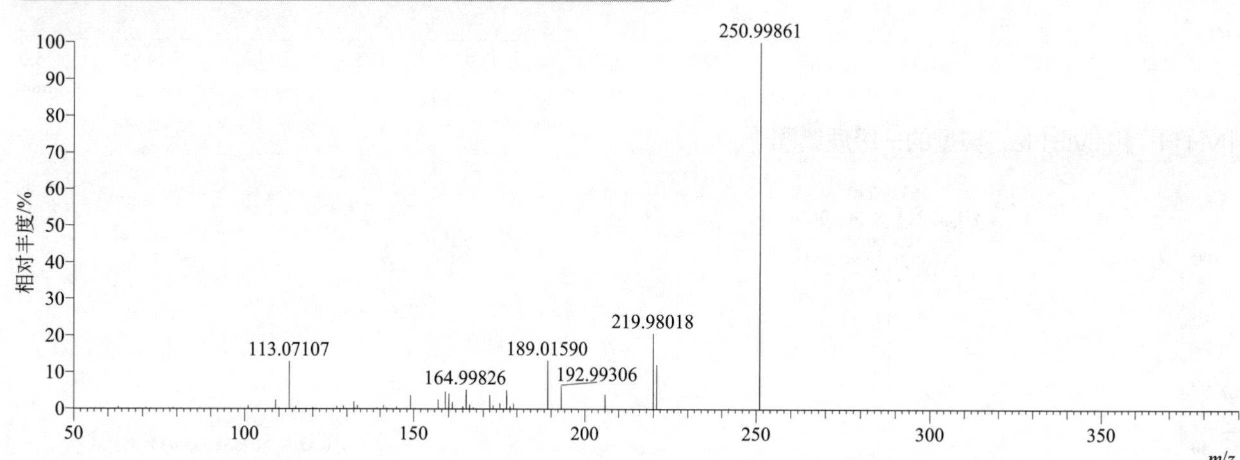

[M+H]$^+$ 阶梯归一化法能量 Step NCE 为 20、40、60 时典型的二级质谱图

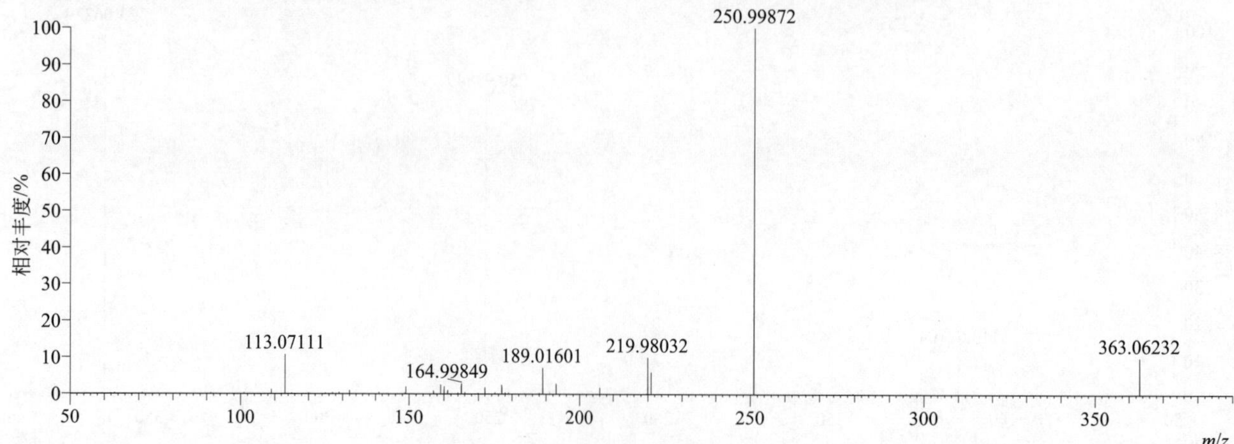

pyrazolynate（吡唑特）

基本信息

CAS 登录号	58011-68-0	分子量	438.02078	离子源和极性	电喷雾离子源（ESI）
分子式	$C_{19}H_{16}Cl_2N_2O_4S$	保留时间	15.36min	极性	正模式

$[M+H]^+$ 提取离子流色谱图

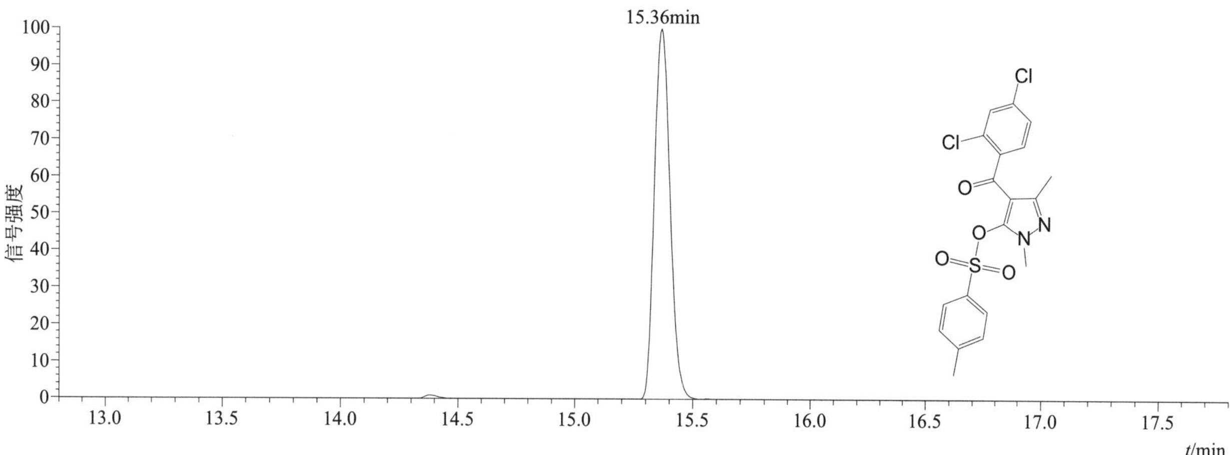

$[M+H]^+$ 典型的一级质谱图

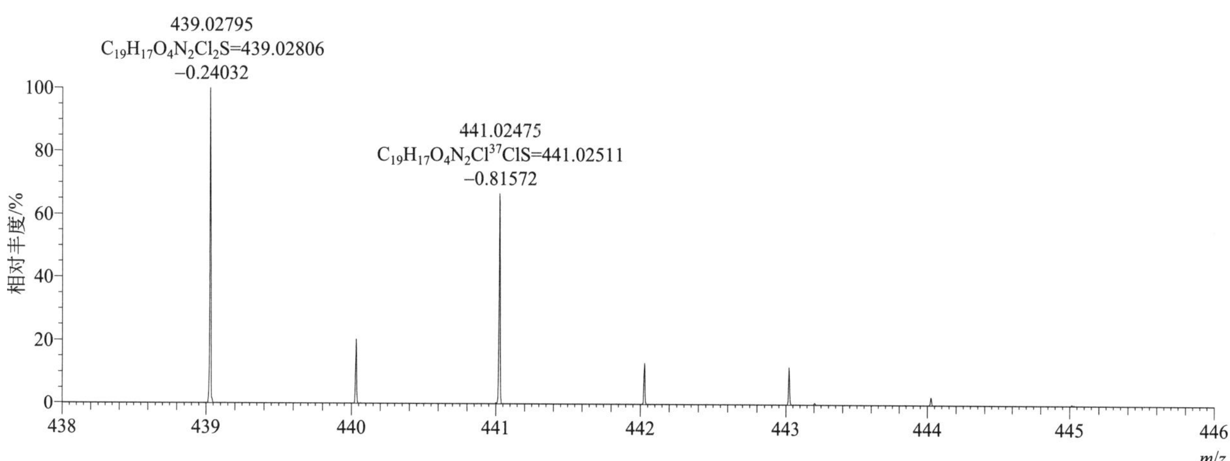

$[M+H]^+$ 归一化法能量 NCE 为 20 时典型的二级质谱图

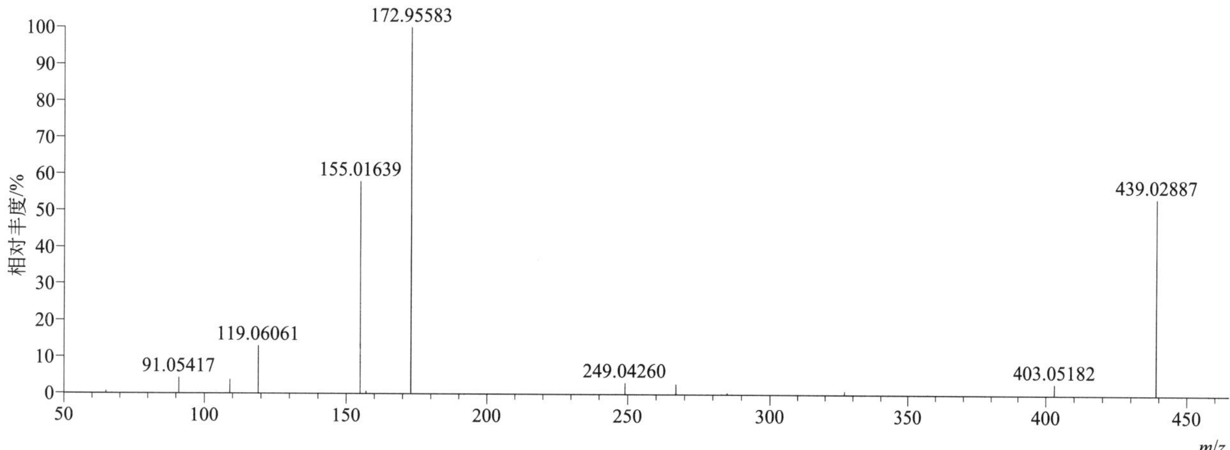

[M+H]⁺ 归一化法能量 NCE 为 40 时典型的二级质谱图

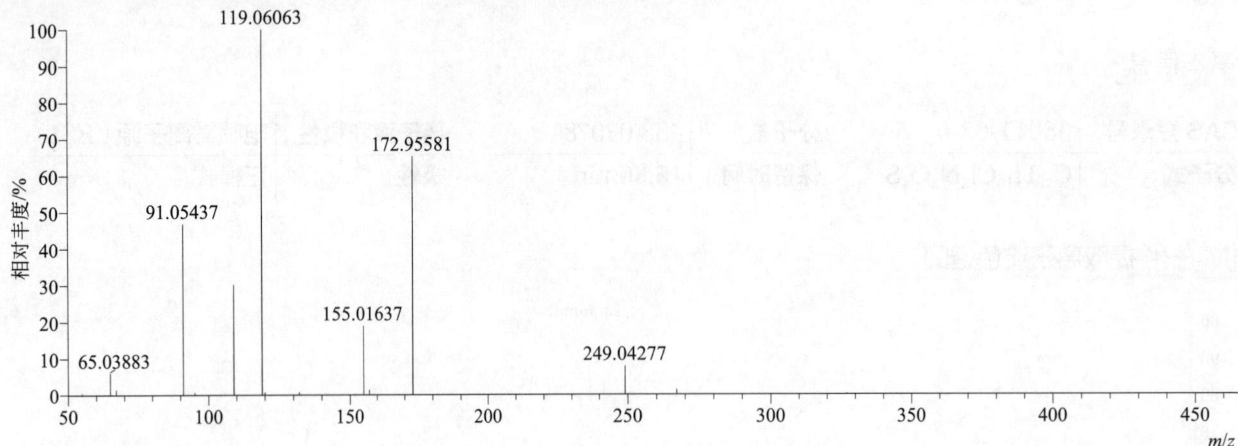

[M+H]⁺ 归一化法能量 NCE 为 60 时典型的二级质谱图

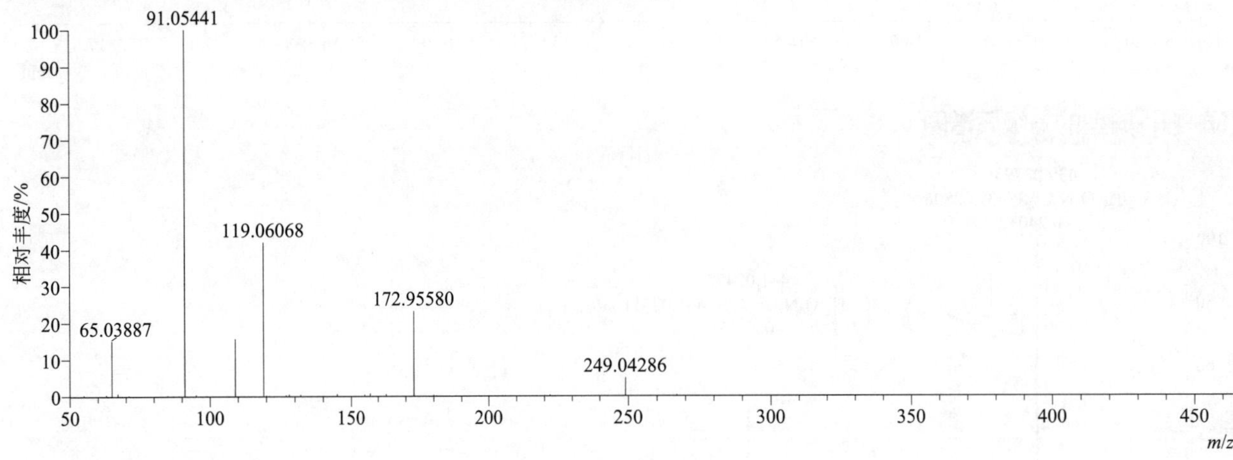

[M+H]⁺ 阶梯归一化法能量 Step NCE 为 20、40、60 时典型的二级质谱图

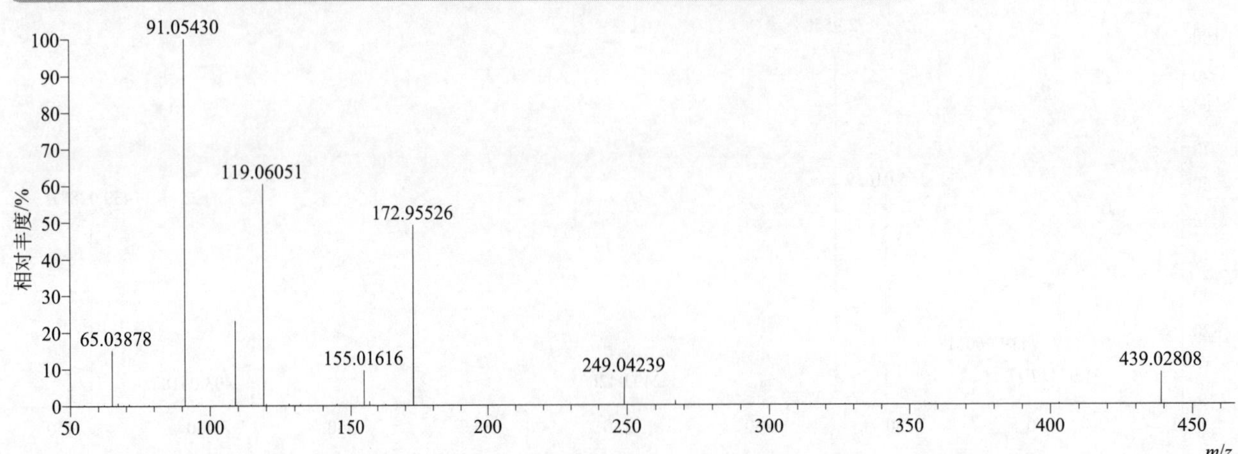

pyrazophos（定菌磷）

基本信息

CAS 登录号	13457-18-6	分子量	373.08613	离子源和极性	电喷雾离子源（ESI）
分子式	$C_{14}H_{20}N_3O_5PS$	保留时间	15.32min	极性	正模式

[M+H]+ 提取离子流色谱图

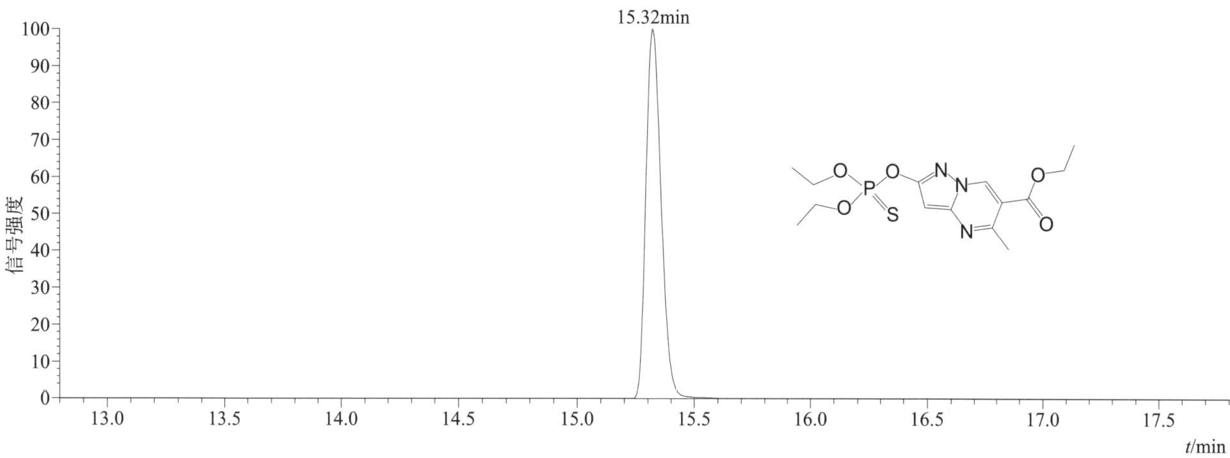

[M+H]+ 典型的一级质谱图

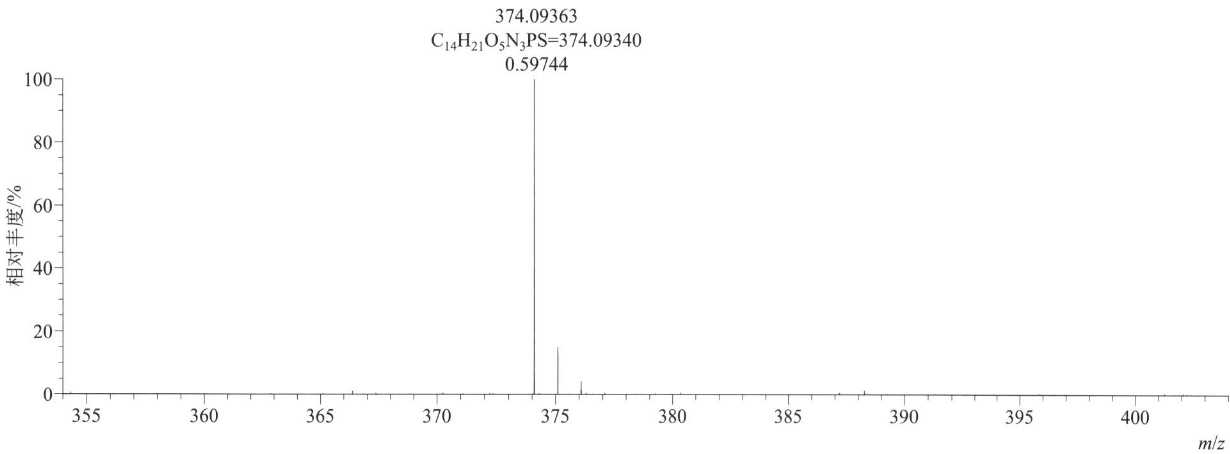

[M+H]+ 归一化法能量 NCE 为 20 时典型的二级质谱图

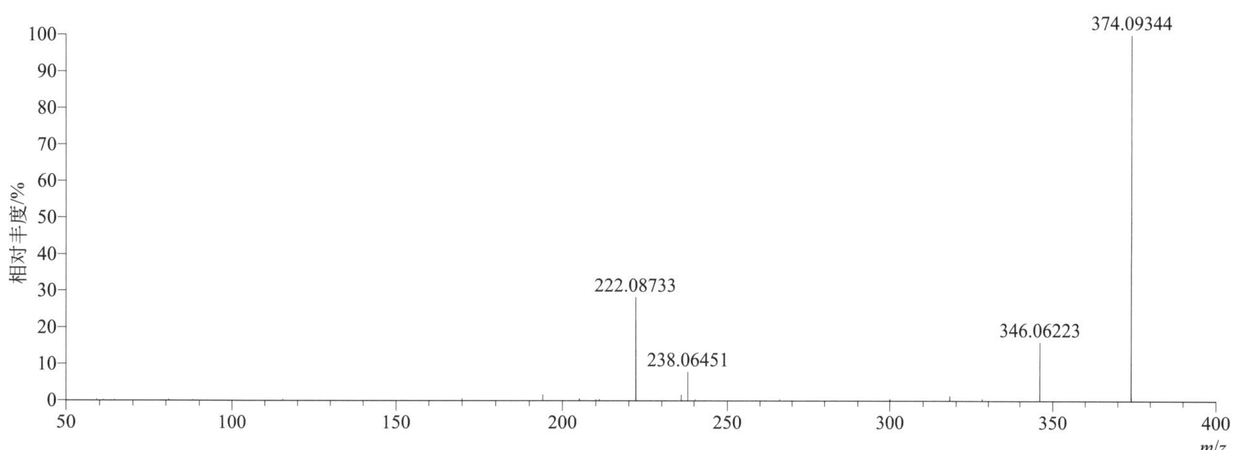

[M+H]⁺ 归一化法能量 NCE 为 40 时典型的二级质谱图

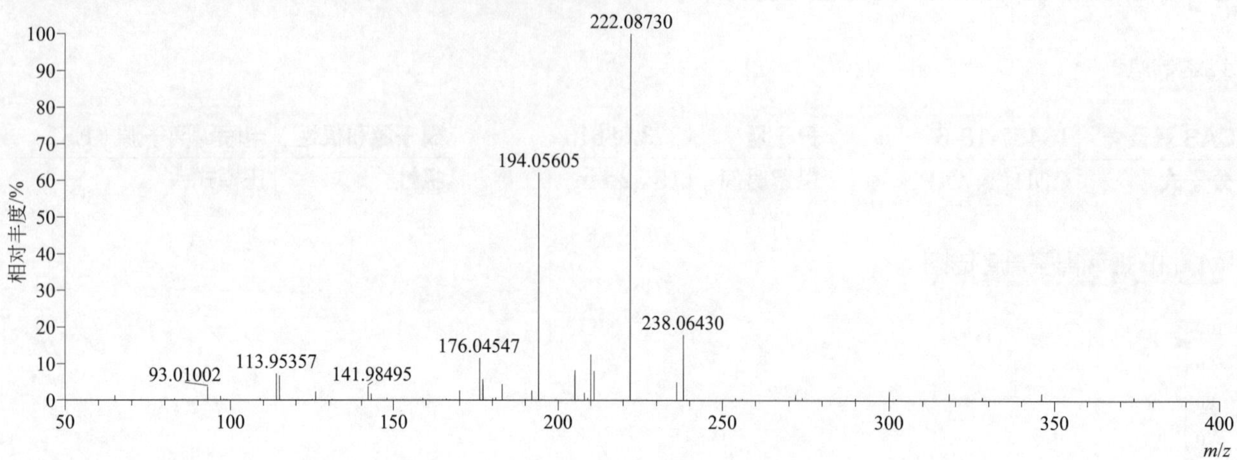

[M+H]⁺ 归一化法能量 NCE 为 60 时典型的二级质谱图

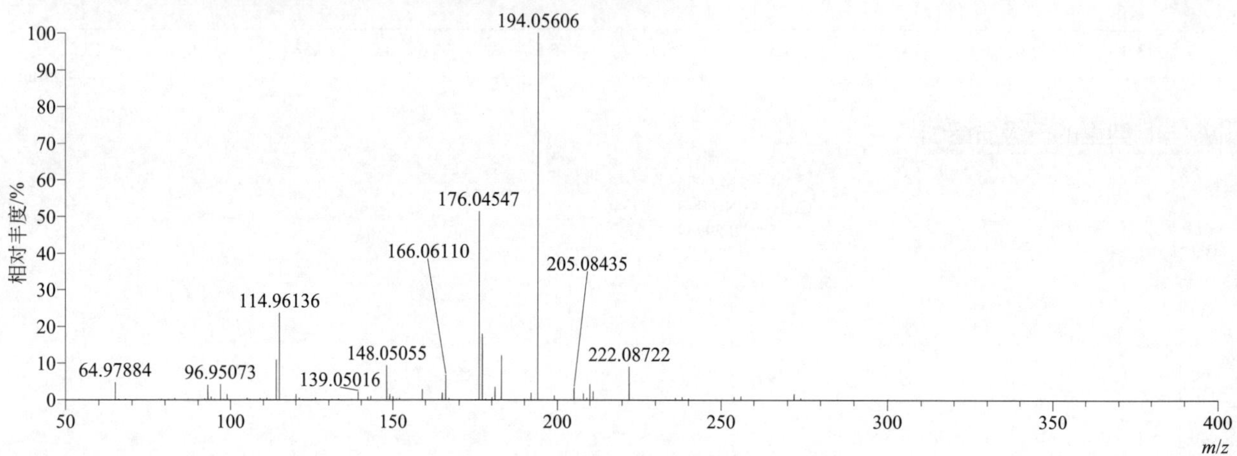

[M+H]⁺ 阶梯归一化法能量 Step NCE 为 20、40、60 时典型的二级质谱图

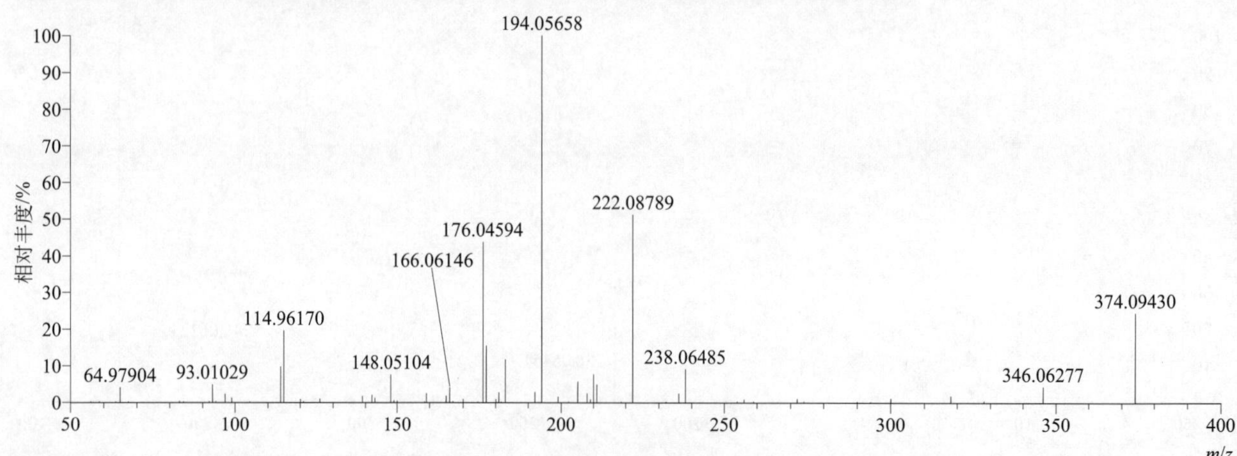

pyrazosulfuron-ethyl（吡嘧磺隆）

基本信息

CAS 登录号	93697-74-6	分子量	414.09577	离子源和极性	电喷雾离子源（ESI）
分子式	$C_{14}H_{18}N_6O_7S$	保留时间	14.66min	极性	正模式

[M+H]⁺ 提取离子流色谱图

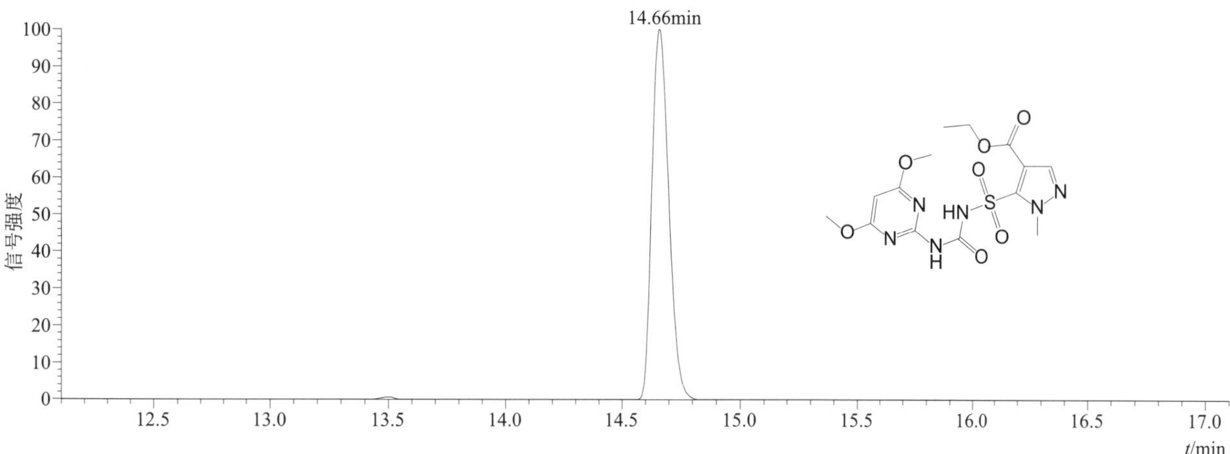

[M+H]⁺ 和 [M+Na]⁺ 典型的一级质谱图

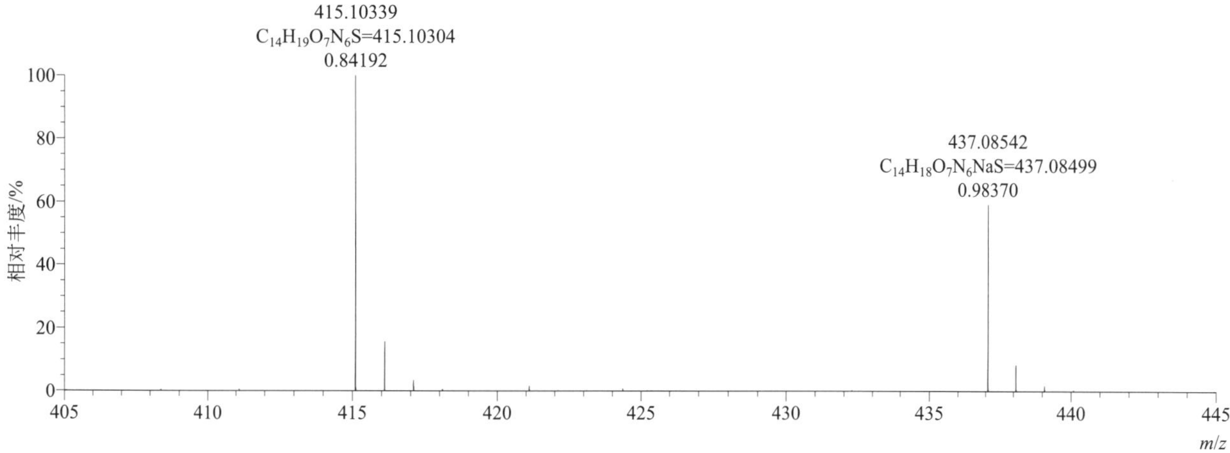

[M+H]⁺ 归一化法能量 NCE 为 20 时典型的二级质谱图

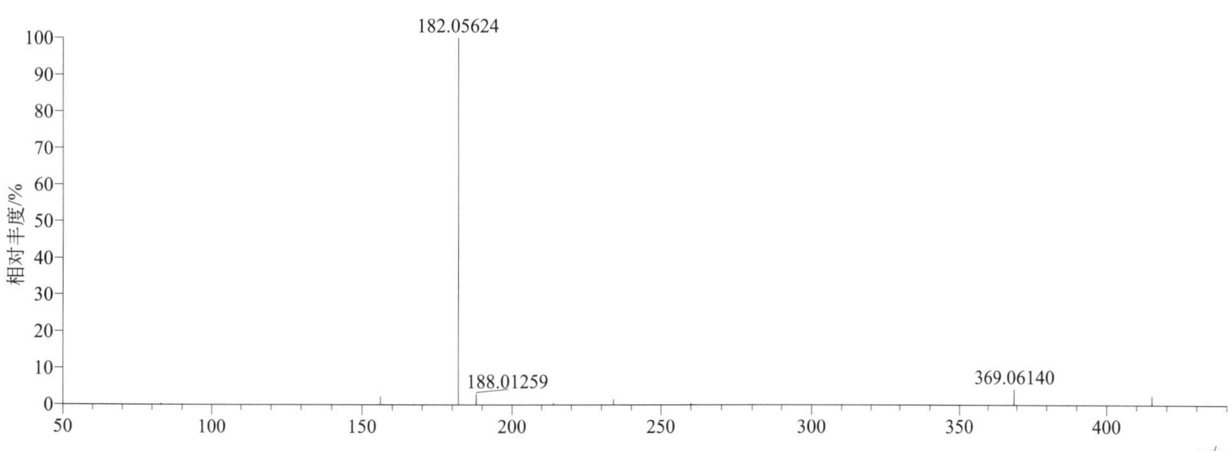

[M+H]$^+$ 归一化法能量 NCE 为 40 时典型的二级质谱图

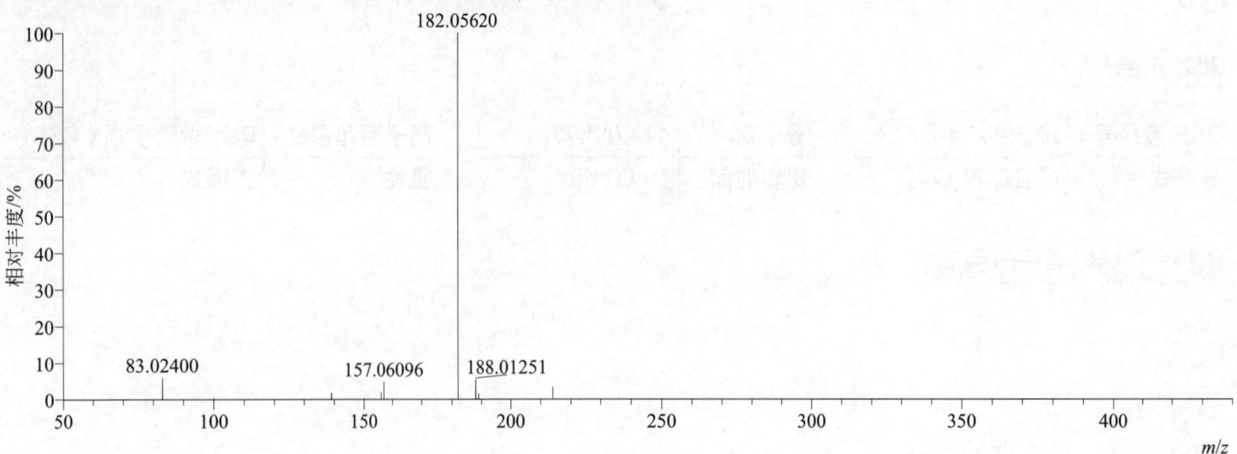

[M+H]$^+$ 归一化法能量 NCE 为 60 时典型的二级质谱图

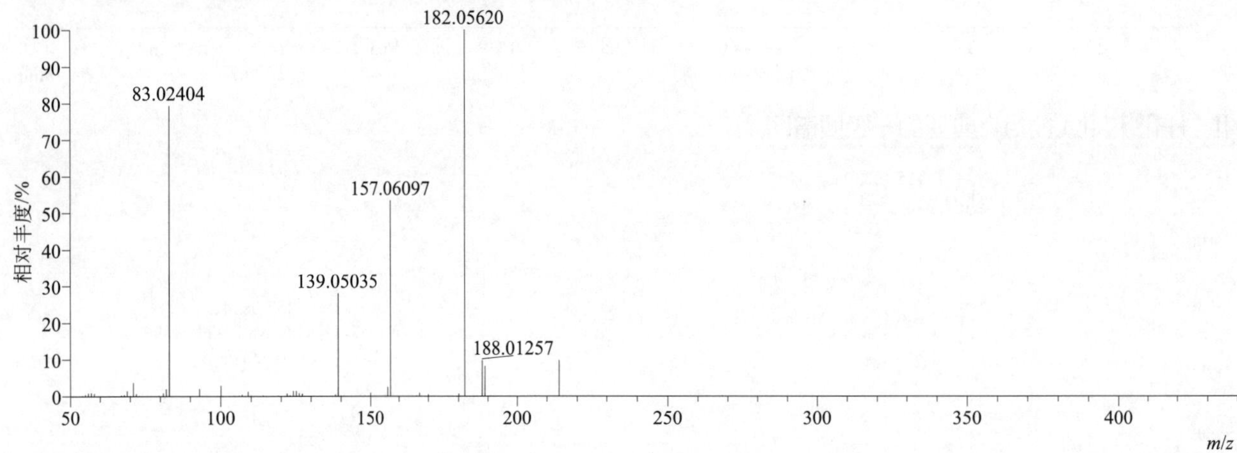

[M+H]$^+$ 阶梯归一化法能量 Step NCE 为 20、40、60 时典型的二级质谱图

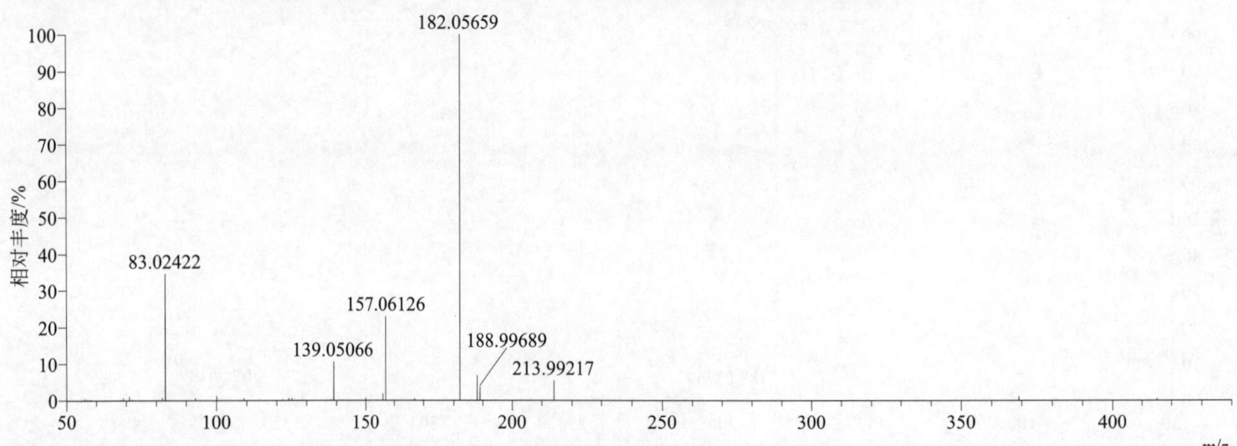

pyrazoxyfen（苄草唑）

基本信息

CAS 登录号	71561-11-0	分子量	402.05380	离子源和极性	电喷雾离子源（ESI）
分子式	$C_{20}H_{16}Cl_2N_2O_3$	保留时间	15.08min	极性	正模式

[M+H]⁺ 提取离子流色谱图

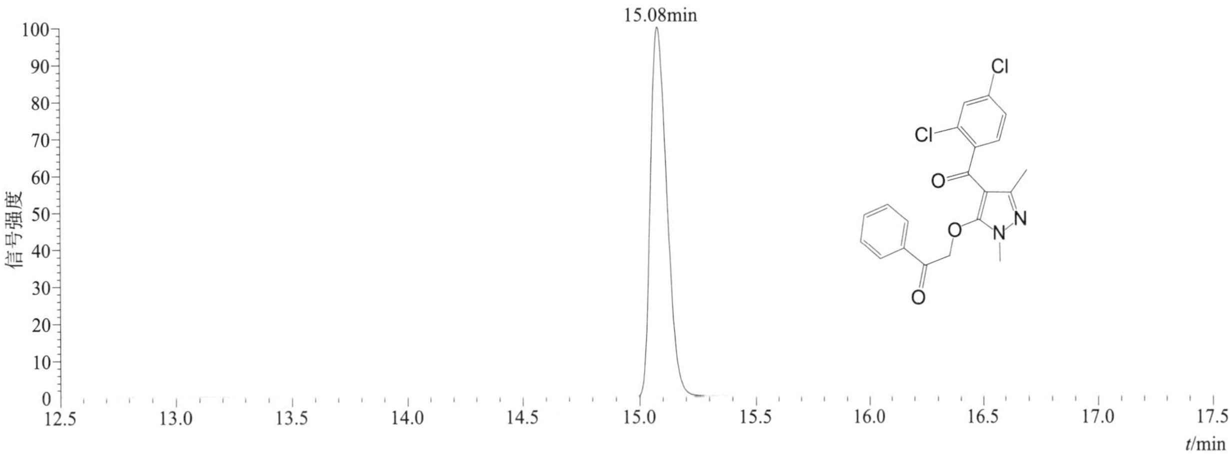

[M+H]⁺ 典型的一级质谱图

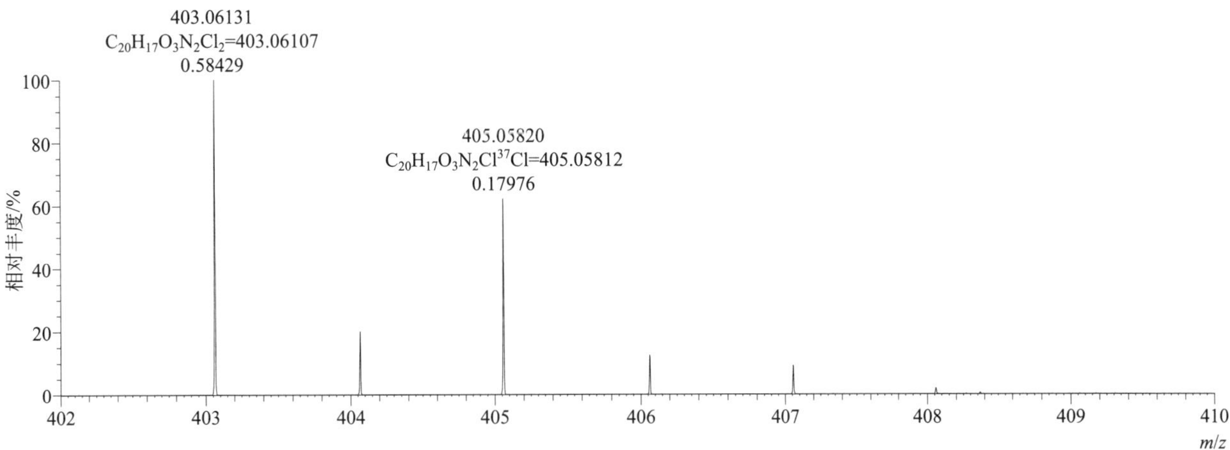

[M+H]⁺ 归一化法能量 NCE 为 20 时典型的二级质谱图

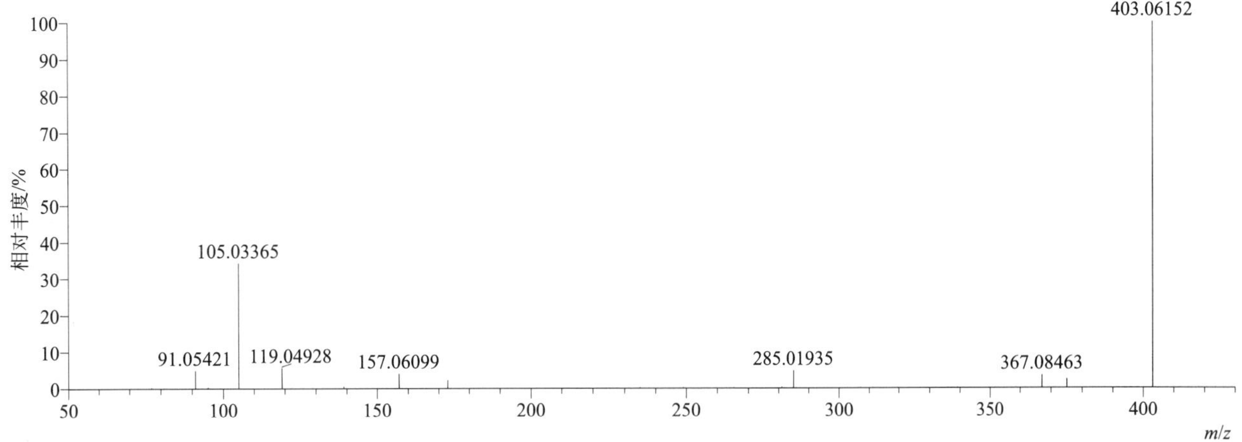

[M+H]⁺ 归一化法能量 NCE 为 40 时典型的二级质谱图

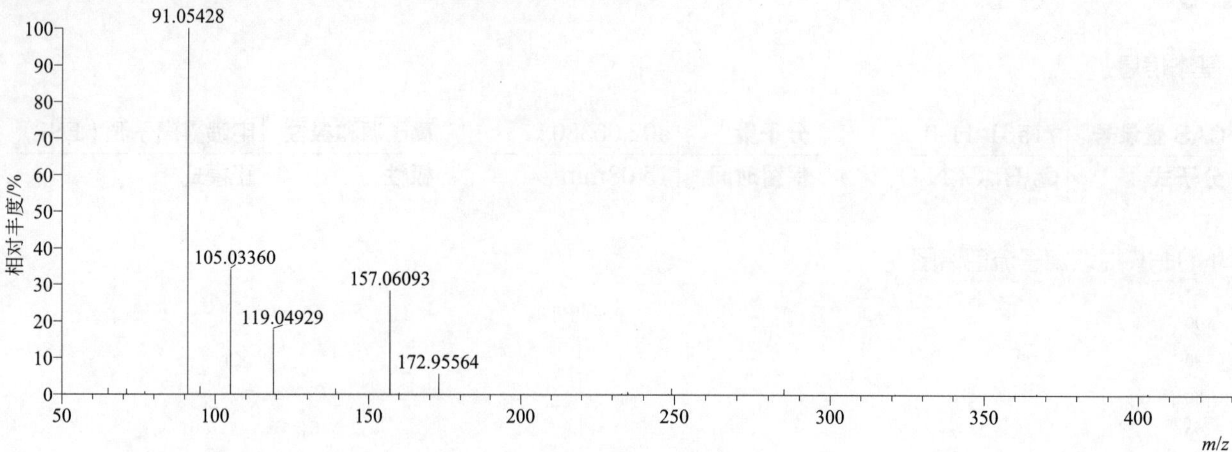

[M+H]⁺ 归一化法能量 NCE 为 60 时典型的二级质谱图

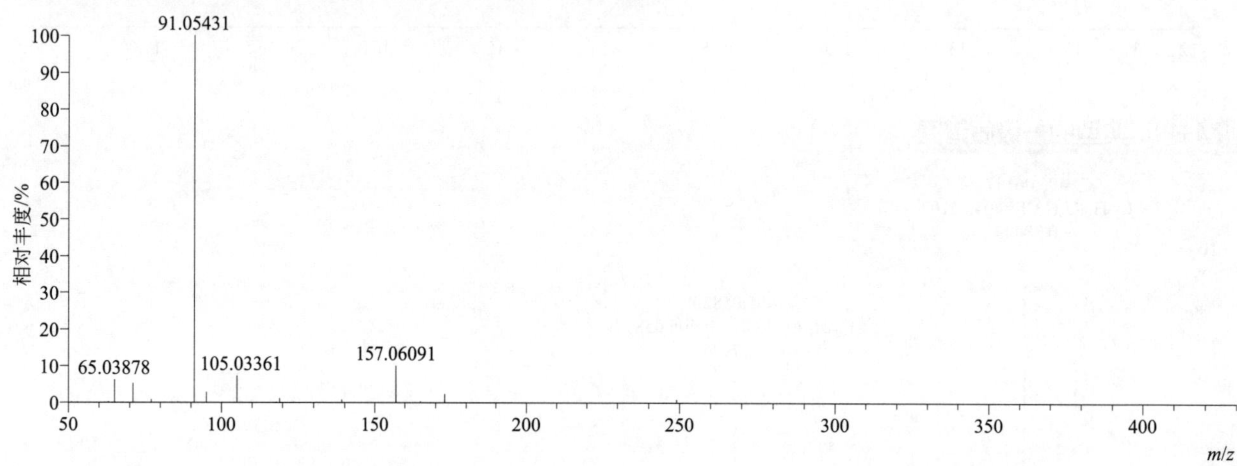

[M+H]⁺ 阶梯归一化法能量 Step NCE 为 20、40、60 时典型的二级质谱图

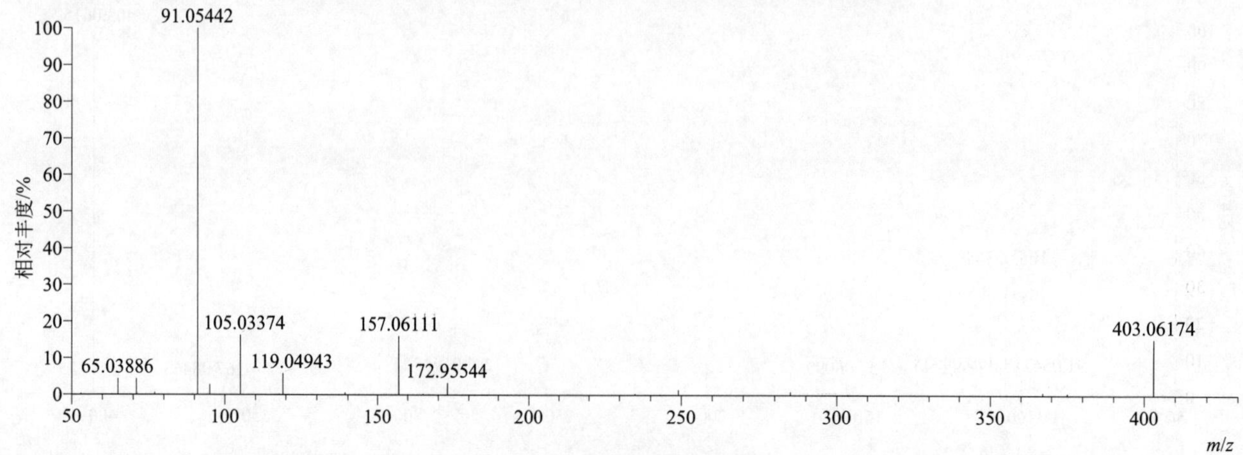

pyributicarb（稗草畏）

基本信息

CAS 登录号	88678-67-5	分子量	330.14020	离子源和极性	电喷雾离子源（ESI）
分子式	$C_{18}H_{22}N_2O_2S$	保留时间	15.90min	极性	正模式

[M+H]⁺ 提取离子流色谱图

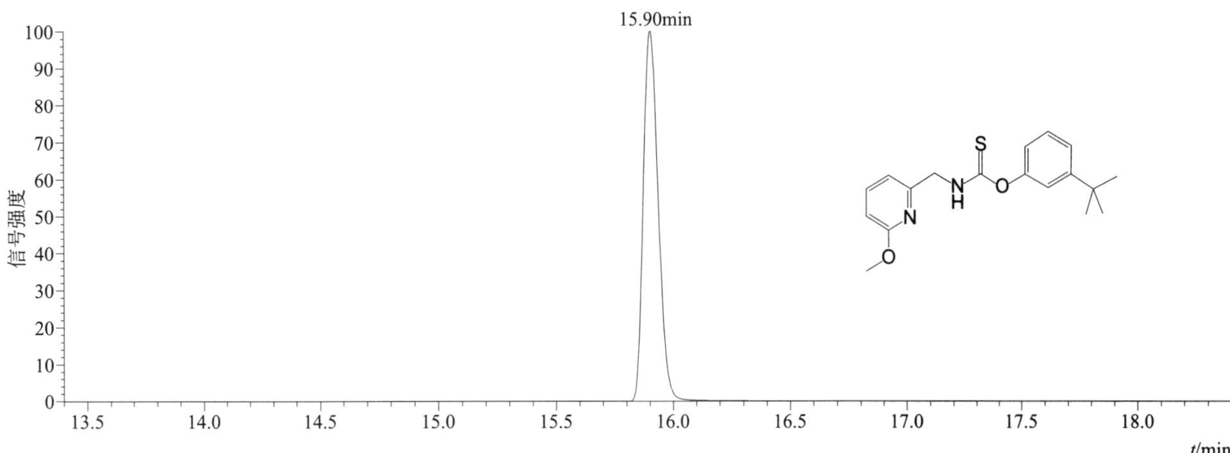

[M+H]⁺ 典型的一级质谱图

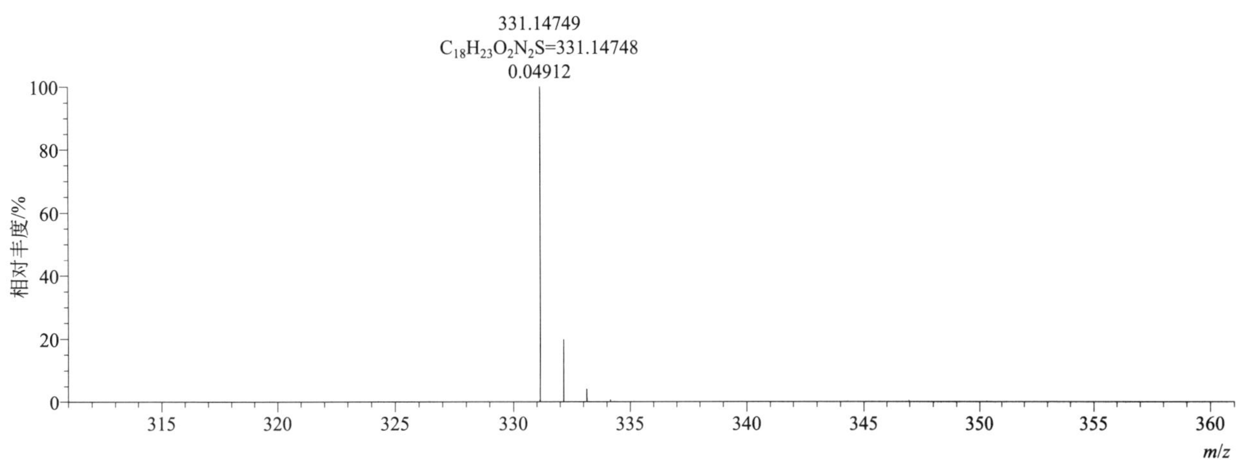

[M+H]⁺ 归一化法能量 NCE 为 40 时典型的二级质谱图

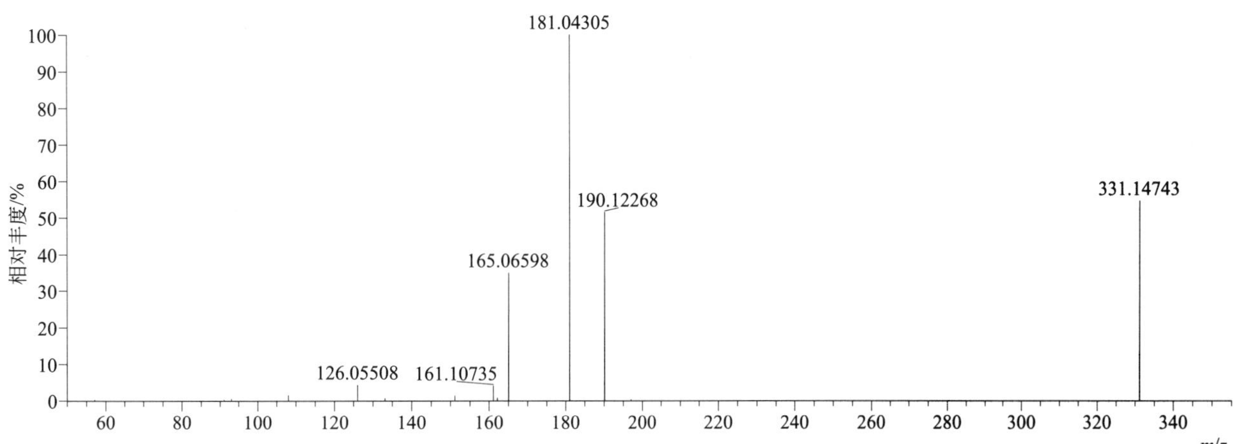

[M+H]+ 归一化法能量 NCE 为 60 时典型的二级质谱图

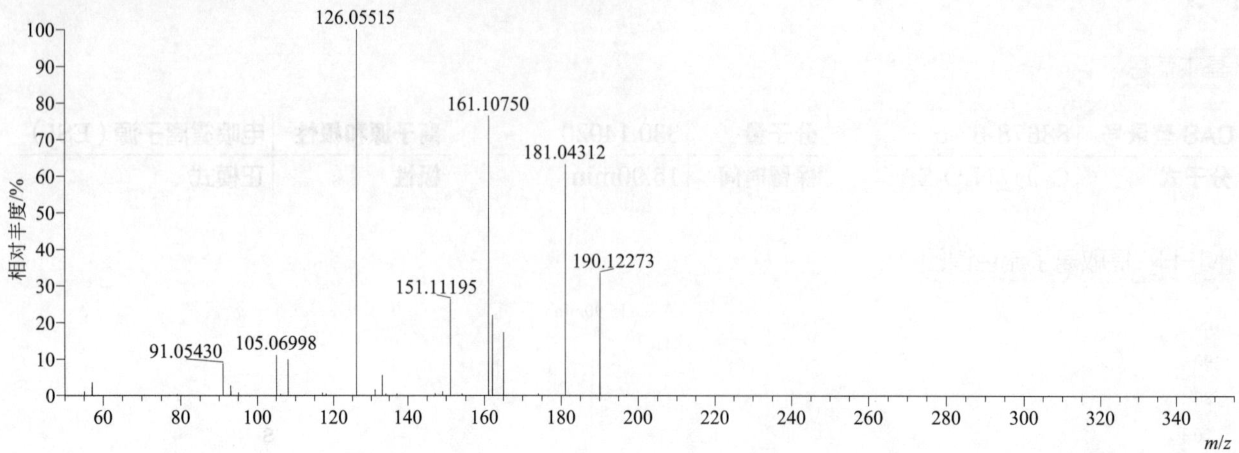

[M+H]+ 归一化法能量 NCE 为 80 时典型的二级质谱图

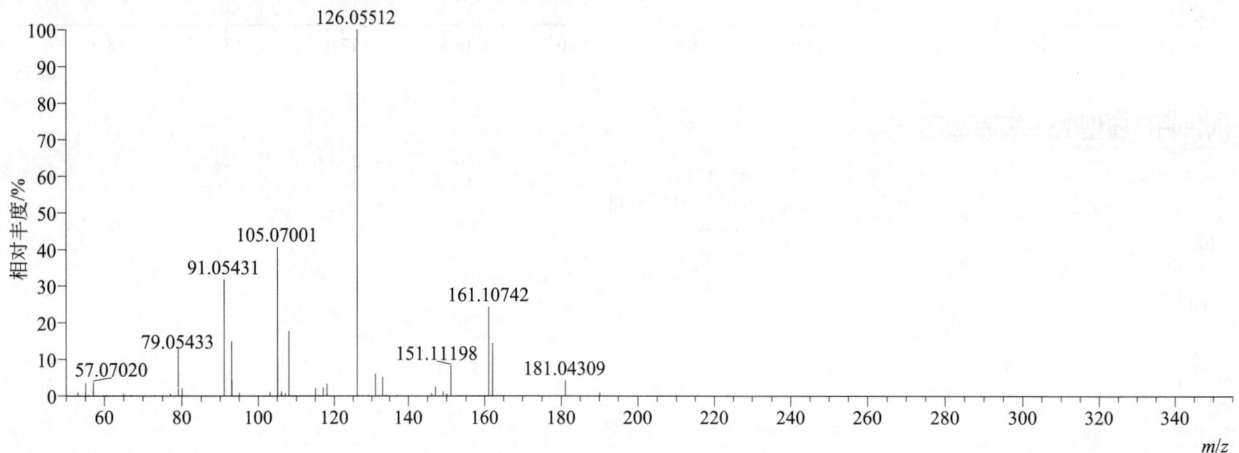

[M+H]+ 阶梯归一化法能量 Step NCE 为 40、60、80 时典型的二级质谱图

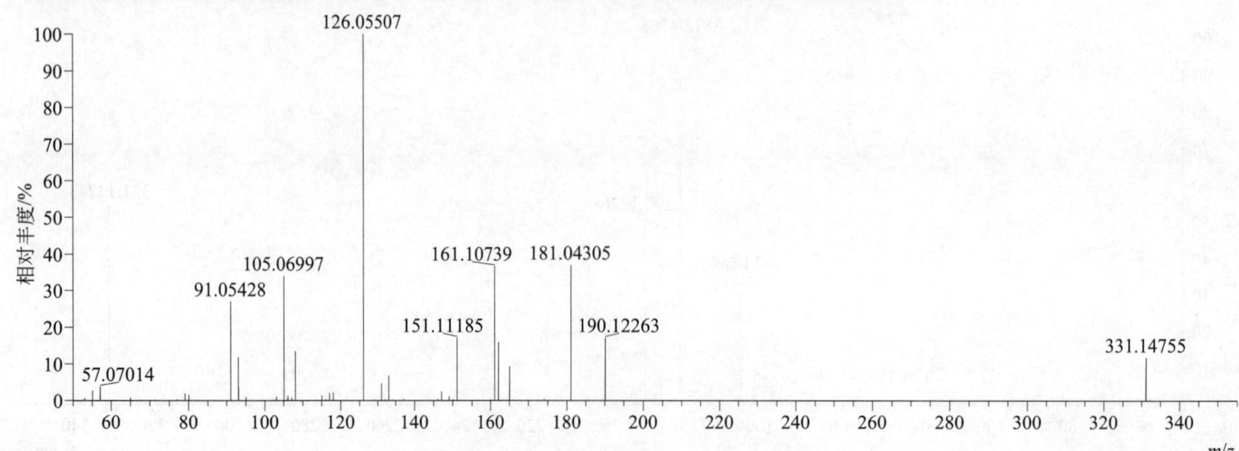

pyridaben（哒螨灵）

基本信息

CAS 登录号	96489-71-3	分子量	364.13761	离子源和极性	电喷雾离子源（ESI）
分子式	$C_{19}H_{25}ClN_2OS$	保留时间	16.40min	极性	正模式

$[M+H]^+$ 提取离子流色谱图

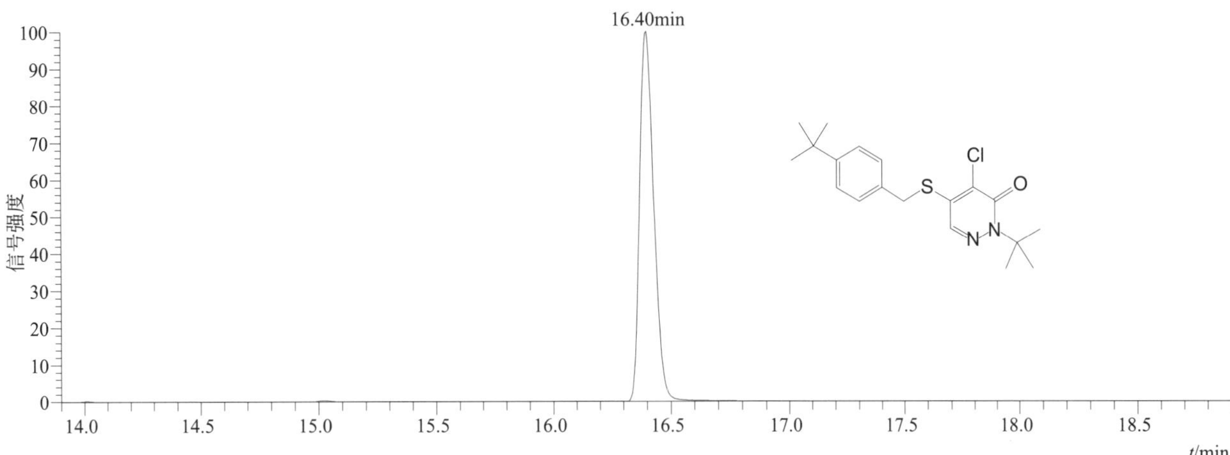

$[M+H]^+$ 典型的一级质谱图

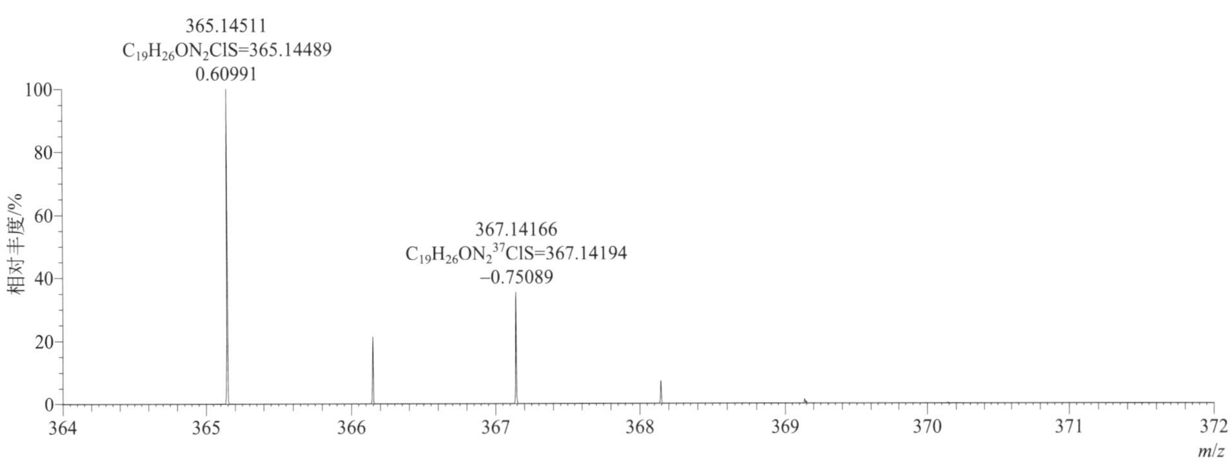

$[M+H]^+$ 归一化法能量 NCE 为 20 时典型的二级质谱图

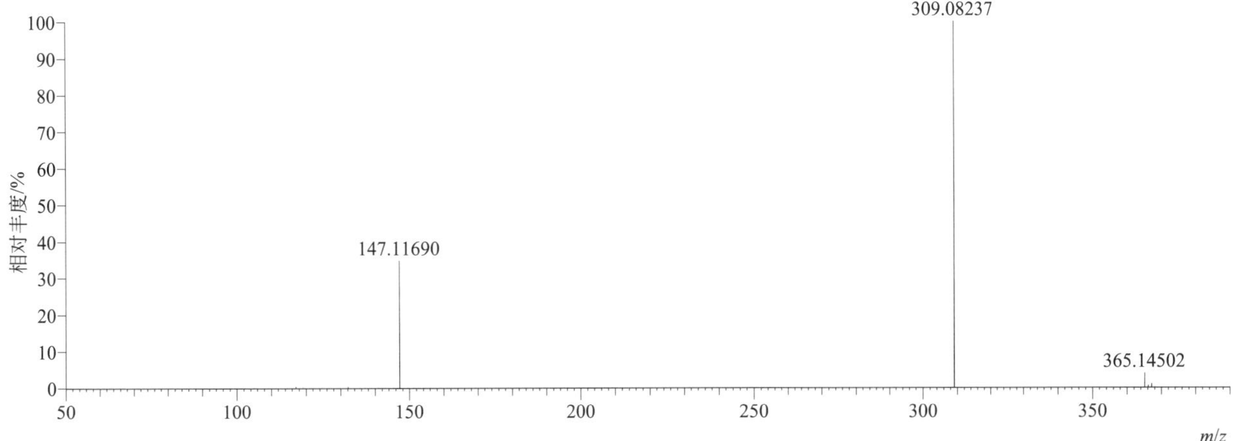

[M+H]$^+$ 归一化法能量 NCE 为 40 时典型的二级质谱图

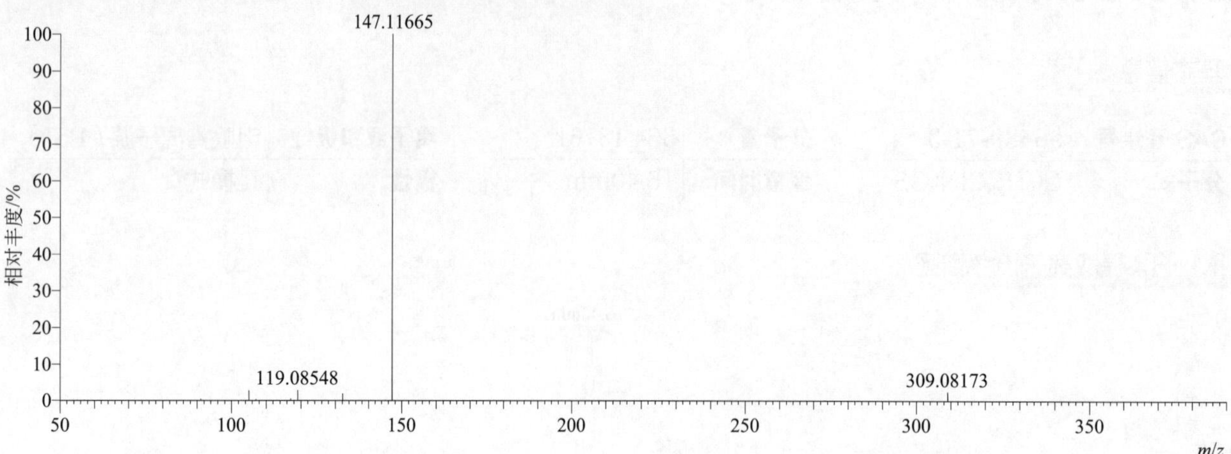

[M+H]$^+$ 归一化法能量 NCE 为 60 时典型的二级质谱图

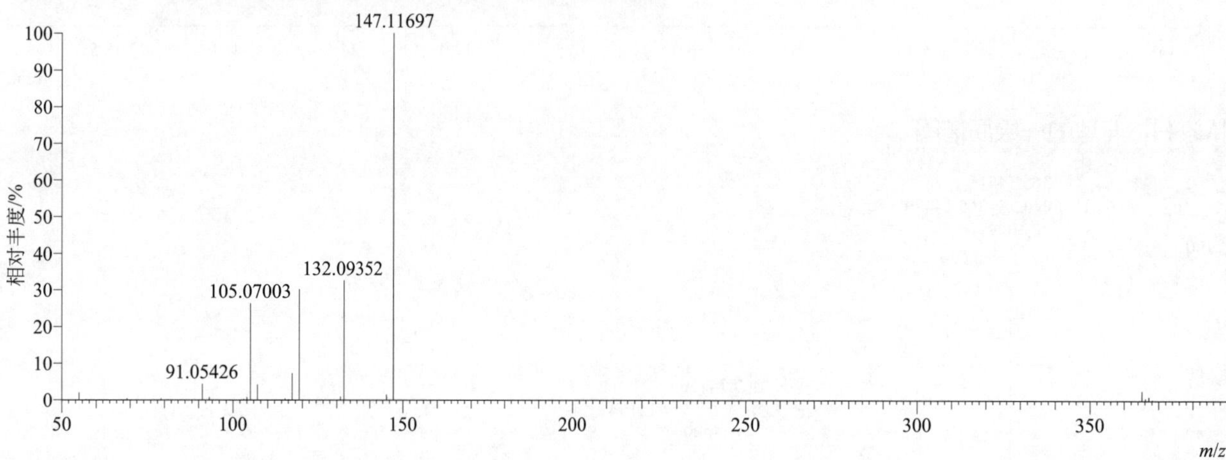

[M+H]$^+$ 阶梯归一化法能量 Step NCE 为 20、40、60 时典型的二级质谱图

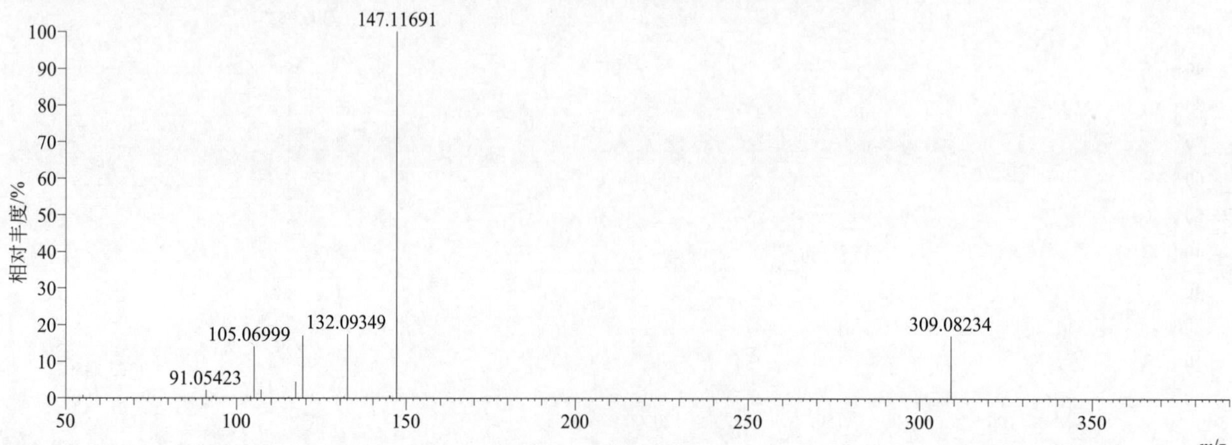

pyridafol（羟基达草止）

基本信息

CAS 登录号	40020-01-7	分子量	206.02469	离子源和极性	电喷雾离子源（ESI）
分子式	$C_{10}H_7ClN_2O$	保留时间	12.65min	极性	正模式

[M+H]⁺ 提取离子流色谱图

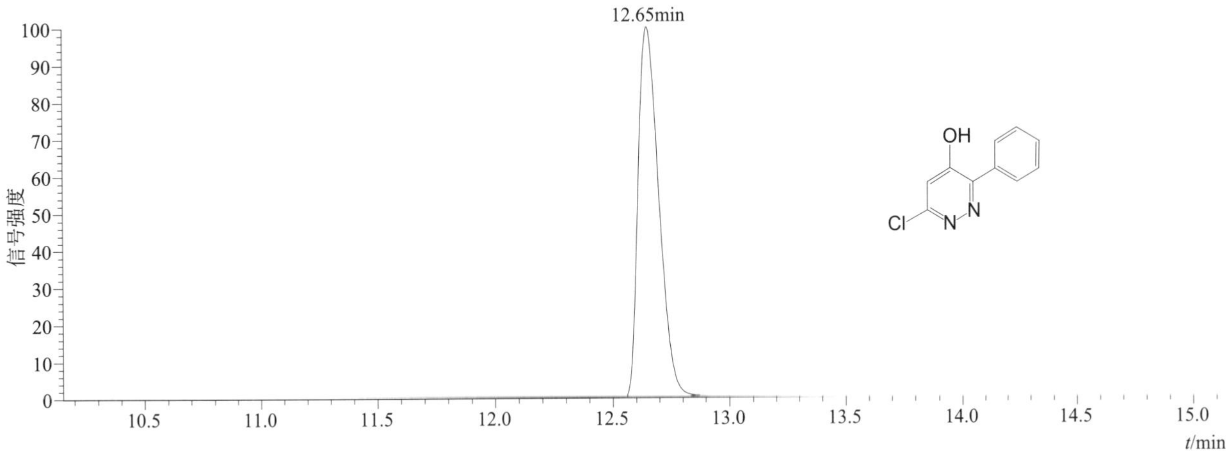

[M+H]⁺ 典型的一级质谱图

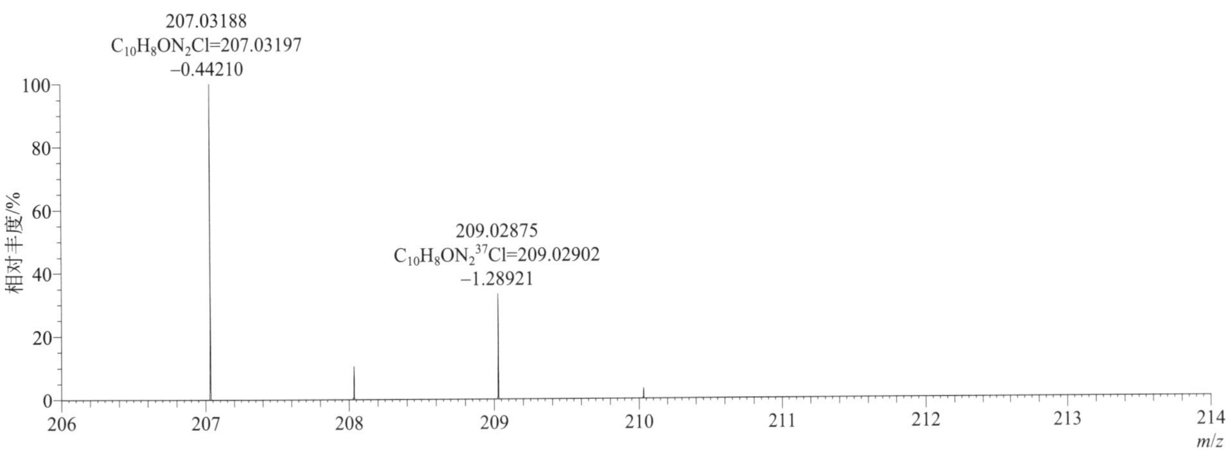

[M+H]⁺ 归一化法能量 NCE 为 20 时典型的二级质谱图

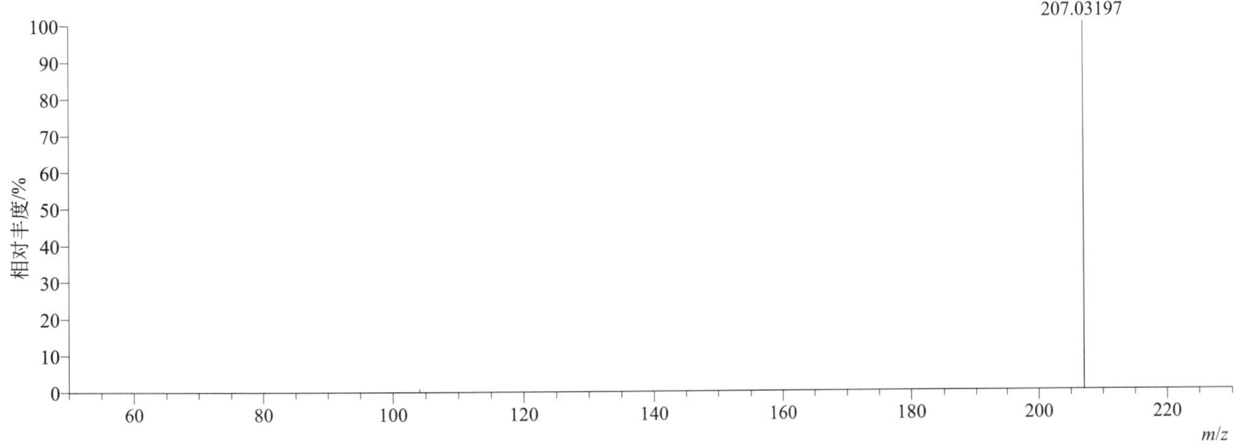

[M+H]$^+$ 归一化法能量 NCE 为 40 时典型的二级质谱图

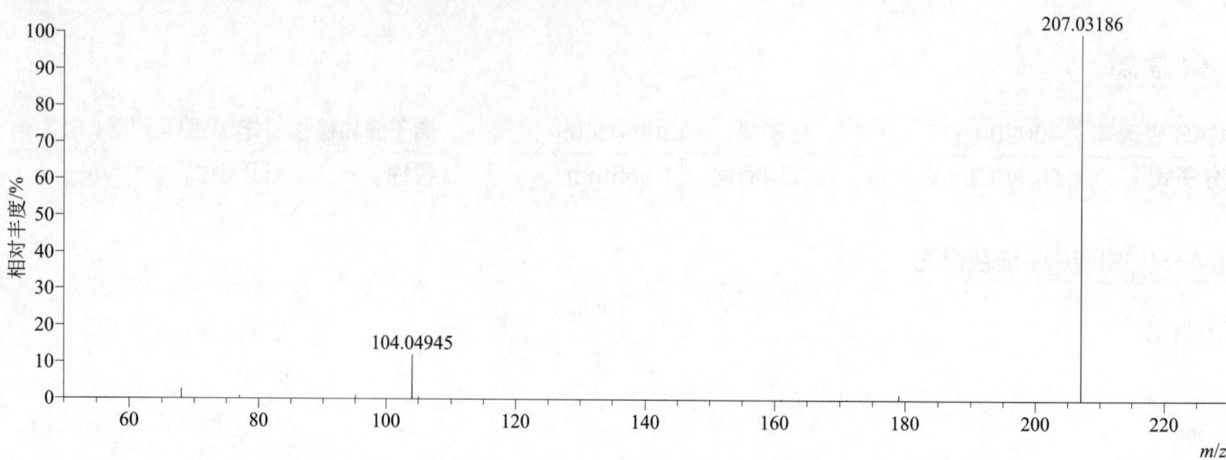

[M+H]$^+$ 归一化法能量 NCE 为 60 时典型的二级质谱图

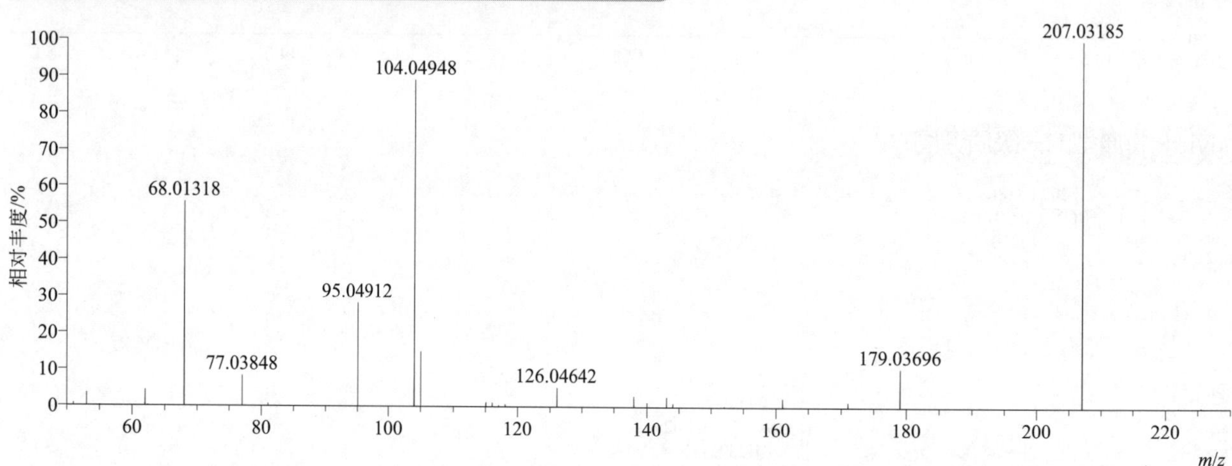

[M+H]$^+$ 阶梯归一化法能量 Step NCE 为 20、40、60 时典型的二级质谱图

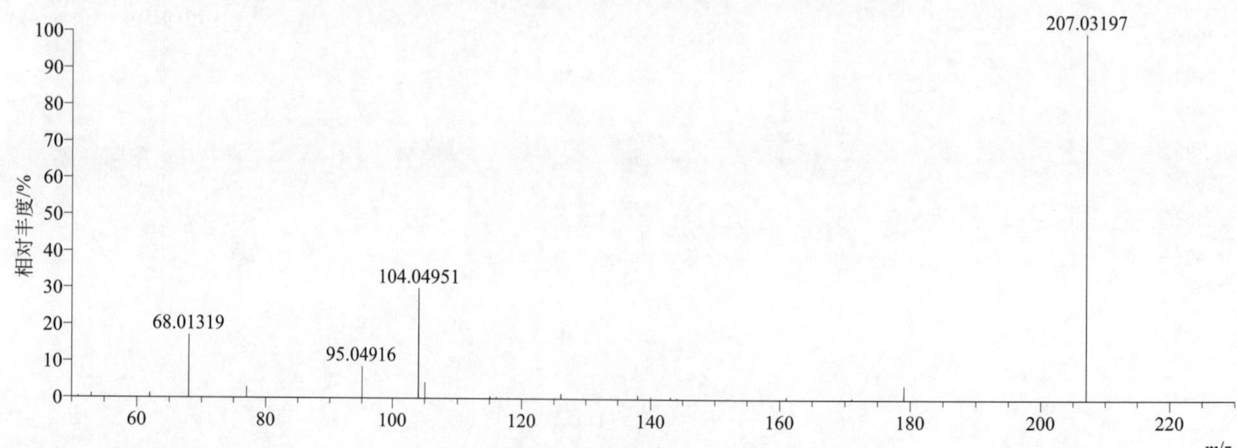

pyridalyl（三氟甲吡醚）

基本信息

CAS 登录号	179101-81-6	分子量	488.96799	离子源和极性	电喷雾离子源（ESI）
分子式	$C_{18}H_{14}Cl_4F_3NO_3$	保留时间	16.97min	极性	正模式

[M+H]⁺ 提取离子流色谱图

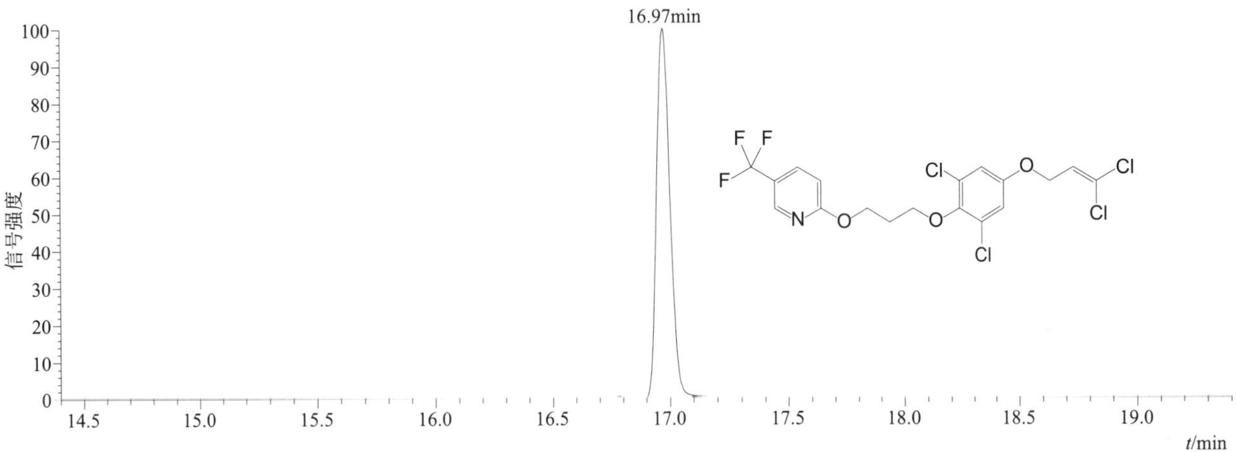

[M+H]⁺ 典型的一级质谱图

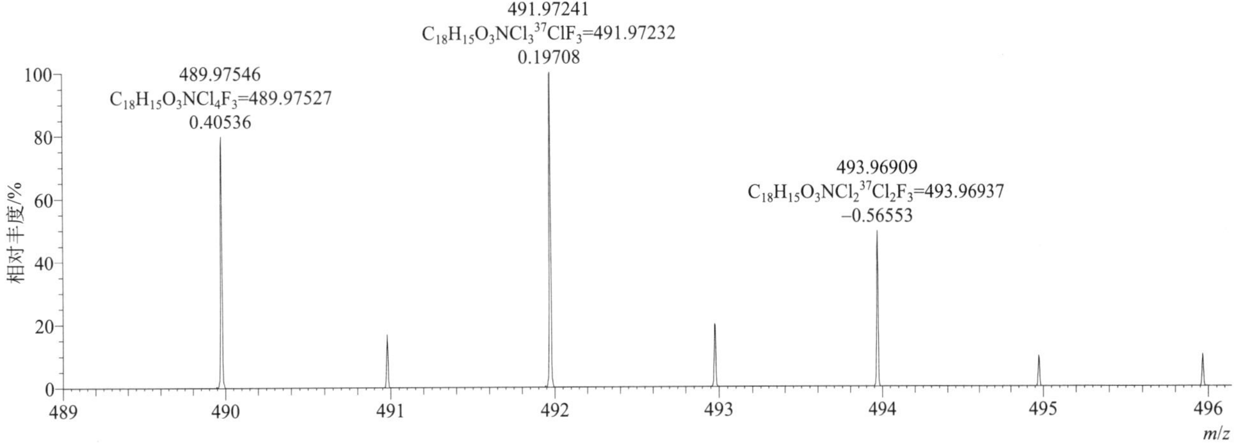

[M+H]⁺ 归一化法能量 NCE 为 20 时典型的二级质谱图

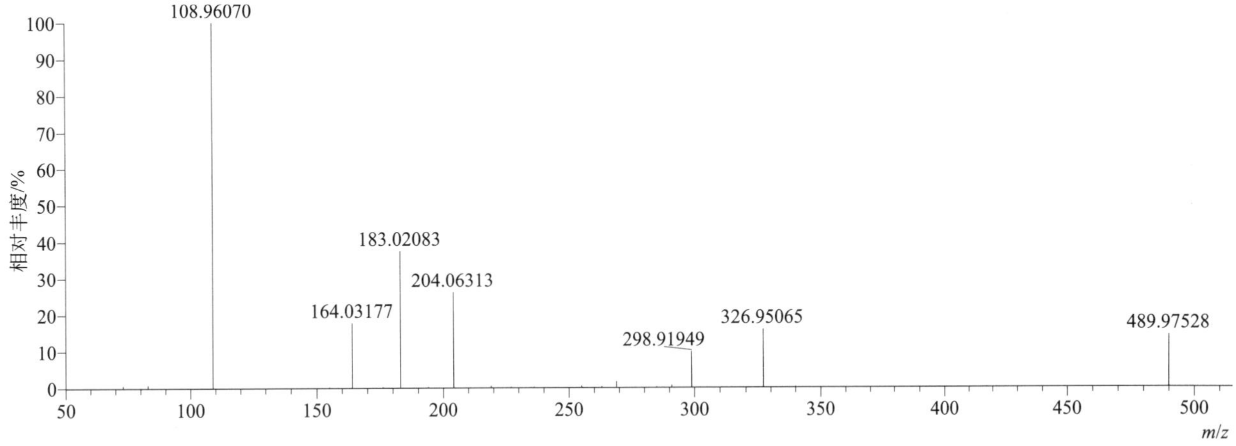

[M+H]⁺ 归一化法能量 NCE 为 40 时典型的二级质谱图

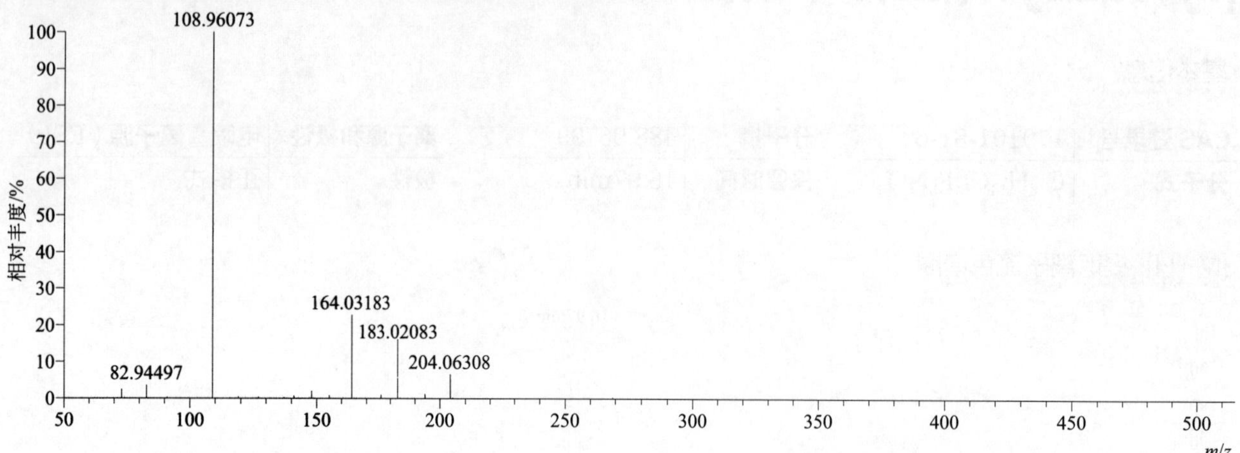

[M+H]⁺ 归一化法能量 NCE 为 60 时典型的二级质谱图

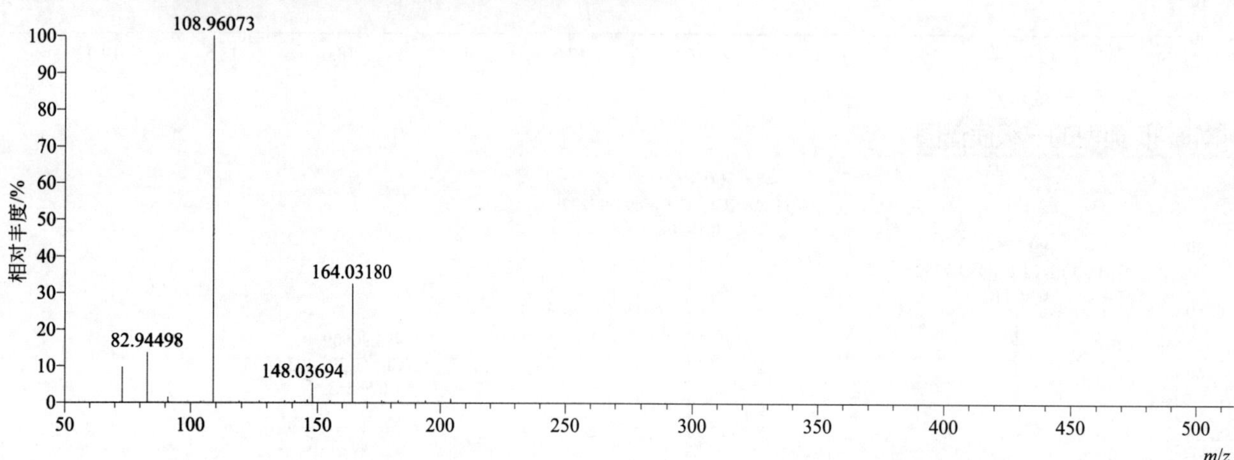

[M+H]⁺ 阶梯归一化法能量 Step NCE 为 20、40、60 时典型的二级质谱图

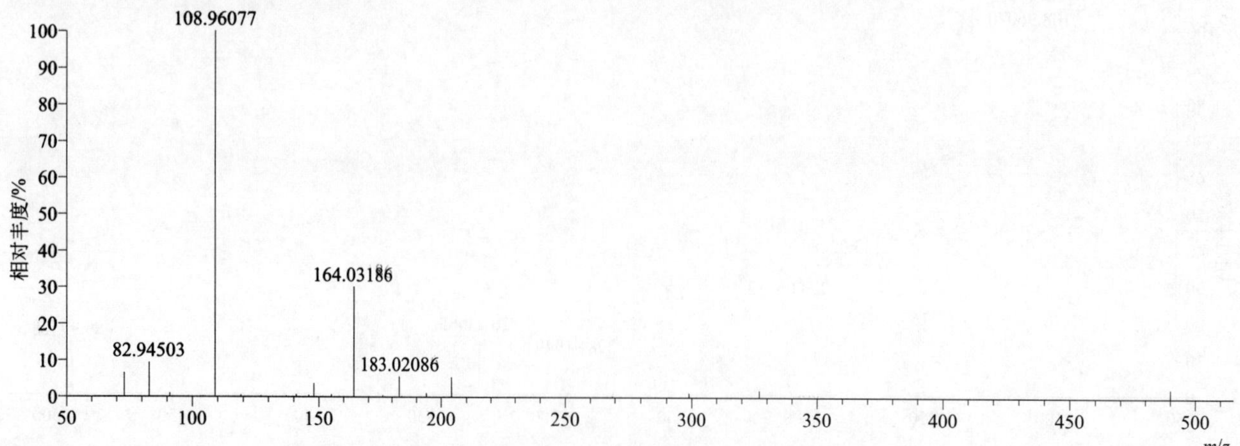

pyridaphenthion（哒嗪硫磷）

基本信息

CAS 登录号	119-12-0	分子量	340.06466	离子源和极性	电喷雾离子源（ESI）
分子式	$C_{14}H_{17}N_2O_4PS$	保留时间	14.56min	极性	正模式

$[M+H]^+$ 提取离子流色谱图

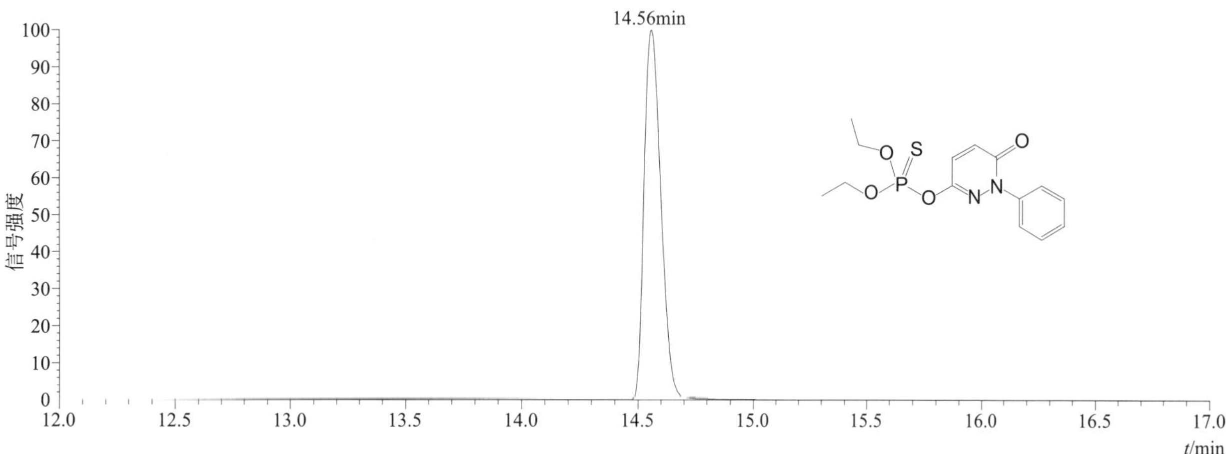

$[M+H]^+$ 典型的一级质谱图

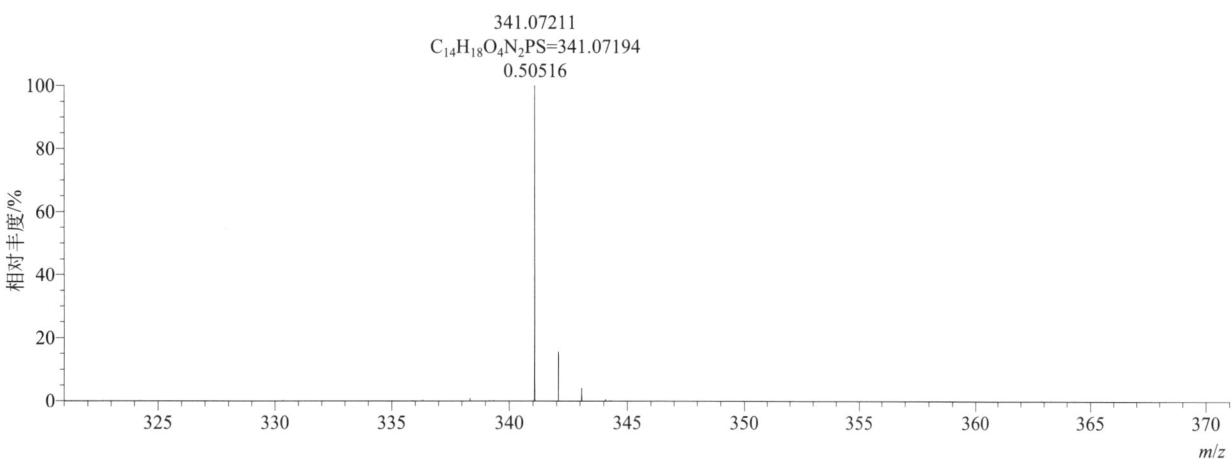

$[M+H]^+$ 归一化法能量 NCE 为 20 时典型的二级质谱图

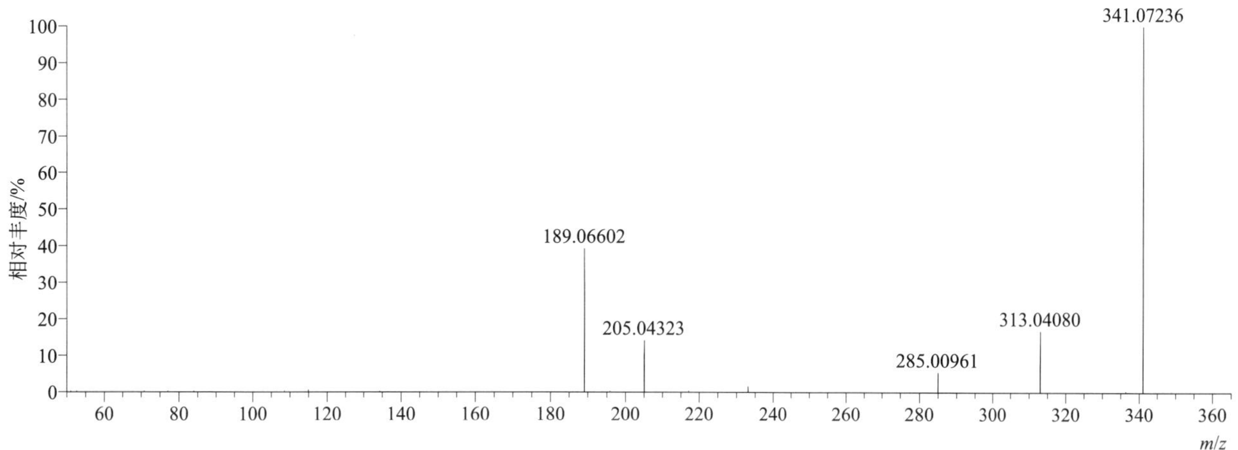

[M+H]$^+$ 归一化法能量 NCE 为 40 时典型的二级质谱图

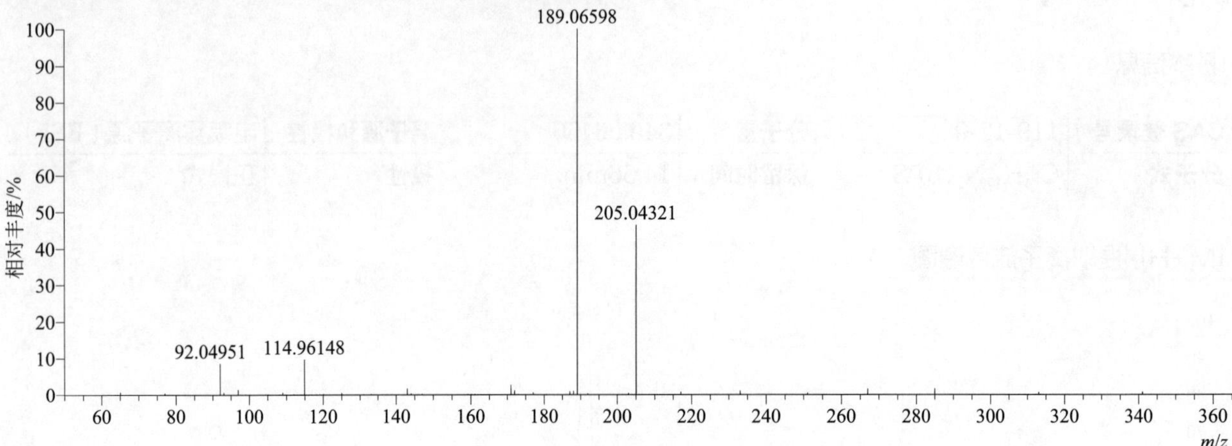

[M+H]$^+$ 归一化法能量 NCE 为 60 时典型的二级质谱图

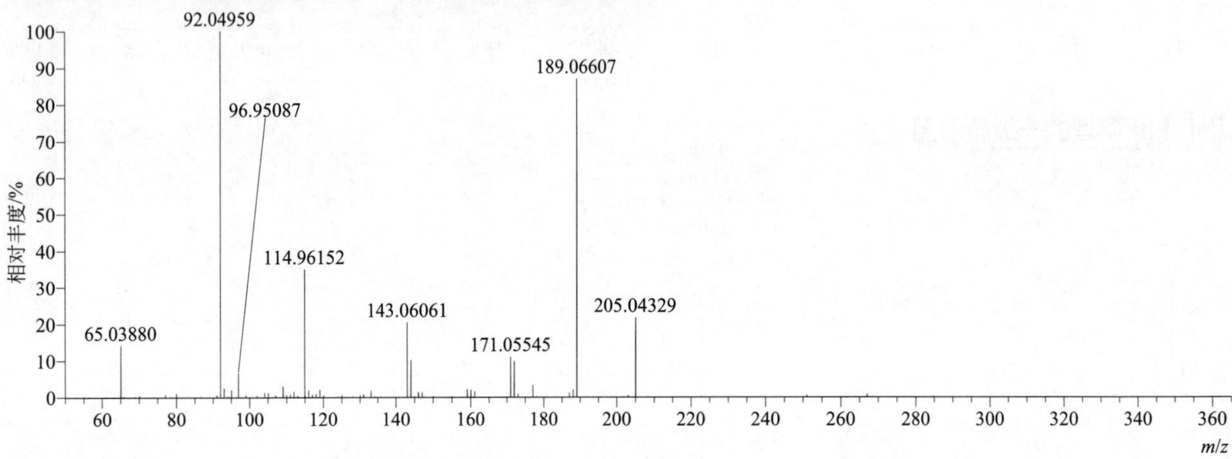

[M+H]$^+$ 阶梯归一化法能量 Step NCE 为 20、40、60 时典型的二级质谱图

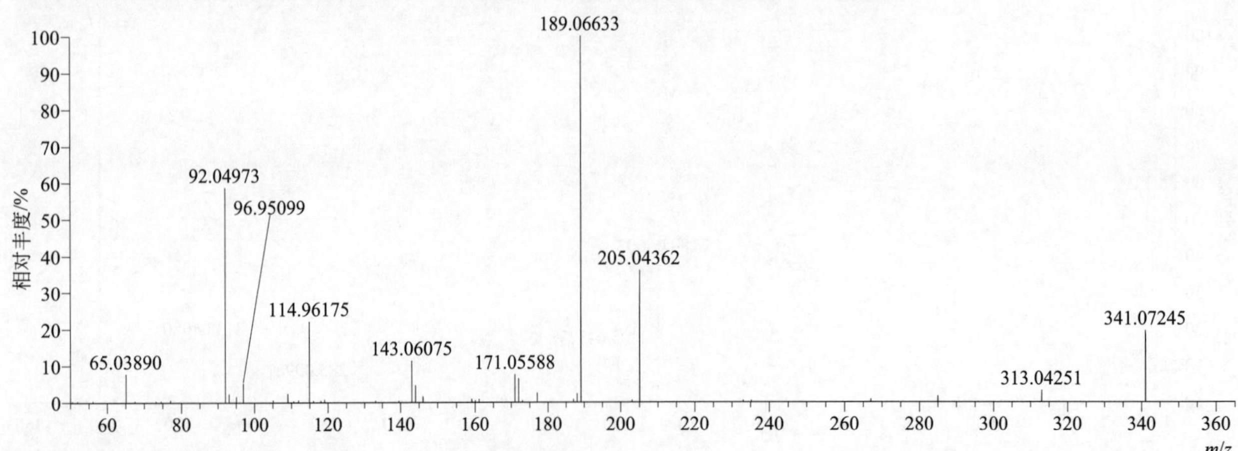

pyridate（哒草特）

基本信息

CAS 登录号	55512-33-9	分子量	378.11688	离子源和极性	电喷雾离子源（ESI）
分子式	$C_{19}H_{23}ClN_2O_2S$	保留时间	16.64min	极性	正模式

$[M+H]^+$ 提取离子流色谱图

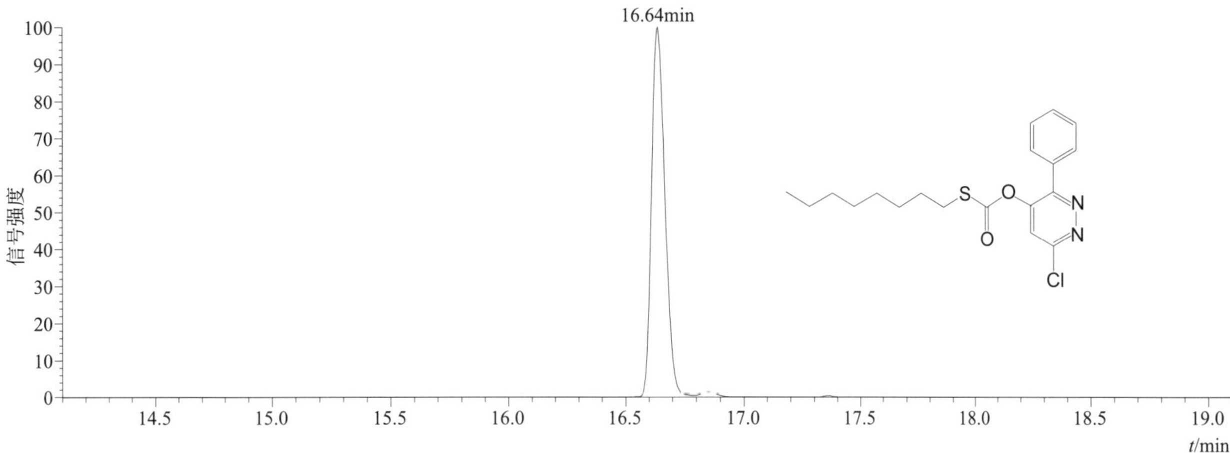

$[M+H]^+$ 典型的一级质谱图

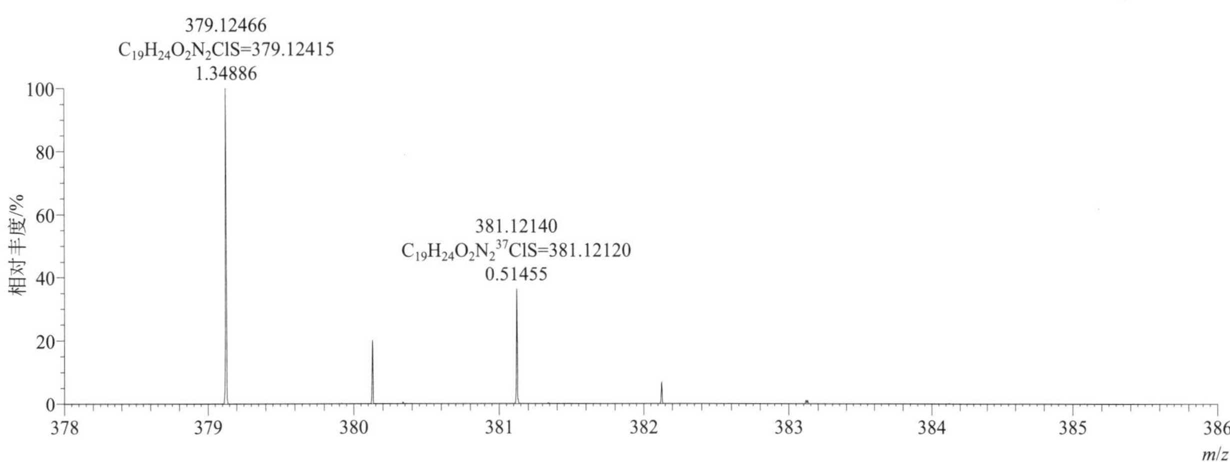

$[M+H]^+$ 归一化法能量 NCE 为 20 时典型的二级质谱图

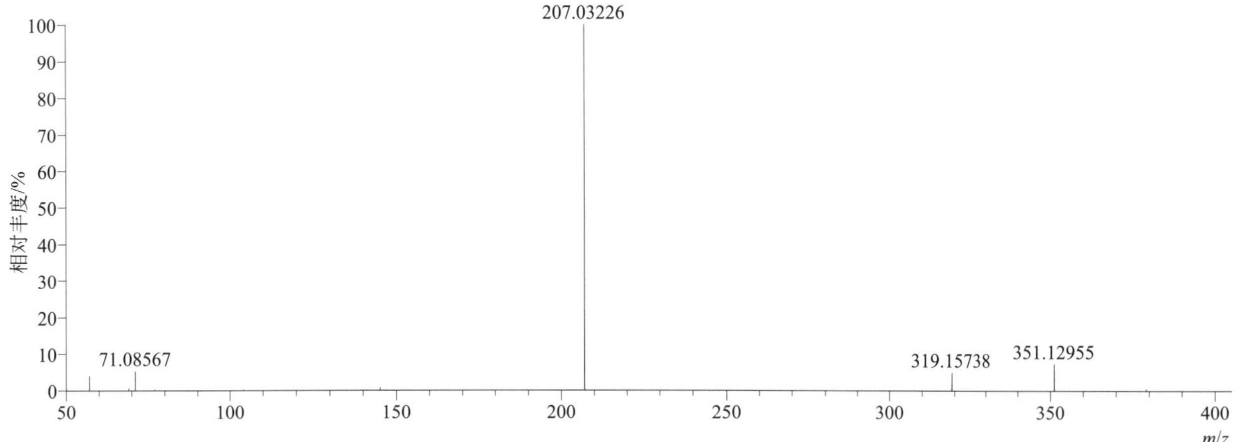

[M+H]+ 归一化法能量 NCE 为 40 时典型的二级质谱图

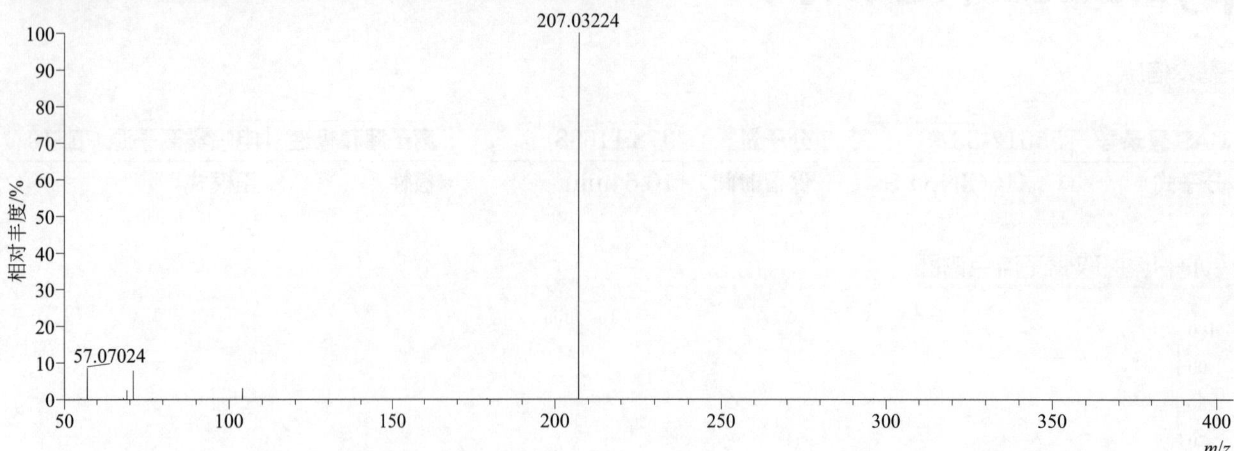

[M+H]+ 归一化法能量 NCE 为 60 时典型的二级质谱图

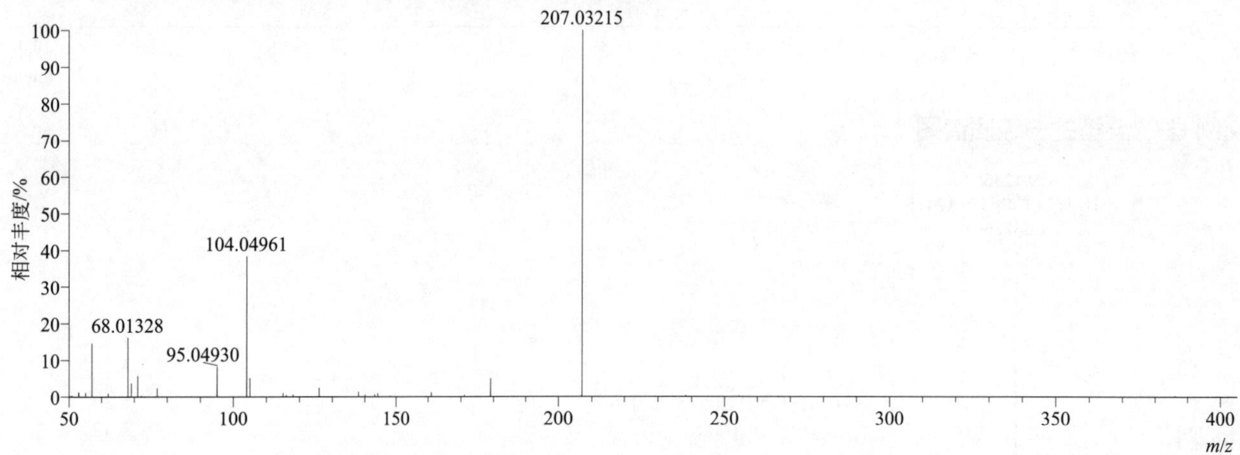

[M+H]+ 阶梯归一化法能量 Step NCE 为 20、40、60 时典型的二级质谱图

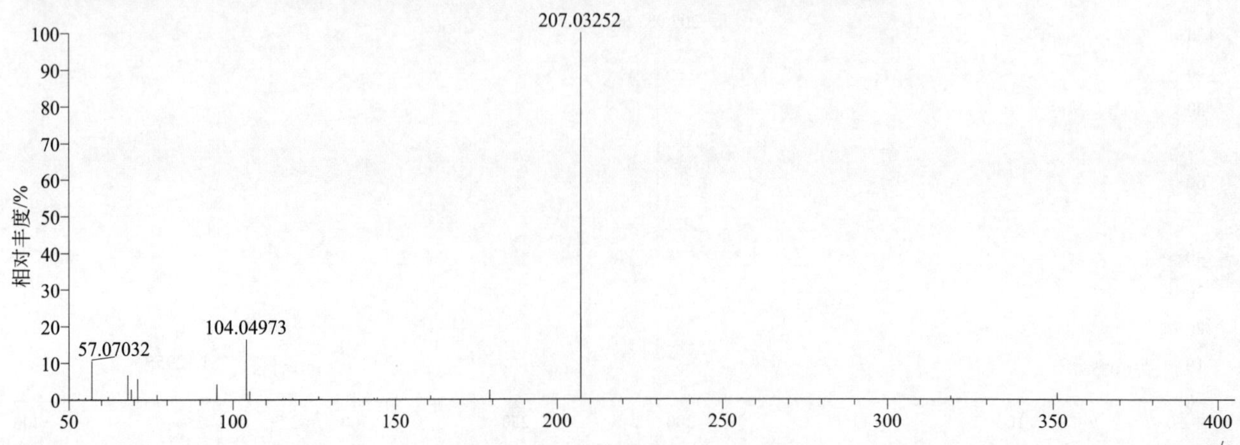

pyrifenox（啶斑肟）

基本信息

CAS 登录号	88283-41-4	分子量	294.03267	离子源和极性	电喷雾离子源（ESI）
分子式	$C_{14}H_{12}Cl_2N_2O$	保留时间	14.58min；14.77min	极性	正模式

[M+H]⁺ 提取离子流色谱图

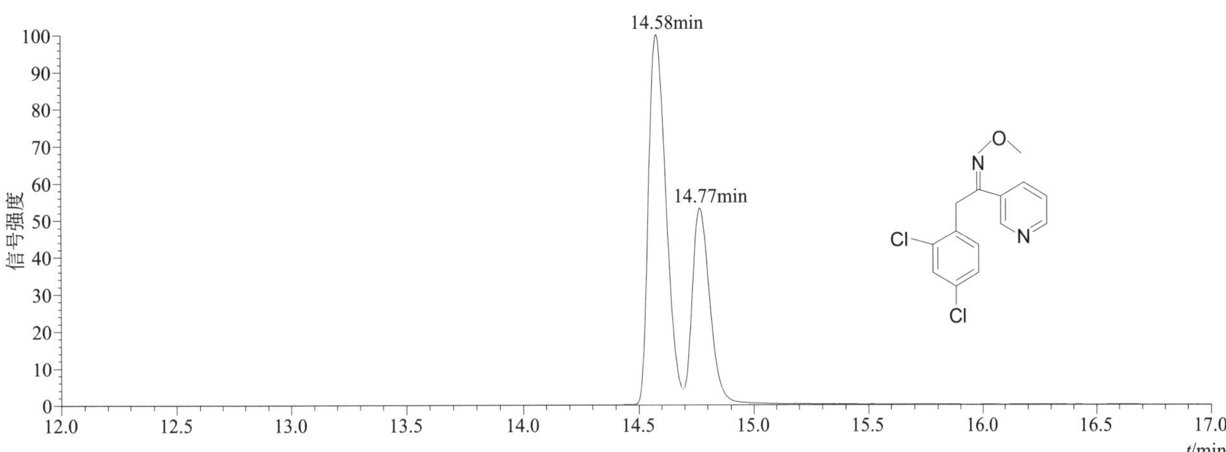

[M+H]⁺ 典型的一级质谱图

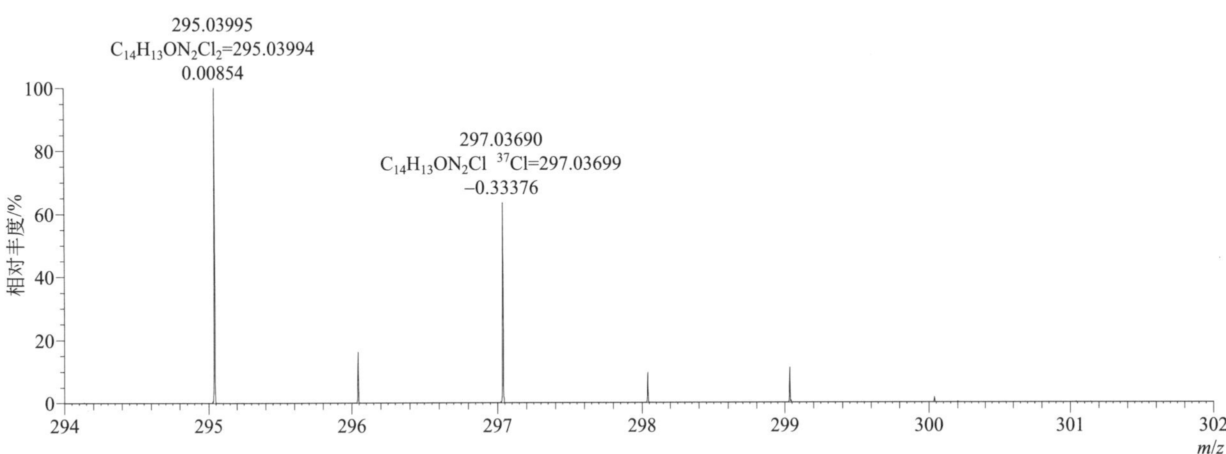

[M+H]⁺ 归一化法能量 NCE 为 20 时典型的二级质谱图

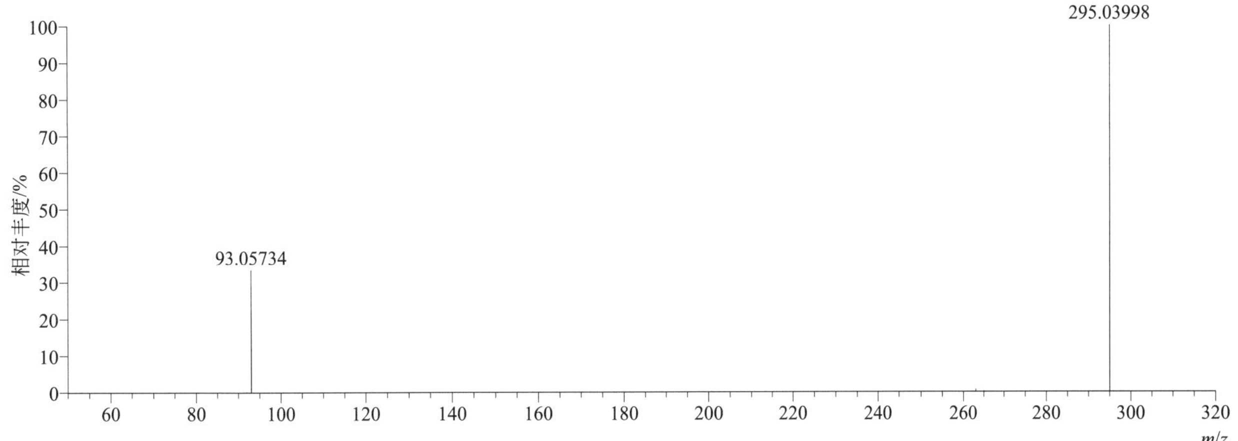

[M+H]+ 归一化法能量 NCE 为 40 时典型的二级质谱图

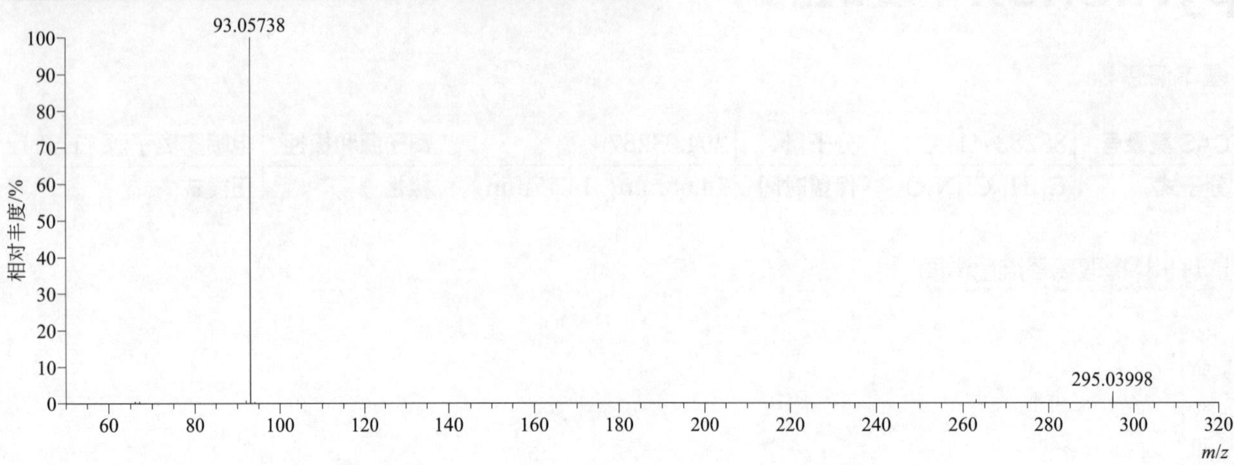

[M+H]+ 归一化法能量 NCE 为 60 时典型的二级质谱图

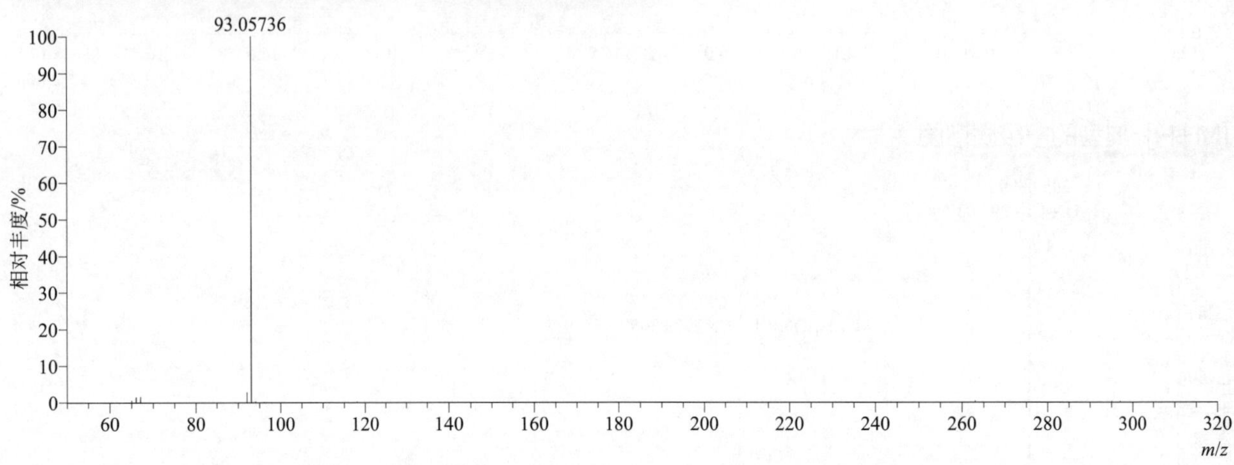

[M+H]+ 阶梯归一化法能量 Step NCE 为 20、40、60 时典型的二级质谱图

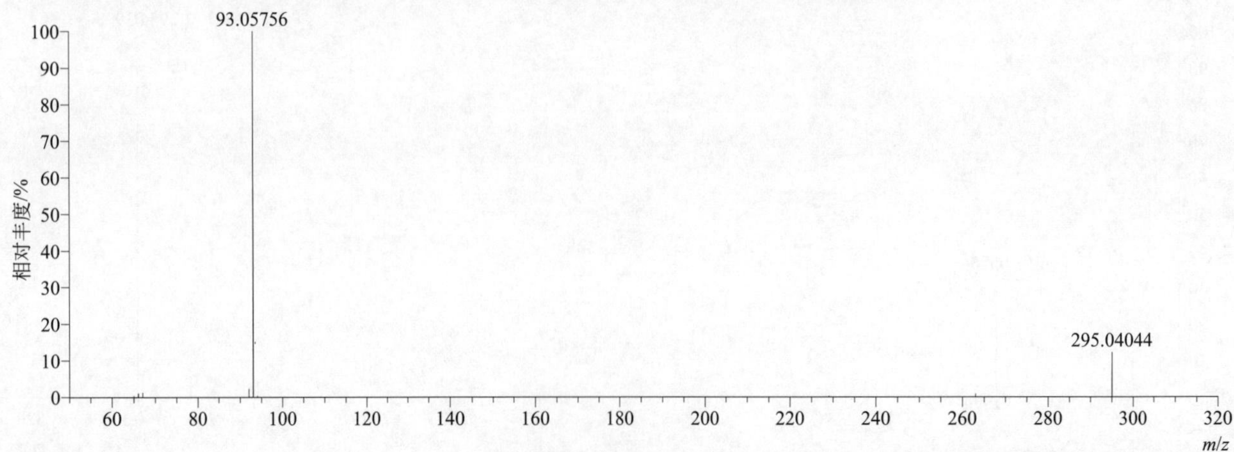

pyriftalid（环酯草醚）

基本信息

CAS 登录号	135186-78-6	分子量	318.06743	离子源和极性	电喷雾离子源（ESI）
分子式	$C_{15}H_{14}N_2O_4S$	保留时间	14.16min	极性	正模式

[M+H]+ 提取离子流色谱图

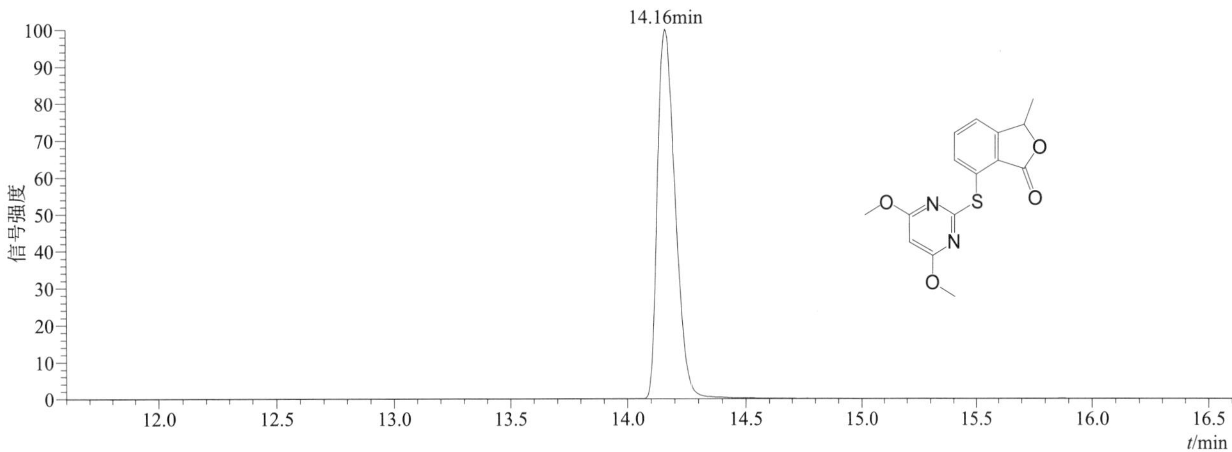

[M+H]+ 典型的一级质谱图

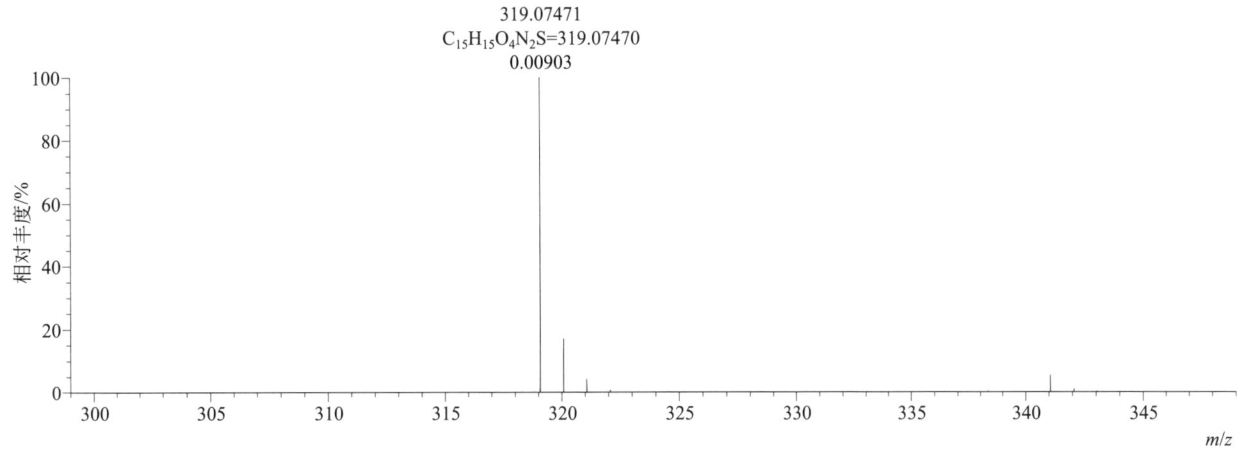

[M+H]+ 归一化法能量 NCE 为 20 时典型的二级质谱图

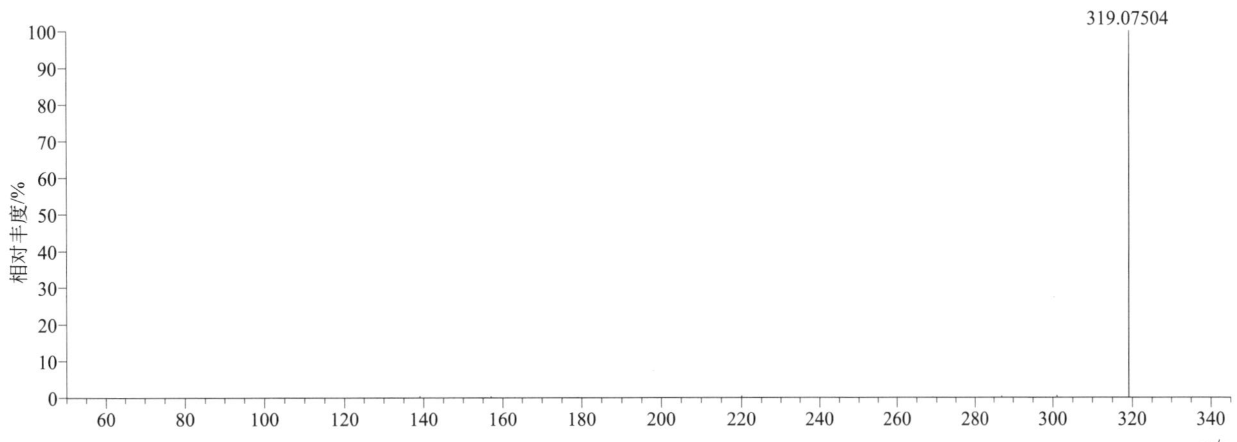

[M+H]+ 归一化法能量 NCE 为 40 时典型的二级质谱图

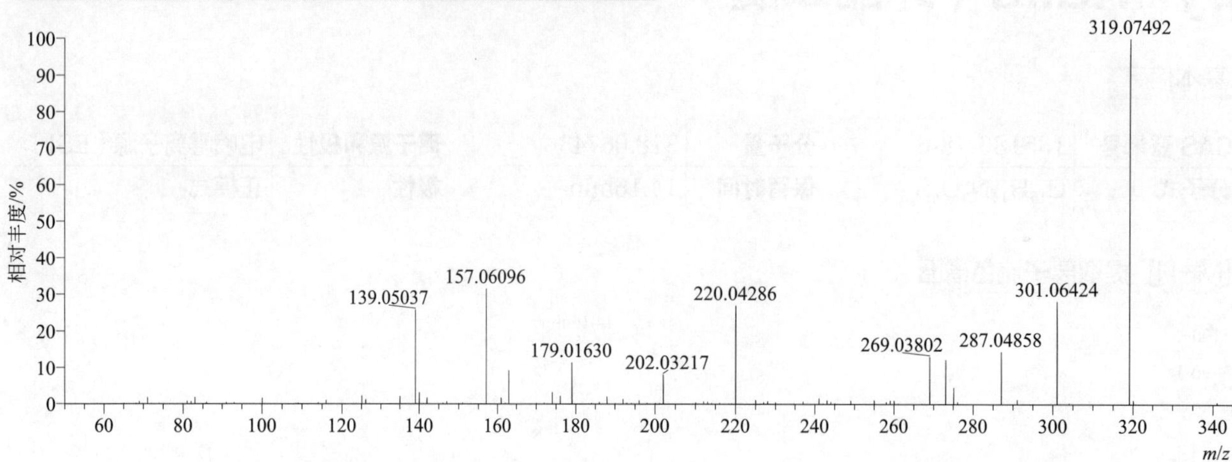

[M+H]+ 归一化法能量 NCE 为 60 时典型的二级质谱图

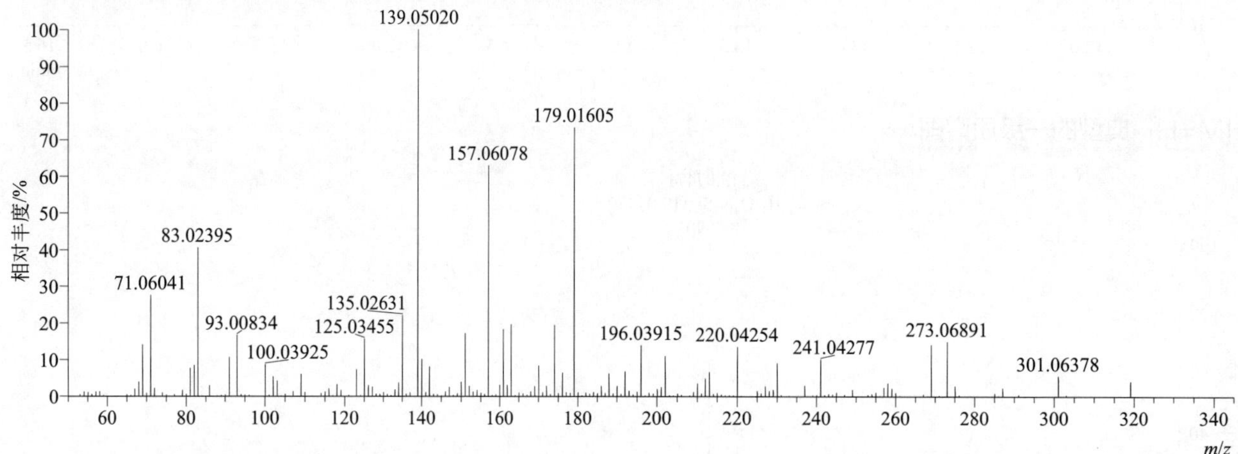

[M+H]+ 阶梯归一化法能量 Step NCE 为 20、40、60 时典型的二级质谱图

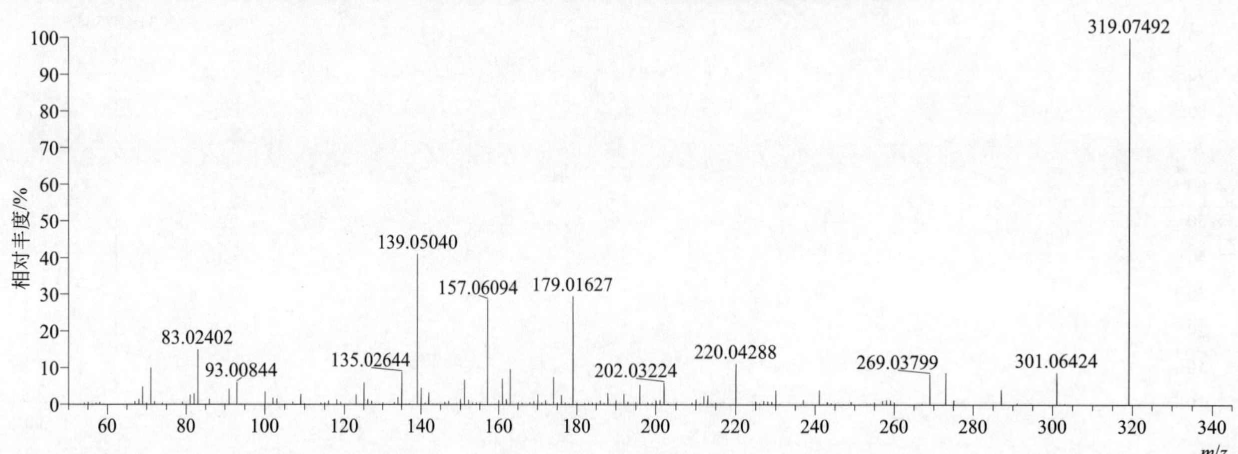

pyrimethanil（嘧霉胺）

基本信息

CAS 登录号	53112-28-0	分子量	199.11095	离子源和极性	电喷雾离子源（ESI）
分子式	$C_{12}H_{13}N_3$	保留时间	14.40min	极性	正模式

$[M+H]^+$ 提取离子流色谱图

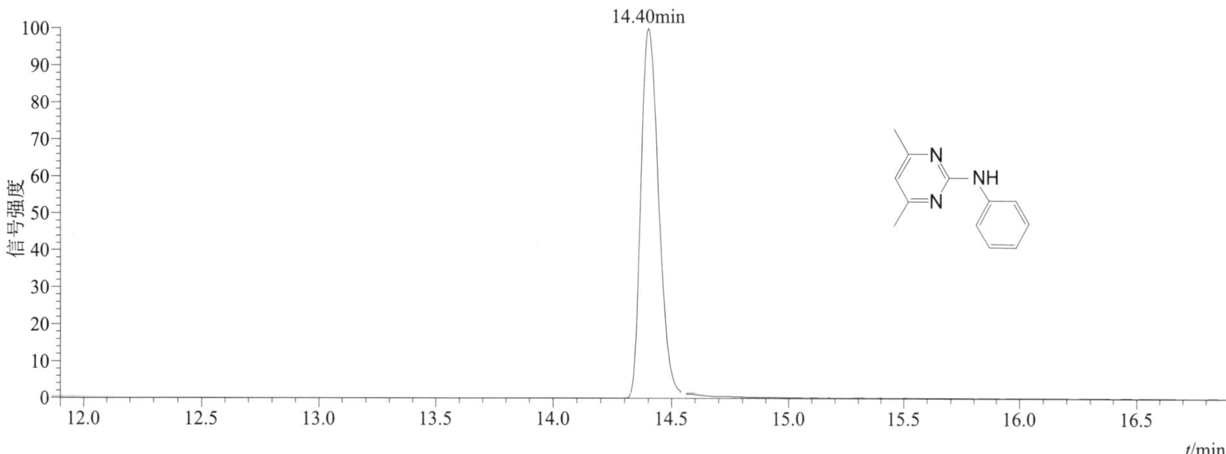

$[M+H]^+$ 典型的一级质谱图

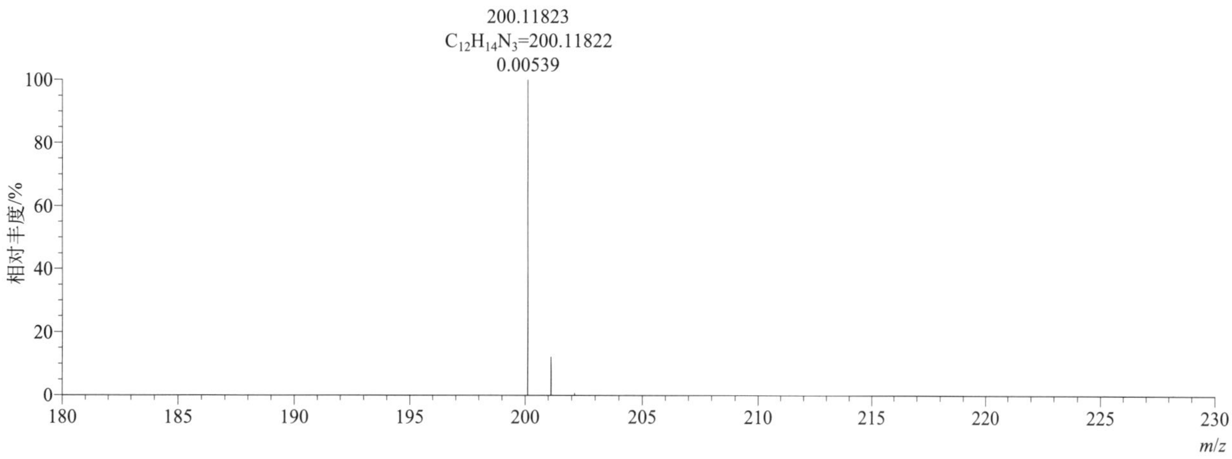

$[M+H]^+$ 归一化法能量 NCE 为 80 时典型的二级质谱图

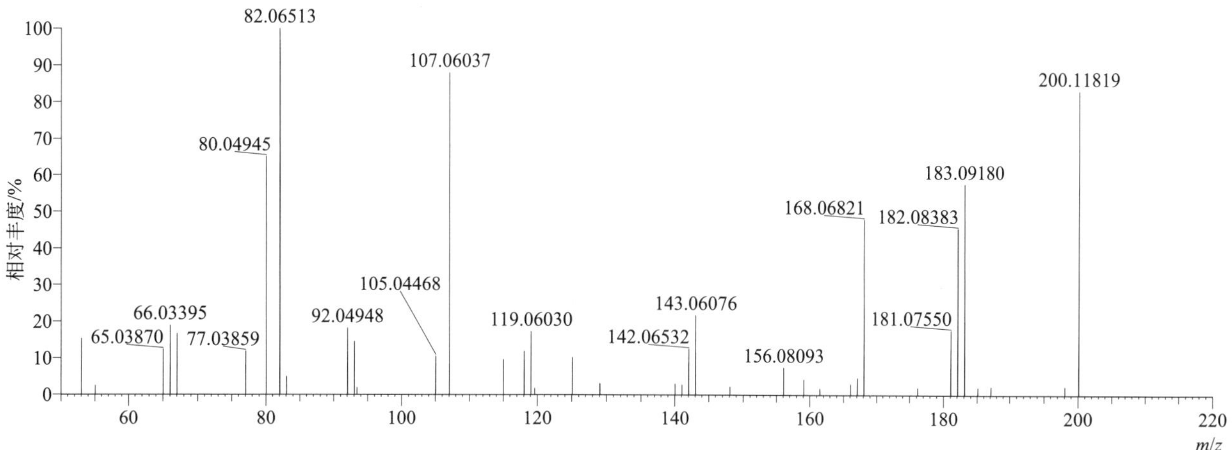

[M+H]+ 归一化法能量 NCE 为 100 时典型的二级质谱图

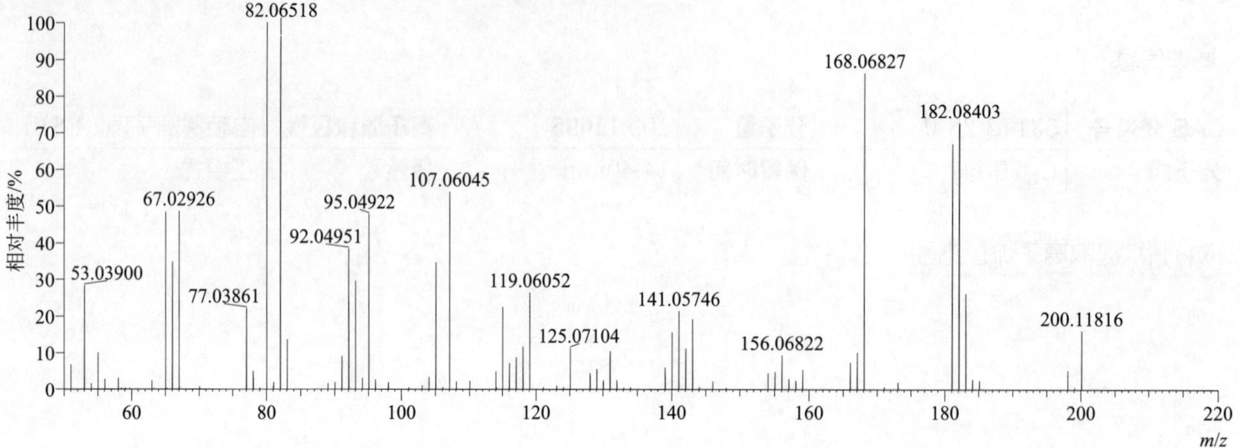

[M+H]+ 归一化法能量 NCE 为 120 时典型的二级质谱图

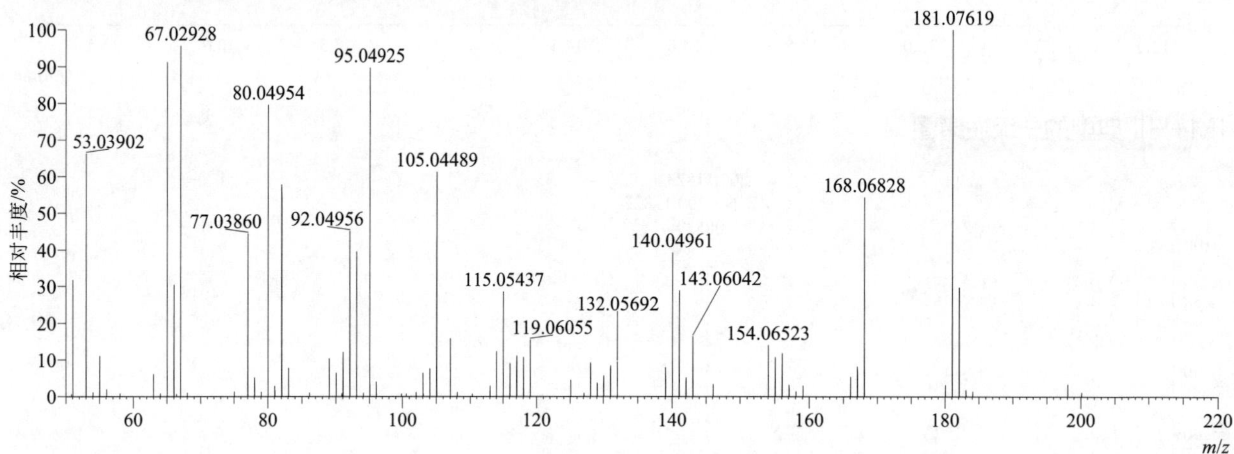

[M+H]+ 阶梯归一化法能量 Step NCE 为 80、100、120 时典型的二级质谱图

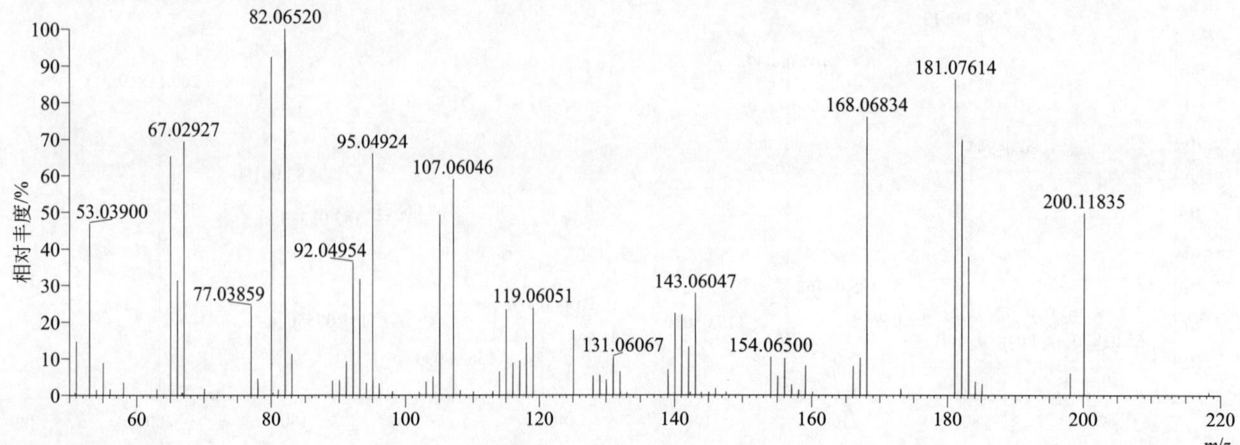

pyrimidifen（嘧螨醚）

基本信息

CAS 登录号	105779-78-0	分子量	377.18700	离子源和极性	电喷雾离子源（ESI）
分子式	$C_{20}H_{28}ClN_3O_2$	保留时间	15.94min	极性	正模式

$[M+H]^+$ 提取离子流色谱图

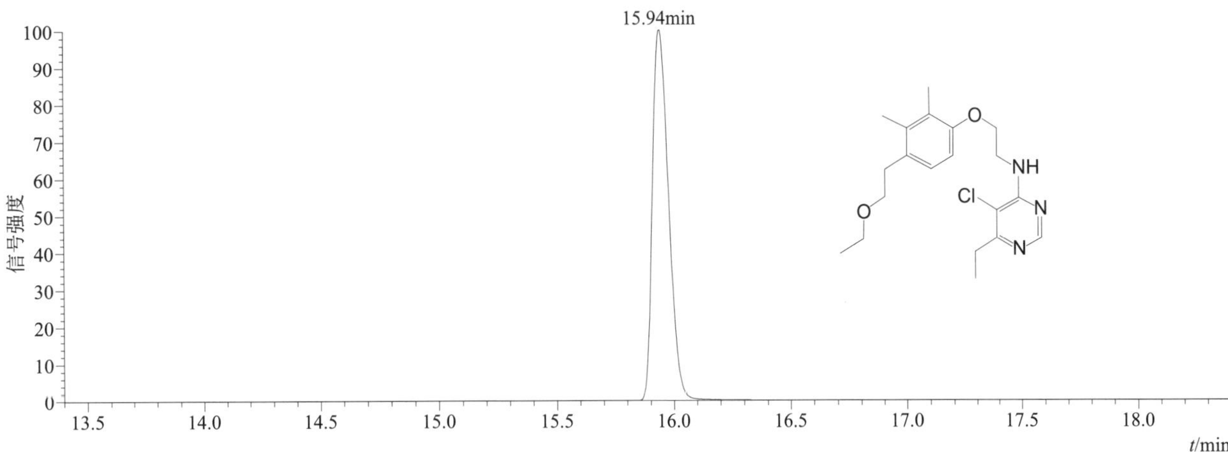

$[M+H]^+$ 典型的一级质谱图

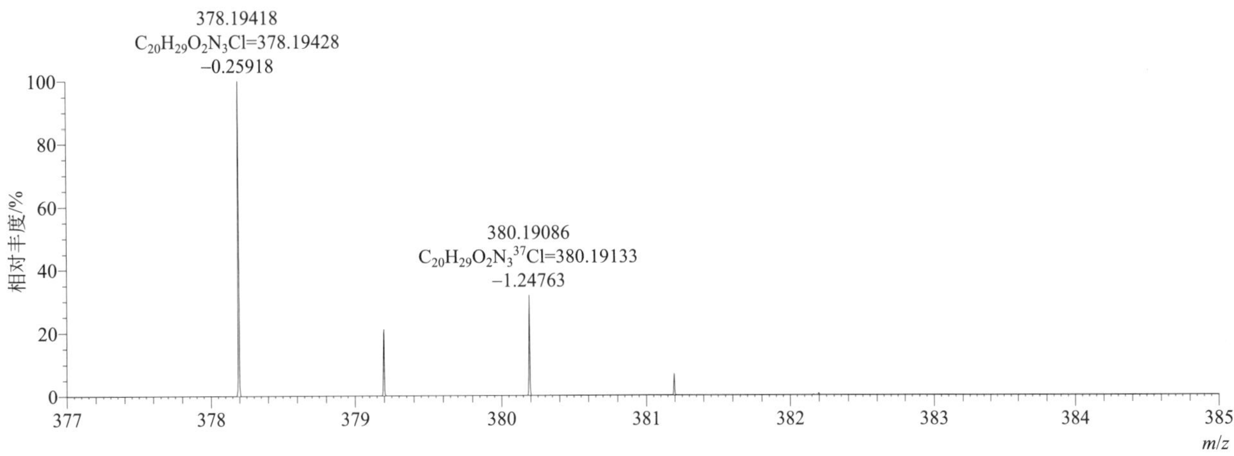

$[M+H]^+$ 归一化法能量 NCE 为 20 时典型的二级质谱图

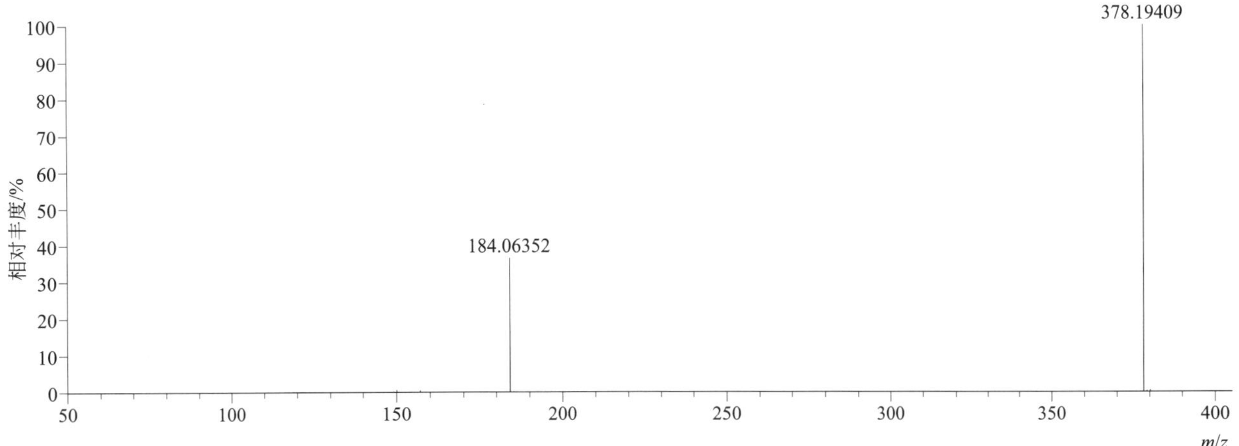

[M+H]⁺ 归一化法能量 NCE 为 40 时典型的二级质谱图

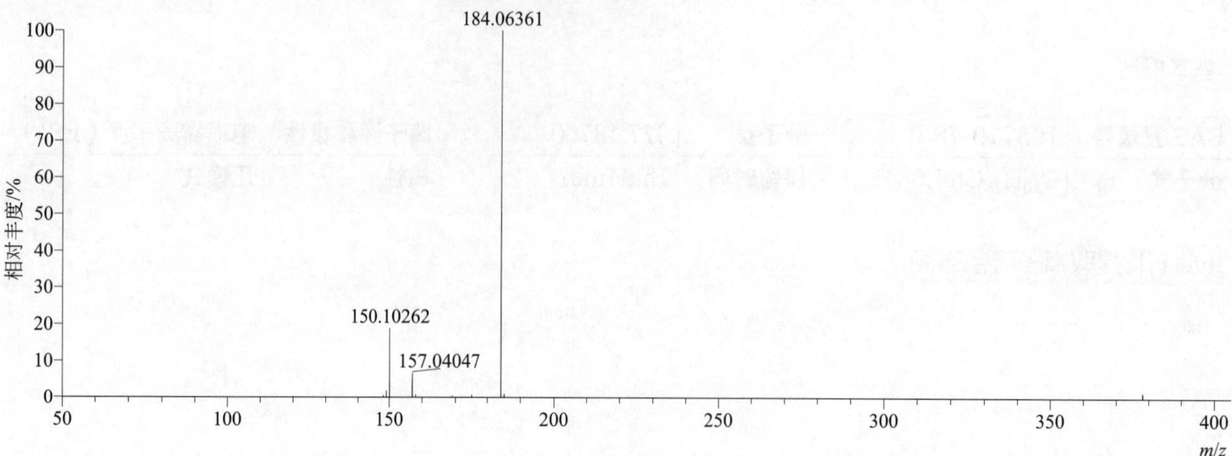

[M+H]⁺ 归一化法能量 NCE 为 60 时典型的二级质谱图

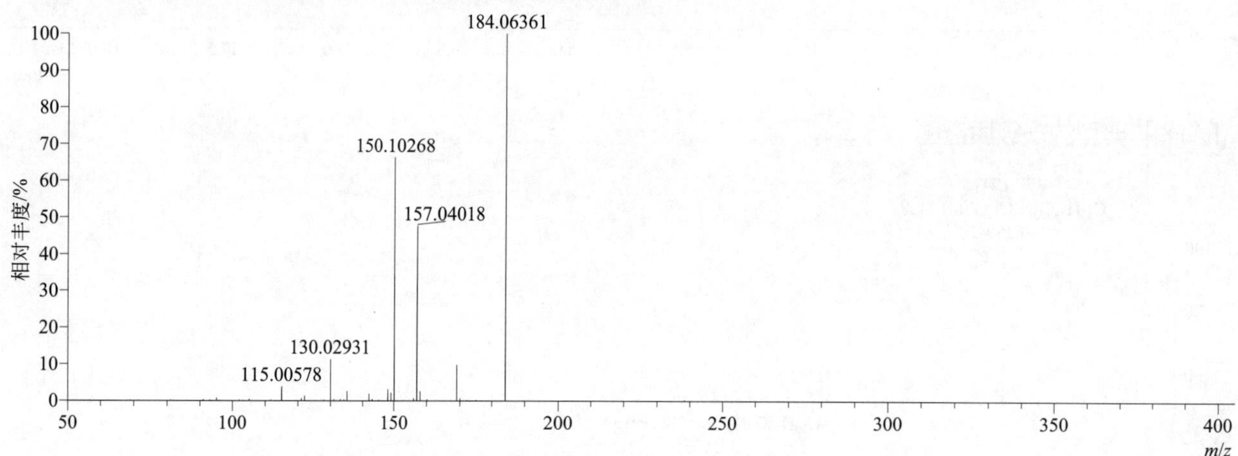

[M+H]⁺ 阶梯归一化法能量 Step NCE 为 20、40、60 时典型的二级质谱图

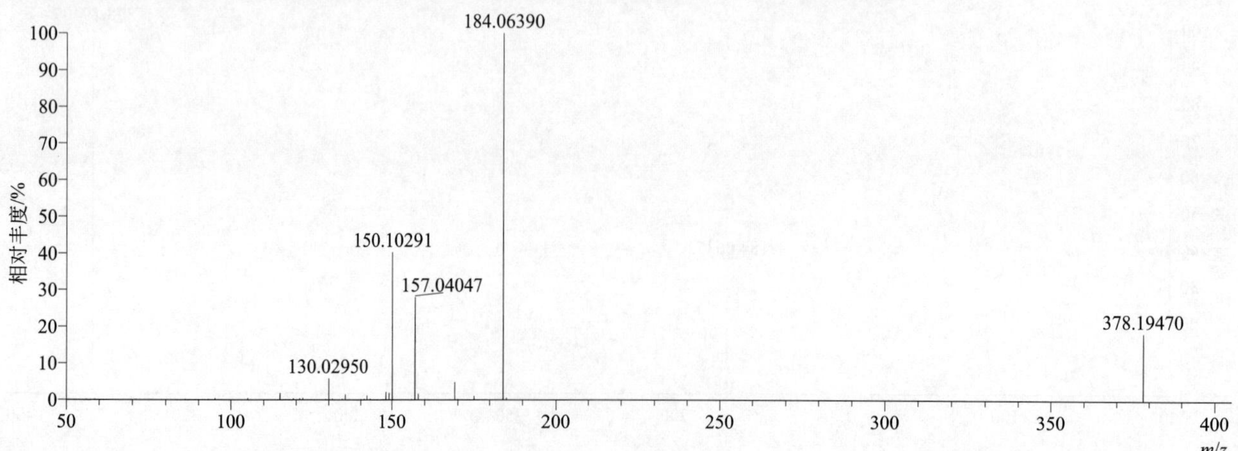

pyriminobac-methyl（嘧草醚）

基本信息

CAS 登录号	147411-70-9	分子量	361.12739	离子源和极性	电喷雾离子源（ESI）
分子式	$C_{17}H_{19}N_3O_6$	保留时间	14.07min	极性	正模式

$[M+H]^+$ 提取离子流色谱图

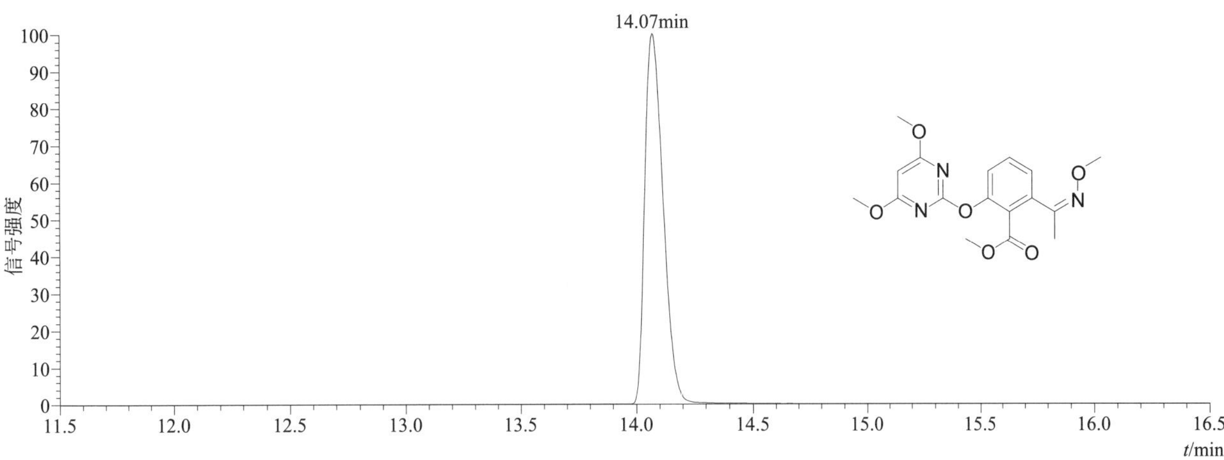

$[M+H]^+$ 典型的一级质谱图

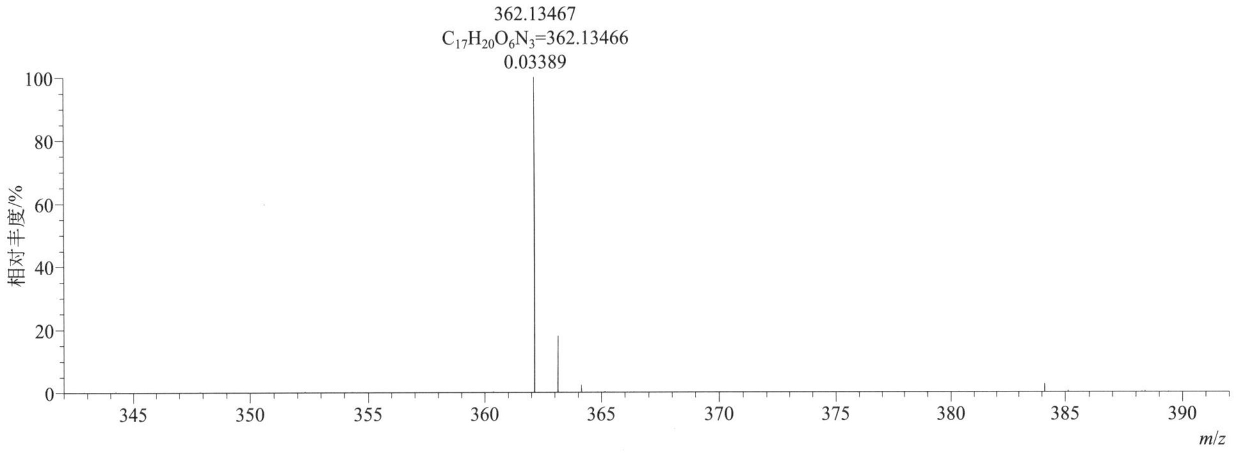

$[M+H]^+$ 归一化法能量 NCE 为 20 时典型的二级质谱图

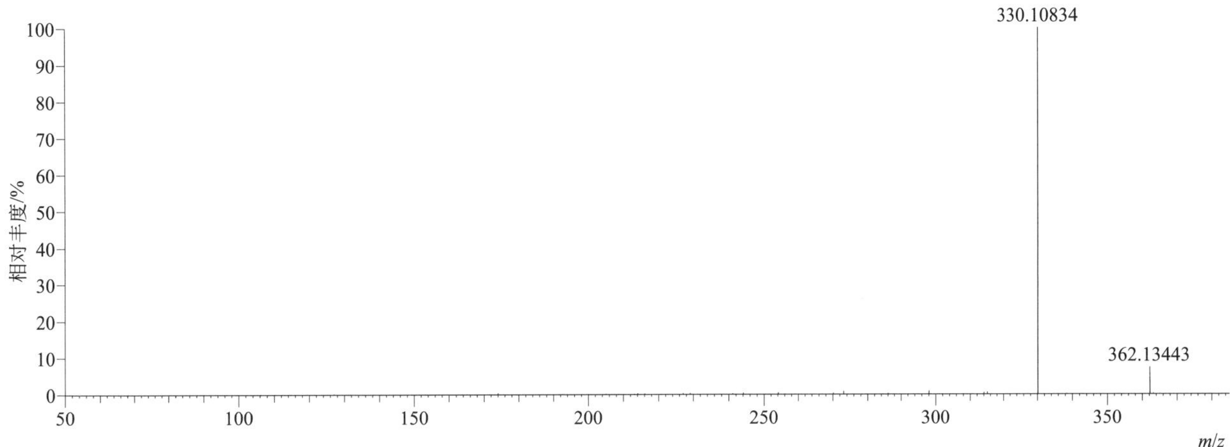

[M+H]+ 归一化法能量 NCE 为 40 时典型的二级质谱图

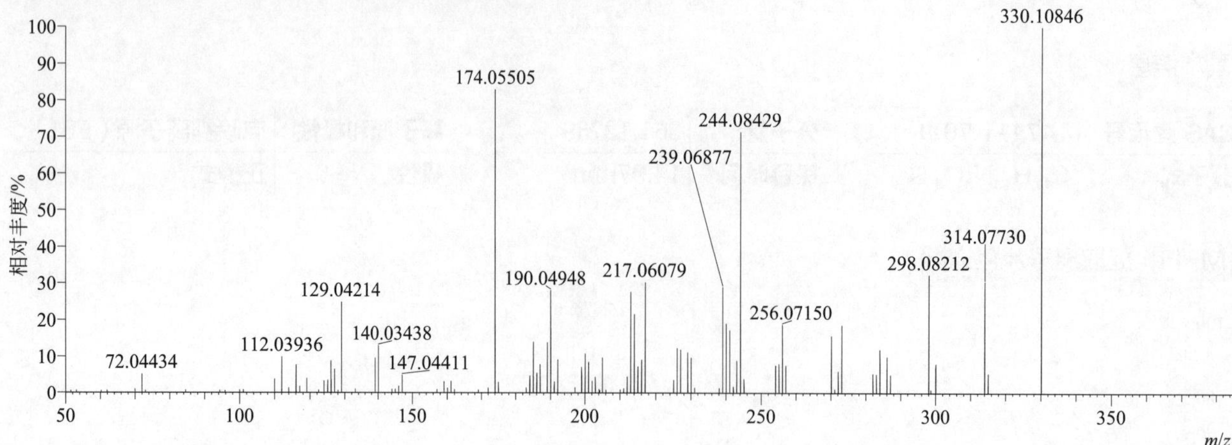

[M+H]+ 归一化法能量 NCE 为 60 时典型的二级质谱图

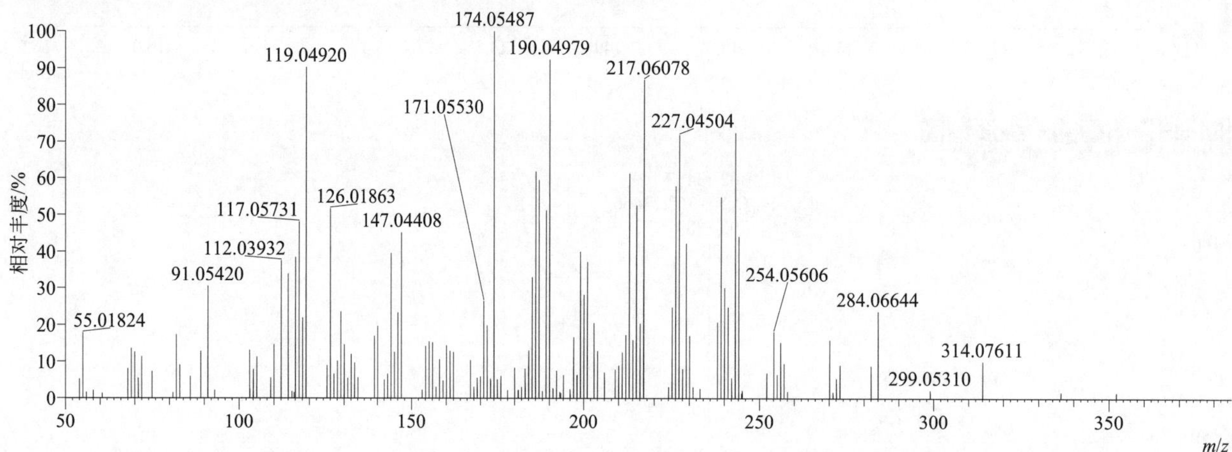

[M+H]+ 阶梯归一化法能量 Step NCE 为 20、40、60 时典型的二级质谱图

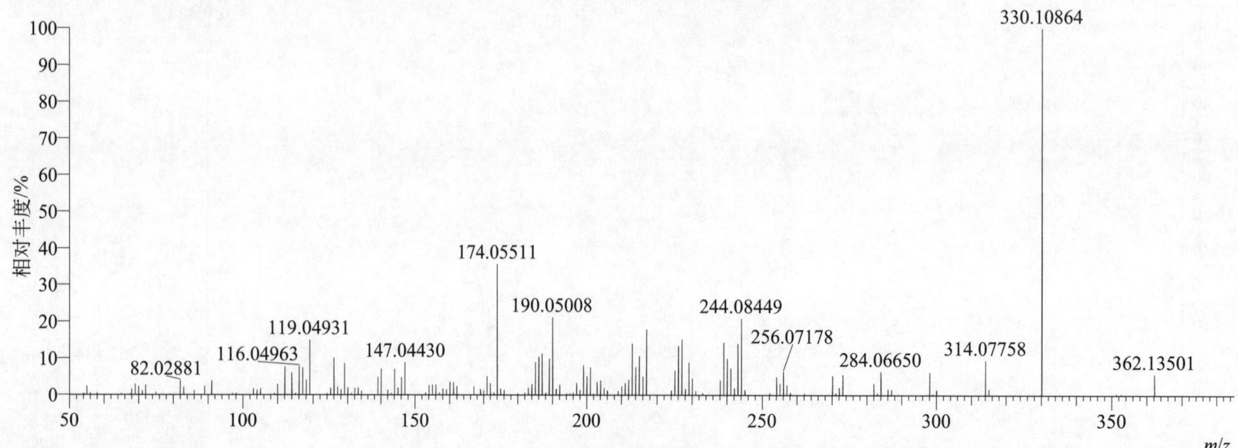

pyrimitate（甲乙嘧啶硫磷）

基本信息

CAS 登录号	5221-49-8	分子量	305.09630	离子源和极性	电喷雾离子源（ESI）
分子式	$C_{11}H_{20}N_3O_3PS$	保留时间	16.21min	极性	正模式

[M+H]+ 提取离子流色谱图

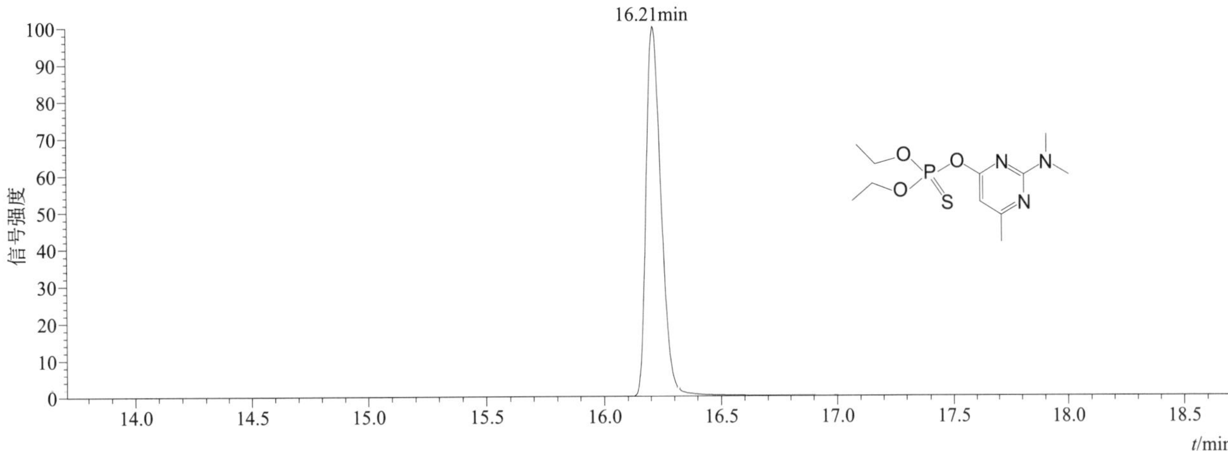

[M+H]+ 典型的一级质谱图

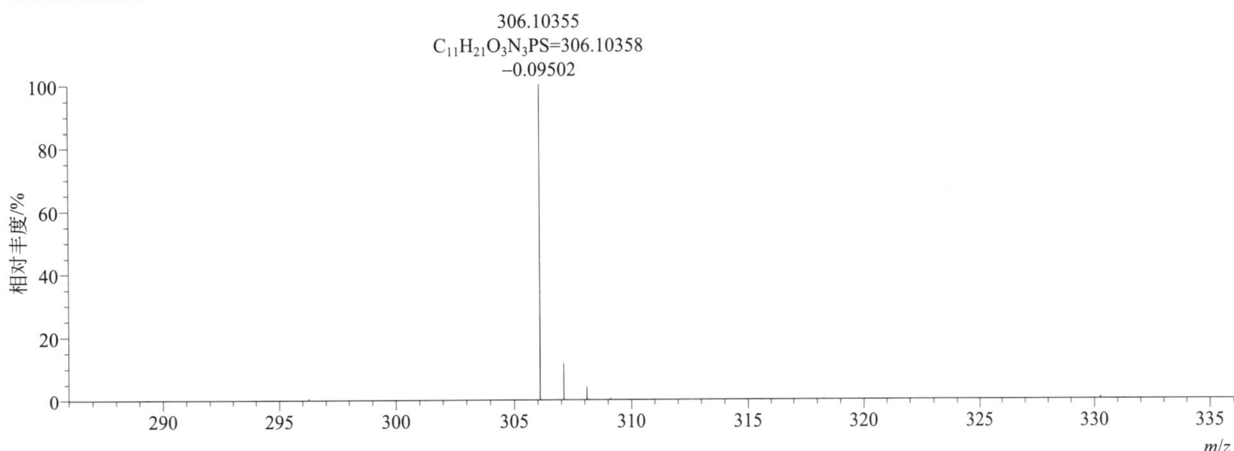

[M+H]+ 归一化法能量 NCE 为 20 时典型的二级质谱图

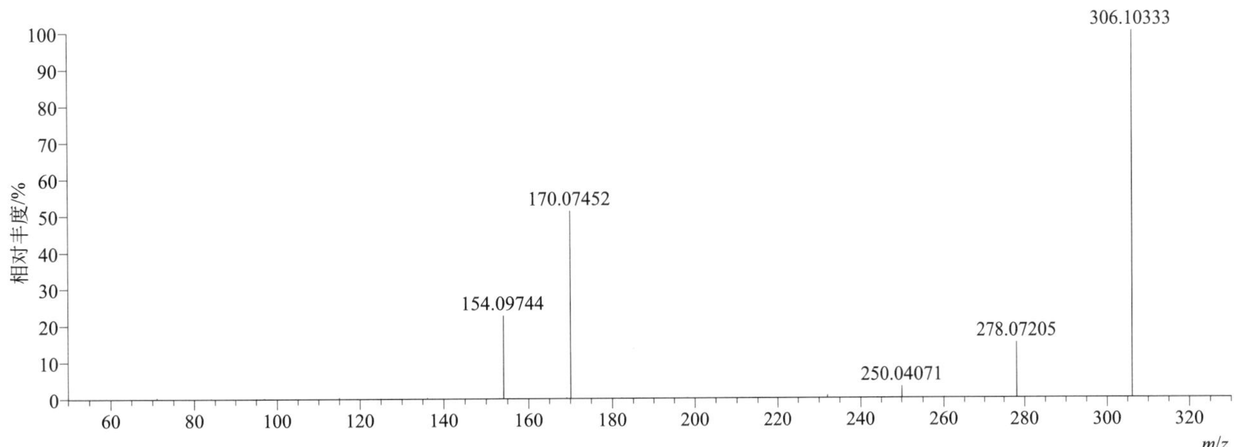

[M+H]+ 归一化法能量 NCE 为 40 时典型的二级质谱图

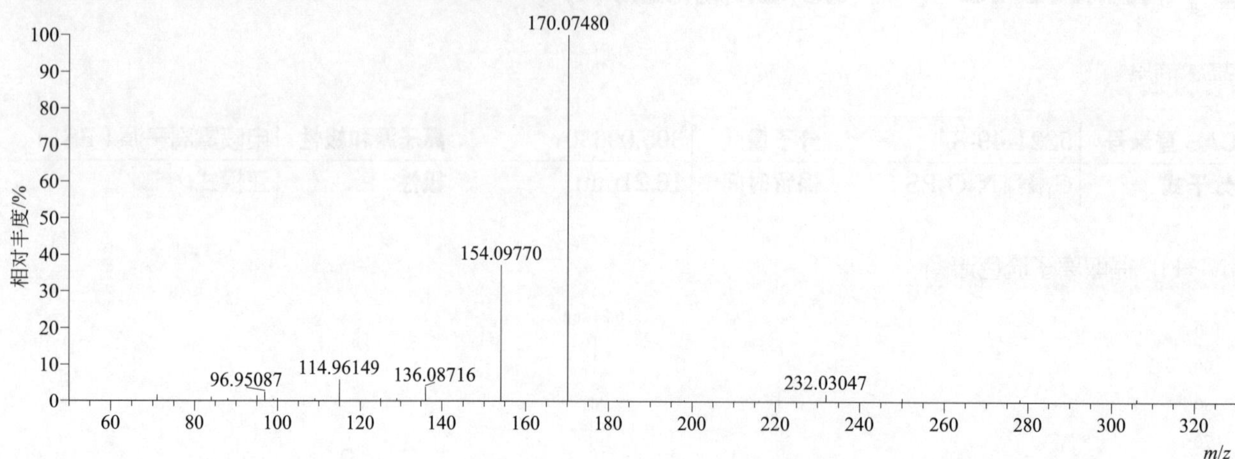

[M+H]+ 归一化法能量 NCE 为 60 时典型的二级质谱图

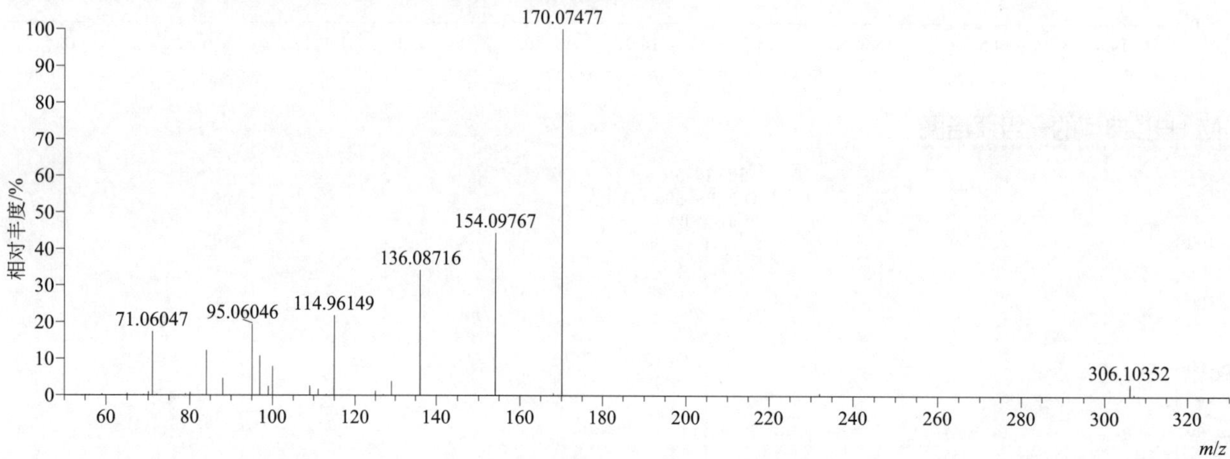

[M+H]+ 阶梯归一化法能量 Step NCE 为 20、40、60 时典型的二级质谱图

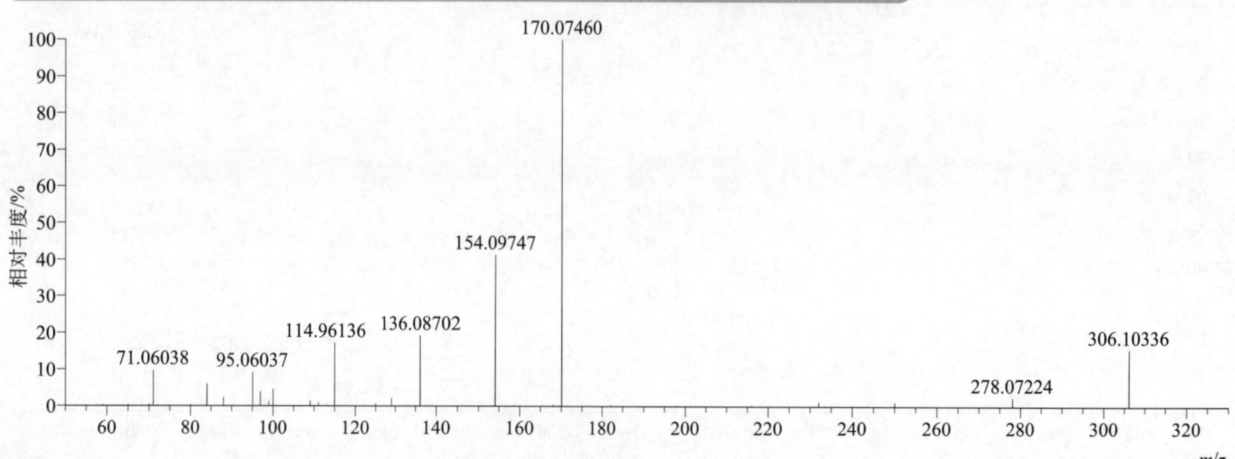

pyriproxyfen（吡丙醚）

基本信息

CAS 登录号	95737-68-1	分子量	321.13649	离子源和极性	电喷雾离子源（ESI）
分子式	$C_{20}H_{19}NO_3$	保留时间	15.93min	极性	正模式

[M+H]+ 提取离子流色谱图

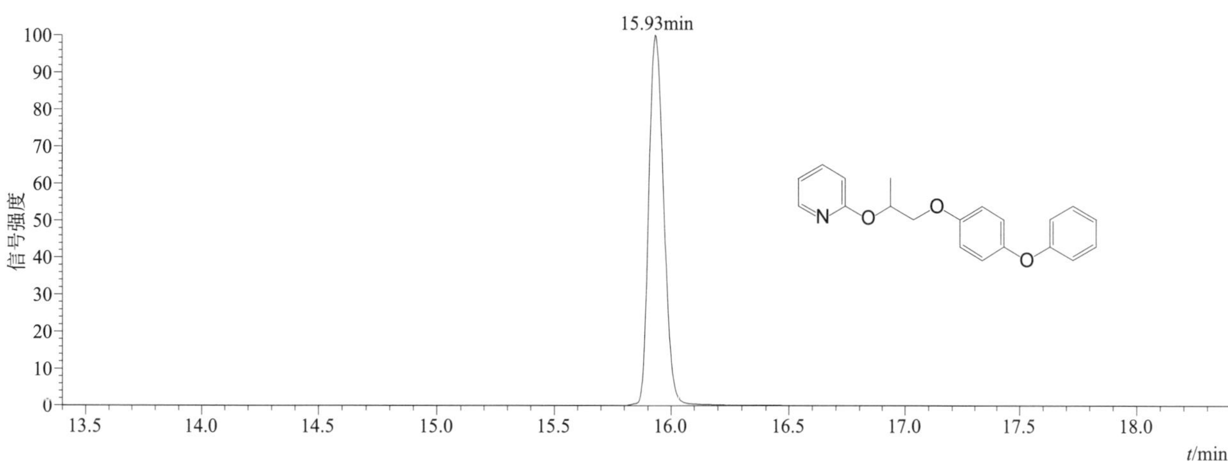

[M+H]+ 典型的一级质谱图

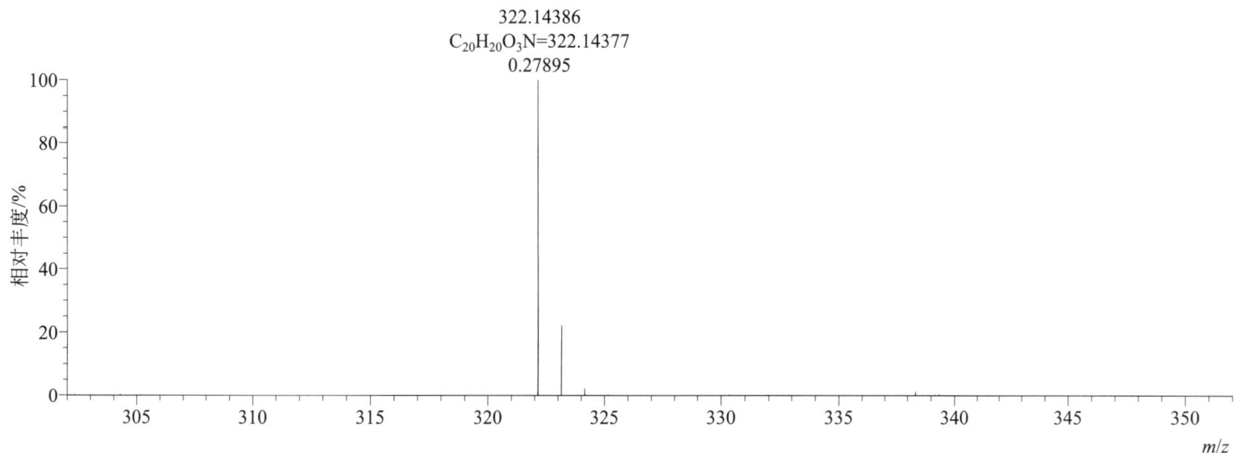

[M+H]+ 归一化法能量 NCE 为 20 时典型的二级质谱图

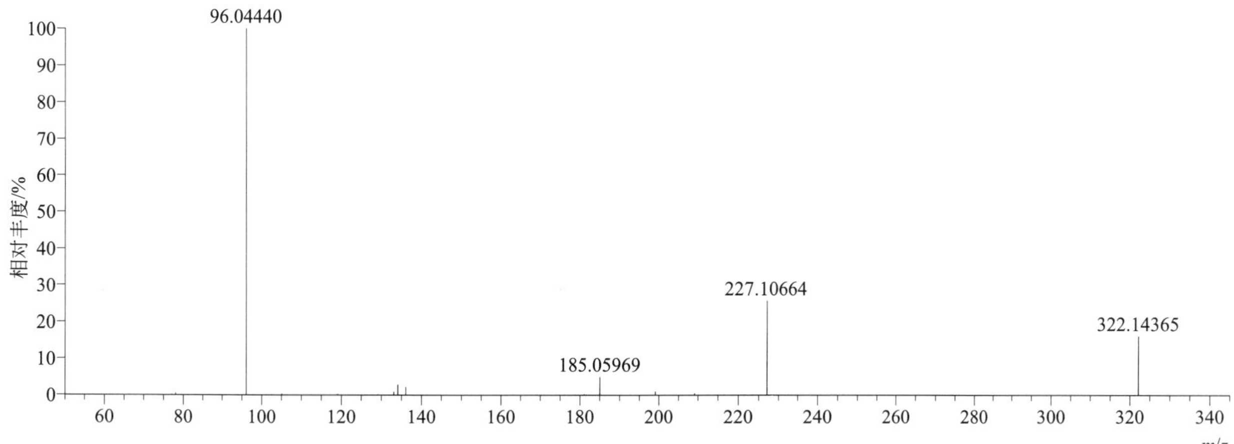

[M+H]$^+$ 归一化法能量 NCE 为 40 时典型的二级质谱图

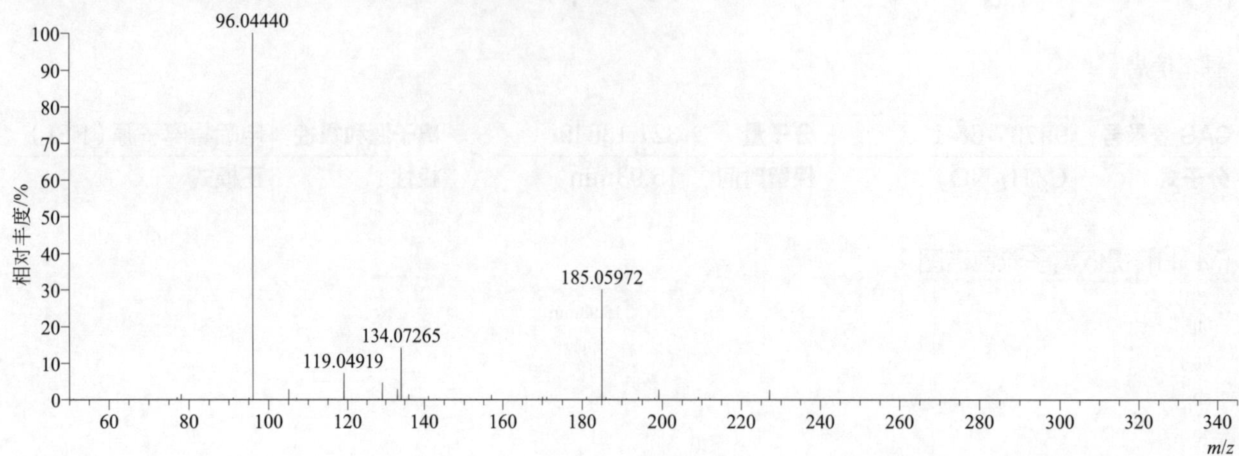

[M+H]$^+$ 归一化法能量 NCE 为 60 时典型的二级质谱图

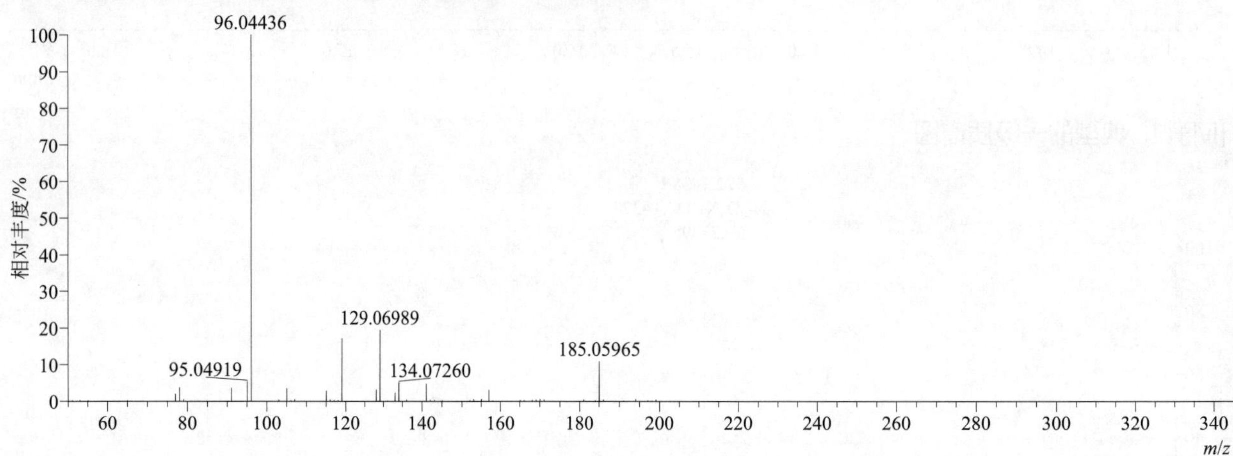

[M+H]$^+$ 阶梯归一化法能量 Step NCE 为 20、40、60 时典型的二级质谱图

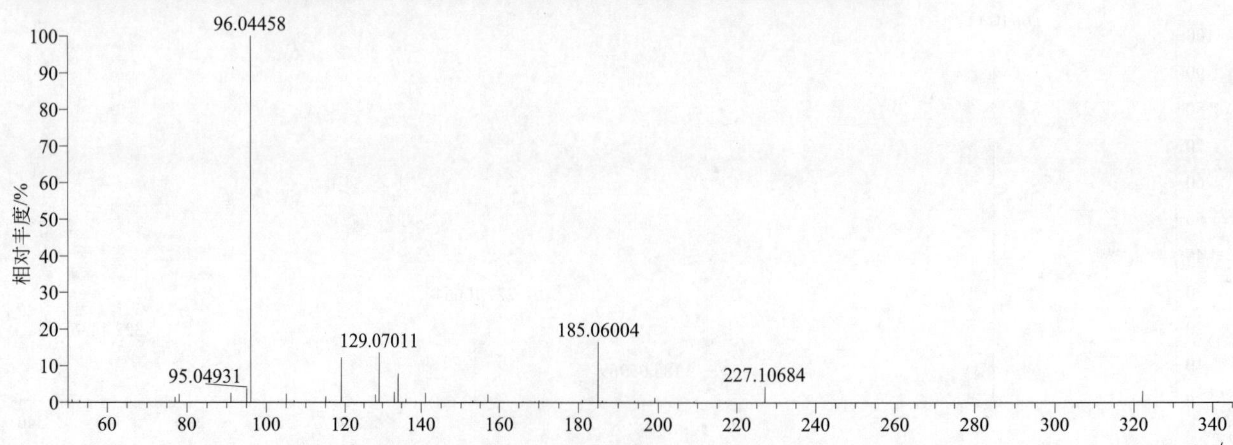

pyroquilon（咯喹酮）

基本信息

CAS 登录号	57369-32-1	分子量	173.08406	离子源和极性	电喷雾离子源（ESI）
分子式	$C_{11}H_{11}NO$	保留时间	13.29min	极性	正模式

$[M+H]^+$ 提取离子流色谱图

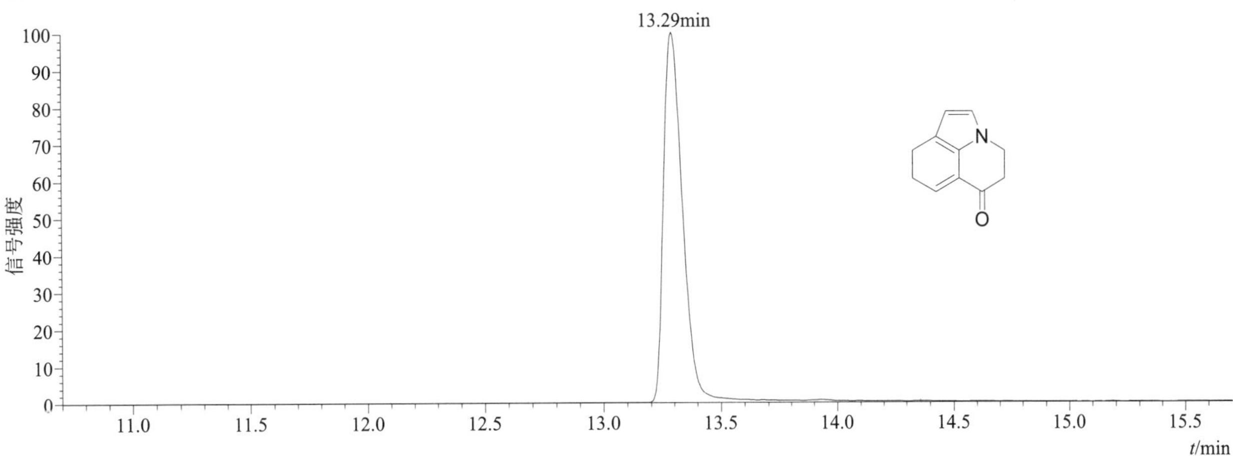

$[M+H]^+$ 典型的一级质谱图

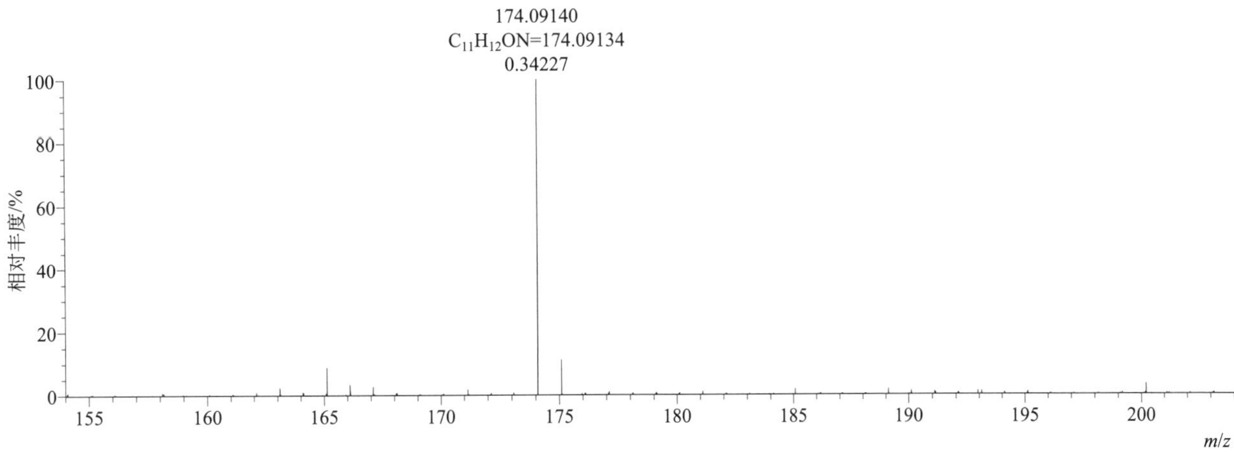

$[M+H]^+$ 归一化法能量 NCE 为 60 时典型的二级质谱图

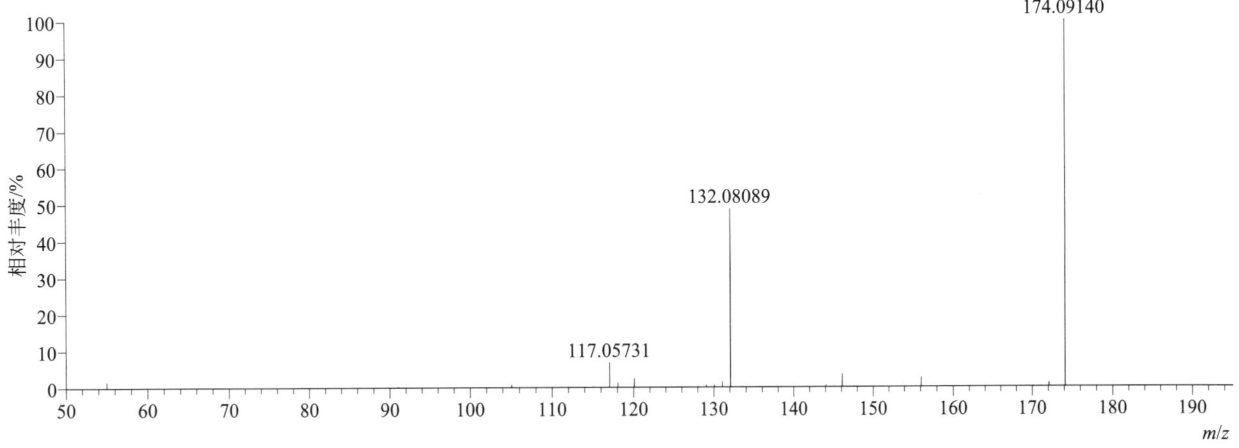

$[M+H]^+$ 归一化法能量 NCE 为 80 时典型的二级质谱图

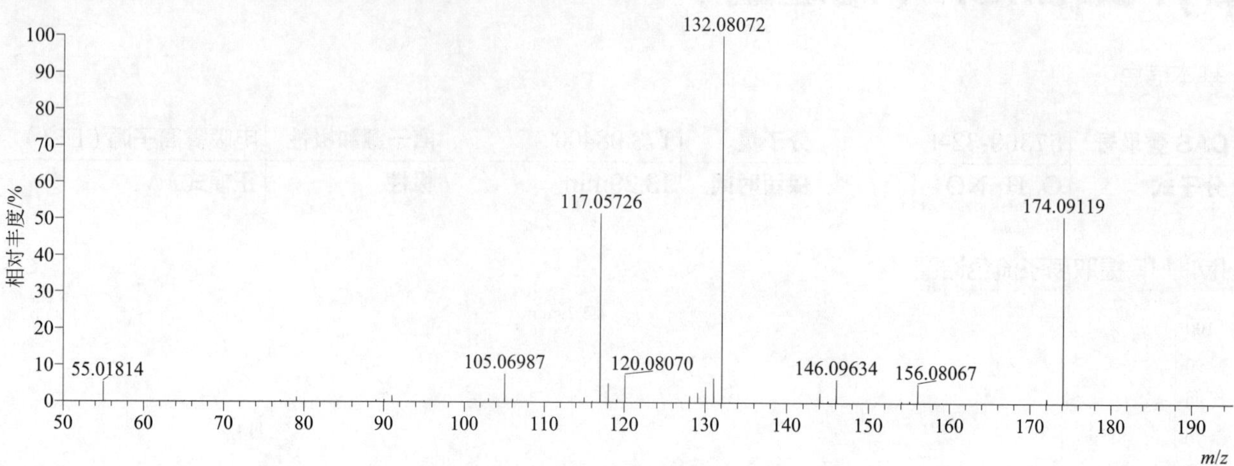

$[M+H]^+$ 归一化法能量 NCE 为 100 时典型的二级质谱图

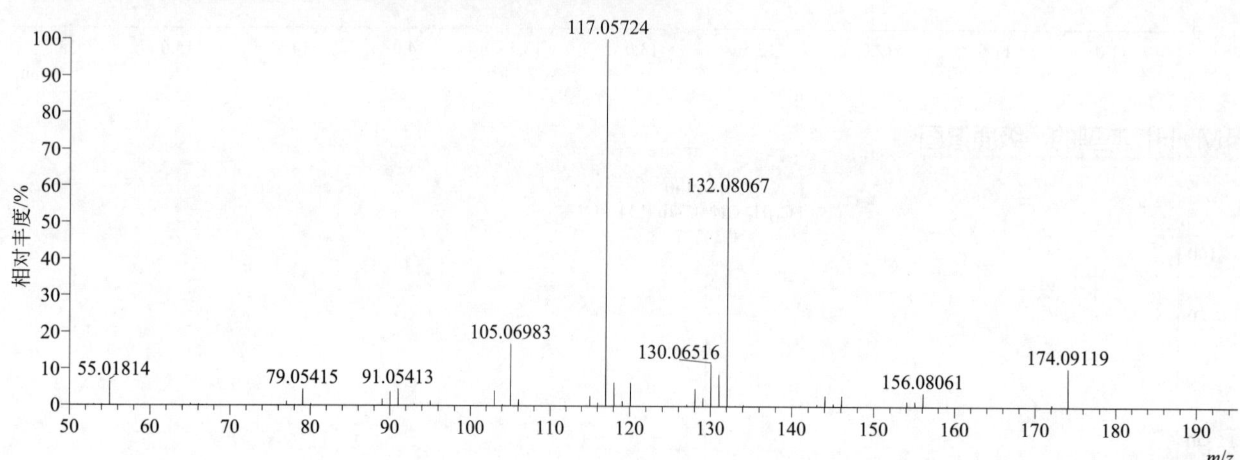

$[M+H]^+$ 阶梯归一化法能量 Step NCE 为 60、80、100 时典型的二级质谱图

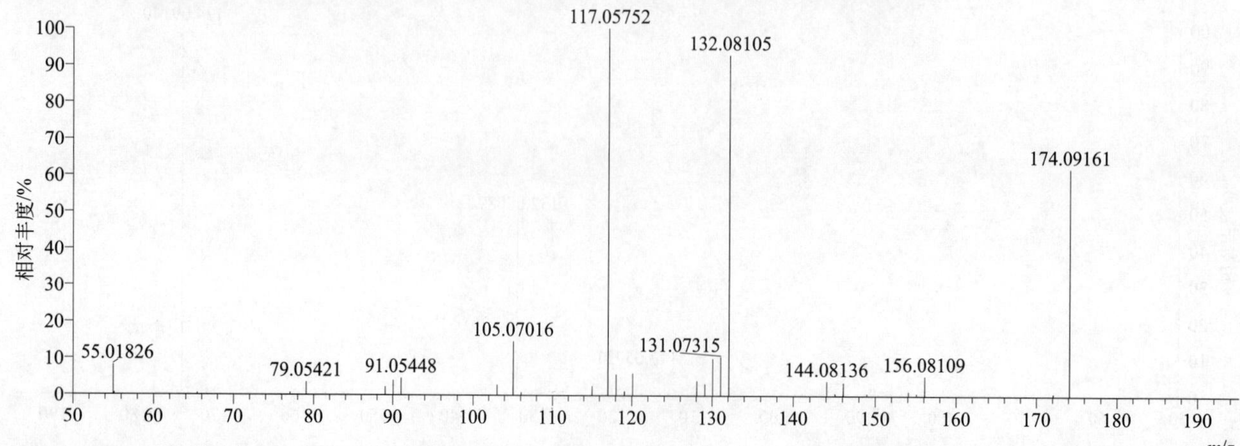

quinalphos（喹硫磷）

基本信息

CAS 登录号	13593-03-8	分子量	298.05410	离子源和极性	电喷雾离子源（ESI）
分子式	$C_{12}H_{15}N_2O_3PS$	保留时间	15.09min	极性	正模式

[M+H]+ 提取离子流色谱图

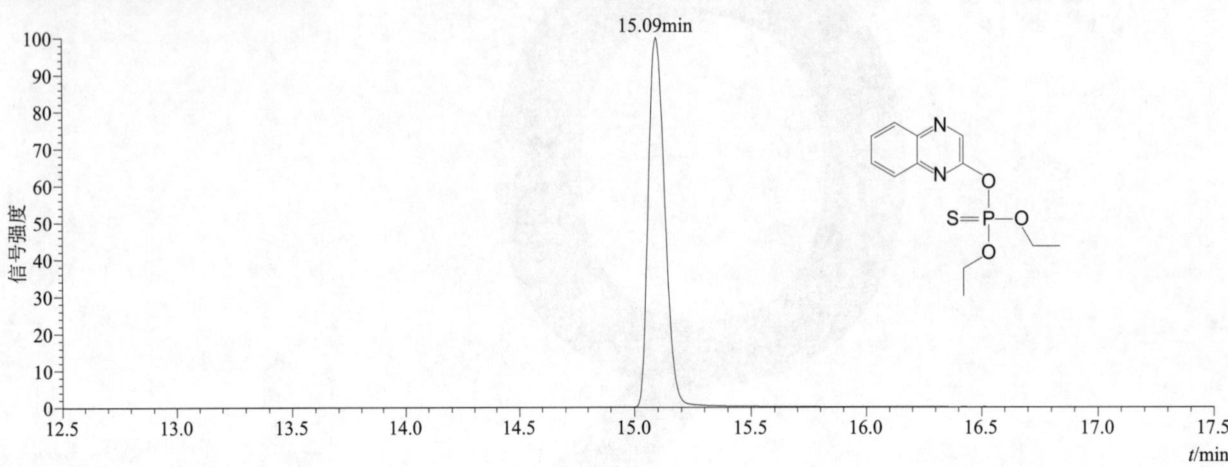

[M+H]+ 典型的一级质谱图

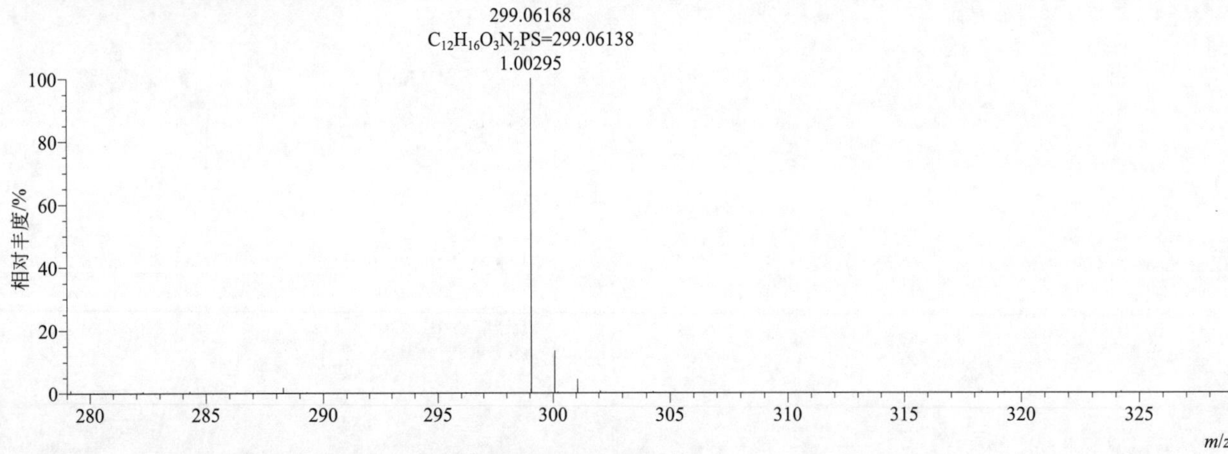

[M+H]+ 归一化法能量 NCE 为 20 时典型的二级质谱图

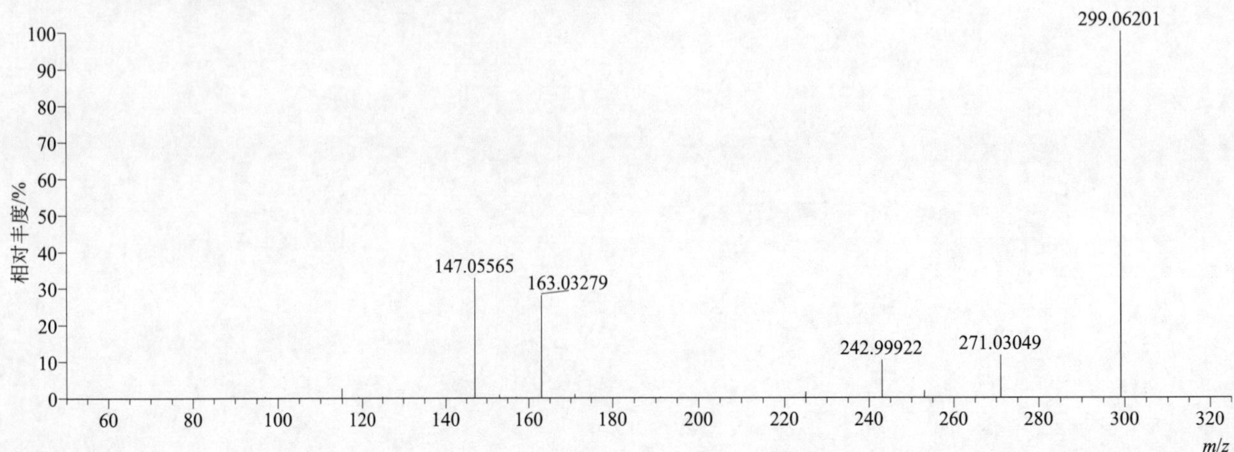

$[M+H]^+$ 归一化法能量 NCE 为 40 时典型的二级质谱图

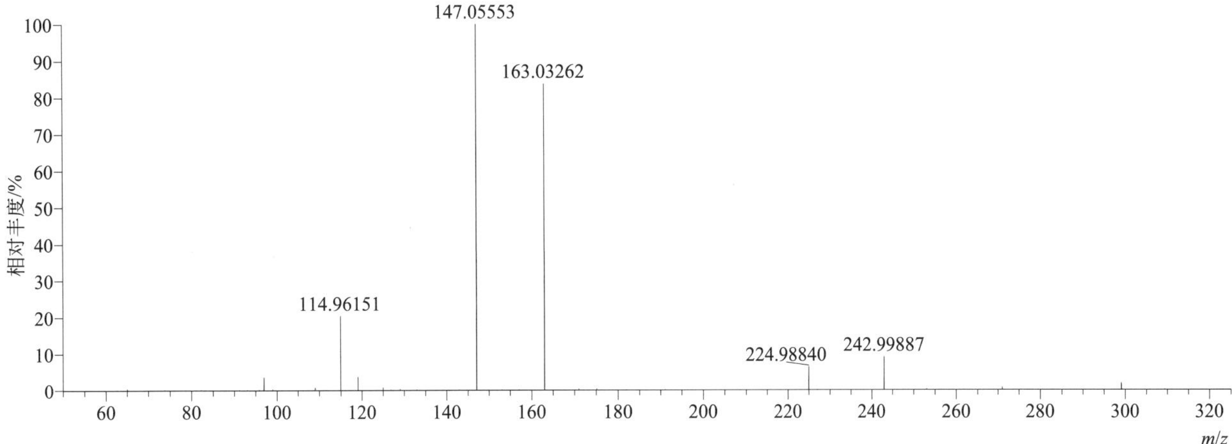

$[M+H]^+$ 归一化法能量 NCE 为 60 时典型的二级质谱图

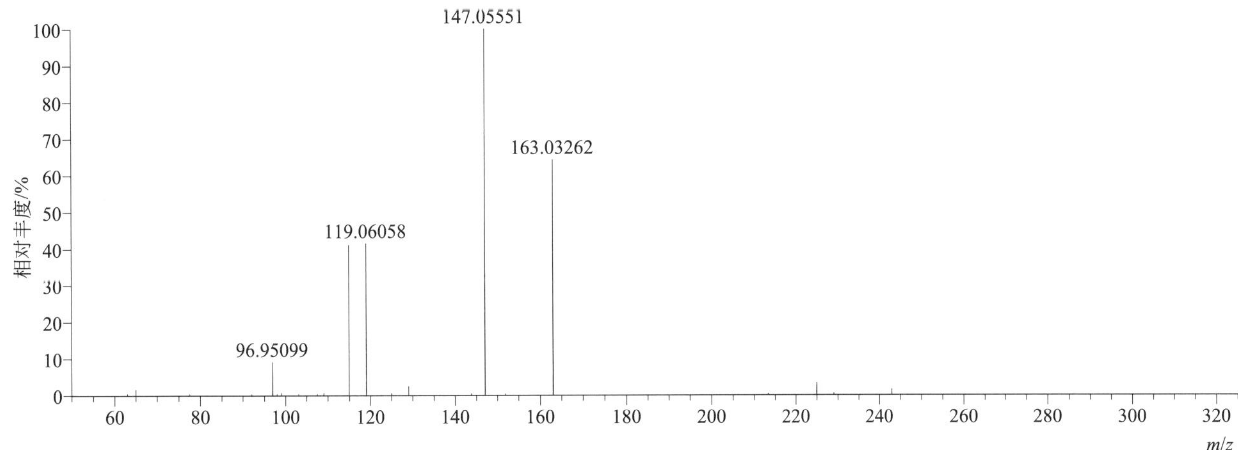

$[M+H]^+$ 阶梯归一化法能量 Step NCE 为 20、40、60 时典型的二级质谱图

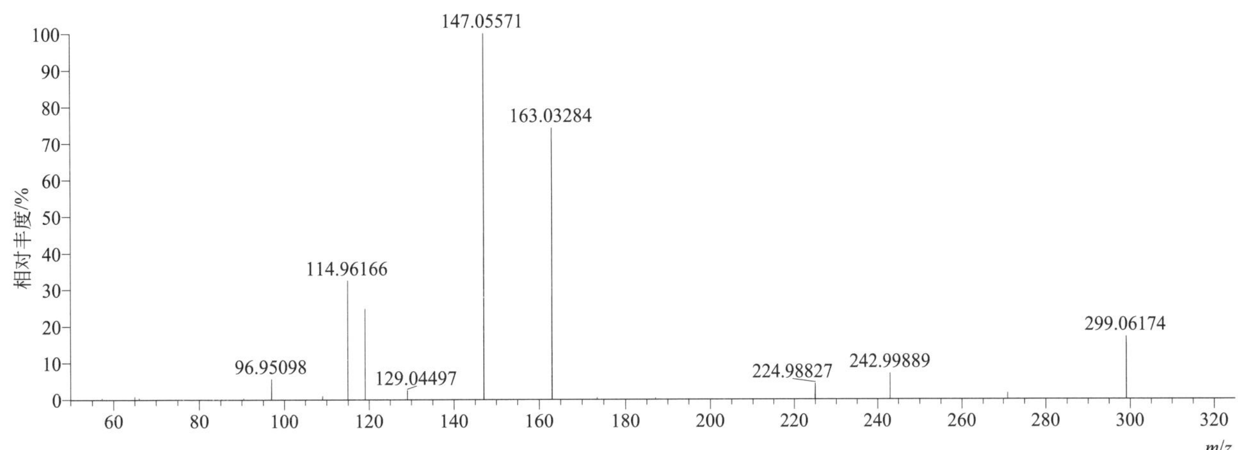

quinclorac（二氯喹啉酸）

基本信息

CAS 登录号	84087-01-4	分子量	240.96973	离子源和极性	电喷雾离子源（ESI）
分子式	$C_{10}H_5Cl_2NO_2$	保留时间	12.27min	极性	正模式

[M+H]+ 提取离子流色谱图

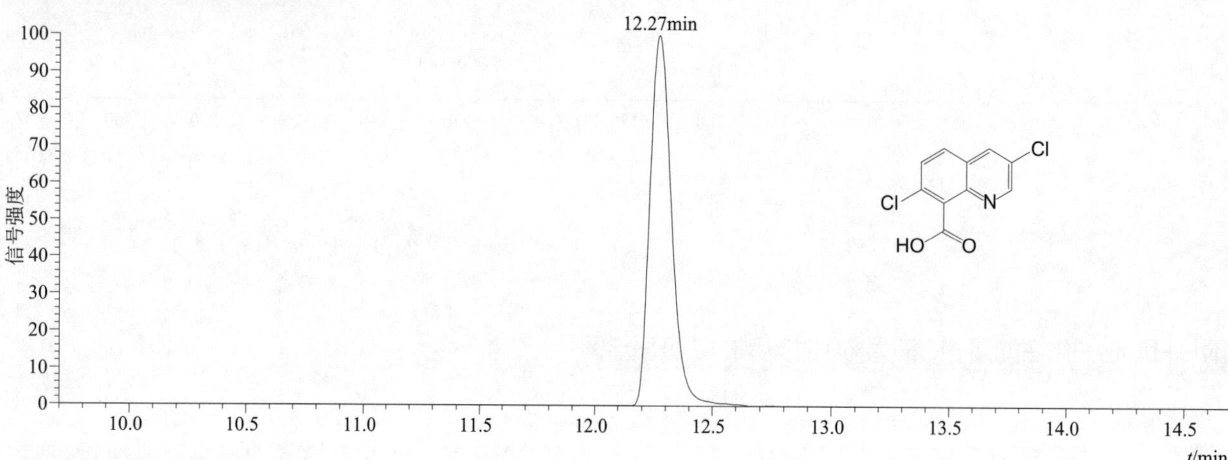

[M+H]+ 典型的一级质谱图

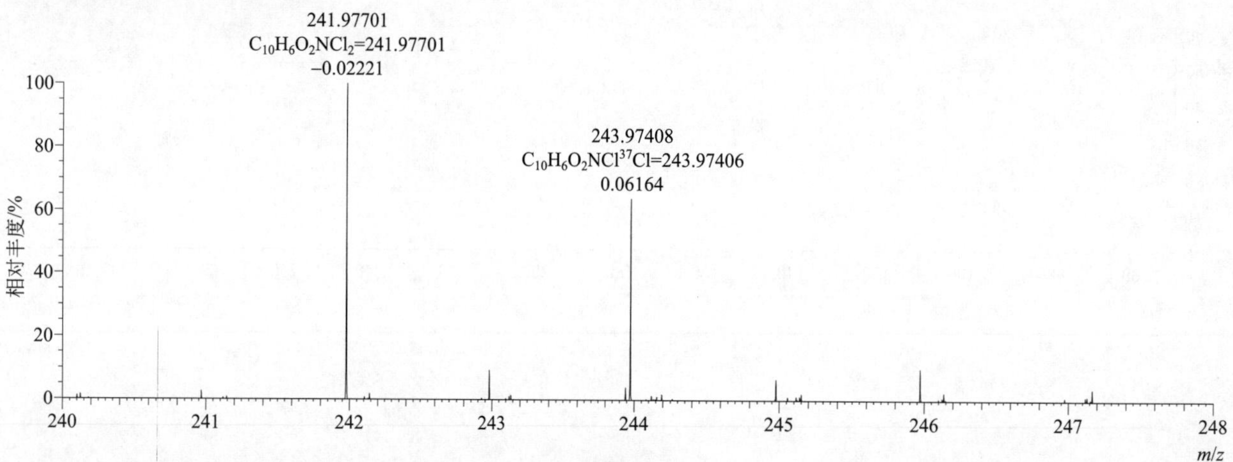

[M+H]+ 归一化法能量 NCE 为 20 时典型的二级质谱图

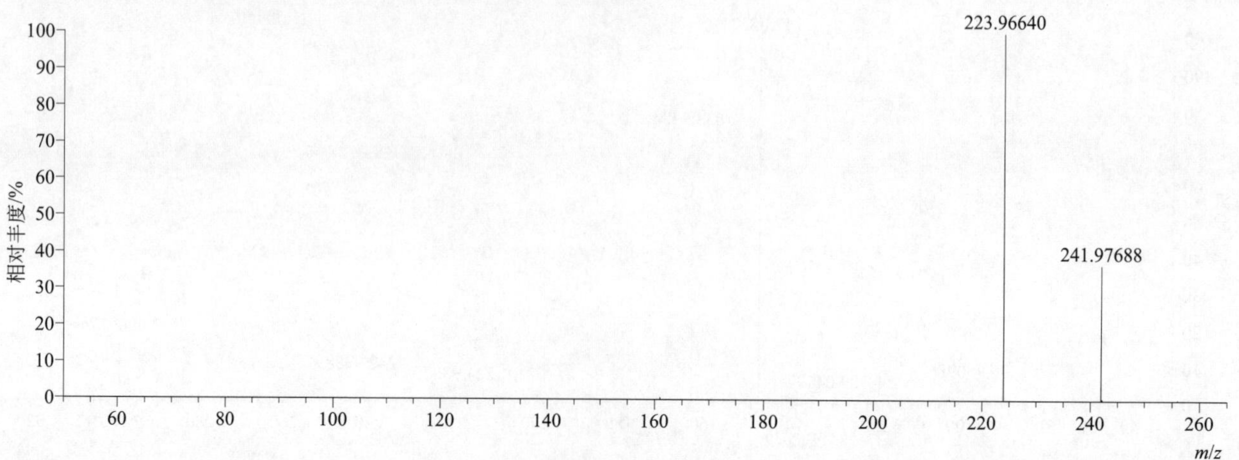

[M+H]$^+$ 归一化法能量 NCE 为 40 时典型的二级质谱图

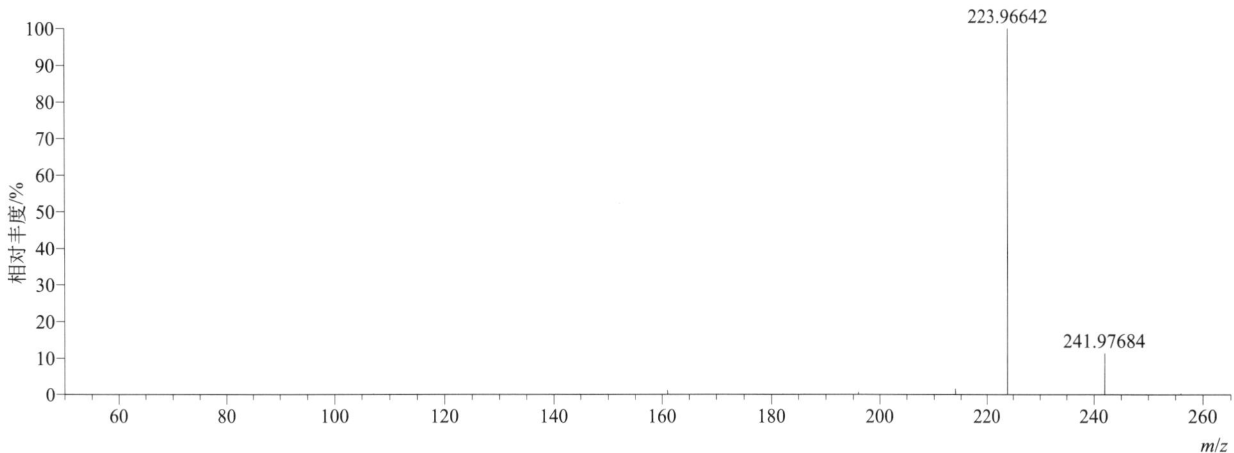

[M+H]$^+$ 归一化法能量 NCE 为 60 时典型的二级质谱图

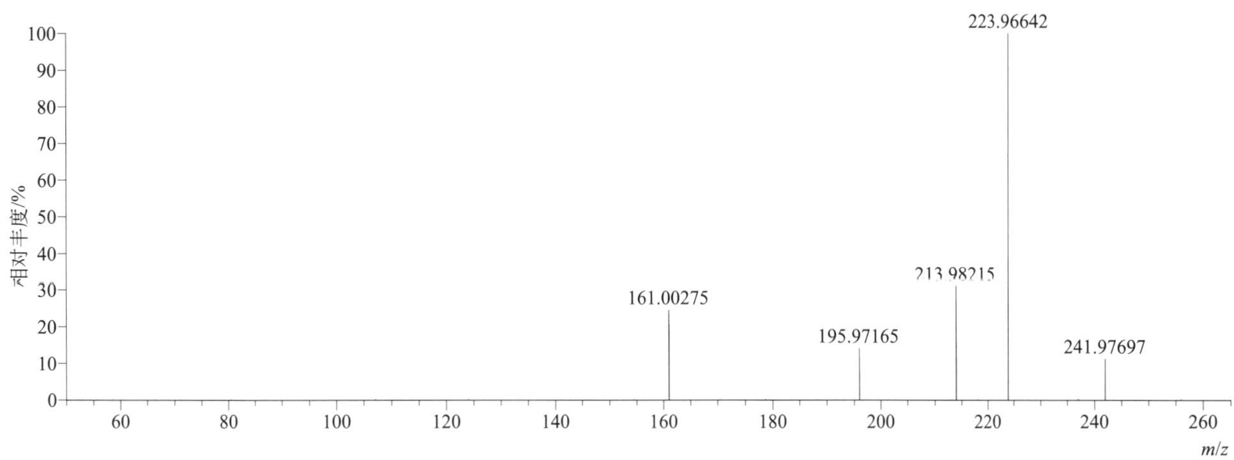

[M+H]$^+$ 阶梯归一化法能量 Step NCE 为 20、40、60 时典型的二级质谱图

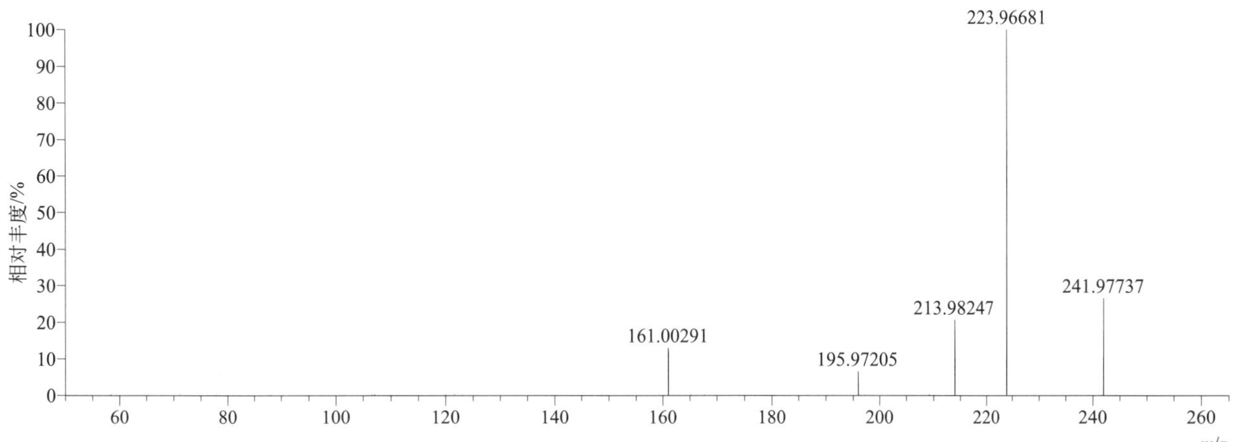

quinmerac（喹草酸）

基本信息

CAS 登录号	90717-03-6	分子量	221.02436	离子源和极性	电喷雾离子源（ESI）
分子式	$C_{11}H_8ClNO_2$	保留时间	11.64min	极性	正模式

[M+H]⁺ 提取离子流色谱图

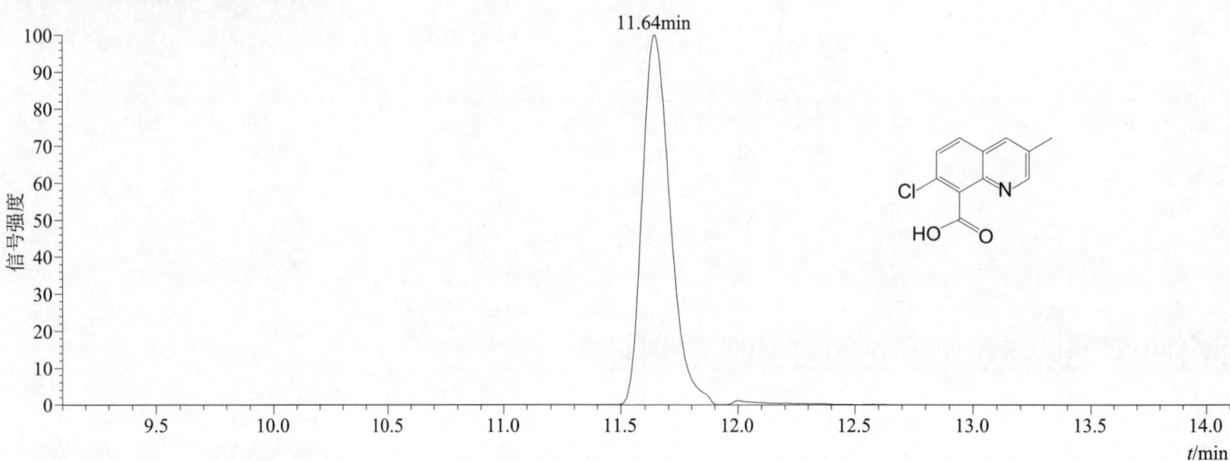

[M+H]⁺ 典型的一级质谱图

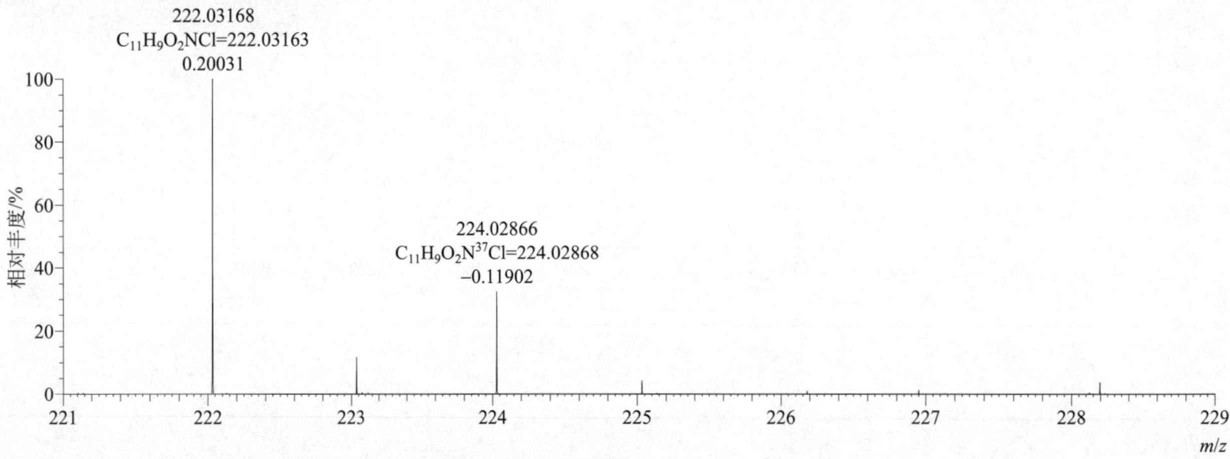

[M+H]⁺ 归一化法能量 NCE 为 20 时典型的二级质谱图

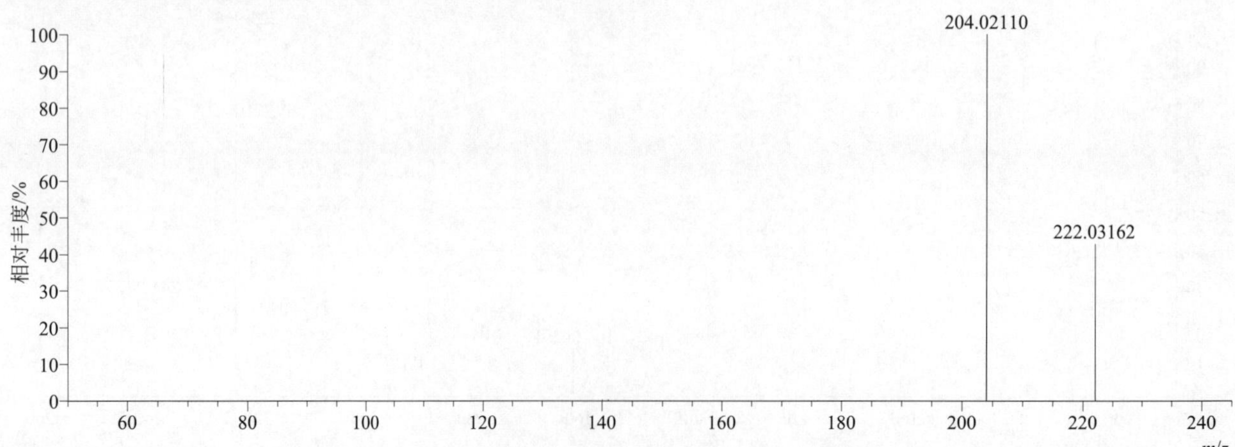

$[M+H]^+$ 归一化法能量 NCE 为 40 时典型的二级质谱图

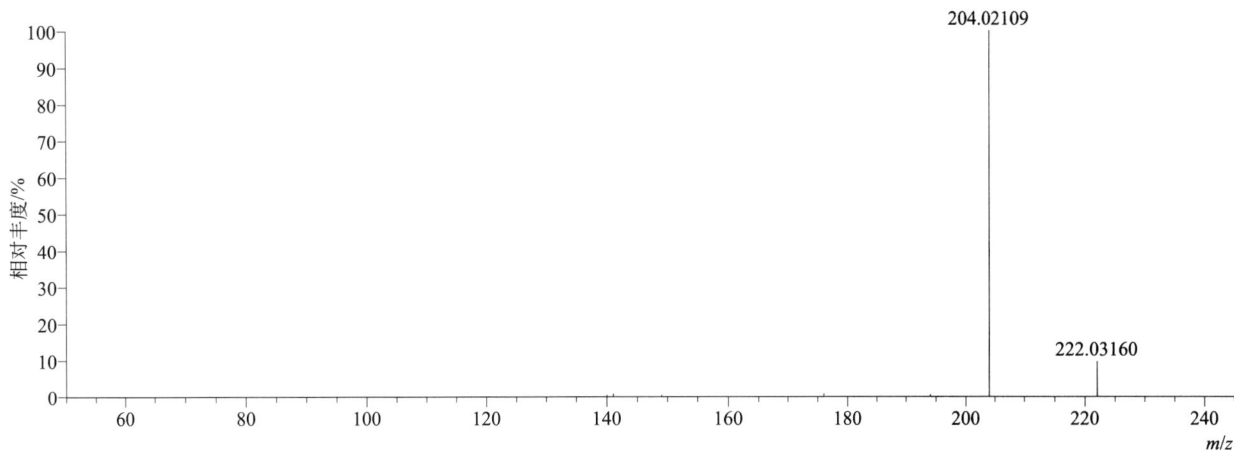

$[M+H]^+$ 归一化法能量 NCE 为 60 时典型的二级质谱图

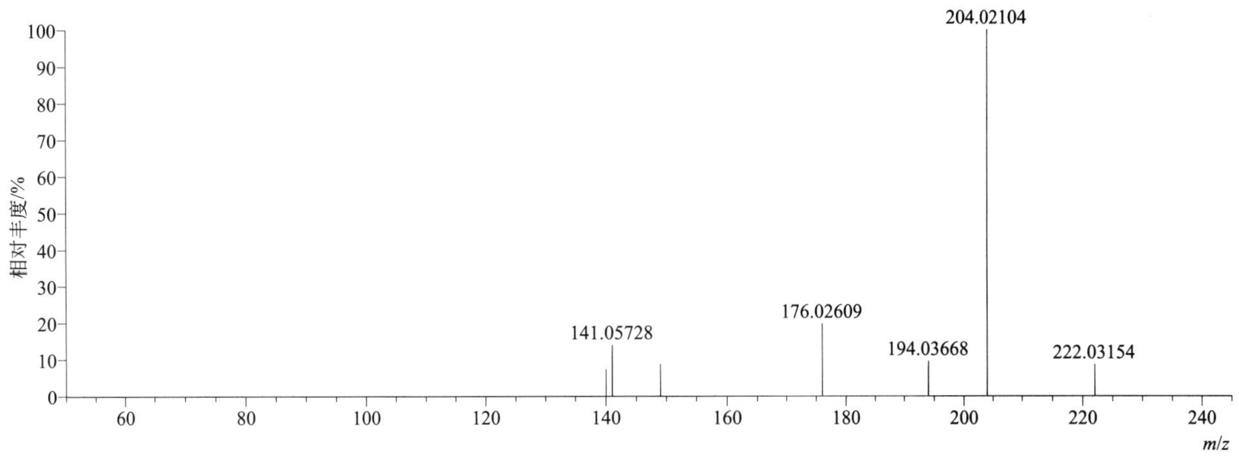

$[M+H]^+$ 阶梯归一化法能量 Step NCE 为 20、40、60 时典型的二级质谱图

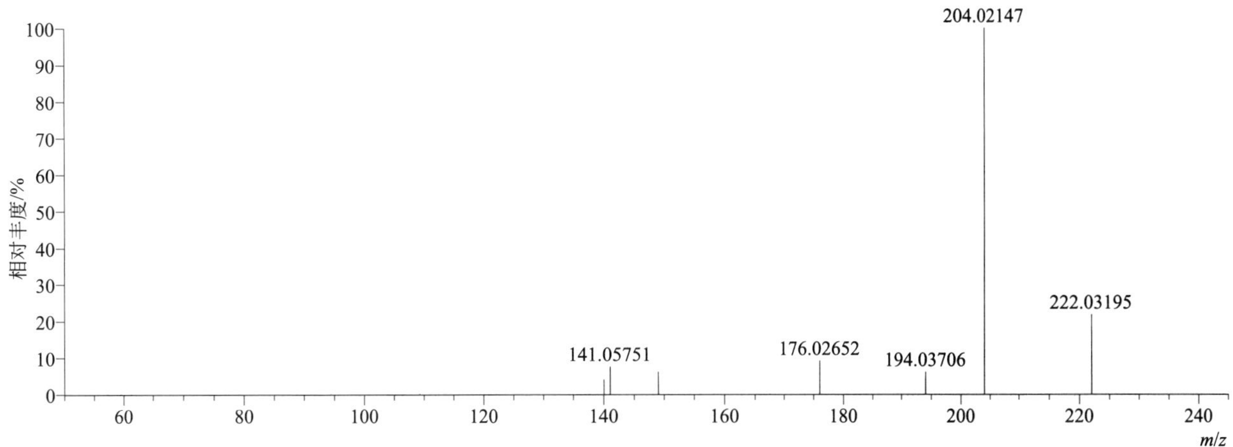

quinoclamine（灭藻醌）

基本信息

CAS 登录号	2797-51-5	分子量	207.00871	离子源和极性	电喷雾离子源（ESI）
分子式	$C_{10}H_6ClNO_2$	保留时间	13.10min	极性	正模式

$[M+H]^+$ 提取离子流色谱图

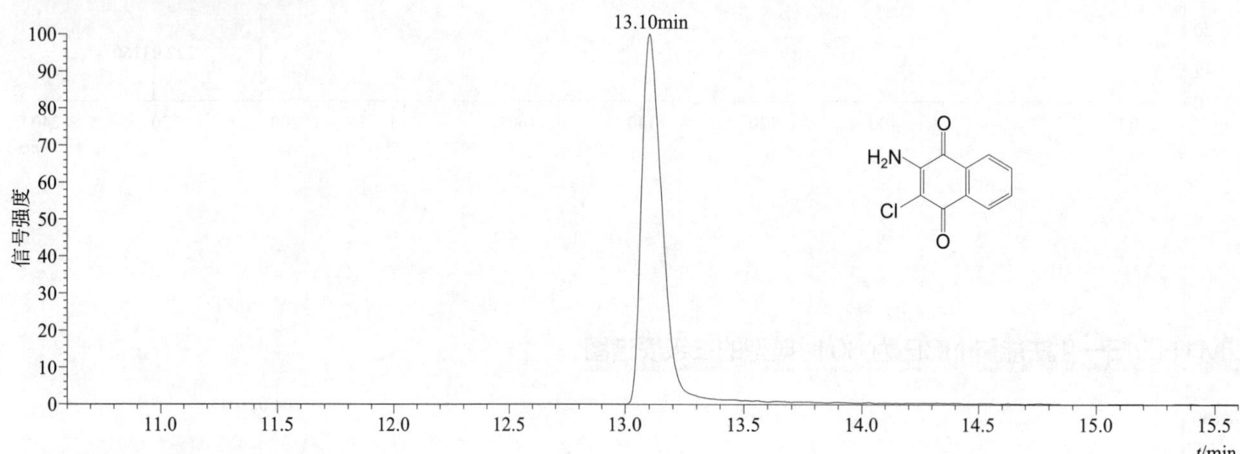

$[M+H]^+$ 典型的一级质谱图

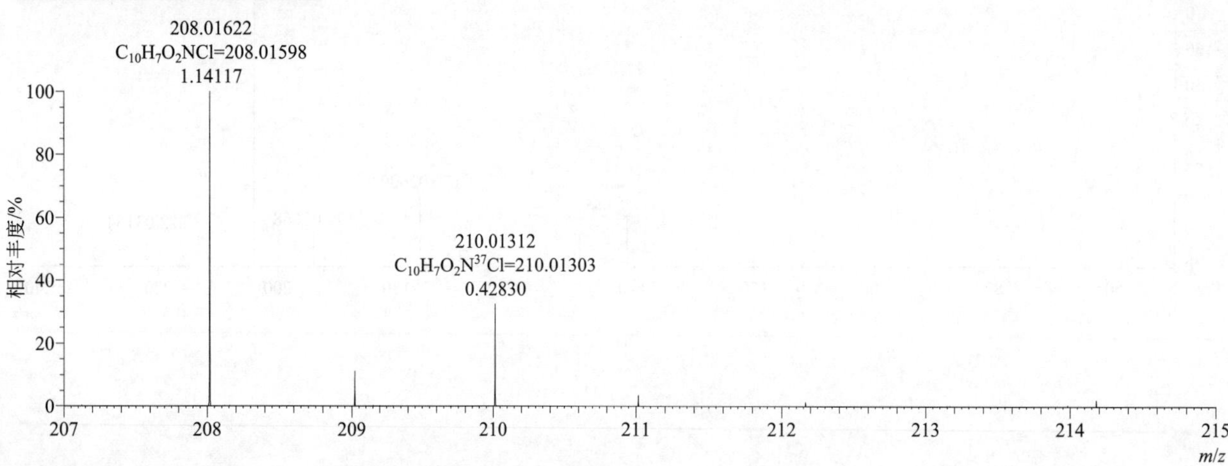

$[M+H]^+$ 归一化法能量 NCE 为 60 时典型的二级质谱图

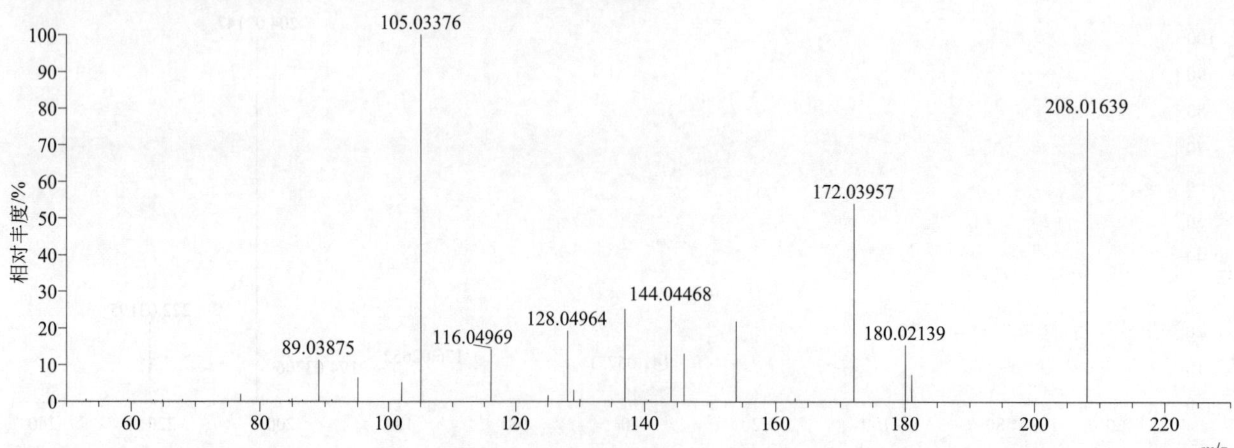

[M+H]⁺ 归一化法能量 NCE 为 80 时典型的二级质谱图

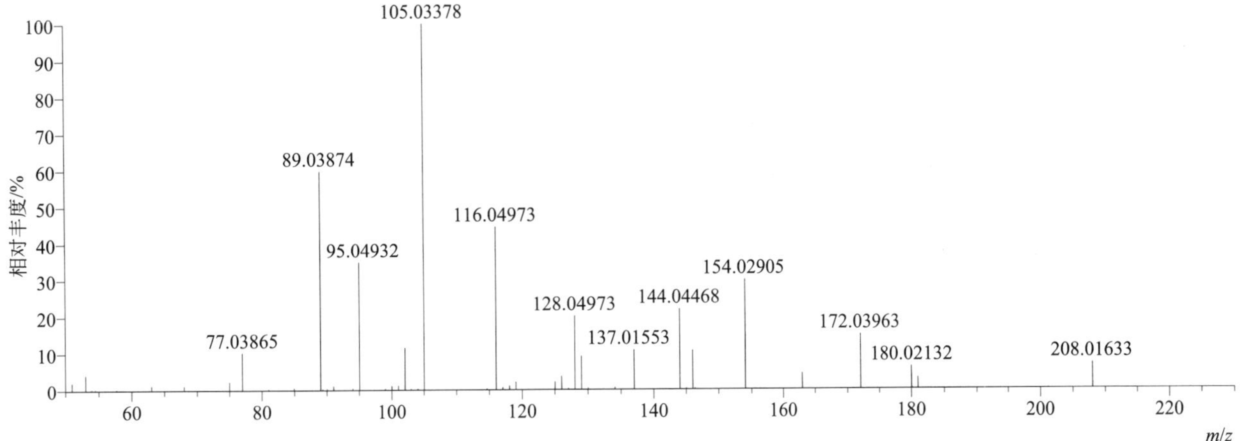

[M+H]⁺ 归一化法能量 NCE 为 100 时典型的二级质谱图

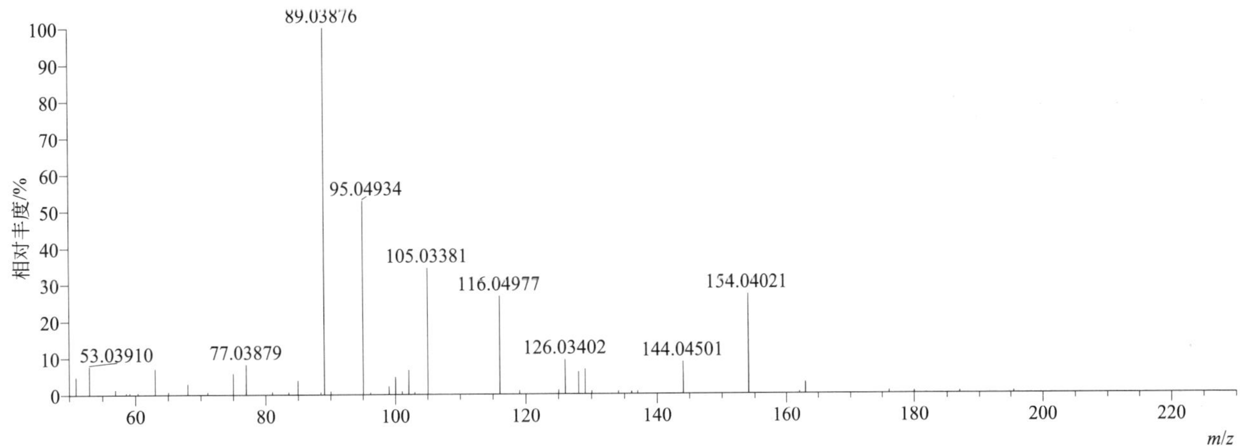

[M+H]⁺ 阶梯归一化法能量 Step NCE 为 60、80、100 时典型的二级质谱图

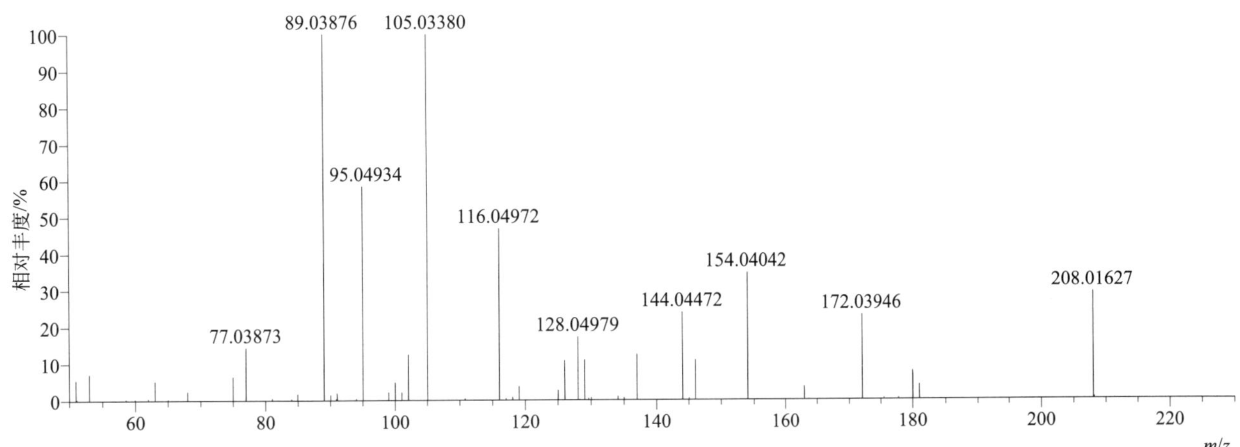

quinoxyfen（喹氧灵）

基本信息

CAS 登录号	124495-18-7	分子量	306.99670	离子源和极性	电喷雾离子源（ESI）
分子式	$C_{15}H_8Cl_2FNO$	保留时间	16.21min	极性	正模式

[M+H]⁺ 提取离子流色谱图

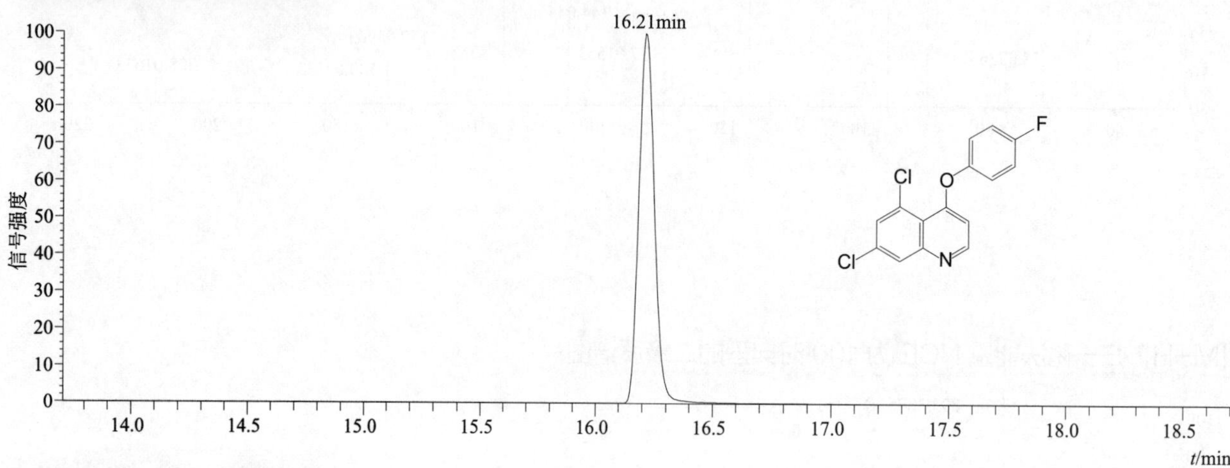

[M+H]⁺ 典型的一级质谱图

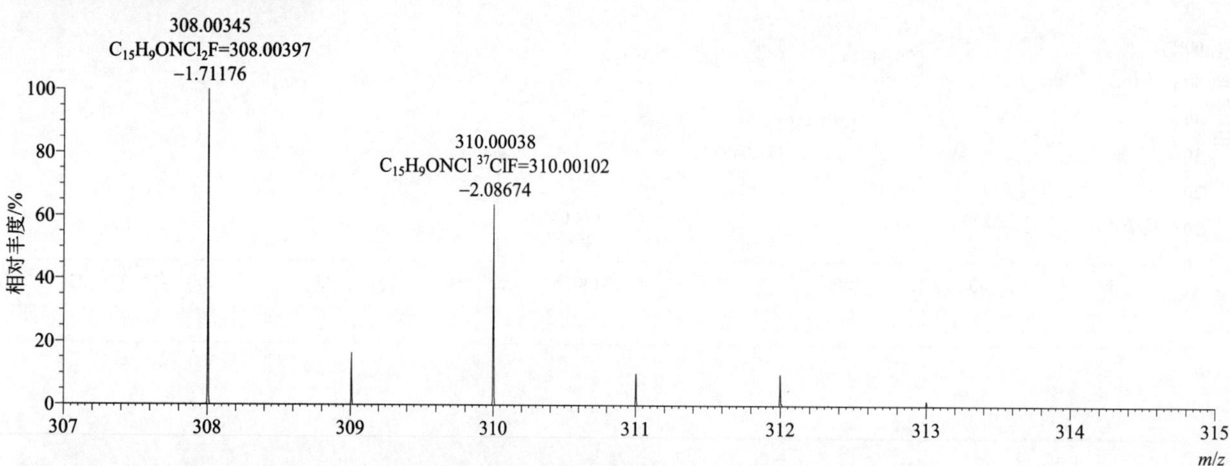

[M+H]⁺ 归一化法能量 NCE 为 40 时典型的二级质谱图

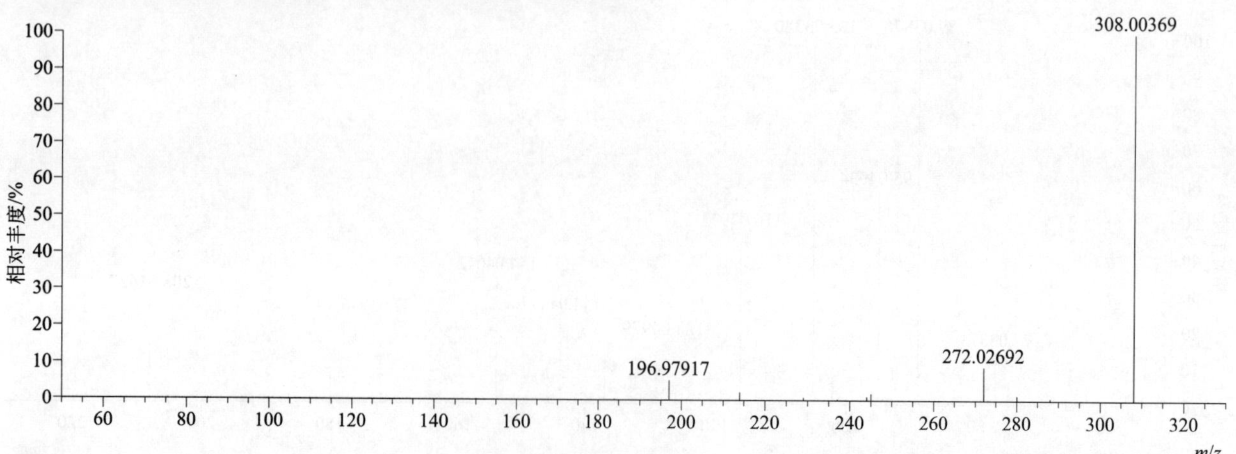

[M+H]⁺ 归一化法能量 NCE 为 60 时典型的二级质谱图

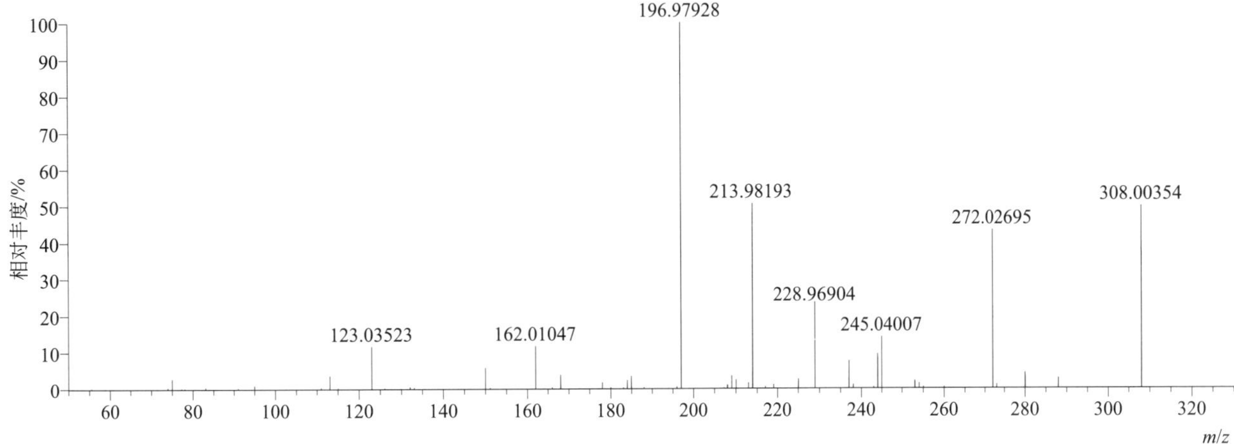

[M+H]⁺ 归一化法能量 NCE 为 80 时典型的二级质谱图

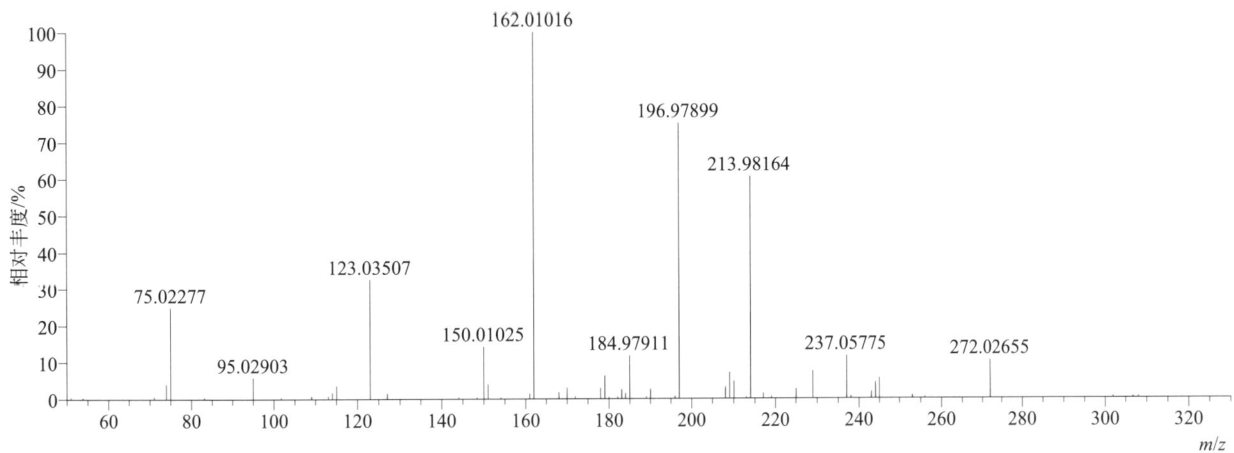

[M+H]⁺ 阶梯归一化法能量 Step NCE 为 40、60、80 时典型的二级质谱图

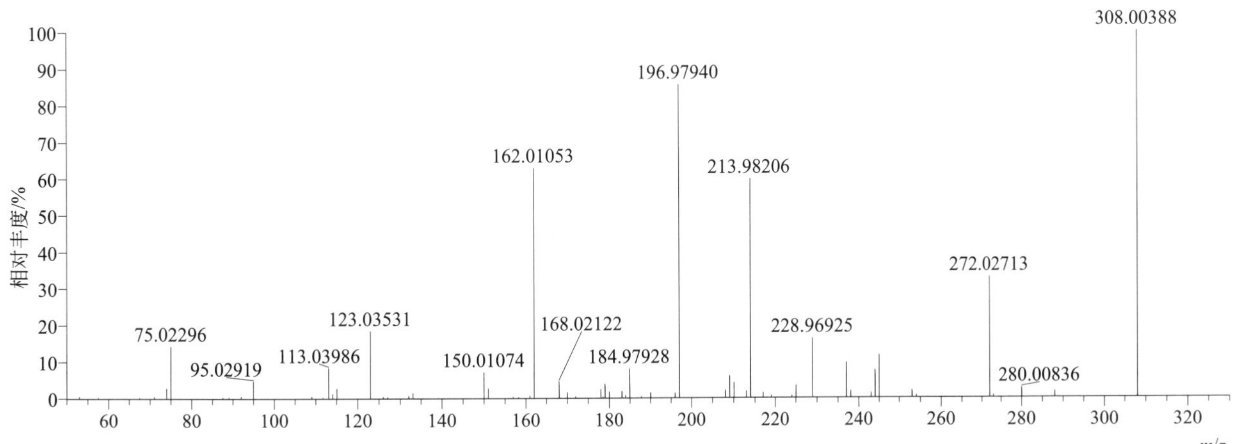

quizalofop（喹禾灵）

基本信息

CAS 登录号	76578-12-6	分子量	344.05638	离子源和极性	电喷雾离子源（ESI）
分子式	$C_{17}H_{13}ClN_2O_4$	保留时间	14.80min	极性	正模式

$[M+H]^+$ 提取离子流色谱图

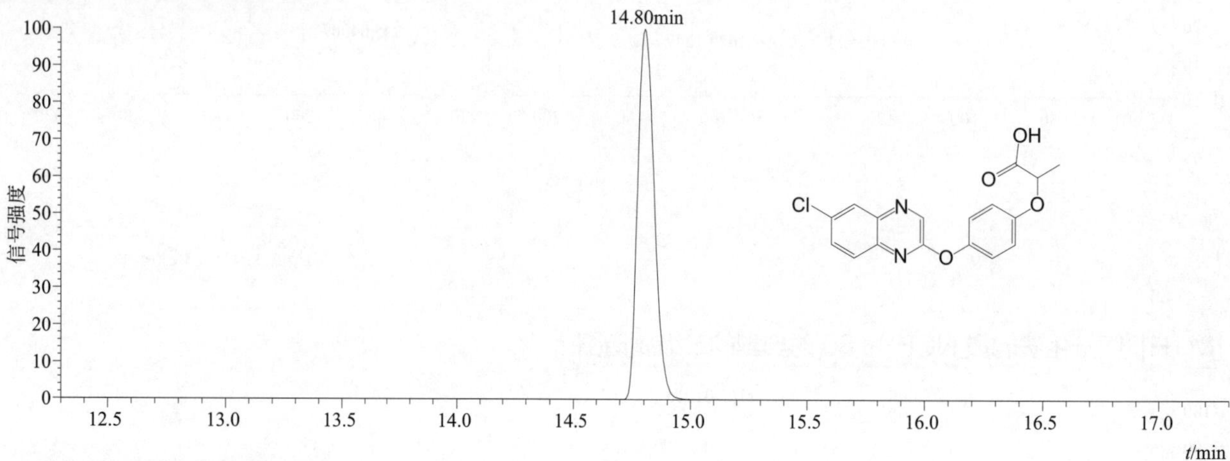

$[M+H]^+$ 典型的一级质谱图

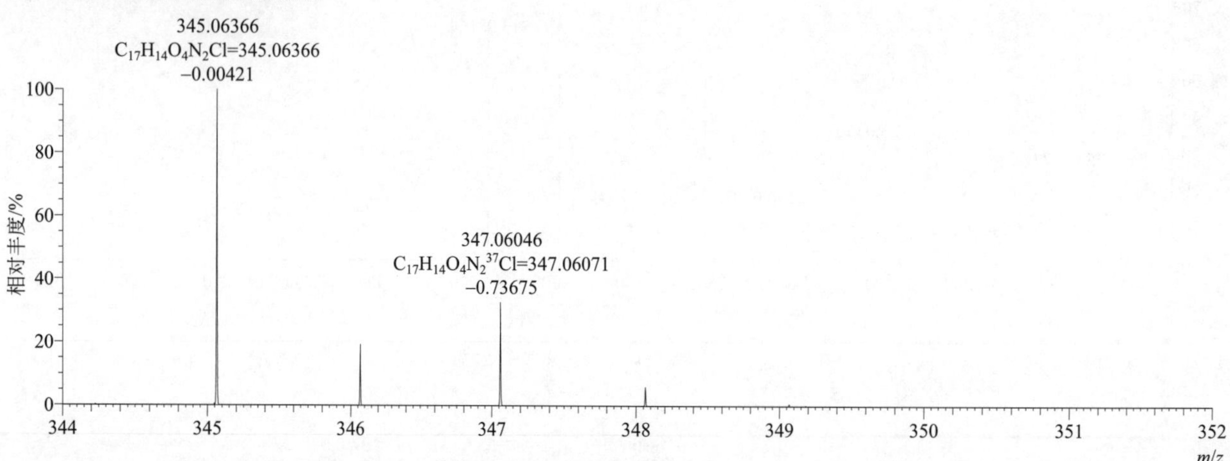

$[M+H]^+$ 归一化法能量 NCE 为 20 时典型的二级质谱图

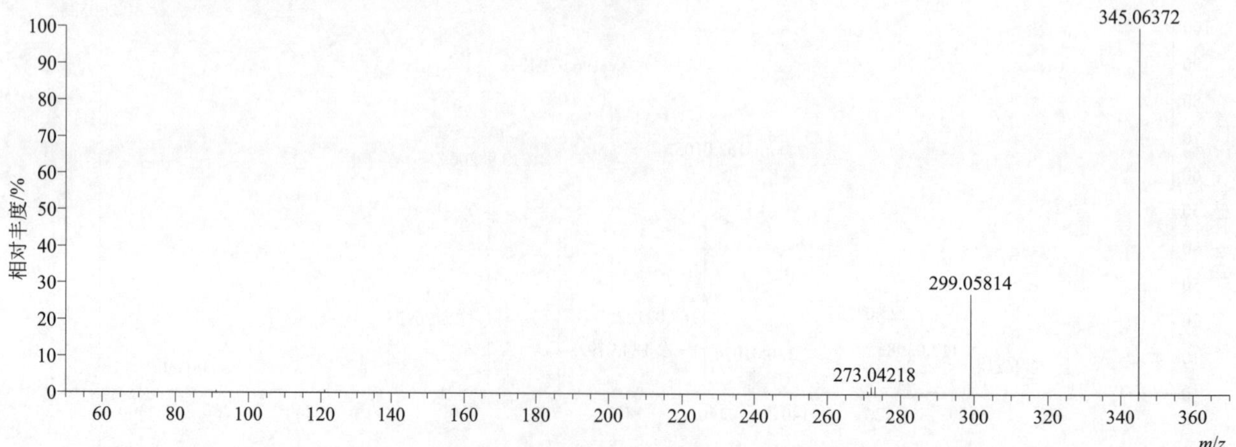

[M+H]$^+$ 归一化法能量 NCE 为 40 时典型的二级质谱图

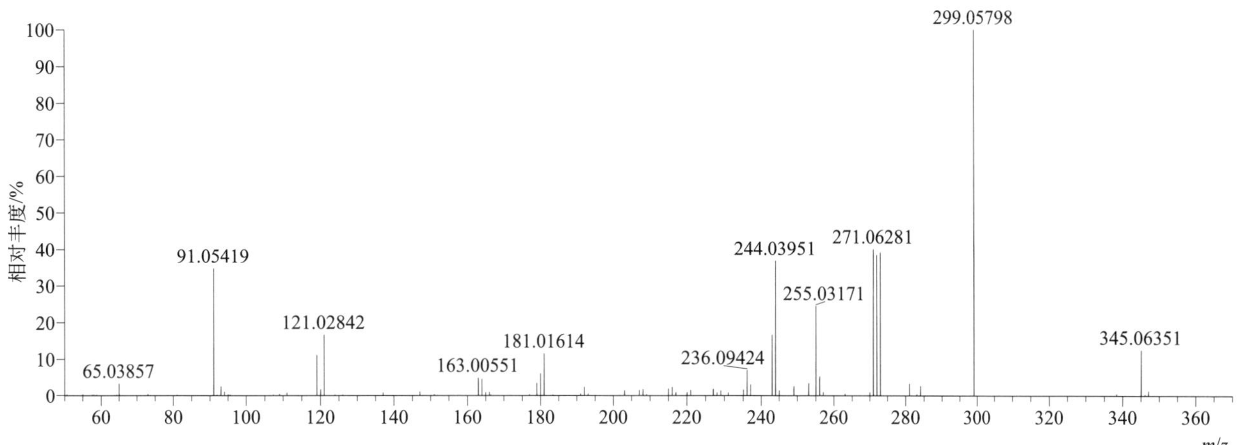

[M+H]$^+$ 归一化法能量 NCE 为 60 时典型的二级质谱图

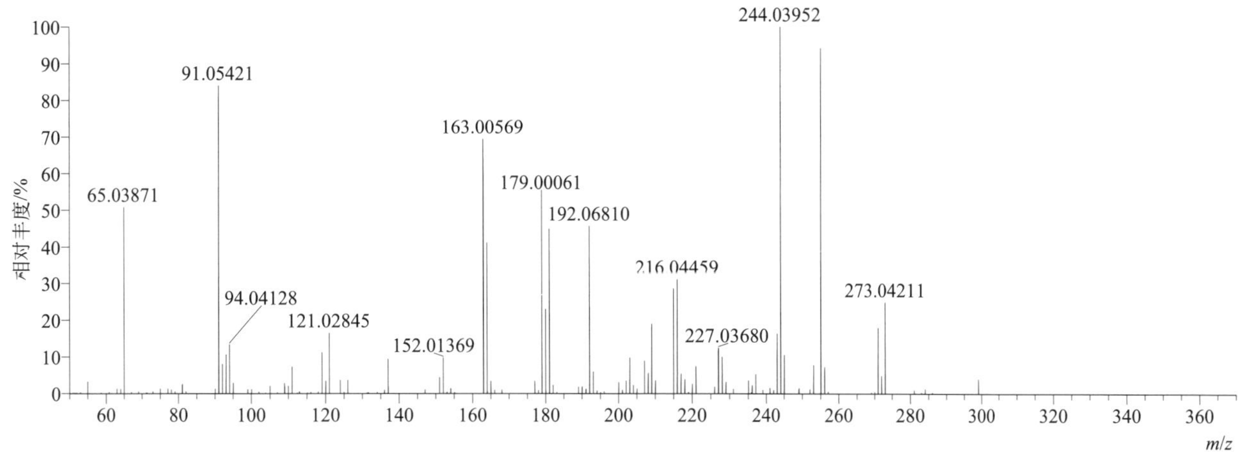

[M+H]$^+$ 阶梯归一化法能量 Step NCE 为 20、40、60 时典型的二级质谱图

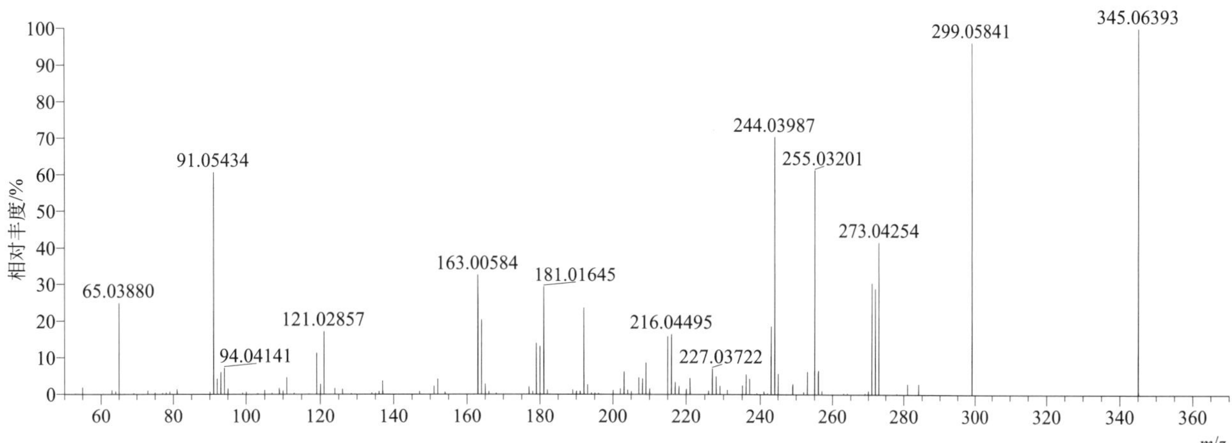

quizalofop-ethyl（喹禾灵乙酯）

基本信息

CAS 登录号	76578-14-8	分子量	372.08768	离子源和极性	电喷雾离子源（ESI）
分子式	$C_{19}H_{17}ClN_2O_4$	保留时间	15.69min	极性	正模式

[M+H]+ 提取离子流色谱图

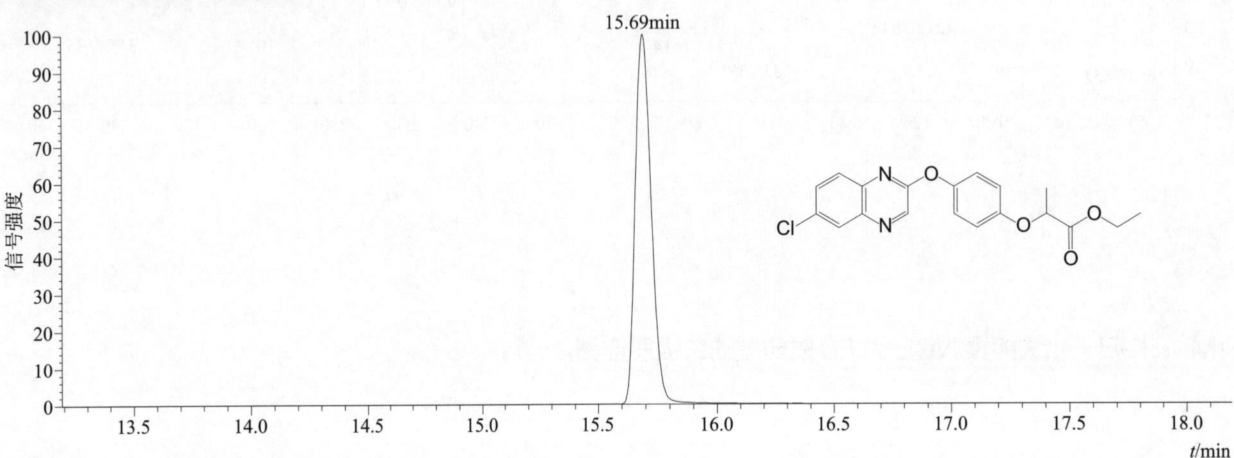

[M+H]+ 典型的一级质谱图

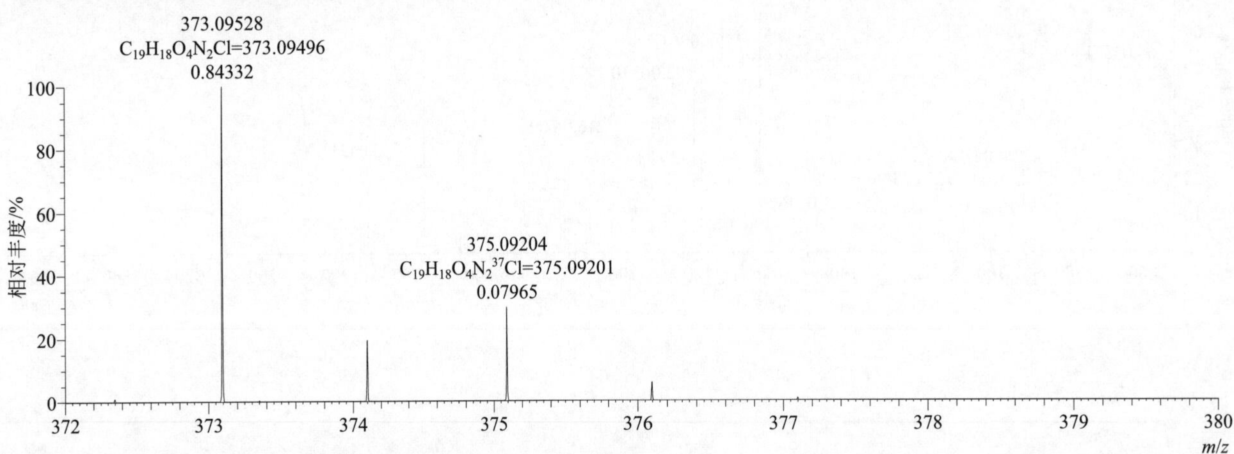

[M+H]+ 归一化法能量 NCE 为 20 时典型的二级质谱图

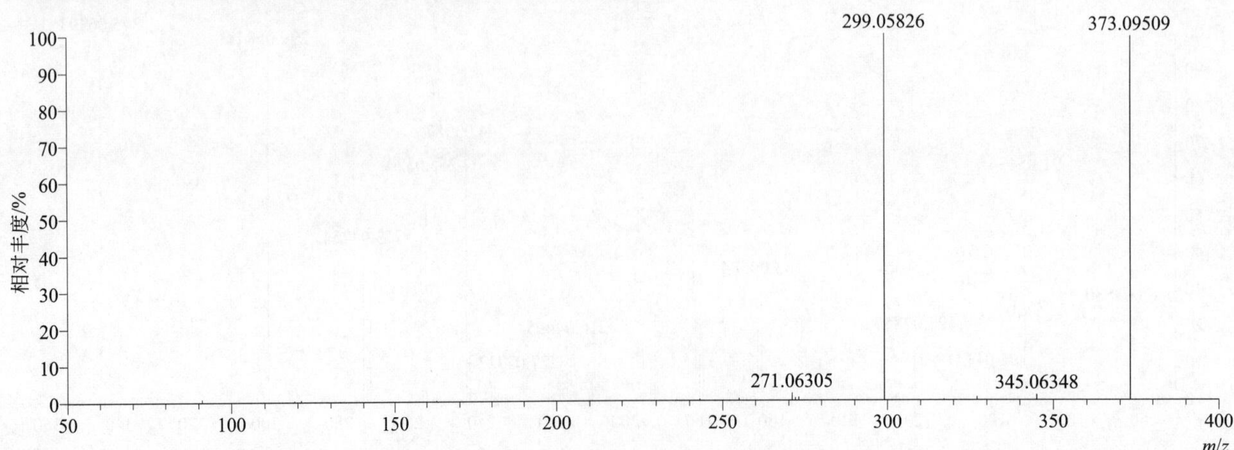

[M+H]+ 归一化法能量 NCE 为 40 时典型的二级质谱图

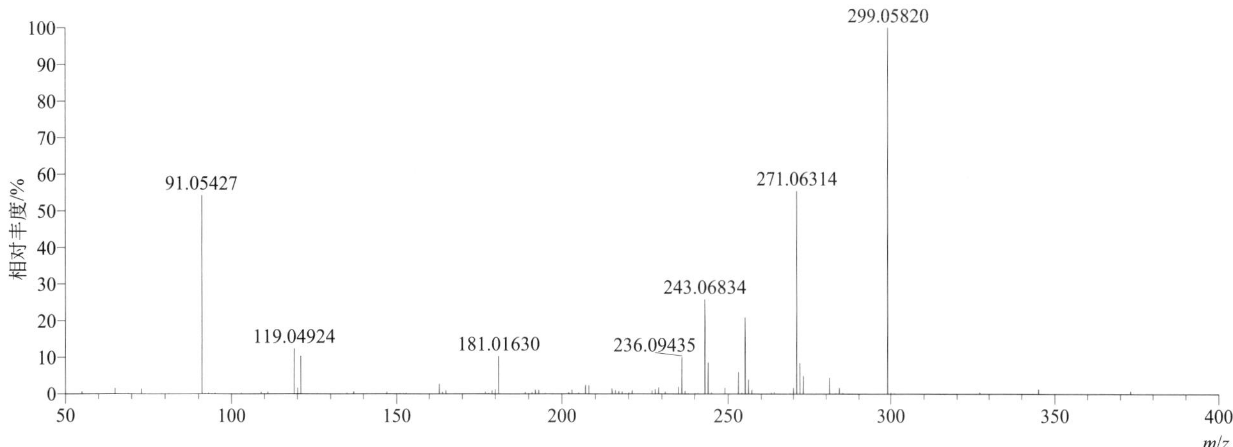

[M+H]+ 归一化法能量 NCE 为 60 时典型的二级质谱图

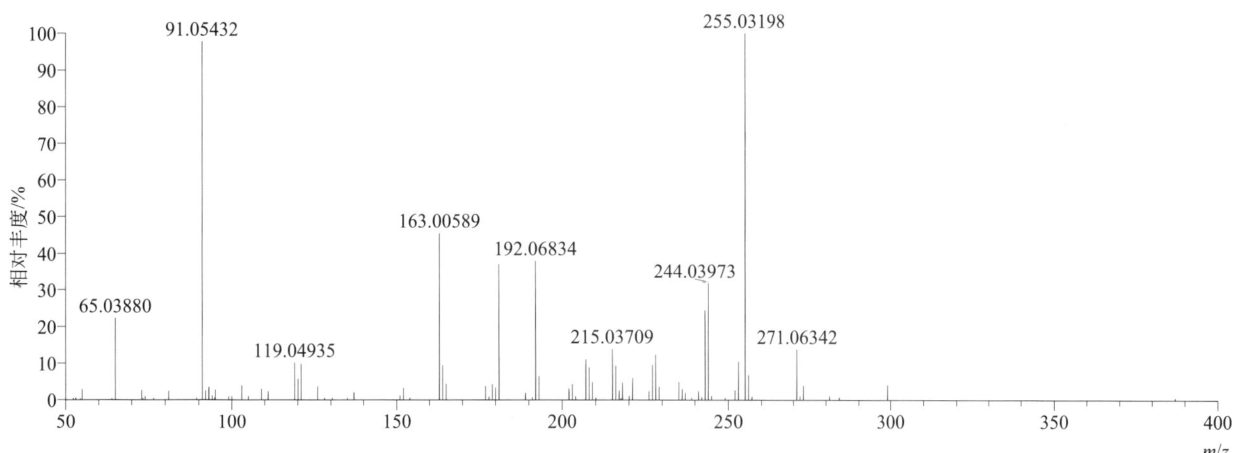

[M+H]+ 阶梯归一化法能量 Step NCE 为 20、40、60 时典型的二级质谱图

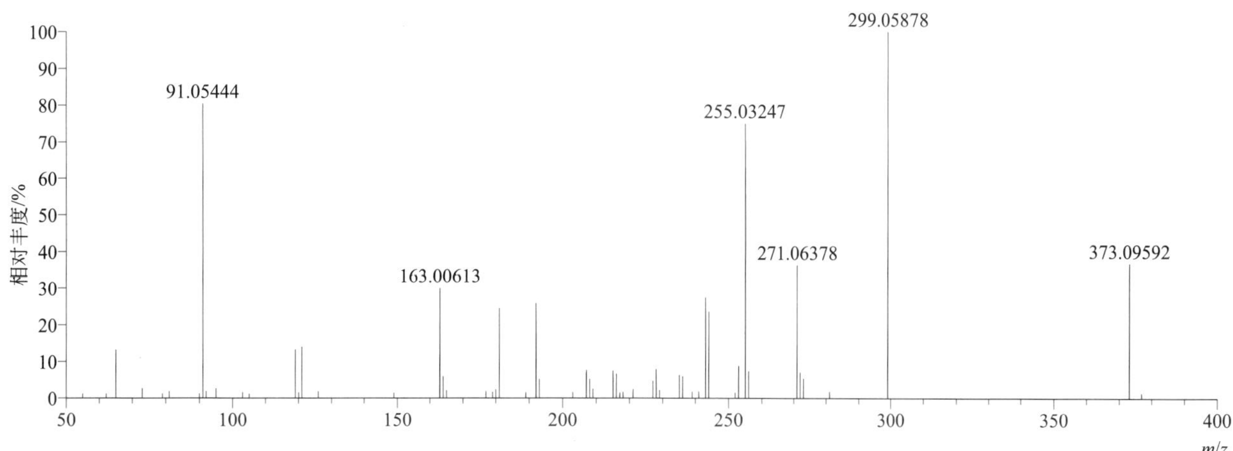

quizalofop-P-ethyl（精喹禾灵乙酯）

基本信息

CAS 登录号	100646-51-3	分子量	372.08768	离子源和极性	电喷雾离子源（ESI）
分子式	$C_{19}H_{17}ClN_2O_4$	保留时间	15.69min	极性	正模式

$[M+H]^+$ 提取离子流色谱图

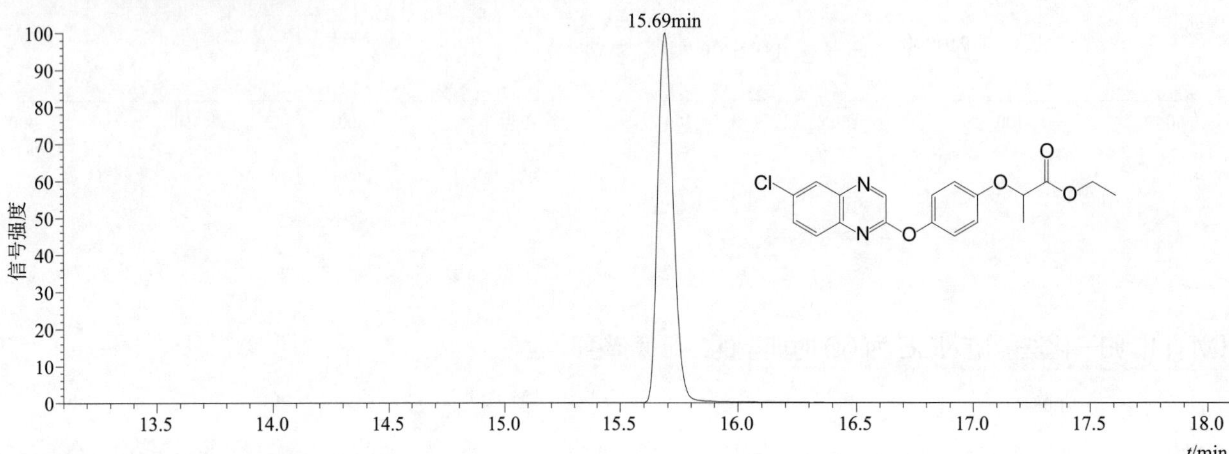

$[M+H]^+$ 典型的一级质谱图

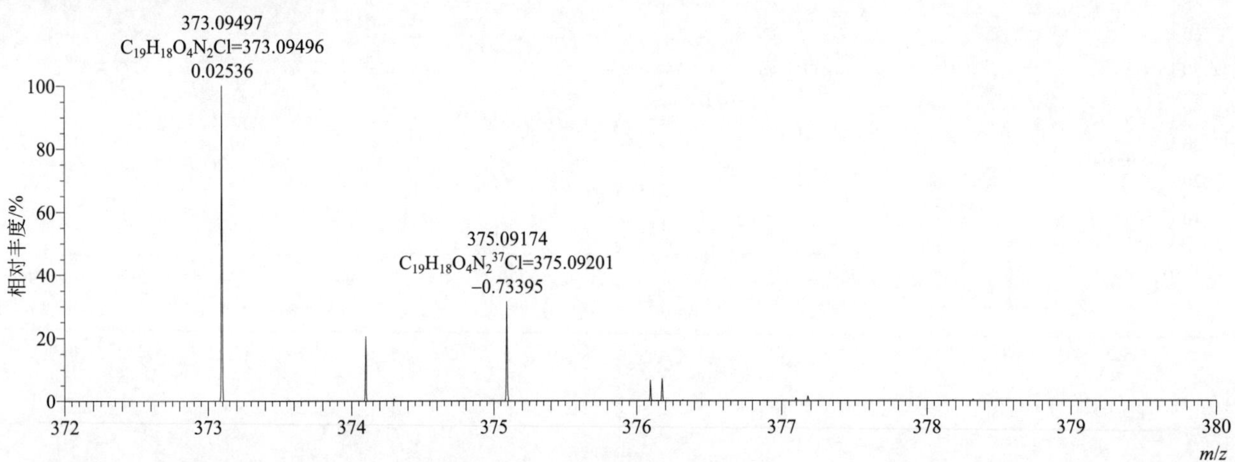

$[M+H]^+$ 归一化法能量 NCE 为 20 时典型的二级质谱图

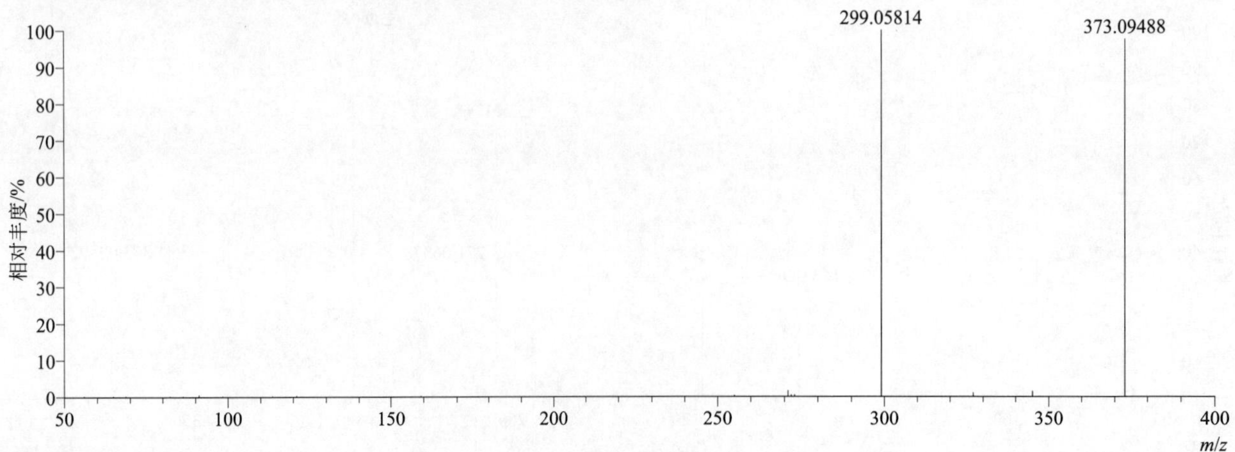

[M+H]⁺ 归一化法能量 NCE 为 40 时典型的二级质谱图

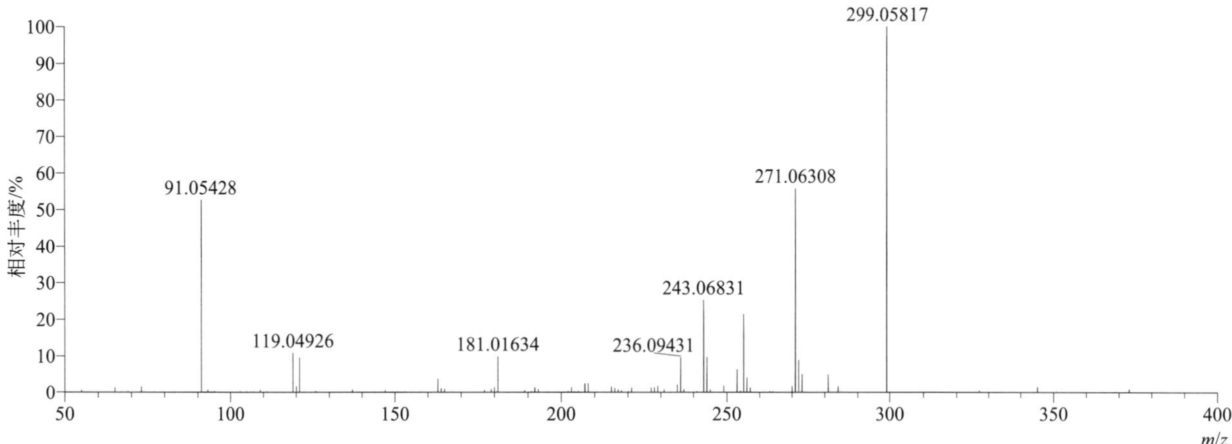

[M+H]⁺ 归一化法能量 NCE 为 60 时典型的二级质谱图

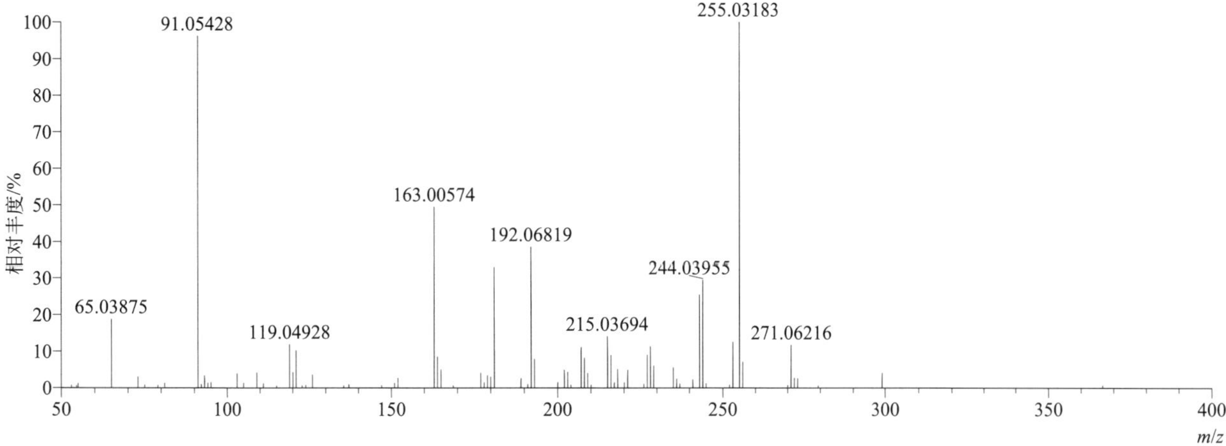

[M+H]⁺ 阶梯归一化法能量 Step NCE 为 20、40、60 时典型的二级质谱图

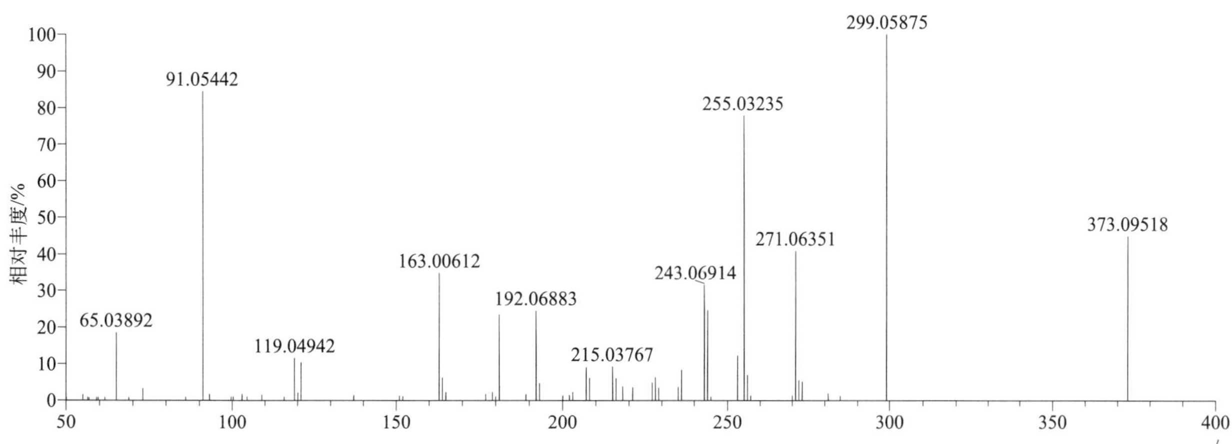

>>>> R

rabenzazole（吡咪唑）

基本信息

CAS 登录号	40341-04-6	分子量	212.10620	离子源和极性	电喷雾离子源（ESI）
分子式	$C_{12}H_{12}N_4$	保留时间	13.85min	极性	正模式

$[M+H]^+$ 提取离子流色谱图

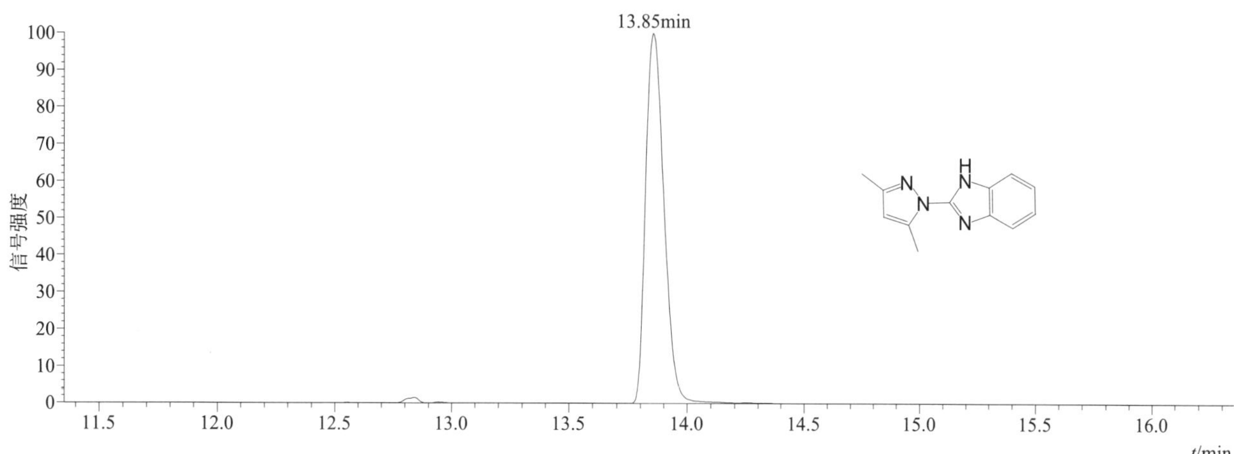

$[M+H]^+$ 典型的一级质谱图

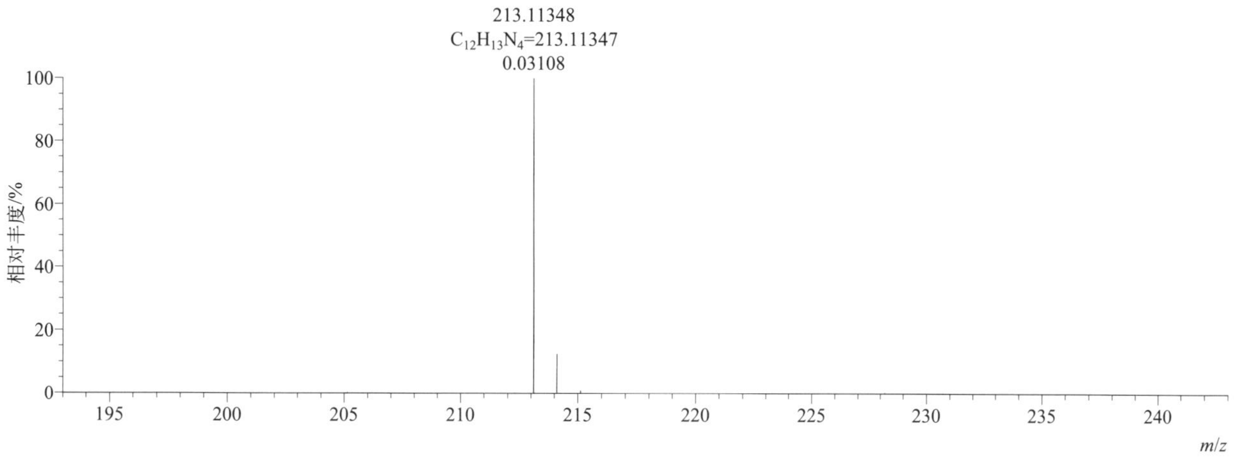

$[M+H]^+$ 归一化法能量 NCE 为 20 时典型的二级质谱图

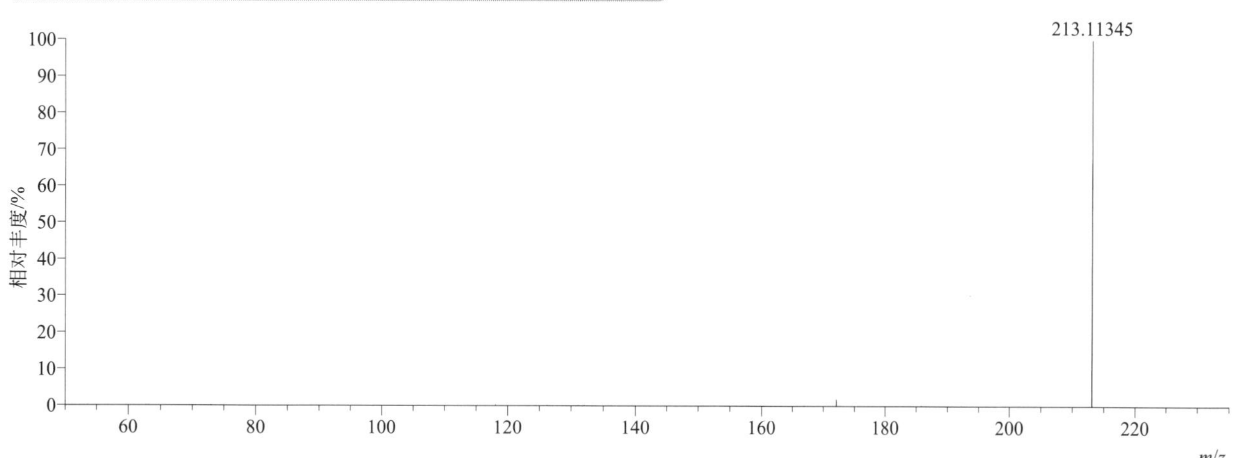

[M+H]+ 归一化法能量 NCE 为 40 时典型的二级质谱图

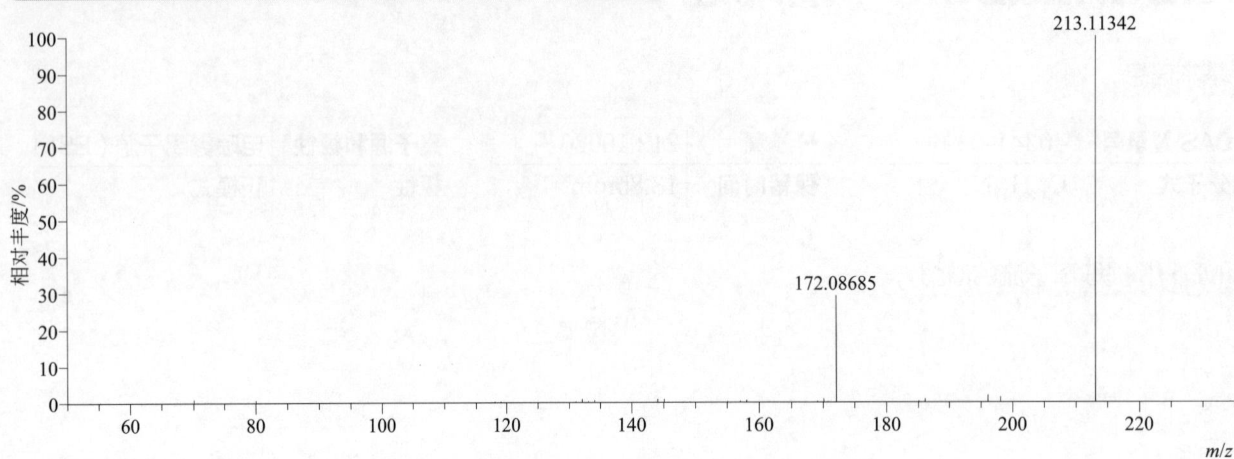

[M+H]+ 归一化法能量 NCE 为 60 时典型的二级质谱图

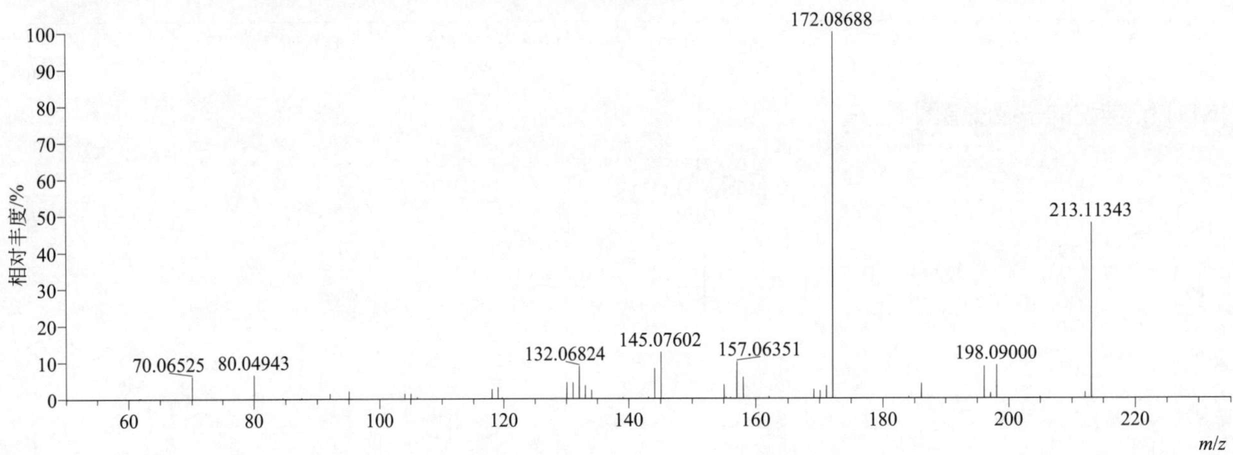

[M+H]+ 阶梯归一化法能量 Step NCE 为 20、40、60 时典型的二级质谱图

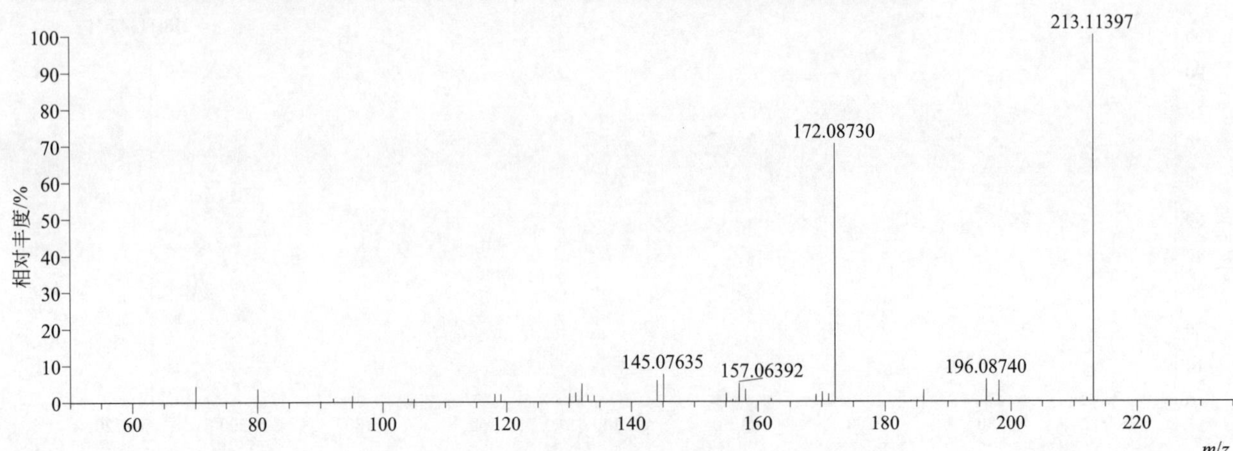

resmethrin（苄呋菊酯）

基本信息

CAS 登录号	10453-86-8	分子量	338.18819	离子源和极性	电喷雾离子源（ESI）
分子式	$C_{22}H_{26}O_3$	保留时间	16.47min	极性	正模式

$[M+H]^+$ 提取离子流色谱图

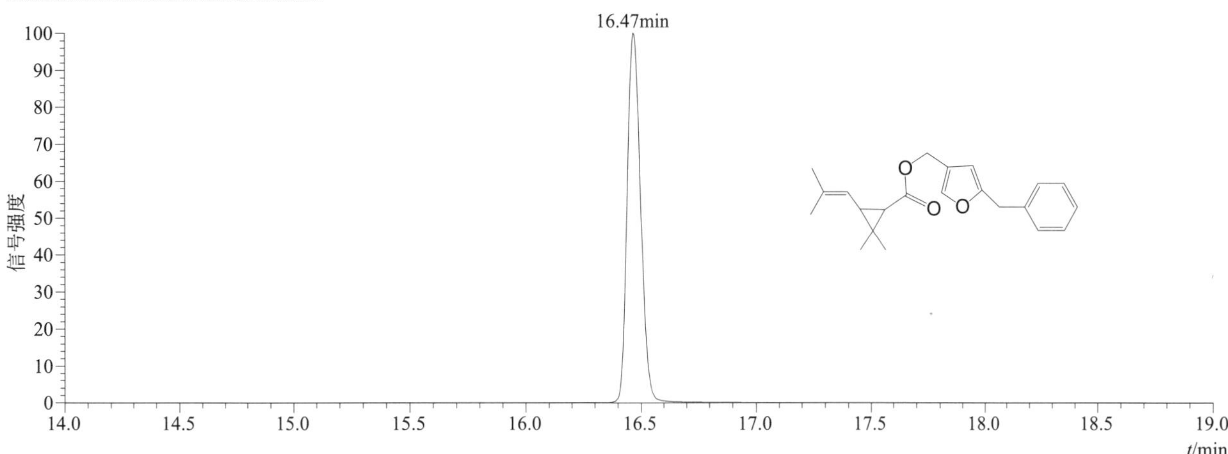

$[M+H]^+$ 典型的一级质谱图

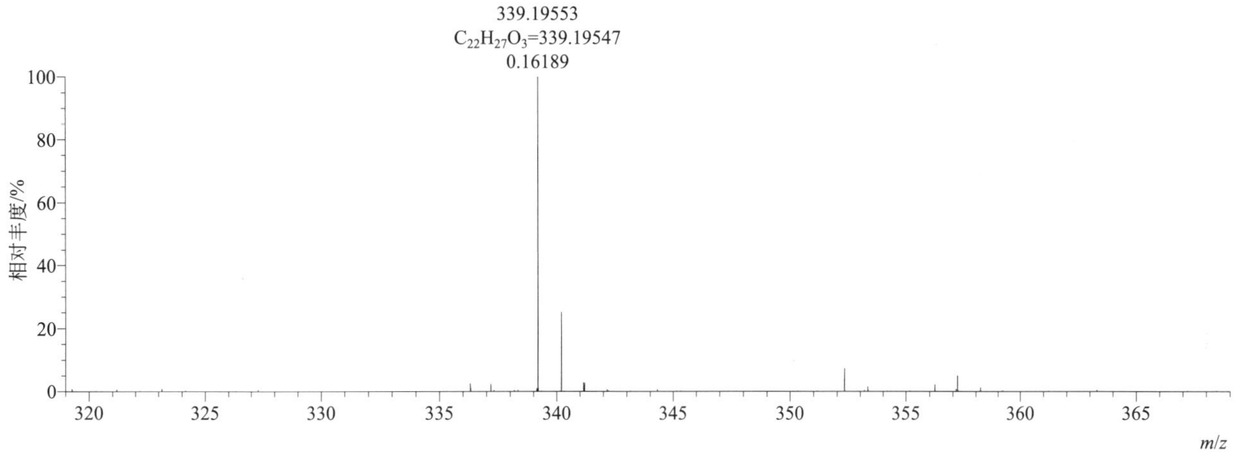

$[M+H]^+$ 归一化法能量 NCE 为 20 时典型的二级质谱图

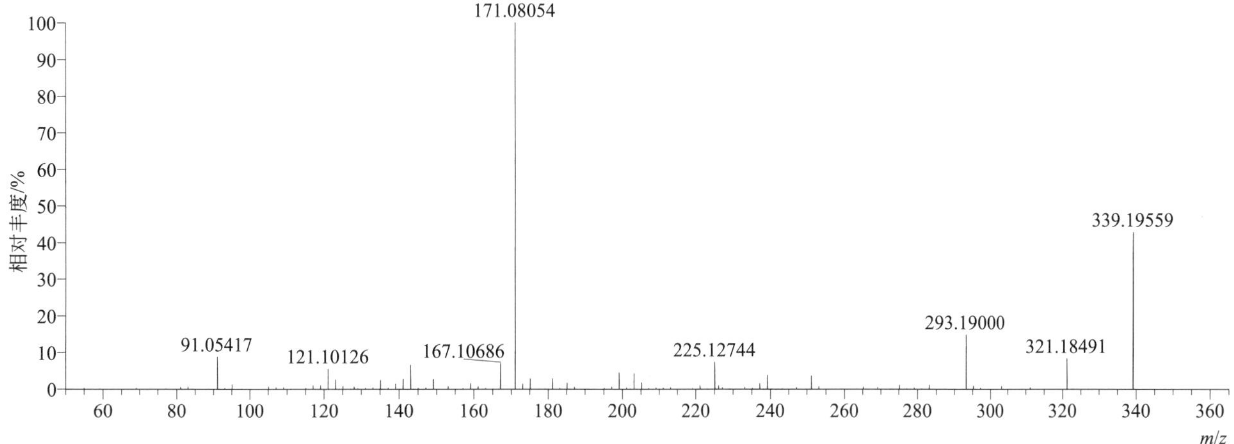

[M+H]⁺ 归一化法能量 NCE 为 40 时典型的二级质谱图

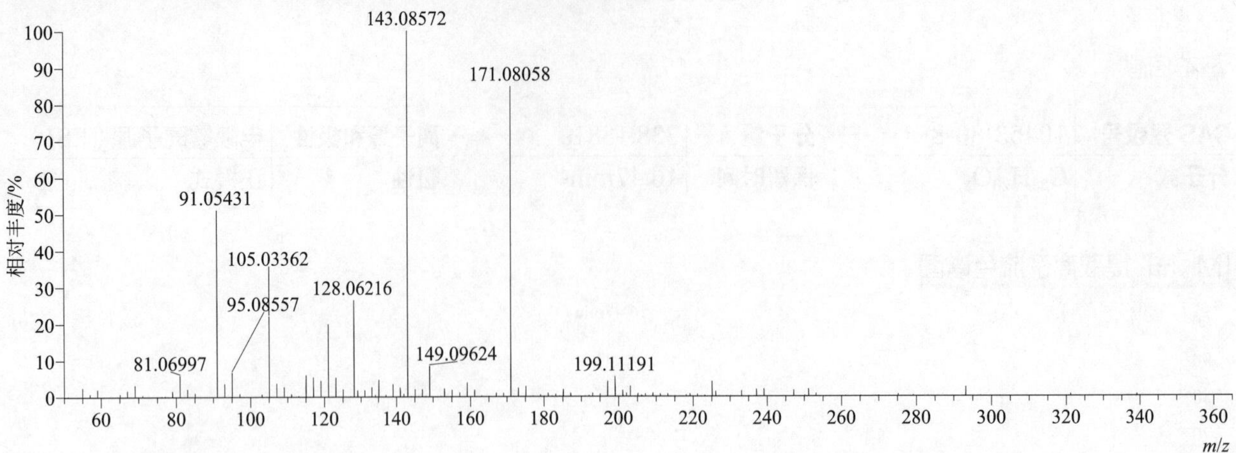

[M+H]⁺ 归一化法能量 NCE 为 60 时典型的二级质谱图

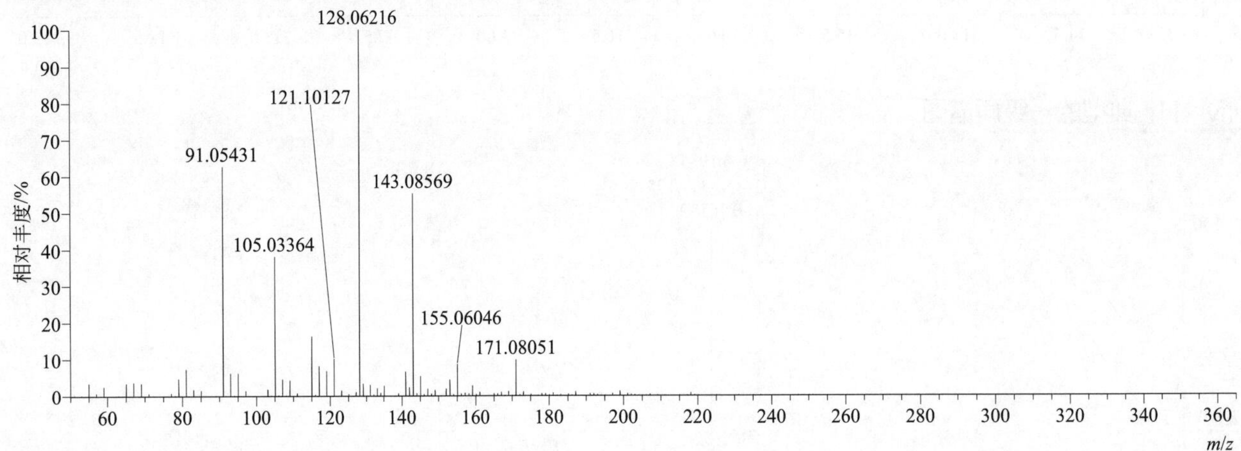

[M+H]⁺ 阶梯归一化法能量 Step NCE 为 20、40、60 时典型的二级质谱图

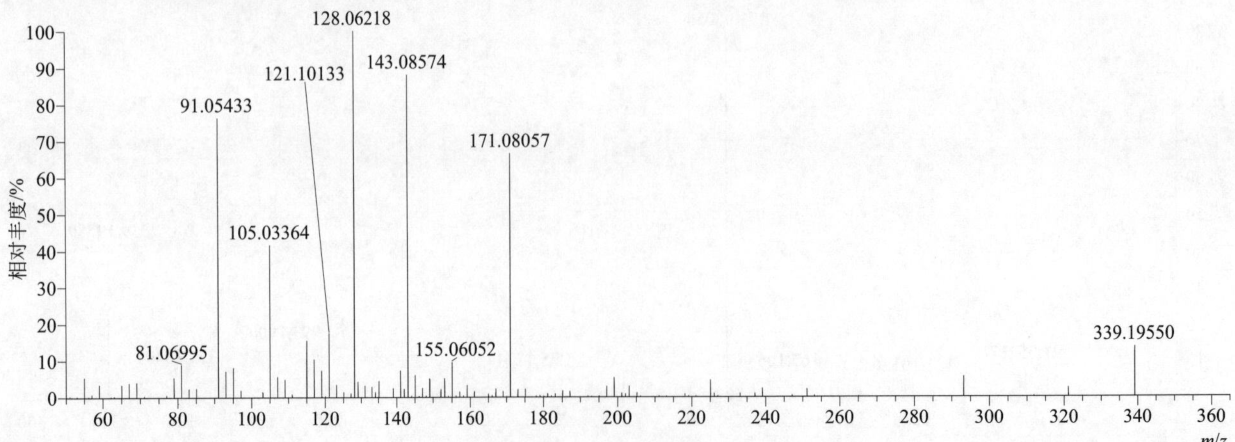

RH 5849（抑食肼）

基本信息

CAS 登录号	112225-87-3	分子量	296.15248	离子源和极性	电喷雾离子源（ESI）
分子式	$C_{18}H_{20}N_2O_2$	保留时间	13.58min	极性	正模式

[M+H]$^+$ 提取离子流色谱图

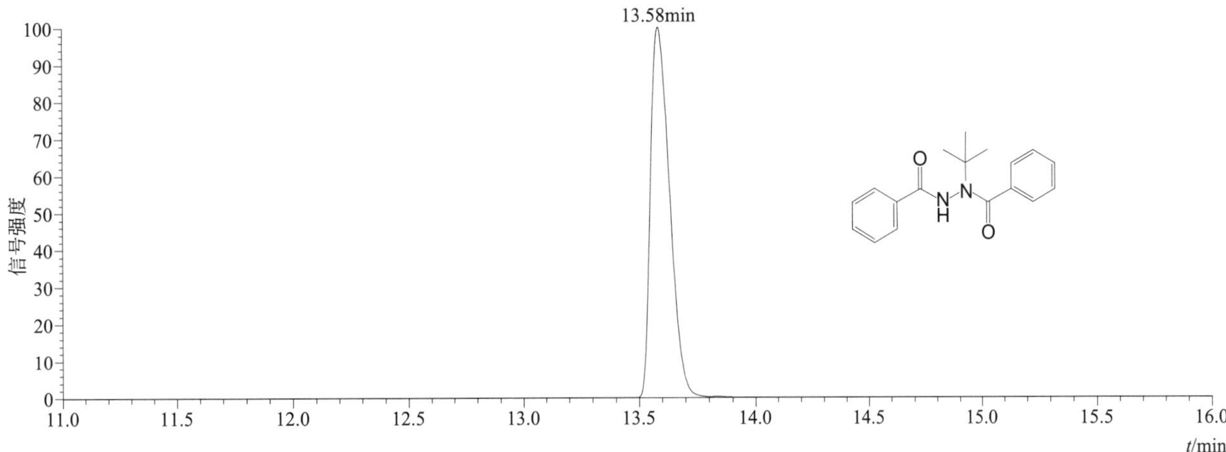

[M+H]$^+$ 典型的一级质谱图

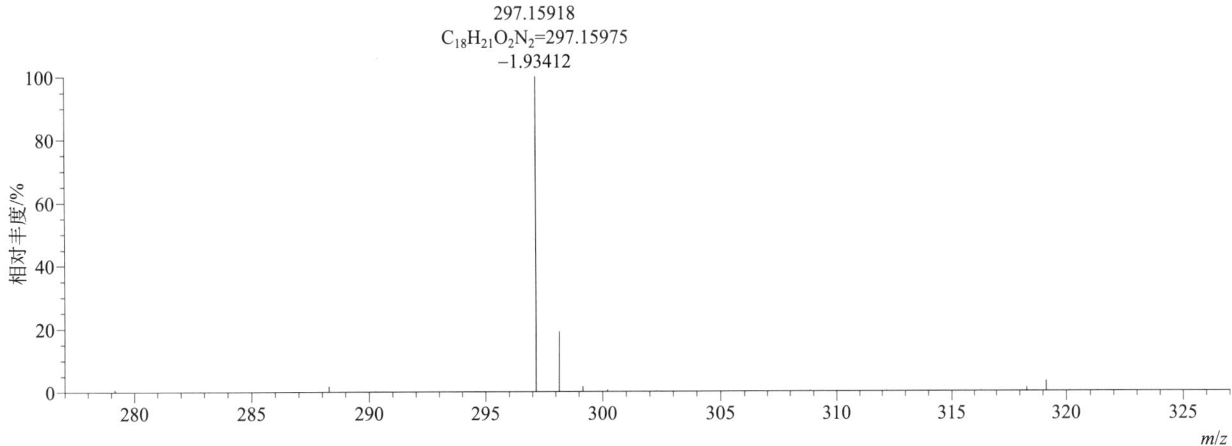

[M+H]$^+$ 归一化法能量 NCE 为 20 时典型的二级质谱图

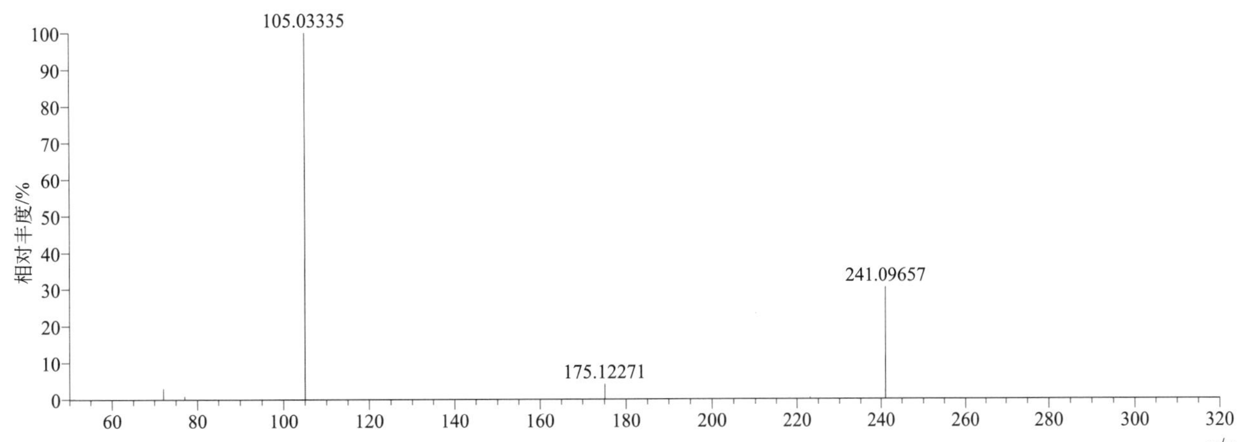

[M+H]$^+$ 归一化法能量 NCE 为 40 时典型的二级质谱图

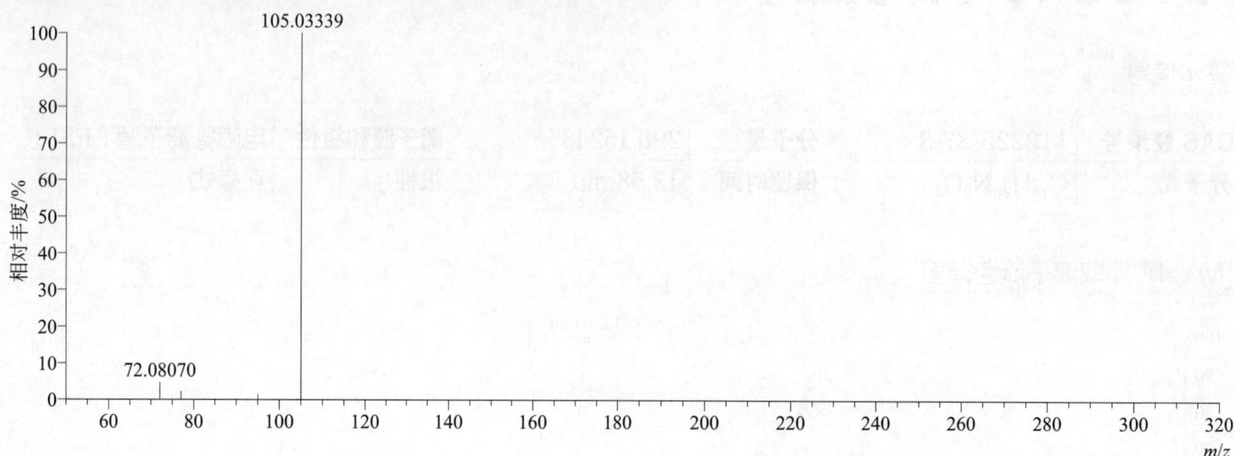

[M+H]$^+$ 归一化法能量 NCE 为 60 时典型的二级质谱图

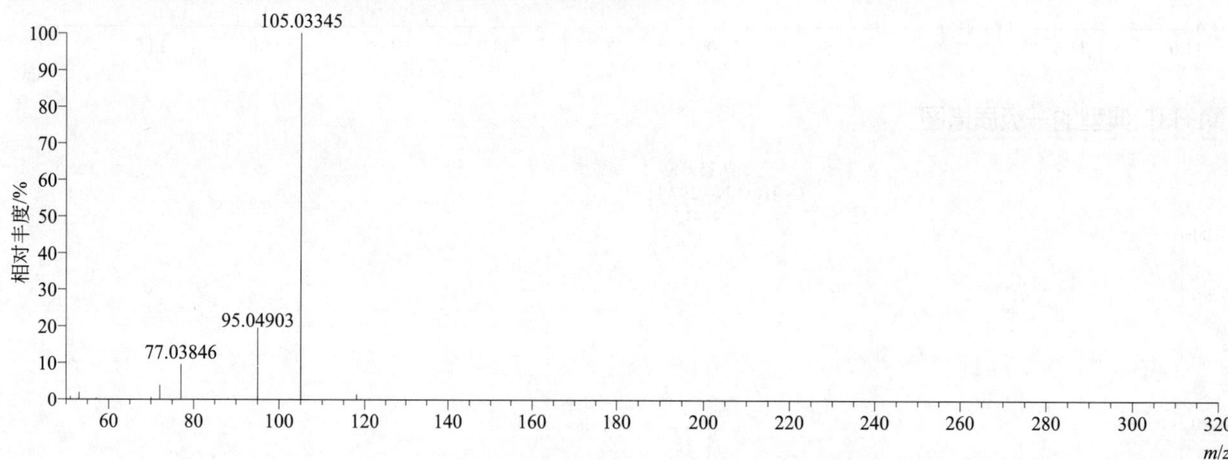

[M+H]$^+$ 阶梯归一化法能量 Step NCE 为 20、40、60 时典型的二级质谱图

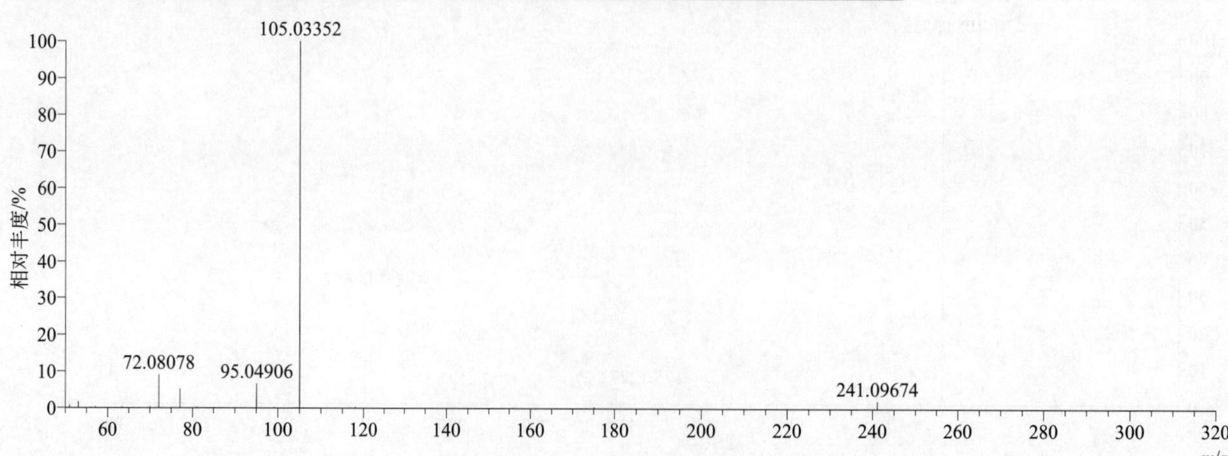

rimsulfuron（砜嘧磺隆）

基本信息

CAS 登录号	122931-48-0	分子量	431.05694	离子源和极性	电喷雾离子源（ESI）
分子式	$C_{14}H_{17}N_5O_7S_2$	保留时间	13.40min	极性	正模式

$[M+H]^+$ 提取离子流色谱图

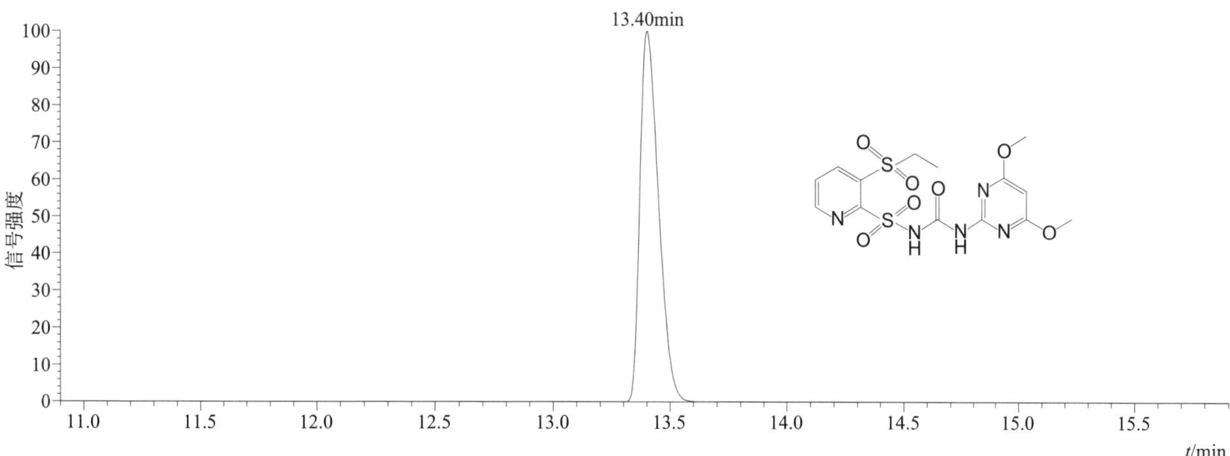

$[M+H]^+$ 和 $[M+Na]^+$ 典型的一级质谱图

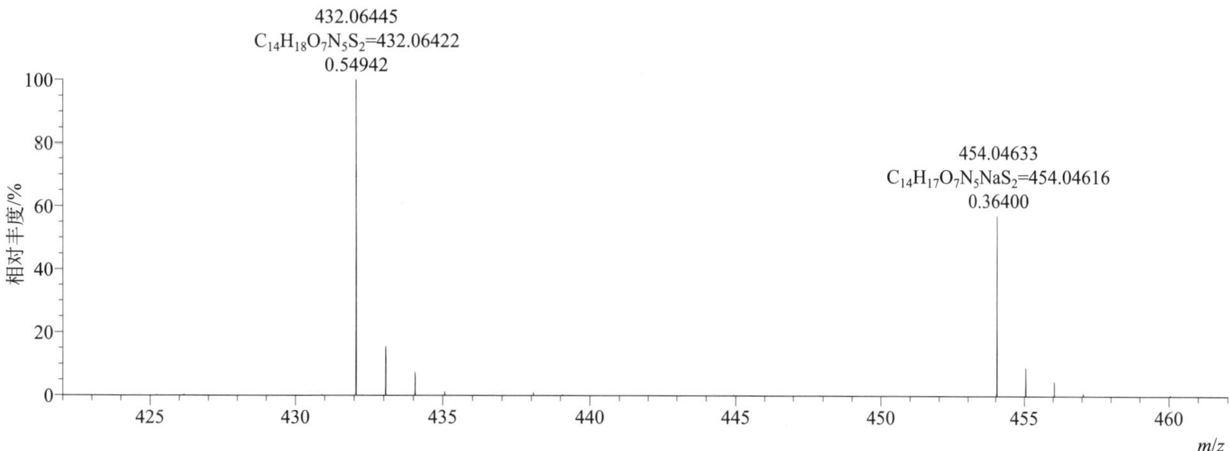

$[M+H]^+$ 归一化法能量 NCE 为 20 时典型的二级质谱图

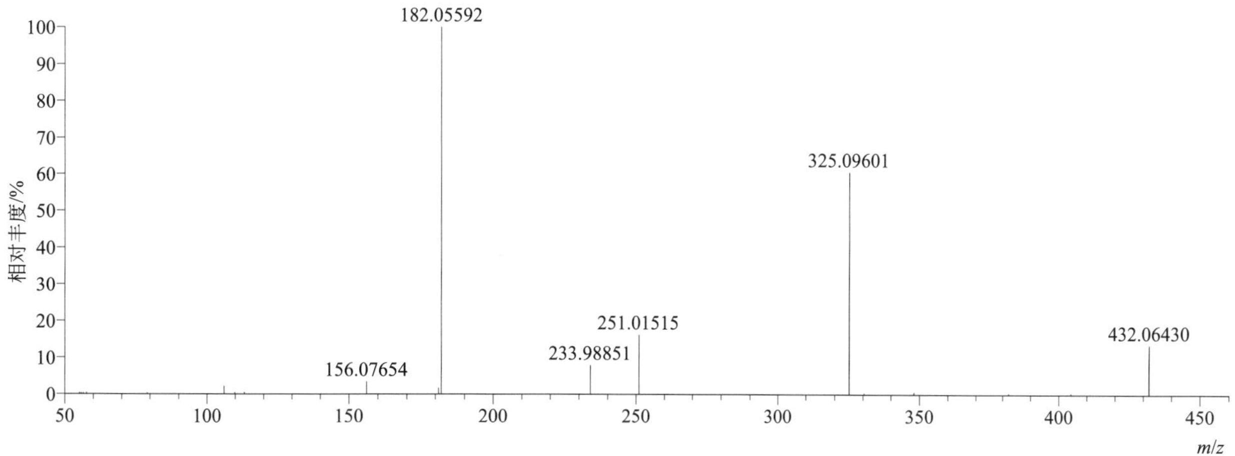

[M+H]+ 归一化法能量 NCE 为 40 时典型的二级质谱图

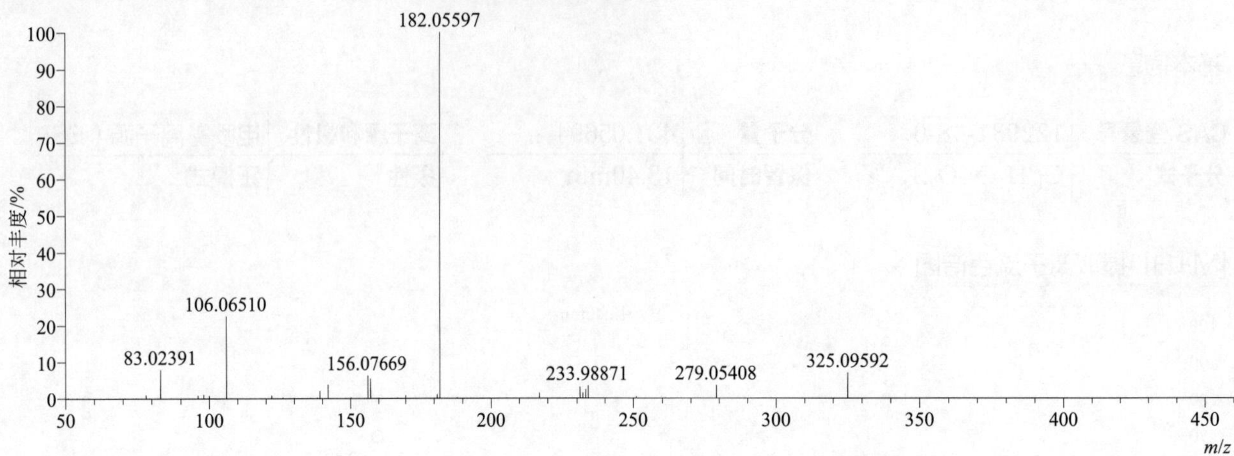

[M+H]+ 归一化法能量 NCE 为 60 时典型的二级质谱图

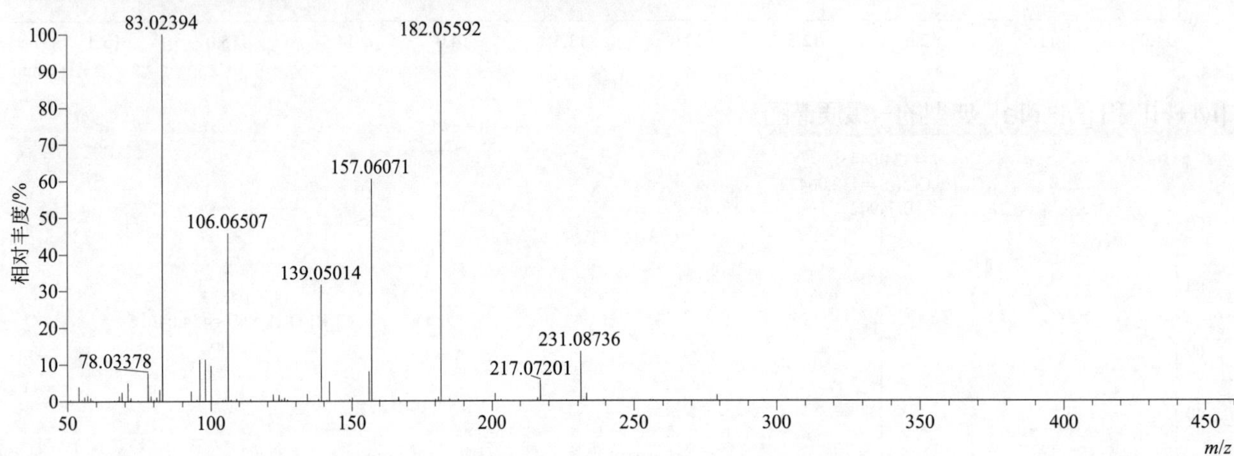

[M+H]+ 阶梯归一化法能量 Step NCE 为 20、40、60 时典型的二级质谱图

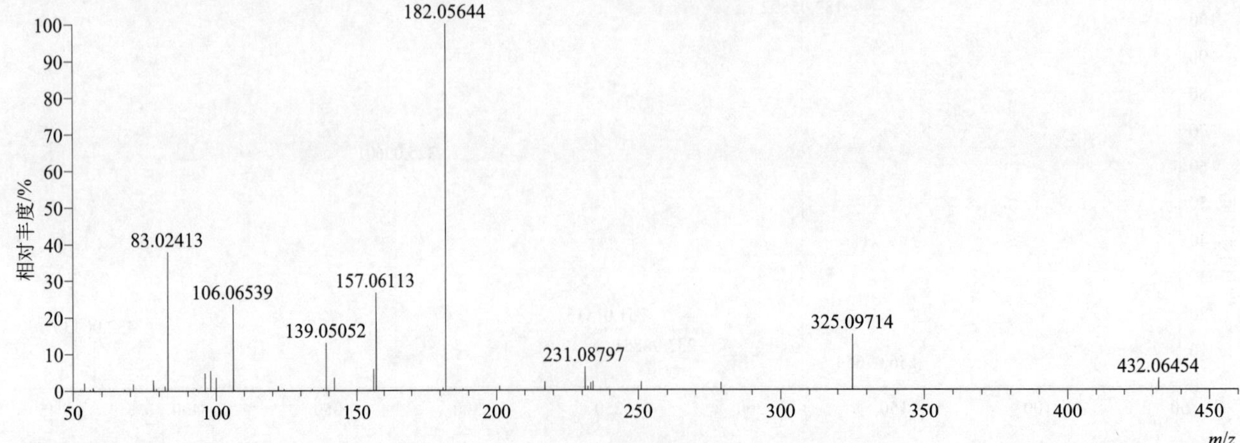

rotenone（鱼藤酮）

基本信息

CAS 登录号	83-79-4	分子量	394.14164	离子源和极性	电喷雾离子源（ESI）
分子式	$C_{23}H_{22}O_6$	保留时间	14.84min	极性	正模式

$[M+H]^+$ 提取离子流色谱图

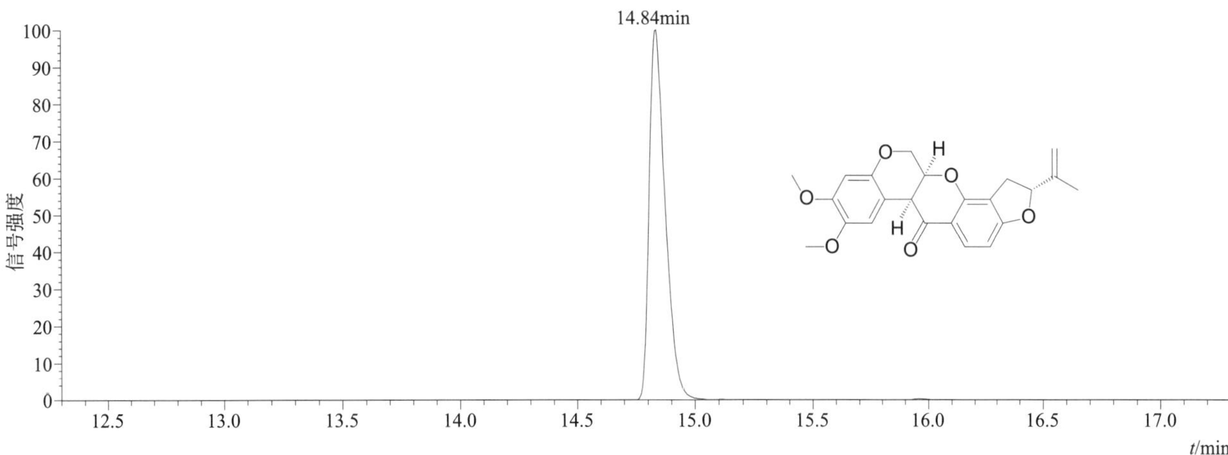

$[M+H]^+$ 典型的一级质谱图

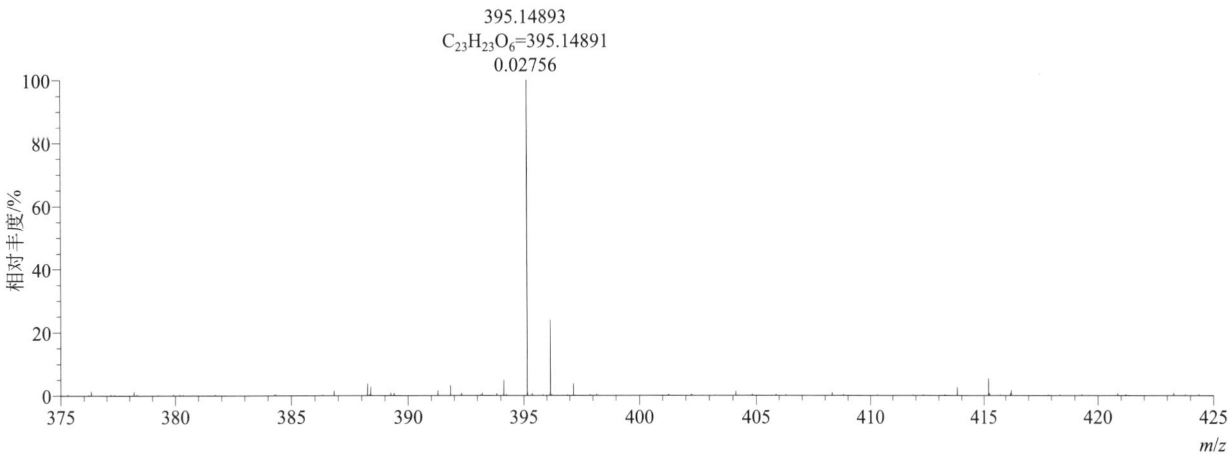

$[M+H]^+$ 归一化法能量 NCE 为 20 时典型的二级质谱图

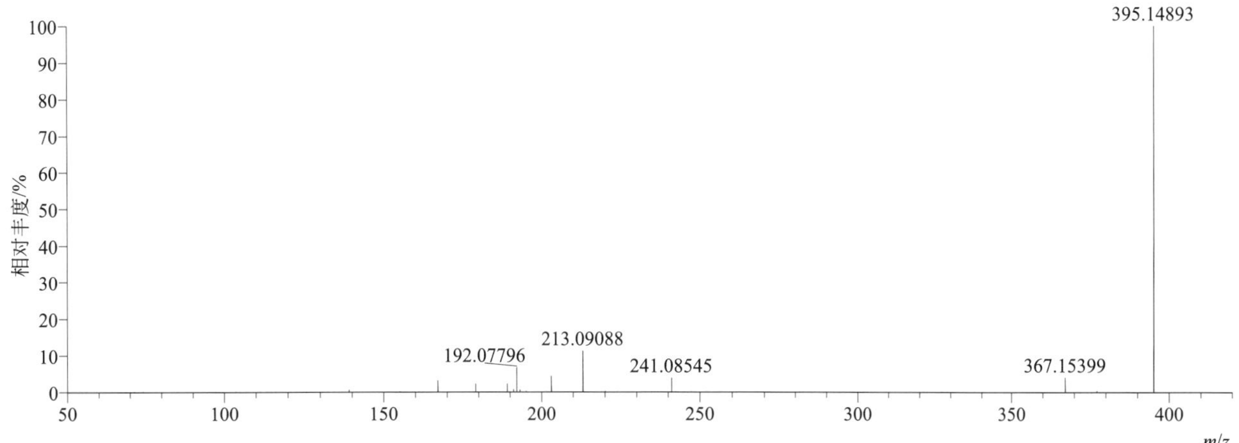

[M+H]+ 归一化法能量 NCE 为 40 时典型的二级质谱图

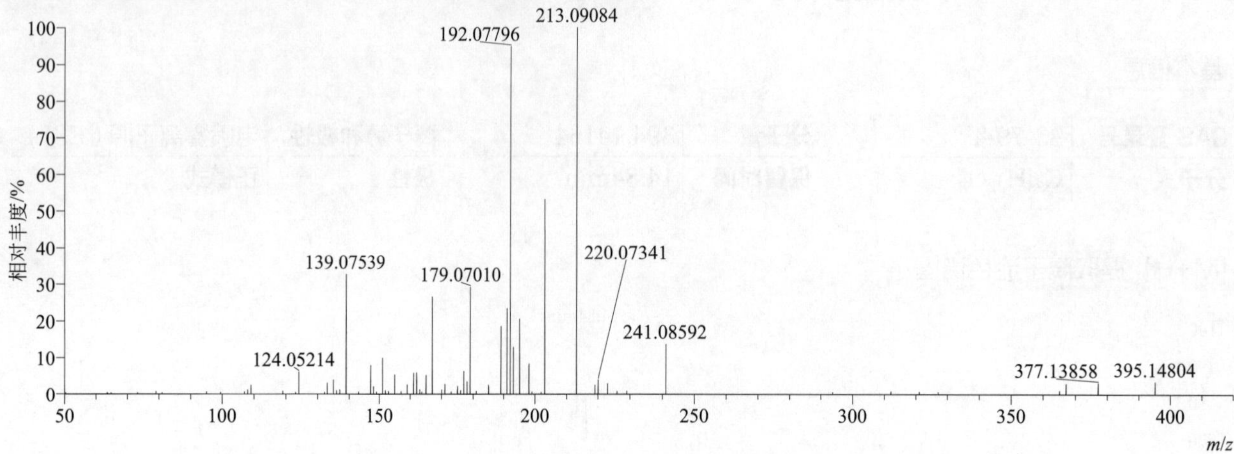

[M+H]+ 归一化法能量 NCE 为 60 时典型的二级质谱图

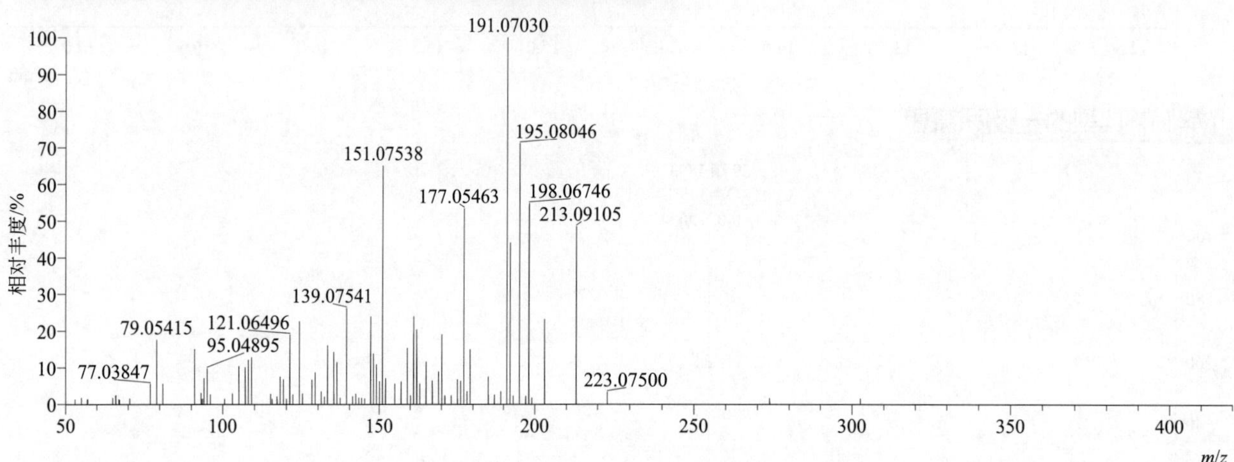

[M+H]+ 阶梯归一化法能量 Step NCE 为 20、40、60 时典型的二级质谱图

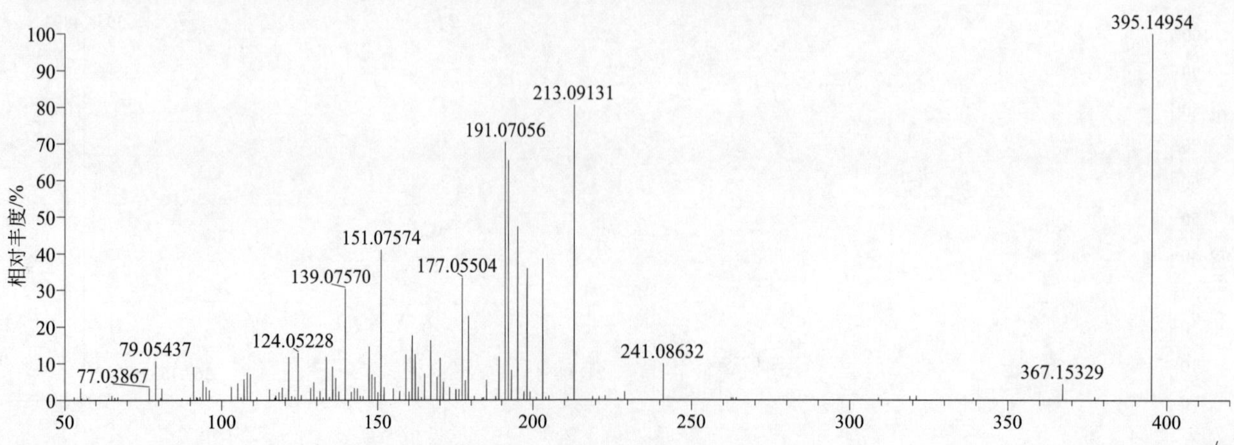

saflufenacil（苯嘧磺草胺）

基本信息

CAS 登录号	372137-35-4	分子量	500.05443	离子源和极性	电喷雾离子源（ESI）
分子式	$C_{17}H_{17}ClF_4N_4O_5S$	保留时间	14.06min	极性	正模式

[M+H]⁺ 提取离子流色谱图

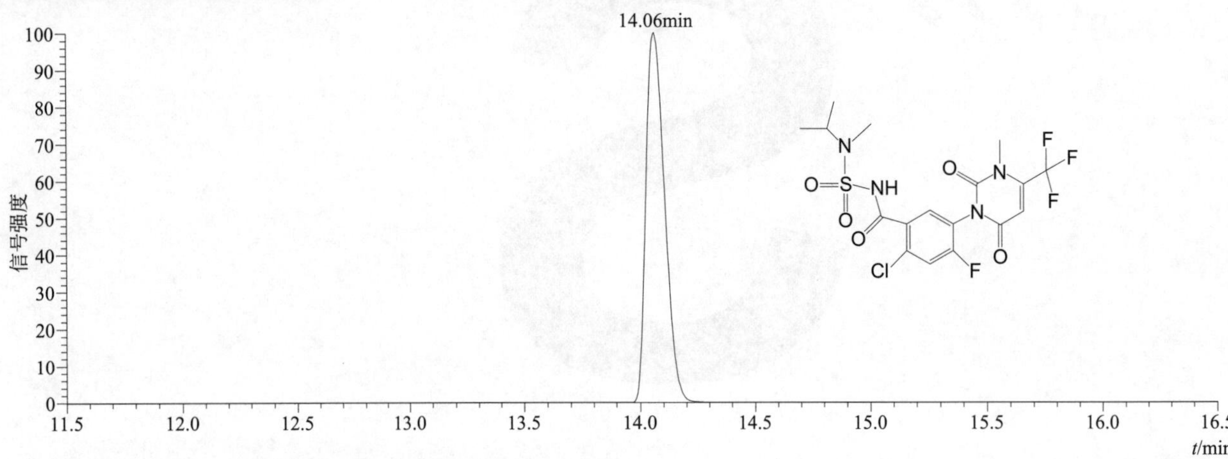

[M+H]⁺、[M+NH₄]⁺ 和 [M+Na]⁺ 典型的一级质谱图

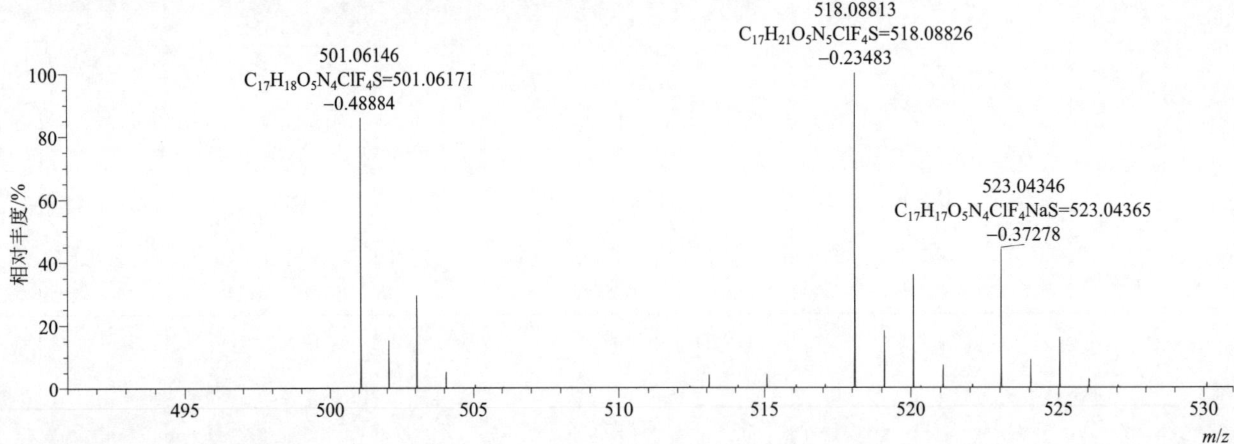

[M+H]⁺ 典型的一级质谱图

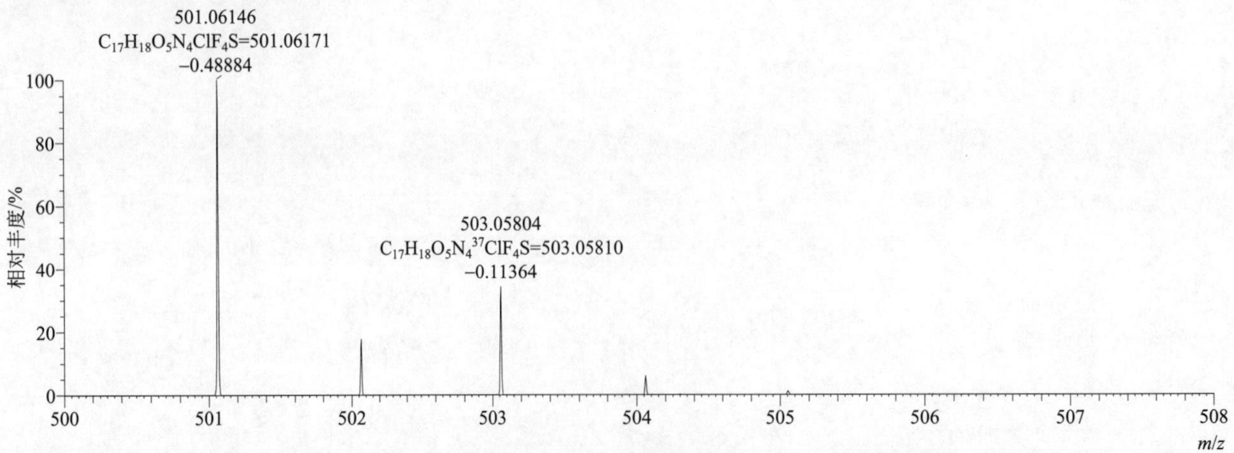

$[M+NH_4]^+$ 典型的一级质谱图

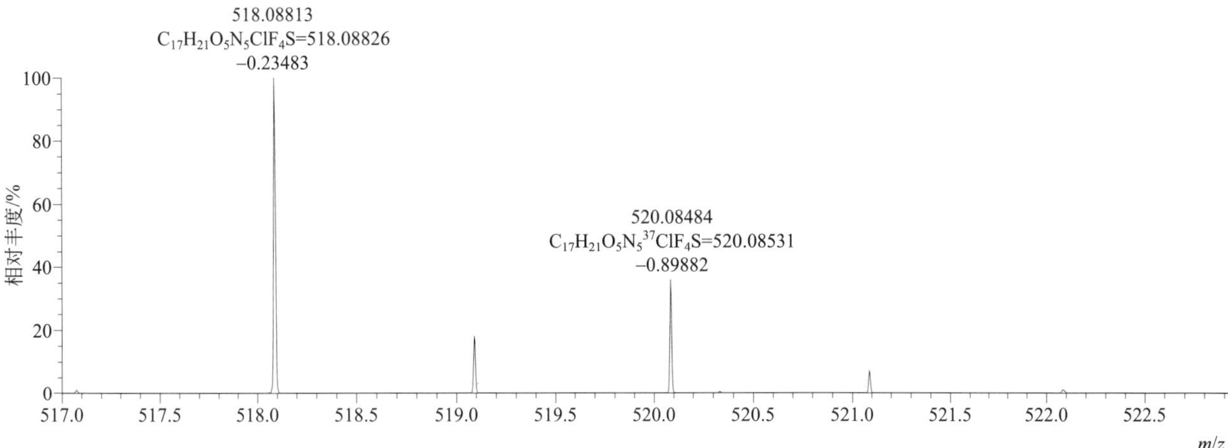

$[M+Na]^+$ 典型的一级质谱图

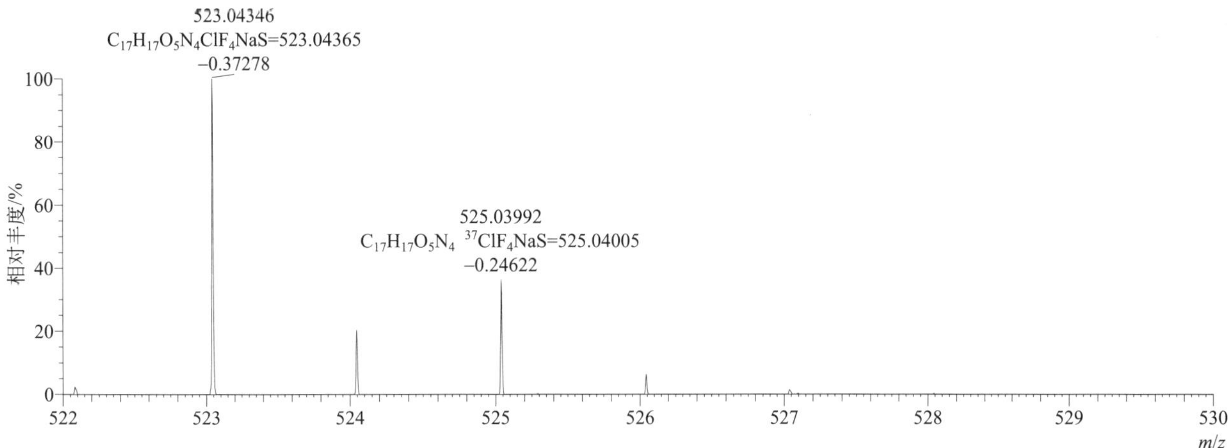

$[M+H]^+$ 归一化法能量 NCE 为 20 时典型的二级质谱图

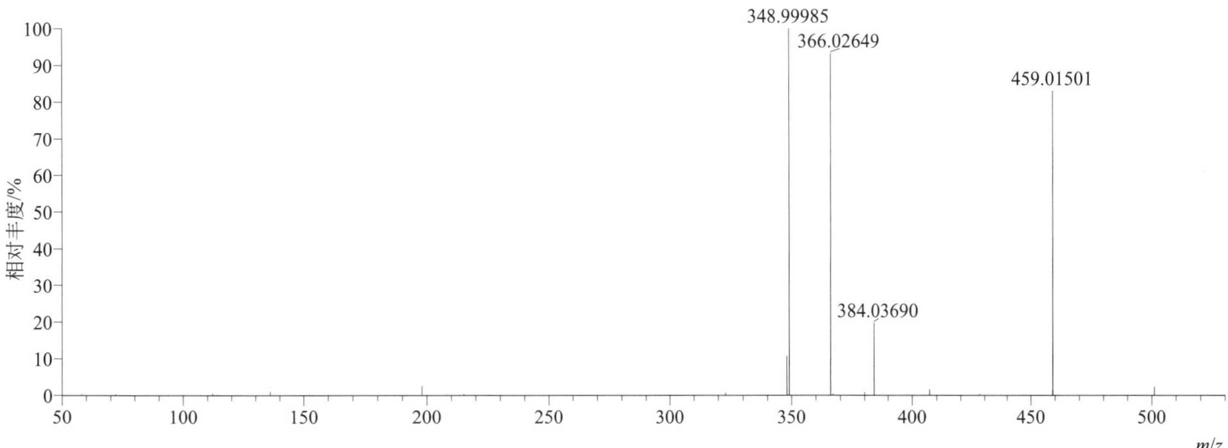

[M+H]$^+$ 归一化法能量 NCE 为 40 时典型的二级质谱图

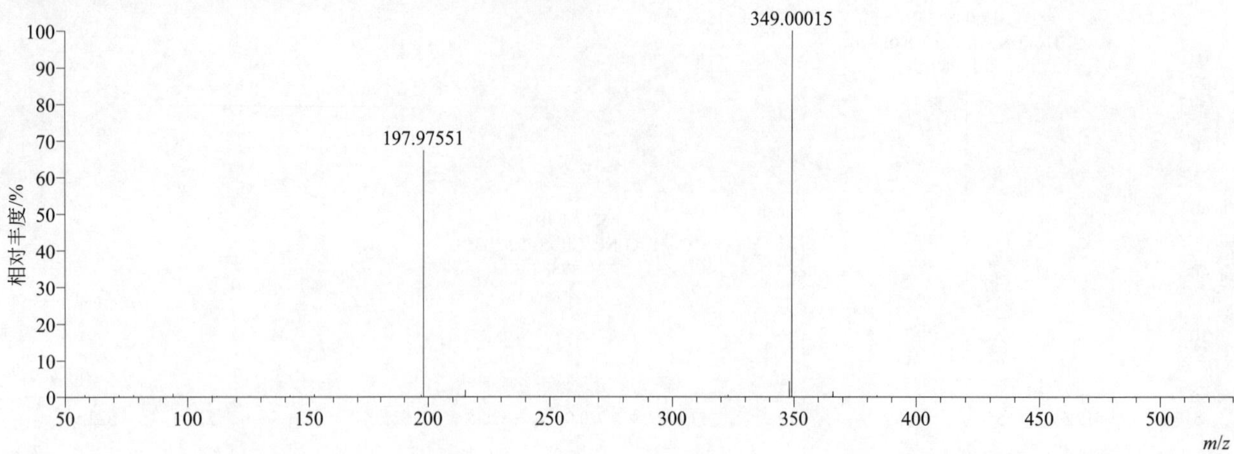

[M+H]$^+$ 归一化法能量 NCE 为 60 时典型的二级质谱图

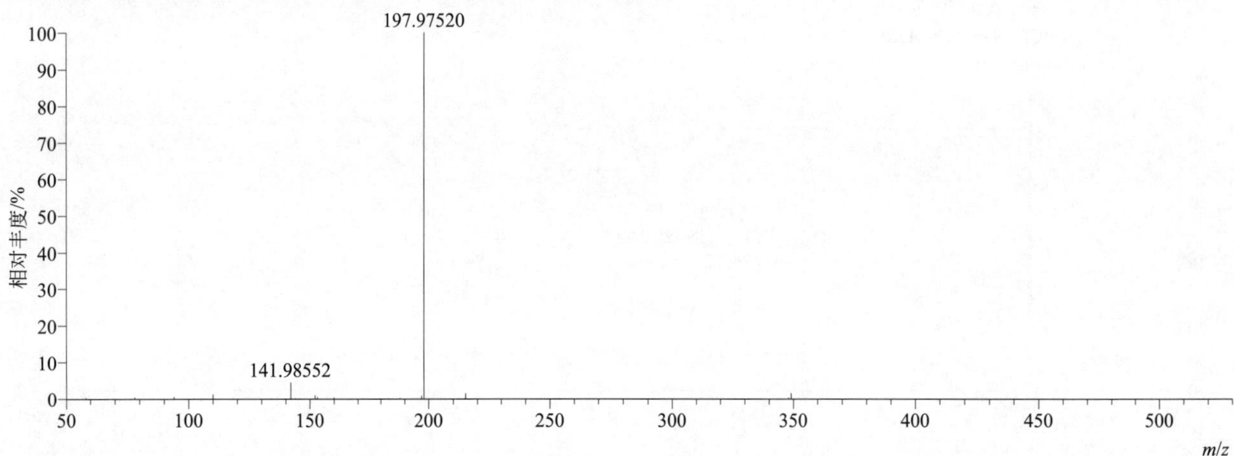

[M+H]$^+$ 阶梯归一化法能量 Step NCE 为 20、40、60 时典型的二级质谱图

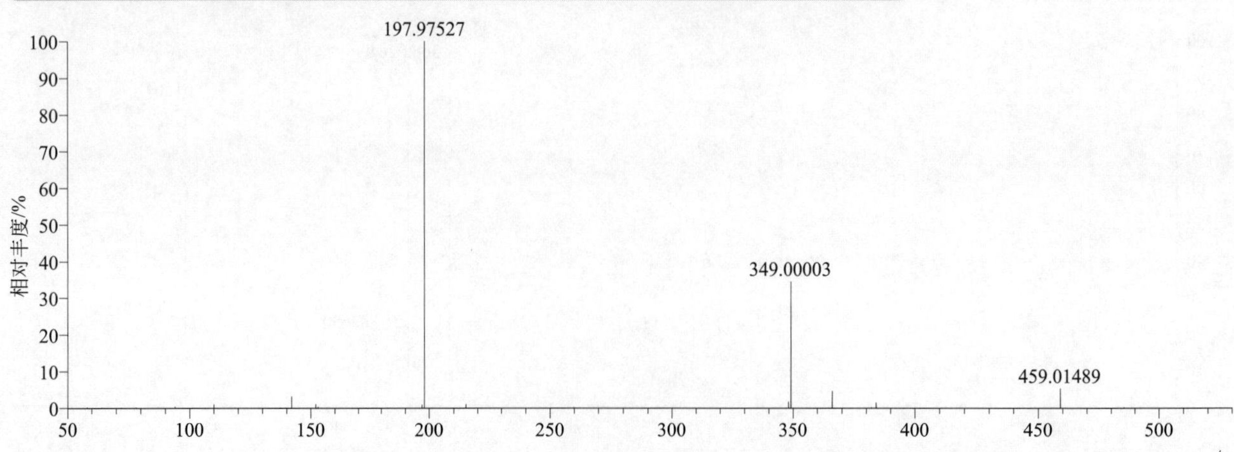

$[M+NH_4]^+$ 归一化法能量 NCE 为 20 时典型的二级质谱图

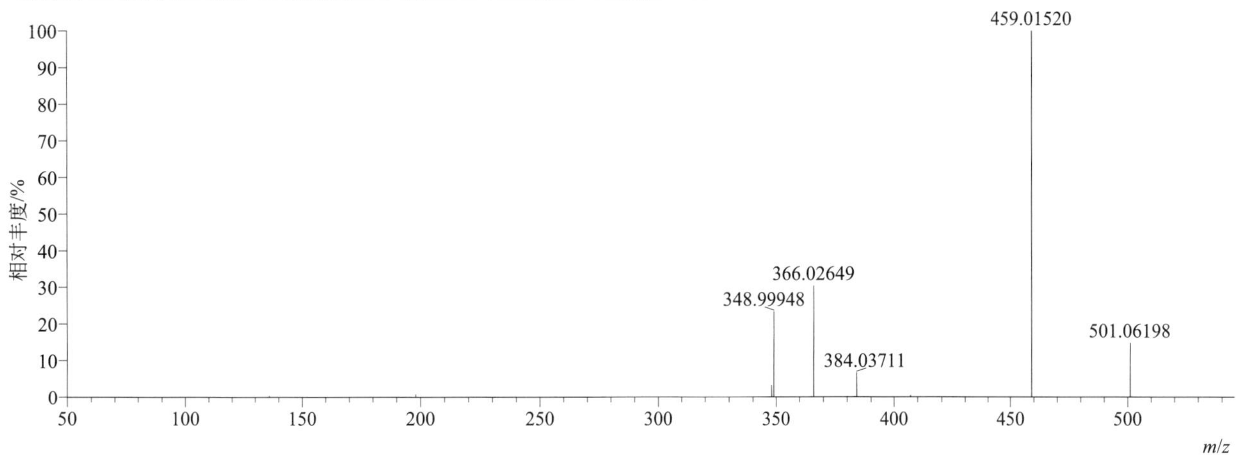

$[M+NH_4]^+$ 归一化法能量 NCE 为 40 时典型的二级质谱图

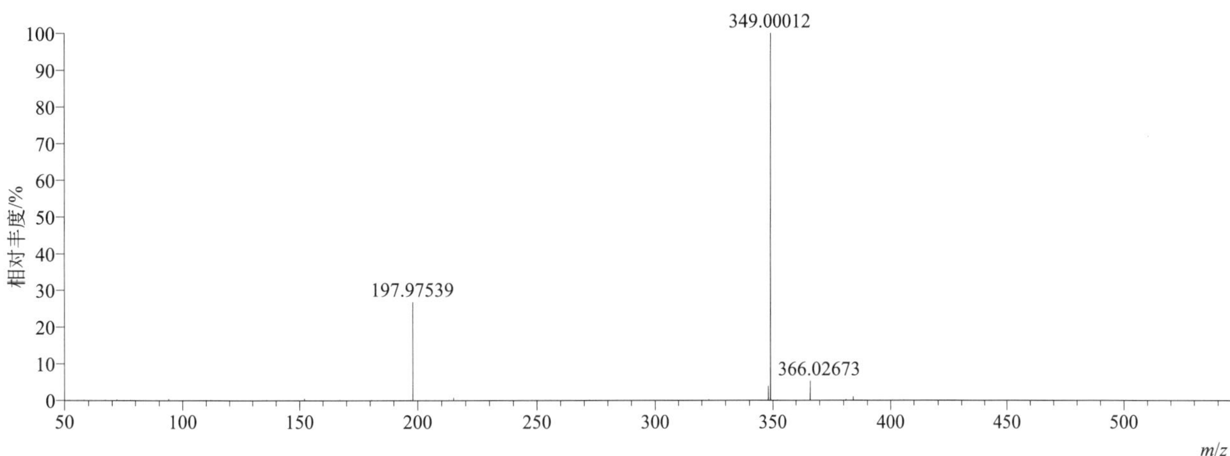

$[M+NH_4]^+$ 归一化法能量 NCE 为 60 时典型的二级质谱图

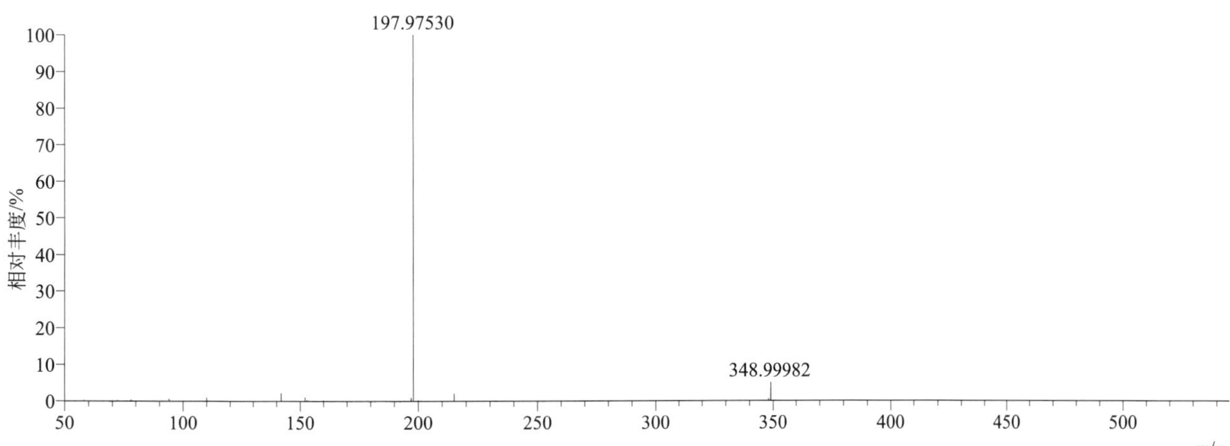

[M+NH_4]$^+$ 阶梯归一化法能量 Step NCE 为 20、40、60 时典型的二级质谱图

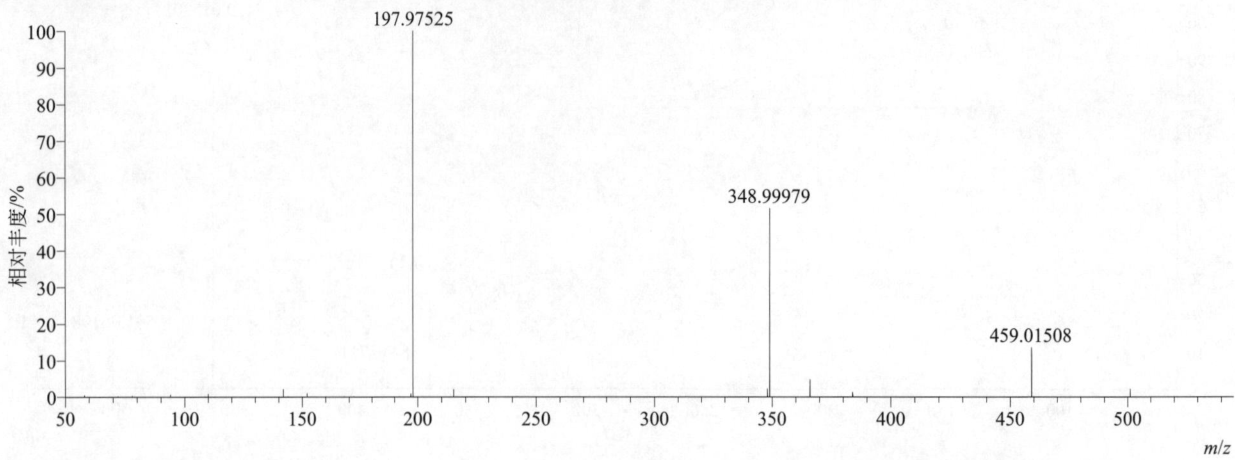

sebuthylazine-desethyl（脱乙基另丁津）

基本信息

CAS 登录号	37019-18-4	分子量	201.07812	离子源和极性	电喷雾离子源（ESI）
分子式	$C_7H_{12}ClN_5$	保留时间	12.91min	极性	正模式

[M+H]$^+$ 提取离子流色谱图

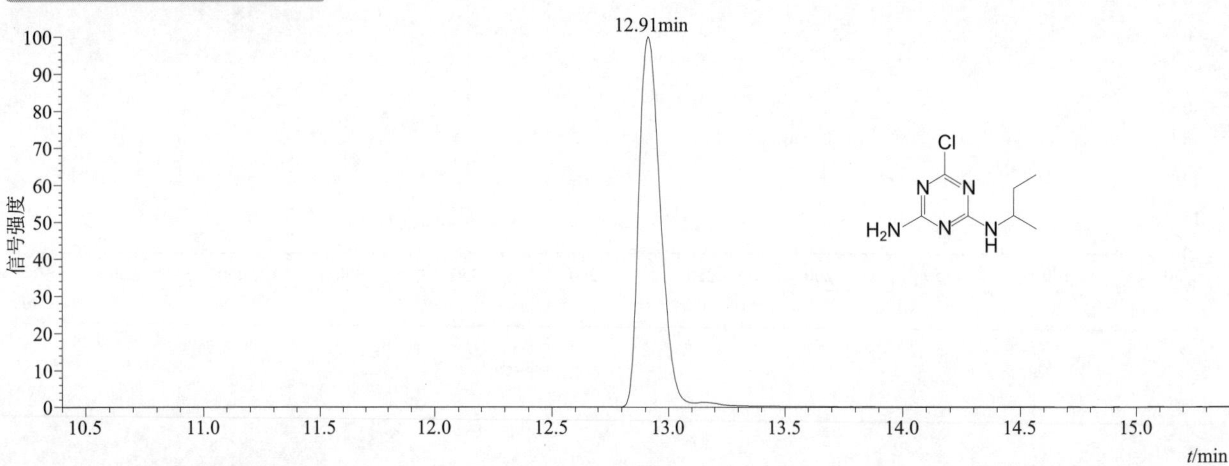

[M+H]$^+$ 典型的一级质谱图

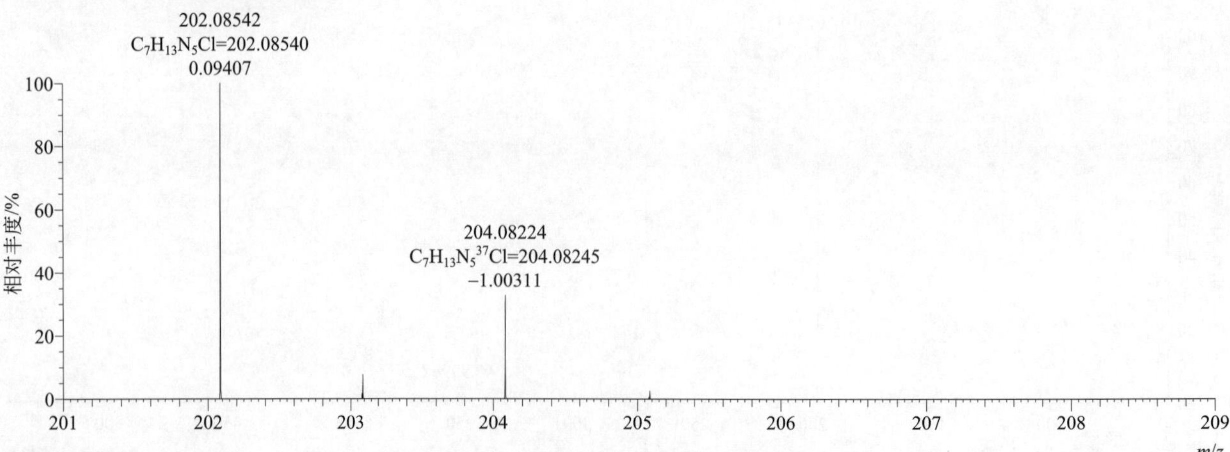

[M+H]+ 归一化法能量 NCE 为 20 时典型的二级质谱图

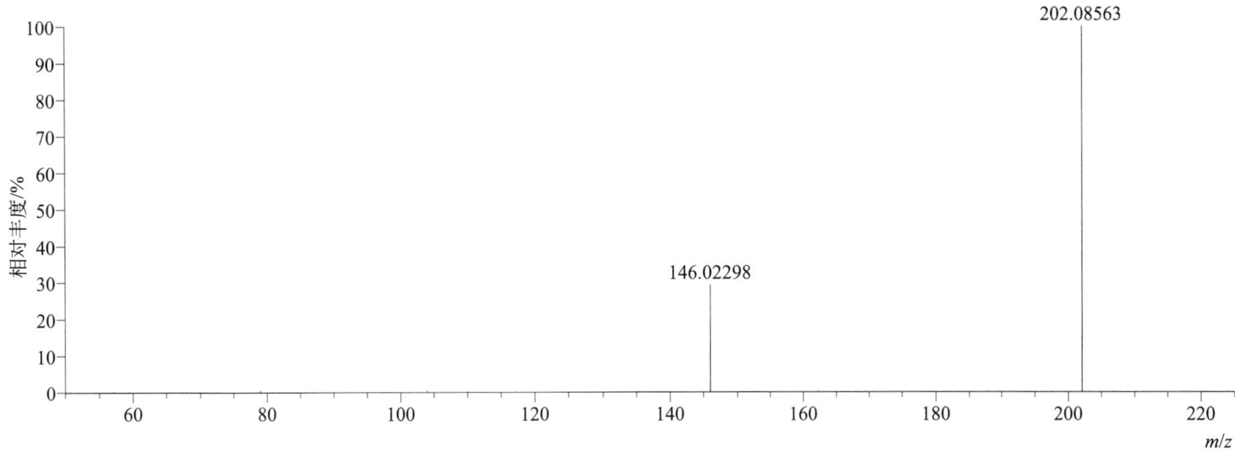

[M+H]+ 归一化法能量 NCE 为 40 时典型的二级质谱图

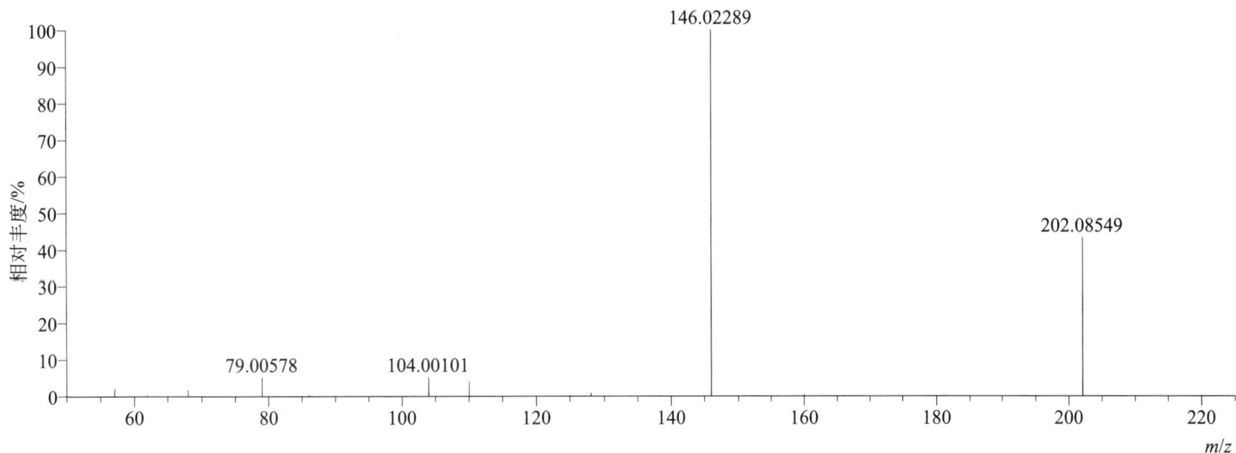

[M+H]+ 归一化法能量 NCE 为 60 时典型的二级质谱图

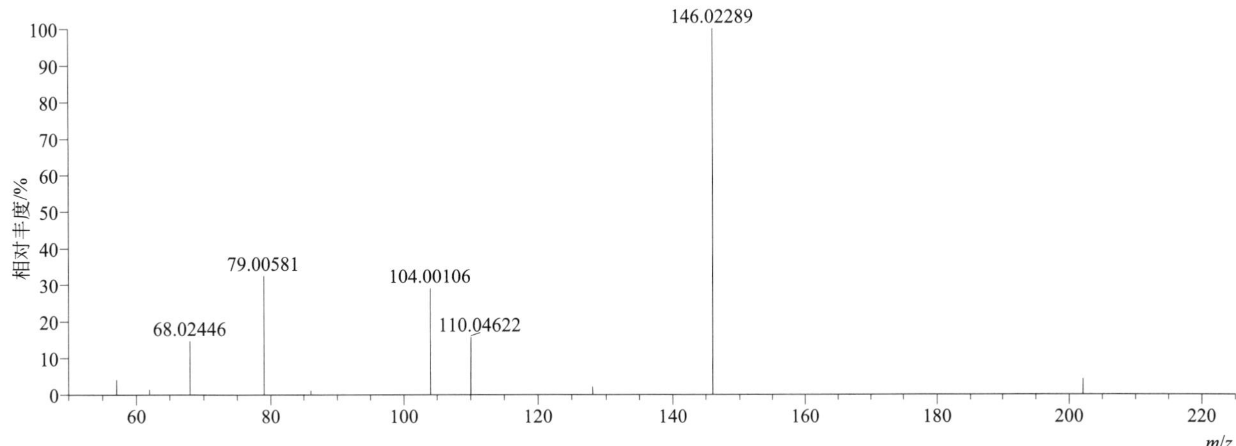

[M+H]+ 阶梯归一化法能量 Step NCE 为 20、40、60 时典型的二级质谱图

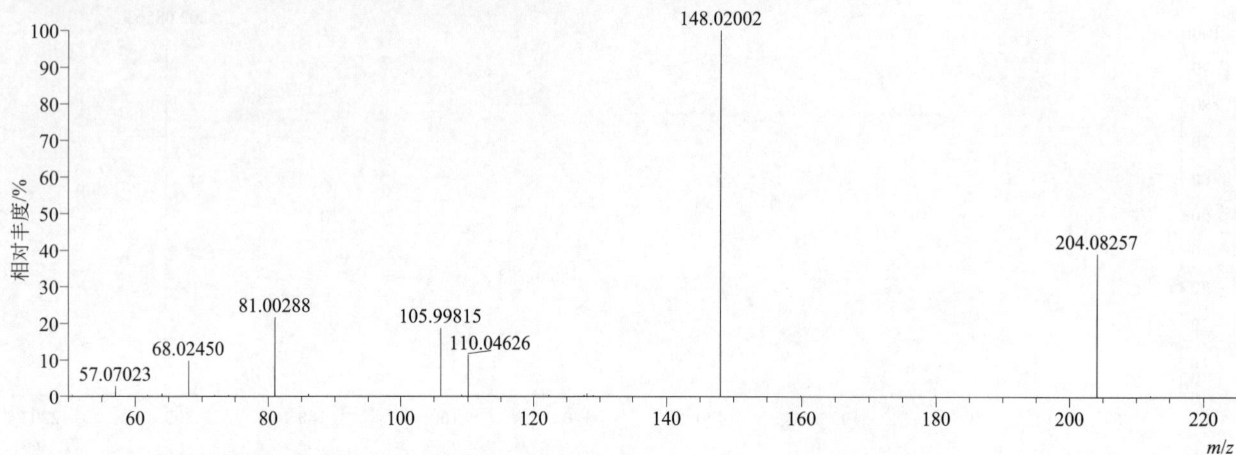

sebuthylazine（另丁津）

基本信息

CAS 登录号	7286-69-3	分子量	229.10942	离子源和极性	电喷雾离子源（ESI）
分子式	$C_9H_{16}ClN_5$	保留时间	14.24min	极性	正模式

[M+H]+ 提取离子流色谱图

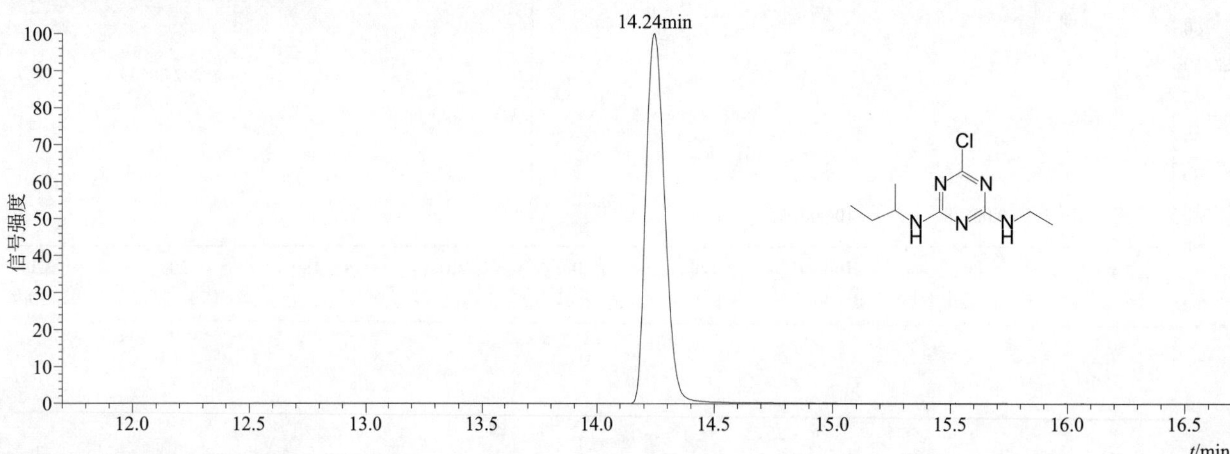

[M+H]+ 典型的一级质谱图

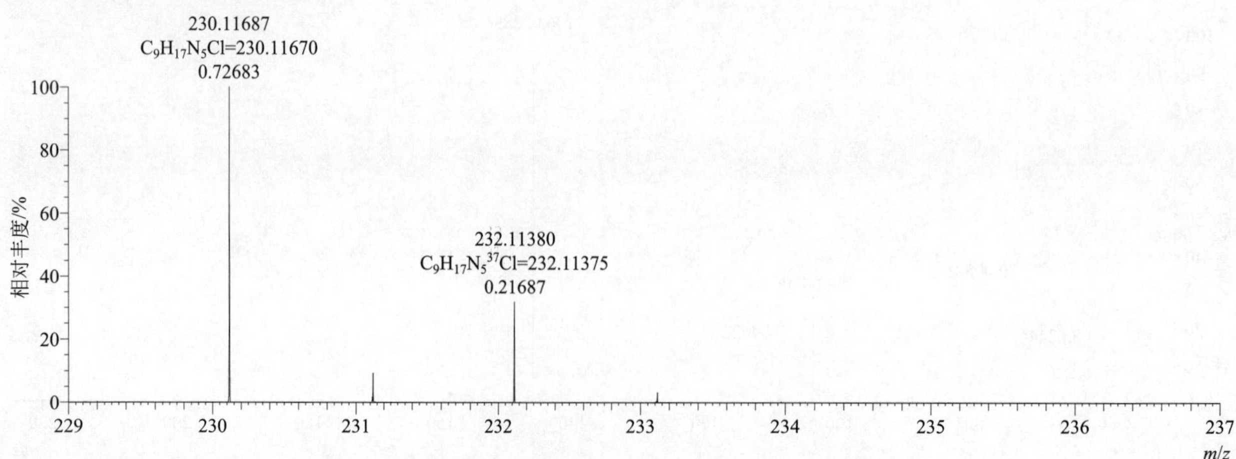

[M+H]+ 归一化法能量 NCE 为 20 时典型的二级质谱图

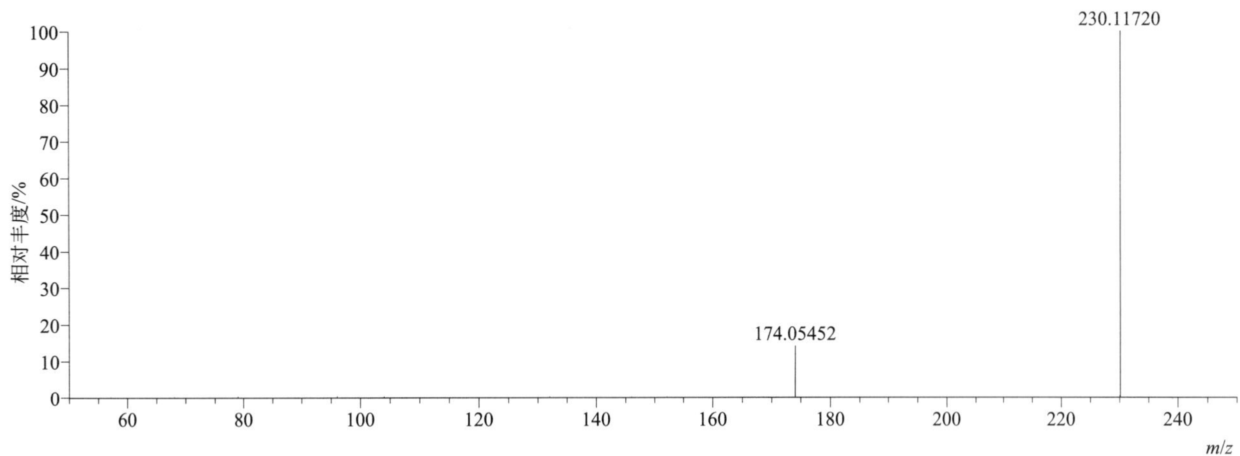

[M+H]+ 归一化法能量 NCE 为 40 时典型的二级质谱图

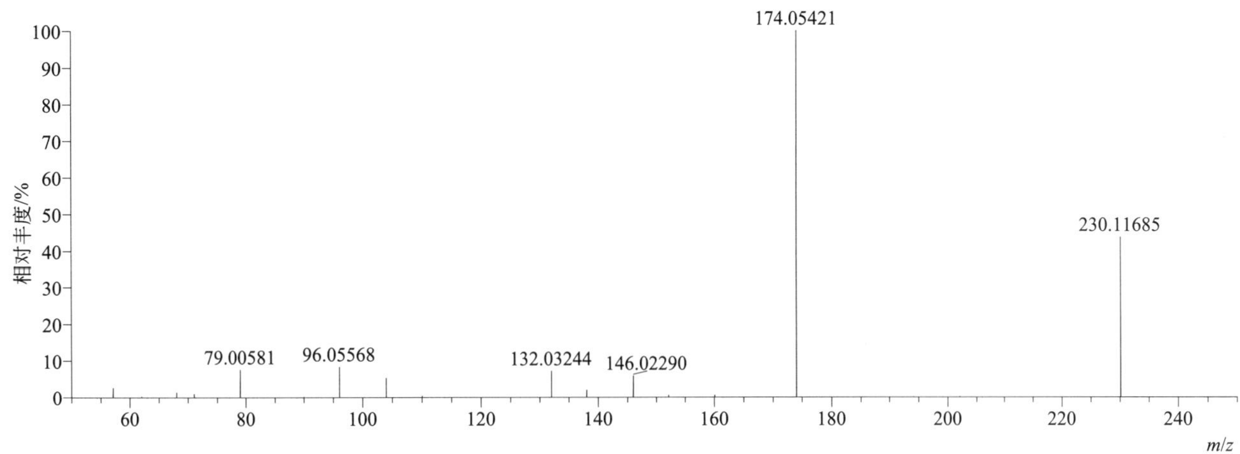

[M+H]+ 归一化法能量 NCE 为 60 时典型的二级质谱图

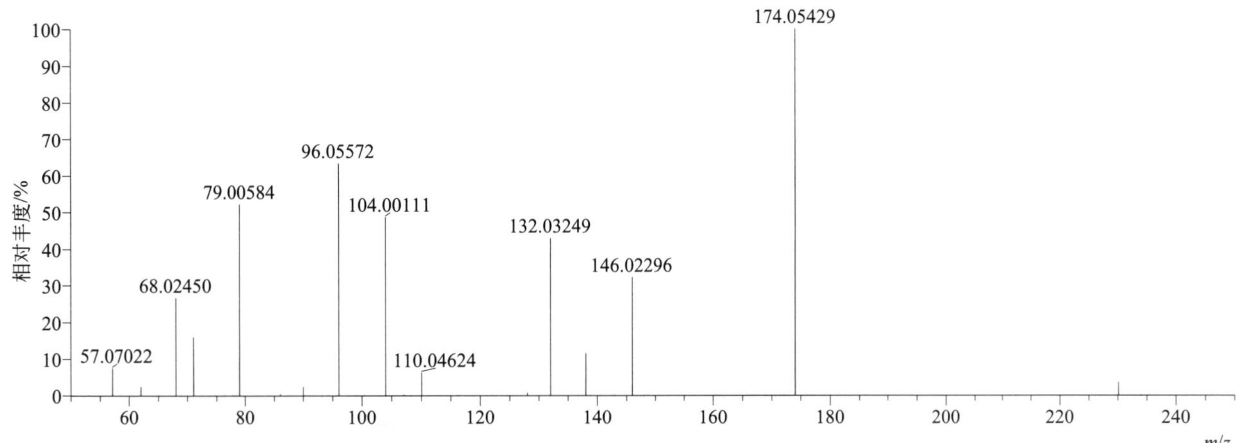

[M+H]+ 阶梯归一化法能量 Step NCE 为 20、40、60 时典型的二级质谱图

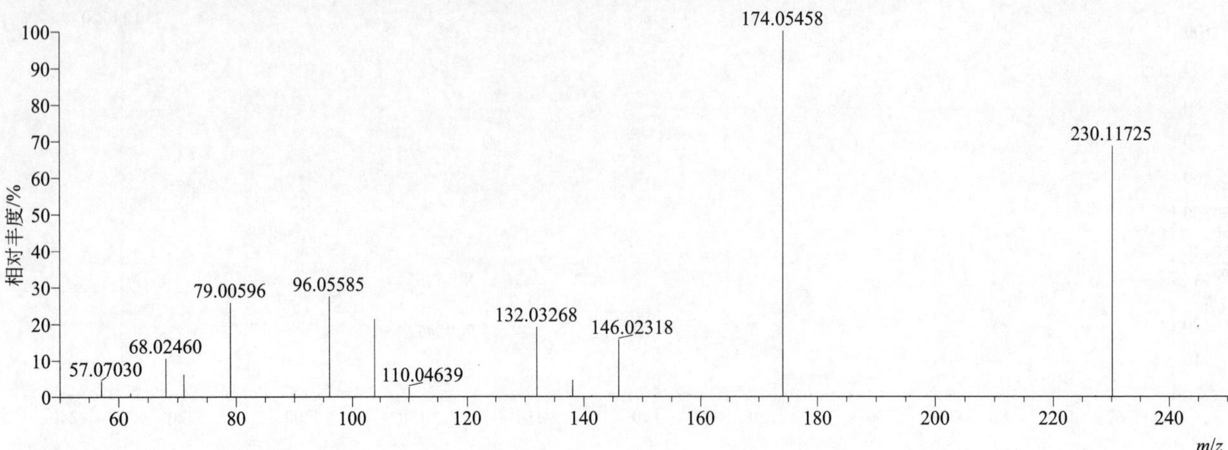

secbumeton（仲丁通）

基本信息

CAS 登录号	26259-45-0	分子量	225.15896	离子源和极性	电喷雾离子源（ESI）
分子式	$C_{10}H_{19}N_5O$	保留时间	13.55min	极性	正模式

[M+H]+ 提取离子流色谱图

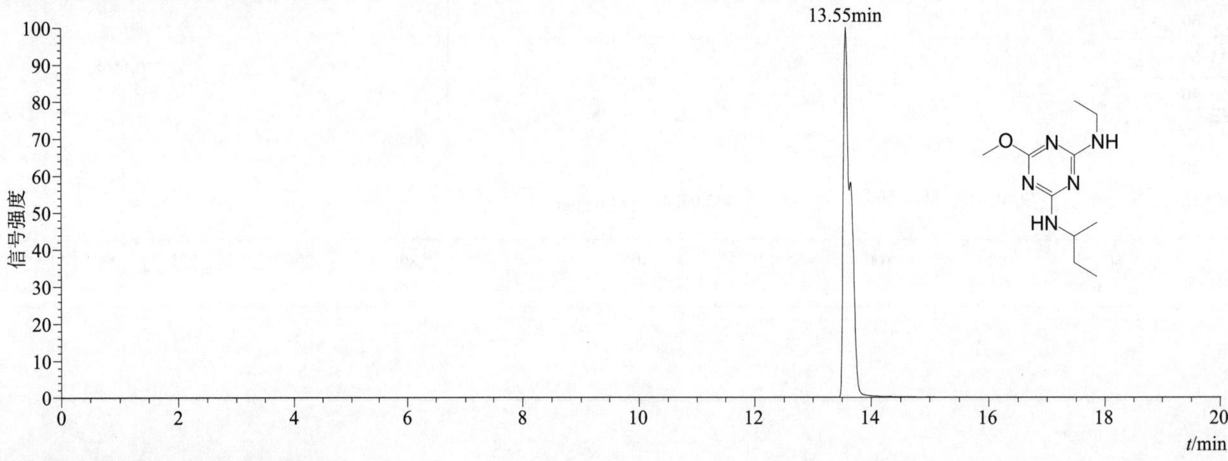

[M+H]+ 典型的一级质谱图

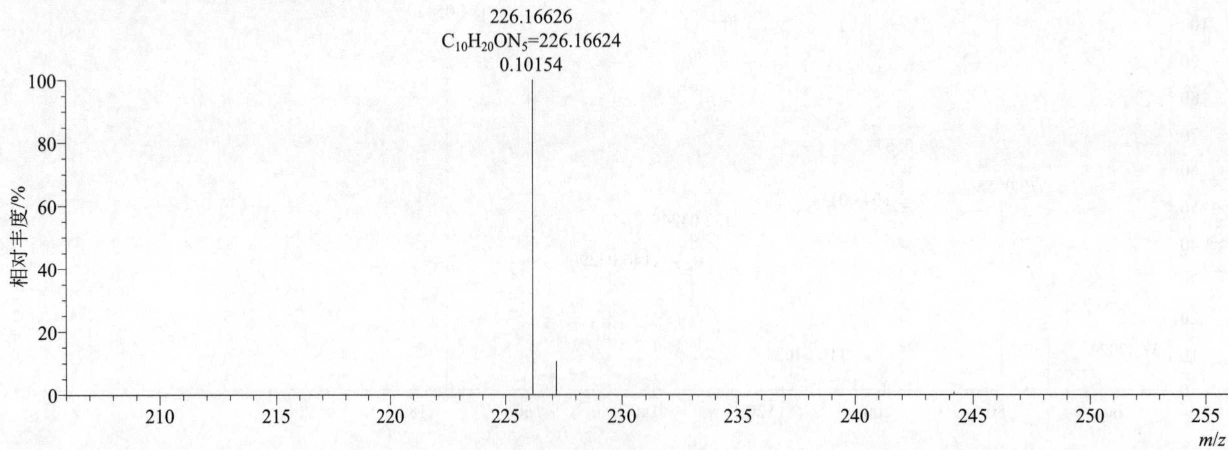

[M+H]+ 归一化法能量 NCE 为 20 时典型的二级质谱图

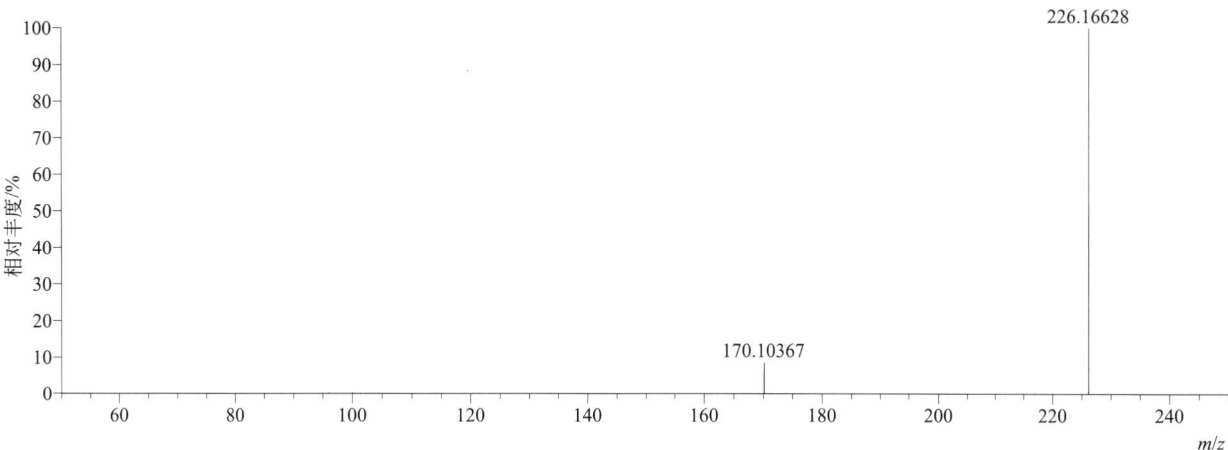

[M+H]+ 归一化法能量 NCE 为 40 时典型的二级质谱图

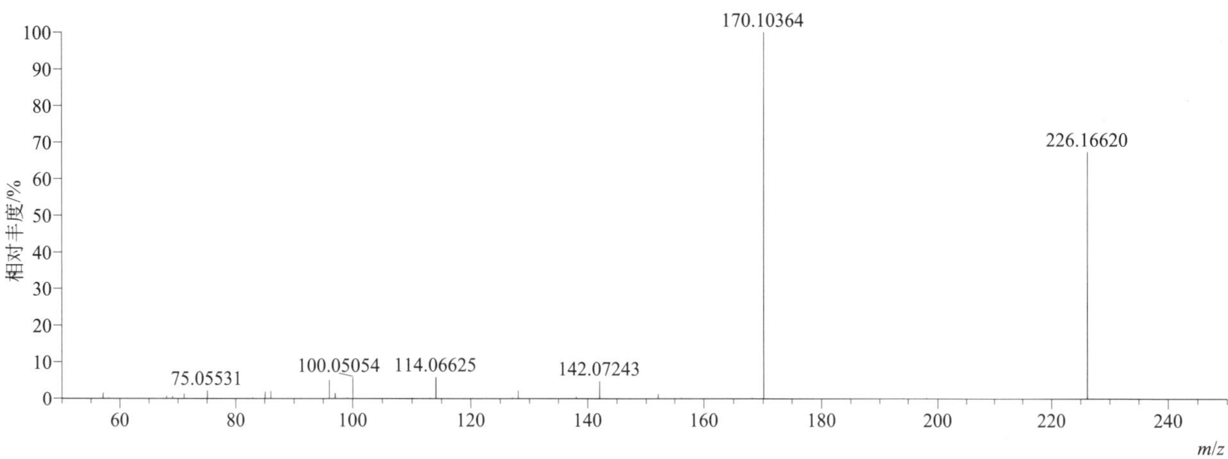

[M+H]+ 归一化法能量 NCE 为 60 时典型的二级质谱图

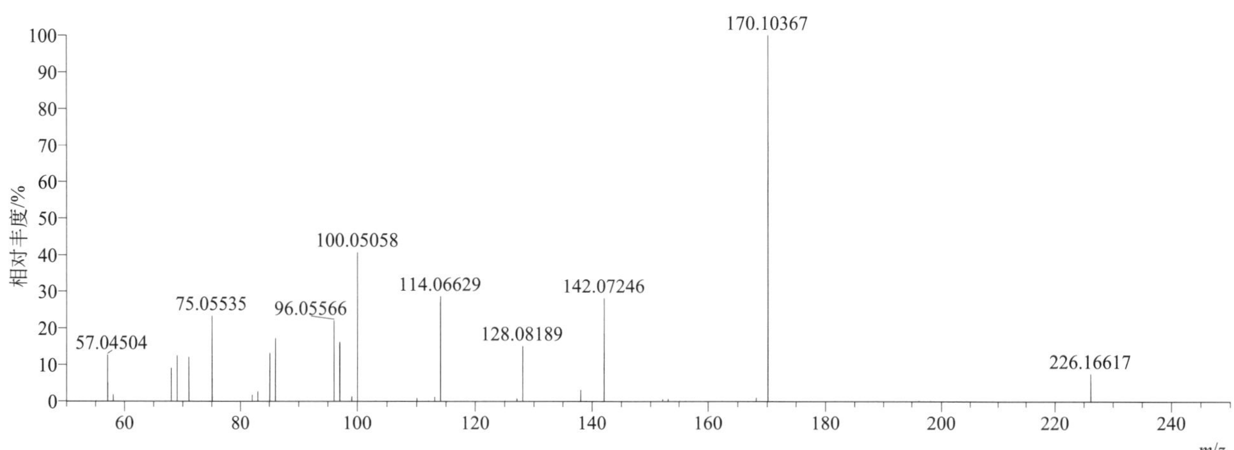

[M+H]+ 阶梯归一化法能量 Step NCE 为 20、40、60 时典型的二级质谱图

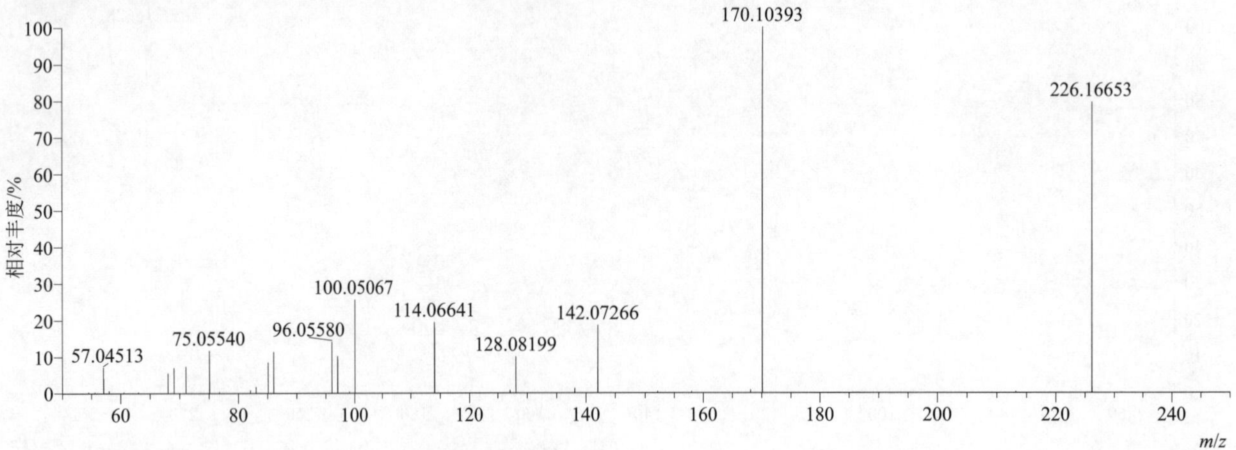

sethoxydim（烯禾啶）

基本信息

CAS 登录号	74051-80-2	分子量	327.18681	离子源和极性	电喷雾离子源（ESI）
分子式	$C_{17}H_{29}NO_3S$	保留时间	15.74min	极性	正模式

[M+H]+ 提取离子流色谱图

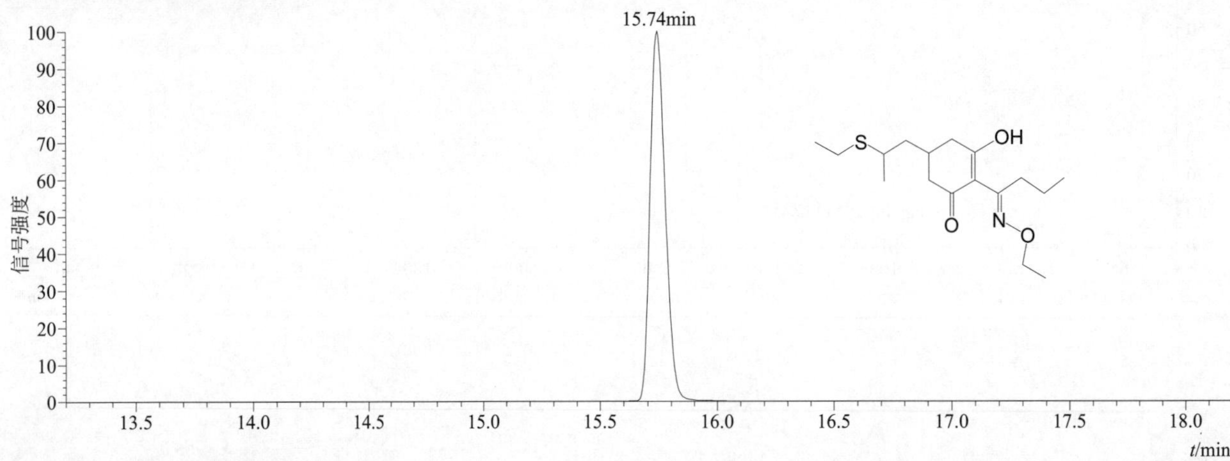

[M+H]+ 典型的一级质谱图

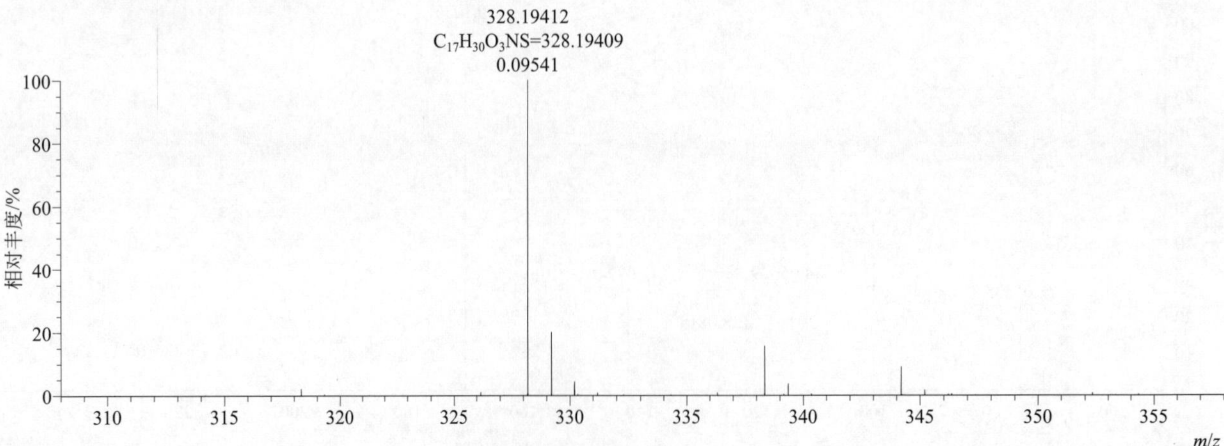

[M+H]+ 归一化法能量 NCE 为 20 时典型的二级质谱图

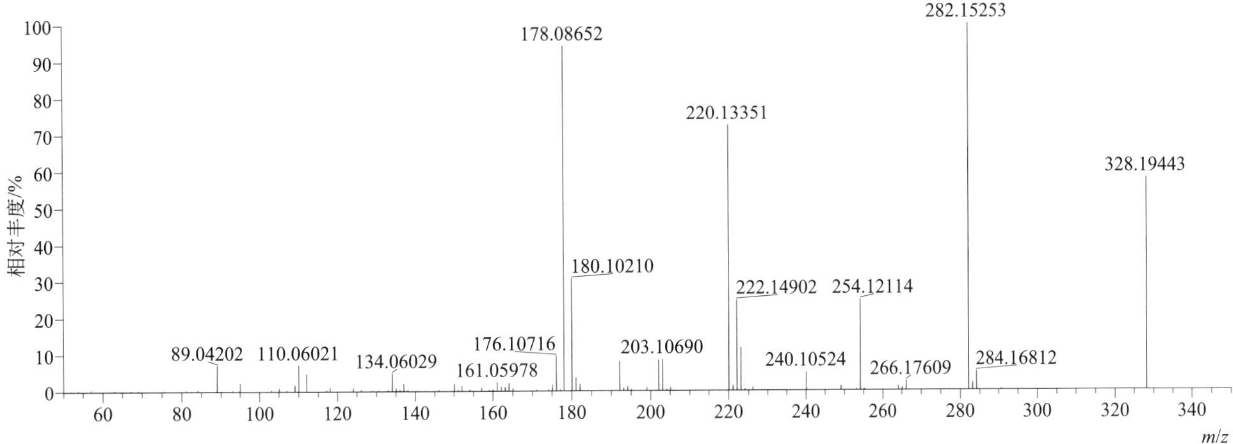

[M+H]+ 归一化法能量 NCE 为 40 时典型的二级质谱图

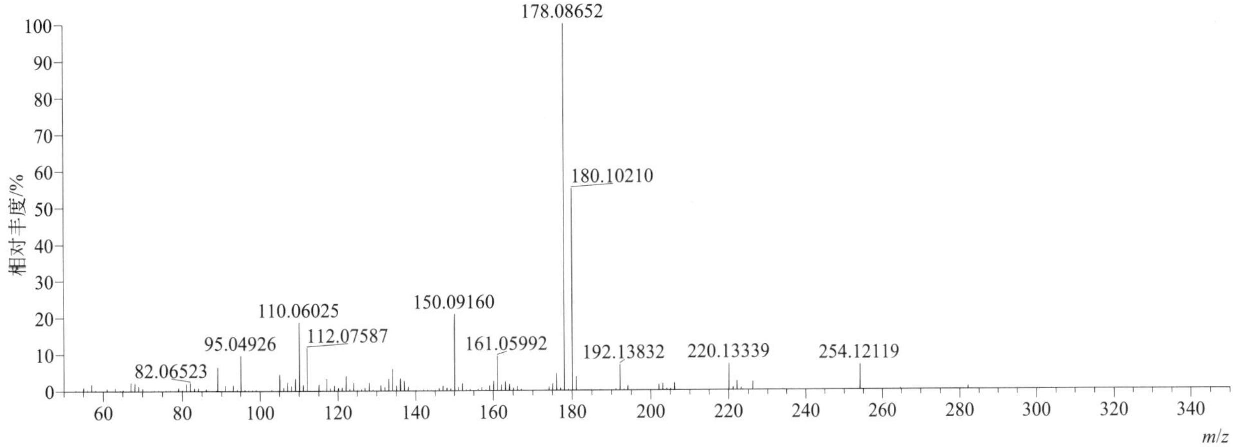

[M+H]+ 归一化法能量 NCE 为 60 时典型的二级质谱图

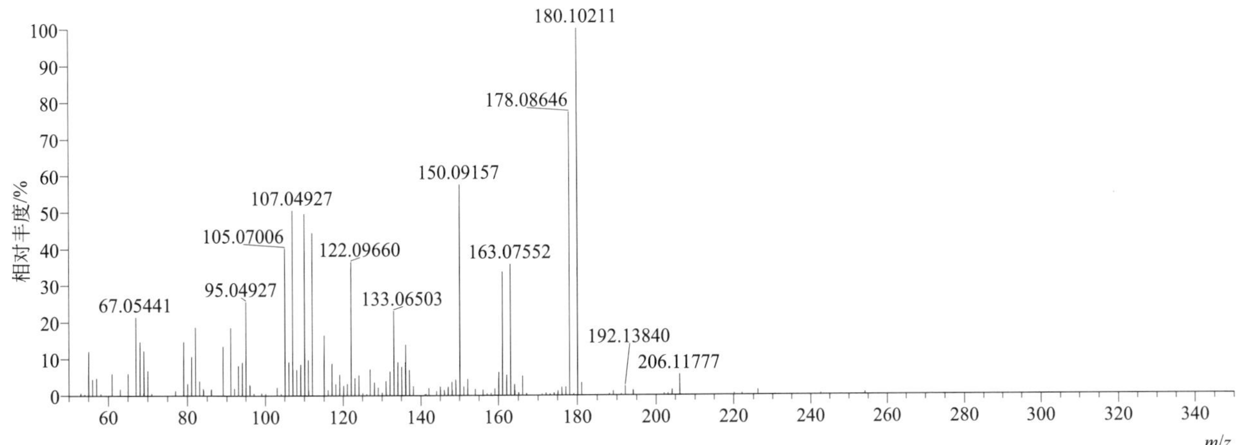

[M+H]⁺ 阶梯归一化法能量 Step NCE 为 20、40、60 时典型的二级质谱图

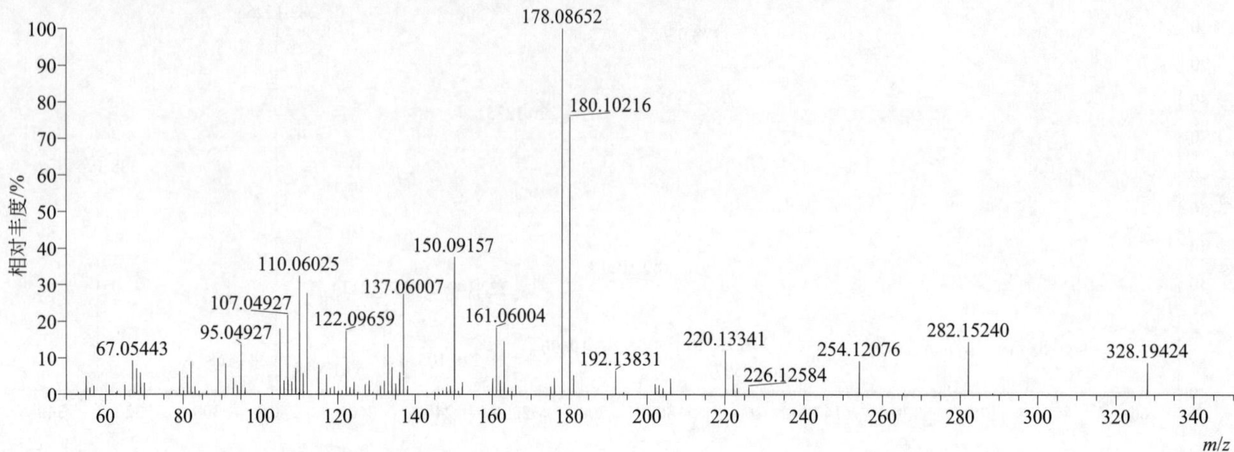

siduron（环草隆）

基本信息

CAS 登录号	1982-49-6	分子量	232.15756	离子源和极性	电喷雾离子源（ESI）
分子式	$C_{14}H_{20}N_2O$	保留时间	14.29min	极性	正模式

[M+H]⁺ 提取离子流色谱图

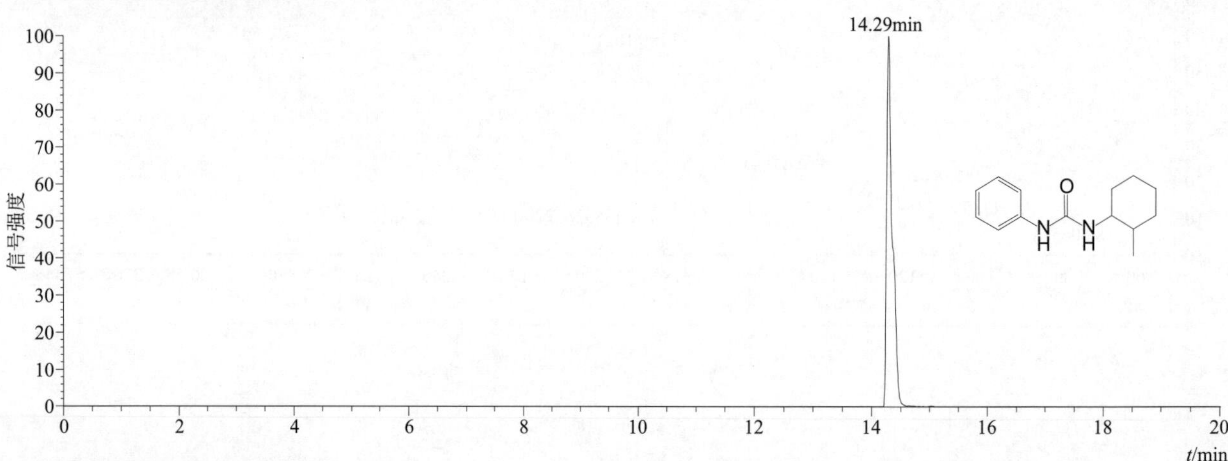

[M+H]⁺ 典型的一级质谱图

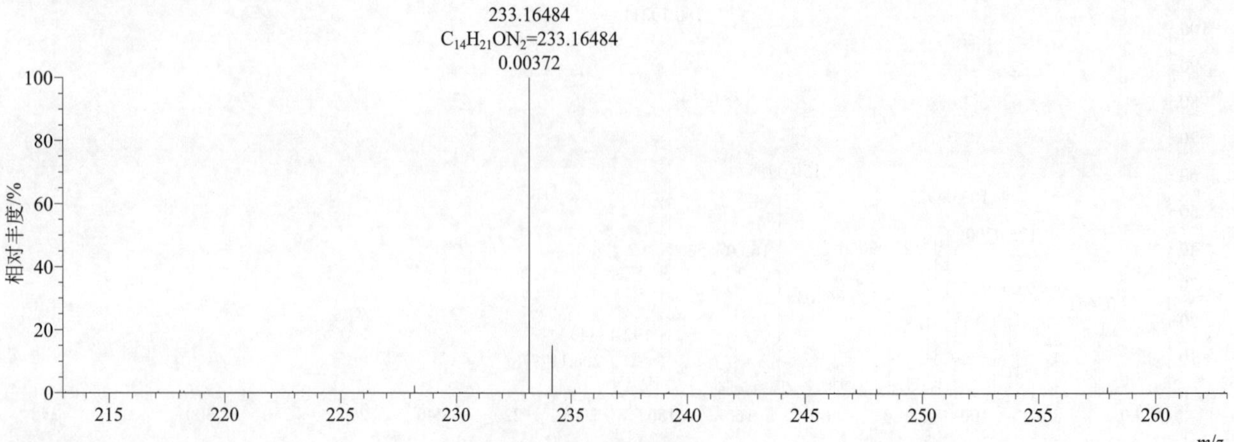

[M+H]$^+$ 归一化法能量 NCE 为 20 时典型的二级质谱图

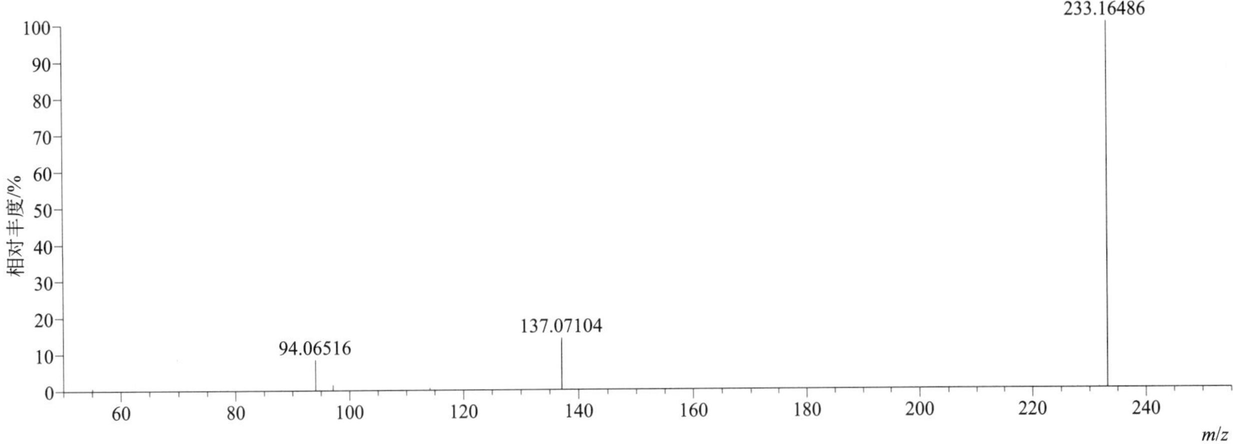

[M+H]$^+$ 归一化法能量 NCE 为 40 时典型的二级质谱图

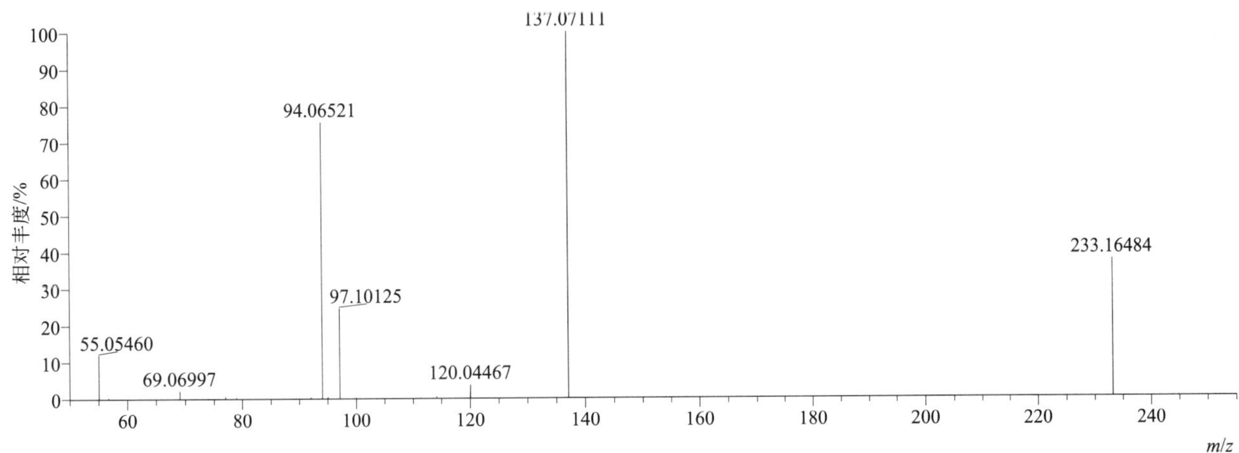

[M+H]$^+$ 归一化法能量 NCE 为 60 时典型的二级质谱图

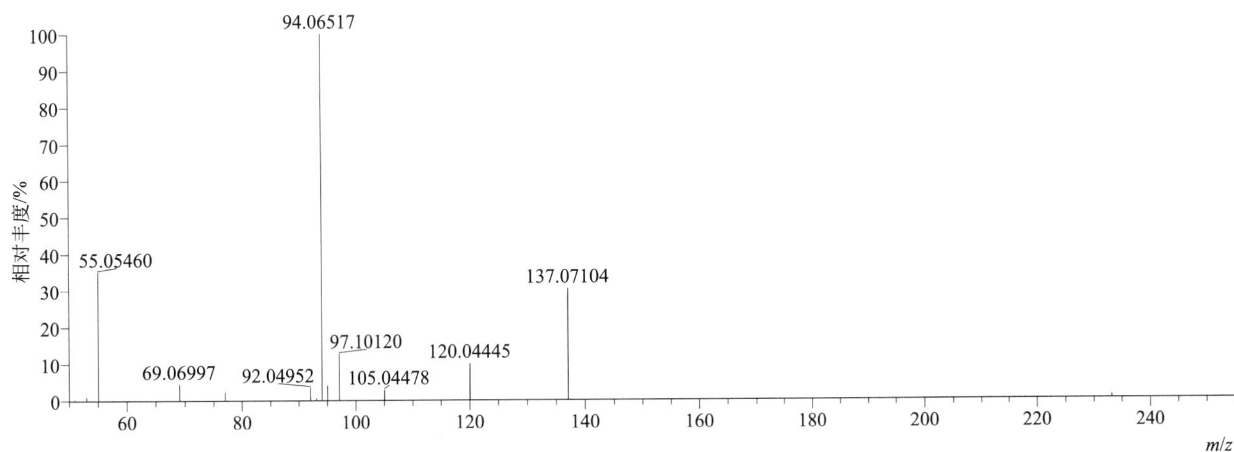

[M+H]$^+$ 阶梯归一化法能量 Step NCE 为 20、40、60 时典型的二级质谱图

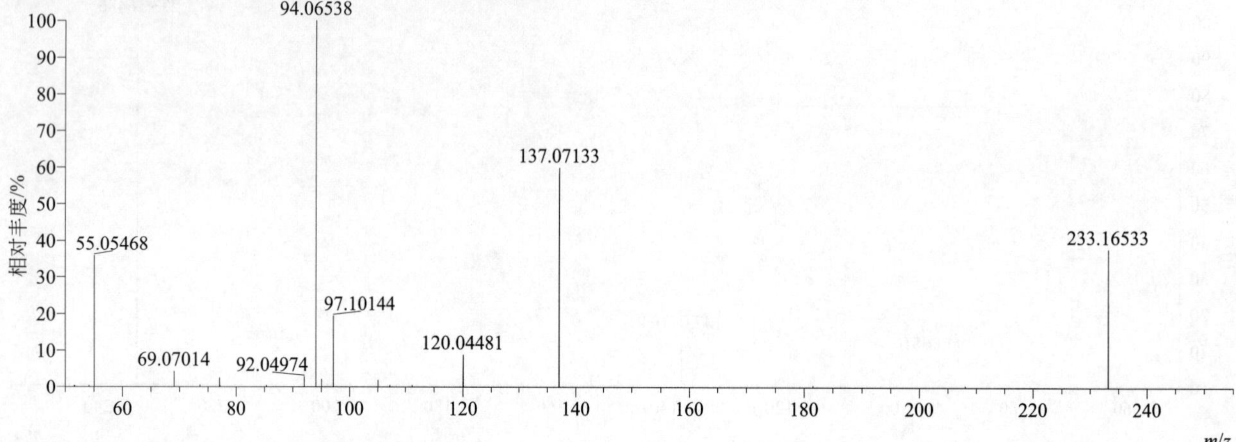

simazine（西玛津）

基本信息

CAS 登录号	122-34-9	分子量	201.07812	离子源和极性	电喷雾离子源（ESI）
分子式	$C_7H_{12}ClN_5$	保留时间	13.15min	极性	正模式

[M+H]$^+$ 提取离子流色谱图

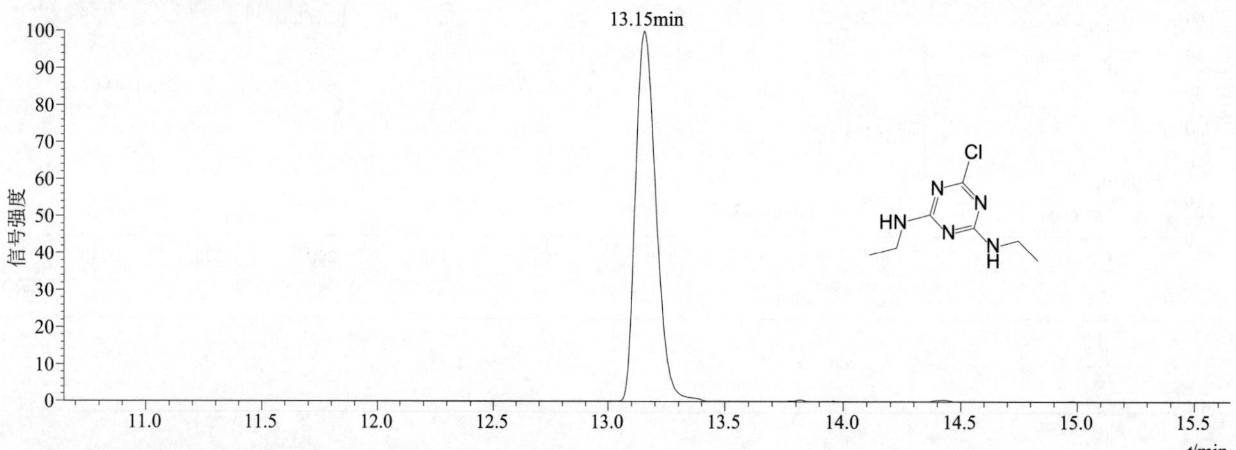

[M+H]$^+$ 典型的一级质谱图

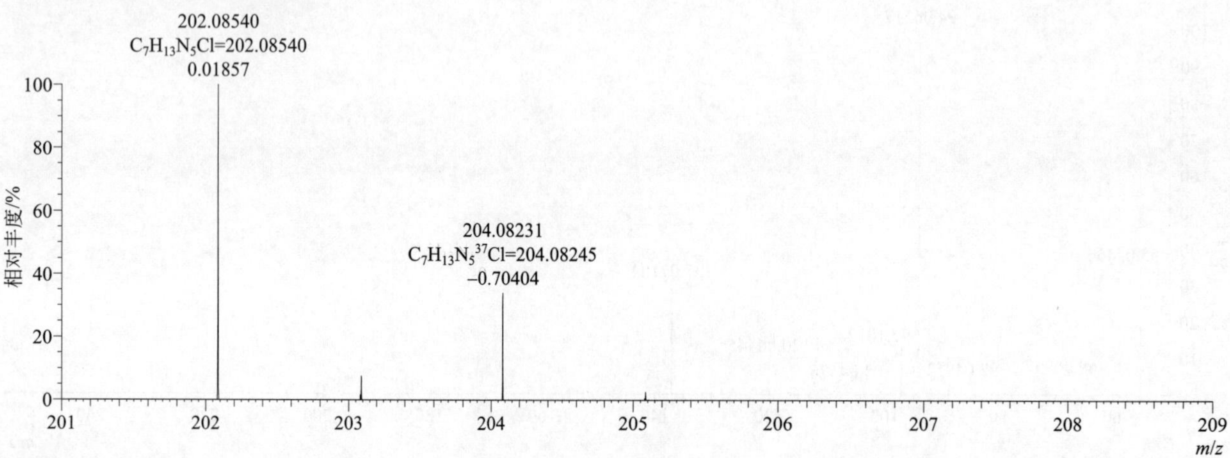

[M+H]$^+$ 归一化法能量 NCE 为 60 时典型的二级质谱图

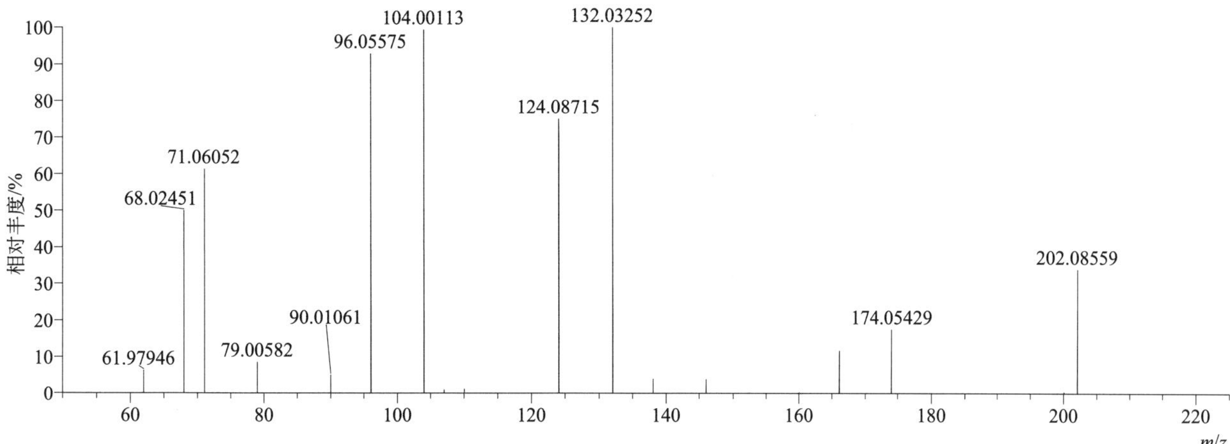

[M+H]$^+$ 归一化法能量 NCE 为 80 时典型的二级质谱图

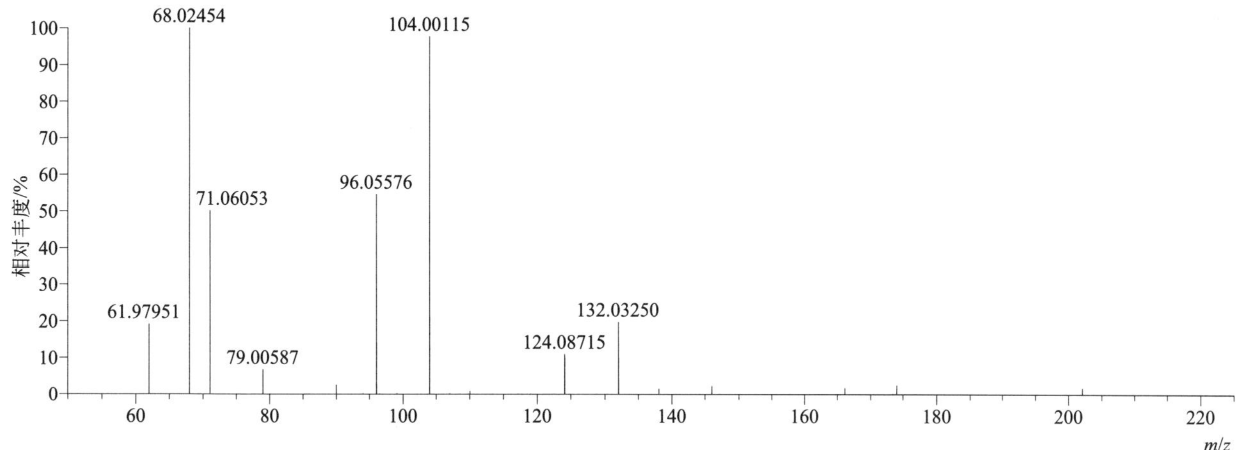

[M+H]$^+$ 归一化法能量 NCE 为 100 时典型的二级质谱图

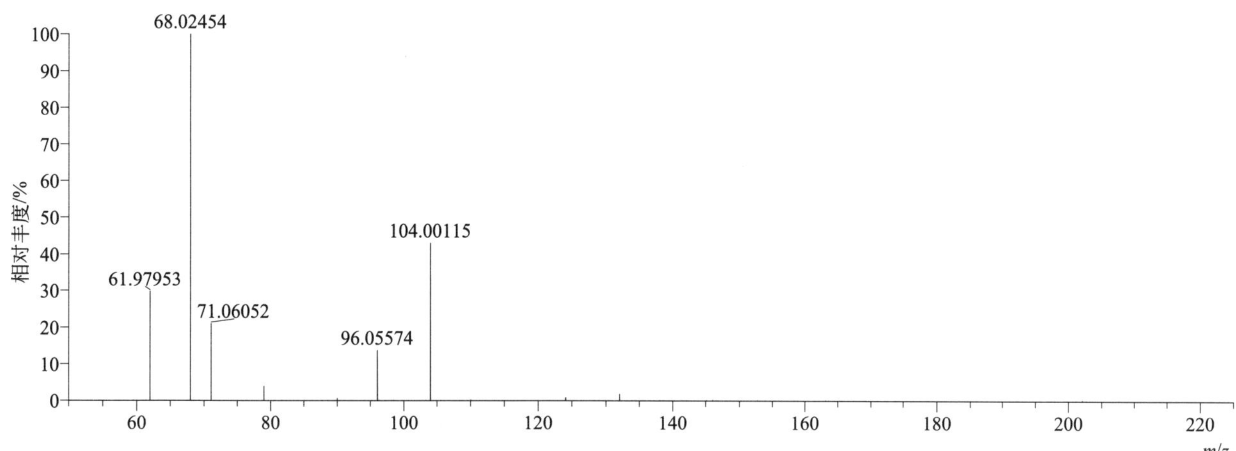

[M+H]+ 阶梯归一化法能量 Step NCE 为 60、80、100 时典型的二级质谱图

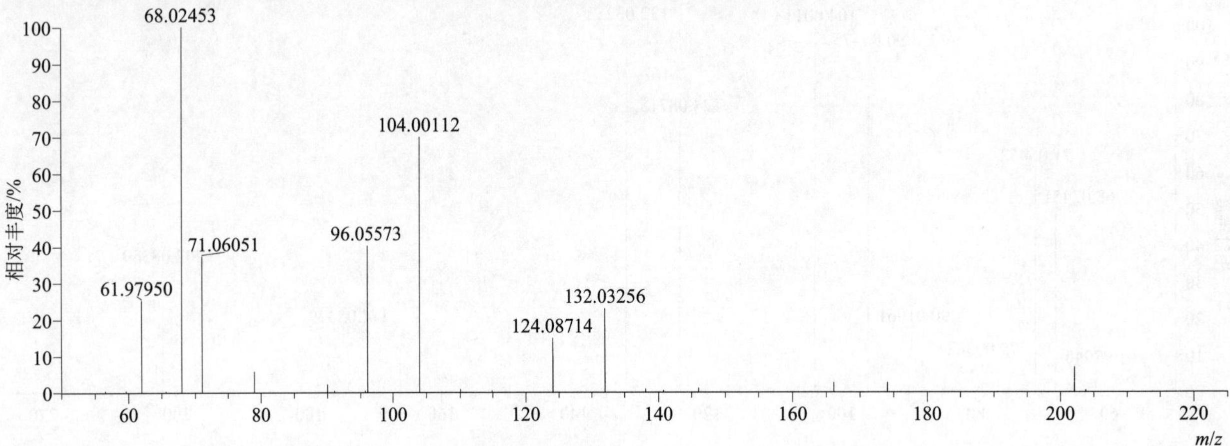

simeconazole（硅氟唑）

基本信息

CAS 登录号	149508-90-7	分子量	293.13597	离子源和极性	电喷雾离子源（ESI）
分子式	$C_{14}H_{20}FN_3OSi$	保留时间	14.72min	极性	正模式

[M+H]+ 提取离子流色谱图

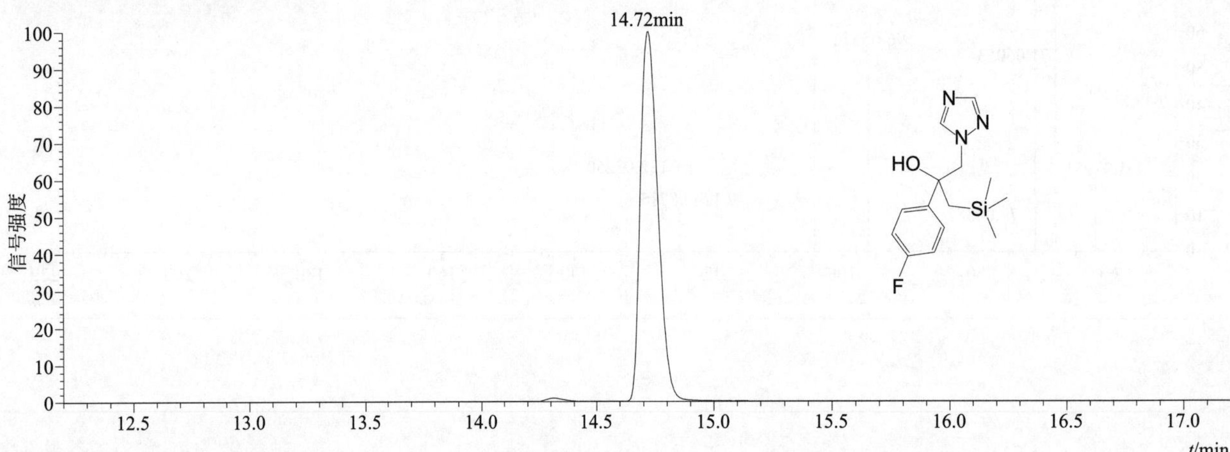

[M+H]+ 典型的一级质谱图

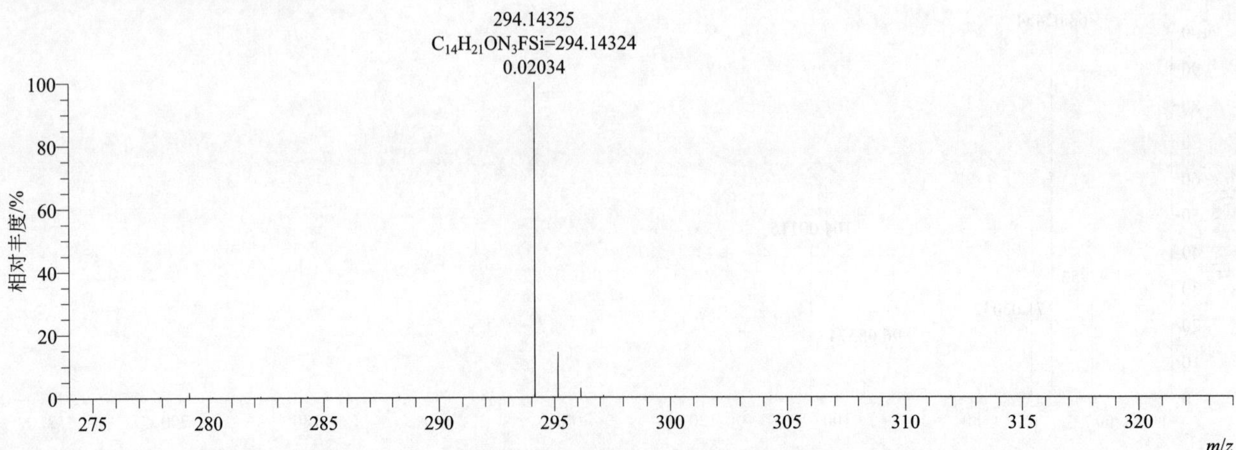

[M+H]$^+$ 归一化法能量 NCE 为 20 时典型的二级质谱图

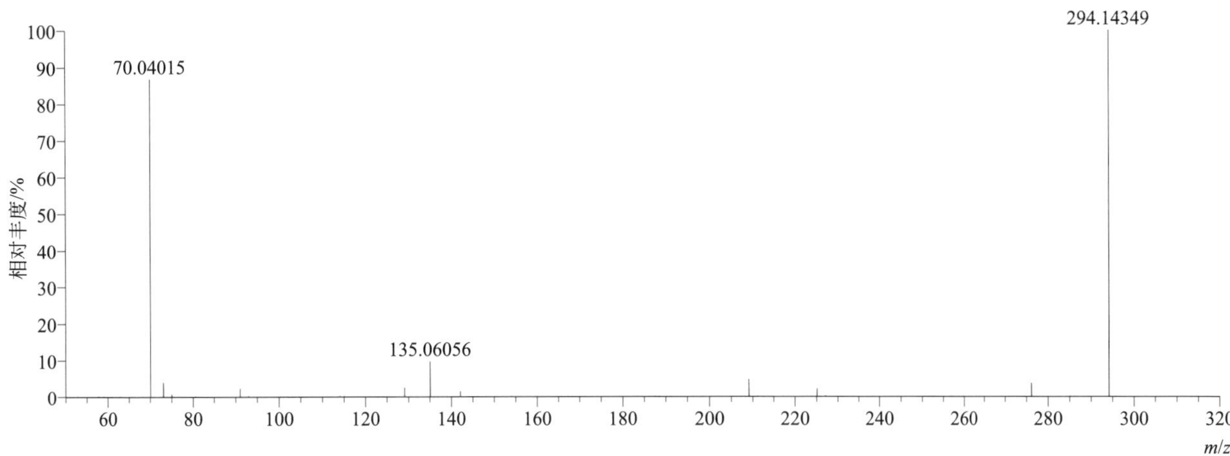

[M+H]$^+$ 归一化法能量 NCE 为 40 时典型的二级质谱图

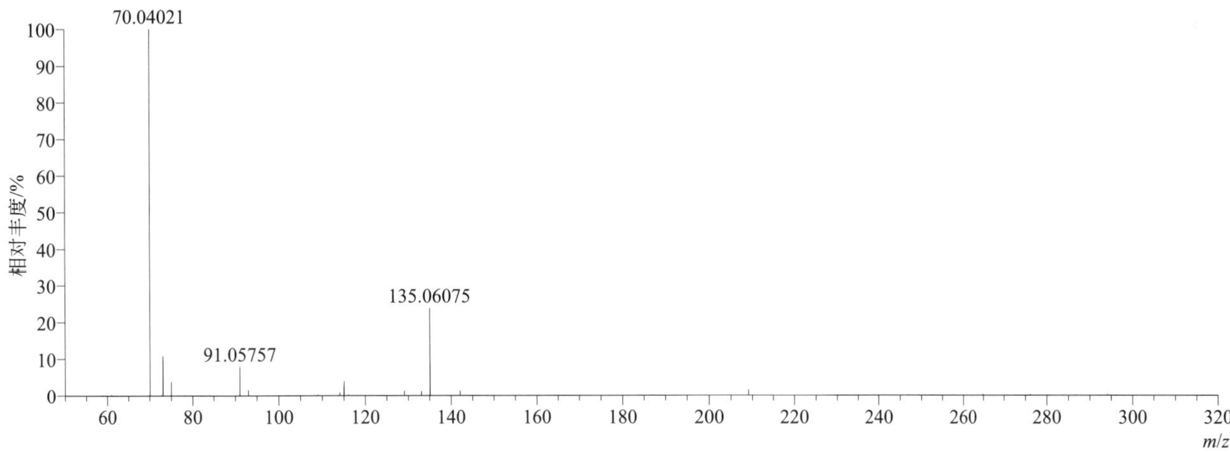

[M+H]$^+$ 归一化法能量 NCE 为 60 时典型的二级质谱图

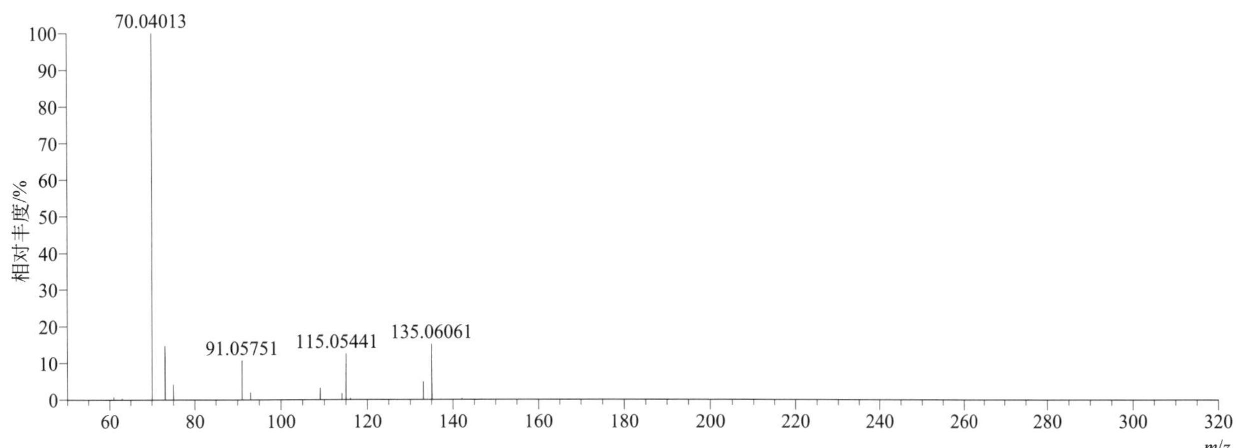

[M+H]+ 阶梯归一化法能量 Step NCE 为 20、40、60 时典型的二级质谱图

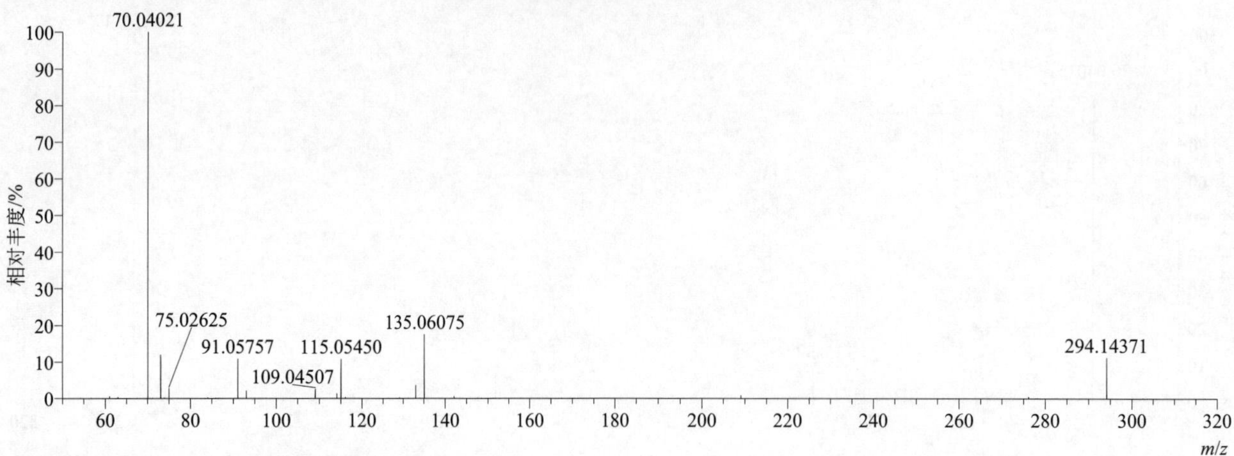

simeton（西玛通）

基本信息

CAS 登录号	673-04-1	分子量	197.12766	离子源和极性	电喷雾离子源（ESI）
分子式	$C_8H_{15}N_5O$	保留时间	12.19min	极性	正模式

[M+H]+ 提取离子流色谱图

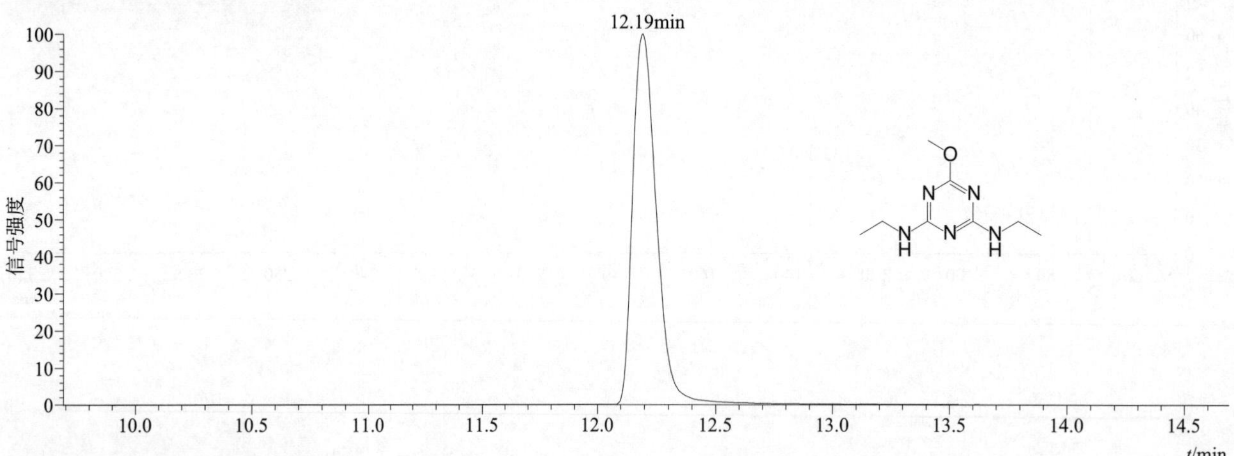

[M+H]+ 典型的一级质谱图

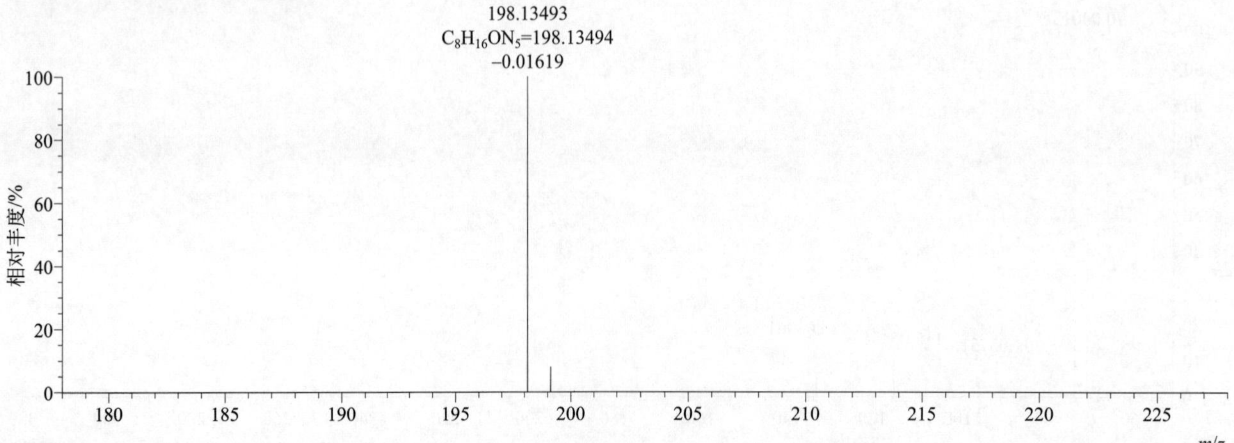

[M+H]$^+$ 归一化法能量 NCE 为 60 时典型的二级质谱图

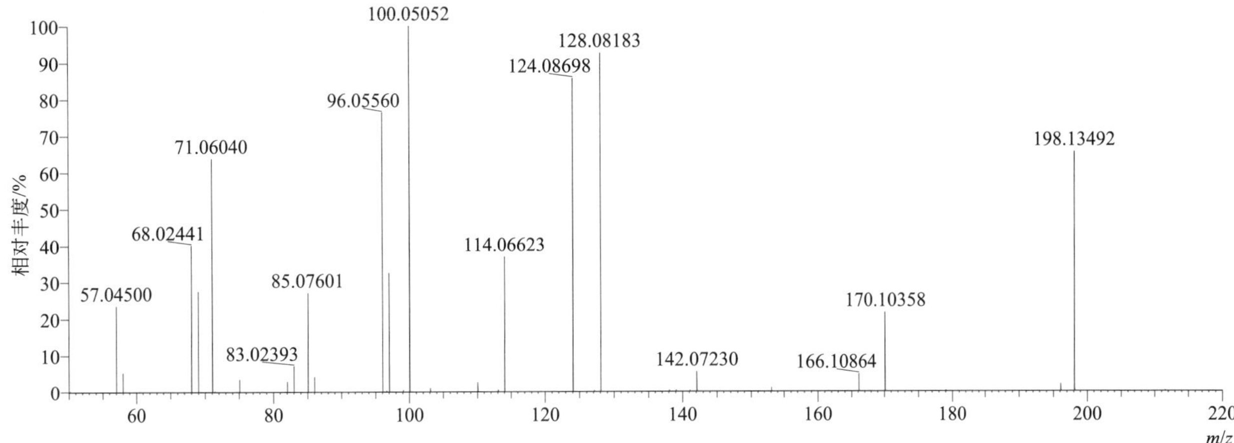

[M+H]$^+$ 归一化法能量 NCE 为 80 时典型的二级质谱图

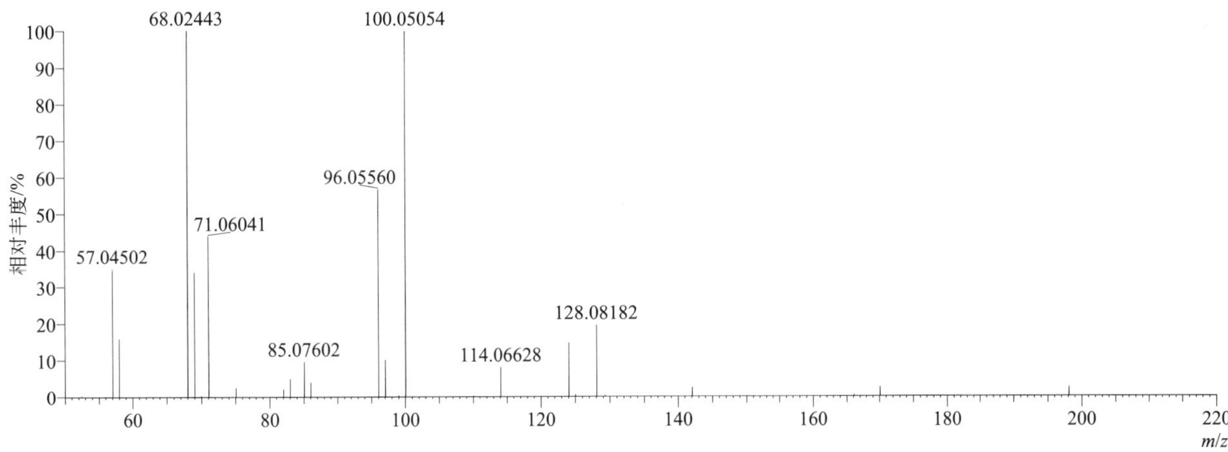

[M+H]$^+$ 归一化法能量 NCE 为 100 时典型的二级质谱图

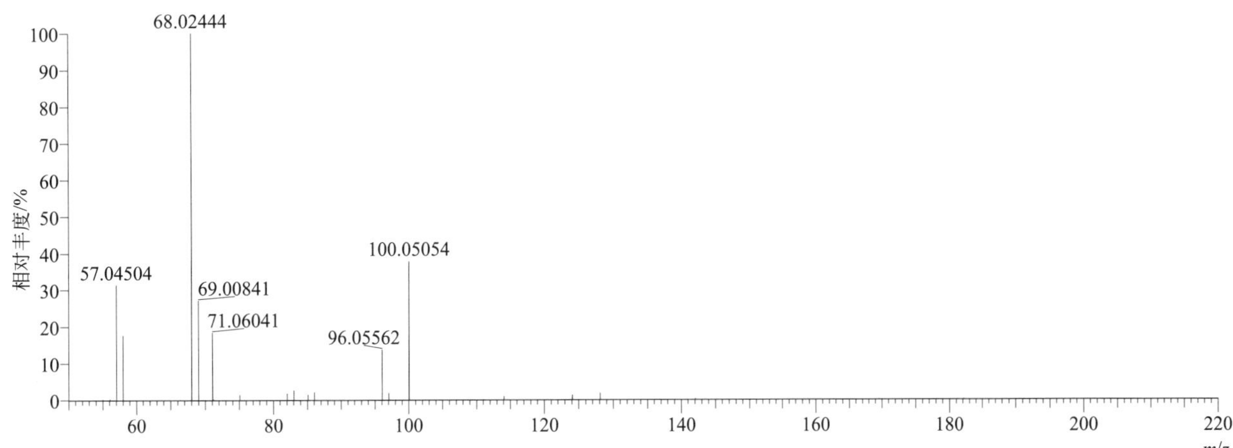

[M+H]+ 阶梯归一化法能量 Step NCE 为 60、80、100 时典型的二级质谱图

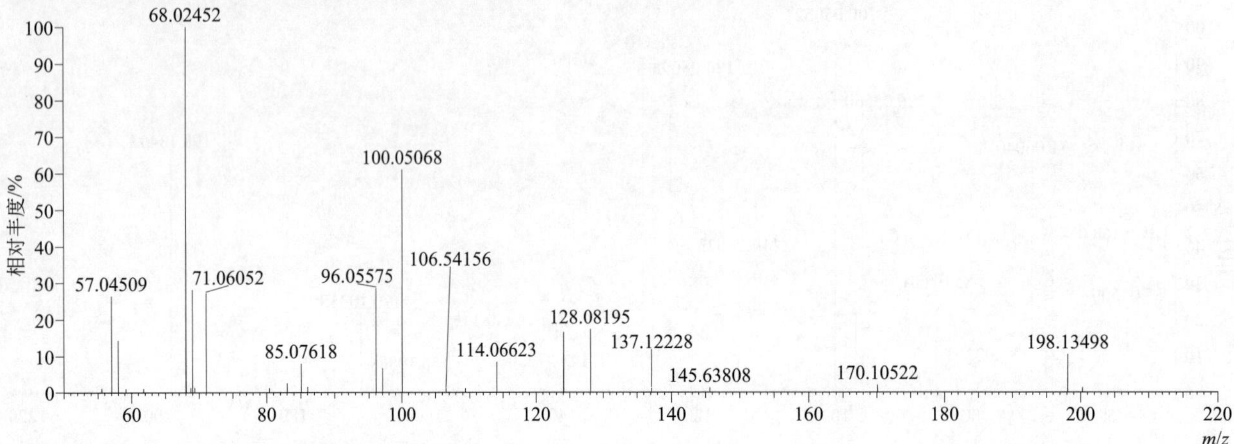

simetryn（西草净）

基本信息

CAS 登录号	1014-70-6	分子量	213.10482	离子源和极性	电喷雾离子源（ESI）
分子式	$C_8H_{15}N_5S$	保留时间	13.35min	极性	正模式

[M+H]+ 提取离子流色谱图

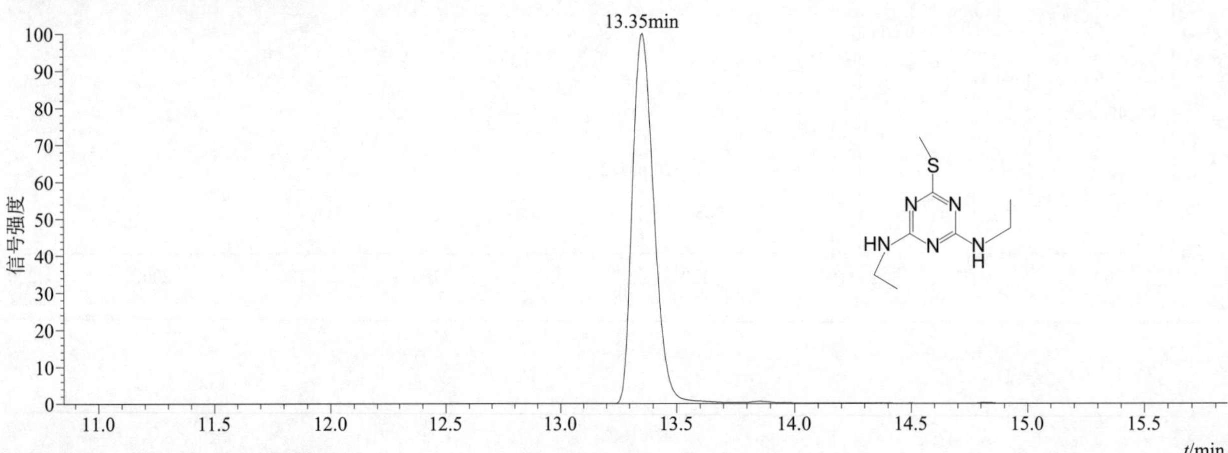

[M+H]+ 典型的一级质谱图

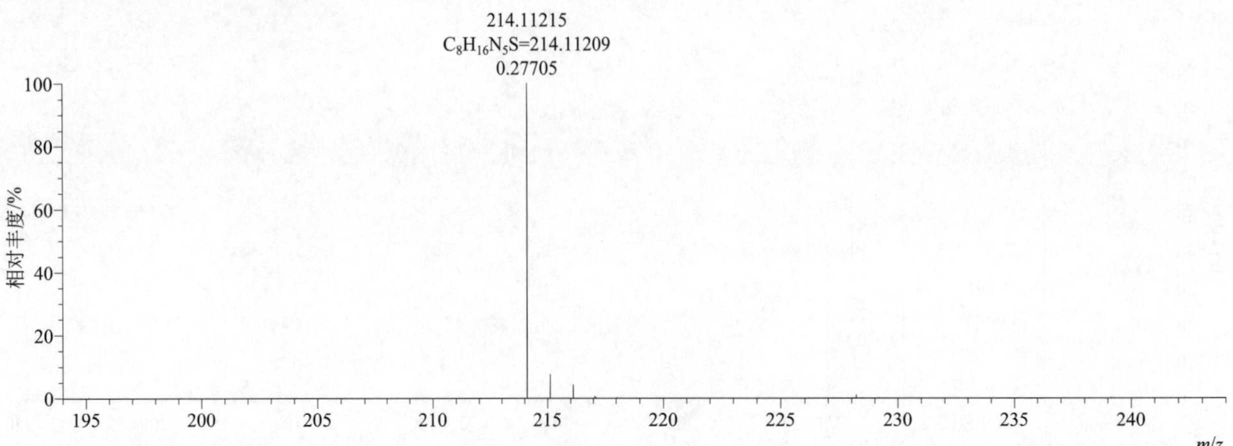

$[M+H]^+$ 归一化法能量 NCE 为 20 时典型的二级质谱图

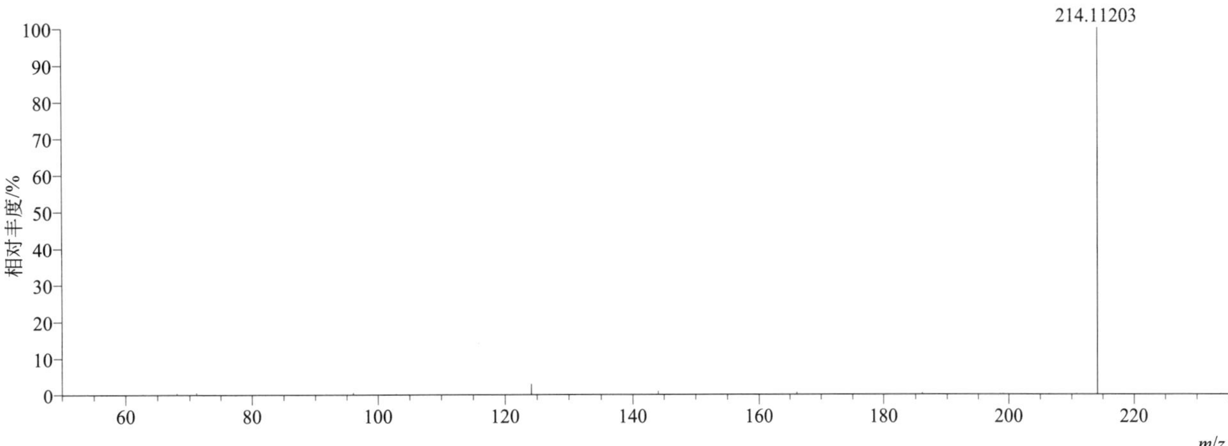

$[M+H]^+$ 归一化法能量 NCE 为 40 时典型的二级质谱图

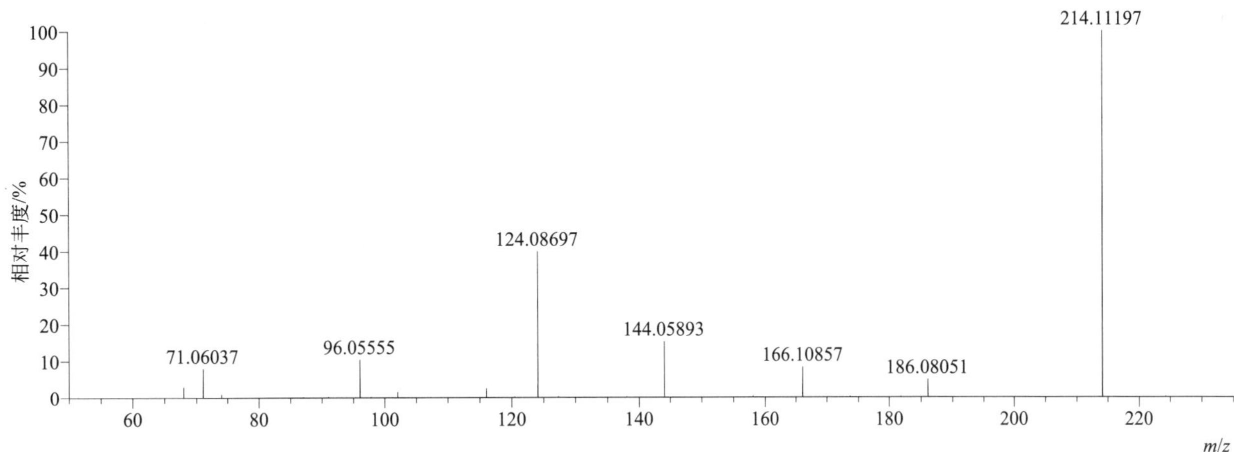

$[M+H]^+$ 归一化法能量 NCE 为 60 时典型的二级质谱图

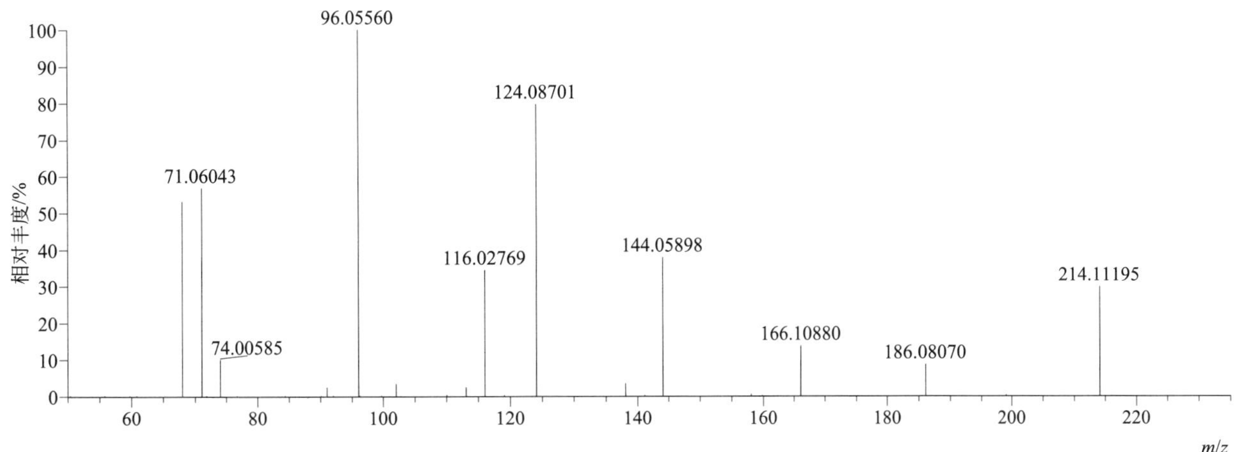

[M+H]+ 阶梯归一化法能量 Step NCE 为 20、40、60 时典型的二级质谱图

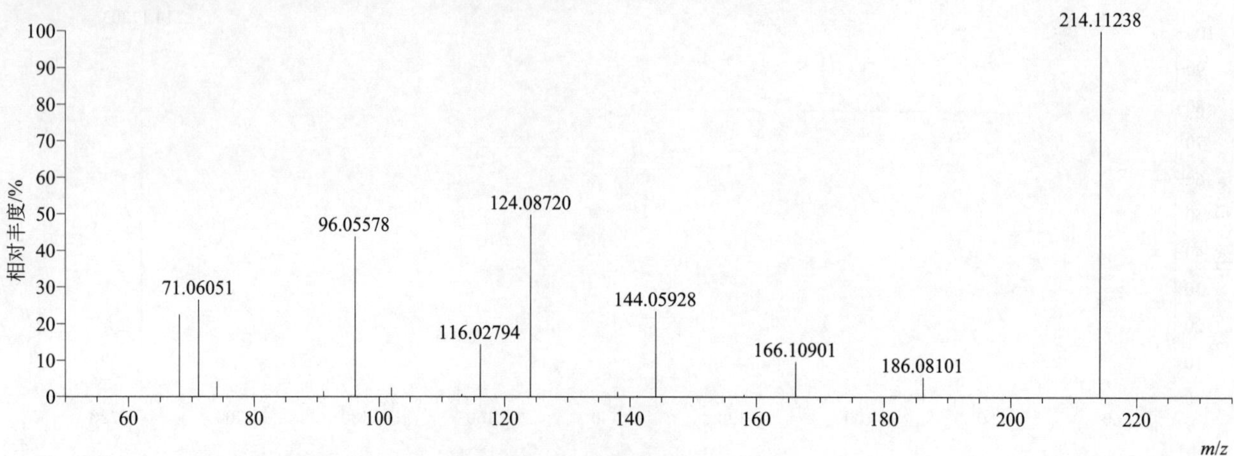

spinetoram（乙基多杀菌素）

基本信息

CAS 登录号	187166-40-1	分子量	747.49215	离子源和极性	电喷雾离子源（ESI）
分子式	$C_{42}H_{69}NO_{10}$	保留时间	15.47min	极性	正模式

[M+H]+ 提取离子流色谱图

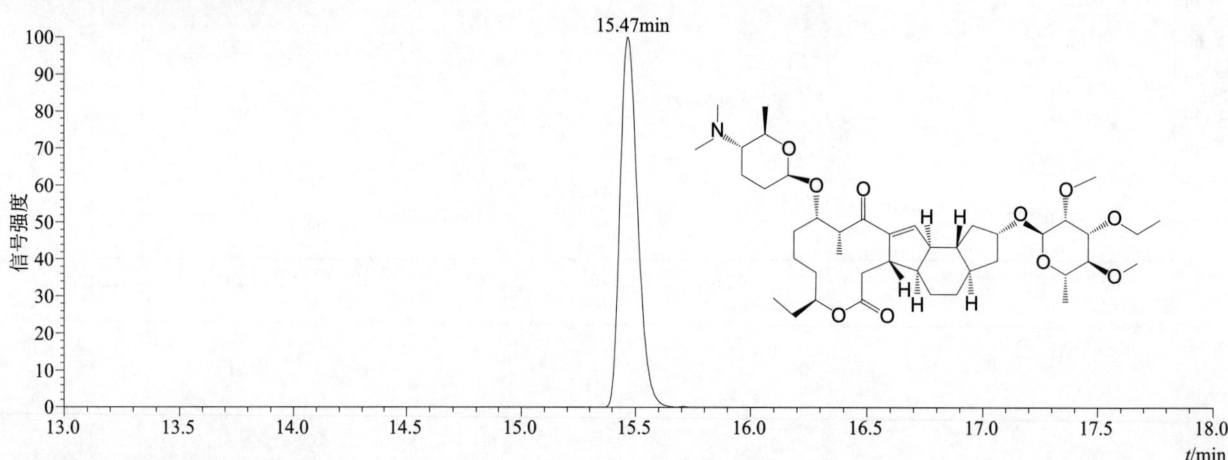

[M+H]+ 典型的一级质谱图

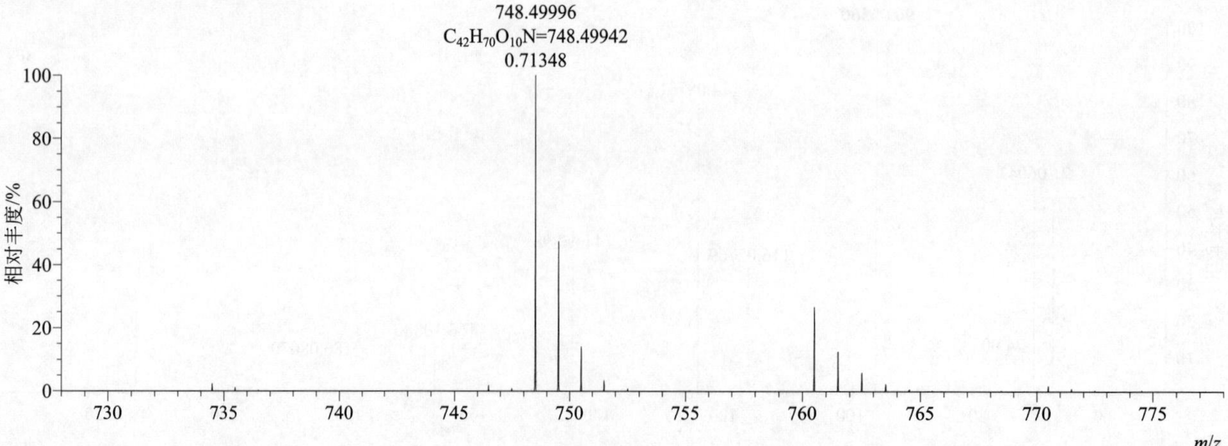

[M+H]$^+$ 归一化法能量 NCE 为 20 时典型的二级质谱图

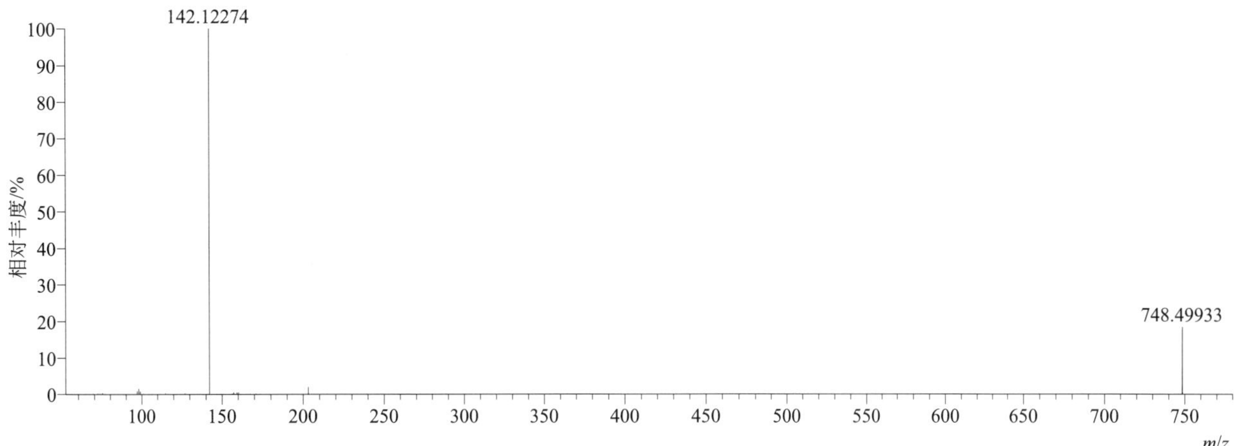

[M+H]$^+$ 归一化法能量 NCE 为 40 时典型的二级质谱图

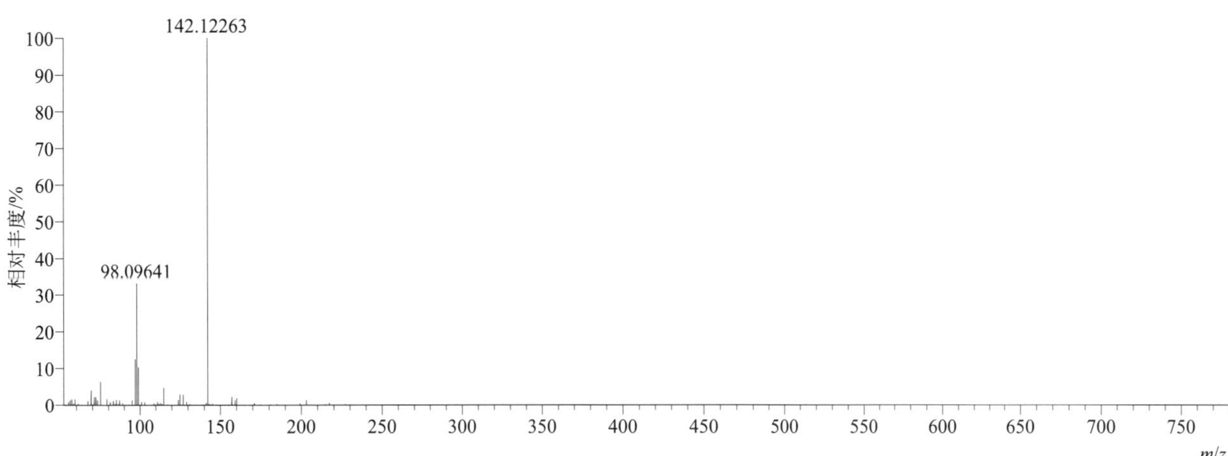

[M+H]$^+$ 归一化法能量 NCE 为 60 时典型的二级质谱图

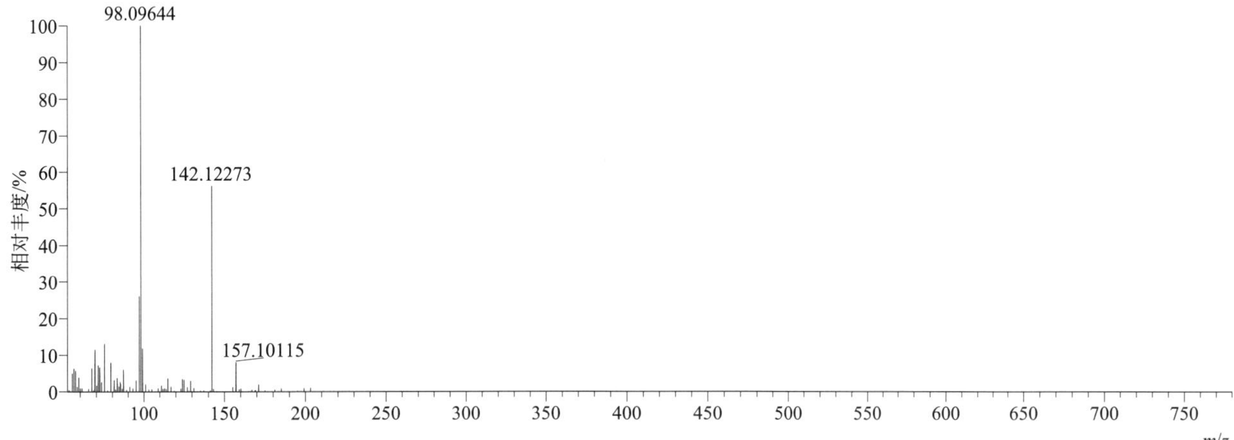

[M+H]+ 阶梯归一化法能量 Step NCE 为 20、40、60 时典型的二级质谱图

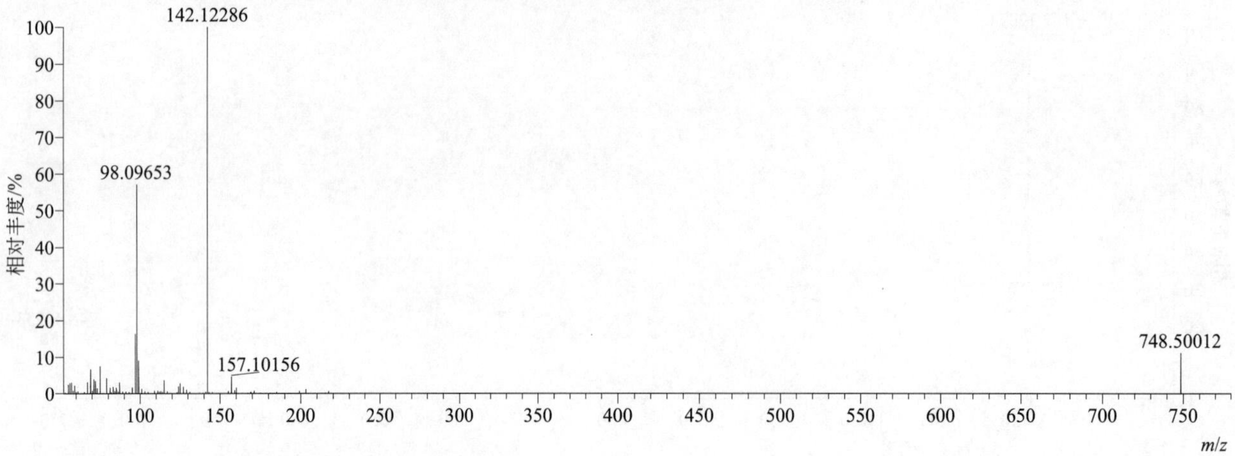

spinosad（多杀霉素）

基本信息

CAS 登录号	168316-95-8	分子量	731.46085	离子源和极性	电喷雾离子源（ESI）
分子式	$C_{41}H_{65}NO_{10}$	保留时间	15.23min	极性	正模式

[M+H]+ 提取离子流色谱图

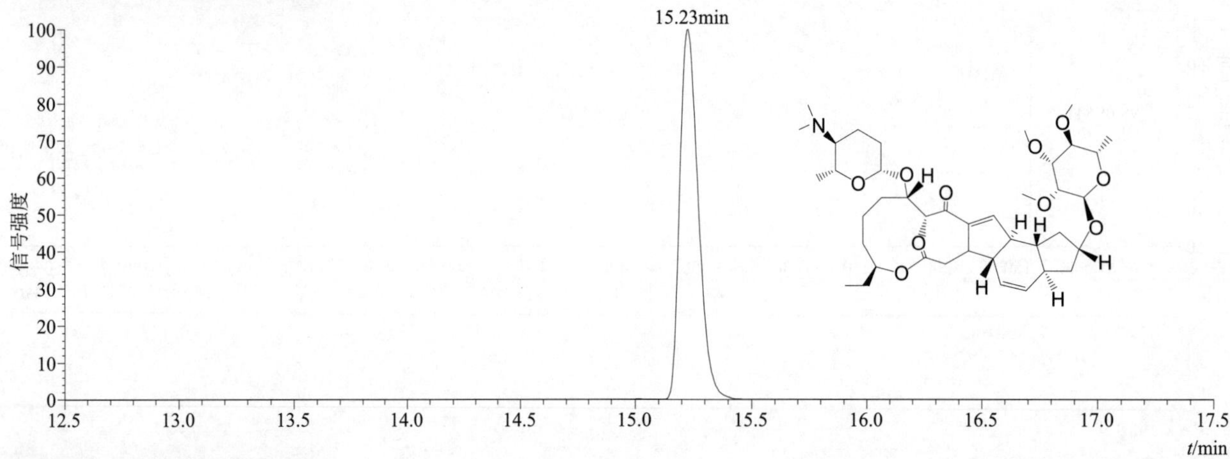

[M+H]+ 典型的一级质谱图

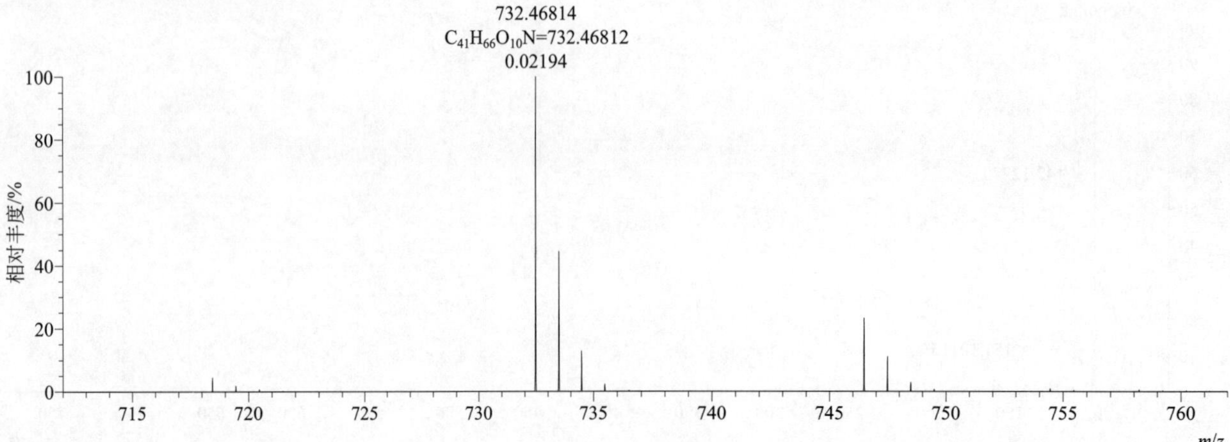

[M+H]⁺ 归一化法能量 NCE 为 20 时典型的二级质谱图

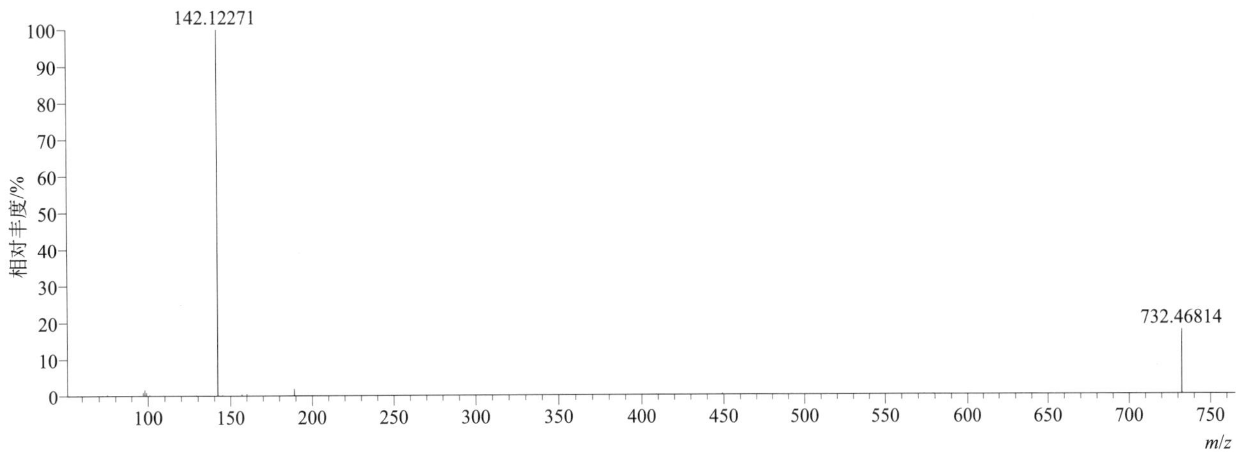

[M+H]⁺ 归一化法能量 NCE 为 40 时典型的二级质谱图

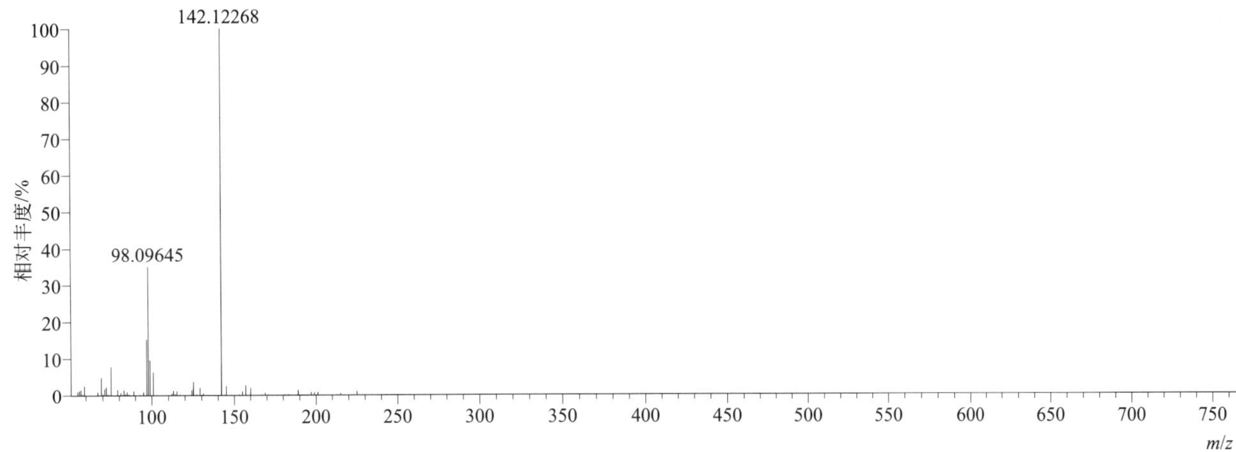

[M+H]⁺ 归一化法能量 NCE 为 60 时典型的二级质谱图

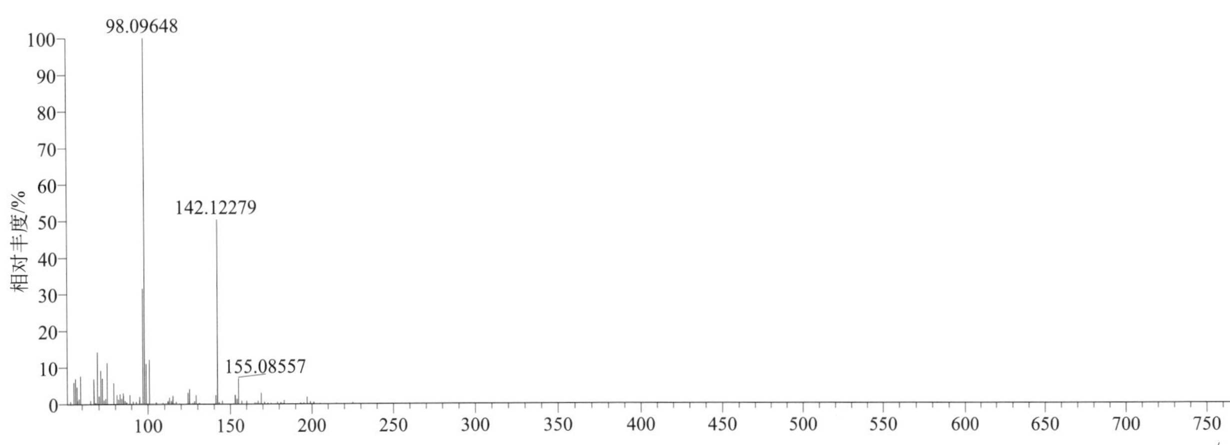

[M+H]+ 阶梯归一化法能量 Step NCE 为 20、40、60 时典型的二级质谱图

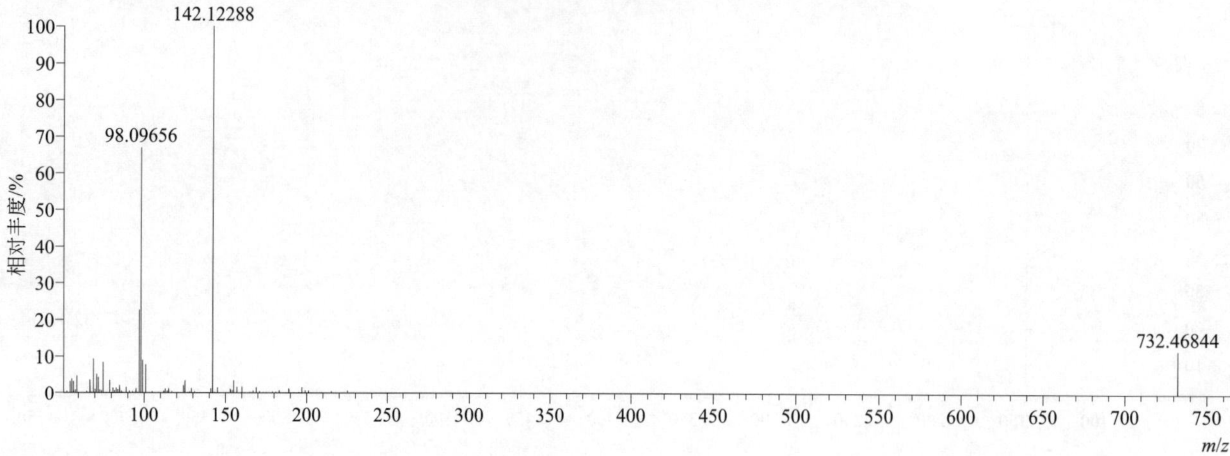

spirodiclofen（螺螨酯）

基本信息

CAS 登录号	148477-71-8	分子量	410.10516	离子源和极性	电喷雾离子源（ESI）
分子式	$C_{21}H_{24}Cl_2O_4$	保留时间	16.21min	极性	正模式

[M+H]+ 提取离子流色谱图

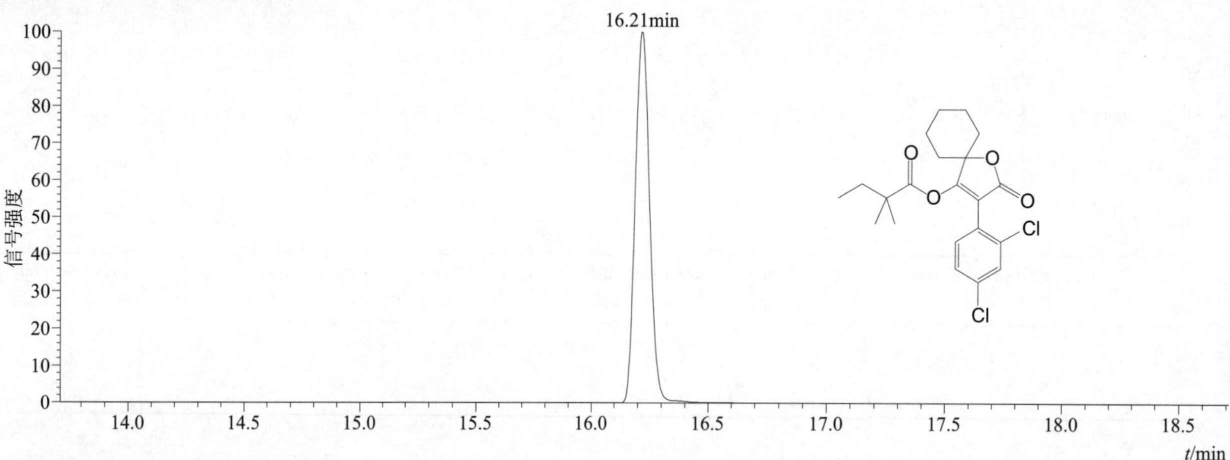

[M+H]+ 典型的一级质谱图

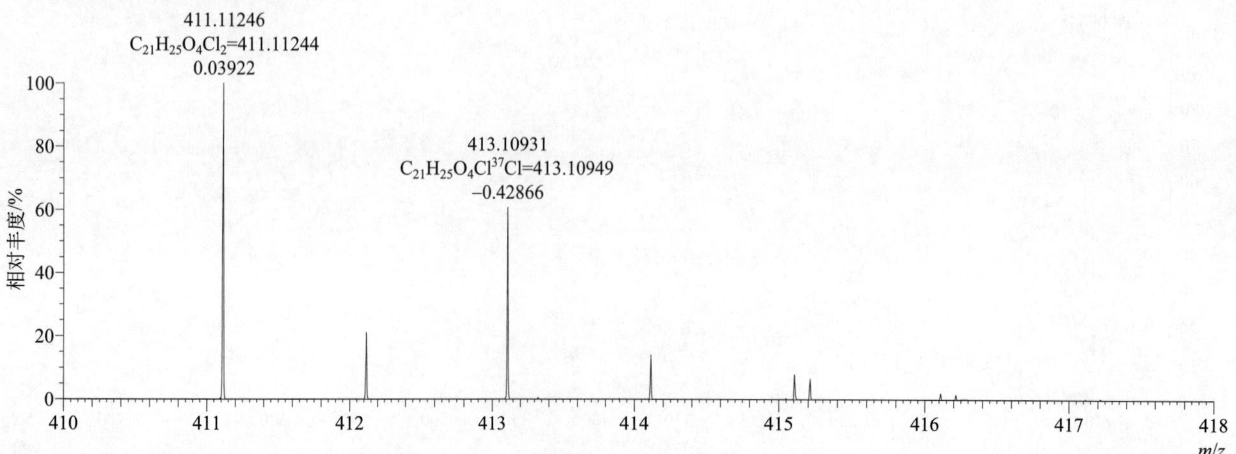

[M+H]$^+$ 归一化法能量 NCE 为 20 时典型的二级质谱图

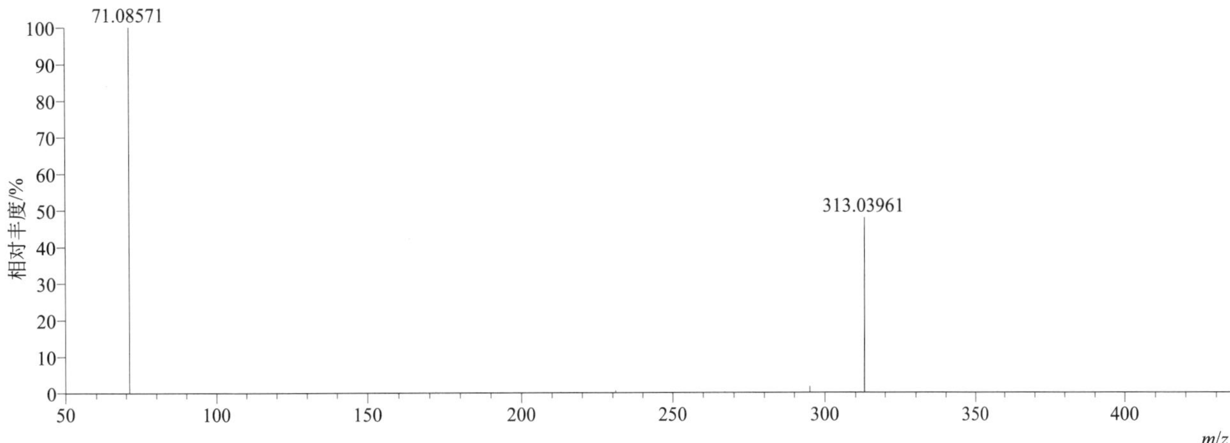

[M+H]$^+$ 归一化法能量 NCE 为 40 时典型的二级质谱图

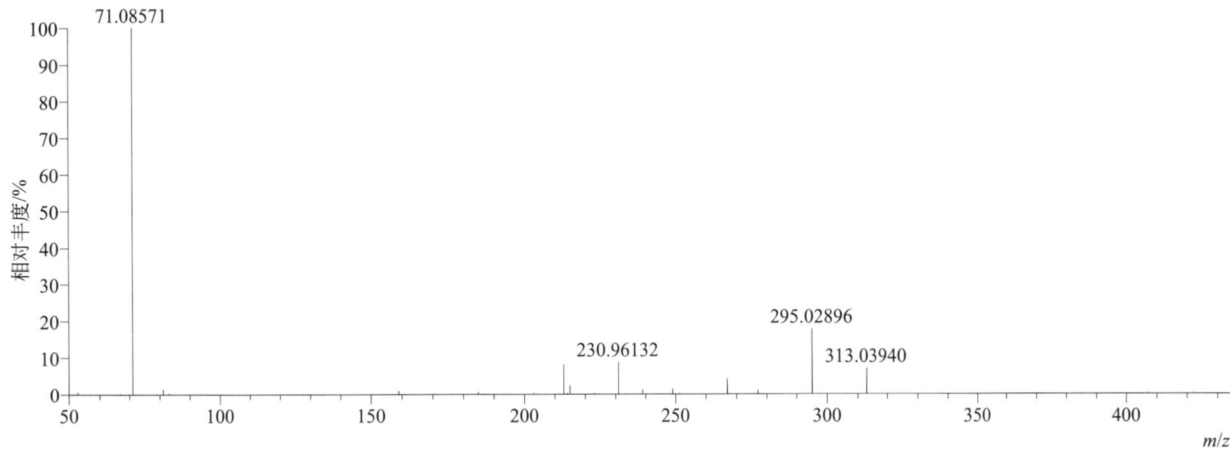

[M+H]$^+$ 归一化法能量 NCE 为 60 时典型的二级质谱图

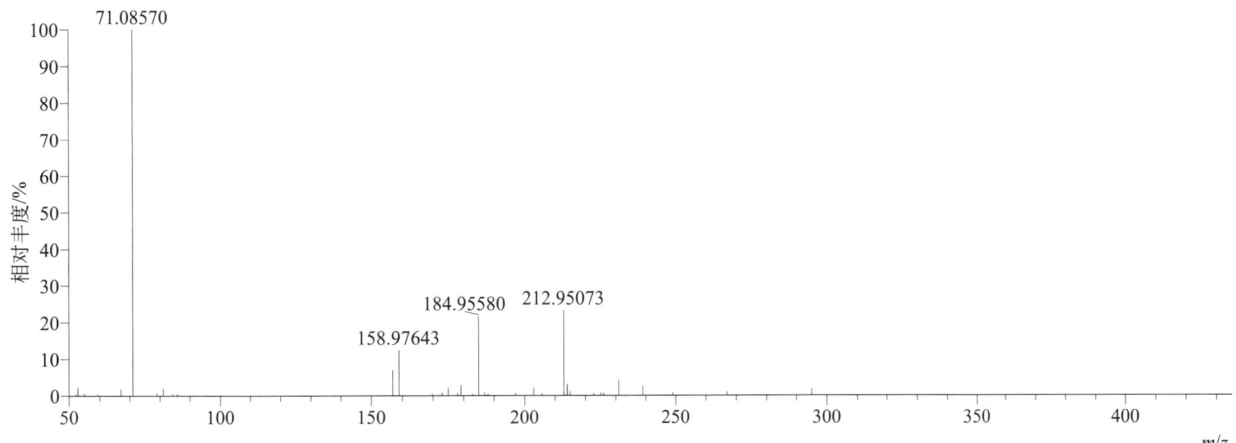

[M+H]$^+$ 阶梯归一化法能量 Step NCE 为 20、40、60 时典型的二级质谱图

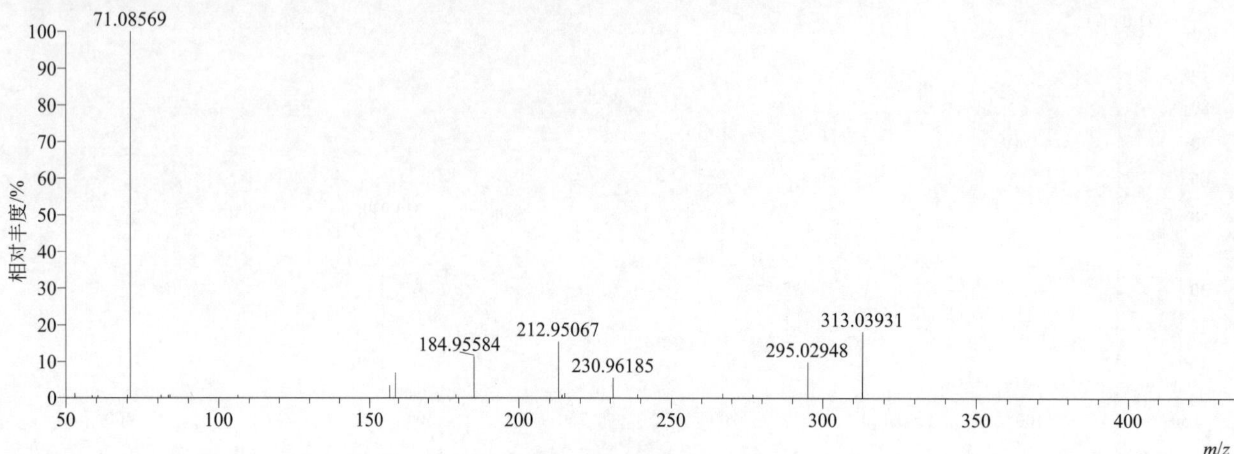

spirotetramat（螺虫乙酯）

基本信息

CAS 登录号	203313-25-1	分子量	373.18892	离子源和极性	电喷雾离子源（ESI）
分子式	$C_{21}H_{27}NO_5$	保留时间	14.57min	极性	正模式

[M+H]$^+$ 提取离子流色谱图

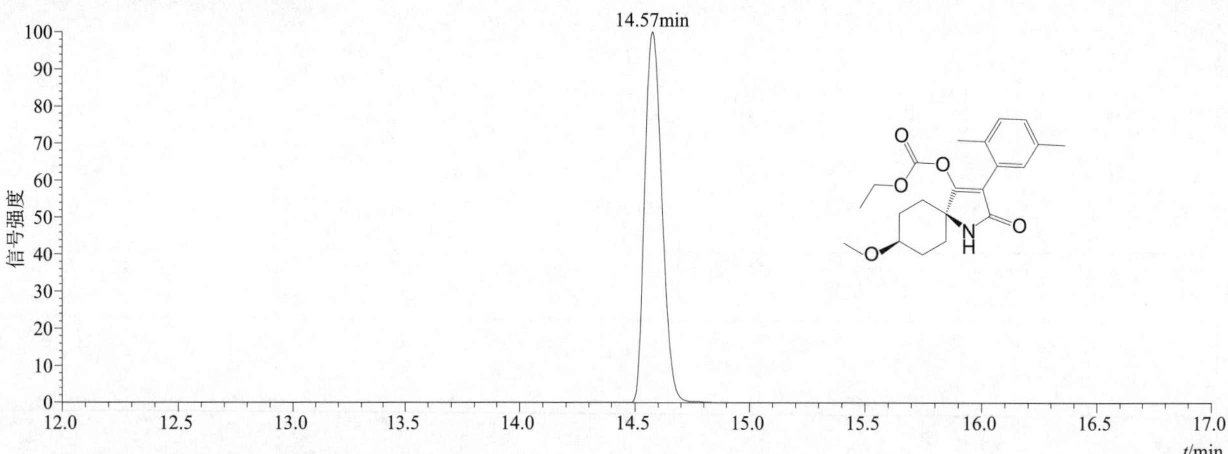

[M+H]$^+$ 和 [M+Na]$^+$ 典型的一级质谱图

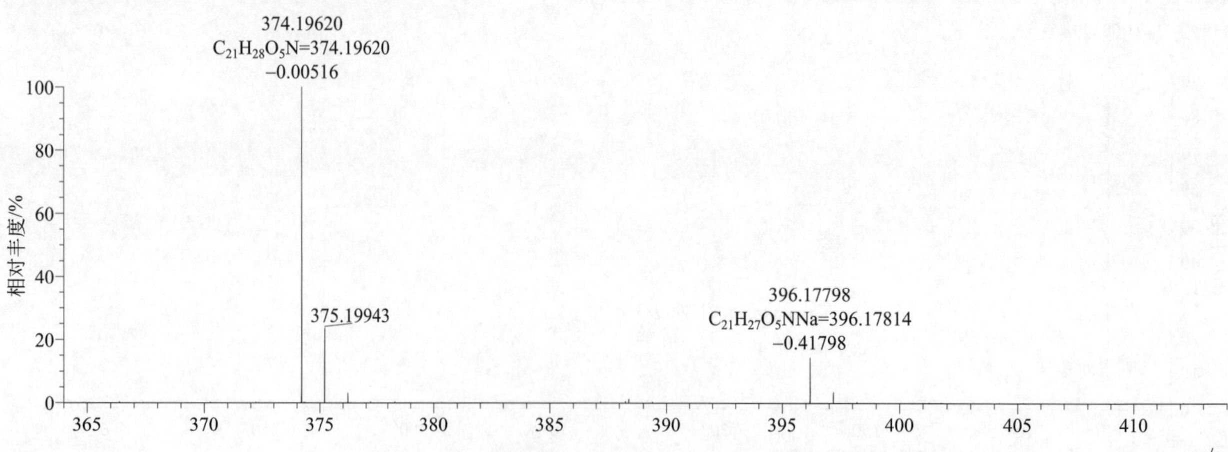

$[M+H]^+$ 归一化法能量 NCE 为 20 时典型的二级质谱图

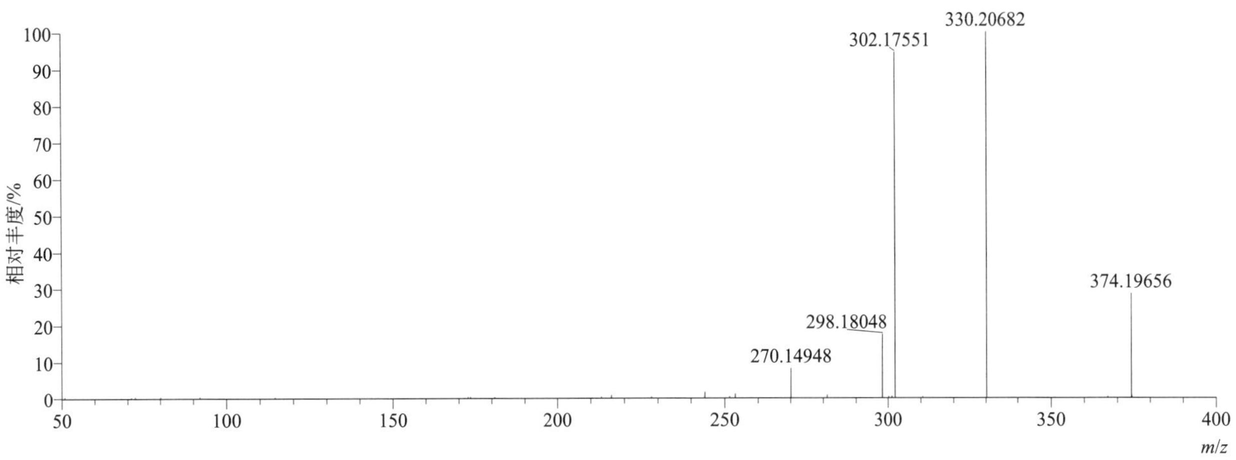

$[M+H]^+$ 归一化法能量 NCE 为 40 时典型的二级质谱图

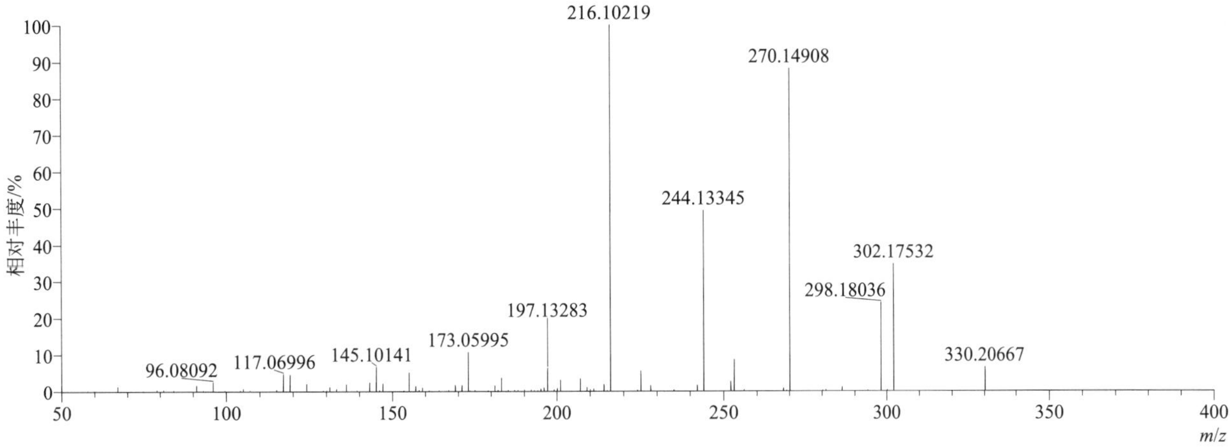

$[M+H]^+$ 归一化法能量 NCE 为 60 时典型的二级质谱图

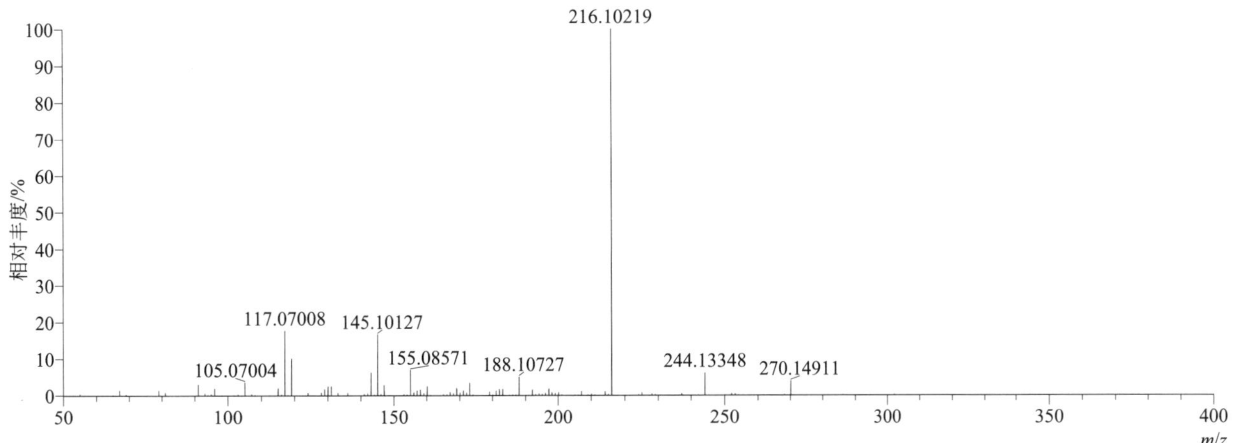

[M+H]+ 阶梯归一化法能量 Step NCE 为 20、40、60 时典型的二级质谱图

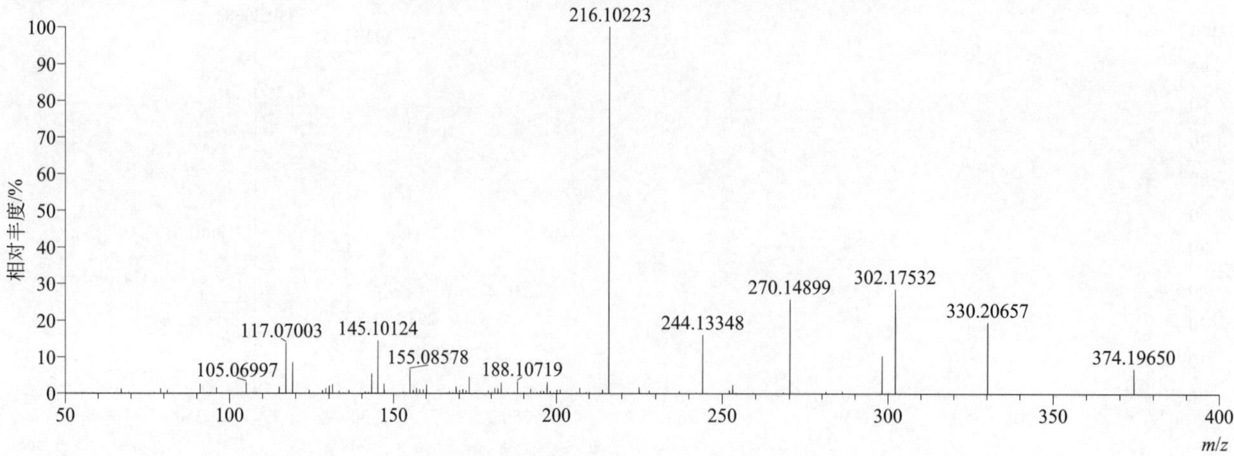

spiroxamine（螺环菌胺）

基本信息

CAS 登录号	118134-30-8	分子量	297.26678	离子源和极性	电喷雾离子源（ESI）
分子式	$C_{18}H_{35}NO_2$	保留时间	14.41min	极性	正模式

[M+H]+ 提取离子流色谱图

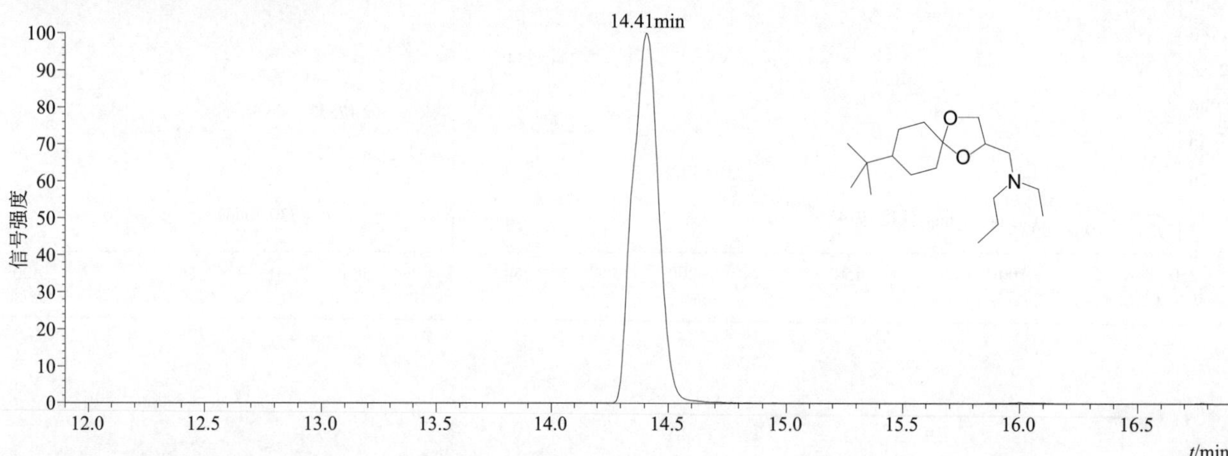

[M+H]+ 典型的一级质谱图

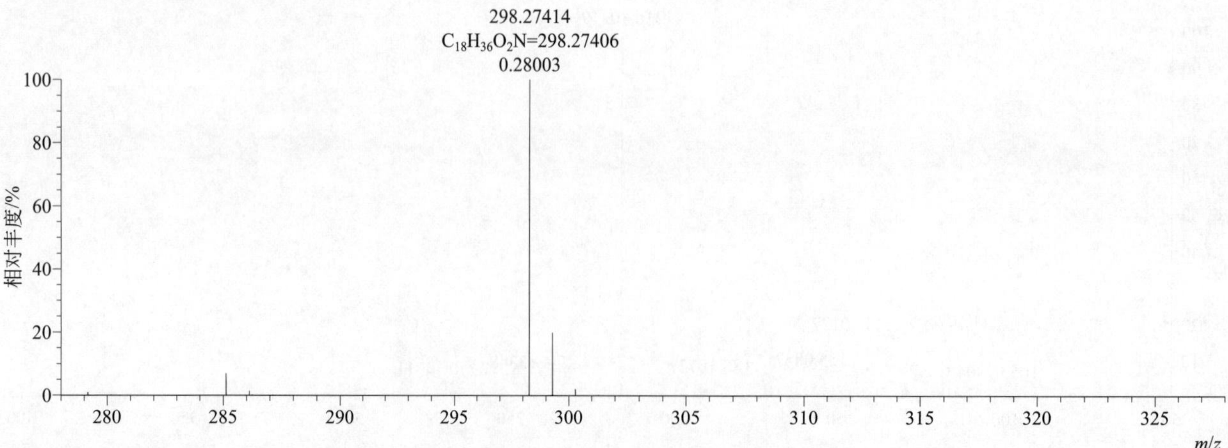

[M+H]+ 归一化法能量 NCE 为 20 时典型的二级质谱图

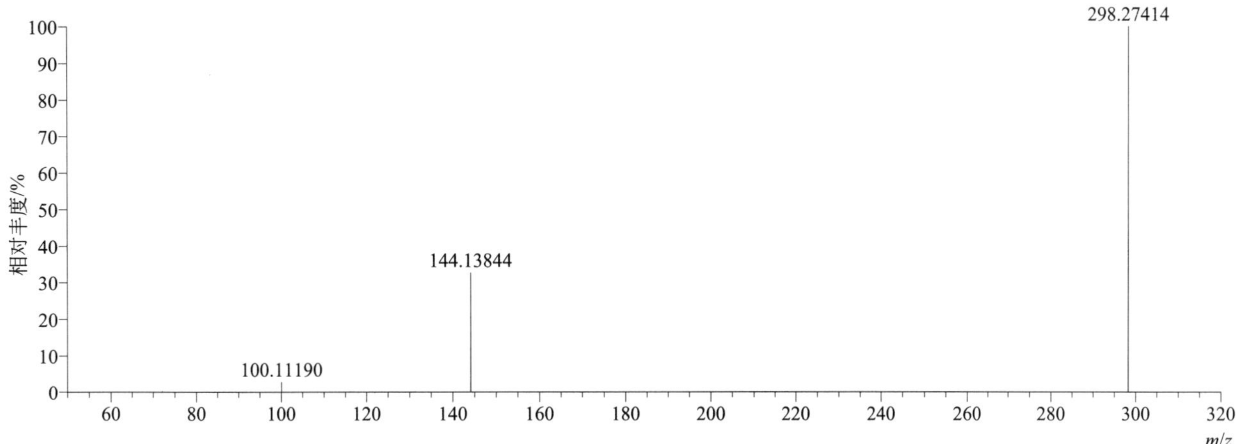

[M+H]+ 归一化法能量 NCE 为 40 时典型的二级质谱图

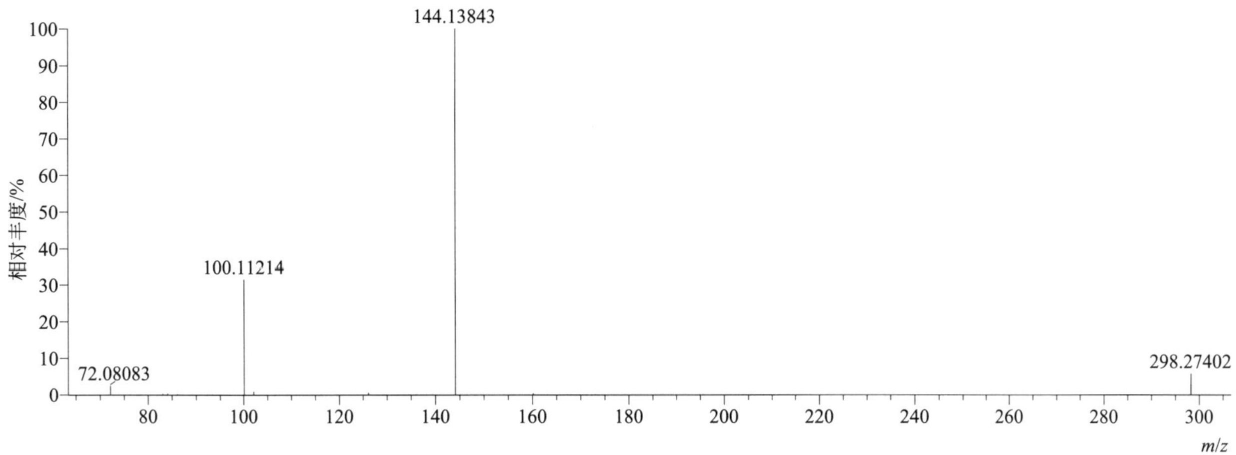

[M+H]+ 归一化法能量 NCE 为 60 时典型的二级质谱图

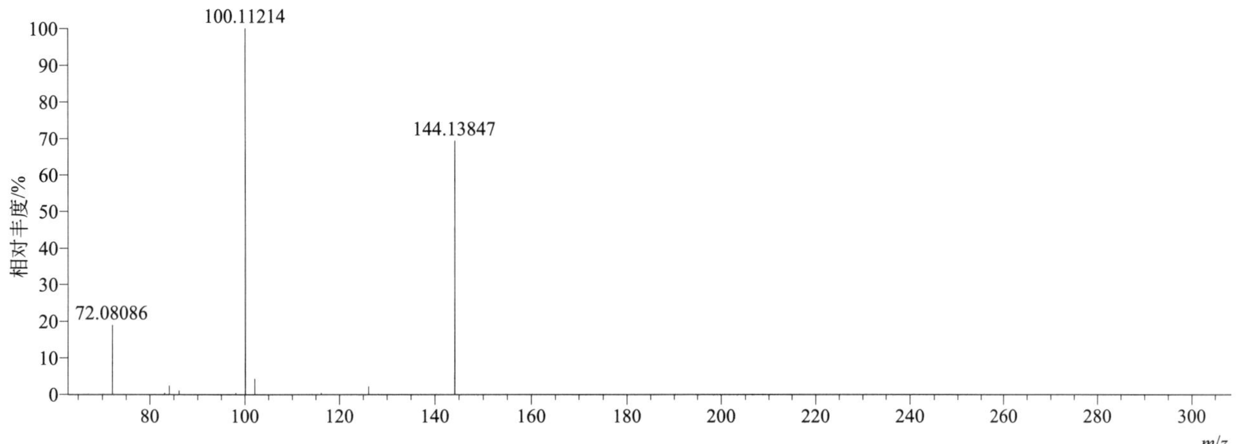

[M+H]+ 阶梯归一化法能量 Step NCE 为 20、40、60 时典型的二级质谱图

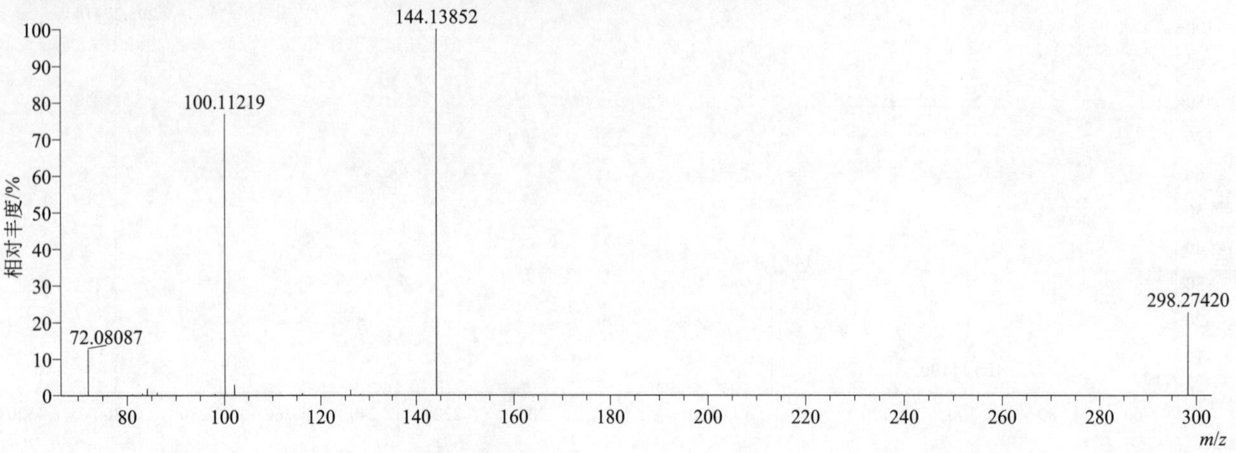

sulcotrione（磺草酮）

基本信息

CAS 登录号	99105-77-8	分子量	328.18892	离子源和极性	电喷雾离子源（ESI）
分子式	$C_{14}H_{13}ClO_5S$	保留时间	12.73min	极性	正模式

[M+H]+ 提取离子流色谱图

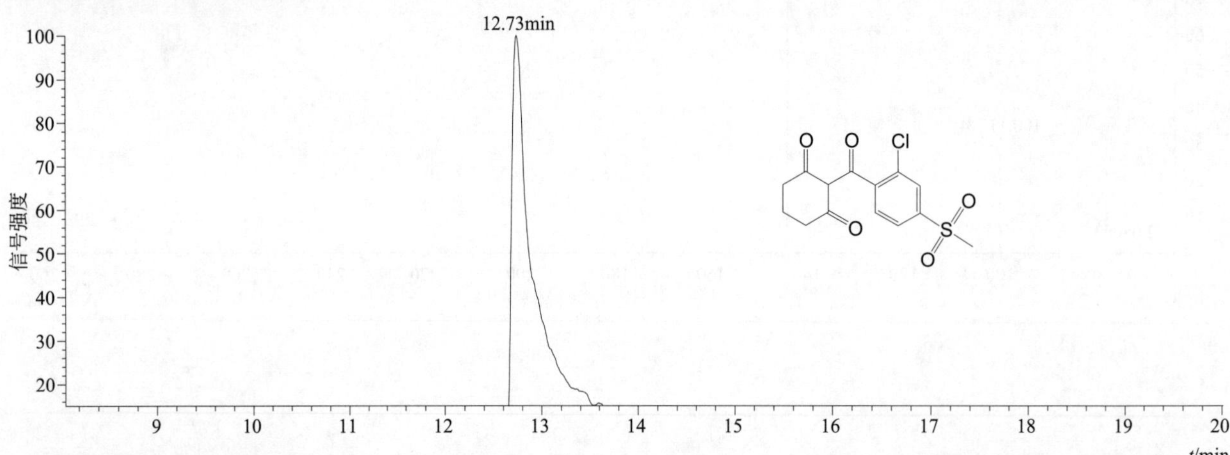

[M+H]+ 典型的一级质谱图

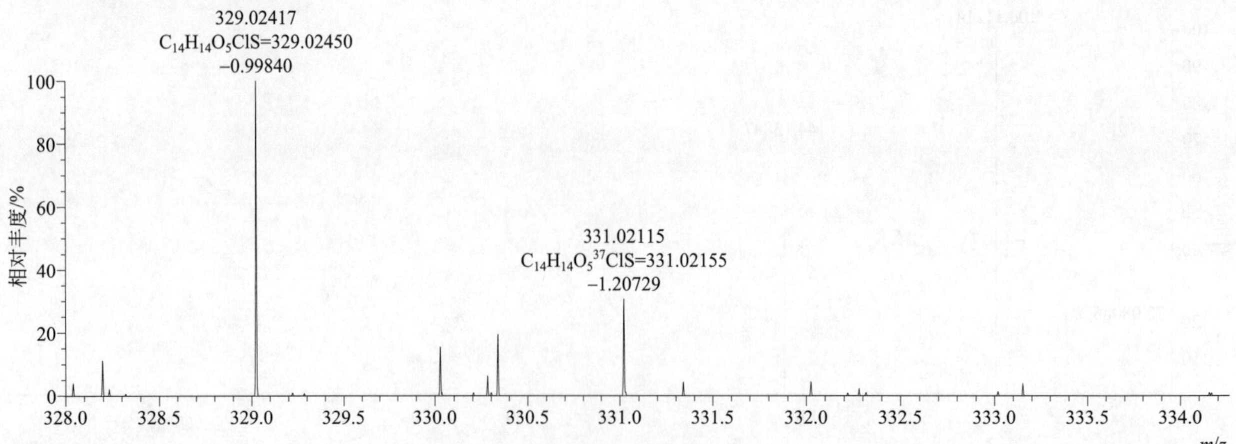

[M+H]+ 归一化法能量 NCE 为 20 时典型的二级质谱图

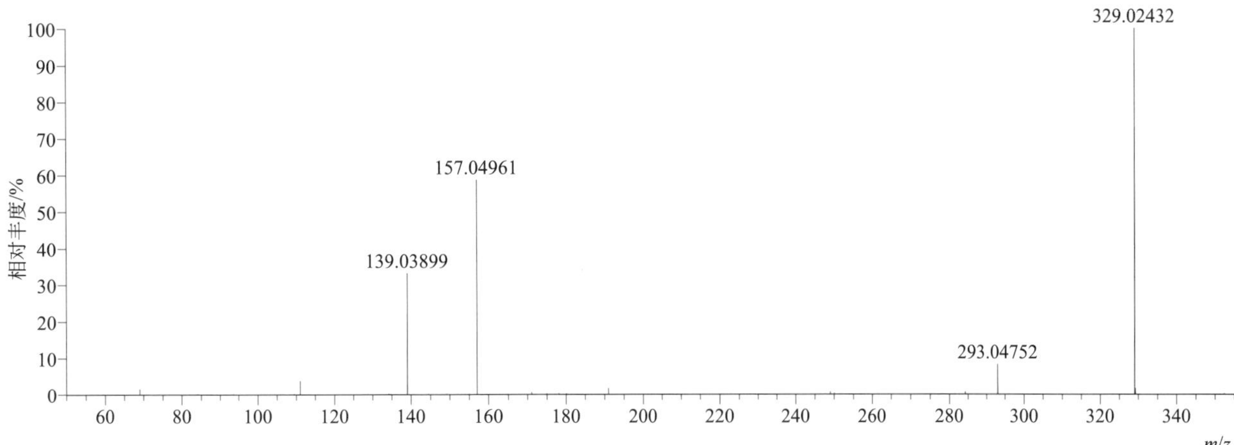

[M+H]+ 归一化法能量 NCE 为 40 时典型的二级质谱图

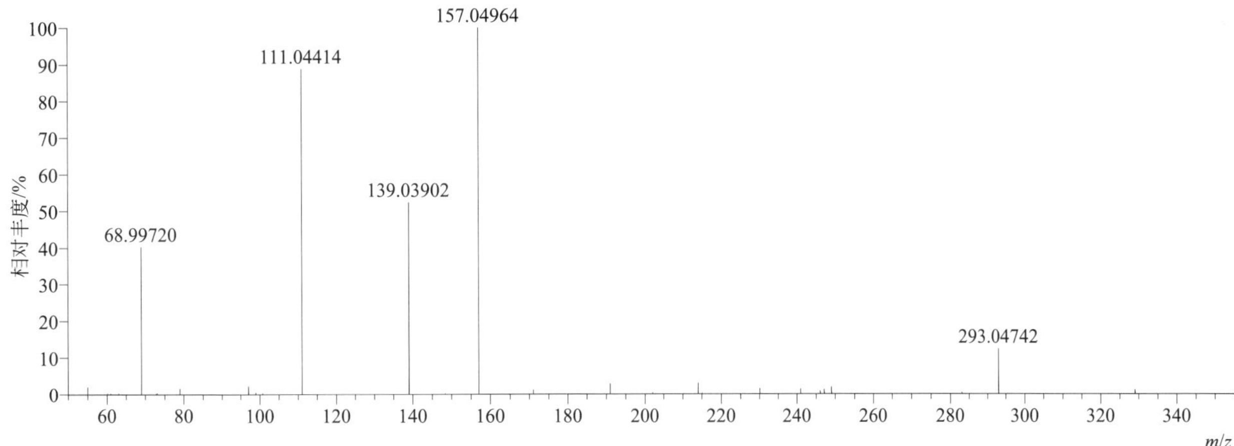

[M+H]+ 归一化法能量 NCE 为 60 时典型的二级质谱图

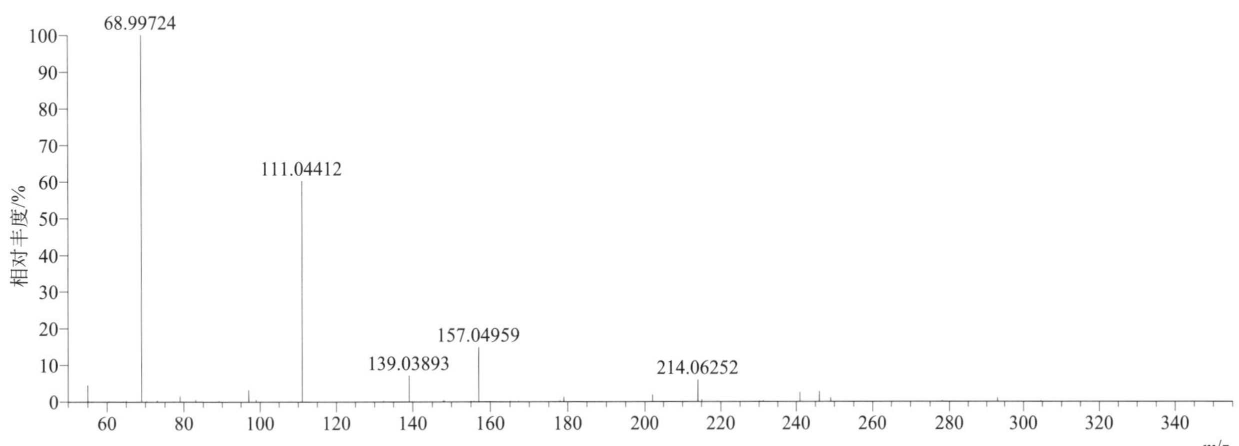

[M+H]⁺ 阶梯归一化法能量 Step NCE 为 20、40、60 时典型的二级质谱图

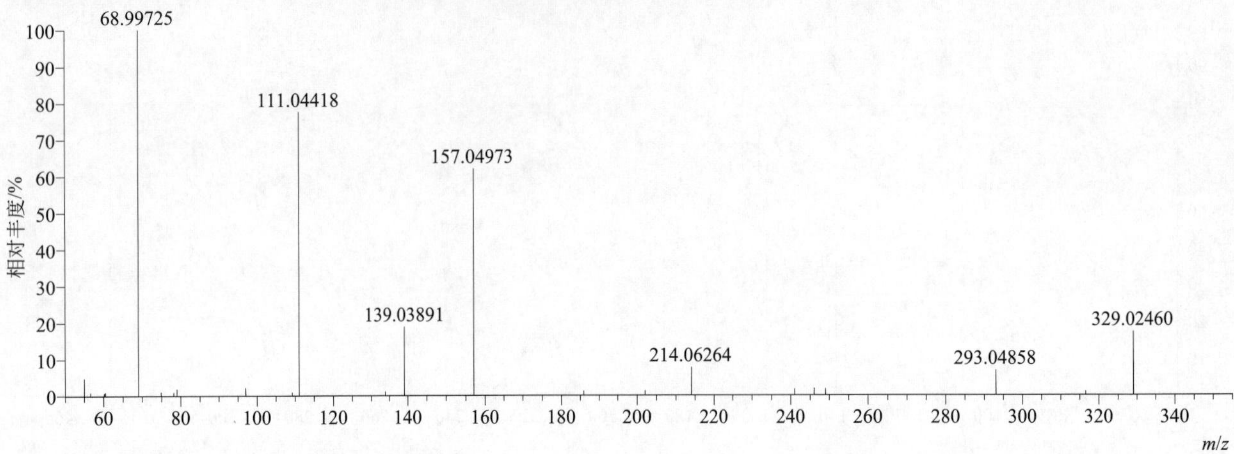

sulfallate（菜草畏）

基本信息

CAS 登录号	95-06-7	分子量	223.05262	离子源和极性	电喷雾离子源（ESI）
分子式	$C_8H_{14}ClNS_2$	保留时间	15.18min	极性	正模式

[M+H]⁺ 提取离子流色谱图

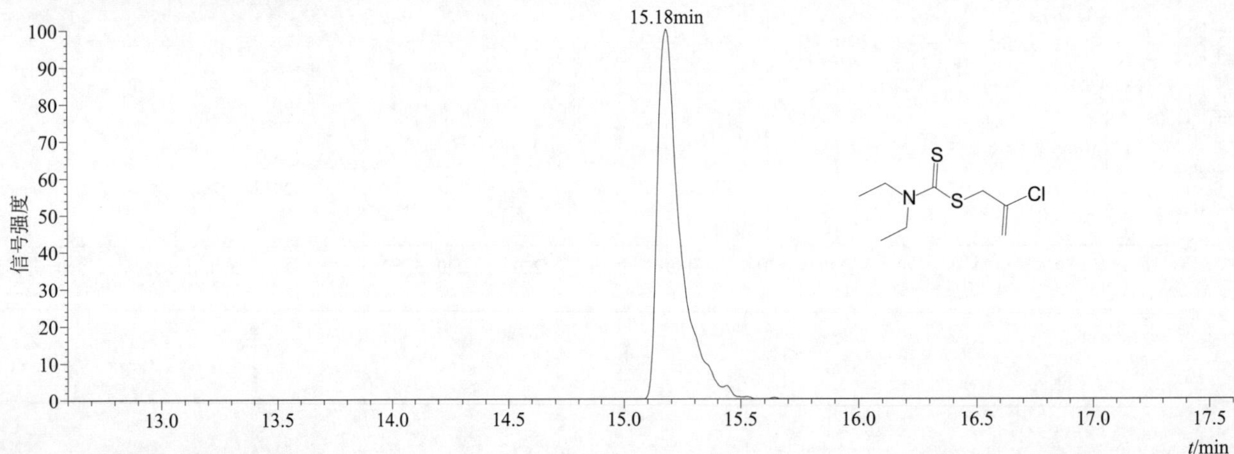

[M+H]⁺ 典型的一级质谱图

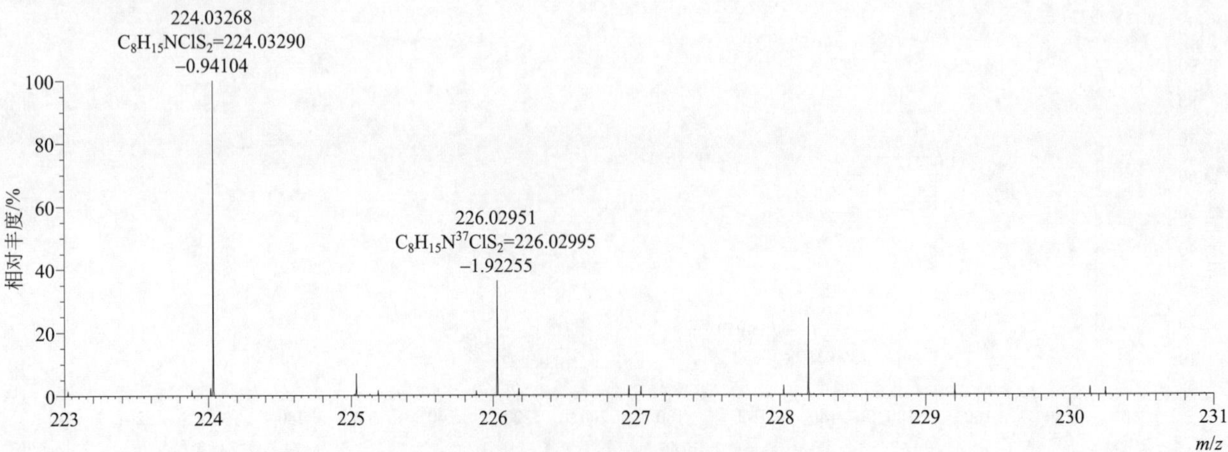

[M+H]+ 归一化法能量 NCE 为 20 时典型的二级质谱图

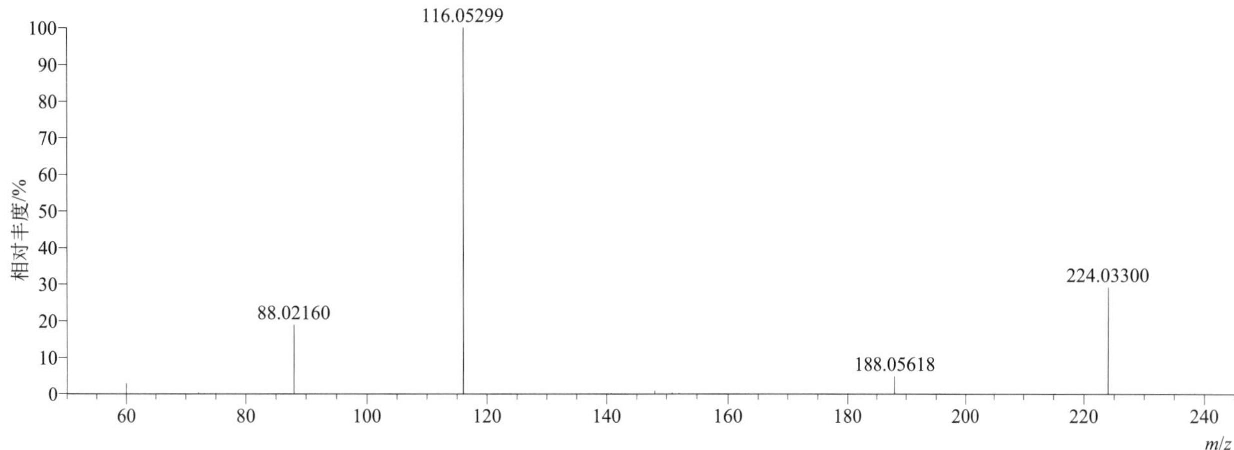

[M+H]+ 归一化法能量 NCE 为 40 时典型的二级质谱图

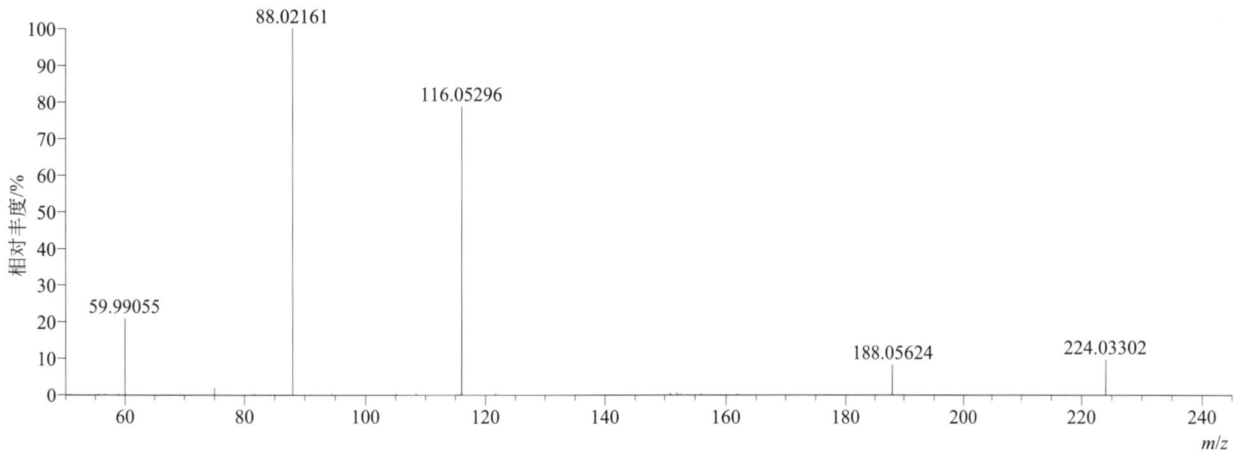

[M+H]+ 归一化法能量 NCE 为 60 时典型的二级质谱图

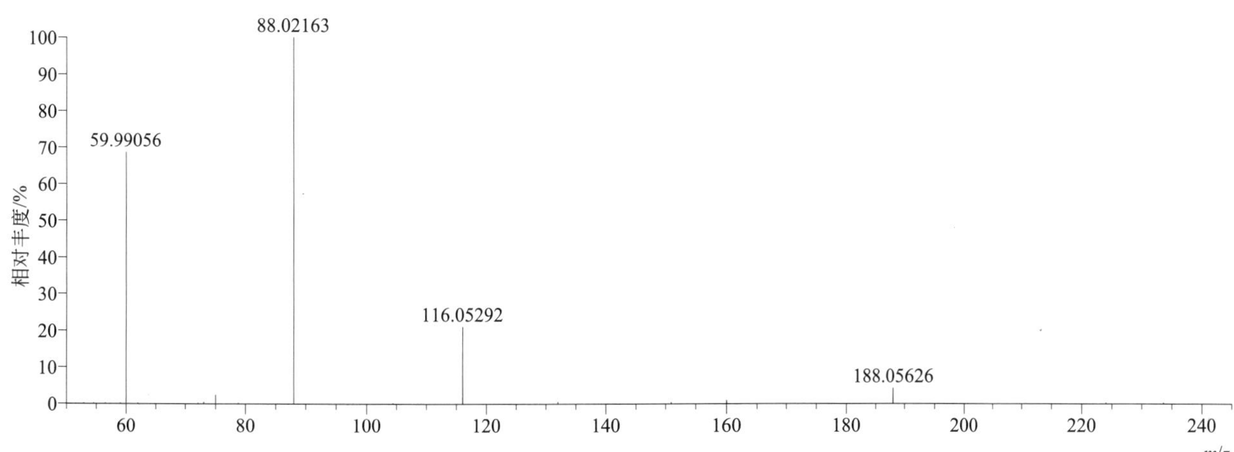

[M+H]+ 阶梯归一化法能量 Step NCE 为 20、40、60 时典型的二级质谱图

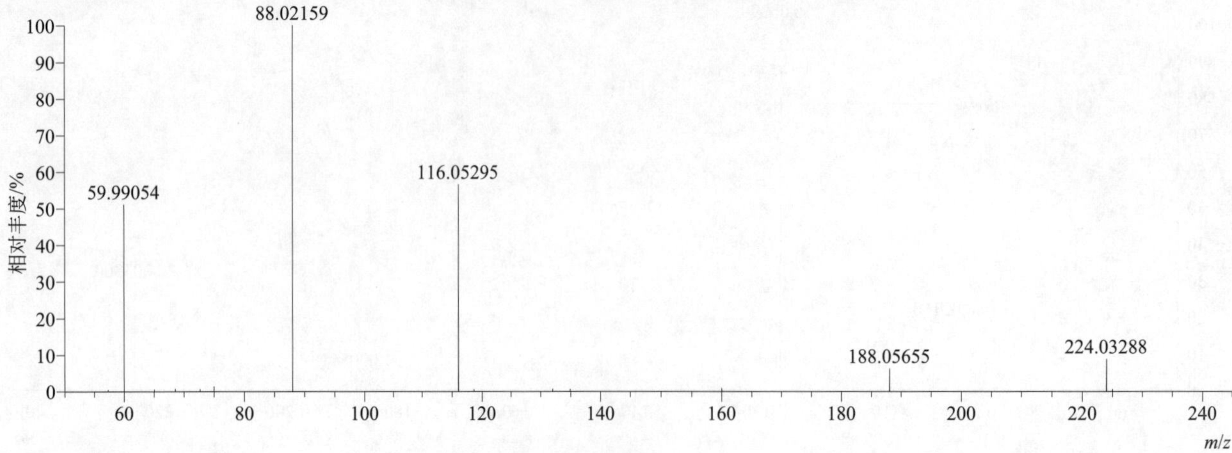

sulfentrazone（甲磺草胺）

基本信息

CAS 登录号	122836-35-5	分子量	385.98187	离子源和极性	电喷雾离子源（ESI）
分子式	$C_{11}H_{10}Cl_2F_2N_4O_3S$	保留时间	13.19min	极性	正模式

[M+H]+ 提取离子流色谱图

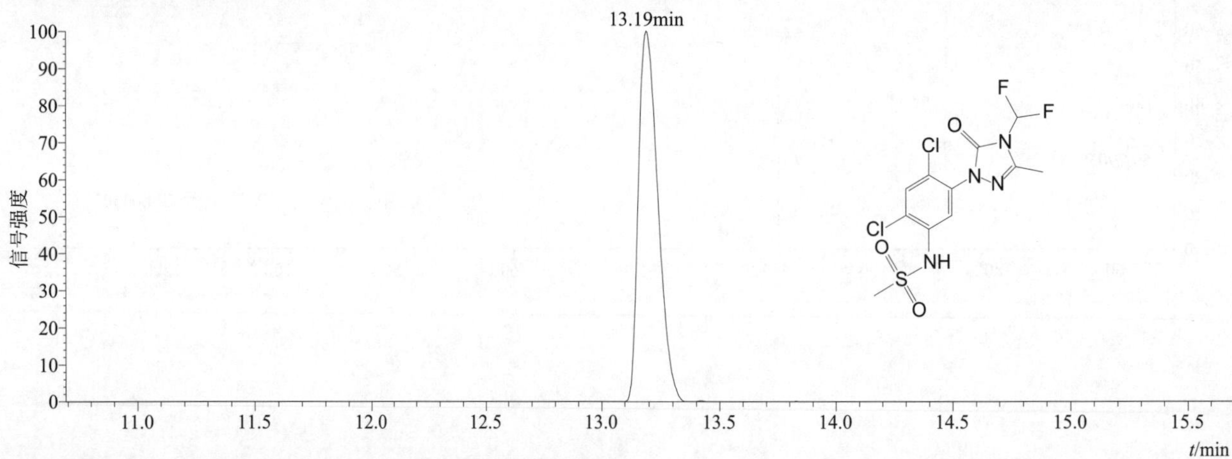

[M+H]+、[M+NH4]+ 和 [M+Na]+ 典型的一级质谱图

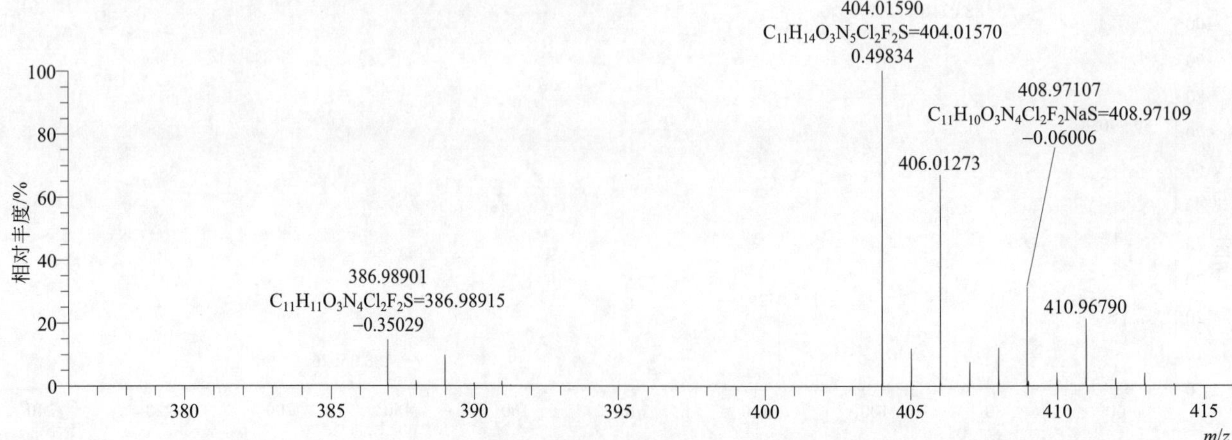

$[M+H]^+$ 典型的一级质谱图

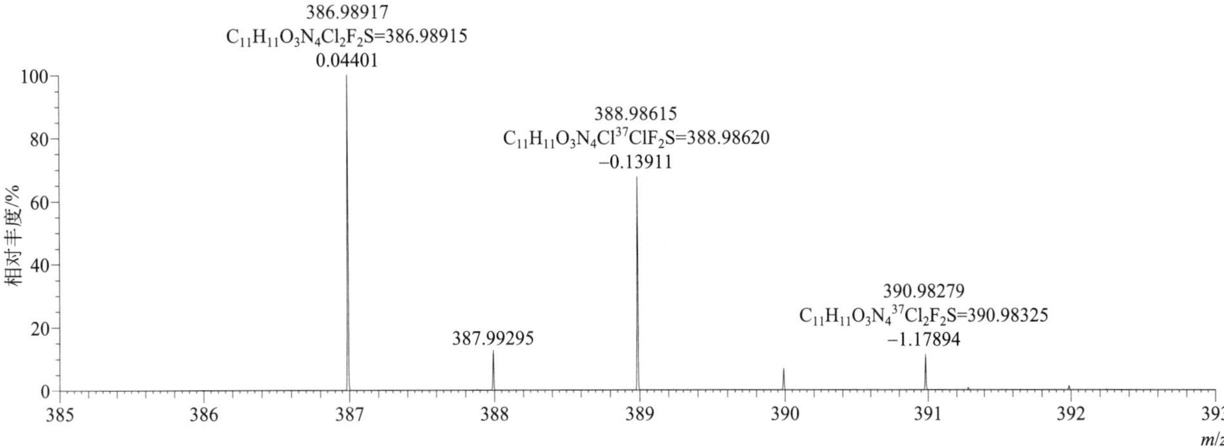

$[M+NH_4]^+$ 典型的一级质谱图

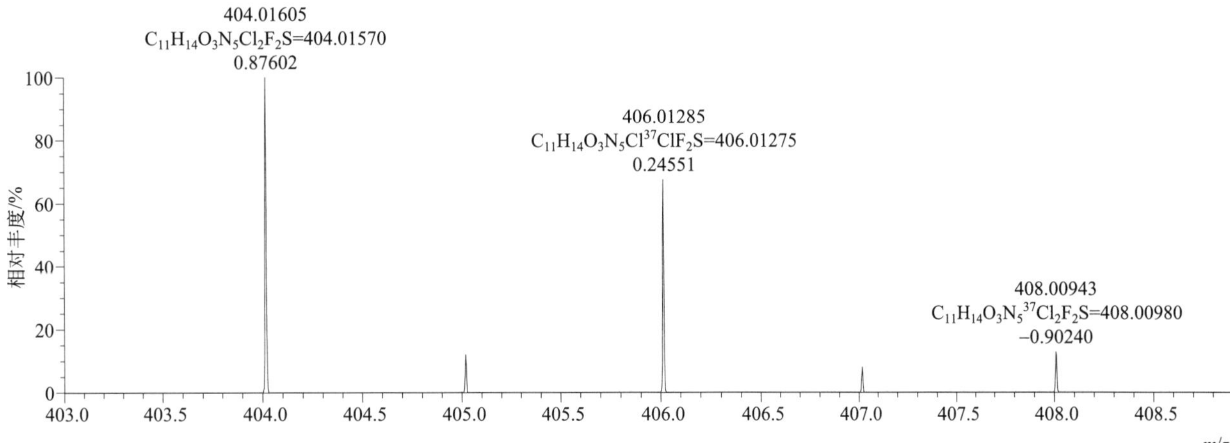

$[M+Na]^+$ 典型的一级质谱图

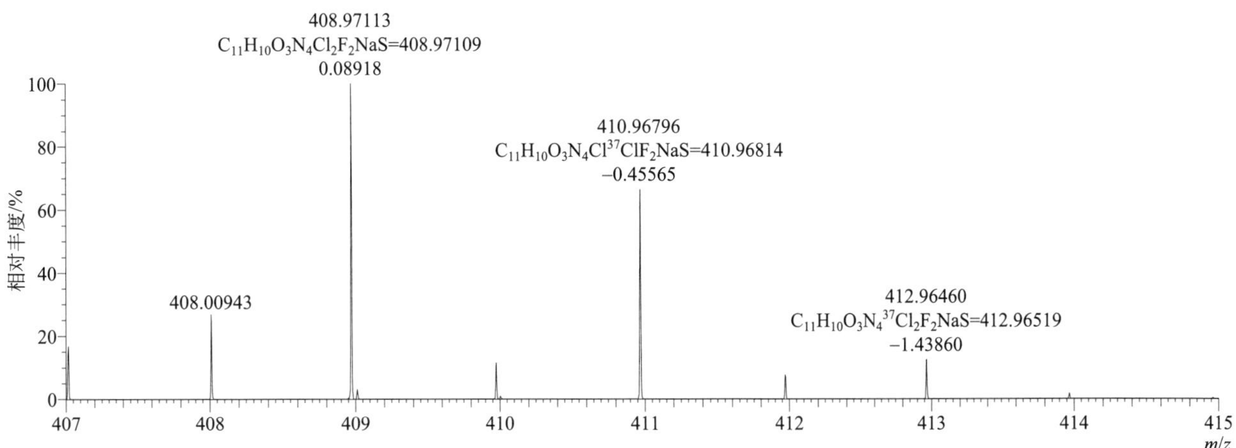

[M+H]+ 归一化法能量 NCE 为 40 时典型的二级质谱图

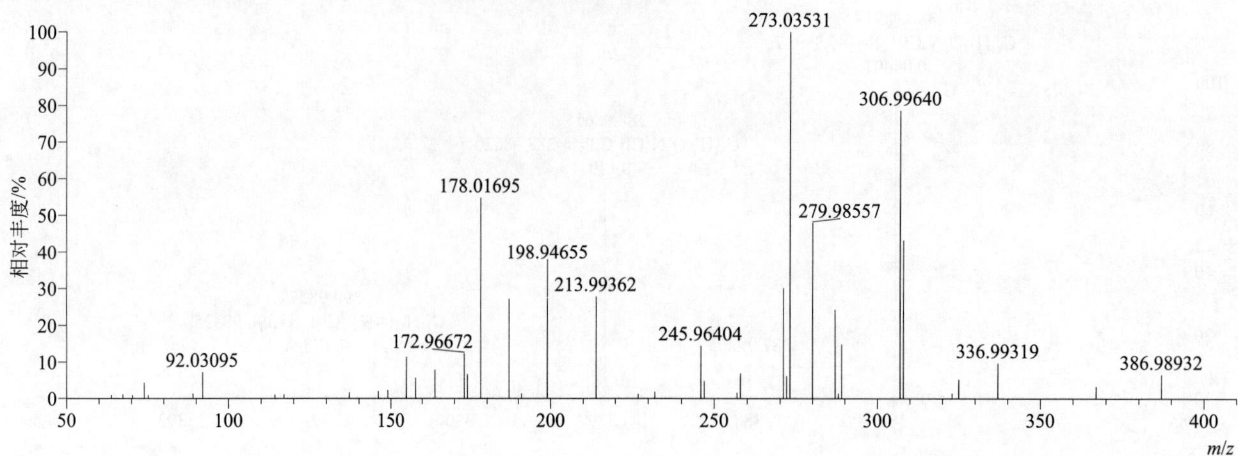

[M+H]+ 归一化法能量 NCE 为 60 时典型的二级质谱图

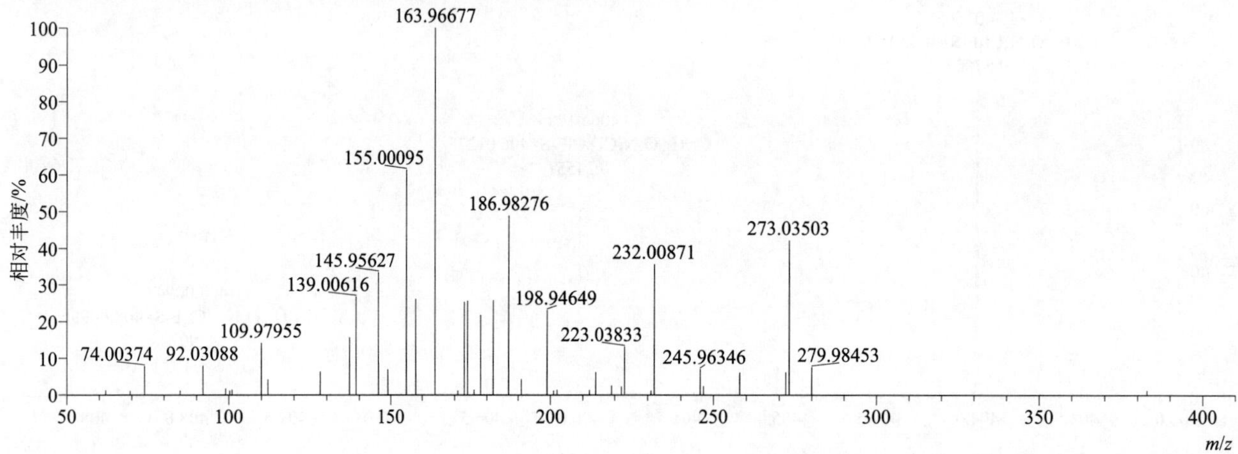

[M+H]+ 归一化法能量 NCE 为 80 时典型的二级质谱图

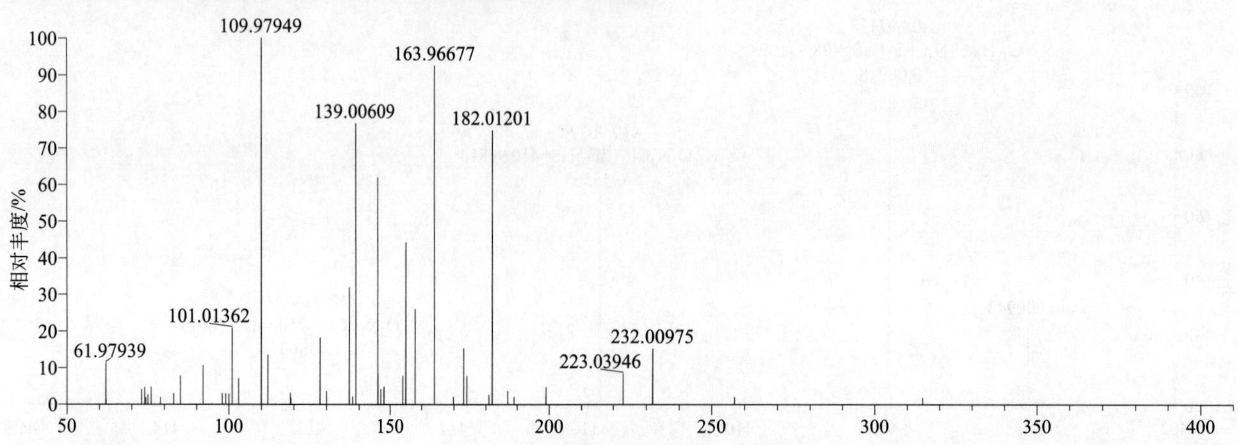

$[M+H]^+$ 阶梯归一化法能量 Step NCE 为 40、60、80 时典型的二级质谱图

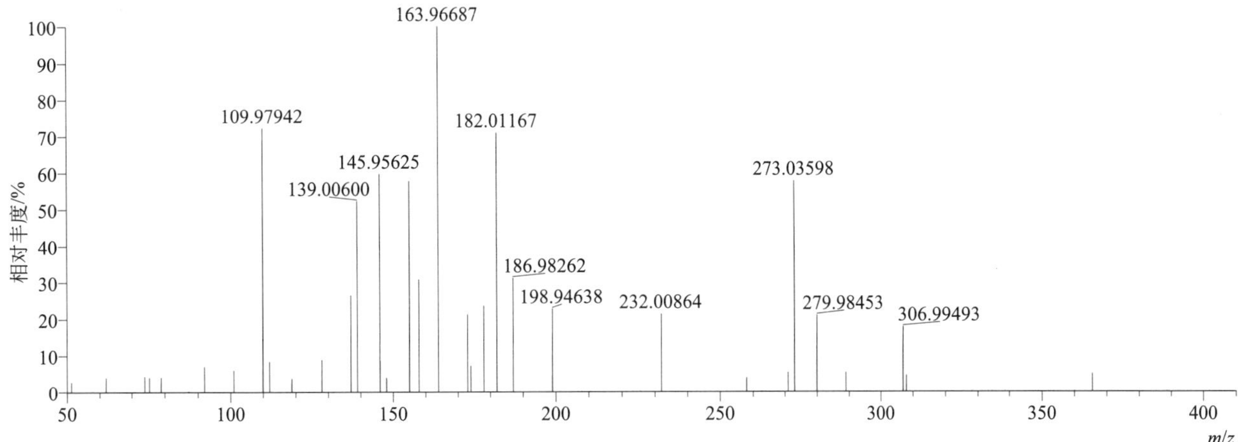

$[M+NH_4]^+$ 归一化法能量 NCE 为 40 时典型的二级质谱图

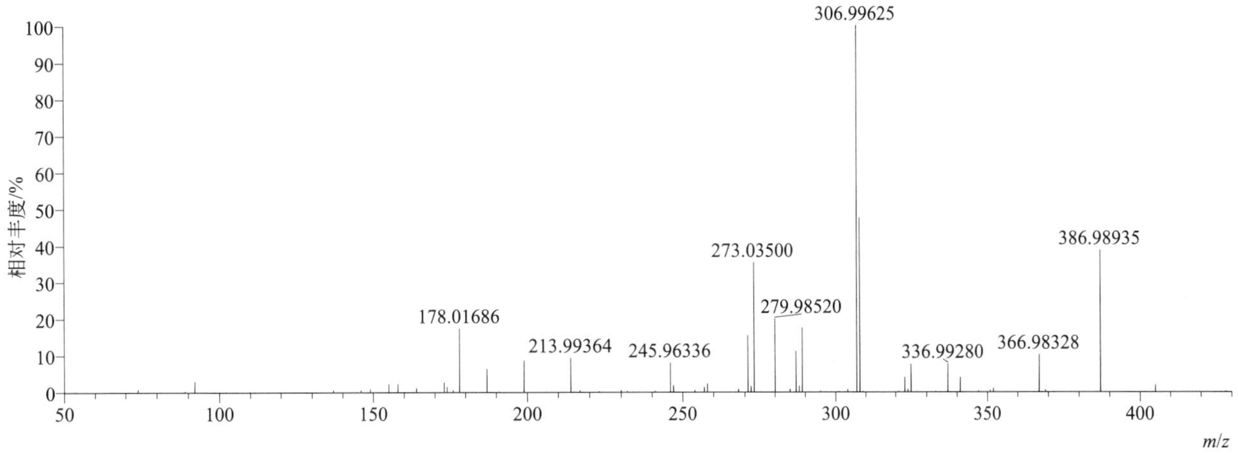

$[M+NH_4]^+$ 归一化法能量 NCE 为 60 时典型的二级质谱图

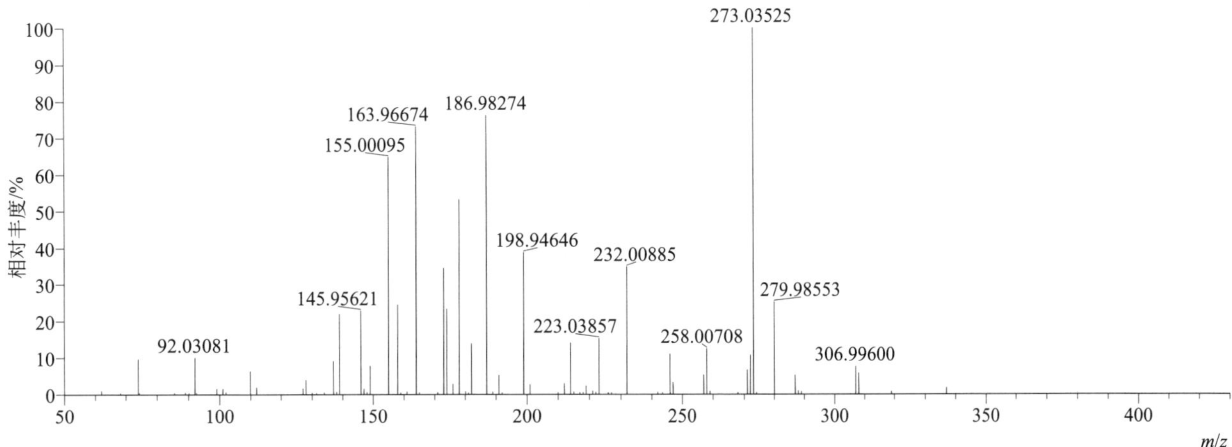

[M+NH$_4$]$^+$ 归一化法能量 NCE 为 80 时典型的二级质谱图

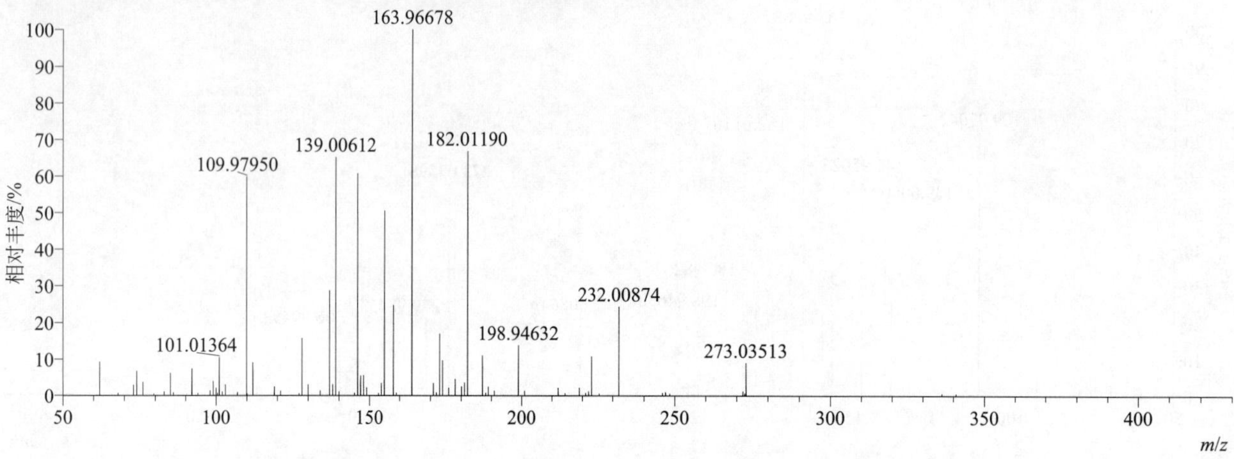

[M+NH$_4$]$^+$ 阶梯归一化法能量 Step NCE 为 40、60、80 时典型的二级质谱图

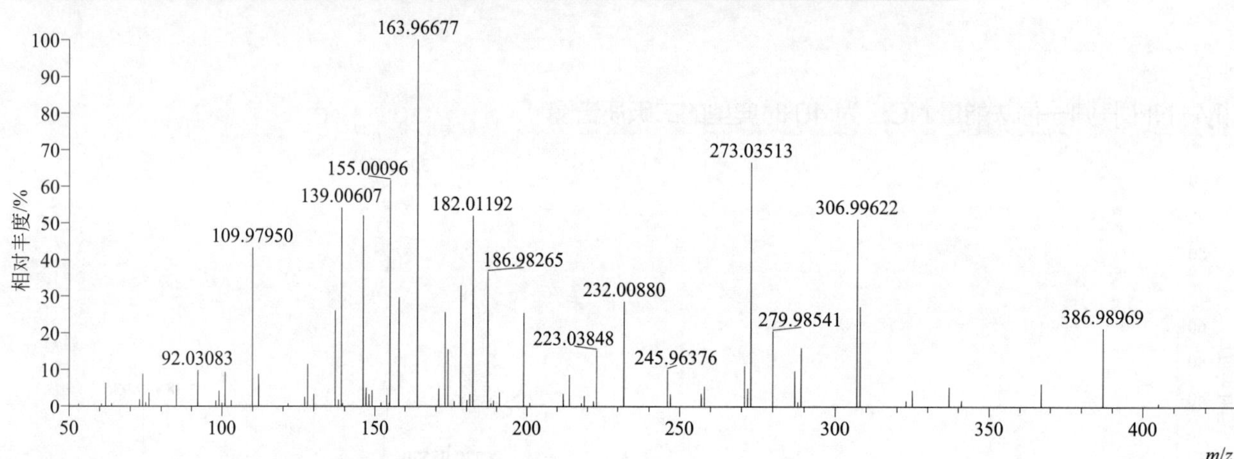

sulfotep（治螟磷）

基本信息

CAS 登录号	3689-24-5	分子量	322.02274	离子源和极性	电喷雾离子源（ESI）
分子式	$C_8H_{20}O_5P_2S_2$	保留时间	15.05min	极性	正模式

[M+H]$^+$ 提取离子流色谱图

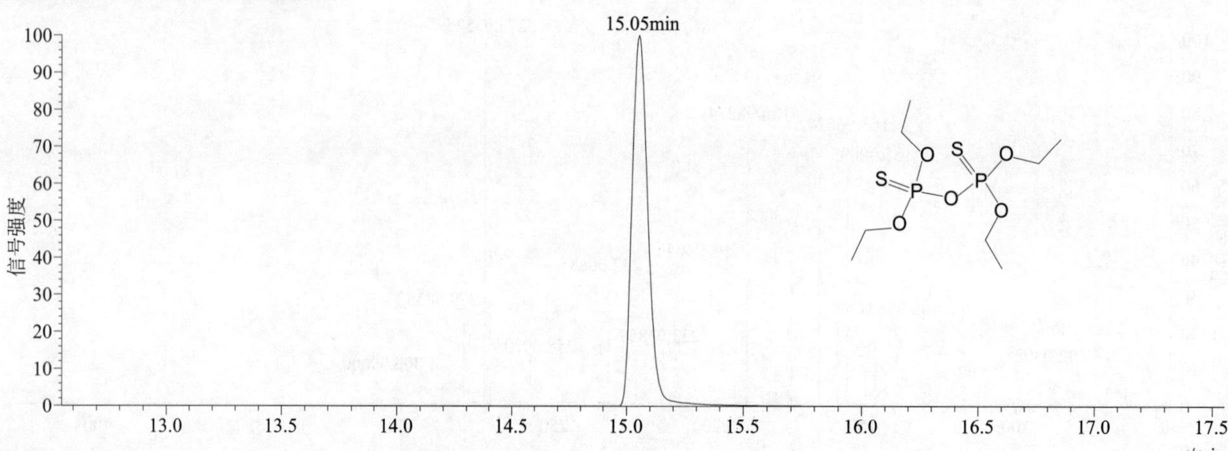

[M+H]+ 典型的一级质谱图

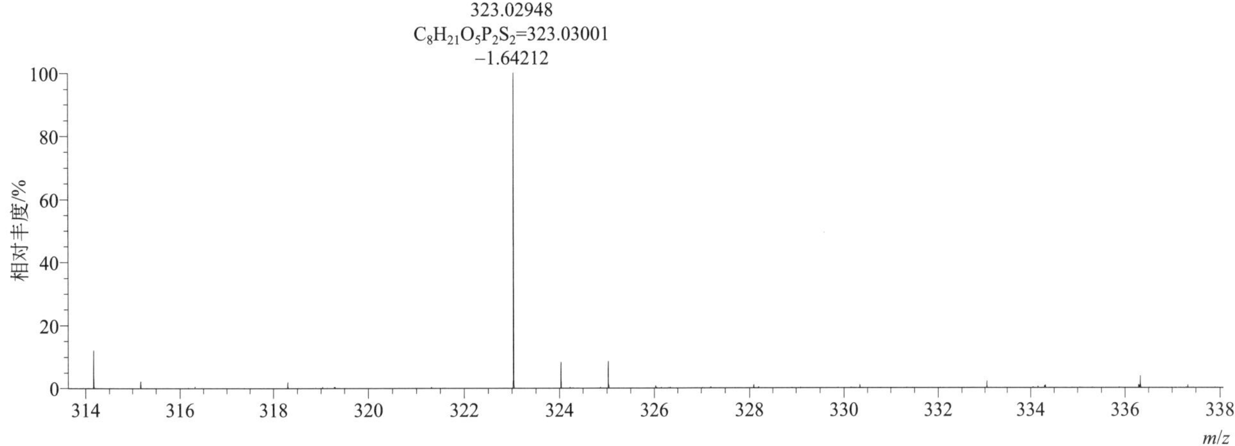

[M+H]+ 归一化法能量 NCE 为 20 时典型的二级质谱图

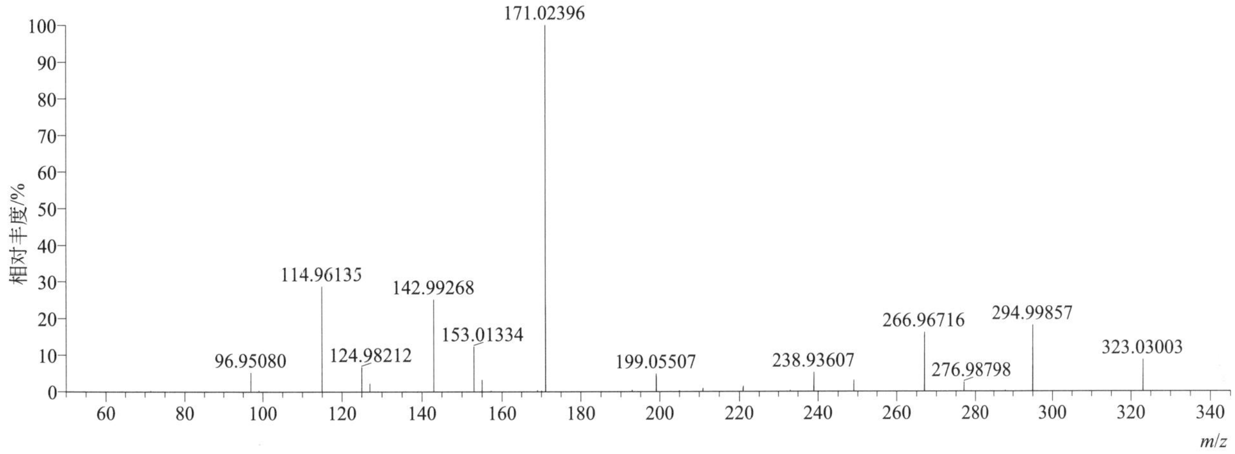

[M+H]+ 归一化法能量 NCE 为 40 时典型的二级质谱图

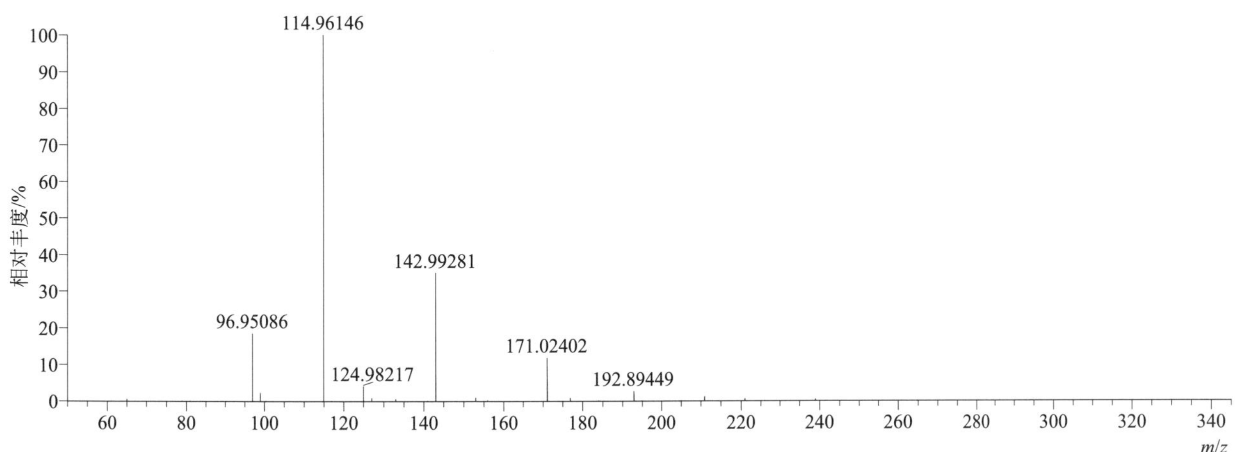

[M+H]$^+$ 归一化法能量 NCE 为 60 时典型的二级质谱图

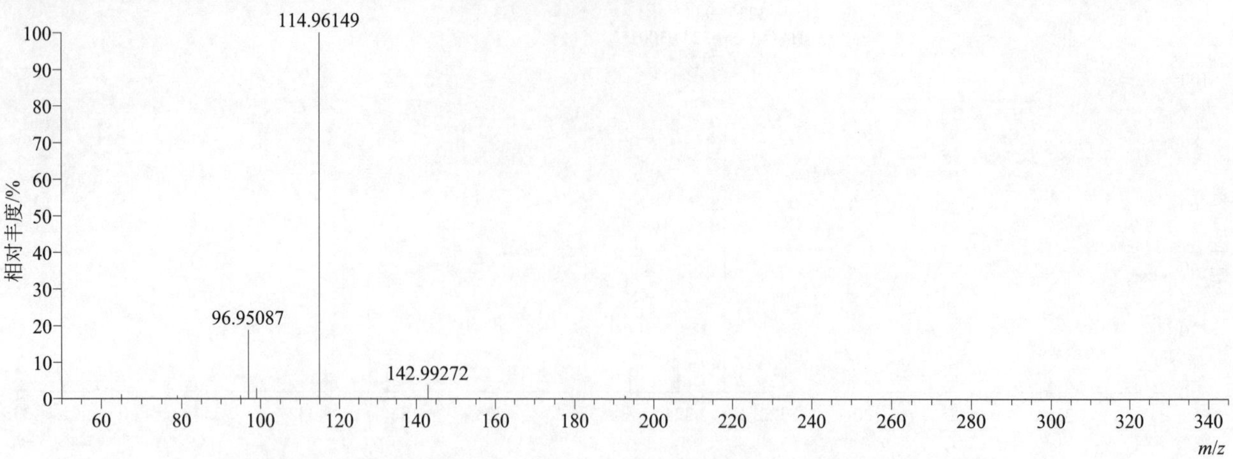

[M+H]$^+$ 阶梯归一化法能量 Step NCE 为 20、40、60 时典型的二级质谱图

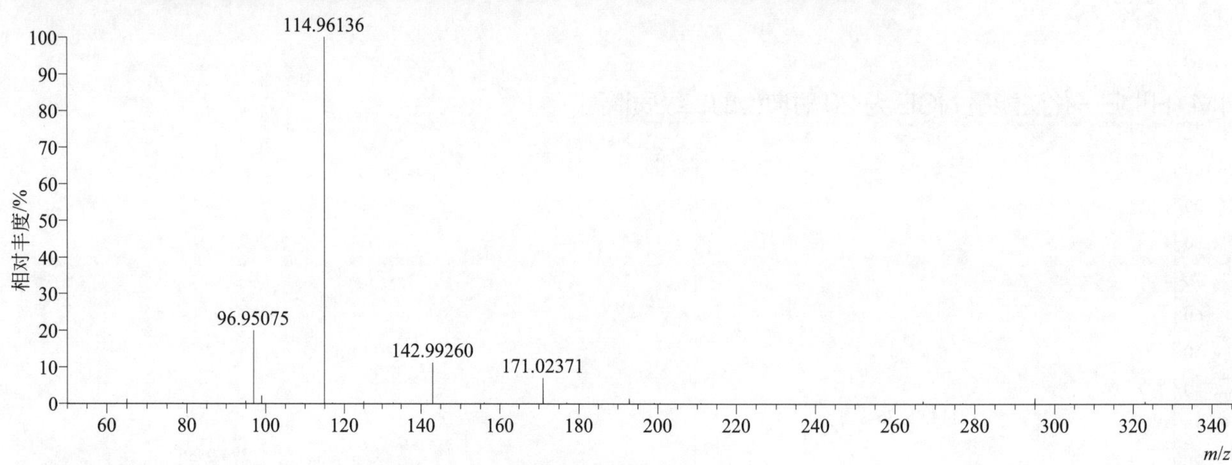

sulfoxaflor（氟啶虫胺腈）

基本信息

CAS 登录号	946578-00-3	**分子量**	277.04967	**离子源和极性**	电喷雾离子源（ESI）
分子式	$C_{10}H_{10}F_3N_3OS$	**保留时间**	12.08min	**极性**	正模式

[M+H]$^+$ 提取离子流色谱图

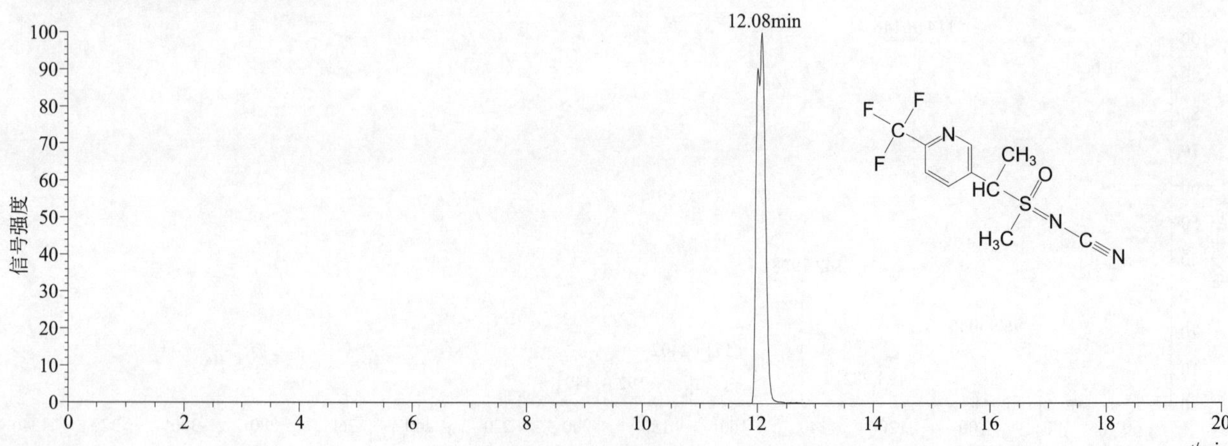

$[M+H]^+$ 和 $[M+NH_4]^+$ 典型的一级质谱图

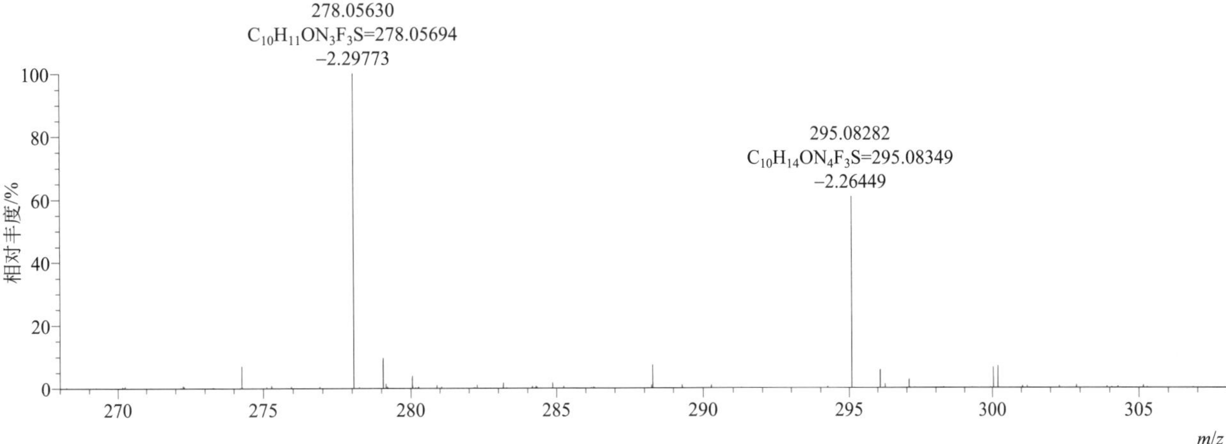

$[M+H]^+$ 归一化法能量 NCE 为 20 时典型的二级质谱图

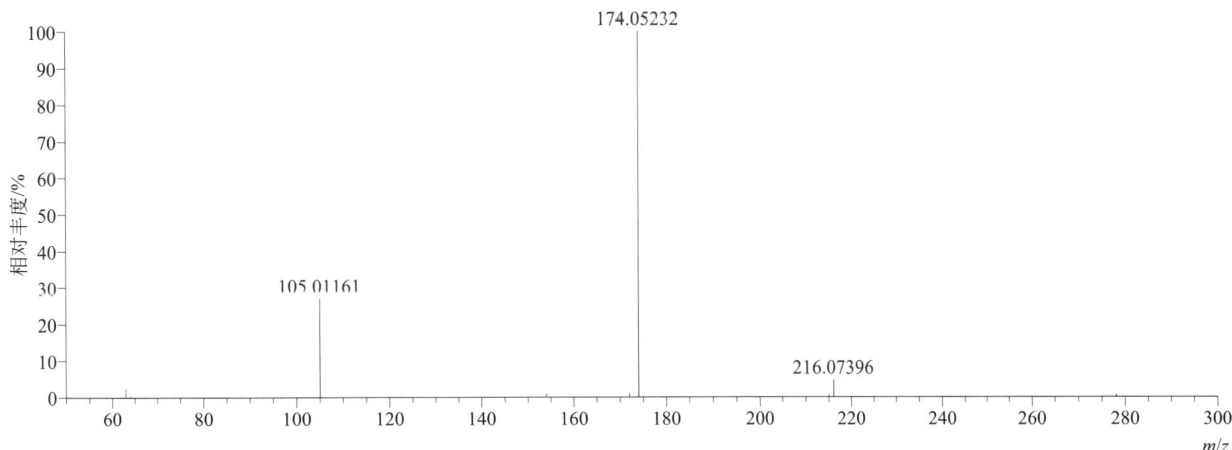

$[M+H]^+$ 归一化法能量 NCE 为 40 时典型的二级质谱图

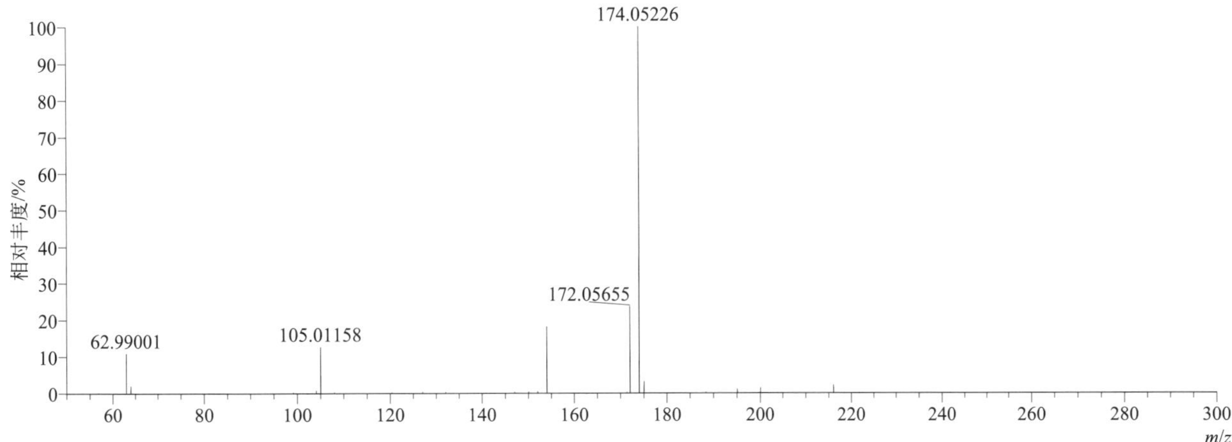

[M+H]$^+$ 归一化法能量 NCE 为 60 时典型的二级质谱图

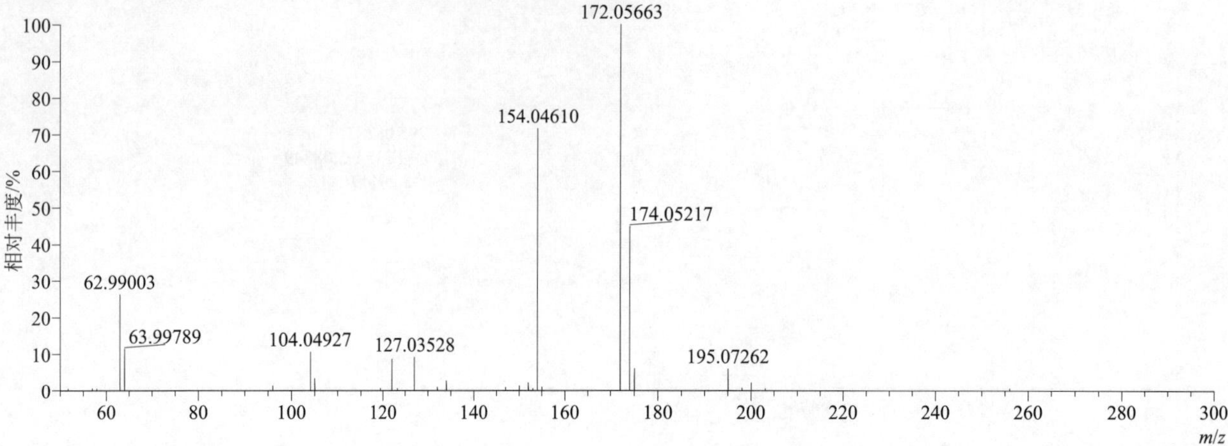

[M+H]$^+$ 阶梯归一化法能量 Step NCE 为 20、40、60 时典型的二级质谱图

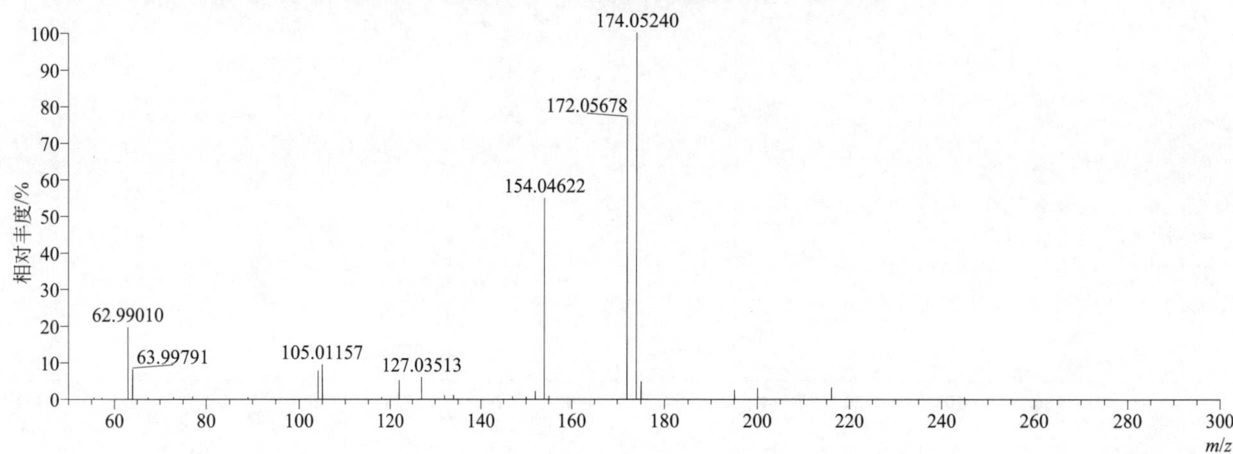

[M+NH$_4$]$^+$ 归一化法能量 NCE 为 20 时典型的二级质谱图

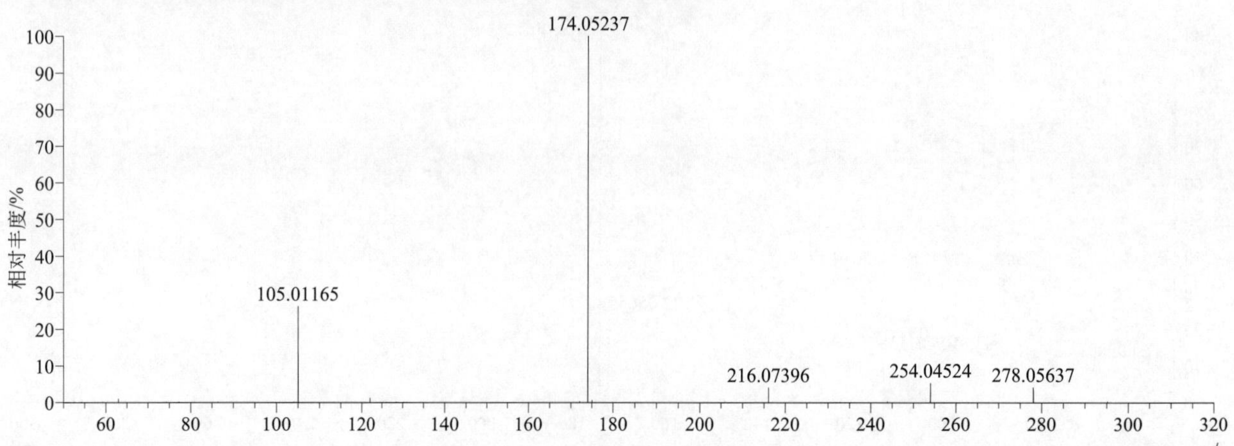

[M+NH$_4$]$^+$ 归一化法能量 NCE 为 40 时典型的二级质谱图

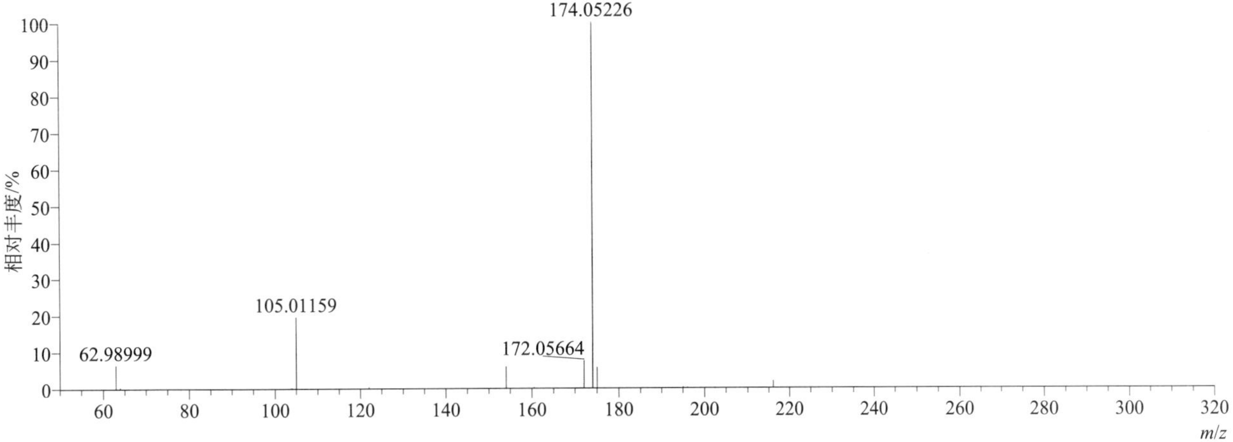

[M+NH$_4$]$^+$ 归一化法能量 NCE 为 60 时典型的二级质谱图

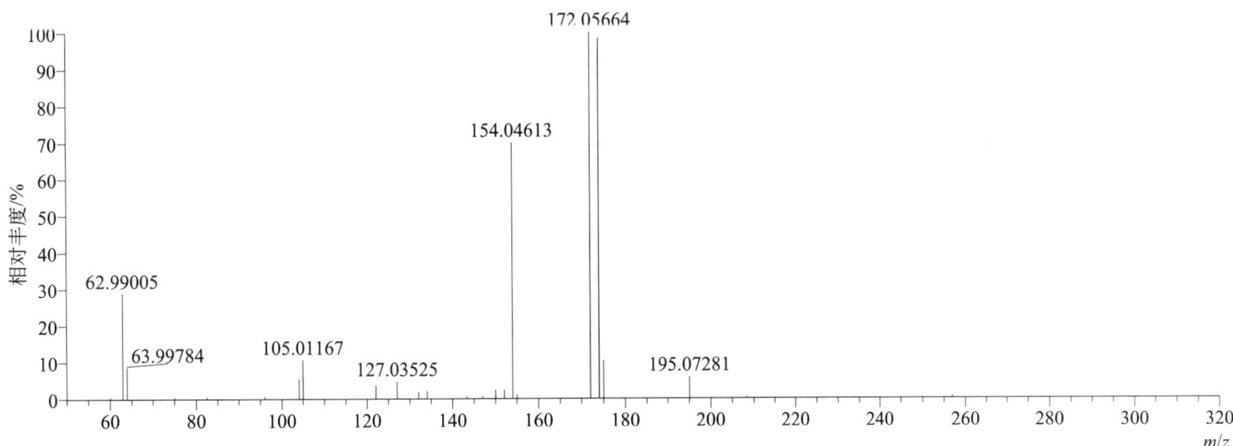

[M+NH$_4$]$^+$ 阶梯归一化法能量 Step NCE 为 20、40、60 时典型的二级质谱图

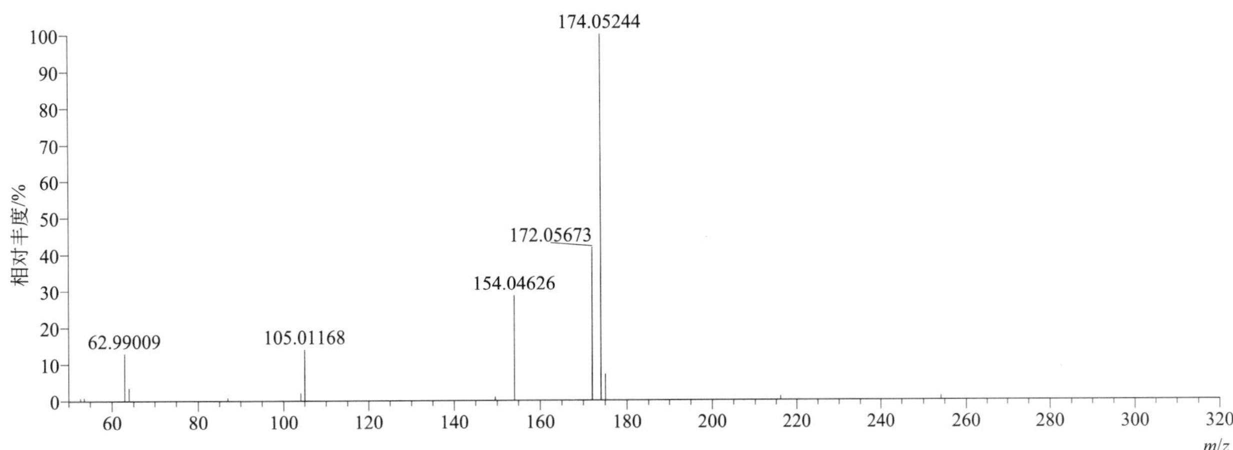

sulprofos（硫丙磷）

基本信息

CAS 登录号	35400-43-2	分子量	322.02848	离子源和极性	电喷雾离子源（ESI）
分子式	$C_{12}H_{19}O_2PS_3$	保留时间	16.08min	极性	正模式

[M+H]⁺ 提取离子流色谱图

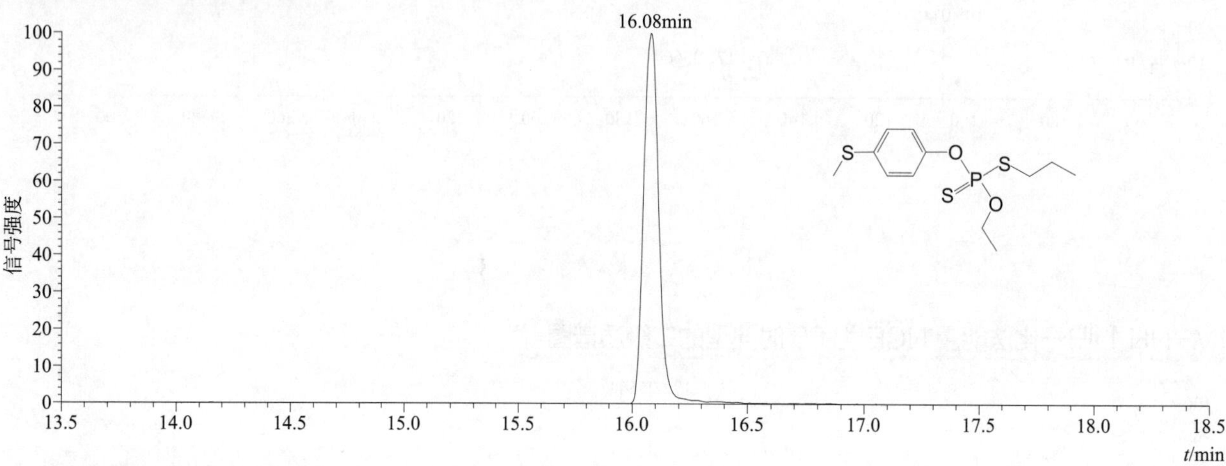

[M+H]⁺ 典型的一级质谱图

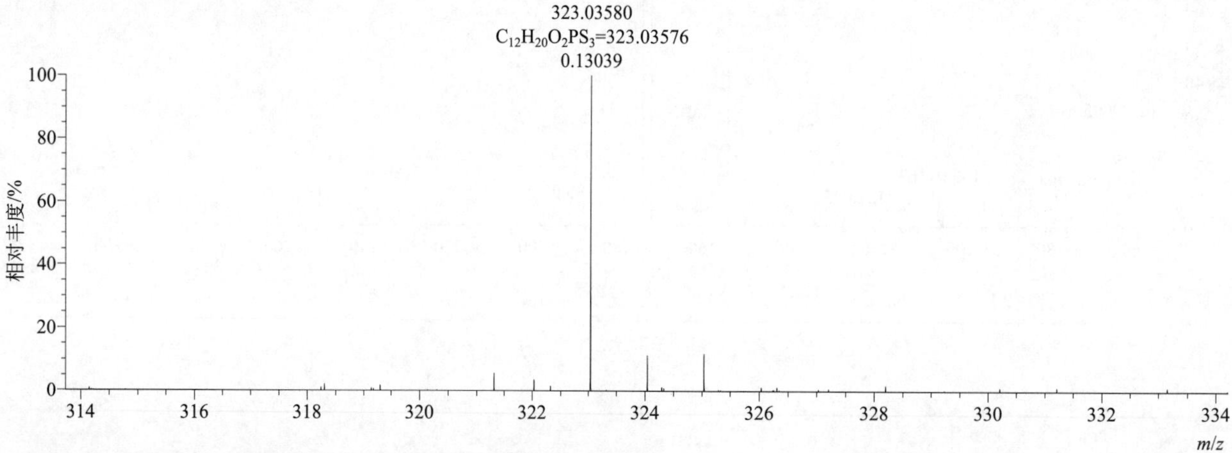

[M+H]⁺ 归一化法能量 NCE 为 20 时典型的二级质谱图

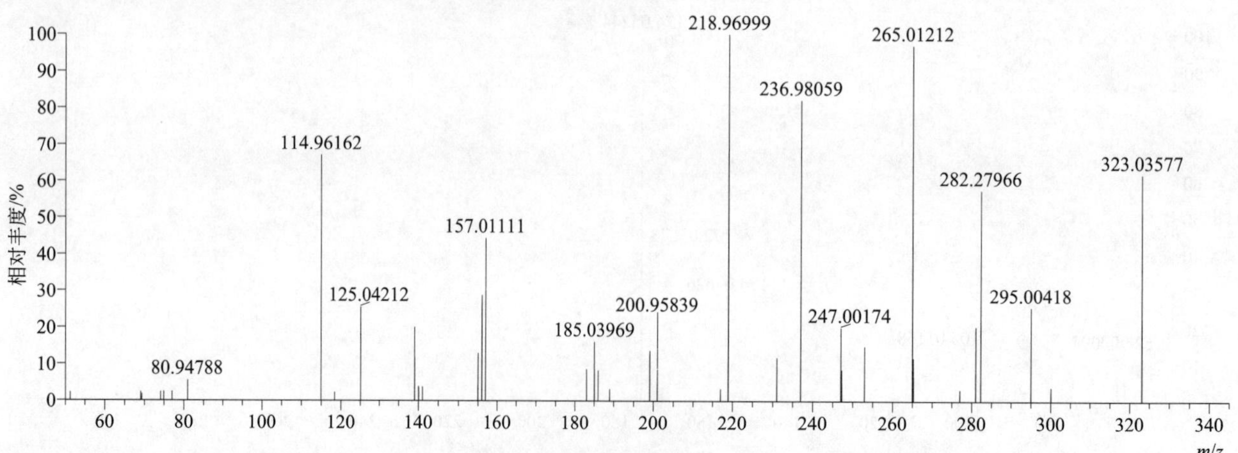

[M+H]$^+$ 归一化法能量 NCE 为 40 时典型的二级质谱图

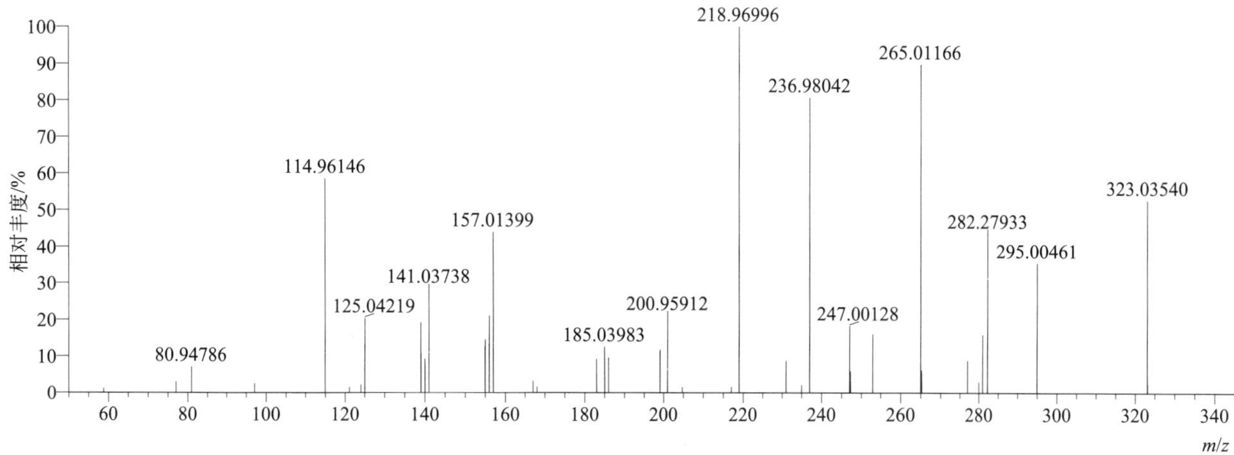

[M+H]$^+$ 归一化法能量 NCE 为 60 时典型的二级质谱图

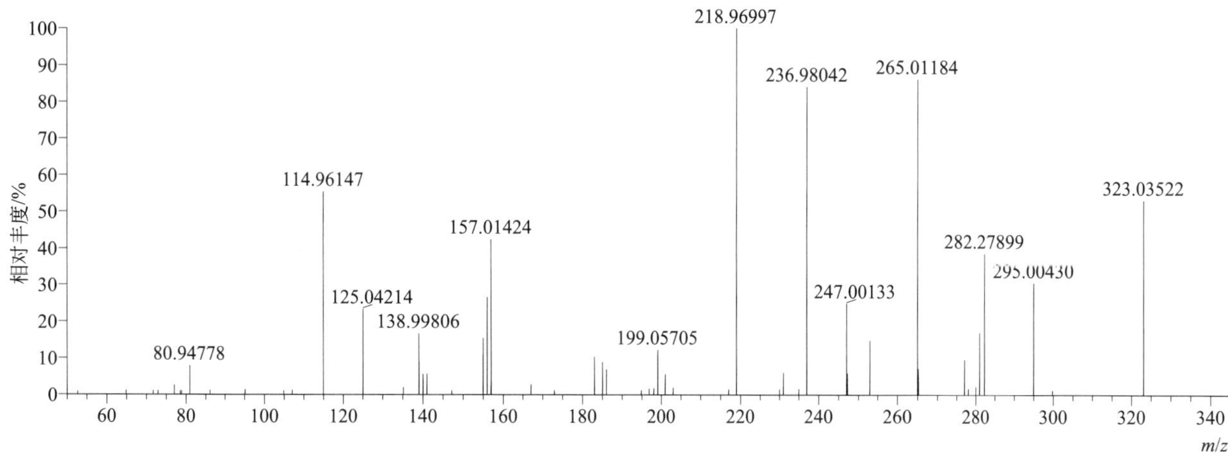

[M+H]$^+$ 阶梯归一化法能量 Step NCE 为 20、40、60 时典型的二级质谱图

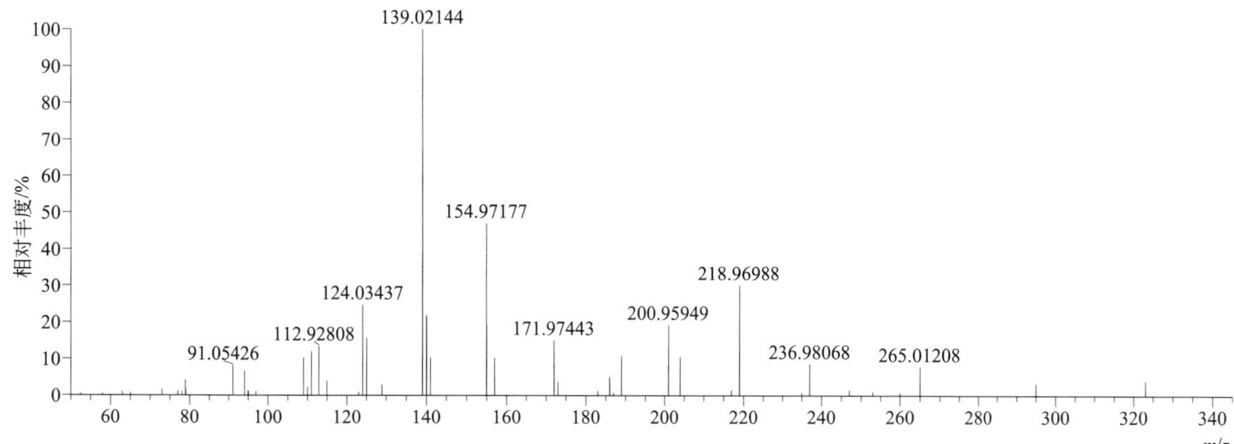

T

tebuconazole（戊唑醇）

基本信息

CAS 登录号	107534-96-3	分子量	307.14514	离子源和极性	电喷雾离子源（ESI）
分子式	$C_{16}H_{22}ClN_3O$	保留时间	15.08min	极性	正模式

$[M+H]^+$ 提取离子流色谱图

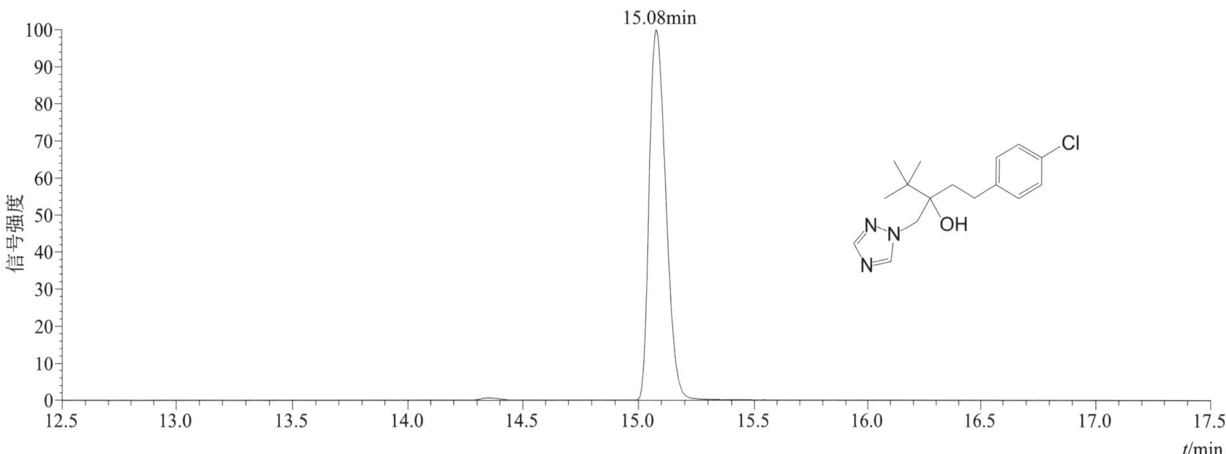

$[M+H]^+$ 典型的一级质谱图

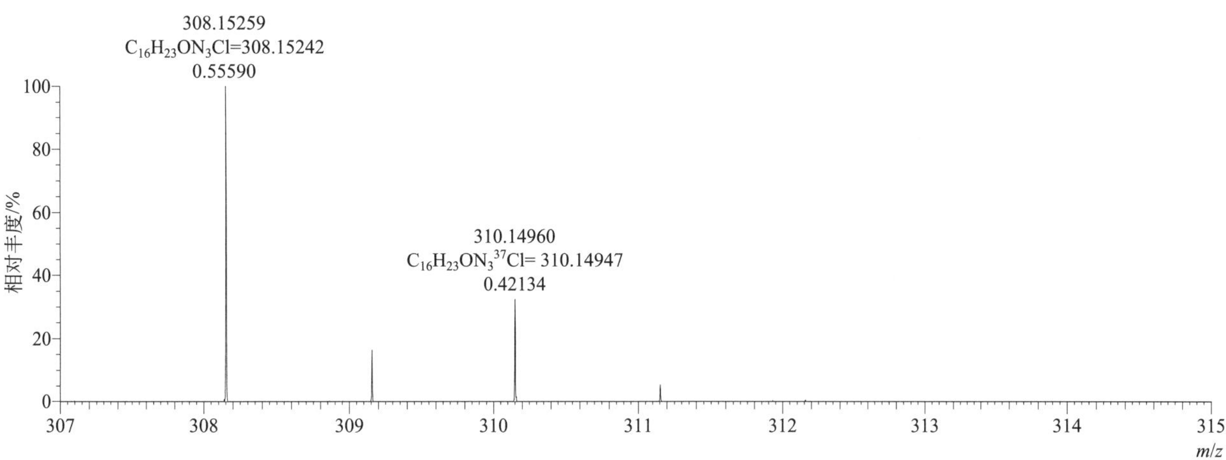

$[M+H]^+$ 归一化法能量 NCE 为 20 时典型的二级质谱图

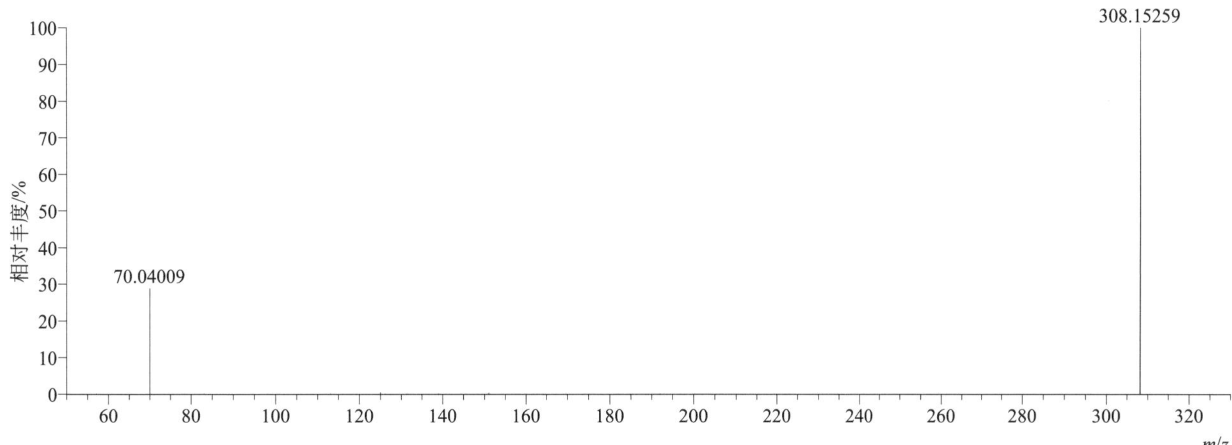

[M+H]+ 归一化法能量 NCE 为 40 时典型的二级质谱图

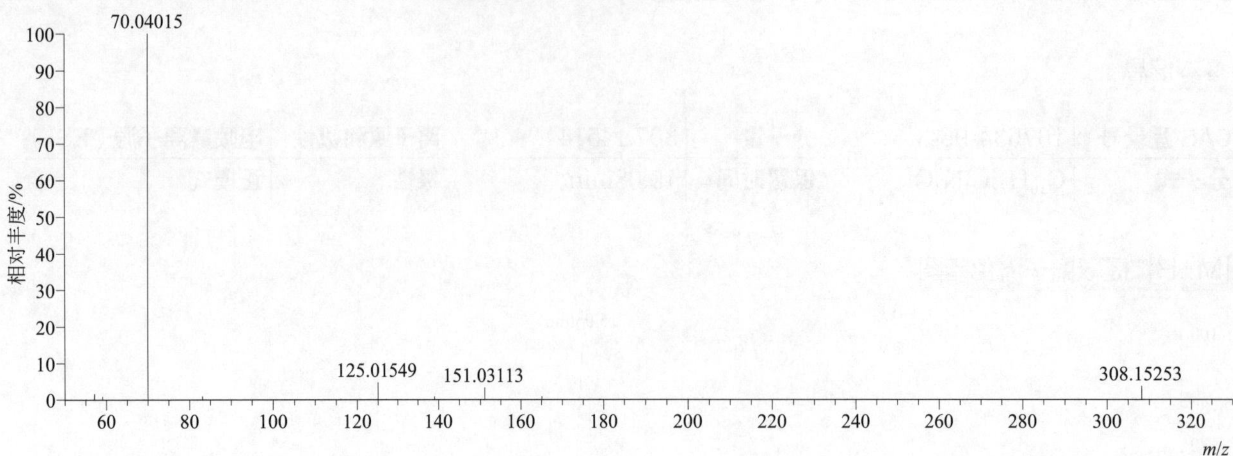

[M+H]+ 归一化法能量 NCE 为 60 时典型的二级质谱图

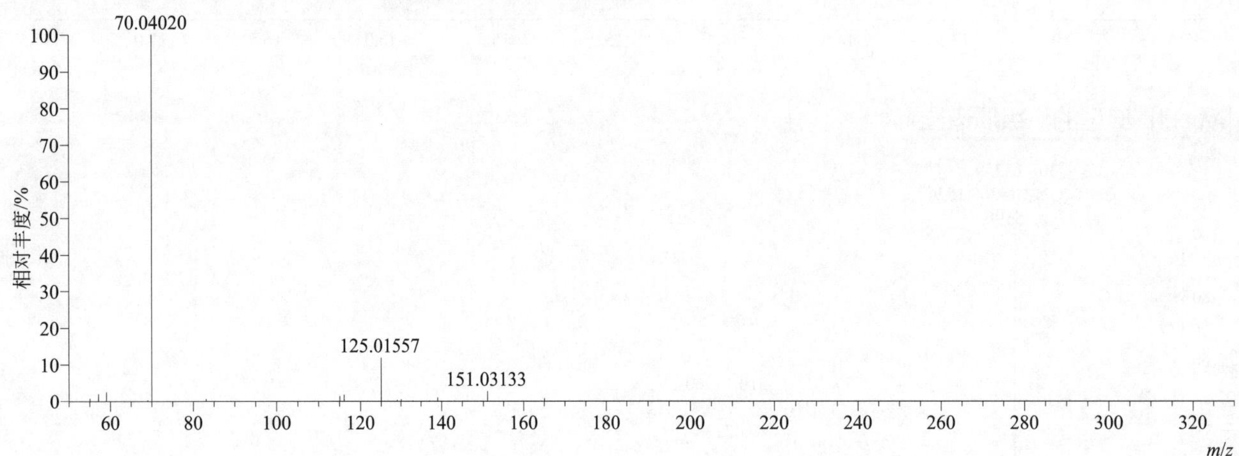

[M+H]+ 阶梯归一化法能量 Step NCE 为 20、40、60 时典型的二级质谱图

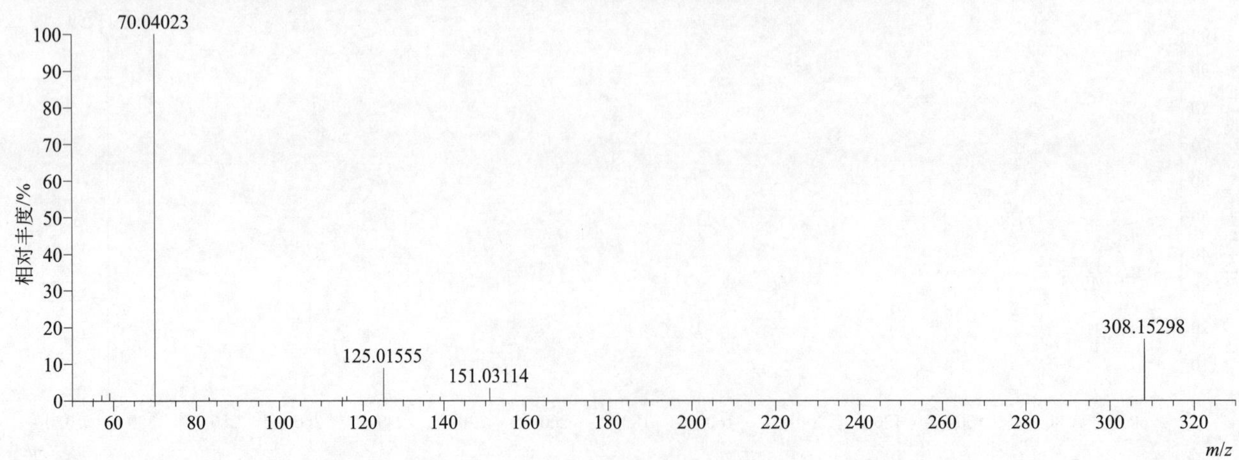

tebufenozide（虫酰肼）

基本信息

CAS 登录号	112410-23-8	分子量	352.21508	离子源和极性	电喷雾离子源（ESI）
分子式	$C_{22}H_{28}N_2O_2$	保留时间	14.89min	极性	正模式

[M+H]⁺ 提取离子流色谱图

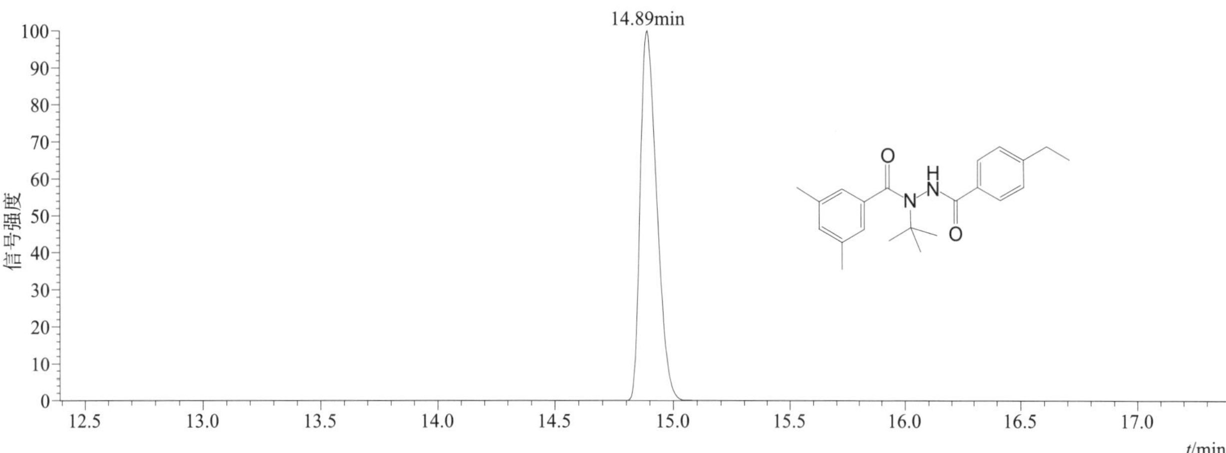

[M+H]⁺ 典型的一级质谱图

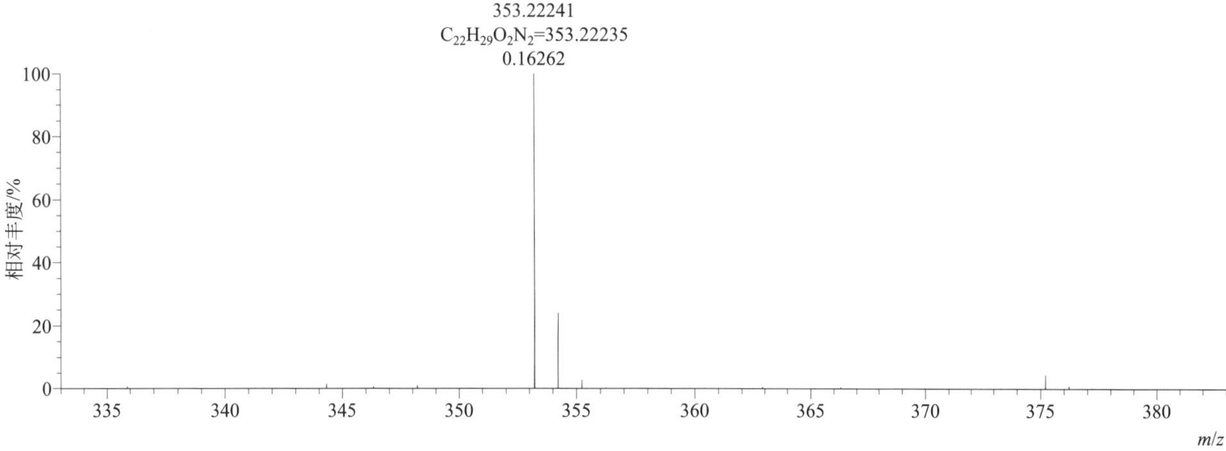

[M+H]⁺ 归一化法能量 NCE 为 20 时典型的二级质谱图

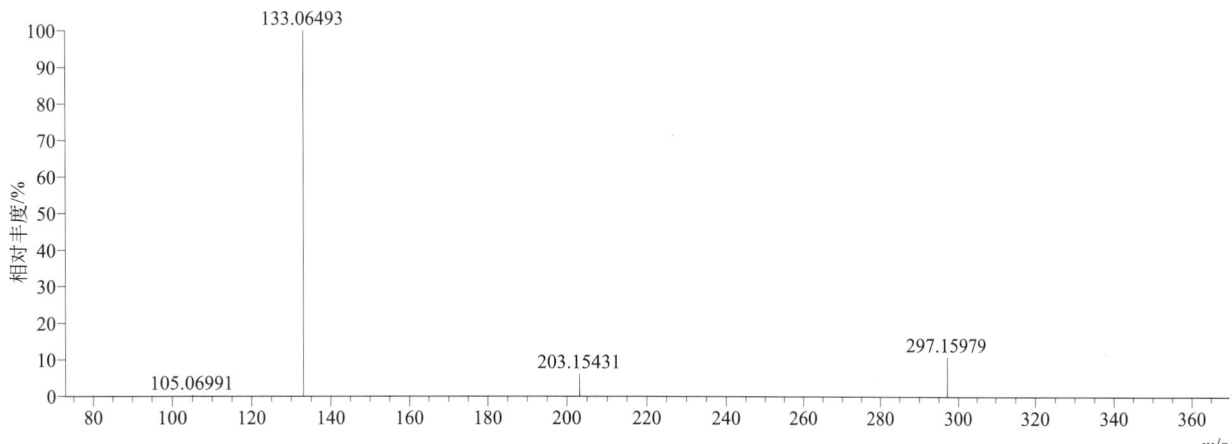

[M+H]$^+$ 归一化法能量 NCE 为 40 时典型的二级质谱图

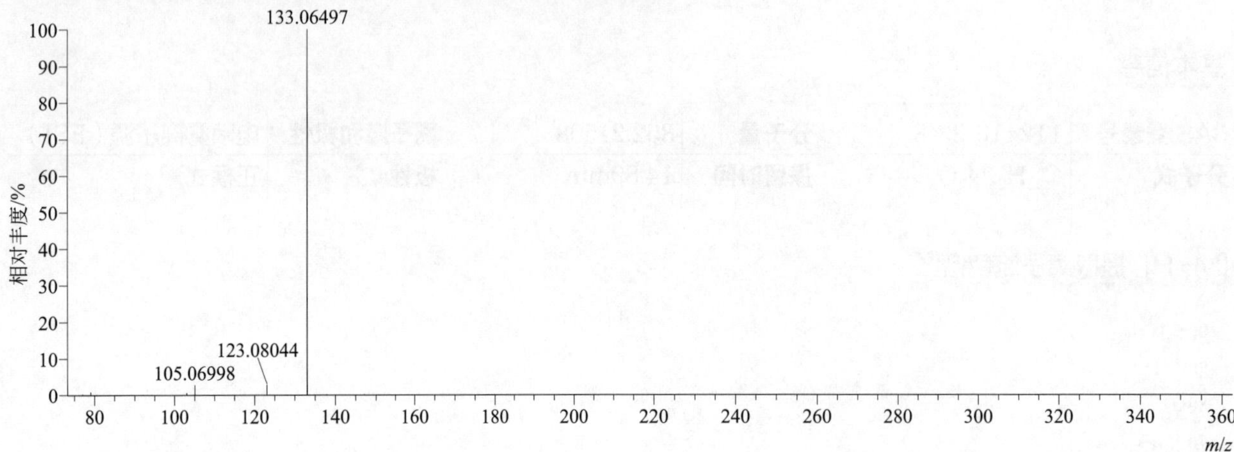

[M+H]$^+$ 归一化法能量 NCE 为 60 时典型的二级质谱图

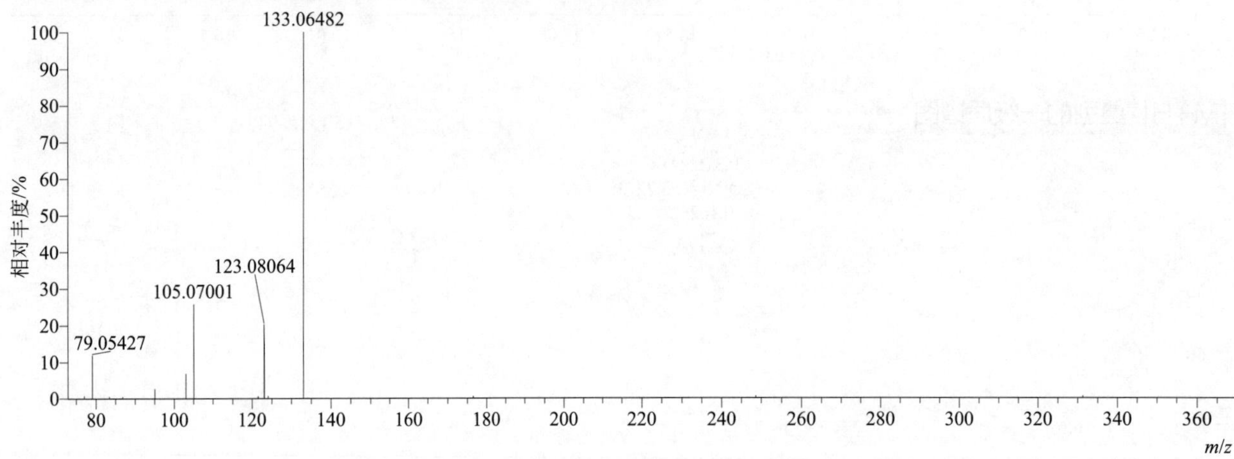

[M+H]$^+$ 阶梯归一化法能量 Step NCE 为 20、40、60 时典型的二级质谱图

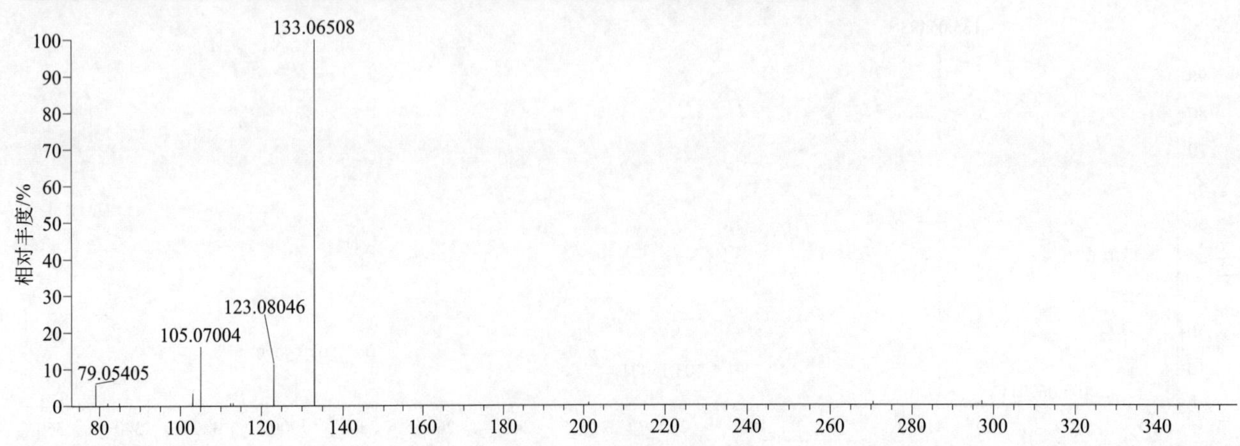

tebufenpyrad（吡螨胺）

基本信息

CAS 登录号	119168-77-3	分子量	333.16079	离子源和极性	电喷雾离子源（ESI）
分子式	$C_{18}H_{24}ClN_3O$	保留时间	15.72min	极性	正模式

[M+H]⁺ 提取离子流色谱图

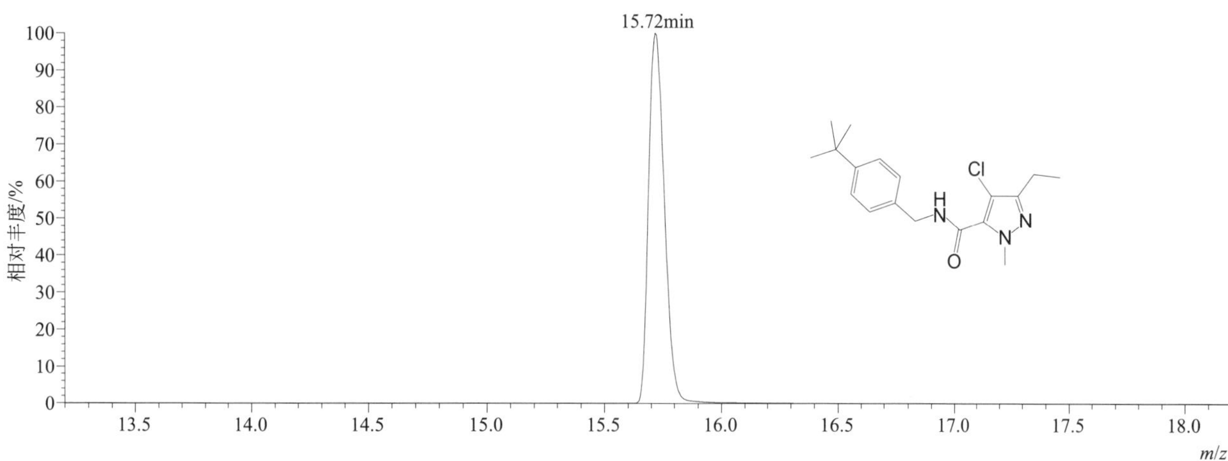

[M+H]⁺ 典型的一级质谱图

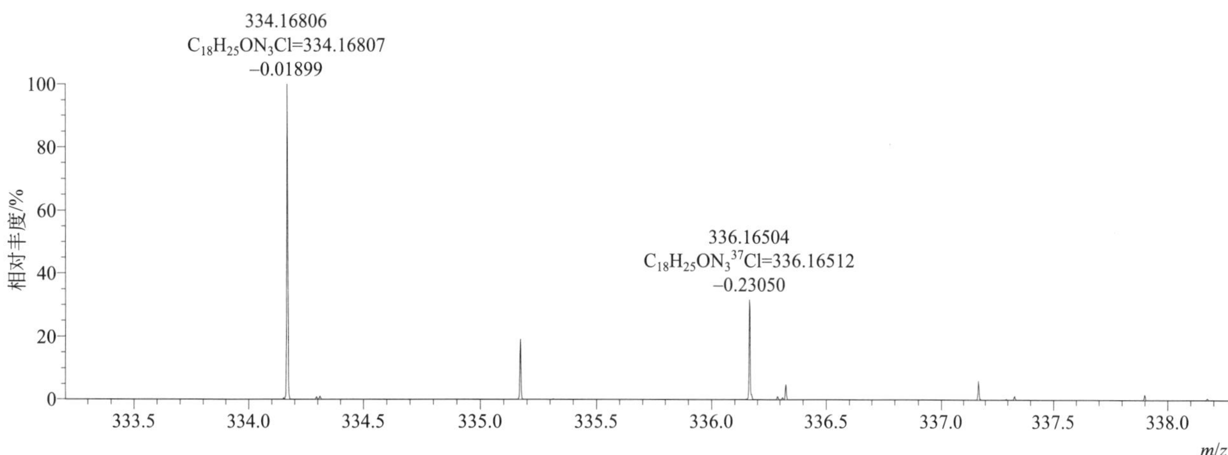

[M+H]⁺ 归一化法能量 NCE 为 20 时典型的二级质谱图

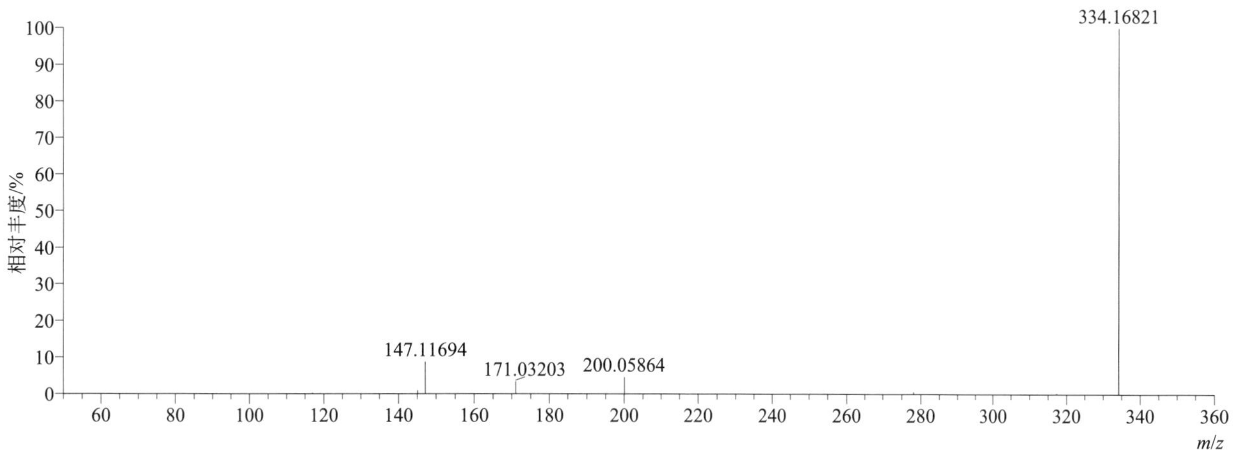

[M+H]+ 归一化法能量 NCE 为 40 时典型的二级质谱图

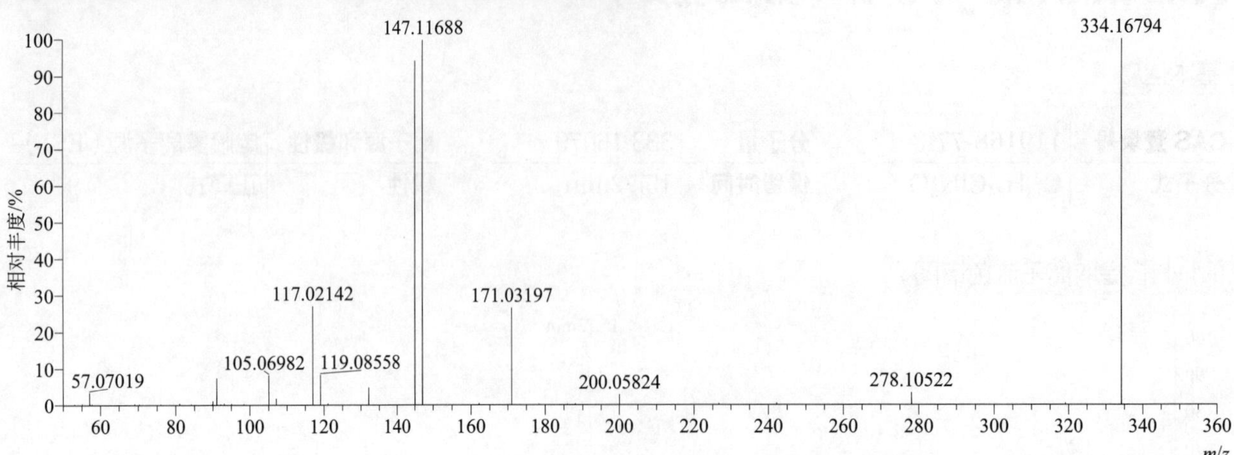

[M+H]+ 归一化法能量 NCE 为 60 时典型的二级质谱图

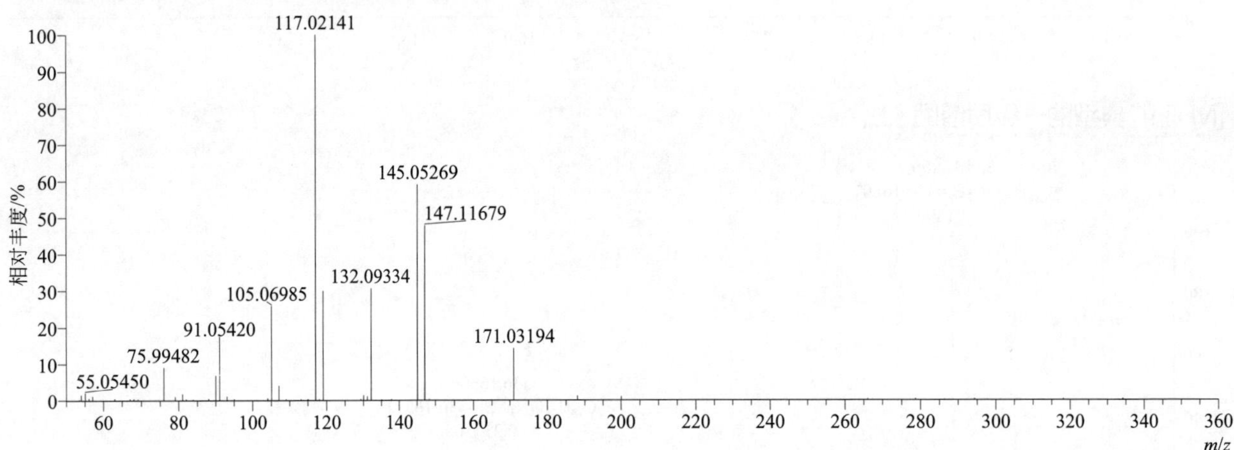

[M+H]+ 阶梯归一化法能量 Step NCE 为 20、40、60 时典型的二级质谱图

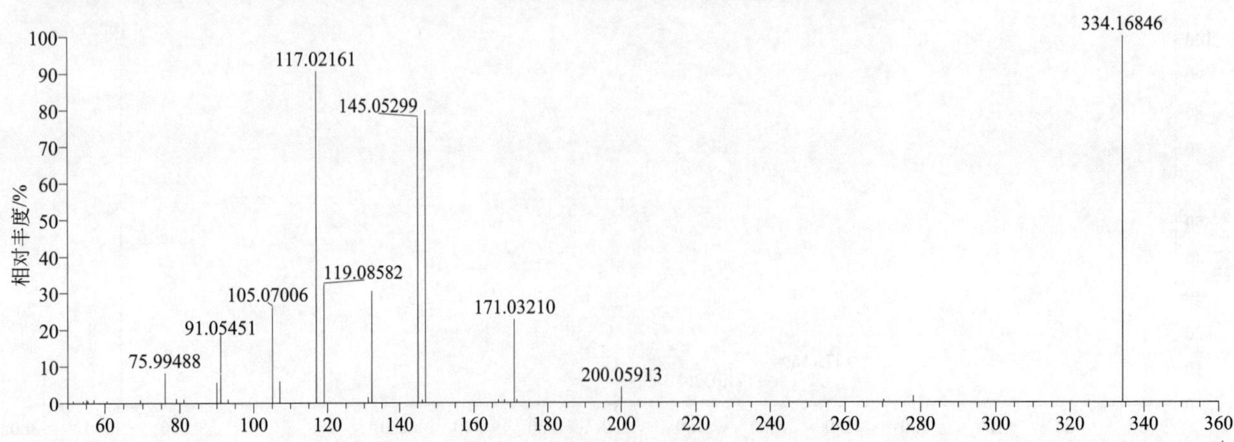

tebupirimfos（丁基嘧啶磷）

基本信息

CAS 登录号	96182-53-5	分子量	318.11670	离子源和极性	电喷雾离子源（ESI）
分子式	$C_{13}H_{23}N_2O_3PS$	保留时间	15.80min	极性	正模式

[M+H]⁺ 提取离子流色谱图

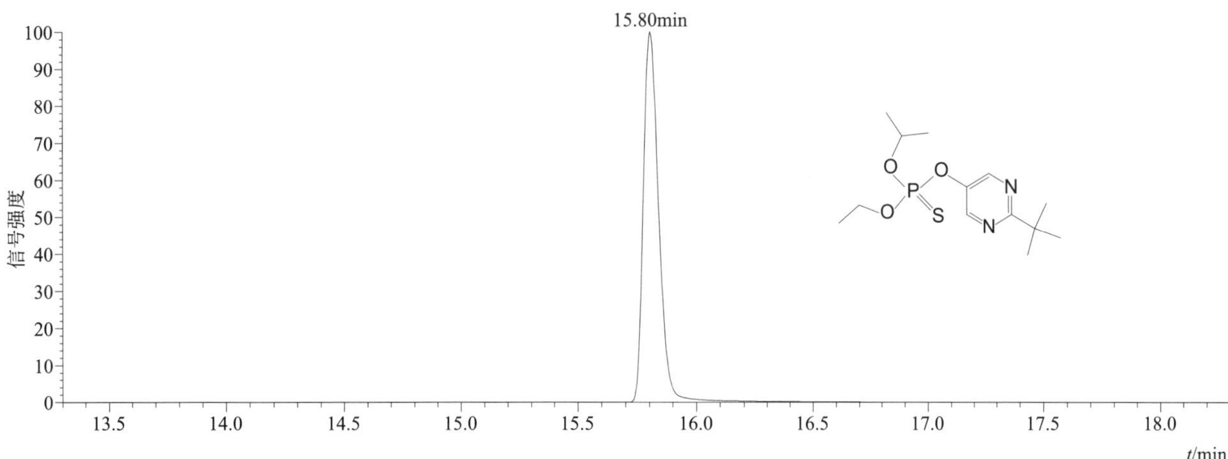

[M+H]⁺ 典型的一级质谱图

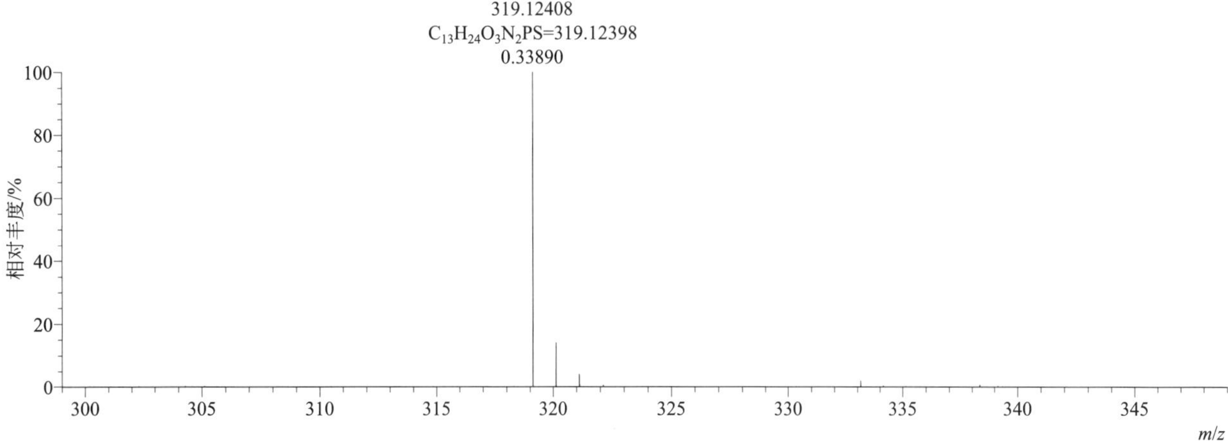

[M+H]⁺ 归一化法能量 NCE 为 20 时典型的二级质谱图

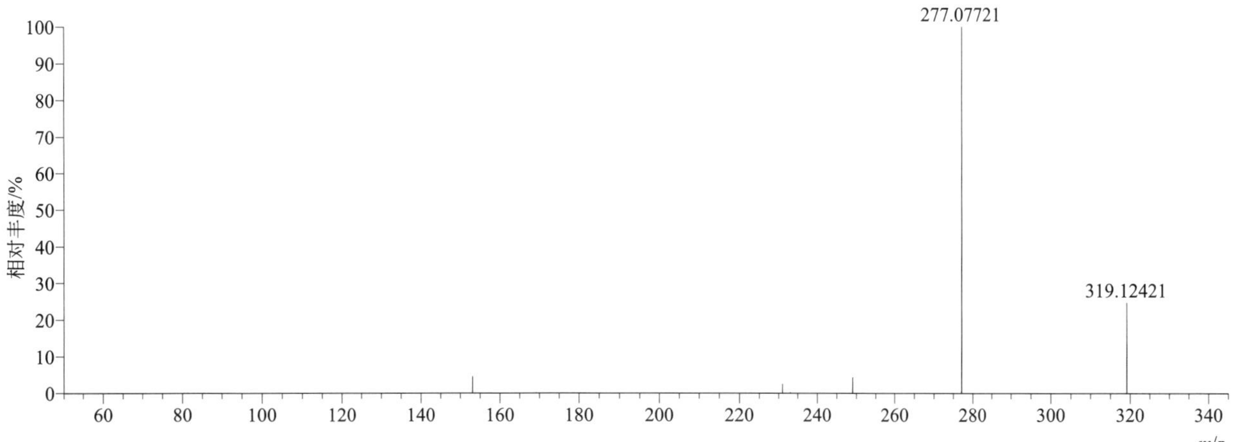

[M+H]+ 归一化法能量 NCE 为 40 时典型的二级质谱图

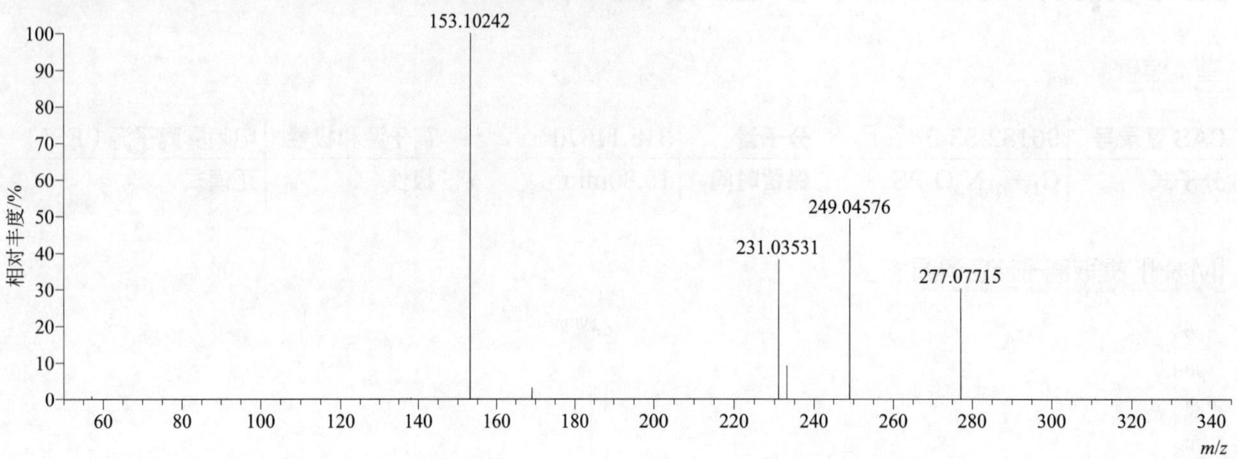

[M+H]+ 归一化法能量 NCE 为 60 时典型的二级质谱图

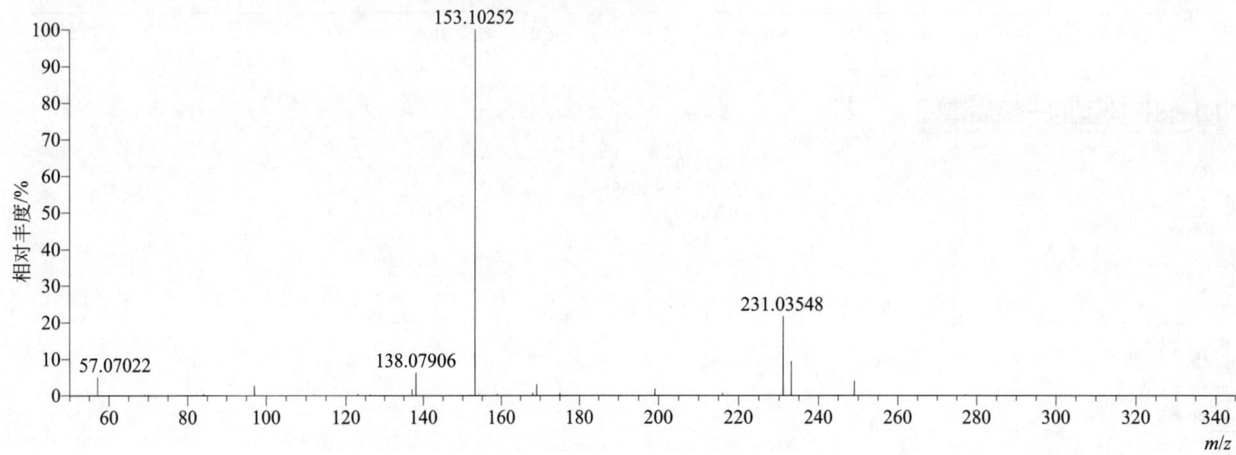

[M+H]+ 阶梯归一化法能量 Step NCE 为 20、40、60 时典型的二级质谱图

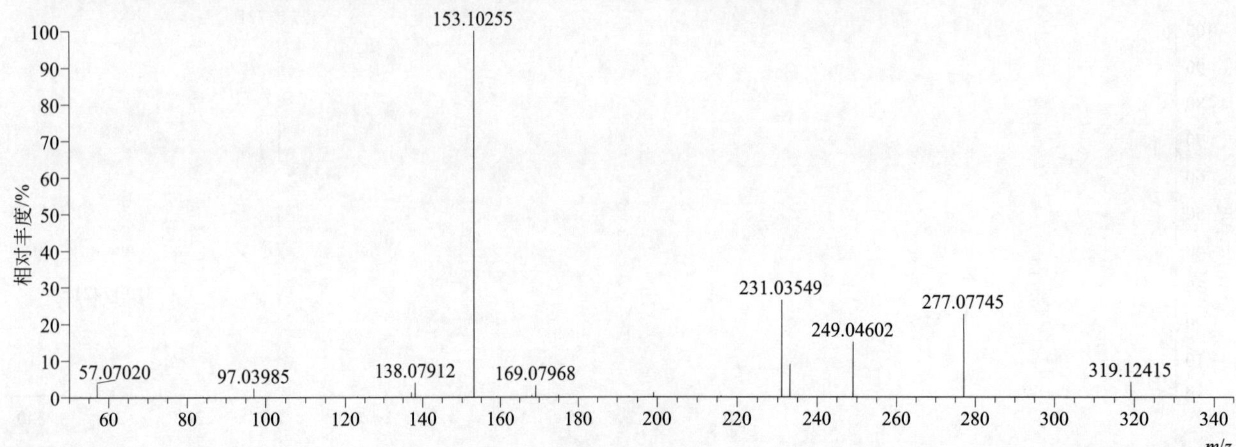

tebutam（丙戊草胺）

基本信息

CAS 登录号	35256-85-0	分子量	233.17796	离子源和极性	电喷雾离子源（ESI）
分子式	$C_{15}H_{23}NO$	保留时间	14.83min	极性	正模式

[M+H]+ 提取离子流色谱图

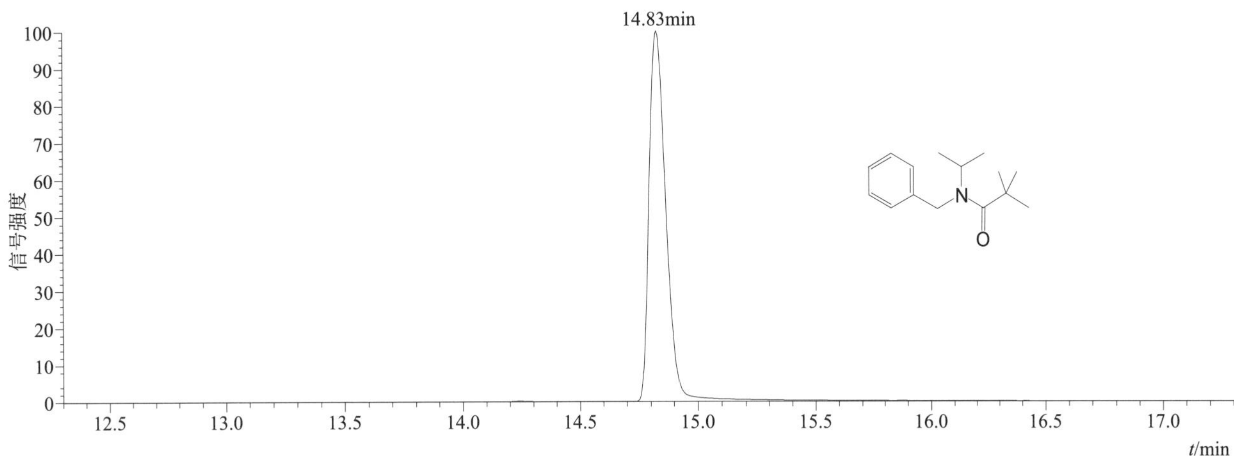

[M+H]+ 典型的一级质谱图

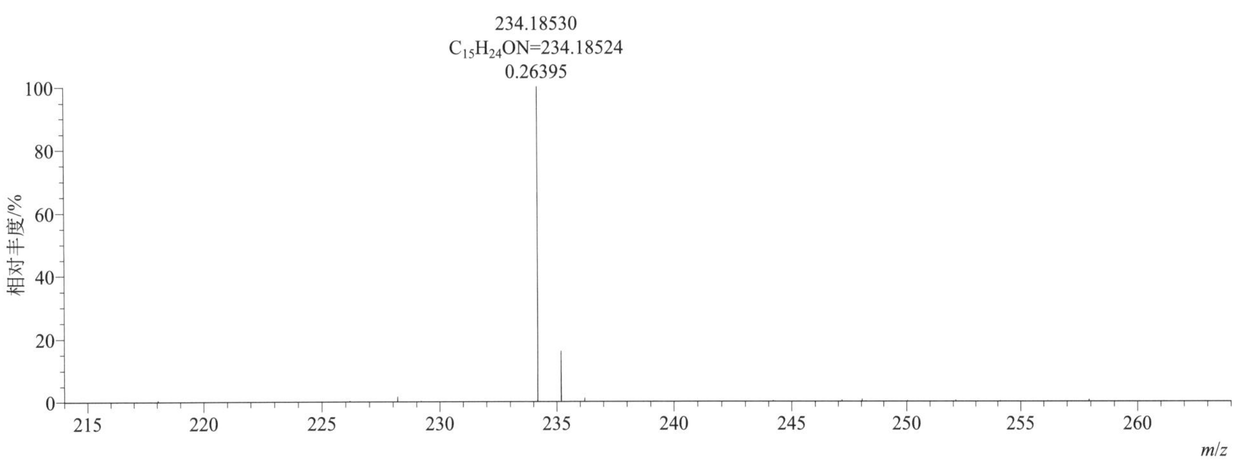

[M+H]+ 归一化法能量 NCE 为 20 时典型的二级质谱图

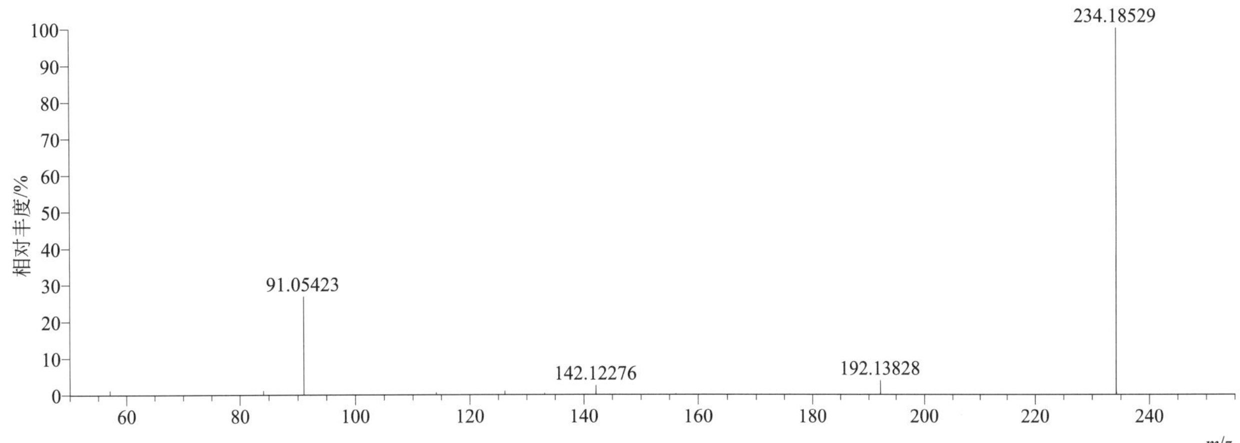

[M+H]⁺ 归一化法能量 NCE 为 40 时典型的二级质谱图

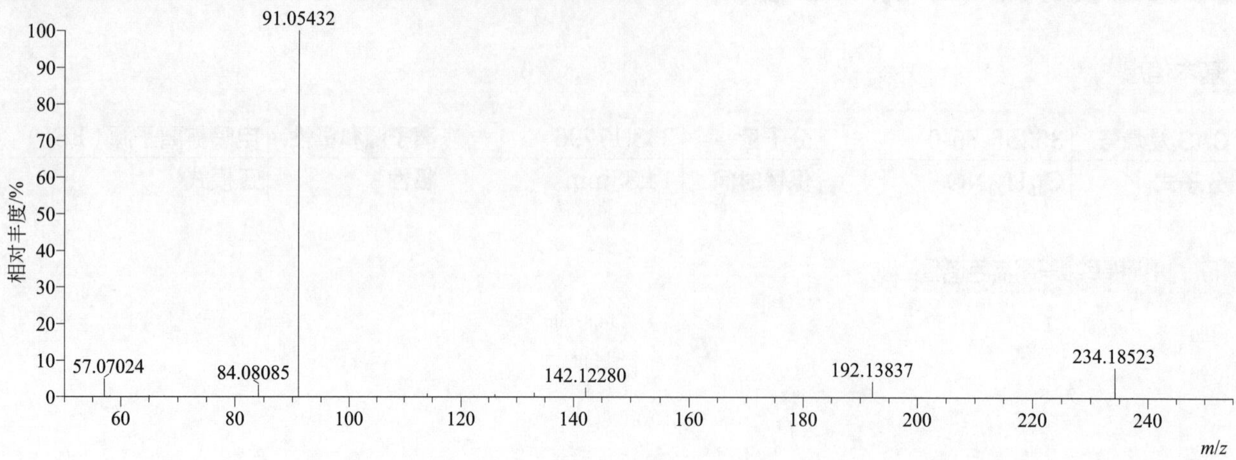

[M+H]⁺ 归一化法能量 NCE 为 60 时典型的二级质谱图

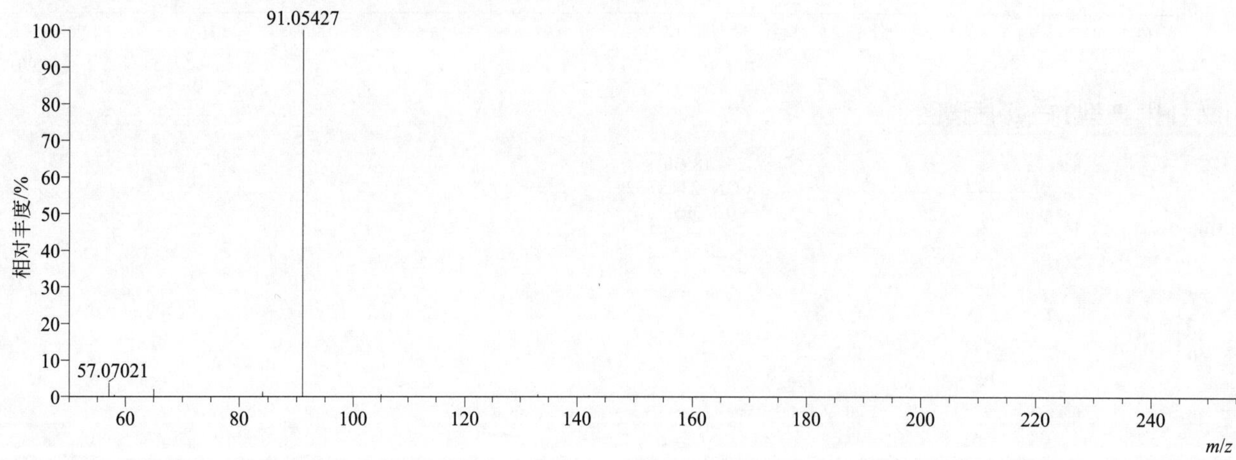

[M+H]⁺ 阶梯归一化法能量 Step NCE 为 20、40、60 时典型的二级质谱图

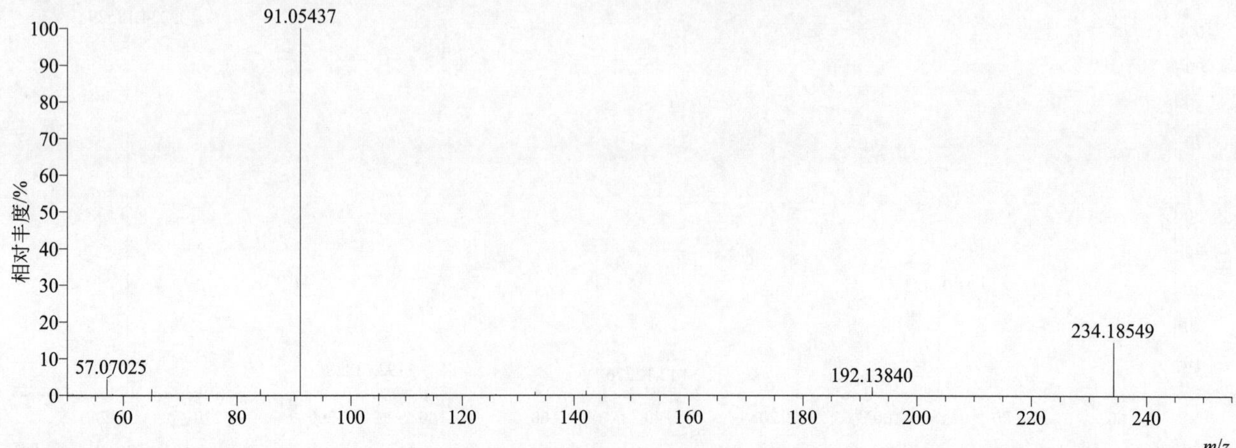

tebuthiuron（特丁噻草隆）

基本信息

CAS 登录号	34014-18-1	分子量	228.10448	离子源和极性	电喷雾离子源（ESI）
分子式	$C_9H_{16}N_4OS$	保留时间	13.21min	极性	正模式

[M+H]+ 提取离子流色谱图

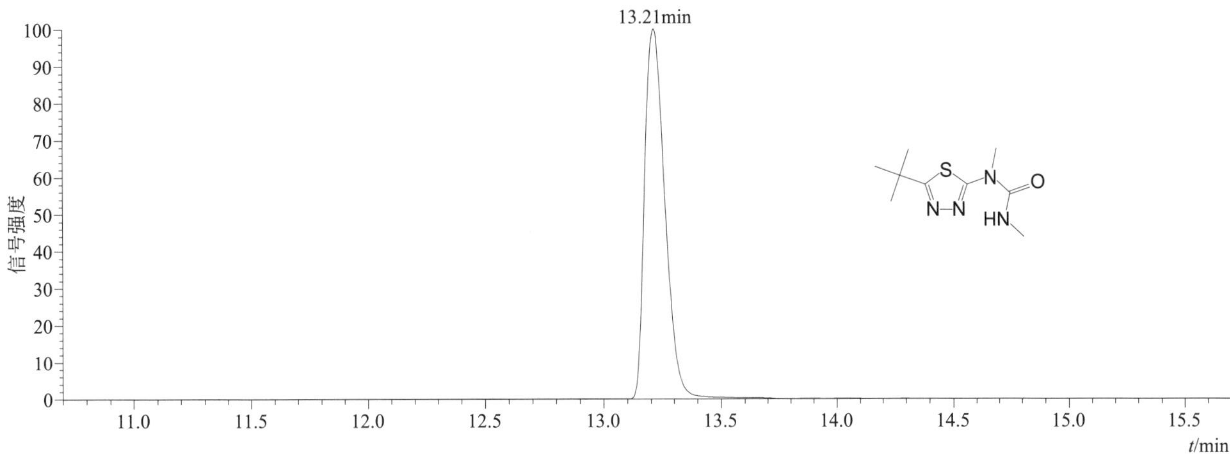

[M+H]+ 典型的一级质谱图

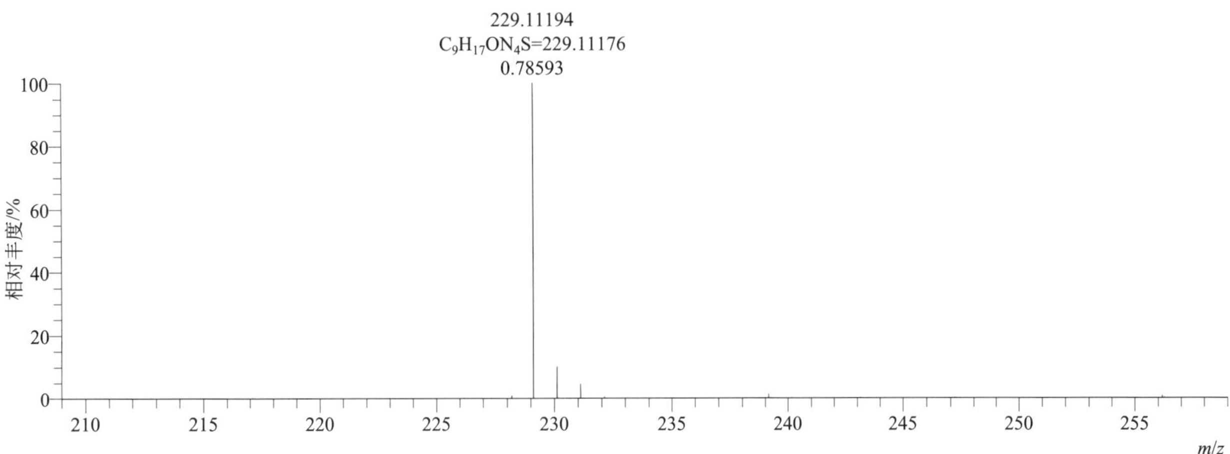

[M+H]+ 归一化法能量 NCE 为 20 时典型的二级质谱图

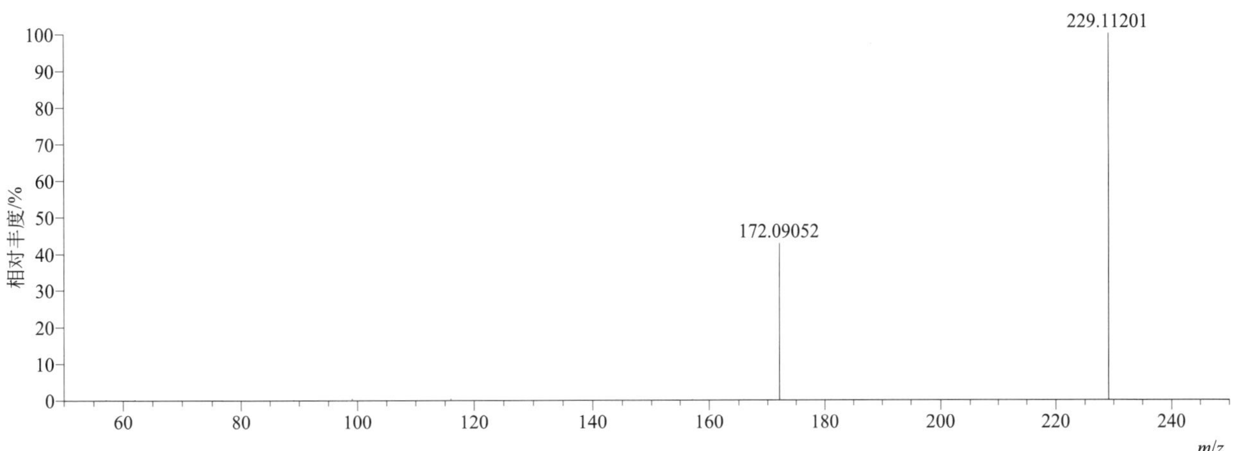

[M+H]$^+$ 归一化法能量 NCE 为 40 时典型的二级质谱图

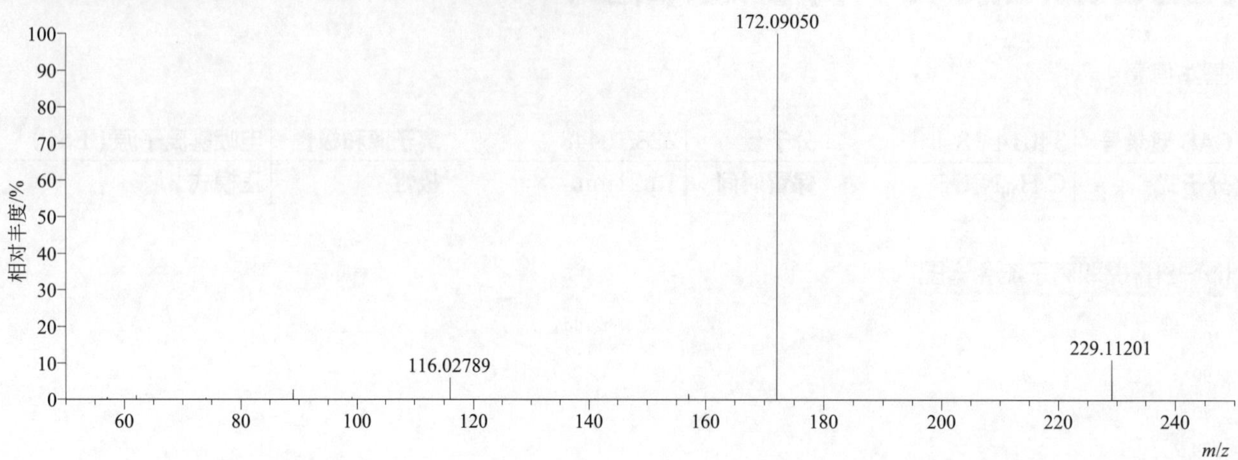

[M+H]$^+$ 归一化法能量 NCE 为 60 时典型的二级质谱图

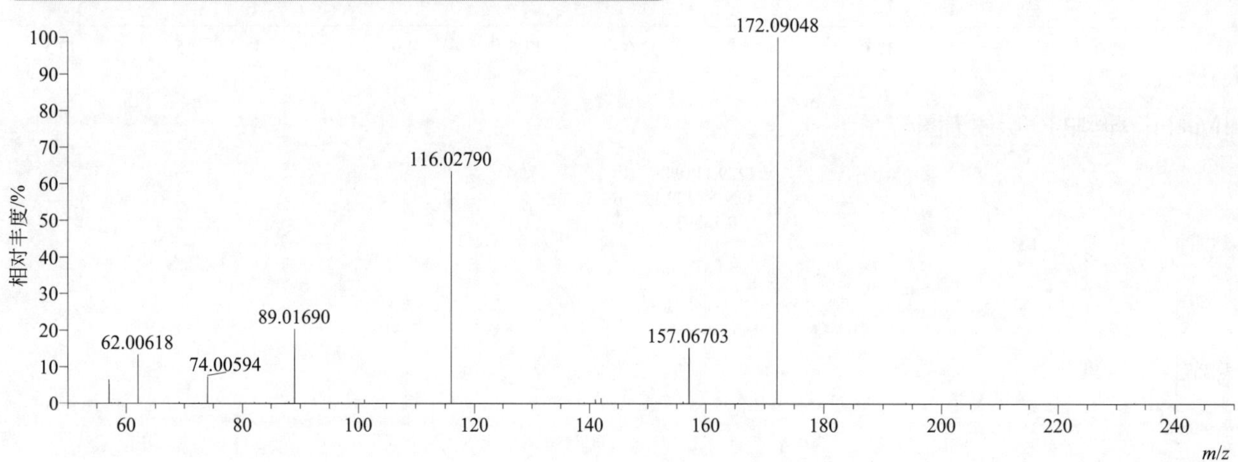

[M+H]$^+$ 阶梯归一化法能量 Step NCE 为 20、40、60 时典型的二级质谱图

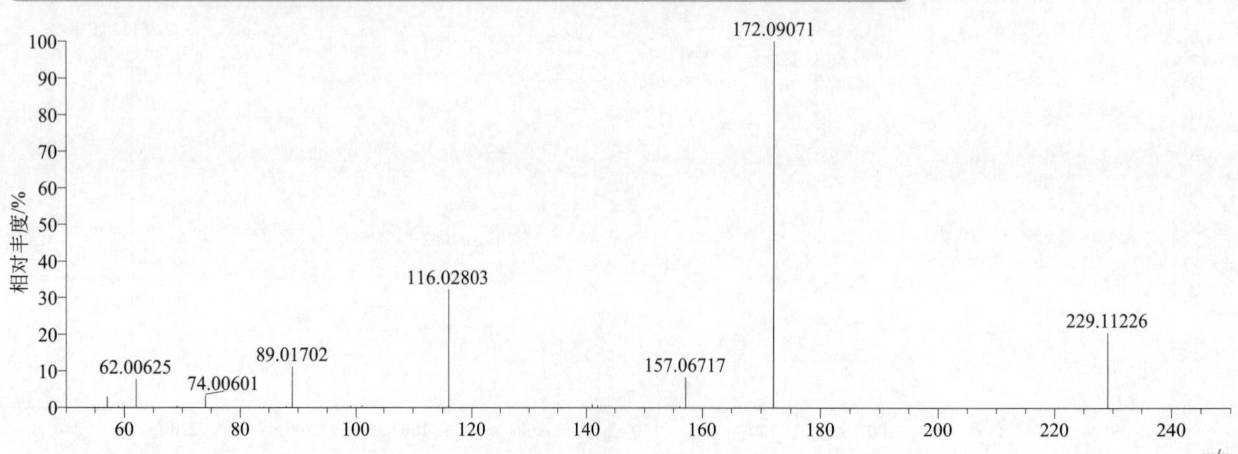

tembotrione（环磺酮）

基本信息

CAS 登录号	335104-84-2	分子量	440.03082	离子源和极性	电喷雾离子源（ESI）
分子式	$C_{17}H_{16}ClF_3O_6S$	保留时间	13.78min	极性	正模式

[M+H]⁺ 提取离子流色谱图

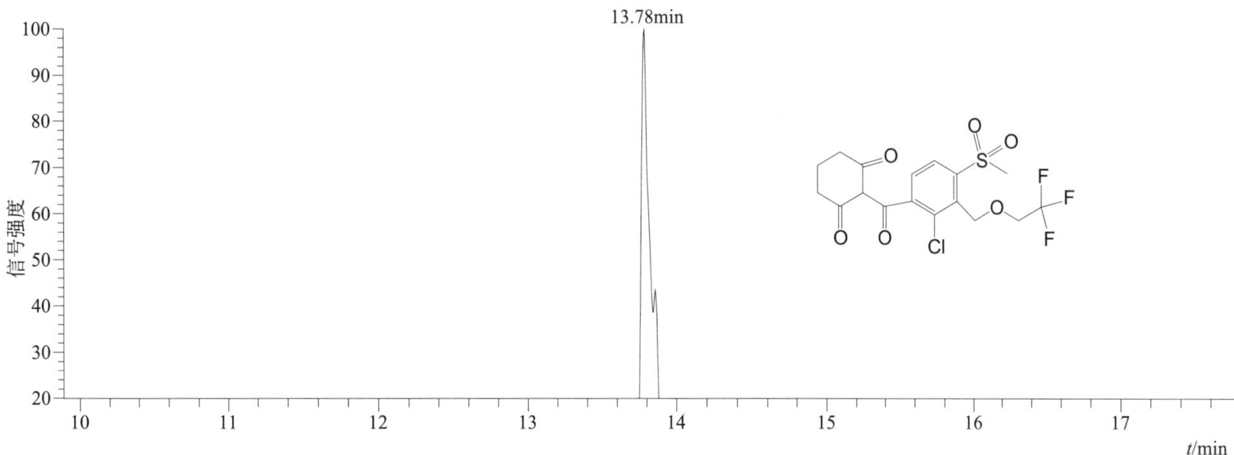

[M+NH$_4$]$^+$ 典型的一级质谱图

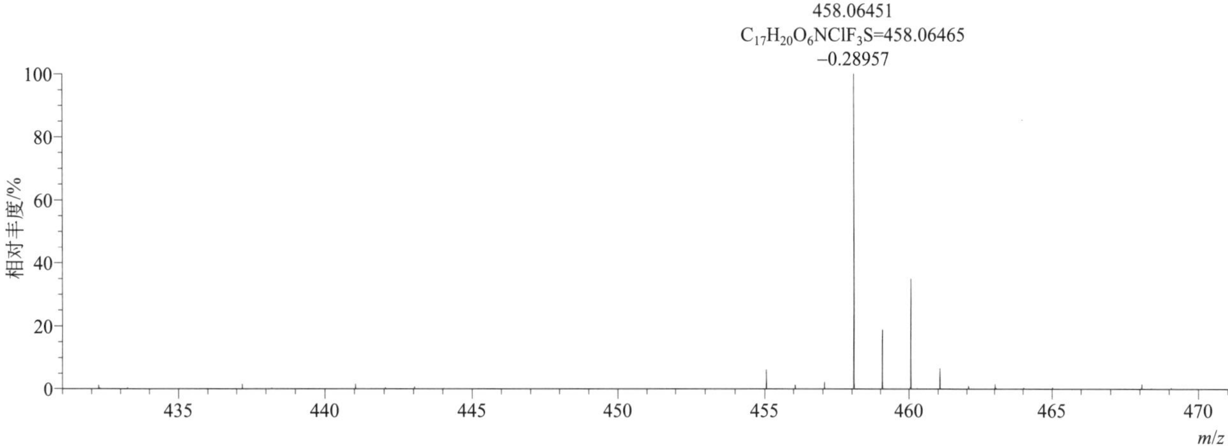

[M+H]$^+$ 典型的一级质谱图

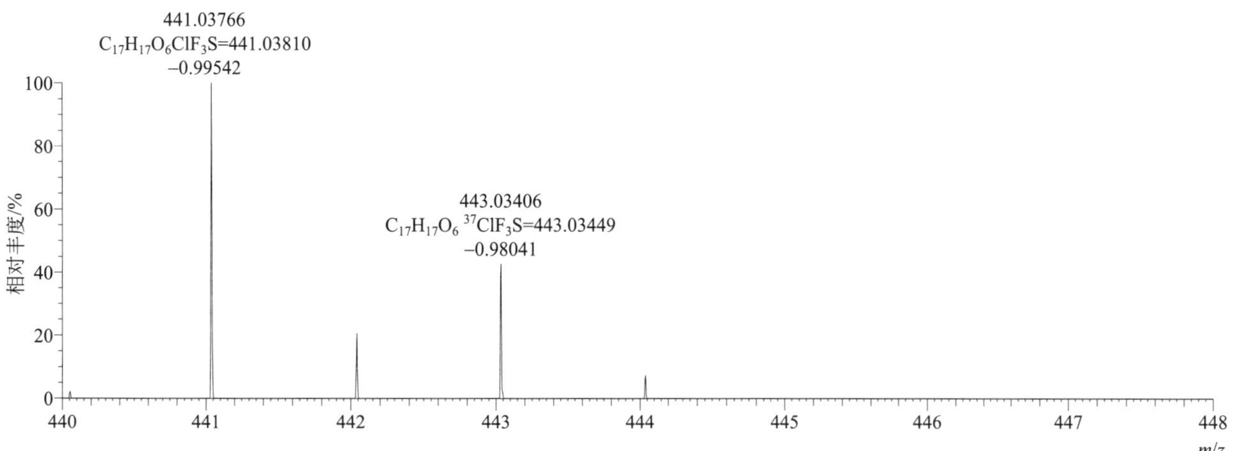

$[M+NH_4]^+$ 归一化法能量 NCE 为 20 时典型的二级质谱图

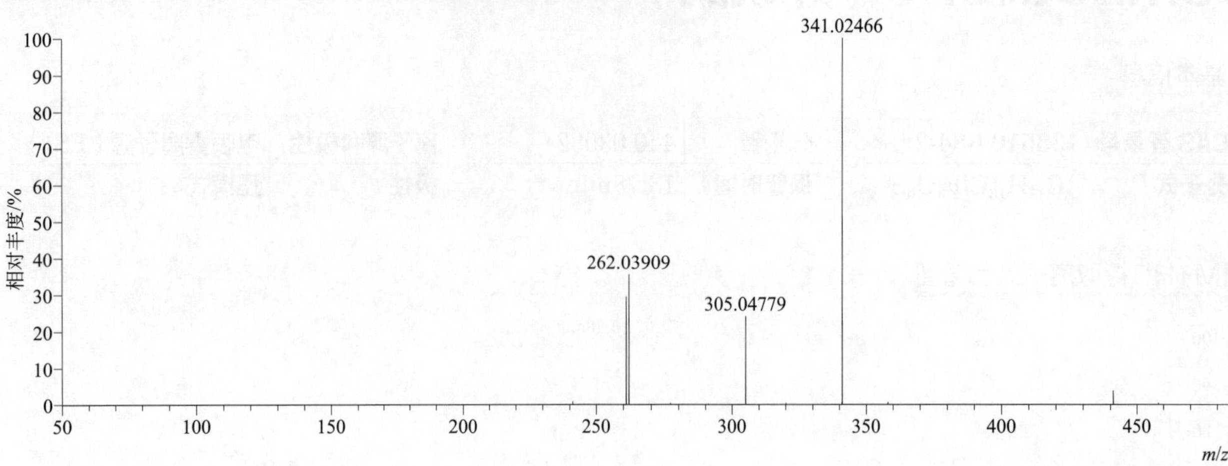

$[M+NH_4]^+$ 归一化法能量 NCE 为 40 时典型的二级质谱图

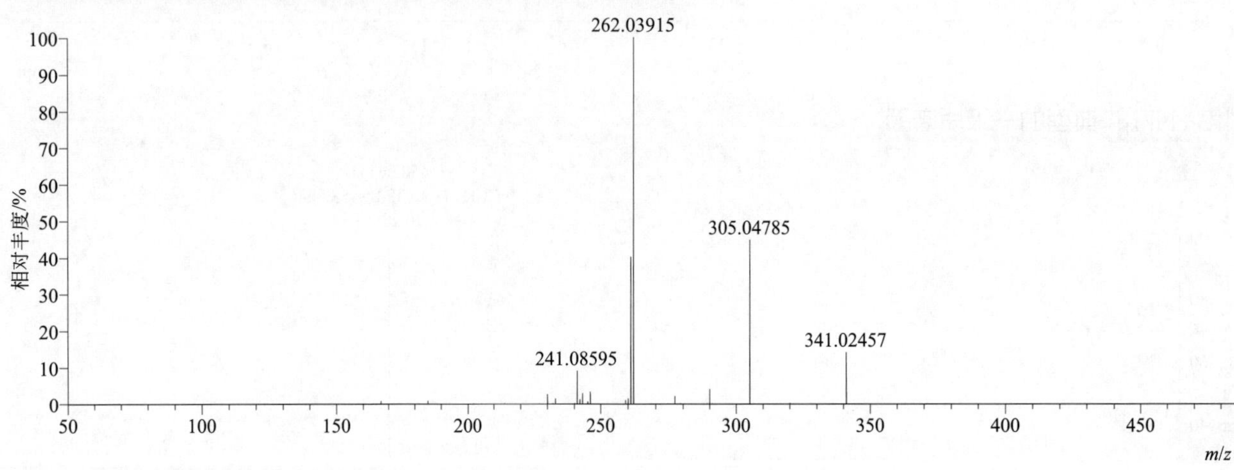

$[M+NH_4]^+$ 归一化法能量 NCE 为 60 时典型的二级质谱图

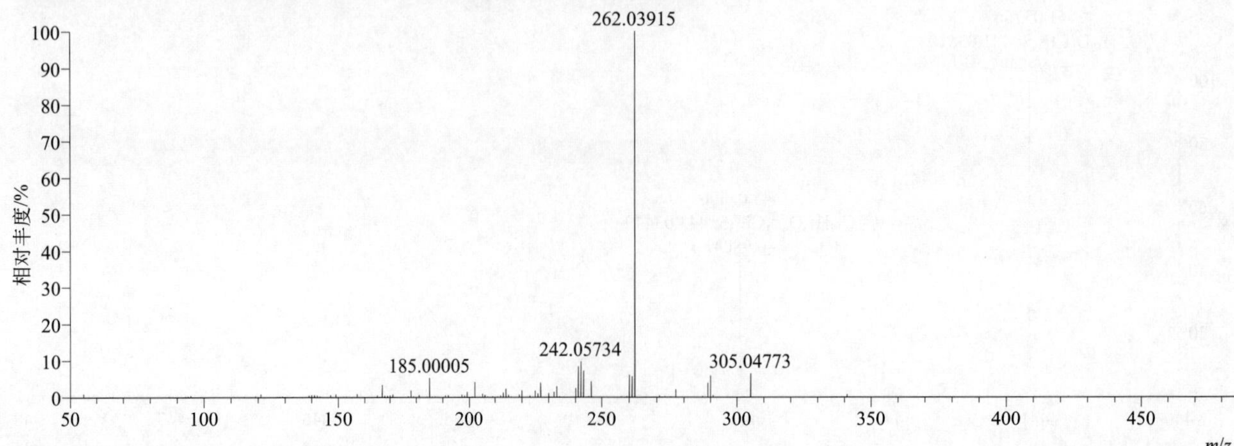

[M+NH$_4$]$^+$ 阶梯归一化法能量 Step NCE 为 20、40、60 时典型的二级质谱图

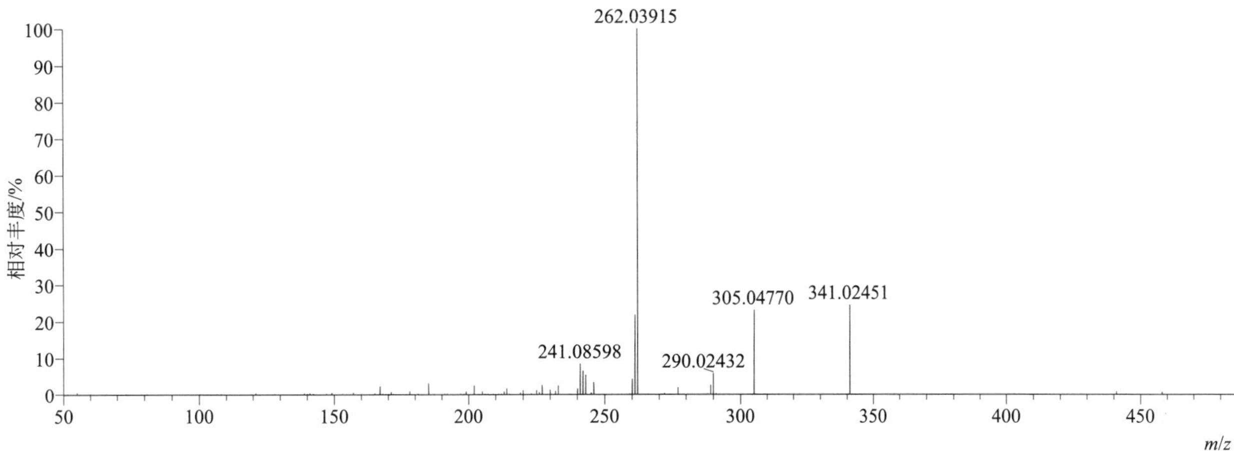

temephos（双硫磷）

基本信息

CAS 登录号	3383-96-8	分子量	465.98972	离子源和极性	电喷雾离子源（ESI）
分子式	$C_{16}H_{20}O_6P_2S_3$	保留时间	15.78min	极性	正模式

[M+H]$^+$ 提取离子流色谱图

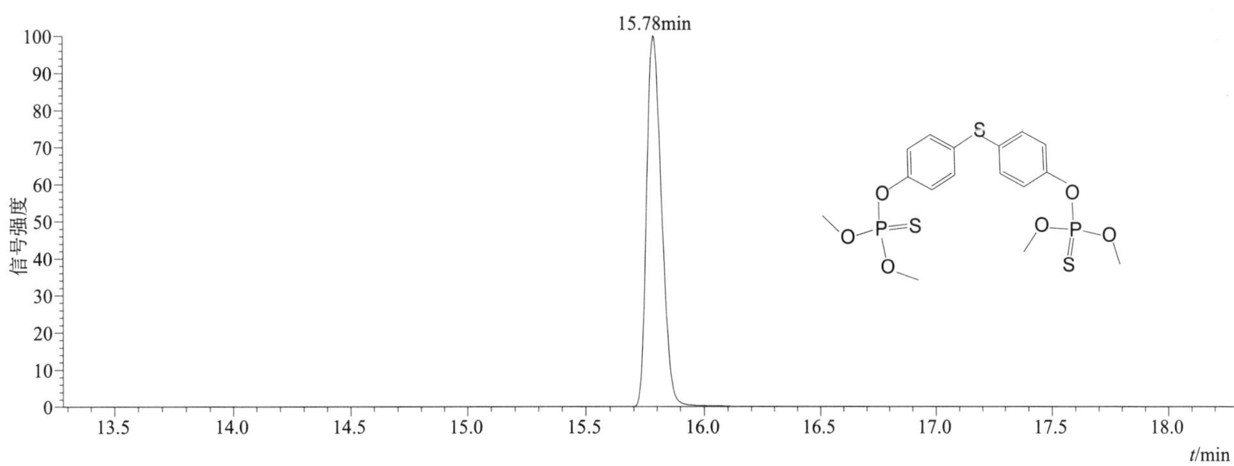

[M+H]$^+$ 和 [M+NH$_4$]$^+$ 典型的一级质谱图

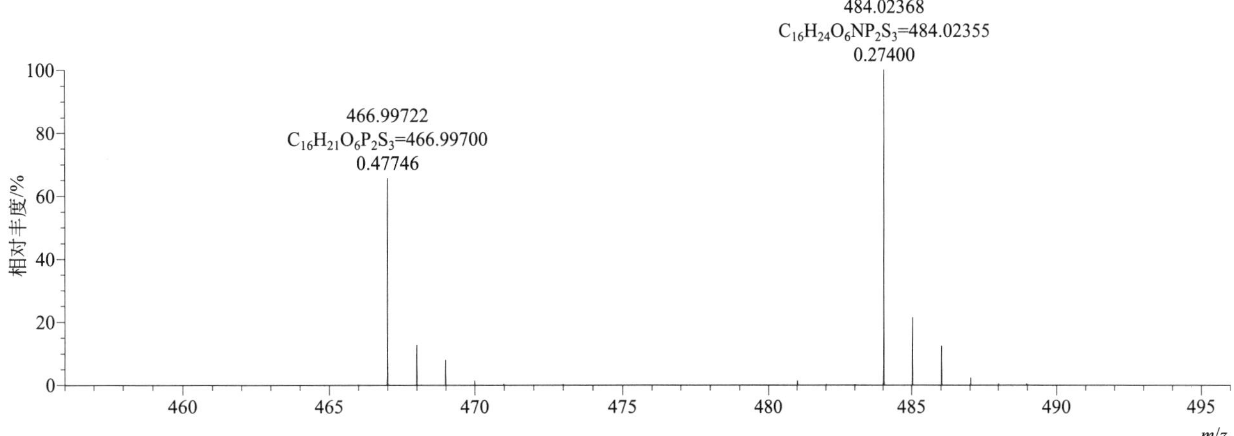

[M+H]+ 归一化法能量 NCE 为 20 时典型的二级质谱图

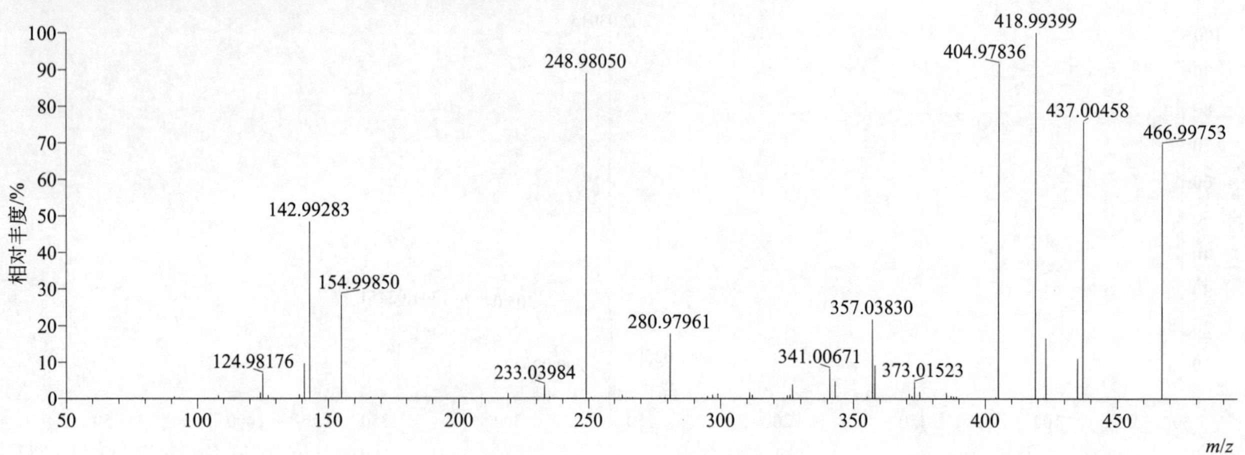

[M+H]+ 归一化法能量 NCE 为 40 时典型的二级质谱图

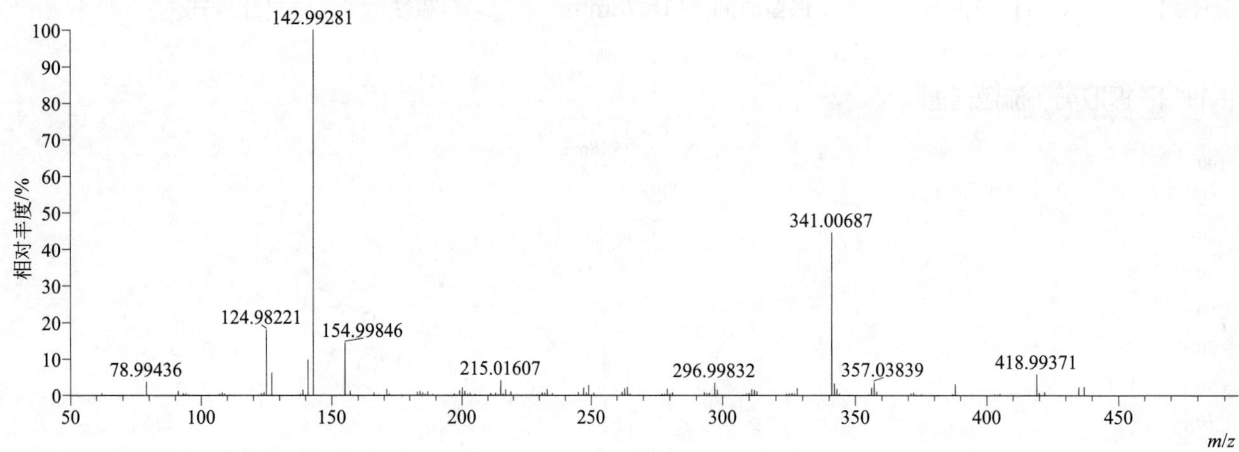

[M+H]+ 归一化法能量 NCE 为 60 时典型的二级质谱图

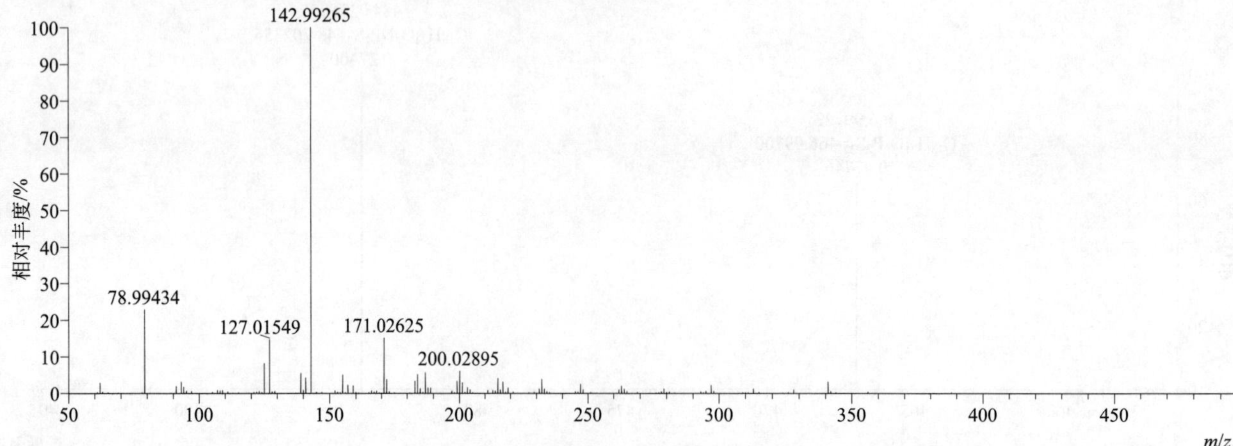

$[M+H]^+$ 阶梯归一化法能量 Step NCE 为 20、40、60 时典型的二级质谱图

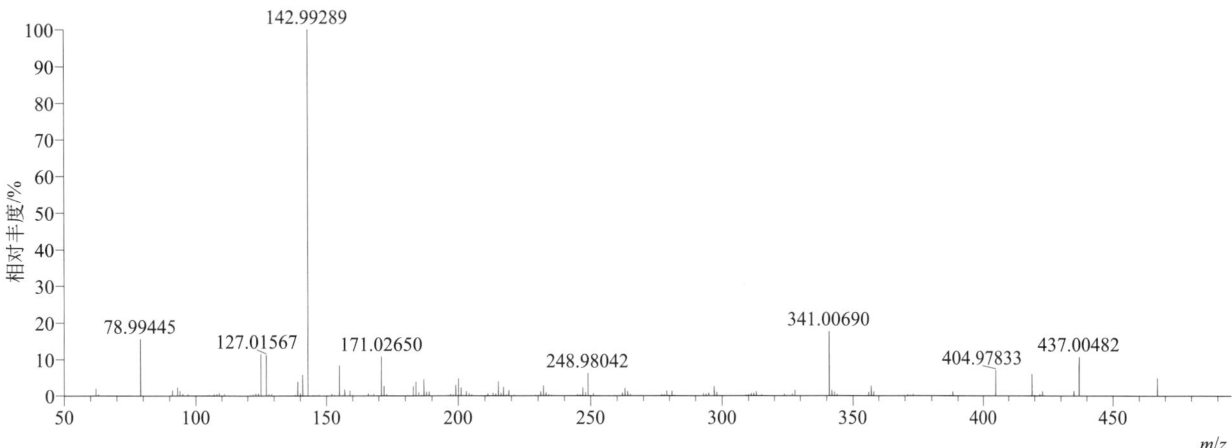

$[M+NH_4]^+$ 归一化法能量 NCE 为 20 时典型的二级质谱图

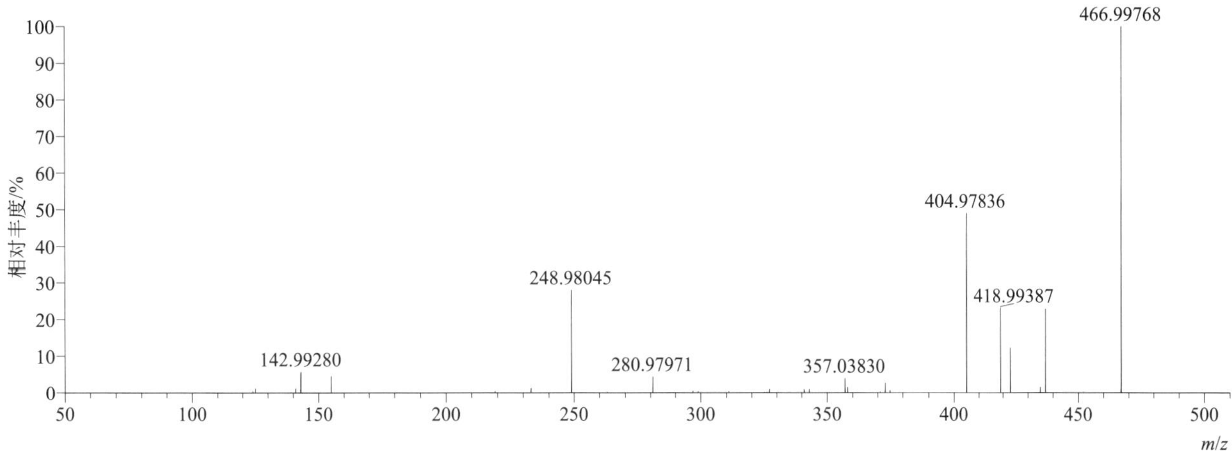

$[M+NH_4]^+$ 归一化法能量 NCE 为 40 时典型的二级质谱图

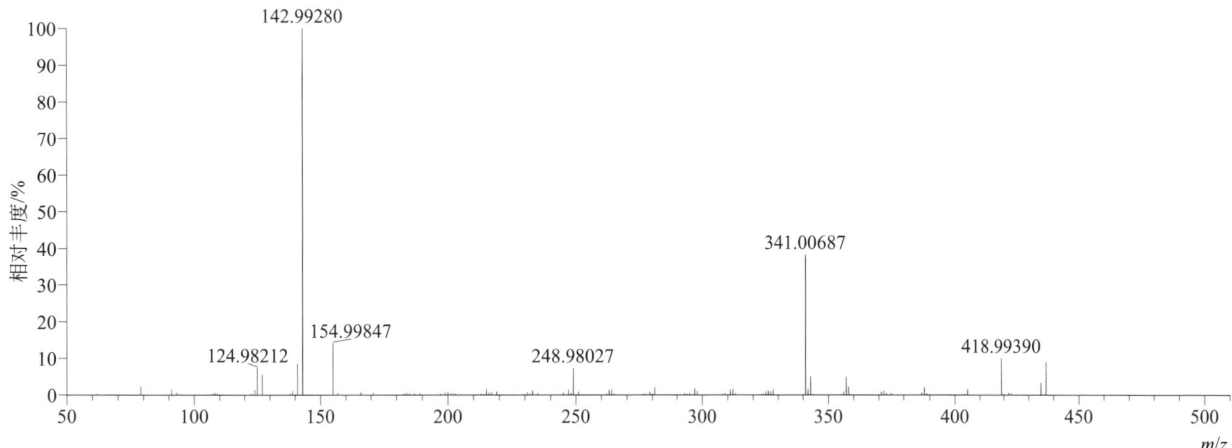

[M+NH$_4$]$^+$ 归一化法能量 NCE 为 60 时典型的二级质谱图

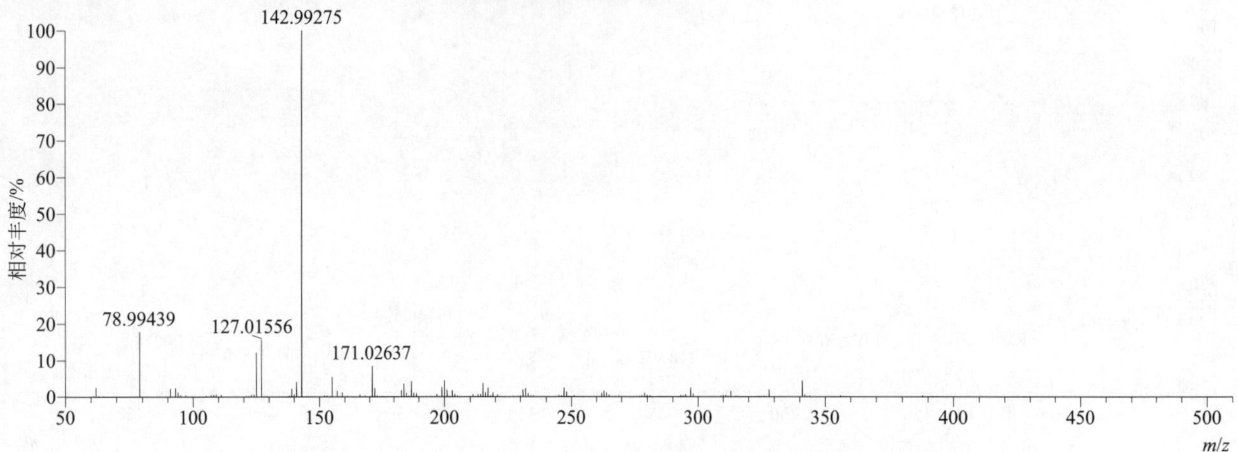

[M+NH$_4$]$^+$ 阶梯归一化法能量 Step NCE 为 20、40、60 时典型的二级质谱图

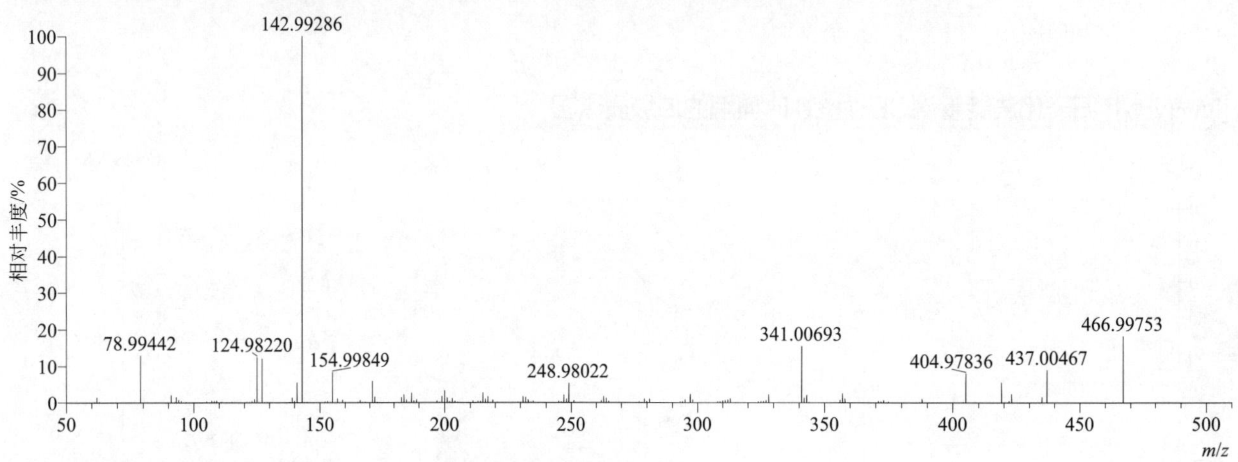

tepraloxydim（吡喃草酮）

基本信息

CAS 登录号	149979-41-9	分子量	341.13939	离子源和极性	电喷雾离子源（ESI）
分子式	$C_{17}H_{24}ClNO_4$	保留时间	14.64min	极性	正模式

[M+H]$^+$ 提取离子流色谱图

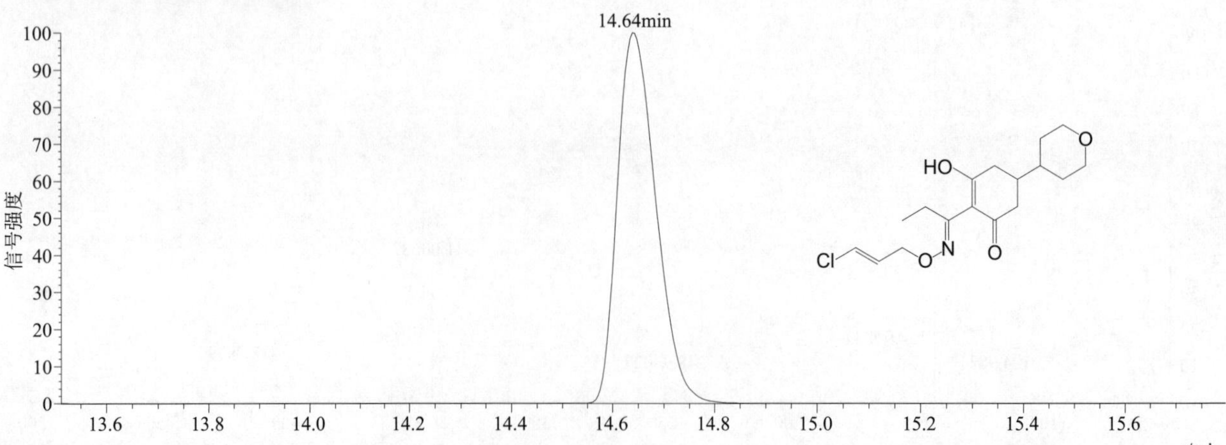

$[M+H]^+$ 典型的一级质谱图

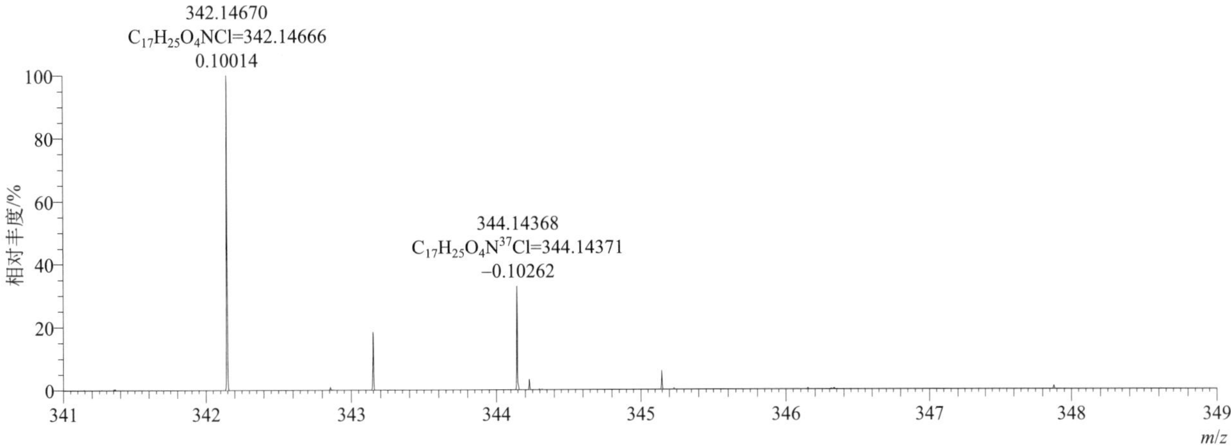

$[M+H]^+$ 归一化法能量 NCE 为 20 时典型的二级质谱图

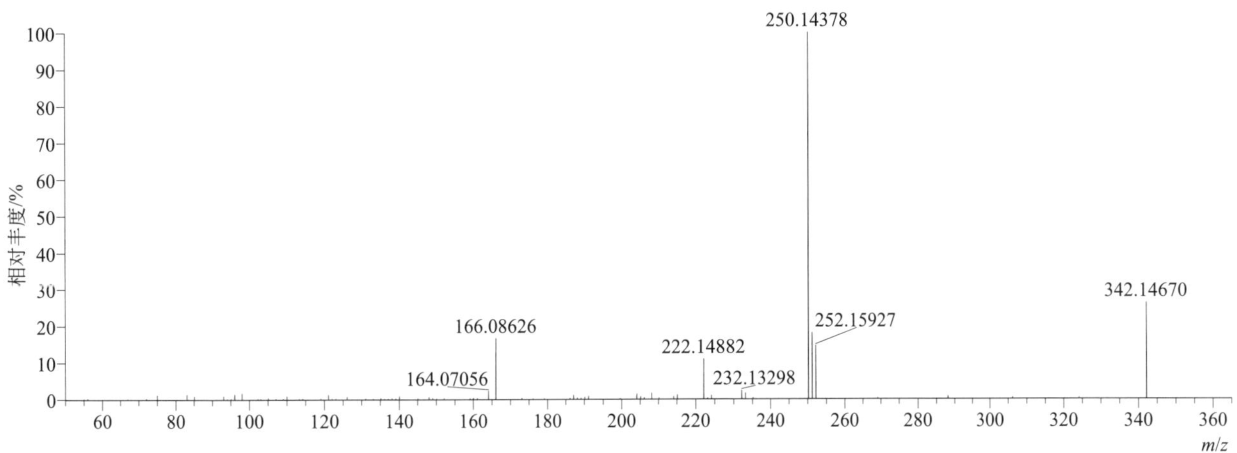

$[M+H]^+$ 归一化法能量 NCE 为 40 时典型的二级质谱图

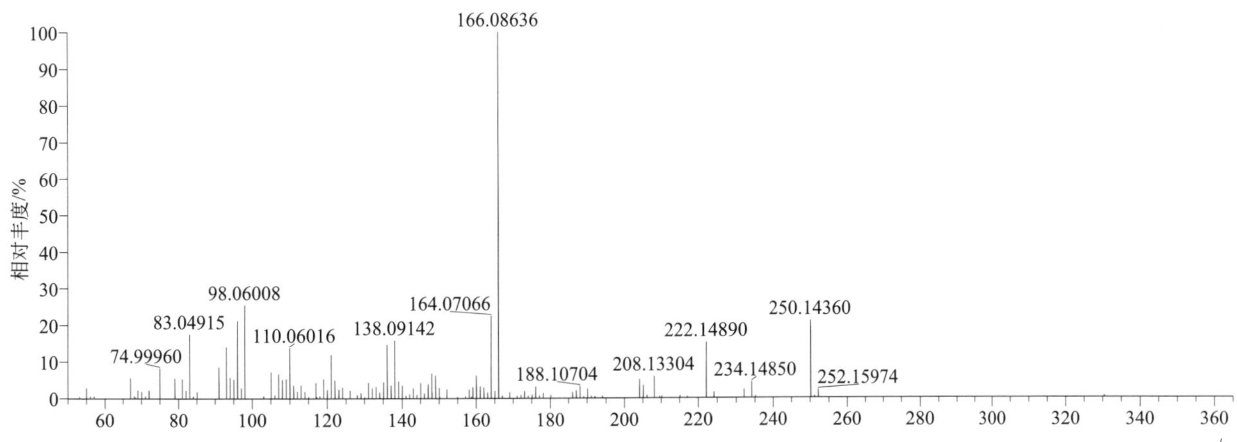

$[M+H]^+$ 归一化法能量 NCE 为 60 时典型的二级质谱图

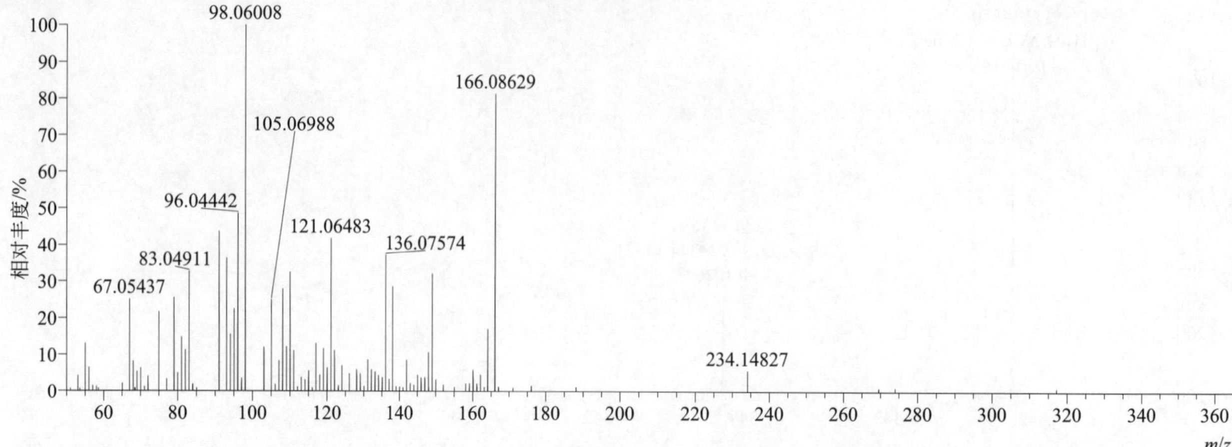

$[M+H]^+$ 阶梯归一化法能量 Step NCE 为 20、40、60 时典型的二级质谱图

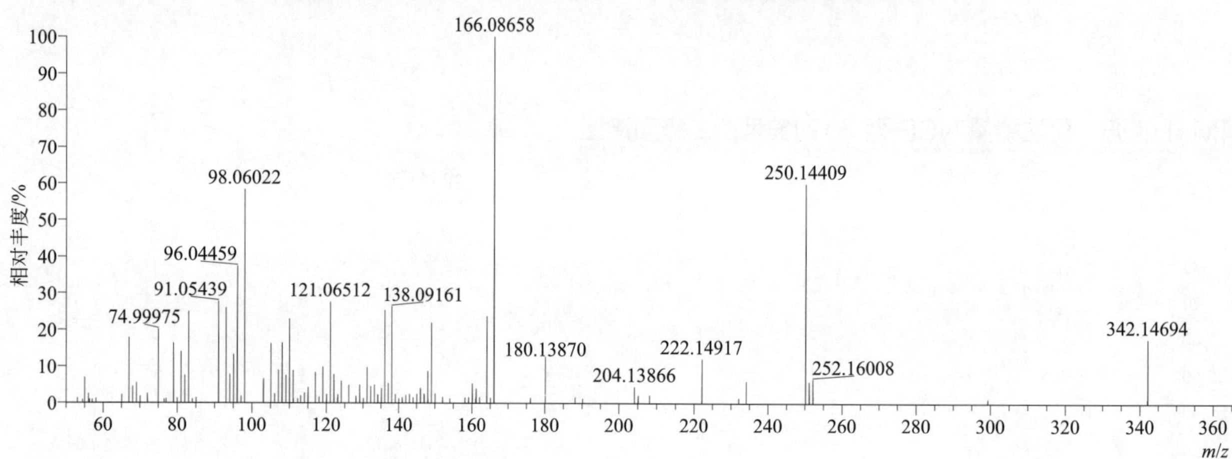

terbucarb（特草灵）

基本信息

CAS 登录号	1918-11-2	分子量	277.20418	离子源和极性	电喷雾离子源（ESI）
分子式	$C_{17}H_{27}NO_2$	保留时间	15.44min	极性	正模式

$[M+H]^+$ 提取离子流色谱图

15.44min

信号强度

t/min

[M+H]$^+$ 和 [M+NH_4]$^+$ 典型的一级质谱图

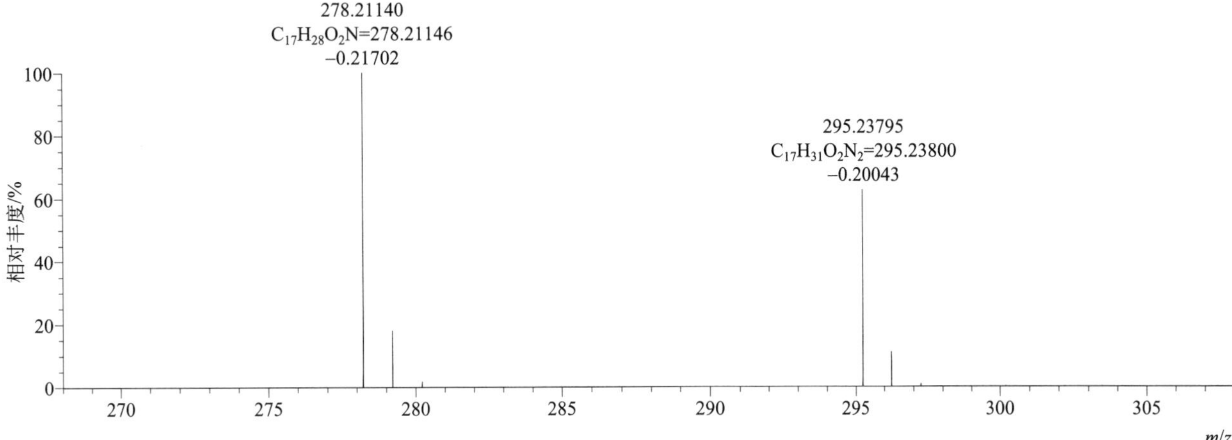

[M+H]$^+$ 归一化法能量 NCE 为 20 时典型的二级质谱图

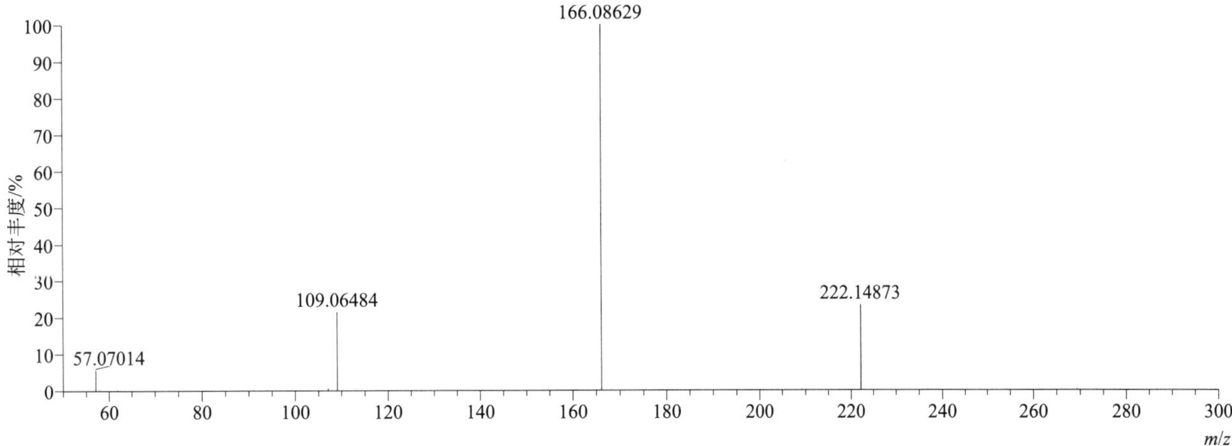

[M+H]$^+$ 归一化法能量 NCE 为 40 时典型的二级质谱图

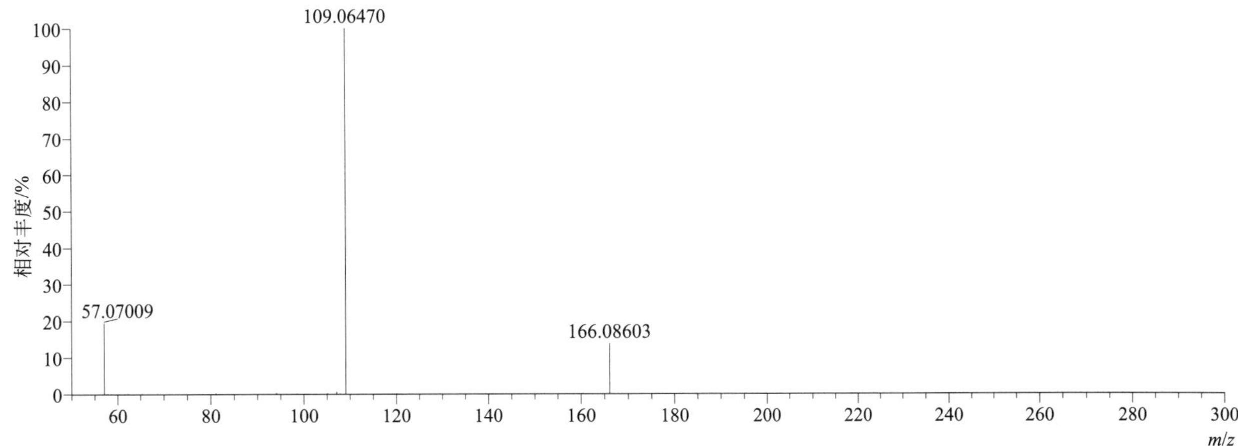

[M+H]$^+$ 归一化法能量 NCE 为 60 时典型的二级质谱图

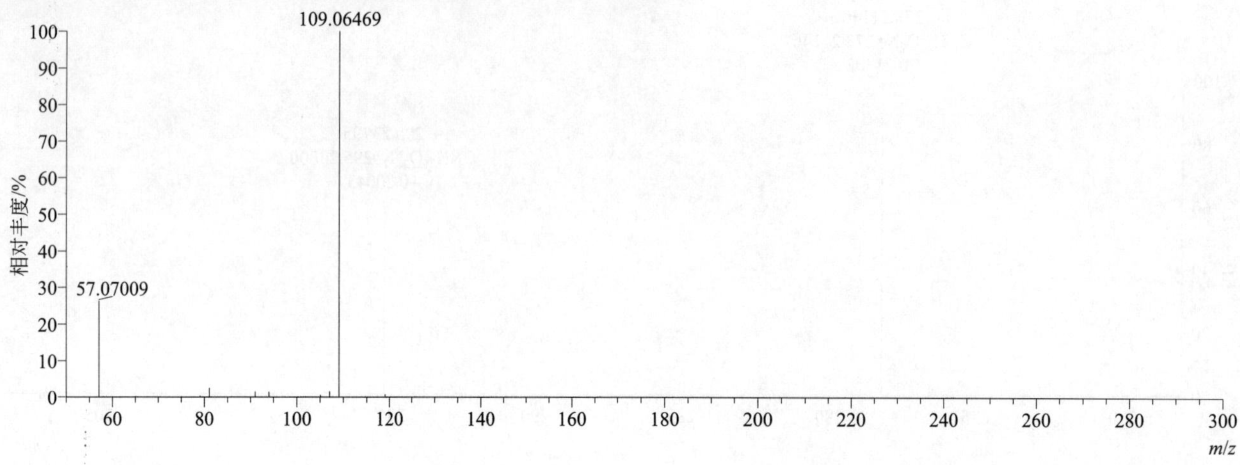

[M+H]$^+$ 阶梯归一化法能量 Step NCE 为 20、40、60 时典型的二级质谱图

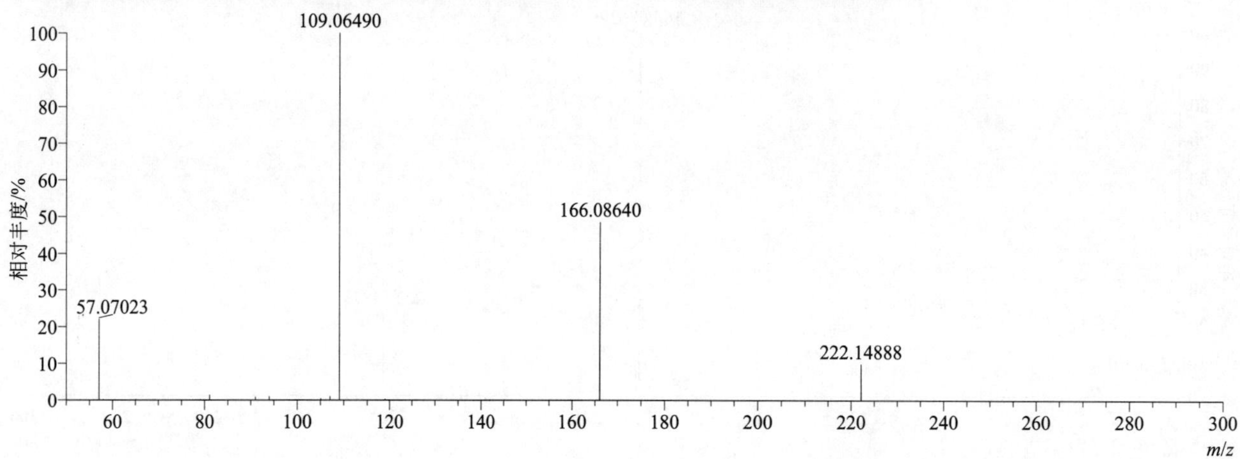

[M+NH$_4$]$^+$ 归一化法能量 NCE 为 20 时典型的二级质谱图

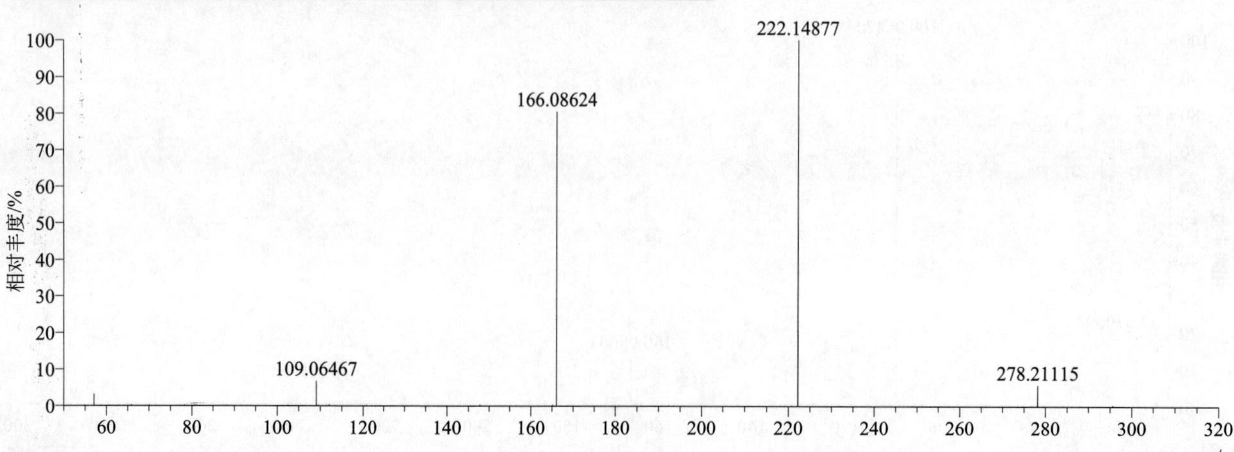

$[M+NH_4]^+$ 归一化法能量 NCE 为 40 时典型的二级质谱图

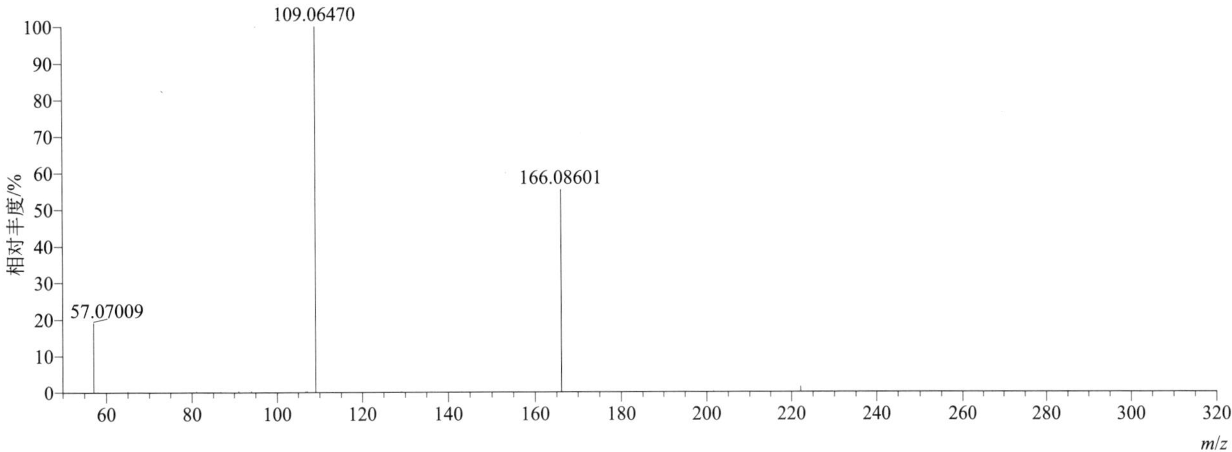

$[M+NH_4]^+$ 归一化法能量 NCE 为 60 时典型的二级质谱图

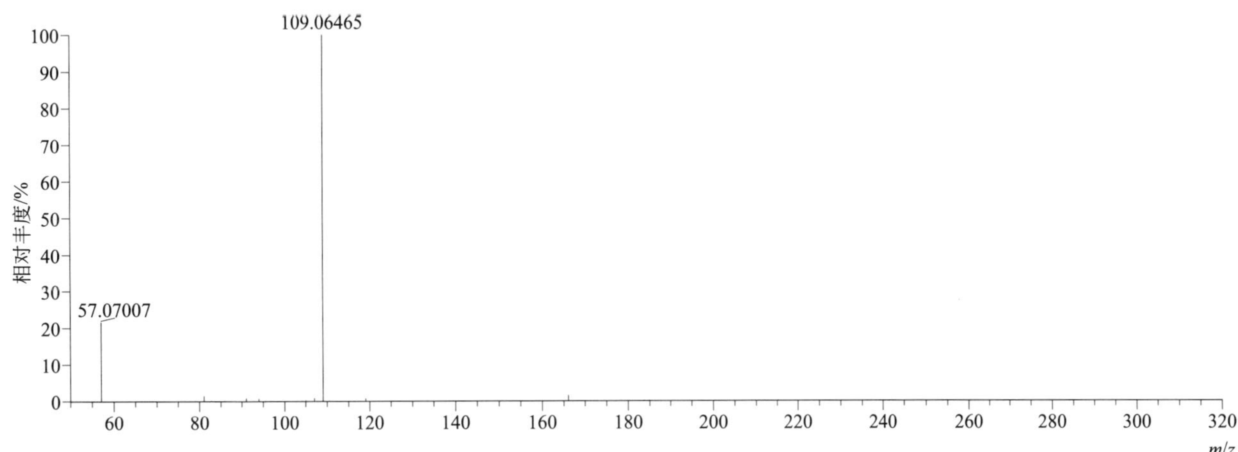

$[M+NH_4]^+$ 阶梯归一化法能量 Step NCE 为 20、40、60 时典型的二级质谱图

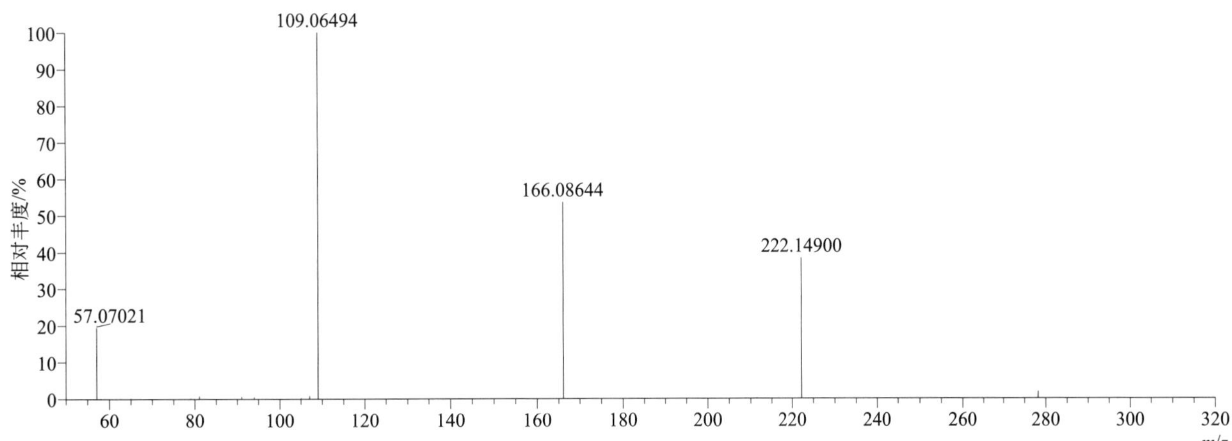

terbufos（特丁硫磷）

基本信息

CAS 登录号	13071-79-9	分子量	288.04413	离子源和极性	电喷雾离子源（ESI）
分子式	$C_9H_{21}O_2PS_3$	保留时间	15.81min	极性	正模式

[M+H]$^+$ 提取离子流色谱图

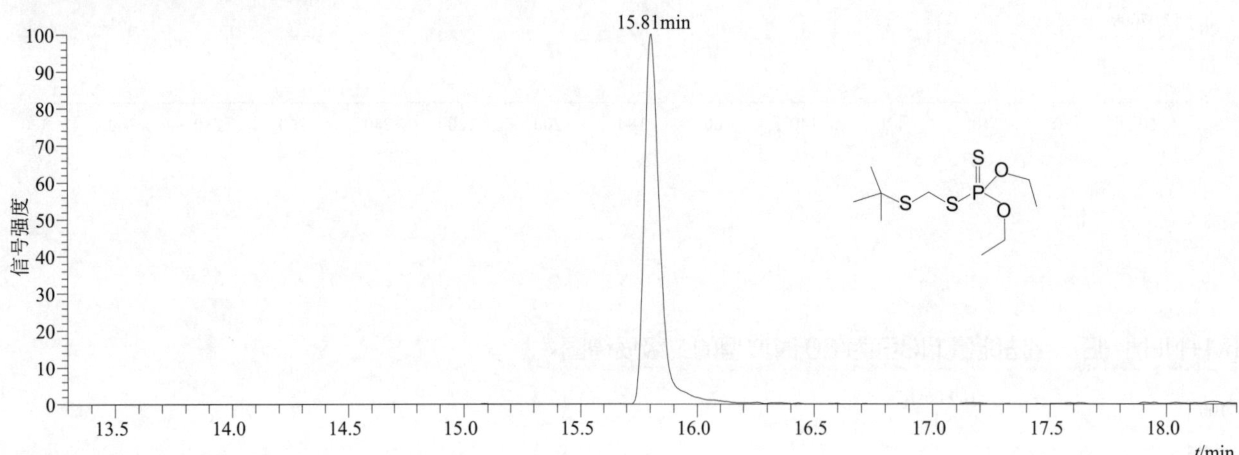

[M+H]$^+$ 典型的一级质谱图

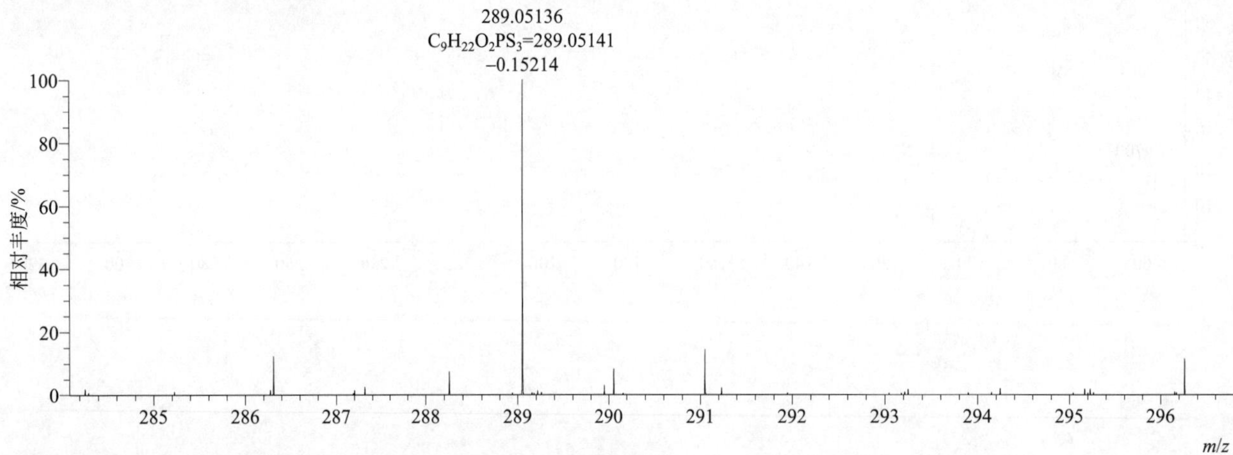

[M+H]$^+$ 归一化法能量 NCE 为 20 时典型的二级质谱图

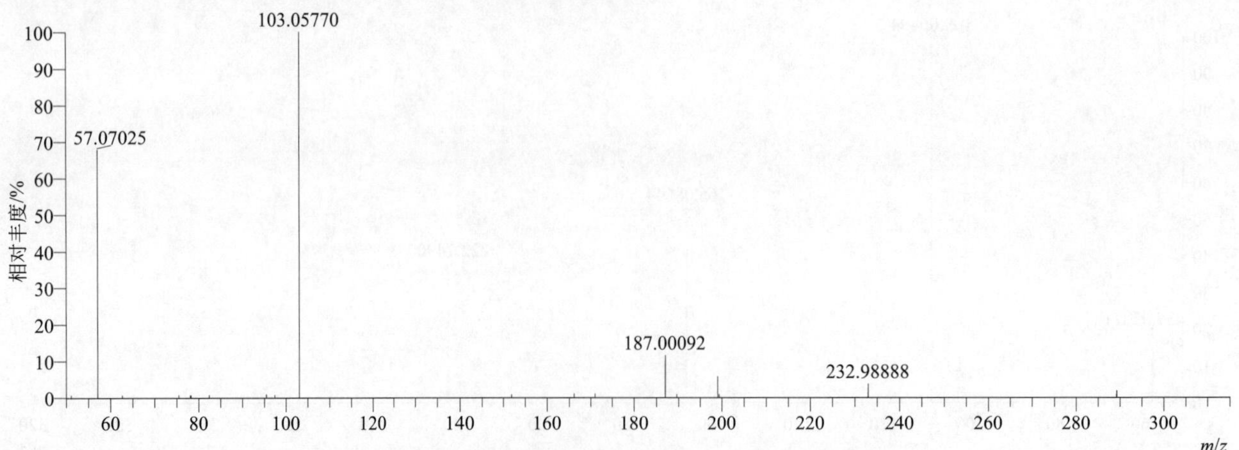

[M+H]⁺ 归一化法能量 NCE 为 40 时典型的二级质谱图

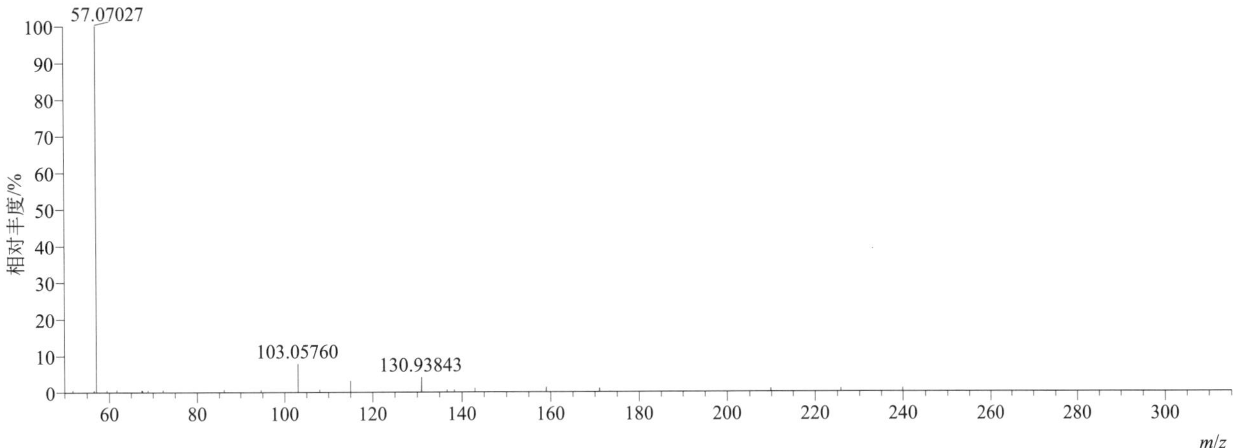

[M+H]⁺ 归一化法能量 NCE 为 60 时典型的二级质谱图

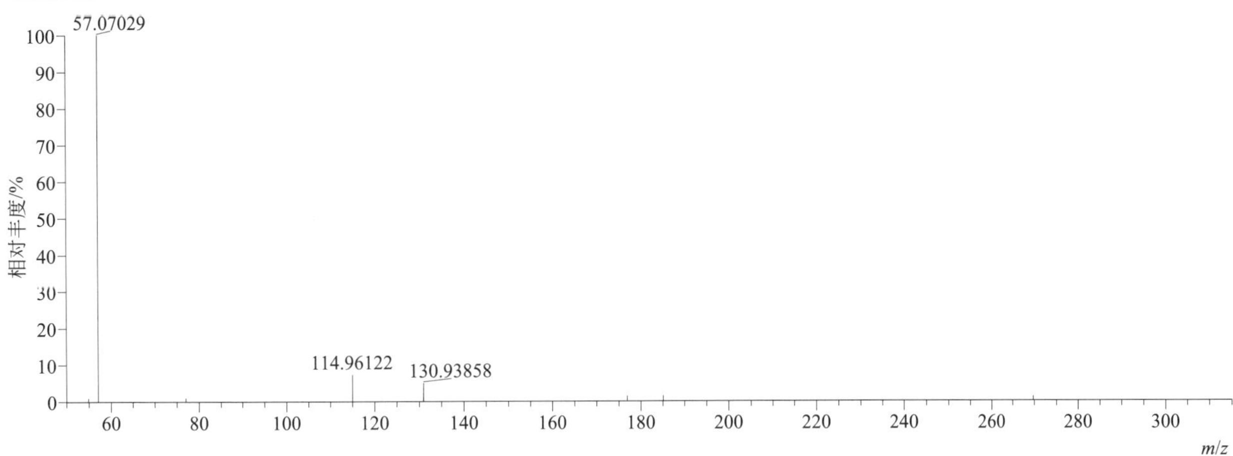

[M+H]⁺ 阶梯归一化法能量 Step NCE 为 20、40、60 时典型的二级质谱图

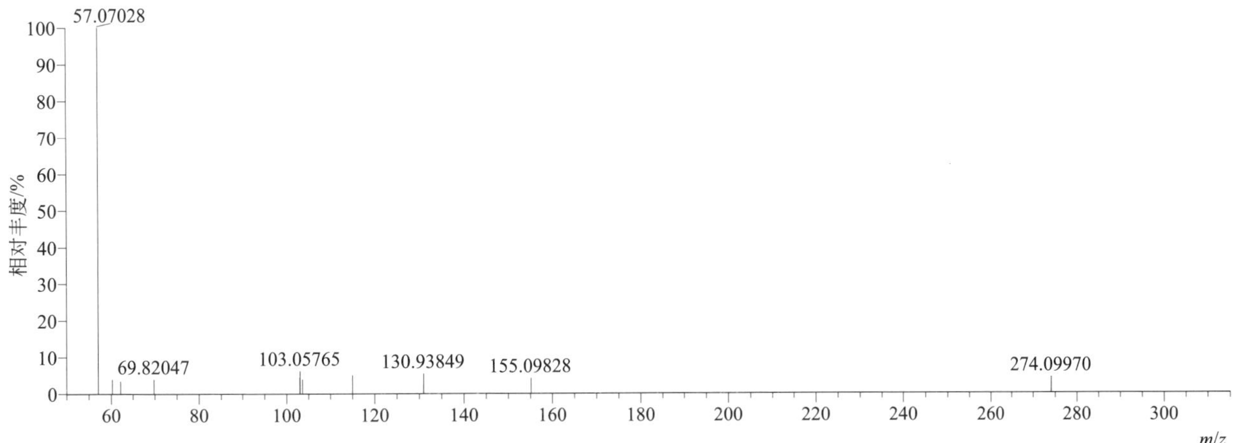

terbufos-oxon-sulfone（氧特丁硫磷砜）

基本信息

CAS 登录号	56070-15-6	分子量	304.05680	离子源和极性	电喷雾离子源（ESI）
分子式	$C_9H_{21}O_5PS_2$	保留时间	12.09min	极性	正模式

[M+H]⁺ 提取离子流色谱图

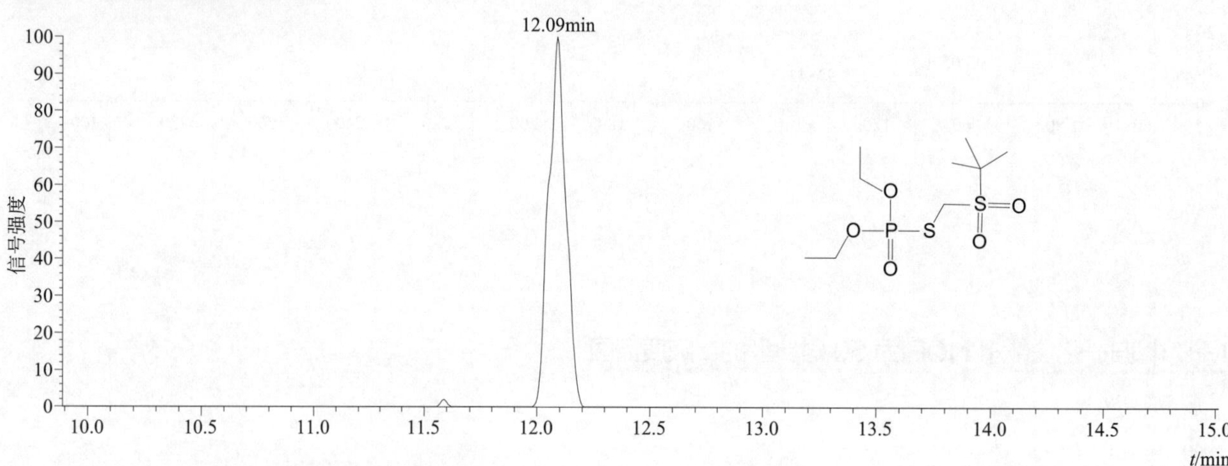

[M+H]⁺ 和 [M+Na]⁺ 典型的一级质谱图

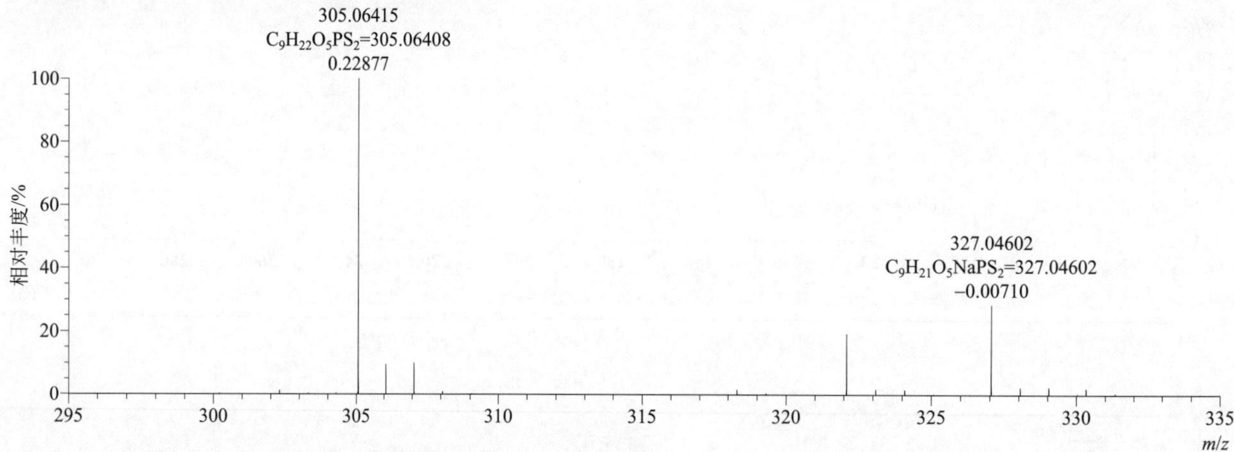

[M+H]⁺ 归一化法能量 NCE 为 20 时典型的二级质谱图

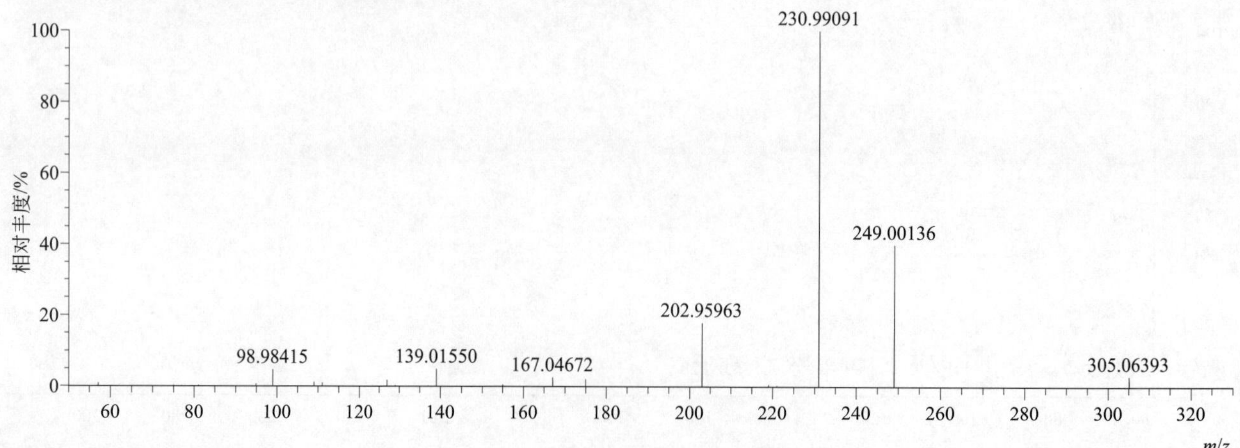

[M+H]+ 归一化法能量 NCE 为 40 时典型的二级质谱图

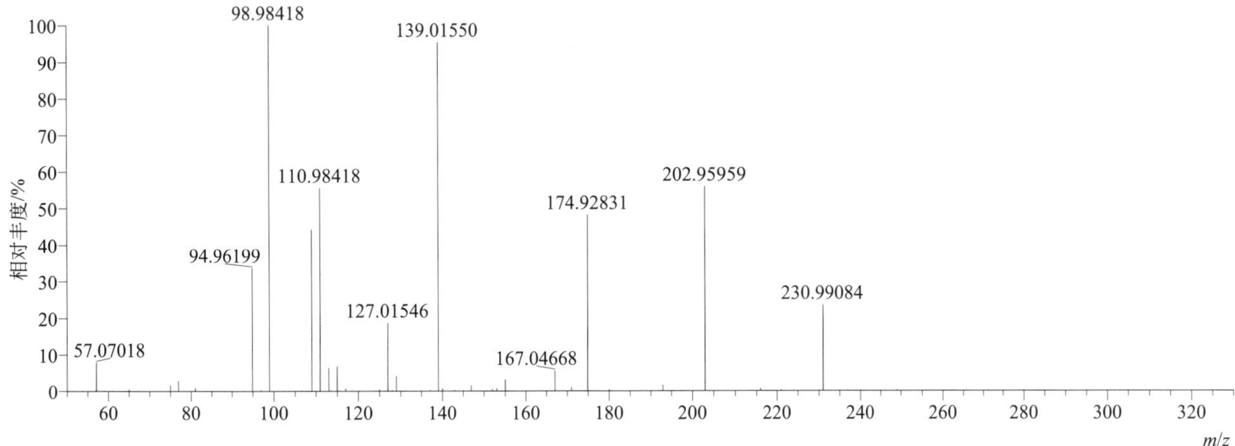

[M+H]+ 归一化法能量 NCE 为 60 时典型的二级质谱图

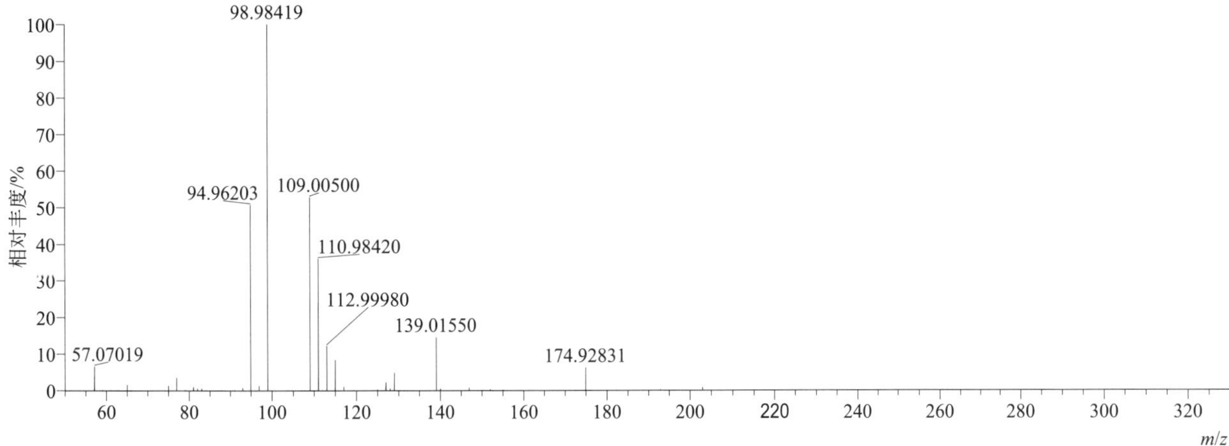

[M+H]+ 阶梯归一化法能量 Step NCE 为 20、40、60 时典型的二级质谱图

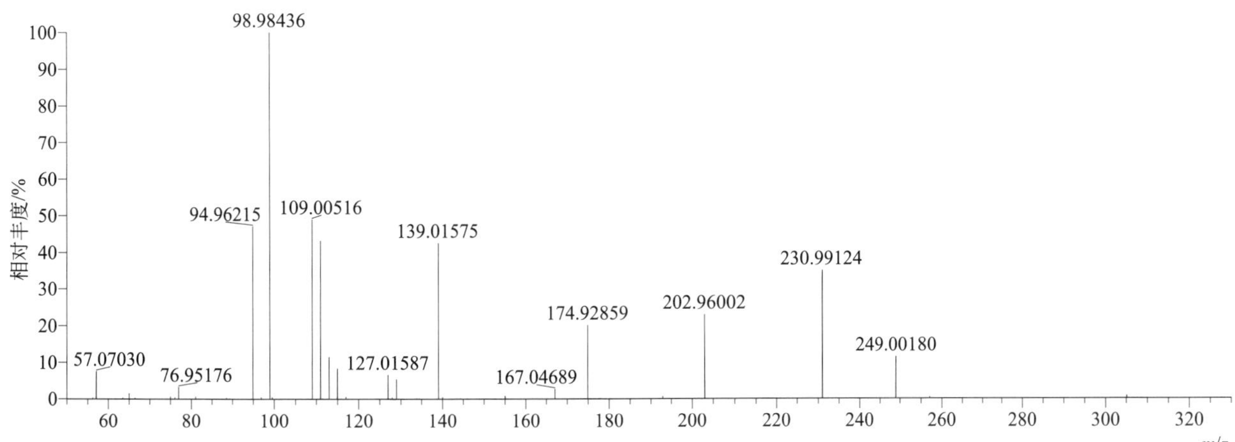

terbufos-sulfone（特丁硫磷砜）

基本信息

CAS 登录号	56070-16-7	分子量	320.03396	离子源和极性	电喷雾离子源（ESI）
分子式	$C_9H_{21}O_4PS_3$	保留时间	14.15min	极性	正模式

[M+H]+ 提取离子流色谱图

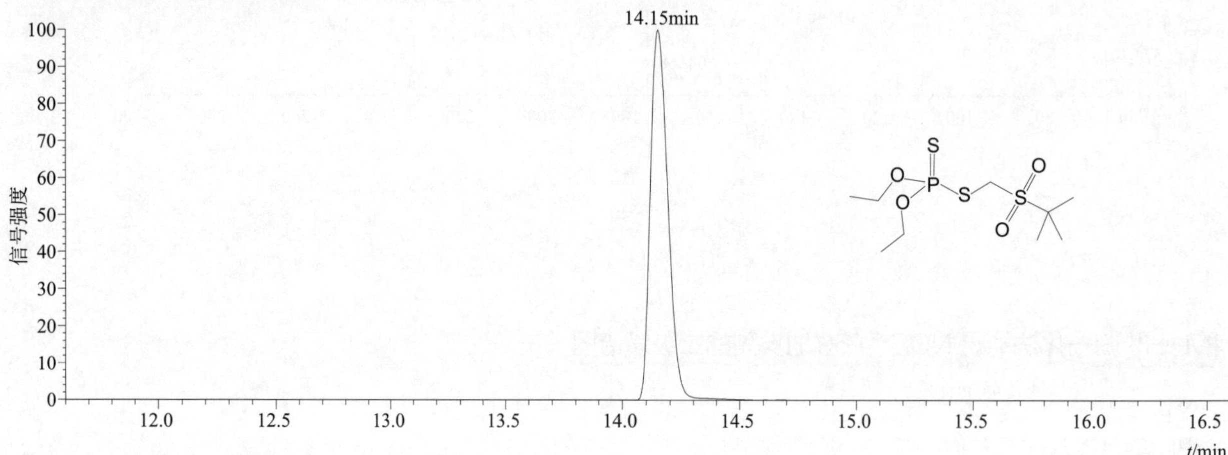

[M+H]+ 典型的一级质谱图

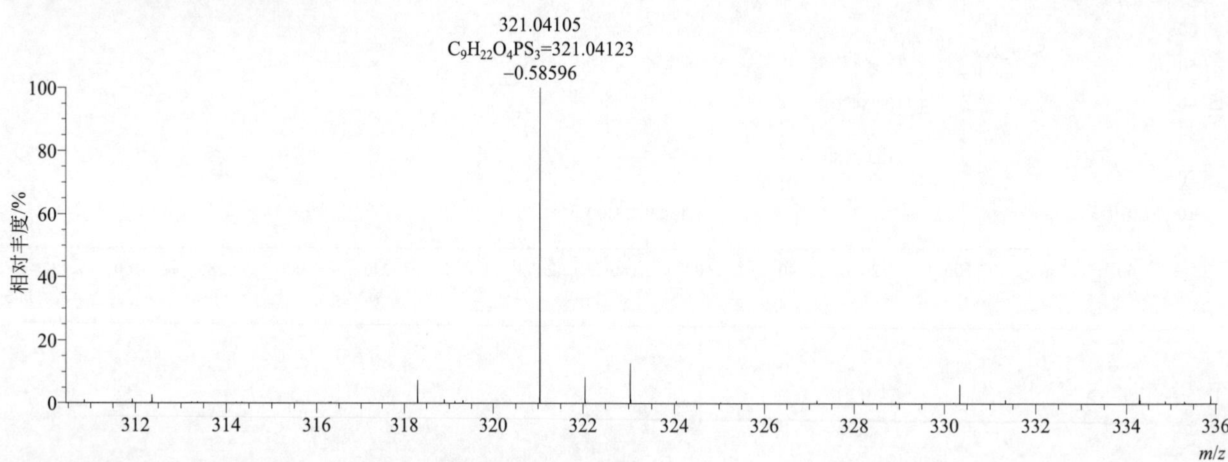

[M+H]+ 归一化法能量 NCE 为 10 时典型的二级质谱图

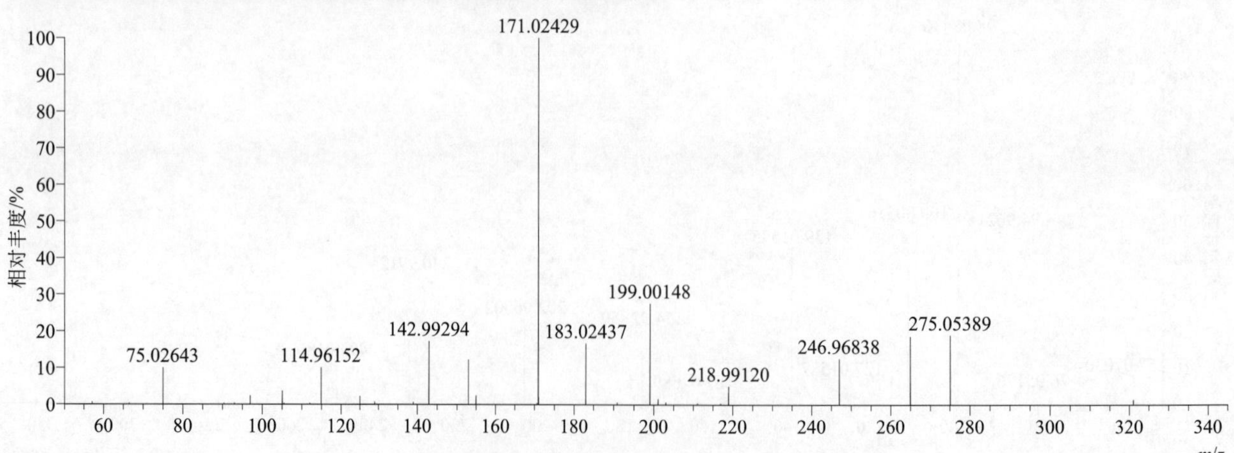

[M+H]$^+$ 归一化法能量 NCE 为 20 时典型的二级质谱图

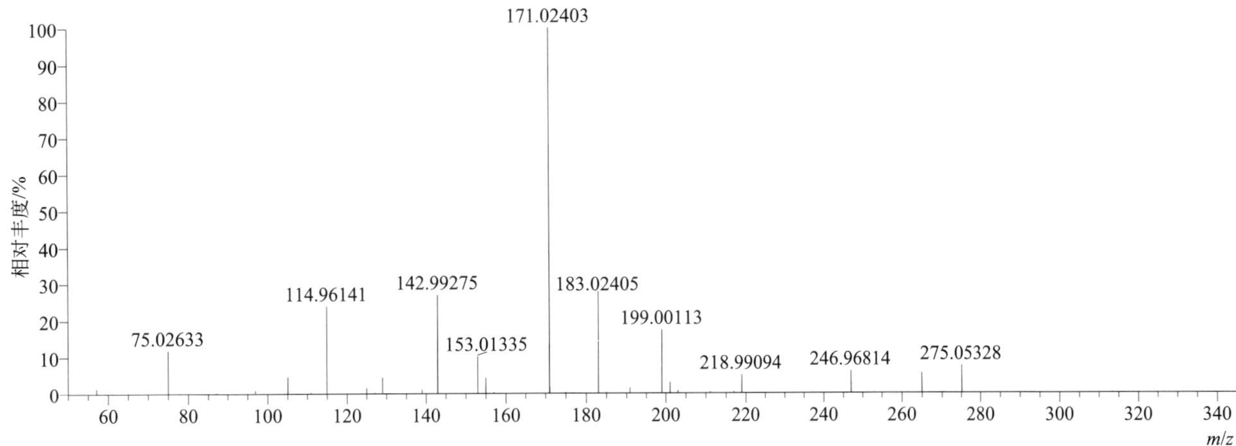

[M+H]$^+$ 归一化法能量 NCE 为 30 时典型的二级质谱图

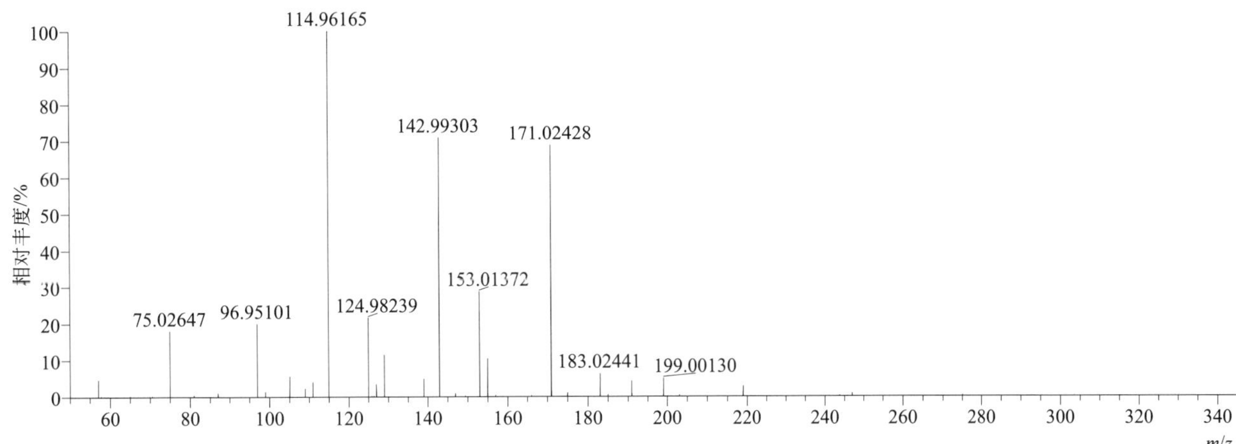

[M+H]$^+$ 阶梯归一化法能量 Step NCE 为 10、20、30 时典型的二级质谱图

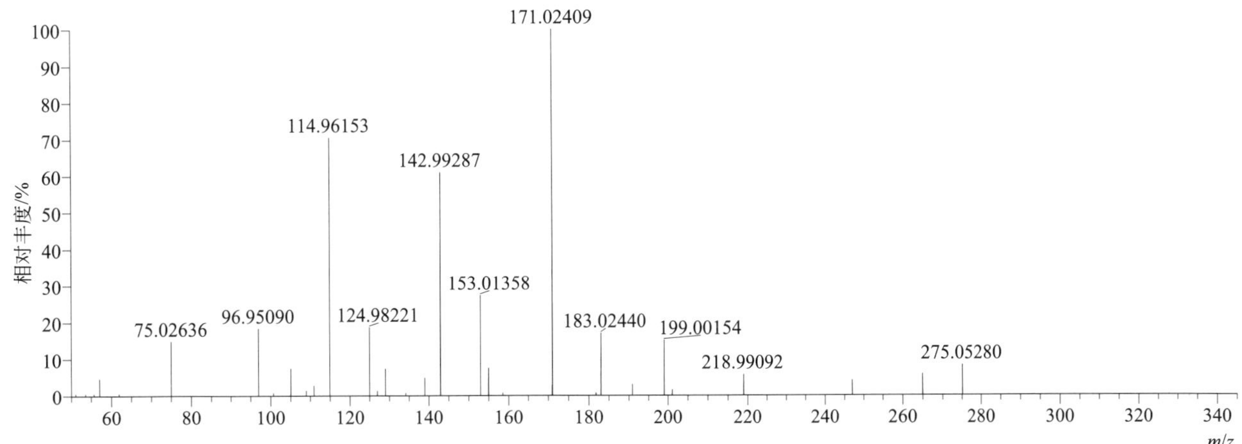

terbumeton（特丁通）

基本信息

CAS 登录号	33693-04-8	分子量	225.15896	离子源和极性	电喷雾离子源（ESI）
分子式	$C_{10}H_{19}N_5O$	保留时间	13.68min	极性	正模式

[M+H]⁺ 提取离子流色谱图

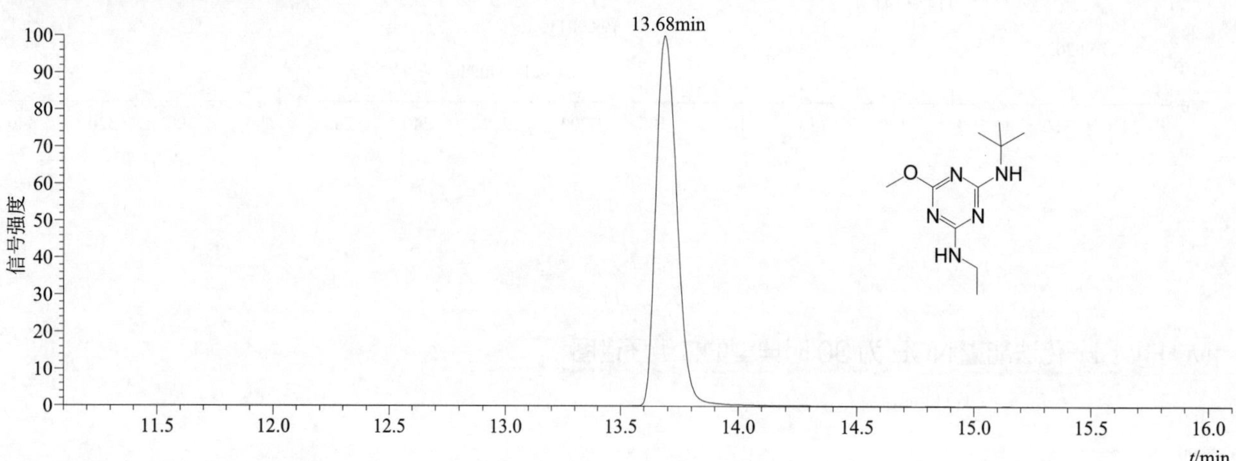

[M+H]⁺ 典型的一级质谱图

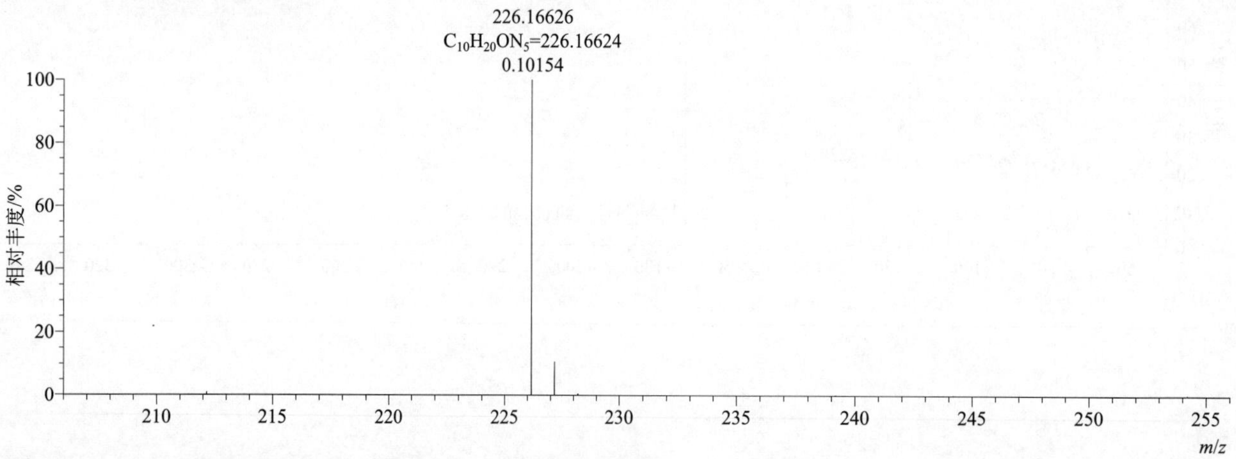

[M+H]⁺ 归一化法能量 NCE 为 20 时典型的二级质谱图

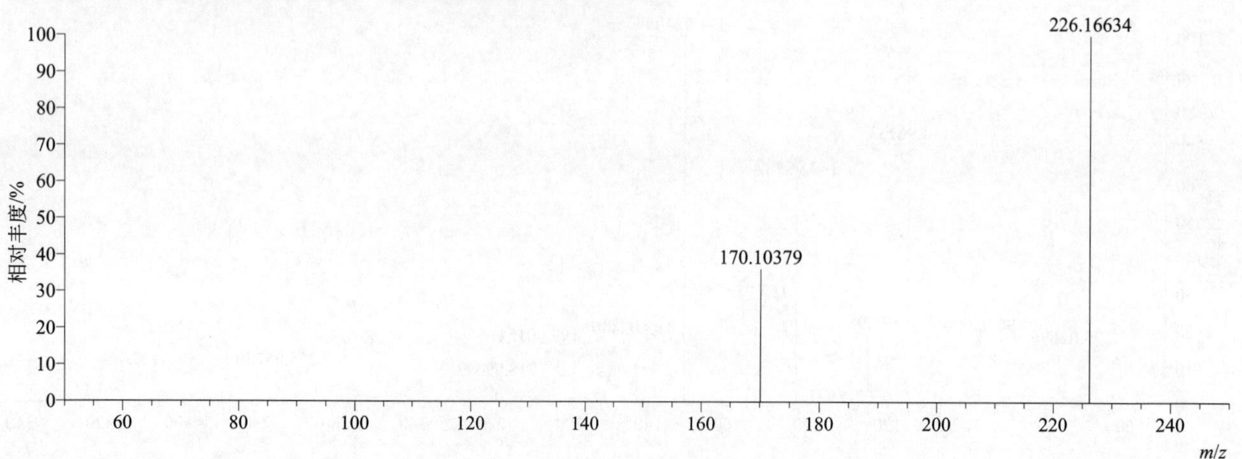

[M+H]$^+$ 归一化法能量 NCE 为 40 时典型的二级质谱图

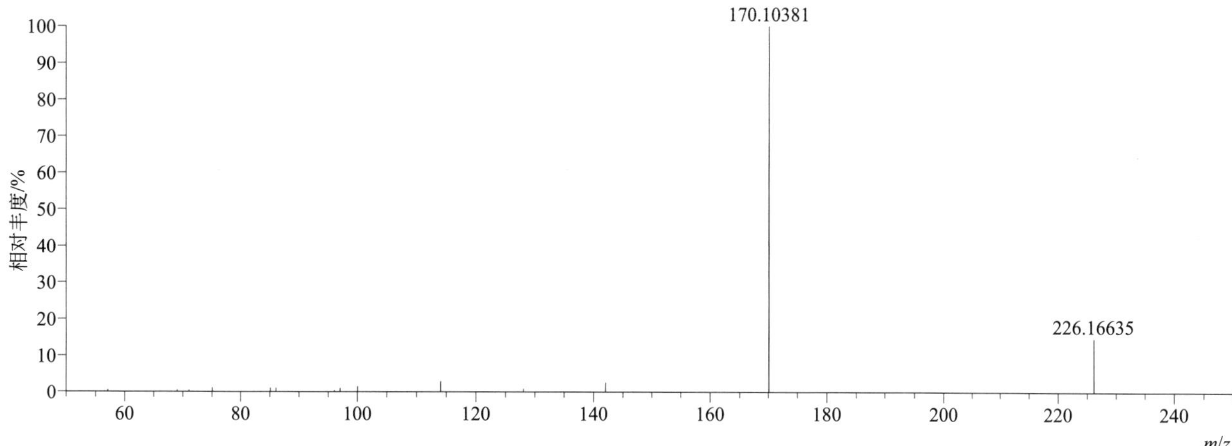

[M+H]$^+$ 归一化法能量 NCE 为 60 时典型的二级质谱图

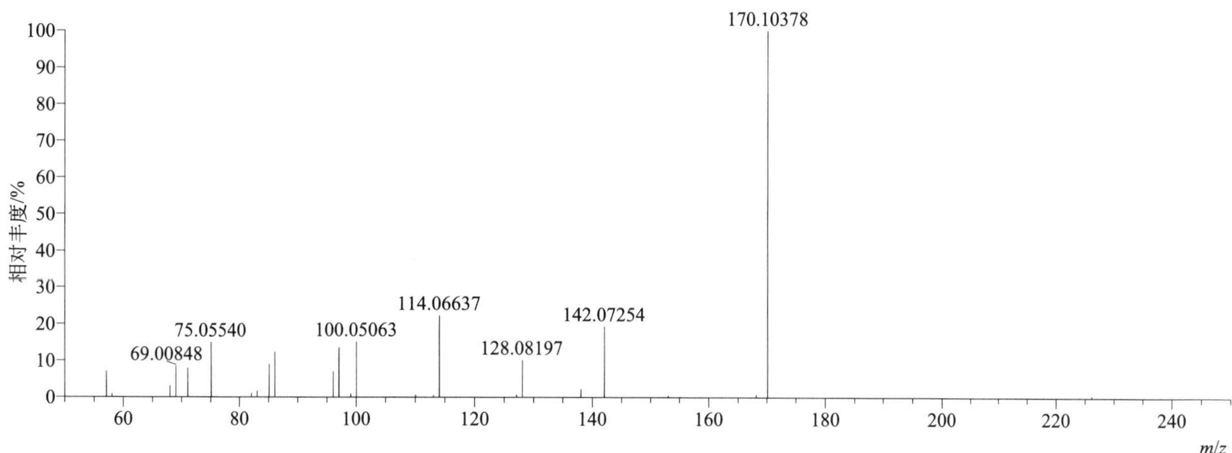

[M+H]$^+$ 阶梯归一化法能量 Step NCE 为 20、40、60 时典型的二级质谱图

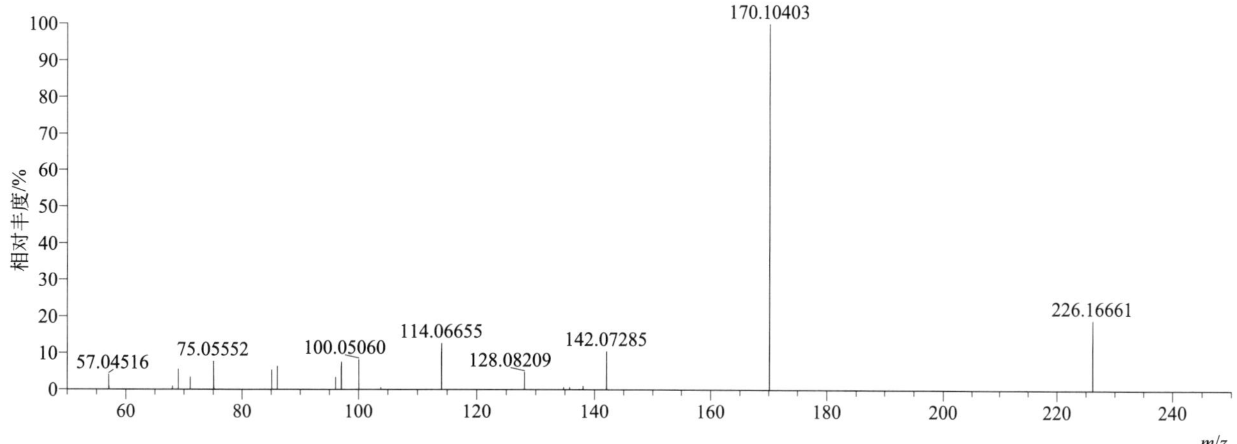

terbuthylazine（特丁津）

基本信息

CAS 登录号	5915-41-3	分子量	229.10942	离子源和极性	电喷雾离子源（ESI）
分子式	$C_9H_{16}ClN_5$	保留时间	14.40min	极性	正模式

$[M+H]^+$ 提取离子流色谱图

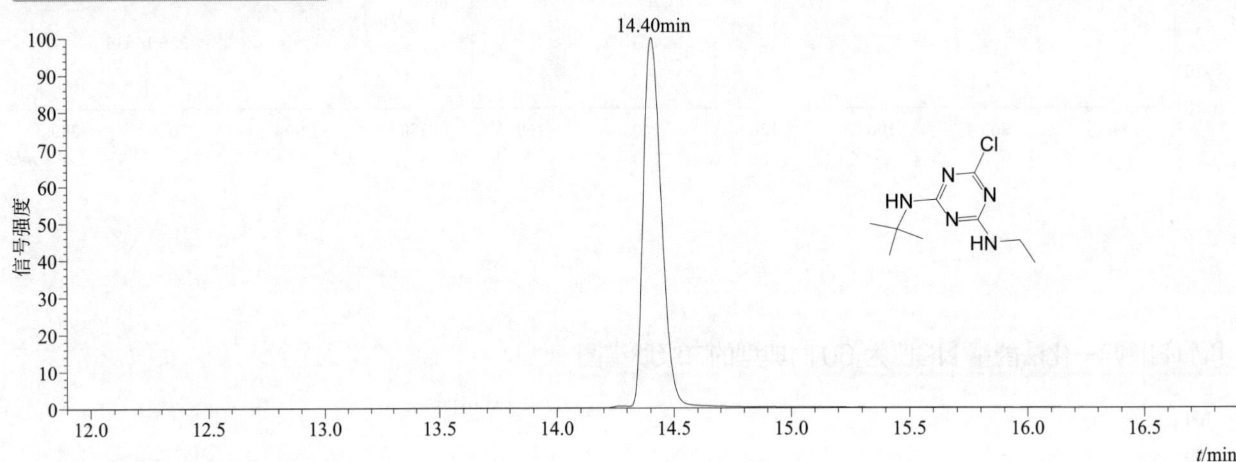

$[M+H]^+$ 典型的一级质谱图

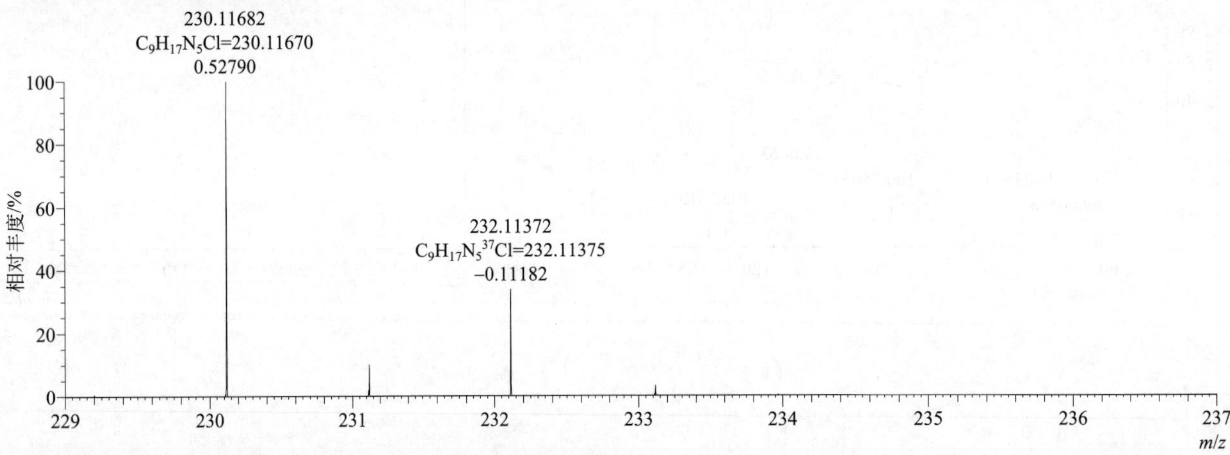

$[M+H]^+$ 归一化法能量 NCE 为 20 时典型的二级质谱图

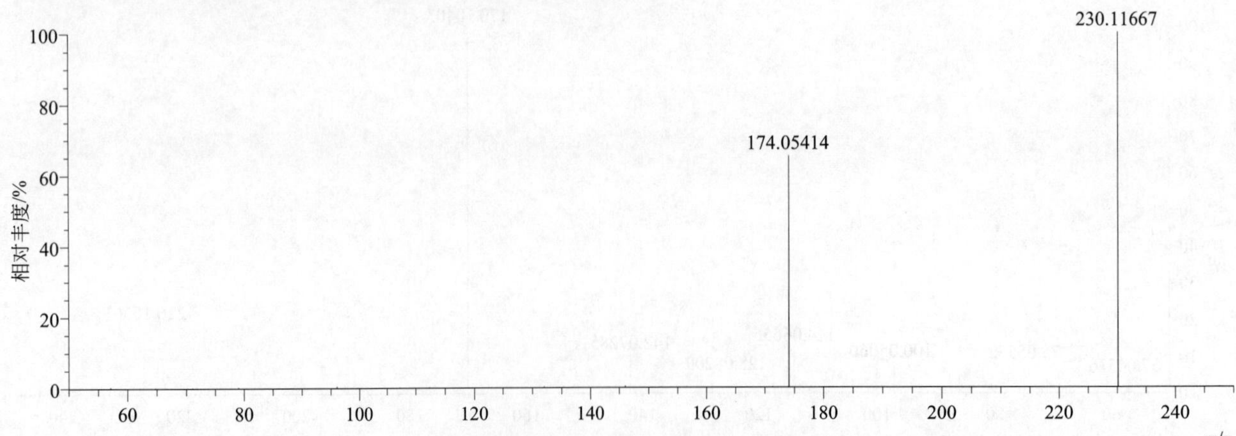

[M+H]+ 归一化法能量 NCE 为 40 时典型的二级质谱图

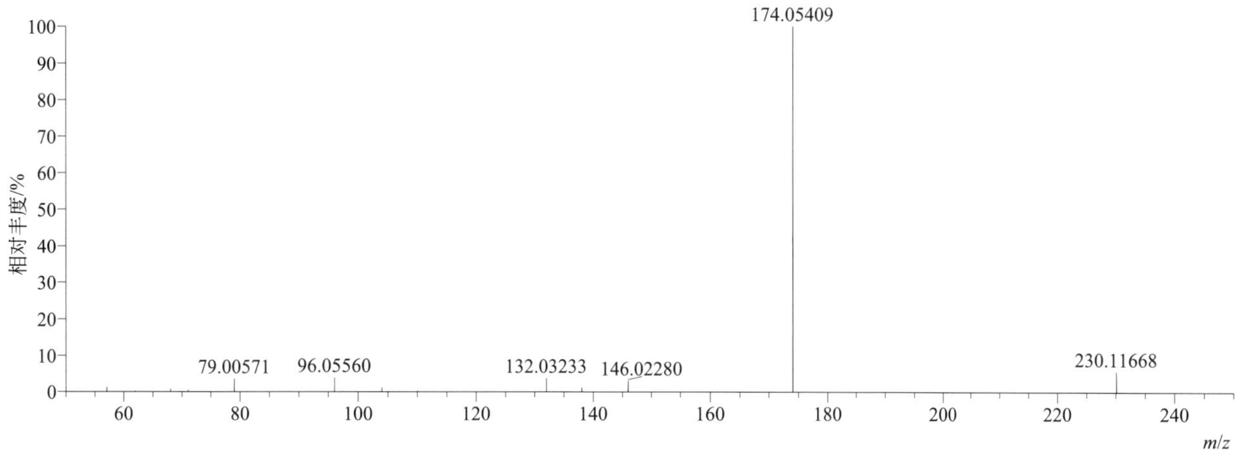

[M+H]+ 归一化法能量 NCE 为 60 时典型的二级质谱图

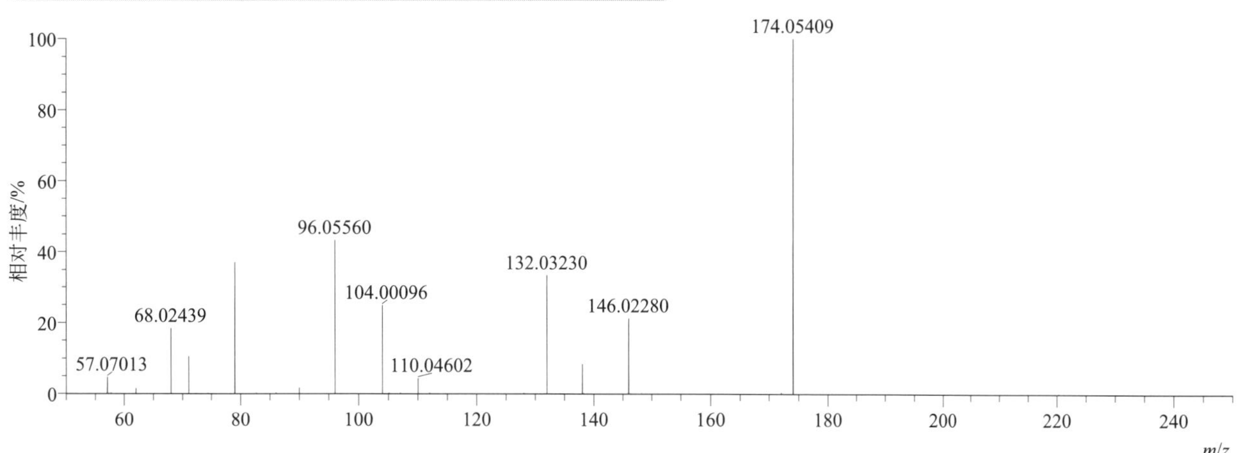

[M+H]+ 阶梯归一化法能量 Step NCE 为 20、40、60 时典型的二级质谱图

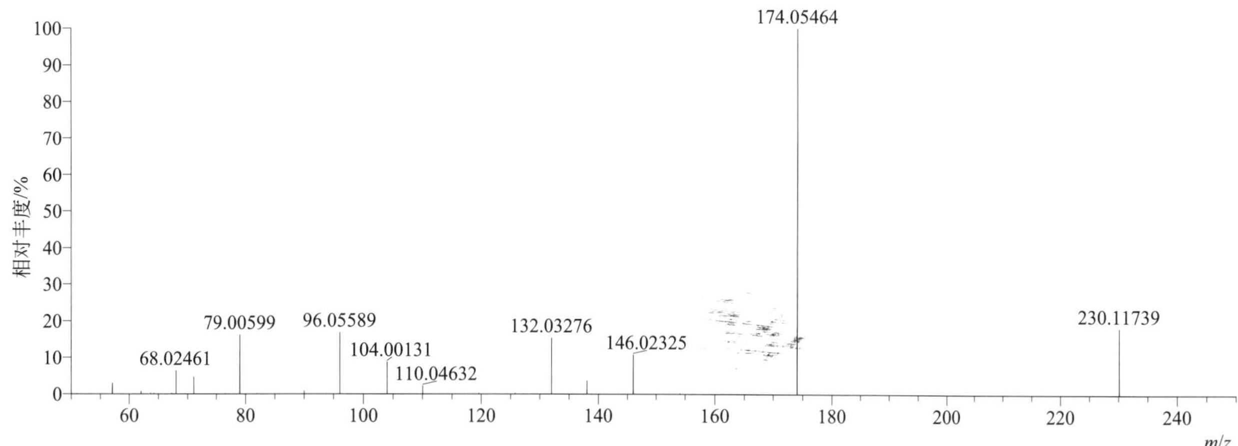

terbutryn（特丁净）

基本信息

CAS 登录号	886-50-0	分子量	241.13612	离子源和极性	电喷雾离子源（ESI）
分子式	$C_{10}H_{19}N_5S$	保留时间	14.56min	极性	正模式

$[M+H]^+$ 提取离子流色谱图

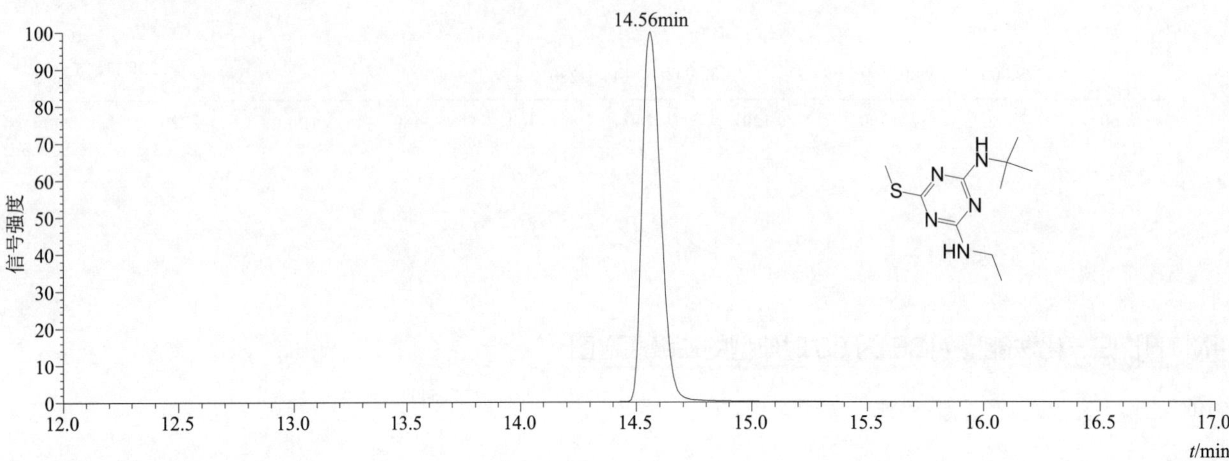

$[M+H]^+$ 典型的一级质谱图

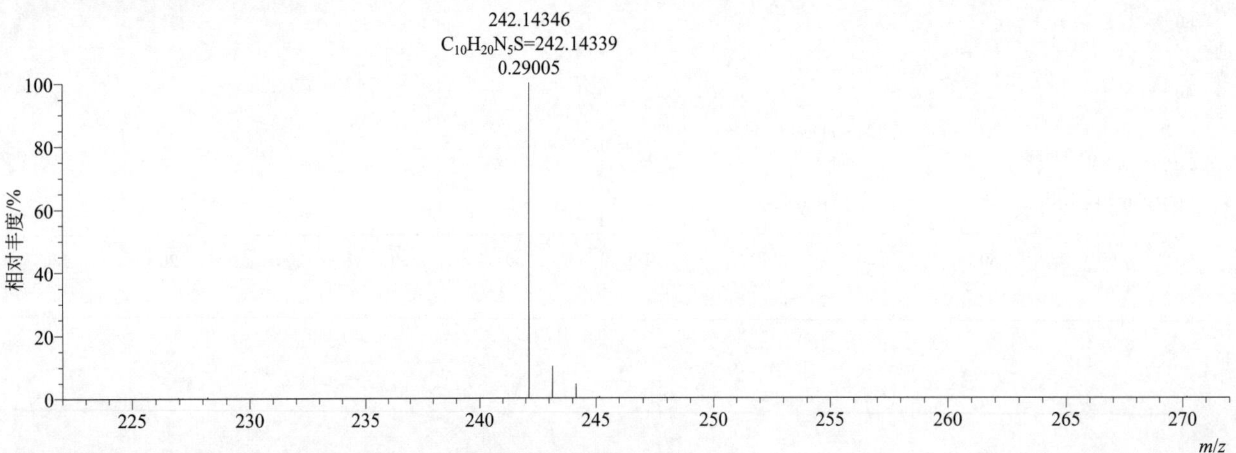

$[M+H]^+$ 归一化法能量 NCE 为 20 时典型的二级质谱图

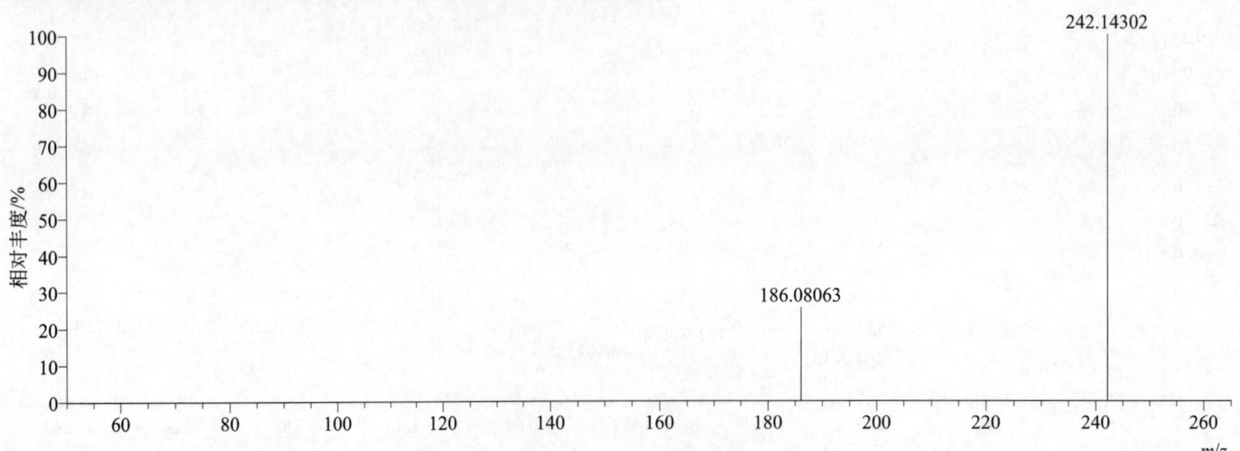

[M+H]⁺ 归一化法能量 NCE 为 40 时典型的二级质谱图

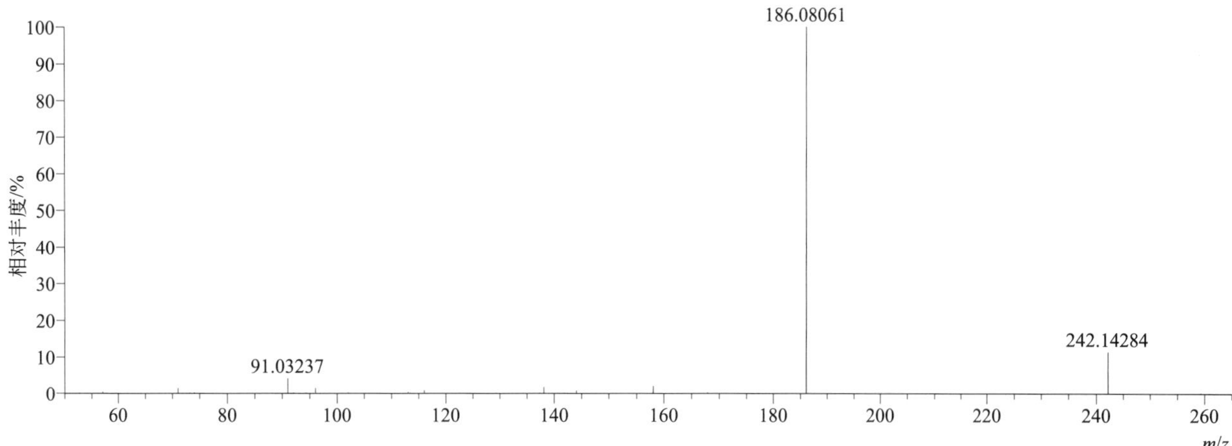

[M+H]⁺ 归一化法能量 NCE 为 60 时典型的二级质谱图

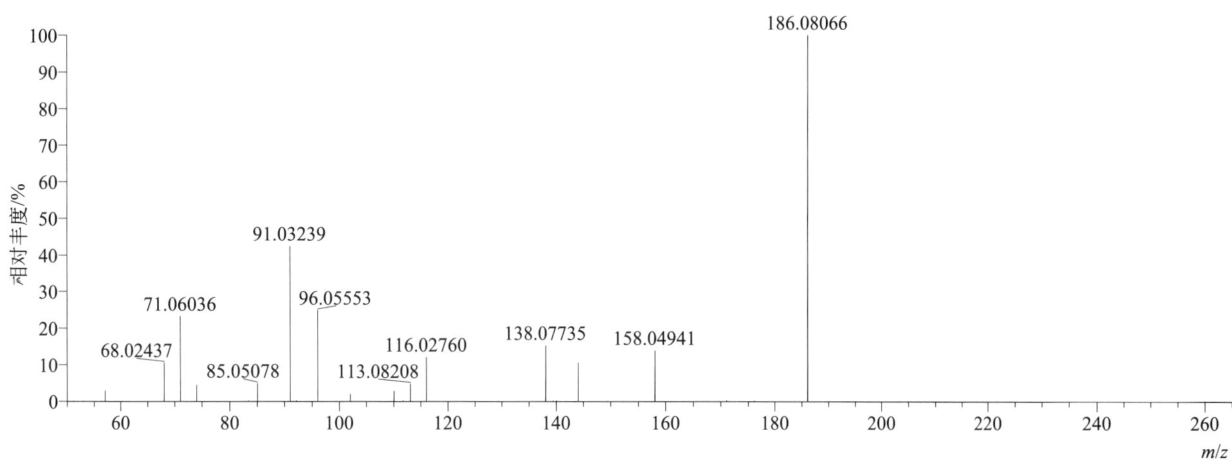

[M+H]⁺ 阶梯归一化法能量 Step NCE 为 20、40、60 时典型的二级质谱图

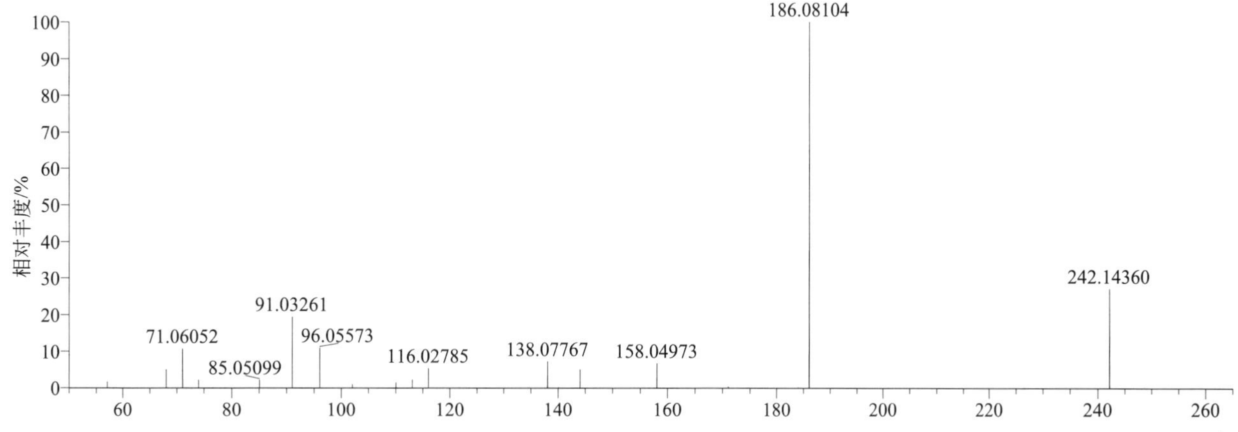

tetrachlorvinphos（杀虫威）

基本信息

CAS 登录号	22248-79-9	分子量	363.89926	离子源和极性	电喷雾离子源（ESI）
分子式	$C_{10}H_9Cl_4O_4P$	保留时间	14.92min	极性	正模式

$[M+H]^+$ 提取离子流色谱图

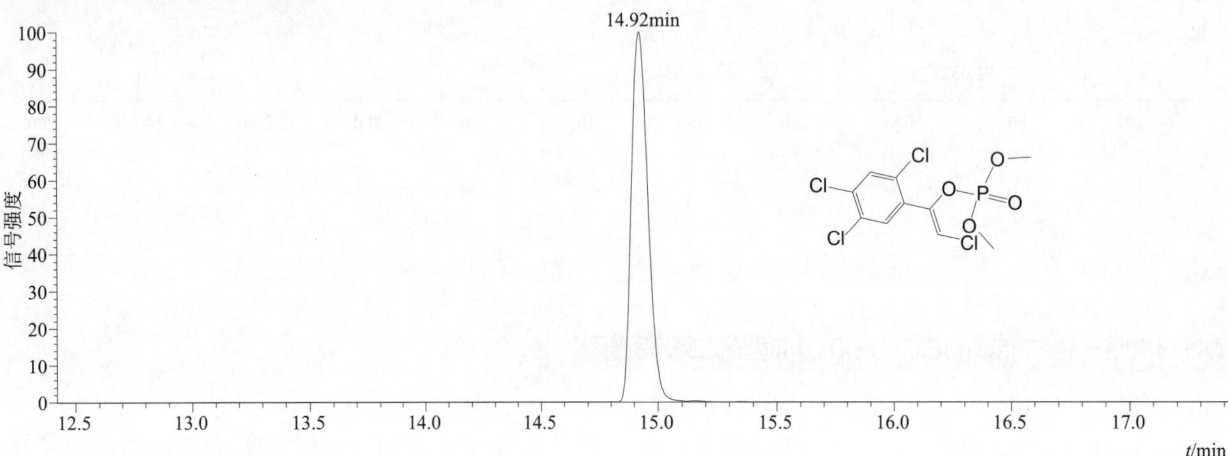

$[M+H]^+$ 典型的一级质谱图

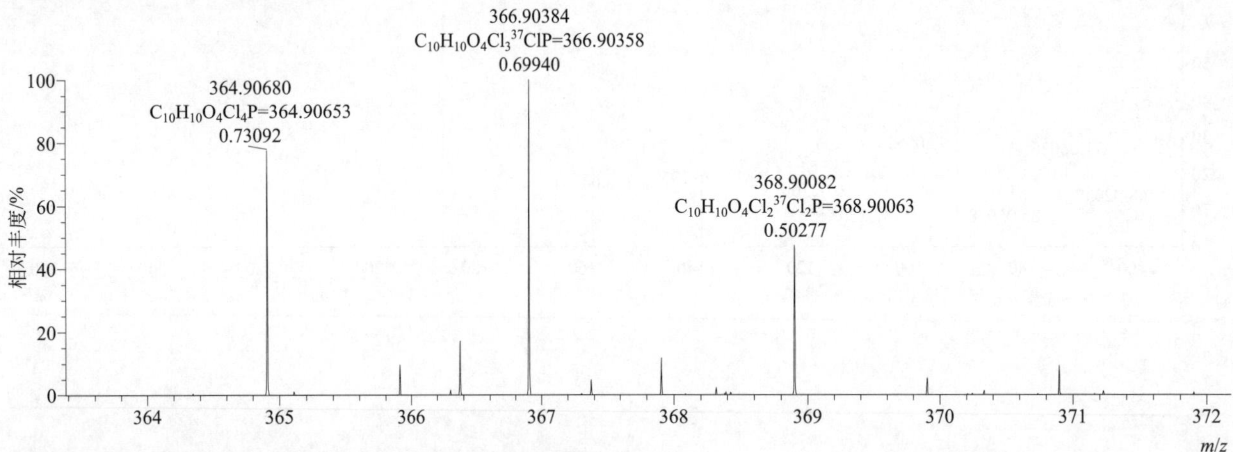

$[M+H]^+$ 归一化法能量 NCE 为 20 时典型的二级质谱图

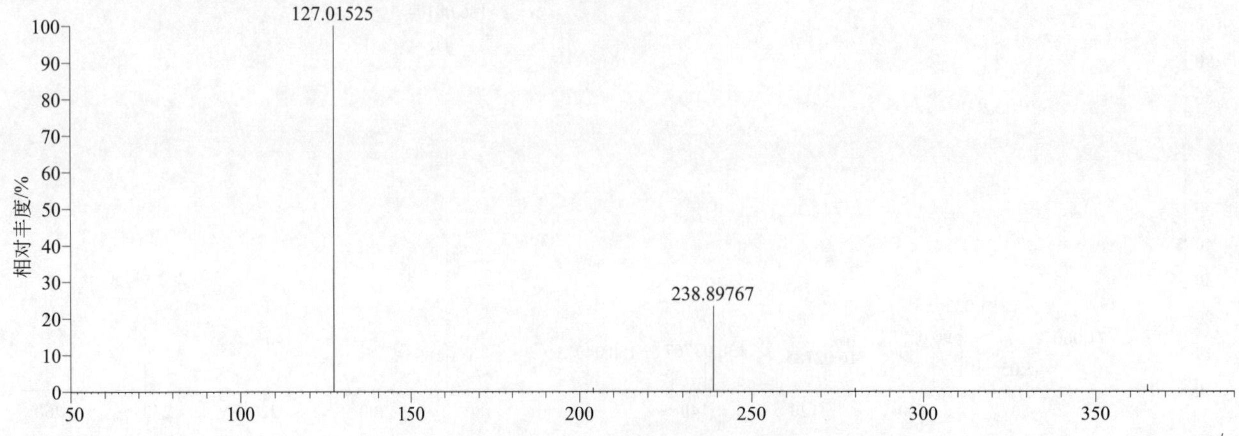

[M+H]+ 归一化法能量 NCE 为 40 时典型的二级质谱图

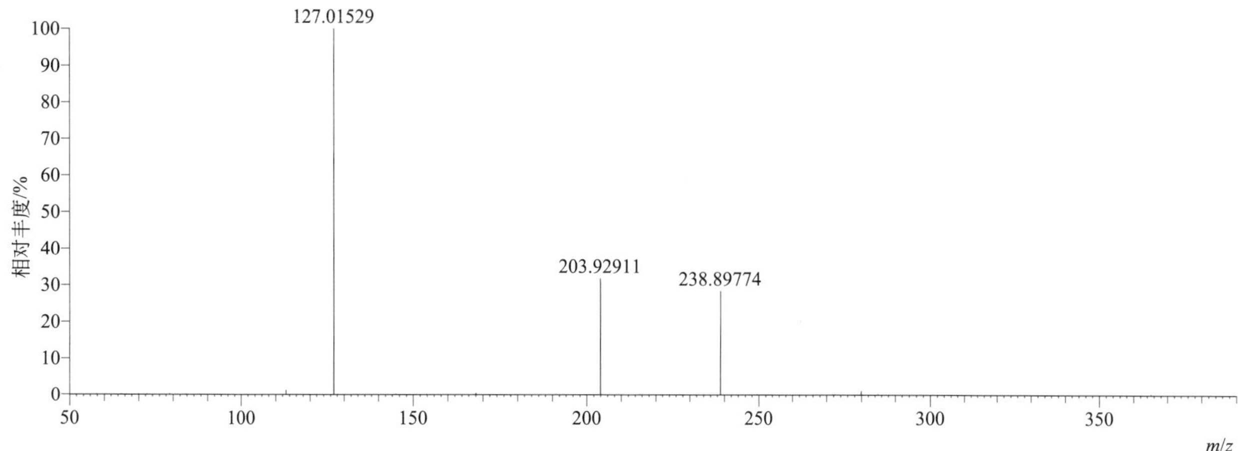

[M+H]+ 归一化法能量 NCE 为 60 时典型的二级质谱图

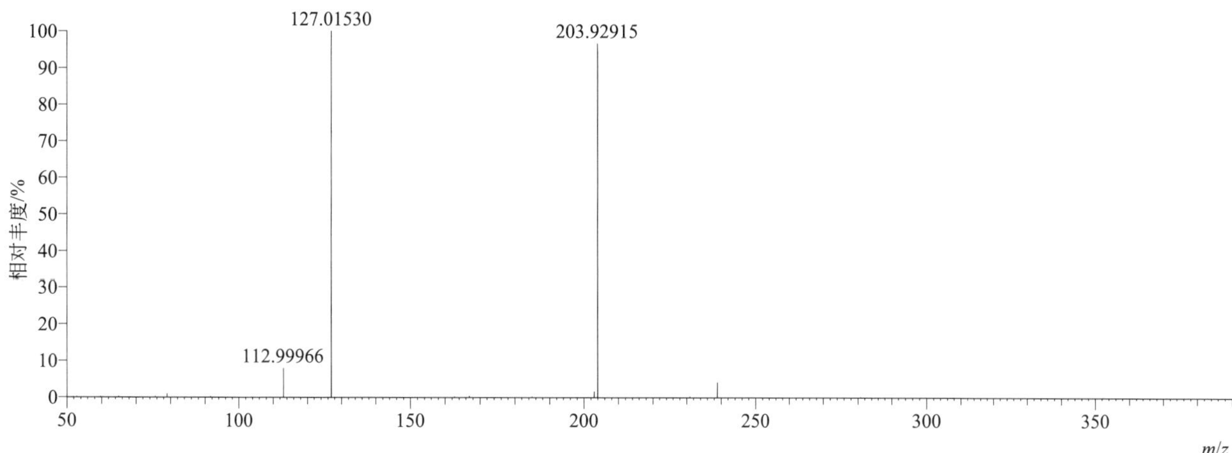

[M+H]+ 阶梯归一化法能量 Step NCE 为 20、40、60 时典型的二级质谱图

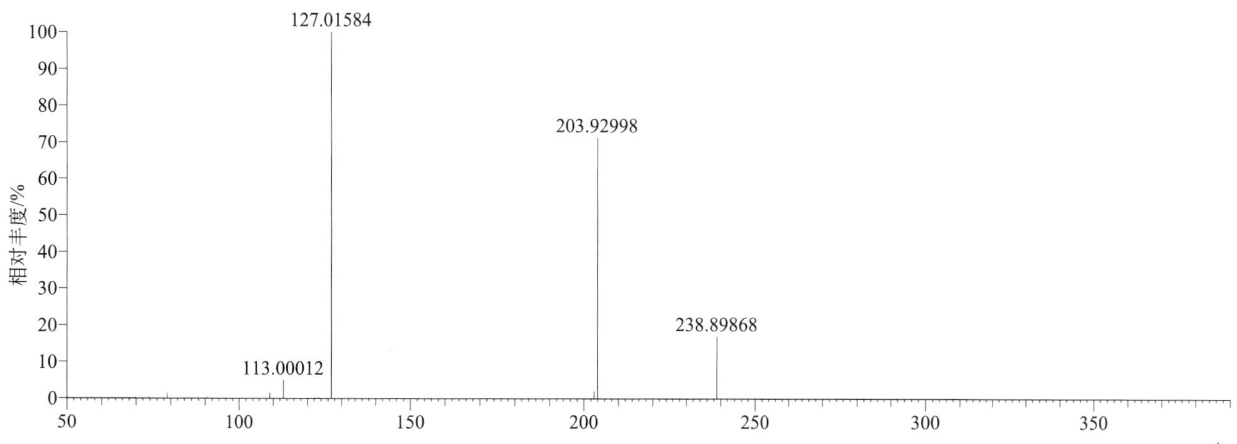

tetraconazole（氟醚唑）

基本信息

CAS 登录号	112281-77-3	分子量	371.02153	离子源和极性	电喷雾离子源（ESI）
分子式	$C_{13}H_{11}Cl_2F_4N_3O$	保留时间	14.73min	极性	正模式

$[M+H]^+$ 提取离子流色谱图

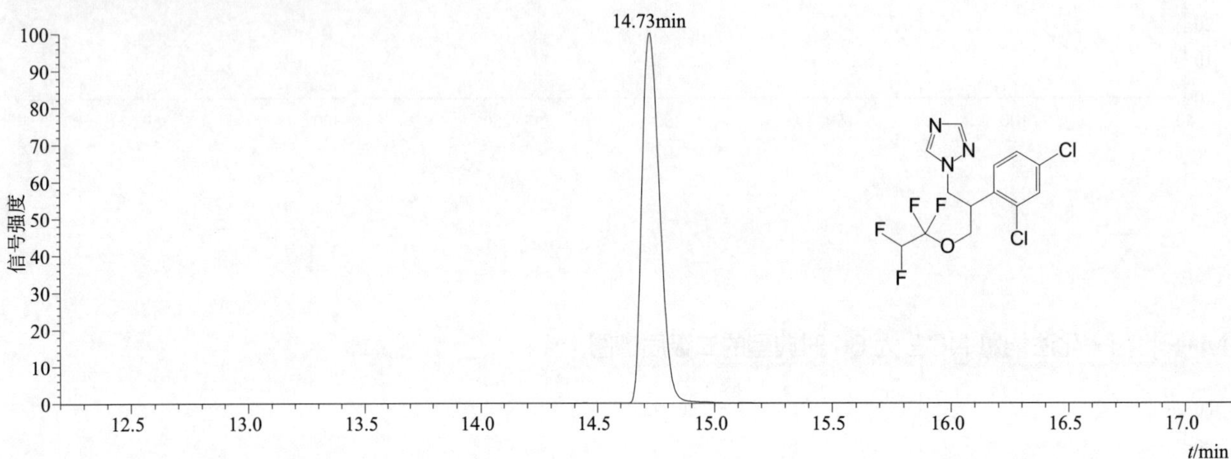

$[M+H]^+$ 典型的一级质谱图

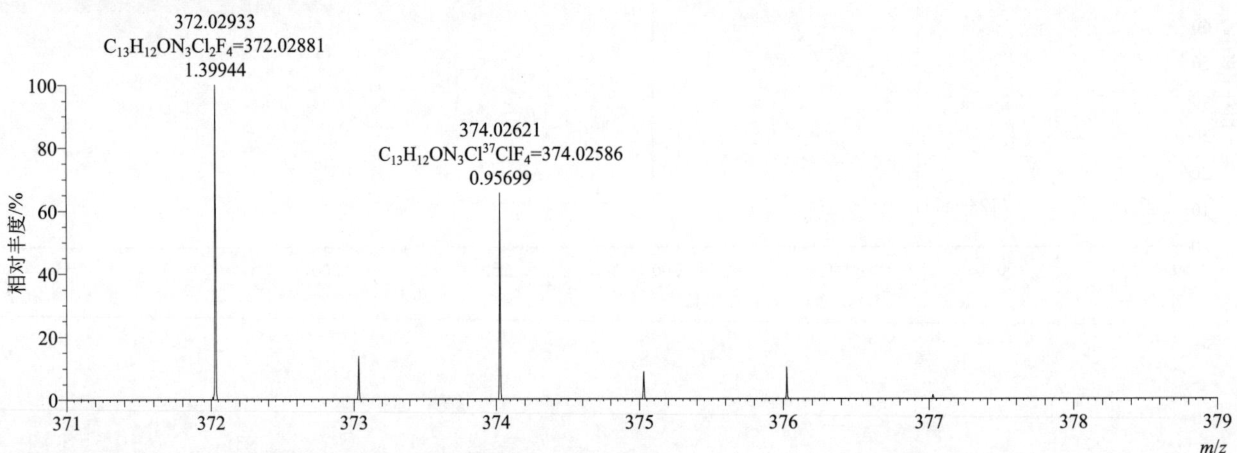

$[M+H]^+$ 归一化法能量 NCE 为 20 时典型的二级质谱图

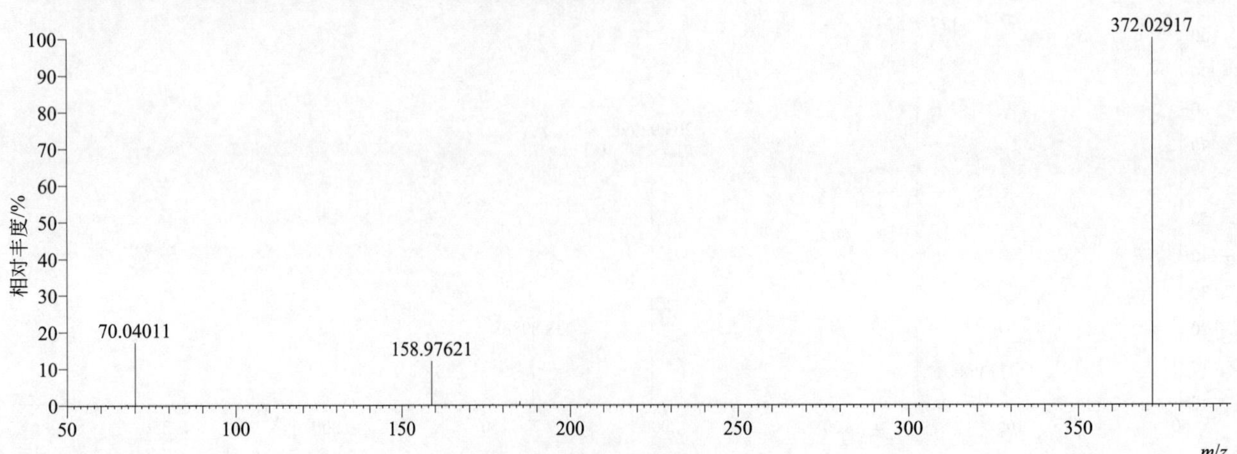

[M+H]⁺ 归一化法能量 NCE 为 40 时典型的二级质谱图

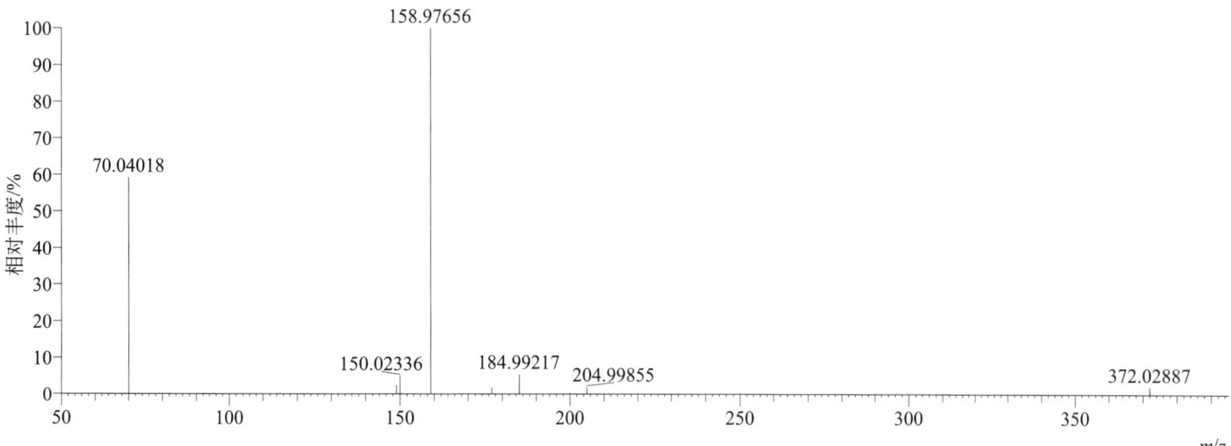

[M+H]⁺ 归一化法能量 NCE 为 60 时典型的二级质谱图

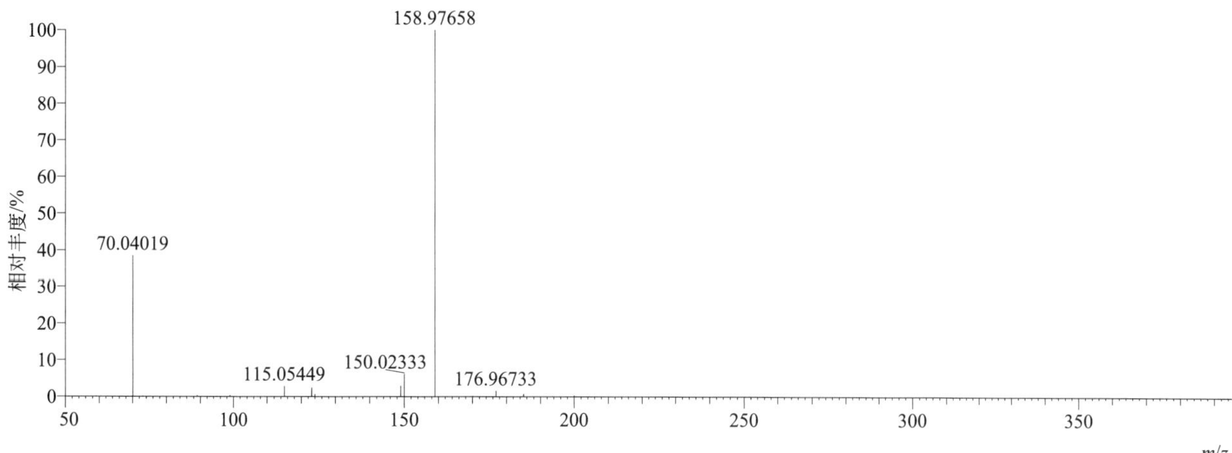

[M+H]⁺ 阶梯归一化法能量 Step NCE 为 20、40、60 时典型的二级质谱图

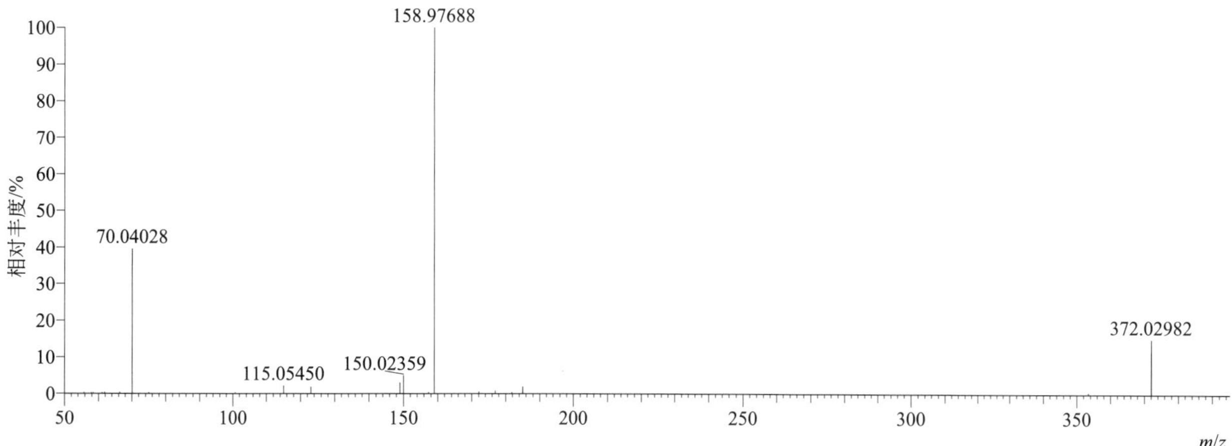

tetramethrin（胺菊酯）

基本信息

CAS 登录号	7696-12-0	分子量	331.17836	离子源和极性	电喷雾离子源（ESI）
分子式	$C_{19}H_{25}NO_4$	保留时间	15.69min	极性	正模式

$[M+H]^+$ 提取离子流色谱图

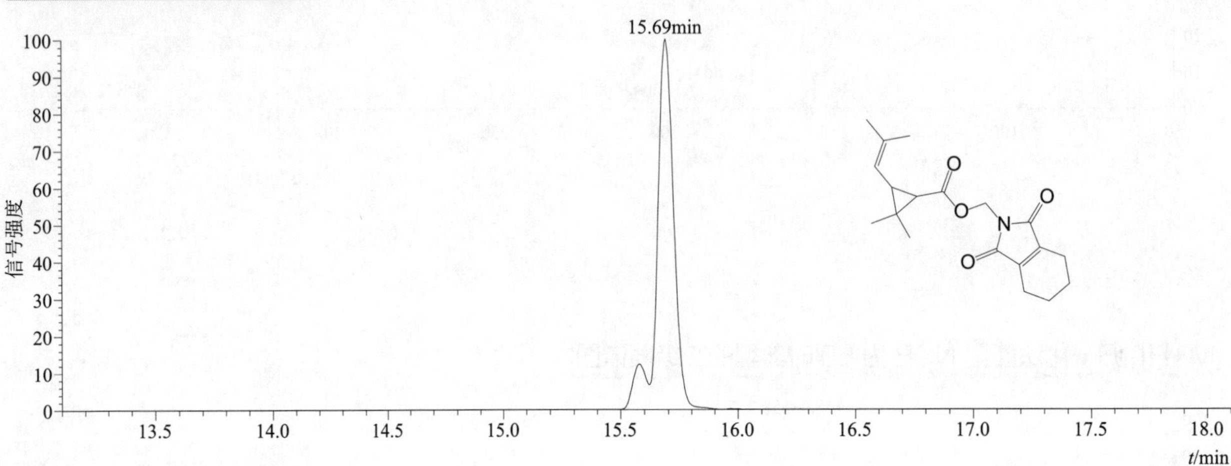

$[M+H]^+$ 典型的一级质谱图

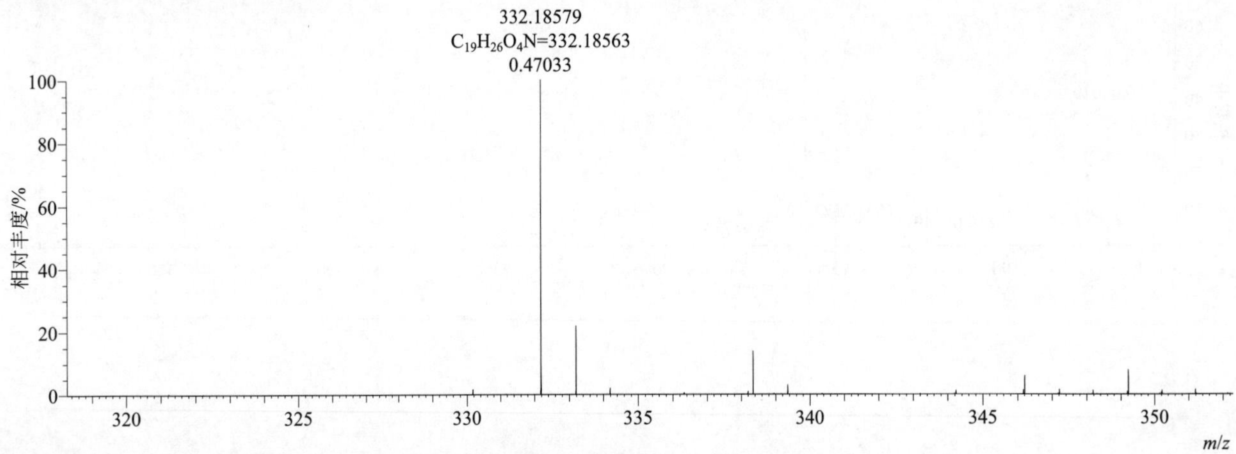

$[M+H]^+$ 归一化法能量 NCE 为 20 时典型的二级质谱图

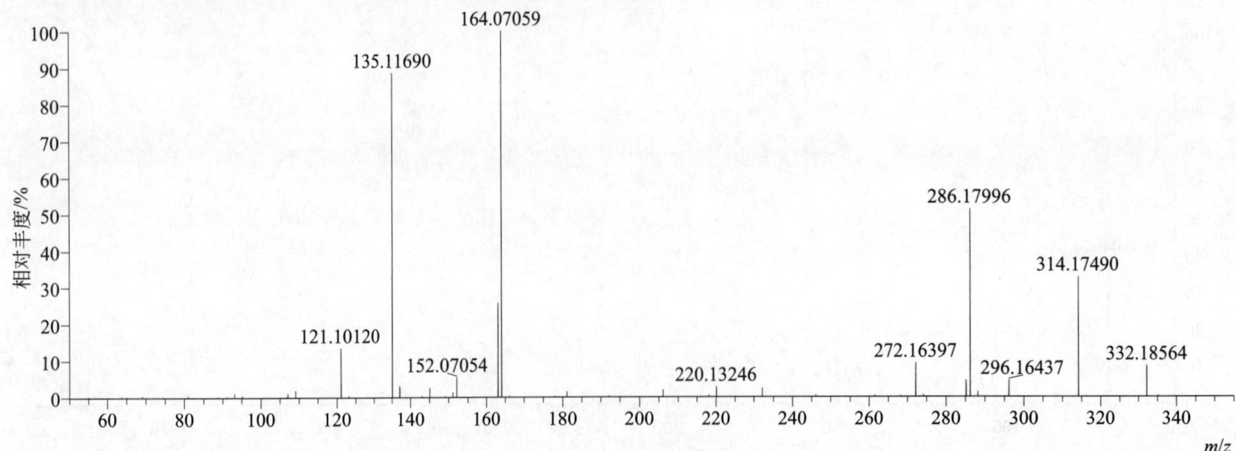

$[M+H]^+$ 归一化法能量 NCE 为 40 时典型的二级质谱图

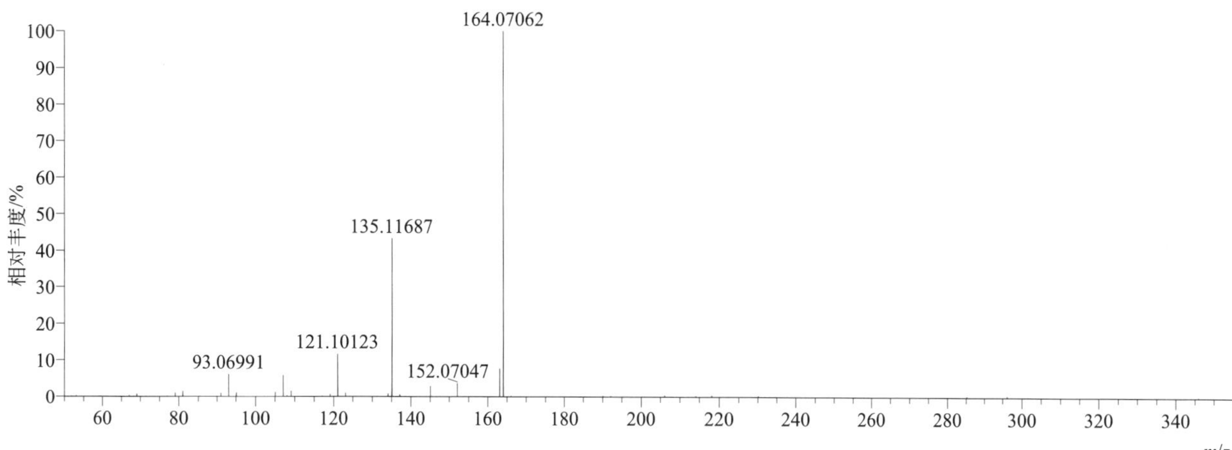

$[M+H]^+$ 归一化法能量 NCE 为 60 时典型的二级质谱图

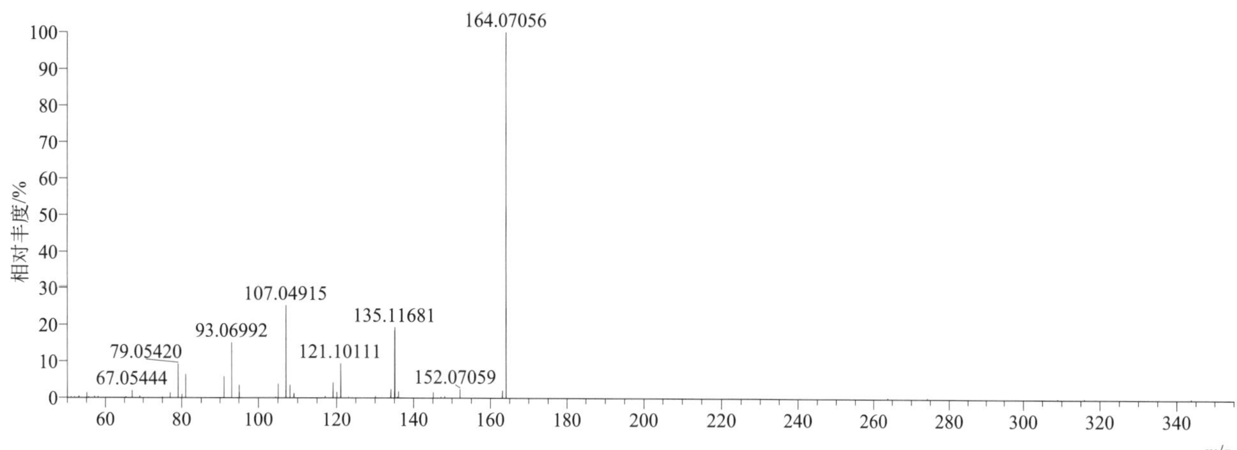

$[M+H]^+$ 阶梯归一化法能量 Step NCE 为 20、40、60 时典型的二级质谱图

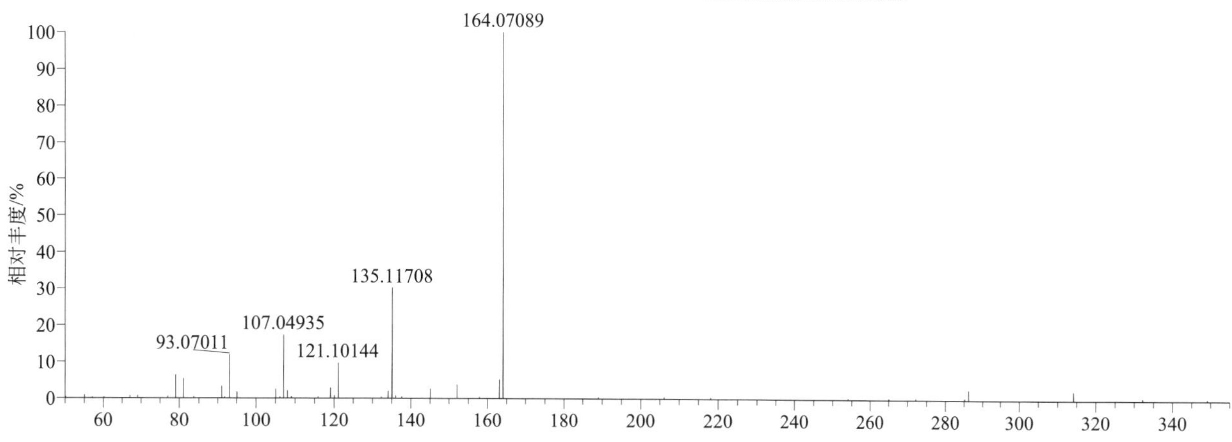

thenylchlor（甲氧噻草胺）

基本信息

CAS 登录号	96491-05-3	分子量	323.07468	离子源和极性	电喷雾离子源（ESI）
分子式	$C_{16}H_{18}ClNO_2S$	保留时间	14.70min	极性	正模式

[M+H]+ 提取离子流色谱图

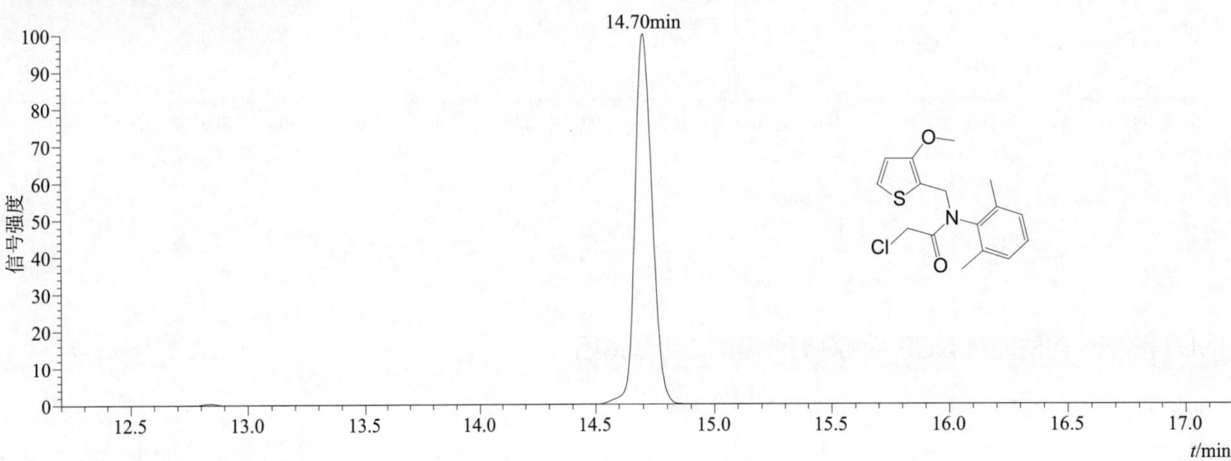

[M+H]+ 典型的一级质谱图

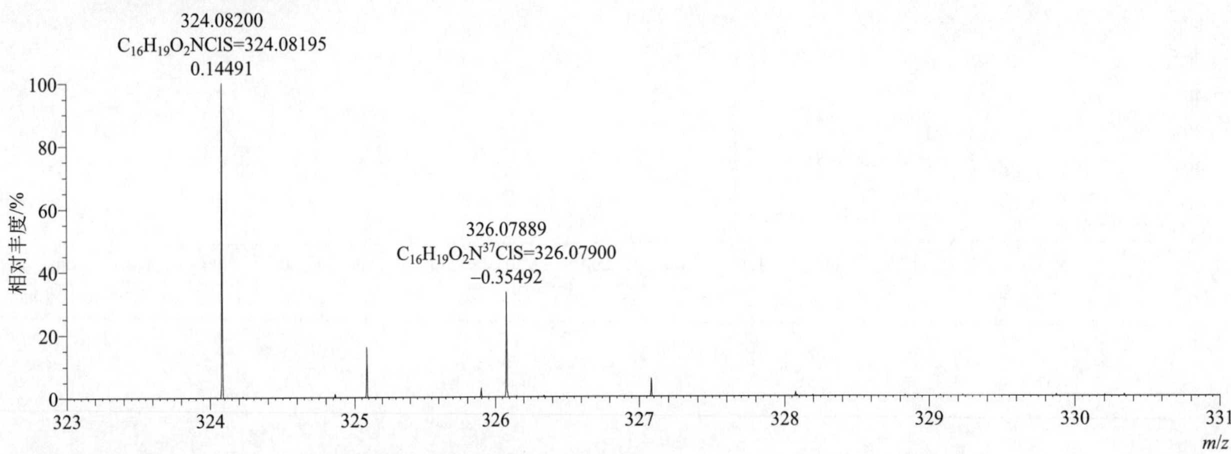

[M+H]+ 归一化法能量 NCE 为 20 时典型的二级质谱图

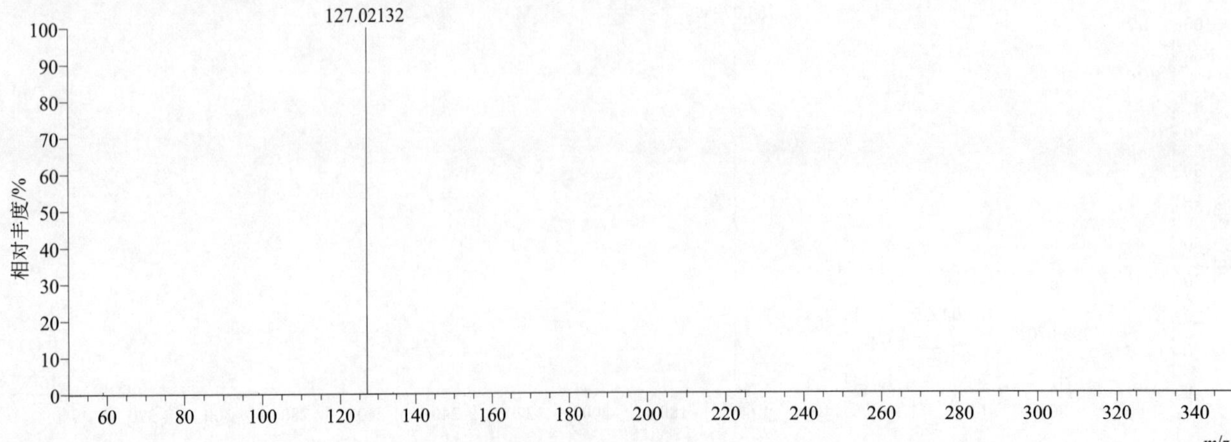

[M+H]+ 归一化法能量 NCE 为 40 时典型的二级质谱图

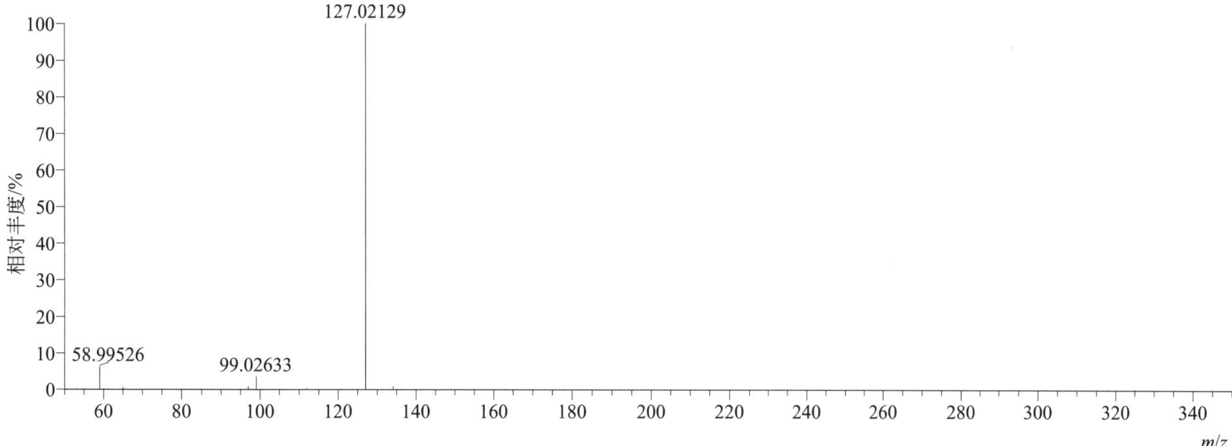

[M+H]+ 归一化法能量 NCE 为 60 时典型的二级质谱图

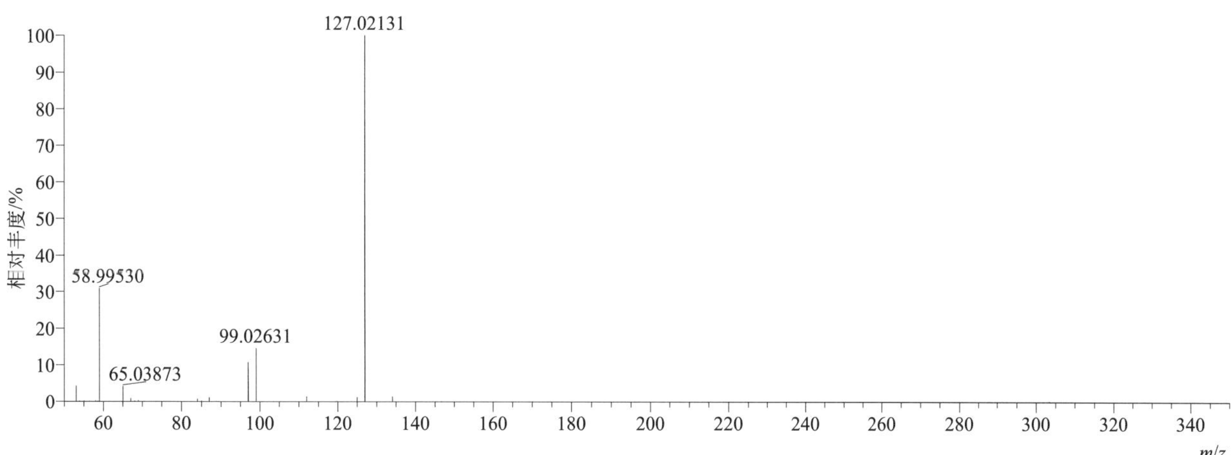

[M+H]+ 阶梯归一化法能量 Step NCE 为 20、40、60 时典型的二级质谱图

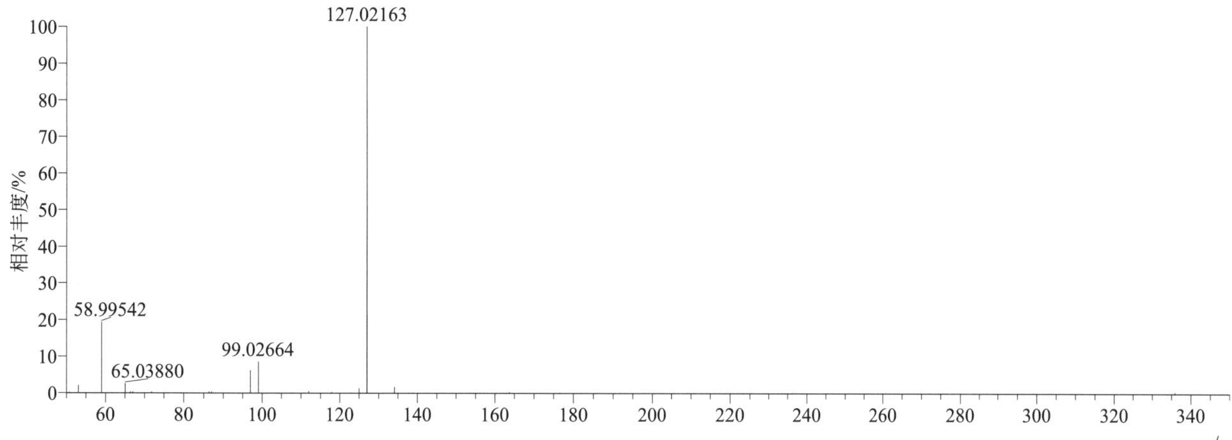

thiabendazole（噻菌灵）

基本信息

CAS 登录号	148-79-8	分子量	201.03607	离子源和极性	电喷雾离子源（ESI）
分子式	$C_{10}H_7N_3S$	保留时间	11.66min	极性	正模式

$[M+H]^+$ 提取离子流色谱图

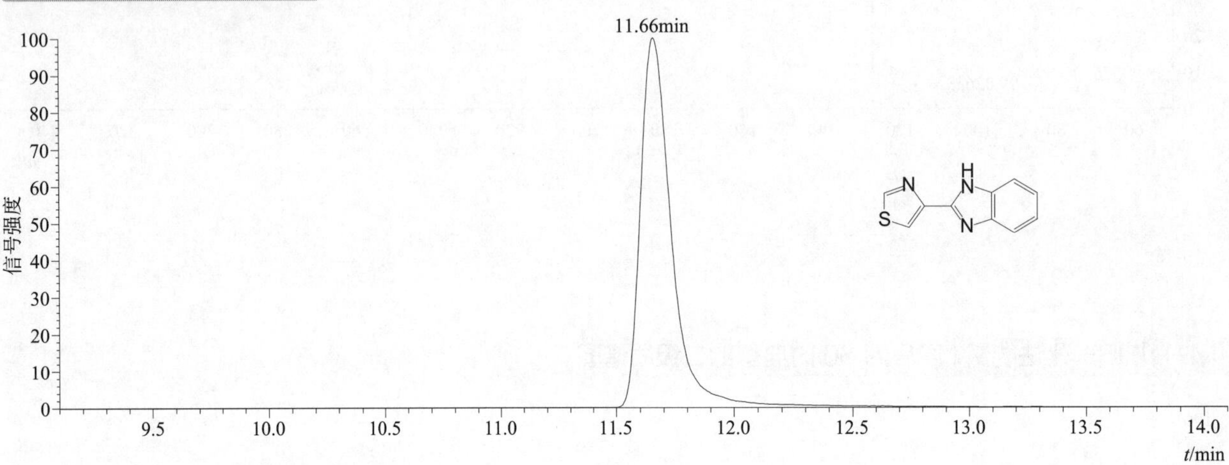

$[M+H]^+$ 典型的一级质谱图

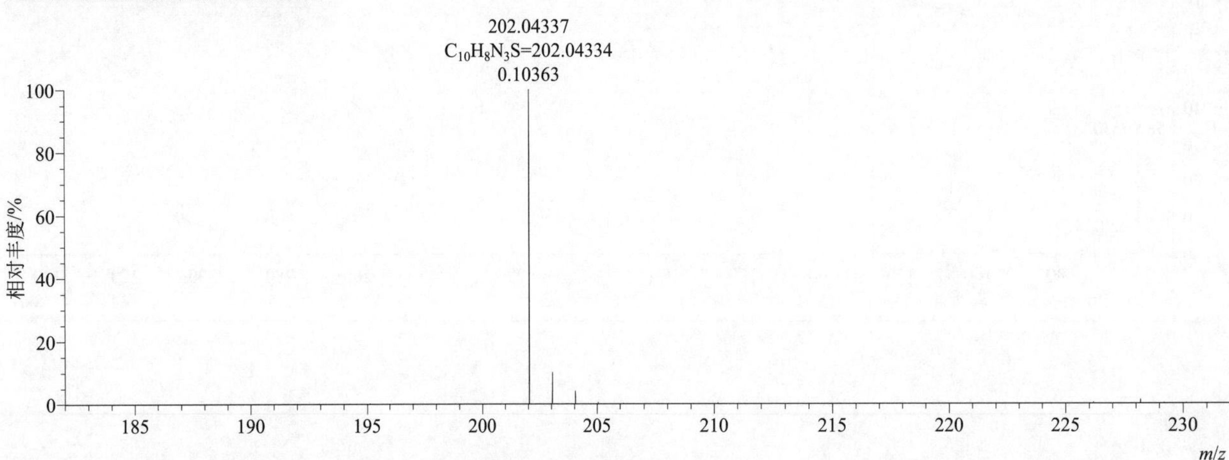

$[M+H]^+$ 归一化法能量 NCE 为 40 时典型的二级质谱图

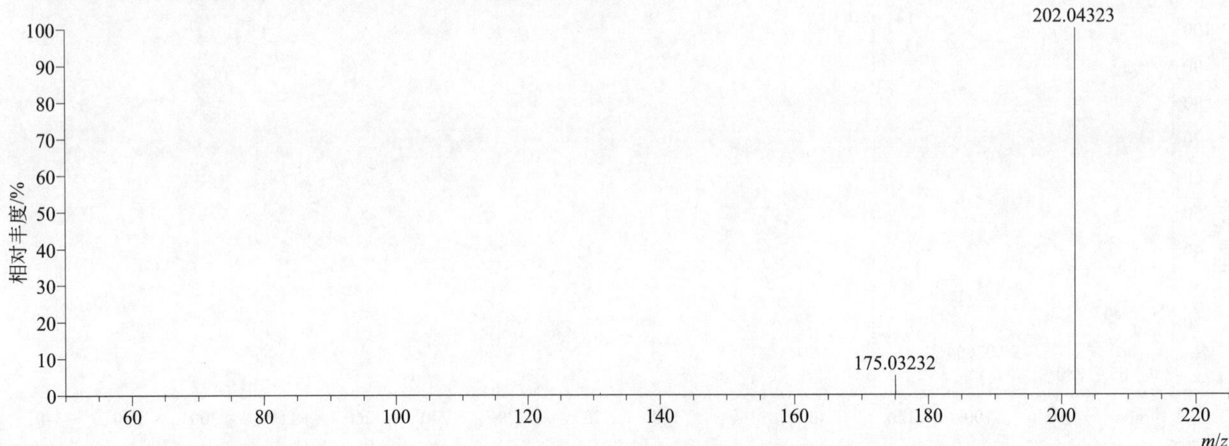

[M+H]+ 归一化法能量 NCE 为 60 时典型的二级质谱图

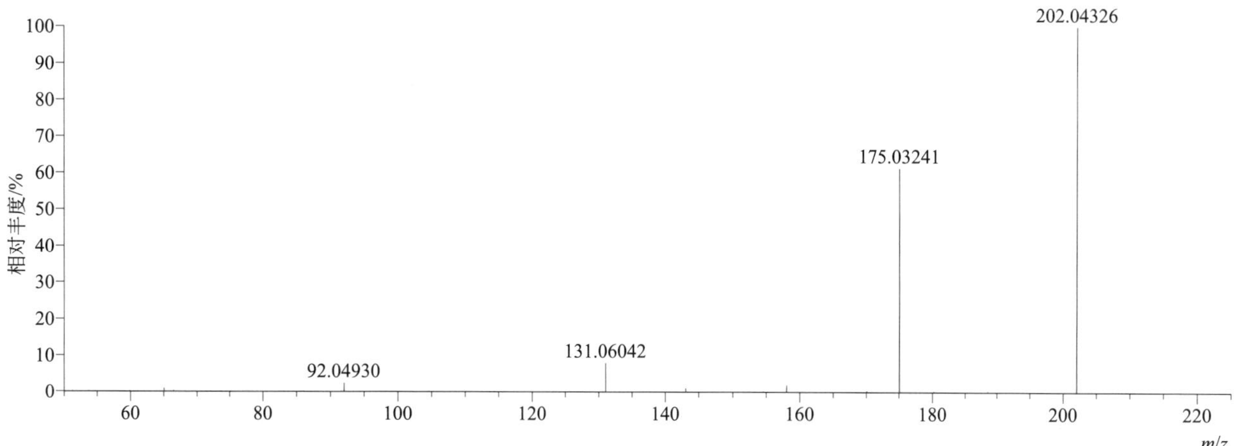

[M+H]+ 归一化法能量 NCE 为 80 时典型的二级质谱图

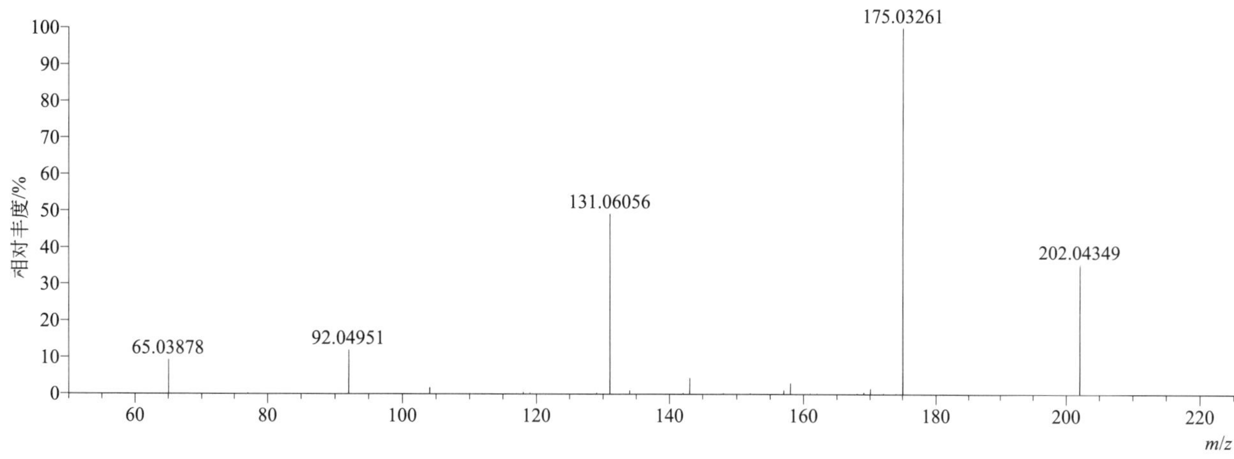

[M+H]+ 阶梯归一化法能量 Step NCE 为 40、60、80 时典型的二级质谱图

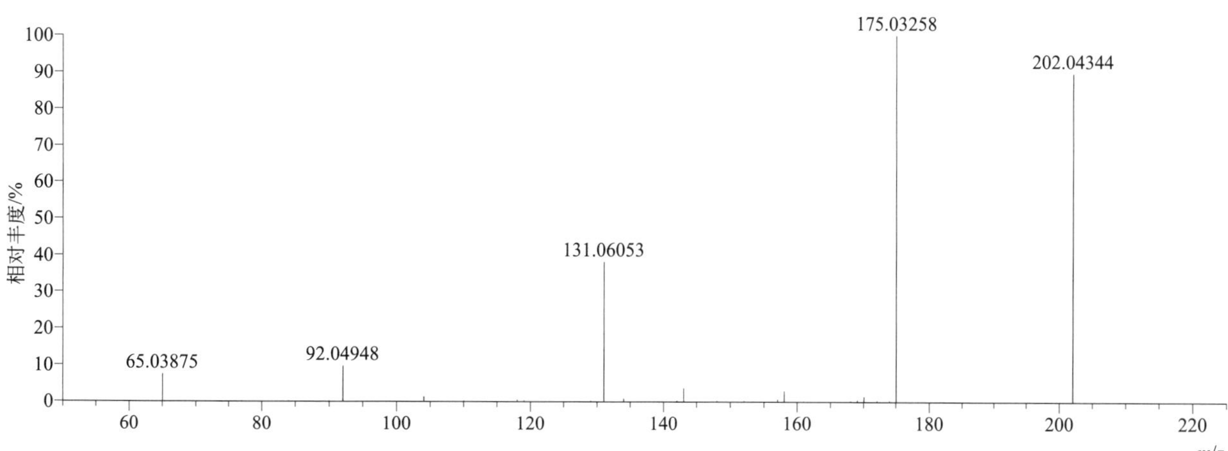

thiabendazole-5-hydroxy（噻苯咪唑-5-羟基）

基本信息

CAS 登录号	948-71-0	分子量	217.03098	离子源和极性	电喷雾离子源（ESI）
分子式	$C_{10}H_7N_3OS$	保留时间	10.91min	极性	正模式

$[M+H]^+$ 提取离子流色谱图

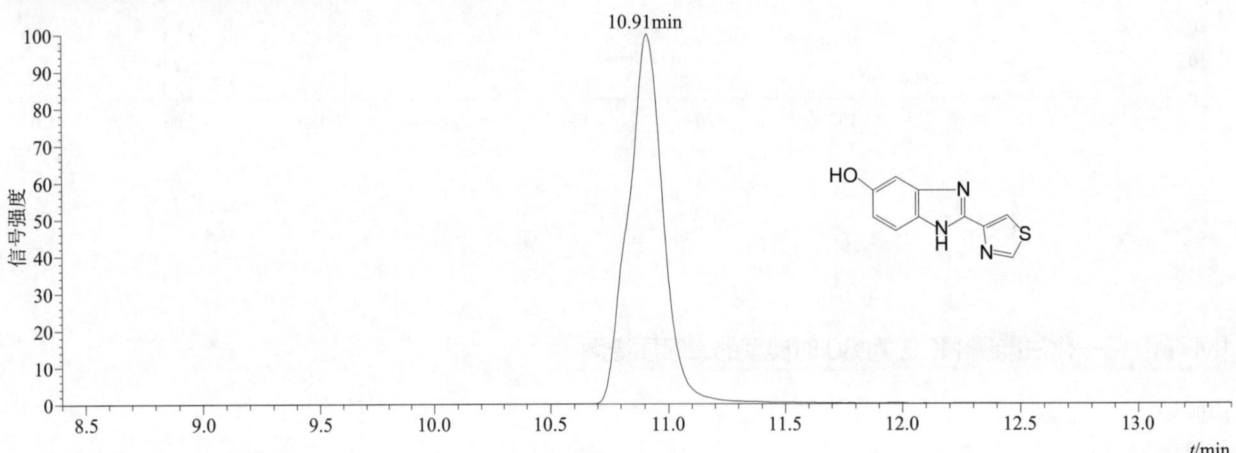

$[M+H]^+$ 典型的一级质谱图

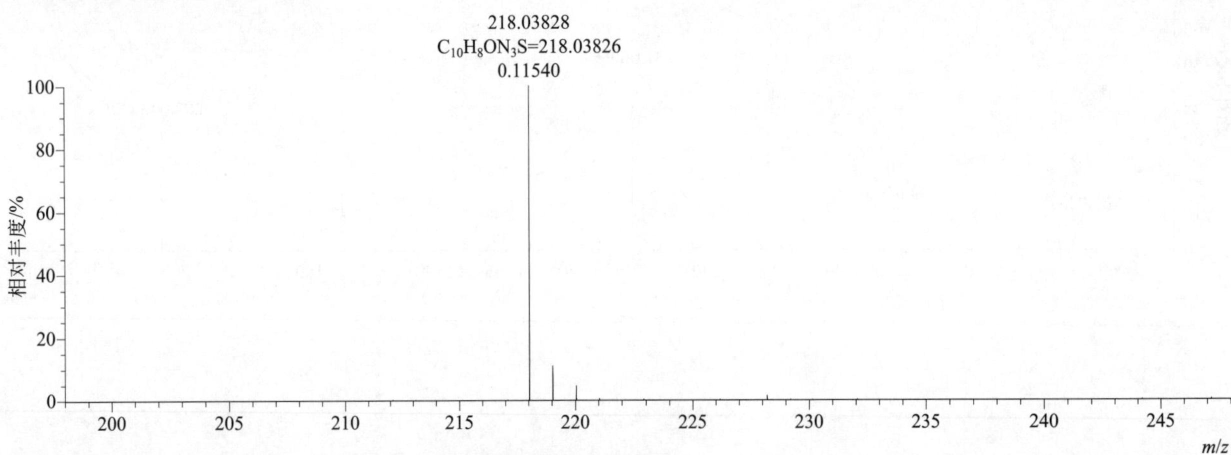

$[M+H]^+$ 归一化法能量 NCE 为 60 时典型的二级质谱图

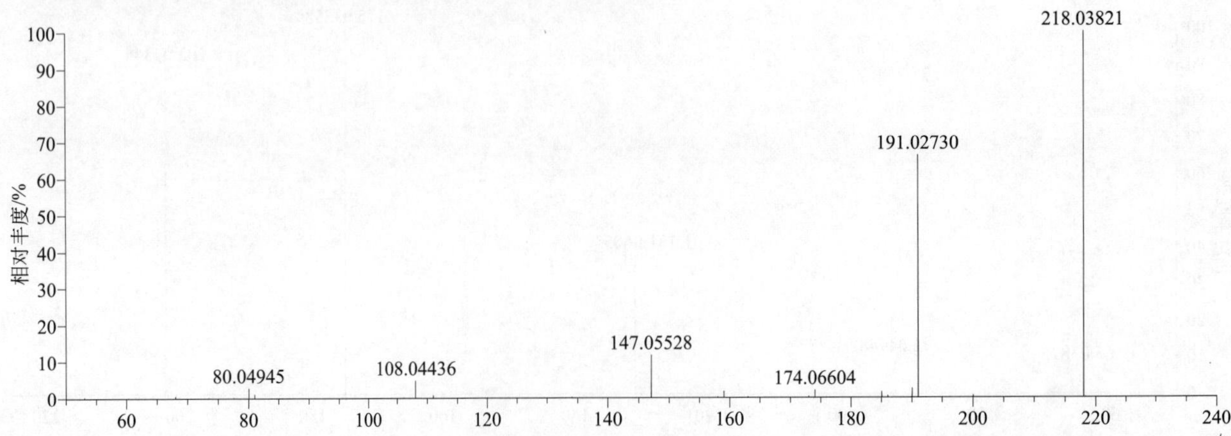

[M+H]+ 归一化法能量 NCE 为 80 时典型的二级质谱图

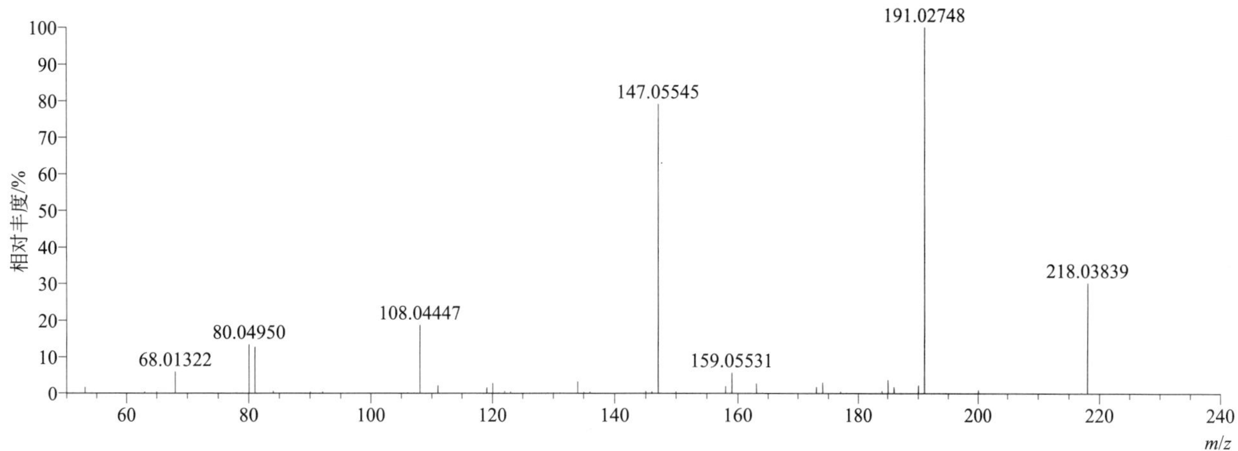

[M+H]+ 归一化法能量 NCE 为 100 时典型的二级质谱图

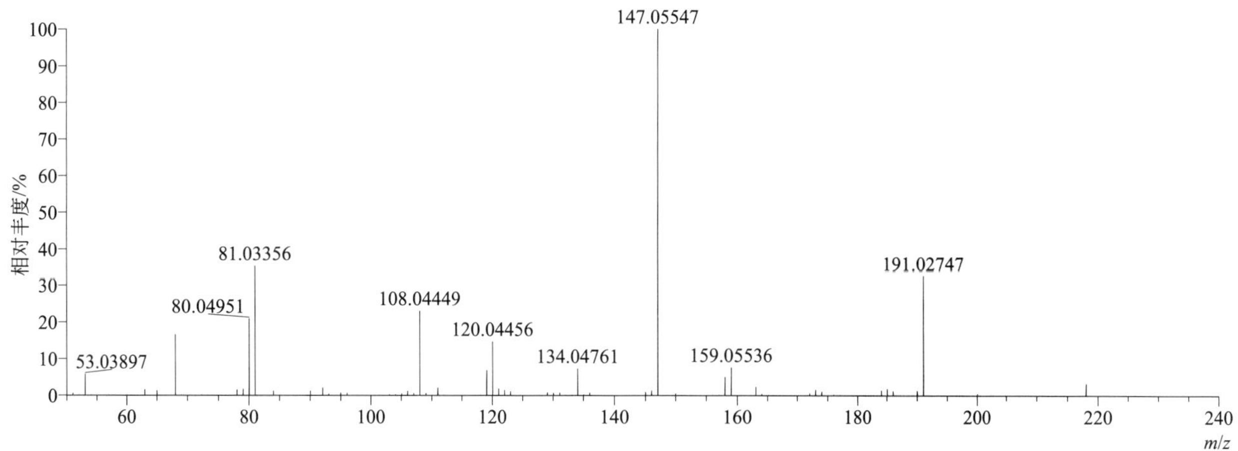

[M+H]+ 阶梯归一化法能量 Step NCE 为 60、80、100 时典型的二级质谱图

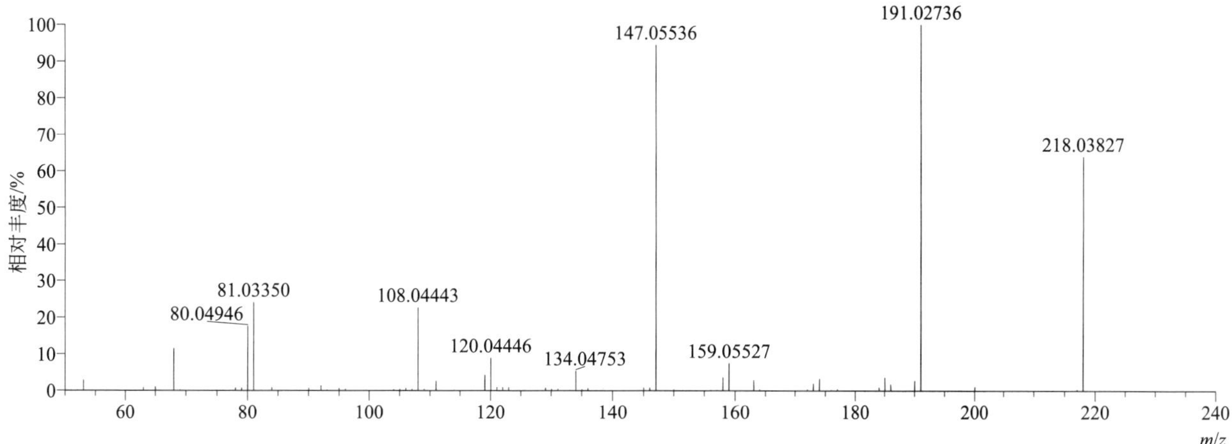

thiacloprid（噻虫啉）

基本信息

CAS 登录号	111988-49-9	分子量	252.02364	离子源和极性	电喷雾离子源（ESI）
分子式	$C_{10}H_9ClN_4S$	保留时间	12.38min	极性	正模式

$[M+H]^+$ 提取离子流色谱图

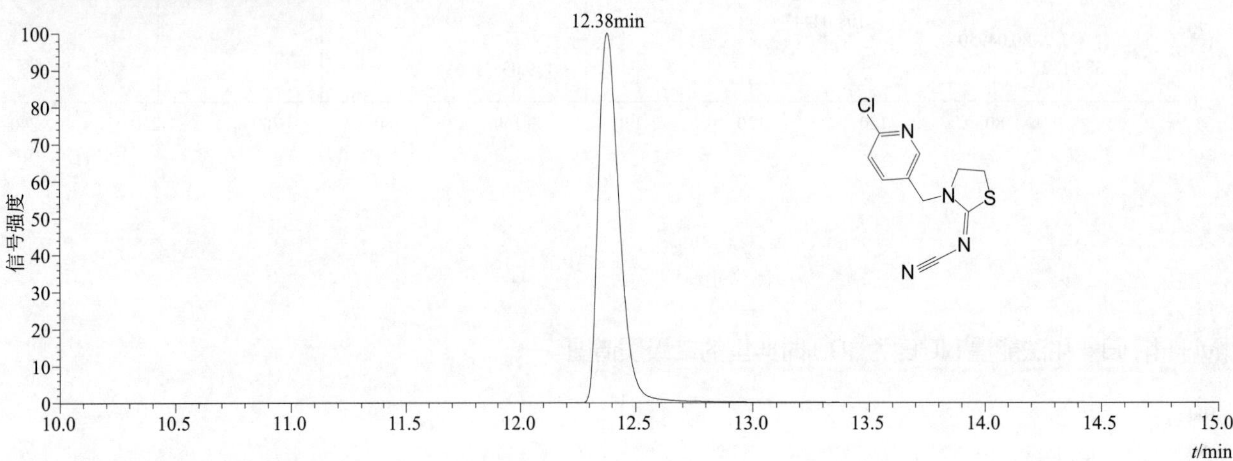

$[M+H]^+$ 典型的一级质谱图

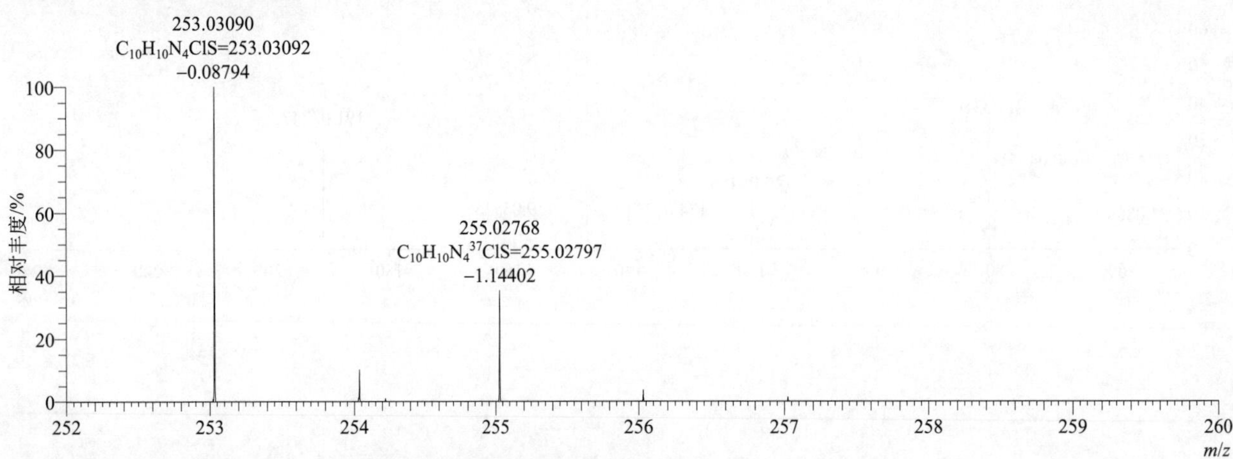

$[M+H]^+$ 归一化法能量 NCE 为 20 时典型的二级质谱图

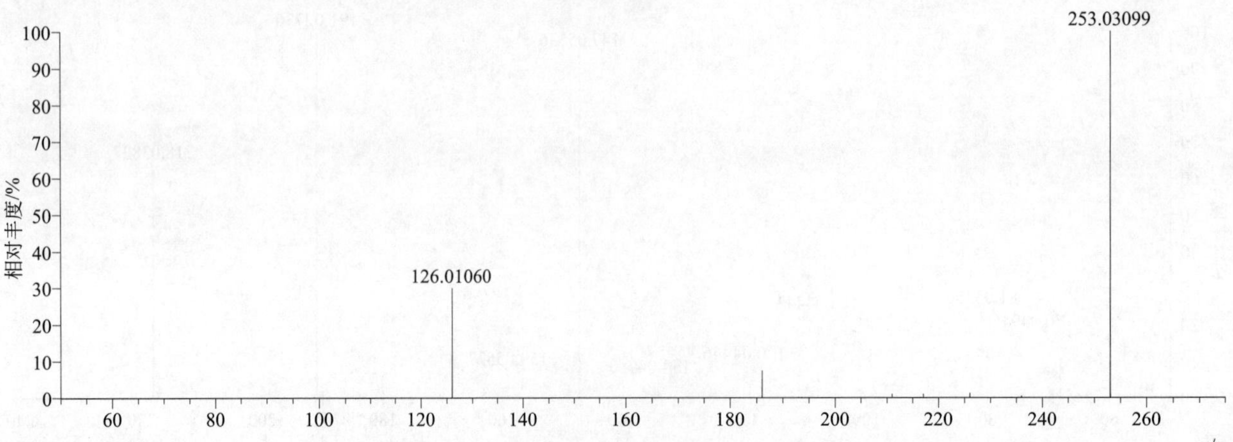

[M+H]$^+$ 归一化法能量 NCE 为 40 时典型的二级质谱图

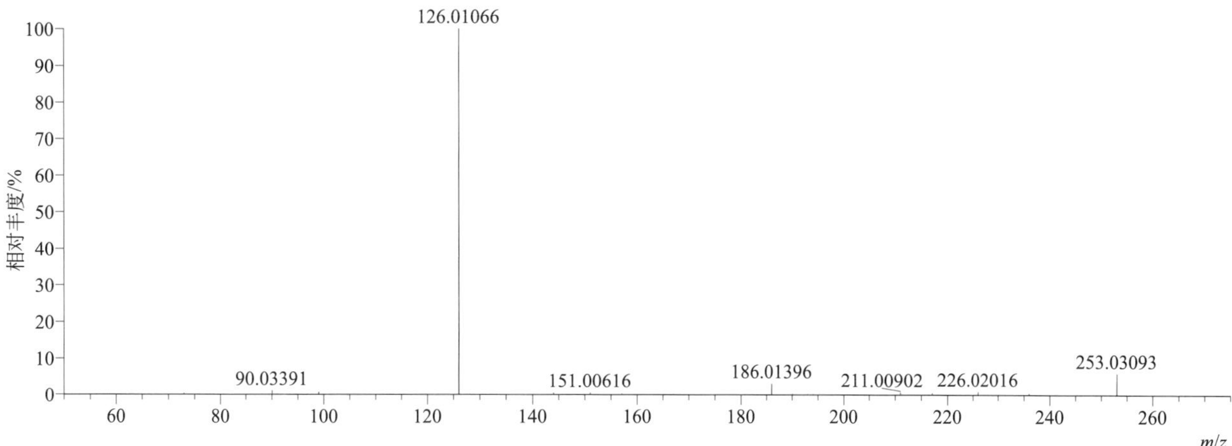

[M+H]$^+$ 归一化法能量 NCE 为 60 时典型的二级质谱图

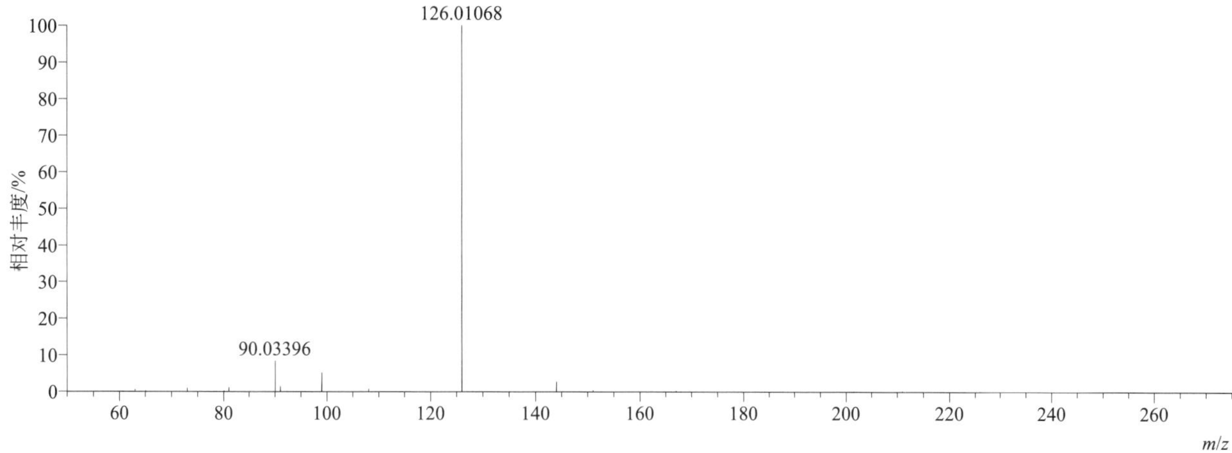

[M+H]$^+$ 阶梯归一化法能量 Step NCE 为 20、40、60 时典型的二级质谱图

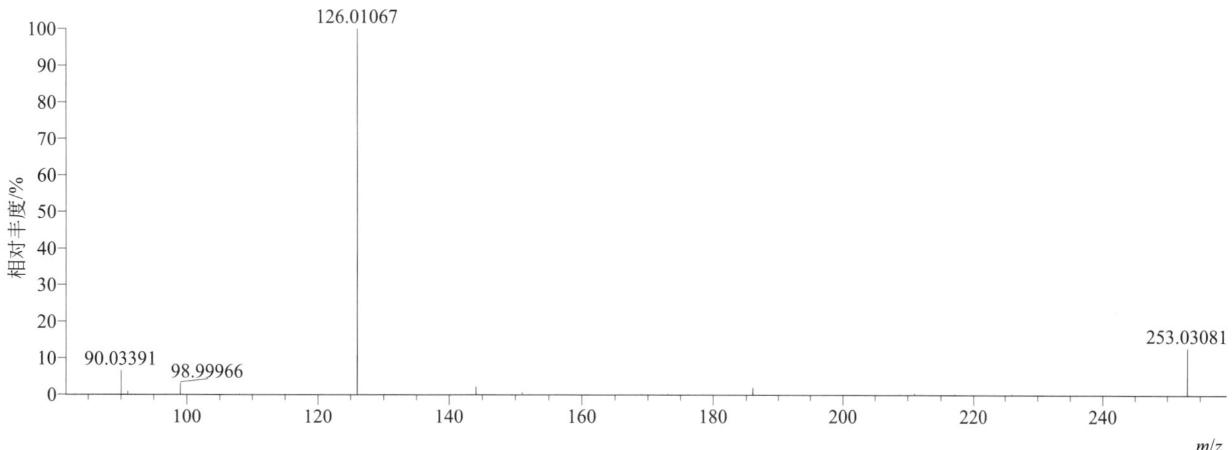

thiamethoxam（噻虫嗪）

基本信息

CAS 登录号	153719-23-4	分子量	291.01929	离子源和极性	电喷雾离子源（ESI）
分子式	$C_8H_{10}ClN_5O_3S$	保留时间	10.48min	极性	正模式

$[M+H]^+$ 提取离子流色谱图

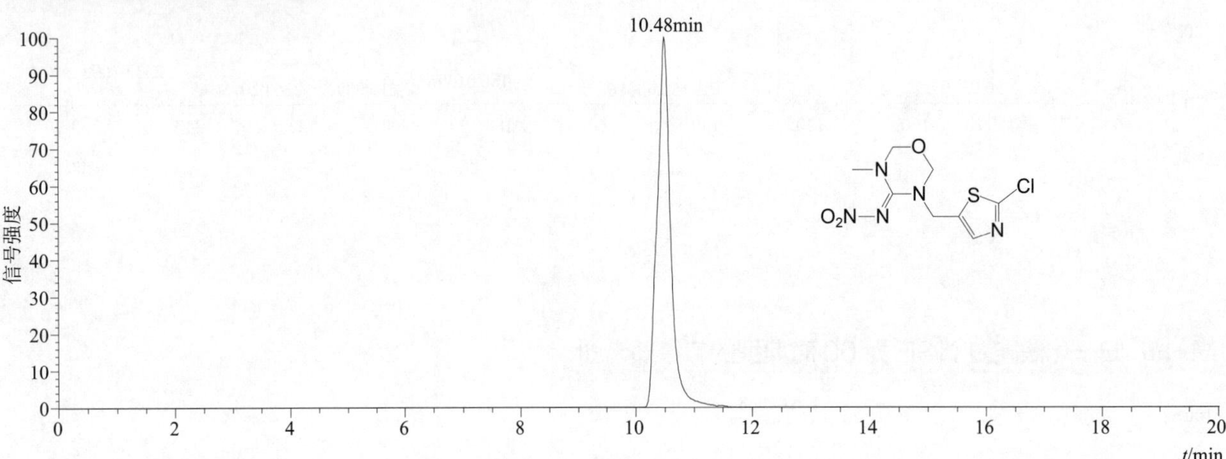

$[M+H]^+$ 典型的一级质谱图

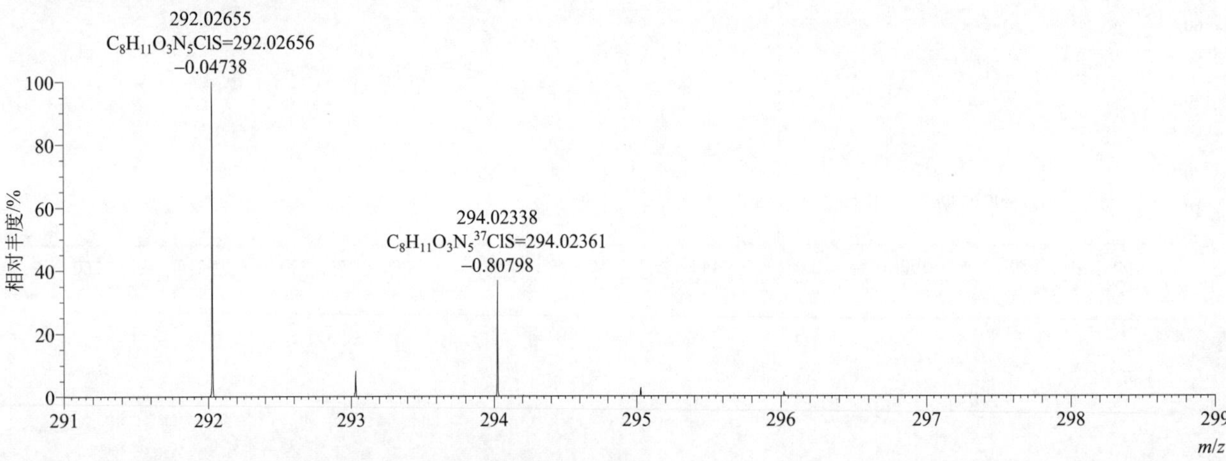

$[M+H]^+$ 归一化法能量 NCE 为 20 时典型的二级质谱图

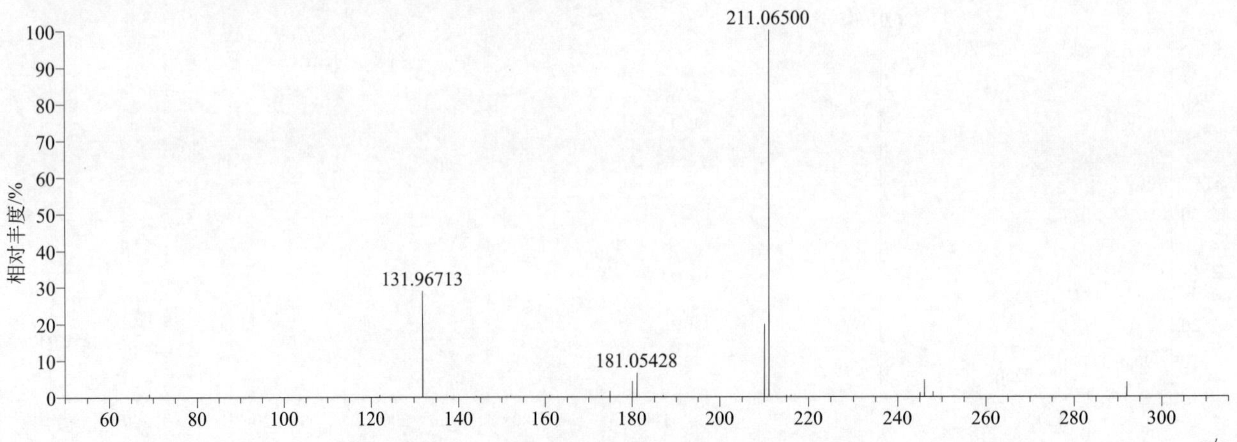

[M+H]$^+$ 归一化法能量 NCE 为 40 时典型的二级质谱图

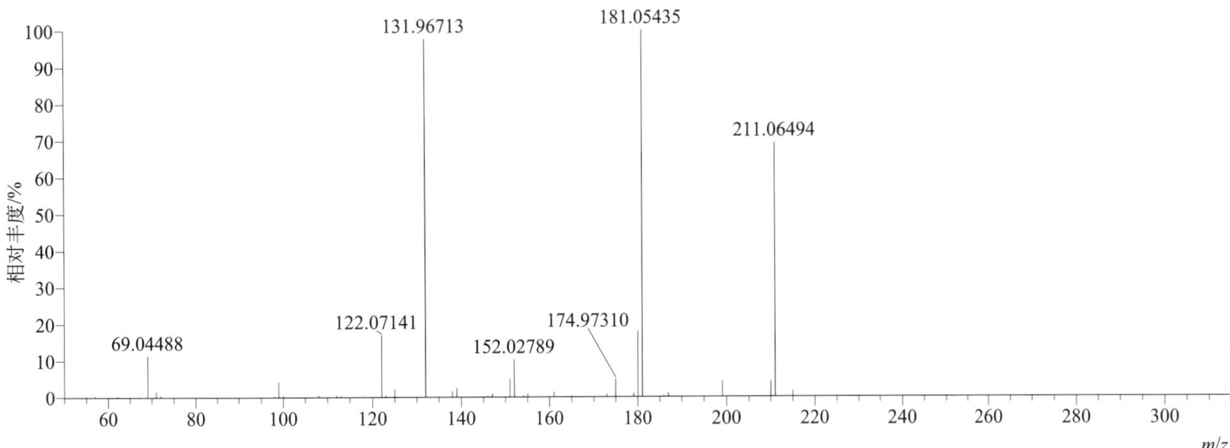

[M+H]$^+$ 归一化法能量 NCE 为 60 时典型的二级质谱图

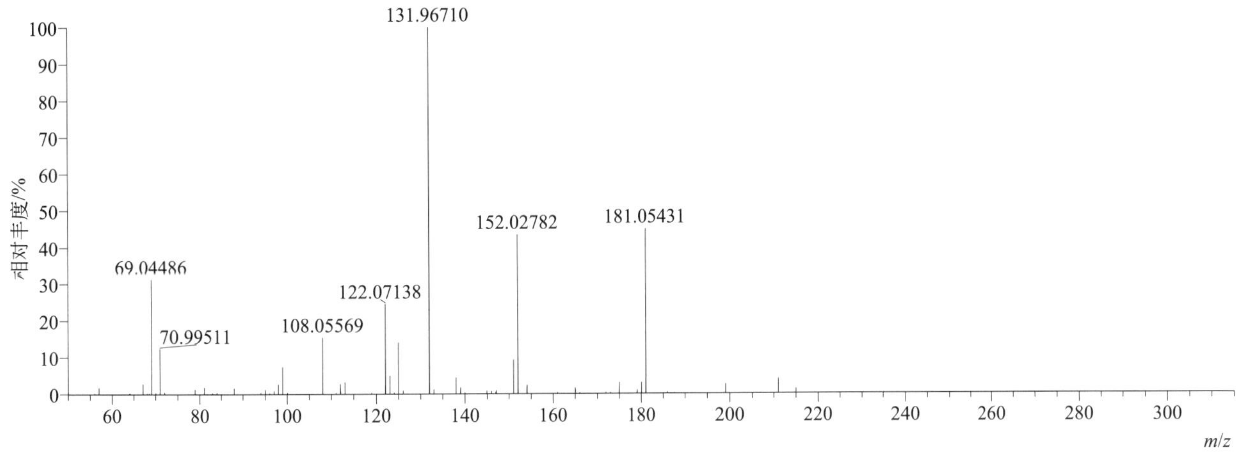

[M+H]$^+$ 阶梯归一化法能量 Step NCE 为 20、40、60 时典型的二级质谱图

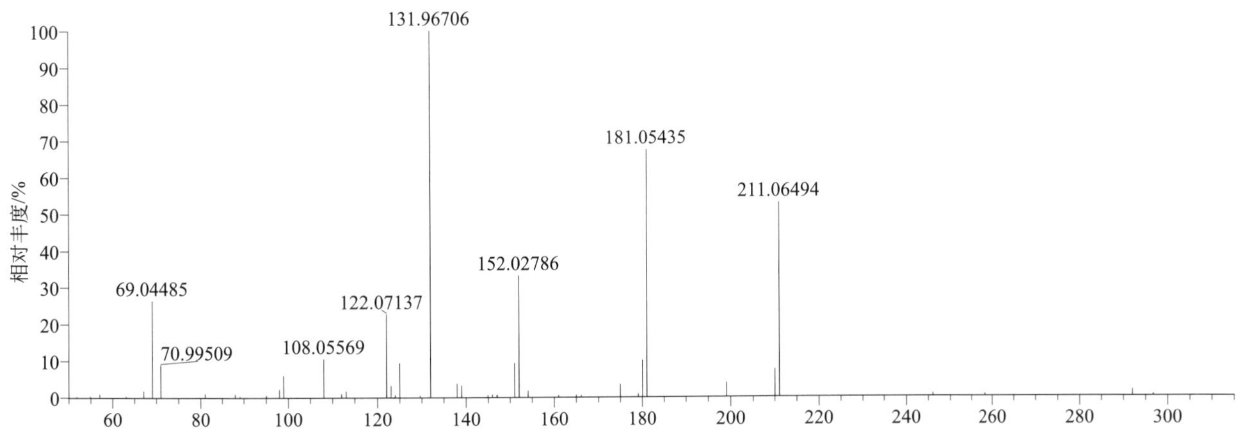

thiazafluron（噻氟隆）

基本信息

CAS 登录号	25366-23-8	分子量	240.02927	离子源和极性	电喷雾离子源（ESI）
分子式	$C_6H_7F_3N_4OS$	保留时间	13.26min	极性	正模式

[M+H]⁺ 提取离子流色谱图

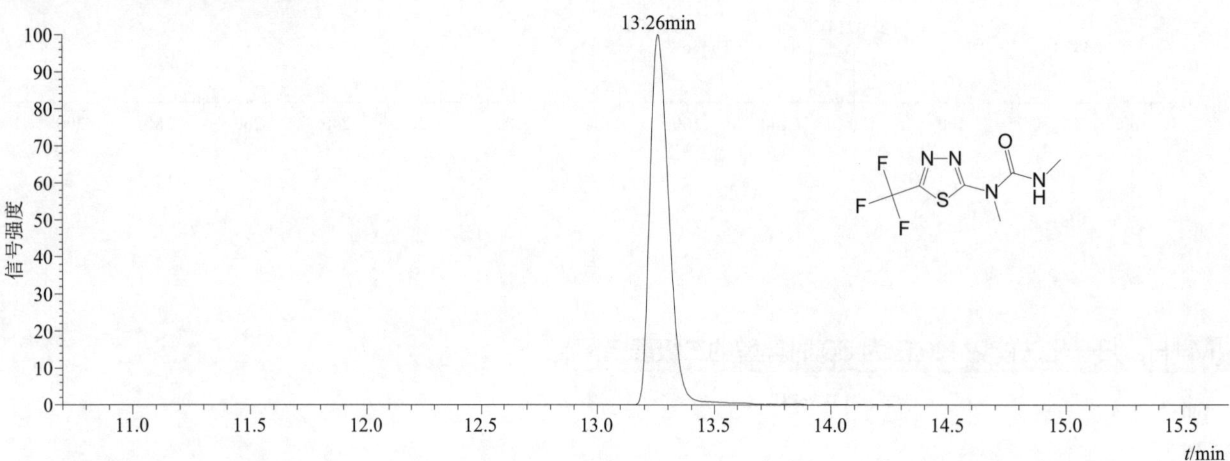

[M+H]⁺ 典型的一级质谱图

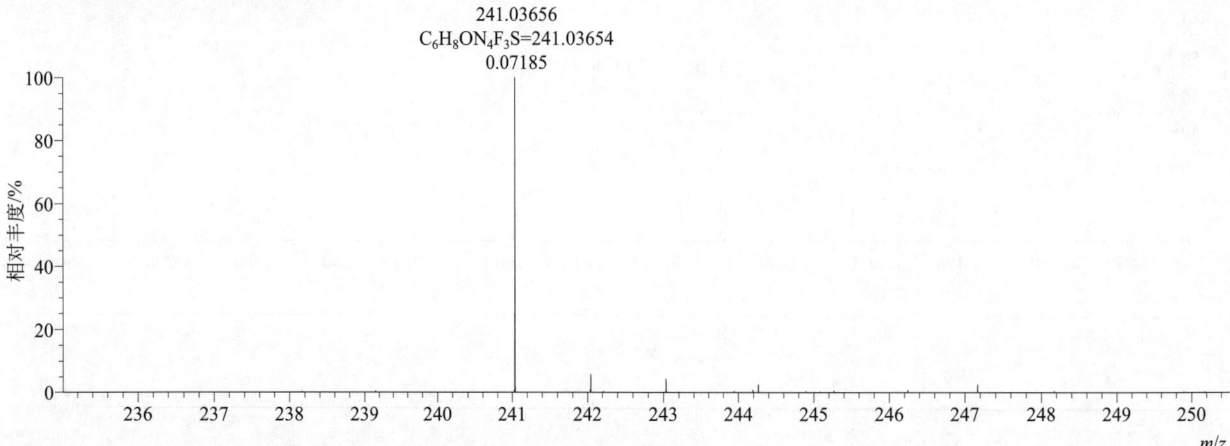

[M+H]⁺ 归一化法能量 NCE 为 20 时典型的二级质谱图

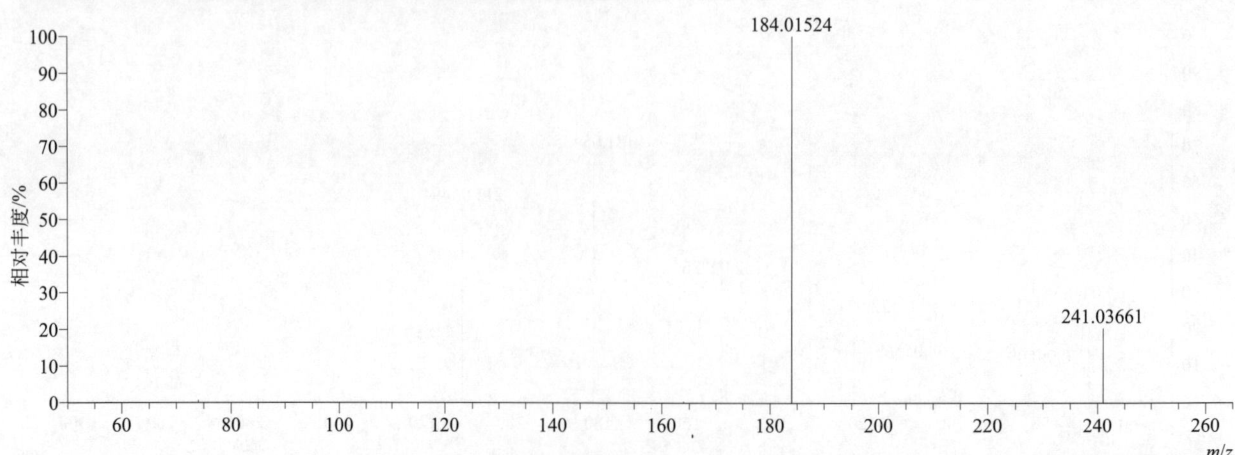

$[M+H]^+$ 归一化法能量 NCE 为 40 时典型的二级质谱图

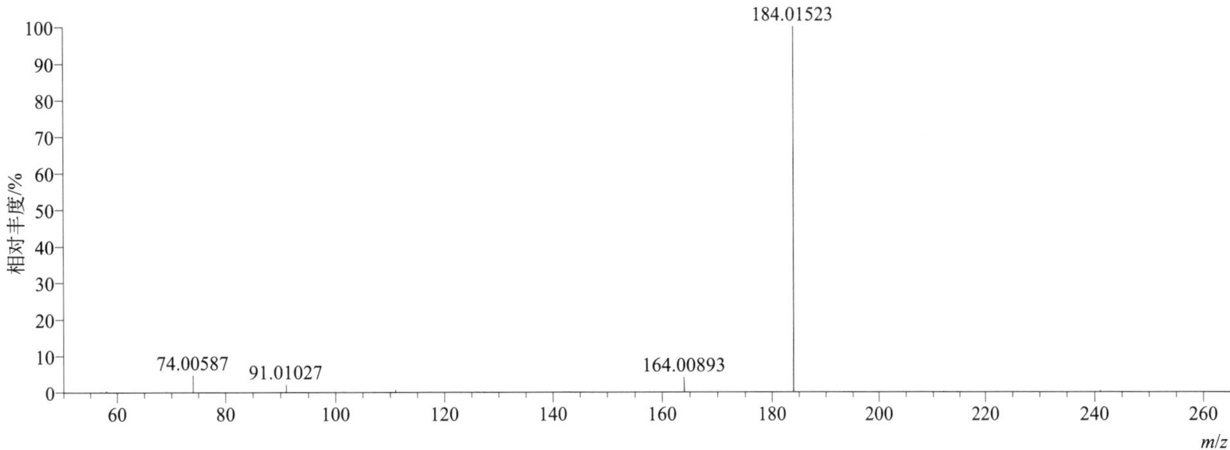

$[M+H]^+$ 归一化法能量 NCE 为 60 时典型的二级质谱图

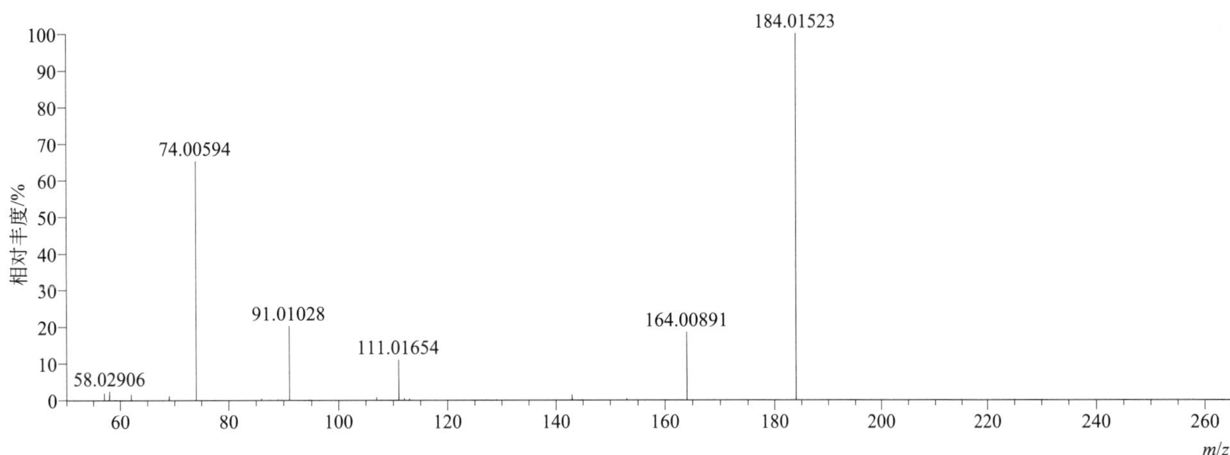

$[M+H]^+$ 阶梯归一化法能量 Step NCE 为 20、40、60 时典型的二级质谱图

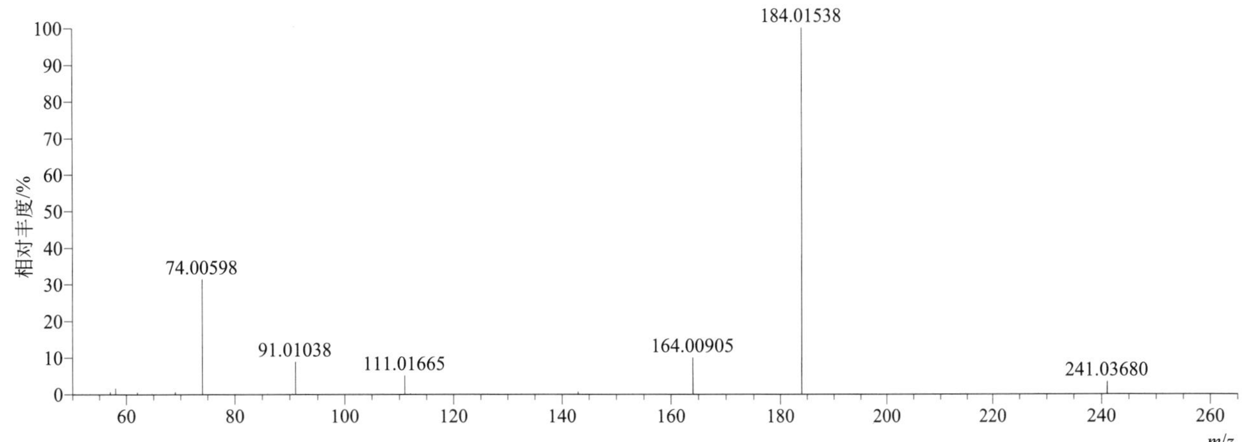

thiazopyr（噻草啶）

基本信息

CAS 登录号	117718-60-2	分子量	396.09309	离子源和极性	电喷雾离子源（ESI）
分子式	$C_{16}H_{17}F_5N_2O_2S$	保留时间	15.01min	极性	正模式

$[M+H]^+$ 提取离子流色谱图

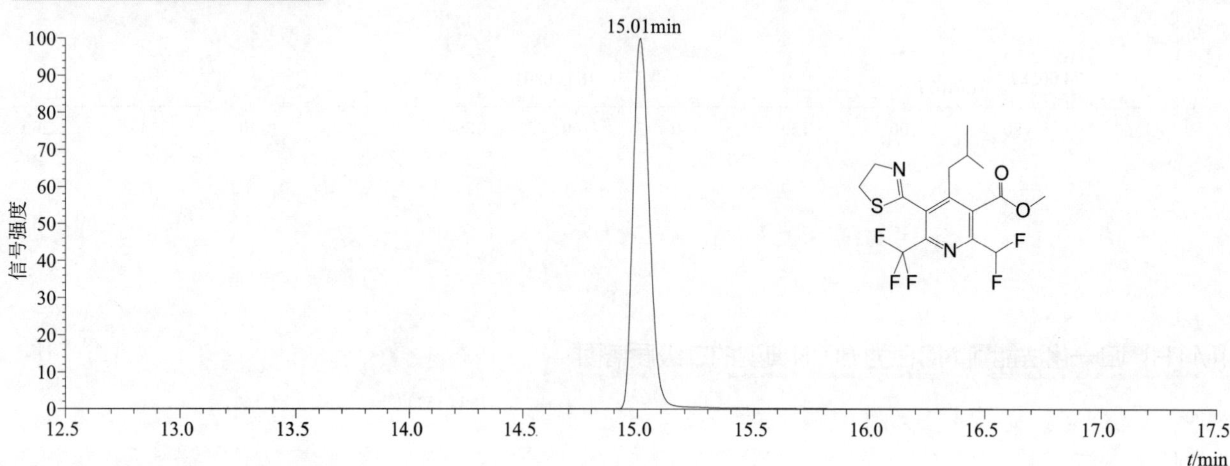

$[M+H]^+$ 典型的一级质谱图

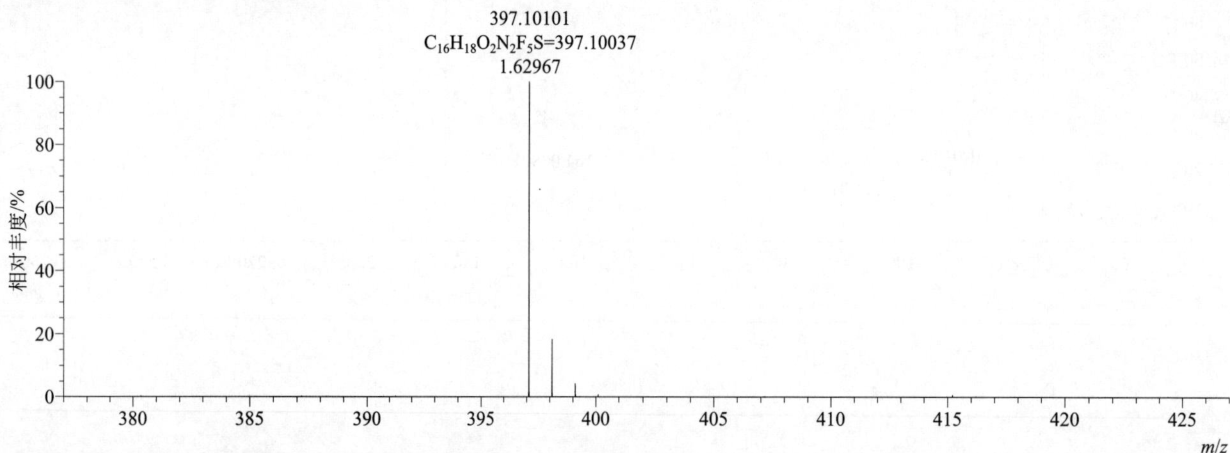

$[M+H]^+$ 归一化法能量 NCE 为 20 时典型的二级质谱图

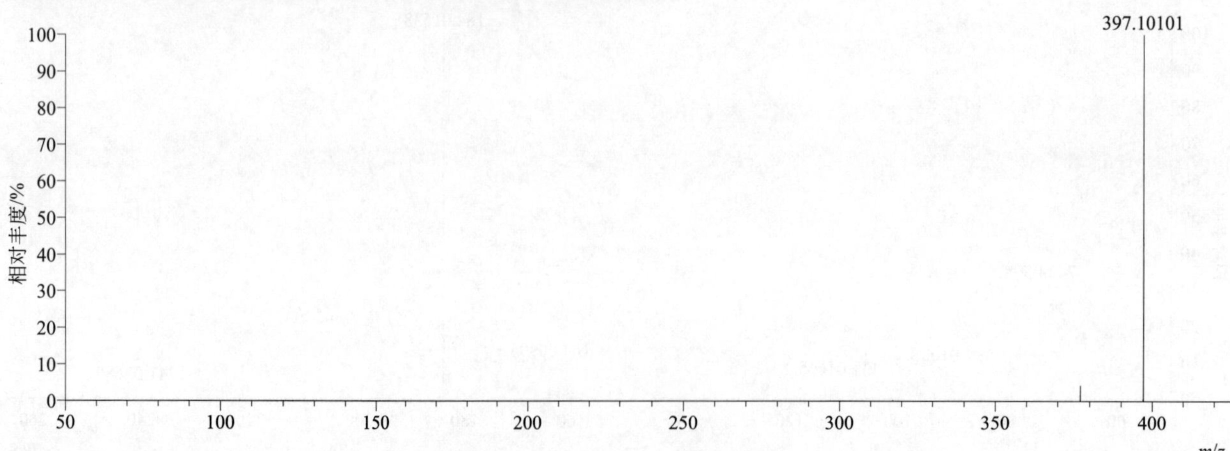

[M+H]⁺ 归一化法能量 NCE 为 40 时典型的二级质谱图

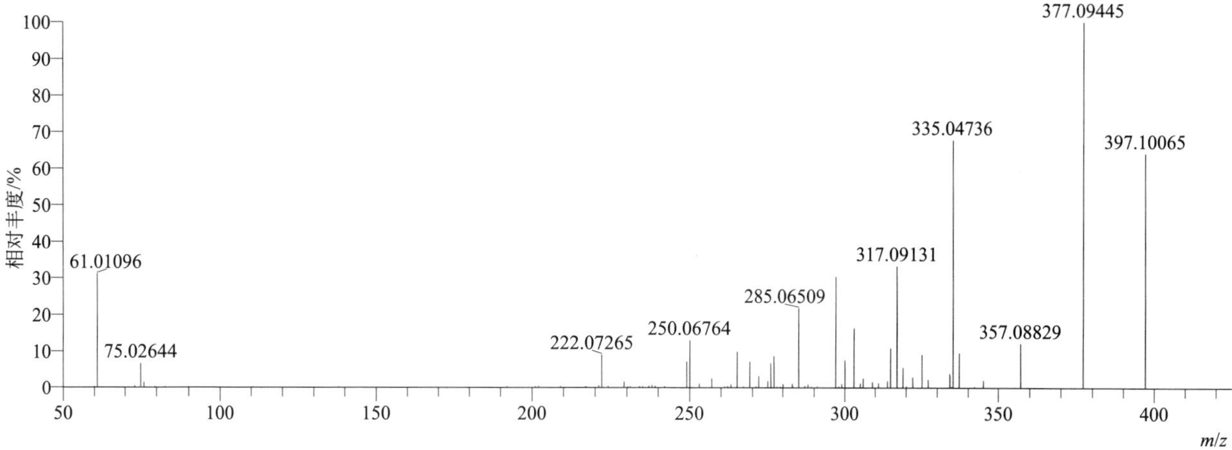

[M+H]⁺ 归一化法能量 NCE 为 60 时典型的二级质谱图

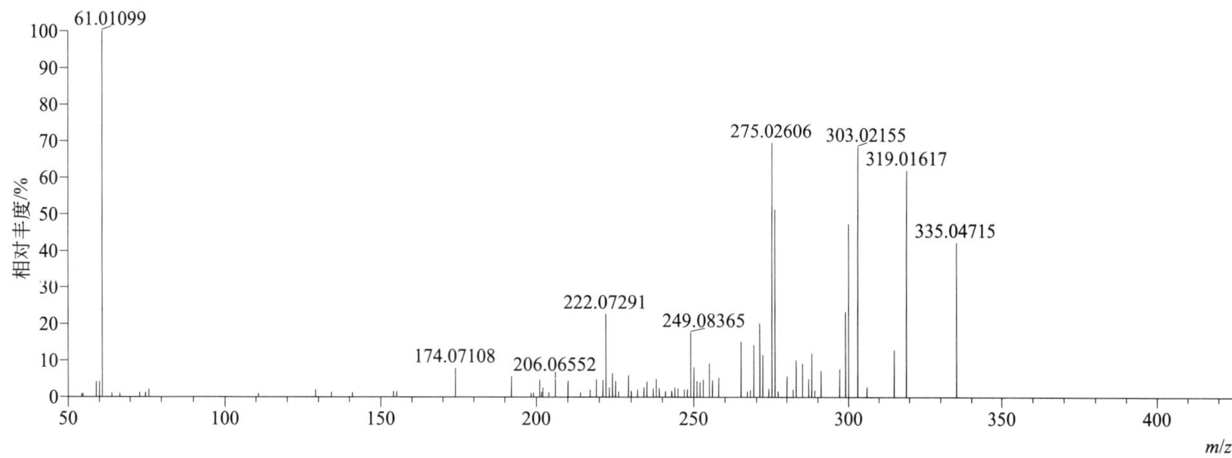

[M+H]⁺ 阶梯归一化法能量 Step NCE 为 20、40、60 时典型的二级质谱图

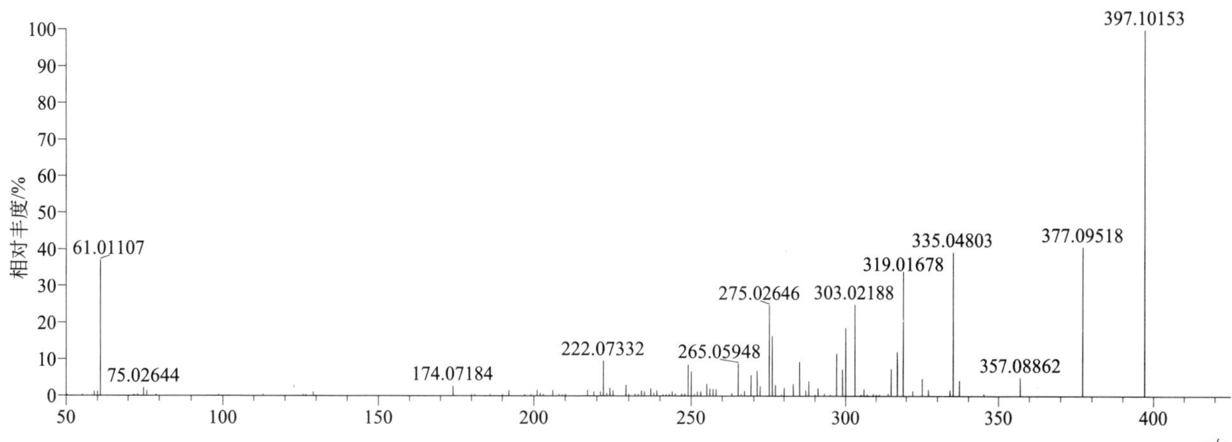

thidiazuron（噻苯隆）

基本信息

CAS 登录号	51707-55-2	分子量	220.04188	离子源和极性	电喷雾离子源（ESI）
分子式	$C_9H_8N_4OS$	保留时间	13.19min	极性	正模式

$[M+H]^+$ 提取离子流色谱图

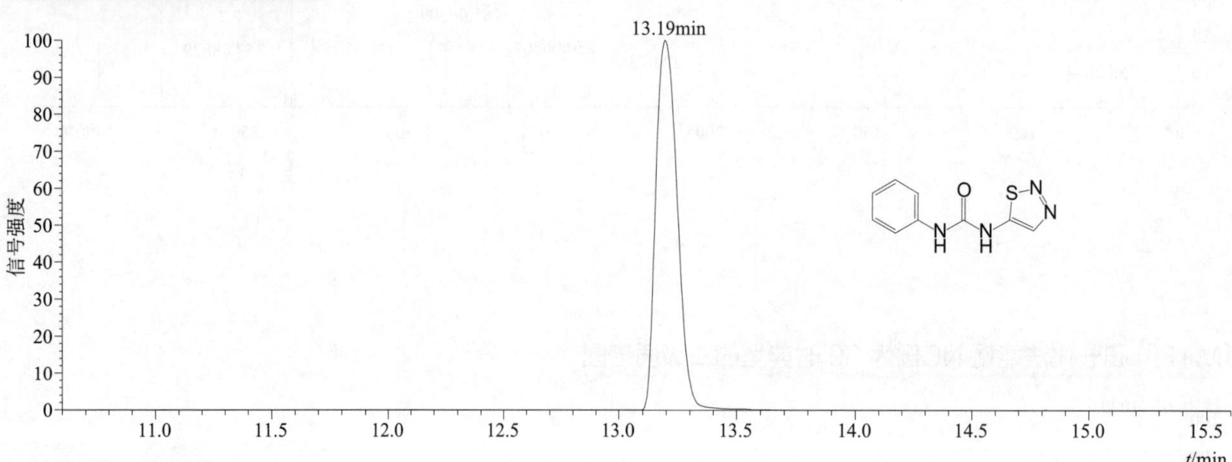

$[M+H]^+$ 典型的一级质谱图

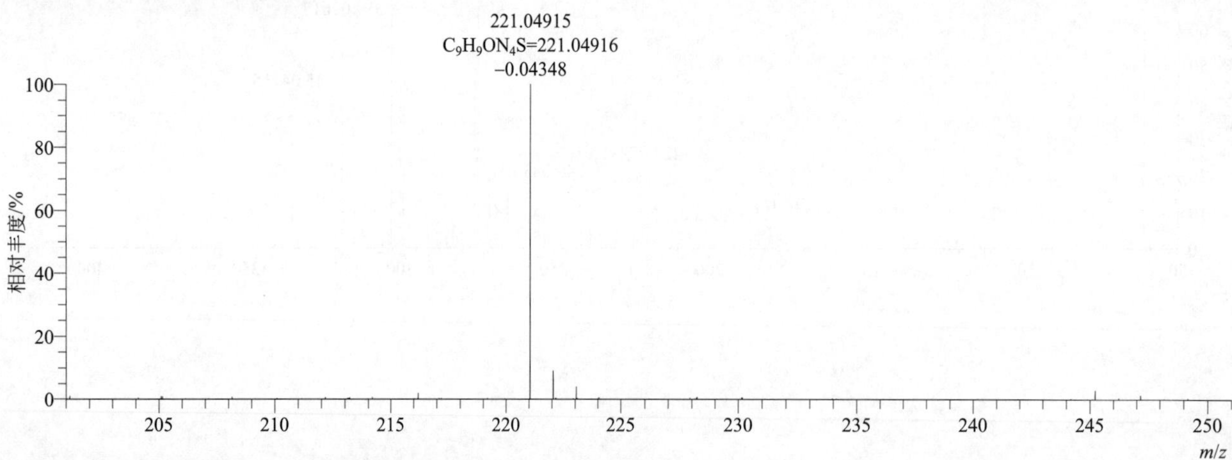

$[M+H]^+$ 归一化法能量 NCE 为 20 时典型的二级质谱图

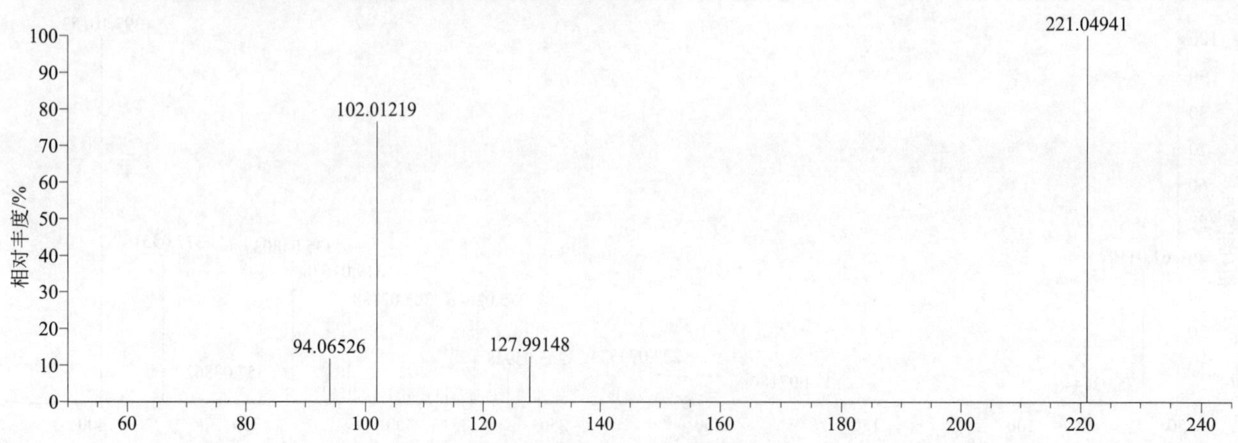

[M+H]$^+$ 归一化法能量 NCE 为 40 时典型的二级质谱图

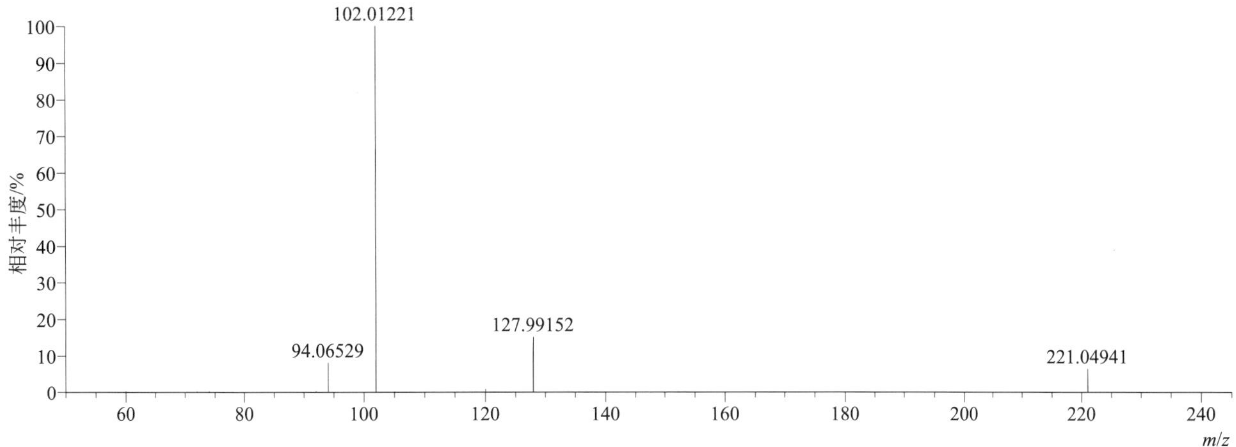

[M+H]$^+$ 归一化法能量 NCE 为 60 时典型的二级质谱图

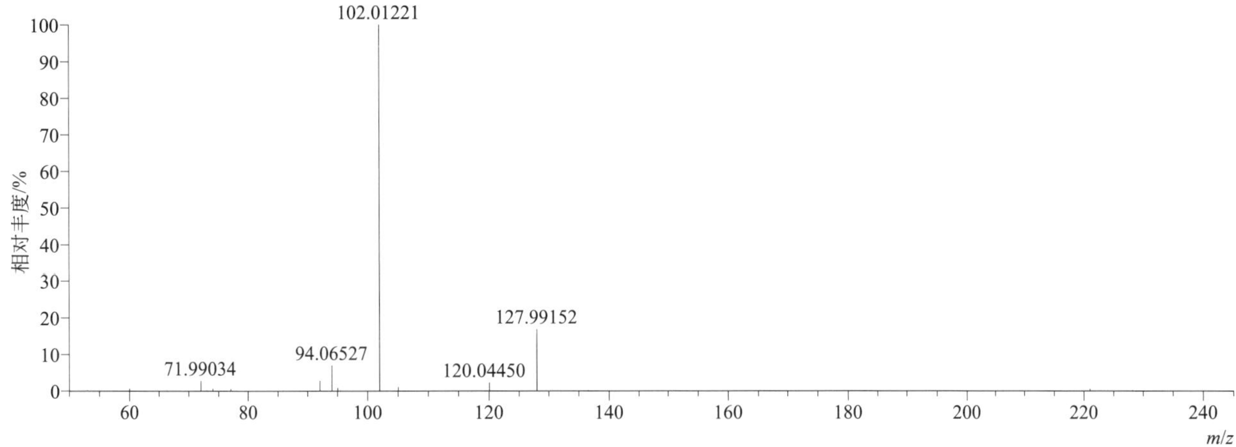

[M+H]$^+$ 阶梯归一化法能量 Step NCE 为 20、40、60 时典型的二级质谱图

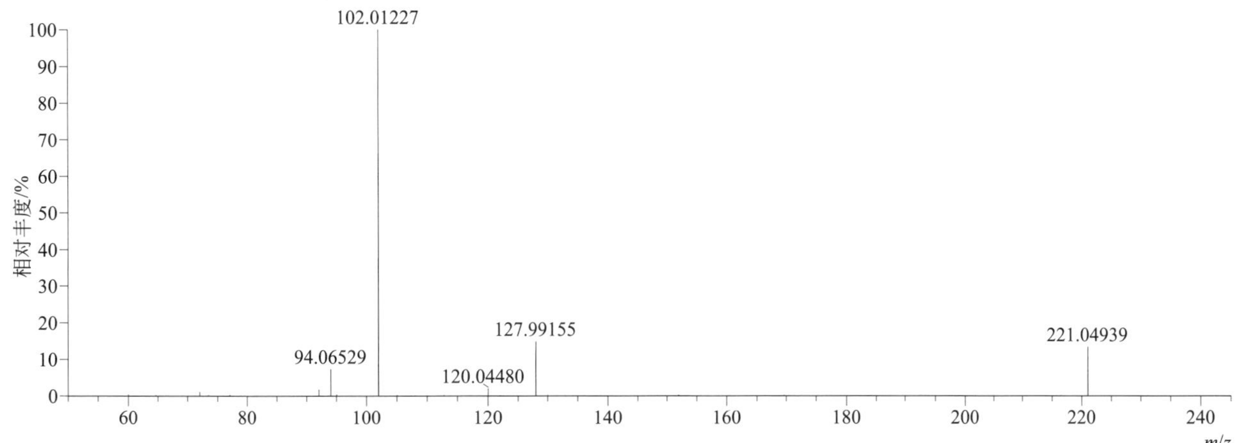

thiencarbazone-methyl（噻吩磺隆）

基本信息

CAS 登录号	317815-83-1	分子量	390.03039	离子源和极性	电喷雾离子源（ESI）
分子式	$C_{12}H_{14}N_4O_7S_2$	保留时间	12.69min	极性	正模式

$[M+H]^+$ 提取离子流色谱图

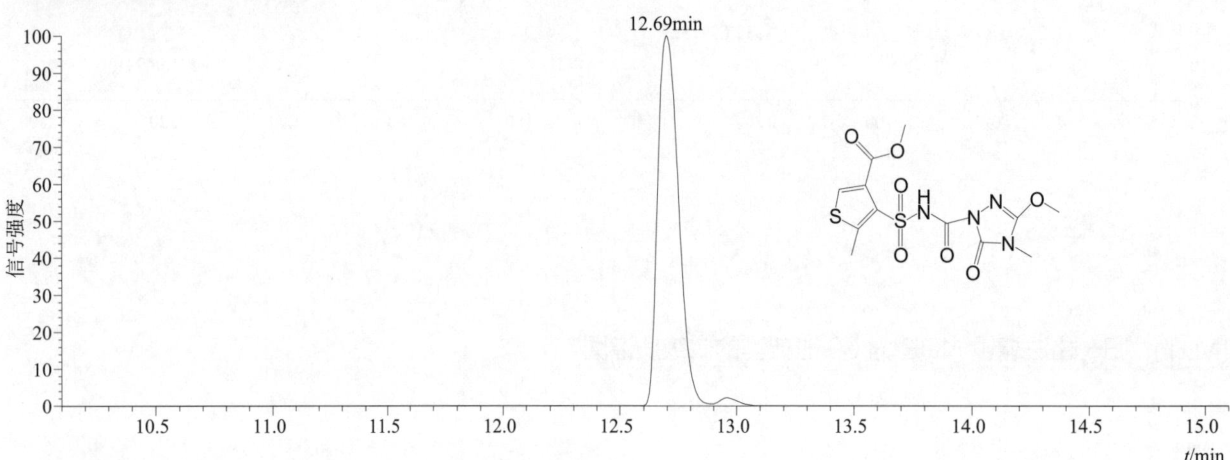

$[M+H]^+$、$[M+NH_4]^+$ 和 $[M+Na]^+$ 典型的一级质谱图

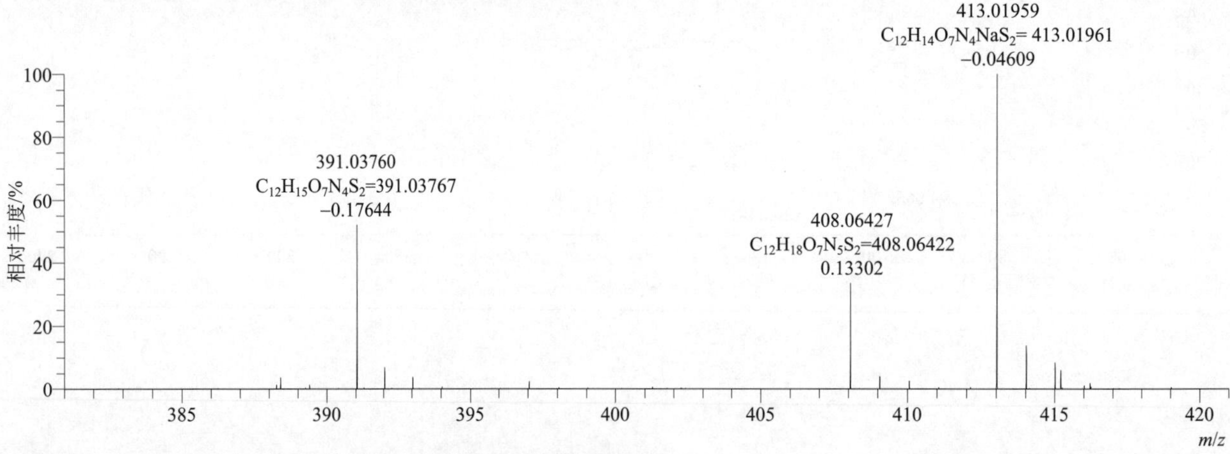

$[M+H]^+$ 归一化法能量 NCE 为 20 时典型的二级质谱图

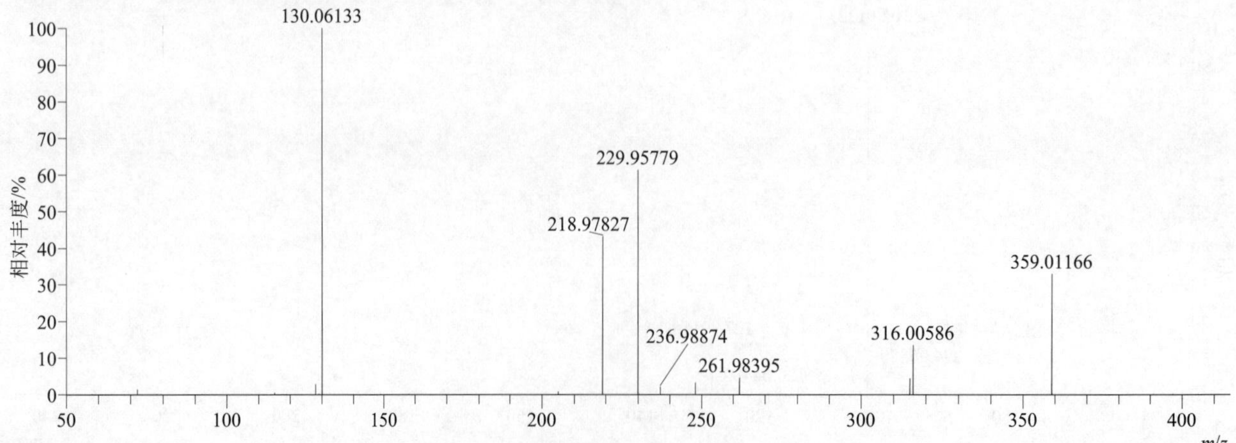

[M+H]+ 归一化法能量 NCE 为 40 时典型的二级质谱图

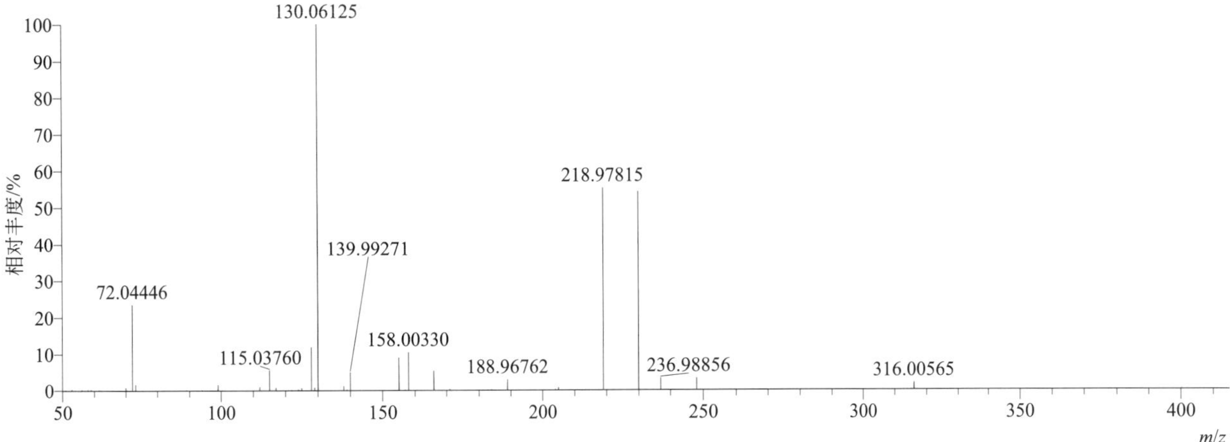

[M+H]+ 归一化法能量 NCE 为 60 时典型的二级质谱图

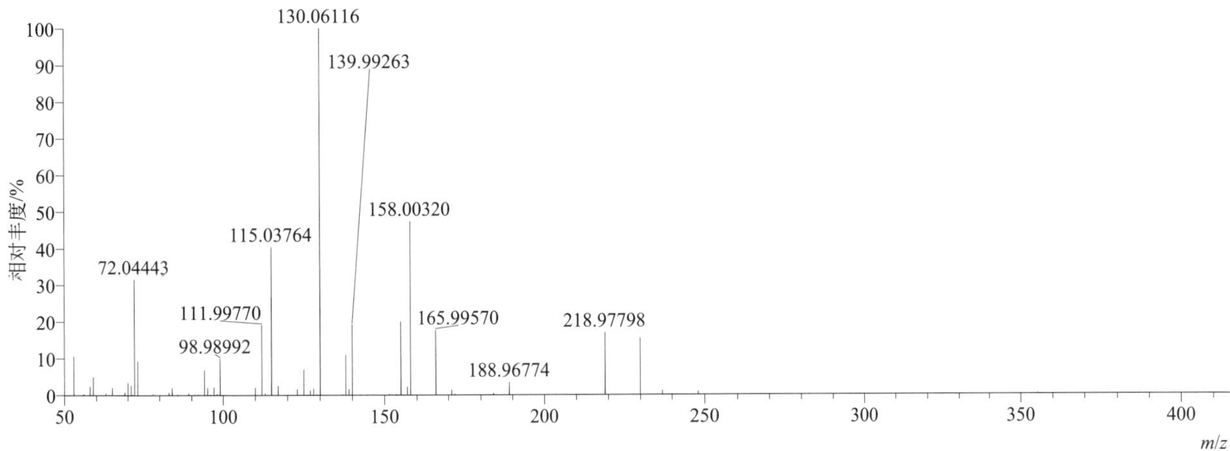

[M+H]+ 阶梯归一化法能量 Step NCE 为 20、40、60 时典型的二级质谱图

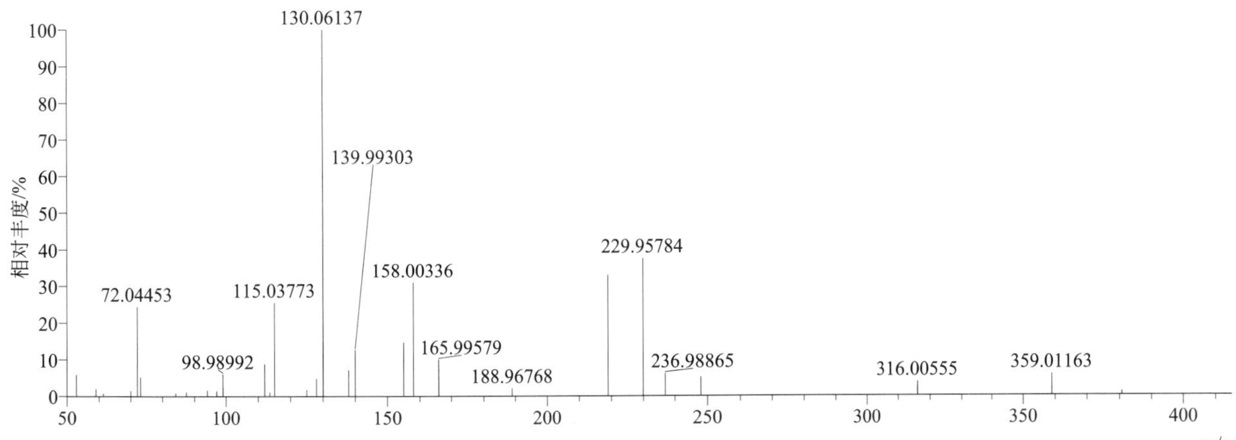

$[M+NH_4]^+$ 归一化法能量 NCE 为 20 时典型的二级质谱图

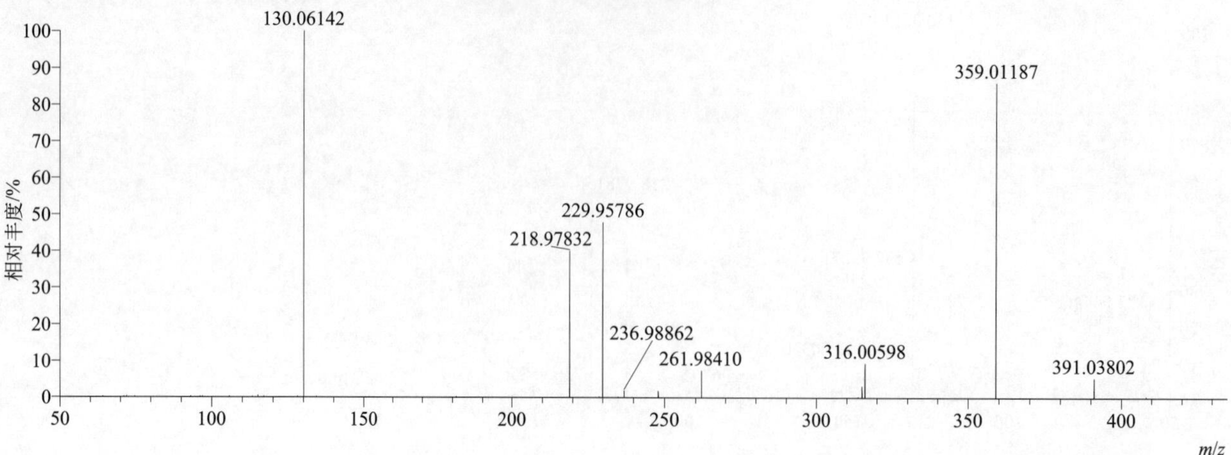

$[M+NH_4]^+$ 归一化法能量 NCE 为 40 时典型的二级质谱图

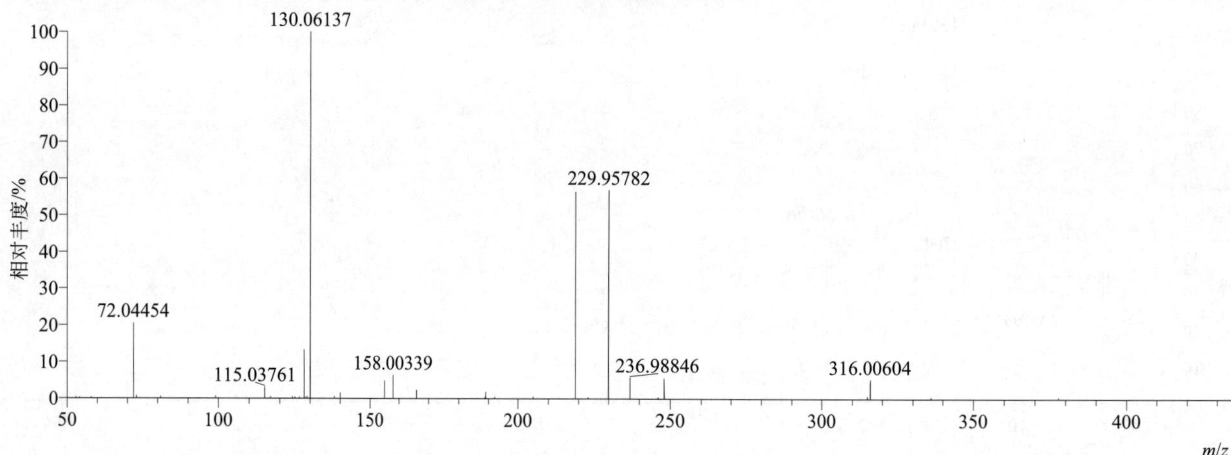

$[M+NH_4]^+$ 归一化法能量 NCE 为 60 时典型的二级质谱图

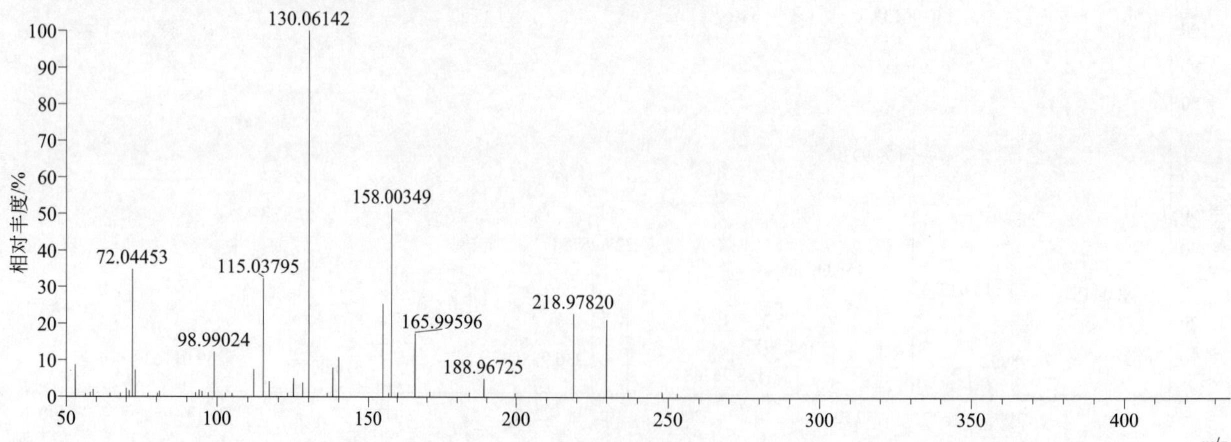

$[M+NH_4]^+$ 阶梯归一化法能量 Step NCE 为 20、40、60 时典型的二级质谱图

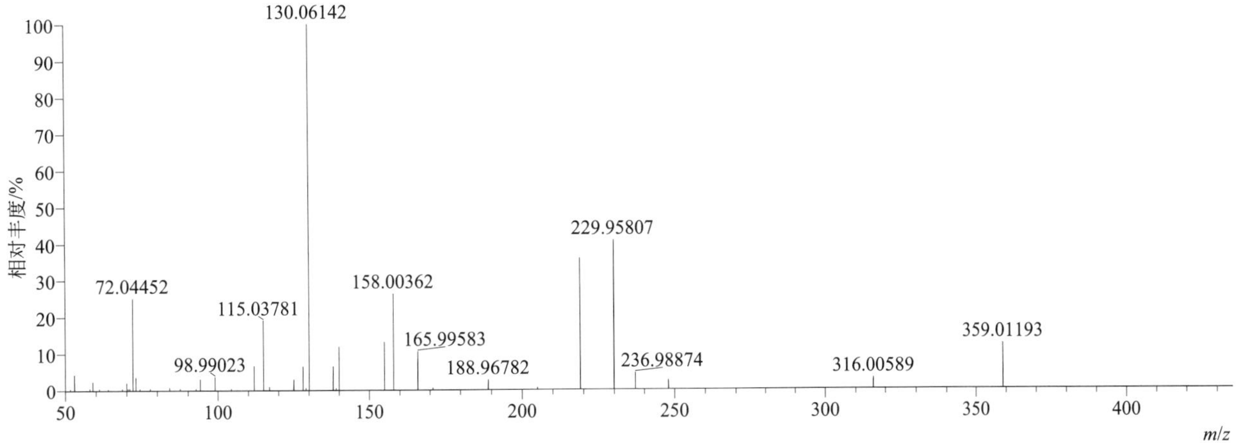

thifensulfuron-methyl（噻吩磺隆）

基本信息

CAS 登录号	79277-27-3	分子量	387.03072	离子源和极性	电喷雾离子源（ESI）
分子式	$C_{12}H_{13}N_5O_6S_2$	保留时间	12.96min	极性	正模式

$[M+H]^+$ 提取离子流色谱图

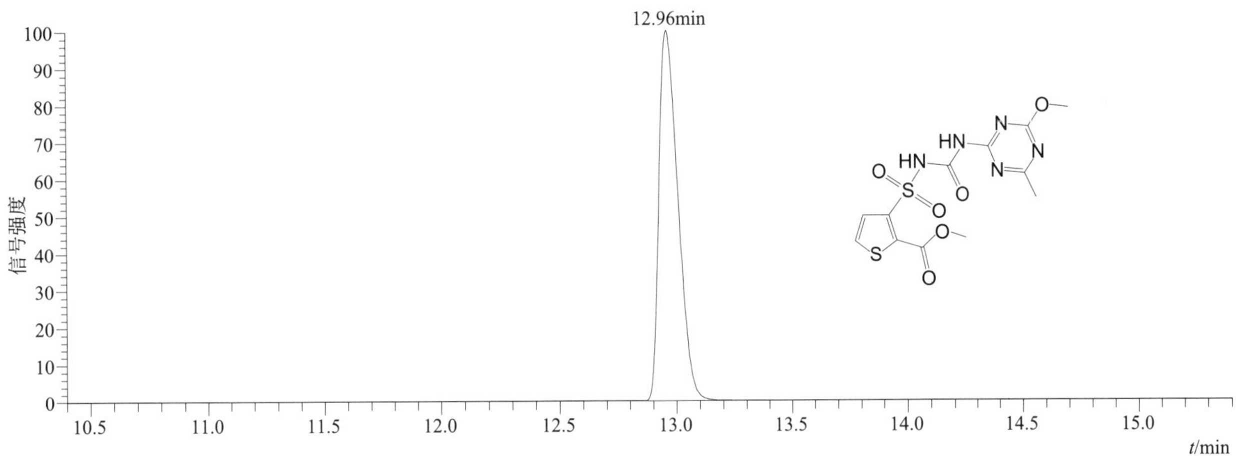

$[M+H]^+$ 和 $[M+Na]^+$ 典型的一级质谱图

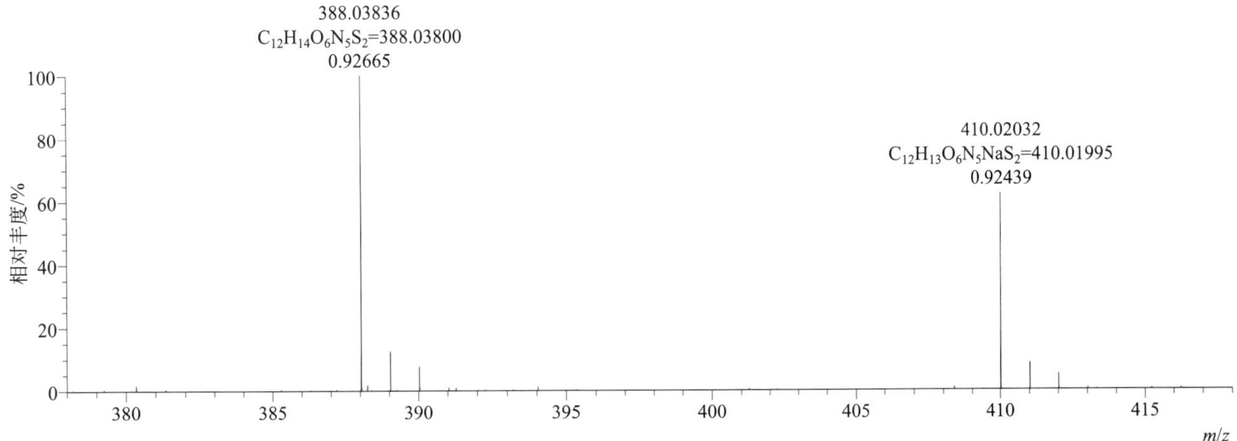

[M+H]$^+$ 归一化法能量 NCE 为 20 时典型的二级质谱图

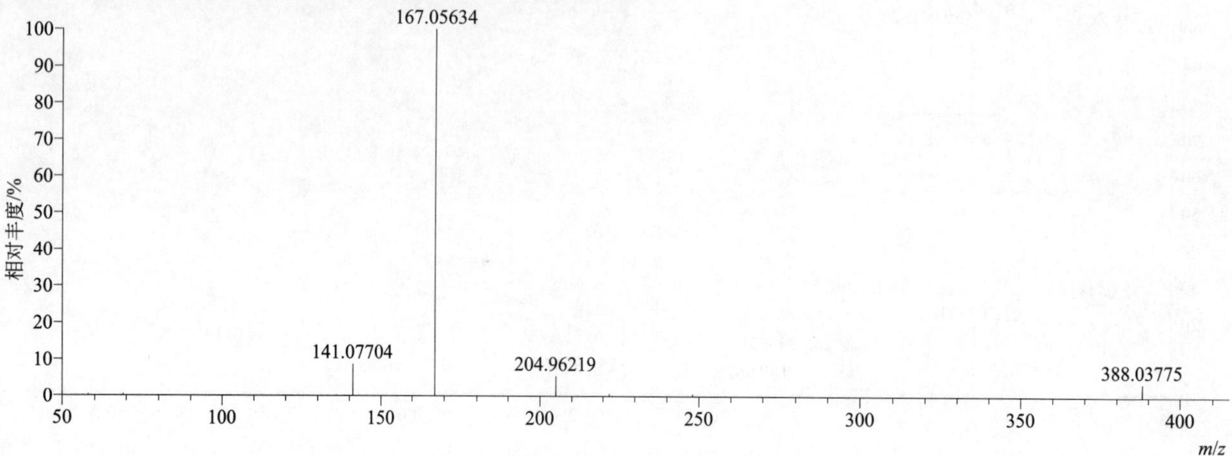

[M+H]$^+$ 归一化法能量 NCE 为 40 时典型的二级质谱图

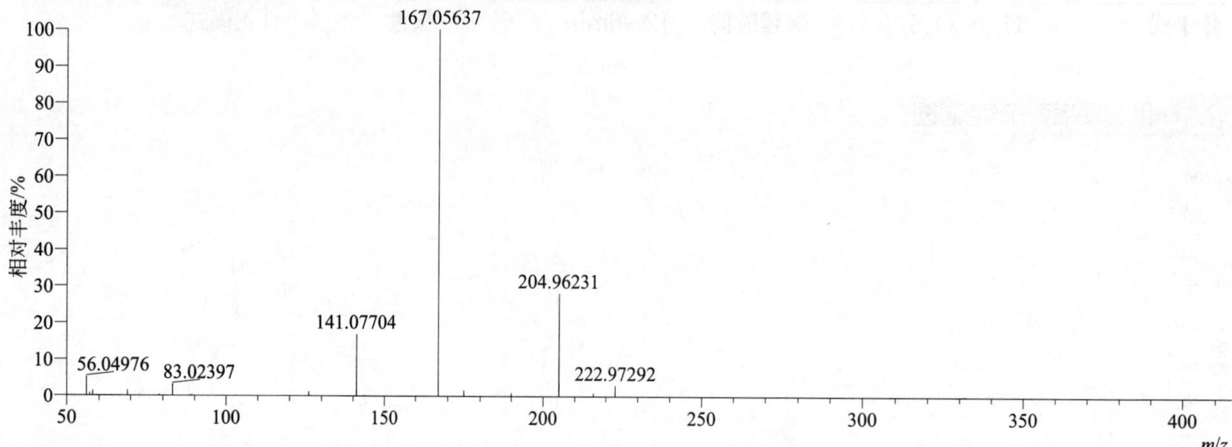

[M+H]$^+$ 归一化法能量 NCE 为 60 时典型的二级质谱图

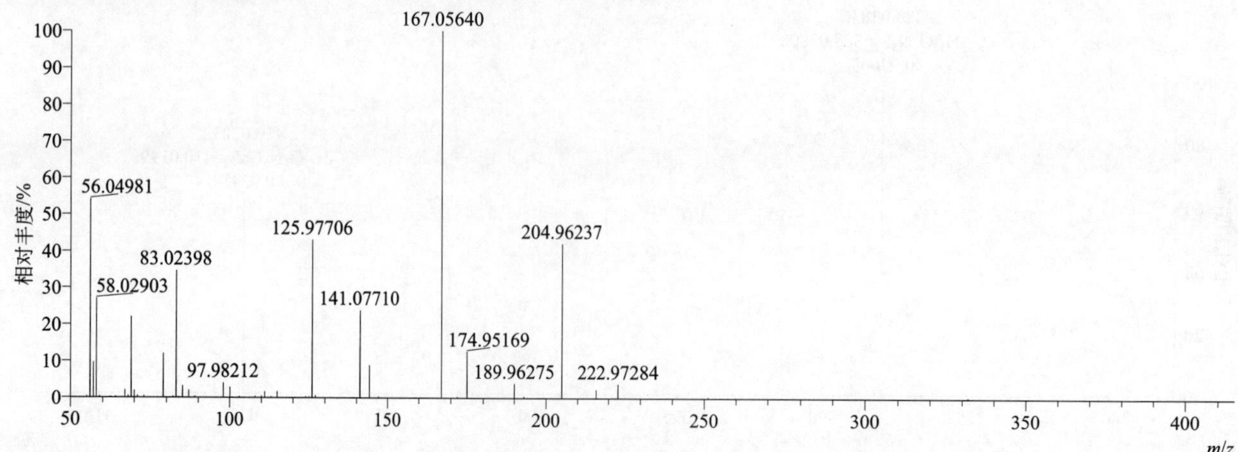

[M+H]+ 阶梯归一化法能量 Step NCE 为 20、40、60 时典型的二级质谱图

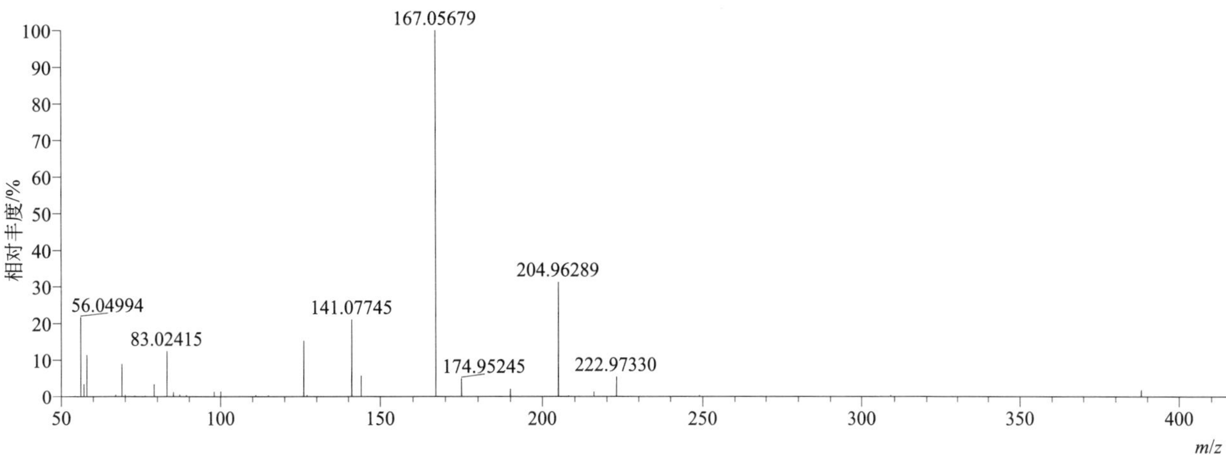

thiobencarb（禾草丹）

基本信息

CAS 登录号	28249-77-6	分子量	257.06411	离子源和极性	电喷雾离子源（ESI）
分子式	$C_{12}H_{16}ClNOS$	保留时间	15.40min	极性	正模式

[M+H]+ 提取离子流色谱图

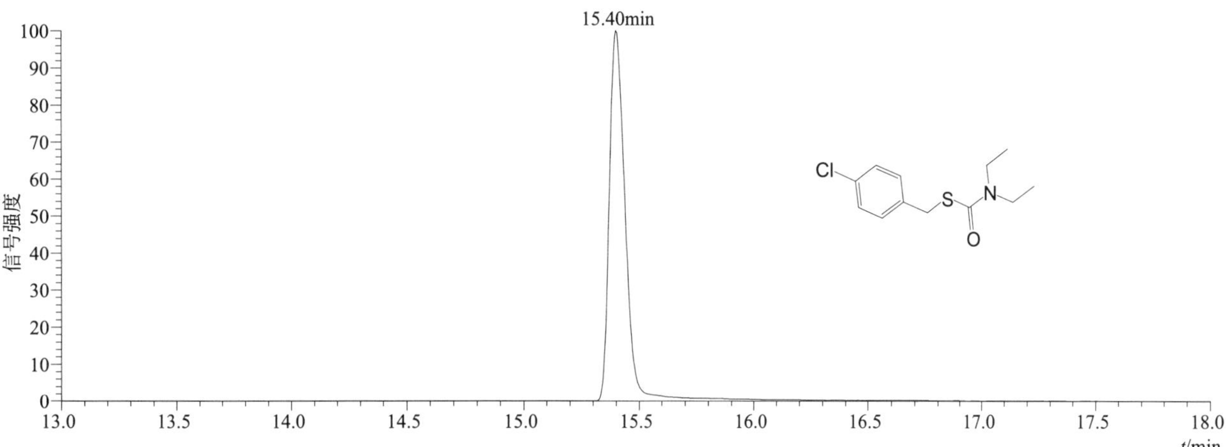

[M+H]+ 典型的一级质谱图

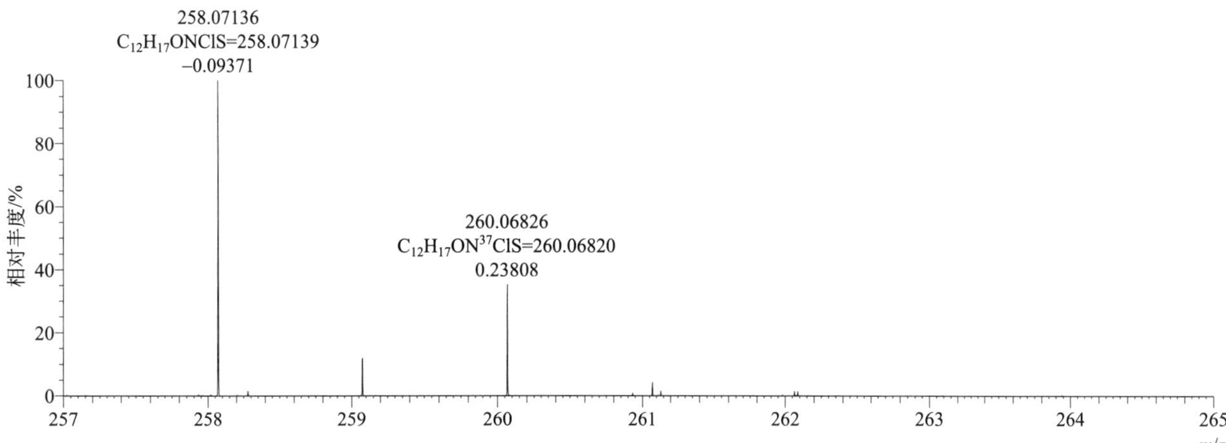

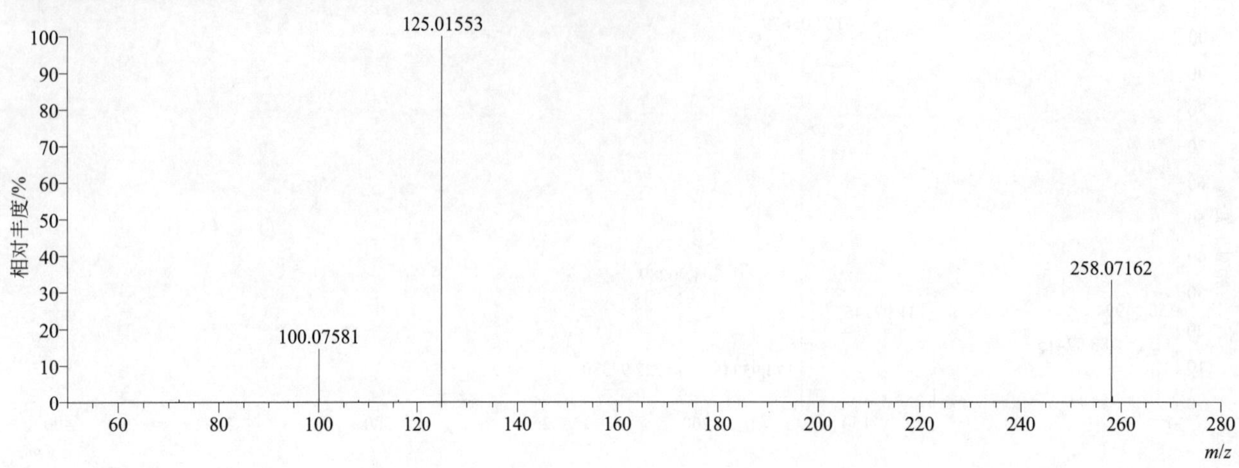
[M+H]+ 归一化法能量 NCE 为 20 时典型的二级质谱图
相对丰度/%
125.01553
258.07162
100.07581
m/z

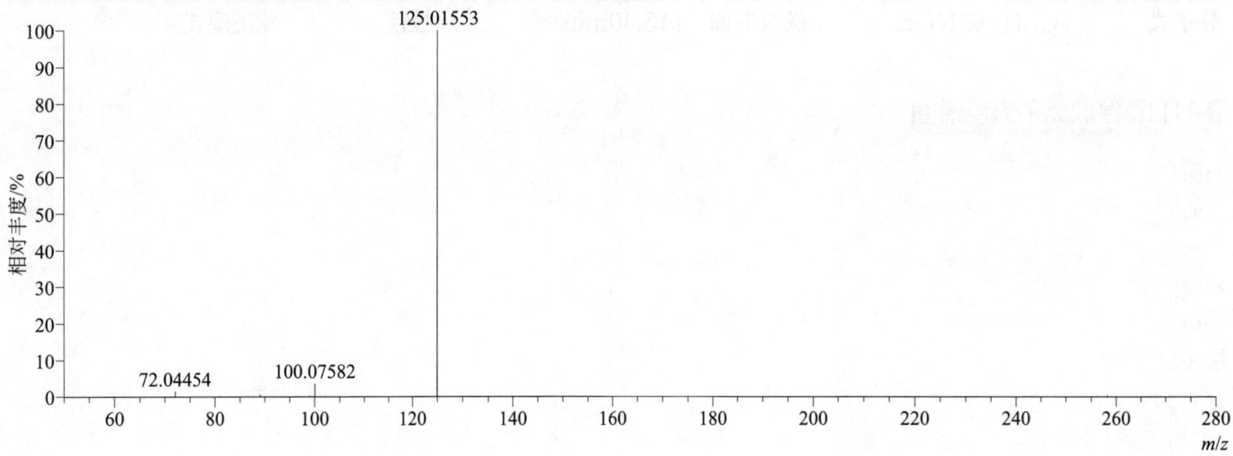
[M+H]+ 归一化法能量 NCE 为 40 时典型的二级质谱图
相对丰度/%
125.01553
72.04454
100.07582
m/z

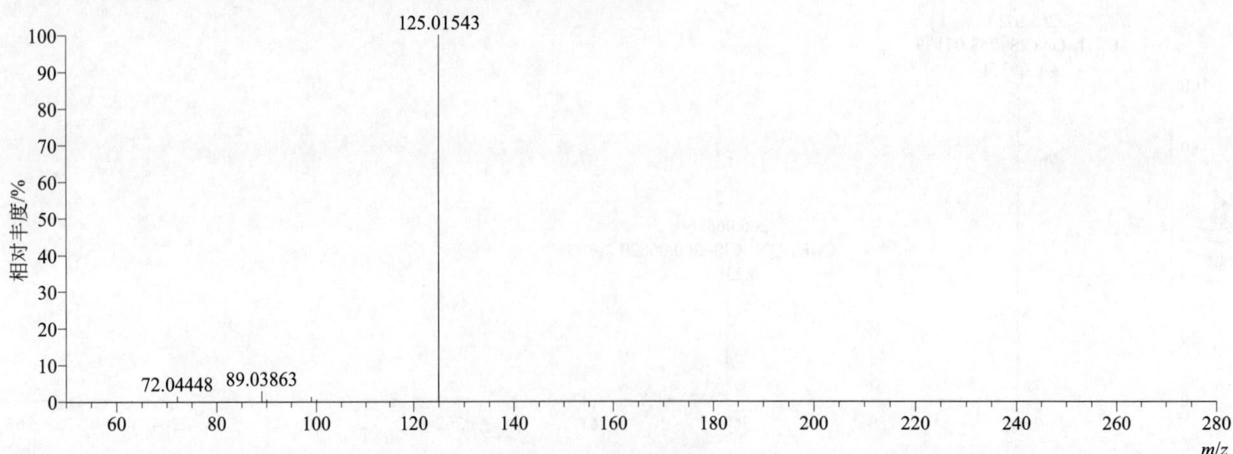
[M+H]+ 归一化法能量 NCE 为 60 时典型的二级质谱图
相对丰度/%
125.01543
72.04448
89.03863
m/z

[M+H]+ 阶梯归一化法能量 Step NCE 为 20、40、60 时典型的二级质谱图

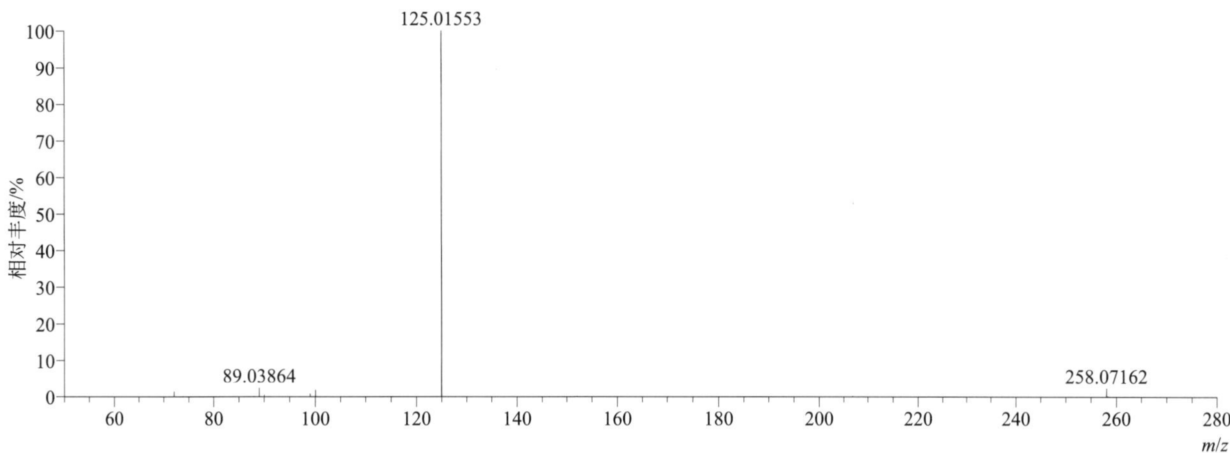

thiocyclam（杀虫环）

基本信息

CAS 登录号	31895-21-3	分子量	181.00536	离子源和极性	电喷雾离子源（ESI）
分子式	$C_5H_{11}NS_3$	保留时间	3.14min	极性	正模式

[M+H]+ 提取离子流色谱图

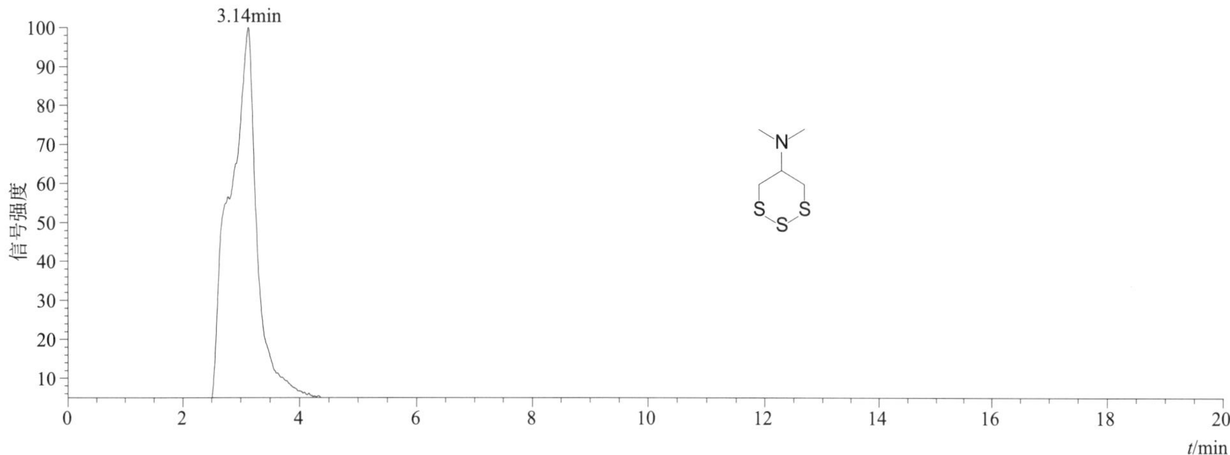

[M+H]+ 典型的一级质谱图

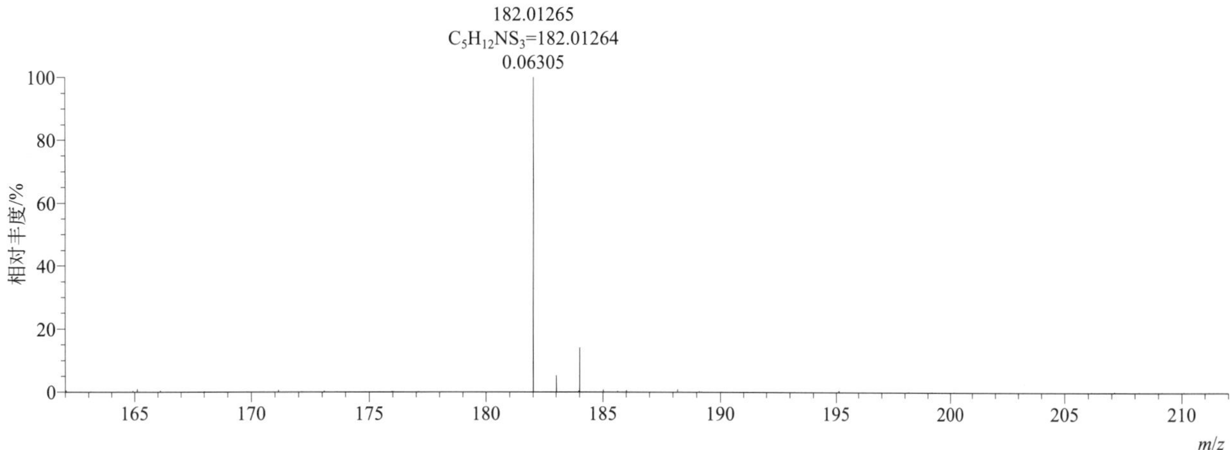

[M+H]+ 归一化法能量 NCE 为 20 时典型的二级质谱图

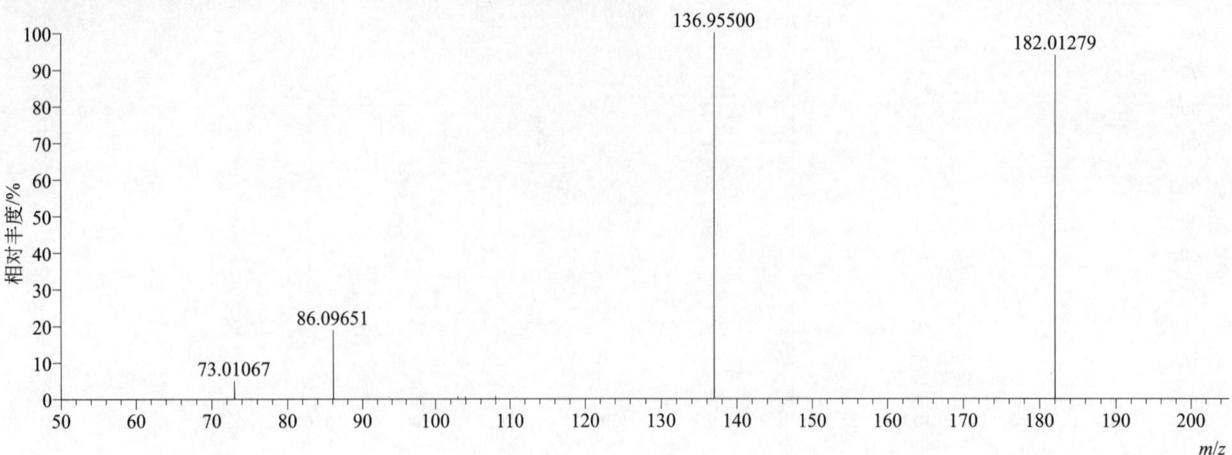

[M+H]+ 归一化法能量 NCE 为 40 时典型的二级质谱图

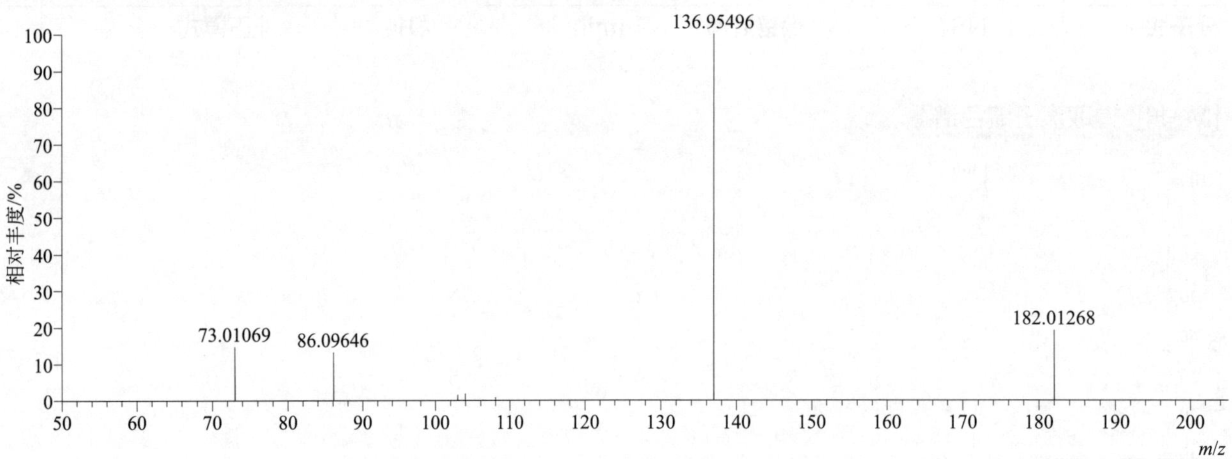

[M+H]+ 归一化法能量 NCE 为 60 时典型的二级质谱图

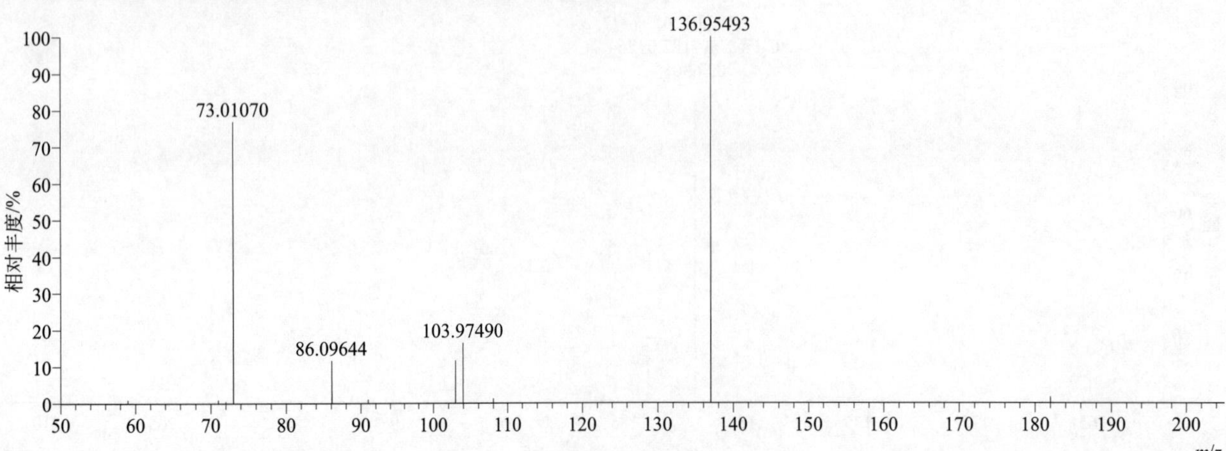

[M+H]⁺ 阶梯归一化法能量 Step NCE 为 20、40、60 时典型的二级质谱图

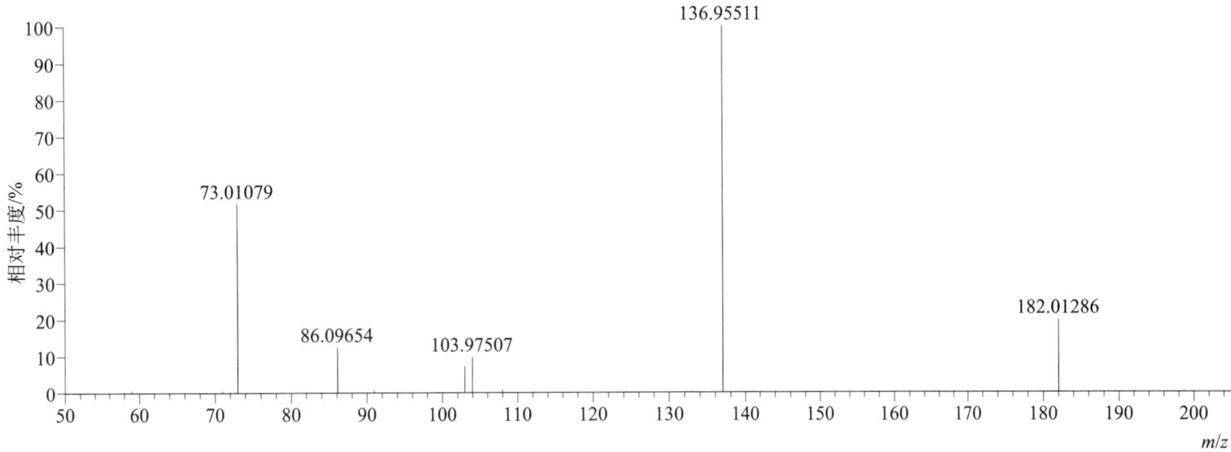

thiodicarb（硫双威）

基本信息

CAS 登录号	59669-26-0	分子量	354.04902	离子源和极性	电喷雾离子源（ESI）
分子式	$C_{10}H_{18}N_4O_4S_3$	保留时间	13.50min	极性	正模式

[M+H]⁺ 提取离子流色谱图

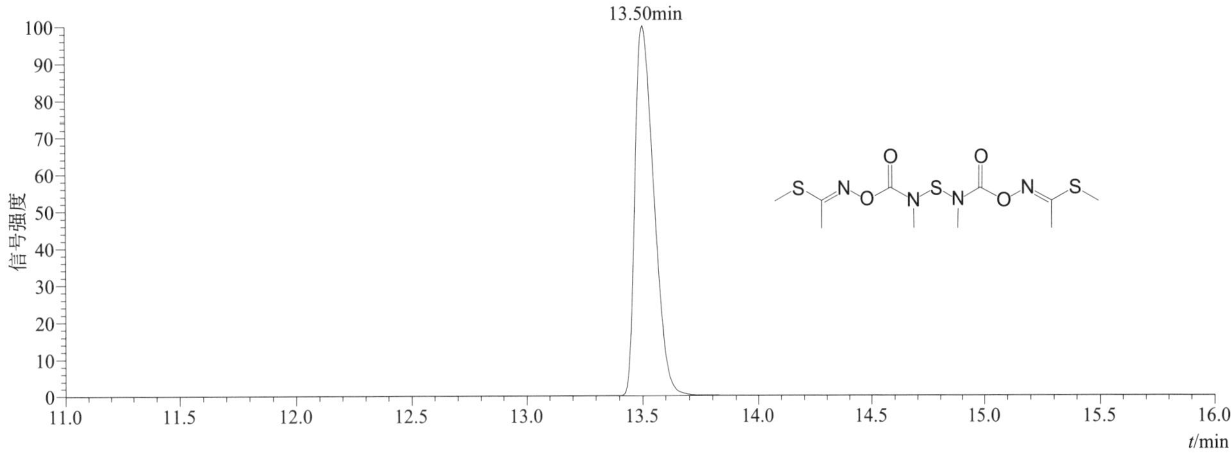

[M+H]⁺ 和 [M+Na]⁺ 典型的一级质谱图

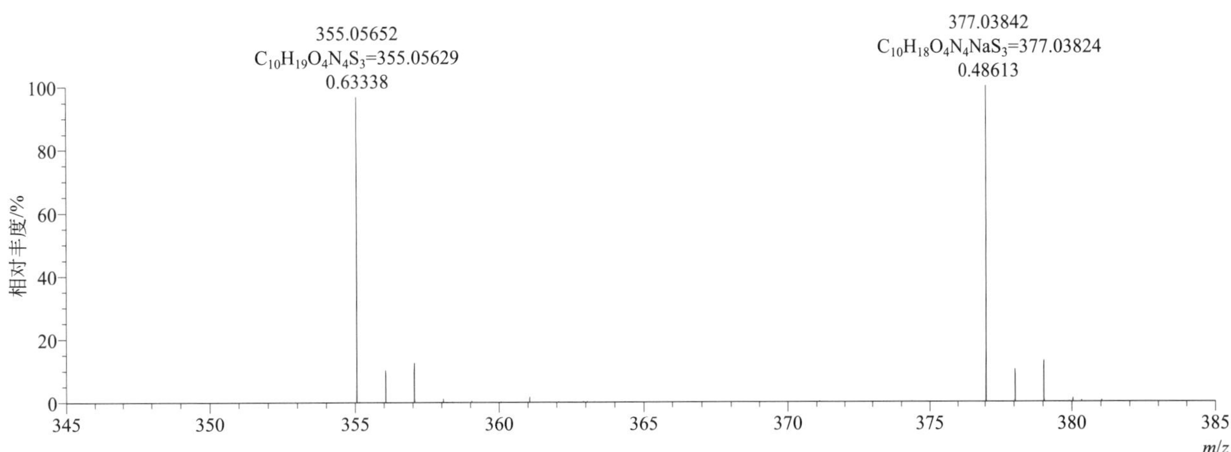

[M+H]+ 归一化法能量 NCE 为 20 时典型的二级质谱图

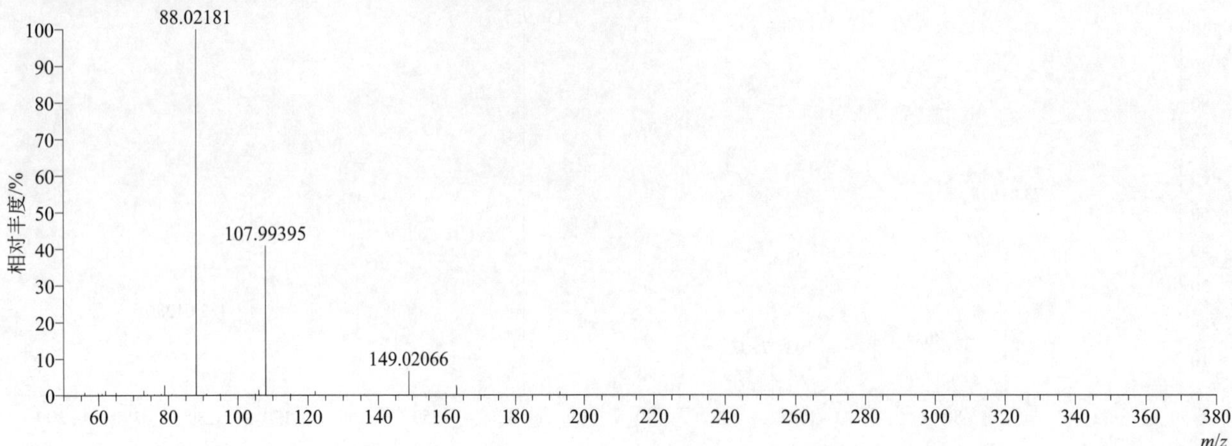

[M+H]+ 归一化法能量 NCE 为 40 时典型的二级质谱图

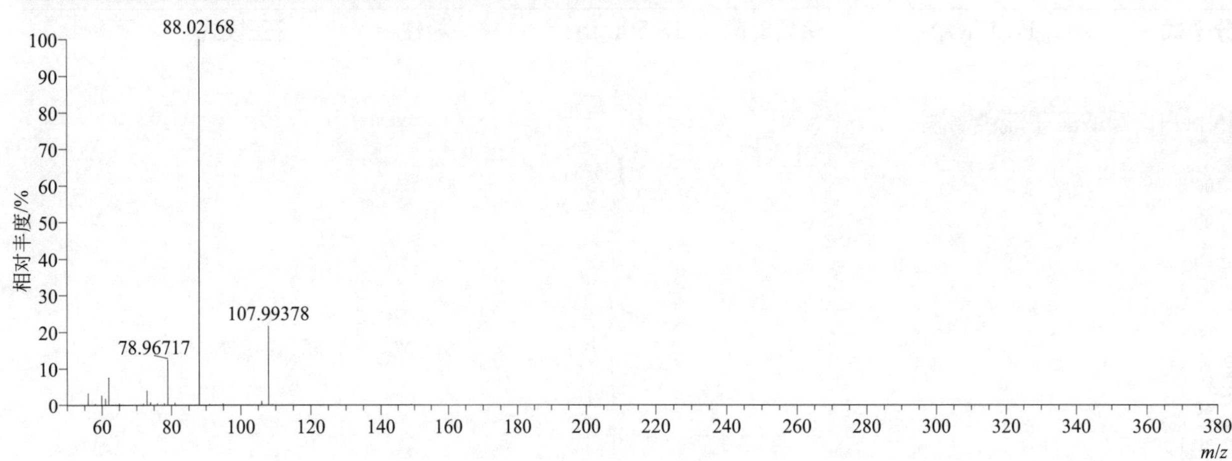

[M+H]+ 归一化法能量 NCE 为 60 时典型的二级质谱图

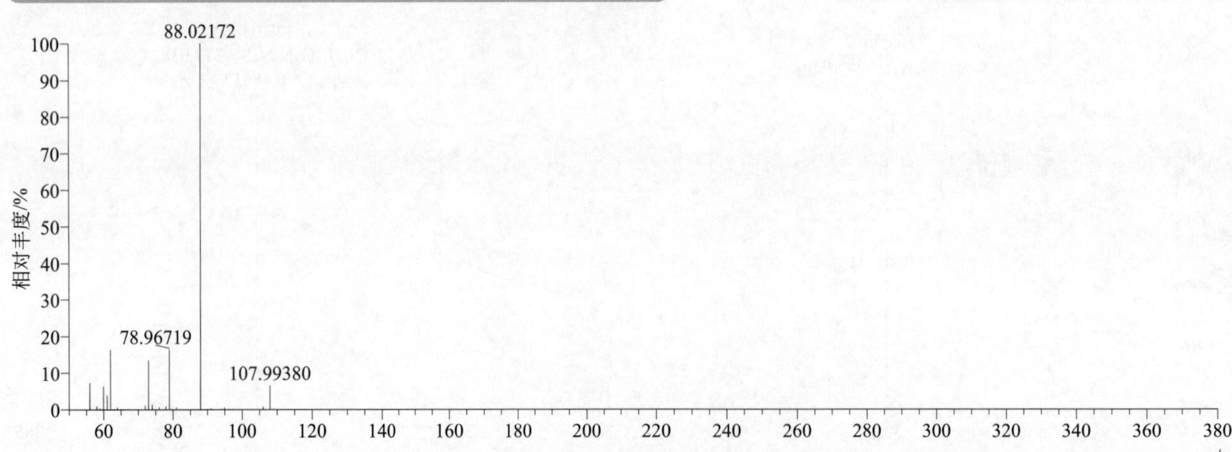

[M+H]+ 阶梯归一化法能量 Step NCE 为 20、40、60 时典型的二级质谱图

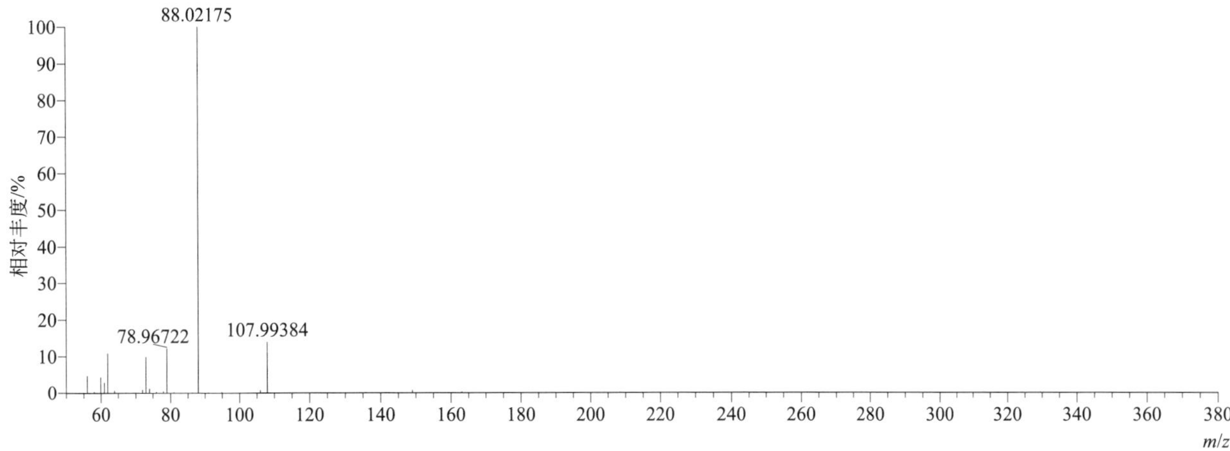

thiofanox（久效威）

基本信息

CAS 登录号	39196-18-4	分子量	218.1089	离子源和极性	电喷雾离子源（ESI）
分子式	$C_9H_{18}N_2O_2S$	保留时间	13.54min	极性	正模式

[M+H]+ 提取离子流色谱图

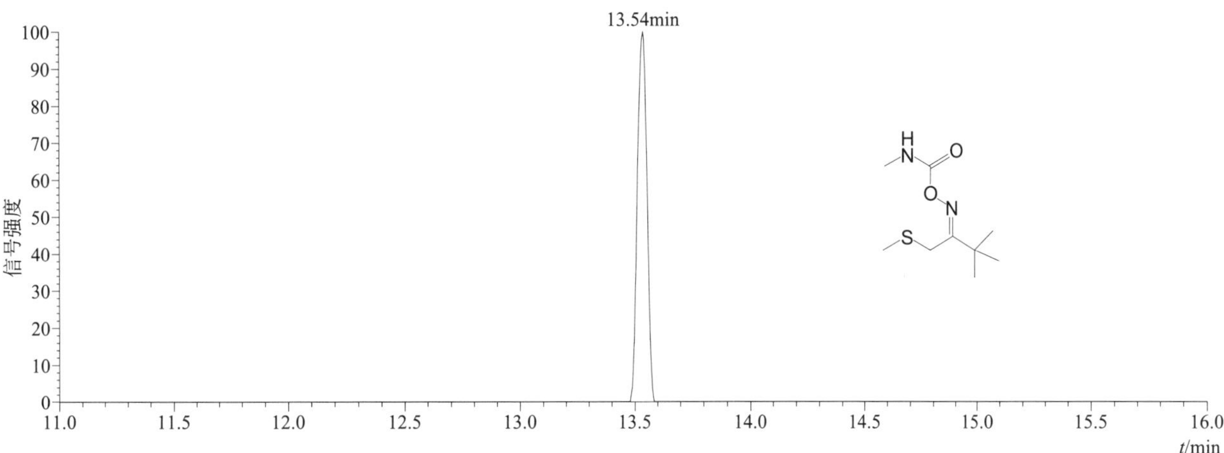

[M+H]+ 和 [M+Na]+ 典型的一级质谱图

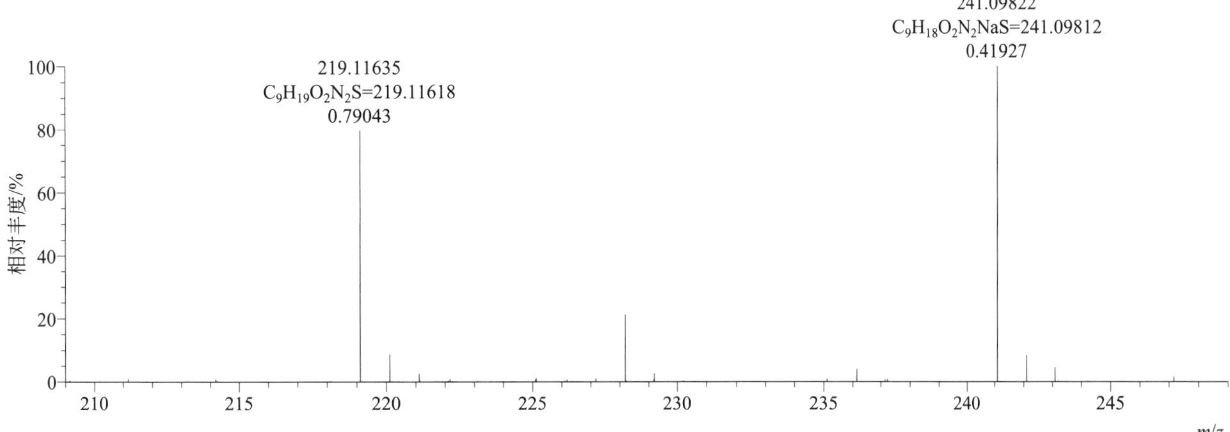

[M+H]⁺ 归一化法能量 NCE 为 20 时典型的二级质谱图

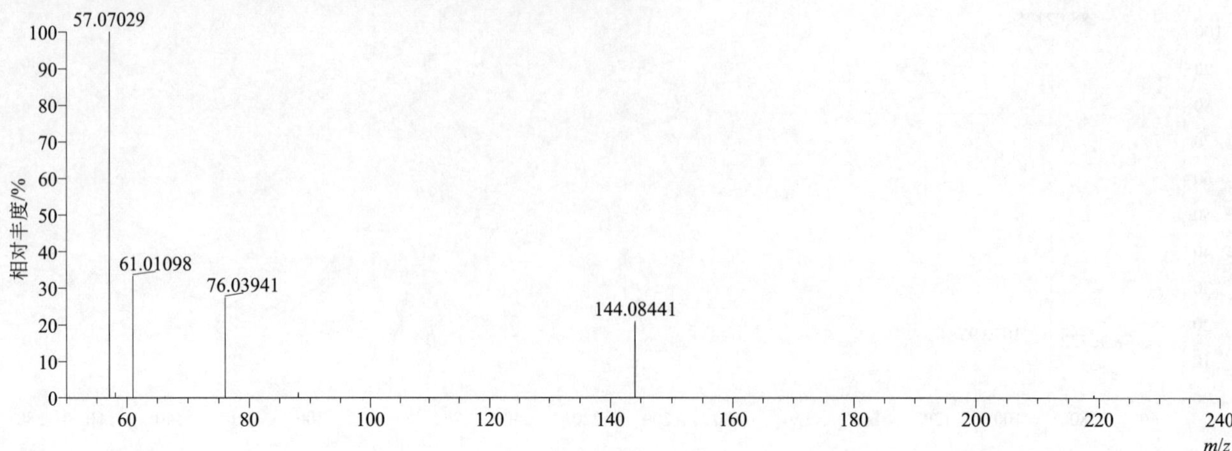

[M+H]⁺ 归一化法能量 NCE 为 40 时典型的二级质谱图

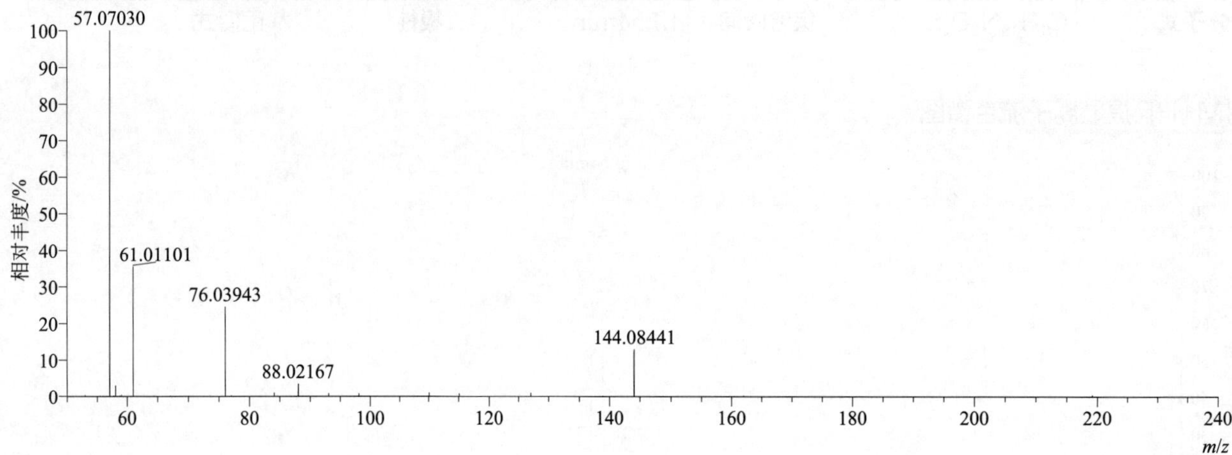

[M+H]⁺ 归一化法能量 NCE 为 60 时典型的二级质谱图

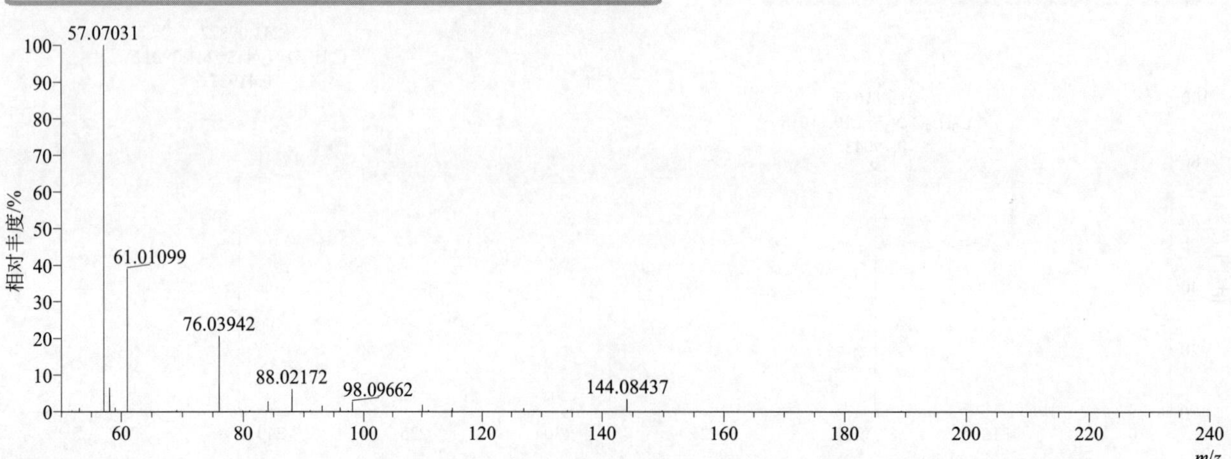

[M+H]+ 阶梯归一化法能量 Step NCE 为 20、40、60 时典型的二级质谱图

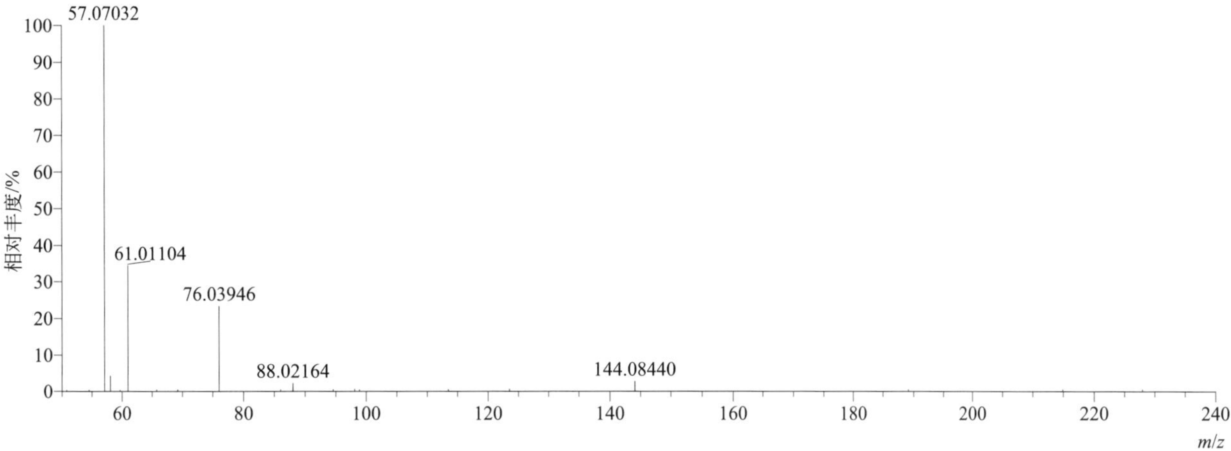

thiofanox-sulfone（久效威砜）

基本信息

CAS 登录号	39184-59-3	分子量	250.09873	离子源和极性	电喷雾离子源（ESI）
分子式	$C_9H_{18}N_2O_4S$	保留时间	11.61min	极性	正模式

[M+H]+ 提取离子流色谱图

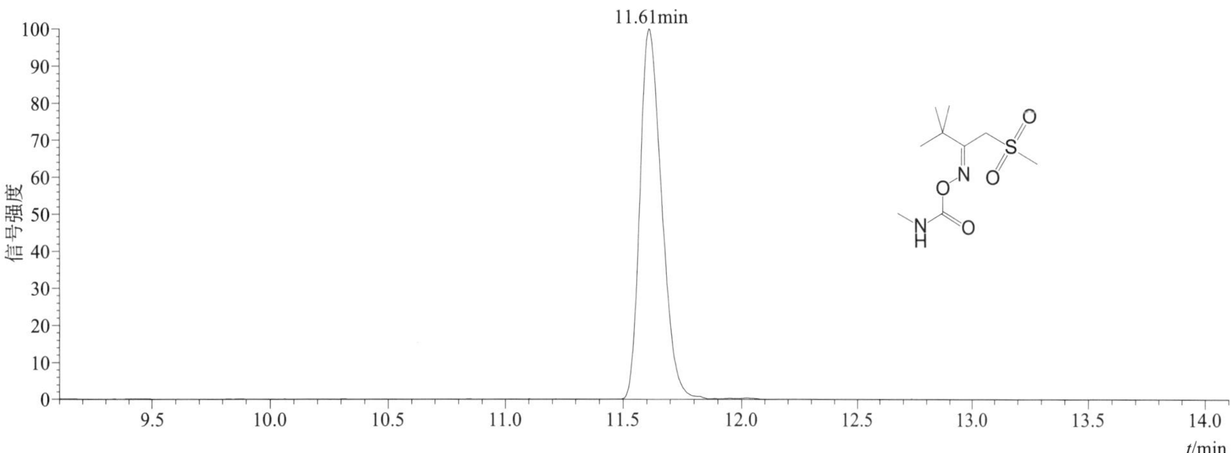

[M+H]+ 典型的一级质谱图

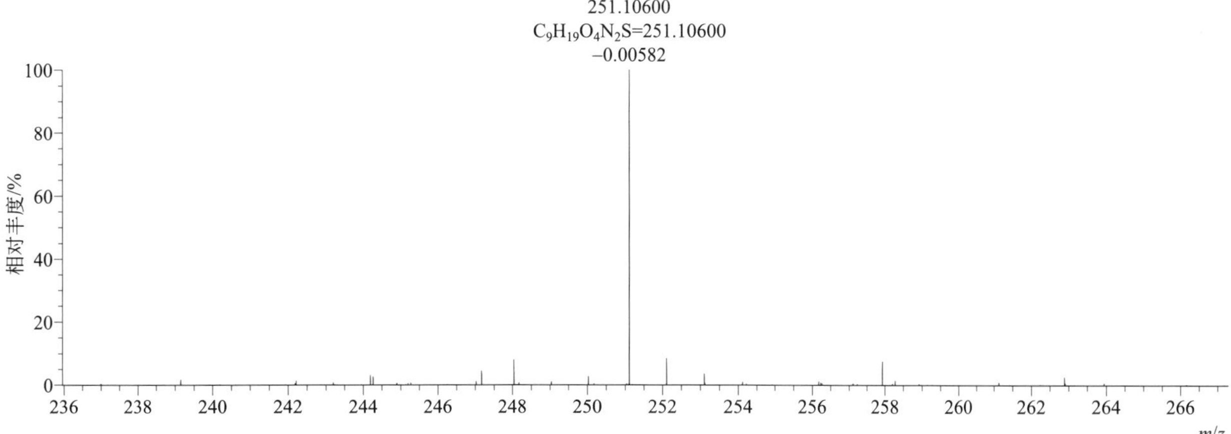

[M+H]+ 归一化法能量 NCE 为 20 时典型的二级质谱图

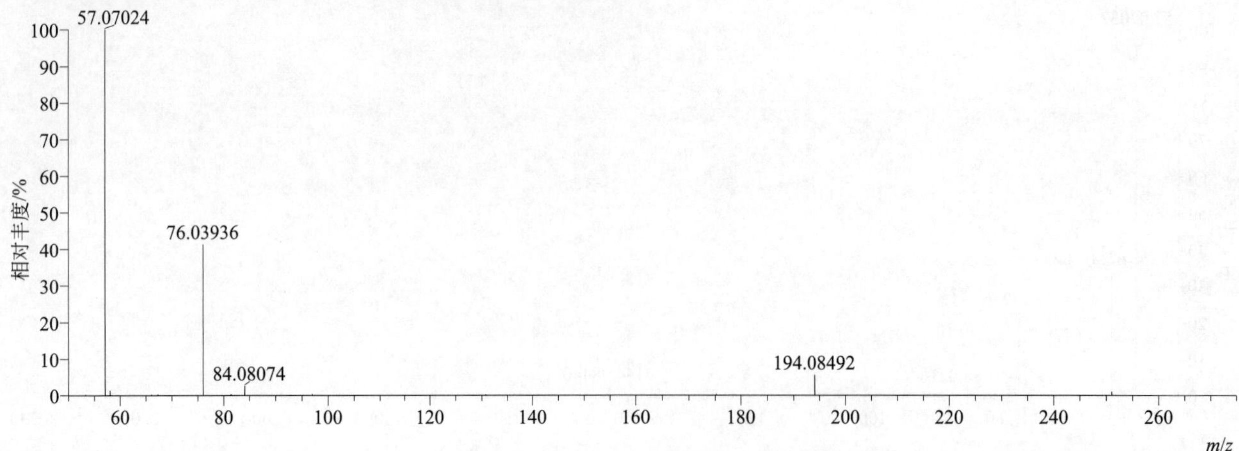

[M+H]+ 归一化法能量 NCE 为 40 时典型的二级质谱图

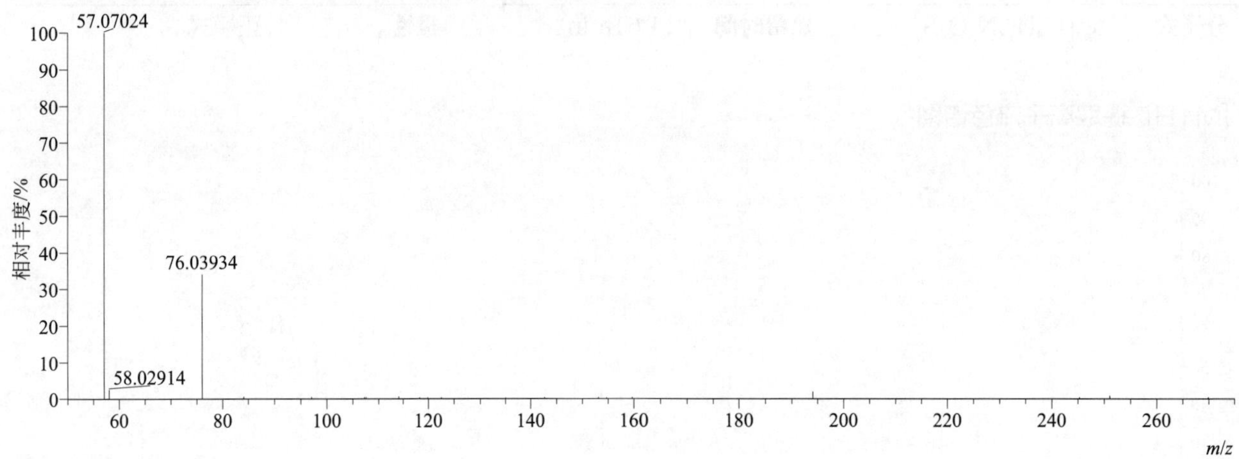

[M+H]+ 归一化法能量 NCE 为 60 时典型的二级质谱图

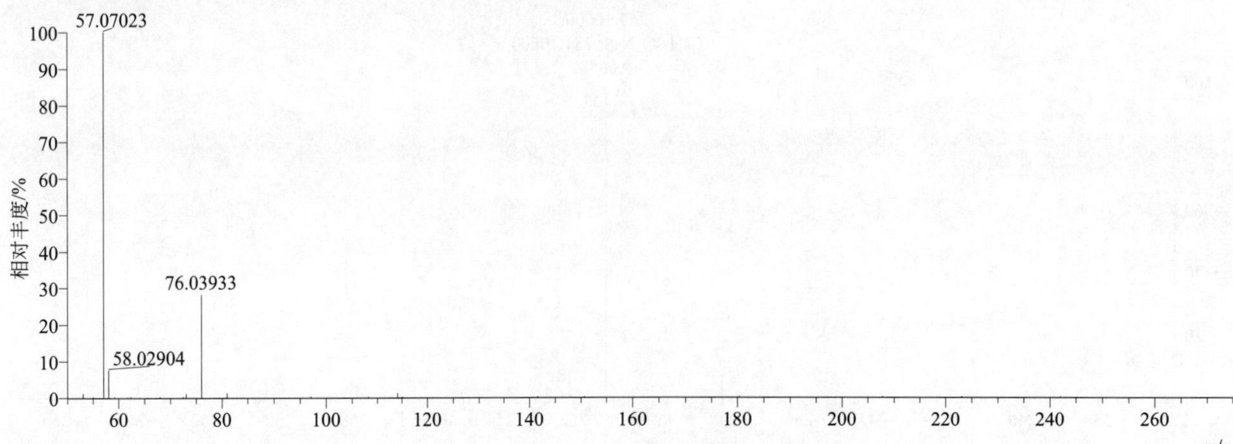

[M+H]+ 阶梯归一化法能量 Step NCE 为 20、40、60 时典型的二级质谱图

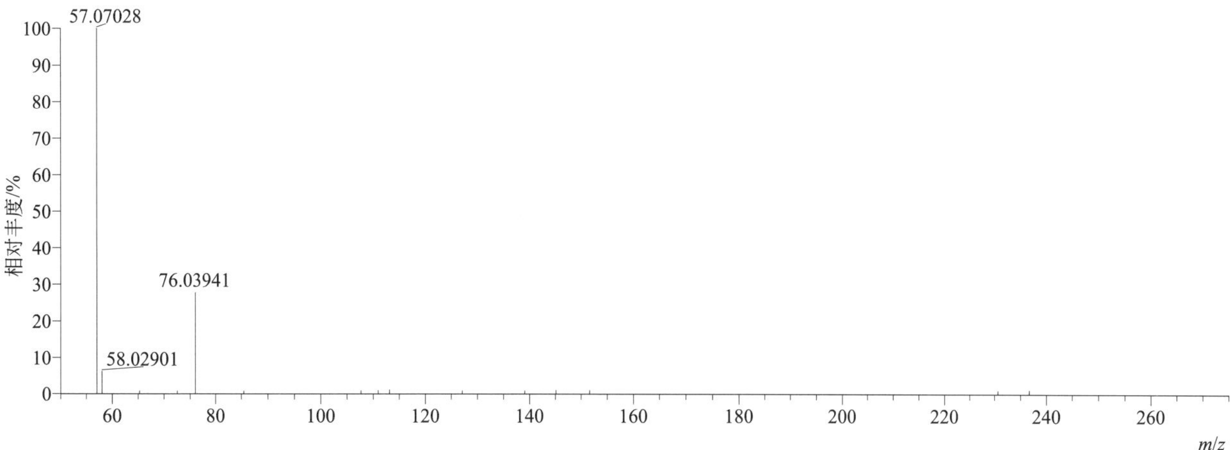

thiofanox-sulfoxide（久效威亚砜）

基本信息

CAS 登录号	39184-27-5	分子量	234.10381	离子源和极性	电喷雾离子源（ESI）
分子式	$C_9H_{18}N_2O_3S$	保留时间	11.38min	极性	正模式

[M+H]+ 提取离子流色谱图

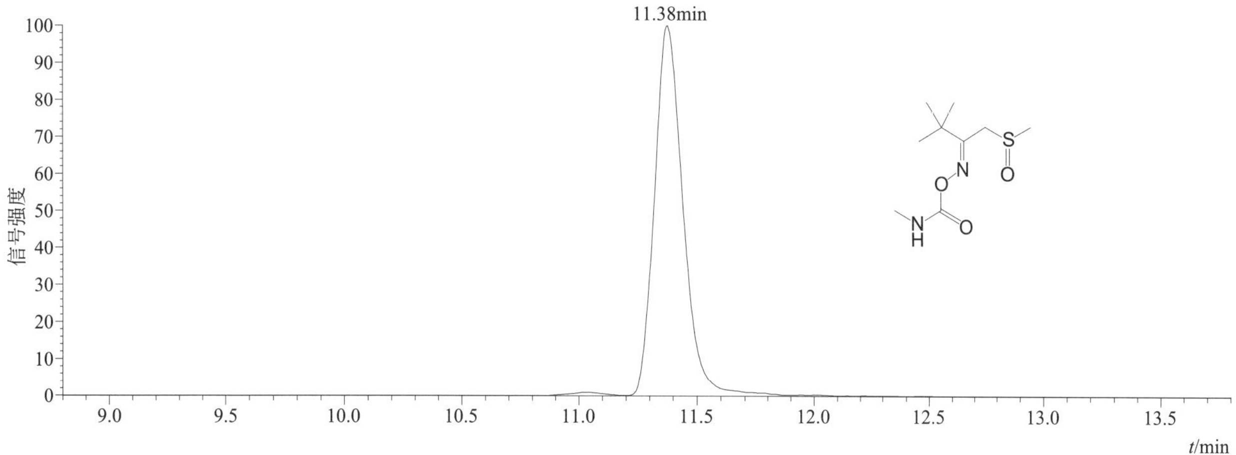

[M+H]+、[M+NH4]+ 和 [M+Na]+ 典型的一级质谱图

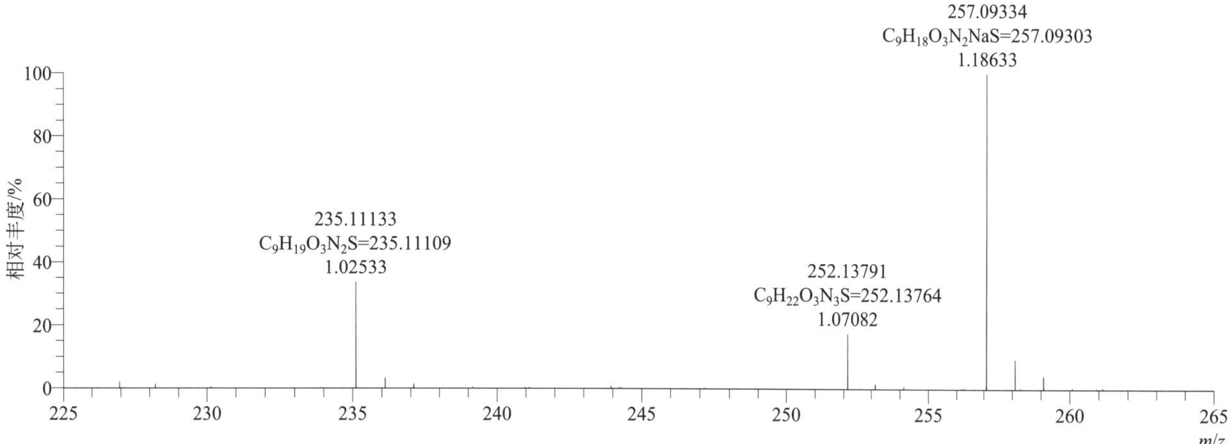

[M+H]+ 归一化法能量 NCE 为 20 时典型的二级质谱图

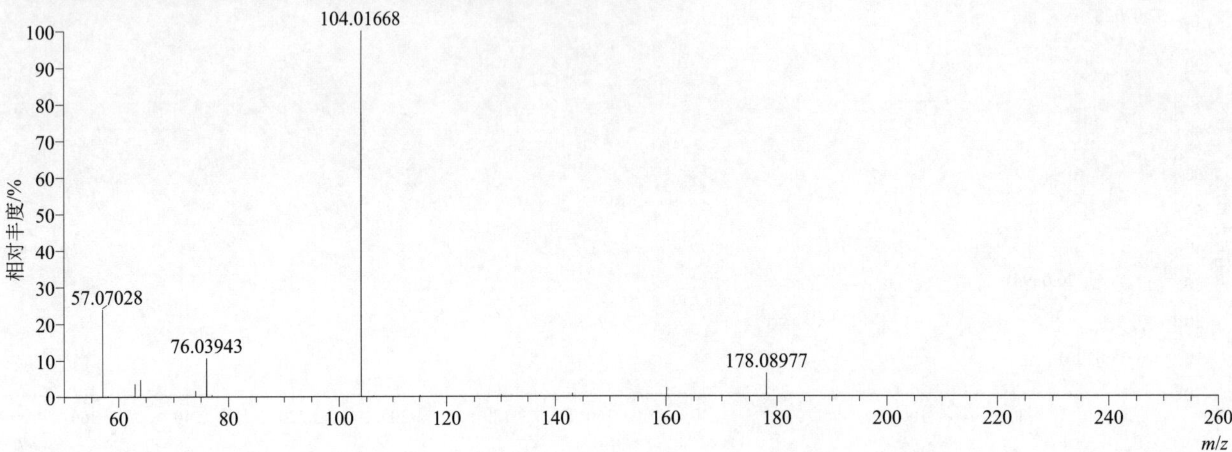

[M+H]+ 归一化法能量 NCE 为 40 时典型的二级质谱图

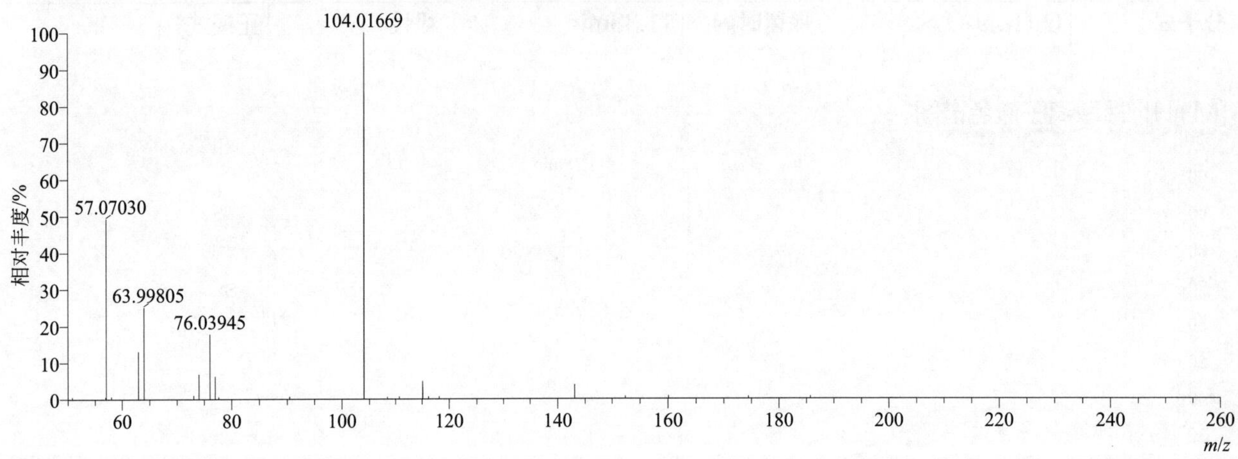

[M+H]+ 归一化法能量 NCE 为 60 时典型的二级质谱图

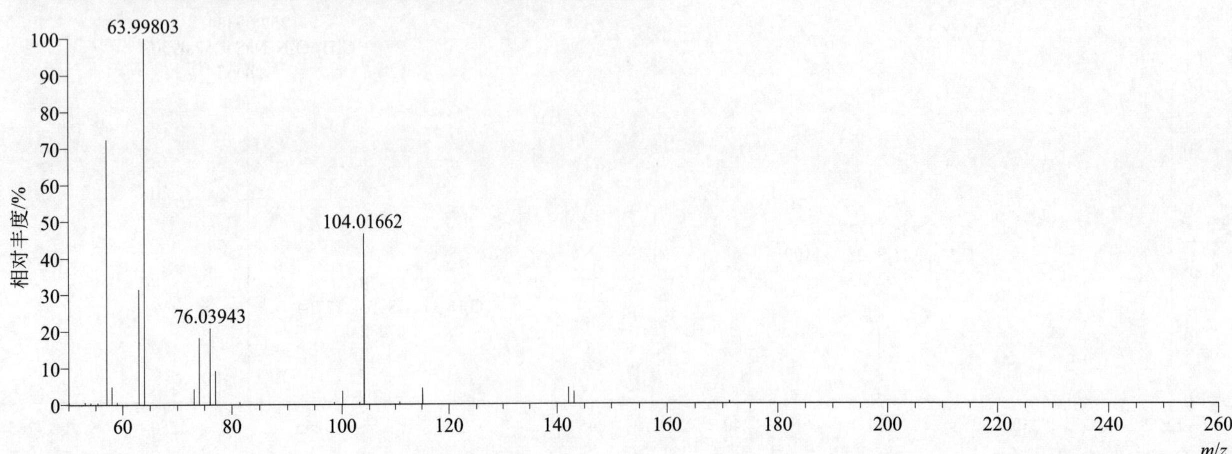

$[M+H]^+$ 阶梯归一化法能量 Step NCE 为 20、40、60 时典型的二级质谱图

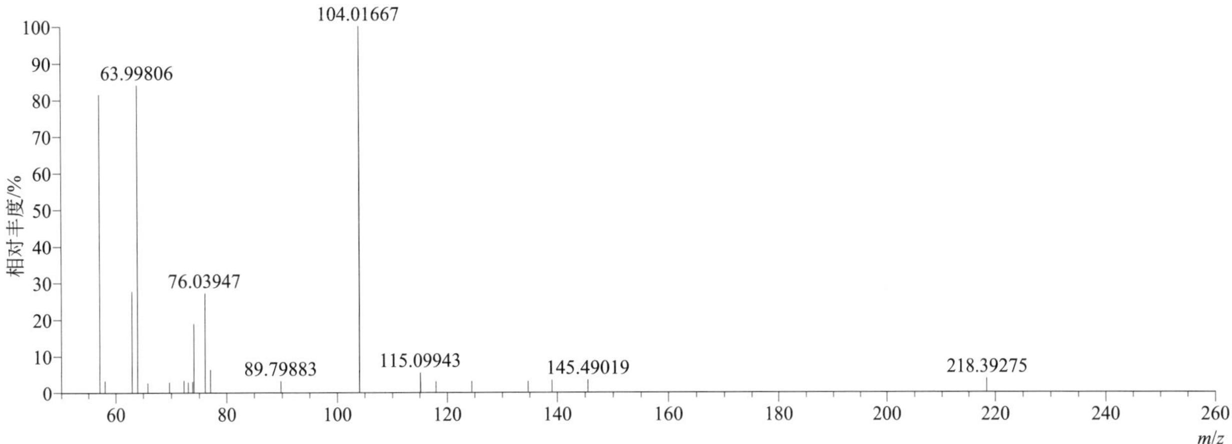

$[M+NH_4]^+$ 归一化法能量 NCE 为 20 时典型的二级质谱图

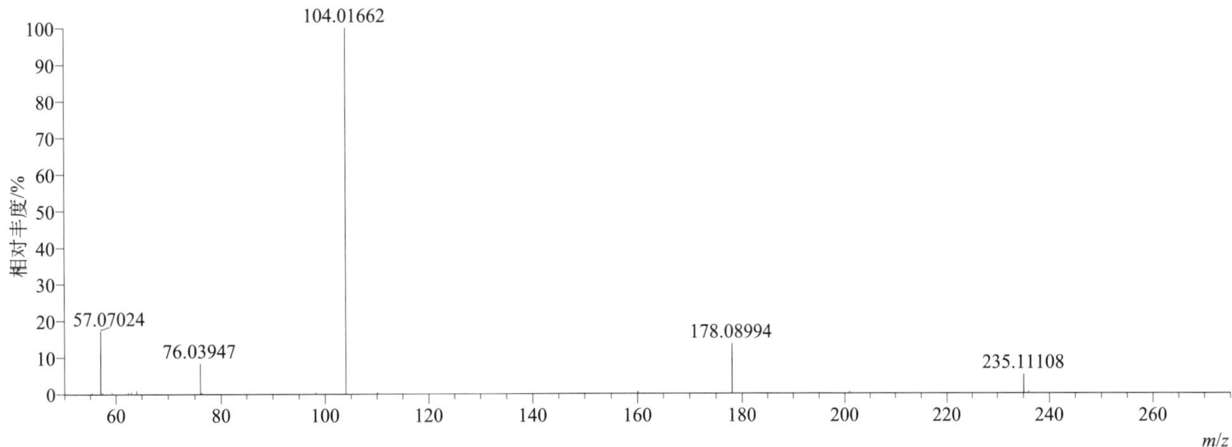

$[M+NH_4]^+$ 归一化法能量 NCE 为 40 时典型的二级质谱图

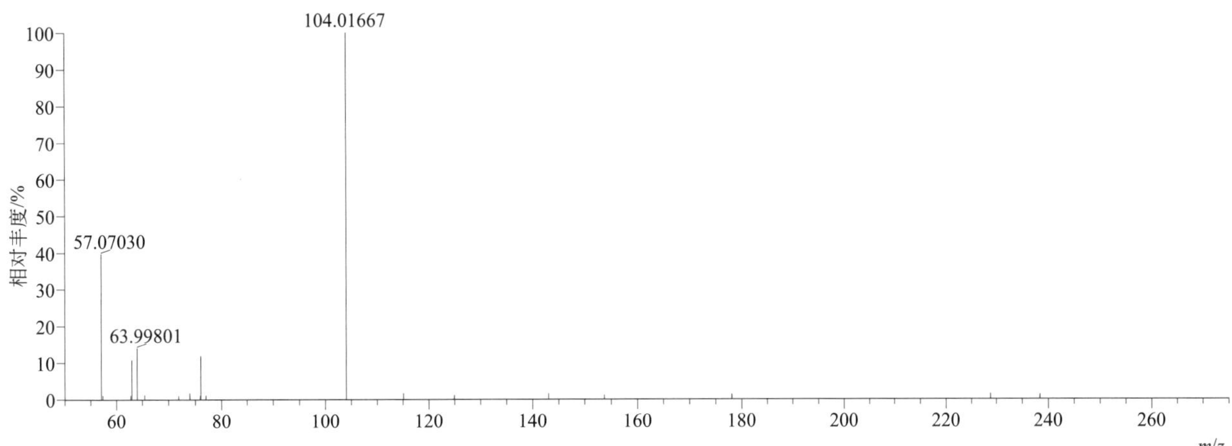

[M+NH_4]$^+$ 归一化法能量 NCE 为 60 时典型的二级质谱图

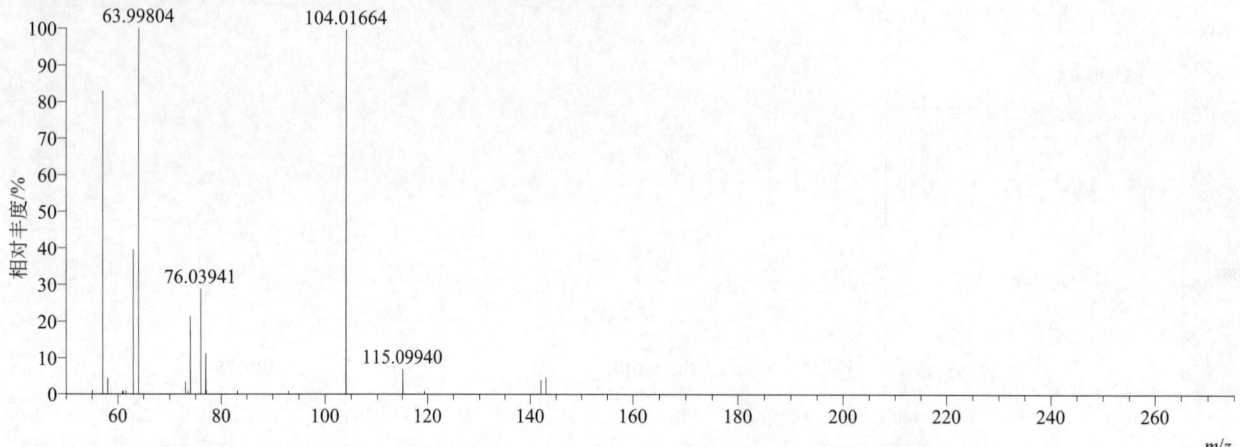

[M+NH_4]$^+$ 阶梯归一化法能量 Step NCE 为 20、40、60 时典型的二级质谱图

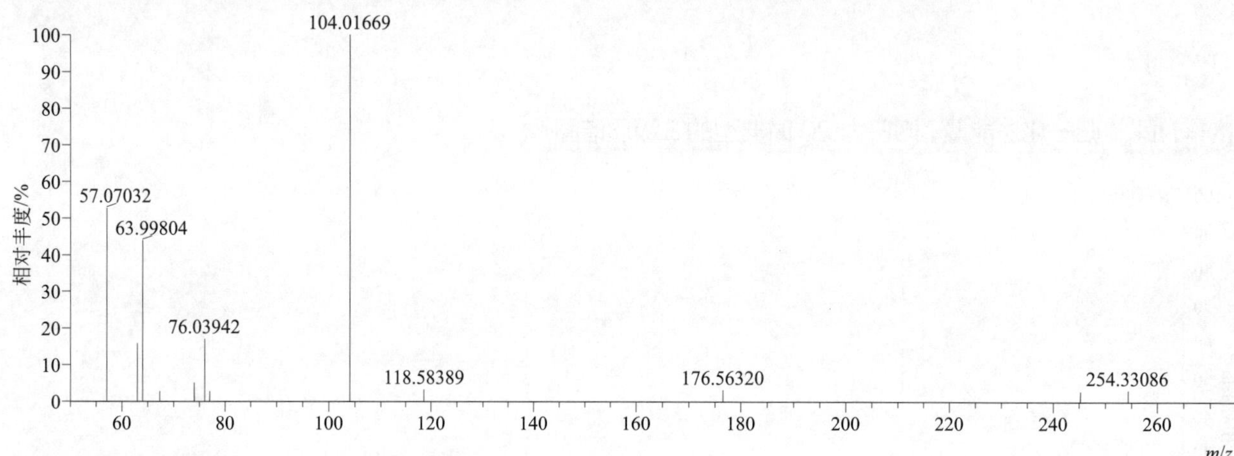

thionazin（治线磷）

基本信息

CAS 登录号	297-97-2	**分子量**	248.03845	**离子源和极性**	电喷雾离子源（ESI）
分子式	$C_8H_{13}N_2O_3PS$	**保留时间**	13.83min	**极性**	正模式

[M+H]$^+$ 提取离子流色谱图

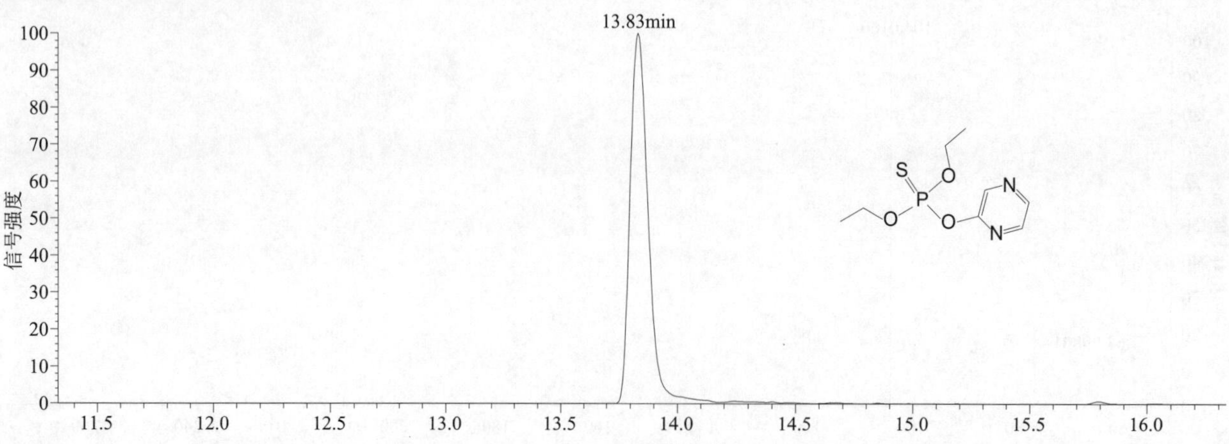

[M+H]$^+$ 典型的一级质谱图

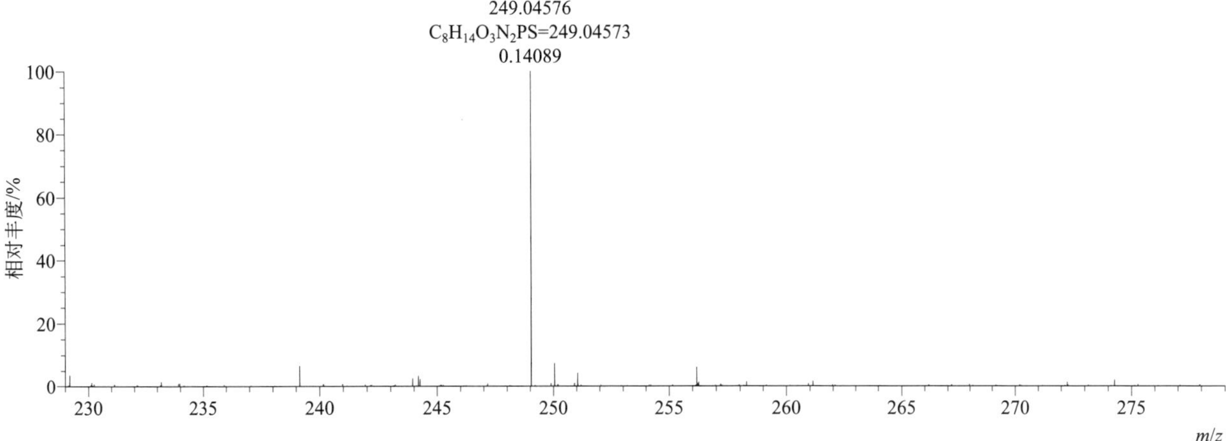

[M+H]$^+$ 归一化法能量 NCE 为 20 时典型的二级质谱图

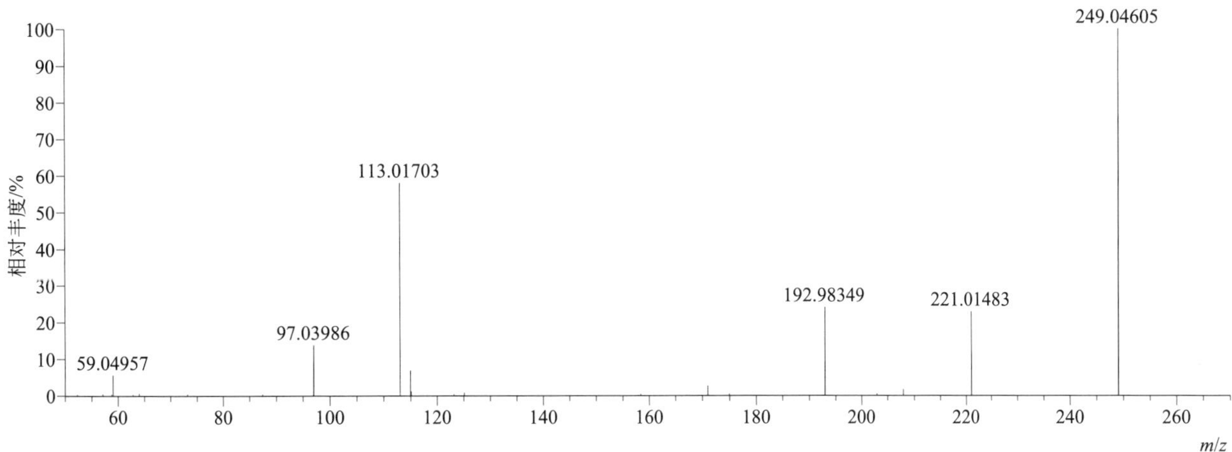

[M+H]$^+$ 归一化法能量 NCE 为 40 时典型的二级质谱图

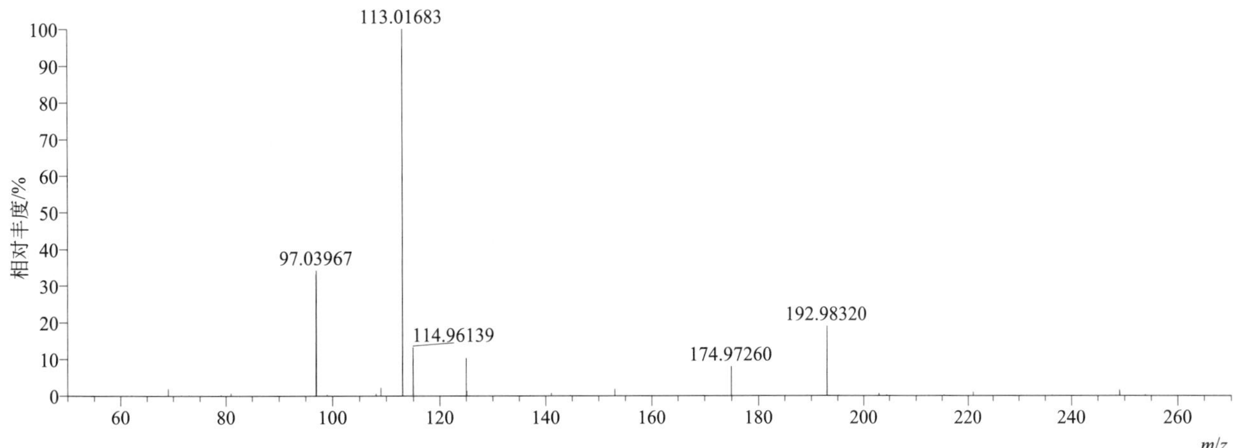

[M+H]+ 归一化法能量 NCE 为 60 时典型的二级质谱图

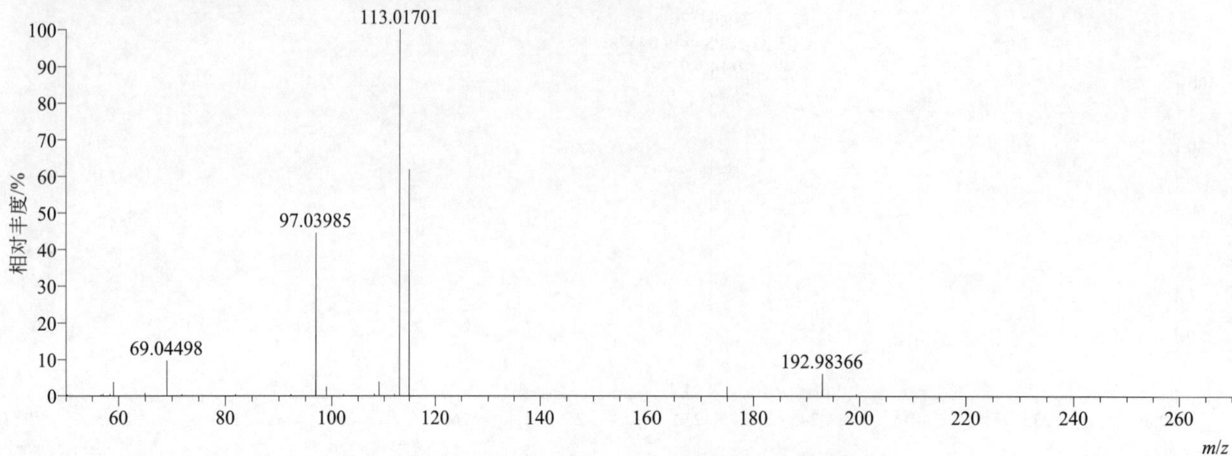

[M+H]+ 阶梯归一化法能量 Step NCE 为 20、40、60 时典型的二级质谱图

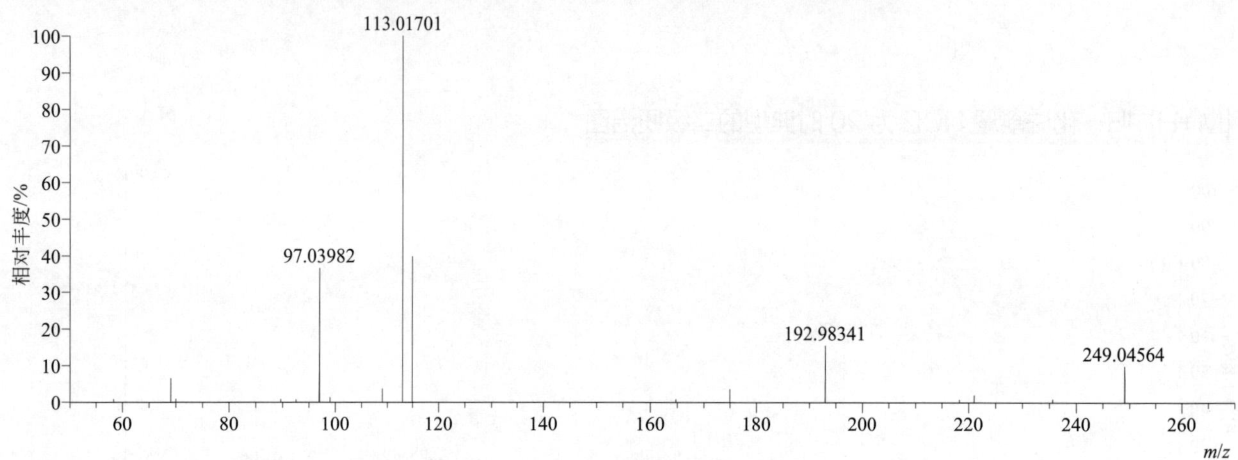

thiophanate-ethyl（硫菌灵）

基本信息

CAS 登录号	23564-06-9	分子量	370.07695	离子源和极性	电喷雾离子源（ESI）
分子式	$C_{14}H_{18}N_4O_4S_2$	保留时间	13.80min	极性	正模式

[M+H]+ 提取离子流色谱图

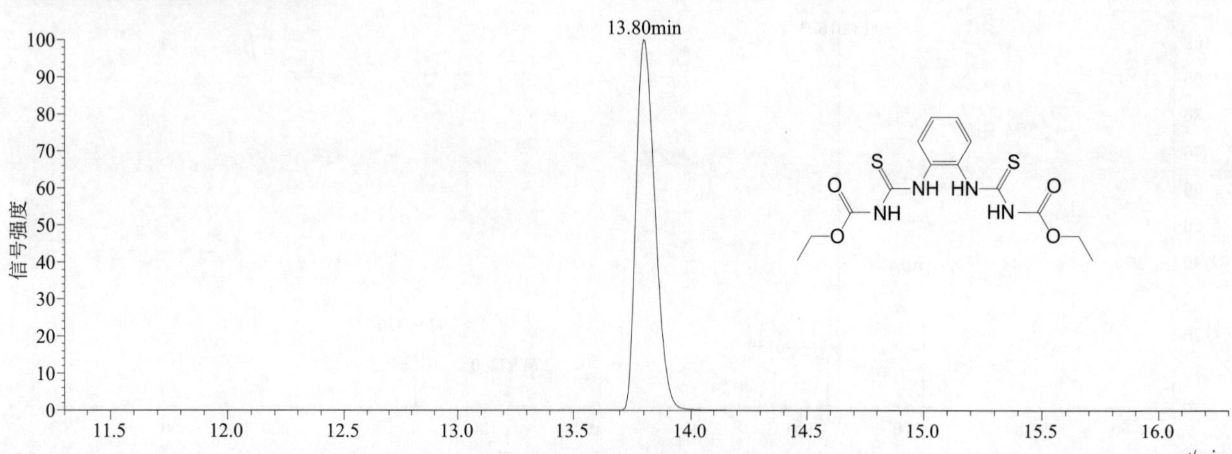

$[M+H]^+$ 典型的一级质谱图

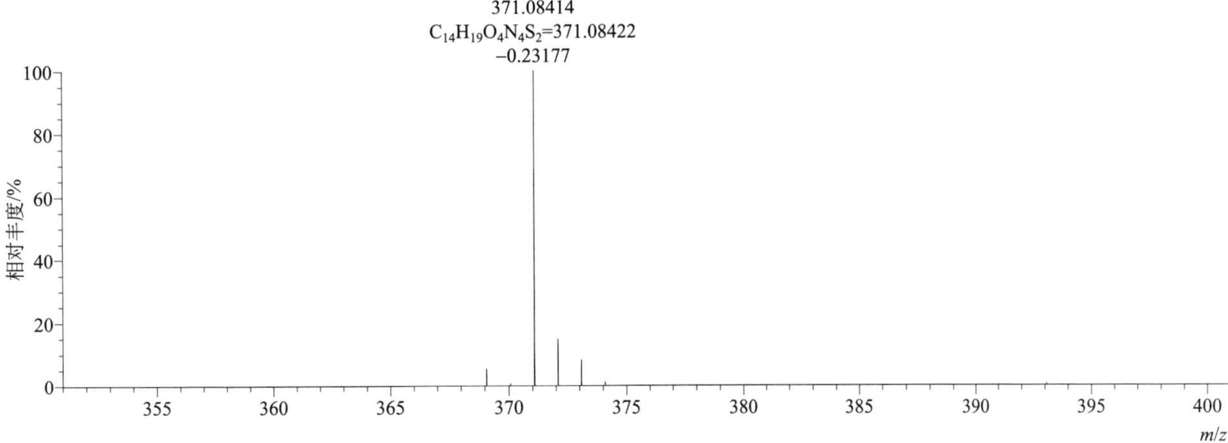

$[M+H]^+$ 归一化法能量 NCE 为 20 时典型的二级质谱图

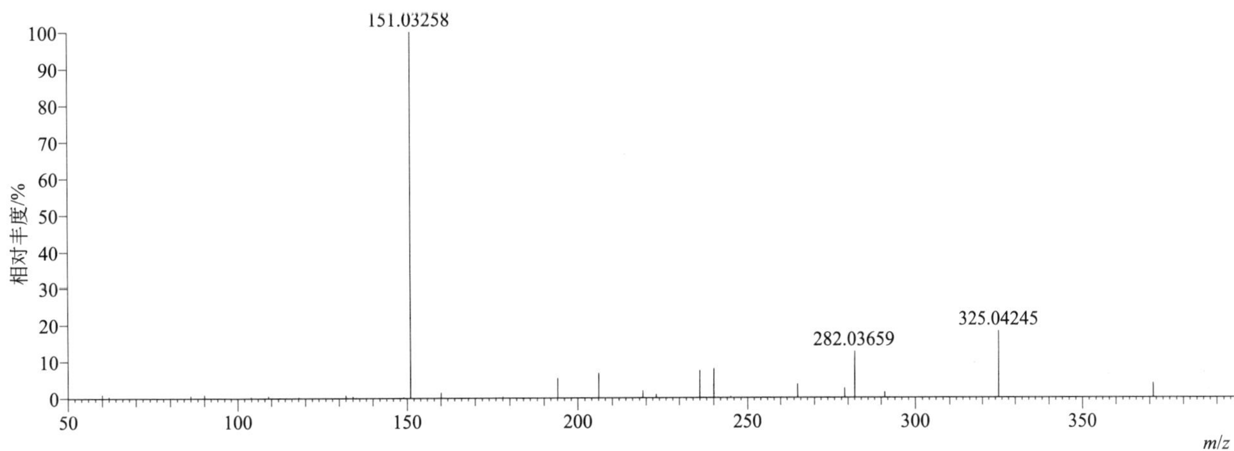

$[M+H]^+$ 归一化法能量 NCE 为 40 时典型的二级质谱图

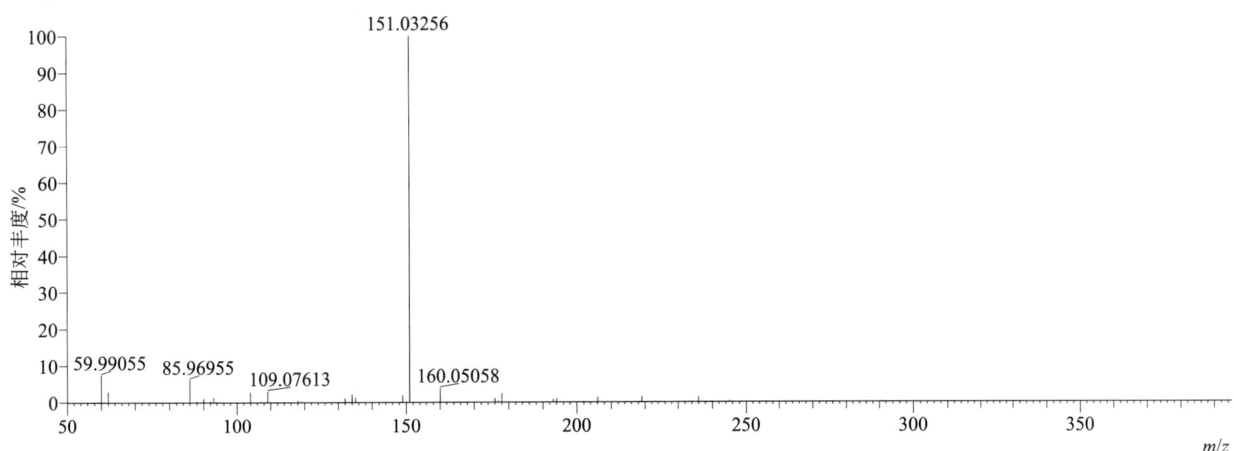

[M+H]+ 归一化法能量 NCE 为 60 时典型的二级质谱图

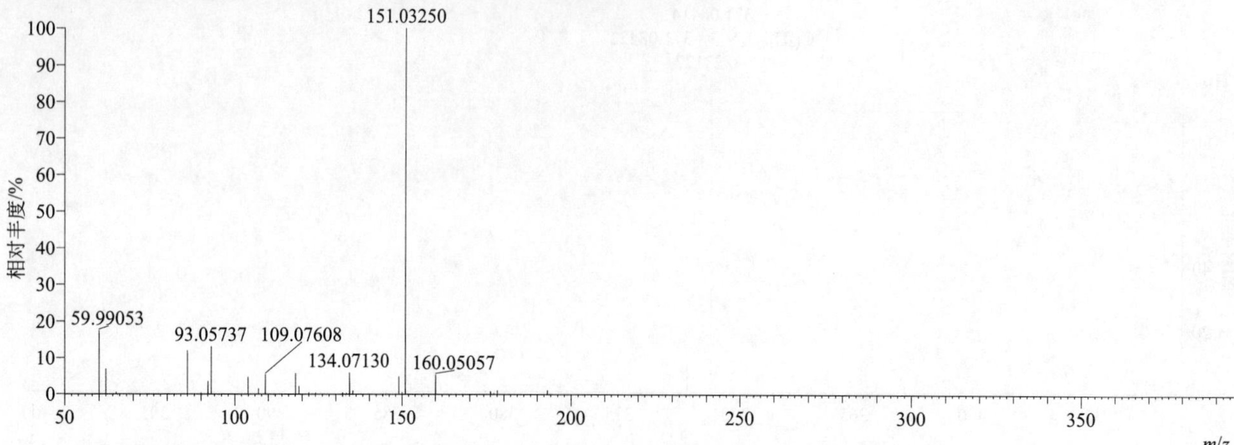

[M+H]+ 阶梯归一化法能量 Step NCE 为 20、40、60 时典型的二级质谱图

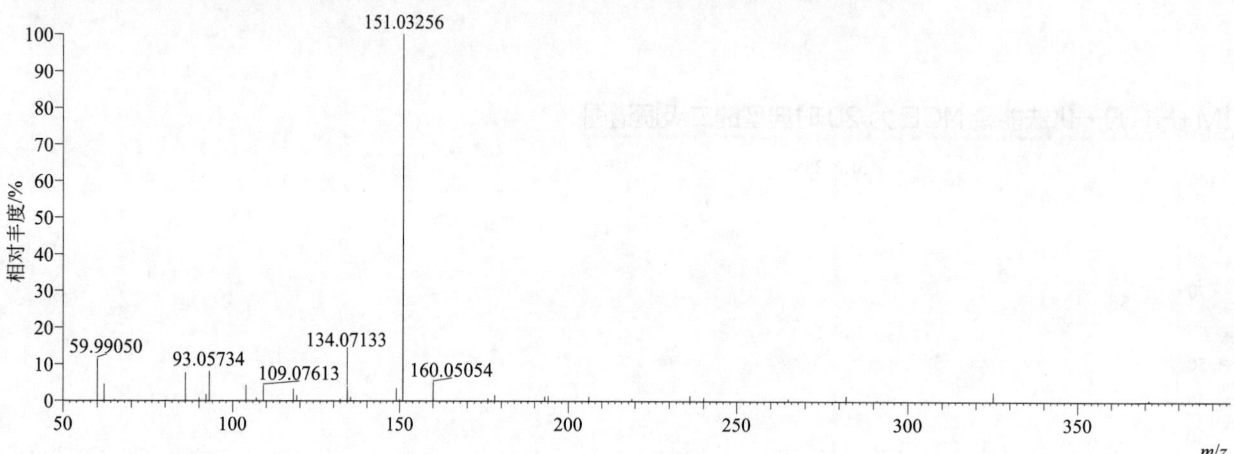

thiophanate-methyl（甲基硫菌灵）

基本信息

CAS 登录号	23564-05-8	分子量	342.04565	离子源和极性	电喷雾离子源（ESI）
分子式	$C_{12}H_{14}N_4O_4S_2$	保留时间	12.99min	极性	正模式

[M+H]+ 提取离子流色谱图

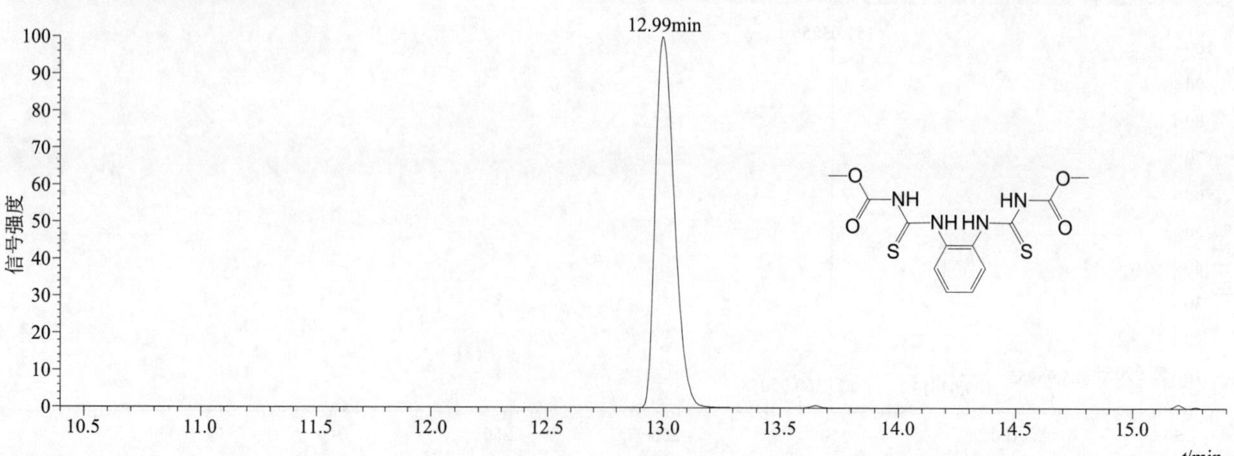

$[M+H]^+$ 典型的一级质谱图

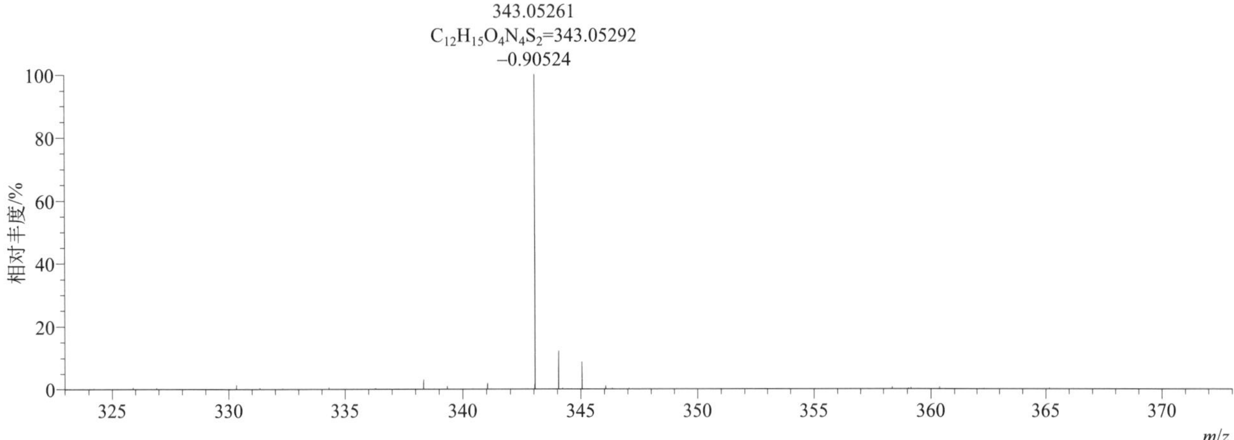

$[M+H]^+$ 归一化法能量 NCE 为 10 时典型的二级质谱图

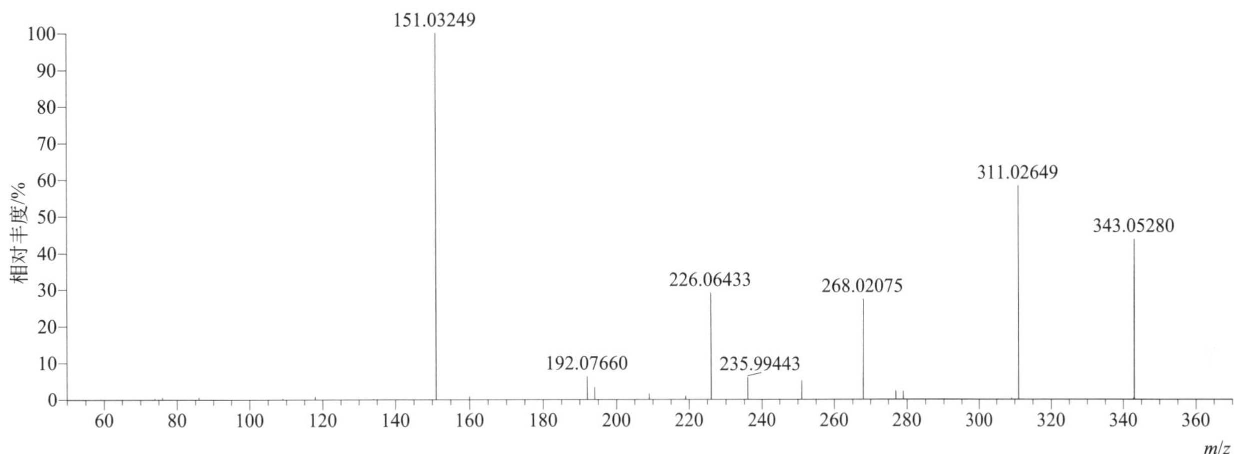

$[M+H]^+$ 归一化法能量 NCE 为 20 时典型的二级质谱图

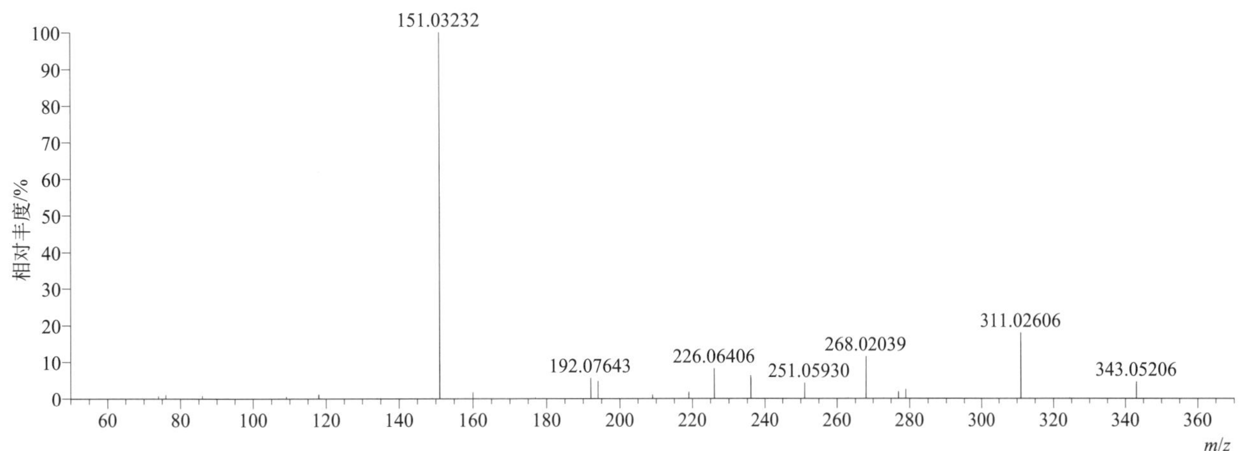

[M+H]+ 归一化法能量 NCE 为 30 时典型的二级质谱图

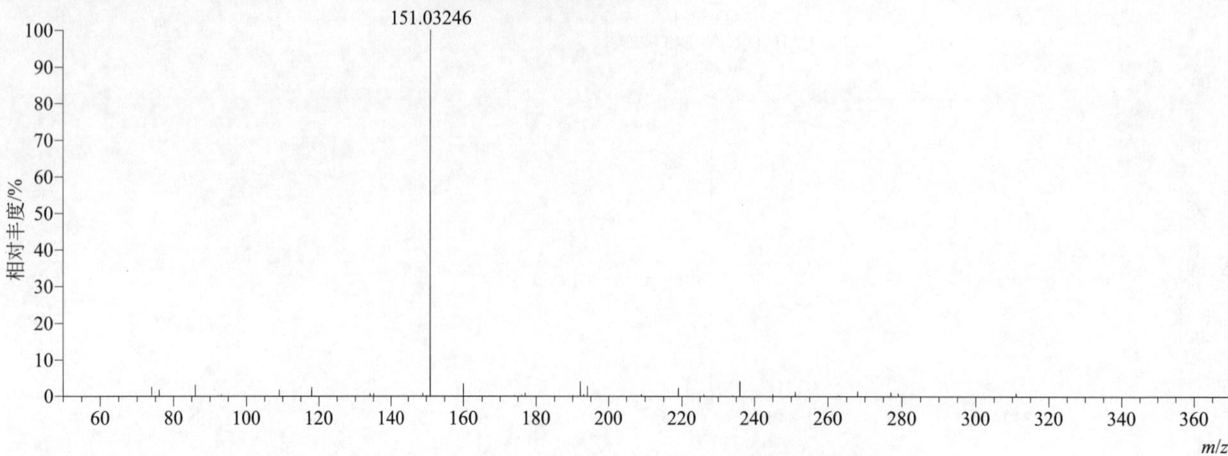

[M+H]+ 阶梯归一化法能量 Step NCE 为 10、20、30 时典型的二级质谱图

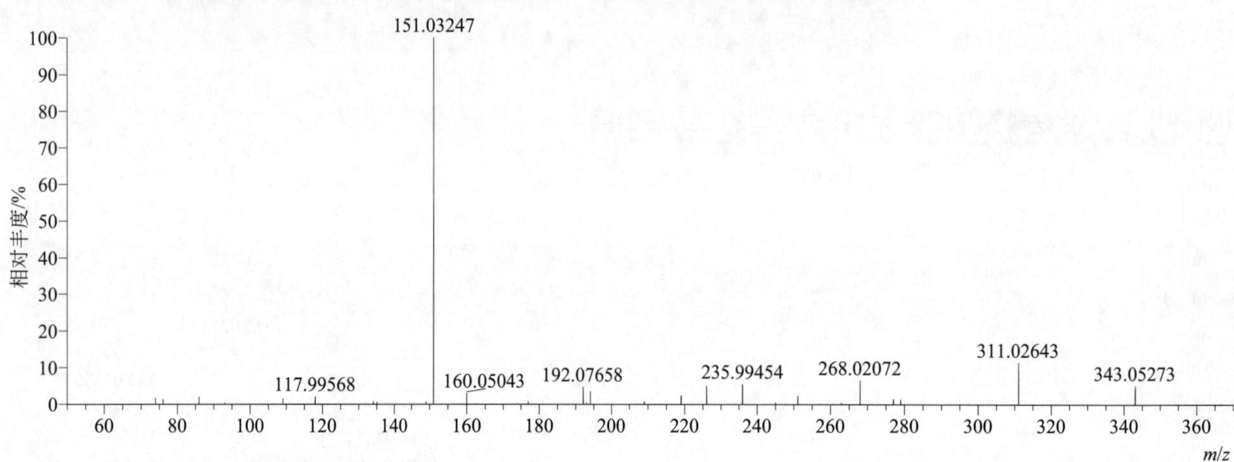

thiram（福美双）

基本信息

CAS 登录号	137-26-8	分子量	239.98833	离子源和极性	电喷雾离子源（ESI）
分子式	$C_6H_{12}N_2S_4$	保留时间	13.08min	极性	正模式

[M+H]+ 提取离子流色谱图

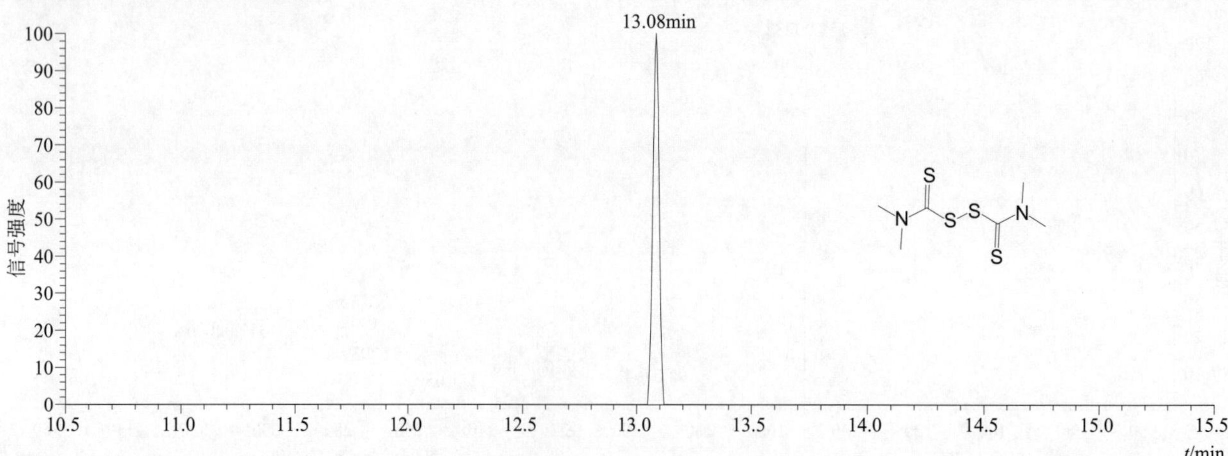

$[M+H]^+$ 典型的一级质谱图

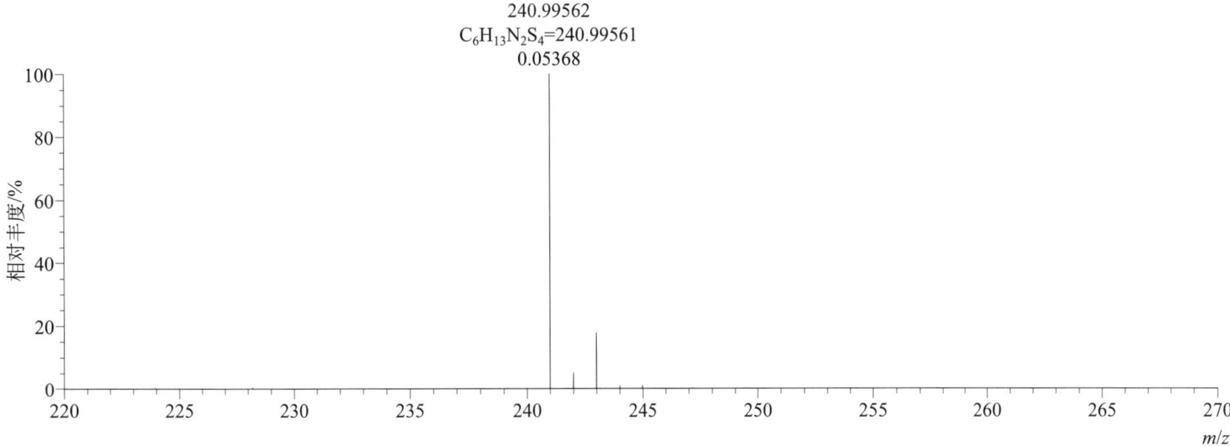

$[M+H]^+$ 归一化法能量 NCE 为 20 时典型的二级质谱图

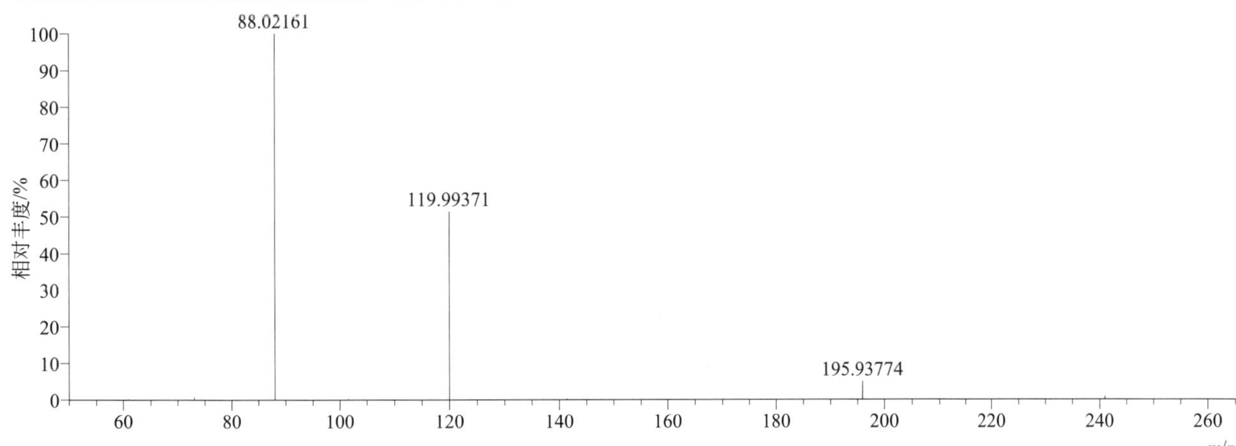

$[M+H]^+$ 归一化法能量 NCE 为 40 时典型的二级质谱图

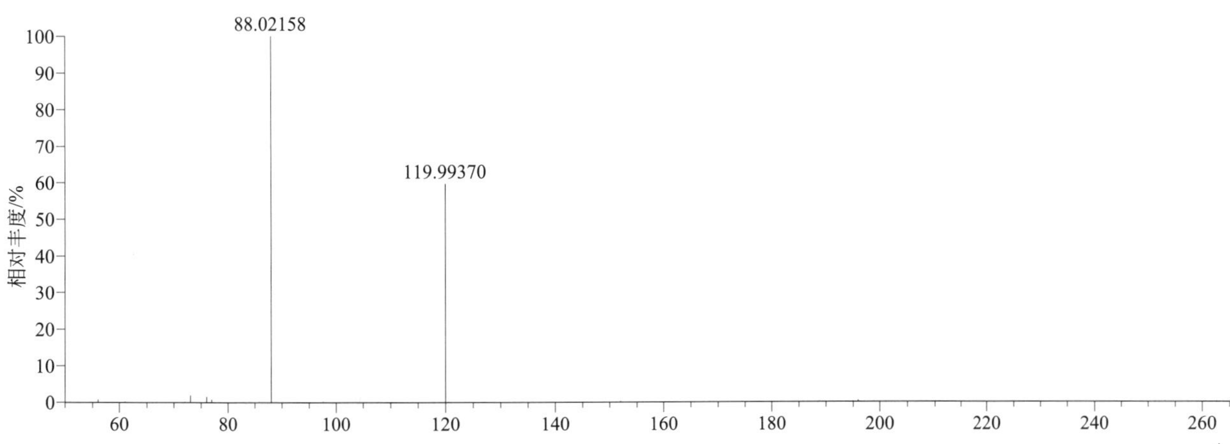

[M+H]+ 归一化法能量 NCE 为 60 时典型的二级质谱图

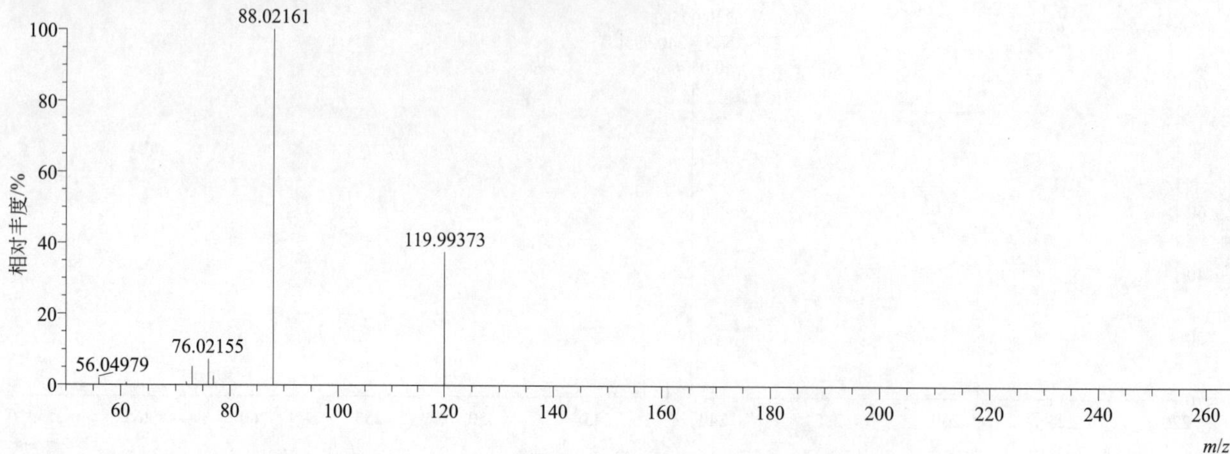

[M+H]+ 阶梯归一化法能量 Step NCE 为 20、40、60 时典型的二级质谱图

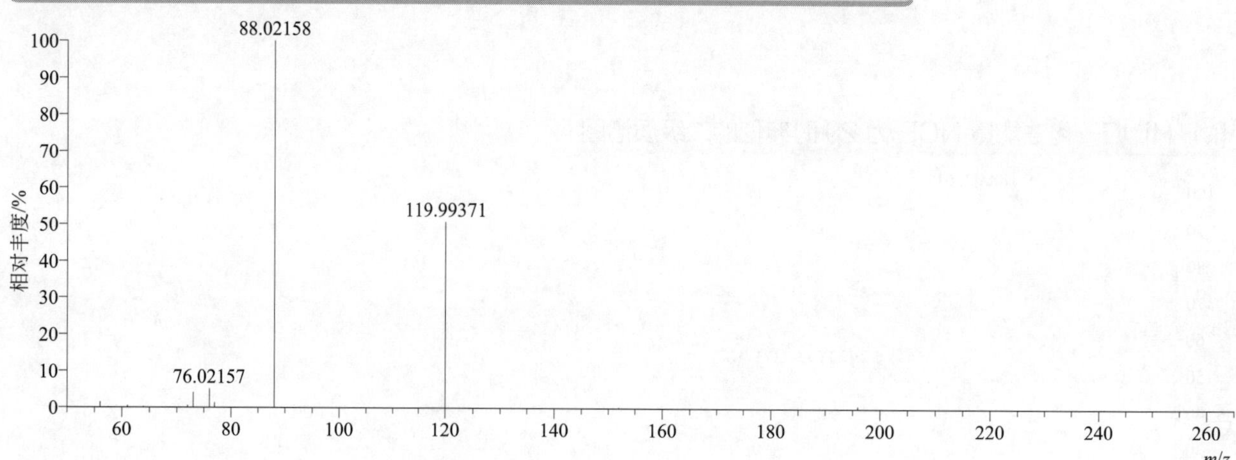

tiocarbazil（仲草丹）

基本信息

CAS 登录号	36756-79-3	分子量	279.16569	离子源和极性	电喷雾离子源（ESI）
分子式	$C_{16}H_{25}NOS$	保留时间	16.11min	极性	正模式

[M+H]+ 提取离子流色谱图

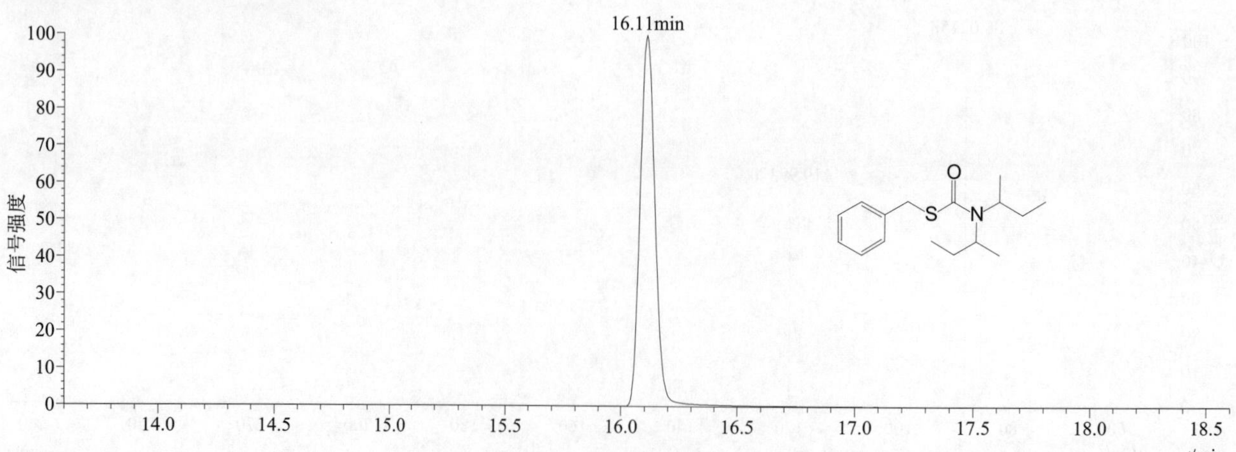

[M+H]$^+$ 典型的一级质谱图

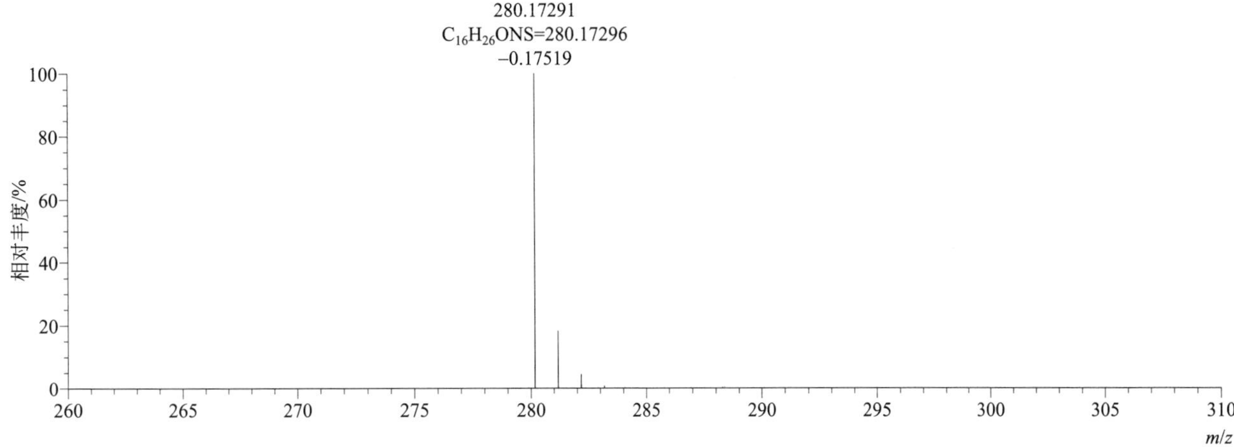

[M+H]$^+$ 归一化法能量 NCE 为 20 时典型的二级质谱图

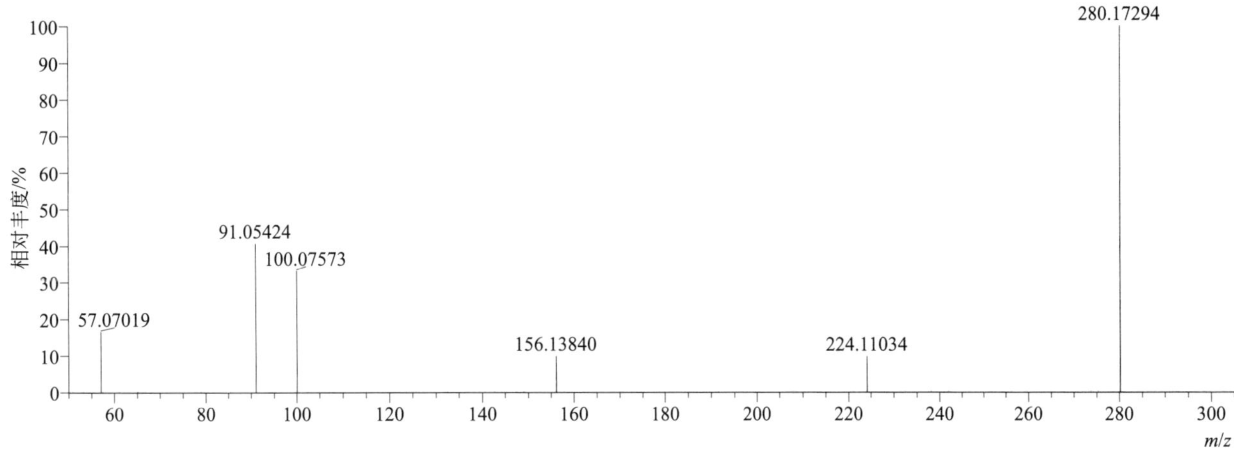

[M+H]$^+$ 归一化法能量 NCE 为 40 时典型的二级质谱图

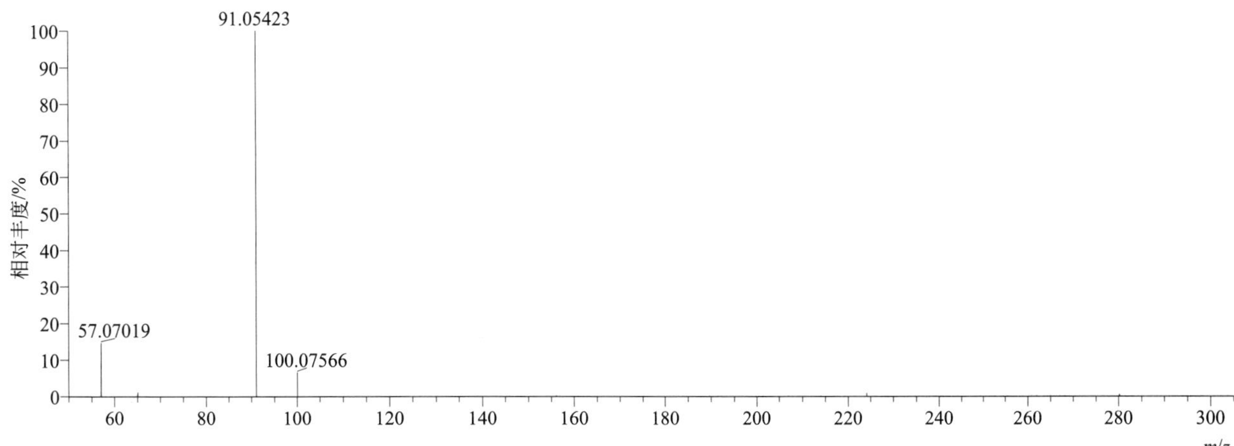

[M+H]+ 归一化法能量 NCE 为 60 时典型的二级质谱图

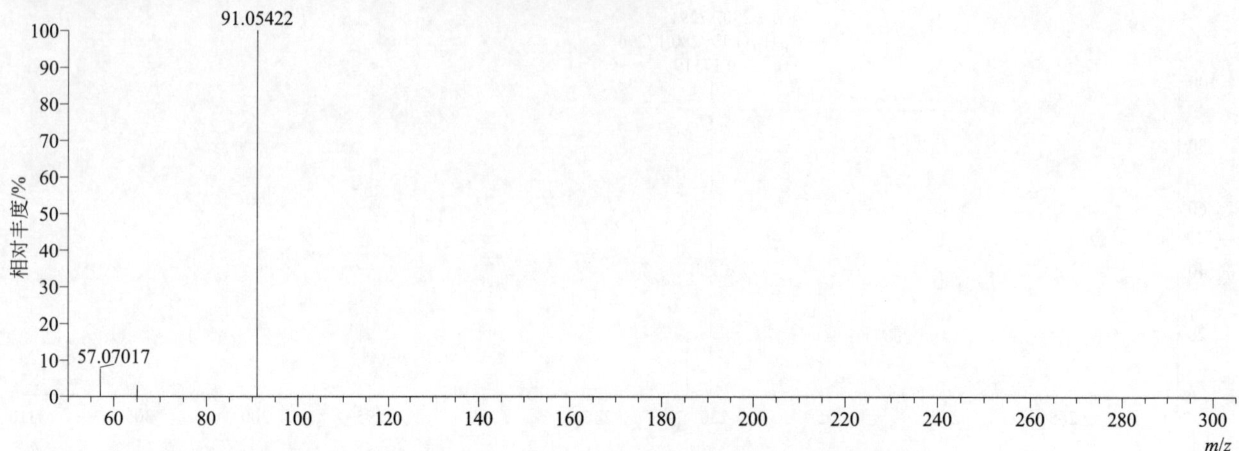

[M+H]+ 阶梯归一化法能量 Step NCE 为 20、40、60 时典型的二级质谱图

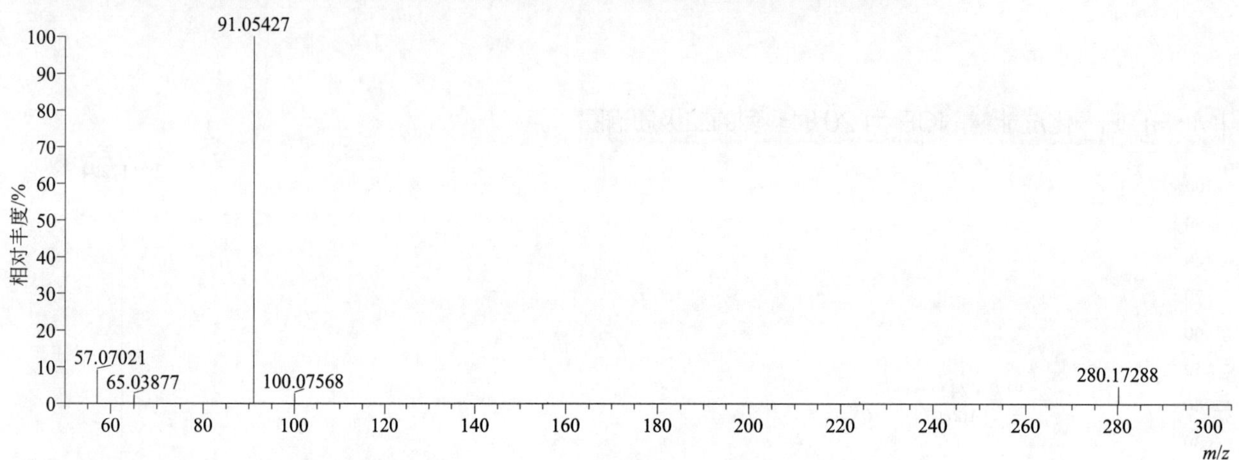

tolclofos-methyl（甲基立枯磷）

基本信息

CAS 登录号	57018-04-9	分子量	299.95436	离子源和极性	电喷雾离子源（ESI）
分子式	$C_9H_{11}Cl_2O_3PS$	保留时间	15.42min	极性	正模式

[M+H]+ 提取离子流色谱图

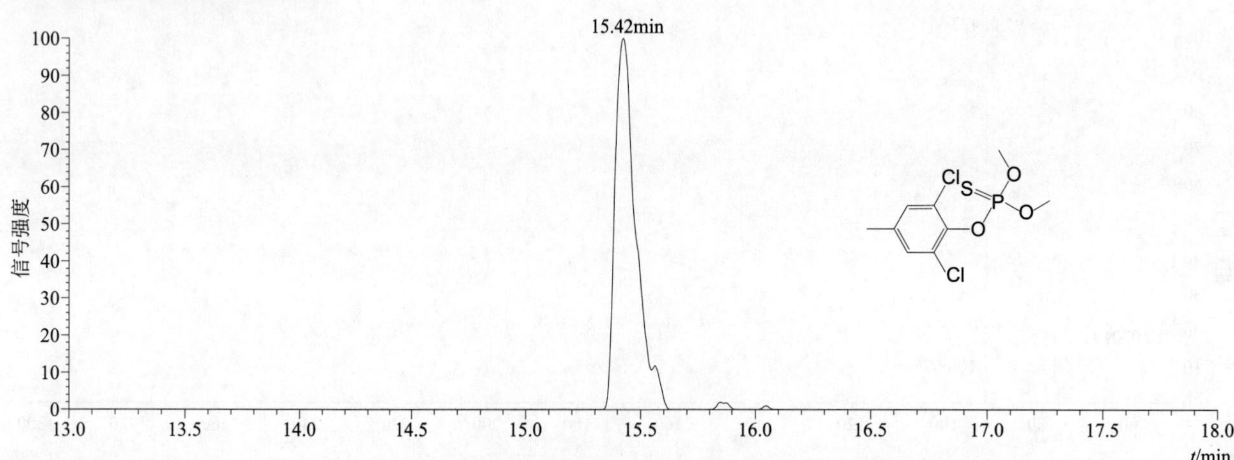

$[M+H]^+$ 典型的一级质谱图

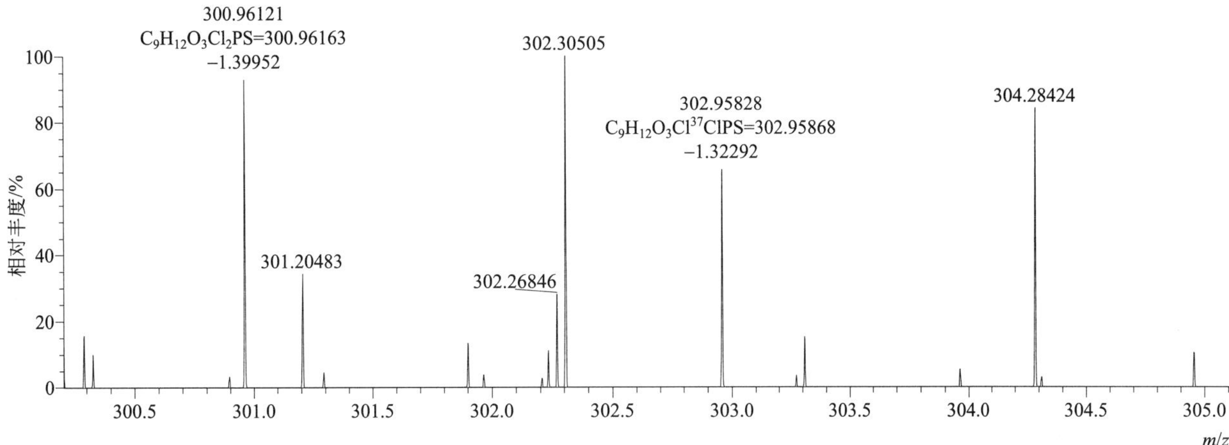

$[M+H]^+$ 归一化法能量 NCE 为 20 时典型的二级质谱图

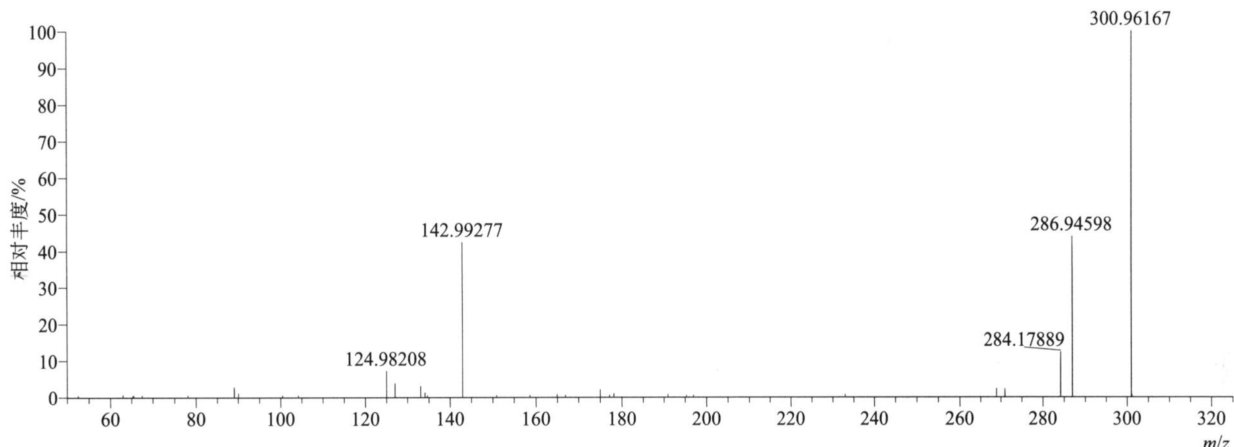

$[M+H]^+$ 归一化法能量 NCE 为 40 时典型的二级质谱图

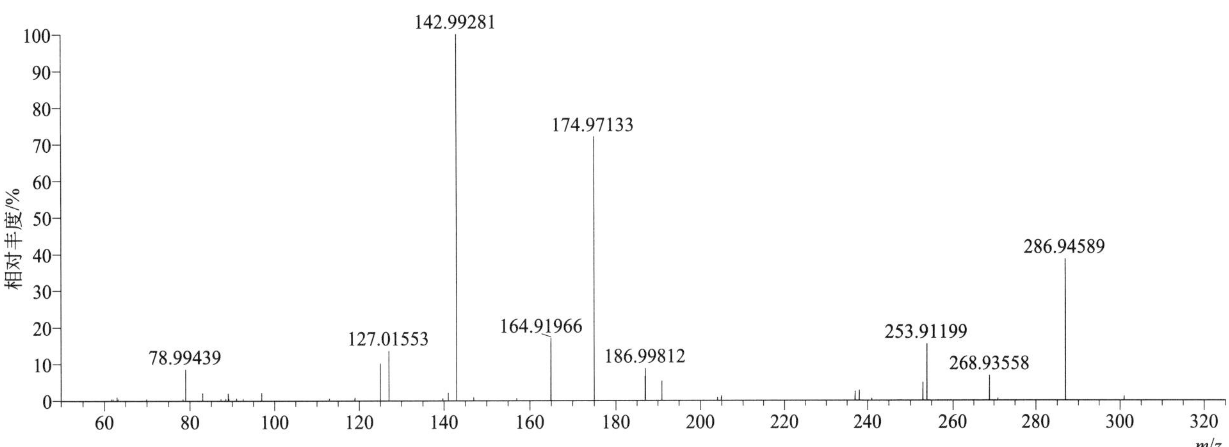

[M+H]⁺ 归一化法能量 NCE 为 60 时典型的二级质谱图

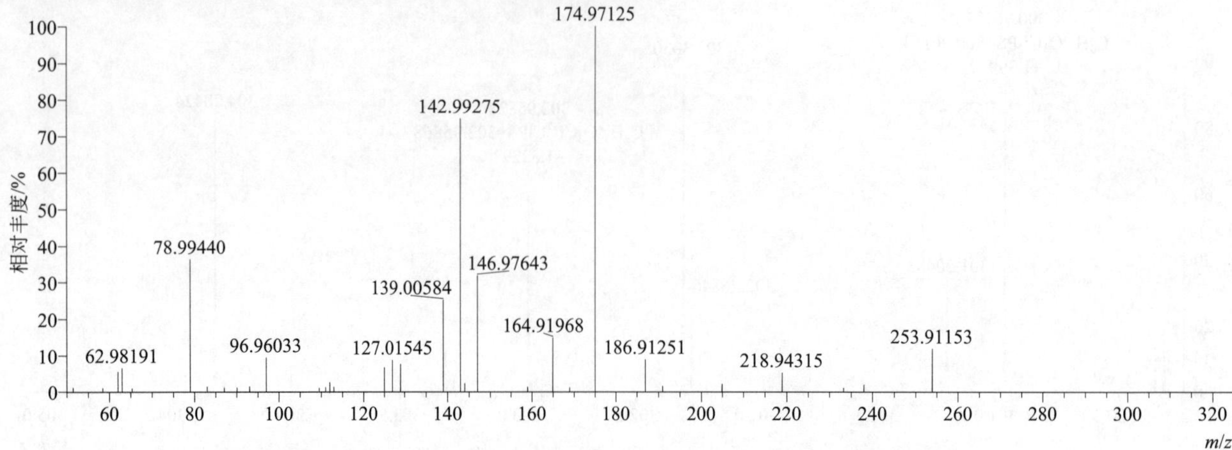

[M+H]⁺ 阶梯归一化法能量 Step NCE 为 20、40、60 时典型的二级质谱图

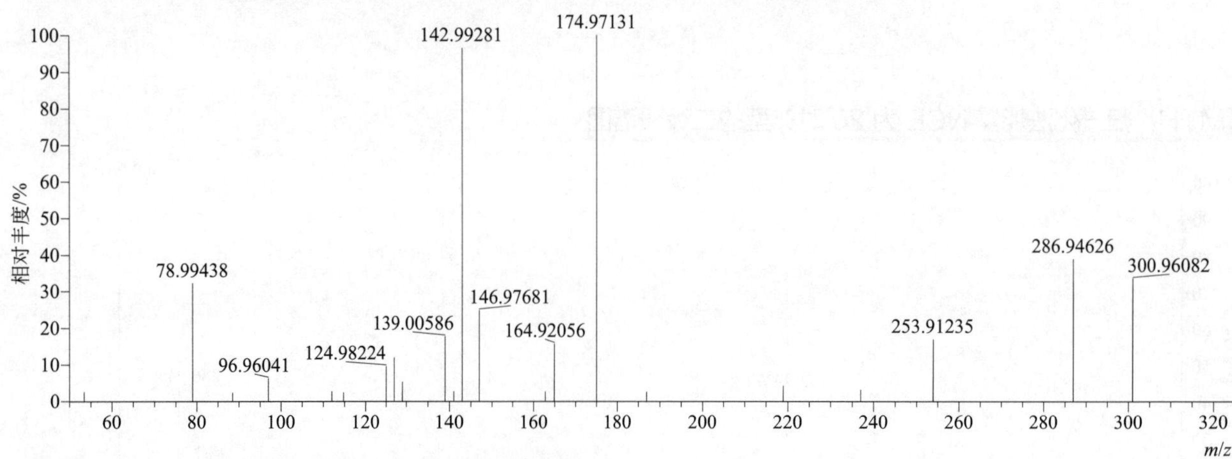

tolfenpyrad（唑虫酰胺）

基本信息

CAS 登录号	129558-76-5	分子量	383.14005	离子源和极性	电喷雾离子源（ESI）
分子式	$C_{21}H_{22}ClN_3O_2$	保留时间	15.81min	极性	正模式

[M+H]⁺ 提取离子流色谱图

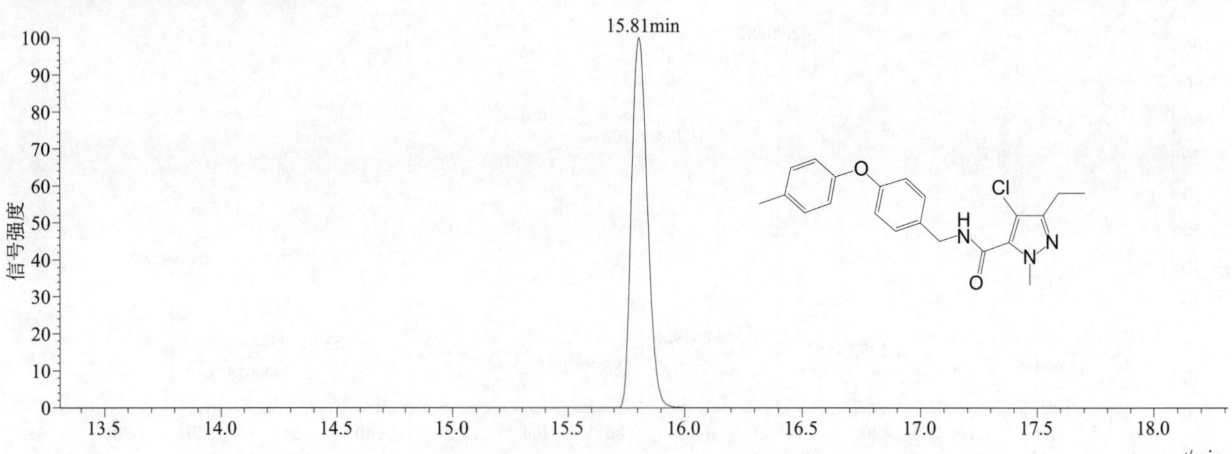

$[M+H]^+$ 典型的一级质谱图

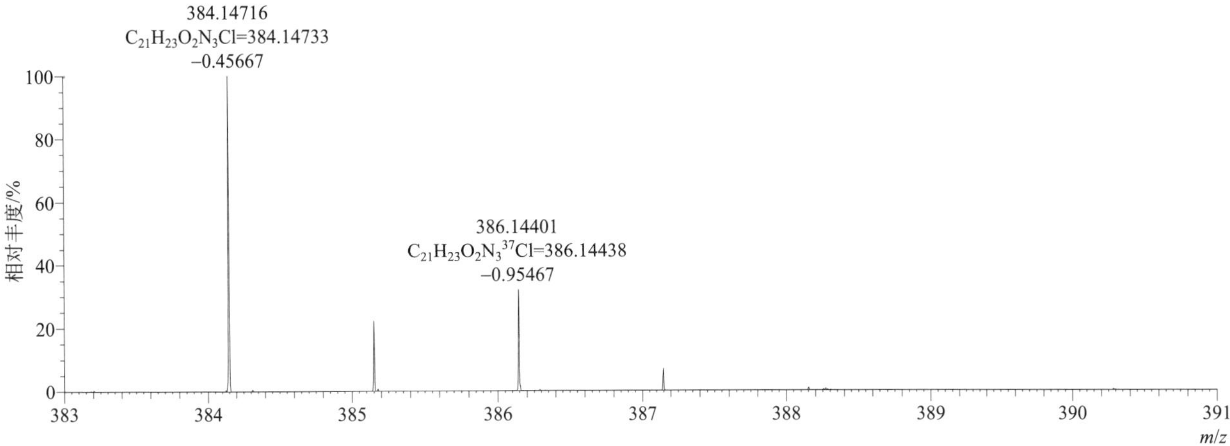

$[M+H]^+$ 归一化法能量 NCE 为 20 时典型的二级质谱图

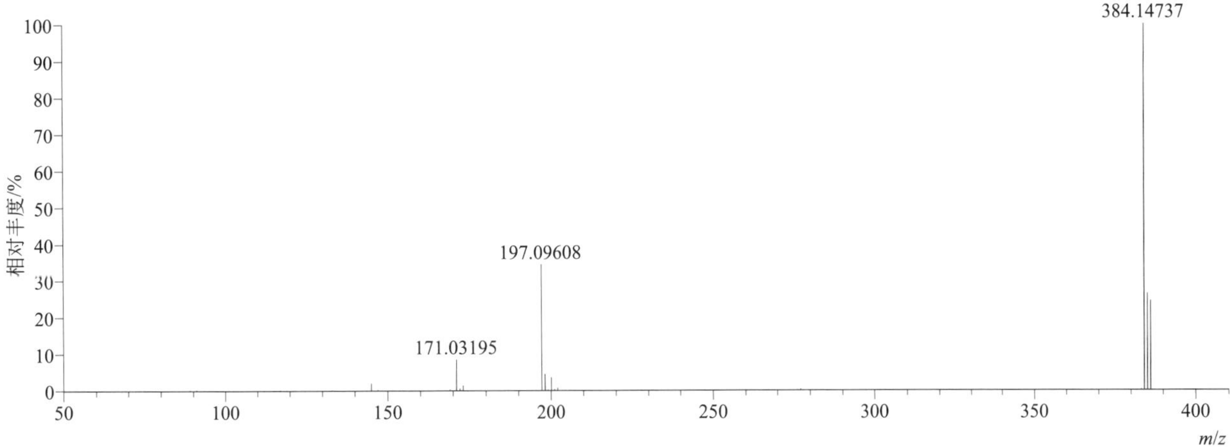

$[M+H]^+$ 归一化法能量 NCE 为 40 时典型的二级质谱图

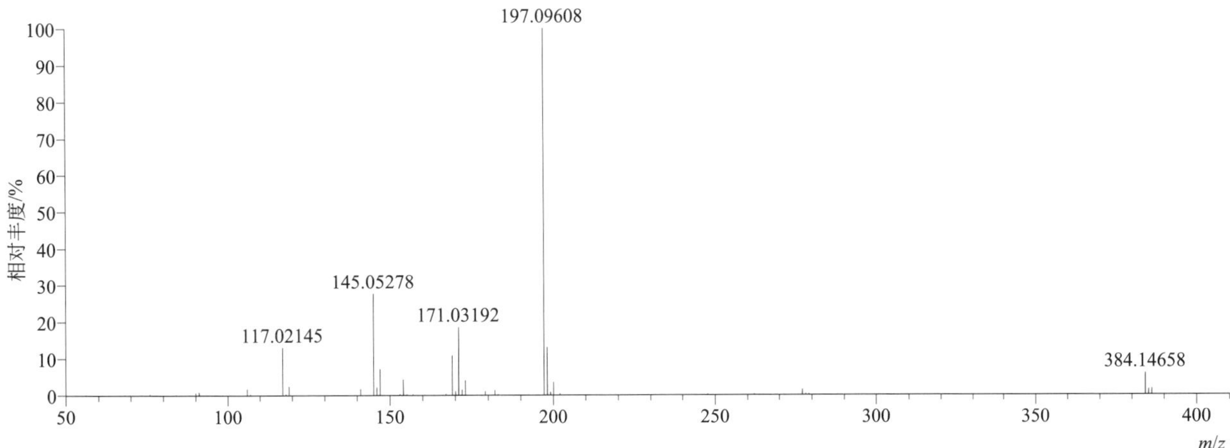

[M+H]+ 归一化法能量 NCE 为 60 时典型的二级质谱图

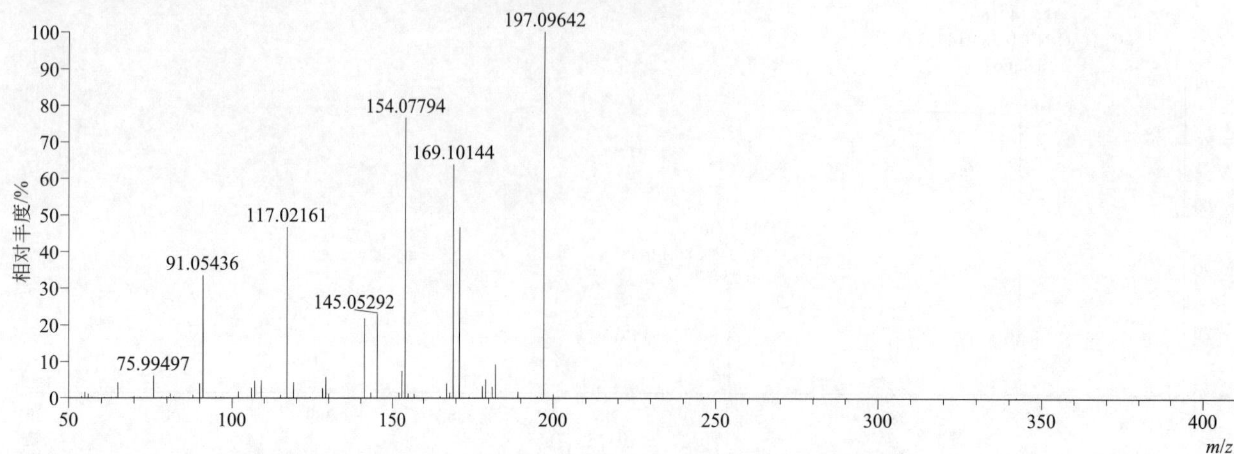

[M+H]+ 阶梯归一化法能量 Step NCE 为 20、40、60 时典型的二级质谱图

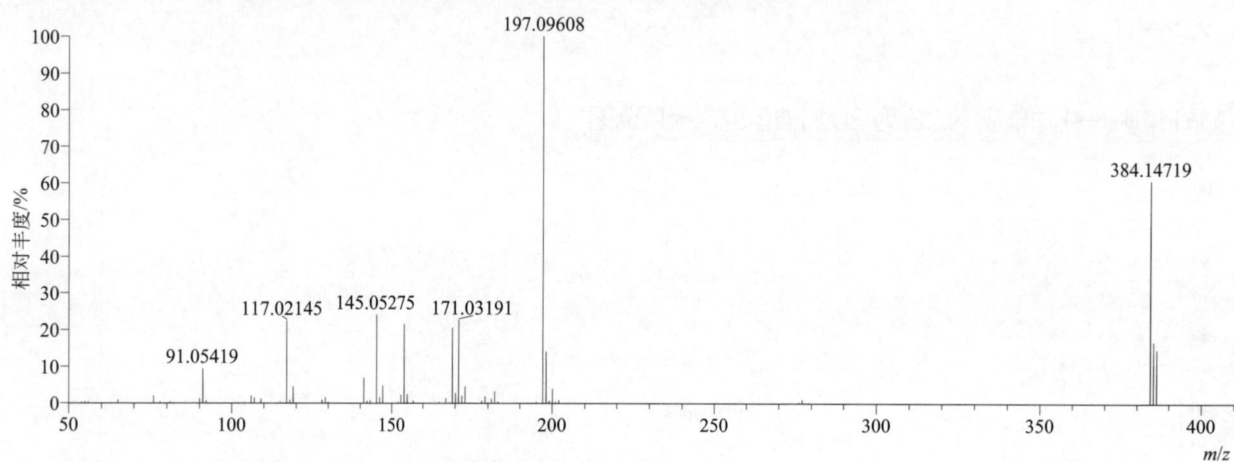

tralkoxydim（肟草酮）

基本信息

CAS 登录号	87820-88-0	分子量	329.19909	离子源和极性	电喷雾离子源（ESI）
分子式	$C_{20}H_{27}NO_3$	保留时间	15.97min	极性	正模式

[M+H]+ 提取离子流色谱图

15.97min

信号强度

OH N O O

t/min

[M+H]+ 典型的一级质谱图

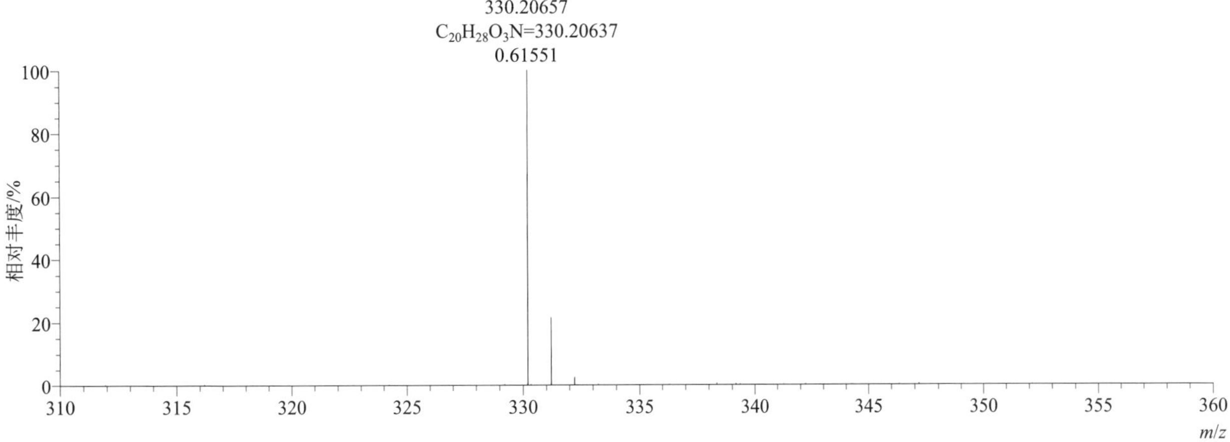

[M+H]+ 归一化法能量 NCE 为 20 时典型的二级质谱图

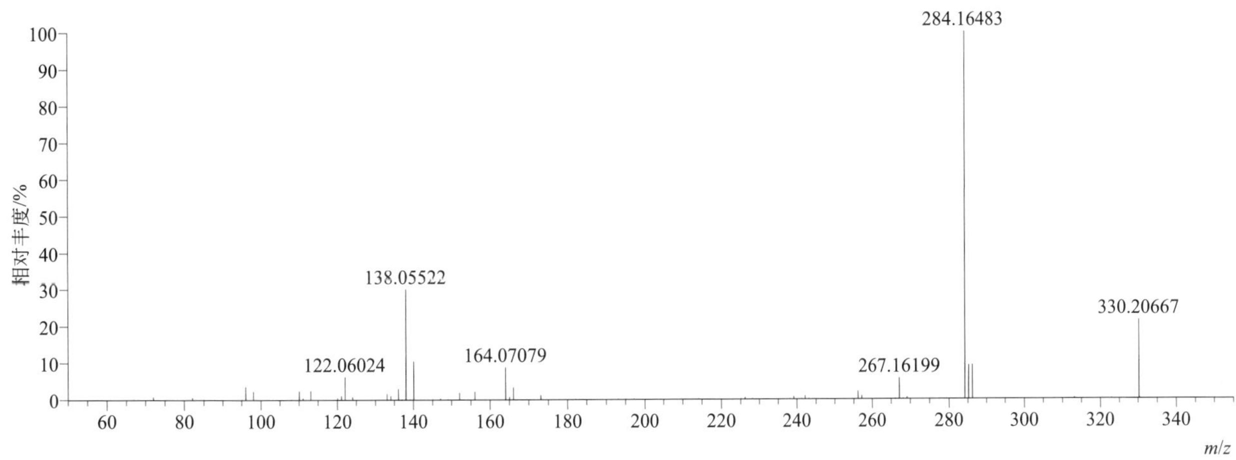

[M+H]+ 归一化法能量 NCE 为 40 时典型的二级质谱图

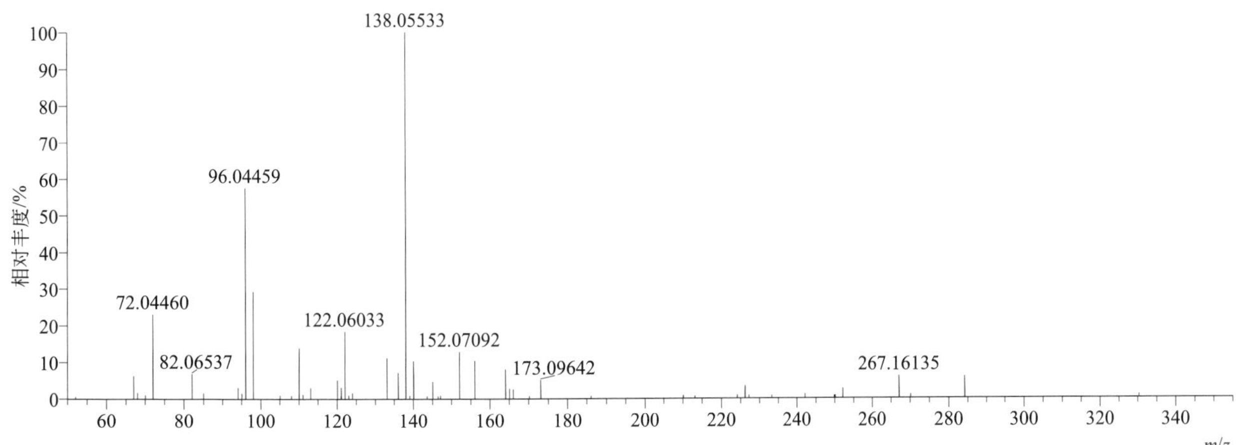

[M+H]$^+$ 归一化法能量 NCE 为 60 时典型的二级质谱图

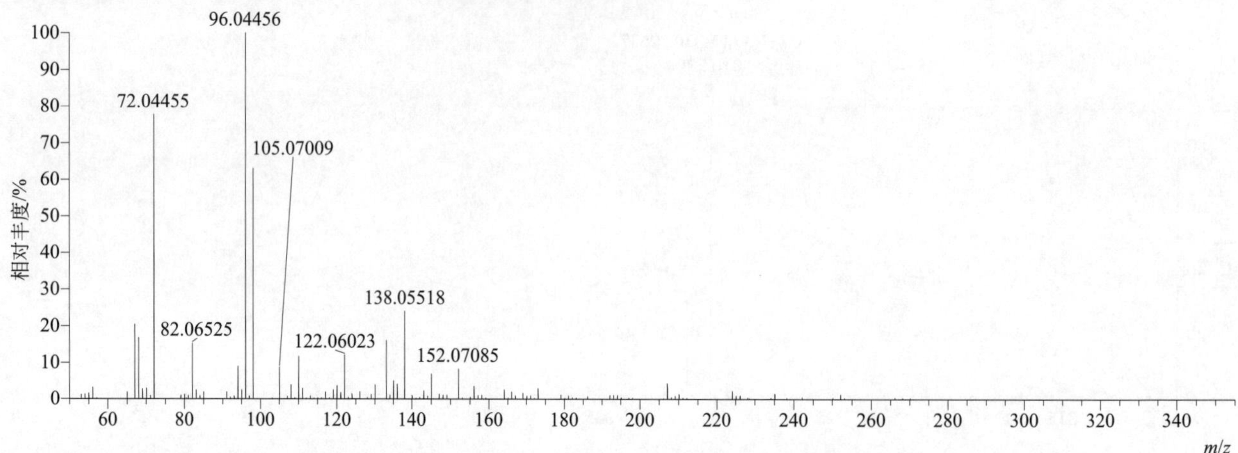

[M+H]$^+$ 阶梯归一化法能量 Step NCE 为 20、40、60 时典型的二级质谱图

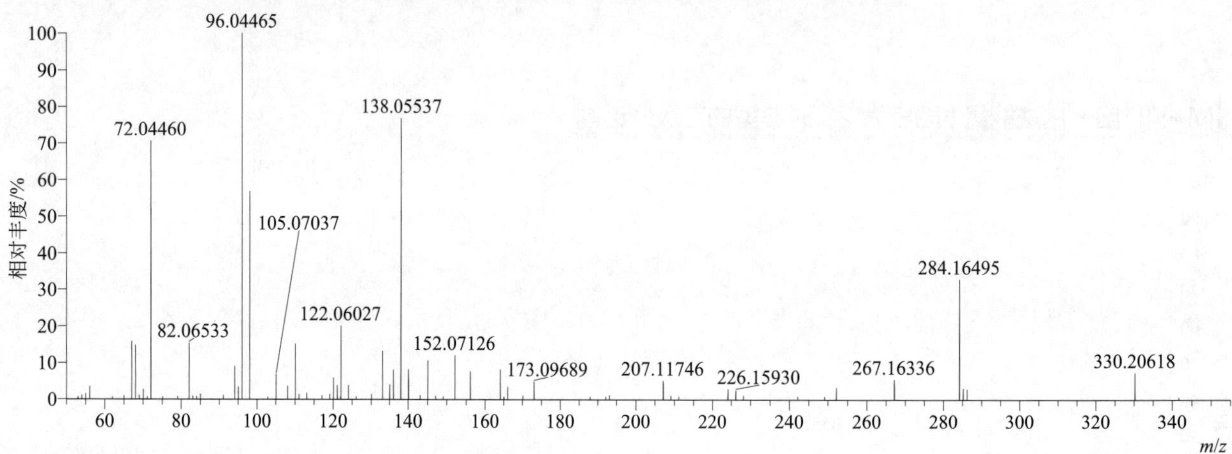

triadimefon（三唑酮）

基本信息

CAS 登录号	43121-43-3	分子量	293.09310	离子源和极性	电喷雾离子源（ESI）
分子式	$C_{14}H_{16}ClN_3O_2$	保留时间	14.51min	极性	正模式

[M+H]$^+$ 提取离子流色谱图

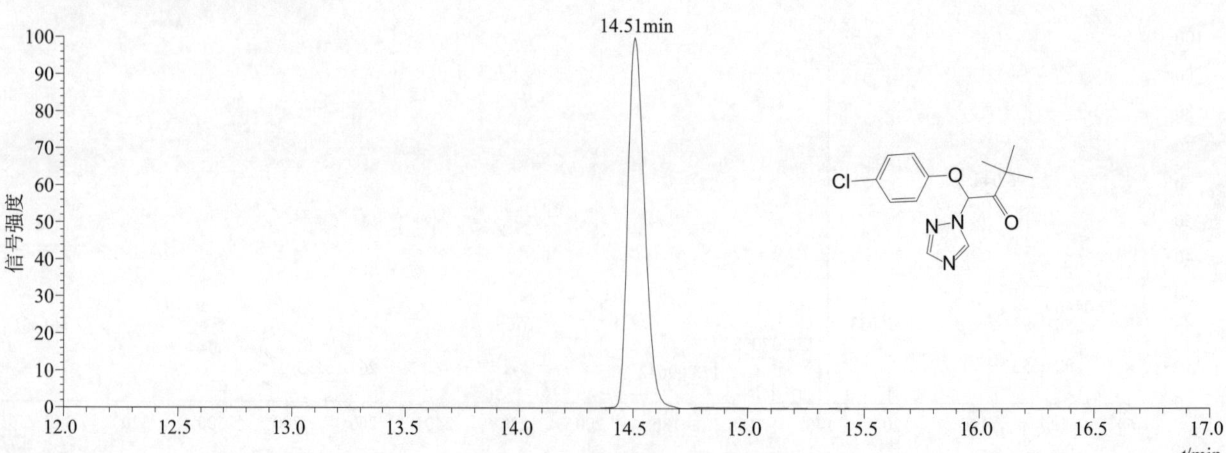

$[M+H]^+$ 典型的一级质谱图

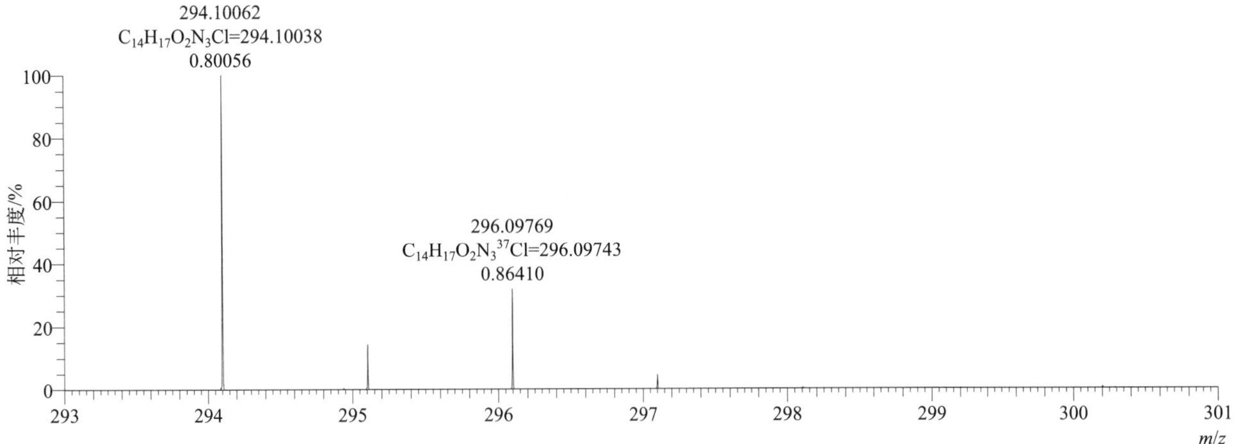

$[M+H]^+$ 归一化法能量 NCE 为 20 时典型的二级质谱图

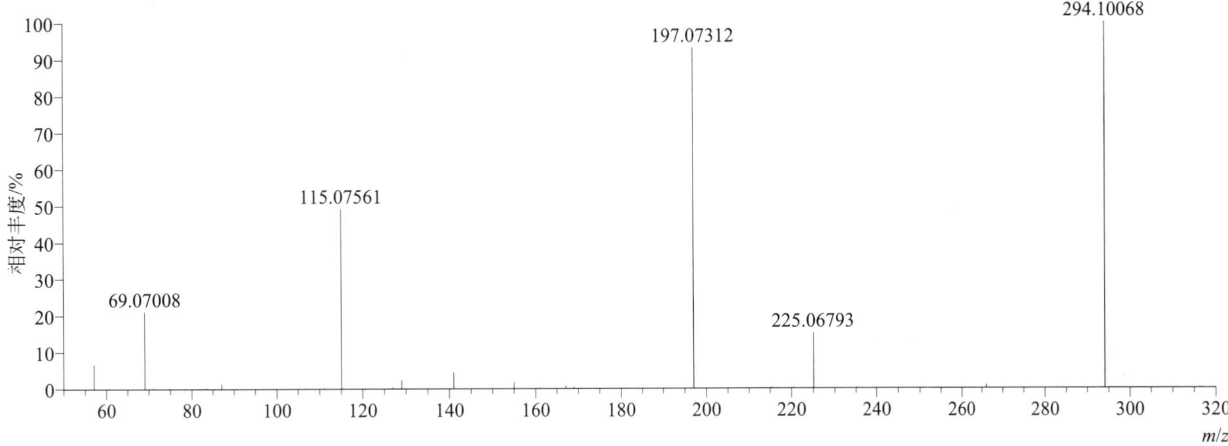

$[M+H]^+$ 归一化法能量 NCE 为 40 时典型的二级质谱图

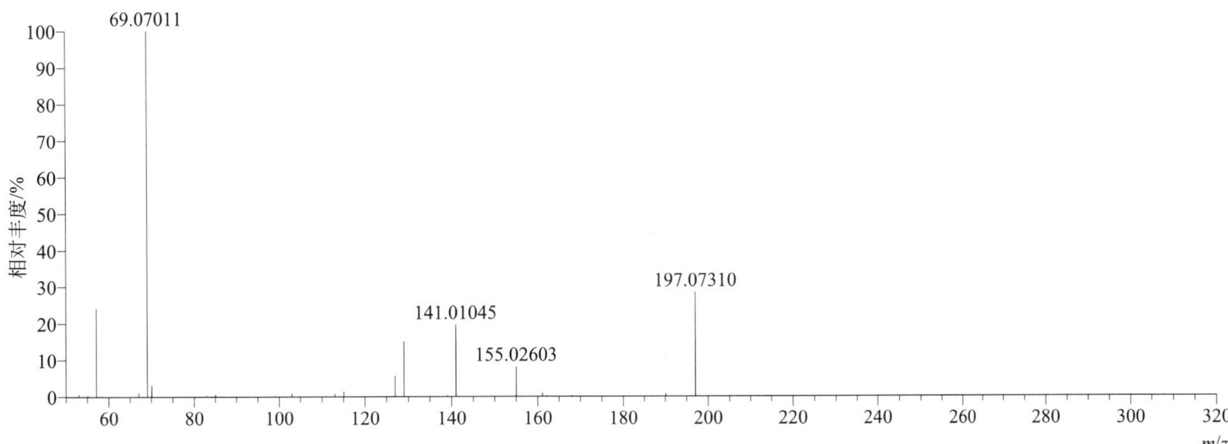

[M+H]$^+$ 归一化法能量 NCE 为 60 时典型的二级质谱图

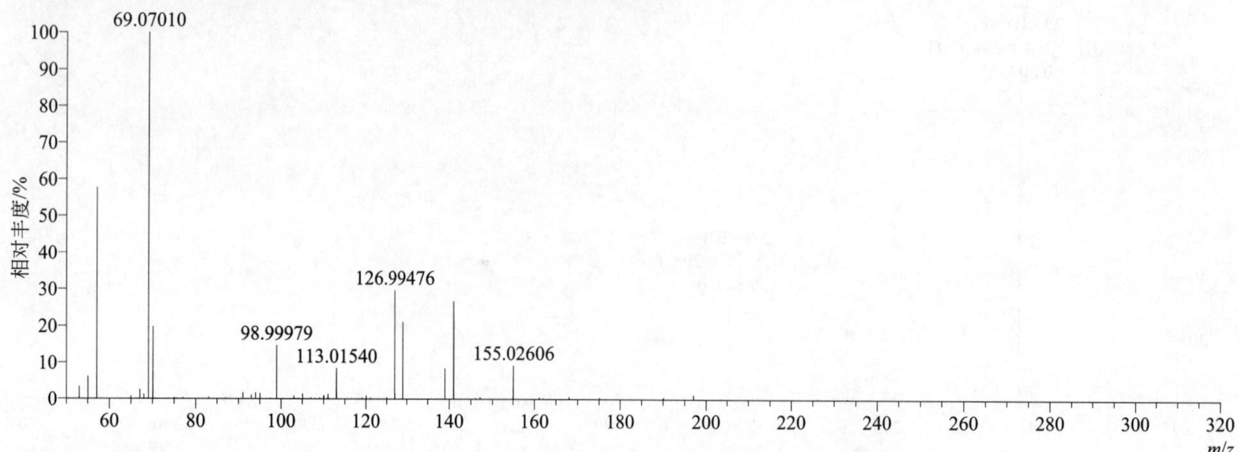

[M+H]$^+$ 阶梯归一化法能量 Step NCE 为 20、40、60 时典型的二级质谱图

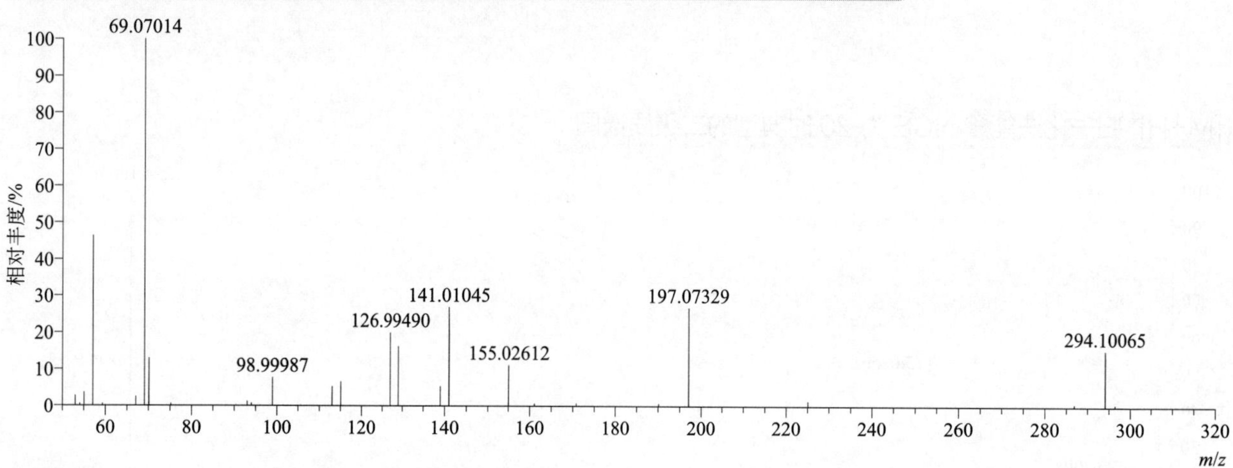

triadimenol（三唑醇）

基本信息

CAS 登录号	55219-65-3	分子量	295.10875	离子源和极性	电喷雾离子源（ESI）
分子式	$C_{14}H_{18}ClN_3O_2$	保留时间	14.60min	极性	正模式

[M+H]$^+$ 提取离子流色谱图

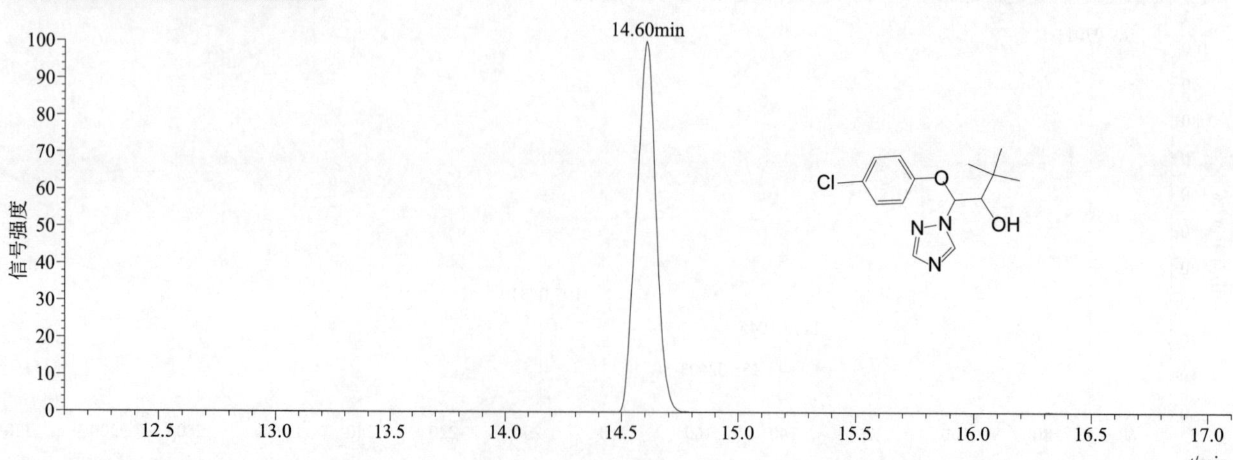

[M+H]⁺ 典型的一级质谱图

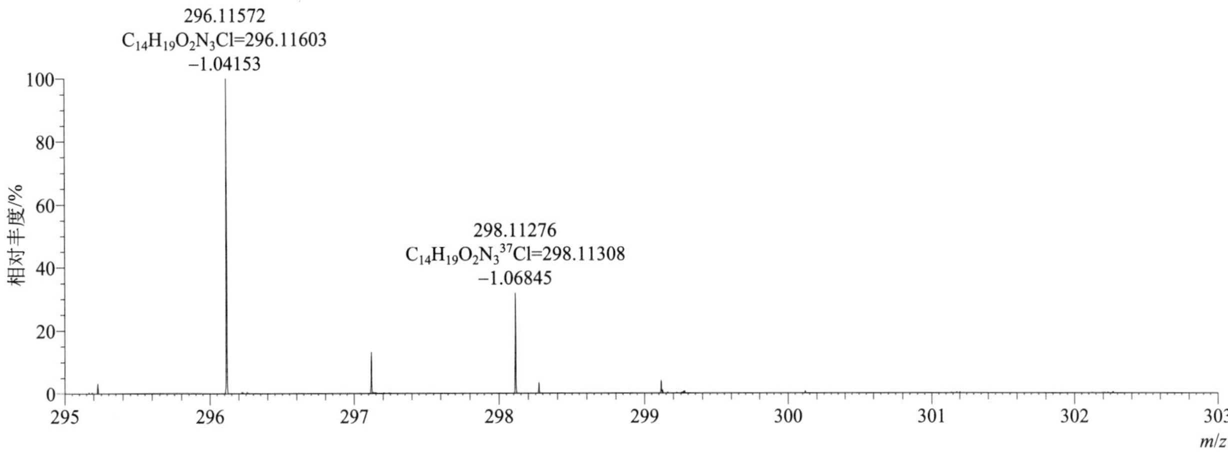

[M+H]⁺ 归一化法能量 NCE 为 10 时典型的二级质谱图

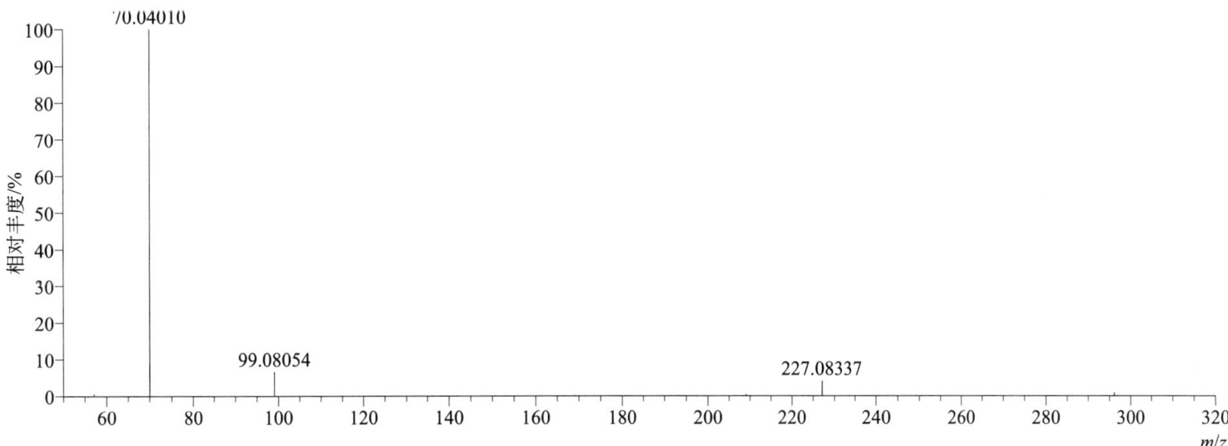

[M+H]⁺ 归一化法能量 NCE 为 20 时典型的二级质谱图

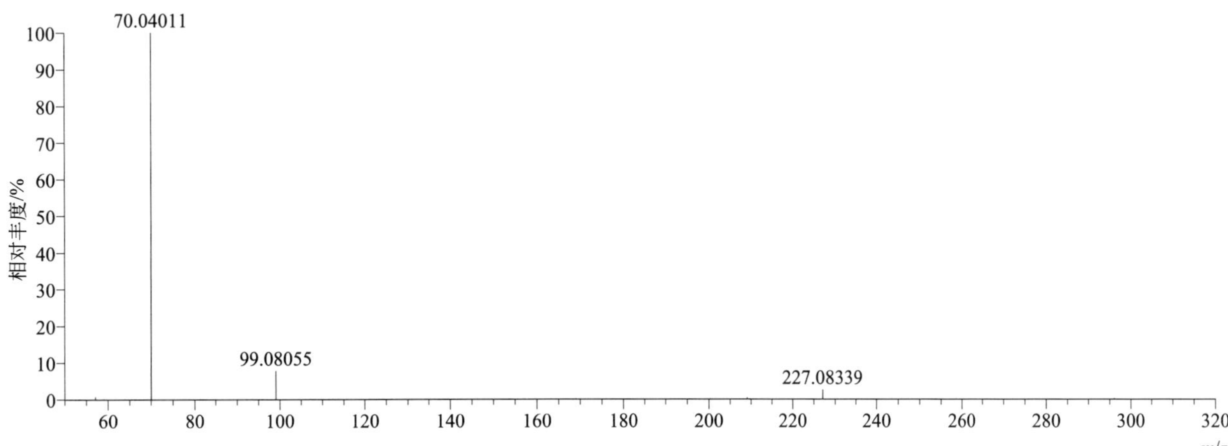

[M+H]+ 归一化法能量 NCE 为 30 时典型的二级质谱图

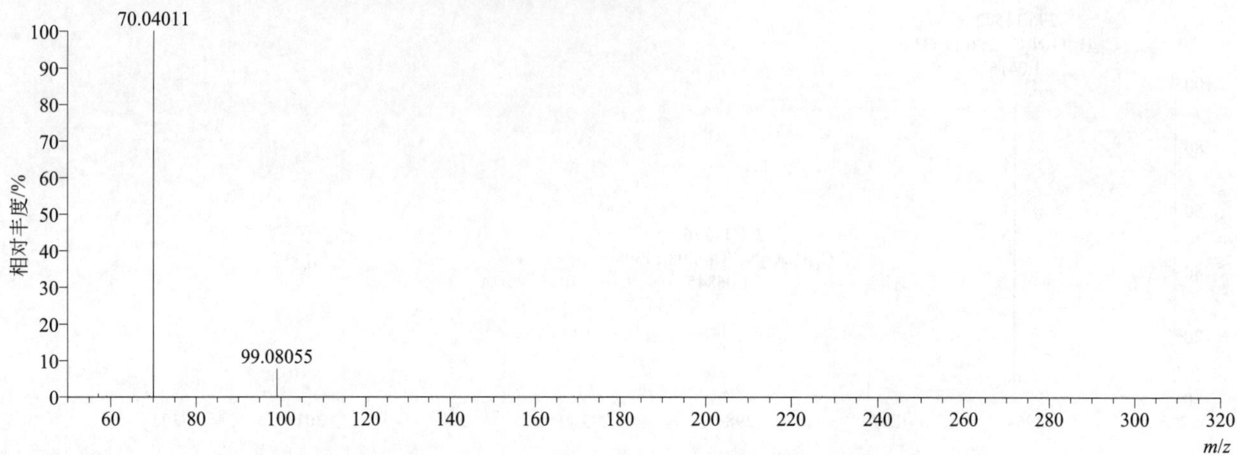

[M+H]+ 阶梯归一化法能量 Step NCE 为 10、20、30 时典型的二级质谱图

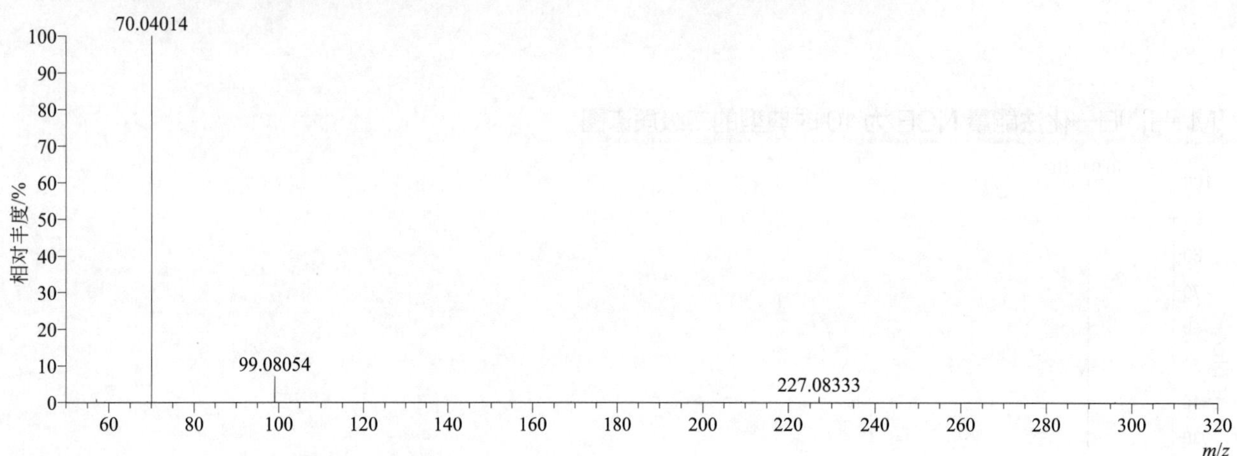

triallate（野麦畏）

基本信息

CAS 登录号	2303-17-5	分子量	303.00182	离子源和极性	电喷雾离子源（ESI）
分子式	$C_{10}H_{16}Cl_3NOS$	保留时间	16.05min	极性	正模式

[M+H]+ 提取离子流色谱图

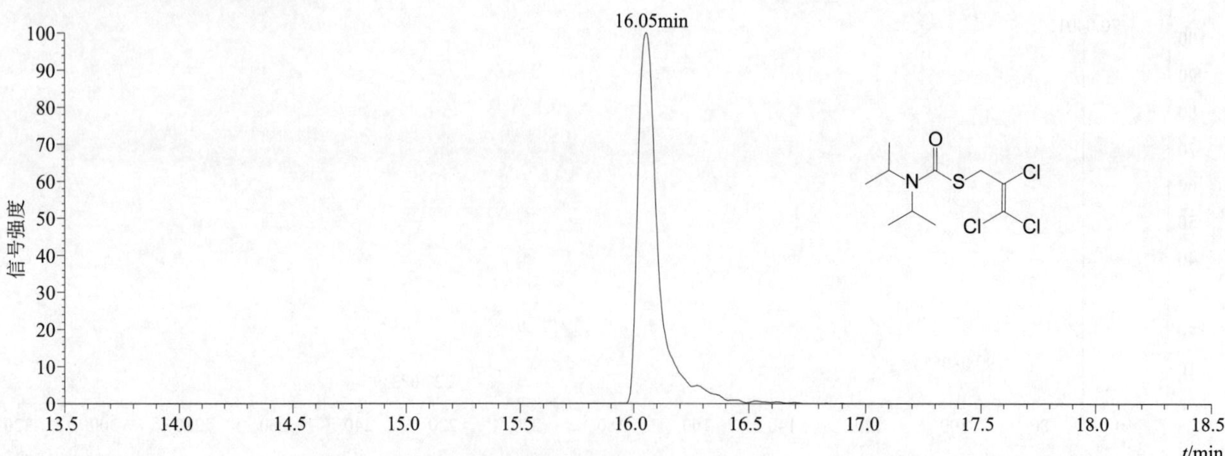

$[M+H]^+$ 典型的一级质谱图

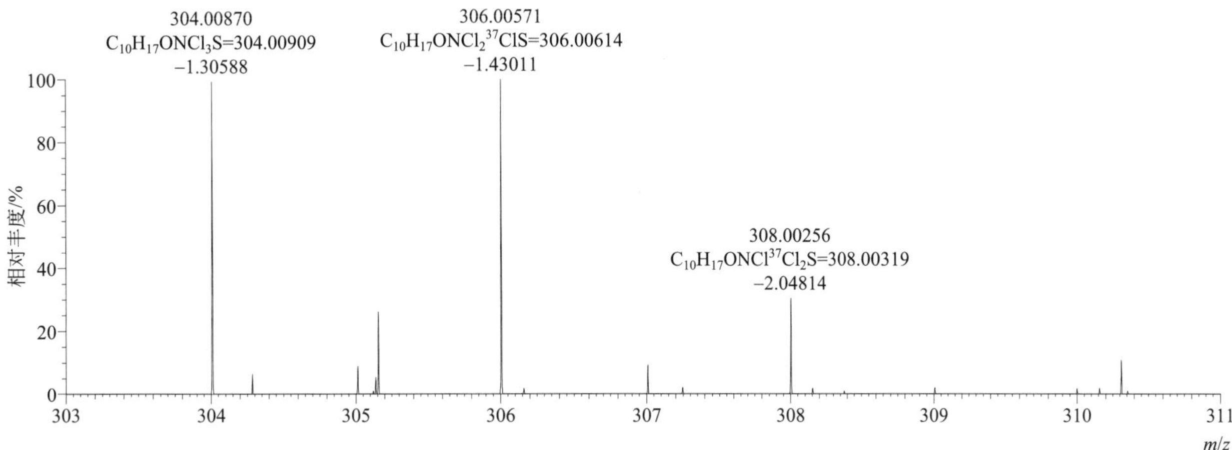

$[M+H]^+$ 归一化法能量 NCE 为 20 时典型的二级质谱图

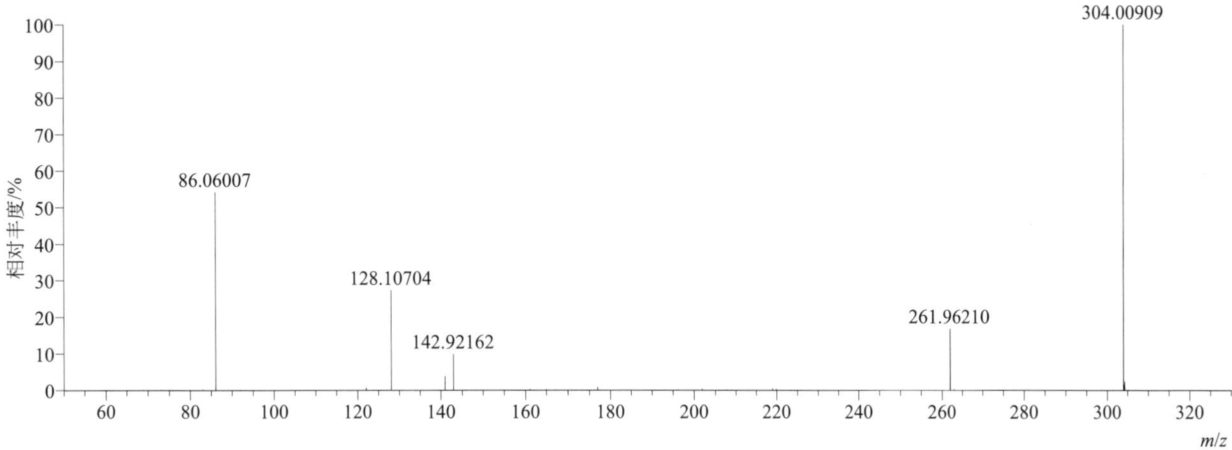

$[M+H]^+$ 归一化法能量 NCE 为 40 时典型的二级质谱图

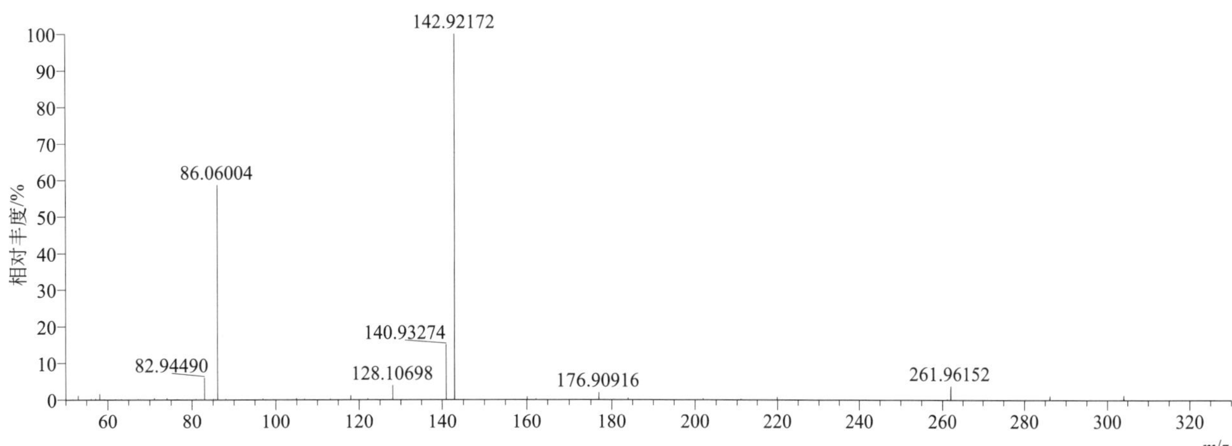

[M+H]+ 归一化法能量 NCE 为 60 时典型的二级质谱图

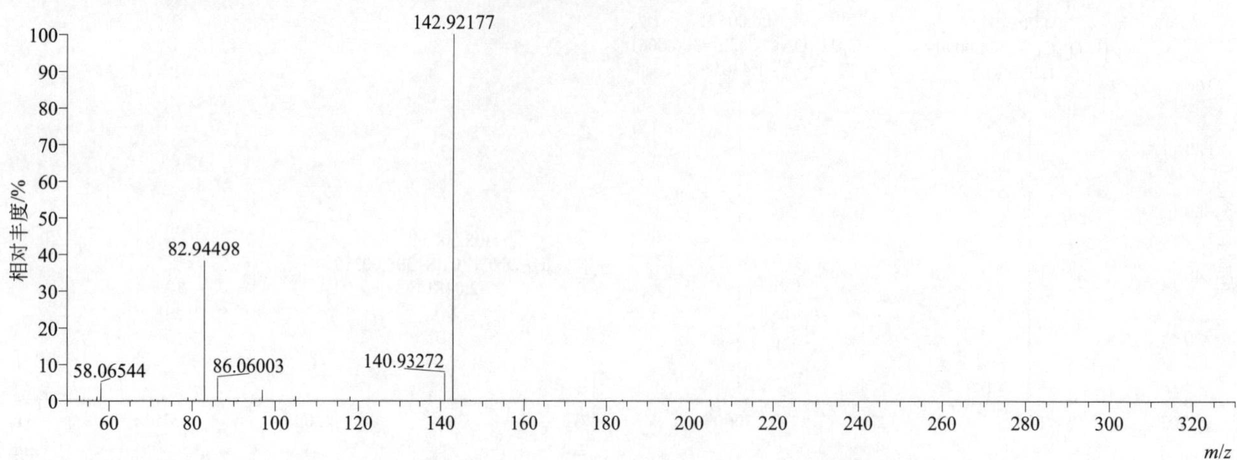

[M+H]+ 阶梯归一化法能量 Step NCE 为 20、40、60 时典型的二级质谱图

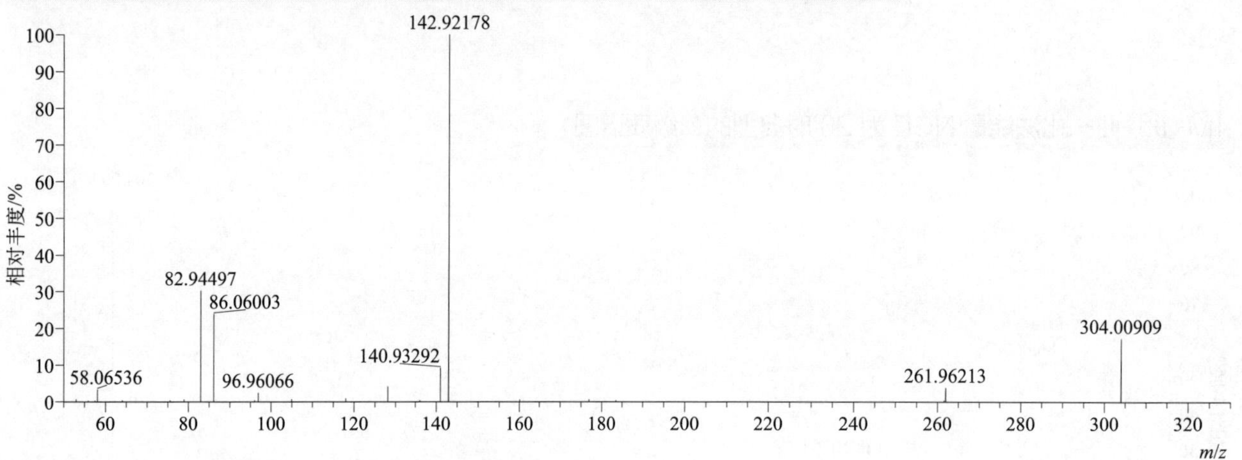

triapenthenol（抑芽唑）

基本信息

CAS 登录号	76608-88-3	分子量	263.19976	离子源和极性	电喷雾离子源（ESI）
分子式	$C_{15}H_{25}N_3O$	保留时间	14.94min	极性	正模式

[M+H]+ 提取离子流色谱图

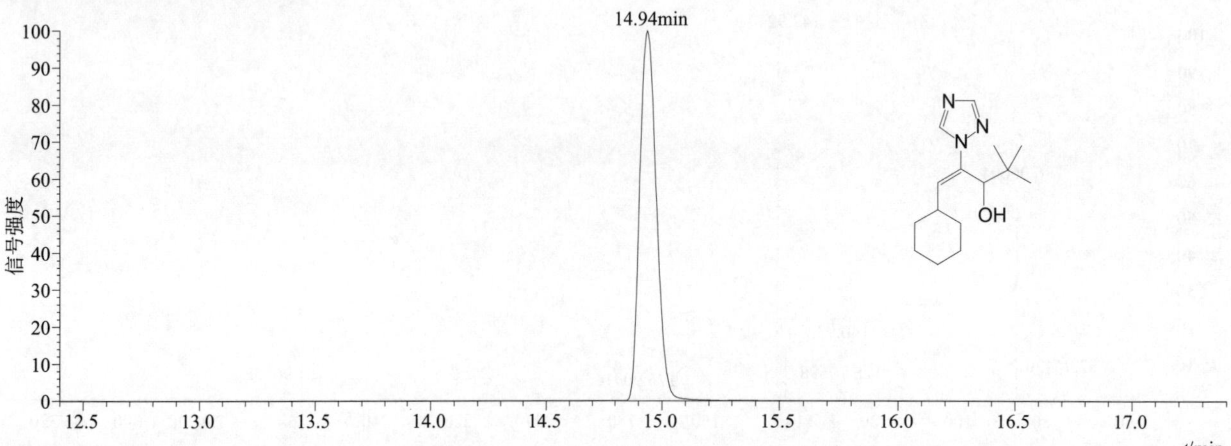

[M+H]+ 典型的一级质谱图

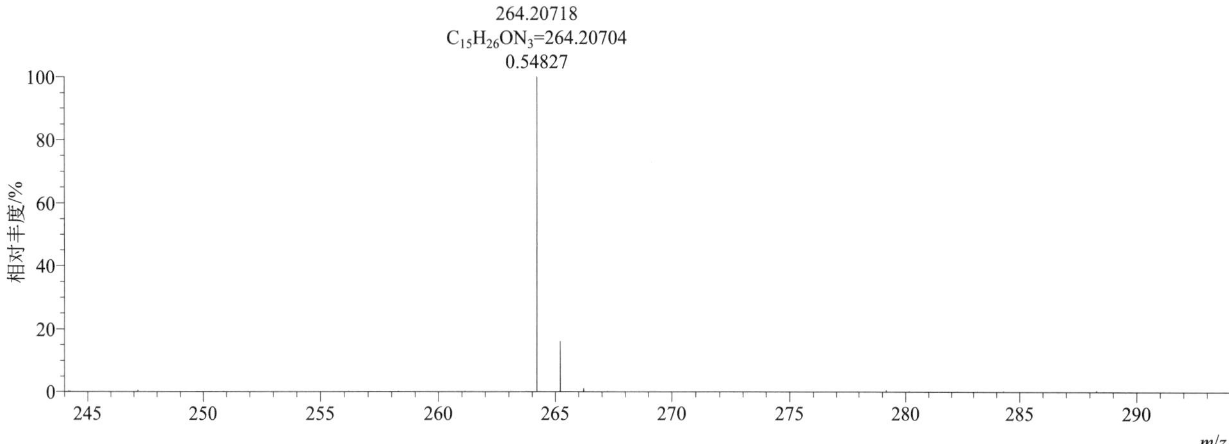

[M+H]+ 归一化法能量 NCE 为 20 时典型的二级质谱图

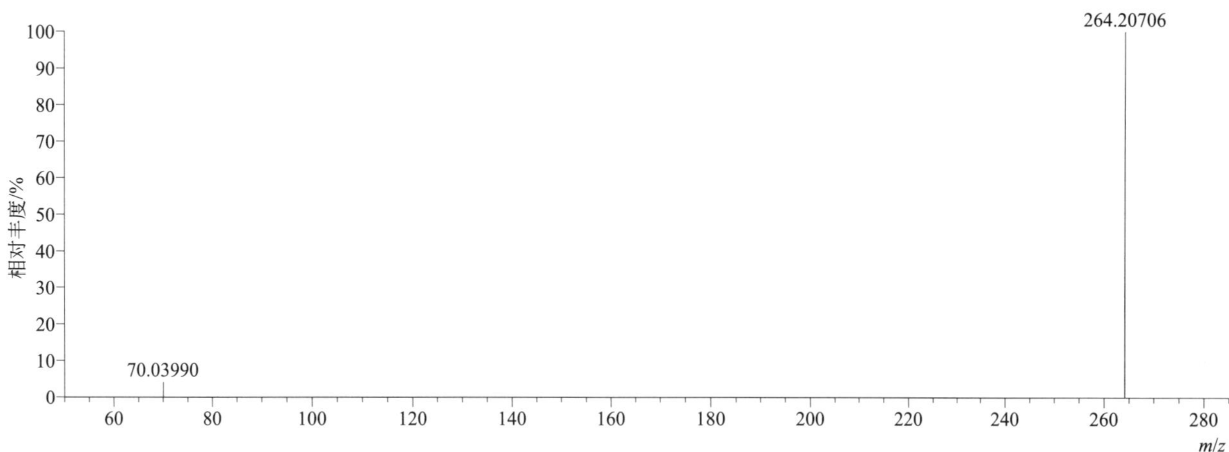

[M+H]+ 归一化法能量 NCE 为 40 时典型的二级质谱图

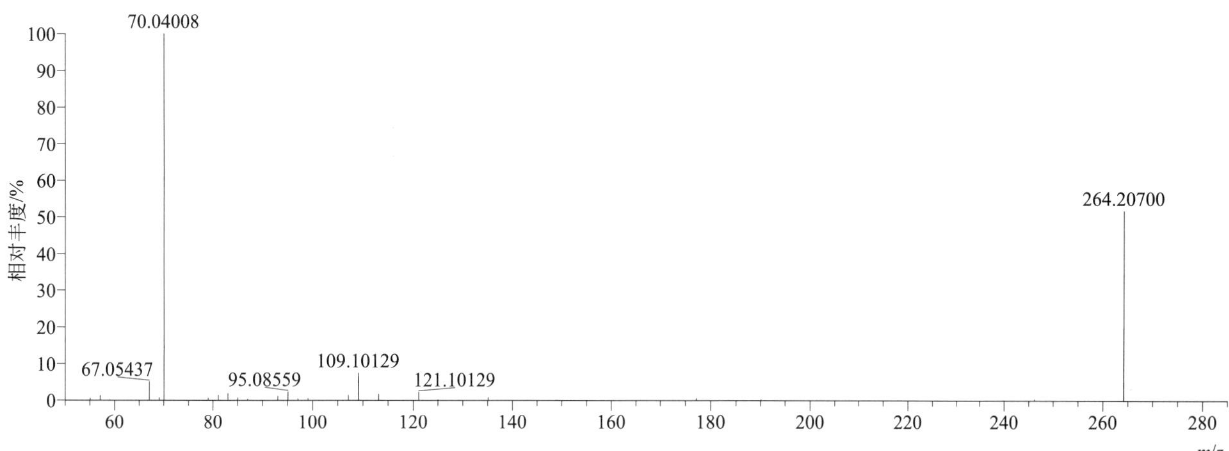

[M+H]+ 归一化法能量 NCE 为 60 时典型的二级质谱图

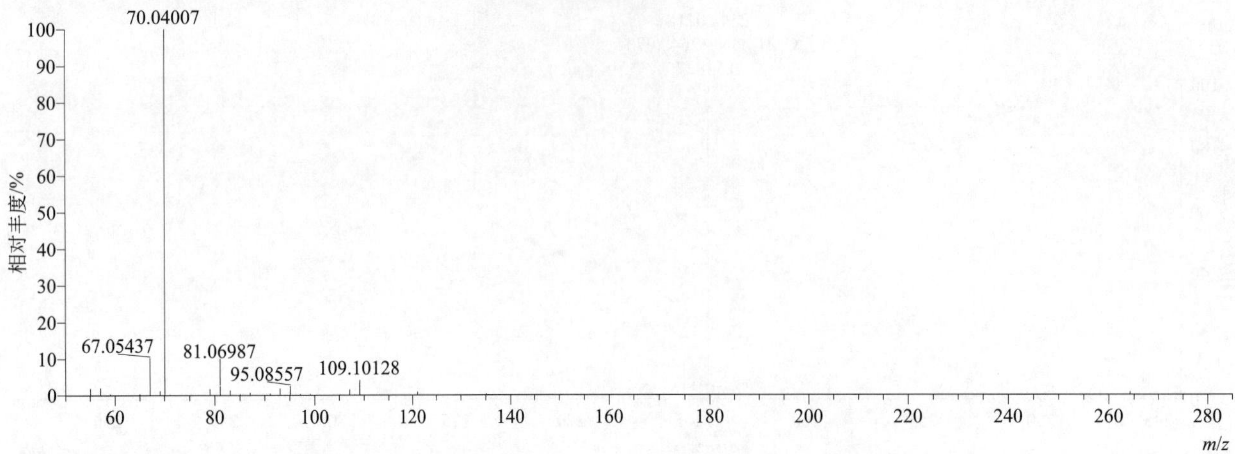

[M+H]+ 阶梯归一化法能量 Step NCE 为 20、40、60 时典型的二级质谱图

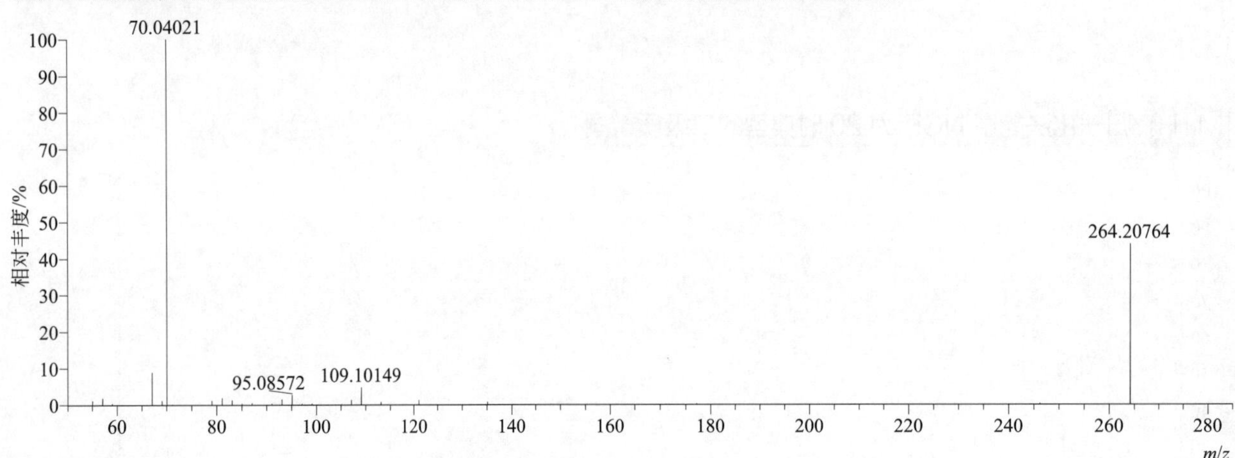

triasulfuron（醚苯磺隆）

基本信息

CAS 登录号	82097-50-5	分子量	401.05607	离子源和极性	电喷雾离子源（ESI）
分子式	$C_{14}H_{16}ClN_5O_5S$	保留时间	12.96min	极性	正模式

[M+H]+ 提取离子流色谱图

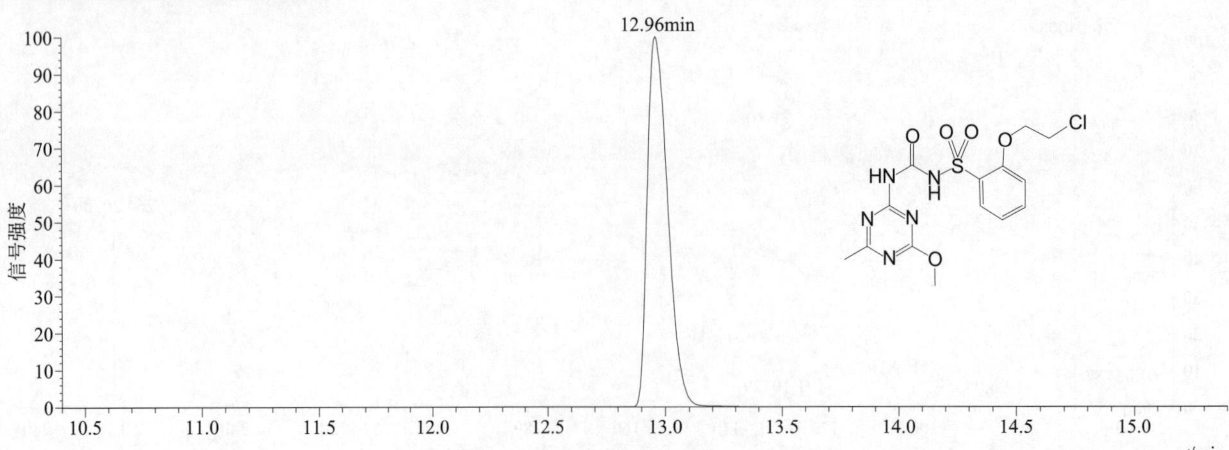

$[M+H]^+$ 和 $[M+Na]^+$ 典型的一级质谱图

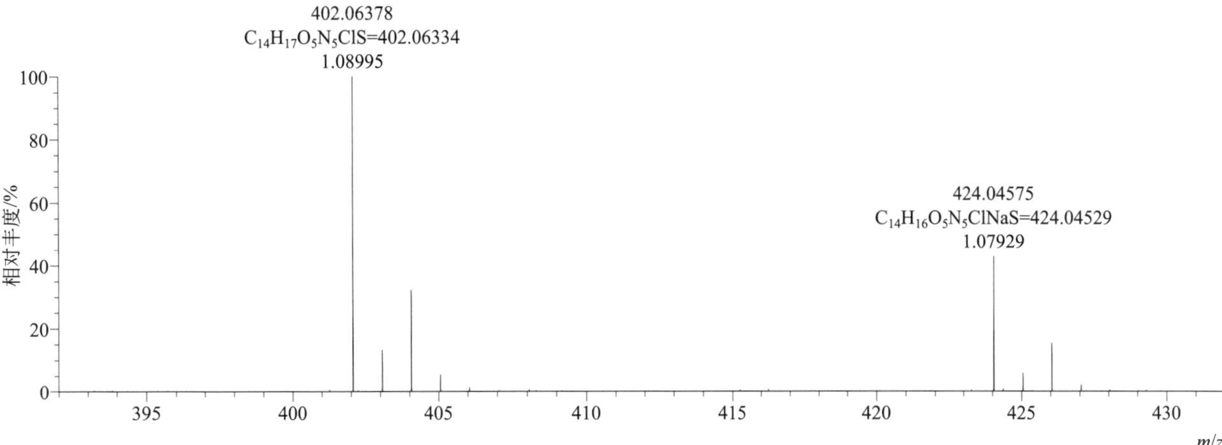

$[M+H]^+$ 典型的一级质谱图

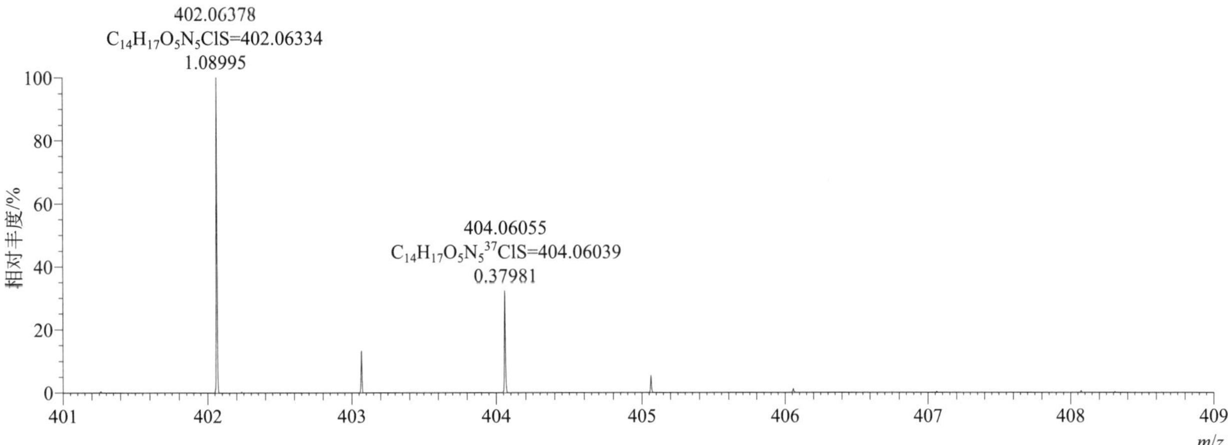

$[M+Na]^+$ 典型的一级质谱图

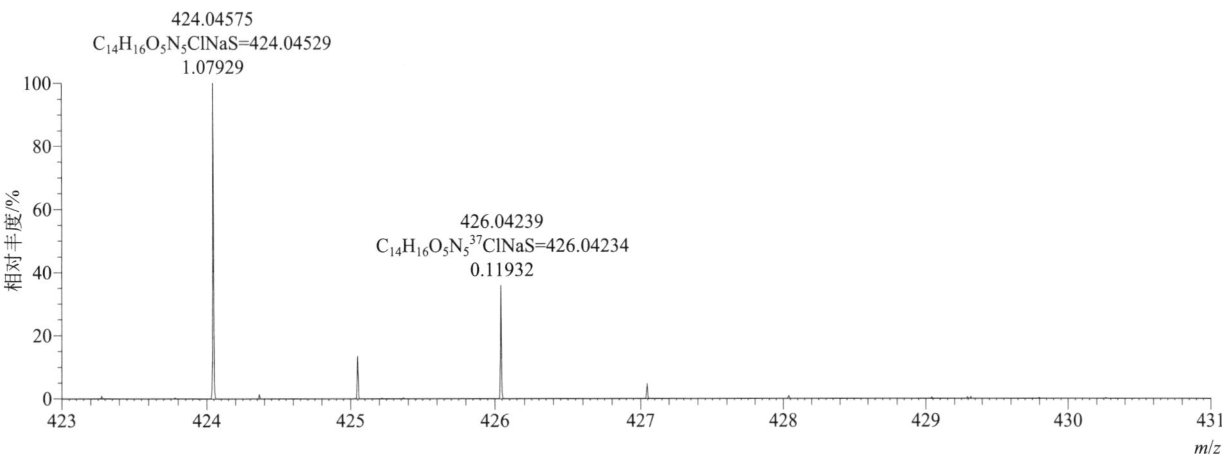

[M+H]+ 归一化法能量 NCE 为 20 时典型的二级质谱图

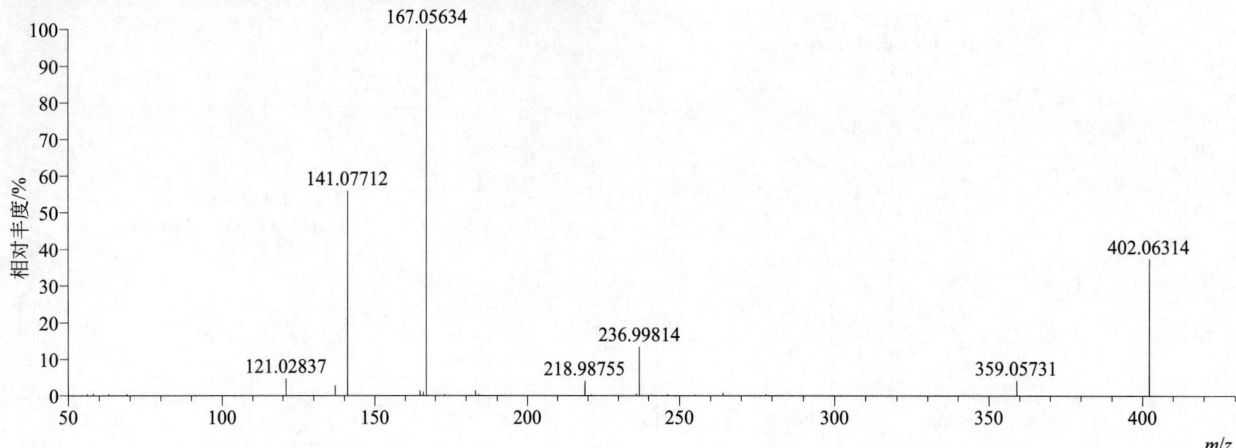

[M+H]+ 归一化法能量 NCE 为 40 时典型的二级质谱图

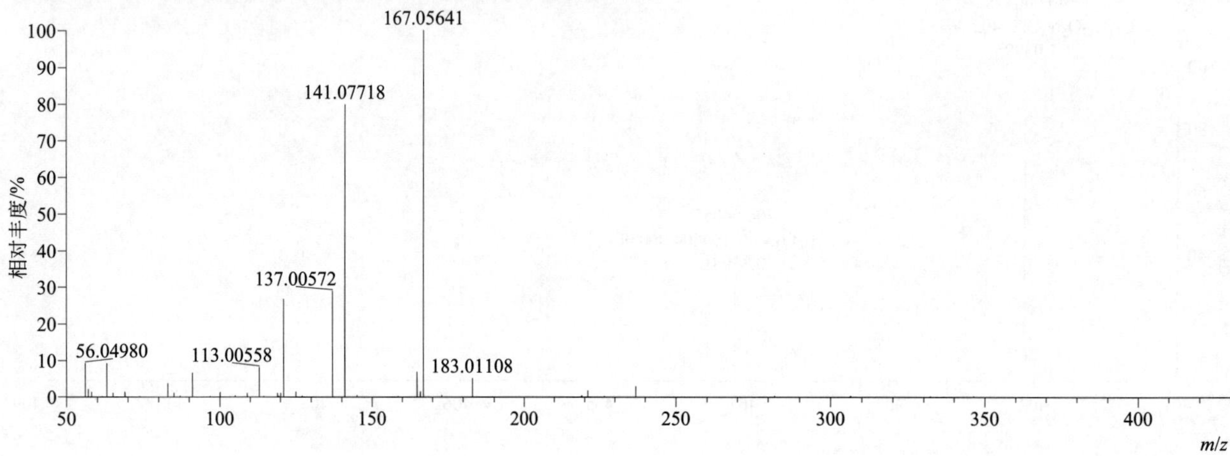

[M+H]+ 归一化法能量 NCE 为 60 时典型的二级质谱图

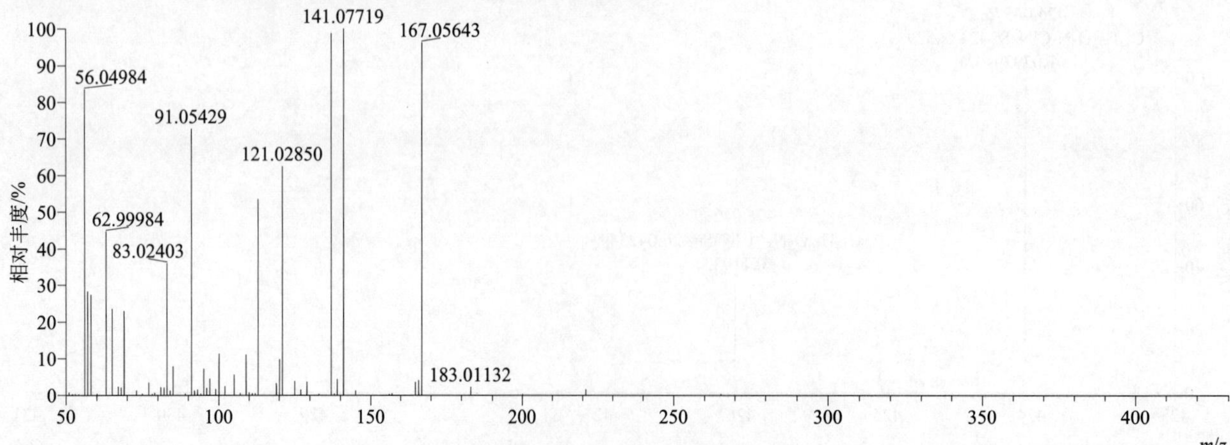

[M+H]+ 阶梯归一化法能量 Step NCE 为 20、40、60 时典型的二级质谱图

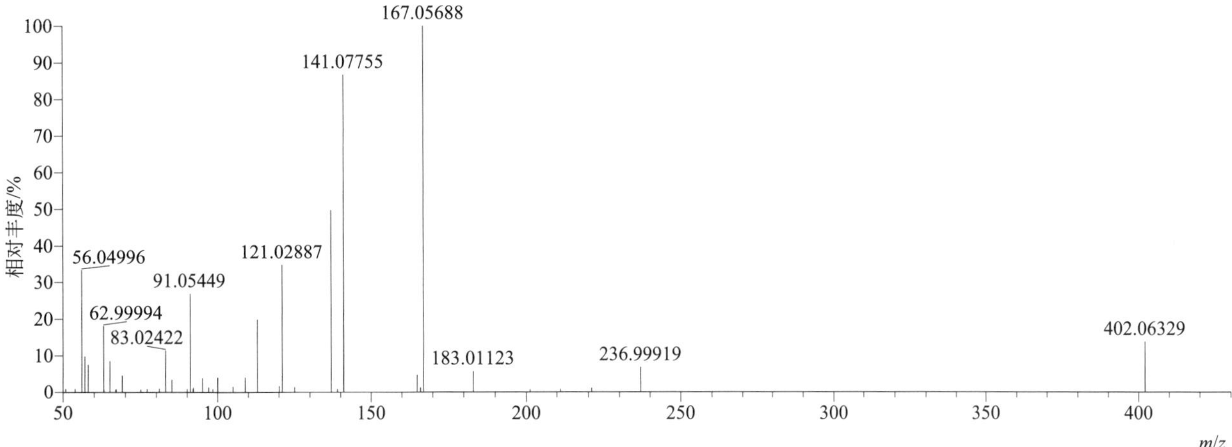

triazophos（三唑磷）

基本信息

CAS 登录号	24017-47-8	分子量	313.06500	离子源和极性	电喷雾离子源（ESI）
分子式	$C_{12}H_{16}N_3O_3PS$	保留时间	14.62min	极性	正模式

[M+H]+ 提取离子流色谱图

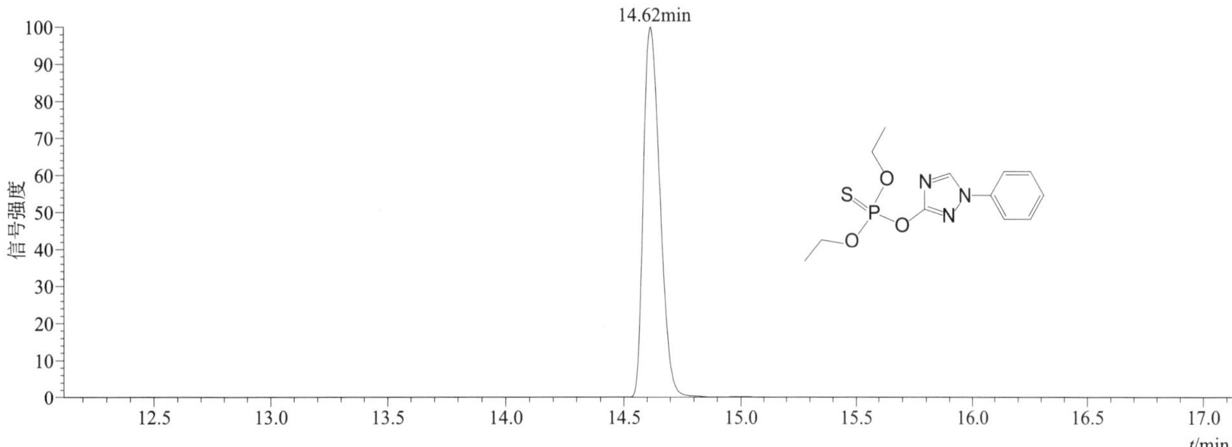

[M+H]+ 典型的一级质谱图

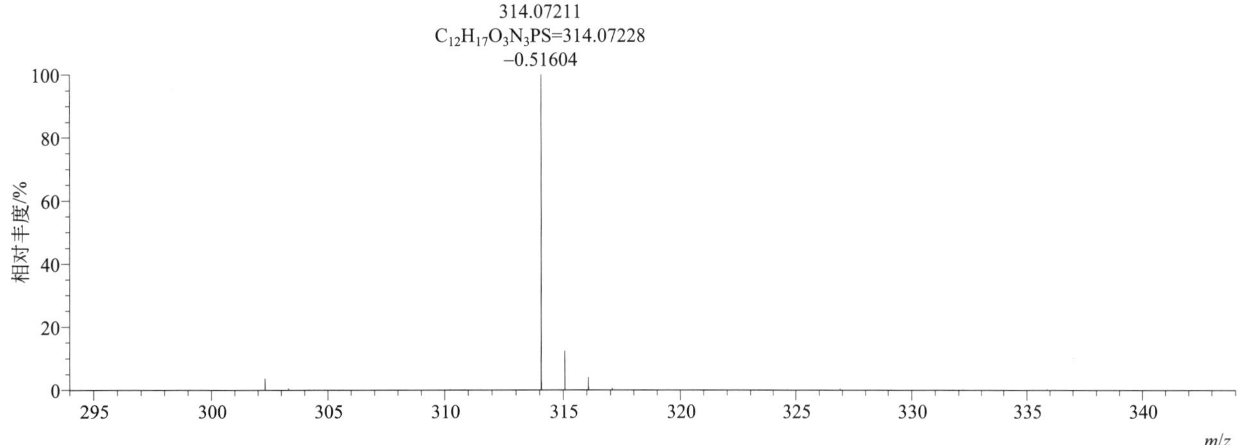

[M+H]+ 归一化法能量 NCE 为 20 时典型的二级质谱图

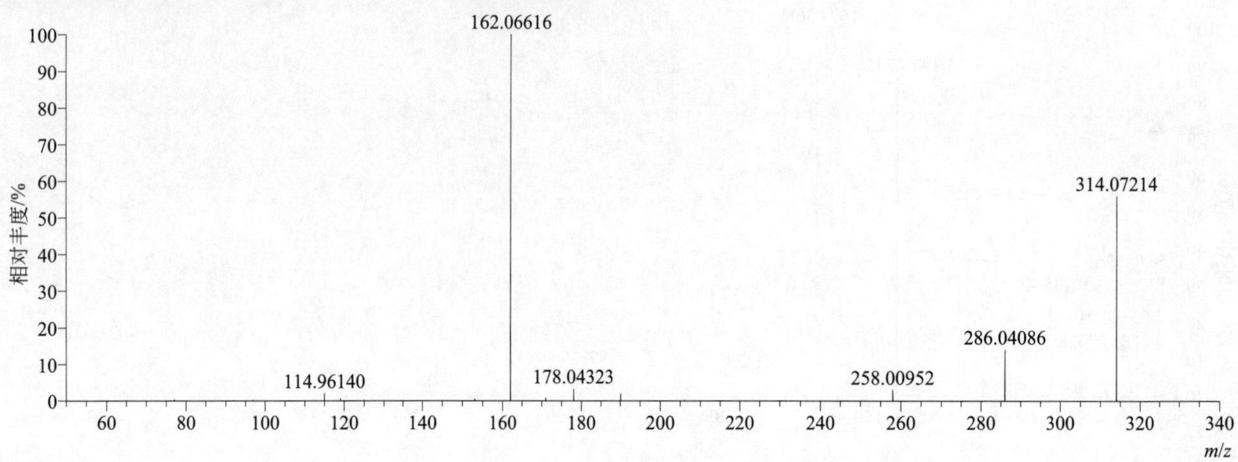

[M+H]+ 归一化法能量 NCE 为 40 时典型的二级质谱图

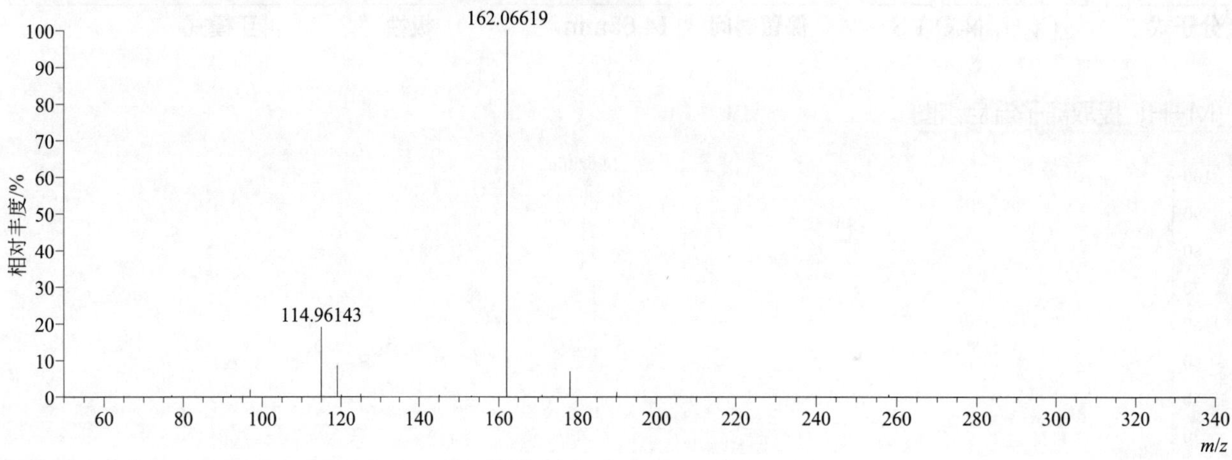

[M+H]+ 归一化法能量 NCE 为 60 时典型的二级质谱图

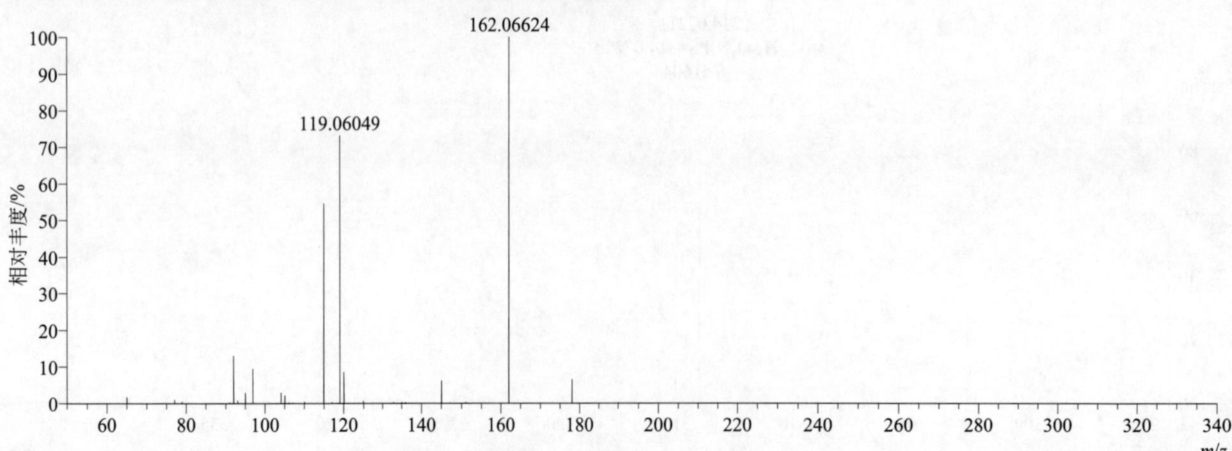

[M+H]+ 阶梯归一化法能量 Step NCE 为 20、40、60 时典型的二级质谱图

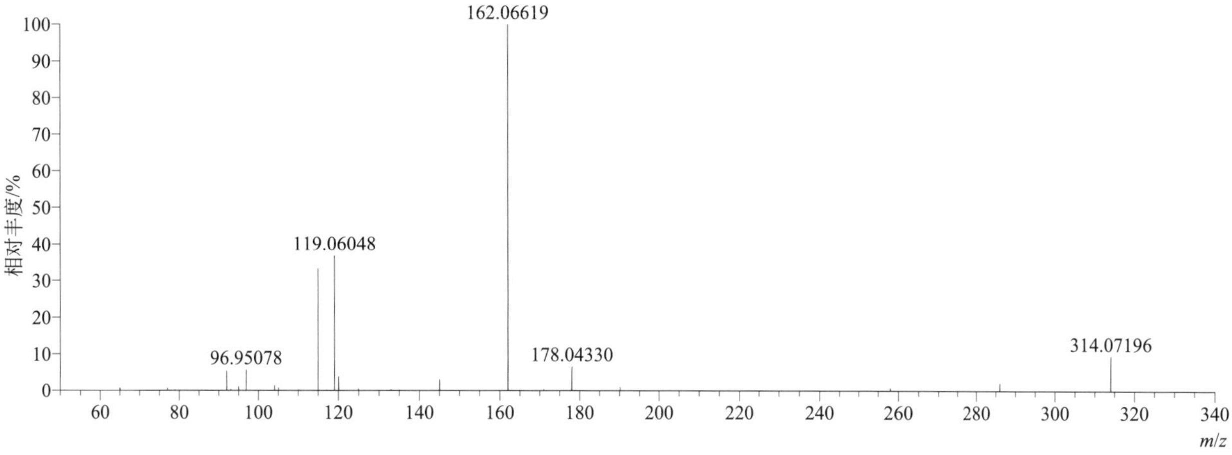

triazoxide（咪唑嗪）

基本信息

CAS 登录号	72459-58-6	分子量	247.02609	离子源和极性	电喷雾离子源（ESI）
分子式	$C_{10}H_6ClN_5O$	保留时间	14.18min	极性	正模式

[M+H]+ 提取离子流色谱图

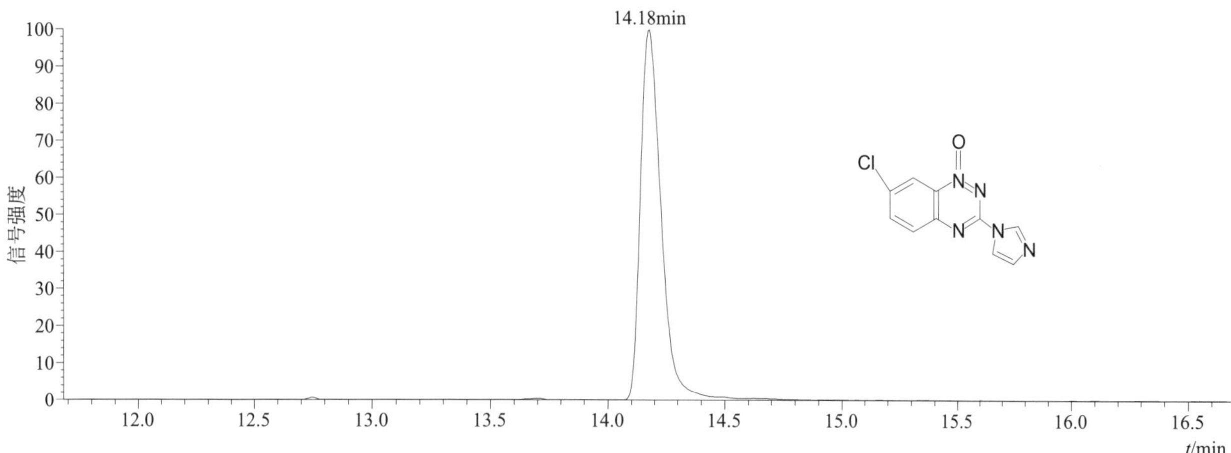

[M+H]+ 典型的一级质谱图

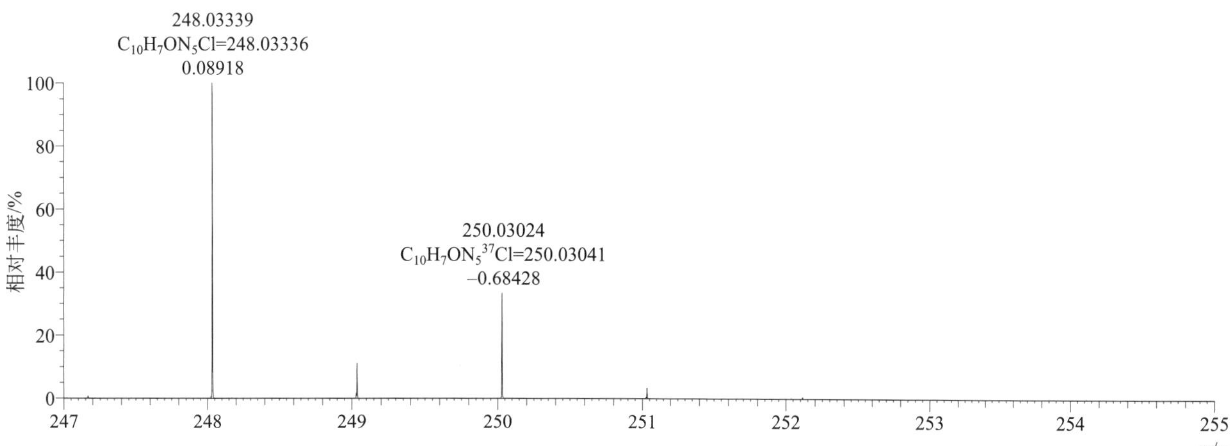

[M+H]+ 归一化法能量 NCE 为 60 时典型的二级质谱图

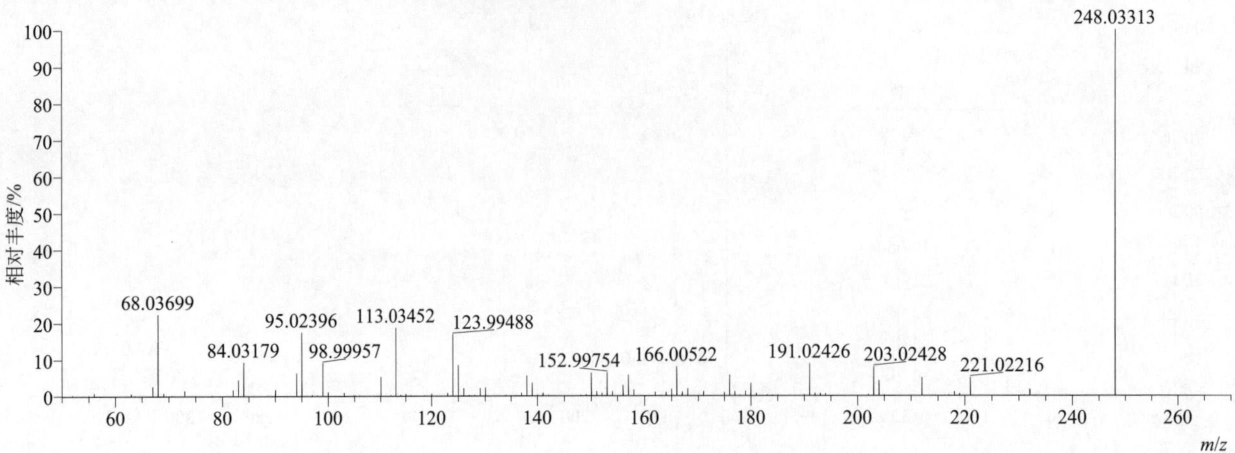

[M+H]+ 归一化法能量 NCE 为 80 时典型的二级质谱图

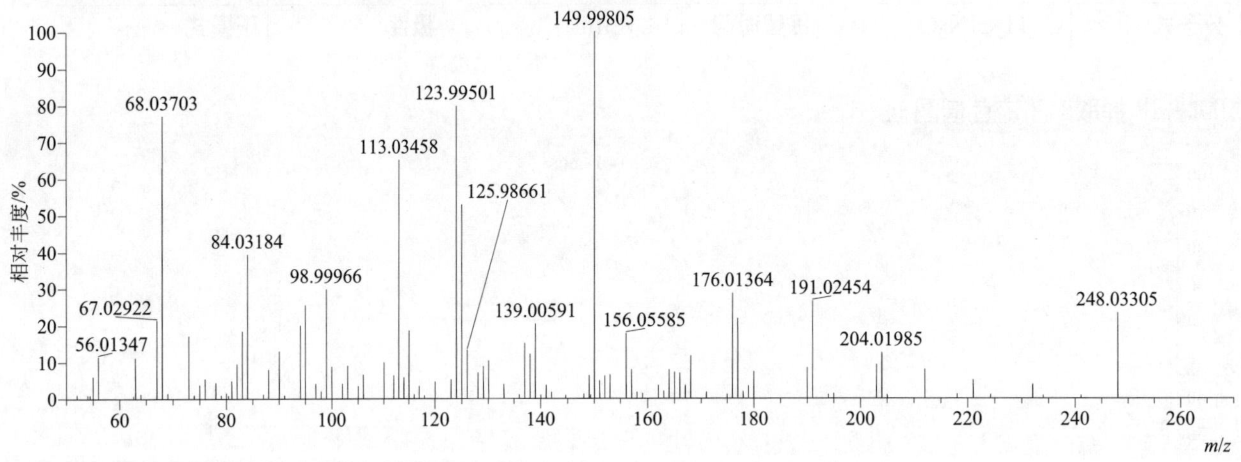

[M+H]+ 归一化法能量 NCE 为 100 时典型的二级质谱图

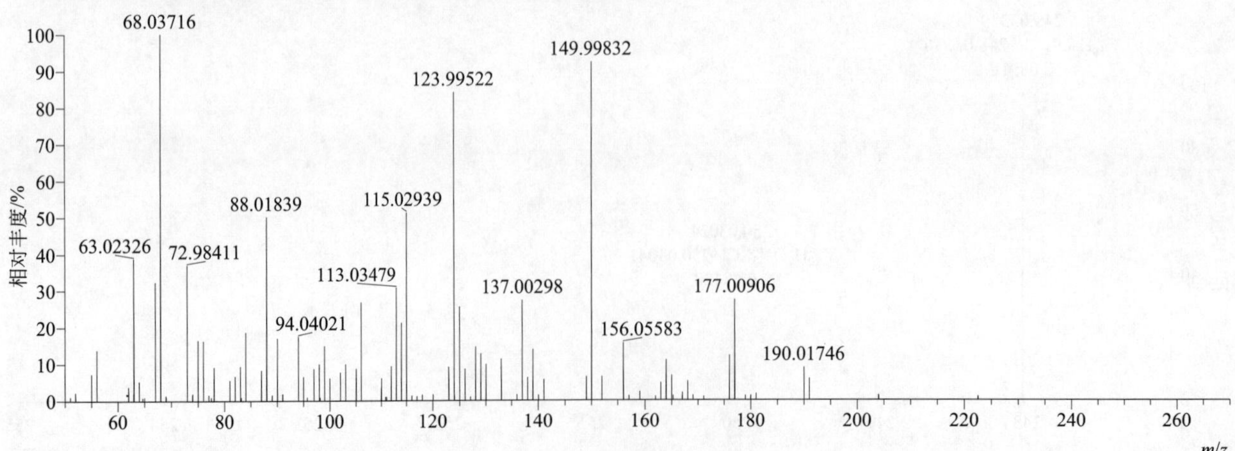

$[M+H]^+$ 阶梯归一化法能量 Step NCE 为 60、80、100 时典型的二级质谱图

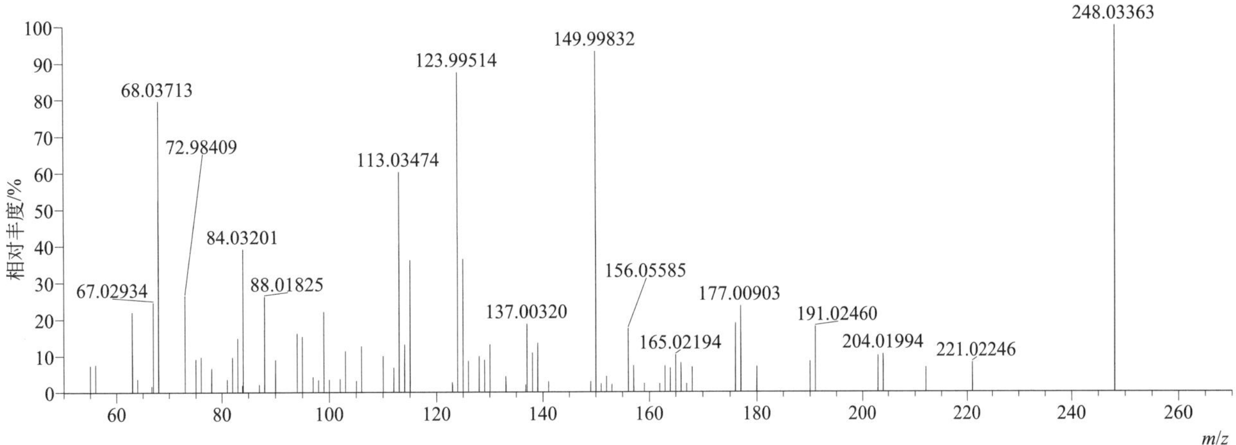

tribenuron-methyl（苯磺隆）

基本信息

CAS 登录号	101200-48-0	分子量	395.08995	离子源和极性	电喷雾离子源（ESI）
分子式	$C_{15}H_{17}N_5O_6S$	保留时间	13.78min	极性	正模式

$[M+H]^+$ 提取离子流色谱图

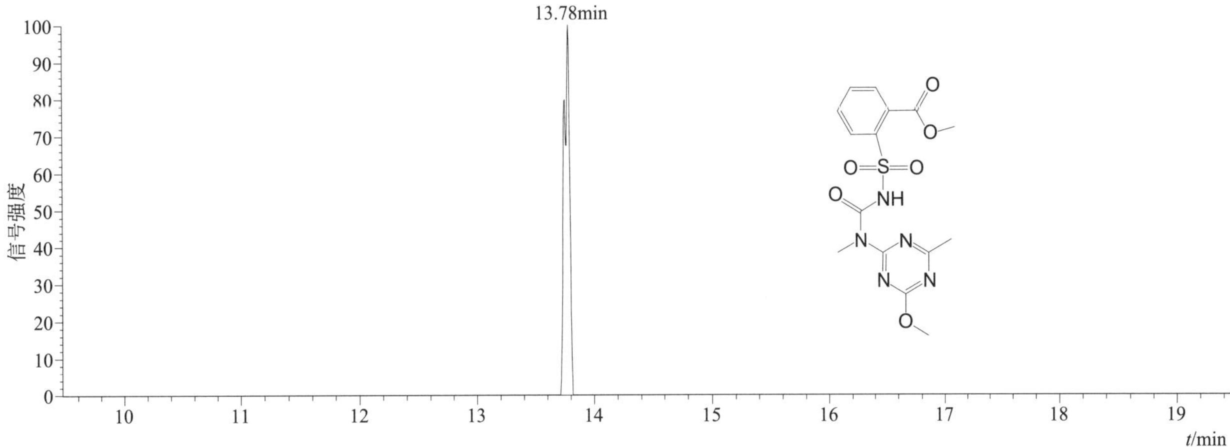

$[M+H]^+$ 和 $[M+Na]^+$ 典型的一级质谱图

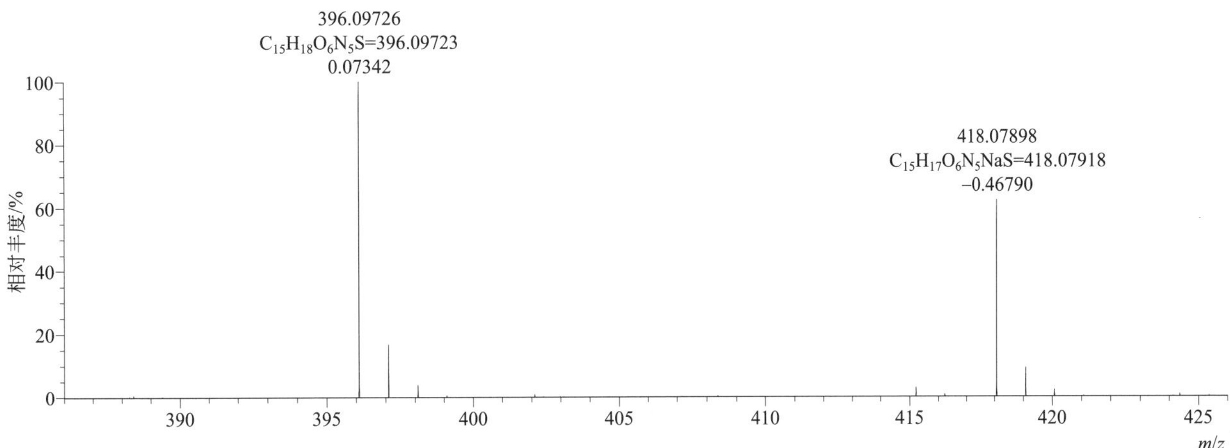

[M+H]+ 归一化法能量 NCE 为 20 时典型的二级质谱图

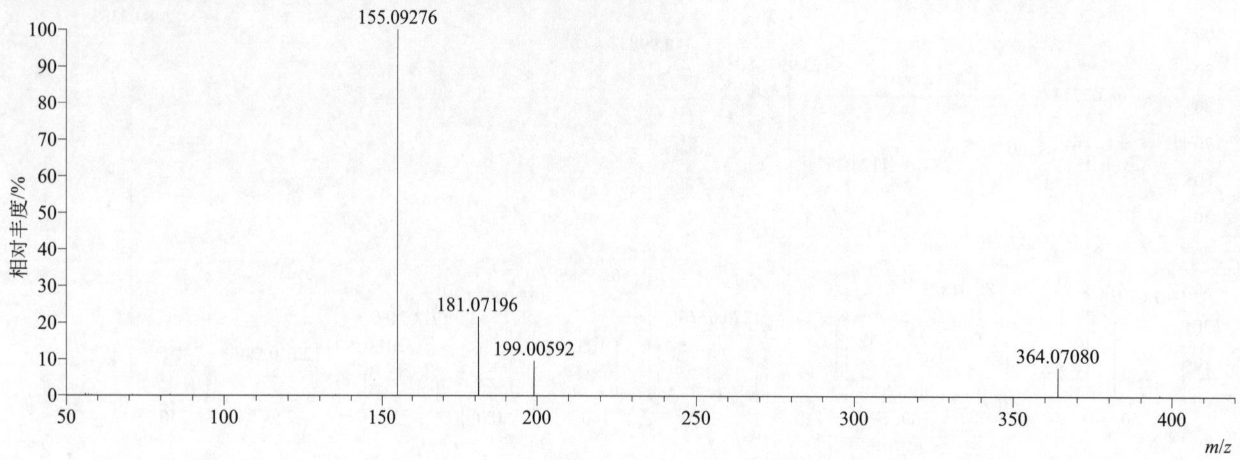

[M+H]+ 归一化法能量 NCE 为 40 时典型的二级质谱图

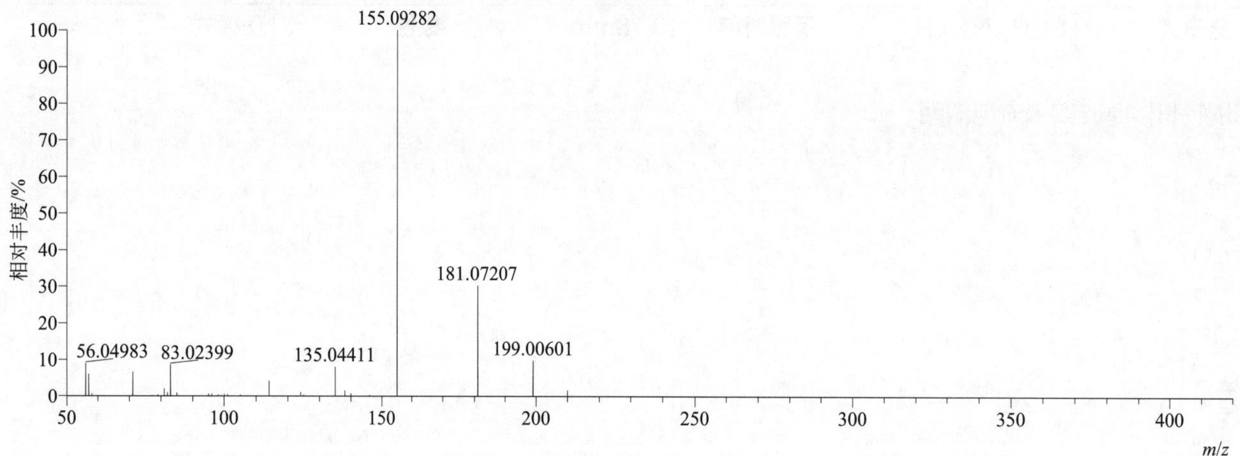

[M+H]+ 归一化法能量 NCE 为 60 时典型的二级质谱图

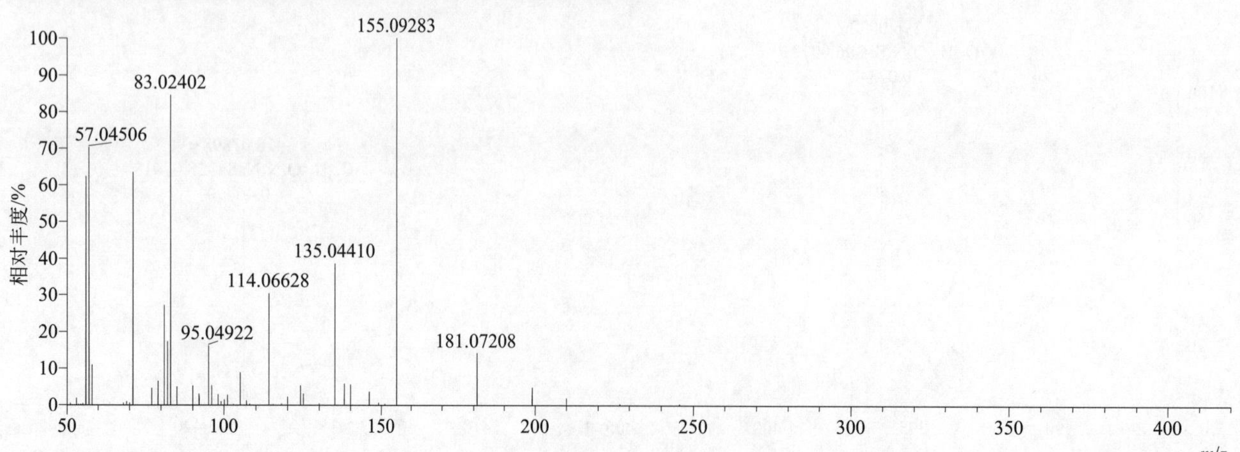

[M+H]+ 阶梯归一化法能量 Step NCE 为 20、40、60 时典型的二级质谱图

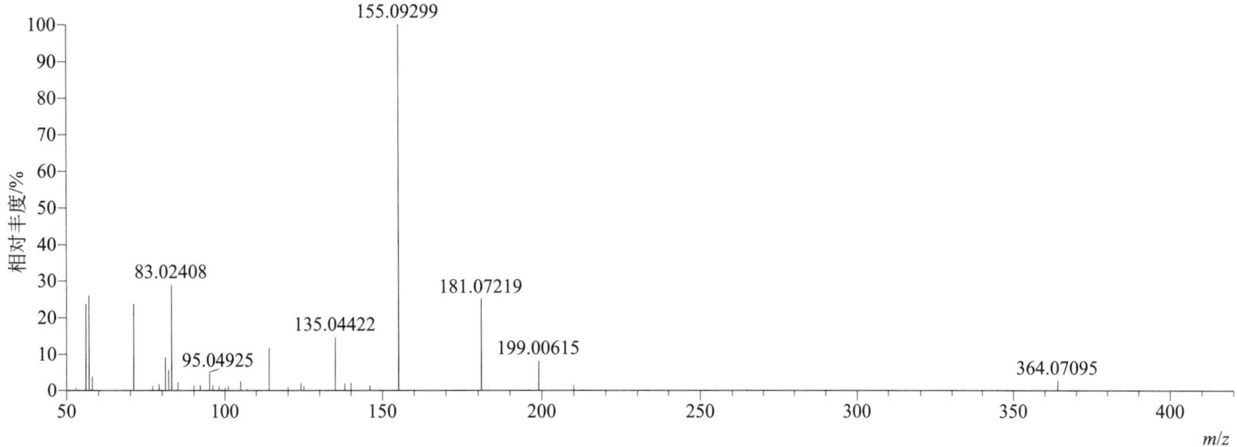

tribufos（脱叶磷）

基本信息

CAS 登录号	78-48-8	分子量	314.09616	离子源和极性	电喷雾离子源（ESI）
分子式	$C_{12}H_{27}OPS_3$	保留时间	16.39min	极性	正模式

[M+H]+ 提取离子流色谱图

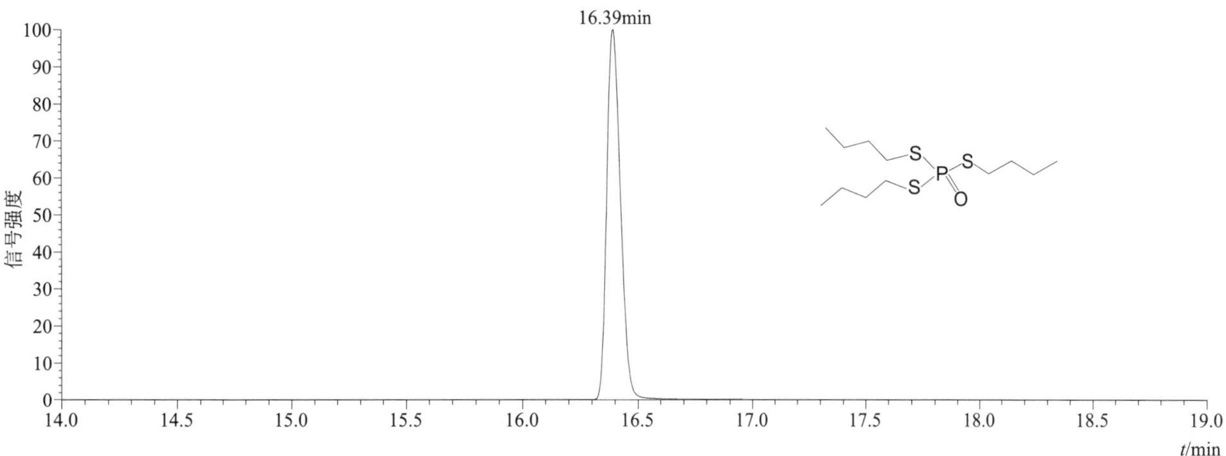

[M+H]+ 典型的一级质谱图

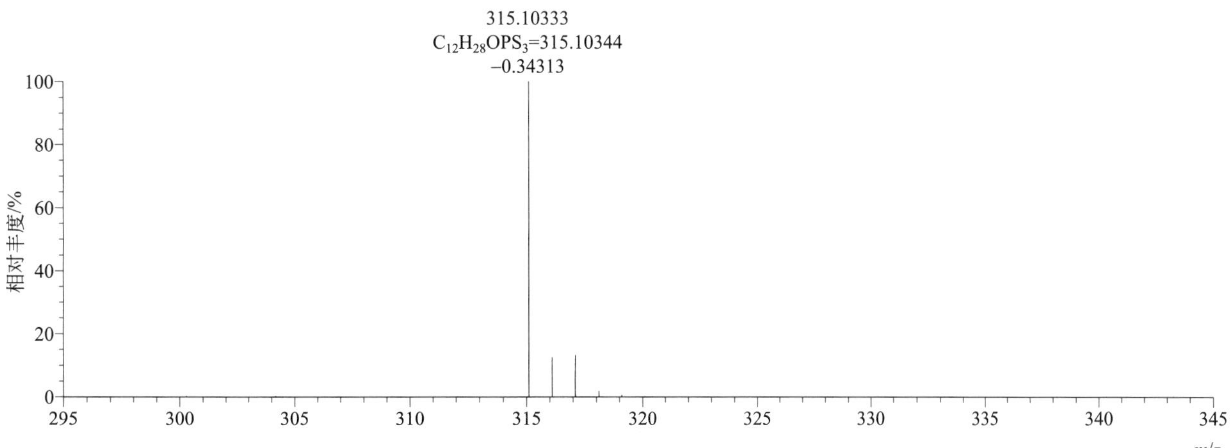

[M+H]+ 归一化法能量 NCE 为 20 时典型的二级质谱图

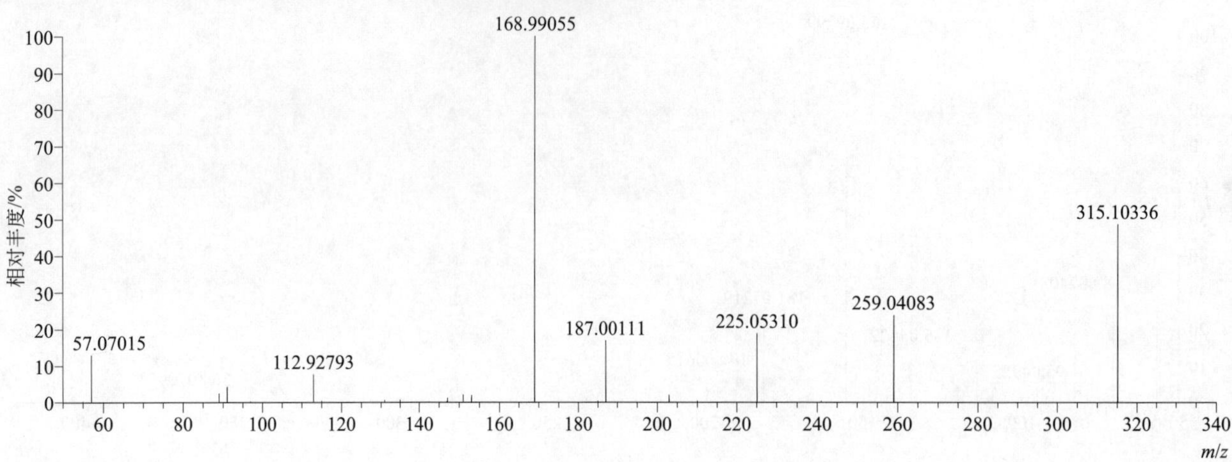

[M+H]+ 归一化法能量 NCE 为 40 时典型的二级质谱图

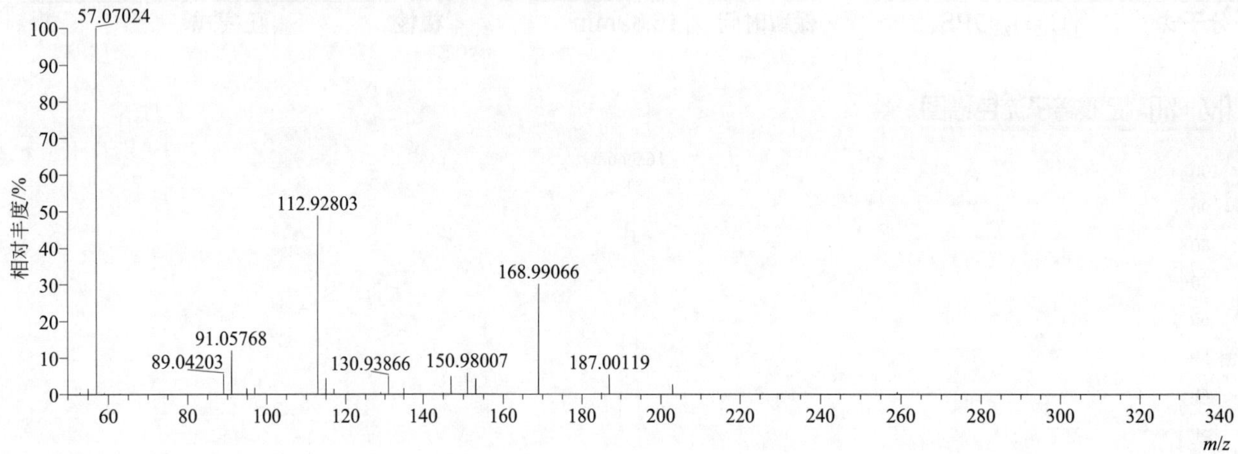

[M+H]+ 归一化法能量 NCE 为 60 时典型的二级质谱图

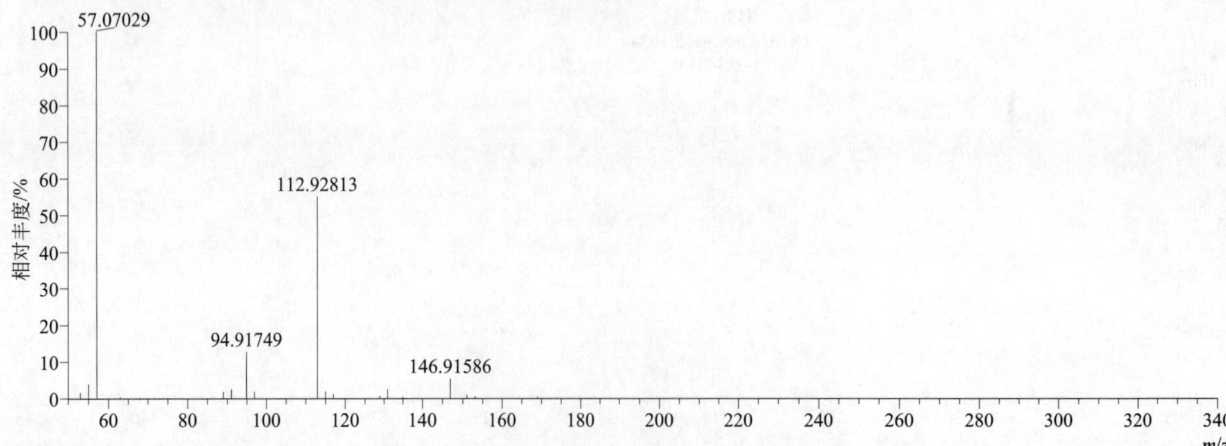

[M+H]+ 阶梯归一化法能量 Step NCE 为 20、40、60 时典型的二级质谱图

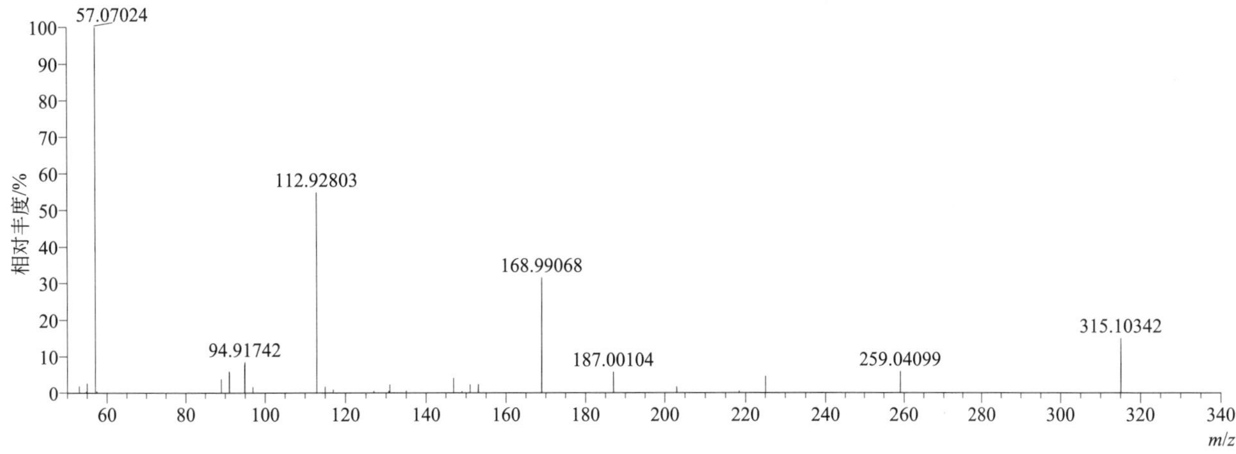

tributyl phosphate（磷酸三丁酯）

基本信息

CAS 登录号	126-73-8	分子量	266.16470	离子源和极性	电喷雾离子源（ESI）
分子式	$C_{12}H_{27}O_4P$	保留时间	15.52min	极性	正模式

[M+H]+ 提取离子流色谱图

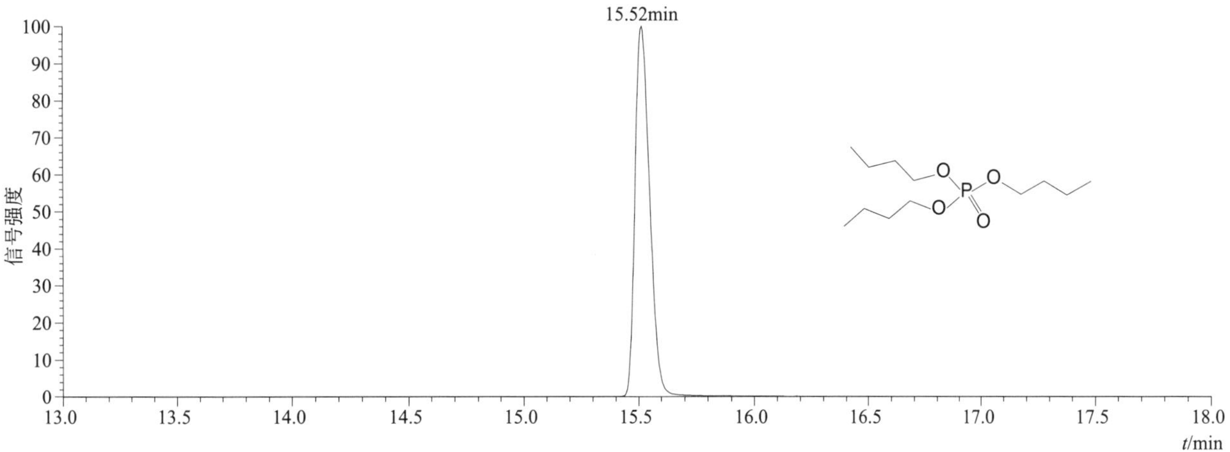

[M+H]+ 典型的一级质谱图

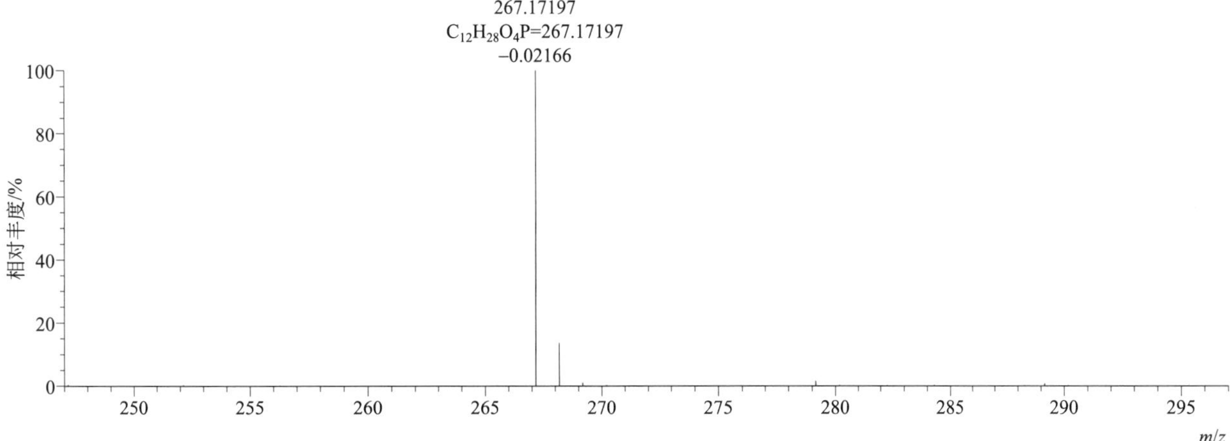

[M+H]+ 归一化法能量 NCE 为 20 时典型的二级质谱图

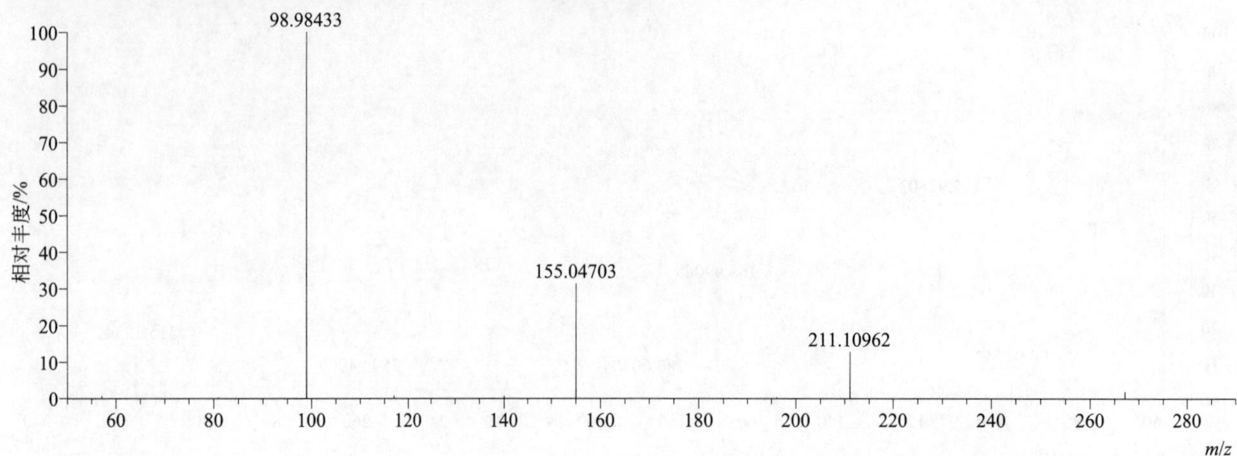

[M+H]+ 归一化法能量 NCE 为 40 时典型的二级质谱图

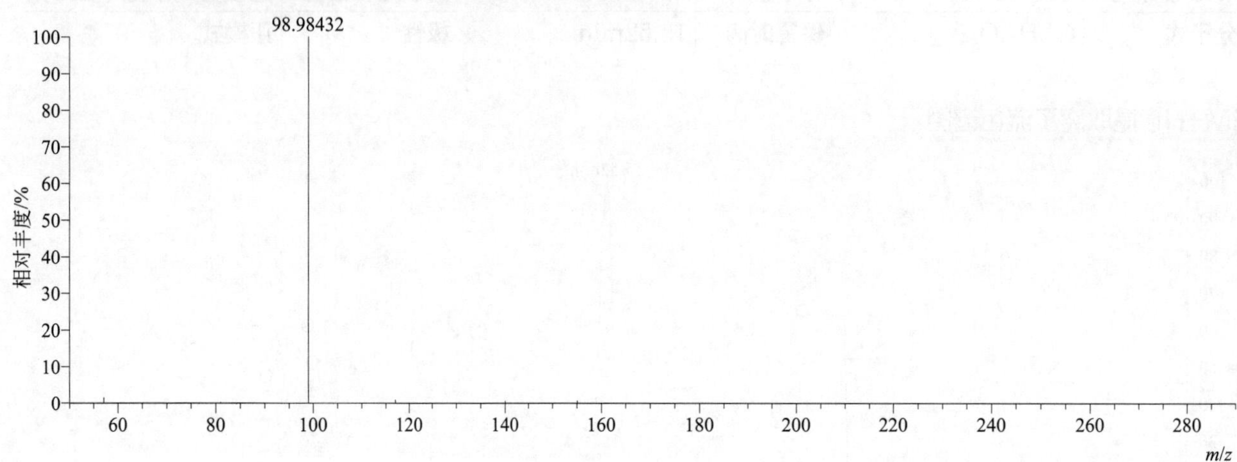

[M+H]+ 归一化法能量 NCE 为 60 时典型的二级质谱图

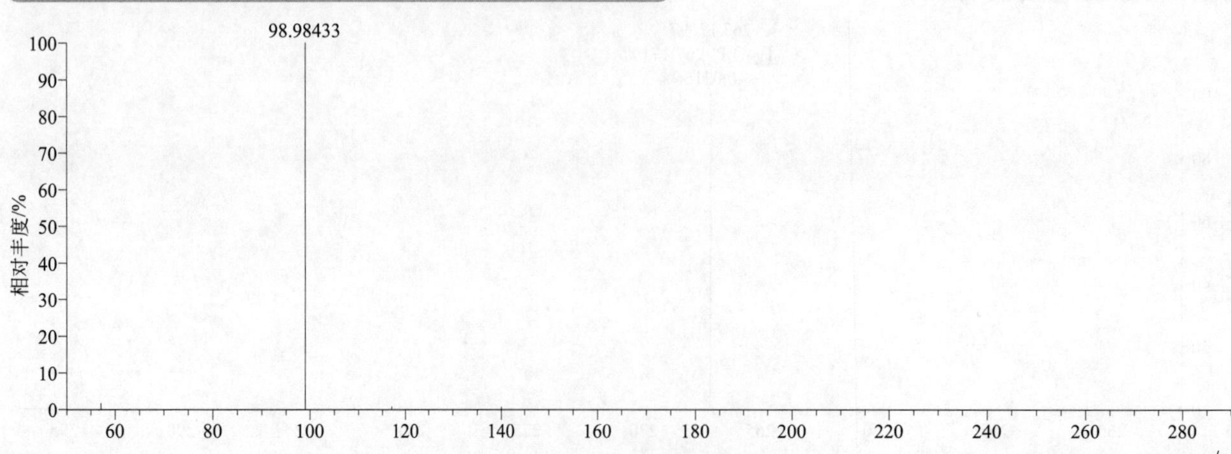

$[M+H]^+$ 阶梯归一化法能量 Step NCE 为 20、40、60 时典型的二级质谱图

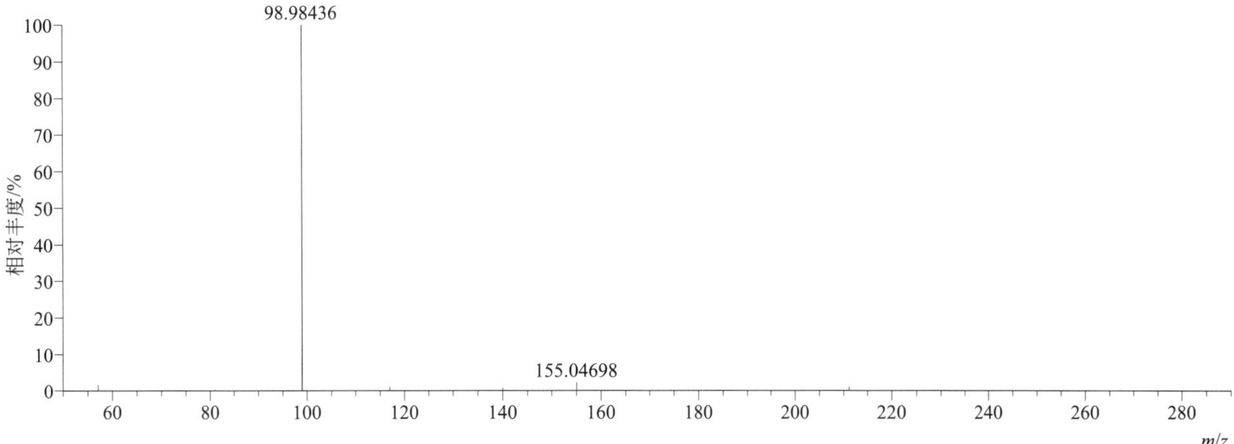

trichlorfon（敌百虫）

基本信息

CAS 登录号	52-68-6	分子量	255.92258	离子源和极性	电喷雾离子源（ESI）
分子式	$C_4H_8Cl_3O_4P$	保留时间	11.53min	极性	正模式

$[M+H]^+$ 提取离子流色谱图

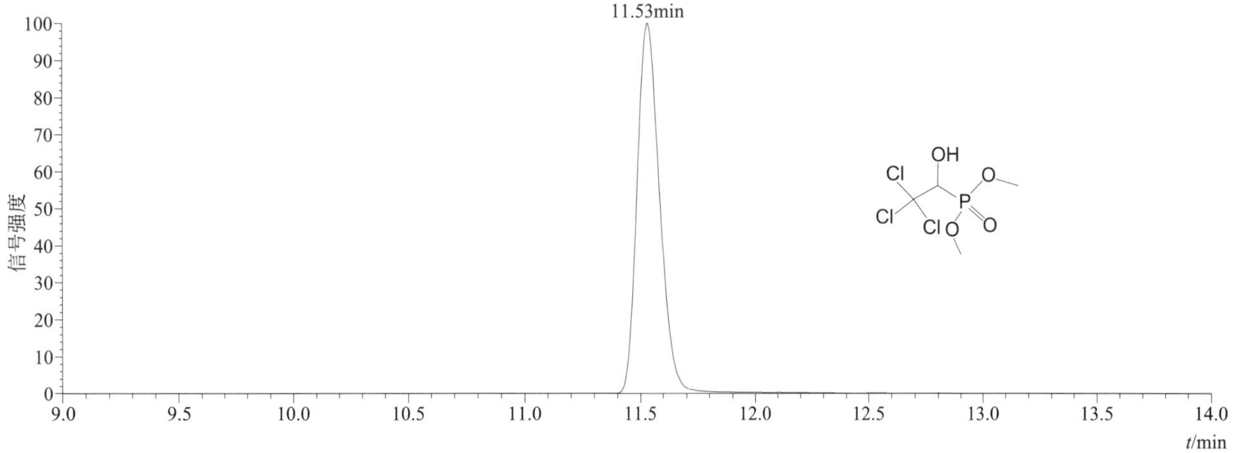

$[M+H]^+$ 典型的一级质谱图

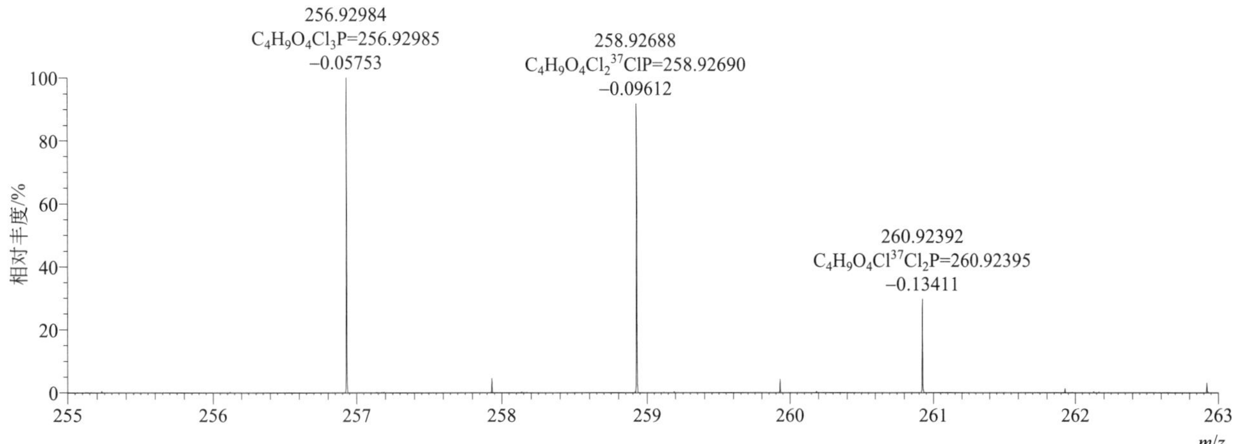

[M+H]$^+$ 归一化法能量 NCE 为 20 时典型的二级质谱图

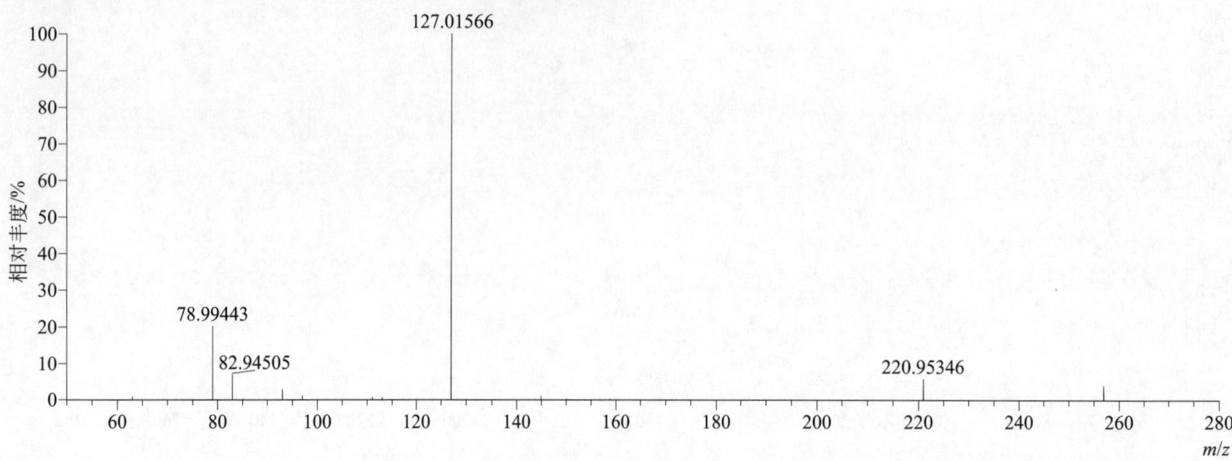

[M+H]$^+$ 归一化法能量 NCE 为 40 时典型的二级质谱图

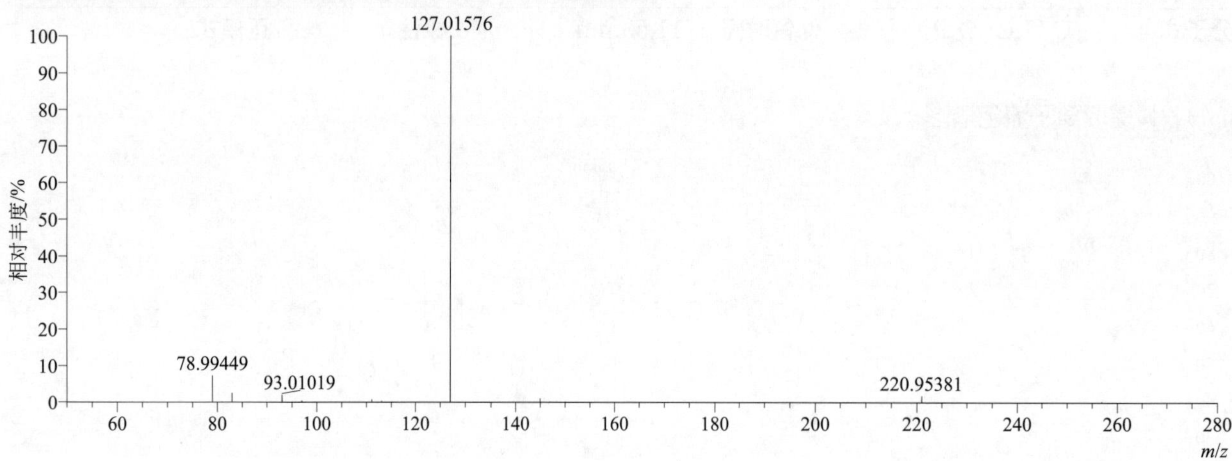

[M+H]$^+$ 归一化法能量 NCE 为 60 时典型的二级质谱图

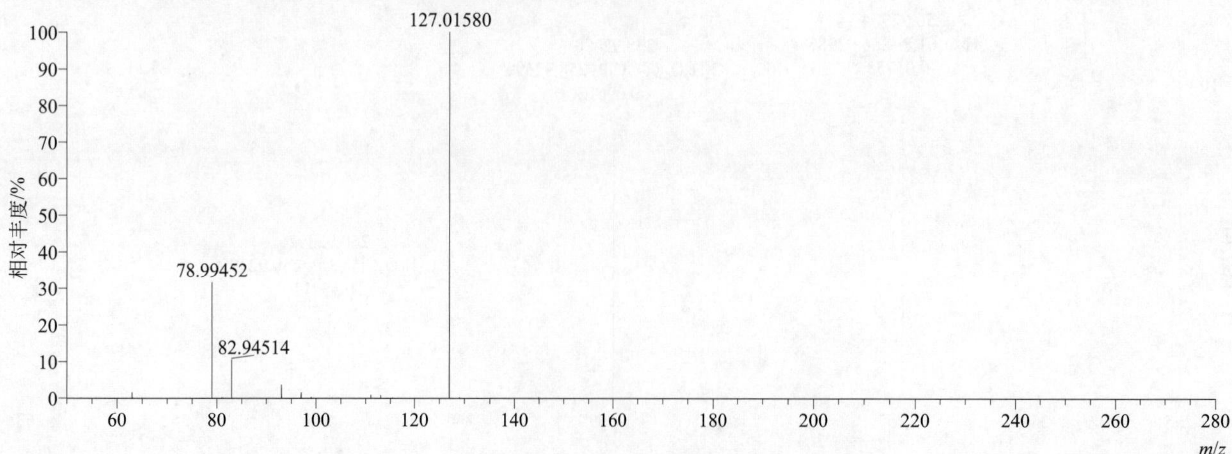

[M+H]+ 阶梯归一化法能量 Step NCE 为 20、40、60 时典型的二级质谱图

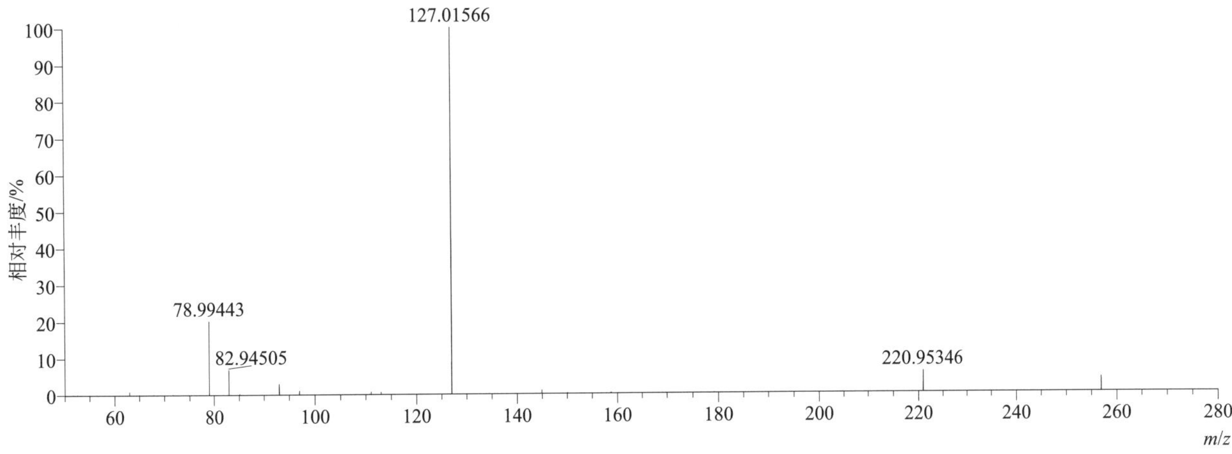

tricyclazole（三环唑）

基本信息

CAS 登录号	41814-78-2	分子量	189.03607	离子源和极性	电喷雾离子源（ESI）
分子式	$C_9H_7N_3S$	保留时间	12.77min	极性	正模式

[M+H]+ 提取离子流色谱图

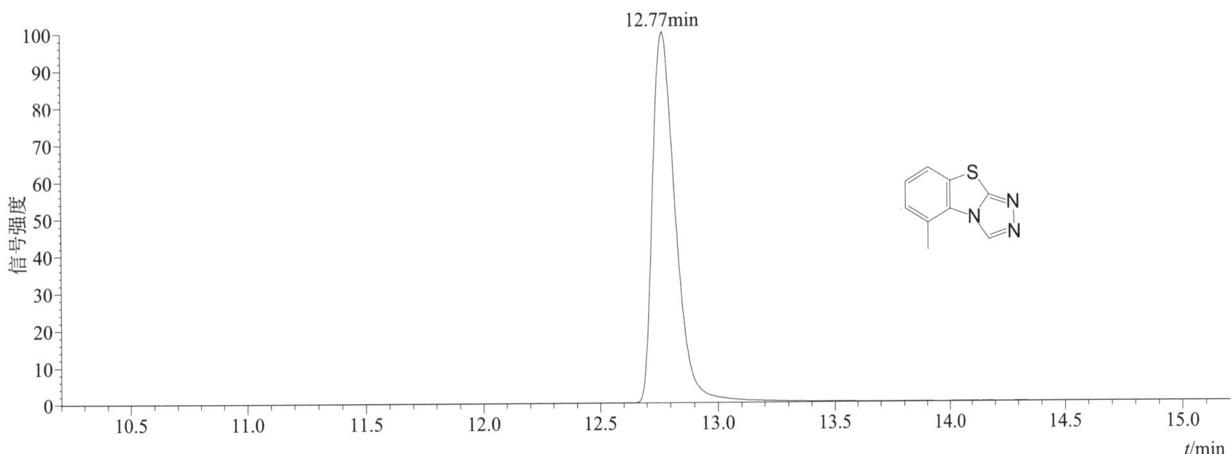

[M+H]+ 典型的一级质谱图

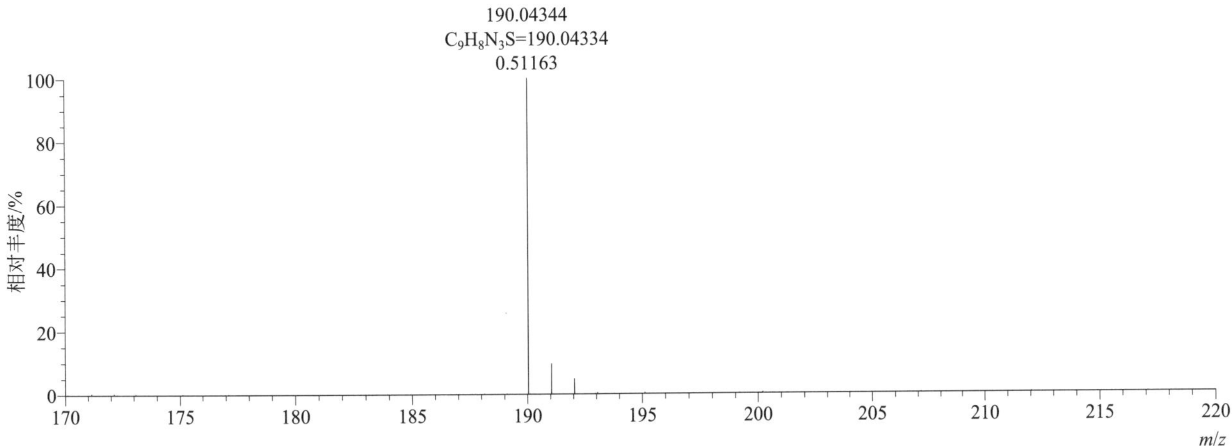

[M+H]+ 归一化法能量 NCE 为 20 时典型的二级质谱图

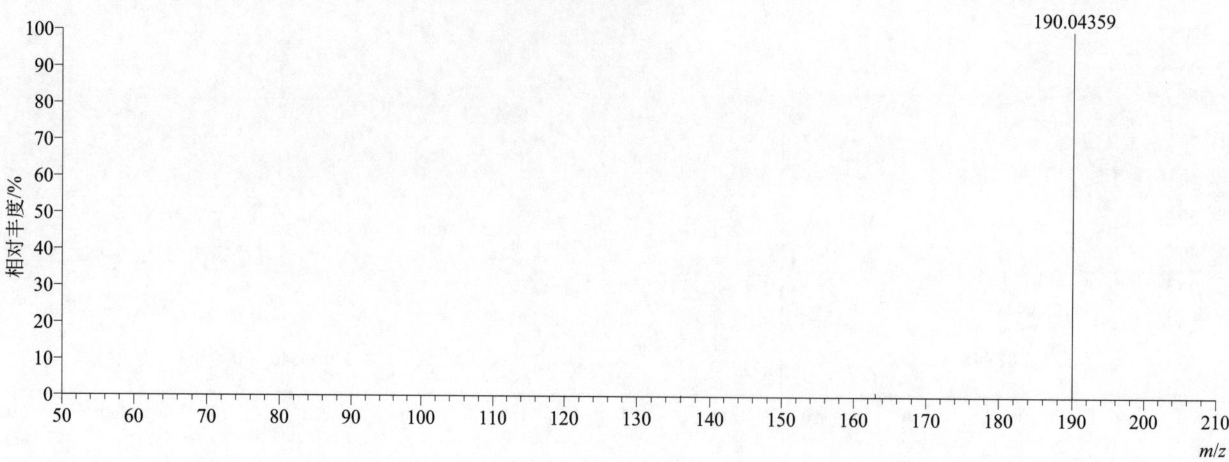

[M+H]+ 归一化法能量 NCE 为 40 时典型的二级质谱图

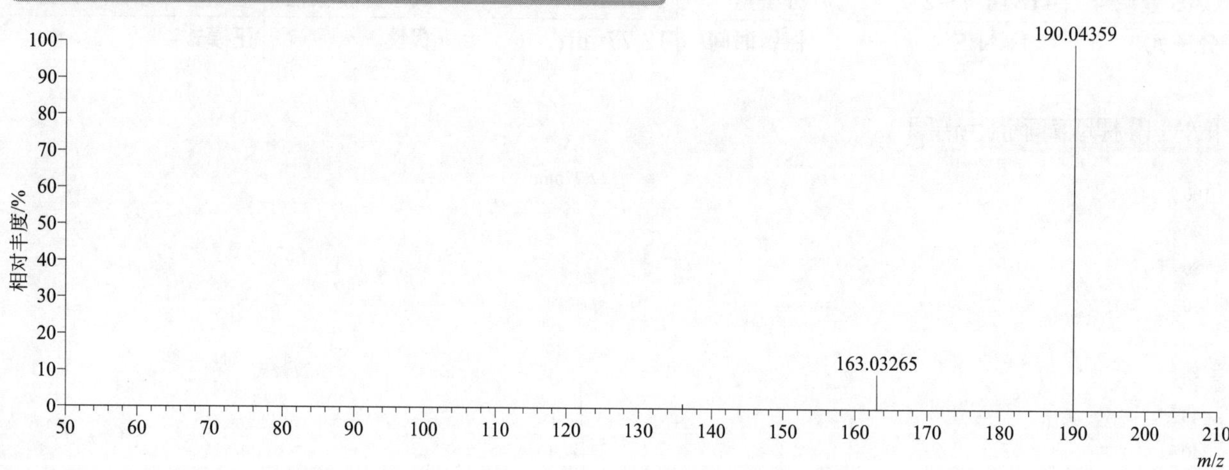

[M+H]+ 归一化法能量 NCE 为 60 时典型的二级质谱图

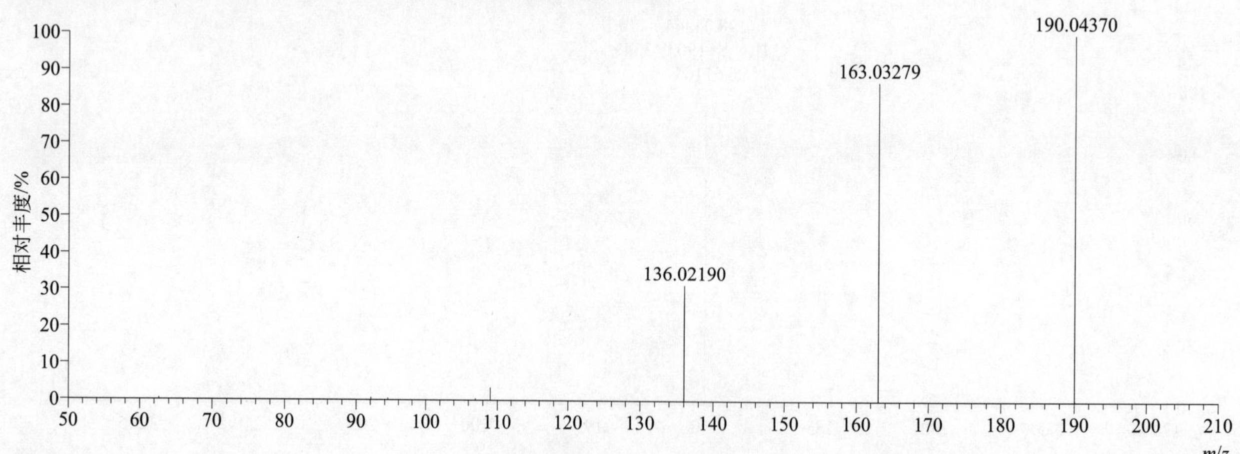

[M+H]+ 阶梯归一化法能量 Step NCE 为 20、40、60 时典型的二级质谱图

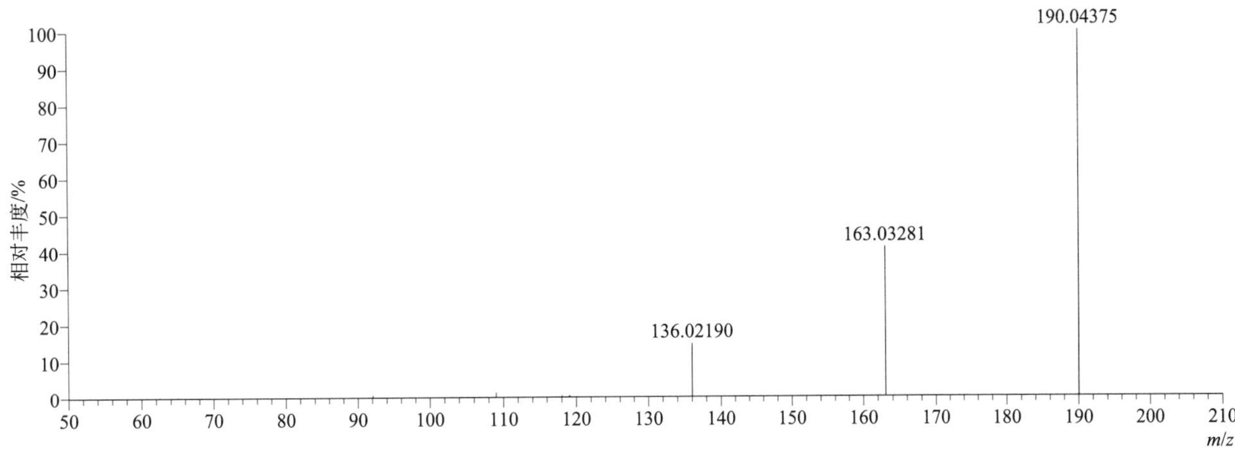

tridemorph（十三吗啉）

基本信息

CAS 登录号	81412-43-3	分子量	297.30316	离子源和极性	电喷雾离子源（ESI）
分子式	$C_{19}H_{39}NO$	保留时间	15.19min	极性	正模式

[M+H]+ 提取离子流色谱图

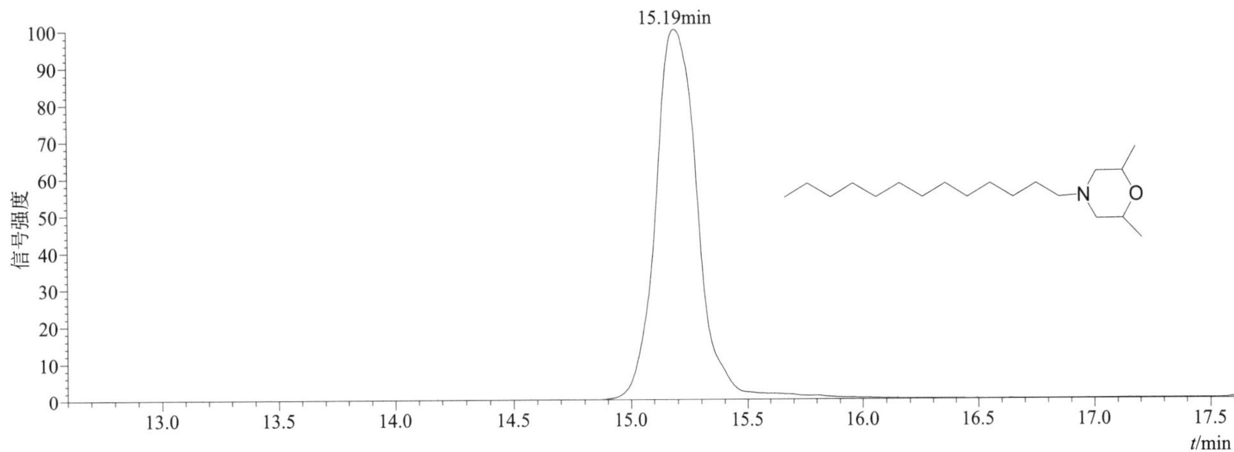

[M+H]+ 典型的一级质谱图

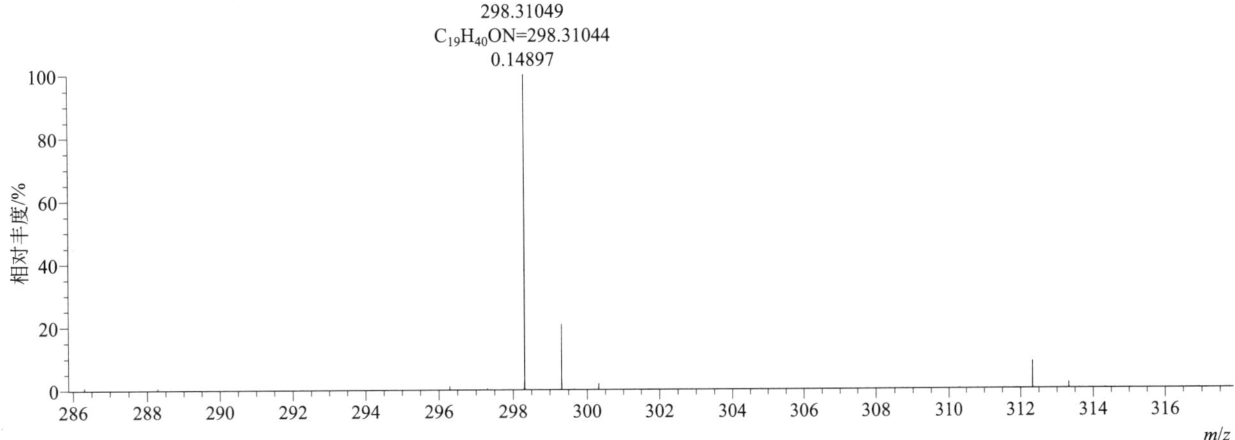

[M+H]+ 归一化法能量 NCE 为 20 时典型的二级质谱图

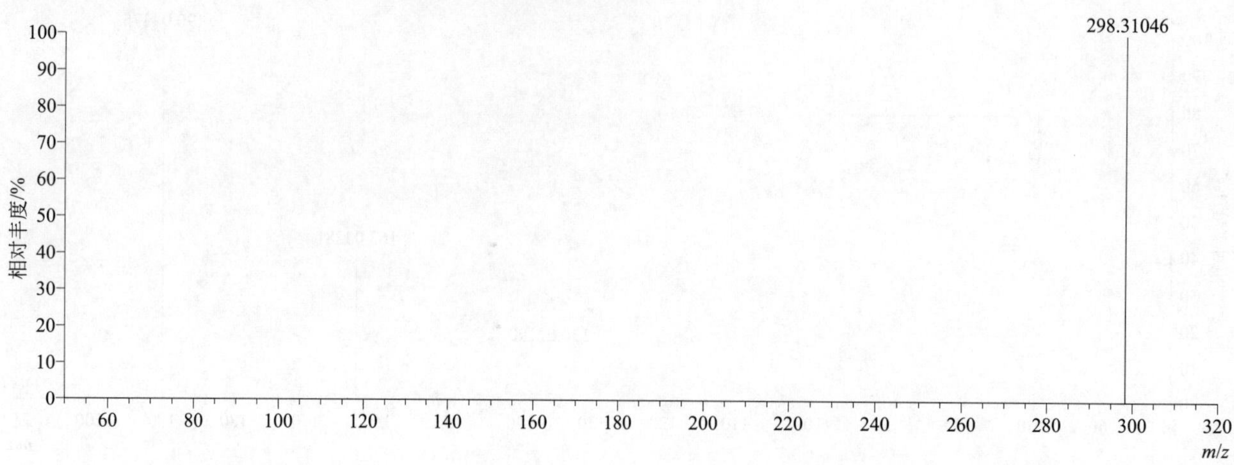

[M+H]+ 归一化法能量 NCE 为 40 时典型的二级质谱图

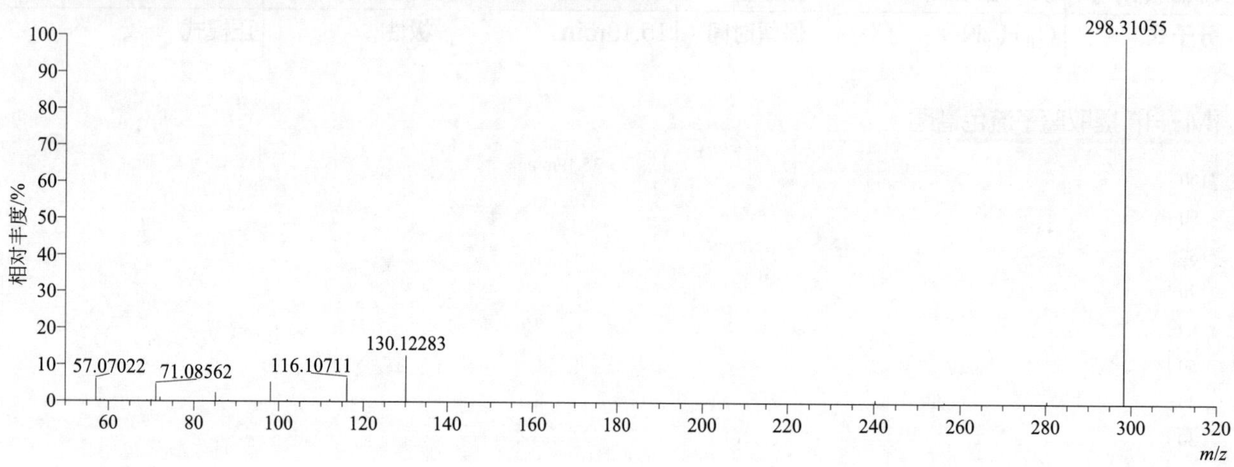

[M+H]+ 归一化法能量 NCE 为 60 时典型的二级质谱图

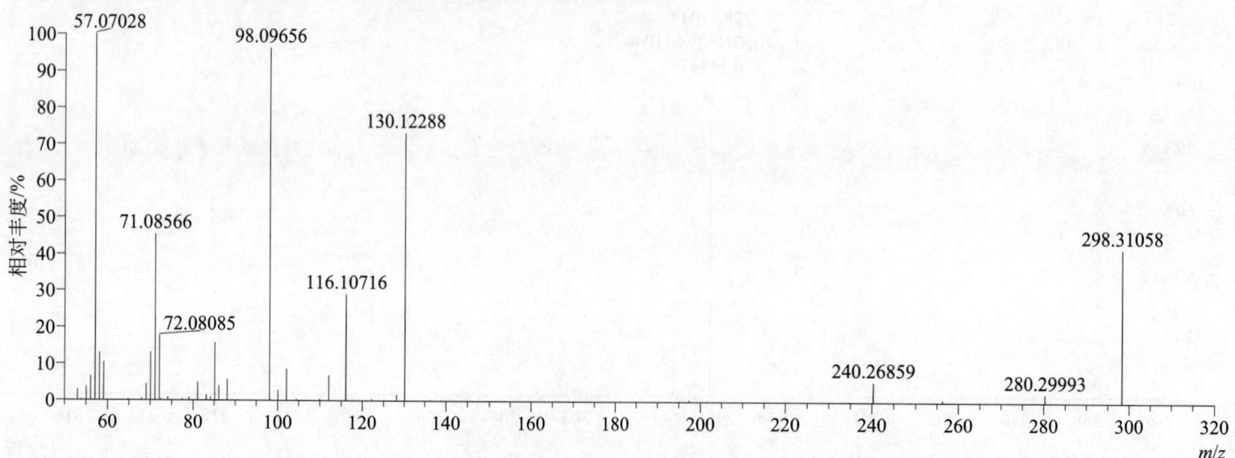

$[M+H]^+$ 阶梯归一化法能量 Step NCE 为 20、40、60 时典型的二级质谱图

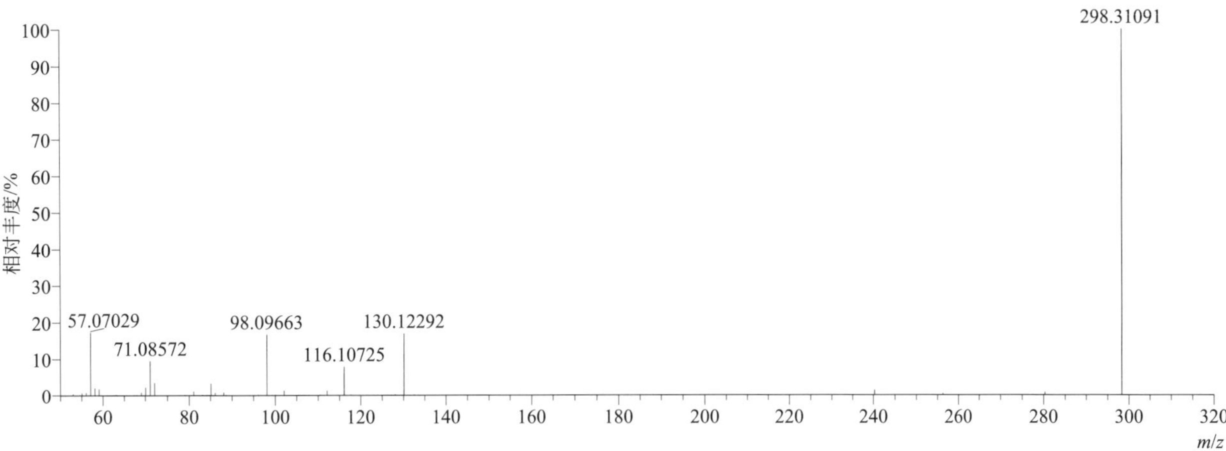

trietazine（草达津）

基本信息

CAS 登录号	1912-26-1	分子量	229.10942	离子源和极性	电喷雾离子源（ESI）
分子式	$C_9H_{16}ClN_5$	保留时间	14.77min	极性	正模式

$[M+H]^+$ 提取离子流色谱图

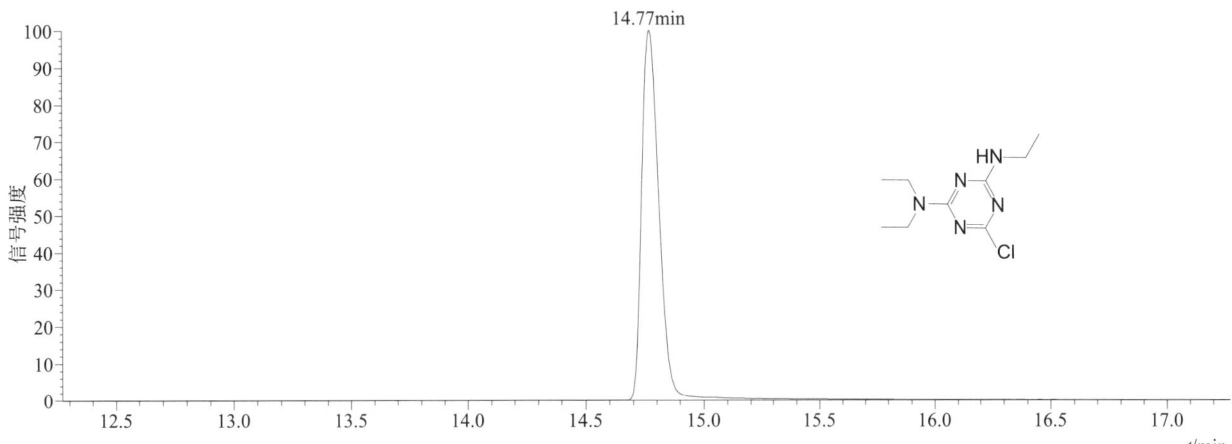

$[M+H]^+$ 典型的一级质谱图

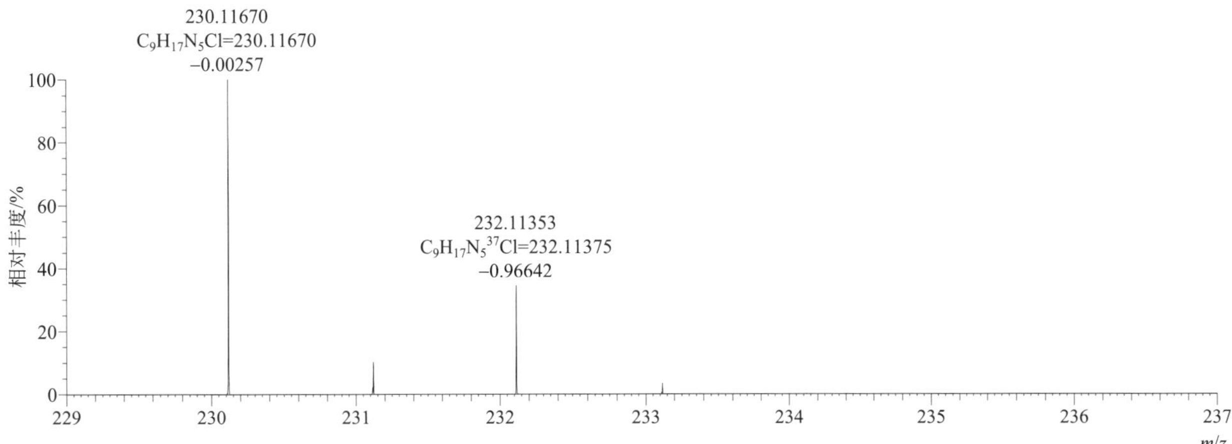

[M+H]+ 归一化法能量 NCE 为 40 时典型的二级质谱图

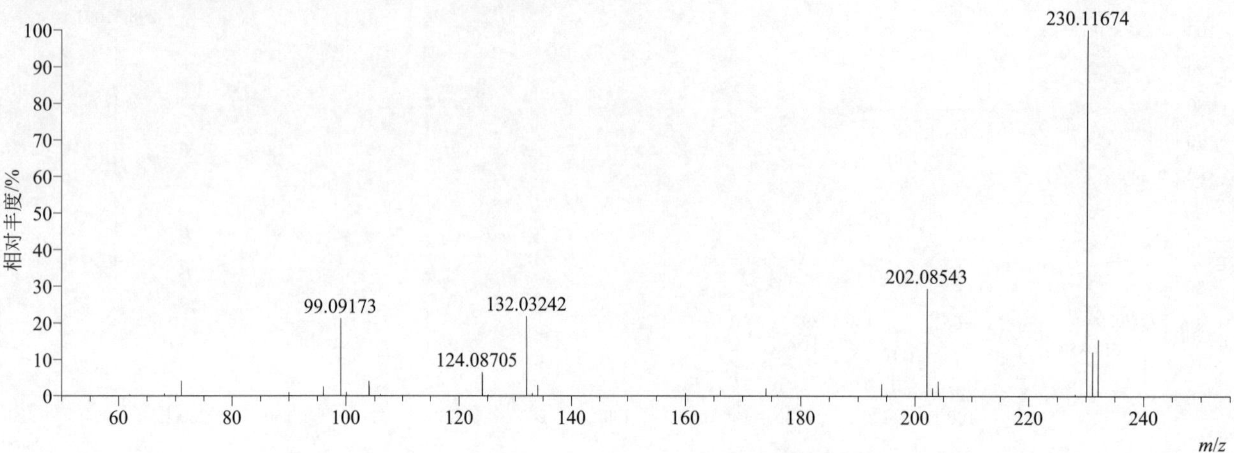

[M+H]+ 归一化法能量 NCE 为 60 时典型的二级质谱图

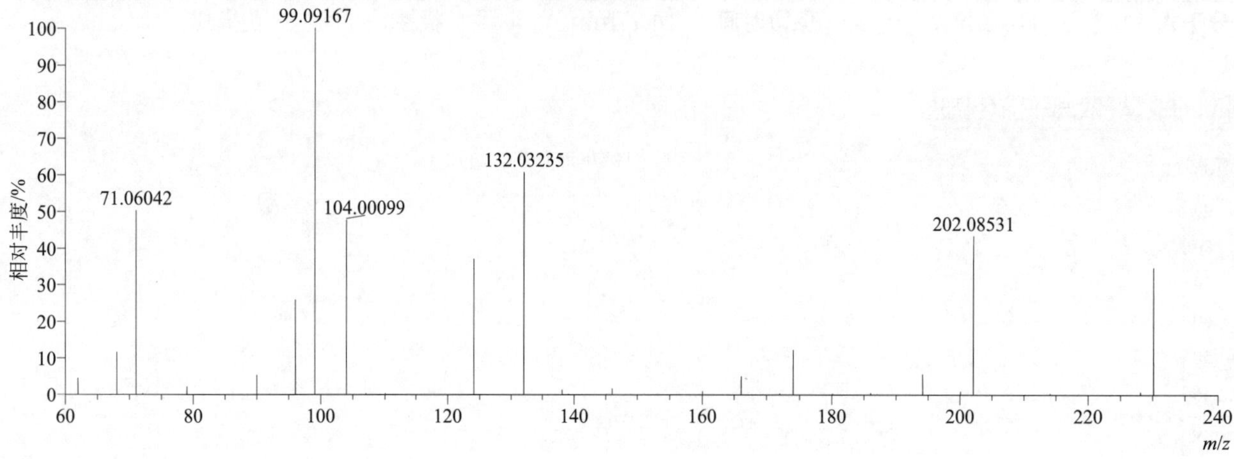

[M+H]+ 归一化法能量 NCE 为 80 时典型的二级质谱图

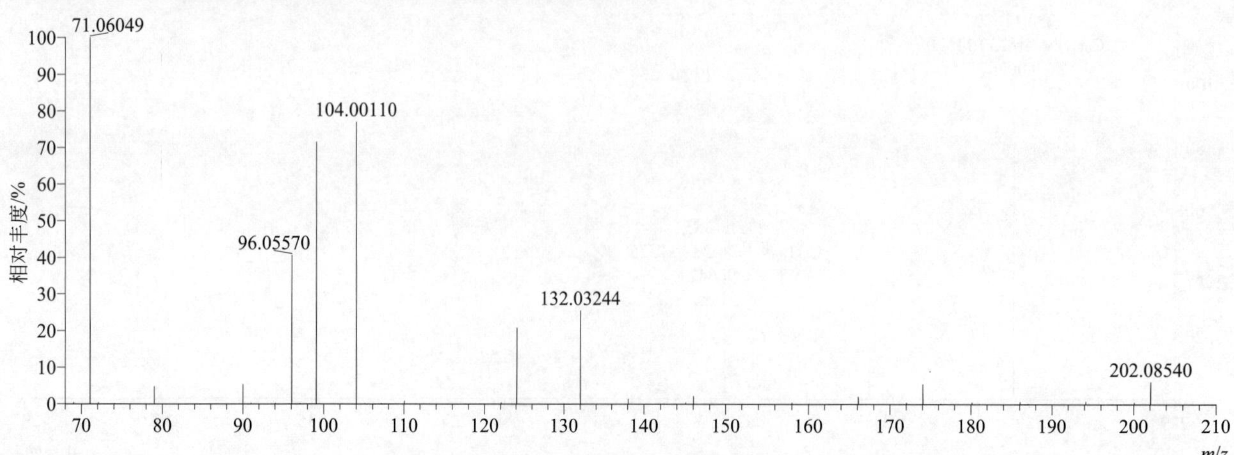

[M+H]+ 阶梯归一化法能量 Step NCE 为 40、60、80 时典型的二级质谱图

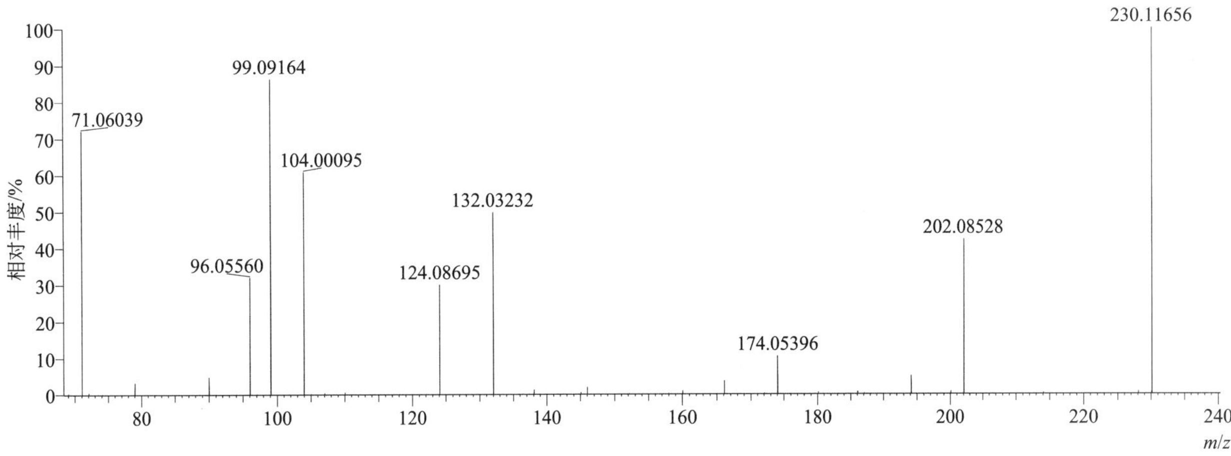

trifloxystrobin（肟菌酯）

基本信息

CAS 登录号	141517-21-7	分子量	408.12969	离子源和极性	电喷雾离子源（ESI）
分子式	$C_{20}H_{19}F_3N_2O_4$	保留时间	15.40min	极性	正模式

[M+H]+ 提取离子流色谱图

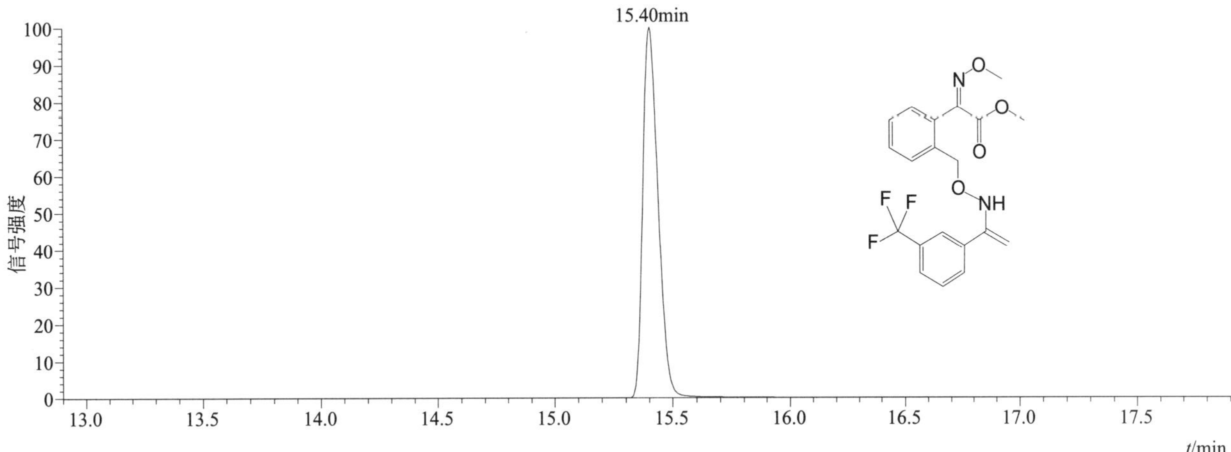

[M+H]+ 典型的一级质谱图

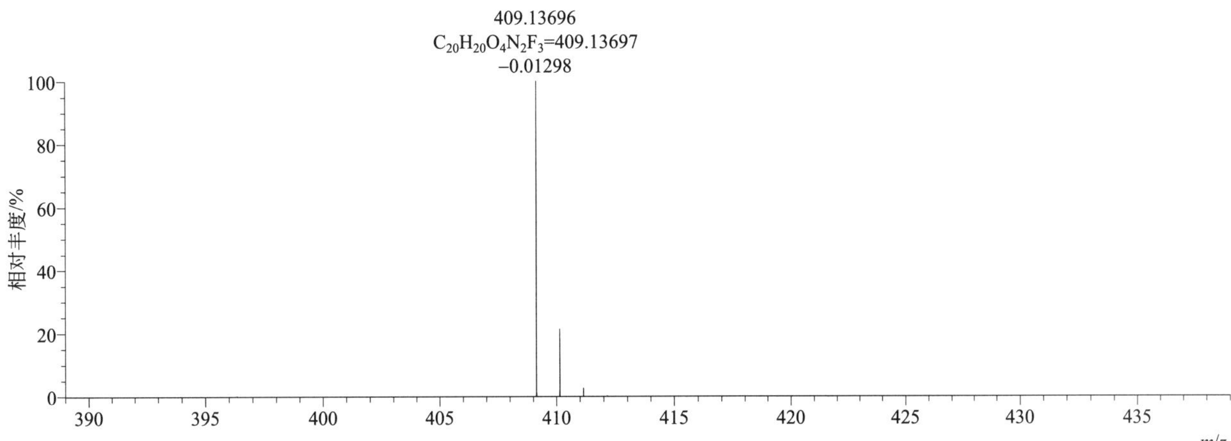

[M+H]$^+$ 归一化法能量 NCE 为 20 时典型的二级质谱图

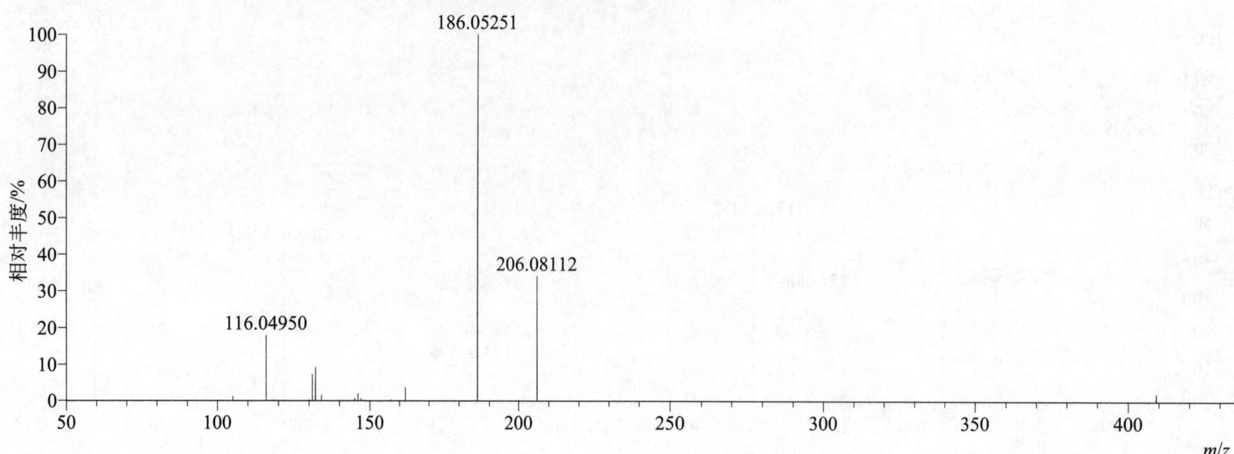

[M+H]$^+$ 归一化法能量 NCE 为 40 时典型的二级质谱图

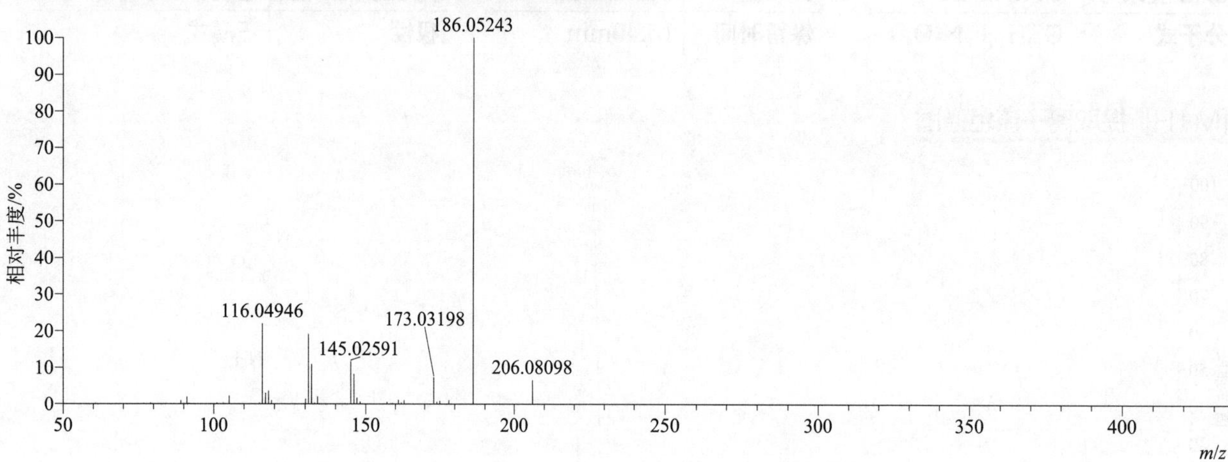

[M+H]$^+$ 归一化法能量 NCE 为 60 时典型的二级质谱图

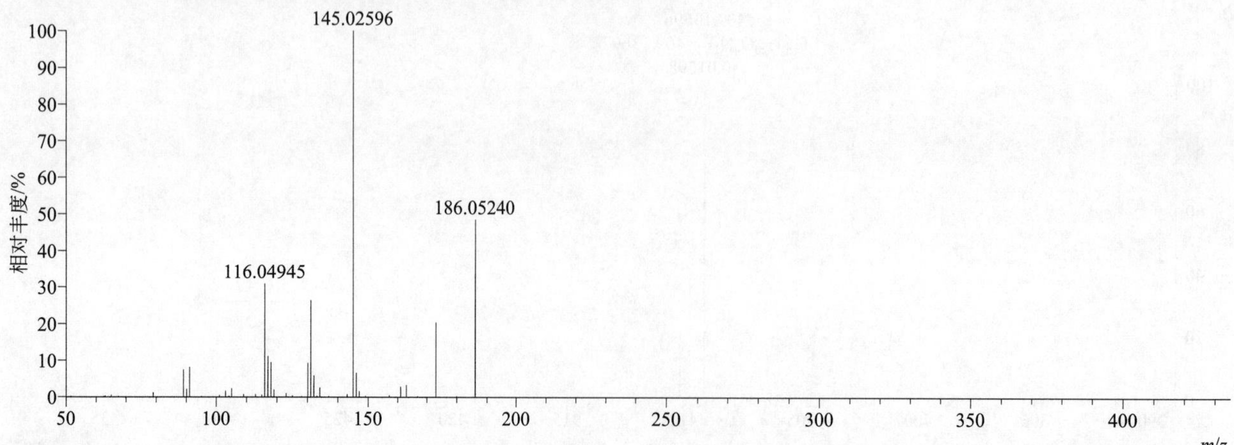

$[M+H]^+$ 阶梯归一化法能量 Step NCE 为 20、40、60 时典型的二级质谱图

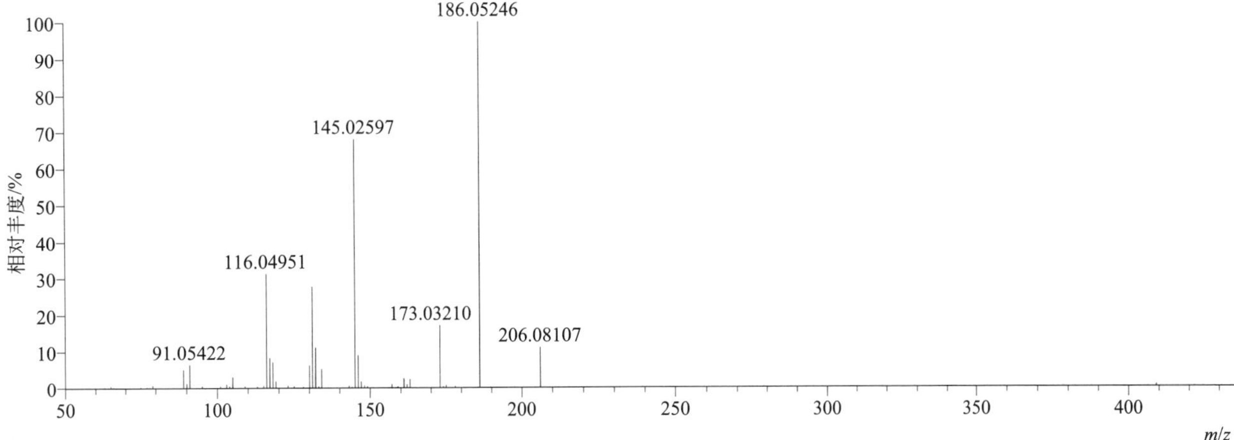

triflumizole（氟菌唑）

基本信息

CAS 登录号	99387-89-0	分子量	345.08557	离子源和极性	电喷雾离子源（ESI）
分子式	$C_{15}H_{15}ClF_3N_3O$	保留时间	15.60min	极性	正模式

$[M+H]^+$ 提取离子流色谱图

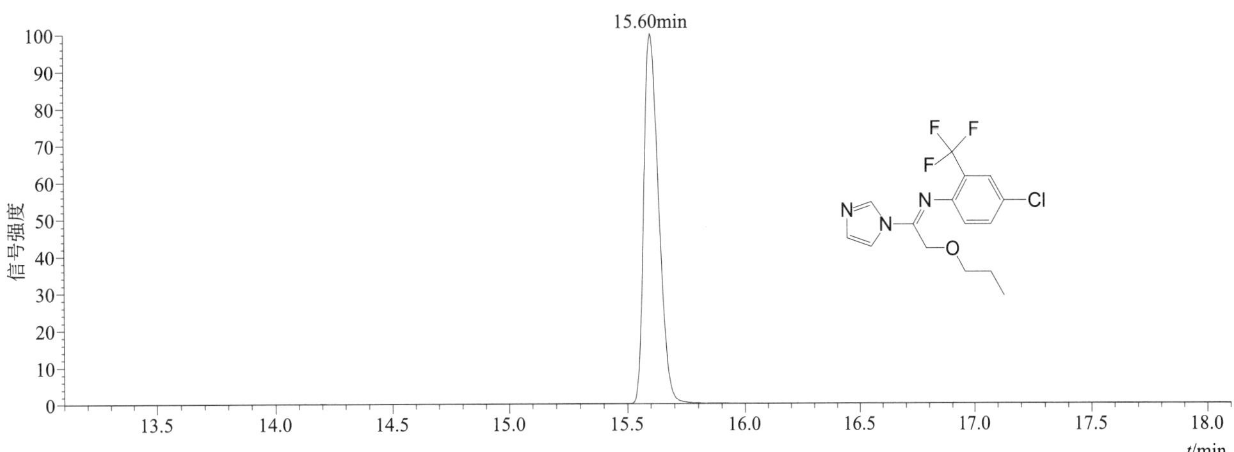

$[M+H]^+$ 典型的一级质谱图

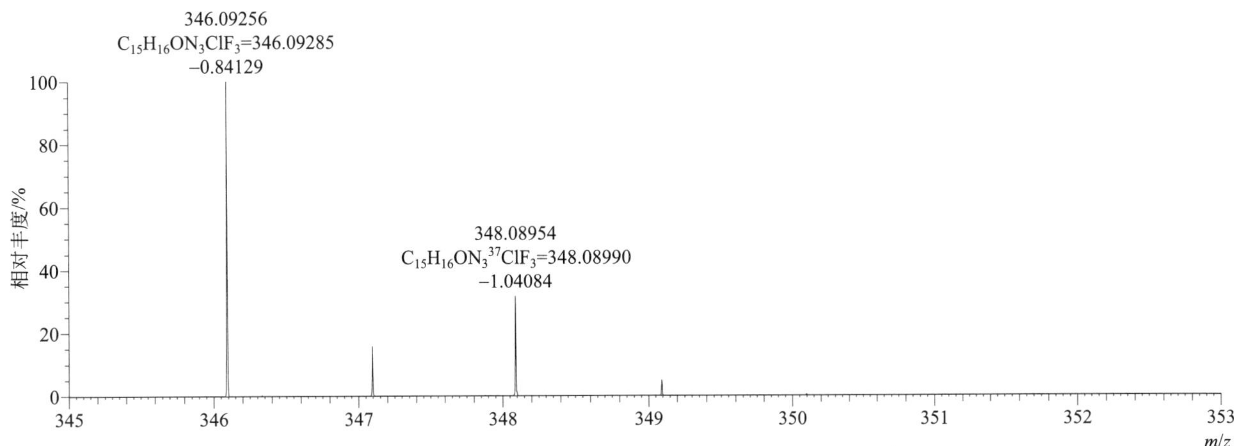

[M+H]$^+$ 归一化法能量 NCE 为 20 时典型的二级质谱图

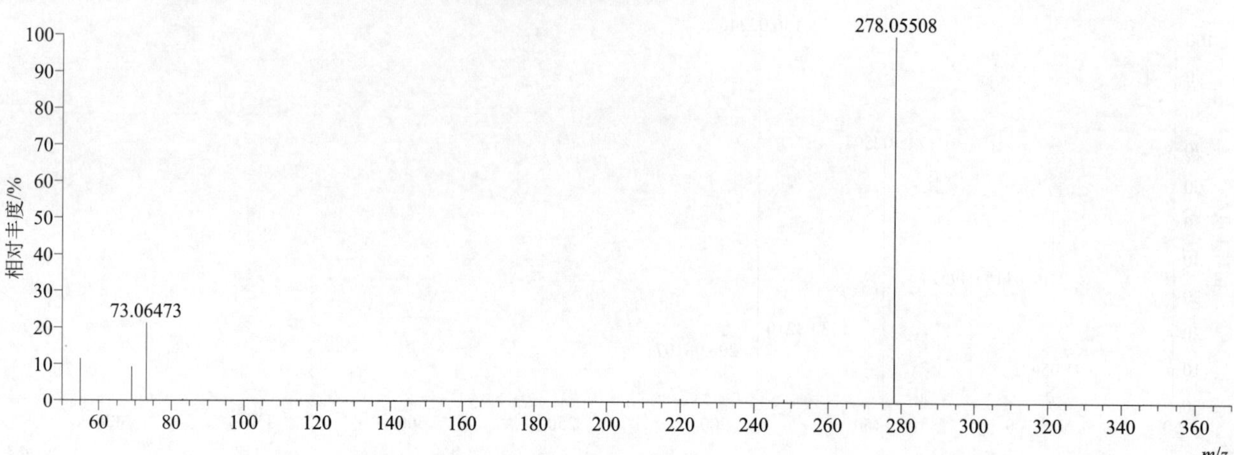

[M+H]$^+$ 归一化法能量 NCE 为 40 时典型的二级质谱图

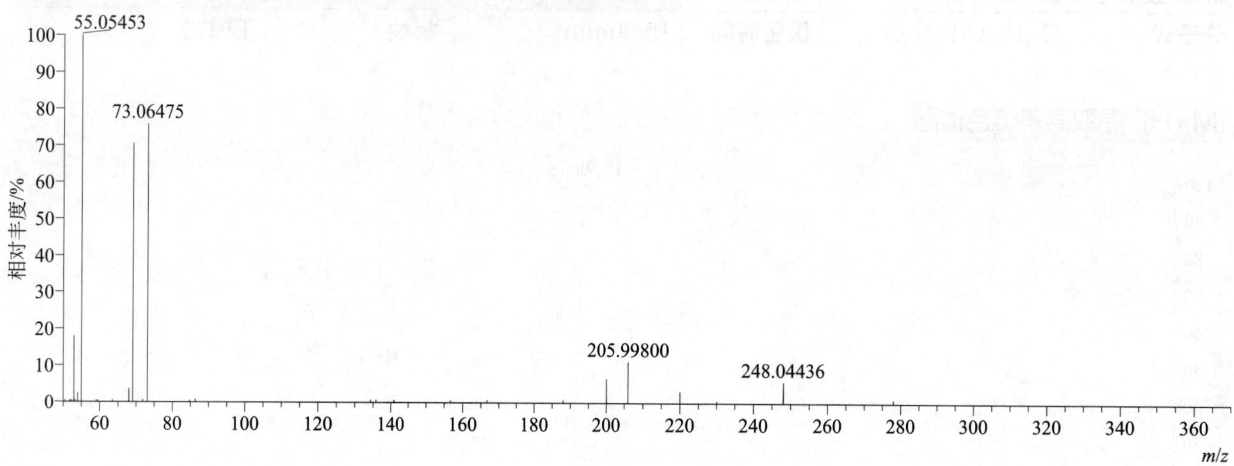

[M+H]$^+$ 归一化法能量 NCE 为 60 时典型的二级质谱图

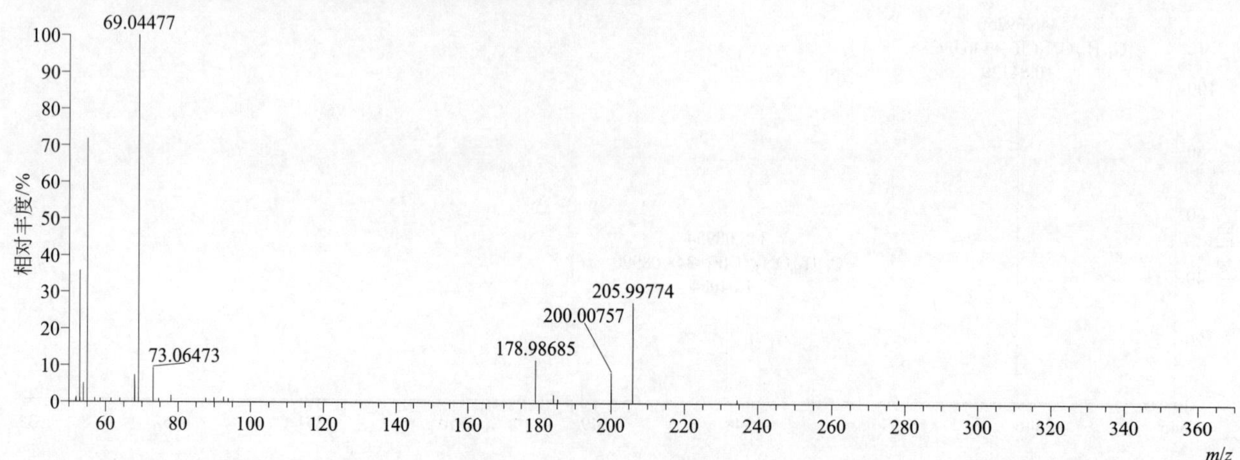

[M+H]+ 阶梯归一化法能量 Step NCE 为 20、40、60 时典型的二级质谱图

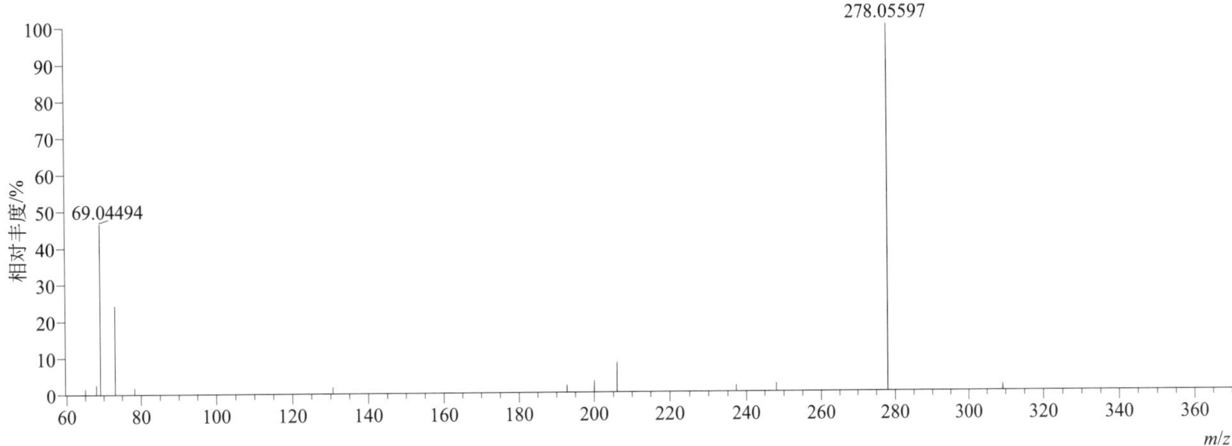

triflumuron（杀铃脲）

基本信息

CAS 登录号	64628-44-0	分子量	358.03320	离子源和极性	电喷雾离子源（ESI）
分子式	$C_{15}H_{10}ClF_3N_2O_3$	保留时间	15.25min	极性	正模式

[M+H]+ 提取离子流色谱图

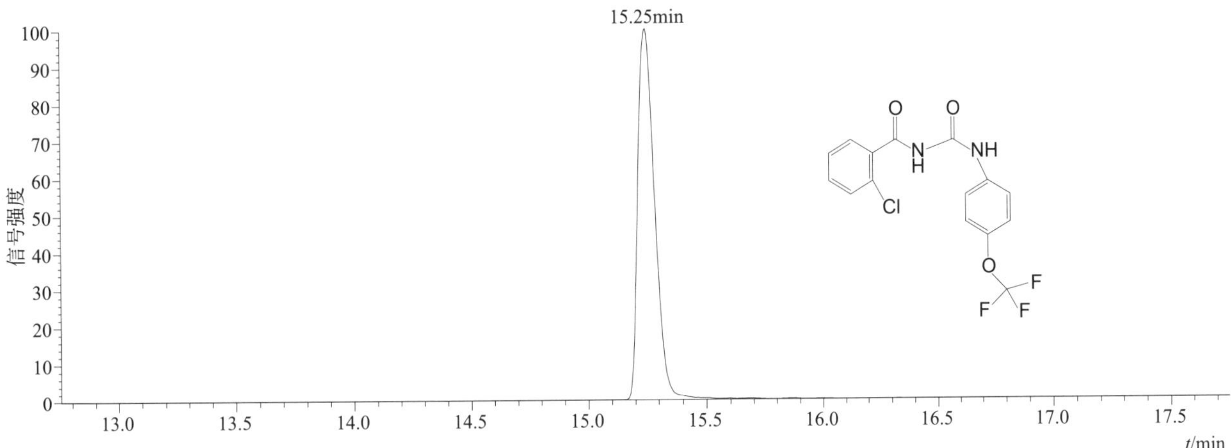

[M+H]+ 典型的一级质谱图

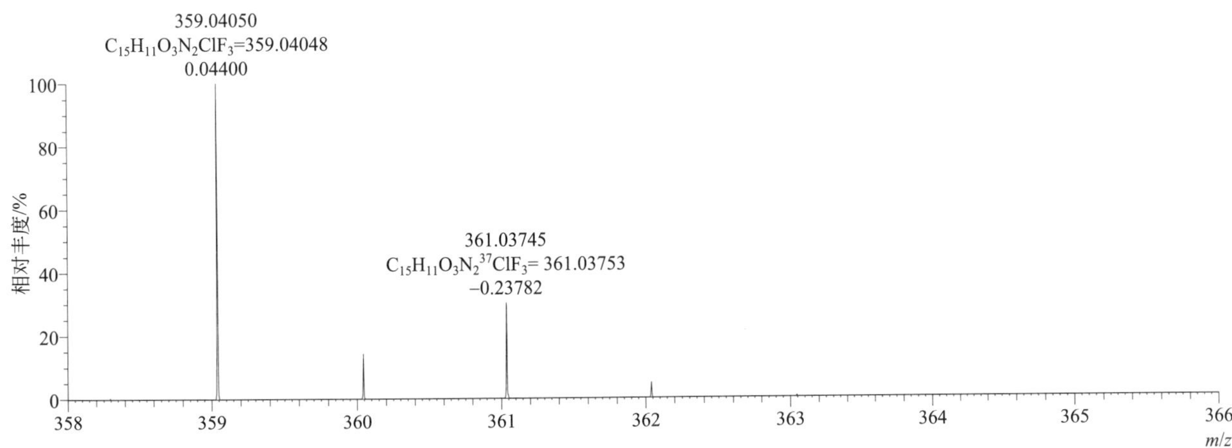

[M+H]$^+$ 归一化法能量 NCE 为 20 时典型的二级质谱图

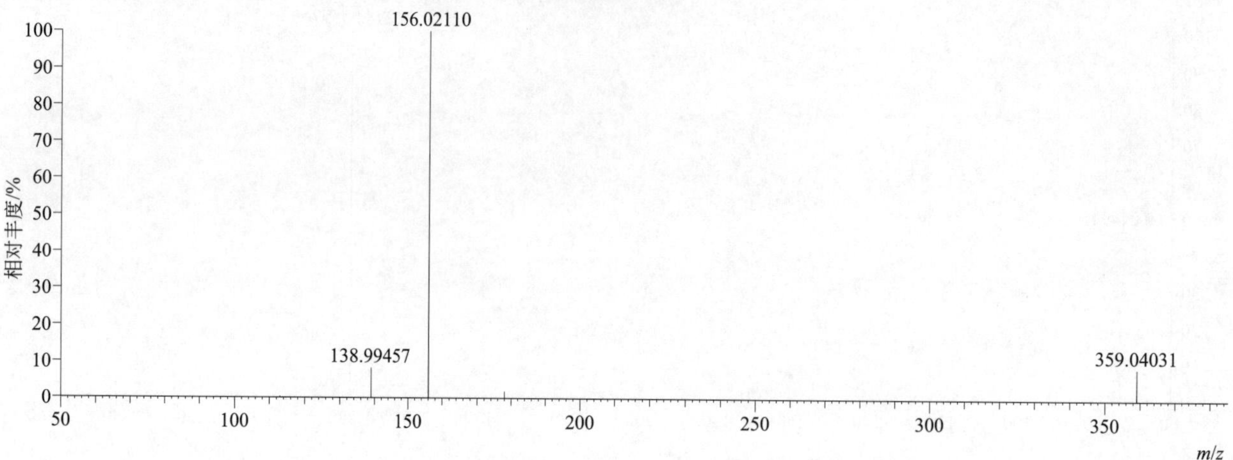

[M+H]$^+$ 归一化法能量 NCE 为 40 时典型的二级质谱图

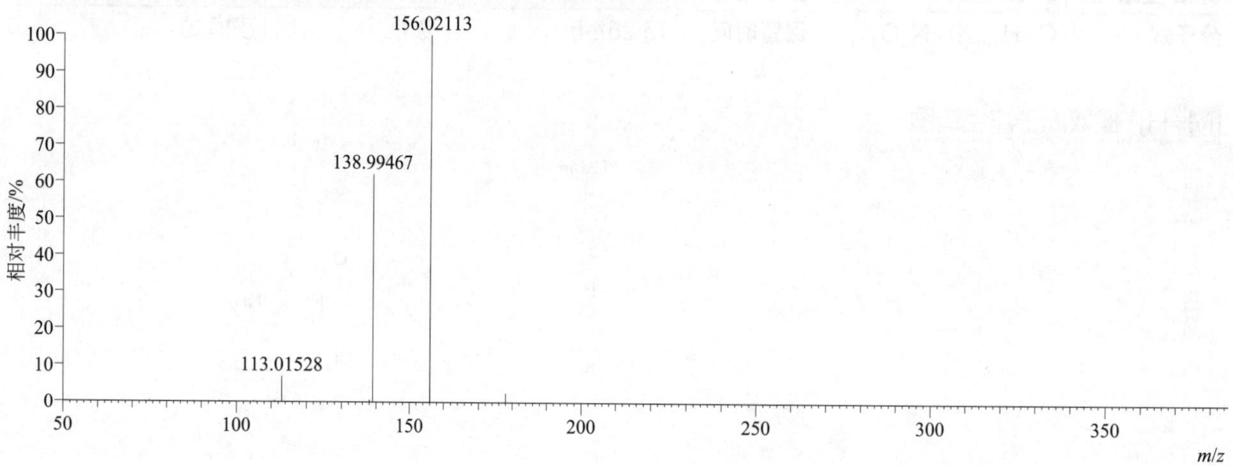

[M+H]$^+$ 归一化法能量 NCE 为 60 时典型的二级质谱图

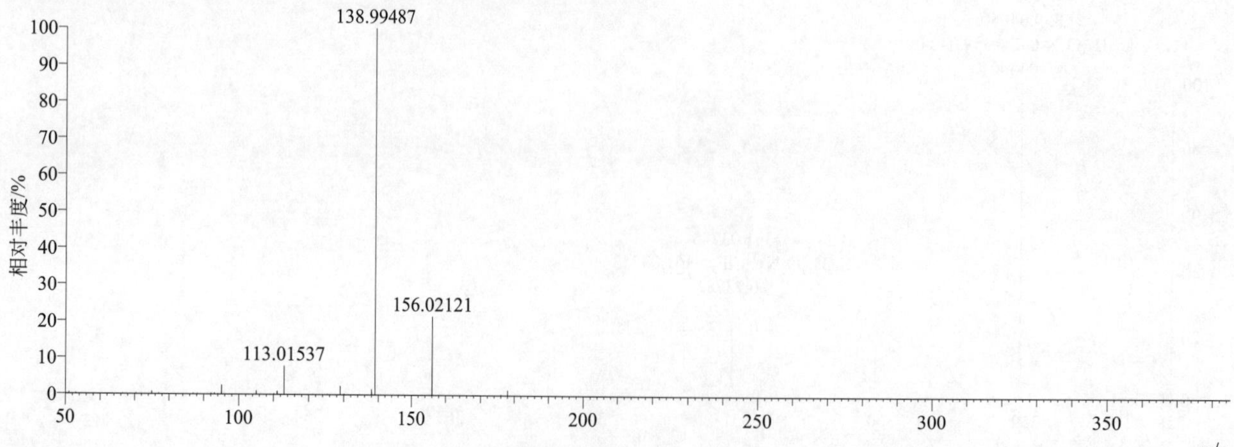

[M+H]+ 阶梯归一化法能量 Step NCE 为 20、40、60 时典型的二级质谱图

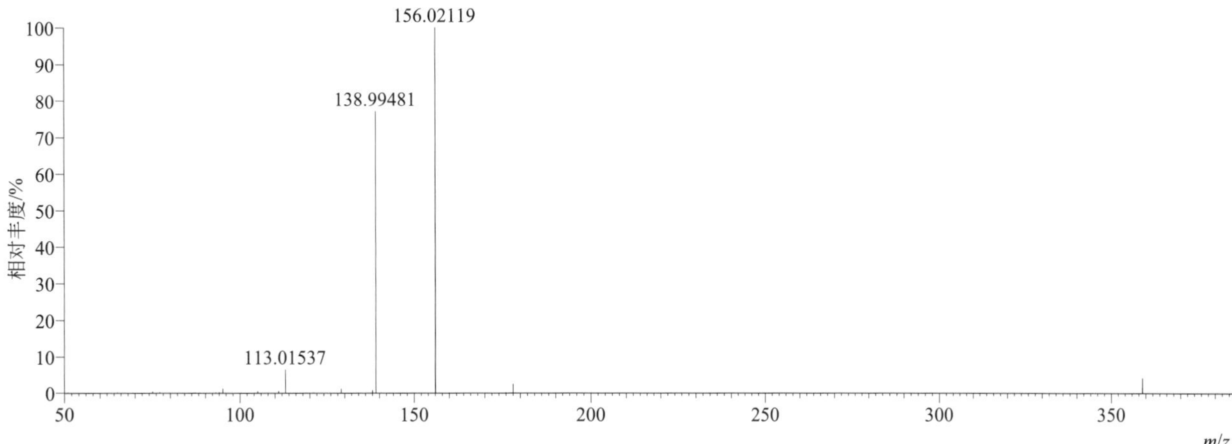

triflusulfuron-methyl（氟胺磺隆）

基本信息

CAS 登录号	126535-15-7	分子量	492.10389	离子源和极性	电喷雾离子源（ESI）
分子式	$C_{17}H_{19}F_3N_6O_6S$	保留时间	14.30min	极性	正模式

[M+H]+ 提取离子流色谱图

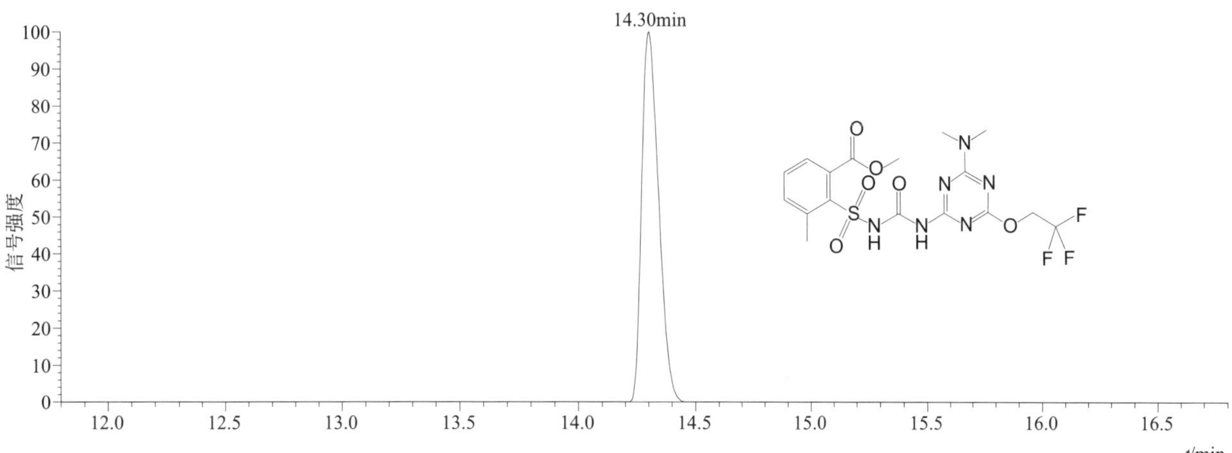

[M+H]+ 和 [M+Na]+ 典型的一级质谱图

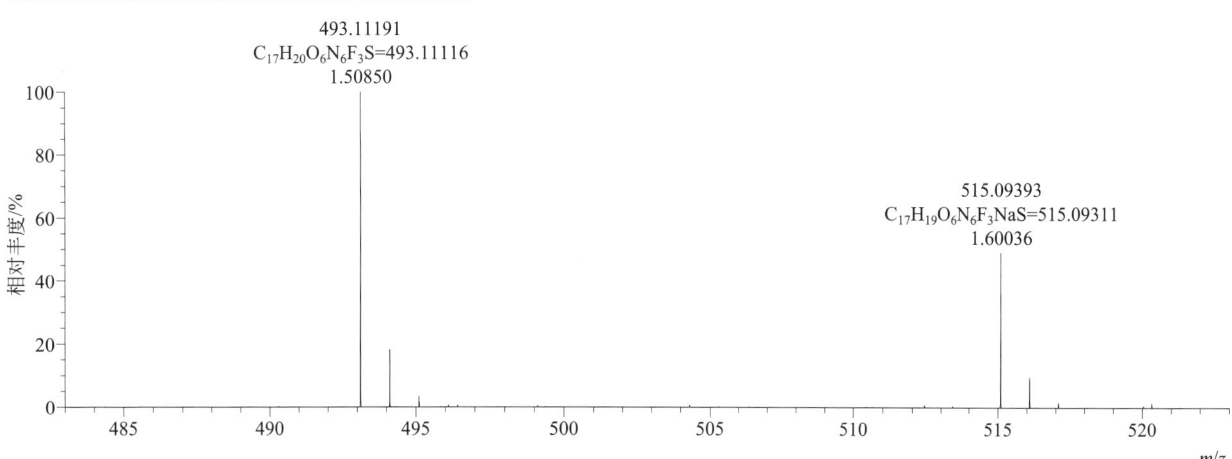

[M+H]+ 归一化法能量 NCE 为 20 时典型的二级质谱图

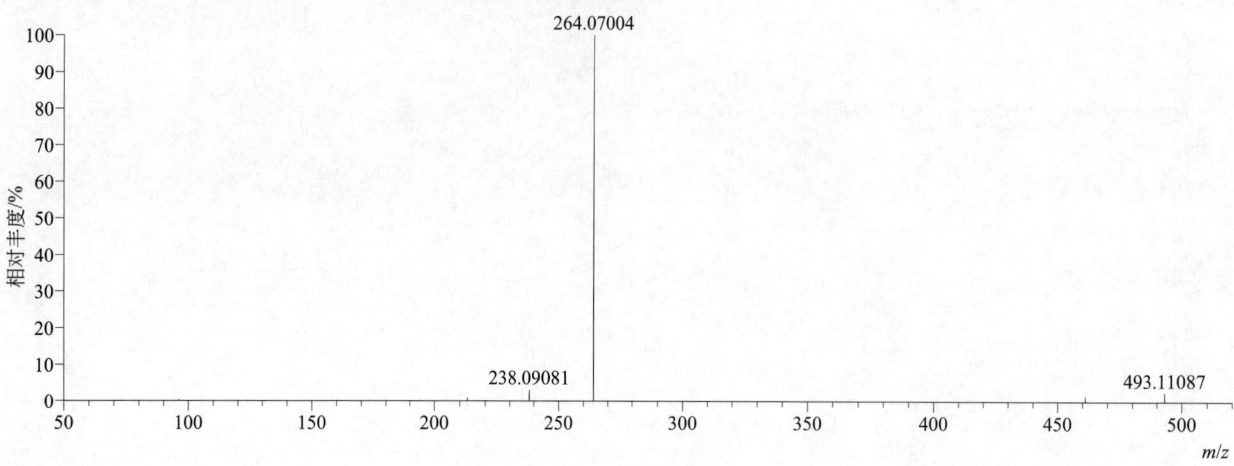

[M+H]+ 归一化法能量 NCE 为 40 时典型的二级质谱图

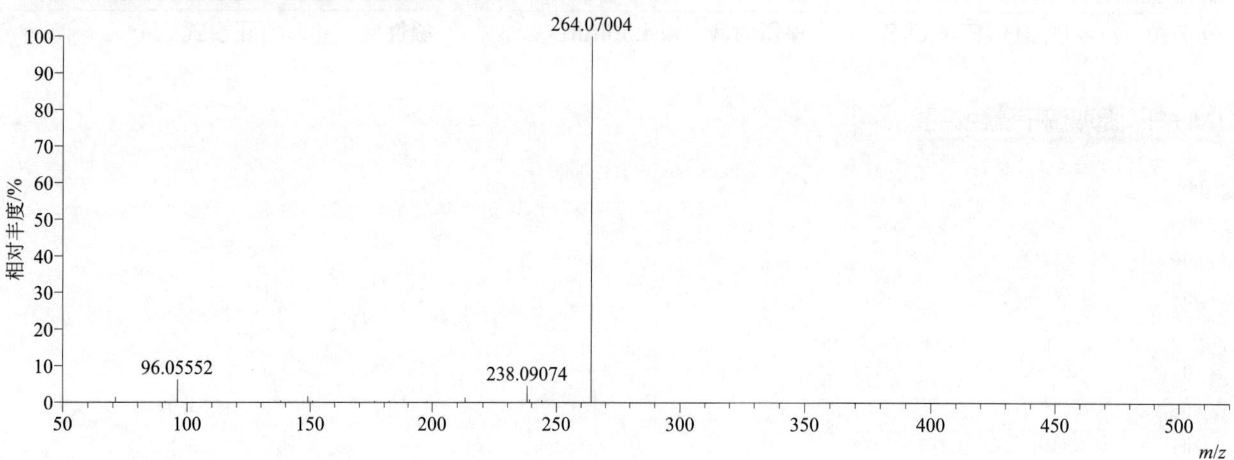

[M+H]+ 归一化法能量 NCE 为 60 时典型的二级质谱图

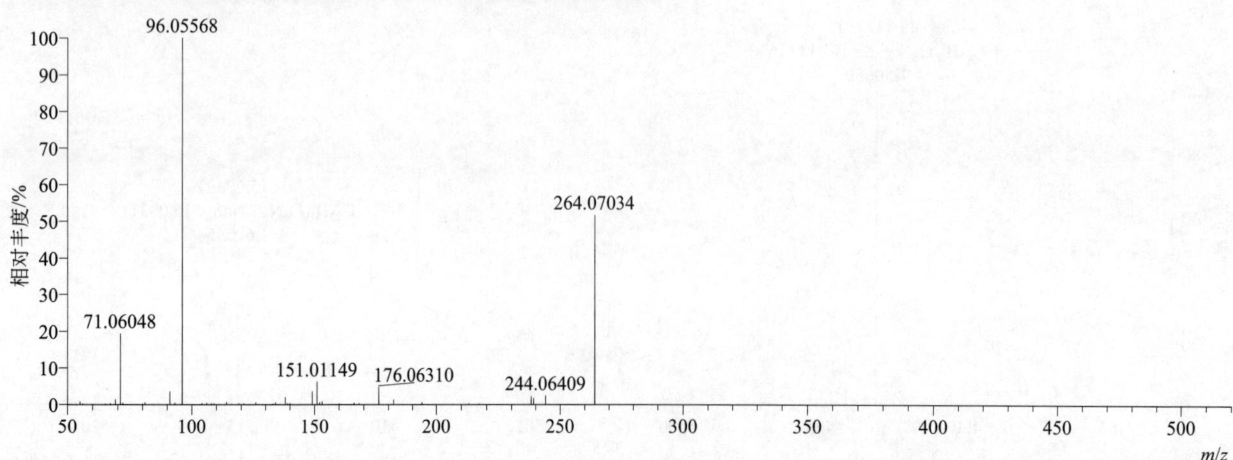

[M+H]+ 阶梯归一化法能量 Step NCE 为 20、40、60 时典型的二级质谱图

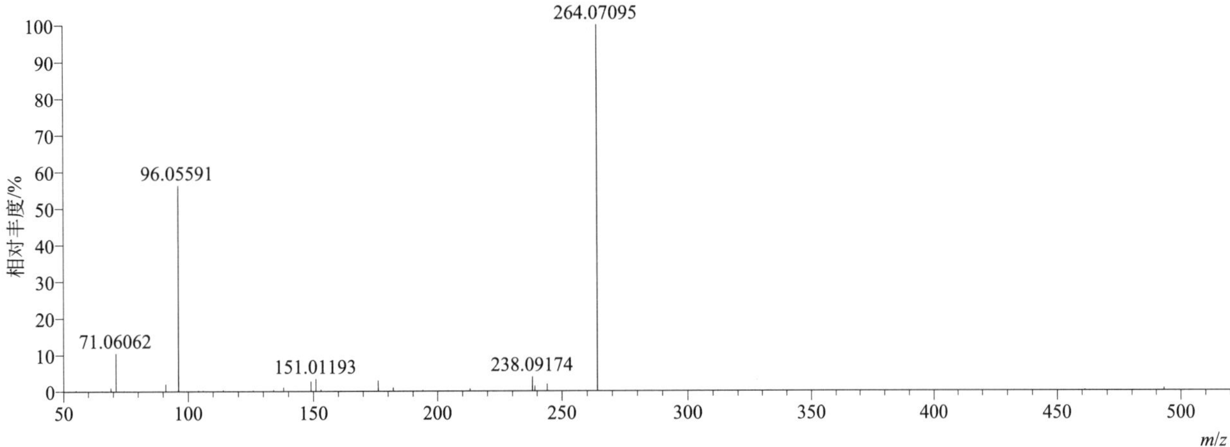

3,4,5-trimethacarb（3,4,5-混杀威）

基本信息

CAS 登录号	2686-99-9	分子量	193.11028	离子源和极性	电喷雾离子源（ESI）
分子式	$C_{11}H_{15}NO_2$	保留时间	13.91min	极性	正模式

[M+H]+ 提取离子流色谱图

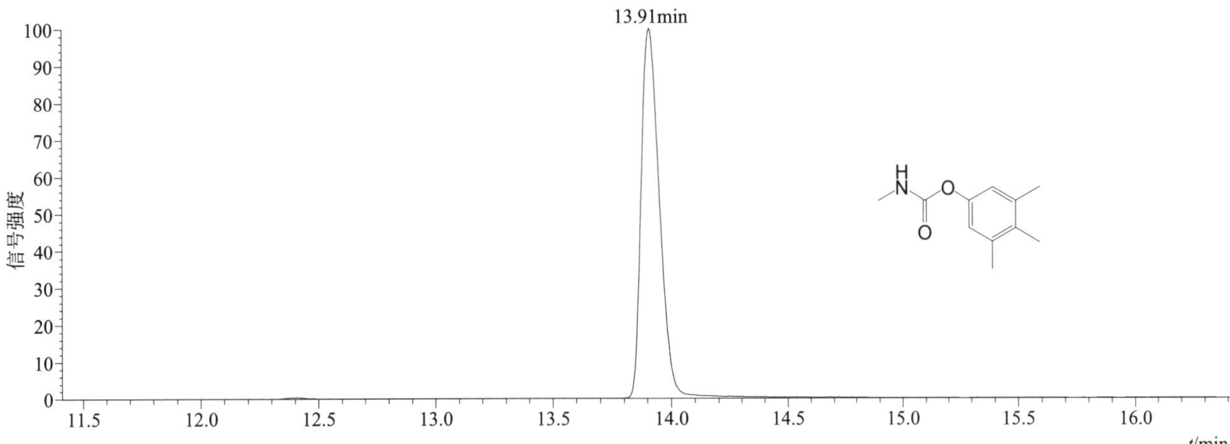

[M+H]+ 典型的一级质谱图

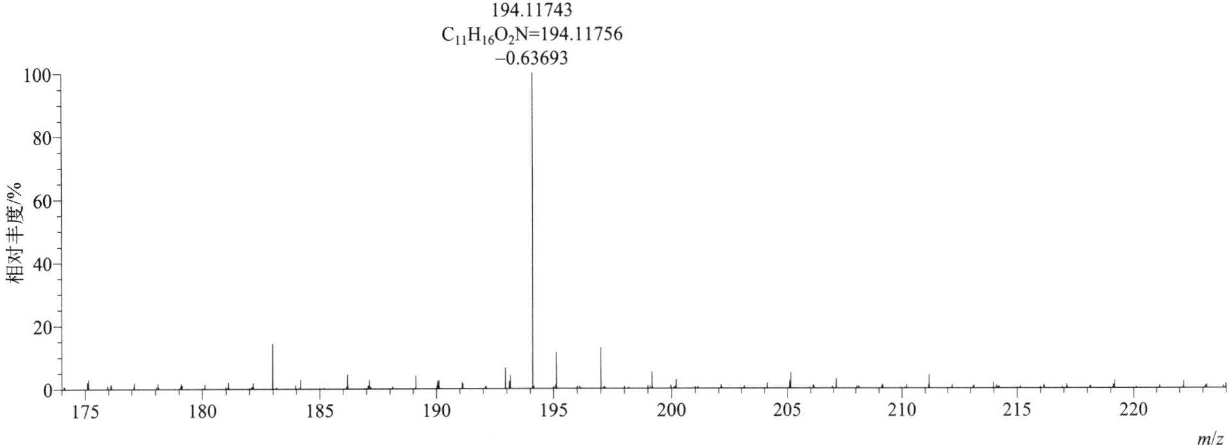

[M+H]+ 归一化法能量 NCE 为 20 时典型的二级质谱图

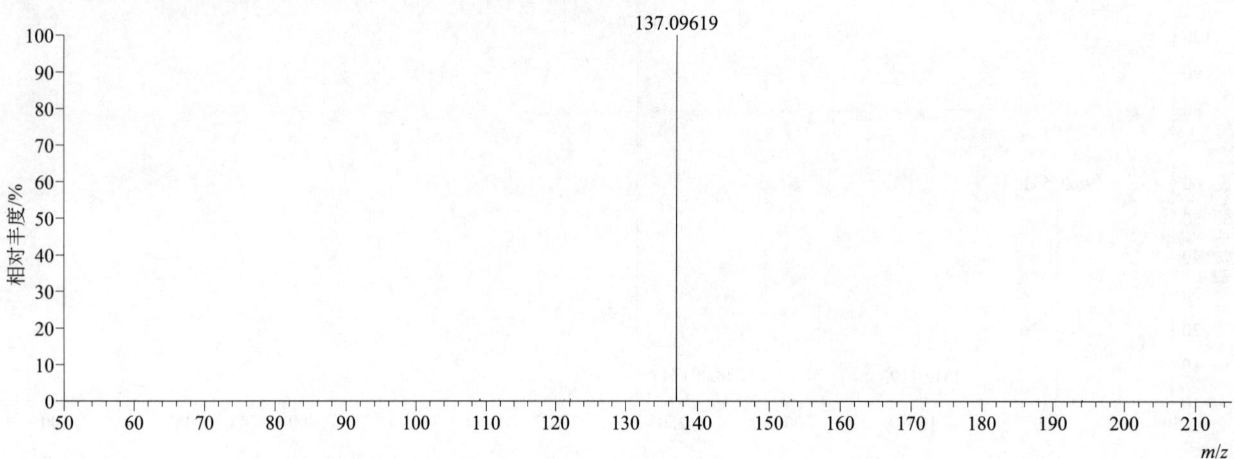

[M+H]+ 归一化法能量 NCE 为 40 时典型的二级质谱图

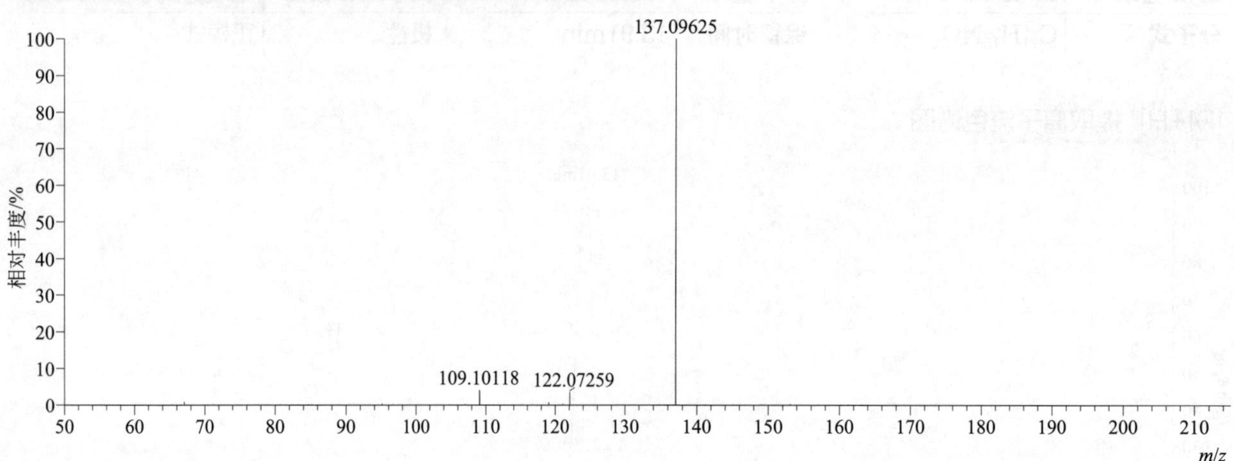

[M+H]+ 归一化法能量 NCE 为 60 时典型的二级质谱图

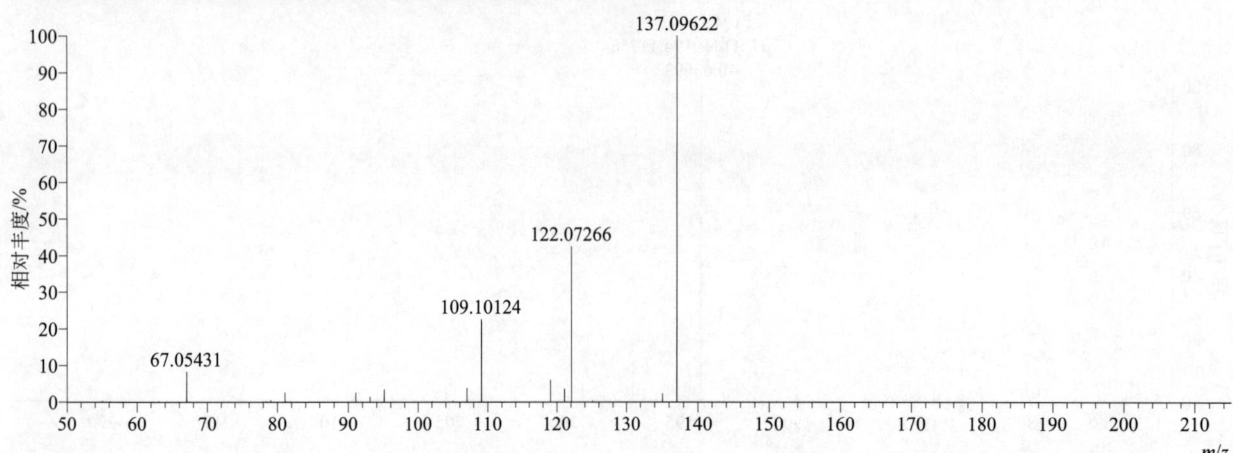

[M+H]+ 阶梯归一化法能量 Step NCE 为 20、40、60 时典型的二级质谱图

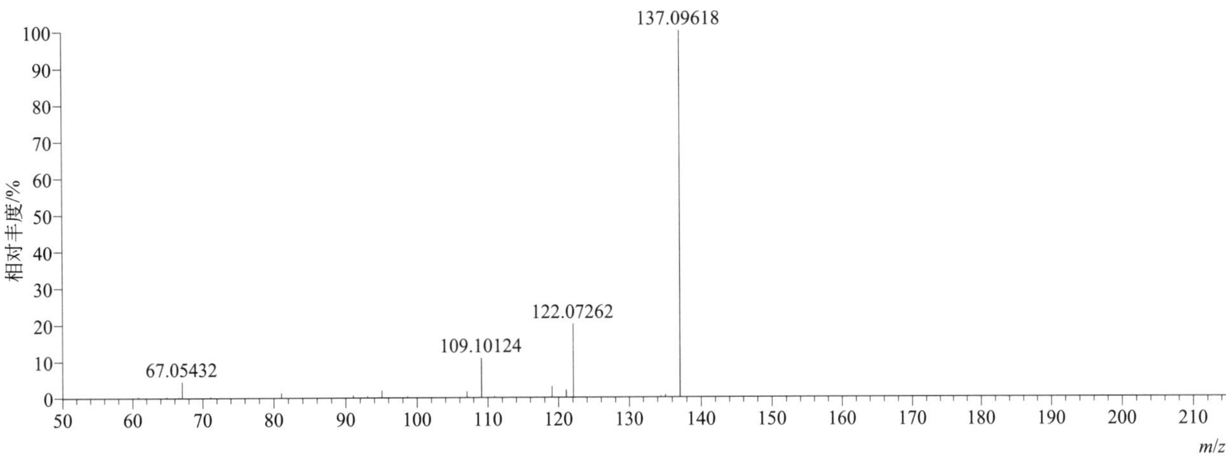

trinexapac-ethyl（抗倒酯）

基本信息

CAS 登录号	95266-40-3	分子量	252.09977	离子源和极性	电喷雾离子源（ESI）
分子式	$C_{13}H_{16}O_5$	保留时间	13.93min	极性	正模式

[M+H]+ 提取离子流色谱图

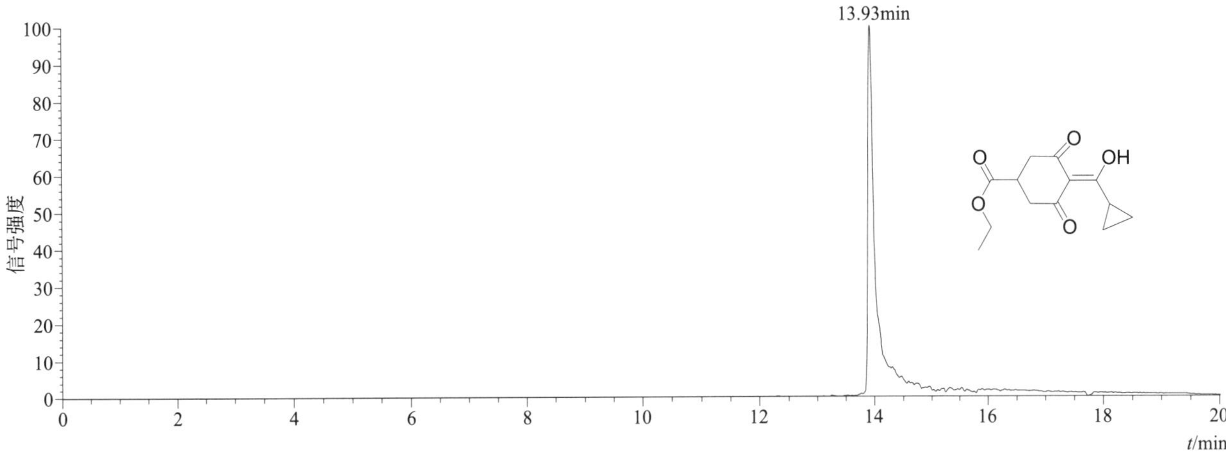

[M+H]+ 典型的一级质谱图

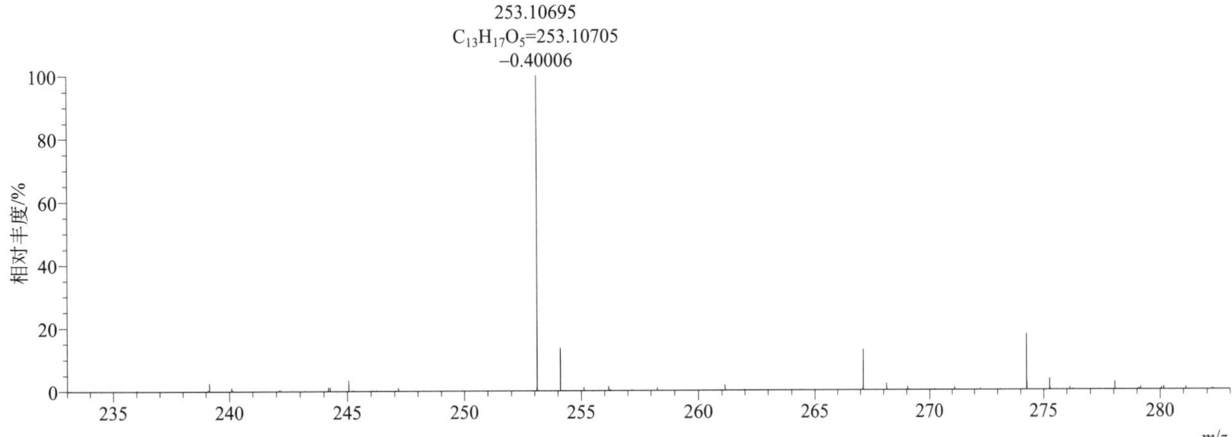

[M+H]⁺ 归一化法能量 NCE 为 20 时典型的二级质谱图

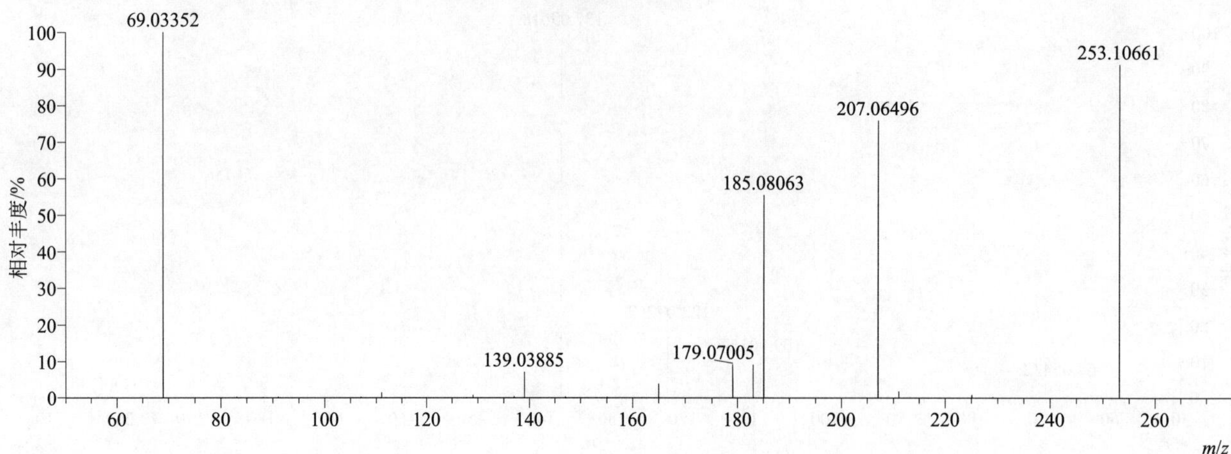

[M+H]⁺ 归一化法能量 NCE 为 40 时典型的二级质谱图

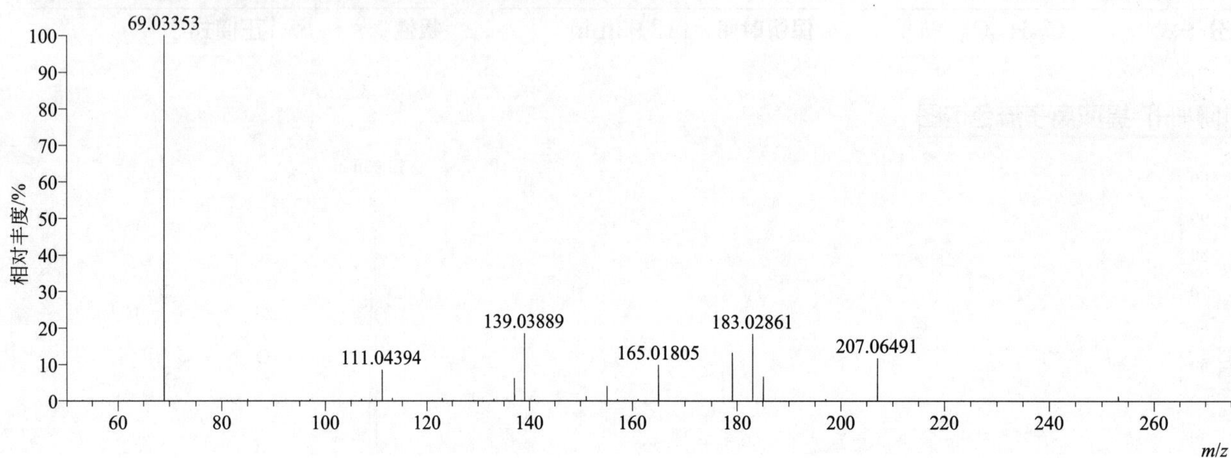

[M+H]⁺ 归一化法能量 NCE 为 60 时典型的二级质谱图

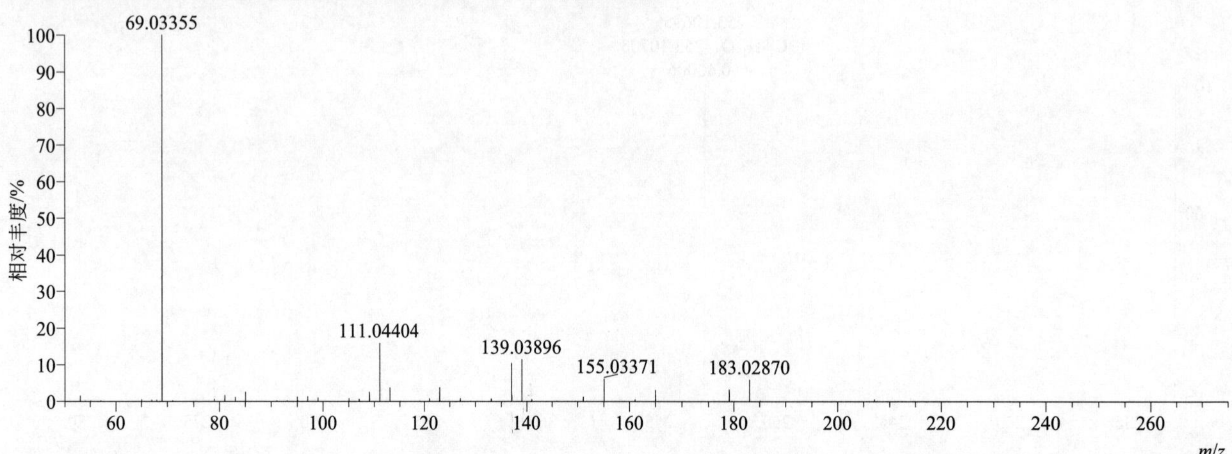

[M+H]⁺ 阶梯归一化法能量 Step NCE 为 20、40、60 时典型的二级质谱图

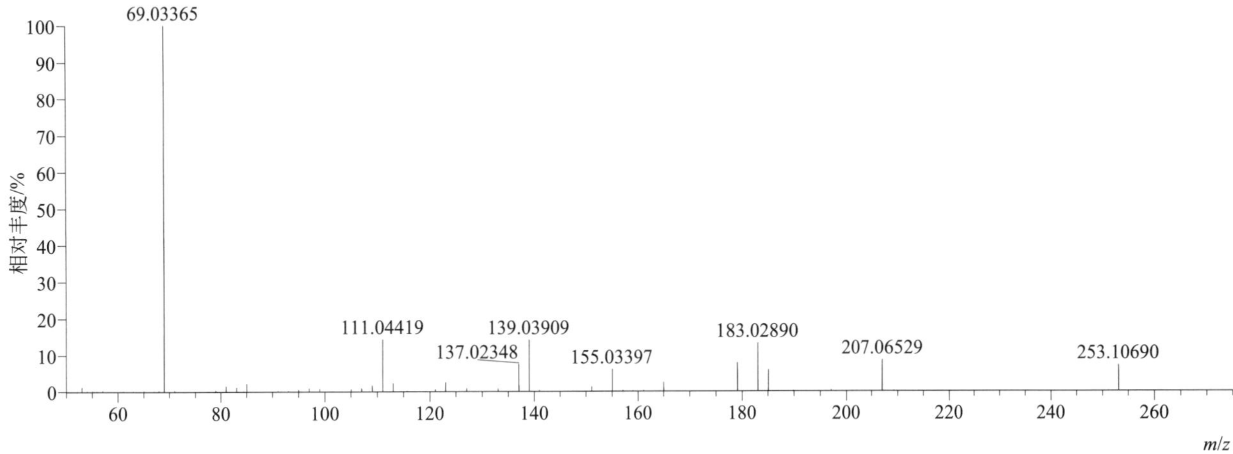

triphenylphosphate（磷酸三苯酯）

基本信息

CAS 登录号	115-86-6	分子量	326.07080	离子源和极性	电喷雾离子源（ESI）
分子式	$C_{18}H_{15}O_4P$	保留时间	15.12min	极性	正模式

[M+H]⁺ 提取离子流色谱图

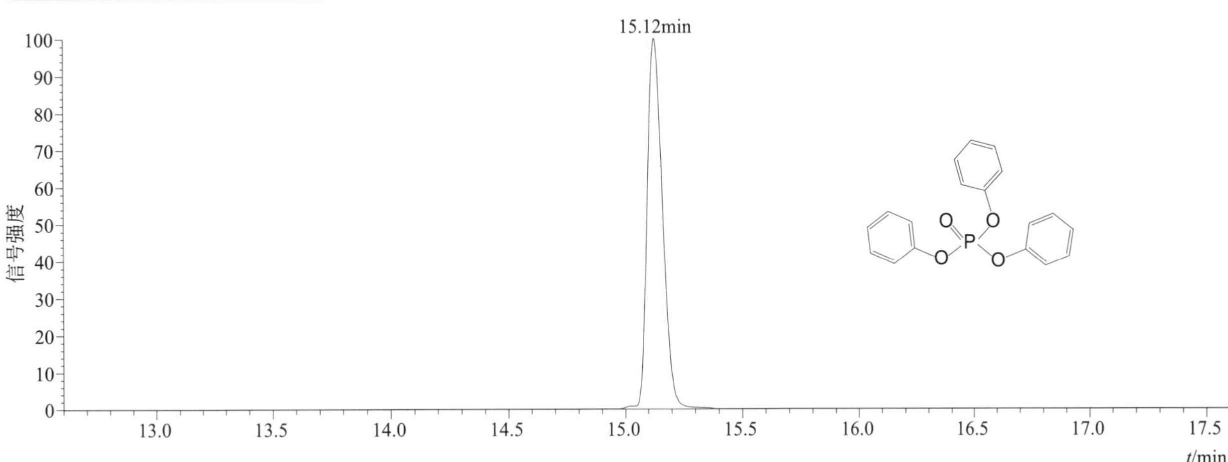

[M+H]⁺、[M+NH₄]⁺ 和 [M+Na]⁺ 典型的一级质谱图（全图）

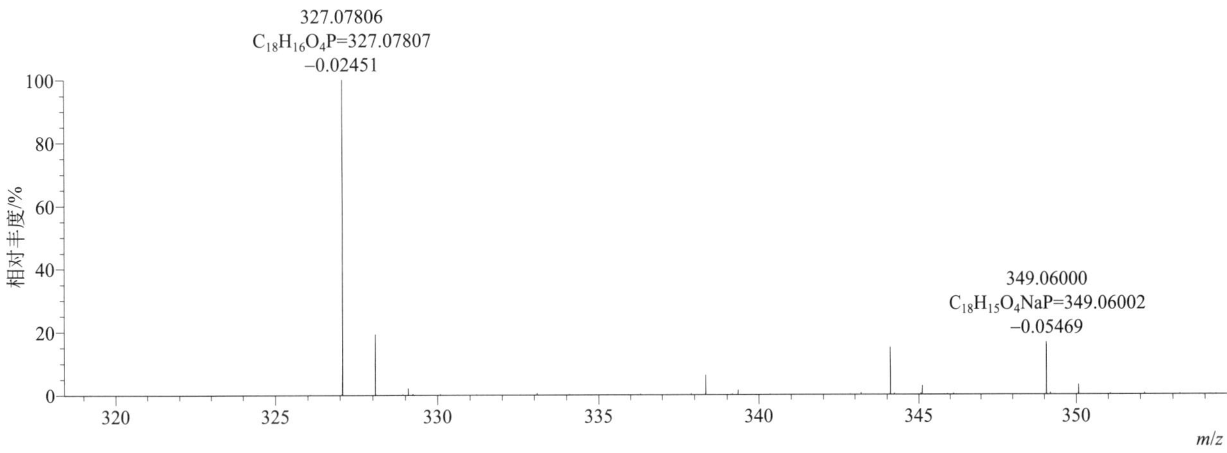

[M+H]$^+$、[M+NH$_4$]$^+$ 和 [M+Na]$^+$ 典型的一级质谱图（局部图）

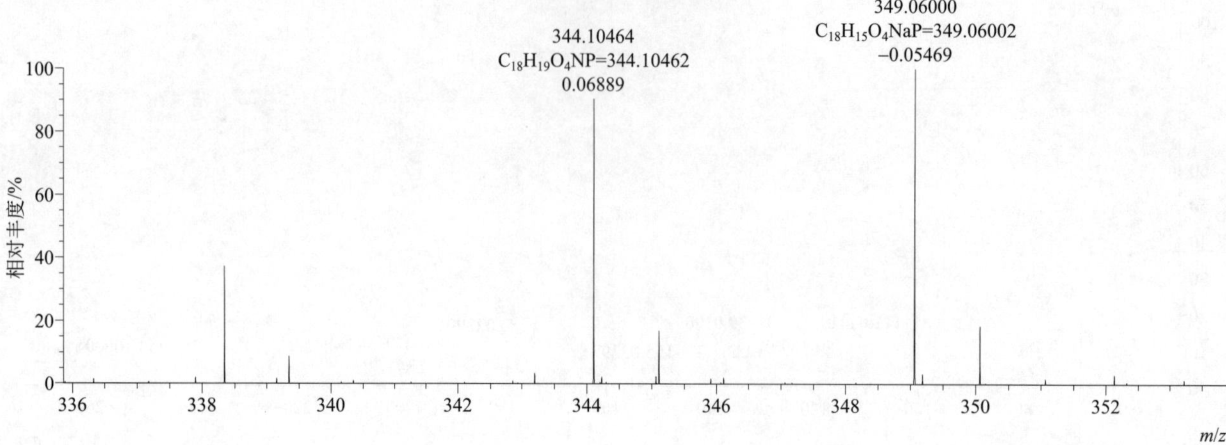

[M+H]$^+$ 归一化法能量 NCE 为 20 时典型的二级质谱图

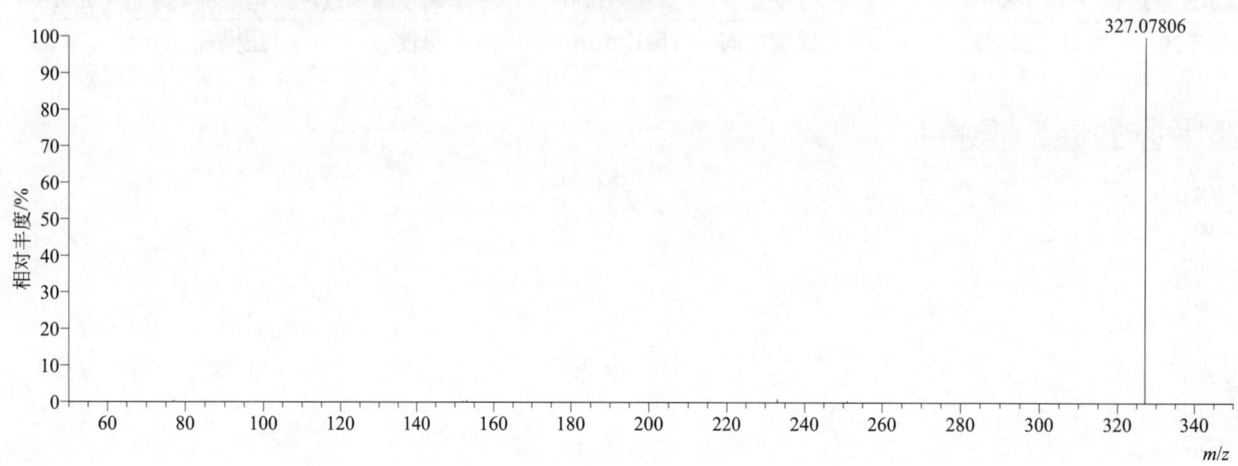

[M+H]$^+$ 归一化法能量 NCE 为 40 时典型的二级质谱图

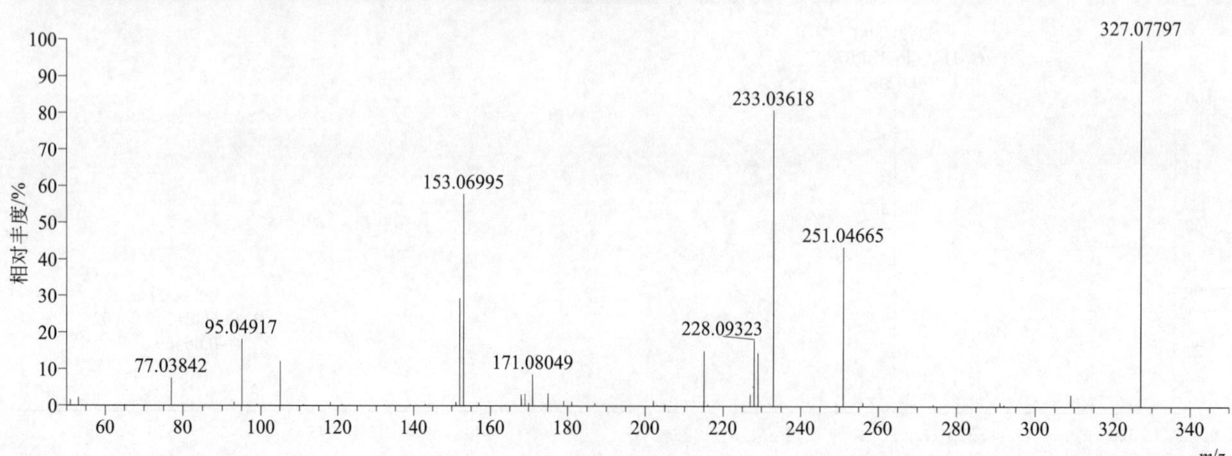

[M+H]$^+$ 归一化法能量 NCE 为 60 时典型的二级质谱图

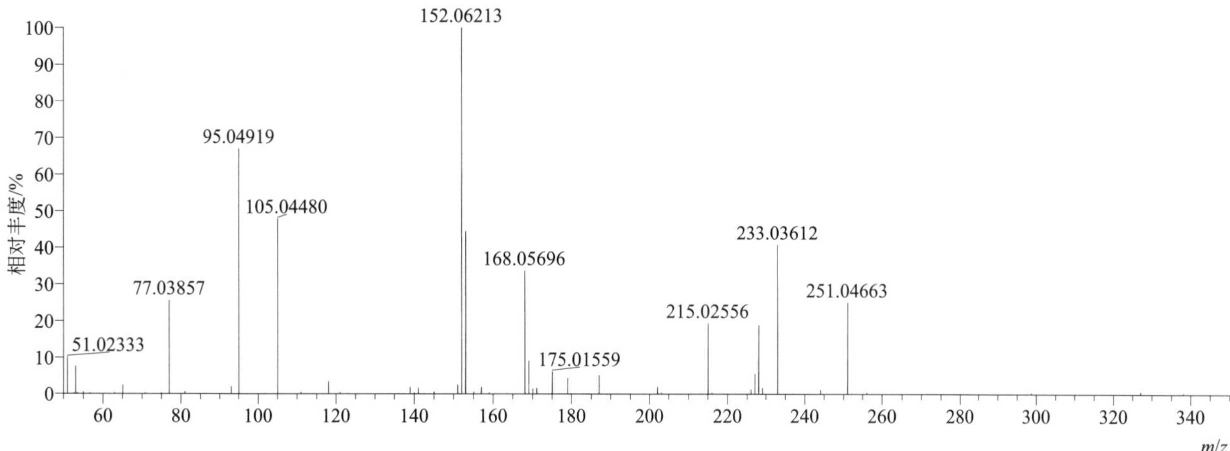

[M+H]$^+$ 阶梯归一化法能量 Step NCE 为 20、40、60 时典型的二级质谱图

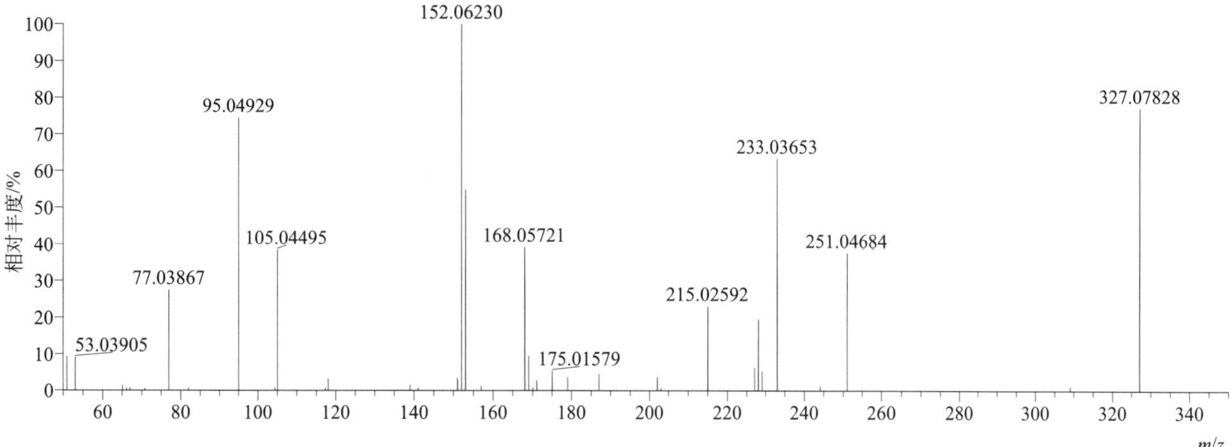

[M+NH$_4$]$^+$ 归一化法能量 NCE 为 20 时典型的二级质谱图

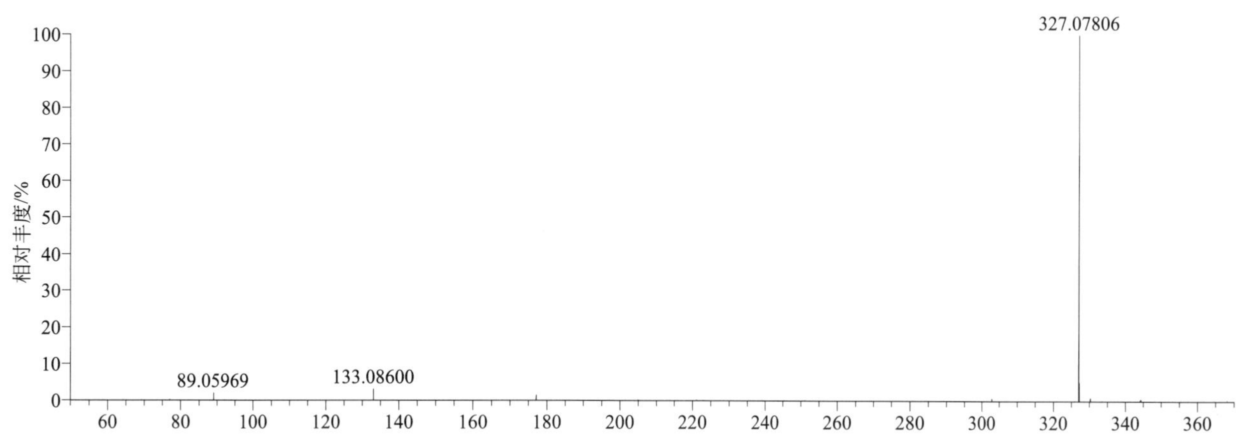

$[M+NH_4]^+$ 归一化法能量 NCE 为 40 时典型的二级质谱图

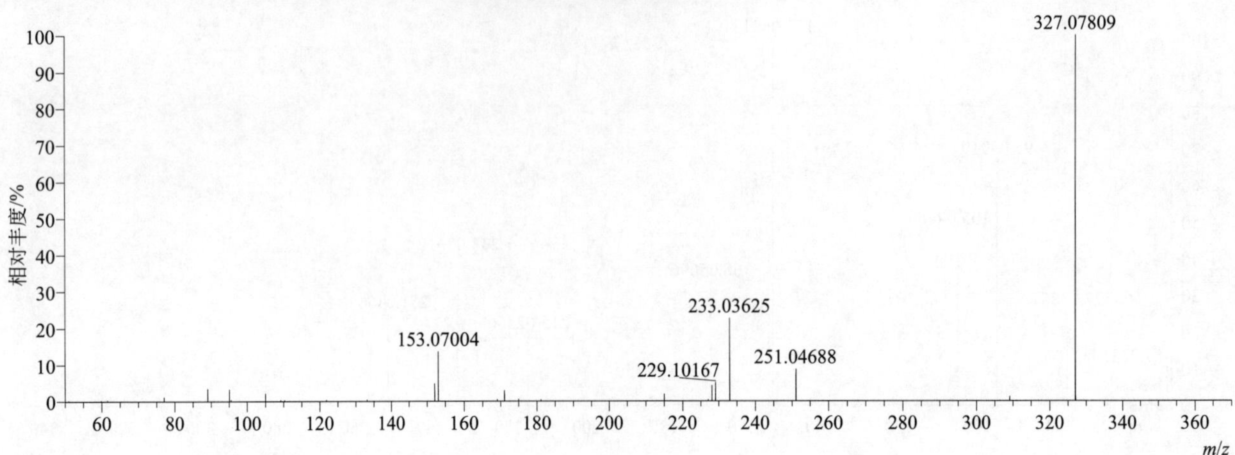

$[M+NH_4]^+$ 归一化法能量 NCE 为 60 时典型的二级质谱图

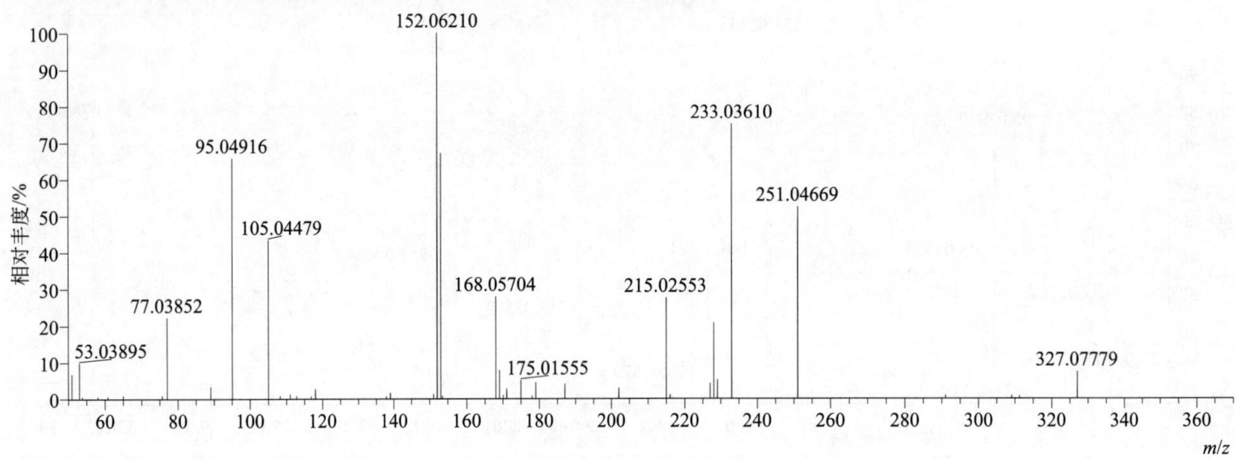

$[M+NH_4]^+$ 阶梯归一化法能量 Step NCE 为 20、40、60 时典型的二级质谱图

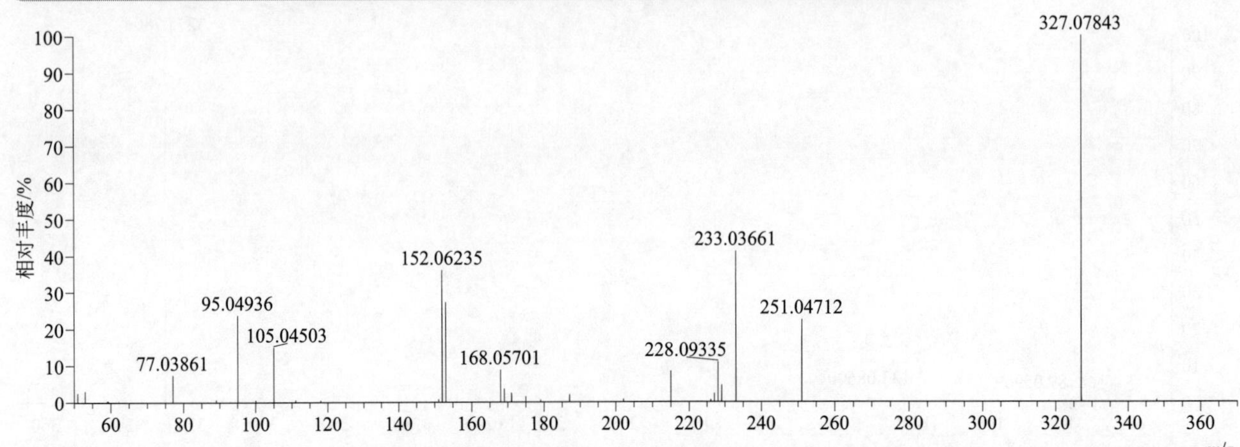

triticonazole（灭菌唑）

基本信息

CAS 登录号	131983-72-7	分子量	317.12949	离子源和极性	电喷雾离子源（ESI）
分子式	$C_{17}H_{20}ClN_3O$	保留时间	14.66min	极性	正模式

[M+H]⁺ 提取离子流色谱图

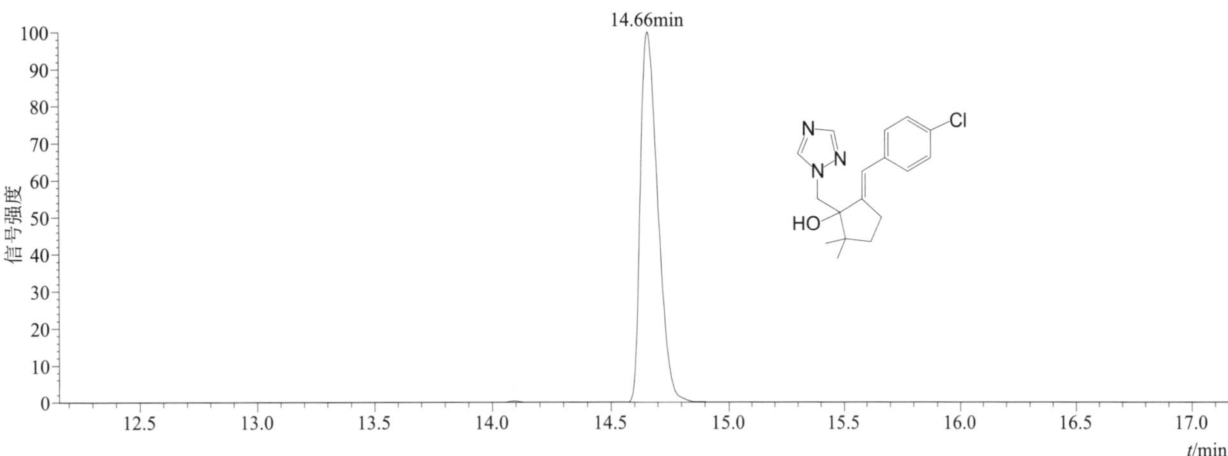

[M+H]⁺ 典型的一级质谱图

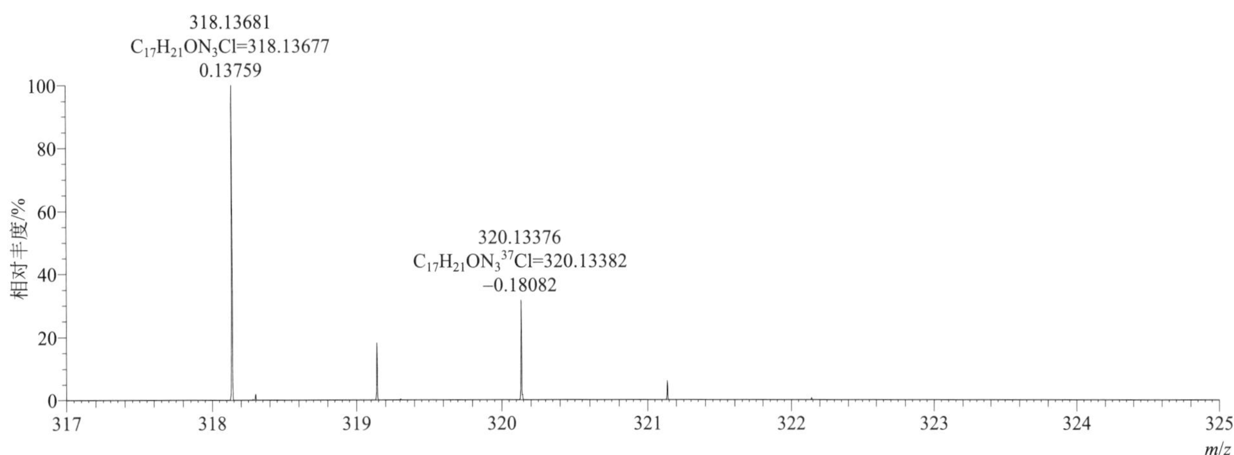

[M+H]⁺ 归一化法能量 NCE 为 10 时典型的二级质谱图

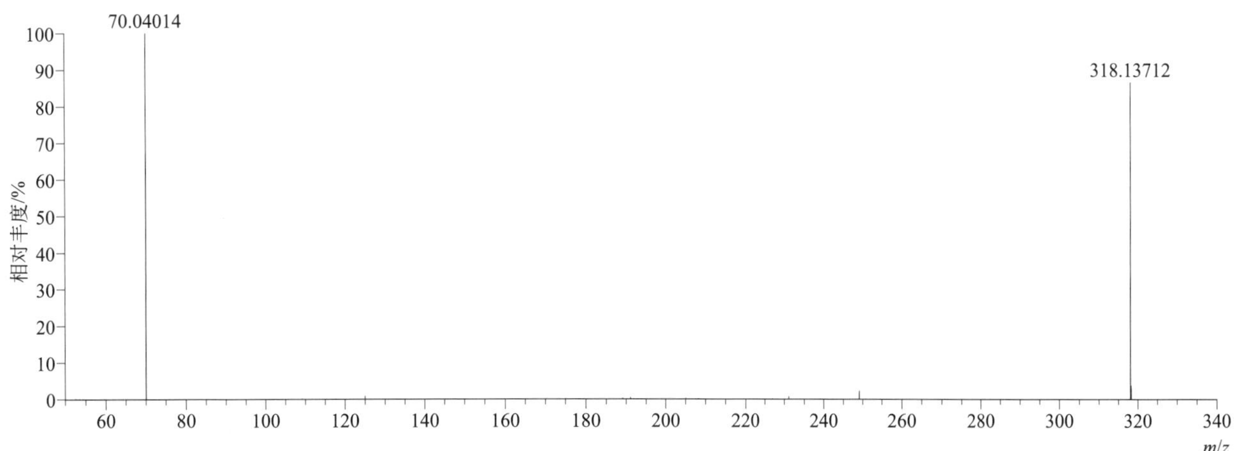

[M+H]+ 归一化法能量 NCE 为 20 时典型的二级质谱图

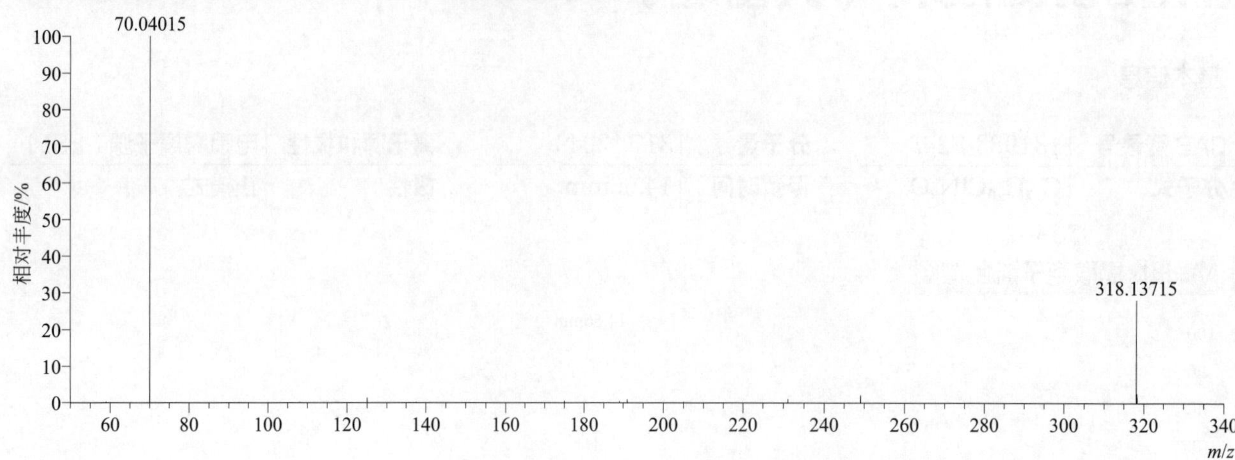

[M+H]+ 归一化法能量 NCE 为 30 时典型的二级质谱图

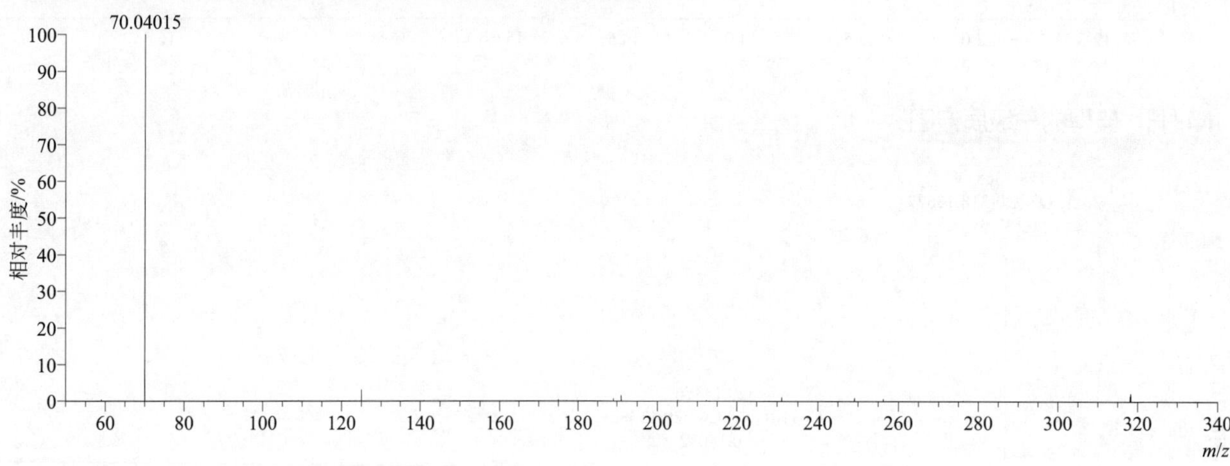

[M+H]+ 阶梯归一化法能量 Step NCE 为 10、20、30 时典型的二级质谱图

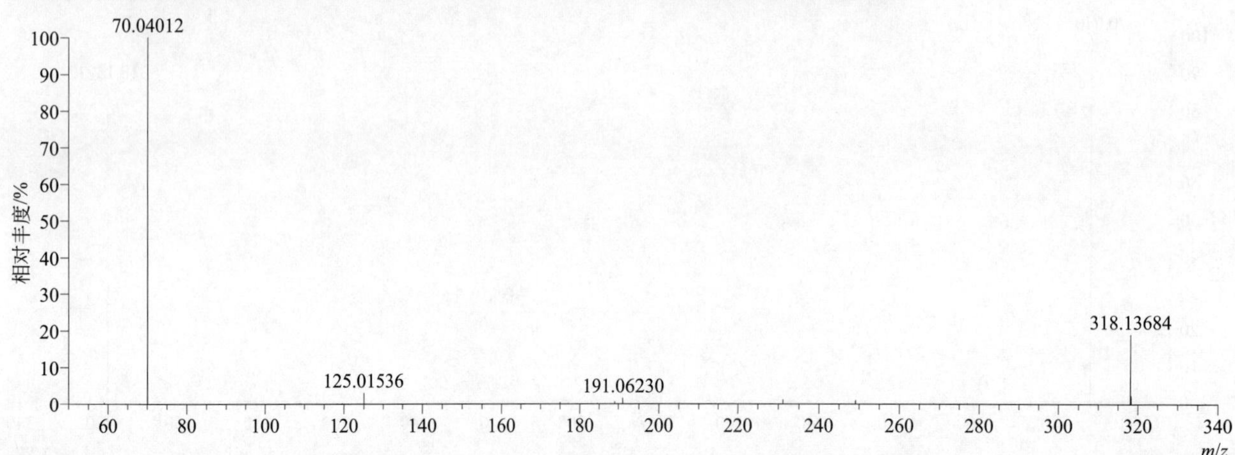

uniconazole（烯效唑）

基本信息

CAS 登录号	83657-22-1	分子量	291.11384	离子源和极性	电喷雾离子源（ESI）
分子式	$C_{15}H_{18}ClN_3O$	保留时间	14.91min	极性	正模式

[M+H]$^+$ 提取离子流色谱图

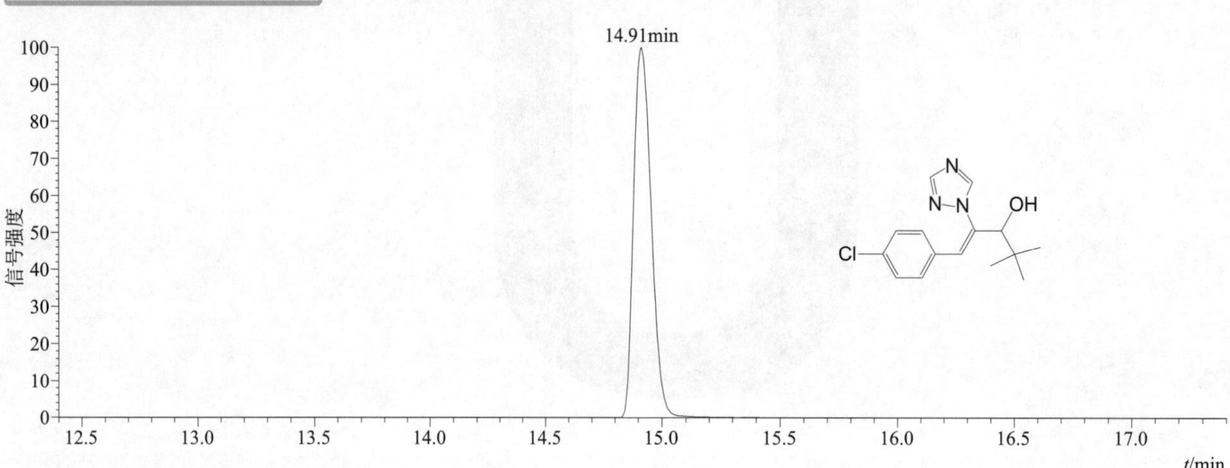

[M+H]$^+$ 典型的一级质谱图

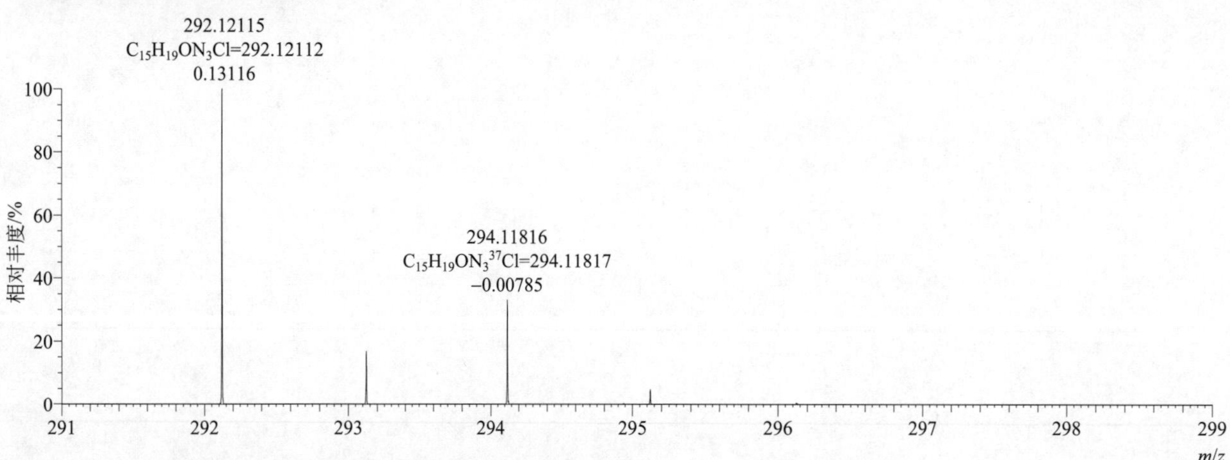

[M+H]$^+$ 归一化法能量 NCE 为 20 时典型的二级质谱图

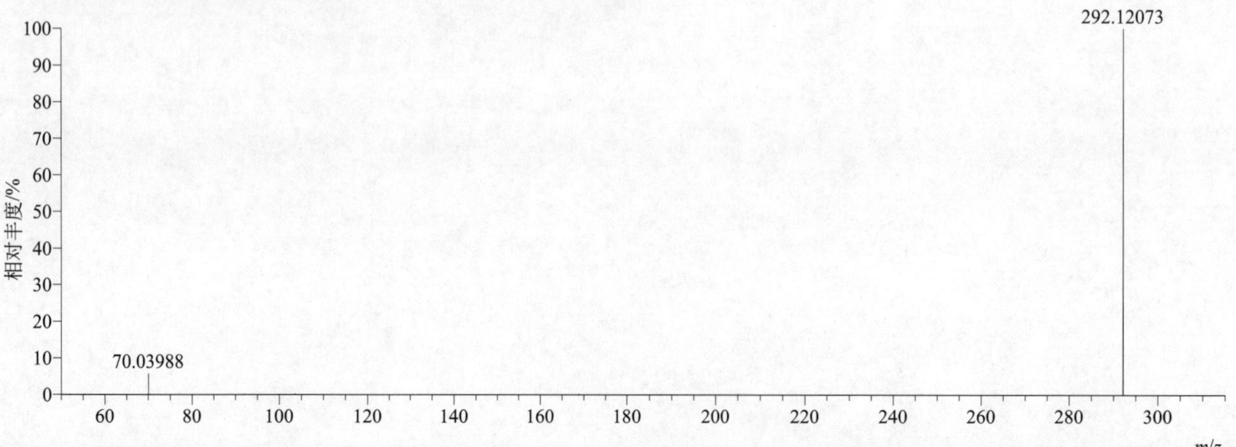

$[M+H]^+$ 归一化法能量 NCE 为 40 时典型的二级质谱图

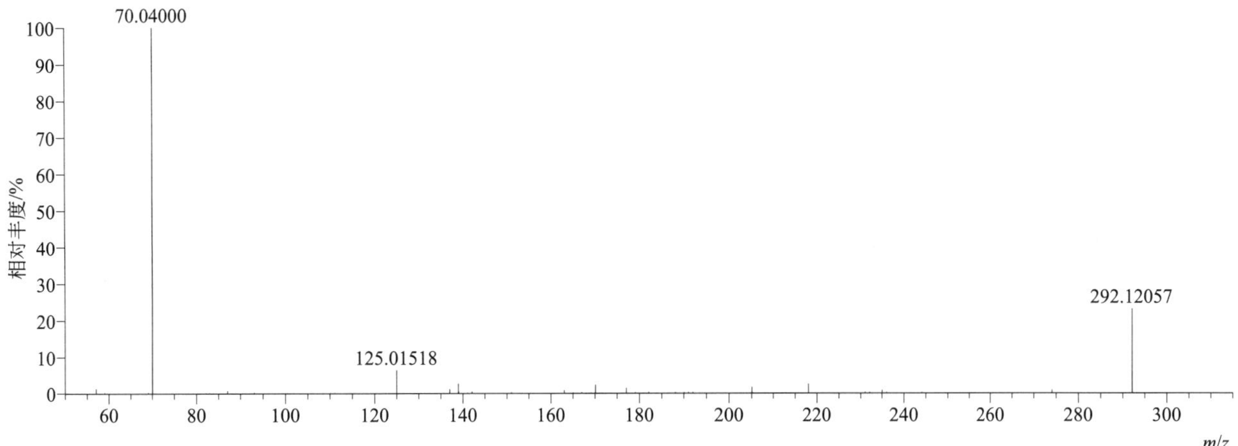

$[M+H]^+$ 归一化法能量 NCE 为 60 时典型的二级质谱图

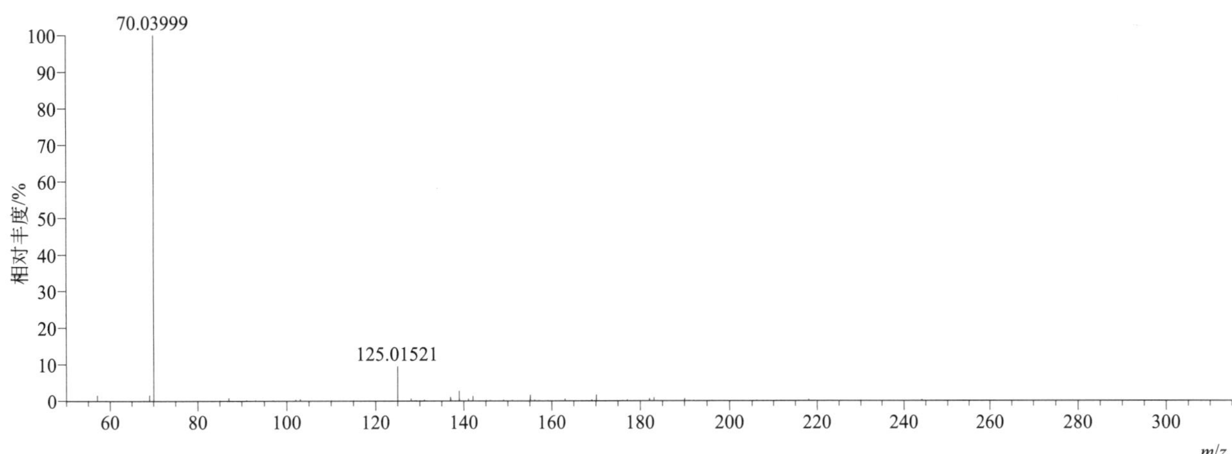

$[M+H]^+$ 阶梯归一化法能量 Step NCE 为 20、40、60 时典型的二级质谱图

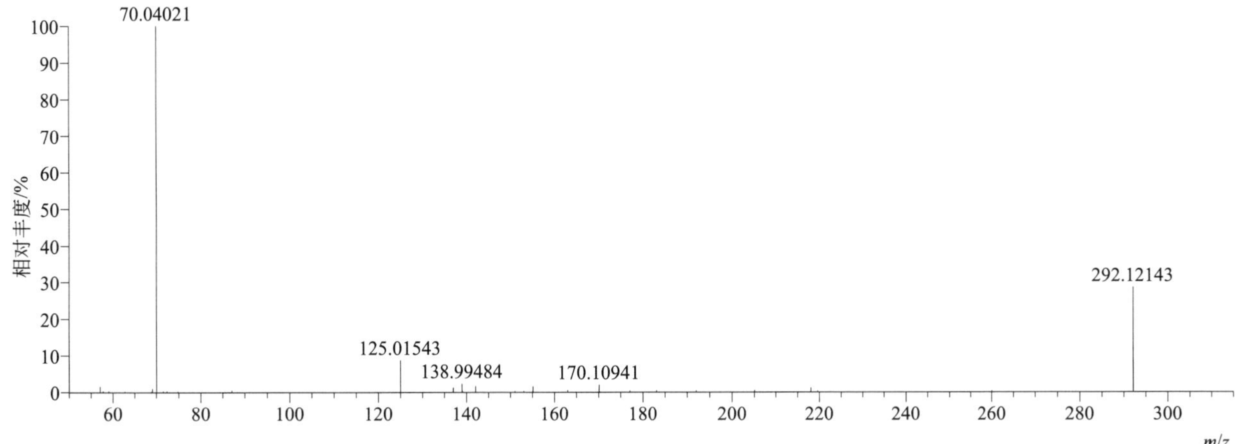

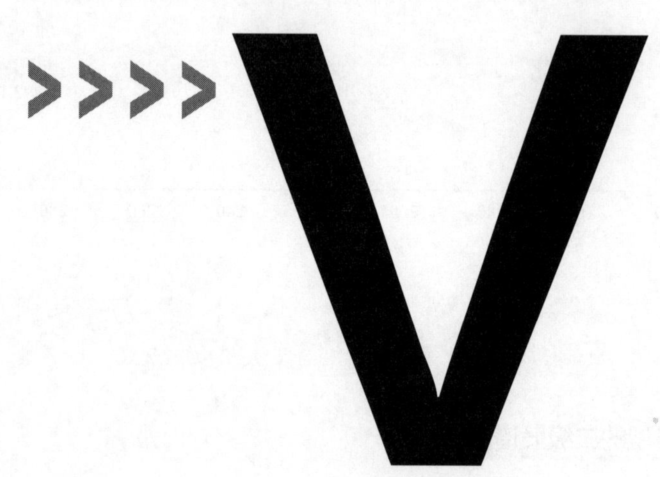

validamycin（井冈霉素）

基本信息

CAS 登录号	37248-47-8	分子量	497.21084	离子源和极性	电喷雾离子源（ESI）
分子式	$C_{20}H_{35}NO_{13}$	保留时间	0.78min	极性	正模式

$[M+H]^+$ 提取离子流色谱图

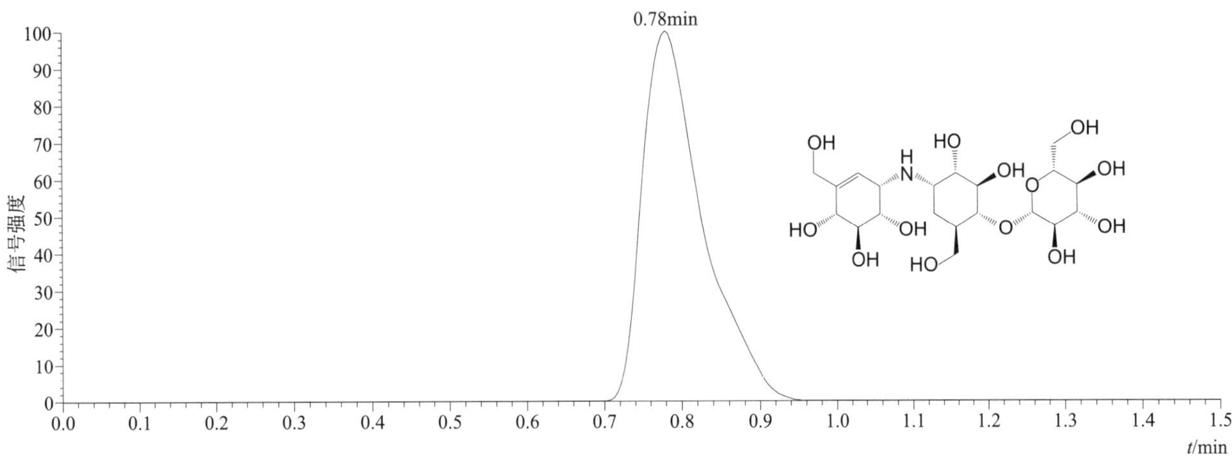

$[M+H]^+$ 典型的一级质谱图

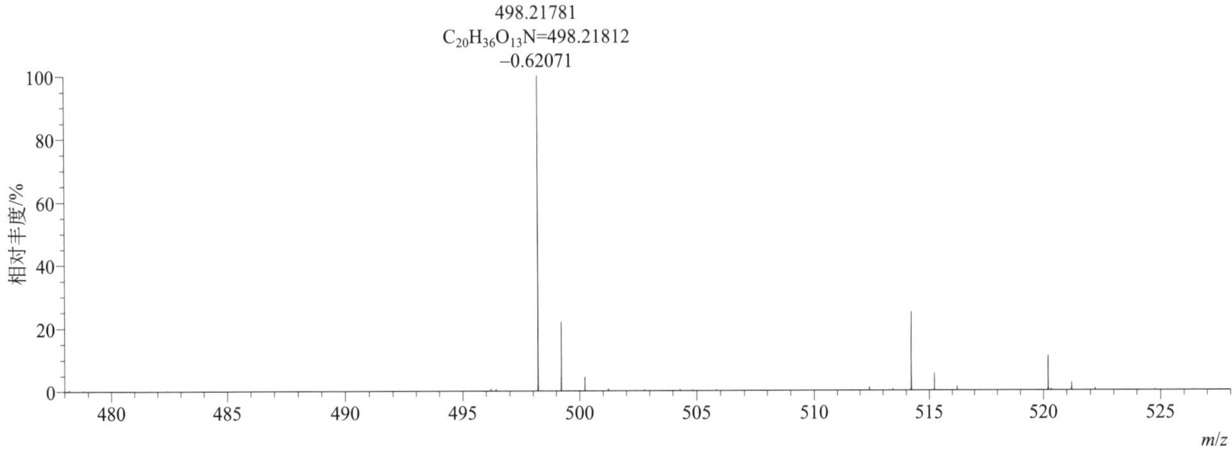

$[M+H]^+$ 归一化法能量 NCE 为 20 时典型的二级质谱图

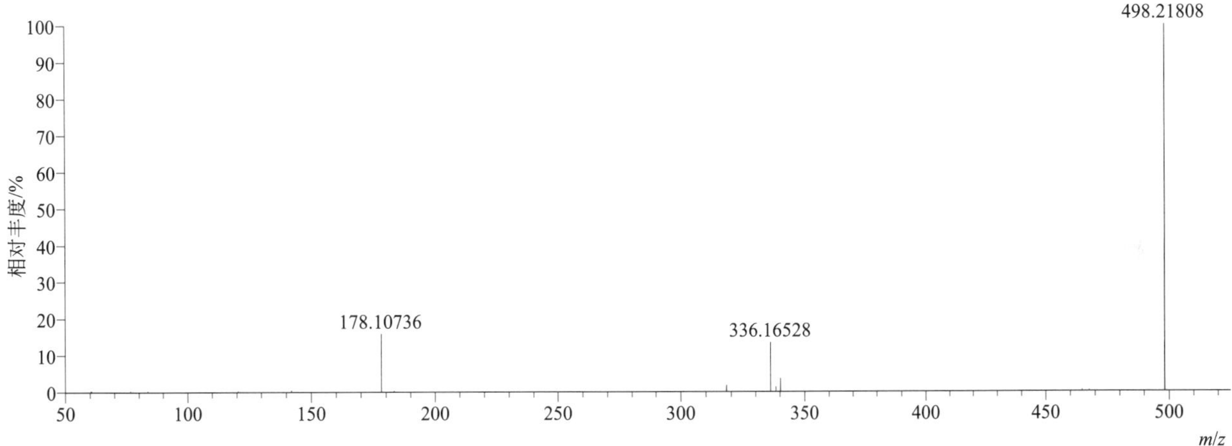

[M+H]$^+$ 归一化法能量 NCE 为 40 时典型的二级质谱图

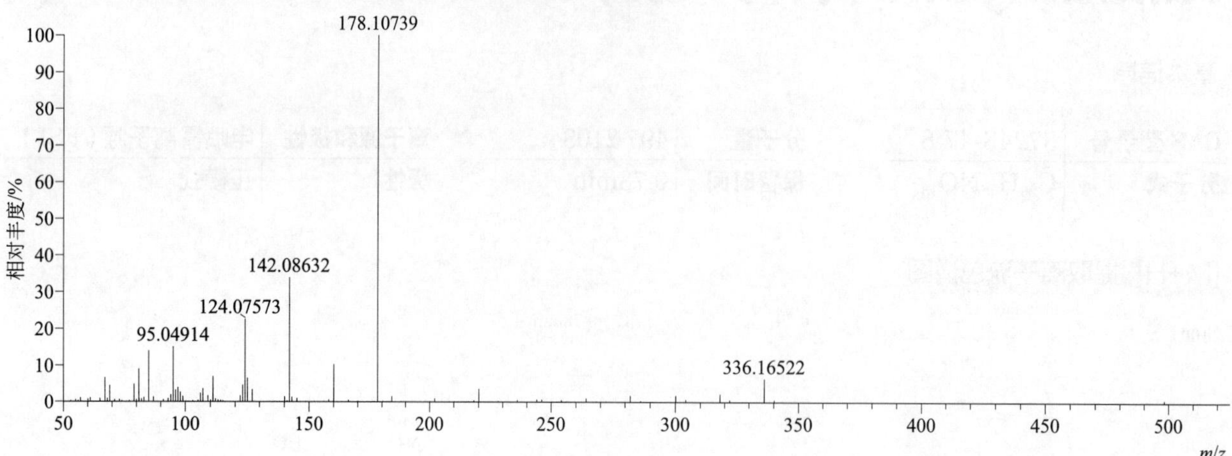

[M+H]$^+$ 归一化法能量 NCE 为 60 时典型的二级质谱图

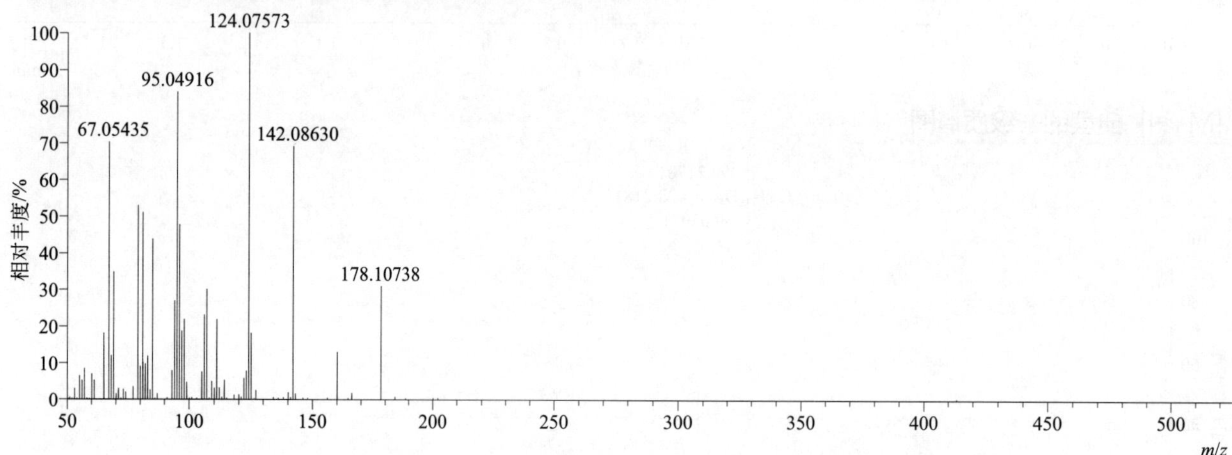

[M+H]$^+$ 阶梯归一化法能量 Step NCE 为 20、40、60 时典型的二级质谱图

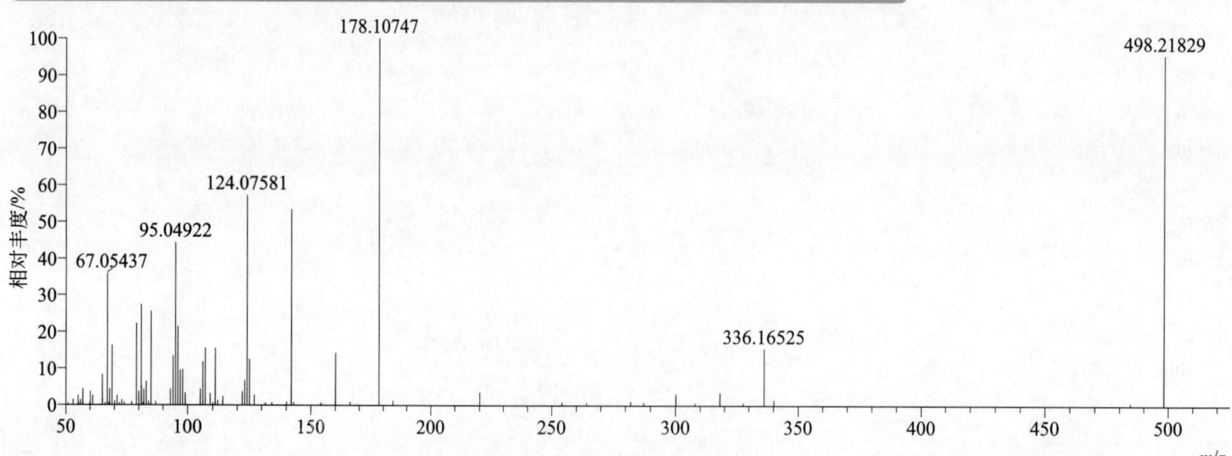

valifenalate（缬氨菌酯）

基本信息

CAS 登录号	283159-90-0	分子量	398.16085	离子源和极性	电喷雾离子源（ESI）
分子式	$C_{19}H_{27}ClN_2O_5$	保留时间	14.54min	极性	正模式

$[M+H]^+$ 提取离子流色谱图

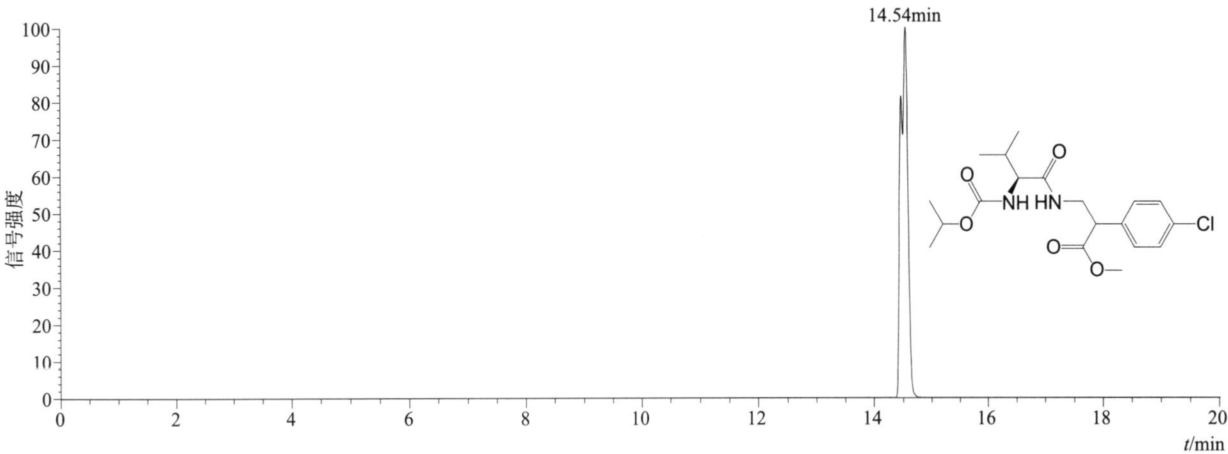

$[M+H]^+$ 和 $[M+Na]^+$ 典型的一级质谱图

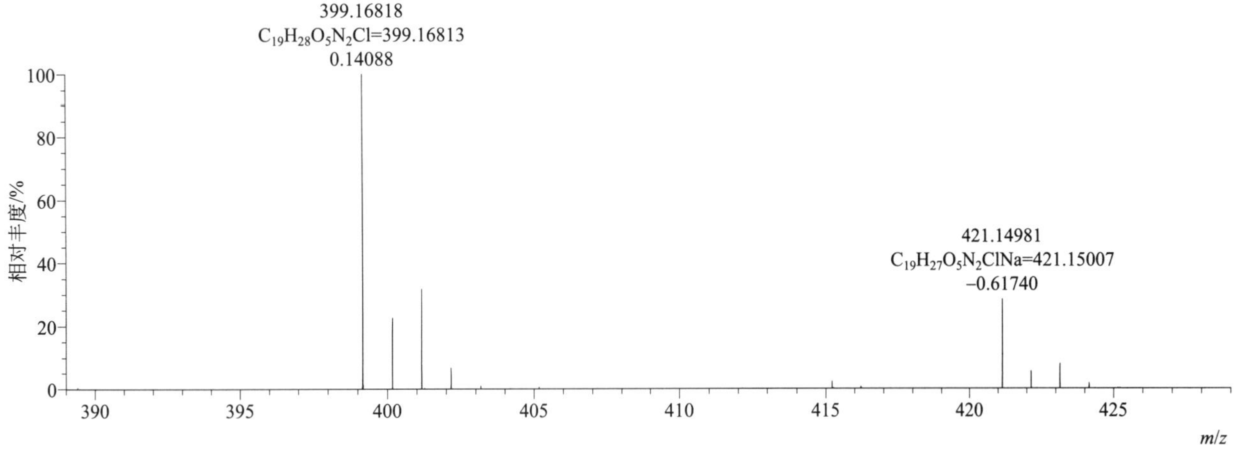

$[M+H]^+$ 典型的一级质谱图

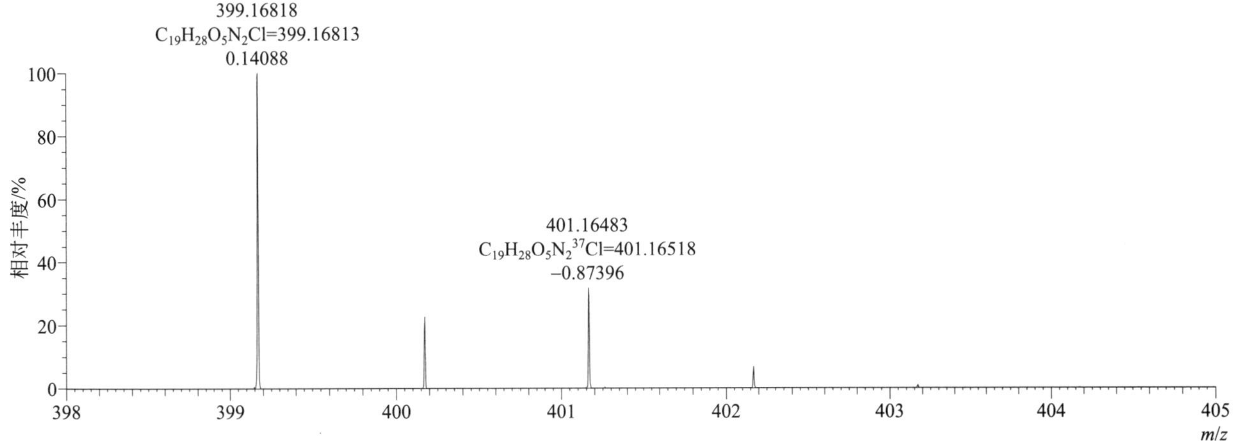

[M+Na]⁺ 典型的一级质谱图

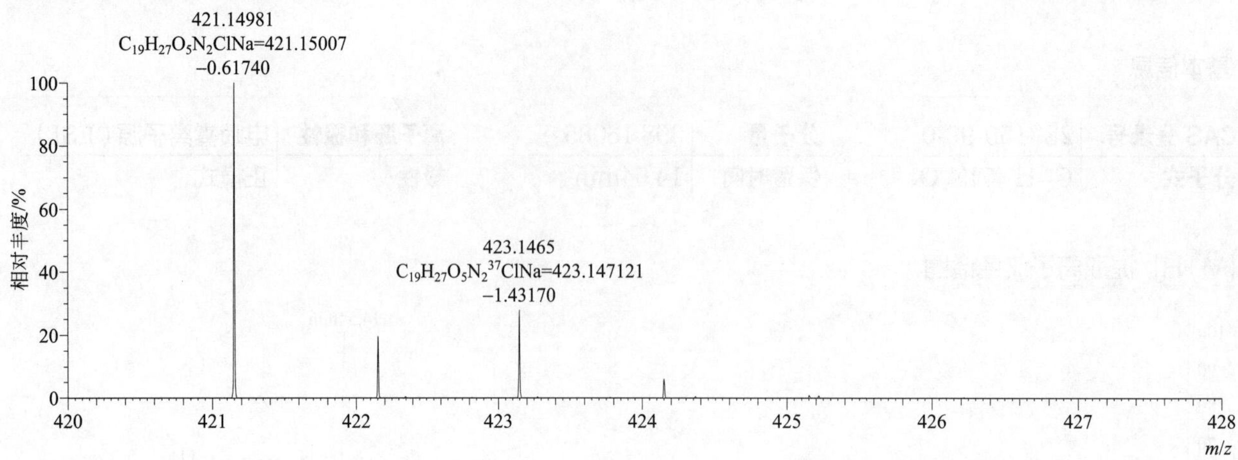

[M+H]⁺ 归一化法能量 NCE 为 20 时典型的二级质谱图

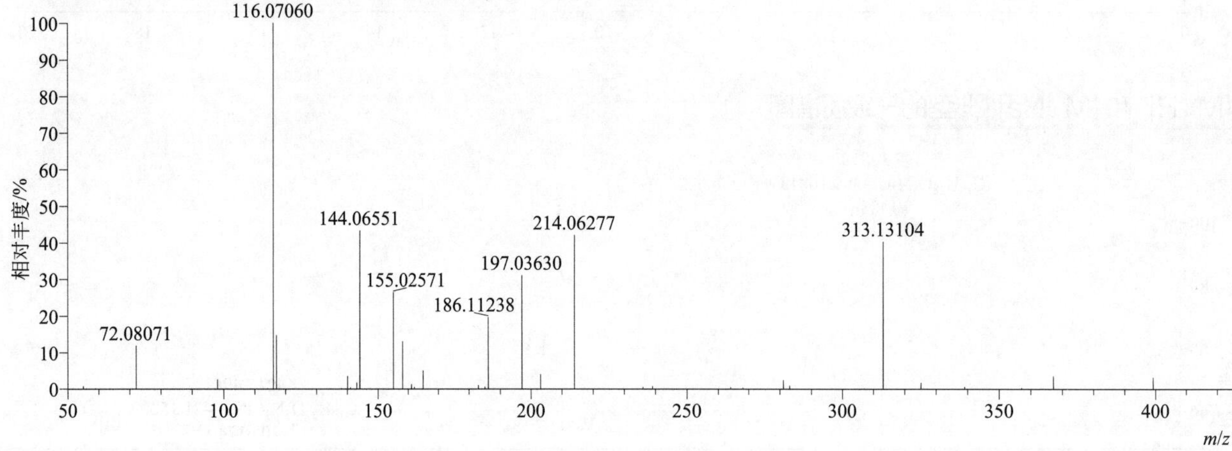

[M+H]⁺ 归一化法能量 NCE 为 40 时典型的二级质谱图

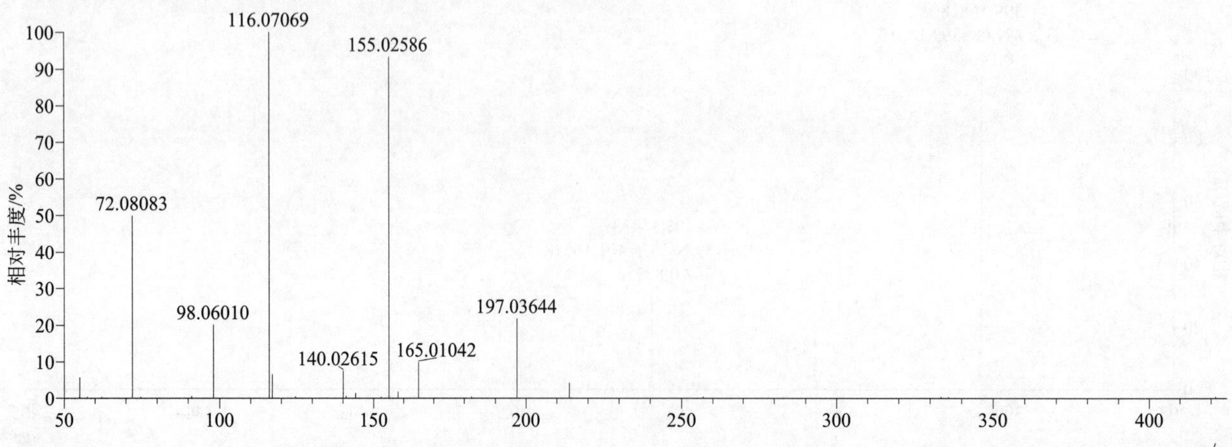

[M+H]+ 归一化法能量 NCE 为 60 时典型的二级质谱图

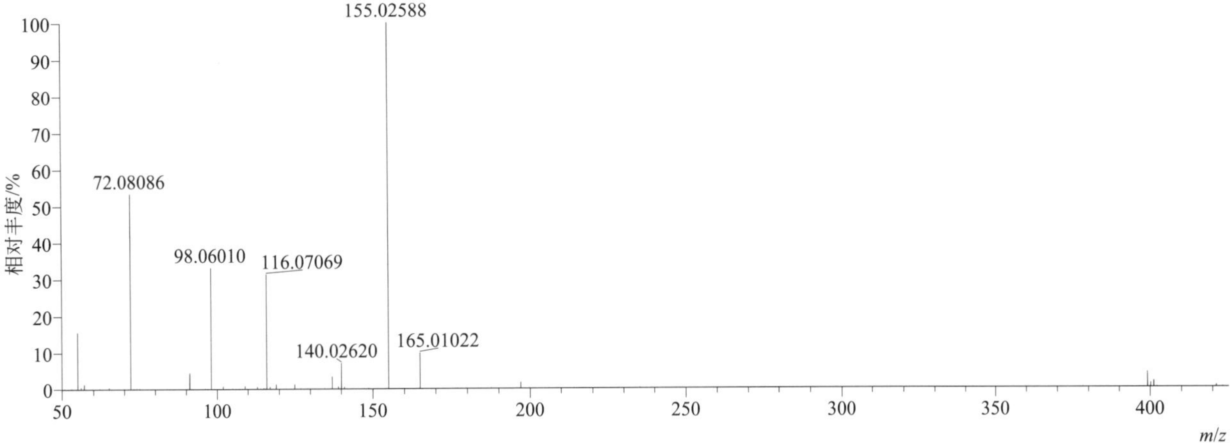

[M+H]+ 阶梯归一化法能量 Step NCE 为 20、40、60 时典型的二级质谱图

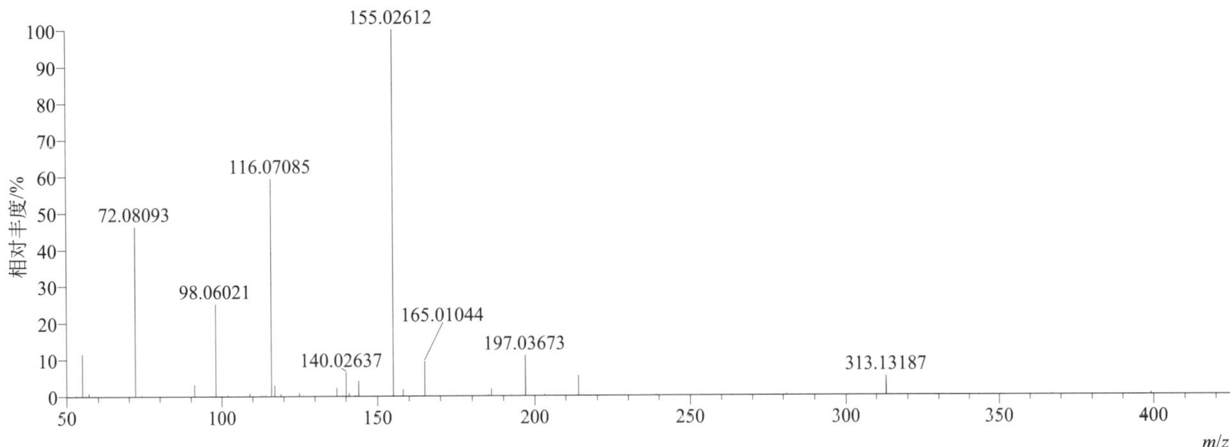

vamidothion（蚜灭磷）

基本信息

CAS 登录号	2275-23-2	**分子量**	287.04149	**离子源和极性**	电喷雾离子源（ESI）
分子式	$C_8H_{18}NO_4PS_2$	**保留时间**	9.76min	**极性**	正模式

[M+H]+ 提取离子流色谱图

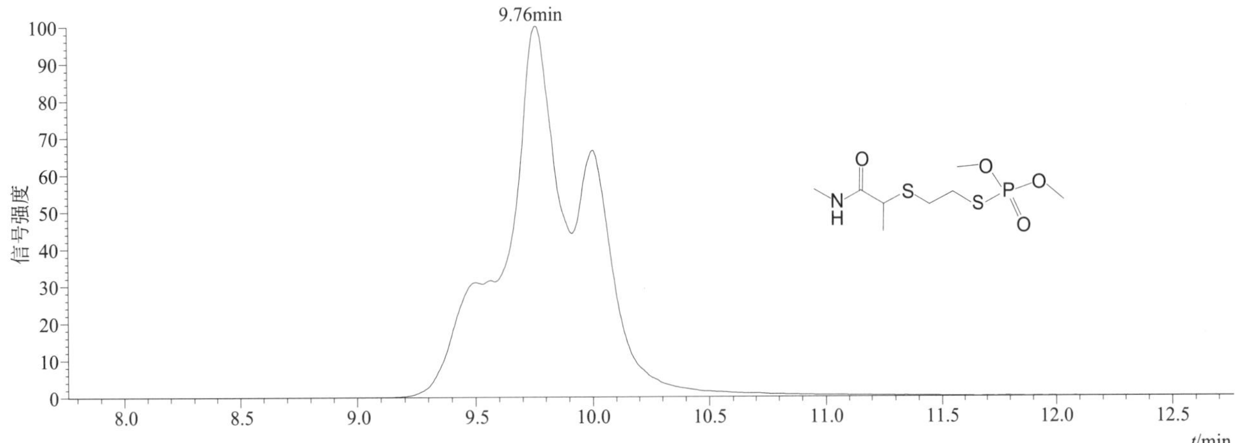

[M+H]+ 典型的一级质谱图

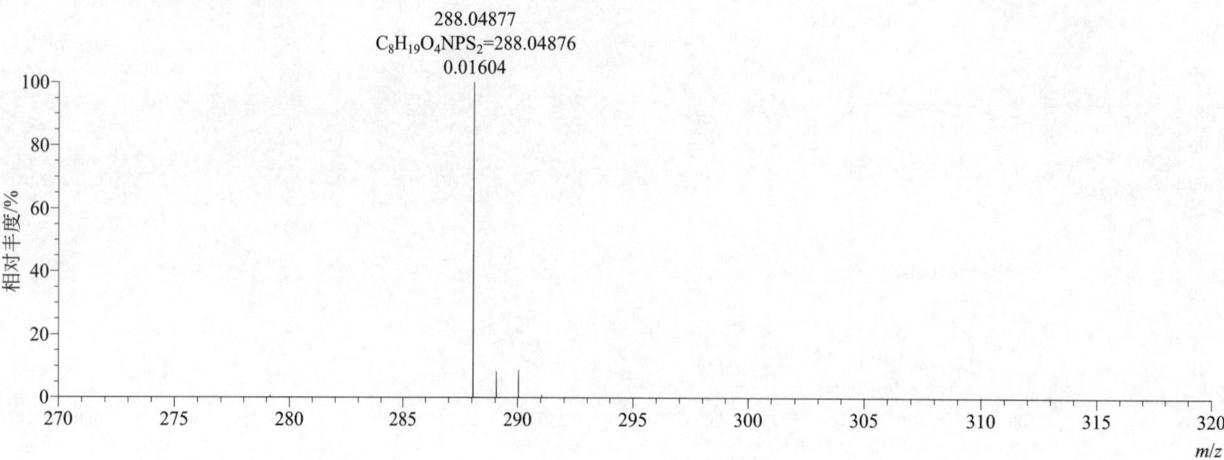

[M+H]+ 归一化法能量 NCE 为 20 时典型的二级质谱图

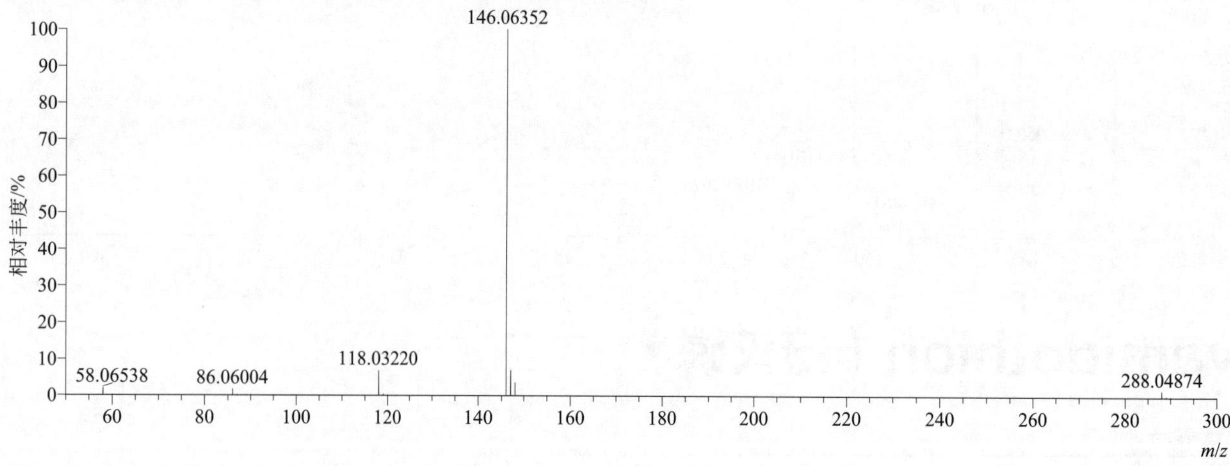

[M+H]+ 归一化法能量 NCE 为 40 时典型的二级质谱图

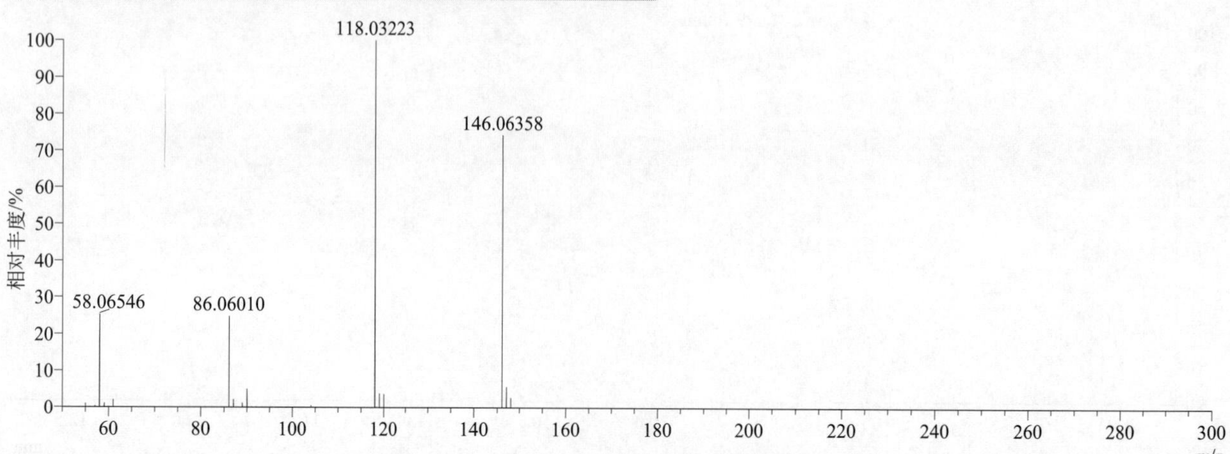

[M+H]+ 归一化法能量 NCE 为 60 时典型的二级质谱图

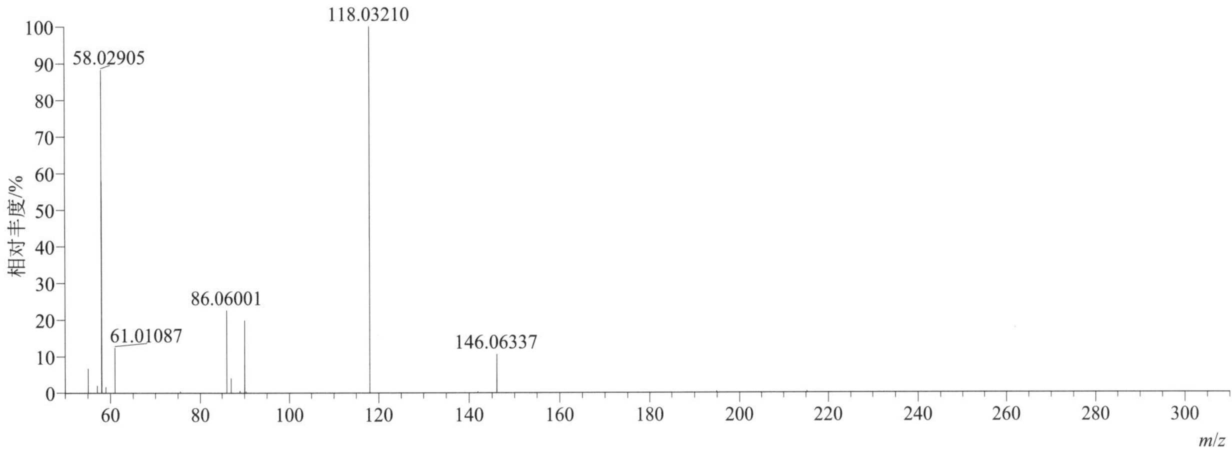

[M+H]+ 阶梯归一化法能量 Step NCE 为 20、40、60 时典型的二级质谱图

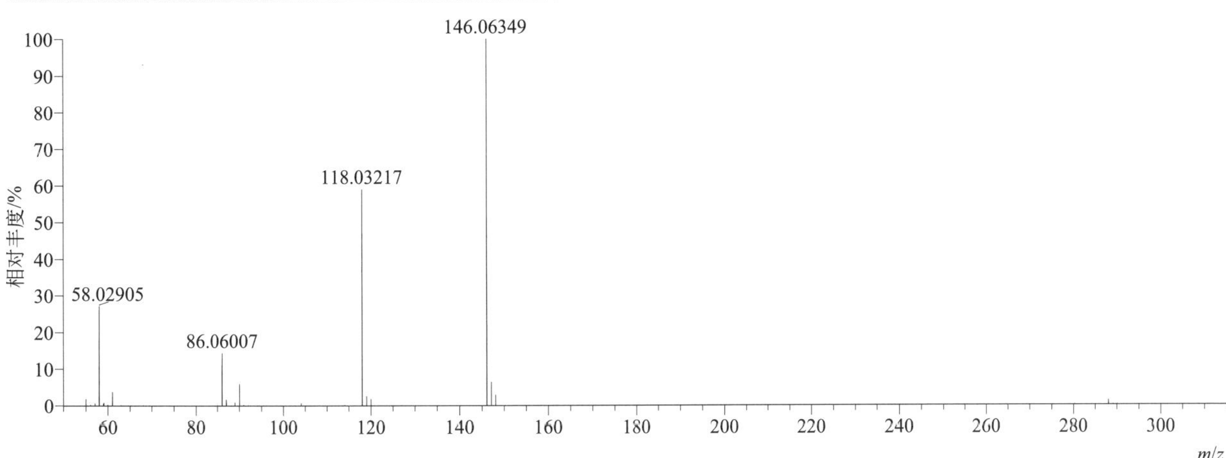

vamidothion sulfone（蚜灭多砜）

基本信息

CAS 登录号	70898-34-9	分子量	319.03132	离子源和极性	电喷雾离子源（ESI）
分子式	$C_8H_{18}NO_6PS_2$	保留时间	10.57min	极性	正模式

[M+H]+ 提取离子流色谱图

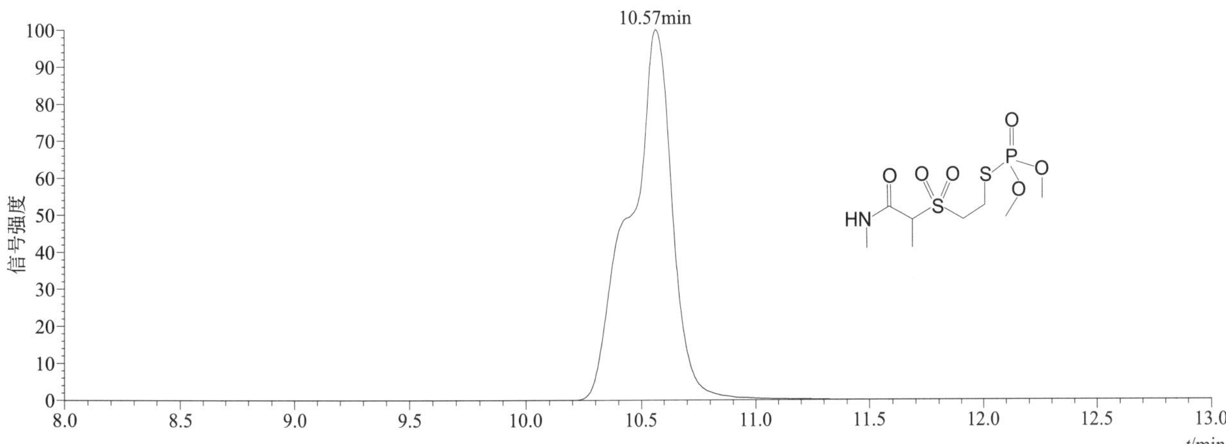

[M+H]+ 和 [M+Na]+ 典型的一级质谱图

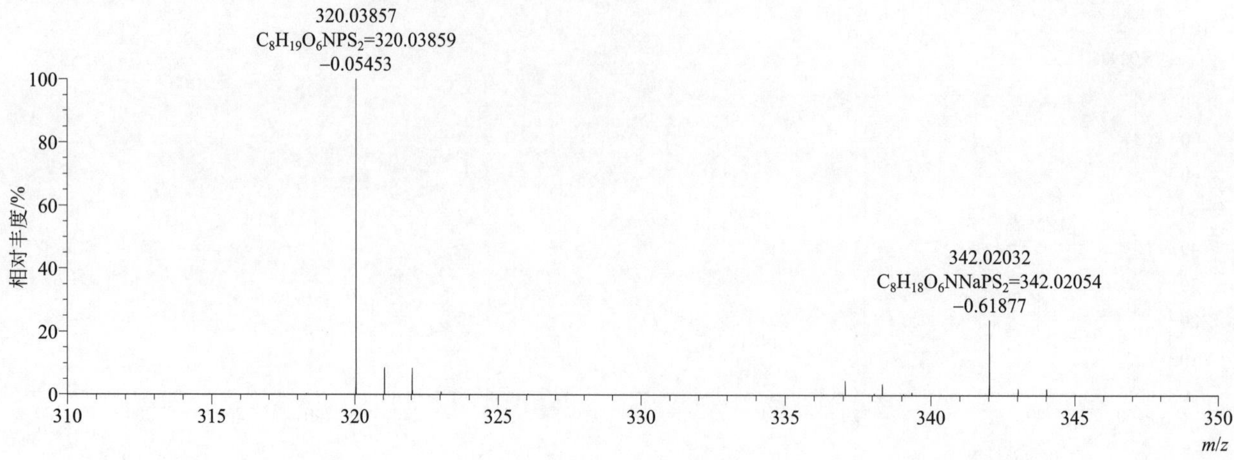

[M+H]+ 归一化法能量 NCE 为 20 时典型的二级质谱图

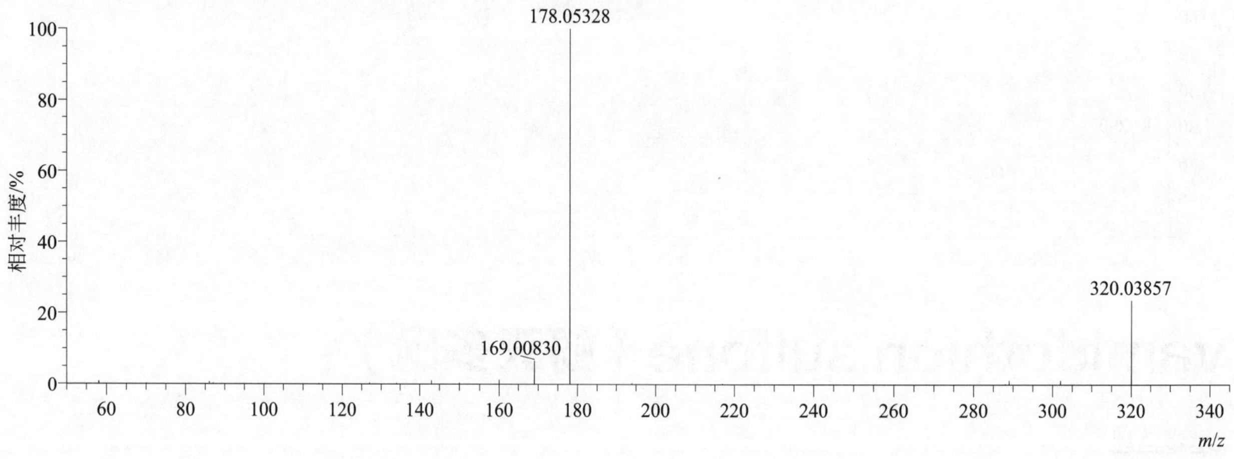

[M+H]+ 归一化法能量 NCE 为 40 时典型的二级质谱图

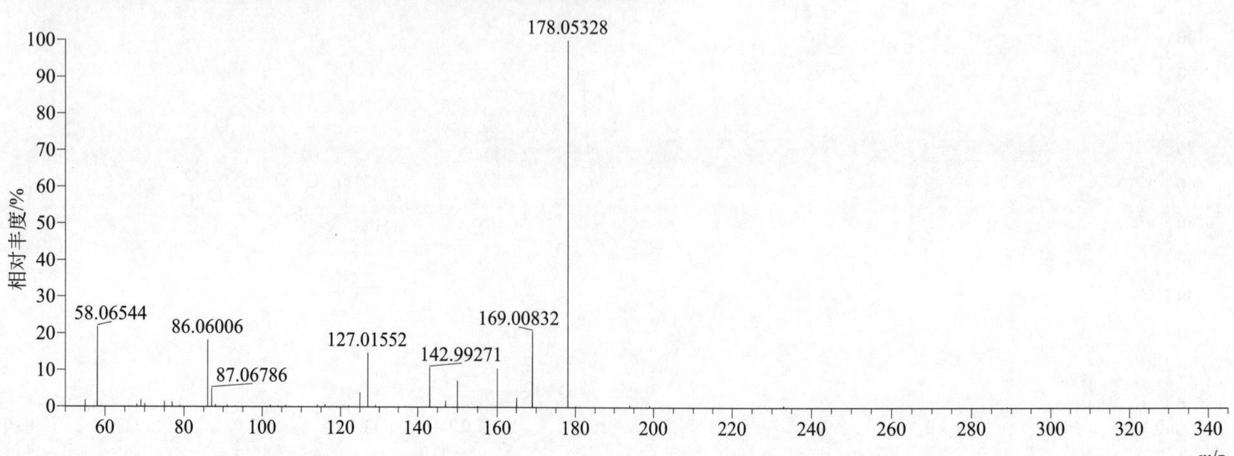

[M+H]$^+$ 归一化法能量 NCE 为 60 时典型的二级质谱图

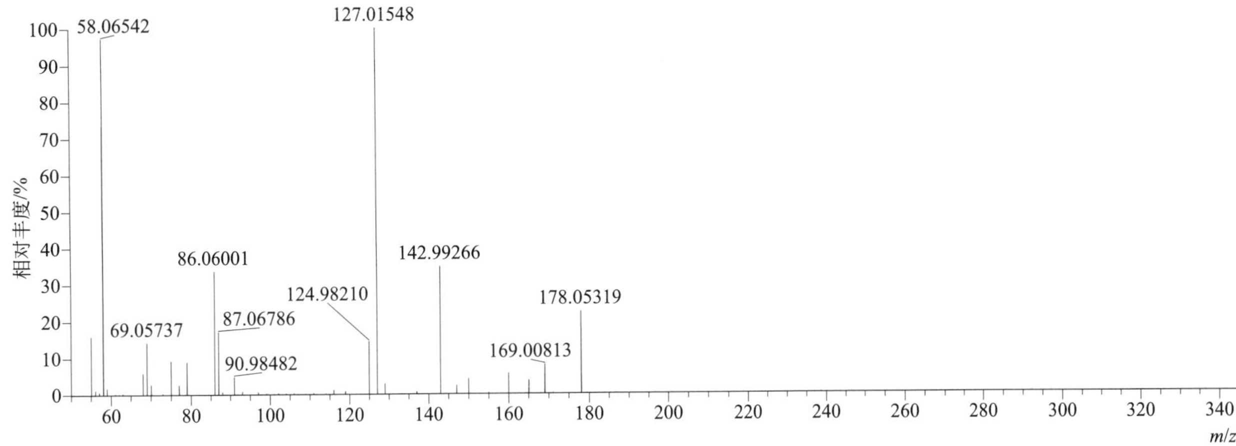

[M+H]$^+$ 阶梯归一化法能量 Step NCE 为 20、40、60 时典型的二级质谱图

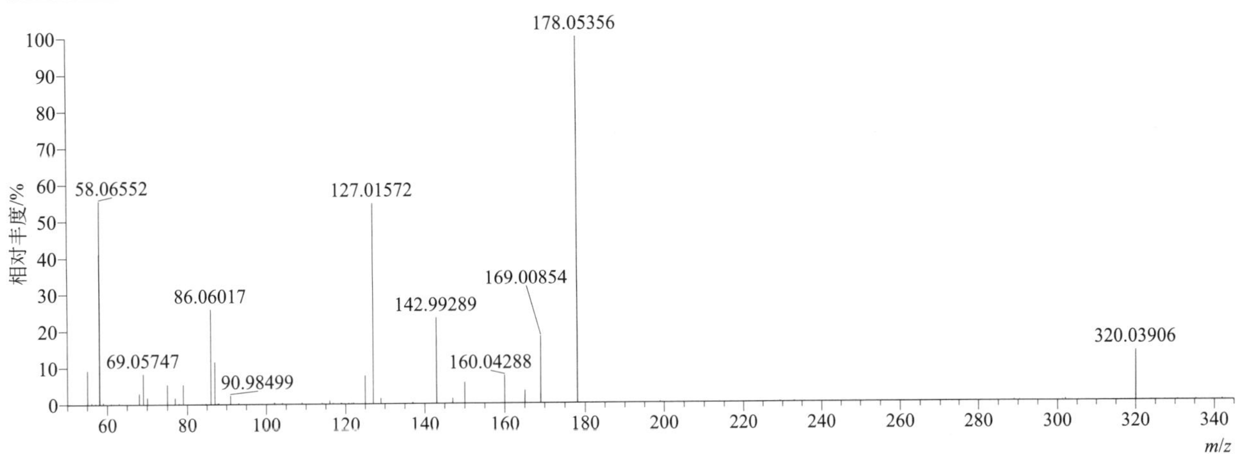

vamidothion sulfoxide（蚜灭多亚砜）

基本信息

CAS 登录号	20300-00-9	分子量	303.03640	离子源和极性	电喷雾离子源（ESI）
分子式	$C_8H_{18}NO_5PS_2$	保留时间	11.83min	极性	正模式

[M+H]$^+$ 提取离子流色谱图

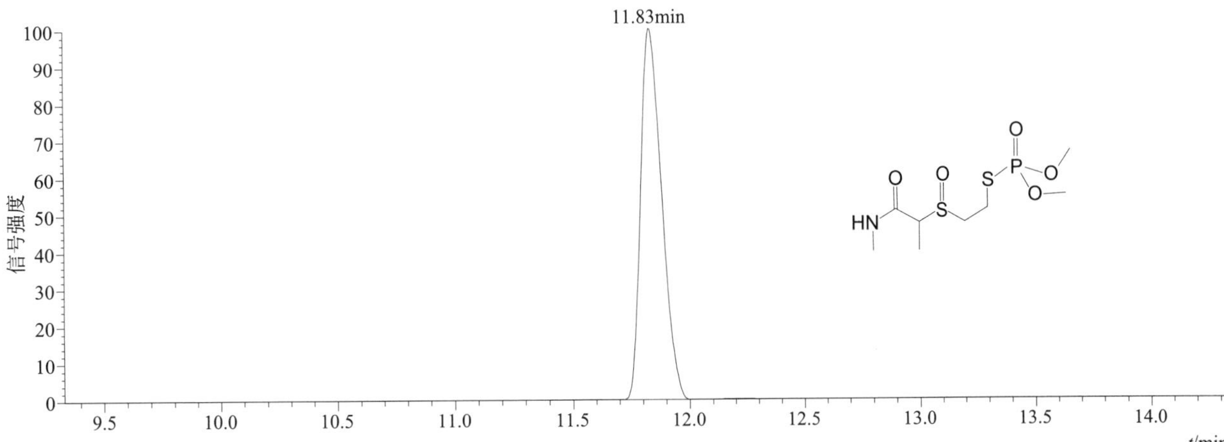

[M+H]+ 典型的一级质谱图

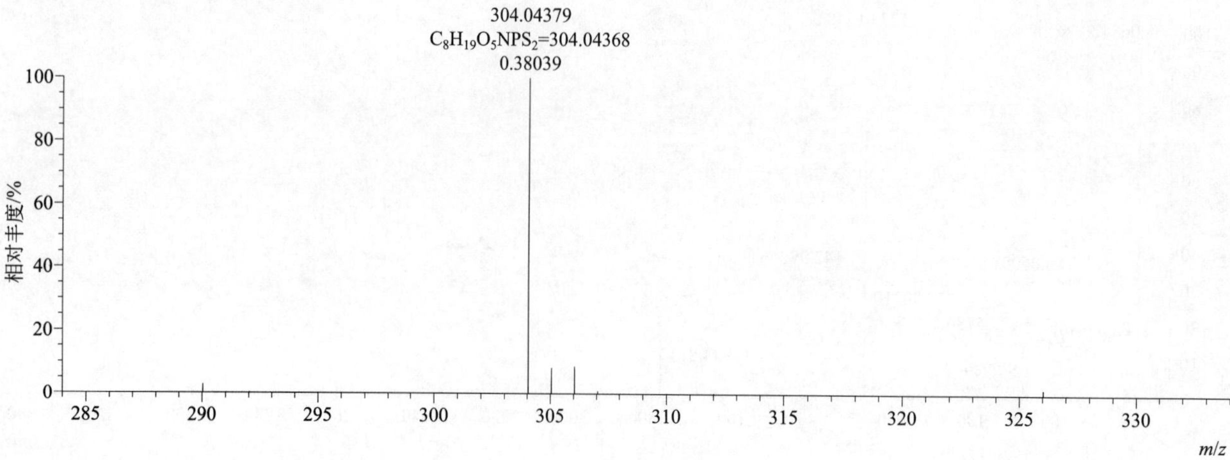

[M+H]+ 归一化法能量 NCE 为 20 时典型的二级质谱图

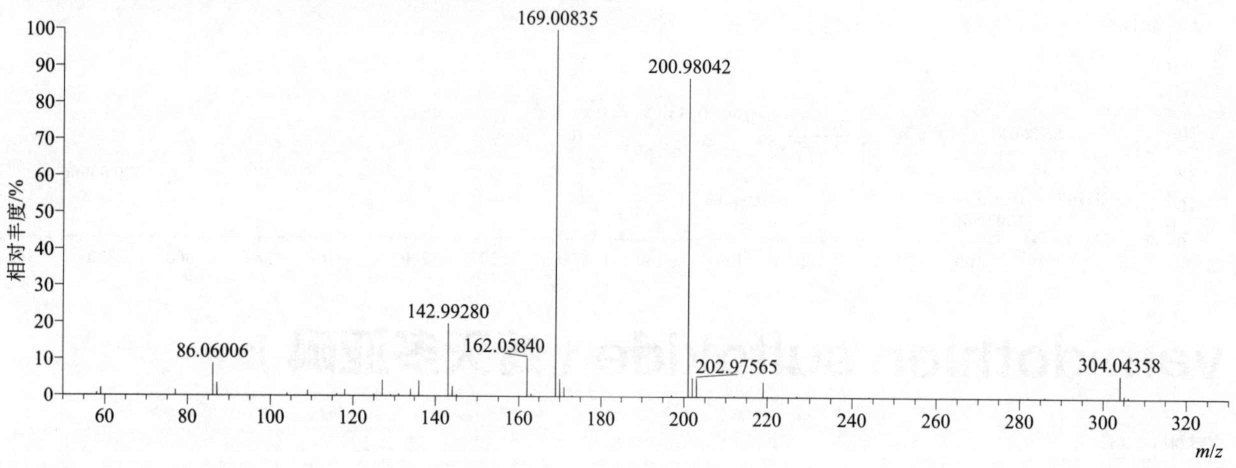

[M+H]+ 归一化法能量 NCE 为 40 时典型的二级质谱图

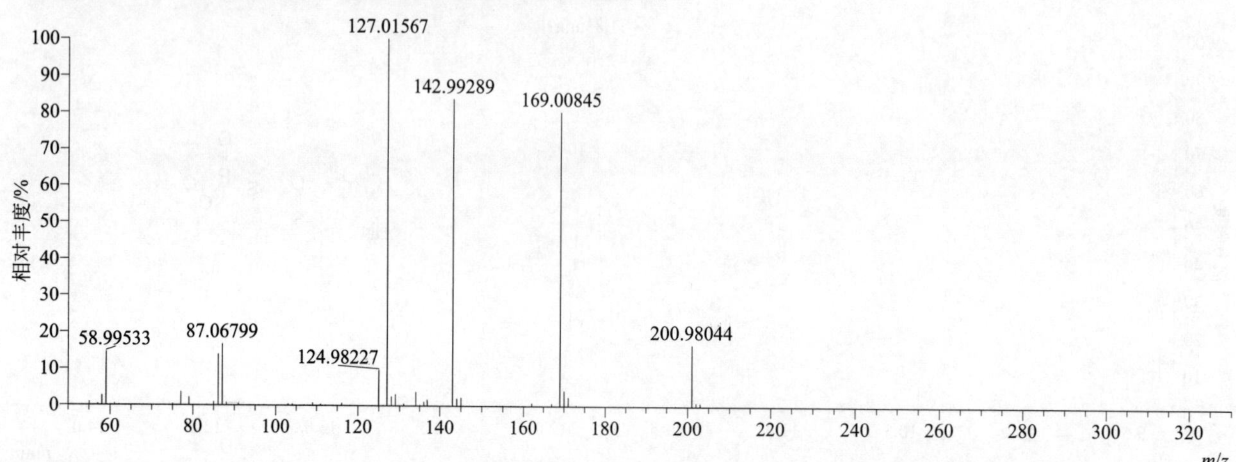

[M+H]⁺ 归一化法能量 NCE 为 60 时典型的二级质谱图

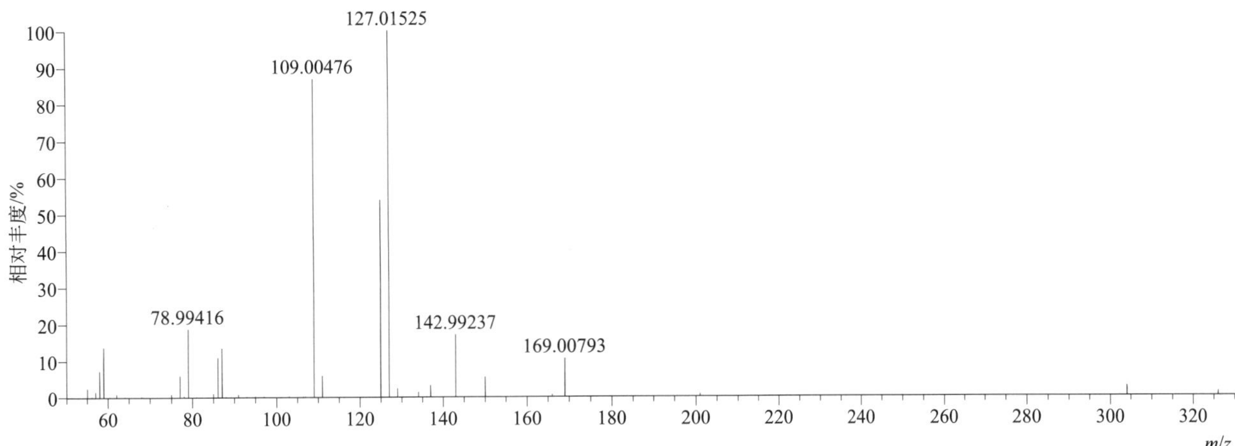

[M+H]⁺ 阶梯归一化法能量 Step NCE 为 20、40、60 时典型的二级质谱图

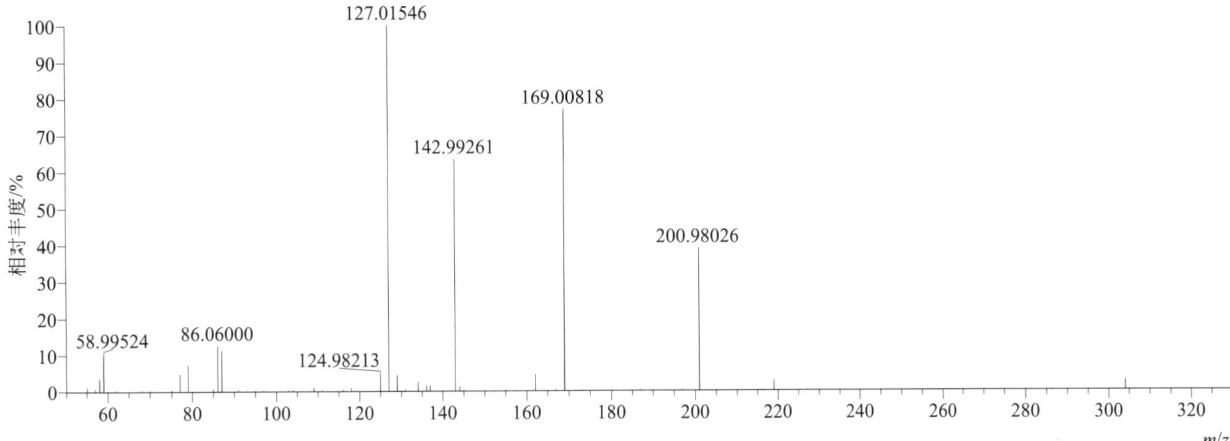

Z

zoxamide（苯酰菌胺）

基本信息

CAS 登录号	156052-68-5	分子量	335.02466	离子源和极性	电喷雾离子源（ESI）
分子式	$C_{14}H_{16}Cl_3NO_2$	保留时间	15.20min	极性	正模式

$[M+H]^+$ 提取离子流色谱图

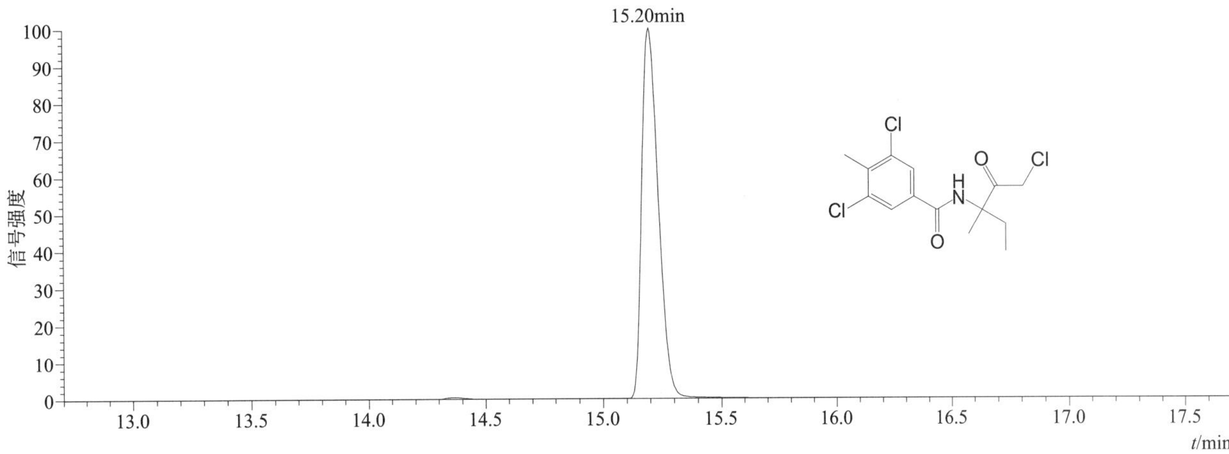

$[M+H]^+$ 典型的一级质谱图

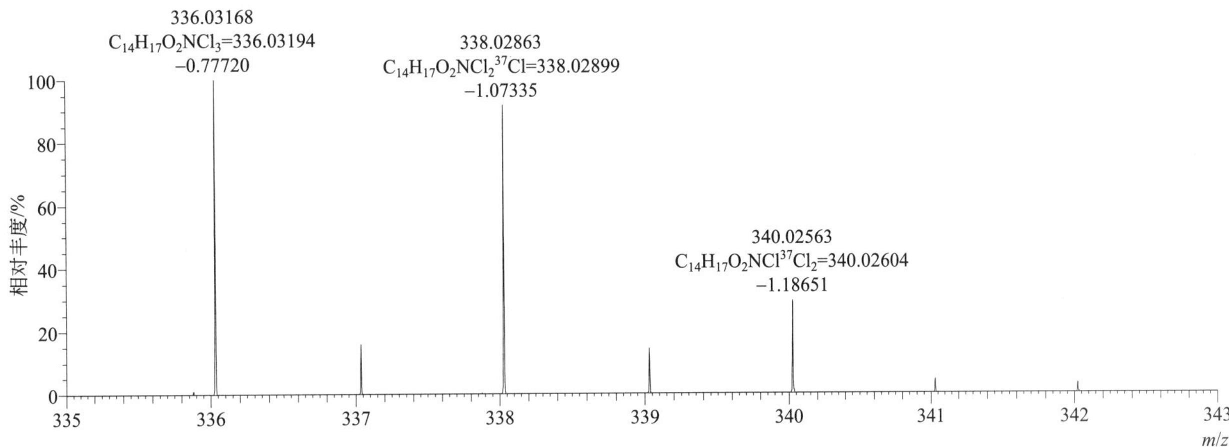

$[M+H]^+$ 归一化法能量 NCE 为 20 时典型的二级质谱图

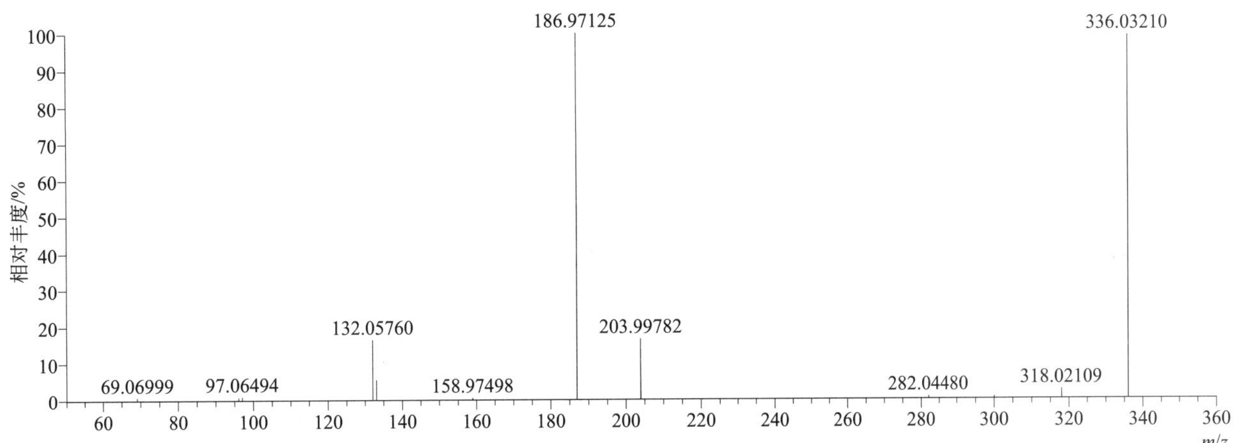

[M+H]$^+$ 归一化法能量 NCE 为 40 时典型的二级质谱图

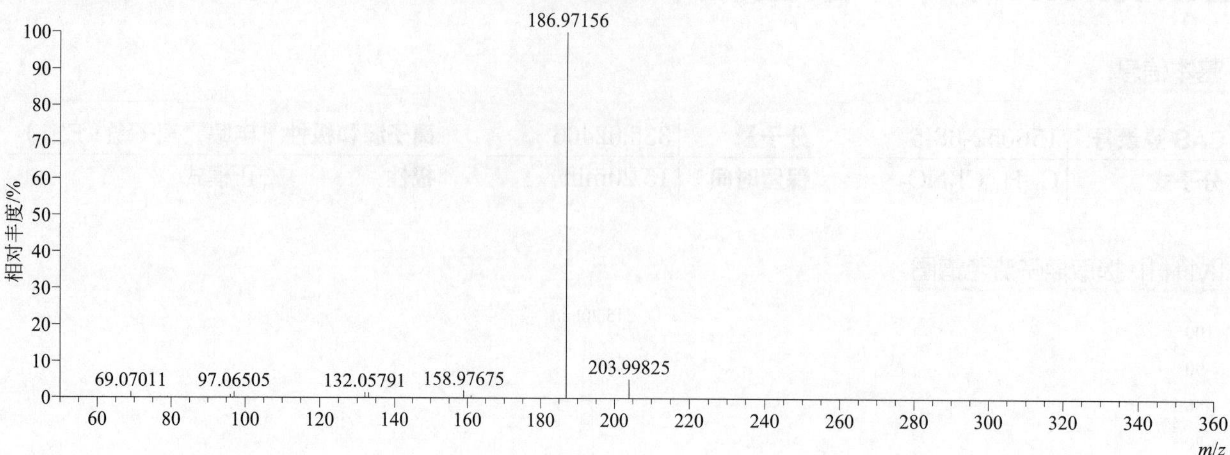

[M+H]$^+$ 归一化法能量 NCE 为 60 时典型的二级质谱图

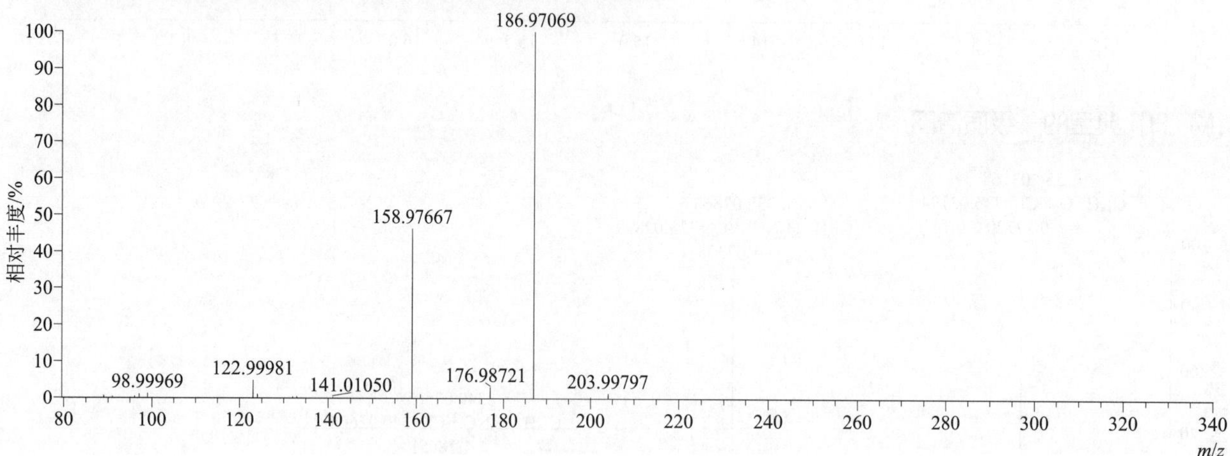

[M+H]$^+$ 阶梯归一化法能量 Step NCE 为 20、40、60 时典型的二级质谱图

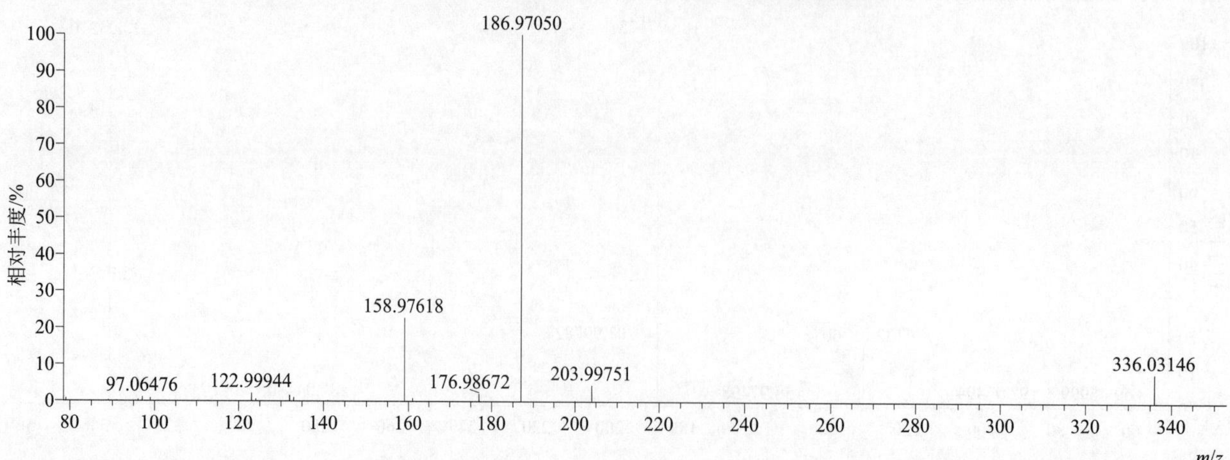

参考文献

[1] GB 2763—016.

[2] MacBean C. 农药手册 . 胡笑形等译 . 北京：化学工业出版社，2015.

[3] Eitzer B D, Hammack W, Filigenzi, M. Interlaboratory Comparison of a General Method To Screen Foods for Pesticides Using QuEChERs Extraction with High Performance Liquid Chromatography and High Resolution Mass Spectrometry. J Agric Food Chem, 2013，62(1): 80.

[4] Wang J, Chow W, Chang J, Wong J W.Ultrahigh-Performance Liquid Chromatography Electrospray Ionization Q-Orbitrap Mass Spectrometry for the Analysis of 451 Pesticide Residues in Fruits and Vegetables: Method Development and Validation. J Agric Food Chem, 2014， 62(42): 10375.

[5] Rajski Ł, del Mar Gómez-Ramos M, Fernández-Alba A R.Large pesticide multiresidue screening method by liquid chromatography-Orbitrap mass spectrometry in full scan mode applied to fruit and vegetables. J Chromatogr A, 2014，1360: 119.

[6] del Mar Gómez-Ramos M, Rajski, Ł, Heinzen H, Fernández-Alba A R. Liquid chromatography Orbitrap mass spectrometry with simultaneous full scan and tandem MS/MS for highly selective pesticide residue analysis. Anal Bioanal Chem, 2015，407(21): 6317.

[7] Dzuman, Z, Zachariasova M, Veprikova Z, Godula M, Hajslova J. Multi-analyte high performance liquid chromatography coupled to high resolution tandem mass spectrometry method for control of pesticide residues, mycotoxins, and pyrrolizidine alkaloids. Anal Chim Acta, 2015.，863: 29.

[8] Ishibashi M, Izumi Y, Sakai M, Ando T, Fukusaki E, Bamba T. High-Throughput Simultaneous Analysis of Pesticides by Supercritical Fluid Chromatography Coupled with High-Resolution Mass Spectrometry. J Agric Food Chem, 2015. 63(18): 4457.

[9] Lozowicka B, Ilyasova G, Kaczynski P, Jankowska M, Rutkowska E, Hrynko I, Szabunko J. Multi-residue methods for the determination of over four hundred pesticides in solid and liquid high sucrose content matrices by tandem mass spectrometry coupled with gas and liquid chromatograph. Talanta, 2016，151: 51.

[10] Wang Z, Cao Y, Ge N, Liu X, Chang Q, Fan C, Pang G F. Wide-scope screening of pesticides in fruits and vegetables using information-dependent acquisition employing UHPLC-QTOF-MS and automated MS/MS library searching. Anal Bioanal Chem, 2016，408(27): 7795.

[11] 庞国芳，等. 农药残留高通量检测技术. 北京：科学出版社，2012.

[12] 庞国芳，等. 农药兽药残留现代分析技术. 北京：科学出版社，2007.

[13] 庞国芳，等. 常用农药残留量检测方法标准选编. 北京：中国标准出版社，2009.

[14] 庞国芳，等. 常用兽药残留量检测方法标准选编. 北京：中国标准出版社，2009.

[15] Pang Guo-Fang, et al. Compilation of Official Methods Used in the People's Republic of China for the Analysis of over 800 Pesticide and Veterinary Drug Residues in Foods of Plant and Animal Origin. Beijing: Elsevier & Science Press of China, 2007.

[16] Pang Guo-Fang, Fan Chun-Lin, Chang Qiao-Ying, Li Yan, Kang Jian, Wang Wen-Wen, Cao Jing, Zhao Yan-Bin, Li Nan, Li Zeng-Yin, Chen Zong-Mao, Luo Feng-Jian, Lou Zheng-Yun.High-throughput analytical techniques for multiresidue, multiclass determination of 653 pesticides and chemical pollutants in tea. Part Ⅲ: Evaluation of the cleanup efficiency of an SPE cartridge newly developed for multiresidues in tea. J AOAC Int, 2013,96(4):887.

[17] Fan Chun-Lin, Chang Qiao-Ying, Pang Guo-Fang, Li Zeng-Yin, Kang Jian, Pan Guo-Qing, Zheng Shu-Zhan, Wang Wen-Wen, Yao Cui-Cui, Ji Xin-Xin. High-throughput analytical techniques for determination of residues of 653 multiclass pesticides and chemical pollutants in tea. Part Ⅱ: comparative study of extraction efficiencies of three sample preparation techniques. J AOAC Int, 2013, 96(2):432.

[18] Pang Guo-Fang, Fan Chun-Lin, Zhang Feng, Li Yan, Chang Qiao-Ying, Cao Yan-Zhong, Liu Yong-Ming, Li Zeng-Yin, Wang Qun-Jie, Hu Xue-Yan, Liang Ping. High-throughput GC/MS and HPLC/MS/MS techniques for the multiclass, multiresidue determination of 653 pesticides and chemical pollutants in tea. J AOAC Int, 2011,94(4):1253.

[19] Lian Yu-Jing, Pang Guo-Fang, Shu Huai-Rui, Fan Chun-Lin, Liu Yong-Ming, Feng Jie, Wu Yan-Ping, Chang Qiao-Ying. Simultaneous determination of 346 multiresidue pesticides in grapes by PSA-MSPD and GC-MS-SIM. J Agric Food Chem, 2010, 58(17):9428.

[20] Pang Guo-Fang, Cao Yan-Zhong, Fan Chun-Lin, Jia Guang-Qun, Zhang Jin-Jie, Li Xue-Min, Liu Yong-Ming, Shi Yu-Qiu, Li Zeng-Yin, Zheng Feng, Lian Yu-Jing.Analysis method study on 839 pesticide and chemical contaminant multiresidues in animal muscles by gel permeation chromatography cleanup, GC/MS, and LC/MS/MS. J AOAC Int, 2009,92(3):933.

[21] Pang Guo-Fang, Fan Chun-Lin, Liu Yong-Ming, Cao Yan-Zhong, Zhang Jin-Jie, Li Xue-Min, Li Zeng-Yin, Wu Yan-Ping, Guo Tong-Tong.Determination of residues of 446 pesticides in fruits and vegetables by three-cartridge solid-phase extraction-gas

chromatography-mass spectrometry and liquid chromatography-tandem mass spectrometry. J AOAC Int, 2006,89(3):740.

[22] Pang Guo-Fang, Cao Yan-Zhong, Zhang Jin-Jie, Fan Chun-Lin, Liu Yong-Ming, Li Xue-Min, Jia Guang-Qun, Li Zeng-Yin, Shi YQ, Wu Yan-Ping, Guo Tong-Tong.Validation study on 660 pesticide residues in animal tissues by gel permeation chromatography cleanup/gas chromatography-mass spectrometry and liquid chromatography-tandem mass spectrometry. J Chromatogr A, 2006,1125(1):1.

[23] Pang Guo-Fang, Liu Yong-Ming, Fan Chun-Lin, Zhang Jin-Jie, Cao Yan-Zhong, Li Xue-Min, Li Zeng-Yin, Wu Yan-Ping, Guo Tong-Tong. Simultaneous determination of 405 pesticide residues in grain by accelerated solvent extraction then gas chromatography-mass spectrometry or liquid chromatography-tandem mass spectrometry. Anal Bioanal Chem, 2006,384(6):1366.

[24] Pang Guo-Fang, Fan Chun-Lin, Liu Yong-Ming, Cao Yan-Zhong, Zhang Jin-Jie, Fu Bao-Lian, Li Xue-Min, Li Zeng-Yin, Wu Yan-Ping. Multi-residue method for the determination of 450 pesticide residues in honey, fruit juice and wine by double-cartridge solid-phase extraction/gas chromatography-mass spectrometry and liquid chromatography-tandem mass spectrometry. Food Addit Contam, 2006 ,23(8):777.

[25] 李岩，郑锋，王明林，庞国芳．液相色谱 - 串联质谱法快速筛查测定浓缩果蔬汁中的 156 种农药残留．色谱，2009,02:127.

[26] 郑军红，庞国芳，范春林，王明林．液相色谱 - 串联四极杆质谱法测定牛奶中 128 种农药残留．色谱，2009,03:254.

[27] 郑锋，庞国芳，李岩，王明林，范春林．凝胶渗透色谱净化气相色谱 - 质谱法检测河豚鱼、鳗鱼和对虾中 191 种农药残留．色谱，2009,05:700.

[28] 纪欣欣，石志红，曹彦忠，石利利，王娜，庞国芳．凝胶渗透色谱净化 / 液相色谱 - 串联质谱法对动物脂肪中 111 种农药残留量的同时测定．分析测试学报，2009,12:1433.

[29] 姚翠翠，石志红，曹彦忠，石利利，王娜，庞国芳．凝胶渗透色谱 - 气相色谱串联质谱法测定动物脂肪中 164 种农药残留．分析试验室，2010,02:84.

[30] 曹静，庞国芳，王明林，范春林．液相色谱 - 电喷雾串联质谱法测定生姜中的 215 种农药残留．色谱，2010,06:579.

[31] 李南，石志红，庞国芳，范春林．坚果中 185 种农药残留的气相色谱 - 串联质谱法测定．分析测试学报，2011,05:513.

[32] 赵雁冰，庞国芳，范春林，石志红．气相色谱 - 串联质谱法快速测定禽蛋中 203 种农药及化学污染物残留．分析试验室，2011,05:8.

[33] 金春丽，石志红，范春林，庞国芳．LC-MS/MS 法同时测定 4 种中草药中 155 种农药残留．分析试验室，2012,05:84.

[34] 庞国芳，范春林，李岩，康健，常巧英，卜明楠，金春丽，陈辉．茶叶中 653 种农药化学品残留 GC-MS、GC-MS/MS 与 LC-MS/MS 分析方法 : 国际 AOAC 方法评价预研究．分析测试学报，2012,09:1017.

[35] 赵志远，石志红，康健，彭兴，曹新悦，范春林，庞国芳，吕美玲．液相色谱 - 四极杆 / 飞行时间质谱快速筛查与确证苹果、番茄和甘蓝中的 281 种农药残留量．色谱，2013,04:372.

[36] GB/T 23216—2008.

[37] GB/T 23214—2008.

[38] GB/T 23211—2008.

[39] GB/T 23210—2008.

[40] GB/T 23208—2008.

[41] GB/T 23207—2008.

[42] GB/T 23206—2008.

[43] GB/T 23205—2008.

[44] GB/T 23204—2008.

[45] GB/T 23202—2008.

[46] GB/T 23201—2008.

[47] GB/T 23200—2008.

[48] GB/T 20772—2008.

[49] GB/T 20771—2008.

[50] GB/T 20770—2008.

[51] GB/T 20769—2008.

[52] GB/T 19650—2006.

[53] GB/T 19649—2006.

[54] GB/T 19648—2006.

[55] GB/T 19426—2006.

>>>>> 索引

化合物中文名称索引

Index of Compound Chinese Name

A

B

C

D

E

F

G

H

J

K

L

M

N

P

Q

R

S

T

W

X

Y

Z

分子式索引

Index of Molecular Formula

CAS 登录号索引

Index of CAS Number